plurall

Parabéns!
Agora você faz parte do **Plurall**, a plataforma digital do seu livro didático!
Acesse e conheça todos os recursos e funcionalidades disponíveis para as suas aulas digitais.

Baixe o aplicativo do **Plurall** para Android e IOS ou acesse **www.plurall.net** e cadastre-se utilizando o seu código de acesso exclusivo:

AASMEBF6E

Este é o seu código de acesso Plurall.
Cadastre-se e ative-o para ter acesso aos conteúdos relacionados a esta obra.

conecte LIVE

TÓPICOS DE
Física

NEWTON VILLAS BÔAS

Licenciado em Física pela Universidade de São Paulo (USP).
Professor de Física na rede particular de ensino.

RICARDO HELOU DOCA

Engenheiro eletricista formado pela Faculdade de Engenharia Industrial (FEI-SP).
Professor de Física na rede particular de ensino.

RONALDO FOGO

Licenciado em Física pelo Instituto de Física da Universidade de São Paulo.
Engenheiro metalurgista pela Escola Politécnica da Universidade de São Paulo.
Coordenador das Turmas Olímpicas de Física do Colégio Objetivo.
Vice-Presidente da IJSO *(International Junior Science Olympiad)*.

2

Editora Saraiva

Editora Saraiva

Direção geral: Guilherme Luz
Direção editorial: Luiz Tonolli e Renata Mascarenhas
Gestão de projeto editorial: Viviane Carpegiani
Gestão e coordenação de área: Julio Cesar Augustus de Paula Santos e Juliana Grassmann dos Santos
Edição: Andrezza Cacione, Lucas James Faga, Marcela Muniz Gontijo, Maria Ângela de Camargo e Mateus Carneiro Ribeiro Alves
Gerência de produção editorial: Ricardo de Gan Braga
Planejamento e controle de produção: Paula Godo, Roseli Said e Marcos Toledo
Revisão: Hélia de Jesus Gonsaga (ger.), Kátia Scaff Marques (coord.), Rosângela Muricy (coord.), Ana Paula C. Malfa, Arali Gomes, Brenda T. M. Morais, Gabriela M. Andrade, Heloísa Schiavo, Maura Loria, Patricia Cordeiro, Raquel A. Taveira, Sueli Bossi; Amanda Teixeira Silva e Bárbara de Melo Genereze (estagiárias)
Arte: Daniela Amaral (ger.), André Gomes Vitale (coord.) e Lisandro Paim Cardoso (edição de arte)
Diagramação: Setup
Iconografia: Sílvio Kligin (ger.), Roberto Silva (coord.), Roberta Freire (pesquisa iconográfica)
Licenciamento de conteúdos de terceiros: Thiago Fontana (coord.), Flavia Zambon (licenciamento de textos), Erika Ramires, Luciana Pedrosa Bierbauer e Claudia Rodrigues (analistas adm.)
Tratamento de imagem: Cesar Wolf e Fernanda Crevin
Ilustrações: CJT/Zapt, Francisco Vilachã, João Anselmo, Luciano da S. Teixeira e Luis Fernando R. Tucillo
Design: Gláucia Correa Koller (ger.), Erika Yamauchi Asato, Filipe Dias (proj. gráfico) e Adilson Casarotti (capa)
Composição de capa: Segue Pro
Foto de capa: Roman Samborskyi/Shutterstock, Alex Tihonovs/Shutterstock

Avenida das Nações Unidas, 7221, 1º andar, Setor A – Espaço 2 – Pinheiros – SP – CEP 05425-902
SAC 0800 011 7875
www.editorasaraiva.com.br

Dados Internacionais de Catalogação na Publicação (CIP)
(Câmara Brasileira do Livro, SP, Brasil)

Bôas, Newton Villas
Tópicos de física 2 : conecte live / Newton Villas Bôas, Ricardo Helou Doca, Ronaldo Fogo. -- 3. ed. -- São Paulo : Saraiva, 2018.

Suplementado pelo manual do professor.
Bibliografia.
ISBN 978-85-472-3471-3 (aluno)
ISBN 978-85-472-3472-0 (professor)

1. Física (Ensino médio) I. Doca, Ricardo Helou. II. Fogo, Ronaldo. III. Título.

18-17163 CDD-530.7

Índices para catálogo sistemático:

1. Física : Ensino fundamental 530.7
Maria Alice Ferreira – Bibliotecária – CRB-8/7964

2023
Código da obra CL 800855
CAE 628175 (AL) / 628176 (PR)
3ª edição
7ª impressão

Impressão e acabamento: EGB Editora Gráfica Bernardi Ltda.

Uma publicação SOMOS EDUCAÇÃO

Dedicamos este trabalho ao nosso mestre, professor Eduardo Figueiredo, de raro conhecimento e exemplar entusiasmo pela Física. Obrigado por tantos ensinamentos.

Ao estudante

Tópicos de Física é uma obra viva, em permanente processo de renovação e aprimoramento. Pretendemos nesta edição, mais uma vez, oferecer um material contemporâneo e abrangente, capaz de satisfazer aos cursos de Ensino Médio mais exigentes.

Elaboramos este trabalho com a certeza de proporcionar a você um caminho metódico e bem planejado para um início consistente no aprendizado de Física. Nem por um momento perdemos de vista a necessidade de despertar seu real interesse pela disciplina. Para alcançar esse objetivo, criamos uma obra rica em situações contextuais, baseadas em ocorrências do dia a dia. Uma variedade de exemplos, ilustrações e outros recursos foi inserida com o intuito de instigar sua curiosidade e seu desejo de saber mais e se aprofundar nos temas abordados.

Optamos pela distribuição clássica dos conteúdos e dividimos o material em três volumes:

Volume 1: Mecânica;

Volume 2: Termologia, Ondulatória e Óptica Geométrica;

Volume 3: Eletricidade, Física moderna e Análise dimensional.

Cada volume compõe-se de *unidades*, que equivalem aos grandes setores de interesse da Física. Estas, por sua vez, são constituídas de *tópicos*, que abordam determinado assunto teórica e operacionalmente. Em cada tópico a matéria está dividida em *blocos*, que agregam itens relacionados entre si. Nos blocos a compreensão da teoria é favorecida pela inclusão de um grande número de exemplos práticos, ilustrações e fotos legendadas.

Esperamos que, ao utilizar este material, você amplie sua percepção de mundo e torne mais flexível seu raciocínio formal. Desejamos também que você adquira uma consistente visão dessa fascinante disciplina, o que, certamente, contribuirá para seu ingresso nas mais concorridas instituições de Ensino Superior do país.

Conheça seu livro

Unidade

Na *Abertura de unidade*, é feita uma breve apresentação da área da Física que será estudada e da maneira como a unidade foi estruturada, indicando-se os tópicos que a compõem.

Tópico

A *Abertura de tópico* traz uma breve introdução do que será trabalho ao longo do tópico.

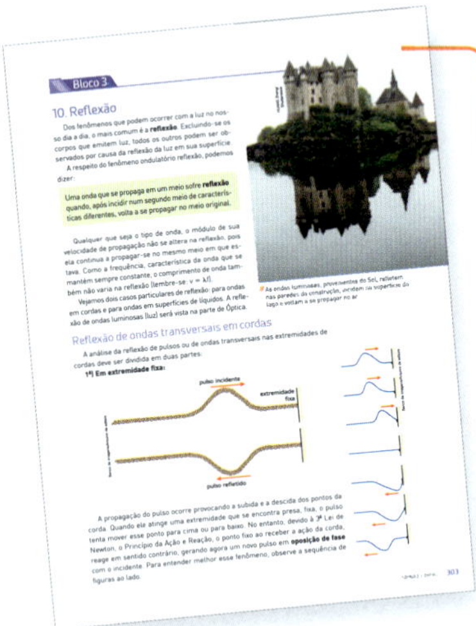

Bloco

Cada tópico está dividido em *blocos*, que agregam itens relacionados entre si.

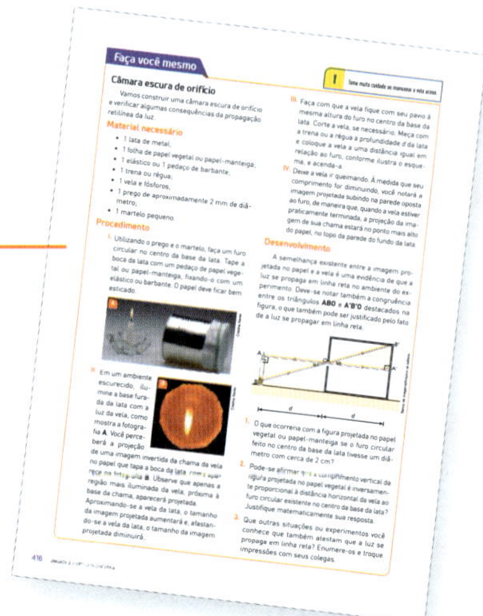

Faça você mesmo

A seção *Faça você mesmo* traz atividades experimentais ou de verificação simples que podem auxiliá-lo na compreensão de fenômenos e conceitos importantes da Física.

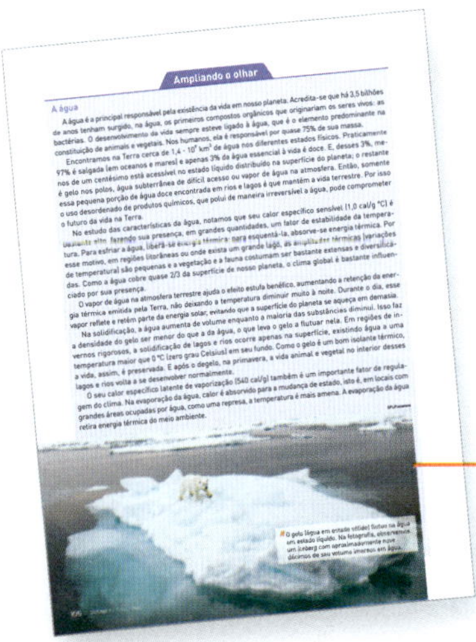

Ampliando o olhar

Nesta seção, você encontra textos complementares cuja finalidade é propor outras referências fenomenológicas, históricas e tecnológicas, além de curiosidades e justificativas que podem contribuir para a construção do conhecimento da Física e de sua relação com outros componentes curriculares.

Intersaberes

Na seção *Intersaberes*, você tem acesso a textos que podem ser explorados de maneira integrada com outras disciplinas. É uma oportunidade de complementar e aprofundar o conteúdo do tópico, estabelecer conexões entre diferentes áreas do conhecimento, realizar pesquisas e promover um debate de opiniões envolvendo os colegas e o professor.

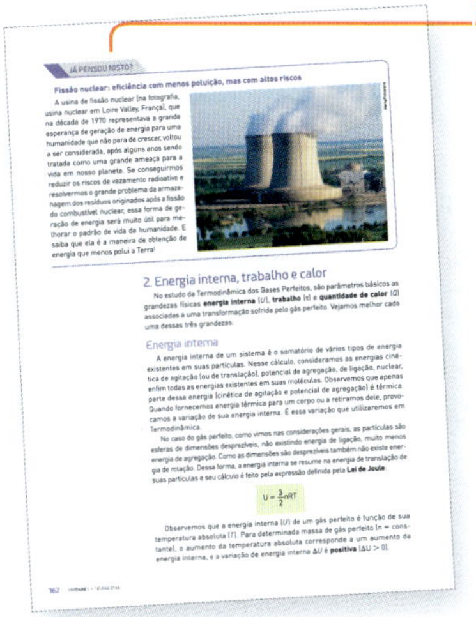

Já pensou nisto?

Neste boxe, você encontra imagens fotográficas acompanhadas de títulos instigadores. Esses títulos são propostos quase sempre em forma de perguntas ou simples reflexões, cujo objetivo é motivá-lo a fazer a leitura do conteúdo estabelecendo conexões com situações do cotidiano.

Descubra mais

No boxe *Descubra mais*, você encontra questões que o convidam a pesquisar e a conhecer um pouco mais os assuntos estudados. Com isso, você poderá ampliar a abordagem do texto e descobrir temas correlatos enriquecedores.

Em cada tópico há quatro grupos de exercícios com diferentes níveis de dificuldade, a saber, *nível 1*, *nível 2*, *nível 3* e *Para raciocinar um pouco mais*. Intercalados aos exercícios nível 1 e nível 2 há alguns *Exercícios resolvidos (ER)*, que servem de ponto de partida para o encaminhamento de questões semelhantes.

Exercícios nível 1 – requerem, de forma simples, conhecimento apenas dos conceitos essenciais. Esses exercícios estão logo após a apresentação da teoria de cada bloco.

Exercícios nível 2 – além dos aspectos conceituais, valorizam a descrição quantitativa dos fenômenos e contextos. Os exercícios nível 2 estão logo após os exercícios nível 1.

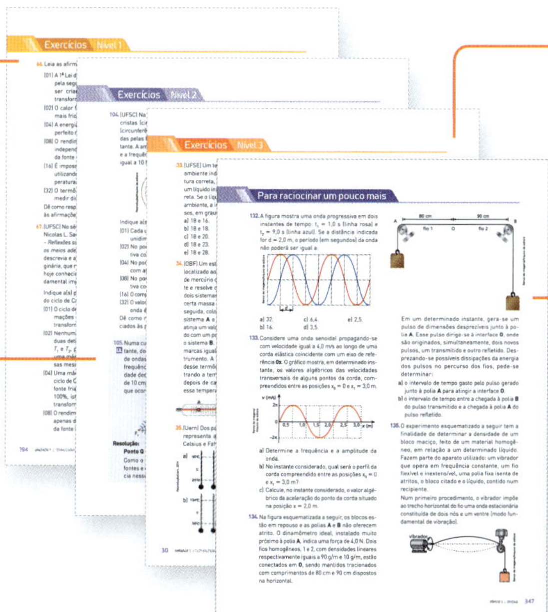

Exercícios nível 3 – em sua maioria são exercícios de vestibulares, nos quais inserimos elementos de complementação. Aparecem logo após a apresentação da teoria do último bloco de cada tópico.

Para raciocinar um pouco mais – comparecendo nesta edição em maior número, são exercícios com formulações mais difíceis, recomendados àqueles que se dispuserem a alcançar maior grau de aprofundamento no conhecimento de Física. Encontram-se logo após os exercícios nível 3.

Sumário

Parte I

Parte II

UNIDADE 2 – ONDULATÓRIA

UNIDADE

1 Termologia

Alamy/Fotoarena

Vulcão Etna; ao fundo a cidade de Catânia, Itália. Julho de 2014

Termologia é a parte da Física que estuda os fenômenos relativos à energia térmica, que é a forma de energia relacionada à agitação das partículas de um corpo. A energia térmica, quando em trânsito, é denominada calor.

NESTA UNIDADE VAMOS ESTUDAR:

- **Tópico 1:** Temperatura
- **Tópico 2:** O calor e sua propagação
- **Tópico 3:** Calor sensível e calor latente
- **Tópico 4:** Gases perfeitos
- **Tópico 5:** Termodinâmica
- **Tópico 6:** Dilatação térmica dos sólidos e dos líquidos

TÓPICO

1 Temperatura

Ethan Miller/Getty Images

// Em alguns locais da Terra, são registradas grandes amplitudes térmicas (diferenças de temperatura). É o que ocorre, por exemplo, na costa oeste dos Estados Unidos, particularmente no estado de Nevada, na região desértica conhecida como Vale da Morte. Devido ao clima muito árido e à escassez de água, verificam-se grandes variações de temperatura. Foi esse o local em que ocorreu a maior temperatura já registrada no planeta, 134 °F. Em homenagem a esse recorde, foi construído o maior termômetro do mundo, até hoje, com 134 pés de altura (40,8 m).

Ao iniciarmos nossos estudos, surge o primeiro questionamento: onde encontramos a Termologia em nosso dia a dia? Aprender Termologia vai nos ajudar a entender algumas situações que fazem parte do nosso cotidiano?

Para responder a essas questões, vamos listar algumas situações que vivenciamos frequentemente. Ao ligar o chuveiro para tomar um banho quente, a água está à temperatura ambiente, fria, então é necessário fornecer energia para que ela se aqueça. Ao abrirmos a porta da geladeira, recebemos o ar gelado vindo do seu interior – esse ar foi resfriado, perdendo energia. Do congelador retiramos algumas pedras de gelo que são colocadas no suco de laranja. O gelo vai receber energia do suco, que será resfriado, e derreterá, passando do estado sólido para o estado líquido. O aprendizado da Termologia vai nos ajudar a entender essas e muitas outras situações que enfrentamos diariamente.

Bloco 1

1. Introdução

Termologia é a parte da Física que estuda os fenômenos relativos ao aquecimento, ao resfriamento ou às mudanças de estado físico em corpos que recebem ou cedem um determinado tipo de energia.

Estudaremos as formas pelas quais essa energia, que denominaremos **energia térmica**, muda de local, propagando-se através de um meio. Veremos, ainda, o comportamento de um modelo teórico de gás, denominado **gás perfeito**, e, entre outras coisas, as relações existentes entre a energia térmica e a energia mecânica.

Maksim Gusarov/Shutterstock

A preparação de um bolo envolve **energia** em forma de calor. O bolo precisa receber **energia térmica** para seu cozimento.

No estudo de todos os fenômenos relativos à Termologia, sempre aparece um parâmetro muito importante, denominado **temperatura**, capaz de definir o estado térmico do sistema físico estudado. Assim, iniciaremos o nosso estudo de Termologia conceituando a temperatura e estabelecendo processos e regras usados para sua medição.

Na figura ao lado observamos vários fenômenos que serão estudados em Termologia.

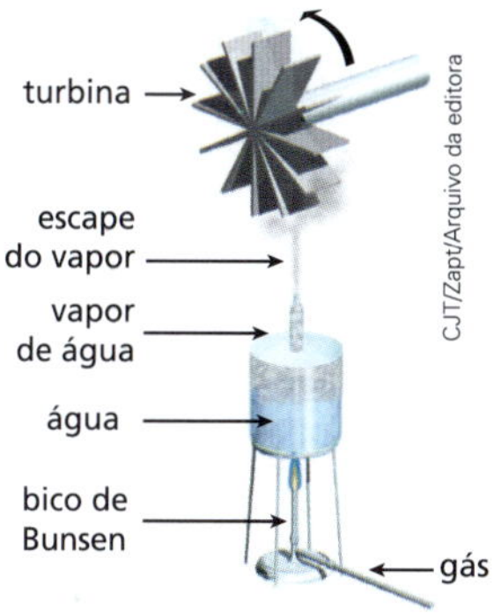

CJT/Zapt/Arquivo da editora

A fonte térmica aquece a água; esta vaporiza-se (muda de estado físico), e o vapor formado expande-se, saindo pela abertura existente no recipiente. O vapor atinge as pás da turbina e realiza trabalho, isto é, coloca a turbina em rotação.

2. Temperatura

Temperatura é a grandeza que caracteriza o estado térmico de um sistema.

É comum as pessoas avaliarem o estado térmico de um corpo pela sensação de quente ou frio que sentem ao tocá-lo. Até que ponto, entretanto, podemos confiar nessa sensação? Muitas vezes pessoas diferentes em um mesmo ambiente experimentam sensações térmicas diferentes! Note que isso ocorre porque as sensações de quente e frio são individuais e subjetivas, dependendo do indivíduo e das condições a que ele está sujeito.

Agora você deve estar se perguntando: como podemos avaliar fisicamente esse "quente" e esse "frio"?

Imaginemos um balão de borracha, fechado, com ar em seu interior. O ar, como sabemos, é constituído de pequenas partículas que se movimentam em todas as direções. Agora, vamos aquecer o ar. O que acontece? O balão estufa, aumentando de tamanho. O que provocou isso? Foi o ar em seu interior, que, ao ser aquecido, empurrou mais fortemente as paredes elásticas, aumentando o volume do balão.

Isso ocorre porque as partículas de ar movimentam-se, possuindo certa velocidade, e, portanto, certa energia cinética. Quando aumentamos a temperatura dessas partículas por aquecimento, essa energia cinética aumenta, intensificando os choques dessas partículas com as paredes internas do balão, o que produz aumento de volume.

Assim, podemos associar a temperatura do ar à energia cinética de suas partículas, isto é, ao estado de movimento dessas partículas.

Entretanto, o que acontece nos sólidos e nos líquidos, cujas partículas são impedidas de movimentar-se livremente?

Nesses casos, as partículas apenas se agitam em regiões limitadas, e esse estado de agitação aumenta com o aquecimento, com o aumento de temperatura.

A conclusão a que podemos chegar é que, de alguma forma, a temperatura está relacionada com o estado de movimento ou de agitação das partículas de um corpo. Assim, como uma ideia inicial, podemos dizer que a temperatura é um valor numérico associado a um determinado estado de agitação ou de movimentação das partículas de um corpo, umas em relação às outras.

CJT/Zapt/Arquivo da editora

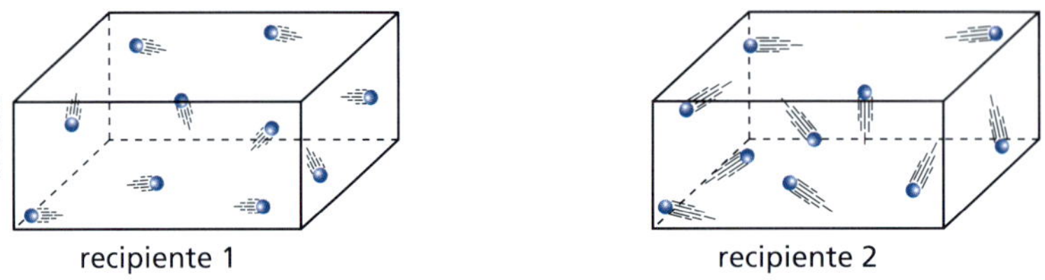

Considerando que os dois recipientes contêm o mesmo tipo de gás, no recipiente 2 o estado de agitação das partículas que compõem o gás é maior, pois estas se movimentam com maior rapidez. Assim, podemos concluir que o gás do recipiente 2 se encontra em uma temperatura mais elevada que o gás do recipiente 1.

3. Equilíbrio térmico

Suponha que um assado recém-saído de um forno e um suco saído de uma geladeira sejam colocados sobre uma mesa. Após alguns minutos, observamos que ambos atingem a temperatura ambiente. Assim, o assado "esfriou" e o suco "esquentou".

Da observação de fenômenos dessa natureza, podemos concluir que os corpos colocados em um mesmo meio, sempre que possível, tendem espontaneamente para um mesmo estado térmico. Os corpos mais "quentes" fornecem parte da energia de agitação de suas partículas para os corpos mais "frios". Assim, os mais "quentes" esfriam e os mais "frios" esquentam, até que seus estados térmicos (suas temperaturas) fiquem iguais. Dizemos, então, que esses corpos atingiram o **equilíbrio térmico**.

CJT/Zapt/Arquivo da editora

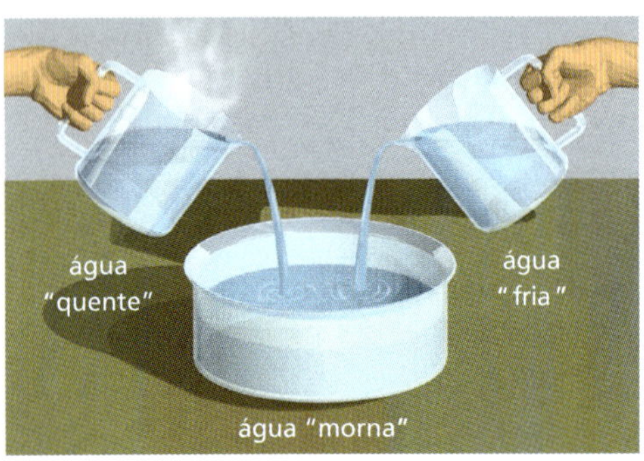

Dois ou mais sistemas físicos estão em **equilíbrio térmico** entre si quando suas temperaturas são iguais.

Exemplo:

As partículas da água "quente" fornecem parte de sua energia de agitação para as partículas da água "fria" e esfriam. Ao receber essa energia, as partículas da água "fria" esquentam. A troca de energia só é interrompida quando o equilíbrio térmico é atingido.

4. Medição de temperatura

Considerando o que vimos anteriormente, é possível perceber que não temos condições de medir diretamente a energia de agitação das moléculas de um corpo. Como podemos, então, avaliar sua temperatura?

É simples: isso deve ser feito por um processo indireto, usando-se um segundo corpo que sofra alterações mensuráveis em suas propriedades físicas quando do processo de busca do equilíbrio térmico com o primeiro. A esse corpo chamamos de **termômetro**.

Vamos estudar com um pouco mais de detalhe o **termômetro de mercúrio**, instrumento amplamente utilizado para a identificação da temperatura corporal.

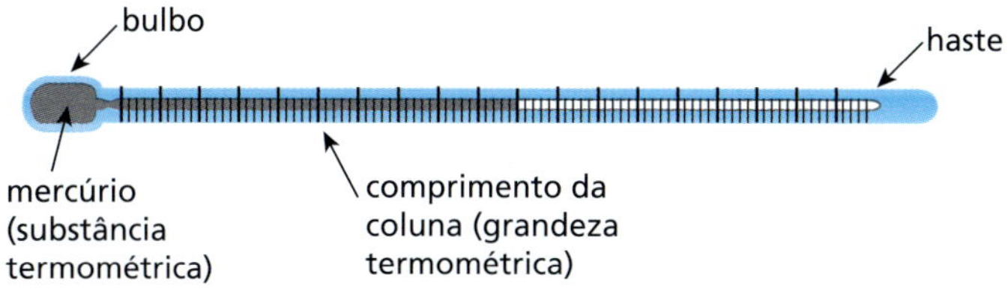

Banco de imagens/Arquivo da editora

NOTA!

Os termômetros de mercúrio estão sendo substituídos por outros modelos que utilizam outras substâncias ou se baseiam em outras propriedades termométricas. O mercúrio tem alta toxicidade.

Na extremidade esquerda do termômetro acima, há um reservatório (bulbo) onde fica armazenada a **substância termométrica**. No caso desse termômetro, essa substância é o mercúrio, mas poderia ser outra, como o álcool, por exemplo. No interior da haste, há um tubo muito estreito (capilar) através do qual a substância termométrica se desloca para a direita ou para a esquerda conforme a temperatura que está sendo medida. O valor da temperatura é fornecido pela medida do comprimento da coluna, que é chamada de **grandeza termométrica**.

É importante observar que:

Substância termométrica é aquela em que pelo menos uma de suas propriedades físicas (comprimento, volume, pressão, entre outras) varia de forma mensurável com a temperatura.
Grandeza termométrica é a propriedade física da substância termométrica que varia de forma mensurável com a temperatura e é usada para medi-la.

Vamos observar outros modelos de termômetros.

Na foto ao lado podemos observar um termômetro bastante prático utilizado para medir a temperatura do corpo humano. Ele funciona recebendo radiações na faixa do infravermelho emitidas pela pele da testa da pessoa. Não há necessidade de encostar o aparelho, ele deve estar a alguns centímetros da pele. A temperatura é registrada em poucos segundos com razoável precisão.

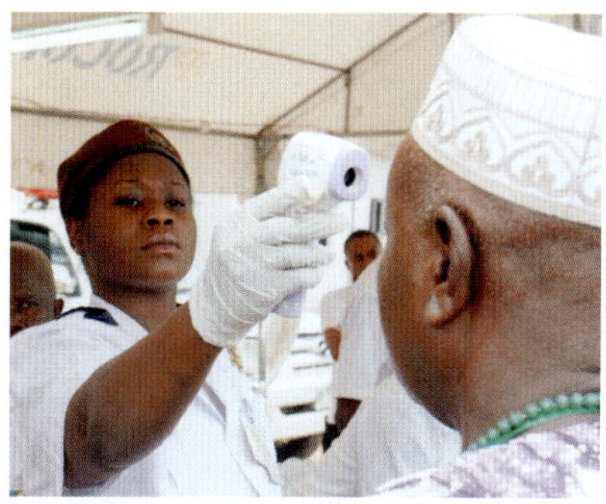

Alamy/Fotoarena

O termômetro de infravermelho foi muito utilizado durante a epidemia de ebola entre 2014 e 2016 para verificar a temperatura corporal das pessoas. Na foto, uma oficial de saúde avalia a temperatura de um passageiro no aeroporto Murtala Muhammed, na Nigéria.

No interior de fornos são utilizados termômetros que funcionam através da dilatação de uma lâmina bimetálica. Esse tipo de termômetro costuma ser usado na culinária e também no interior de câmaras frigoríficas e de fornos de padaria.

Africa Studio/Shutterstock

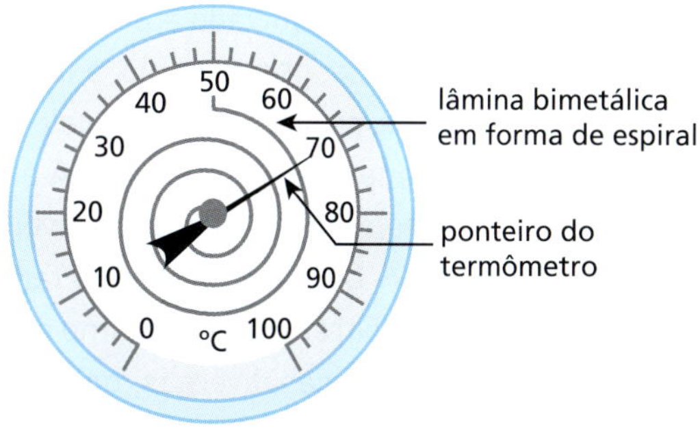

Banco de imagens/Arquivo da editora

Termômetro de lâmina bimetálica avalia a temperatura de uma ave assada. Nesse tipo de termômetro a dilatação acontece de forma diferente em cada uma das placas e, com isso, elas espiralam e movimentam o ponteiro.

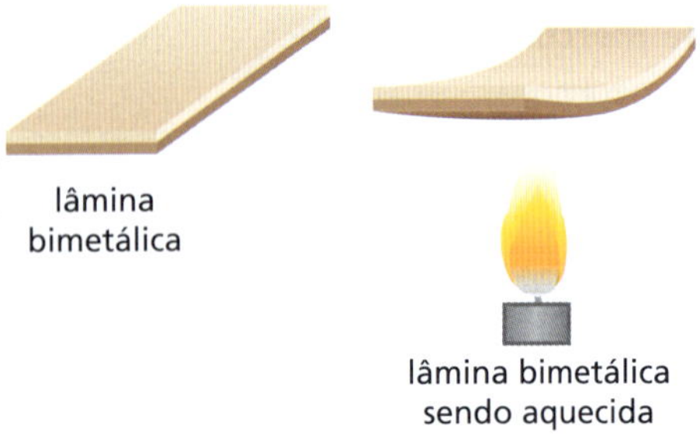

CJT/Zapt/Arquivo da editora

Mas o que são lâminas bimetálicas? São lâminas compostas de duas camadas, cada uma de um metal diferente. Observe a ilustração ao lado. Quando a lâmina bimetálica é aquecida, um dos metais dilata mais do que o outro e seu comprimento fica maior. No entanto, como as chapas estão "coladas", a dilatação provoca o encurvamento da lâmina, ficando o metal que dilata mais na face externa (face convexa).

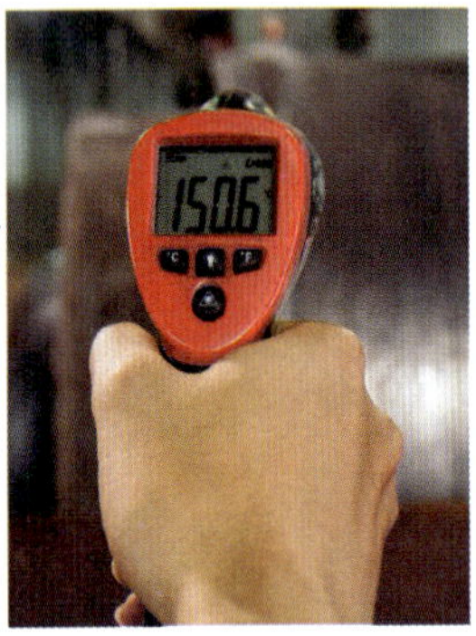

GajokFilm/Shutterstock

Pirômetro óptico.

Reprodução/Arquivo da editora

Termômetro a gás.

Um outro modelo de termômetro é o óptico (também chamado de **pirômetro óptico**). Ele pode medir altas temperaturas utilizando a intensidade das radiações emitidas por um objeto muito aquecido. Esse tipo de termômetro é usualmente utilizado em fundições e siderúrgicas.

Para medir baixas temperaturas, podemos utilizar um termômetro a gás, a volume constante. No resfriamento, associamos o valor da pressão do gás a um valor de temperatura. Esse termômetro é muito usado em laboratórios de pesquisa e, devido a sua precisão, é muito utilizado para calibrar outros termômetros.

Ivaschenko Roman/Shutterstock

Termômetro de álcool. A substância termométrica (álcool) é tingida de vermelho para melhor visualização.

5. Equação termométrica

Em um termômetro, a grandeza termométrica varia praticamente de modo uniforme com a temperatura. Podemos, com boa aproximação, afirmar que a relação matemática de correspondência entre a grandeza termométrica (*G*) e a temperatura (θ) é uma função do 1º grau.

A essa relação damos o nome de **equação termométrica**:

$$G = a\theta + b$$

em que *a* e *b* são constantes características do termômetro, com $a \neq 0$.

No termômetro de álcool, por exemplo, a grandeza termométrica (*G*) é a altura da coluna. Substituindo o valor dessa altura na equação termométrica, obtemos a temperatura correspondente.

6. Escalas termométricas

Escala termométrica é um conjunto de valores numéricos em que cada valor está associado a uma determinada temperatura.

Se, por exemplo, a temperatura de um sistema **A** é representada pelo valor 50 e a de um sistema **B**, pelo valor 20, em uma mesma escala termométrica, dizemos que a temperatura de **A** é maior que a de **B**. Isso indica que as partículas do sistema **A** estão em um nível energético mais elevado que as do sistema **B**.

Como uma escala termométrica é constituída por um conjunto de valores arbitrários, um mesmo estado térmico pode ser representado em escalas termométricas diversas, por valores numéricos diferentes.

Os valores numéricos de uma escala termométrica são obtidos a partir de dois valores atribuídos previamente a dois estados térmicos de referência, bem definidos, denominados **pontos fixos**.

7. Pontos fixos fundamentais

Pela facilidade de obtenção prática, são adotados usualmente como pontos fixos os estados térmicos correspondentes ao gelo fundente e à água em ebulição, ambos sob pressão normal. Esses estados térmicos costumam ser denominados **ponto do gelo** e **ponto do vapor**, respectivamente, e constituem os **pontos fixos fundamentais**.

1º ponto fixo: ponto do gelo – temperatura na qual o gelo e a água permanecem em equilíbrio térmico quando sob pressão normal.
2º ponto fixo: ponto do vapor – temperatura na qual a água entra em ebulição sob pressão normal.

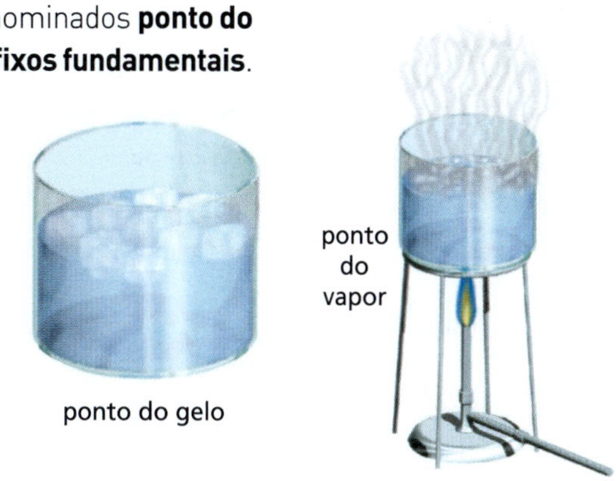

Luis Fernando R. Tucillo/Arquivo da editora

NOTA!

Em 1939, o químico canadense William Francis Giauque (1895-1982) passou a defender a proposta de Lorde Kelvin, que pretendia que as escalas termométricas usassem apenas um ponto fixo, o **ponto tríplice da água** (temperatura em que ela se apresenta em equilíbrio térmico nos três estados físicos: sólido, líquido e vapor). Essa tese foi aprovada em 1954 pelos representantes da comunidade científica e passou a ser chamada de **solução Giauque**. Por ser mais prático, no entanto, continuamos usando o ponto do gelo e o ponto do vapor como referências nas escalas termométricas.

8. Escalas Celsius e Fahrenheit

A escala termométrica mais utilizada no mundo, inclusive no Brasil, foi criada pelo astrônomo e físico sueco Anders **Celsius** (1701-1744) e oficializada em 1742 por uma publicação da Real Academia Sueca de Ciências. O interessante é que, originalmente, Celsius utilizou o valor **0** para o ponto de ebulição da água e o valor **100** para seu ponto de congelamento. Foi um biólogo sueco, chamado Lineu [Carl von Linné (1707-1778)], quem inverteu essa escala, tornando-a tal como a conhecemos hoje.

Album/akg-images/Fototeca Gilardi/Latinstock

Retrato de Anders Celsius.

Em 1708, o físico alemão Daniel Gabriel Fahrenheit (1686-1736), utilizando as ideias do astrônomo dinamarquês Ole Römer (1644-1710), estabeleceu os pontos de referência de uma nova escala. Para o ponto **0**, ele utilizou a temperatura de equilíbrio de uma mistura de gelo e cloreto de amônia e, para o ponto **100**, a temperatura do corpo humano. Somente mais tarde, quando passaram a utilizar a água como referência, observou-se que a sua escala assinalava **32** para o ponto do gelo e **212** para o ponto do vapor. A escala Fahrenheit de temperaturas é utilizada principalmente nos países de língua inglesa, como nos Estados Unidos, nas Bahamas, em Belize e em Palau.

Na **escala Celsius**, temos 100 divisões iguais entre os pontos fixos, cada divisão correspondendo à unidade da escala, que recebe o nome de **grau Celsius**, simbolizado por **°C**.

Na **escala Fahrenheit**, temos 180 divisões iguais entre os pontos fixos, sendo a unidade da escala denominada **grau Fahrenheit**, simbolizado por **°F**.

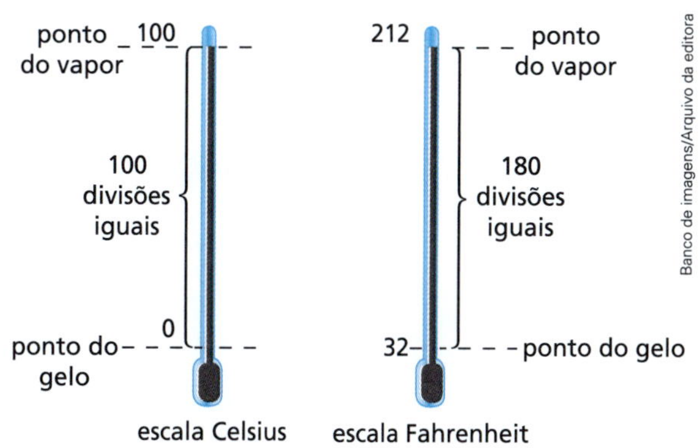

Banco de imagens/Arquivo da editora

9. Conversão entre as escalas Celsius e Fahrenheit

Sempre é possível estabelecer uma relação entre duas escalas termométricas quaisquer. Podemos, por exemplo, obter uma equação que relacione os valores numéricos dados pelas escalas Celsius e Fahrenheit. Isso significa que, conhecendo a temperatura em uma determinada escala, podemos também, utilizando essa equação, conhecê-la em outra escala qualquer.

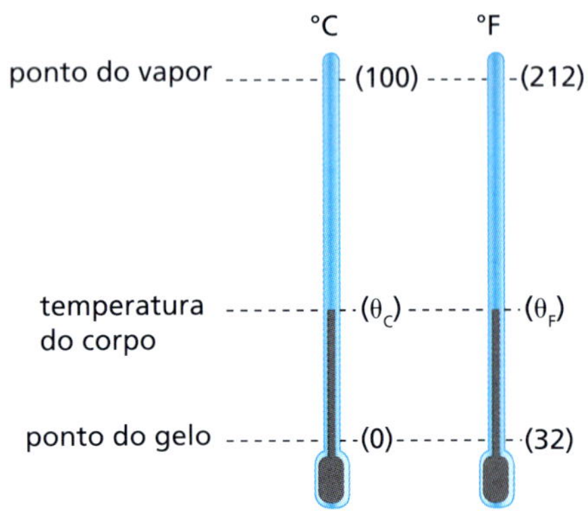

Banco de imagens/Arquivo da editora

A que valor na escala Fahrenheit corresponde, por exemplo, 60 °C?

Para fazer a correspondência, vamos utilizar dois termômetros idênticos de mercúrio, sendo um graduado na escala Celsius e outro, na Fahrenheit. Ao colocá-los em contato com um mesmo corpo, observamos que as alturas de mercúrio são iguais, mas, por se tratar de escalas distintas, os valores numéricos assinalados são diferentes (θ_C e θ_F).

Perceba que os intervalos de temperatura correspondentes nos dois termômetros são proporcionais. Assim, vale a relação:

$$\frac{\theta_C - 0}{\theta_F - 32} = \frac{100 - 0}{212 - 32}$$

$$\frac{\theta_C}{\theta_F - 32} = \frac{100}{180} = \frac{5}{9}$$

Essa **equação de conversão** pode ser escrita da seguinte maneira:

$$\frac{\theta_C}{5} = \frac{\theta_F - 32}{9}$$

10. Variação de temperatura

Para converter uma **variação de temperatura** em graus Celsius para graus Fahrenheit, ou vice-versa, observe o esquema abaixo, em que comparamos essas duas escalas.

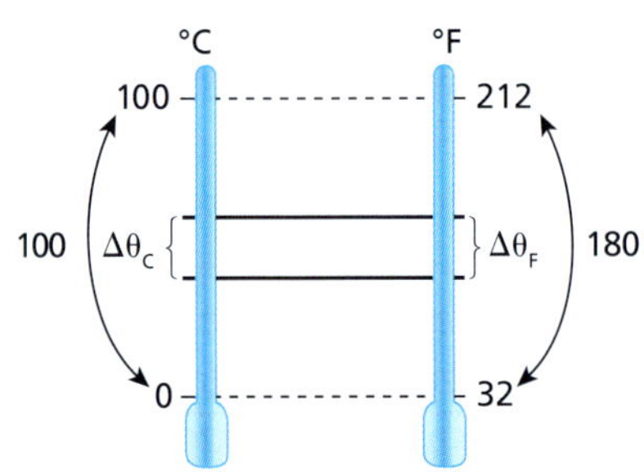

Banco de imagens/Arquivo da editora

Note que a variação em uma das escalas é proporcional à variação correspondente na outra.

Assim, podemos afirmar que:

$$\frac{\Delta\theta_C}{100} = \frac{\Delta\theta_F}{180}$$

Escala Réaumur

Em 1730, o físico francês René-Antoine Ferchault de **Réaumur** (1683-1757) observou que o álcool, ao ser aquecido do ponto do gelo até o ponto do vapor, apresentava uma expansão de 80 partes por mil. Assim, estabeleceu em sua escala a marca **0** para a fusão do gelo e **80** para a ebulição da água, sob pressão normal.

A conversão entre a escala Réaumur e a escala Celsius é feita pela relação:

$$\frac{\theta_C}{5} = \frac{\theta_R}{4}$$

Retrato de René-Antoine Ferchault de Réaumur.

Em um mesmo termômetro, podem-se utilizar escalas diferentes. No termômetro abaixo, podemos observar uma mesma temperatura nas escalas Celsius, Fahrenheit e Réaumur.

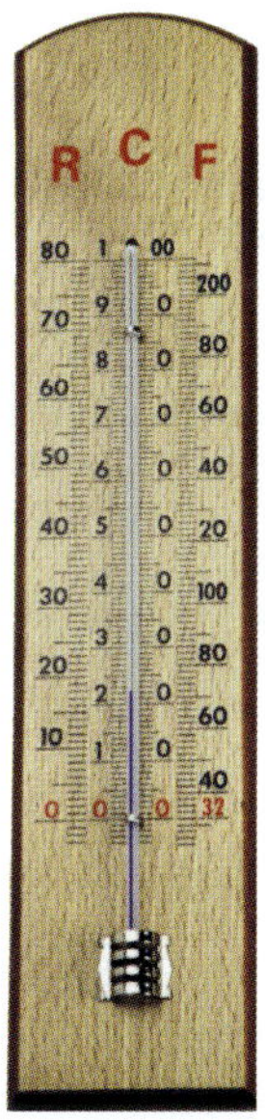

Ampliando o olhar

Termômetros

Todo dispositivo utilizado para medir temperaturas é chamado de termômetro. O primeiro termômetro de que se tem notícia foi construído por Galileu Galilei (1564-1642) em 1597 (chamado de termoscópio de Galileu) e era formado por um longo tubo de vidro, aberto na extremidade inferior e com um reservatório na parte superior (um bulbo). Esse tubo era parcialmente preenchido com água e emborcado em uma vasilha, que também continha água. O ar que preenchia o bulbo e parte da haste, ao sofrer variação de pressão, se contraía ou se expandia, provocando alteração na altura da coluna de água. Dessa forma, media-se a temperatura. Esse termômetro, porém, era muito impreciso. Somente cinquenta anos após sua invenção, um amigo de Galileu, o Duque de Toscana, utilizou álcool em vez de água e lacrou o sistema, fazendo com que seu funcionamento não dependesse da pressão atmosférica.

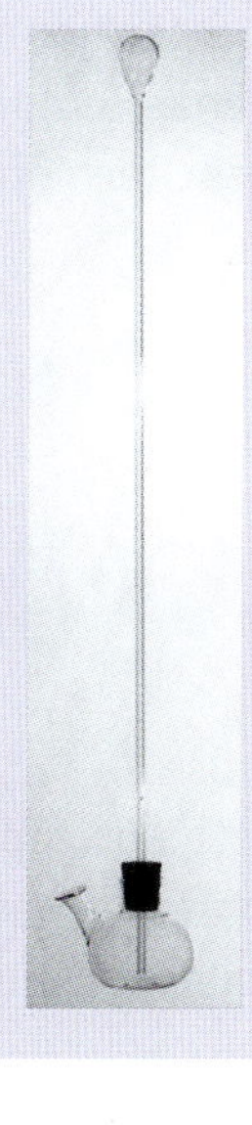

Reprodução do termoscópio de Galileu.

Termômetro de máxima e mínima

O termômetro de máxima e mínima foi idealizado pelo cientista inglês James Six e é utilizado para medir a **máxima** e a **mínima** temperatura em determinado intervalo de tempo. O líquido termométrico utilizado costuma ser o álcool (o mercúrio existente no interior do tubo é usado apenas para empurrar os flutuadores de ferro). Na coluna da direita (coluna de temperaturas máximas) existe uma bolha de ar, o que facilita a dilatação do álcool da coluna da esquerda. Essa dilatação do álcool, ou contração, empurra o mercúrio, que move os flutuadores de ferro. Devido ao atrito, os flutuadores não acompanham o álcool, permanecendo nos locais que indicam as temperaturas máxima e mínima. Para recolocar os flutuadores nos níveis do mercúrio, utiliza-se um ímã.

Banco de imagens/ Arquivo da editora

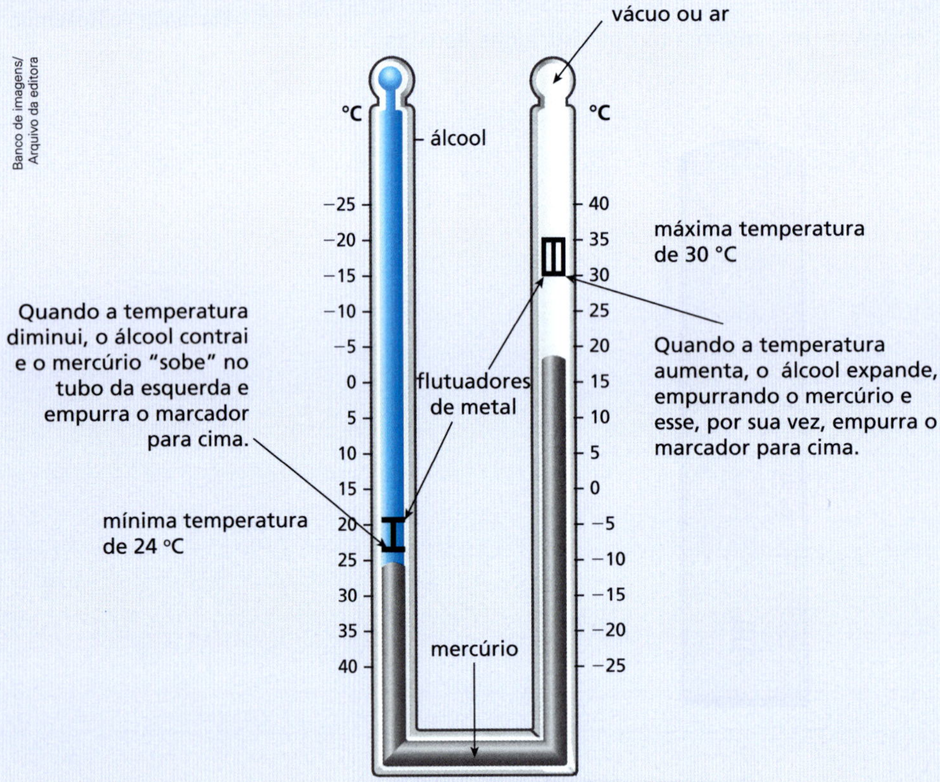

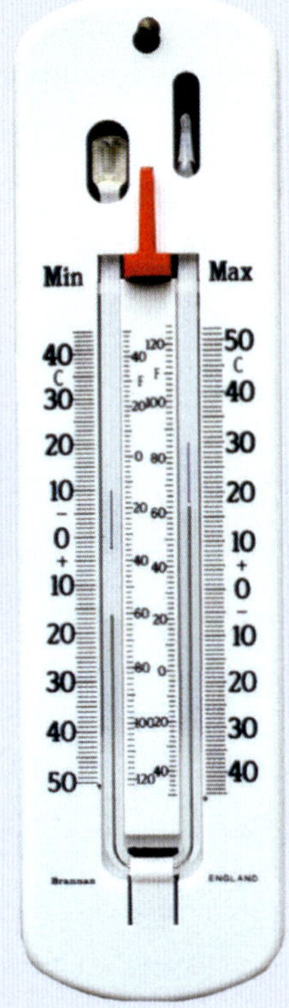

Jerry Mason/SPL/Latinstock

Termômetro clínico

O termômetro clínico tem por finalidade medir a temperatura do corpo humano. Por isso, ele indica apenas temperaturas com valores entre 35 °C e 42 °C. As substâncias termométricas mais utilizadas nesse termômetro são o mercúrio e o álcool.

Banco de imagens/ Arquivo da editora

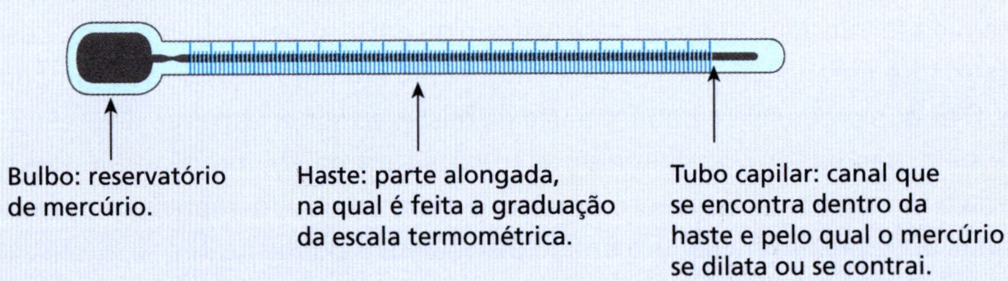

O tubo capilar pelo qual passa o mercúrio é muito estreito. Isso pode dificultar a visão do nível atingido. Por isso, a haste de vidro é moldada de tal forma que serve de lente de aumento, ampliando o tubo capilar, facilitando a visão do nível de mercúrio.

Entre o bulbo e o início da haste existe um estrangulamento no tubo que permite ao mercúrio se expandir ao longo do tubo mas não voltar ao bulbo. Isso faz dele um termômetro de máxima, ou seja, em determinado intervalo de tempo, ele mede apenas a máxima temperatura do corpo.

A fim de que a porção do mercúrio expandida no tubo retorne ao bulbo, deve-se agitar o termômetro.

Para o uso clínico é utilizado também o termômetro digital. O funcionamento desse termômetro é baseado nas propriedades elétricas dos materiais. O termômetro digital possui um circuito interno que mede correntes elétricas, valor esse que muda com a temperatura.

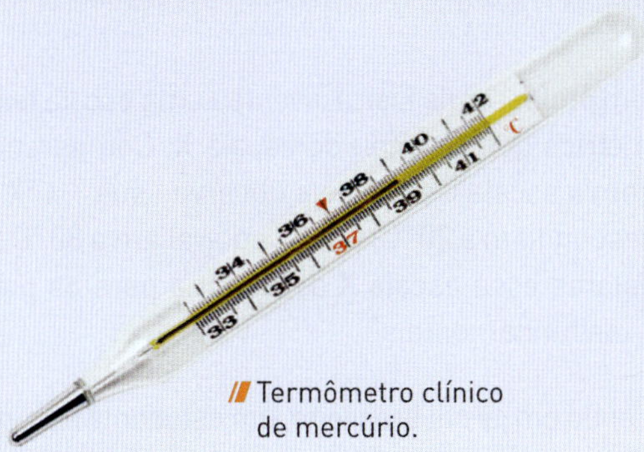

Aleoks/Shutterstock

Termômetro clínico de mercúrio.

frantic00/Shutterstock

Termômetro clínico digital.

Termômetro de rua

Um termômetro diferente, que podemos encontrar nas ruas de algumas cidades, são os relógios como o da fotografia, que também registram a temperatura do ar no local. No seu funcionamento, esse dispositivo conta com uma antena que possui em sua extremidade um diodo semicondutor. Esse diodo está associado a outros componentes eletrônicos e o circuito é alimentado por uma fonte de tensão. Quando o ar no local esquenta (ou esfria), a corrente elétrica no diodo aumenta (ou diminui), e essa informação é transmitida ao circuito elétrico existente no interior do relógio, que altera o indicativo da temperatura.

Alexandre Tokitaka/Pulsar Imagens

Exercícios Nível 1

1. Um jornalista, em visita aos Estados Unidos, passou pelo deserto de Mojave, onde eram realizados os pousos dos ônibus espaciais da Nasa. Ao parar em um posto de gasolina, à beira da estrada, ele observou um grande painel eletrônico que indicava a temperatura local na escala Fahrenheit. Ao fazer a conversão para a escala Celsius, ele encontrou o valor 45 °C. Que valor ele havia observado no painel?

2. Uma agência de turismo estava desenvolvendo uma página na internet que, além dos pontos turísticos mais importantes, continha também informações relativas ao clima da cidade de Belém (Pará). Na versão dessa página destinada a clientes dos Estados Unidos, a temperatura média de Belém (30 °C) deveria aparecer na escala Fahrenheit. Que valor o turista iria encontrar, para essa temperatura, na página em inglês?

3. Um turista brasileiro, ao descer no aeroporto de Chicago (EUA), observou um termômetro marcando a temperatura local (68 °F). Fazendo algumas contas, ele verificou que essa temperatura era igual à de São Paulo, quando embarcara. Qual era a temperatura de São Paulo, em graus Celsius, no momento do embarque do turista?

4. E.R. Dois termômetros, um graduado na escala Celsius e o outro, na escala Fahrenheit, são mergulhados em um mesmo líquido. A leitura em Fahrenheit supera em 100 unidades a leitura em Celsius. Qual era a temperatura desse líquido?

Resolução:

Do enunciado do problema, podemos escrever:

$$\theta_F = \theta_C + 100 \text{ (I)}$$

A relação entre as escalas citadas é dada por:

$$\frac{\theta_C}{5} = \frac{\theta_F - 32}{9} \text{ (II)}$$

Substituindo (I) em (II), temos:

$$\frac{\theta_C}{5} = \frac{(\theta_C + 100) - 32}{9}$$

$$9\theta_C = 5\theta_C + 340$$

$$4\theta_C = 340$$

$$\boxed{\theta_C = 85\ °C} \text{ ou } \boxed{\theta_F = 185\ °F}$$

5. Ao chegar ao aeroporto de Miami (EUA), um turista brasileiro observou em um painel eletrônico que a temperatura local medida na escala Fahrenheit ultrapassava o valor medido na escala Celsius em 48 unidades. Qual era a temperatura registrada no painel, em graus Celsius?

6. Em um laboratório, dois termômetros, um graduado em Celsius e outro em Fahrenheit, são colocados no interior de um *freezer*. Após algum tempo, verificou-se que os valores lidos nos dois termômetros eram iguais. Qual era a temperatura medida, em graus Celsius?

7. E.R. Em uma escala de temperaturas **A**, o ponto do gelo equivale a −10 °A e o do vapor, a +40 °A. Se uma temperatura for indicada em um termômetro em Celsius pelo valor 22 °C, que valor será indicado por outro termômetro graduado na escala **A**?

Resolução:

Comparando-se as escalas, temos:

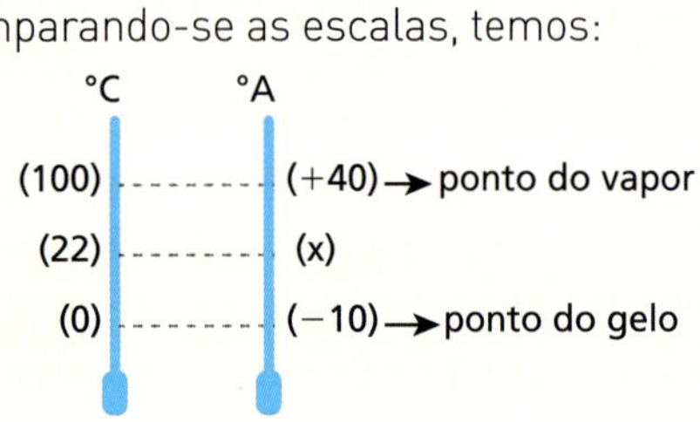

Banco de imagens/Arquivo da editora

Assim:

$$\frac{22 - 0}{100 - 0} = \frac{x - (-10)}{40 - (-10)}$$

$$\frac{22}{100} = \frac{x + 10}{50}$$

$$11 = x + 10$$

$$\boxed{x = 1\ °A}$$

8. Um professor de Física inventou uma escala termométrica que chamou de escala **X**. Comparando-a com a escala Celsius, ele observou que −4 °X correspondiam a 20 °C, e 44 °X equivaliam a 80 °C. Que valores essa escala **X** assinalaria para os pontos fixos fundamentais?

9. Lendo um jornal brasileiro, um estudante encontrou a seguinte notícia: "Devido ao fenômeno *El Niño*, o verão no Brasil foi mais quente do que costuma ser, ocorrendo em alguns locais variações de até 20 °C em um mesmo dia". Se essa notícia fosse reescrita para leitores das Bahamas, a variação de temperatura deveria ser dada na escala Fahrenheit. Que valor iria substituir a variação de 20 °C?

10. (UPM-SP) Um turista brasileiro sente-se mal durante uma viagem e é levado inconsciente a um hospital. Após recuperar os sentidos, sem saber em que local estava, é informado de que a temperatura de seu corpo atingira 104 graus, mas que já "caíra" de 5,4 graus. Passado o susto, percebeu que a escala utilizada era a Fahrenheit. De quanto seria a queda da temperatura desse turista se fosse utilizado um termômetro graduado em Celsius?

11. Uma escala termométrica **X** foi comparada com a escala Celsius, obtendo-se o gráfico dado a seguir, que mostra a correspondência entre os valores das temperaturas nessas duas escalas.

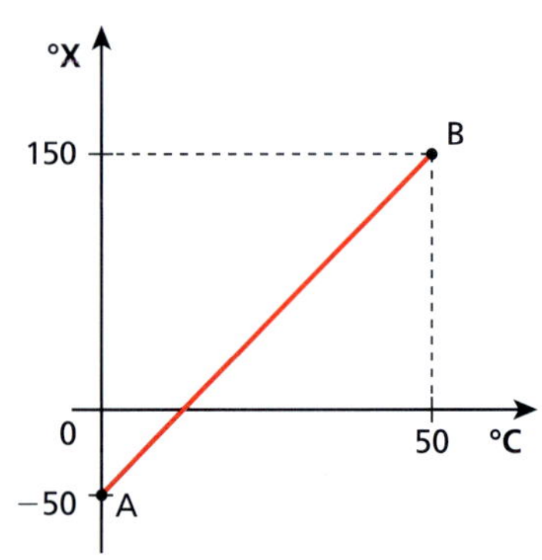

Banco de imagens/Arquivo da editora

Determine:

a) a equação de conversão entre as escalas **X** e Celsius;

b) a indicação da escala **X**, quando tivermos 80 °C;

c) a indicação da escala **X** para os estados térmicos correspondentes aos pontos fixos fundamentais.

12. Um estudante construiu uma escala de temperatura **E** cuja relação com a escala Celsius é expressa no gráfico representado a seguir.

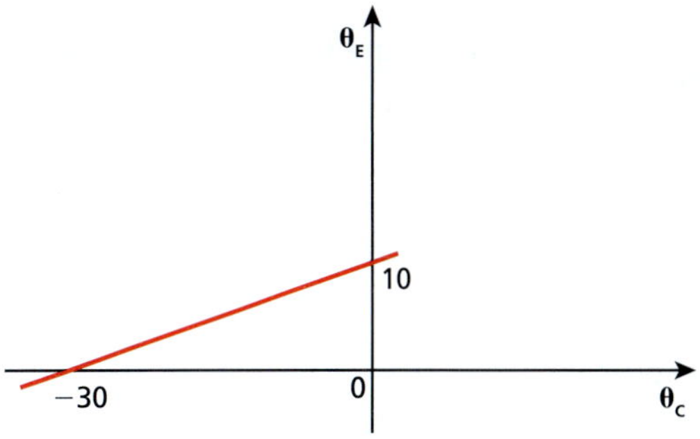

Banco de imagens/Arquivo da editora

Qual é a temperatura cujas leituras coincidem numericamente nessas duas escalas?

Exercícios Nível 2

13. (Uespi) Um estudante está lendo o romance de ficção científica "Fahrenheit 451", de Ray Bradbury. Num certo trecho, uma das personagens afirma que 451 °F é a temperatura na escala Fahrenheit em que o papel de que são feitos os livros entra em combustão. O estudante sabe que, nesta escala, as temperaturas de fusão e ebulição de água são respectivamente iguais a 32 °F e 212 °F. Ele conclui, acertadamente, que 451 °F é aproximadamente equivalente a:

a) 100 °C
b) 205 °C
c) 233 °C
d) 305 °C
e) 316 °C

14. (Unaerp-SP) Durante um passeio em outro país, um médico, percebendo que seu filho está "quente", utiliza um termômetro com escala Fahrenheit para medir sua temperatura. O termômetro, após o equilíbrio térmico, registra 98,6 °F. O médico, então:

a) deve correr urgente para o hospital mais próximo, o garoto está mal, 49,3 °C.

b) não se preocupa, ele está com 37 °C, manda o garoto brincar e mais tarde mede novamente sua temperatura.

c) fica preocupado, ele está com 40 °C, então lhe dá para ingerir uns quatro comprimidos de antitérmico.

d) faz os cálculos e descobre que o garoto está com 32,8 °C.

e) fica preocupado, ele está com 39 °C, dá um antitérmico ao garoto e o coloca na cama sob cobertores.

15. Um determinado estado térmico foi avaliado usando-se dois termômetros, um graduado em Celsius e outro, em Fahrenheit. A leitura Fahrenheit excede em 23 unidades o dobro da leitura Celsius. Essa temperatura corresponde a que valor na escala Celsius?

16. Uma jovem estudante, folheando um antigo livro de Física de seu avô, encontrou a temperatura de ebulição do álcool expressa na escala Réaumur (62,4 °R). Fazendo a conversão para a escala Celsius, ela encontrou que valor?

17. Um paciente foi internado em um hospital e apresentou o quadro de temperatura ao lado.

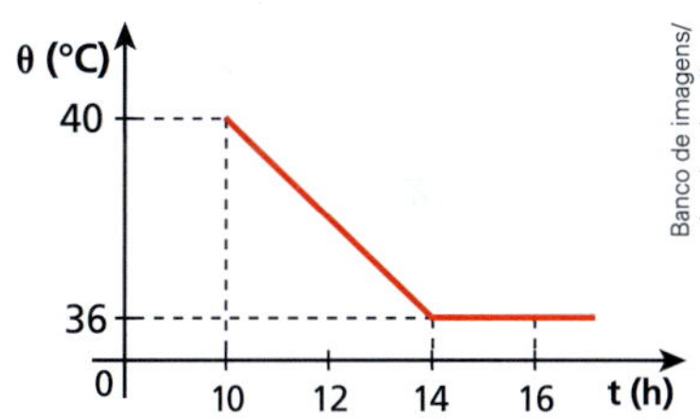

Banco de imagens/Arquivo da editora

Que temperatura esse paciente apresentou às 12 h 30 min, expressa na escala Réaumur?

18. Em um termômetro de mercúrio, a altura da coluna assume os valores 1,0 cm e 21 cm quando o termômetro é submetido aos estados correspondentes aos pontos do gelo fundente e do vapor de água em ebulição, respectivamente, sob pressão normal. Determine:

a) a equação termométrica desse termômetro em relação à escala Celsius.

b) a temperatura registrada pelo termômetro quando a altura da coluna assume o valor 10 cm.

c) a altura da coluna quando o ambiente onde se encontra o termômetro está a 27 °C.

19. Um termômetro foi graduado, em graus Celsius, **E.R.** incorretamente. Ele assinala 1 °C para o gelo em fusão e 97 °C para a água em ebulição, sob pressão normal. Qual a única temperatura que esse termômetro assinala corretamente, em graus Celsius?

Resolução:

Comparando os termômetros, temos:

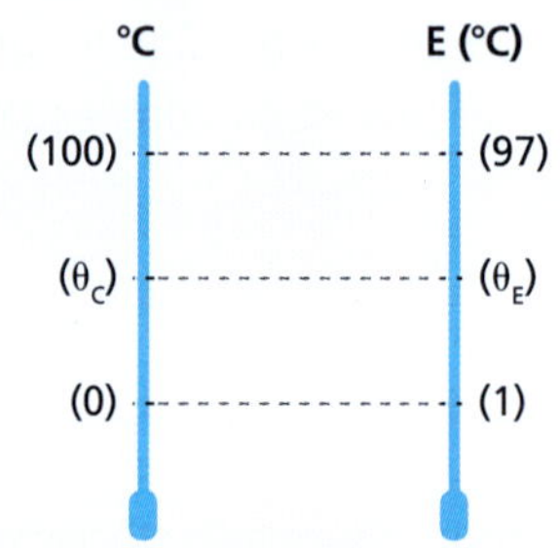

$$\frac{\theta_C - 0}{100 - 0} = \frac{\theta_E - 1}{97 - 1} \Rightarrow \frac{\theta_C}{100} = \frac{\theta_E - 1}{96}$$

Para $\theta_C = \theta_E$, vem:

$$96\theta_C = 100\theta_E - 100$$

$$4\theta_C = 100$$

$$\boxed{\theta_C = 25\ °C}$$

20. Nos termômetros utilizados no nosso dia a dia, a substância termométrica é um líquido (geralmente mercúrio ou álcool) e a propriedade termométrica, a altura *h* da coluna desse líquido. Na aferição, esse termômetro é colocado em equilíbrio com o gelo fundente e, depois, com a água em ebulição em condições de pressão normal. Ele foi colocado também em contato com um corpo **X**, quando, após o equilíbrio térmico, a altura *h* atingiu a marca de 21 cm. Na figura dada a seguir, encontramos a relação entre as colunas *h* do líquido e as temperaturas Celsius correspondentes.

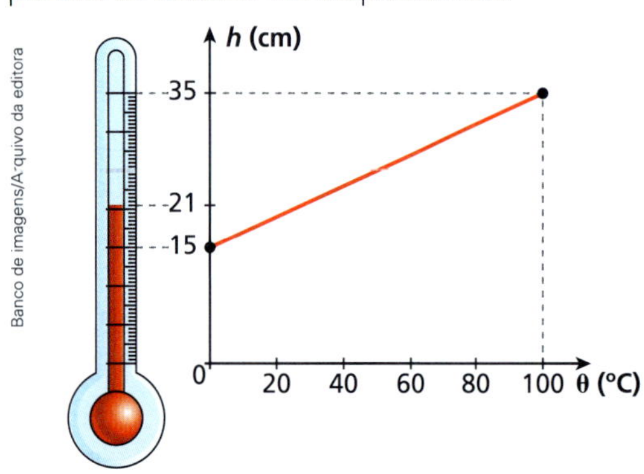

Qual a temperatura, em graus Celsius, encontrada para esse corpo?

21. Um fabricante de termômetros lançou no mer- **E.R.** cado um termômetro de mercúrio graduado nas escalas Celsius e Fahrenheit. Na parte referente à escala Celsius, a distância entre duas marcas consecutivas era de 1,08 mm. Qual a distância, na escala Fahrenheit, entre duas marcas consecutivas?

Resolução:

Chamemos de μ_C e μ_F as respectivas distâncias entre duas marcas consecutivas nas escalas Celsius e Fahrenheit:

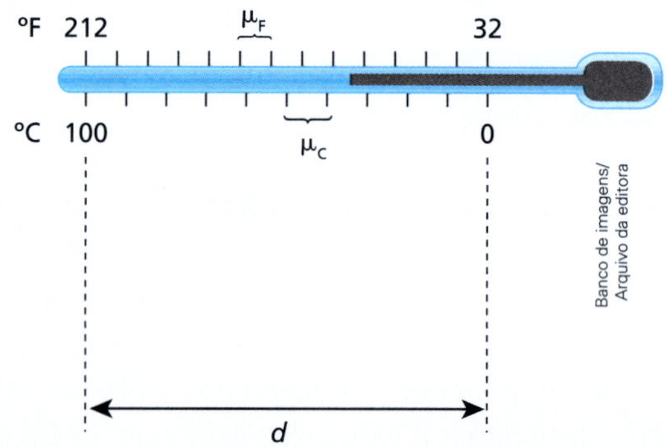

Como a distância *d*, indicada na figura, é a mesma nas duas escalas, podemos escrever:

$$d = 100\mu_C = 180\mu_F$$

Do enunciado, sabemos que: $\mu_C = 1{,}08$ mm

Substituindo esse valor na expressão acima, calculemos μ_F:

$$100 \cdot 1{,}08 = 180\ \mu_F \Rightarrow \mu_F = \frac{108}{180}$$

$$\boxed{\mu_F = 0{,}60\ \text{mm}}$$

22. Em um laboratório, um professor de Física encontrou um antigo termômetro que trazia graduações nas escalas Celsius e Réaumur. Com uma régua, observou que a distância entre duas marcas consecutivas na escala Celsius era de 1,0 mm. Que valor ele encontrou na escala Réaumur?

Em outras palavras, qual a distância entre duas marcas consecutivas na escala Réaumur, no mesmo termômetro?

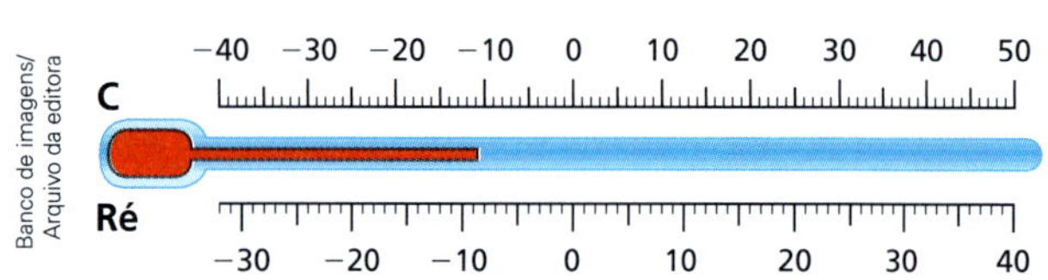

Bloco 2

11. O zero absoluto

Imagine um sistema físico qualquer. Quando o aquecemos, sua temperatura se eleva, aumentando o estado de agitação de suas partículas. Se o esfriamos, sua temperatura diminui porque o estado de agitação das partículas também diminui. Se continuarmos a esfriar esse sistema, o estado de agitação das partículas diminuirá mais e mais, tendendo a um mínimo de temperatura, denominado **zero absoluto**.

> **Zero absoluto** é o limite inferior de temperatura de um sistema. É a temperatura correspondente ao menor estado de agitação das partículas, isto é, um estado de agitação praticamente nulo.

No zero absoluto, ainda existe nas partículas do sistema uma quantidade finita, não nula, de energia cinética. Essa energia é denominada **energia do ponto zero**.

12. A escala absoluta

O físico britânico William Thomson (1824-1907), mais conhecido como **Lorde Kelvin**, foi quem verificou experimentalmente a variação da pressão de um gás a volume constante. Por meio de uma extrapolação, ele concluiu que a menor temperatura que aquele gás poderia atingir coincidia com a anulação da pressão.

Até chegar a essa conclusão ele realizou experiências com diferentes amostras de gases, a volume constante. As variações de pressão foram plotadas (marcadas) em um gráfico, em função da temperatura Celsius. O prolongamento do gráfico levou-o ao valor −273,15 °C, que foi denominado "**zero absoluto**".

Para facilitar os cálculos, aproximamos esse valor para −273 °C.

Royal Astronomical Society/SPL/Latinstock

Retrato de Lorde Kelvin.

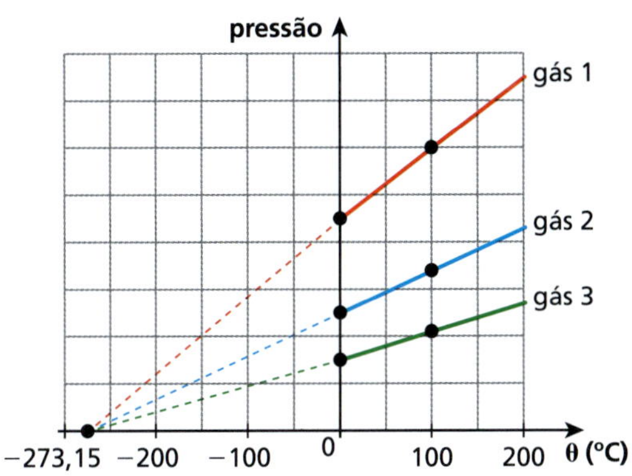

Banco de imagens/Arquivo da editora

A escala Kelvin, também denominada **escala absoluta**, tem sua origem no zero absoluto e utiliza o grau Celsius como unidade de variação. O símbolo da unidade da escala Kelvin é **K**.

Assim, pode-se concluir que a equação de conversão entre as escalas Celsius e Kelvin é dada por:

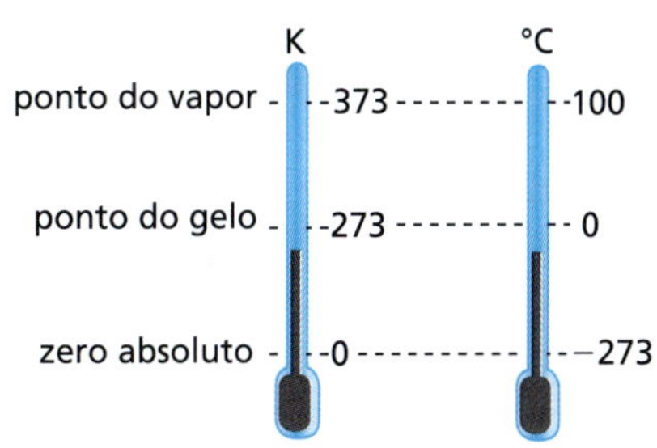

Banco de imagens/Arquivo da editora

$$T(K) = \theta\,(°C) + 273$$

NOTA!

A partir de 1967, convencionou-se não usar "grau" para essa escala. Assim, 20 K, por exemplo, lê-se 20 kelvins e não 20 graus Kelvin.

Alguns estados térmicos interessantes

A maior temperatura já registrada na superfície da Terra foi de 56,7 °C (134 °F), em 10 de julho de 1913, no Vale da Morte, Califórnia, nos Estados Unidos, e a menor foi −89,2 °C, em 21 de julho de 1983, na estação russa de Vostok, na Antártida. A menor temperatura de resfriamento obtida em laboratório é da ordem de 10^{-10} K.

Na tabela a seguir, você poderá observar alguns dos principais estados térmicos, expressos nas escalas convencionais: Celsius, Fahrenheit e Kelvin. Note que os valores apresentados estão em ordem crescente de temperatura.

	Celsius	Fahrenheit	Kelvin
Zero absoluto	−273,15	−459,67	0
Ar liquefeito	−39	−38,2	234
Menor temperatura na superfície da Terra	−89,2	−128	184
Ponto de solidificação do mercúrio	−39	−38,2	234
Ponto do gelo	0	32	273,15
Maior temperatura na superfície da Terra	56,7	136	331
Ponto do vapor	100	212	373,15
Ponto de combustão do papel	184	363	457
Ponto de combustão da madeira	250	482	523
Ponto de fusão do chumbo	327	620	600
Temperatura na chama do gás natural	660	1 220	933
Ponto de fusão do ferro	1 535	2 795	1 808
Temperatura na superfície do Sol	5 530	10 000	5 800

Fonte: *The visual dictionary of Physics*. A Dorling Kindersley Book. Canadá, 1995.

Escala Rankine

SSPL/Getty Images

Retrato de William John Macquorn Rankine.

Criada pelo físico escocês William John Macquorn **Rankine** (1820-1872), essa escala tem o valor zero atribuído ao zero absoluto e utiliza o grau Fahrenheit como unidade de variação.

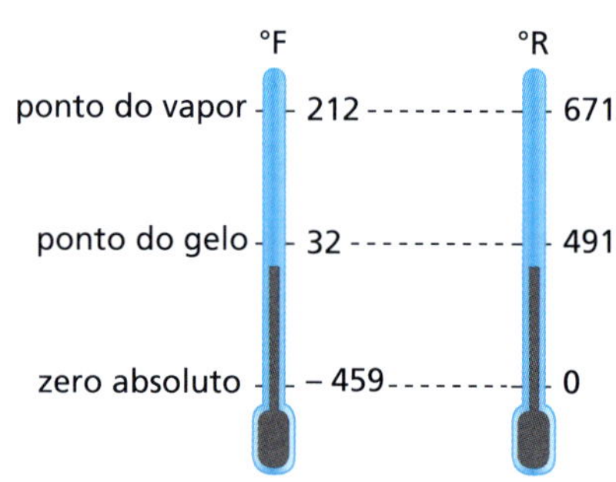

Banco de imagens/Arquivo da editora

Intersaberes

Criogenia

A Criogenia é o estudo das baixas temperaturas. Ela pesquisa as técnicas de obtenção das temperaturas muito baixas e o comportamento dos elementos e materiais nessas condições.

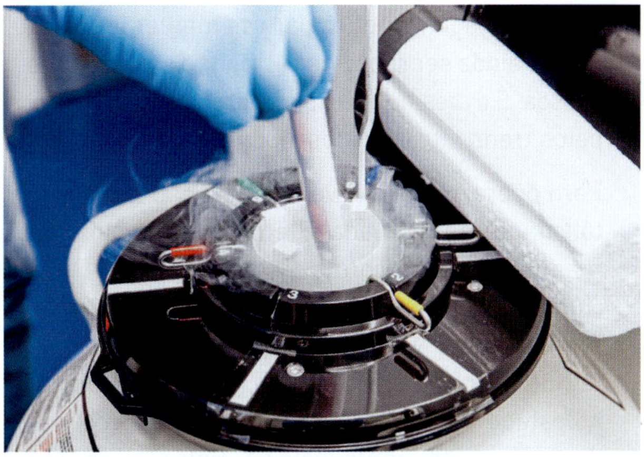

Anamaria Mejia/Shutterstock

Na fotografia, observamos a Criogenia sendo empregada para a conservação de embriões em nitrogênio líquido.

A Criogenia surgiu na virada do século XX, quando se conseguiu a liquefação do ar atmosférico e a separação de seus componentes por destilação fracionada. A indústria alimentícia passou a usar dois desses gases criogênicos: o dióxido de carbono e o nitrogênio. O dióxido de carbono (nome comercial: gelo-seco) sublima a −78 °C e costuma ser usado no estado sólido na conservação de alimentos, como nos carrinhos que vendem sorvetes. O nitrogênio tem como ponto de liquefação a temperatura de −196 °C, sendo usado nas situações que requerem temperaturas mais baixas. O nitrogênio líquido é também utilizado na Medicina para conservação de embriões, esperma e óvulos.

Algo que costuma despertar divergência de opiniões quanto aos estudos em Criogenia refere-se ao processo de preservação de corpos de humanos recém-falecidos com a expectativa de reanimá-los no futuro. Sobre esse processo, leia o texto a seguir.

Congelar um corpo é fácil. O que os cientistas não sabem ainda é como ressuscitá-lo

1. Assim que uma pessoa morre, um funcionário da empresa de Criogenia resfria o cadáver com gelo. Nessa fase, a temperatura do corpo fica pouco acima de 0 °C. Não é muito frio, mas é o suficiente para evitar, por algum tempo, a proliferação das bactérias que iriam apodrecer o cadáver.
2. Nessa fase, o corpo também recebe uma injeção de substâncias anticoagulantes, para manter os vasos sanguíneos desobstruídos. Depois, todo o sangue é bombeado para fora e no lugar entram substâncias químicas que protegerão as células na hora do congelamento, evitando a formação de parte dos cristais de gelo, que rompem a estrutura celular.
3. No local em que o corpo vai ser congelado, o cadáver passa por um resfriamento gradual, em uma câmara de gelo-seco. Para evitar danos às células, a intenção é que todos os tecidos se congelem no mesmo ritmo. Todo o processo ocorre de maneira lenta e pode durar dois dias, quando a temperatura do corpo chega a −79 °C.
4. Depois do resfriamento, o corpo é submergido lentamente em um tanque de nitrogênio líquido, até ser totalmente coberto. Quando essa fase termina, após uma semana, o cadáver está a −196 °C, impedido de apodrecer. Ele fica no tanque por toda a eternidade ou até que alguém invente uma tecnologia para ressuscitá-lo.

Disponível em: <www.mundoestranho.abril.com.br/materia/o-que-e-criogenia-humana>. Acesso em: 18 jun. 2018.

Compreensão, pesquisa e debate

- Normalmente, o tema da Criogenia humana nos leva a um confronto de ideias sobre suas implicações tecnológicas, éticas e religiosas. Procure na internet ou em revistas e jornais textos que apresentem diferentes pontos de vista sobre esse assunto, leia-os e debata com seus colegas. Respeite a opinião de todos os participantes do debate.

Exercícios Nível 1

23. (PUC-SP) O Slide, o nome dado ao *skate* futurista, usa levitação magnética para se manter longe do chão e ainda ser capaz de carregar o peso de uma pessoa. É o mesmo princípio utilizado, por exemplo, pelos trens ultrarrápidos japoneses.

Para operar, o Slide deve ter a sua estrutura metálica interna resfriada a temperaturas baixíssimas, alcançadas com nitrogênio líquido. Daí a "fumaça" que se vê nas imagens, que, na verdade, é o nitrogênio vaporizando novamente devido à temperatura ambiente e que, para permanecer no estado líquido, deve ser mantido a aproximadamente −200 graus Celsius. Então, quando o nitrogênio acaba, o *skate* para de "voar".

Reprodução/PUC-SP, 2016

A fumaça que aparenta sair do *skate*, na verdade, é nitrogênio em gaseificação (Foto: Divulgação/Lexus)

Fonte: www.techtudo.com.br/noticias/noticia/2015/07/como-funciona-o-skate-voador-inspirado-no-filme-de-volta-para-o-futuro-2.html. Consultado em: 03/07/2015

Com relação ao texto, a temperatura do nitrogênio líquido, −200 °C, que resfria a estrutura metálica interna do Slide, quando convertida para as escalas Fahrenheit e Kelvin, seria respectivamente:

a) −328 e 73

b) −392 e 73

c) −392 e −473

d) −328 e −73

24. No interior de uma sala, há dois termômetros pendurados na parede. Um deles, graduado em Kelvin, indica 298 K para a temperatura ambiente. O outro está graduado em graus Celsius. Quanto esse termômetro está marcando?

25. Lorde Kelvin conceituou zero absoluto como o estágio nulo de agitação das partículas de um sistema físico. Nas escalas Celsius e Fahrenheit, que valores vamos encontrar para expressar a situação física do zero absoluto? (Dê sua resposta desprezando possíveis casas decimais.)

26. As pessoas costumam dizer que na cidade de São Paulo podemos encontrar as quatro estações do ano em um mesmo dia. Claro que essa afirmação é um tanto exagerada. No entanto, não é difícil termos variações de até 15 °C em um mesmo dia. Na escala absoluta Kelvin, que valor representaria essa variação de temperatura?

Exercícios Nível 2

27. (Unifesp) O texto a seguir foi extraído de uma matéria sobre congelamento de cadáveres para sua preservação por muitos anos, publicada no jornal *O Estado de S. Paulo*.

Após a morte clínica, o corpo é resfriado com gelo. Uma injeção de anticoagulantes é aplicada e um fluido especial é bombeado para o coração, espalhando-se pelo corpo e empurrando para fora os fluidos naturais. O corpo é colocado em uma câmara com gás nitrogênio, onde os fluidos endurecem em vez de congelar. Assim que atinge a temperatura de −321 °, o corpo é levado para um tanque de nitrogênio líquido, onde fica de cabeça para baixo.

Na matéria, não consta a unidade de temperatura usada. Considerando que o valor indicado de −321° esteja correto e pertença a uma das escalas, Kelvin, Celsius ou Fahrenheit, pode-se concluir que foi usada a escala:

a) Kelvin, pois se trata de um trabalho científico e esta é a unidade adotada pelo Sistema Internacional.

b) Fahrenheit, por ser um valor inferior ao zero absoluto e, portanto, só pode ser medido nessa escala.

c) Fahrenheit, pois as escalas Celsius e Kelvin não admitem esse valor numérico de temperatura.

d) Celsius, pois só ela tem valores numéricos negativos para a indicação de temperaturas.

e) Celsius, por tratar-se de uma matéria publicada em língua portuguesa e essa ser a unidade adotada oficialmente no Brasil.

28. (UPM-SP) Um pesquisador verifica que certa temperatura obtida na escala Kelvin é igual ao correspondente valor na escala Fahrenheit acrescido de 145 unidades. Qual o valor dessa temperatura na escala Celsius?

29. E.R. A escala Kelvin tem sua origem no zero absoluto e usa como unidade o grau Celsius. Existe uma outra escala, denominada Rankine, que também tem sua origem no zero absoluto, mas usa como unidade o grau Fahrenheit. Determine a equação de conversão entre as escalas Kelvin e Rankine.

Resolução:

Façamos, inicialmente, um esquema representando as escalas Celsius, Fahrenheit, Kelvin e Rankine:

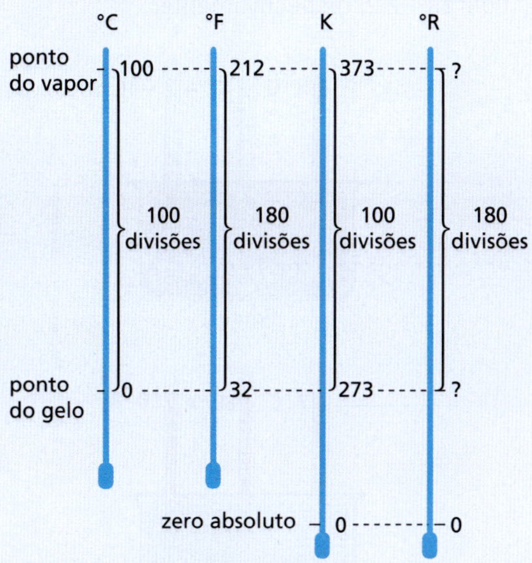

Banco de imagens/Arquivo da editora

Do enunciado, sabemos que as origens das escalas Kelvin e Rankine coincidem com o zero absoluto.

Uma vez que a escala Rankine usa como unidade o grau Fahrenheit, observamos que entre os pontos do gelo e do vapor temos 180 divisões, enquanto na Kelvin temos 100 divisões para o mesmo intervalo.

Então, podemos afirmar que ao valor 100 da escala Kelvin corresponde o valor 180 da escala Rankine:

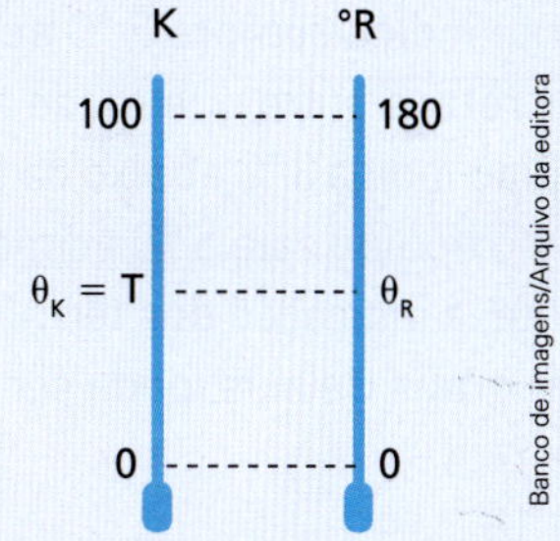

Banco de imagens/Arquivo da editora

$$\frac{T-0}{100-0}=\frac{\theta_R-0}{180-0}$$

$$\frac{T}{100}=\frac{\theta_R}{180} \Rightarrow \frac{T}{5}=\frac{\theta_R}{9}$$

$$\boxed{T=\frac{5}{9}\theta_R}$$

30. A escala Rankine tem origem no zero absoluto e utiliza como unidade o grau Fahrenheit. Que valores, nessa escala, representam os pontos do gelo e do vapor?

31. A relação entre as escalas Celsius (**C**) e Rankine (**R**) é dada pela equação:

$$\frac{\theta_R-492}{9}=\frac{\theta_C}{5}$$

Para qual temperatura essas escalas fornecem a mesma leitura? Essa temperatura pode existir?

32. Um físico chamado Galileu Albert Newton encontrava-se em um laboratório realizando um experimento no qual deveria aquecer certa porção de água pura. Primeiramente, ele mediu a temperatura inicial da água e encontrou o valor 20 °C. Porém, como ele era muito desajeitado, ao colocar o termômetro sobre a mesa, acabou quebrando-o. Procurando outro termômetro, encontrou um graduado na escala Kelvin. No final do aquecimento, observou que a temperatura da água era de 348 K. Na equação utilizada por esse físico, a variação de temperatura deveria estar na escala Fahrenheit. O valor, em graus Fahrenheit, que ele encontrou para a variação de temperatura da água foi de:

a) 20 °F.
b) 66 °F.
c) 75 °F.
d) 99 °F.
e) 106 °F.

Exercícios Nível 3

33. (UFSE) Um termômetro que mede a temperatura ambiente indica sempre 2 °C acima da temperatura correta, e outro que mede a temperatura de um líquido indica 3 °C abaixo da temperatura correta. Se o líquido está 5 °C acima da temperatura ambiente, a indicação dos termômetros defeituosos, em graus Celsius, pode ser:

a) 18 e 16.
b) 18 e 18.
c) 18 e 20.
d) 18 e 23.
e) 18 e 28.

34. (OBF) Um estudante encontra em um laboratório, localizado ao nível do mar, um velho termômetro de mercúrio cuja escala se apagou completamente e resolve calibrá-lo. Inicialmente, ele prepara dois sistemas: (**A**) água líquida em equilíbrio com certa massa de gelo e (**B**) água em ebulição. Em seguida, coloca o termômetro em contato com o sistema **A** e espera que a coluna de mercúrio atinja um valor de equilíbrio que, então, é marcado com um ponto. Repete esse procedimento com o sistema **B**. Após marcar esses dois pontos, faz marcas igualmente espaçadas ao longo do instrumento. A figura abaixo é uma representação desse termômetro no momento que está registrando a temperatura ambiente do laboratório, depois de calibrado. Em graus Celsius, qual é essa temperatura?

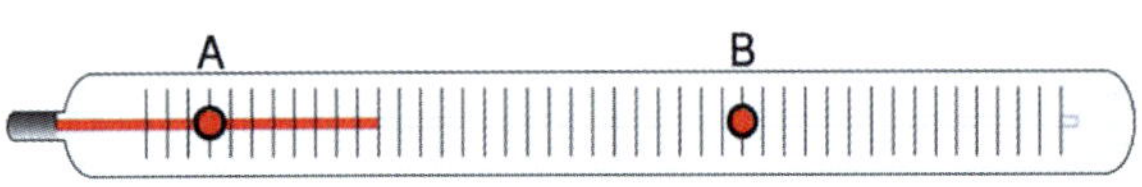

Reprodução/Sociedade Brasileira de Física, 2015

35. (Uern) Dos pares de termômetros, assinale o que representa a relação correta entre as escalas Celsius e Fahrenheit.

Reprodução/Uern, 2C14

a)
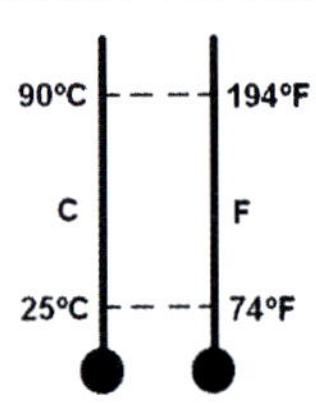

b)
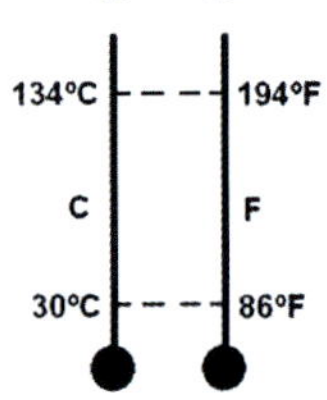

Reprodução/Uern, 2014

c)
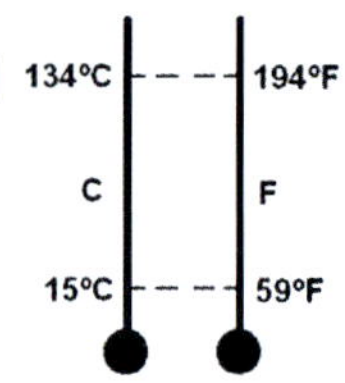

d)
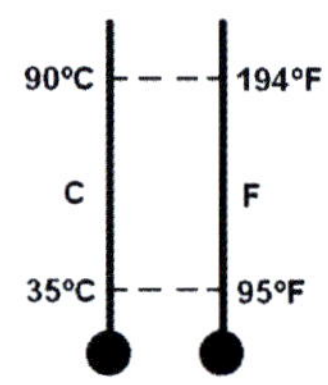

36. (UPM-SP) Um termômetro graduado na escala Celsius (°C) é colocado juntamente com dois outros, graduados nas escalas arbitrárias **A** (°A) e **B** (°B), em uma vasilha contendo gelo (água no estado sólido) em ponto de fusão, ao nível do mar. Em seguida, ainda ao nível do mar, os mesmos termômetros são colocados em uma outra vasilha, contendo água em ebulição, até atingirem o equilíbrio térmico. As medidas das temperaturas, em cada uma das experiências, estão indicadas nas figuras 1 e 2, respectivamente:

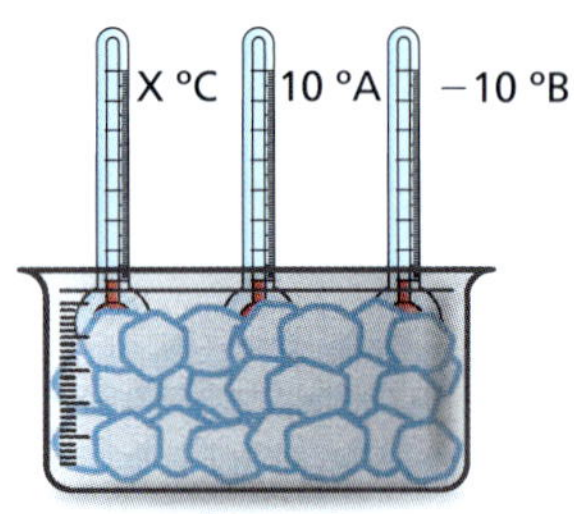

figura 1

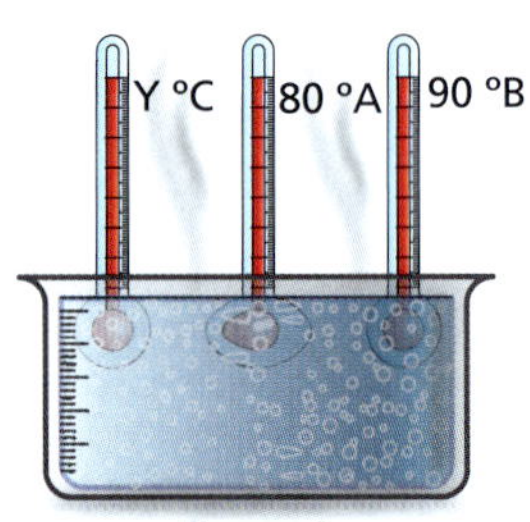

figura 2

Ilustrações: Reprodução/Arquivo da editora

Para uma outra situação, na qual o termômetro graduado na escala **A** indica 17 °A, o termômetro graduado na escala **B** e o graduado na escala Celsius indicarão, respectivamente:

a) 0 °B e 7 °C
b) 0 °B e 10 °C
c) 10 °B e 17 °C
d) 10 °B e 27 °C
e) 17 °B e 10 °C

37. (UEL-PR) O gráfico indicado a seguir representa a relação entre a temperatura medida em uma escala **X** e a mesma temperatura medida na escala Celsius.

Reprodução/Arquivo da editora

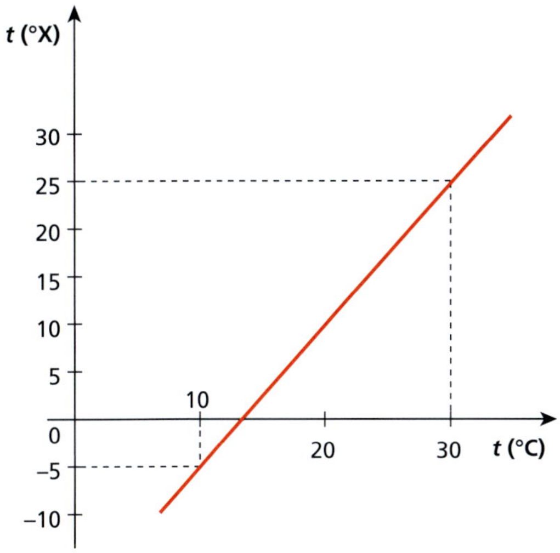

Para a variação de 1,0 °C, que intervalo vamos observar na escala **X**?

38. (UCDB-MS) Um processo rápido para estimar o valor em graus Celsius de uma temperatura fornecida em graus Fahrenheit é dividir o valor fornecido por dois e subtrair 16. Assim, 76 °F valeriam, aproximadamente, 22 °C. O erro dessa estimativa seria de:

a) 10%.
b) 15%.
c) 20%.
d) 23%.
e) 25%.

39. Na parede da sala de uma residência são colocados quatro termômetros, graduados nas escalas Celsius, Fahrenheit, Réaumur e Kelvin. Numericamente, qual deles apresentará maior leitura?

a) Fahrenheit.
b) Celsius.
c) Réaumur.
d) Kelvin.
e) Todos os termômetros apresentarão a mesma leitura.

Para raciocinar um pouco mais

40. (UEPB) Em 1851, o matemático e físico escocês William Thomson, que viveu entre 1824 e 1907, mais tarde possuidor do título de Lorde Kelvin, propôs a escala absoluta de temperatura, atualmente conhecida como escala Kelvin de temperatura (**K**). Utilizando-se das informações contidas no texto, indique a alternativa **correta**:

a) Com o avanço da tecnologia, atualmente, é possível obter a temperatura de zero absoluto.
b) Os valores dessa escala estão relacionados com os da escala Fahrenheit (°F), por meio da expressão K = °F + 273.
c) A partir de 1954, adotou-se como padrão o ponto tríplice da água, temperatura em que a água coexiste nos três estados – sólido, líquido e vapor. Isso ocorre à temperatura de 0,01 °F ou 273,16 K, por definição, e à pressão de 610 Pa (4,58 mm Hg).
d) Kelvin é a unidade de temperatura comumente utilizada nos termômetros brasileiros.
e) Kelvin considerou que a energia de movimento das moléculas dos gases atingiria um valor mínimo de temperatura, ao qual ele chamou de zero absoluto.

41. (Unirio-RJ) Em uma certa escala termométrica **A**, os pontos de fusão do gelo e de ebulição da água ao nível do mar são, respectivamente, 30° e 210°. Em outra escala termométrica **B**, os pontos de fusão do gelo e de ebulição da água ao nível do mar são, respectivamente, –10° e 230°, como mostra a figura abaixo. Há uma temperatura que é representada em ambas as escalas pelo mesmo número.

Reprodução/Arquivo da editora

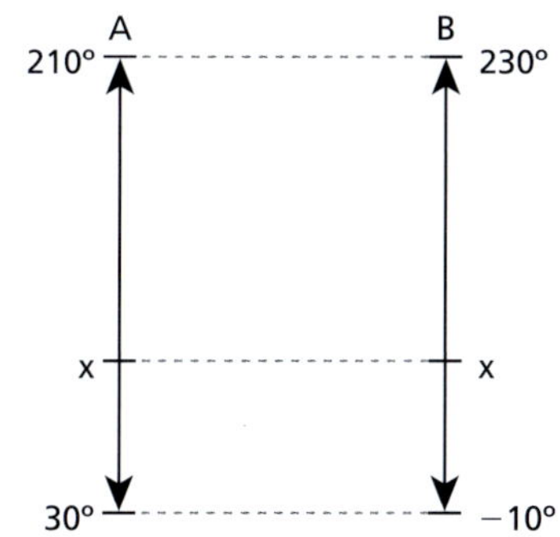

Sabendo-se que a temperatura de um corpo está entre os pontos de fusão do gelo e de ebulição da água ao nível do mar a probabilidade de que sua temperatura seja maior do que *x* vale:

a) $\frac{2}{5}$ b) $\frac{3}{4}$ c) $\frac{1}{4}$ d) $\frac{2}{3}$ e) $\frac{1}{3}$

42. (OPF) A figura a seguir representa um gráfico que relaciona uma escala de temperaturas hipotéticas, **X**, e a escala Kelvin de temperaturas absolutas. Sabendo que um objeto está a uma temperatura de 80 °X, determine sua temperatura se fosse medida por um termômetro calibrado na escala Celsius.

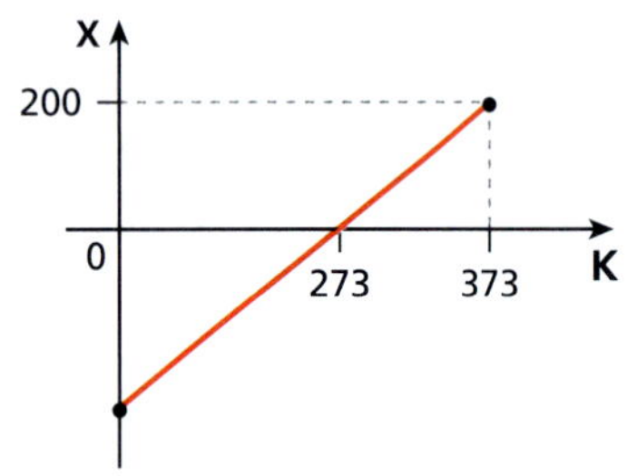

43. (Unitau-SP) Um estudante encontrou um termômetro graduado em uma desconhecida escala de temperatura. Quando o estudante usou o termômetro para medir a temperatura do ponto de solidificação da água, ao nível do mar e sob a pressão atmosférica, obteve o valor de 20 °Q. Quando o mesmo termômetro foi usado para medir o ponto de ebulição da água, também ao nível do mar e sob a pressão atmosférica, obteve o valor de 140 °Q. A partir dessas medidas, o estudante obteve uma equação para transformar valores medidos na escala Celsius (θ_C) para a escala **Q** (θ_Q). Assinale a alternativa que apresenta a equação **correta**:

a) $\theta_C = 1{,}2\theta_Q + 20$

b) $\theta_Q = 1{,}4\theta_C - 20$

c) $\theta_C = 20\theta_Q + 1{,}2$

d) $\theta_Q = 1{,}2\theta_C + 20$

e) $\theta_Q = 1{,}4\theta_C + 20$

44. (Unifesp) Na medida de temperatura de uma pessoa por meio de um termômetro clínico, observou-se que o nível de mercúrio estacionou na região entre 38 °C e 39 °C da escala, como está ilustrado na figura.

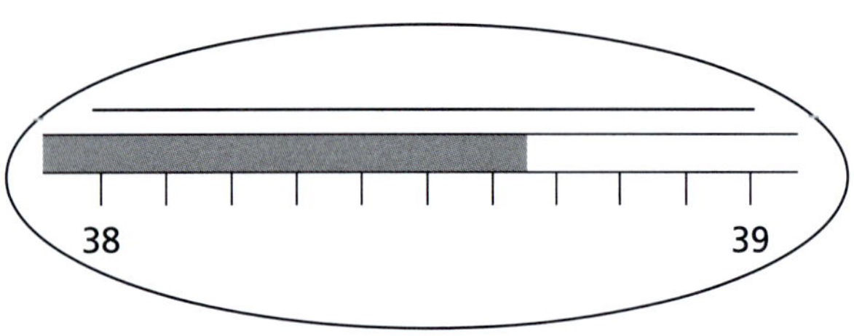

Após a leitura da temperatura, o médico necessita do valor transformado para uma nova escala, definida por $t_X = \frac{2t_C}{3}$ e em unidades °X, onde t_C é a temperatura na escala Celsius. Lembrando de seus conhecimentos sobre algarismos significativos, ele conclui que o valor mais apropriado para a temperatura t_X é:

a) 25,7 °X.

b) 25,7667 °X.

c) 25,766 °X.

d) 25,77 °X.

e) 26 °X.

45. (Fatec-SP) Um certo pesquisador constrói, na Baixada Santista, um termômetro de álcool e determina que sua escala será denominada "**Z**". Para calibrá-lo, ele resolve adotar como parâmetros de referência a água e outro termômetro na escala Celsius. Assim, ele constrói um gráfico, como apresentado, relacionando as duas escalas.

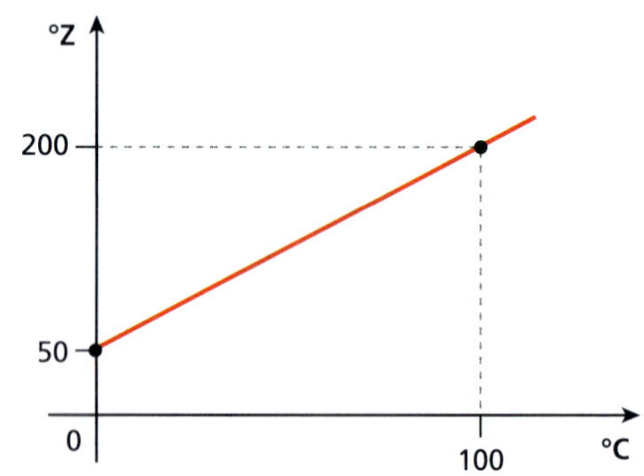

Dessa forma é correto afirmar que, em condições normais:

a) os valores atribuídos ao ponto de fusão do gelo nas duas escalas são iguais.

b) os valores atribuídos ao ponto de ebulição da água nas duas escalas são iguais.

c) a escala **Z** é uma escala centígrada.

d) o valor de 120 °Z equivale a 60 °C.

e) o valor de 60 °C equivale a 140 °Z.

46. No século XVIII, o físico francês Réaumur criou uma escala termométrica que assinalava 0 para o ponto do gelo e 80 para o ponto do vapor. A razão de ter adotado os valores 0 e 80 é que, após vários experimentos, ele descobriu que o álcool, que foi usado como substância termométrica, expandia 80 partes por mil ao ser aquecido do ponto do gelo até o ponto do vapor.
Comparando essa escala Réaumur com a escala Fahrenheit, qual a temperatura em que as leituras correspondem a um mesmo valor numérico?

47. Um estudante inventou uma escala termométrica, denominada **X**, que registra o valor −10 °X para o ponto do gelo e 140 °X para o ponto do vapor.

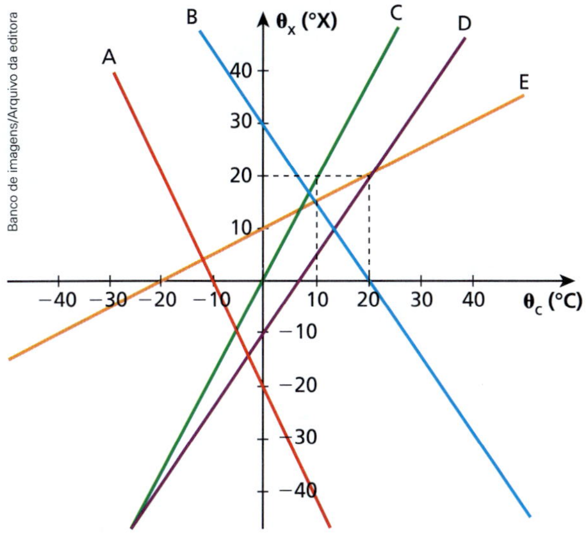

Banco de imagens/Arquivo da editora

Qual dos gráficos pode representar a relação entre essa escala **X** e a escala Celsius?

a) A
b) B
c) C
d) D
e) E

48. No dia 1º, à 0 h de determinado mês, uma criança deu entrada em um hospital com suspeita de meningite. Sua temperatura estava normal (36,5 °C). A partir do dia 1º, a temperatura dessa criança foi plotada em um gráfico por meio de um aparelho registrador contínuo. Esses dados caíram nas mãos de um estudante de Física, que verificou a relação existente entre a variação de temperatura ($\Delta\theta$), em graus Celsius, e o dia (t) do mês. O estudante encontrou a seguinte equação:

$$\Delta\theta = -0{,}20t^2 + 2{,}4t - 2{,}2$$

A partir dessa equação, analise as afirmações dadas a seguir e indique a correta.

a) A maior temperatura que essa criança atingiu foi 40,5 °C.
b) A maior temperatura dessa criança foi atingida no dia 6.
c) Sua temperatura voltou ao valor 36,5 °C no dia 12.
d) Entre os dias 3 e 8 sua temperatura sempre aumentou.
e) Se temperaturas acima de 43 °C causam transformações bioquímicas irreversíveis, então essa criança ficou com problemas cerebrais.

49. O local onde se reúne o sistema de propulsão de um navio é chamado de praça de máquinas. A caldeira é um dos equipamentos mais comuns nas embarcações, como porta-aviões nucleares; por exemplo, o norte-americano Ronald Reagan. O reator atômico também produz vapor a 842 °F para acionar a catapulta lançadora de aviões, do curto convés de 90 metros, para a decolagem de caças de vinte toneladas em dois segundos.
A figura a seguir destaca o reservatório de vapor e os sistemas de polias que multiplicam as forças na catapulta. Determine:

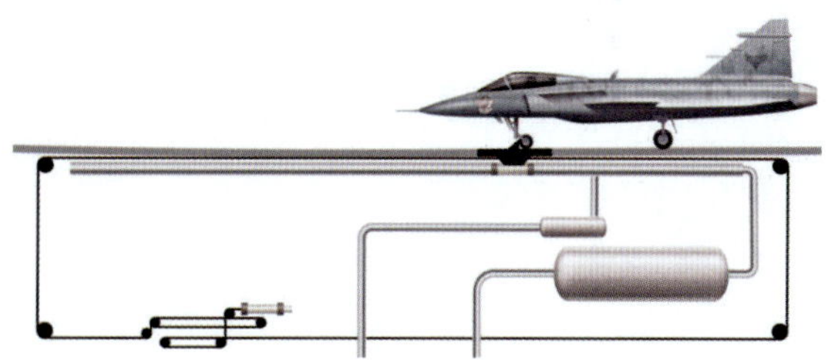

Banco de imagens/Arquivo da editora

a) a temperatura do vapor no reservatório da catapulta, na escala Celsius;
b) a pressão de operação no interior do reservatório de vapor, a qual, a partir da temperatura de 373 K e pressão de 1,9 atm, aumenta 0,40 atm para uma variação de 18 °F;
c) a multiplicação de forças produzidas pelas polias, uma vez que, sem elas, a temperatura do vapor deveria atingir 1 450 °C, a situação em que a pressão de operação triplicaria, e ficaria acima do ponto de fusão do material do reservatório;
d) o módulo da velocidade de decolagem do avião, em km/h, que corresponde ao dobro da velocidade escalar média na pista do convés.

DESCUBRA MAIS

1. É possível medir a temperatura do vácuo?
2. Por que um termômetro clínico é um termômetro de máxima?

TÓPICO

2 O calor e sua propagação

Alf Ribeiro/Pitanga RM/Latinstock

// Estufas – como a do viveiro Manequinho Lopes, localizado no Parque Ibirapuera, São Paulo – são lugares que têm como objetivo manter a temperatura em seu interior adequada ao cultivo de plantas. Para isso, o material utilizado em suas paredes e teto deve ter como propriedade física a não transferência de calor entre o ambiente interno e o externo. No entanto, a luz solar, fonte de energia térmica, deve atingir seu interior.

Diariamente vivemos inúmeras situações relacionadas aos conceitos de calor e equilíbrio térmico: desde a maneira como nossos sentidos percebem a temperatura do ar (sensação térmica) até a empírica constatação de que, se deixarmos um bolo recém-saído do forno em cima de uma mesa, ele irá esfriar e, após certo tempo, a sua temperatura será igual à do ambiente. Essas experiências indicam a natureza do conceito de calor, assunto deste tópico. Estudaremos também as unidades usuais de calor e seus processos de propagação, além de algumas aplicações tecnológicas que visam à melhoria da nossa qualidade de vida e sinalizam a possibilidade de aumentar o uso global de energias sustentáveis.

Bloco 1

1. Energia térmica

Quando observamos o mundo material à nossa volta, encontramos casas, plantas, automóveis, pessoas, a atmosfera (o ar), água, pedras e tantos outros representantes da matéria. Todos têm em comum o fato de serem formados por pequenas partículas, as moléculas.

Como vimos no Tópico 1, essas partículas possuem energia de agitação, sendo mínima no **zero absoluto**.

Em uma primeira abordagem desse assunto, podemos dizer que essa energia de agitação das partículas é a **energia térmica** do corpo. Portanto, o somatório das energias de agitação das partículas de um corpo estabelece a energia térmica desse corpo. No Tópico 3, veremos que a energia térmica é, na realidade, o somatório das energias de agitação com a energia de agregação das partículas. Essa energia de agregação é que estabelece o estado físico do corpo (sólido, líquido ou gasoso).

A **energia térmica** do corpo depende de dois fatores: da energia de agitação média de cada partícula (que determina a temperatura do corpo) e do número de partículas que o corpo possui.

Assim:

A **energia térmica** de um corpo é o somatório das energias de agitação das suas partículas e depende da temperatura do corpo e do número de partículas nele existentes.

É oportuno observar que o fato de um corpo **A** estar a uma temperatura maior que um corpo **B** não implica, necessariamente, que **A** tenha maior quantidade de energia térmica que **B**. O corpo **B**, por exemplo, pode ter mais partículas que **A**, de tal forma que o somatório das energias de vibração de suas partículas supere o de **A**.

Banco de imagens/ Arquivo da editora

A barra de chocolate foi dividida em duas partes. Apesar de ambas estarem à mesma temperatura, a parte maior possui mais energia térmica que a menor, por ser constituída de um número maior de partículas.

2. Calor

Quando colocamos em contato térmico dois corpos de temperaturas diferentes, notamos que eles buscam uma situação de equilíbrio térmico, em que as temperaturas tornam-se iguais.

Para que isso aconteça, o corpo de maior temperatura fornece certa quantidade de energia térmica ao de menor temperatura. Isso provoca uma diminuição em sua temperatura e um aumento na temperatura do corpo inicialmente mais frio, até que se estabeleça o equilíbrio térmico.

Essa energia térmica, que ocorre apenas enquanto está em trânsito, é denominada **calor**.

Calor é energia térmica em trânsito de um corpo para outro ou de uma parte para outra de um mesmo corpo. O trânsito é provocado por uma diferença de temperaturas.

Observe que o calor flui, espontaneamente, da região de maior temperatura para a de menor temperatura.

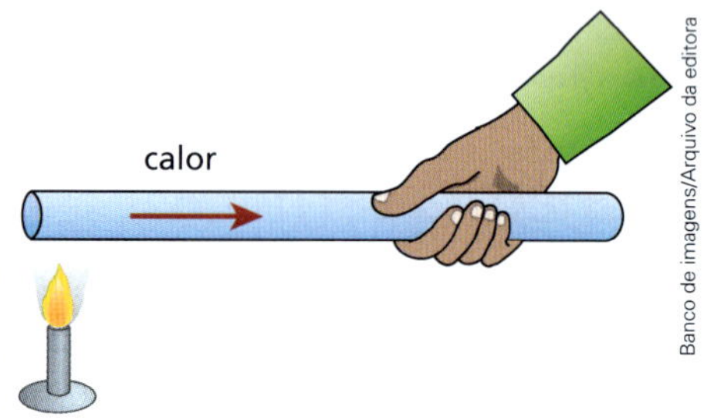

Nesta situação, o calor propaga-se da extremidade esquerda da barra, em contato com o fogo, para a extremidade direita. Note que o calor flui naturalmente da região de maior temperatura para a de menor temperatura.

3. Unidade usual de calor

Sendo o calor uma forma de energia, no Sistema Internacional de Unidades (SI) sua unidade é o **joule (J)**. Esse nome foi uma forma de a comunidade científica homenagear o físico inglês James Prescott Joule (1818-1889), que, entre outros trabalhos, demonstrou a equivalência entre a energia mecânica e a energia térmica. Esse assunto será tratado no Tópico 5 (Termodinâmica).

Além do joule, podemos usar a unidade **caloria (cal)** para avaliar quantidades de calor. Essa unidade é pouco utilizada nos laboratórios, mas muito usada nos livros escolares. Inicialmente, a caloria foi definida como a quantidade de calor necessária para fazer 1 grama de água sofrer a variação de 1 grau Celsius em sua temperatura. Porém, observou-se que essa quantidade de energia era um pouco diferente quando se aquecia 1 grama de água de 10 °C para 11 °C e de 90 °C para 91 °C, por exemplo. Assim, foi estabelecido um valor médio, que acabou se encaixando entre 14,5 °C e 15,5 °C. Portanto:

> Uma **caloria (cal)** é a quantidade de calor que 1 grama de água pura deve receber, sob pressão normal, para que sua temperatura seja elevada de 14,5 °C a 15,5 °C.

Na comparação com a definição de joule, estabelecida como o trabalho realizado por uma força de 1 newton aplicada a um ponto que se desloca 1 metro na direção dessa força, encontramos a equivalência entre essas unidades:

$$1 \text{ cal} = 4{,}186 \text{ J}$$

No entanto, para facilitar os cálculos, é comum aparecer o valor 4,2 joules para cada caloria.

Assim:

$$J = 4{,}2 \ \frac{\text{joules}}{\text{caloria}}$$

Essa relação é utilizada na conversão de joule para caloria ou vice-versa.

$$\tau \text{ (joule)} = J \cdot Q \text{ (caloria)}$$

Além da unidade caloria, um dos múltiplos mais usados é a **quilocaloria (kcal)**.

$$1 \text{ kcal} = 10^3 \text{ cal}$$

Esse múltiplo costuma aparecer nos rótulos dos alimentos, expressando o valor energético de uma porção definida, como vamos ver a seguir.

Ampliando o olhar

Caloria alimentar (Cal)

Nas embalagens de alimentos, normalmente encontramos a equivalência energética de uma porção. Essa energia vem expressa em kcal (quilocaloria) ou em Cal (caloria alimentar ou grande caloria), que são equivalentes.

$$1{,}0 \text{ Cal} = 1{,}0 \text{ kcal}$$

Observe a tabela abaixo, retirada da embalagem de uma caixa de aveia.

Informação nutricional			
Cada 100 g de aveia contém em média:			
Carboidratos	66,6 g	Ferro	4,5 mg
Proteínas	13,9 g	Vitamina B1	0,6 mg
Gordura	4,8 g	Vitamina B2	0,0 mg
Fibras alimentares	9,1 g	Sódio	4,60 mg
Cálcio	47,9 mg	Niacina	4,5 mg
Fósforo	153,4 mg	**Calorias**	**393,9**
CONTÉM GLÚTEN Ingrediente: Aveia 100% natural.			
CONSERVAR EM LUGAR SECO E AREJADO			

Fonte: <www.tabelanutricional.com.br/aveia-flocos-crua>. Acesso em: 18 jun. 2018.

Apesar de não vir mencionado na embalagem, a unidade utilizada é a caloria alimentar (Cal), que equivale a 10^3 calorias, ou a 1 quilocaloria (kcal).

Assim, cada 100 gramas dessa aveia tem capacidade energética equivalente a 393,9 Cal (393,9 kcal). Uma pessoa geralmente precisa, em média, de 2 500 kcal/dia para suas necessidades básicas. Um atleta necessita de uma quantidade maior que a citada e uma pessoa sedentária necessita de uma quantidade menor.

Nas tabelas a seguir, é apresentado um estudo feito pela Organização das Nações Unidas, no qual encontramos a média alimentar diária, em calorias alimentares, de alguns países.

OS MAIS FAMINTOS	
Países	**Média alimentar diária**
Eritreia	1 590 Cal
Burundi	1 680 Cal
Comores	1 840 Cal
Haiti	1 850 Cal
Zâmbia	1 880 Cal
Etiópia	1 950 Cal
República Centro-Africana	1 960 Cal
Angola	1 960 Cal

A MESA MAIS FARTA	
Países	**Média alimentar diária**
Áustria	3 800 Cal
Estados Unidos	3 750 Cal
Grécia	3 710 Cal
Bélgica	3 690 Cal
Luxemburgo	3 680 Cal
Itália	3 650 Cal
Malta	3 560 Cal
Irlanda	3 590 Cal

Fonte: Organização das Nações Unidas para a Alimentação e Agricultura (FAO).

É bom lembrar que uma mesa farta nem sempre é composta de alimentos saudáveis.

4. Processos de propagação do calor

Já vimos que a energia térmica pode mudar de local, indo, espontaneamente, da região de maior temperatura para a de menor temperatura. Essa mudança pode processar-se de três maneiras distintas, denominadas **condução**, **convecção** e **radiação**.

A condução

Ao colocarmos a ponta de uma barra de metal em contato com uma fonte térmica e segurarmos a outra extremidade, notamos que o local que está em contato com a mão se torna, rapidamente, cada vez mais quente, apesar de estar distante da fonte de calor.

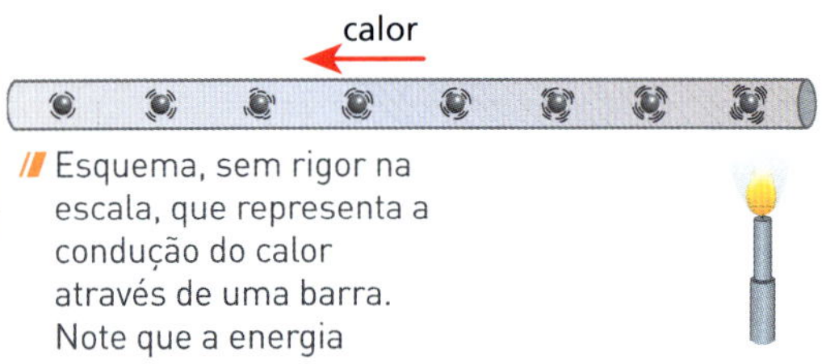

Banco de imagens/Arquivo da editora

Esquema, sem rigor na escala, que representa a condução do calor através de uma barra. Note que a energia térmica é passada sequencialmente de partícula para partícula e que vibram mais as partículas mais próximas da fonte de calor.

É o que acontece quando um cozinheiro fica mexendo o conteúdo de uma panela com uma colher metálica. Após algum tempo ele não consegue manter a colher em sua mão, já que toda a colher se encontra muito quente. Os cozinheiros mais experientes, por terem conhecimento desse fato, usam colher de madeira, material que conduz o calor de forma mais lenta do que o metal.

Nos exemplos citados, o calor propaga-se através da barra e da colher. Esse fenômeno físico é denominado **condução**.

Assim:

Condução é o processo de propagação de calor no qual a energia térmica passa de partícula para partícula de um meio.

João Anselmo/Arquivo da editora

É importante notar que, na condução, as partículas permanecem vibrando em torno de suas posições de equilíbrio. As partículas não se deslocam, ao contrário do que acontece com a energia.

Destaquemos que, como a ocorrência da condução requer a existência de um meio material, esse fenômeno não ocorre no vácuo.

O calor propaga-se por condução através da parede do forno da pizzaria, atingindo a mão da pessoa que se encontra na face externa dessa parede.

Forças intermoleculares explicando a condução

As forças de interação molecular são de origem eletromagnética.

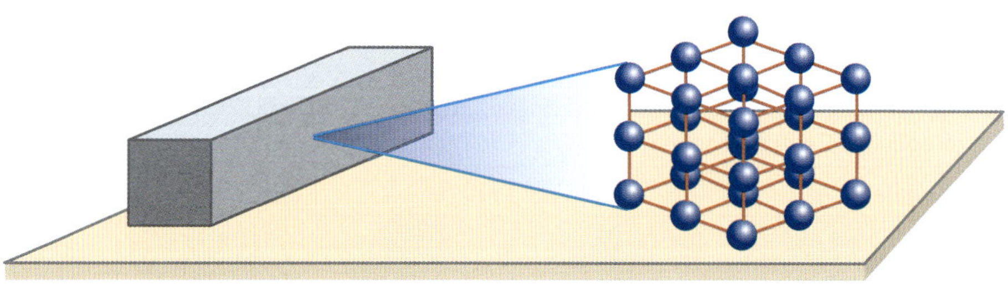

Banco de imagens/Arquivo da editora

Representação esquemática da estrutura cristalina de um sólido. As partículas se mantêm coesas devido às forças intermoleculares.

Num corpo, duas moléculas vizinhas estão na **posição de equilíbrio** quando a resultante das forças de interação entre elas é nula. Nessa situação, chamaremos de d_0 a distância que separa essas moléculas.

Quando a distância d entre as moléculas torna-se maior que d_0, surgem forças de interação **atrativas**. É por isso que uma barra de ferro, por exemplo, resiste a esforços de tração.

Quando as moléculas são aproximadas de modo que a distância d entre elas torna-se menor que d_0, surgem as forças de interação **repulsivas**. É por essa razão que a barra de ferro do exemplo anterior resiste a esforços de compressão.

Seja F a intensidade da força de interação entre as moléculas vizinhas pertencentes a um dado corpo. O gráfico a seguir mostra a variação de F em função da distância d entre essas moléculas.

No gráfico, os valores positivos de F correspondem a forças de repulsão ($d < d_0$), enquanto os valores negativos correspondem a forças de atração ($d > d_0$). A força atrativa praticamente se anula quando d vale aproximadamente $10d_0$.

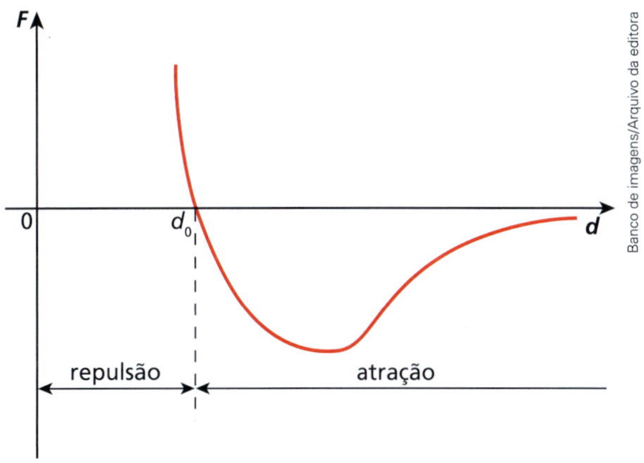

Dessa forma, podemos concluir que as moléculas, ao vibrarem com maior amplitude, conseguem aproximar-se mais de moléculas vizinhas, intensificando-se as forças repulsivas. Consequentemente, essas moléculas vizinhas são "sacudidas" pelas primeiras, passando a um estágio de vibração de amplitudes maiores. Assim, a energia térmica (o calor) é conduzida de molécula para molécula do meio a que elas pertencem.

Cálculo do fluxo de calor (ϕ) – Lei de Fourier

Façamos, agora, um estudo quantitativo do calor que flui através de uma barra de secção transversal uniforme. Para tanto, vamos considerar ℓ o comprimento da barra e A a área de sua secção transversal. Coloquemos as extremidades dessa barra em contato térmico com dois meios **a** e **b**, cujas temperaturas constantes são, respectivamente, θ_a e θ_b (com $\theta_a > \theta_b$). Para evitar possíveis perdas de calor, a barra é isolada termicamente ao longo de sua superfície, de modo que o calor só possa entrar e sair pelas extremidades.

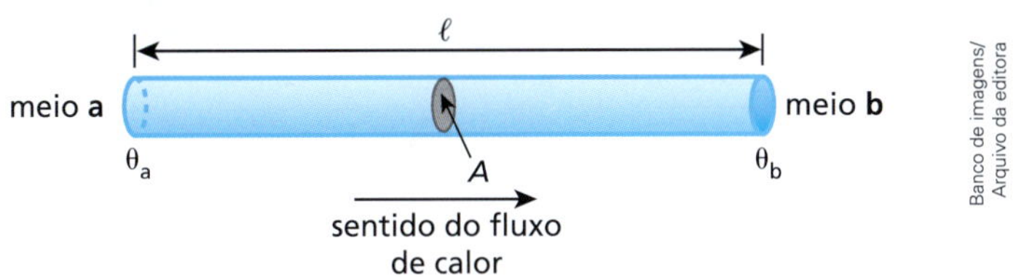

Jean-Baptiste Joseph Fourier, matemático e físico francês, que nasceu em 1768, em Auxerre (Borgonha), e faleceu em 1830.

Em razão da diferença de temperatura entre as extremidades **a** e **b**, há um fluxo de calor (ou corrente térmica) através da barra, no sentido da extremidade mais quente para a mais fria. A intensidade desse fluxo térmico é definida pela razão entre a quantidade de calor Q que atravessa uma secção transversal da barra e o intervalo de tempo Δt correspondente:

$$\phi = \frac{Q}{\Delta t}$$

Unidade usual: $\frac{cal}{s}$

Inicialmente, a temperatura das diversas secções da barra varia com o tempo. Decorrido certo intervalo de tempo, entretanto, essas secções assumem temperaturas constantes, mas diferentes entre si. Nessa situação, atingiu-se um equilíbrio e o fluxo de calor dá-se em **regime permanente** ou **estacionário**. Nesse caso, o fluxo de calor é o mesmo em qualquer secção da barra e a temperatura ao longo dela obedece ao gráfico representado a seguir.

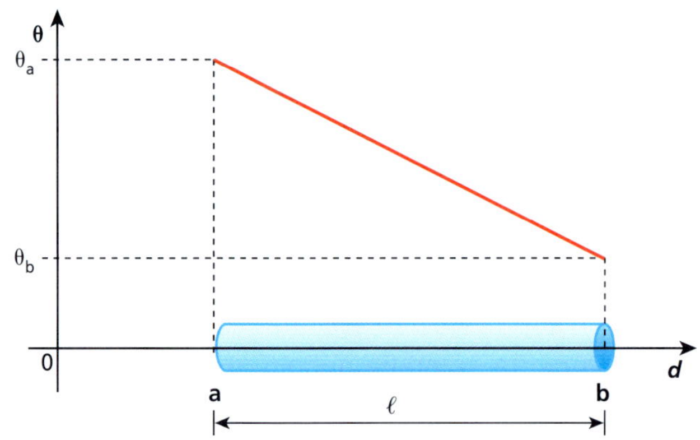

Banco de imagens/Arquivo da editora

No regime permanente, o fluxo térmico depende de quatro fatores: da área (A) da secção transversal da barra, de seu comprimento (ℓ), da diferença de temperaturas ($\Delta\theta$) dos meios **a** e **b** e do material de que é feita a barra (k).

Matematicamente, tais grandezas são relacionadas pela equação a seguir, denominada **lei de Fourier**:

$$\phi = k\frac{A|\Delta\theta|}{\ell}$$

A grandeza k é uma constante característica do material da barra, sendo denominada **coeficiente de condutibilidade térmica**.

Os maiores valores do coeficiente k pertencem aos metais, que são os melhores condutores de energia térmica. Os menores valores de k ficam para os isolantes térmicos, como a lã de vidro, a cortiça, a madeira, os gases em geral e outros.

A seguir, temos uma tabela dos coeficientes de condutibilidade térmica de algumas substâncias (ou materiais).

Tabela de condutibilidade térmica

Gases		Sólidos diversos		Metais	
Material	k em $\frac{cal \cdot cm}{s \cdot cm^2 \cdot °C}$	Material	k em $\frac{cal \cdot cm}{s \cdot cm^2 \cdot °C}$	Material	k em $\frac{cal \cdot cm}{s \cdot cm^2 \cdot °C}$
Oxigênio (a 20 °C)	$5{,}6 \cdot 10^{-5}$	Cortiça e feltro	$1{,}0 \cdot 10^{-4}$	Chumbo	$8{,}2 \cdot 10^{-2}$
Ar (a 0 °C)	$5{,}7 \cdot 10^{-5}$	Lã de vidro	$1{,}0 \cdot 10^{-4}$	Aço	$1{,}2 \cdot 10^{-1}$
Hidrogênio	$3{,}3 \cdot 10^{-4}$	Madeira	$3{,}0 \cdot 10^{-4}$	Latão	$2{,}6 \cdot 10^{-1}$
Hélio	$3{,}4 \cdot 10^{-4}$	Tijolo de barro	$1{,}5 \cdot 10^{-3}$	Alumínio	$4{,}9 \cdot 10^{-1}$
		Concreto e vidro	$2{,}0 \cdot 10^{-3}$	Cobre	$9{,}2 \cdot 10^{-1}$
		Tijolo refratário	$2{,}5 \cdot 10^{-3}$	Prata	1,01
		Gelo	$4{,}0 \cdot 10^{-3}$		

Fonte: HAYNES, W. M. *CRC Handbook of Chemistry and Physics*. Boca Raton: CRC Press LCC, 2012, p. 209.

JÁ PENSOU NISTO?

Casa de gelo?

Banco de imagens/Arquivo da editora

A casa de gelo (iglu) é um abrigo feito de neve endurecida (gelo), utilizado por povos que habitam regiões de frio extremo, como o norte do Alasca e o continente Ártico (polo norte). Para construir tais abrigos, esses povos cortam grandes blocos de gelo e os organizam para formar uma cúpula que é completada com um único bloco na parte superior. A forma arredondada é importante para que a neve, ao cair, escorregue, evitando que o sobrepeso cause o desmoronamento da construção.

Como o gelo apresenta coeficiente de condutibilidade térmica pequeno $\left(2 \cdot 10^{-4} \dfrac{\text{cal}}{\text{s} \cdot \text{cm} \cdot {}^{\circ}\text{C}}\right)$, ele pode ser considerado um bom isolante térmico. Assim, o calor produzido no interior do iglu pela transpiração e respiração das pessoas, bem como a energia resultado da queima de óleo de foca ou de outro combustível, permanece no interior aquecendo o ar. Enquanto isso, a temperatura externa pode chegar a −50 °C no inverno.

Faça você mesmo

! Esse experimento envolve fogo. Realize-o apenas com a supervisão de seu professor.

Fio metálico e condução de calor

Vimos neste tópico que a transmissão de calor pode ocorrer por condução, convecção ou radiação. Vamos agora realizar um experimento muito simples, que consiste em verificar o processo de condução de calor através de um fio metálico.

Material necessário

- 1 pedaço de fio de cobre maciço desencapado, com comprimento em torno de 30 cm, o mais grosso possível;
- 1 vela comum;
- 3 preguinhos ou tachinhas;
- 1 caixa de fósforos ou isqueiro;
- 1 alicate.

Procedimento

I. Acenda a vela e, com cuidado, deixe pingar parafina derretida em três pontos do fio. Espere a parafina começar a se solidificar e encoste os preguinhos na parafina, fixando-os um a um no fio.

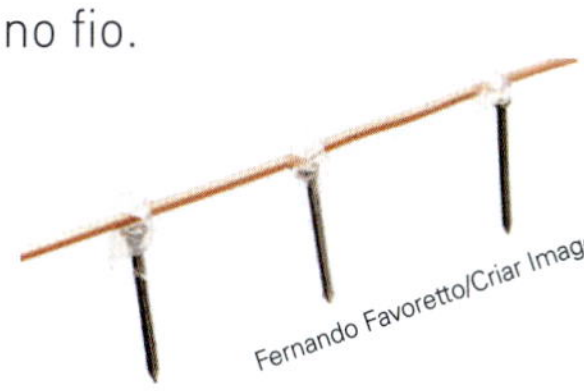

Fernando Favoretto/Criar Imagem

II. Segure uma das extremidades do fio com o alicate e encoste a extremidade oposta na chama da vela, que deverá estar acoplada a uma base de apoio (pode ser um pires, no qual você derramará parafina derretida para fixar a vela).

Fernando Favoretto/Criar Imagem

III. Aguarde alguns instantes e você notará que, depois de derretida a parafina de fixação, o primeiro preguinho se soltará e o mesmo poderá ser observado em relação aos outros dois preguinhos, que se soltarão sequencialmente.

Desenvolvimento

1. Por que os preguinhos vão se soltando sequencialmente?
2. Como você explica esse fenômeno?
3. O processo de transmissão de calor por condução pode ocorrer no vácuo? Por quê? Converse com os colegas e o professor.

Exercícios Nível 1

1. Imagine dois corpos **A** e **B** com temperaturas θ_A e θ_B, sendo $\theta_A > \theta_B$. Quando colocamos esses corpos em contato térmico, podemos afirmar que ocorre o seguinte fato:

a) Os corpos se repelem.
b) O calor flui do corpo **A** para o corpo **B** por tempo indeterminado.
c) O calor flui do corpo **B** para o corpo **A** por tempo indeterminado.
d) O calor flui de **A** para **B** até que ambos atinjam a mesma temperatura.
e) Não acontece nada.

2. No café da manhã, uma colher metálica é colocada no interior de uma caneca que contém leite bem quente. A respeito desse acontecimento, são feitas três afirmativas:

I. Após atingirem o equilíbrio térmico, a colher e o leite estão a uma mesma temperatura.
II. Após o equilíbrio térmico, a colher e o leite passam a conter quantidades iguais de energia térmica.
III. Após o equilíbrio térmico, cessa o fluxo de calor que existia do leite (mais quente) para a colher (mais fria).

Podemos afirmar que:

a) somente a afirmativa I é correta;
b) somente a afirmativa II é correta;
c) somente a afirmativa III é correta;
d) as afirmativas I e III são corretas;
e) as afirmativas II e III são corretas.

3. (Enem) Nos dias frios, é comum ouvir expressões como: "Esta roupa é quentinha" ou então "Feche a janela para o frio não entrar". As expressões do senso comum utilizadas estão em desacordo com o conceito de calor da termodinâmica. A roupa não é "quentinha", muito menos o frio "entra" pela janela.

A utilização das expressões "roupa é quentinha" e "para o frio não entrar" é inadequada, pois o(a)

a) roupa absorve a temperatura do corpo da pessoa, e o frio não entra pela janela, o calor é que sai por ela;
b) roupa não fornece calor por ser um isolante térmico, e o frio não entra pela janela, pois é a temperatura da sala que sai por ela;
c) roupa não é uma fonte de temperatura, e o frio não pode entrar pela janela, pois o calor está contido na sala, logo o calor é que sai por ela;
d) calor não está contido num corpo, sendo uma forma de energia em trânsito de um corpo de maior temperatura para outro de menor temperatura;
e) calor está contido no corpo da pessoa, e não na roupa, sendo uma forma de temperatura em trânsito de um corpo mais quente para um corpo mais frio.

4. (Enem) A sensação de frio que nós sentimos resulta:

a) do fato de nosso corpo precisar receber calor do meio exterior para não sentirmos frio;
b) da perda de calor do nosso corpo para a atmosfera que está a uma temperatura maior;
c) da perda de calor do nosso corpo para a atmosfera que está a uma temperatura menor;
d) do fato de a friagem que vem da atmosfera afetar o nosso corpo;
e) da transferência de calor da atmosfera para o nosso corpo.

5. E.R. Você sabe que o aprendizado da Física também se faz por meio da observação das situações que ocorrem no nosso dia a dia. Faça um experimento. Caminhe descalço sobre um carpete ou um tapete e sobre um piso cerâmico, como o do banheiro da sua casa, por exemplo. Você vai notar que o piso cerâmico parece mais frio do que o tapete, apesar de estarem à mesma temperatura. Essa diferença de sensação se deve ao fato de:

a) a capacidade térmica do piso cerâmico ser menor que a do tapete;
b) a temperatura do piso cerâmico ser menor que a do tapete;
c) a temperatura do tapete ser menor que a do piso cerâmico;
d) a condutividade térmica do piso cerâmico ser maior que a do tapete;
e) a condutividade térmica do piso cerâmico ser menor que a do tapete.

Resolução:

A sensação de quente e de frio que sentimos está relacionada com a rapidez com que recebemos ou cedemos calor. Ao pisar no piso de cerâmica, perdemos energia mais rapidamente do que quando pisamos em um tapete. Isso ocorre porque a condutividade térmica do piso é maior do que a do tapete.

Resposta: alternativa **d**.

6. Numa noite muito fria, você ficou na sala assistindo à televisão. Após algum tempo, foi para a cama e deitou-se debaixo das cobertas (lençol, cobertor e edredom). Você nota que a cama está muito fria, apesar das cobertas, e só depois de algum tempo o local se torna aquecido.

Isso ocorre porque:

a) o cobertor e o edredom impedem a entrada do frio que se encontra no meio externo.

b) o cobertor e o edredom possuem alta condutividade térmica.

c) o cobertor e o edredom possuem calor entre suas fibras, que, ao ser liberado, aquece a cama.

d) o cobertor e o edredom não são aquecedores, são isolantes térmicos, que não deixam o calor liberado por seu corpo sair para o meio externo.

e) sendo o corpo humano um bom absorvedor de frio, após algum tempo não há mais frio debaixo das cobertas.

7. (UFV-MG) Um engenheiro criou um chuveiro que preaquece a água no ralo antes que ela chegue à resistência do chuveiro. A água quente que cai do chuveiro, ao passar pelo ralo, entra em contato com o cano que fornece água fria para o chuveiro. Nesse ralo há um tubo em forma de espiral cuja função é proporcionar a troca de calor, como se observa no esquema abaixo.

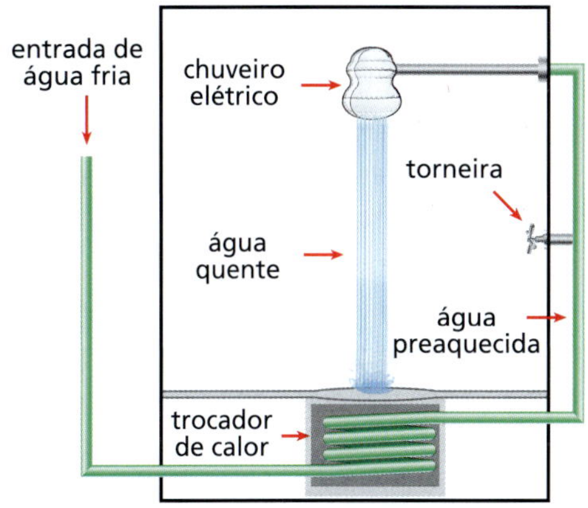

Para aumentar a troca de calor no ralo, o engenheiro testou vários materiais. Usou o CPVC, que é isolante térmico e, em ordem crescente de condutividade térmica, o aço, o alumínio e o cobre. Dos materiais testados, o mais adequado para ser usado como trocador de calor no ralo é o:

a) cobre.

b) alumínio.

c) CPVC.

d) aço.

Exercícios Nível 2

8. Uma garrafa de vidro e uma lata de refrigerante permanecem durante vários dias em uma geladeira. Quando pegamos a garrafa e a lata com as mãos desprotegidas para retirá-las da geladeira, temos a impressão de que a lata está mais fria do que a garrafa. Isso é explicado pelo fato de:

a) a temperatura do refrigerante na lata ser diferente da temperatura do refrigerante na garrafa;

b) a capacidade térmica do refrigerante na lata ser diferente da capacidade térmica do refrigerante na garrafa;

c) o calor específico dos dois recipientes ser diferente;

d) o coeficiente de dilatação térmica dos dois recipientes ser diferente;

e) a condutividade térmica dos dois recipientes ser diferente.

9. (Enem) Num experimento, um professor deixa duas bandejas de mesma massa, uma de plástico e outra de alumínio, sobre a mesa do laboratório. Após algumas horas, ele pede aos alunos que avaliem a temperatura das duas bandejas, usando para isso o tato. Seus alunos afirmam, categoricamente, que a bandeja de alumínio encontra-se numa temperatura mais baixa. Intrigado, ele propõe uma segunda atividade, em que coloca um cubo de gelo sobre cada uma das bandejas, que estão em equilíbrio térmico com o ambiente, e os questiona em qual delas a taxa de derretimento do gelo será maior.

O aluno que responder corretamente ao questionamento do professor dirá que o derretimento ocorrerá

a) mais rapidamente na bandeja de alumínio, pois ela tem uma maior condutividade térmica que a de plástico;
b) mais rapidamente na bandeja de plástico, pois ela tem inicialmente uma temperatura mais alta que a de alumínio;
c) mais rapidamente na bandeja de plástico, pois ela tem uma maior capacidade térmica que a de alumínio;
d) mais rapidamente na bandeja de alumínio, pois ela tem um calor específico menor que a de plástico;
e) com a mesma rapidez nas duas bandejas, pois apresentarão a mesma variação de temperatura.

10. **E.R.** Uma barra de alumínio de 50 cm de comprimento e área de secção transversal de 5 cm^2 tem uma de suas extremidades em contato térmico com uma câmara de vapor de água em ebulição (100 °C).

A outra extremidade está imersa em uma cuba que contém uma mistura bifásica de gelo fundente (0 °C).

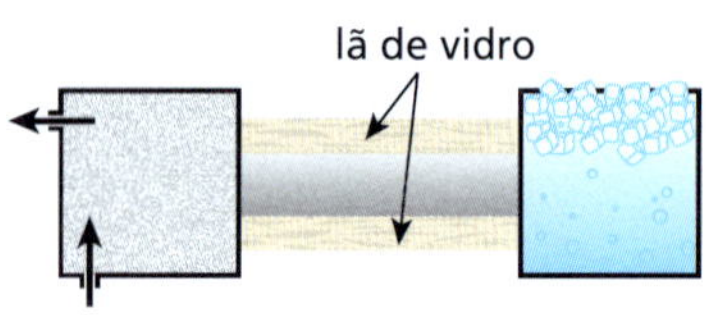

Banco de imagens/Arquivo da editora

A pressão atmosférica local é normal. Sabendo que o coeficiente de condutibilidade térmica do alumínio vale $0{,}5\ \frac{\text{cal}}{\text{s}\cdot\text{cm}\cdot{}^\circ\text{C}}$, calcule:

a) a intensidade da corrente térmica através da barra, depois de estabelecido o regime permanente;
b) a temperatura numa secção transversal da barra, situada a 40 cm da extremidade mais quente.

Resolução:

a) No regime permanente, a corrente térmica é calculada pela lei de Fourier:

$$\phi = k\frac{A\Delta\theta}{\ell}$$

Do enunciado, temos:

$$k = 0{,}5\ \frac{\text{cal}}{\text{s}\cdot\text{cm}\cdot{}^\circ\text{C}};\ A = 5\ \text{cm}^2;$$

$\Delta\theta = 100\ °\text{C} - 0\ °\text{C} = 100\ °\text{C};\ \ell = 50\ \text{cm}$

Substituindo esses valores na expressão anterior, temos:

$$\phi = \frac{0{,}5\cdot 5\cdot 100}{50}\ \therefore\ \boxed{\phi = 5\ \text{cal/s}}$$

b) Sabemos que, no regime permanente ou estacionário, a intensidade da corrente térmica através da barra é constante; assim, temos:

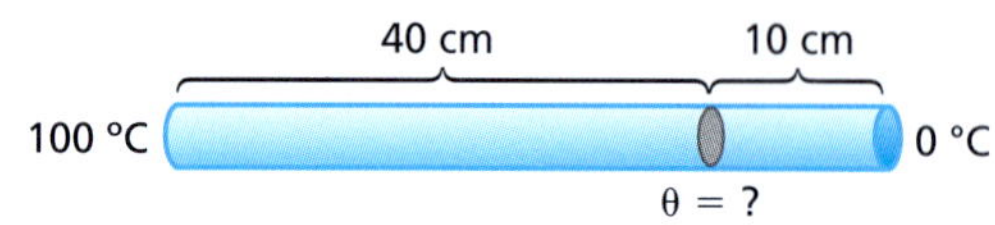

Banco de imagens/Arquivo da editora

$$\phi = \frac{kA(100-\theta)}{40} \Rightarrow 5 = \frac{0{,}5\cdot 5\cdot(100-\theta)}{40}$$

$$\boxed{\theta = 20\ °\text{C}}$$

11. (Unama-PA) A figura a seguir apresenta uma barra de chumbo de comprimento 40 cm e área de secção transversal 10 cm^2 isolada com cortiça; um termômetro fixo na barra calibrado na escala Fahrenheit, e dois dispositivos **A** e **B** que proporcionam, nas extremidades da barra, as temperaturas correspondentes aos pontos do vapor e do gelo, sob pressão normal, respectivamente. Considerando a intensidade da corrente térmica constante ao longo da barra, determine a temperatura registrada no termômetro, sabendo que ele se encontra a 32 cm do dispositivo **A**.

Dado: coeficiente de condutibilidade térmica do chumbo $= 8{,}2\cdot 10^{-2}\ \frac{\text{cal}\cdot\text{cm}}{\text{cm}^2\cdot{}^\circ\text{C}\cdot\text{s}}$

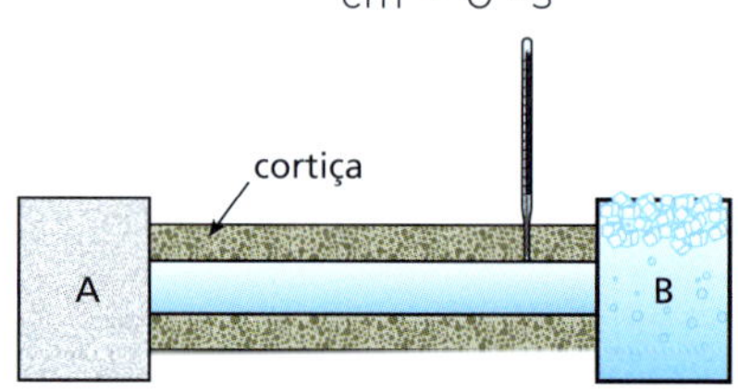

Reprodução/Arquivo da editora

12. Na figura a seguir, você observa uma placa de alumínio que foi utilizada para separar o interior de um forno, cuja temperatura mantinha-se estável a 220 °C, e o meio ambiente (20 °C). Após atingido o regime estacionário, qual a intensidade da corrente térmica através dessa chapa metálica? Suponha que o fluxo ocorra através da face de área maior.

Dado: coeficiente de condutibilidade térmica do alumínio $= 0{,}50 \ \dfrac{\text{cal}}{\text{s} \cdot \text{cm} \cdot {}^\circ\text{C}}$

Banco de imagens/Arquivo da editora

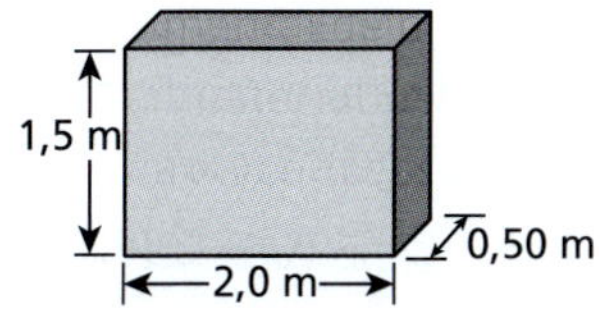

13. Três barras cilíndricas idênticas em comprimento e secção são ligadas formando uma única barra, cujas extremidades são mantidas a 0 °C e 100 °C. A partir da extremidade mais fria, as condutibilidades térmicas dos materiais das barras valem:
E.R.

$$(0{,}20),\ (0{,}50) \text{ e } (1{,}0)\ \frac{\text{kcal} \cdot \text{m}}{\text{h} \cdot \text{m}^2 \cdot {}^\circ\text{C}}$$

Supondo que em volta das barras exista um isolamento de vidro e desprezando qualquer perda de calor, calcule a temperatura nas junções onde uma barra é ligada à outra.

Resolução:

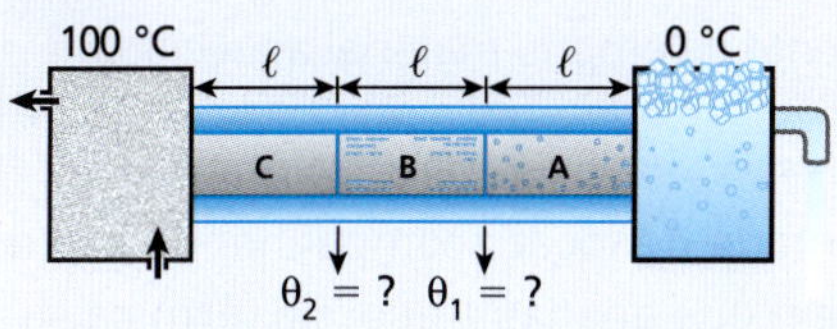

Banco de imagens/Arquivo da editora

$$k_A = 0{,}20\ \frac{\text{kcal} \cdot \text{m}}{\text{h} \cdot \text{m}^2 \cdot {}^\circ\text{C}};\ k_B = 0{,}50\ \frac{\text{kcal} \cdot \text{m}}{\text{h} \cdot \text{m}^2 \cdot {}^\circ\text{C}};$$

$$k_C = 1{,}0\ \frac{\text{kcal} \cdot \text{m}}{\text{h} \cdot \text{m}^2 \cdot {}^\circ\text{C}}$$

No regime permanente, o fluxo de calor através das barras será o mesmo e permanecerá constante; portanto, podemos escrever:

$$\phi = k_A \frac{A_A(\theta_1 - 0)}{\ell_A} = k_B \frac{A_B(\theta_2 - \theta_1)}{\ell_B}$$

$$\phi = k_C \frac{A_C(100 - \theta_2)}{\ell_C}$$

Mas $A_A = A_B = A_C$ e $\ell_A = \ell_B = \ell_C$.

Logo:

$$k_A(\theta_1 - 0) = k_B(\theta_2 - \theta_1) = k_C(100 - \theta_2)$$

Desmembrando, temos:

$$\begin{cases} k_A(\theta_1 - 0) = k_C(100 - \theta_2) \\ k_A(\theta_1 - 0) = k_B(\theta_2 - \theta_1) \end{cases}$$

Substituindo os valores conhecidos, temos:

$$\begin{cases} 0{,}20\theta_1 = 1{,}0(100 - \theta_2) \quad \text{(I)} \\ 0{,}20\theta_1 = 0{,}50(\theta_2 - \theta_1) \quad \text{(II)} \end{cases}$$

De (II), temos:

$$0{,}20\theta_1 = 0{,}50\theta_2 - 0{,}50\theta_1$$

$$0{,}70\theta_1 = 0{,}50\theta_2 \Rightarrow \theta_2 = \frac{0{,}70}{0{,}50}\theta_1$$

$$\theta_2 = 1{,}4\theta_1 \quad \text{(III)}$$

Substituindo (III) em (I), temos:

$$0{,}20\theta_1 = 100 - 1{,}4\theta_1 \Rightarrow 1{,}6\theta_1 = 100$$

$$\boxed{\theta_1 = 62{,}5\ {}^\circ\text{C}}$$

Voltando em (III), resulta:

$$\theta_2 = 1{,}4\ (62{,}5) \therefore \boxed{\theta_2 = 87{,}5\ {}^\circ\text{C}}$$

14. Uma barra de alumínio de 50 cm de comprimento e área de secção transversal 5 cm^2 tem uma de suas extremidades em contato térmico com uma câmara de vapor de água em ebulição.
A outra extremidade da barra está imersa em uma cuba que contém uma mistura bifásica de gelo e água em equilíbrio térmico.
A pressão atmosférica é normal. Sabe-se que o coeficiente de condutibilidade térmica do alumínio vale $0{,}5\ \dfrac{\text{cal} \cdot \text{cm}}{\text{s} \cdot \text{cm}^2 \cdot {}^\circ\text{C}}$.

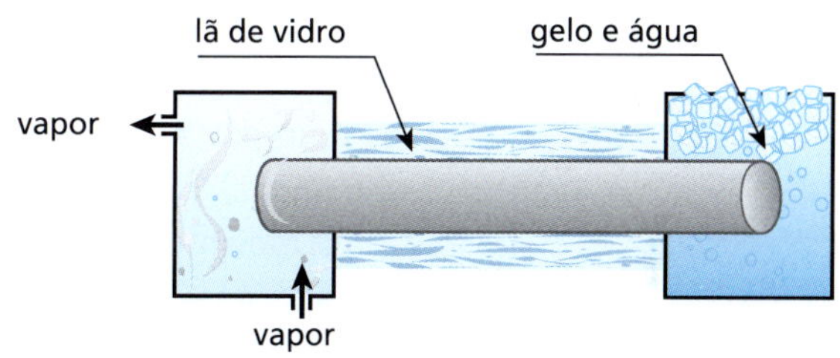

Banco de imagens/Arquivo da editora

Qual a temperatura da secção transversal da barra, situada a 40 cm da extremidade mais fria?

15. Uma barra metálica é aquecida conforme a figura; **A**, **B** e **C** são termômetros. Admita a condução de calor em regime estacionário e no sentido longitudinal da barra. Quando os termômetros das extremidades indicarem 200 °C e 80 °C, o intermediário indicará:

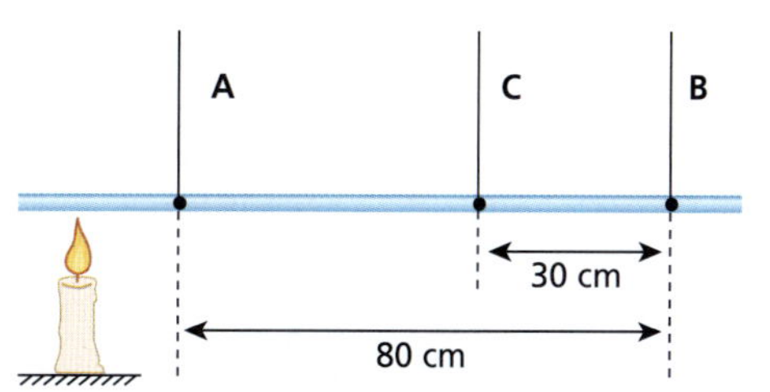

Banco de imagens/Arquivo da editora

a) 195 °C.
b) 175 °C.
c) 140 °C.
d) 125 °C.
e) 100 °C.

Bloco 2

A convecção

É comum, quando estamos num ambiente fechado (cinema, teatro ou a sala de aula), sentirmos, após algum tempo, que ele está muito "abafado". Parece que o ar fica "parado". O que pode ter ocorrido, já que no início não sentíamos isso?

CJT/Zapt/Arquivo da editora

Tal fato acontece porque as camadas de ar mais próximas das pessoas que estão no ambiente são aquecidas por elas e se expandem, aumentando seu volume, com consequente diminuição de sua densidade. Esse ar (quente) menos denso sobe, ocasionando a descida do ar (frio) de maior densidade, que se encontra mais acima. Como esse fenômeno é cíclico, ao se repetir constantemente, produz no ar as **correntes de convecção**. Após algum tempo, todo o ar da sala encontra-se aquecido de maneira praticamente uniforme, não mais ocorrendo a convecção. Vem daí a sensação de ambiente "abafado".

Convecção é o processo de propagação de calor no qual a energia térmica muda de local, acompanhando o deslocamento do próprio material aquecido.

Notemos que a energia térmica muda de local acompanhando as partículas do fluido, ao contrário da condução, em que apenas a energia térmica se desloca e as partículas permanecem em suas posições de equilíbrio.

É importante observar que a convecção só ocorre nos fluidos (gases, vapores e líquidos), não acontecendo nos sólidos e no vácuo.

O movimento vertical de massas fluidas, de densidades diferentes, é provocado pela existência do campo gravitacional da Terra. Em um local sem campo gravitacional não ocorre convecção. No interior de uma espaçonave em uma viagem entre a Terra e a Lua, por exemplo, um sistema de ventiladores e exaustores deve ser usado para movimentar e renovar o ar da cabine onde estão os astronautas.

Refrigeradores domésticos

Nos refrigeradores domésticos convencionais, a refrigeração dos alimentos é feita por convecção do ar em seu interior. O ar em contato com os alimentos é aquecido, expande-se – com consequente diminuição de densidade –, sobe até o congelador, onde é resfriado, e volta a descer. Notemos que, para isso acontecer, é necessário que o congelador esteja na parte superior e as prateleiras sejam grades vazadas.

Nos refrigeradores que funcionam com sistema *frost free* (livre de gelo), a placa fria não fica na parte interna do aparelho,

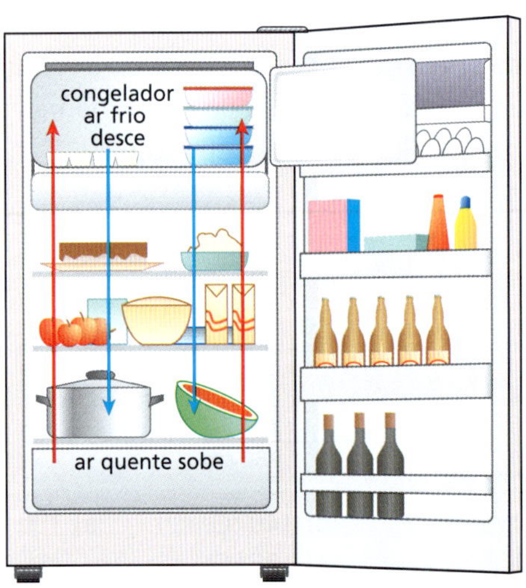

CJT/Zapt/Arquivo da editora

A convecção do ar no interior de um refrigerador doméstico.

mas entre as paredes interna e externa traseira. Um conjunto de ventiladores provoca a circulação do ar, retirando o ar quente e injetando o ar frio, resfriando a parte interna onde ficam os alimentos. As prateleiras são inteiriças, de vidro ou de plástico, fazendo com que cada compartimento receba ar gelado através de aberturas existentes na parede do fundo. A circulação de ar quente, por convecção, ocorre nas prateleiras da porta, que são vazadas. O ar quente é retirado na parte superior da geladeira. A água formada pela condensação escorre para um recipiente na parte inferior e evapora.

Ar-condicionado (ar frio) e aquecedor (ar quente)

Em uma residência, podemos usar um aparelho de ar-condicionado no verão e um aquecedor elétrico no inverno. Observe nas figuras que o ar-condicionado deve sempre ficar na parte superior da parede, enquanto o aquecedor deve ficar no nível do chão. Lembre-se de que o ar quente (menos denso) sobe e o ar frio (mais denso) desce.

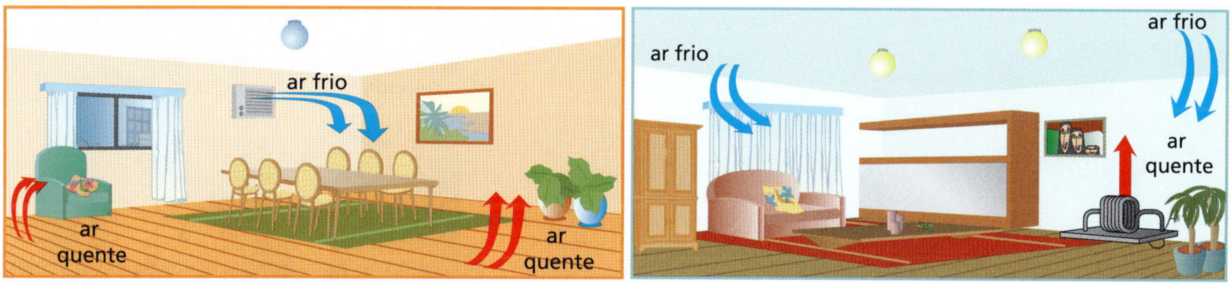

João Anselmo/Arquivo da editora

Note que, se fosse feito o contrário, o ar frio (mais denso) continuaria embaixo e o ar quente (menos denso) permaneceria em cima, não havendo circulação de ar.

Brisas marinhas

No litoral, durante o dia, a brisa sopra do mar para a praia e, à noite, da praia para o mar. A explicação para isso é que a areia tem calor específico muito pequeno em relação ao da água (para massas iguais, a areia precisa de menos energia para sofrer a mesma variação de temperatura), por isso se aquece e se resfria mais rapidamente.

Durante o dia, o ar quente próximo à areia sobe, provocando o deslocamento do ar frio que se encontra sobre a água.

À noite, a água demora mais para esfriar, invertendo o sentido das correntes de ar.

Isso explica por que o jangadeiro tem de sair de madrugada, quando a brisa sopra da praia para o mar, e tem de voltar antes de escurecer, quando a brisa ainda sopra do mar para a praia.

João Anselmo/Arquivo da editora

! Realize este experimento somente na presença do seu professor. Use luvas térmicas ao manusear objetos aquecidos.

Faça você mesmo

Entendendo a convecção

Após a leitura da parte teórica envolvendo a **convecção**, podemos pensar em realizar uma atividade experimental simples que seja capaz de mostrar esse fenômeno.

Material necessário

- 1 recipiente de vidro refratário e transparente;
- 1 canudo de plástico, com diâmetro de 0,5 cm ou mais;
- cristais de permanganato de potássio, encontrado em qualquer farmácia;
- água;
- 1 vela.

Procedimento

I. Inicialmente colocamos água no recipiente de vidro refratário e introduzimos, através do canudo, cristais de permanganato de potássio. Eles deslizarão até o fundo (figura 1). Procure não agitar o recipiente.

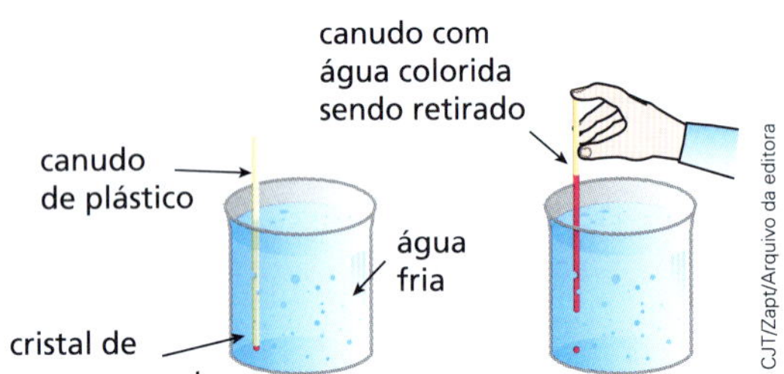

figura 1 figura 2

II. Para eliminar a parte colorida existente no interior do canudo, retire-o com o dedo indicador fechando a abertura superior (figura 2).

III. Acenda a vela e, utilizando a chama, aqueça a água da região onde se encontram os cristais de permanganato de potássio (figura 3). Tome os devidos cuidados para não queimar as mãos. Seus colegas devem ficar a uma distância de fácil visualização do fenômeno, mas que não possam atrapalhar a realização da atividade.

IV. Observe o caminho percorrido pela água colorida. Ela acompanhará as correntes de convecção que se formam no interior do recipiente (figura 4).

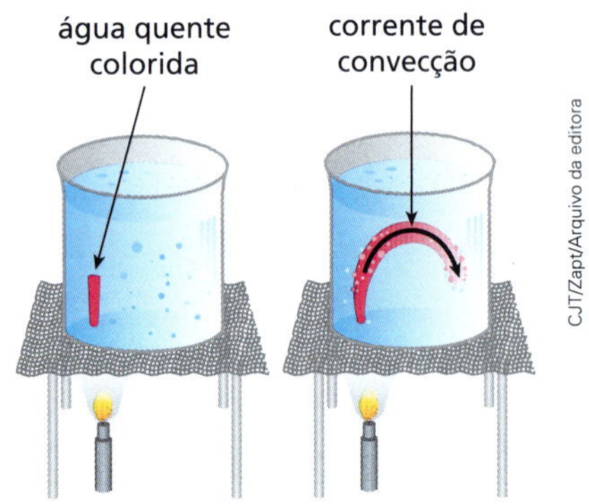

figura 3 figura 4

Desenvolvimento

1. Discuta com seus colegas o que ocorreria se essa atividade experimental fosse realizada no interior de uma espaçonave, viajando pelo espaço sideral. A vela permaneceria acesa?

A radiação

Quando nos bronzeamos na praia, ficamos expostos às radiações solares. A maior parte da energia que recebemos vem do Sol até a Terra através de ondas eletromagnéticas, que, ao atingirem nosso corpo, são absorvidas e transformadas, em grande parte, em energia térmica.

Esse processo de propagação da energia através de ondas eletromagnéticas é denominado **radiação**.

Radiação é o processo de propagação de energia na forma de ondas eletromagnéticas. Ao serem absorvidas, essas ondas se transformam em energia térmica.

Rigorosamente, a radiação não é um processo de transmissão de calor. Sabemos, no entanto, que um corpo emite energia radiante ao sofrer um resfriamento. Assim, associamos a energia existente nas ondas eletromagnéticas emitidas com a energia térmica que saiu do corpo. Essas ondas, ao serem absorvidas por um outro corpo, transformam-se novamente em energia térmica, aquecendo-o. Por isso, costuma-se definir radiação como um processo de transferência de energia térmica.

Apesar de todas as ondas eletromagnéticas transportarem energia, apenas as correspondentes à faixa do infravermelho são chamadas de ondas de calor. Isso porque o infravermelho transforma-se mais facilmente em energia térmica ao ser absorvido. Num banho de luz solar, recebemos, dentre outras radiações, a ultravioleta e a infravermelha, sendo que a ultravioleta produz bronzeamento e a infravermelha provoca aquecimento e até queimaduras na pele.

O fato de as ondas eletromagnéticas se propagarem no vácuo explica como parte da energia térmica que saiu do Sol chega até a superfície da Terra. Assim, apenas por meio da radiação podemos entender como a energia térmica é levada de uma região para outra, havendo vácuo entre elas.

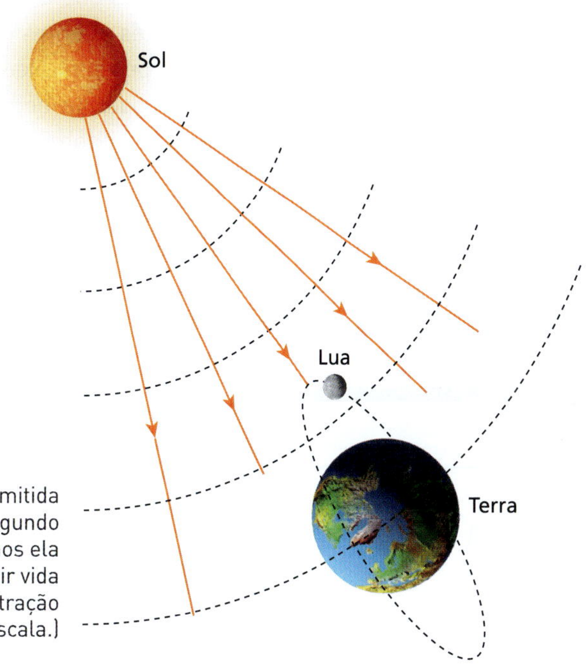

Banco de imagens/Arquivo da editora

A vida na Terra pôde se desenvolver devido à energia emitida pelo Sol. Essa estrela é uma fonte limitada de energia. Segundo as modernas teorias científicas, dentro de 5 bilhões de anos ela será uma estrela morta. Sem essa energia, poderá existir vida na Terra? Será que o ser humano chegará até lá? (Ilustração com tamanhos e distâncias fora de escala.)

JÁ PENSOU NISTO?

Como são as roupas usadas no deserto?

As roupas usadas pelos moradores do deserto, em geral, são escuras, largas e confeccionadas com lã de camelo, material de péssima condutibilidade térmica. Pode parecer estranho o fato de usarem roupas com essas características; no entanto, a lã de camelo serve como isolante térmico. Esse material evita que o calor do Sol entre diretamente em contato com a pele durante o dia e dificulta a saída do calor gerado pelo corpo humano durante as noites frias.

Essas roupas são largas para facilitar a convecção do ar existente entre a face interna da roupa e a pele da pessoa. Desse modo, o ar aquecido sobe e sai pela parte de cima, na região próxima ao pescoço. Como o ar mais quente sobe, entra pela parte inferior da roupa ar mais frio, circulando e resfriando o corpo da pessoa. A temperatura no deserto do Saara, na África, pode atingir 50 °C durante o dia e −5 °C à noite.

Cezary Wojtkowski/Shutterstock

Viajante em Wadi Rum, região desértica da Jordânia. Maio de 2017.

5. Algumas aplicações tecnológicas

O conhecimento tecnológico é extremamente importante para que as condições de vida do ser humano possam melhorar mais e mais com custo cada vez menor. Todos sabemos que o nosso corpo não suporta temperaturas muito altas ou muito baixas. Por isso, a tecnologia procura manter os ambientes em que vivemos dentro de intervalos de temperatura confortáveis.

O aparelho de ar-condicionado foi uma das criações da tecnologia para tornar ambientes quentes e abafados em locais agradáveis para as pessoas. Não esquecer que esse mesmo aparelho pode também aquecer ambientes muito frios. Ele pode ter somente a função "frio", indicada para locais quentes (de invernos amenos) e também a função "quente" para locais onde o inverno é muito rigoroso. O conhecimento do funcionamento da convecção nos ajuda a entender o local em que tal aparelho deve ser instalado.

y_seki/Shutterstock

O aparelho da foto é um ar-condiconado modelo "Split", muito utilizado nas residências. Ele pode ter apenas a função "frio" ou as funções "frio" e "quente".

Em ambientes muito abafados, como o galpão de uma indústria, é preciso fazer o ar circular utilizando-se exaustores que retiram o ar quente do interior e provocam a entrada de ar externo mais frio. Algumas pessoas, utilizando a tecnologia e seus conhecimentos, podem produzir sistemas eficientes, capazes de tornar confortáveis tais locais. Os exaustores eólicos podem, com baixo custo, realizar essa função.

noppasit TH/Shutterstock

Na fotografia, podemos observar um exaustor eólico utilizado na renovação do ar de grandes ambientes.

Uma das riquezas da natureza é a grande quantidade de energia que a Terra recebe do Sol. Essa energia pode e deve ser utilizada para melhor conforto das pessoas.

O Brasil recebe, em média, 1 800 kWh/m^2 ao ano de energia proveniente do Sol. Para se ter uma ideia, a radiação que incide em um ano na área do Distrito Federal, onde se encontra a cidade de Brasília, equivale a mais de 160 usinas de Itaipu. A utilização de parte dessa energia poderia representar grande economia para cada um de nós e para o país, que não precisaria construir novas usinas hidrelétricas, termoelétricas ou nucleares.

A utilização de coletores solares para uso doméstico no aquecimento de água pode representar uma economia de 30% a 40% na conta de energia elétrica das residências. Cada metro quadrado de coletor solar em uso representa 56 m^2 a menos de área inundada em usinas hidrelétricas e a economia de 55 kg/ano de gás ou 215 kg/ano de lenha que deixaria de ser queimada.

Chico Ferreira/Pulsar Imagens

As placas coletoras são, geralmente, colocadas no telhado das residências.

Hoje, 73% das residências brasileiras têm chuveiro elétrico e poucas possuem aquecedor solar. Em 2014, iniciou-se a contratação de energia solar pública no Brasil, sendo que estudos estimam que 18% dos domicílios brasileiros contarão com energia solar em 2050. Além disso, desde 2015 os países em desenvolvimento lideram os investimentos em energia solar e em outros tipos de energia renovável.

O aquecedor solar é um sistema simples que utiliza a radiação, a condução e a convecção térmica para aquecimento da água. Esse dispositivo é constituído de duas partes: o coletor solar (placas) e o reservatório térmico (onde a água aquecida é armazenada).

Ampliando o olhar

O vaso de Dewar

Reprodução/Arquivo da editora

Ao contrário do que muita gente pensa, a garrafa térmica não foi inventada para manter o café quente. Foi o físico britânico James Dewar (1842-1923) que, no final do século XIX, a pedido de colegas, inventou um recipiente que pudesse conservar soluções biológicas a temperaturas estáveis. Dewar havia lido trabalhos do físico italiano Evangelista Torricelli, que no século XVII tinha comprovado ser o vácuo um bom isolante térmico. O grande problema de Dewar era como manter o vácuo. Para isso, ele construiu uma garrafa de vidro com paredes duplas. O ar existente entre essas paredes foi retirado, e a garrafa, lacrada. Para evitar que a luz atingisse a solução biológica e provocasse alguma alteração, Dewar espelhou as paredes da garrafa. Com isso, evitava que as ondas de calor entrassem ou saíssem dela.

James Dewar era um daqueles cientistas que achavam que suas descobertas deviam ser usadas por todos, por isso não patenteou essa invenção, considerando-a um presente à Ciência. Somente no início do século XX, o alemão Reinhold Burger, fabricante de vidros, aperfeiçoou o invento de Dewar, diminuindo o seu tamanho e lançando-o no mercado. Foi um sucesso de vendas, que tornou Burger muito rico.

Detalhes funcionais de uma garrafa térmica

A garrafa térmica é um dispositivo cuja finalidade principal é manter constante, por um maior intervalo de tempo, a temperatura de seu conteúdo. Para tanto, as paredes desse sistema são praticamente adiabáticas, isto é, reduzem consideravelmente as trocas de calor entre o seu conteúdo e o meio externo.

Com a finalidade de isolar termicamente o conteúdo de uma garrafa térmica do ambiente, adotam-se os seguintes procedimentos:

- as paredes internas são feitas de vidro, que, por ser mau condutor, atenua as trocas de calor por condução;
- as paredes internas são duplas, separadas por uma região de vácuo, cuja função é tentar evitar a condução do calor que passa pelas paredes de vidro;
- o vidro de que são feitas as paredes internas da garrafa é espelhado, para que o calor radiante seja refletido, atenuando assim as trocas por radiação.

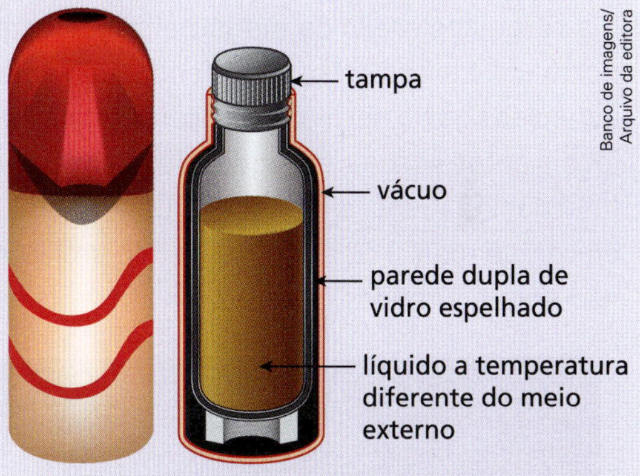

Banco de imagens/Arquivo da editora

Para evitar possíveis trocas de calor por convecção, basta fechar a garrafa, pois dessa forma as massas fluidas internas não conseguem sair do sistema.

É evidente que não existe o isolamento térmico perfeito; assim, apesar dos cuidados citados, após um tempo relativamente grande (várias horas), o conteúdo da garrafa térmica acaba atingindo o equilíbrio térmico com o meio ambiente.

Estufas

Estufas são recintos fechados com paredes e teto de vidro, utilizadas, principalmente em países de inverno rigoroso, para o cultivo de verduras, legumes e mesmo flores.

Luis Fernando R. Tucillo/Arquivo da editora

Representação de uma estufa.

O vidro é transparente à luz visível e parcialmente opaco às **ondas de calor** (infravermelho).

As radiações **infravermelhas** na realidade se constituem de uma gama de ondas de certo intervalo de frequências; aquelas que possuem menor frequência (portanto, maior comprimento de onda) não conseguem passar pelo vidro, mas as de maior frequência (portanto, menor comprimento de onda), as mais próximas das radiações correspondentes à cor vermelha, conseguem passar juntamente com a luz visível e outras radiações. Uma parcela dessa energia é absorvida pelas plantas que estão no interior da estufa. Essas plantas se aquecem e emitem parte da energia absorvida em forma de infravermelho, só que agora com comprimentos de onda maiores, que não consegue passar pelo vidro e fica retida no interior da estufa. Desse modo, a temperatura permanece relativamente estável, mesmo que esteja nevando na parte externa.

O efeito estufa na atmosfera terrestre

A atmosfera terrestre é formada principalmente por nitrogênio (78%), oxigênio (20,9%) e argônio (0,9%), aparecendo ainda em quantidades bem pequenas o neônio, o hélio, o hidrogênio e outros gases. A essa composição, devemos acrescentar os chamados gases estufa, que dificultam a dispersão dos raios solares que incidem na Terra. São eles o dióxido de carbono (CO_2), o metano (CH_4), o óxido nitroso (N_2O) e os compostos de clorofluorcarbono (CFC) provenientes da queima de carvão, petróleo (na forma de seus derivados), florestas e pastagens e da decomposição da madeira e de materiais orgânicos (como dejetos humanos e de outros animais). Além desses gases, o vapor de água na atmosfera também contribui para o efeito estufa.

A forma de retenção do calor na atmosfera é semelhante à de uma estufa de paredes e teto de vidro: permite que a energia radiante penetre, mas dificulta a dissipação das radiações emitidas pelas superfícies aquecidas da Terra. Um grupo de cientistas americanos calculou em 1 W/m^2 a diferença entre a energia por metro quadrado que a Terra absorve de radiação solar e a energia que ela emite de volta para o espaço, por segundo. Essa energia retida é importante para que haja vida animal e vegetal na Terra, porém o crescimento da população humana, o desmatamento de florestas (que absorvem parte do CO_2) e o ritmo acelerado da industrialização estão provocando um desequilíbrio, com aquecimento acima do normal. Geleiras estão derretendo; correntes marinhas de água quente (no oceano Atlântico) estão mais aquecidas que o normal, provocando mais furacões que a média do último século; chuvas intensas inundam locais antes secos e estiagens ocorrem em locais antes castigados por intensas chuvas. Segundo o Painel Internacional sobre Mudanças Climáticas, a temperatura global aumentou 0,6 °C no século XX e pode elevar-se mais 1 °C até 2030, sendo projetado um aumento de 4 °C até 2090, caso medidas de prevenção não sejam tomadas.

Sunny Forest/Shutterstock

A visão maravilhosa de um céu azul é possível graças ao nitrogênio que faz parte da atmosfera terrestre.

Denis Belitsky/Shutterstock

A industrialização produz gases como o dióxido de carbono, o metano e os compostos de clorofluorcarbono, que poluem e funcionam como gases estufa.

Exercícios Nível 1

16. Em cada uma das situações descritas a seguir
E.R. você deve reconhecer o processo de transmissão de calor envolvido: condução, convecção ou radiação.

I. As prateleiras de uma geladeira doméstica são grades vazadas para facilitar a ida da energia térmica até o congelador por (...).

II. O único processo de transmissão de calor que pode ocorrer no vácuo é a (...).

III. Numa garrafa térmica, é mantido vácuo entre as paredes duplas de vidro para evitar que o calor saia ou entre por (...).

Na ordem, os processos de transmissão de calor que você usou para preencher as lacunas são:

a) condução, convecção e radiação;

b) radiação, condução e convecção;

c) condução, radiação e convecção;

d) convecção, condução e radiação;

e) convecção, radiação e condução.

Resolução:

Vamos analisar as situações descritas:

I. Convecção: na geladeira doméstica convencional, as grades das prateleiras são vazadas para permitir a livre subida do ar quente, aquecido pelos corpos do interior do refrigerador, e a livre descida do ar frio, resfriado pelo congelador.

II. Radiação: na radiação, a energia desloca-se de um local para outro na forma de ondas eletromagnéticas, que podem se propagar no vácuo. A condução e a convecção necessitam de meio material para ocorrer.

III. Condução: o vácuo mantido entre as paredes duplas de vidro de uma garrafa térmica evita que a energia térmica saia ou entre no sistema através das partículas do meio, isto é, por condução.

Resposta: alternativa **e**.

17. Usando os seus conhecimentos de transmissão de calor, analise as proposições e indique a que você acha correta.

a) A condução térmica é a propagação do calor de uma região para outra com deslocamento do material aquecido.

b) A convecção térmica é a propagação de calor que pode ocorrer em qualquer meio, inclusive no vácuo.

c) A radiação térmica é a propagação de energia por meio de ondas eletromagnéticas e ocorre exclusivamente nos fluidos.

d) A transmissão do calor, qualquer que seja o processo, sempre ocorre, naturalmente, de um ambiente de maior temperatura para outro de menor temperatura.

e) As correntes ascendentes e descendentes na convecção térmica de um fluido são motivadas pela igualdade de suas densidades.

18. (UFRN) Matilde é uma estudante de Arquitetura que vai fazer o seu primeiro projeto: um prédio a ser construído em Natal (RN). Ela precisa prever a localização de um aparelho de ar-condicionado para uma sala e, por ter estudado pouco Termodinâmica, está em dúvida se deve colocar o aparelho próximo do teto ou do piso.
Ajude Matilde, dando-lhe uma sugestão sobre a escolha que ela deve fazer nesse caso. (Justifique a sua sugestão.)

19. Na praia, você já deve ter notado que, durante o dia, a areia esquenta mais rápido que a água do mar e, durante a noite, a areia esfria mais rápido que a água do mar. Isso ocorre porque o calor específico da água é maior que o da areia (a água precisa receber mais calor, por unidade de massa, para sofrer o mesmo aquecimento da areia). Esse fato explica a existência da brisa:

a) do mar para a praia, à noite;

b) da praia para o mar, durante o dia;

c) do mar para a praia, durante o dia;

d) sempre do mar para a praia;

e) sempre da praia para o mar.

Exercícios Nível 2

20. (UFV-MG) Um resistor *R* é colocado dentro de um recipiente de parede metálica – no qual é feito vácuo – que possui um termômetro incrustado em sua parede externa. Para ligar o resistor a uma fonte externa ao recipiente, foi utilizado um fio, com isolamento térmico, que impede a transferência de calor para as paredes do recipiente. Essa situação encontra-se ilustrada na figura abaixo.

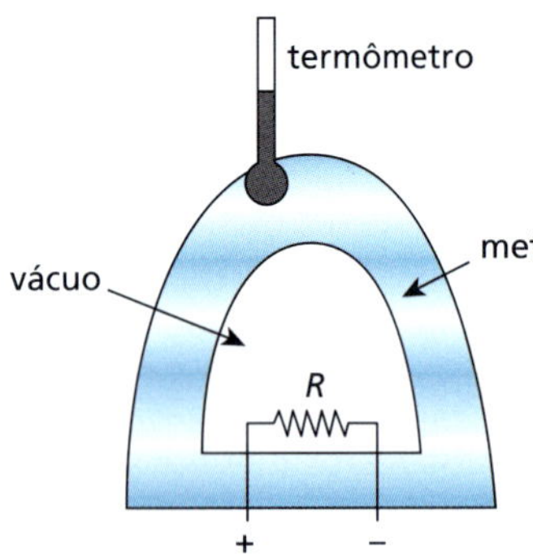

Reprodução/Arquivo da editora

Ligando o resistor, nota-se que a temperatura indicada pelo termômetro aumenta, mostrando que há transferência de calor entre o resistor e o termômetro. Pode-se afirmar que os processos responsáveis por essa transferência de calor, na ordem correta, são:

a) primeiro convecção e depois radiação;
b) primeiro convecção e depois condução;
c) primeiro radiação e depois convecção;
d) primeiro radiação e depois condução;
e) primeiro condução e depois convecção.

21. Ao contrário do que se pensa, a garrafa térmica não foi criada originalmente para manter o café quente. Esse recipiente foi inventado pelo físico e químico britânico James Dewar (1842-1923) para conservar substâncias biológicas em bom estado, mantendo-as a temperaturas estáveis. Usando a observação do físico italiano Evangelista Torricelli (1608-1647), que descobriu ser o vácuo um bom isolante térmico, Dewar criou uma garrafa de paredes duplas de vidro que, ao ser lacrada, mantinha vácuo entre elas. Para retardar ainda mais a alteração de temperatura no interior da garrafa, ele espelhou as paredes, tanto nas faces externas como nas faces internas. Dewar nunca patenteou sua invenção, que considerava um presente à Ciência. Coube ao alemão Reinhold Burger (1866-1954), um fabricante de vidros, diminuir o seu tamanho, lançando-a no mercado em 1903.

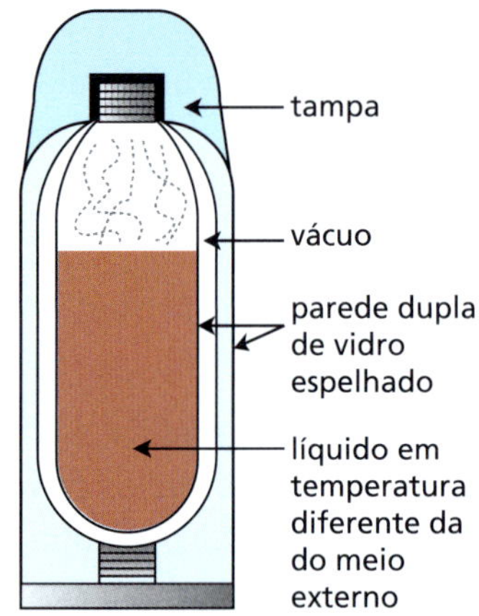

Banco de imagens/Arquivo da editora

Indique a alternativa correta.

a) Na garrafa térmica, o vácuo existente entre as paredes duplas de vidro tem a finalidade de evitar trocas de calor por **convecção**.
b) As paredes espelhadas devem evitar que as ondas de calor saiam ou entrem por **condução**.
c) Apesar de o texto não se referir ao fato de que a garrafa deve permanecer bem fechada, isso deve ocorrer para evitar perdas de calor por **convecção**.
d) O vácuo existente no interior das paredes duplas de vidro vai evitar perdas de calor por **radiação**.
e) As paredes espelhadas não têm função nas trocas de calor; foram apenas uma tentativa de tornar o produto mais agradável às pessoas que pretendessem comprá-lo.

22. Analisando um refrigerador doméstico convencional, podemos afirmar:

I. O congelador fica na parte superior para favorecer a condução do calor que sai dos alimentos e vai até ele.
II. As prateleiras são grades vazadas (e não chapas inteiriças), para permitir a livre convecção das massas de ar quentes e frias no interior do refrigerador.
III. A energia térmica que sai dos alimentos chega até o congelador, principalmente, por radiação.
IV. As paredes dos refrigeradores normalmente são intercaladas com material isolante, com o objetivo de evitar a entrada de calor por condução.

Quais são as afirmativas corretas?

a) Apenas a afirmativa I.
b) Apenas as afirmativas I, II e III.
c) Apenas as afirmativas I e III.
d) Apenas as afirmativas II e IV.
e) Todas as afirmativas.

23. (Fuvest-SP) Em uma sala fechada e isolada termicamente, uma geladeira, em funcionamento, tem, num dado instante, sua porta completamente aberta. Antes da abertura dessa porta, a temperatura da sala é maior que a do interior da geladeira. Após a abertura da porta, a temperatura da sala,

a) diminui até que o equilíbrio térmico seja estabelecido;
b) diminui continuamente enquanto a porta permanecer aberta;
c) diminui inicialmente, mas, posteriormente, será maior do que quando a porta foi aberta;
d) aumenta inicialmente, mas, posteriormente, será menor do que quando a porta foi aberta;
e) não se altera, pois se trata de um sistema fechado e termicamente isolado.

24. (Enem) A refrigeração e o congelamento de alimentos são responsáveis por uma parte significativa do consumo de energia elétrica numa residência típica.

Para diminuir as perdas térmicas de uma geladeira, podem ser tomados alguns cuidados operacionais:

I. Distribuir os alimentos nas prateleiras deixando espaços vazios entre eles, para que ocorra a circulação do ar frio para baixo e do ar quente para cima.

II. Manter as paredes do congelador com camada bem espessa de gelo, para que o aumento da massa de gelo aumente a troca de calor no congelador.

III. Limpar o radiador ("grade" na parte de trás) periodicamente, para que a gordura e a poeira que nele se depositam não reduzam a transferência de calor para o ambiente.

Para uma geladeira tradicional, é correto indicar, apenas,

a) a operação I;
b) a operação II;
c) as operações I e II;
d) as operações I e III;
e) as operações II e III.

25. (Enem) A padronização insuficiente e a ausência de controle na fabricação podem também resultar em perdas significativas de energia através das paredes da geladeira. Essas perdas, em função da espessura das paredes, para geladeiras e condições de uso típicas, são apresentadas na tabela.

Espessura das paredes (cm)	Perda térmica mensal (kWh)
2	65
4	35
6	25
10	15

Considerando uma família típica, com consumo médio mensal de 200 kWh, a perda térmica pelas paredes de uma geladeira com 4 cm de espessura, relativamente a outra de 10 cm, corresponde a uma porcentagem do consumo total de eletricidade da ordem de:

a) 30%.
b) 20%.
c) 10%.
d) 5%.
e) 1%.

26. A comunidade científica há tempos anda preocupada com o aumento da temperatura média da atmosfera terrestre. Os cientistas atribuem esse fenômeno ao chamado efeito estufa, que consiste na "retenção" da energia térmica junto ao nosso planeta, como ocorre nas estufas de vidro, que são usadas em locais onde em certas épocas do ano a temperatura atinge valores muito baixos. A explicação para esse acontecimento é que a atmosfera (com seus gases naturais mais os gases poluentes emitidos por automóveis, indústrias, queimadas, vulcões, etc.) é pouco transparente aos raios solares na faixa:

a) das ondas de rádio;
b) das ondas ultravioleta;
c) das ondas infravermelhas;
d) das ondas correspondentes aos raios gama;
e) das ondas correspondentes aos raios X.

27. (UFRN) O efeito estufa, processo natural de aquecimento da atmosfera, é essencial para a existência de vida na Terra. Em tal processo, uma parcela da radiação solar refletida e da radiação térmica emitida pela superfície terrestre interage com determinados gases presentes na atmosfera, aquecendo-a.

O principal mecanismo físico responsável pelo aquecimento da atmosfera devido à ação do efeito estufa resulta da

a) absorção, por certos gases da atmosfera, de parte da radiação ultravioleta recebida pela Terra.
b) reflexão, por certos gases da atmosfera, da radiação visível emitida pela Terra.
c) absorção, por certos gases da atmosfera, de parte da radiação infravermelha proveniente da superfície da Terra.
d) reflexão, por certos gases da atmosfera, de parte da radiação de micro-ondas recebida pela Terra.
e) refração das radiações infravermelhas e ultravioletas na atmosfera terrestre.

28. (Enem) As cidades industrializadas produzem grandes proporções de gases como o CO_2, o principal gás causador do efeito estufa. Isso ocorre por causa da quantidade de combustíveis fósseis queimados, principalmente no transporte, mas também em caldeiras industriais. Além disso, nessas cidades concentram-se as maiores áreas com solos asfaltados e concretados, o que aumenta a retenção de calor, formando o que se conhece por "ilhas de calor". Tal fenômeno ocorre porque esses materiais absorvem o calor e o devolvem para o ar sob a forma de radiação térmica. Em áreas urbanas, devido à atuação conjunta do efeito estufa e das "ilhas de calor", espera-se que o consumo de energia elétrica

a) diminua devido à utilização de caldeiras por indústrias metalúrgicas.
b) aumente devido ao bloqueio da luz do sol pelos gases do efeito estufa.
c) diminua devido à não necessidade de aquecer a água utilizada em indústrias.
d) aumente devido à necessidade de maior refrigeração de indústrias e residências.
e) diminua devido à grande quantidade de radiação térmica reutilizada.

Exercícios Nível 3

29. (Uepa) A área total das paredes externas de uma geladeira é 4,0 m^2 e a diferença de temperatura entre o exterior e o interior da geladeira é 25 °C. Se a geladeira tem um revestimento de poliestireno com 25 mm de espessura, determine a quantidade de calor que flui através das paredes da geladeira durante 1,0 h, em watt-hora. A condutividade térmica do revestimento de poliestireno é $0{,}01\ \dfrac{W}{m \cdot °C}$.

30. Numa sauna, para separar a sala de banho do escritório, usou-se uma parede de tijolos com 12 cm de espessura. A parede foi revestida do lado mais quente com uma camada de madeira com 6 cm de espessura e, do lado mais frio, com uma camada de cortiça com 3 cm de espessura. A temperatura da sauna é mantida a 70 °C, enquanto a do ambiente do escritório, a 20 °C. Determine as temperaturas nos pontos de separação madeira/tijolo e tijolo/cortiça, após ser estabelecido o regime permanente.

Dados: $k_{madeira} = 2 \cdot 10^{-4}$ cal/s cm °C;
$k_{tijolo} = 15 \cdot 10^{-4}$ cal/s cm °C;
$k_{cortiça} = 1 \cdot 10^{-4}$ cal/s cm °C.

31. (Fuvest-SP) Um contêiner com equipamentos científicos é mantido em uma estação de pesquisa na Antártida. Ele é feito com material de boa isolação térmica e é possível, com um pequeno aquecedor elétrico, manter sua temperatura interna constante, $T_i = 20$ °C, quando a temperatura externa é $T_e = -40$ °C. As paredes, o piso e o teto do contêiner têm a mesma espessura, $\varepsilon = 26$ cm, e são de um mesmo material, de condutividade térmica k = 0,05 J/(s · m · °C). Suas dimensões internas são $2 \times 3 \times 4\ m^3$. Para essas condições, determine

a) a área *A* da superfície interna total do contêiner;
b) a potência *P* do aquecedor, considerando ser ele a única fonte de calor;
c) a energia *E*, em kWh, consumida pelo aquecedor em um dia.

Note e adote:
A quantidade de calor por unidade de tempo (ϕ) que flui através de um material de área *A*, espessura ε e condutividade térmica *k*, com diferença de temperatura ΔT entre as faces do material, é dada por: $\phi = kA\Delta T/\varepsilon$.

32. (UPM-SP) Tem-se três cilindros de secções transversais iguais de cobre, latão e aço, cujos comprimentos são, respectivamente, 46 cm, 13 cm e 12 cm. Soldam-se os cilindros, formando o perfil em **Y**, indicado na figura. O extremo livre do cilindro de cobre é mantido a 100 °C e o dos cilindros de latão e aço, a 0 °C. Supor que a superfície lateral dos cilindros esteja isolada termicamente. As condutividades térmicas do cobre, latão e aço valem, respectivamente, 0,92, 0,26 e 0,12, expressas em $cal \cdot cm^{-1} \cdot s^{-1} \cdot °C^{-1}$. No regime estacionário de condução, qual a temperatura na junção?

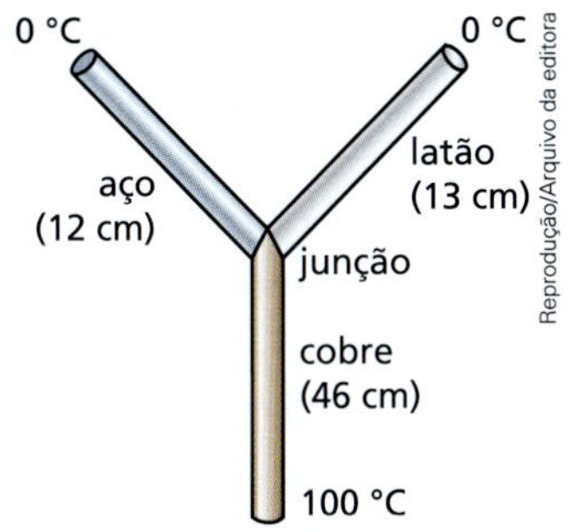

33. A condutividade térmica do cobre é aproximadamente quatro vezes maior que a do latão. Duas placas, uma de cobre e outra de latão, com 100 cm^2 de área e 2,0 cm de espessura, são justapostas como ilustra a figura ao lado. Considerando-se que as faces externas do conjunto sejam mantidas a 0 °C e 100 °C, qual será a temperatura na interface da separação das placas quando for atingido o regime estacionário?

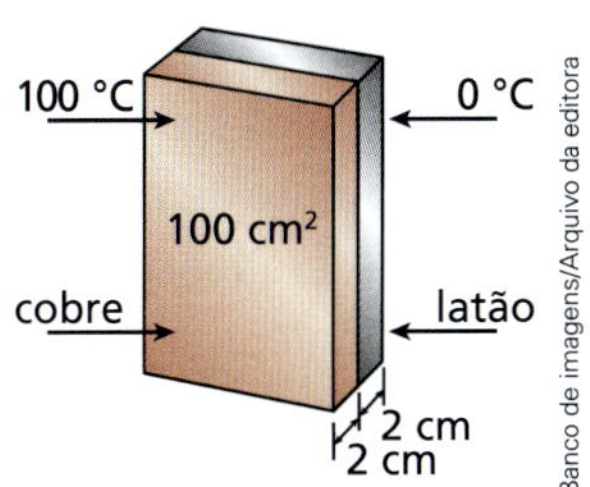

34. (UPM-SP) A figura I mostra uma barra metálica de secção transversal quadrada. Suponha que 10 cal fluam em regime estacionário através da barra, de um extremo para outro, em 2 minutos. Em seguida, a barra é cortada ao meio no sentido transversal e os dois pedaços são soldados como representa a figura II. O tempo necessário para que 10 cal fluam entre os extremos da barra assim formada é:

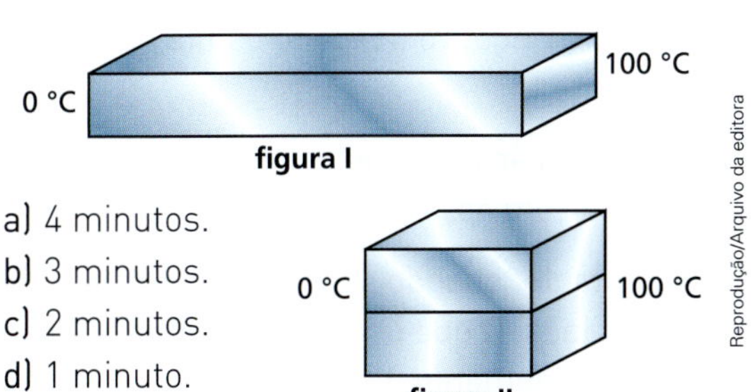

a) 4 minutos.
b) 3 minutos.
c) 2 minutos.
d) 1 minuto.
e) 0,5 minuto.

35. (Unicamp-SP) Nas regiões mais frias do planeta, camadas de gelo podem se formar rapidamente sobre um volume de água a céu aberto. A figura a seguir mostra um tanque cilíndrico de água cuja área da base é $A = 2{,}0\ m^2$, havendo uma camada de gelo de espessura *L* na superfície da água. O ar em contato com o gelo está a uma temperatura $T_{ar} = -10\ °C$, enquanto a temperatura da água em contato com o gelo é $T_{ág} = 0{,}0\ °C$.
O calor é conduzido da água ao ar através do gelo. O fluxo de calor ϕ_{cal}, definido como a quantidade de calor conduzido por unidade de tempo, é dado por $\phi_{cal} = kA\dfrac{T_{ag} - T_{ar}}{L}$, em que $k = 4{,}0 \cdot 10^{-3}\ \dfrac{cal}{s \cdot cm \cdot °C}$ é a condutividade térmica do gelo. Qual é o fluxo de calor ϕ_{cal} quando $L = 5{,}0$ cm?

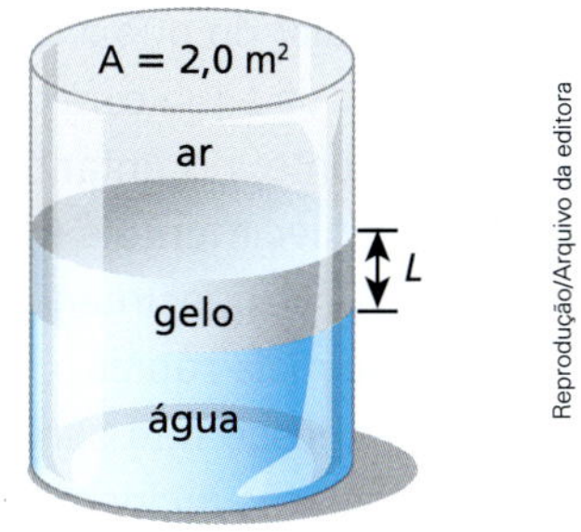

36. (UFPA) Para obter água aquecida, um estudante montou o seguinte sistema, esquematizado na figura I, a seguir: no coletor solar, feito de uma cuba de vidro, com fundo metálico preto-fosco, a água é aquecida pela radiação e, através de um ciclo convectivo usando as mangueiras 1 e 2, é armazenada no reservatório térmico.
O estudante realizou dois experimentos: primeiro o coletor foi exposto à ação do sol e depois, nas mesmas condições, apenas à luz de uma lâmpada de 200 W. Os resultados da variação de temperatura do reservatório em função do tempo, nos dois experimentos, estão representados no gráfico da figura II a seguir.

figura I

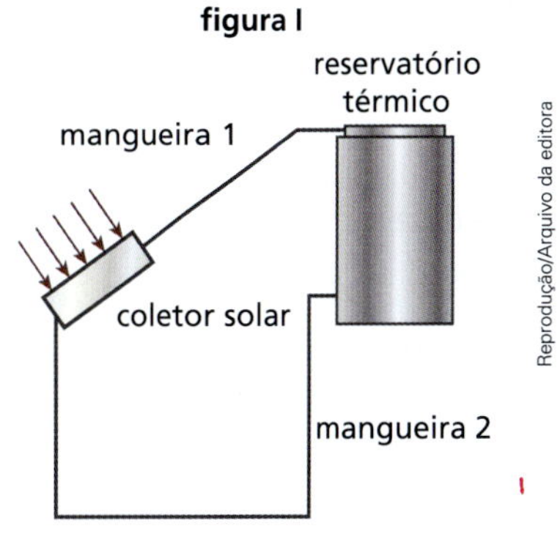

figura II

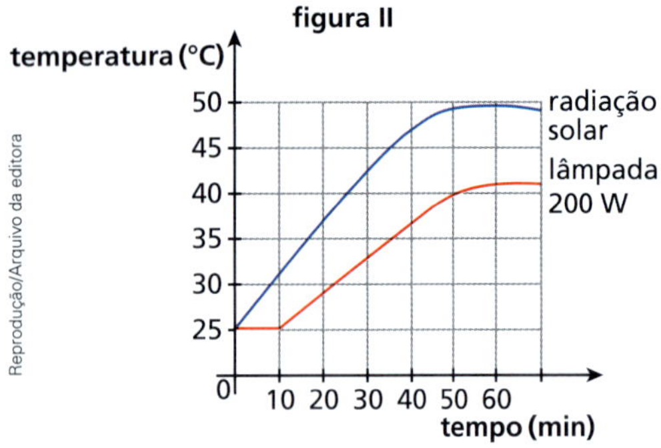

Com base na interpretação das figuras I e II, é correto afirmar:

a) Ao se usar a lâmpada, observa-se que o processo de aquecimento da água foi mais eficiente do que com o uso da radiação solar.

b) No intervalo de 10 min a 40 min, observa-se que a radiação solar aqueceu a água a uma taxa 1,5 vez maior do que a lâmpada.

c) O aquecimento da água com o uso da lâmpada é menos eficiente; no entanto, nesse caso, a resposta ao aquecimento é mais rápida.

d) Acima de 40 °C, o aquecimento com a radiação solar torna-se mais rápido.

e) O fundo preto-fosco não serve somente para absorver a radiação incidente, mas, principalmente, para produzir efeito estufa dentro do coletor solar.

37. (Uepa) O efeito estufa é um fenômeno natural, característico de planetas onde existe atmosfera. Ele acontece na atmosfera da Terra e também na de Vênus, onde o efeito é muito acentuado e a temperatura alcança valores de cerca de 460 °C. Embora importante para a manutenção da vida no planeta, hoje é uma preocupação para muitos ambientalistas e cientistas. Com base em seus conhecimentos sobre o efeito estufa, analise as seguintes afirmativas:

I. Existem materiais, como o vidro, que permitem a passagem de luz, mas dificultam a passagem de radiação térmica. Numa estufa com cobertura de vidro, por exemplo, parte da luz que entra é absorvida pelas plantas. Estas, sendo aquecidas, emitem radiação infravermelha, que tem dificuldade para atravessar o vidro e aquece o interior da estufa. Esse efeito é semelhante ao que acontece na atmosfera da Terra, daí o nome "efeito estufa".

II. O efeito estufa é importante porque retém o calor na Terra, possibilitando a vida de animais e vegetais. Sua intensificação é que é danosa, ocasionando o aumento da temperatura do planeta. Como consequência disso, dentre outras ocorrências, parte da ilha do Marajó poderá ser inundada e os furacões no Caribe poderão ser mais frequentes e devastadores.

III. No efeito estufa, a radiação solar atravessa a atmosfera, parte é absorvida pela Terra e parte é refletida. Uma parcela da radiação absorvida é reemitida na forma de raios ultravioleta (ondas de calor), que têm pequeno comprimento de onda e dos quais uma pequena parte é absorvida, principalmente pelo gás carbônico, vapor de água e metano, nas altas camadas atmosféricas, criando um manto quente na superfície da Terra.

IV. Na Lua, não há ocorrência de efeito estufa em virtude de não existir atmosfera. Isso é uma das causas de as temperaturas no nosso satélite variarem entre −150 °C durante a noite e 100 °C durante o dia.

Estão corretas somente as afirmativas:

a) I, II e IV.
b) I, II e III.
c) I, III e IV.
d) I e II.
e) II e IV.

DESCUBRA MAIS

1. Pesquise e cite (com a devida explicação) um fator positivo e outro negativo do efeito estufa na atmosfera da Terra.

2. Em 10 de dezembro de 1997, vários países assinaram, no Japão, um acordo que foi denominado Protocolo de Kyoto. Qual a relação do efeito estufa na nossa atmosfera com esse acordo?

3. O Brasil é o país que mais recicla latas de alumínio, 98%. No entanto, quando se trata de garrafas PET (politereftalato de etileno), apenas pouco mais da metade é reciclada. O que podemos fazer para evitar que essas embalagens e o lixo que produzimos contribuam para o aumento do aquecimento global?

Ampliando o olhar

Aquecimento global

O planeta esquenta, os polos derretem, as secas intermináveis ocorrem onde antes chovia abundantemente, a mata queima com violência em razão da falta de chuvas, há inundações onde chovia pouco, furacões surgem em maior quantidade e mais intensos com o passar dos anos; enfim, o clima parece ter enlouquecido: faz frio quando devia estar quente, faz calor quando devia estar frio. Tudo isso é o reflexo do chamado aquecimento global.

Muitos cientistas e estudiosos desse assunto por décadas alertaram para o que deveria acontecer no futuro, só que o futuro chegou. Tudo o que lemos no primeiro parágrafo parece uma chamada para o noticiário que vamos assistir hoje à noite na TV. A humanidade precisa acordar e, o mais rápido possível, buscar soluções para minimizar os impactos desses fenômenos.

O esforço deve ser total e todos os países do mundo devem dar sua contribuição. Os mais ricos, que se beneficiaram até aqui com a industrialização e o consumo desenfreado, agora devem ser os mais interessados, já que a manutenção de suas conquistas para a qualidade de vida do ser humano moderno depende da ajuda da natureza, e ela parece estar ferida, reagindo violentamente contra as agressões sofridas durante esses anos.

Nas imagens a seguir podemos observar a mesma região do Alasca (EUA) retratada em dois diferentes momentos e verificar a diminuição do gelo com o passar do tempo e a mudança da paisagem.

Reprodução/USGOV.GOV, EUA

Região do Alasca fotografada em 1892.

Bruce F. Molnia/USGOV.GOV, EUA

A mesma região do Alasca fotografada em 2005.

Não podemos nos deixar enganar com a aparente desaceleração do aquecimento global detectada pelo estudo recente da Nasa, publicado na revista *Science*, um dos mais importantes canais de divulgação científica. De acordo com esse estudo, a energia térmica resultante do aquecimento global mudou de lugar. No entanto, mais energia continua chegando e sendo absorvida pelos gases contidos na atmosfera.

Leia a seguir um artigo a respeito desse "hiato" no aquecimento global. Pesquise mais a respeito e discuta com seus colegas a importância da conscientização das pessoas em relação a esse tema.

O aquecimento global desacelerou?

Estudo da Nasa publicado na revista *Science* explica o suposto "hiato" do aquecimento: o calor absorvido pelos oceanos teria se transferido de águas rasas do Pacífico para camadas mais profundas dos oceanos Índico e Antártico. É esse fenômeno que faz com que haja uma aparente redução no ritmo das mudanças climáticas que afetam a Terra.

O planeta está esquentando, não há como negar. Desde 1880, quando começaram os registros formais, a temperatura subiu 0,8 grau, e dois terços desse aumento aconteceu nos últimos 40 anos. Não só treze dos catorze anos mais quentes já documentados ocorreram neste começo de século, como 2014 bateu o recorde dos registros. Detecta-se hoje, porém, um fenômeno que intriga cientistas. Apesar de o calor planetário crescer ano a ano, o ritmo desse aumento vem diminuindo. Isso vai na contramão das previsões de climatologistas, que apontavam que quanto maior fosse a emissão de gás carbônico (o CO_2) na atmosfera, índice que só sobe, maior seria também o fator de elevação da temperatura da Terra. A esse estranho acontecimento foi dado o nome de "hiato", justamente por representar uma aparente pausa no aquecimento. [...] a Nasa finalmente achou uma resposta para esse fenômeno que negaria as estimativas catastróficas de ambientalistas, e poderia jogar uma pá de cal nos esforços conservacionistas para tentar limitar os efeitos negativos das mudanças climáticas. Em resumo, os pesquisadores descobriram que é só aparente a redução no ritmo do aquecimento global.

O hiato era utilizado por estudiosos "céticos" como o principal argumento contrário à ideia da existência de aquecimento global. Diferentemente do que é mais aceito pela comunidade científica, esse grupo não credita as mudanças climáticas à atividade humana, que tem lotado a atmosfera com gases de efeito estufa por meio, por exemplo, da queima de combustíveis fósseis, como petróleo e carvão. Para os céticos, fatores naturais explicariam a oscilação de temperatura, como ciclos esperados do clima da Terra, ou ainda a inconstante atividade do Sol.

O estudo da Nasa publicado na revista americana *Science* acaba com esses argumentos. Segundo cálculos da agência espacial americana, o calor acumulado nos últimos anos na atmosfera e pela água dos mares se deslocou para camadas mais profundas dos oceanos. Esse calor, porém, deve voltar à superfície a curto prazo, aumentando bruscamente a temperatura global. Ou seja, não é que o aquecimento passa por um hiato. As mudanças climáticas continuam a todo vapor, só não se sabia onde estava armazenada parte substancial do calor acumulado nas últimas duas décadas.

Uma análise de dados coletados por satélites da Nasa mostrou que os oceanos têm absorvido grande quantidade de calor ao longo do tempo. Os pesquisadores analisaram a distribuição de calor no planeta e descobriram que, ao menos desde 2003, as águas quentes que ocupavam os primeiros 100 metros a partir da superfície do Oceano Pacífico resfriaram – o que condiz com a teoria da pausa do aquecimento. Porém, e aí está a novidade, essa perda de calor foi compensada com o aquecimento de águas mais profundas, de até 300 metros a partir da superfície, nos oceanos Índico, Antártico e do próprio Pacífico.

"Ainda não entendemos esse mecanismo por completo. Mas podemos afirmar que o resfriamento da superfície nos iludiu. Nos próximos anos o calor regressará às águas rasas e à atmosfera", disse [...] a espanhola Veronica Nieves, física da Nasa e uma dos autores do estudo. "A oscilação, combinada ao fato de que estamos fornecendo calor extra para a atmosfera por meio das emissões de gases estufa, indica que o aquecimento vai acelerar novamente" [...]

A descoberta deve ser agora incluída nos modelos climáticos utilizados por cientistas para prever o aquecimento e seus efeitos em diferentes cenários de emissões de gases estufa. A conclusão é importante ainda por revelar com mais detalhes como os oceanos agem como reguladores da temperatura do planeta. "Se não fosse pelos mares, a atmosfera teria aquecido mais de 1,5 grau nos últimos 150 anos, e não 0,8 grau, agravando a situação já ruim", diz o climatologista Paulo Artaxo, da Universidade de São Paulo. "O problema é que, ao absorver o calor excessivo da atmosfera, os oceanos também estão sendo fortemente afetados, com alterações nas correntes oceânicas, na salinidade e na acidez da água." [...]

A questão do "hiato", porém, ainda se mostrava como um desafio para os ambientalistas. Não havia explicações críveis para a aparente pausa do aquecimento global nas últimas duas décadas. A descoberta da Nasa, portanto, é fundamental. Sim, há aquecimento global, e seu ritmo deve voltar de forma ainda mais intensa justamente em consequência desse "hiato", que acabou por armazenar calor em áreas mais profundas dos oceanos.

Com isso, os céticos terão de repensar seus argumentos – ou mudar de opinião. Como fez, em 2012, o climatologista e físico Richard Muller, pesquisador que até então integrava o grupo de descrentes, mas que reconheceu, em artigo publicado no *New York Times*, que a melhor explicação para o aquecimento do planeta é mesmo a emissão de gases de efeito estufa pelo homem.

[...]

BEER, Raquel. O aquecimento global desacelerou. Disponível em: <https://veja.abril.com.br/ciencia/o-aquecimento-global-desacelerou>. Acesso em: 18 jun. 2018.

Para raciocinar um pouco mais

38. Uma forma experimental de medir a condutividade térmica de um material usado como isolante é construir uma caixa com esse material. No seu interior, é colocado um aquecedor elétrico de potência conhecida que mantém a temperatura interna superior à externa.

Suponha que foi construída uma caixa com determinado material isolante. A área total externa tem 4,0 m^2 e a espessura das paredes é de 5,0 mm. O aquecedor elétrico desenvolve uma potência constante de 300 W, mantendo a temperatura interna da caixa 50 °C acima da temperatura externa.

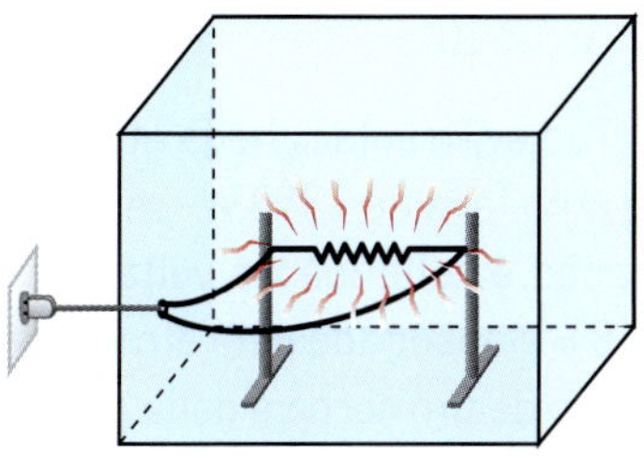

Banco de imagens/ Arquivo da editora

a) Desprezando possíveis efeitos de bordas, determine o coeficiente de condutividade térmica do material em questão.

b) Se essa caixa fosse cúbica, qual seria o fluxo de calor através de uma de suas faces?

39. O esquema a seguir representa o aparelho de Searle, no qual se notam duas câmaras, **A** e **B**, por onde circulam fluidos a temperaturas constantes e respectivamente iguais a 100 °C e 0 °C. Duas barras metálicas, 1 e 2, de mesma secção transversal, são associadas como se indica; as extremidades da associação adentram as câmaras **A** e **B**. Os comprimentos das barras 1 e 2 valem, respectivamente, 10 cm e 16 cm e os coeficientes de condutibilidade térmica, na mesma ordem, são 1,0 cal/(s cm °C) e 0,4 cal/(s cm °C).

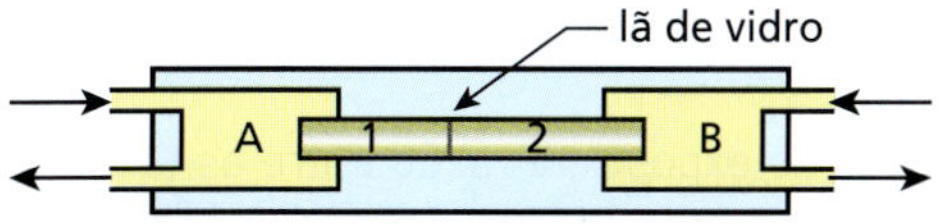

Banco de imagens/ Arquivo da editora

a) Estabelecido o regime permanente de condução, qual é a temperatura na junção da associação das barras?

b) Construa o gráfico da temperatura ao longo das barras. Considere a origem do gráfico na extremidade esquerda da barra 1.

40. (IME-RJ) A figura composta por dois materiais sólidos diferentes **A** e **B**, apresenta um processo de condução de calor, cujas temperaturas não variam com o tempo. É correto afirmar que a temperatura T_2 da interface desses materiais, em kelvins, é:

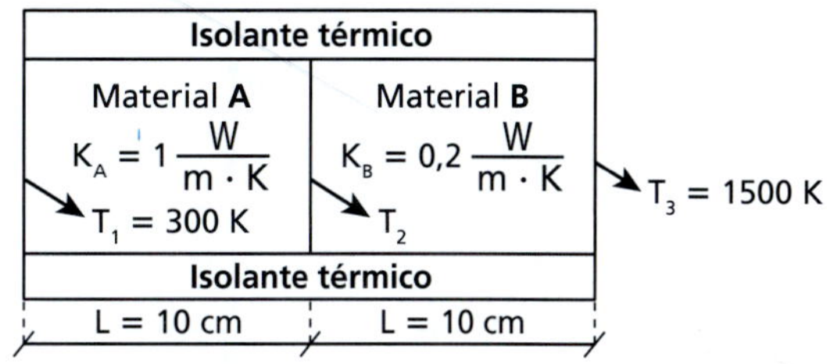

Observações:

T_1: Temperatura da interface do material **A** com o meio externo.

T_3: Temperatura da interface do material **B** com o meio externo.

K_A: Coeficiente de condutividade térmica do material **A**.

K_B: Coeficiente de condutividade térmica do material **B**.

a) 400
b) 500
c) 600
d) 700
e) 800

41. Três barras, de prata, alumínio e ferro, geometricamente iguais, estão soldadas e envolvidas por um isolante térmico, permitindo um fluxo de calor entre os recipientes mantidos sob temperatura constante.

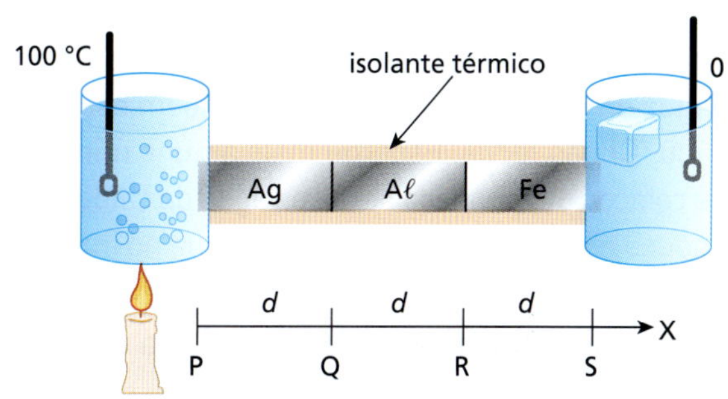

Banco de imagens/ Arquivo da editora

Sabe-se que as barras metálicas foram colocadas, da esquerda para a direita, na ordem decrescente das condutividades térmicas, isto é, a prata é melhor condutora de calor do que o alumínio, que por sua vez é melhor condutor do que o ferro.

O gráfico que melhor representa a variação da temperatura (θ) em função da posição (x) é:

Banco de imagens/Arquivo da editora

a) 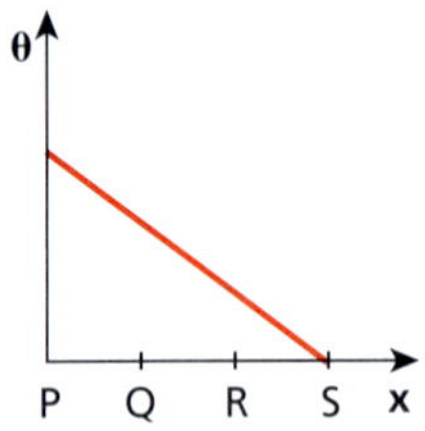

d) 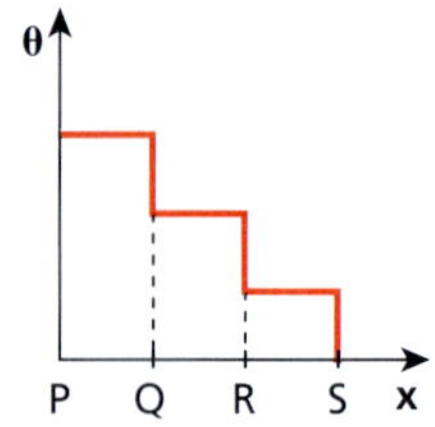

b) 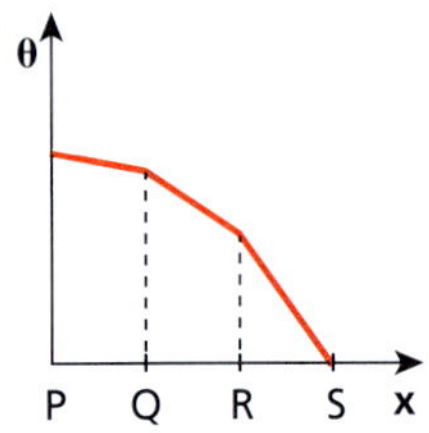

e) 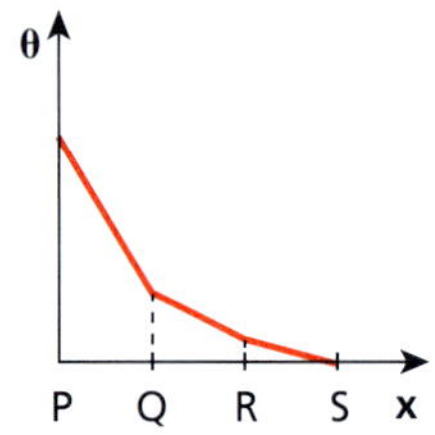

c) 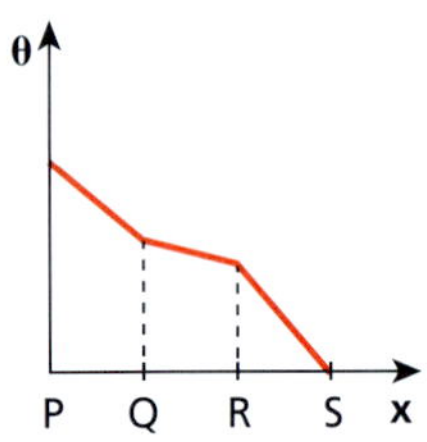

42. Um vestibulando estava na cozinha de sua casa quando resolveu realizar uma experiência de trocas de calor que seu professor de Física havia proposto. Para isso, utilizou um caldeirão, uma garrafa de vidro, água e sal. Colocou água no caldeirão e no interior da garrafa de vidro. O caldeirão foi colocado sobre a chama do fogão e a garrafa, que estava aberta, teve seu gargalo preso a um barbante, que, esticado, a mantinha afastada do fundo do caldeirão, porém mergulhada na água.

Após alguns minutos, ele observou que a água do caldeirão entrou em ebulição (a 100 °C), mas a água do interior da garrafa (que também estava a 100 °C) não fervia. Esperou mais alguns minutos e colocou um punhado de sal na água do caldeirão; pouco tempo depois, notou que a água no interior da garrafa entrava em ebulição.

a) Por que, mesmo estando a 100 °C, a água da garrafa não fervia?

b) O que ocorre com a temperatura de ebulição da água quando acrescentamos sal?

c) Por que, depois de ser acrescentado sal à água do caldeirão, a água do interior da garrafa também entrou em ebulição?

43. Uma massa m de água e um bloco metálico de massa M são aquecidos em um laboratório durante um intervalo de tempo Δt, ambos sofrendo a mesma variação de temperatura $\Delta\theta$. Usando-se a mesma fonte térmica, com a mesma potência, dentro de um elevador em queda livre, a mesma água precisou de um intervalo de tempo Δt_A e o mesmo bloco metálico precisou de um intervalo de tempo Δt_B para sofrerem a mesma variação de temperatura $\Delta\theta$. Se as demais condições não se alterarem, é verdade que:

a) $\Delta t = \Delta t_B < \Delta t_A$.

b) $\Delta t < \Delta t_A = \Delta t_B$.

c) $\Delta t > \Delta t_A = \Delta t_B$.

d) $\Delta t = \Delta t_A = \Delta t_B$.

e) $\Delta t < \Delta t_A < \Delta t_B$.

44. (IJSO) A radiação solar chega até a atmosfera terrestre a uma taxa de 1 353 $W \cdot m^{-2}$, sendo que 36% da radiação é refletida de volta para o espaço e outros 18% é absorvido pela atmosfera. A potência de radiação de um corpo é dada por σT^4, onde σ é a constante de Stefan-Boltzmann e T é a temperatura na escala absoluta. Qual a máxima temperatura que um corpo negro na superfície da Terra pode atingir? ($\sigma = 5{,}67 \cdot 10^{-8}\ W \cdot m^{-2} \cdot K^{-4}$).

a) 120 °C.

b) 63,9 °C.

c) 50,7 °C.

d) 31,4 °C.

45. (IME-RJ) Um meteorologista mediu por duas vezes em um mesmo dia a umidade relativa do ar e a temperatura do ar quando estava em um pequeno barco a remo no meio de um grande lago. Os dados encontram-se apresentados na tabela a seguir:

Medida	Período do dia	Umidade relativa	Temperatura do ar
1	Manhã	40%	300 K
2	Tarde	70%	300 K

Diante do exposto, a razão entre as taxas de evaporação de água do lago calculadas na primeira e na segunda medida de umidade relativa do ar é:

a) $\frac{16}{13}$

b) $\frac{17}{14}$

c) 2

d) $\frac{7}{4}$

e) 4

TÓPICO
3

Calor sensível e calor latente

Alamy/Fotoarena

Na foto acima, em uma região de águas termais no Alaska, a água encontra-se em três estados físicos: no estado sólido (a neve), no estado líquido (a água do lago) e no estado gasoso (o vapor de água no ar).

No tópico anterior, vimos que o calor é energia térmica em trânsito de um corpo para outro. A principal causa dessa transferência é a diferença de temperatura entre os corpos.

Estudaremos neste tópico como a temperatura de diferentes corpos varia quando absorvem a mesma quantidade de calor. Veremos que esse comportamento é caracterizado por grandezas como massa e calor específico. Exploraremos também as grandezas físicas que estão relacionadas às mudanças de estado de uma substância.

Bloco 1

1. Introdução

Vladeep/Shutterstock

A energia térmica fornecida pela chama do fogão foi utilizada inicialmente para aquecer a água e a chaleira. Quando ocorre a ebulição, observamos vapor de água saindo pelo bico da chaleira. Esse vapor é parte da água que passou para o estado gasoso.

Quando um corpo recebe ou cede certa quantidade de energia térmica, podemos observar, como consequência, uma variação de sua temperatura ou uma mudança em seu estado físico.

A variação de temperatura corresponde a uma variação no estado de agitação das partículas do corpo. Nesse caso, a energia térmica transferida é denominada **calor sensível**. A mudança de estado físico corresponde a uma alteração no estado de agregação das partículas do corpo, fazendo com que um sólido, por exemplo, transforme-se em líquido. A energia térmica responsável pelas mudanças de estado denomina-se **calor latente**.

Quando ocorre uma mudança de estado em um corpo, a energia térmica armazenada na forma de energia potencial de agregação aumenta (ou diminui). Assim, **calor latente** é a denominação que damos à energia térmica quando ela, ao ser recebida, se transforma em energia potencial de agregação e, ao ser cedida, vem da energia potencial de agregação das partículas, provocando uma mudança no estado físico do corpo.

2. Capacidade térmica (C) e calor específico (c)

Se tomarmos um corpo de massa *m* e temperatura inicial θ_1 e fornecermos a ele uma quantidade de calor *Q*, sua temperatura passa a ser θ_2, sofrendo uma variação correspondente a $\Delta\theta = \theta_2 - \theta_1$.

Define-se **capacidade térmica (*C*) ou capacidade calorífica** desse corpo como sendo:

$$C = \frac{Q}{\Delta\theta}$$ Unidade usual: $\frac{\text{cal}}{°\text{C}}$

A **capacidade térmica (*C*)** de um corpo indica a quantidade de calor que ele precisa receber ou ceder para que sua temperatura varie uma unidade.

Suponha, por exemplo, que um corpo precise receber 100 calorias de energia térmica para que sua temperatura aumente em 5,0 °C. Dividindo esses dados, vamos encontrar para a capacidade térmica desse corpo o valor 20 cal/°C. Isso significa que, para variar 1 °C, ele precisa receber (ou ceder) 20 calorias. A capacidade térmica por unidade de massa do corpo é denominada **calor específico (*c*)**, dada usualmente pela unidade $\frac{\text{cal}}{\text{g °C}}$.

$$c = \frac{C}{m} = \frac{Q}{m\Delta\theta}$$

O **calor específico (*c*)** indica a quantidade de calor que cada unidade de massa do corpo precisa receber ou ceder para que sua temperatura varie uma unidade.

Supondo-se que o corpo do exemplo anterior (cuja capacidade térmica é 20 cal/°C) tivesse 100 g de massa, seu calor específico seria 0,20 cal/g °C. Para esse cálculo, dividimos sua capacidade térmica pela respectiva massa.

Note que o calor específico não depende da massa do corpo, pois é uma característica da substância, e não do corpo. Nem a capacidade térmica nem o calor específico sensível de uma substância têm valores constantes com a temperatura. No entanto, para efeito de cálculo, costuma-se usar o valor médio de cada um no intervalo de temperatura considerado.

A água é a substância que mais aparece nos exercícios, sendo usado o valor 1,0 cal/g °C para seu calor específico. Isso significa que cada grama de água necessita de 1,0 caloria para sofrer uma variação de temperatura de um grau Celsius.

A tabela a seguir apresenta o calor específico de algumas substâncias.

Substâncias	Calor específico em cal/g °C
Alumínio	0,215
Água	1,000
Álcool	0,590
Bronze (liga metálica)	0,090
Cobre	0,092
Chumbo	0,038
Estanho	0,050
Ferro	0,105
Gelo	0,480
Mercúrio	0,033
Ouro	0,031
Prata	0,057
Vapor de água	0,481
Vidro	0,200
Zinco	0,093

Fonte: <www2.ucdsb.on.ca/tiss/stretton/database/specific_heat_capacity_table.html>. Acesso em: 18 jun. 2018.

3. O calor sensível e o seu cálculo

Calor sensível é o calor que, recebido ou cedido por um corpo, provoca nele uma variação de temperatura.

Para calcular a quantidade de calor sensível que um corpo recebe (ou cede), usamos a definição de calor específico sensível:

$$c = \frac{Q}{m\Delta\theta} \Rightarrow Q = mc\Delta\theta$$

Essa equação é também denominada **Equação Fundamental da Calorimetria**.

Observe que a variação de temperatura é dada por:

$$\Delta\theta = \theta_{final} - \theta_{inicial}$$

Dessa forma, se a temperatura aumenta, $\theta_f > \theta_i$ e $\Delta\theta > 0$; nesse caso, a quantidade de calor *Q* é positiva. Se a temperatura diminui, $\theta_f < \theta_i$ e $\Delta\theta < 0$; nesse caso, *Q* é negativa.

Considerando o calor específico (c) uma constante relativa à substância de que é feito o corpo, podemos concluir que, para uma mesma variação de temperatura ($\Delta\theta$), a quantidade de calor (Q) é diretamente proporcional à massa do corpo.

Ainda levando em conta a hipótese anterior, podemos concluir que:

- Para um mesmo corpo, a variação de temperatura é proporcional à quantidade de calor recebido ou cedido por ele.
- Para que corpos constituídos de igual substância sofram a mesma variação de temperatura ($\Delta\theta$), a quantidade de calor recebido ou cedido deve ser proporcional à massa.

Banco de imagens/Arquivo da editora

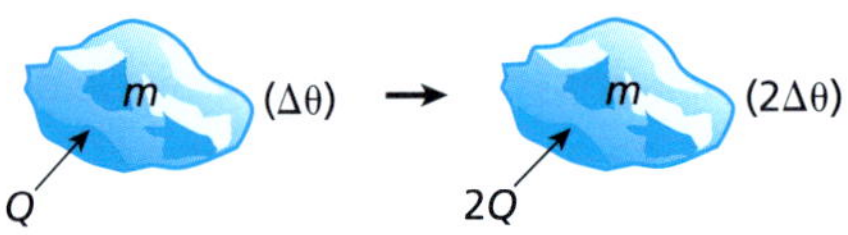

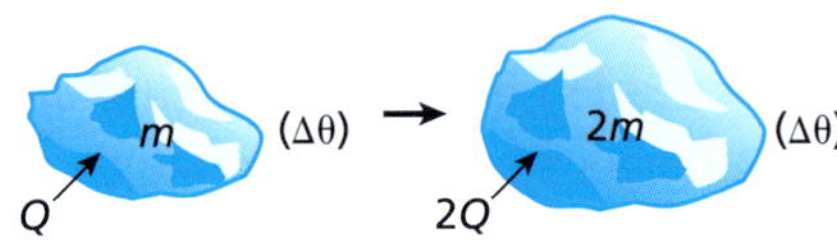

JÁ PENSOU NISTO?

Por que não queima?

As diversas tecnologias de soldagem disponíveis têm grande importância na indústria, sendo empregadas em larga escala na fabricação de automóveis, navios e aviões, por exemplo. A soldagem consiste em unir duas ou mais peças, estabelecendo, nas regiões de contato, ligações químicas de natureza similar às existentes no interior dos próprios materiais.

Na foto ao lado, uma artesã usando equipamento de segurança está soldando partes de uma estrutura metálica produzindo uma profusão de fagulhas luminosas. Uma determinada fagulha, cuja massa é muito pequena, lançada em temperatura da ordem de 500 °C, não é capaz de queimar com gravidade os corpos que estão à sua volta. Isso ocorre devido à sua baixa capacidade térmica. Ao atingir um desses corpos, ela sofre um brusco resfriamento, que ocorre mediante o desprendimento de uma pequena quantidade de calor.

Alamy/Fotoarena

Exercícios Nível 1

1. (Uerj) Observe na figura, um ferreiro que aquece uma ferradura e a esfria, em seguida, em um balde cheio de água, à temperatura ambiente.

Reprodução/Arquivo da editora

Quando o equilíbrio térmico é atingido, a água se aquece de poucos graus Celsius, enquanto a ferradura se resfria de algumas centenas de grau, na mesma escala de temperatura.

A grandeza física que determina essa diferença de comportamento entre a água e a ferradura é:

a) o peso.
b) o volume.
c) o calor específico.
d) a capacidade térmica.

2. (UFRN) Em uma aula prática de Termologia, o professor realizou a demonstração a seguir:

I. Colocou massas iguais de água e óleo, à mesma temperatura, respectivamente, em dois recipientes de vidro pirex, isolados termicamente em suas laterais e respectivas partes superiores.

II. Pegou dois termômetros idênticos e colocou um em cada recipiente.

III. Em seguida, colocou esses recipientes sobre uma chapa quente. Passado algum tempo, o professor mostrou para seus alunos que o termômetro do recipiente com óleo exibia um valor de temperatura maior que o do recipiente com água, conforme ilustrado na figura abaixo.

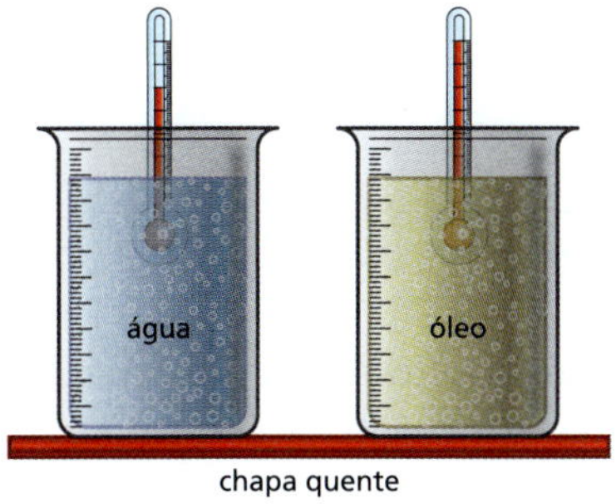

Reprodução/Arquivo da editora

Considerando-se que a água e o óleo receberam a mesma quantidade de calor da chapa quente, é correto afirmar que a temperatura do óleo era mais alta porque:

a) a condutividade térmica da água é igual à do óleo.
b) a condutividade térmica da água é maior que a do óleo.
c) o calor latente da água é igual ao do óleo.
d) o calor específico da água é maior que o do óleo.

3. (Fazu-MG) Tia Anastácia é famosa por sua habilidade na cozinha. Um de seus pratos mais famosos é o risoto de camarão feito em panela de pedra. Inácia, sobrinha de Tia Anastácia, ao tentar reproduzir o famoso prato, frustrou-se, pois, apesar de todos os cuidados e da bela aparência do prato, quando do momento da retirada do fogo, surpreendeu-se com o fato de que, posto à mesa, o arroz acabou por queimar.
Ao questionar Tia Anastácia sobre o ocorrido, esta lhe respondeu que o segredo do cozimento dos alimentos em panela de pedra, para que a comida não queime, está no fato de se retirar a panela do fogo um pouco antes que o prato esteja totalmente cozido. Nas palavras de tia Anastácia: *"A quentura da panela acaba por cozer os alimentos mesmo que ela já não esteja mais no fogo."*
Dentre as afirmações a seguir, qual a que explica corretamente a "quentura" da panela de pedra salientada por Tia Anastácia?

a) A capacidade térmica da panela de pedra é muito pequena, fazendo com que a temperatura se mantenha elevada por muito tempo.
b) A capacidade térmica da panela é grande, permitindo que seu resfriamento se dê com rapidez, passando todo o calor para o alimento, fazendo-o queimar.
c) A capacidade térmica da panela é grande, o que significa que, para uma pequena variação de temperatura no resfriamento, a panela irradia grande quantidade de calor, podendo acarretar a queima do alimento.
d) A frase de Tia Anastácia é mais uma crendice popular. O fato de a comida ter queimado não está relacionado à panela de pedra, e sim ao tempo excessivo à espera do prato na mesa.
e) A pedra, de que é feita a panela, tem a capacidade de reproduzir calor quando estimulada, acabando por queimar o alimento se o estímulo for muito grande.

4. (Enem)

Em grandes metrópoles, devido a mudanças na superfície terrestre — asfalto e concreto em excesso, por exemplo — formam-se ilhas de calor. A resposta da atmosfera a esse fenômeno é a precipitação convectiva.

Isso explica a violência das chuvas em São Paulo, onde as ilhas de calor chegam a ter 2 a 3 graus centígrados de diferença em relação ao seu entorno.

Revista *Terra da Gente*. Ano 5, nº 60, Abril 2009 (adaptado).

As características físicas, tanto do material como da estrutura projetada de uma edificação, são a base para compreensão de resposta daquela tecnologia construtiva em termos de conforto ambiental. Nas mesmas condições ambientais (temperatura, umidade e pressão), uma quadra terá melhor conforto térmico se

a) pavimentada com material de baixo calor específico, pois quanto menor o calor específico de determinado material, menor será a variação térmica sofrida pelo mesmo ao receber determinada quantidade de calor;
b) pavimentada com material de baixa capacidade térmica, pois quanto menor a capacidade térmica de determinada estrutura, menor será a variação térmica sofrida por ela ao receber determinada quantidade de calor;
c) pavimentada com material de alta capacidade térmica, pois quanto maior a capacidade térmica de determinada estrutura, menor será a variação térmica sofrida por ela ao receber determinada quantidade de calor;

d) possuir um sistema de vaporização, pois ambientes mais úmidos permitem uma mudança de temperatura lenta, já que o vapor de água possui a capacidade de armazenar calor sem grandes alterações térmicas, devido ao baixo calor específico da água (em relação à madeira, por exemplo);
e) possuir um sistema de sucção do vapor de água, pois ambientes mais secos permitem uma mudança de temperatura lenta, já que o vapor de água possui a capacidade de armazenar calor sem grandes alterações térmicas, devido ao baixo calor específico da água (em relação à madeira, por exemplo).

5. (Enem) O Inmetro procedeu à análise de garrafas térmicas com ampolas de vidro, para manter o consumidor informado sobre a adequação dos produtos aos Regulamentos e Normas Técnicas. Uma das análises é a de eficiência térmica. Nesse ensaio, verifica-se a capacidade da garrafa térmica de conservar o líquido aquecido em seu interior por determinado tempo. A garrafa é completada com água a 90 °C até o volume total. Após 3 horas, a temperatura do líquido é medida e deve ser, no mínimo, de 81 °C para garrafas com capacidade de 1 litro, pois o calor específico da água é igual a 1 cal/g °C. Atingindo a água 81 °C nesse prazo, a energia interna do sistema e a quantidade de calor perdida para o meio são, respectivamente,

a) constante e de 900 cal
b) maior e de 900 cal
c) menor e de 9 000 cal
d) maior e de 9 000 cal
e) menor e de 900 cal

6. E.R. Uma garrafa térmica contém água a 60 °C. O conjunto garrafa térmica + água possui capacidade térmica igual a 80 cal/°C. O sistema é colocado sobre uma mesa e após algum tempo sua temperatura diminui para 55 °C. Qual foi a perda de energia térmica para o ambiente nesse intervalo de tempo?

Resolução:

$$Q = C\Delta\theta$$

Assim:

$$Q = 80 \cdot (55 - 60)$$
$$Q = -400 \text{ cal}$$

O sinal negativo indica que essa energia foi retirada do sistema.

Assim:

$$\boxed{|Q| = 400 \text{ cal}}$$

7. A massa e o calor específico sensível de cinco amostras de materiais sólidos e homogêneos são fornecidos a seguir.

Amostra	Massa (g)	Calor específico (cal/g °C)
A	150	0,20
B	50	0,30
C	250	0,10
D	140	0,25
E	400	0,15

As cinco amostras encontram-se inicialmente à mesma temperatura e recebem quantidades iguais de calor. Qual delas atingirá a maior temperatura?

8. O chamado leite longa vida é pasteurizado pelo processo UHT (*Ultra High Temperature*), que consiste em aquecer o leite da temperatura ambiente (22 °C) até 137 °C em apenas 4,0 s, sendo em seguida envasado em embalagem impermeável a luz e a micro-organismos.
O calor específico do leite é praticamente igual ao da água, 1,0 cal/g °C. Assim, no aquecimento descrito, que quantidade de calor cada litro (1 000 g) de leite precisou receber? Dê sua resposta em quilocalorias (kcal).

9. Uma fonte térmica foi utilizada para o aquecimento de 1,0 L de água (1 000 g) da temperatura ambiente (20 °C) até o ponto de ebulição (100 °C) em um intervalo de tempo igual a 1 min 40 s com rendimento de 100%. Sendo o calor específico da água igual a 1,0 cal/g °C, qual o valor da potência dessa fonte?

10. (Unesp-SP) Os organismos homeotermos devem manter-se aquecidos e, por isso, precisam ingerir alimentos que são transformados em energia. Parte dessa energia mantém a temperatura do corpo compensando a perda de calor para o meio ambiente. Em repouso, o ser humano dissipa cerca de 100 W quando está descansando. Se estiver em atividade física, pode perder bem mais. Um homem ou uma mulher de cerca de 70 kg, que realize atividades físicas consideradas normais, necessita diariamente de 3 500 kcal em média, o que corresponde a ingerir cerca de 2 kg

de alimentos em um dia, algo em torno de 3% da sua massa.

Observe a seguir a quantidade aproximada diária de alimentos a ser consumida por alguns organismos.

Pássaro: duas vezes sua massa.

Rato: metade de sua massa.

Ser humano: 3% de sua massa.

Cavalo: 1,5% de sua massa.

// Elementos sem proporção entre si.

Note que um pequeno rato precisa consumir diariamente uma quantidade de alimentos correspondente a 50% de sua massa. É pela superfície do corpo que se perde a maior parte do calor. Nos cães essa perda ocorre por meio da língua.

Determine, em watt, a taxa média de perda de energia por um corpo humano que consome diariamente 3 500 kcal.

Dado: 1 cal = 4 J

11. Uma fonte térmica de potência constante fornece 50 cal/min para uma amostra de 100 g de uma substância.

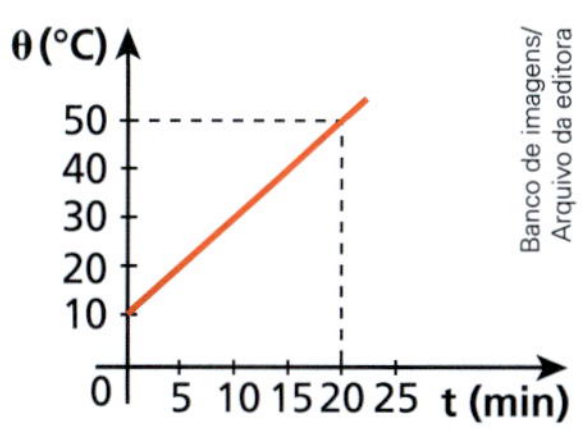

O gráfico fornece a temperatura em função do tempo de aquecimento desse corpo. Qual o valor do calor específico do material dessa substância?

12. A energia utilizada para a manutenção e o desempenho do corpo humano é obtida por meio dos alimentos que são ingeridos. A tabela a seguir mostra a quantidade média de energia absorvida pelo corpo humano a cada 100 gramas do alimento ingerido.

Alimento	Porções (100 g)	Energia (kcal)
Alface	20 folhas	15
Batata frita	2 unidades	274
Chocolate em barra	1 tablete	528
Coca-cola	1/2 copo	39
Macarrão cozido	7 colheres de sopa	111
Mamão	1 fatia	32
Margarina vegetal	20 colheres de chá	720
Pão	2 fatias	269
Repolho cru	10 folhas	28
Sorvete industrializado	2 bolas	175

Se for preciso, use: 1 caloria = 4,2 joules; calor específico sensível da água = 1,0 cal/g °C.

Analisando a tabela, podemos concluir que, em termos energéticos:

a) o chocolate é o alimento mais energético dentre os listados.

b) uma fatia de mamão equivale, aproximadamente, a 10 folhas de alface.

c) um copo de Coca-cola fornece uma energia de, aproximadamente, 328 J.

d) 0,50 kg de sorvete é equivalente a, aproximadamente, 320 g de batatas fritas.

e) um sanduíche com 2 fatias de pão, 2 folhas de alface e 2 folhas de repolho equivale a 1 unidade de batata frita.

Exercícios Nível 2

13. Você sabia que uma barra de chocolate de 100 g pode fornecer ao nosso organismo 500 calorias alimentares (kcal)? Usando o dado acima e os seus conhecimentos de Física, responda:

a) Se você pudesse transferir essa energia (da barra de chocolate) para *m* gramas de água a 0 °C, na fase líquida, e esta atingisse a temperatura de ebulição (100 °C), qual seria o valor de *m*?

Dado: calor específico da água = 1,0 cal/g °C.

b) Se uma pessoa de massa 70 kg ingerisse essa barra de chocolate e utilizasse toda essa energia para subir uma escada com degraus de 20 cm de altura, quantos degraus poderia subir?

Dados: aceleração da gravidade = 10 m/s^2; 1,0 cal = 4,2 J.

14. O aumento do número de pessoas com acesso a recursos que proporcionam uma vida mais confortável torna indispensável o empenho de todos em adquirir hábitos que resultem em uma economia de água e de energia elétrica. Segundo pesquisas, um banho de chuveiro em uma residência demora em média 15 minutos e são gastos 45 litros de água. Porém, se a pessoa tomar um banho "econômico", fechando o registro ao se ensaboar, o tempo do chuveiro ligado cai para 5 minutos e o consumo de água para 15 litros. Com base nessas informações e sabendo que a variação de temperatura da água ao passar pelo chuveiro é de 15 °C, determine:

a) a quantidade de calor, em calorias, utilizada para o aquecimento da água no banho "econômico";
Dados: calor especifico da água = 1,0 cal/g°C; massa específica da água = 1,0 kg/L.

b) a economia de energia elétrica, em joules, ao optar pelo banho "econômico".
Dado: 1 cal = 4,18 J.

15. E.R. Um watt é a potência necessária para produzir a energia de um joule em um segundo. Uma caloria é a quantidade aproximada de energia necessária para elevar em 1,0 °C a temperatura de 1,0 grama de água.
Um aquecedor elétrico de potência 1 500 W e capacidade de 135 litros está totalmente cheio com água à temperatura ambiente (20 °C). Quanto tempo o aquecedor gasta para elevar a temperatura dessa água até 60 °C?
Dados: calor específico da água = 1,0 cal/g °C; densidade absoluta da água = 1,0 kg/L; 1 cal = 4 J.

Resolução:

Observe que:

$$Pot = 1\,500\ W = 1\,500\ \frac{J}{s} = 375\ cal/s$$

$$d = \frac{m}{V} \Rightarrow m = dV = 1{,}0\ \frac{kg}{L} \cdot 135\ L$$

$$m = 135\ kg = 135\,000\ g$$

Usando a **Equação Fundamental da Calorimetria**, temos:

$$Q = mc\Delta\theta$$

Mas:

$$Pot = \frac{Q}{\Delta t} \Rightarrow Pot \cdot \Delta t = Q$$

Então:

$$Pot \cdot \Delta t = mc\Delta\theta$$

Substituindo os valores fornecidos, vem:

$$375 \cdot \Delta t = 135\,000 \cdot 1{,}0\ (60 - 20)$$

$$\Delta t = 14\,400\ s = 240\ min = 4{,}0\ h$$

$$\boxed{\Delta t = 4{,}0\ h}$$

16. (Ufpel-RS) Um médico, após avaliação criteriosa, recomenda a um paciente uma dieta alimentar correspondente a 1 200 cal/dia, fornecendo-lhe uma lista de alimentos com as respectivas "calorias". (Espera o médico que, com esse regime, a pessoa, pelo menos, não engorde.)
Os médicos utilizam, na realidade, a "grande caloria", que vale 1 000 cal utilizadas na Física, ou seja, esse regime é na verdade de 1 200 000 cal/dia.
Com base nesses dados e considerando o calor específico da água igual a 1,0 cal/g °C e 1,0 cal igual a 4,2 J, responda:

a) Qual a potência média mínima (em watts) que a pessoa mencionada deverá dissipar, ao longo das suas atividades diárias, para, pelo menos, não ganhar peso?

b) Se essa energia pudesse ser empregada para aquecer água de 10 °C a 60 °C, que massa de água (em gramas) seria utilizada?

17. (Unesp-SP) A energia contida nos alimentos
Para determinar o valor energético de um alimento, podemos queimar certa quantidade desse produto e, com o calor liberado, aquecer determinada massa de água. Em seguida, mede-se a variação de temperatura sofrida pela água depois que todo o produto foi queimado, e determina-se a quantidade de energia liberada na queima do alimento. Essa é a energia que tal alimento nos fornece se for ingerido. No rótulo de um pacote de castanha-de-caju, está impressa a tabela a seguir, com informações nutricionais sobre o produto.

Informação nutricional Porção de 15 g	
Quantidade por porção	
Valor energético	90 kcal
Carboidratos	4,2 g
Proteínas	3 g
Gorduras totais	7,3 g
Gorduras saturadas	1,5 g
Gordura trans	0 g
Fibra alimentar	1 g
Sódio	45 mg

(www.brcaju.com.br)

Considere que 150 g de castanha tenham sido queimados e que determinada massa m de água submetida à chama dessa combustão tenha sido aquecida de 15 °C para 87 °C. Sabendo que o calor específico de água líquida é igual a 1 cal/(g °C) e que apenas 60% da energia liberada na combustão tenha efetivamente sido utilizada para aquecer a água, é correto afirmar que a massa m, em gramas, de água aquecida era igual a

a) 10 000

b) 5 000

c) 12 500

d) 7 500

e) 2 500

18. Um bom chuveiro elétrico, quando ligado na posição "inverno", dissipa uma potência de 6,4 kW, fornecendo essa energia à água que o atravessa com vazão de 50 gramas por segundo. Se a água, ao entrar no chuveiro, tem uma temperatura de 23 °C, qual a sua temperatura na saída?

Dado: calor específico da água = 1,0 cal/g °C; 1 cal = 4 J.

19. (Fuvest-SP) Num forno de micro-ondas é colocado um vasilhame contendo 3 kg de água a 10 graus Celsius. Após manter o forno ligado por 14 min, verifica-se que a água atinge a temperatura de 50 graus Celsius. O forno é então desligado e dentro do vasilhame de água é colocado um corpo de massa 1 kg e calor específico 0,2 cal/g °C à temperatura inicial de 0 °C. Despreze o calor necessário para aquecer o vasilhame e considere que a potência fornecida pelo forno é continuamente absorvida pelos corpos dentro dele. Determine:

a) a potência de aquecimento do forno;

b) o tempo a mais que será necessário manter o forno ligado, na mesma potência, para que a temperatura de equilíbrio final do conjunto retorne a 50 °C.

20. O calor específico do cobre é igual a 0,09 cal/g °C. Se em vez de usarmos a escala Celsius usássemos a escala Fahrenheit, quanto valeria esse calor específico?

21. O dispositivo observado a seguir mostra de maneira simples uma estufa utilizada para a secagem de grãos.

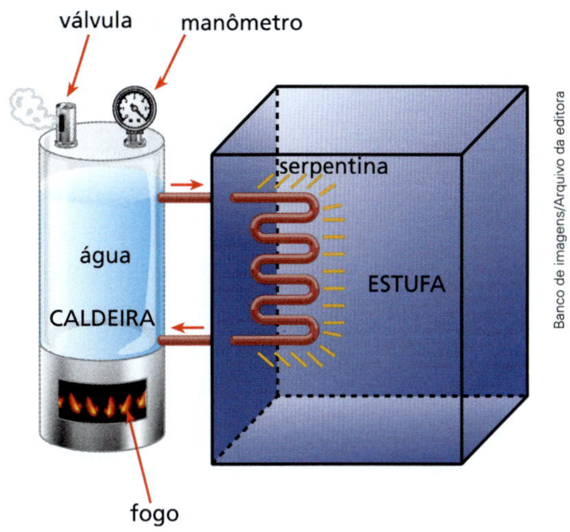

A água aquecida na caldeira circula através de uma serpentina, irradiando energia térmica para o interior da estufa. A água sai da caldeira a 90 °C com vazão de 20 litros por minuto, esfria ao circular no interior da estufa e retorna a 65 °C. Sendo para a água o calor específico sensível igual a 1,0 cal/g °C e a densidade absoluta igual a 1,0 kg/L, qual a quantidade de calor fornecida para a estufa, a cada hora?

22. (Unesp-SP) Foi realizada uma experiência em que se utilizava uma lâmpada de incandescência para, ao mesmo tempo, aquecer 100 g de água e 100 g de areia. Sabe-se que, aproximadamente, 1 cal = 4 J e que o calor específico da água é de 1 cal/g °C e o da areia é 0,2 cal/g °C. Durante 1 hora, a água e a areia receberam a mesma quantidade de energia da lâmpada, 3,6 kJ, e verificou-se que a água variou sua temperatura em 8 °C e a areia em 30 °C. Podemos afirmar que a água e a areia, durante essa hora, perderam, respectivamente, a quantidade de energia para o meio, em kJ, igual a:

a) 0,4 e 3,0.
b) 2,4 e 3,6.
c) 0,4 e 1,2.
d) 1,2 e 0,4.
e) 3,6 e 2,4.

23. Para determinar o calor específico de um líquido, usou-se um béquer **A** contendo 250 g desse líquido, a chama de um bico de Bunsen de potência constante e outro béquer **B** contendo 210 g de água pura. Usando o bico de Bunsen alternadamente, o líquido do béquer **A** teve sua temperatura elevada em 10 °C, em 20 s, enquanto a água do béquer **B** teve variação de 8,0 °C em 24 s. Qual é o calor específico do líquido? Despreze a capacidade térmica do béquer e as perdas de calor para o ambiente. Considere, para o calor específico da água, o valor 1,0 cal/g °C.

Bloco 2

4. Sistema físico termicamente isolado

A busca do equilíbrio térmico é uma lei natural.

Os corpos tendem a ter a mesma temperatura do ambiente em que se encontram. Assim, o mais "quente" cede calor e o mais "frio" recebe calor.

Em alguns casos, porém, as trocas de calor entre o sistema e o meio externo podem ser evitadas. Isso ocorre sempre que o sistema físico é **termicamente isolado**.

Um sistema físico é **termicamente isolado** quando não existe troca de calor entre seus componentes e o meio externo.

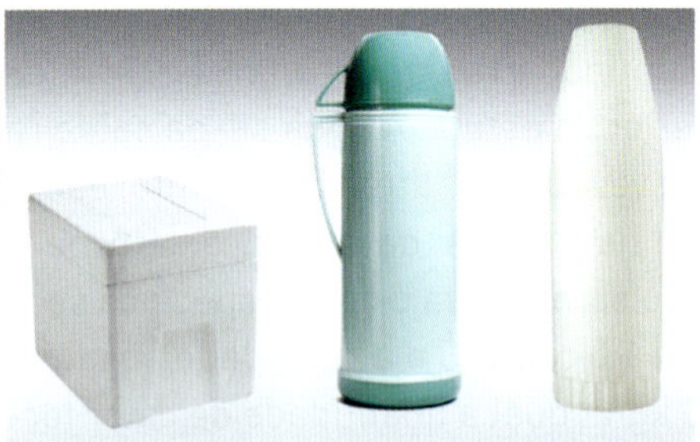
design56/Shutterstock

Garrafa térmica e caixa de isopor são utilizadas para reduzir as trocas de calor entre seu conteúdo e o meio em que se encontram.

É importante observar que, na prática, por melhor que seja o isolamento térmico de um sistema, ele sempre troca calor com o meio externo.

Se você colocar, em uma caixa de isopor, algumas latas de refrigerante sem gelo com outras geladas, perceberá que o isopor irá reduzir a participação do meio externo nas trocas de calor. No entanto, após algum tempo, todas as latas estarão à mesma temperatura, pois terão atingido o **equilíbrio térmico**.

Para que isso ocorra, é necessário que os corpos troquem calor entre si, de modo que os de maior temperatura forneçam calor aos de menor temperatura.

Em um sistema termicamente isolado, as trocas de calor ocorrem apenas entre os seus integrantes. Assim, toda a energia térmica que sai de alguns corpos é recebida por outros pertencentes ao próprio sistema, valendo a relação:

$$|\Sigma Q_{cedido}| = |\Sigma Q_{recebido}|$$

O somatório das quantidades de calor cedidas por alguns corpos de um sistema tem módulo igual ao do somatório das quantidades de calor recebidas pelos outros corpos desse mesmo sistema.

O uso do módulo na fórmula deve-se ao fato de o calor recebido ser positivo e de o calor cedido ser negativo, podendo-se também escrever essa relação da seguinte forma:

$$\Sigma Q_{cedido} + \Sigma Q_{recebido} = 0$$

5. Equivalente em água

No cálculo de quantidades de calor trocadas entre corpos pertencentes a um mesmo sistema, costuma-se usar um artifício que pode facilitar a determinação do resultado final. Teoricamente, pode-se substituir um determinado corpo pela massa de água equivalente a ele nas trocas de calor. Para tanto, essa massa de água deve ter a mesma capacidade térmica do referido corpo:

$$C_{corpo} = C_{água} \qquad (mc)_{corpo} = (mc)_{água}$$

Simbolizando por E a massa da água expressa em gramas e lembrando que o calor específico da água vale 1 cal/g °C, temos:

$$(mc)_{corpo} = E \cdot 1$$

Assim, podemos dizer que:

O **equivalente em água** de um corpo é a massa E de água que possui capacidade térmica igual à do corpo considerado, podendo substituí-lo no equacionamento das quantidades de calor trocadas.

Consideremos, por exemplo, um corpo de massa igual a 100 g, constituído de um material de calor específico igual a 0,4 cal/g °C. Calculemos a capacidade térmica desse corpo:

$$C_{corpo} = (mc)_{corpo} = 100 \cdot 0{,}4$$
$$C_{corpo} = 40 \text{ cal/°C}$$

Consideremos também uma porção de água de massa igual a 40 g e calculemos sua capacidade térmica:

$$C_{água} = (mc)_{água} = 40 \cdot 1 \therefore C_{água} = 40 \text{ cal/°C}$$

Disso, concluímos que a capacidade térmica do corpo é igual à da porção de água, o que significa que nas trocas de calor esse corpo comporta-se de modo equivalente a 40 gramas de água. Por isso, dizemos que o equivalente em água do corpo é igual a 40 gramas:

$$E_{corpo} = 40 \text{ g}$$

Podemos observar que a capacidade térmica do corpo, expressa em cal/°C, e seu equivalente em água, expresso em gramas, têm o mesmo valor numérico.

6. Calorímetro

A mistura térmica de dois ou mais corpos, principalmente quando um deles está no estado líquido, requer um recipiente adequado. Alguns desses recipientes possuem aparatos que permitem obter, de forma direta ou indireta, o valor das quantidades de calor trocadas entre os corpos.

A esse tipo de recipiente chamamos de **calorímetro**.

De modo geral, o calorímetro é metálico (de alumínio ou cobre) e isolado termicamente por um revestimento de isopor. Em sua tampa, também de isopor, há um orifício pelo qual se introduz o termômetro, que indica a temperatura da mistura em observação.

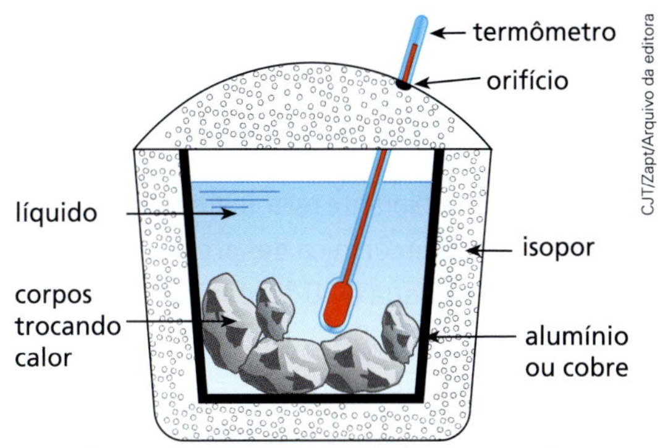

Representação de um calorímetro usual.

O calorímetro representado na figura é o mais usado nos laboratórios escolares. Em experimentos que requerem tratamento especial, são usados calorímetros mais sofisticados.

Não podemos esquecer que o calorímetro, além de servir como recipiente, também participa das trocas de calor, cedendo calor para seu conteúdo ou recebendo calor dele. Geralmente, não são dados o calor específico do material de que é feito nem sua massa, mas é fornecido seu equivalente em água.

Do exposto, podemos chegar à relação:

$$C_{calorímetro} = Ec_{água}$$

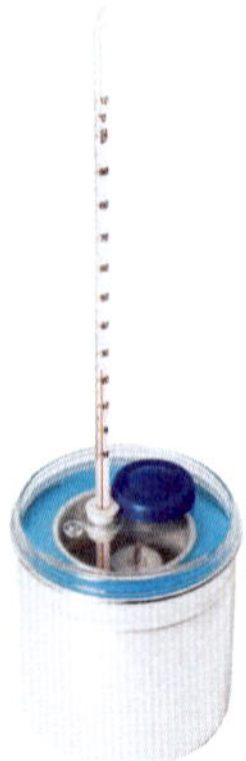

Um calorímetro é denominado **ideal** quando, além de impedir as trocas de calor entre seu conteúdo e o meio externo, não troca calor com os corpos nele contidos. Esse tipo de calorímetro existe somente na teoria, mas aparece com frequência em exercícios. Nesses casos, os enunciados referem-se a ele dizendo que tem **capacidade térmica desprezível** ou **equivalente em água desprezível**.

Fotografia de um calorímetro utilizado em laboratórios de Física.

Exercícios Nível 1

24. (Unesp-SP) Quando uma enfermeira coloca um termômetro clínico de mercúrio sob a língua de um paciente, por exemplo, ela sempre aguarda algum tempo antes de fazer a sua leitura. Esse intervalo de tempo é necessário:

a) para que o termômetro entre em equilíbrio térmico com o corpo do paciente.

b) para que o mercúrio, que é muito pesado, possa subir pelo tubo capilar.

c) para que o mercúrio passe pelo estrangulamento do tubo capilar.

d) devido à diferença entre os valores do calor específico do mercúrio e do corpo humano.

e) porque o coeficiente de dilatação do vidro é diferente do coeficiente de dilatação do mercúrio.

25. E.R. Em um recipiente termicamente isolado e com capacidade térmica desprezível, misturam-se 200 g de água a 10 °C com um bloco de ferro de 500 g a 140 °C. Qual a temperatura final de equilíbrio térmico?

Dados: calor específico da água = 1,0 cal/g °C; calor específico do ferro = 0,12 cal/g °C.

Resolução:

Como o recipiente tem capacidade térmica desprezível, ele não participa das trocas de calor. E, como é termicamente isolado, é correto afirmar que:

$$Q_{ferro} + Q_{água} = 0$$

Uma vez que o calor trocado é sensível, temos:

$$(mc\Delta\theta)_{ferro} + (mc\Delta\theta)_{água} = 0$$

$$500 \cdot 0{,}12(\theta_E - 140) + 200 \cdot 1{,}0(\theta_E - 10) = 0$$

$$60(\theta_E - 140) + 200(\theta_E - 10) = 0$$

$$60\theta_E - 8\,400 + 200\theta_E - 2\,000 = 0$$

$$260\theta_E = 10\,400 \therefore \boxed{\theta_E = 40\ °C}$$

26. Em um recipiente termicamente isolado e de capacidade térmica desprezível, são misturados 200 g de água a 55 °C com 500 g também de água a 20 °C. Quando a mistura atingir o equilíbrio térmico, qual será sua temperatura?

27. Em uma garrafa térmica ideal, com 1,0 L de capacidade, são colocados 500 cm^3 de leite, à temperatura ambiente (20 °C), e 200 cm^3 de café a 90 °C. Admitindo-se que as trocas de calor somente aconteçam entre o café e o leite (cujas densidades e calores específicos podem ser considerados iguais), qual será a temperatura final de equilíbrio térmico do sistema?

28. Um calorímetro ideal contém determinada massa de um líquido **A** na temperatura de 10 °C. Acrescenta-se nesse mesmo recipiente um líquido **B**, inicialmente a 90 °C, de massa duas vezes maior que a do líquido **A**. Sabendo-se que o equilíbrio térmico entre os dois líquidos se estabeleceu a 30 °C e supondo-se o sistema isolado termicamente, qual a relação $\frac{c_A}{c_B}$, entre os calores específicos desses líquidos?

29. Um aluno entrou em uma lanchonete e pediu dois refrigerantes, um "sem gelo", à temperatura de 25 °C, e o outro "gelado", à temperatura de 5,0 °C. Ele preencheu $\frac{1}{4}$ da capacidade de um copo grande com o refrigerante "sem gelo" e terminou de completar o copo com o refrigerante "gelado". Desprezando as trocas de calor que não sejam entre os líquidos, determine a temperatura final de equilíbrio térmico do refrigerante.

Banco de imagens/Arquivo da editora

30. (UFTM-MG) Dona Joana é cozinheira e precisa de água a 80 °C para sua receita. Como não tem um termômetro, decide misturar água fria, que obtém de seu filtro, a 25 °C, com água fervente. Só não sabe em que proporção deve fazer a mistura. Resolve, então, pedir ajuda a seu filho, um excelente aluno de Física. Após alguns cálculos, em que levou em conta o fato de morarem no litoral, e em que desprezou todas as possíveis perdas de calor, ele orienta sua mãe a misturar um copo de 200 mL de água do filtro com uma quantidade de água fervente, em mL, igual a *V*. Determine *V*.

31. (Fuvest-SP) Dois recipientes iguais **A** e **B**, contendo dois líquidos diferentes, inicialmente a 20 °C, são colocados sobre uma placa térmica, da qual recebem aproximadamente a mesma quantidade de calor. Com isso, o líquido em **A** atinge 40 °C, enquanto o líquido em **B**, 80 °C. Se os recipientes forem retirados da placa e seus líquidos misturados, a temperatura final da mistura ficará em torno de:

a) 45 °C.
b) 50 °C.
c) 55 °C.
d) 60 °C.
e) 65 °C.

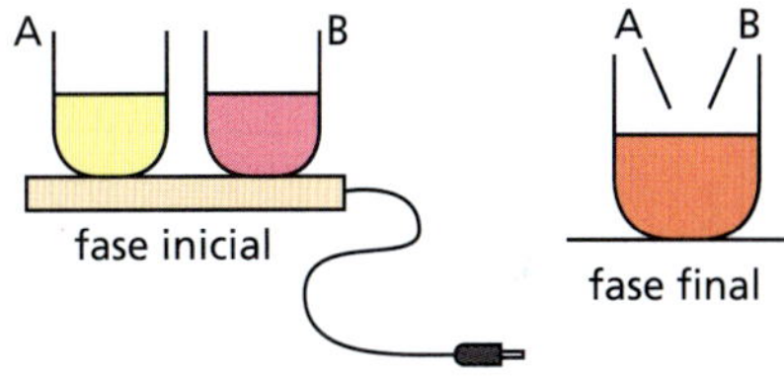

Reprodução/Arquivo da editora

Exercícios Nível 2

32. (Unesp-SP) O esquema representa um calorímetro utilizado para a determinação do valor energético dos alimentos.

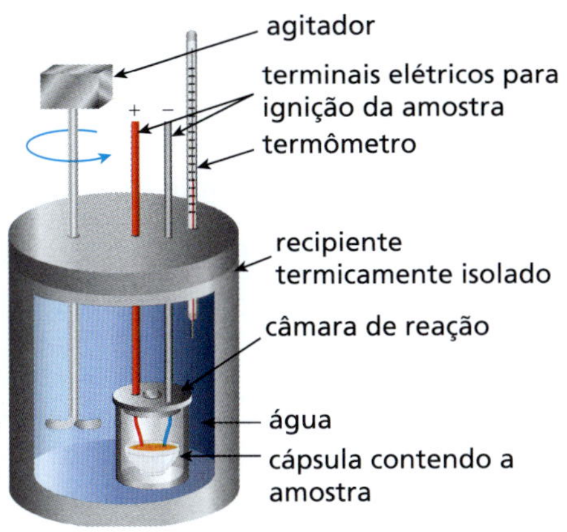

Reprodução/Arquivo da editora

(https://quimica2bac.wordpress.com. Adaptado.)

A tabela nutricional de determinado tipo de azeite de oliva traz a seguinte informação: "Uma porção de 13 mL (1 colher de sopa) equivale a 108 kcal." Considere que o calor específico da água seja $1 \text{ kcal} \cdot \text{kg}^{-1} \cdot {}^\circ\text{C}^{-1}$ e que todo o calor liberado na combustão do azeite seja transferido para a água. Ao serem queimados 2,6 mL desse azeite, em um calorímetro contendo 500 g de água inicialmente a 20,0 °C e à pressão constante, a temperatura da água lida no termômetro deverá atingir a marca de

a) 21,6 °C
b) 33,2 °C
c) 45,2 °C
d) 63,2 °C
e) 52,0 °C

33. (Unifesp-SP) Um calorímetro de capacidade térmica 10 cal/°C, contendo 500 g de água a 20 °C, é utilizado para determinação do calor específico de uma barra de liga metálica de 200 g, a ser utilizada como fundo de panelas para cozimento. A barra é inicialmente aquecida a 80 °C e imediatamente colocada dentro do calorímetro, isolado termicamente. Considerando o calor específico da água 1,0 cal/(g °C) e que a temperatura de equilíbrio térmico atingida no calorímetro foi 30 °C, determine:

a) a quantidade de calor absorvido pelo calorímetro e a quantidade de calor absorvido pela água;
b) a temperatura final e o calor específico da barra.

34. (Enem) Uma garrafa térmica tem como função evitar a troca de calor entre o líquido nela contido e o ambiente, mantendo a temperatura de seu conteúdo constante. Uma forma de orientar os consumidores na compra de uma garrafa térmica seria criar um selo de qualidade, como se faz atualmente para informar o consumo de energia de eletrodomésticos. O selo identificaria cinco categorias e informaria a variação de temperatura do conteúdo da garrafa, depois de decorridas seis horas de seu fechamento, por meio de uma porcentagem do valor inicial da temperatura de equilíbrio do líquido na garrafa.

O quadro apresenta as categorias e os intervalos de variação percentual da temperatura.

Tipo de selo	Variação de temperatura
A	menor que 10%
B	entre 10 e 25%
C	entre 25 e 40%
D	entre 40 e 55%
E	maior que 55%

Para atribuir uma categoria a um modelo de garrafa térmica, são preparadas e misturadas, em uma garrafa, duas amostras de água, uma a 10 °C e outra a 40 °C, na proporção de um terço de água fria para dois terços de água quente. A garrafa é fechada. Seis horas depois, abre-se a garrafa e mede-se a temperatura da água, obtendo-se 16 °C.

Qual selo deveria ser posto na garrafa térmica testada?

a) A
b) B
c) C
d) D
e) E

35. (OPF) Deseja-se preparar um banho em um ofurô. Sabe-se que a temperatura da água da torneira é de 20 °C, e que a temperatura ideal da água para o banho é de 36 °C. Quantos litros de água fervendo deve-se misturar com a água da torneira para obter 100 litros de água na temperatura ideal para o banho?

a) 5 litros.
b) 10 litros.
c) 15 litros.
d) 20 litros.
e) 25 litros.

36. (FEI-SP) Em um ritual místico, as pessoas aquecem a água de um caldeirão utilizando sete pedras. As pedras são colocadas em uma fogueira e depois são lançadas no caldeirão com 0,70 L de água a 20 °C. Cada uma das pedras tem, em média, 100 g de massa e se encontram a 300 °C no instante em que são lançadas no caldeirão. No equilíbrio térmico, tem-se uma temperatura de 50 °C. Sendo o calor específico da água igual a 1,0 cal/g °C e desprezando as perdas de calor para o ambiente e para o caldeirão, pode-se afirmar que o calor específico médio das pedras em questão, em cal/g °C, é:

a) 0,030.
b) 0,12.
c) 0,17.
d) 0,50.
e) 1,04.

Dado: densidade absoluta da água = 1,0 kg/L.

37. E.R. Um bloco **A** tem massa, calor específico e temperatura inicial respectivamente iguais a m_A, c_A e θ_A. Um bloco **B** tem massa, calor específico e temperatura inicial respectivamente iguais a m_B, c_B e θ_B. Os blocos **A** e **B** são postos em contato térmico e, depois de certo tempo, atingem o equilíbrio térmico, adquirindo uma temperatura θ_E. Considerando c_A e c_B constantes e supondo o sistema termicamente isolado, calcule θ_E.

Resolução:

Sendo desprezíveis as trocas de calor com o resto do Universo, é válido afirmar que:

$$Q_A + Q_B = 0$$
$$(mc\Delta\theta)_A + (mc\Delta\theta)_B = 0$$
$$m_Ac_A(\theta_E - \theta_A) + m_Bc_B(\theta_E - \theta_B) = 0$$
$$m_Ac_A\theta_E - m_Ac_A\theta_A + m_Bc_B\theta_E - m_Bc_B\theta_B = 0$$
$$(m_Ac_A + m_Bc_B)\theta_E = m_Ac_A\theta_A + m_Bc_B\theta_B$$
$$\boxed{\theta_E = \frac{m_Ac_A\theta_A + m_Bc_B\theta_B}{m_Ac_A + m_Bc_B}}$$

Notas:

- O produto da massa pelo calor específico é a capacidade térmica do bloco:

$$m_Ac_A = C_A$$
$$m_Bc_B = C_B$$

Assim, temos:

$$\theta_E = \frac{C_A\theta_A + C_B\theta_B}{C_A + C_B}$$

- Observe ainda que a expressão deduzida representa uma **média ponderada** das temperaturas iniciais, sendo os "pesos" a **capacidade térmica** de cada corpo envolvido.

38. Dois corpos **A** e **B**, de capacidades térmicas iguais, são colocados no interior de um calorímetro ideal. A temperatura inicial do corpo **A** é θ_A e a do corpo **B** é θ_B. Não considerando possíveis perdas de calor, a temperatura final de equilíbrio térmico será dada por:

a) $\frac{\theta_A + \theta_B}{2}$.

b) $\frac{\theta_A - \theta_B}{2}$.

c) $\frac{\theta_B - \theta_A}{2}$.

d) $|\theta_A + \theta_B|$.

e) $|\theta_B - \theta_A|$.

39. Três amostras de um mesmo líquido, cujas temperaturas iniciais são 40 °C, 70 °C e 100 °C, são misturadas em um calorímetro. As massas das amostras são iguais. Supondo-se que as trocas de calor ocorrem somente entre as amostras do líquido, qual a temperatura de equilíbrio da mistura, em graus Celsius?

40. (UFTM-MG) Para fazer café, meio litro de água fervente, aquecido em uma chaleira, foi despejado sobre o pó, a 100 °C. O café coado goteja a 90 °C para o interior de uma cafeteira. Após todo o conteúdo do coador ter se esgotado, o café contido na cafeteira, agora a 80 °C, é vertido em uma garrafa térmica onde, após o equilíbrio térmico, permanece sob temperatura de 75 °C.

Considerando desprezível a perda da massa de água por evaporação durante o processo e que no final temos meio litro de café na cafeteira e admitindo que o calor específico sensível da água é igual ao calor específico sensível do café, sendo seu valor igual a 1 cal/(g · °C),

a) determine a quantidade de calor cedida pelo líquido para os corpos envolvidos na elaboração do café, desde o momento em que a água a 100 °C é vertida sobre o pó, até o momento em que é obtido café já em equilíbrio térmico com a garrafa térmica;

b) considerando que não houve troca de calor do sistema com o ar, estime a capacidade térmica da cafeteira que recebeu o café passado pelo coador.

Dado: densidade da água = 1 g/mL.

41. (Fuvest-SP) Um trocador de calor consiste em uma serpentina, pela qual circulam 18 litros de água por minuto. A água entra na serpentina à temperatura ambiente (20 °C) e sai mais quente. Com isso, resfria-se o líquido que passa por uma tubulação principal, na qual a serpentina está enrolada. Em uma fábrica, o líquido a ser resfriado na tubulação principal é também água, a 85 °C, mantida a uma vazão de 12 litros por minuto.

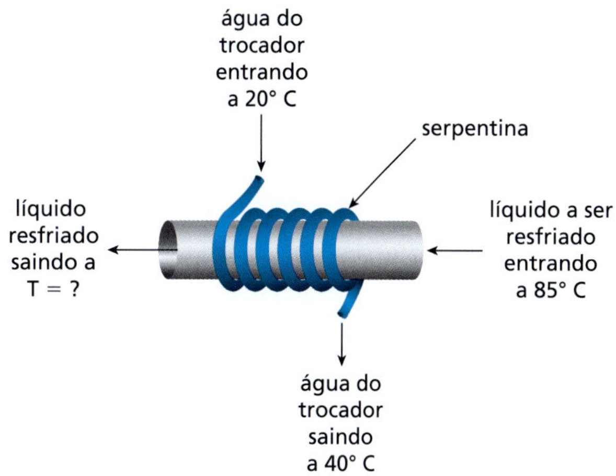

Quando a temperatura de saída da água da serpentina for 40 °C, será possível estimar que a água da tubulação principal esteja saindo a uma temperatura *T* de, aproximadamente,

a) 75 °C

b) 65 °C

c) 55 °C

d) 45 °C

e) 35 °C

42. Para avaliar a temperatura de 300 g de água, usou-se um termômetro de 100 g de massa e calor específico sensível igual a 0,15 cal/g °C. Inicialmente, esse termômetro indicava, à temperatura ambiente, 12 °C. Após algum tempo, colocado em contato térmico com a água, o termômetro passa a indicar 72 °C. Supondo não ter havido perdas de calor, determine a temperatura inicial da água.

Dado: calor específico da água = 1,0 cal/g °C.

43. E.R. Um calorímetro de equivalente em água 10 g, à temperatura ambiente (20 °C), foi utilizado para misturar 200 g de um líquido de calor específico 0,79 cal/g °C, a 35 °C, com um bloco de metal de massa 300 g, a 150 °C. Sabendo que a temperatura final atingida foi de 40 °C, determine o calor específico do metal.

Resolução:

Supondo o sistema termicamente isolado, podemos escrever que:

$$Q_{metal} + Q_{líquido} + Q_{calorímetro} = 0$$
$$(mc\Delta\theta)_{metal} + (mc\Delta\theta)_{líquido} + (mc\Delta\theta)_{calorímetro} = 0$$
$$300c_m\,(40 - 150) + 200 \cdot 0{,}79\,(40 - 35) +$$
$$+ [mc\,(40 - 20)]_{calorímetro} = 0$$

Como vimos:

$$(mc)_{calorímetro} = Ec_{água}$$

Sendo:

$$c_{água} = 1 \text{ cal/g °C}$$
$$E = 10 \text{ g (equivalente em água)}$$

Temos:

$$(mc)_{calorímetro} = 10 \text{ g} \cdot 1 \frac{\text{cal}}{\text{g} \cdot \text{°C}} = 10 \frac{\text{cal}}{\text{°C}}$$

Assim:

$$2\,300c_m \cdot 110 + 790 + 10 \cdot 20 = 0$$
$$c_m = \frac{790 + 200}{300 \cdot 110}$$
$$\boxed{c_m = 0{,}03 \text{ cal/g °C}}$$

44. Qual é o equivalente em água de um bloco de alumínio de massa 500 g? Sabe-se que o calor específico do alumínio vale 0,22 cal/g °C e o da água vale 1,0 cal/g °C.

45. Um corpo é colocado em contato com uma fonte térmica que lhe fornece 2,0 kcal de calor. A temperatura do corpo era igual à do ambiente (20 °C) e, ao receber a energia térmica, atingiu a temperatura de 120 °C. Se o calor específico da água é igual a 1,0 cal/g °C, qual é o equivalente em água do referido corpo?

46. Em um recipiente de capacidade térmica desprezível, encontramos um líquido a 20 °C. Misturando 600 g de água a 80 °C com esse líquido, obtemos uma temperatura de equilíbrio térmico igual a 60 °C. Qual o equivalente em água desse líquido?

47. Um pedaço de cobre de 20 g a 60 °C é colocado dentro de um calorímetro que contém 10 g de água a 10 °C. Se a temperatura final do sistema (calorímetro + água + cobre) é 15 °C, qual é o equivalente em água do calorímetro?
Dados: calor específico do cobre = 0,42 J/g °C; calor específico da água = 4,2 J/g °C.

48. (Vunesp) Um calorímetro (**A**) contendo água quente foi conectado, por meio de uma barra metálica, a outro calorímetro (**B**) contendo em seu interior água fria. Em cada um desses calorímetros, foi colocado um termômetro para que a temperatura fosse medida de minuto em minuto durante 10 minutos. A ilustração a seguir representa o experimento.

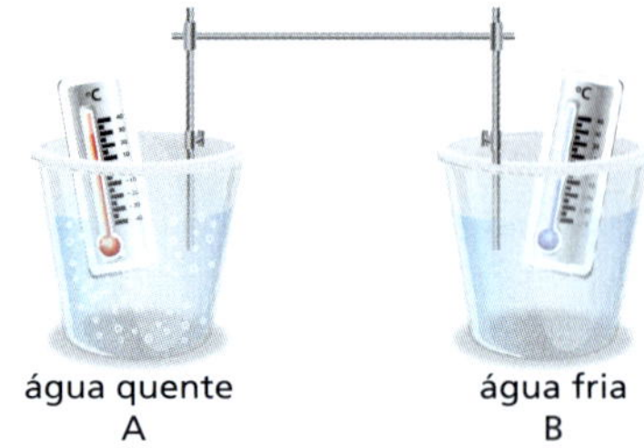

Reprodução/Arquivo da editora

Considerando-se que o volume de água é igual nos dois calorímetros, a partir dos registros de temperatura, foi elaborado um gráfico que registra a temperatura dos dois calorímetros durante os 10 minutos. O gráfico que representa corretamente o resultado do experimento é:

a)
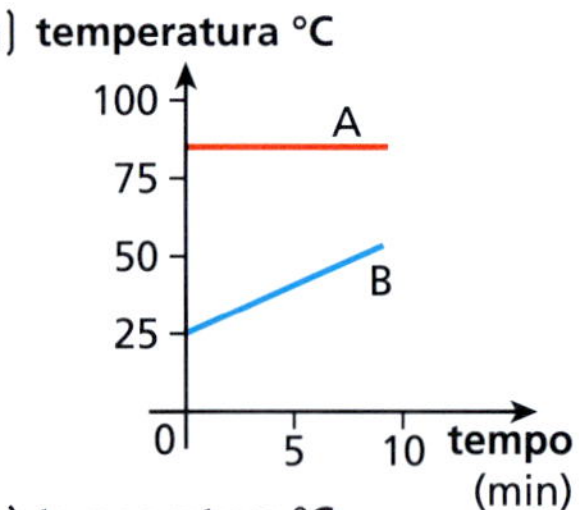

Ilustrações: Reprodução/Arquivo da editora

b)
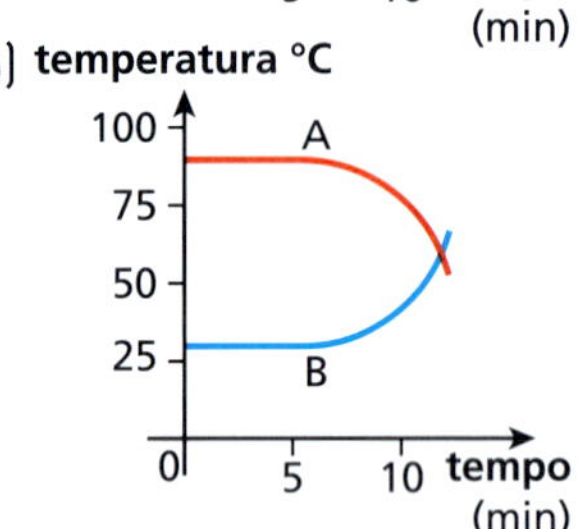

c)
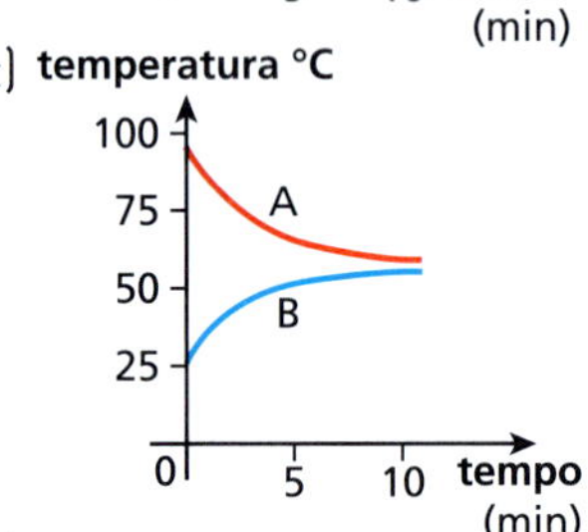

d)
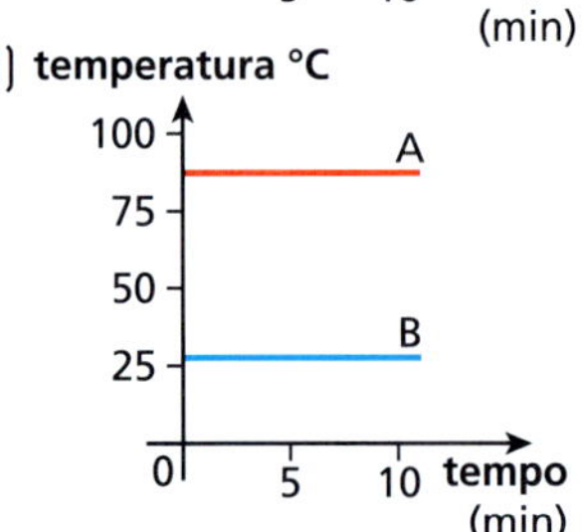

e)
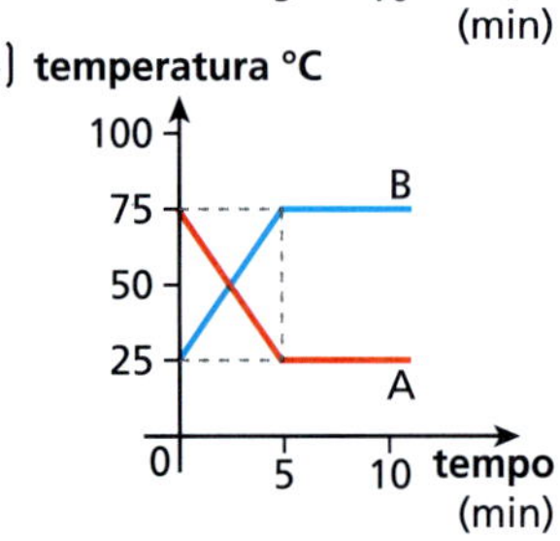

Bloco 3

7. As mudanças de estado físico

Dependendo do estado de agregação de suas partículas, uma substância pode ser encontrada em três estados físicos fundamentais: sólido, líquido e gasoso.

Banco de imagens/ Arquivo da editora

Representação da água nos três estados físicos: sólido, líquido e gasoso.

No **estado sólido**, as partículas de uma substância não têm grande liberdade de movimentação e não vão além de vibrações em torno de posições definidas. Assim, os sólidos possuem volume e forma bem definidos.

Christopher Wood/Shutterstock

As geleiras e os *icebergs*, encontrados em regiões muito frias (próximas dos polos), são exemplos da água no estado sólido.

No **estado líquido**, há maior liberdade de agitação das partículas de uma substância do que no estado sólido, mas elas ainda apresentam uma coesão considerável. Assim, os líquidos possuem volume bem definido, porém forma variável, ou seja, a forma é a do recipiente que os contém.

Jakub Barzycki/Shutterstock

A existência da água no estado líquido, em rios e mares, é um fator fundamental para a sobrevivência do ser humano na Terra.

No **estado gasoso**, as partículas de uma substância estão afastadas umas das outras o suficiente para que as forças de coesão entre elas sejam muito fracas. Por isso, elas se movimentam com liberdade muito maior do que no estado líquido. Substâncias no estado gasoso (vapores e gases) não possuem volume nem forma definidos.

ruzanna/Shutterstock

Em temperaturas elevadas, a água sofre uma evaporação muito rápida, subindo no estado gasoso. Quando a temperatura diminui, esse vapor se precipita em forma de chuva (água no estado líquido).

Quando uma substância, em qualquer um dos estados físicos, recebe ou cede energia térmica, pode sofrer uma alteração na forma de agregação de suas partículas, passando de um estado para outro. Essa passagem corresponde a uma mudança de seu estado físico.

Vejamos as possíveis mudanças de estado:

Banco de imagens/Arquivo da editora

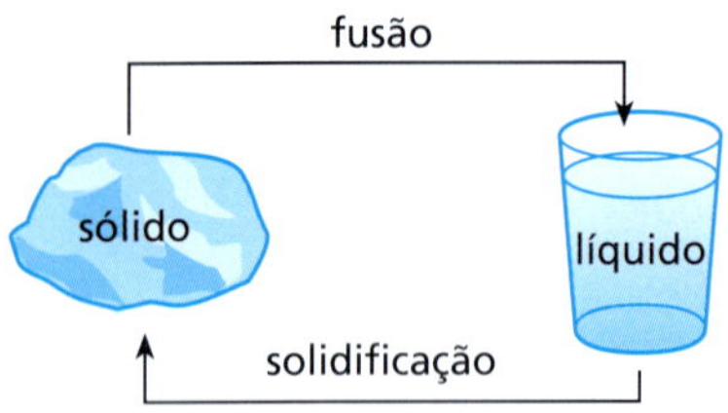

A **fusão** é a passagem do estado sólido para o líquido. A transformação inversa dessa passagem é a **solidificação**.

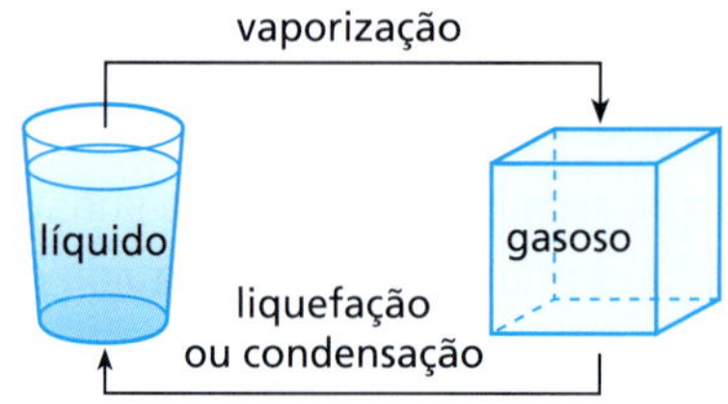

A **vaporização** é a passagem do estado líquido para o gasoso. A transformação inversa dessa passagem é a **liquefação** (ou **condensação**).

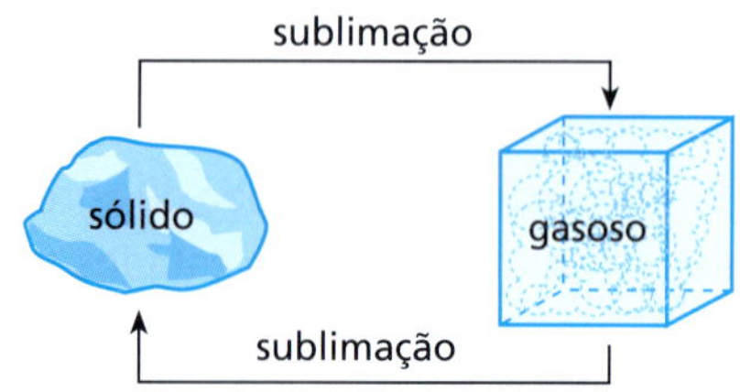

A **sublimação** é a passagem do estado sólido para o gasoso, sem passar pela fase intermediária, a líquida. A transformação inversa também é denominada **sublimação**.

Entre essas transformações, as que ocorrem por recebimento de calor são denominadas **transformações endotérmicas**. São elas: a fusão, a vaporização e a sublimação (sólido → gasoso).

A solidificação, a liquefação e a sublimação (gasoso → sólido) são **transformações exotérmicas**, já que ocorrem por perda de calor.

É importante observar que a quantidade de calor que cada unidade de massa de uma substância precisa receber para sofrer alteração em sua fase de agregação, mudando seu estado, é igual à que precisa ceder para sofrer a transformação inversa, à mesma temperatura.

JÁ PENSOU NISTO?

Plasma, o quarto estado da matéria?

Na Física, o plasma é considerado o quarto estado da matéria.

Alamy/Fotoarena

Para obtermos o plasma devemos aquecer um gás, provocando a dissociação das suas ligações moleculares, convertendo-o em seus átomos constituintes. Esse aquecimento pode levar à ionização de suas moléculas e de seus átomos, o que corresponde a ganhos ou perdas de elétrons por essas partículas. Assim, o plasma é constituído por elétrons e íons positivos. A presença desses portadores de cargas elétricas torna-o eletricamente condutor, passando a ser fortemente influenciável por campos eletromagnéticos. Como o gás, o plasma não possui forma ou volume definido, moldando-se à forma do recipiente. Sob a influência de um campo magnético ele pode formar filamentos ou descargas elétricas. No Universo, o plasma é o estado mais comum da matéria.

A primeira identificação do plasma foi em um tubo de Crookes, descrito por *Sir* William Crookes (1832-1919) em 1879, que o denominou "matéria radiante". Em 1928, Irving Langmuir (1881-1957) o chamou de "plasma", devido à capacidade de se moldar dentro de tubos onde são gerados.

8. Calor latente

Vimos que o calor sensível produz variação de temperatura, enquanto o calor latente causa mudança de estado físico em um corpo.

Assim, podemos afirmar que **calor sensível** é a denominação dada à energia térmica que altera a energia cinética de translação das partículas, estando essa energia cinética diretamente ligada à temperatura do sistema físico.

A denominação **calor latente** é dada à energia térmica que se transforma em energia potencial de agregação. Essa transformação altera o arranjo físico das partículas do sistema e provoca uma mudança de estado – por exemplo, de sólido para líquido (fusão) –, sem, no entanto, alterar a temperatura.

Observemos que **energia térmica** é a energia (cinética) que provoca a agitação das partículas de um corpo mais a energia (potencial) de agregação, que estabelece o estado físico desse corpo.

Para um determinado estado de agregação (líquido, por exemplo), existe um limite para o estado de agitação (temperatura) das partículas de um corpo.

Esse limite corresponde à temperatura de mudança de estado físico, que é função da substância de que é feito o corpo e da pressão exercida sobre ele. A água, por exemplo, sob pressão normal, sofre mudanças de estado físico a 0 °C e a 100 °C. Essas são suas temperaturas de fusão-solidificação e de vaporização-liquefação, respectivamente.

Experimentalmente podemos concluir que a quantidade de calor necessária para provocar uma mudança de estado é diretamente proporcional à massa da porção da substância que sofreu a transformação.

Assim, sendo *m* a massa de um corpo que necessita de uma quantidade *Q* de calor para sofrer uma total mudança de estado, vale a expressão:

$$\frac{Q}{m} = L \Rightarrow \quad Q = mL$$

A grandeza *L* é denominada **calor latente**, sendo característica do material de que é feito o corpo, da mudança de estado pela qual ele passa e da temperatura a que ocorre essa mudança. Para a água, por exemplo, o calor latente de fusão-solidificação a 0 °C vale 80 cal/g, enquanto o de vaporização-liquefação a 100 °C vale 540 cal/g aproximadamente.

Assim, podemos dizer que:

- calor latente de fusão-solidificação de uma substância indica a quantidade de calor que cada unidade de massa precisa receber para que ocorra sua fusão ou ceder para que ocorra sua solidificação;
- calor latente de vaporização-liquefação de uma substância indica a quantidade de calor que cada unidade de massa precisa receber para que ocorra sua vaporização ou ceder para que ocorra sua liquefação.

A denominação sensível ou latente dada ao calor recebido ou cedido por um corpo depende do efeito produzido por ele. A figura representa uma barra de ferro que perde calor sensível (diminui de temperatura) para um bloco de gelo a 0 °C, que derrete. Assim, para o gelo, esse calor recebido é do tipo latente, já que produziu nele uma mudança de estado, e não uma variação de temperatura.

Banco de imagens/ Arquivo da editora

9. Fusão e solidificação

Consideremos um bloco de gelo de massa *m*, inicialmente a −20 °C, sob pressão normal. Quando fornecemos calor a esse gelo, suas partículas absorvem energia, com consequente aumento de temperatura.

Esse processo tem um limite, isto é, existe uma temperatura em que a estrutura molecular da substância não consegue se manter – é a temperatura de fusão. Ao ser atingida tal temperatura, a energia recebida deixa de provocar aumento na agitação das partículas e passa a mudar a estrutura física da substância, tornando-a líquida. Esse processo é denominado **fusão**, e a energia recebida passa a ser armazenada como energia potencial. Se, depois que mudar de estado, a substância continuar a receber calor, sua temperatura aumentará.

É importante destacar que a temperatura de fusão de uma substância pura é bem determinada, dependendo apenas da substância e da pressão a que está sujeita.

Para evitar complicações desnecessárias, admitiremos, em nosso estudo, que a pressão permanece constante durante todo o processo de mudança de estado físico.

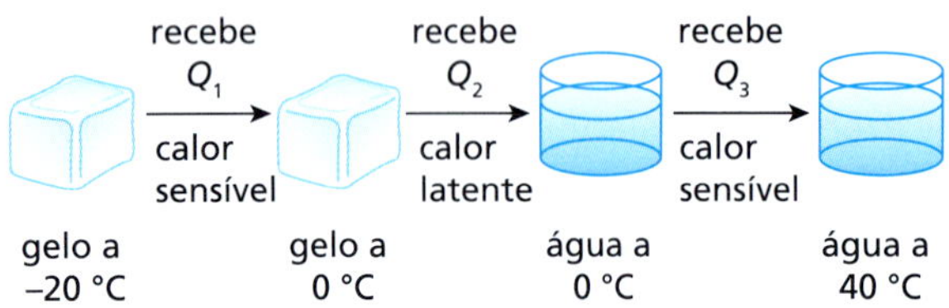

CJT/Zapt/Arquivo da editora

Supondo que o bloco de gelo, citado anteriormente, seja aquecido de –20 °C até 40 °C, vamos analisar por partes esse aquecimento.

Para calcular o total de calor (Q) recebido pelo sistema, usamos as fórmulas do calor sensível e do calor latente, já vistas.

Assim, temos:

$$Q = Q_1 + Q_2 + Q_3$$

$$Q = (mc\Delta\theta)_{gelo} + (mL_F)_{gelo} + (mc)_{água}$$

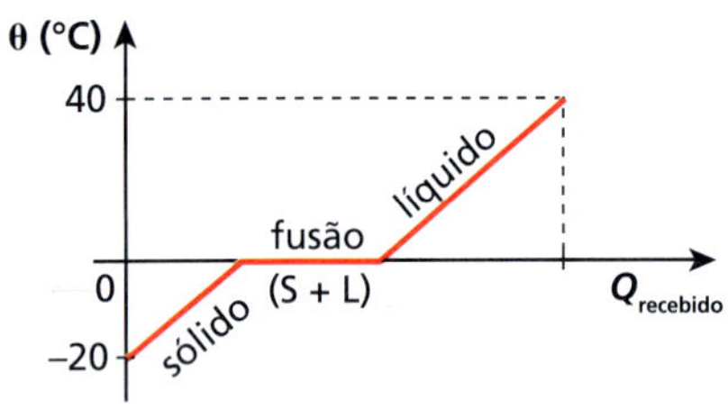

Banco de imagens/Arquivo da editora

Esse processo pode ser representado graficamente pela **curva de aquecimento** ao lado.

O trecho correspondente ao patamar indica a mudança de estado físico (fusão), pois a energia recebida não produziu variação de temperatura, e sim mudança do estado de agregação das partículas do corpo.

Como você já sabe, o processo inverso da fusão é a **solidificação**.

Para entender como se dá essa transformação, vamos retomar o exemplo anterior, considerando que a água (a 40 °C) volte a ser gelo (a –20 °C). Para que isso ocorra, é necessário que seja retirado calor dessa água. Com isso, a energia cinética de translação de suas partículas vai diminuindo, ou seja, sua temperatura vai reduzindo. No entanto, essa redução cessará quando a água atingir 0 °C. A partir daí, se continuarmos a retirar calor, as moléculas se recomporão na estrutura característica do estado sólido, diminuindo a energia potencial de agregação, sem prejuízo da temperatura.

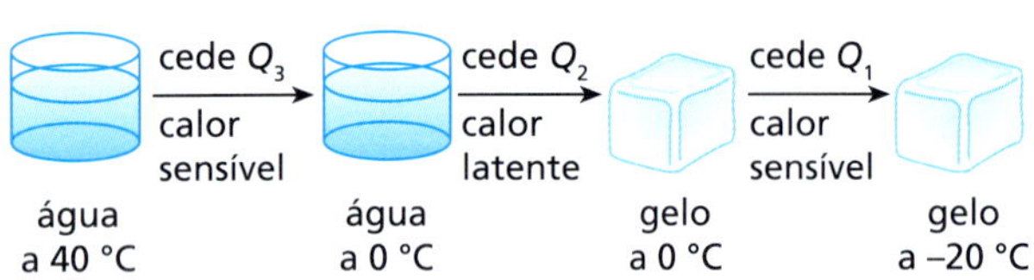

CJT/Zapt/Arquivo da editora

Se, após a recomposição molecular (solidificação), continuarmos a retirar calor da água, a temperatura voltará a diminuir. Esse resfriamento é esquematizado ao lado.

A quantidade total de calor (Q) cedida (ou retirada) é dada por:

$$Q = Q_3 + Q_2 + Q_1$$

$$Q = (mc\Delta\theta)_{água} + (mL_S)_{água} + (mc\Delta\theta)_{gelo}$$

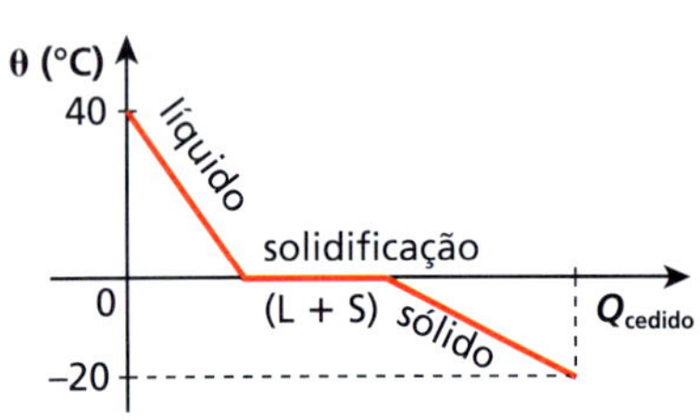

Banco de imagens/Arquivo da editora

Os módulos de L_S e L_F são iguais, porém convencionaremos L_F positivo (calor recebido) e L_S negativo (calor cedido).

A **curva de resfriamento** é representada ao lado.

Tudo o que foi explicado sobre a fusão-solidificação do gelo vale para a maioria das substâncias.

A tabela ao lado contém os calores latentes de fusão (L_F) e as temperaturas de fusão (θ_F), em pressão atmosférica normal, de algumas substâncias.

Substância	L_F (cal/g)	θ_F (°C)
Água (H_2O)	80	0
Alumínio (Aℓ)	94	660
Cobre (Cu)	41	1 083
Ferro (Fe)	49	1 535
Mercúrio (Hg)	2,8	239
Chumbo (Pb)	5,5	327
Zinco (Zn)	23	420

Fonte: <www.if.ufrgs.br/cref/amees/tabela.html>. Acesso em: 19 jun. 2018.

Exercícios Nível 1

49. A respeito de mudança de estado físico, indique a alternativa incorreta.

a) Se um corpo sólido absorve calor e sua temperatura não varia, isso significa que ele está sofrendo mudança de estado físico.

b) Durante uma fusão, sob pressão constante, todo calor absorvido é utilizado para alterar o arranjo molecular da substância.

c) Quando um sólido recebe calor, ou o estado de agitação de suas partículas aumenta ou ocorre uma reestruturação no seu arranjo molecular, os fatores que determinam o que acontece são: a temperatura do sólido e a pressão a que ele está sujeito.

d) A temperatura em que ocorre determinada fusão depende da substância e da pressão a que o corpo está sujeito.

e) Um bloco de gelo nunca pode sofrer fusão a uma temperatura diferente de 0 °C.

50. Quanto calor devemos fornecer a um bloco de gelo de 300 g de massa, a 0 °C, sob pressão normal, para fundi-lo totalmente?

Dado: calor latente de fusão do gelo = 80 cal/g.

51. E.R. Quanto de calor necessitam receber 100 g de gelo para serem aquecidos de 230 °C a 10 °C? A pressão atmosférica é constante e normal, e são dados:

calor específico do gelo = 0,50 cal/g °C;

calor latente de fusão do gelo = 80 cal/g;

calor específico da água = 1,0 cal/g °C.

Resolução:

Sabemos que o gelo sofre fusão a 0 °C; portanto, devemos considerar o aquecimento do bloco de gelo por etapas.

Q_1 = quantidade de calor que o gelo recebeu para atingir 0 °C (calor sensível).

Q_2 = quantidade de calor que o gelo recebeu para se fundir (calor latente).

Q_3 = quantidade de calor que a água, proveniente da fusão do gelo, recebeu para atingir 10 °C (calor sensível).

Assim: $Q = Q_1 + Q_2 + Q_3$

$$Q = (mc\Delta\theta)_{gelo} + (mL_F)_{gelo} + (mc\Delta\theta)_{água}$$

Substituindo os valores numéricos fornecidos, temos:

$$Q = 100 \cdot 0{,}50\,[0 - (230)] + 100 \cdot 80 + 100 \cdot 1{,}0\,(10 - 0)$$

$$Q = 100 \cdot 0{,}50 \cdot 30 + 100 \cdot 80 + 100 \cdot 10$$

$$Q = 1\,500 + 8\,000 + 1\,000$$

$$\boxed{Q = 10\,500 \text{ cal}}$$

52. Deseja-se transformar 100 g de gelo a −20 °C em água a 30 °C. Sabe-se que o calor específico do gelo vale 0,50 cal/g °C e o da água, 1,0 cal/g °C e que o calor latente de fusão do gelo vale 80 cal/g. Quanto calor, em quilocalorias, devemos fornecer a esse gelo?

53. Uma pedra de gelo de 20 g de massa, inicialmente a −10 °C, recebeu 2 700 cal. Determine a temperatura atingida, sabendo que essa energia foi totalmente aproveitada pelo sistema.

Dados: calor específico do gelo = 0,50 cal/g °C;

calor específico da água = 1,0 cal/g °C;

calor latente de fusão do gelo = 80 cal/g.

54. Você tem 100 g de água à temperatura ambiente (25 °C). Quanto de calor deve-se retirar dessa água para obter-se um bloco de gelo de 100 g a 0 °C?

Dados: calor específico da água = 1,0 cal/g °C;

calor latente de fusão do gelo = 80 cal/g.

55. (FMJ-SP) Um calorímetro ideal contém 50 g de água líquida, ambos em equilíbrio térmico a 20 °C. Uma amostra de massa *m* de gelo, inicialmente a −40 °C, é inserida no calorímetro, de modo a trocar calor apenas com a água líquida. Após certo tempo, registra-se uma temperatura de equilíbrio térmico de 0 °C, restando apenas água na fase líquida no interior do calorímetro. Sendo o calor específico da água líquida e do gelo iguais a 1,0 cal/(g · °C) e 0,5 cal/(g · °C), respectivamente, e o calor latente de fusão do gelo igual a 80 cal/g, a massa de gelo inserida no calorímetro foi

a) 20,0 g
b) 10,0 g
c) 25,0 g
d) 5,0 g
e) 15,0 g

56. Coloca-se uma massa *m* de gelo fundente (a 0 °C) em um copo de capacidade térmica desprezível contendo 300 mL de suco a 26,6 °C e verifica-se no equilíbrio térmico uma temperatura de 2,0 °C.

Dados:

densidade do suco: 1,0 g/cm^3;

calor específico sensível do suco: 1,0 cal/g °C;

calor específico latente de fusão do gelo: 80 cal/g.

Não levando em conta as trocas de calor com o ambiente, é correto afirmar que:

a) m = 100 g
b) m = 90 g
c) m = 80 g
d) m = 70 g
e) m = 60 g

Exercícios Nível 2

57. (UFPI) O gráfico a seguir mostra a curva de aquecimento de certa massa de gelo.

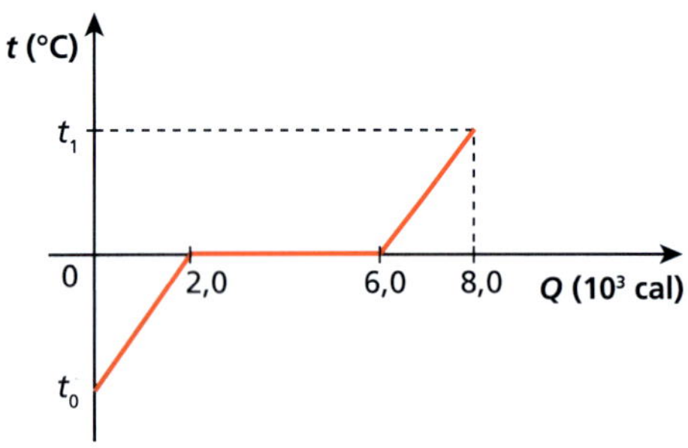

Determine a temperatura inicial do gelo (t_0) e a temperatura final da água (t_1).

Dados: calor específico do gelo = 0,50 cal/g °C;

calor específico da água = 1,0 cal/g °C;

calor latente de fusão do gelo = 80 cal/g.

58. Uma fonte de potência constante e igual a 400 cal/min fornece calor a um bloco de gelo com massa de 200 g, inicialmente à temperatura de −20 °C. Sabendo que o sistema é aquecido a 50 °C, calcule o tempo gasto para o aquecimento, desprezando quaisquer perdas de energia.

Dados: calor específico do gelo = 0,50 cal/g °C;

calor latente de fusão do gelo = 80 cal/g;

calor específico da água = 1,0 cal/g °C.

59. O que ocorre no final, quando misturamos gelo e água?

Admitindo-se que a água e o gelo só troquem calor entre si e que a pressão atmosférica seja constante e igual a 1,0 atm, a resposta a essa pergunta é:

"Dependendo das massas de gelo e de água existentes inicialmente na mistura, na situação final de equilíbrio térmico, cinco situações distintas poderão ocorrer:

- presença exclusiva de gelo abaixo de 0 °C;
- presença exclusiva de gelo a 0 °C;
- uma mistura de gelo e água a 0 °C;
- presença exclusiva de água a 0 °C;
- presença exclusiva de água acima de 0 °C".

Considere, então, que sejam misturados 400 g de gelo a −10 °C com 600 g de água a 20 °C de modo a constituírem um sistema termicamente isolado sob pressão atmosférica normal, de 1,0 atm.

Dados: calor específico do gelo = 0,50 cal/g °C;

calor latente de fusão do gelo = 80 cal/g;

calor específico da água = 1,0 cal/g °C;

calor específico latente de solidificação da água: −80 cal/g.

Com base nessas informações, responda:

a) Qual a temperatura de equilíbrio térmico do sistema, θ, bem como a massa total de água, M_a, observada na situação final?

b) Qual a massa de gelo a −10 °C, M_g, que deverá ser introduzida na mistura para se verificar no equilíbrio térmico presença exclusiva de gelo a −2,0 °C?

60. (UPM-SP) Sabendo que uma caixa de fósforos possui em média 40 palitos e que cada um desses palitos, após sua queima total, libera cerca de 85 calorias, para podermos fundir totalmente um cubo de gelo de 40 gramas, inicialmente a −10 °C, sob pressão normal, quantas caixas de fósforos devemos utilizar, no mínimo?

Dados: calor específico do gelo = 0,50 cal/g °C;

calor latente de fusão do gelo = 80 cal/g;

calor específico da água = 1,0 cal/g °C.

61. (PUC-SP) Um anel metálico de massa 150 g, inicialmente à temperatura de 160 °C, foi colocado em uma cavidade feita na parte superior de um grande bloco de gelo em fusão, como mostrado na figura.

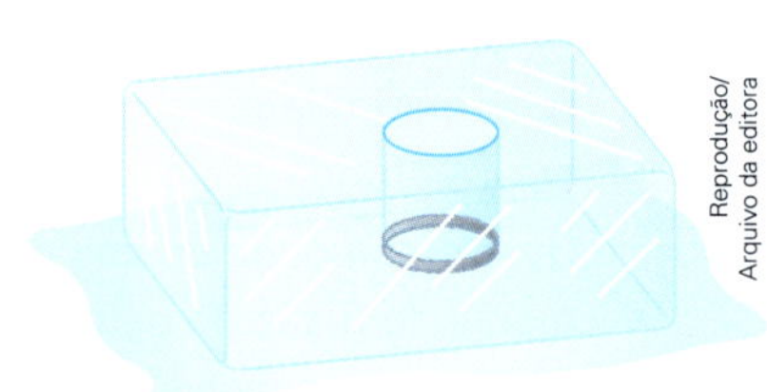

Após o equilíbrio térmico ser atingido, verificou-se que 30 cm^3 de gelo se fundiram. Considerando o sistema (gelo-anel) termicamente isolado, o calor específico do metal que constitui o anel, em cal/g °C, é:

a) 0,050.
b) 0,092.
c) 0,096.
d) 0,10.
e) 1,0.

Dados: calor latente de fusão do gelo: 80 cal/g; densidade do gelo: 0,92 g/cm^3.

62. (Unifesp) Em uma experiência de Termologia, analisou-se a variação da temperatura, medida em graus Celsius, de 100 g de uma substância, em função da quantidade de calor fornecido, medida em calorias. Durante o experimento, observou-se que, em uma determinada etapa do processo, a substância analisada apresentou mudança de fase sólida para líquida. Para visualizar o experimento, os dados obtidos foram apresentados em um gráfico da temperatura da substância como função da quantidade de calor fornecido.

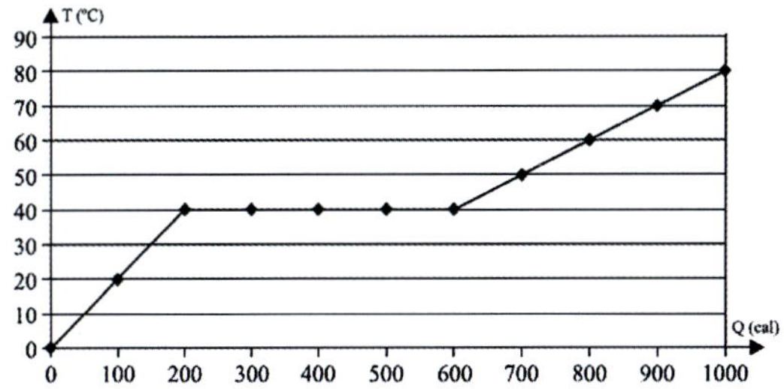

Determine:

a) O calor específico da substância na fase líquida e seu calor latente específico de fusão.
b) Após a substância atingir a temperatura de 80 °C, cessou-se o fornecimento de calor e adicionou-se a ela 50 g de gelo a 0 °C. Supondo que a troca de calor ocorra apenas entre o gelo e a substância, determine a massa de água, fase líquida, em equilíbrio térmico.

Dados: calor latente de fusão do gelo: L = 80 cal/g; calor específico da água: c = 1,0 cal/(g °C).

63. (Vunesp) Um processo térmico disponibiliza para o interior de um calorímetro 20 kcal de energia. No calorímetro, encontra-se um bloco de gelo de massa 400 g, inicialmente à temperatura de −10 °C.

Dados: $L_{\text{fusão do gelo}} = 80$ cal/°C;
$c_{\text{gelo}} = 0{,}5$ cal/(g · °C);
$c_{\text{água}} = 1$ cal/(g · °C);
$c_{\text{água}} = 1$ g/mL.

Quando atingir o equilíbrio térmico, supondo-se a capacidade térmica do calorímetro desprezível, pode-se esperar que em seu interior se encontre:

a) gelo, à temperatura abaixo de 0 °C.
b) apenas gelo, à temperatura de 0 °C.
c) gelo e água, à temperatura de 0 °C.
d) apenas água, à temperatura de 0 °C.
e) água, à temperatura acima de 0 °C.

64. E.R. Em um calorímetro ideal, misturam-se 200 g de gelo a −40 °C com 100 g de água a uma temperatura θ.

Dados: calor específico do gelo = 0,50 cal/g °C; calor latente de fusão do gelo = 80 cal/g; calor específico da água = 1,0 cal/g °C.

Determine:

a) a temperatura θ, para que no equilíbrio térmico coexistam massas iguais de gelo e de água;
b) a temperatura da água quando o gelo atinge 0 °C, considerando as condições do item **a**.

Resolução:

a) Se a mistura de gelo e água é feita em um calorímetro ideal, podemos escrever que:

$$Q_{\text{cedido (água)}} + Q_{\text{recebido (gelo)}} = 0$$

Como, no final, deve-se ter coexistência de gelo e de água, o equilíbrio térmico deve ocorrer à temperatura de 0 °C.

Portanto, desenvolvendo a equação, temos:

$$(mc\Delta\theta)_{\text{água}} + (mc\Delta\theta)_{\text{gelo}} + (mL_F)_{\text{gelo fundido}} = 0$$

Observe que para termos massas iguais de água e de gelo, no final, é necessário que 50 g de gelo sofram fusão, ficando 150 g de água e 150 g de gelo:

$$100 \cdot 1(0 - \theta) + 200 \cdot 0{,}50\,[0 - (-40)] + $$
$$+ 50 \cdot 80 = 0$$
$$-100\theta + 4000 + 4000 = 0$$
$$100\theta = 8000 \therefore \boxed{\theta = 80\ °C}$$

b) Observemos, pela resolução do item **a**, que o gelo precisou receber 4 000 cal para atingir 0 °C e mais 4 000 cal para sofrer fusão em 50 g.

Portanto, a água perdeu apenas 4 000 cal até que o gelo atingisse 0 °C.

$$Q = m\Delta\theta$$
$$4000 = 100 \cdot 1(80 - \theta_a) \therefore \boxed{\theta_a = 40\ °C}$$

Nota:

- Graficamente, a resposta desse exercício pode ser dada por:

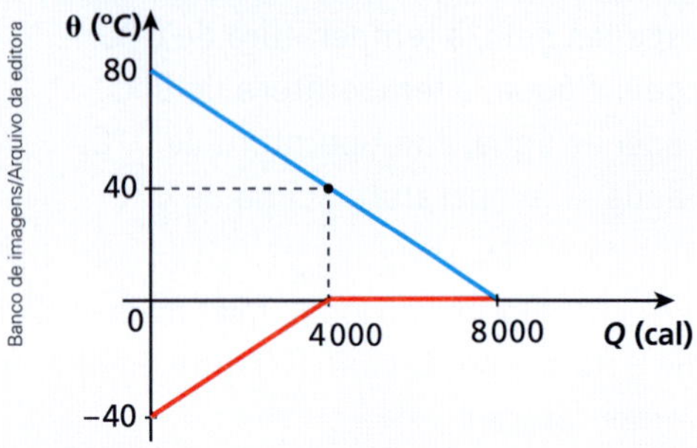

65. Em um recipiente em que não ocorre troca de calor com o meio externo, há 60 g de gelo fundente (0 °C). Colocando-se 100 g de água no interior desse recipiente, metade do gelo se funde. Qual é a temperatura inicial da água?

Dados: calor específico da água = 1,0 cal/g °C; calor latente de fusão do gelo = 80 cal/g.

66. Em um calorímetro ideal, misturam-se 200 g de gelo a 0 °C com 200 g de água a 40 °C.

Dados: calor específico da água = 1,0 cal/g °C; calor latente de fusão do gelo = 80 cal/g.

Determine:

a) a temperatura final de equilíbrio térmico da mistura;

b) a massa de gelo que se funde.

67. (UPM-SP)

Calor específico da água líquida = 1 cal/(g °C)
Densidade da água líquida = 1,0 g/cm^3
Calor específico da água sólida (gelo) = = 0,50 cal/(g °C)
Calor latente de fusão da água = 80 cal/g
Capacidade térmica do recipiente = 50 cal/°C

Durante a realização de certo experimento, um pesquisador necessitou de água líquida a 0 °C. Para obtê-la, pegou um recipiente contendo 400 cm^3 de água, que estava no interior de um refrigerador, à temperatura de 5 °C. Em seguida, dispondo de "pedrinhas" de gelo (água sólida) a −20 °C, com 5,0 g de massa cada uma, misturou algumas delas à água do recipiente e atingiu o seu objetivo. Desprezando-se as possíveis trocas de calor com o meio ambiente e considerando os dados da tabela anterior, conclui-se que o número mínimo de "pedrinhas" de gelo misturadas à água do recipiente foi

a) 4

b) 5

c) 15

d) 36

e) 45

68. E.R. No interior de um calorímetro ideal, são colocados 40 g de água a 40 °C e um bloco de gelo de massa 10 g, à temperatura de −20 °C. Qual a temperatura final de equilíbrio térmico?

Dados: calor específico do gelo = 0,50 cal/g °C; calor latente de fusão do gelo = 80 cal/g; calor específico da água = 1,0 cal/g °C.

Resolução:

Nas questões que envolvam uma mistura de água com gelo, podemos utilizar um roteiro para facilitar a resolução. Para isso, vamos estabelecer a temperatura de 0 °C como referência, isto é, vamos levar o sistema (água + gelo) para 0 °C e, em seguida, saímos dessa temperatura para o resultado final. É importante lembrar que calor cedido (que sai do sistema) é negativo, e calor recebido (que entra no sistema) é positivo.

Atenção para o roteiro:

1) Resfriar a água até 0 °C

$$Q_1 = mc\Delta\theta = 40 \cdot 1,0 \cdot (0 - 40) \text{ cal}$$

$$Q_1 = -1\,600 \text{ cal}$$

O valor de Q_1 indica o calor que a água fornece para chegar a 0 °C.

2) Aquecer o gelo até 0 °C

$$Q_2 = mc\Delta\theta = 10 \cdot 0,50 \cdot [0 - (-20)] \text{ cal}$$

$$Q_2 = +100 \text{ cal}$$

O valor de Q_2 indica o calor que o gelo recebe para chegar a 0 °C.

Observe que a soma $Q_1 + Q_2$ é igual a −1 500 cal. Isso quer dizer que a água e o gelo estão à temperatura de 0 °C e ainda estão sobrando 1 500 cal.

Lembre-se de que o sistema está em um calorímetro ideal e, assim, não pode ceder calor para o exterior nem receber calor dele.

3) Derreter o gelo (ou solidificar a água)

$$Q_3 = mL_F = 10 \cdot 80 \text{ cal}$$

$$Q_3 = +800 \text{ cal}$$

A soma $Q_1 + Q_2 + Q_3$ é igual a -700 cal (observe que o sinal negativo indica calor cedido, retirado do sistema). Então, ainda sobram 700 cal para retornar.

4) Aquecer toda a água usando a energia que sobrou

Se tivesse faltado calor, isto é, se a soma de $Q_1 + Q_2 + Q_3$ fosse um valor positivo, em vez de aquecer a água deveríamos esfriar todo o gelo. Nesse caso, no item 3, a água teria sido solidificada, liberando calor.

$$Q_4 = mc\Delta\theta$$

Atenção: o valor de Q_4 é a soma $Q_1 + Q_2 + Q_3$ com o sinal trocado, pois o calor foi cedido (negativo) e agora está "voltando", sendo calor recebido (positivo).

$$+700 = (40 + 10) \cdot 1{,}0 \cdot (\theta_f - 0)$$

$$\boxed{\theta_F = 14\ °C}$$

69. Em um calorímetro ideal são colocados 200 g de gelo fundente (0 °C) com 200 g de água, também a 0 °C. Após algum tempo, podemos afirmar que:

a) no equilíbrio térmico, vamos ter apenas água a 0 °C.

b) o gelo, sempre que entra em contato com a água, sofre fusão;

c) no final vamos ter apenas gelo a 0 °C.

d) as massas de água e gelo não se alteram, pois ambos estando a 0 °C não haverá troca de calor entre eles.

e) quando o calor sai da água, provoca sua solidificação; esse calor, no gelo, provoca fusão.

70. No interior de um vaso de Dewar de capacidade térmica desprezível, são colocados 500 g de água a 78,4 °C com 100 g de gelo fundente (0 °C). No equilíbrio térmico, qual será a temperatura do sistema?

Dados: calor específico da água = 1,0 cal/g °C; calor latente de fusão do gelo = 80 cal/g.

71. Em um calorímetro ideal, são colocados 100 g de água a 60 °C e 200 g de gelo fundente. Se as trocas de calor ocorrem apenas entre o gelo e a água, no final ainda vamos ter gelo? Em caso afirmativo, que massa de gelo restará?

Dados: calor específico da água = 1,0 cal/g °C; calor latente de fusão do gelo = 80 cal/g.

72. (Vunesp) Desejando uma segunda opinião, o médico legista, após remover o cérebro de um crânio, mediu sua massa, que era de 1,6 kg, envolveu-o em um saco plástico e em seguida colocou-o em uma caixa térmica contendo 2 kg de gelo à temperatura de 0 °C. A caixa térmica foi então enviada para o segundo médico legista, longe dali. Ao recebê-la, o segundo médico constatou a presença de 100 g de água no interior da caixa, obtidas do derretimento de parte do gelo em função do calor cedido pelo cérebro até que se estabelecesse o equilíbrio térmico. Considerando que a caixa térmica era ideal e que o ar e o plástico não participaram das trocas de calor, a temperatura do cérebro, no momento em que foi colocado dentro da caixa, em graus Celsius, era de:

a) 8,0

b) 5,0

c) 10,0

d) 12,0

e) 3,0

Dados: calor específico do cérebro = 1 cal/(g °C); calor latente de fusão de gelo = 80 cal/g; pressão atmosférica = $1 \cdot 10^5$ Pa.

73. Em um recipiente adiabático, de capacidade térmica desprezível, são colocados 400 g de água a 10 °C e 200 g de gelo a −15 °C. Se após algum tempo, estabelecido o equilíbrio térmico, introduzirmos nesse recipiente um termômetro ideal, que temperatura ele irá registrar?

Dados: calor específico da água = 1,0 cal/g °C; calor latente de fusão do gelo = 80 cal/g.

74. Quando são misturados 40 g de água a 10 °C e 360 g de gelo a −30 °C, qual é a temperatura final de equilíbrio térmico? Suponha que o gelo e a água não troquem calor com o recipiente nem com o meio externo.

Dados: calor específico do gelo = 0,50 cal/g °C; calor latente de fusão do gelo = 80 cal/g; calor específico da água = 1,0 cal/g °C.

Bloco 4

10. Liquefação e vaporização

Em nosso dia a dia, é comum observarmos fenômenos que envolvam liquefação ou vaporização, principalmente da água.

Lembremo-nos de que:

Liquefação ou **condensação** é a passagem de uma substância do estado gasoso para o estado líquido. Esse processo é **exotérmico**, isto é, ocorre com liberação de calor.

Como exemplos desse tipo de fenômeno, podemos citar os azulejos molhados de um banheiro depois que tomamos um banho quente; uma garrafa de refrigerante, que fica molhada em sua superfície externa após ter sido retirada da geladeira; a "fumaça" que se forma perto de nossa boca quando falamos em um dia muito frio; os vidros embaçados de um automóvel quando estão fechados em um dia de chuva.

JÁ PENSOU NISTO?

Por que os copos e jarras "transpiram"?

Quando você coloca um líquido bem gelado em um copo ou jarra de vidro, na face externa do recipiente aparecem gotas de água que escorrem. O recipiente que estava seco apresenta agora uma "transpiração". Como isso ocorre?

Elena Shashkina/Shutterstock

O ar que respiramos apresenta vapor de água em sua composição, cujo percentual é indicado pela umidade relativa do ar.

Se você pegar uma jarra de vidro seco e colocar água bem gelada em seu interior, a parede externa da jarra será resfriada. O ar em contato com essa superfície fria perderá calor e o vapor de água nele existente vai se condensar.

Portanto, a água que escorre pela parte externa do recipiente é o vapor que estava no ar e foi condensado.

Lembremo-nos ainda de que:

Vaporização é a passagem de uma substância do estado líquido para o estado gasoso. Esse processo é **endotérmico**, isto é, ocorre com recebimento de calor.

Como exemplos desse fenômeno, podemos lembrar da água fervendo em uma chaleira, quando vamos preparar um café; do álcool, que, se for colocado em uma superfície, lentamente vai "desaparecendo"; do éter em um recipiente de vidro destampado, que se volatiliza rapidamente.

Os dois principais processos de vaporização são a **ebulição** e a **evaporação**.

Ebulição

Quando fornecemos calor a uma substância que se encontra no estado líquido, aumentamos a energia de agitação de suas partículas, isto é, elevamos sua temperatura. Entretanto, dependendo da substância e da pressão a que está sujeita, existe um limite de aumento de temperatura, além do qual a estrutura molecular do líquido sofre mudanças. A partir dessa temperatura-limite, a energia recebida pelo líquido é usada para a mudança na estrutura molecular, e o líquido é transformado em vapor. A esse fenômeno chamamos de **ebulição**.

A maior parte da massa líquida participa desse processo, ocorrendo rápida produção de vapores em muitos pontos desse líquido. Esses vapores e gases existentes no interior do líquido se expandem e, ao escaparem pela superfície, proporcionam a agitação violenta que é observada.

É importante destacar que existe uma temperatura determinada para a ebulição de um líquido. Essa temperatura depende apenas da natureza do líquido e da pressão a que ele está sujeito.

Pode-se afirmar que a ebulição de um líquido ocorre quando sua pressão de vapor iguala-se à pressão externa, aplicada em sua superfície. A partir dessa situação os vapores conseguem escapar do seu interior, fato que caracteriza a ebulição. Lembrar que a pressão de vapor de um líquido é função da sua temperatura, assim, em temperaturas diferentes temos diferentes valores para a sua pressão de vapor. A combinação da temperatura do líquido (que determina sua pressão de vapor) e a pressão externa em sua superfície provoca a ebulição, que ocorre quando ambas se igualam. Dessa forma, um mesmo líquido pode entrar em ebulição em diferentes temperaturas, desde que a pressão externa seja alterada.

É de verificação experimental que a pressão atmosférica varia de local para local, diminuindo quando a altitude aumenta. Por isso, a temperatura de ebulição de uma substância, que depende da pressão, também varia de local para local, aumentando conforme aumenta a pressão. Esse fato ocorre porque, sob pressões maiores, o escape dos vapores torna-se mais difícil.

A água, por exemplo, entra em ebulição em Santos (SP), ao nível do mar, a 100 °C, mas, no pico do Monte Everest (altitude = 8 882 m), ela ferve a 71 °C; em Brasília (DF) (altitude = 1 152 m), a 96 °C; e, ao nível do Mar Morto (altitude = −395 m), a 101 °C.

Da observação desse fato, o ser humano inventou a panela de pressão, que, por causa do aumento de pressão, faz a água ferver a uma temperatura mais elevada do que se estivesse em um recipiente destampado, permitindo assim o cozimento mais rápido dos alimentos.

Gordon Tenney/Arquivo da editora

Como o astronauta está praticamente no vácuo, a pressão existente é insuficiente para conter as partículas do líquido, que entra em um estado de ebulição violenta.

JÁ PENSOU NISTO?

Por que a panela de pressão cozinha mais rápido os alimentos?

A panela de pressão cozinha muito mais rápido os alimentos porque a água, confinada no interior da panela, fica sujeita a uma pressão maior do que a pressão atmosférica, entrando em ebulição a temperaturas superiores a 100 °C. Estando a uma temperatura maior, o alimento cozinha mais depressa.

Lucas Lacaz Ruiz/Fotoarena

O inventor dessa panela foi o físico francês Denis Papin (1647-1712), que, em 1679, ao ser empossado como membro da Sociedade Real de Ciências da Inglaterra, preparou um jantar com uma panela diferente, fechada, para impressionar seus futuros colegas. Papin sabia do perigo de aquecer água em um recipiente fechado, pois a força exercida pelo vapor aquecido poderia "explodir" o recipiente. Por isso, ele criou uma válvula que permitia o escape de parte desse vapor, evitando que a pressão passasse de certo valor-limite. Evidentemente, esse sistema era rústico, mas serviu de modelo para as panelas que utilizamos atualmente.

Nas modernas panelas de pressão, a válvula permite a saída de vapor de água quando a pressão interna de vapor atinge valores próximos de 2,0 atm. Essa pressão interna é mantida quase constante, e a água entra em ebulição por volta de 120 °C. Isso traz economia no tempo de cozimento dos alimentos.

A fusão dos sólidos de estrutura cristalina e a ebulição dos líquidos em geral obedecem a três leis básicas:

1ª Lei
Para uma determinada pressão, cada substância pura possui uma temperatura de fusão e outra de ebulição.

Sob pressão normal, por exemplo, a água sofre fusão a 0 °C e entra em ebulição a 100 °C, enquanto o álcool se solidifica a −117,3 °C e entra em ebulição a 78,5 °C.

2ª Lei
Para uma mesma substância pura, as temperaturas de fusão e de ebulição variam com a pressão.

A água ao nível do mar (altitude zero), por exemplo, entra em ebulição a 100 °C e, em São Paulo (altitude = 731 metros), a aproximadamente 98 °C.

3ª Lei
Se durante a fusão ou a ebulição de uma substância pura a pressão permanecer constante, sua temperatura também permanecerá constante.

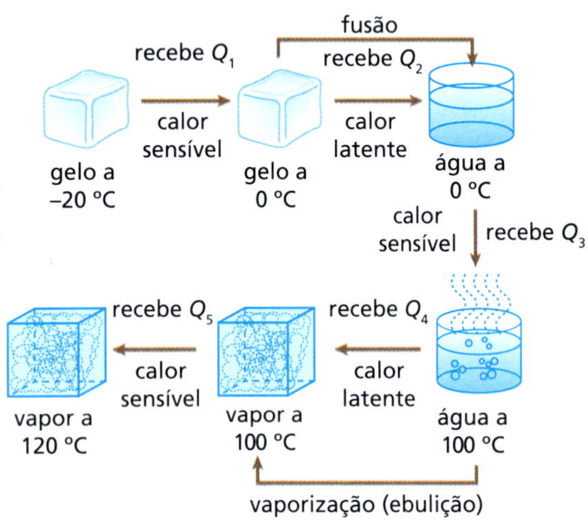

Banco de imagens/Arquivo da editora

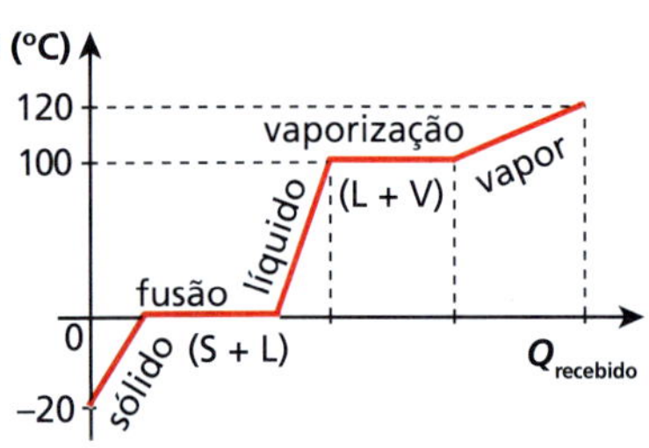

Banco de imagens/Arquivo da editora

Salvo instrução em contrário, consideraremos que durante a mudança de estado de uma substância pura a pressão permanece constante e igual à pressão atmosférica normal.

Para melhor entendermos as etapas do aquecimento de uma substância pura qualquer, vamos considerar um bloco de gelo de massa *m* sendo aquecido de −20 °C a 120 °C, sob pressão normal.

Evidentemente, ao atingir a temperatura de 120 °C, não teremos mais gelo, e sim vapor de água.

Sendo L_F o calor latente de fusão; L_v o calor latente de vaporização; c_g o calor específico do gelo; c_a o calor específico da água e c_v o calor específico do vapor, podemos escrever:

$$Q = Q_1 + Q_2 + Q_3 + Q_4 + Q_5$$

em que:

$$Q = (mc\Delta\theta)_{gelo} + (mL_F)_{gelo} + \\ + (mc\Delta\theta)_{água} + (mL_v)_{água} + (mc\Delta\theta)_{vapor}$$

O gráfico ao lado representa a transformação.

Evaporação

A **evaporação**, ao contrário da ebulição, não depende de uma temperatura determinada para acontecer. É um processo lento, que ocorre apenas na superfície livre de um líquido.

Nesse processo, as partículas que escapam são aquelas que têm energia cinética maior que a da maioria, energia suficiente para se livrarem das demais moléculas do líquido. Por causa disso, a energia média das partículas remanescentes e a temperatura do líquido diminuem.

A rapidez com que ocorre a evaporação de um líquido depende de cinco fatores:

1º) Natureza do líquido

Os líquidos mais voláteis evaporam mais rapidamente. O éter, por exemplo, nas mesmas condições, evapora mais rápido que a água.

2º) Temperatura

O aumento da temperatura favorece a evaporação. Apesar de a evaporação não depender da temperatura para acontecer (a água, por exemplo, evapora tanto a 5 °C como a 30 °C ou a 80 °C), podemos observar que a 80 °C a água evapora mais depressa do que a 30 °C, e mais ainda do que a 5 °C.

3º) Área da superfície livre

Já que a evaporação ocorre apenas na superfície livre do líquido, quanto maior for essa superfície livre, mais rápida será a evaporação.

4º) Pressão na superfície livre

Um aumento de pressão na superfície livre dificulta o escape das partículas do líquido, diminuindo a rapidez da evaporação. Sob uma pressão menor, é maior a evaporação.

5º) Pressão de vapor do líquido

A quantidade de vapor do próprio líquido já existente nas proximidades de sua superfície livre influi na rapidez da evaporação, fato que abordaremos no item a seguir.

Fabio Colombini/Acervo do fotógrafo

Em regiões quentes, onde existe água em amplas superfícies livres, a precipitação pluviométrica também é grande. A evaporação da água é mais rápida, formando nuvens que se precipitam em forma de chuva. É por isso que nesses locais a vegetação é mais abundante.

Perigo na estrada

A visibilidade nas estradas pode ser prejudicada por nevoeiros, que impedem a visão dos carros e caminhões que trafegam à nossa frente. Esse fato já provocou alguns dos mais graves acidentes automobilísticos, com perdas de muitas vidas. Esses nevoeiros podem aparecer em vários locais do Brasil, dependendo das condições climáticas. No entanto, algumas regiões de serra, principalmente no Sudeste e no Sul, onde encontramos temperaturas mais baixas, a frequência é maior.

Radoslaw Lecyk/Shutterstock

O nevoeiro proporciona um efeito magnífico nesta fotografia da ponte Golden Gate, localizada em São Francisco, Estados Unidos.

Cesar Diniz/Pulsar Imagens

Nesta fotografia, podemos observar como um nevoeiro pode prejudicar a visibilidade em uma estrada.

Como são formados esses nevoeiros? Nós sabemos que, durante o dia, os raios solares são absorvidos pela terra e pela água existente, aquecendo-as. Parte dessa água passa para o estado gasoso e sobe. Nos dias normais esse vapor transforma-se em nuvens a uma distância razoável do solo, não prejudicando o trânsito de veículos. No entanto, no alto das serras, em certas épocas do ano, o ar pode estar gelado, proporcionando a condensação de pequenas gotas de água, que, por serem muito leves, permanecem em suspensão, refletindo a luz que nelas incide; é o nevoeiro baixo, ao nível do chão. Portanto, são essas gotículas de água misturadas com o ar as responsáveis pela formação do nevoeiro.

As autoridades recomendam, nesses casos, que você:

- reduza a velocidade do veículo;
- ligue os faróis baixos;
- se não estiver enxergando bem, pare o carro, de preferência em um posto de serviços ou policiamento;
- se precisar parar no acostamento, ligue o pisca-alerta, coloque o triângulo e, se possível, saia do carro, afastando-se da estrada.

JÁ PENSOU NISTO?

Por que a água permanece mais fria em moringas de barro?

Hoje, com a utilização de aparelhos elétricos que refrigeram a água, as moringas de barro estão desaparecendo em regiões de grande densidade populacional, onde a energia elétrica é acessível à grande maioria das pessoas. São geladeiras e bebedouros que refrigeram a água, tornando-a mais fria do que o ambiente.

No entanto, em regiões mais afastadas, aonde a energia elétrica não chega, em geral são usadas moringas de barro para manter a água mais fria.

A argila utilizada na confecção dessas moringas, após cozida em forno especial, resulta em um material poroso, de razoável dureza e rígido suficientemente para não quebrar facilmente. A água penetra pelas porosidades do material até alcançar a superfície externa e evapora.

Como vimos, a evaporação é um processo endotérmico em que apenas as partículas de maior energia escapam. Se ficam as partículas de menor energia, a água no interior da moringa apresenta temperatura menor do que a do ambiente. Se em vez de barro a moringa fosse feita de vidro, a água do seu interior estaria em equilíbrio térmico com o meio.

Fernando Favoretto/Criar Imagem

Moringa de barro.

Usando o mesmo princípio, você pode resfriar uma latinha de suco usando papel toalha molhado. Basta envolver a latinha no papel toalha molhado e colocá-la em local fresco. Enquanto a água evapora, o líquido do interior da latinha fica mais frio.

11. Pressão de vapor

Considere um recipiente cilíndrico, transparente e dotado de um êmbolo. Vamos supor que a temperatura do sistema seja constante.

Imaginemos que haja, dentro desse recipiente, um líquido bastante volátil, o éter, por exemplo. Inicialmente, o êmbolo está em contato direto com a superfície livre do líquido.

Quando levantamos o êmbolo, a região de vácuo que se forma entre ele e o líquido começa a ser ocupada por partículas desse líquido, que vaporiza. Algumas dessas partículas, no entanto, acabam sendo recapturadas pelo líquido. No início, o número de partículas que saem é maior que o das que voltam. A partir de um determinado instante, entretanto, o aumento da concentração de vapor vai provocar um equilíbrio dinâmico, quando o número de partículas que voltam para o líquido torna-se igual ao das que saem, em cada unidade de tempo.

Atingida a situação de equilíbrio, o ambiente gasoso fica saturado desse vapor, denominado **vapor saturante**, e sua pressão para de aumentar, sendo chamada de **pressão máxima de vapor** (p_m).

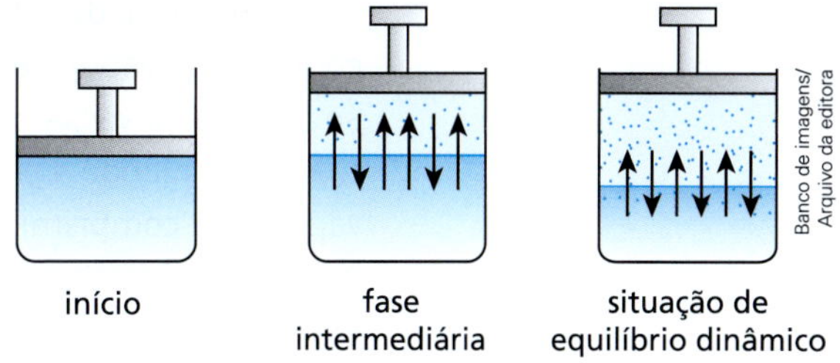

Se levantarmos um pouco mais o êmbolo, observaremos que o equilíbrio vapor-líquido será rompido. Voltará a acontecer vaporização, uma vez que a quantidade de líquido torna a diminuir. Isso se dá até que novamente se estabeleça o equilíbrio dinâmico entre o vapor e o líquido, e a pressão, que temporariamente diminuiu, volte ao seu valor máximo.

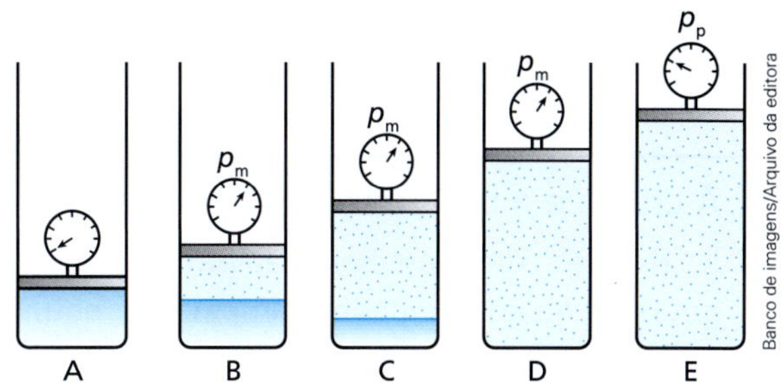

É evidente que, se o tubo for suficientemente longo, quando levantarmos o êmbolo, a situação descrita se repetirá até que a última gota de líquido evapore. A partir daí, a elevação do êmbolo provocará uma queda da pressão, e ela não voltará mais ao valor máximo, já que não existe mais líquido para vaporizar. O vapor, nessas condições, é denominado **vapor não saturante**.

Resumindo e esquematizando o experimento descrito com o éter, a uma temperatura θ constante, temos:

A – Situação inicial.

B – Situação de equilíbrio entre vapor e líquido. O vapor é saturante e a pressão é a pressão máxima de vapor (p_m).

C – Situação idêntica à anterior (observe que a quantidade de líquido diminuiu).

D – Supondo que esta seja a situação em que a última gota de líquido vaporiza, temos pressão máxima de vapor e vapor saturante seco, uma vez que não existe mais a fase líquida.

E – Situação a partir da qual a pressão do vapor passa a diminuir quase na razão inversa do volume. Temos aí vapor não saturante. A pressão é menor que a máxima, sendo denominada pressão parcial de vapor (p_p).

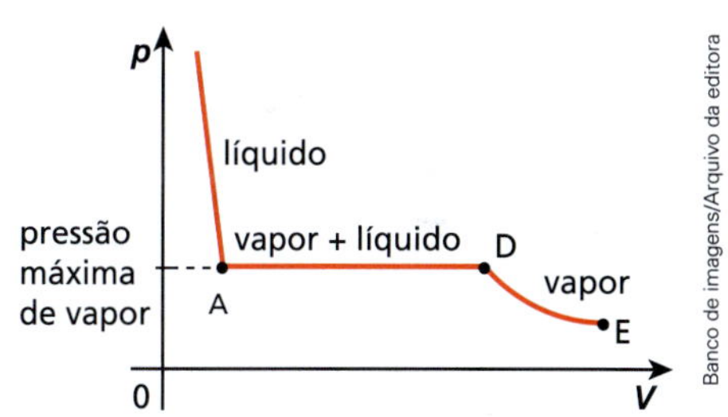

No gráfico ao lado, representamos a variação da pressão (p) do vapor, em função do respectivo volume (V).

O valor da pressão máxima de vapor depende de dois fatores: da substância e da temperatura em que foi realizado o experimento. Essa pressão máxima de vapor se eleva com a temperatura.

NOTAS!

- Observe que a rapidez de evaporação anula-se quando o ambiente gasoso torna-se saturado pelo vapor do líquido. Contudo, essa rapidez é tanto maior quanto menor é a pressão do vapor já existente.
- A ebulição ocorre à temperatura em que a pressão máxima de vapor do líquido iguala-se à pressão ambiente. A pressão máxima do vapor de água, por exemplo, é igual a 760 mmHg a 100 °C. Por isso, em pressão atmosférica normal (760 mmHg), a água entra em ebulição a 100 °C. Já no pico do Monte Everest, por exemplo, onde a pressão atmosférica vale aproximadamente 240 mmHg (devido à altitude), a água entra em ebulição a 71 °C, temperatura em que sua pressão máxima de vapor também é de 240 mmHg.

Note, então, que um líquido entra em ebulição sempre que a pressão externa exercida em sua superfície torna-se igual à sua pressão máxima de vapor.

Se, a partir da situação **E**, em que temos vapor não saturante, resolvermos comprimir o vapor, descendo o êmbolo, notaremos que a pressão aumentará, quase na razão inversa do volume. Entretanto, isso será observado somente até a situação **D**, quando a pressão atingirá seu valor máximo. A partir daí, por mais que o vapor seja comprimido, sua pressão não mais aumentará, mantendo-se igual à máxima (p_m). Ocorrerá liquefação, até que, na situação **A**, todo o vapor terá se transformado em líquido. Se continuarmos a compressão, a variação de volume do líquido será insignificante, uma vez que os líquidos são praticamente incompressíveis.

Ampliando o olhar

A chuva e a umidade relativa do ar

A chuva é uma precipitação atmosférica constituída de gotas de água, que podem limpar o ar poluído, refrescar um dia muito quente ou mesmo promover o desenvolvimento de plantas, como as flores que embelezam o mundo ou aquelas com as quais nós e outros animais nos alimentamos.

Quando em excesso, a chuva pode provocar inundações, capazes de destruir o que foi construído pelo ser humano e causar a morte de diversos seres vivos.

Afinal, como ocorre esse fenômeno físico chamado chuva?

Na superfície da Terra, existe uma grande quantidade de água nos mares, rios e lagos. Na evaporação, o vapor é misturado ao ar existente na região. A concentração desse vapor define o estado higrométrico ou umidade da atmosfera.

A **umidade relativa do ar** (***U***) é a razão entre a massa de vapor de água (m) existente em certo volume de ar e a massa de vapor de água (M) que provocaria a saturação desse volume de ar, na mesma temperatura. O valor da grandeza U também pode ser determinado por meio da razão entre a pressão exercida pelo vapor existente no ar e a pressão (ou tensão) máxima possível de vapor, na temperatura considerada. Essa pressão máxima de vapor é bem definida e pode ser encontrada em uma tabela, como a que está ao lado.

Observemos que o máximo valor de U é a unidade. Isso ocorre quando o ar está saturado de vapor de água e $m = M$. Se $U = 0{,}30$, por exemplo, devemos entender que o vapor de água existente naquele volume de ar corresponde a 30% do vapor que ocasionaria sua saturação.

Ao ocorrer a saturação de certo volume de ar, o vapor de água excedente se condensa e se precipita em forma de neblina ou de pequenas gotas de água, a chuva. A quantidade de água que o ar é capaz de absorver, antes da saturação, depende da temperatura, aumentando progressivamente com ela.

Temperatura (°C)	Pressão máxima de vapor de água (mmHg)
0	4,58
5	6,54
10	9,21
15	12,79
20	17,54
25	23,77
30	31,84
40	55,36
50	92,60
60	149,51
70	223,85
80	355,34
90	525,94
100	760,00

Fonte: <https://sistemas.eel.usp.br/docentes/arquivos/8554681/00000000/Tabelasdepropriedadestermodinamicas(agua).pdf>. Acesso em: 20 jun. 2018.

A3pfamily/Shutterstock

// Criança divertindo-se com as gotas da chuva.

É interessante observar que o ser humano sente-se melhor em local de baixa umidade, mesmo em temperaturas elevadas. Em um ambiente onde o ar é mais seco (baixa umidade), a sudorese é muito menor e a evaporação do suor é mais rápida, causando um maior resfriamento da pele. Nessas condições, a pessoa pode suportar temperaturas superiores a 37 °C. Já em um ambiente de grande umidade, a sudorese é maior e o suor demora a evaporar, ocasionando bastante desconforto. Nessas condições, uma temperatura de 25 °C pode parecer sufocante para as pessoas. O conforto, portanto, depende tanto da temperatura quanto da umidade relativa do ar.

Cesar Diniz/Pulsar Imagens

Ruas alagadas pelo excesso de chuva.

Exercícios Nível 1

75. No interior de Minas Gerais, em uma pequena escola, Felisberto é um aluno muito atento. Ele observa tudo e pergunta aos seus professores. Na aula de Física, ele fez uma observação interessante. Disse: "Professor, lá em casa não temos geladeira. Minha mãe coloca a água que bebemos em uma moringa de barro. Essa água sempre está fresquinha, a uma temperatura menor do que o ambiente. Por que isso ocorre?".
O professor respondeu: "Felisberto, isso ocorre porque a moringa é feita de barro. Como você sabe o barro...".
Assinale a alternativa que completa, corretamente, o texto anterior.

a) possui um maior calor específico, absorvendo o calor que deveria ser absorvido pela água;
b) possui uma menor condutividade térmica, isolando o calor que vem do meio externo, deixando a água mais fria.
c) é poroso, por isso permite que uma pequena fração de água atravesse suas paredes, e ao evaporar utiliza calor do interior da moringa, diminuindo a temperatura da água.
d) reflete na superfície todo o calor que recebe por radiação vindo do meio externo.
e) é isolante térmico.

76. Analise as afirmativas dadas a seguir:
E.R.
(01) A temperatura de ebulição da água é sempre 100 °C, independentemente de outras condições.
(02) No interior de uma panela de pressão fechada, a água entra em ebulição a uma temperatura maior que 100 °C.
(04) No Rio de Janeiro (altitude zero), a água entra em ebulição a 100 °C em uma panela sem tampa; em São Paulo (altitude 731 m), a mesma água ferveria a uma temperatura maior que 100 °C.
(08) O aumento de pressão na superfície da água dificulta a evaporação, mas não altera sua temperatura de ebulição.
(16) Na evaporação de um líquido, são as partículas de maior nível de energia que saem pela superfície livre, provocando uma diminuição de temperatura.

Dê como resposta a soma dos números associados às proposições corretas.

Resolução:

(01) **Incorreta.** A temperatura de ebulição da água pode ser de 100 °C, menor do que 100 °C ou maior do que 100 °C, dependendo da pressão exercida em sua superfície.
(02) **Correta.** Pressão maior, temperatura de ebulição maior.
(04) **Incorreta.** Aumentando-se a altitude, a pressão atmosférica diminui. Assim, em São Paulo, a água entra em ebulição a uma temperatura menor do que 100 °C.
(08) **Incorreta.** O aumento de pressão na superfície da água dificulta sua evaporação e aumenta sua temperatura de ebulição.
(16) **Correta.**

Resposta: 18.

77. (Cefet-MG) As temperaturas de ebulição da água nas cidades **A** e **B** são, respectivamente, 96 °C e 100 °C. É correto afirmar que:

a) a altitude de **B** é maior que a de **A**.
b) as duas cidades estão ao nível do mar.
c) a cidade **A** está acima do nível do mar.
d) a pressão atmosférica em **A** é maior que em **B**.
e) as duas cidades possuem a mesma pressão atmosférica.

78. Na coluna da esquerda temos alguns locais com suas respectivas altitudes; na da direita, temperaturas de ebulição da água nesses locais, porém fora de ordem. Associe as duas colunas e identifique a alternativa correta.

(A) Quito (2 851 m) — (I) 101 °C
(B) Monte Everest (8 882 m) — (II) 90 °C
(C) Mar Morto (−395 m) — (III) 71 °C
(D) Brasília (1 152 m) — (IV) 96 °C

a) AI; BII; CIII; DIV.
b) AII; BIII; CI; DIV.
c) AIII; BII; CI; DIV.
d) AII; BIII; CIV; DI.
e) AIV; BIII; CI; DII.

79. (Unimontes/Paes-MG) As chamadas "panelas de pressão" são quase totalmente fechadas, a não ser por uma pequena abertura, sobre a qual encaixamos um pequeno corpo **C** (ver figura) que faz com que a pressão interna seja maior que a pressão atmosférica. Quando colocamos a panela sobre a chama, inicialmente ocorre a evaporação da água, fazendo com que, aos poucos, vá aumentando a pressão do vapor e, consequentemente, a pressão interna, que pode chegar até a 2 atm.

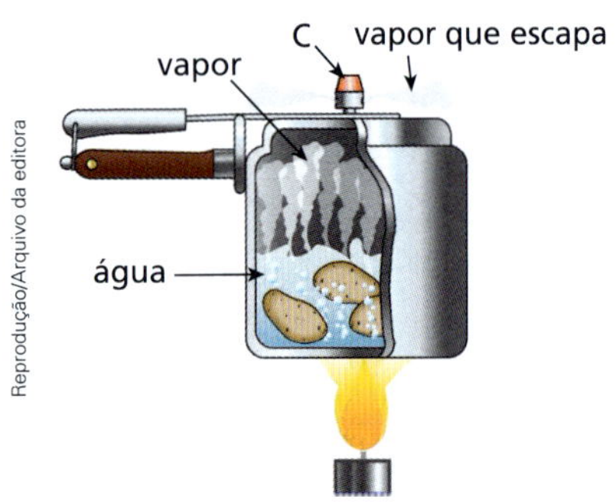

Nessas condições de pressão, começa a ebulição a uma temperatura que é

a) igual a 100 °C.
b) menor que 100 °C.
c) 80 °C.
d) maior que 100 °C.

80. Durante uma aula experimental, o professor de Física mostrou uma situação, envolvendo a ebulição de água, que intrigou seus alunos. Pegou um recipiente de vidro refratário, que pode ser aquecido e resfriado sem que se quebre, e de boca estreita, que pode ser bem fechado com uma rolha. Introduziu água em seu interior, ocupando pouco mais de 70% do seu volume interno. Fazendo manuseio de forma adequada, deixando aberto o recipiente, passou a aquecer a água na chama de um pequeno fogão. Quando a água entrou em ebulição, o sistema foi retirado da fonte térmica e bem fechado por uma rolha. Os alunos observaram que a água parou de ferver. Em seguida, o professor abriu a torneira da pia e colocou o recipiente fechado em contato com a água fria. Para a surpresa dos alunos, a água existente no interior da vasilha voltou a entrar em ebulição.

O professor esperou algum tempo para que os alunos conversassem, tentando explicar o ocorrido, e cobrou de três deles uma explicação. A seguir, encontramos as respostas dadas pelos alunos **A**, **B** e **C**.

Aluno **A**: Quando a água ferveu, o vapor liberado expulsou todo o ar do interior do recipiente que foi hermeticamente fechado. Na ausência de ar, os líquidos fervem facilmente.

Aluno **B**: Na realidade a água não ferveu. No resfriamento sofrido, bolhas de ar quente que estavam no interior do líquido escaparam, provocando uma falsa ebulição.

Aluno **C**: No resfriamento do sistema, a pressão de vapor no seu interior diminui mais rapidamente do que a temperatura da água. Com pressão menor na sua superfície, a água voltou a ferver.

Considerando a letra **V** para uma afirmativa verdadeira e **F** para uma falsa, assinale o conjunto correto de letras, na sequência de **A** para **C**.

a) FFF
b) FVF
c) VFV
d) FFV
e) VVF

81. (Ufes) Os cozinheiros sabem que um bom pudim deve ser cozido em banho-maria: a forma contendo o pudim é mergulhada em um recipiente no qual se mantém água fervendo. A razão física para esse procedimento é que:

a) o cozimento se dá à pressão controlada.
b) o cozimento se dá à temperatura controlada.
c) a água é um bom isolante térmico.
d) o peso aparente do pudim é menor, devido ao empuxo (princípio de Arquimedes).
e) a expansão volumétrica do pudim é controlada.

82. Em um calorímetro ideal, encontramos 30 g de água a 20 °C, sob pressão normal. Calcule a quantidade de calor que esse sistema deve receber até que toda a água se transforme em vapor.
Dados: calor específico da água = 1,0 cal/g °C; calor latente de vaporização da água = 540 cal/g.

83. (Fuvest-SP) Um quilograma de gelo a −50 °C é aquecido, transformando-se em vapor a 100 °C. São conhecidos: calor específico do gelo = 0,5 cal/g °C; calor latente de fusão do gelo = 80 cal/g; calor específico da água = 1 cal/g °C; calor latente de vaporização da água = 540 cal/g.
As diversas fases do processo são: aquecimento e fusão do gelo; aquecimento e vaporização da água. Atribuindo o algarismo 1 ao processo que requer o maior número de calorias, o algarismo 2 ao que vem em segundo lugar e assim por diante, de cima para baixo, forma-se o número:

a) 1 234.
b) 4 231.
c) 2 413.
d) 4 321.
e) 1 324.

84. Quando alguém vai tomar um café muito quente, costuma assoprar a superfície do líquido. Com isso, o café esfria mais depressa, porque:
a) o ar expelido pela pessoa é mais frio que o café e retira calor do sistema.
b) o ar expelido pela pessoa evita que o calor saia pela superfície livre, forçando-o a sair pelas faces da xícara.
c) o ar expelido retira o vapor de água existente na superfície do café, reduzindo a pressão de vapor e, desse modo, favorecendo a evaporação.
d) o ar expelido combina quimicamente com o vapor de água, retirando energia térmica do café.
e) é um costume que vem do século XVII, da Corte dos reis da França, quando os nobres descobriram o café.

85. (UFF-RJ) Ao usar um ferro de passar roupa, uma pessoa, em geral, umedece a ponta do dedo em água antes de encostá-lo rapidamente na base aquecida do ferro, para testar se ela já está suficientemente quente. Ela procede dessa maneira, com a certeza de que não queimará a ponta de seu dedo. Isso acontece porque, em relação aos demais líquidos, a água tem:
a) um baixo calor específico.
b) um comportamento anômalo na sua dilatação.
c) uma densidade que varia muito ao se evaporar.
d) uma elevada temperatura de ebulição.
e) um elevado calor latente de vaporização.

86. (UFV-MG) Colocando água gelada no interior de um copo de vidro seco, observa-se, com o passar do tempo, a formação de gotículas de água na parede externa do copo. Isso se deve ao fato de que:
a) a água gelada atravessa a parede do copo.
b) as gotas d'água sobem pela parede interna do copo alcançando a parede externa, onde se depositam.
c) a água fria cria microfissuras na parede do copo de vidro, pelas quais a água passa para fora.
d) o vapor de água presente na atmosfera se condensa.
e) o copo é de vidro.

87. (Fatec-SP) Aviões a jato, ao voarem em altitudes aproximadas de 25 mil pés, geram rastros chamados de *contrails* (ou trilhas de condensação), que nada mais são do que os rastros do ar, ejetados das turbinas das aeronaves.

Reprodução/Fatec, 2016

A formação desses *contrails* ocorre devido
a) ao choque térmico entre o ar frio (a cerca de −20 °C), que sai da turbina, e o ar à temperatura ambiente (a cerca de 25 °C), atrás da aeronave.
b) à rápida sucção das nuvens à frente da aeronave, e à rápida ejeção delas para trás do avião.
c) ao gelo-seco, despejado no ar pelo acionamento intencional do piloto.
d) à rápida sucção de partículas de poeira à frente da aeronave, e à rápida ejeção destas para trás do avião.
e) ao choque térmico entre o ar quente (a cerca de 300 °C), que sai da turbina, e o ar à temperatura muito baixa (a cerca de −25 °C) atrás da aeronave.

88. (FICSAE-SP) Sabe-se que um líquido possui calor específico igual a 0,58 cal/g °C. Com o intuito de descobrir o valor de seu calor latente de vaporização, foi realizado um experimento onde o líquido foi aquecido por meio de uma fonte de potência uniforme, até sua total vaporização, obtendo-se o gráfico abaixo.

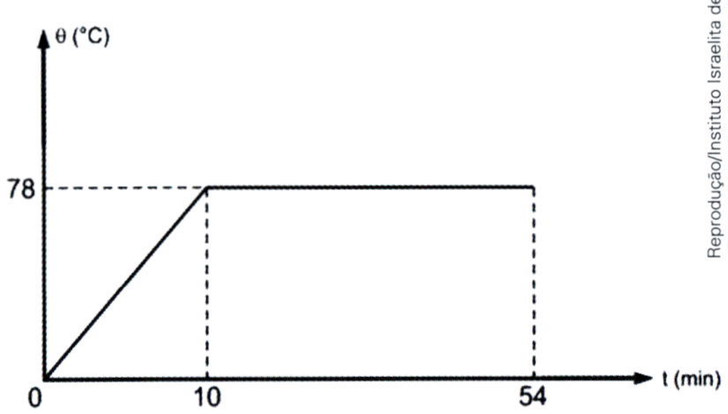

Reprodução/Instituto Israelita de Ensino e Pesquisa Albert Einstein

O valor obtido para o calor latente de vaporização do líquido, em cal/g, está mais próximo de:

a) 100
b) 200
c) 540
d) 780

89. (Enem) Num dia em que a temperatura ambiente é de 37 °C, uma pessoa, com essa mesma temperatura corporal, repousa à sombra. Para regular sua temperatura corporal e mantê-la constante, a pessoa libera calor através da evaporação do suor. Considere que a potência necessária para manter seu metabolismo é 120 W e que, nessas condições, 20% dessa energia é dissipada pelo suor, cujo calor de vaporização é igual ao da água (540 cal/g). Utilize 1 cal igual a 4 J.
Após duas horas nessa situação, que quantidade de água essa pessoa deve ingerir para repor a perda pela transpiração?

a) 0,08 g
b) 0,44 g
c) 1,30 g
d) 1,80 g
e) 80,0 g

90. (PUC-SP) Um cubo de gelo de massa 100 g e temperatura inicial −10 °C é colocado no interior de um micro-ondas. Após 5 minutos de funcionamento, restava apenas vapor de água.
Considerando que toda a energia foi totalmente absorvida pela massa de gelo (desconsidere qualquer tipo de perda) e que o fornecimento de energia foi constante, determine a potência utilizada, em W.
São dados:
Pressão local = 1 atm
Calor específico do gelo = $0,5\ cal \cdot g^{-1} \cdot °C^{-1}$
Calor específico da água líquida = $1,0\ cal \cdot g^{-1} \cdot °C^{-1}$
Calor latente de fusão da água = $80\ cal \cdot g^{-1}$
Calor latente de vaporização da água = $540\ cal \cdot g^{-1}$
1 cal = 4,2 J

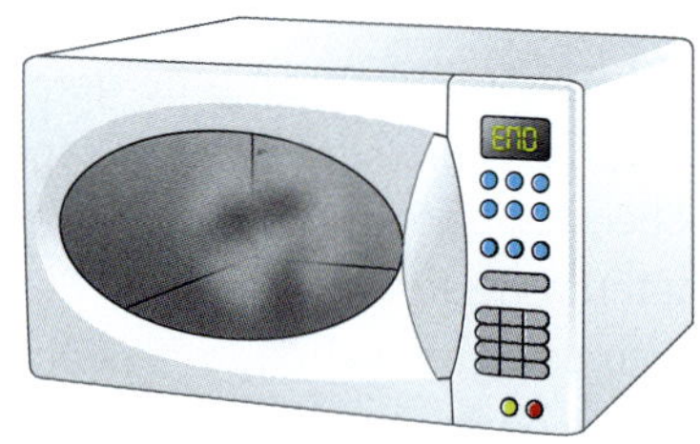

Reprodução/ Arquivo da editora

a) 1 008
b) 896
c) 1 015
d) 903
e) 1 512

91. E.R. Em um calorímetro ideal, colocam-se as massas m_v de vapor de água a 100 °C e m_g de gelo a 0 °C, sob pressão normal. O gráfico mostra como variaram as temperaturas dessas massas em função das quantidades de calor trocadas:

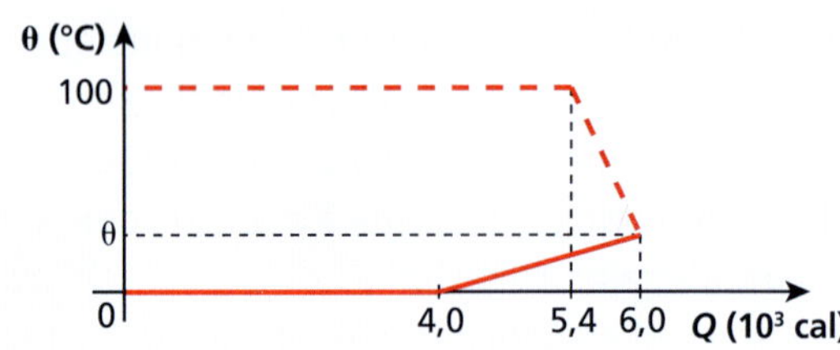

Banco de imagens/ Arquivo da editora

Sendo o calor latente de fusão do gelo 80 cal/g, o de vaporização da água 540 cal/g e o calor específico de água 1 cal/g °C, determine:

a) a massa m_v de vapor de água;
b) a massa m_g de gelo;
c) a temperatura θ de equilíbrio térmico.

Resolução:

No gráfico, o patamar superior representa a liquefação do vapor de água, enquanto o patamar inferior representa a fusão do gelo. Sendo assim:

a) $Q = m_v L_v \Rightarrow 5,4 \cdot 10^3 = m_v \cdot 540$

$$\boxed{m_v = 10\ g}$$

b) $Q = m_g L_F \Rightarrow 4,0 \cdot 10^3 = m_g \cdot 80$

$$\boxed{m_g = 50 \text{ g}}$$

c) Na observação do gráfico, notamos que a água proveniente do derretimento do gelo recebeu $2,0 \cdot 10^3$ cal para atingir a temperatura θ. Daí, temos:

$$Q = mc\Delta\theta$$

$$2,0 \cdot 10^3 = 50 \cdot 1\,(\theta - 0) \therefore \boxed{\theta = 40\ °C}$$

92. Considere 1,0 kg de gelo a 0 °C e uma massa *x* de vapor de água a 100 °C, colocados em um recipiente de capacidade térmica desprezível. A temperatura final de equilíbrio térmico é 0 °C, e o sistema está totalmente no estado líquido. Qual o valor de *x* em quilogramas?

Dados: calor específico latente de vaporização da água = 540 cal/g;
calor específico latente de fusão do gelo = 80 cal/g;
calor específico sensível da água = 1,0 cal/g °C.

93. (Unifesp) Considere um copo de vidro de 100 g contendo 200 g de água líquida, ambos inicialmente em equilíbrio térmico a 20 °C.

O copo e a água líquida foram aquecidos até o equilíbrio térmico a 50 °C, em um ambiente fechado por paredes adiabáticas, com vapor de água inicialmente a 120 °C. A tabela apresenta valores de calores específicos e latentes das substâncias envolvidas nesse processo.

calor específico da água líquida	1 cal/(g · °C)
calor específico do vapor de água	0,5 cal/(g · °C)
calor específico do vidro	0,2 cal/(g · °C)
calor latente de liquefação do vapor de água	−540 cal/g

Considerando os dados da tabela, que todo o calor perdido pelo vapor tenha sido absorvido pelo copo com água líquida e que o processo tenha ocorrido ao nível do mar, calcule:

a) a quantidade de calor, em cal, necessária para elevar a temperatura do copo com água líquida de 20 °C para 50 °C;

b) a massa de vapor de água, em gramas, necessária para elevar a temperatura do copo com água líquida até atingir o equilíbrio térmico a 50 °C.

94. (UEL-PR) Um calorímetro de capacidade térmica 50 cal/°C contém 50 g de gelo e 200 g de água em equilíbrio térmico, sob pressão normal. Se introduzirmos 50 g de vapor de água a 100 °C no calorímetro, qual será a temperatura final de equilíbrio térmico?

Dados: calor latente de fusão do gelo = 80 cal/g;

calor específico da água = 1,0 cal/g °C;

calor latente de vaporização da água = 540 cal/g.

95. (Unimep-SP) A panela de pressão permite que os alimentos sejam cozidos em água muito mais rapidamente do que em panelas comuns. A seguir, a figura mostra esquematicamente uma panela de pressão e o diagrama de fase da água. Qual das afirmações não é verdadeira?

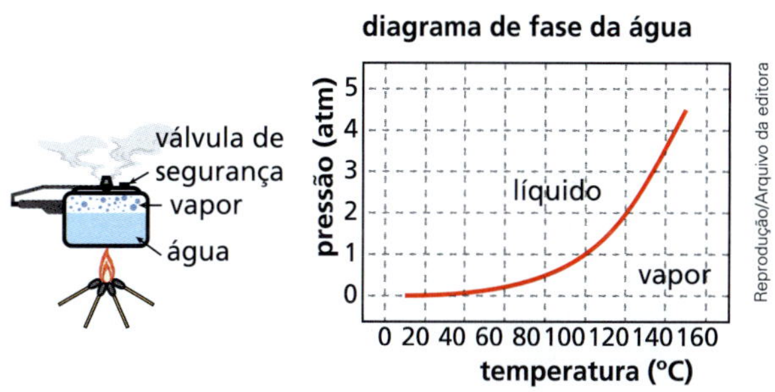

a) A vantagem do uso da panela de pressão é a rapidez para o cozimento devido à quantidade adicional de calor que é transferida para a panela.

b) Quando a pressão no interior da panela atinge 2 atm, a água entra em ebulição a 120 °C.

c) Para 4 atm no interior da panela, a água ferve a uma temperatura acima de 140 °C.

d) Em Santos, em uma panela comum, a água ferve aproximadamente a 100 °C.

e) Em uma panela comum, em um local a grande altitude, a água entra em ebulição abaixo de 100 °C.

96. (Enem) Se, por economia, abaixarmos o fogo sob uma panela de pressão logo que se inicia a saída de vapor pela válvula, de forma simplesmente a manter a fervura, o tempo de cozimento:

a) será maior porque a panela "esfria".

b) será menor, pois diminui a perda de água.

c) será maior, pois a pressão diminui.

d) será maior, pois a evaporação diminui.

e) não será alterado, pois a temperatura não varia.

97. O gráfico a seguir fornece o tempo de cozimento, em água fervente, de uma massa *m* de feijão em função da temperatura.

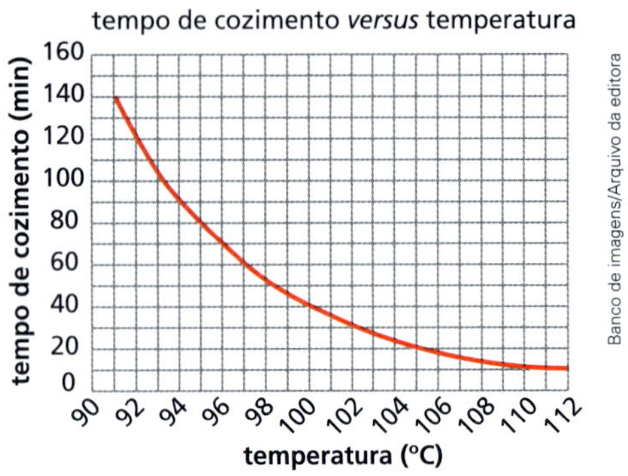

Sabe-se que a temperatura de ebulição da água, em uma panela sem tampa, é função da pressão atmosférica local. Na tabela a seguir, encontramos a temperatura de ebulição da água em diferentes pressões. Ao nível do mar (altitude zero), a pressão atmosférica vale 76 cmHg e ela diminui 1,0 cmHg para cada 100 metros que aumentamos a altitude.

Temperatura de ebulição da água em função da pressão	
Pressão em cmHg	**Temperatura em °C**
60	94
64	95
68	97
72	98
76	100
80	102
84	103
88	105
92	106
96	108
100	109
104	110
108	111

Fonte: RUMBLE, John. *CRC Handbook of Chemistry and Physics*. 98 ed. CRC Press.

Analise as afirmações.

I. Ao nível do mar, essa massa *m* de feijão irá demorar 40 minutos para o seu cozimento.

II. O Mar Morto encontra-se aproximadamente 400 metros abaixo do nível dos mares (altitude −400 m). Nesse local, o mesmo feijão demoraria 30 minutos para o seu cozimento.

III. O tempo de cozimento desse feijão seria de 1,0 hora em um local de altitude aproximadamente igual a 1,0 km.

IV. Se esse feijão estivesse no interior de uma panela de pressão fechada, cuja válvula mantém a pressão interna a 1,42 atm (1,0 atm equivale a 76 cmHg), independentemente do local, o tempo de cozimento seria de aproximadamente 10 minutos.

É (São) verdadeira(s):

a) somente I.
b) somente I e III.
c) somente I, II e IV.
d) somente II, III e IV.
e) I, II, III e IV.

98. Na figura a seguir, o êmbolo está travado no ponto **B**. O recipiente contém uma substância **X** e sabe-se que sua pressão máxima de vapor varia de acordo com o gráfico

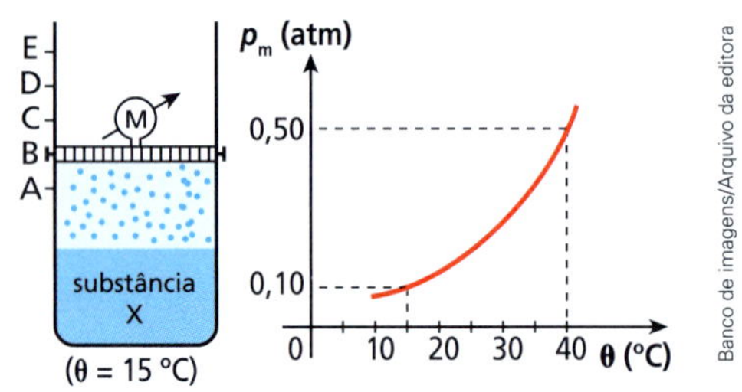

Analise as proposições seguintes:

I. Se o manômetro **M** indicar 0,08 atm de pressão, o sistema não atingiu seu equilíbrio dinâmico, e o vapor é não saturante.

II. Quando o sistema atingir o equilíbrio dinâmico líquido-vapor, o manômetro acusará 0,10 atm.

III. Elevando-se o êmbolo lentamente, observar-se-á que a pressão se manterá constante enquanto existir líquido. Se, terminando o líquido, o êmbolo continuar a subir, a pressão não se manterá constante e o vapor passará a ser não saturante seco.

IV. Com o êmbolo travado em **B** e aquecendo-se o sistema a 40 °C, o manômetro indicará 0,50 atm se existir líquido.

Quais são as proposições verdadeiras (**V**) e quais são as falsas (**F**)?

Bloco 5

12. Sublimação

Sólidos cristalinos podem liberar vapor de modo bastante lento em diversas temperaturas. É o caso, por exemplo, de cristais de naftalina sob condições normais de pressão e temperatura. Esse processo é semelhante ao da evaporação de um líquido.

Se, porém, a pressão máxima de vapor do cristal iguala-se à pressão externa, essa liberação de vapor passa a ser bastante rápida. Esse processo é, de certo modo, análogo à ebulição de um líquido.

Os processos citados são tipos de **sublimação**. Daqui por diante, porém, quando falarmos em sublimação, estaremos nos referindo sempre ao segundo processo citado, isto é, ao caso em que a pressão máxima de vapor iguala-se à pressão externa.

É importante lembrar que a sublimação é a passagem do estado físico sólido para o gasoso ou vice-versa, sem que a substância passe pela fase líquida.

JÁ PENSOU NISTO?

Que "fumaça" é essa?

Essa "fumaça" é o resultado da sublimação do dióxido de carbono (CO_2), que, no estado sólido, é chamado de **gelo-seco**. O CO_2 passa para o estado sólido ao ser comprimido e resfriado a −80 °C. Nas condições de pressão normal, partículas da superfície desse sólido se soltam, passando para o estado gasoso (sublimação).

Alamy/Fotoarena

O efeito observado no espetáculo de dança da fotografia é obtido colocando-se pedaços de gelo-seco em um recipiente que contém água. Partículas gasosas de CO_2 desprendem-se na sublimação e levam pequenas gotas de água. Essas gotas é que criam o efeito de "fumaça".

O gelo-seco também é utilizado em carrinhos de sorvete, já que sua temperatura é menor do que a do gelo comum e não molha as embalagens, pois não passa para o estado líquido na temperatura em que vivemos.

13. Ponto crítico e ponto triplo

Ponto crítico

O estado gasoso é constituído de vapores e gases. Qual a diferença entre um vapor e um gás?

Uma substância no estado gasoso é denominada **gás** quando, à temperatura constante, é impossível levá-la ao estado líquido, por maior que seja a pressão exercida sobre ela. O **vapor**, ao contrário, é a substância no estado gasoso que, à temperatura constante, pode sofrer liquefação por aumento de pressão.

A situação-limite entre vapor e gás é definida por uma temperatura denominada **temperatura crítica**, que, em conjunto com um valor de pressão (pressão crítica), determina o **ponto crítico**.

É importante fixar que acima da temperatura crítica a substância é denominada gás, não podendo ser liquefeita por simples compressão isotérmica. Para a água, por exemplo, a pressão crítica corresponde a 218 atm e a temperatura crítica, a 374 °C.

Ponto triplo

O **ponto triplo** de uma substância é caracterizado por um valor de pressão e outro de temperatura sob os quais essa substância pode coexistir em equilíbrio nos estados físicos sólido, líquido e gasoso (vapor) simultaneamente.

Para a água, o ponto triplo é definido pela temperatura de 0,0098 °C e pressão de vapor igual a 4,58 mmHg. Nessa situação física, podem coexistir o **gelo**, a **água** e o **vapor de água**, sem que ocorra mudança nas proporções relativas de qualquer um deles.

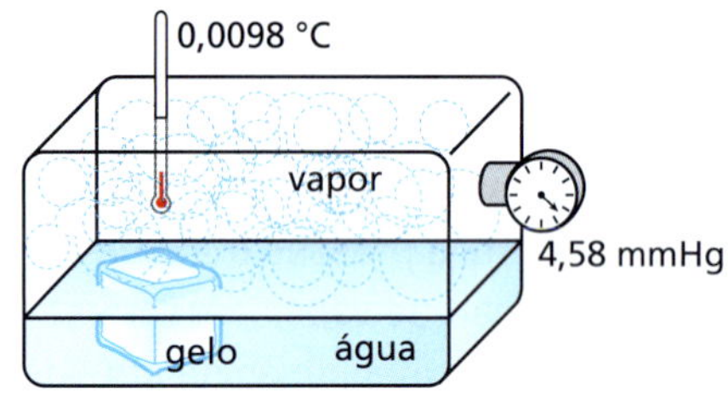

Banco de imagens/Arquivo da editora

14. Curvas de fusão, vaporização e sublimação

Curva de fusão

Curva de fusão de um sólido cristalino é a representação gráfica da pressão ambiente (p) em função da temperatura de fusão (θ) do sólido. Há dois casos a considerar:

- Para a maioria das substâncias, o volume **aumenta** com a fusão. Consequentemente, quanto maior é a pressão sobre o sólido, mais difícil é a sua fusão. Em outras palavras, quanto maior a pressão, maior é a temperatura que o sólido precisa atingir para fundir-se. É o que mostra a curva de fusão a seguir.

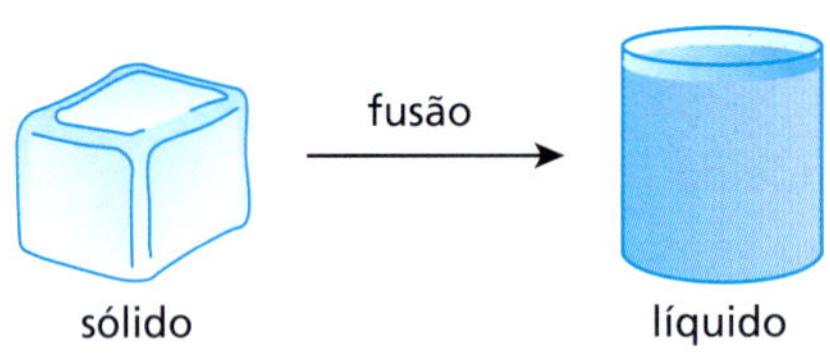

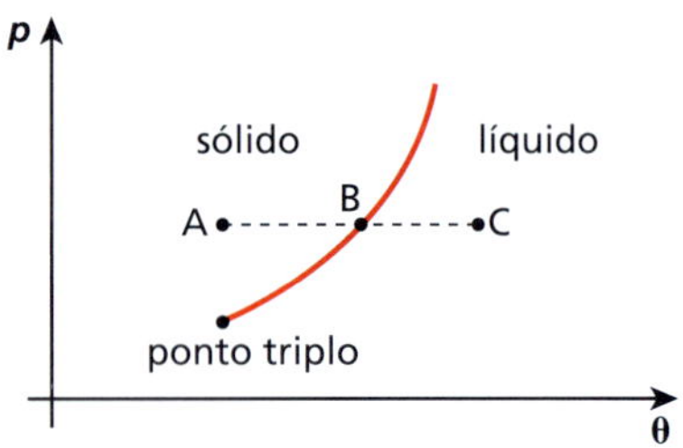

Banco de imagens/Arquivo da editora

A – Estado sólido
B – Equilíbrio das fases sólida e líquida
C – Estado líquido

- Para algumas substâncias (exceções à regra geral), como a água, o bismuto, o ferro e o antimônio, o volume **diminui** com a fusão. Isso acontece porque as ligações químicas características do estado sólido determinam a existência de grandes vazios intermoleculares nesse estado. Com o desmoronamento da estrutura por ocasião da fusão, esses vazios são ocupados pelas próprias moléculas e, consequentemente, o volume diminui.

Evidentemente, a solidificação dessas substâncias implica aumento de volume. É o que ocorre com a água presente no interior das células vegetais por ocasião das geadas: a água solidifica-se, aumentando seu volume e rompendo as membranas das células.

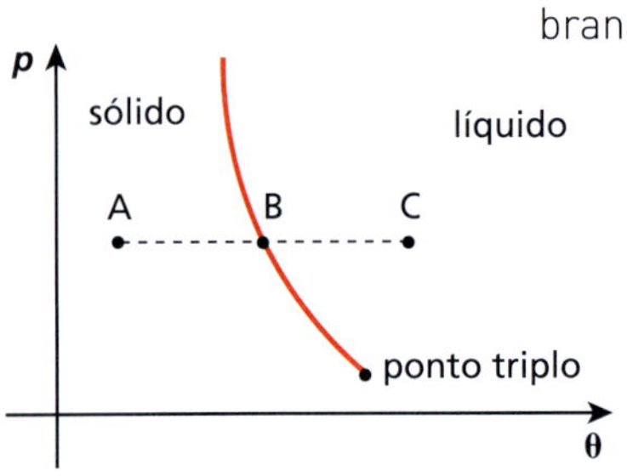

Banco de imagens/Arquivo da editora

Para essas substâncias excepcionais, como a água, a fusão é facilitada pelo aumento de pressão, isto é, quanto maior a pressão, menor a temperatura que o sólido precisa atingir para fundir-se.

É o que representa a curva de fusão ao lado.

A – Estado sólido
B – Equilíbrio das fases sólida e líquida
C – Estado líquido

Cada ponto da curva de fusão faz a correspondência entre uma temperatura de fusão (solidificação) e uma pressão. Assim, em cada um desses pontos, as fases sólida e líquida podem apresentar-se em equilíbrio: obtemos mais líquido quando fornecemos mais calor ao sistema e mais sólido quanto mais retiramos calor do sistema.

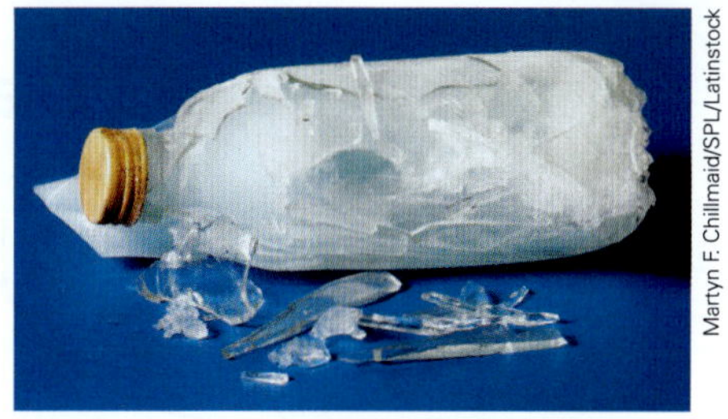

Na solidificação, a água (uma das exceções à regra geral) tem seu volume aumentado. Na fotografia, a garrafa de vidro quebra-se quando a água existente em seu interior se solidifica.

Experimento de Tyndall (Regelo)

Como vimos, um aumento de pressão provoca uma diminuição na temperatura de fusão do gelo.

Baseado nesse fato, o físico irlandês John Tyndall (1820-1893) elaborou um experimento que recebeu seu nome. Ele apoiou as extremidades de uma barra de gelo a uma temperatura pouco inferior a 0 °C e colocou sobre ela, na parte central, um fio metálico, em cujas extremidades havia corpos de pesos convenientes.

Após algum tempo, o fio atravessou a barra sem que ela fosse dividida.

A explicação do fenômeno é o regelo.

> Dá-se o nome de **regelo** ao fenômeno que consiste na ressolidificação da água por diminuição da pressão.

No experimento de Tyndall, o aumento de pressão provocado pelo fio diminui a temperatura de fusão do gelo, fazendo com que ele se funda. Para isso, a parte que sofre fusão retira calor das partículas que estão ao lado e que, no entanto, não tiveram acréscimo de pressão. Após a passagem do fio, o aumento de pressão é suprimido e a água no estado líquido devolve o calor "emprestado", voltando ao estado sólido, o que constitui o regelo.

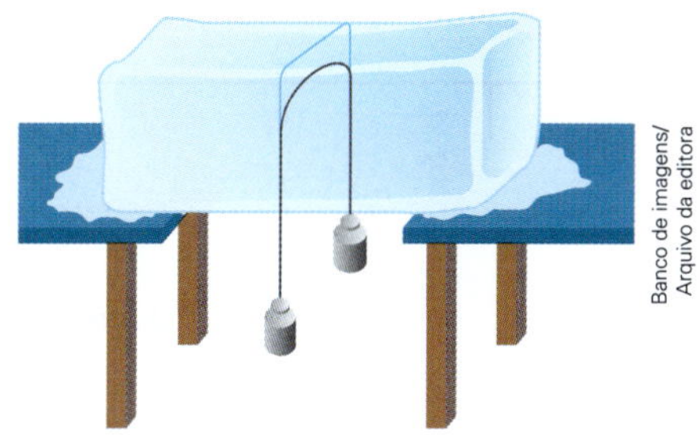

Ilustração do experimento de Tyndall.

Curva de vaporização

Curva de vaporização é a representação gráfica da pressão ambiente (p) em função da temperatura de ebulição (θ) do líquido.

Quanto maior a pressão sobre um líquido, maior a temperatura necessária para que ele entre em ebulição. É o que mostra a curva de vaporização ao lado.

Cada ponto da curva de vaporização representa uma situação de possível equilíbrio entre o líquido e seu vapor. Se mais calor é fornecido, forma-se mais vapor; se o calor é retirado, forma-se mais líquido.

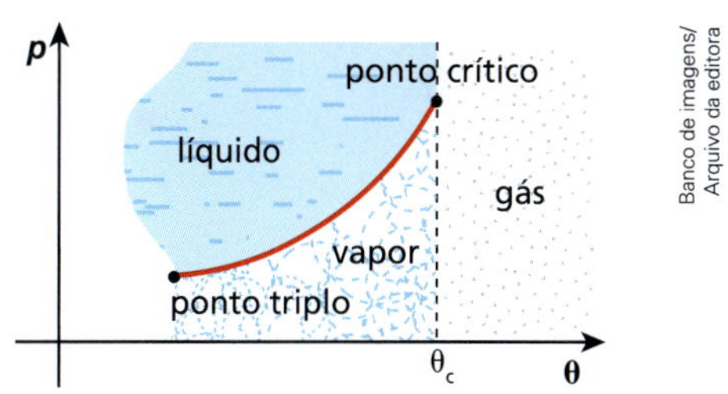

Curva de sublimação

Curva de sublimação é a representação gráfica da pressão ambiente (p) em função da temperatura de sublimação (θ) do sólido.

Quanto maior é a pressão sobre um sólido, maior a temperatura em que ocorre a sublimação. É o que mostra a curva de sublimação ao lado.

Cada ponto da curva representa uma situação de possível equilíbrio entre o sólido e seu vapor.

Observe que a curva de sublimação estende-se até próximo do zero absoluto, temperatura em que se admite nula a pressão máxima de vapor do sólido.

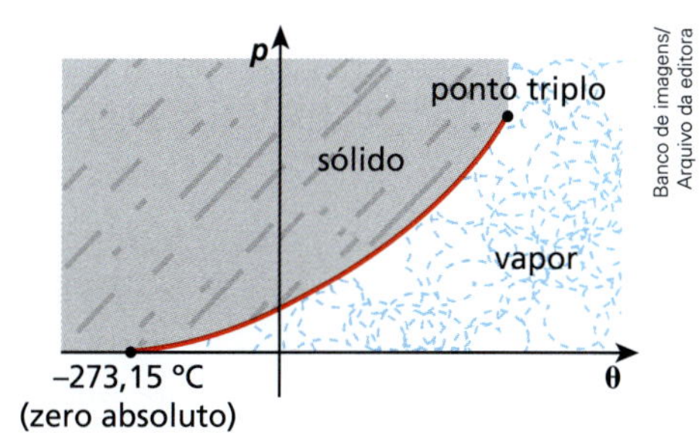

15. Diagramas de estado

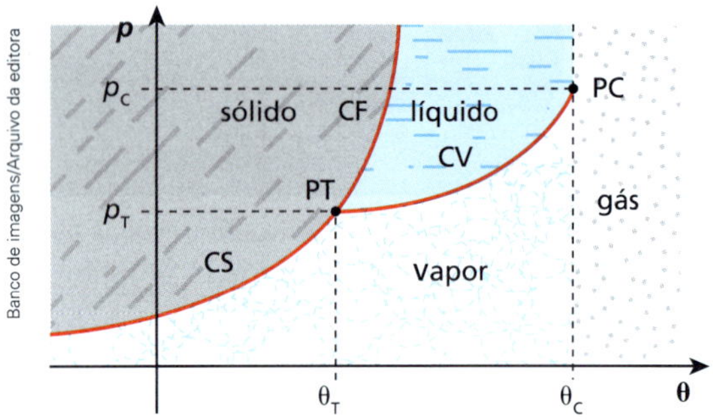

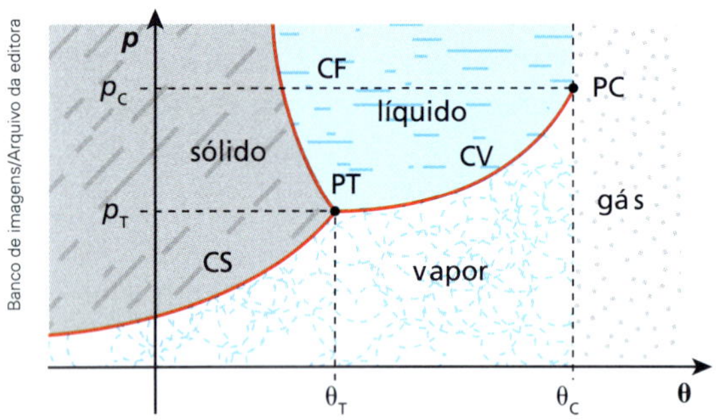

Denomina-se **diagrama de estado** de uma substância o gráfico que representa suas curvas de fusão, vaporização e sublimação.

Para a maioria das substâncias, o diagrama de estado é do tipo ao lado.

- CF: curva de fusão
- PT: ponto triplo
- CV: curva de vaporização
- PC: ponto crítico
- CS: curva de sublimação

Para as exceções, como a água, o diagrama de estado tem o aspecto ao lado.

Observe que a diferença entre os diagramas encontra-se na curva da fusão-solidificação, quando podemos ter exceções à regra geral.

Veja dois exemplos de diagramas de estado:

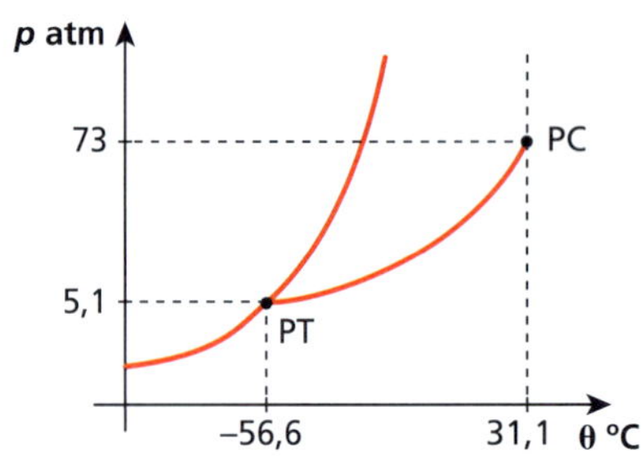

Diagrama de estado do dióxido de carbono (CO_2).

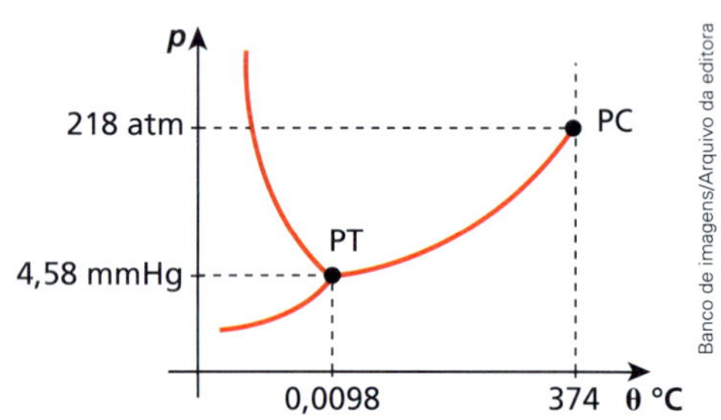

Diagrama de estado da água (H_2O).

Sobrefusão

No resfriamento de um líquido, eventualmente podem ser atingidas temperaturas abaixo da que corresponde à de solidificação da substância, e ainda assim a substância se manter líquida.

> Na **sobrefusão** (ou **superfusão**), uma substância encontra-se no estado líquido abaixo da sua temperatura de solidificação.

A sobrefusão é um estado de equilíbrio metaestável (capaz de perder a estabilidade por meio de pequenas perturbações), ou seja, em que existe aparente equilíbrio, mas há uma passagem muito lenta para outro estado. Uma simples agitação, ou mesmo a introdução de uma pequena porção sólida, perturba o fenômeno e provoca uma brusca solidificação parcial ou total do líquido. A temperatura eleva-se até o ponto de solidificação. Essa elevação de temperatura é provocada pelo calor liberado pela parte do líquido que se solidifica (a solidificação é uma transformação exotérmica).

Veja o gráfico ao lado que representa um resfriamento com sobrefusão:

Consideremos uma massa *M* de um líquido em sobrefusão a uma temperatura θ ($\theta < \theta_s$). Ao agitarmos o recipiente, uma parte *m* da massa total do líquido solidifica-se, liberando uma quantidade de calor suficiente para o aquecimento de todo o sistema, que volta à temperatura de solidificação (θ_s).

A relação que descreve o fenômeno é:

$$m\,L_s = M\,c_{líq}\,(\theta_s - \theta)$$

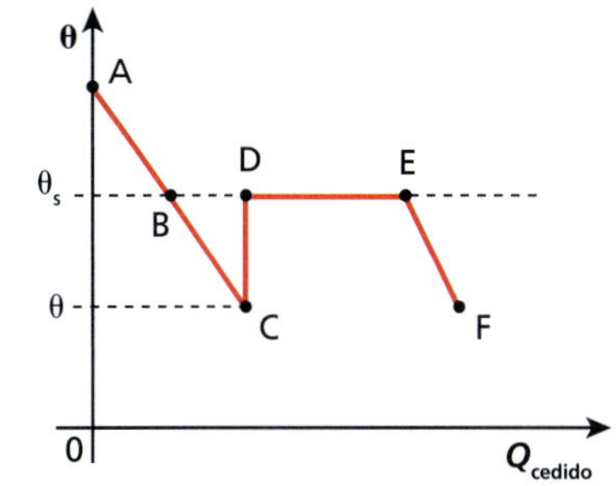

Banco de imagens/Arquivo da editora

No trecho **BC** da curva de resfriamento, a substância encontra-se em sobrefusão, estando ainda líquida a temperaturas inferiores à de solidificação (θ_s).

Superebulição

Nos procedimentos comuns de aquecimento de uma porção de água sobre a chama de um fogão ou em um forno a gás (ou elétrico), sob pressão normal, a ebulição acontece na temperatura de 100 °C. Mas se isso ocorre em um forno de micro-ondas, existe a possibilidade de a água atingir uma temperatura maior do que 100 °C sem ebulição.

Quando aquecemos água sobre a chama de um fogão, notamos que primeiro é aquecida aquela em contato com as paredes do recipiente, provocando as correntes de convecção, isto é, uma movimentação ascendente e descendente das partículas do líquido. Em um forno de micro-ondas sem prato giratório, esse aquecimento se dá de maneira quase igual, tanto para as partículas das superfícies como para as do interior do líquido, de maneira que não produza as correntes de convecção. Dessa forma, temperaturas maiores do que a de ebulição podem ser atingidas sem alterações no estado metaestável (de precária estabilidade) do arranjo molecular da água. Porém, qualquer agitação do recipiente pode quebrar essa estabilidade, produzindo uma ebulição violenta.

Experimentalmente observa-se que, para atingirmos esse estado de superaquecimento (quando o líquido se encontra a uma temperatura maior do que a sua temperatura de ebulição), é preciso utilizar um forno de micro-ondas sem o prato giratório (para não agitar o líquido), no interior de um recipiente não metálico (de preferência, vidro refratário). Utilizando água destilada, pode-se conseguir o estado líquido a até 108 °C, aproximadamente. Quando o líquido está superaquecido, uma leve agitação do recipiente pode provocar uma ebulição violenta, quase uma explosão. Como a transição do líquido para o vapor requer uma grande quantidade de calor, assim que a ebulição deixa de ocorrer, a temperatura do líquido que restou fica menor do que sua temperatura de ebulição na pressão existente. Em outras palavras, a uma atmosfera, a água restante estaria a uma temperatura menor do que 100 °C.

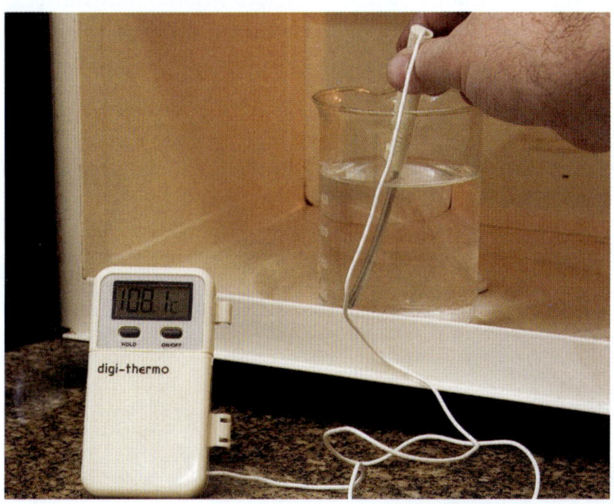

Sérgio Dotta Jr./The Next

Nesta fotografia observamos água destilada superaquecida. A temperatura registrada no termômetro foi obtida aquecendo-se a água em um forno de micro-ondas sem o prato giratório.

Esse fenômeno do superaquecimento pode ocorrer com qualquer líquido; por isso, quando aquecemos água ou leite no micro-ondas, devemos ter muito cuidado ao retirarmos o recipiente do forno, pois, se o líquido estiver superaquecido, uma ebulição violenta pode lançar gotas com temperaturas maiores do que 100 °C em nossas mãos, produzindo graves queimaduras.

Ampliando o olhar

A água

A água é a principal responsável pela existência da vida em nosso planeta. Acredita-se que há 3,5 bilhões de anos tenham surgido, na água, os primeiros compostos orgânicos que originariam os seres vivos: as bactérias. O desenvolvimento da vida sempre esteve ligado à água, que é o elemento predominante na constituição de animais e vegetais. Nos humanos, ela é responsável por quase 75% de sua massa.

Encontramos na Terra cerca de $1,4 \cdot 10^9$ km^3 de água nos diferentes estados físicos. Praticamente 97% é salgada (em oceanos e mares) e apenas 3% da água essencial à vida é doce. E, desses 3%, menos de um centésimo está acessível no estado líquido distribuído na superfície do planeta; o restante é gelo nos polos, água subterrânea de difícil acesso ou vapor de água na atmosfera. Então, somente essa pequena porção de água doce encontrada em rios e lagos é que mantém a vida terrestre. Por isso o uso desordenado de produtos químicos, que polui de maneira irreversível a água, pode comprometer o futuro da vida na Terra.

No estudo das características da água, notamos que seu calor específico sensível (1,0 cal/g °C) é bastante alto, fazendo sua presença, em grandes quantidades, um fator de estabilidade da temperatura. Para esfriar a água, libera-se energia térmica; para esquentá-la, absorve-se energia térmica. Por esse motivo, em regiões litorâneas ou onde exista um grande lago, as amplitudes térmicas (variações de temperatura) são pequenas e a vegetação e a fauna costumam ser bastante extensas e diversificadas. Como a água cobre quase 2/3 da superfície de nosso planeta, o clima global é bastante influenciado por sua presença.

O vapor de água na atmosfera terrestre ajuda o efeito estufa benéfico, aumentando a retenção da energia térmica emitida pela Terra, não deixando a temperatura diminuir muito à noite. Durante o dia, esse vapor reflete e retém parte da energia solar, evitando que a superfície do planeta se aqueça em demasia.

Na solidificação, a água aumenta de volume enquanto a maioria das substâncias diminui. Isso faz a densidade do gelo ser menor do que a da água, o que leva o gelo a flutuar nela. Em regiões de invernos rigorosos, a solidificação de lagos e rios ocorre apenas na superfície, existindo água a uma temperatura maior que 0 °C (zero grau Celsius) em seu fundo. Como o gelo é um bom isolante térmico, a vida, assim, é preservada. E após o degelo, na primavera, a vida animal e vegetal no interior desses lagos e rios volta a se desenvolver normalmente.

O seu calor específico latente de vaporização (540 cal/g) também é um importante fator de regulagem do clima. Na evaporação da água, calor é absorvido para a mudança de estado, isto é, em locais com grandes áreas ocupadas por água, como uma represa, a temperatura é mais amena. A evaporação da água retira energia térmica do meio ambiente.

SPL/Fotoarena

O gelo (água em estado sólido) flutua na água em estado líquido. Na fotografia, observamos um *iceberg* com aproximadamente nove décimos de seu volume imersos em água.

Faça você mesmo

! Use luvas de proteção ao manusear o gelo e o fio de aço.

O experimento de Tyndall

Após a leitura da parte teórica, em que entramos em contato com situações interessantes, como a **sobrefusão**, a **superebulição** e o **regelo**, você deve ter pensado em realizar uma atividade experimental para reproduzir pelo menos um desses fenômenos físicos. O mais fácil de ser reproduzido é o regelo.

Material necessário

- 1 barra grande de gelo;
- 1 fio de aço com aproximadamente 1 metro de comprimento;
- 2 corpos iguais e pesados, como dois halteres pequenos (com 1 kg ou pouco mais).

Banco de imagens/Arquivo da editora

Procedimento

I. Amarre cada corpo em uma das extremidades do fio de aço.

II. Apoie a barra de gelo em dois suportes (como duas mesas pequenas) e coloque o fio sobre ela de modo que os corpos pesados fiquem pendentes.

III. Observe o fio de aço descendo lentamente e atravessando o bloco de gelo. Note a "cicatrização" rápida no "corte" deixado pelo fio, que deverá ser retirado por baixo da barra sem que ela seja dividida em duas partes. Cuide para que os corpos pesados não caiam no chão.

Desenvolvimento

1. O que ocorre com a parte do gelo que recebe a pressão do fio de aço?
2. Como o fio consegue passar pelo gelo?
3. Após a passagem do fio, o que ocorre com a água? Explique sua resposta.
4. Procure na parte teórica um diagrama que possa ilustrar o ocorrido e discuta com seus colegas o fenômeno do regelo, tentando explicá-lo por meio desse gráfico.
5. Por que a barra de gelo não se dividiu em duas partes? Converse com seus colegas, levantando hipóteses a respeito.

Exercícios Nível 1

99. Leia as afirmativas a seguir.

(01) A sublimação de uma substância corresponde à sua passagem do estado sólido para o estado líquido.

(02) A temperatura de sublimação de uma substância cresce com o aumento de pressão.

(04) Gelo-seco é a denominação comercial do dióxido de carbono (CO_2 sólido). Quando este é deixado sobre uma mesa, vai "desaparecendo". A explicação é que ele está sublimando.

(08) A passagem de uma substância do estado sólido para o gasoso, ou vice-versa, sem que se transforme em líquido, é denominada sublimação.

Dê como resposta a soma dos valores associados às afirmativas corretas.

100. A temperatura do ponto triplo corresponde:

a) ao conjunto do zero absoluto, da temperatura de fusão e da temperatura de ebulição de uma substância.

b) à temperatura em que uma substância pode ter suas fases líquida, de vapor e de gás coexistindo em equilíbrio.

c) à temperatura crítica de uma substância.

d) à coexistência, em equilíbrio, das fases sólida, líquida e de vapor de uma mesma substância.

e) Nenhuma das afirmações anteriores está correta.

101. E.R. Para liquefazer um gás, deve-se:

a) comprimi-lo isotermicamente a uma temperatura acima da crítica.

b) apenas levá-lo a uma temperatura abaixo da crítica.

c) simplesmente comprimi-lo, qualquer que seja sua temperatura.

d) diminuir sua temperatura abaixo da crítica e, se necessário, comprimi-lo.

e) É impossível liquefazer um gás.

Resolução:

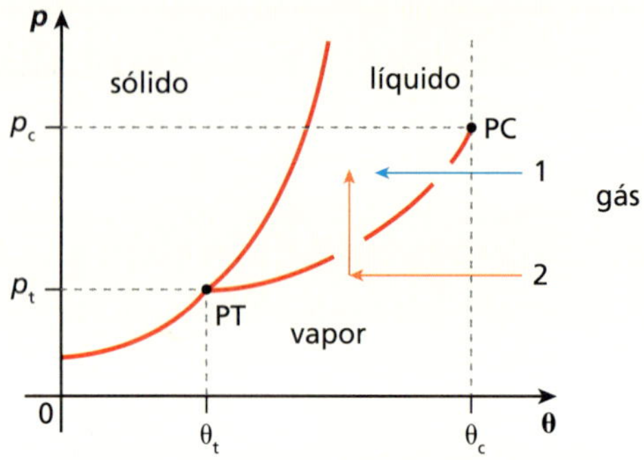

Banco de imagens/Arquivo da editora

Observando o diagrama de fases acima, se a substância está inicialmente no estado gasoso, há duas possibilidades para liquefazê-la, dependendo da pressão do gás:

1. Se o gás está inicialmente no ponto 1, devemos apenas diminuir a sua temperatura suficientemente para que ele passe do estado gasoso para o estado líquido.
2. Se o gás está inicialmente no ponto 2, devemos primeiramente diminuir sua temperatura abaixo da temperatura crítica (θ_c) e, em seguida, aumentar a pressão do gás. Para aumentar a pressão do gás, é necessário comprimi-lo.

Resposta: alternativa **d**.

102. Experimentos realizados com água levaram à construção do diagrama de estado representado na figura a seguir, que não foi feita em escala correta.

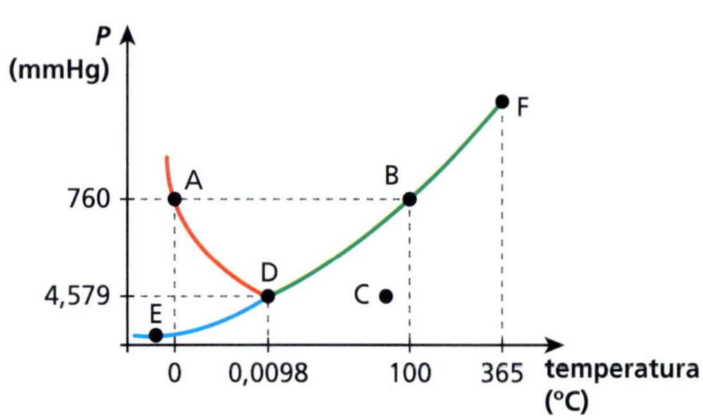

Banco de imagens/Arquivo da editora

Nesse gráfico podemos observar as curvas da **fusão-solidificação** (linha divisória entre os estados sólido e líquido), da **vaporização-liquefação** (linha divisória entre os estados líquido e vapor) e da **sublimação-ressublimação** (linha divisória entre os estados sólido e vapor). Encontramos ainda o **ponto triplo** (ponto de equilíbrio dos estados sólido, líquido e gasoso) e a **temperatura crítica** (acima da qual o vapor torna-se gás).

Podemos afirmar que:

a) No ponto **A** encontramos a água nos estados líquido e gasoso.
b) No ponto **B** encontramos a água nos estados sólido e gasoso.
c) No ponto **C** encontramos a água no estado líquido.
d) No ponto **D** a água encontra-se apenas no estado gasoso.
e) No ponto **E** encontramos gelo e água no estado de vapor.

103. O diagrama de estado de uma substância é esquematizado abaixo:

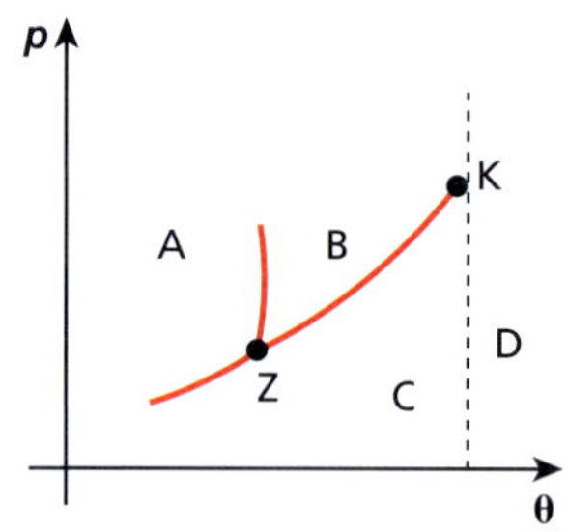

Banco de imagens/Arquivo da editora

Agora, leia as afirmativas:

(01) Na região **A**, a substância encontra-se no estado sólido.

(02) Na região **B**, a substância encontra-se no estado líquido.

(04) Nas regiões **C** e **D**, a substância encontra-se no estado de vapor.

(08) **K** é o ponto triplo e **Z**, o ponto crítico dessa substância.

(16) Na região **D**, a substância não pode ser liquefeita por mera compressão isotérmica.

(32) A curva que liga os pontos **Z** e **K** chama-se curva da sublimação, pois separa as regiões de líquido e vapor.

Dê como resposta a soma dos valores associados às afirmativas corretas.

104. (Unesp-SP) A liofilização é um processo de desidratação de alimentos que, além de evitar que seus nutrientes saiam junto com a água, diminui bastante sua massa e seu volume, facilitando o armazenamento e o transporte. Alimentos liofilizados também têm seus prazos de validade aumentados, sem perder características como aroma e sabor.

cenoura liofilizada

(www.sublimar.com.br)

kiwi liofilizado

(www.brasilescola.com)

O processo de liofilização segue as seguintes etapas:

I. O alimento é resfriado até temperaturas abaixo de 0 °C, para que a água contida nele seja solidificada.

II. Em câmaras especiais, sob baixíssima pressão (menores do que 0,006 atm), a temperatura do alimento é elevada, fazendo com que a água sólida seja sublimada. Dessa forma, a água sai do alimento sem romper suas estruturas moleculares, evitando perdas de proteínas e vitaminas.

O gráfico mostra parte do diagrama de fases da água e cinco processos de mudança de fase, representados pelas setas numeradas de 1 a 5.

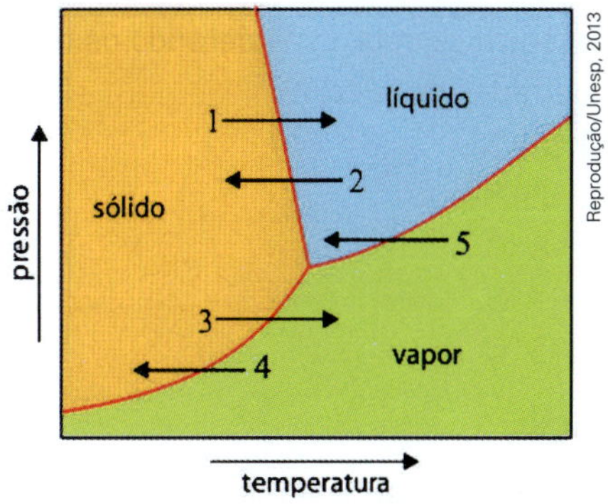

A alternativa que melhor representa as etapas do processo de liofilização, na ordem descrita, é

a) 4 e 1
b) 2 e 1
c) 2 e 3
d) 1 e 3
e) 5 e 3

Exercícios Nível 2

105. E.R. *"A cachoeira do Escorrega, observada na foto, está localizada na região de Visconde de Mauá, alto da Serra da Mantiqueira, na divisa com o Parque Nacional de Itatiaia, entre os estados de Minas Gerais e Rio de Janeiro. Nessa região, cuja altitude é de 1 200 metros, encontramos diversos rios, cachoeiras e piscinas naturais de águas límpidas e cristalinas. Perfeito para combater o estresse do dia a dia da cidade grande."*

João Prudente/Pulsar Imagens

Após ler o anúncio, um vestibulando passou a sonhar com um passeio por esse lindo local. Fechou os olhos e sentiu a brisa em seu rosto enquanto deslizava pela pedra molhada. No entanto, a necessidade de estudar trouxe-o de volta à realidade. Olhou em seu livro e encontrou um exercício que trazia o seguinte texto, acompanhado de uma tabela.

Sabe-se que a temperatura de ebulição da água, em uma panela sem tampa, é função da pressão atmosfera local. Na tabela da página seguinte, encontramos a temperatura de ebulição da água em diferentes pressões. Ao nível do mar (altitude zero), a pressão atmosférica vale 76 cmHg e ela diminui 1,0 cmHg para cada 100 metros que aumentamos a altitude.

Temperatura de ebulição da água em função da pressão											
Pressão em cmHg	60	64	68	72	76	80	84	88	92	96	100
Temperatura em °C	94	95	97	98	100	102	103	105	106	108	109

Imediatamente pensou: "a que temperatura a água existente em uma panela destampada ferve em Visconde de Mauá?". Assinale a temperatura correta, considerando os dados encontrados no texto.

a) 102 °C
b) 100 °C
c) 98 °C
d) 97 °C
e) 95 °C

Resolução:

Se a pressão atmosférica é de 1,0 cmHg para cada 100 m de aumento da altitude, a 120 m, temos:

$$p = p_0 - \Delta p$$

$$p = (76 - 12)\ \text{cmHg} \Rightarrow p = 64\ \text{cmHg}$$

Procurando na tabela, encontramos:

$$\boxed{\theta_E = 95\ °C}$$

Resposta: alternativa **e**.

106. (Unifesp) A sonda *Phoenix*, lançada pela Nasa, detectou em 2008 uma camada de gelo no fundo de uma cratera na superfície de Marte. Naquele planeta, o gelo desaparece nas estações quentes e reaparece nas épocas frias, mas a água nunca foi observada na fase líquida. Com auxílio do diagrama de fase da água, analise as três afirmações seguintes:

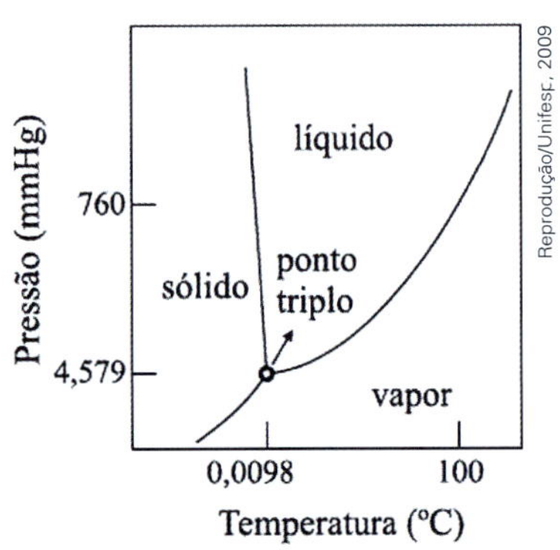

I. O desaparecimento e o reaparecimento do gelo, sem a presença da fase líquida, sugerem a ocorrência de sublimação.

II. Se o gelo sofre sublimação, a pressão atmosférica local deve ser muito pequena, inferior à pressão do ponto triplo da água.

III. O gelo não sofre fusão porque a temperatura no interior da cratera não ultrapassa a temperatura do ponto triplo da água.

De acordo com o texto e o diagrama de fases, pode-se afirmar que está correto o contido em:

a) I, II e III;
b) II e III apenas;
c) I e III apenas;
d) I e II apenas
e) I, apenas.

107. (Unesp-SP) Entre 6 e 23 de fevereiro aconteceram os Jogos Olímpicos de Inverno de 2014. Dentre as diversas modalidades esportivas, o *curling* é um jogo disputado entre duas equipes sobre uma pista de gelo, seu objetivo consiste em fazer com que uma pedra de granito em forma de disco fique o mais próximo de um alvo circular. Vassouras são utilizadas pelas equipes para varrer a superfície do gelo na frente da pedra, de modo a influenciar tanto sua direção como sua velocidade. A intensidade da fricção e a pressão aplicada pelos atletas durante o processo de varredura podem fazer com que a velocidade da pedra mude em até 20% devido à formação de uma película de água líquida entre a pedra e a pista.

O gráfico apresenta o diagrama de fases da água.

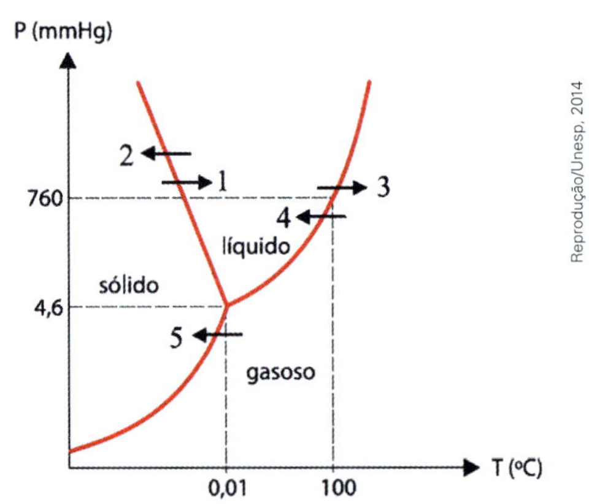

(Tito Miragaia Peruzzo e Eduardo Leite do Canto. *Química na abordagem do cotidiano*. 2006. Adaptado.)

Com base nas informações constantes no texto e no gráfico, a seta que representa corretamente a transformação promovida pela varredura é a de número

a) 3
b) 2
c) 4
d) 1
e) 5

108. Deixam-se cair algumas gotas de água sobre uma chapa muito quente. As gotas "chiam" e deslizam sobre a chapa porque o líquido é imediatamente aquecido, formando-se uma camada de:

a) líquido entre a chapa e o vapor.
b) vapor entre a chapa e o ar.
c) água entre a gota e o fogo.
d) vapor entre o fogo e a chapa.
e) vapor entre cada gota e a chapa.

109. As grandes geleiras que se formam no alto das montanhas deslizam porque:

a) o gelo é muito liso, ocorrendo pequeno atrito entre o bloco de gelo e o chão.
b) a componente tangencial do peso é a única força atuante sobre as geleiras.
c) o vento as desgruda do chão.
d) o aumento de pressão na parte inferior das geleiras, devido ao seu peso, funde o gelo, soltando-as do chão.

110. O que acontece quando se agita um recipiente contendo água em sobrefusão?

a) Necessariamente, toda a água solidifica-se, acarretando uma queda na temperatura do recipiente.
b) Parte da água solidifica-se, acarretando uma queda na temperatura do recipiente.
c) A água solidifica-se total ou parcialmente, acarretando um aumento na temperatura do recipiente.
d) Necessariamente, toda a água solidifica-se, acarretando um aumento na temperatura do recipiente.
e) Nada do que foi dito ocorre.

111. O gráfico a seguir mostra a curva de resfriamento de 100 g de água, em um processo lento e sem agitação.

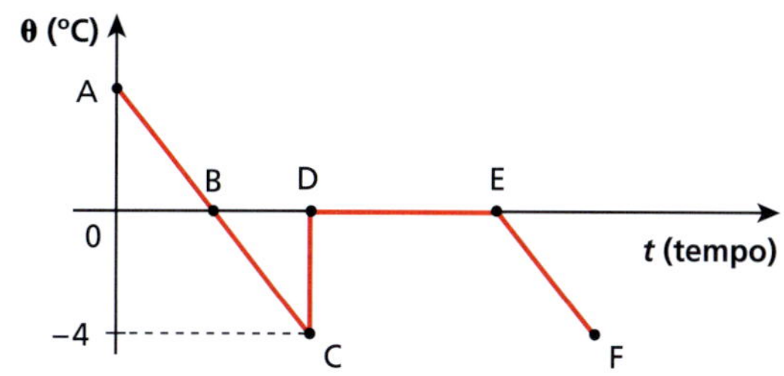

Banco de imagens/Arquivo da editora

Sendo o calor latente de fusão do gelo igual a 80 cal/g e o calor específico da água 1,0 cal/g °C, qual a massa de água que se solidifica no trecho **CD**?

112. A que temperatura encontram-se 100 g de água em sobrefusão, se a solidificação brusca de um quinto dessa água eleva a temperatura do sistema ao ponto de solidificação?

Dados: calor latente de fusão do gelo = 80 cal/g; calor específico da água = 1,0 cal/g °C.

DESCUBRA MAIS

1. Pesquise e descubra o que é o **ponto de orvalho**.
2. Um dos maiores temores dos agricultores de certas regiões do Brasil é a **geada**, fenômeno meteorológico que pode destruir plantações. Explique como e quando ocorre a geada.
3. Em dias muito quentes, é comum observarmos cães grandes e peludos com a boca aberta, a língua de fora e arfando rapidamente. Pesquise e tente explicar por que os cães arfam.

Exercícios Nível 3

113. (Unicamp-SP) O Parque Güell em Barcelona é um dos mais impressionantes parques públicos do mundo e representa uma das obras mais marcantes do arquiteto Antoni Gaudí. Em sua obra, Gaudí utilizou um número imenso de azulejos coloridos.

a) Considere que, no Parque Güell, existe um número $N = 2 \cdot 10^6$ de azulejos cujas faces estão perfeitamente perpendiculares à direção da radiação solar quando o sol está a pino na cidade de Barcelona. Nessa situação, a intensidade da radiação solar no local é $I = 1\,200\ W/m^2$. Estime a área de um azulejo tipicamente presente em casas e, a partir da área total dos *N* azulejos, calcule a energia solar que incide sobre esses azulejos durante um tempo $t = 60$ s.

b) Uma das esculturas mais emblemáticas do parque Güell tem a forma de um réptil multicolorido conhecido como *EL Drac*, que se converteu em um dos símbolos da cidade de Barcelona. Considere que a escultura absorva, em um dia ensolarado, uma quantidade de calor $Q = 3\,500$ kJ. Considerando que a massa da escultura é $m = 500$ kg e seu calor específico é $c = 700$ J/(kg · K), calcule a variação de temperatura sofrida pela escultura, desprezando as perdas de calor para o ambiente.

114. Um jovem apaixonado entrou em uma joalheria e escolheu um anel para presentear sua namorada. O joalheiro garantiu que no anel, de 10 gramas, 90% eram ouro e 10% eram cobre. Para ter certeza, o estudante levou o anel até o laboratório de Física da sua escola e realizou um experimento de calorimetria, a fim de determinar a massa real de ouro. O anel foi aquecido em uma estufa até atingir a temperatura de 522 °C e, em seguida, foi colocado no interior de um calorímetro com água. O sistema calorímetro–água tem capacidade térmica equivalente à de 100 gramas de água e está à temperatura de 20 °C. A temperatura final de equilíbrio térmico foi de 22 °C.
Sabe-se que:

I. o calor específico da água vale 1,00 cal/g °C; o do ouro, 0,030 cal/g °C; e o do cobre, 0,090 cal/g °C.
II. o calor específico de uma liga metálica é igual à média ponderada dos calores específicos dos metais integrantes da liga, sendo as respectivas massas os pesos da média.

Dessa forma, o estudante determinou que a massa real de ouro no anel era, aproximadamente, igual a:

a) 5,0 gramas.
b) 7,5 gramas.
c) 8,3 gramas.
d) 9,0 gramas.
e) 9,8 gramas.

115. (Unesp-SP) As pontes de hidrogênio entre moléculas de água são mais fracas que a ligação covalente entre o átomo de oxigênio e os átomos de hidrogênio. No entanto, o número de ligações de hidrogênio é tão grande (bilhões de moléculas em uma única gota de água) que estas exercem grande influência sobre as propriedades da água, como, por exemplo, os altos valores do calor específico, do calor de vaporização e de solidificação da água. Os altos valores do calor específico e do calor de vaporização da água são fundamentais no processo de regulação de temperatura do corpo humano. O corpo humano dissipa energia, sob atividade normal por meio do metabolismo, equivalente a uma lâmpada de 100 W. Se em uma pessoa de massa 60 kg todos os mecanismos de regulação de temperatura parassem de funcionar, haveria um aumento de temperatura de seu corpo. Supondo que todo o corpo é feito de água, em quanto tempo, aproximadamente, essa pessoa teria a temperatura de seu corpo elevada em 5 °C?

Dado: calor específico da água $\cong 4{,}2 \cdot 10^3$ J/(kg · °C).

a) 1,5 h
b) 2,0 h
c) 3,5 h
d) 4,0 h
e) 5,5 h

116. (Enem) O Sol representa uma fonte limpa e inesgotável de energia para o nosso planeta. Essa energia pode ser captada por aquecedores solares, armazenada e convertida posteriormente em trabalho útil. Considere determinada região cuja insolação – potência solar incidente na superfície da Terra – seja de 800 watts/m^2. Uma usina termossolar utiliza concentradores solares parabólicos que chegam a dezenas de quilômetros de extensão. Nesses coletores solares parabólicos, a luz refletida pela superfície parabólica espelhada é focalizada em um receptor em forma de cano e aquece o óleo contido em seu interior a 400 °C. O calor desse óleo é transferido para a água, vaporizando-a em uma caldeira. O vapor em alta pressão movimenta uma turbina acoplada a um gerador de energia elétrica.

Reprodução/Enem, 2009

Considerando que a distância entre a borda inferior e a borda superior da superfície refletora tenha 6 m de largura e que focaliza no receptor os 800 watts/m^2 de radiação provenientes do Sol, e que o calor específico da água é $1\ cal \cdot g^{-1} \cdot C^{-1} = 4\,200\ J \cdot kg^{-1} \cdot °C^{-1}$, então o comprimento linear do refletor parabólico necessário para elevar a temperatura de 1 m^3 (equivalente a 1 t) de água de 20 °C para 100 °C, em uma hora, estará entre

a) 15 m e 21 m.
b) 22 m e 30 m.
c) 105 m e 125 m.
d) 680 m e 710 m.
e) 6 700 m e 7 150 m.

117. (Faap-SP) Em um **coletor solar**, uma folha metálica de cor negra absorve a radiação solar, que se transforma em calor, utilizado no aquecimento da água contida no **tanque de armazenamento**.

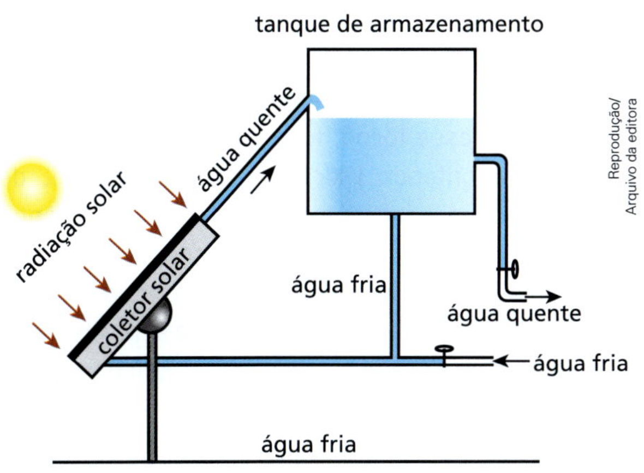

Em um certo local, a intensidade média da radiação solar incidente é de $500\ \frac{J}{s \cdot m^2}$ (ou seja, 500 J de energia solar atingem 1 m^2 da superfície da Terra a cada segundo). Deseja-se aquecer 200 litros de água de 10 °C a 50 °C em 8 h. Sabendo-se que esse processo tem rendimento de 40%, a área útil do **coletor solar** deve ter um valor mais próximo de:

a) 20 m^2.
b) 27 m^2.
c) 13 m^2.
d) 6 m^2.
e) 2 m^2.

Dados para a água: $c = 4 \cdot 10^3\ \frac{J}{kg \cdot °C}$;

$d = 1\ kg/L$

118. (Fuvest-SP) O processo de pasteurização do leite consiste em aquecê-lo a altas temperaturas, por alguns segundos, e resfriá-lo em seguida. Para isso, o leite percorre um sistema, em **fluxo constante**, passando por três etapas:

I. O leite entra no sistema (através de **A**), a 5 °C, sendo aquecido (no trocador de calor **B**) pelo leite que já foi pasteurizado e está saindo do sistema.

II. Em seguida, completa-se o aquecimento do leite, por meio da resistência **R**, até que ele atinja 80 °C. Com essa temperatura, o leite retorna a **B**.

III. Novamente em **B**, o leite quente é resfriado pelo leite frio que entra por **A**, saindo do sistema (através de **C**), a 20 °C.

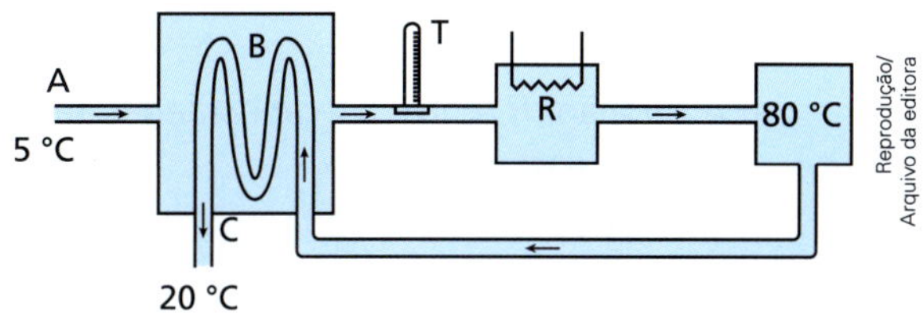

Em condições de funcionamento estáveis, e supondo que o sistema seja bem isolado termicamente, pode-se afirmar que a temperatura indicada pelo termômetro **T**, que monitora a temperatura do leite na saída de **B**, é aproximadamente de:

a) 20 °C.
b) 25 °C.
c) 60 °C.
d) 65 °C.
e) 75 °C.

119.

Observe o gráfico a seguir, que mostra o desempenho térmico de uma cuia e do mate que serão utilizados para servir um chimarrão. Dentro da cuia vão ser introduzidos 100,0 mL de água quente, a 60 °C, enquanto todos os demais elementos e aparatos – cuia, mate e bomba de prata – encontram-se em equilíbrio térmico com o ambiente, a 20 °C.

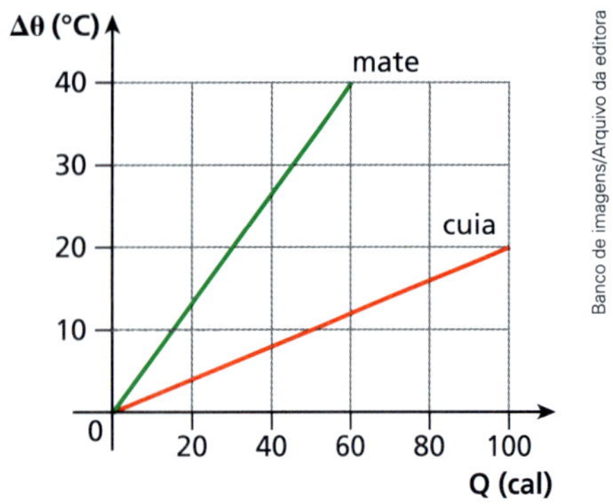

Sabendo-se que a massa da bomba de prata (utilizada para sorver a bebida) é igual a 50,0 g, que os calores específicos sensíveis da água e da prata valem, respectivamente, 1,00 cal/g °C e 0,05 cal/g °C e que a densidade da água é igual a 1,0 g/mL, desprezando-se quaisquer trocas de calor entre o sistema e o ambiente, pede-se determinar:

a) A relação, *R*, entre as capacidades térmicas da cuia e do mate.

b) O valor aproximado da temperatura de equilíbrio térmico, θ, que será estabelecida no sistema.

120. (Unip-SP) Um bloco de gelo de massa *M* está a uma temperatura inicial θ. O bloco de gelo recebe calor de uma fonte térmica de potência constante. Admita que todo o calor fornecido pela fonte é absorvido pelo bloco.

O intervalo de tempo para o gelo atingir a sua temperatura de fusão é igual ao intervalo de tempo que durou sua fusão completa.

Considere os seguintes dados:

I. calor específico sensível do gelo: 0,50 cal/g °C;

II. temperatura de fusão do gelo: 0 °C;

III. calor específico latente de fusão do gelo: 80 cal/g.

O valor de θ:

a) não está determinado, porque não foi dada a massa *M* do bloco de gelo.

b) não está determinado, porque não foi dada a potência da fonte térmica que forneceu calor ao bloco de gelo.

c) é −160 °C.

d) é −80 °C.

e) é −40 °C.

121. (UFF-RJ) Um grupo de amigos se reúne para fazer um churrasco. Levam um recipiente térmico adiabático contendo uma quantidade de gelo a −4 °C e 60 latas com 350 mL de refrigerante, cada uma. As latas são de alumínio e quando foram colocadas no recipiente estavam a uma temperatura de 22 °C.

Considere que a densidade e o calor específico do refrigerante sejam, aproximadamente, iguais aos da água.

Sabendo-se que, no equilíbrio térmico, a temperatura no interior do recipiente adiabático é 2 °C, calcule:

a) a quantidade de calor cedida pelas latas e pelo refrigerante;

b) a massa de gelo, em quilogramas, que foi colocada no recipiente.

Dados: calor específico do gelo: $c_g \cong 0{,}50$ cal/g °C;
calor específico da água: $c_a \cong 1{,}0$ cal/g °C ;
calor específico do alumínio: $c_{Al} \cong 0{,}22$ cal/g °C;
calor latente de fusão do gelo: $L \cong 80$ cal/g;
massa de alumínio em cada lata: $m_{lata} \cong 30$ g;
densidade da água: $\rho_a \cong 1{,}0$ g/cm^3.

122. (Fuvest-SP) Um forno solar simples foi construído com uma caixa de isopor, forrada internamente com papel-alumínio e fechada com uma tampa de vidro de 40 cm × 50 cm.

Dentro desse forno, foi colocada uma pequena panela contendo 1 xícara de arroz e 300 mL de água à temperatura ambiente de 25 °C. Suponha que os raios solares incidam perpendicularmente à tampa de vidro e que toda a energia incidente na tampa do forno a atravesse e seja absorvida pela água. Para essas condições, calcule:

a) A potência solar total *P* absorvida pela água.

b) A energia *E* necessária para aquecer o conteúdo da panela até 100 °C.

c) O tempo total *T* necessário para aquecer o conteúdo da panela até 100 °C e evaporar $\frac{1}{3}$ da água nessa temperatura (cozer o arroz).

Note e adote:
Potência solar incidente na superfície da Terra: 1 kW/m^2;
Densidade da água: 1 g/cm^3;
Calor específico da água: 4 J/(g · °C);
Calor latente de evaporação da água: 2 200 J/g.

Desconsidere as capacidades caloríficas do arroz e da panela.

123. (Fuvest-SP) Um cilindro termicamente isolado tem uma de suas extremidades fechadas por um pistão móvel, também isolado, que mantém a pressão constante no interior do cilindro. O cilindro contém uma certa quantidade de um material sólido à temperatura $T_i = -134$ °C. Um aquecedor transfere continuamente 3 000 W de potência para o sistema, levando-o à temperatura final $T_f = 114$ °C. O gráfico e a tabela apresentam os diversos processos pelos quais o sistema passa em função do tempo.

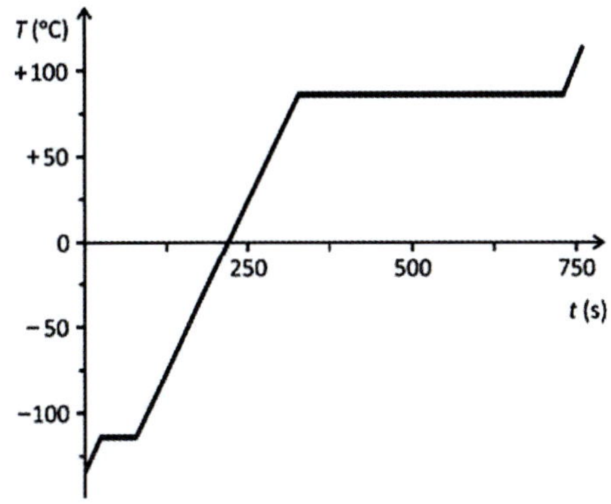

Processo	Intervalo de tempo (s)	ΔT(°C)
I	0 – 24	20
II	24 – 78	0
III	78 – 328	200
IV	328 – 730	0
V	730 – 760	28

a) Determine a energia total, *E*, fornecida pelo aquecedor desde $T_i = -134$ °C até $T_f = 114$ °C.

b) Identifique, para esse material, qual dos processos (I, II, III, IV ou V) corresponde à mudança do estado sólido para o estado líquido.

c) Sabendo que a quantidade de energia fornecida pelo aquecedor durante a vaporização é $1{,}2 \times 10^6$ J, determine a massa, *M*, do material.

d) Determine o calor específico a pressão constante, c_p, desse material no estado líquido.

Note e adote:
Calor latente de vaporização do material = = 800 J/g.
Desconsidere as capacidades térmicas do cilindro do pistão.

124. (Unifesp) Os líquidos podem transformar-se em vapor por evaporação ou ebulição. Enquanto a evaporação é um fenômeno espontâneo, restrito à superfície do líquido e que pode ocorrer à temperatura e pressão ambientes, a ebulição ocorre em todo o líquido sob condições de pressão e temperatura determinadas para cada líquido. Mas ambas as transformações, para se efetivarem, exigem o consumo da mesma quantidade de calor por unidade de massa transformada.

a) Quando as roupas são estendidas nos varais, ou a água no piso molhado de um ambiente é puxada pelo rodo, tem-se por objetivo apressar a secagem – transformação da água em vapor – dessas roupas ou do piso. Qual a causa comum que se busca favorecer nesses procedimentos? Justifique.

b) Avalia-se que a área da superfície da pele de uma pessoa adulta seja, em média, da ordem de 1,0 m^2. Suponha que, ao sair de uma piscina, uma pessoa retenha junto à pele uma camada de água de espessura média 0,50 mm. Qual a quantidade de calor que essa camada de água consome para evaporar? Que relação tem esse cálculo com a sensação de frio que sentimos quando estamos molhados, mesmo em dias quentes? Justifique.

Dados: densidade da água = 1 000 kg/m^3;
calor latente de vaporização da água = 2 300 kJ/kg.

125. (Fuvest-SP)

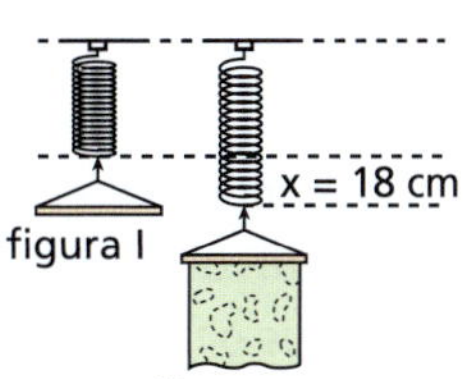

figura I

figura II

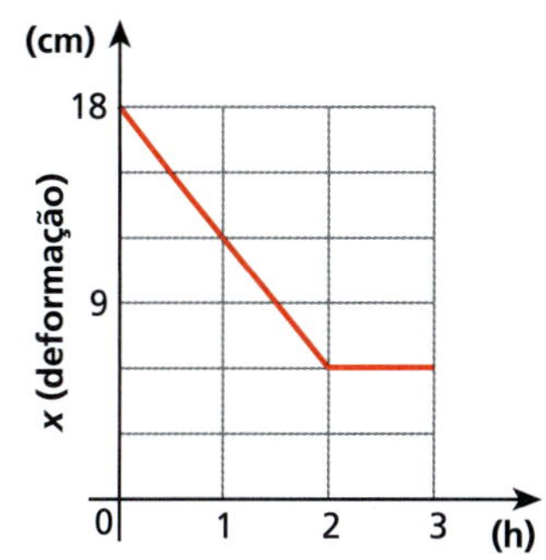

figura III

A figura I representa um cabide dependurado na extremidade de uma mola de constante elástica k = 50 N/m. Na figura II, tem-se a nova situação de equilíbrio logo após a roupa molhada ser colocada no cabide e ser exposta ao Sol para secar, provocando na mola uma deformação inicial x = 18 cm. O tempo de insolação foi mais do que suficiente para secar a roupa completamente.

A variação da deformação da mola (em cm) em função do tempo (em horas) em que a roupa ficou sob a ação dos raios solares está registrada no gráfico da figura III ($g = 10\ m/s^2$).

Considere que cada grama de água para vaporizar absorve 500 cal de energia e determine:

a) o peso da água que evaporou;

b) a potência média de radiação solar absorvida pela roupa supondo ser ela a única responsável pela evaporação da água.

126. (FGV-SP) O vaporizador é um aparelho que permite aumentar a umidade do ar em um ambiente. A vaporização ocorre por intermédio de um resistor, que permanece ligado enquanto estiver em contato com a água. Uma vez esgotada essa água, o aparelho se desliga automaticamente. Um desses vaporizadores, contendo 200 mL de água, inicialmente a 20 °C, permaneceu funcionando, ininterruptamente, por 2 h até se desligar. Considerando que toda energia dissipada pelo resistor é transferida para a água, que todo o vapor produzido é lançado para o ambiente e que a vaporização ocorre à temperatura de ebulição, pode-se concluir que a potência do aparelho, medida em W, é, aproximadamente:

Dados: calor específico da água = 1 cal/(g · °C); calor latente de vaporização da água = 540 cal/g; densidade da água = 1 g/mL; temperatura de vaporização da água = 100 °C; 1 cal = 4 J.

a) 32.
b) 46.
c) 69.
d) 78.
e) 84.

127. (Unifesp) Atualmente, o *laser* de CO_2 tem sido muito aplicado em microcirurgias, onde o feixe luminoso é utilizado no lugar do bisturi de lâmina. O corte com o *laser* é efetuado porque o feixe provoca um rápido aquecimento e a evaporação do tecido, que é constituído principalmente de água. Considere um corte de 2,0 cm de comprimento, 3,0 mm de profundidade e 0,5 mm de largura, que é aproximadamente o diâmetro do feixe. Sabendo que a massa específica da água é $10^3\ kg/m^3$, o calor específico é $4{,}2 \cdot 10^3\ J/kg \cdot K$ e o calor latente de evaporação é $2{,}3 \cdot 10^6\ J/kg$:

a) estime a quantidade de energia total consumida para fazer essa incisão, considerando que, no processo, a temperatura do tecido se eleva 63 °C e que este é constituído exclusivamente de água.

b) se o corte é efetuado a uma velocidade de 3,0 cm/s, determine a potência do feixe, considerando que toda a energia fornecida foi gasta na incisão.

128. (Fuvest-SP) Quando água pura é cuidadosamente resfriada, nas condições normais de pressão, pode permanecer no estado líquido até temperaturas inferiores a 0 °C, em um estado instável de "superfusão".

Se o sistema é perturbado, por exemplo, por vibração, parte da água se transforma em gelo e o sistema se aquece até estabilizar em 0 °C. O calor latente de fusão do gelo é igual a 80 cal/g. Considerando um recipiente termicamente isolado e de capacidade térmica desprezível, contendo 1 L de água a −5,6 °C, à pressão normal, determine:

a) a quantidade, em gramas, de gelo formada, quando o sistema é perturbado e atinge uma situação de equilíbrio a 0 °C;

b) a temperatura final de equilíbrio do sistema e a quantidade de gelo existente (considerando o sistema inicial no estado de "superfusão" a −5,6 °C), ao colocar-se no recipiente um bloco metálico de capacidade térmica igual a 400 cal/°C, à temperatura de 91 °C.

129. (Unifesp) Sobrefusão é o fenômeno em que um líquido permanece nesse estado a uma temperatura inferior à de solidificação, para a correspondente pressão. Esse fenômeno pode ocorrer quando um líquido cede calor lentamente, sem que sofra agitação. Agitado, parte do líquido solidifica, liberando calor para o restante, até que o equilíbrio térmico seja atingido à temperatura de solidificação para a respectiva pressão. Considere uma massa de 100 g de água em sobrefusão à temperatura de −10 °C e pressão de 1 atm, o calor específico da água de 1 cal/g °C e o calor latente de solidificação da água de −80 cal/g. A massa de água que sofrerá solidificação se o líquido for agitado será:

a) 8,7 g.
b) 10,0 g.
c) 12,5 g.
d) 50,0 g.
e) 60,3 g.

130. (Ufla-MG) A figura a seguir é usada para mostrar uma experiência de laboratório. No cilindro **C**, provido de êmbolo, coloca-se certa quantidade de vapor (CO_2, por exemplo); mantendo-se constante a temperatura, o volume do cilindro é diminuído gradativamente, empurrando-se o êmbolo para a esquerda. O gráfico do cilindro mostra como varia a pressão no cilindro em função do volume. Baseados nessa experiência apresentamos três proposições.

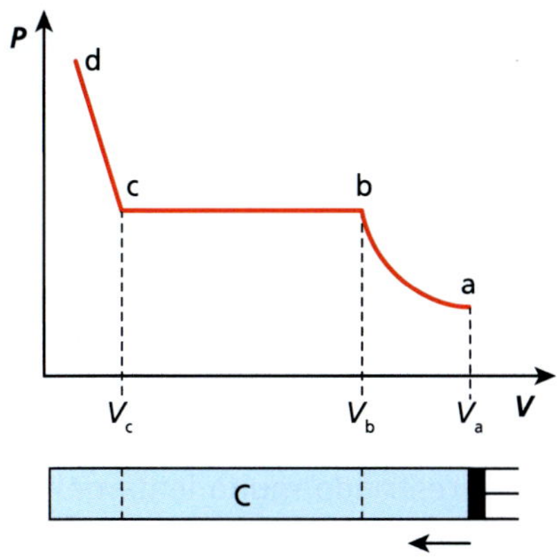

Reprodução/Arquivo da editora

I. A pressão P_c ou P_b corresponde à maior pressão que o vapor pode oferecer, a determinada temperatura, antes de começar a condensação.

II. De V_b a V_c (patamar) coexistem, no cilindro, uma mistura de líquido e vapor.

III. Quando o êmbolo atinge o volume V_c, todo vapor se condensou e, a partir daí, uma pequena diminuição de volume acarreta um grande aumento da pressão.

Indique a alternativa correta.

a) Apenas a proposição I é correta.
b) Apenas as proposições I e II são corretas.
c) Apenas as proposições I e III são corretas.
d) Apenas as proposições II e III são corretas.
e) As proposições I, II e III são corretas.

Para raciocinar um pouco mais

131. (UFC-CE) N recipientes, n_1, n_2, n_3 ..., n_N, contêm, respectivamente, massas m a uma temperatura T, $\frac{m}{2}$ a uma temperatura $\frac{T}{2}$, $\frac{m}{4}$ a uma temperatura $\frac{T}{4}$, ..., $\frac{m}{2^{N-1}}$, de um mesmo líquido. Os líquidos dos N recipientes são misturados, sem que haja perda de calor, atingindo uma temperatura $\frac{T}{2^{N-1}}$ final de equilíbrio T_f.

a) Determine T_f, em função do número de recipientes N.
b) Determine T_f, se o número de recipientes for infinito.

132. (ITA-SP) Calcule a área útil das placas de energia solar de um sistema de aquecimento de água, para uma residência com quatro moradores, visando manter um acréscimo médio de 30,0 °C em relação à temperatura ambiente. Considere que cada pessoa gasta 30,0 litros de água quente por dia e que, na latitude geográfica da residência, a conversão média mensal de energia é de 60,0 kWh/mês por metro quadrado de superfície coletora. Considere ainda que o reservatório de água quente com capacidade para 200 litros apresente uma perda de energia de 0,30 kWh por mês para cada litro. É dado o calor específico da água c = 4,19 J/g °C.

133. A unidade de medida de calor no sistema inglês é a **Btu** (*British Thermal Unit*) e a unidade de medida de calor que utilizamos com frequência no Brasil é a **caloria** (cal). Sabe-se que 1 cal é a quantidade de calor necessária para elevar a temperatura de 1 g de água pura de 14,5 °C até 15,5 °C e que 1 Btu é a quantidade de calor necessária para elevar a temperatura de 1 ℓb (uma libra) da mesma água de 39 °F até 40 °F. Sabendo-se que 1 g = $2{,}2 \cdot 10^{-3}$ ℓb, qual a relação entre as unidades caloria e Btu?

134. (Unicamp-SP) Em 2015, estima-se que o câncer será responsável por uma dezena de milhões de mortes em todo o mundo, sendo o tabagismo a principal causa evitável da doença. Além das inúmeras substâncias tóxicas e cancerígenas contidas no cigarro, a cada tragada, o fumante aspira fumaça a altas temperaturas, o que leva à morte células da boca e da garganta, aumentando ainda mais o risco de câncer.

a) Para avaliar o efeito nocivo da fumaça, $N_0 = 9{,}0 \cdot 10^4$ células humanas foram expostas, em laboratório, à fumaça de cigarro à temperatura de 72 °C, valor típico para a fumaça tragada pelos fumantes. Nos primeiros instantes, o número de células que permanecem vivas em função do tempo t é dado por $N(t) = N_0\left(1 - \frac{2t}{\tau}\right)$, onde τ é o tempo necessário para que 90% das células morram. O gráfico abaixo mostra como τ varia com a temperatura θ. Quantas células morrem por segundo nos instantes iniciais?

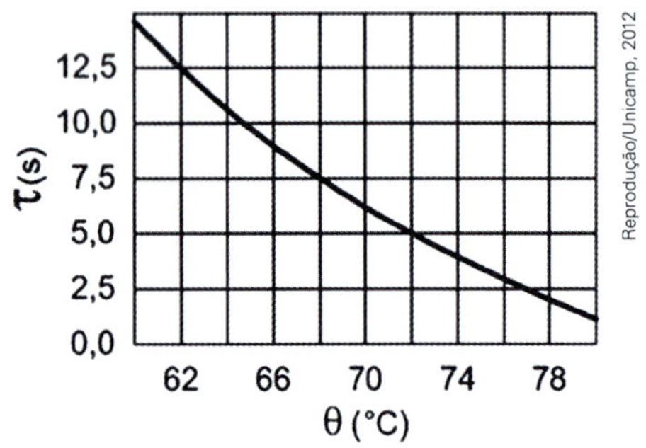

b) A cada tragada, o fumante aspira aproximadamente 35 mililitros de fumaça. A fumaça possui uma capacidade calorífica molar $C = 32\ \frac{J}{k \cdot mol}$ e um volume molar de 28 litros/mol. Assumindo que a fumaça entra no corpo humano a 72 °C e sai a 37 °C, calcule o calor transferido ao fumante numa tragada.

135. (SBF) Considere que, num curto instante de tempo durante o dia, a quantidade de energia num ambiente se mantenha constante e também que as duas únicas componentes da energia relevantes para os processos termodinâmicos locais sejam o calor sensível do ar e o calor latente da água presente no sistema, de forma que qualquer variação de uma das componentes corresponda a uma variação da outra. Considere, ainda que, num metro cúbico, a massa de ar seja de 1 kg. Qual é a variação de temperatura esperada, caso, nesse volume, 1 g de água evapore?

(**Use**: calor específico do ar = 1,0 kJ/kg · K; calor latente de evaporação da água = 2 250 kJ/kg).

a) 0,2 °C
b) 1,0 °C
c) 2,3 °C
d) 0,1 °C

136. De um chuveiro elétrico jorra continuamente água, cujo calor específico sensível é 1,0 cal/g · °C. O bocal está a uma altura de 2,45 m em relação ao solo. Essa água deixa o chuveiro a 38,0 °C e despenca com velocidade inicial praticamente nula sem sofrer resistência do ar. No trânsito até o solo, a água perde energia térmica para o ambiente na taxa t = 4,0 cal/g · s.

Adotando-se para o módulo da gravidade o valor 10 m/s², a temperatura da água ao atingir o solo é igual a:

a) 36 °C
b) 35,6 °C
c) 35,2 °C
d) 34,8 °C
e) 34,4 °C

137. (ITA-SP) Sob pressão de 1 atm, adiciona-se água pura em um cilindro provido de termômetro, de manômetro e de pistão móvel que se desloca sem atrito. No instante inicial (t_0), à temperatura de 25 °C, todo o espaço interno do cilindro é ocupado por água pura. A partir do instante (t_1), mantendo a temperatura constante (25 °C), o pistão é deslocado e o manômetro indica uma nova pressão. A partir do instante (t_2), todo o conjunto é resfriado muito lentamente a −10 °C, mantendo-se em repouso por 3 horas. No instante (t_3), o cilindro é agitado, observando-se uma queda brusca da pressão. Faça um esboço do diagrama de fases da água e assinale, neste esboço, a(s) fase(s) (co)existente(s) no cilindro nos instantes t_0, t_1, t_2 e t_3.

138. A **umidade relativa** do ar fornece o grau de concentração de vapor de água em um ambiente. Quando essa concentração atinge 100% (que corresponde ao vapor saturado) começam a surgir gotas d'água que podem se precipitar em forma de chuva. Para calcular a **umidade relativa** em um meio deve-se dividir a concentração de vapor de água existente no ambiente pela concentração máxima de vapor de água que poderia ocorrer nesse meio, nessa temperatura.

A seguir encontramos uma tabela que fornece a pressão máxima de vapor de água (em mmHg) e a concentração máxima de vapor de água (em g/m³), medidos nas temperaturas indicadas.

θ (°C)	$p_{máx}$ (mmHg)	Concentração máxima (g/m³)
0	4,6	4,9
1	4,9	5,2
2	5,3	5,6
5	6,5	6,8
10	9,2	9,4
20	17,6	17,5
30	31,9	30,4

Fonte: LIDE, David R. *CRC Handbook of Chemistry and Physics*. CRC Press, 2004. p. 6-8.

Usando essas informações, determine a **umidade relativa** do ar no interior de uma sala de 5,0 metros de comprimento, 4,0 metros de largura e 3,0 metros de altura que contém 441 gramas de vapor de água misturados com o ar, na temperatura de 20 °C.

a) 23%

b) 35%

c) 42%

d) 58%

e) 71%

139. Observe as informações:

I. A umidade relativa do ar corresponde à razão entre a pressão parcial de vapor existente no local e a pressão de vapor saturado na temperatura local.

II. O ser humano sente-se confortável quando a umidade relativa do ar está por volta de 50%. Uma umidade maior que 50% reduz a evaporação do suor da pele, provocando desconforto. Uma umidade menor que 50% tem um efeito secante na pele e na mucosa.

III. A tabela a seguir mostra a pressão máxima de vapor de água em função da temperatura.

θ (°C)	0	5	10	15	20
p (mmHg)	4,58	6,54	9,21	12,8	17,5
θ (°C)	25	30	40	50	60
p (mmHg)	23,8	31,8	55,3	92,5	149

Fonte: LIDE, David R. *CRC Handbook of Chemistry and Physics*. CRC Press, 2004. p. 6-8.

Uma pessoa encontra-se em um ambiente onde a temperatura é de 25 °C e a pressão de vapor de água é de 16,2 mmHg. Pode-se afirmar que:

a) nesse local está chovendo.

b) a umidade relativa do ar, nesse ambiente, é menor que 50%.

c) a umidade relativa do ar, nesse ambiente, é igual a 89%.

d) essa pessoa pode estar sentindo sua pele ressecada.

e) a umidade relativa do ar, nesse ambiente, é aproximadamente igual a 68%.

140. (Unicamp-SP) Pressão parcial é a pressão que um gás pertencente a uma mistura teria se o mesmo gás ocupasse sozinho todo o volume disponível. Na temperatura ambiente, quando a umidade relativa do ar é de 100%, a pressão parcial de vapor de água vale $3,0 \cdot 10^3$ Pa. Nesta situação, qual seria a porcentagem de moléculas de água no ar?

a) 100%.

b) 97%.

c) 33%.

d) 3%.

Dados: a pressão atmosférica vale $1,0 \cdot 10^5$ Pa. Considere que o ar se comporta como um gás ideal.

141. (OBF) Uma arma dispara um projétil de chumbo (calor específico $c_{Pb} = 0,031$ cal/°C) de massa 20,0 g, que se move de encontro a um grande bloco de gelo fundente (calor latente de fusão L = 80 cal/g). No impacto, o projétil tem sua velocidade reduzida de 100 m/s para 0 m/s se entra em equilíbrio térmico com o gelo. Não havendo dissipação de energia, ocorre a fusão de 2,25 g de gelo. Qual era a temperatura do projétil no momento do impacto?

Dado: 1 cal = 4 J.

142. Sabe-se que a energia contida em um fóton é estabelecida pela relação:

$$E = hf$$

onde *h* é a constante de Planck e *f*, a frequência da radiação. A equação fundamental da Ondulatória é:

$$v = \lambda f$$

onde λ é o comprimento de onda da radiação e *v* é a velocidade de propagação da onda.

Resolva a questão dada a seguir.

Um volume de 0,5 mL de água é aquecido por radiação de comprimento de onda igual a $1,0 \cdot 10^4$ Å, absorvendo $4,2 \cdot 10^{18}$ fótons por segundo. Considerando que toda a energia de cada fóton é absorvida pela água, determinar o intervalo de tempo necessário para que esse volume sofra a elevação de 1,0 K em sua temperatura.

Dados: densidade da água = $1,0 \cdot 10^3$ kg/m³;
calor específico sensível da água = $4,2 \cdot 10^3$ J(kg · K);
constante de Planck = $6,63 \cdot 10^{-34}$ Js;
velocidade da luz no vácuo = $3,0 \cdot 10^8$ m/s.

TÓPICO

4

Gases perfeitos

Reprodução/World View Enterprises, Inc

Balões de alta altitude, como o da imagem, são capazes de voar até o limite da atmosfera. Eles são muito utilizados para o monitoramento climático, além de serem úteis para pesquisas. Esse tipo de balão possui um revestimento para a sua proteção contra as baixas temperaturas existentes no espaço que poderiam desinflá-lo.

Vimos em tópicos anteriores que gás é um dos estados da matéria. Macroscopicamente, matéria em estado gasoso não apresenta forma ou volume definidos. Já microscopicamente, o estado gasoso é caracterizado por partículas (átomos, moléculas, íons, elétrons, etc.) que se movimentam de maneira aproximadamente aleatória. Apesar disso, é possível estudar a maioria dos gases com base em um modelo teórico chamado gás perfeito. A partir desse modelo, podemos estabelecer relações entre as variáveis que caracterizam o gás (pressão, volume e temperatura) e entender o movimento microscópico das partículas que compõem o gás que determinam as grandezas temperatura e energia do gás.

Bloco 1

1. Introdução

Antonio S/Shutterstock

Por que o céu visto nesta paisagem é azul? A resposta vem do fato de a atmosfera ser constituída de gases que provocam a dispersão da luz branca do Sol.

Quando se pensa em um gás, o primeiro exemplo que costuma vir à cabeça de quase todo mundo é o ar que respiramos. Esse ar, que forma a atmosfera terrestre, é uma mistura de vários gases, na qual predominam o nitrogênio (78%) e o oxigênio (21%). Em razão dos campos gravitacional e magnético de nosso planeta, esses gases são atraídos e formam uma fina cobertura, com praticamente 99% da atmosfera contida em uma faixa que vai da superfície terrestre a pouco mais de 30 km de altitude. Essa camada gasosa é essencial à vida por conter o oxigênio e filtrar grande parte das radiações nocivas aos seres vivos, como a ultravioleta. O oxigênio é consumido pela respiração de alguns organismos, os quais expelem um subproduto desse processo, o gás carbônico. Este, por sua vez, é absorvido por plantas, que, pela fotossíntese, o transformam em oxigênio.

O peso da atmosfera produz uma pressão sobre a superfície da Terra, evitando que a água líquida de oceanos, mares, rios e lagos se transforme rapidamente em vapor.

Os gases sempre fizeram parte de nosso dia a dia. Assim, a partir do século XVII, vários cientistas, ao iniciarem estudos sobre as propriedades dos gases, notaram que deveriam fazer uma simplificação, já que não havia uma uniformidade no comportamento de todos os gases. Daí o surgimento do modelo teórico que foi denominado **gás perfeito** ou **gás ideal**. Faremos, a seguir, um estudo desse modelo que será muito útil mais adiante.

2. Modelo macroscópico de gás perfeito

No Tópico 3, fizemos a distinção entre vapor e gás, que constituem o estado gasoso. Lembremos que gás é a situação física de uma substância que se encontra a uma temperatura maior que a sua temperatura crítica.

Os diferentes gases reais (hidrogênio, oxigênio, nitrogênio, hélio, etc.), devido às suas características moleculares, em geral apresentam comportamentos diferentes. Quando são colocados sob baixas pressões e altas temperaturas, entretanto, passam a se comportar, macroscopicamente, de maneira semelhante.

Assim, para iniciar o estudo dos gases, é conveniente adotarmos um modelo teórico, simples, sem existência prática, de comportamento apenas aproximado ao comportamento dos gases reais. Essa aproximação será tanto melhor quanto menor for a pressão e maior for a temperatura. A esse modelo chamamos de **gás perfeito**.

As regras do comportamento dos gases perfeitos foram estabelecidas por Robert Boyle, Jacques Charles, Louis Joseph Gay-Lussac e Paul Emile Clapeyron entre os séculos XVII e XIX, como veremos adiante.

Diremos, então, que um gás se enquadra no modelo teórico de gás perfeito se obedece às leis de Boyle, Charles e Gay-Lussac – que veremos oportunamente com detalhes. Tais leis estabelecem as regras do comportamento "externo" do gás perfeito, levando-se em conta as grandezas físicas a ele associadas – temperatura, volume e pressão –, denominadas **variáveis de estado** do gás.

3. As variáveis de estado de um gás perfeito

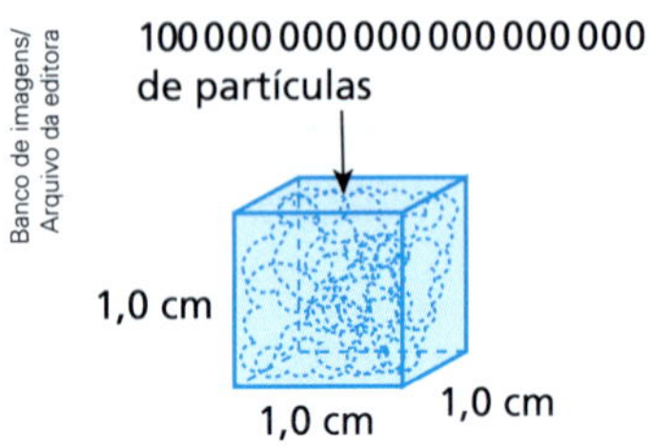

Sempre que considerarmos determinada massa de um gás, estaremos estabelecendo uma quantidade N de partículas desse gás. Esse número N, entretanto, é sempre muito grande, da ordem de 10^{20} partículas por centímetro cúbico.

No local onde você se encontra, há aproximadamente, em cada centímetro cúbico, 10^{20} moléculas dos componentes do ar (oxigênio, hidrogênio, nitrogênio, etc.).

Por ser mais cômodo, costuma-se quantificar uma porção de gás por meio do seu **número de mols** (n).

Um mol de um gás constitui-se de um número de moléculas desse gás, dado pelo **número de Avogadro** ($A = 6{,}02 \cdot 10^{23}$ moléculas/mol). O número de mols é obtido dividindo-se a massa do gás (m) pela sua massa molar ou molécula-grama (M), ambos na mesma unidade.

$$n = \frac{\text{massa do gás}}{\text{mol}} = \frac{m}{M}$$

Vimos que, para determinada massa de gás perfeito, as variáveis de estado são as grandezas físicas temperatura (T), volume (V) e pressão (p).

A **temperatura** é a grandeza física que está relacionada à energia cinética de translação das partículas do gás, como veremos oportunamente.

Como usaremos para temperatura a escala absoluta Kelvin, o símbolo adotado será T. Lembremos que:

$$T(K) = \theta_C(°C) + 273$$

Sendo os gases extremamente expansíveis, suas moléculas ocupam todo o espaço disponível no recipiente que os contém. Assim, o **volume** do gás corresponde à capacidade do recipiente.

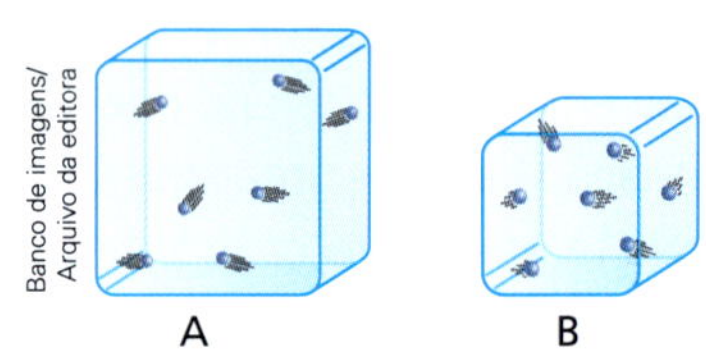

Duas porções iguais (mesmo número de partículas) de um mesmo gás perfeito, colocadas em dois recipientes de capacidades diferentes, ocupam volumes diferentes ($V_A > V_B$).

As unidades de volume que encontraremos com maior frequência são o metro cúbico (m^3) e o litro (L).

Atenção:

$$1\ L = 1\ dm^3 = 10^{-3}\ m^3$$
$$1\ m^3 = 10^3\ L$$

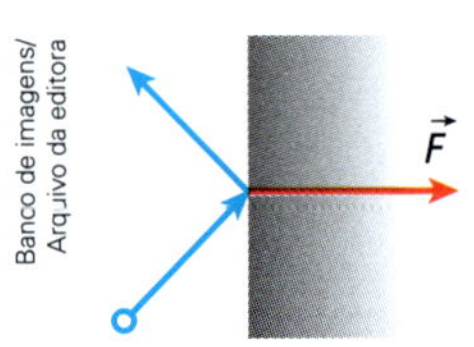

Observe que cada partícula de gás exerce uma pequena força na superfície. Deve-se considerar apenas as componentes perpendiculares à superfície onde estão ocorrendo as colisões.

A **pressão** é uma grandeza escalar, definida como a razão entre a intensidade da força resultante, aplicada perpendicularmente a uma superfície, e a área dessa superfície.

A pressão numa superfície de área A, quando nela aplicamos uma força resultante normal (perpendicular) de módulo F, é definida pela relação:

$$p = \frac{F}{A}$$

As unidades mais usadas para pressão são o pascal (Pa), a atmosfera técnica métrica (atm), a atmosfera normal (At) e o milímetro de mercúrio (mmHg), valendo as equivalências:

$$1\ Pa = 1\ N/m^2$$
$$1\ At = 760\ mmHg \cong 10^5\ Pa$$
$$1\ atm = 1\ kgf/cm^2 \cong 10^5\ Pa$$

A pressão média que o gás exerce nas paredes internas do recipiente é devida aos choques de suas moléculas com essas paredes. Por ocasião desses choques, as moléculas aplicam força nas paredes.

Considere uma superfície **S** de área unitária contida em uma das paredes do recipiente.

A cada instante, a força total aplicada em **S** pelas *N* moléculas que sobre ela estão incidindo determina a pressão média exercida pelo gás. É previsível que essa pressão não deva variar, se forem mantidas as condições do gás, pois teremos, a cada instante, o mesmo número *N* de moléculas chocando-se contra **S** e exercendo a mesma força total. Se, porém, introduzirmos mais gás no recipiente ou diminuirmos o seu volume, sem variarmos a temperatura, o número *N* de choques em **S** a cada instante aumentará. Com isso, a pressão média exercida pelo gás também aumentará, apesar de não se ter alterado a violência de cada choque.

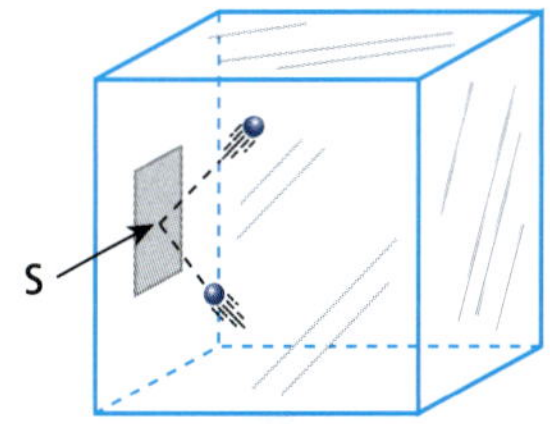

Banco de imagens/Arquivo da editora

Experimentos mostram, porém, que, se aquecermos o gás a volume constante, a pressão média também aumentará. Isso evidencia que a temperatura do gás está relacionada com a energia cinética de translação de suas moléculas. Nesse experimento, a pressão média aumenta porque tanto o número *N* de moléculas que se chocam contra **S** como a força exercida ali pelas moléculas aumentam.

Destaquemos que:

- a pressão média exercida por um gás está relacionada a dois fatores: a quantidade de moléculas que colidem por unidade de área e a força exercida em cada choque;
- a temperatura está relacionada de fato com a energia cinética de translação das moléculas do gás.

Aí estão as grandezas físicas temperatura, volume e pressão de um gás perfeito, suas variáveis de estado, que em conjunto definem o comportamento macroscópico do gás. Para determinada massa, a variação de pelo menos duas dessas variáveis de estado caracteriza uma **transformação** sofrida pelo gás.

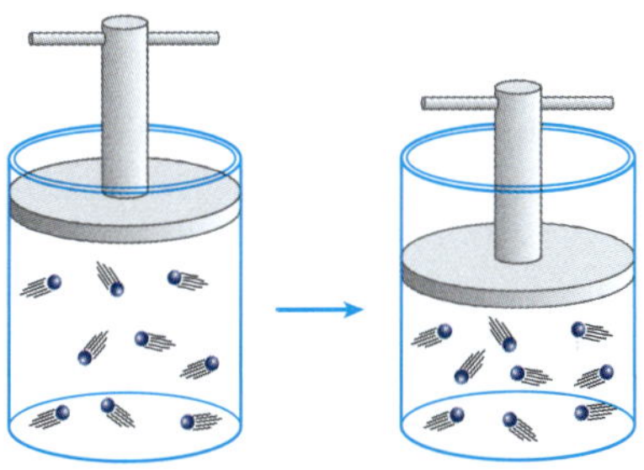
Banco de imagens/Arquivo da editora

No exemplo ilustrado acima, mesmo que a temperatura não se altere, a diminuição de volume produz um aumento de pressão. Esse fato caracteriza uma **transformação** sofrida pelo gás.

Vadim Petrakov/Shutterstock

O ar existente no interior de um balão é aquecido e se expande, tornando-se menos denso que o ar externo. Esse fato faz com que o balão seja empurrado para cima, pelo empuxo aplicado pelo ar externo, ganhando altitude.

4. Lei de Boyle

Paul D. Stewart/SPL/Latinstock

Retrato de Robert Boyle.

Robert Boyle (1627-1691), físico e químico irlandês, foi o responsável pela lei que rege as transformações sofridas por determinada massa de gás perfeito quando sua temperatura se mantém constante (transformação isotérmica).

É de fácil compreensão que uma redução de volume de um gás aumentará a concentração de partículas, aumentando o número de colisões nas paredes do recipiente, provocando um aumento na pressão do gás. Em contrapartida, o aumento do volume irá "espalhar" mais as partículas, diminuindo a concentração de choques nas paredes do recipiente, diminuindo assim a pressão do gás.

Para o modelo de gás perfeito vale o enunciado a seguir.

Quando determinada massa de um gás perfeito sofre uma **transformação isotérmica**, sua pressão varia de maneira inversamente proporcional ao volume por ele ocupado.

Essa lei pode ser expressa matematicamente por:

$$pV = K_1$$

em que p é a pressão, V o volume e K_1 uma constante que depende da massa, da temperatura e da natureza do gás.

Isso significa, por exemplo, que, à temperatura constante, para dobrarmos o valor da pressão devemos reduzir o valor do volume à metade.

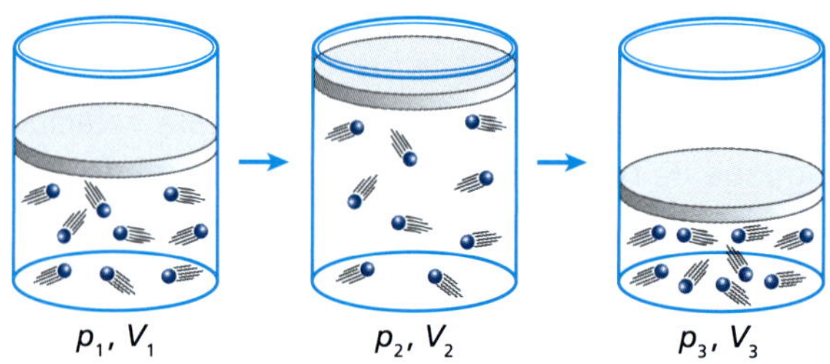

Banco de imagens/Arquivo da editora

Nessas transformações, a massa e a temperatura do gás perfeito mantêm-se constantes. Dessa forma, a **Lei de Boyle** garante a validade da relação:

$$p_1V_1 = p_2V_2 = p_3V_3$$

Num diagrama pressão (p) × volume (V), a representação gráfica da Lei de Boyle é um **ramo de hipérbole**.

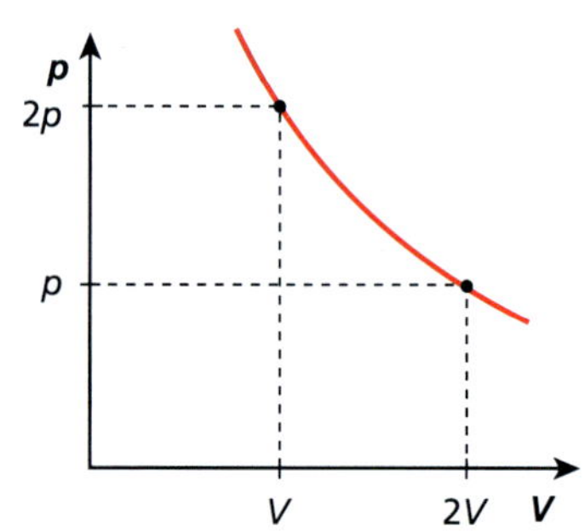

Banco de imagens/Arquivo da editora

Para cada valor da temperatura absoluta do gás obtemos uma hipérbole diferente. Quanto maior a temperatura, mais afastada da origem dos eixos encontra-se a hipérbole.

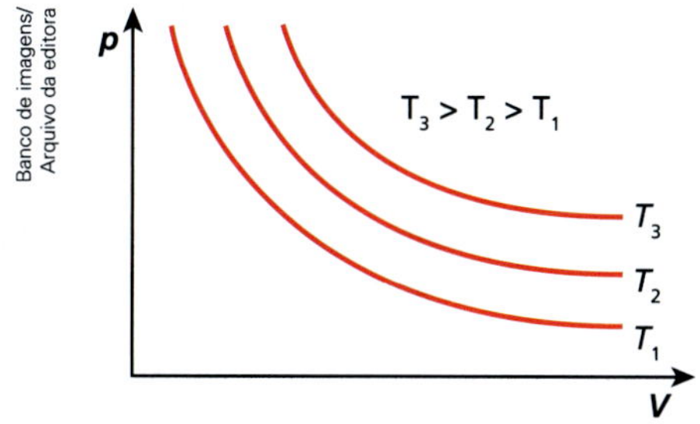

5. Lei de Charles e Gay-Lussac

A lei que rege a **transformação isobárica**, em que determinada massa de gás perfeito se mantém sob pressão constante, foi estabelecida pelo físico e químico francês Louis Joseph Gay-Lussac (1778-1850). Antes, entretanto, Jacques A. C. Charles (1746–1823), físico francês, já havia apresentado trabalhos a respeito. Por isso, a lei que rege as transformações isobáricas é denominada **Lei de Charles e Gay-Lussac**.

Retrato de Gay-Lussac.

No início deste tópico vimos que a pressão média exercida por um gás depende de dois fatores: da quantidade de partículas que colidem com a unidade de área da superfície interna do recipiente e da força exercida em cada colisão. Assim, se aumentamos o volume de um gás, suas partículas ficam mais espalhadas, diminuindo o número de colisões com a unidade de área. Para compensarmos isso, devemos aumentar a intensidade das colisões, isto é, aumentar a temperatura do gás para manter a pressão constante. Se diminuirmos o volume do gás, as partículas ficarão mais concentradas, aumentando a frequência de colisões nas unidades de área. Para a manutenção da pressão devemos diminuir a intensidade das colisões, isto é, diminuir a temperatura do gás.

Assim, a Lei de Charles e Gay-Lussac pode ser enunciada da seguinte forma:

Quando determinada massa de gás perfeito passa por uma **transformação isobárica**, seu volume deve variar, mantendo-se diretamente proporcional à temperatura absoluta desse gás.

Essa lei pode ser expressa matematicamente por:

$$V = K_2T$$

em que V é o volume ocupado pelo gás, T sua temperatura absoluta e K_2 uma constante que depende da massa, da pressão e da natureza do gás, sendo inversamente proporcional ao valor da pressão, que permanece constante.

Dessa forma, para mantermos constante a pressão de um gás perfeito, ao dobrarmos o valor de sua temperatura absoluta, devemos dobrar a capacidade do recipiente que o contém.

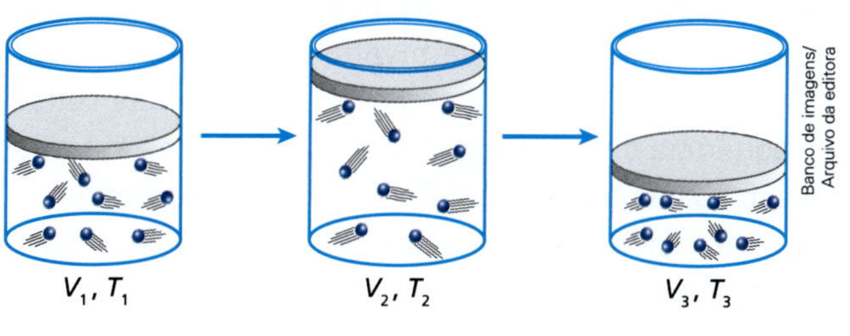

Nessas transformações, a massa e a pressão do gás perfeito mantêm-se constantes. Dessa forma, a **Lei de Charles e Gay-Lussac** garante a validade da relação:

$$\frac{V_1}{T_1} = \frac{V_2}{T_2} = \frac{V_3}{T_3}$$

Num diagrama volume (V) × temperatura (T ou θ), a **Lei de Charles e Gay-Lussac** é representada por um segmento de reta oblíquo aos eixos.

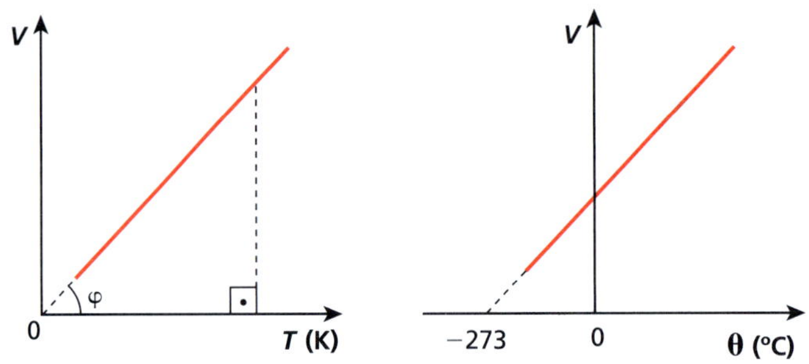

Banco de imagens/Arquivo da editora

É importante observar que, sendo o gás perfeito um modelo teórico constituído de partículas de volume desprezível, à temperatura correspondente ao zero absoluto, o volume desse gás praticamente se anula.

Para três pressões p_A, p_B e p_C diferentes, sendo $p_A > p_B > p_C$, uma mesma massa de um mesmo gás perfeito apresenta três valores diferentes para K_2, de forma que $K_{2A} < K_{2B} < K_{2C}$. Observe que K_2 é inversamente proporcional à pressão, sendo que, para a maior pressão, temos o menor valor de K_2 e, portanto, o menor ângulo de declividade φ.

Assim, temos:

Banco de imagens/Arquivo da editora

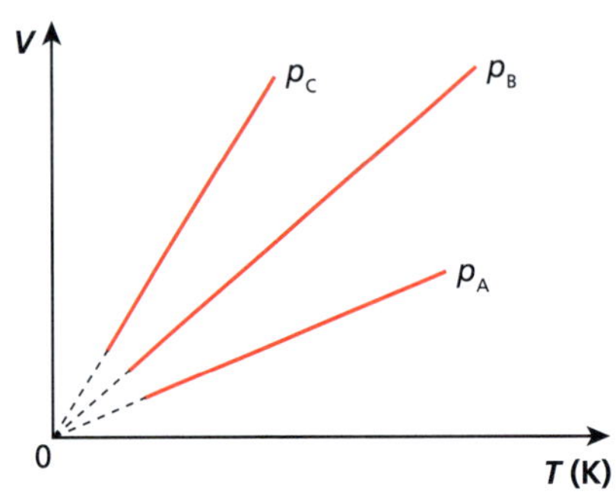

$p_A > p_B > p_C$

6. Lei de Charles

Recebe a denominação de **Lei de Charles** a lei que rege as transformações a volume constante de determinada massa de gás. As transformações a volume constante são chamadas de **isovolumétricas**, **isométricas** ou **isocóricas**.

A partir do estudo que fizemos da pressão média exercida por um gás, podemos inferir que, mantendo-se o volume constante, ao aumentarmos a temperatura absoluta, aumentaremos a força média das colisões na unidade de área e a frequência de colisões, já que as partículas estarão mais rápidas. Assim, a pressão do gás aumentará. Por outro lado, se diminuirmos a temperatura absoluta, a intensidade e a frequência das colisões diminuirão, diminuindo a pressão desse gás.

SPL/Latinstock

O físico francês Jacques Alexandre Cesar Charles (1746-1823) foi o primeiro a ter a ideia de usar hidrogênio para encher balões aerostáticos.

Para nosso modelo de gás perfeito, a **Lei de Charles** pode ser enunciada da seguinte forma:

Quando determinada massa de gás perfeito sofre uma **transformação isométrica**, sua pressão mantém-se diretamente proporcional à sua temperatura absoluta.

Essa lei pode ser expressa matematicamente por:

$$p = K_3 T$$

em que p é a pressão do gás, T a sua temperatura absoluta e K_3 uma constante que depende da massa, do volume e da natureza do gás, sendo inversamente proporcional ao valor do volume, que permanece constante.

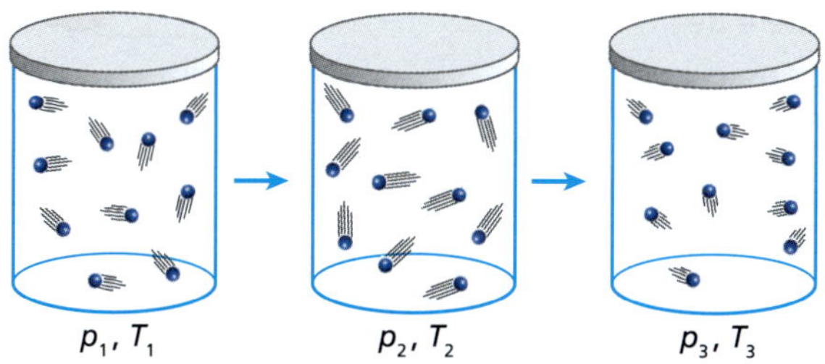

Banco de imagens/Arquivo da editora

Nessas transformações, a massa e o volume do gás perfeito mantêm-se constantes. Dessa forma, a **Lei de Charles** garante a validade da relação:

$$\frac{p_1}{T_1} = \frac{p_2}{T_2} = \frac{p_3}{T_3}$$

Assim, mantendo-se o volume constante, ao aumentarmos a temperatura absoluta de um gás perfeito, aumentaremos a intensidade de cada choque das partículas nas paredes do recipiente, elevando a pressão na mesma proporção da temperatura absoluta.

Admitindo que no zero absoluto cessa o movimento de translação das moléculas do gás, podemos concluir que a essa temperatura as partículas não mais se chocam com as paredes do recipiente, anulando-se a pressão.

Num diagrama pressão (p) × temperatura (T ou θ), a Lei de Charles é representada por um segmento de reta oblíquo aos eixos.

Banco de imagens/Arquivo da editora

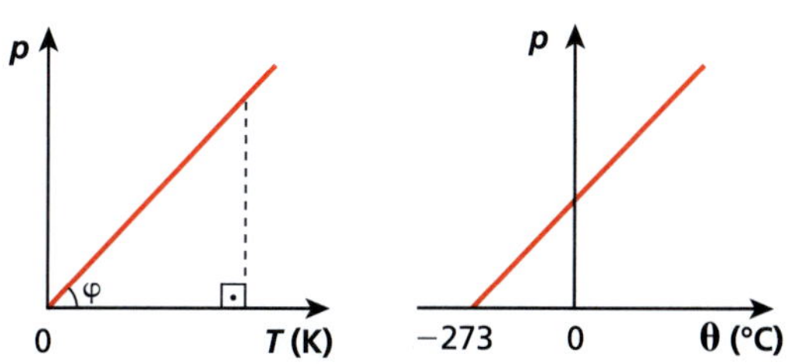

Para três volumes V_A, V_B e V_C diferentes, sendo $V_A > V_B > V_C$, uma mesma massa de um mesmo gás perfeito apresenta três valores diferentes para K_3, de forma que $K_{3A} < K_{3B} < K_{3C}$. Observe que K_3 é inversamente proporcional ao volume, sendo que, para o maior volume, temos o menor valor de K_3 e, portanto, o menor ângulo φ.

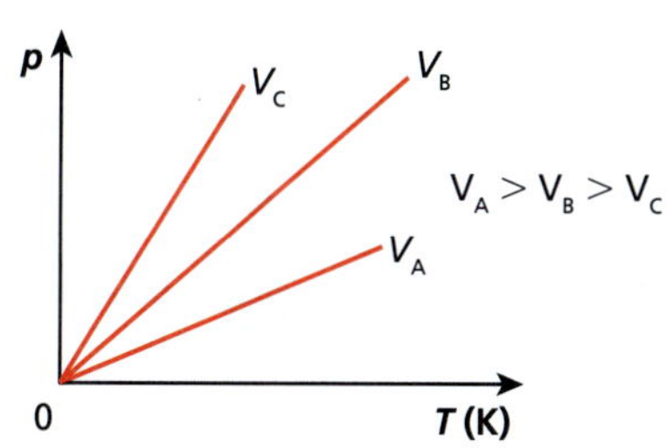

Banco de imagens/Arquivo da editora

Faça você mesmo

Enchendo um balão com gás obtido de uma reação química

Na teoria deste tópico, aprendemos que a pressão exercida por um gás ocorre pelas colisões de suas partículas com as paredes internas do recipiente. A comprovação desse fato pode ser observada por meio de uma atividade experimental simples e de fácil realização.

Material necessário

- 1 garrafa plástica de 1 L, transparente e de gargalo estreito, como as embalagens de água mineral;
- 200 mL de vinagre, aproximadamente o equivalente a quatro xícaras de café bem cheias;
- 1 funil, que pode ser feito com uma folha de papel;
- 1 colher de chá bem cheia de bicarbonato de sódio ($NaHCO_3$), usado como antiácido estomacal e encontrado em qualquer farmácia;
- 1 balão de borracha, desses usados em festas de aniversário.

Procedimento

I. Coloque vinagre no interior da garrafa até aproximadamente um quinto da sua capacidade.

I

Banco de imagens/Arquivo da editora

II. Usando um funil feito com uma folha de papel, coloque o bicarbonato de sódio no interior do balão de borracha.

II

Banco de imagens/Arquivo da editora

III. Em seguida, prenda o bico do balão no gargalo da garrafa e levante-o, de modo que o bicarbonato de sódio caia no interior da garrafa já com o vinagre.

III

Banco de imagens/Arquivo da editora

IV. A reação causada pela mistura de bicarbonato de sódio com vinagre libera uma grande quantidade de dióxido de carbono (CO_2) gasoso, que irá provocar a expansão do balão de borracha.

IV

Banco de imagens/Arquivo da editora

Desenvolvimento

1. A reação causada pela mistura de bicarbonato de sódio com o vinagre libera uma grande quantidade de gás. Que gás é esse? Converse com seu professor de Química e equacione essa reação.
2. Por que o gás liberado pela reação química provoca a expansão do balão?
3. No final da atividade, amarre bem a boca do balão. Retire-o do gargalo da garrafa e leve-o ao interior de um *freezer* ou do congelador de sua geladeira. Após 30 minutos, observe o balão. Você saberia explicar o que aconteceu com ele?
4. Reúna-se com um grupo de colegas e façam uma pesquisa sobre balonismo. Descubram a função do ar quente na elevação dos balões.

Exercícios Nível 1

1. (UFRGS-RS) Um gás encontra-se contido sob a pressão de $5{,}0 \cdot 10^3\ N/m^2$ no interior de um recipiente cúbico cujas faces possuem uma área de $2{,}0\ m^2$. Qual é o módulo da força média exercida pelo gás sobre cada face do recipiente?

2. Determinada massa de gás perfeito sofre as transformações indicadas a seguir:

I. Compressão à temperatura constante.
II. Expansão à pressão constante.
III. Aquecimento a volume constante.

Nessa ordem, as transformações podem ser chamadas também de:

a) isobárica, adiabática e isocórica;
b) isométrica, isotérmica e isobárica;
c) isotérmica, isobárica e adiabática;
d) isométrica, isocórica e isotérmica;
e) isotérmica, isobárica e isométrica.

3. (Uneb-BA) Uma amostra de gás ideal sofre as transformações I, II e III, identificadas no gráfico pressão *versus* volume apresentado ao lado.

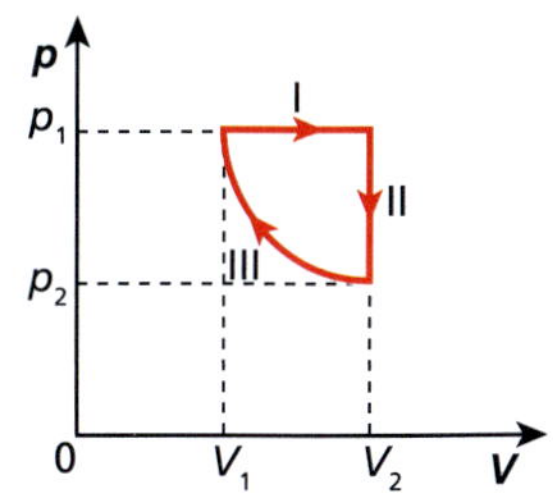

Reprodução/Arquivo da editora

Sabe-se que a transformação III é adiabática.

As transformações I e II são, respectivamente:

01) isobárica e isotérmica.
02) isobárica e isométrica.
03) isométrica e isotérmica.
04) isométrica e isobárica.
05) isotérmica e isobárica.

4. O diagrama representa três isotermas T_1, T_2 e T_3, referentes a uma mesma amostra de gás perfeito. A respeito dos valores das temperaturas absolutas T_1, T_2 e T_3, pode-se afirmar que:

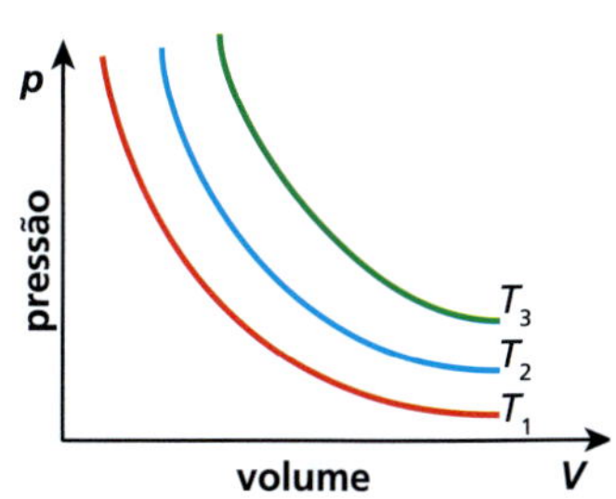

Banco de imagens/Arquivo da editora

a) $T_1 = T_2 = T_3$.
b) $T_1 < T_2 < T_3$.
c) $T_1 > T_2 > T_3$.
d) $T_1 = T_2 < T_3$.
e) $T_2 > T_1 < T_3$.

5. O diagrama mostra duas transformações isobáricas sofridas por uma mesma amostra de gás perfeito.

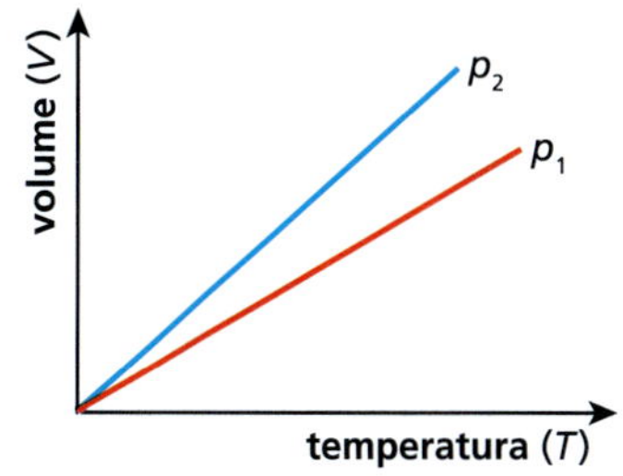

Banco de imagens/Arquivo da editora

Com base nesses dados, pode-se afirmar que:

a) $p_2 > p_1$.
b) $p_2 < p_1$
c) $p_2 = p_1$.
d) $p_2 = 2p_1$.
e) Num diagrama volume *versus* temperatura absoluta, não se pode comparar diferentes valores da pressão.

6. E.R. Em um recipiente indeformável, aprisiona-se certa massa de gás perfeito a 27 °C. Medindo a pressão exercida pelo gás, obtemos o valor 90 cmHg. Se elevarmos a temperatura para 170,6 °F, qual será a nova pressão do gás?

Resolução:

Uma vez que o volume permanece constante, podemos aplicar a Lei de Charles, que é expressa da seguinte forma:

$$p = KT \Rightarrow \frac{p}{T} = K$$

Assim, temos:

$$\frac{p_1}{T_1} = \frac{p_2}{T_2} \quad \text{(I)}$$

São dados:

$p_1 = 90$ cmHg
$T_1 = 27\ °C = 300\ K$

Transformando 170,6 °F em unidades da escala Kelvin, temos:

$$\frac{\theta_F - 32}{9} = \frac{T - 273}{5} \Rightarrow \frac{170{,}6 - 32}{9} = \frac{T_2 - 273}{5}$$

$$15{,}4 = \frac{T_2 - 273}{5} \therefore T_2 = 350\ K$$

Substituindo os valores conhecidos na relação (I), encontramos:

$$\frac{90}{300} = \frac{p_2}{350} \therefore \boxed{p_2 = 105\ \text{cmHg}}$$

7. Na superfície da Terra, um balão apresenta um volume de 50 m^3, temperatura de 54 °C e pressão de 80 cmHg. Ao subir sua temperatura permanece constante e, em determinada altura, seu volume atinge 1 000 m^3. Qual é a nova pressão suportada pelo balão, em cmHg?

8. No interior de um cilindro, provido de êmbolo, uma amostra de gás ideal pode sofrer transformações à pressão constante. Determinada massa desse gás foi confinada no interior do recipiente ocupando 0,5 m^3 a 10 °C. Aquecendo-se o sistema, observou-se o êmbolo subindo até atingir o volume interno de 1,0 m^3. Em graus Celsius, qual é a temperatura do gás no final do experimento?

9. (PUC-SP) Determinada massa de gás perfeito sofre uma transformação isométrica. A pressão inicial vale 4,0 atm e a temperatura inicial é de 47 °C. Se a temperatura final é de 127 °C, qual é o valor da pressão final?

10. (UFPR) O trecho da BR-277 que liga Curitiba a Paranaguá tem sido muito utilizado pelos ciclistas curitibanos para seus treinos. Considere que um ciclista, antes de sair de Curitiba, calibrou os pneus de sua bicicleta com pressão de 30 libras por polegada ao quadrado (lb/pol²), a uma temperatura inicial de 22 °C. Ao terminar de descer a serra, ele mediu a pressão dos pneus e constatou que ela subiu para 36 libras por polegada ao quadrado. Considerando que não houve variação do volume dos pneus, calcule o valor da temperatura dos pneus dessa bicicleta nesse instante.

Exercícios Nível 2

11. E.R. Um gás perfeito tem como variáveis de estado as grandezas: pressão (p), volume (V) e temperatura absoluta (T). O diagrama volume (V) × temperatura absoluta (T) representa as transformações **AB** e **BC** sofridas por determinada massa de gás perfeito.

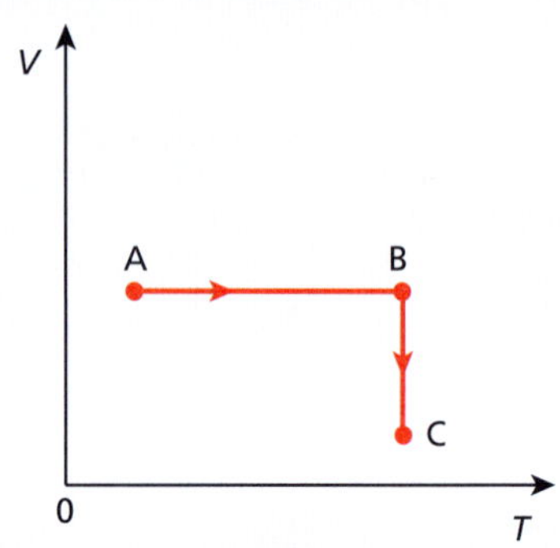

Banco de imagens/Arquivo da editora

Num diagrama pressão (p) × volume (V), essas transformações poderiam ser representadas por:

a)

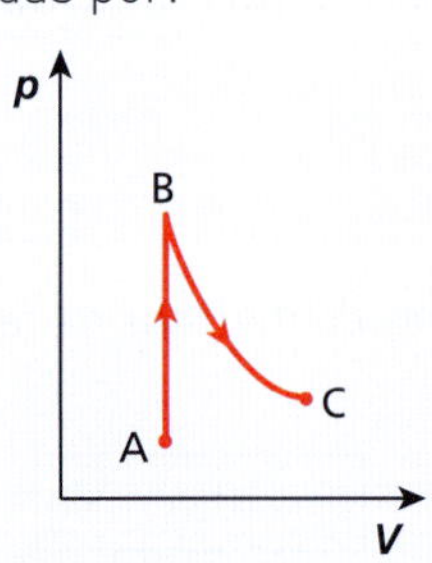

b)

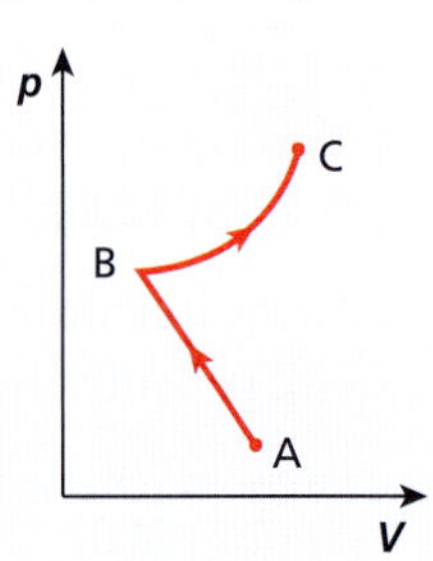

c)

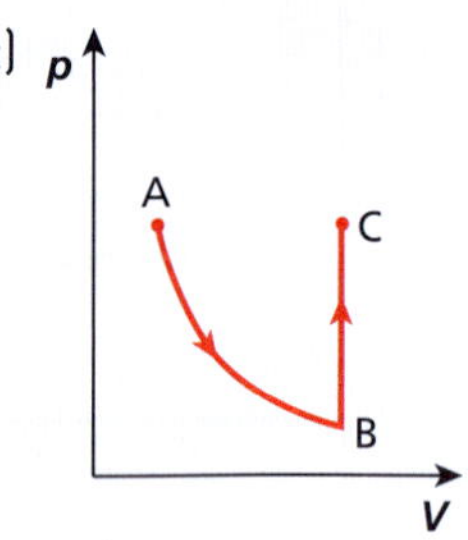

d)

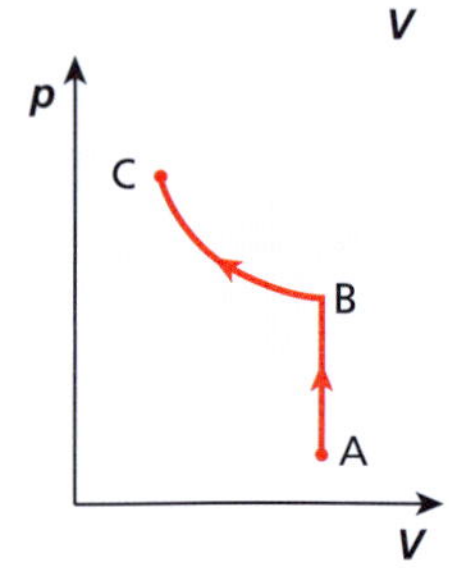

e)

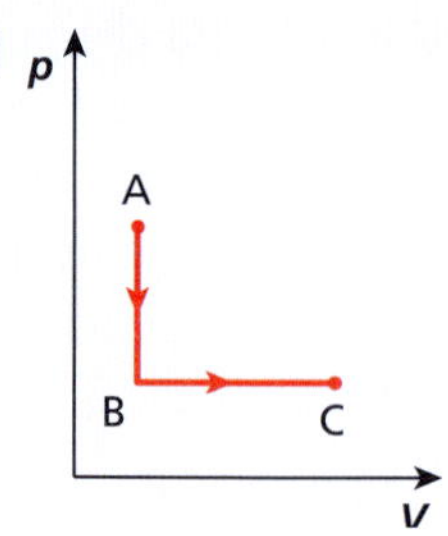

Ilustrações: Banco de imagens/Arquivo da editora

Resolução:

Transformação **AB** (isométrica):

Se a temperatura T do gás aumenta, sua pressão também aumenta.

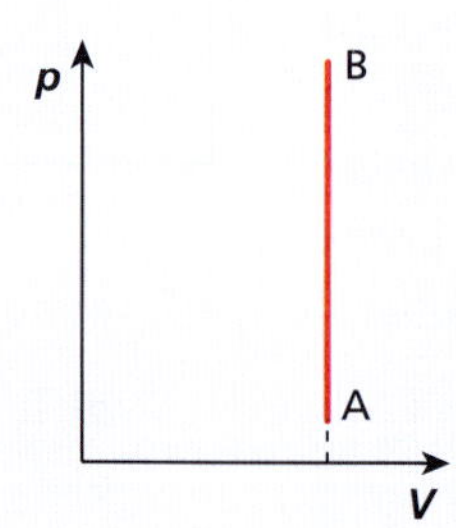

Banco de imagens/Arquivo da editora

Transformação **BC** (isotérmica):

Em um diagrama $p \times V$, a transformação isotérmica é representada por uma hipérbole.

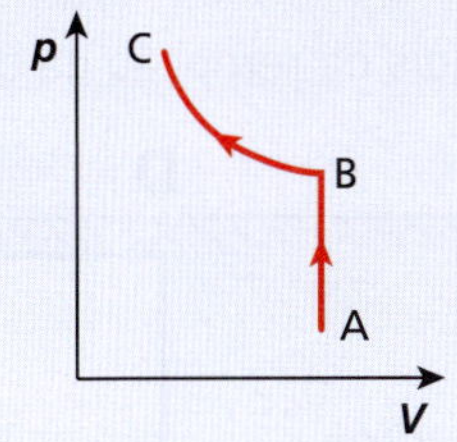

Banco de imagens/
Arquivo da editora

Resposta: alternativa **d**.

12. (UFMA) Um determinado gás perfeito, contido dentro de um recipiente, ocupa inicialmente um volume V_0. O gás sofre então uma expansão isotérmica, atingindo o estado 2, a partir do qual passa por um processo de aquecimento isovolumétrico, atingindo o estado 3. Do estado 3, o gás retorna ao estado 1 (inicial) por meio de uma compressão isobárica. Indique qual dos diagramas a seguir representa a sequência dos processos acima:

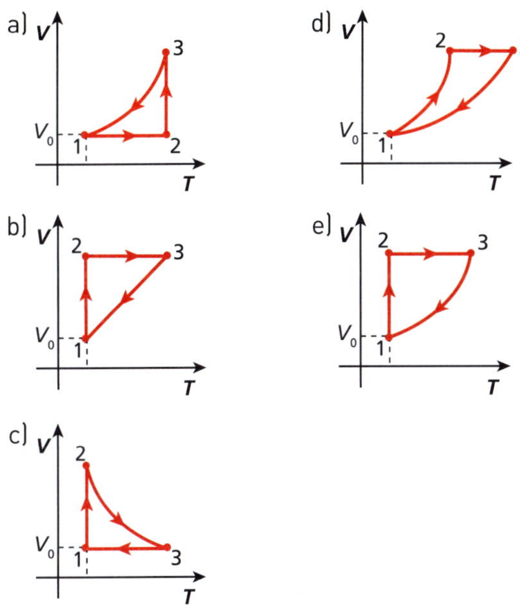

Ilustrações: Banco de imagens/Arquivo da editora

13. (Unicamp-SP) Fazer vácuo significa retirar o ar existente em um volume fechado. Esse processo é usado, por exemplo, para conservar alimentos ditos embalados a vácuo ou para criar ambientes controlados para experimentos científicos. A figura a seguir representa um pistão que está sendo usado para fazer vácuo em uma câmara de volume constante $V_C = 2{,}0$ litros. O pistão, ligado à câmara por uma válvula **A**, aumenta o volume que pode ser ocupado pelo ar em $V_P = 0{,}2$ litros. Em seguida, a válvula **A** é fechada e o ar que está dentro do pistão é expulso através de uma válvula **B**, ligada à atmosfera, completando um ciclo de bombeamento. Considere que o ar se comporte como um gás ideal e que, durante o ciclo completo, a temperatura não variou.

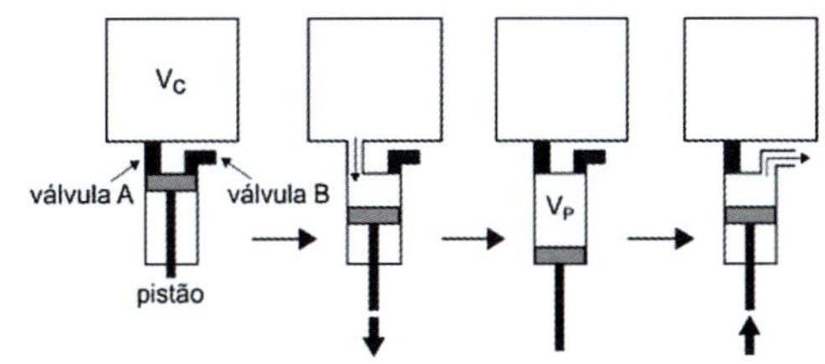

Reprodução/Unicamp, 2017

Se a pressão inicial na câmara é de $P_i = 33$ Pa, a pressão final na câmara após um ciclo de bombeamento será de:

a) 30,0 Pa.
b) 330,0 Pa.
c) 36,3 Pa.
d) 3,3 Pa.

14. (Unesp-SP) Um frasco para medicamento com capacidade 50 mL contém 35 mL de remédio, sendo o volume restante ocupado por ar. Uma enfermeira encaixa uma seringa nesse frasco e retira 10 mL do medicamento, sem que tenha entrado ou saído ar do frasco. Considere que durante o processo a temperatura do sistema tenha permanecido constante e que o ar dentro do frasco possa ser considerado um gás ideal.

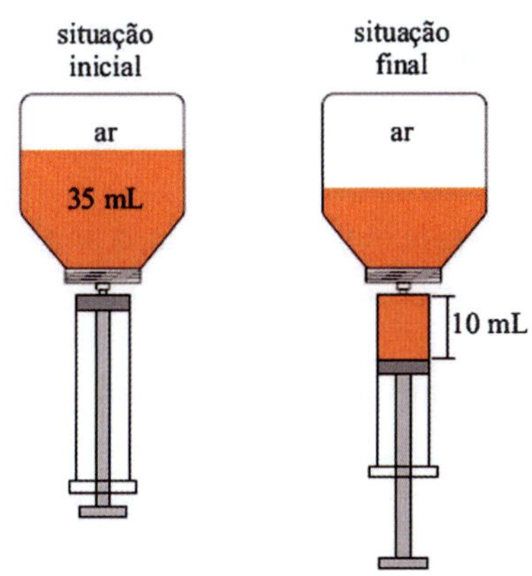

Reprodução/Unesp, 2012

Na situação final em que a seringa com o medicamento ainda estava encaixada no frasco, a retirada dessa dose fez com que a pressão do ar dentro do frasco passasse a ser, em relação à pressão inicial:

a) 60% maior.
b) 40% maior.
c) 60% menor.
d) 40% menor.
e) 25% menor.

15. (Fuvest-SP) Uma garrafa tem um cilindro afixado em sua boca, no qual um êmbolo pode se movimentar sem atrito, mantendo constante a massa de ar dentro da garrafa, como ilustra a figura. Inicialmente, o sistema está em equilíbrio à temperatura de 27 °C. O volume de ar na garrafa é igual a 600 cm³ e o êmbolo tem uma área transversal igual a 3 cm². Na condição de equilíbrio, com a pressão atmosférica constante, para cada 1 °C de aumento da temperatura do sistema, o êmbolo subirá aproximadamente

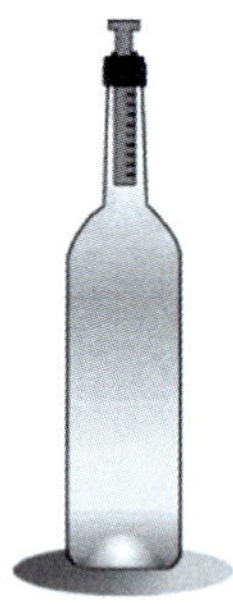

a) 0,7 cm
b) 1,4 cm
c) 2,1 cm
d) 3,0 cm
e) 6,0 cm

Note e adote:
0 °C = 273 K
Considere o ar da garrafa como um gás ideal.

16. Certa massa de gás perfeito está em um recipiente de volume constante. No início, a temperatura do gás é de 47 °C e a pressão registrada é equivalente a 100 mmHg. Qual será a nova pressão do gás se a sua temperatura for alterada para 207 °C?

17. Uma garrafa metálica aprisiona ar a uma temperatura de 27 °C, sob pressão de 1,2 atm. Essa garrafa é colocada no interior de um forno e é aquecida até que sua tampa seja ejetada. Supondo que o ar se comporte como um gás perfeito, a dilatação da garrafa seja desprezível e a condição para a tampa ser ejetada é uma pressão igual a 2,8 atm, qual é a temperatura do ar no instante em que ela escapa da garrafa?

18. (UFPE) Um recipiente, feito de um material isolante térmico, consiste de duas partições iguais separadas por uma divisória **D** (ver figura). No lado direito do recipiente, faz-se vácuo e, na partição da esquerda, se introduz um mol de um gás ideal. Quando a divisória é removida, o gás se expande livremente (isto é, sem realizar trabalho) e atinge um novo estado de equilíbrio termodinâmico. Determine a razão $\frac{P_{antes}}{P_{depois}}$ entre as pressões antes e depois da remoção da divisória.

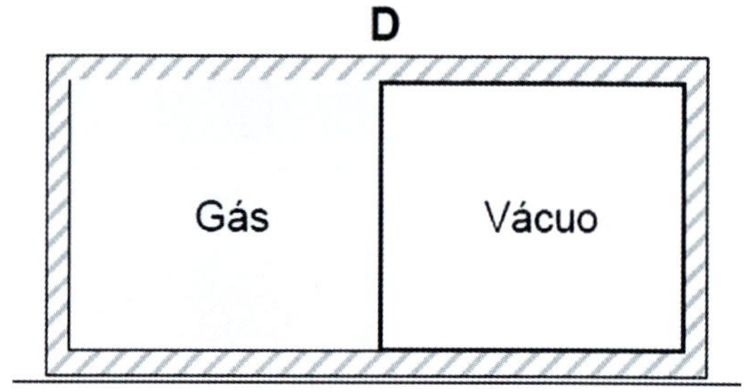

19. (Unesp-SP) Uma panela de pressão com capacidade de 4 litros contém, a uma temperatura de 27 °C, 3 litros de água líquida à pressão de 1 atm. Em seguida, ela é aquecida até que a temperatura do vapor seja de 127 °C, o volume de água líquida caia para 2,8 litros e o número de moléculas do vapor dobre. A panela começa a deixar escapar vapor por uma válvula, que entra em ação após a pressão interna do gás atingir um certo valor máximo. Considerando o vapor como um gás ideal, determine o valor dessa pressão máxima.

20. (Unifesp) Você já deve ter notado como é difícil abrir a porta de um *freezer* logo após tê-la fechado, sendo necessário aguardar alguns segundos para abri-la novamente. Considere um *freezer* vertical cuja porta tenha 0,60 m de largura por 1,0 m de altura, volume interno de 150 L e que esteja a uma temperatura interna de −18 °C, num dia em que a temperatura externa seja de 27 °C e a pressão, $1{,}0 \cdot 10^5$ N/m².

a) Com base em conceitos físicos, explique a razão de ser difícil abrir a porta do *freezer* logo após tê-lo fechado e por que é necessário aguardar alguns instantes para conseguir abri-la novamente.

b) Suponha que você tenha aberto a porta do *freezer* por tempo suficiente para que todo o ar frio do seu interior fosse substituído por ar a 27 °C e que, fechando a porta do *freezer*, quisesse abri-la novamente logo em seguida. Considere que, nesse curtíssimo intervalo de tempo, a temperatura média do ar no interior do *freezer* tenha atingido −3 °C. Determine a intensidade da força resultante sobre a porta do *freezer*.

7. A Equação de Clapeyron

Foi o físico francês Benoît Paul Émile Clapeyron (1799-1864) quem estabeleceu a equação que relaciona as variáveis de estado de um gás perfeito: pressão (*p*), volume (*V*) e temperatura absoluta (*T*). Equação que nada mais é do que a síntese das leis de Boyle, Charles e Gay-Lussac.

De acordo com a **Lei de Boyle**, a pressão (*p*) e o volume (*V*) de um gás perfeito são inversamente proporcionais. Da **Lei de Charles e Gay-Lussac**, sabemos que o volume (*V*) é diretamente proporcional à temperatura absoluta (*T*) do gás. Da **Lei de Charles**, sabemos que a pressão (*p*) é diretamente proporcional à temperatura absoluta (*T*) do gás.

Não podemos esquecer ainda que, se a pressão de um gás é produzida pelo choque de suas partículas com as paredes do recipiente, a pressão (*p*) é função também do número de partículas, isto é, da massa (*m*) do gás considerado.

Tendo isso em conta, podemos escrever que:

$$p = K\frac{mT}{V}$$

em que *K* é uma constante que depende apenas da natureza do gás.

Pode-se comprovar que, para diferentes gases, o valor de *K* é inversamente proporcional à massa molar (*M*) de cada gás:

$$K = \frac{R}{M}$$

em que *R* é uma constante de proporcionalidade igual para todos os gases. É por isso que a constante *R* é denominada **constante universal dos gases perfeitos**.

Assim, a relação anterior fica dada por:

$$p = R\frac{m}{M}\frac{T}{V} \Rightarrow pV = \frac{m}{M}RT$$

Uma vez que o quociente $\frac{m}{M}$ é o número de mols (*n*) do gás, a Equação de Clapeyron para os gases perfeitos toma seu aspecto definitivo:

$$pV = nRT$$

Retrato de Benoît Paul Émile Clapeyron, engenheiro e físico francês que estudou os gases perfeitos e ajudou a desenvolver a Termodinâmica.

8. A constante universal dos gases perfeitos (R) e seus valores

Nas denominadas condições normais de temperatura e pressão (CNTP), quando a temperatura é 0 °C e a pressão assume o valor 1,0 atm, 1 mol de qualquer gás ocupa um volume correspondente a 22,4 litros.

Resumindo (nas CNTP):

$$p = 1{,}0 \text{ atm}$$
$$T = 0 \text{ °C} = 273 \text{ K}$$

1 mol de qualquer gás ocupa um volume de 22,4 L.

Da **Equação de Clapeyron**, temos:

$$R = \frac{pV}{nT}$$

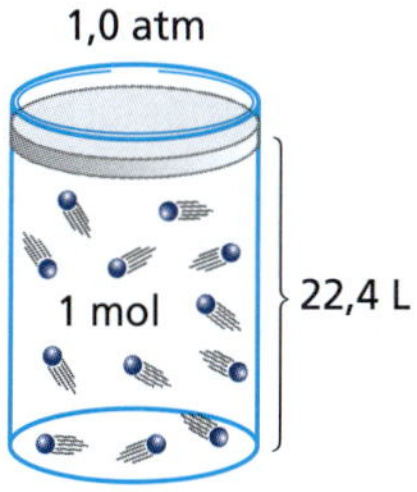

Quando uma pessoa assopra o bico de um balão, ela está injetando ar no seu interior (o número de mols *n* está aumentando). As partículas de ar chocam-se com as paredes internas, forçando-as. Devido à elasticidade da borracha, o balão aumenta de volume. Nessa situação, estão sendo alterados o número de mols, a pressão e o volume do gás.

Substituindo os dados citados, concluímos:

$$R = \frac{1\,\text{atm} \cdot 22{,}4\,\text{L}}{1\,\text{mol} \cdot 273\,\text{K}}$$

$$R = 0{,}082\ \frac{\text{atm L}}{\text{mol K}}$$

A grandeza *R* é uma constante física; assim, possui unidades que, ao serem mudadas, produzem alteração no valor numérico da constante.

A constante *R*, dependendo das unidades das demais grandezas, pode assumir os valores:

$$R = 0{,}082\ \frac{\text{atm L}}{\text{mol K}} = 8{,}31\ \frac{\text{joules}}{\text{mol K}} \cong 2\ \frac{\text{cal}}{\text{mol K}}$$

Ampliando o olhar

A atmosfera terrestre e o oxigênio que respiramos

No entorno da superfície da Terra encontramos gases que formam a nossa atmosfera. O nitrogênio é o principal desses gases participando com 78% do total, o oxigênio é o segundo com 21% e o restante 1% é formado por argônio, dióxido de carbono (CO_2), neônio, hélio, metano (CH_4), criptônio, hidrogênio e xenônio. Todos eles são chamados de gases reais e, rigorosamente, não obedecem às leis de Boyle, Charles e Gay-Lussac e a equação de Clapeyron. No entanto, sob altas temperaturas e baixas pressões, esses gases se comportam de maneira a se aproximar do comportamento dos gases perfeitos. Assim, **teoricamente** podemos supor que o ar atmosférico (que é a mistura dos gases citados) se comporta dentro dos padrões dos gases perfeitos.

O ar que respiramos possui aproximadamente 21% de oxigênio, gás indispensável para a nossa vida. Quando expiramos devolvemos 16% para a nossa atmosfera e ficamos com 5% do oxigênio inspirado. Esse gás, através dos pulmões, irá se juntar ao nosso sangue e fará parte das reações químicas que irão renová-lo. Uma pessoa em atividades normais respira (inspira e expira) aproximadamente 8 litros de ar a cada minuto, 11 500 litros de ar por dia, sendo 5%, quase 600 litros de oxigênio puro, que será absorvido. Claro que, em atividades aeróbicas, seus pulmões "pulsarão" mais rapidamente, recebendo mais ar do que uma pessoa em estado normal.

A cor azul da atmosfera terrestre é devida ao nitrogênio que nela está presente em grande quantidade. Além de gases, na atmosfera encontramos vapor de água, responsável pela formação de nuvens.

Quando alguém está internado em um hospital, respirando por aparelhos, receberá o oxigênio por meio de um tubo ligado a um recipiente metálico que contém esse gás sob alta pressão, por volta de 100 atmosferas. Para que o gás não provoque danos ao doente, uma válvula reduz essa pressão para algo em torno de 3 atmosferas. Se o cilindro metálico onde se encontra o oxigênio possui volume de 60 litros e na válvula redutora de pressão o fluxo de gás foi regulado para 5 litros/minuto, mantida constante a temperatura em 27 °C, em quanto tempo a pressão no interior do cilindro será reduzida para 40 atmosferas? Essa questão já caiu em um grande vestibular do país, você consegue obter a resposta? Para a resolução, utilize $R = 8 \cdot 10^{-2}$ atm · L/(mol · K). **(Resp.: 4,0 h)**

9. Lei Geral dos Gases

Quando determinada massa de gás perfeito (massa constante) sofre uma transformação em que as três variáveis pressão (p), volume (V) e temperatura absoluta (T) se modificam, podemos usar a chamada **Lei Geral dos Gases**.

Essa lei é obtida a partir da **Equação de Clapeyron**. Para tanto, suponhamos que certa massa de gás perfeito encontre-se inicialmente num estado definido por p_1, V_1 e T_1. Sofrendo uma transformação, essa **mesma** massa de gás passa para o estado definido por p_2, V_2 e T_2.

Se aplicarmos a **Equação de Clapeyron** separadamente para essas situações, teremos:

Estado (1):

$$p_1V_1 = nRT_1 \Rightarrow \frac{p_1V_1}{T_1} = nR \quad \text{(I)}$$

Estado (2):

$$p_2V_2 = nRT_2 \Rightarrow \frac{p_2V_2}{T_2} = nR \quad \text{(II)}$$

Igualando (I) e (II), obtemos a seguinte relação, denominada **Lei Geral dos Gases**:

$$\frac{p_1V_1}{T_1} = \frac{p_2V_2}{T_2}$$

Nas transformações do exemplo, a massa do gás perfeito mantém-se constante, variando apenas as demais grandezas: pressão (p), volume (V) e temperatura absoluta (T). A **Lei Geral dos Gases** garante a validade da relação:

$$\frac{p_1V_1}{T_1} = \frac{p_2V_2}{T_2} = \frac{p_3V_3}{T_3}$$

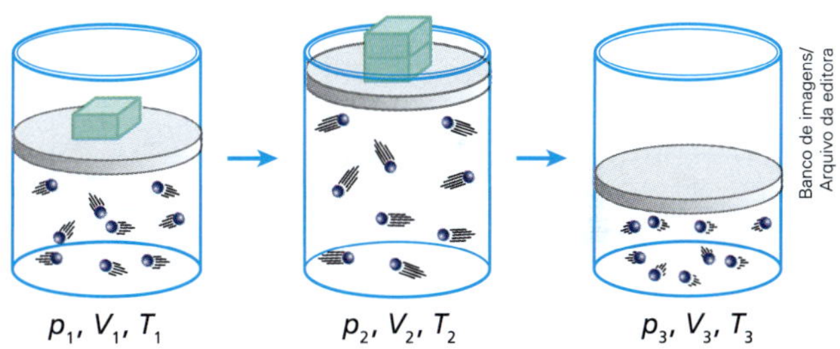

10. Mistura física de gases perfeitos

A **mistura física de gases perfeitos** é a reunião de dois ou mais gases ideais, de forma a não ocorrerem reações químicas entre suas partículas, isto é, as interações existentes são estritamente físicas.

Ao calcular as grandezas físicas associadas à mistura, devemos lembrar que, sempre, numa mistura de e gases perfeitos, o número de mols da associação é igual à soma do número de mols dos gases componentes.

Assim:

$$n_{mistura} = n_1 + n_2 + n_3 + \ldots + n_e \quad \text{(I)}$$

Mas da Equação de Clapeyron vem:

$$pV = nRT \Rightarrow n = \frac{pV}{RT}$$

Daí, calculando o número de mols de cada gás antes da mistura, temos:

$$n_1 = \frac{p_1V_1}{RT_1}$$

$$n_2 = \frac{p_2V_2}{RT_2}$$

$$n_3 = \frac{p_3V_3}{RT_3}$$

$$\vdots$$

$$n_e = \frac{p_eV_e}{RT_e}$$

Para a mistura, podemos escrever: $n_m = \frac{p_mV_m}{RT_m}$

Da expressão (I), temos:

$$\frac{p_mV_m}{T_m} = \frac{p_1V_1}{T_1} + \frac{p_2V_2}{T_2} + ... + \frac{p_eV_e}{T_e}$$

Portanto, numa mistura de gases ideais, a razão $\frac{pV}{T}$ da mistura é a soma das razões $\frac{pV}{T}$ de cada um dos gases participantes, antes de fazerem parte da mistura.

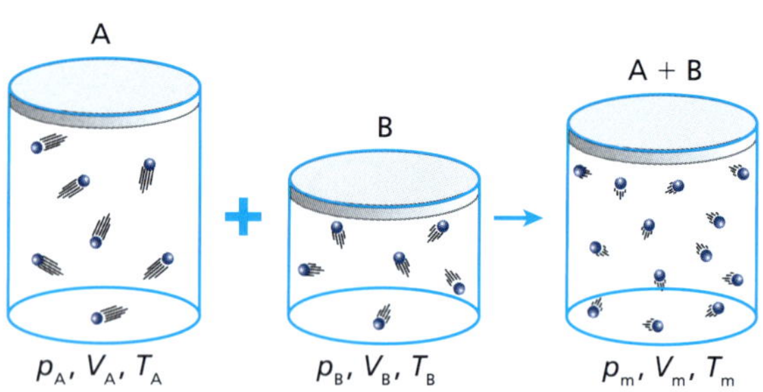

Banco de imagens/Arquivo da editora

Na ilustração, os gases perfeitos **A** e **B** são misturados fisicamente em um terceiro recipiente. A mistura terá um número de mols *n* igual à soma dos números de mols de **A** e **B** ($n = n_A + n_B$). Assim, podemos afirmar que vale a relação:

$$\frac{p_mV_m}{T_m} = \frac{p_AV_A}{T_A} + \frac{p_BV_B}{T_B}$$

JÁ PENSOU NISTO?

Pneus de aviões são especiais?

Em altitudes da ordem de 10 000 m, em que voam os grandes aviões, a temperatura atmosférica é bastante baixa, próxima de −50 °C. Durante o pouso, os pneus desses aviões sofrem uma expressiva elevação de temperatura, de −50 °C (em voo) a +80 °C (na aterrissagem), devido aos atritos que os pneumáticos recebem da pista, parcialmente responsáveis pelo freamento da aeronave. Esse aumento de temperatura faz a pressão do nitrogênio (que infla os pneus) aumentar, exigindo que os pneus de aviões tenham fabricação especial.

Alamy/Fotoarena

Exercícios Nível 1

21. Colocam-se 160 g de oxigênio, a 27 °C, em **E.R.** um recipiente com capacidade de 5,0 L. Considerando-se que o oxigênio se comporta como um gás perfeito, qual é o valor da pressão exercida por ele?

Dados: massa molar do oxigênio = 32 g;
constante universal dos gases perfeitos

$$R = 0{,}082 \frac{\text{atm L}}{\text{mol K}}$$

Resolução:

Aplicando a Equação de Clapeyron para os gases perfeitos, temos:

$$pV = nRT$$

em que n = m/M, *R* é a constante universal dos gases perfeitos e *T* é a temperatura absoluta do gás.

Do enunciado, sabemos que: V = 5,0 L

$$n = \frac{m}{M} = \frac{160}{32} \therefore n = 5{,}0 \text{ mol}$$

$$R = 0{,}082 \frac{\text{atm L}}{\text{mol K}}$$

$$T = 27\ °C = 300\ K$$

Portanto:

$$p \cdot 5{,}0 = 5{,}0 \cdot 0{,}082 \cdot 300$$

$$\boxed{p = 24{,}6 \text{ atm}}$$

22. (Enem) Uma pessoa abre sua geladeira, verifica o que há dentro e depois fecha a porta dessa geladeira. Em seguida, ela tenta abrir a geladeira novamente, mas só consegue fazer isso depois de exercer uma força mais intensa do que a habitual.

A dificuldade extra para reabrir a geladeira ocorre porque o(a)

a) volume de ar dentro da geladeira diminuiu.
b) motor da geladeira está funcionando com potência máxima.
c) força exercida pelo ímã fixado na porta da geladeira aumenta.
d) pressão no interior da geladeira está abaixo da pressão externa.
e) temperatura no interior da geladeira é inferior ao valor existente antes de ela ser aberta.

23. Em um recipiente rígido de 41 L de capacidade, são colocados 10 mols de um gás perfeito, à temperatura de 177 °C. Qual o valor da pressão exercida por esse gás nas paredes internas de um recipiente?

Dado: pressão universal dos gases perfeitos R = 0,082 (atm · L)/(mol · K).

24. (Fuvest-SP) Um botijão de gás de cozinha contém 13 kg de gás liquefeito, à alta pressão. Um mol desse gás tem massa de, aproximadamente, 52 g. Se todo o conteúdo do botijão fosse utilizado para encher um balão, à pressão atmosférica e à temperatura de 300 K, o volume final do balão seria aproximadamente de:

a) 13 m^3;
b) 6,2 m^3;
c) 3,1 m^3;
d) 0,98 m^3;
e) 0,27 m^3.

> **Note e adote:**
> Constante dos gases *R*
> R = 8,3 J/(mol · K) ou
> R = 0,082 (atm · L)/(mol · K)
> $P_{atmosférica} = 1 \text{ atm} \cong 1 \cdot 10^5 \text{ Pa}$
> (1 Pa = 1 N/m^2)
> 1 m^3 = 1 000 L

25. A que temperatura (em graus Celsius) devem-se encontrar 5,0 mols de um gás perfeito para que, colocados em um recipiente de volume igual a 20,5 L, exerçam uma pressão de 4,0 atm?

Dado: R = 0,082 (atm · L)/(mol · K).

26. Em um recipiente de paredes rígidas e capacidade igual a 10 L, são colocados 8,0 g de hidrogênio à temperatura de −23 °C. Qual a pressão exercida pelo gás, supondo-se que ele se comporte como um gás perfeito?

Dados: R = 0,082 (atm · L)/(mol · K);
1 mol (H_2) = 2 g.

27. (Fuvest-SP) Um laboratório químico descartou um frasco de éter, sem perceber que, em seu interior, havia ainda um resíduo de 7,4 g de éter, parte no estado líquido, parte no estado gasoso. Esse frasco, de 0,8 L de volume, fechado hermeticamente, foi deixado sob o sol e, após um certo tempo, atingiu a temperatura de equilíbrio T = 37 °C, valor acima da temperatura de ebulição do éter. Se todo o éter no estado líquido tivesse evaporado, a pressão dentro do frasco seria:

a) 0,37 atm.
b) 1,0 atm.
c) 2,5 atm.
d) 3,1 atm.
e) 5,9 atm.

> **Note e adote:**
> No interior do frasco descartado havia apenas éter.
> Massa molar do éter = 74 g
> K = °C + 273
> R (constante universal dos gases) = 0,082 (atm · · L)/(mol · K)

28. (Vunesp) O gráfico indica valores de pressão, volume e temperatura, obedecidos por um gás ideal que, por meio de uma transformação isobárica, passa de **A** para **B**, sofrendo, em seguida, uma transformação isovolumétrica que o leva do ponto **B** para o ponto **C**.

Reprodução/Arquivo da editora

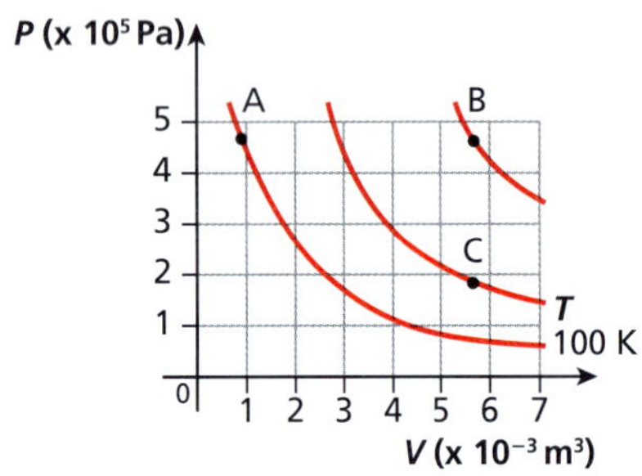

Nessas condições, o valor da temperatura *T* indicada em Kelvins é:

a) 320
b) 600
c) 200
d) 480
e) 240

29. E.R. Um recipiente provido de êmbolo contém um gás ideal, de tal forma que $V_1 = 2,0$ L, $p_1 = 3,495$ atm e $T_1 = 233$ K. O êmbolo é comprimido, reduzindo o volume em 40%. Quanto devemos aquecer esse gás para que a pressão se torne igual a 7,825 atm? Dê a resposta na escala Fahrenheit.

Resolução:

Já que a massa do gás não varia, pode-se usar a Lei Geral dos Gases:

$$\frac{p_1V_1}{T_1} = \frac{p_2V_2}{T_2}$$

Note que:

$$V_2 = V_1 - 0,4 \cdot V_1 = 0,6 \cdot V_1 \Rightarrow V_2 = 0,6 \cdot 2,0$$
$$V_2 = 1,2 \text{ L}$$

Então:

$$\frac{3,495 \cdot 2,0}{233} = \frac{7,825 \cdot 1,2}{T_2} \therefore T_2 = 313 \text{ K}$$

Como a questão pede **quanto** devemos aquecer o gás, temos:

$\Delta T = T_2 - T_1 \Rightarrow \Delta T = 313 - 233 \therefore \Delta T = 80$ K

Entretanto, a resposta deve ser dada em unidades da escala Fahrenheit; assim:

$$\frac{\Delta T_K}{\Delta\theta_F} = \frac{100}{180} \Rightarrow \frac{80}{\Delta\theta_F} = \frac{100}{180}$$

$$\boxed{\Delta\theta_F = 144 \text{ °F}}$$

30. Uma amostra de gás perfeito sofre as transformações **AB** (isobárica) e **BC** (isotérmica) representadas no diagrama pressão *versus* volume:

Banco de imagens/Arquivo da editora

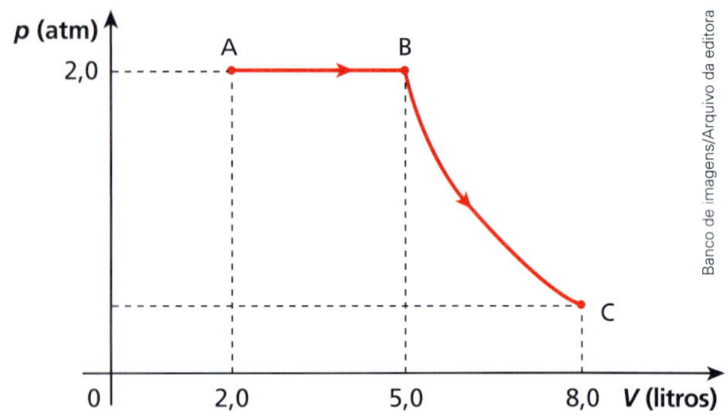

Sabe-se que a temperatura do gás, na situação representada pelo ponto **B**, vale 27 °C. Qual é a temperatura desse gás nas situações **A** e **C**?

31. Certa massa de gás perfeito é colocada, a 27 °C, em um recipiente de 5,0 L de capacidade, exercendo em suas paredes uma pressão equivalente a 2,0 atm. Mantendo-se a massa e transferindo-se o gás para um outro recipiente de 3,0 L de capacidade, quer-se ter esse gás sob pressão de 5,0 atm. Para tanto, a que temperatura deve-se levar o gás?

32. (PUC-SP) Um certo gás, cuja massa vale 140 g, ocupa um volume de 41 litros, sob pressão de 2,9 atmosferas à temperatura de 17 °C. O número de Avogadro vale $6,02 \cdot 10^{23}$ e a constante universal dos gases perfeitos é R = 0,082 (atm · L)/(mol · K). Nessas condições, qual o número de moléculas contidas no gás?

33. Em um frasco de paredes indeformáveis e volume interno igual a 5,0 L, encontramos um gás perfeito à temperatura de −73 °C. Nessas condições, a pressão exercida equivale a 38 cmHg. Mudando-se esse gás para um reservatório de capacidade igual a 2,0 L, quanto devemos aquecê-lo para que a pressão torne-se igual a 2,0 atm?

Dado: 1 atm = 76 cmHg.

34. Após o término das aulas, a família da aluna Maria Eduarda preparou seu automóvel para as merecidas férias. Calibrou os pneus com uma pressão de $210\ \frac{kN}{m^2}$. No momento da calibração a temperatura ambiente e dos pneus era de 27,0 °C. Todos subiram e partiram para a viagem. Chegando ao destino, os pneus apresentaram um aumento de pressão, passando para $240\ \frac{kN}{m^2}$.

Considerando o ar como um gás ideal, determine o que se pede a seguir.

a) Qual a temperatura do ar (em grau Celsius) no interior dos pneus, no final da viagem, se eles expandiram 5%?

b) De acordo com o fabricante, os pneus podem aumentar seu volume um máximo de 8%. Se, no final da viagem, essa situação extrema de volume foi atingida, com a temperatura em aproximadamente 378 K, qual o valor limite da pressão dos pneus (em atm)?

Considere:

Equação de Clapeyron: pV = nRT;

$1,0\ atm = 1,0 \cdot 10^5\ N/m^2$;

Lei Geral dos Gases: $\frac{p_0V_0}{T_0} = \frac{p_1V_1}{T_1}$;

Conversão Kelvin para Celsius: $\theta_C = T(K) - 273$.

Exercícios Nível 2

35. Em 1738, o físico matemático Daniel Bernoulli (1700-1782) publicou *Hidrodinâmica*, a base para a teoria cinética dos gases. Nesse trabalho, Bernoulli posicionou seu argumento, ainda sólido até a atualidade, de que os gases consistem em um grande número de moléculas se movendo em todas as direções, colidindo entre si. Esse impacto causa uma pressão na superfície de contato que podemos sentir, assim como o que sentimos como calor é simplesmente a energia cinética do seu movimento.

A teoria não foi imediatamente aceita, em parte por causa da conservação de energia que não estava bem estabelecida, e, ainda, não era óbvio aos físicos que as colisões entre as moléculas eram perfeitamente elásticas.

Empiricamente, observa-se uma série de relações entre a **temperatura**, a **pressão** e o **volume** que dão lugar à Lei dos Gases Ideais, deduzida pela primeira vez por Émile Clapeyron, em 1834. Utilizando essa equação, determine a pressão no interior de um recipiente cúbico de aresta interna 20 cm, preenchido com 64 g de oxigênio, à temperatura de 327 °C. Utilize R = 0,082 (atm · L)/(mol · K), $1\ atm = 1,013 \cdot 10^5$ Pa e 16 para a massa atômica do oxigênio.

a) $1,357 \cdot 10^6$ Pa

b) $6,78 \cdot 10^5$ Pa

c) $2,492 \cdot 10^6$ Pa

d) $6,23 \cdot 10^5$ Pa

e) $1,246 \cdot 10^6$ Pa

36. Considerando-se *p* a pressão, *V* o volume, *T* a temperatura absoluta, *M* a massa de 1 mol e *R* a constante universal dos gases perfeitos, qual a relação que representa a densidade absoluta de um gás perfeito?

a) $d = \frac{MR}{pT}$

b) $d = \frac{pV}{RT}$

c) $d = \frac{pM}{RT}$

d) $d = \frac{RT}{pV}$

e) $d = \frac{p}{MRT}$

37. Um cilindro adiabático vertical foi dividido em duas partes por um êmbolo de 2,50 kg de massa, que está apoiado em uma mola ideal de constante elástica igual a $1,04 \cdot 10^5$ N/m. Na parte inferior do cilindro, fez-se vácuo e, na parte superior, foram colocados 5 mols de um gás perfeito. Na situação de

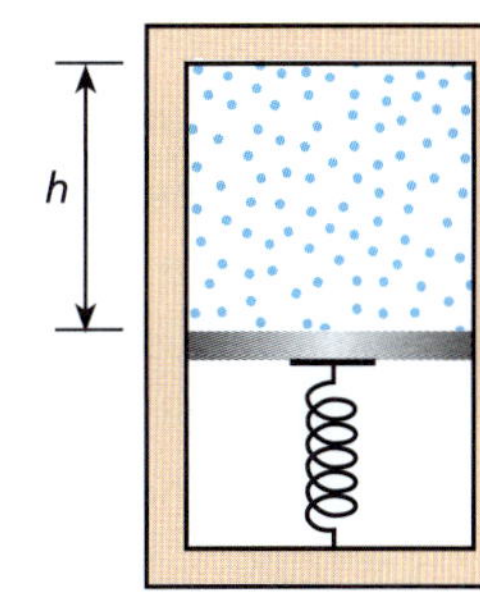

Banco de imagens/Arquivo da editora

equilíbrio, a altura *h* vale 60 cm e a mola está comprimida em 20 cm.

Dados: $g = 10\ m/s^2$;

$R = 8{,}31\ J/(mol \cdot K)$.

Desprezando-se possíveis atritos, qual a temperatura do gás, em graus Celsius?

38. E.R. Um cilindro metálico de paredes indeformáveis contém gás ideal a −23 °C. Quando aquecemos lentamente o sistema até 127 °C, uma válvula deixa escapar gás, a fim de manter a pressão interna constante, durante todo o processo. Determine a fração do gás inicial que escapa.

Resolução:

Do texto, observamos que o volume e a pressão do gás permanecem constantes. Aplicando a **Equação de Clapeyron**, temos:

$$pV = nRT$$

$$n_1RT_1 = n_2RT_2 \Rightarrow n_1T_1 = n_2T_2 \quad (1)$$

São dados:

$T_1 = -23\ °C = 250\ K$

$T_2 = 127\ °C = 400\ K$

Substituindo esses valores na expressão (1), encontramos:

$$n_1 \cdot 250 = n_2 \cdot 400$$

$$n_2 = 0{,}625n_1 \text{ ou } n_2 = 62{,}5\%n_1$$

Portanto, o gás que escapa representa 37,5% da massa inicial.

39. (UPM-SP) Em um recipiente hermeticamente fechado e que contém 20 g de CO_2 foi acoplada uma válvula. Inicialmente, a pressão desse gás é de 6,0 atm e sua temperatura, de 77 °C. Se, através da válvula, permitirmos que 25% do gás escapem, mantendo constante a temperatura, qual será a pressão exercida pelo gás restante?

40. (Unirio-RJ) Um cilindro de capacidade igual a 60 L está cheio de oxigênio sob pressão de 9,2 atm, à temperatura de 27 °C. Abre-se a válvula. Qual a massa de gás que escapa? Admite-se que a temperatura permaneça constante e a pressão externa seja normal. Para o oxigênio, M = 32 g; R = 0,082 (atm · L)/(mol · K).

41. (CPAEN-RJ) Analise a figura abaixo.

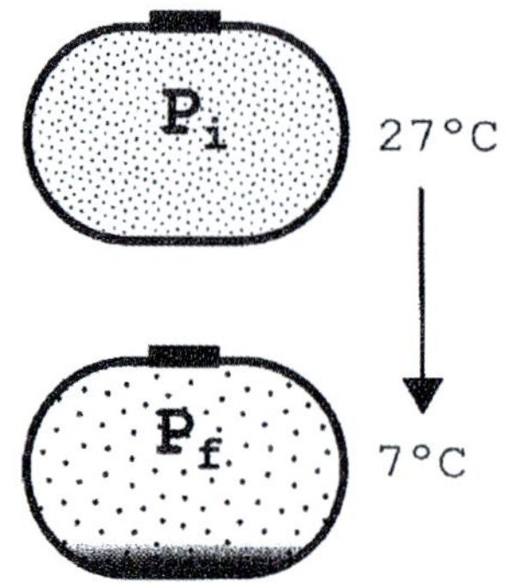

Reprodução/Escola Naval, 2016

Após uma lavagem, certa quantidade de vapor d'água, na temperatura inicial de 27 °C, permaneceu confinada no interior de um tanque metálico. A redução da temperatura para 7,0 °C causou condensação e uma consequente redução de 50% no número de moléculas de vapor. Suponha que o vapor d'água se comporte como um gás ideal ocupando um volume constante. Se a pressão inicial for $3{,}0 \cdot 10^3$ Pa, a pressão final, em quilopascal, será

a) 1,4
b) 1,5
c) 2,0
d) 2,8
e) 2,9

42. Ao ler um livro sobre tecnologia do vácuo, um aluno recebeu a informação de que o melhor "vácuo" que se pode obter no interior de um recipiente, na superfície da Terra, é da ordem de $2{,}5 \cdot 10^{-15}$ atm.

Considerando-se que o ar se comporta como um gás perfeito, aproximadamente quantas moléculas iremos encontrar em 1 mm^3 do interior desse recipiente, onde se fez o vácuo parcial, à temperatura de 27 °C?

Dados: constante universal dos gases perfeitos = = 0,082 (atm · L)/(mol · K);

1 litro = 1 dm^3;

número de Avogadro = $6{,}02 \cdot 10^{23}$ moléculas/mol.

a) zero
b) 60
c) 602
d) 1 820
e) $6 \cdot 10^{23}$

43. (Famerp-SP) Um cilindro de mergulho tem capacidade de 12 L e contém ar comprimido a uma pressão de 200 atm à temperatura de 27 °C. Acoplado à máscara da mergulhadora, há um regulador que reduz a pressão do ar a 3 atm, para que possa ser aspirado por ela embaixo d'água. Considere o ar dentro do cilindro como um gás ideal, que sua temperatura se mantenha constante e que R = 0,08 atm · L/mol · K.

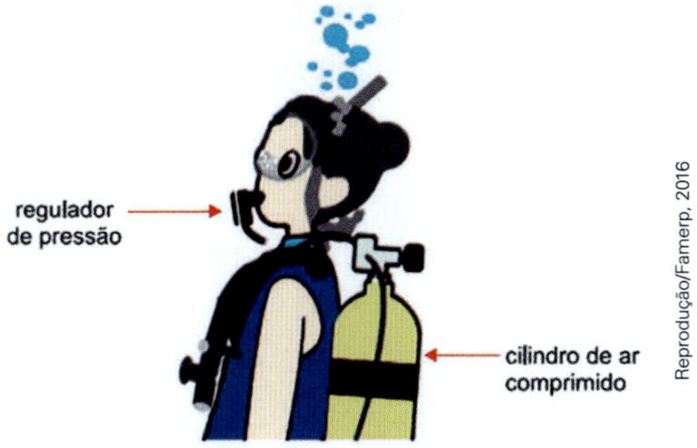

(http://pt.net-diver.org. Adaptado.)

Considerando que em um mergulho o ar seja aspirado a uma vazão média de 5 L/min, calcule:

a) o número de mols de ar existentes dentro do cilindro no início do mergulho;

b) o tempo de duração, em minutos, do ar dentro do cilindro. Expresse os cálculos efetuados.

44. A densidade do nitrogênio, considerado gás ideal, nas condições normais de temperatura e pressão, é de 1,25 kg · m^{-3}. Qual será a massa de 10 L de nitrogênio à pressão de 700 mmHg e a 40 °C?

45. (Faap-SP) Certa massa de oxigênio tem massa específica de 0,07 g/cm^3 sob pressão de 700 mmHg. Determine a pressão desse oxigênio para que sua massa específica aumente para 0,09 g/cm^3 à mesma temperatura.

46. (UFRJ) Um físico alpinista escalou uma alta montanha e verificou que, no topo, a pressão *p* do ar era igual a $0{,}44p_0$, sendo p_0 a pressão ao nível do mar. Ele notou também que, no topo, a temperatura *T* era igual a $0{,}88T_0$, sendo T_0 a correspondente temperatura ao nível do mar, ambas as temperaturas medidas em Kelvin.

Considerando o ar no topo e ao nível do mar como um mesmo gás ideal, calcule a razão $\frac{d}{d_0}$ entre a densidade *d* do ar no topo da montanha e a correspondente densidade d_0 ao nível do mar.

47. E.R. Um gás perfeito realiza um ciclo (1, 2, 3, 1) formado por três transformações: (1, 2) isobárica, (2, 3) isovolumétrica e (3, 1) isotérmica. Em 1, suas variáveis de estado são: pressão p_1 = 2,0 atm, volume V_1 = 1,5 L e temperatura θ_1 = 20 °C. Na transformação isobárica (1, 2), o volume do gás é duplicado. Calcule os valores das variáveis de estado (pressão, volume e temperatura) em cada um dos dois outros estados (2 e 3).

Resolução:

O ciclo (1, 2, 3, 1), formado pelas transformações (1, 2) isobárica (pressão constante), (2, 3) isovolumétrica (volume constante) e (3, 1) isotérmica (temperatura constante), é representado no **diagrama de Clapeyron**, como segue:

No estado (1), as variáveis de estado do gás são dadas por:

$p_1 = 2{,}0$ atm

$V_1 = 1{,}5$ L

$\theta_1 = 20\ °C \Rightarrow T_1 = 293$ K

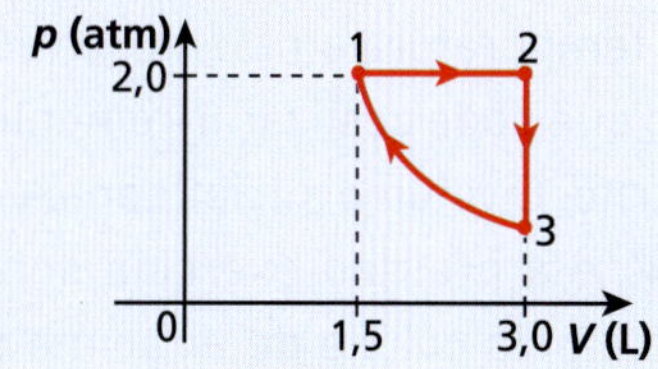

No estado (2), após ter sofrido uma transformação isobárica (p = cte.) e ter dobrado o volume, as variáveis de estado do gás ficam:

$p_2 = 2{,}0$ atm (de 1 para 2 → transformação isobárica)

$V_2 = 3{,}0$ L (volume dobrou)

$\theta_2 = ?$

Usando a **Lei Geral dos Gases**, uma vez que o número de mols permanece constante, temos:

$$\frac{p_1V_1}{T_1} = \frac{p_2V_2}{T_2} \Rightarrow \frac{2{,}0 \cdot 1{,}5}{293} = \frac{2{,}0 \cdot 3{,}0}{T_2}$$

$$T_2 = 586\ K \Rightarrow \theta_2 = 313\ °C$$

No estado (3), após ter sofrido uma transformação isovolumétrica (V = cte.), o gás tem as seguintes variáveis de estado:

$p_3 = ?$

$V_3 = 3{,}0$ L (transformação isovolumétrica)

$\theta_3 = \theta_1 = 20$ °C (pois o gás volta ao estado (1) numa transformação isotérmica)

Usando novamente a **Lei Geral dos Gases**, temos:

$$\frac{p_2V_2}{T_2} = \frac{p_3V_3}{T_3} + \frac{2{,}0 \cdot 3{,}0}{586} = \frac{p_3 \cdot 3{,}0}{293}$$

$$p_3 = 1{,}0\ atm$$

Assim, os valores das variáveis pedidas são:

$$(2)\begin{cases} p_2 = 2{,}0\ atm \\ V_2 = 3{,}0\ L \\ \theta_2 = 313\ °C \end{cases} \qquad (3)\begin{cases} p_3 = 1{,}0\ atm \\ V_3 = 3{,}0\ L \\ \theta_3 = 20\ °C \end{cases}$$

48. (UPM-SP) Um gás perfeito, a 27 °C, está aprisionado em um cilindro indilatável por um êmbolo de peso P. Coloca-se sobre o êmbolo um peso $2P$ e aquece-se o gás a 127 °C. Despreze a pressão atmosférica. Sendo V o volume inicial do gás, o seu volume final será:

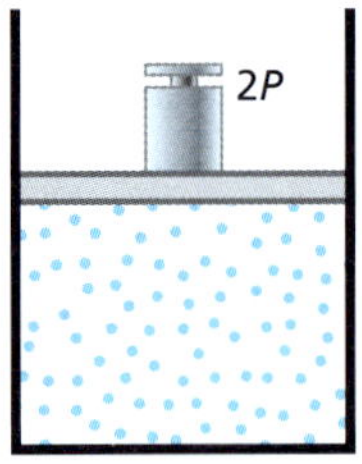

Reprodução/Arquivo da editora

a) $\frac{V}{2}$ b) $\frac{8V}{9}$ c) $\frac{4V}{9}$ d) $\frac{4V}{3}$ e) $\frac{2V}{3}$

49. Um cilindro contendo uma amostra de gás perfeito, à temperatura ambiente, é vedado por um êmbolo que pode deslizar livremente, sem qualquer atrito. O volume inicialmente ocupado pelo gás é V_0 e a pressão exercida sobre ele, pelo êmbolo e pela coluna de ar acima dele, é igual a 12 N/cm². Colocando-se sobre o êmbolo, cuja área é de 100 cm², um corpo de massa 40 kg, o gás é comprimido, sua pressão aumenta e seu volume passa a ser igual a V.

Dado: aceleração da gravidade no local = 10 m/s².

Banco de imagens/Arquivo da editora

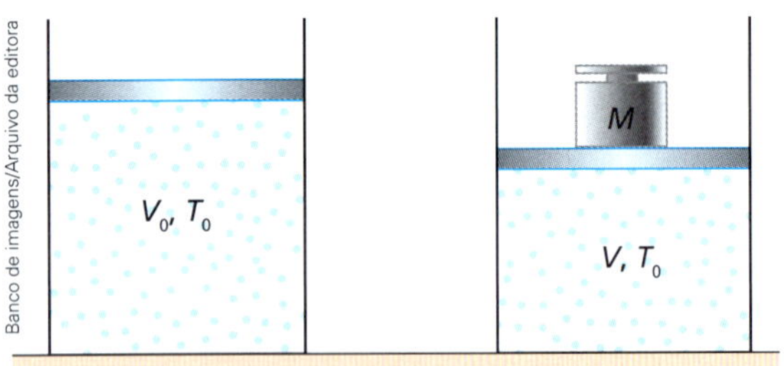

a) Determine, em N/cm², a pressão adicional exercida sobre o gás pelo peso do corpo de massa 40 kg.

b) Demonstre que, se a transformação sofrida pelo gás for isotérmica, vale a relação $\frac{V}{V_0} = \frac{3}{4}$.

50. Na figura 1, podemos observar um recipiente de volume 2 litros, que contém ar na pressão atmosférica local (70 cmHg), acoplado a um tubo em forma de **U** que contém mercúrio.

No início, os níveis do mercúrio estão na mesma horizontal. Em seguida, é introduzida no recipiente uma porção de gelo-seco (CO_2). O recipiente é fechado. Após algum tempo, quando todo o gelo-seco passou para a fase gasosa, notamos que o mercúrio apresenta um desnível de 19 cm e a situação se estabiliza. Despreze o volume do tubo em comparação com o do recipiente.

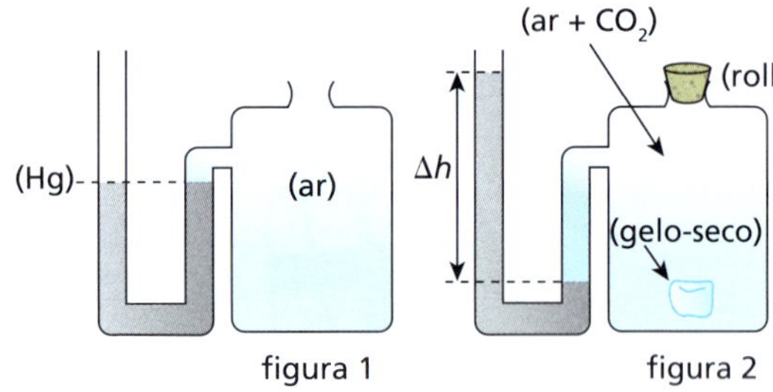

Banco de imagens/Arquivo da editora

Todo o processo ocorre à temperatura do meio ambiente (27 °C). Supondo-se que o ar e o CO_2 comportem-se como gases perfeitos, que a pressão atmosférica normal valha 76 cmHg e que a constante universal dos gases perfeitos valha 0,082 atm · L/mol · K, qual é o número de mols aproximado de CO_2 existente no recipiente?

51. (Unesp-SP) Em um dia em que se registrava uma temperatura ambiente de 27 °C, um balão de festa foi cheio com ar, cuja densidade era de 1,3 kg/m³. Foi medida uma diferença de massa entre o balão vazio e cheio de 7,8 g.

a) Qual o volume, em litros, do balão cheio?

b) Considerando o ar como um gás ideal, qual seria o seu volume se, depois de cheio, ele fosse guardado numa câmara fria a −23 °C, sem variar a pressão e o número de partículas em seu interior?

52. (UFPE) Um cilindro de 20 cm² de seção reta contém um gás ideal, comprimido em seu interior por um pistão móvel, de massa desprezível e sem atrito. O pistão repousa a uma altura h_0 = 1,0 m. A base do cilindro está em contato com um forno, de forma que a temperatura do gás permanece constante. Bolinhas de chumbo são lentamente depositadas sobre o pistão até que ele atinja a altura h = 80 cm.

Reprodução/Arquivo da editora

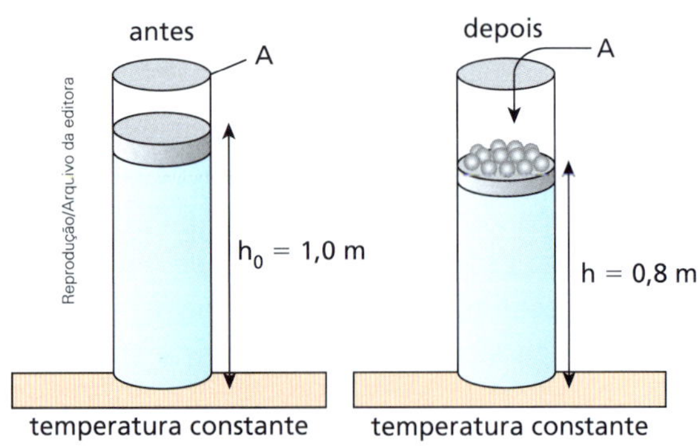

Considere a pressão atmosférica igual a 1 atm.
(1 atm = 1,0 · 10⁵ N/m²)

A massa do chumbo que foi depositada sobre o pistão vale:

a) 0,50 kg.
c) 2,0 kg.
e) 50,5 kg.
b) 1,0 kg.
d) 5,0 kg.

53. Três recipientes contêm gases sob pressão e volume conforme representado a seguir:

E.R.

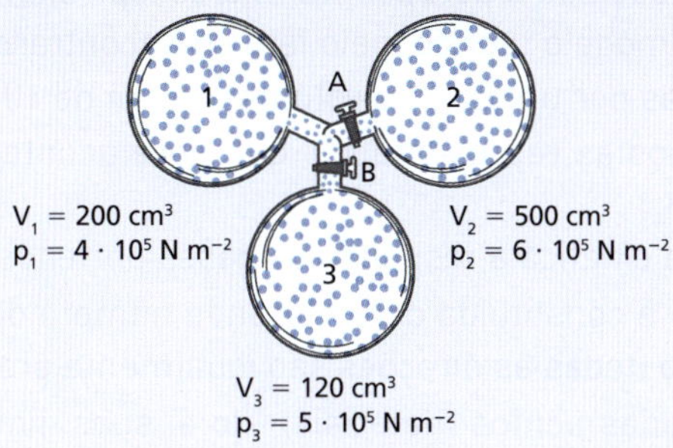

Banco de imagens/Arquivo da editora

As paredes dos recipientes são diatérmicas (permitem trocas de calor com o meio externo). Abrindo-se as válvulas **A** e **B**, os gases misturam-se, sem reações químicas, mantendo-se a temperatura constante (igual à temperatura ambiente). Qual o valor aproximado da pressão final da mistura?

Resolução:

Para uma mistura de gases perfeitos em que não há variação do número de mols dos componentes, temos:

$$\frac{p_m V_m}{T_m} = \frac{p_1 V_1}{T_1} + \frac{p_2 V_2}{T_2} + \frac{p_3 V_3}{T_3}$$

Como $T_1 = T_2 = T_3 = T_m = T_{ambiente}$ e

$V_m = V_1 + V_2 + V_3 \Rightarrow V_m = 820\ cm^3$, temos:

$$p_m \cdot 820 = 4 \cdot 10^5 \cdot 200 + 6 \cdot 10^5 \cdot 500 + 5 \cdot 10^5 \cdot 120$$

$$\boxed{p_m \cong 5{,}4 \cdot 10^5\ N/m^2}$$

54. Em um recipiente **A** de capacidade igual a 25 L há nitrogênio à temperatura de −23 °C, sob pressão de 3,0 atm. Em outro recipiente **B**, com 30 L de capacidade, há oxigênio à temperatura de 127 °C sob pressão de 8,0 atm. Ambos os gases são colocados num terceiro reservatório com capacidade de 27 L, no qual se misturam. Admitindo que esses gases não interagem quimicamente e que se comportam como gases perfeitos, qual será a temperatura final da mistura gasosa, sabendo que a pressão passou a ser de 10 atm?

55. Um modelo fenomenológico usado para estudar os gases é considerar que eles são constituídos de um grande número de moléculas cujas distâncias entre si são muito maiores que nos sólidos e líquidos. Nesse modelo, as moléculas de um gás movimentam-se através do espaço como uma saraivada de pequenas partículas, as quais colidem entre si e, eventualmente, com as paredes do recipiente. Essa sucessão de choques momentâneos empurra as paredes do recipiente em que o gás está contido. Sabe-se, ainda, que todos os gases têm o mesmo comportamento quando estão bastante rarefeitos e se encontram a uma temperatura muito maior do que aquela em que se tornam líquidos. Nesse estado, o comportamento dos gases é muito próximo daquele de um gás perfeito, cujo estado é facilmente conhecido utilizando a equação de estado para gases perfeitos. Considere um recipiente cuja capacidade é de 8,0 litros, no qual são colocados 4,0 litros de oxigênio a 17 °C sob 2,9 atm de pressão e 10 litros de hidrogênio a 27 °C sob aproximadamente 1,5 atm de pressão. Qual é a pressão final da mistura física dos gases, sabendo-se que a temperatura de equilíbrio do sistema é de 47 °C?

56. (UnB-DF)

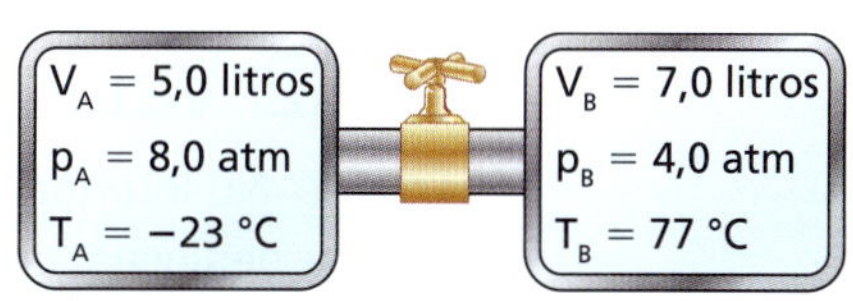

Reprodução/Arquivo da editora

A figura acima mostra, de forma esquemática, dois recipientes contendo dois gases ideais, conectados por meio de uma válvula, que está fechada inicialmente. Com base nessas informações e nos dados apresentados na figura, julgue os itens subsequentes.

I. Se a válvula for aberta, a temperatura da mistura a uma pressão de 10 atm deve ser superior a 200 K.

II. Se a válvula for aberta e a pressão for mantida 10 atm, a temperatura T_A permanecerá constante em torno de 300 K e a temperatura T_B abaixará para 237 K.

III. Quando dois sistemas gososos quaisquer em equilíbrio térmico entre si são colocados em contato térmico, tem maior temperatura aquele cuja pressão aumenta a volume constante.

Bloco 3

11. O modelo microscópico de gás perfeito

No primeiro item deste tópico, fizemos uma análise macroscópica do gás perfeito, estabelecendo um modelo teórico a partir do seu comportamento "externo", isto é, do comportamento de seus parâmetros pressão, volume e temperatura.

O estudo do gás perfeito realizado sob a perspectiva microscópica leva-nos à **teoria cinética dos gases**. Nesse modelo teórico, pelo fato de encontrarmos um número muito grande de partículas por unidade de volume (ordem de 10^{20} partículas por cm^3), as hipóteses impostas representam o que deve acontecer, em média, com as partículas do gás.

Vejamos as hipóteses da teoria cinética a respeito dos gases perfeitos:

- Uma porção de gás perfeito é constituída de um grande número de moléculas em movimento caótico (todas as direções são igualmente prováveis).
- As moléculas são consideradas pontos materiais, isto é, suas dimensões são desprezíveis quando comparadas com as distâncias que percorrem entre colisões sucessivas.
- As colisões entre duas moléculas ou entre uma molécula e uma parede do recipiente são supostas perfeitamente elásticas (não há perda de energia cinética).
- Cada colisão tem duração desprezível quando comparada com o tempo decorrido entre colisões sucessivas.
- Entre colisões sucessivas, o movimento das moléculas é retilíneo e uniforme. Isso equivale a desprezar as forças gravitacionais e intermoleculares.
- As forças intermoleculares só se manifestam durante as colisões.
- O estudo das colisões das moléculas do gás pode ser feito com base na mecânica newtoniana.

12. Velocidade média quadrática

No interior de um recipiente em repouso, encontramos partículas de gás que se deslocam em todas as direções e sentidos, fazendo com que a velocidade média das partículas seja nula, ao contrário da energia cinética média (que não é nula).

Assim, sendo *N* o número de partículas do gás, temos:

$$E_{c_m} = \frac{E_{c_1} + E_{c_2} + \ldots + E_{c_N}}{N}$$

$$E_{c_m} = \frac{\frac{mv_1^2}{2} + \frac{mv_2^2}{2} = \ldots + \frac{mv_N^2}{2}}{N}$$

$$E_{c_m} = \frac{m}{2}\left(\frac{v_1^2 + v_2^2 + \ldots + v_N^2}{N}\right)$$

Chamando o termo existente no interior do parênteses de $\overline{v}$ (**velocidade média quadrática**), temos:

$$E_{c_m} = \frac{m(\overline{v})^2}{2}$$

Valendo a relação:

$$\overline{v} = \sqrt{\frac{v_1^2 + v_2^2 + \ldots + v_n^2}{N}}$$

13. Equação Fundamental da Teoria Cinética

Para facilitar nosso raciocínio, imagine um recipiente cúbico de aresta L posicionado com um de seus vértices na origem de um sistema de eixos triortogonais. Em seu interior encontramos uma amostra de gás perfeito.

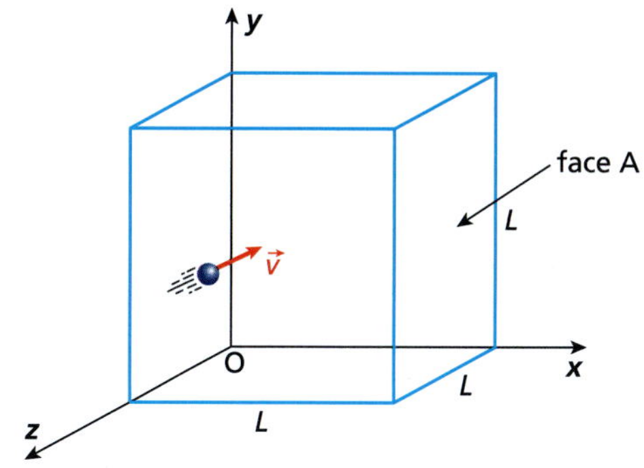

Banco de imagens/Arquivo da editora

Estudando-se apenas uma das N partículas desse gás, vamos considerá-la dirigindo-se para a face **A** com uma velocidade $\vec{v}$. Fazendo-se a decomposição de $\vec{v}$, segundo os eixos, temos:

$$v^2 = v_x^2 + v_y^2 + v_z^2$$

Após a colisão dessa partícula com a face **A**, notamos que as componentes v_y e v_z não foram alteradas; no entanto, a componente v_x inverteu o sentido de seu movimento. Sua quantidade de movimento sofreu uma alteração dada por:

$$\Delta Q = Q_f - Q_i$$
$$\Delta Q = -mv_x - (+mv_x)$$
$$\Delta Q = -2mv_x$$

Como a quantidade de movimento total deve ser conservada, podemos afirmar que a face **A** do recipiente sofreu uma variação da quantidade do movimento, dada por:

$$\Delta Q = +2mv_x$$

Aplicando-se o Teorema do Impulso, podemos determinar a intensidade média da força aplicada (perpendicularmente) na face **A**.

$$I = \Delta Q$$
$$F\,\Delta t = \Delta Q$$
$$F = \Delta Q \frac{1}{\Delta t}$$

Supondo que essa partícula, movendo-se de maneira retilínea e uniforme, colida com a face oposta e torne a chocar-se com a face **A**, podemos calcular a frequência de colisões dessa partícula em **A**.

$$\Delta s = v\,\Delta t$$
$$(L + L) = v_x\,\Delta t$$
$$\frac{1}{\Delta t} = \frac{V_x}{2\,L}$$

Assim:

$$F = 2mv_x \frac{V_x}{2\,L}$$

$$F = \frac{mv_x^2}{L}$$

e a pressão exercida pela partícula em **A** será dada por:

$$p = \frac{F}{A} \Rightarrow p = \frac{\frac{mv_x^2}{L}}{L^2}$$

$$p = \frac{mv_x^2}{L^3}$$

Se considerarmos que N é o número total de partículas do gás e n é seu número por unidade de volume, teremos:

$$n = \frac{N}{V} \Rightarrow n = \frac{N}{L^3}$$

$$L_3 = \frac{N}{n}$$

Portanto:

$$p = \frac{nmv_x^2}{N}$$

Considerando que esse gás é homogêneo, com todas as partículas de mesma massa (m), a pressão na face **A**, em virtude de todas as partículas do gás, será:

$$p = nm\left(\frac{v_{x_1}^2 + v_{x_2}^2 + ... + v_{x_N}^2}{N}\right)$$

Como vimos, a velocidade média quadrática é dada por:

$$(\overline{v}_x)^2 = \frac{v_{x_1}^2 + v_{x_2}^2 + ... + v_{x_N}^2}{N}$$

Assim:

$$p = nm(\overline{v}_x)^2$$

No entanto, o gás é constituído por um grande número de partículas e elas se movem ao acaso, fazendo com que os valores médios de $(\overline{v}_x)^2$, $(\overline{v}_y)^2$ e $(\overline{v}_z)^2$ sejam iguais, valendo a relação:

$$(\overline{v}_x)^2 = (\overline{v}_y)^2 = (\overline{v}_z)^2$$

e, sendo:

$$(\overline{v})^2 = (\overline{v}_x)^2 + (\overline{v}_y)^2 + (\overline{v}_z)^2 = 3(\overline{v}_x)^2$$

temos:

$$(\overline{v}_x)^2 = \frac{(\overline{v})^2}{3}$$

Assim:

$$p = nm\frac{(\overline{v})^2}{3}$$

No entanto, o produto nm é a massa das partículas por unidade de volume, isto é, a densidade volumétrica (μ) do gás.

$$p = \frac{1}{3}\mu(\overline{v})^2$$

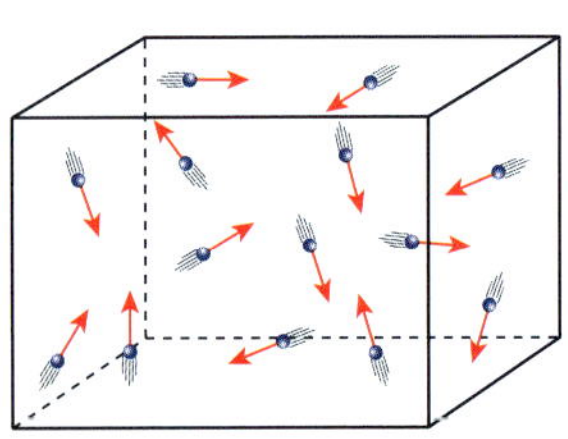

Banco de imagens/Arquivo da editora

A teoria cinética dos gases leva-nos a "visualizar" uma amostra de gás perfeito formada por um grande número de partículas (10^{20} por cm^3), de dimensões desprezíveis, que se movem em todas as direções de modo aleatório.

Embora o cálculo da pressão tenha sido feito apenas para a face **A**, de acordo com o Princípio de Pascal, a pressão será a mesma nas outras faces.

Portanto:

A pressão (p) exercida por um gás perfeito nas paredes internas de um recipiente é igual a um terço do produto de sua massa específica pelo quadrado da velocidade média quadrática de suas partículas.

14. A temperatura na Teoria Cinética

Como vimos no início, a temperatura de um gás perfeito está relacionada com a energia de movimentação das moléculas. Agora, vamos analisar esse fato utilizando as informações da teoria cinética.

Da Equação Fundamental da Teoria Cinética, vem:

$$p = \frac{1}{3}\mu(\overline{v})^2$$

A massa específica (μ), entretanto, é o quociente da massa total (m) do gás pelo volume (V) ocupado por ele:

$$\mu = \frac{m}{V}$$

Daí:

$$p = \frac{1}{3}\frac{m}{V}(\overline{v})^2$$

$$3pV = m(\overline{v})^2 \quad \text{(I)}$$

A **Equação de Clapeyron** fornece-nos:

$$pV = nRT \quad \text{(II)}$$

Comparando (I) e (II), temos:

$$3nRT = m(\overline{v})^2$$

Mas:

$$n = \frac{m}{M}$$

Portanto:

$$3\frac{m}{M}RT = m(\overline{v})^2$$

Assim, temos:

$$T = \frac{M}{3R}(\overline{v})^2$$

Do exposto, observamos que a temperatura absoluta de um gás perfeito é função da velocidade média quadrática de suas partículas e da natureza do gás (T depende de M, que é a massa molar do gás).

Essa lei é válida para qualquer gás, desde que seu comportamento seja igual ou aproximadamente igual ao do gás perfeito.

15. A energia interna de um gás perfeito

Das hipóteses do modelo teórico de gás perfeito, sabemos que as suas moléculas são pontos materiais que não interagem entre si. Consequentemente, essas moléculas não possuem energia cinética de rotação nem energia potencial.

Podemos, então, dizer que a energia interna (U) de uma amostra de gás perfeito é a energia cinética de translação de suas moléculas. Assim, vale a expressão:

$$U = \frac{1}{2}m(\overline{v})^2 \text{ (I)}$$

em que m é a massa total do gás e $\overline{v}$, a velocidade média quadrática das partículas.

Usando a relação demonstrada no item anterior, temos:

$$T = \frac{M}{3R}(\overline{v})^2$$

$$(\overline{v})^2 = \frac{3RT}{M} \quad \text{(II)}$$

Substituindo (II) em (I), segue que:

$$U = \frac{1}{2}\frac{m}{M}\,3RT$$

Como $\frac{m}{M}$ = n (número de mols do gás), obtemos:

$$U = \frac{3}{2}nRT$$

A **energia interna** de um gás perfeito é função exclusiva do número de mols (*n*) e da temperatura absoluta (*T*) do gás.

Para um gás real, a expressão deduzida não é válida, uma vez que no **zero absoluto** sua **energia interna não é nula**. Ao valor da energia interna no zero absoluto dá-se o nome de **energia do ponto zero**. Essa expressão, no entanto, é válida, com boa aproximação, para gases reais monoatômicos, em baixas pressões e altas temperaturas. O valor do coeficiente $\frac{3}{2}$ varia com a atomicidade do gás real. No caso de gases biatômicos, por exemplo, o coeficiente assume o valor $\frac{5}{2}$.

Equipartição da energia

Utilizando o nosso modelo teórico de gás, em que cada partícula de gás perfeito é representada por uma esfera de dimensões desprezíveis, sabemos que cada uma delas tem **três graus de liberdade**, que indicam o movimento de translação na direção de cada um dos três eixos **x**, **y** e **z** de um sistema cartesiano de referência. Os gases reais monoatômicos têm comportamento bem próximo do comportamento dos gases perfeitos, sendo que, com boa aproximação, sua energia interna também pode ser expressa por:

$$U = \frac{1}{2}m(\overline{v})^2$$

Sendo $(\overline{v})^2 = \frac{3RT}{M}$, temos:

$$U = \frac{1}{2}\,m\left(\frac{3R\,T}{M}\right) = \frac{3}{2}\frac{m}{M}R\,T = \frac{3}{2}nRT$$

$$U = \frac{3}{2}nRT = \frac{3}{2}pV$$

O **teorema da equiparação da energia** estabelece que a divisão dessa energia deve ser feita de maneira igual para cada grau de liberdade. Assim:

$$U_x = U_y = U_z = \frac{1}{3}\left(\frac{3}{2}nRT\right)$$

$$U_x = U_y = U_z = \frac{1}{2}nRT$$

Os gases diatômicos são imaginados como uma "barra" com um átomo em cada ponta (como um haltere), sendo capaz de girar em torno de qualquer um dos eixos ortogonais. Entretanto, a inércia de rotação em torno do eixo, cuja direção coincide com a "barra", é desprezível em comparação com as duas outras direções. Assim, a partícula diatômica tem três graus de liberdade na translação e dois graus na rotação, sendo que sua energia interna fica expressa por:

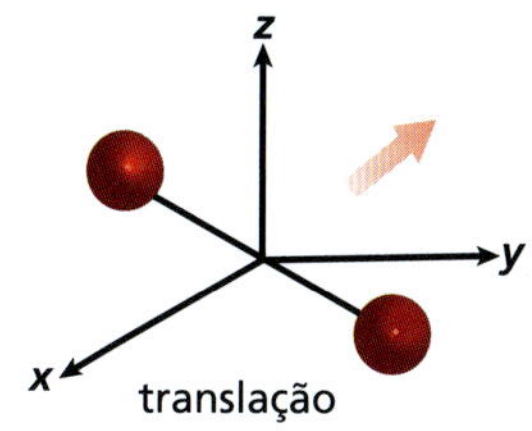

translação

Banco de imagens/Arquivo da editora

$$U = 3\left(\frac{1}{2}nRT\right) + 2\left(\frac{1}{2}nRT\right) = 5\left(\frac{1}{2}nRT\right)$$

$$U = \frac{5}{2}nRT$$

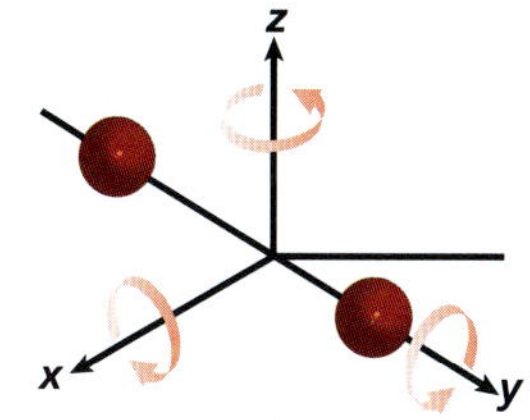

rotação

Se mudarmos o modelo, sendo a "barra" trocada por uma "mola", acrescentaremos à molécula uma vibração. Cada partícula passa a ter translação, rotação e vibração. Passamos a ter mais graus de liberdade, o que faz aumentar a energia interna desse gás. Esse novo modelo, bem como os gases de atomicidade maior que dois (os poliatômicos), tem energia interna maior que $\frac{5}{2}nRT$.

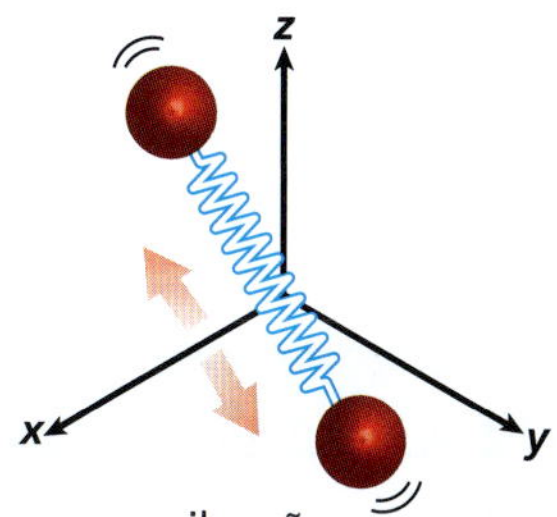

vibração

Portanto, o cálculo da energia interna de um gás depende do modelo que vamos adotar. Para o nosso curso, usaremos apenas o modelo clássico de esferas de dimensões desprezíveis para gases perfeitos e reais monoatômicos e de "halteres" para gases diatômicos. Assim, é importante ressaltar que, para todos os gases (perfeitos ou reais), a energia interna (*U*) é sempre proporcional à temperatura absoluta (*T*) do gás.

16. A energia cinética média molecular

Considere um recipiente no qual há *N* moléculas de um gás perfeito, com energia interna igual a *U*. A **energia cinética média** por molécula é calculada por:

$$E_{c_m} = \frac{U}{N}$$

Como a energia interna de um gás perfeito, que é exclusivamente cinética de translação, vale:

$$U = \frac{3}{2}nRT$$

temos:

$$E_{c_m} = \frac{3}{2}\frac{nRT}{N} \quad (I)$$

Cada mol de gás, entretanto, representa uma quantidade de partículas dada pelo número de Avogadro ($A = 6{,}02 \cdot 10^{23}$ moléculas/mol). Assim:

$$N = nA$$

que, substituído na relação (I), conduz a:

$$E_{c_m} = \frac{3}{2}\frac{nRT}{nA} \Rightarrow E_{c_m} = \frac{3}{2}\frac{R}{A}T$$

A razão entre as constantes *R* e *A* é denominada **constante de Boltzmann**, cujo valor é:

$$k = \frac{R}{A} = 1{,}38 \cdot 10^{-23}\ \frac{J}{K}$$

Dessa forma, a equação da energia cinética média existente em cada partícula de um gás perfeito fica dada por:

$$E_{c_m} = \frac{3}{2}kT$$

Como a constante de Boltzmann (*k*) não depende da natureza do gás, podemos afirmar que a energia cinética existente, em média, em cada partícula de um gás perfeito é função exclusiva de sua temperatura absoluta.

Faça você mesmo

Desamassando uma garrafa PET

Após aprendermos como as grandezas pressão, volume e temperatura se relacionam em um gás confinado, vamos analisar um experimento simples, mas bem interessante, para colocar esse conhecimento em prática.

Fotografias: Eduardo Santaliestra

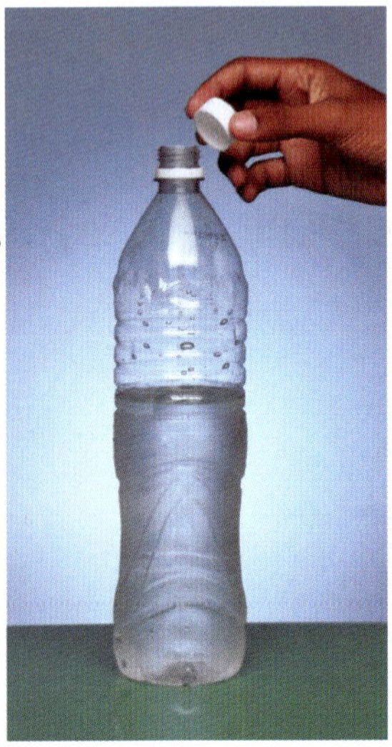

Material necessário

- 1 garrafa PET de 1,5 L.
- 1,5 L de bebida gaseificada, por exemplo, água mineral com gás.

Procedimento

I. Coloque na geladeira a garrafa plástica com a bebida gaseificada. Aguarde algumas horas.

II. Retire a garrafa, abra-a e derrame metade do seu conteúdo em uma pia.

III. Aperte o corpo da garrafa com a mão e feche-a bem com a tampa. Observe que a embalagem permanecerá deformada.

IV. Agite a garrafa por alguns segundos e veja como a embalagem retorna ao seu formato original.

Desenvolvimento

1. Levante hipóteses: por que a garrafa retorna ao seu formato original?
2. Há variação do número de moléculas que estão sobre o líquido? Se sim, por quê?
3. O que acontece se continuarmos a agitar a garrafa fechada?
4. A temperatura do sistema permanece constante durante o processo?

Exercícios Nível 1

57. A teoria cinética dos gases propõe um modelo para os gases perfeitos, no qual:
E.R.

a) a pressão do gás não depende da velocidade das moléculas.

b) as moléculas são consideradas partículas que podem colidir inelasticamente entre si.

c) a temperatura do gás está diretamente relacionada com a energia cinética das moléculas.

d) a pressão do gás depende somente do número de moléculas por unidade de volume.

e) a temperatura do gás depende somente do número de moléculas por unidade de volume.

Resolução:

Vamos discutir item por item para verificar qual afirmação é a verdadeira e por quê. Neste bloco, elaboramos um raciocínio para encontrar expressões importantes associadas aos gases perfeitos. Para isso, primeiramente levantamos algumas hipóteses a respeito do comportamento microscópico dos gases perfeitos. Uma das hipóteses feitas foi a suposição de que a colisão entre duas moléculas do gás ou entre uma molécula e uma parede do recipiente que o contém são perfeitamente elásticas (não há perda de energia). Essa suposição faz a alternativa **b** não ser verdadeira.

Em seguida, avaliamos a contribuição da colisão de cada partícula para a pressão exercida em uma parede do recipiente, a fim de relacionar quantidade de movimento de uma molécula (massa vezes **velocidade**) à pressão. Após considerarmos a contribuição da colisão de todas as moléculas, obtivemos a equação fundamental da teoria cinética, $p = \frac{1}{3}\mu(\overline{v})^2$.

Vemos que de fato ela relaciona a pressão à velocidade média das partículas (a pressão cresce proporcionalmente ao quadrado da média das velocidades). Logo, as alternativas **a** e **d** também são falsas.

Ao escrevermos a densidade volumétrica μ como a massa total do gás dividida pelo volume que ele ocupa, nós pudemos relacionar a Equação de Clapeyron com a Equação fundamental da teoria cinética e assim escrever a temperatura do gás também sendo proporcional ao quadrado da velocidade média das moléculas:

$$T = \frac{M}{3R}(\overline{v})^2$$

Concluímos, portanto, que a alternativa **e** também é falsa.

Como podemos escrever a energia cinética das moléculas do gás em termos do quadrado da velocidade média, verifica-se que a energia cinética é proporcional à temperatura:

$$T = \frac{2M}{3mR}U$$

Isso significa que a alternativa **c** é a correta.

Resposta: alternativa **c**.

58. O valor da temperatura de uma amostra de gás perfeito é consequência:

a) da radiação emitida por suas moléculas.

b) da energia potencial total de suas moléculas.

c) da energia potencial média de suas moléculas.

d) da energia cinética média de suas moléculas.

e) do calor de cada uma de suas moléculas.

59. O valor da energia cinética média das partículas de uma amostra de gás perfeito é diretamente proporcional:

a) à pressão do gás.

b) ao volume do gás.

c) à temperatura absoluta do gás.

d) à temperatura do gás em graus Celsius.

e) à variação da temperatura absoluta do gás.

60. Se uma amostra de gás perfeito encontra-se no interior de um recipiente de volume constante e tem a energia cinética média de suas moléculas aumentada:

a) a pressão do gás aumentará e sua temperatura permanecerá constante.

b) a pressão permanecerá constante e a temperatura aumentará.

c) a pressão e a temperatura aumentarão.
d) a pressão diminuirá e a temperatura aumentará.
e) Todas as afirmações estão incorretas.

61. Duas amostras de massas iguais de um gás perfeito são colocadas em dois recipientes, **A** e **B**. As temperaturas são diferentes, sendo $T_A > T_B$. Podemos afirmar que:

a) o gás em **A** possui mais calor que em **B**.
b) o gás em **A** possui menor velocidade que em **B**.
c) a energia cinética das moléculas é menor no gás em **A** que em **B**.
d) a energia cinética média das moléculas do gás é maior em **A** que em **B**.
e) a temperatura não influencia a energia de movimento das partículas de um gás.

Exercícios Nível 2

62. Uma amostra de gás perfeito é colocada no interior de um recipiente e mantida à pressão constante. Se a temperatura e o volume aumentam:

(01) o número de choques por centímetro quadrado de parede deve aumentar;
(02) a distância média entre as moléculas deve aumentar;
(04) a energia cinética média das moléculas não sofre alteração;
(08) a velocidade média das moléculas também deve aumentar;
(16) a pressão tem que aumentar, pois a temperatura do gás aumentou.

Dê como resposta a soma dos números associados às proposições corretas.

63. (UFPI) O ar que respiramos é constituído, entre outros, pelos seguintes gases: O_2, CO_2 e N_2. Suponha que, na sala em que você se encontra, o ar esteja em equilíbrio termodinâmico. Com relação ao ar da sala, analise as seguintes afirmativas e coloque **V**, para verdadeiro, ou **F**, para falso.

1 ( ) As moléculas de CO_2 têm menor energia cinética média do que as moléculas de O_2.
2 ( ) A energia cinética média das moléculas é a mesma para todos os gases presentes na sala.
3 ( ) As velocidades médias das moléculas são as mesmas para todos os gases presentes na sala.
4 ( ) A velocidade média das moléculas de CO_2 é menor do que a velocidade média das moléculas de O_2.

64. (UFRGS-RS) Na tabela abaixo, E_{H_2} e E_{O_2} e V_{H_2} e V_{O_2} são, respectivamente, as energias cinéticas médias e as velocidades médias das moléculas de uma amostra de gás H_2 e de outra, de gás O_2, ambas em temperatura de 27 °C.

Gás	Temperatura (°C)	Energia cinética média	Velocidade média
H_2	27	E_{H_2}	V_{H_2}
O_2	27	E_{O_2}	V_{O_2}

Assinale a alternativa que relaciona corretamente os valores das energias cinéticas médias e das velocidades médias das moléculas de H_2 e de O_2.

a) $E_{H_2} > E_{O_2}$ e $V_{H_2} > V_{O_2}$.
b) $E_{H_2} < E_{O_2}$ e $V_{H_2} < V_{O_2}$.
c) $E_{H_2} = E_{O_2}$ e $V_{H_2} > V_{O_2}$.
d) $E_{H_2} = E_{O_2}$ e $V_{H_2} = V_{O_2}$.
e) $E_{H_2} = E_{O_2}$ e $V_{H_2} < V_{O_2}$.

65. Em um recipiente hermeticamente fechado, encontramos nitrogênio à temperatura de 0 °C. Como o mol do referido gás é igual a 28 g, qual o valor da velocidade média quadrática das suas partículas?
Dado: $R = 8{,}31$ J/(mol · K).

66. Avaliando a energia interna de 5 mols de gás perfeito, encontramos o valor 24 930 J. Qual a sua temperatura em graus Celsius?
Dado: $R = 8{,}31$ J/(mol · K).

67. Um gás perfeito ocupa um volume de 2,0 L e possui uma energia interna igual a 600 J. Qual o valor da pressão desse gás, em atmosferas?
Dados: 1 atm = 10^5 N/m^2;
1 L = 1 dm^3 = 10^{-3} m^3.

DESCUBRA MAIS

Quando um recipiente de 1,5 litro de água mineral com gás é aberto, você pode observar bolhas subindo através do líquido. Essas bolhas aumentam de tamanho, praticamente dobrando seu volume quando atingem as proximidades da superfície. Por que esse aumento de volume ocorre?

Exercícios Nível 3

68. (Fuvest-SP) Para impedir que a pressão interna de uma panela de pressão ultrapasse um certo valor, em sua tampa há um dispositivo formado por um pino acoplado a um tubo cilíndrico, como esquematizado na figura abaixo.

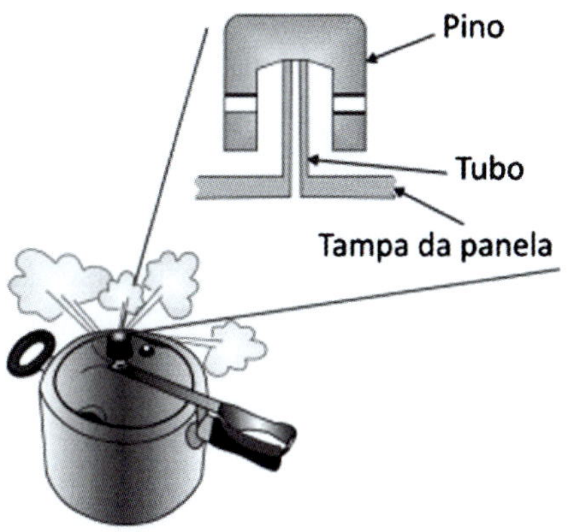

Enquanto a força resultante sobre o pino for dirigida para baixo, a panela estará perfeitamente vedada. Considere o diâmetro interno do tubo cilíndrico igual a 4 mm e a massa do pino igual a 48 g. Na situação em que apenas a força gravitacional, a pressão atmosférica e a exercida pelos gases na panela atuam no pino, a pressão absoluta máxima no interior da panela é

a) 1,1 atm
b) 1,2 atm
c) 1,4 atm
d) 1,8 atm
e) 2,2 atm

Note e adote:
$\pi = 3$
$1 \text{ atm} = 10^5 \text{ N/m}^2$
aceleração da gravidade $= 10 \text{ m/s}^2$

69. Por que um balão atmosférico é tão grande?
Isso ocorre devido à força vertical para cima que lhe permite subir – o empuxo, dado pela Lei de Arquimedes – ter intensidade diretamente proporcional à densidade do ar e ao volume deste fluido deslocado pelo sistema. Como o ar tem densidade relativamente pequena (cerca de $1{,}2 \text{ kg/m}^3$, a 27 °C), para se obter um empuxo significativo, capaz de superar o peso total, provocando-se a ascensão, deve-se inflar o envelope do balão de modo que este adquira um volume relativamente grande.
Considere um balão atmosférico constituído do envelope, cesta para três passageiros, amarras, queimador e tanque de gás. A massa total do conjunto com os três passageiros e o envelope vazio é de 325 kg. Sabe-se que quando o envelope está totalmente inflado seu volume é de $1\,250 \text{ m}^3$. Admitindo-se que no local a intensidade da aceleração da gravidade vale 10 m/s^2, a pressão atmosférica é praticamente constante e a temperatura ambiente é de 27 °C, responda:

a) Que massa m_1 de ar caberia dentro do envelope se este fosse totalmente inflado com ar a 27 °C?
b) Que massa m_2 de ar caberia dentro do envelope se este fosse totalmente inflado com ar a 127 °C?
c) Qual a intensidade a da aceleração do balão quando este for lançado com os três passageiros, estando o ar do envelope a 127 °C? Despreze nos cálculos o empuxo exercido pelo ar nas partes sólidas do sistema.

70. (Fuvest-SP) O sistema de *airbag* de um carro é formado por um sensor que detecta rápidas diminuições de velocidade, uma bolsa inflável e um dispositivo contendo azida de sódio (NaN_3) e outras substâncias secundárias. O sensor, ao detectar uma grande desaceleração, produz uma descarga elétrica que provoca o aquecimento e a decomposição da azida de sódio. O nitrogênio (N_2) liberado na reação infla rapidamente a bolsa, que, então, protege o motorista. Considere a situação em que o carro, inicialmente a 36 km/h (10 m/s), dirigido por um motorista de 60 kg, para devido a uma colisão frontal.

a) Nessa colisão, qual é a variação ΔE da energia cinética do motorista?

b) Durante o 0,2 s da interação do motorista com a bolsa, qual é o módulo α da aceleração média desse motorista?

c) Escreva a reação química de decomposição da azida de sódio formando sódio metálico e nitrogênio gasoso.

d) Sob pressão atmosférica de 1 atm e temperatura de 27 °C, qual é o volume *V* de gás nitrogênio formado pela decomposição de 65 g de azida de sódio?

Note e adote:
Desconsidere o intervalo de tempo para a bolsa inflar;
Ao término da interação com a bolsa do *airbag*, o motorista está em repouso;
Considere o nitrogênio como um gás ideal;
Constante universal dos gases: R = 0,08 atm L/(mol K);
0 °C = 273 K.

Elemento	Massa atômica (g/mol)
Sódio	23
Nitrogênio	14

71. Em um laboratório de Física, um estudante realizou um experimento que consistia em pegar um recipiente, vazio, de paredes indeformáveis, dotado de uma válvula que não deixa a pressão interna passar de um valor-limite. Esse estudante injetou hidrogênio gasoso (que se comporta como gás perfeito) no interior do recipiente até que a pressão atingisse o máximo valor e observou que a massa de gás injetada era igual a 10 gramas. Em seguida, ele esfriou o gás, diminuindo a sua temperatura absoluta em 20%. Que massa do mesmo gás, na nova temperatura, o estudante deve injetar no interior do recipiente para restabelecer a pressão máxima suportável pela válvula?

72. (UPM-SP) Num recipiente, fechado por uma tampa hermética, há 10 mols de gás perfeito, sob pressão de 5 atmosferas, à temperatura ambiente e em um local de pressão atmosférica normal. Abrindo a tampa do recipiente, o número de moléculas que escapa é:

a) $12 \cdot 10^{23}$.
b) $24 \cdot 10^{23}$.
c) $36 \cdot 10^{23}$.
d) $48 \cdot 10^{23}$.
e) $60 \cdot 10^{23}$.

Adote:
Número de Avogadro $= 6 \cdot 10^{23}$.

73. (Unicamp-SP) Alguns experimentos muito importantes em física, tais como os realizados em grandes aceleradores de partículas, necessitam de um ambiente com uma atmosfera extremamente rarefeita, comumente denominada de ultra-alto-vácuo. Em tais ambientes a pressão é menor ou igual a 10^{-6} Pa.

a) Supondo que as moléculas que compõem uma atmosfera de ultra-alto-vácuo estão distribuídas uniformemente no espaço e se comportam como um gás ideal, qual é o número de moléculas por unidade de volume em uma atmosfera cuja pressão seja $P = 3{,}2 \cdot 10^{-8}$ Pa, à temperatura ambiente T = 300 K? Se necessário, use: Número de Avogadro $N_A = 6 \cdot 10^{23}$ e a Constante universal dos gases ideais R = 8 J/molK.

b) Sabe-se que a pressão atmosférica diminui com a altitude, de tal forma que, a centenas de quilômetros de altitude, ela se aproxima do vácuo absoluto. Por outro lado, pressões acima da encontrada na superfície terrestre podem ser atingidas facilmente em uma submersão aquática. Calcule a razão $\frac{P_{sub}}{P_{nave}}$ entre as pressões que devem suportar a carcaça de uma nave espacial (P_{nave}) a centenas de quilômetros de altitude e a de um submarino (P_{sub}) a 100 m de profundidade, supondo que o interior de ambos os veículos se encontra à pressão de 1 atm. Considere a densidade da água como $\rho = 1\,000$ kg/m³.

74. (IJSO) Um tanque é dividido em dois compartimentos **X** e **Y** separados por uma parede termicamente isolante que pode mover-se livre de atrito. **X** e **Y** contêm porções de gás ideal que estão inicialmente a uma mesma pressão *P*, volume *V* e temperatura *T* como mostrado na figura seguinte. Em seguida, a temperatura do compartimento **X** aumenta para um valor igual a 3*T* e o sistema atinge um novo estado de equilíbrio.

A temperatura de **Y** permanece constante e igual a *T* ao longo do tempo.

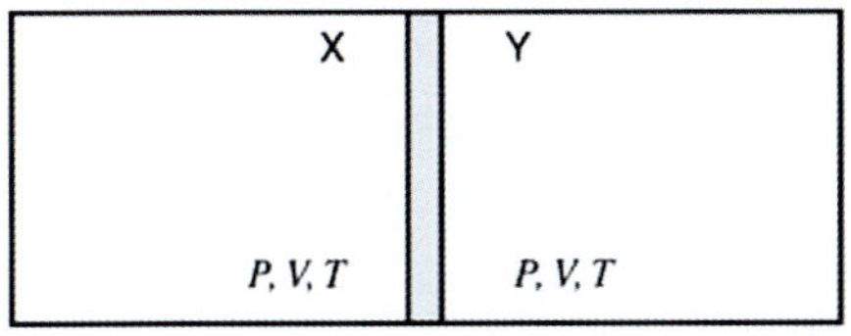

Qual é a pressão de **Y** no novo estado de equilíbrio?

a) P

b) 1,5P

c) 2P

d) 3P

75. (UFC-CE) Um cilindro de área de seção reta *S* e comprimento *L*, completamente isolado, é dividido em partições **A** e **B**, ambas de volumes iguais, por uma parede diatérmica, móvel e impermeável. Cada partição é preenchida com um gás ideal, de modo que a partição **A** possui o dobro do número de mols da partição **B**. Ambas as partições encontram-se em uma mesma temperatura *T* durante o processo. Despreze quaisquer efeitos de atrito e, quando o sistema estiver em equilíbrio, determine:

a) os volumes das partições **A** e **B** em função de *S* e *L*.

b) o módulo do deslocamento da parede em função de *L*.

76. (Fuvest-SP) Um balão de ar quente é constituído de um envelope (parte inflável), cesta para três passageiros, queimador e tanque de gás. A massa total do balão, com três passageiros e com o envelope vazio, é de 400 kg. O envelope totalmente inflado tem um volume de 1 500 m^3.

a) Que massa de ar M_1 caberia no interior do envelope, se totalmente inflado, com pressão igual à pressão atmosférica local (P_{atm}) e temperatura T = 27 °C?

b) Qual a massa total de ar M_2, no interior do envelope, após este ser totalmente inflado com ar quente a uma temperatura de 127 °C e pressão P_{atm}?

c) Qual a aceleração do balão, com os passageiros, ao ser lançado nas condições dadas no item **b)** quando a temperatura externa é T = 27 °C?

Note e adote:

Densidade do ar a 27 °C e à pressão atmosférica local = 1,2 kg/m^3.

Aceleração da gravidade na Terra, g = 10 m/s^2.

Considere todas as operações realizadas ao nível do mar.

Despreze o empuxo acarretado pelas partes sólidas do balão.

T (K) = T (°C) + 273

Indique a resolução da questão. Não é suficiente apenas escrever as respostas.

77. (UFF-RJ) Um gás ideal estava confinado à mesma temperatura em dois recipientes, 1 e 2, ligados por uma válvula inicialmente fechada. Os volumes dos recipientes 1 e 2 são 4,0 L e 6,0 L, respectivamente. A pressão inicial no recipiente 1 era de 4,8 atm.

Abriu-se a válvula e os conteúdos dos recipientes atingiram um estado final de equilíbrio à pressão de 2,4 atm e à mesma temperatura inicial.

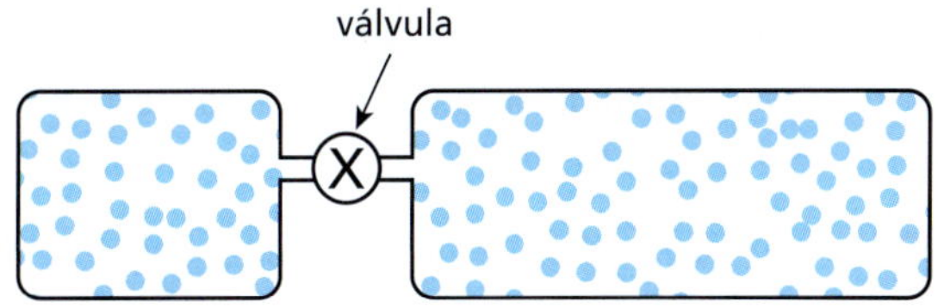

A porcentagem total de mols de gás que ocupava o recipiente 1 antes da abertura da válvula era:

a) 60%.
b) 80%.
c) 50%.
d) 40%.
e) 20%.

78. (UEFS-BA) A experiência mostra que, para todos os gases, as grandezas volume, *V*, temperatura, *T*, e pressão, *p*, obedecem, aproximadamente, a uma equação denominada Equação de Clapeyron, desde que os gases tenham baixas densidades, isto é, as temperaturas não devem ser muito "baixas" e as pressões não devem ser muito "altas". Isso levou os físicos a formularem o conceito de gás ideal, que obedece à Equação de Clapeyron, em quaisquer condições.

Considere um recipiente em que há 3,0 litros do gás nitrogênio, N_2, à pressão de 5,0 atm e à temperatura *T*. Em um segundo recipiente, há 2,0 litros do gás oxigênio, O_2, à pressão de 4,0 atm e à mesma temperatura *T*. Esses gases são misturados em um recipiente de volume

10,0 litros, mantido à mesma temperatura *T*.

Com base nessas informações, é correto afirmar:

a) A pressão da mistura é igual a 3,2 atm.

b) A fração molar do gás nitrogênio corresponde a 40%.

c) A fração molar do gás oxigênio corresponde a 50%.

d) A massa molecular média da mistura é, aproximadamente, igual a 29,4, sendo as massas moleculares do N_2 e do O_2 iguais, respectivamente, a 28 e 32.

e) A mistura apresenta um número total de oito mols.

79. (Unicamp-SP) Uma sala tem 6 m de largura, 10 m de comprimento e 4 m de altura. Deseja-se refrigerar o ar dentro da sala. Considere o calor específico do ar como sendo 30 J/(mol · K) e use R = 8 J/(mol · K).

a) Considerando o ar dentro da sala como um gás ideal à pressão ambiente ($P = 10^5$ N/m^2), quantos mols de gás existem dentro da sala a 27 °C?

b) Qual é a quantidade de calor que o refrigerador deve retirar da massa de ar do item **a** para resfriá-la até 17 °C?

80. (ITA-SP) Considere uma mistura de gases H_2 e N_2 em equilíbrio térmico. Sobre a energia cinética média e sobre a velocidade média das moléculas de cada gás, pode-se concluir que:

a) as moléculas de N_2 e H_2 têm a mesma energia cinética média e a mesma velocidade média.

b) ambas têm a mesma velocidade média, mas as moléculas de N_2 têm maior energia cinética média.

c) ambas têm a mesma velocidade média, mas as moléculas de H_2 têm maior energia cinética média.

d) ambas têm a mesma energia cinética média, mas as moléculas de N_2 têm maior velocidade média.

e) ambas têm a mesma energia cinética média, mas as moléculas de H_2 têm maior velocidade média.

81. (ITA-SP) Uma cesta portando uma pessoa deve ser suspensa por meio de balões, sendo cada qual inflado com 1 m^3 de hélio na temperatura local (27 °C). Cada balão vazio com seus apetrechos pesa 1,0 N. São dadas a massa atômica do oxigênio $A_O = 16$, a do nitrogênio $A_N = 14$, a do hélio $A_{He} = 4$ e a constante dos gases $R = 0{,}082$ atm L mol^{-1} K^{-1}. Considerando que o conjunto pessoa e cesta pesa 1 000 N e que a atmosfera é composta de 30% de O_2 e 70% de N_2, determine o número mínimo de balões necessários.

Dado: g = 10 m/s^2.

82. (Unicamp-SP) Os reguladores de pressão são acessórios de segurança fundamentais para reduzir a pressão de gases no interior dos cilindros até que se atinja sua pressão de utilização. Cada tipo de gás possui um regulador específico.

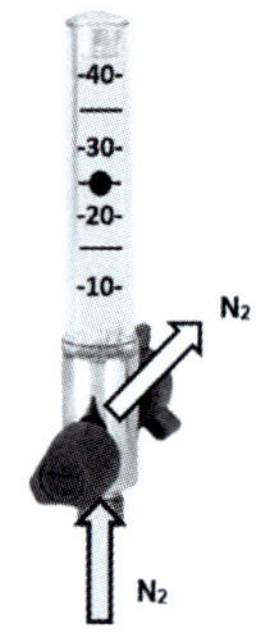

Reprodução/Unicamp, 2016

a) Tipicamente, gases podem ser armazenados em cilindros a uma pressão interna de $P_0 = 2{,}0 \cdot 10^7$ Pa e ser utilizados com uma pressão de saída do regulador de $P_1 = 1{,}6 \cdot 10^7$ Pa. Considere um gás ideal mantido em recipiente fechado a uma temperatura inicial de $T_0 = 300$ K. Calcule a temperatura final T_1 do gás se ele for submetido isovolumetricamente à variação de pressão dada acima.

b) Quando os gases saem dos reguladores para o circuito de utilização, é comum que o fluxo do gás (definido como sendo o volume do gás que atravessa a tubulação por unidade de tempo) seja monitorado através de um instrumento denominado fluxômetro. Considere um tanque cilíndrico com a área da base igual a A = 2,0 m^2 que se encontra inicialmente vazio e que será preenchido com gás nitrogênio. Durante o preenchimento, o fluxo de gás que entra no tanque é medido pela posição da esfera sólida preta do fluxômetro, como ilustra a figura acima. A escala do fluxômetro é dada em **litros/minuto**. A medida do fluxo de nitrogênio e sua densidade d = 1,0 kg/m^3 permaneceram constantes durante todo o processo de preenchimento, que durou um intervalo de tempo $\Delta t = 12$ h. Após este intervalo de tempo, a válvula do tanque é fechada com certa quantidade de gás nitrogênio em repouso no seu interior. Calcule a pressão exercida pelo gás na base do tanque. Caso necessário, use g = 10 m/s^2.

Para raciocinar um pouco mais

83. (Fuvest-SP) Um recipiente hermeticamente fechado e termicamente isolado, com volume de 750 L, contém ar inicialmente à pressão atmosférica de 1 atm e à temperatura de 27 °C. No interior do recipiente, foi colocada uma pequena vela acesa, de 2,5 g. Sabendo-se que a massa da vela é consumida a uma taxa de 0,1 g/min e que a queima da vela produz energia à razão de $3{,}6 \cdot 10^4$ J/g, determine

a) a potência *W* da vela acesa;

b) a quantidade de energia *E* produzida pela queima completa da vela;

c) o aumento ΔT da temperatura do ar no interior do recipiente, durante a queima da vela;

d) a pressão *P* do ar no interior do recipiente, logo após a queima da vela.

> **Note e adote:**
> O ar deve ser tratado como gás ideal.
> O volume de 1 mol de gás ideal à pressão atmosférica de 1 atm e à temperatura de 27 °C é 25 L.
> Calor molar do ar a volume constante:
> $C_v = 30$ J/(mol K).
> Constante universal dos gases:
> R = 0,08 atm L/(mol K).
> 0 °C = 273 K.
> Devem ser desconsideradas a capacidade térmica do recipiente e a variação da massa de gás no seu interior devido à queima da vela.

84. (Fuvest-SP) Um grande cilindro, com ar inicialmente à pressão P_1 e temperatura ambiente (T_1 = 300 K), quando aquecido, pode provocar a elevação de uma plataforma **A**, que funciona como um pistão, até uma posição mais alta. Tal processo exemplifica a transformação de calor em trabalho, que ocorre nas máquinas térmicas, à **pressão constante**. Em uma dessas situações, o ar contido em um cilindro, cuja área da base *S* é igual a 0,16 m², sustenta uma plataforma de massa M_A = 160 kg a uma altura H_1 = 4,0 m do chão (situação I). Ao ser aquecido, a partir da queima de um combustível, o ar passa a uma temperatura T_2, expandindo-se e empurrando a plataforma até uma nova altura H_2 = 6,0 m (situação II). Para verificar em que medida esse é um processo eficiente, estime:

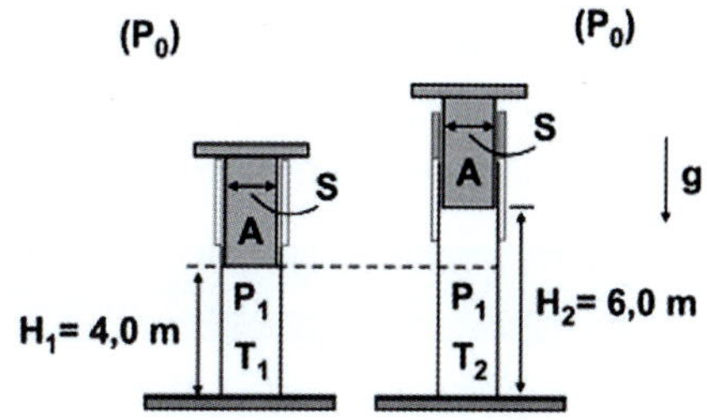

Situação I Situação II

a) A pressão P_1 do ar dentro do cilindro, em pascals, durante a operação.

b) A temperatura T_2 do ar no cilindro, em kelvins, na situação II.

c) A eficiência do processo, indicada pela razão R = $\Delta E_p/Q$, onde ΔE_p é a variação da energia potencial da plataforma, quando ela se desloca da altura H_1 para a altura H_2, e *Q*, a quantidade de calor recebida pelo ar do cilindro durante o aquecimento.

85. O futebol é uma modalidade esportiva consagrada mundialmente.

A bola para a prática profissional desse esporte, no entanto, deve obedecer a parâmetros rígidos. Segundo o Inmetro (Instituto Nacional de Metrologia, Qualidade e Tecnologia), uma bola oficial deve ter diâmetro interno próximo de 20,0 cm, massa entre 410 g e 450 g, exigindo pressões que variam de 0,6 a 1,1 atmosferas (atm) no preenchimento com ar a volume praticamente constante.

Considere nos cálculos $\pi \cong 3$ e $1{,}0 \text{ atm} = 10^5 \text{ N/m}^2$.

a) Na expressão máxima de 1,1 atm, determine em kN, a intensidade da força média exercida pelo ar na superfície interna da bola.

b) Admitindo-se que o ar que preenche a bola se comporte como um gás perfeito e que, na pressão de 0,6 atm, sua temperatura seja de 15 °C, calcule a temperatura desse ar, em graus Celsius, na pressão de 0,7 atm.

c) Adotando-se para constante universal dos gases perfeitos o valor $R = 0{,}082 \dfrac{\text{atm} \cdot \text{L}}{\text{mol} \cdot \text{K}}$, determine a quantidade de ar, em mol, existente dentro da bola quando esse gás estiver na pressão de 1,0 atm, a 27 °C.

86. Em uma prova de laboratório, um professor de Física pegou três recipientes, **A**, **B** e **C**. Colocou em um deles hidrogênio, em outro, neônio, e, no que restou, dióxido de carbono, todos a 27 °C. Forneceu aos alunos duas tabelas, sendo uma dos mols dos referidos gases e outra associando a velocidade média quadrática das partículas do gás com o recipiente portador.

Tabela I	
Gás	**Mol (g)**
H_2	2,0
Ne	20
CO_2	44

Tabela II	
Recipiente	**Velocidade média quadrática das partículas**
A	412 m/s
B	1 936 m/s
C	612 m/s

Identifique o gás contido em cada recipiente.
Dado: 3R = 25 J/(K · mol).

87. (Fuvest-SP) Um cilindro de oxigênio hospitalar (O_2), de 60 litros, contém, inicialmente, gás a uma pressão de 100 atm e temperatura de 300 K. Quando é utilizado para a respiração de pacientes, o gás passa por um redutor de pressão, regulado para fornecer oxigênio a 3 atm, nessa mesma temperatura, acoplado a um medidor de fluxo, que indica, para essas condições, o consumo de oxigênio em litros/minuto.
Assim, determine:

a) o número N_0 de mols de O_2, presentes inicialmente no cilindro;

b) o número n de mols de O_2, consumidos em 30 minutos de uso, com o medidor de fluxo indicando 5 litros/minuto.

c) o intervalo de tempo t, em horas, de utilização do O_2, mantido o fluxo de 5 litros/minuto, até que a pressão interna no cilindro fique reduzida a 40 atm.

> **Note e adote:**
> Considere o O_2 como gás ideal.
> Suponha a temperatura constante e igual a 300 K.
> A constante dos gases ideais:
> $R \cong 8 \cdot 10^{-2}$ litros · atm/K.

88. (UEL-PR) Um aluno ouviu dizer que as lâmpadas fluorescentes funcionam a baixa pressão. Ao lembrar-se das suas aulas de Física, teve a seguinte ideia para apresentar na feira de ciências do colégio: determinar experimentalmente a pressão no interior de uma lâmpada fluorescente. Para isto, providenciou um balde de 5 litros cheio de água, com uma altura de 40 cm, em cujo interior, e aproximadamente em seu centro, colocou um prego em pé, fixo no fundo do balde. Em seguida, o aluno, com um golpe rápido e num movimento vertical, perfurou uma das pontas da lâmpada, fazendo o prego penetrar nela. Ele observou que a água do balde subiu no interior da lâmpada até uma altura de 0,96 m da base.
Com esses dados, determine a pressão interna da lâmpada fluorescente, sabendo que a lâmpada usada era de 40 W de potência e, por isso, tinha um comprimento de 1,20 m. Suponha que o gás no interior da lâmpada fluorescente seja ideal, que a variação no nível da água do balde seja desprezível e que o gás sofra uma transformação isotérmica.

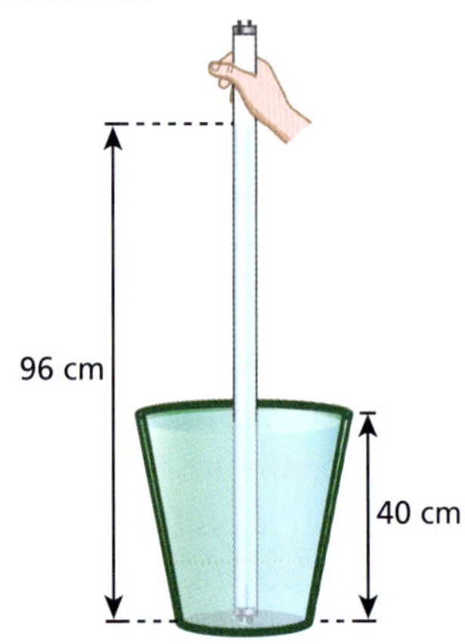

São dadas a pressão atmosférica local P_0 = 10 m H_2O e a aceleração da gravidade g = 10 m/s^2.

a) 102,2 cm H_2O
b) 188,8 cm H_2O
c) 199,1 cm H_2O
d) 207,4 cm H_2O
e) 549,5 cm H_2O

89. (Fuvest-SP)

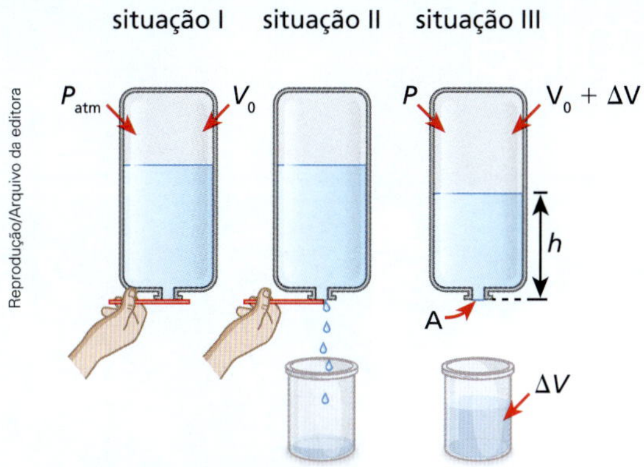

Valores medidos	
V_0	500 mL
ΔV	25 mL
h	50 cm

Para se estimar o valor da pressão atmosférica, $P_{atm,}$ pode ser utilizado um tubo comprido, transparente, fechado em uma extremidade e com um pequeno gargalo na outra. O tubo, aberto e parcialmente cheio de água, deve ser invertido, segurando-se um cartão que feche a abertura do gargalo (situação I). Em seguida, deve-se mover lentamente o cartão de forma que a água possa escoar, sem que entre ar, coletando-se a água que sai em um recipiente (situação II). A água para de escoar quando a pressão no ponto **A**, na abertura, for igual à pressão atmosférica externa, devendo-se, então, medir a altura h da água no tubo (situação III). Em uma experiência desse tipo, foram obtidos os valores, indicados na tabela, para V_0, volume inicial do ar no tubo, ΔV, volume da água coletada no recipiente e h, altura final da água no tubo. Em relação a essa experiência, e considerando a situação III,

a) determine a razão $R = P/P_{atm}$, entre a pressão final P do ar no tubo e a pressão atmosférica;

b) escreva a expressão matemática que relaciona, no ponto **A**, a P_{atm} com a pressão P do ar e a altura h da água dentro do tubo;

c) estime, utilizando as expressões obtidas nos itens anteriores, o valor numérico da pressão atmosférica P_{atm}, em N/m^2.

> **Note e adote:**
> Considere a temperatura constante e desconsidere os efeitos da tensão superficial.

90. (ITA-SP) Uma parte de um cilindro está preenchida com um mol de um gás ideal monoatômico a uma pressão P_0 e temperatura T_0. Um êmbolo de massa desprezível separa o gás da outra seção do cilindro, na qual há vácuo e uma mola em seu comprimento natural presa ao êmbolo e à parede oposta do cilindro, como mostra a figura (a). O sistema está termicamente isolado e o êmbolo, inicialmente fixo, é então solto, deslocando-se vagarosamente até passar pela posição de equilíbrio, em que a sua aceleração é nula e o volume ocupado pelo gás é o dobro do original, conforme mostra a figura (b). Desprezando os atritos, determine a temperatura do gás na posição de equilíbrio em função da sua temperatura inicial.

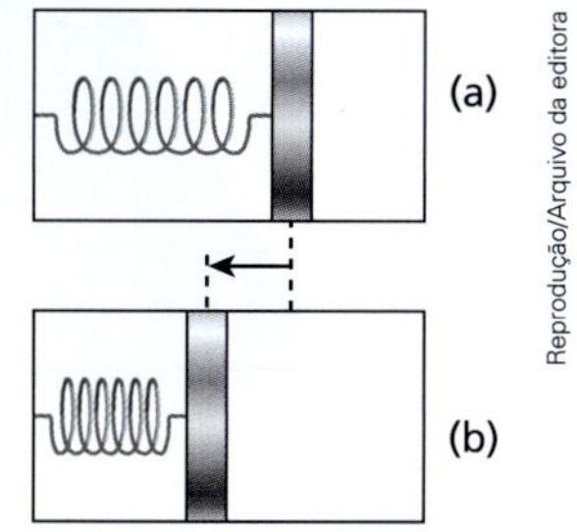

91. (IME-RJ) Em um recipiente, hermeticamente fechado por uma tampa de massa M, com volume interno na forma de um cubo de lado a, encontram-se n mols de um gás ideal a uma temperatura absoluta T. A tampa está presa a uma massa m por um fio que passa por uma roldana, ambos ideais. A massa m encontra-se na iminência de subir um plano inclinado de ângulo θ com a horizontal e coeficiente de atrito estático μ. Considerando que as variáveis estejam no Sistema Internacional e que não exista atrito entre a tampa M e as paredes do recipiente, determine m em função das demais variáveis.

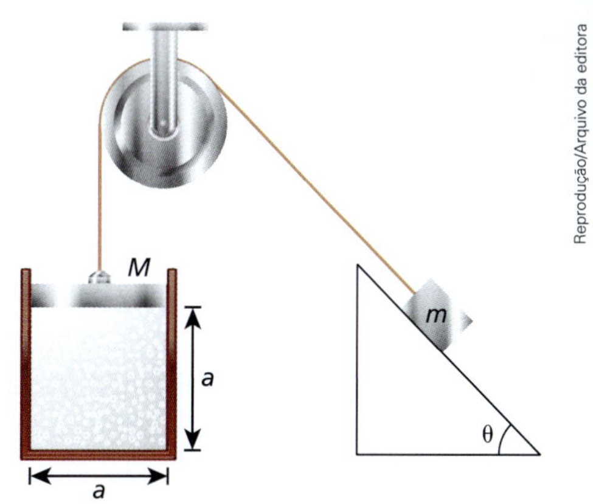

Dados: aceleração da gravidade = g; constante universal dos gases perfeitos = R; pressão atmosférica = P_0.

TÓPICO

5 Termodinâmica

Richard Croft/Shutterstock

Uma locomotiva a vapor é um dispositivo que ilustra muito bem uma máquina térmica.

Na fornalha de uma locomotiva a vapor, pela combustão da madeira (ou do carvão), é obtida energia térmica, que é transferida para a água existente na caldeira. Essa água se aquece e entra em ebulição, e o vapor produzido expande-se, realizando trabalho. A expansão do vapor transformou energia térmica em energia mecânica (pela realização de trabalho), o que resulta no movimento do trem.

Neste tópico, vamos continuar os estudos da matéria no estado gasoso através dos conceitos de energia interna, trabalho e calor, as relações com as leis da termodinâmica e como esse conhecimento científico pode ser utilizado no desenvolvimento das máquinas térmicas, dispositivos que revolucionaram os meios de produção e os transportes dos seres humanos.

Bloco 1

1. Introdução

O estudo da Física envolve quase sempre um conceito primitivo denominado **energia**. Essa energia manifesta-se de várias formas, recebendo em cada caso um nome que a caracteriza: energia mecânica, energia térmica, energia elétrica, energia luminosa e outros.

É importante lembrar que a realização de trabalho pode envolver trânsito ou conversão de energia e que calor também é energia em trânsito.

A **Termodinâmica** estuda as transformações e as relações existentes entre dois tipos de energia: energia mecânica e energia térmica.

Para exemplificar, vamos considerar uma bala de revólver atirada contra um bloco de madeira.

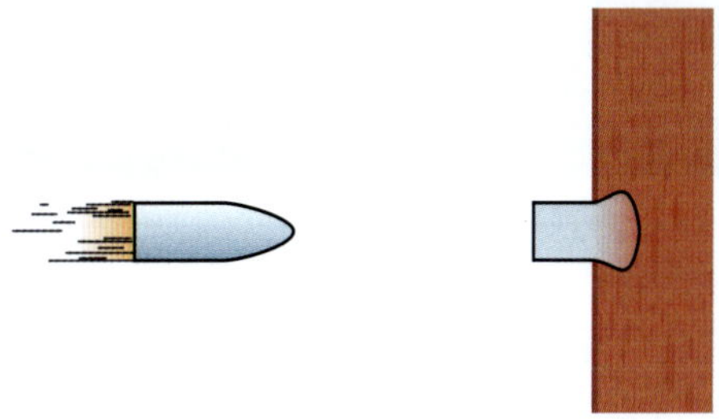

Antes de chocar-se com a madeira, a bala possui uma energia mecânica (cinética). Após o choque, essa energia mecânica converte-se em outras formas de energia, principalmente térmica. Esse fato fica evidenciado pelo aquecimento da bala, em decorrência do choque. Isso significa que a energia (interna) de agitação das suas partículas se intensificou. Assim, houve conversão de energia mecânica em térmica. Essa conversão é medida pelo trabalho realizado pelas forças que se opuseram à penetração da bala.

Vejamos, agora, um exemplo um pouco mais complexo: um reator nuclear. Nesse sistema, ocorre fissão de núcleos de urânio (geralmente U^{235}, urânio enriquecido), que liberam calor. O calor é absorvido pela água existente no corpo do reator, que entra em ebulição, vaporizando.

O vapor de água expande-se por uma tubulação, onde encontra, como obstáculo, as partes móveis de uma turbina. Devido à expansão, esse vapor aciona as turbinas, girando-as para a produção de energia elétrica. Observe que parte da energia térmica existente nas partículas do vapor é transformada em energia mecânica na movimentação das partes móveis das turbinas, com a realização de trabalho.

Dos exemplos mais simples (como o impacto e a penetração da bala na madeira) aos mais sofisticados (como o funcionamento de um reator nuclear), é possível converter energia mecânica em térmica e vice-versa.

Em todos os casos em que ocorre essa conversão, há um sistema físico intermediário que transforma um dos dois tipos de energia recebido no outro. No reator nuclear, por exemplo, o sistema intermediário, ou **fluido operante**, é a água, que vaporiza ao receber calor. Seus vapores expandem-se, realizando trabalho.

Nos próximos itens deste tópico, faremos um estudo da **Termodinâmica dos Gases Perfeitos**. Veremos situações em que o sistema físico intermediário na conversão entre energia térmica e energia mecânica é um gás perfeito.

JÁ PENSOU NISTO?

Fissão nuclear: eficiência com menos poluição, mas com altos riscos

A usina de fissão nuclear (na fotografia, usina nuclear em Loire Valley, França), que na década de 1970 representava a grande esperança de geração de energia para uma humanidade que não para de crescer, voltou a ser considerada, após alguns anos sendo tratada como uma grande ameaça para a vida em nosso planeta. Se conseguirmos reduzir os riscos de vazamento radioativo e resolvermos o grande problema da armazenagem dos resíduos originados após a fissão do combustível nuclear, essa forma de geração de energia será muito útil para melhorar o padrão de vida da humanidade. E saiba que ela é a maneira de obtenção de energia que menos polui a Terra!

Alamy/Fotoarena

2. Energia interna, trabalho e calor

No estudo da Termodinâmica dos Gases Perfeitos, são parâmetros básicos as grandezas físicas **energia interna** (U), **trabalho** (τ) e **quantidade de calor** (Q) associadas a uma transformação sofrida pelo gás perfeito. Vejamos melhor cada uma dessas três grandezas.

Energia interna

A energia interna de um sistema é o somatório de vários tipos de energia existentes em suas partículas. Nesse cálculo, consideramos as energias cinética de agitação (ou de translação), potencial de agregação, de ligação, nuclear, enfim todas as energias existentes em suas moléculas. Observemos que apenas parte dessa energia (cinética de agitação e potencial de agregação) é térmica. Quando fornecemos energia térmica para um corpo ou a retiramos dele, provocamos a variação de sua energia interna. É essa variação que utilizaremos em Termodinâmica.

No caso do gás perfeito, como vimos nas considerações gerais, as partículas são esferas de dimensões desprezíveis, não existindo energia de ligação, muito menos energia de agregação. Como as dimensões são desprezíveis também não existe energia de rotação. Dessa forma, a energia interna se resume na energia de translação de suas partículas e seu cálculo é feito pela expressão definida pela **Lei de Joule**:

$$U = \frac{3}{2}nRT$$

Observemos que a energia interna (U) de um gás perfeito é função de sua temperatura absoluta (T). Para determinada massa de gás perfeito (n = constante), o aumento da temperatura absoluta corresponde a um aumento da energia interna, e a variação de energia interna ΔU é **positiva** ($\Delta U > 0$).

Se há diminuição de temperatura, a energia interna diminui, e sua variação é **negativa** ($\Delta U < 0$).

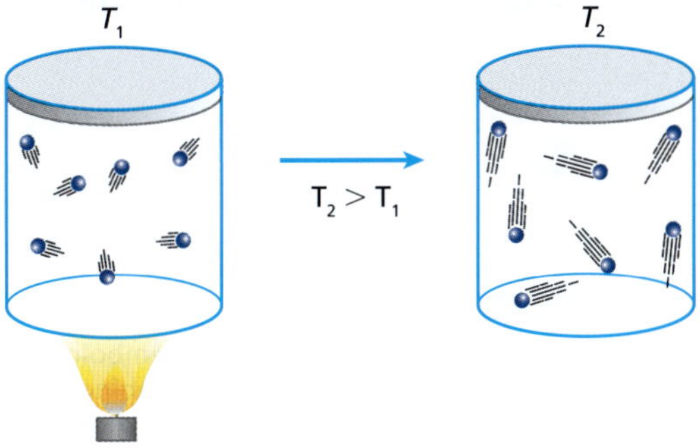

No aumento da energia interna do sistema: $\Delta U > 0$.

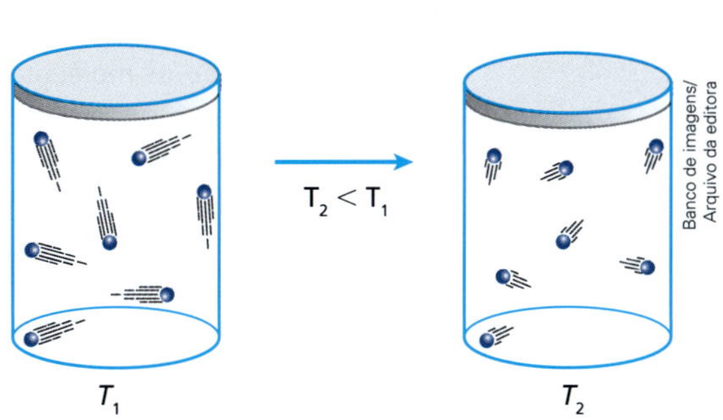

Na diminuição da energia interna do sistema: $\Delta U < 0$.

Quando a temperatura permanece constante, a energia interna também se mantém constante. Portanto, sua variação é nula ($\Delta U = 0$).

Relacionando a **Lei de Joule** com a **Equação de Clapeyron**, podemos escrever:

$$U = \frac{3}{2}nRT = \frac{3}{2}pV$$

NOTA!

A expressão da Lei de Joule $\left(U = \frac{3}{2}nRT\right)$ também é válida aproximadamente para os gases reais rarefeitos monoatômicos. Para os gases de outras atomicidades, entretanto, o cálculo é diferente, já que existem outras parcelas de energia a serem consideradas, como vimos no Tópico 4.

Trabalho

De acordo com o que já foi estudado em Mecânica, sabemos que todo trabalho é realizado por uma força. Vamos, então, considerar a expansão de um gás perfeito, representada na figura abaixo.

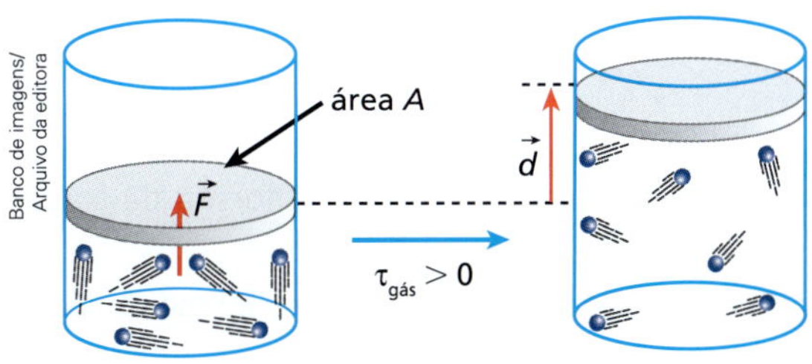

Esquema de expansão de um gás perfeito: volume final maior que volume inicial.

A força ($\vec{F}$) exercida no êmbolo pelo gás tem o mesmo sentido do deslocamento sofrido pelo êmbolo ($\vec{d}$). Consequentemente, o trabalho realizado por essa força é **positivo** ($\tau_{gás} > 0$).

Consideremos agora a compressão de um gás perfeito.

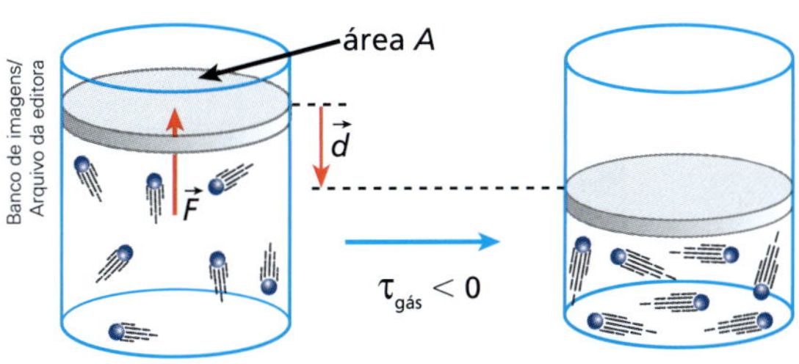

Esquema de compressão de um gás perfeito: volume final menor que volume inicial.

Nesse caso, a força ($\vec{F}$) exercida pelo gás tem sentido oposto ao do deslocamento ($\vec{d}$) do êmbolo. Consequentemente, o trabalho realizado por essa força é **negativo** ($\tau_{gás} < 0$).

Evidentemente, se o gás não se expande nem é comprimido, temos $\tau_{gás} = 0$, pois o êmbolo não se desloca.

NOTAS!

- Quando o êmbolo representado nas figuras anteriores não muda de posição, as moléculas do gás que se chocam contra ele retornam com a mesma velocidade escalar, uma vez que os choques são supostos perfeitamente elásticos.

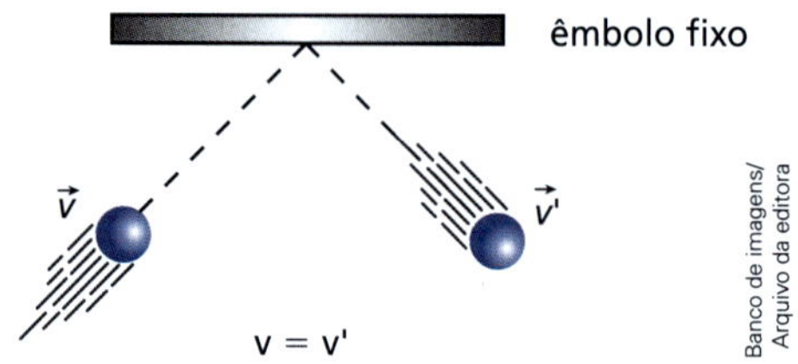

- Quando o gás se expande, durante a subida do êmbolo, moléculas do gás chocam-se contra ele e retornam com velocidades escalares menores. Isso significa que, ao expandir-se, o gás perde energia na forma de trabalho. Essa energia perdida corresponde, pelo menos em parte, ao acréscimo de energia potencial gravitacional do êmbolo e de algum corpo que eventualmente esteja sobre ele. Assim, o gás fornece energia durante esse trabalho. Por isso, diz-se que "o gás realiza trabalho".

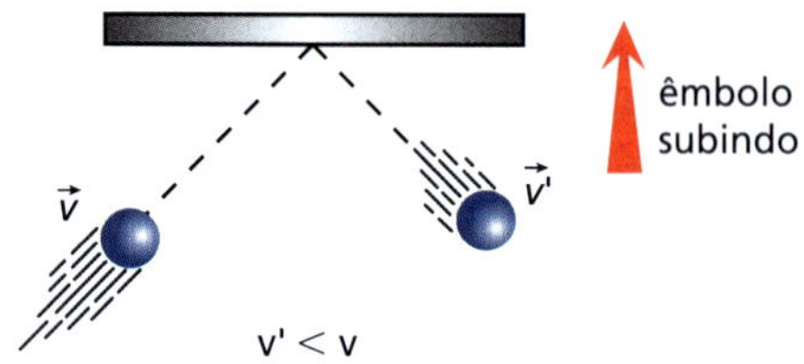

- Quando o gás é comprimido, durante a descida do êmbolo, moléculas do gás chocam-se contra ele, retornando com velocidades escalares maiores. Nesse caso, o gás recebe energia na forma de trabalho. Por isso, diz-se que "o gás recebe trabalho" na compressão.

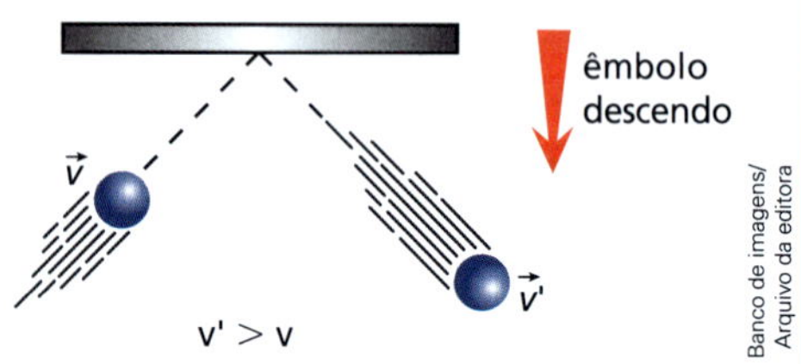

Resumindo:

Na **expansão**, $\tau_{gás} > 0$ e o gás fornece energia na forma de trabalho: o gás realiza trabalho.
Na **compressão**, $\tau_{gás} < 0$ e o gás recebe energia na forma de trabalho: o gás recebe trabalho.

Calor

Já vimos que calor é a energia térmica transitando de um sistema para outro. Assim, um dos sistemas **cede** essa energia e o outro a **recebe**. Será convencionado que o calor recebido é **positivo** e o calor cedido, **negativo**.

NOTAS!

- Os sinais atribuídos ao calor recebido e ao calor cedido tornam correta a maneira como equacionaremos a 1ª Lei da Termodinâmica, no item 4.
- É importantíssimo observar que as trocas de energia entre um sistema gasoso e o meio externo podem dar-se tanto pela realização de trabalho como por trocas de calor.

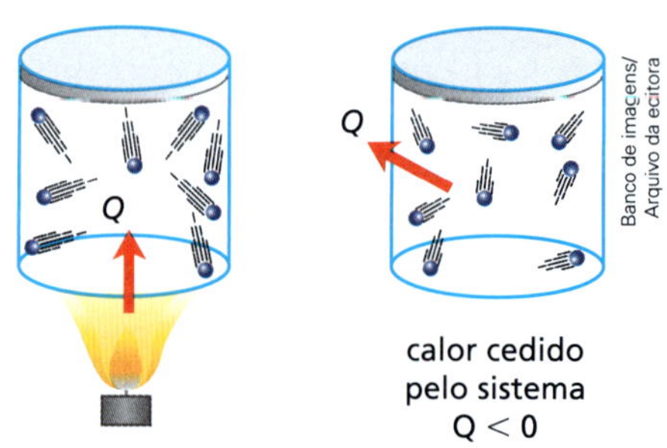

calor recebido pelo sistema
Q > 0

calor cedido pelo sistema
Q < 0

3. Lei Zero da Termodinâmica

A Lei Zero da Termodinâmica trabalha o conceito de **equilíbrio térmico**. Essa lei diz que dois sistemas físicos estão em equilíbrio se, ao serem colocados em contato térmico, não há fluxo de calor entre eles. Como a condição para existir fluxo de calor entre dois locais é que exista uma diferença de temperatura, concluímos que o equilíbrio térmico indica a igualdade das temperaturas dos dois sistemas.

A partir da Lei Zero da Termodinâmica também podemos concluir que, se dois sistemas físicos, **A** e **B**, estão individualmente em equilíbrio térmico com um terceiro sistema **C**, ambos estarão em equilíbrio térmico entre si ($T_A = T_B$).

Assim, se:

Banco de imagens/Arquivo da editora

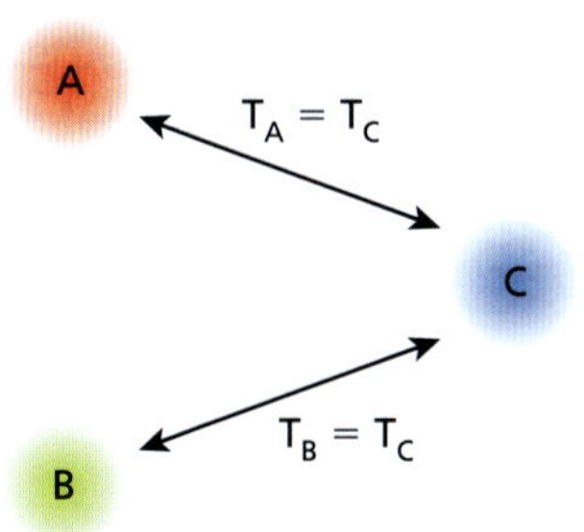

vale a conclusão:

$$T_A = T_B$$

4. A 1ª Lei da Termodinâmica

O conhecido **Princípio da Conservação da Energia**, quando aplicado à Termodinâmica, recebe a denominação de **1ª Lei da Termodinâmica**.

Com a aplicação dessa lei, podemos, por meio de uma "contabilidade" energética, saber o que ocorre com um sistema gasoso ao sofrer uma transformação termodinâmica.

Essa lei pode ser enunciada da seguinte forma:

> Para todo sistema termodinâmico existe uma função característica denominada **energia interna**. A variação dessa energia interna (ΔU) entre dois estados quaisquer pode ser determinada pela diferença entre a quantidade de calor (Q) e o trabalho ($\tau_{gás}$) trocados com o meio externo.

Matematicamente, essa lei pode ser expressa por:

$$\Delta U = Q - \tau_{gás}$$

É importante observar que essas grandezas podem ser positivas, negativas ou nulas.

Esquematicamente, temos:

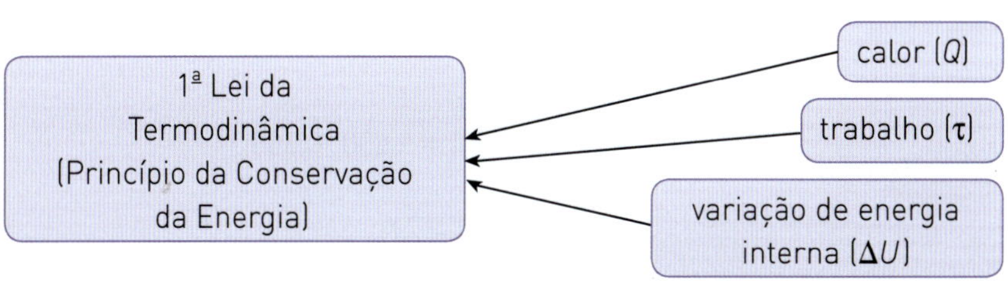

Para entender o mecanismo de aplicação da 1ª Lei da Termodinâmica, tomemos como exemplo um sistema gasoso contido em um recipiente provido de êmbolo móvel.

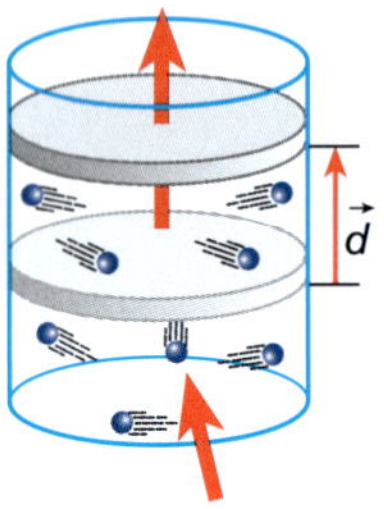

Exemplo 1:

O gás recebe de uma fonte térmica externa uma quantidade de calor igual a 1 000 cal (Q = +1 000 cal). Essa energia, além de produzir um aquecimento no gás, provoca sua expansão, com consequente realização de trabalho equivalente a 600 cal ($\tau_{gás} = +600$ cal).

Já que a energia fornecida pelo sistema para o ambiente em forma de trabalho é menor que a recebida em forma de calor, pode-se concluir que o restante ficou no gás, na forma de energia interna, produzindo neste um aumento de 400 cal ($\Delta U = +400$ cal).

A aplicação da equação da **1ª Lei da Termodinâmica** leva-nos à mesma conclusão:

$$\Delta U = Q - \tau_{gás}$$

Sendo:

Q = +1 000 cal (calor recebido)

$\tau_{gás} = +600$ cal (trabalho realizado)

temos:

$$\Delta U = (+1\,000) - (+600)$$

$$\boxed{\Delta U = +400 \text{ cal}}$$

O sinal positivo de ΔU indica que o sistema sofreu um **aumento** em sua energia interna.

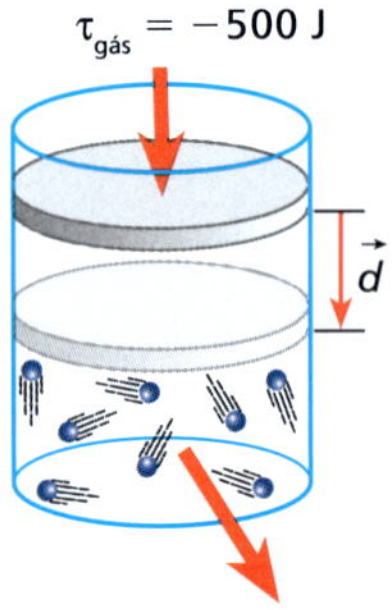

Exemplo 2:

O gás é comprimido, recebendo um trabalho igual a 500 J ($\tau_{gás} = -500$ J). Simultaneamente, esse gás perde para o ambiente uma quantidade de calor correspondente a 600 J (Q = −600 J).

Como o total de energia deve conservar-se, concluímos que, pelo fato de o calor cedido ser, em módulo, maior que a energia recebida em forma de trabalho, a diferença de 100 J saiu do próprio sistema, diminuindo sua energia interna ($\Delta U = -100$ J).

Matematicamente:

$$\Delta U = Q - \tau_{gás}$$

Sendo:

Q = −600 J (calor cedido)

$\tau_{gás} = -500$ J (trabalho recebido)

temos:

$$\Delta U = (-600) - (-500) = -600 + 500$$

$$\boxed{\Delta U = -100 \text{ J}}$$

O sinal negativo de ΔU indica que o sistema sofreu uma **diminuição** em sua energia interna.

NOTA!

Observe que é indiferente usarmos as unidades **caloria** ou **joule**. O que não podemos fazer é misturar as duas unidades.

5. Transformações termodinâmicas particulares

No estudo da Termodinâmica dos Gases Perfeitos, encontramos quatro transformações particulares que devem ser analisadas com mais detalhes: a **isotérmica**, a **isométrica**, a **isobárica** e a **adiabática**.

Transformação isotérmica

Nas transformações isotérmicas, a temperatura do sistema gasoso mantém-se constante e, em consequência, a variação de sua energia interna é nula ($\Delta U = 0$). Lembre-se de que a energia interna de um gás perfeito é função de sua temperatura absoluta $\left(U = \frac{3}{2}nRT\right)$.

Aplicando a equação da **1ª Lei da Termodinâmica** a essa transformação, temos:

$$\Delta U = Q - \tau_{gás} \Rightarrow 0 = Q - \tau_{gás}$$

$$Q = \tau_{gás}$$

Isso significa que o calor e o trabalho trocados com o meio externo são iguais. Esse fato indica duas possibilidades:

a) Se o sistema gasoso recebe calor ($Q > 0$), essa energia é integralmente utilizada na realização de trabalho ($\tau_{gás} > 0$).

Banco de imagens/Arquivo da editora

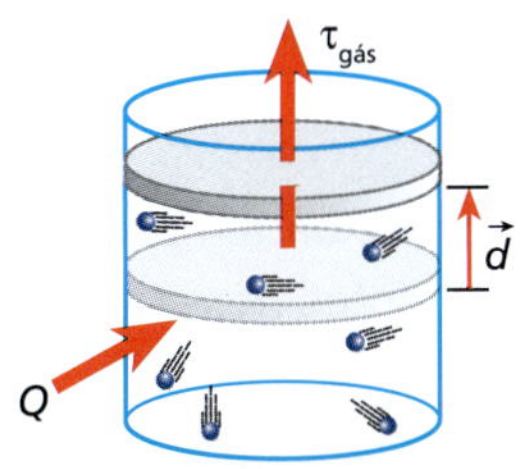

$$Q = \tau_{gás}, \text{ pois } \Delta U = 0$$
$$Q > 0 \text{ e } \tau_{gás} > 0$$

b) Se o sistema gasoso recebe trabalho ($\tau_{gás} < 0$), ele cede para o meio externo igual quantidade de energia em forma de calor ($Q < 0$).

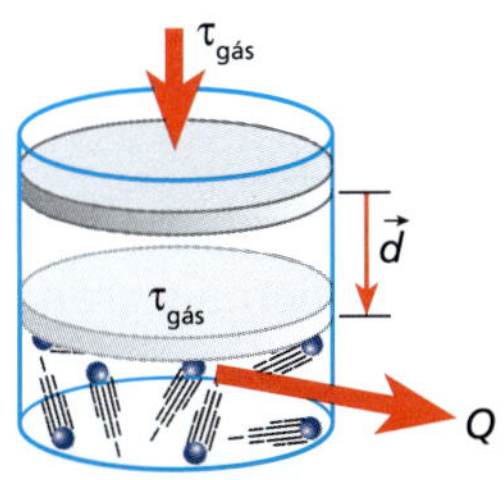

Banco de imagens/Arquivo da editora

$$\tau_{gás} = Q, \text{ pois } \Delta U = 0$$
$$\tau_{gás} < 0 \text{ e } Q < 0$$

NOTA!

É importantíssimo observar que a temperatura do gás não varia em uma transformação isotérmica, mas ele troca calor com o meio externo.

Transformação isométrica

Nas transformações isométricas (também denominadas isovolumétricas, ou ainda isocóricas), o volume do gás mantém-se constante e, em consequência, o sistema não troca trabalho com o meio externo ($\tau_{gás} = 0$). Portanto, nesse tipo de transformação o sistema não realiza nem recebe trabalho.

Utilizando a equação da **1ª Lei da Termodinâmica**, obtemos:

$$\Delta U = Q - \tau_{gás} \Rightarrow \Delta U = Q - 0$$

$$\Delta U = Q$$

Isso significa que a variação de energia interna sofrida pelo sistema gasoso é igual ao calor trocado com o meio externo.

Temos, então, duas situações a considerar:

a) Se o sistema recebe calor ($Q > 0$), sua energia interna aumenta ($\Delta U > 0$) em igual valor.

Banco de imagens/Arquivo da editora

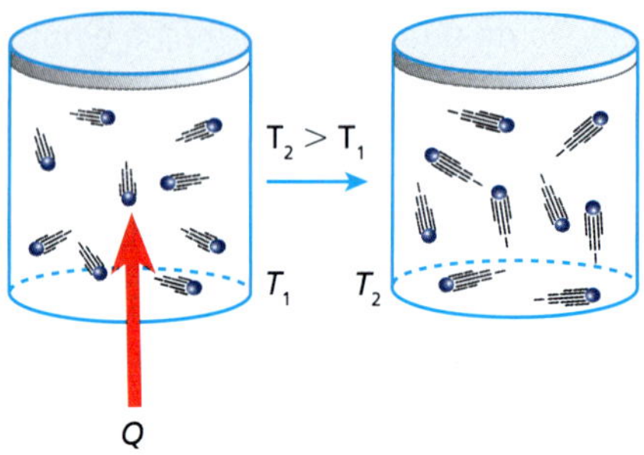

$$\tau_{gás} = 0 \Rightarrow Q = \Delta U$$

b) Se o sistema cede calor ($Q < 0$), sua energia interna diminui ($\Delta U < 0$) em igual valor.

Banco de imagens/Arquivo da editora

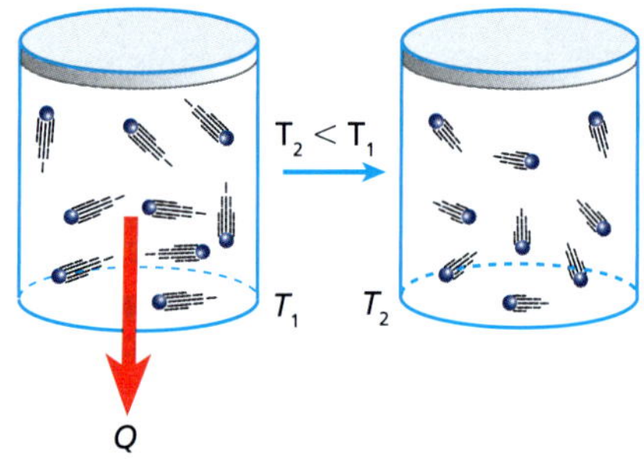

$$\tau_{gás} = 0 \Rightarrow Q = \Delta U$$

Transformação isobárica

Nas transformações isobáricas, a pressão do sistema gasoso mantém-se constante. Dessa forma, a análise do que ocorre é feita pela **Equação de Clapeyron** (é bom lembrar que estamos utilizando o gás perfeito como sistema físico intermediário):

$$pV = nRT$$

Note que o volume (V) do gás varia na razão direta da temperatura absoluta (T), já que as demais grandezas permanecem constantes nessa transformação.

Há, então, duas situações a considerar:

a) Quando a temperatura absoluta do sistema aumenta, seu volume também aumenta. Isso significa que sua energia interna aumenta ($\Delta U > 0$) e que o sistema realiza trabalho ($\tau_{gás} > 0$). É evidente que toda essa energia entra no sistema na forma de calor.

Banco de imagens/Arquivo da editora

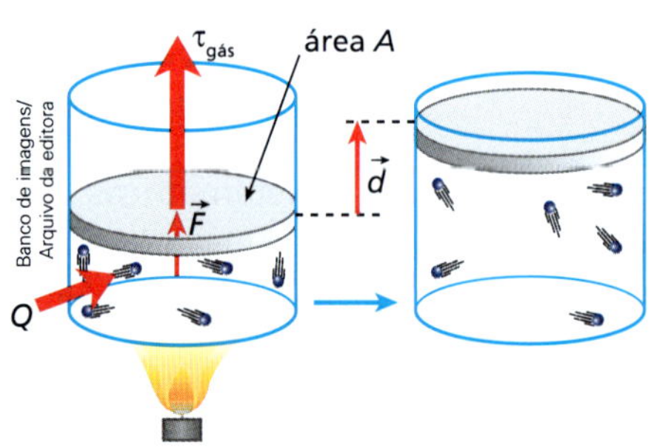

$$\Delta U = Q - \tau_{gás} \text{ ou } Q = \tau_{gás} + \Delta U$$

b) Quando a temperatura absoluta do sistema diminui, seu volume também diminui. Isso significa que sua energia interna diminui ($\Delta U < 0$) e que o sistema recebe trabalho ($\tau_{gás} < 0$). É evidente que toda essa energia sai do sistema na forma de calor.

Banco de imagens/Arquivo da editora

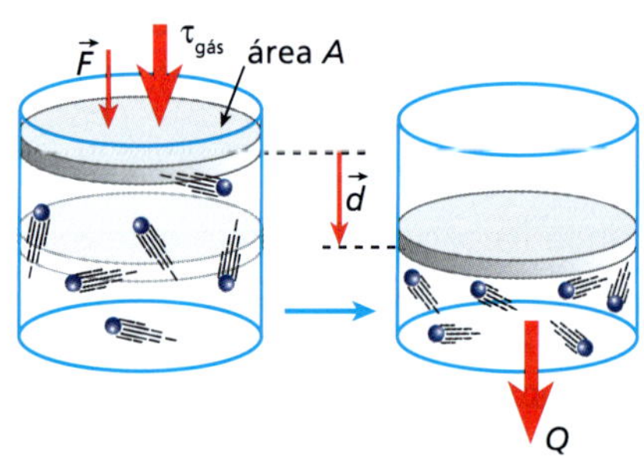

$$\Delta U = Q - \tau_{gás} \text{ ou } Q = \tau_{gás} + \Delta U$$

Trabalho de um gás em uma transformação isobárica (τ_p)

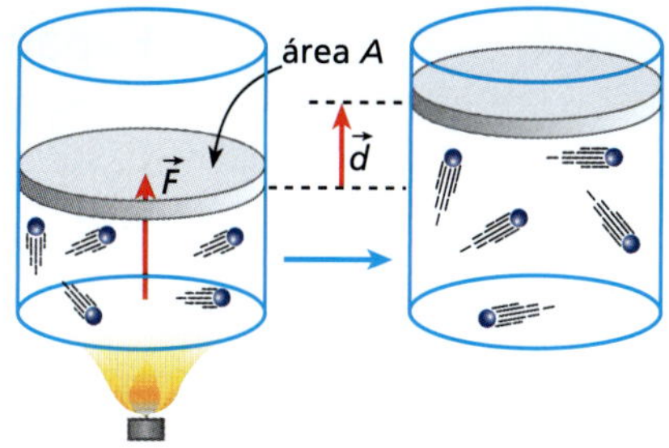

Banco de imagens/Arquivo da editora

Considere um gás em expansão isobárica.

Podemos calcular o trabalho realizado por ele usando a fórmula da definição de trabalho de força constante:

$$\tau_p = Fd \quad (I)$$

em que *F* é o módulo da força média aplicada pelo gás no êmbolo móvel do recipiente e *d* é o módulo do deslocamento sofrido por ele.

Sendo *A* a área da secção transversal do êmbolo, da definição de pressão, temos:

$$p = \frac{F}{A} \Rightarrow F = pA \quad (II)$$

Substituindo (II) em (I), vem:

$$\tau_p = pAd$$

O produto *Ad*, contudo, corresponde ao volume varrido pelo êmbolo, isto é, à variação de volume ΔV sofrida pelo gás nessa transformação ($Ad = \Delta V$).

Assim, a equação do trabalho do gás em uma transformação isobárica fica expressa pelo produto da pressão (*p*), que permanece constante, pela variação de volume ΔV sofrida pelo gás perfeito:

$$\tau_p = p\Delta V$$

Usando a **Equação de Clapeyron**, completamos a relação:

$$\tau_p = p\Delta V = nR\Delta T$$

Essa expressão é válida também na compressão isobárica de um gás perfeito.

Transformação adiabática

Nas transformações adiabáticas, não há troca de calor entre o sistema e o meio externo. Dessa forma, toda a energia recebida ou cedida pelo sistema ocorre por meio de trabalho.

Da equação da **1ª Lei da Termodinâmica**, sendo Q = 0, temos:

$$\Delta U = Q - \tau_{gás} \Rightarrow \Delta U = 0 - \tau_{gás}$$

$$\Delta U = -\tau_{gás}$$

Isso significa que o módulo da variação de energia interna sofrida pelo sistema é igual ao módulo do trabalho que o sistema troca com o meio externo.

Assim, temos duas situações a considerar:

a) Quando o sistema recebe trabalho ($\tau_{gás} < 0$), sua energia interna aumenta ($\Delta U > 0$) em igual valor.

Banco de imagens/Arquivo da editora

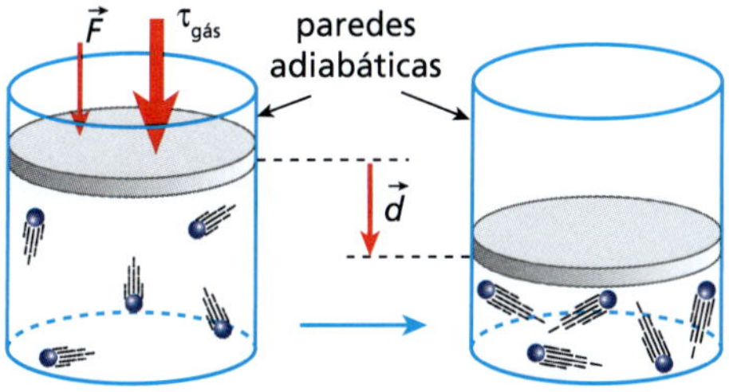

$$\Delta U = -\tau_{gás}$$

b) Quando o sistema realiza trabalho ($\tau_{gás} > 0$), ele o faz retirando essa energia da própria energia interna, que diminui ($\Delta U < 0$).

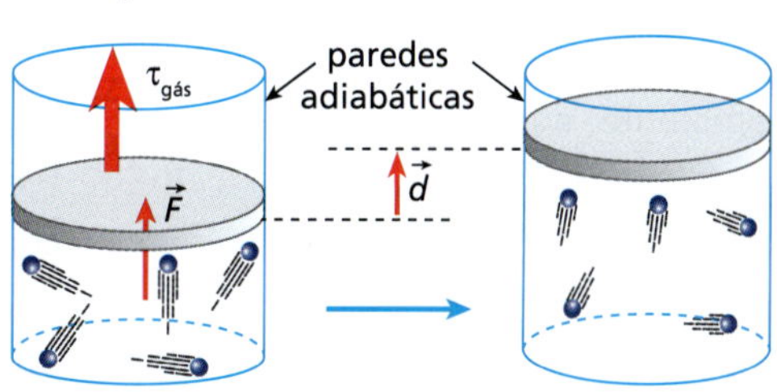

Banco de imagens/Arquivo da editora

$$\Delta U = -\tau_{gás}$$

Expansão livre

Para entender melhor, considere um recipiente de paredes rígidas (volume constante) e adiabáticas (não permite trocas de calor através delas), dividido em duas partes por uma fina película. Em uma das partes coloca-se certa massa de gás perfeito, enquanto na outra supõe-se vácuo.

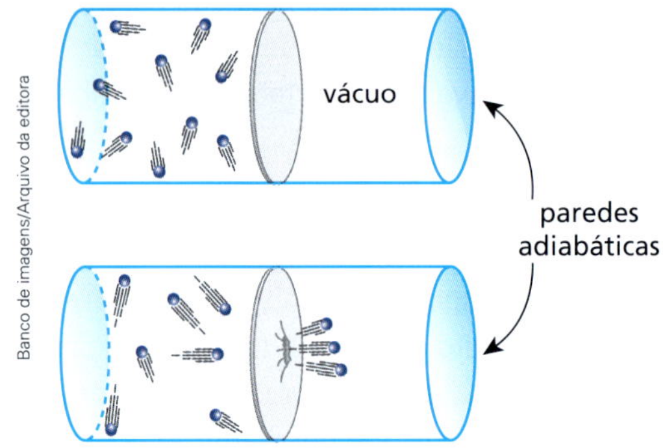

Se a película subitamente se rompe, o gás se expande pela região de vácuo, realizando uma expansão livre.

Como o gás não sofreu resistência em sua expansão, ele não realizou trabalho ($\tau_{gás} = 0$). Pelo fato de o processo ser adiabático, também não há troca de calor ($Q = 0$). Assim, a variação de energia interna é nula ($\Delta U = 0$) e a temperatura mantém-se constante durante todo o processo.

NOTA!

A expansão livre é uma transformação termodinâmica **irreversível**, pois o sistema não consegue voltar à situação inicial espontaneamente, isto é, sem a ajuda de um agente externo. Esse agente deve realizar sobre o gás um trabalho, forçando-o a voltar. Dessa forma, o gás recebe trabalho, o que provoca um aumento em sua energia interna. (Lembremos que a transformação é adiabática.)

Exercícios Nível 1

1. Você já deve ter notado que ao esfregar as mãos durante algum tempo elas ficam mais quentes. Isso ocorre porque:

a) aumenta a circulação do sangue, elevando a produção de calor.
b) o movimento das mãos pode alterar a temperatura do ambiente, devido ao atrito delas com o ar.
c) o trabalho mecânico realizado pelas forças de atrito existentes entre as mãos se transforma em energia térmica, aumentando sua temperatura.
d) durante o movimento, as mãos absorvem energia térmica do ambiente, o que aumenta sua temperatura.
e) a diferença de polaridade existente entre a mão direita e a mão esquerda provoca um aquecimento em ambas.

2. A primeira coluna descreve uma transformação sofrida pelo gás; a segunda contém a denominação utilizada para indicar essa transformação.

(A) O gás realiza trabalho e sua energia interna não varia.	(1) Compressão isotérmica.
(B) O gás tem sua energia interna aumentada e não troca trabalho com o meio externo.	(2) Compressão adiabática.
(C) O gás não troca calor com o meio externo, mas sua temperatura aumenta.	(3) Aquecimento isométrico.
(D) O gás recebe trabalho e sua energia interna não varia.	(4) Expansão isotérmica.

Em qual das alternativas as associações estão corretas?

a) A-1, B-2, C-3 e D-4.
b) A-4, B-2, C-1 e D-3.
c) A-4, B-3, C-2 e D-1.
d) A-3, B-1, C-4 e D-2.
e) A-2, B-4, C-1 e D-4.

3. A **1ª Lei da Termodinâmica**, aplicada a uma transformação gasosa, se refere à:

a) conservação de massa do gás;

b) conservação da quantidade de movimento das partículas do gás;

c) relatividade do movimento de partículas subatômicas, que constituem uma massa de gás;

d) conservação da energia total;

e) expansão e contração do binômio espaço-tempo no movimento das partículas do gás.

4. E.R. Um gás perfeito sofre uma expansão, realizando um trabalho igual a 200 J. Sabe-se que, no final dessa transformação, a energia interna do sistema está com 60 J a mais que no início. Qual a quantidade de calor recebida pelo gás?

Resolução:

A **1ª Lei da Termodinâmica** dá a relação entre as grandezas referidas no problema:

$$\Delta U = Q - \tau_{gás}$$

Do texto, sabemos que:

$\tau_{gás} = +200$ J (o sistema **realizou** trabalho)

$\Delta U = +60$ J (a energia interna **aumentou**)

Assim, temos:

$$60 = Q - 200 \therefore \boxed{Q = 260 \text{ J}}$$

5. A 1ª Lei da Termodinâmica pode ser entendida como uma afirmação do princípio da conservação de energia. Sua expressão analítica é dada por $\Delta U = Q - \tau$, onde ΔU corresponde à variação da energia interna do sistema, Q e τ, respectivamente, calor trocado e trabalho realizado.

Um sistema termodinâmico recebe do meio externo uma quantidade de energia em forma de calor equivalente a 200 J. Em consequência o sistema expande, realizando um trabalho equivalente a 140 J. Responda às questões:

a) O que ocorre com a energia interna? Ela aumenta, diminui ou permanece a mesma?

b) De quanto foi a variação de energia interna?

6. Uma porção de gás perfeito está confinada por um êmbolo móvel no interior de um cilindro. Ao receber 20 kcal de calor do meio externo, o êmbolo sobe e o gás realiza um trabalho equivalente a 12 kcal. Aplicando a 1ª Lei da Termodinâmica, determine a variação sofrida pela energia interna desse gás.

7. Um gás perfeito sofre uma expansão isotérmica ao receber do ambiente 250 J de energia em forma de calor. Qual o trabalho realizado pelo gás e qual sua variação de energia interna?

8. Analise as afirmativas a seguir:

(01) Um gás somente pode ser aquecido se receber calor.

(02) Pode-se aquecer um gás realizando-se trabalho sobre ele.

(04) Para esfriar um gás, devemos necessariamente retirar calor dele.

(08) Um gás pode receber calor do meio externo e sua temperatura permanecer constante.

(16) Numa transformação adiabática de um gás, sua temperatura pode diminuir.

Dê como resposta a soma dos números associados às afirmações corretas.

9. Numa expansão isobárica (pressão constante), o trabalho realizado por um gás é tanto maior quanto:

a) maior a pressão e maior a variação de volume.

b) menor a pressão e maior a variação de volume.

c) maior a pressão e maior o volume.

d) menor a pressão e menor o volume.

e) maior a pressão e menor o volume.

10. Analise as proposições dadas a seguir e dê como resposta o somatório dos números que correspondem às afirmativas corretas:

(01) A energia interna de dada massa de gás é função exclusiva de sua temperatura.

(02) Numa expansão isobárica, a quantidade de calor recebida é menor que o trabalho realizado.

(04) Numa transformação isocórica, a variação de energia interna do gás é igual à quantidade de calor trocada com o meio exterior.

(08) Numa transformação adiabática, o gás não troca trabalho com o meio externo.

(16) A energia interna de um sistema gasoso só não varia nas transformações adiabáticas.

(32) Numa expansão isobárica, a temperatura do gás aumenta.

11. Um gás perfeito sofre uma expansão isobárica, sob pressão de 5,0 N/m². Seu volume aumenta de 0,20 m³ para 0,60 m³. Qual foi a variação de energia interna do gás se, durante a expansão, ele recebeu 5,0 J de calor do ambiente?

12. Um sistema gasoso ideal sofre uma transformação isobárica de pressão igual a $5 \cdot 10^4$ N/m². Seu volume evolui de 3 L para 6 L. Determine o trabalho trocado com o meio externo.

Dado: $1 \text{ L} = 1 \text{ dm}^3 = 10^{-3} \text{ m}^3$

Exercícios Nível 2

13. Um sistema gasoso ideal troca (recebe ou
E.R. cede) com o meio externo 150 cal em forma de calor. Determine, em joules, o trabalho trocado com o meio, em cada um dos casos:

a) expansão isotérmica;

b) compressão isotérmica;

c) aquecimento isométrico.

Dado: 1 cal = 4,18 J

Resolução:

Nas transformações isotérmicas, não há variação de temperatura e, em consequência, a energia interna do sistema mantém-se constante ($\Delta U = 0$).

Da **1ª Lei da Termodinâmica**, $\Delta U = Q - \tau_{gás}$, vem:

$$\boxed{Q = \tau_{gás}}$$

Então, se o sistema recebe calor, realiza um trabalho de igual valor. Se cede calor, é porque recebe igual quantidade de energia em forma de trabalho.

a) Na expansão, o volume aumenta e o sistema realiza trabalho ($\tau_{gás} > 0$), recebendo calor ($Q > 0$).

Daí, temos:

$$\tau_{gás} = Q = 150 \text{ cal}$$

Transformando caloria em joule, vem:

$$\tau_{gás} = J \cdot Q \Rightarrow \tau_{gás} = 4{,}18 \cdot 150$$

$$\boxed{\tau_{gás} = 627 \text{ J}}$$

b) Na compressão, o volume diminui e o sistema recebe trabalho ($\tau_{gás} < 0$), cedendo calor ($Q < 0$).

Daí, temos:

$$\tau_{gás} = Q = -150 \text{ cal}$$

Transformando caloria em joule, vem:

$$\boxed{\tau_{gás} = -627 \text{ J}}$$

c) Nas transformações isométricas, o volume permanece constante e não há trabalho trocado com o meio externo.

Então:

$$\boxed{\tau_{gás} = 0}$$

14. Um sistema termodinâmico, constituído por um gás perfeito, troca 400 cal de calor com o meio externo. Determine a variação de energia interna do sistema, em cada um dos casos:

a) aquecimento isocórico;

b) resfriamento isométrico;

c) expansão isotérmica.

15. Numa transformação termodinâmica, um gás ideal troca com o meio externo 209 J em forma de trabalho. Determine, em calorias, o calor que o sistema troca com o meio externo, em cada um dos casos:

a) expansão isotérmica;

b) compressão isotérmica;

c) expansão adiabática.

Dado: 1 cal = 4,18 J

16. Leia com atenção e identifique a alternativa correta.

a) Numa compressão isotérmica de um gás perfeito, o sistema não troca calor com o meio externo.

b) Numa compressão isotérmica de um gás perfeito, o sistema cede um valor de calor menor que o valor do trabalho que recebe.

c) Numa compressão isotérmica de um gás perfeito, sempre ocorre variação da energia interna do gás.

d) Numa compressão isotérmica de um gás perfeito, o sistema realiza trabalho; portanto, não recebe calor.

e) Numa compressão isotérmica de um gás perfeito, o sistema recebe trabalho, que é integralmente transformado em calor.

17. Um estudante manuseava uma bomba manual (metálica) de encher bola de futebol. Mantendo o orifício de saída do ar tapado com seu dedo, ele comprimia rapidamente o êmbolo e observava que o ar dentro da bomba era aquecido.
Das afirmativas a seguir, qual você usaria para explicar o fenômeno descrito?

a) Quando se comprime um gás, sua temperatura sempre aumenta.

b) Quando se comprime rapidamente um gás, facilita-se a troca de calor entre o ar que está dentro da bomba e o meio externo.

c) Devido à rapidez da compressão, o ar que está dentro da bomba não troca calor com o meio externo; assim, o trabalho realizado provoca aumento da energia interna desse ar.

d) A compressão rápida do ar foi feita isobaricamente, provocando aumento na velocidade de suas partículas.

e) O fenômeno descrito é impossível de ocorrer, pois, sendo o corpo da bomba metálico, qualquer energia que seja fornecida para o ar interno será imediatamente transferida para o meio externo.

18. (FMJ-SP) Inicialmente, um gás ideal ocupava o volume de 3,5 litros enquanto sua temperatura e pressão eram, respectivamente, 400 K e $2,0 \cdot 10^5$ Pa.

a) Determine a relação entre o volume e a temperatura para que a pressão desse gás passe a ser mantida em $2,5 \cdot 10^5$ Pa.

b) Suponha que, a partir das condições iniciais, o gás receba calor de uma fonte térmica, realizando sobre o meio um trabalho de 800 J. Nessas condições, sabendo-se que a transformação sofrida pelo gás foi isobárica, determine seu novo volume.

19. Um gás perfeito sofre uma expansão isobárica, trocando com o meio externo 500 cal em forma de calor e 300 cal em forma de trabalho. Determine a variação da energia interna do sistema.

20. (PUC-SP) Um gás monoatômico submetido a uma pressão de 1 atm possui volume de 1 000 cm^3 quando sua temperatura é de 300 K. Após sofrer uma expansão isobárica, seu volume é aumentado para 300% do valor inicial. Determine a variação da energia interna do gás e o trabalho mecânico, em joules, realizado pelo gás durante essa transformação.

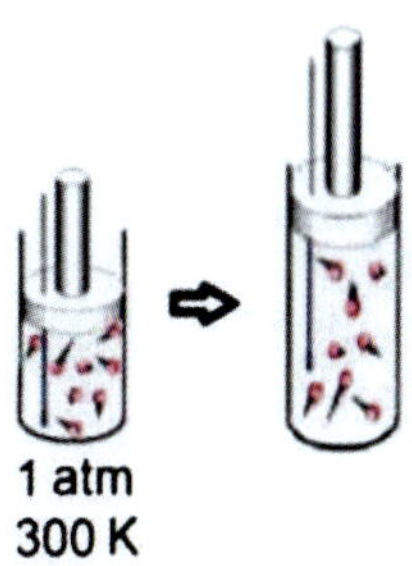

Reprodução/PUC-SP, 2017

a) $2 \cdot 10^2$ e $3 \cdot 10^2$

b) $2 \cdot 10^8$ e $2 \cdot 10^8$

c) $3 \cdot 10^4$ e $2 \cdot 10^4$

d) $3 \cdot 10^2$ e $2 \cdot 10^2$

Dado: 1 atm = $1 \cdot 10^5$ N/m^2

21. (UFMS) Um cilindro, fechado por um êmbolo, encerra o volume de $1,0 \cdot 10^{22}$ m^3 de um gás ideal à pressão de $2,0 \cdot 10^5$ Pa. O sistema recebe de uma fonte quente $5,0 \cdot 10^3$ J de calor. O êmbolo desloca-se de modo que o volume do gás seja duplicado num processo isobárico.

Ao final do processo, pode-se afirmar que:

(01) não houve qualquer variação da energia interna do sistema.

(02) o calor fornecido pela fonte quente foi totalmente armazenado sob a forma de energia interna do sistema.

(04) o trabalho realizado pelo sistema sobre o meio foi de $2,0 \cdot 10^3$ J.

(08) o aumento da energia interna do sistema foi de $3,0 \cdot 10^3$ J.

(16) o calor fornecido pela fonte quente foi totalmente transformado em trabalho realizado pelo sistema sobre o meio.

Dê como resposta a soma dos números associados às afirmações corretas.

22. Na universidade, no interior de um laboratório de Física, um instrutor realizou um experimento diante de uma plateia extremamente atenta. Utilizando um recipiente apropriado, provido de êmbolo móvel, aprisionou determinada massa de um gás monoatômico, que pode ser considerado um gás ideal. Com uma fonte térmica provocou no gás uma transformação quase estática em duas etapas: uma isobárica seguida de outra isométrica. No estado inicial a pressão do gás valia $8,0 \cdot 10^2$ N/m^2 e o volume 0,40 m^3. No final do experimento a pressão valia $4,0 \cdot 10^2$ N/m^2 e o volume 0,80 m^3.

Utilizando estes dados, determine:

a) a variação de energia interna do gás.

b) o trabalho realizado pelo gás nesta transformação (desconsidere os atritos).

c) a quantidade de calor trocada pelo gás com a fonte térmica externa.

d) Se a transformação isométrica ocorrer antes da isobárica, mantendo-se os mesmos estados inicial e final, qual é o novo trabalho realizado pelo gás?

23. (Unesp-SP) Um pistão com êmbolo móvel contém 2 mol de O_2 e recebe 581 J de calor. O gás sofre uma expansão isobárica na qual seu volume aumentou de 1,66 L, a uma pressão constante de 10^5 N/m^2. Considerando que nessas condições o gás se comporta como gás ideal, utilize R = 8,3 J/(mol · K) e calcule:

a) a variação de energia interna do gás;

b) a variação de temperatura do gás.

Bloco 2

6. Diagramas termodinâmicos

No estudo da Termodinâmica dos Gases Perfeitos, é de grande importância o **Diagrama de Clapeyron**, que representa a relação existente entre a pressão, o volume e a temperatura absoluta de uma massa de gás perfeito.

Uma transformação aberta

Consideremos um sistema constituído por certa massa de gás perfeito, que sofre uma transformação aberta, passando de um estado definido pelo ponto **A** para outro definido pelo ponto **B**, conforme a indicação do diagrama ao lado.

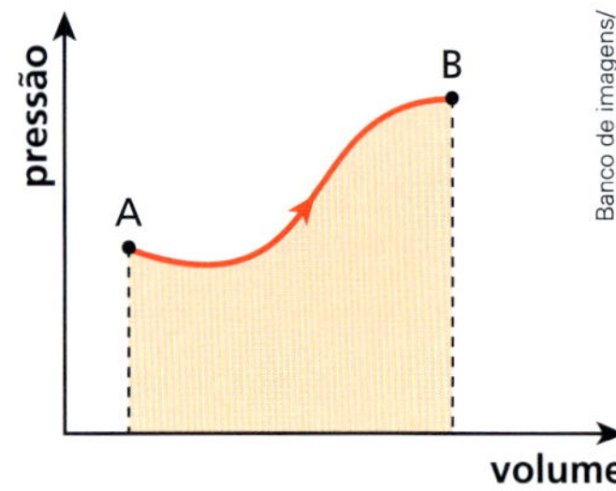

Banco de imagens/Arquivo da editora

A "área" destacada sob a curva que representa a transformação, indicada no diagrama pressão × volume, é igual ao módulo do trabalho que esse sistema troca com o meio externo ao executar essa transformação.

Numa transformação aberta, podem ocorrer três situações:

a) Quando um sistema realiza trabalho ($\tau_{gás} > 0$), seu volume aumenta.

Banco de imagens/Arquivo da editora

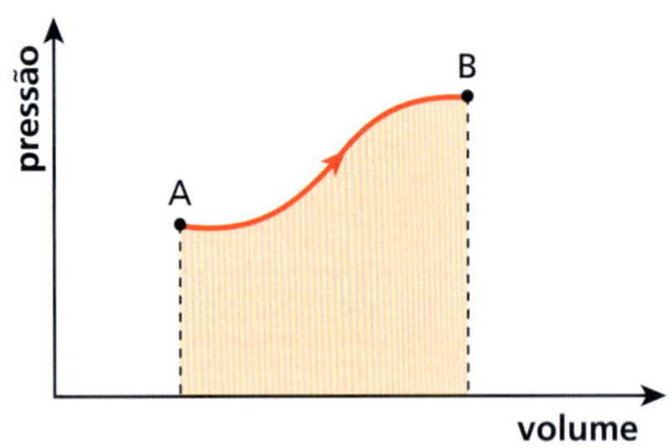

"área" $= |\tau_{AB}|$

Atenção:

$\tau_{AB} > 0$

b) Quando um sistema recebe trabalho ($\tau_{gás} < 0$), seu volume diminui.

Banco de imagens/Arquivo da editora

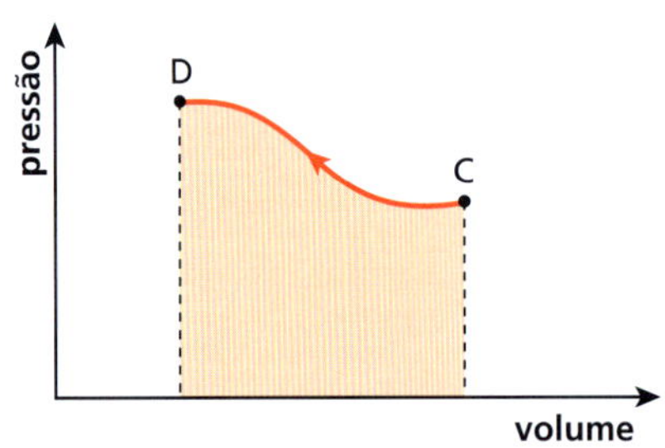

"área" $= |\tau_{CD}|$

Atenção:

$\tau_{CD} < 0$

c) Quando um sistema não troca trabalho com o meio externo, seu volume permanece constante.

Banco de imagens/Arquivo da editora

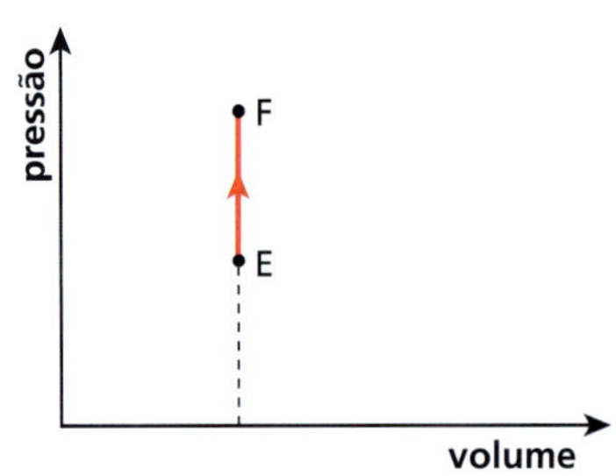

"Área" $= 0$

Atenção:

$\tau_{EF} = 0$

NOTAS!

- É importante observar que o trabalho trocado entre o sistema e o meio externo depende não somente dos estados inicial e final, mas também dos estados intermediários, que determinam o "caminho" ao longo da transformação.
  O diagrama ao lado mostra, por exemplo, uma transformação aberta sofrida por um sistema gasoso, na qual o estado final **B** pode ser atingido, a partir do estado inicial **A**, por dois caminhos diferentes, I e II. A "área" bege, correspondente ao caminho I, é maior que a "área" hachurada, correspondente ao caminho II. Isso significa que o trabalho realizado pelo sistema ao percorrer o caminho I é maior que o trabalho realizado ao percorrer o caminho II.

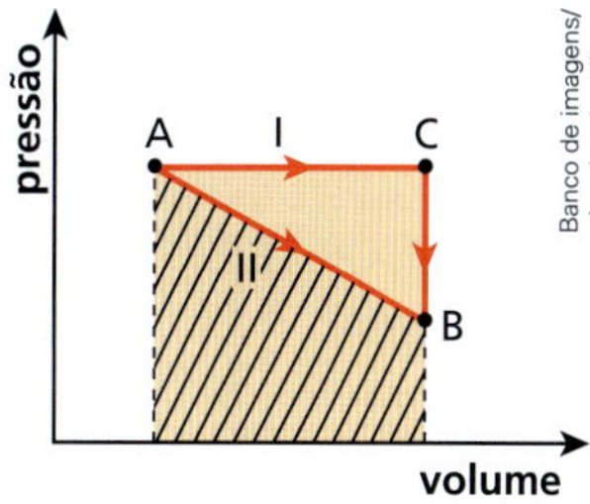

Banco de imagens/Arquivo da editora

$$\tau_{ACB} > \tau_{AB}$$

- Na transformação isobárica (p = pressão constante), fica fácil demonstrar que a "área" sob o gráfico é igual ao módulo do trabalho trocado pelo sistema.
  "Área" $= p|\Delta V| = |\tau_{AB}|$

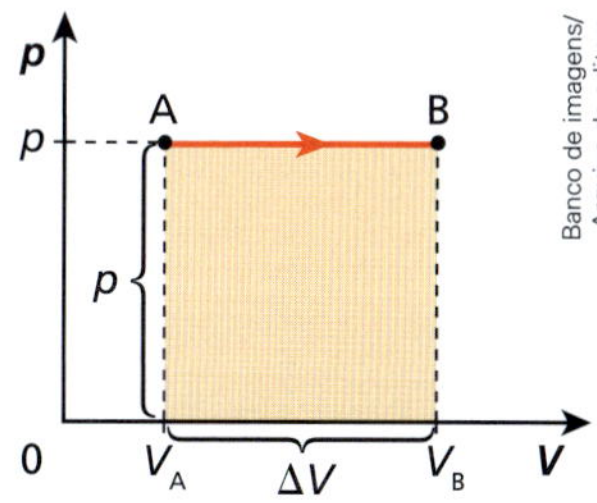

Banco de imagens/Arquivo da editora

$$\tau_{AB} = p\Delta V = nR\Delta T$$

Uma transformação cíclica

Um sistema gasoso sofre uma transformação definida como cíclica (ou fechada) quando o estado final dessa transformação coincide com o estado inicial. Num diagrama pressão × volume, essa transformação cíclica é representada por uma curva fechada, e o módulo do trabalho total trocado com o meio externo é determinado pela "área interna" à curva fechada representativa do ciclo.

Não é difícil perceber que, ao desenvolver uma transformação cíclica, o sistema geralmente realiza e recebe trabalho, sendo o trabalho total a soma desses trabalhos parciais.

Banco de imagens/Arquivo da editora

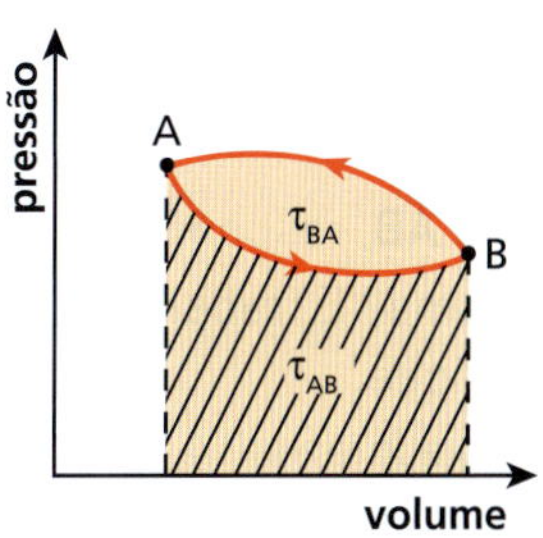

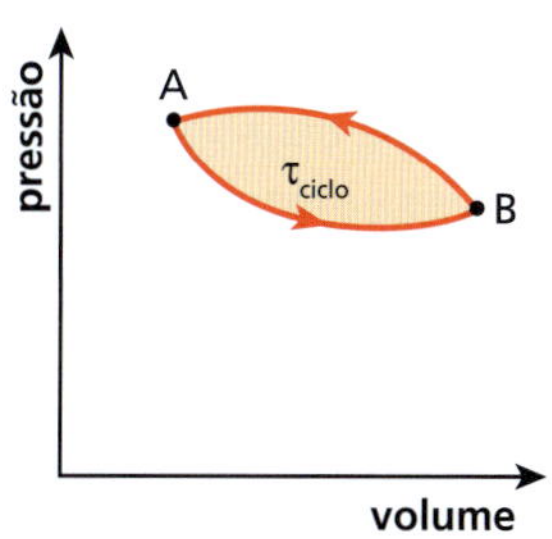

Na transformação **AB**, o módulo do trabalho é dado pela "área" hachurada (trabalho realizado $\Rightarrow \tau_{AB} > 0$) e, na transformação **BA**, é dado pela área bege (trabalho recebido $\Rightarrow \tau_{BA} < 0$). Ao determinarmos o trabalho total, resta apenas a "área interna" à curva fechada.

O trabalho total tem seu módulo determinado pela "área interna" à curva fechada.

É importante observar que:

a) Quando o ciclo está orientado no sentido horário, o trabalho realizado é maior que o recebido. Dizemos que o ciclo no sentido horário indica que o sistema realiza trabalho: $\tau_{ciclo} > 0$.

b) Quando o ciclo está orientado no sentido anti-horário, o trabalho recebido é maior que o realizado. Dizemos que o ciclo no sentido anti-horário indica que o sistema recebe trabalho: $\tau_{ciclo} < 0$.

NOTA!

O módulo do trabalho trocado entre o sistema e o meio externo é determinado pela "área" no diagrama pressão × volume, em joules, quando a pressão é dada em N/m^2 (pascal) e o volume, em m^3; caso contrário, deve-se fazer a conversão para essas unidades.

Para isso, é importante lembrar que:

$1\ L = 1\ dm^3 = 10^{-3}\ m^3$

$1\ atm \cong 760\ mmHg \cong$
$\cong 10^5\ N/m^2$

Exercícios Nível 1

24. Um gás perfeito passa do estado representa-
E.R. do por **A**, no gráfico, para os estados representados por **B** e **C**:

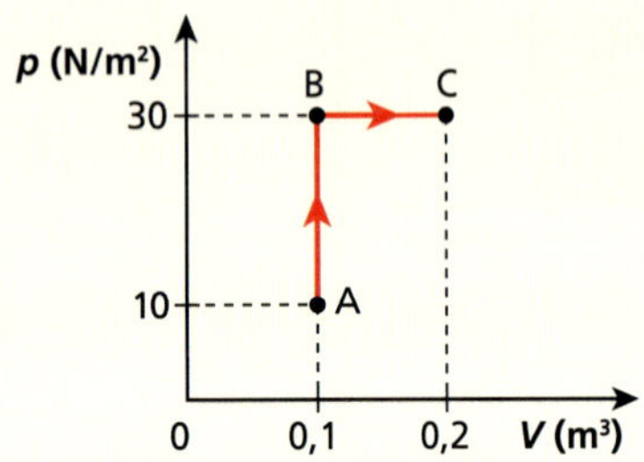

Banco de imagens/Arquivo da editora

Determine o trabalho realizado pelo gás, em joules, nas transformações:

a) **A** para **B**;
b) **B** para **C**;
c) **ABC**.

Resolução:

a) Na transformação **AB**, não há troca de trabalho com o meio externo, pois o volume do sistema mantém-se constante:

$$\boxed{\tau_{AB} = 0}$$

b) Na transformação **BC**, o trabalho realizado (o volume do sistema aumenta) pelo gás é igual à "área" sob o gráfico:

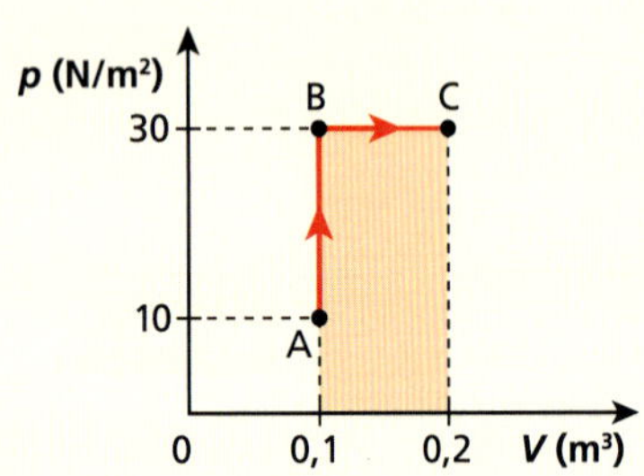

Banco de imagens/Arquivo da editora

$$\text{"área"} = \tau_{BC}$$
$$\tau_{BC} = 30 \cdot (0{,}2 - 0{,}1)$$
$$\boxed{\tau_{BC} = 3\ \text{J}}$$

c) O trabalho total na transformação **ABC** é a soma algébrica dos trabalhos nas transformações **AB** e **BC**. Assim:

$$\tau_{ABC} = \tau_{AB} + \tau_{BC} \Rightarrow \tau_{ABC} = 0 + 3$$
$$\boxed{\tau_{ABC} = 3\ \text{J}}$$

25. Um gás perfeito sofre a transformação **ABC** indicada no diagrama pressão (p) × volume (V) a seguir:

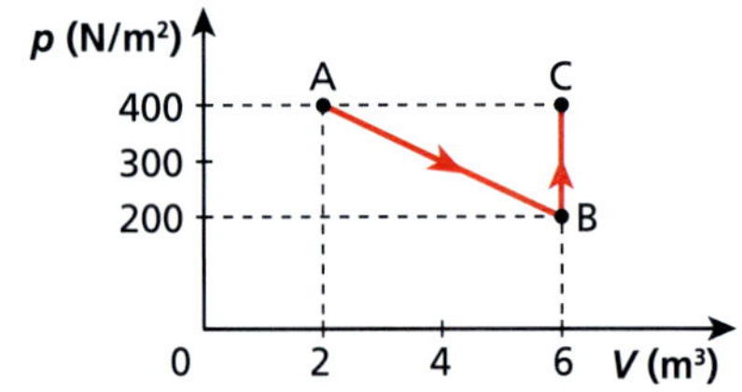

Banco de imagens/Arquivo da editora

Determine o trabalho do sistema nas transformações:

a) **A** para **B**; b) **B** para **C**; c) **ABC**.

26. No processo isobárico indicado no gráfico, um gás perfeito recebeu 3 000 J de energia do ambiente.

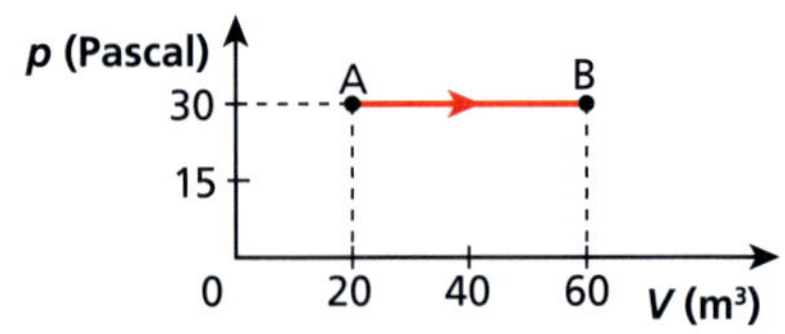

Banco de imagens/Arquivo da editora

Que variação ocorreu na energia interna desse gás?

27. Um sistema termodinâmico constituído de certa massa de gás perfeito recebe calor de uma fonte térmica, num total de 8500 J. Em consequência, o gás se expande, sofrendo a transformação **AB** representada no diagrama pressão (p) × volume (V) a seguir:

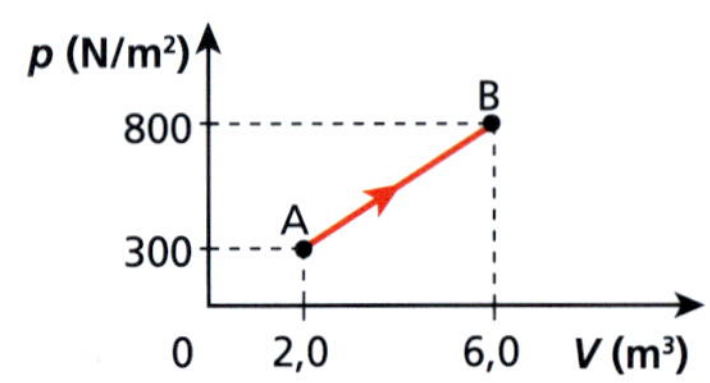

Banco de imagens/Arquivo da editora

A respeito da transformação **AB**, responda:

a) Qual é o trabalho do sistema? É trabalho realizado ou recebido? Justifique.
b) Qual é a variação de energia interna? A energia interna aumentou ou diminuiu? Justifique.

28. No diagrama a seguir observamos a transformação sofrida por uma determinada amostra de gás perfeito.

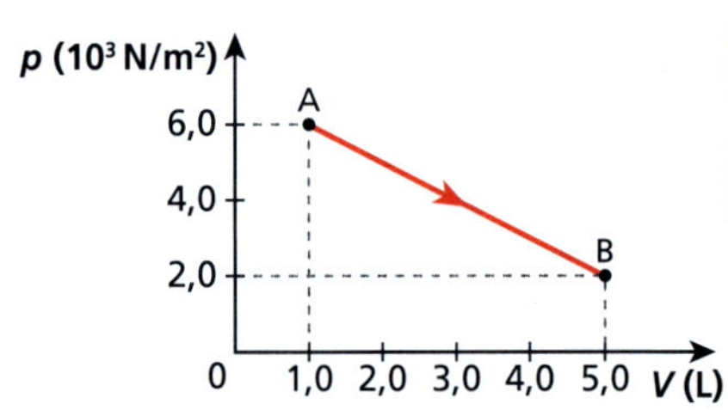

Banco de imagens/Arquivo da editora

Sabe-se que durante a transformação o gás recebeu de uma fonte térmica energia equivalente a 22,0 joules. A partir desses dados, estabeleça a variação de energia interna dessa amostra gasosa.

29. (PUC-MG) A transformação cíclica representada no diagrama a seguir mostra o que ocorreu com uma massa de gás perfeito.

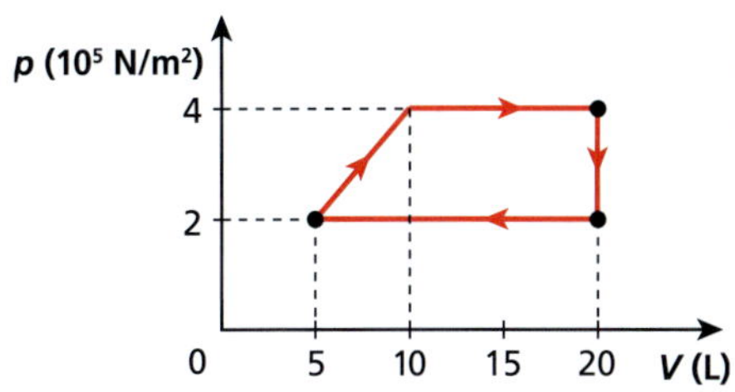

Reprodução/Arquivo da editora

Qual o trabalho realizado por esse gás em cada ciclo? Dê a resposta em joules.

30. Um gás perfeito desenvolve uma transformação cíclica **ABCDA**, como mostra a figura abaixo.

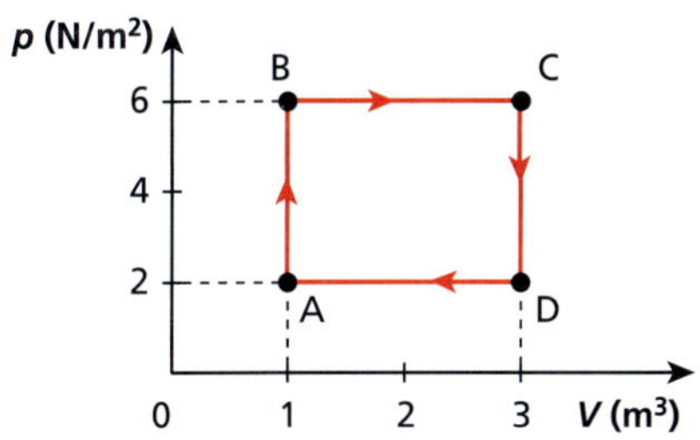

Banco de imagens/Arquivo da editora

Determine:

a) o trabalho, em joules, realizado pelo gás no ciclo **ABCDA**;

b) o ponto do ciclo em que a energia interna do sistema é máxima e o ponto onde é mínima.

31. (Fatec-SP) Um sistema termodinâmico, constituído de certa massa de gás perfeito, realiza a cada segundo 100 ciclos **ABCDA**. O diagrama a seguir mostra a evolução de um ciclo **ABCDA**.

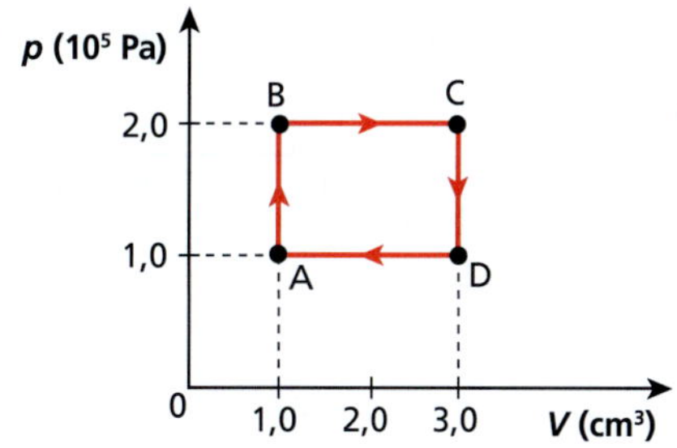

Reprodução/Arquivo da editora

Qual a potência desse sistema? Dê a resposta na unidade watt.

32. (Unesp-SP) Considere o gráfico da pressão em função do volume de certa massa de gás perfeito que sofre uma transformação do estado **A** para o estado **B**. Admitido que não haja variação da massa do gás durante a transformação, determine a razão entre as energias internas do gás nos estados **A** e **B**.

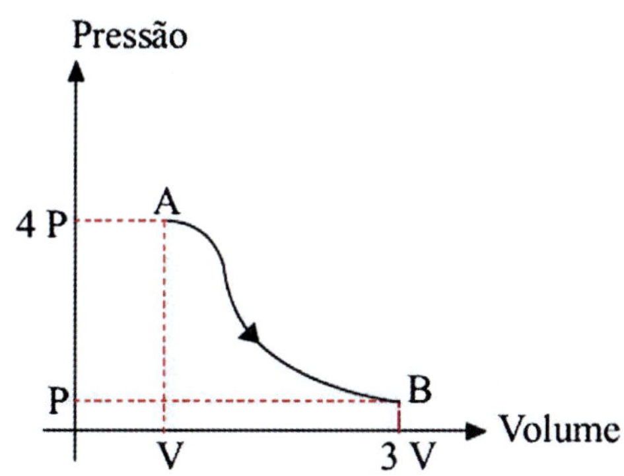

Reprodução/Unesp, 2010

Exercícios Nível 2

33. (Unip-SP) O gráfico a seguir representa a pressão em função do volume para 1 mol de um gás perfeito:

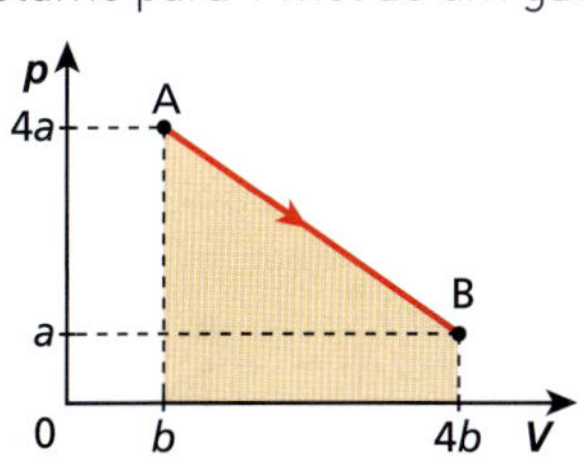

Reprodução/Arquivo da editora

O gás vai do estado **A** para o estado **B** segundo a transformação indicada no gráfico. Indique a opção correta:

a) A transformação indicada é isotérmica.

b) A área assinalada na figura mede a variação de energia interna do gás.

c) Na transformação de **A** para **B** o gás recebe um calor Q, realiza um trabalho τ, de modo que $|Q| = |\tau|$.

d) A transformação de **A** para **B** é adiabática porque não houve acréscimo de energia interna do gás.

e) A área assinalada na figura não pode ser usada para se medir o calor recebido pelo gás.

34. Um gás perfeito monoatômico sofre o conjunto de transformações indicadas no esquema:
E.R.

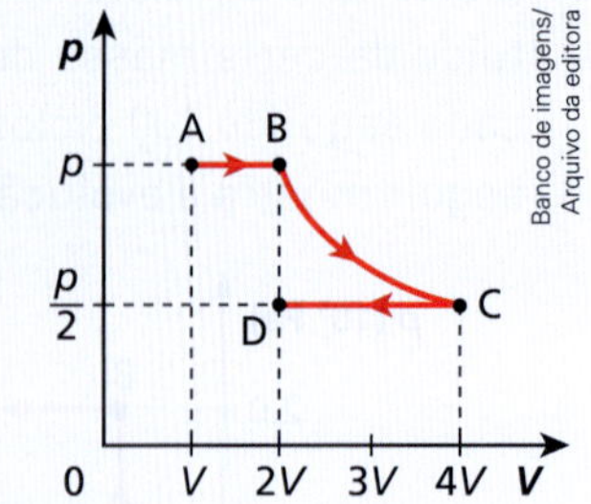

Banco de imagens/Arquivo da editora

a) Sendo T a temperatura absoluta do gás em **A**, qual é a sua temperatura em **D**?

b) Sendo n o número de mols e R a constante universal dos gases perfeitos, qual é a variação de energia interna do gás ao passar do estado **A** para o **D**?

c) Qual é a razão entre os trabalhos do gás nas transformações **AB** e **CD**?

Resolução:

a) Como o número de mols do gás não varia, podemos aplicar a **Lei Geral dos Gases Perfeitos**:

$$\frac{p_A V_A}{T_A} = \frac{p_D V_D}{T_D}$$

Assim, temos:

$$\frac{pV}{T} = \frac{\frac{p}{2} 2V}{T_D} \Rightarrow \boxed{T_D = T}$$

b) Como as temperaturas T_A e T_D são iguais, concluímos que a variação de energia interna é nula:

$$\boxed{\Delta U_{AD} = 0}$$

c) Na transformação **AB**, o volume aumenta e o sistema realiza trabalho ($\tau_{AB} > 0$) igual à "área" encontrada sob o gráfico:

$$\tau_{AB} = +pV$$

Na transformação **CD**, o volume diminui e o sistema recebe trabalho ($\tau_{CD} < 0$) igual a:

$$\tau_{CD} = 2V \Rightarrow \tau_{CD} = -pV$$

Assim, a razão entre esses trabalhos é dada por:

$$\frac{\tau_{AB}}{\tau_{CD}} = \frac{+pV}{-pV} = -1 \Rightarrow \boxed{\frac{\tau_{AB}}{\tau_{CD}} = -1}$$

35. Um sistema gasoso ideal, ao receber 293 cal, evolui do estado **A** para o estado **D**, conforme o gráfico:

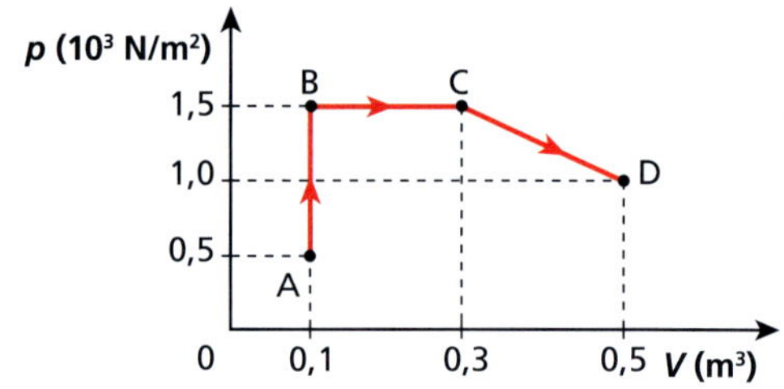

Banco de imagens/Arquivo da editora

Determine:

a) o trabalho do gás em cada transformação: **AB**, **BC** e **CD**;

b) a variação da energia interna na transformação **ABCD**;

c) a temperatura do gás no ponto **D**, sabendo que no ponto **C** era de -3 °C.

Dado: 1 cal = 4,18 J

36. O diagrama volume × temperatura absoluta representado a seguir mostra um processo isobárico ocorrido com uma amostra de gás monoatômico, cujo comportamento pode ser considerado igual ao de um gás ideal.

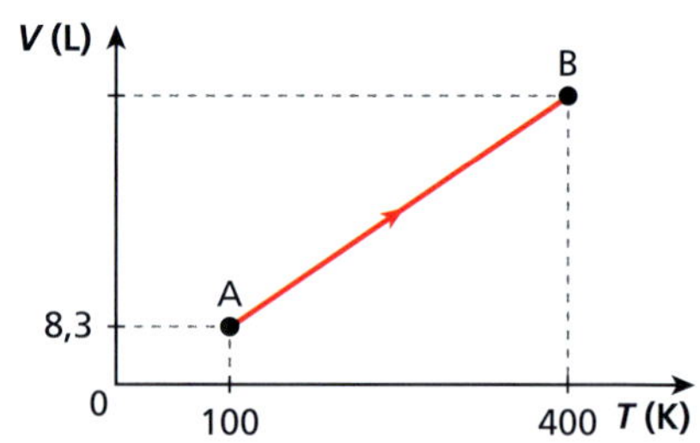

Banco de imagens/Arquivo da editora

A pressão é mantida constante em $1{,}0 \cdot 10^6$ N/m². A constante universal dos gases ideais vale, aproximadamente, 8,3 J/(mol · K). Sendo assim, determine:

a) O número de mols do gás.

b) O trabalho realizado pelo gás no processo **AB**.

c) A variação de energia interna do gás no processo **AB**.

37. Certa massa de gás ideal desenvolve o ciclo indicado na figura abaixo:
E.R.

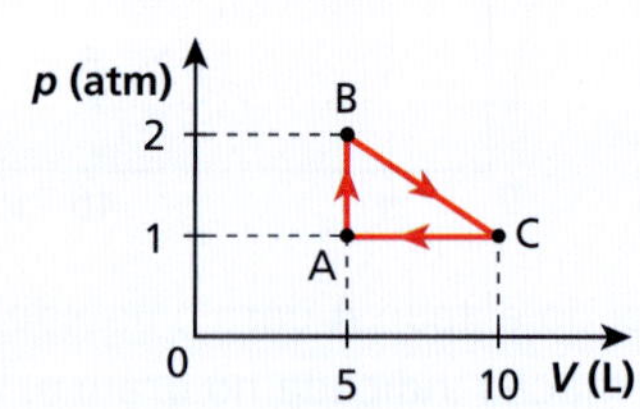

Banco de imagens/Arquivo da editora

Determine:

a) o trabalho realizado pelo gás ao percorrer o ciclo uma vez;

b) a potência desenvolvida, sabendo que a duração de cada ciclo é de 0,5 s;

c) o ponto onde a energia interna do sistema é máxima e onde é mínima.

Dados: 1 atm = 10^5 N/m^2;
1 L = 1 dm^3 = 10^{-3} m^3.

Resolução:

a) Num ciclo, o trabalho do sistema é igual a sua "área" interna:

$$\tau_{ABC} = \frac{5\ \text{L} \cdot 1\ \text{atm}}{2} = \frac{5 \cdot 10^{-3}\ \text{m}^3 \cdot 1 \cdot 10^5 \frac{\text{N}}{\text{m}^2}}{2}$$

$$\boxed{\tau_{ABC} = 250\ \text{J}}$$

b) A potência desenvolvida é dada por:

$$\text{Pot} = \frac{\tau}{\Delta t} \Rightarrow \text{Pot} = \frac{250\ \text{J}}{0{,}5\ \text{s}} \Rightarrow \boxed{\text{Pot} = 500\ \text{W}}$$

c) Como a energia interna de um gás ideal é função de sua temperatura, podemos afirmar:

I. A energia interna é mínima onde a temperatura também é mínima.
Da Equação de Clapeyron, pV = nRT, observamos que a temperatura absoluta de um gás perfeito é mínima onde o produto pressão × volume é mínimo.
Assim, do gráfico temos que a energia interna desse gás ideal é mínima no ponto **A**.

II. A energia interna é máxima onde a temperatura e o produto $p \times V$ são máximos.
Do gráfico, notamos que o produto $p \times V$ é o mesmo nos pontos **B** e **C**, o que indica temperaturas iguais, sendo que a mesma isoterma passa por ambos.

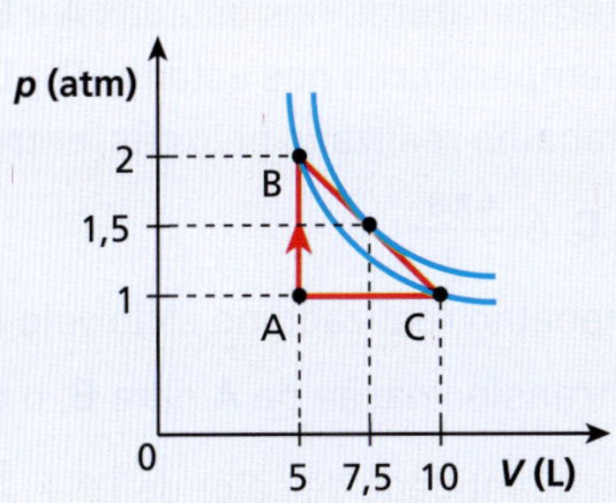

Banco de imagens/Arquivo da editora

Existe, no entanto, outra isoterma mais afastada dos eixos, que toca o ponto médio do segmento **BC**. É nesse ponto que a energia interna do sistema é máxima.
Lembremos que, quanto mais afastada dos eixos se encontra uma isoterma, maior é a temperatura associada a ela.

38. Uma máquina térmica executa o ciclo descrito no diagrama *pV* abaixo. O ciclo inicia-se no estado **A**, vai para o **B**, segundo a parte superior do diagrama, e retorna para **A**, passando por **C**. Sabendo-se que p_0V_0 = 13 J, calcule o trabalho realizado por esta máquina térmica ao longo de um ciclo, em joules.

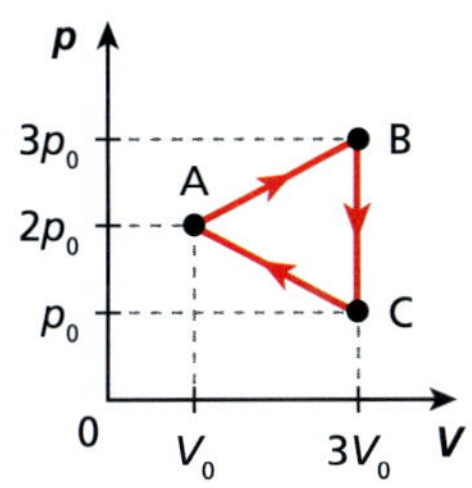

Banco de imagens/Arquivo da editora

39. (Unifesp) Em um trocador de calor fechado por paredes diatérmicas, inicialmente o gás monoatômico ideal é resfriado por um processo isocórico e depois tem seu volume expandido por um processo isobárico, como mostra o diagrama pressão *versus* volume.

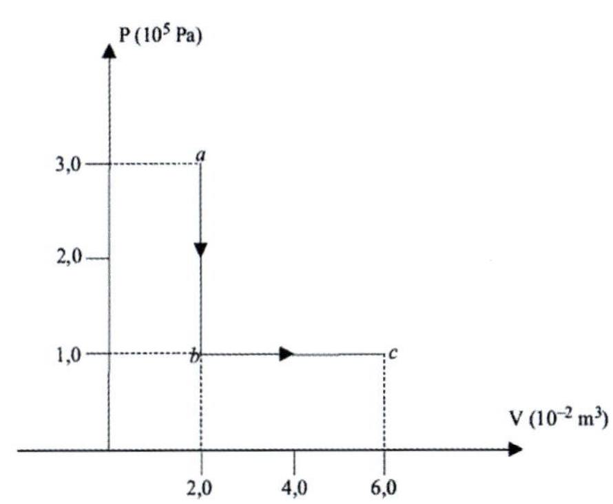

Reprodução/Unifesp, 2011

a) Indique a variação da pressão e do volume no processo isocórico e no processo isobárico e determine a relação entre a temperatura inicial, no estado termodinâmico **a**, e final, no estado termodinâmico **c**, do gás monoatômico ideal.

b) Calcule a quantidade total de calor trocada em todo o processo termodinâmico **abc**.

40. (AFA-RJ) O diagrama abaixo representa um ciclo realizado por um sistema termodinâmico constituído por *n* mols de um gás ideal.

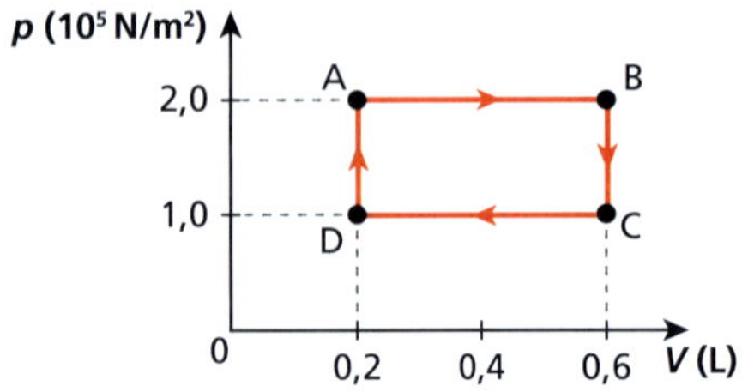

Reprodução/Arquivo da editora

Sabendo-se que em cada segundo o sistema realiza 40 ciclos iguais a este, é correto afirmar que a (o)

a) potência desse sistema é de 1 600 W.

b) trabalho realizado em cada ciclo é −40 J.

c) quantidade de calor trocada pelo gás com o ambiente em cada ciclo é nula.

d) temperatura do gás é menor no ponto **C**.

41. (Unip-SP) Para 1 mol de um gás perfeito, submetido a uma pressão *p* e ocupando um volume *V*, a temperatura absoluta *T* e a energia interna *U* são dadas por:

$$T = \frac{pV}{R} \quad \text{e} \quad U = \frac{3}{2}pV$$

Considere uma amostra de 1 mol de gás perfeito, sofrendo as transformações **AB**, **BC** e **CA** indicadas no diagrama pressão × volume:

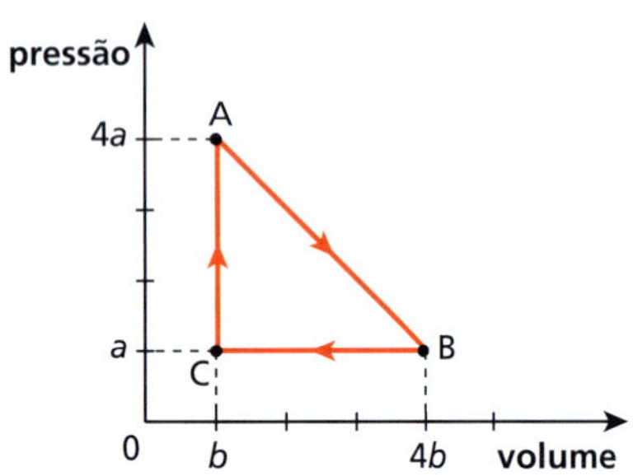

Reprodução/Arquivo da editora

Analise as proposições que se seguem:

I. Nos estados **A** e **B**, a energia interna do gás é a mesma, o que nos leva a concluir que, na transformação **AB**, não ocorreu troca de energia entre o gás e o meio externo.

II. Em todo o ciclo, a temperatura é mínima no estado **C**.

III. Nos estados **A** e **B**, a temperatura é a mesma.

IV. Na transformação **BC**, a energia interna do gás vai diminuindo, o que significa que o gás está cedendo energia para o meio externo.

Estão corretas apenas:

a) II, III e IV.
b) I, II e III.
c) I e IV.
d) II e III.
e) II e IV.

42. (AFA-RJ) Um sistema termodinâmico constituído de *n* mols de um gás perfeito monoatômico desenvolve uma transformação cíclica **ABCDA** representada no diagrama a seguir.

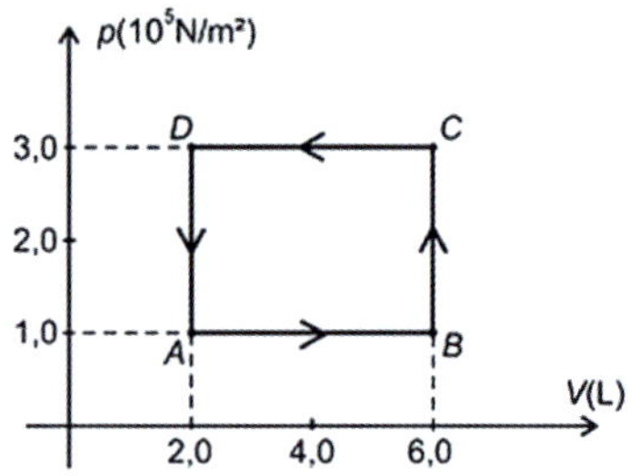

Reprodução/AFA, 2016

De acordo com o apresentado pode-se afirmar que

a) o trabalho em cada ciclo é de 800 J e é realizado pelo sistema;

b) o sistema termodinâmico não pode representar o ciclo de uma máquina frigorífica uma vez que o mesmo está orientado no sentido anti-horário;

c) a energia interna do sistema é máxima no ponto **D** e mínima no ponto **B**;

d) em cada ciclo o sistema libera 800 J de calor para o meio ambiente.

43. (Unip-SP) O gráfico a seguir representa a pressão em função do volume para 1 mol de um gás perfeito.

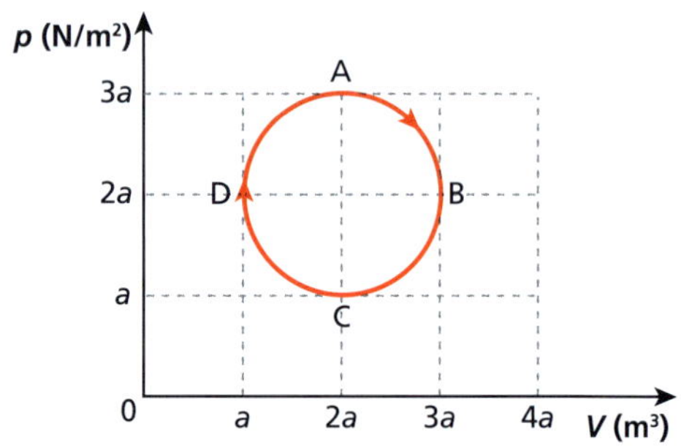

Reprodução/Arquivo da editora

O gás percorre o ciclo **ABCDA**, que tem a forma de uma circunferência.

Indique a opção **falsa**.

a) As temperaturas nos estados **A** e **B** são iguais.

b) As temperaturas nos estados **C** e **D** são iguais.

c) O trabalho realizado pelo gás, entre os estados **A** e **C**, é $\frac{4\pi a^2}{2}$.

d) O trabalho realizado no ciclo vale (πa^2) joules.

e) Na transformação de **A** para **B**, o gás recebeu uma quantidade de calor de $\left(2 + \frac{\pi}{4}\right)a^2$ joules.

Bloco 3

7. Calores específicos dos gases perfeitos

A variação de temperatura de certa massa de gás pode ser realizada de três maneiras: a volume constante, a pressão constante e a volume e pressão variáveis. Verifica-se que, em cada um desses processos, cada unidade de massa do gás precisa receber ou ceder quantidades diferentes de calor para que sua temperatura sofra a variação de uma unidade.

Esse fato leva-nos a estudar dois desses casos, que apresentam particular importância. São as transformações a volume constante (isométrica) e a pressão constante (isobárica).

Transformação a volume constante

Suponha o aquecimento **isométrico** de certa massa de gás perfeito. Como vimos no Bloco 2, já que o volume permanece constante, o trabalho trocado é nulo, e todo o calor recebido pelo sistema é integralmente utilizado para aumento de sua energia interna:

$$Q_V = \Delta U_V$$

Transformação a pressão constante

O aquecimento **isobárico** da massa de gás perfeito é acompanhado de uma realização de trabalho, já que o volume do sistema deve aumentar para que a pressão permaneça constante. Dessa forma, o sistema recebe calor, usa parte dessa energia para realizar trabalho e, com o restante, produz aumento em sua energia interna:

$$Q_p = \tau_p + \Delta U_p$$

Comparação entre Q_p e Q_V

Se o aquecimento sofrido pela massa de gás perfeito foi o mesmo a volume e a pressão constantes ($\Delta U_V = \Delta U_p$), concluímos que sob pressão constante esse sistema recebeu mais calor, pois parte dessa energia foi utilizada para a realização de trabalho, o que não ocorre quando o aquecimento é feito a volume constante:

$$Q_p > Q_V$$

Assim, vale a relação:

$$\tau_p = Q_p - Q_V \quad \text{(I)}$$

Note que, para o aquecimento ($\Delta U_V = \Delta U_p$), precisamos fornecer mais calor ao gás quando a transformação é feita a pressão constante do que quando é feita a volume constante.

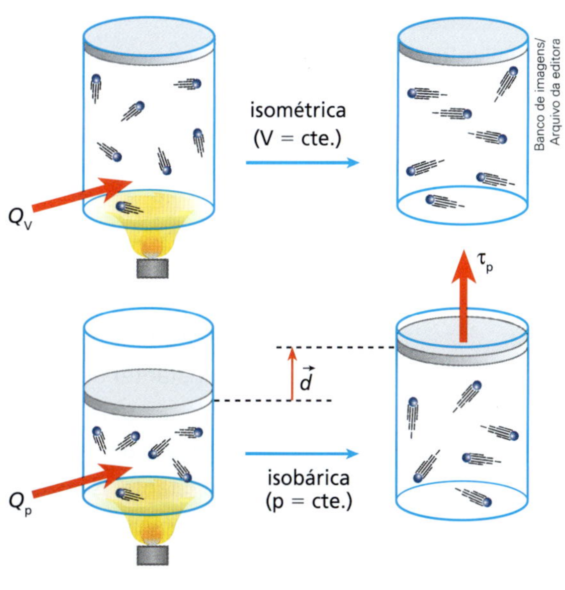

É importante observar que um mesmo gás tem um calor específico para transformações a pressão constante (c_p) e outro para transformações a volume constante (c_V). Isso porque cada unidade de massa desse gás tem que receber mais calor a pressão constante do que a volume constante para que sua temperatura seja elevada em uma unidade.

Dessa forma:

$$c_p > c_V$$

Valem as relações:

$$Q_p = mc_p\Delta T$$
$$Q_V = mc_V\Delta T$$

que, substituídas em (I), resultam:

$$\tau_p = mc_p\Delta T - mc_V\Delta T$$

Entretanto, como já vimos, o trabalho na transformação isobárica pode ser calculado por:

$$\tau_p = p\Delta V = nR\Delta T = \frac{m}{M}R\Delta T$$

Assim, temos:

$$\frac{m}{M}R\Delta T = mc_p\Delta T - mc_V\Delta T$$

$$\frac{R}{M} = c_p - c_V$$

Photo Researchers/Latinstock

Julius Robert von Mayer (1814-1878). Físico e químico nascido na Alemanha.

Essa relação é conhecida como **Relação de Mayer**.

O produto do mol (M) do gás por seu calor específico é denominado **calor específico molar** e indica a capacidade térmica de cada mol desse gás.

Portanto, da Relação de Mayer, temos:

$$R = Mc_p - Mc_V \Rightarrow R = C_p - C_V$$

Para um gás perfeito, a diferença entre os calores específicos molares a pressão constante e a volume constante é igual à constante universal dos gases perfeitos:

$$R \cong 2 \text{ cal/K mol} \quad \text{ou} \quad R = 8{,}3 \text{ J/K mol}$$

Essa expressão foi deduzida para gases perfeitos, mas ela é aproximadamente verdadeira para gases reais, quando em baixas pressões e altas temperaturas.

8. O gráfico da adiabática

Com relação aos gases perfeitos, vimos que as transformações isotérmicas (temperatura constante) de determinada massa de gás são regidas pela equação $pV = K$, em que p é a pressão desse gás, V é o seu volume e K é uma constante. Representada num diagrama pressão × volume, veja ao lado, essa equação proporciona uma curva denominada hipérbole.

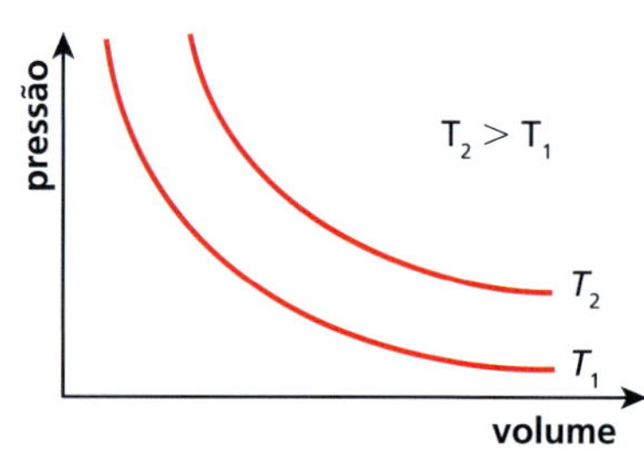

Banco de imagens/ Arquivo da editora

Já a transformação adiabática ($Q = 0$) tem por expressão analítica a **Equação de Poisson**:

$$pV^{\gamma} = \text{constante}$$

em que *p* é a pressão do gás, *V*, o seu volume, e γ, a razão entre os seus calores específicos a pressão constante e a volume constante:

$$\gamma = \frac{c_p}{c_V} \quad \text{(expoente de Poisson)}$$

Siméon Denis Poisson (1781-1840). Físico e matemático nascido na França.

O valor do coeficiente γ depende apenas da atomicidade do gás, variando de acordo com a tabela a seguir:

Atomicidade	γ
Monoatômico	$\cong 1,7$
Diatômico	$\cong 1,4$
Poliatômico	$\cong 1,3$

Notemos que o valor do coeficiente γ é maior que 1. Por isso, a curva representativa dessa função, num diagrama pressão × volume, é semelhante a uma hipérbole, porém inclinada em relação às isotermas, interceptando-as.

A expansão **AB**, ao longo da adiabática, indica que o trabalho foi realizado pelo gás à custa de sua energia interna (a temperatura diminuiu). A compressão **BA**, ao longo da adiabática, indica que o trabalho recebido pelo sistema produziu aumento em sua energia interna (a temperatura aumentou).

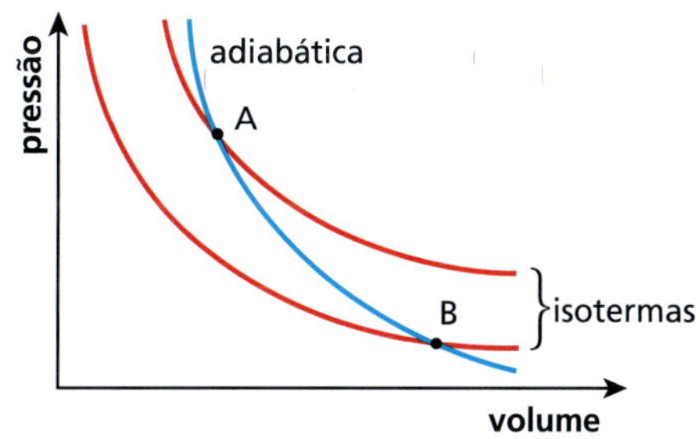

9. A energia mecânica e o calor

A energia mecânica de um sistema pode ser dos tipos cinética ou potencial (gravitacional ou elástica). Muitas vezes, essa energia mecânica transforma-se em energia térmica, produzindo aquecimento do sistema. Quando um corpo cai, por exemplo, a energia potencial gravitacional ($E_p = mgh$) é transformada em energia cinética $\left(E_c = \frac{mv^2}{2}\right)$. No impacto com o chão, pelo menos uma parcela dessa energia cinética transforma-se em térmica, ocorrendo a elevação da temperatura desse corpo.

Geralmente, a energia mecânica é medida em joules (J) e a energia térmica, em calorias (cal). Dessa forma, é importante saber a relação existente entre essas unidades, para possíveis conversões:

$$1 \text{ caloria} = 4,186 \text{ joules}$$

NOTA!

O número 4,186 é frequentemente arredondado para 4,19 ou 4,2, ou mesmo 4. Esse arredondamento é feito para facilitar os cálculos nos exercícios.

É comum falar em equivalente mecânico da caloria, que é expresso por:

$$J = 4,186 \frac{\text{joules}}{\text{caloria}}$$

Esse valor foi calculado por Joule no seu famoso experimento.

A ilustração ao lado representa a queda de uma pedra em um local onde o campo gravitacional vale *g* e onde podemos considerar desprezível a influência do ar.

No início, a pedra tem energia potencial gravitacional (como sua velocidade inicial é nula, a energia cinética também é nula). Ao cair, sua energia potencial gravitacional diminui, enquanto sua energia cinética aumenta. Observe que o sistema é conservativo. Ao chegar ao solo, considerando a colisão totalmente inelástica, a energia mecânica (potencial gravitacional mais a cinética) se anula, transformando-se principalmente em energia térmica, o que produz um aumento na temperatura da pedra.

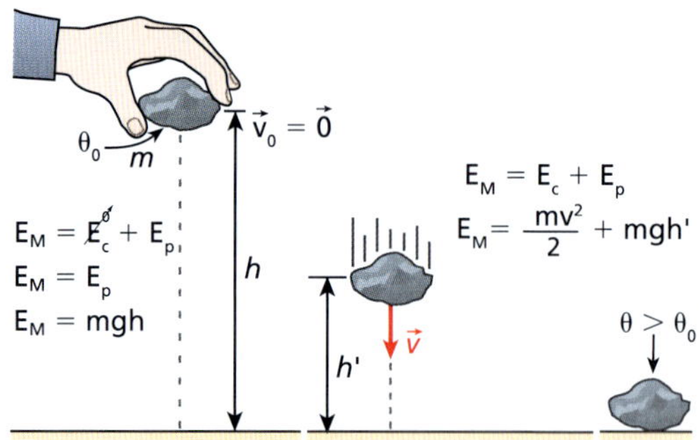

Banco de imagens/Arquivo da editora

Exercícios Nível 1

44. E.R. Um motor, constituído por cilindro e êmbolo, contém 10 g de um gás perfeito, cujas transformações estão esquematizadas na figura:

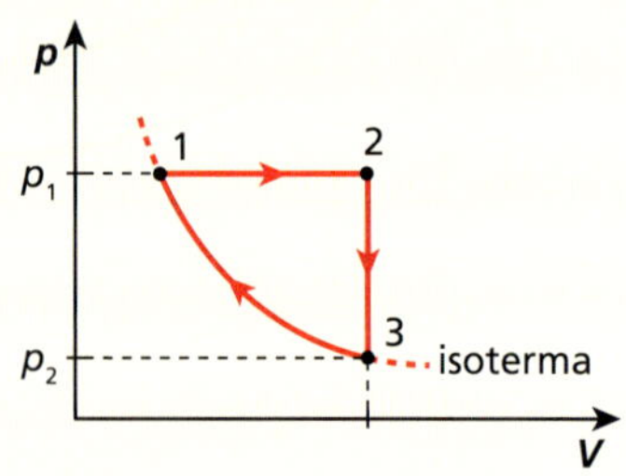

Banco de imagens/Arquivo da editora

São dados, para o gás, os calores específicos sob volume constante, $c_V = 0{,}20$ cal/g K, e sob pressão constante, $c_p = 0{,}34$ cal/g K; a temperatura $T_1 = 300$ K; as pressões $p_1 = 4{,}0$ atm e $p_3 = 1{,}0$ atm. Determine:

a) a temperatura T_2;

b) a energia trocada na transformação entre os estados 2 e 3.

Resolução:

a) Sendo a transformação 1 → 2 isobárica, temos: (I)

$$\frac{V_2}{T_2} = \frac{V_1}{T_1}$$

Sendo a transformação 3 → 1 isotérmica, temos:

$$p_1V_1 = p_3V_3 = p_3V_2$$

$$\text{ou } \frac{V_2}{V_1} = \frac{P_1}{P_3} \Rightarrow \frac{V_2}{V_1} = \frac{4{,}0}{1{,}0} = 4 \quad \text{(II)}$$

Substituindo (II) em (I), temos:

$$T_2 = \frac{V_2}{V_1} T_1 \Rightarrow T_2 = 4 \cdot 300$$

$$\boxed{T_2 = 1\,200 \text{ K}}$$

b) A transformação 2 → 3 é isométrica e, portanto, o trabalho envolvido é nulo ($\tau = 0$). Nessas condições, a expressão da **1ª Lei da Termodinâmica** fica:

$$\Delta U = Q$$

Isso significa que a energia trocada na transformação é exclusivamente térmica. Assim:

$$Q = mc_V\Delta T = mc_V(T_3 - T_2)$$

$$Q = 10 \cdot 0{,}20 \cdot (300 - 1\,200)$$

$$\boxed{Q = -1\,800 \text{ cal}}$$

O sinal negativo indica que o sistema gasoso cede calor ao meio externo e, consequentemente, sua energia interna diminui.

45. Uma amostra de 60 g de gás perfeito foi aquecida isometricamente, tendo sua temperatura variado de 200 K para 230 K. O calor específico a volume constante desse gás é igual a 0,25 cal/(g · K) e o calor específico a pressão constante é 0,32 cal/(g · K). Determine:

a) o trabalho realizado por esse gás;

b) a variação da energia interna desse gás.

46. Uma amostra de 5,0 mols de gás perfeito sofre a expansão isobárica representada no diagrama pressão × volume a seguir:

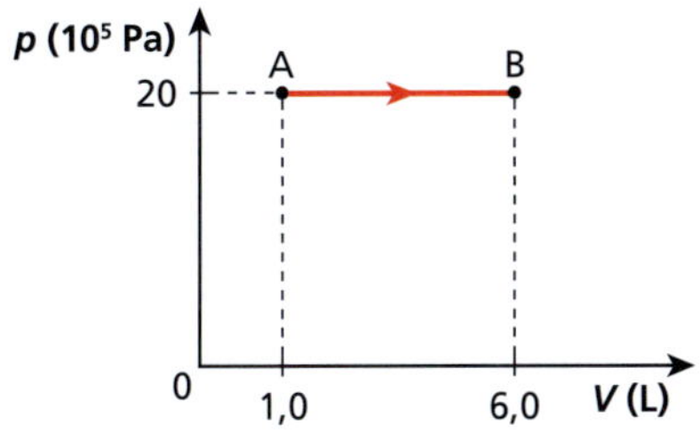

Banco de imagens/Arquivo da editora

Sabe-se que a variação de temperatura do gás foi de 250 °C. Sendo o calor específico molar a pressão constante igual a 5,0 cal/mol °C, qual foi a variação da energia interna desse gás?

Dado: 1 cal = 4 J

47. Uma determinada amostra de gás monoatômico, que se comporta como um gás ideal, recebe de uma fonte térmica o equivalente a 25 joules de calor. Devido a essa energia o gás desenvolve uma expansão isobárica.

Para esse gás, os valores dos calores específicos molares à pressão e à volume constantes:

$C_p = 5$ cal/(mol · K) e $C_V = 3$ cal/(mol · K).

Determinar o trabalho realizado pelo gás na referida expansão.

48. Uma quantidade de mercúrio cai de uma altura de 60 m. Supondo que toda a energia potencial se transforme em calor, qual o aumento de temperatura do corpo, em graus Celsius?

Dados: calor específico do mercúrio = 0,15 J/g °C; g = 10 m/s^2.

49. (Enem) Um projétil de chumbo é disparado a 200 m/s contra uma parede de concreto. A colisão deforma, aquece e para a bala. Supondo-se que a metade da energia cinética da bala nela permaneça como energia interna, a variação de temperatura do projétil de chumbo é, em °C:

a) $1{,}2 \cdot 10^2$.
b) 80.
c) 40.
d) 20.
e) 8,0.

Dado: calor específico do chumbo = 125 J/kg °C

50. (Vunesp) A figura ilustra o aparato utilizado por James P. Joule (1818-1889) na determinação do equivalente mecânico do calor (1 cal ≅ 4 J). Os corpos suspensos têm massa 1 kg cada e podem realizar uma queda vertical de 1 metro, em um local em que g = 10 m/s^2.

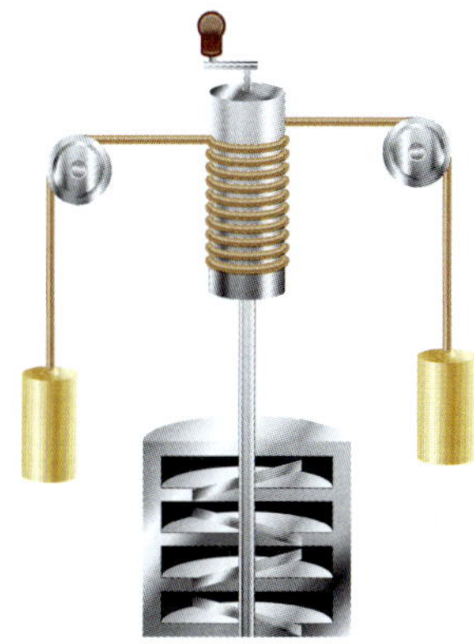

Reprodução/Arquivo da editora

Admita que toda a energia potencial correspondente ao movimento de queda dos dois corpos seja utilizada para aquecer 10 gramas de água. Sendo o calor específico da água 1 cal/g °C, a variação de temperatura (em °C) da água foi de:

a) 0,25
b) 0,50
c) 0,75
d) 1,00
e) 5,00

Exercícios Nível 2

51. Um recipiente de paredes indeformáveis, de capacidade V = 12 L, contém 1,0 mol de um gás perfeito de calor específico molar a volume constante C_V = 3,0 cal/mol K. Fornecendo-se 900 cal a esse gás, sua temperatura absoluta duplica. Qual a pressão final do gás?

Dado: $R = 0{,}082 \dfrac{\text{atm} \cdot \text{L}}{\text{mol} \cdot \text{K}}$

52. (EEM-SP) Um gás, constituído por 5 mols, sofre uma transformação, de acordo com o gráfico p = f(T).

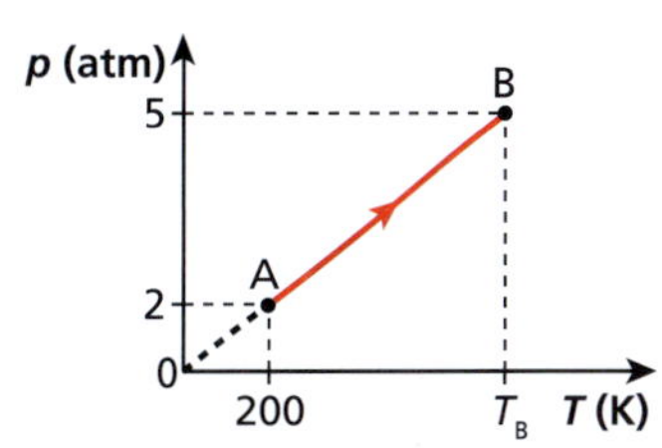

Reprodução/Arquivo da editora

Sendo a constante universal dos gases perfeitos R = 2,0 cal/mol K e o calor molar a volume constante do gás C_V = 5 cal/mol K, determine:

a) o tipo de transformação sofrida pelo gás;
b) o calor recebido e a variação de energia interna sofrida pelo gás, nessa transformação.

53. (Ufscar-SP) Mantendo uma estreita abertura em sua boca, assopre com vigor sua mão agora! Viu? Você produziu uma transformação adiabática! Nela, o ar que você expeliu sofreu uma violenta expansão, durante a qual:

a) o trabalho realizado correspondeu à diminuição da energia interna desse ar, por não ocorrer troca de calor com o meio externo;
b) o trabalho realizado correspondeu ao aumento da energia interna desse ar, por não ocorrer troca de calor com o meio externo;
c) o trabalho realizado correspondeu ao aumento da quantidade de calor trocado por esse ar com o meio, por não ocorrer variação da sua energia interna;
d) não houve realização de trabalho, uma vez que o ar não absorveu calor do meio e não sofreu variação de energia interna;
e) não houve realização de trabalho, uma vez que o ar não cedeu calor para o meio e não sofreu variação de energia interna.

54. No interior de um cilindro provido de êmbolo móvel e volume V_0 são aprisionados n mols de um gás ideal diatômico. Esse gás desenvolve uma expansão adiabática, partindo de uma temperatura T_0 e uma pressão p_0 até atingir a situação final $0{,}82T_0$ e $\frac{p_0}{2}$. Determine o trabalho realizado pelo gás, nessa expansão.

Sabe-se que o calor específico molar a volume constante vale $C_V = \frac{5R}{2}$, sendo R a constante universal dos gases ideais.

55. (OBF) Um recipiente cilíndrico, de área de secção reta de 300 cm² contém 3 mols de gás ideal diatômico $\left(C_V = \frac{5R}{2}\right)$ que está à mesma pressão externa. Este recipiente contém um pistão que pode se mover sem atrito e todas as paredes são adiabáticas, exceto uma que pode ser retirada para que o gás fique em contato com uma fonte que fornece calor a uma taxa constante. Num determinado instante o gás sofre um processo termodinâmico ilustrado no diagrama PV a seguir e o pistão se move com velocidade constante de $16{,}6\ \frac{mm}{s}$.

a) Qual foi a variação de temperatura do gás depois de decorridos 50 s?
b) Obtenha a quantidade de calor transferida ao gás durante esse intervalo de tempo.

Dados: $1\ atm \cong 1 \cdot 10^5\ \frac{N}{m^2}$; $R = 8{,}3\ \frac{J}{mol \cdot K}$

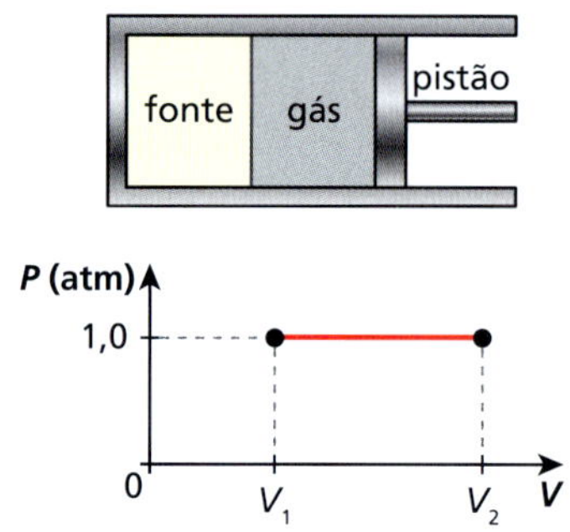

56. (ITA-SP) Certa quantidade de gás ideal expande-se adiabaticamente e quase estaticamente desde uma pressão inicial de 2,0 atm e volume de 2,0 L na temperatura de 21 °C até atingir o dobro de seu volume. Sabendo-se que para este gás $\gamma = \frac{C_p}{C_V} = 2{,}0$ e que a Equação de Poisson para as transformações adiabáticas é dada por: pV^γ = constante, pode-se afirmar que a pressão final e a temperatura final são respectivamente:

a) 0,5 atm e 10,5 °C;
b) 0,5 atm e −126 °C;
c) 2,0 atm e 10,5 °C;
d) 2,0 atm e −126 °C.

57. (PUC-RJ) Uma quantidade de gás diatômico $\left(\gamma = 1{,}4 = \frac{7}{5}\right)$ sofre uma expansão adiabática, onde vale pV^γ = constante.

Se $\frac{V_f}{V_i} = 4\sqrt{2}$, qual a razão entre as temperaturas final e inicial $\frac{T_f}{T_i}$?

a) 0,1
b) 0,2
c) 0,3
d) 0,4
e) 0,5

58. E.R. Uma esfera metálica de 200 g de massa é abandonada do repouso, de uma altura H, sobre um grande bloco de gelo a 0 °C. Desprezam-se influências do ar e supõe-se que toda a energia mecânica existente na esfera transforma-se em energia térmica e é absorvida pelo gelo, sem, no entanto, alterar a temperatura do metal. Qual deve ser a altura H para que 1 g de gelo sofra fusão?

Dados: calor específico latente de fusão do gelo = 80 cal/g;
aceleração da gravidade = 10 m/s^2;
1 cal = 4,2 J.

Resolução:

Para a fusão de 1 grama de gelo, são necessárias 80 cal ou 336 J (1 cal = 4,2 J).

Da conservação da energia, concluímos que essa energia no início estava armazenada no sistema em forma de energia potencial gravitacional. Portanto:

$E_p = mgH \Rightarrow 336 = 0{,}2 \cdot 10 \cdot H \therefore \boxed{H = 168 \text{ m}}$

59. Um bloco de gelo fundente de 12 kg de massa é lançado com velocidade igual a 20 m/s sobre uma pista horizontal também de gelo a 0 °C. Devido ao atrito, o bloco para. Se toda a energia cinética foi transformada em térmica e absorvida pelo gelo, qual a massa de gelo que se funde?
Dados: 1 cal = 4 J;
calor latente de fusão do gelo = 80 cal/g.

60. (Cefet-PR) Um estudante observou um pequeno aquecimento de 0,1 °C em certa quantidade de massa de modelagem, quando a deixava cair repetidamente vinte vezes de uma altura igual a 1 m no solo firme. Se desprezarmos as trocas eventuais de calor dessa massa com o ambiente e se considerarmos o campo gravitacional igual a 10 m/s^2, podemos dizer que o calor específico desse material tem valor, em J/kg °C, próximo de:
a) 250.
b) 500.
c) 1 000.
d) 2 000.
e) 4 000.

61. (FUCMT-MS) Uma manivela é usada para agitar 100 g de água contida num recipiente termicamente isolado. Para cada volta da manivela é realizado um trabalho de 0,1 J sobre a água. O número de voltas necessário para que a temperatura aumente em 1 °C é:
a) 2 800.
b) 3 700.
c) 5 500.
d) 3 000.
e) 4 200.
Dados: 1 cal = 4,2 J;
calor específico da água = 1 cal/g °C.

62. Uma bala de chumbo, com velocidade de 100 m/s, atravessa uma placa de madeira e sai com velocidade de 60 m/s. Sabendo que 40% da energia cinética perdida é gasta sob a forma de calor, determine o acréscimo de temperatura da bala, em graus Celsius. O calor específico do chumbo é c = 128 J/kg °C. Considere que somente a bala absorve o calor produzido.

63. (Unesp-SP) Um *cowboy* atira contra uma parede de madeira de um bar. A massa da bala de prata é 2 g e a velocidade com que esta bala é disparada é de 200 m/s. É assumido que toda a energia térmica gerada pelo impacto permanece na bala.
a) Determine a energia cinética da bala antes do impacto.
b) Dado o calor específico da prata 234 J/kg °C, qual a variação de temperatura da bala, supondo que toda a energia cinética é transformada em calor no momento que a bala penetra na madeira?

64. (UEM-PR) A temperatura de 500 g de um gás perfeito é aumentada de 20 °C para 140 °C. Se o processo é feito primeiramente a pressão e depois a volume constantes, qual o trabalho realizado pelo gás, em calorias? (Considere para o gás perfeito c_V = 0,18 cal/g °C e c_p = 0,25 cal/g °C.)

65. (Unesp-SP) Determinada massa de nitrogênio é armazenada a 27 °C dentro de um cilindro fechado em sua parte superior por um êmbolo de massa desprezível, sobre o qual está apoiado um corpo de 100 kg. Nessa situação, o êmbolo permanece em repouso a 50 cm de altura em relação à base do cilindro. O gás é, então, aquecido isobaricamente até atingir a temperatura de 67 °C, de modo que o êmbolo sofre um deslocamento vertical Δh, em movimento uniforme, devido à expansão do gás.

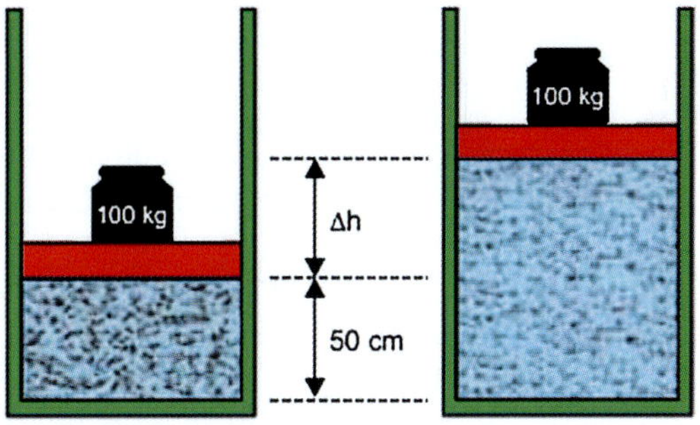

Reprodução/Unesp, 2016

Desprezando o atrito, adotando g = 10 m/s^2 e sabendo que a área do êmbolo é igual a 100 cm^2, que a pressão atmosférica local vale 10^5 N/m^2 e considerando o nitrogênio como um gás ideal, calcule o módulo, em N, da força vertical que o gás exerce sobre o êmbolo nesse deslocamento e o trabalho realizado por essa força, em J, nessa transformação.

10. As máquinas térmicas e a 2ª Lei da Termodinâmica

São denominadas **máquinas térmicas** os dispositivos usados para converter energia térmica em energia mecânica.

admin_design/Shutterstock

// Uma máquina térmica mais próxima, que faz parte de nosso dia a dia, é o motor de automóvel. A explosão do combustível (gasolina, álcool ou *diesel*) origina gases aquecidos que empurram o pistão, realizando trabalho. O movimento do pistão é transferido para as rodas, que giram e proporcionam o movimento do automóvel.

Desde as máquinas térmicas mais primitivas, que eram usadas para movimentar trens, navios e mesmo os primeiros automóveis, até as mais modernas e sofisticadas, como um reator termonuclear, todas funcionam obedecendo basicamente a um mesmo esquema.

Há duas fontes térmicas, uma "quente" e outra "fria". Entre elas, coloca-se a máquina térmica. Um fluido operante, geralmente vapor de água, serve de veículo para a energia térmica que sai da fonte quente, passa pelo dispositivo intermediário, que utiliza parte dessa energia na realização do trabalho, e leva o restante para a fonte fria.

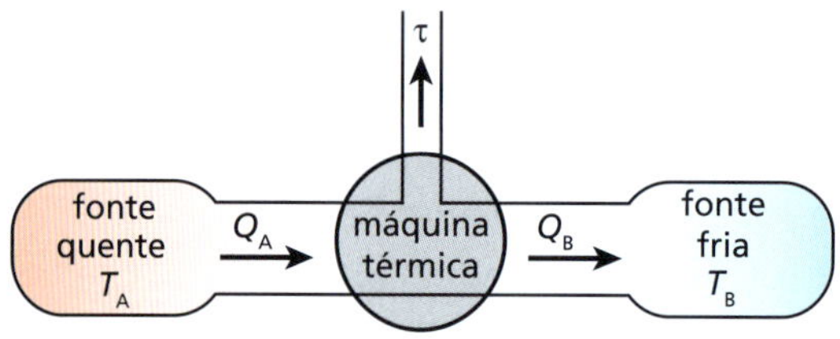

Banco de imagens/Arquivo da editora

// Representação esquemática do funcionamento de uma máquina térmica.

$$T_A > T_B$$

A quantidade Q_A de calor que chega à máquina térmica, vinda da fonte quente, geralmente é obtida pela combustão de carvão, óleo, madeira ou mesmo por fissão nuclear, ocorrida nos modernos reatores nucleares. A conservação da energia garante que:

$$\tau = |Q_A| - |Q_B|$$

O trabalho realizado pela máquina térmica é igual à diferença entre os módulos do calor recebido da fonte quente e do calor rejeitado para a fonte fria.

11. A 2ª Lei da Termodinâmica

O **rendimento** de uma máquina térmica é definido pela fração do calor recebido da fonte quente que é usada para a realização de trabalho:

$$\eta = \frac{\tau}{|Q_A|} = \frac{|Q_A| - |Q_B|}{|Q_A|}$$

$$\eta = 1 - \frac{|Q_B|}{|Q_A|}$$

É importante observar que a máquina térmica ideal seria aquela que tivesse um rendimento de 100% ($\eta = 1$). Para que isso se concretizasse, a quantidade de calor rejeitada para a fonte fria deveria ser nula ($Q_B = 0$). Na prática, isso é impossível, pois a energia térmica Q_A somente sai da fonte quente devido à existência da fonte fria. Lembremos que calor é energia térmica em trânsito, que se transfere, espontaneamente, de um local de maior temperatura para outro de menor temperatura.

Dessa impossibilidade surgiu o enunciado de Kelvin-Planck para a **2ª Lei da Termodinâmica**:

> É impossível construir uma máquina que, operando em transformações cíclicas, tenha como único efeito transformar completamente em trabalho a energia térmica recebida de uma fonte quente.

SPL/Latinstock

Retrato do físico alemão Rudolf Emmanuel Clausius, um dos fundadores da Termodinâmica.

O fato de a energia térmica fluir da fonte quente para a fonte fria levou Rudolf **Clausius** (1822-1888) a enunciar essa 2ª Lei da Termodinâmica da seguinte forma:

> É impossível uma máquina, sem ajuda de um agente externo, conduzir calor de um sistema para outro que esteja a uma temperatura maior.

A consequência imediata desse enunciado é que o calor só pode passar de um sistema de menor temperatura para outro de maior temperatura se um agente externo realizar um trabalho sobre esse sistema, como nas máquinas frigoríficas.

12. O ciclo de Carnot

Até 1824, acreditava-se que uma máquina térmica poderia atingir o rendimento total (100%) ou algo próximo desse valor. Em outras palavras, acreditava-se na possibilidade de utilização de toda a energia térmica fornecida a uma máquina, que se transformaria integralmente, ou quase, em trabalho.

Akg-Images/Latinstock

Retrato de Nicolas Léonard Sadi Carnot.

Coube ao jovem engenheiro francês Nicolas Léonard Sadi **Carnot** (1796-1832) demonstrar a impossibilidade desse rendimento. Ele propôs uma máquina térmica teórica, ideal, que funcionaria percorrendo um ciclo particular, denominado **ciclo de Carnot**. Esse dispositivo obedeceria a dois postulados estabelecidos pelo próprio Carnot, antes mesmo do enunciado da 1ª Lei da Termodinâmica. São eles:

1º Postulado de Carnot

> Nenhuma máquina operando entre duas temperaturas fixadas pode ter rendimento maior que a máquina ideal de Carnot, operando entre essas mesmas temperaturas.

2º Postulado de Carnot

> Ao operar entre duas temperaturas, a máquina ideal de Carnot tem o mesmo rendimento, qualquer que seja o fluido operante.

Observe que esses postulados garantem que o rendimento de uma máquina térmica é função das temperaturas das fontes fria e quente. Entretanto, fixando-se as temperaturas dessas fontes, a máquina teórica de Carnot é aquela que conseguiria ter o maior rendimento.

Para o caso em que o fluido operante é o gás perfeito, o ciclo de Carnot é composto de duas transformações isotérmicas e duas adiabáticas, intercaladas.

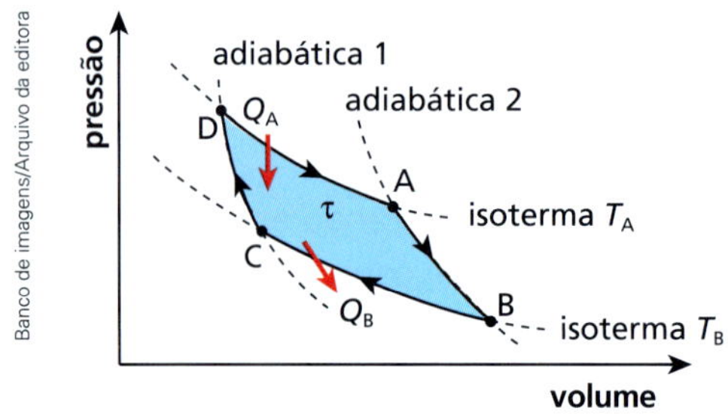

Ciclo de Carnot para gases perfeitos, limitado por duas isotermas e duas adiabáticas.

Na expansão isotérmica **DA**, o sistema realiza trabalho utilizando o calor Q_A retirado da fonte quente.

Na expansão adiabática **AB**, o sistema não troca calor, realizando trabalho com diminuição de energia interna e, portanto, de temperatura.

Na compressão isotérmica **BC**, o sistema rejeita Q_B de calor para a fonte fria, utilizando o trabalho recebido.

Na compressão adiabática **CD**, o sistema não troca calor. Recebe trabalho, que serve para aumentar sua energia interna e, portanto, sua temperatura.

No ciclo de Carnot, os calores trocados (Q_A e Q_B) e as temperaturas absolutas (T_A e T_B) das fontes quente e fria são proporcionais, valendo a relação:

$$\frac{|Q_A|}{|Q_B|} = \frac{T_A}{T_B} \quad \textbf{ou} \quad \frac{|Q_B|}{|Q_A|} = \frac{T_B}{T_A}$$

Substituindo na equação do rendimento de uma máquina térmica, obtemos, para a máquina de Carnot:

$$\eta = 1 - \frac{T_B}{T_A}$$

Considerando a temperatura da fonte fria (T_B) igual a zero Kelvin (zero absoluto), temos:

$$\eta = 1 - \frac{0}{T_A}$$

$$\eta = 1 \quad \text{ou} \quad \eta(\%) = 100\%$$

Entretanto, esse fato contraria a 2ª Lei da Termodinâmica, que garante ser impossível um rendimento de 100% (pois sempre haverá energia sendo transferida para a fonte fria), o que nos leva a concluir que nenhum sistema físico pode estar no zero absoluto.

De qualquer forma, podemos dizer que:

O **zero absoluto** é a temperatura da fonte fria de uma máquina ideal de Carnot, que opere com rendimento de 100%.

13. Transformações reversíveis e irreversíveis

Denomina-se transformação **reversível** aquela em que, após seu término, o sistema pode retornar às suas condições iniciais pelo mesmo caminho, isto é, passando pelos mesmos estados intermediários, na sequência inversa daquela ocorrida na transformação inicial, sem interferência externa. A transformação será **irreversível** se o processo não puder satisfazer às condições citadas acima.

Do exposto, podemos entender que a maioria dos processos naturais são irreversíveis, sendo o processo reversível apenas uma idealização teórica. Quando, por exemplo, misturamos dois gases diferentes, torna-se impossível voltar a separá-los sem uma intervenção externa; quando provocamos a expansão livre de um gás, ele não voltará espontaneamente a ocupar as condições iniciais.

14. Entropia

Sabemos que a temperatura e a energia interna são duas variáveis de estado utilizadas na descrição do estado termodinâmico de um sistema. Em 1865, Rudolf Clausius usou pela primeira vez uma outra variável, que denominou **entropia** (*S*). Clausius observou que, se as Leis da Natureza puderem atuar, sem interferências, em um sistema, o mais provável é que os integrantes desse sistema tendam a uma disposição desordenada. Se, por exemplo, em uma viagem passamos por um bosque e encontramos árvores alinhadas e separadas por distâncias praticamente iguais, vamos concluir que elas foram plantadas por alguém. Se, no entanto, esse bosque, em sua formação, ficou apenas sob as leis naturais, uma "desordem" no posicionamento das árvores é o que devemos esperar. Na sua mesa de estudo, o normal é encontrarmos seus objetos de uma forma desordenada, e o natural é que essa desordem aumente durante o seu estudo. A partir de observações como essas, Clausius estabeleceu a ideia de entropia como sendo uma medida dessa desordem.

Como a entropia é uma medida da desordem e os sistemas físicos tendem para estados cada vez mais desordenados, podemos inferir que, em processos naturais (sujeitos apenas às Leis da Natureza), a entropia do Universo vem aumentando ao longo do tempo. Essa poderia ser outra maneira de enunciarmos a 2ª Lei da Termodinâmica.

Kauko Helavuo/Stone/Getty Images

No Universo, a entropia está aumentando ao longo do tempo.

Segundo Clausius, quando estudamos a **entropia** como uma grandeza física na forma potencial, o importante não é sabermos o seu valor absoluto, mas sim a variação dessa grandeza durante uma transformação. Assim, ele definiu que a variação de entropia (ΔS) de um sistema, quando se agrega uma quantidade de calor (Q), mediante um processo reversível (à temperatura absoluta constante T), é dada por:

$$\Delta S = \frac{Q}{T}$$

Caso a temperatura se altere durante o processo, somente poderemos determinar a variação de entropia por meio de cálculo infinitesimal, que foge do nível estabelecido para o nosso curso. No entanto, quando ocorrem pequenas variações de temperatura, podemos mantê-la constante em seu valor médio e utilizar a expressão anterior, com boa aproximação, para o devido cálculo da variação da entropia.

Do exposto, podemos concluir que:

1) Se um sistema recebe calor $Q > 0$, sua entropia aumenta e $\Delta S > 0$.
2) Se um sistema libera calor $Q < 0$, sua entropia diminui e $\Delta S < 0$.
3) Se um sistema não troca calor com o meio externo (transformação adiabática), $Q = 0$, a entropia do sistema não varia e $\Delta S = 0$.

Ampliando o olhar

Máquina térmica

O primeiro dispositivo que funcionava usando a força do vapor data do século I da Era Cristã. Um estudioso de nome Heron, que viveu em Alexandria, Egito, deixou um esboço da primeira "máquina térmica" de que se tem notícia, a eolípila. Essa máquina era uma esfera metálica, oca, encaixada em um cano, através do qual recebia vapor de uma caldeira. Em suas laterais encontravam-se dois canos em forma de **L**. O vapor entrava na esfera e saía pelos canos em **L**. Isso provocava o movimento de rotação do dispositivo. Esse "motor" não realizava trabalho, era apenas uma forma de se demonstrar a "força" do vapor.

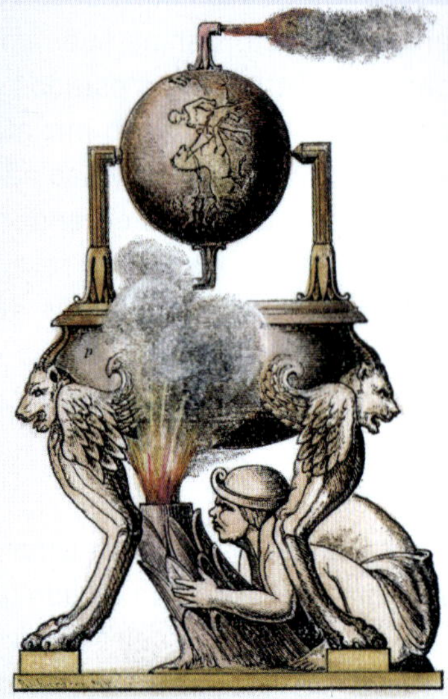

A figura ao lado é uma gravura do século XIX que mostra o "motor" inventado por Heron de Alexandria, a eolípila. Essa é a primeira "máquina a vapor" de que se tem notícia. (Coleção particular)

No século XVIII, mais precisamente em 1712, Thomas Newcomen (1662-1729), nascido em Dartmouth, Inglaterra, mecânico de profissão, aperfeiçoou uma máquina inventada por seu sócio Thomas Savery (1650-1715), que seria utilizada na drenagem de minas. Essa máquina foi instalada com grande sucesso nas minas de carvão em Staffordshire, na Grã-Bretanha, e, por quase cinquenta anos, foi utilizada para evitar a inundação das galerias subterrâneas da área. No entanto, esse dispositivo tinha o inconveniente de gastar muito combustível, sendo usado apenas quando os outros meios de drenagem não estavam em funcionamento.

Retrato de James Watt, pintado por Carl Frederick von Breda em 1792. National Portrait Gallery, Londres.

Em 1765, coube ao engenheiro escocês James Watt (1736-1819) aperfeiçoar a máquina de pistão de Thomas Newcomen, criando um dispositivo mais econômico e prático.

Essa nova máquina a vapor passou a substituir a força animal e humana no funcionamento das máquinas industriais, deflagrando o período histórico denominado Revolução Industrial, que transformou toda a estrutura social da Europa. Em 1830, após sua morte, funcionavam, só na Inglaterra, mais de 10 000 máquinas a vapor. Em 1814, o inglês George Stephenson (1781-1848) encontrou outra utilidade para as máquinas térmicas de Watt: movimentar uma locomotiva, revolucionando o transporte de pessoas e de bens produzidos pelas indústrias.

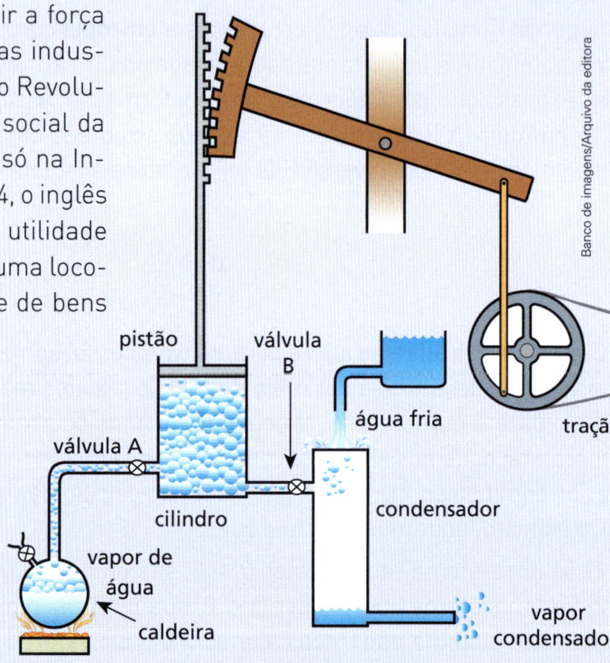

Na figura ao lado, podemos observar um esquema que representa uma das primeiras máquinas térmicas idealizada por James Watt. A água aquecida na caldeira entrava em ebulição e o vapor se expandia, provocando o movimento de um pistão que, acoplado a uma roda, desencadeava o movimento de um eixo. Ligadas a esse eixo, várias máquinas industriais funcionavam e, assim, produziam os bens de consumo da época.

A geladeira

Há evidências de que, desde muito cedo, os seres humanos que viviam em regiões muito frias observaram que o resfriamento dos alimentos conseguia conservá-los por mais tempo. Com o deslocamento das populações pelo mundo, esse conhecimento se espalhou.

Porém, foi somente no século XIX, precisamente em 1834, que Jacob Perkins (1766-1849) patenteou um compressor que podia solidificar a água, produzindo gelo artificialmente. A utilização desse compressor possibilitou que algumas indústrias prosperassem, como as cervejarias. Os comerciantes de carne agora podiam mandar seus produtos para os mais distantes países. No início do século XX, em 1902, o americano Willis Carrier (1876-1950) instalou em uma gráfica, na cidade de Nova York, o primeiro aparelho de ar condicionado, que permitia resfriar e controlar a umidade do ambiente. No início da década de 1920, surgiram nos Estados Unidos os primeiros refrigeradores domésticos, que logo se popularizaram. Hoje, no Brasil, mais de 80% das residências têm geladeira.

Acervo do autor/Arquivo da editora

Fotografia de geladeira do final do século XIX. Na parte superior era colocado gelo, que, ao resfriá-la, fazia o papel do atual congelador. Na parte interna útil, o ar que se aquecia retirando calor dos alimentos subia por convecção e era resfriado na face interna superior.

O funcionamento de uma geladeira baseia-se em um processo de transferência de calor de uma fonte fria para uma quente. Esse processo não é espontâneo. É necessária uma energia externa, em forma de trabalho (no compressor), para que essa transferência possa ocorrer. A geladeira possui, portanto, uma fonte fria (o congelador) e outra quente (o radiador), que se encontra na parte externa traseira, em forma de serpentina. O fluido operante usado é o fréon, que vaporiza a baixa pressão no congelador e se condensa a alta pressão no radiador. O mecanismo utilizado para reduzir a pressão no congelador é uma válvula; para aumentar a pressão no radiador, o mecanismo é um compressor, muito parecido com aquele que Perkins inventou. Observe que o fréon retira calor do interior da geladeira ao se vaporizar no congelador e libera calor para o ambiente no radiador, quando se condensa ao ser comprimido pelo compressor.

As partes principais do mecanismo de uma geladeira:

A. **Compressor**: o fréon entra no estado gasoso com baixa pressão e sai com alta pressão, já condensado.

B. **Válvula**: um tubo estreito (capilar) que diminui a pressão do vapor.

C. **Radiador**: serpentina externa (localizada na parte traseira) na qual o vapor se liquefaz, liberando calor para o ambiente.

D. **Congelador**: o fréon no estado líquido se vaporiza ao absorver calor do interior da geladeira.

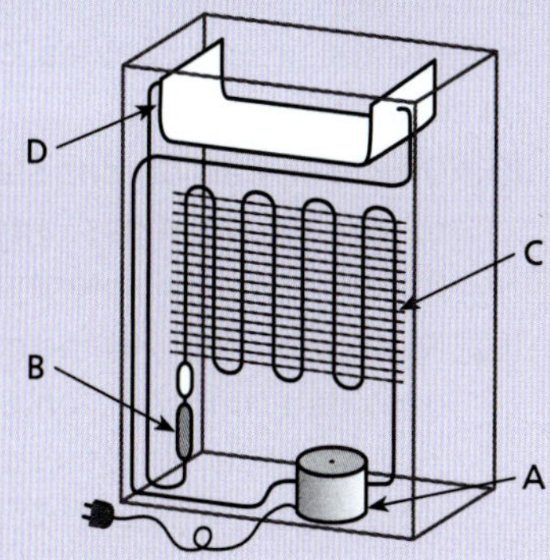

Banco de imagens/Arquivo da editora

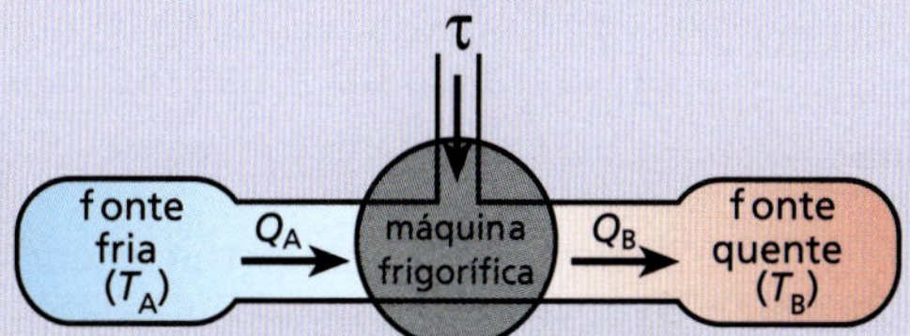

Banco de imagens/Arquivo da editora

$T_A < T_B$ | $|Q_B| = |Q_A| + \tau$

Este esquema representa uma máquina frigorífica. Espontaneamente, a fonte fria não transfere energia para a fonte quente. Assim, é necessário "forçar" essa transferência pela realização de trabalho sobre o sistema. A energia recebida pela fonte quente é a soma da energia retirada da fonte fria com o trabalho realizado sobre a máquina.

Exercícios Nível 1

66. Leia as afirmações com atenção:

(01) A 1ª Lei da Termodinâmica pode ser traduzida pela seguinte afirmação: "A energia não pode ser criada nem destruída, mas somente transformada de um tipo em outro".

(02) O calor flui espontaneamente de um corpo mais frio para um corpo mais quente.

(04) A energia interna de dada massa de um gás perfeito não depende da temperatura do gás.

(08) O rendimento de uma máquina de Carnot independe das temperaturas da fonte fria e da fonte quente.

(16) É impossível transformar calor em trabalho utilizando apenas duas fontes de calor a temperaturas diferentes.

(32) O termômetro é um aparelho destinado a medir diretamente o calor de um corpo.

Dê como resposta a soma dos números associados às afirmações corretas.

67. (UFSC) No século XIX, o jovem engenheiro francês Nicolas L. Sadi Carnot publicou um pequeno livro – *Reflexões sobre a potência motriz do fogo e sobre os meios adequados de desenvolvê-la* –, no qual descrevia e analisava uma máquina ideal e imaginária, que realizaria uma transformação cíclica hoje conhecida como "ciclo de Carnot" e de fundamental importância para a Termodinâmica.

Indique a(s) proposição(ões) correta(s) a respeito do ciclo de Carnot:

(01) O ciclo de Carnot consiste em duas transformações adiabáticas, alternadas com duas transformações isotérmicas.

(02) Nenhuma máquina térmica que opere entre duas determinadas fontes, às temperaturas T_1 e T_2, pode ter maior rendimento do que uma máquina de Carnot operando entre essas mesmas fontes.

(04) Uma máquina térmica, operando segundo o ciclo de Carnot entre uma fonte quente e uma fonte fria, apresenta um rendimento igual a 100%, isto é, todo o calor a ela fornecido é transformado em trabalho.

(08) O rendimento da máquina de Carnot depende apenas das temperaturas da fonte quente e da fonte fria.

(16) Por ser ideal e imaginária, a máquina proposta por Carnot contraria a segunda lei da Termodinâmica.

Dê como resposta a soma dos números associados às afirmações corretas.

68. (Vunesp) O ciclo de Carnot, de importância fundamental na Termodinâmica, é constituído de um conjunto de transformações definidas. Num diagrama (p, V), você esboçaria esse ciclo usando:

a) uma isotérmica, uma isobárica, uma adiabática e uma isocórica (isovolumétrica).
b) duas isotérmicas e duas adiabáticas.
c) duas isobáricas e duas isocóricas (isovolumétricas).
d) duas isobáricas e duas isotérmicas.
e) uma isocórica (isovolumétrica), uma isotérmica e uma isobárica.

69. (UEL-PR) No gráfico abaixo está representada a evolução de um gás ideal segundo o ciclo de Carnot.

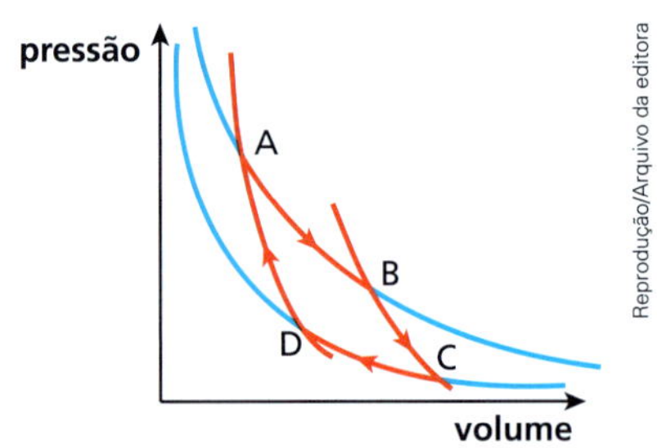

Com relação ao comportamento do gás, é correto afirmar:

a) A temperatura no ponto **A** é maior que no ponto **B**.
b) No trajeto **BC**, o gás cedeu calor para a fonte fria.
c) No trajeto **DA**, o trabalho realizado é negativo.
d) A temperatura no ponto **C** é maior que no ponto **B**.
e) No trajeto **CD**, o gás recebeu calor.

70. E.R. Uma máquina térmica teórica opera entre duas fontes térmicas, executando o ciclo de Carnot. A fonte fria encontra-se a 127 °C e a fonte quente, a 427 °C. Qual o rendimento percentual dessa máquina?

Resolução:

O rendimento de uma máquina que executa o ciclo de Carnot é dado por:

$$\eta = 1 - \frac{T_B}{T_A}$$

em que T_A é a temperatura absoluta da fonte quente e T_B, a da fonte fria.

Sendo:

$T_B = 127\ °C = 400\ K$

$T_A = 427\ °C = 700\ K$

Substituindo na expressão, obtemos

$$\eta = 1 - \frac{400}{700} \Rightarrow \eta = \frac{3}{7} \cong 0{,}43$$

$$\boxed{\eta(\%) \cong 43\%}$$

71. Uma máquina térmica, teórica, opera entre duas fontes de calor, executando o ciclo de Carnot. A fonte fria encontra-se à temperatura de 6 °C e a fonte quente, a 347 °C. Qual é o maior rendimento teórico dessa máquina?

72. Na leitura de uma revista técnica, um aluno encontrou um artigo que descrevia uma máquina térmica utilizada em uma empresa. Essa máquina operava entre duas fontes térmicas de temperaturas 327 °C e 27 °C, realizando um trabalho equivalente a 200 J, a cada 1 000 J recebidos da fonte quente. Como ele estava estudando na escola a parte de Termodinâmica, calculou o rendimento dessa máquina e achou um pouco baixo. Lembrou-se da máquina de Carnot e calculou o novo rendimento que ela teria se pudesse funcionar segundo o ciclo de Carnot. Percentualmente, qual o novo rendimento (teórico)?

Exercícios Nível 2

73. (Vunesp) O esquema representa o fluxo de energia em uma máquina térmica que opera em ciclos, recebendo energia em forma de calor de uma fonte quente. Parte desse calor é convertido em trabalho mecânico útil e a diferença, não utilizada, é cedida para uma fonte fria.

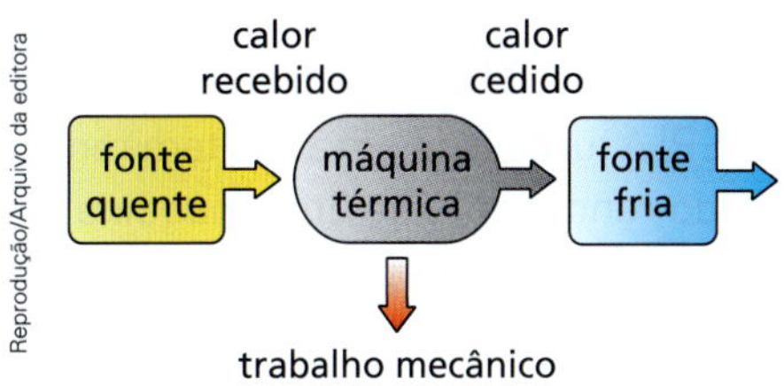

O diagrama $P \times V$ representa o ciclo termodinâmico executado por essa máquina térmica.

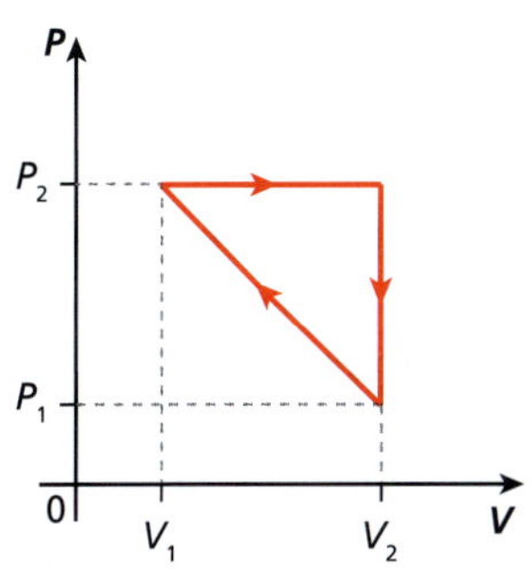

Sabendo que o rendimento dessa máquina é de 40%, a quantidade de calor fornecida a ela pela fonte quente, a cada ciclo, é igual a:

a) $1{,}25 \cdot (V_2 + V_1) \cdot (P_2 - P_1)$.
b) $1{,}25 \cdot (V_2 - V_1) \cdot (P_2 - P_1)$.
c) $0{,}40 \cdot (V_2 + V_1) \cdot (P_2 + P_1)$.
d) $0{,}40 \cdot (V_2 - V_1) \cdot (P_2 - P_1)$.
e) $0{,}50 \cdot (V_2 - V_1) \cdot (P_2 - P_1)$.

74. Até 1824, acreditava-se que uma máquina térmica poderia atingir o rendimento de 100% ou algo muito próximo desse valor. Se isso fosse verdade, poderíamos transformar integralmente, ou quase, a energia térmica recebida pela máquina em trabalho. No entanto, um jovem engenheiro francês, Nicolas Léonard Sadi Carnot, demonstrou a impossibilidade desse rendimento. Ele propôs uma máquina térmica teórica, que foi chamada de ideal e funcionaria percorrendo um ciclo particular, depois denominado **ciclo de Carnot**, constituído de duas isotermas e duas adiabáticas, intercaladas. Esse dispositivo obedeceria a dois postulados estabelecidos pelo próprio Carnot:

1º postulado
Nenhuma máquina operando entre duas temperaturas fixadas pode ter rendimento maior que a máquina ideal de Carnot, operando entre essas mesmas temperaturas.

2º postulado
Ao operar entre duas temperaturas, a máquina ideal de Carnot tem o mesmo rendimento, qualquer que seja o fluido operante.

Assim, imagine uma máquina térmica que funciona de acordo com os postulados de Carnot. Em cada ciclo desenvolvido, o trabalho útil fornecido equivale a 2 000 joules. As temperaturas das fontes térmicas são 500 K e 300 K, respectivamente, fonte quente e fonte fria.

Determine:

a) o rendimento dessa máquina;
b) a quantidade de calor retirada da fonte quente;
c) a quantidade de calor rejeitada para a fonte fria.

75.

Banco de imagens/Arquivo da editora

O dispositivo acima é a famosa eolípila, inventada no século primeiro por Heron de Alexandria, considerada a primeira máquina a vapor.

As máquinas a vapor começaram a ser utilizadas, com algum sucesso, no século XVII, apesar de sua história ter começado com Heron, cerca de 100 d.C. Desde então, várias máquinas a vapor de diferentes modelos se destacaram pela produtividade e diversidade de uso. O estudo das máquinas térmicas chamou a atenção dos físicos para uma série de transformações que nunca ocorrem, embora não violem a lei da conservação da energia. Essas "proibições" deram origem à segunda lei da Termodinâmica.

Em uma biblioteca, foi encontrado um livro do final do século XVII, em péssimo estado de conservação. Após a verificação da parte que se podia ler, foram feitas adaptações para a realidade das unidades físicas de hoje. Na página 56, podia-se observar o projeto de uma máquina térmica a vapor que retirava o equivalente a 7 000 J de energia da fonte quente, que se encontrava a uma temperatura de 127 °C, e eram rejeitados 5 250 J para a fonte fria. A temperatura dessa fonte fria estava ilegível. Supondo-se que essa máquina funcionasse como uma máquina de Carnot, o seu rendimento e a temperatura da fonte fria seriam, respectivamente, iguais a:

a) 5% e 47 °C
b) 10% e −27 °C
c) 25% e 27 °C
d) 50% e 77 °C
e) 75% e 27 °C

76. (Udesc) Uma máquina a vapor foi projetada para operar entre duas fontes térmicas, a fonte quente e a fonte fria, e para trabalhar segundo o ciclo de Carnot. Sabe-se que a temperatura da fonte quente é de 127 °C e que a máquina retira, a cada ciclo, 600 J desta fonte, alcançando um rendimento máximo igual a 0,25. O trabalho realizado pela máquina, por ciclo, e a temperatura da fonte fria são, respectivamente:

a) 240 J e 95 °C
b) 150 J e 27 °C
c) 15 J e 95 °C
d) 90 J e 27 °C
e) 24 J e 0 °C

77. (CPAEN-RJ) Uma máquina de Carnot, operando inicialmente com rendimento igual a 40%, produz um trabalho de 10 joules por ciclo. Mantendo-se constante a temperatura inicial da fonte quente, reduziu-se a temperatura da fonte fria de modo que o rendimento passou para 60%. Com isso, o módulo da variação percentual ocorrida no calor transferido à fonte fria, por ciclo, é de

a) 67%
b) 60%
c) 40%
d) 33%
e) 25%

78. (PUCC-SP) A turbina de um avião tem rendimento de 80% do rendimento de uma máquina ideal de Carnot operando às mesmas temperaturas.
Em voo de cruzeiro, a turbina retira calor da fonte quente a 127 °C e ejeta gases para a atmosfera, que está a −33 °C.

O rendimento dessa turbina é de:

a) 80%.
b) 64%.
c) 50%.
d) 40%.
e) 32%.

79. (PUC-SP)

a) Um inventor afirmou ter construído uma máquina térmica cujo desempenho atinge 90% daquele de uma máquina de Carnot. Sua máquina, que trabalha entre as temperaturas de 27 °C e 327 °C, recebe, durante certo período, $1{,}2 \cdot 10^4$ cal e fornece, simultaneamente, um trabalho útil de $1 \cdot 10^4$ J. A afirmação do inventor é verdadeira? Justifique.

Dado: 1 cal = 4,186 J

b) Se o trabalho útil da máquina térmica do item anterior fosse exercido sobre o êmbolo móvel de uma ampola contendo um gás ideal, à pressão de 200 Pa, qual seria a variação de volume sofrida pelo gás, caso a transformação fosse isobárica?

80. Uma geladeira retira, por segundo, 1 000 kcal do congelador, enviando para o ambiente 1 200 kcal. Considere 1 kcal = 4,2 kJ. Qual a potência do compressor da geladeira?

81. (UFV-MG) Em um refrigerador ideal, o dissipador de calor (serpentina traseira) transferiu $5{,}0 \cdot 10^5$ J de energia térmica para o meio ambiente, enquanto o compressor produziu $3{,}0 \cdot 10^5$ J de trabalho sobre o fluido refrigerante.

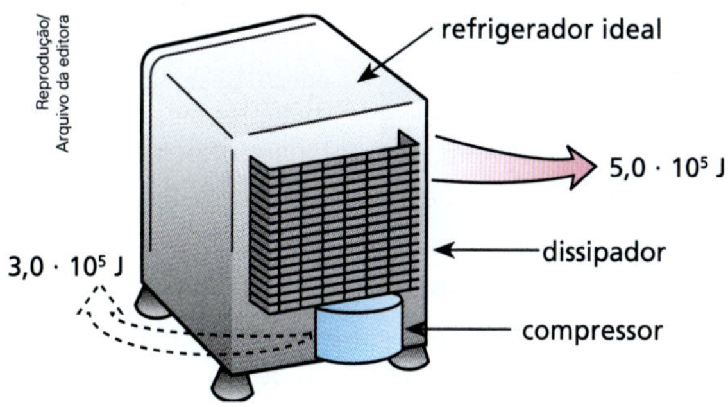

Calcule:

a) a quantidade de calor retirada da câmara interna;

b) o rendimento do sistema de refrigeração.

82. (Unifesp) Costuma-se especificar os motores dos automóveis com valores numéricos, 1.0, 1.6, 1.8 e 2.0, entre outros. Esses números indicam também valores crescentes da potência do motor. Pode-se explicar essa relação direta entre a potência do motor e esses valores numéricos porque eles indicam o volume aproximado, em litros,

a) de cada cilindro do motor e, quanto maior esse volume, maior a potência que o combustível pode fornecer.

b) do consumo de combustível e, quanto maior esse volume, maior a quantidade de calor que o combustível pode fornecer.

c) de cada cilindro do motor e, quanto maior esse volume, maior a temperatura que o combustível pode atingir.

d) do consumo de combustível e, quanto maior esse volume, maior a temperatura que o combustível pode fornecer.

e) de cada cilindro do motor e, quanto maior esse volume, maior o rendimento do motor.

83. (UFRN) Em um processo adiabático, a pressão *p* e o volume *V* de um gás ideal obedecem à relação pV^{γ} = constante, em que γ é um parâmetro fixo. Considere que uma amostra de gás ideal sofreu uma expansão adiabática na qual o seu volume foi duplicado.

A razão entre a temperatura inicial T_I e a temperatura final T_F da amostra é:

a) $T_I / T_F = 2^{\gamma}$.

b) $T_I / T_F = 2^{1-\gamma}$.

c) $T_I / T_F = \gamma$.

d) $T_I / T_F = 2^{\gamma-1}$.

e) $T_I / T_F = \gamma^2$.

84. (ITA-SP) Uma bolha de gás metano com volume de 10 cm³ é formada a 30 m de profundidade num lago. Suponha que o metano comporta-se como um gás ideal de calor específico molar $C_V = 3R$ e considere a pressão atmosférica igual a 10^5 N/m². Supondo que a bolha não troque calor com a água ao seu redor, determine seu volume quando ela atinge a superfície.

Dados: densidade da água = $1 \cdot 10^3$ kg/m³

g = 10 m/s²; $\sqrt{2} \cong 1{,}4$

85. **E.R.** Determine a variação da entropia (ΔS) de um sistema constituído de 200 g de gelo, a 0 °C, quando essa amostra sofre fusão.

Dado: calor latente de fusão do gelo= $336 \frac{J}{g}$

Resolução:

$$\Delta S = \frac{Q}{T} = \frac{mL_F}{T}$$

$$\Delta S = \frac{200 \cdot 336}{(0 + 273)} \frac{J}{K}$$

$$\boxed{\Delta S \cong 246 \frac{J}{K}}$$

86. (ITA-SP) Calcule a variação de entropia (ΔS) quando, num processo à pressão constante de 1,0 atm, se transformam integralmente em vapor 3,0 kg de água que se encontram inicialmente no estado líquido, à temperatura de 100 °C.

Dado: calor de vaporização da água = $5{,}4 \cdot 10^5$ cal/kg

87. Num recipiente de capacidade térmica desprezível e termicamente isolado, são misturados 100 g de água a 10 °C com 200 g de água a 40 °C.

Dado: calor específico da água = 1 cal/g °C

Pede-se determinar a variação de entropia (ΔS) ocorrida nesse sistema, na transformação termodinâmica, do início da mistura até o equilíbrio térmico final.

DESCUBRA MAIS

1. Como funcionam os motores de combustão interna, de quatro tempos, utilizados nos automóveis?
2. Por que as geladeiras tipo *frost free* não precisam ser descongeladas? Por que elas não possuem a grade trocadora de calor em sua parte traseira?

Ampliando o olhar

Motor térmico

E a revolução continua...

No início do século XVIII, a indústria instalada dependia da potência muscular de seus operários, de animais como o cavalo, da força do vento e de quedas-d'água. Com o aperfeiçoamento das máquinas a vapor, o trabalho de várias pessoas ou de muitos animais pôde ser substituído por um único dispositivo. As máquinas térmicas passaram a substituir em larga escala a força motriz existente, tornando mais ágeis e confiáveis os navios, e foram também responsáveis por novas alternativas de deslocamento, como as locomotivas a vapor, capazes de transportar por terra cargas e pessoas em grandes distâncias.

Album/akg-images/Latinstock

Nikolaus August Otto. Este engenheiro alemão ficou fascinado com as possibilidades da tecnologia do gás e do vapor disponíveis em sua época. Desenvolveu o motor térmico de quatro tempos, o que lhe valeu a medalha de ouro na Exposição de Paris, em 1867.

Com o advento dos primeiros motores de combustão interna, a partir da segunda metade do século XIX, uma nova revolução tecnológica se instalou. Nesses propulsores, uma reação química produzia a queima do combustível e os gases aquecidos empurravam os pistões, realizando a transformação de energia térmica em energia mecânica. No início, vários pesquisadores implementaram projetos para o funcionamento dos motores térmicos; no entanto, as tentativas de construção não lograram êxito. Coube ao alemão Nikolaus August Otto (1832-1891), em 1867, aperfeiçoar e construir tal motor. Ele descobriu acidentalmente que era necessário adicionar ar em certa proporção ao combustível na fase de compressão. E eis que funcionou! O dispositivo desenvolvido por esse engenheiro passou a ser conhecido por **Motor Otto**, e o ciclo termodinâmico que traduz seu funcionamento foi chamado de **Ciclo de Otto**.

Surgia, assim, o motor térmico de quatro tempos...

Ao lado, apresentamos em um diagrama $p \times V$ (pressão *versus* volume) o ciclo ideal de Otto, que traduz o funcionamento teórico dos quatro tempos do funcionamento do motor térmico. O ciclo ideal é um pouco diferente do idealizado. Na prática, os processos são aproximados, ocorrendo interferências externas.

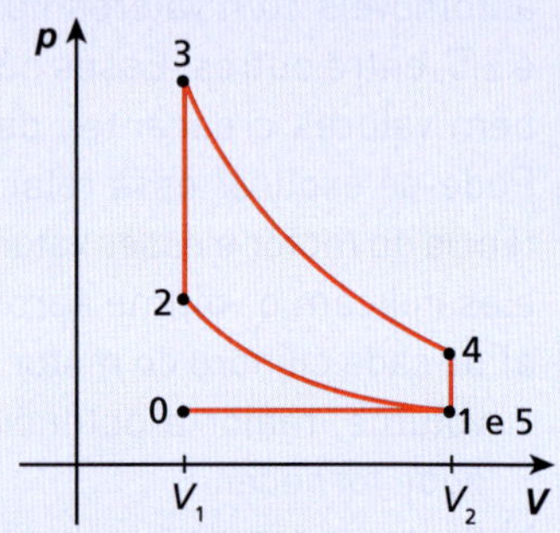

Banco de imagens/Arquivo da editora

Diagrama pressão × volume.

No esquema ao lado, é possível observar o que ocorre em cada pistão nas quatro etapas do ciclo.

Os processos observados no ciclo ideal são:

1. **Admissão** – processo isobárico $0 \rightarrow 1$.
   Nesta fase, o pistão desce, a válvula de admissão abre e uma mistura de combustível e ar é injetada na câmara interna.
2. **Compressão** – processo adiabático $1 \rightarrow 2$.
   As válvulas de admissão e exaustão são fechadas e o pistão sobe, comprimindo a mistura na câmara.
3. **Combustão** e **Expansão** – processo isométrico $2 \rightarrow 3$, seguido de expansão adiabática $3 \rightarrow 4$.

Quando o pistão atinge o ponto de compressão máxima, uma faísca elétrica é emitida por uma vela, provocando a explosão da mistura combustível-ar. Gases aquecidos empurram o pistão para baixo, expandindo a câmara interna do cilindro.

4. **Exaustão** ou **Escape** – abertura da válvula de exaustão, 4 → 5, seguida de descompressão isobárica, 5 → 0.

A válvula de escape é aberta, possibilitando a exaustão, isto é, a retirada dos gases formados na explosão.

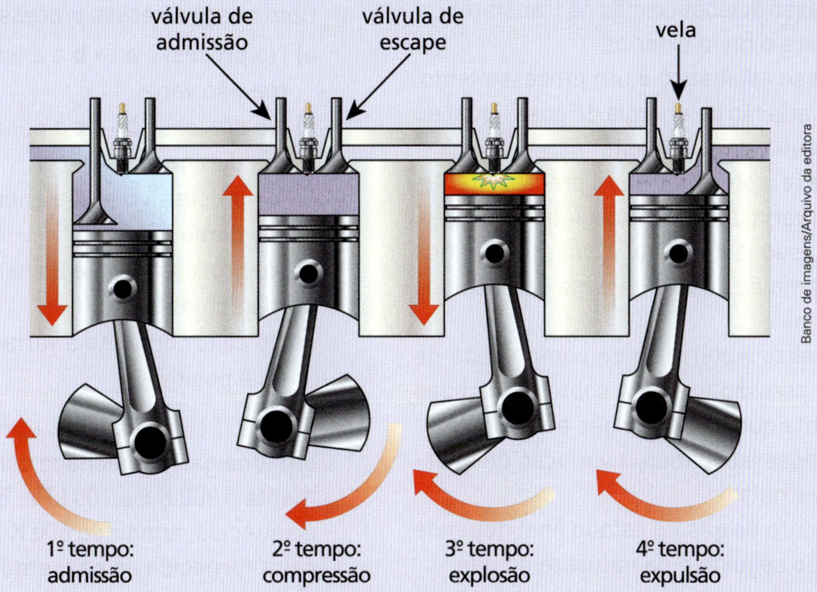

Os motores são constituídos basicamente por pistões móveis acoplados a um virabrequim ou eixo de manivelas, que transmite o movimento dos pistões às rodas. Nos veículos atuais, os motores de combustão interna são, em sua quase totalidade, de dois tempos (motocicletas) ou de quatro tempos (automóveis, caminhões e ônibus), diferenciando-se apenas quanto ao combustível utilizado (etanol, gasolina, *diesel*, biodiesel, etc.).

Os motores térmicos fizeram surgir a indústria automobilística, que não para de crescer. Desde os tempos de Henry Ford (1863-1947), visionário empreendedor norte-americano e fundador da *Ford Motor Company*, a primeira fábrica de automóveis em série, essa indústria se expande e se sofistica. Diariamente, em todos os rincões do planeta, mais e mais veículos são colocados em circulação, exigindo infraestrutura viária e combustíveis diversos para manter a gigantesca frota em circulação. Só na cidade de São Paulo, por exemplo, o número de carros licenciados já passa de 7 milhões, sem falar de motocicletas, ônibus, etc.

Esse número crescente de veículos tem provocado aumento significativo de emissões de CO_2 (gás carbônico), um dos gases que incrementam o efeito estufa.

Por isso, é de grande importância que os veículos movidos a derivados de petróleo sejam gradualmente substituídos por máquinas propulsionadas por combustíveis menos poluentes ou mesmo por eletricidade, tecnologia que já se encontra bastante desenvolvida e em fase de aprimoramento.

Carro elétrico: alternativa menos poluente que já circula em algumas cidades.

Exercícios Nível 3

88. (UnB-DF) Quanto aos processos sofridos por gases ideais entre dois estados, julgue os itens a seguir:

a) Num processo isotérmico, há troca de calor com o meio exterior.

b) Num processo adiabático, não há transferência de calor para o meio exterior.

c) Um processo adiabático é um processo lento, em que a variação de energia do gás é igual ao trabalho realizado sobre este.

d) Um processo isotérmico é um processo lento, no qual há variação na energia interna do gás.

e) Num processo isotérmico, a energia cinética média das moléculas é a mesma nos estados inicial e final.

f) Num processo isotérmico de compressão de um gás, a pressão exercida sobre as paredes do recipiente que contém o gás aumentará.

g) Num processo adiabático, a variação de energia do gás é nula.

h) A temperatura do gás no estado final depende do processo seguido e da natureza do gás.

89. Uma determinada amostra de gás monoatômico, que se comporta como um gás ideal, desenvolve sucessivas transformações retornando à sua situação inicial, percorrendo o ciclo termodinâmico representado no diagrama a seguir.

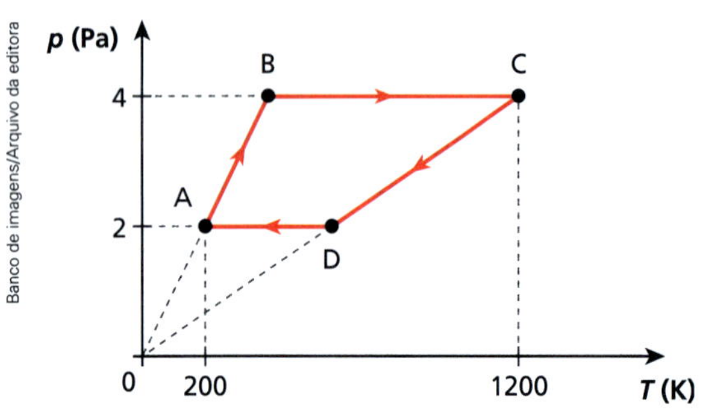

Sabendo que o volume inicial do gás era 1,0 m^3, determinar o trabalho realizado ao completar um ciclo.

90. (UFC-CE) O ciclo *diesel*, mostrado na figura ao lado, representa o comportamento aproximado de um motor *diesel*. A substância de trabalho desse motor pode ser considerada um gás ideal. O processo **a** → **b** é uma compressão adiabática, o processo **b** → **c** é uma expansão a pressão constante, o processo **c** → **d** é uma expansão adiabática e o processo **d** → **a** é um resfriamento a volume constante.

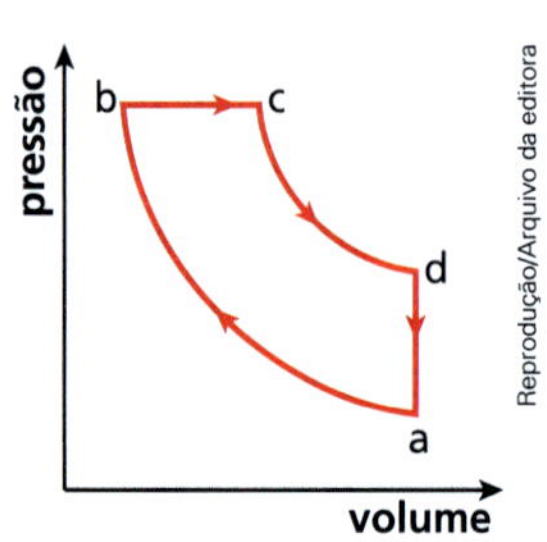

Com relação a esses processos, a opção correta é:

a) No processo **a** → **b** a energia interna do sistema não varia.

b) No processo **b** → **c** a energia interna do sistema diminui.

c) No processo **c** → **d** a energia interna do sistema diminui.

d) No processo **d** → **a** a energia interna do sistema aumenta.

e) No ciclo completo a variação da energia interna é positiva.

91. (IME-RJ) Um gás ideal e monoatômico contido em uma garrafa fechada com 0,1 m^3 está inicialmente a 300 K e a 100 kPa. Em seguida, esse gás é aquecido, atingindo 600 K. Nessas condições, o calor fornecido ao gás, em kJ, foi?

a) 5
b) 10
c) 15
d) 30
e) 45

92. (Ufla-MG) A figura mostra, em corte, um cilindro de paredes adiabáticas (não há troca de calor), provido de um êmbolo superior móvel. No interior do cilindro, encontram-se *n* mols de um gás ideal. A pressão atmosférica p_a local é de 1 atm e a pressão dos pesos sobre o êmbolo móvel é de 5 atm. A área da base do cilindro e do êmbolo móvel é de $5 \cdot 10^{-3}$ m^2. Na condição de equilíbrio mostrada, h = 16 cm e a temperatura do gás é 300 K.

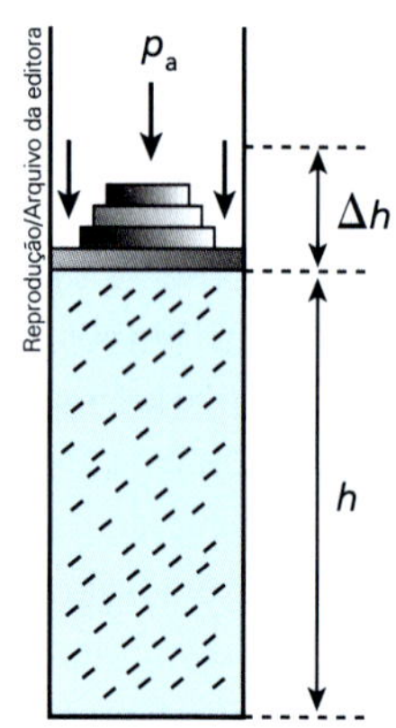

Considerando 1 atm = $1{,}0 \cdot 10^5$ N/m^2 e R = 8 J/molK, calcule:

a) o número de mols (*n*) contido no cilindro;

b) a força em newtons que o gás realiza sobre o êmbolo móvel.

Em seguida, a temperatura do gás é elevada para 420 K, mantendo-se a pressão constante.

Calcule:

c) o deslocamento Δ*h* (cm) do êmbolo móvel;

d) o trabalho realizado pelo gás, em joules.

93. (IF-UFRJ) Um mol de um gás ideal de capacidade térmica molar a volume constante $C_V = 3\frac{R}{2}$ (onde R é a constante universal dos gases), descreve o ciclo **ABCA** esquematizado na figura abaixo no plano (p, T). Sejam U_X a energia interna do gás no estado **X**, $W_{X \to Y}$ o trabalho realizado pelo gás no processo **X → Y** e $Q_{X \to Y}$ o calor fornecido ao gás no processo **X → Y**.

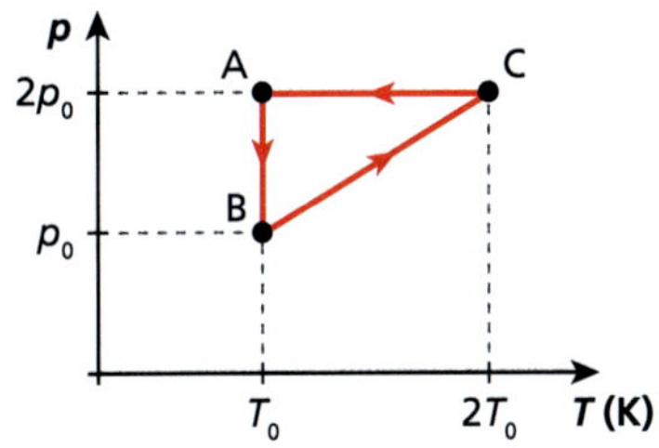

Marque a afirmativa correta.

a) O processo **AB** é isotérmico e $Q_{A \to B} = 0$.

b) O processo **BC** é isovolumétrico e $Q_{B \to C} = RT_0$.

c) $W_{B \to C} > 0$ e $V_C = 2V_A$.

d) $W_{A \to B} < 0$ e ΔU no ciclo é nulo.

94. (Cesgranrio) Um cafezinho bem quente, se deixado em cima da mesa, cederá calor para o meio ambiente ao seu redor, até que sua temperatura se iguale à do meio. Nesse processo, há diminuição da temperatura do cafezinho a volume constante, permanecendo sempre constante a temperatura do meio. Este é um exemplo de um processo irreversível onde há uma direção temporal permitida pelas Leis da Termodinâmica. A respeito da variação total de entropia nesse processo, é correto afirmar que a entropia:

a) aumenta, considerando o café mais o ambiente, por se tratar de processo irreversível;

b) aumenta no início do processo, tendendo a se estabilizar e a permanecer constante;

c) se mantém constante, sem que se observe qualquer variação nesse caso;

d) diminui, considerando o café mais o ambiente, por se tratar de processo irreversível;

e) diminui, por se tratar de um caso especial.

95. Em 1865, Rudolf Clausius usou pela primeira vez o conceito de **entropia** como sendo uma medida de desordem do sistema físico estudado. Ele estabeleceu a variação de entropia (ΔS) de um sistema, quando se agrega uma quantidade de calor (Q), mediante um processo reversível a uma temperatura absoluta (T), como sendo a razão:

$$\Delta S = \frac{Q}{T}$$

Assim, considere um sistema constituído de 3,0 kg de água líquida a 100 °C. Mantendo-se a pressão constante em 1,0 atm, calcule a variação de entropia do sistema para transformar essa água em vapor, a 100 °C.

Dado: calor de vaporização da água = 540 cal/g

96. (PUC-SP) Um automóvel com motor 1.0 (volume de 1,0 litro), conhecido pelo seu menor consumo de combustível, opera com pressão média de 8 atm e 3300 rpm (rotações por minuto), quando movido a gasolina. O rendimento desse motor, que consome, nessas condições, 4,0 g/s (gramas por segundo) de combustível, é de aproximadamente:

a) 18% b) 21% c) 25% d) 27% e) 30%

Considere:

Calor de combustão da gasolina = 11 100 cal/kg

1 atm = 10^5 N/m^2; 1 cal = 4J; 1 L = 10^{-3} m^3

1 rotação corresponde a 1 ciclo

97. (UFRGS-RS) Sob condições de pressão constante, certa quantidade de calor Q, fornecida a um gás ideal monoatômico, eleva sua temperatura em ΔT. Quanto calor seria necessário, em termos de Q, para produzir a mesma elevação de temperatura ΔT, se o gás fosse mantido em volume constante?

a) 3Q b) $\frac{5}{3}Q$ c) Q d) $\frac{3}{5}Q$ e) $\frac{2}{5}Q$

98. (SEPLAG-MG) As primeiras máquinas térmicas, inventadas no século XVIII, além de bastante precárias, apresentavam rendimentos muito baixos, isto é, consumiam grande quantidade de combustível para produzir trabalho relativamente pequeno. Por volta de 1770, o inventor escocês James Watt apresentou um novo modelo de máquina térmica, que veio substituir aquelas então existentes. A máquina de Watt foi inicialmente empregada para movimentar moinhos e acionar as bombas que retiravam água de minas subterrâneas e, posteriormente, nas locomotivas e barcos a vapor.

Acerca desse tema, assinale a afirmativa **incorreta**.

a) O cálculo da eficiência térmica (ε) pela expressão, $\varepsilon = 1 - \frac{T_F}{T_Q}$ em que T_F é a temperatura da fonte fria e T_Q é a temperatura da fonte quente, aplica-se a qualquer tipo de máquina.

b) O enunciado de Clausius afirma ser impossível um processo cujo único resultado efetivo seja o de retirar calor de um reservatório frio e liberar a mesma quantidade de calor para um reservatório quente.

c) Se, durante cada ciclo, uma máquina térmica absorve 200 J de calor de um reservatório quente, realiza trabalho e libera 160 J para reservatório frio, então o rendimento dessa máquina é de 20%.

d) O teorema de Carnot afirma que nenhuma máquina, trabalhando entre dois reservatórios térmicos, pode ser mais eficiente do que uma máquina reversível que trabalhe entre os dois reservatórios.

e) É impossível para uma máquina térmica, operando em um ciclo, produzir como único efeito o de retirar calor de um único reservatório e realizar uma quantidade equivalente de trabalho.

99. (PUC-SP) Um motor de potência 2,5 c.v. absorve 925 cal/s de uma fonte térmica quente, cuja temperatura é de 927 °C. Sendo a temperatura da fonte fria de 80,6 °F, determine a razão entre o rendimento de um motor de Carnot que operasse entre essas mesmas fontes térmicas e o rendimento do referido motor.

a) 0,75
b) 1,00
c) 1,50
d) 2,00

Dado: 1 c.v. (cavalo vapor) = 740 W

100. (Unicamp-SP) Com a instalação do gasoduto Brasil–Bolívia, a quota de participação do gás natural na geração de energia elétrica no Brasil será significativamente ampliada. Ao se queimar 1,0 kg de gás natural obtêm-se $5,0 \cdot 10^7$ J de calor, parte do qual pode ser convertido em trabalho em uma usina termoelétrica. Considere uma usina queimando 7 200 quilogramas de gás natural por hora, a uma temperatura de 1 227 °C. O calor não aproveitado na produção de trabalho é cedido para um rio de vazão 5 000 L/s, cujas águas estão inicialmente a 27 °C. A maior eficiência teórica da conversão de calor em trabalho é dada por $\eta = 1 - \frac{T_{mín}}{T_{máx}}$, sendo $T_{máx}$ e $T_{mín}$ as temperaturas absolutas das fontes quente e fria respectivamente, ambas expressas em Kelvin. Considere o calor específico da água c = 4 000 J/kg°C.

a) Determine a potência gerada por uma usina cuja eficiência é metade da máxima teórica.

b) Determine o aumento de temperatura da água do rio ao passar pela usina.

101. (Vunesp) Num lugar onde g = 9,8 m/s^2, um corpo metálico de massa m = 2,0 kg cai de 209 m de altura. Supondo que todo o calor produzido no impacto permaneça no corpo, e sabendo que sua temperatura se elevou em 10 °C, qual é, aproximadamente, o calor específico do material do corpo, em cal/g°C?

Dado: 1 cal = 4,18 J

102. (UFRN) A figura 1, abaixo, representa o martelo de massa *M*, de um bate-estaca, suspenso por um cabo a uma altura *h*, em relação à superfície superior do êmbolo de um pistão. Em determinado instante, o cabo é cortado, e o martelo cai livremente sobre o pistão. Com o impacto, o êmbolo do pistão comprime adiabaticamente 2 mol de um gás ideal contidos no interior do pistão, conforme Figura 2, também abaixo.

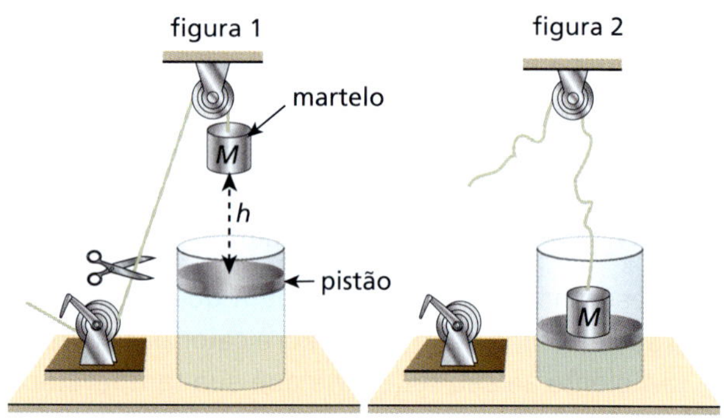

Reprodução/Arquivo da editora

Dados:

- expressão da 1ª Lei da Termodinâmica: $\Delta U = Q - W$;
- expressão da variação da energia interna:

$$\Delta U = \left(\frac{3}{2}\right) nR\Delta T$$

Considere:

- aceleração da gravidade: g = 10 m/s^2;
- massa do martelo do bate-estaca: M = 5,0 kg;
- altura à qual está suspenso o martelo: h = 6,0 m;
- constante universal dos gases ideais: R = 8,0 J/mol · K;
- o pistão e o respectivo êmbolo são constituídos de material isolante térmico.

A partir dessas informações,

a) descreva as transformações de energia que ocorreram no sistema, considerando a evolução deste, desde o momento em que o martelo é solto até o instante em que o êmbolo atinge a sua posição final de equilíbrio;

b) calcule a variação de temperatura, ΔT, do gás, supondo que, no instante em que o martelo atinge o êmbolo, 80% da energia deste é usada para comprimir o gás.

Intersaberes

Uma reflexão sobre a energia nuclear

Muito se tem falado e escrito sobre a energia do átomo. Alguns a favor e muitos contra. No entanto, será que todos sabemos realmente os prós e os contras? A real necessidade de a humanidade usar ou não a energia nuclear?

Nós vivemos em uma sociedade que exige cada vez mais a utilização da energia elétrica. Usamos essa energia para iluminação de nossas casas, lojas e ruas; para fazer funcionar nossos aparelhos de cozinha (geladeiras, *freezers*, batedeiras de bolo, fornos elétricos, fornos de micro-ondas, torradeiras, e outros); para nossos televisores (normais, de plasma, de LCD ou de LED), para nossos aparelhos de som, computadores de mesa ou portáteis (*notebooks* e *netbooks*); *tablets*, telefones sem fio ou celulares, enfim uma grande quantidade de aparelhos que exigem energia elétrica para seu funcionamento. Já existem automóveis elétricos que podem ser abastecidos nas tomadas de nossas residências. A indústria que produz todos esses bens funciona com energia elétrica. Sempre que pessoas melhoram de vida passam a consumir mais energia elétrica, mais bens que são produzidos a partir dessa energia. Como vamos gerar tanta energia assim? Muitos podem dizer que existe a energia hídrica (gerada nas hidrelétricas, utilizando o desnível de grandes quantidades de água em represas), a energia eólica (gerada por aqueles grandes "ventiladores" soprados pelos ventos), a energia do carvão e dos óleos combustíveis (petróleo ou vegetais), do etanol, da energia solar, porém a obtenção dessas energias também tem suas limitações, suas vantagens e suas desvantagens.

A seguir vamos entender um pouco da energia nuclear, como obtê-la, os prós e os contras.

A energia utilizada nas centrais termonucleares é obtida a partir da **fissão** controlada de núcleos de urânio 235 (radioativo). Esse urânio U^{235} é um isótopo que possui 92 prótons e 143 nêutrons, e sua massa atômica é 235 (92 + 143). Além do u^{235}, encontramos na natureza o U^{238}, outro isótopo de urânio que contém 92 prótons e 146 nêutrons. O u^{238} é encontrado em maior quantidade, mas só pode sofrer **fissão** se bombardeado por nêutrons "rápidos", de alta energia cinética. Já o U^{235}, que representa apenas 0,7% do urânio encontrado, pode ser fissionado por nêutrons de qualquer energia cinética, os nêutrons "lentos" (nêutrons térmicos). Como nos reatores do tipo PWR (*Pressurized Water Reactor*), os mais usados, precisamos ter aproximadamente 3,2% de concentração de U^{235}, a massa de urânio deve passar por um processo de enriquecimento. Isso é feito retirando-se U^{238} da amostra, já que, após o enriquecimento, devem-se encontrar 32 átomos de U^{235} para cada 968 átomos de U^{238}. Quando o grau de enriquecimeto é muito alto (mais de 90% de U^{235}), uma reação em cadeia muito rápida pode ocorrer, é a bomba atômica.

Perfil esquemático de uma usina PWR

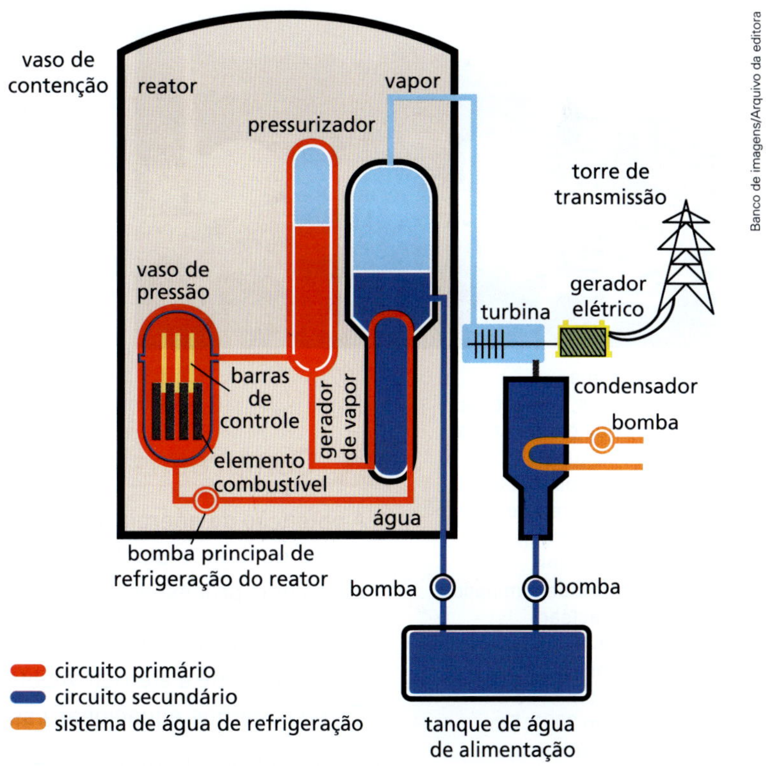

Fonte: Atlas de Energia Elétrica do Brasil. Disponível em: <www2.aneel.gov.br/arquivos/PDF/atlas_par3_cap8.pdf>. Acesso em: 20 jun. 2018.

A **fissão** de núcleos de urânio e seus isótopos gera uma grande quantidade de energia térmica, que pode ser aproveitada para a geração de energia elétrica, por meio de reatores do tipo PWR. A taxa de liberação de energia, a potência do reator, pode ser mudada, alterando-se a densidade de átomos físseis, alterando-se o fluxo de nêutrons ou ainda o tamanho do núcleo a ser bombardeado. Para se ter uma ideia, se um grama de U^{235} fosse totalmente fissionado, forneceria energia equivalente à combustão de 9 toneladas de carvão.

Comparando uma usina termonuclear com usinas termelétricas e hidrelétricas, observamos que:

1. As usinas nucleares possuem uma reserva energética muito maior que as termelétricas (que dependem principalmente de combustíveis fósseis, em extinção) e as hidrelétricas (que dependem de reservas hídricas em cotas elevadas, cada vez mais difíceis de se obter).
2. As agressões ao meio ambiente são muito menores nas usinas nucleares. Já as usinas termelétricas são altamente poluidoras, emitindo gases tóxicos gerados pela queima de combustíveis fósseis (como os derivados de petróleo). As usinas hidrelétricas provocam grandes alterações no meio ambiente, como a devastação de grandes áreas úteis à agricultura, alagando-as.

De toda a energia elétrica produzida no mundo, 17% são gerados por usinas termonucleares. O país que mais utiliza essa forma de produção de energia são os Estados Unidos, com 98 usinas gerando 98 784 MWe. O segundo é a França, com 56 usinas que produzem 58 493 MWe. O terceiro é o Japão, com 51 usinas gerando 39 917 MWe. O Brasil possui apenas duas usinas: Angra 1, em operação desde 1985, que gera 657 MWe, e Angra 2, em operação desde 2001, que produz 1 309 MWe. Hoje, são 34 os países que possuem usinas termonucleares em funcionamento.

Alamy/Fotoarena

Na fotografia, observamos, à esquerda, a usina nuclear de Angra 1 com sua cúpula cilíndrica; à direita, a usina de Angra 2 com sua cúpula convexa e a imensa chaminé. O conjunto é denominado Central Nuclear Almirante Álvaro Alberto. Angra 1 iniciou seus trabalhos em 1985 e Angra 2 em 2001. Em um futuro próximo, a usina Angra 3 deverá fazer parte desse cenário.

Apesar dos riscos representados por usinas termonucleares, observamos que no futuro, se não encontrarmos uma nova maneira de obtenção de energia ou não mudarmos nosso modo de vida (utilizando menos energia), deveremos retornar à construção de novas usinas que utilizam a energia do átomo para obter a preciosa energia elétrica que move nosso mundo.

Compreensão, pesquisa e debate

1. A obtenção de energia a partir do átomo pode ser feita de duas maneiras: por fissão nuclear e por fusão nuclear. Pesquise e descubra a diferença entre esses dois processos.
2. A melhora da qualidade de vida das pessoas exige maior consumo de energia, principalmente a elétrica. A obtenção dessa energia sempre agride a natureza. Como podemos equacionar essa questão?
3. Você é a favor da utilização de energia nuclear no Brasil? Discuta com seus colegas essa questão.

Para raciocinar um pouco mais

103. Um dos aparelhos indispensáveis em uma residência é a geladeira. A refrigeração do seu interior é feita de forma não espontânea. Retira-se energia térmica da parte interna e transfere-se essa energia para o ambiente da cozinha. A transferência de energia térmica só é espontânea quando o calor transita no sentido de temperaturas decrescentes.

Na parte interna da geladeira, há o congelador, no qual, normalmente, a substância fréon se vaporiza a baixa pressão, absorvendo energia térmica. O fréon, no estado gasoso, expande-se até o radiador (serpentina traseira), no qual, sob alta pressão, se condensa, liberando energia térmica para o meio externo. A pressão do fréon é aumentada no radiador devido a um compressor e diminuída no congelador devido a uma válvula.

A eficiência ε de uma geladeira é determinada pela razão entre a energia térmica *Q* que é retirada do seu congelador e o trabalho τ que o compressor teve de realizar.

$$\varepsilon = \frac{Q}{\tau}$$

A energia térmica que o radiador transfere para o ambiente é a soma da energia térmica retirada do congelador com o trabalho realizado pelo compressor.

O desenho representa uma geladeira doméstica:

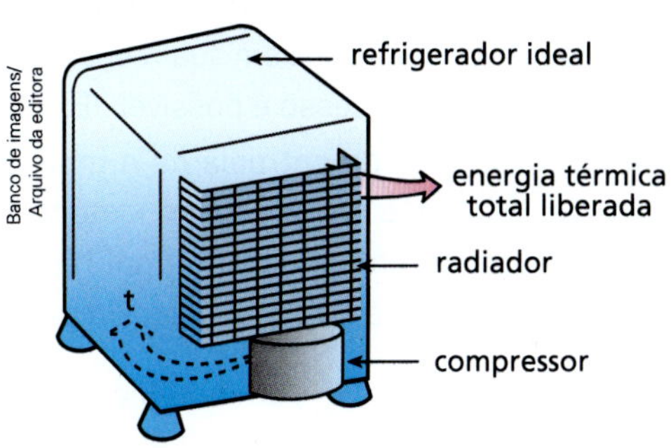

Considere uma geladeira ideal cujo compressor tenha potência útil igual a 5,0 kW.

Se, durante cada minuto de funcionamento desse compressor, o radiador (serpentina traseira) transfere para o meio ambiente $4,5 \cdot 10^5$ J de energia térmica, a eficiência do refrigerador é igual a:

a) 33%.
b) 50%.
c) 67%.
d) 75%.
e) 100%.

104. O gráfico mostra uma expansão adiabática de 1 mol de gás ideal monoatômico, entre as isotermas $T_2 = 127$ °C e $T_1 = 27$ °C.

Para a constante universal dos gases perfeitos *R*, use o valor 2 cal/molK. Sabe-se ainda que o calor específico molar a pressão constante desse gás vale 5 cal/molK.

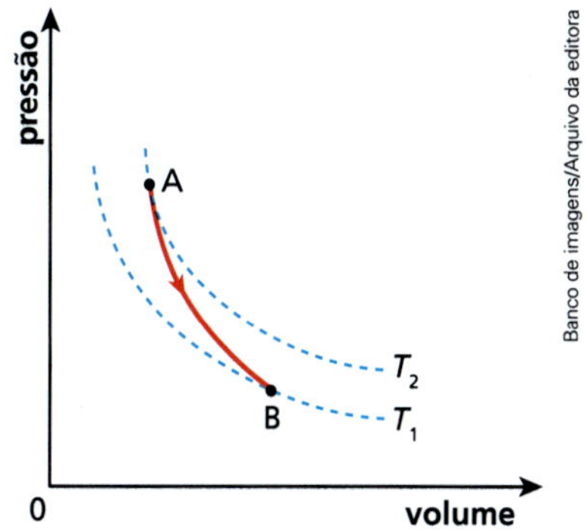

Determine:

a) o trabalho realizado pelo gás durante a expansão adiabática;
b) o valor do expoente de Poisson (γ);
c) o valor do calor específico molar a volume constante do gás.

105. (UFF-RJ) Considere 4 mols de um gás ideal, inicialmente a 2 °C de temperatura e 8,20 atm de pressão, que se submete ao seguinte ciclo de transformações:

1ª) compressão isotérmica, cedendo 860 J de calor, até o volume de 10 L;

2ª) aquecimento isobárico até a temperatura de 57 °C;

3ª) despressurização isovolumétrica até a pressão de 8,20 atm;

4ª) resfriamento isobárico até retornar às condições iniciais.

a) Represente este ciclo em um gráfico *p* (atm) × × *V* (L), indicando os valores de *p*, *V* e *T* ao final de cada uma das transformações dadas anteriormente.
b) Calcule o trabalho realizado pelo gás no ciclo, em joules.
c) Calcule o calor absorvido pelo gás no ciclo, em joules.
d) Calcule a potência, em watts, de um motor que realiza 10 desses ciclos por segundo.

Dados:

R (constante dos gases) = 0,082 atm L/mol K;

1 atm = 10^5 Pa;

0 °C = 273 K.

106. (ITA-SP) Uma transformação cíclica **XYZX** de um gás ideal indicada no gráfico $P \times V$ opera entre dois extremos de temperatura, em que **YZ** é um processo de expansão adiabática reversível. Considere R = 2,0 cal/mol · K = 0,082 atm ℓ/mol · K, $P_Y = 20$ atm, $V_Z = 4{,}0\ \ell$, $V_Y = 2{,}0\ \ell$ e a razão entre as capacidades térmicas molar, a pressão e a volume constante, dada por $C_P/C_V = 2{,}0$.

Reprodução/ITA, 2017

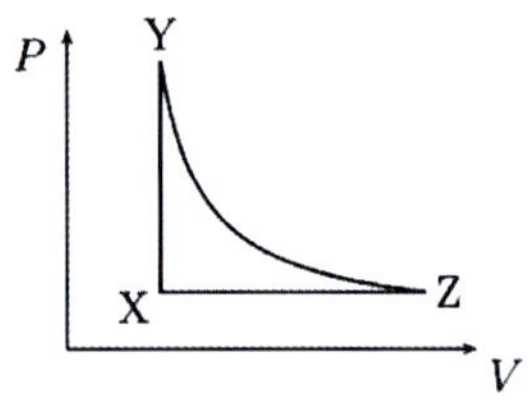

Assinale a razão entre o rendimento deste ciclo e o de uma máquina térmica ideal operando entre os mesmos extremos de temperatura.

a) 0,38
b) 0,44
c) 0,55
d) 0,75
e) 2,25

107. (OBF) Certa quantidade de gás hélio, inicialmente no estado **A**, em que a pressão e o volume valem $P_A = 32 \cdot 10^5$ N/m² e $V_A = 1$ m³, sofre o processo **A → B → C**. O processo **A → B** é isobárico e **B → C** é adiabático. Considere o gás ideal e que, para o hélio, $C_V = \frac{3R}{2}$ e $C_P = \frac{5R}{2}$ são os calores específicos molares a volume e a pressão constantes, respectivamente.

a) Construa o diagrama PV, sabendo que o volume do gás no estado **B** é $V_B = 2$ m³ e a pressão no estado **C** é $P_C = 1 \cdot 10^5$ N/m².
b) Quanto trabalho foi realizado pelo gás na expansão **A → C**?
c) Qual a variação na energia interna do gás de **A → C**?

Observação: Num processo adiabático, o trabalho realizado (ou recebido) pelo gás entre os estados 1 → 2 é dado por:

$\Delta\tau = \frac{1}{1-\gamma}(P_2V_2 - P_1V_1)$, onde $\gamma = \frac{C_P}{C_V}$ é o fator de Poisson.

108. (CPAEN-RJ) As turbinas a vapor da propulsão nuclear de um submarino possuem um rendimento de 15% e são capazes de produzir uma potência mecânica constante de 40 MW nos eixos rotativos. Se essa potência é entregue em 3,0 minutos, observa-se que a variação de entropia do sistema vapor-turbinas é (1/12) GJ/K. A temperatura, em °C, do vapor superaquecido produzido pelo reator nuclear vale, aproximadamente

a) 327
b) 303
c) 247
d) 207
e) 177

109. (OBF) Imagine que o seguinte processo termodinâmico ocorra espontaneamente: uma sala de aula, fechada e isolada termicamente do ambiente externo, encontra-se inicialmente a uma temperatura T_0, pressão p_0 e contém ar homogeneamente distribuído por todo o seu volume V_0. De repente, as moléculas constituintes do ar deslocam-se, sem realização de trabalho, passando a ocupar apenas uma pequena parte, $V_f = \frac{V_0}{1000}$ do volume total da sala. A pressão final do ar não é conhecida. Considere que o ar da sala é constituído por n mols de um gás ideal.

a) Calcule a temperatura final do ar da sala de aula.
b) Calcule a variação da entropia total do ar da sala e do ambiente, considerando que o processo mencionado tenha ocorrido de forma irreversível. Com base em sua resposta, a existência desse processo é possível? Explique.

Dado: A variação de entropia de n mols de um gás ideal durante um processo isotérmico reversível com volumes inicial e final respectivamente iguais a V_i e V_f é dada aproximadamente por $\Delta S = 2{,}3\ nR\log_{10}\frac{V_f}{V_i}$, em que R é a constante universal dos gases.

110. Em um recipiente de capacidade térmica desprezível e termicamente isolado, são misturados 100 g de água a 10 °C com 200 g de água a 40 °C.

Dado: calor específico da água = 1 cal/g°C.

Pede-se determinar a variação de entropia (ΔS) ocorrida nesse sistema, na transformação termodinâmica, do início da mistura até o equilíbrio térmico final.

111. (Cesgranrio) Em uma expansão isotérmica, o volume de gás aumenta quatro vezes e a energia interna não varia, sendo o trabalho realizado pelo gás igual ao calor recebido.

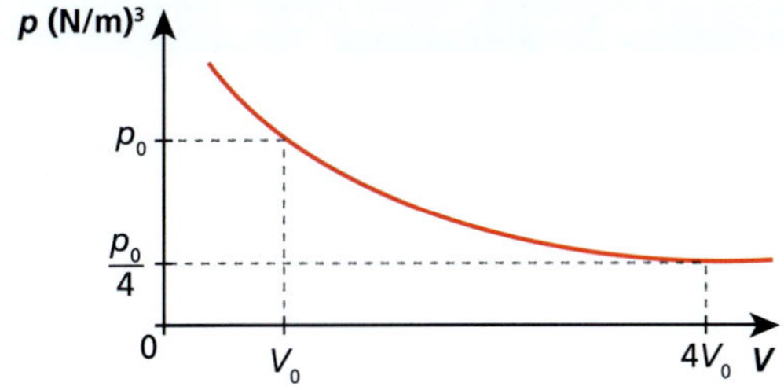

Reprodução/Arquivo da editora

Considerando o gráfico acima, qual a variação de entropia de um mol de um gás ideal, numa expansão isotérmica (T = cte) reversível entre os estados inicial e final?

Dado: $R = 8{,}31$ J/mol · K, $\ln 4 \cong 1{,}4$

112. (ITA-SP) Uma máquina térmica opera segundo o ciclo **JKLMJ** mostrado no diagrama T-S da figura.

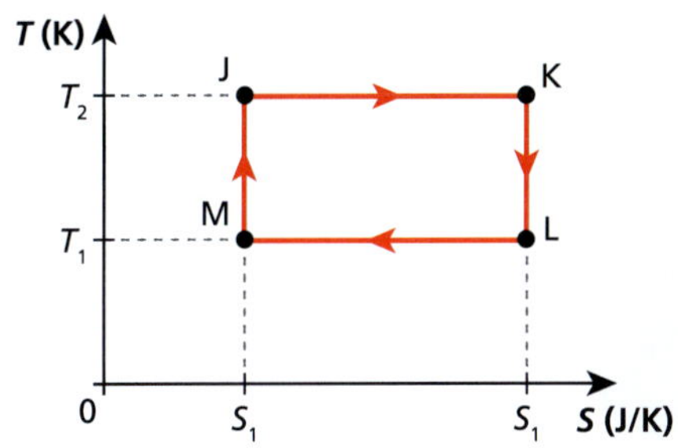

Reprodução/Arquivo da editora

Pode-se afirmar que:

a) o processo **JK** corresponde a uma compressão isotérmica.

b) o trabalho realizado pela máquina em um ciclo é $W = (T_2 - T_1)(S_2 - S_1)$.

c) o rendimento da máquina é dado por $\eta = 1 - \dfrac{T_2}{T_1}$

d) durante o processo **LM** uma quantidade de calor $Q_{LM} = T_1(S_2 - S_1)$ é absorvida pelo sistema.

e) outra máquina térmica que opere entre T_2 e T_1 poderia eventualmente possuir um rendimento maior que a desta.

113. (ITA-SP) Considerando um buraco negro como um sistema termodinâmico, sua energia interna *U* varia com a sua massa *M* de acordo com a famosa relação de Einstein: $\Delta U = \Delta Mc^2$. Stephen Hawking propôs que a entropia *S* de um buraco negro depende apenas de sua massa e de algumas constantes fundamentais da natureza. Dessa forma, sabe-se que uma variação de massa acarreta uma variação de entropia dada por: $\dfrac{\Delta S}{\Delta M} = 8\pi GM\dfrac{k_B}{h\,c}$. Supondo que não haja realização de trabalho com a variação de massa, indique a alternativa que melhor representa a temperatura absoluta *T* do buraco negro.

a) $T = \dfrac{hc^3}{GMk_B}$

b) $T = \dfrac{8\pi Mc^2}{k_B}$

c) $T = \dfrac{Mc^2}{8\pi k_B}$

d) $T = \dfrac{hc^3}{8\pi GMk_B}$

e) $T = \dfrac{8\pi hc^3}{GMk_B}$

114. (CPAEN-RJ) Uma máquina de Carnot tem rendimento médio diurno $\eta_0 = 0{,}6$. No período noturno, as fontes quente e fria têm suas temperaturas reduzidas para a metade e para 3/4 da temperatura média diurna, respectivamente. Se o rendimento noturno é η_1, qual a variação percentual, $\dfrac{\eta_1 - \eta_0}{\eta_0} \times 100\%$, do rendimento dessa máquina de Carnot?

a) −16,7%
b) −25,0%
c) −33,3%
d) −41,7%
e) −50,0 %

115. (IME-RJ) Um soldado em pé sobre um lago congelado (sem atrito) atira horizontalmente com uma bazuca. A massa total do soldado e da bazuca é 100 kg e a massa do projétil é 1 kg.

Considerando que a bazuca seja uma máquina térmica com rendimento de 5% e que o calor fornecido a ela no instante do disparo é 100 kJ, a velocidade de recuo do soldado é, em m/s,

a) 0,1
b) 0,5
c) 1,0
d) 10,0
e) 100,0

116. (ITA-SP) Duas salas idênticas estão separadas por uma divisória de espessura L = 5,0 cm, área $A = 100\ m^2$ e condutividade térmica k = 2,0 W/m K. O ar contido em cada sala encontra-se, inicialmente, às temperaturas $T_1 = 47$ °C e $T_2 = 27$ °C, respectivamente. Considerando o ar como um gás ideal e o conjunto das duas salas um sistema isolado, calcule:

a) o fluxo de calor através da divisória relativo às temperaturas iniciais T_1 e T_2.

b) a taxa de variação de entropia, $\dfrac{\Delta S}{\Delta T}$, no sistema no início da troca de calor, explicando o que ocorre com a desordem do sistema.

TÓPICO

6

Dilatação térmica dos sólidos e dos líquidos

Alamy/Fotoarena

// Pescador em um lago congelado. A água na superfície do lago se solidificou, mas a água abaixo da crosta de gelo continua no estado líquido em temperatura maior que 0 °C.

Neste tópico vamos fazer um estudo da dilatação dos sólidos e dos líquidos. Vamos estudar as variações das dimensões físicas (comprimento, área, volume e densidade) desses sólidos e líquidos quando eles recebem ou perdem energia térmica. Analisaremos exemplos de situações em que ocorrem dilatações que fazem parte do nosso dia a dia.

Estudaremos também a dilatação anômala da água que, devido ao aumento de volume na solidificação, possibilita que a vida animal e vegetal sejam preservadas no fundo dos lagos e rios congelados. Abaixo da crosta de gelo que se forma na superfície, a água permanece no estado líquido a uma temperatura maior do que 0 °C, mesmo que a temperatura externa seja −10 °C ou −40 °C.

Bloco 1

1. Introdução

No seu dia a dia, você pode observar que:

- entre trilhos consecutivos de uma estrada de ferro existe um espaçamento;
- nas pontes e nos viadutos, de construção não muito antiga, há fendas de dilatação para possibilitar a expansão da estrutura, evitando assim o aparecimento de trincas;

Evannovostro/Shutterstock

Espaço entre trilhos em uma estrada de ferro.

Jales Valquer/Fotoarena

Fendas na estrutura de um viaduto.

- quando se mede a temperatura de uma pessoa, o nível do álcool do termômetro varia;
- nas quadras de esportes que ficam ao ar livre, recebendo radiação solar, o piso é feito em blocos quadrados separados por um material elástico, que possibilita a dilatação do concreto, para que não ocorram trincas.

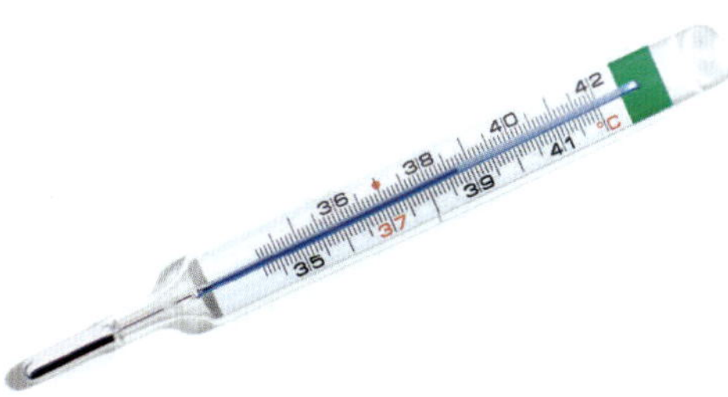

Jakye/Shutterstock

Termômetro mostrando nível de álcool.

cunaplus/Shutterstock

Piso de uma quadra com o espaço para dilatação.

Situações como essas são explicadas pela **dilatação térmica**.

No Tópico 1, a temperatura foi relacionada com o estado de agitação das partículas de um corpo. Um estado de agitação maior indica uma temperatura maior. Assim, ao aquecermos um corpo, aumentamos a agitação de suas partículas e, consequentemente, sua temperatura.

De modo geral, o aumento na temperatura de um corpo provoca um aumento nas suas dimensões, fenômeno denominado **dilatação térmica**. Uma diminuição de temperatura produz, em geral, uma diminuição nas dimensões do corpo, uma **contração térmica**.

Nos sólidos, observamos que o aumento ou a diminuição da temperatura provoca variações em suas dimensões lineares, bem como nas dimensões superficiais e volumétricas. No estudo da dilatação térmica dos sólidos, faremos uma separação em três partes: dilatação linear, dilatação superficial e dilatação volumétrica.

Para os líquidos, estudaremos apenas a dilatação volumétrica.

2. Forças intermoleculares explicando a dilatação térmica

Quando um corpo é aquecido, suas moléculas passam a apresentar um movimento de agitação mais vigoroso. Nesse movimento, as moléculas conseguem afastar-se mais, mas também conseguem aproximar-se mais.

Será, então, que esse maior afastamento e essa maior aproximação não se compensam, de modo a não alterar as dimensões do corpo? Não! Para entender isso, recordemos como a intensidade das forças intermoleculares varia em função da distância entre as moléculas.

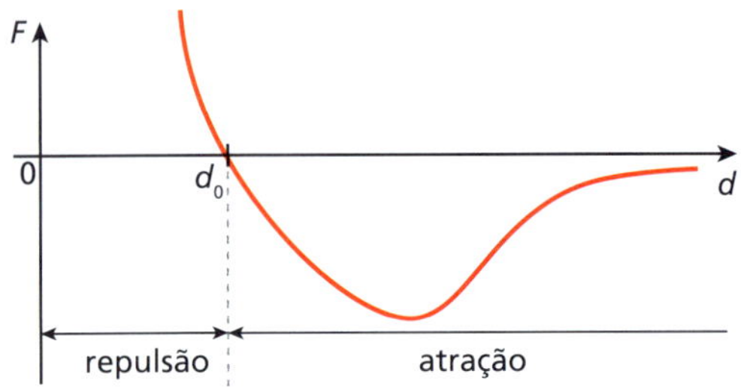

Banco de imagens/Arquivo da editora

É bom lembrar que d_0 é a distância que separa as moléculas na posição de equilíbrio.

Observemos, no gráfico ao lado, que o módulo da força de repulsão, na aproximação, cresce mais depressa que o módulo da força de atração no afastamento. Consequentemente, a aproximação é mais dificultada que o afastamento. A ausência de simetria no gráfico mostra que ocorre um aumento da distância média entre as moléculas e a consequente dilatação térmica.

3. Dilatação linear dos sólidos

Para o estudo da dilatação linear dos sólidos, consideremos um fio metálico com comprimento L_0 quando a uma temperatura θ_0. Aquecendo esse fio até uma temperatura θ ($\theta > \theta_0$), observamos que seu comprimento passa a ser L ($L > L_0$).

É fácil compreender que, sendo o fio homogêneo, cada unidade de seu comprimento deve sofrer a mesma dilatação por unidade de variação de temperatura. Em outras palavras, todos os "centímetros" do fio devem sofrer os mesmos aumentos de comprimento, quando aquecidos igualmente.

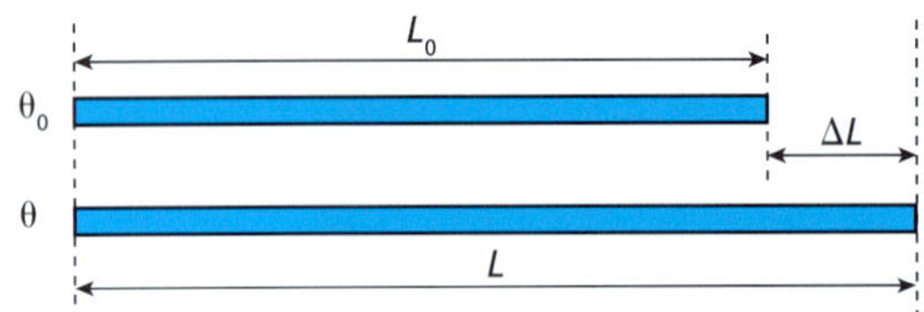

Banco de imagens/Arquivo da editora

Do exposto, podemos concluir que a variação total de comprimento ΔL sofrida pelo fio é diretamente proporcional ao seu comprimento inicial L_0. Se um fio de 10 metros, ao ser aquecido, aumenta 1 centímetro em seu comprimento, outro de mesmo material, com 20 metros, deve aumentar 2 centímetros ao sofrer a mesma variação de temperatura do primeiro.

É evidente, também, que as partículas se afastam de acordo com a variação de temperatura, isto é, para um maior aquecimento, obtém-se uma maior dilatação. Assim, ΔL é também diretamente proporcional à variação de temperatura $\Delta\theta$ sofrida pelo sólido (aproximadamente).

Vale, portanto, a relação:

$$\Delta L = L_0\, \alpha\, \Delta\theta$$

em que α é a "constante" de proporcionalidade, denominada **coeficiente de dilatação linear**. O valor de α é uma característica do material e, na prática, não é rigorosamente constante, dependendo da pressão, de eventuais tratamentos térmicos e mecânicos e, principalmente, da temperatura. Entretanto, costuma-se usar o valor médio de α entre as temperaturas inicial e final consideradas.

A unidade de α é o inverso da unidade de temperatura, como $°C^{-1}$, $°F^{-1}$ e K^{-1}, por exemplo. Tal conclusão é tirada da relação obtida anteriormente:

$$\Delta L = L_0\, \alpha\, \Delta\theta$$

$$\alpha = \frac{\Delta L}{L_0 \Delta\theta}$$

Basta, agora, simplificar as unidades de comprimento relativas a ΔL e a L_0 para obter a unidade de α.

É importante observar que o coeficiente de dilatação linear médio é uma característica da substância e indica sua dilatação média por unidade de comprimento, quando sofre a variação de uma unidade na temperatura.

Lembrando que $\Delta L = L - L_0$, podemos obter a expressão de L em função de $\Delta\theta$:

$$\Delta L = L_0\alpha\Delta\theta$$

$$L - L_0 = L_0\alpha\Delta\theta$$

$$L = L_0 + L_0\alpha\Delta\theta$$

$$L = L_0\,(1 + \alpha\Delta\theta)$$

A representação gráfica do comprimento L em função da temperatura θ está feita abaixo.

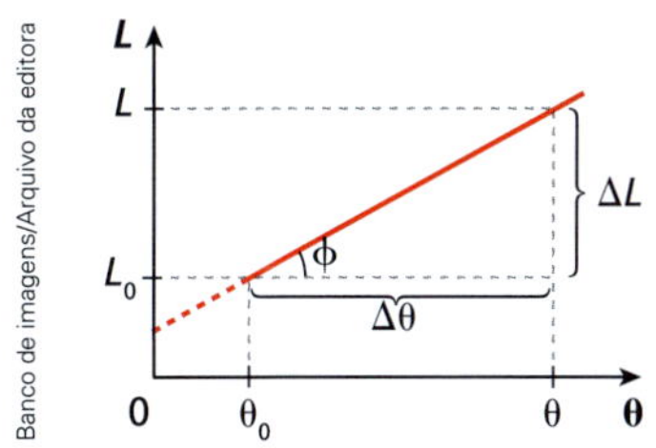

$$\text{tg}\,\phi = \frac{\Delta L}{\Delta\theta} = L_0\alpha$$

Observemos que o gráfico é um segmento de reta oblíquo (função do 1º grau) que não passa pela origem, já que L_0 é diferente de zero.

O ângulo ϕ de inclinação do gráfico está diretamente relacionado ao produto $L_0\alpha$, sendo que ϕ será tanto maior quanto maior for o produto $L_0\alpha$. Logo, quanto maior a inclinação da reta, mais susceptível o material será às dilatações em função da temperatura. Uma reta com baixo valor de inclinação, indica um material que sofrerá pouco efeito em suas dimensões em função de grandes variações de temperatura. De fato, como $\Delta L = L_0\alpha\Delta\theta$, para um mesmo $\Delta\theta$, ΔL será tanto maior quanto maior for $L_0\alpha$. Consequentemente, também será maior o ângulo ϕ.

A tabela a seguir fornece os coeficientes de dilatação linear (α) de alguns sólidos:

Substância	α (°C^{-1})
Zinco	$32 \cdot 10^{-6}$
Alumínio	$22 \cdot 10^{-6}$
Latão	$18 \cdot 10^{-6}$
Prata	$19 \cdot 10^{-6}$
Bronze	$18 \cdot 10^{-6}$
Cobre	$16 \cdot 10^{-6}$
Ouro	$14 \cdot 10^{-6}$
Ferro	$12 \cdot 10^{-6}$
Concreto	$13 \cdot 10^{-6}$
Platina	$9 \cdot 10^{-6}$
Vidro comum	$9 \cdot 10^{-6}$
Vidro pirex	$4 \cdot 10^{-6}$
Porcelana	$4 \cdot 10^{-6}$
*Invar**	$1 \cdot 10^{-6}$

Fonte: <www.engineeringtoolbox.com/linear-expansion-coefficients-d_95.html>. Acesso em: 19 jun. 2018.

* Liga de níquel e ferro. *Invar* é redução do francês *invariable* (invariável), por causa de seu baixo coeficiente de dilatação térmica.

NOTAS!

- Um material é considerado **isótropo** em relação à dilatação térmica quando seu coeficiente de dilatação linear é o mesmo em qualquer direção. O vidro, por exemplo, é isótropo. Assim, se um cubo de vidro for aquecido de modo que em todos os seus pontos ocorra a mesma variação de temperatura, ele se dilatará mantendo sua forma cúbica.
- Quando o coeficiente de dilatação linear (α) de um material for diferente em diversas direções, esse material será considerado **anisótropo** em relação à dilatação térmica.
- Salvo declaração em contrário, admitiremos todos os materiais isótropos na dilatação.

Ampliando o olhar

Lâminas bimetálicas

Você já deve ter visto uma árvore de Natal enfeitada com muitas lâmpadas pisca-pisca. Também já deve ter notado que de tempos em tempos a geladeira se desliga automaticamente, voltando a funcionar após alguns minutos.

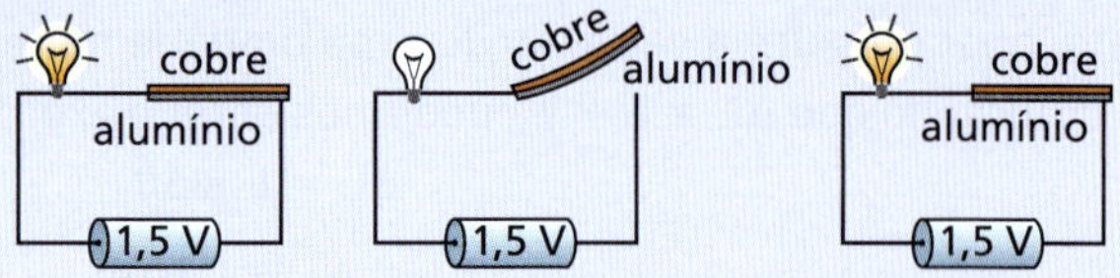

Banco de imagens/Arquivo da editora

Nessas duas situações, é uma lâmina bimetálica que liga e desliga os circuitos elétricos.

A lâmina bimetálica é constituída de duas lâminas de materiais diferentes, "coladas" uma à outra, que inicialmente possuem comprimentos iguais. Quando a corrente elétrica passa pela lâmina bimetálica, ela se aquece, o que provoca dilatações diferentes nos metais. Por exemplo, se usássemos alumínio ($\alpha = 24 \cdot 10^{-6}\ °C^{-1}$) em uma das faces e cobre ($\alpha = 16 \cdot 10^{-6}\ °C^{-1}$) na outra, teríamos uma dilatação maior para o alumínio. A lâmina iria se encurvar, e o alumínio ficaria na face convexa. Isso seria suficiente para interromper a corrente elétrica, apagando as lâmpadas ou desligando a geladeira.

Após algum tempo, a lâmina esfria, diminuindo de tamanho devido à contração térmica. O metal que se dilata mais ao ser aquecido é aquele que se contrai mais ao ser esfriado. Ao voltar ao comprimento inicial, a lâmina fecha o circuito, que volta a ser percorrido por corrente elétrica, até que um novo aquecimento provoque curvatura na lâmina.

Faça você mesmo

! Este experimento envolve fogo. Realize-o apenas com a supervisão do seu professor.

O uso de lâminas bimetálicas

Como vimos, são as lâminas bimetálicas que explicam o funcionamento das lâmpadas pisca-pisca e do termostato da geladeira, que liga e desliga esse aparelho. Existe uma atividade experimental bastante simples e fácil de ser realizada que mostra como esse dispositivo funciona.

Material necessário

- 1 folha que tenha uma face de alumínio e a outra de papel. Folhas como essa podem ser encontradas em algumas embalagens de bombons;
- 1 vela;
- 1 prendedor de roupas.

Procedimento

I. Recorte uma tira retangular de aproximadamente 12 cm × 1,5 cm e alise-a de modo que ela fique plana.

II. Segure uma das extremidades da tira com um prendedor de roupas. Mantendo-a na horizontal, com a face de alumínio voltada para baixo, aproxime-a da chama da vela com muito cuidado. Não deixe a tira muito perto da chama, pois a face do papel poderá queimar.

Cristina Xavier/Arquivo da editora

Desenvolvimento

1. A tira se curva para cima ou para baixo?
2. Por que essa tira se curva? Isso ocorre se aquecermos uma tira de embalagem 100% alumínio?
3. Para um mesmo aquecimento, quem dilata mais: o papel ou o alumínio?

4. Se deixarmos a face do alumínio voltada para cima, corremos o risco de queimar o papel em contato com a chama da vela. No entanto, até que isso ocorra, a tira irá se curvar para cima ou para baixo?

5. Deixando a tira inicial esfriar, ela perde a curvatura? Por que isso ocorre?

6. Pesquise e descubra outras situações em que a lâmina bimetálica contribui para o funcionamento de um dispositivo de Física aplicada.

Exercícios Nível 1

1. Griselda, uma dona de casa, resolveu fazer uma salada para o jantar com seu marido. Ao tentar abrir o vidro de palmito, que tem tampa metálica, não conseguiu. Porém, lembrando-se de suas aulas de Física do Ensino Médio, mergulhou a tampa da embalagem em água quente durante alguns segundos. Ao tentar novamente abrir a tampa observou que a mesma se soltou facilmente. Isso provavelmente ocorreu porque:

a) reduziu-se a força de coesão entre as moléculas do metal e do vidro.

b) reduziu-se a pressão do ar no interior do recipiente.

c) houve redução da tensão superficial existente entre o vidro e o metal.

d) o coeficiente de dilatação do metal é maior que o do vidro.

e) o coeficiente de dilatação do vidro é maior que o do metal.

2. Uma barra de cobre, homogênea e uniforme, mede 20 m, a 0 °C. Calcule a variação do comprimento dessa barra, em milímetros, quando aquecida a 50 °C.

E.R.

Dado: coeficiente de dilatação linear do cobre = $= 1{,}6 \cdot 10^{-5}\ °C^{-1}$

Resolução:

Usando a **equação da dilatação linear**, temos:

$$\Delta L = L_0 \alpha \Delta\theta$$

Substituindo os valores fornecidos, vem:

$$\Delta L = 20 \cdot 1{,}6 \cdot 10^{-5} \cdot (50 - 0)$$

$$\boxed{\Delta L = 0{,}016\ m = 16\ mm}$$

3. Uma régua de alumínio tem comprimento de 200,0 cm a 20 °C. Qual o valor, em centímetros, do seu comprimento a 60 °C?

Dado: coeficiente de dilatação linear do alumínio = $= 2{,}5 \cdot 10^{-5}\ K^{-1}$

4. A primeira ferrovia a funcionar no Brasil foi inaugurada em abril de 1854, ligando o Porto de Mauá a Fragoso, no Rio de Janeiro, com 14,5 km de extensão, construída pelo Visconde de Mauá.

Um dos cuidados que se deve ter na colocação dos trilhos em uma ferrovia é deixar uma pequena distância entre dois deles para possibilitar a dilatação térmica que pode ocorrer com a variação de temperatura.

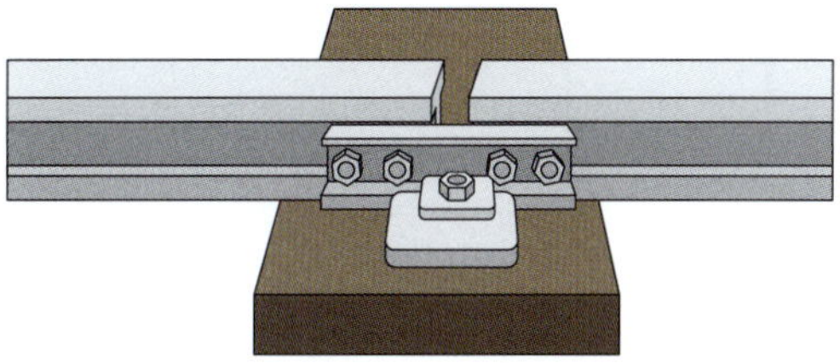

Banco de imagens/ Arquivo da editora

Normalmente os trilhos utilizados possuem 20 m de comprimento. Em sua fixação sobre dormentes, uma distância de 5 mm é deixada entre as peças consecutivas, são as juntas de dilatação que evitam que os trilhos se espremam em dias muito quentes. Considerando um local em que a temperatura varia aproximadamente 25 °C entre a mínima no período da noite e a máxima durante o dia, determine o valor do coeficiente de dilatação linear do material dos trilhos, supondo que o espaço deixado é exatamente o necessário.

5. Uma barra metálica, inicialmente à temperatura de 20 °C, é aquecida até 260 °C e sofre uma dilatação igual a 0,6% de seu comprimento inicial. Qual o coeficiente de dilatação linear médio do metal nesse intervalo de temperatura?

6. Um fio de cobre, com 1,000 m de comprimento a 20 °C, foi colocado em um forno, dilatando-se até atingir 1 012 mm. Qual é a temperatura do forno, suposta constante?

Dado: coeficiente de dilatação linear do cobre = $= 1{,}6 \cdot 10^{-5}\ °C^{-1}$

7. (FEI-SP) Um dispositivo que aciona a refrigeração do ambiente é composto de uma barra metálica de 5,0 cm engastada em uma extremidade, e a outra extremidade está a 0,5 mm do contato quando a temperatura é 20 °C. Sabendo-se que o coeficiente de dilatação linear da barra é $\alpha = 1 \cdot 10^{-3}\ °C^{-1}$ e desprezando-se a dilatação do contato, em qual temperatura o dispositivo irá acionar o sistema?

a) 22,5 °C
b) 25,0 °C
c) 25,5 °C
d) 27,5 °C
e) 30,0 °C

8. (PUCC-SP) A figura abaixo representa o comprimento de uma barra metálica em função de sua temperatura.

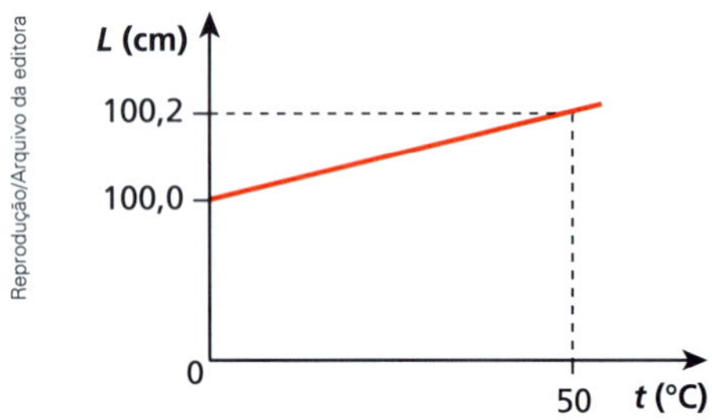

A análise dos dados permite concluir que o coeficiente de dilatação linear do metal constituinte da barra é, em $°C^{-1}$,

a) $4 \cdot 10^{-5}$
b) $2 \cdot 10^{-5}$
c) $4 \cdot 10^{-6}$
d) $2 \cdot 10^{-6}$
e) $1 \cdot 10^{-6}$

9. (Unilasalle-RS) Em uma experiência para medir o coeficiente de dilatação linear médio de um pedaço de metal desconhecido, obteve-se o seguinte gráfico do comprimento em função da temperatura:

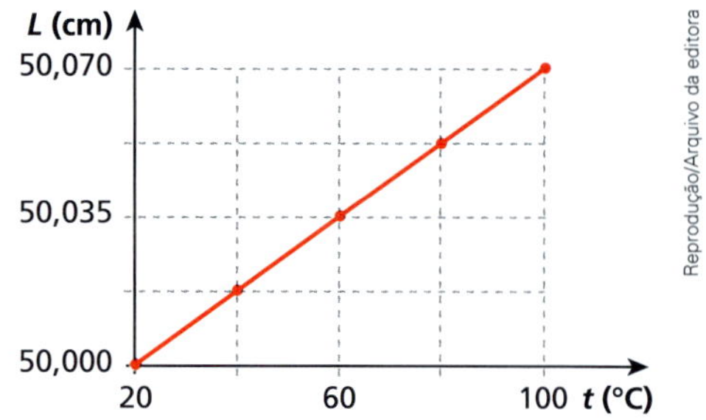

Abaixo segue uma tabela com os coeficientes de dilatação linear média, α, para alguns metais:

Metal	α ($°C^{-1}$)
Aço	$11 \cdot 10^{-6}$
Ouro	$14,3 \cdot 10^{-6}$
Cobre	$17,0 \cdot 10^{-6}$
Alumínio	$23,0 \cdot 10^{-6}$
Chumbo	$29,0 \cdot 10^{-6}$

Calculando-se o coeficiente de dilatação linear α partir dos dados experimentais (gráfico), inferimos que o metal em questão se trata provavelmente do:

a) chumbo;
b) alumínio;
c) cobre;
d) ouro;
e) aço.

Exercícios Nível 2

10. (OBF) É muito comum acontecer, quando copos iguais são empilhados, colocando-se um dentro do outro, de dois deles ficarem emperrados, tornando-se difícil separá-los. Considerando o efeito da dilatação térmica, pode-se afirmar que é possível retirar um copo de dentro do outro se:

a) os copos emperrados forem mergulhados em água bem quente.
b) no copo interno for despejada água quente e o copo externo for mergulhado em água bem fria.
c) os copos emperrados forem mergulhados em água bem fria.
d) no copo interno for despejada água fria e o copo externo for mergulhado em água bem quente.
e) não é possível separar os dois copos emperrados considerando o efeito da dilatação térmica.

11. E.R. Uma trena de alumínio foi graduada corretamente a uma temperatura de 30 °C, quando seu comprimento total apresentou 50,000 m. Essa trena possui graduação até o milímetro. Qual a máxima distância que a trena é capaz de medir, num local onde a temperatura ambiente é −20 °C?

Dado: coeficiente de dilatação linear do alumínio = $24 \cdot 10^{-6}\ °C^{-1}$

Resolução:

Chamemos de u_0 a unidade em metros na temperatura a que a trena foi graduada e de u a unidade, também em metros, a uma temperatura qualquer.

Observemos que, se elevarmos a temperatura da trena, ela se dilatará e $u > u_0$; porém, se diminuirmos a temperatura, a trena se contrairá e $u < u_0$.

Usando a expressão da dilatação linear:

$$u = u_0(1 + \alpha\Delta\theta)$$

e sendo u_0 a unidade correta (seu valor é 1,000 m), temos:

$$u = 1{,}000 \cdot [1 + 24 \cdot 10^{-6} \cdot (-50)]$$
$$u = 1{,}000 \cdot [1 - 0{,}0012]$$
$$u = 0{,}9988 \text{ m}$$

À temperatura de −20 °C, devido à contração do alumínio, a distância entre duas marcas, que a 30 °C era 1,000 m, passa a ser 0,9988 m. Como a trena possui 50 intervalos de metro, podemos afirmar que a máxima distância possível de ser medida com essa trena, a −20 °C, é:

$$Z = 50u = 50 \cdot 0{,}9988 \Rightarrow \boxed{Z = 49{,}94}$$

12. Uma trena de aço foi graduada corretamente, com precisão, a 0 °C, possuindo comprimento total de 20,000 m. Em um dia muito quente, sob Sol intenso, ela se aquece a 40 °C, sendo utilizada para fazer medidas.

Coeficiente de dilatação linear do aço $= 1{,}2 \cdot 10^{-5}\ °C^{-1}$

Determinar:

a) a dilatação sofrida pela trena no referido aquecimento;

b) o erro percentual cometido em sua utilização a 40 °C.

13. Sabendo que o coeficiente de dilatação linear médio do concreto é $12 \cdot 10^{-6}\ °C^{-1}$, estime a variação anual da altura de um prédio de 10 andares em uma cidade do litoral de São Paulo, uma região temperada, devido à variação de temperatura entre o inverno e o verão.

14. (FGV-SP) As linhas de metrô são construídas tanto sob o solo quanto sobre este. Pensando nas variações de temperatura máxima no verão e mínima no inverno, ambas na parte de cima do solo, os projetistas devem deixar folgas de dilatação entre os trilhos, feitos de aço de coeficiente de dilatação linear $1{,}5 \cdot 10^{-5}\ °C^{-1}$. Em determinada cidade britânica, a temperatura máxima costuma ser de 104 °F e a mínima de 24 °F. Se cada trilho mede 50,0 m nos dias mais frios, quando é feita sua instalação, a folga mínima que se deve deixar entre dois trilhos consecutivos, para que eles não se sobreponham nos dias mais quentes, deve ser, em centímetros, de

a) 1,5.
b) 2,0.
c) 3,0.
d) 4,5.
e) 6,0.

15. (UPM-SP) A 20 °C, o comprimento de uma haste **A** é 99% do comprimento de outra haste **B**, à mesma temperatura. Os materiais das hastes **A** e **B** têm alto ponto de fusão e coeficientes de dilatação linear respectivamente iguais a $\alpha_A = 10 \cdot 10^{-5}\ °C^{-1}$ e $\alpha_B = 9{,}1 \cdot 10^{-5}\ °C^{-1}$.

A temperatura em que as hastes terão o mesmo comprimento será:

a) 970 °C
b) 1 120 °C
c) 1 270 °C
d) 1 770 °C
e) 1 830 °C

16. (Fuvest-SP)

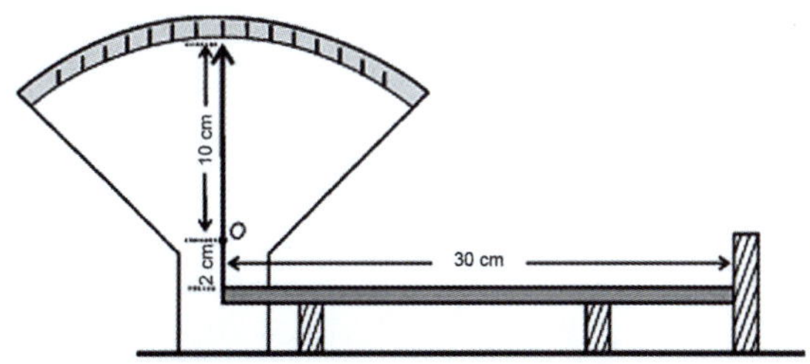

Reprodução/Fuvest, 2012

Para ilustrar a dilatação dos corpos, um grupo de estudantes apresenta, em uma feira de ciências, o instrumento esquematizado na figura acima. Nessa montagem, uma barra de alumínio com 30 cm de comprimento está apoiada sobre dois suportes, tendo uma extremidade presa ao ponto inferior do ponteiro indicador e a outra encostada num anteparo fixo. O ponteiro pode girar livremente em torno do ponto O, sendo que o comprimento de sua parte superior é 10 cm e, o da inferior, 2 cm. Se a barra de alumínio, inicialmente à temperatura de 25 °C, for aquecida a 225 °C, o deslocamento da extremidade superior do ponteiro será, aproximadamente, de

a) 1 mm
b) 3 mm
c) 6 mm
d) 12 mm
e) 30 mm

Note e adote: coeficiente de dilatação linear da barra: $2 \cdot 10^{-5}\ °C^{-1}$.

17. (FEI-SP) As barras **A** e **B** da figura têm, respectivamente, 1 000 mm e 1 001 mm de comprimento a 20 °C. Seus coeficientes de dilatação linear são:

E.R.

$\alpha_A = 3{,}0 \cdot 10^{-5}\ °C^{-1}$ e $\alpha_B = 1{,}0 \cdot 10^{-5}\ °C^{-1}$.

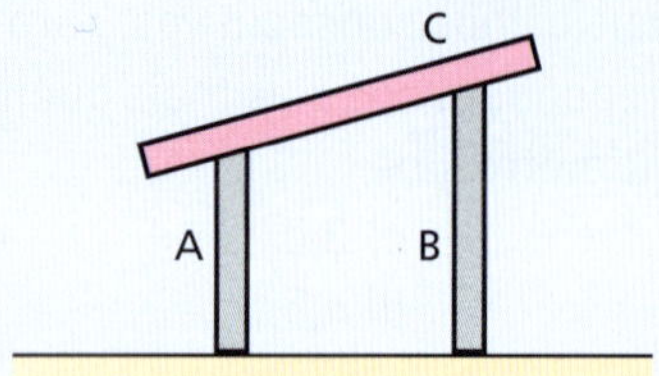

Reprodução/Arquivo da editora

Qual é a temperatura em que a barra **C** ficará na posição horizontal?

Resolução:

Quando a barra **C** estiver na horizontal, os comprimentos das barras **A** e **B** serão iguais:

$$L_A = L_B$$

Como: $L = L_0 (1 + \alpha\Delta\theta)$,

temos: $L_{0A} (1 + \alpha_A\Delta\theta) = L_{0B} (1 + \alpha_B\Delta\theta)$

$1000 \cdot (1 + 3{,}0 \cdot 10^{-5} \cdot \Delta\theta) = 1001 \cdot (1 + 1{,}0 \cdot 10^{-5} \cdot \Delta\theta)$

$1000 + 3000 \cdot 10^{-5} \cdot \Delta\theta = 1001 + 1001 \cdot 10^{-5} \cdot \Delta\theta$

$$1999 \cdot 10^{-5} \cdot \Delta\theta = 1$$

$$\Delta\theta \cong 50\ °C$$

$$\theta - 20 \cong 50 \therefore \boxed{\theta \cong 70\ °C}$$

18. Uma plataforma **P** foi apoiada em duas colunas, conforme a figura abaixo:

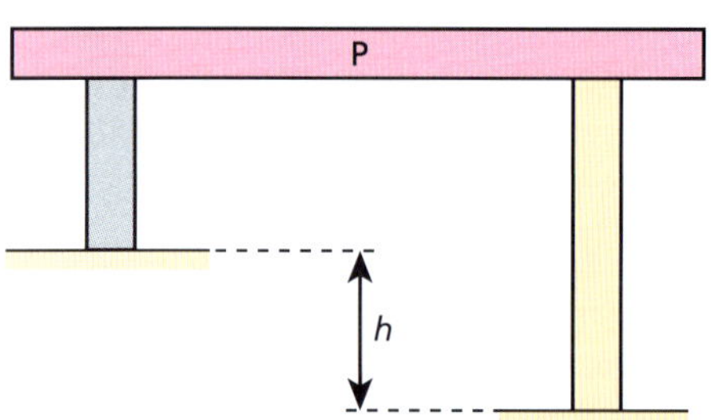

Banco de imagens/Arquivo da editora

Devido a um desnível do terreno, para manter a plataforma sempre na horizontal a qualquer temperatura, foi preciso fazer uma das colunas de concreto e a outra de ferro. Qual o valor do desnível *h*, sabendo-se que a maior coluna é de concreto e mede 7,8 m a 0 °C?

Dados: $\alpha_{concreto} = 12 \cdot 10^{-6}\ °C^{-1}$;

$\alpha_{ferro} = 13 \cdot 10^{-6}\ °C^{-1}$.

19. (Uece) A figura mostra uma pequena esfera em repouso sobre a barra horizontal, sustentada por dois fios metálicos de materiais diferentes 1 e 2, de comprimentos desiguais L_1 e L_2, a 0 °C.

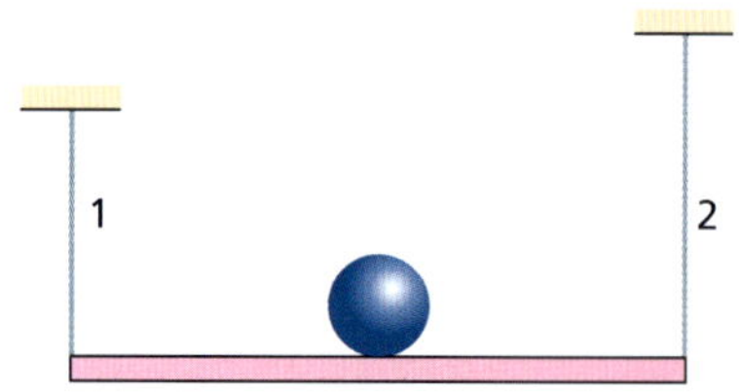

Reprodução/Arquivo da editora

Sendo α_1 e α_2 os respectivos coeficientes de dilatação lineares dos fios 1 e 2, qual das relações a seguir representa a condição para que a bola continue equilibrada sobre a barra, ao variar a temperatura?

a) $\alpha_1 = \alpha_2$
b) $\alpha_1 L_1 = \alpha_2 L_2$
c) $\alpha_1 L_2 = \alpha_2 L_1$
d) $L_1 L_2 = \alpha_1 \alpha_2$

20. Estão representados, a seguir, os comprimentos de duas barras **A** e **B** em função da temperatura:

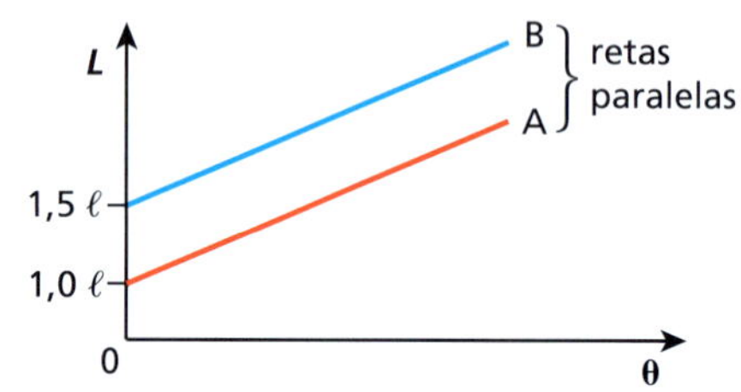

Banco de imagens/Arquivo da editora

Determine a razão entre os coeficientes de dilatação linear dessas barras.

21. Considere três barras metálicas homogêneas **A**, **B** e **C**. O gráfico abaixo representa o comprimento das barras em função da temperatura.
Os coeficientes de dilatação linear das barras **A**, **B** e **C** valem, respectivamente, α_A, α_B e α_C.

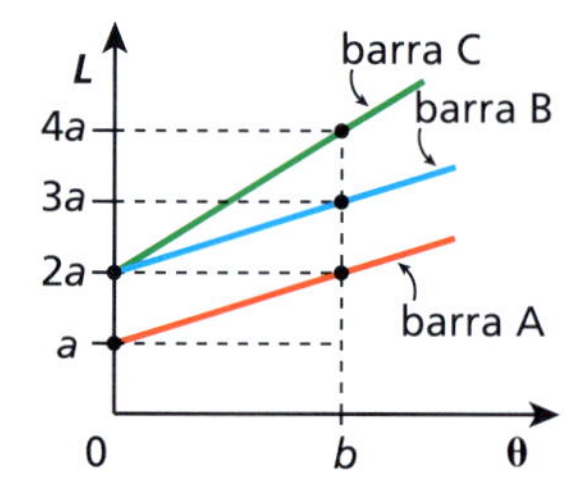

Banco de imagens/Arquivo da editora

A relação entre α_A, α_B e α_C é:

a) $\alpha_A = \alpha_B = \alpha_C$.

b) $\alpha_A = \alpha_B = \dfrac{\alpha_C}{2}$.

c) $\alpha_A = \alpha_B = 2\alpha_C$.

d) $\alpha_A = \alpha_C = 2\alpha_B$.

e) $\alpha_A = \alpha_C = \dfrac{\alpha_B}{2}$.

22. Duas barras **A** e **B**, de coeficientes de dilatação linear α_A e α_B e comprimentos L_A e L_B, são emendadas de modo que constituam uma única barra de comprimento $(L_A + L_B)$. Qual é o coeficiente de dilatação linear dessa nova barra?

E.R.

Resolução:

O coeficiente de dilatação linear de uma barra é dado pela expressão:

$$\alpha = \frac{\Delta L}{L_0 \Delta\theta}$$

Em um aquecimento $\Delta\theta$ qualquer, temos:

$$\Delta L_A = L_A \alpha_A \Delta\theta$$

$$\Delta L_B = L_B \alpha_B \Delta\theta$$

$$\Delta L = L_0 \alpha \Delta\theta$$

Portanto:

$$\alpha = \frac{\Delta L}{L_0 \Delta\theta} = \frac{\Delta L_A + \Delta L_B}{(L_A + L_B)\Delta\theta}$$

$$\alpha = \frac{L_A \alpha_A \Delta\theta + L_B \alpha_B \Delta\theta}{(L_A + L_B)\Delta\theta}$$

$$\alpha = \frac{L_A \alpha_A + L_B \alpha_B}{L_A + L_B}$$

Observemos que o coeficiente de dilatação linear dessa nova barra é a média ponderada dos coeficientes de dilatação linear das barras **A** e **B**, sendo os "pesos" os respectivos comprimentos iniciais.

23. (UEL-PR) A barra da figura é composta de dois segmentos: um de comprimento, e coeficiente de dilatação linear α_A e outro de comprimento 2ℓ e coeficiente de dilatação linear α_B. Pode-se afirmar que o coeficiente de dilatação linear dessa barra, α, é

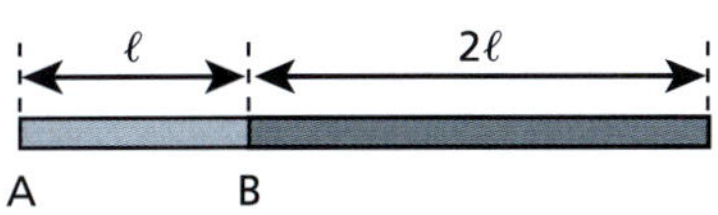

a) $\dfrac{\alpha_A + \alpha_B}{2}$

b) $\dfrac{2\alpha_A + \alpha_B}{3}$

c) $\dfrac{\alpha_A + 2\alpha_B}{3}$

d) $\alpha_A + 2\alpha_B$.

e) $3(\alpha_A + \alpha_B)$.

24. Três bastões de mesmo comprimento, um de alumínio ($\alpha_{Al} = 24 \cdot 10^{-6}\ °C^{-1}$), outro de latão ($\alpha_{latão} = 20 \cdot 10^{-6}\ °C^{-1}$) e o terceiro de cobre ($\alpha_{Cu} = 16 \cdot 10^{-6}\ °C^{-1}$), são emendados de modo que constituam um único bastão de comprimento 3. Determine o coeficiente de dilatação linear do bastão resultante.

25. (SBF) Um par de lâminas bimetálicas se apresenta sem deformação a 25 °C conforme a figura. Uma das partes de cada par é constituída pelo mesmo metal (metal 1), sendo a segunda parte de cada lâmina bimetálica constituída por metais diversos (metal 2 e metal 3). Ao baixar a temperatura para 10 °C as duas lâminas se deformam em acordo com o que está representando na figura.

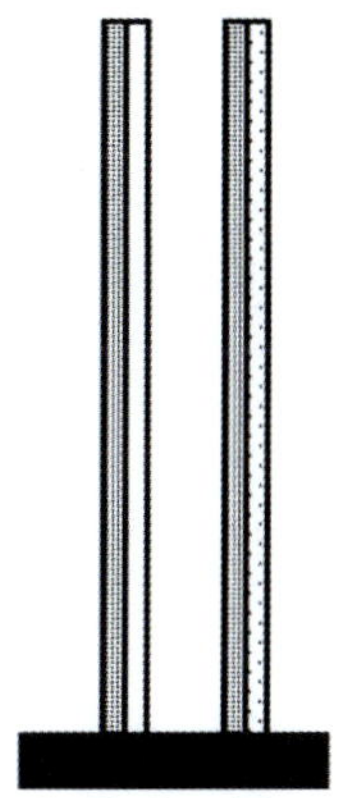

Par de lâminas bimetálicas a 25ºC

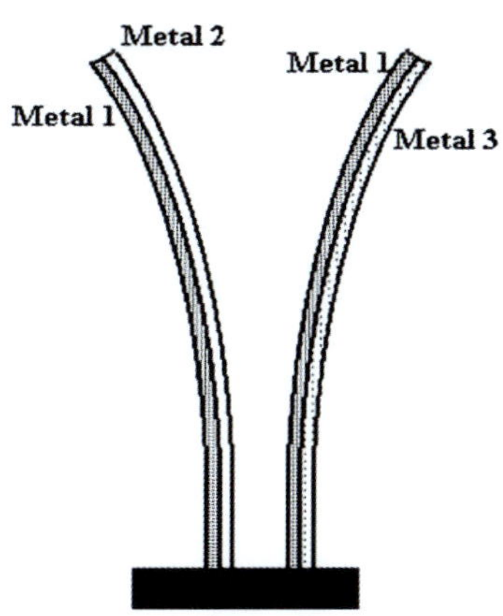

Par de lâminas bimetálicas a 10ºC

Sendo α_1, α_2 e α_3 respectivamente os coeficientes de dilatação linear do metal 1, do metal 2 e do metal 3, a relação entre estes coeficientes é:

a) $\alpha_1 < \alpha_2$ e $\alpha_2 > \alpha_3$

b) $\alpha_1 > \alpha_3$ e $\alpha_3 < \alpha_2$

c) $\alpha_2 < \alpha_1$ e $\alpha_1 < \alpha_3$

d) $\alpha_2 > \alpha_1$ e $\alpha_1 > \alpha_3$

Bloco 2

4. Dilatação superficial dos sólidos

Para facilitar o estudo da dilatação superficial dos sólidos, vamos considerar uma placa metálica de forma quadrada, com lado L_0, a uma temperatura θ_0 e de material cujo coeficiente de dilatação linear vale α.

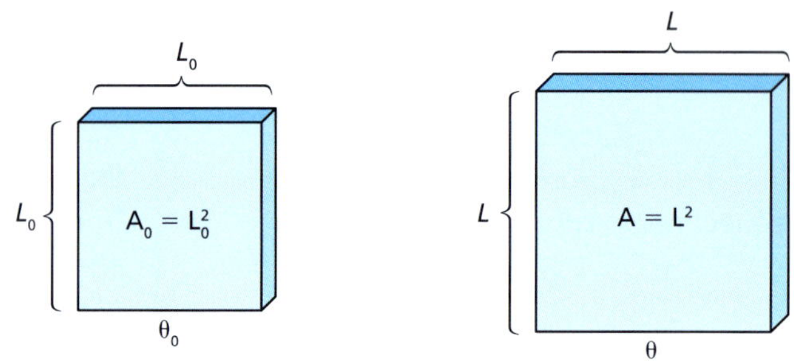

Banco de imagens/ Arquivo da editora

Aquecendo-se a placa até uma temperatura θ $(\theta > \theta_0)$, o aumento de suas dimensões lineares produz um aumento na área de sua superfície, que, no entanto, permanece quadrada.

No início, a área da placa é dada por:

$$A_0 = L_0^2 \quad \text{(I)}$$

Após o aquecimento, tornou-se:

$$A = L^2 \quad \text{(II)}$$

Mas podemos relacionar L e L_0 por:

$$L = L_0(1 + \alpha\Delta\theta)$$

Elevando-se ao quadrado ambos os membros da equação, temos:

$$L^2 = L_0^2(1 + \alpha\Delta\theta)^2 \quad \text{(III)}$$

Substituindo (I) e (II) em (III), temos:

$$A = A_0(1 + \alpha\Delta\theta)^2$$

que, desenvolvendo, fica na forma:

$$A = A_0(1 + 2\alpha\Delta\theta + \alpha^2\Delta\theta^2)$$

Como a ordem de grandeza de α é 10^{-5}, ao ser elevado ao quadrado teremos 10^{-10}, que é desprezível se comparado com 10^{-5}, pois é cem mil vezes menor que 10^{-5}. É bom lembrar que $\Delta\theta$ em geral não ultrapassa a ordem de 10^3 °C, com o corpo ainda no estado sólido. Portanto, o termo $\alpha^2\Delta\theta^2$ é desprezível em comparação com $2\alpha\Delta\theta$.

Assim, a equação da dilatação superficial assume a forma aproximada:

$$A = A_0(1 + 2\alpha\Delta\theta)$$

Fazendo-se $2\alpha = \beta$, que chamaremos de **coeficiente de dilatação superficial** do material, segue que:

$$A = A_0(1 + \beta\Delta\theta) \quad \text{ou} \quad \Delta A = A_0\beta\Delta\theta$$

Essa equação pode ser usada para a dilatação superficial, mesmo que a superfície em questão não seja quadrada, podendo ser retangular, circular ou de qualquer outra forma.

Como se comportam os buracos em uma dilatação?

Imagine uma placa metálica, quadrada, de zinco, por exemplo, material usado para a confecção de calhas de uma residência. Com uma tesoura adequada vamos cortar uma parte, no meio dessa placa.

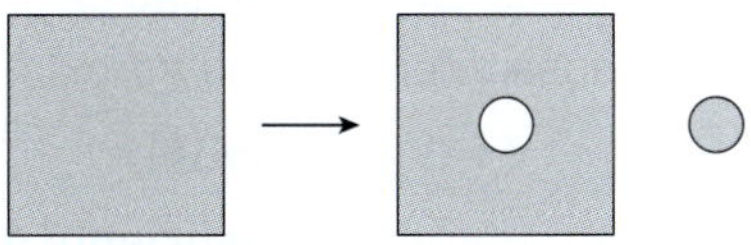
Banco de imagens/ Arquivo da editora

Vamos agora colocar as duas partes no interior de um forno preaquecido. Depois de alguns minutos, usando luvas térmicas apropriadas, tentaremos encaixar no orifício a parte que foi retirada. O que será que vai acontecer? É claro que a parte que foi retirada encaixará certinho no orifício da placa. Isso ocorre porque, na placa, o aquecimento provocará uma dilatação "para fora", isto é, tudo se passa como se o buraco estivesse preenchido do material da placa. Assim, o pedaço retirado irá se dilatar e o buraco também e, a qualquer temperatura que se aqueça o conjunto, placa e pedaço retirado, o encaixe ocorrerá.

Do exposto, podemos concluir que, no aquecimento, os orifícios encontrados em placas ou blocos aumentarão de tamanho e, no resfriamento, diminuirão de tamanho. Tudo acontecendo como se a placa ou o bloco tivessem os buracos preenchidos do mesmo material existente ao seu redor.

Nos cálculos para se determinar comprimentos, larguras, áreas ou volumes de buracos, usaremos as equações da dilatação e iremos considerar o coeficiente de dilatação do material do corpo que forma o buraco.

5. Dilatação volumétrica dos sólidos

Também aqui, para facilitar o entendimento, consideraremos um sólido de forma particular: um cubo. Depois, generalizaremos para as demais formas dos sólidos.

Assim, vamos considerar um cubo metálico de aresta L_0, à temperatura θ_0 e feito de um material de coeficiente de dilatação linear igual a α.

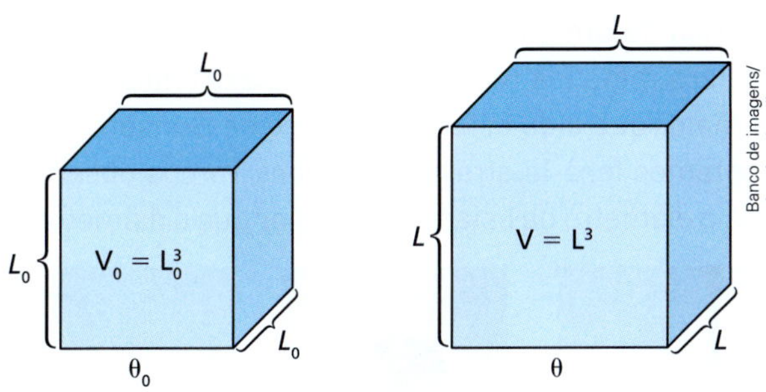

Banco de imagens/ Arquivo da editora

Aquecendo-se esse cubo até uma temperatura θ ($\theta > \theta_0$), o aumento das suas dimensões lineares provoca, também, um aumento no seu volume. No entanto, o sólido continua com forma cúbica.

No início, o volume do cubo é dado por:

$$V_0 = L_0^3 \quad \text{(I)}$$

Após o aquecimento, passa a ser V, tal que:

$$V = L^3 \quad \text{(II)}$$

Elevando os dois membros da equação da dilatação linear ao cubo, temos:

$$L^3 = L_0^3(1 + \alpha\Delta\theta)^3 \quad \text{(III)}$$

Substituindo (I) e (II) em (III), vem:

$$V = V_0(1 + \alpha\Delta\theta)^3$$

Desenvolvendo o binômio, temos:

$$V = V_0(1^3 + 3 \cdot 1^2 \cdot \alpha\Delta\theta + 3 \cdot 1 \cdot \alpha^2\Delta\theta^2 + \alpha^3\Delta\theta^3)$$

Pelo exposto no item anterior, $3\alpha^2\Delta\theta^2$ e $\alpha^3\Delta\theta^3$ são desprezíveis em comparação com $3\alpha\Delta\theta$. Assim, a relação passa a ter a forma aproximada:

$$V = V_0(1 + 3\alpha\Delta\theta)$$

Fazendo-se $3\alpha = \gamma$, que chamaremos de **coeficiente de dilatação volumétrica** ou **cúbica** do material, obtemos as expressões:

$$V = V_0(1 + \gamma\Delta\theta) \text{ ou } \Delta V = V_0\gamma\Delta\theta$$

A relação entre os coeficientes de dilatação é dada por:

$$\frac{\alpha}{1} = \frac{\beta}{2} = \frac{\gamma}{3}$$

Da mesma forma que na dilatação superficial, a equação da dilatação volumétrica é válida para todos os sólidos, quaisquer que sejam suas formas.

Se o sólido em questão possuir uma cavidade, com o aquecimento, ela se dilatará, como se estivesse preenchida pela substância de que é constituído o sólido. Portanto, o volume interno de um frasco de vidro irá variar, no aquecimento ou no resfriamento, como se fosse um bloco maciço de vidro. O mesmo ocorre com uma placa que tenha um orifício, que se dilatará ou se contrairá junto da placa, no aquecimento e no resfriamento, como se estivesse preenchido do mesmo material da placa.

Ampliando o olhar

Experimento de Gravezande

Para observarmos a dilatação volumétrica de um corpo, podemos repetir o clássico experimento de Gravezande. Para isso, utilizamos uma esfera metálica maciça, presa na extremidade de uma corrente, um anel metálico de diâmetro um pouco maior que o da esfera e um bico de Bunsen.

Aquecemos a esfera e, em seguida, tentamos fazê-la atravessar o anel. Vamos observar que, devido à dilatação térmica, isso será impossível, pois o diâmetro da esfera ficou maior que o diâmetro interno do anel.

Fotografias: Thales Trigo/Arquivo da editora

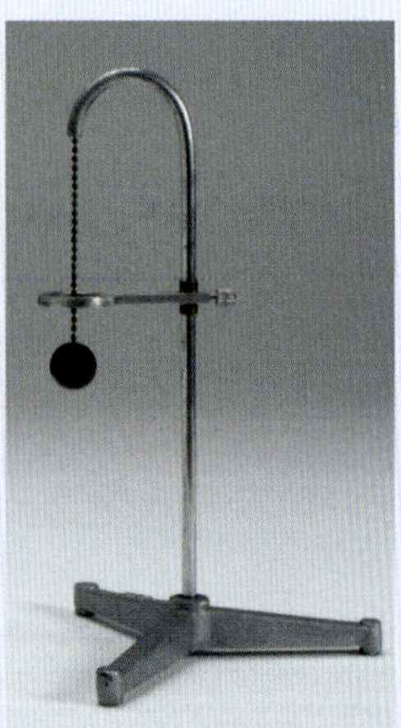

Antes de ser aquecida, a esfera passa folgadamente pelo anel, já que seu diâmetro é menor que o diâmetro interno do anel.

Com o aquecimento, a esfera dilata-se e seu diâmetro aumenta, o que a impede de passar pelo anel.

A dilatação térmica em nossa vida

Você já deve ter observado no seu dia a dia algumas situações que envolvem a dilatação térmica. Por exemplo, se uma porção de chá muito quente é colocada no interior de um copo de vidro comum, ele pode trincar. Isso ocorre porque a parte interna do copo é aquecida e se dilata. Como o vidro é péssimo condutor de calor, a face externa do copo demora para ser aquecida. É essa diferença de dilatação entre as partes interna e externa que provoca o trincamento do vidro.

Thales Trigo/Arquivo da editora

A água em ebulição, quando colocada em um copo de vidro comum, pode provocar o trincamento nas paredes, como observado no copo à direita.

Nas calçadas de cimento, um pedreiro sempre deve dividir o espaço usando ripas de madeira, pois, se a superfície for grande, com o tempo irá apresentar rachaduras, devido à dilatação do concreto. Nas quadras esportivas com piso de cimento também há juntas de dilatação. É comum lajes de concreto apresentarem infiltrações. Isso ocorre porque a laje sofre dilatação quando a temperatura aumenta e contração quando a temperatura diminui. Podem surgir fissuras na laje, por onde a água entra quando chove.

Thales Trigo/Arquivo da editora

As divisões de madeira permitem a dilatação das placas de concreto.

Nas pontes e nos viadutos, devem ser previstas fendas de dilatação para que a estrutura possa dilatar-se quando a temperatura aumenta.

CNRI/SPL/Latinstock

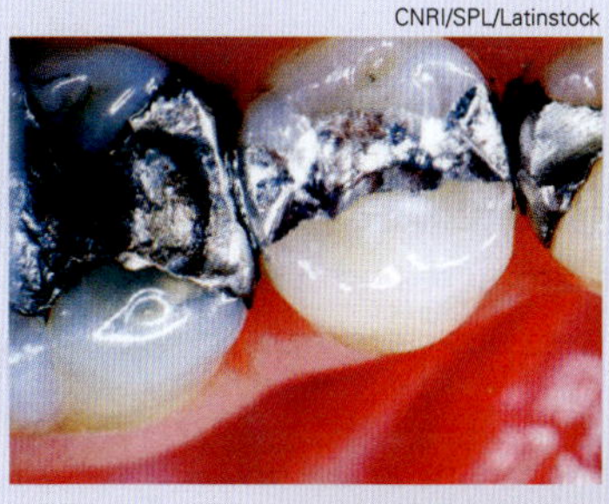

As obturações metálicas se expandem e se contraem mais do que os dentes. Isso pode provocar fraturas ou infiltrações, quando são ingeridos líquidos muito gelados ou alimentos muito quentes.

Nem todas as pessoas sabem que líquidos muito gelados e comida muito quente podem provocar sérios danos aos dentes. Como os materiais usados nas obturações e os dentes possuem coeficientes de dilatação diferentes, nas variações de temperatura a dilatação ocorre de forma diversa. Se o material da obturação dilatar mais, poderá ocorrer quebra do dente, se dilatar menos irá se afastar do dente, provocando infiltrações e, consequentemente, cáries.

Nas ferrovias, é deixado um pequeno espaço entre dois trilhos consecutivos para permitir sua expansão térmica. Na fotografia ao lado, você pode observar que um grande aumento de temperatura distorceu os trilhos, impossibilitando a passagem dos trens.

Fairfax Media via Getty Images

Com o aquecimento, os trilhos sofreram uma grande expansão térmica.

26. (OBF) A figura ilustra uma peça de metal com um orifício de diâmetro d_1 e um pino

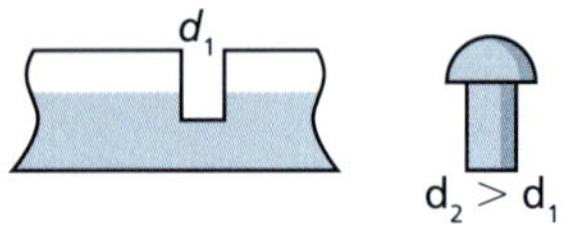

de diâmetro d_2 ligeiramente maior que o orifício d_1, quando à mesma temperatura. Para introduzir o pino no orifício, pode-se:

a) aquecer ambos: o orifício e o pino.
b) resfriar o pino.
c) aquecer o pino e resfriar o orifício.
d) resfriar o orifício.
e) resfriar ambos: o orifício e o pino.

27. Os materiais usados para a obturação de dentes e os dentes possuem coeficientes de dilatação térmica diferentes. Assim, do ponto de vista físico, por que pode ser prejudicial aos dentes ingerirmos bebidas muito quentes ou muito geladas?

28. Uma substância tem coeficiente de dilatação superficial *A* e coeficiente de dilatação volumétrica *B*. Assim, o coeficiente de dilatação linear é igual a:

a) 2A.
b) $\frac{B}{2}$
c) $\frac{A}{3}$
d) $\frac{AB}{6}$
e) $\frac{3AA}{4B}$

29. E.R. Uma moeda, fabricada com níquel puro, está à temperatura ambiente de 20 °C. Ao ser levada a um forno, ela sofre um acréscimo de 1% na área de sua superfície. Qual a temperatura do forno?

Dado: coeficiente de dilatação linear do níquel $= 12,5 \cdot 10^{-6}\ °C^{-1}$

Resolução:

A expressão simplificada da dilatação superficial é:

$$\Delta A = A_0 \beta \Delta\theta$$

Sendo:

$$\Delta A = 0,01A_0$$
$$\beta = 2\alpha = 25 \cdot 10^{-6}\ °C^{-1}$$
$$\Delta\theta = \theta - 20$$

temos:

$$0,01A_0 = A_0 25 \cdot 10^{-6}\ (\theta - 20)$$

$$400 = \theta - 20 \therefore \boxed{\theta = 420\ °C}$$

30. À temperatura de 15 °C, encontramos uma chapa de cobre com superfície de área 100,0 cm². Que área terá essa superfície se a chapa for aquecida até 515 °C?

Dado: coeficiente de dilatação superficial do cobre $= 3,2 \cdot 10^{-5}\ °C^{-1}$

31. (UPM-SP) O gráfico mostra a variação da área lateral de um cilindro metálico em função da temperatura, quando submetido a uma fonte de calor constante.

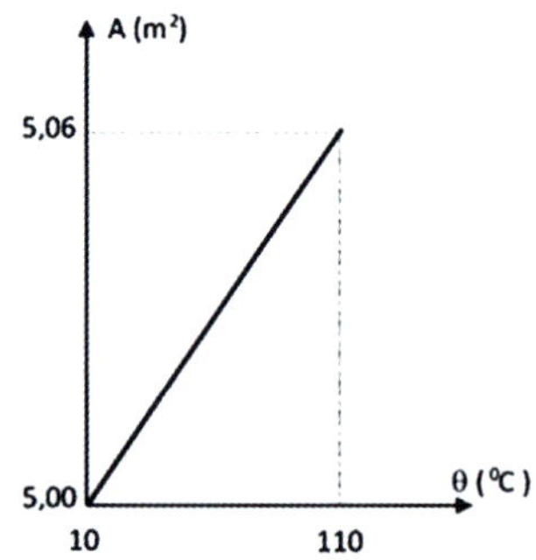

O coeficiente de dilatação volumétrica média do material que constitui o cilindro é

a) $60 \cdot 10^{-6}\ °C^{-1}$
b) $120 \cdot 10^{-6}\ °C^{-1}$
c) $180 \cdot 10^{-6}\ °C^{-1}$
d) $240 \cdot 10^{-6}\ °C^{-1}$
e) $300 \cdot 10^{-6}\ °C^{-1}$

32. Em uma placa de ouro, há um pequeno orifício, que a 30 °C tem superfície de área $5 \cdot 10^{-3}$ cm². A que temperatura devemos levar essa placa para que a área do orifício aumente o correspondente a $6 \cdot 10^{-5}$ cm²?

Dado: coeficiente de dilatação linear do ouro $= 15 \cdot 10^{-6}\ °C^{-1}$

33. E.R. Numa chapa de latão, a 0 °C, fez-se um orifício circular de 20,0 cm de diâmetro. Determine o acréscimo de área que o orifício sofre quando a temperatura da chapa é elevada a 250 °C.

Dado: coeficiente de dilatação linear do latão $= 2 \cdot 10^{-5}\ °C^{-1}$

Resolução:

Como o orifício é de forma circular, a 0 °C sua área é calculada por:

$$A_0 = \pi R_0^2 \Rightarrow A_0 = 3,14 \cdot 10,0^2$$
$$A_0 = 314\ cm^2$$

Usando a expressão simplificada da dilatação superficial:

$$\Delta A = A_0\beta\Delta\theta$$

e sendo:

$$\beta = 2\alpha \Rightarrow \beta = 4 \cdot 10^{-5}\ °C^{-1}$$

temos:

$$\Delta A = 314 \cdot 4 \cdot 10^{-5} \cdot 250$$

$$\boxed{\Delta A = 3{,}14\ cm^2}$$

34. Uma estatueta de ouro foi aquecida de 25 °C a 75 °C, observando-se um aumento de 2,1 cm^3 em seu volume. Sendo $14 \cdot 10^{-6}\ °C^{-1}$ o coeficiente de dilatação linear do ouro, qual era o volume inicial dessa estatueta?

35. Uma panela de alumínio possui, a 0 °C, uma capacidade de 1 000 cm^3 (1 L). Se levarmos a panela com água ao fogo, até que ocorra ebulição da água, sob pressão normal, qual será a nova capacidade da panela?

Dados: coeficiente de dilatação linear do alumínio = $24 \cdot 10^{-6}\ °C^{-1}$; coeficiente de dilatação cúbica da água = $1{,}3 \cdot 10^{-4}\ °C^{-1}$.

36. O coeficiente de dilatação linear do alumínio é $2{,}2 \cdot 10^{-5}\ °C^{-1}$. Um cubo de alumínio com volume de 5 L é aquecido de 40 °F até 76 °F. Qual é a variação aproximada do volume do cubo?

Exercícios Nível 2

37. Uma chapa de alumínio possui um furo em sua parte central. Sendo aquecida, observamos que:

a) tanto a chapa como o furo tendem a diminuir suas dimensões.
b) o furo permanece com suas dimensões originais e a chapa aumenta.
c) a chapa e o furo permanecem com suas dimensões originais.
d) a chapa aumenta e o furo diminui.
e) tanto a chapa como o furo tendem a aumentar suas dimensões.

38. (Udesc) Uma placa de alumínio com um furo circular no centro foi utilizada para testes de dilatação térmica. Em um dos testes realizados, inseriu-se no furo da placa um cilindro maciço de aço. À temperatura ambiente, o cilindro ficou preso à placa, ajustando-se perfeitamente ao furo, conforme ilustra a figura ao lado.

O valor do coeficiente de dilatação do alumínio é, aproximadamente, duas vezes o valor do coeficiente de dilatação térmica do aço. Aquecendo-se o conjunto a 200 °C é **correto** afirmar que:

Reprodução/UDESC, 2016

a) o cilindro de aço ficará ainda mais fixado à placa de alumínio, pois o diâmetro do furo da placa diminuirá e o diâmetro do cilindro aumentará.
b) o cilindro de aço soltar-se-á da placa de alumínio, pois, em decorrência do aumento de temperatura, o diâmetro do furo aumentará mais que o diâmetro do cilindro.
c) não ocorrerá nenhuma mudança, pois o conjunto foi submetido à mesma variação de temperatura.
d) o cilindro soltar-se-á da placa porque sofrerá uma dilatação linear e, em função da conservação de massa, ocorrerá uma diminuição no diâmetro do cilindro.
e) não é possível afirmar o que acontecerá, pois as dimensões iniciais da placa e do cilindro são desconhecidas.

39. Um disco de latão de 50,0 cm^2 de área é perfurado, ficando com um furo circular de 10,0 cm^2 na posição indicada na figura.

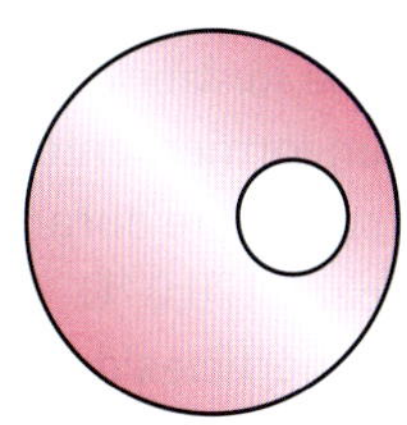
Banco de imagens/Arquivo da editora

O coeficiente de dilatação linear do latão é de $2 \cdot 10^{-5}\ °C^{-1}$ e essas áreas se referem à temperatura ambiente. Se o disco for colocado em um forno e à temperatura elevada de 100 °C, a área do furo:

a) diminuirá de 0,12 cm^2.
b) aumentará de 0,02 cm^2.
c) diminuirá de 0,16 cm^2.
d) aumentará de 0,04 cm^2.
e) não sofrerá alteração.

40. Uma placa metálica de dimensões 10 cm × × 20 cm × 0,5 cm tem em seu centro um furo cujo diâmetro é igual a 1,00 cm quando a placa está à temperatura de 20 °C. O coeficiente de dilatação linear do metal da placa é $20 \cdot 10^{-6}$ °C^{-1}. Quando a temperatura é de 520 °C, a área do furo:

a) aumenta 1%.
b) diminui 1%.
c) aumenta 2%.
d) diminui 2%.
e) não se altera.

41. (UFSE) Uma placa retangular de ferro possui, a 20 °C, dimensões de 20 cm × 10 cm e um furo central, circular, de raio 2,5 cm.

Reprodução/Arquivo da editora

Na mesma temperatura de 20 °C, dispõe-se de duas esferas, uma de ferro e outra de zinco, ambas com diâmetro de 5,0 cm. Sabendo que os coeficientes de dilatação linear do ferro e do zinco valem, respectivamente, $1,2 \cdot 10^{-5}$ °C^{-1} e $3,0 \cdot 10^{-5}$ °C^{-1}, analise as afirmações que seguem.

0 – Aquecendo a placa de ferro a 70 °C ela sofre uma dilatação superficial de 0,12 cm^2.
1 – Aquecendo a placa de ferro a 70 °C o furo sofre uma contração de aproximadamente 0,09 cm^2.
2 – Aquecendo as esferas a 70 °C, seus diâmetros passam a ter uma diferença de $4,5 \cdot 10^{-3}$ cm.
3 – Aquecendo a placa e as esferas a 70 °C, apenas a esfera de ferro passa pelo furo.
4 – Resfriando a placa e as esferas a 0 °C, as duas esferas passam pelo furo.

42. (UPM-SP) Um cubo regular homogêneo de aresta 20,0 cm está inicialmente a 20,0 °C. O coeficiente de dilatação linear médio do material com que foi fabricado é $2,0 \cdot 10^{-5}$ °C^{-1}. Aquecendo-se uniformemente o cubo com uma fonte de calor constante durante 50,0 s, a temperatura se eleva para 120,0 °C. A dilatação ocorrida em uma das superfícies do cubo é

a) $4,00 \cdot 10^{-1}$ cm^2
b) $8,00 \cdot 10^{-1}$ cm^2
c) $12,0 \cdot 10^{-1}$ cm^2
d) $16,0 \cdot 10^{-1}$ cm^2
e) $20,0 \cdot 10^{-1}$ cm^2

43. E.R. Ao aquecermos um sólido de 20 °C a 80 °C, observamos que seu volume experimenta um aumento correspondente a 0,09% em relação ao volume inicial. Qual é o coeficiente de dilatação linear do material de que é feito o sólido?

Resolução:

O volume inicial V_0 corresponde a 100% e a variação de volume ΔV, a 0,09%. Assim, podemos escrever a relação:

$$\Delta V = \frac{0,09V_0}{100}$$

Como: $\Delta V = V_0\gamma\Delta\theta$

então: $\frac{0,09V_0}{100} = V_0\gamma\Delta\theta$

Mas $\gamma = 3\alpha$.

Portanto:

$$\frac{0,09}{100} = 3\alpha(80 - 20)$$

$$\boxed{\alpha = 5 \cdot 10^{-6}\ °C^{-1}}$$

44. (UFJF-MG) O gráfico mostra a variação do comprimento ℓ da aresta de um cubo em função da temperatura T. Quando a temperatura varia de 0 °C a 100 °C, o volume do cubo deve variar de:

a) 3,0 cm^3
b) 2,0 cm^3
c) 5,0 cm^3
d) 6,0 cm^3
e) 1,0 cm^3

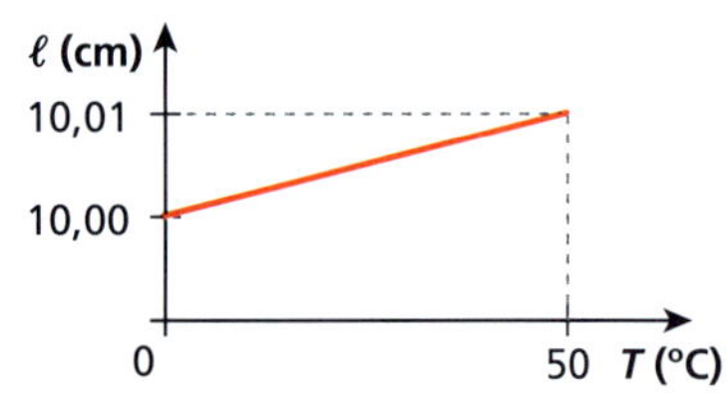

Reprodução/Arquivo da editora

45. Uma barra de estanho tem a forma de um prisma reto de 4,0 cm^2 de área da base e 1,0 m de comprimento, quando na temperatura inicial de 68 °F. Sabendo que o coeficiente de dilatação linear do estanho é igual a $2,0 \cdot 10^{-5}$ °C^{-1}, determine o comprimento e o volume dessa barra quando ela atinge a temperatura de 518 °F.

46. (UPM-SP) Uma chapa metálica de área 1 m^2, ao sofrer certo aquecimento, dilata 0,36 mm^2. Com a mesma variação de temperatura, um cubo de mesmo material, com volume inicial de 1 dm^3, dilatará:

a) 0,72 mm^3
b) 0,54 mm^3
c) 0,36 mm^3
d) 0,27 mm^3
e) 0,18 mm^3

47. (UPM-SP) Uma esfera de certa liga metálica, ao ser aquecida de 100 °C, tem seu volume aumentado de 4,5%. Uma haste dessa mesma liga metálica, ao ser aquecida de 100 °C, terá seu comprimento aumentado de:

a) 1,0%.
b) 1,5%.
c) 2,0%.
d) 3,0%.
e) 4,5%.

6. Dilatação térmica dos líquidos

Um líquido, devido às suas características, precisa estar no interior de um recipiente sólido para que possamos determinar seu volume.

Assim, podemos estudar o que ocorre com o volume de um líquido, no aquecimento ou no resfriamento, se ele estiver em uma proveta graduada, por exemplo.

Imaginemos um recipiente de vidro transparente, graduado corretamente em cm^3, a uma temperatura θ_0.

Um líquido, também à temperatura θ_0, é colocado no interior desse frasco até a marca de 10 cm^3. Como o frasco foi graduado corretamente a essa temperatura θ_0, podemos dizer com certeza que o recipiente contém 10 cm^3 de líquido.

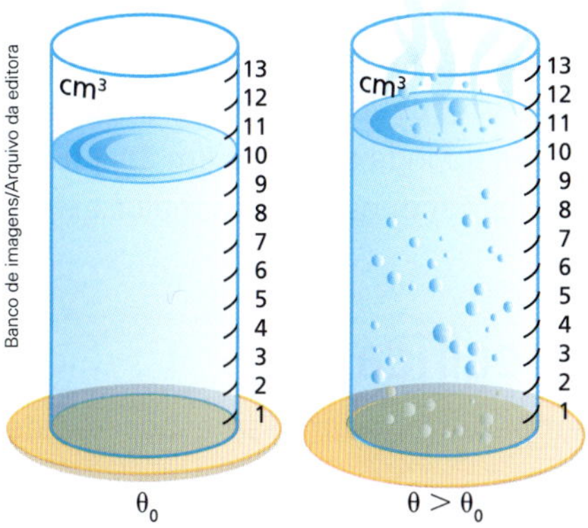

Agora, aquecendo o conjunto frasco-líquido até uma temperatura θ ($\theta > \theta_0$), notamos que o líquido atinge a marca de 11 cm^3.

Qual foi a dilatação sofrida por esse líquido?

À primeira vista, pode-se pensar que o líquido dilatou 1 cm^3. Mas será que foi 1 cm^3 mesmo?

Na realidade, esse líquido dilatou mais do que 1 cm^3, pois, como **o frasco também dilatou**, entre duas marcas consecutivas da graduação do frasco temos agora uma capacidade maior do que 1 cm^3. Assim, à temperatura θ, temos o líquido ocupando 11 unidades da graduação do frasco, sendo que cada unidade corresponde a um volume maior do que 1 cm^3. Daí termos mais de 11 cm^3 de líquido e, em consequência, uma dilatação real maior do que 1 cm^3.

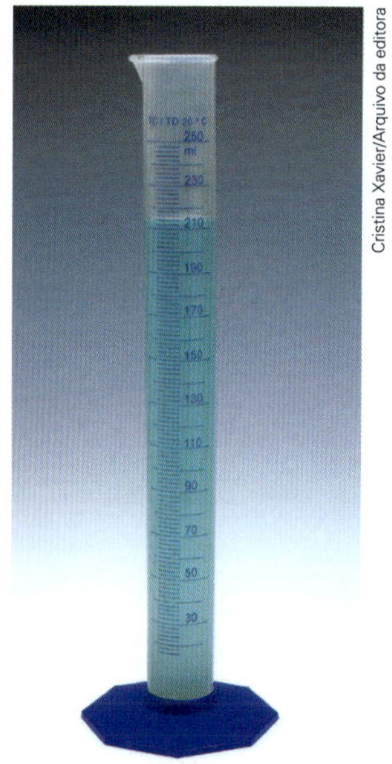

Água no interior de uma proveta graduada. O volume da água é lido na escala.

Lembre-se de que esse problema é inevitável, já que o líquido tem de estar no interior de um frasco sólido, que também dilata.

É por isso que se observam dois tipos de dilatação para os líquidos: uma **real** (que não depende do frasco) e outra **aparente** (afetada pela dilatação do frasco).

Em líquidos, só existe interesse no estudo da dilatação volumétrica, que é regida pela mesma equação da dilatação volumétrica dos sólidos:

$$V = V_0(1 + \gamma\Delta\theta)$$

Os coeficientes de dilatação real dos líquidos são, em geral, maiores do que os dos sólidos.

Veja, na tabela ao lado, os coeficientes de dilatação real de alguns líquidos:

Líquido	γ_{real} (°C^{-1})
Éter	$16,0 \cdot 10^{-4}$
Álcool etílico	$10,9 \cdot 10^{-4}$
Petróleo	$10,0 \cdot 10^{-4}$
Glicerina	$5,08 \cdot 10^{-4}$
Água*	$2,14 \cdot 10^{-4}$
Mercúrio	$1,8 \cdot 10^{-4}$

Fonte: <www.engineeringtoolbox.com/cubical-expansion-coefficients-d_1262.html>. Acesso em: 20 jun. 2018.

* Por volta de 20 °C.

Para entendermos melhor as dilatações real e aparente, consideremos um frasco totalmente cheio com um líquido. Ao aquecermos o conjunto, notamos que ocorre um extravasamento parcial do líquido.

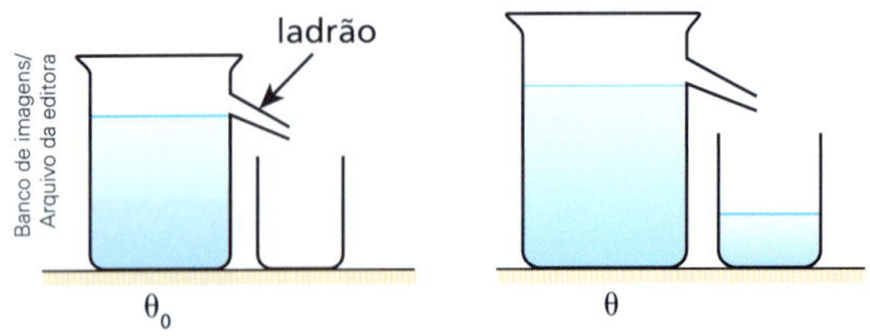

Note que após o aquecimento o recipiente continua cheio. A quantidade de líquido extravasado representa a aparente dilatação do líquido, pois o **recipiente também dilatou**, aumentando sua capacidade.

Assim, a dilatação real do líquido corresponde à variação da capacidade do frasco mais o volume do líquido extravasado:

$$\Delta V_{real} = \Delta V_{frasco} + \Delta V_{aparente}$$

Entretanto, $\Delta V = V_0\gamma\Delta\theta$; como, no início, o volume real do líquido é igual ao aparente e, ainda, igual à capacidade do frasco, temos:

$$V_0\gamma_r\Delta\theta = V_0\gamma_f\Delta\theta + V_0\gamma_a\Delta\theta$$

Daí:

$$\gamma_r = \gamma_f + \gamma_a$$

O coeficiente de dilatação real do líquido é igual à soma do seu coeficiente de dilatação aparente com o coeficiente de dilatação do frasco que o contém.

Observemos que a dilatação real depende somente do líquido, enquanto a dilatação aparente depende também do frasco em que foi medida. Um mesmo líquido apresenta dilatações aparentes diferentes quando medidas em dois frascos de materiais diferentes, pois o frasco que dilata menos provoca maior extravasamento e maior dilatação aparente.

7. Temperatura e massa específica

Vamos agora observar a influência da temperatura na massa específica de uma substância.

Define-se **massa específica** ou **densidade absoluta** (μ) de uma substância como o quociente de sua massa (*m*) pelo respectivo volume (*V*):

$$\mu = \frac{m}{V}$$

Com a variação de temperatura, a massa da substância considerada permanece inalterada, porém seu volume varia, o que provoca alteração em sua massa específica.

Assim, a uma temperatura θ_0, temos:

$$\mu_0 = \frac{m}{V_0} \Rightarrow m = \mu_0 V_0 \quad \text{(I)}$$

À temperatura θ, temos, para a densidade da substância:

$$\mu = \frac{m}{V} \Rightarrow m = \mu V \quad \text{(II)}$$

Igualando (I) e (II), podemos escrever:

$$\mu_0 V_0 = \mu V \quad \text{(III)}$$

Substituindo em (III) a expressão da dilatação volumétrica:

$$V = V_0(1 + \gamma\Delta\theta)$$

Obtemos:

$$\mu_0 V_0 = \mu V_0(1 + \gamma\Delta\theta)$$

$$\mu_0 = \mu(1 + \gamma\Delta\theta)$$

$$\mu = \frac{\mu_0}{(1 + \gamma\Delta\theta)}$$

Observe, na relação, que a massa específica de um líquido diminui com o aumento da temperatura.

8. A dilatação anormal da água

Em geral, um líquido, quando aquecido, sempre dilata, aumentando de volume. No entanto, a água constitui uma exceção a essa regra, pois, ao ser aquecida de 0 °C a 4 °C, tem seu volume diminuído. Apenas para temperaturas acima de 4 °C a água dilata normalmente ao ser aquecida.

Para melhor ilustrar, vejamos o gráfico ao lado, que representa a variação de volume de 1 g de água pura em função da sua temperatura.

É importante observar que a 4 °C o volume da água é mínimo e, portanto, sua massa específica é máxima.

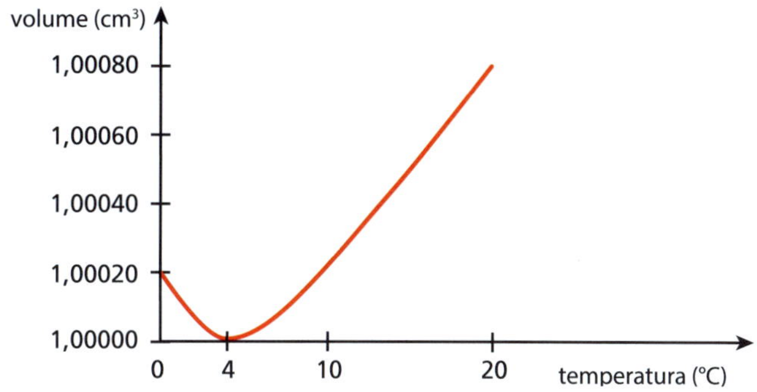

Banco de imagens/Arquivo da editora

Esse tipo de dilatação anormal da água explica por que um lago congela apenas na superfície, como observado na imagem de abertura desse tópico. Durante o resfriamento da água da superfície, até 4 °C a densidade aumenta, e essa água desce, produzindo a subida da água mais quente do fundo (convecção). Isso ocorre até que toda a água do lago atinja 4 °C, pois, a partir daí, quando a temperatura da água da superfície diminui, seu volume aumenta, diminuindo a densidade. Em consequência, essa água mais fria não desce mais e acaba solidificando. Esse gelo formado na superfície isola o restante da água, fazendo com que a temperatura no fundo do lago se conserve acima de 0 °C, possibilitando que a vida aquática possa continuar existindo.

Banco de imagens/Arquivo da editora

A dilatação anormal da água faz com que apenas a superfície de um lago se solidifique. O gelo formado isola o restante da água (o gelo é péssimo condutor de calor), fazendo com que a temperatura no fundo do lago seja superior a 0 °C e, desse modo, preserve a vida animal e vegetal lá existente.

Exercícios Nível 1

48. Ao abastecer o carro num posto de gasolina, você compra o combustível por volume e não por massa, isto é, você compra "tantos litros" e não "tantos quilogramas" de combustível. Assim, qual o melhor horário do dia para abastecer o carro se você quer fazer economia?

49. Um posto recebeu 5000 L de gasolina num dia muito frio, em que a temperatura era de 10 °C. No dia seguinte, a temperatura aumentou para 30 °C, situação que durou alguns dias, o suficiente para que a gasolina fosse totalmente vendida. Se o coeficiente de dilatação volumétrica da gasolina é igual a $11 \cdot 10^{-4}$ °C^{-1}, determine o lucro do proprietário do posto, em litros.

50. E.R. Um frasco de vidro, graduado em cm^3 a 0 °C, contém mercúrio até a marca de 100,0 cm^3, quando ainda a 0 °C. Ao se aquecer o conjunto a 120 °C, o nível de mercúrio atinge a marca de 101,8 cm^3. Determine o coeficiente de dilatação linear do vidro.

Dado: coeficiente de dilatação do mercúrio: $\gamma_{Hg} = 18 \cdot 10^{-5}$ °C^{-1}

Resolução:

A diferença de leitura corresponde à dilatação aparente do líquido, pois não podemos nos esquecer de que o frasco também dilatou:

$$\Delta V_{aparente} = 101{,}8 - 100{,}0$$
$$\Delta V_{aparente} = 1{,}8\ cm^3$$

Usamos a expressão da dilatação aparente dos líquidos:

$$\Delta V_{aparente} = V_{0A}\gamma_{aparente}\Delta\theta$$

Temos:

$$1{,}8 = 100{,}0 \cdot \gamma_a \cdot 120$$
$$\gamma_a = 15 \cdot 10^{-5}\ °C^{-1}$$

porém:

$$\gamma_a = \gamma_r - \gamma_f \quad e \quad \gamma_f = 3\alpha_f$$

Portanto:

$$15 \cdot 10^{-5} = 18 \cdot 10^{-5} - 3\alpha_f$$
$$3\alpha_f = 3 \cdot 10^{-5}$$
$$\boxed{\alpha_f = \alpha_{vidro} = 1 \cdot 10^{-5}\ °C^{-1}}$$

51. Um recipiente de volume *V* está cheio de um líquido a 20 °C. Aquecendo-se o conjunto a 70 °C, transbordam 5,0 cm^3 de líquido. Esses 5,0 cm^3 correspondem:

a) à dilatação real do líquido.
b) à dilatação aparente do líquido.
c) à soma da dilatação real com a dilatação aparente do líquido.
d) à diferença entre a dilatação real e a dilatação aparente do líquido.
e) a três vezes a dilatação real do líquido.

52. Num recipiente de porcelana, graduado corretamente em centímetros cúbicos a 30 °C, é colocado petróleo a 30 °C até a marca 500 cm^3. Em seguida, eleva-se a temperatura do conjunto a 70 °C.

Dados: coeficiente de dilatação cúbica do petróleo = $9{,}1 \cdot 10^{-4}\ °C^{-1}$; coeficiente de dilatação linear da porcelana = $3{,}3 \cdot 10^{-6}\ °C^{-1}$.

Determine:

a) o coeficiente de dilatação aparente do petróleo, quando medido no frasco de porcelana;
b) a marca atingida pelo petróleo no frasco, após o aquecimento;
c) a dilatação real sofrida pelo petróleo.

53. (AFA-SP) Um recipiente tem capacidade de 3000 cm^3 a 20 °C e está completamente cheio de um determinado líquido. Ao aquecer o conjunto até 120 °C, transbordam 27 cm^3. O coeficiente de dilatação aparente desse líquido, em relação ao material de que é feito o recipiente é, em $°C^{-1}$, igual a:

a) $3{,}0 \cdot 10^{-5}$
b) $9{,}0 \cdot 10^{-5}$
c) $2{,}7 \cdot 10^{-4}$
d) $8{,}1 \cdot 10^{-4}$

54. (OPF) Um recipiente de vidro, cujo coeficiente de dilatação térmica é $5 \cdot 10^{-6}\ °C^{-1}$, tem volume igual a 100 dm^3 e está completamente cheio de um líquido à temperatura ambiente (20 °C). Ao ser aquecido até 60 °C nota-se que foram derramados 0,20 dm^3 do líquido aquecido. Calcule a dilatação real do líquido.

a) 0,30 dm^3
b) 0,15 dm^3
c) 0,11 dm^3
d) 0,22 dm^3
e) 0,32 dm^3

Exercícios Nível 2

55. (AFA-SP) Em um laboratório de Física é proposta uma experiência onde os alunos deverão construir um termômetro, o qual deverá ser constituído de um bulbo, um tubo muito fino e uniforme, ambos de vidro, além de álcool colorido, conforme a figura abaixo.

O bulbo tem capacidade de 2,0 cm^3, o tubo tem área de secção transversal de $1{,}0 \cdot 10^{-2}$ cm^2 e comprimento de 25 cm.

No momento da experiência, a temperatura no laboratório é 30 °C, e o bulbo é totalmente preenchido com álcool até a base do tubo. Sabendo-se que o coeficiente de dilatação do álcool é $11 \cdot 10^{-4}\ °C^{-1}$ e que o coeficiente de dilatação do vidro utilizado é desprezível comparado ao do álcool, a altura *h*, em cm, atingida pelo líquido no tubo, quando o termômetro for utilizado em um experimento a 80 °C, é

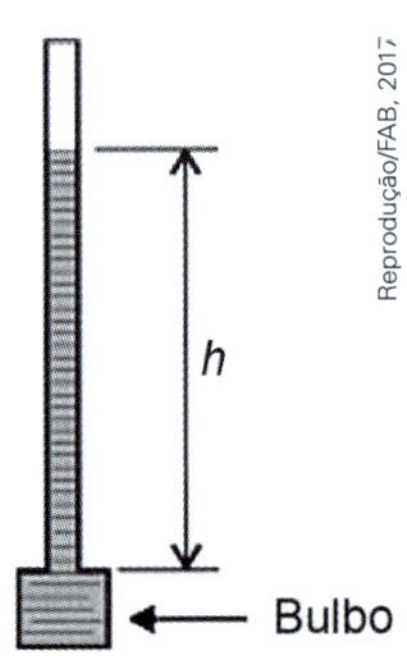

Reprodução/FAB, 2017

a) 5,50
b) 11,0
c) 16,5
d) 22,0

56. (Vunesp) Nos últimos anos temos sido alertados sobre o aquecimento global. Estima-se que, mantendo-se as atuais taxas de aquecimento do planeta, haverá uma elevação do nível do mar causada, inclusive, pela expansão térmica, causando inundação em algumas regiões costeiras.

Supondo, hipoteticamente, os oceanos como sistemas fechados e considerando que o coeficiente de dilatação volumétrica da água é aproximadamente $2 \cdot 10^{-4}\ °C^{-1}$ e que a profundidade média dos oceanos é de 4 km, um aquecimento global de 1 °C elevaria o nível do mar, devido à expansão térmica, em, aproximadamente:

a) 0,3 m.
b) 0,5 m.
c) 0,8 m.
d) 1,1 m.
e) 1,7 m.

57. (UFPA) Um recipiente de vidro encontra-se completamente cheio de um líquido a 0 °C. Quando o conjunto é aquecido até 80 °C, o volume do líquido que transborda corresponde a 4% do volume que o líquido possuía a 0 °C. Sabendo que o coeficiente de dilatação volumétrica do vidro é de $27 \cdot 10^{-6}\ °C^{-1}$, determine o coeficiente de dilatação real do líquido.

58. Um recipiente de 200 cm^3 de capacidade, feito de um material de coeficiente de dilatação volumétrica de $100 \cdot 10^{-6}\ °C^{-1}$, contém 180 cm^3 de um líquido de coeficiente de dilatação cúbica de $1000 \cdot 10^{-6}\ °C^{-1}$. A temperatura do sistema é de 20 °C. Qual a temperatura-limite de aquecimento do líquido sem que haja transbordamento?

59. (UEA-AM) Em um experimento, foram colocados em um béquer de vidro graduado 100 cm^3 de um líquido à temperatura de 293 K. Aquecendo-se o sistema até 393 K, obteve-se um novo volume do líquido igual a 101,13 cm^3. Sendo o coeficiente de dilatação linear do vidro $\alpha = 9 \cdot 10^{-6}\ °C^{-1}$, o coeficiente de dilatação térmica real do líquido tem valor, em $°C^{-1}$, igual a

a) $9,0 \cdot 10^{-4}$
b) $7,2 \cdot 10^{-4}$
c) $5,6 \cdot 10^{-4}$
d) $2,8 \cdot 10^{-4}$
e) $1,4 \cdot 10^{-4}$

60. (Enem) A gasolina é vendida por litro, mas em sua utilização como combustível a massa é o que importa. Um aumento da temperatura do ambiente leva a um aumento no volume da gasolina. Para diminuir os efeitos práticos dessa variação, os tanques dos postos de gasolina são subterrâneos. Se os tanques não fossem subterrâneos:

I. Você levaria vantagem ao abastecer o carro na hora mais quente do dia, pois estaria comprando mais massa por litro de combustível.

II. Abastecendo com a temperatura mais baixa, você estaria comprando mais massa de combustível para cada litro.

III. Se a gasolina fosse vendida por kg em vez de ser vendida por litro, o problema comercial decorrente da dilatação da gasolina estaria resolvido.

Dessas considerações, somente:

a) I é correta.
b) II é correta.
c) III é correta.
d) I e II são corretas.
e) II e III são corretas.

61. (UFG-GO) Num dia quente em Goiânia, 32 °C, uma dona de casa coloca álcool em um recipiente de vidro graduado e lacra-o bem para evitar evaporação. De madrugada, com o termômetro acusando 12 °C, ela nota, surpresa, que, apesar de o vidro estar bem fechado, o volume de álcool reduziu-se. Sabe-se que o seu espanto não se justifica, pois se trata do fenômeno da dilatação térmica. A diminuição do volume foi de:

a) 1,1%.
b) 2,2%.
c) 3,3%.
d) 4,4%.
e) 6,6%.

Considere o coeficiente de dilatação térmica volumétrica do álcool: $\gamma_{álcool} = 1,1 \cdot 10^{-3}\ °C^{-1} \gg \gamma_{vidro}$

62. **E.R.** A 4 °C, a massa específica da água vale 1,0 g/cm^3. Se o coeficiente de dilatação volumétrica real da água vale $2,0 \cdot 10^{-4}\ °C^{-1}$, qual é sua massa específica, na temperatura de 84 °C?

Resolução:

A **densidade absoluta** ou **massa específica** de uma substância varia com a temperatura, de acordo com a seguinte função:

$$\mu = \frac{\mu_0}{(1 + \gamma\Delta\theta)}$$

Substituindo os valores conhecidos, temos:

$$\mu = \frac{1,0}{1 + 2,0 \cdot 10^{-4} \cdot 80} \therefore \boxed{\mu \cong 0,98\ g/cm^3}$$

63. A densidade absoluta de um material a 20 °C é 0,819 g/cm^3 e seu coeficiente de dilatação volumétrica vale $5 \cdot 10^{-4}\ °C^{-1}$. A que temperatura devemos levar esse corpo para que sua densidade absoluta torne-se igual a 0,780 g/cm^3?

64. Uma substância tem massa específica de 0,78 g/cm^3 a 25 °C e 0,65 g/cm^3 a 425 °C. Qual o seu coeficiente de dilatação volumétrica?

65. (Ufop-MG) Na figura, esboçou-se o gráfico do volume em função da temperatura para determinada massa de água líquida.

Reprodução/Arquivo da editora

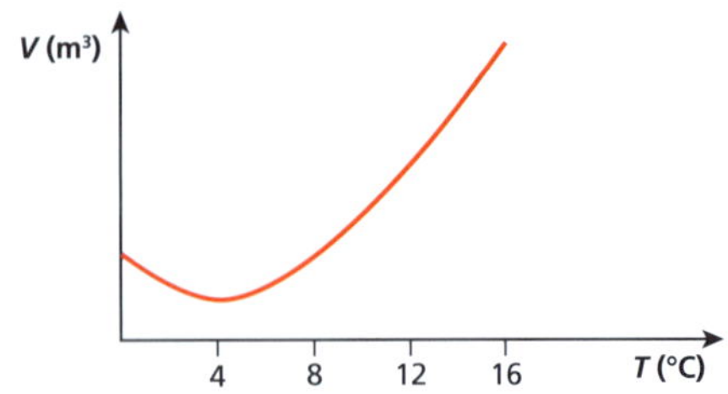

Por que não é possível medir a temperatura no intervalo entre 0 °C e 16 °C com um termômetro de água, usando a densidade como propriedade termométrica?

DESCUBRA MAIS

O que faz a água apresentar uma dilatação diferente em relação às demais substâncias?

Exercícios Nível 3

66. (UPM-SP) O coeficiente de dilatação linear de certo material é $3{,}6 \cdot 10^{-6}\ °C^{-1}$. Utilizando como unidade de temperatura o grau Fahrenheit, o valor do coeficiente de dilatação linear desse material será:

a) $2{,}0 \cdot 10^{-6}\ °F^{-1}$.
b) $3{,}6 \cdot 10^{-6}\ {}_{\circ}F^{-1}$.
c) $4{,}0 \cdot 10^{-6}\ °F^{-1}$.
d) $5{,}6 \cdot 10^{-6}\ °F^{-1}$.
e) $6{,}3 \cdot 10^{-6}\ °F^{-1}$.

67. (FGV-SP) Um bloco metálico, maciço, homogêneo, de capacidade térmica *C*, é feito de um material de coeficiente de dilatação linear α e ocupa um volume V_0 à temperatura ambiente. Ele é colocado no interior de um forno quente e recebe uma quantidade de calor *Q* até entrar em equilíbrio térmico com o forno sem sofrer mudança de estado físico. Como consequência, seu volume sofre uma dilatação ΔV. Tal dilatação é diretamente proporcional a V_0,

a) α, C e 1/Q.
b) α, Q e 1/C.
c) C, Q e $1/\alpha$.
d) α, 1/Q e 1/C.
e) Q, $1/\alpha$ e 1/C.

68. (PUC-SP) Uma barra de alumínio, inicialmente a 20 °C, tem, a essa temperatura, uma densidade linear de massa igual a $2{,}8 \cdot 10^{-3}$ g/mm. A barra é aquecida sofrendo uma variação de comprimento de 3 mm. Sabe-se que o coeficiente de dilatação linear térmica do alumínio é $2{,}4 \cdot 10^{-5}\ °C^{-1}$ e seu calor específico é 0,2 cal/g °C. A quantidade de calor absorvida pela barra é:

a) 35 cal.
b) 70 cal.
c) 90 cal.
d) 140 cal.
e) 500 cal.

69. (UFABC-SP) Uma placa metálica de espessura desprezível tem um orifício circular e está encaixada horizontalmente num cone de madeira, como mostra a figura a seguir. À temperatura de 20 °C, a distância do plano que contém a placa ao vértice do cone é 20 cm. A placa é, então, aquecida a 100 °C e, devido à dilatação térmica, ela escorrega até uma nova posição, onde ainda continua horizontal. Sendo o coeficiente de dilatação linear do material da placa igual a $5 \cdot 10^{-5}\ °C^{-1}$ e desconsiderando a dilatação do cone, determine, em cm, a nova distância *D* do plano que contém a placa ao vértice do cone a 100 °C.

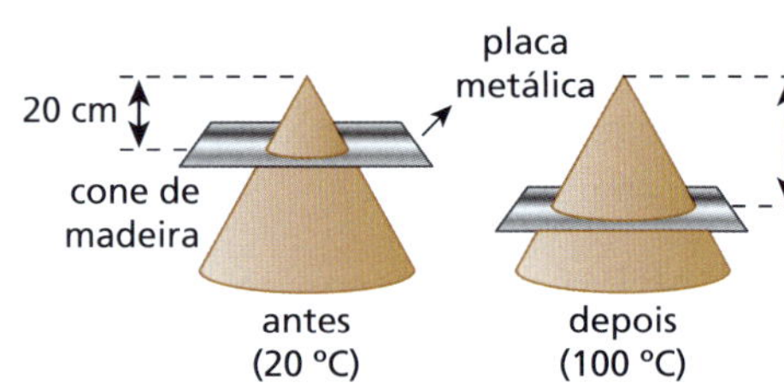

Reprodução/Arquivo da editora

70. (UFBA) *Impossibilitados de medir a longitude em que se encontravam, os navegadores que tomaram parte nas grandes explorações marítimas se viam literalmente perdidos no mar tão logo perdessem contato visual com a terra. Milhares de vidas e crescente riqueza das nações dependiam de uma solução.* (SOBEL, 1997.)

A determinação da longitude ao longo de viagens marítimas é feita pela comparação entre a hora local e a hora no porto de origem. Portanto, é necessário que se tenha, no navio, um relógio que seja ajustado antes de zarpar e marque, precisamente, ao longo de toda a viagem, a hora do porto de origem. Os relógios de pêndulo daquela época não serviam a esse propósito, pois o seu funcionamento sofria influência de muitos fatores, inclusive das variações de temperatura, devido à dilatação e à contração da haste do pêndulo.

A longitude pôde finalmente ser determinada através de um relógio, no qual o problema das variações de temperatura foi resolvido com a utilização de tiras de comprimentos diferentes, feitas de materiais de coeficientes de dilatação diferentes. Com base nesse mesmo princípio físico, considere um conjunto formado por duas barras de comprimento $L_1 = 10,0$ cm e $L_2 = 15,0$ cm fixadas em uma das extremidades, inicialmente submetido à temperatura T_0. Supondo que o conjunto tenha sua temperatura aumentada para $T = T_0 + \Delta T$, determine a relação entre os coeficientes de dilatação linear, α_1 e α_2, das barras, para a qual a distância $D = 5,0$ cm não se altera com a variação de temperatura.

Reprodução/Arquivo da editora

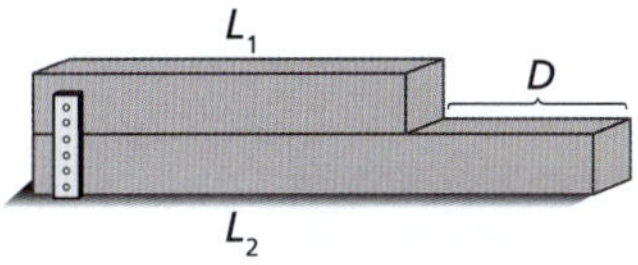

71. (UPM-SP) A figura a seguir mostra duas barras verticais, uma de cobre e outra de zinco, fixas na parte inferior. Elas suportam uma plataforma horizontal onde está apoiado um corpo. O coeficiente de atrito estático entre o corpo e a plataforma é 0,01, e os coeficientes de dilatação linear do zinco e do latão valem $2,6 \cdot 10^{-5}\ °C^{-1}$ e $1,8 \cdot 10^{-5}\ °C^{-1}$, respectivamente. Qual a menor variação de temperatura capaz de provocar o deslizamento do corpo sobre a plataforma?

Reprodução/Arquivo da editora

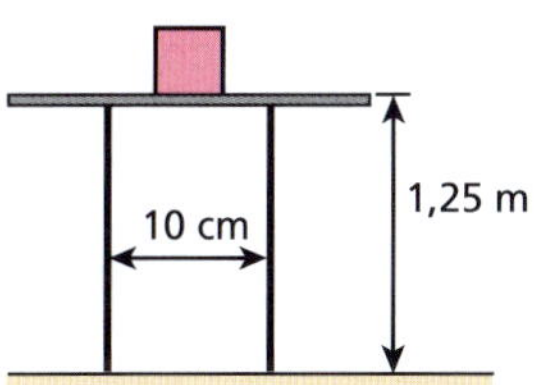

72. Na situação esquematizada na figura I, uma pequena caixa está em repouso sobre uma plataforma **P** que é mantida em equilíbrio na horizontal simplesmente apoiada sobre duas hastes metálicas verticais, **A** e **B**, de comprimentos iniciais iguais a *L*. Essas hastes estão separadas por uma distância *d* e seus coeficientes de dilatação lineares valem α_A e α_B, respectivamente, com $\alpha_B > \alpha_A$. A superfície de **P** é áspera e oferece à caixa um coeficiente de atrito estático igual a μ.

Banco de imagens/Arquivo da editora

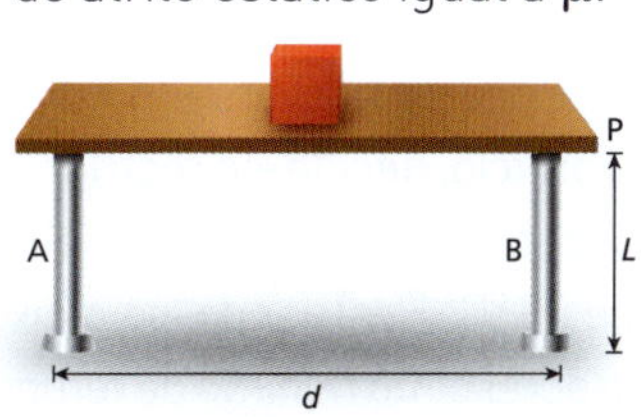

figura I

As hastes sofrem, então, um aumento de temperatura ΔT o que leva a montagem à situação esquematizada na figura II, na qual se observa que **P** ainda permanece parada em relação às hastes, mas a caixa fica na iminência de escorregar em relação a **P**.

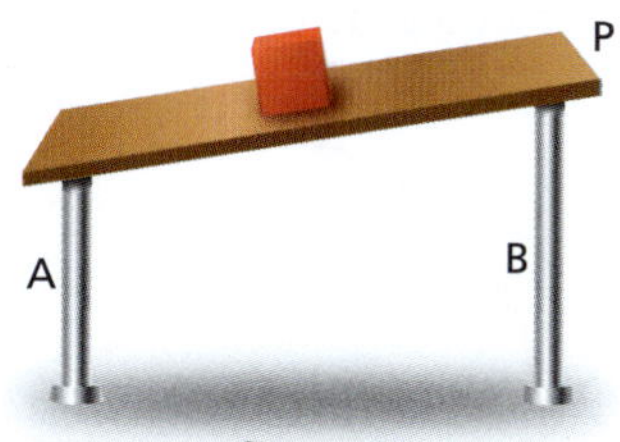

figura II

Banco de imagens/Arquivo da editora

Das alternativas a seguir, aponte a que apresenta o valor correto da diferença $\alpha_B - \alpha_A$:

a) $\dfrac{\mu d}{L\Delta T}$

b) $\dfrac{\mu L}{d\Delta T}$

c) $\dfrac{d}{\mu L\Delta T}$

d) $\dfrac{L}{\mu d\Delta T}$

e) $\dfrac{d\Delta T}{\mu L}$

73. (ITA-SP) Um relógio de pêndulo simples é montado no pátio de um laboratório em Novosibirsk, na Sibéria, utilizando um fio de suspensão de coeficiente de dilatação $1 \cdot 10^{-5}\ °C^{-1}$. O pêndulo é calibrado para marcar a hora certa em um bonito dia de verão de 20 °C. Em um dos menos agradáveis dias do inverno, com a temperatura a −40 °C, o relógio:

a) adianta 52 s por dia.
b) adianta 26 s por dia.
c) atrasa 3 s por dia.
d) atrasa 26 s por dia.
e) atrasa 52 s por dia.

74. (UFBA) A haste de um pêndulo é feita com um material cujo coeficiente de dilatação vale $4,375 \cdot \cdot 10^{-3}$ °C. Colocando-se esse pêndulo em uma câmara frigorífica, verifica-se o seu período de oscilação $T_1 = 0,75T_0$, sendo T_0 o período medido num laboratório. Determine a diferença de temperatura que há entre o laboratório e a câmara frigorífica. Expresse sua resposta em 10^2 °C.

75. (Univest-SP) Um arame é encurvado em forma de um aro circular de raio *R*, tendo, porém, uma folga *d* entre suas extremidades, conforme indica a figura abaixo. Aquecendo-se esse arame, é correto afirmar que a medida de *R* e a medida de *d*, respectivamente:

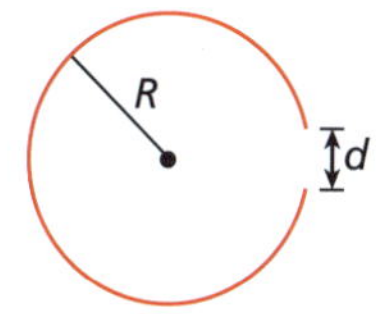

Reprodução/Arquivo da editora

a) aumentará — não se alterará.
b) aumentará — aumentará.
c) aumentará — diminuirá.
d) não se alterará — aumentará.
e) não se alterará — diminuirá.

76. Uma barra de cobre foi recurvada tomando a forma de uma semicircunferência. As extremidades foram unidas por uma outra barra reta constituída por dois metais: uma parte, de comprimento *x*, era de zinco e a outra, de comprimento *y*, de platina.

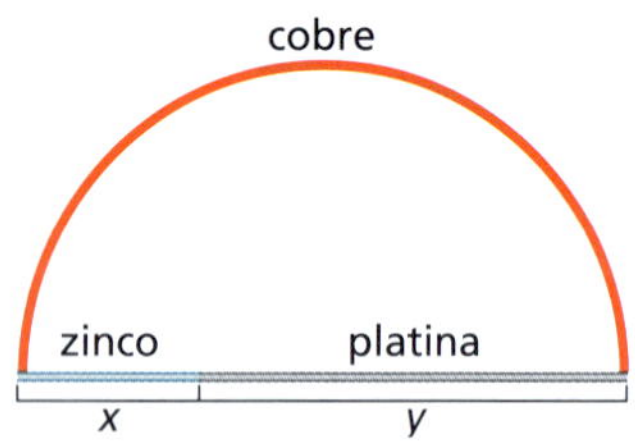

Banco de imagens/Arquivo da editora

São dados os coeficientes de dilatação lineares:

cobre $= 17 \cdot 10^{-6}\,°C^{-1}$; platina $= 9 \cdot 10^{-6}\,°C^{-1}$.

zinco $= 29 \cdot 10^{-6}\,°C^{-1}$;

Para que o arco de cobre conserve sua forma semicircular, a qualquer temperatura a que seja levado, a razão $\frac{x}{y}$ entre os comprimentos iniciais *x* e *y* dos segmentos de zinco e platina deve ser:

a) $\frac{1}{5}$ b) $\frac{2}{5}$ c) $\frac{3}{5}$ d) $\frac{1}{3}$ e) $\frac{2}{3}$

77. (PUC-SP) Três barras – **AB**, **BC** e **AC** – são dispostas de modo que formem um triângulo isósceles. O coeficiente de dilatação linear de **AB** e **BC** é α, e o de **AC** é 2α. A 0 °C, os comprimentos de **AB** e **BC** valem 2ℓ e o de **AC** vale ℓ.

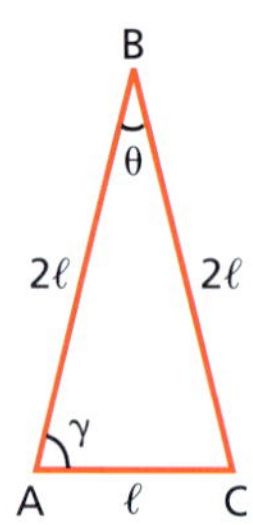

Reprodução/Arquivo da editora

Aquecendo-se o sistema à temperatura *t*, observa-se que:

a) o triângulo torna-se equilátero.
b) o triângulo deixa de ser isósceles.
c) não há alteração dos ângulos θ e γ.
d) as barras **AB** e **BC** dilatam-se o dobro de **AC**.
e) as três barras sofrem dilatações iguais.

78. Uma régua de latão, com coeficiente de dilatação linear $2 \cdot 10^{-5}\,°C^{-1}$, foi graduada corretamente a 20 °C. Ao ser aquecida, atingiu uma temperatura θ, à qual as medidas apresentam um erro de 0,1%. Qual é essa temperatura θ?

79. (Vunesp) Uma régua de aço de coeficiente de dilatação linear $\alpha = 1{,}2 \cdot 10^{-5}\,°C^{-1}$ foi calibrada a certa temperatura, de tal modo que o erro máximo em cada divisão de milímetro é de $6{,}0 \cdot 10^{-5}$ mm. Qual é o intervalo máximo de temperaturas em que essa régua pode ser usada, em torno da temperatura de calibração, se se pretende conservar aquela precisão?

80. (OBF) Considere duas barras delgadas, de comprimentos ℓ_1 e ℓ_2, feitas de materiais cujos coeficientes de dilatação linear são, respectivamente, α_1 e α_2. As barras estão dispostas de modo a estarem separadas por uma distância $\Delta\ell$, conforme mostra a figura.

A que variação de temperatura deve ser submetido o sistema para que o espaçamento $\Delta\ell$, entre as duas barras, seja completamente preenchido? Considere que apenas as barras sofram influência dessa variação de temperatura.

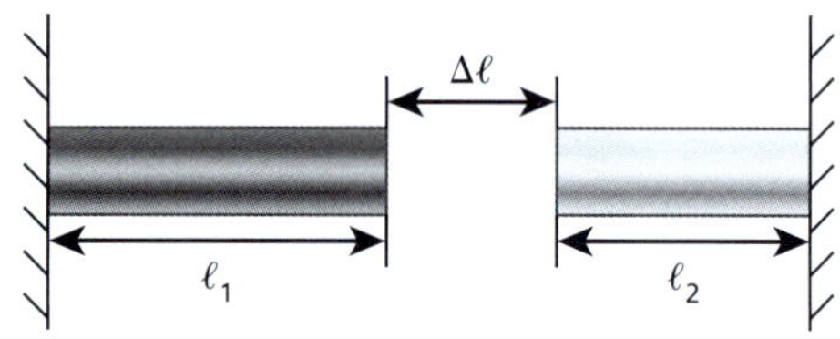

Reprodução/Arquivo da editora

81. (FGV-SP) Um serralheiro monta, com o mesmo tipo de vergalhão de ferro, a armação esquematizada.

A barra transversal que liga os pontos **A** e **B** não exerce forças sobre esses pontos. Se a temperatura da armação for aumentada, a barra transversal

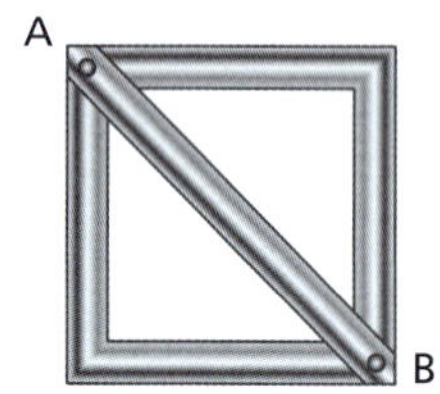

Reprodução/Arquivo da editora

a) continua não exercendo forças sobre os pontos **A** e **B**.
b) empurrará os pontos **A** e **B**, pois ficará $\sqrt{2}$ vezes maior que o novo tamanho que deveria assumir.
c) empurrará os pontos **A** e **B**, pois ficará $\ell_0 \cdot \alpha \cdot \Delta\theta$ vezes maior que o novo tamanho que deveria assumir.
d) tracionará os pontos **A** e **B**, pois ficará $\sqrt{2}$ vezes menor que o novo tamanho que deveria assumir.
e) tracionará os pontos **A** e **B**, pois ficará $\ell_0 \cdot \alpha \cdot \Delta\theta$ vezes menor que o novo tamanho que deveria assumir.

82. (UFG-GO) Deseja-se acoplar um eixo cilíndrico a uma roda com um orifício circular. Entretanto, como a área da seção transversal do eixo é 2,0% maior que a do orifício, decide-se resfriar o eixo e aquecer a roda. O eixo e a roda estão inicialmente à temperatura de 30 °C. Resfriando-se o eixo para −20 °C, calcule o acréscimo mínimo de temperatura da roda para que seja possível fazer o acoplamento. O eixo e a roda são de alumínio, que tem coeficiente de dilatação superficial de $5{,}0 \cdot 10^{-5}\,°C^{-1}$.

83. (CPAEN-RJ) Um tanque metálico está cheio de ar à temperatura de 27 °C, e em equilíbrio térmico com ele. A partir de certo instante, aquecem-se o ar e o tanque, mantendo-se, em seu interior, pressão constante pela ação de uma válvula que permite o escapamento de ar. Se o coeficiente de dilatação volumétrica do material que compõe o tanque é $5,0 \cdot 10^{-5}\,°C^{-1}$, qual é a temperatura que o conjunto deve atingir para que escape 25% do ar originalmente contido no tanque?

a) 36 °C
b) 108 °C
c) 129 °C
d) 135 °C
e) 400 °C

84. A figura ao lado mostra um dispositivo utilizado para medir o coeficiente de dilatação cúbica de um líquido. Um dos ramos verticais do tubo em forma de **U**, que contém o líquido em estudo, é esfriado com gelo a 0 °C, enquanto o outro ramo é aquecido utilizando-se vapor de água a 100 °C.

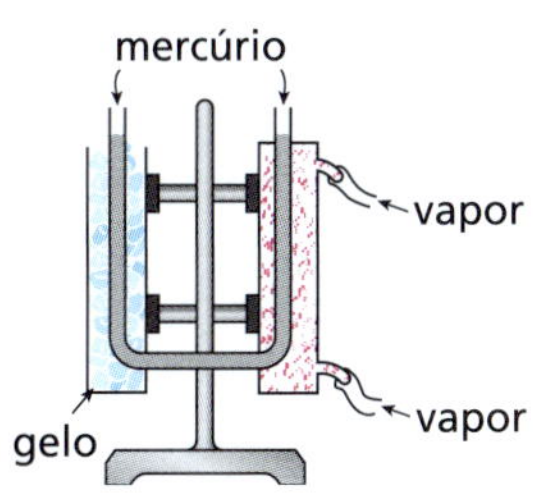

Banco de imagens/Arquivo da editora

Esse dispositivo foi usado pelos franceses Pierre Dulong e Alexis Petit para a obtenção do coeficiente de dilatação do mercúrio. Na experiência realizada, uma das colunas apresentava 250,0 mm e a outra 254,5 mm de líquido. Após os cálculos, o valor encontrado para o coeficiente de dilatação cúbica do mercúrio foi:

a) $4,5 \cdot 10^{-4}\,°C^{-1}$.
b) $1,8 \cdot 10^{-4}\,°C^{-1}$.
c) $1,2 \cdot 10^{-4}\,°C^{-1}$.
d) $1,8 \cdot 10^{-3}\,°C^{-1}$.
e) $1,2 \cdot 10^{-3}\,°C^{-1}$.

85. (OBF) Conectado ao radiador por uma mangueira, existe o tanque de expansão (veja figura abaixo).

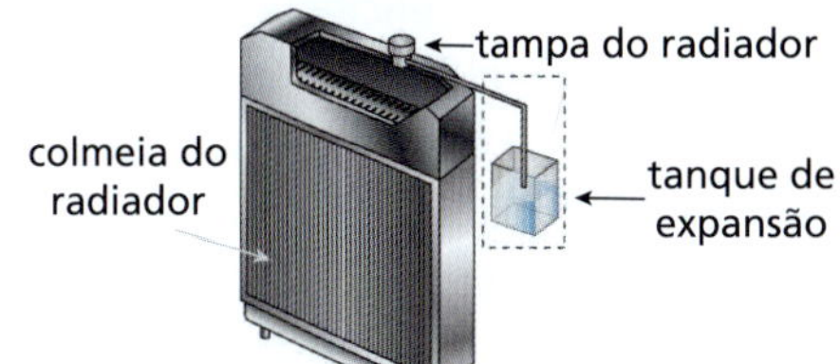

Reprodução/Arquivo da editora

Esse tanque tem, também, o papel de acumular o excesso de água, que está inicialmente a 10 °C e que vazará quando subir a temperatura da água colocada no radiador, devido às explosões do combustível nos cilindros do motor. Suponha que nesta ocasião a água esteja a 90 °C e tenha o coeficiente de expansão volumétrico $\gamma = 4,0 \cdot 10^{-4}\,°C^{-1}$ e que o radiador seja feito de cobre com coeficiente linear de expansão $\alpha = 2,0 \cdot 10^{-5}\,°C^{-1}$ preenchido totalmente com 20 litros de água. A quantidade de água que vazará será de

a) 629 cm^3.
b) 544 cm^3.
c) 822 cm^3.
d) 472 cm^3.
e) 252 cm^3.

86. (UPM-SP) Como sabemos, a água apresenta dilatação anômala, pois quando resfriada a partir da temperatura de 4 °C o seu volume aumenta. Assim, quando determinada massa de água a 20 °C (calor específico = 1,0 cal/g °C, densidade = 1,0 g/cm^3) é resfriada, transformando-se em gelo a 0 °C (calor latente de fusão = 80 cal/g, densidade = 0,9 g/cm^3), tem seu volume aumentado de 20 cm^3. A quantidade de calor retirada dessa massa de água é de:

a) 18 000 cal.
b) 14 400 cal.
c) 10 800 cal.
d) 7 200 cal.
e) 3 600 cal.

Para raciocinar um pouco mais

87. A figura representa um sólido maciço e homogêneo, feito de alumínio e na forma de um cone.

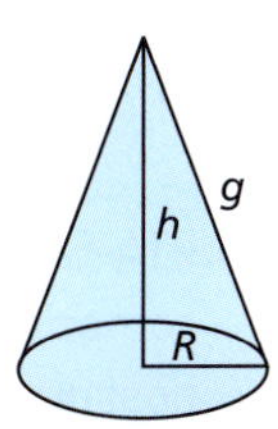

Banco de imagens/Arquivo da editora

São dadas as seguintes informações:

I. O coeficiente de dilatação linear (α) do alumínio é $2,4 \cdot 10^{-5}\,°C^{-1}$.

II. A área de um círculo de raio R é dada por πR^2.

III. A área total da superfície externa de um cone é dada por $\pi R(g + R)$, em que R é o raio do círculo da base do cone e g, a sua geratriz (veja a figura).

IV. O volume de um cone é dado por $\frac{\pi R^2 h}{3}$, em que R é o raio do círculo da base e h é a altura do cone.

Aquecendo-se esse cone de alumínio de $\Delta\theta$, observa-se que o raio da base R sofre uma dilatação correspondente a 2,0% de seu valor inicial.

Nessas condições, os aumentos percentuais da área total externa e do volume desse cone serão, respectivamente, de:

a) 2,0% e 2,0%.
b) 4,0% e 8,0%.
c) 2,0% e 4,0%.
d) 6,0% e 8,0%.
e) 4,0% e 6,0%.

88. (UEL-PR) Um retângulo é formado por um fio de cobre e outro de alumínio, como mostra a figura **A**. Sabendo-se que o coeficiente de dilatação linear do cobre é de $17 \cdot 10^{-6}\ °C^{-1}$ e o do alumínio é de $24 \cdot 10^{-6}\ °C^{-1}$, qual o valor do ângulo α se a temperatura do retângulo for elevada de 100 °C, como está apresentado na figura **B**?

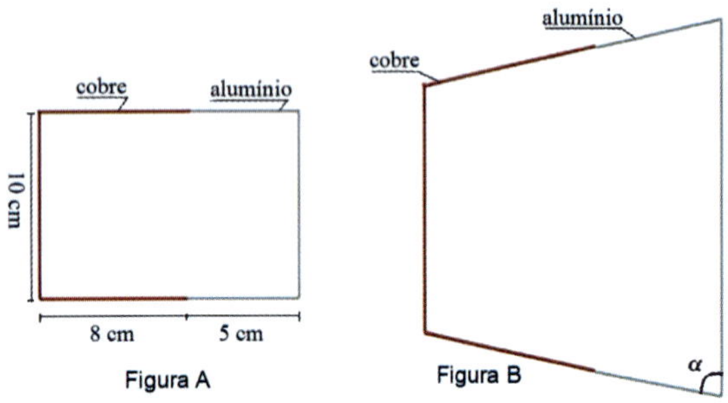

Figura A Figura B

Reprodução/UEL, 2011

a) 89,98° b) 30° c) 15° d) 0,02° e) 60°

89. (UFC-CE) Um triângulo retângulo isósceles é montado com arames de materiais distintos, de modo que nos catetos o material possui coeficiente de dilatação térmica linear $A\sqrt{2}\ °C^{-1}$, enquanto na hipotenusa o material possui coeficiente de dilatação térmica linear $\frac{A}{\sqrt{2}}\ °C^{-1}$. Determine a variação de temperatura para que o triângulo torne-se equilátero.

90. (OBF) Uma lâmina bimetálica é constituída por uma junção de duas lâminas retilíneas que têm o mesmo comprimento quando estão à temperatura *T*. Ao aumentar sua temperatura para $T + \Delta T$ a lâmina se curva, formando um arco de circunferência de espessura total *d* (veja a figura). Supondo que os coeficientes de dilatação linear das lâminas sejam respectivamente iguais a α_2 e α_1, com $\alpha_2 > \alpha_1$, e que as espessuras de cada lâmina, após a dilatação, sejam iguais, deduza a expressão do raio de curvatura *R* da junção entre as lâminas.

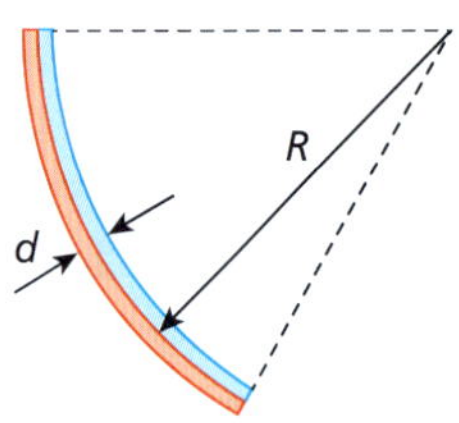

Reprodução/Arquivo da editora

91. (UPM-SP) As rodas de uma locomotiva são discos metálicos e feitos de um material cujo coeficiente de dilatação linear é $20 \cdot 10^{-6}\ °C^{-1}$. Quando essa locomotiva faz certo percurso, com as rodas à temperatura de 50 °C, cada uma delas realiza 40 000 voltas completas. Se as rodas da locomotiva estivessem à temperatura de 0 °C, o número de voltas inteiras que cada uma daria, quando a locomotiva realizasse esse mesmo percurso, seria

a) 40 030.
b) 40 040.
c) 40 050.
d) 40 060.
e) 40 070.

92. Em um experimento de dilatação térmica dos sólidos usou-se uma barra de alumínio de 1,0 metro de comprimento a uma temperatura inicial de 20 °C, conforme o esquema a seguir.

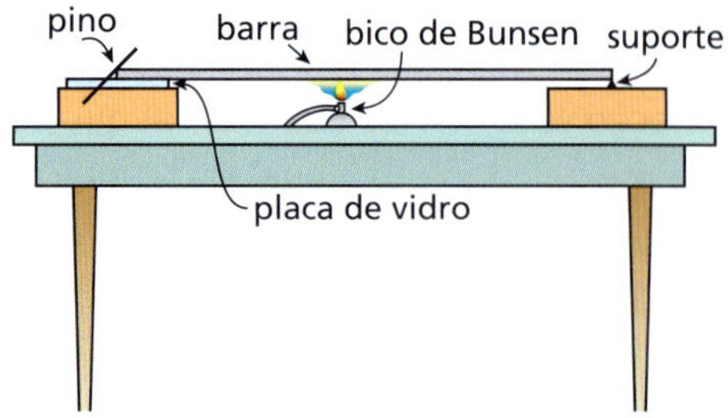

Banco de imagens/Arquivo da editora

Aquecendo-se a barra, ela se expande e faz o pino cilíndrico (de 5,0 mm de raio) rolar em torno do eixo fixo, movendo o ponteiro.

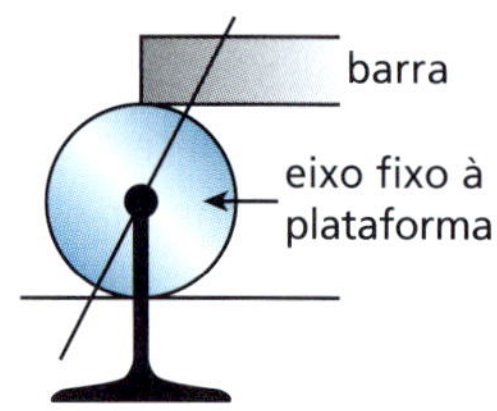

Banco de imagens/Arquivo da editora

A extremidade presa ao suporte se mantém fixa. A que temperatura deve ser aquecida a barra para que o ponteiro gire 45° a partir de sua posição inicial?

Dados: coeficiente de dilatação linear do alumínio $= 2 \cdot 10^{-5}\ °C^{-1}$; $\pi = 3{,}2$.

a) 220 °C.
b) 150 °C.
c) 200 °C.
d) 45 °C.
e) 520 °C.

93. (ITA-SP) Um relógio de pêndulo, construído de um material de coeficiente de dilatação linear α, foi calibrado a uma temperatura de 0 °C para marcar um segundo exato ao pé de uma torre, de altura *h*. Elevando-se o relógio até o alto da torre, observa-se certo atraso, mesmo mantendo-se a temperatura constante. Considerando *R* o raio da Terra, *L* o comprimento do pêndulo a 0 °C e que o relógio permaneça ao pé da torre, então a temperatura para a qual se obtém o mesmo atraso é dada pela relação:

a) $\frac{2h}{\alpha R}$
b) $\frac{h(2R + h)}{\alpha R^2}$
c) $\frac{(R + h)^2 - LR}{\alpha LR}$
d) $\frac{R(2h + R)}{\alpha (R + h)^2}$
e) $\frac{2R + h}{\alpha R}$

94. (ITA-SP) Um relógio tem um pêndulo de 35 cm de comprimento. Para regular seu funcionamento, ele possui uma porca de ajuste que encurta o comprimento do pêndulo de 1 mm a cada rotação completa à direita e alonga este comprimento de 1 mm a cada rotação completa à esquerda. Se o relógio atrasa um minuto por dia, indique o número aproximado de rotações da porca e sua direção necessários para que ele funcione corretamente.

a) 1 rotação à esquerda

b) $\frac{1}{2}$ rotação à esquerda

c) $\frac{1}{2}$ rotação à direita

d) 1 rotação à direita

e) 1 e $\frac{1}{2}$ rotações à direita.

95. (UFU-MG) Uma barra de 10 kg de um determinado metal a 600 °C é colocada dentro de um recipiente com paredes adiabáticas de volume 273 L. Inicialmente, dentro do recipiente, há 1 000 g de certo gás perfeito à pressão de 1 atmosfera e à temperatura de 0 °C.

Nessas condições, determine:

a) A temperatura final da barra de metal, sabendo-se que o calor específico do metal e do gás são dados, respectivamente, por $c_M = 0,1$ cal/g °C e $c_{gás} = 0,2$ cal/g °C.

b) A variação de volume da barra de metal, dado que o seu coeficiente de dilatação linear e a sua densidade inicial são, respectivamente, $\alpha_M = \left(\frac{10}{3}\right) \cdot 10^{-4}\ °C^{-1}$ e $\rho_M = 1 \cdot 10^2$ kg/m^3.

c) A pressão final do gás (aproximada até a primeira casa decimal), admitindo que o volume do recipiente não se altera.

96. (UFG-GO) Tem-se atribuído o avanço dos oceanos sobre a costa terrestre ao aquecimento global. Um modelo para estimar a contribuição da dilatação térmica é considerar apenas a dilatação superficial da água dos oceanos, onde toda superfície terrestre está agrupada numa calota de área igual a 25% da superfície do planeta e o restante é ocupado pelos oceanos, conforme ilustra a figura.

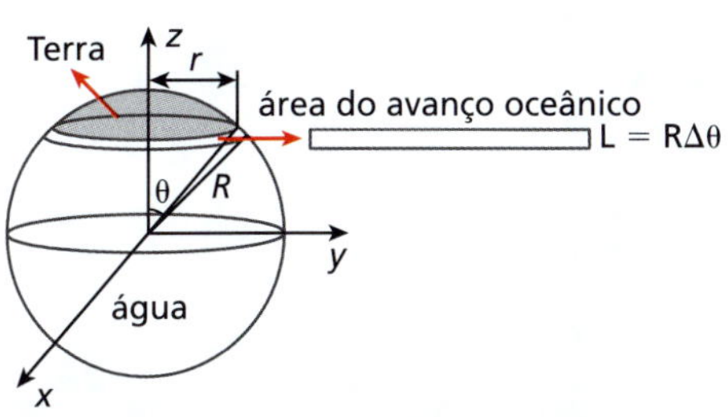

Reprodução/Arquivo da editora

Dados:

Raio médio da Terra: 6 400 km

sen θ = 0,86

Coeficiente de dilatação superficial da água: $\frac{4}{3} \cdot 10^{-4}\ °C^{-1}$

De acordo com o exposto, calcule a variação de temperatura dos oceanos responsável por um avanço médio de L = 6,4 m sobre a superfície terrestre.

97. (IME-RJ) Um copo está sobre uma mesa com a boca voltada para cima. Um explosivo no estado sólido preenche completamente o copo, estando todo o sistema a 300 K. O copo e o explosivo são aquecidos. Nesse processo, o explosivo passa ao estado líquido, transbordando para fora do copo. Sabendo que a temperatura final do sistema é 400 K, determine:

a) a temperatura de fusão do explosivo;

b) o calor total fornecido ao explosivo.

Dados:

- volume transbordado do explosivo líquido: 10^{-6} m^3;
- coeficiente de dilatação volumétrica do explosivo no estado líquido: $10^{-4}\ K^{-1}$;
- coeficiente de dilatação volumétrica do material do copo: $4 \cdot 10^{-5}\ K^{-1}$;
- volume inicial do interior do copo: 10^{-3} m^3;
- massa do explosivo: 1,6 kg;
- calor específico do explosivo no estado sólido: $10^3\ J \cdot kg^{-1} \cdot K^{-1}$;
- calor específico do explosivo no estado líquido: $10^3\ J \cdot kg^{-1} \cdot K^{-1}$; e
- calor latente de fusão do explosivo: $10^5\ J \cdot kg^{-1}$.

Consideração:

- o coeficiente de dilatação volumétrica do explosivo no estado sólido é muito menor que o coeficiente de dilatação volumétrica do material do copo.

98. O sistema observado a seguir encontra-se inicialmente em equilíbrio. A barra metálica, de coeficiente de dilatação linear igual a $8 \cdot 10^{-4}\ °C^{-1}$, tem comprimento inicial de 6,25 metros. O fio e a mola são ideais, de massas desprezíveis, a constante elástica da mola é igual a 400 N/m. o bloco **A** tem massa de 10 kg e a aceleração da gravidade no local vale 10 m/s^2.

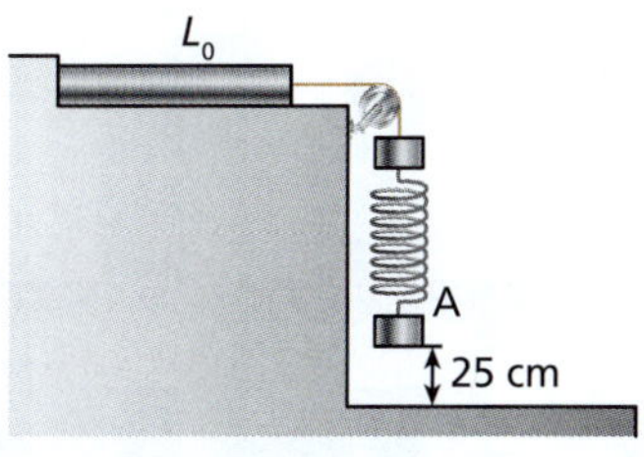

Banco de imagens/Arquivo da editora

Quanto deve ser aquecida (somente) a barra metálica para que o bloco **A** encoste no solo e a mola, de comprimento natural igual a 0,50 metro, não experimente deformação?

UNIDADE

2 Ondulatória

Big Ben é o nome do maior sino da *Elizabeth Tower*, que toca a cada hora. Suas badaladas correspondem à nota mi. Os sinos menores, chamados *quarter bells*, tocam a cada 15 minutos.

Alamy/Fotoarena

Alamy/Fotoarena

Ondulatória é a parte da Física que estuda as oscilações, a produção e a propagação de ondas em geral, sejam elas de natureza mecânica, sejam de natureza eletromagnética. Trata também dos fenômenos determinados por movimentos ondulatórios.

Lefteris Pitarakis/Associated Press/Glow Images

O pêndulo do grande relógio possui um fio de 4,0 m e pesa 300 kg. Ele faz parte do mecanismo que viabiliza a marcação das horas. Quando o relógio atrasa ou adianta ligeiramente, o seu período é ajustado com o uso de moedas. As moedas modificam o centro de gravidade do fio, alterando o comprimento efetivo do pêndulo. O mecanismo de funcionamento desse relógio é complexo, envolvendo sistemas que ultrapassam o modelo de pêndulo simples.

NESTA UNIDADE VAMOS ESTUDAR:

- **Tópico 1:** Movimento harmônico simples (MHS)
- **Tópico 2:** Ondas
- **Tópico 3:** Acústica

TÓPICO

1 Movimento harmônico simples (MHS)

Alamy/Fotoarena

Reprodução/Gerb do Brasil Ltda.

Em dias de jogo, a vibração das torcidas faz a estrutura dos estádios também vibrar. No Mineirão, as arquibancadas executavam aproximadamente um movimento harmônico simples com amplitude de 16 mm. Para minimizar o desconforto do público e garantir a integridade do estádio, foram instalados 176 amortecedores nesse estádio para a Copa Mundial de 2014, como o que vemos ao lado. Com isso, a amplitude da vibração diminuiu para 7 mm, ou seja, menos que a metade.

Movimentos oscilatórios estão presentes de diversas maneiras no nosso cotidiano. Entre eles, podemos citar o movimento de vaivém de um balanço ou até mesmo o movimento de moléculas de cristais usados para determinar a variação do tempo em relógios de alta precisão. Os movimentos periódicos também se fazem presentes no nosso dia a dia, como o movimento da Lua em torno do Sol ou da Terra em torno do Sol, os movimentos de sístole e diástole do coração humano, etc.

Desenvolveremos neste tópico os conceitos necessários para o estudo de movimentos periódicos, oscilatórios e do MHS, que é periódico e oscilatório ao mesmo tempo. Veremos os conceitos de período, de frequência e de amplitude. Usaremos para isso um modelo matemático para a descrição desse movimento específico denominado movimento harmônico simples (MHS).

Bloco 1

1. Movimento oscilatório

No dia a dia, podemos observar vários tipos de movimento, entre os quais alguns que podem ser classificados como **movimentos oscilatórios**. Um balanço em um parque infantil é um exemplo de dispositivo que executa movimento oscilatório. Ele vai e volta pela mesma trajetória.

No teto de uma residência encontramos preso um longo fio e na extremidade uma luminária. Quando venta, esse dispositivo oscila.

Sergey Novikov/Shutterstock

iStockphoto/Getty Images

Candelabro da Catedral Metropolitana de Santa Maria Assunta, Itália.

Um pequeno objeto, preso na extremidade de uma mola que está fixa no teto de uma sala. Ao puxarmos o bloco para baixo e soltarmos, ele vai oscilar para cima e para baixo, alternando o sentido de movimento.

Pavla Zakova/Dreamstime/ Isuzu Imagens

Um **movimento** é definido como **oscilatório** quando executa uma mesma trajetória em torno de um ponto fixo, invertendo o sentido regularmente. Esse ponto fixo é denominado ponto de equilíbrio.

2. Movimento periódico

Quando uma sucessão de situações apresenta características que se repetem no decorrer do tempo, ela pode ser denominada periódica. A sucessão dos dias e das noites, a visão da Lua em seu movimento ao redor da Terra, as batidas que ouvimos ao auscultar nosso coração ou uma partícula que realiza um movimento circular e uniforme são exemplos de situações que se repetem periodicamente.

Um **movimento** é definido como **periódico** quando seus estados cinemáticos (posição, velocidade e aceleração) se repetem em intervalos de tempo iguais.

Quando observamos um pêndulo oscilando, cada situação cinemática dessa massa pendular se repete em intervalos de tempo iguais.

Em cada ponto, entre **A** e **C**, a massa do pêndulo passa duas vezes em cada oscilação completa, uma vez na ida e outra na volta. Observe que, ao passar por esses pontos, a posição se repete na ida e na volta e as acelerações vetoriais também se repetem na ida e na volta, mas as velocidades vetoriais são diferentes; o sentido do vetor velocidade é o oposto na ida e na volta, invertendo o sentido, configurando, assim, dois estados cinemáticos diferentes em cada ponto da trajetória, um na ida e outro na volta. Portanto, uma oscilação completa corresponde ao movimento de ida mais o de volta.

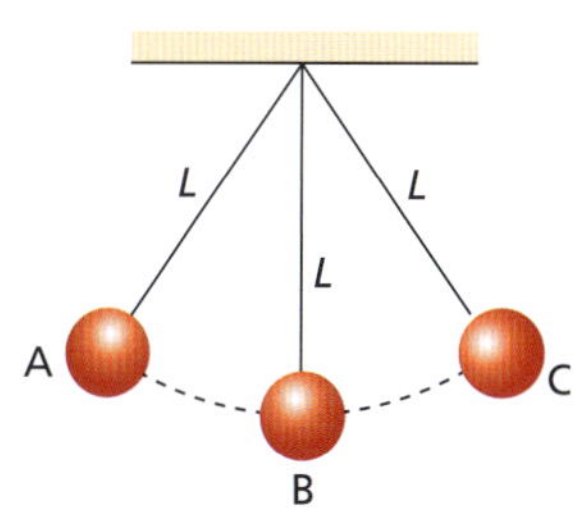

Banco de imagens/Arquivo da editora

Outros exemplos de sistemas que executam movimentos periódicos são um planeta orbitando em torno do seu Sol, uma cadeira de balanço, um ventilador em funcionamento, etc.

Philip Lange/Shutterstock

Uma roda-gigante, quando gira em movimento circular e uniforme, realiza um movimento periódico. Para um passageiro em uma de suas cadeiras, sua posição, sua velocidade vetorial ($\vec{v}$) e sua aceleração vetorial ($\vec{a}$) se repetem a cada volta em intervalos de tempos iguais.

Período e frequência

Quando você observa os ponteiros de um relógio, cada um deles também tem um movimento periódico. O ponteiro das horas repete seu movimento em intervalos de 12 horas; o dos minutos, a cada 1 hora; e o dos segundos, a cada 1 minuto. Esses intervalos de tempo correspondem ao período de cada movimento (T).

Observando um determinado movimento periódico podemos contar quantas vezes (n) ele se repete em um determinado intervalo de tempo (Δt).

Definimos período (T) como a razão entre o tempo total dos movimentos (Δt) e o número de vezes (n) que o movimento periódico se repetiu nesse intervalo de tempo (Δt).

$$T = \frac{\Delta t}{n}$$

No Sistema Internacional de Unidades (SI), a unidade utilizada para medir o período é o **segundo** (**s**). No entanto, como o período é um intervalo de tempo, podemos usar qualquer outra unidade de tempo para expressar essa grandeza física.

Nos movimentos periódicos, além de usar o período, utilizamos outra grandeza física denominada **frequência** (f), que corresponde ao número de vezes que determinada ocorrência periódica se repetiu na unidade de tempo, a qual podemos expressar pela relação a seguir.

$$f = \frac{n}{\Delta t}$$

Relacionando as expressões do período e da frequência, podemos concluir que:

$$f = \frac{1}{T}$$

No SI, a unidade de medida de frequência é o **hertz** (**Hz**). Portanto, 1 Hz corresponde a uma repetição da ocorrência periódica a cada segundo (s).

$$1\ Hz = 1\ s^{-1}$$

3. Movimento harmônico simples (MHS)

O estudo dos movimentos periódicos é realizado examinando-se o comportamento das grandezas físicas associadas a eles no decorrer do tempo. Vamos observar que as grandezas posição, velocidade e aceleração devem variar periodicamente com o tempo. Isto é, elas devem repetir seus valores em cada ciclo, ao passo que o tempo sempre avança. Nos casos mais simples, usamos as funções **seno** e **cosseno** para expressar essa relação. Essas funções são chamadas de **harmônicas**.

Dessa forma, são denominados **movimentos harmônicos simples (MHS)** alguns movimentos oscilatórios e periódicos, que podem ser expressos por funções horárias harmônicas, ou seja, podem ser expressos por funções seno e cosseno.

Para iniciar o estudo desses movimentos, usaremos uma simplificação. O movimento circular uniforme (MCU) vai nos auxiliar neste começo do estudo do MHS. Assim, associaremos um MCU a cada MHS estudado.

Para começar, imaginemos uma partícula realizando um MCU em uma trajetória circular de raio R = A. Para obter o MHS, vamos projetar esse MCU em um eixo **0x**, horizontal.

Essa associação entre o movimento circular uniforme e a projeção do movimento em um eixo horizontal pode ser visualizada no aparato da figura ao lado, na qual um objeto preso a um disco que executa MCU é iluminado e sua sombra é projetada na superfície abaixo do disco.

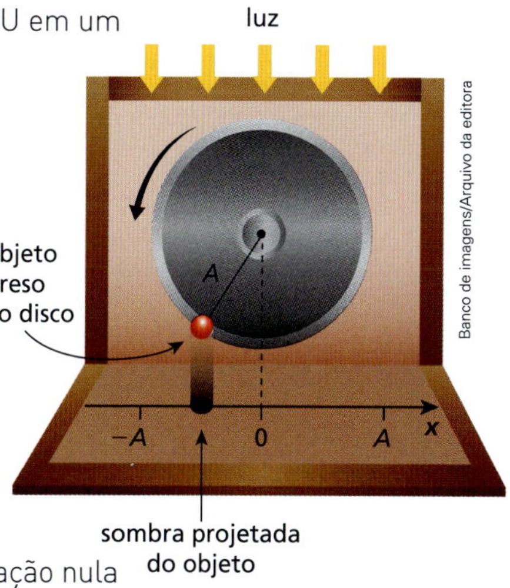

Enquanto a partícula desenvolve um movimento circular e uniforme (MCU) na trajetória circular, a sua projeção no eixo **0x** tem um **movimento retilíneo**, **oscilatório** (entre *A* e –*A*) e **periódico**, constituindo-se em um movimento harmônico simples (MHS).

A posição da projeção da partícula é definida pela abscissa *x*, medida no eixo **0x**. Assim, a **elongação** do MHS, que determina o espaço *x* da projeção é medida a partir da origem **0** do eixo, apresentando elongação nula (x = 0), elongação máxima (x = A) e elongação mínima (x = –A). A elongação máxima é denominada **amplitude** (*A*) do MHS.

É importante lembrar que, para ter um MHS, não é necessário ter um MCU. Estamos usando o MCU para entender de maneira simplificada o mecanismo do MHS. Veremos mais adiante outros MHS sem que exista um MCU para a geração desse movimento.

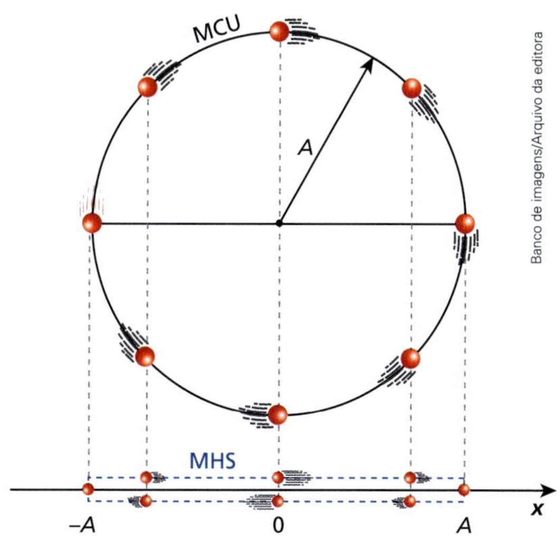

4. Função horária de um MHS

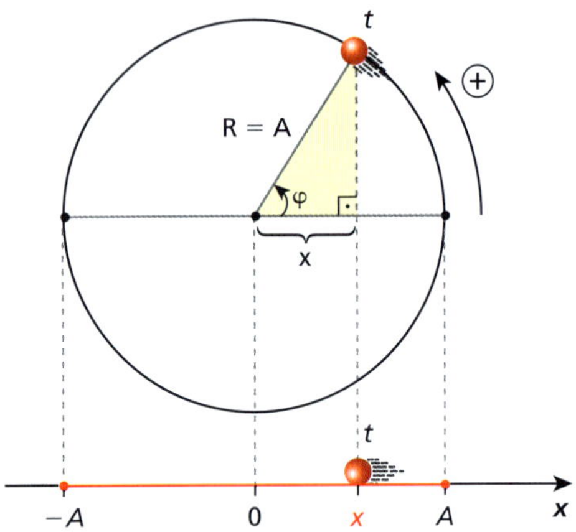

Banco de imagens/Arquivo da editora

Para obter a função horária da elongação *x* de um MHS, vamos considerar uma partícula em movimento circular uniforme (MCU) em uma circunferência de raio R = A. Em um determinado instante *t*, a partícula ocupa a posição *x* mostrada na figura ao lado.

No estudo do movimento circular e uniforme (MCU), no volume 1, vimos que a posição angular da partícula é definida pela fase φ e que a função horária da fase φ em função do tempo *t* é expressa por:

$$\varphi = \omega t + \varphi_0$$

em que ω é a velocidade angular da partícula que se encontra em MCU. Essa grandeza também é chamada de **frequência angular**, ou **pulsação** do MHS. E a grandeza φ_0 é uma constante denominada **fase inicial**, que determina a posição angular da partícula em MCU no instante t = 0.

Dessa forma, considerando o triângulo retângulo que aparece na figura representada acima, podemos inferir que:

$$x = A \cos \varphi$$

Portanto:

$$x = A \cos (\omega t + \varphi_0)$$

Como φ_0 carateriza a fase inicial do MCU, ele também determina a fase inicial do MHS, definindo a posição inicial, que é o local onde se encontra o corpo no instante t = 0.

A seguir podemos observar algumas posições iniciais de um corpo em MHS, que aparecem com maior frequência nos exercícios que vamos resolver.

Banco de imagens/Arquivo da editora

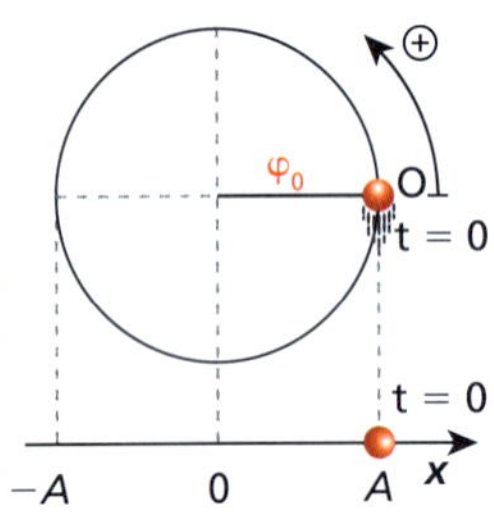

$$\varphi_0 = 0 = 0°$$

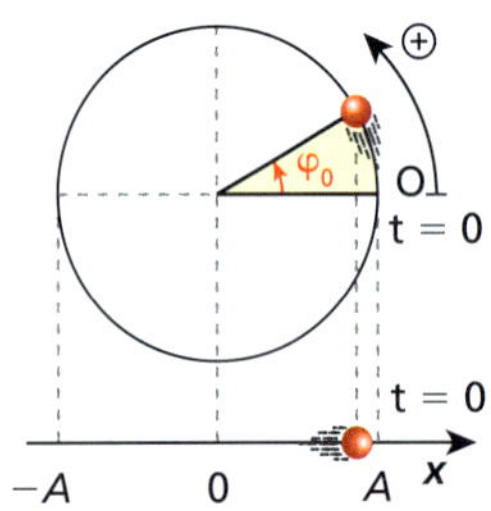

$$\varphi_0 = \frac{\pi}{6} \text{ rad} = 30°$$

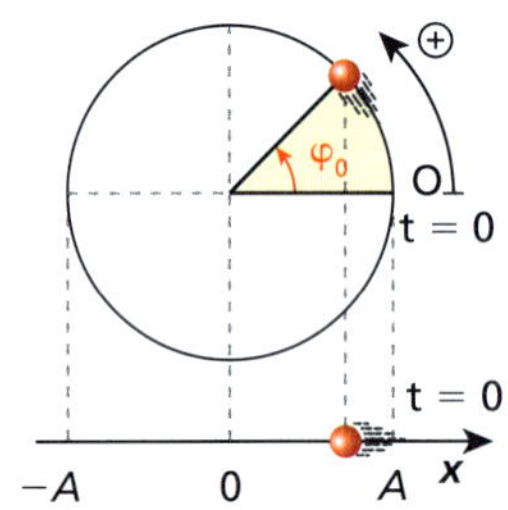

$$\varphi_0 = \frac{\pi}{4} \text{ rad} = 45°$$

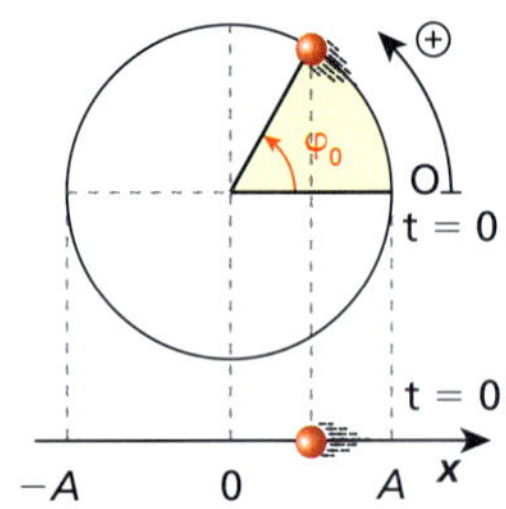

$$\varphi_0 = \frac{\pi}{3} \text{ rad} = 60°$$

Banco de imagens/Arquivo da editora

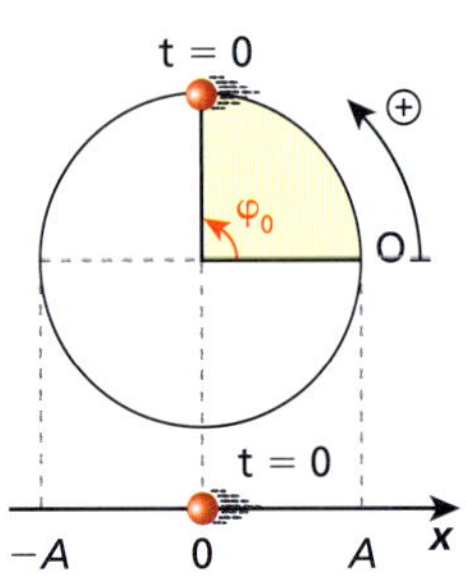

$$\varphi_0 = \frac{\pi}{2} \text{ rad} = 90°$$

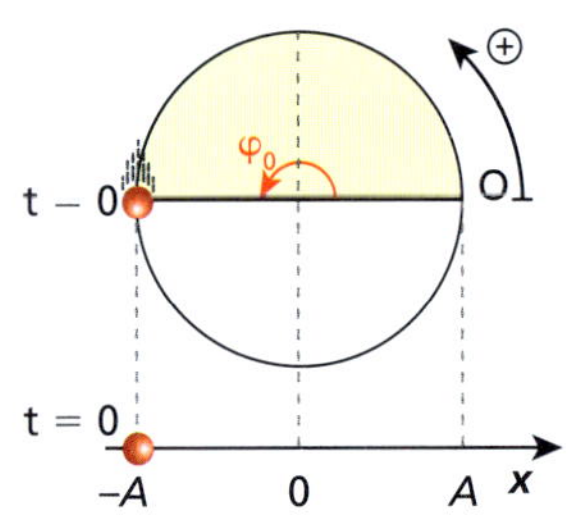

$$\varphi_0 = \pi \text{ rad} = 180°$$

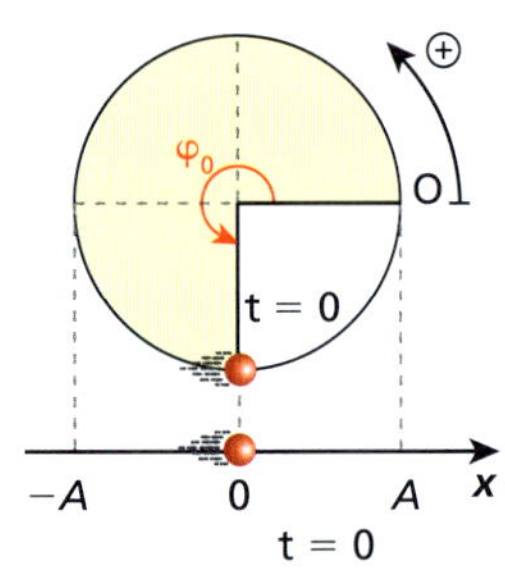

$$\varphi_0 = \frac{3\pi}{2} \text{ rad} = 270°$$

5. Função horária da velocidade do MHS

Ao percorrer a trajetória circular, a partícula assume velocidades que são diferentes em cada ponto. Na figura a seguir, representamos a velocidade da partícula em um determinado intante *t*. A projeção dessa velocidade no eixo **0x** corresponde à velocidade instantânea do MHS.

Observe o triângulo retângulo assinalado na figura ao lado.

$$|\vec{v}_{MHS}| = |\vec{v}_{MCU}| \text{sen}\, \varphi$$

Mas $|\vec{v}_{MCU}| = \omega A$ e $\varphi = \omega t + \varphi_0$

Portanto, juntando essas expressões, obtemos a função horária da velocidade escalar instantânea do MHS:

$$|\vec{v}_{MHS}| = \omega A\ \text{sen}\,(\omega t + \varphi_0)$$

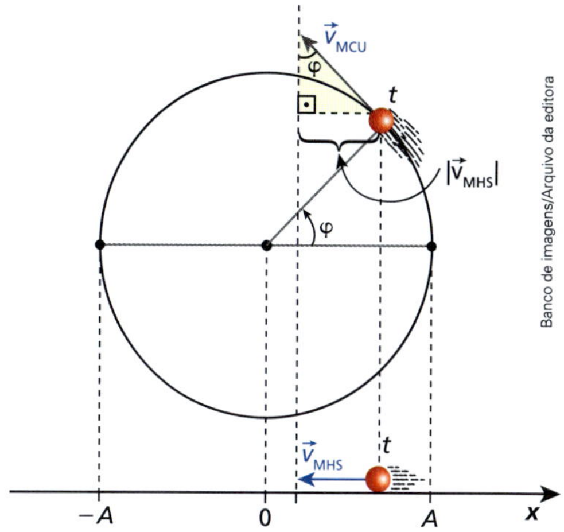

Banco de imagens/Arquivo da editora

No eixo **0x**, em que se realiza o MHS, podemos observar que a velocidade escalar do movimento harmônico simples, nesse instante, tem sentido oposto ao da orientação do eixo. Dessa forma, essa velocidade é negativa, e a expressão fica definida por:

$$v = -\omega A\ \text{sen}\,(\omega t + \varphi_0)$$

Essa é a equação horária da velocidade escalar que vamos utilizar na resoluçao dos exercícios cuja partícula realiza um MHS.

6. Função horária da aceleração do MHS

Como a partícula que usamos como referência encontra-se em MCU, sua aceleração é exclusivamente centrípeta, e a projeção dessa aceleração no eixo **0x** corresponde à aceleração do MHS. Observe na figura ao lado.

Do triângulo retângulo da figura, podemos concluir que:

$$|\vec{a}_{MHS}| = |\vec{a}_{MCU}|\ \cos\varphi$$

Mas $|\vec{a}_{MCU}| = \omega^2 A$ e $\varphi = \omega t + \varphi_0$

Portanto, juntando as expressões, temos:

$$|\vec{a}_{MHS}| = \omega^2 A \cos\,(\omega t + \varphi_0)$$

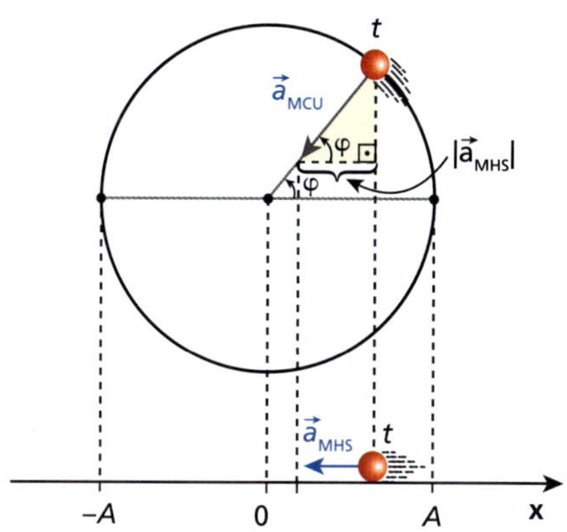

Banco de imagens/Arquivo da editora

O MHS inverte seu sentido de movimento ao passar pelos pontos *A* e −*A*. Nesses instantes a velocidade do MHS é igual a zero. Ao passar pelo ponto **0**, origem do eixo **0x**, a velocidade é máxima. Assim, de *A* para **0** e de −*A* para **0** o movimento do MHS é acelerado e de **0** para −*A* e de **0** para *A* ele é retardado. Como no instante representado na figura o MHS ocorre de *A* para **0**, o movimento é acelerado, e a acereração escalar deve ter mesmo sinal da velocidade escalar nesse instante. No item anterior, vimos que a velocidade escalar é negativa; assim, a aceleração escalar também deve ser negativa.

$$\alpha = -\omega^2 A \cos\,(\omega t + \varphi_0)$$

7. Velocidade escalar do MHS em função da elongação (x)

No item 5, vimos a equação horária da velocidade escalar, isto é, a função da velocidade escalar com o tempo. No entanto, podemos relacionar também a velocidade escalar com a elongação *x*, do MHS.

Para tanto, vamos considerar as equações horárias da elongação (*x*) e da velocidade escalar (*v*):

$$x = A\cos(\omega t + \varphi_0) \Rightarrow \cos(\omega t + \varphi_0) = \frac{x}{A}$$

$$v = -\omega A\,\text{sen}\,(\omega t + \varphi_0) \Rightarrow \text{sen}\,(\omega t + \varphi_0) = -\frac{v}{\omega A}$$

Da Matemática, sabemos que o quadrado do seno somado ao quadrado do cosseno do mesmo ângulo é igual a 1.

Assim:

$$\left(-\frac{v}{\omega A}\right)^2 + \left(\frac{x}{A}\right)^2 = 1 \Rightarrow \frac{v^2}{\omega^2 A^2} + \frac{x^2}{A^2} = 1$$

Desenvolvendo essa relação, obtemos a expressão:

$$v^2 = \omega^2 (A^2 - x^2)$$

Uma das propriedades do MHS pode ser observada nessa relação. Se considerarmos os pontos de inversão do MHS, onde as elongações assumem os valores $x = A$ e $x = -A$, substituindo esses valores na expressão acima concluímos que a velocidade se anula nesses pontos.

No centro da trajetória, no ponto **0**, onde a elongação se anula ($x = 0$), a velocidade assume o valor absoluto máximo.

$$v^2 = \omega^2(A^2 - 0) = \omega^2 A^2$$

$$v = \pm\,\omega A$$

O valor positivo ocorre quando o movimento tem o mesmo sentido da trajetória (de $-A$ para A), e o valor negativo, quando o sentido é contrário à orientação da trajetória (de A para $-A$). Daí podermos concluir que:

$$v_{máx} = \omega A$$

Esquematizando, temos:

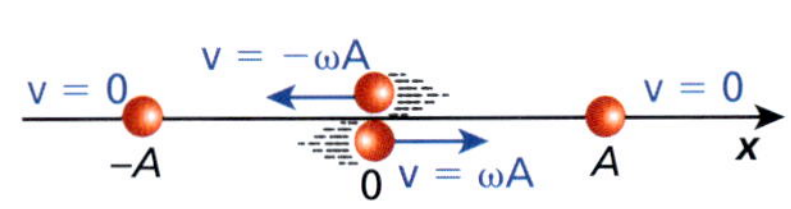

8. Aceleração escalar do MHS em função da elongação (x)

Além da velocidade escalar, podemos também relacionar a aceleração escalar com a elongação *x*. Para isso, vamos utilizar a função horária da elongação *x* e a função horária da aceleração escalar α:

$$x = A\cos(\omega t + \varphi_0)$$

$$\alpha = -\omega^2 A\cos(\omega t + \varphi_0)$$

Isolando o cosseno na primeira equação e substituindo na segunda, temos:

$$\alpha = -\omega^2 x$$

Nessa nova relação, podemos observar que o valor absoluto da aceleração escalar é máximo quando $x = A$ ou $x = -A$, nos pontos de inversão do movimento. No ponto central **0**, a elongação é nula e a aceleração escalar também. Observe que, considerando o valor relativo da aceleração escalar, ela é máxima no ponto $-A$ e mínima no ponto A. Essa aceleração se deve à força de restituição que provoca o MHS. Essa força tende sempre a trazer a partícula de volta ao ponto de equilíbrio do MHS, o ponto central **0**.

Da expressão anterior, podemos concluir que a aceleração escalar máxima é dada por:

$$\alpha_{máx} = \omega^2 A$$

Esquematizando, temos:

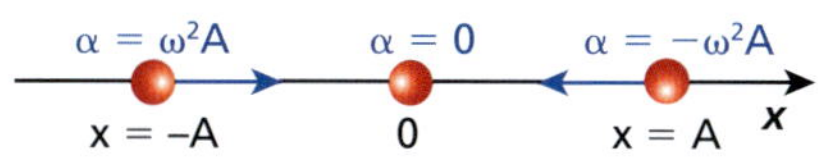

Banco de imagens/ Arquivo da editora

Exercícios Nível 1

1. Um aluno foi passar as férias em um local onde existe um grande parque de diversões. Lá está uma roda-gigante.

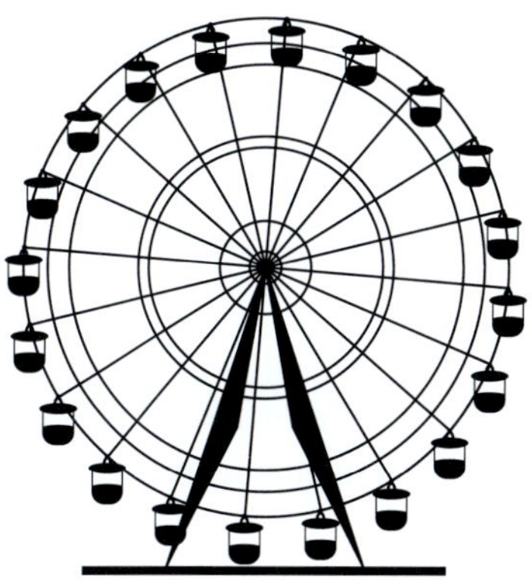

aarrows/Shutterstock

Cada cadeira realiza um movimento circular uniforme (MCU) em torno do eixo no qual gira o dispositivo. Ao meio-dia, quando o Sol encontra-se a pino, isto é, exatamente acima da roda-gigante, pode-se observar que a sombra de cada cadeira, projetada no solo, realiza um movimento retilíneo em um segmento de reta horizontal de tamanho igual ao diâmetro da roda-gigante.

Analise as afirmativas a seguir e classifique-as em verdadeira ou falsa.

1. O movimento da sombra de uma das cadeiras projetada no chão é oscilatório e periódico.
2. O movimento de uma cadeira da roda-gigante é periódico, mas não é oscilatório.
3. O movimento da sombra de uma cadeira realiza um movimento harmônico simples (MHS) no chão.
4. É preciso que uma das cadeiras realize meia-volta em MCU para que sua sombra realize uma oscilação no chão.
5. A amplitude do movimento da sombra é igual ao diâmetro do MCU de uma cadeira.
6. O movimento de uma cadeira da roda-gigante é um MHS.

Com base em sua classificação das afirmações acima, escolha a alternativa correta.

a) Se apenas 1, 3 e 5 são verdadeiras.
b) Se apenas 2, 4 e 6 são verdadeiras.
c) Se apenas 1, 2 e 3 são verdadeiras.
d) Se apenas 4, 5 e 6 são verdadeiras.
e) Se todas são verdadeiras.

2. Duda folheava um antigo livro de Física quando encontrou a ilustração ao lado.

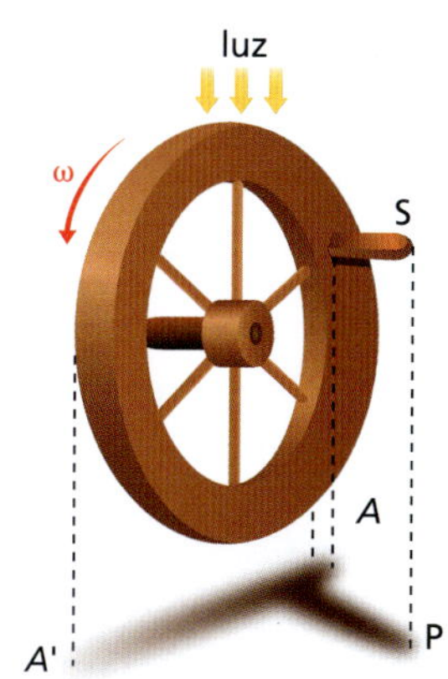

Banco de imagens/Arquivo da editora

Curiosa, passou a ler o texto que se encontrava ao lado da figura: "Suponha que o Sol esteja a pino e que a roda gire em movimento circular e uniforme (MCU). A sombra **P** do punho **S**, projetada no chão, efetua então movimento harmônico simples entre os pontos de inversão *A* e *A'*."

A partir do enunciado anterior, podemos afirmar que:

a) Tanto o movimento da roda como o da sombra são movimentos oscilatórios.

b) O movimento da roda é periódico, mas o movimento da sombra não.

c) O período de oscilação da sombra é metade do período do MCU da roda.

d) O MCU da roda e o MHS realizado pela sombra do punho **S** possuem o mesmo período.

e) A amplitude do MHS da sombra é igual ao diâmetro da roda.

3. E.R. No estudo do movimento harmônico simples (MHS) de uma partícula **P**, foram coletados os valores da elongação (*x*) em função do tempo (*t*) e, em seguida, plotados em um gráfico conforme a figura abaixo.

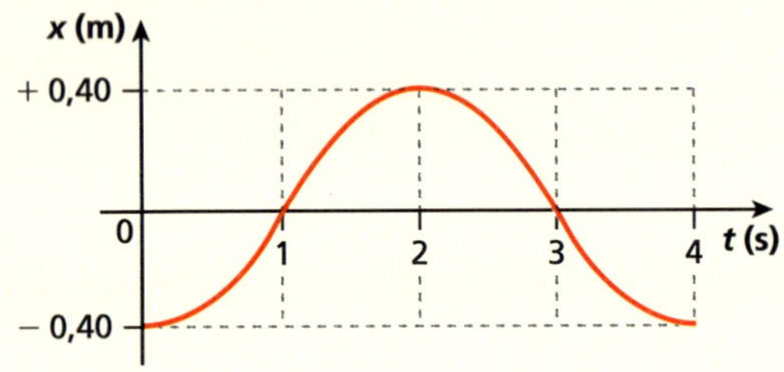

Banco de imagens/Arquivo da editora

A partir dos valores encontrados no gráfico, determine:

a) a amplitude e o período desse MHS.

b) a pulsação e a frequência do MHS.

c) no intervalo dado no diagrama, os instantes em que houve inversão do movimento.

d) os valores da velocidade escalar e da aceleração escalar máximas.

Resolução:

a) Do gráfico, temos:

$$\boxed{A = 0{,}40\ \text{m}} \text{ e } \boxed{T = 4\ \text{s}}$$

b) Da expressão para a pulsação do MHS, temos:

$$\omega = \frac{2\pi}{T} \therefore \boxed{\omega = \frac{\pi}{2}\ \text{rad/s}}$$

E a frequência é:

$$f = \frac{1}{T} \Rightarrow f = \frac{1}{4}\ \text{s} \Rightarrow \boxed{f = 0{,}25\ \text{Hz}}$$

c) Houve inversão nos instantes em que a velocidade assume o valor zero. Assim:

$$t_1 = 0,\ t_2 = 2\ \text{s e } t_3 = 4\ \text{s}$$

d) A velocidade escalar máxima é:

$$v_{máx} = A\varphi$$

$$v_{máx} = 0{,}40 \cdot \frac{\pi}{2} \Rightarrow v_{máx} = 0{,}20\pi$$

$$\boxed{_{máx} = \frac{\pi}{5}\ \text{m/s}}$$

E a aceleração escalar máxima é:

$$\alpha_{máx} = A\varphi^2$$

$$\alpha_{máx} = 0{,}40 \cdot \left(\frac{\pi}{2}\right)^2 \Rightarrow \alpha_{máx} = \frac{0{,}40\pi^2}{4}$$

$$\boxed{\alpha_{máx} = \frac{\pi^2}{10}\ \text{m/s}^2}$$

4. No estudo dos movimentos harmônicos simples (MHS), vamos encontrar como exemplo o movimento de uma partícula **S** ao longo de um eixo **Ox**. Ela obedece à seguinte função horária do movimento $x = 3\cos\left(\pi t + \frac{\pi}{2}\right)$ (SI), em que *x* corresponde à elongação da partícula e *t*, ao tempo de movimento.

Determine:

a) a amplitude, a pulsação e o período desse movimento.

b) a frequência e a fase inicial do movimento.

c) os valores da velocidade escalar máxima e da aceleração escalar máxima de **S**.

d) represente em um diagrama $x = f(t)$ a elongação entre os instantes $t = 0$ e $t = 4$ s.

5. Uma partícula **B** realiza um movimento harmônico simples (MHS) em um segmento de reta horizontal, obedecendo à equação horária $x = 0{,}3\cos\left(\pi t + \frac{\pi}{2}\right)$, no SI. Determine:

a) a amplitude, a pulsação, o período e a frequência desse MHS.

b) a equação da velocidade escalar do MHS em função do tempo.

c) a equação da aceleração escalar do MHS em função do tempo.

Exercícios Nível 2

6. Uma partícula realiza um movimento harmônico simples (MHS) percorrendo um segmento de reta de 1,6 m. Cada oscilação completa demora 4 segundos. Escreva a expressão da elongação (x) em função do tempo (t) para cada uma das condições expressas a seguir e esboce o gráfico correspondente:

E.R.

a) em $t = 0$, a elongação x é igual à amplitude A.

b) em $t = 0$, a elongação x é nula e decrescente.

c) em $t = 0$, a elongação x é igual a $-A$.

d) em $t = 0$, a elongação x é nula e crescente.

Resolução:

Se a trajetória toda mede 1,6 m, a amplitude (A) do MHS vale:

$$A = 0{,}8 \text{ m}$$

Se o período da oscilação vale 4 s, temos:

$$\omega = \frac{2\pi}{T} = \frac{2\pi}{4} \therefore \omega = \frac{\pi}{2} \text{ rad/s}$$

A função horária de elongação é expressa por:

$$x = A\cos(\omega t + \varphi_0)$$

A fase inicial φ_0 na circunferência do MCU que "acompanha" o MHS.

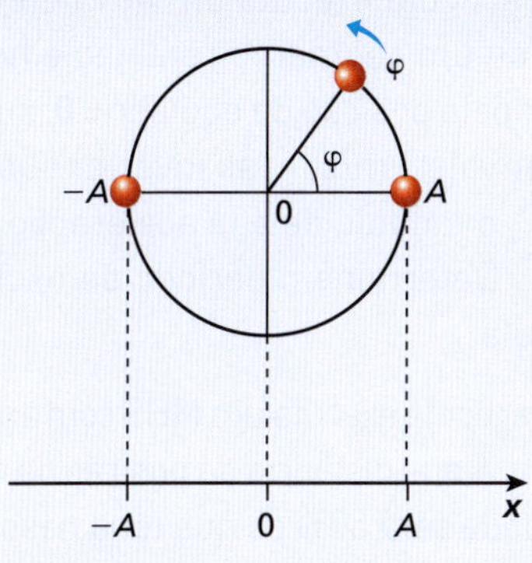

Banco de imagens/Arquivo da editora

Em $t = 0$:

Se $x = A \Rightarrow \varphi_0 = 0$

Se $x = 0$ e elongação decrescente $\Rightarrow$

$$\varphi_0 = \frac{\pi}{2} \text{ rad}$$

Se $x = -A \Rightarrow \varphi_0 = \pi$ rad

Se $x = 0$ e elongação crescente $\Rightarrow \varphi_0 = \dfrac{3\pi}{2}$

Assim:

a) $\boxed{x = 0{,}8\cos\left(\frac{\pi}{2}t\right)}$ (SI)

Banco de imagens/Arquivo da editora

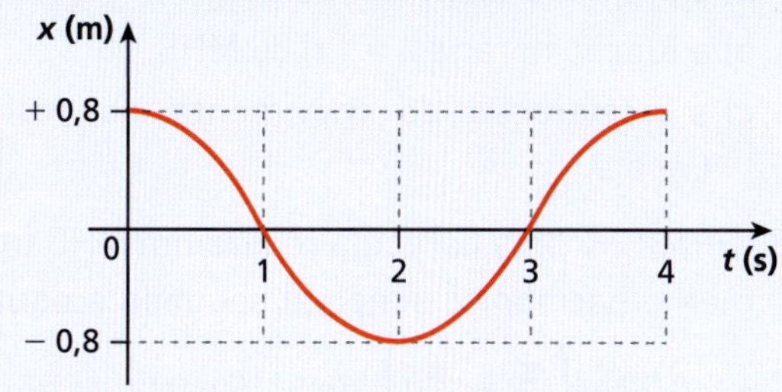

b) $\boxed{x = 0{,}8\cos\left(\frac{\pi}{2}t + \frac{\pi}{2}\right)}$ (SI)

Banco de imagens/Arquivo da editora

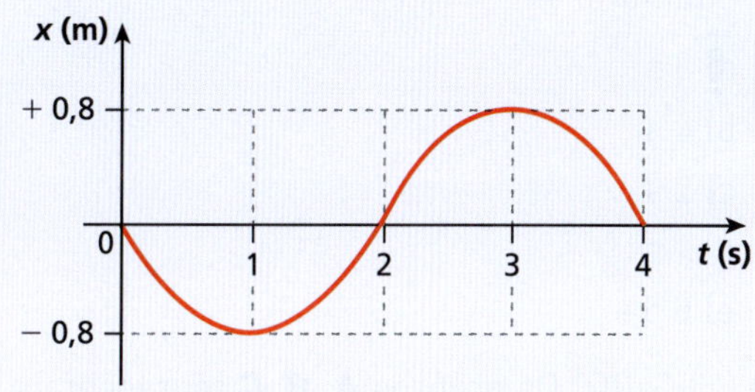

c) $\boxed{x = 0{,}8\cos\left(\frac{\pi}{2}t + \pi\right)}$ (SI)

Banco de imagens/Arquivo da editora

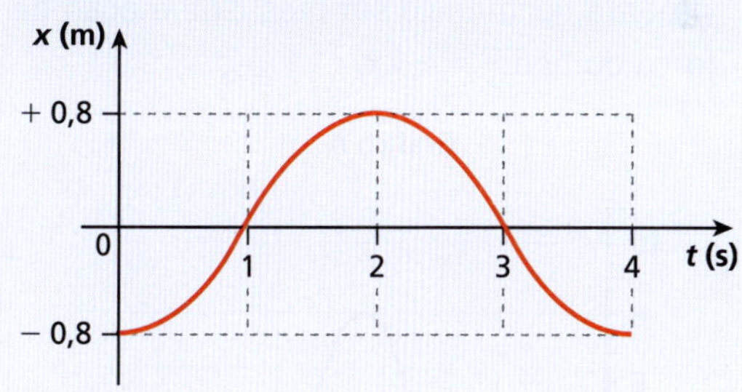

d) $\boxed{x = 0{,}8\cos\left(\frac{\pi}{2}t + \frac{3\pi}{2}\right)}$ (SI)

Banco de imagens/Arquivo da editora

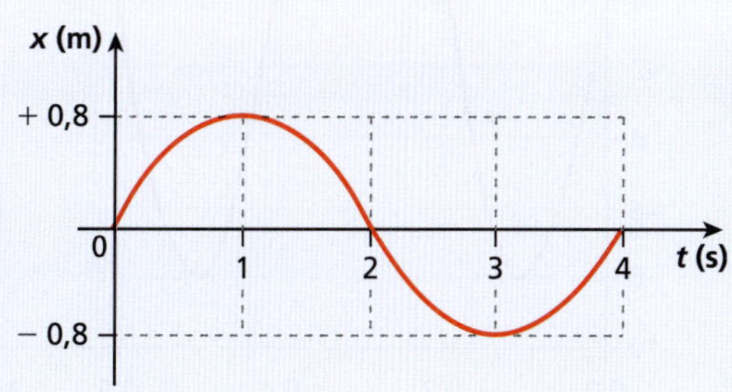

7. Uma partícula se move sobre uma reta, oscilando em MHS, entre as extremidades de um segmento de comprimento igual a 2 metros. A velocidade escalar dessa partícula obedece à expressão $v = -2\pi \text{ sen } (2\pi t + \pi)$, com velocidade em m/s e o tempo em segundos.

Determine:

a) o período desse movimento;

b) a função horária $x = f(t)$ do MHS;

c) a aceleração do movimento no instante $t = 5$ s.

8. (UPM-SP) Uma partícula realiza um MHS (movimento harmônico simples) segundo a equação $x = 0{,}2 \cos\left(\frac{\pi}{2} + \frac{\pi}{2}t\right)$, no SI. A partir da posição de elongação máxima, o menor tempo que esta partícula gastará para passar pela posição de equilíbrio é:

a) 8 s.

b) 4 s.

c) 2 s.

d) 1 s.

e) 0,5 s.

9. (UFG-GO) Os gráficos **A**, **B**, **C** representam, em ordem aleatória, a posição (em m), a velocidade (em m/s) e a aceleração (em m/s^2), em função do tempo (em s), de um corpo executando um movimento harmônico simples, sob a ação de uma força do tipo $F = -kx$.

Gráfico A

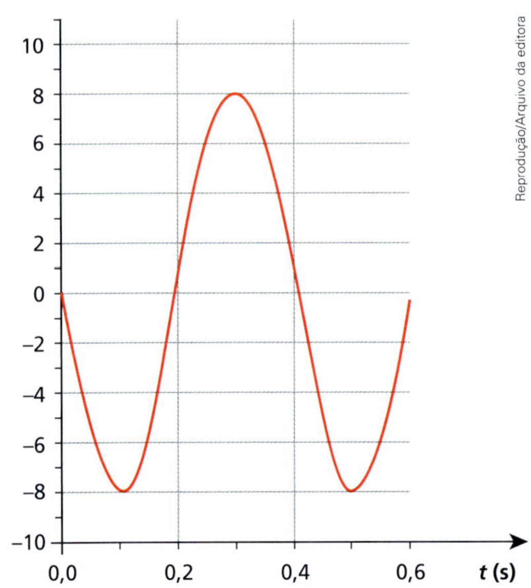

Reprodução/Arquivo da editora

Gráfico B

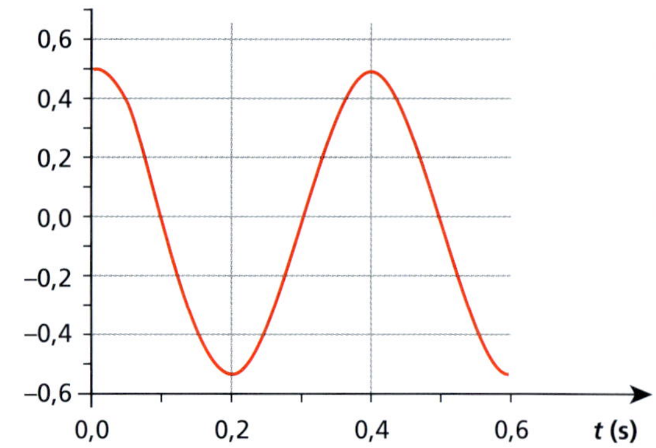

Reprodução/Arquivo da editora

Gráfico C

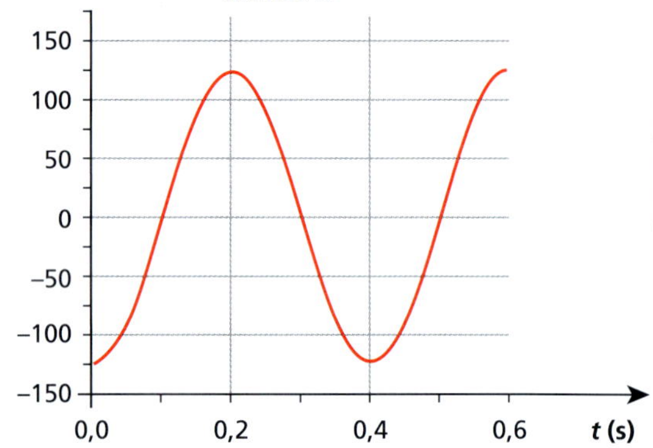

Reprodução/Arquivo da editora

Com base nos gráficos **A**, **B** e **C**:

a) identifique qual deles se refere à posição, qual à velocidade e qual à aceleração. Justifique sua resposta.

b) determine o deslocamento máximo do corpo em relação à origem (amplitude) e a frequência desse movimento.

10. Uma partícula executa um MHS entre os pontos *A* e *A'* de um segmento retilíneo e horizontal. Ao passar pela posição de equilíbrio **0**, sua velocidade escalar vale 1 m/s; e, ao inverter sua posição em *A* ou *A'*, o módulo de sua aceleração escalar vale 2 m/s^2. Determine o período de oscilação dessa partícula.

11. Uma partícula executa um MHS com amplitude igual a 20 cm. A que distância da posição de equilíbrio sua velocidade será 50% da que teria nesse ponto?

12. Uma partícula executa um MHS em uma trajetória retilínea e horizontal. Ao passar pela posição de equilíbrio, sua velocidade escalar tem valor absoluto máximo igual a 30 m/s. Nas posições extremas do movimento, a aceleração escalar assume o máximo valor absoluto igual a 90 m/s^2. Qual é o valor absoluto de sua velocidade escalar em uma posição $x = 5$ m, medido desde o ponto de equilíbrio **0**?

13. (Vunesp) A partir do gráfico a seguir, que representa posições ocupadas por um móvel em função do tempo quando oscila em movimento harmônico simples, determine:

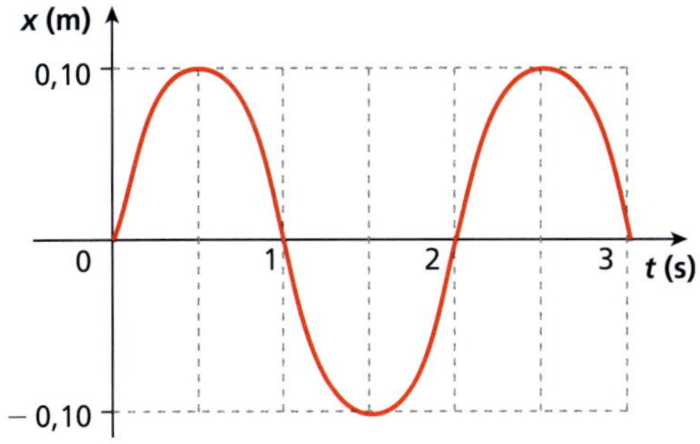

Reprodução/Arquivo da editora

a) a frequência e a amplitude do movimento;

b) os instantes, durante os três primeiros segundos, em que a velocidade se anulou.

14. (Fuvest-SP) Uma peça, com a forma indicada, gira em torno de um eixo horizontal **P**, com velocidade angular constante e igual a π rad/s. Uma mola mantém uma haste apoiada sobre a peça, podendo a haste mover-se apenas na vertical. A forma da peça é tal que, enquanto ela gira, a extremidade da haste sobe e desce, descrevendo, com o passar do tempo, um movimento harmônico simples Y(t) como indicado no gráfico. Assim, a frequência do movimento da extremidade da haste será de:

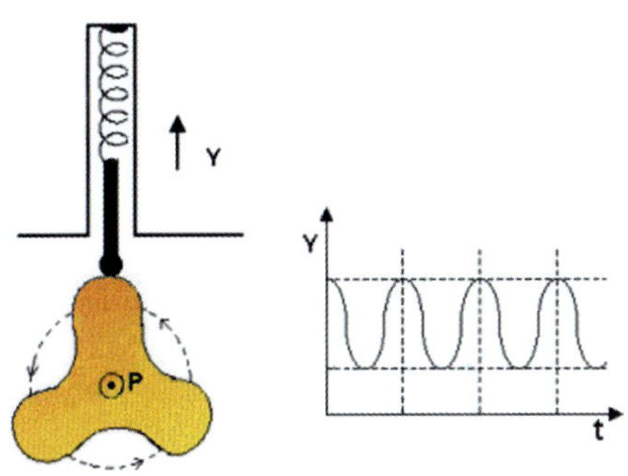

Reprodução/Fuvest, 2001

a) 3,0 Hz.

b) 1,5 Hz.

c) 1,0 Hz.

d) 0,75 Hz.

e) 0,5 Hz.

15. Uma atração de tirar o fôlego em alguns parques de diversão consiste em uma plataforma horizontal que realiza movimento harmônico simples (MHS) na vertical com amplitude igual a 10 m. As pessoas que se submetem a esse "brinquedo" sentem ausência total de peso quando a plataforma inverte o sentido do seu movimento no ponto mais alto, **A**, e detectam um intenso aumento aparente de peso quando a plataforma inverte o sentido do seu movimento no ponto mais baixo, **B**.

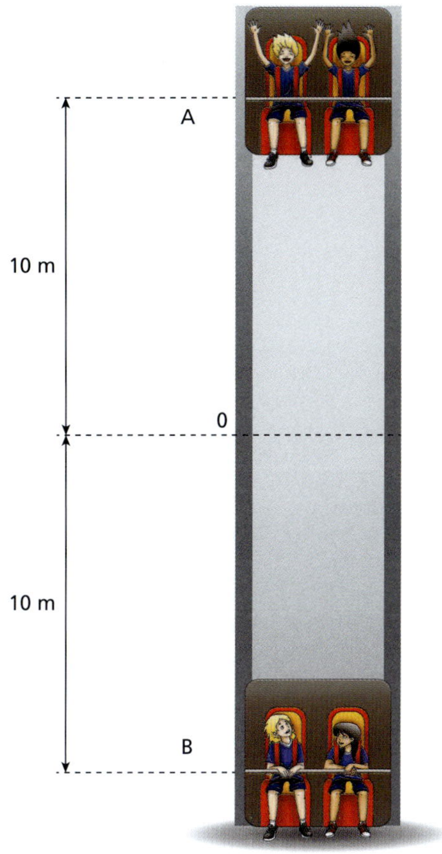

Banco de imagens/Arquivo da editora

Supondo que no local a aceleração da gravidade tenha módulo $g = 10\ m/s^2$, determine:

a) o período de oscilação da plataforma;

b) o valor aparente da aceleração da gravidade percebido pelas pessoas no ponto **B**.

16. (ITA-SP) Uma partícula em movimento harmônico simples oscila com frequência de 10 Hz entre os pontos L e $-L$ de uma reta. No instante t_1, a partícula está no ponto $\sqrt{3}\,\frac{L}{2}$, caminhando em direção a valores inferiores, e atinge o ponto $-\sqrt{2}\,\frac{L}{2}$ no instante t_2. O tempo gasto nesse deslocamento é:

a) 0,021 s.

b) 0,029 s.

c) 0,15 s.

d) 0,21 s.

e) 0,29 s.

Bloco 2

9. Força no MHS

Na segunda lei de Newton, vimos que a força aplicada a um corpo de massa *m* pode provocar como consequência uma aceleração vetorial de módulo *a*. A expressão que relaciona a intensidade da força com o módulo da aceleração é dada por:

$$F = ma$$

No MHS vimos que a aceleraçao escalar relaciona-se com a elongação por meio da expressão:

$$a = -\omega^2 x$$

Sendo *a* a aceleração expressa na segunda lei de Newton, temos:

$$F = -m\omega^2 x$$

Como, para cada MHS, a massa *m* e a pulsação ω são constantes, podemos fazer o produto $m\omega^2$ igual a *K*, que chamaremos de **constante de força do MHS**.

Assim, obtemos a relação:

$$F = -Kx$$

Observe que a força do MHS é diretamente proporcional à elongação *x* de sinal contrário. Isto é, quando a elongação é negativa, a força é positiva e, quando a elongação é positiva, a força assume o sinal negativo. Essa é a caracteristica mais importante para reconhecer se um movimento é ou não um MHS. Note que a força atua sempre para garantir a continuação do movimento (MHS), visto que ela é uma **força restauradora**. Toda vez que o corpo que realiza o MHS passa pela posição central (ponto **0**) a força age para retardar o movimento e trazê-lo de volta ao ponto **0**. Esse ponto **0** determina a **posição de equilíbrio** do MHS. Nesse ponto (**0**) a elongação e a força se anulam, e o corpo passa por essa posição em razão de sua inércia de movimento.

Podemos agora completar a definição de MHS.

Assim, um **movimento** é definido como **MHS** quando seus estados **cinemáticos** (posição, velocidade e aceleração) e **dinâmicos** (força) se repetem periódicamente em uma trajetória retilínea.

10. Período (T) e frequência (f) do MHS

No item anterior determinamos que a constante de força do MHS é dada por

$$K = m\omega^2$$

Mas, anteriormente, vimos que a pulsação do MHS é expressa por:

$$\omega = \frac{2\pi}{T}$$

Assim, temos:

$$K = m\omega^2 \Rightarrow \omega = \sqrt{\frac{K}{m}}$$

e:

$$\frac{2\pi}{T} = \sqrt{\frac{K}{m}} \Rightarrow \quad T = 2\pi\sqrt{\frac{m}{K}}$$

É importante observar que o período de um MHS independe da amplitude das oscilações, mas depende da **massa** (m) oscilante e da **constante de força** (K) do MHS.

Como a frequência (f) de oscilação é o inverso do periodo (T), temos:

$$f = \frac{1}{2\pi}\sqrt{\frac{K}{m}}$$

11. Oscilador massa-mola

Os osciladores massa-mola se constituem nos principais exemplos de MHS. Na maioria das vezes em que encontramos um MHS ele será a representação de uma mola oscilando, principalmente, na horizontal ou na vertical.

Oscilador massa-mola na horizontal

Na figura representada ao lado, encontramos um bloco de massa m, inicialmente em repouso, sobre um plano horizontal sem atrito. O bloco encontra-se preso na extremidade de uma mola de massa supostamente desprezível, de constante elástica K. Inicialmente, a mola encontra-se sem deformação.

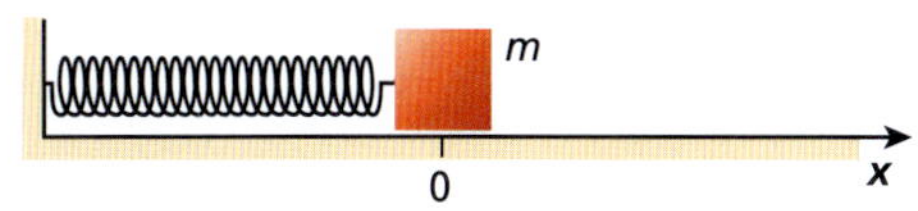

Mola não deformada

Banco de imagens/Arquivo da editora

Na posição indicada na figura, a elongação, a velocidade escalar, a aceleração escalar e a força do MHS são nulos.

Vamos agora afastar o bloco da posição de equilíbrio **0**, deslocando-o para a direita, por exemplo, até uma posição que vamos definir como A.

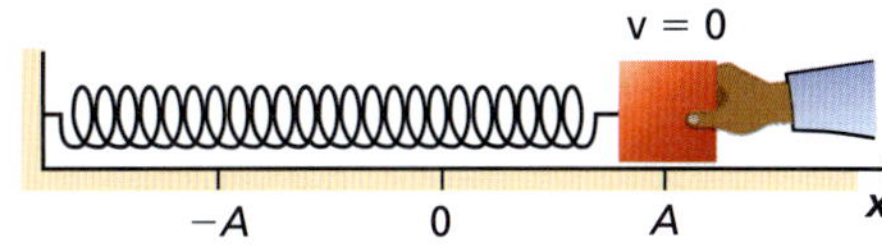

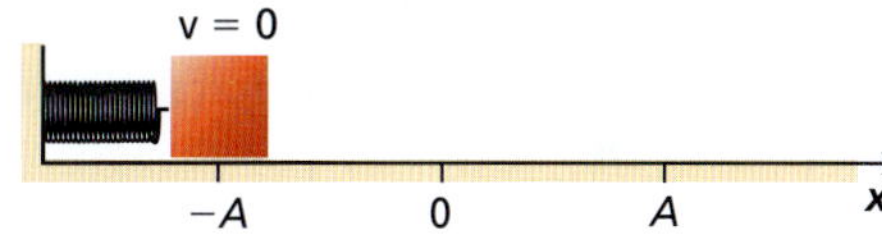

Considerando nula a influência do ar e que a mola opere em regime de elasticidade perfeita, se soltarmos o bloco, ele vai deslizar pelo plano horizontal até atingir o ponto definido como $-A$, oposto de A em relação à posição de equilíbrio **0**. O bloco passará a executar um movimento oscilatório e periódico no segmento de reta **−AA**, realizando um MHS. Observe que o sistema é conservativo.

Na posição A, a energia potencial elástica armazenada na mola e a energia cinética de movimento do bloco valem:

$$E_p = \frac{KA^2}{2} \quad e \quad E_c = 0$$

A energia mecânica total do sistema é dada por:

$$E_m = E_p + E_c = \frac{KA^2}{2} + 0$$

Portanto:

$$E_m = \frac{KA^2}{2}$$

Nos pontos A e $-A$, a energia potencial elástica é máxima, e a energia cinética é nula:

$$E_p = \frac{KA^2}{2} \quad e \quad E_c = 0$$

No ponto de equilíbrio **0**, a energia potencial elástica é nula, e a energia cinética é máxima:

$$E_p = 0 \quad \text{e} \quad E_c = \frac{m\omega^2 A^2}{2} = \frac{KA^2}{2}$$

Em uma posição genérica *x*, as energias são calculadas por:

$$E_p = \frac{Kx^2}{2} \quad \text{e} \quad E_c = \frac{mv^2}{2}$$

É importante observar que, em qualquer ponto do MHS, a energia mecânica total é constante, já que o sistema é conservativo.

$$E_m = \frac{KA^2}{2}$$

Representando graficamente essas energias, obtemos:

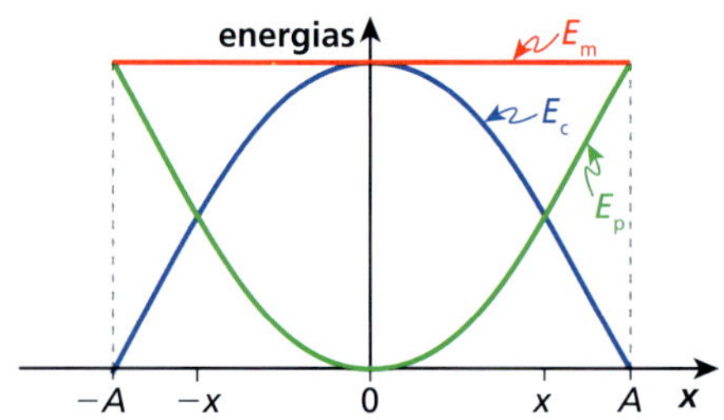

Banco de imagens/Arquivo da editora

Oscilador massa-mola na vertical

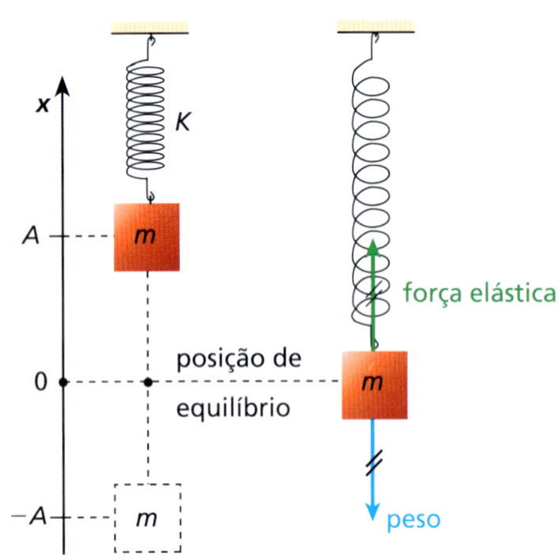

Banco de imagens/Arquivo da editora

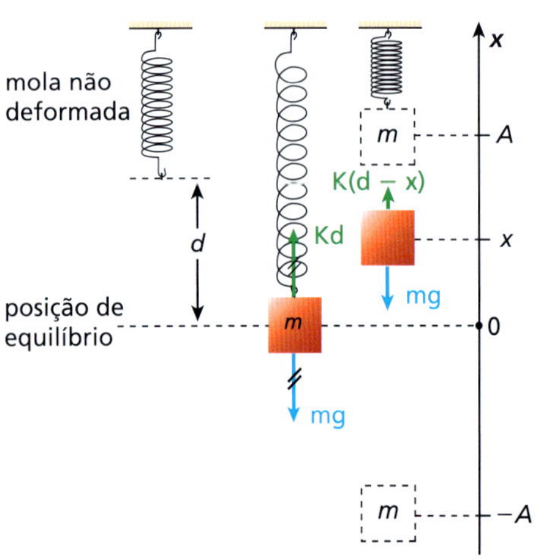

Banco de imagens/Arquivo da editora

Consideremos uma mola de constante elástica *K* e condições ideais (ausência de resistência do ar e mola em regime de elasticidade perfeita). Ao prender a mola no teto de uma sala, o bloco de massa *m* vai oscilar na vertical.

No ponto de equilíbrio **0**, a força resultante no bloco é nula, no entanto a mola permanece deformada. A força do MHS, nesse caso, corresponde à soma vetorial das forças peso e elástica aplicadas no bloco. Observe que no ponto **0** a mola encontra-se deformada, portanto a força elástica não é nula; ela tem como intensidade o mesmo valor do módulo da força peso, resultando em uma soma vetorial nula. Como a mola se encontra deformada na posição de equilíbrio, é fácil perceber que, ao contrário do oscilador massa-mola horizontal, a elongação do MHS não corresponde à deformação da mola.

Para provar que esse movimento é um MHS, vamos representar uma situação genérica desse movimento:

Na posição genérica representada na figura, a intensidade da resultante das forças que agem no bloco vale:

$$F = K(d - x) - mg$$
$$F = Kd - Kx - mg$$

Mas, na posição de equilíbrio **0**, vimos que a força resultante valia zero e que as forças peso e elástica tinham a mesma intensidade. Daí:

$$Kd = mg$$

Assim, substituindo na expressão acima, temos:

$$F = mg - Kx - mg$$

e:

$$F = -Kx$$

Essa força proporcional ao deslocamento do corpo e com sentido contrário ao movimento é a força característica de um MHS. Portanto, esse movimento vertical que acabamos de estudar é um movimento harmônico simples (MHS).

Como a constante de força continua sendo a constante elástica da mola *K*, o período de oscilação continua sendo calculado pela expressão:

$$T = 2\pi\sqrt{\frac{m}{K}}$$

Ampliando o olhar

Como determinar a massa de um astronauta?

Aqui na Terra quase tudo que o fazemos exige esforço muscular. Portanto, sempre estamos "trabalhando" alguns músculos. No entanto, quando um astronauta está viajando por regiões onde a gravidade é próxima de zero (microgravidade) ou não proporciona a sensação de peso (como nas espaçonaves em órbita ao redor da Terra), ele precisa fazer certos exercícios físicos, pois sua massa muscular diminuirá em virtude da atrofia das fibras.

Nesse caso, um rígido controle da massa muscular do astronauta deve ser feito. Mas como fazê-lo? Uma balança como a que usamos aqui na Terra não funciona no espaço.

Para resolver esse problema, os engenheiros da Nasa desenvolveram um dispositivo denominado Body Mass Measurement Device (BMMD), que em português significa Aparelho que Mede a Massa do Corpo.

Esse dispositivo consiste em uma cadeira presa a uma mola. O astronauta senta-se, então, nela, e o conjunto astronauta e BMMD vai oscilar. O número de oscilações completas, dividido pelo intervalo de tempo, corresponde à frequência de oscilação do sistema. O período de oscilação é o inverso da frequência.

Com o período de oscilação determinado, podemos obter a massa total do sistema.

Essa massa é a soma das massas do astronauta mais a massa da cadeira (conhecida).

O conjunto astronauta + BMMD é o conhecido sistema massa-mola.

Para determinação diária da massa do astronauta, podemos utilizar a equação obtida anteriormente que relaciona o período de oscilação com a massa do corpo:

$$T = 2\pi\sqrt{\frac{M}{K}}$$

em que $M = m_c + m_a$.

Assim, sendo conhecida a massa da cadeira (m_c) e a constante *K* da mola, podemos obter a massa (m_a) do astronauta:

$$m_a = \frac{T^2K}{4\pi^2} - m_c$$

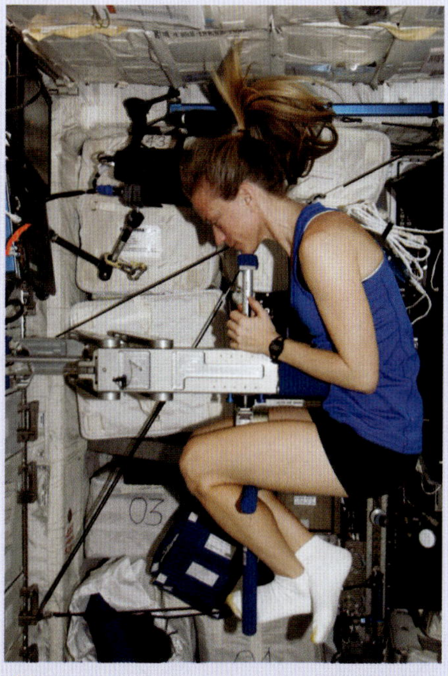

Reprodução/NASA

Body Mass Measurement Device (BMMD), aparelho em forma de cadeira projetado por engenheiros da Nasa para monitorar as perdas de massa corpórea dos astronautas. Na fotografia, a astronauta Karen Nyberg realiza atividades de monitoramento e medição de massa.

JÁ PENSOU NISTO?

Pontes que balançam

Osciladores são de grande importância na construção civil, pois podem ser utilizados para estabilizar edificações. Um ótimo exemplo é a ponte Rio-Niterói, com seus 13,3 km de extensão. Devido a ventos muito fortes, com registros de até 60 km/h, o fluxo na ponte era costumeiramente interditado, pois esses ventos resultavam em oscilações com amplitudes de 1 m.

LightRocket/Getty Images

Em 1980, motoristas chegaram a abandonar seus veículos na ponte. Para diminuir a aflição dos usuários, o Instituto de Engenharia da Universidade Federal do Rio de Janeiro (UFRJ) desenvolveu um sistema para reduzir a amplitude de oscilação da ponte. Esse sistema, constituído de uma caixa com molas, que se comportam como osciladores harmônicos, foi instalado no vão central da ponte em 2004. Com isso, as oscilações da ponte foram reduzidas em 80%, diminuindo a sensação de desconforto dos motoristas e aumentando a resistência da ponte em relação a tensões na sua estrutura.

12. Pêndulo simples

Entende-se como pêndulo simples o conjunto de uma massa *m* presa à extremidade de um fio inextensível que oscila em torno de um ponto fixo.

Banco de imagens/Arquivo da editora

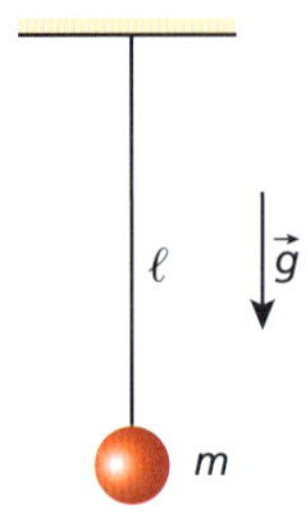

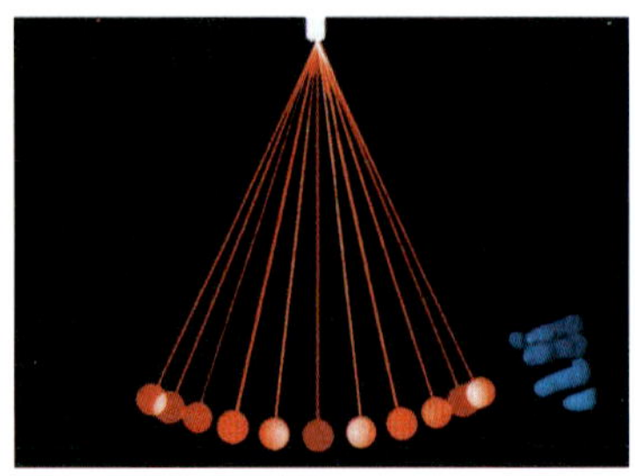
Visuals Unlimited/Getty Images

O movimento oscilatório desse corpo não é rigorosamente um MHS. No entanto, para pequenos ângulos θ de oscilação, esse movimento se aproxima muito de um MHS. A condição para que essa aproximação seja válida é:

$$\theta_{máx} \leq 10°$$

Banco de imagens/Arquivo da editora

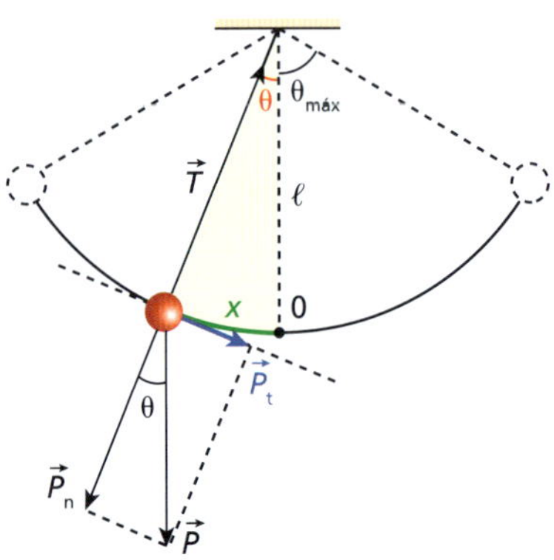

Nesse intervalo, de 0° a 10°, o valor do ângulo em radianos e seu seno são praticamente iguais. Assim, quando trabalharmos com oscilações pendulares como sendo MHS, estaremos considerando essa condição especial.

Consideremos uma massa pendular que foi afastada de sua posição de equilíbrio (dentro das condições especiais) e posta a oscilar.

As forças que atuam na massa pendular é o seu peso ($\vec{P}$) e a tração no fio ($\vec{T}$). A resultante dessas forças corresponde à componente tangencial da força peso ($\vec{P}_t$), que, nesse caso, é a força restauradora.

Assim:

$$P_t = mg\,\text{sen}\,\theta$$

O ângulo θ em radianos é definido por:

$$\theta = \frac{x}{\ell}$$

Valendo a relação:

$$P_t = mg\,\text{sen}\,\frac{x}{\ell}$$

Percebemos que rigorosamente esse movimento não é um MHS, pois a força restauradora $\vec{P}_t$ não é diretamente proporcional à elongação *x*, mas sim ao seno de *x*. No entanto, na situação especial, para pequenos ângulos θ (menores que 10°), podemos substituir o seno pelo próprio ângulo em radianos.

$$P_t = mg\theta = mg\frac{x}{\ell}$$

Sendo constantes os valores de *m*, *g* e ℓ, podemos fazer:

$$K = \frac{mg}{\ell}$$

E o módulo P_t da força restauradora pode ser expresso por:

$$P_t = Kx$$

Agora, sim, a força restauradora $\vec{P}_t$ é diretamente proporcional à elongação *x*, e o movimento pode ser aproximado ao de um MHS. Novamente, isso só vale para pequenos ângulos de oscilação.

Como o periodo (*T*) de oscilação de um MHS é muito importante no estudo desse movimento, vamos obter a equação do cálculo desse período para um pêndulo oscilante.

Sabemos que, em um MHS, o periodo é determinado por:

$$T = 2\pi\sqrt{\frac{m}{K}}$$

e:

$$K = \frac{mg}{\ell}$$

Relacionando essas duas expressões, obtemos:

$$T = 2\pi\sqrt{\frac{m}{\frac{mg}{\ell}}}$$

Finalmente:

$$T = 2\pi\sqrt{\frac{\ell}{g}}$$

Observemos que essa relação somente é valida para pequenos ângulos de oscilação (até 10°) e que esse período não depende da massa pendular *m*.

Ampliando o olhar

Um túnel atravessando a Terra

No imaginário coletivo existe aquela pergunta: Se fizéssemos um túnel atravessando a Terra e saltássemos para dentro dele, o que aconteceria? Em 1864, o escritor francês Júlio Verne publicou o famoso livro de ficção científica *Viagem ao centro da Terra*. Nele, Verne descreveu como seria o movimento de um corpo que caísse nesse túnel. Segundo ele, a atração gravitacional aumentaria até o centro da Terra, quando cessaria subitamente. Hoje sabemos que Verne errou.

Ilustrações: Reprodução/Arquivo da editora

Imagem com elementos fora de escala.

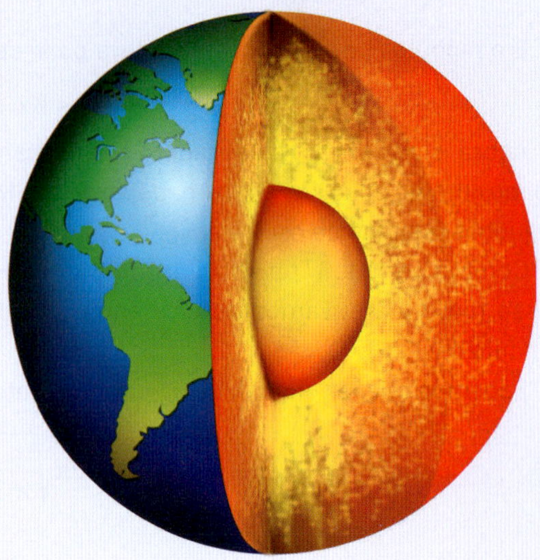

Se um corpo caísse nesse túnel, seria atraído pela massa da Terra que estivesse na esfera de raio *r*, distância entre a posição em que o corpo se encontra e o centro da Terra. Isto é, a força gravitacional diminuiria à medida que o corpo se aproximasse do centro do nosso planeta. Ele passaria pelo centro, onde a força gravitacional vale zero, devido à sua inércia de movimento. Na segunda metade do túnel, a força de atração gravitacional se inverteria, retardando o movimento, até o corpo chegar à abertura do poço, do outro lado. Na sequência, o corpo voltaria a descer o túnel, repetindo o movimento. Ele ficaria oscilando entre as duas aberturas do túnel em um movimento harmônico simples (MHS).

Obviamente, essa é uma situação teórica, com condições idealizadas, como a ausência de resistência do ar e a distribuição uniforme da massa da Terra (o que não ocorre). Além disso, o núcleo do nosso planeta tem o magma líquido e um centro sólido ainda desconhecido.

Para provar que esse movimento é um MHS, vamos analisar a força gravitacional (peso) que provoca essa oscilação:

$$F_g = P = mg$$

Mas:

$$g = \frac{GM}{r^2}$$

em que *M* é a massa da Terra e *r*, o raio (e também a elongação do MHS). No início r = R, em que *R* é o raio da Terra.

À medida que o corpo cai, *g* muda de valor, diminuindo, pois a massa M_i diminui, e o raio *r* também diminui. O valor de g_i (*g* no interior da Terra), vale:

$$g_i = \frac{GM_i}{r^2}$$

Sendo $\mu = M/V$ a densidade da Terra, temos:

$$g_i = \frac{G}{r^2}\mu V_i = \frac{G}{r^2}\mu \cdot \frac{4}{3}\pi r^3 \Rightarrow g_i = \frac{4G\pi r}{3}\mu = \frac{4G\pi r}{3} \cdot \frac{M}{\frac{4}{3}\pi R^3} \Rightarrow g_i = \frac{GM}{R^3}r$$

$$F_g = m\frac{GM}{R^3}r \Rightarrow F_g = Kr$$

Observe que m é a massa do corpo, G é a constante gravitacional, M é a massa total da Terra e R é o raio da Terra, e todos são constantes. Assim, a força gravitacional é diretamente proporcional a r, que corresponde à elongação do MHS, a distância do corpo até o centro do nosso planeta.

Quanto tempo ele levaria para realizar essa travessia?

A travessia corresponde somente ao tempo de ida, portanto metade do período do MHS. Assim, o período é dado por:

$$T = 2\pi\sqrt{\frac{m}{K}}$$

e, a constante K, valendo:

$$K = \frac{GMm}{R^3}$$

Assim, temos:

$$T = 2\pi\sqrt{\frac{R^3}{GM}}$$

Como:

$R = 6\,400 \text{ km} = 6{,}4 \cdot 10^6 \text{ m}$

$G = 6{,}67 \cdot 10^{-11} \text{ Nm}^2/\text{kg}^2$

$\pi = 3{,}14$

$M = 6{,}0 \cdot 10^{24} \text{ kg}$

Vem:

$$T = 84 \text{ min } 44 \text{ s}$$

Portanto, a travessia seria feita na metade desse tempo:

$$\boxed{\Delta t = 42 \text{ min } 22 \text{ s}}$$

E se fizéssemos outro túnel, paralelo a esse, que não passasse pelo centro da Terra, quanto tempo levaria a travessia?

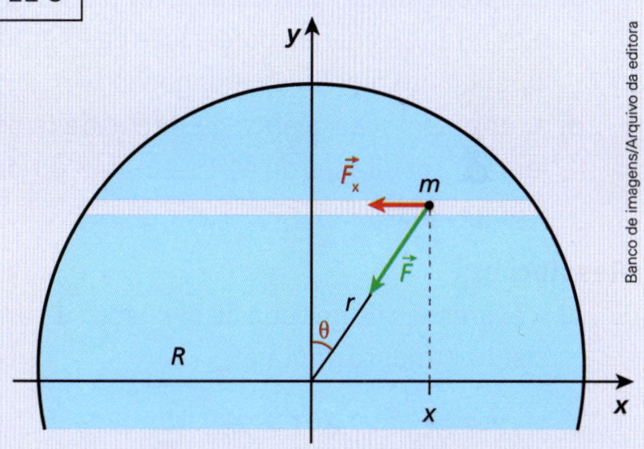

Observe que a abscissa x é dada por $x = r \text{ sen } \theta$ e a força ao longo do eixo **x** por:

$$F_x = F_g \text{ sen } \theta = \frac{GMm}{R^3} r \text{ sen } \theta \Rightarrow F_x = \frac{GMm}{R^3} x$$

Portanto, a constante K do MHS assume o mesmo valor:

$$K = \frac{GMm}{R^3}$$

E o período desse movimento é dado por:

$$\boxed{T = 2\pi\sqrt{\frac{R^3}{GM}}}$$

Ou seja, o tempo de travessia seria igual, independentemente do túnel que escavássemos através da Terra.

$$\boxed{\Delta t = 42 \text{ min } 22 \text{ s}}$$

Exercícios Nível 1

17. Em um arranjo massa-mola horizontal, um bloco de massa 4 kg encontra-se em repouso sobre um plano horizontal, perfeitamente liso (sem atrito), preso à extremidade de uma mola inicial de constante elástica igual a 100 N/m.
E.R.

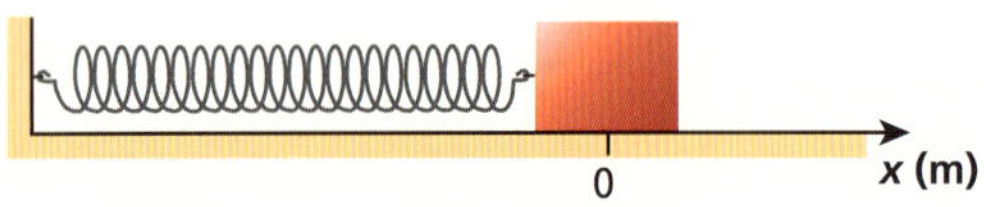

Banco de imagens/Arquivo da editora

O bloco é empurrado comprimindo a mola em 20 cm e abandonado. Ele passa então a oscilar, realizando um movimento harmônico simples (MHS).

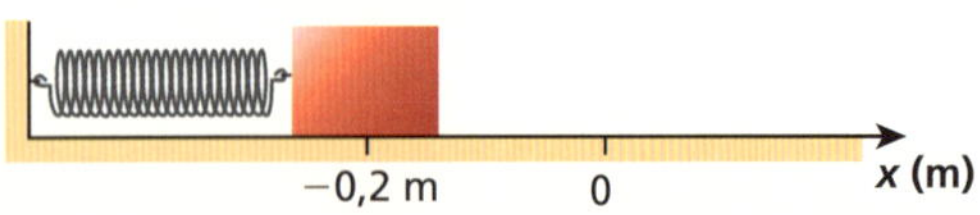

Banco de imagens/Arquivo da editora

Utilizando esses dados, determine:

a) o período de oscilação do MHS;

b) o valor da energia mecânica total desse sistema oscilatório;

c) a representação gráfica da energia mecânica total, da energia potencial e da energia cinética em função da elongação (*x*);

d) a representação gráfica da intensidade da força *F* resultante do MHS em função da elongação (*x*).

Resolução:

a) A expressão do período de oscilação de um sistema massa-mola é:

$$T = 2\pi\sqrt{\frac{m}{K}} \Rightarrow T = 2\pi\sqrt{\frac{4}{100}} = 2\pi\frac{2}{10}$$

$$\boxed{T = 0{,}4\pi \text{ s}}$$

b) A energia mecânica total do sistema massa-mola é determinada por:

$$E_m = \frac{kA^2}{2} \Rightarrow E_m = \frac{100 \cdot (0{,}2)^2}{2}$$

$$\boxed{E_m = 2 \text{ J}}$$

c) A energia potencial é determinada por:

$$E_p = \frac{kx^2}{2} \Rightarrow E_p = 50x^2$$

A energia cinética:

$$E_c = E_m - E_p \Rightarrow E_c = 2 - 50x^2$$

Assim, graficamente:

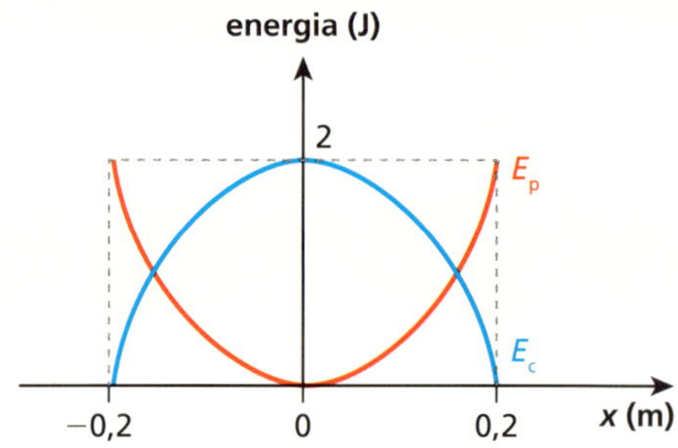

Banco de imagens/Arquivo da editora

d) A intensidade da força:

$$F = -kx$$

$$F = -100x$$

Assim, o gráfico respectivo é dado por:

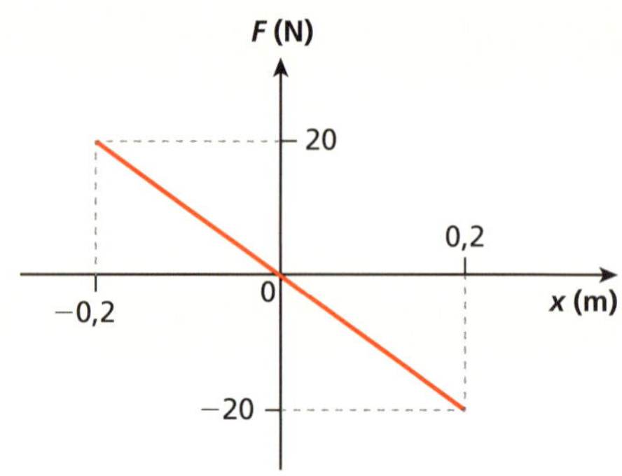

Banco de imagens/Arquivo da editora

18. (Unesp-SP) Em um parque de diversões, existe uma atração na qual o participante tenta acertar bolas de borracha na boca da figura de um palhaço, que, presa a uma mola ideal, oscila em movimento harmônico simples entre os pontos extremos **A** e **E**, passando por **B**, **C** e **D**, de modo que em **C**, ponto médio do segmento **AE**, a mola apresenta seu comprimento natural, sem deformação.

Reprodução/Unesp, 2016

Uma pessoa, ao fazer suas tentativas, acertou a primeira bola quando a boca passou por uma posição em que o módulo de sua aceleração é máximo acertou a segunda bola quando a boca passou por uma posição em que o módulo de sua velocidade é máximo. Dos pontos indicados na figura, essas duas bolas podem ter acertado a boca da figura do palhaço, respectivamente, nos pontos

a) **A** e **C**.
b) **B** e **E**.
c) **C** e **D**.
d) **E** e **B**.
e) **B** e **C**.

19. (Vunesp) Um objeto preso a uma mola é colocado em oscilação na direção vertical, entre os pontos **X** e **Z**, como mostra a figura. O ponto **Y** é o ponto no qual a força resultante no objeto é nula.

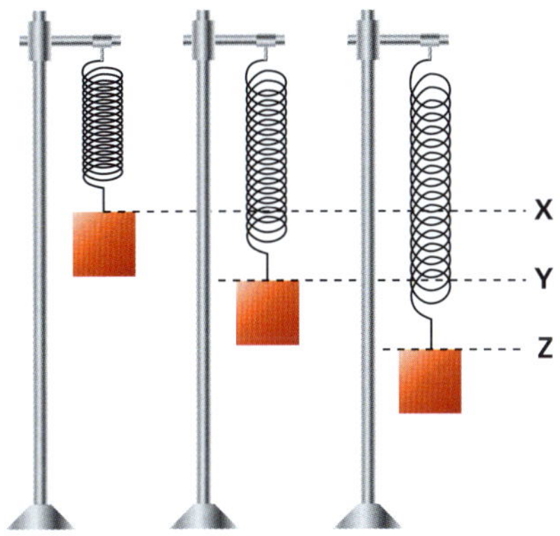

Durante o movimento de oscilação, em certos instantes, a energia cinética é nula e a energia potencial elástica é máxima. Essa condição ocorre

a) nos pontos **X** e **Z**.
b) no ponto **X**, apenas.
c) nos pontos **Y** e **Z**.
d) no ponto **Z**, apenas.
e) no ponto **Y**, apenas.

20. (Efomm-RJ) O bloco de massa *M* da figura é, em t = 0, liberado do repouso na posição indicada (x = −A) e a seguir executa um MHS com amplitude A = 10 cm e período de 1,0 s.

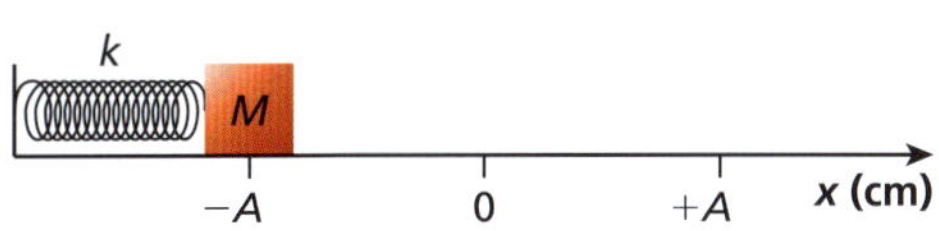

No instante t = 0,25 s, o bloco se encontra na posição onde:

a) a energia mecânica é o dobro da energia cinética.
b) a energia mecânica é o dobro da energia potencial elástica.
c) a energia cinética é o dobro da energia potencial elástica.
d) a energia mecânica é igual à energia potencial elástica.
e) a energia mecânica é igual à energia cinética.

21. (FGV-RJ) Uma esfera de aço, de pequenas dimensões, suspensa por uma mola ideal a um suporte, oscila harmonicamente na vertical em torno de sua posição de equilíbrio. A figura representa como a energia cinética da esfera varia em função do afastamento *x* em relação à posição de equilíbrio.

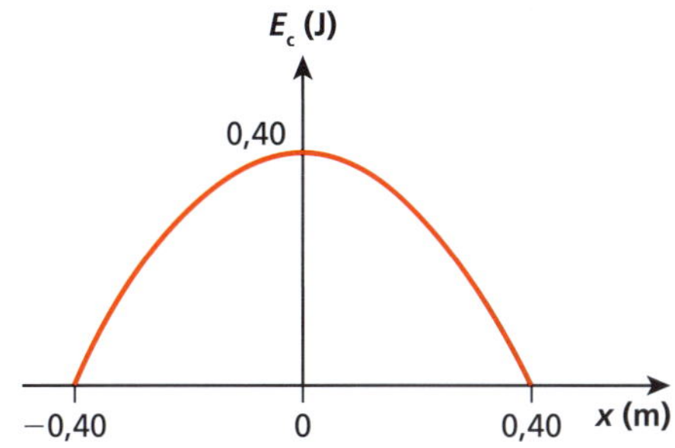

A constante elástica da mola vale

a) 2,0 N/m
b) 4,0 N/m
c) 5,0 N/m
d) 10,0 N/m
e) 25,0 N/m

22. E.R. Em uma aula de Física, Maria Clara construiu um pêndulo simples. Ela cortou um pedaço de barbante de comprimento *L*, prendeu em sua extremidade uma esfera de massa 500 g e fixou a outra no teto da sala de aula. Provocando oscilações de pequenas amplitudes, mediu o período, 1,2 s. Desprezando influências do ar, fazendo $\pi = 3$ e aproximando o valor de *g* para 10 m/s², determine o comprimento *L* da haste desse pêndulo.

Resolução:

O período de oscilação de um pêndulo não depende da massa pendular e é dado por:

$$T = 2\pi\sqrt{\frac{L}{g}}$$

Assim, substituindo-se os valores encontrados no texto, temos:

$$1{,}2 = 2 \cdot 3 \cdot \sqrt{\frac{L}{10}}$$

$$0{,}2 = \sqrt{\frac{L}{10}} \Rightarrow 0{,}04 = \frac{L}{10}$$

$$\boxed{L = 0{,}4 \text{ m} = 40 \text{ cm}}$$

23. A Lua é o único satélite natural na Terra. Seu diâmetro é 27% do diâmetro do nosso planeta, e sua massa é 81 vezes menor. Isso faz com que a aceleração da gravidade em sua superfície seja 1/6 da terrestre. Um sistema massa-mola vertical é colocado a oscilar aqui na Terra e o faz demorando T segundos para realizar uma oscilação completa. Colocado a oscilar na superfície da Lua, o período de oscilação desse mesmo sistema é igual a T'. Na comparação, T' é igual, maior ou menor que T?

24. Durante uma aula de Física, um grupo de alunos realizou um experimento utilizando um pêndulo simples de haste 40 cm existente no laboratório. Cronometrou o tempo decorrido para 20 oscilações, encontrando Δt. Usando $g = 10\ m/s^2$ e fazendo $\pi = 3$, determine o intervalo de tempo Δt encontrado.

25. Se o comprimento de um pêndulo for aumentado de 2 m, seu período triplica. Qual é o comprimento da haste desse pêndulo?

Exercícios Nível 2

26. Um bloco de massa 500 g está fixo na extremidade de uma mola, de constante elástica igual a 18 N/m, e desliza sem atrito sobre uma superfície horizontal. No instante t = 0, a mola está comprimida e é liberada, passando a oscilar em MHS.

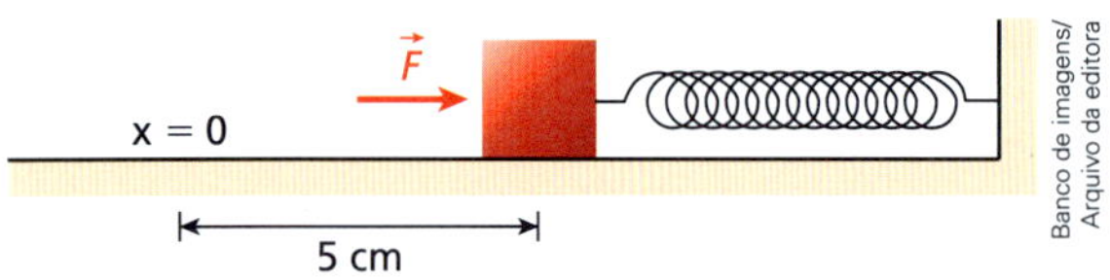

Determine a equação da posição e a da velocidade desse bloco.

27. Um pequeno bloco encontra-se preso à extremidade de uma mola vertical. O bloco inicialmente está em sua posição de equilíbrio, quando é deslocado 4 cm para baixo. Sua aceleração inicial é igual a 0,16 m/s² dirigida para cima. Se o bloco realiza um MHS, determine a equação de seu movimento.

28. (UPM-SP) Um corpo de 250 g de massa encontra-se em equilíbrio, preso a uma mola helicoidal de massa desprezível e constante elástica k igual a 100 N/m, como mostra a figura acima. O atrito entre as superfícies em contato é desprezível. Estica-se a mola, com o corpo, até o ponto **A**, e abandona-se o conjunto nesse ponto, com velocidade zero.

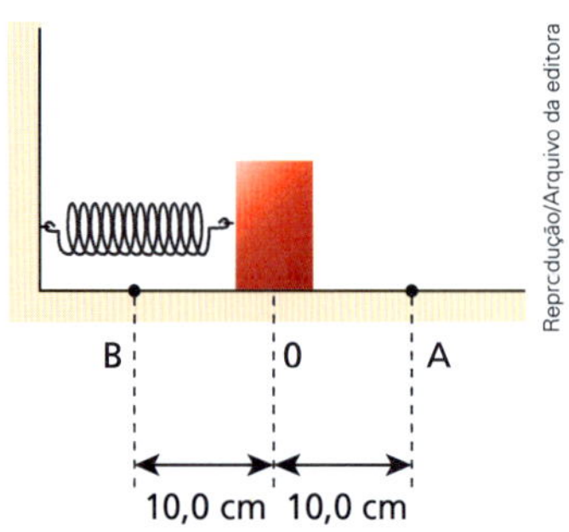

Em um intervalo de 1,0 s, medido a partir desse instante, o corpo retornará ao ponto **A**:

a) uma vez.
b) duas vezes.
c) três vezes.
d) quatro vezes.
e) seis vezes.

29. (UFRGS-RS) Dois corpos de massas diferentes, cada um preso a uma mola distinta, executam movimentos harmônicos simples de mesma frequência e têm a mesma energia mecânica.
Nesse caso:

a) o corpo de menor massa oscila com menor período.
b) o corpo de menor massa oscila com maior período.
c) os corpos oscilam com amplitudes iguais.
d) o corpo de menor massa oscila com menor amplitude.
e) o corpo de menor massa oscila com maior amplitude.

30. Ao suspender um bloco de 10 kg pela extremidade de uma mola, ela estica de 6,25 cm. Usando essa mesma mola, presa no teto de uma sala, penduramos outro bloco de 16 kg. Ao tirar da posição de equilíbrio o novo bloco, a mola passa a oscilar em MHS. Qual é o período de oscilação desse MHS ($g = 10\ m/s^2$)?

31. Um pequeno bloco de massa m oscila em MHS preso à extremidade de uma mola ideal. As oscilações ocorrem em um plano horizontal, sem atrito. O período de oscilações é igual a 2 s. Se, entretanto, aumentarmos mais 2 kg na massa do bloco, seu novo período de oscilação será igual a 3 s. Qual é a massa m inicial desse bloco?

32. Um sistema massa-mola vertical é constituído por uma mola ideal de constante elástica igual a 100 N/m, um bloco de massa *M* e uma esfera de massa *m*, desconhecidas. Na situação da figura **A**, o conjunto oscila com período igual a 0,6π segundos. Em um determinado instante, o fio que une os corpos é cortado, como pode ser observado na figura **B**. O conjunto massa-mola vai agora oscilar com período igual a 0,4π segundos. Utilizando os dados da questão, determine a massa *M* do bloco e a massa *m* da esfera.

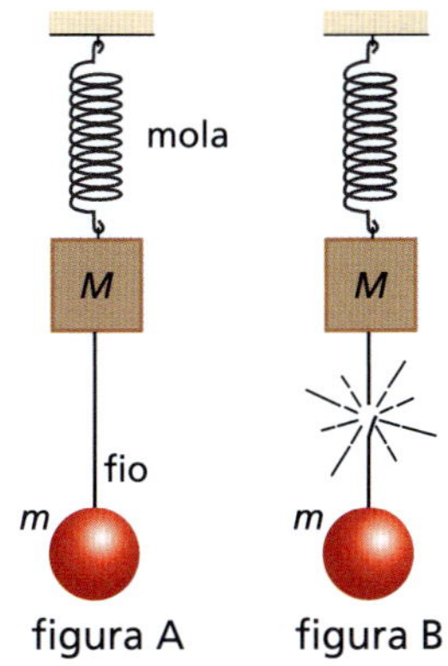

Banco de imagens/Arquivo da editora

33. (UFMS) Uma partícula executa um movimento harmônico simples ao longo do eixo **x** e em torno da origem **O**. Sua amplitude é *A* e seu período é 4,0 s. É correto afirmar:

(01) A velocidade da partícula é nula quando x = ±A.

(02) A frequência do movimento é 0,25 Hz.

(04) A aceleração da partícula é nula quando x = ±A.

(08) A energia cinética da partícula no ponto x = 0 é nula.

(16) A energia mecânica total da partícula é igual à sua energia potencial quando x = ±A.

(32) O módulo da força resultante na partícula é proporcional ao módulo de seu deslocamento em relação à origem.

Dê como resposta a soma dos números associados às afirmações corretas.

34. A figura mostra um sistema massa-mola sobre uma superfície horizontal sem atrito. Estica-se a mola de uma distância x_0.

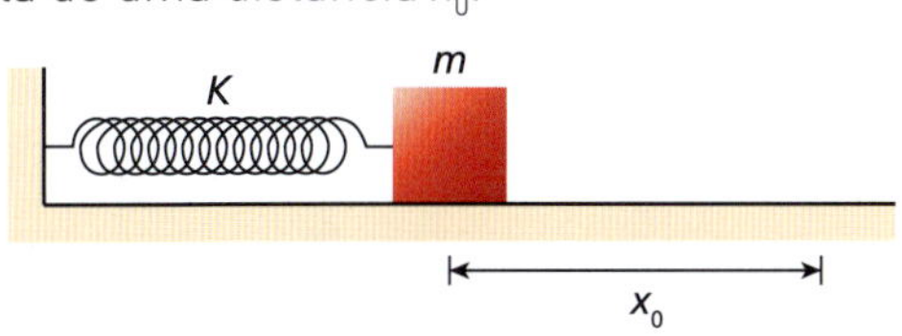

Banco de imagens/Arquivo da editora

Imediatamente, a massa é solta e passa a descrever um movimento harmônico simples MHS. Indique a afirmativa incorreta.

a) A força resultante sobre o bloco é diferente de zero em todos os pontos da trajetória.

b) A velocidade do bloco, nos extremos do movimento harmônico simples, é nula.

c) A energia mecânica total do bloco não depende da sua massa.

d) A frequência angular do MHS é $\sqrt{\dfrac{K}{m}}$.

e) Se existir atrito com a superfície, o bloco não descreverá movimento harmônico simples.

35. (UFPB) Uma forma de se obter energia elétrica limpa é aproveitar o movimento ondulatório das ondas marítimas. Nesse sentido, considere que um objeto flutuando sobre o mar realiza movimento harmônico simples com sua energia potencial descrita pelo gráfico abaixo.

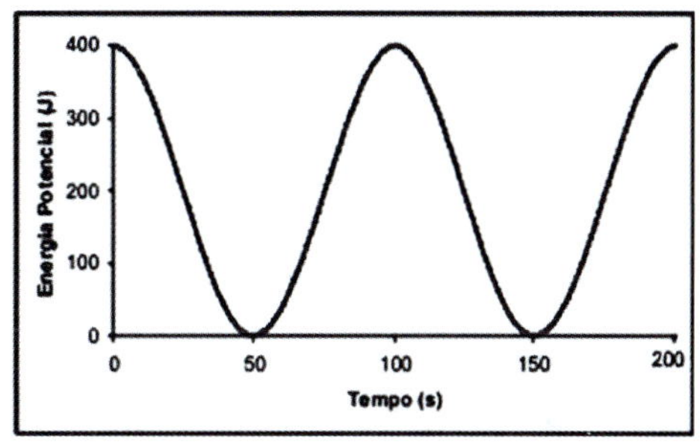

Reprodução/UFPB, 2013

Nessas condições, a variação da energia cinética desse objeto em função do tempo está melhor representada no gráfico:

a)

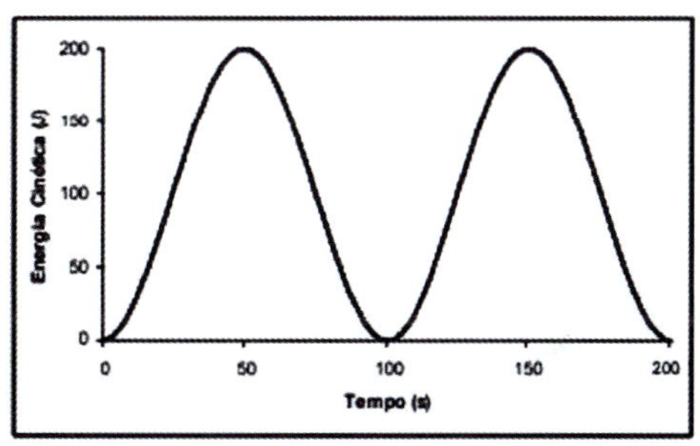

Reprodução/UFPB, 2013

b)

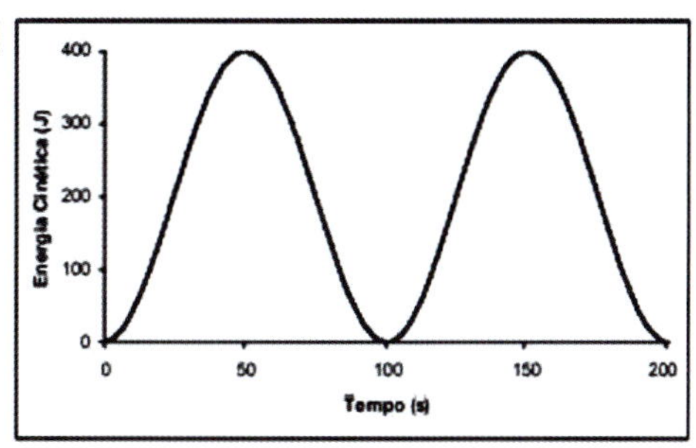

c)

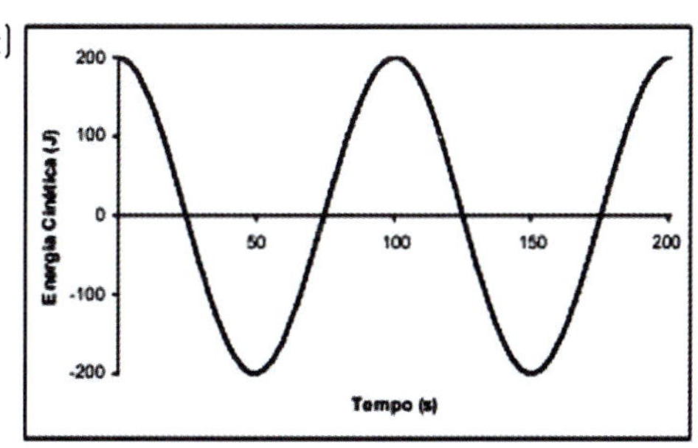

d)

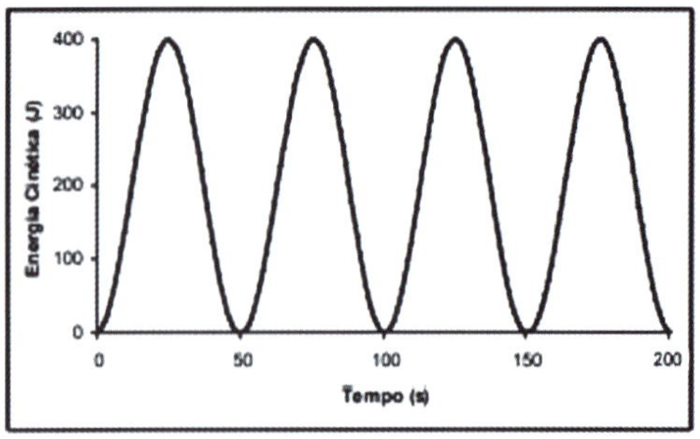

e)

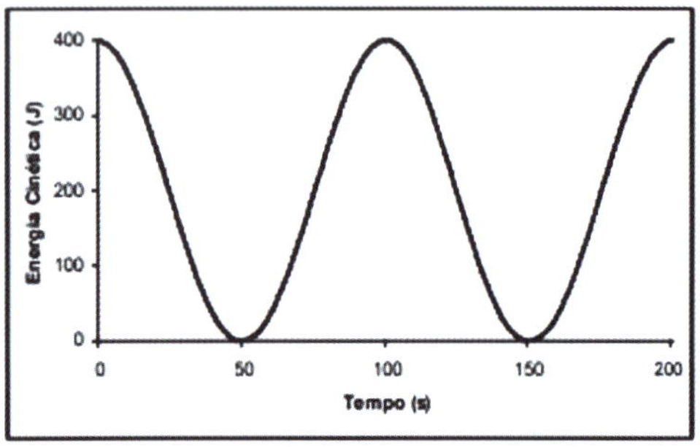

36. (FMJ-SP) Em um conjunto de pistas retilíneas e lisas, como mostra a figura, um carro, de massa m = 500 kg, partiu do repouso no ponto **A** e deslizou até engatar em **C**, numa mola elástica de constante $k = 2 \cdot 10^3$ N/m. Ao passar por **B**, sua velocidade era v = 10 m/s e, uma vez preso à mola, passou a descrever um movimento harmônico simples (MHS) em torno de **C**. A aceleração da gravidade local é de 10 m/s^2.

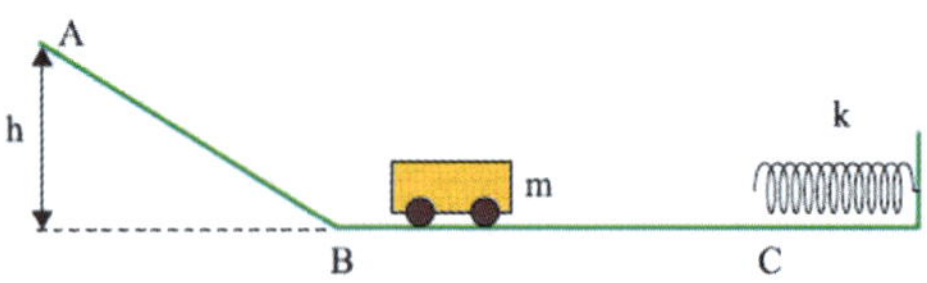

a) Determine a altura *h*, em relação ao plano **BC**, de onde o carro partiu.

b) Calcule, em segundos, o período de oscilação do MHS executado pelo carro.

Adote $\pi = 3$.

37. O sistema oscilante mostrado na figura realiza um MHS com amplitude 20 cm, período T = 2 s e massa M = 20 g.

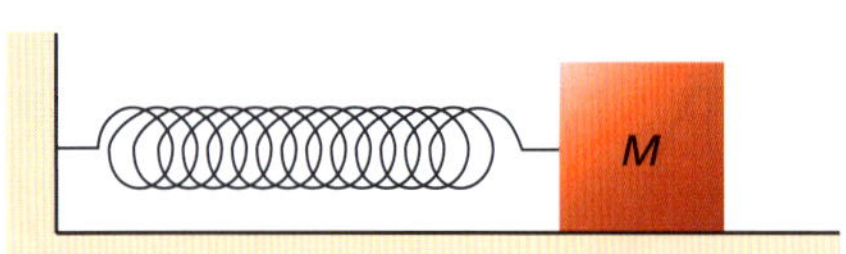

Não há atrito entre o bloco e o plano horizontal. Determine a energia potencial armazenada na mola no instante em que ela é igual à energia cinética do bloco. Considerar $\pi^2 = 10$.

38. (Efomm-RJ) Um pequeno bloco de massa 0,50 kg está suspenso por uma mola ideal de constante elástica 200 N/m. A outra extremidade da mola está presa ao teto de um elevador que, inicialmente, conduz o sistema mola/bloco com uma velocidade de descida constante e igual a 2,00 m/s. Se, então, o elevador parar subitamente, a partícula irá vibrar com uma oscilação de amplitude, em centímetros, igual a

a) 2,00
b) 5,00
c) 8,00
d) 10,0
e) 13,0

39. E.R. Molas podem ser associadas em série e em paralelo. A seguir encontramos as duas situações. Determine a constante elástica equivalente à associação em cada caso.

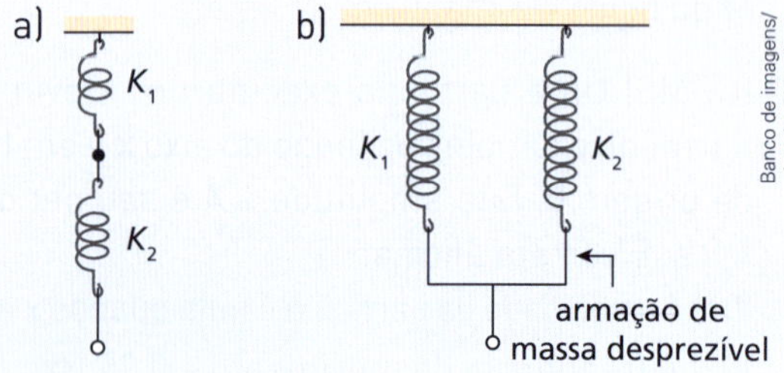

Resolução:

a) Na primeira situação encontramos as duas molas associadas em série. Quando aplicamos na extremidade da segunda mola uma força de intensidade *F*, a primeira mola também fica sujeita a uma força de mesma intensidade *F*. Assim, a mola K_1 vai se alongar x_1 e a mola K_2, x_2. A mola equivalente vai se alongar à soma das elongações das molas individualmente.

$$x_{eq} = x_1 + x_2$$

Mola equivalente:

$$F = K_{eq} x_{eq} = K_{eq}(x_1 + x_2)$$

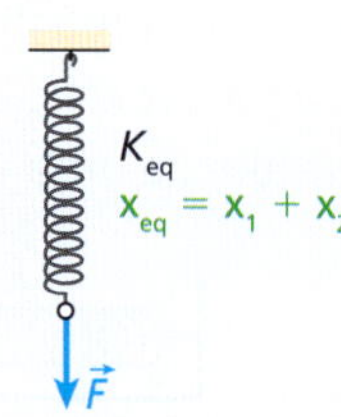

Lembrando que:

$$x_1 = \frac{F}{K_1} \text{ e } x_2 = \frac{F}{K_2}$$

Temos:

$$F = K_{eq}\left(\frac{F}{K_1} + \frac{F}{K_2}\right) \Rightarrow \boxed{\frac{1}{K_{eq}} = \frac{1}{K_1} + \frac{1}{K_2}}$$

Para duas molas, vale a relação:

$$\boxed{K_{eq} = \frac{K_1 K_2}{K_1 + K_2}}$$

b) Na segunda associação encontramos as molas em paralelo, uma ao lado da outra. Neste caso, aplicamos uma força de intensidade F nas extremidades das molas, de modo que as duas sejam alongadas igualmente de x.

A mola equivalente é aquela que sofre a mesma deformação x quando recebe a força de intensidade F.

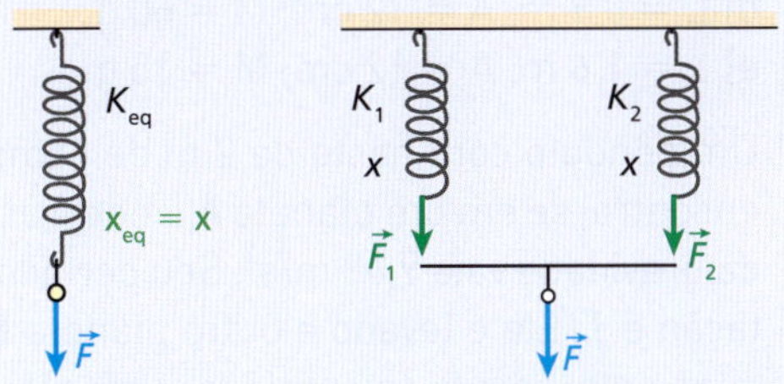

Banco de imagens/ Arquivo da editora

Assim, vale a relação:

$$F_1 + F_2 = F \Rightarrow F = (K_1 + K_2)x$$

Na mola equivalente, temos:

$$F = K_{eq}x$$

Portanto:

$$\boxed{K_{eq} = K_1 + K_2}$$

40. Para realizar um experimento, Maria Eduarda recebeu duas molas idênticas e um pequeno bloco de massa M. Associou as molas em série, prendeu o bloco em uma das extremidades.

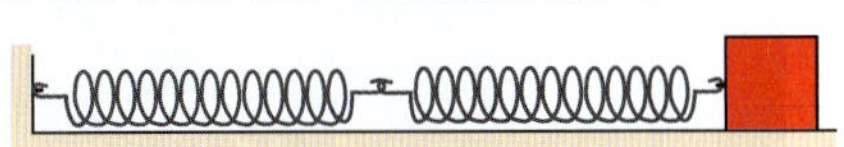

Banco de imagens/ Arquivo da editora

A partir das molas relaxadas, puxou o bloco e deixou-o oscilar. Determinou a frequência achando o valor f_1.

Em seguida, associou as molas de forma diferente, veja a figura dada a seguir.

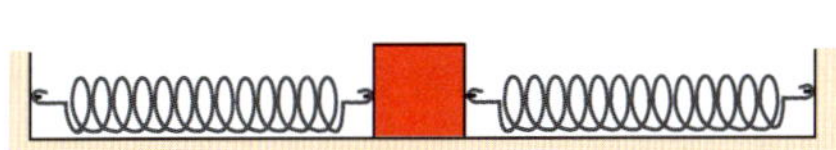

Banco de imagens/ Arquivo da editora

Novamente, partindo da situação de molas relaxadas, puxou o bloco para o lado direito, soltou-o, deixando-o oscilar. O cálculo da nova frequência forneceu o valor f_2.

Determine a razão $\frac{f_1}{f_2}$.

41. (Uniube-MG) A figura abaixo mostra uma massa m presa por duas molas harmônicas de constantes elásticas respectivamente iguais a k_1 e k_2, com $k_1 > k_2$.

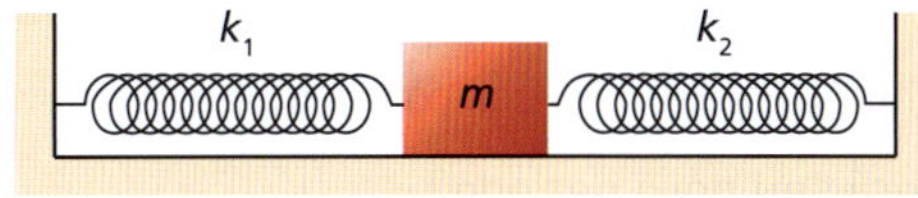

Reprodução/ Arquivo da editora

Desprezando-se os atritos e o efeito do ar, determine o período de oscilação do sistema.

42. (IFSC) Um bloco de massa 4,5 kg está em repouso sobre um plano horizontal sem atrito e preso a uma mola que exerce uma força $F = -kx$, com $k = 200$ N/m e x em metros medido a partir da posição de equilíbrio da mola (x_0). Inicialmente, a mola encontra-se comprimida com o bloco em repouso na posição $x_1 = -5{,}0$ cm, o sistema permanece estático pela ação de um anteparo (vide figura abaixo).

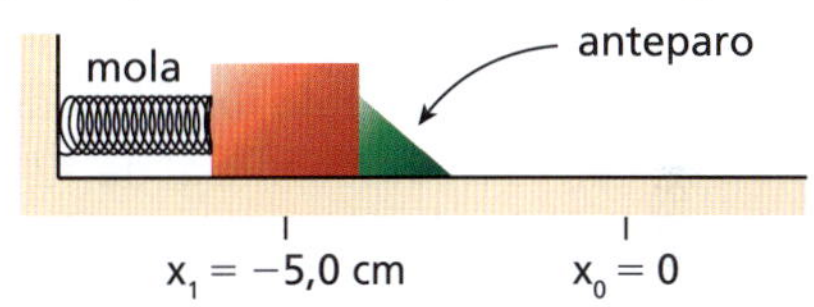

Reprodução/ Arquivo da editora

Ao ser retirado o anteparo, o sistema entra em movimento. A velocidade escalar do bloco ao passar pela posição de equilíbrio da mola é, em módulo, igual a:

a) $\left(\frac{1}{2}\right)$ m/s

b) $\left(\frac{1}{8}\right)$ m/s

c) $\left(\frac{1}{3}\right)$ m/s

d) $\left(\frac{1}{5}\right)$ m/s

e) $\left(\frac{1}{6}\right)$ m/s

43. (OBF) Um menino se pendura por meio de uma corda de 8 m de extensão a um galho de árvore. Nessa situação ele oscila descrevendo um arco de 30 cm de comprimento. São feitas três afirmações a respeito do evento:

I. Se ele passar a oscilar segundo um arco de 60 cm, o período das oscilações dobrará.

II. Se o menino tivesse uma massa duas vezes maior do que a que efetivamente tem, o período de oscilação ficaria reduzido à metade.

III. Se o comprimento da corda for reduzido à metade, o período de oscilação ficará cerca de duas vezes maior.

Destas afirmações é possível concluir que:

a) nenhuma das três está correta.

b) apenas a afirmação I é correta.

c) apenas as afirmações I e II são corretas.

d) somente a afirmação III é correta.

e) apenas as afirmações II e III são corretas.

44. Considere o planeta Terra como uma esfera perfeita de massa *M* e raio *R*. Determinado pêndulo tem período de oscilação de 12 s quando se encontra na sua superfície. Leva-se esse pêndulo a uma altura, em relação à superfície do nosso planeta, de $\frac{R}{4}$. Ao ser colocado para oscilar, qual será seu novo período?

45. No laboratório de Física da escola existe um pêndulo que "bate o segundo". Qual é o comprimento aproximado da sua haste se $\pi^2 = 9{,}8$? Se esse pêndulo fosse levado a um lugar onde a aceleração da gravidade *g* é um quarto do valor aqui na Terra, qual seria seu novo período de oscilação? ($g = 9{,}8\ m/s^2$)

46. (UFRGS-RS) Um pêndulo foi construído com um fio leve e inextensível com 1,6 m de comprimento; uma das extremidades do fio foi fixada e na outra pendurou-se uma pequena esfera de chumbo cuja massa é 60 g. Esse pêndulo foi colocado para oscilar no ar, com amplitude inicial de 12 cm. A frequência medida para esse pêndulo foi aproximadamente 0,39 Hz. Suponha agora que se possa variar a massa (*M*), a amplitude (*A*) e o comprimento do fio (*L*).
Qual das seguintes combinações dessas três grandezas permite, aproximadamente, a duplicação da frequência?
a) L = 6,4 m; A = 12 cm; M = 60 g.
b) L = 1,6 m; A = 6 cm; M = 60 g.
c) L = 0,4 m; A = 6 cm; M = 30 g.
d) L = 0,8 m; A = 12 cm; M = 60 g.
e) L = 1,6 m; A = 12 cm; M = 15 g.

47. Um pêndulo com haste de 2 m de comprimento encontra-se em um planeta **A**, onde a aceleração da gravidade vale 9,68 m/s^2. Seu período de oscilação é *T*. Ele é levado a outro planeta **B**. Ao oscilar, nota-se que seu período aumentou de 10%. Qual é a aceleração da gravidade no planeta **B**? De quanto deve variar o comprimento da haste desse pêndulo para que, estando em **B**, sua oscilação tenha o mesmo período *T*?

Exercícios Nível 3

48. Na figura abaixo, a partícula ligada à mola ideal realiza um movimento harmônico simples (MHS) limitado pelos pontos *A* e *A'*.

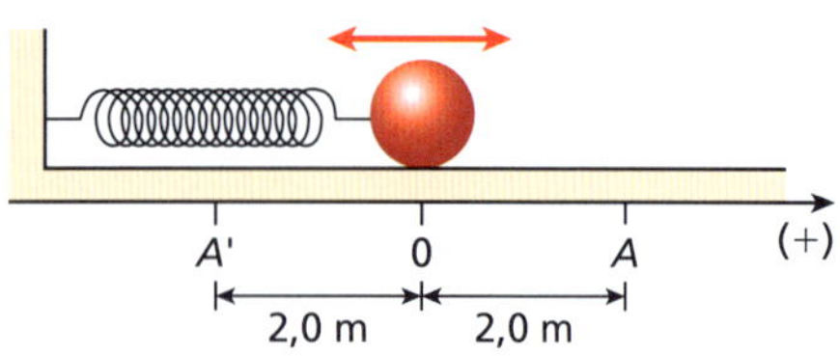

O ponto **0**, centro da trajetória, é tomado como origem das elongações. Sabendo-se que em $t_0 = 0$ a partícula passava por **0** no sentido de **0** para *A* e que uma oscilação completa se realiza em 2,0 s, pede-se obter:
a) a função horária x = f(x);
b) a função horária da velocidade escalar;
c) a função horária da aceleração escalar;
d) o módulo da aceleração escalar no ponto de elongação x = 1,0 m.

49. (PUC-PR) Em condições de microgravidade a massa corpórea sofre bastante perda, e é por isso que em viagens espaciais a massa dos astronautas é periodicamente medida. Para isso é utilizado um equipamento especial, pois não é possível medir a massa por meio de uma balança convencional. O dispositivo utilizado é conhecido como Body Mass Measurement Device (BMMD), cuja tradução para o português seria Aparelho de Medida de Massa Corpórea.

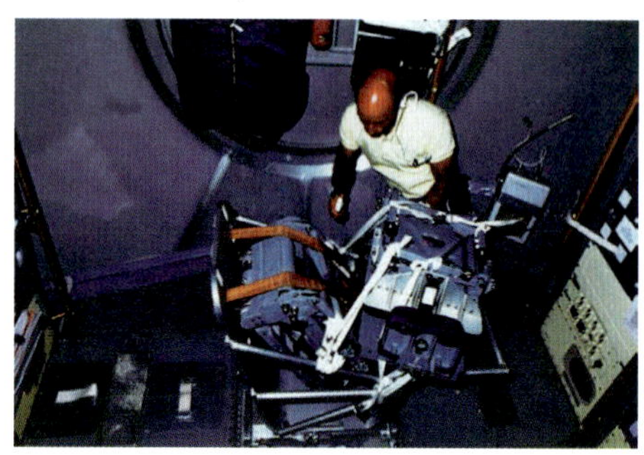

O BMMD é uma cadeira montada sobre molas. O astronauta senta na cadeira e esta é posta a oscilar medindo-se o período de oscilação. Dado esse contexto, analise as proposições a seguir:
I. Conhecendo-se apenas o valor do período é possível calcular a massa do astronauta.
II. O período de oscilação da cadeira vazia é maior que o período medido com um astronauta sentado na cadeira.
III. O período medido não depende da amplitude do movimento.

Marque a alternativa **correta**:

a) Apenas a proposição I é verdadeira.
b) Apenas a proposição II é verdadeira.
c) Apenas as proposições I e II são verdadeiras.
d) Apenas as proposições I e III são verdadeiras.
e) Apenas a proposição III é verdadeira.

50. Um pequeno bloco **B** encontra-se na extremidade de uma mola e oscila em um plano horizontal sem atrito. Observa-se que a distância entre os extremos de cada oscilação é 40 cm. Determine a equação da velocidade em função do tempo. Sabe-se que no instante t = 0 o bloco passa pela posição x = +10 cm, movendo-se para a direita, e sua velocidade máxima no movimento vale 2 m/s.

51. (IFRN) "A queda" é um veículo criado pelos escritores de ficção científica. Consiste no transporte de pessoas entre pontos diametralmente opostos da superfície da Terra, pelo interior do planeta. Esse veículo é abandonado em um ponto da superfície terrestre e "cai" em linha reta, aumentando de velocidade até chegar ao centro da Terra, desacelerando a partir daí, até atingir o repouso do outro lado do planeta conforme figura abaixo.

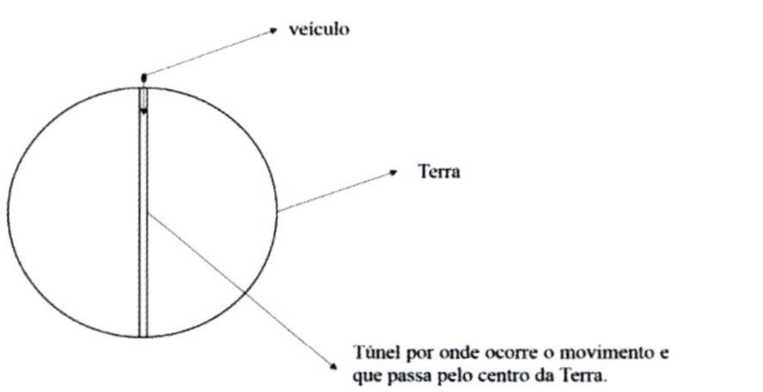

Reprodução/IFRN, 2015

Fonte: FUNCERN, 2015.

Considere que

- $\pi = 3{,}1$;
- a massa da Terra é uniformemente distribuída e igual a $6{,}0 \times 10^{24}$ kg;
- o diâmetro da Terra é de 12 800 km;
- a constante de Gravitação Universal é $6{,}7 \times 10^{-11}$ Nm^2/kg^2;
- o movimento de queda desse veículo ocorre apenas sob a ação das forças gravitacionais;
- o veículo suporta as altas temperaturas do interior da Terra.

A partir das informações apresentadas, o tempo de viagem do veículo entre os dois pontos diametralmente opostos da superfície da Terra é de, aproximadamente,

a) 42 minutos.
b) 60 minutos.
c) 83 minutos.
d) 120 minutos.

52. (FCMSC-SP) A figura representa um pêndulo simples, de período igual a *T*. Colocando-se um prego (**P**) na posição indicada, o pêndulo, na máxima elongação para a esquerda, fica com a configuração indicada pela linha pontilhada, voltando depois à sua configuração inicial. Qual é o período de oscilação desse sistema?

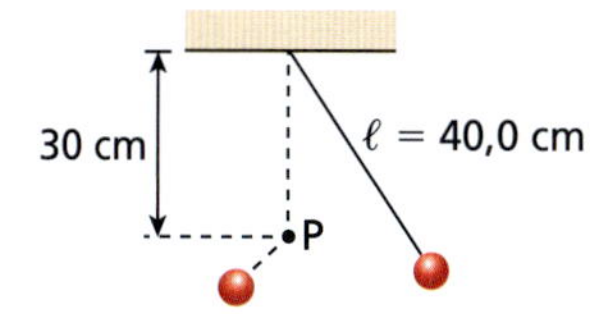

Reprodução/Arquivo da editora

53. A figura mostra um pêndulo em que a haste é um fio de comprimento *L* e a massa pendular *m*.

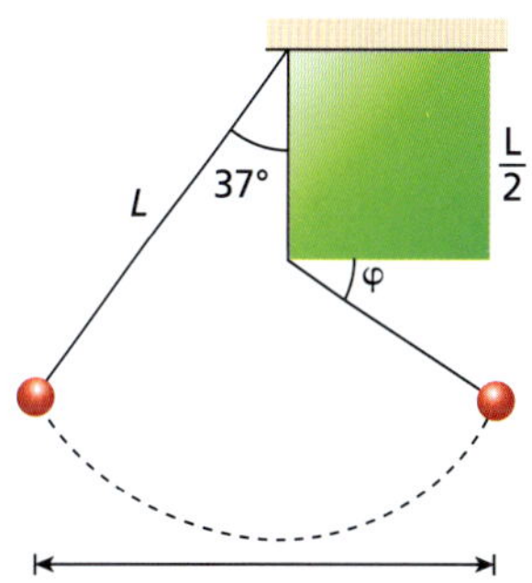

Banco de imagens/Arquivo da editora

No momento em que a esfera de massa *m* é solta com velocidade igual a zero, o fio da haste faz um ângulo de 37° com a vertical. Quando a esfera não consegue mais subir, sua velocidade é nula, o fio faz um ângulo φ com a horizontal. Qual o valor desse ângulo φ? $\left(\text{Considere sen } 37° = \dfrac{3}{5}\right)$.

54. (CPAEN-RJ) Analise a figura abaixo.

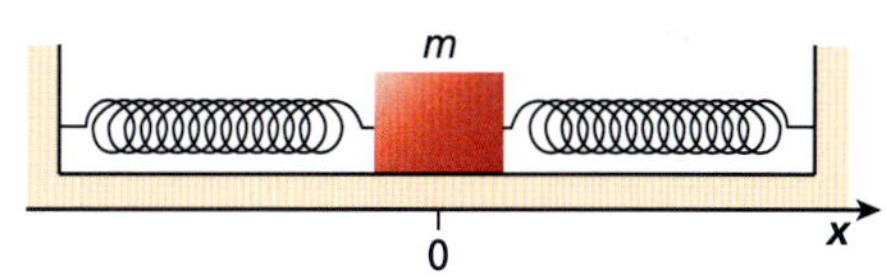

Reprodução/Arquivo da editora

A figura acima mostra duas molas ideais idênticas presas a um bloco de massa *m* e a dois suportes fixos. Esse bloco está apoiado sobre uma superfície horizontal sem atrito e oscila com amplitude *A* em torno da posição de equilíbrio x = 0. Considere duas posições do bloco sobre o eixo **x**: $x_1 = \dfrac{A}{4}$ e $x_2 = \dfrac{3A}{4}$. Sendo v_1 e v_2 as respectivas velocidades do bloco nas posições x_1 e x_2, a razão entre os módulos das velocidades, $\dfrac{v_1}{v_2}$ é

a) $\sqrt{\dfrac{15}{7}}$
b) $\sqrt{\dfrac{7}{15}}$
c) $\sqrt{\dfrac{7}{16}}$
d) $\sqrt{\dfrac{15}{16}}$
e) $\sqrt{\dfrac{16}{7}}$

55. (Marinha do Brasil-DF) Analise a figura baixo.

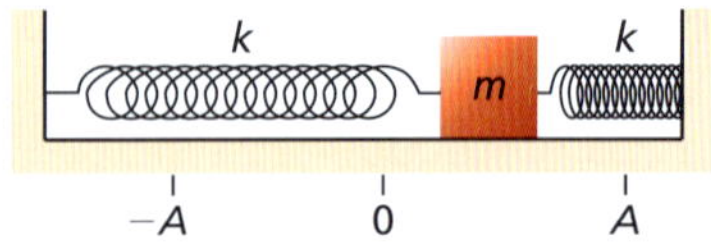

Reprodução/ Arquivo da editora

Nessa figura, duas molas idênticas de constante elástica *k* estão presas a suportes físicos e a um bloco de massa *m*. Sabe-se que este sistema está oscilando em MHS (movimento harmônico simples) com uma amplitude *A*. Tendo em vista as posições 1 e 2 do bloco, cujas distâncias em relação à posição de equilíbrio do sistema são, respectivamente, iguais a $d_1 = \frac{A}{2}$ e $d_2 = \frac{A}{3}$, assinale a opção que apresenta razão correta entre os módulos das velocidades do bloco, $\frac{v_1}{v_2}$.

a) $\frac{1}{2}\sqrt{3}$
b) $\frac{3}{4}\sqrt{\frac{3}{2}}$
c) $\frac{2}{3}\sqrt{2}$
d) $\frac{3}{2}\sqrt{\frac{3}{2}}$
e) $\frac{2}{3}\sqrt{3}$

56. Uma pequena esfera encontra-se parada no fundo de uma superfície semiesférica lisa, sem atritos, de raio 10 m. Ela é deslocada ligeiramente de sua posição de equilíbrio e logo em seguida é solta para oscilar. Qual é o tempo mínimo que ela demora para, após ser solta, retornar à sua posição de equilíbrio? ($g = 10\ m/s^2$)

57. (Vunesp) Um bloco de massa *m* está sobre um piso horizontal e sem atrito. Uma mola de constante elástica *k* e de massa desprezível está presa à parede e ao bloco. O ponto **0** corresponde à posição de relaxamento da mola. Em um dado momento, o bloco é puxado horizontalmente até o ponto *A*, distendendo a mola de um comprimento *L*. O bloco é mantido em repouso no ponto *A*, conforme indicado na figura.

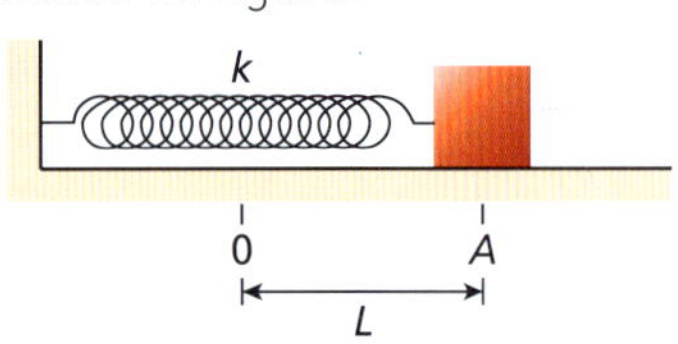

Reprodução/ Arquivo da editora

Após o bloco ser solto do ponto *A*, desprezando-se a resistência do ar ao movimento, a expressão matemática que representa o módulo da velocidade escalar máxima atingida pelo bloco é

a) $\frac{L}{2}\sqrt{\frac{k}{m}}$
b) $\frac{Lk}{2m}$
c) Lkm
d) $\frac{Lkm}{2}$
e) $L\sqrt{\frac{k}{m}}$

58. (Uece) Dois sistemas massa-mola oscilam sem atrito sobre uma superfície horizontal. As massas são idênticas, cada uma com valor *m*, e as molas têm constantes elásticas k_s e k_m. O sistema com k_s realiza uma oscilação completa em 1 s e o oscilador com k_m oscila com período de 1 minuto. Para isso, as constantes elásticas das molas podem ser relacionadas por

a) $\sqrt{\frac{k_s}{k_m}} = 60$
b) $\sqrt{\frac{k_m}{k_s}} = 60$
c) $\frac{k_m}{k_s} = 60$
d) $\frac{k_s}{k_m} = 60$

59. José precisava calcular a massa *M* de um bloco, mas não tinha balança. Ele construiu um sistema massa-mola ideal e colocou outro bloco de massa 2 kg para oscilar na extremidade da mola. Mediu a frequência de oscilação e encontrou o valor 2 Hz. Substituiu o bloco de 2 kg pelo outro de massa desconhecida e colocou-o para oscilar. Mediu a nova frequência e determinou o valor 1 Hz. Qual é a massa *M* desconhecida do bloco?

60. Sobre um piso horizontal, sem atrito, um bloco de 100 g de massa oscila em MHS preso na extremidade de uma mola de constante elástica igual a10 N/m, com amplitude de 10 cm. Se, quando esse bloco atinge um extremo de oscilação, acrescentarmos mais 300 g de massa no bloco oscilante, qual a nova amplitude e o novo período de oscilação do MHS?

61. (CPAEN-RJ) Analise a figura a seguir.

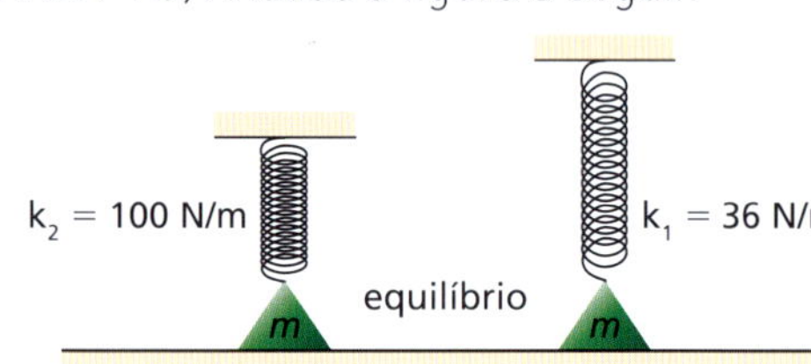

Reprodução/Arquivo da editora

Na figura acima, temos dois sistemas massa-mola no equilíbrio, onde ambos possuem a mesma massa m = 4,0 kg; no entanto, o coeficiente elástico da mola do sistema 1 é $k_1 = 36$ N/m e o do sistema 2 é $k_2 = 100$ N/m. No ponto de equilíbrio, ambas as massas possuem a mesma posição vertical e, no instante t = 0, elas são liberadas, a partir do repouso, após sofrerem um mesmo deslocamento vertical em relação aos seus respectivos pontos de equilíbrio. Qual será o próximo instante, em segundos, no qual elas estarão novamente juntas na mesma posição vertical inicial, ou seja, na posição vertical ocupada por ambas em $t = 0$?

Dado: considere $\pi = 3$.

a) 3,0
b) 4,5
c) 6,0
d) 7,5
e) 9,0

62. (Unicamp-SP) Um pêndulo simples, que executa um movimento harmônico simples num ambiente escuro, é iluminado por um holofote estroboscópico.

a) Sendo $L = 0,4$ m o comprimento do pêndulo, calcule a frequência de suas oscilações.

b) Qual deve ser a frequência máxima do estroboscópio para que esse pêndulo pareça estar parado na posição vertical? Considere $g = 10\ m/s^2$.

63. (ITA-SP) Dois pêndulos simples, respectivamente de massas m_1 e m_2 e comprimentos L_1 e L_2, são simultaneamente abandonados para pôr-se em oscilação. Constata-se que a cada 4 ciclos do primeiro a situação inicial é restabelecida identicamente. Nessas condições, pode-se afirmar que necessariamente:

a) o pêndulo 2 deve oscilar mais rapidamente que o pêndulo 1.

b) o pêndulo 2 deve oscilar mais lentamente que o pêndulo 1.

c) $8\sqrt{\dfrac{L_1}{L_2}}$ é um número inteiro.

d) $6\sqrt{\dfrac{L_1}{L_2}}$ é um número inteiro.

e) $m_1L_1 = 2m_2L_2$.

Para raciocinar um pouco mais

64. Na figura dada a seguir, podemos observar um sistema massa-mola que se encontra em repouso sobre um plano inclinado.

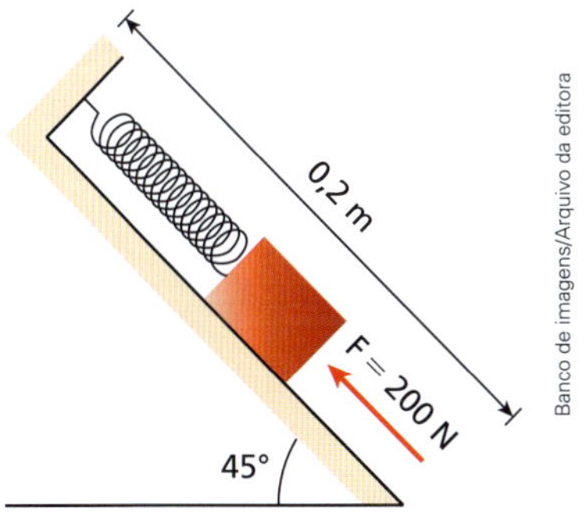

A massa do bloco vale $20\sqrt{2}$ kg; no repouso, a mola encontra-se distendida de 20 cm e não há atritos entre o bloco e o plano. A partir dessa situação, o bloco é empurrado para cima, deslocando-se 10 cm. Em seguida, é abandonado, passando a realizar um MHS. Determine a frequência de oscilação desse sistema ($g = 10\ m/s^2$).

65. Sobre um plano liso, sem atrito, inclinado de 37°, um bloco de massa 1 kg encontra-se preso à extremidade de uma mola de constante elástica igual a 30 N/m.

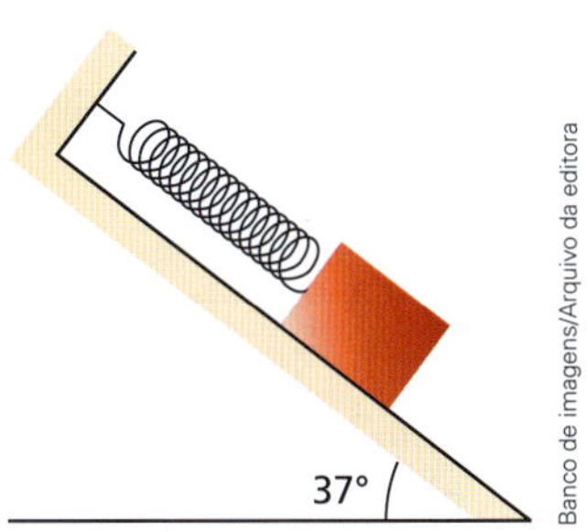

O bloco move-se em MHS ao longo do plano. Qual é a aceleração do bloco no ponto em que sua energia potencial é máxima? ($g = 10\ m/s^2$).

66. (Uece) Uma massa *m* presa a uma mola de constante elástica *k* oscila sobre um plano horizontal sem atrito de modo que sua velocidade em função do tempo é dada por $v = v_{máx} \cos\left(\sqrt{\dfrac{k}{m}}t\right)$. Desprezando-se todos os atritos, a energia potencial elástica em função do tempo é dada por

a) $\dfrac{1}{2}m(v_{máx})^2 \operatorname{sen}^2\left(\sqrt{\dfrac{k}{m}}t\right)$

b) $\dfrac{1}{2}m(v_{máx})^2 \cos^2\left(\sqrt{\dfrac{k}{m}}t\right)$

c) $\dfrac{1}{2}k\cos^2\left(\sqrt{\dfrac{k}{m}}t\right)$

d) $\dfrac{1}{2}k\operatorname{sen}^2\left(\sqrt{\dfrac{k}{m}}t\right)$

67. Alguns alunos estavam em um laboratório de Física quando resolveram realizar um experimento de MHS (movimento harmônico simples). Apoiaram, então, o bloco de madeira de 9,0 kg em cima de um carrinho de massa 1,0 kg. O carrinho deslizava pelo piso com rodinhas que praticamente anulavam o atrito com o chão, tornando-o desprezível. O coeficiente de atrito entre o bloco e o carrinho era igual a 0,5. Foi utilizada uma mola de constante elástica igual a 1 000 N/m.

A figura a seguir mostra a configuração montada pelos alunos:

Banco de imagens/ Arquivo da editora

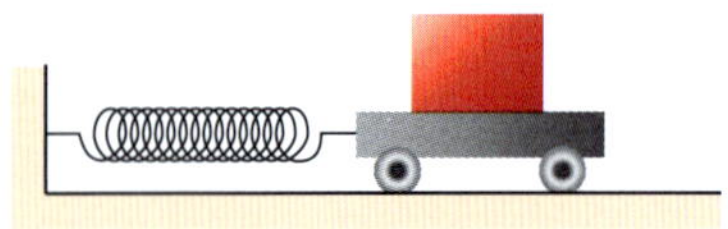

Determine a maior amplitude de oscilação possível para o sistema sem que o bloco deslize sobre o carrinho ($g = 10\ m/s^2$).

68. Um bloco de massa 1 kg encontra-se em repouso na posição indicada na figura.

Banco de imagens/ Arquivo da editora

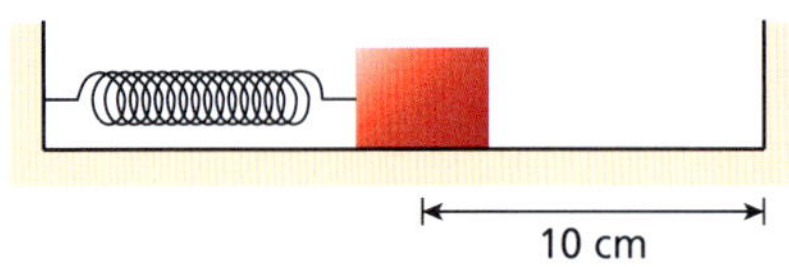

Deslocando-o para a esquerda 20 cm e soltando-o em seguida, o bloco passa a oscilar sem atrito com a superfície do plano horizontal adquirindo uma energia cinética máxima igual a 2 J. Determine o tempo que ele demora para regressar à posição de onde foi abandonado. Considere a colisão com a parede perfeitamente elástica.

69. Na figura dada a seguir, vamos encontrar um sistema mecânico constituído por duas molas, uma barra de massa desprezível e uma pequena esfera de massa *m*. No início o sistema encontra-se em equilíbrio com a mola K_1 esticada e a mola K_2 comprimida. Desconsidere qualquer atrito no ponto de fixação da barra.

Banco de imagens/Arquivo da editora

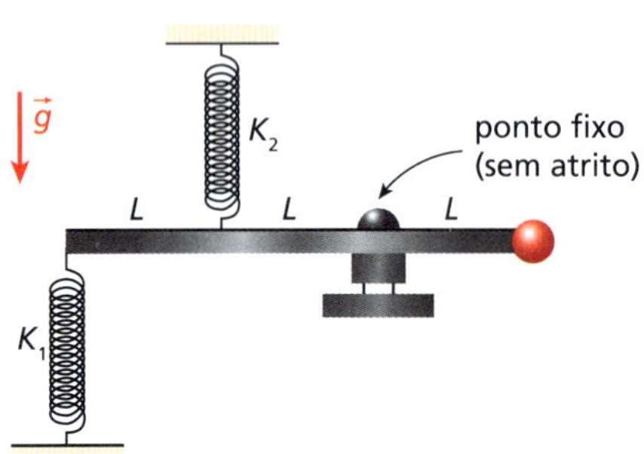

Se a esfera for deslocada ligeiramente para baixo e abandonada, o sistema passa a oscilar. Determine o período de oscilação da pequena esfera de massa *m*.

70. Na parede de um restaurante existe um antigo relógio de pêndulo que marca corretamente as horas. Sua haste mede 75 cm. Em um determinado dia, acidentalmente, a haste se rompeu. O proprietário mandou soldá-la. No entanto, não notaram que ela ficou 2 mm menor do que era. Esse relógio vai continuar a marcar o tempo corretamente, vai adiantar ou vai atrasar? No caso de adiantar ou de atrasar, determine quanto em cada dia.

Sasa Prudkov/Shutterstock

71. Um pêndulo simples tem um período de oscilação igual a $\sqrt{5}$ s quando se encontra na superfície da Terra. Se esse pêndulo for colocado no interior de um caminhão e preso no teto da carroceria, qual será seu novo período de oscilação se o caminhão acelerar uniformemente, em trajetória retilínea com $7{,}5\ m/s^2$? ($g = 10\ m/s^2$)

72. (OBF) Um antigo relógio tipo carrilhão é acionado pelas oscilações de um pêndulo de aço (coeficiente de dilatação linear igual a $1{,}0 \cdot 10^{-5}\ °C^{-1}$) que, no inverno, realiza uma oscilação completa em 1,0 s. Sabendo-se que no verão esse relógio passa a atrasar o equivalente a 2,0 min por mês, determine a diferença entre as temperaturas médias no verão e no inverno.

73. (ITA-SP) A equação $x = 1{,}0\ \text{sen}\ (2{,}0t)$ expressa a posição de uma partícula em unidades do Sistema Internacional. Qual seria a forma do gráfico *v* (velocidade) *versus x* (posição) desta partícula?

a) Uma reta paralela ao eixo de posição.

b) Uma reta inclinada passando pela origem.

c) Uma parábola.

d) Uma circunferência.

e) Uma elipse.

74. (UFCG-PB) John A. Wheeler e Niels Bohr inventaram, na primeira metade do século passado, o modelo de uma gota líquida para o núcleo atômico. Ele permite compreender o fenômeno de divisão de um núcleo — fissão nucelar. Quando um nêutron é absorvido, o núcleo oscila até que ocorra a fissão. Considere, *grosso modo*, um núcleo de Urânio 236 ($4{,}0 \cdot 10^{-25}$ kg) em oscilação como um sistema massa-mola clássico. A energia do sistema necessária para a fissão vale $1{,}0 \cdot 10^{-12}$ joules. Quando a deformação do núcleo atinge 0,10 fm ($1{,}0 \cdot 10^{-16}$ m), a frequência de oscilação do núcleo de Urânio 236 será

a) $5{,}0 \cdot 10^{11}$ Hz.

b) $2{,}3 \cdot 10^{17}$ Hz.

c) $5{,}0 \cdot 10^{44}$ Hz.

d) $4{,}2 \cdot 10^{23}$ Hz.

e) $3{,}7 \cdot 10^{21}$ Hz.

Respostas

Unidade 1 – Termologia

Tópico 1 – Temperatura

1. 113 °F **2.** 86 °F **3.** 20 °C

5. 20 °C **6.** −40 °C

8. −20 °X e 60 °X

9. 36 °F **10.** 3,0 °C

11. a) $\theta_X = 4\theta_C - 50$
b) 270 °X
c) −50 °X e 350 °X

12. 15° **13.** c **14.** b

15. 45 °C **16.** 78 °C **17.** 30 °R

18. a) $\theta_C = 5{,}0h - 5{,}0$
b) 45 °C
c) 6,4 cm

20. 30 °C

22. 1,25 mm **23.** a

24. 25 °C **25.** −273 °C e −459 °F

26. 15 K **27.** c **28.** 120 °C

30. 491 °R e 671 °R

31. −615 °C. Não, ela está abaixo do zero absoluto.

32. d **33.** b

34. 32 °C

35. d **36.** b **37.** 1,5 °X

38. a **39.** d **40.** e

41. e **42.** 40 °C **43.** d

44. d **45.** e **46.** −25,6°

47. d **48.** b

49. a) 450 °C c) 3 F_0
b) 15 atm d) 324 km/h

Tópico 2 – O calor e sua propagação

1. d **2.** d **3.** d

4. c **6.** d **7.** a

8. e **9.** a **11.** 68 °F

12. $6{,}0 \cdot 10^4$ cal/s **14.** 80 °C

15. d **17.** d

18. Matilde deve colocar o aparelho na parte superior da parede.

19. c **20.** d **21.** c

22. d **23.** c **24.** d

25. c **26.** c **27.** c

28. d **29.** 40 Wh

30. 48 °C e 42 °C

31. a) 52 m^2 c) 14,4 kWh
b) 600 W

32. 40 °C **33.** 80 °C **34.** e

35. $1{,}6 \cdot 10^2$ cal/s **36.** b

37. a

38. a) $7{,}5 \cdot 10^{-3}$ W/m °C b) 50 W

39. a) 80 °C
b)

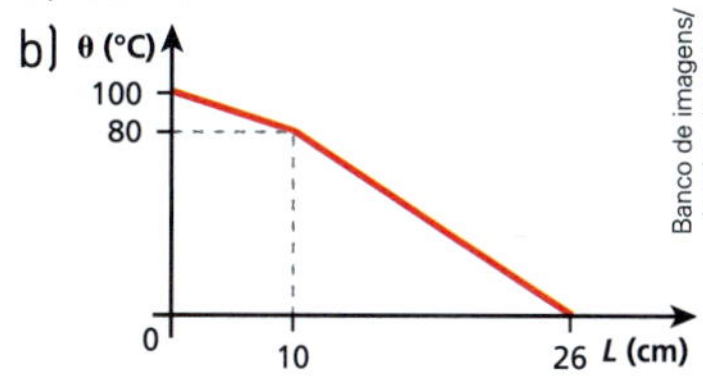

Banco de imagens/Arquivo da editora

40. b **41.** b

42. a) $\Delta\theta = 0$
b) O sal aumenta a temperatura de ebulição da água.
c) $\Delta\theta \neq 0$

43. a **44.** c **45.** c

Tópico 3 – Calor sensível e calor latente

1. d **2.** d **3.** c

4. c **5.** c **7.** B

8. 115 kcal **9.** 800 cal/s

10. 162 W **11.** 0,25 cal/g °C

12. d

13. a) $5{,}0 \cdot 10^3$ g
b) $1{,}5 \cdot 10^4$ degraus

14. a) $2{,}25 \cdot 10^5$ cal
b) $18{,}8 \cdot 10^5$ J

16. a) Aproximadamente 58 W
b) $2{,}4 \cdot 10^4$ g

17. d **18.** 55 °C

19. a) $\frac{1000}{7}$ cal/s b) 70 s

20. 0,05 cal/(g °F)

21. $3{,}0 \cdot 10^4$ kcal

22. c

23. 0,56 cal/(g °C)

24. a **26.** 30 °C **27.** 40 °C

28. 6 **29.** 10 °C **30.** 550 mL

31. b **32.** d

33. a) 100 cal e 5 000 cal
b) 30 °C e 0,51 cal/g °C

34. d **35.** d **36.** b

38. a **39.** 70 °C

40. a) 12,5 kcal
b) Aproximadamente 91 cal/°C

41. c **42.** 75 °C **44.** 110 g

45. 20 g **46.** 300 g **47.** 8,0 g

48. c **49.** e

50. $2{,}4 \cdot 10^4$ cal

52. 12 kcal **53.** 50 °C

54. 10 500 cal **55.** b

56. b

57. −80 °C e 40 °C

58. 70 min

59. a) 0 °C e 725 g b) 14 750 g

60. Uma caixa **61.** b

62. a) 4,0 cal/g e 0,10 cal/g °C
b) 12,5 g

63. c **65.** 24 °C

66. a) 0 °C b) 100 g

67. b **69.** d **70.** 52 °C

71. Sim; 125 g **72.** b

73. 0 °C **74.** −9,0 °C

75. c **77.** c **78.** b

79. d **80.** d **81.** b

82. $1{,}86 \cdot 10^4$ cal **83.** d

84. c **85.** e **86.** d

87. e **88.** b **89.** e

90. c **92.** 0,125 kg

93. a) 6 600 cal b) 11 g

94. 80 °C **95.** a **96.** e

97. c

98. I − V; II − V; III − V; IV − V.

99. 14 **100.** b **102.** e

103. 19 **104.** c **106.** d

107. d **108.** e **109.** d

110. c **111.** 5,0 g **112.** −16 °C

113. a) $3{,}24 \cdot 10^9$ J ou $5{,}76 \cdot 10^9$ J
b) 10 K

114. c **115.** c **116.** a

117. d **118.** d

119. a) $\frac{10}{3}$
b) Aproximadamente 56,7 °C

120. c

121. a) 427 920 cal
b) Aproximadamente 5,1 kg

122. a) $2{,}0 \cdot 10^2$ W b) $9{,}0 \cdot 10^4$ J
c) $1{,}55 \cdot 10^3$ s

123. a) $2,28 \cdot 10^6$ J
b) II
c) 1,5 kg
d) $2,5 \cdot 10^3$ J/kg °C

124. a) Evaporação
b) 1 150 kJ

125. a) 6,0 N b) $1,5 \cdot 10^5$ cal/h

126. c

127. a) Aproximadamente 77 J
b) Aproximadamente 115 W

128. a) 70 g b) 22 °C e zero

129. c 130. e

131. a) $T_f = \frac{2T}{3} \cdot \frac{\left(1 - \frac{1}{2^{2N-2}}\right)}{\left(1 - \frac{1}{2^{N-1}}\right)}$

b) $T_f = \frac{2T}{3}$

132. 3,1 m² 133. 1 Btu ≅ 252 cal

134. a) $3,6 \cdot 10^4$ células/s
b) 1,4 J

135. c 136. c

137.

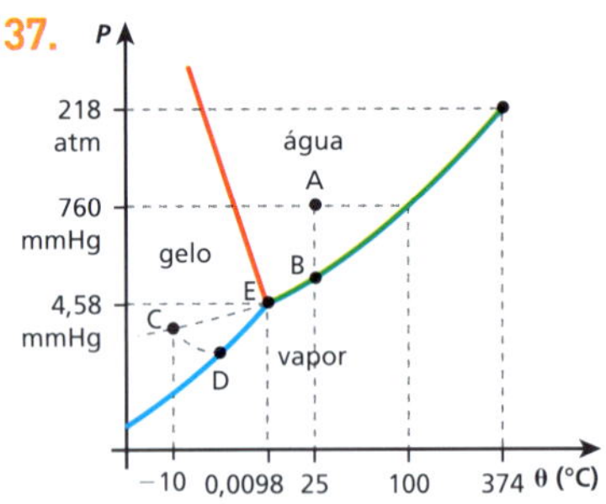

Banco de imagens/Arquivo da editora

Se toda a água se solidifica, a situação final será o ponto **D**. Se restar água após a solidificação, a situação final será o ponto **E** (ponto triplo).

138. c 139. e 140. d

141. 250 °C 142. 2,5 s

Tópico 4 – Gases perfeitos

1. $1,0 \cdot 10^4$ N 2. e

3. 02 4. b 5. b

7. 4,0 cmHg 8. 293 °C

9. 5,0 atm 10. 81 °C

12. b 13. a 14. d

15. a 16. 150 mmHg

17. 427 °C 18. 2

19. Aproximadamente 2,2 atm

20. a) Quando a porta do *freezer* é aberta, entra ar mais quente em seu interior, fazendo com que a pressão interna se iguale à pressão externa. A porta é fechada e o ar existente no interior do *freezer* é resfriado rapidamente, diminuindo sensivelmente sua pressão. Como a pressão do ar externo é maior, haverá uma diferença de pressão que dificultará sua abertura. Para conseguirmos abrir a porta, será necessário aplicarmos uma força de intensidade maior do que aquela decorrente da diferença entre a pressão externa e a interna. Se deixarmos passar certo intervalo de tempo, notamos que a abertura da porta fica mais fácil. Isso ocorre porque a vedação da porta não é ideal, o que possibilita a entrada de ar externo no interior do *freezer*. Esse ar será resfriado lentamente, mas aumentará o número de partículas de ar, o que aumentará a pressão do ar no interior do *freezer*. Quando essa pressão tornar-se igual à pressão externa, a massa de ar de dentro do *freezer* ficará praticamente constante e a resistência à abertura da porta será devida apenas aos ímãs existentes na borracha de vedação que aderem ao metal do corpo do *freezer*.
b) $6,0 \cdot 10^3$ N

22. d 23. 9,0 atm 24. b

25. –73 °C 26. 8,2 atm 27. d

28. e 30. –153 °C e 27 °C

31. 177 °C

32. $3,0 \cdot 10^{24}$ moléculas

33. 120 °C

34. a) 87 °C b) 2,45 atm

35. e 36. c 37. 27 °C

39. 4,5 atm 40. 640 g 41. a

42. b

43. a) 100 mol b) 160 min

44. $1,0 \cdot 10^{-2}$ kg 45. 900 mmHg

46. $\frac{1}{2}$ 48. c

49. a) 4,0 N/cm² b) Lei de Boyle

50. 0,02 mol

51. a) 6,0 L b) 5,0 L

52. d 54. 27 °C

55. 3,6 atm

56. I) Correta III) Incorreta
II) Incorreta

58. d 59. c 60. c

61. d 62. 10

63. 1 (F); 2 (V); 3 (F); 4 (V).

64. c 65. 493 m/s

66. 127 °C 67. 2,0 atm 68. c

69. a) 1500 kg
b) 1125 kg
c) Aproximadamente 0,34 m/s²

70. a) $-3,0 \cdot 10^3$ J
b) 50 m/s²
c) $2NaN_3(s) \rightarrow 2Na(s) + 3N_2(g)$
d) 36 L

71. 2,5 g 72. d

73. a) $8 \cdot 10^{12}$ moléculas/m³
b) 10

74. c

75. a) $V_A = \frac{2}{3}SL$ e $V_B = \frac{1}{3}SL$
b) $\frac{L}{6}$

76. a) 1 800 kg c) 0,29 m/s²
b) 1 350 kg

77. b 78. d

79. a) $1 \cdot 10^4$ mol
b) $3 \cdot 10^6$ J

80. e

81. 108 balões

82. a) 240 K b) 90 Pa

83. a) 60 W c) 96 K
b) $9,0 \cdot 10^4$ d) 1,32 atm

84. a) $1,10 \cdot 10^5$ Pa
b) 450 K
c) 3%

85. a) 13,2 kN
b) 63 °C
c) Aproximadamente 0,16 mol

86. A ⇒ CO_2; B ⇒ H_2; C ⇒ Ne

87. a) 250 mol
b) 18,75 mol
c) 4,0 h

88. b

89. a) $\frac{20}{21}$
b) $P_{atm} = (P + 1{,}0 \cdot 10^4 h)$ (SI)
c) $1{,}05 \cdot 10^5$ N/m²

90. $\frac{6}{7} T_0$

91. $m = \frac{p_0 a^3 + Mga - nRT}{ga(\mu \cos \theta + \text{sen } \theta)}$

Tópico 5 – Termodinâmica

1. c **2.** c **3.** d

5. a) Aumenta.
b) +60 J

6. 8 kcal **7.** 250 J e zero

8. 26 **9.** a **10.** 37

11. 3,0 J **12.** 150 J

14. a) 400 cal c) Zero
b) −400 cal

15. a) 50 cal c) Zero
b) −50 cal

16. e **17.** c

18. a) $V = 7{,}0 \cdot 10^{-3}$ T
b) 7,5 L

19. $\Delta U = +200$ cal

20. d **21.** 12

22. a) Zero c) $3{,}2 \cdot 10^2$ J
b) $3{,}2 \cdot 10^2$ J d) $1{,}6 \cdot 10^2$ J

23. a) 415 J b) 10 K ou 10 °C

25. a) 1 200 J
b) Zero
c) 1 200 J

26. 1 800 J

27. a) Realizado; 2 200 J
b) Aumentou; 6 300 J

28. 6,0 J **29.** $2{,}5 \cdot 10^3$ J

30. a) 8 J b) **C** e **A**

31. 20 W

32. $\frac{4}{3}$ **33.** c

35. a) Zero, 300 J e 250 J
b) 675 J
c) 27 °C

36. a) 10 mol
b) $24{,}9 \cdot 10^3$ J
c) $37{,}4 \cdot 10^3$ J

38. 26 J

39. a) $-2{,}0 \cdot 10^5$ Pa; $4{,}0 \cdot 10^{-2}$ m³ e $T_a = T_c$
b) $4{,}0 \cdot 10^3$ J

40. a **41.** a **42.** d

43. c

45. a) Zero b) 450 cal

46. 3 750 cal **47.** 10 J

48. 4,0 °C **49.** b **50.** b

51. 4,1 atm

52. a) Isométrica
b) 7 500 cal e 7 500 cal

53. a **54.** $0{,}45 p_0 V_0$

55. a) 100 K b) 8 715 J

56. b **57.** e **59.** 7,5 g

60. d **61.** e **62.** 10 °C

63. a) 40 J b) 85,5 °C

64. 4 200 cal

65. $2{,}0 \cdot 10^3$ N e 400/3 J

66. 17 **67.** 14 **68.** b

69. c **71.** 55% **72.** 50%

73. b

74. a) 40% c) 3 000 J
b) 5 000 J

75. c **76.** b **77.** d

78. e

79. a) Falsa b) 50 m³ **80.** 840 kW

81. a) $2{,}0 \cdot 10^5$ J b) 67%

82. a **83.** d

84. Aproximadamente 28 cm³

86. Aproximadamente 4 343 cal/K

87. +0,3 cal/K

88. Verdadeiras: **a**, **b**, **e**, **f**
Falsas: **c**, **d**, **g**, **h**

89. 4 J **90.** c **91.** c

92. a) 0,2 mol c) 6,4 cm
b) $3 \cdot 10^3$ N d) 192 J

93. b **94.** a

95. Aproximadamente 4 343 cal/K

96. c **97.** d **98.** a

99. c

100. a) 40 MW b) 3,0 °C

101. $4{,}9 \cdot 10^{-2}$ cal/g °C

102. a) No início, o martelo tem energia mecânica na forma potencial. Na queda, a energia mecânica se conserva e a energia potencial transforma-se em cinética. No impacto, parte dessa energia mecânica (80%) é transferida para as moléculas do gás, transformando-se em energia térmica.
b) 10 K ou 10 °C

103. b

104. a) 300 cal
b) Aproximadamente 1,7
c) 3 cal/mol K

105. a)

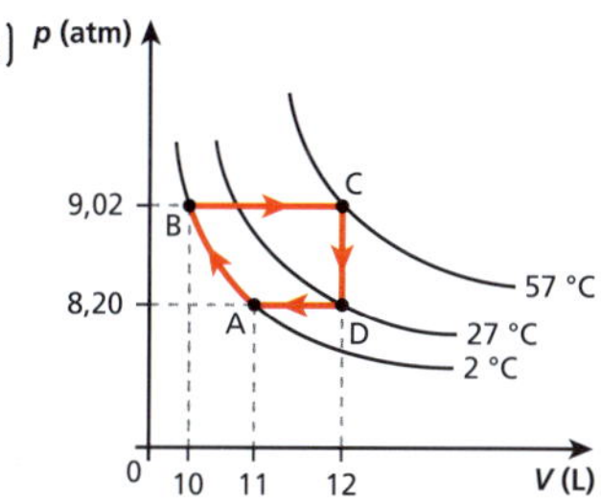

Banco de imagens/Arquivo da editora

b) 123 J d) 1 230 W
c) 123 J

106. b

107. a)

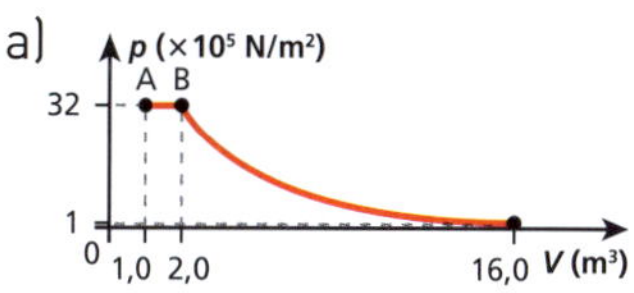

Banco de imagens/Arquivo da editora

b) $1{,}04 \cdot 10^7$ J
c) $-2{,}4 \cdot 10^6$ J

108. b

109. a) $T_f = T_0$
b) −6,9 n R (processo impossível de ocorrer)

110. +0,3 cal/K

111. 11,63 J/K **112.** b

113. d **114.** c **115.** c

116. a) $8{,}0 \cdot 10^4$ W
b) +16,7 W/K; aumenta.

Tópico 6 – Dilatação térmica dos sólidos e dos líquidos

1. d **3.** 200,2 cm

4. $1{,}0 \cdot 10^{-5}$ °C⁻¹

5. $2,5 \cdot 10^{-5}\ °C^{-1}$ **6.** 770 °C
7. e **8.** a **9.** c **10.** d
12. a) $9,6 \cdot 10^{-3}$ m b) 0,048%
13. Aproximadamente 7,2 mm
14. d
15. c **16.** c **18.** 0,60 m
19. b **20.** 1,5 **21.** d
23. c **24.** $20 \cdot 10^{-6}\ °C^{-1}$
25. c **26.** b
27. Se a obturação dilatar mais, o dente poderá quebrar. Se dilatar menos, poderão ocorrer infiltrações.
28. e **30.** 101,6 cm^2
31. c **32.** 430 °C
34. $1,0 \cdot 10^3\ cm^3$
35. 1 007,2 cm^3
36. $6,6 \cdot 10^{-3}$ L
37. e **38.** b **39.** d
40. c
41. 0 – F; 1 – F; 2 – V; 3 – V; 4 – V.
42. d **44.** d
45. 1,005 m e 406 cm^3
46. b **47.** b
48. No período da manhã.
49. 110 L **51.** b
52. a) Aproximadamente $9,0 \cdot 10^{-4}\ °C^{-1}$
b) 518 cm^3
c) 18,2 cm^3
53. b **54.** d **55.** b
56. c **57.** $527 \cdot 10^{-6}\ °C^{-1}$
58. 143 °C **59.** e **60.** e
61. b **63.** 120 °C
64. $5 \cdot 10^{-4}\ °C^{-1}$
65. Porque de 0 °C a 4 °C a densidade da água aumenta e, a partir de 4 °C, diminui.
66. a **67.** b **68.** b
69. 20,08 cm **70.** 1,5
71. 100 °C **72.** a **73.** b
74. 1 **75.** b **76.** e
77. e **78.** 70 °C **79.** 5,0 °C
80. $\dfrac{\Delta \ell}{(\ell_1\alpha_1 + \ell_2\alpha_2)}$ **81.** a

82. 349,0 °C **83.** c
84. b **85.** b **86.** a
87. e **88.** a **89.** $\dfrac{1}{A}$ °C
90. $\dfrac{d}{4}\left[\dfrac{2(1+\alpha_1\Delta T)}{(\alpha_1-\alpha_2)\Delta T}+1\right]$
91. b **92.** a **93.** b **94.** c
95. a) 500 °C c) 1,3 atm
b) $10^{-2}\ m^3$
96. $4,3 \cdot 10^{-3}$ °C
97. a) 350 K b) $3,2 \cdot 10^5$ J
98. 100 °C

Unidade 2 – Ondulatória

Tópico 1 – Movimento Harmônico Simples (MHS)

1. c **2.** d
4. a) 3 m, π rad/s e 2 s
b) 0,5 Hz e $\dfrac{\pi}{2}$ rad
c) 3π m/s e $3\pi^2$ m/s^2
d)

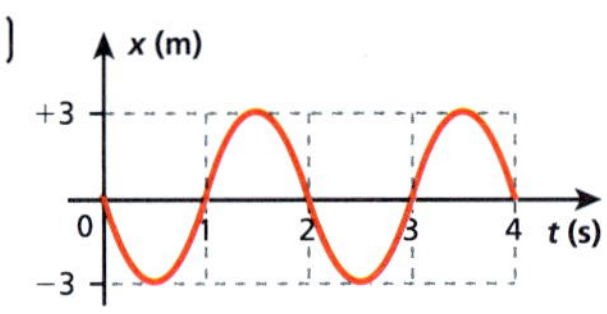

Banco de imagens/Arquivo da editora

5. a) 0,30 m, π rad/s, 0,50 s e 2,0 Hz
b) $v = -0,30\pi\ \text{sen}\left(\pi t + \dfrac{\pi}{2}\right)$ (SI)
c) $\alpha = -0,30\pi^2 \cos\left(\pi t + \dfrac{\pi}{2}\right)$ (SI)
7. a) 1 s
b) x = cos (2πt + π) (SI)
c) $4\pi^2$ m/s^2
8. d
9. a) B → posição
A → velocidade
C → aceleração
b) 0,5 m e 2,5 Hz
10. 3,14 s
11. Aproximadamente 17,3 cm
12. $15\sqrt{3}$ m/s
13. a) 0,50 Hz e 0,10 m
b) 0,50 s; 1,5 s e 2,5 s
14. b
15. a) 2π s b) 20 m/s^2

16. b **18.** a **19.** a
20. e **21.** c **23.** T' = T
24. 24 s **25.** 0,25 m
26. x = 0,05 cos (6t) (SI)
e v = −0,3 sen (6t) (SI)
27. x = 0,04 cos (2t + π) (SI)
28. c **29.** e **30.** 0,2π s
31. 1,6 kg **32.** 4 kg e 5 kg
33. 51 **34.** a **35.** b
36. a) 5,0 m b) 3,0 s
37. $2 \cdot 10^{-3}$ J **38.** d **40.** $\dfrac{1}{2}$
41. $2\pi\sqrt{\dfrac{m}{k_1 + k_2}}$
42. c **43.** a **44.** 15 s
45. 1 m e 4 s **46.** c
47. 8 m/s^2 e diminuir de 0,347 m
48. a) $x = 2,0 \cos\left(\pi t + \dfrac{3\pi}{2}\right)$ (SI)
b) $v = -2,0\pi\ \text{sen}\left(\pi t + \dfrac{3\pi}{2}\right)$ (SI)
c) $\alpha = -2,0\pi^2 \cos\left(\pi t + \dfrac{3\pi}{2}\right)$ (SI)
d) π^2 m/s^2
49. e
50. $v = -2\text{sen}\left(10t + \dfrac{5\pi}{3}\right)$ (SI)
51. a **52.** $\dfrac{3T}{4}$ **53.** 37°
54. a
55. b **56.** $\dfrac{\pi}{2}$ s **57.** e
58. a
59. 8 kg **60.** 10 cm e 0,4π s
61. c
62. a) Aproximadamente 0,8 Hz
b) Aproximadamente 1,6 Hz
63. c **64.** $\dfrac{3}{\pi}$ Hz **65.** 6 m/s^2
66. a
67. 5,0 cm **68.** $\dfrac{2\pi}{15}$ s
69. $2\pi\sqrt{\dfrac{m}{4K_1 + K_2}}$
70. Adiantar; aproximadamente 2 min
71. 2 s
72. Aproximadamente 9,2 °C
73. e **74.** e

Sumário

Parte II

TÓPICO
2

Ondas

Dale Sanders/Masterfile/Other Images

Ao tocar a superfície da água, cada remo produz ondas que se propagam, formando circunferências.

Neste Tópico vamos estudar as ondas, que se constituem em energia se propagando através de um meio. Na foto, que ilustra o início deste assunto, observamos que o toque de um remo na água provoca uma perturbação que se propaga pela superfície do líquido em todas as direções com a mesma velocidade, fazendo aparecer uma onda circular, cujo raio cresce com o tempo.

Veremos as ondas mecânicas e as ondas eletromagnéticas, estudaremos suas principais características. As ondas luminosas e as ondas sonoras receberão um tratamento mais elaborado em nosso estudo, afinal esses são os dois principais exemplos que encontramos na Ondulatória.

Os fenômenos físicos que podem ocorrer com as ondas em geral, como a reflexão, a refração, a difração e a interferência serão estudados neste Tópico com detalhes.

Bloco 1

1. Introdução

Ondas de vários tipos estão presentes em nossa vida. Quando vemos objetos, por exemplo, nossos órgãos visuais estão sendo sensibilizados por ondas luminosas. Devido às limitações do nosso sistema visual, outras ondas do mesmo tipo da luz não podem ser vistas — como as ondas utilizadas nas telecomunicações (ondas de rádio, ondas de televisão e micro-ondas para comunicação via satélite).

Podemos ouvir música, vozes e ruídos devido a ondas sonoras. Assim como acontece com as ondas luminosas, as limitações do nosso sistema auditivo não nos permitem ouvir ondas do mesmo tipo do som, como o ultrassom.

Além da luz e do som, que são as ondas que mais sentimos no nosso dia a dia, podemos encontrar outras, como as ondas formadas na superfície da água quando nela cai alguma coisa, ou como aquelas que aparecem em uma corda esticada quando sacudimos uma de suas extremidades.

Todas essas ondas, e as que você estudará adiante, possuem algo em comum: são energias que se propagam através de um meio. **Atenção:** a energia se propaga, porém, o meio não acompanha essa propagação, qualquer que seja a onda em estudo.

Sofia Colombini/Fabio Colombini/Acervo do fotógrafo

Esta imagem só pode ser vista devido à existência de ondas luminosas.

DeshaCAM/Shutterstock

O som emitido por um violino é uma onda que se propaga pelo ar, acionando nosso sistema auditivo. Temos, assim, a sensação de audição.

2. Ondas mecânicas e ondas eletromagnéticas

De acordo com sua natureza (características físicas), as ondas classificam-se em dois grupos: **ondas mecânicas** e **ondas eletromagnéticas**.

MSVIVIENNE/Shutterstock

Quando uma pedra atinge a superfície de um lago de águas tranquilas, produz uma onda mecânica que se propaga com padrões circulares.

Ondas mecânicas

São deformações que se propagam em meios elásticos. Esse fenômeno ocorre apenas em meios materiais, pois as ondas mecânicas necessitam de partículas para se propagar. Isso significa que elas nunca se propagam no vácuo.

A propagação de uma onda mecânica através de um meio material envolve o transporte de energia cinética e de energia potencial mecânica e depende de dois fatores fundamentais: a inércia e a elasticidade do meio.

Como acontece com qualquer onda, uma onda mecânica não transporta o meio onde se propaga. É apenas a energia que muda de local, passando de partícula para partícula do meio material.

Alguns exemplos de ondas mecânicas são as que se propagam em cordas ou molas esticadas, as que se propagam em superfícies de líquidos e os sons.

Observe que em todos esses casos a existência de um meio material é fator preponderante para a propagação das ondas mecânicas.

Dessa forma, podemos dizer:

Onda mecânica é a propagação de energia através de partículas de um meio material, sem que essas partículas sejam transportadas.
Uma onda mecânica nunca se propaga no vácuo.

JÁ PENSOU NISTO?

Ondas que se "quebram"?

Em alto-mar as ondas não transportam matéria; constituem apenas energia se propagando.

Nas proximidades da praia, porém, em razão da diminuição brusca da profundidade, as ondas "quebram", provocando o movimento de toda a massa de água e formando correntezas que podem arrastar corpos que lá se encontram. Essas "ondas quebradas" deixam de se comportar como ondas.

ChrisVanLennepPhoto/Shutterstock

Tsunami, uma onda mecânica

O termo *tsunami* é de origem japonesa — *tsu* significa "porto" e *nami*, "onda". Esse termo surgiu do relato de um grupo de pescadores que estavam em alto-mar pescando. Quando retornaram ao porto, encontraram-no devastado por ondas imensas. Como eles não haviam percebido essas ondas enquanto navegavam, concluíram que foram formadas próximas ao porto. Daí o nome "onda de porto".

Jiji Press/Agência France-Press

Esta fotografia mostra a chegada de um *tsunami* na cidade de Miyaku, Japão, no dia 11 de março de 2011, que contabilizou mais de 15 000 vítimas. Esse fenômeno teve origem a 70 km da parte oeste da península de Oshika. Além da destruição de casas e prédios, o *tsunami* atingiu a Central Nuclear de Fukushima I, causando um grande desastre nuclear.

Hoje se sabe que tais ondas são formadas após um rápido deslocamento vertical da coluna de água em regiões de grande profundidade. Tal deslocamento pode ser causado por um abalo sísmico, por uma atividade vulcânica, por um grande deslocamento de terra ou gelo ou pela queda de um meteorito. A potência de um *tsunami* depende de sua amplitude e sua velocidade. Quando a onda se aproxima da praia, sua velocidade diminui e sua amplitude aumenta, podendo atingir alturas de mais de 30 metros, devastando assim a orla marítima. Momentos antes da chegada dessas grandes ondas ocorre um rebaixamento significativo do nível do mar. Esse sinal serviria de aviso silencioso sobre o perigo iminente para que a população pudesse refugiar-se em áreas elevadas.

A região com maior probabilidade de ocorrência de tais ondas é o oceano Pacífico, onde existem muitas placas oceânicas que deslizam sob placas continentais. Esses deslizamentos, que acontecem a grandes profundidades (4 000 m), provocam ondas que se propagam na superfície a até 700 km/h.

Banco de imagens/Arquivo da editora

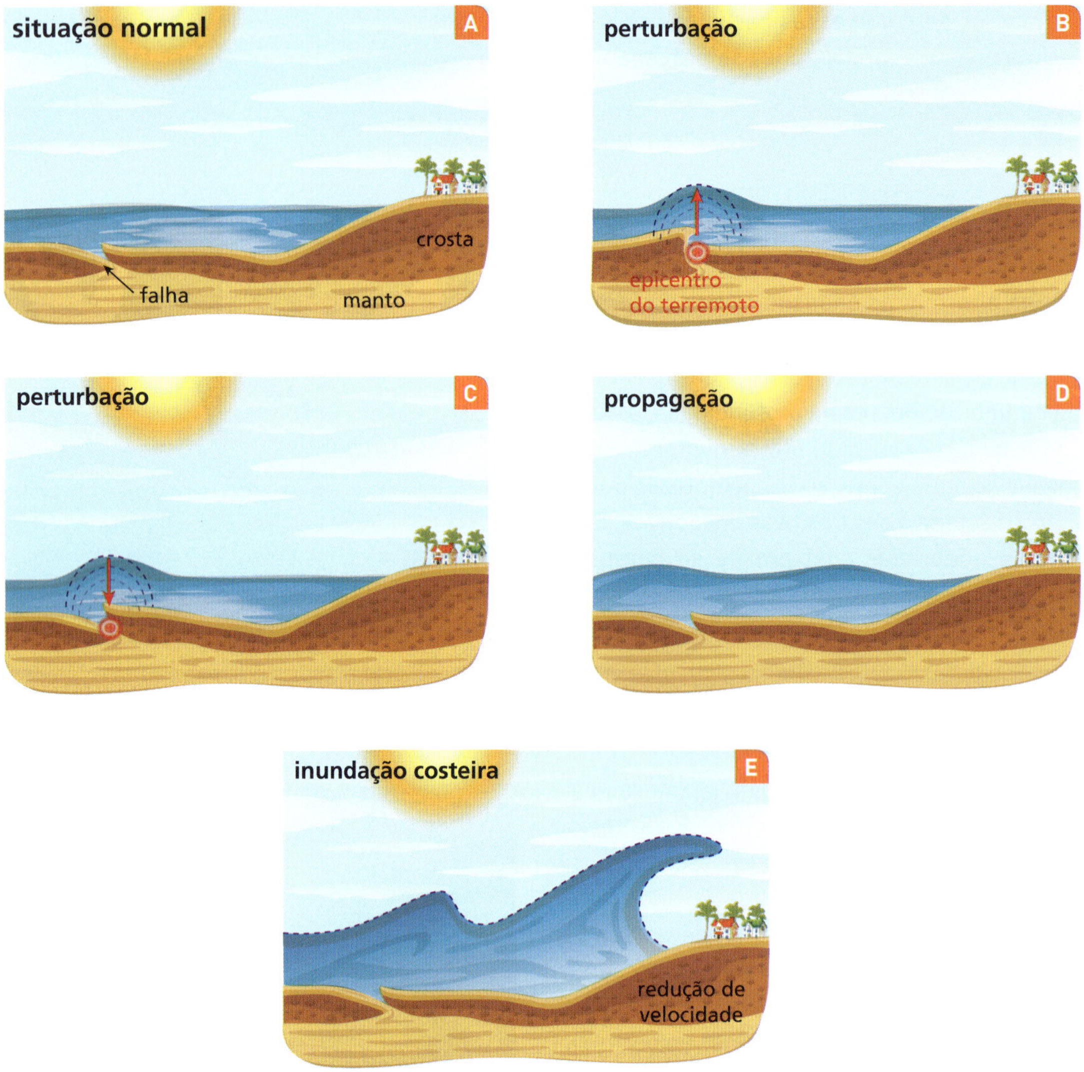

O alto-falante emite ondas mecânicas

O alto-falante é um dispositivo utilizado para produzir ondas sonoras a partir de impulsos elétricos. Os primeiros alto-falantes surgiram na década de 1920, nos Estados Unidos, acompanhando os primeiros fonógrafos elétricos.

Através de um cone de papelão (circular ou elíptico) que avança e recua, os alto-falantes emitem ondas **mecânicas longitudinais**.

Os sons agudos (altas frequências), acima de 4 000 Hz, são emitidos por unidades pequenas (*tweeters*) de 3 cm a 5 cm de diâmetro. Os sons graves (baixa frequência), abaixo de 500 Hz, são emitidos pelas unidades (*woofers*) de 25 cm de diâmetro. Já os sons intermediários, de 500 Hz a 4 000 Hz, são emitidos por unidades de 15 cm de diâmetro. No entanto, podemos encontrar um único alto-falante que emite os sons médios e graves.

CJT/Zapt/Arquivo da editora

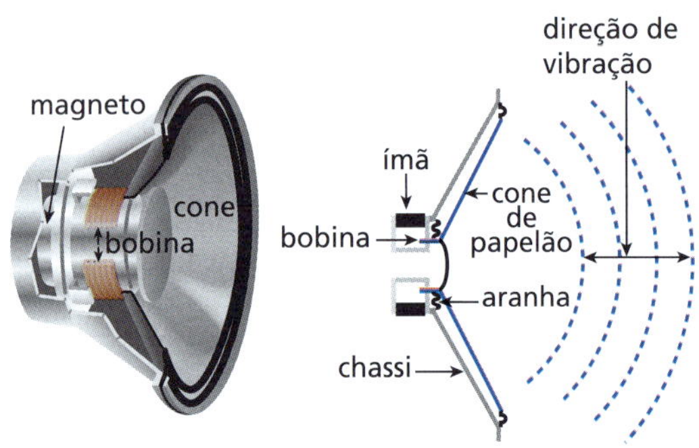

Ilustração esquemática de um alto-falante.

Ondas eletromagnéticas

As ondas eletromagnéticas são formadas por dois campos variáveis, um elétrico e outro magnético, que se propagam. Essa propagação pode ocorrer no vácuo e em determinados meios materiais.

Como exemplos de ondas eletromagnéticas podemos citar as ondas de rádio, entre elas as ondas de amplitude modulada (AM) e as de frequência modulada (FM), as ondas de TV, as ondas luminosas (luz), as micro-ondas, os raios X e γ, entre outras. Essas denominações são dadas de acordo com a principal fonte geradora das ondas e se diferenciam em especial pelas faixas de frequência.

Todas as ondas eletromagnéticas têm em comum sua velocidade de propagação no vácuo: aproximadamente 300 000 km/s. A velocidade de propagação depende do material do meio e da frequência da onda. Em meios materiais transparentes a essas ondas, a velocidade é menor que 300 000 km/s.

Assim, podemos dizer:

Ondas eletromagnéticas constituem um conjunto de dois campos, um elétrico e outro magnético, que se propagam no vácuo com velocidade aproximada de 300 000 km/s. Em meios materiais, quando ocorre propagação, a velocidade é menor que 300 000 km/s.

Observe, na representação esquemática ao lado, que os campos citados são perpendiculares entre si e, ainda, perpendiculares à direção de propagação da onda.

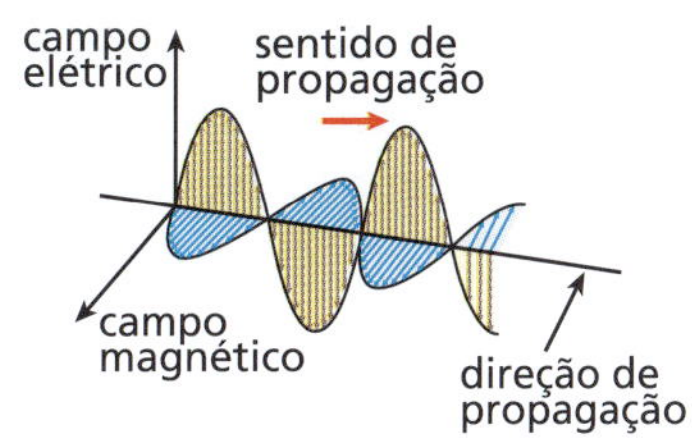

Raios α, β, γ, X e catódicos

Os raios α são partículas formadas por 2 prótons e 2 nêutrons, núcleos de um dos isótopos do hélio. Os raios β e os raios catódicos são compostos de elétrons. Assim, os raios α, β e catódicos não são ondas, e sim partículas dotadas de carga elétrica, podendo ser desviadas por campos magnéticos.

Entre os raios α, β, γ, X e catódicos, apenas os raios γ e X são ondas eletromagnéticas.

Os raios γ são obtidos por processos nucleares e, sendo fatais para microrganismos, têm aplicação em esterilização de instrumentos cirúrgicos. Cereais que precisam ficar muito tempo armazenados também costumam ser expostos a raios γ, para que fiquem livres de fungos e bactérias que produzem a deterioração dos grãos. Esses raios ainda são empregados para destruir tumores cancerígenos.

Na Medicina os raios X são largamente utilizados para a obtenção de radiografias, e na indústria, entre outras aplicações, para detectar falhas em peças metálicas que irão constituir uma máquina. Minúsculos defeitos e microfissuras podem ser descobertos com o uso dos raios X.

Os raios X são ondas eletromagnéticas que podem se propagar através dos tecidos "moles" do corpo humano, como músculos, tendões e pele, porém, ao atravessarem os ossos, perdem mais energia. Uma película sensível a essas radiações é sensibilizada quando atingida. Assim, podemos "tirar uma fotografia" de partes de nosso corpo e observar sua estrutura óssea.

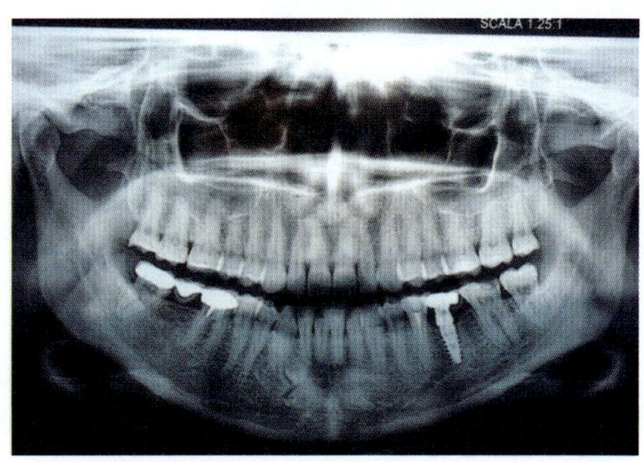

Zillnik/Shutterstock

Raio X panorâmico de arcada dentária, muito utilizado por especialistas em Ortodontia.

Alamy/Fotoarena

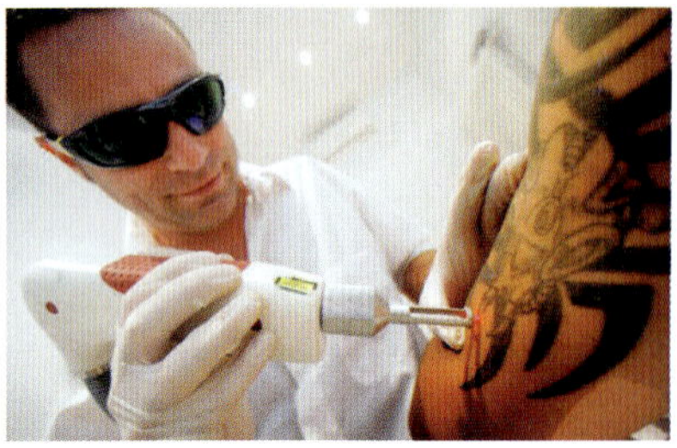

Na fotografia observamos um profissional utilizando o *laser* para "apagar" uma tatuagem no braço de uma pessoa. Esse processo consiste em fazer incidir um feixe de radiação *laser* de luz especial que fraciona as partículas dos pigmentos em parcelas menores. Essas parcelas menores são absorvidas pelo organismo, desaparecendo.

Raio *laser*

A palavra *laser* é formada pelas letras iniciais das palavras que formam a expressão inglesa *light amplification by stimulated emission of radiation* (amplificação da luz por emissão estimulada de radiação). A invenção do *laser* data de 1960, no entanto, já em 1954 havia sido inventado o *maser*, no qual usava-se não a luz, mas micro-ondas (*microwave*).

A principal característica de um *laser* é que, pela estimulação de átomos de uma substância particular, se obtém um estreito feixe de luz monocromática, colimada e coerente, isto é, luz de uma mesma cor, em feixe concentrado e em fase. Nesse feixe, todas as partículas de luz (fótons) possuem as mesmas propriedades.

A cada fóton emitido está associado o mesmo comprimento de onda. Dessa forma, pode-se obter uma grande concentração de energia em uma pequena superfície. Para gerar o feixe de luz, um meio (sólido, líquido ou gasoso) é estimulado por uma corrente elétrica, por uma descarga elétrica ou mesmo por outra fonte de luz. Assim, o *laser* transforma energia dispersa em energia concentrada em forma de luz.

Dependendo da finalidade de cada *laser*, ele pode ser obtido de uma substância diferente. Na indústria, por exemplo, são utilizados *lasers* obtidos de moléculas de dióxido de carbono (CO_2) ou de íons de neodímio em matrizes sólidas. Nesse caso, a energia gerada é utilizada para soldagem ou cortes de chapas metálicas. Na Medicina, o *laser* pode ser usado como bisturi ou para cauterização de vasos sanguíneos. Na Odontologia, ele substituirá o temido "motorzinho", podendo retirar cáries sem que um pedaço do dente também seja retirado. Os *lasers* usados na Medicina e na Odontologia são obtidos a partir de érbio, hólmio, argônio, neodímio e dióxido de carbono.

O *laser* também é usado na mira de armas modernas, como fuzis e lançadores de mísseis. Em aparelhos de CD e DVD, o *laser* é usado para "ler" o conteúdo dos discos.

Ondas de rádio AM e FM e ondas de TV

David Acosta Allely/Shutterstock

Por meio de antenas como esta, ondas de rádio são enviadas para novos aparelhos receptores.

Em 1887, o físico alemão Heinrich Rudolf **Hertz** (1857-1894) descobriu os princípios básicos da emissão e da recepção de ondas de rádio. No início, captava-se no receptor apenas um sinal contínuo. Somente depois de 1904, com o desenvolvimento da válvula termiônica de Fleming, é que foi possível o início da transmissão via ondas eletromagnéticas. Para que essas ondas fossem portadoras de mensagens, elas deviam ser **moduladas**, isto é, deviam sofrer variações em sua amplitude (AM) ou em sua frequência (FM).

As ondas de **amplitude modulada** (AM) são divididas em três faixas, de acordo com seu comprimento de onda: **ondas curtas** (OC), **ondas médias** (OM) e **ondas longas** (OL). Por causa do longo alcance dessas ondas, elas são utilizadas por emissoras comerciais, nas comunicações entre aviões, por radioamadores, etc.

As ondas de **frequência modulada** (FM), embora tenham um alcance menor, podendo ser captadas apenas em um raio de pouco mais de 100 km da fonte emissora, apresentam melhor qualidade. Dessa forma, as ondas de FM têm uma aplicação mais local, para pequenas distâncias. É por isso que, estando em São Paulo, você não pode captar no rádio emissoras de FM do Rio de Janeiro, enquanto algumas emissoras de AM podem ser captadas.

Em um aparelho de televisão, uma faixa de ondas de FM é utilizada para levar sinais que se transformam em imagens e sons. Para cada emissora há um conjunto de duas frequências próximas, uma transportando os sinais de imagem e a outra os sinais de som. Alguns receptores de rádio têm sua banda de frequências ampliada, podendo "captar o som" de canais de TV.

A banda de frequência reservada às emissoras de TV é dividida em duas faixas: a de VHF (*very high frequencies* — frequências muito altas) e a de UHF (*ultra high frequencies* — frequências ultra-altas).

3. Ondas longitudinais, ondas transversais e ondas mistas

Em uma propagação ondulatória, as vibrações podem ocorrer em direção idêntica à da propagação ou em direção perpendicular à ela. Em função disso, as ondas são classificadas em longitudinais e transversais. Em alguns casos, as vibrações ocorrem nas duas direções, tratando-se, então, de ondas mistas.

Ondas longitudinais

São ondas mecânicas que produzem perturbações nas partículas do meio material na mesma direção em que se propagam.

Como exemplo, considere uma mola elástica disposta horizontalmente:

Se fizermos uma rápida compressão na extremidade esquerda da mola, a compressão se propagará para a direita.

Note que as partículas da mola oscilam horizontalmente, na mesma direção em que a onda se propaga.

Os sons, quando se propagam em meios fluidos (líquidos, gases e vapores), são ondas longitudinais.

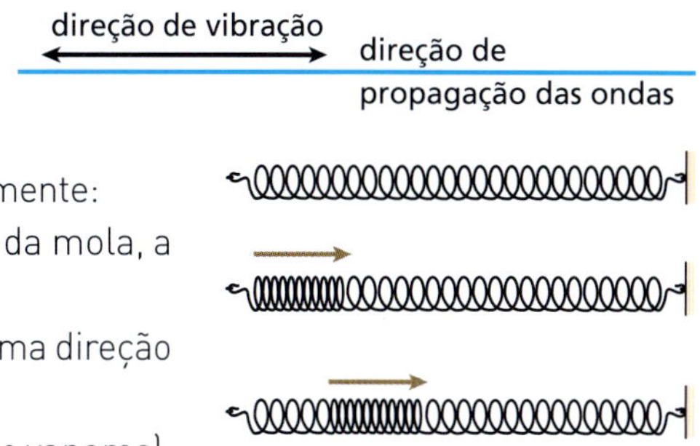

Banco de imagens/Arquivo da editora

Ondas transversais

São ondas em que as vibrações ocorrem perpendicularmente à direção de propagação.

Como exemplo, considere uma corda esticada disposta horizontalmente:

Se sacudimos a extremidade esquerda da corda, surge um pulso que se propaga ao longo dela, dirigindo-se para a direita.

Esse pulso provoca um movimento vertical de sobe e desce nos pontos da corda atingidos. O movimento de sobe e desce ocorre perpendicularmente à direção de propagação do pulso, como podemos observar na ilustração.

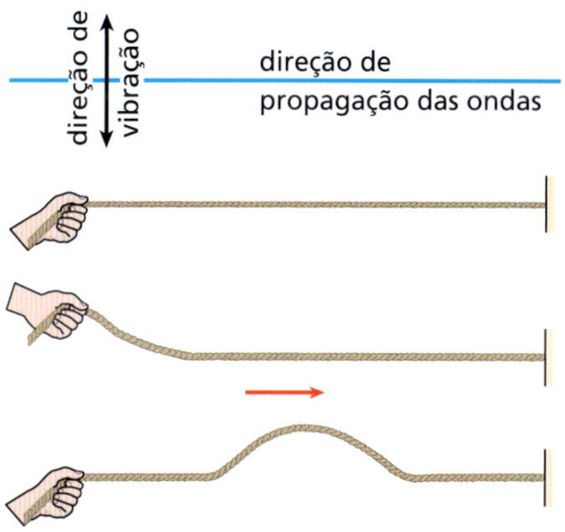

Banco de imagens/Arquivo da editora

As ondas eletromagnéticas são constituídas de dois campos variáveis (um elétrico e outro magnético), perpendiculares entre si e perpendiculares à direção de propagação das ondas. Dizemos, então, que elas são **transversais**.

As perturbações eletromagnéticas que atingem os pontos de um meio, seja ele vácuo ou não, são sempre **perturbações transversais**.

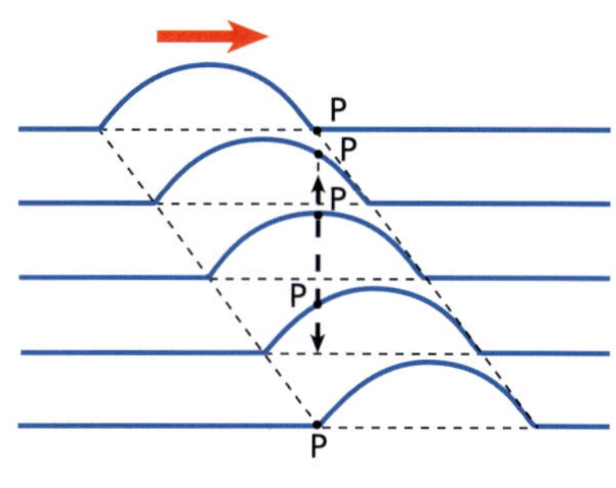

Banco de imagens/Arquivo da editora

Ondas mistas

São ondas mecânicas constituídas de vibrações transversais e longitudinais simultâneas.

Quando uma partícula de um meio material é atingida por uma perturbação mista, ela oscila simultaneamente na direção de propagação e na direção perpendicular à de propagação.

Banco de imagens/Arquivo da editora

Como exemplo, podemos citar as ondas em superfícies de líquidos, que nos mares e lagos geralmente são produzidas pela ação dos ventos sobre a superfície livre da água.

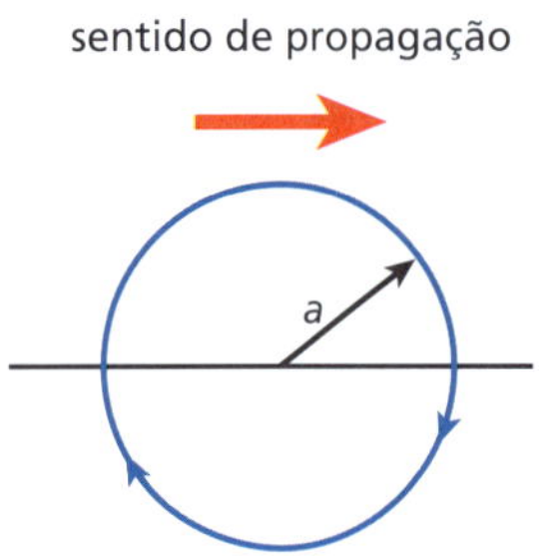

Representação esquemática da trajetória de uma partícula de água durante a passagem da onda.

Fotografia de ondas que se propagam na superfície da água em alto-mar.

Os sons, quando se propagam em meios sólidos, também são exemplos de perturbações mistas.

Se um corpo está flutuando na superfície da água em alto-mar, com a passagem da onda ele irá executar um movimento misto. Veja, na sequência a seguir, como esse movimento pode ser representado:

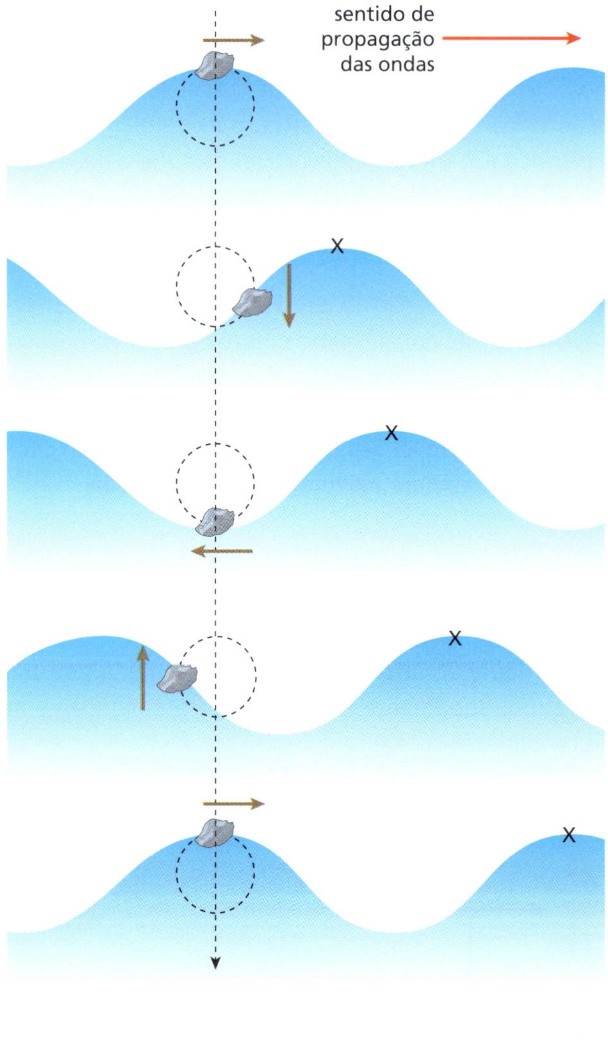

4. Frente de onda e raio de onda

Numa propagação, podemos observar três tipos distintos de ondas:

a) **unidimensionais:** propagam-se em uma única dimensão. Por exemplo, ondas em cordas;

b) **bidimensionais:** propagam-se em duas dimensões, isto é, num plano. Por exemplo, ondas em superfície de líquidos;

c) **tridimensionais:** propagam-se em três dimensões, isto é, no espaço. Por exemplo, ondas luminosas e ondas sonoras no ar.

No estudo das ondas bidimensionais e tridimensionais, são úteis os conceitos de frente de onda e de raio de onda:

Frente de onda é a fronteira entre a região já atingida pela onda e a região ainda não atingida.
Raio de onda é uma linha orientada que tem origem na fonte de ondas e é perpendicular às frentes de onda. Os raios de onda indicam a direção e o sentido de propagação das ondas num meio.

Dentre as ondas bidimensionais que se propagam na superfície de líquidos, destacam-se as ondas circulares, cujas frentes de onda são circunferências, e as ondas retas, cujas frentes são segmentos de reta.

Veja uma representação esquemática de ondas circulares que se propagam na superfície de um líquido.

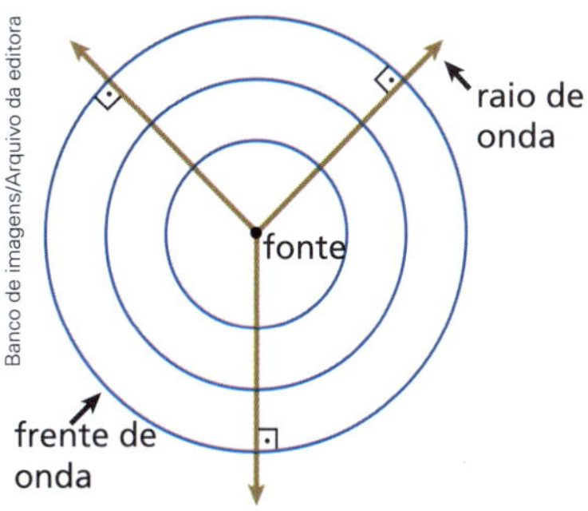

Ondas circulares geradas na superfície da água.

Veja uma representação esquemática de ondas retas que se propagam na superfície de um líquido.

Ondas retas geradas na superfície da água.

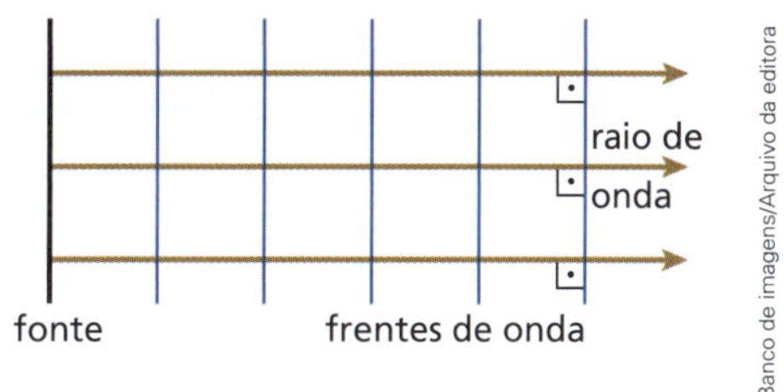

Dentre as ondas tridimensionais (som e luz) que se propagam no espaço, destacam-se aquelas cujas frentes de onda são esféricas ou planas.

A luz emitida pelo Sol avança pelo espaço apresentando frentes de onda esféricas.

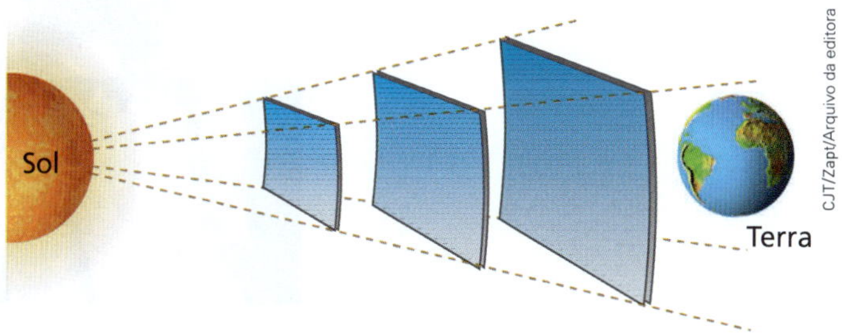

Ilustração com tamanhos e distâncias fora de escala.

Onda polarizada

A polarização de uma onda transversal ocorre quando ela é "filtrada", permitindo apenas a passagem das vibrações que ocorrem na mesma direção que a previamente estabelecida pelo polarizador.

Usando uma corda e uma placa de madeira com uma fenda, veja como isso acontece.

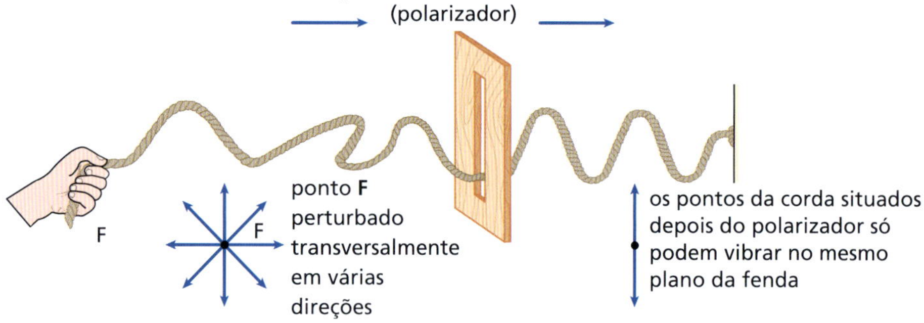

Observe que é possível gerar vibrações transversais em todas as direções, mas só vão passar pela placa de madeira aquelas que ocorrem na direção estabelecida pela fenda. As ondas que se propagam após a fenda são denominadas **ondas polarizadas**.

Apenas ondas transversais podem ser polarizadas. A luz, que é uma onda transversal, pode ser polarizada utilizando-se uma lâmina especial (polarizador). Ondas longitudinais, como o som nos fluidos, não podem ser polarizadas.

Filmes em 3D são assistidos através de lentes polarizadoras

Os primeiros efeitos em 3D eram observados com óculos que tinham, no lugar das lentes, papel celofane vermelho e azul (*red blue*) ou vermelho e verde (*red green*). Esses filtros eram usados para que o olho coberto pelo vermelho não observasse a parte da fotografia ou filme feita em vermelho. O outro olho deixava de ver a parte em azul ou verde, dependendo do filtro.

Luis Louro/Shutterstock

Modelo dos primeiros óculos para filmes 3D.

Os atuais filmes, em formatos que permitem exibição em grandes dimensões e em alta resolução, por exemplo, utilizam óculos com lentes polarizadoras, separando para cada olho um plano de vibração. Assim, pode-se produzir o efeito 3D permitindo que cada olho observe apenas uma das duas imagens projetadas na tela.

Dean Drobot/Shutterstock

Modelo de óculos com lentes polarizadoras utilizado em filmes que permitem efeito 3D.

Ampliando o olhar

"Ouvir" o Universo?

Em 1865, o físico escocês James Clerk Maxwell (1831-1879) apresentou uma das mais importantes teorias da Física, estabelecendo quatro equações que sintetizam as leis que regem os fenômenos elétricos e magnéticos. Essas equações previam a possibilidade da propagação dos dois campos, o elétrico e o magnético, em conjunto, de tal forma que um era capaz de sustentar a existência do outro. Esses dois campos em conjunto formavam as ondas eletromagnéticas. Heinrich Rudolf Hertz, físico alemão, em 1887, produziu e detectou essas ondas, comprovando experimentalmente a sua existência. A geração dessas ondas, segundo Maxwell e comprovada por Hertz, é resultado do movimento de cargas elétricas aceleradas, por exemplo, elétrons oscilantes.

É fácil inferir que estamos mergulhados em um "oceano" de ondas eletromagnéticas geradas pelos dispositivos elétricos que funcionam na Terra e por aquelas que vêm do Sol e do resto do Universo. A humanidade sempre teve curiosidade de decifrar as "mensagens" que recebemos do espaço. Talvez algumas delas nos tragam a comprovação de que não estamos sós, que outras formas de vida inteligente podem existir nas profundezas do Universo.

Fazendo uma breve pesquisa pela internet, podemos encontrar vários radiotelescópios espalhados pelo mundo, voltados para o espaço recebendo ondas eletromagnéticas. Um dos mais famosos é o de **Arecibo**, localizado em Porto Rico, que de 1963 a 2016 foi considerado o maior radiotelescópio do mundo. Vários filmes de ação o utilizaram em suas cenas. No entanto, ele foi levado para o segundo lugar, já que, na província de Guizhou, no sul da China, foi construído o maior e mais moderno radiotelescópio, o FAST (***F****ive-hundred-metre* ***A****perture* ***S****pherical radio* ***T****elescope*). A construção foi iniciada em 2010 e começou a funcionar em julho de 2016.

Seu nome vem do disco único de 500 metros de diâmetro, ocupando o interior de um relevo que lembra uma cratera. Ele é três vezes mais sensível do que o de Arecibo. Com isso, os astrônomos esperam descobrir corpos celestes e novas galáxias a distâncias de até 7 bilhões de anos-luz da Terra.

Esses radiotelescópios recebem ondas eletromagnéticas e procuram decifrá-las, entendê-las, daí dizermos estar "escutando" o Universo. Quem sabe...

Para mais informações sobre o assunto vale a pena pesquisar no *site* <http://astro.if.ufrgs.br/telesc/node3.htm>. Acesso em: 29 jun. 2018.

Radiotelescópio de Arecibo.

Exercícios Nível 1

1. Por que é impossível ouvirmos, aqui na Terra, **E.R.** uma explosão solar?

Resolução:

As ondas sonoras, sendo ondas mecânicas, não se propagam no vácuo que separa o Sol da Terra.

2. Quando uma onda se propaga de um local para outro, necessariamente ocorre:

a) transporte de energia.
b) transformação de energia.
c) produção de energia.
d) movimento de matéria.
e) transporte de matéria e energia.

3. Das ondas citadas a seguir, qual delas não é onda eletromagnética?

a) Infravermelho.
b) Radiação gama.
c) Ondas luminosas.
d) Ondas de rádio.
e) Ultrassom.

4. No vácuo, todas as ondas eletromagnéticas têm:

a) mesma frequência.
b) mesma amplitude.
c) mesmo comprimento de onda.
d) mesma quantidade de energia.
e) mesma velocidade de propagação.

5. Dos tipos de onda citados a seguir, qual é longitudinal?

a) Ondas em cordas tensas.
b) Ondas em superfície da água.
c) Ondas luminosas.
d) Ondas eletromagnéticas.
e) Ondas sonoras propagando-se no ar.

6. Analise as afirmativas:

I. Toda onda mecânica é sonora.
II. As ondas de rádio, na faixa de FM (Frequência Modulada), são transversais.
III. Abalos sísmicos são ondas mecânicas.
IV. O som é sempre uma onda mecânica, em qualquer meio.
V. As ondas de rádio AM (Amplitude Modulada) são ondas mecânicas.

São verdadeiras:

a) I, II e III.
b) I, III e V.
c) II, III e IV.
d) III, IV e V.
e) I, IV e V.

7. Qual das ondas a seguir não se propaga no vácuo?

a) Raios *laser* (*__l__ight __a__mplification by __s__timulated __e__mission of __r__adiation*).
b) Ondas de rádio.
c) Micro-ondas.
d) Ondas de sonar (*__so__und __n__avegation __a__nd __r__anging*).
e) Ondas de calor (raios infravermelhos).

8. (PUC-SP) As estações de rádio têm, cada uma delas, uma frequência fixa e própria na qual a transmissão é feita. A radiação eletromagnética transmitida por suas antenas é uma onda de rádio. Quando escutamos uma música, nossos ouvidos são sensibilizados por ondas sonoras.

Sobre ondas sonoras e ondas de rádio, são feitas as seguintes afirmações:

I. Qualquer onda de rádio tem velocidade de propagação maior do que qualquer onda sonora.
II. Ondas de rádio e ondas sonoras propagam-se em qualquer meio, tanto material quanto no vácuo.
III. Independentemente de a estação de rádio transmissora ser AM ou FM, a velocidade de propagação das ondas de rádio no ar é a mesma e vale aproximadamente $3{,}0 \cdot 10^8$ m/s.

Está correto o que se afirma apenas em:

a) I.
b) III.
c) I e II.
d) I e III.
e) II e III.

9. Vê-se um relâmpago; depois, ouve-se o trovão. Isso ocorre porque:

a) o som se propaga no ar.
b) a luz do relâmpago é muito intensa.
c) a velocidade do som no ar é de 340 m/s.
d) a velocidade do som é menor que a da luz.
e) se esse fenômeno ocorresse no vácuo, o som do trovão e a luz do relâmpago chegariam juntos.

10. (Unesp-SP) Uma das características que diferem ondas transversais de ondas longitudinais é que apenas as ondas transversais podem ser:

a) polarizadas.
b) espalhadas.
c) refletidas.
d) refratadas.
e) difratadas.

Exercícios Nível 2

11. (Unesp-SP) Radares são emissores e receptores de ondas de rádio e têm aplicações, por exemplo, na determinação de velocidades de veículos nas ruas e rodovias. Já os sonares são emissores e receptores de ondas sonoras, sendo utilizados no meio aquático para determinação da profundidade dos oceanos, localização de cardumes, dentre outras aplicações. Comparando-se as ondas emitidas pelos radares e pelos sonares, temos que:

a) as ondas emitidas pelos radares são mecânicas e as ondas emitidas pelos sonares são eletromagnéticas.
b) ambas as ondas exigem um meio material para se propagarem e, quanto mais denso for esse meio, menores serão suas velocidades de propagação.
c) as ondas de rádio têm oscilações longitudinais e as ondas sonoras têm oscilações transversais.
d) as frequências de oscilação de ambas as ondas não dependem do meio em que se propagam.
e) a velocidade de propagação das ondas dos radares pela atmosfera é menor do que a velocidade de propagação das ondas dos sonares pela água.

12. Um professor de Física que ministrava a primeira aula sobre Ondas dava exemplos de ondas eletromagnéticas. Ele dizia: "São exemplos de ondas eletromagnéticas as ondas de rádio, a luz, as ondas de radar, os raios X, os raios γ". Um aluno entusiasmado completou a lista de exemplos, dizendo: "Raios α, raios β e raios catódicos". Pode-se afirmar que:

a) pelo menos um exemplo citado pelo professor está errado.
b) todos os exemplos citados pelo professor e pelo aluno estão corretos.
c) apenas um exemplo citado pelo aluno está errado.
d) os três exemplos citados pelo aluno estão errados.
e) há erros tanto nos exemplos do professor quanto nos do aluno.

13. (UFG-GO) As ondas eletromagnéticas foram previstas por Maxwell e comprovadas experimentalmente por Hertz (final do século XIX). Essa descoberta revolucionou o mundo moderno. Sobre as ondas eletromagnéticas, são feitas as afirmações:

I. Ondas eletromagnéticas são ondas longitudinais que se propagam no vácuo com velocidade constante $c = 3,0 \cdot 10^8$ m/s.
II. Variações no campo magnético produzem campos elétricos variáveis que, por sua vez, produzem campos magnéticos também dependentes do tempo e assim por diante, permitindo que energia e informações sejam transmitidas a grandes distâncias.
III. São exemplos de ondas eletromagnéticas muito frequentes no cotidiano: ondas de rádio, ondas sonoras, micro-ondas e raios X.

Está correto o que se afirma em:

a) I apenas.
b) II apenas.
c) I e II apenas.
d) I e III apenas.
e) II e III apenas.

14. (FMTM-MG) *Sir* David Brewster (1781-1868), físico britânico, realizou estudos experimentais sobre reflexão, refração e polarização da luz. Sobre estudos da polarização da luz, mostrou que esse fenômeno é característico de ondas:

I. longitudinais e pode ocorrer por difração ou por meio de polarizadores;
II. transversais e pode ocorrer por reflexão ou transmissão;
III. transversais ou longitudinais e pode ocorrer por interferência ou transmissão.

Está correto o contido em:

a) I apenas.
b) II apenas.
c) III apenas.
d) I e II apenas.
e) I, II e III.

15. As radiações α, β e os raios catódicos não são considerados ondas, já que são constituídos de partículas e não simplesmente de energia se propagando pelo espaço. Assinale a alternativa que corresponde à explicação correta a respeito dessas radiações.

a) A radiação β é constituída de núcleos de hélio (He), cada um deles com dois prótons e dois nêutrons.
b) A radiação α é constituída de elétrons de alta energia ou de pósitrons.
c) Os raios catódicos são constituídos de feixes de prótons.
d) A radiação α e a radiação β são constituídas de feixes de elétrons.
e) Os raios catódicos são constituídos de feixes de elétrons.

Bloco 2

5. Grandezas físicas associadas às ondas

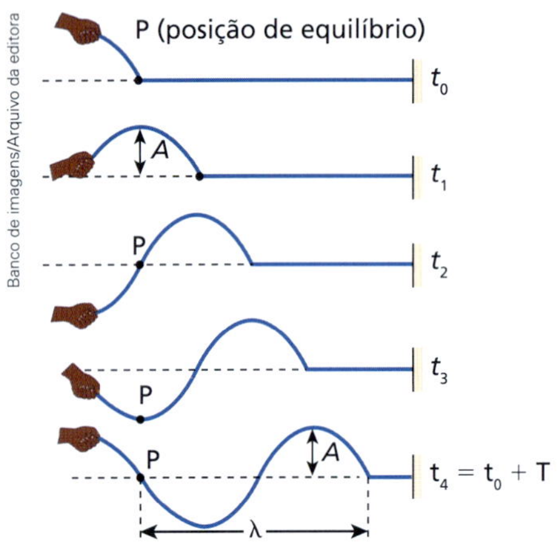

De acordo com a observação e o estudo de fenômenos ondulatórios, percebemos a necessidade de definirmos várias grandezas físicas associadas às ondas.

As principais grandezas são: **amplitude** (A), **período** (T), **frequência** (f) e **comprimento de onda** (λ). Utilizando um sistema que nos permita ver as ondas, podemos observar o significado de cada grandeza.

Considere um conjunto de ondas periódicas geradas continuamente (trem de ondas) numa corda, disposta horizontalmente, por um movimento harmônico simples (MHS), executado verticalmente na extremidade livre dessa corda.

Supondo que não haja dissipação de energia na propagação, observamos que essas ondas fazem cada ponto da corda oscilar verticalmente, repetindo o movimento harmônico simples original. O ponto **P**, por exemplo, oscila com a mesma amplitude A do MHS que gerou as ondas.

O valor de A é denominado **amplitude da onda**. Ele permanece constante ao longo da corda quando a propagação é conservativa (não há dissipação de energia) e diminui ao longo da corda quando a propagação é dissipativa (caso real, em que parte da energia da onda se dissipa). Se duas ondas diferem apenas na amplitude e propagam-se no mesmo meio, a mais intensa (mais forte) é aquela que tem maior amplitude.

Note que de t_0 a t_4 o ponto **P** completa uma oscilação (um ciclo). Assim, o intervalo de tempo de t_0 a t_4 é o período do MHS do ponto **P**, também denominado **período da onda** (T).

O número de oscilações executadas pelo ponto **P** na unidade de tempo é denominado **frequência da onda** (f). Convém notar que a frequência de uma onda é sempre igual à frequência da fonte que a originou e se mantém constante durante toda a existência dessa onda.

Como vimos, a unidade de frequência no SI é o **hertz** (**Hz**), valendo a relação:

$$f = \frac{1}{T}$$

É importante observar que, durante um período T da onda – correspondente a uma oscilação completa do ponto P –, ela avança uma determinada distância, a que chamamos de **comprimento de onda**.

Na figura, essa distância é indicada pela letra grega λ (*lambda*).

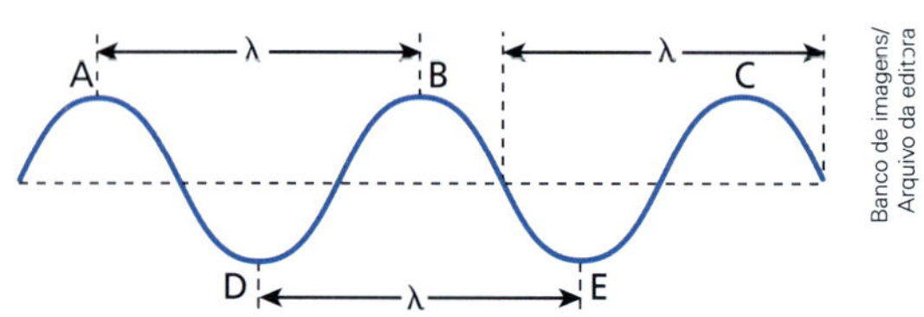

A, **B** e **C** são pontos do sistema vibrante nominados **picos** ou **cristas** da onda e **D** e **E** são pontos nominados **vales** dessa onda. É de fácil observação que a distância entre dois **picos** consecutivos ou dois **vales**, também consecutivos, corresponde a **um comprimento de onda** (λ).

Nas ondas longitudinais, o comprimento de onda é a distância entre os centros de duas compressões ou de duas rarefações sucessivas.

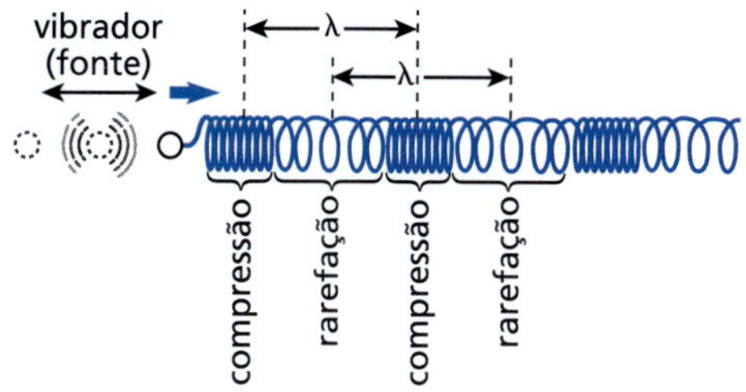

Banco de imagens/Arquivo da editora

// Executando movimentos periódicos de vaivém na extremidade de uma mola, observamos ondas periódicas constituídas de compressões e rarefações.

Nas ondas mistas, o comprimento de onda pode ser obtido pela distância entre duas cristas ou dois vales consecutivos.

As cristas provocam, nas partículas do líquido, deslocamentos para cima e **para a frente**, enquanto os vales provocam deslocamentos para baixo e **para trás**.

Convém destacar que os conceitos de período, frequência, amplitude e comprimento de onda aplicam-se a qualquer onda periódica, não se restringindo aos exemplos citados.

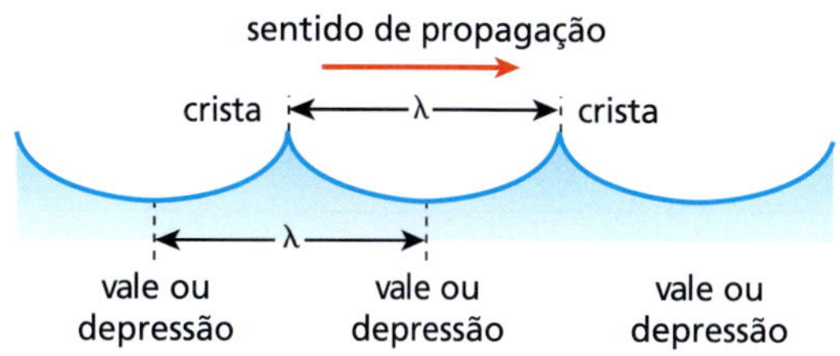

Banco de imagens/Arquivo da editora

Concordância e oposição de fase

Na observação da figura 1 podemos encontrar pontos que num determinado instante apresentam a mesma elongação e possuem movimentos no mesmo sentido, são eles: **A** e **B**, **C** e **D** ou **E** e **F**. São pontos que apresentam vibrações em **concordância de fase**. Notem que a distância entre eles corresponde a um comprimento de onda (λ).

$$\overline{CD} = \overline{EF} = \overline{AB} = \lambda$$

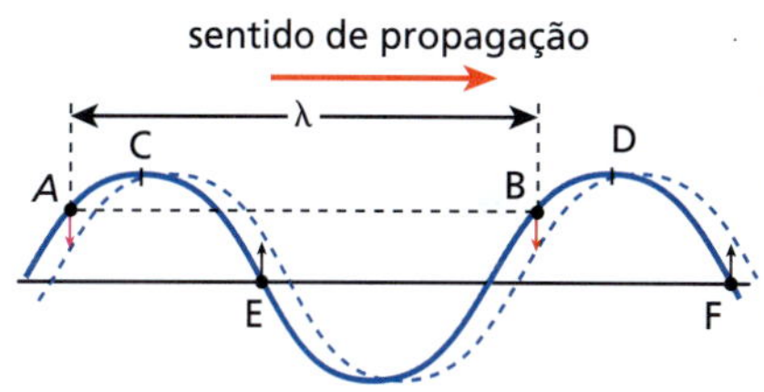

figura 1

Banco de imagens/Arquivo da editora

No esquema representado na figura 2 podemos ainda observar pontos que possuem elongações opostas, isto é, estão em posições que distam a mesma medida do eixo de referência, porém, um acima e o outro abaixo desse eixo. Notem que eles se movem em sentidos opostos, enquanto um desce o outro sobe. Eles vibram em **oposição de fase**. Os pontos **G** e **H**, **I** e **J** ou **L** e **M** representam conjuntos desses pontos em oposição de fase. A distância horizontal entre eles é sempre $\frac{\lambda}{2}$.

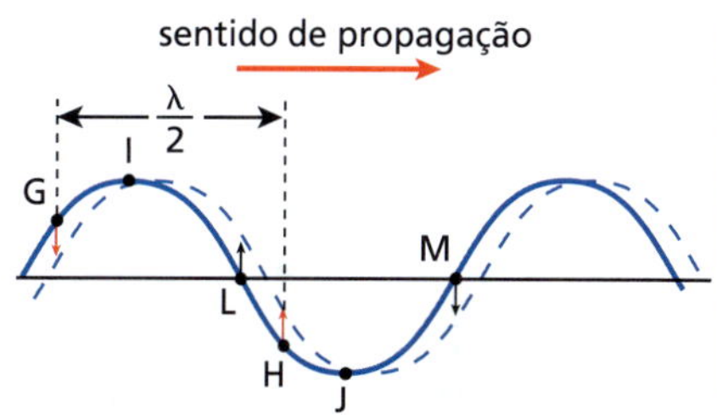

figura 2

Banco de imagens/Arquivo da editora

6. Velocidade de propagação de uma onda periódica

Quando uma onda se propaga através de um meio, ela percorre uma distância *d* igual ao seu comprimento de onda ($d = \lambda$), num intervalo de tempo igual a um período ($\Delta t = T$).

Num meio homogêneo, a velocidade de propagação (*v*) de uma onda é constante, seja ela mecânica, seja ela eletromagnética, valendo a relação:

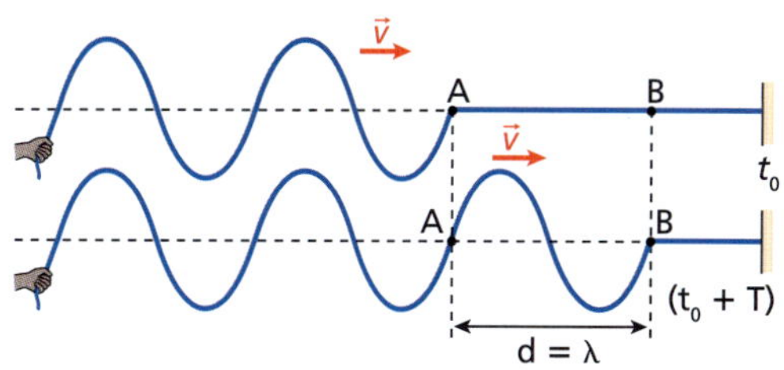

Banco de imagens/Arquivo da editora

$$v = \frac{d}{\Delta t} \Rightarrow v = \frac{\lambda}{T}$$

Como $f = \frac{1}{T}$, temos:

$$v = \lambda f$$

Essa relação é fundamental e se aplica à propagação de todas as ondas.

NOTA!

Para simplificar a linguagem, toda vez que nos referirmos ao módulo da velocidade da onda usaremos apenas **velocidade da onda**.

7. O som

O som é constituído de um conjunto de ondas mecânicas que podem ser percebidas pelo sistema auditivo dos seres humanos e de muitos outros animais.

A velocidade de propagação das ondas sonoras depende das condições do meio em que se propagam. No ar, a 15 °C, a velocidade do som é de aproximadamente 340 m/s; na água, de 1 500 m/s, e nos sólidos, pode variar de 3 000 m/s a 6 000 m/s, dependendo da rigidez desse meio.

O sistema auditivo humano é sensível às ondas sonoras que tenham frequência entre 20 Hz e 20 000 Hz, aproximadamente. Esse intervalo varia de pessoa para pessoa e de acordo com a idade de cada um.

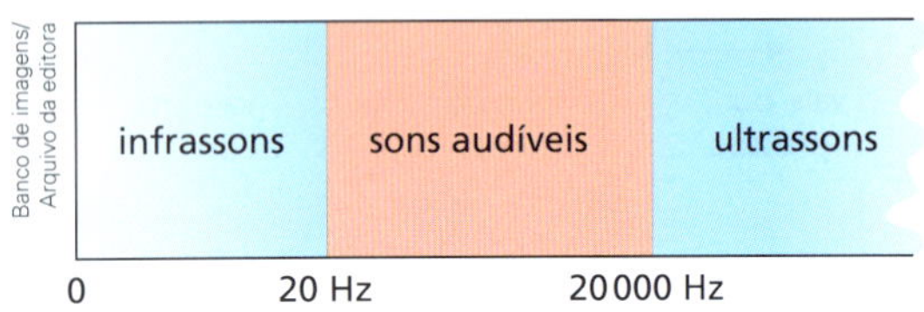

Se a frequência for menor que 20 Hz, essa onda será denominada **infrassom**. Se a frequência da onda for maior que 20 000 Hz, ela será chamada de **ultrassom**. Ultrassons e infrassons não são ouvidos por seres humanos. Porém, alguns ultrassons podem ser ouvidos por animais, como o cachorro, o golfinho ou o morcego.

8. A luz

A luz, que é uma onda eletromagnética, só pode sensibilizar nosso sistema visual se tiver sua frequência compreendida entre $4 \cdot 10^{14}$ Hz e $8 \cdot 10^{14}$ Hz, aproximadamente. Nessa faixa, na ordem crescente de frequências, encontramos as cores vermelha, alaranjada, amarela, verde, azul, anil e violeta, que formam as sete cores principais que observamos no arco-íris. As frequências logo abaixo dos $4 \cdot 10^{14}$ Hz são denominadas **infravermelhas** e as logo acima dos $8 \cdot 10^{14}$ Hz **ultravioletas**.

A diferença entre as ondas eletromagnéticas que podemos "enxergar" (luz visível) e as ondas de rádio, por exemplo, está principalmente na frequência. A propagação de todas as ondas eletromagnéticas se faz no vácuo a uma velocidade próxima de 300 000 km/s. Em meios materiais, essa propagação é feita a velocidades menores, e os valores dependem do meio transparente e da frequência da onda.

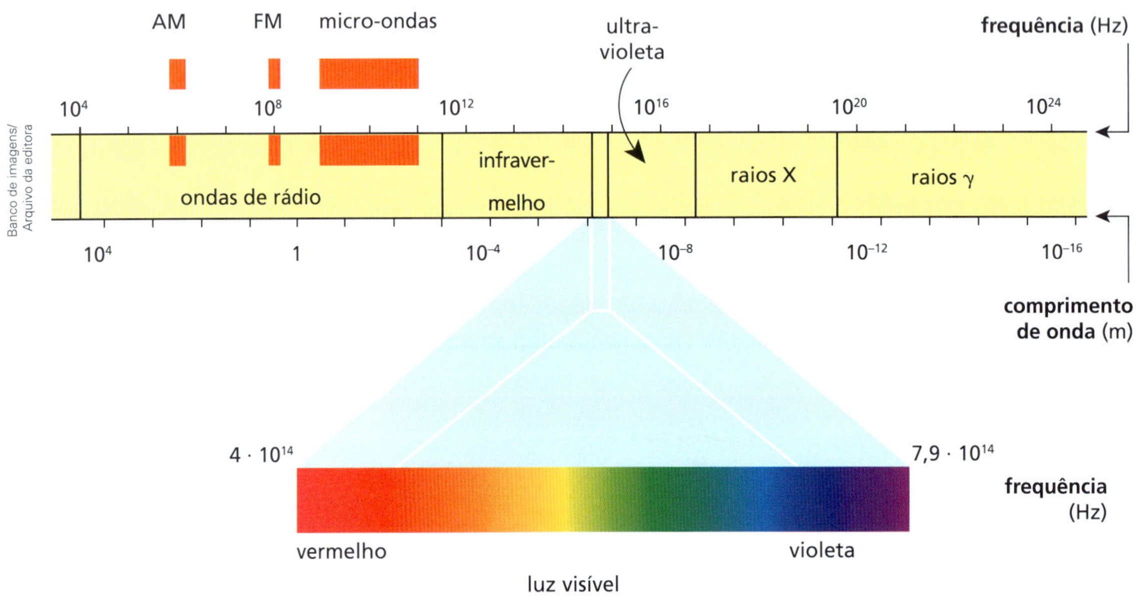

Esquema do espectro eletromagnético com a localização aproximada das faixas de frequência das principais ondas eletromagnéticas.

JÁ PENSOU NISTO?

Raios infravermelhos no controle da TV?

O controle remoto de um aparelho eletrônico utiliza ondas eletromagnéticas (raios infravermelhos) para enviar sinais que provocam alterações no funcionamento do aparelho: aumentar ou diminuir a intensidade do som e mudar de canal (em um aparelho de TV), entre outras. Antigamente, usava-se o ultrassom nos aparelhos de controle remoto. No entanto, um simples bater de porta podia provocar uma troca de canal na TV. Daí a mudança para raios infravermelhos.

BaLL LunLa/Shutterstock

9. Velocidade de propagação de ondas transversais em cordas tensas

As cordas tensas (esticadas) constituem ótimos meios para observação da propagação de ondas mecânicas transversais. Considerando uma corda de massa *m* e comprimento *L*, temos que a densidade linear δ (delta) dessa corda é a razão entre sua massa *m* e seu comprimento *L*.

Assim:

$$\delta = \frac{m}{L}$$ Unidade no SI: kg/m

A grandeza δ fornece a massa da corda por unidade de comprimento.

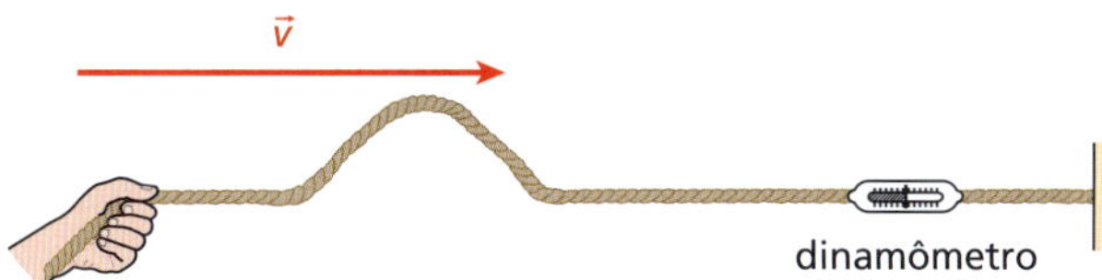

Banco de imagens/Arquivo da editora

Podemos constatar que, na propagação de um pulso transversal ou de uma onda periódica transversal, a velocidade *v* depende apenas de dois fatores: da densidade linear (δ) da corda e da intensidade da força tensora (*F*) a que ela está submetida.

Experimentalmente se comprova que, para o cálculo da velocidade *v* de propagação da onda, vale a relação:

$$v = \sqrt{\frac{F}{\delta}}$$

Essa expressão é também chamada de **fórmula de Taylor**.

Como as cordas em geral são cilíndricas, podemos escrever essa relação de outra maneira.

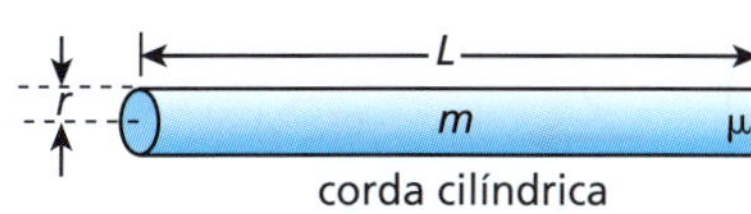

Banco de imagens/Arquivo da editora

A corda tem:

- volume: $V = \pi r^2 L$;
- densidade absoluta (volumétrica): $\mu = \frac{m}{V}$.

Assim:

$$\mu = \frac{m}{V} = \frac{m}{\pi r^2 L} \Rightarrow m = \mu \pi r^2 L$$

Entretanto, a densidade linear δ é dada por:

$$\delta = \frac{m}{L} \Rightarrow \delta = \frac{\mu \pi r^2 L}{L} \Rightarrow \delta = \mu \pi r^2$$

Substituindo esse resultado na relação do cálculo da velocidade das ondas em cordas, fica:

$$v = \sqrt{\frac{F}{\delta}} = \sqrt{\frac{F}{\mu \pi r^2}}$$

$$v = \frac{1}{r}\sqrt{\frac{F}{\mu \pi}}$$

É importante observar que em cordas tensas também vale a relação vista no item 6 ($v = \lambda f$).

Na propagação das ondas, como fica a energia mecânica?

Devemos lembrar que a corda, por onde a onda se propaga, é elástica, podendo apresentar deformações. Quando essa corda se deforma ela armazena energia potencial elástica e, quando se movimenta para cima ou para baixo, cada ponto (de massa *m*) da corda tem energia cinética de movimento.

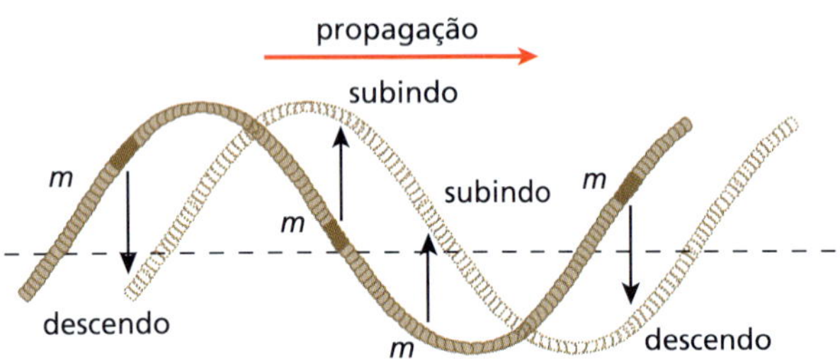

Banco de imagens/Arquivo da editora

Portanto, durante a propagação da onda na corda, a energia mecânica está, em parte, como energia potencial elástica e o restante como energia cinética de movimento. Apenas nos **picos** e nos **vales**, a energia mecânica está totalmente na forma potencial, não existindo na forma cinética. Quando o ponto considerado passa pela posição de equilíbrio, sobre o eixo, existe apenas energia cinética, não sendo encontrada a energia potencial elástica.

Equação de uma onda periódica transversal propagando-se em uma corda tensa

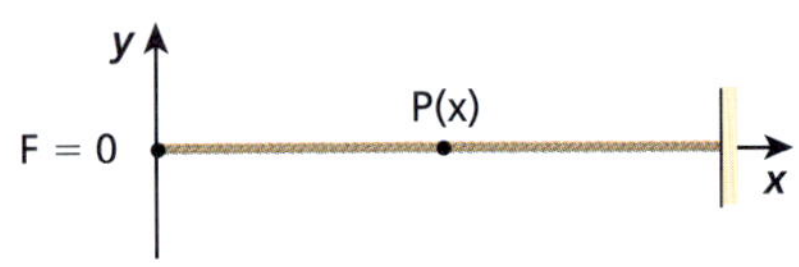

Banco de imagens/Arquivo da editora

Considere uma corda elástica esticada. O ponto **F** da corda é fonte emissora de ondas periódicas transversais, o ponto 0 é origem de um sistema cartesiano **x0y** e **P** é um ponto da corda escolhido arbitrariamente.

A partir dessa situação ($t = 0$), o ponto **F** executará um MHS de amplitude A e fase inicial φ_0. Assim, a ordenada *y* de **F** irá variar com o tempo, segundo a equação do MHS:

$$y = A \cos(\omega t + \varphi_0)$$

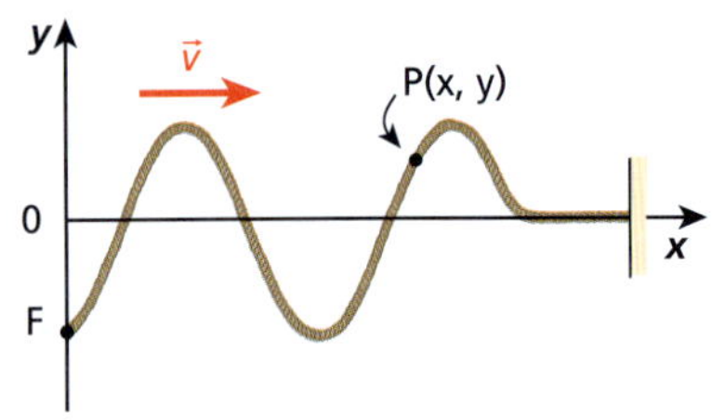

Banco de imagens/Arquivo da editora

Não havendo dissipação de energia na propagação após um tempo (Δt), o ponto genérico **P** da corda passará também a executar um MHS de mesma amplitude **A**, porém defasado Δt em relação a **F**. Como Δt é o intervalo de tempo que a onda levou para atingir **P**, conclui-se que $\Delta t = \frac{x}{v}$ em que *x* é a abscissa de **P** e *v* é a velocidade de propagação da onda.

Assim, o ponto genérico **P** tem sua ordenada *y* dada em função do tempo por:

$$y = A \cos [\omega (t - \Delta t) + \varphi_0]$$

Lembrando que $\omega = 2\pi f$ e que $\Delta t = \frac{x}{v}$, temos:

$$y = A \cos\left[2\pi f\left(t - \frac{x}{v}\right) + \varphi_0\right]$$

$$y = A \cos\left[2\pi\left(ft - \frac{fx}{v}\right) + \varphi_0\right] \quad \text{(I)}$$

Mas $v = \lambda f \Rightarrow \frac{v}{f} = \lambda$ ou $\frac{f}{v} = \frac{1}{\lambda}$ (II)

Substituindo (II) em (I), obtemos:

$$y = A \cos\left[2\pi\left(ft - \frac{x}{\lambda}\right) + \varphi_0\right]$$

Para cada ponto da corda, a abscissa *x* é fixa e a ordenada *y* varia em função do tempo, de acordo com essa função.

Ampliando o olhar

Nas ondas do rádio

Considere esta cena: é domingo e você está em casa assistindo à TV, que transmite um sensacional grande prêmio de Fórmula 1. Ao mesmo tempo, de um canto menos importante da sala, um velho rádio em baixo volume reproduz na imaginação os lances decisivos de uma partida de futebol. De repente, a campainha de um telefone celular soa estridente, anunciando a recepção de uma ligação... Que agente físico viabiliza os funcionamentos da TV, do rádio e do telefone celular? Ondas eletromagnéticas. Em particular, as radiofrequências que são radiações com comprimento de onda bem maior que o da luz visível.

Para que chegássemos ao atual estágio de conhecimento sobre telecomunicações, muitos pensadores deram sua contribuição.

O responsável teórico por essa notável evolução foi o físico e matemático escocês James Clerk Maxwell, tido como um dos cientistas mais importantes entre Newton e Einstein. Ele formulou quatro equações que descrevem a natureza dos campos elétrico e magnético em termos de espaço e tempo, constituindo-se na base do eletromagnetismo. Essas equações preveem a possível propagação conjunta desses campos com transmissão de energia eletromagnética através do vácuo e de alguns meios materiais de modo semelhante ao que ocorre com a luz.

James Clerk Maxwell, Scottish physicist

James Clerk Maxwell: propôs quatro equações fundamentais na descrição dos fenômenos eletromagnéticos.

Maxwell, entretanto, nunca comprovou experimentalmente suas teses. As conclusões a que chegou, porém, abriram caminho para que, vinte anos mais tarde, o físico alemão Hertz fizesse com que duas bobinas interagissem a distância, sem que houvesse conexão entre elas por meio de fios. Em 1886, durante uma aula que ministrava na Escola Politécnica de Karlsruhe, Hertz produziu uma faísca elétrica em uma das bobinas, verificando na outra, distante aproximadamente 1 metro, também o surgimento de uma faísca de mesma natureza, embora com intensidade menor. Com esse experimento, o cientista confirmou preliminarmente as previsões de Maxwell sobre a existência de radiações capazes de se propagar pelo espaço transportando energia de um ponto a outro. Hertz realizou ensaios mais elaborados e, fundamentado em descobertas inusitadas, apresentou, em 1888, uma memorável teoria ondulatória. Em sua obra, as ondas eletromagnéticas, como as que ele próprio era capaz de produzir (radiações de baixa frequência, denominadas mais tarde **ondas hertzianas**), recebiam tratamento análogo à luz, podendo também apresentar fenômenos de reflexão, refração, interferência e polarização. Além disso, Hertz corroborou com a ideia de que todas as ondas eletromagnéticas propagam-se em linha reta no vácuo com velocidade $c = 3{,}0 \cdot 10^8$ m/s.

Akg-Images/Latinstock

Heinrich Rudolf Hertz: comprovou experimentalmente as teorias de Maxwell referentes à transmissão e recepção de ondas eletromagnéticas.

Guglielmo Marconi, Italian physicist

Guglielmo Marconi: em 12 de outubro de 1931, utilizando ondas de rádio, ligou de Roma a chave geral da iluminação do Cristo Redentor, no Rio de Janeiro.

Reprodução/Wikimedia Commons

Padre Roberto Landell de Moura: realizou transmissões de ondas de rádio antes de Marconi.

Abria-se então a possibilidade de transmissões à distância, o que levou vários pesquisadores a sonhar com o telégrafo e o telefone sem fio. Um desses visionários foi o italiano Guglielmo Marconi (1874-1937) que imaginou até a possibilidade de transmissões transatlânticas. Mesmo enfrentando o ceticismo dos que acreditavam que a esfericidade da Terra impediria a captação de radiofrequências em longas distâncias e sofrendo pressões de poderosas empresas de telégrafo, que mantinham em operação imensas malhas de postes e fios, Marconi não esmoreceu. Desenvolveu novos equipamentos e, em 1901, conseguiu transmitir o sinal Morse correspondente à letra S a uma distância de 3 700 km, aproximadamente, entre Cornualha, na Inglaterra, e Terra Nova, no Canadá. Com isso, descobriu-se que as ondas eletromagnéticas de baixa frequência podiam refletir-se na ionosfera, viabilizando o envio de sinais a regiões muito além da linha do horizonte. Em 1909, Marconi foi contemplado com o prêmio Nobel de Física.

Um brasileiro também merece destaque como um dos precursores das telecomunicações. Trata-se do padre-engenheiro Roberto Landell de Moura (1861-1928) que, antes de Marconi, em 1894, fez uma transmissão de ondas hertzianas da região da avenida Paulista, em São Paulo, para a Serra da Cantareira, nas imediações do bairro de Santana, distante cerca de 8 km em linha reta.

Hoje, o telégrafo perdeu sua importância inicial, sendo cogitado apenas em situações específicas. As telecomunicações, ao fazerem uso de satélites de sofisticada tecnologia e de antenas de grande potência distribuídas sobre a superfície terrestre, possibilitam conexão imediata entre locais e pessoas. Com isso, um determinado acontecimento pode ser veiculado praticamente no mesmo instante nos rincões mais distantes do planeta.

jonnysek/FotoSearch/Latinstock

Aparelho de telégrafo utilizado no século passado, construído com latão, aço e madeira. Este modelo é posterior ao criado por Morse.

Faça você mesmo

Verificando a propagação do som através de um barbante

Esse experimento mostra que a onda sonora emitida por um dos participantes se propaga através do barbante esticado atingindo o outro copo, permitindo que ocorra uma conversa sigilosa entre eles.

Material necessário

- 2 copos de plástico ou papelão (resistentes);
- 1 lapiseira ou caneta (para furar a base dos copos);
- 5 metros de barbante.

Procedimento

Banco de imagens/Arquivo da editora

I. Faça um pequeno furo no fundo de cada copo.

II. Passe uma das extremidades do barbante pelo furo de um dos copos, de fora para dentro, e dê um nó, grande o suficiente para que o barbante não escape pelo orifício. Repita esse mesmo procedimento no outro copo.

III. Agora, solicite que um colega converse com você por meio do instrumento fabricado, falando no interior de um dos copos, enquanto você mantém o outro colado à orelha.

Banco de imagens/Arquivo da editora

Atenção: o barbante deve permanecer esticado durante a conversa, senão as ondas mecânicas não irão se propagar de um para o outro.

Desenvolvimento

1. Por que o barbante deve ser mantido esticado? Quanto mais esticado, será melhor ou pior para o funcionamento do dispositivo?
2. O diâmetro do barbante é fundamental para que ocorra a comunicação? O que muda se usarmos barbantes de materiais e espessuras diferentes?
3. A rapidez da comunicação está relacionada com a velocidade de propagação do som. Que procedimento deve ser realizado para aumentar a velocidade de propagação do som no barbante?

Exercícios Nível 1

16. E.R. A figura representa um trecho de uma onda que se propaga a uma velocidade de 300 m/s:

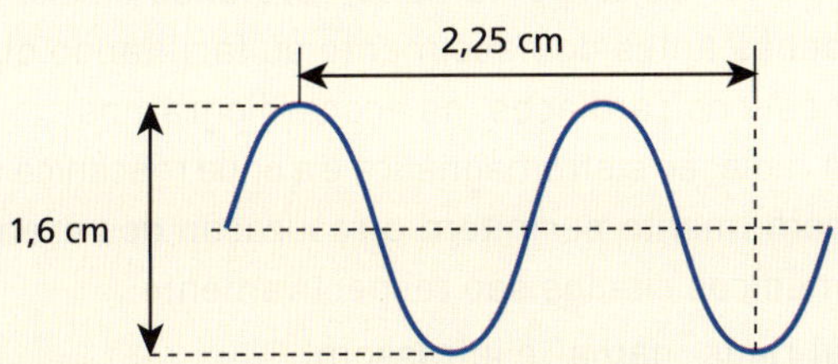

Banco de imagens/Arquivo da editora

Para essa onda, determine:

a) a amplitude;
b) o comprimento de onda;
c) a frequência;
d) o período.

Resolução:

a) A amplitude (*A*) é a distância entre o nível de referência (linha horizontal tracejada) e a crista da onda.

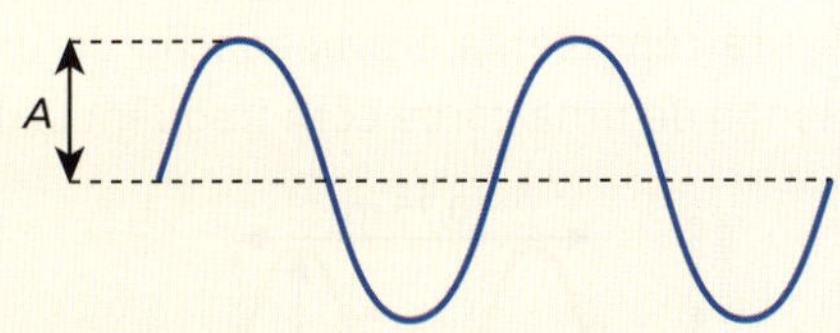

Banco de imagens/Arquivo da editora

Assim:

$$A = \frac{1,6\text{ cm}}{2} \therefore \boxed{A = 0,80\text{ cm}}$$

b) O comprimento de onda (λ) é a distância entre duas cristas (ou dois vales) consecutivos.

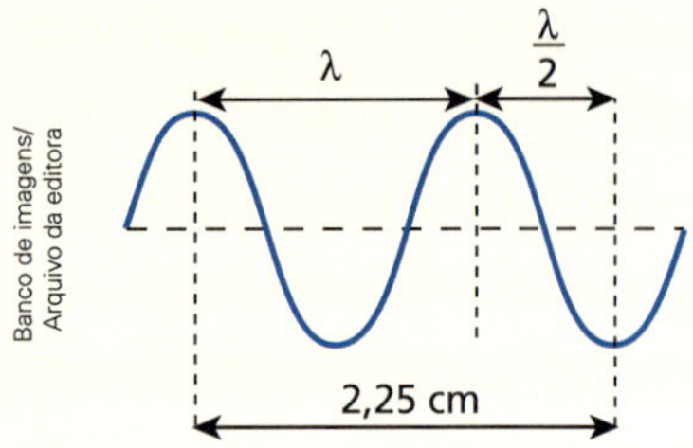

Assim:

$$\lambda + \frac{\lambda}{2} = 2{,}25$$

$$1{,}5\lambda = 2{,}25 \therefore \boxed{\lambda = 1{,}5 \text{ cm}} \text{ ou}$$

$$\boxed{\lambda = 1{,}5 \cdot 10^{-2} \text{ m}}$$

c) Usando a equação da **propagação das ondas**, temos:

$$v = \lambda f$$

$$300 = 1{,}5 \cdot 10^{-2} \cdot f$$

$$\boxed{f = 20\,000 \text{ Hz} = 20 \text{ kHz}}$$

d) O período de uma onda é o inverso da sua frequência.

$$T = \frac{1}{F} \Rightarrow T = \frac{1}{20000}$$

$$\boxed{T = 5{,}0 \cdot 10^{-5} \text{ s}}$$

17. O gráfico a seguir mostra a variação da elongação de uma onda transversal com a distância percorrida por ela:

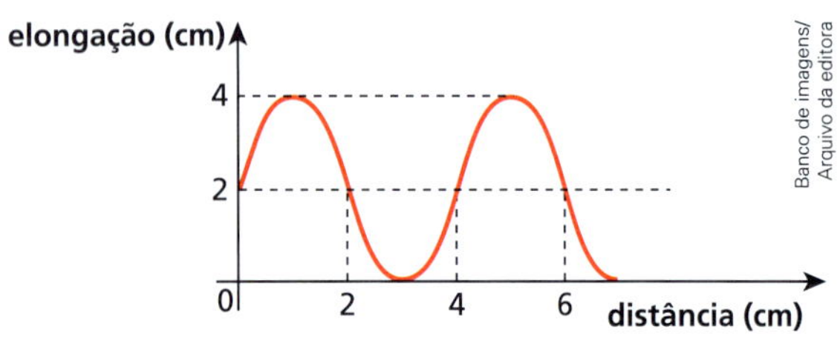

Qual o comprimento de onda e qual a amplitude dessa onda?

18. A figura representa a propagação de uma onda ao longo de uma corda com frequência de 20 Hz.

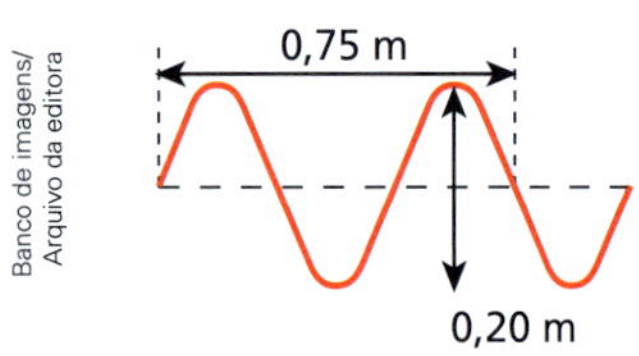

Qual a velocidade de propagação dessa onda?

19. (UFPI) A figura abaixo mostra um pulso movendo-se para a direita, ao longo de uma corda.

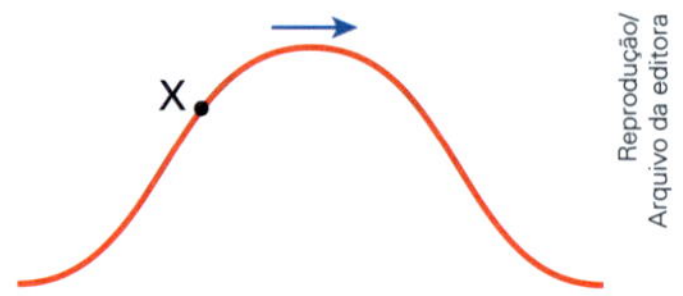

A direção do movimento do ponto **X** da corda, neste momento, está mais bem representada na alternativa:

a) ↑ b) ↓ c) → d) ← e) ↗

20. (Fatec-SP) Uma onda se propaga numa corda, da esquerda para a direita, com frequência de 2,0 hertz, como é mostrado na figura.

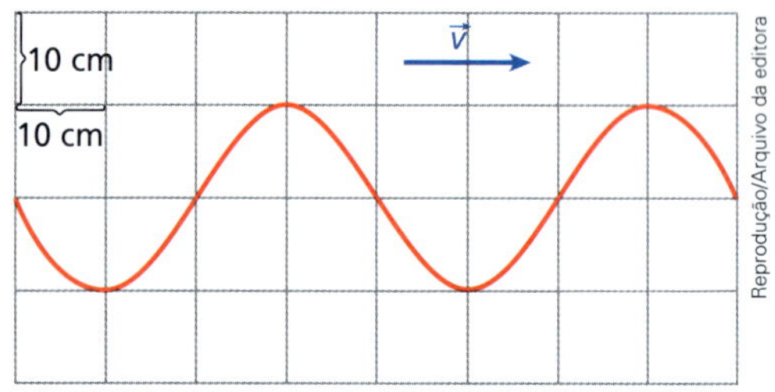

De acordo com a figura e a escala anexa, é correto afirmar que:

a) o período da onda é de 2,0 s.
b) a amplitude da onda é de 20 cm.
c) o comprimento da onda é de 20 cm.
d) a velocidade de propagação da onda é de 80 cm/s.
e) todos os pontos da corda se movem para a direita.

21. (Unicenp-PR) O físico que se especializa na área médica desenvolve métodos e aparelhos para diagnóstico, prevenção e tratamento de diversas anomalias ou doenças. O grande poder de penetração das radiações eletromagnéticas de determinadas frequências possibilitou a criação de procedimentos médicos como a tomografia computadorizada, a mamografia e a densitometria óssea. Contudo, certas ondas mecânicas também podem fornecer informações sobre o interior do corpo humano, revelando o sexo dos bebês antes do nascimento ou facilitando diagnósticos cardíacos: os ecocardiogramas.

A radiação eletromagnética e a onda mecânica que comumente permitem a realização dos exames médicos citados são respectivamente:

a) raios "gama" e infrassom.
b) raios infravermelhos e ultrassom.
c) raios ultravioleta e raios "X".
d) raios "X" e ultrassom.
e) ondas de rádio e infrassom.

22. Qual é a frequência de uma onda luminosa, **E.R.** monocromática e de comprimento de onda igual a $6 \cdot 10^3$ Å, quando ela se propaga no ar?
Dado: velocidade da luz no ar $= 3 \cdot 10^8$ m/s

Resolução:

A relação entre a frequência (f), o comprimento de onda (λ) e a velocidade (v) de uma onda, quando ela se propaga num determinado meio, é:

$$v = \lambda f$$

Assim, sendo, $v = 3 \cdot 10^8$ m/s, 1 Å $= 10^{-10}$ m e $\lambda = 6 \cdot 10^3$ Å $= 6 \cdot 10^{-7}$ m, temos:

$$3 \cdot 10^8 = 6 \cdot 10^{-7} f \therefore \boxed{f = 5 \cdot 10^{14}\ \text{Hz}}$$

23. Para atrair um golfinho, um treinador emite um ultrassom com frequência de 25 000 Hz, que se propaga na água a uma velocidade de 1 500 m/s. Qual é o comprimento de onda desse ultrassom na água?

24. Os modernos fornos de micro-ondas usados em residências utilizam radiação eletromagnética de pequeno comprimento de onda para cozinhar os alimentos. A frequência da radiação utilizada é de aproximadamente 2 500 MHz. Sendo 300 000 km/s a velocidade da luz no vácuo, qual é, em centímetros, o valor aproximado do comprimento de onda das radiações utilizadas no forno de micro-ondas?

25. Uma emissora de rádio, na faixa de FM (Frequência Modulada), transmite utilizando ondas de 3,0 m de comprimento. Sendo $3,0 \cdot 10^8$ m/s a velocidade das ondas eletromagnéticas no ar, qual a frequência dessa emissora de rádio? Dê a resposta em MHz.

26. (Fuvest-SP) A figura representa uma onda harmônica transversal, que se propaga no sentido positivo do eixo **x**, em dois instantes de tempo: t = 3 s (linha cheia) e t = 7 s (linha tracejada).

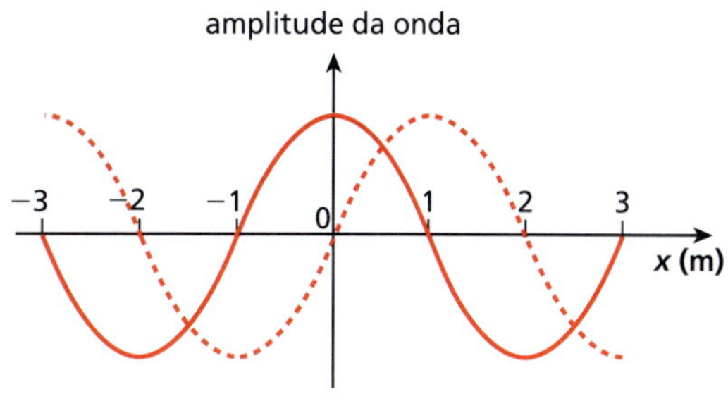

Dentre as alternativas, a que pode corresponder à velocidade de propagação dessa onda é

a) 0,14 m/s
b) 0,25 m/s
c) 0,33 m/s
d) 1,00 m/s
e) 2,00 m/s

27. (Vunesp) A figura mostra, vistas de cima, as cristas de uma onda que se propaga na superfície de um líquido em três diferentes instantes, indicados no esquema.

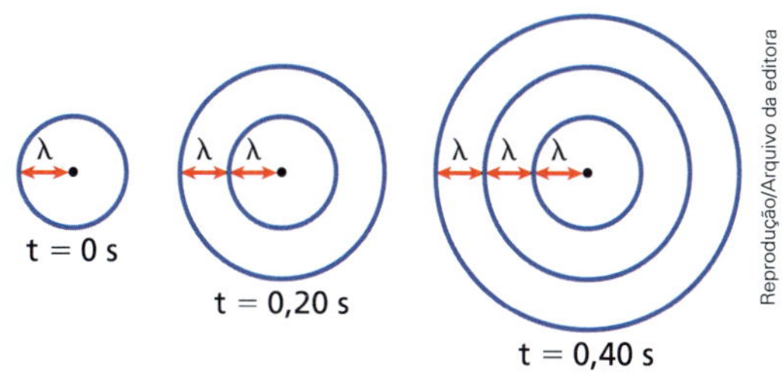

Se a velocidade de propagação dessa onda é de 20 cm/s, seu comprimento de onda, em centímetros, é igual a

a) 2,0.
b) 4,0.
c) 5,0.
d) 8,0.
e) 10,0.

Exercícios Nível 2

28. Uma onda periódica, de período igual a 0,25 s, se propaga numa corda conforme a figura abaixo.

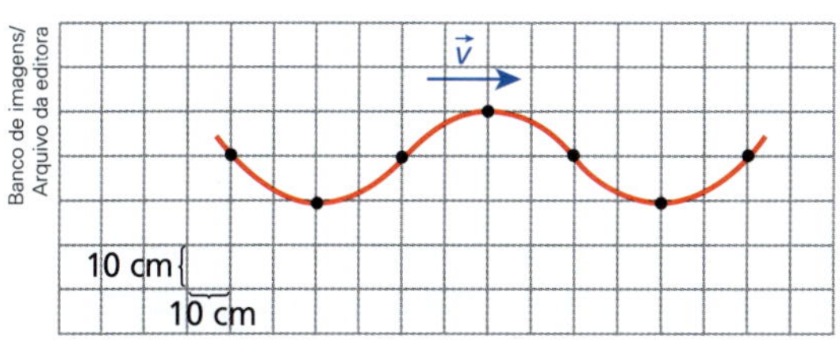

Quais os valores do comprimento de onda, da frequência e da velocidade de propagação dessa onda?

29. Na figura a seguir, uma rolha de dimensões desprezíveis flutua na superfície tranquila e horizontal da água de um grande tanque e vai ser atingida por um trem de ondas senoidais que se propaga para a direita com velocidade de intensidade 50 cm/s.

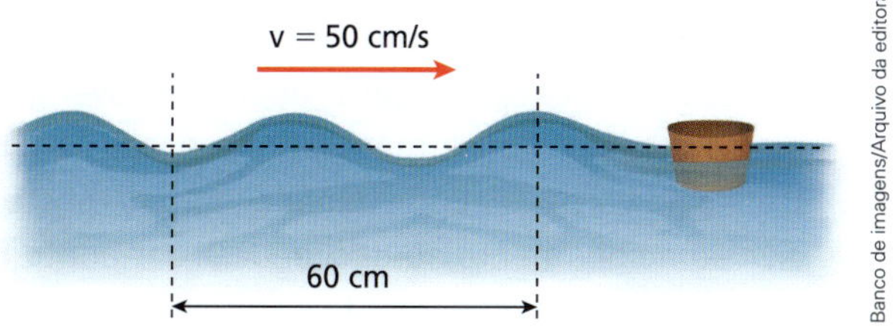

Uma vez atingida pelas ondas, a rolha passa a executar um movimento oscilatório de sobe e desce, sem sofrer deslocamentos horizontais. Qual o menor intervalo de tempo, a partir da situação representada na figura, para que a rolha recobre sua posição inicial?

30. (UFTM-MG) A figura mostra o perfil de uma mesma corda por onde se propaga uma onda, em duas situações distintas, nas quais a corda está sob ação de uma força de tração de mesma intensidade.

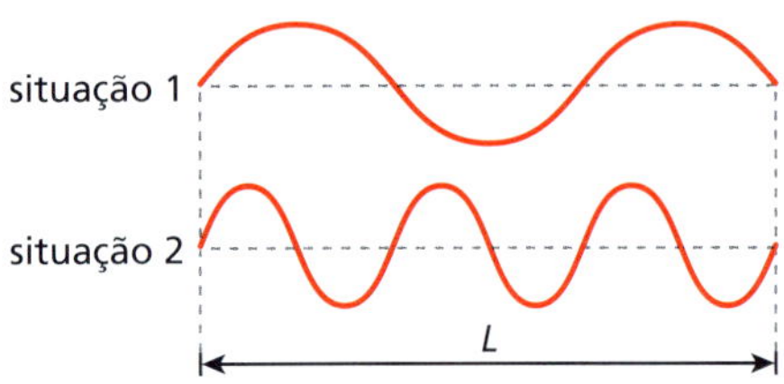

Reprodução/Arquivo da editora

a) Sendo f_1 e f_2 as frequências de oscilação dos pontos da corda nas situações 1 e 2, respectivamente, determine a razão $\frac{f_2}{f_1}$.

b) Considere L = 4,2 m. Se na primeira situação a frequência de oscilação dos pontos da corda é de 4 Hz, qual a velocidade de propagação das ondas nessa situação, em m/s?

31. (IJSO) A figura mostra duas fotografias de uma onda que se propaga em uma corda. O intervalo de tempo entre as duas fotos foi de 0,20 s e a onda se propagou menos do que um comprimento de onda. Seja *f* a frequência de vibração dos pontos da corda. Tem-se:

Reprodução/Arquivo da editora

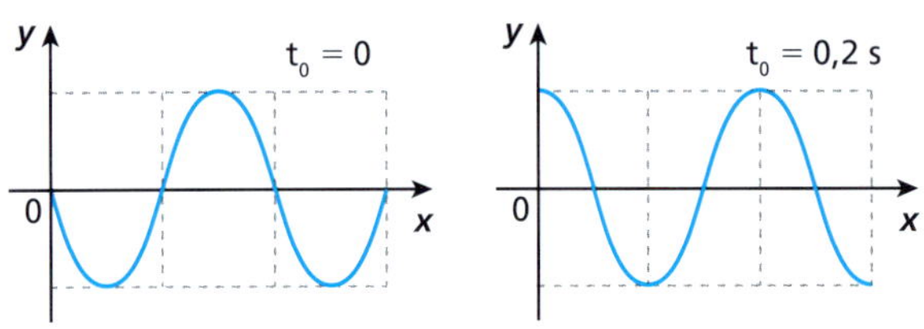

a) f = 1,0 Hz
b) f = 1,25 Hz
c) f = 1,5Hz
d) f = 2,0 Hz
e) não há dados suficientes para o cálculo de *f*.

32. (Unesp-SP) Uma corda elástica está inicialmente esticada e em repouso, com uma de suas extremidades fixa em uma parede e a outra presa a um oscilador capaz de gerar ondas transversais nessa corda. A figura representa o perfil de um trecho da corda em determinado instante posterior ao acionamento do oscilador e um ponto **P** que descreve um movimento harmônico vertical, indo desde um ponto mais baixo (vale da onda) até um mais alto (crista da onda).

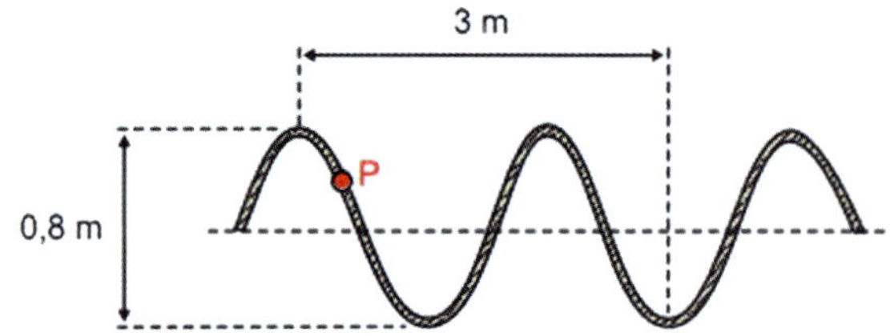

Reprodução/Unesp, 2016

Sabendo que as ondas se propagam nessa corda com velocidade constante de 10 m/s e que a frequência do oscilador também é constante, a velocidade escalar média do ponto **P**, em m/s, quando ele vai de um vale até uma crista da onda no menor intervalo de tempo possível é igual a

a) 4. b) 8. c) 6. d) 10. e) 12.

33. (Vunesp) A figura mostra o espectro eletromagnético e a classificação das ondas em função da frequência.

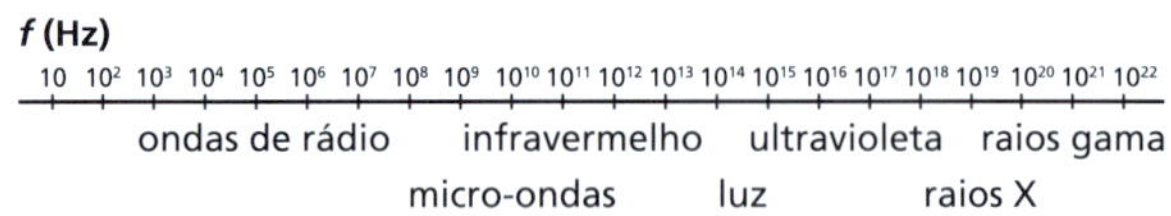

Considerando a velocidade de propagação das ondas eletromagnéticas no ar igual a $3,0 \cdot 10^8$ m/s e sabendo que para certa operadora de telefonia móvel os sinais são transportados por ondas eletromagnéticas, cujos comprimentos de onda correspondem a 20 cm, é correto afirmar que as ondas eletromagnéticas utilizadas por essa operadora estão na região:

a) das micro-ondas.
b) do visível.
c) do infravermelho.
d) das ondas de rádio.
e) do ultravioleta.

34. O espectro da luz visível ocupa a estreita faixa do espectro eletromagnético cujos comprimentos de onda variam, aproximadamente, entre $4,0 \cdot 10^{-7}$ m a $7,0 \cdot 10^{-7}$ m. Se a velocidade da luz no vácuo é $3,0 \cdot 10^8$ m/s, a frequência das radiações eletromagnéticas visíveis está compreendida no intervalo

a) $1,3 \cdot 10^{-15}$ Hz a $2,3 \cdot 10^{-15}$ Hz.
b) $2,3 \cdot 10^{-15}$ Hz a $3,1 \cdot 10^{-15}$ Hz.
c) $3,4 \cdot 10^{14}$ Hz a $5,7 \cdot 10^{14}$ Hz.
d) $4,3 \cdot 10^{14}$ Hz a $7,5 \cdot 10^{14}$ Hz.
e) $1,2 \cdot 10^2$ Hz a $2,1 \cdot 10^2$ Hz.

35. (PUC-SP) O fone de ouvido tem se tornado cada vez mais um acessório indispensável para os adolescentes que curtem suas músicas em todos os ambientes e horários. Antes do advento do *iPod* e outros congêneres, para ouvir as músicas da parada de sucessos, os jovens tinham que carregar seu radinho portátil sintonizado em FM (frequência modulada).

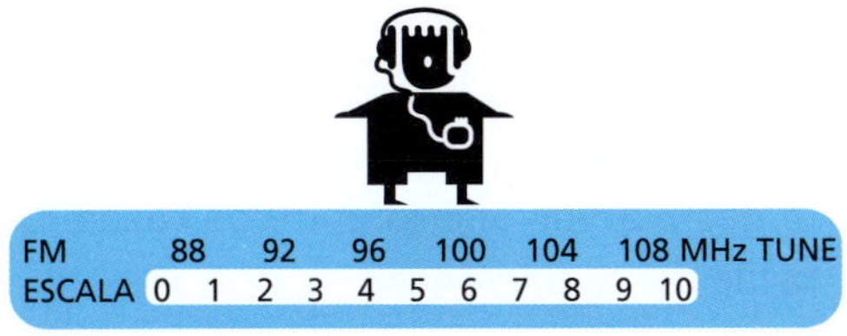

Observando o painel de um desses rádios, calcule a razão aproximada entre o maior e o menor comprimento de onda para a faixa de valores correspondentes a FM.

a) 0,81
b) 0,29
c) 1,65
d) 0,36
e) 1,23

36. (Vunesp) Não é novidade que a radiografia constitui, mais do que um recurso, uma valiosa ferramenta para diagnosticar anomalias nas arcadas dentárias das pessoas. Os raios X são um conjunto de ondas eletromagnéticas que oscilam com alta frequência *f* e com pequenos comprimentos de onda λ. Durante o procedimento de radiografia, a distância entre a fonte emissora dos raios X e a película que irá reter a imagem é *d*. Assim, o intervalo de tempo necessário para os raios percorrerem essa distância é *t*, dado por:

a) $t = \frac{fd}{\lambda}$
b) $t = \frac{\lambda \cdot d}{f}$
c) $t = \frac{d}{\lambda \cdot f}$
d) $t = \frac{\lambda}{d \cdot f}$
e) $t = \lambda df$

37. (UFC-CE) Antenas para emissoras de rádio AM (Amplitude Modulada) são frequentemente construídas de modo que a torre emissora tenha uma altura igual a $\frac{1}{4}$ do comprimento de onda das ondas a serem emitidas. Com base nisso, determine a altura, em metros, da torre de uma emissora que emite na frequência de 1 000 kHz.
Considere a velocidade da luz igual a $3,0 \cdot 10^8$ m/s.

38. (Fuvest-SP) Os ultrassons têm sido utilizados para diversos fins, constituindo-se num importante recurso da medicina diagnóstica. Considere um exame urológico de ultrassonografia em que um ultrassom de frequência 30 kHz está sendo utilizado para determinar a espessura da parede da bexiga de um paciente.
Sabe-se que essas ondas, de natureza mecânica, percorrem os tecidos humanos com velocidade próxima de $1,5 \cdot 10^3$ m/s. Admitindo-se que o intervalo de tempo determinado pelo equipamento entre a recepção dos dois ecos produzidos na reflexão das ondas pelas paredes externa e interna da bexiga seja de $2,0 \cdot 10^{-6}$ s, pode-se afirmar que o comprimento de onda dos ultrassons propagando-se em tecidos humanos, em centímetros, e a espessura da bexiga do paciente, em milímetros, valem, respectivamente:

a) 5,0 cm e 1,5 mm
b) 5,0 cm e 3,0 mm
c) 2,5 cm e 1,5 mm
d) 2,5 cm e 3,0 mm
e) 4,0 cm e 2,0 mm

39. (Unifesp) O eletrocardiograma é um dos exames mais comuns da prática cardiológica. Criado no início do século XX, é utilizado para analisar o funcionamento do coração em função das correntes elétricas que nele circulam. Uma pena ou caneta registra a atividade elétrica do coração, movimentando-se transversalmente ao movimento de uma fita de papel milimetrado, que se desloca em movimento uniforme com velocidade de 25 mm/s. A figura mostra parte de uma fita de um eletrocardiograma.

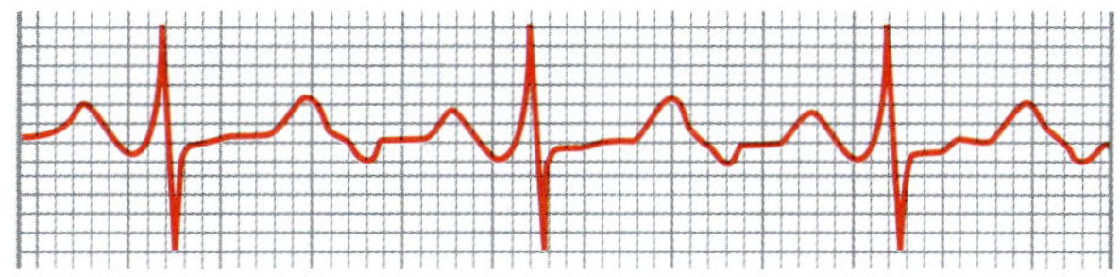

Sabendo-se que a cada pico maior está associada uma contração do coração, a frequência cardíaca dessa pessoa, em batimentos por minuto é:

a) 60.
b) 75.
c) 80.
d) 95.
e) 100.

40. (UFBA) A maioria dos morcegos possui ecolocalização – um sistema de orientação e localização que os humanos não possuem. Para detectar a presença de presas ou de obstáculos, eles emitem ondas ultrassônicas que, ao atingirem o obstáculo, retornam na forma de eco, percebido por eles. Assim sendo, ao detectarem a direção do eco e o tempo que demora em retornar, os morcegos conseguem localizar eventuais obstáculos ou presas.
Um dispositivo inspirado nessa estratégia é a trena sônica, a qual emite uma onda sonora que é refletida por um obstáculo situado a uma distância que se deseja medir.
Supondo que uma trena emite uma onda ultrassônica com frequência igual a 22,0 kHz e comprimento de onda igual a 1,5 cm, que essa onda é refletida em um obstáculo e que o seu eco é detectado 0,4 s após sua emissão, determine a distância do obstáculo, considerando que as propriedades do ar não mudam durante a propagação da onda e, portanto, a velocidade do som permanece constante.

41. (UFTM-MG) Conhecida pelo nome de seu idealizador, a sonda de Behm determinava com precisão a profundidade do leito oceânico. Consistia em um cartucho explosivo que era detonado na água, em um dos lados do casco do navio. O abalo produzido, propagando-se na água, atingia o leito do mar e refletia-se para a superfície onde, do outro lado da embarcação, um microfone protegido do som inicial pelo casco do navio recolhia o eco proveniente do fundo.

Um navio em águas oceânicas, após detonar uma sonda, registra o eco 1,2 s após a detonação. Sabendo-se que a velocidade de propagação do som na água do mar é $1,4 \cdot 10^3$ m/s, a profundidade local do leito é, aproximadamente, em m,

a) 260.
b) 420.
c) 840.
d) 1 260.
e) 1 680.

42. (Fuvest-SP) A tabela traz os comprimentos de onda no espectro de radiação eletromagnética, na faixa da luz, visível, associados ao espectro de cores mais frequentemente percebidas pelos olhos humanos. O gráfico representa a intensidade de absorção de luz pelas clorofilas **a** e **b**, os tipos mais frequentes nos vegetais terrestres.

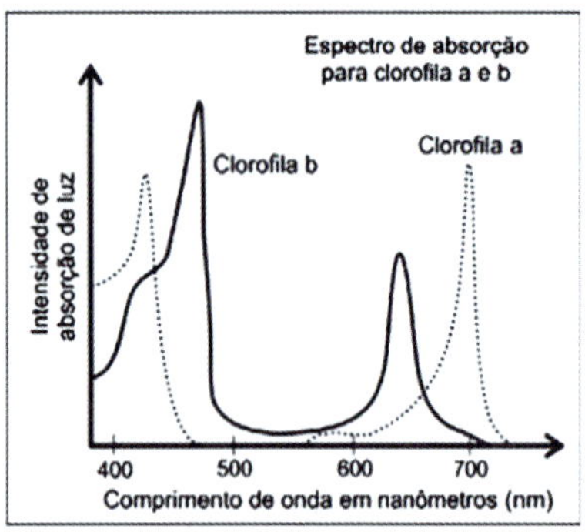

Baseado em: Tratado de Botânica de Estrasburger. 36ª ed., Artmed, 2012.

Comprimento de onda (nm)	Cor
380 – 450	Violeta
450 – 490	Azul
490 – 520	Ciano
520 – 570	Verde
570 – 590	Amarelo
590 – 620	Alaranjado
620 – 740	Vermelho

Baseado em: Tratado de Botânica de Estrasburger, 36ª ed., Artmed, 2012.

Responda às questões a seguir, com base nas informações fornecidas na tabela e no gráfico.

a) Em um experimento, dois vasos com plantas de crescimento rápido e da mesma espécie foram submetidos às seguintes condições:

vaso 1: exposição à luz solar;

vaso 2: exposição à luz verde.

A temperatura e a disponibilidade hídrica foram as mesmas para os dois vasos. Depois de algumas semanas, verificou-se que o crescimento das plantas diferiu entre os vasos. Qual a razão dessa diferença?

b) Por que as pessoas, com visão normal para cores, enxergam como verdes, as folhas da maioria das plantas?

43. E.R. Em um lago, o vento produz ondas periódicas que se propagam a uma velocidade de 2 m/s. O comprimento de onda é de 10 m. Determine a frequência de oscilação de um barco:

a) quando ancorado nesse lago;

b) quando se movimenta em sentido contrário ao da propagação das ondas, a uma velocidade de 8 m/s.

Resolução:

a) Temos que $v = \lambda f$. Sendo $v = 2$ m/s e $\lambda = 10$ m, calculemos a frequência f com que o barco ancorado oscila:

$$2 = 10\,f \therefore \boxed{f = 0,2 \text{ Hz}}$$

b)

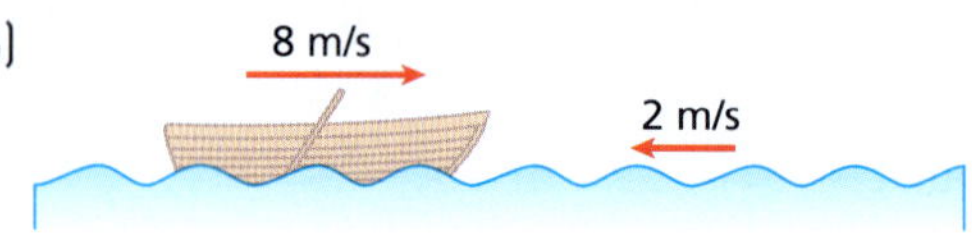

A velocidade relativa entre o barco e as ondas tem módulo igual a 10 m/s. Assim, a velocidade v' das ondas em relação ao barco é igual a 10 m/s e o barco oscila com uma frequência f', tal que:

$$v' = \lambda f'$$

Sendo $v' = 10$ m/s e $\lambda = 10$ m, obtemos:

$$10 = 10f' \therefore \boxed{f' = 1 \text{ Hz}}$$

44. (UFMS) Ao se bater na superfície de um lago, produz-se uma onda, que se propaga com velocidade de 0,4 m/s. A distância entre duas cristas consecutivas da onda é 8 cm. Com base nesses dados, é correto afirmar:

(01) A onda formada tem comprimento de onda igual a 8 cm.

(02) A amplitude da onda certamente vale 4 cm.

(04) A frequência da onda é 5 Hz.

(08) A onda, ao se propagar, transfere energia de um ponto a outro da superfície do lago.

(16) Supondo que sob o efeito da onda um ponto na superfície do lago oscile verticalmente, a onda é do tipo longitudinal.

Dê como resposta a soma dos números associados às afirmativas corretas.

45. Um banhista, parado em relação à Terra, conta em uma praia a passagem de 21 cristas de onda equiespaçadas pelo seu corpo. O intervalo de tempo decorrido no evento é de 80 s. Conhecendo a velocidade de propagação das ondas (1,0 m/s), determine o comprimento de onda das ondas do mar nesse local.

46. As ondas de um lago chegam de 10 s em 10 s a um ponto da margem. Uma boia desloca-se no sentido contrário ao da propagação das ondas a uma velocidade de 30 cm/s em relação à margem, levando 5,0 s para ir de uma depressão a outra, transpondo 8 cristas. Determine a distância entre duas cristas consecutivas.

47. No dia 12 de agosto de 2000, um sábado, uma tragédia abateu-se acima do Círculo Polar Ártico, no mar gelado de Barents, ao norte da Rússia. O submarino nuclear russo Kursk, em treinamento militar, afundou com 118 tripulantes a bordo, que tiveram suas vidas ceifadas sem oportunidade de socorro. O gigantesco Kursk, de 154 metros de comprimento, 18,2 metros de largura e 9 metros de altura, foi localizado com exatidão por embarcações de resgate equipadas com sonares. Esses aparelhos emitiram ultrassons com frequência próxima de 25 000 Hz que se propagaram na água com velocidade de cerca de 1 500 m/s, sendo refletidos pelo submarino e captados de volta.

Com base nos dados do enunciado e sabendo que o intervalo de tempo transcorrido entre a emissão dos ultrassons e a recepção do "eco" determinado pelo Kursk foi de 0,16 s, calcule:

a) a profundidade em que foi localizada a embarcação, considerando-se que o barco e o submarino estão na mesma vertical.

b) o comprimento de onda dos ultrassons utilizados.

48. (Unicamp-SP) Ondas são fenômenos nos quais há transporte de energia sem que seja necessário o transporte de massa. Um exemplo particularmente extremo são os *tsunamis*, ondas que se formam no oceano, como consequência, por exemplo, de terremotos submarinos.

a) Se, na região de formação, o comprimento de onda de um *tsunami* é de 150 km e sua velocidade é de 200 m/s, qual é o período da onda?

b) A velocidade de propagação da onda é dada por $v = \sqrt{gh}$, em que h é a profundidade local do oceano e g é a aceleração da gravidade. Qual é a velocidade da onda numa região próxima à costa, onde a profundidade é de 6,4 m?
(Dado: $g = 10\ m/s^2$)

c) Sendo A a amplitude (altura) da onda e supondo-se que a energia do *tsunami* se conserva, o produto vA^2 mantém-se constante durante a propagação. Se a amplitude da onda na região de formação for 1,0 m, qual será a amplitude perto da costa, onde a profundidade é de 6,4 m?

49. E.R. Uma corda homogênea de 2,5 m de comprimento e 2,0 kg de massa está submetida a uma força tensora de 80 N. Suas extremidades são fixadas e produz-se na corda uma perturbação. Determine:

a) a densidade linear da corda;

b) a velocidade de propagação da onda na corda.

Resolução:

a) A densidade linear de uma corda homogênea é dada pela relação:

$$\delta = \frac{m}{L}$$

Como m = 2,0 kg e L = 2,5 m, vem:

$$\delta = \frac{2,0\ kg}{2,5\ m} \therefore \boxed{\delta = 0,80\ kg/m}$$

b) A velocidade de propagação da onda na corda tensa é determinada por:

$$v = \sqrt{\frac{F}{\delta}} \Rightarrow v = \sqrt{\frac{80}{0,8}} \therefore \boxed{v = 10\ m/s}$$

50. Uma corda homogênea de densidade linear igual a 0,50 kg/m está tracionada com uma força de intensidade F. Uma perturbação aplicada na corda produz uma onda que se propaga por ela com velocidade de 6,0 m/s. Qual a intensidade F da força?

51. Traciona-se uma corda homogênea de 4,0 m de comprimento com uma força de intensidade 50 N. Ondas produzidas nessa corda propagam-se com velocidade de 10 m/s. Qual é a massa da corda?

52. (PUC-SP) Considere um sistema formado por duas cordas elásticas diferentes, com densidades lineares μ_1 e μ_2, tal que $\mu_1 > \mu_2$. Na corda de densidade linear μ_1 é produzido um pulso que se desloca com velocidade constante e igual a v, conforme indicado na figura abaixo. Após um intervalo de tempo Δt, depois de o pulso atingir a junção das duas cordas, verifica-se que o pulso refratado percorreu uma distância 3 vezes maior que a distância percorrida pelo pulso refletido.

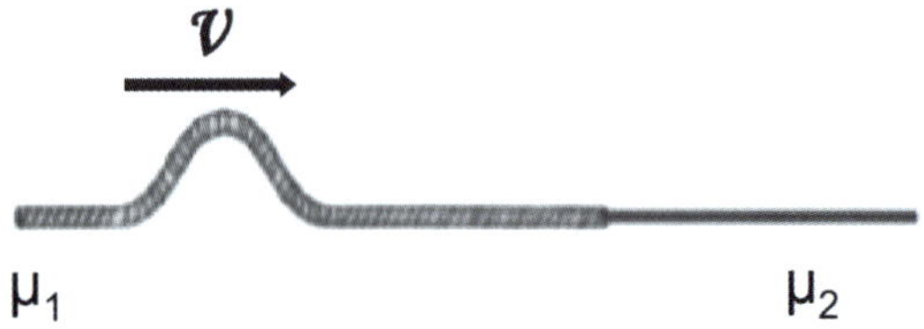

Reprodução/PUC-SP, 2017

Com base nessas informações, podemos afirmar, respectivamente, que a relação entre as densidades lineares das duas cordas e que as fases dos pulsos refletido e refratado estão corretamente relacionados na alternativa:

a) $\mu_1 = 3\mu_2$, o pulso refletido sofre inversão de fase mas o pulso refratado não sofre inversão de fase.
b) $\mu_1 = 3\mu_2$, os pulsos refletido e refratado não sofrem inversão de fase.
c) $\mu_1 = 9\mu_2$, o pulso refletido não sofre inversão de fase mas o pulso refratado sofre inversão de fase.
d) $\mu_1 = 9\mu_2$, os pulsos refletido e refratado não sofrem inversão de fase.

53. E.R. O esquema a seguir representa uma corda tensa não absorvedora de energia, na qual se propaga um trem de ondas transversais, no sentido dos valores crescentes de x:

Banco de imagens/Arquivo da editora

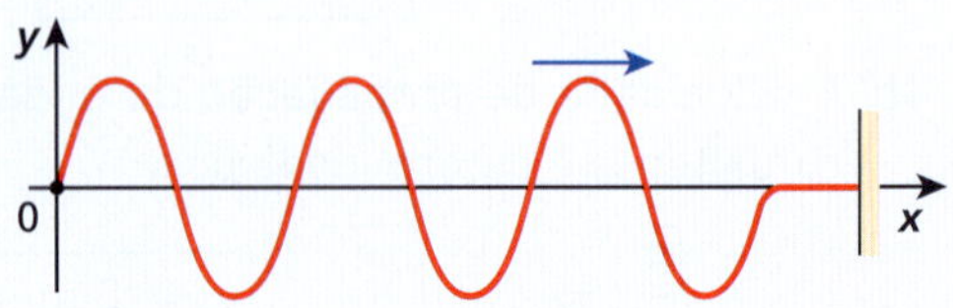

Em relação ao referencial **xOy**, a equação dessas ondas é dada por:

$$y = 0,5 \cos [2\pi (20t - 4x)] \text{ (SI)}$$

Determine:

a) a amplitude;
b) a frequência e o período;
c) o comprimento de onda;
d) a velocidade de propagação das ondas.

Resolução:

A determinação das grandezas associadas às ondas é feita pela comparação da equação dada com a equação geral das ondas:

$$y = A \cos\left[2\pi\left(ft - \frac{x}{\lambda}\right) + \varphi_0\right]$$

$$y = 0,5 \cos [2\pi (20t - 4x)]$$

a) Amplitude (A):

$$\boxed{A = 0,5 \text{ m}}$$

b) Frequência (f) e período (T):

$$f = 20 \text{ Hz}$$

Como $f = \dfrac{1}{T}$, então:

$$20 = \frac{1}{T} \Rightarrow$$

$$T = \frac{1}{20}$$

$$\boxed{T = 0,05 \text{ s}}$$

c) Comprimento de onda (λ):

$$\frac{x}{\lambda} = 4x \Rightarrow$$

$$\lambda = \frac{1}{4}$$

$$\boxed{\lambda = 0,25 \text{ m}}$$

d) Velocidade de propagação (v):

$$v = \lambda f \Rightarrow$$

$$v = \frac{1}{4} \cdot 20$$

$$\boxed{v = 5 \text{ m/s}}$$

54. A equação de uma onda mecânica transversal é expressa por:

$$y = 0,2 \cos\left[2\pi\left(5t - \frac{x}{2}\right)\right] \text{ (SI)}$$

Determine a amplitude e a velocidade de propagação dessa onda.

55. A função de uma onda é dada pela expressão:

$$y = 20 \cos 2\pi\left(4t - \frac{x}{3}\right)$$

em que x e y estão em centímetros e t, em segundos. Determine a amplitude, o período e a frequência dessa onda.

56. Um trem de ondas propaga-se em uma corda tensa não absorvedora de energia com velocidade igual a 10 m/s. Sabendo que a amplitude das ondas vale 0,5 m, a frequência é igual a 50 Hz e a fase inicial (φ_0) é nula, determine a equação dessas ondas.

Bloco 3

10. Reflexão

Dos fenômenos que podem ocorrer com a luz no nosso dia a dia, o mais comum é a **reflexão**. Excluindo-se os corpos que emitem luz, todos os outros podem ser observados por causa da reflexão da luz em sua superfície.

A respeito do fenômeno ondulatório reflexão, podemos dizer:

> Uma onda que se propaga em um meio sofre **reflexão** quando, após incidir num segundo meio de características diferentes, volta a se propagar no meio original.

Qualquer que seja o tipo de onda, o módulo de sua velocidade de propagação não se altera na reflexão, pois ela continua a propagar-se no mesmo meio em que estava. Como a frequência, característica da onda que se mantém sempre constante, o comprimento de onda também não varia na reflexão (lembre-se: $v = \lambda f$).

Vejamos dois casos particulares de reflexão: para ondas em cordas e para ondas em superfícies de líquidos. A reflexão de ondas luminosas (luz) será vista na parte de Óptica.

HUANG Zheng/Shutterstock

As ondas luminosas, provenientes do Sol, refletem nas paredes da construção, incidem na superfície do lago e voltam a se propagar no ar.

Reflexão de ondas transversais em cordas

A análise da reflexão de pulsos ou de ondas transversais nas extremidades de cordas deve ser dividida em duas partes:

1ª) Em extremidade fixa:

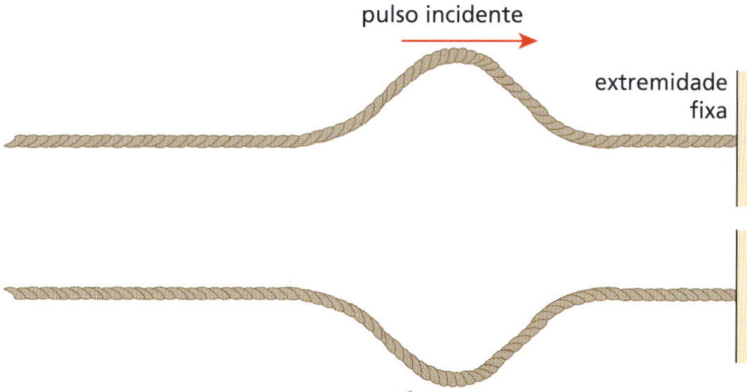

Banco de imagens/Arquivo da editora

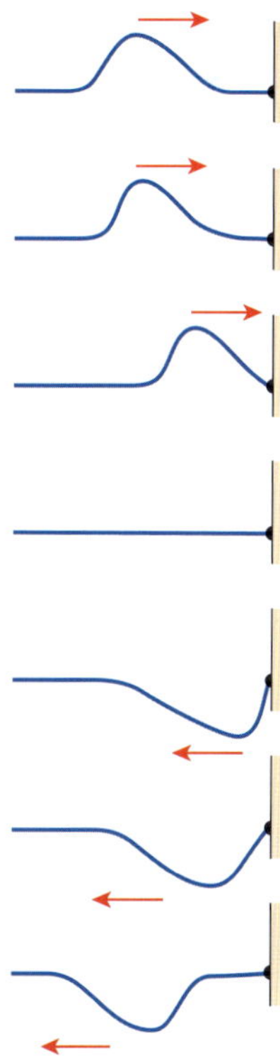

Banco de imagens/Arquivo da editora

A propagação do pulso ocorre provocando a subida e a descida dos pontos da corda. Quando ele atinge uma extremidade que se encontra presa, fixa, o pulso tenta mover esse ponto para cima ou para baixo. No entanto, devido à 3ª Lei de Newton, o Princípio da Ação e Reação, o ponto fixo ao receber a ação da corda, reage em sentido contrário, gerando agora um novo pulso em **oposição de fase** com o incidente. Para entender melhor esse fenômeno, observe a sequência de figuras ao lado.

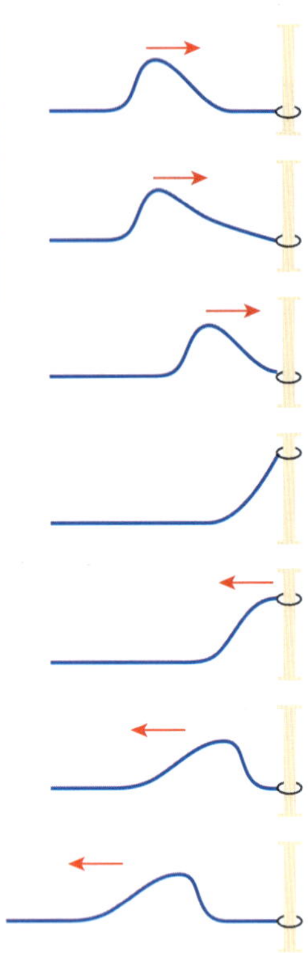

Banco de imagens/Arquivo da editora

2ª) Em extremidade livre:

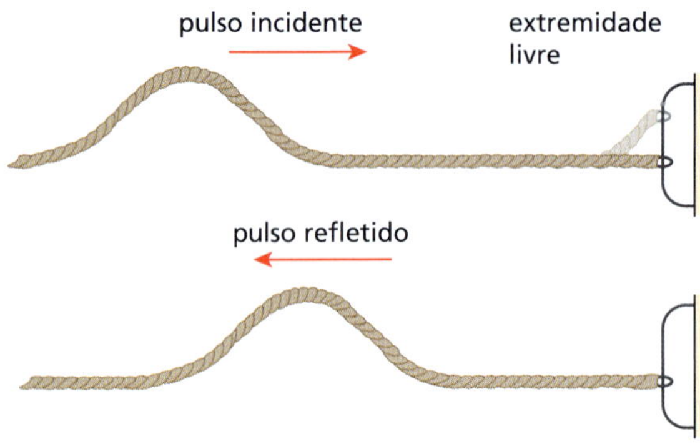

Banco de imagens/Arquivo da editora

A extremidade livre pode ser idealizada por um anel leve, que possa deslizar sem atrito ao longo de uma haste.

O pulso que se propaga na corda chega ao anel da extremidade, se o pulso está subindo o anel acompanha esse movimento, subindo também. Se o pulso está descendo o anel também desce, acompanhando o movimento do pulso. Assim, o pulso reflete **sem inverter a sua fase**, estando o pulso refletido em **concordância de fase** com o pulso incidente. Para entender melhor como ocorre esse fenômeno, observe a sequência de figuras ao lado.

Na prática, uma extremidade livre pode ser conseguida emendando-se uma corda em um barbante. Observe que o barbante tem densidade linear bem menor do que a corda, afinal ele é bem mais leve, flexível e não elástico.

Banco de imagens/
Arquivo da editora

Reflexão de ondas que se propagam na superfície de líquidos

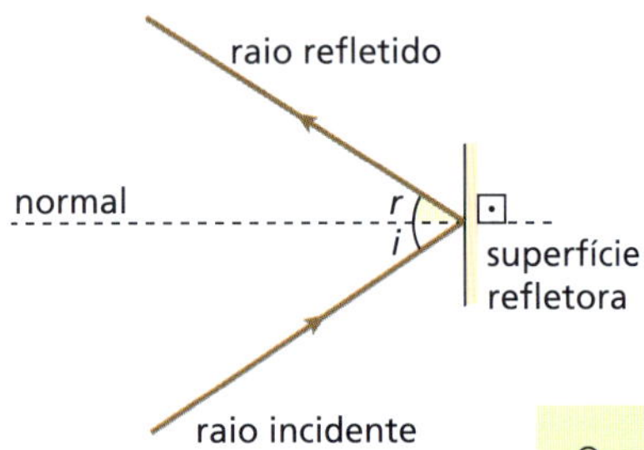

Banco de imagens/Arquivo da editora

As reflexões de ondas bidimensionais e tridimensionais podem ser representadas por seus raios de onda ou pelas próprias frentes de onda.

Usando raios de onda como representação, obtemos a figura ao lado, que mostra duas leis que regem a reflexão de qualquer tipo de onda.

1ª Lei da Reflexão

O raio incidente, o raio refletido e a reta normal à superfície refletora no ponto de incidência estão contidos sempre em um mesmo plano (são coplanares).

2ª Lei da Reflexão

O ângulo formado pelo raio incidente e a normal (ângulo de incidência *i*) e o ângulo formado pelo raio refletido e a mesma normal (ângulo de reflexão *r*) são sempre de mesma medida:

$$\boxed{i = r}$$

Observe as fotografias e as figuras a seguir. Elas representam a reflexão de ondas retas e ondas circulares que se propagam na superfície da água.

Alamy/Fotoarena

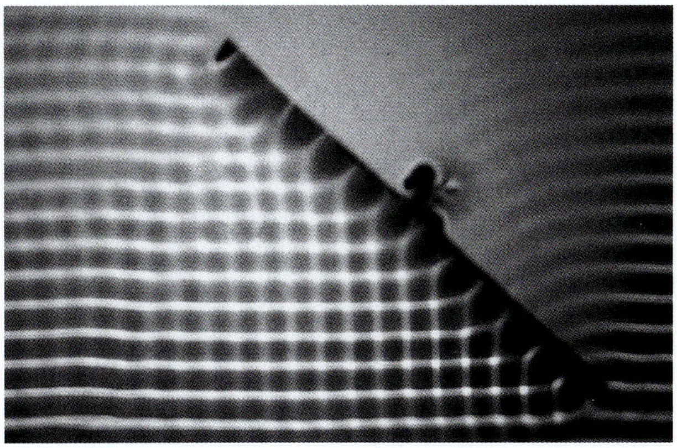

// Fotografia de ondas retas que se propagam na superfície da água e refletem em uma barreira plana.

Banco de imagens/Arquivo da editora

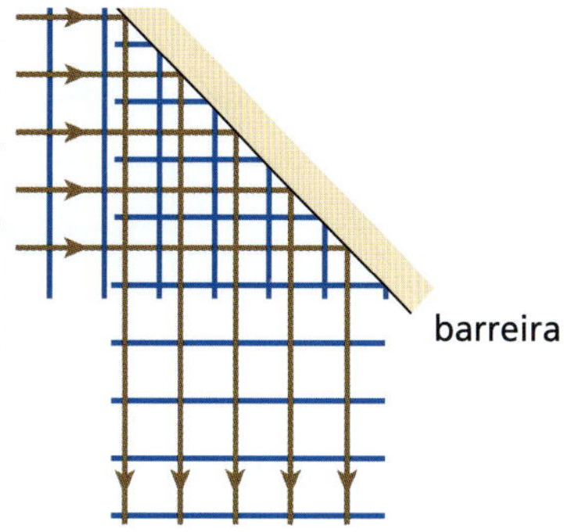

// Representação esquemática da situação observada na fotografia.

Erich Schrempp/ Photo Researcher/Latinstock

// Fotografia de ondas circulares propagando-se na superfície da água e refletindo em uma barreira plana.

Banco de imagens/ Arquivo da editora

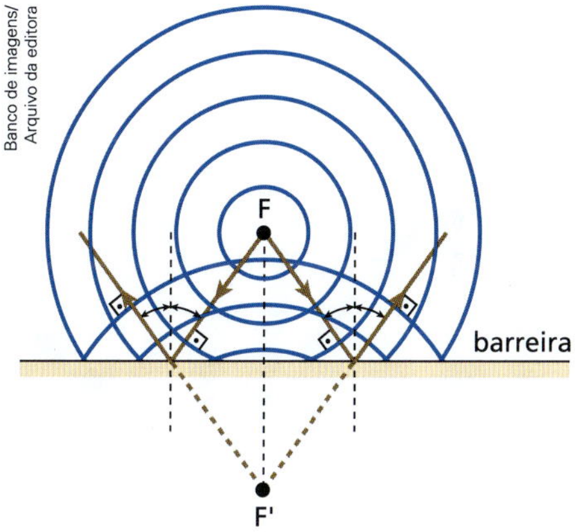

// Representação esquemática da situação observada na fotografia. É importante notar que os raios refletidos "partem" do ponto **F'**, simétrico a **F** em relação à barreira plana. Perceba que as ondas refletidas continuam circulares.

11. Refração

A respeito do fenômeno ondulatório denominado **refração**, podemos dizer que:

> Chama-se **refração** de uma onda a passagem dessa onda de um meio para outro, de características diferentes.

Qualquer que seja o tipo de onda, sua frequência não se altera na refração. No entanto, devido à mudança de meio, a velocidade se modifica, o mesmo ocorrendo com o comprimento de onda. A onda refratada está sempre em fase com a onda incidente. Isso é válido para todos os tipos de onda, o que será reforçado em Óptica, no estudo da refração da luz.

Andrew Lambert/SPL/Latinstock

// Na fotografia, vemos a passagem da luz através de uma lâmina de vidro. A luz sofre refração ao passar para o interior do vidro e ao sair do vidro para o ar. Observe também que parte da luz incidente reflete na primeira e na segunda face da lâmina.

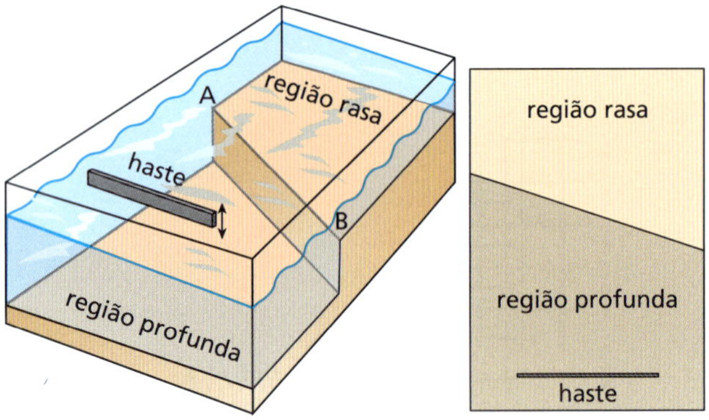

O recipiente mostrado na figura contém água e possui duas regiões, uma profunda e uma rasa. Uma haste bate periodicamente na superfície da água, gerando ondas retas que se propagam da região profunda para a região rasa, determinando uma refração.

Banco de imagens/Arquivo da editora

Como modelo de refração, podemos usar ondas que se propagam na superfície de líquidos.

É de verificação experimental que a velocidade de propagação de ondas na superfície de um líquido pode depender da profundidade do local. Observa-se que o módulo da velocidade diminui quando as ondas passam de regiões profundas para regiões rasas (aquelas cujas profundidades são menores que o comprimento de onda dessas ondas ou comparáveis a ele). Dessa forma, meios de diferentes profundidades podem ser considerados diferentes meios de propagação. Ondas que se propagam na superfície da água, por exemplo, sofrem refração quando passam de uma região profunda para uma rasa ou de uma região rasa para uma profunda.

Richard Megna/Fundamental Photographs

Fotografia de refração de ondas retas que se propagam na superfície da água, passando de uma região de maior profundidade para uma de menor profundidade.

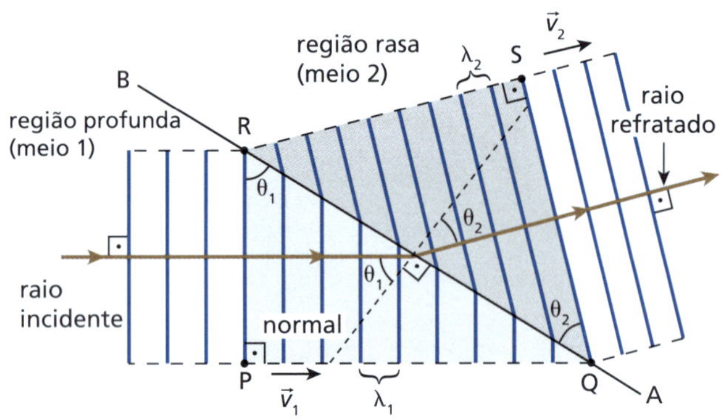

Representação esquemática da refração das ondas que se propagam na superfície da água mostrada na fotografia ao lado. A mudança de direção ocorre porque os pontos de uma frente de onda não sofrem mudanças de velocidade simultaneamente.

Banco de imagens/Arquivo da editora

Na figura, temos:

θ_1: ângulo formado pelo raio incidente e pela normal (ângulo de incidência) na região profunda. Observe que o ângulo formado pelas frentes incidentes e pela fronteira entre as duas regiões também vale θ_1;

θ_2: ângulo formado pelo raio refratado e pela normal (ângulo de refração) na região rasa. Também vale θ_2 o ângulo formado pelas frentes refratadas e pela fronteira entre as duas regiões;

v_1 e λ_1: respectivamente velocidade de propagação e comprimento de onda na região profunda;

v_2 e λ_2: respectivamente velocidade de propagação e comprimento de onda na região rasa.

Simplificando a representação da refração, usando um raio de onda, temos:

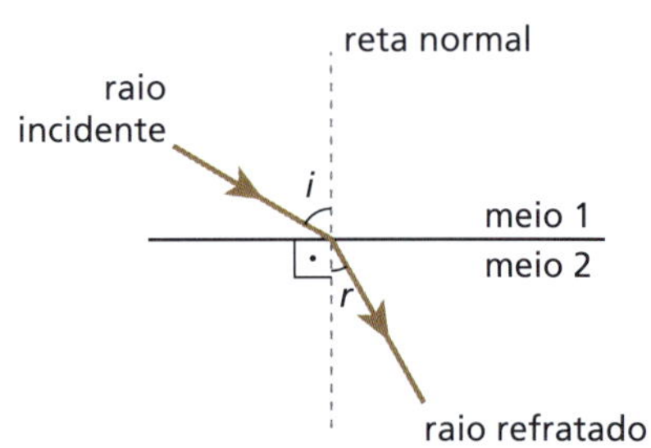

Banco de imagens/Arquivo da editora

Sendo:

i = ângulo de incidência

r = ângulo de refração

A refração de ondas obedece a duas leis, apresentadas a seguir.

1ª Lei da Refração

O raio incidente, a normal à fronteira no ponto de incidência e o raio refratado estão contidos no mesmo plano (são coplanares).

2ª Lei da Refração

Também denominada **Lei de Snell**, a 2ª Lei da Refração é expressa pela relação:

$$\frac{\text{sen } \theta_1}{\text{sen } \theta_2} = \frac{v_1}{v_2} = \frac{\lambda_1}{\lambda_2}$$

(As grandezas θ_1, θ_2, v_1, v_2, λ_1 e λ_1 estão indicadas na figura esquemática e simplificada da refração.)

O matemático holandês Willebrord Snell (1581-1626) descobriu experimentalmente a veracidade da relação existente entre os ângulos de incidência e de refração. Em sua homenagem, essa relação matemática recebeu a denominação de Lei de Snell.

Demonstração da Lei de Snell

Na figura da página anterior, você observou que a distância **PQ** é percorrida com velocidade v_1 durante o mesmo intervalo de tempo Δt em que a distância **RS** é percorrida com velocidade v_2 ($v_2 < v_1$).

No triângulo retângulo **PQR**, temos:

$$\text{sen } \theta_1 = \frac{PQ}{RQ} = \frac{v_1 \Delta t}{RQ} \quad \text{(I)}$$

No triângulo retângulo **RQS**, temos:

$$\text{sen } \theta_2 = \frac{RS}{RQ} = \frac{v_2 \Delta t}{RQ} \quad \text{(II)}$$

Dividindo membro a membro a expressão (I) pela expressão (II), vem:

$$\frac{\text{sen } \theta_1}{\text{sen } \theta_2} = \frac{v_1}{v_2} \quad \text{(III)}$$

Lembrando que a frequência (f) é a mesma nos dois meios, temos:

$$\frac{v_1}{v_2} = \frac{\lambda_1 f}{\lambda_2 f} = \frac{\lambda_1}{\lambda_2} \quad \text{(IV)}$$

Reunindo os resultados (III) e (IV), chegamos à expressão da Lei de Snell, apresentada anteriormente:

$$\frac{\text{sen } \theta_1}{\text{sen } \theta_2} = \frac{v_1}{v_2} = \frac{\lambda_1}{\lambda_2}$$

NOTA!

A incidência de raios perpendiculares à fronteira que separa as duas regiões é um caso particular de refração em que não ocorre desvio na propagação da onda, já que, nesse caso, todos os pontos da frente de onda sofrem mudança de velocidade simultaneamente.

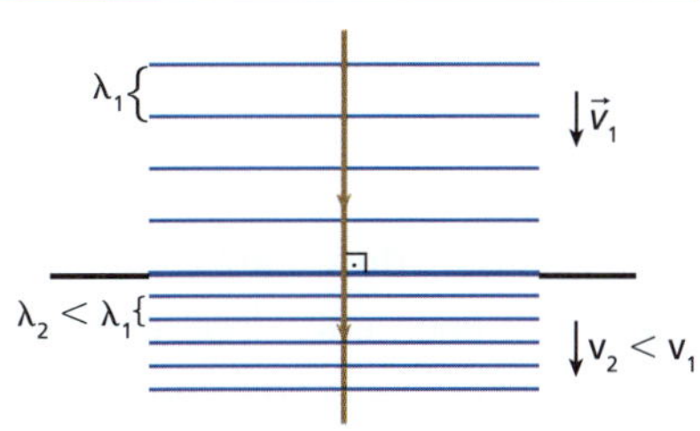

Banco de imagens/Arquivo da editora

12. Refração e reflexão de ondas transversais em cordas

A refração e a reflexão de ondas transversais em cordas tensas podem ser facilmente visualizadas e também obedecem às regras básicas da refração e da reflexão.

Considere duas cordas de densidades lineares diferentes emendadas. Como primeira hipótese, suponha que a densidade linear da corda **B** seja maior que a da corda **A**.

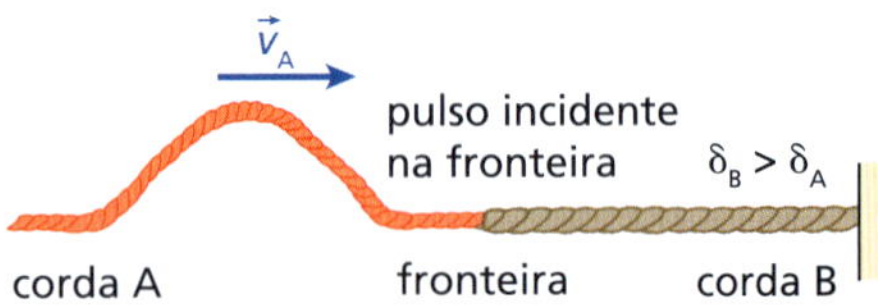

CJT/Zapt/Arquivo da editora

Um pulso gerado na corda **A** propaga-se e incide na fronteira entre **A** e **B**. Nesse local, parte da energia do pulso incidente transmite-se (sofre refração), passando a propagar-se na corda **B**. Note que o pulso refratado está sempre em fase com o pulso incidente, isto é, ambos os pulsos estão "voltados para cima".

Quando um pulso propaga-se em uma corda **A** e encontra a fronteira de separação dessa corda com outra corda **B**, sendo a densidade linear da **A** menor do que a da **B**, ela refrata (passa em parte para a corda **B**) e reflete (voltando em parte para a corda inicial). A parte refletida volta em **oposição de fase** em relação ao pulso incidente. Isso ocorre devido à inércia da corda **B** ser maior do que a da corda **A**. Quando o pulso incidente tenta elevar a corda **B** para cima, a reação para baixo da corda **B** resultará em um efeito maior do que a ação para cima da corda **A**. Isso ocorre porque a densidade linear da corda **A** é menor, fazendo com que sua inércia de movimento seja menor. A corda **A** responde mais prontamente à reação da corda **B**. Observe que as forças de ação e reação nas cordas **B** e **A** possuem mesma intensidade (3ª Lei de Newton), no entanto, a diferença de densidade das cordas fará com que o resultado seja diferente.

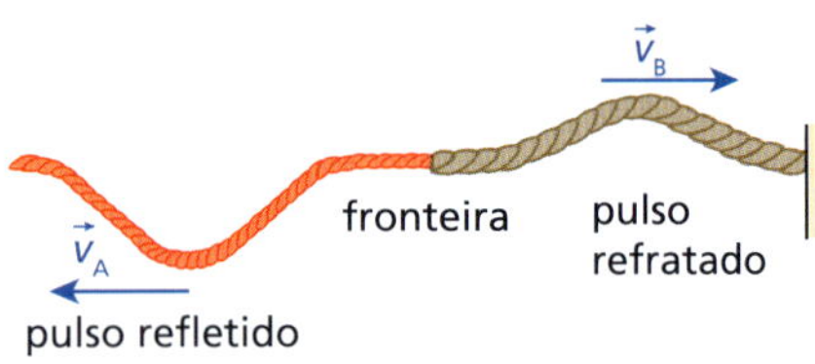

A velocidade do pulso incidente e a velocidade do pulso refletido têm a mesma intensidade (os pulsos percorrem o mesmo meio). O pulso refratado na corda **B** tem velocidade de menor intensidade, já que a corda **B** tem densidade linear maior. Usando a Fórmula de Taylor $\left(v = \sqrt{\dfrac{F}{\delta}}\right)$, se $\delta_B > \delta_A$ e a força tensora tem a mesma intensidade nas duas cordas, podemos concluir que $v_B < v_A$.

Como segunda hipótese, suponha que a corda **B** tenha menor densidade linear que a corda **A**. Assim, obtemos:

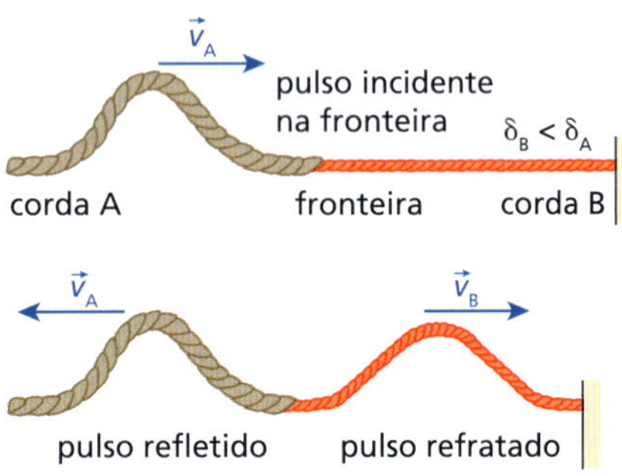

CJT/Zapt/Arquivo da editora

Como sempre, o pulso refratado está em fase com o pulso incidente e sua velocidade é, agora, maior que a do pulso incidente, pois $\delta_B > \delta_A$. Note que, nesse caso, o pulso refletido também está **em fase** com o pulso incidente.

JÁ PENSOU NISTO?

Até debaixo da água?

Essa interessante fotografia mostra um homem falando ao telefone celular... debaixo da água! Tal situação não é recomendável, já que a água poderia danificar o aparelho. No entanto, fisicamente isso poderia ocorrer. As ondas eletromagnéticas recebidas e emitidas pelo celular passam do ar para o interior da água e da água para o ar através da **refração**. Nesse fenômeno a frequência das ondas não se altera. O que muda é sua velocidade de propagação e seu comprimento.

© George Shelley/Masterfile/Latinstock

Exercícios Nível 1

57. 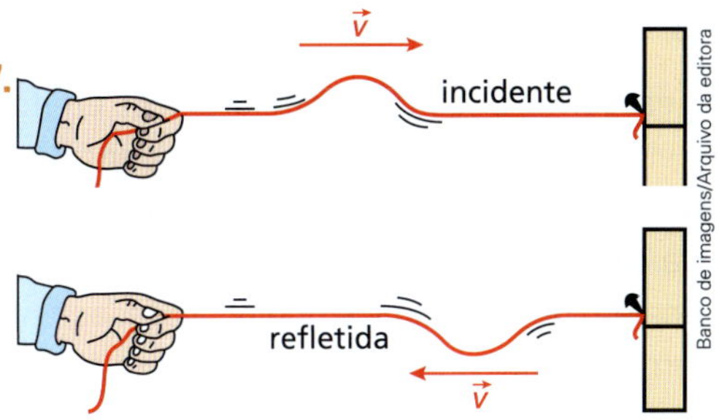

Um pulso, em uma corda de extremidade fixa, ao refletir, sofre inversão de fase. Observe a figura acima. O fato de ocorrer inversão na fase do pulso está ligado à/ao:

a) 1ª Lei de Newton.
b) Princípio da Conservação da Energia.
c) 3ª Lei de Newton.
d) Princípio da Conservação da Quantidade de Movimento.
e) Lei de Coulomb.

58. Uma corda horizontal tem uma de suas extremidades fixa a uma parede. Na extremidade livre, produz-se um pulso, que se propaga ao longo da corda:

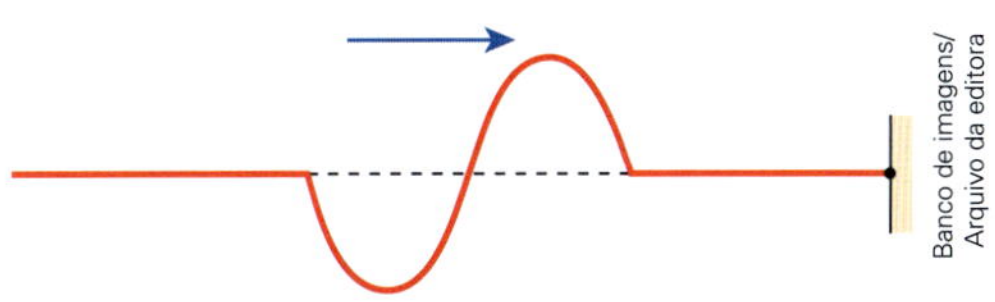

Qual o aspecto da corda logo após a reflexão do pulso na extremidade fixa?

59. Uma corda horizontal tem suas duas extremidades livres. Numa delas, produz-se um pulso que se propaga ao longo da corda:

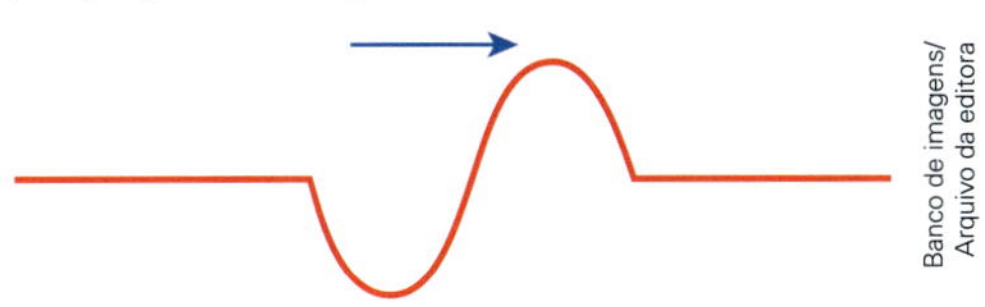

Qual o aspecto da corda logo após a reflexão do pulso na outra extremidade?

60. E.R. Uma corda **AB**, de comprimento L = 10 m, tem ambas as extremidades fixas. No instante t = 0, o pulso triangular esquematizado a seguir inicia-se em **A**, atingindo o ponto **P** no instante t = 4 s. Sendo AP = 8 m, determine a velocidade de propagação do pulso e o perfil da corda no instante t = 7 s.

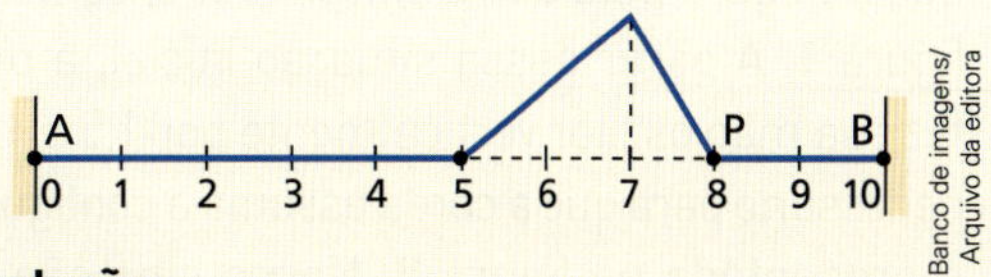

Resolução:

A velocidade de propagação de um pulso que se propaga num meio homogêneo pode ser calculada pela relação:

$$v = \frac{d}{\Delta t}$$

em que *d* é a distância percorrida.

Como, no caso, d = 8 m e Δt = 4 s, temos:

$$v = \frac{8\text{ m}}{4\text{ s}} \therefore \boxed{v = 2\text{ m/s}}$$

Assim, até o instante t = 7 s, o pulso terá percorrido:

$$d = v\Delta t \Rightarrow d = 2 \cdot 7 \therefore \boxed{d = 14\text{ m}}$$

Como a corda tem apenas 10 m, conclui-se que o pulso refletiu em **B**, com inversão de fase (já que essa extremidade está fixa), e percorreu mais 4 m de volta, propagando-se de **B** para **A**. Portanto, o perfil da corda no instante t = 7 s é:

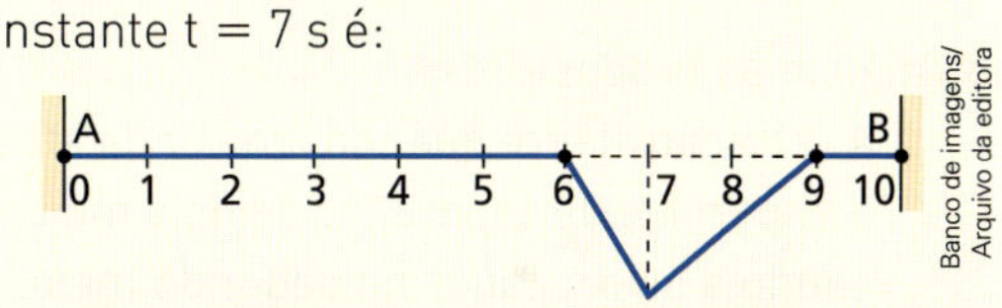

61. Um pulso triangular é produzido na extremidade **A** de uma corda **AB**, de comprimento L = 5,0 m, cuja outra extremidade **B** é livre. Inicialmente, o pulso se propaga de **A** para **B** com velocidade constante *v*. A figura **a** representa o perfil da corda no instante *t* segundos e a figura **b**, o perfil da corda no instante (t + 7) segundos.

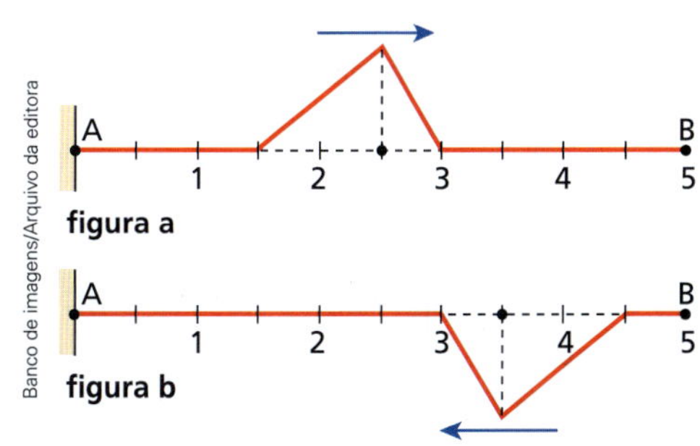

Determine a velocidade (*v*) de propagação da onda, admitindo que a configuração de **b** esteja ocorrendo pela primeira vez após o instante *t*.

62. (Vunesp) Uma corda elástica e homogênea tem uma de suas extremidades presa a uma parede fixa e é mantida esticada, em repouso, por uma pessoa que a segura pela outra extremidade, conforme a figura 1. A partir dessa situação inicial, a pessoa faz sua mão oscilar verticalmente por 1,5 s, tempo necessário para que a corda assuma a configuração representada na figura 2. Nessa situação, uma onda se estabelece na corda, propagando-se para direita com velocidade escalar *v*.

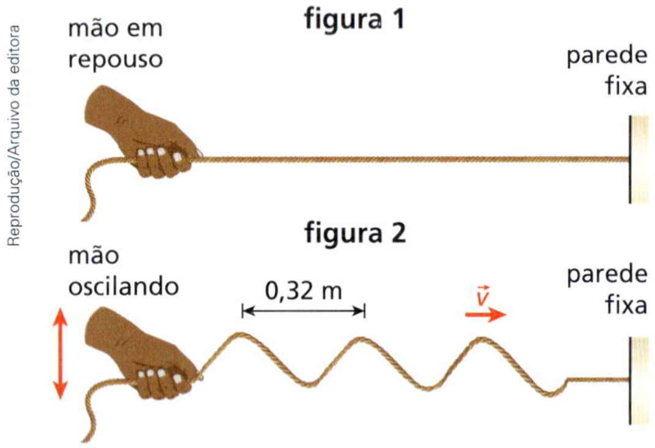

É correto afirmar que *v* tem módulo, em m/s, igual a

a) 0,16.
b) 0,20.
c) 0,32.
d) 0,64.
e) 0,45.

63. Analise as proposições:

I. A refração ocorre quando uma onda atravessa a superfície de separação de dois meios, passando a se propagar no segundo meio.
II. Na refração, a frequência da onda não se altera.
III. Na refração, a velocidade de propagação da onda pode ou não variar.
IV. Na refração, a direção de propagação da onda pode mudar ou não.
V. Na refração, ocorre inversão de fase na onda.

Podemos afirmar que:

a) todas as afirmativas são verdadeiras.
b) todas as afirmativas são falsas.
c) apenas I, II e IV são verdadeiras.
d) apenas I e V são verdadeiras.
e) apenas IV e V são verdadeiras.

64. A figura representa uma onda transversal periódica que se propaga nas cordas **AB** e **BC** com as velocidades v_1 e v_2, de módulos respectivamente iguais a 12 m/s e 8,0 m/s.

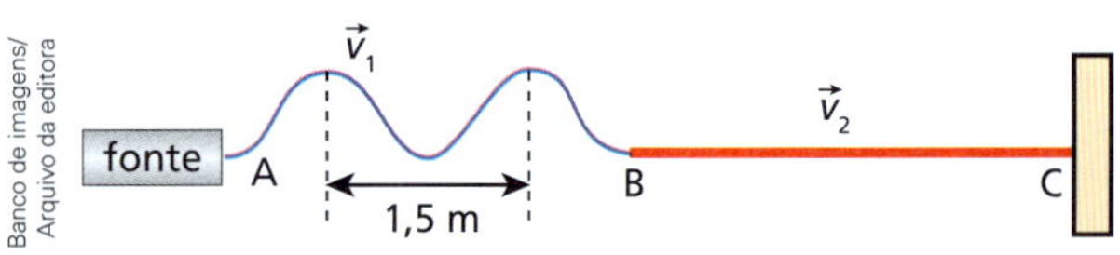

Nessas condições, o comprimento de onda na corda **BC**, em metros, é:

a) 1,0.
b) 1,5.
c) 2,0.
d) 3,0.
e) 4,0.

65. Um gerador de ondas eletromagnéticas emite de um helicóptero ondas com uma frequência definida *f*. Considerando que o helicóptero está a uma altura tal que não provoca alterações na água contida em uma piscina, e que no ar essas ondas de comprimento de onda λ viajam com a velocidade da luz no vácuo, é correto afirmar que as ondas que penetrarem na água contida na piscina sofrerão alterações em:

a) sua velocidade *v*, em sua frequência *f* e em seu comprimento de onda λ.
b) seu comprimento de onda λ e em sua frequência *f*.
c) sua velocidade *v* e em sua frequência *f*.
d) sua velocidade *v* e em seu comprimento de onda λ.
e) somente no comprimento de onda λ.

66. Uma onda mecânica com 800 Hz de frequência propaga-se em um meio com comprimento de onda igual a 2,0 m. Ao sofrer refração, essa onda tem sua velocidade reduzida a 50% de seu valor inicial. Qual será o seu novo comprimento de onda?

67. (UFBA) A figura a seguir mostra, esquematicamente, as frentes de ondas planas, geradas em uma cuba de ondas, em que duas regiões, nas quais a água tem profundidades diferentes, são separadas pela superfície imaginária **S**. As ondas são geradas na região 1, com frequência de 4 Hz, e se deslocam em direção à região 2.

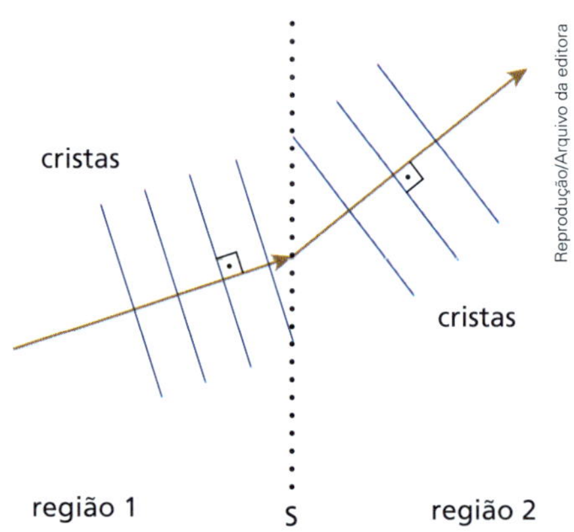

Os valores medidos, no experimento, para as distâncias entre duas cristas consecutivas nas regiões 1 e 2 valem, respectivamente, 1,25 cm e 2,00 cm.

Com base nessas informações e na análise da figura, pode-se afirmar:

(01) O experimento ilustra o fenômeno da difração de ondas.

(02) A frequência da onda na região 2 vale 4 Hz.

(04) Os comprimentos de onda, nas regiões 1 e 2, valem, respectivamente, 2,30 cm e 4,00 cm.

(08) A velocidade da onda, na região 2, é maior que na região 1.

(16) Seria correto esperar-se que o comprimento de onda fosse menor nas duas regiões, caso a onda gerada tivesse frequência maior que 4 Hz.

Exercícios Nível 2

68. Numa corda homogênea de 10 m de comprimento, propagam-se dois pulsos com velocidades iguais a 1 m/s. No instante t = 0, a configuração da corda é representada pela figura abaixo. Qual será a configuração dessa corda no instante t = 14 s?

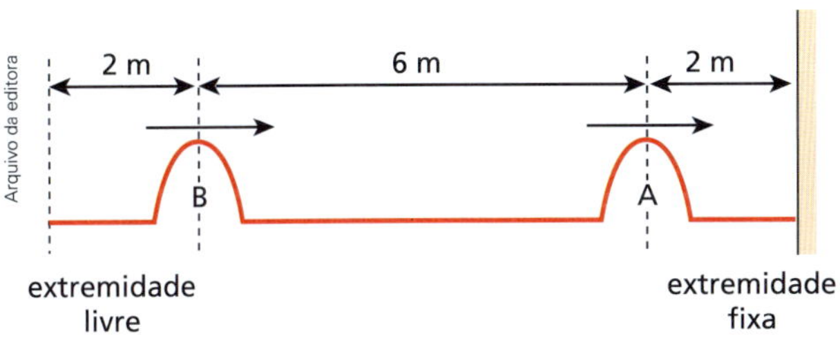

Banco de imagens/Arquivo da editora

69. Um pulso reto **P** propaga-se na superfície da água em direção a um obstáculo **M** rígido, onde se reflete. O pulso e o obstáculo estão representados na figura. A seta indica o sentido de propagação de **P**.

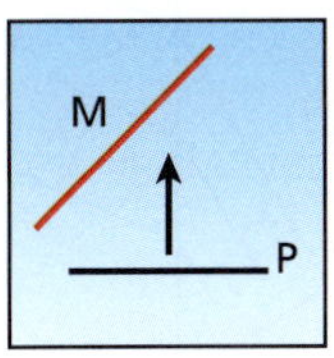

Banco de imagens/Arquivo da editora

Entre as figuras abaixo, a que melhor representa o pulso **P**, após sua reflexão em **M**, é:

a) 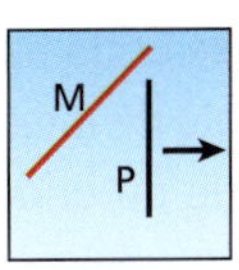

c) 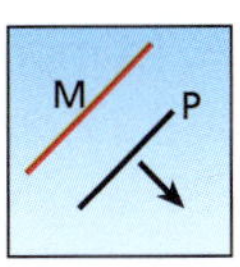

e) 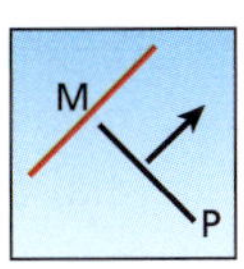

b) 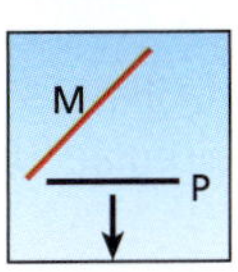

d) 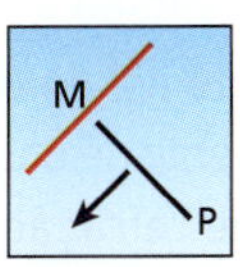

Banco de imagens/Arquivo da editora

70. (Fuvest-SP) Ondas retas propagam-se na superfície da água com velocidade de módulo igual a 1,4 m/s e são refletidas por uma parede plana vertical, na qual incidem sob o ângulo de 45°. No instante $t_0 = 0$, uma crista **AB** ocupa a posição indicada na figura.

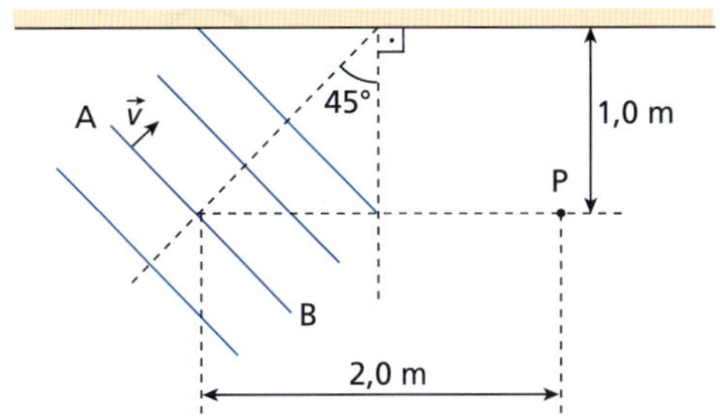

Reprodução/Arquivo da editora

a) Depois de quanto tempo essa crista atingirá o ponto **P** após ser refletida na parede?

b) Esboce a configuração dessa crista quando passa por **P**.

71. Dois pulsos circulares **A** e **B** são produzidos no ponto **O** da superfície tranquila da água de uma cuba de ondas. Os pulsos incidem em um anteparo plano colocado dentro da cuba, sofrendo reflexão:

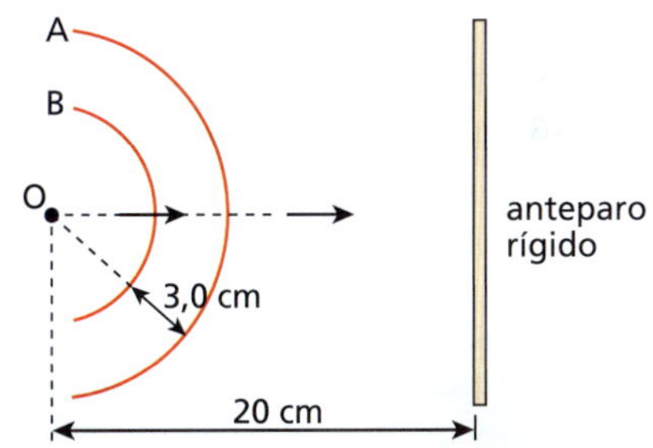

Banco de imagens/Arquivo da editora

Sabendo que os pulsos se propagam na água com velocidade de 43 cm/s e que **A** foi produzido no instante t = 0, determine a configuração do sistema no instante t = 1,0 s.

72. (UFRS) Uma corda é composta de dois segmentos de densidades lineares de massa bem distintas. Um pulso é criado no segmento de menor densidade e se propaga em direção à junção entre os segmentos, conforme representa a figura abaixo.

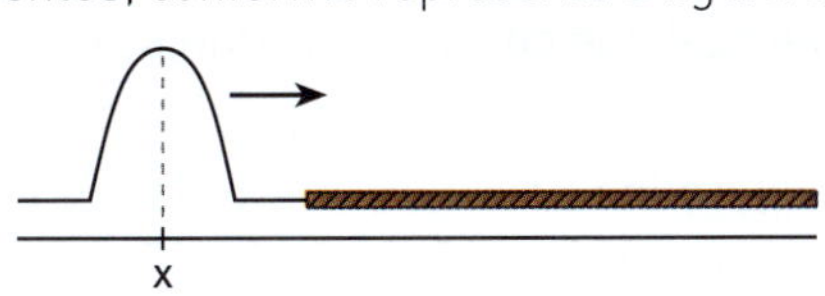

Reprodução/Arquivo da editora

Assinale, entre as alternativas, aquela que melhor representa a corda quando o pulso refletido está passando pelo mesmo ponto **x** indicado no diagrama anterior.

a) 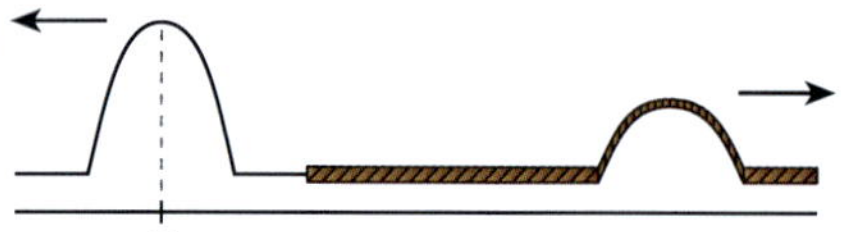

b) 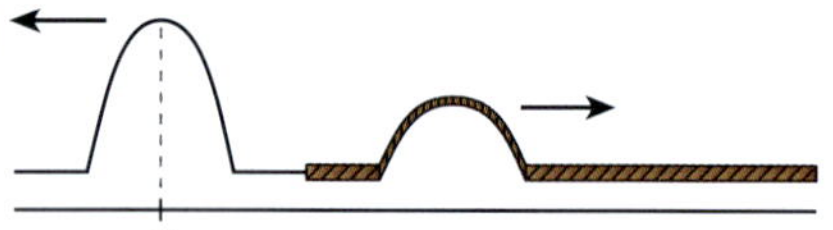

c) 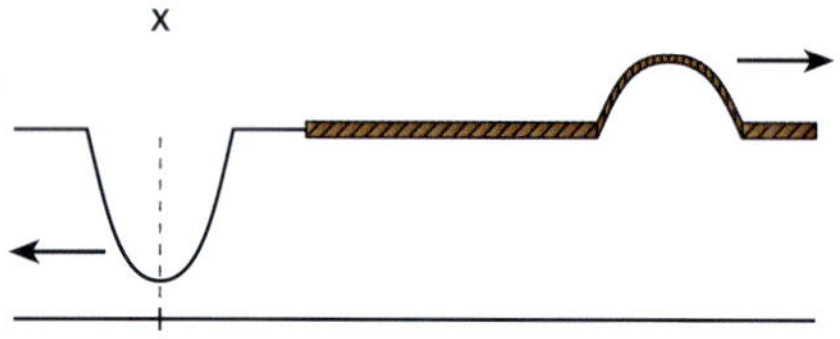

d) 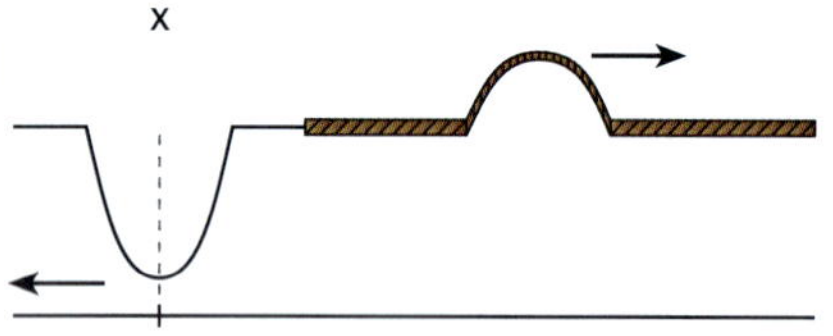

e) 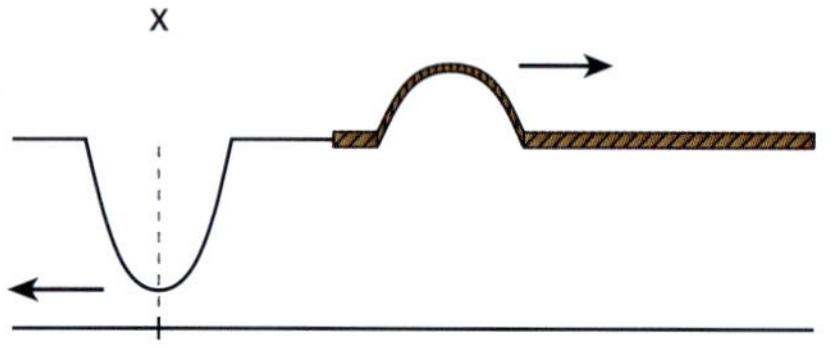

Ilustrações: Reprodução/Arquivo da editora

73. (UFTM-MG) Marcos está parado na borda de um lago de águas calmas em uma manhã sem ventos, gritando para que seu amigo José, do outro lado do lago, possa ouvi-lo. Dentro do lago outro garoto, Pedro, também parado, ouve os gritos de Marcos.

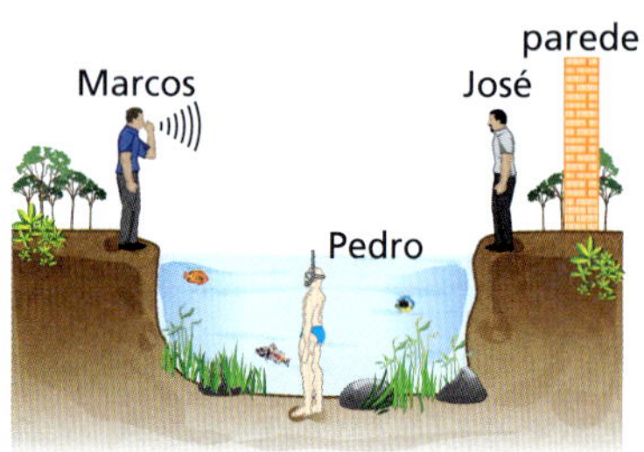

Reprodução/Arquivo da editora

As velocidades do som no ar e na água, nesse local, valem respectivamente 350 m/s e 1 505 m/s.

a) Determine a razão entre os comprimentos das ondas sonoras emitidas por Marcos e ouvidas diretamente por Pedro e por José, $\frac{\lambda_P}{\lambda_J}$.

b) Considere que na região existe uma parede vertical que permite que Marcos ouça o eco de seu grito 0,4 s depois de tê-lo emitido.
Determine a distância entre Marcos e a parede, em metros.

74.

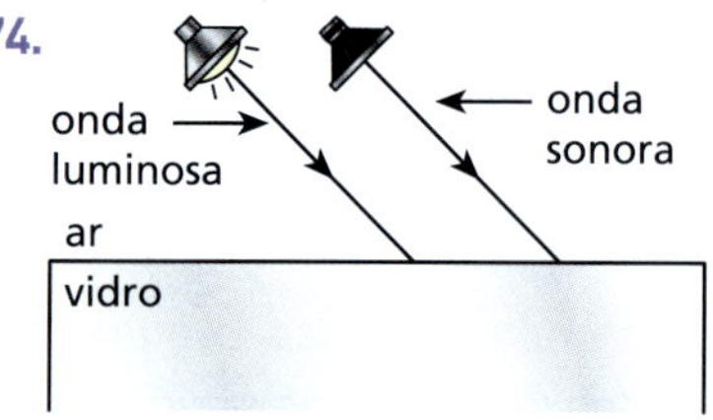

Banco de imagens/Arquivo da editora

a) Uma onda sonora e uma onda luminosa monocromática, após se propagarem no ar, sofrem refração ao passarem do ar para o vidro. Esquematize as trajetórias no vidro, justificando.

b) Se a onda sonora tiver frequência de 1,0 kHz, qual será seu comprimento de onda no vidro? Ela continuará, nesse meio, a ser uma onda sonora? Justifique.

Dados:

velocidade do som no ar = 340 m/s

velocidade do som no vidro = 5 000 m/s

75. **E.R.** A figura mostra uma cuba com ondas onde há uma região rasa e outra funda. Com uma régua, são provocadas perturbações periódicas retas a cada 0,4 s que se propagam na superfície da água:

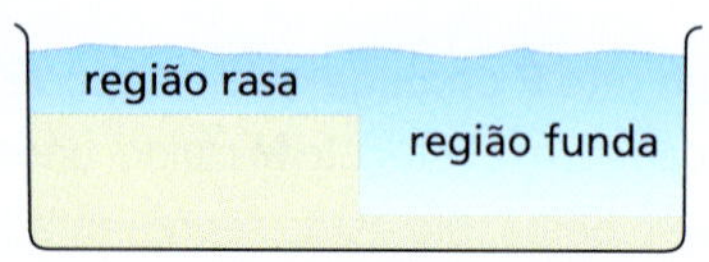

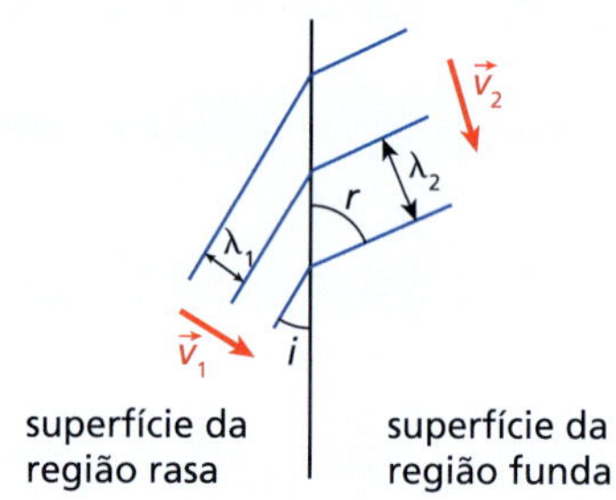

Banco de imagens/Arquivo da editora

Sabendo que λ_1 (comprimento de onda na região rasa) é igual a 2 cm, i (ângulo de incidência) é igual a 30° e v_2 (velocidade da onda na região funda) é igual a $5\sqrt{2}$ cm/s, determine:

a) a velocidade (v_1) da onda, na região rasa;

b) o comprimento de onda (λ_2), na região funda;

c) o ângulo de refração (r).

Resolução:

a) A velocidade (v_1) da onda, na região rasa, pode ser calculada pela **relação fundamental das ondas**:

$$v = \lambda f \Rightarrow v = \frac{\lambda}{T}$$

Sendo $\lambda_1 = 2$ cm e T = 0,4 s, temos:

$$v_1 = \frac{2}{0,4} \therefore \boxed{v_1 = 5 \text{ cm/s}}$$

b) Para o cálculo do comprimento de onda (λ_2), na região funda, usamos a mesma relação do item anterior:

$$v = \lambda f \Rightarrow v = \frac{\lambda}{T} \Rightarrow \lambda = v\,t$$

Sendo $v_2 = 5\sqrt{2}$ e T = 0,4 s, já que o período não muda na refração, temos:

$$\lambda_2 = 5\sqrt{2} \cdot 0,4 \therefore \boxed{\lambda_2 = 2\sqrt{2} \text{ cm}}$$

c) Pela Lei de Snell, podemos calcular o ângulo de refração (r):

$$\frac{\text{sen}\,i}{\text{sen}\,r} = \frac{\lambda_1}{\lambda_2} = \frac{v_1}{v_2} \Rightarrow \frac{\text{sen}\,30°}{\text{sen}\,r} = \frac{2}{2\sqrt{2}}$$

$$\text{sen}\,r = \sqrt{2} \cdot \text{sen}\,30° \Rightarrow \text{sen}\,r = \frac{\sqrt{2}}{2} \therefore \boxed{r = 45°}$$

76. (Famema-SP) Com o objetivo de simular as ondas no mar, foram geradas, em uma cuba de ondas de um laboratório, as ondas bidimensionais representadas na figura, que se propagam de uma região mais funda (região 1) para uma região mais rasa (região 2).

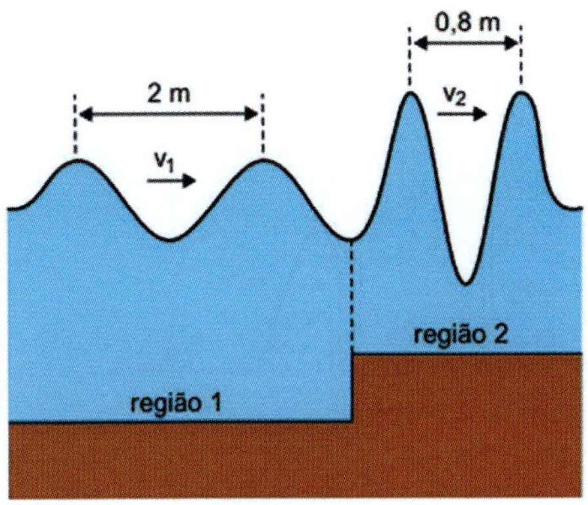

Reprodução/Famema, 2016

fora de escala

Sabendo que quando as ondas passam de uma região para a outra sua frequência de oscilação não se altera e considerando as medidas indicadas na figura, é correto afirmar que a razão $\frac{v_1}{v_2}$ entre as velocidades de propagação das ondas nas regiões 1 e 2 é igual a

a) 1,6 b) 0,4 c) 2,8 d) 2,5 e) 1,2

77. (Cesgranrio) Um vibrador produz ondas planas na superfície de um líquido com frequência f = 10 Hz e comprimento de onda $\lambda = 28$ cm. Ao passarem do meio I para o meio II, como mostra a figura, foi verificada uma mudança na direção de propagação das ondas. (**Dados:** sen 30° = cos 60° = = 0,5; sen 60° = cos 30° = $\frac{\sqrt{3}}{2}$; sen 45° = cos 45° = = $\frac{\sqrt{2}}{2}$. Considere $\sqrt{2} = 1,4$.)

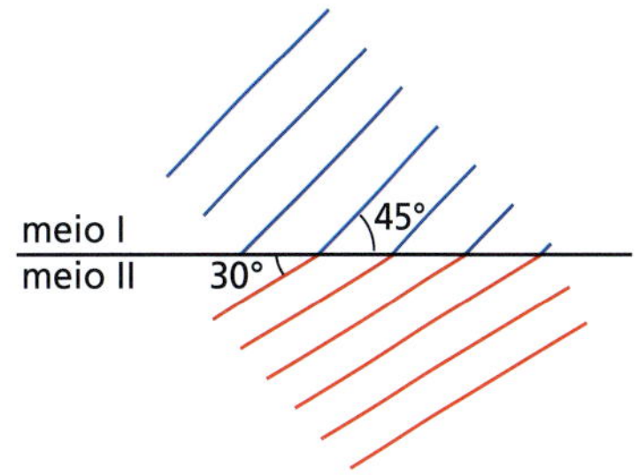

Reprodução/Arquivo da editora

No meio II, os valores da frequência e do comprimento de onda serão, respectivamente, iguais a:

a) 10 Hz; 14 cm.
b) 10 Hz; 20 cm.
c) 10 Hz; 25 cm.
d) 15 Hz; 14 cm.
e) 15 Hz; 25 cm.

78. O esquema a seguir representa a refração de uma onda sonora plana que passa de um meio 1 (ar) para um meio 2 (gás em alta temperatura e alta pressão). Estão indicados o raio incidente **AB**, o raio refratado **BC** e algumas frentes de onda. Uma barreira **EF** está posicionada no meio 2, perpendicularmente ao raio **BC**, com o objetivo de refletir o som.

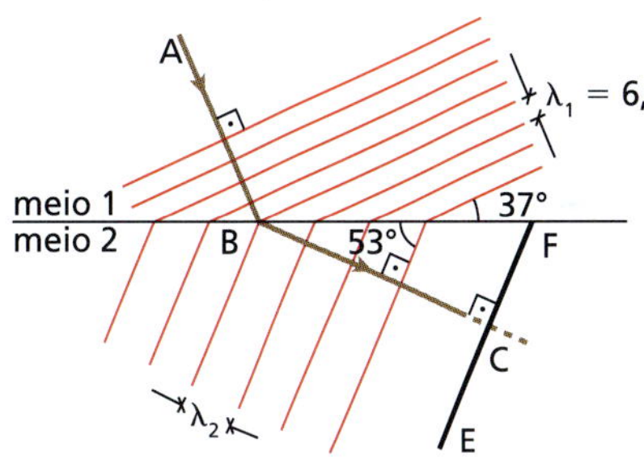

Banco de imagens/Arquivo da editora

A distância entre os pontos **B** e **F** é igual a 55 cm e adota-se para a intensidade da velocidade do som no meio 1 o valor 330 m/s.

Dados: sen 37° = cos 53° = 0,60;
sen 53° = cos 37° = 0,80.

Determine:

a) as frequências f_1 e f_2 da onda sonora, respectivamente, nos meios 1 e 2;
b) o comprimento de onda λ_2 da onda sonora no meio 2;
c) o intervalo de tempo Δt transcorrido entre a passagem da onda pelo ponto **B** e seu retorno a esse mesmo ponto depois de sofrer reflexão na barreira.

Bloco 4

13. Superposição de pulsos em cordas

A superposição de duas ou mais ondas de mesma natureza provoca no local da superposição uma perturbação resultante igual à "soma algébrica" das perturbações individuais de cada onda.

Em uma corda tensa fica mais fácil visualizar esse fenômeno. Assim, considere uma corda esticada, disposta horizontalmente. Nas suas extremidades vamos produzir dois pulsos de mesma largura e amplitudes diferentes: A_1 e A_2. O resultado da superposição depende da forma como esses pulsos foram originados. Devemos, então, considerar duas situações:

1ª situação: pulsos em fase

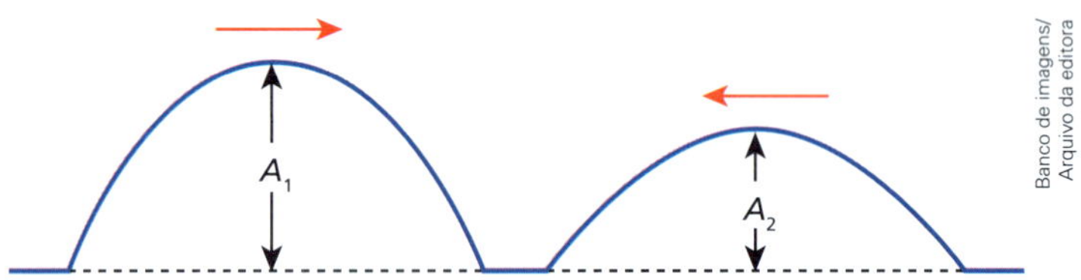

No instante da superposição dos pulsos **em fase**, observamos que cada ponto da corda na região de superposição apresenta uma elongação x igual à soma das elongações x_1 e x_2 que cada pulso produziria nesse ponto se lá chegasse sozinho. É evidente que a crista resultante tem uma amplitude igual à soma das amplitudes individuais dos pulsos.

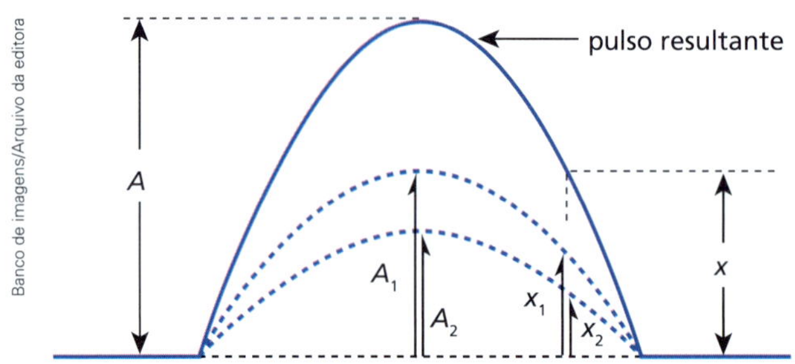

$$A = A_1 + A_2$$

$$x = x_1 + x_2$$

A esse tipo de superposição de pulsos (em fase) dá-se o nome de **interferência construtiva**.

É importante observar que após a superposição os pulsos continuam suas propagações normalmente, como se nada tivesse acontecido. Esse fato justifica-se pelo **Princípio da Independência da Propagação Ondulatória**. Assim, após a superposição, a configuração da corda passa a ser:

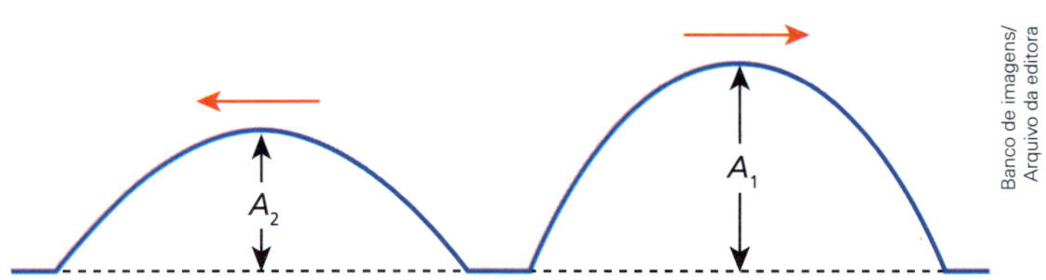

Observe a sequência a seguir:

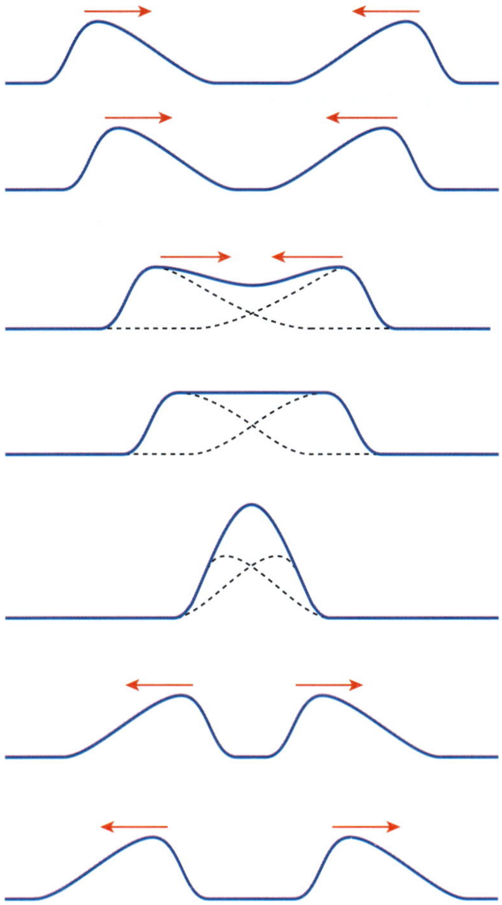

Banco de imagens/Arquivo da editora

$2^{\underline{a}}$ situação: pulsos em oposição de fase

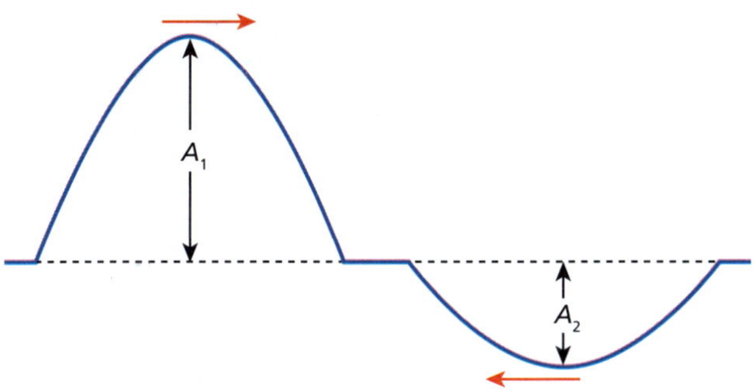

Banco de imagens/Arquivo da editora

No instante da superposição dos pulsos **em oposição de fase**, observamos que cada ponto da corda na região de superposição apresenta uma elongação x, igual à diferença das elongações x_1 e x_2 que cada pulso produziria nesse ponto se lá chegasse sozinho. É evidente que a crista resultante tem uma amplitude igual à diferença das amplitudes individuais desses pulsos.

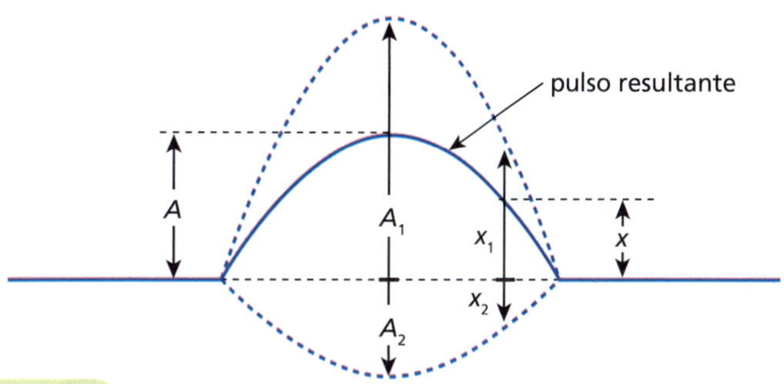

Banco de imagens/Arquivo da editora

$$A = A_1 - A_2$$

$$x = x_1 - x_2$$

A esse tipo de superposição de pulsos (em oposição de fase) dá-se o nome de **interferência destrutiva**.

Também nesse caso, após a superposição, os pulsos continuam suas propagações normalmente, como se nada tivesse acontecido. Vale o **Princípio da Independência da Propagação Ondulatória**.

Assim, após a superposição, temos:

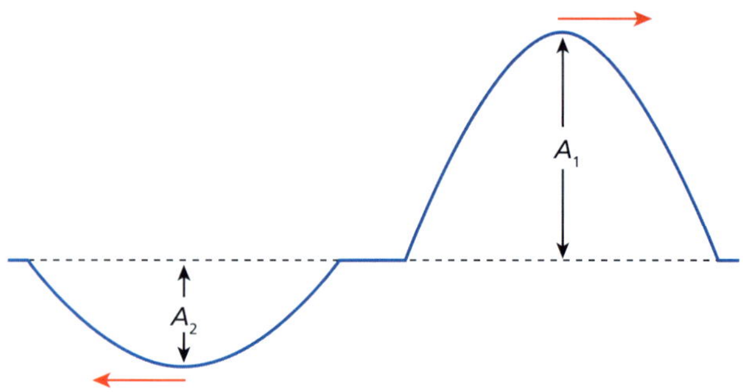

Banco de imagens/Arquivo da editora

O fenômeno da interferência não é privilégio de ondas em cordas, podendo ocorrer também com ondas sonoras, com ondas em superfícies líquidas, com ondas luminosas, etc.

Observe a sequência a seguir:

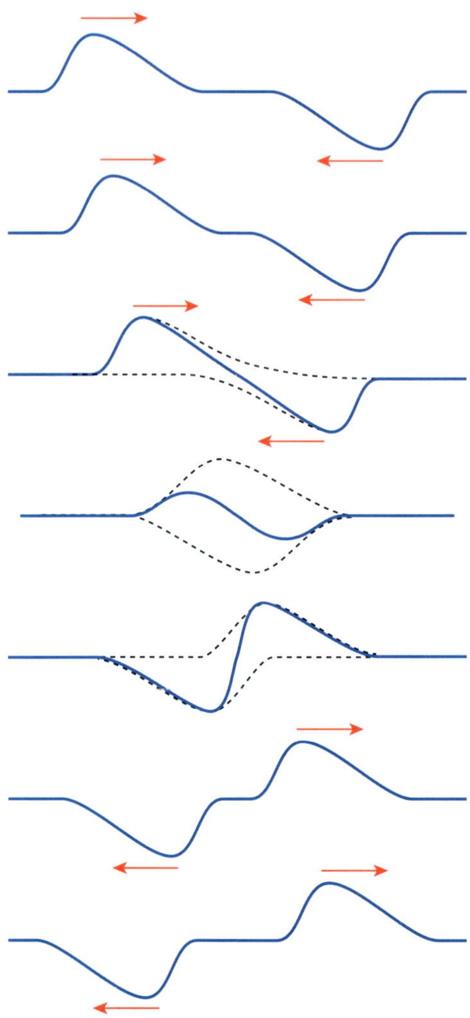

Banco de imagens/Arquivo da editora

Caso particular

Devemos fazer um estudo do caso particular em que os dois pulsos que se propagam na corda, em oposição de fase, possuem amplitudes iguais ($A_1 = A_2 = A$).

Em cada região por onde os pulsos passam, sempre há energia cinética e energia potencial elástica.

No instante em que se superpõem, os pulsos desaparecem momentaneamente, o mesmo ocorrendo com a deformação da corda e com a energia potencial elástica. Em compensação, a energia cinética dos pedaços de corda da região se intensifica, o que é evidente, pois os pulsos tendem a provocar deslocamentos transversais no mesmo sentido. Além disso, a energia potencial elástica também se converte em energia cinética.

No instante em que ocorre a **superposição total** dos pulsos, a corda fica retilínea, desaparecendo as deformações. No entanto, nesse instante, os pontos da corda continuam em movimento, com velocidades verticais diferentes de zero. São essas velocidades verticais dos pontos da corda que resultam no aparecimento dos novos pulsos na sequência, após a interferência.

De acordo com o Princípio da Independência da Propagação Ondulatória, após a superposição as ondas continuam com suas características iniciais.

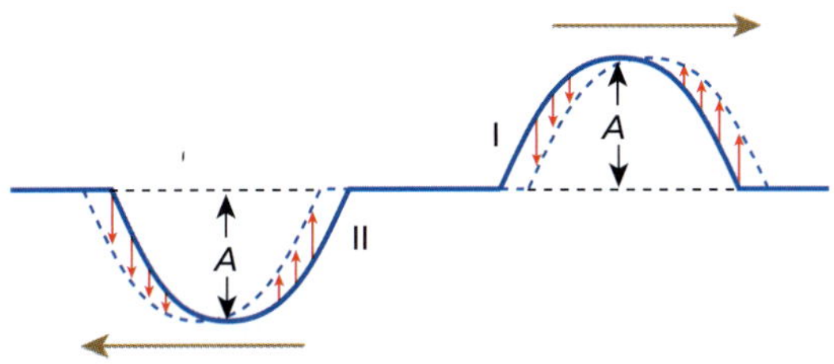

Banco de imagens/Arquivo da editora

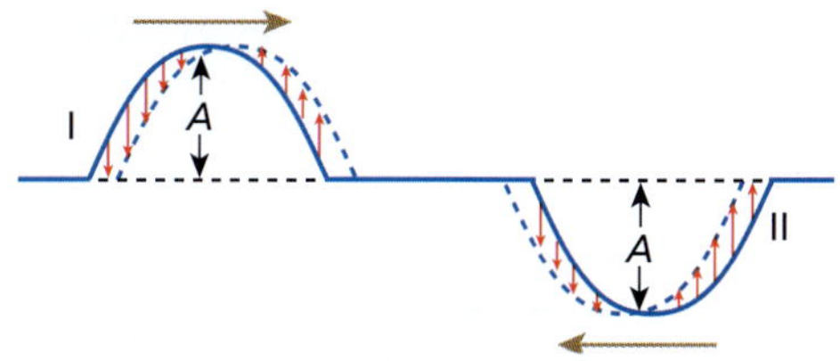

Banco de imagens/Arquivo da editora

// A figura representa dois pulsos de mesma amplitude propagando-se em sentidos opostos. As pequenas setas verticais representam as velocidades dos pontos da corda no instante focalizado.

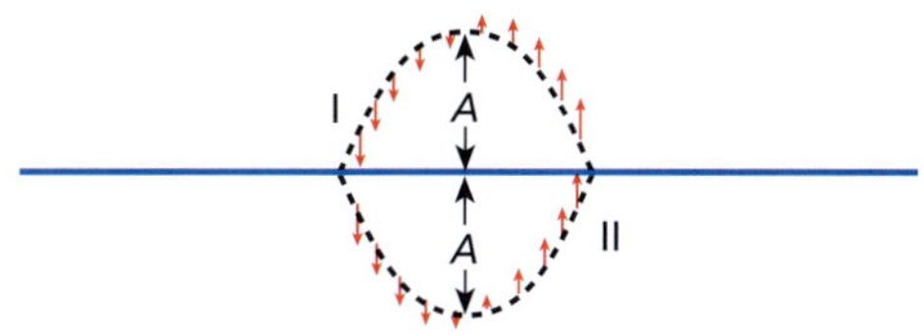

Banco de imagens/Arquivo da editora

// **Interferência destrutiva**: as amplitudes se subtraem. No caso, a amplitude do pulso resultante é nula.

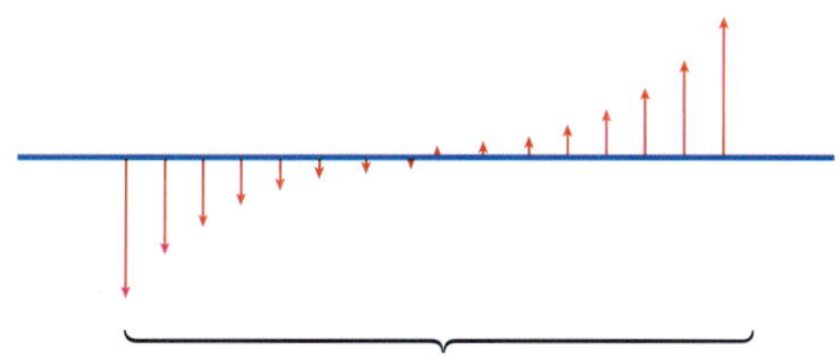

Banco de imagens/Arquivo da editora

trecho da corda onde ocorre a superposição dos pulsos

14. Superposição de ondas periódicas

A onda resultante da superposição de duas ondas periódicas é obtida pelos mesmos conceitos usados para os pulsos do item anterior.

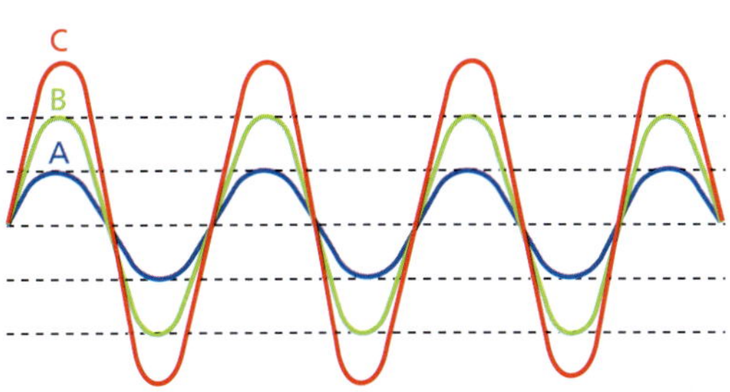

Banco de imagens/Arquivo da editora

// Este é um exemplo de interferência construtiva. As ondas **A** e **B**, de mesma frequência e em concordância de fase, superpõem-se, resultando a onda **C**.

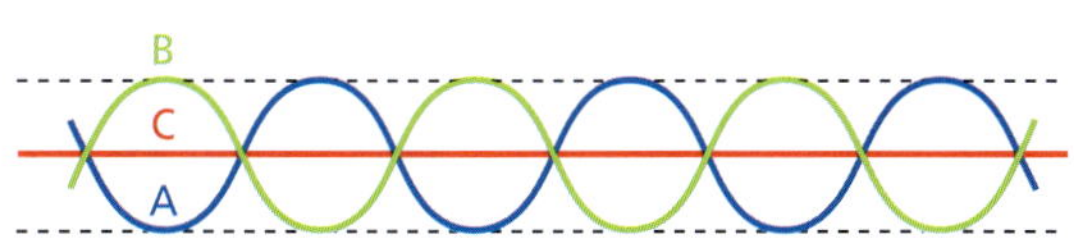

Banco de imagens/Arquivo da editora

// Este é um exemplo de interferência destrutiva. As ondas **A** e **B**, de mesma frequência, mesma amplitude e em oposição de fase, superpõem-se, resultando a onda **C**, de amplitude nula.

Essa superposição de ondas periódicas pode apresentar dois efeitos de particular interesse: **o batimento** e as **ondas estacionárias**.

Batimento

O fenômeno ondulatório denominado **batimento** é obtido pela superposição de ondas periódicas de frequências ligeiramente diferentes e de mesma amplitude (ou amplitudes próximas).

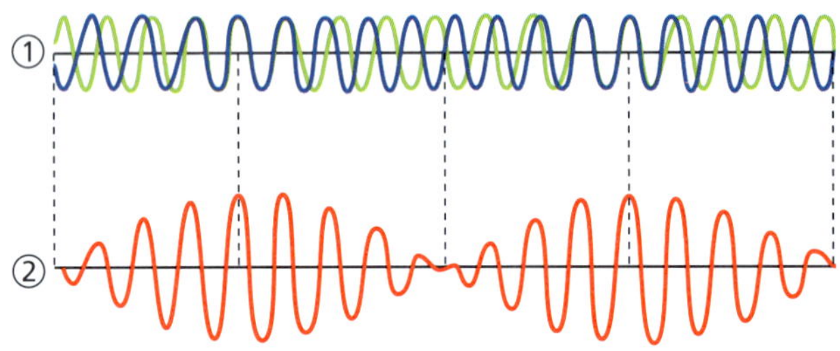

O esquema 1 mostra a superposição de duas ondas de frequências ligeiramente diferentes e amplitudes iguais. O esquema 2 mostra a onda resultante dessa superposição.

Note que a onda resultante da figura tem amplitude variável periodicamente, apresentando pontos de máxima intensidade (interferência construtiva) e pontos de mínima intensidade (interferência destrutiva).

Esse fenômeno ocorre particularmente com ondas sonoras. O observador, estando em um determinado local, receberá as duas ondas sonoras de frequências próximas e ouvirá a onda resultante com amplitude variável. As ondas parciais entram em fase e saem de fase, caracterizando uma interferência temporal, alternando interferências construtivas e destrutivas ao longo do tempo. A passagem pelo máximo de intensidade da onda resultante ocorre periodicamente, assemelhando-se a batidas, daí o nome de **batimento**.

É possível demonstrar que a frequência da onda resultante é dada pela média aritmética entre as frequências das ondas que se superpõem:

$$f_{res} = \frac{f_I + f_{II}}{2}$$

Pode-se demonstrar também que a frequência de ocorrência dos batimentos é dada pela diferença entre as frequências das ondas que se superpõem:

$$f_{bat} = f_{II} - f_I \quad (f_{II} > f_I)$$

A frequência de batimentos (f_{bat}) é a frequência de máximos ou de mínimos atingidos pela onda resultante.

Considerando as fases das ondas I e II, temos:

$$\varphi_I = \omega_I t + \varphi_{0_I}$$
$$\varphi_{II} = \omega_{II} t + \varphi_{0_{II}}$$

e a defasagem entre elas é dada por:

$$\Delta\varphi = \varphi_{II} - \varphi_I = (\omega_{II} - \omega_I)t + (\varphi_{0_{II}} - \varphi_{0_I})$$

Cada máximo de intensidade ocorre quando as ondas se superpõem em concordância de fase, isto é, quando ocorre uma interferência construtiva entre elas. Nesse instante (t), a defasagem entre as ondas deve ser um múltiplo inteiro de 2π, ou seja, $\Delta\varphi = 2n\pi$, onde $n = 0, 1, 2, 3, ...$

No instante t, temos:

$$\Delta\varphi = 2n\pi = (\omega_{II} - \omega_I)t + (\varphi_{0_{II}} - \varphi_{0_I}) \quad (1)$$

O próximo batimento ocorrerá depois de um tempo T_{bat}, período dos batimentos.

$$\Delta\varphi = 2(n+1)\pi = (\omega_{II} - \omega_I)(t - T_{bat}) + (\varphi_{0_{II}} - \varphi_{0_I}) \quad (2)$$

Subtraindo a expressão (1) de (2), temos:

$$2\pi = (\omega_{II} - \omega_I)T_{bat}$$

$$T_{bat} = \frac{2\pi}{(\omega_{II} - \omega_I)}$$

Sendo:

$$f_{bat} = \frac{1}{T_{bat}}$$

vem:

$$f_{bat} = \frac{\omega_{II} - \omega_{I}}{2\pi} = \frac{2\pi f_{II} - 2\pi f_{I}}{2\pi}$$

$$f_{bat} = f_{II} - f_{I}$$

Ondas estacionárias

O fenômeno ondulatório denominado **ondas estacionárias** é a configuração resultante da superposição de duas ondas idênticas que se propagam na mesma direção e em sentidos opostos.

Esse fenômeno é mais facilmente observado com ondas em cordas, apesar de poder ocorrer também com outros tipos de onda.

Para melhor entendimento, vamos considerar uma corda esticada e duas ondas idênticas propagando-se em sentidos opostos.

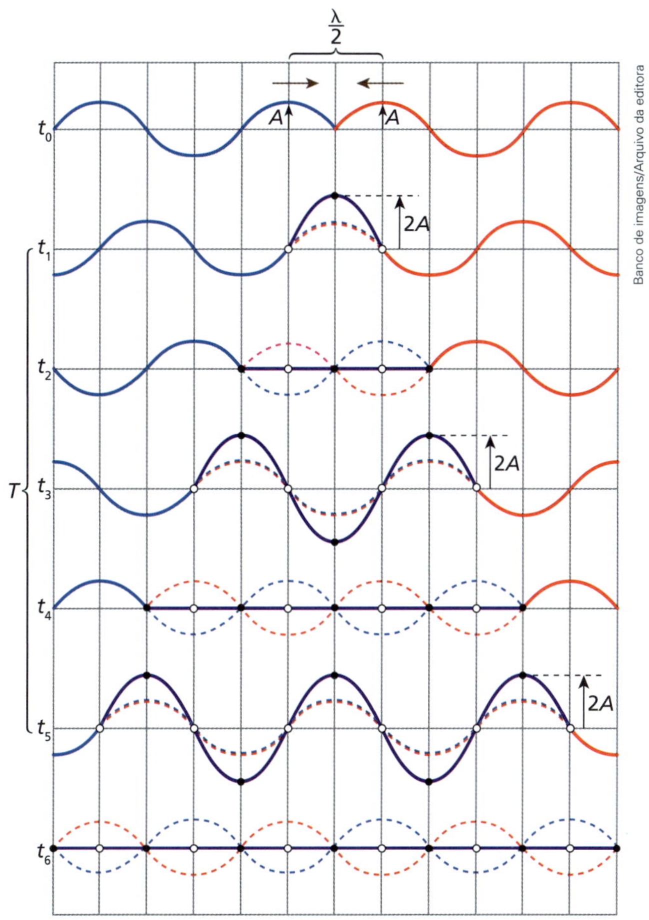

Podemos observar na figura que os pontos da corda representados por pequenos círculos brancos são pontos que não vibram, ocorrendo neles permanente interferência destrutiva. Esses pontos são denominados **nós** ou **nodos** de deslocamento.

Note, ainda, os pontos da corda representados por pequenos círculos pretos, que vibram com amplitude igual a 2*A*. Nesses pontos, ocorre permanente interferência construtiva, sendo, por isso, denominados **ventres**, **antinós** ou **antinodos** de deslocamento.

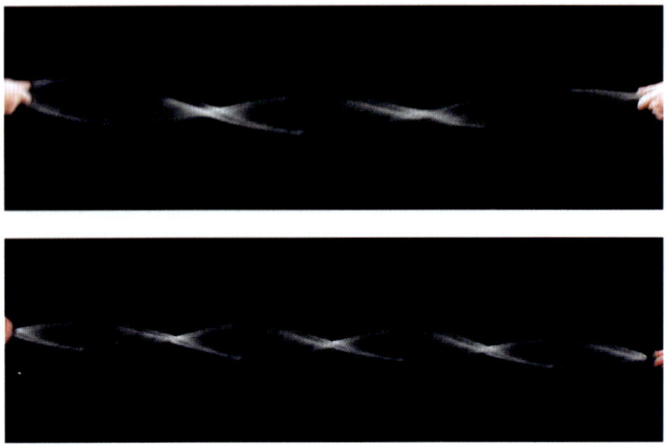

Thales Trigo/Arquivo da editora

Corda vibrando de maneira estacionária. As diferentes configurações ocorrem porque as frequências das ondas são diferentes em cada situação. Quanto maior é a frequência de vibração, mais ventres são formados na corda.

Como esses nós e ventres não se propagam, permanecendo sempre nos mesmos locais da corda, a configuração resultante recebe a denominação de **onda estacionária**.

É importante observar que a distância entre dois nós consecutivos ou dois ventres consecutivos é sempre $\frac{\lambda}{2}$ em que λ é o comprimento de onda de cada uma das ondas que se superpõem. Além disso, o período (*T*) das vibrações da onda estacionária é igual ao período das ondas componentes (ver figura da página anterior).

15. Ressonância

Todo sistema físico capaz de vibrar, se for excitado, vibrará numa frequência que lhe é característica, que lhe é natural.

Alguns sistemas admitem uma única frequência natural de vibração e outros, mais de uma. Vejamos alguns exemplos:

Exemplo 1:

Um pêndulo simples encontra-se preso em um ponto do plano horizontal apresentado. Independentemente do valor da amplitude, quando oscila, sua frequência é sempre a mesma. Por isso, dizemos que ele possui uma frequência natural e única de oscilação, dada por:

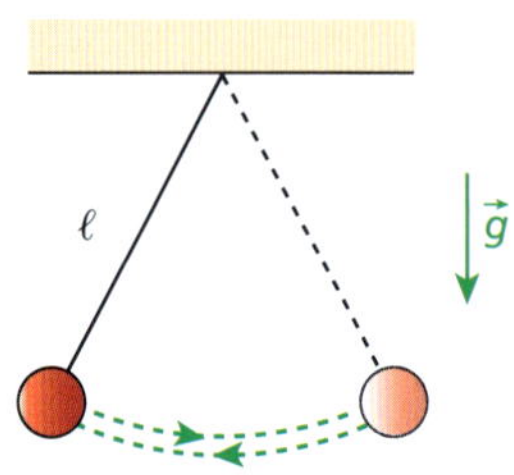

Banco de imagens/Arquivo da editora

$$f = \frac{1}{2\pi}\sqrt{\frac{g}{\ell}}$$

Exemplo 2:

Quando a massa *m* de um sistema massa-mola é excitada e, em seguida, abandonada, ela oscila numa frequência natural, também única, dada por:

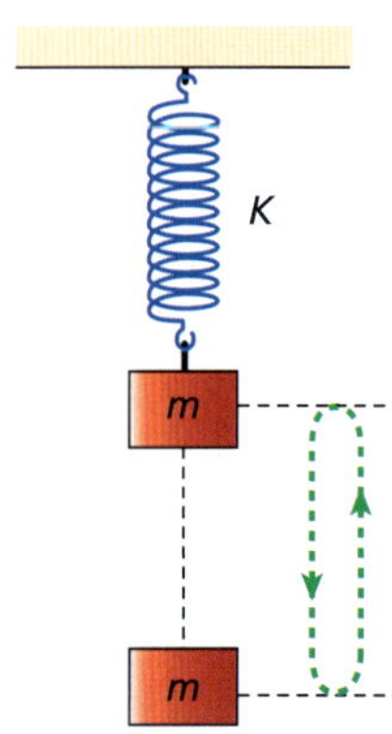

Banco de imagens/Arquivo da editora

$$f = \frac{1}{2\pi}\sqrt{\frac{K}{m}}$$

Exemplo 3:

Nos exemplos citados, cada sistema tinha sua frequência única, própria de vibração. Agora vamos considerar uma mola vibrante. Podemos observar em suas vibrações que ela tem várias frequências para oscilar. Na sequência vamos considerar uma mola presa em suas extremidades e apresentar dois desses modos de vibração.

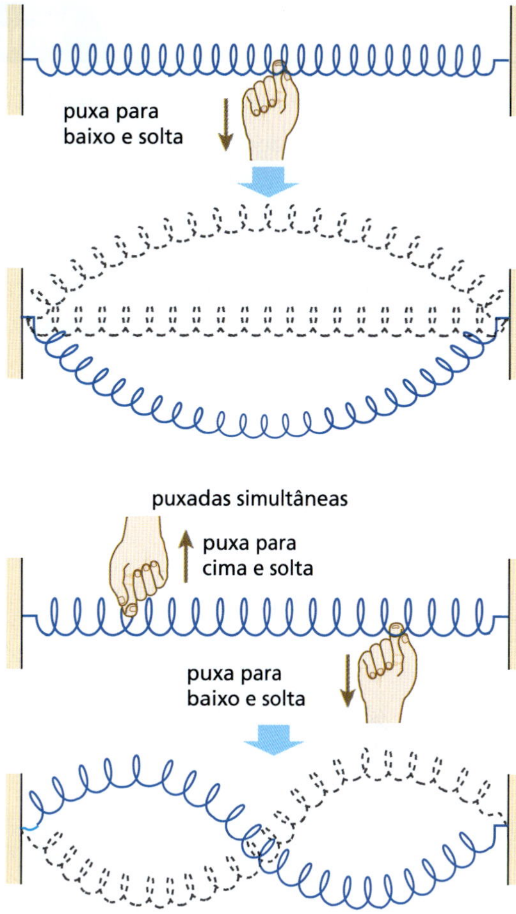

CJT/Zapt/Arquivo da editora

Além desses exemplos, podemos citar as cordas de um violão, a estrutura de um prédio e a de um estádio de futebol, que vibram quando os torcedores batem os pés, e o próprio corpo humano.

O fenômeno da ressonância ocorre quando um sistema físico recebe energia por meio de excitações de frequência igual a uma de suas frequências naturais de vibração. Com essa energia, o sistema físico passa a vibrar com amplitudes cada vez maiores.

Na ressonância, um sistema mecânico pode ter o limite de elasticidade ultrapassado, o que pode provocar seu rompimento. Isso foi o que provavelmente aconteceu na famosa ponte Tacoma Narrows (EUA), em 7 de novembro de 1940, apenas quatro meses após sua inauguração. O vento pode ter causado a vibração da ponte, com amplitudes cada vez maiores, até que ela se rompeu. Há uma teoria de que o vento iniciou a oscilação, mas foram os cabos de sustentação – que ficaram tensos quando a ponte descia e frouxos quando subia – que amplificaram as vibrações até ocorrer o colapso final.

SPL/Latinstock

A fotografia mostra o instante em que a ponte pênsil Tacoma Narrows caía, provavelmente devido ao fenômeno da ressonância. Acredita-se que o responsável por esse desastre tenha sido o vento, que excitava a ponte fornecendo energia para a vibração de sua estrutura.

Podemos dizer, a respeito da ressonância, que:

A **ressonância** é o fenômeno que corresponde a um sistema físico receber energia de um agente por meio de vibrações, cuja frequência coincide com uma das frequências naturais de vibração desse sistema.

Ampliando o olhar

Tacoma – Inspiração para novas tecnologias

A projeção do vídeo feito por um amador, em 1940, intitulado Tacoma Narrows Bridge, que mostra a famosa ponte pênsil que caiu devido às oscilações provocadas pelos ventos que incidiam sobre ela, inspirou o engenheiro David Suriol a desenvolver uma nova tecnologia para a obtenção de energia elétrica.

Ele associou o efeito do vento na ponte aos modernos geradores eólicos com suas grandes pás que giram produzindo energia elétrica e substituiu essas pás por um "canudo gigante" feito de fibra de vidro e carbono, bastante leve.

Gerson Gerloff/Pulsar Imagens

Parque Eólico de Água Doce. Água Doce (SC). Fevereiro de 2014.

tsyklon/Shutterstock

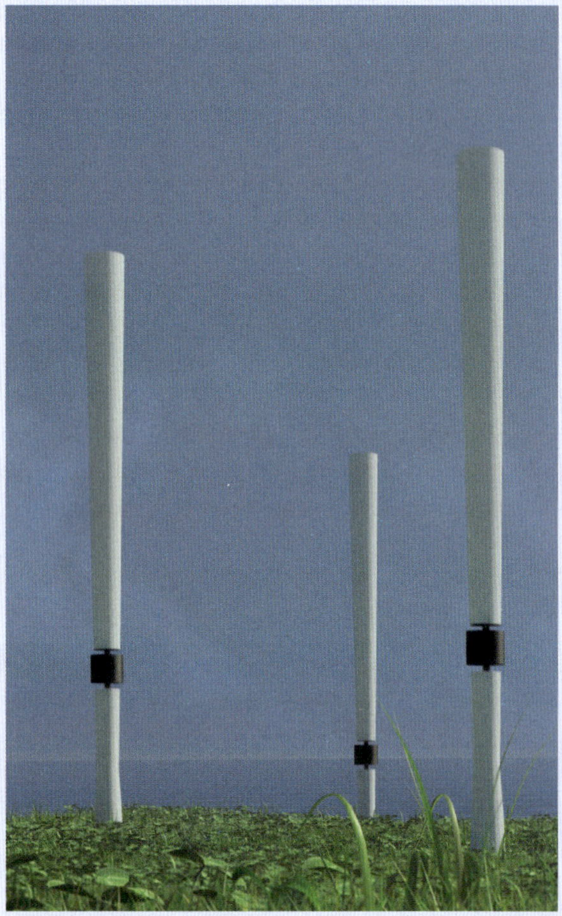

Imagem idealizada de parque eólico formado por aerogeradores sem pás.

A vorticidade dos ventos, efeito aerodinâmico que produz vórtices giratórios, faz esse canudo de aproximadamente 12 metros de comprimento oscilar. Em sua base, dois ímãs se encarregam de forçá-lo a voltar à posição inicial, isto é, ele oscila para um lado e os ímãs se encarregam de puxá-lo para o sentido oposto.

Assim, o canudo ficará oscilando, bastando para isso uma leve brisa. Um alternador transforma essa energia cinética de oscilação em energia elétrica. A versão testada é capaz de produzir 70% da energia elétrica obtida por geradores eólicos tradicionais (com hélices), com a seguinte vantagem: é possível instalar dois desses "canudos gigantes" no espaço ocupado por um gerador com hélices. Além disso, seu custo é praticamente a metade de uma turbina tradicional, ele é mais silencioso e não mata pássaros.

16. Micro-ondas

Micro-ondas são ondas eletromagnéticas com frequências na faixa de 10^9 Hz a 10^{12} Hz. Como essas ondas se propagam na atmosfera de forma praticamente retilínea, são muito utilizadas nas telecomunicações, por exemplo, nas transmissões de sinais de televisão ou na troca de mensagens telefônicas, também via satélite, entre dois continentes.

Nos radares, largamente utilizados na aviação comercial e militar, também são usadas micro-ondas. Observe que a palavra **radar** é uma abreviação das palavras da expressão inglesa ***ra****dio* ***d****etection* ***a****nd* ***r****anging* (detecção e localização por rádio). O princípio básico do radar consiste no envio de um pulso e no recebimento, com identificação, do "eco" dessa radiação refletida no objeto.

Alamy/Fotoarena

Avião-radar em voo de reconhecimento.

Andrey Armyagov/Shutterstock

Satélite espacial orbitando a Terra. As micro-ondas utilizadas em telecomunicações são refletidas em satélites.

A aplicação das micro-ondas na cozinha foi descoberta por acaso. Em 1945, logo após o final da Segunda Guerra Mundial, em Cambridge (EUA), o engenheiro Percy Spencer, inspecionando a fabricação de magnétrons para radares na empresa Raytheon, notou que uma barra de chocolate que estava em seu bolso derreteu "espontaneamente" quando ele se aproximou de radares em funcionamento. Intrigado, colocou milho de pipoca próximo ao magnétron. Após alguns minutos, voltando ao local, observou no chão as pipocas estouradas. Mais tarde descobriu que uma das radiações emitidas pelo radar — ondas de 2,45 giga-hertz ($2{,}45 \cdot 10^9$ Hz) — provocava o aquecimento da água. Usando um magnétron de radar, construiu o primeiro forno de micro-ondas em 1947. Em razão do grande tamanho do magnétron, esse forno tinha quase 2 metros e massa de 340 kg. O primeiro modelo doméstico foi produzido em 1955 e custava US$ 1 300 (mil e trezentos dólares). Com o desenvolvimento tecnológico, o tamanho do magnétron diminuiu, propiciando, a partir de 1967, a fabricação de fornos mais compactos e práticos. Hoje, o forno de micro-ondas é encontrado na maioria das residências em todo o mundo, sendo usado por milhões de pessoas para o aquecimento ou a preparação de alimentos.

Os aquecimentos tradicionais envolvem sempre a propagação do calor por condução e/ou convecção. Nos fornos de micro-ondas o aquecimento inicial é feito pela absorção de ondas eletromagnéticas. As moléculas de água, açúcar e gordura (moléculas polares) existentes nesses materiais, absorvem energia das ondas e passam a vibrar mais intensamente. No movimento, as moléculas se atritam nas vizinhas, transformando a energia das ondas em energia térmica. O interior do alimento é aquecido ao mesmo tempo que a camada externa.

As moléculas de água, que são fortemente polares, tendem a se alinhar com o campo elétrico das ondas eletromagnéticas. Quando essas ondas têm frequência de 2,45 GHz, as moléculas de água entram em ressonância com elas, passando a vibrar intensamente, acompanhando as inversões periódicas do campo elétrico. Isso também ocorre com outras moléculas polares, como as de açúcares e de gorduras. A fricção entre as moléculas provoca o aquecimento do corpo. Como essas moléculas polares, principalmente as de água, estão presentes nos alimentos, com esse processo podemos obter o aquecimento generalizado deles.

Sergiy Kuzmin/Shutterstock

Um forno de micro-ondas pode aquecer corpos que contenham água, açúcares e gordura.

A frequência das ondas emitidas pelo magnétron não é igual à natural de vibração das moléculas de água, açúcares e gorduras. Senão, toda a energia das micro-ondas seria absorvida pela camada externa dos alimentos, queimando a "casca" externa e deixando crua a parte interna. Ondas de frequências mais próximas a 2,45 GHz são as mais eficientes. Frequências menores penetram mais com menos energia e frequências maiores penetram menos com mais energia. Daí a utilização dessas ondas nos fornos de micro-ondas.

JÁ PENSOU NISTO?

Como evitar ladrões de Wi-Fi?

No interior de nossas casas podem ser detectadas muitas ondas eletromagnéticas, algumas úteis e outras nem tanto. Das úteis, podemos citar as ondas de rádio e TV, de telefonia celular e as ondas do Wi-Fi, utilizadas em redes *wireless* (sem fio) para a conexão de computadores e *smartphones* (telefones inteligentes) à internet. O principal fator de diferenciação entre as ondas eletromagnéticas é a frequência de cada uma. As radiações luminosas, por exemplo, têm frequências compreendidas na faixa de $4,5 \cdot 10^{14}$ Hz (vermelho) a $7,5 \cdot 10^{14}$ Hz (violeta), aproximadamente.

Como evitar que nossas informações e dados sejam "roubados" por ladrões de Wi-Fi? Pesquisadores franceses do Institut Polytechnique de Grenoble, em conjunto com o Centre Technique de Papier, desenvolveram um tipo de papel de parede capaz de bloquear as ondas eletromagnéticas com frequências próximas de 2,4 GHz e 5,0 GHz, que correspondem às frequências utilizadas na conexão sem fio em todo o mundo. No Brasil, trabalha-se com ondas de 2,4 GHz.

O bloqueio dessas ondas ocorre devido a microscópicos cristais de prata ordenados de maneira específica – de modo semelhante a cristais de neve – presos em duas camadas de *kapton* (tecido plástico resistente utilizado em circuitos elétricos flexíveis e também como cobertura externa das roupas dos astronautas estadunidenses). Os cristais de prata são interligados por uma tinta condutora, formando uma espécie de grade com orifícios muito pequenos, o que impede a passagem das ondas eletromagnéticas com comprimento de onda da ordem do Wi-Fi. As ondas são refletidas de forma análoga ao que ocorre com a grade da janela de vidro existente na porta frontal dos fornos de micro-ondas. Esse revestimento, depois de aplicado às paredes e ao teto de um ambiente, confina os sinais Wi-Fi, não permitindo que "vizinhos indesejáveis" tenham acesso às informações da rede local. As demais ondas, como as da telefonia celular, rádio e TV, entre outras, podem passar através dele sem alterações.

Uma empresa finlandesa promete colocar em breve esse produto no mercado mundial.

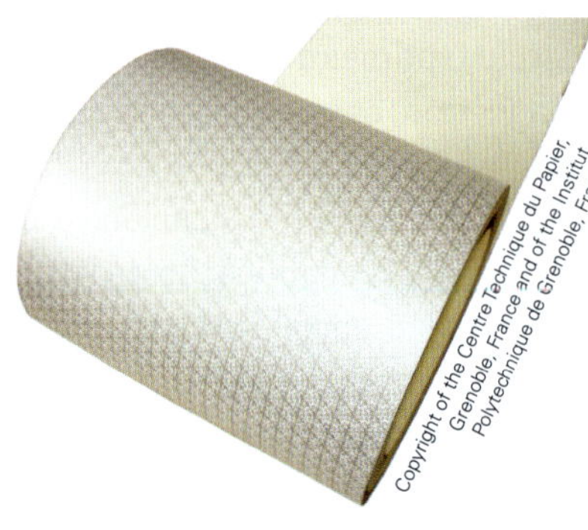
Copyright of the Centre Technique du Papier, Grenoble, France and of the Institut Polytechnique de Grenoble, France

Revestimento de superfícies, como pisos e tetos, que bloqueia as ondas Wi-Fi, de frequências 2,4 GHz e 5,0 GHz.

79. No esquema a seguir, observamos duas ondas de mesmo comprimento de onda e mesma amplitude, que se propagam numa mesma corda homogênea em sentidos opostos:

E.R.

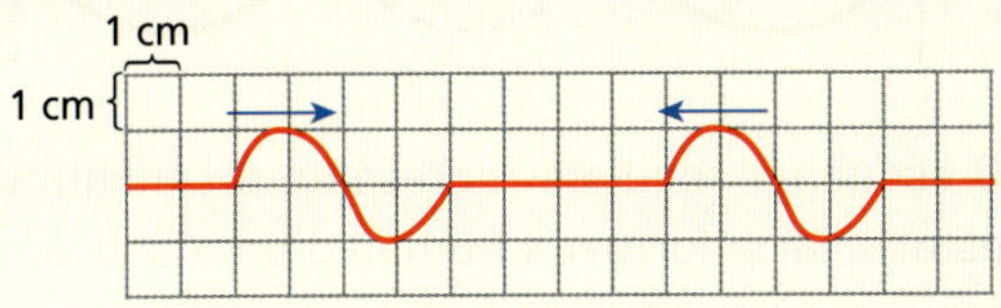

Banco de imagens/Arquivo da editora

Sabendo que a situação indicada ocorreu no instante t = 0 e que a velocidade das ondas é igual a 1 cm/s, determine o perfil da corda nos instantes:

a) $t_1 = 2$ s;
b) $t_2 = 3$ s;
c) $t_3 = 4$ s;
d) $t_4 = 7$ s.

Resolução:

a) Até o instante $t_1 = 2$ s, as ondas deslocam-se 2 cm cada uma, no sentido de suas propagações:

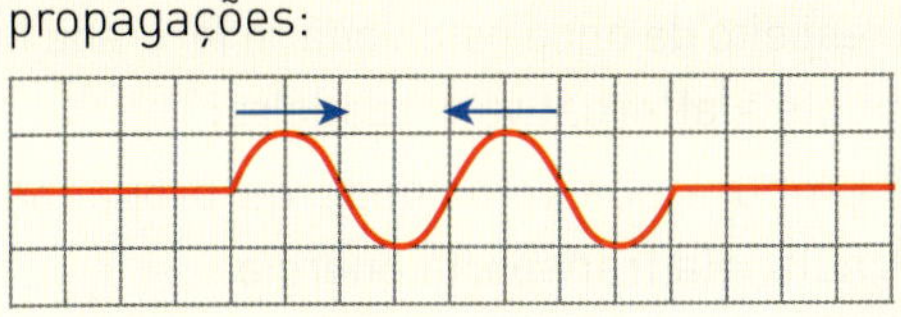

Banco de imagens/Arquivo da editora

b) Do instante $t_1 = 2$ s até o $t_2 = 3$ s, as ondas avançam mais 1 cm cada uma. Então, temos a seguinte configuração:

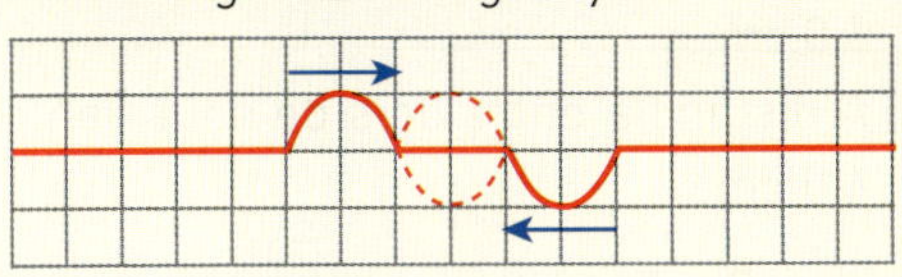

Banco de imagens/Arquivo da editora

Note que na parte central da corda houve uma interferência destrutiva.

c) No instante $t_3 = 4$ s, as ondas se superpõem em concordância de fase, ocorrendo uma interferência construtiva:

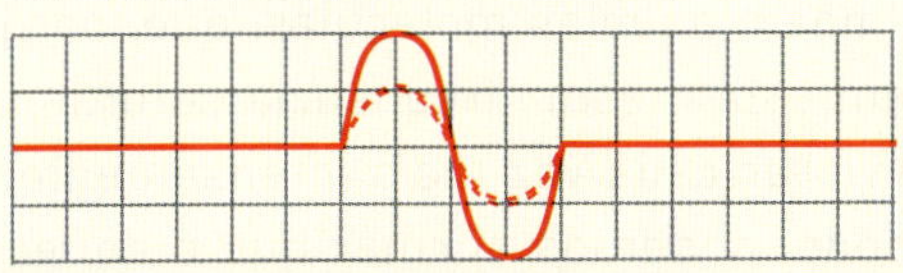

Banco de imagens/Arquivo da editora

d) De $t_3 = 4$ s até $t_4 = 7$ s, as ondas percorrem mais 3 cm. Temos, então, o seguinte perfil na corda:

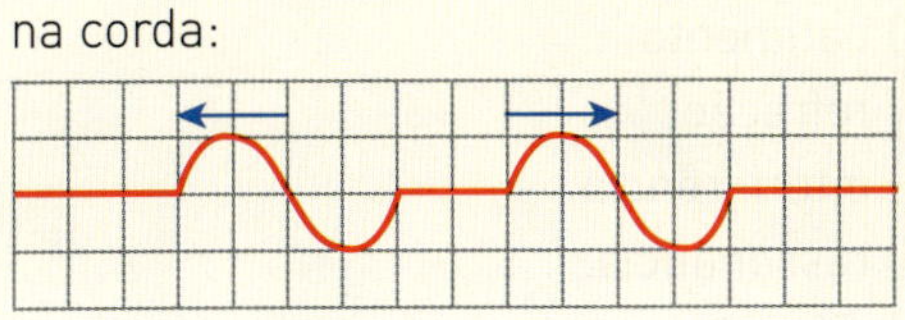

Banco de imagens/Arquivo da editora

80. A figura abaixo mostra, em um certo instante, duas ondas que se propagam numa corda longa, com o mesmo período T = 4 s:

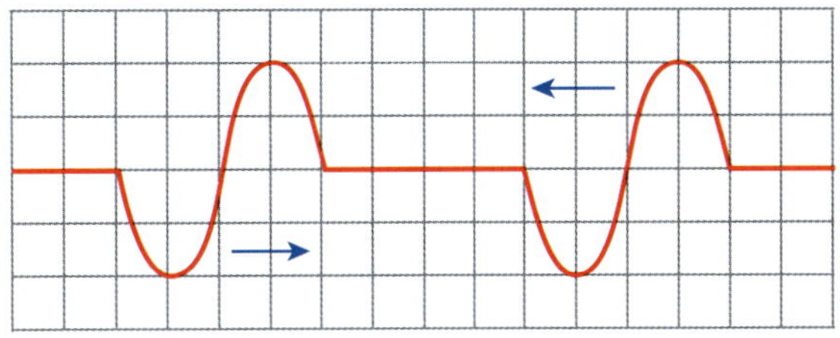

Banco de imagens/Arquivo da editora

Qual será a forma da onda resultante três segundos após o instante mostrado acima?

81. Em uma mesma corda são produzidos dois pulsos, que se propagam em sentidos opostos (figura **A**). No instante em que esses pulsos estiverem totalmente superpostos (figura **B**), qual será a forma da corda?

figura A figura B

Banco de imagens/Arquivo da editora

82. Dois pulsos, **X** e **Y**, propagam-se ao longo de um fio homogêneo, como indicado na figura a seguir:

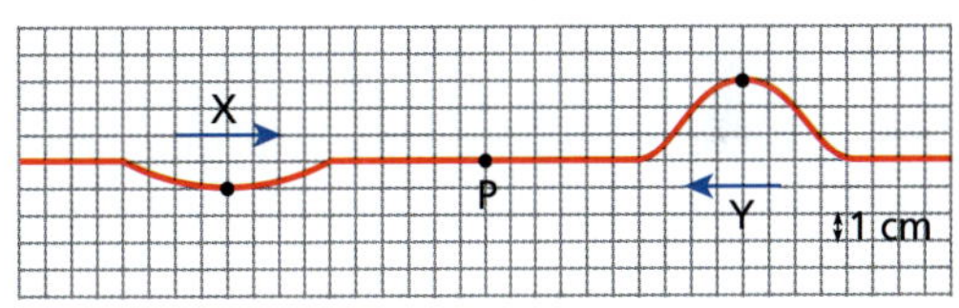

Banco de imagens/Arquivo da editora

Quando os pulsos estiverem exatamente superpostos, qual será a amplitude do pulso resultante no ponto **P**?

83. (Famerp-SP) Dois pulsos transversais, 1 e 2, propagam-se por uma mesma corda elástica, em sentidos opostos, com velocidades escalares constantes e iguais, de módulo 60 cm/s. No instante t = 0, a corda apresenta-se com a configuração representada na figura 1.

FIGURA 1

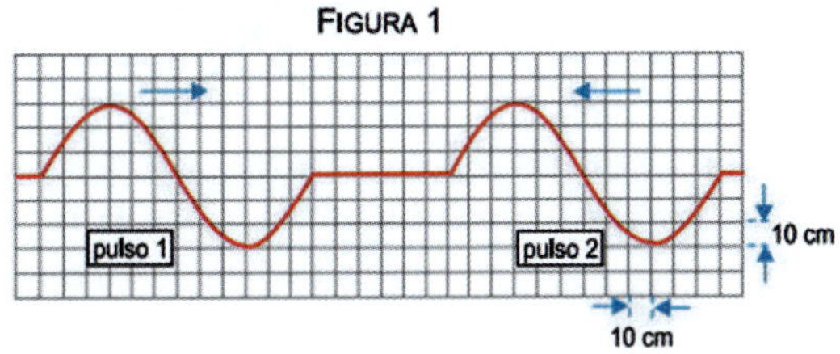

Reprodução/Famerp, 2017

Após a superposição desses dois pulsos, a corda se apresentará com a configuração representada na figura 2.

FIGURA 2

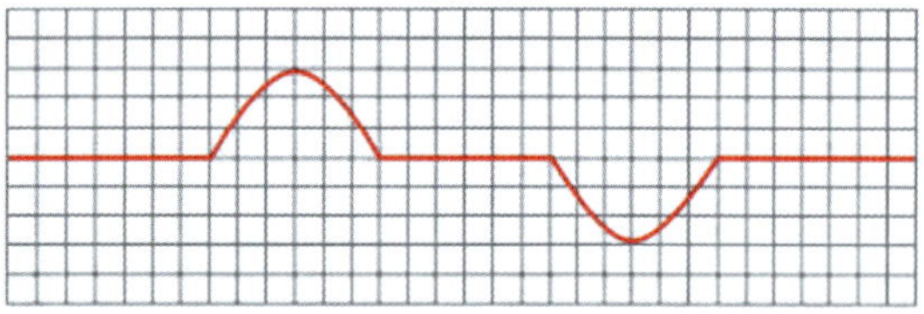

Considerando a superposição apenas desses dois pulsos, a configuração da corda será a representada na figura 2, pela **primeira vez**, no instante

a) 1,0 s.
b) 1,5 s.
c) 2,0 s.
d) 2,5 s.
e) 3,0 s.

84. Um afinador de pianos, ao realizar seu trabalho, vale-se de diapasões que emitem sons de frequências-padrão. Para afinar certa nota, após acioná-la, ele percute o diapasão correspondente e ouve os dois sons. A afinação da nota será considerada finda quando o afinador não observar entre os sons do piano e do diapasão:

a) interferência.
b) polarização.
c) batimentos.
d) ressonância.
e) reflexão.

85. Em uma corda vibrante, é possível observar ondas estacionárias. Elas se formam devido aos fenômenos de:

a) reflexão e refração.
b) dispersão e reflexão.
c) refração e polarização.
d) reflexão e interferência.
e) interferência e polarização.

86. Uma onda estacionária é estabelecida numa corda, de modo a formar três ventres e quatro nós, como está esquematizado na figura:

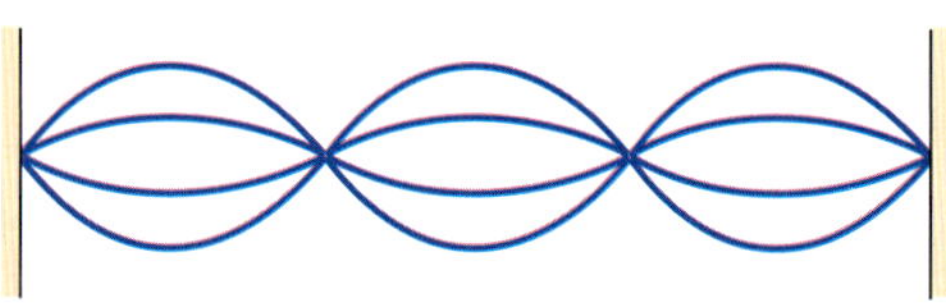

Sabendo que a distância entre os nós extremos é de 1,5 m e a velocidade da onda é de 10 m/s, determine a frequência dessa onda.

87. Uma corda de comprimento $\ell = 2{,}4$ m vibra com frequência de 300 Hz no estado estacionário representado na figura. Qual a velocidade de propagação da onda na corda?

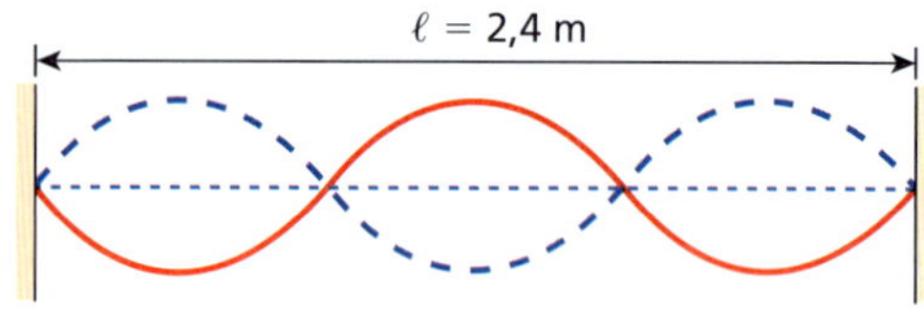

88. O esquema seguinte representa a configuração estacionária formada numa corda elástica, que tem uma extremidade fixa e outra vibrante:

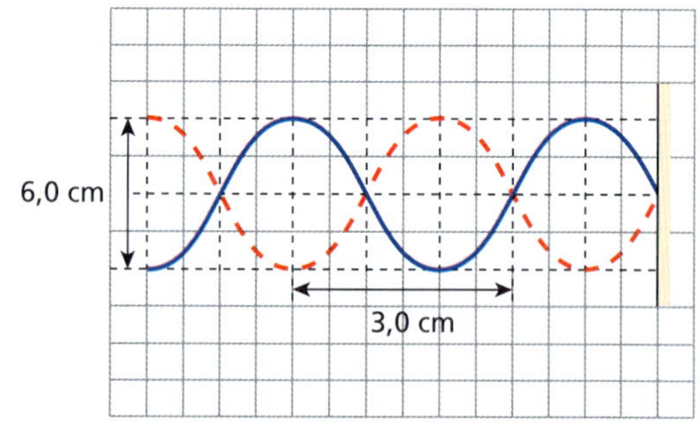

A respeito da onda estacionária formada na corda, aponte a alternativa verdadeira:

a) Embora sua velocidade de propagação seja nula, ela transporta energia.
b) Sua amplitude vale 6,0 cm.
c) Seu comprimento de onda vale 3,0 cm.
d) A distância entre dois de seus nós pode ser de 6,0 cm.
e) A distância entre dois de seus ventres é de 4,0 cm.

89. (Aman-RJ) Em um forno de micro-ondas, o processo de aquecimento é feito por ondas eletromagnéticas que atingem o alimento ali colocado, incidindo assim nas moléculas de água nele presentes. Tais ondas, de frequência 2,45 GHz, atingem aquelas moléculas, que, por possuírem esta mesma frequência natural, passam a vibrar cada vez mais intensamente. Desse modo, podemos afirmar que o aquecimento descrito é decorrente do seguinte fenômeno ondulatório:

a) batimento.
b) refração.
c) interferência.
d) ressonância.
e) difração.

90. (SBF) Dois pulsos de onda propagam-se sem dispersão ao longo de uma linha reta, aproximando-se um do outro. O módulo da velocidade de propagação dos pulsos é *v*. No instante $t_0 = 0$ a forma da onda é mostrada na figura abaixo. Nesse instante ainda não há superposição entre os dois pulsos e a distância entre os mínimos que os lideram é *D*.

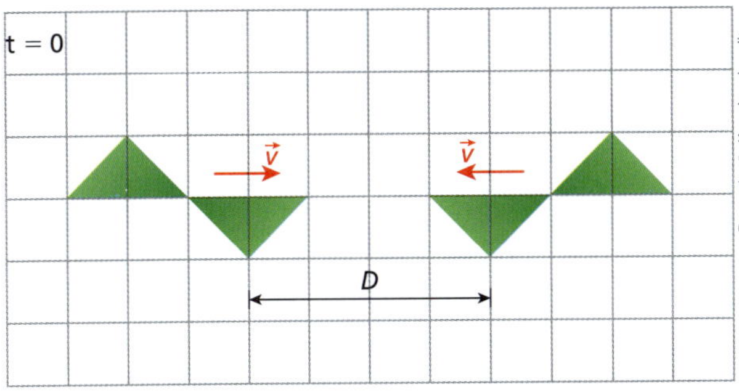

Reprodução/Arquivo da editora

No instante $t = \frac{D}{2 \cdot v}$ a forma da onda é dada por

a) 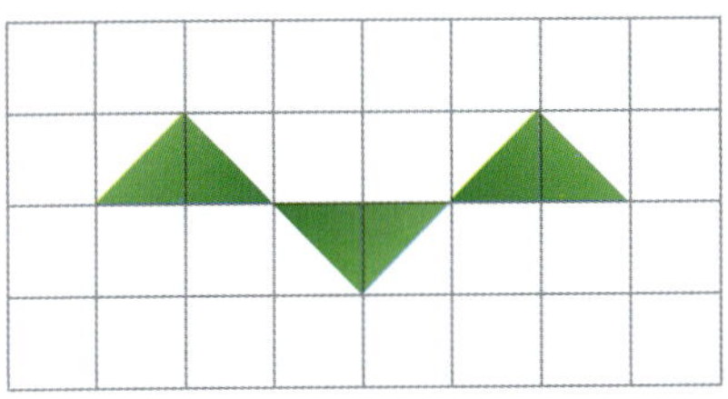

b) 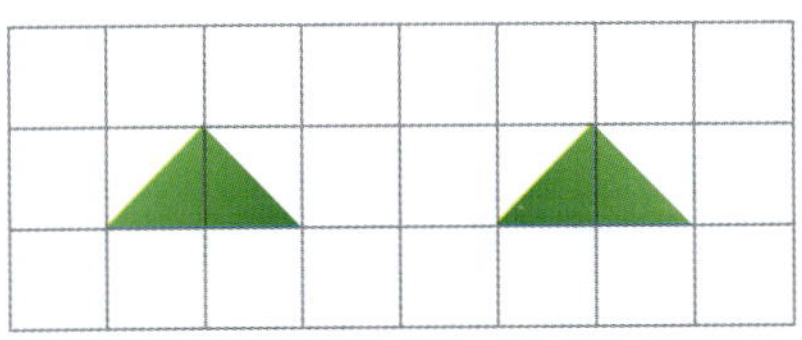

c) 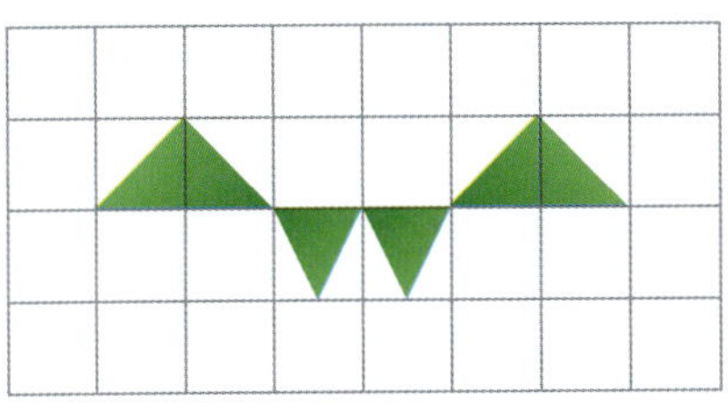

d) 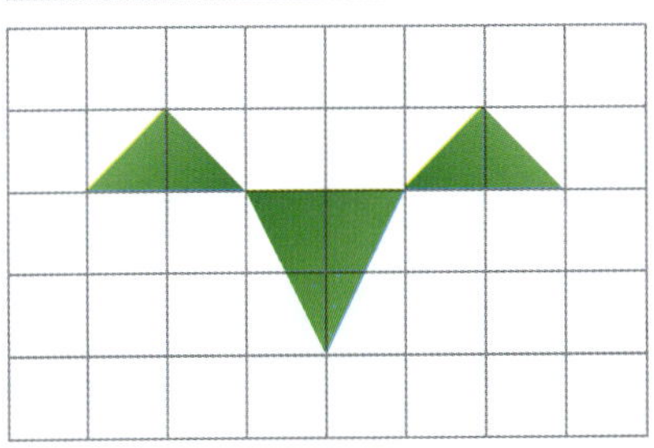

Ilustrações: Reprodução/Arquivo da editora

91. Durante uma aula de ondulatória, o professor de Física levou a classe para o pátio da escola. Utilizando uma corda e uma mola, mostrou aos alunos ondas que se propagavam ao longo desses dispositivos. Em um dos experimentos, o mestre fixou uma das extremidades da corda em um anel que foi encaixado, com folga, em um pequeno poste fixo ao chão e, com movimentos verticais, produziu na outra três pulsos transversais que se propagaram para a direita. Veja a situação representada na figura a seguir.

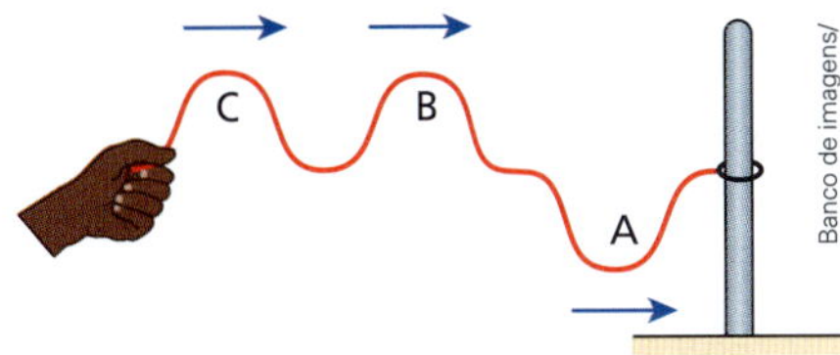

Banco de imagens/Arquivo da editora

A partir do instante visualizado, até que ocorra a reflexão total do último pulso, ocorrerão, sequencialmente:

a) duas interferências construtivas.
b) duas interferências construtivas e uma destrutiva.
c) uma interferência destrutiva, uma construtiva e outra destrutiva.
d) duas interferências destrutivas.
e) duas interferências destrutivas e uma construtiva.

92. Duas ondas harmônicas, de mesma frequência e igual comprimento de onda, propagam-se em duas cordas idênticas. Os esquemas representam o perfil de um mesmo trecho das cordas nos instantes $t_0 = 0$ e $t_1 = \frac{T}{4}$, em que *T* é o período das ondas:

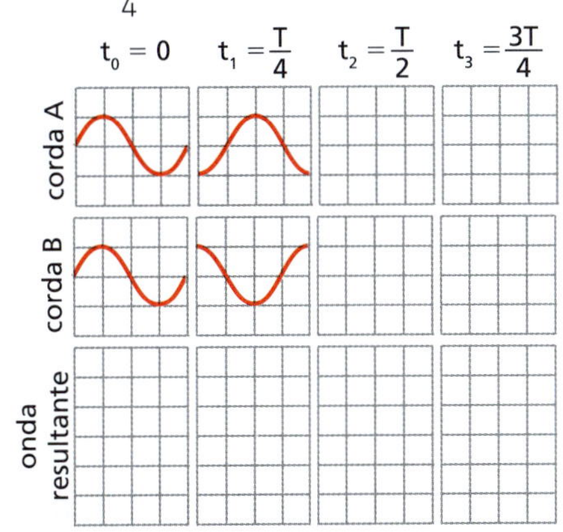

Banco de imagens/Arquivo da editora

Determine:

a) o sentido de propagação das ondas, em cada corda;
b) o perfil das cordas nos instantes $t_2 = \frac{T}{2}$ e $t_3 = \frac{3T}{4}$;

c) o perfil de uma única corda, nos instantes considerados, supondo que as ondas se superpõem, ocorrendo interferência entre elas.

93. Dois pulsos idênticos se propagam numa mola perfeitamente elástica com velocidade v e são refletidos no ponto fixo **P**. O esquema representa a posição dos pulsos no instante t = 0:

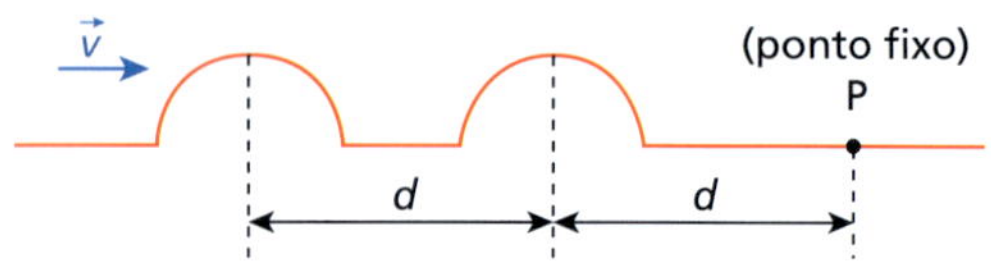

Banco de imagens/Arquivo da editora

Obs.: *d* é medido em metros.

Para que as deformações se anulem totalmente, por interferência, no instante t = 1 s, qual deve ser o valor da velocidade de propagação, em metros por segundo?

94. (UPE) Um recipiente com dimensões 15 cm de comprimento por 5 cm de largura e 20 cm de altura é colocado sobre um agitador horizontal. Esse equipamento gera vibrações ao longo de uma direção específica, fazendo oscilar um líquido contido no recipiente. Quando a frequência do equipamento é ajustada em f = 60 Hz, uma onda estacionária é criada no 3º modo.

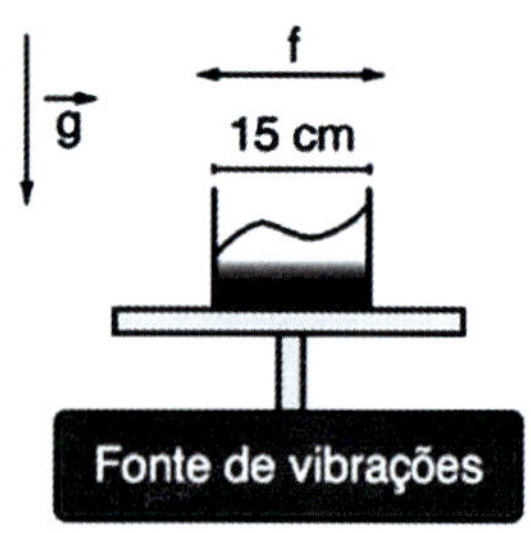

Reprodução/UPE, 2015

Supondo-se que o líquido seja ideal e desprezando-se quaisquer efeitos do atrito, qual a velocidade da onda na superfície do líquido?

a) 1,5 m/s.
b) 3,0 m/s.
c) 6,0 m/s.
d) 9,0 m/s.
e) 13,5 m/s.

95. Dois alto-falantes **A** e **B** colocados próximos um do outro, conforme representa a figura abaixo, estão ligados em sistemas de amplificação diferentes e emitem sons simples de intensidades iguais, com frequências respectivamente iguais a 1 490 Hz e 1 486 Hz.

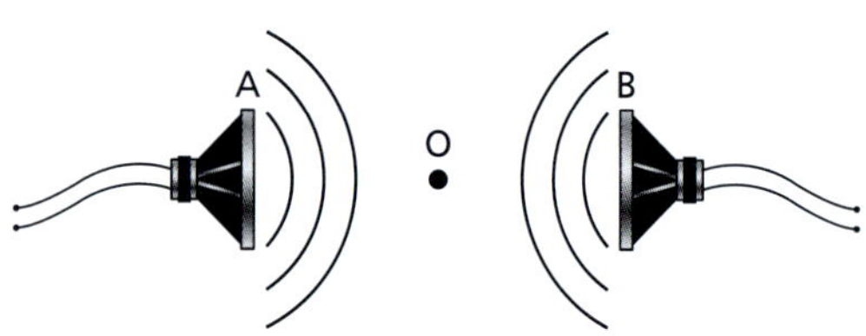

Banco de imagens/Arquivo da editora

Um observador situado no ponto **O**, mais próximo de **A**:

a) ouvirá apenas o som do alto-falante **A**.
b) ouvirá apenas o som do alto-falante **B**.
c) não ouvirá som algum.
d) ouvirá um som de frequência e intensidade constantes.
e) ouvirá um som de frequência igual a 1 488 Hz e de intensidade variável, que passa por máximos quatro vezes por segundo.

96. (UEL-PR) Há algum tempo um repórter de televisão noticiou uma marcha em algum lugar do Brasil. Em dado momento, citou que os seus integrantes pararam de marchar quando estavam passando sobre uma ponte, com medo de que pudesse cair. Na ocasião, o repórter atribuiu tal receio a "crendices populares". Com base nos conceitos da Física, é correto afirmar que os integrantes da marcha agiram corretamente, pois a ponte poderia cair devido ao fenômeno da(o):

a) reverberação.
b) interferência.
c) ressonância.
d) batimento.
e) efeito Doppler.

97. (Cefet-MG) Uma corda com comprimento livre *L* possui uma de suas extremidades presa à haste de um vibrador e a outra, passando por uma roldana, sustentando um peso *P*. A velocidade de propagação das ondas na corda é expressa por $v = \sqrt{\frac{P}{\mu}}$ em que μ representa a massa específica linear da corda $\left(\frac{m}{L}\right)$ Os valores de *P*, *L* e *m* encontram-se na tabela.

P	1 N
L	1 m
m	0,04 kg

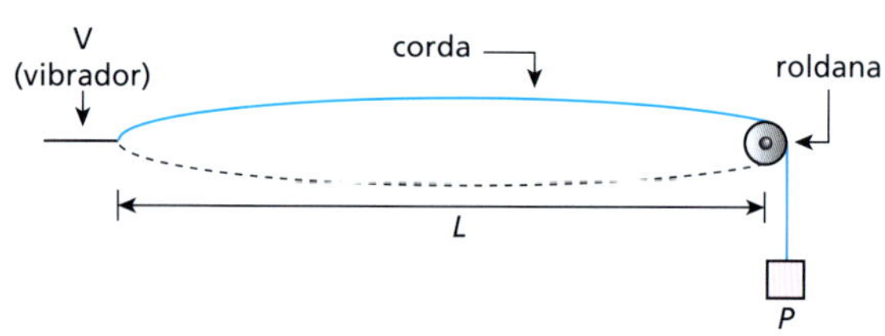

Banco de imagens/Arquivo da editora

Considerando que a corda é posta para vibrar, adquirindo o formato mostrado, é correto afirmar que o valor da frequência *f* de vibração, em oscilações/segundo, é igual a:

a) 1,5.
b) 2,5.
c) 4,5.
d) 5,0.
e) 7,0.

Bloco 5

17. Interferência de ondas que se propagam em um plano (bidimensionais) e no espaço (tridimensionais)

Para o estudo da interferência de ondas que se propagam em um plano (ondas bidimensionais) podemos utilizar duas pequenas esferas que tocam a superfície da água no mesmo instante, produzindo ondas idênticas e em concordância de fase.

Após alguns instantes do início das perturbações, a superfície da água apresenta a configuração da ilustração dada a seguir.

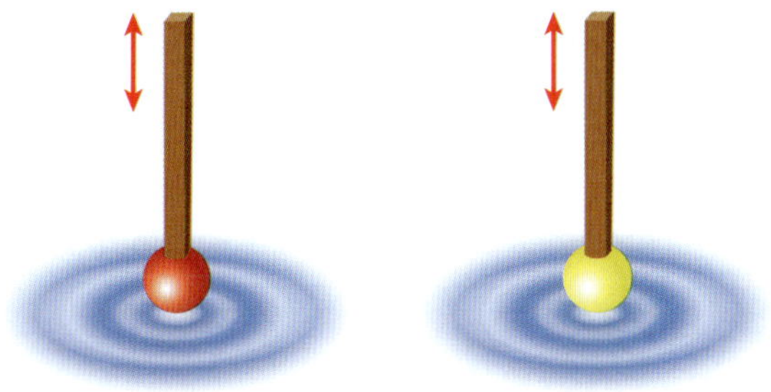

ER Degginger/Science Source/Latinstock

A foto ilustra a interferência de duas ondas planas circulares na superfície da água.

Fazendo um desenho, onde representamos as ondas, dando destaque para os pontos onde ocorrem as **interferências construtivas** (**IC**) e as **interferências destrutivas** (**ID**), vamos obter:

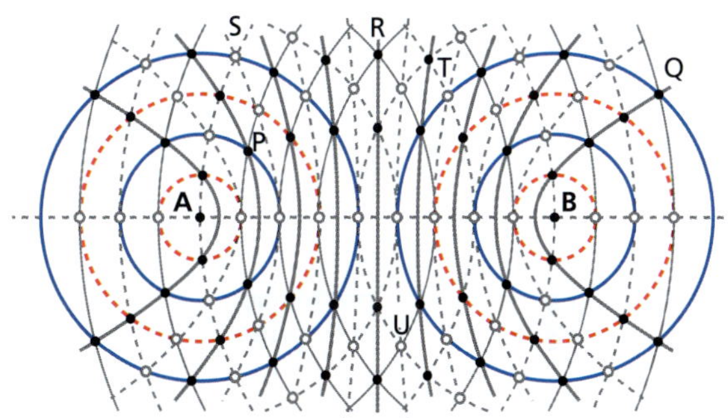

Banco de imagens/Arquivo da editora

Representação de duas ondas planas e circulares se propagando pela superfície da água apresentando interferências construtivas (pequenos círculos cheios) e destrutivas (pequenos círculos vazios).

Em uma primeira análise podemos enxergar circunferências concêntricas em **A** e **B**. No instante considerado, as circunferências em azul indicam as cristas de onda e as vermelhas, os vales de ondas. Nos pontos onde as ondas se superpõem podemos encontrar duas situações:

1ª situação:

Nos pontos onde ocorre a superposição de duas cristas ou de dois vales, a amplitude da perturbação resultante é igual à soma das amplitudes individuais dessas ondas. Nesses pontos, está ocorrendo uma **interferência construtiva**.

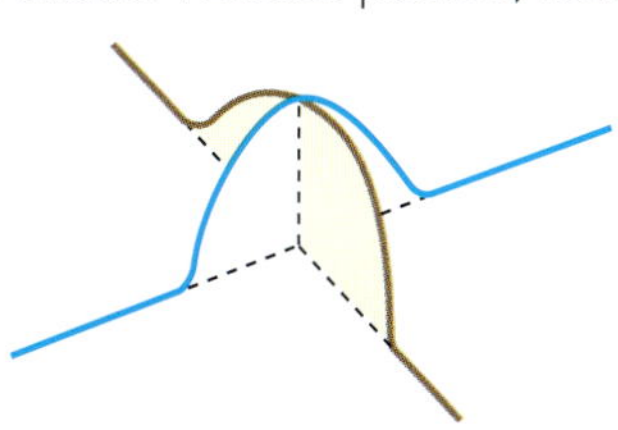

No local da superposição de duas cristas, ocorre uma interferência construtiva.

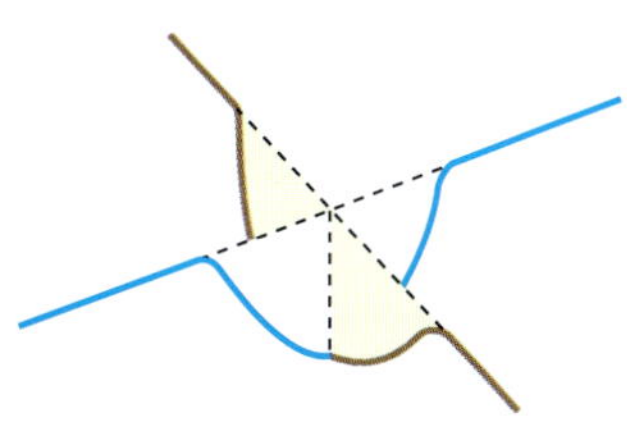

Banco de imagens/Arquivo da editora

A interferência construtiva também ocorre nos pontos de superposição de dois vales.

Os pequenos círculos cheios estão representando os pontos de interferência construtiva (IC) no desenho acima.

2ª situação:

Nos pontos onde uma crista e um vale se superpõem, ocorre **interferência destrutiva (ID)**.

Os pequenos círculos vazios representam os pontos de interferência destrutiva (ID).

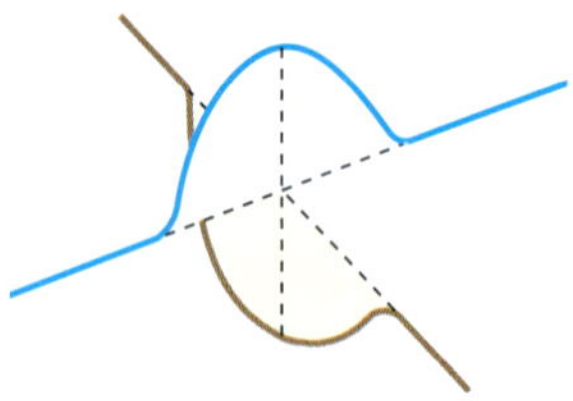

Banco de imagens/Arquivo da editora

No local de superposição de uma crista e um vale, ocorre interferência destrutiva. Se as amplitudes são iguais, o nível da água normaliza-se, tornando-se igual ao nível de equilíbrio.

Em uma análise mais detalhada, podemos observar na figura inicial que os **círculos cheios**, locais de **interferências construtivas**, e os **círculos vazios**, locais de **interferências destrutivas**, estão sobre hipérboles cujos focos coincidem com as fontes geradoras de ondas **A** e **B**. As hipérboles são denominadas **linhas ventrais (IC)** e **linhas nodais (ID)**. Essas linhas aparecem intercaladas na figura.

É importante lembrar que todos os pontos de uma mesma hipérbole têm como propriedade fundamental o fato de que a diferença de distâncias desses pontos aos focos **A** e **B** apresenta sempre o mesmo valor. Assim, se um ponto de uma das hipérboles dista d_A do foco **A** e d_B do foco **B**, então $d_A - d_B = K$, onde *K* é constante para todos os pontos da mesma hipérbole.

No segmento **AB**, que liga as duas fontes de ondas **A** e **B**, pode-se notar a formação de ondas estacionárias. No restante da configuração encontramos ondas progressivas de amplitude máxima nas linhas ventrais e mínima nas linhas nodais.

Condição de interferência construtiva

Na figura inicial podemos constatar que cada ponto ventral (IC) dista d_A da fonte **A** e d_B da fonte **B**. A diferença $\Delta d = d_B - d_A$ é sempre igual a um múltiplo par de meio comprimento de onda $\left(\frac{\lambda}{2}\right)$, isso se as fontes estiverem em **concordância de fase**. Esse múltiplo será ímpar se as fontes estiverem em **oposição de fase**. Lembrando que a concordância de fase ocorre quando uma fonte emite uma crista a outra também emite outra crista. A oposição de fase ocorre quando uma fonte emite uma crista, e a outra emite um vale.

Banco de imagens/Arquivo da editora

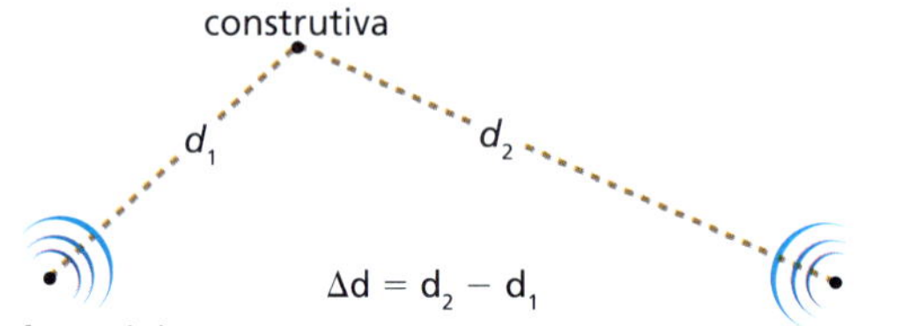

$$\Delta d = N\frac{\lambda}{2} \quad \text{em que } N = 0, 2, 4, 6, \ldots$$

Caso as fontes estejam em **oposição de fase**, situação em que uma fonte gera um vale enquanto a outra gera uma crista, a condição muda para *N* igual a um número ímpar de meios comprimentos de onda:

$$\Delta d = N\frac{\lambda}{2} \quad \text{em que } N = 1, 3, 5, 7, \ldots$$

Condição de interferência destrutiva

Na figura inicial, podemos constatar que para um ponto nodal (ID), a diferença de distâncias Δd é sempre igual a um múltiplo ímpar de meios comprimentos de onda $\left(\frac{\lambda}{2}\right)$, isso se as fontes estiverem em **concordância de fase**. Esse múltiplo será par se as fontes estiverem em **oposição de fase**.

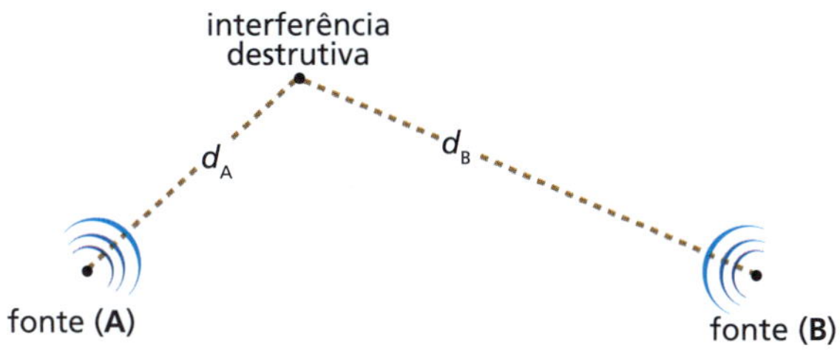

$$\Delta d = N\frac{\lambda}{2}$$ em que N = 1, 3, 5, 7, ...

NOTA!

O que acabamos de ver para ondas que se propagam em um plano (ondas bidimensionais) também é válido para ondas que se propagam pelo espaço (ondas tridimensionais), como as ondas sonoras e as ondas luminosas.

Caso as fontes estejam em **oposição de fase**, a condição muda para *N* nulo ou igual a um número par de meios comprimentos de onda:

$$\Delta d = N\frac{\lambda}{2}$$ em que N = 0, 2, 4, 6, ...

Ampliando o olhar

Barulho + barulho = silêncio

O título pode parecer estranho para uma pessoa que nunca tenha estudado o fenômeno da interferência. No entanto, sabemos que duas ondas podem interferir destrutivamente, proporcionando o anulamento de seus efeitos.

Na cabine de um avião, por exemplo, é possível que haja um som de fundo, devido aos motores. Os tripulantes, ficando expostos a esses sons durante uma longa viagem, podem se sentir incomodados. Para resolver esse problema, um computador instalado na cabine recebe o som de fundo, por meio de um microfone, e o analisa. Em seguida emite, por meio de alto-falantes, uma onda sonora idêntica à recebida, com exceção da fase, que será invertida. A superposição dessas duas ondas idênticas, porém em oposição de fase, proporciona a sensação de silêncio no interior da cabine.

No interior da cabine de um avião, os sons indesejáveis podem ser "anulados" por meio da interferência destrutiva.

Outra situação em que a interferência destrutiva atua é o bloqueio de celulares. Nos jornais sempre há manchetes dizendo que o governo pretende blindar os presídios, não deixando os presos utilizarem celulares. Esse bloqueio é feito por meio de emissões de ondas eletromagnéticas nas mesmas frequências das emitidas pelas operadoras, porém em oposição de fase. A finalidade é provocar uma interferência destrutiva, evitando que os celulares existentes no interior dos presídios possam receber ligações. Outra maneira de evitar que ligações sejam recebidas é emitir ondas nas mesmas frequências das operadoras, porém com intensidades bem maiores. O aparelho receptor (o celular) irá decodificar as ondas de maior energia. Assim, a pessoa que está usando o celular apenas escutará um zumbido. Isso também ocorre quando, ao viajar por uma estrada com o rádio ligado, passamos por uma região que tem uma emissora de rádio que transmite na mesma frequência daquela em que estamos sintonizados. Notamos que esta interfere na recepção da primeira e o aparelho, ao receber as duas ondas, dará preferência para a onda de maior intensidade.

Os celulares podem ser bloqueados por meio da emissão de ondas eletromagnéticas que interferem destrutivamente com as ondas recebidas das operadoras.

18. Princípio de Huygens

No século XVII, em Haia na Holanda, nasceu Christiaan Huygens (1629-1695). Estudioso da Matemática e da Física, em 1678 ele apresentou aos integrantes da Academia Real de Ciências da França seu *Tratado da luz*, em que estabelecia que a luz era uma onda e não uma partícula, como queria Isaac Newton. Nessa obra que só foi publicada em 1690, Huygens defendia o modelo ondulatório na propagação da luz. Explicou de forma convincente a reflexão, a refração e a difração. Um método de construção gráfica da propagação de ondas foi criado por ele e recebeu a denominação de **Princípio de Huygens**. Segundo esse princípio:

> Cada ponto de uma frente de onda comporta-se como uma nova fonte de ondas elementares, que se propagam para além da região já atingida pela onda original e com a mesma frequência que ela.

SPL/Latinstock

Christiaan Huygens, físico e astrônomo holandês. Em 1690, publicou a obra *Tratado da luz*, em que formula a teoria ondulatória para a luz. Suas ideias contrariavam a teoria corpuscular, aceita pela comunidade científica da época e defendida por Isaac Newton.

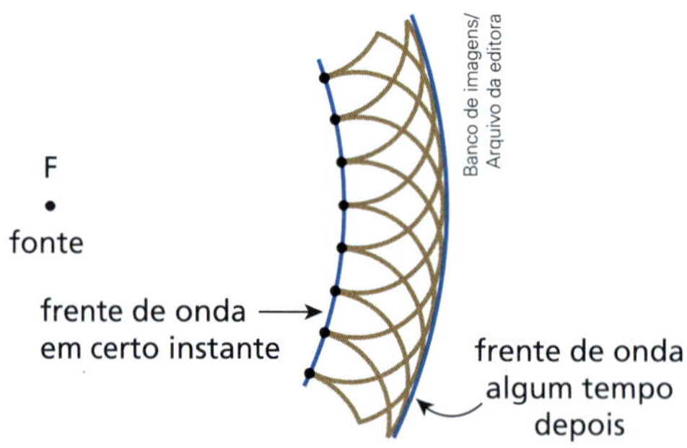

Banco de imagens/Arquivo da editora

Na sua propagação, cada ponto de uma frente de onda é uma nova fonte de ondas elementares que se propagam acompanhando a onda original. Essas ondas elementares têm a mesma frequência das ondas originais.

Podemos observar na figura que, em um determinado instante, cada ponto da frente de onda comporta-se como uma nova fonte de ondas elementares de Huygens. Esses pontos estão representados por círculos cheios. Podemos ainda notar que, depois de alguns instantes, a frente de onda tangencia essas ondas elementares. Assim, a frente de onda propaga-se acompanhando a propagação das ondas elementares de Huygens.

Segundo Huygens, a forma da frente de onda se mantém durante a propagação em meios homogêneos e isótropos. Uma onda de forma circular mantém a frente de onda circular durante sua propagação. Uma onda reta, propaga-se mostrando uma frente de onda reta. Evidentemente, não pode haver obstáculos que alterem essa propagação.

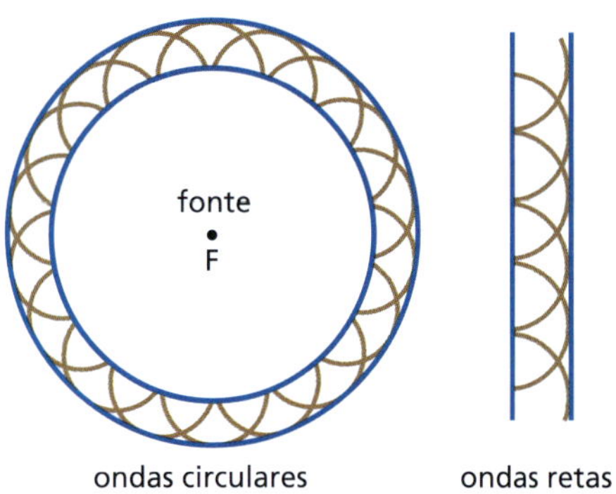

Banco de imagens/Arquivo da editora

Richard Megna/Fundamental Photographs

A fotografia mostra as ondas elementares de Huygens na superfície da água. Note que elas são circulares, independentemente de as ondas originais também o serem ou não.

19. Difração

A **difração** é um fenômeno ondulatório que só pode ser explicado utilizando-se o Princípio de Huygens.

Em um meio homogêneo, a observação nos leva a acreditar que a propagação de uma onda é retilínea. Se ela passa por um ponto **A** e, depois de algum tempo, pelo ponto **B**, ela passará por todos os pontos do segmento **AB**. No entanto, ao encontrar obstáculos, essa onda sofre "encurvamento" nas regiões de borda. A esse encurvamento das ondas chamamos de **difração**. Assim, chamamos de difração ao encurvamento sofrido por uma onda, quando ela encontra um obstáculo à sua propagação.

Para ilustrarmos a afirmação acima, vamos considerar um trem de ondas retas que se propagam pela superfície da água. Ao passar por uma pequena fenda existente em uma barreira, ela sofrerá encurvamento, atingindo regiões que, a princípio, não esperávamos que seriam atingidas por ela.

Banco de imagens/Arquivo da editora

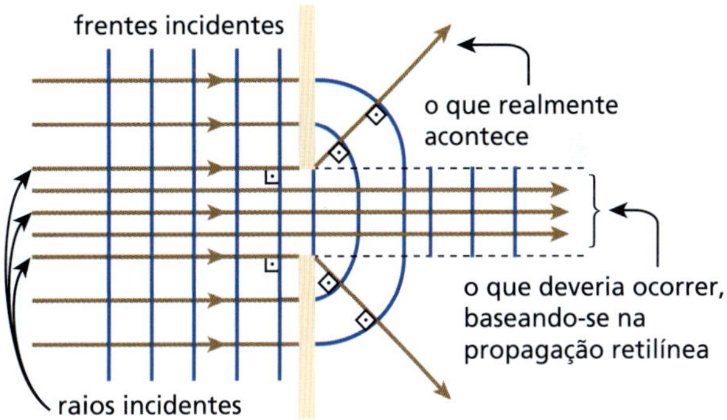

Banco de imagens/Arquivo da editora

Esquema da difração de ondas retas que se propagam na superfície da água.

As frentes de onda se propagam na superfície da água até atingirem as barreiras quando são refletidas e voltam. No entanto, a parte da onda que atinge a fenda passa por ela. Se as ondas se propagassem apenas em linha reta, a parte que passa pela fenda deveria formar uma faixa de largura igual à da fenda. Porém, o que podemos observar é que essa parte vai abrindo, aumentando a sua largura. Interessante que esse desvio sofrido fica cada vez mais acentuado com a diminuição da espessura da fenda. Para uma fenda bastante larga o desvio é muito pequeno; quando o tamanho da fenda chega perto do comprimento de onda dessa onda, esse desvio vai ficando cada vez mais acentuado.

É importante frisar que a difração da onda sempre ocorre em fendas. O desvio é que fica cada vez mais acentuado com a diminuição da largura da fenda.

Particularmente no caso em que as dimensões da largura são bem inferiores às do comprimento de onda, as ondas difratadas tornam-se aproximadamente circulares, mesmo que as ondas incidentes não o sejam.

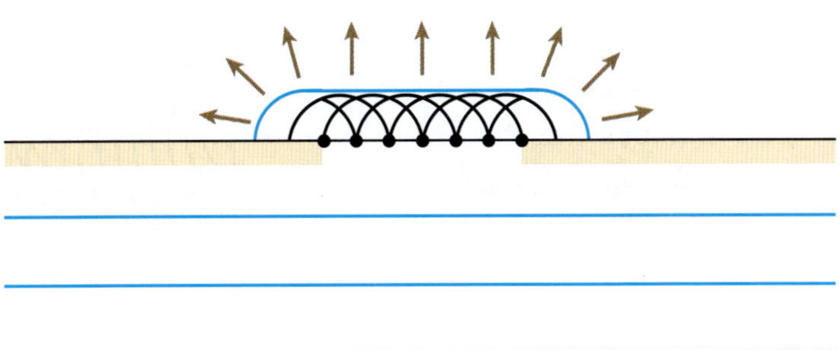
Banco de imagens/Arquivo da editora

Observe, na sequência de fotografias abaixo realizadas com ondas retas na superfície da água, que a diminuição da largura da fenda acentua o fenômeno da difração.

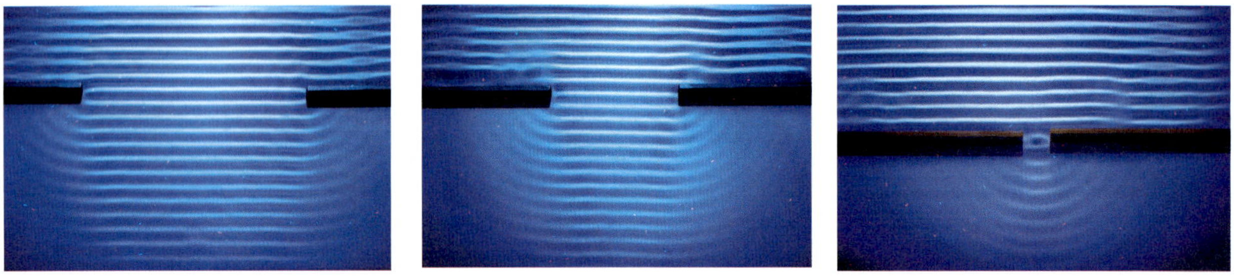
Richard Megna/Fundamental Photographs

Se, em vez de uma fenda, essas ondas encontrassem um obstáculo, continuaríamos tendo difração. Nesse caso, as ondas se desviariam, contornando o obstáculo.

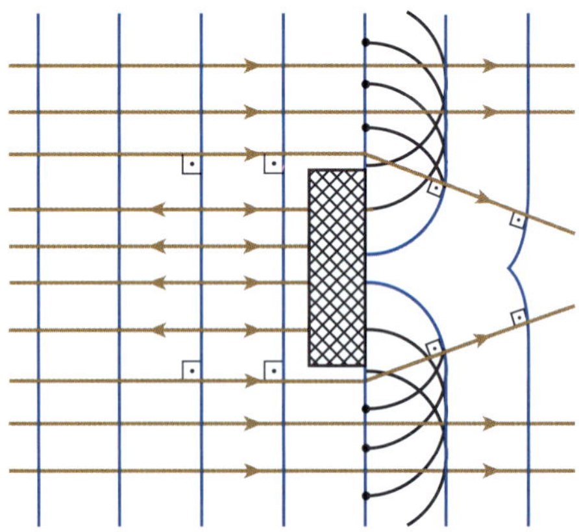
Banco de imagens/Arquivo da editora

A difração intensifica-se quando as dimensões da fenda ou do obstáculo são inferiores às do comprimento da onda ou pelo menos da mesma ordem de grandeza.

20. Experiência de Young

SSPL/Getty Images

Thomas Young, médico e físico inglês, foi o primeiro a demonstrar a teoria ondulatória da luz com sólida base experimental. Suas descobertas reforçaram as teorias de Huygens publicadas no final do século XVII.

Apesar de Christiaan Huygens ter publicado em 1690 o seu *Tratado da luz*, no qual defendia a teoria ondulatória para a luz, a teoria corpuscular idealizada por Isaac Newton permaneceu aceita pela comunidade científica. Em 1801, Thomas Young (1773-1829) demonstrou, baseado em sólidos resultados experimentais, a existência do fenômeno da interferência luminosa.

Na experiência realizada por Young, foram usados três anteparos. No primeiro, havia um pequeno orifício, em que ocorria a primeira difração da luz monocromática. No segundo, havia dois orifícios, colocados lado a lado, em que novas difrações aconteciam com a luz já difratada no primeiro orifício. No último anteparo, eram projetadas as "manchas" de interferência e podiam ser observados os **máximos** (regiões mais bem iluminadas) e os **mínimos** (regiões mal iluminadas) de intensidade. Quando os orifícios são substituídos por estreitas fendas, essas "manchas" tornam-se "franjas" de interferência, que são mais bem visualizadas.

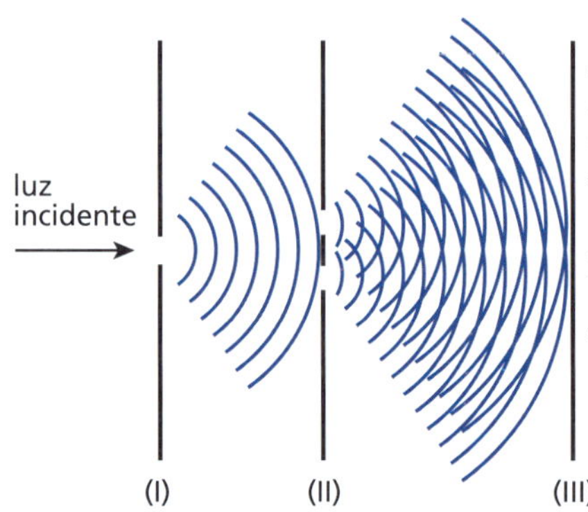

Banco de imagens/Arquivo da editora

O esquema da página anterior mostra como Young obteve o espectro de interferência no anteparo III. O orifício único no primeiro anteparo fazia com que a luz atingisse os orifícios do segundo anteparo em fase, transformando-os em "fontes" coerentes, já que pertenciam a uma mesma frente de onda.

O esquema ao lado mostra a variação da intensidade da luz projetada no anteparo III. A "franja" central é o máximo de maior intensidade. Observe que para a direita e para a esquerda do máximo central temos, de forma intercalada, mínimos e máximos, sendo que os máximos apresentam intensidades decrescentes.

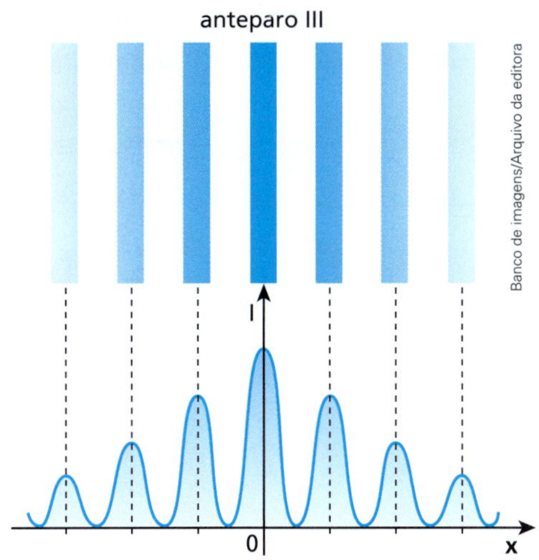

Como as "fontes" (orifícios do segundo anteparo) são coerentes, isto é, estão em fase, as interferências observadas no anteparo III dependem apenas da diferença (Δx) entre os caminhos percorridos pelos raios de luz.

A luz que atravessa as fendas **A** e **B** se superpõe no anteparo III, proporcionando as franjas de interferência. Em **O**, a diferença de caminho (x) é nula. Porém, conforme a franja se distancia de **O**, em ambos os lados, x torna-se crescente.

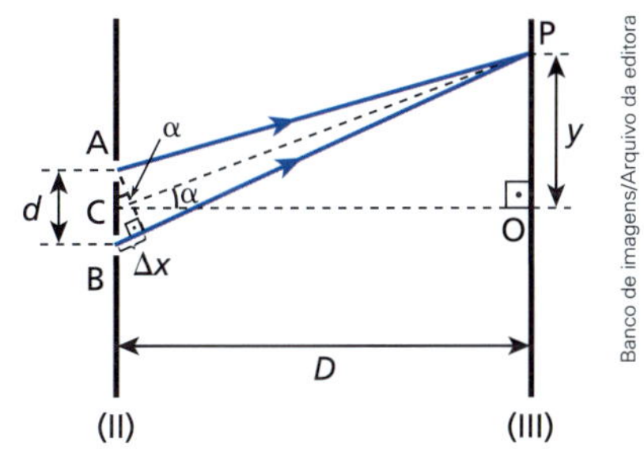

Na figura ao lado, para existir em **P** um **máximo** de intensidade (franja clara), é necessário que Δx contenha um número inteiro de comprimentos de onda ou um número par de meios comprimentos de onda.

$$\Delta x = k\frac{\lambda}{2} \quad \text{em que } k = 0, 2, 4, 6, \ldots$$

Para existir em **P** um **mínimo** de intensidade (franja escura), é necessário que Δx contenha um número ímpar de meios comprimentos de onda.

$$\Delta x = k\frac{\lambda}{2} \quad \text{em que } k = 1, 3, 5, 7, \ldots$$

Como D é da ordem de metros e d é da ordem de milímetros, **AP**, **BP** e **CP** são praticamente paralelos. Daí a igualdade dos ângulos α.

No desenho que representa a experiência de Young, podemos observar que, sendo a distância d entre as fendas muito menor que a distância D entre os anteparos II e III, o ângulo α é pequeno o suficiente para que seja válida a relação: $\text{sen}\,\alpha \cong \text{tg}\,\alpha$.

Assim, no triângulo retângulo pequeno, temos: $\text{sen}\,\alpha = \dfrac{\Delta x}{d}$

No triângulo retângulo **CPO**, temos: $\text{tg}\,\alpha = \dfrac{y}{D}$

Então, como $\text{sen}\,\alpha \cong \text{tg}\,\alpha$, podemos escrever: $\dfrac{\Delta x}{d} = \dfrac{y}{D}$, mas $\Delta x = k\dfrac{\lambda}{2}$.

Então: $k\dfrac{\lambda}{2} = \dfrac{yd}{D}$

$$\lambda = \frac{2yd}{kD}$$

Essa expressão pode ser usada para calcular a frequência ou o comprimento de onda da luz monocromática incidente no anteparo II.

Observe que y é a distância entre a franja considerada e o máximo central (a distância entre duas franjas claras ou entre duas franjas escuras consecutivas é a mesma), d é o espaçamento entre as duas fendas do anteparo II, D é a distância entre os anteparos II e III e k é um número inteiro relacionado com a ordem da franja: para $k = 0, 2, 4, ...$, temos franjas claras; para $k = 1, 3, 5, ...$, temos franjas escuras.

21. Interferência em películas delgadas

As cores que observamos em bolhas de sabão ou em finas manchas de óleo no chão aparecem devido à interferência de raios de luz que refletem na sua superfície externa e interna. A diferença do caminho percorrido por esses dois raios e a inversão de fase na reflexão da superfície externa podem proporcionar interferências construtivas ou destrutivas entre eles.

Banco de imagens/Arquivo da editora

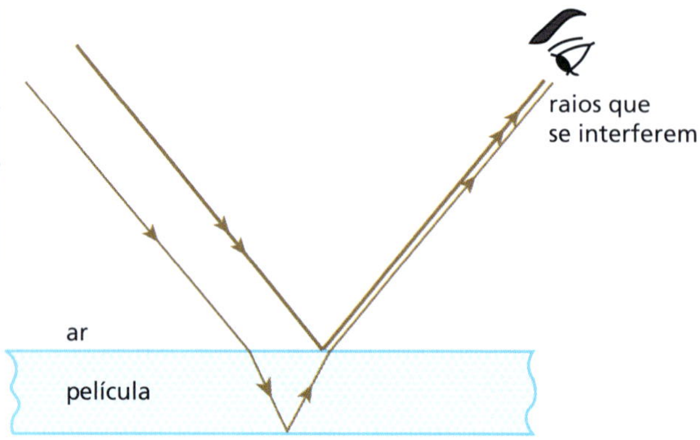

Bellana/Shutterstock

Na fotografia, podemos observar manchas multicoloridas na superfície de uma bolha de sabão. Esse fenômeno ocorre devido à interferência da luz.

JÁ PENSOU NISTO?

Procurando o sinal

A telefonia celular é um dos serviços que mais crescem no mundo. No Brasil, o número de aparelhos celulares já ultrapassou o de telefones fixos. A principal característica da telefonia celular é a mobilidade, ou seja, com ela o usuário consegue estabelecer contatos telefônicos mesmo em deslocamento. Isso é possível porque a comunicação é feita sem o emprego de fios, utilizando-se ondas eletromagnéticas de frequência compreendida entre 1 GHz e 3 GHz. O sistema celular é formado por três componentes: a estação móvel, que é o telefone celular propriamente dito, a estação rádio-base, que é a antena responsável pelo encaminhamento das ligações, e a central de comutação e controle, que é o cérebro do sistema, responsável pelo gerenciamento das chamadas e pela conexão com outras estações rádio-base. O atual estágio da telefonia celular permite que um telefone dentro de sua área de cobertura seja localizado mesmo no interior de veículos (carros, ônibus, trens, etc.), contido em bolsos de roupas ou dentro de malas ou sacolas. Nesses casos, a onda é detectada depois de sofrer reflexões, refrações e difrações. É importante notar que as ondas hertzianas utilizadas na telefonia celular difratam-se com grande facilidade em fendas de pequenas dimensões, como os quase invisíveis orifícios existentes em tramas têxteis, já que seu comprimento de onda é da ordem de 10^1 cm.

Kitzero/Shutterstock

Ampliando o olhar

Compact disc (CD)

O *compact disc* (CD) é um disco de policarbonato transparente de 12 cm de diâmetro. Em uma de suas faces, existe uma fina camada de uma liga metálica na qual podem ser estampadas microscópicas depressões. As regiões com depressões e as regiões sem depressões representam em conjunto as informações por meio de um sistema binário. Esses dados são gravados a partir de 2 cm do centro do disco em uma trilha espiralada que se afasta com passo constante.

A leitura das informações é realizada utilizando-se um *laser* de baixa potência, que "lê" as depressões e as ausências de depressões do centro para a extremidade do disco. Quando o *laser* está iluminando uma região de ausência de depressão, ocorre uma interferência construtiva entre os raios luminosos refletidos, o que será interpretado pelo leitor óptico como dígito 1 (um). Quando a luz incide em uma região onde existe depressão, raios refletidos na depressão e raios refletidos nas bordas da depressão, devido à diferença de caminho, irão sofrer interferência destrutiva, chegando com intensidade menor ao leitor óptico, sendo interpretado como o dígito 0 (zero). Uma sequência de tais informações é decodificada pelo sistema e enviada para um alto-falante (no caso de sons) ou para uma tela de computador (no caso de imagens).

O nome CD é utilizado para os discos comprados nas lojas nos quais encontramos músicas gravadas. Aqueles que trazem informações de *softwares* de computadores são denominados CD-ROM, que são gravados pelo fabricante, não podendo ser alterados. Encontramos também os discos virgens para gravação, os CD-R e os CD-RW, que podem ser regravados. Os DVDs utilizam tecnologia semelhante à dos CDs.

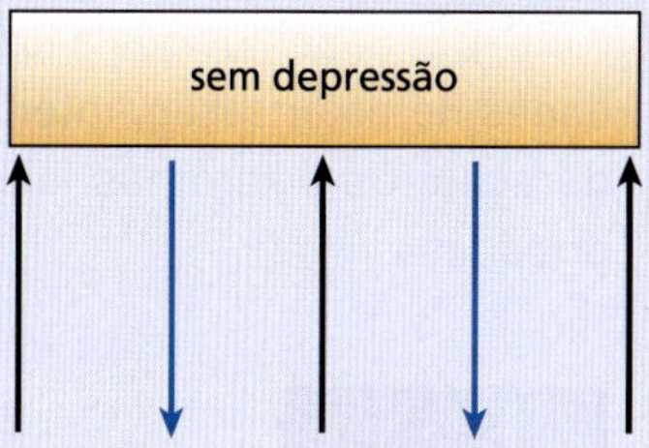

Esquema de interferência construtiva: máximo de intensidade detectado pelo leitor óptico (dígito 1).

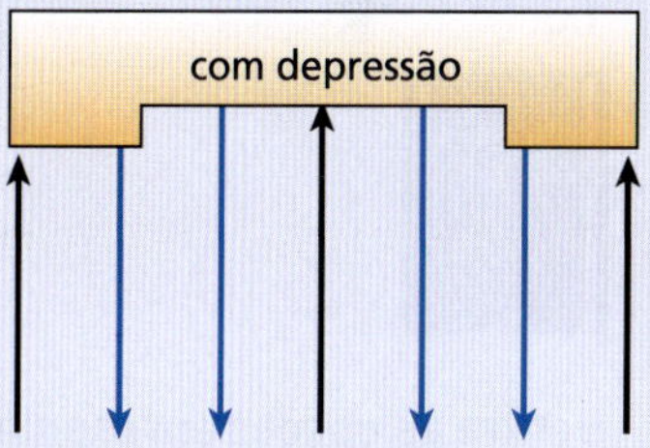

Esquema de interferência destrutiva: mínimo de intensidade detectado pelo leitor óptico (dígito 0).

Exercícios Nível 1

98. A figura seguinte representa as ondas produzidas por duas fontes, **F** e **G**, que vibram na superfície de um líquido. **X**, **Y** e **Z** são pontos da superfície do líquido. As circunferências indicam cristas. Considere que na região indicada não há amortecimento das ondas.

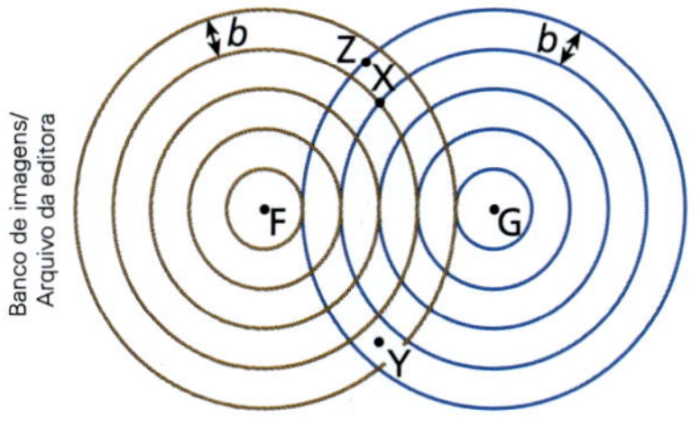

a) Se *f* é a frequência da fonte **F**, qual a frequência da fonte **G**?

b) Se *x*, *y* e *z* são amplitudes de vibração da água nos pontos **X**, **Y** e **Z**, compare *x*, *y* e *z*.

99. O esquema a seguir representa, visto de cima, a evolução de ondas na superfície da água. Elas se propagam da esquerda para a direita, incidindo na mureta indicada, na qual há uma abertura de largura *d*:

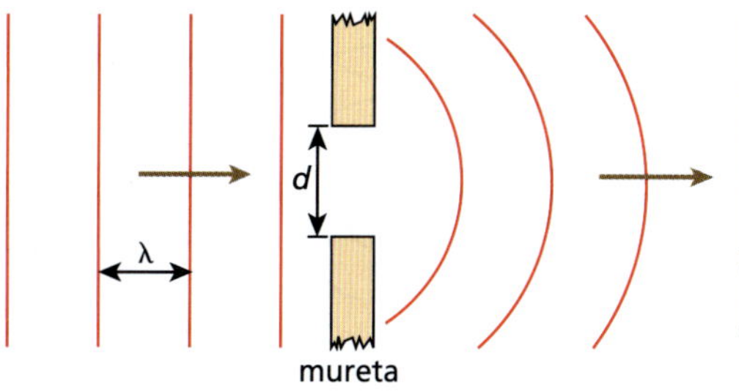

As ondas, cujo comprimento de onda vale λ, conseguem "contornar" a mureta, propagando-se à sua direita. É correto afirmar que:

a) ocorreu refração, e $d > \lambda$.

b) ocorreu refração, e $d = \lambda$.

c) ocorreu difração, e $d < \lambda$.

d) ocorreu reflexão, e $d > \lambda$.

e) tudo o que se afirmou não tem relação alguma com o fenômeno ocorrido.

100. (UFC-CE) Sabemos que a luz apresenta propriedades de polarização, interferência, refração e difração. Os diagramas identificam estas propriedades.

Reprodução/Arquivo da editora

fig. I

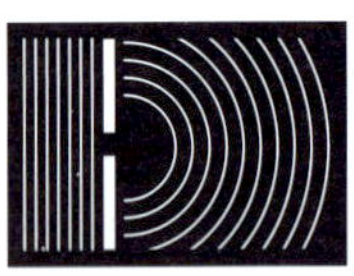

fig. III

fig. II

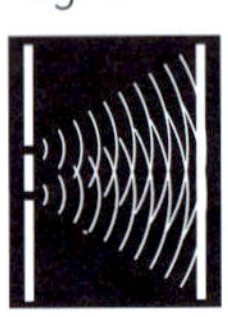

fig. IV

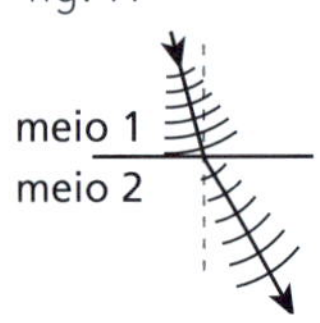

Dentre as opções apresentadas, indique aquela que contém as propriedades na seguinte ordem: difração, interferência, refração e polarização.

a) I, II, IV e III

b) II, I, IV e III

c) IV, II, I e III

d) III, IV, I e II

e) IV, I, III e II

101. A figura a seguir representa um feixe de luz propagando-se da esquerda para a direita, incidindo em dois anteparos: o primeiro com dois pequenos orifícios e o segundo opaco. Neste, forma-se uma série de franjas claras e escuras.

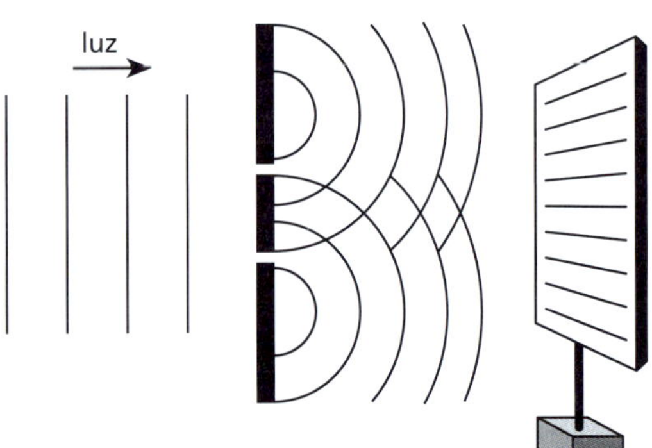

Banco de imagens/Arquivo da editora

Os fenômenos responsáveis pelo aparecimento das franjas são, sucessivamente,

a) a refração e a interferência;

b) a polarização e a interferência;

c) a reflexão e a difração;

d) a difração e a polarização;

e) a difração e a interferência.

102. Na montagem da experiência de Young, esquematizada abaixo, **F** é uma fonte de luz monocromática de comprimento de onda igual a λ.

Banco de imagens/Arquivo da editora

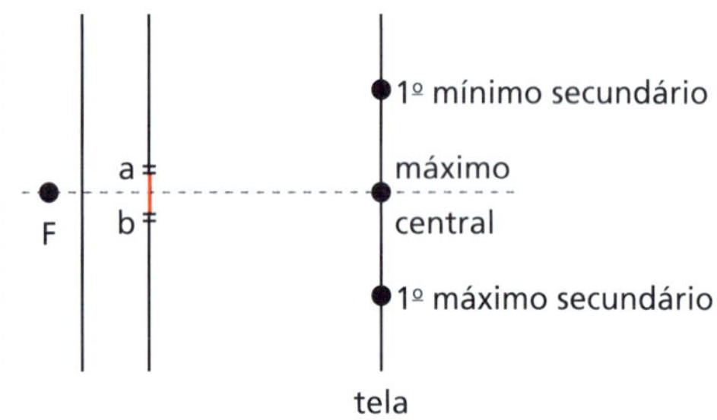

Determine a diferença entre os percursos ópticos dos raios provenientes das fendas **a** e **b**, em cada caso a seguir.

a) 1º máximo secundário;

b) 2º mínimo secundário.

103. (UFMG) No alto da Serra do Curral, estão instaladas duas antenas transmissoras – uma de rádio AM e outra de rádio FM. Entre essa serra e a casa de Nélson, há um prédio, como mostrado na figura a seguir:

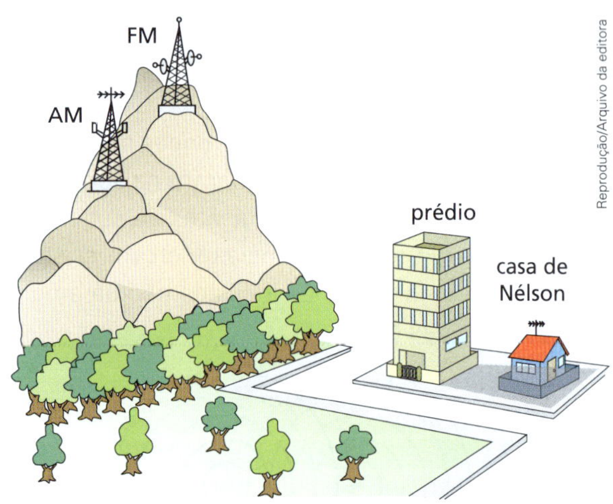

Reprodução/Arquivo da editora

Na casa de Nélson, a recepção de rádio FM é ruim, mas a de rádio AM é boa.

Com base nessas informações, **explique** por que isso acontece.

Exercícios Nível 2

104. (UFSC) Na figura abaixo estão representadas as cristas (circunferências contínuas) e os vales (circunferências tracejadas) das ondas produzidas pelas fontes F_1 e F_2, num determinado instante. A amplitude de cada onda é igual a 1,0 cm e a frequência de vibração de F_1 como a de F_2 é igual a 10 Hz.

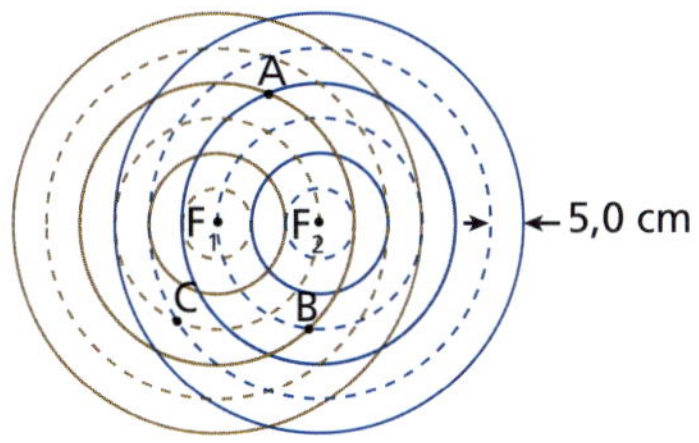

Reprodução/Arquivo da editora

Indique a(s) proposição(ões) verdadeira(s):

(01) Cada uma das ondas independentemente é unidimensional.

(02) No ponto **A**, há uma interferência construtiva com amplitude de vibração de 2,0 cm.

(04) No ponto **B**, há uma interferência destrutiva com amplitude de vibração nula.

(08) No ponto **C**, há uma interferência construtiva com amplitude de vibração de 2,0 cm.

(16) O comprimento de onda de cada onda é 5,0 cm.

(32) O valor da velocidade de propagação de cada onda é v = 100 cm/s.

Dê como resposta a soma dos números associados às proposições corretas.

105. E.R. Numa cuba de ondas de profundidade constante, dois estiletes funcionam como fontes de ondas circulares, vibrando em fase com frequência de 5 Hz. Sabendo que a velocidade dessas ondas na superfície da água é de 10 cm/s, determine o tipo de interferência que ocorre nos pontos **P** e **Q** da figura.

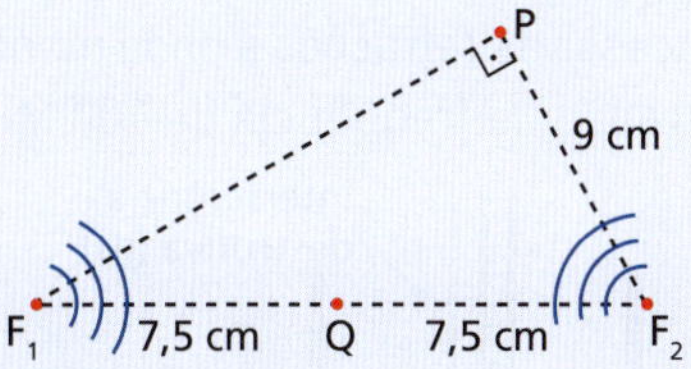

Banco de imagens/ Arquivo da editora

Resolução:

Ponto Q

Como o ponto **Q** está a igual distância das fontes e estas vibram em fase, a interferência nesse local é **construtiva**, pois $\Delta d = 0$.

E sendo $\Delta d = N\frac{\lambda}{2}$, temos N = 0.

Obs.: Para N = 0, 2, 4, 6, 8, ..., teremos interferência construtiva (IC) e para N = 1, 3, 5, 7, ..., teremos interferência destrutiva (ID), caso as fontes estejam em concordância de fase (se estiverem em oposição, as condições se inverterão).

Ponto P

Para o ponto **P**, temos $PF_2 = 9$ cm e $\mathbf{PF_1}$ pode ser calculado pelo Teorema de Pitágoras, já que o triângulo $\mathbf{F_1PF_2}$ é retângulo. Então:

$$(\overline{F_1F_2})^2 = (\overline{PF_1})^2 + (\overline{PF_2})^2$$

$$15^2 = (\overline{PF_1})^2 + 9^2 \Rightarrow (\overline{PF_1})^2 = 225 - 81 = 144$$

$$\overline{PF_1} = 12 \text{ cm}$$

Assim, temos:

$$\Delta d = \overline{PF_1} - \overline{PF_2} = 12 - 9 \therefore \Delta d = 3 \text{ cm}$$

Da relação $\Delta d = N\frac{\lambda}{2}$ sendo $\lambda = \frac{v}{f} =$

$$= \frac{10 \text{ cm/s}}{5 \text{ Hz}} = 2 \text{ cm vem:}$$

$$3 = N \cdot \frac{2}{2} \therefore \boxed{N = 3}$$

Portanto, em **P** a interferência é destrutiva.

106. Nas figuras, F_1 e F_2 são duas fontes de ondas circulares de mesma frequência que se propagam na superfície da água. Supondo que na primeira figura as fontes estejam em concordância de fase e que na segunda estejam em oposição, determine o tipo de interferência que ocorre nos pontos **A**, **B**, **C** e **D**. As ondas propagam-se com comprimentos de onda iguais a 2 cm.

figura 1

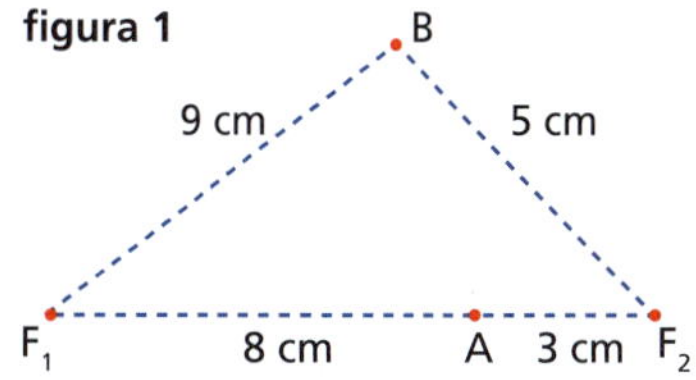

figura 2

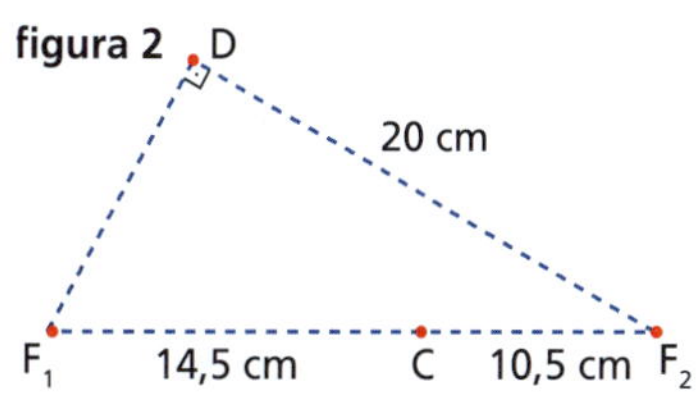

Banco de imagens/Arquivo da editora

107. (FGV-SP) As figuras a seguir representam uma foto e um esquema em que $\mathbf{F_1}$ e $\mathbf{F_2}$ são fontes de frentes de ondas mecânicas planas, coerentes e em fase, oscilando com a frequência de 4,0 Hz. As ondas produzidas propagam-se a uma velocidade de 2,0 m/s. Sabe-se que $D > 2{,}8$ m e que **P** é um ponto vibrante de máxima amplitude.

Reprodução/FGV, 2017

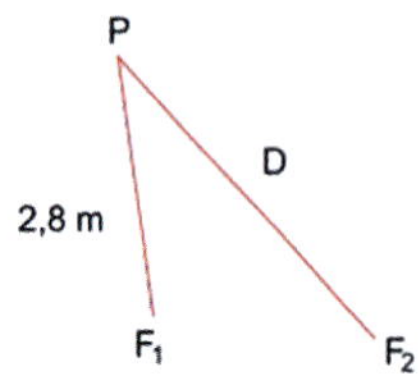

(educação.com.br)

Nessas condições, o menor valor de D deve ser

a) 2,9 m.
b) 3,0 m.
c) 3,1 m.
d) 3,2 m.
e) 3,3 m.

108. (UFV-MG) Duas fontes de ondas sonoras, situadas nos pontos $\mathbf{F_1}$ e $\mathbf{F_2}$, emitem ondas de mesma frequência e em fase. Uma pessoa situada no ponto **P** recebe as duas ondas com a mesma intensidade não nula, vindas diretamente das fontes. A figura abaixo mostra a disposição das fontes e da pessoa.

Reprodução/Arquivo da editora

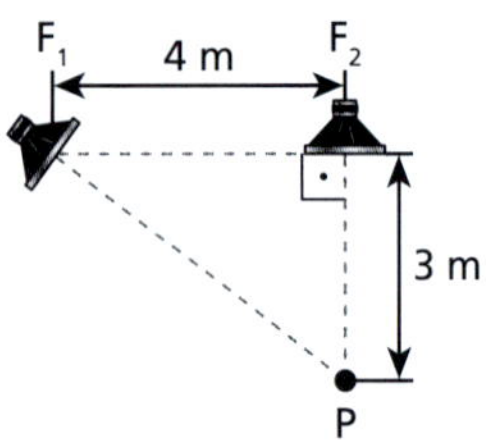

O maior comprimento de onda, em metros, que deve ser emitido pelas fontes para que a pessoa não escute o som produzido por elas é:

a) 0,5
b) 1
c) 2
d) 4

109. Dois estiletes $\mathbf{E_1}$ e $\mathbf{E_2}$ vibram verticalmente, executando movimentos harmônicos simples, de frequências iguais. Suas extremidades colidem com a superfície da água de um lago, provocando ondas de amplitudes iguais que se propagam sem amortecimento, com velocidade de 10 m/s.

Banco de imagens/Arquivo da editora

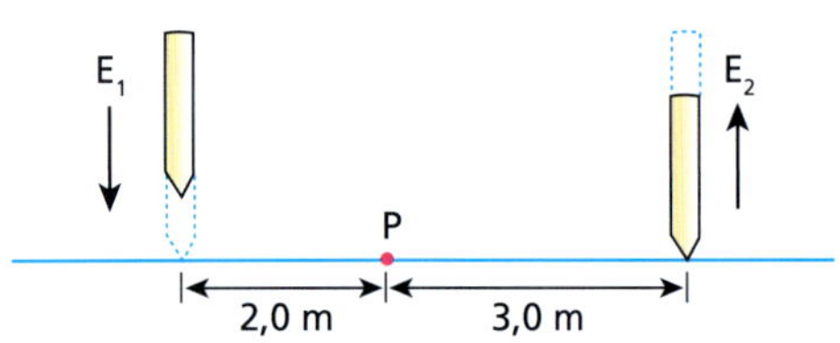

Sabendo que os estiletes vibram em oposição de fase, calcule a menor frequência de suas oscilações para que no ponto **P** indicado se observe:

a) o máximo reforço das ondas que se superpõem;
b) o anulamento das ondas que se superpõem.

110. **E.R.** Um tanque de fundo plano contém benzeno transparente de índice de refração absoluto igual a 1,5. Uma onda de telecomunicações com frequência igual a 100 MHz, emitida de um satélite, incide verticalmente sobre a superfície tranquila do benzeno, sendo em parte refletida na superfície líquida e em parte refletida no fundo do tanque. Sabendo-se que a intensidade da velocidade da luz no vácuo é igual a $3{,}0 \cdot 10^8$ m/s, determine:

a) a intensidade da velocidade da onda no interior do benzeno, bem como seu respectivo comprimento de onda;
b) as três menores alturas do benzeno dentro do tanque para que a parcela da onda refletida na superfície líquida seja cancelada pela parcela da onda refletida no fundo do tanque.

Resolução:

a) A intensidade da velocidade da onda no interior do benzeno é calculada por:

$$n = \frac{c}{v} \Rightarrow 1{,}5 = \frac{3{,}0 \cdot 10^8}{v}$$

$$\boxed{v = 2{,}0 \cdot 10^8 \text{ m/s}}$$

Aplicando-se a **Equação Fundamental da Ondulatória**, determinamos o comprimento de onda da onda do satélite no interior do benzeno.

$$v = \lambda f \Rightarrow 2{,}0 \cdot 10^8 = \lambda \cdot 100 \cdot 10^6$$

$$\boxed{\lambda = 2{,}0 \text{ m}}$$

É importante notar que mesmo sofrendo sucessivas refrações a onda mantém inalterada sua frequência de 100 MHz.

b)

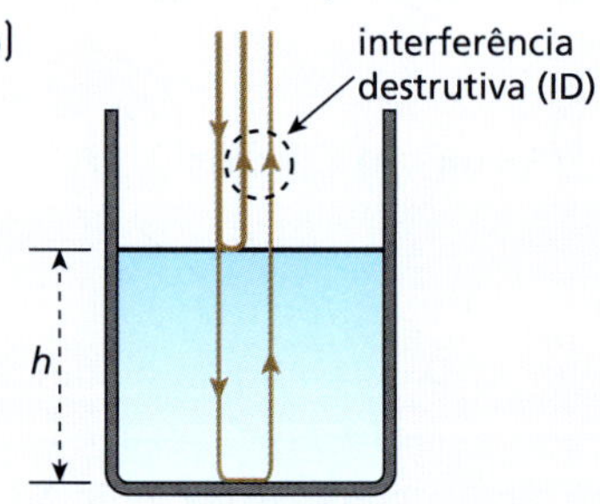

Banco de imagens/Arquivo da editora

Condição de ID: $\Delta y = \frac{\lambda}{2}$

Mas, $\Delta y = 2h$, logo:

$$2h = k\frac{\lambda}{2} \Rightarrow h = k \cdot \frac{2{,}0}{4} \text{ (m)}$$

Donde: $h = k \cdot 0{,}50$ (m) $(k = 1, 3, 5, ...)$

Os três menores valores de *h* correspondem aos três menores valores de *k* ($k = 1$, $k = 3$ e $k = 5$).

Assim:

Para $k = 1$: $h = 1 \cdot 0{,}50 \text{ m} \Rightarrow \boxed{h = 0{,}50 \text{ m}}$

Para $k = 3$: $h = 3 \cdot 0{,}50 \text{ m} \Rightarrow \boxed{h = 1{,}50 \text{ m}}$

Para $k = 5$: $h = 5 \cdot 0{,}50 \text{ m} \Rightarrow \boxed{h = 2{,}50 \text{ m}}$

111. (Uece) Um método muito usado para inibir a reflexão da luz em vidros é recobri-los com um filme fino e transparente. A espessura mínima, em nm, que um filme fino com índice de refração 1,25 deve ter para que uma luz de comprimento de onda igual a 620 nm, no vácuo, não seja refletida, quando incide praticamente normal a um vidro de índice de refração 1,50, é:

a) 155.
b) 124.
c) 112.
d) 103.

112. (ITA-SP) Uma fina película de fluoreto de magnésio recobre o espelho retrovisor de um carro a fim de reduzir a reflexão luminosa. Determine a menor espessura da película para que produza a reflexão mínima no centro do espectro visível. Considere o comprimento de onda $\lambda = 5\,500$ Å, o índice de refração do vidro $n_v = 1{,}50$ e o da película $n_p = 1{,}30$. Admita a incidência luminosa como quase perpendicular ao espelho.

113. (Enem) Ao diminuir o tamanho de um orifício atravessado por um feixe de luz, passa menos luz por intervalo de tempo, e próximo da situação de completo fechamento do orifício verifica-se que a luz apresenta um comportamento como o ilustrado nas figuras. Sabe-se que o som, dentro de suas particularidades, também pode se comportar dessa forma.

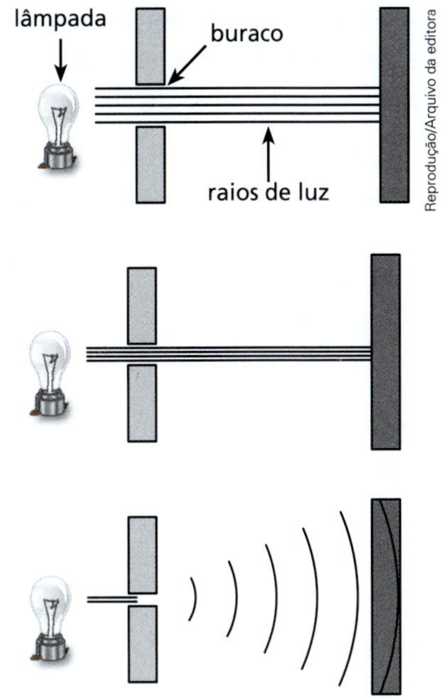

FIOLHAIS, G. **Física divertida**. Brasília: UnB, 2000 (adaptado).

Em qual das situações a seguir está representado o fenômeno descrito no texto?

a) Ao se esconder atrás de um muro, um menino ouve a conversa de seus colegas.
b) Ao gritar diante de um desfiladeiro, uma pessoa ouve a repetição do seu próprio grito.
c) Ao encostar o ouvido no chão, um homem percebe o som de uma locomotiva antes de ouvi-lo pelo ar.
d) Ao ouvir uma ambulância se aproximando, uma pessoa percebe o som mais agudo do que quando aquela se afasta.
e) Ao emitir uma nota musical muito aguda, uma cantora de ópera faz com que uma taça de cristal se despedace.

114. (OBF) Ondas de 6 cm de comprimento, produzidas na superfície de um tanque, propagam-se com uma velocidade de 0,06 m/s. Essas ondas encontram um anteparo com uma abertura de 3 cm. Pode-se afirmar que:

a) ocorre difração e o comprimento de onda, após a abertura, é metade do anterior;
b) ocorre difração e a frequência das ondas é sempre 1 Hz;
c) ocorre refração e a velocidade de propagação das ondas aumenta;
d) ocorre refração, embora as ondas se desloquem na mesma direção;
e) as ondas sofrem reflexão, porque a abertura é menor que o comprimento de onda.

115. Na montagem da experiência de Young, esquematizada abaixo, **F** é uma fonte de luz monocromática de comprimento de onda igual a λ.

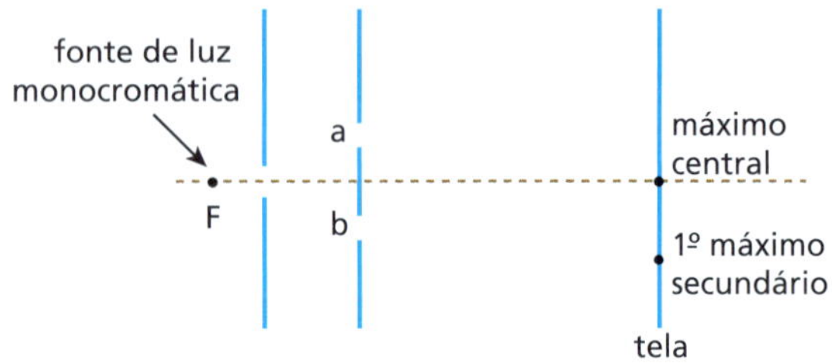

Banco de imagens/Arquivo da editora

Na região onde se localiza o primeiro máximo secundário, qual a diferença entre os percursos ópticos dos raios provenientes das fendas **a** e **b**?

116. (UFBA) Na experiência de Thomas Young, a luz monocromática difratada pelas fendas $\mathbf{F_1}$ e $\mathbf{F_2}$ se superpõe na região limitada pelos anteparos $\mathbf{A_2}$ e $\mathbf{A_3}$, produzindo o padrão de interferência mostrado na figura.

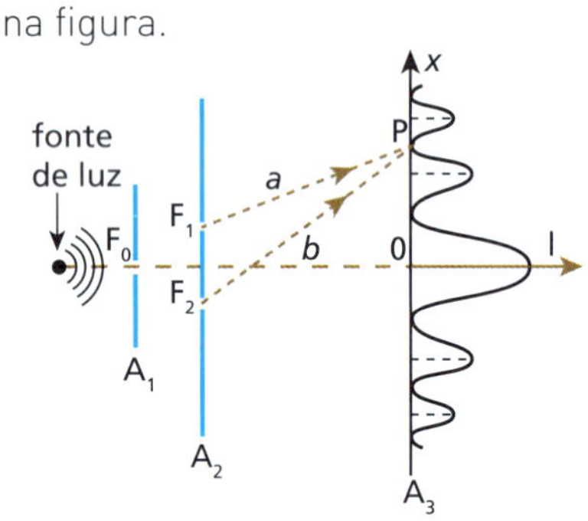

Reprodução/Arquivo da editora

Sabendo que a luz utilizada tem frequência igual a $6{,}0 \cdot 10^{14}$ Hz e se propaga com velocidade de módulo igual a $3{,}0 \cdot 10^{8}$ m/s, determine, em unidades do Sistema Internacional, a diferença entre os percursos ópticos *a* e *b* dos raios que partem de $\mathbf{F_1}$ e $\mathbf{F_2}$ e atingem o ponto **P**.

117. (Furg-RS) A figura mostra a montagem da experiência de Young sobre o fenômeno da interferência da luz. Um feixe de luz monocromático incide perpendicularmente sobre a parede opaca da esquerda, que tem duas fendas $\mathbf{F_1}$ e $\mathbf{F_2}$, próximas entre si. A luz, após passar pelas fendas, forma uma figura de interferência no anteparo da direita. O ponto **C** é a posição da primeira franja escura, contada a partir da franja clara central. A diferença de percurso entre as luzes provenientes das fendas é $2{,}4 \cdot 10^{-7}$ m.

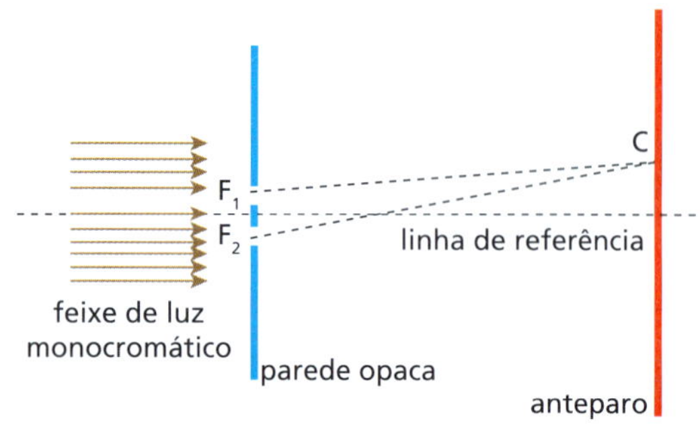

Reprodução/Arquivo da editora

Cor	Comprimento de onda
Vermelha	$6{,}5 \cdot 10^{-7}$ m
Amarela	$5{,}7 \cdot 10^{-7}$ m
Verde	$5{,}4 \cdot 10^{-7}$ m
Azul	$4{,}8 \cdot 10^{-7}$ m
Violeta	$4{,}5 \cdot 10^{-7}$ m

De acordo com a tabela dada, identifique qual é a cor da luz do experimento.

a) Vermelha.
b) Amarela.
c) Verde.
d) Azul.
e) Violeta.

Exercícios Nível 3

118. (Cesubra-DF) Um ser humano é capaz de perceber sons que variam entre 20 Hz e 20 kHz. Ondas semelhantes, acima de 20 kHz, são chamadas de ultrassom. Na Medicina, o ultrassom, com frequências entre $1{,}0 \cdot 10^{6}$ Hz e $10 \cdot 10^{6}$ Hz, é utilizado para analisar órgãos internos do corpo humano. Já o olho humano é capaz de perceber ondas de frequências compreendidas entre $4{,}5 \cdot 10^{14}$ Hz e $7{,}5 \cdot 10^{14}$ Hz e, imediatamente acima desta última, tem-se o ultravioleta, que, em excesso, pode provocar o aparecimento de câncer de pele. A velocidade de propagação do som nos sólidos tem valor próximo a 1 500 m/s e da luz no ar (ou vácuo), aproximadamente 300 000 km/s. Com base no texto e nos seus conhecimentos sobre o assunto, julgue os itens a seguir, classificando-os como verdadeiros ou falsos.

(1) Quando um paciente submete-se ao exame de ultrassom, seu corpo é permeado por ondas mecânicas cujos comprimentos de onda variam entre 0,15 mm e 1,5 mm.

(2) Ondas de rádio são mecânicas e suas frequências estão compreendidas entre 20 Hz e 20 kHz.

(3) Quando um olho emétrope percebe a luz solar, as células da retina (os cones e os bastonetes) sensibilizam-se, porque estão recebendo ondas cujos comprimentos estão compreendidos entre $4{,}0 \cdot 10^{-7}$ m e $6{,}6 \cdot 10^{-7}$ m, aproximadamente.

(4) Admitindo que a velocidade de propagação do som no ar seja igual a 340 m/s, um trovão que é ouvido 4 s após a visualização do relâmpago indica que o trovão e o relâmpago ocorreram a 1 360 m do observador, aproximadamente.

(5) É impossível que uma onda sonora sofra interferência com uma onda luminosa.

119. (FMJ-SP) O telefone de latinha é uma brincadeira muito antiga. Consiste de duas latas com um furo no fundo de cada uma e um barbante longo com as extremidades presas nesses furos. Com o barbante esticado, se uma pessoa falar com a boca próxima a uma das latas, outra pessoa pode escutar colocando o ouvido próximo da outra lata.

Reprodução/Arquivo da editora

A respeito do observado nessa brincadeira, são feitas as seguintes afirmações:

I. O som pode se propagar pelo barbante porque se trata de uma onda mecânica.

II. O som propaga-se apenas pelo barbante e não pelo ar.

III. Quanto mais tenso o barbante estiver, mais rápido o som propaga-se por ele.

IV. Mesmo variando a tensão no barbante, não variará a frequência da onda sonora que se propaga por ele.

Está correto apenas o contido em

a) I, II e III.
b) I, III e IV.
c) II, III e IV.
d) I e III.
e) II e III.

120. Na fotografia abaixo, duas cordas elásticas e cilíndricas, 1 e 2, de raios da seção transversal respectivamente iguais a R_1 e R_2 e de mesmo comprimento L, foram associadas sequencialmente e conectadas, à esquerda, a um vibrador de frequência constante f e, à direita, a um suporte fixo. Com as cordas igualmente tracionadas, no padrão de interferência observado – ondas estacionárias –, nota-se que a corda 1 vibra conforme o segundo harmônico, enquanto a corda 2 vibra de acordo com o seu harmônico fundamental.

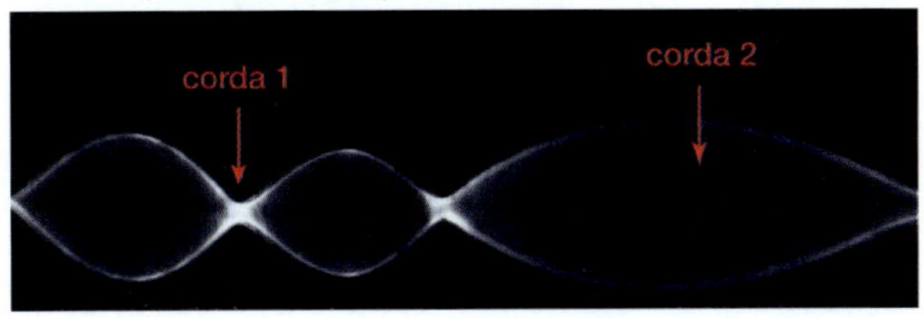

Thales Trigo/Arquivo da editora/ Montagem Fernanda Crevin

Sabendo-se que as cordas foram confeccionadas a partir do mesmo material, é correto afirmar que:

a) $\frac{R_1}{R_2} = \frac{1}{4}$
b) $\frac{R_1}{R_2} = \frac{1}{2}$
c) $\frac{R_1}{R_2} = 1$
d) $\frac{R_1}{R_2} = 2$
e) $\frac{R_1}{R_2} = 4$

121. (UFV-MG) Duas cordas com densidades lineares de massa μ_1 e μ_2 são unidas entre si formando uma única corda não homogênea. Esta corda não homogênea é esticada na posição horizontal, suas extremidades são fixadas em duas paredes e ela é colocada para oscilar, formando uma onda estacionária, conforme a figura abaixo.

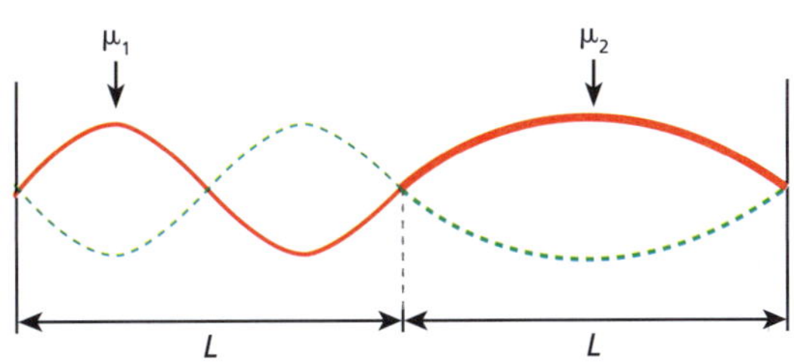

Reprodução/Arquivo da editora

Considerando que a tensão é a mesma em todos os pontos da corda não homogênea, é correto afirmar que:

a) $2\mu_1 = \mu_2$
b) $4\mu_1 = \mu_2$
c) $\mu_1 = 2\mu_2$
d) $\mu_1 = 4\mu_2$

122. A figura seguinte representa três fotografias do mesmo trecho de uma corda, por onde se propaga um trem de ondas sinusoidais sem dissipação de energia.

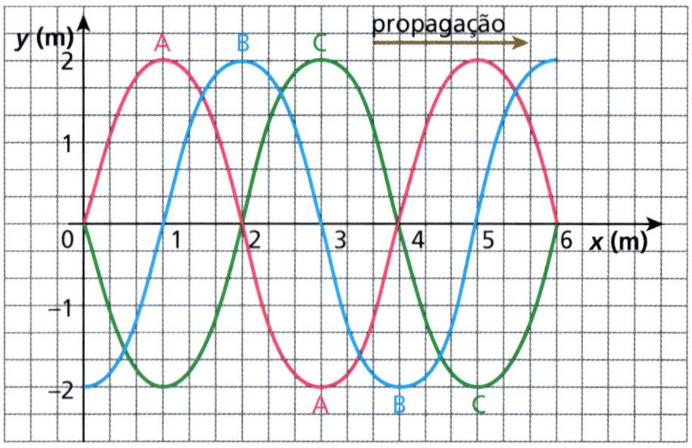

Banco de imagens/Arquivo da editora

A primeira fotografia, identificada pela letra **A**, foi obtida no instante $t = 0$; a segunda, **B**, foi obtida no instante $t = 0{,}05$ s e a terceira, **C**, no instante $t = 0{,}10$ s. Em relação ao sistema cartesiano **x0y**, determine:

a) a velocidade de propagação das ondas;

b) o comprimento de onda, a frequência e o período;

c) a "equação" $y = f(x, t)$ das ondas referidas.

123. A figura representa no instante $t_0 = 0$ um trecho de uma corda elástica e não absorvedora percorrida por um trem de ondas harmônicas que se propagam para a direita, com velocidade de intensidade igual a 2 m/s.

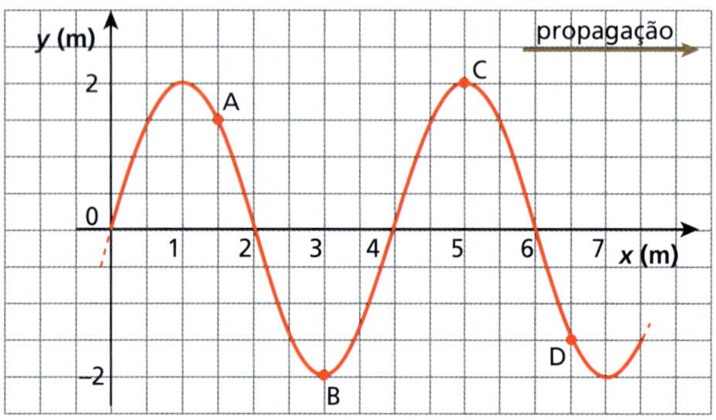

Banco de imagens/Arquivo da editora

Considerando o referencial cartesiano **x0y**, responda:

a) Qual a equação das ondas, $y = f(x, t)$, dada em unidades do SI?

b) Qual a defasagem, em radianos, entre os pontos **A** e **D**?

c) Os pontos **B** e **C** estão vibrando em concordância ou em oposição de fase? Justifique.

124. (OBF) Sendo dada a expressão de uma onda sob a forma $F = A \cos (\omega t - \beta z)$, sabe-se que β e v estão relacionados por $\beta v = \omega$, em que v é a velocidade de propagação da onda. Sabendo que uma onda com velocidade $v = 10^6$ m/s é descrita por $y = 10 \cos (4z + \omega t)$, onde y e z são dados em metros e t em segundos, pede-se:

a) o comprimento de onda (λ);

b) um esboço (gráfico) da onda em função de z, para $t = t_0 = 0$;

c) o cálculo da fração de comprimento de onda que ela caminha entre os instantes $t = t_0 = 0$ e $t = t_1 = 0{,}523 \cdot 10^{-6}$ s.

Sugestão: para obter o esboço (gráfico), considere os pontos y para $z = 0$, $\frac{\lambda}{4}$, $\frac{\lambda}{2}$, $\frac{3\lambda}{4}$, e λ.

125. (Fuvest-SP) Um grupo de estudantes, pretendendo estudar fenômeno análogo ao das cores comumente observadas em manchas de óleo, fez o seguinte experimento: depositou uma gota de um líquido, com índice de refração $n = 2{,}5$, sobre a água contida em um recipiente cilíndrico de raio 10 cm. O líquido se espalha com espessura homogênea sobre toda a superfície da água, como esquematizado na figura.

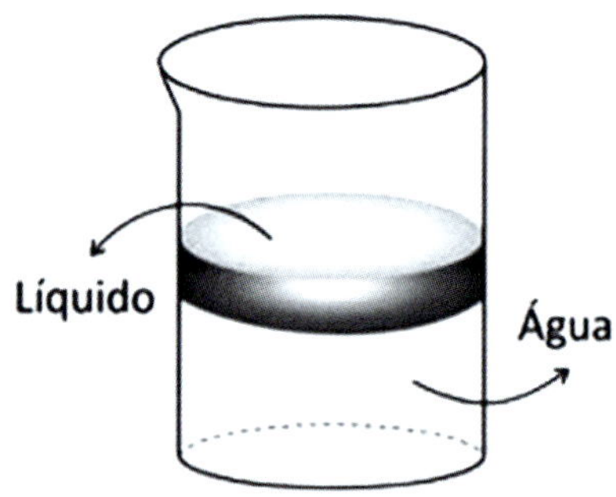

Reprodução/Fuvest, 2017

a) Se o volume da gota do líquido for $0{,}0045 \text{ cm}^3$, qual será a espessura E da camada do líquido sobre a água?

b) Um feixe de luz propaga-se no ar, incide perpendicularmente na superfície do líquido e sofre reflexão nas superfícies do líquido e da água. Quando a espessura E da camada do líquido for igual a $\frac{\lambda}{4n}$, sendo λ o comprimento de onda da luz incidente, ocorre interferência destrutiva entre a luz refletida no líquido e a luz refletida na água. Determine o valor de λ para essa condição.

c) Determine o volume da gota do líquido que deveria ser depositada sobre a água para que não se observe luz refletida quando a luz verde de um laser, com frequência $0{,}6 \cdot 10^{15}$ Hz, incidir perpendicularmente na superfície do líquido.

> **Note e adote:**
> O líquido não se mistura com a água.
> O recipiente é um cilindro circular reto.
> Velocidade da luz $c = 3 \cdot 10^8$ m/s.
> $\pi = 3$.

126. *Tsunamis* são ondas gigantes provocadas por abalos sísmicos, que possuem um enorme poder destrutivo quando chegam à região costeira. A denominação vem do japonês: *tsu* (porto; ancoradouro) e *nami* (onda; mar).

Admita que em uma situação idealizada um *tsunami* se propague sem dissipação de energia com velocidade *v*, dada por $v = \sqrt{gh}$, em que $g = 10{,}0$ m/s^2 é a intensidade da aceleração da gravidade e *h* é profundidade do mar. Suponha, ainda, de forma simplificada, que a energia mecânica *E* associada a um *tsunami* possa ser expressa por $E = kvA^2$, em que *k* é uma constante de proporcionalidade e *A* é a amplitude da onda.

Considerando-se que um *tsunami* surja em um local do oceano de profundidade $h_i = 4\,000{,}0$ m, com amplitude $A_i = 2{,}0$ m, ao atingir o litoral, em um local de profundidade $h_f = 6{,}4$ m, pede-se determinar:

a) A intensidade da velocidade de propagação da onda v_f.

b) A amplitude do *tsunami* A_f.

127. Na situação esquematizada na figura, ondas retas, propagando-se na superfície da água de um tanque, passam de uma região profunda (1) para outra mais rasa (2). Com isso, o comprimento de onda (distância entre duas frentes de onda consecutivas) e a velocidade de propagação sofrem reduções de p_1% (p_1 por cento) e p_2% (p_2 por cento), respectivamente.

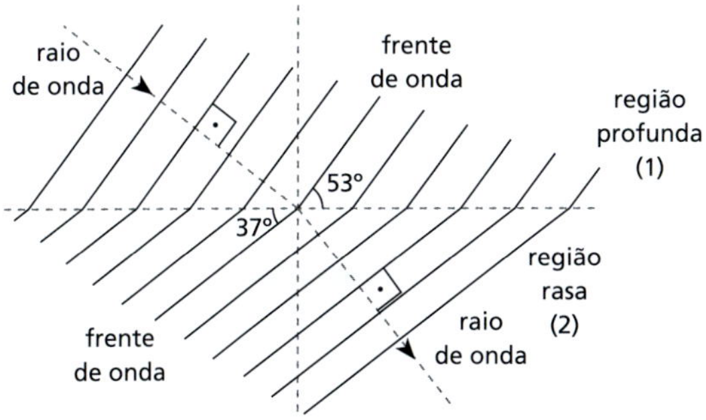

Banco de imagens/Arquivo da editora

Aponte a alternativa em que os valores de p_1 e p_2 estão corretamente indicados. Adote, se necessário, sen 37° = cos 53° = 0,60; sen 53° = = cos 37° = 0,80.

a) $p_1 = 75$ e $p_2 = 75$

b) $p_1 = 75$ e $p_2 = 25$

c) $p_1 = 50$ e $p_2 = 50$

d) $p_1 = 25$ e $p_2 = 75$

e) $p_1 = 25$ e $p_2 = 25$

128. Considere o modelo teórico esquematizado abaixo, fora de escala, em que ondas retas, propagando-se na superfície da água de um tanque, se refratam de uma região 1, profunda, para uma região 2, rasa.

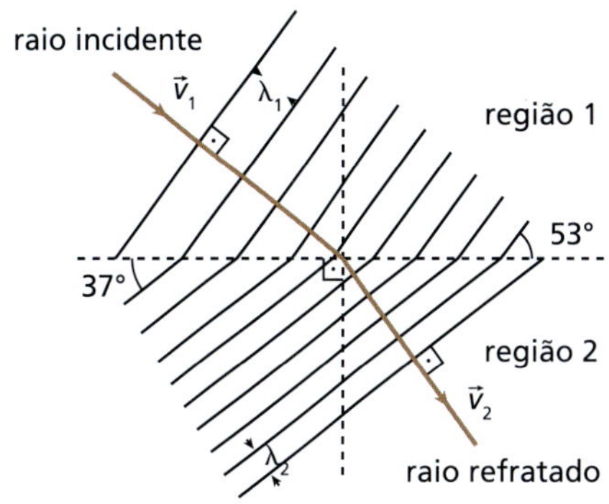

Banco de imagens/Arquivo da editora

Sendo $v_1 = 2{,}0$ m/s a velocidade de propagação das ondas na região 1, $T_2 = 0{,}4$ s e o período dessas ondas na região 2, pede-se determinar:

a) A velocidade de propagação v_2 dessas ondas na região 2.

b) Os comprimentos de onda λ_1 e λ_2 das ondas, respectivamente nas regiões 1 e 2.

129. (CPAEN-RJ) Analise a situação representada a seguir:

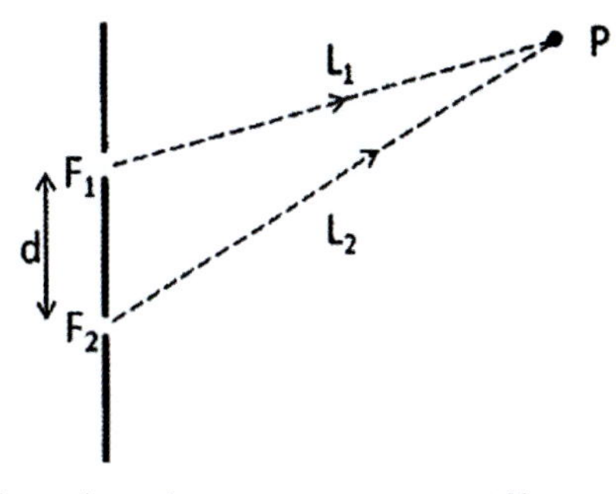

Reprodução/CPAEN, 2013

Considere duas fontes sonoras puntiformes, $\mathbf{F_1}$ e $\mathbf{F_2}$, que estão separadas por uma pequena distância *d*, conforme mostra a figura acima. As fontes estão inicialmente em fase e produzem ondas de comprimento de onda λ. As ondas provenientes das fontes $\mathbf{F_1}$ e $\mathbf{F_2}$ percorrem, respectivamente, os caminhos L_1 e L_2 até o ponto afastado **P**, onde há superposição das ondas. Sabendo que $\Delta L = |L_1 - L_2|$ é a diferença de caminhos entre as ondas de $\mathbf{F_1}$ e $\mathbf{F_2}$ e o ponto **P**, o gráfico que pode representar a variação da intensidade da onda resultante das duas fontes, *I*, em função da diferença de caminhos ΔL é:

a)

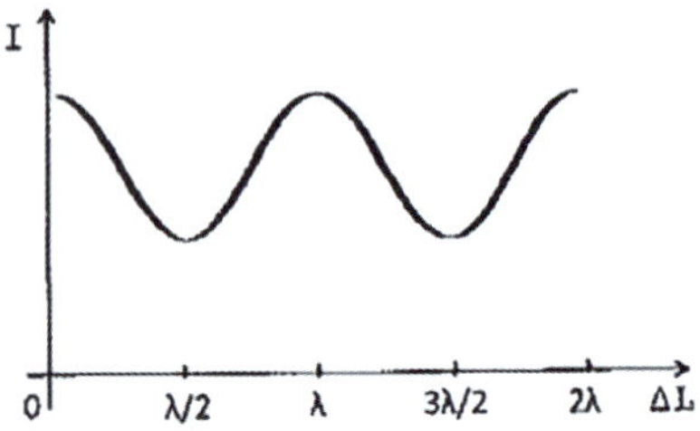

Ilustrações: Reprodução/CPAEN, 2013

b)

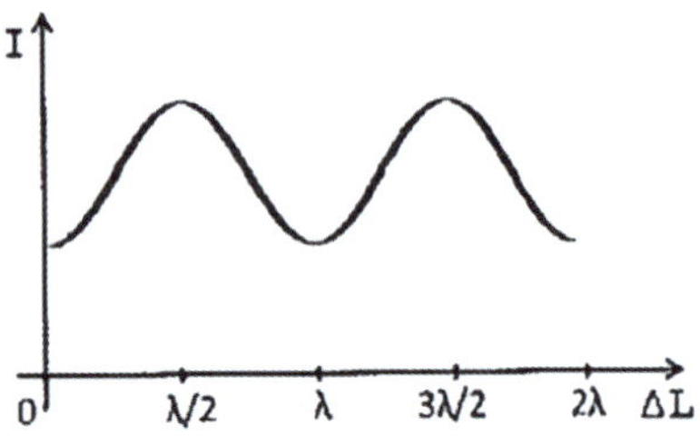

c)

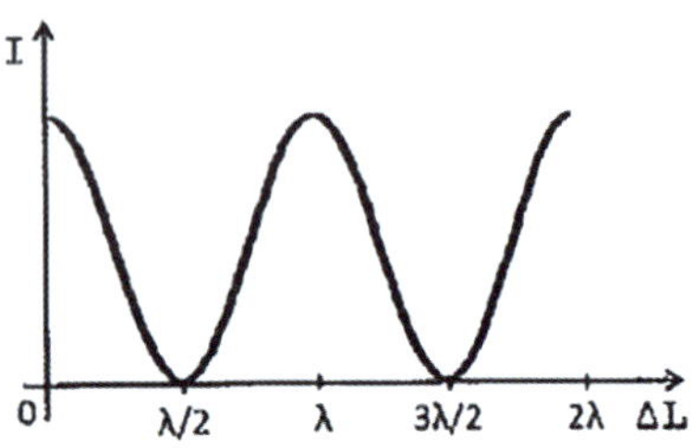

d)

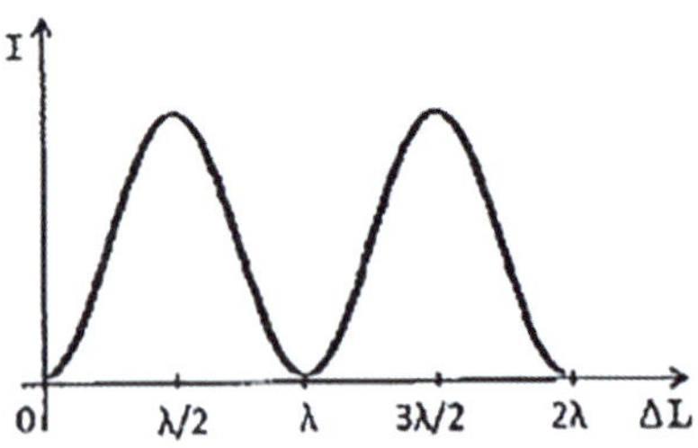

e)

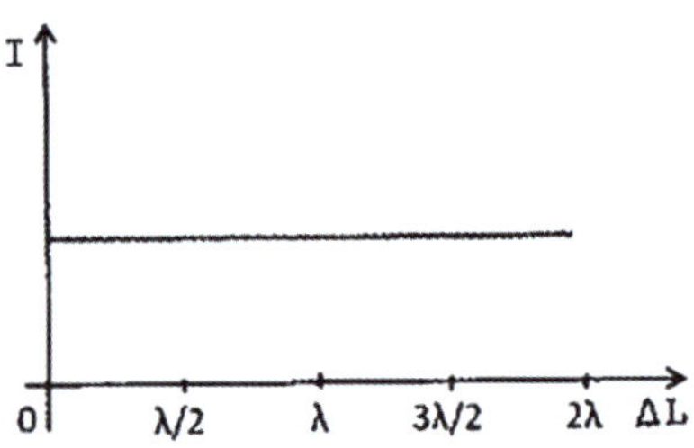

130. Em 1894, o físico alemão Wilhelm Wien (1864-1928) propôs que o produto entre o comprimento de onda da radiação de máxima intensidade emitida por um corpo ($\lambda_{máx}$) e sua respectiva temperatura absoluta (T) é aproximadamente constante, conforme a expressão:

$$\lambda_{máx} T \cong 3{,}0 \cdot 10^3 \ (\mu m \cdot K)$$

A radiação térmica proveniente de uma fornalha utilizada para fundir materiais pode ser analisada por um espectrômetro. A intensidade das radiações emitidas por essa fornalha a uma determinada temperatura foi registrada pelo equipamento em função do comprimento de onda correspondente, obtendo-se a curva espectral a seguir.

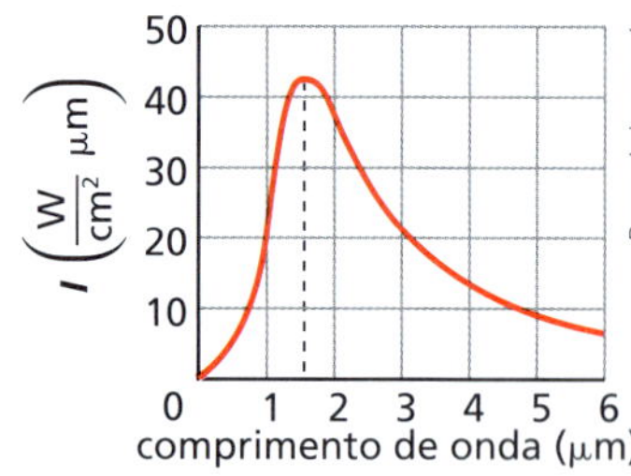

Banco de imagens/Arquivo da editora

De acordo com as informações do texto e do gráfico e adotando-se para a intensidade da velocidade de propagação das ondas eletromagnéticas o valor $3{,}0 \cdot 10^8$ m/s, pode-se afirmar que a temperatura da fornalha e a frequência da radiação de máxima intensidade emitida valem, respectivamente:

a) $3{,}0 \cdot 10^3$ K e $5{,}0 \cdot 10^{14}$ Hz.
b) $3{,}0 \cdot 10^3$ K e $2{,}0 \cdot 10^{14}$ Hz.
c) $2{,}0 \cdot 10^3$ K e $5{,}0 \cdot 10^{14}$ Hz.
d) $2{,}0 \cdot 10^3$ K e $2{,}0 \cdot 10^{14}$ Hz.
e) $5{,}0 \cdot 10^3$ K e $2{,}5 \cdot 10^{14}$ Hz.

131. (UFC-CE) Uma estação (**E**) de rádio AM, transmitindo na frequência f = 750 kHz, está sendo sintonizada por um receptor (**R**), localizado a 3,0 km de distância. A recepção é, momentaneamente, interrompida devido a uma interferência destrutiva entre a onda que chega direto da estação e a que sofre reflexão no avião (**A**), que voa a uma altura *h*, a meio caminho entre a estação e o receptor (veja figura abaixo). Determine o menor valor possível de *h*. A velocidade da luz no ar é $c = 3{,}0 \cdot 10^8$ m/s.

Obs.: a onda refletida sofre uma inversão de fase.

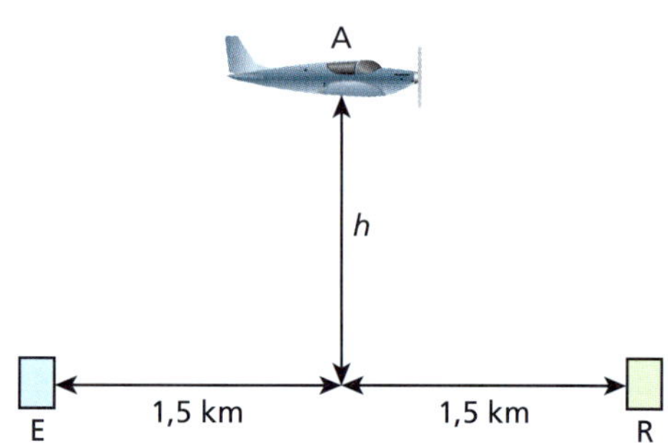

Reprodução/Arquivo da editora

Para raciocinar um pouco mais

132. A figura mostra uma onda progressiva em dois instantes de tempo: $t_1 = 1,0$ s (linha rosa) e $t_2 = 9,0$ s (linha azul). Se a distância indicada for d = 2,0 m, o período (em segundos) da onda não poderá ser igual a:

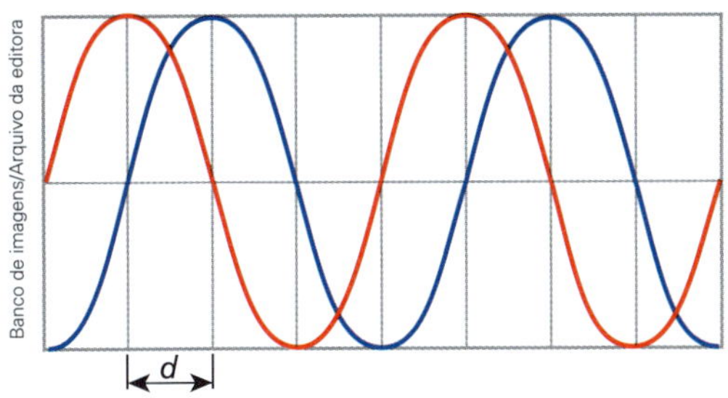

a) 32.
b) 16.
c) 6,4.
d) 3,5.
e) 2,5.

133. Considere uma onda senoidal propagando-se com velocidade igual a 4,0 m/s ao longo de uma corda elástica coincidente com um eixo de referência **0x**. O gráfico mostra, em determinado instante, os valores algébricos das velocidades transversais de alguns pontos da corda, compreendidos entre as posições $x_0 = 0$ e $x_1 = 3,0$ m.

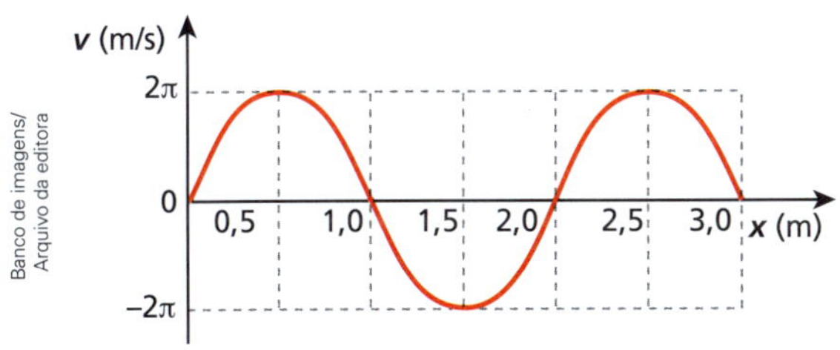

a) Determine a frequência e a amplitude da onda.
b) No instante considerado, qual será o perfil da corda compreendido entre as posições $x_0 = 0$ e $x_1 = 3,0$ m?
c) Calcule, no instante considerado, o valor algébrico da aceleração do ponto da corda situado na posição x = 2,0 m.

134. Na figura esquematizada a seguir, os blocos estão em repouso e as polias **A** e **B** não oferecem atrito. O dinamômetro ideal, instalado muito próximo à polia **A**, indica uma força de 4,0 N. Dois fios homogêneos, 1 e 2, com densidades lineares respectivamente iguais a 90 g/m e 10 g/m, estão conectados em **O**, sendo mantidos tracionados com comprimentos de 80 cm e 90 cm dispostos na horizontal.

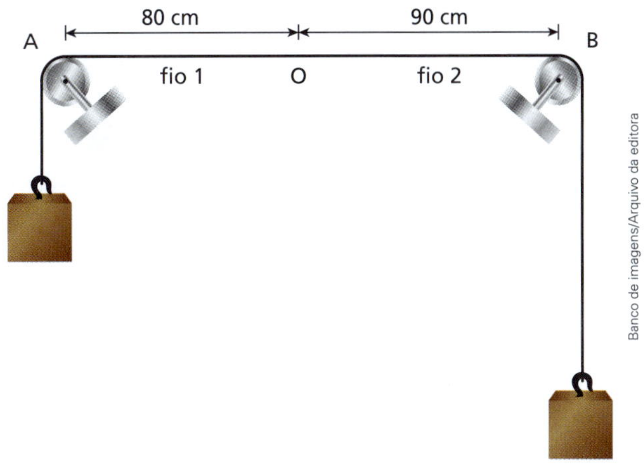

Em um determinado instante, gera-se um pulso de dimensões desprezíveis junto à polia **A**. Esse pulso dirige-se à interface **O**, onde são originados, simultaneamente, dois novos pulsos, um transmitido e outro refletido. Desprezando-se possíveis dissipações da energia dos pulsos no percurso dos fios, pede-se determinar:

a) o intervalo de tempo gasto pelo pulso gerado junto à polia **A** para atingir a interface **O**.
b) o intervalo de tempo entre a chegada à polia **B** do pulso transmitido e a chegada à polia **A** do pulso refletido.

135. O experimento esquematizado a seguir tem a finalidade de determinar a densidade de um bloco maciço, feito de um material homogêneo, em relação a um determinado líquido. Fazem parte do aparato utilizado: um vibrador que opera em frequência constante, um fio flexível e inextensível, uma polia fixa isenta de atritos, o bloco citado e o líquido, contido num recipiente.

Num primeiro procedimento, o vibrador impõe ao trecho horizontal do fio uma onda estacionária constituída de dois nós e um ventre (modo fundamental de vibração).

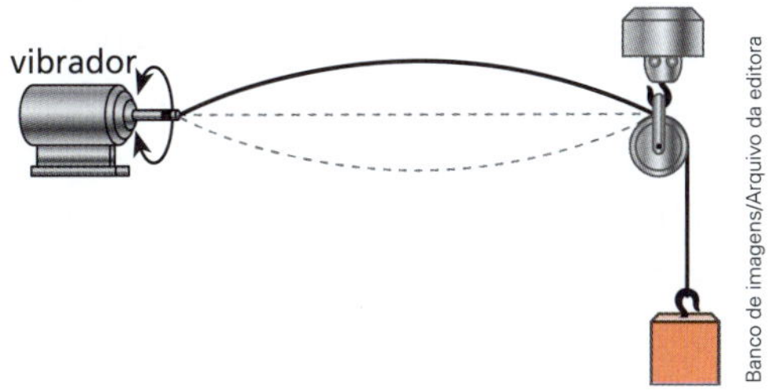

Numa outra etapa, com o bloco totalmente imerso no líquido, o vibrador impõe ao trecho horizontal do fio uma onda estacionária constituída de três nós e dois ventres.

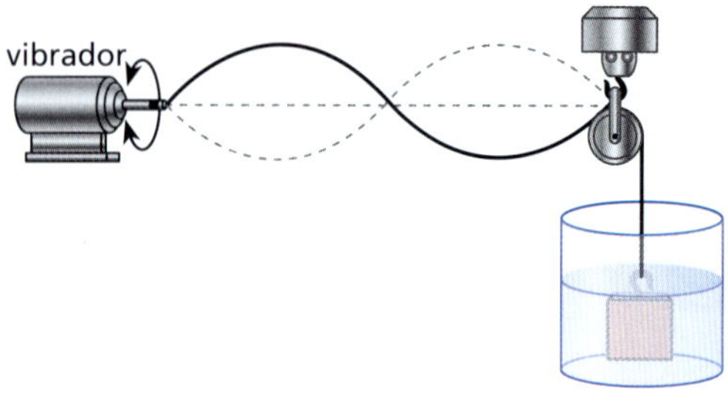

Banco de imagens/Arquivo da editora

A densidade do bloco em relação ao líquido é:

a) $\frac{1}{2}$

b) $\frac{3}{4}$

c) $\frac{4}{3}$

d) 2

e) $\frac{5}{2}$

136. Um pulso triangular produzido na extremidade de uma corda tensa está na posição mostrada na figura 1,5 s após o início do movimento da fonte de onda indicada. A velocidade do ponto **P** (x = 8,0 cm), marcado no esquema, no instante 3,0 s é:

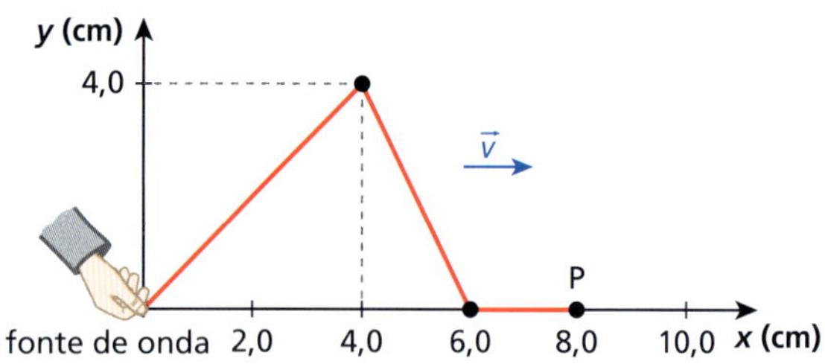

Banco de imagens/Arquivo da editora

a) 2,0 cm/s para cima.

b) 2,0 cm/s para baixo.

c) 4,0 cm/s para cima.

d) 4,0 cm/s para baixo.

e) 5,0 cm/s para baixo.

137. (Ceperj) Um pulso triangular, com a forma de um triângulo retângulo, está propagando-se numa corda, para a direita, como mostra a figura abaixo.

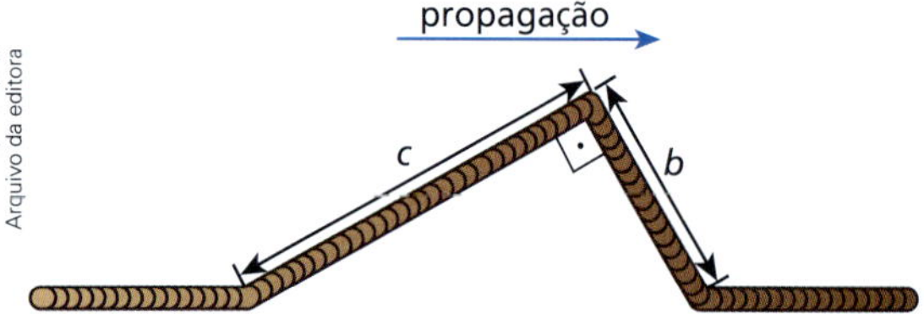

Reprodução/Arquivo da editora

O tempo gasto por um ponto qualquer da corda para ir de sua posição normal ao topo do pulso é *t*; já para voltar do topo à sua posição normal, é *t'*. Sendo *b* e *c* os comprimentos dos catetos menor e maior, respectivamente, do pulso triangular, a razão $\frac{t'}{t}$ é igual a:

a) $\frac{c}{b}$

b) $\frac{c^2}{b^2}$

c) $\frac{c^2}{c^2 + b^2}$

d) $\frac{b^2}{c^2 + b^2}$

e) $\frac{c^2 - b^2}{c^2 + b^2}$

138. Dois pulsos triangulares, de mesma largura e amplitude, propagam-se em oposição de fase ao longo de uma corda elástica, não dispersiva e de densidade linear igual a 10 g/cm.

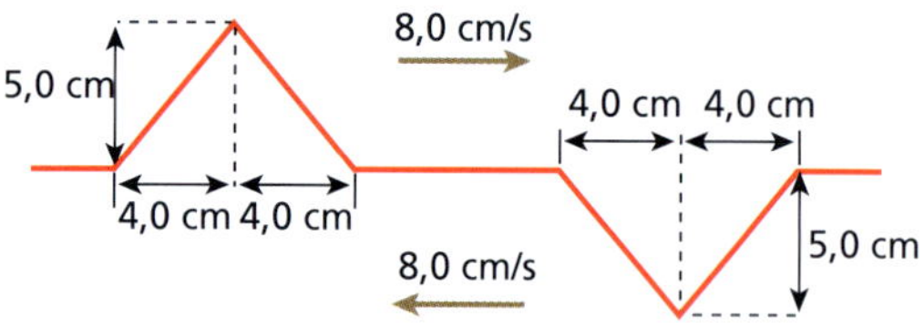

Banco de imagens/Arquivo da editora

Suas velocidades são opostas, apresentando módulo de 8,0 cm/s. Sabendo que cada pulso transporta uma energia potencial elástica de $4,0 \cdot 10^{-4}$ J, calcule:

a) a energia cinética transportada por pulso antes de eles estarem superpostos;

b) a energia cinética total associada ao sistema no instante em que os pulsos estiverem perfeitamente superpostos.

139. Uma pequena esfera de massa m = 400 g apresentada na figura 1, está em equilíbrio suspensa na extremidade livre de uma mola vertical de peso desprezível e com constante elástica igual a *K* de modo que, nesse caso, a distensão verificada na mola é igual a 10 cm.

Já na figura 2, a mesma esfera está oscilando verticalmente em movimento harmônico simples de tal forma a tocar sempre em um ponto **A** da superfície da água de uma cuba de ondas, produzindo nesses impactos instantâneos, ondas circulares sucessivas que se propagam com velocidade de intensidade *v*.

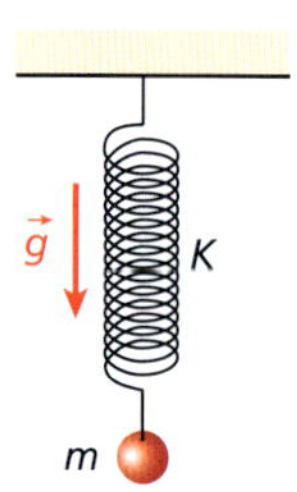

figura 1

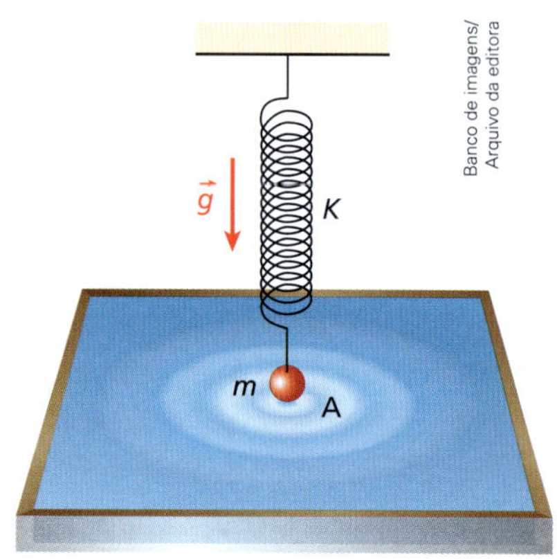

figura 2

Banco de imagens/Arquivo da editora

Adotando $\pi = 3$ e sabendo que no local o módulo da aceleração da gravidade é $g = 10\ m/s^2$ e que a distância entre cristas de ondas consecutivas na figura 2 é igual a 18 cm, pede-se determinar:

a) o valor de *K*, em N/m;

b) o valor de *v*, em cm/s.

140. (Fuvest-SP) *Lasers* pulsados de altíssima potência estão sendo construídos na Europa. Esses lasers emitirão pulsos de luz verde, e cada pulso terá $1{,}0 \cdot 10^{15}$ W de potência e duração de cerca de $30 \cdot 10^{-15}$ s. Com base nessas informações, determine

a) o comprimento de onda λ da luz desse laser;

b) a energia *E* contida em um pulso;

c) o intervalo de tempo Δt durante o qual uma lâmpada LED de 3 W deveria ser mantida acesa, de forma a consumir uma energia igual à contida em cada pulso.

d) o número *N* de fótons em cada pulso.

> **Note e adote:**
> Frequência da luz verde: $f = 0{,}6 \cdot 10^{15}$ Hz.
> Módulo da velocidade da luz $= 3{,}0 \cdot 10^8$ m/s.
> Energia do fóton = hf.
> $h = 6 \cdot 10^{-34}$ Js

141. Uma emissora de rádio AM opera com frequência de 600 kHz e sua antena transmissora está distante 180 km de um determinado aparelho receptor. Entre a antena e o receptor o solo é praticamente plano e horizontal e não existem barreiras prejudicando a propagação das ondas de telecomunicações, que, no local, têm velocidade de intensidade $3{,}0 \cdot 10^8$ m/s. O sinal que atinge o receptor chega por dois caminhos: o direto e o via reflexão na ionosfera, admitida paralela à superfície terrestre e situada, num instante $t_0 = 0$, a 120 km de altitude. Nesse instante, o receptor recebe um sinal resultante reforçado como consequência da interferência construtiva ocorrida entre os dois sinais que o atingem. Em seguida, o sinal captado torna-se mais fraco, voltando, pela primeira vez, a apresentar-se intensificado como antes no instante $t = 2{,}6$ min. Isso pode ser explicado pelo fato de a ionosfera ter-se aproximado do solo com uma velocidade escalar média de módulo *v*.

a) Calcule o comprimento de onda λ das ondas irradiadas pela emissora.

b) Determine o valor de *v*.

142. (Unicamp-SP) Pode-se detectar a deflexão de uma haste usando-se o interferômetro ilustrado na figura abaixo. Nele, um feixe de luz de comprimento de onda λ parte do ponto **P** e é dividido em dois pelo espelho semitransparente **S**. A partir desse ponto, os feixes percorrem caminhos ópticos diferentes, antes de atingirem o anteparo **O**. Há interferência construtiva no anteparo quando os feixes percorrem distâncias que diferem entre si $\Delta d = n\lambda$, onde *n* é um número inteiro. Caso as distâncias percorridas difiram de $\Delta d = \left(n + \frac{1}{2}\right)\lambda$ a interferência é destrutiva. Considere que na situação descrita na figura há interferência construtiva para luz com frequência $f = 5{,}0 \cdot 10^{14}$ Hz. Sabendo que a velocidade da luz é $c = 3{,}0 \cdot 10^8$ m/s, a menor distância que o espelho 2 deve ser deslocado para que ocorra interferência destrutiva é de:

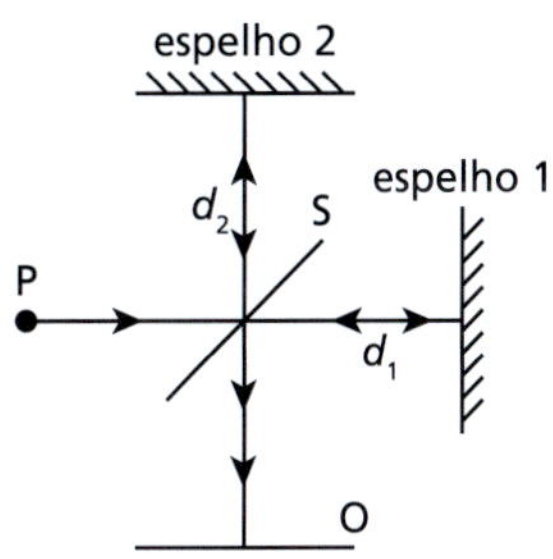

a) 50 nm.
b) 150 nm.
c) 300 nm.
d) 600 nm.

143. (ITA-SP) Num experimento de duas fendas de Young, com luz monocromática de comprimento de onda λ, coloca-se uma lâmina delgada de vidro ($n_v = 1{,}6$) sobre uma das fendas.

Isso produz um deslocamento das franjas na figura de interferência. Considere que o efeito da lâmina é alterar a fase da onda. Nessas circunstâncias, pode-se afirmar que a espessura *d* da lâmina, que provoca o deslocamento da franja central brilhante (ordem zero) para a posição que era ocupada pela franja brilhante de primeira ordem, é igual a:

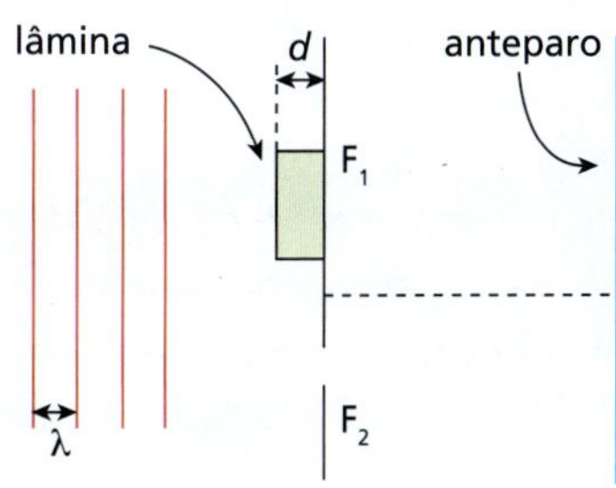

a) $0{,}38\lambda$.
b) $0{,}60\lambda$.
c) λ.
d) $1{,}2\lambda$.
e) $1{,}7\lambda$.

Intersaberes

Férias, praia... Cuidado com o sol

Imagine a Terra sem o Sol. A grande maioria dos seres vivos que hoje conhecemos não existiria. A superfície de nosso planeta seria sempre escura (sempre noite), coberta de gelo em sua maior parte, árida e desértica no restante. Apesar da atmosfera, a temperatura permaneceria próxima de −18 °C, muito baixa.

A radiação solar produziu um grande "milagre", tornou nosso planeta habitável por belas e variadas espécies animais e vegetais. A Terra é aquecida por essa radiação e a energia emitida por sua superfície é retida, em parte, pela atmosfera, ocorrendo assim o chamado efeito estufa, que mantém as temperaturas mínima e máxima dentro de um intervalo razoável para o desenvolvimento da vida no planeta.

Essa radiação solar que atinge a superfície da Terra, em média 300 W/m^2, é constituída de uma parte visível, denominada luz branca, que ao ser decomposta apresenta as radiações vermelha, alaranjada, amarela, verde, azul, anil e violeta. A principal diferença entre elas é a frequência, que varia de $4,5 \cdot 10^{14}$ Hz a $7,5 \cdot 10^{14}$ Hz, aproximadamente. O vermelho é composto de radiações de menores frequências (por volta de $4,5 \cdot 10^{14}$ Hz) e comprimentos de onda maiores (por volta de $7 \cdot 10^{-7}$ m). Ao subirmos na escala de cores vamos encontrando radiações com frequências cada vez maiores. O violeta possui as maiores frequências (por volta de $7,5 \cdot 10^{14}$ Hz) e os menores comprimentos de onda (por volta de $4 \cdot 10^{-7}$ m).

Na parcela invisível encontramos, na parte inferior do espectro, as radiações infravermelhas, com frequências menores que a da vermelha. Essas radiações, que não conseguimos enxergar, ao serem absorvidas são as que mais se transformam em energia térmica, aquecendo os corpos. Nas aplicações práticas do infravermelho vamos encontrar o controle remoto dos aparelhos eletrônicos, que se comunicam utilizando essas radiações. No famoso *bluetooth* – a troca de informações entre dispositivos como celulares – também é utilizado o infravermelho. Na Medicina essas radiações são usadas para a reconstituição de certos músculos do corpo humano – o aquecimento por infravermelho pode provocar a restauração desses tecidos.

Na parte superior do espectro vamos encontrar as radiações ultravioleta, com frequências maiores que as radiações violeta. Essas radiações, chamadas de UV (ultravioleta), possuem frequências maiores que $7,5 \cdot 10^{14}$ Hz. Tomando como referência os efeitos sobre a saúde humana e o meio ambiente, elas são divididas em três faixas denominadas: UVA (com frequências em torno de $8,3 \cdot 10^{14}$ Hz), UVB (em torno de $1,0 \cdot 10^{15}$ Hz) e UVC (em torno de $1,9 \cdot 10^{15}$ Hz). É importante notar que esses valores de frequências e comprimentos de ondas são valores médios, ou seja, cada radiação citada corresponde, na verdade, a uma faixa.

As radiações UVA, de menores frequências e maiores comprimentos de onda, representam quase 99% das radiações ultravioleta que atingem a Terra. Esse tipo de onda possui intensidade praticamente constante durante todo o ano e penetra profundamente na pele, sendo o principal responsável pelo fotoenvelhecimento

Pakhnyushchyy/Shutterstock

Os serviços de meteorologia fornecem, além de informações sobre temperatura e umidade relativa do ar, os índices de UV para a nossa proteção em situações de exposição solar, como em praias.

e pelas fotoalergias e, ainda, predispõe a pele ao câncer. A radiação UVB atinge a superfície de nosso planeta com maior intensidade no verão e entre as 10 horas e as 16 horas. Sua penetração na pele é apenas superficial e ela pode causar as "queimaduras" que tanto incomodam os banhistas nas praias. Essas radiações também provocam alterações celulares, predispondo ao câncer de pele. Assim, cuidado, pois no inverno a incidência de UVB é muito pequena, mas a UVA continua agredindo sua pele da mesma forma que no verão.

As radiações UVC, de maiores frequências e menores comprimentos de onda, praticamente não atingem a superfície da Terra, já que são absorvidas por nossa atmosfera e pelo ozônio (O_3) existente na capa protetora que envolve nosso planeta. Essa camada de ozônio também retém parte da UVA e da UVB. O uso indiscriminado de aerossóis à base de clorofluorcarboneto (CFC), substâncias que também fazem parte dos gases utilizados em geladeiras antigas e aparelhos de ar condicionado, agride o ozônio transformando-o em O_2 e diminuindo a retenção dos raios UV, que podem destruir a vida no planeta se chegarem com 100% de sua intensidade. No bronzeamento artificial, a radiação UVA é emitida com intensidade até 10 vezes maior do que a recebida por meio dos raios solares. Como o efeito da radiação UV é cumulativo, frequentes exposições podem, no futuro, provocar danos ao organismo.

Aproveite as informações acima, pesquise em outras fontes e explique os seguintes fenômenos decorrentes do excesso de exposição do organismo à radiação ultravioleta;

- o envelhecimento acelerado das células de nossa pele;
- o processo biológico da transformação de uma célula saudável em uma célula cancerígena;
- danos ao tecido das nossas retinas.

Compreensão, pesquisa e debate

1. Nosso planeta é protegido dos raios ultravioleta pela capa de ozônio (O_3) que envolve a Terra. Pesquise e descubra se estamos mesmo bem protegidos.
2. Quais os cuidados que todos devemos tomar para evitar a destruição da camada de ozônio que envolve a Terra?
3. Pesquise e descubra como as células de nossa pele envelhecem mais rapidamente quando ficam expostas à radiação ultravioleta.
4. Pesquise também o processo biológico da transformação de uma célula saudável em uma célula cancerígena pelo excesso de UV.
5. O uso de óculos escuros de baixa qualidade pode fazer o usuário se arriscar mais na exposição às radiações UV. Assim, é melhor não usar esses óculos. Como os óculos escuros de baixa qualidade podem facilitar que os raios UV provoquem danos irreparáveis em nossa visão?
6. Descubra como é o tecido da retina de nossos olhos e como a radiação UV pode afetá-lo.

! Não realize este experimento: perigo de queimaduras.

DESCUBRA MAIS

1. Se uma porção de água for colocada (**em recipiente não metálico**) no interior de um forno de micro-ondas por alguns minutos, para aquecer, ao ser retirada, a agitação do recipiente poderá desencadear uma reação violenta, provocando uma "explosão" de massa líquida. Como você explica essa "explosão" da água? Quais são as condições para que isso ocorra? Por que o recipiente não pode ser metálico?
2. Nos fornos de micro-ondas antigos, não existia o prato giratório, porém, nos mais novos, encontramos esse dispositivo. Esse prato giratório é realmente necessário? Ele proporciona alguma vantagem para o usuário?
3. O aquecimento dos alimentos utilizando as micro-ondas pode fazer mal à saúde?

TÓPICO

3 Acústica

A Sala São Paulo, que se encontra na cidade de mesmo nome (São Paulo), é uma das melhores salas acústicas do mundo. As placas móveis no teto, a textura nos balcões e paredes e o material que compõe as poltronas garantem que os sons refletidos não interfiram com os sons emitidos, proporcionando a todos os espectadores a mesma qualidade acústica.

No tópico anterior fizemos um estudo das ondas. Vimos principalmente o que ocorre com a **luz** e com o **som** de maneira geral. Neste tópico vamos dar um destaque, fazendo um estudo mais detalhado das **ondas sonoras**, lembrando que a onda sonora é aquela que sensibiliza nossos órgãos auditivos, o sistema que forma os ouvidos, isto é, as ondas que podemos ouvir. Para realizarmos esse estudo devemos observar as **fontes sonoras**, os meios onde essas ondas se propagam, os fenômenos que ocorrem nessa propagação e, finalmente, os receptores, que recebem e decodificam essas ondas.

Bloco 1

1. Introdução

As **fontes sonoras** que observamos com mais frequência são aparelho fonador, cordas sonoras, colunas de ar que vibram, membranas que vibram, como a de um alto-falante ou em instrumentos musicais.

sirtravelalot/Shutterstock

HomeArt/Shutterstock

Shane Gross/Shutterstock

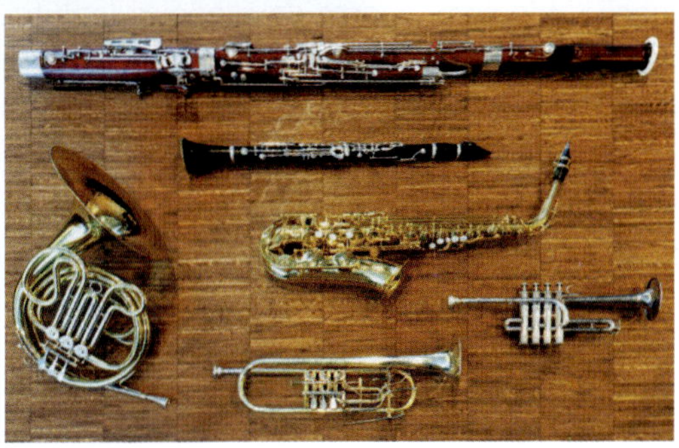
Depositphotos/Fotoarena

Fred S. Pinheiro/Shutterstock

Esses sistemas vibram mecanicamente, fazendo as partículas do meio também vibrar. As ondas sonoras são emitidas por essas fontes e passam a se propagar através de meios materiais, que podem ser líquidos, gasosos ou sólidos. Observem que o som é uma onda mecânica que não se propaga pelo vácuo. Assim, o som, como toda onda mecânica, necessita de um **meio material** para sua propagação.

Na propagação dessas ondas podem ocorrer com o som alguns fenômenos ondulatórios como reflexão, refração, interferência, ressonância, difração e Efeito Doppler, que já vimos, em sua grande maioria, na parte de ondas.

Os receptores das ondas sonoras podem captá-las e reconhecer certas qualidades específicas dos sons como a **altura**, o **timbre** e a **sonoridade**.

2. A propagação dos sons

A sensação de audição que percebemos em nossos ouvidos é proporcionada pela onda mecânica denominada **som**. Essa onda, em geral, está em um intervalo de frequências entre 20 Hz e 20000 Hz. As frequências menores que 20 Hz (infrassons) e as maiores que 20000 Hz (ultrassons) não podem sensibilizar nossos órgãos auditivos, mas são consideradas vibrações acústicas. As sensações auditivas dessas ondas sonoras podem ser agradáveis ou não. As vibrações periódicas ou musicais agradam, as demais ondas são chamadas de ruídos.

Vamos observar ondas se propagando em uma mola.

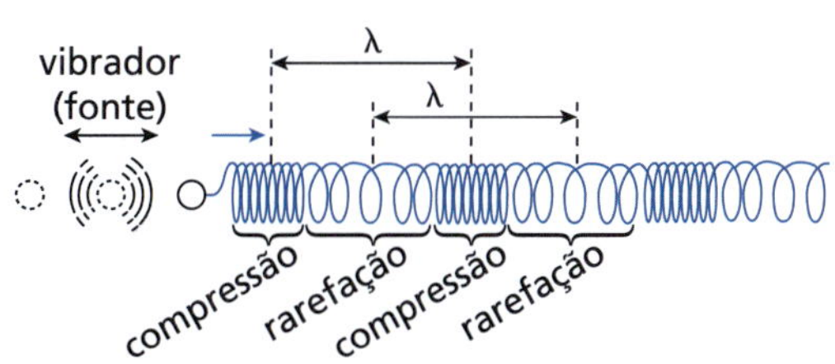

Banco de imagens/Arquivo da editora

Executando movimentos periódicos de vaivém na extremidade de uma mola, observamos ondas periódicas constituídas de compressões e rarefações.

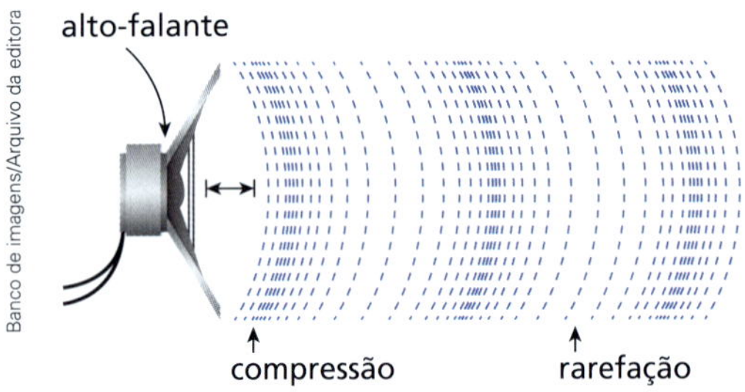

O som se propaga de maneira semelhante, fazendo oscilar longitudinalmente as partículas dos meios em que se propaga. As **compressões** correspondem a regiões onde a pressão é maior e as **rarefações** onde a pressão é menor. Lembrando que uma onda é uma energia que se propaga, o som não arrasta as partículas do meio, apenas as faz vibrar em torno de suas posições de equilíbrio.

Um alto-falante pode mostrar melhor a emissão e a propagação do som. Neste dispositivo, uma membrana (o cone de papelão) é posta a vibrar por meio de excitações elétricas. O avanço do cone empurra as partículas de ar produzindo uma região de compressão. A volta desse cone para a posição inicial produz uma rarefação. Essas perturbações se propagam através do ar existente no meio ambiente. Quando elas chegam aos nossos ouvidos, o tímpano é colocado a vibrar e todo o sistema auditivo funciona para enviar ao nosso cérebro os sinais que serão decodificados e nos darão as sensações agradáveis ou desagradáveis.

Nos meios líquidos e nos gasosos o som se propaga de forma **longitudinal**, por meio de compressões e rarefações. Nos meios sólidos, devido à estrutura mais rígida das partículas, a propagação dos sons ocorre de maneira longitudinal e transversal ao mesmo tempo, fazendo com que essa propagação se torne **mista**. É interessante salientar que as vibrações longitudinais se propagam mais rapidamente do que as transversais e, em termos de audição, as transversais não são percebidas. Observe que elas devem sair do sólido e percorrer certa distância no ar até atingir nosso tímpano e, no ar, a onda sonora é longitudinal. Assim, somente as ondas longitudinais têm importância para a nossa audição.

3. Reflexão do som

Quando uma onda sonora atinge um obstáculo material, uma parede, por exemplo, ela sofre **reflexão**. Isto é, ela bate na parede e volta a se propagar no meio onde estava. A frequência (f), o comprimento de onda (λ) e a sua velocidade escalar (v) não sofrem alterações na reflexão. Os valores são os mesmos antes e após a reflexão.

É bom lembrar que a equação fundamental das ondas ($v = \lambda f$) é válida para as ondas sonoras antes e depois da reflexão.

Geralmente, um som incidente em uma parede é refletido parcialmente, parte é absorvida e parte é refratada, passando a se propagar no meio que se encontra do outro lado da parede.

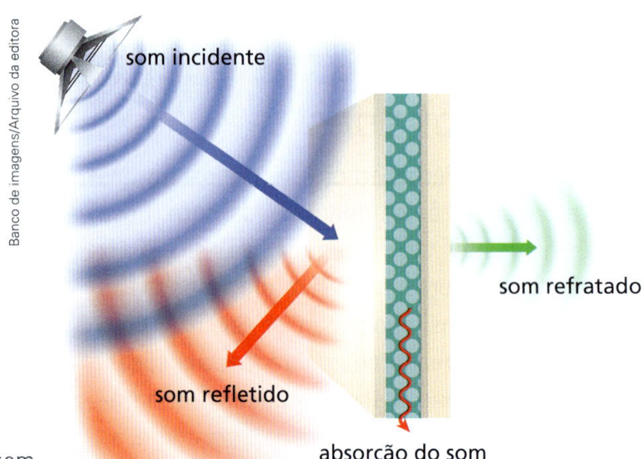

Reflexão, absorção e refração do som. As cores servem apenas para distinguir as diferentes ondas sonoras.

A **persistência auditiva** é a denominação que damos ao fato de um som, ao atingir o nosso sistema auditivo, persistir nele durante um intervalo de tempo igual a aproximadamente 1/10 de segundo. Assim, quando uma pessoa emite um som, ela ouve primeiro o som emitido e, em seguida, esse mesmo som após uma reflexão nas paredes do ambiente onde ela se encontra. Se o intervalo de tempo entre o recebimento dos dois sons for menor do que 0,1 s, ocorre um "alongamento" na sensação auditiva e esse fenômeno recebe a denominação de **reverberação**. Porém, se o intervalo de tempo for maior do que 0,1 s temos o fenômeno denominado **eco**, quando o som se repete distintamente nas duas audições. Quando estamos em uma casa ou apartamento totalmente vazio, ao conversarmos com alguém na sala, por exemplo, notamos um som diferente, as palavras se apresentam mais longas que o normal, é o que chamamos de "som de sala vazia". Isso é a **reverberação**. Porém, quando estamos em um local muito grande, uma igreja, um ginásio de esportes ou mesmo um local montanhoso, quando gritamos uma palavra podemos ouvi-la imediatamente e logo em seguida ouvimos de novo. Isso é o **eco**.

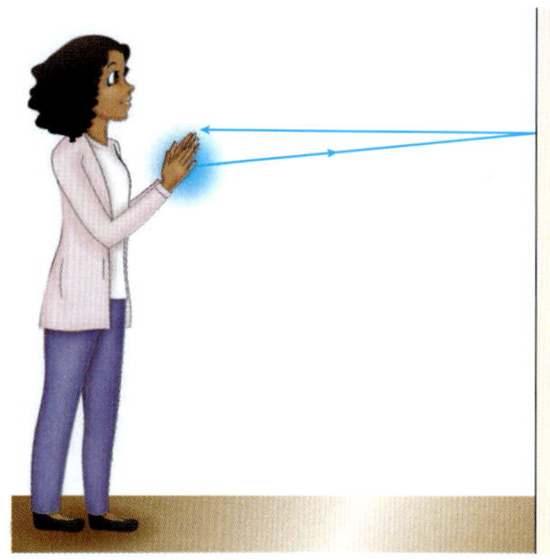
Banco de imagens/Arquivo da editora

Como a velocidade do som no ar é por volta de 340 m/s, para ir e voltar após a reflexão, se esse som demorar mais do que 0,1 s, vamos ouvir nitidamente o **eco**. Como o som vai e volta, as paredes onde ocorrem as reflexões do som devem estar a mais de 17 m do local onde estamos.

$$\Delta s = v\Delta t \Rightarrow 2d = 340 \cdot 0{,}1 \therefore \boxed{d = 17\ m}$$

Radar e sonar

O **radar** (***Ra****dio* ***D****etection* ***a****nd* ***R****anging*) é um sistema localizador, muito usado na aviação, que utiliza ondas eletromagnéticas para a determinação do local onde se encontra um determinado avião. Essas ondas são emitidas e, as que refletem no avião, retornam e são reconhecidas pelo sistema. O intervalo de tempo entre a ida e a volta dessas ondas possibilita a localização do avião.

O **sonar** (***So****und* ***N****avigation* ***a****nd* ***R****anging*) é um sistema parecido que utiliza ultrassons em lugar das ondas eletromagnéticas. Como a velocidade desses ultrassons é bem menor do que a velocidade das ondas eletromagnéticas, a sua utilização é mais restrita, sendo usado em barcos para determinar a profundidade do local ou mesmo para localizar aglomerados de peixes (cardumes). O ultrassom se propaga pelo meio até atingir um obstáculo. Retorna e é captado pelo sistema, que calcula a que distância esse obstáculo se encontra. Um animal que utiliza um sistema de sonar para localização de obstáculos é o morcego. Ele emite um som bem agudo e ultrassons que, após a reflexão, são captados pelo seu sistema auditivo.

Banco de imagens/Arquivo da editora

ondas emitidas   ondas refletidas

4. Intensidade de uma onda sonora

Como sabemos, o som é uma onda mecânica que se propaga tridimensionalmente, isto é, na forma de uma esfera cujo raio aumenta com o tempo. Essa energia mecânica encontra-se espalhada pela superfície dessa esfera, que aumenta sua área à medida que a onda se propaga. Assim, vamos observar que ao longo da trajetória da propagação do som, cada unidade de área da esfera passa a ter cada vez menos energia por unidade de tempo. Considerando a propagação conservativa, sem perdas, a mesma energia se espalha por uma superfície externa cada vez maior. A partir dessa observação definimos outra grandeza para as ondas, a **intensidade sonora**.

A **intensidade sonora** especifica a quantidade de energia da onda que atravessa a unidade de área disposta perpendicularmente à sua direção de propagação, na unidade de tempo. No Sistema Internacional de Unidades (SI) a medida da intensidade sonora é dada por J/m^2 s ou W/m^2.

Assim, a **intensidade sonora** (*I*) corresponde à potência (*Pot*) dessa onda dividida pela área da superfície esférica ($S = 4\pi x^2$, em que *x* é a distância da fonte sonora), considerando que a propagação seja conservativa, sem perdas de energia para o meio.

$$I = \frac{Pot}{S} \Rightarrow I = \frac{Pot}{4\pi x^2}$$

É importante salientar que para uma determinada frequência (*f*) e um meio homogêneo, a intensidade de uma onda sonora é também proporcional ao quadrado da amplitude (*A*) da onda. Dessa forma, quanto mais nos afastamos da fonte, a intensidade (*I*) e a amplitude (*A*) da onda ficam cada vez menores.

$$I = Kf^2A^2$$

Na expressão acima, *K* é uma constante de proporcionalidade.

5. Velocidade de propagação do som

Já vimos que a energia que caracteriza uma onda sonora faz as partículas do meio onde ela se propaga se agitarem com a sua passagem. As partículas do meio oscilam em torno de suas posições de equilíbrio. Portanto, o meio que apresenta uma densidade maior de partículas facilitará essa transmissão de energia. Em um meio mais rarefeito essa passagem será mais lenta. Consequentemente, a velocidade de propagação das ondas sonoras será maior nos sólidos e menor nos gases. Nos líquidos a velocidade será um valor intermediário. No ar, nas condições ambientais em que vivemos, a velocidade de propagação do som é de aproximadamente 340 m/s, nos líquidos cerca de 1 000 m/s e nos sólidos a partir de 3 000 m/s, dependendo da estrutura molecular desse sólido. No aço, por exemplo, o som se propaga a cerca de 5 000 m/s.

A fonte sonora pode estar parada ou movimentando-se com qualquer velocidade, a propagação do som emitido é a mesma, dependendo apenas das características do meio. Ainda bem, você já imaginou se a velocidade do som dependesse do movimento da fonte, da frequência ou da intensidade? Não poderíamos assistir à apresentação de um *show* em um estádio de futebol, por exemplo, pois estaríamos ouvindo sons graves depois de agudos ou fortes antes de fracos, seria uma confusão. Ainda bem que a velocidade de propagação do som não depende dessas características citadas, depende apenas das características do meio onde ele se propaga.

Em nossos estudos, o meio de propagação das ondas sonoras que mais utilizamos é o ar atmosférico. É possível constatar que um aumento na temperatura do ar provoca um aumento na velocidade de propagação do som, algo em torno de 0,58 m/s a cada 1 °C. Partículas do ar em estágio de agitação maior transferem a energia da onda mais rapidamente. Também podemos observar que um aumento na umidade relativa do ar torna mais denso o meio, facilitando a propagação do som. Não podemos nos esquecer dos ventos, eles podem ajudar ou atrapalhar a propagação do som.

Ampliando o olhar

Velocidade do som nos gases

Quando pensamos na velocidade de propagação do som nos gases, o primeiro que lembramos é o ar. Há muito tempo são realizados experimentos ao ar livre e também em ar contido em tubos para a determinação dessa velocidade. O primeiro registro foi feito pelo estudioso francês **Marin Mersenne** (1588-1648) em 1640, quando dispôs dois canhões a uma grande distância, porém um visível para o outro. Após a observação da luz de um disparo, media-se o tempo até ser ouvido o som. Por esse sistema encontraram o valor de 448 m/s para a velocidade do som no ar.

Album/akg-images/Latinstock

Marin Mersenne, padre francês estudioso da Física.

Em 1656, foi encontrado o valor de 361 m/s. Em 1738, a Academia de Ciências de Paris mandou realizar uma série de experimentos e encontraram o valor de 332 m/s, a 0 °C. O aprimoramento do processo de medição trazia o valor encontrado mais próximo ao valor que usamos hoje, 340 m/s.

Nos gases perfeitos, o estudo da velocidade do som foi feito primeiramente por Issac Newton, que deduziu uma relação que ficou conhecida como **Equação de Newton**:

$$v_{som} = \sqrt{\frac{E}{\mu}}$$

em que μ era a densidade absoluta do gás e *E* o módulo de compressibilidade isotérmica do fluido, pois imaginava serem isotérmicas as compressões e as rarefações. Esse módulo é, no caso de gases, igual à sua pressão. Entretanto, os valores obtidos eram muito inferiores aos resultados experimentais. Coube a **Pierre-Simon Laplace** (1749-1827) a explicação dessa diferença, as compressões eram adiabáticas e não isotérmicas. Assim, *E* passou a ser interpretado como módulo de compressibilidade adiabática, que é dado, no caso dos gases perfeitos, como $E = pc_p/c_v$, onde c_p e c_v representam os calores específicos a pressão constante e a volume constante e *p* a pressão do gás. Portanto, a equação de Newton se transformou na **Equação de Laplace**:

$$v_{som} = \sqrt{\frac{c_p}{c_v}\frac{p}{\mu}}$$

Essa nova equação fornece resultados mais próximos dos valores experimentais.

Lembrando da Equação de Clapeyron:

$$pV = nRT$$

$$p = \frac{m}{V}\frac{RT}{M} \Rightarrow \frac{p}{\mu} = \frac{RT}{M}$$

Lembrando também do coeficiente de Poisson-Laplace (visto no Tópico 5, Termodinâmica):

$$\gamma = \frac{c_p}{c_v}$$

Em gases monoatômicos $\gamma = 1{,}7$, nos diatômicos $\gamma = 1{,}4$ e nos poliatômicos $\gamma = 1{,}3$, valores estes aproximados. Vamos, então, obter a relação:

$$v_{som} = \sqrt{\gamma\frac{RT}{M}}$$

Como γ (Poisson-Laplace), *R* (constante universal dos gases perfeitos) e *M* (massa molar do gás) são constantes, podemos concluir que a velocidade de propagação do som em gases perfeitos é diretamente proporcional à raiz quadrada da temperatura absoluta (*T*) desses gases.

$$\boxed{v_{som} = K\sqrt{T}}$$

6. Refração do som

Se, ao aumentarmos a temperatura do ar, a velocidade de propagação das ondas sonoras aumenta, no ar quente o som se propaga mais rápido do que no ar frio. Dessa forma, quando o som passa de uma região onde o ar é mais quente para outra onde o ar é mais frio, essa passagem caracteriza uma refração. Vamos lembrar que **refração** é o fenômeno ondulatório que caracteriza a passagem de uma onda de um meio para outro, com consequente alteração na velocidade de propagação.

Na figura, uma frente de onda sonora passa de uma região com ar frio para uma região com ar quente. Vale a 2ª Lei da Refração:

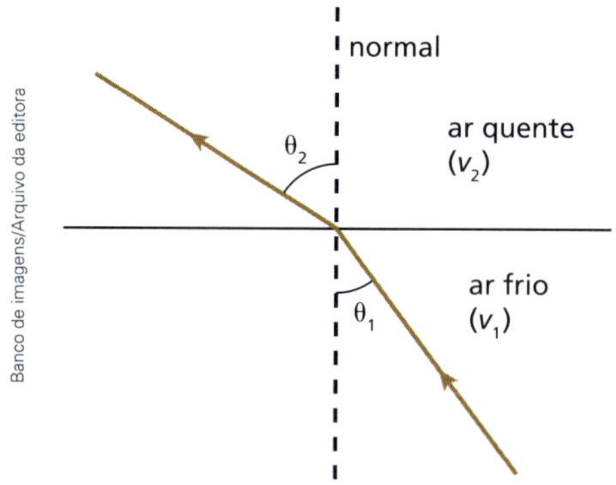

$$\frac{\text{sen}\,\theta_1}{\text{sen}\,\theta_2} = \frac{v_1}{v_2}$$

Como a velocidade no ar quente é maior que no ar frio ($v_2 > v_1$), o raio de onda sonora se afasta da normal quando passa do ar frio para o ar quente ($\theta_1 > \theta_2$).

Valendo as **Leis da Refração**:

1ª Lei da Refração

O raio incidente, a normal à fronteira no ponto de incidência e o raio refratado estão contidos no mesmo plano (são coplanares).

2ª Lei da Refração

Também denominada **Lei de Snell**, a 2ª Lei da Refração é expressa pela relação:

$$\frac{\text{sen}\,\theta_1}{\text{sen}\,\theta_2} = \frac{v_1}{v_2} = \frac{\lambda_1}{\lambda_2}$$

Essas leis podem ser aplicadas tanto para ondas eletromagnéticas como para ondas mecânicas. Assim, elas são válidas na propagação de ondas sonoras.

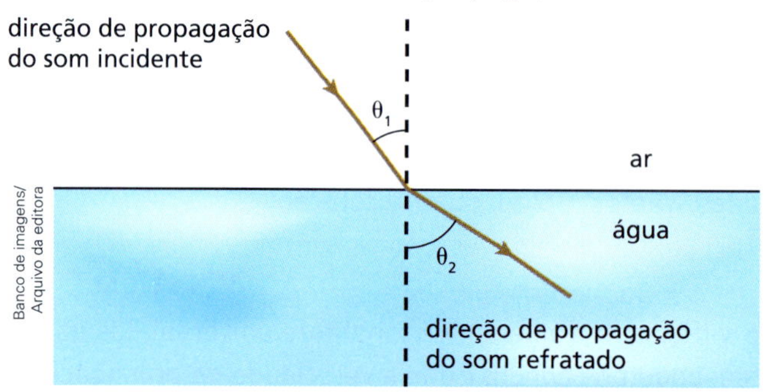

As ondas sonoras obedecem às mesmas leis de refração que as ondas luminosas. Por exemplo, ao passar do ar para a água, o raio de onda se afasta da normal, pois a velocidade de propagação do som na água é maior que no ar, $V_{água} > V_{ar}$, portanto, $\theta_{água} > \theta_{ar}$.

Exercícios Nível 1

1. Um som foi emitido por uma fonte que se encontra no fundo de um lago. A frequência dessa onda sonora é igual a 544 Hz. Esse som percorre uma distância de 2 448 metros no interior da água mais 510 metros no ar, até atingir um receptor. Sendo a velocidade do som no ar igual a 340 m/s e no interior da água desse lago 1 632 m/s, determine:
E.R.

a) Os comprimentos de onda desse som no ar e na água desse lago.

b) O tempo total que esse som leva para ir do emissor, no fundo do lago, até o receptor, fora do lago.

c) A frequência dessa onda ao chegar ao receptor.

Resolução:

a) Equação fundamental das ondas:

$$v = \lambda f$$

No ar:

$$340 = \lambda_{ar} \cdot 544 \therefore \lambda_{ar} = 0{,}625 \text{ m}$$

$$\boxed{\lambda_{ar} = 62{,}5 \text{ cm}}$$

Na água:

$$1\,632 = \lambda_{água} \cdot 544 \therefore \boxed{\lambda_{água} = 3 \text{ m}}$$

b) A distância percorrida pelo som é:

$$D = v\Delta t$$

Na água:

$$2\,448 = 1\,632 \cdot \Delta t_{água} \therefore \Delta t_{água} = 1{,}5 \text{ s}$$

No ar:

$$510 = 340 \cdot \Delta t_{ar} \therefore \Delta t_{ar} = 1{,}5 \text{ s}$$

Assim, temos:

$$\Delta t = \Delta t_{ar} + \Delta t_{água} = 1{,}5 + 1{,}5$$

$$\boxed{\Delta t = 3{,}0 \text{ s}}$$

c) A frequência da onda não varia quando a mesma muda de meio. Portanto, esse som foi emitido no fundo do lago com frequência de 544 Hz e chegará ao receptor (no ar) com a mesma frequência (544 Hz).

2. (Vunesp) Nas últimas décadas, o cinema tem produzido inúmeros filmes de ficção científica com cenas de guerras espaciais, como *Guerra nas estrelas*. Com exceção de *2001, uma odisseia no espaço*, essas cenas apresentam explosões com estrondos impressionantes, além de efeitos luminosos espetaculares, tudo isso no espaço interplanetário.

a) Comparando *Guerra nas estrelas*, que apresenta efeitos sonoros e explosão, com *2001, uma odisseia no espaço*, que não os apresenta, qual deles está de acordo com as leis da Física? Justifique.

b) E quanto aos efeitos luminosos que todos apresentam? Justifique.

3. Para a audição dos seres humanos foram estabelecidos limites inferior, 20 Hz, e superior, 20 000 Hz. Esses limites foram bem generosos, pois os homens mal conseguem ouvir sons de 16 000 Hz ou pouco mais. Considerando os limites iniciais, determine os comprimentos de onda do som mais grave e do som mais agudo desse intervalo estabelecido. Velocidade do som no ar = 340 m/s.

4. Um aluno estava buscando informações na internet quando encontrou a definição da palavra morcego: "O morcego é um animal mamífero da ordem quiróptera cujos membros superiores (braços e mãos) têm formato de asa membranosa, tornando-se o único mamífero capaz de voar."

Beth Ruggiero-York/Shutterstock

Ele se interessou por mais informações, encontrando que o menor comprimento de onda de um som emitido por um morcego, no ar, é da ordem de $2{,}2 \cdot 10^{-3}$ m. Se a velocidade do som no ar vale 330 m/s, qual a maior frequência emitida por esse animal?

5. Quando uma pessoa emite um som, ela ouve esse som imediatamente. Se no local tivermos obstáculos para proporcionar reflexões, ela poderá receber novamente o som emitido. Se o intervalo de tempo entre as duas audições for menor do que 0,10 s será percebida uma **reverberação**, se, no entanto, for maior do que 0,10 s, então será percebido um **eco**.

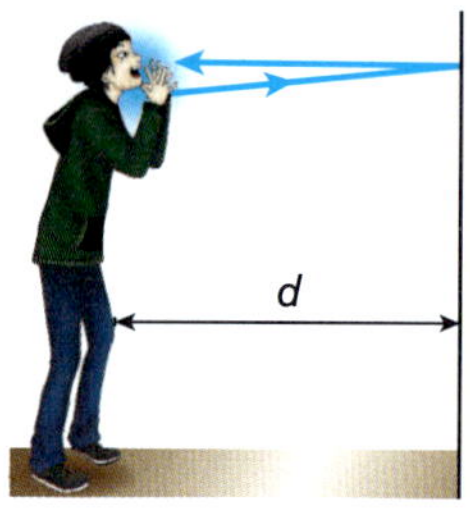

Banco de imagens/Arquivo da editora

Sendo 340 m/s a velocidade do som no ar, determine:

a) o menor valor de *d* para a pessoa perceber o eco.

b) a distância *d* para a pessoa ouvir o eco 1,2 s após emitir o som.

6. (UEFS-BA) Ondas sonoras são ondas mecânicas, produzidas pela deformação do meio por onde se propagam. Dependendo da frequência da fonte emissora dessas ondas, elas podem ou não ser detectadas pela orelha humana e pelas orelhas de outros animais. A tabela apresenta as faixas de frequência detectadas por alguns animais.

Animal	Frequência mínima (Hz)	Frequência máxima (Hz)
Morcego	20	160 000
Cão	20	30 000
Elefante	20	10 000
Gato	30	45 000
Golfinho	150	150 000
Chimpanzé	100	30 000
Baleia	40	80 000

Considere uma onda sonora propagando-se pelo ar com velocidade de 340 m/s. Se o comprimento de onda dessa onda for igual a 5 mm, dos animais indicados na tabela, ela poderá ser detectada apenas por

a) morcegos, baleias e golfinhos.

b) morcegos, baleias e elefantes.

c) elefantes, cães e chimpanzés.

d) golfinhos, morcegos e gatos.

e) baleias, chimpanzés e cães.

7. Durante o *show* de uma banda de *rock*, Alípio se posicionou a 20 m de uma grande caixa de som. Ao começar a apresentação ele não aguentou a intensidade *I* do som que chegava aos seus ouvidos. Afastou-se até uma distância *d* da fonte sonora, percebendo que os sons chegavam com uma intensidade $I' = \frac{I}{4}$. A que distância *d* da caixa acústica se posicionou Alípio?

Exercícios Nível 2

8. (Fuvest-SP) O som de um apito é analisado com o uso de um medidor que, em sua tela, visualiza o padrão apresentado na figura abaixo. O gráfico representa a variação da pressão que a onda sonora exerce sobre o medidor, em função do tempo, em μs (1 μs = 10^{-6} s). Analisando a tabela de intervalos de frequências audíveis por diferentes seres vivos, conclui-se que esse apito pode ser ouvido apenas por

Seres vivos	Intervalos de frequência
Cachorro	15 Hz – 45 000 Hz
Ser humano	20 Hz – 20 000 Hz
Sapo	50 Hz – 10 000 Hz
Gato	60 Hz – 65 000 Hz
Morcego	1 000 Hz – 120 000 Hz

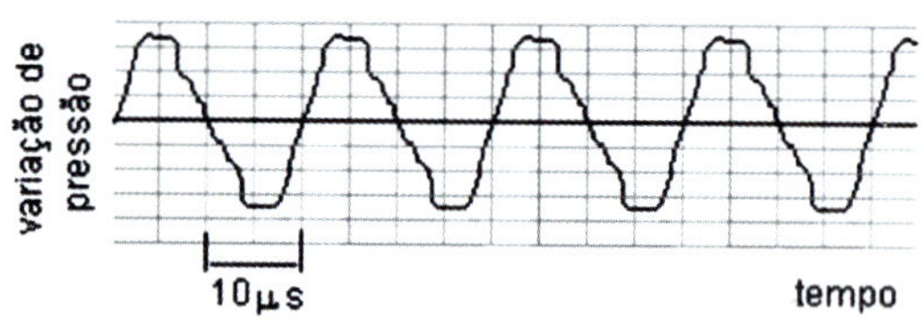

Reprodução/Fuvest, 2002

a) seres humanos e cachorros.

b) seres humanos e sapos.

c) sapos, gatos e morcegos.

d) gatos e morcegos.

e) morcegos.

9. (Fuvest-SP) Um alto-falante fixo emite um som cuja frequência *F*, expressa em Hz, varia em função do tempo *t* na forma F(t) = 1 000 + 200t. Num determinado momento, o alto-falante está emitindo um som com uma frequência F_1 = 1 080 Hz.

Nesse mesmo instante, uma pessoa **P**, parada a uma distância D = 34 m do alto-falante, está ouvindo um som com uma frequência F_2, aproximadamente, igual a

a) 1 020 Hz
b) 1 040 Hz
c) 1 060 Hz
d) 1 080 Hz
e) 1 100 Hz

10. E.R. Uma pessoa sem problemas auditivos, para ouvir um determinado som, precisa que ele tenha uma intensidade mínima de 10^{-10} W/m^2. Um pequeno alto-falante emite esse som continuamente com potência igual a 10 mW. Supondo que não ocorra dissipação em sua propagação, determine a máxima distância a que esse som poderá ser ouvido por essa pessoa de audição normal. Observe que a propagação do som é feita por meio de ondas esféricas.

Resolução:

Como vimos na teoria, a intensidade de uma onda esférica varia com a distância (*x*), a partir da fonte sonora, de acordo com a expressão:

$$I = \frac{Pot}{4\pi x^2}$$

em que *Pot* é a potência da fonte emissora de ondas.

Assim, sendo:

$$Pot = 10 \text{ mW} = 10 \cdot 10^{-3} \text{ W} = 10^{-2} \text{ W}$$

Temos:

$$10^{-10} = \frac{10^{-2}}{4 \cdot 3{,}14 \cdot x^2}$$

$$12{,}56\,x^2 = 10^8$$

$$x^2 = 0{,}08 \cdot 10^8$$

$$x^2 = 8 \cdot 10^6$$

$$x = 2{,}83 \cdot 10^3$$

$$\boxed{x = 2{,}83 \text{ km}}$$

11. (Unicamp-SP) Uma das formas de se controlar misturas de gases de maneira rápida, sem precisar retirar amostras, é medir a variação da velocidade do som no interior desses gases. Uma onda sonora com frequência de 800 kHz é enviada de um emissor a um receptor (vide esquema), sendo então medida eletronicamente sua velocidade de propagação em uma mistura gasosa. O gráfico abaixo apresenta a velocidade do som para uma mistura de argônio e nitrogênio em função da fração molar de Ar em N_2.

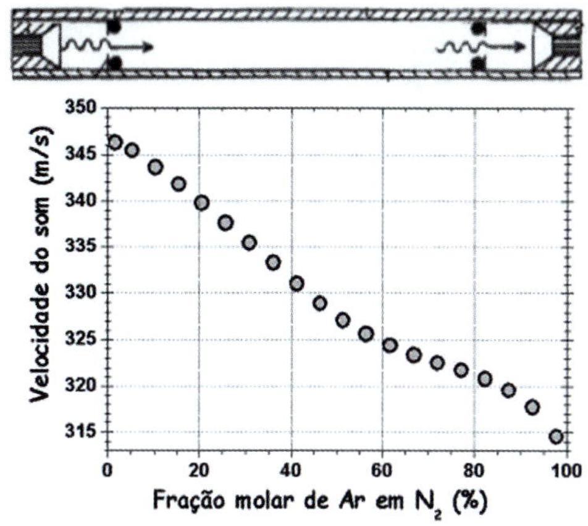

a) Qual o comprimento de onda da onda sonora no N_2 puro?
b) Qual o tempo para a onda sonora atravessar um tubo de 10 cm de comprimento contendo uma mistura com uma fração molar de Ar de 60%?

12. (FCC-SP) Para traçar o relevo do fundo do mar, um navio emite, verticalmente, pulsos sonoros e registra o intervalo *t* de tempo entre o instante de emissão do pulso e o de recepção do pulso refletido. A velocidade do som na água é de 1,5 km/s.

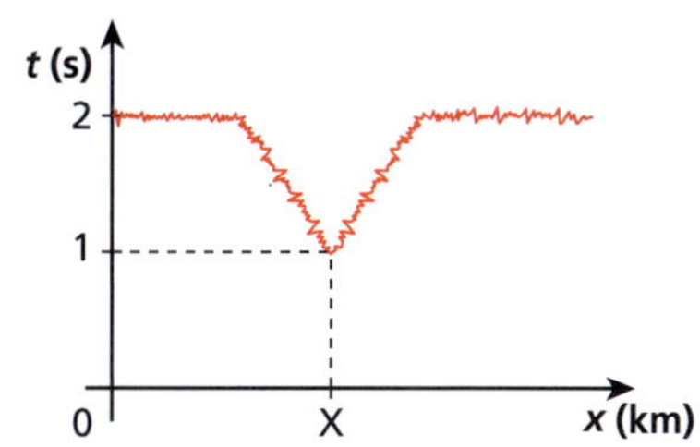

O gráfico mostra a duração de *t*, em função da posição *x* do navio, que navegava em linha reta. A partir dessas informações, pode-se concluir, corretamente, que na posição **X** havia:

a) um vale submarino, cujo fundo estava a 1,5 km do nível do mar.
b) um vale submarino, cujo fundo estava a 3,0 km do nível do mar.
c) um vale submarino, cujo fundo estava a 4,5 km do nível do mar.
d) uma montanha submarina, cujo pico estava a 0,75 km do nível do mar.
e) uma montanha submarina, cujo pico estava a 1,5 km do nível do mar.

Bloco 2

7. Cordas sonoras

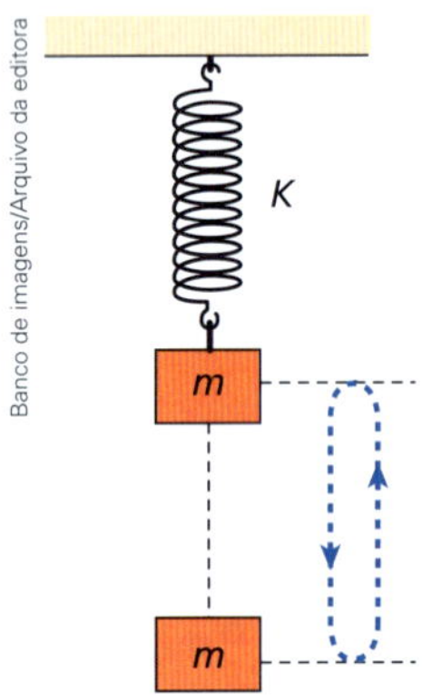

Quando estudamos ressonância vimos que todo sistema físico capaz de vibrar, quando é excitado, pode ter uma única frequência natural de vibração ou pode ter vários modos preferenciais de vibração. Um bloco acoplado à extremidade de uma mola é um exemplo de sistema físico que possui uma única frequência de vibração.

$$f = \frac{1}{2\pi}\sqrt{\frac{K}{m}}$$

Uma corda de violão possui várias frequências preferenciais de vibração, dependendo cada uma do modo de vibração em que esse sistema passa a vibrar. A corda encontra-se esticada e recebe uma perturbação em um dos seus pontos. Essa perturbação propaga-se ao longo da corda nos dois sentidos, caracterizando duas ondas que refletem nas extremidades fixas e retornam. Na superposição dessas ondas iguais (mesma frequência, mesma velocidade e mesma amplitude), porém de sentidos opostos, vamos encontrar a formação de ondas estacionárias, que determinam o modo de vibração dessa corda. Observem que as frequências de vibração são definidas pelas características dela, como comprimento (*L*), raio (*r*), força que traciona a corda (*F*) e densidade do material (μ) de que é feita.

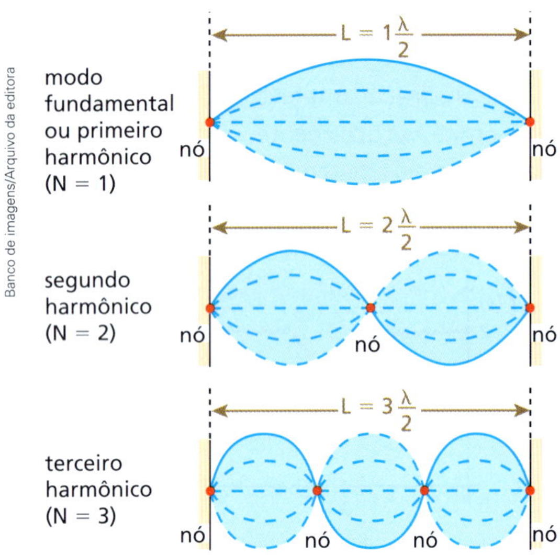

Nas figuras ao lado vamos encontrar os primeiros três modos de vibração de uma corda. Observem que apenas algumas frequências podem gerar ondas estacionárias, já que a corda possui comprimento *L* e as extremidades são fixas, originando nesses pontos **nós**.

É bom lembrar que entre dois **nós** consecutivos existe uma metade de onda. Assim, o comprimento das ondas que se propagam na corda para formar a onda estacionária tem comprimento de onda igual a duas vezes a distância entre dois **nós** consecutivos.

A primeira configuração que observamos na figura corresponde ao modo mais simples de vibração da corda denominada **modo fundamental** ou **primeiro harmônico**. Nesse caso, a corda toda, de comprimento *L*, encontra-se tomada por uma metade de onda $\left(\frac{\lambda}{2}\right)$. Valendo a relação:

$$L = 1\frac{\lambda}{2} \Rightarrow \lambda = 2L$$

Lembrando que $v = \lambda f$, sendo *v* a velocidade de propagação da onda na corda, temos:

$$v = 2Lf \Rightarrow f = \frac{v}{2L}$$

em que *f* é a frequência fundamental de vibração da corda ou o seu primeiro harmônico.

A segunda figura corresponde ao segundo modo de vibração da corda e é chamado de **segundo harmônico**, valendo:

$$L = 2\frac{\lambda}{2} \Rightarrow \lambda = \frac{2L}{2}$$

Substituindo na Equação Fundamental das Ondas ($v = \lambda f$), temos:

$$v = \frac{2L}{2} f \Rightarrow \boxed{f = \frac{2v}{2L}}$$

que corresponde à frequência do **segundo harmônico**.

Na terceira figura encontramos três metades de onda. Assim:

$$L = 3\frac{\lambda}{2} \Rightarrow \lambda = \frac{2L}{3}$$

Substituindo na equação $v = \lambda f$, vem:

$$v = \lambda f \Rightarrow v = \frac{2L}{3} f \Rightarrow \boxed{f = \frac{3v}{2L}}$$

que corresponde à frequência do **terceiro harmônico**.

Observe que o número do harmônico indica o fator de multiplicação da frequência do som fundamental. Assim, ao quinto harmônico corresponde uma frequência igual à frequência fundamental multiplicada por cinco ($f_5 = 5f_1$).

Portanto, generalizando, temos:

$$\boxed{f = \frac{Nv}{2L}} \quad (N = 1, 2, 3,...)$$

As cordas sonoras somente vibram com determinadas frequências que dependem das suas características. Nas figuras a seguir a corda está vibrando com frequências que correspondem ao terceiro e ao quarto harmônicos. São frequências específicas dessa corda.

As cordas de um instrumento musical, um violão, por exemplo, quando postas a vibrar não emitem apenas o som fundamental correspondente, mas sim, junto com esse som fundamental, mais alguns dos seus harmônicos. Esse conjunto de sons estabelece o **timbre**, que veremos no final deste tópico.

É importante salientar que existe uma onda na corda, que é mecânica e transversal, e outra no ar que é o som emitido, que é mecânica e longitudinal. Suas frequências são iguais, mas as velocidades e os comprimentos de ondas são diferentes. Quando perturbamos as cordas do violão estamos fornecendo energia mecânica para fazê-las vibrar. Essa vibração das cordas transfere energia para as partículas de ar do meio, que se agitam longitudinalmente, é o som sendo emitido.

Thales Trigo/Arquivo da editora/Montagem Cesar Wolf

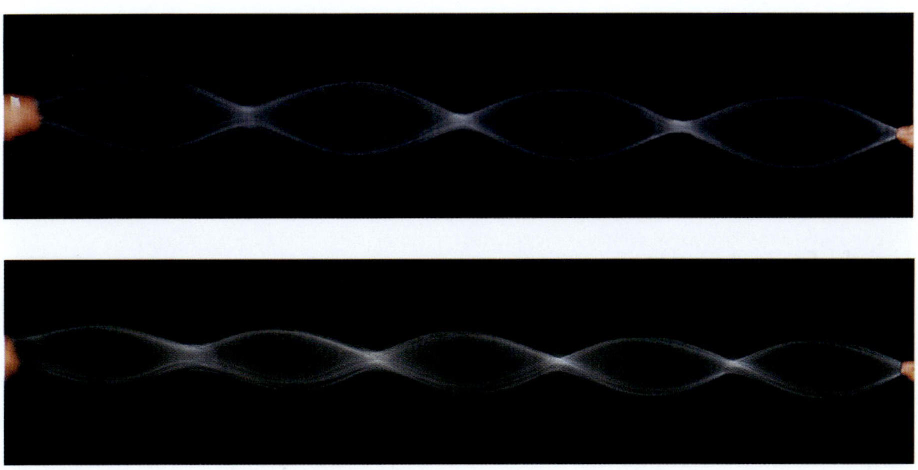

Ondas estacionárias em cordas.

Fórmula de Lagrange e Leis de Mersenne

Na parte de Ondas estudamos a **Fórmula de Taylor**:

$$v = \sqrt{\frac{F}{\rho}}$$

É usada para calcular a velocidade de propagação de ondas em cordas. A velocidade é igual à raiz quadrada da razão entre a intensidade da força (F) que traciona a corda e a sua densidade linear $\left(\rho = \frac{m}{L}\right)$.

Na sequência, a partir da Fórmula de Taylor, chegamos à relação:

$$v = \frac{1}{r}\sqrt{\frac{F}{\mu\pi}}$$

em que r é o raio da corda, μ é a densidade volumétrica do material da corda e F a intensidade da força que a traciona.

A expressão que determina as frequências de vibração de uma corda sonora é:

$$f = \frac{Nv}{2L}$$

Juntando as duas expressões chegamos na **Fórmula de Lagrange**:

$$f = \frac{N}{2Lr}\sqrt{\frac{F}{\mu\pi}}$$

A partir dessa fórmula obtemos as **Leis de Mersenne**:

Ted Pagel/Shutterstock

Lei dos comprimentos

A frequência do som fundamental emitido por uma corda sonora é inversamente proporcional ao comprimento da corda.

Em uma harpa, as cordas emitem sons de frequências diferentes porque seus comprimentos são diferentes. A corda maior emite som mais grave (frequência menor) e a corda menor emite som mais agudo (frequência maior).

Lei do diâmetro

Aaraksis/Shutterstock

Sendo $2r = d$ (diâmetro da corda), a frequência do som fundamental emitido por uma corda sonora é inversamente proporcional ao diâmetro da corda.

Em um violão temos cordas de diâmetros diferentes. A corda mais grossa (diâmetro maior) emite som mais grave (frequência menor).

janews/Shutterstock

Lei da força tensora

A frequência do som fundamental emitido por uma corda sonora é diretamente proporcional à raiz quadrada da intensidade da força tensora na corda.

Ao girarmos a cravelha (tarraxa) mudamos a força que traciona a corda. Apertando mais aumentamos a intensidade da força tensora e aumentamos a frequência do som emitido, e ele fica mais agudo.

Lei da densidade

SiiKA Photo/Shutterstock

A frequência do som fundamental emitido por uma corda sonora é inversamente proporcional à raiz quadrada da densidade absoluta do material da corda.

Em um violão podemos ter cordas de náilon e cordas de aço. A frequência do som emitido é inversamente proporcional à raiz quadrada da densidade absoluta do material de que é feita a corda.

Ampliando o olhar

Intervalo acústico e escalas musicais

O **intervalo acústico** entre dois sons de frequências f_1 e f_2 é definido pela razão entre os valores dessas frequências. Assim, vale a relação:

$$\boxed{i = \frac{f_2}{f_1}} \quad (f_2 > f_1)$$

Observe que as frequências são medidas em hertz (Hz) e o intervalo acústico (i) é uma grandeza adimensional, isto é, não tem unidade de medida.

Quando um compositor vai escrever uma música ele utiliza intervalos acústicos para passar de uma nota musical para outra. Os intervalos mais usados estão na tabela ao lado.

Intervalo acústico	Razão de frequência
Uníssono	1 : 1
Oitava	2 : 1
Quinta	3 : 2
Quarta	4 : 3
Terça maior	5 : 4
Terça menor	6 : 5
Sexta maior	5 : 3
Sexta menor	8 : 5
Tom maior (M)	9 : 8
Tom menor (m)	10 : 9
Semitom (s)	16 : 15

Na música podemos encontrar dezenas, talvez centenas de escalas. Algumas são muito usadas, outras dependem da criatividade do compositor. A escala mais utilizada é a **escala natural**, composta de sete notas musicais, com intervalos bem definidos entre cada uma delas, correspondendo à seguinte sequência:

Tom maior, tom menor, semitom, tom maior, tom menor, tom maior e semitom

Isso quer dizer que, entre duas notas consecutivas vamos encontrar um **intervalo acústico** de um tom ou um semitom, conforme a sequência ao lado.

Entre a primeira (dó) e a segunda nota (ré) deve haver um intervalo de um tom maior; entre a segunda nota (ré) e a terceira (mi) deve haver um intervalo de um tom menor; entre a terceira nota (mi) e a quarta (fá), o intervalo de um semitom. Entre a quarta nota da escala (fá) e a quinta (sol) haverá um intervalo de um tom maior; entre a quinta (sol) e a sexta nota (lá) deve haver um intervalo de um tom menor; entre a sexta nota (lá) e a sétima nota (si) haverá um intervalo de um tom maior; e entre a sétima nota (si) e a repetição da primeira nota (dó) haverá um intervalo de um semitom. Essa escala é a **escala de dó maior**. Podemos montar a escala maior do mi, basta começar pela nota mi. A primeira nota da escala é a mais importante, ela é tônica, isto é, ela é a mais forte da escala.

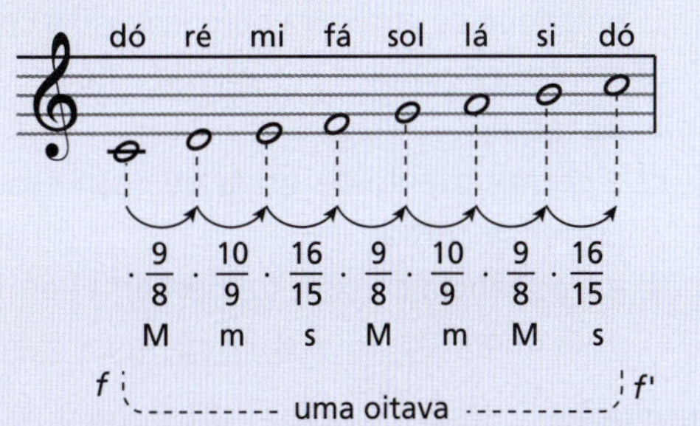

$$f' = f \cdot \frac{9}{8} \cdot \frac{10}{9} \cdot \frac{16}{15} \cdot \frac{9}{8} \cdot \frac{10}{9} \cdot \frac{9}{8} \cdot \frac{16}{15} = 2f$$

M = tom maior s = semitom
m = tom menor

Banco de imagens/Arquivo da editora

Em um piano, por exemplo, cada tecla corresponde a uma nota musical que será emitida sempre que pressionarmos a referida tecla.

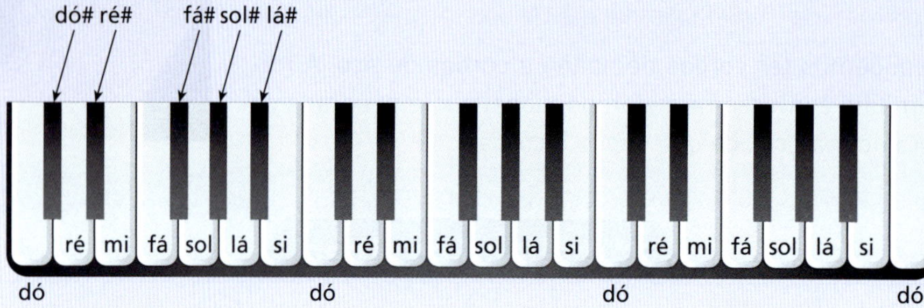

Banco de imagens/Arquivo da editora

Observe que podemos encontrar teclas pretas, que emitem notas intermediárias. O dó sustenido (dó#) corresponde à frequência do primeiro dó multiplicado pelo valor 25/24. O fá sustenido (fá#) corresponde à frequência da nota fá multiplicada por 25/24. Dessa forma vamos encontrar um conjunto de treze notas que formarão a escala musical mais utilizada pelos músicos. Treze porque estamos contando o segundo dó, a nota final do primeiro conjunto e a nota inicial do segundo conjunto.

Exercícios Nível 1

13. E.R. Uma corda de violão é esticada e presa entre duas paredes paralelas. Após uma perturbação, essa corda passa a vibrar na configuração mostrada no desenho dado a seguir:

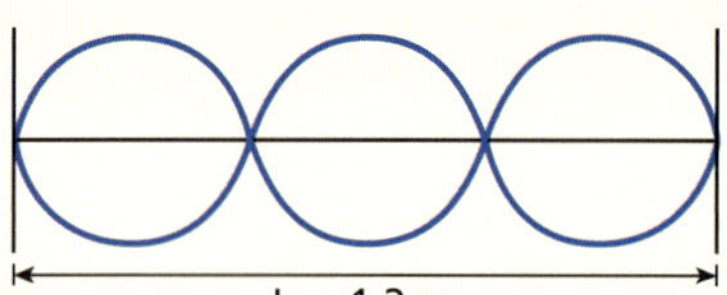

Banco de imagens/Arquivo da editora

A corda tem massa m = 360 g e comprimento L = 1,2 m. Ela se encontra tracionada por uma força F = 3 000 N.

A velocidade do som no ar é v = 300 m/s.

Determinar:

a) o comprimento de onda e a frequência da onda que se encontra percorrendo a corda;

b) a frequência do som emitido pela corda vibrante;

c) o comprimento de onda do som emitido por essa corda;

d) a frequência do som fundamental emitido pela onda.

Resolução:

a) Pela Fórmula de Taylor:

$$v = \sqrt{\frac{F}{\rho}}$$

Sendo:

$$\rho = \frac{m}{L} = \frac{0{,}360\ \text{kg}}{1{,}2\ \text{m}} \Rightarrow \rho = 0{,}3\ \text{kg/m}$$

Assim:

$$v = \sqrt{\frac{3000}{0{,}3}} \therefore v = 100\ \text{m/s}$$

Pela imagem, vemos que a corda está vibrando no seu 3º harmônico:

$$\lambda = 2 \cdot \frac{L}{3} \Rightarrow \lambda = \frac{2 \cdot 1{,}2}{3} \therefore \boxed{\lambda = 0{,}80\ \text{m}}$$

Sendo:

$$v = \lambda f \Rightarrow 100 = 0{,}80 \cdot f \therefore \boxed{f = 125\ \text{Hz}}$$

b) A frequência do som emitido é igual à frequência de oscilação da corda:

$$\boxed{f_{som} = 125\ \text{Hz}}$$

c) Da Equação Fundamental das Ondas, temos:

$$v = \lambda f \Rightarrow 300 = \lambda_{som} \cdot 125$$

$$\boxed{\lambda_{som} = 2{,}4\ \text{m}}$$

d) É válida para cordas sonoras a seguinte relação:

$$f = \frac{NV}{2L} \Rightarrow f = \frac{1 \cdot 100}{2 \cdot 1{,}2}$$

$$\boxed{f \cong 41{,}7\ \text{Hz}}$$

14. Uma corda de violão de comprimento L = 1,0 m é esticada e presa em suas extremidades nas paredes de uma sala. Colocada a vibrar, passa a apresentar ondas estacionárias. Quais os dois maiores comprimentos de onda que podem proporcionar essas vibrações estacionárias?

15. Em uma corda tracionada são produzidas ondas estacionárias cujo comprimento de onda (λ) é igual a 1 m. Quais os dois menores valores para o possível comprimento dessa corda?

16. (UAM-SP) A figura mostra uma onda estacionária em uma corda de comprimento 80 cm.

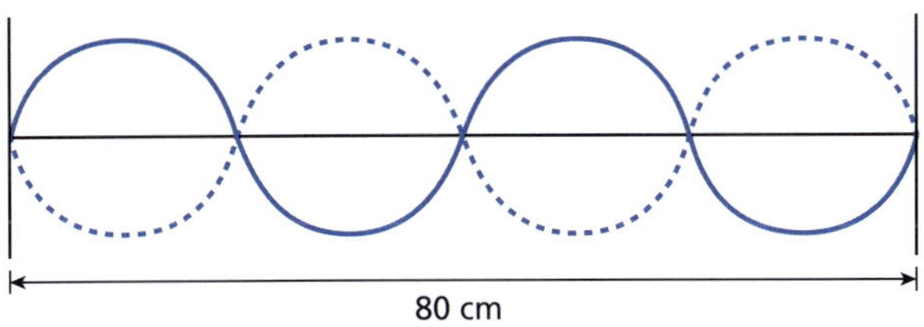

Reprodução/Arquivo da editora

Sendo a velocidade de propagação das ondas nessa corda igual a 2,4 m/s, a frequência, em hertz, dessa onda estacionária é

a) 3,0
b) 6,0
c) 9,0
d) 12,0
e) 15,0

17. (Cesgranrio) O comprimento das cordas de um violão (entre suas extremidades fixas) é de 60,0 cm. Ao ser dedilhada, a 2ª corda (lá) emite um som de frequência fundamental igual a 220 Hz. Qual será a frequência do novo som fundamental emitido, quando o violonista, ao dedilhar esta mesma corda, fixar o dedo no traste a 12 cm de sua extremidade (figura)?

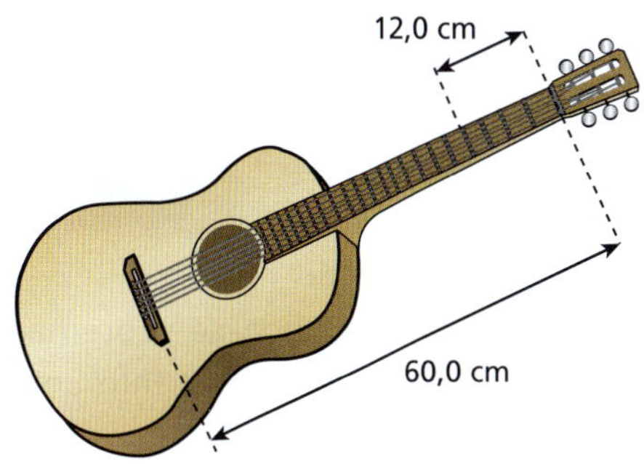

Reprodução/Arquivo da editora

18. (Fuvest-SP) Uma corda, presa em ambas as extremidades, oscila apresentando uma onda estacionária de comprimento de onda igual a 60 cm. Os três menores valores possíveis para o comprimento da corda, em cm, são:

a) 30, 60 e 90;
b) 30, 60 e 120;
c) 60, 90 e 120;
d) 60, 120 e 240;
e) 120, 180 e 240.

Exercícios Nível 2

19. E.R. Uma corda oscila entre dois extremos fixos, produzindo ondas estacionárias. A distância entre esses pontos fixos é de 4 m, existindo 4 nós entre eles. A frequência de oscilação da corda é igual a 10 hertz. Qual a velocidade das ondas, que formam as ondas estacionárias, ao se propagarem na corda? Dê a resposta em m/s.

Resolução:

Representação da corda sonora oscilando:

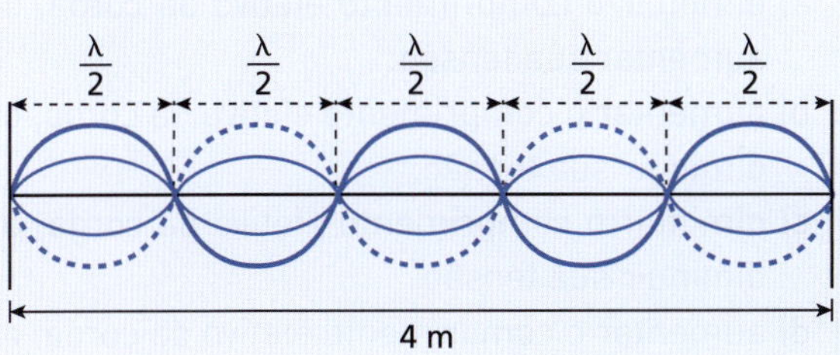

Banco de imagens/Arquivo da editora

Observando o esquema, podemos concluir que:

$$5 \cdot \frac{\lambda}{2} = 4 \text{ m}$$
$$\lambda = 1{,}6 \text{ m}$$

Como $v = \lambda f$, temos:

$$v = 1{,}6 \cdot 10$$
$$\boxed{v = 16 \text{ m/s}}$$

20. Em meio a pianos, pianolas e cravos, versões das primeiras trompas, tubas e cornetas, hoje em dia todos evoluídos e presentes nas grandes orquestras sinfônicas, aparece no Museu de Instrumentos Musicais do Castelo *Sforzesco*, em Milão, Itália, a ala dos instrumentos de cordas, onde estão expostos objetos ancestrais, como alaúdes barrocos e violas de gamba dos séculos XVII e XVIII.

Alamy/Fotoarena

Destaca-se o violão-harp, com mais de dois séculos, como o que aparece na fotografia ao lado, que exige do músico grande virtuosidade para apresentações convincentes. Uma característica desse instrumento consiste em se tocar determinada nota no violão e notar-se a vibração conjunta de uma corda da harpa, sem que esta tenha sido dedilhada. Com isso, amplifica-se sobremaneira o som, o que confere ao instrumento um timbre único.

No caso de a corda da harpa estar vibrando conjuntamente com a corda do violão, analise as proposições a seguir:

I. A vibração é transferida de corda para corda principalmente pelo ar e secundariamente pelo corpo do instrumento.
II. A corda da harpa vibra na mesma frequência de vibração da corda do violão.
III. O fenômeno físico responsável pela vibração conjunta das duas cordas denomina-se ressonância.
IV. O som oriundo da vibração da corda da harpa se propaga no ar com velocidade de menor intensidade que o proveniente da vibração da corda do violão.

Estão corretas:

a) Todas as proposições.
b) Apenas (I), (II) e (III).
c) Apenas (II), (III) e (IV).
d) Apenas (II) e (III).
e) Apenas (I) e (IV).

21. (UEL-PR) Após ter afinado seu violão utilizando um diapasão de 440 Hz, um músico notou que o quarto harmônico da corda lá do instrumento emitia um som com a mesma frequência do diapasão. Com base na observação do músico e nos conhecimentos de ondulatória, considere as afirmativas a seguir.

I. O comprimento de onda da onda estacionária formada na corda, no quarto harmônico, é igual à metade do comprimento da corda.
II. A altura da onda sonora emitida no quarto harmônico da corda lá é diferente da altura da onda emitida pelo diapasão.
III. A frequência do primeiro harmônico da corda lá do violão é 110 Hz.
IV. O quarto harmônico da corda corresponde a uma onda estacionária que possui 5 nós.

Assinale a alternativa correta.

a) Somente as afirmativas I e II são corretas.
b) Somente as afirmativas II e IV são corretas.
c) Somente as afirmativas III e IV são corretas.
d) Somente as afirmativas I, II e III são corretas.
e) Somente as afirmativas I, III e IV são corretas

22. (UFRN) O violão, instrumento musical bastante popular, possui seis cordas com espessuras e massas diferentes, resultando em diferentes densidades lineares. As extremidades de cada corda são fixadas como mostra a figura abaixo.

Reprodução/UFRN, 2013

Para produzir sons mais agudos ou mais graves, o violonista dispõe de duas alternativas: aumentar ou diminuir a tensão sobre a corda; e reduzir ou aumentar seu comprimento efetivo ao pressioná-la em determinados pontos ao longo do braço do instrumento. Para uma dada tensão, F, e um dado comprimento, L, a frequência de vibração, f, de uma corda de densidade linear μ é determinada pela expressão

$$f = \frac{1}{2L}\sqrt{\frac{F}{\mu}}$$

Levando em consideração as características descritas acima, para tocar uma determinada corda de violão visando produzir um som mais agudo, o violonista deverá

a) diminuir o comprimento efetivo da corda, ou aumentar sua tensão.
b) aumentar o comprimento efetivo da corda, ou diminuir sua tensão.
c) diminuir o comprimento efetivo da corda, ou diminuir sua tensão.
d) aumentar o comprimento efetivo da corda, ou aumentar sua tensão.

23. (PUC-PR) Cordas vibrantes são cordas presas em suas extremidades e tracionadas de modo a poderem vibrar. Os cordofones são instrumentos musicais que produzem som através de cordas vibrantes. São exemplos de cordofones o violão, a guitarra, o violoncelo, o baixo, a harpa, o violino, o cavaquinho etc.

Violoncelos, como o da foto acima, tiveram sua origem no esplendor musical do século XVI, na Itália.

Em um violoncelo, como na maioria dos instrumentos musicais de corda, o posicionamento dos dedos pelo instrumentista determina as frequências fundamentais das cordas. O violoncelo é um instrumento tocado geralmente com arco e possui quatro cordas. Suponha que uma das cordas em um violoncelo esteja afinada para tocar um **dó** central (262 Hz) quando vibrante em todo o seu comprimento.

Das alternativas abaixo, marque a que indica a fração dessa corda que deve ser empurrada para tocar um **mi** (330 Hz).

a) $\frac{165}{34}$

b) $\frac{131}{165}$

c) $\frac{34}{165}$

d) $\frac{165}{131}$

e) $\frac{34}{131}$

24. (Unicentro-RJ) A quinta corda solta do violão corresponde à nota si (frequência fundamental igual a 981 Hz). Se esta corda for presa no quinto trasto, diminuindo assim o comprimento da corda vibrante, obtém-se a nota mi aguda (frequência fundamental igual a 1 308 Hz). Sobre o comprimento da parte vibrante da corda si (ℓ), que vibra na frequência da nota mi aguda, expresso em função do comprimento da corda solta (L), é correto afirmar:

a) $\ell = \frac{1}{2}L$

b) $\ell = \frac{2}{3}L$

c) $\ell = \frac{3}{4}L$

d) $\ell = \frac{4}{5}L$

e) $\ell = \frac{5}{6}L$

25. (Uepa) Notas musicais, emitidas, por exemplo, por um violino, são compostas por vários sons de frequências diferentes. Cada um desses sons é um harmônico. Considere que ao dedilhar a corda de um violão de comprimento igual a 0,5 m e massa igual a 5 g, a tensão aplicada na corda seja de 4 N.

Com base nestas informações, é correto afirmar que a frequência do 4º harmônico emitido por esta corda, em Hz, é igual a:

a) 60

b) 80

c) 100

d) 120

e) 140

26. (PUC-SP) Um homem mantém em equilíbrio estático um bloco preso a uma corda de densidade linear igual a 0,01 kg/m, conforme a figura.

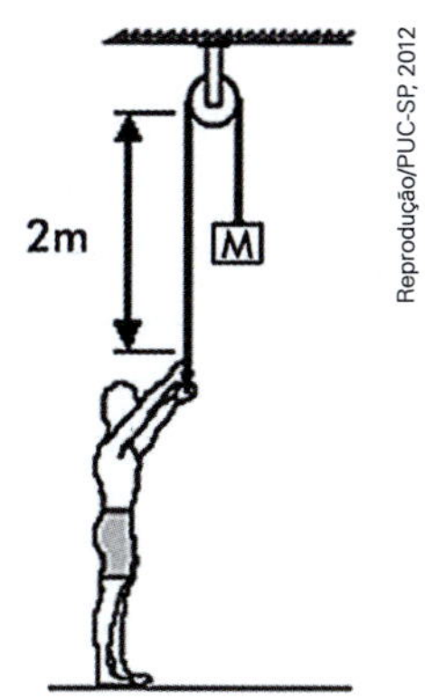

Determine a massa M do bloco, sabendo que as frequências de duas harmônicas consecutivas de uma onda estacionária no trecho vertical de 2 m da corda correspondem a 150 Hz e 175 Hz.

a) 10^2 g

b) 10^3 g

c) 10^4 g

d) 10^5 g

e) 10^6 g

27. (FICSAE-SP) Definimos o intervalo (*i*) entre dois sons como sendo o quociente entre suas frequências, $i = \frac{f_2}{f_1}$. Quando i = 1, dizemos que os sons estão em uníssono; quando i = 2, dizemos que o intervalo corresponde a uma oitava acima; quando i = 0,5, temos um intervalo correspondente a uma oitava abaixo.

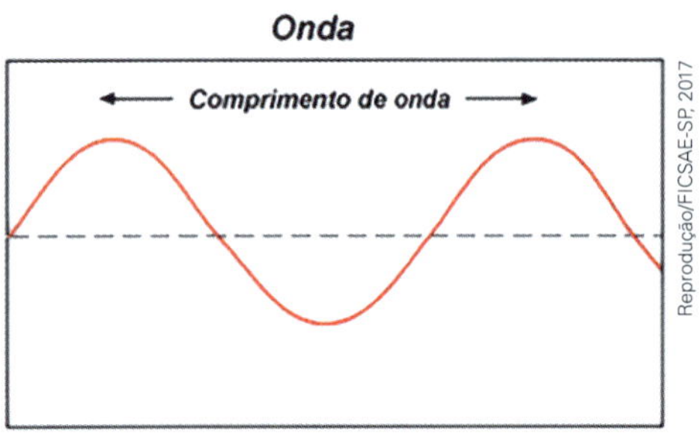

Considere uma onda sonora de comprimento de onda igual a 5 cm, propagando-se no ar com velocidade de 340 m/s. Determine a frequência do som, em hertz, que corresponde a uma oitava abaixo da frequência dessa onda.

a) 340
b) 3 400
c) 6 800
d) 13 600

28. (Unicamp-SP) Para a afinação de um piano usa-se um diapasão com frequência fundamental igual a 440 Hz, que é a frequência da nota lá. A curva contínua do gráfico representa a onda sonora de 440 Hz do diapasão.

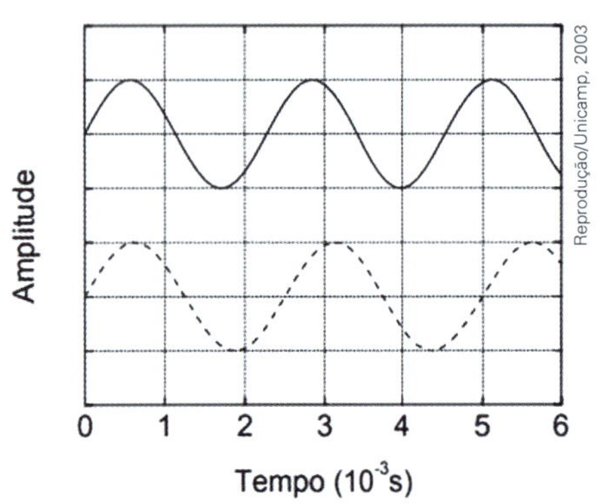

a) A nota lá de um certo piano está desafinada e o seu harmônico fundamental está representado na curva tracejada do gráfico. Obtenha a frequência da nota lá desafinada.

b) O comprimento dessa corda do piano é igual a 1,0 m e a sua densidade linear é igual a $5{,}0 \cdot 10^{-2}$ g/cm. Calcule o aumento de tensão na corda necessário para que a nota lá seja afinada.

29. (Unifesp) A figura representa uma configuração de ondas estacionárias produzida num laboratório didático com uma fonte oscilante.

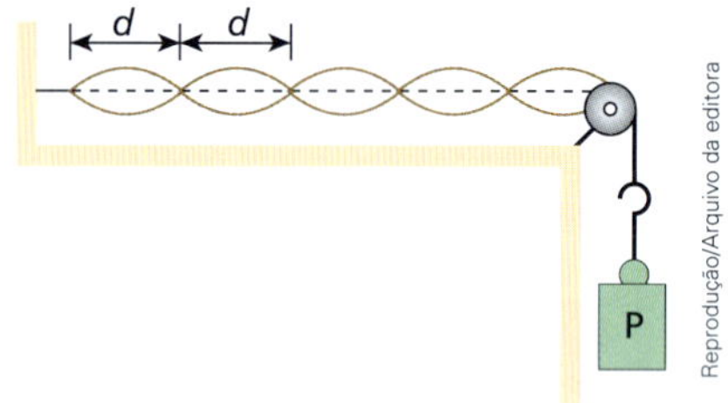

a) Sendo d = 12 cm a distância entre dois nós sucessivos, qual o comprimento de onda da onda que se propaga no fio?

b) O conjunto **P** de cargas que traciona o fio tem massa m = 180 g. Sabe-se que a densidade linear do fio é $\mu = 5{,}0 \cdot 10^{-4}$ kg/m. Determine a frequência de oscilação da fonte.
Dados: velocidade de propagação de uma onda numa corda: $v = \sqrt{\frac{F}{\mu}}$; $g = 10\ m/s^2$.

30. Na figura, está representado um aparato experimental para o estudo de ondas estacionárias num fio elástico. **G** é um gerador de frequências, **A** é um alto-falante em cujo cone está fixado um pino e **B** é um bloco de massa desconhecida.
Ajustando-se **G** para 20 Hz, o pino preso ao cone de **A** vibra na mesma frequência, provocando no fio de densidade linear $5{,}0 \cdot 10^{-1}$ kg/m o estado estacionário esquematizado.

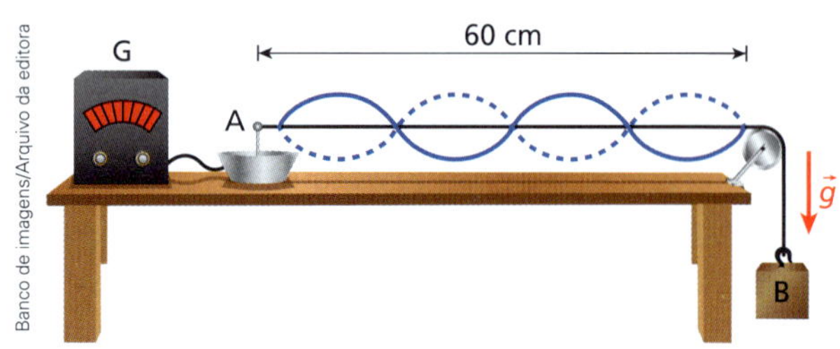

Desprezando-se o atrito entre o fio e a polia e adotando-se $g = 10\ m/s^2$, pode-se afirmar que

a) o comprimento de onda das ondas que se propagam através do fio vale 60 cm;
b) a velocidade das ondas que se propagam através do fio tem intensidade de 3,0 m/s;
c) a massa de **B** vale 1,8 kg;
d) aumentando-se a frequência de **G** a partir de 20 Hz, obter-se-á o próximo estado estacionário para 40 Hz;
e) diminuindo-se a frequência de **G** a partir de 20 Hz, obter-se-á o próximo estado estacionário para 10 Hz.

Bloco 3

8. Batimento, difração e ressonância

Batimento

Para obtermos **batimentos** sonoros precisamos de dois sons de frequências próximas. A superposição dessas ondas resultará em um batimento de frequência igual ao módulo da diferença das frequências desses sons. Esse batimento somente será percebido pelo nosso sistema auditivo se a sua frequência for menor do que 10 Hz.

Difração

Os sons sofrem **difração** mais facilmente do que a luz. Isso ocorre porque o comprimento de onda dos sons é bastante grande, compatível com os obstáculos que encontramos no nosso dia a dia. Lembrando, os sons têm comprimentos de ondas que variam aproximadamente entre 17 mm e 17 m. Assim, o som encontra menos dificuldades para se difratar. Isto é, o som contorna mais facilmente os obstáculos existentes.

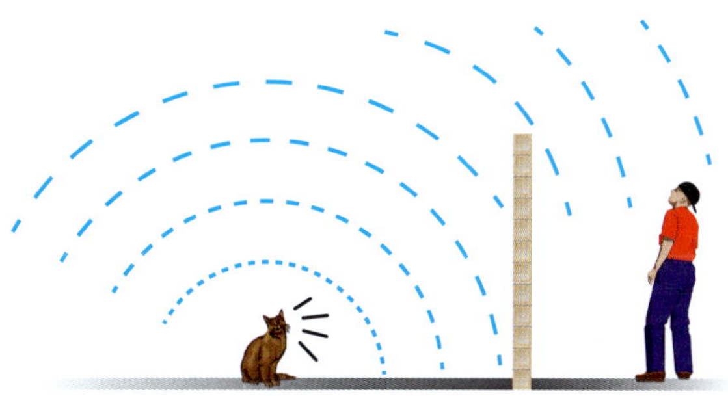

Banco de imagens/Arquivo da editora

Ressonância

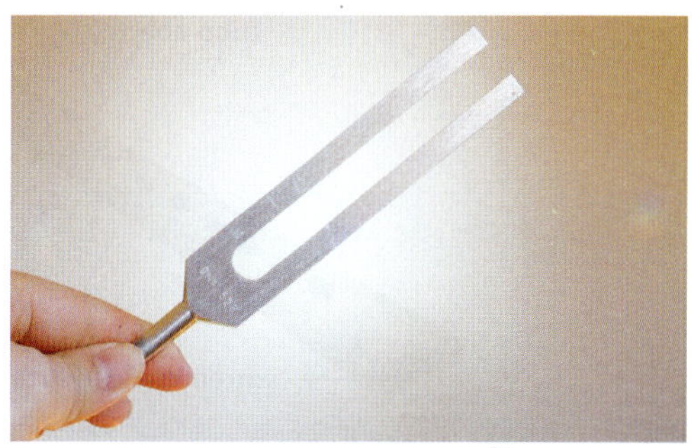

chaaru/Shutterstock

A **ressonância** consiste em um sistema físico receber energia de uma onda e passar a vibrar, com amplitude cada vez maior, na mesma frequência da onda. A constatação desse fenômeno, com o som, pode ser obtida com o uso de um diapasão.

O diapasão tem como característica principal o fato de emitir apenas o seu som fundamental, uma onda de única frequência. Esse aparelho é muito utilizado para afinar instrumentos musicais. O som emitido é usado como referência.

Science Stock Photography/ Photoresearchers/Latinstock

Um experimento interessante que pode ser realizado com dois diapasões e suas respectivas caixas de ressonância é descrito a seguir.

As caixas de ressonância são dispostas de tal forma que suas aberturas são colocadas frente a frente. Observem que os diapasões são idênticos, isto é, emitem o mesmo som fundamental, sons de mesma frequência. Ao batermos no diapasão **A**, este passa a vibrar emitindo o seu som fundamental. Esse som é amplificado no interior da caixa de ressonância e se propaga para o interior da caixa do diapasão **B**. Sem que seja tocado, o diapasão **B** passa a vibrar com uma frequência igual à do diapasão **A**. É a ressonância.

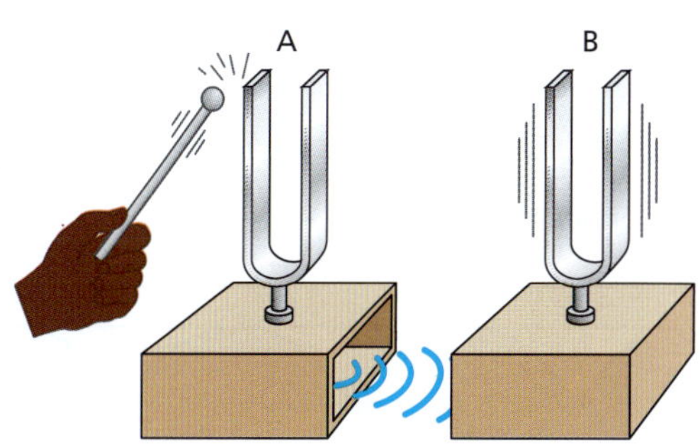

Banco de imagens/Arquivo da editora

Usando um violão afinado podemos afinar outro violão. Quando aproximamos desse violão o outro afinado, ao dedilharmos uma determinada corda, no outro a corda equivalente deverá vibrar sem ser tocada. Isso ocorrerá por ressonância.

Neil Lockhart/Shutterstock

Um copo pode receber um determinado som continuamente até quebrar. Isso somente ocorre se a frequência da onda for igual à frequência de vibração do copo. Por ressonância, o copo recebe energia do som e passa a vibrar. A sua amplitude aumenta à medida que mais e mais energia é recebida do som contínuo. Quando a estrutura atinge o seu limite, o copo estilhaça.

9. Tubos sonoros

Um tubo é denominado sonoro quando emite sons. A emissão de sons é feita por meio de vibrações de uma coluna de ar existente no seu interior. Perturbações são emitidas em uma das extremidades desse tubo, a coluna gasosa existente entra em ressonância e passa a vibrar intensamente. A vibração é a responsável pela emissão de sons de frequências que coincidem com a frequência fundamental mais alguns harmônicos específicos dessa coluna de ar.

Todos os tubos sonoros possuem duas extremidades, uma aberta na embocadura e a outra pode ser aberta ou fechada. São chamados **tubos abertos** aqueles que têm as duas extremidades abertas e **tubos fechados** aqueles que possuem uma extremidade aberta (embocadura) e a outra fechada.

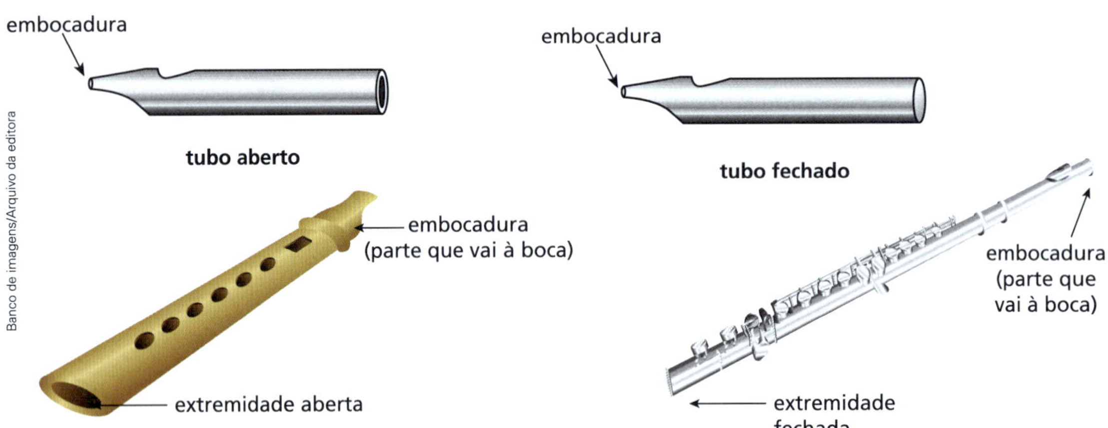

Banco de imagens/Arquivo da editora

Flauta aberta

Flauta fechada

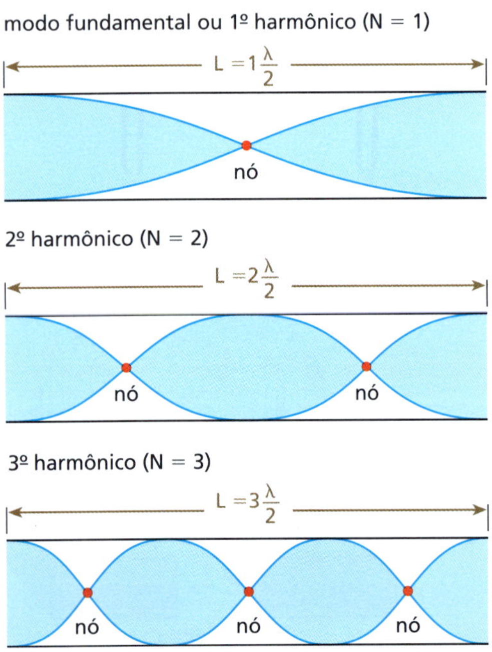

Banco de imagens/Arquivo da editora

Ao esquematizarmos as ondas estacionárias no interior dos tubos sonoros, a extremidade aberta será sempre um **ventre de deslocamento** da coluna de ar, e a extremidade fechada será sempre um **nó de deslocamento**.

Na sequência vamos observar as ondas estacionárias no interior dos tubos sonoros.

Tubos abertos

Nos **tubos abertos** as duas extremidades são abertas. As ondas que se formam em seu interior são ondas longitudinais, no entanto, para melhor entendermos, usaremos ondas transversais nessa representação. O que, para efeito de cálculos, é perfeitamente razoável. Observe que as duas extremidades apresentam **ventres de deslocamento**.

Nas figuras ao lado observamos a formação dos três primeiros sons, o fundamental, o 2º harmônico e o 3º harmônico.

Considerando a velocidade de propagação do som *v* na coluna de ar interna ao tubo, são válidas as expressões dadas a seguir:

$$L = 1\frac{\lambda}{2} \Rightarrow \lambda = 2L \Rightarrow \quad f = \frac{v}{\lambda} = \frac{1v}{2L}$$

Cálculo da frequência do **som fundamental** emitido pelo tubo aberto.

$$L = 2\frac{\lambda}{2} \Rightarrow \lambda = \frac{2L}{2} \Rightarrow \quad f = \frac{v}{\lambda} = \frac{2v}{2L}$$

Cálculo da frequência do **2º harmônico** emitido pelo tubo aberto.

$$L = 3\frac{\lambda}{2} \Rightarrow \lambda = \frac{2L}{3} \Rightarrow \quad f = \frac{v}{\lambda} = \frac{3v}{2L}$$

Cálculo da frequência do **3º harmônico** emitido pelo tubo aberto.

Assim, para um harmônico de ordem *N* qualquer, vale a relação:

$$f = \frac{Nv}{2L} \quad (N = 1, 2, 3, ...)$$

Observe que *N* corresponde à ordem do harmônico emitido pelo tubo aberto. Esse *N* também indica a quantidade de meio comprimento de onda que podemos encontrar em cada configuração.

Tubos fechados

Um **tubo fechado** tem uma extremidade aberta e a outra fechada. Na extremidade aberta forma-se um **ventre de deslocamento** e na extremidade fechada um **nó de deslocamento**. Assim, nas figuras ao lado vamos representar os três primeiros modos de vibração da coluna de ar interna ao tubo. Considerar o comprimento do tubo igual a *L*.

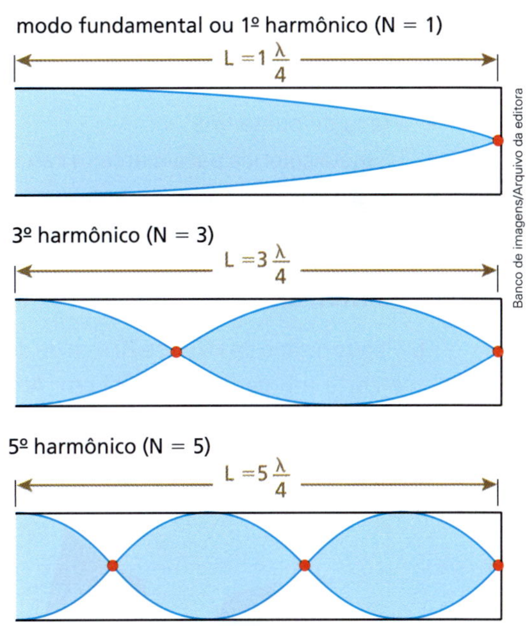

Considerando a velocidade de propagação do som *v* no ar da coluna de ar, interna ao tubo, valem as relações dadas a seguir.

Para o cálculo da frequência do **som fundamental** emitido pela coluna de ar ao vibrar:

$$L = 1\frac{\lambda}{4} \Rightarrow \lambda = 4L \Rightarrow \quad f = \frac{v}{\lambda} = \frac{1v}{4L}$$

Para o cálculo da frequência do **3º harmônico** emitido pela coluna de ar ao vibrar:

$$L = 3\frac{\lambda}{4} \Rightarrow \lambda = \frac{4L}{3} \Rightarrow \quad f = \frac{v}{\lambda} = \frac{3v}{4L}$$

Para o cálculo da frequência do **5º harmônico** emitido pela coluna de ar ao vibrar:

$$L = 5\frac{\lambda}{4} \Rightarrow \lambda = \frac{4L}{5} \Rightarrow \quad f = \frac{v}{\lambda} = \frac{5v}{4L}$$

Nessas relações podemos observar que um tubo sonoro fechado emite o seu som fundamental e apenas os harmônicos de ordem ímpar, já que o fator *N* é um múltiplo inteiro ímpar de quartos de comprimentos de onda $\left(\frac{\lambda}{4}\right)$. Assim, para um harmônico qualquer emitido por essa coluna de ar, vale a expressão:

$$f = \frac{Nv}{4L} \quad (N = 1, 3, 5, 7, ...)$$

O inteiro *N* representa a ordem do harmônico do som fundamental emitido pela coluna de ar, só que agora ele representa o número de quartos de comprimentos de onda representados no interior do tubo fechado.

! Cuidado ao manusear objetos cortantes.

Faça você mesmo

Flauta em dó

Vamos construir uma flauta.

Seguindo os passos dados a seguir podemos obter uma flauta em dó para utilização recreativa.

Material necessário

- 1 cano de PVC de 20 mm de diâmetro.
- 1 serra para cano de PVC.
- 1 lixa grossa e uma lixa fina.
- 1 régua.
- 1 estilete.
- 1 faca de ponta fina.
- 1 caneta colorida para marcar o cano de PVC.
- Fita adesiva colorida.
- Rolha de garrafa.

Procedimento

I. Pegue o cano de PVC (de 20 mm de diâmetro) e corte um pedaço com 33 cm. Atenção, o corte deve sair reto. Se preciso, use as lixas para acertar o corte. Ele deve ficar sem rebarbas e bem liso.

Sérgio Dotta Jr/Arquivo da editora

II. Vamos marcar o centro do bocal da flauta. Para tanto, a partir da extremidade do cano deve-se medir 2,9 cm. O ponto deve ser marcado com a caneta. Usando a faca de ponta fina, abra um furo nessa marca. Esse furo deve ter um diâmetro de aproximadamente 10 mm e deve ser o mais redondo possível.

Sérgio Dotta Jr/Arquivo da editora

III. Em seguida, insira a rolha nessa extremidade do cano. Atenção, não insira totalmente a rolha, você deve ajustá-la para afinar a primeira nota da flauta. Insira inicialmente metade da rolha, depois vá introduzindo-a na afinação. Caso precise acertar o diâmetro da rolha para caber no cano de 20 mm, use o estilete e a lixa fina para o acerto.

Sérgio Dotta Jr/Arquivo da editora

IV. Sopre no bocal e ajuste a rolha até atingir a tonalidade do dó. Corte o excesso de rolha com o estilete. Esse é o som que a flauta terá com todos os furos fechados.

V. Na extremidade oposta, vamos abrir o primeiro furo, correspondente à nota ré, a 27,1 cm da extremidade do cano onde se encontra o bocal. Abra um furo de 5 mm com a faca pontiaguda.

VI. Repetindo o mesmo procedimento anterior, marque um novo ponto a 24,7 cm da extremidade do cano. Abra um furo de 6 mm, é a nota mi.

VII. Repita com a distância de 23,2 cm e um buraco de 5 mm. É a nota fá.

VIII. Para a nota sol, a distância deve ser de 20,5 cm e o buraco, de 6 mm.

IX. Para a nota lá, a distância é de 18,5 cm e o buraco, de 6 mm.

X. Para a última nota, si, a distância deve ser 16,0 cm e o buraco, de 6 mm.

Desenvolvimento

Para a afinação dessa flauta você pode utilizar um afinador eletrônico, um *site* da internet com afinador disponível ou até um aplicativo de afinação para telefone celular. Todas as notas devem ser testadas. O acerto será realizado abrindo-se mais um pouco o buraco correspondente àquela nota musical.

Após a afinação, a flauta está pronta para ser usada. Bom divertimento!

Atividade baseada em: MATEHACKERS. *Flautas de canos de PCV*. Disponível em: <matehackers.org/flautas-de-canos-de-pvc>. Acesso em: 22 jun. 2018.

Exercícios Nível 1

31. Maria, uma estudante secundarista, participava de uma aula prática de Física em sua escola. O grupo de três alunos recebeu do professor uma caixa com seis diapasões. Cada um com uma frequência diferente de vibração. O diapasão **A** vibrava com 230 Hz, o **B** com 234 Hz, o **C** com 237 Hz, o **D** com 240 Hz, o **E** com 243 Hz e o **F** com 245 Hz. Maria pegou os diapasões **A** e **E**, Zezinho os diapasões **B** e **D** e Marília ficou com os outros dois, o **C** e o **F**. O professor explicou que o experimento visava obter batimentos com esses diapasões. Após colocados a vibrar, dois a dois, cada aluno pode ou não ter observado batimentos:

a) Quais frequências de batimentos foram obtidas?

b) Quais conjuntos apresentam batimentos possíveis de serem percebidos?

c) Por que nem todos os conjuntos apresentaram batimentos que pudessem ser percebidos?

32.

Na sequência de fotos, uma taça recebeu de uma fonte sonora um som, de determinada frequência, continuamente, até que sua estrutura se desmantelou. Como é chamado o fenômeno físico que explica tal acontecimento?

a) Difração.
b) Polarização.
c) Batimento.
d) Ressonância.
e) Interferência.

33. Por que o som se difrata mais facilmente do que a luz?

34. E.R. Em um laboratório foi realizado um experimento com um tubo de 90 cm de comprimento, quando ele emitiu um som de frequência 250 Hz. Sendo a velocidade do som no ar do laboratório igual a 300 m/s, determine:

a) esse tubo é aberto ou fechado?

b) que harmônico foi emitido por ele?

Resolução:

a) Vamos considerar esse tubo como **aberto**.

A equação a ser utilizada será:

$$f = \frac{Nv}{2L} \quad (N = 1, 2, 3, ...)$$

Assim:

$$150 = \frac{N \cdot 300}{2 \cdot 0,90} \Rightarrow N = 1,5$$

Vamos agora considerar esse tubo como **fechado**. A equação a ser utilizada será:

$$f = \frac{Nv}{4L} \quad (N = 1, 2, 3, ...)$$

Assim:

$$250 = \frac{N \cdot 300}{4 \cdot 0,90} \Rightarrow N = 3$$

Para o tubo **aberto**, o valor de N não deu inteiro (1,5). Dessa forma, esse tubo não pode ser aberto. Para o tubo **fechado** o valor de N deu inteiro, ímpar (3). Portanto, o tubo só pode ser **fechado**.

b) Como o valor de N para o tubo deu um inteiro ímpar (3), concluímos que esse tubo fechado está emitindo o seu **terceiro harmônico**.

35. (Enem) Em uma flauta, as notas musicais possuem frequência e comprimento de onda (λ) muito bem definidos. As figuras mostram esquematicamente um tubo de comprimento L, que representa de forma simplificada uma flauta, em que estão representados: em **A** o primeiro harmônico de uma nota musical (comprimento de onda λ_A), em **B** seu segundo harmônico (comprimento de onda λ_B) e em **C** o seu terceiro harmônico (comprimento de onda λ_C), onde $\lambda_A > \lambda_B > \lambda_C$.

Reprodução/Enem, 2015

Em função do comprimento do tubo, qual o comprimento de onda da oscilação que forma o próximo harmônico?

a) $\frac{L}{4}$ b) $\frac{L}{5}$ c) $\frac{L}{2}$ d) $\frac{L}{8}$ e) $\frac{6L}{8}$

36. (FICSAE-SP) Em 1816 o médico francês René Laënnec, durante um exame clínico numa senhora, teve a ideia de enrolar uma folha de papel bem apertada e colocar seu ouvido numa das extremidades, deixando a outra livre para ser encostada na paciente. Dessa forma, não só era evitado o contato indesejado com a paciente, como os sons se tornavam muito mais audíveis. Estava criada assim a ideia fundamental do estetoscópio (do grego, "*stêthos*" (peito) "*skopéo*" (olhar)).

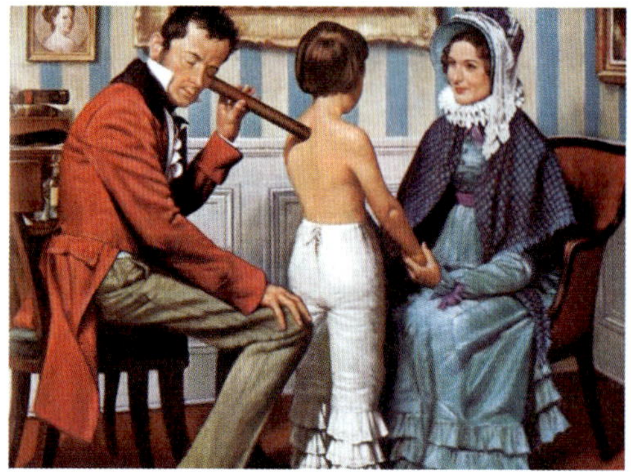
Reprodução/FICSAE, 2016

É utilizado por diversos profissionais, como médicos e enfermeiros, para **auscultar** (termo técnico correspondente a escutar) sons vasculares, respiratórios ou de outra natureza em diversas regiões do corpo. É composto por três partes fundamentais. A **peça auricular** tem formato anatômico para adaptar-se ao canal auditivo. Os **tubos condutores** do som a conectam à peça auscultatória. E, por fim, a **peça auscultatória**, componente metálico colocado em contato com o corpo do paciente. Essa peça é composta por uma campânula, que transmite melhor os sons de baixa frequência – como as batidas do coração – e o diafragma, que transmite melhor os sons de alta frequência, como os do pulmão e do abdômen.

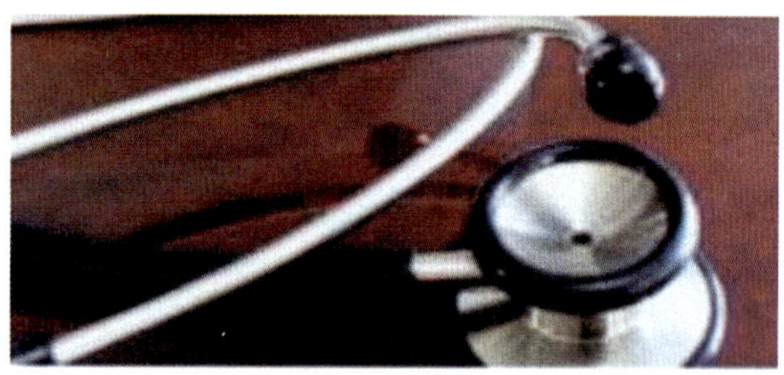
Reprodução/FICSAE, 2016

A folha de papel enrolada pelo médico francês René Laënnec pode ser interpretada como um tubo sonoro aberto. Considerando o comprimento desse tubo igual a 34 cm e que, ao auscultar um paciente, houve a formação, no interior desse tubo, de uma onda estacionária longitudinal de segundo harmônico e que se propagava com uma velocidade de 340 m/s, qual a frequência dessa onda, em hertz?

a) 250 b) 500 c) 1000 d) 2000

37. (OBC) Enche-se um recipiente cilíndrico (proveta) com água até a borda. Um diapasão é posto a vibrar na boca da proveta. Abrindo-se a torneira **T** a água começa a escoar e num dado instante, quando a água atinge o nível h = 17 cm, ouve-se pela primeira vez um aumento na intensidade do som.

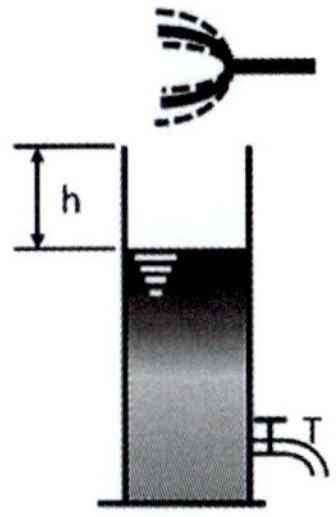

Reprodução/OBC, 2015

Sendo 340 m/s o módulo da velocidade de propagação do som no ar, o comprimento de onda no ar do som que o diapasão emite e a frequência do som do diapasão são respectivamente iguais a:

a) 0,68 m e 500 Hz
b) 0,34 m e 1 000 Hz
c) 0,34 m e 500 Hz
d) 1,02 m e 500 Hz
e) 0,68 m e 1 000 Hz

38. (UFRRJ) Considere um tubo ressonante de comprimento 33 cm, que possui uma extremidade aberta e outra fechada. Considerando 330 m/s a velocidade do som no ar, a frequência do primeiro modo de vibração do tubo é:

a) 250 Hz
b) 330 Hz
c) 500 Hz
d) 660 Hz
e) 1 000 Hz

Exercícios Nível 2

39. (FGV-Conc. Prof. de Física) Há evidências de que a microcefalia é uma patologia neurológica relacionada à contaminação da gestante pelo zika vírus, transmitido pela picada do mosquito *Aedes aegypti*. Normalmente, a microcefalia era diagnosticada após o nascimento do bebê, mas o aumento significativo de casos tem feito com que os profissionais da saúde façam investigações do cérebro do feto ainda no período da gestação. Um dos exames utilizados é a ultrassonografia que, com a obtenção de imagens de estruturas internas, permite detectar a patologia. Numa ultrassonografia, ondas de ultrassom são transmitidas, através da barriga da gestante, ao interior do corpo da mãe e do bebê. As ondas que retornam ao aparelho são transformadas em sinais elétricos, amplificadas, processadas por computadores e visualizadas no monitor de vídeo.

O fenômeno físico, característico a qualquer tipo de onda, em que se baseia esse diagnóstico por imagem é

a) a dispersão.
b) a polarização.
c) a reflexão.
d) a ressonância.
e) a difração.

40. (Cespe) No galpão de uma fábrica, há três máquinas que funcionam em um esquema de rodízio por duplas. As máquinas **A**, **B** e **C** produzem, cada uma, um ruído próprio, cuja frequência é, respectivamente, igual a 290 Hz, 293 Hz e 295 Hz. A partir dessas informações, é correto afirmar que as frequências de batimentos possíveis de serem escutadas, nesse galpão, são iguais a

a) 292 Hz, 294 Hz e 296 Hz.
b) 583 Hz, 585 Hz e 588 Hz.
c) 2 Hz, 3 Hz e 5 Hz.
d) 290 Hz, 293 Hz e 295 Hz.
e) 291,5 Hz, 292,5 Hz e 294 Hz.

41. (Famerp-SP) A figura mostra um diapasão, instrumento metálico que, ao ser golpeado, emite ondas sonoras com frequência correspondente a determinada nota musical.

Reprodução/Famerp, 2015

(www.ciencias.seed.pr.gov.br)

Quando se aproxima um diapasão vibrando das cordas de um instrumento afinado, a corda correspondente à nota emitida pelo diapasão passa a vibrar com a mesma frequência. Esse fato é explicado pelo fenômeno de

a) ressonância.
b) difração.
c) interferência.
d) dispersão.
e) reverberação.

42. (Cesgranrio) O maior tubo do órgão de uma catedral tem comprimento de 10 m; o tubo menor tem comprimento de 2 cm. Os tubos são abertos, a velocidade do som no ar é 340 m/s. Quais são os valores extremos de frequências sonoras que o órgão pode emitir, sabendo-se que os tubos ressoam no fundamental?

43. (UFF-RJ) Considere dois tubos sonoros, um aberto e outro fechado, ambos do mesmo comprimento e situados no mesmo ambiente. Se o som de frequência fundamental emitido pelo tubo aberto tem comprimento de onda de 34 cm, o comprimento de onda, em centímetros, do som de frequência fundamental emitido pelo tubo fechado é:

a) 34 cm
b) 8,5 cm
c) 17 cm
d) 68 cm
e) 22,7 cm

44. (UFPR) Um órgão é um instrumento musical composto por diversos tubos sonoros, abertos ou fechados nas extremidades, com diferentes comprimentos. Num certo órgão, um tubo **A** é aberto em ambas as extremidades e possui uma frequência fundamental de 200 Hz. Nesse mesmo órgão, um tubo **B** tem uma das extremidades aberta e a outra fechada, e a sua frequência fundamental é igual à frequência do segundo harmônico do tubo **A**. Considere a velocidade do som no ar igual a 340 m/s. Os comprimentos dos tubos **A** e **B** são, respectivamente:

a) 42,5 cm e 31,9 cm.
b) 42,5 cm e 63,8 cm.
c) 85,0 cm e 21,3 cm.
d) 85,0 cm e 42,5 cm.
e) 85,0 cm e 127,0 cm.

45. (UFPI) Um alto-falante emite som de frequência constante igual a 55 Hz, próximo de dois tubos sonoros, um aberto e outro fechado. A velocidade de propagação do som em ambos os tubos é de 330 m/s. Se o som do alto-falante ressoa nesses tubos, seus comprimentos mínimos são, respectivamente:

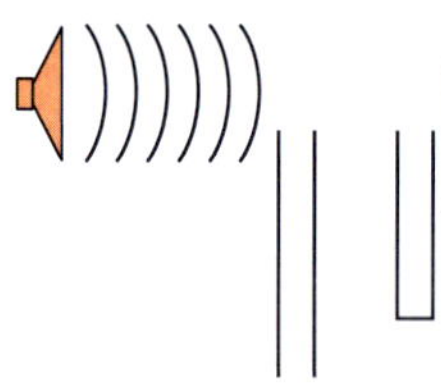

a) 4 m e 2 m.
b) 3 m e 1,5 m.
c) 6 m e 3 m.
d) 5 m e 2,5 m.
e) 10 m e 5 m.

46. (Unesp-SP) Um experimento foi feito com a finalidade de determinar a frequência de vibração de um diapasão. Um tubo cilíndrico aberto em suas duas extremidades foi parcialmente imerso em um recipiente com água e o diapasão vibrando foi colocado próximo ao topo desse tubo, conforme a figura 1. O comprimento *L* da coluna de ar dentro do tubo foi ajustado movendo-o verticalmente. Verificou-se que o menor valor de *L*, para o qual as ondas sonoras geradas pelo diapasão são reforçadas por ressonância dentro do tubo, foi de 10 cm, conforme a figura 2.

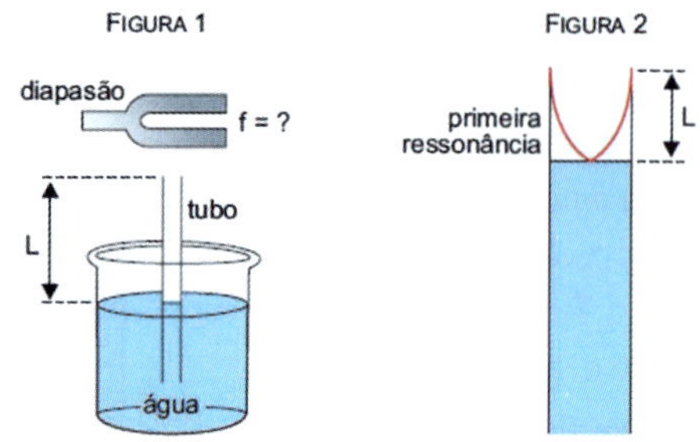

Considerando a velocidade de propagação do som no ar igual a 340 m/s, é correto afirmar que a frequência de vibração do diapasão, em Hz, é igual a

a) 425.
b) 850.
c) 1 360.
d) 3 400.
e) 1 700.

47. (Fuvest-SP) Uma flauta andina, ou flauta de pã, é constituída por uma série de tubos de madeira, de comprimentos diferentes, atados uns aos outros por fios vegetais. As extremidades inferiores dos tubos são fechadas. A frequência fundamental de ressonância em tubos desse tipo corresponde ao comprimento de onda igual a 4 vezes o comprimento do tubo. Em uma dessas flautas, os comprimentos dos tubos correspondentes, respectivamente, às notas Mi (660 Hz) e Lá (220 Hz) são, aproximadamente,

a) 6,6 cm e 2,2 cm.
b) 22 cm e 5,4 cm.
c) 12 cm e 37 cm.
d) 50 cm e 1,5 m.
e) 50 cm e 16 cm.

> **Note e adote:** A velocidade do som no ar é igual a 330 m/s.

48. (Unesp-SP) Na geração da voz humana, a garganta e a cavidade oral agem como um tubo, com extremidade aproximadamente fechada na base da laringe, na qual estão as cordas vocais, e uma extremidade aberta na boca. Nessas condições, sons são emitidos com maior intensidade nas frequências e nos comprimentos de ondas para as quais há um nó (**N**) na extremidade fechada e um ventre (**V**) na extremidade aberta, como ilustra a figura. As frequências geradas são chamadas harmônicos ou modos normais de vibração. Num adulto, esse tubo do trato vocal tem aproximadamente 17 cm, sendo que a voz normal de um adulto ocorre em frequências situadas aproximadamente entre o primeiro e o terceiro harmônicos.

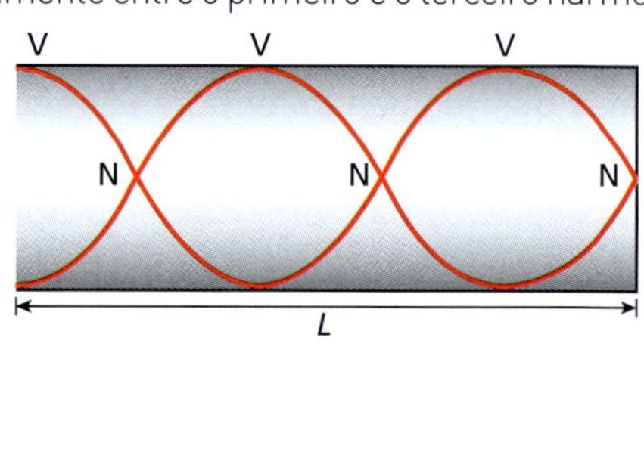

Considerando que a velocidade do som no ar é 340 m/s, os valores aproximados, em hertz, das frequências dos três primeiros harmônicos da voz normal de um adulto são

a) 50, 150, 250.
b) 100, 300, 500.
c) 170, 510, 850.
d) 340, 1020, 1700.
e) 500, 1500, 2500.

49. (UFC-CE) Considere o arranjo representado na figura a seguir, no qual vemos um tubo sonoro **T**, em que está ajustado o êmbolo **E**, que pode ser movido convenientemente, e uma fonte **F**, que emite som de frequência constante *f*. Utilizando esse arranjo, um estudante verificou que deslocando o êmbolo para a direita, desde a posição em que *L* é igual a zero, a primeira ressonância ocorreu na posição em que $L_1 = 18$ cm. Supondo que o estudante continue a deslocar o êmbolo para a direita, em que valor subsequente L_2, em centímetros, ocorrerá uma nova ressonância?

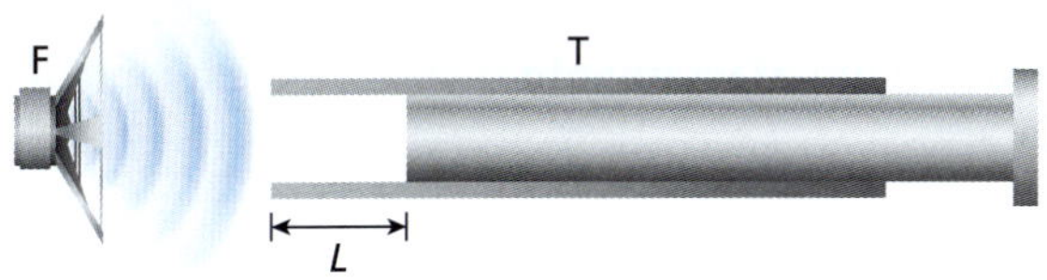

Reprodução/Arquivo da editora

50. Um estudante utiliza um gerador ajustável **E.R.** de audiofrequências para medir o comprimento *H* da coluna de ar existente em um tubo de ensaio parcialmente preenchido por água. Ele verifica que duas ressonâncias sucessivas são ouvidas para as frequências de 1200 Hz e 2000 Hz, respectivamente. Sabendo-se que a intensidade da velocidade do som no ar é 320 m/s, determine:

a) a medida *H*;
b) a frequência fundamental de vibração da coluna de ar no tubo.

Resolução:

a) A equação que relaciona a frequência e a velocidade do som com o comprimento de um tubo fechado é:

$$f = \frac{nv}{4L}$$

Para a frequência de 1200 Hz, temos:

$$1200 = \frac{n \cdot 320}{4L} \Rightarrow n = 15L \quad \text{(I)}$$

Para 2000 Hz (harmônico sucessivo):

$$2000 = \frac{(n+2) \cdot 320}{4L} \Rightarrow 8000L = 320n + 640$$

$$320n = 8000L - 640 \Rightarrow n = 25L - 2 \quad \text{(II)}$$

Igualando (I) e (II), vem:

$$15L = 25L - 2 \Rightarrow 2 = 10L \therefore L = 0{,}20 \text{ m}$$

$$H\ L = \boxed{20 \text{ cm}}$$

b) A frequência fundamental do tubo é obtida fazendo n = 1:

$$f = \frac{nv}{4L} \Rightarrow f_1 = \frac{1 \cdot 320}{4 \cdot 0{,}20} \therefore \boxed{f_1 = 400 \text{ Hz}}$$

51. (Vunesp) A figura representa uma onda estacionária em um tubo sonoro fechado em uma das extremidades e de comprimento L = 20 cm. Esse tubo faz parte de um instrumento musical de sopro.

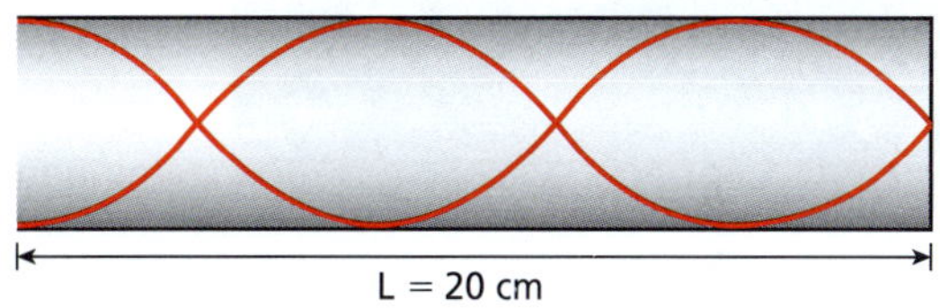

Reprodução/Arquivo da editora

a) Qual o comprimento de onda, em centímetros, da onda representada na figura?
b) Considerando-se a velocidade de propagação do som no ar igual a 320 m/s, qual a menor frequência, em hertz, para as ondas estacionárias que se formam nesse tubo?

52. (Efomm-RJ) Uma fonte de 1020 Hz, posicionada na boca de um tubo de ensaio vazio, provoca ressonância no harmônico fundamental. Sabendo que o volume do tubo é 100 mL e que a velocidade do som no ar é 340 m/s, determine o intervalo que contém o raio *R* do tubo, em cm.

Dados: considere o tubo cilíndrico e $\pi = 3$.

a) $1{,}3 < R < 1{,}5$
b) $1{,}6 < R < 1{,}8$
c) $1{,}9 < R < 2{,}1$
d) $2{,}2 < R < 2{,}4$
e) $2{,}5 < R < 2{,}7$

53. (Vunesp) Um tubo de 1,0 m de comprimento é fechado em uma das extremidades. Um fio esticado é colocado transversalmente próximo da extremidade aberta. O fio, de 0,40 m de comprimento e massa de 8,0 g, está preso em ambas as extremidades e vibra no seu modo fundamental. Em consequência, a coluna de ar vibra em ressonância, também no seu modo fundamental. Determinar:

a) a frequência das vibrações da coluna de ar;
b) a intensidade da tensão no fio (módulo da velocidade do som no ar = 340 m/s).

Bloco 4

10. Efeito Doppler com ondas sonoras

Imagine que estamos em um autódromo, assistindo a uma corrida de automóveis. Estamos sentados nas arquibancadas, bem em frente a um trecho reto da pista. De repente, um dos carros se aproxima do lado esquerdo, vindo com grande velocidade. Podemos ouvir o barulho do seu motor. Ele passa e afasta-se. Continuamos a ouvir o motor. Em seguida, descemos da arquibancada e nos dirigimos para o boxe, onde se encontra o carro, ainda com o motor funcionando. Se fizermos uma comparação entre as frequências que percebemos nas três situações descritas, podemos dizer que na aproximação o som do motor sensibilizou nosso sistema auditivo com frequência maior, o som percebido era mais agudo e, no afastamento do carro, a frequência percebida era menor, o som era mais grave. O carro parado emite um som de frequência intermediária entre os citados.

Abdul Razak Latif/Shutterstock

O motor do carro emitiu, durante todo o tempo, um som de frequência que corresponde àquele que ouvimos quando o carro estava parado no boxe. No entanto, na aproximação ouvimos um som mais agudo e no afastamento um som mais grave. Esse fenômeno é denominado **Efeito Doppler**. Assim, podemos definir o Efeito Doppler:

O **Efeito Doppler** é a alteração na frequência percebida por uma pessoa pelo fato de existir uma **aproximação** ou um **afastamento** relativo entre a fonte e o observador.

Esse fenômeno pode ocorrer com qualquer propagação ondulatória, no entanto, o Efeito Doppler sonoro é o mais fácil de ser percebido.

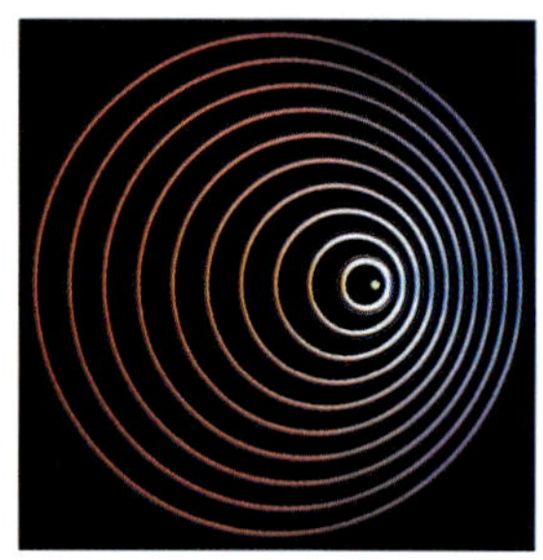

Russel Kightley/SPL/Latinstock

// Na foto, a fonte emissora de ondas está se movendo para a esquerda. Observem como o comprimento de onda diminui do lado esquerdo e aumenta do lado direito da imagem.

SPL/Latinstock

// Retrato de Doppler.

Christian Doppler (1803-1853)

Christian Doppler nasceu em 1803 na cidade de Salzburg, Áustria, e morreu em 1853 em Veneza, Itália, devido a uma tuberculose. Seus restos mortais foram enterrados em Veneza.

Doppler foi diretor do Instituto de Física e professor de Física Experimental na Universidade de Viena. Em 1842, ele lançou a sua obra *Sobre as cores da luz emitida pelas estrelas duplas*, uma introdução à sua teoria a respeito do Efeito Doppler. O seu estudo inicial do Efeito Doppler considerava apenas a luz, mais tarde Doppler tratou esse fenômeno utilizando sons.

Demonstração da equação do Efeito Doppler para o som

Na demonstração da equação a ser utilizada nos exercícios de **Efeito Doppler** vamos considerar o meio onde as ondas sonoras se propagam, o ar, em repouso em relação à Terra. Assim, dizer velocidade do som em relação ao meio onde ele se propaga ou velocidade do som em relação à Terra é a mesma coisa.

Primeiramente, imagine uma fonte sonora emitindo continuamente um único som de comprimento λ e frequência *f*, em repouso em um determinado local. Próximo a essa fonte encontramos o observador **O**, também em repouso em relação à Terra.

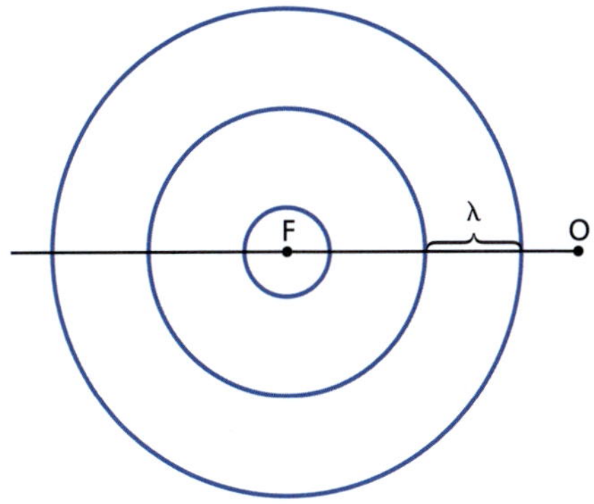

Banco de imagens/Arquivo da editora

Nessa situação, não ocorre o Efeito Doppler. Tanto o observador como a fonte sonora **F** estão em repouso, não havendo **aproximação** ou **afastamento** relativo entre eles. O observador **O** recebe sons com frequência *f* e comprimento de onda λ, iguais aos emitidos pela fonte **F**.

Agora, consideremos o observador **O** parado e a fonte sonora **F** em movimento, afastando-se de **O**.

Podemos observar que, se a fonte sonora **se afasta** do observador **O**, o comprimento de onda λ_A torna-se maior, as frentes de ondas se encontram mais afastadas ($\lambda_A > \lambda$). Assim, vale a relação:

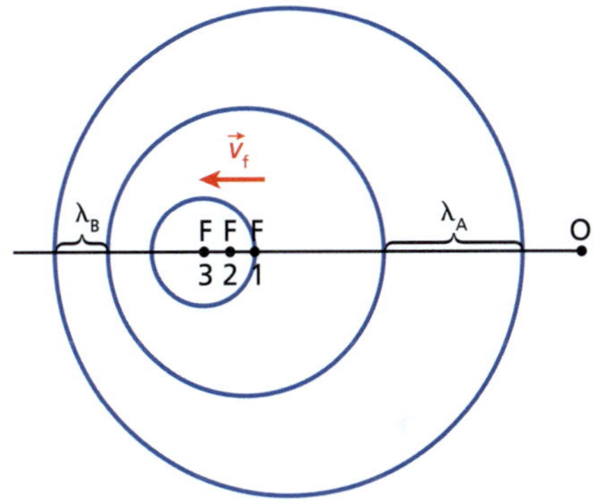

Banco de imagens/Arquivo da editora

$$\lambda_A = \lambda + v_f \cdot T \Rightarrow \frac{v}{f_A} = \frac{v}{f} + \frac{v_F}{f} \Rightarrow f_A = \frac{fv}{v + v_F} \quad \text{(I)}$$

em que f_A corresponde à frequência sonora percebida pelo observador **O**, *f* à frequência do som emitido pela fonte sonora, *v* à velocidade do som no ar e v_F à velocidade de afastamento da fonte em relação ao observador **O**.

Agora, o observador **O** continua parado e a fonte **se aproxima** com velocidade escalar *v*. Neste caso, podemos observar na figura que o comprimento de onda recebido é menor, as frentes de ondas estão mais próximas ($\lambda_B < \lambda$). Valendo a relação:

$$\lambda_B = \lambda - v_F \cdot T \Rightarrow \frac{v}{f_B} = \frac{v}{f} - \frac{v_F}{f} \Rightarrow f_B = \frac{fv}{v - v_F} \quad \text{(II)}$$

Observem que a expressão $v_F T$ corresponde à distância percorrida pela fonte sonora no intervalo de tempo igual a um período.

Nas duas situações descritas acima consideramos apenas o movimento de aproximação e de afastamento da fonte em relação ao observador **O**, que se encontra em repouso. Agora, vamos considerar a fonte sonora parada e vamos aproximar e afastar o observador da fonte.

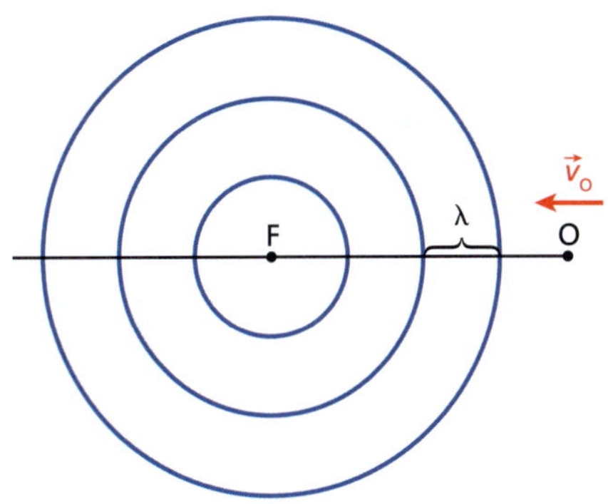

Banco de imagens/Arquivo da editora

Observe que, se o observador **O se aproxima** da fonte sonora com velocidade escalar v_0, em um intervalo de tempo Δt ele irá percorrer uma distância $d = v_0 \Delta t$. Assim, o observador **O** irá receber todas as frentes de ondas que receberia se estivesse parado mais as frentes de ondas que se encontram nessa distância *d*, percorrida por ele. Valendo a expressão:

$$n = N + v_0 \Delta t / \lambda$$

em que *n* corresponde ao número total de frentes de ondas recebidas pelo observador em um intervalo de tempo Δt, *N* ao número de frentes de ondas que o observador receberia nesse mesmo intervalo de tempo se estivesse parado e $v_0 \Delta t / \lambda$ ao número de frentes de ondas que o observador encontrou a mais pelo fato de estar se aproximando da fonte.

Assim, temos:

$$\frac{n}{\Delta t} = \frac{N}{\Delta t} + \frac{v_0 \Delta t}{\lambda \Delta t} \Rightarrow f_c = f + \frac{v_0}{\lambda} \Rightarrow f_c = f + \frac{v_0}{\lambda}$$

Mas, $v = \lambda f$ ou $\lambda = \frac{v}{f}$:

$$f_c = f + \frac{v_0 f}{v} \Rightarrow f_c = f\left(\frac{v + v_0}{v}\right) \quad \text{(III)}$$

Vamos agora considerar a fonte sonora em repouso e o observador **O se afastando** da fonte com velocidade escalar v_o. Nesse caso, o observador **O** receberá um número de frentes de ondas menor do que receberia se permanecesse parado. Esse número corresponde às ondas que ele deixa de encontrar por ter percorrido a distância $d = v_o \Delta t$, afastando-se da fonte. Assim, vale a relação:

$$n = N - v_o \frac{\Delta t}{\lambda}$$

$$\frac{n}{\Delta t} = \frac{N}{\Delta t} - \frac{v_o \Delta t}{\lambda \Delta t}$$

$$f_e = f - \frac{v_o}{\lambda}$$

Mas, $v = \lambda f$ ou $\lambda = \frac{v}{f}$:

$$f_e = f - \frac{v_o f}{v} \Rightarrow f_e = f\left(\frac{v - v_o}{v}\right) \quad \text{(IV)}$$

Analisamos as quatro situações iniciais possíveis para o Efeito Doppler. O observador parado e a fonte se aproximando ou se afastando. A fonte parada e o observador se aproximando ou se afastando. Porém, pode acontecer também que os dois, a fonte sonora e o observador, estejam em movimento. Como estudar todas essas possibilidades? Vamos combinar as quatro equações obtidas, resultando na expressão geral do Efeito Doppler:

$$f_o = f\left(\frac{v \pm v_o}{v \pm v_F}\right)$$

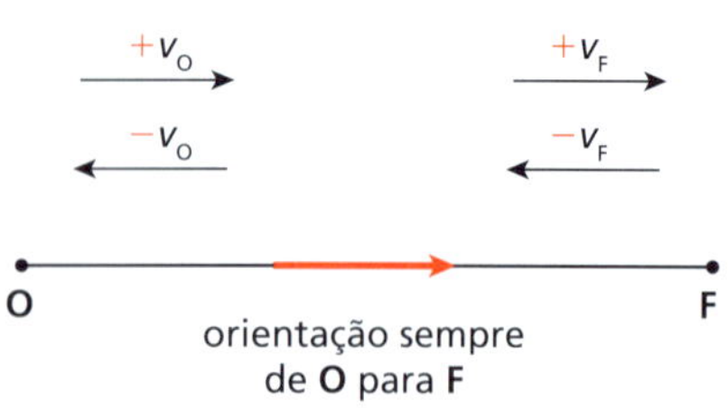

em que f_o é a frequência aparente percebida pelo observador, *f* a frequência do som emitido pela fonte sonora, *v* a velocidade do som no ar, v_o velocidade escalar da fonte em relação à Terra e v_F a velocidade escalar da fonte sonora em relação à Terra. Os sinais + e − são obtidos a partir da convenção ao lado:

Se as velocidades do observador e da fonte sonora não estão alinhadas com a reta que passa por eles, nos cálculos devemos usar apenas as componentes das velocidades segundo essa reta.

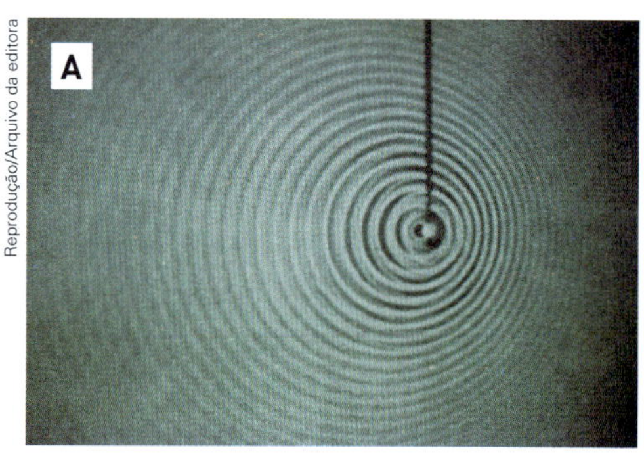

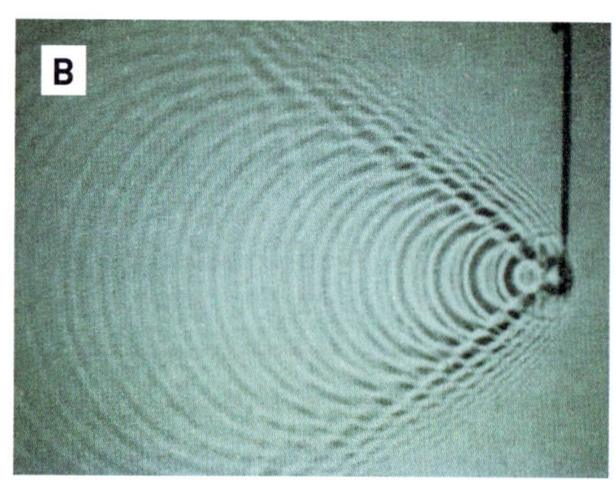

As fotos apresentadas correspondem a uma fonte produzindo ondas na superfície da água. Na foto **A**, a fonte move-se para a direita com velocidade escalar menor do que a velocidade de propagação das ondas na superfície da água. Na foto **B**, a fonte move-se com velocidade escalar maior do que a velocidade de propagação das ondas. Neste caso podemos observar a formação de **ondas de choque**, que formam o **V** característico.

Exercícios Nível 1

54. Uma pessoa encontra-se parada na esquina
E.R. de uma avenida. Uma ambulância, com a sirene ligada, afasta-se dessa pessoa. Quanto à intensidade e à frequência do som percebido pela pessoa, podemos afirmar:

a) A intensidade e a frequência são iguais às emitidas pela sirene.
b) A intensidade aumenta e a frequência permanece a mesma.
c) A intensidade diminui e a frequência também.
d) A intensidade aumenta e a frequência diminui.
e) A intensidade diminui e a frequência do som aumenta.

Resolução:

A intensidade da onda sonora varia com a distância de acordo com a expressão:

$$I = \frac{Pot}{4\pi x^2}$$

Assim, quando aumentamos a distância *x*, a intensidade da onda diminui.

De acordo com a teoria do Efeito Doppler, o afastamento relativo entre fonte e observador faz o som percebido ser menor do que o emitido pela fonte.

$$\boxed{f_O < f_F}$$

Resposta: alternativa **c**.

55. (Enem) O morcego emite pulsos de curta duração de ondas ultrassônicas, os quais voltam na forma de ecos após atingirem objetos no ambiente, trazendo informações a respeito das suas dimensões, suas localizações e dos seus possíveis movimentos. Isso se dá em razão da sensibilidade do morcego em detectar o tempo gasto para os ecos voltarem, bem como das pequenas variações nas frequências e nas intensidades dos pulsos ultrassônicos. Essas características lhe permitem caçar pequenas presas mesmo quando estão em movimento em relação a ele. Considere uma situação unidimensional em que uma mariposa se afasta, em movimento retilíneo e uniforme, de um morcego em repouso. A distância e a velocidade da mariposa, na situação descrita, seriam detectadas pelo sistema de um morcego por quais alterações nas características dos pulsos ultrassônicos?

a) Intensidade diminuída, o tempo de retorno aumentado e a frequência percebida diminuída.
b) Intensidade aumentada, o tempo de retorno diminuído e a frequência percebida diminuída.
c) Intensidade diminuída, o tempo de retorno diminuído e a frequência percebida aumentada.
d) Intensidade diminuída, o tempo de retorno aumentado e a frequência percebida aumentada.
e) Intensidade aumentada, o tempo de retorno aumentado e a frequência percebida aumentada.

56. (UFU-MG) O Efeito Doppler recebe esse nome em homenagem ao físico austríaco Johann Christian Doppler que o propôs em 1842. As primeiras medidas experimentais do efeito foram realizadas por Buys Ballot, na Holanda, usando uma locomotiva que puxava um vagão aberto com vários trompetistas que tocavam uma nota bem definida. Considere uma locomotiva com um único trompetista movendo-se sobre um trilho horizontal da direita para a esquerda com velocidade constante. O trompetista toca uma nota com frequência única *f*. No instante desenhado na figura, cada um dos três observadores detecta uma frequência em sua posição. Nesse instante, a locomotiva passa justamente pela frente do observador $\mathbf{D_2}$.

Analise as afirmações abaixo sobre os resultados da experiência.

I. O som percebido pelo detector $\mathbf{D_1}$ é mais agudo que o som emitido e escutado pelo trompetista.
II. A frequência medida pelo detector $\mathbf{D_1}$ é menor que *f*.
III. As frequências detectadas por $\mathbf{D_1}$ e $\mathbf{D_2}$ são iguais e maiores que *f*, respectivamente.
IV. A frequência detectada por $\mathbf{D_2}$ é maior que a detectada por $\mathbf{D_3}$.

Assinale a alternativa que apresenta as afirmativas corretas.

a) Apenas I e IV.
b) Apenas II.
c) Apenas II e IV.
d) Apenas III.

Exercícios Nível 2

57. Maria caminhava pelo centro da cidade quando parou em uma esquina aguardando que o sinal se abrisse para que ela pudesse atravessar a avenida. Ela mexia no seu *smartphone* em um aplicativo que media a frequência dos sons que chegavam até ela. Nisso, uma ambulância passa rapidamente e ela consegue medir a frequência do som recebido, 680 Hz. Sabendo-se que a velocidade do som no ar vale 340 m/s e que a sirene emitia um som de 730 Hz, qual o módulo da velocidade de afastamento da ambulância? Dê a resposta em km/h.

E.R.

Resolução:

Para a resolução desse exercício vamos utilizar a equação do Efeito Doppler:

$$f_o = f_F\left(\frac{v \pm v_o}{v \pm v_F}\right)$$

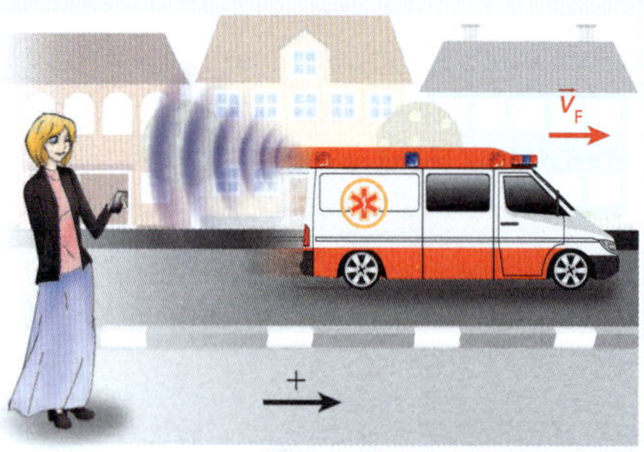

Banco de imagens/Arquivo da editora

Assim:

$$680 = 730\frac{340 \pm 0}{340 + v_F}$$

$$340 + v_F = \frac{730 \cdot 340}{680}$$

$$340 + v_F = 365$$

$$\boxed{v_F = 25 \text{ m/s} = 90 \text{ km/h}}$$

58. (Marinha do Brasil-DF) Uma sirene acoplada a uma ambulância irradia uma onda sonora de frequência 1 600 Hz e se aproxima de um pedestre em repouso que identifica um som de frequência 1 700 Hz devido ao efeito Doppler. Sabendo-se que a velocidade do som é de 340 m/s, qual a velocidade de aproximação da ambulância, em km/h?

a) 36
b) 54
c) 72
d) 90
e) 108

59. (PUC-SP) Uma jovem de 60 kg realiza seu primeiro salto de paraquedas a partir de um helicóptero que permanece estacionário. Desde o instante do salto até o momento em que ela aciona a abertura do paraquedas, passam-se 12 s e, durante todo esse tempo em que a jovem cai em queda livre, ela emite um grito de desespero cuja frequência é de 230 Hz.

Reprodução/PUC-SP, 2016

Considerando a velocidade do som igual a 340 m/s e o módulo da aceleração da gravidade igual a 10 m/s², determine a frequência aparente aproximada desse grito, emitido no instante 12 s, quando percebida pelo instrutor de salto situado no helicóptero.

Despreze a resistência do ar até a abertura do paraquedas.

a) 140
b) 160
c) 170
d) 230

60. (SBF) Um sonar emite um pequeno trem de ondas sonoras na água, com duração de 0,01 s, com frequência de 12,0 kHz a partir de um submarino em repouso em relação à água, sendo este trem de ondas refletido por outro submarino (velocidade do som na água: 1 500 m/s). O trem de ondas refletido retorna ao primeiro submarino transcorridos 4,0 s em relação ao momento de emissão. Na volta o trem de ondas é analisado, indicando ter a frequência de 11,9 kHz. Em função destes resultados podemos afirmar que o outro submarino

(a) se afasta e se encontra a aproximadamente 3 km do primeiro submarino.
(b) se aproxima e se encontra a aproximadamente 3 km do primeiro submarino.
(c) se afasta e se encontra a aproximadamente 6 km do primeiro submarino.
(d) se aproxima e se encontra a aproximadamente 6 km do primeiro submarino.

61. Uma ambulância utiliza uma sirene bitonal que emite de forma intermitente intensos pulsos sonoros de frequências respectivamente iguais a 700 Hz e 620 Hz.

Esse veículo se desloca em uma estrada retilínea com velocidade de intensidade constante igual a 72 km/h e vai passar diante de um observador parado à beira da pista. Na aproximação da ambulância, o observador nota que a diferença entre as frequências emitidas pela sirene assume um valor Δf_1 e no afastamento do veículo, ele percebe que essa diferença assume um valor Δf_2. Supondo-se que o som se propague isotropicamente através do ar em repouso com velocidade de 340 m/s, pede-se determinar a relação $\frac{\Delta f_1}{\Delta f_2}$.

a) 1 b) $\frac{9}{8}$ c) $\frac{8}{9}$ d) $\frac{5}{4}$

62. (UFAM) Uma ambulância, cuja sirene emite um som com frequência de 1 575 Hz, passa por um ciclista que está na margem da pista, a 18 km/h. Depois de ser ultrapassado, o ciclista escuta o som da sirene numa frequência de 1 500 Hz. Dessa situação, podemos afirmar que a velocidade da ambulância é de aproximadamente:

a) 40 km/h
b) 76 km/h
c) 80 km/h
d) 90 km/h
e) 100 km/h

63. (IJSO) Morcegos usam ondas de ultrassom para capturar suas presas. Quando em repouso, um morcego emite ondas de ultrassom com frequência de 82,50 kHz. O morcego agora começa a perseguir uma mariposa ao longo do eixo **x** positivo. As velocidades do morcego e da mariposa são de 9,00 m/s e 8,00 m/s, respectivamente. O morcego agora emite uma onda de ultrassom e detecta a onda refletida pela mariposa. A velocidade do som é de 340 m/s.

Qual é, aproximadamente, a frequência da onda detectada pelo morcego?

a) 82,7 kHz
b) 82,8 kHz
c) 82,9 kHz
d) 83,0 kHz

64. Em um experimento, foram usados dois apitos, **A** e **B**, ambos emitindo frequências iguais a 500 Hz. O apito **A** se encontra em repouso em relação à Terra e o **B** se move para a direita (afastando-se de **A**) com velocidade constante de 60 m/s. Um observador se posiciona na reta que une os dois apitos e se move para a direita com velocidade de 30 m/s. Usar a velocidade do som no ar igual a 330 m/s. Responda:

a) Que frequência do som emitido pelo apito **A** será ouvida pelo observador?
b) Que frequência do som emitido pelo apito **B** será ouvida pelo observador?
c) O observador poderá também ouvir um batimento? Se a resposta for positiva, qual será a frequência do batimento?

65. Um trem se desloca a 30 m/s em um local sem ventos. Num determinado instante, ele passa a emitir um apito de frequência constante igual a 500 Hz. Usar a velocidade do som no ar como 330 m/s.

Qual a frequência do som percebido por um observador parado:

a) em frente à locomotiva?
b) atrás da locomotiva?

Qual o comprimento de onda das ondas sonoras correspondentes a esse apito:

c) em frente à locomotiva?
d) atrás da locomotiva?

Qual a frequência do som percebido por um passageiro de um segundo trem que se desloca com velocidade de 15 m/s:

e) se aproximando do primeiro trem?
f) se afastando do primeiro trem?

66. (PUC-SP) Uma garotinha está brincando de pular na cama elástica. Ao longo de seu salto mais alto, desde o momento em que seus pés abandonaram a cama elástica e atingiram a altura máxima de 1,8 m, em relação ao nível da cama e retornou ao exato ponto de partida, ela deu um grito de alegria, em que o som estridente, de tom puro, tinha uma frequência de 350 Hz.

Determine, em hertz, a diferença aproximada entre a maior e a menor frequência dos sons percebidos pelos pais, que permanecem muito próximos à cama elástica e em repouso em relação a ela. Adote a velocidade do som no ar igual a 340 m/s. Despreze todas as formas de atrito.

a) 0 b) 12 c) 24 d) 36

Bloco 5

11. Qualidades fisiológicas do som

O nosso sistema auditivo é o principal receptor das ondas sonoras. Ele é capaz de receber os sons e decodificá-los, percebendo certas qualidades intrínsecas como a **altura**, o **timbre** e a **sonoridade**.

Altura de um som

A **altura** de um som está relacionada com a sua frequência, um **som alto** tem alta frequência, é um som mais **agudo**, e um **som baixo** tem baixa frequência, é um som mais **grave**. Assim, considerando dois sons **A** e **B**, sendo $f_A = 1\,000$ Hz e $f_B = 600$ Hz, podemos dizer que o som **A** é mais alto do que o som **B** ou o som **A** é mais agudo do que o som **B**. Observem que a altura não está relacionada com a potência do som. Um som de **potência maior** é mais **forte**. Um som de **potência menor** é mais **fraco**. Portanto não está correto, quando queremos um som mais forte, pedir para colocar o som mais alto. Mais alto significa mais agudo.

Banco de imagens/Arquivo da editora

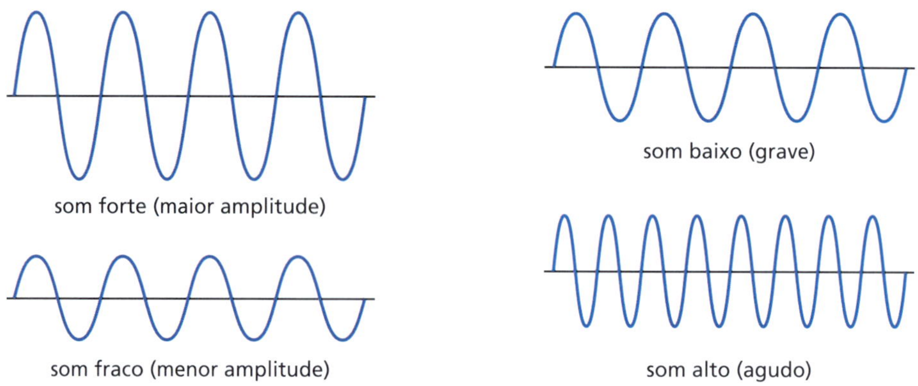

Timbre de um som

As fontes sonoras em geral não emitem apenas sons puros, de uma única frequência. Elas emitem o som fundamental acompanhado de certos harmônicos, característicos dessa fonte. Esse conjunto de sons é percebido pelo nosso sistema auditivo e decodificado. Assim, quando vários instrumentos musicais emitem sons, podemos perceber o conjunto de harmônicos que acompanham o som fundamental e reconhecer de qual instrumento saiu cada um daqueles conjuntos de sons.

Nas figuras ao lado, podemos observar que o som emitido por fontes sonoras diferentes apresenta características diferentes, é o **timbre**. Isto é, o conjunto de harmônicos que acompanham os sons fundamentais.

Banco de imagens/Arquivo da editora

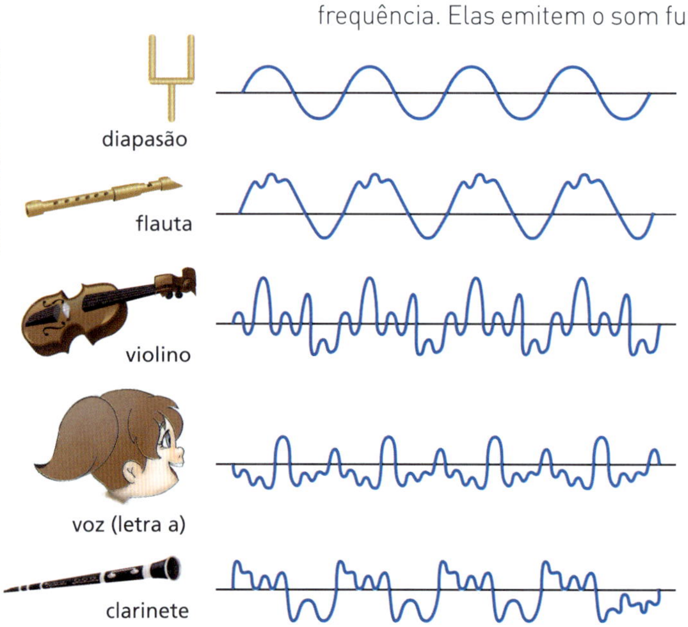

Sonoridade

No início do nosso estudo de Acústica vimos a grandeza física **intensidade de uma onda sonora**, que corresponde à energia distribuída por unidade de tempo em cada unidade de área por onde passa a onda. Essa intensidade é uma característica da onda, quer a estejamos ouvindo, quer não. Quando essa onda sonora atinge os ouvidos de várias pessoas, cada uma delas poderá ter sensações de intensidades diferentes. Uma poderá ouvi-la com intensidade bastante forte, outra com intensidade moderada e, possivelmente, haverá aquela que nem terá a sensação de escutar algo. Estamos agora nos referindo à **sensação sonora** ou **sonoridade** da onda.

A **sonoridade** para indivíduos normais aumenta com o aumento da intensidade do som. No entanto, essa sensação varia de pessoa para pessoa. A sonoridade é função do sistema auditivo de cada um. Com a idade, por exemplo, o sistema auditivo do indivíduo sofre transformações, partes ressecam, dificultando o seu funcionamento. Pessoas que estão sujeitas a sons demasiadamente fortes durante uma parte de suas vidas podem ter a sua sonoridade reduzida. Assim, podemos afirmar que a **sonoridade** depende da intensidade da onda sonora, da frequência dessa onda e do aparelho auditivo que irá receber essa energia.

A faixa de frequências de maior sensibilidade para as pessoas está entre 2 000 Hz e 4 000 Hz. Atenção, se uma determinada pessoa receber dois sons de mesma intensidade, um de frequência 3 000 Hz e outro de 10 000 Hz, o de 3 000 Hz será percebido mais forte que o outro, pois ele está na faixa de maior sensibilidade (sonoridade). Claro que, se um som estiver na faixa de infrassom ou de ultrassom, sua sonoridade será nula, independente da intensidade dessa onda.

Vamos considerar agora que uma pessoa recebe um som de frequência constante. A intensidade desse som aumenta gradativamente a partir do zero. No início, essa pessoa não ouvirá nada, até que a intensidade da onda atinja um valor mínimo, denominado **limiar da sensação auditiva** ou **limiar da audibilidade**. O valor da intensidade desse limiar depende da frequência do som. Se continuarmos a aumentar a intensidade sonora, o som será percebido pela pessoa cada vez mais forte, até que a sensação auditiva torna-se um desconforto ou mesmo dor. Essa intensidade é denominada **limiar da sensação dolorosa** ou **limiar da dor**.

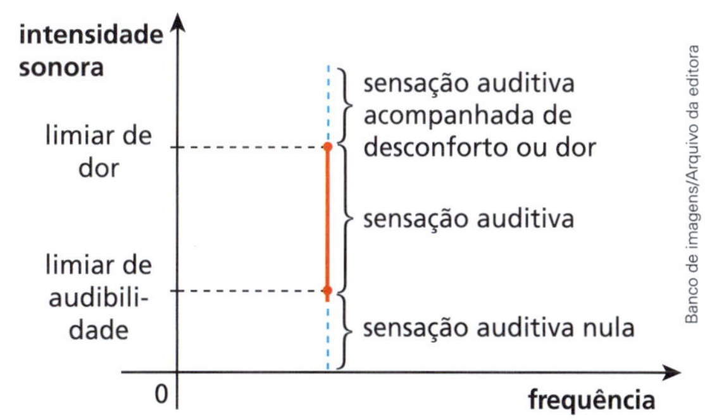

Se montarmos um diagrama com esses intervalos para todas as frequências audíveis vamos obter a **curva da audibilidade** ou o **audiograma** para essa pessoa. É importante observar que cada indivíduo tem o seu audiograma. No entanto, podemos estabelecer um audiograma médio. Vejam ao lado.

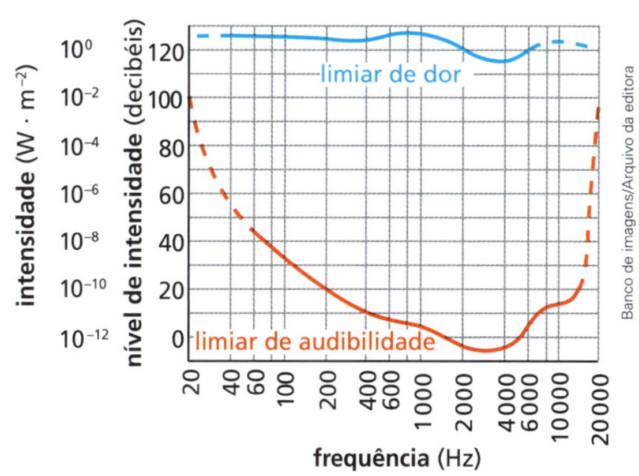

Neste diagrama podemos constatar que o trecho de maior sensibilidade corresponde a frequências entre 2 kHz e 4 kHz.

O nível de **sonoridade** de um som é determinado na unidade **bel**, plural **bels** e símbolo **B**. Isso em homenagem ao físico Graham Bell (1847-1922), inventor do telefone.

Para determinarmos essa sonoridade em bels, vamos usar a **Lei de Weber-Fechner**:

$$N = k \log \frac{I}{I_{ref}}$$

onde k = 1.

Como essa unidade **bel** é muito grande, resolveram simplificar. O valor k passou a ser 10, não mais 1, e a unidade recebeu a denominação de **decibel**, plural **decibels** e símbolo **dB**, ficando a Lei de Weber-Fechner expressa por:

$$N = 10\log\frac{I}{I_{ref}}$$

em que I é a intensidade sonora do som e N a sonoridade em relação a um som de referência.

O aparelho utilizado para a medição da **sonoridade** é o **decibelímetro**, representado na foto ao lado.

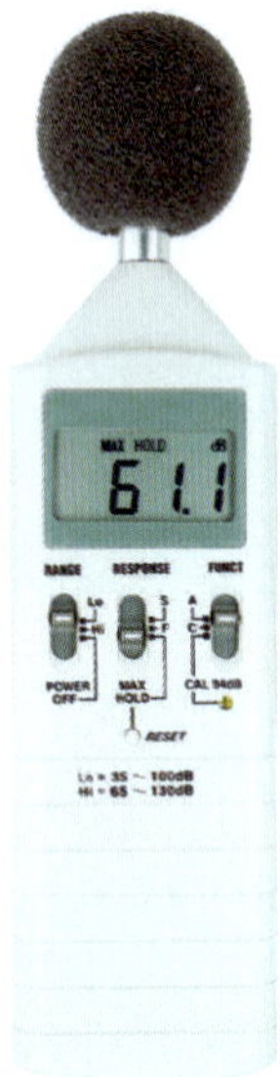

BaLL LunLa/Shutterstock

O decibelímetro é o aparelho que mede níveis de intensidade sonora.

A tabela abaixo mostra alguns valores característicos de níveis de intensidades sonoras.

Valores médios de níveis de intensidade sonora			
Situação	Intensidade sonora (dB)	Situação	Intensidade sonora (dB)
Silêncio total	0	Rua barulhenta	90
Respiração normal	10	Orquestra sinfônica	110
Sussurro	30	Trovão	120
Respiração ofegante	30	Concerto de *rock*	120
Conversação normal	50	Avião a jato decolando	140
Aspirador de pó	70	Lançamento de foguete	160
Motocicleta	90		

Em vermelho, intensidades sonoras que podem causar danos ao aparelho auditivo humano.

Exercícios Nível 1

67. (Unicenp-PR) O italiano Luciano Pavarotti, conhecidíssimo cantor de ópera, possui uma extensão de voz que varia aproximadamente entre o "dó" (128 Hz) e o lá (440 Hz), sendo classificado como tenor. Já um contralto compreende uma extensão de voz que vai, pelo menos, de sol (196 Hz) a mi (669 Hz).

As classificações citadas, que podem ainda envolver barítonos, baixos, sopranos e *mezzo*-sopranos, estão calcadas na qualidade fisiológica do som conhecida como:

a) intensidade.
b) altura.
c) timbre.
d) volume.
e) reverberação.

68. (Enem)

> Quando adolescente, as nossas tardes, após as aulas, consistiam em tomar às mãos o violão e o dicionário de acordes de Almir Chediak e desafiar nosso amigo Hamilton a descobrir, apenas ouvindo o acorde, quais notas eram escolhidas. Sempre perdíamos a aposta, ele possui o ouvido absoluto.
>
> O ouvido absoluto é uma característica perceptual de poucos indivíduos capazes de identificar notas isoladas sem outras referências, isto é, sem precisar relacioná-las com outras notas de uma melodia.
>
> LENT, R. O cérebro do meu professor de acordeão. Disponível em: http://cienciahoje.uol.com.br. Acesso em: 15 ago. 2012 (adaptado).

No contexto apresentado, a propriedade física das ondas que permite essa distinção entre as notas é a

a) frequência.
b) intensidade.
c) forma da onda.
d) amplitude da onda.
e) velocidade de propagação.

69. (Enem) Ao ouvir uma flauta e um piano emitindo a mesma nota musical, consegue-se diferenciar esses instrumentos um do outro.

Essa diferenciação se deve principalmente ao(à)

a) intensidade sonora do som de cada instrumento musical.
b) potência sonora do som emitido pelos diferentes instrumentos musicais.
c) diferente velocidade de propagação do som emitido por cada instrumento musical.

d) timbre do som, que faz com que os formatos das ondas de cada instrumento sejam diferentes.
e) altura do som, que possui diferentes frequências para diferentes instrumentos musicais.

70. (UFAM) Sejam as seguintes afirmativas sobre as ondas sonoras:

I. O som é uma onda mecânica progressiva longitudinal cuja frequência está compreendida, aproximadamente, entre 20 Hz e 20 kHz.
II. O ouvido humano é capaz de distinguir dois sons de mesma frequência e mesma intensidade desde que as formas das ondas sonoras correspondentes a esses sons sejam diferentes. Os dois sons têm timbres diferentes.
III. A altura de um som é caracterizada pela frequência da onda sonora. Um som de pequena frequência é grave (baixo) e um som de grande frequência é agudo (alto).
IV. Uma onda sonora com comprimento de onda de 10 mm é classificada como ultrassom.
V. A intensidade do som é tanto maior quanto menor for a amplitude da onda sonora.

Assinale a alternativa correta:

Dado: Quando necessário, adote o valor de 340 m/s para a velocidade do som no ar.

a) Somente as afirmativas I, II, III e IV estão corretas.
b) Somente as afirmativas II, III e V estão corretas.
c) Somente as afirmativas I, III, IV e V estão corretas.
d) Somente as afirmativas II, III, IV e V estão corretas.
e) Somente as afirmativas I, II, IV e V estão corretas.

71. (UFMG) Do ponto de vista das Ciências, os sons são sensações produzidas por ondas que fazem os tímpanos vibrarem. Dentro dessa linha de raciocínio, diversos estudantes fizeram afirmações associando as qualidades dos sons com as características das ondas que os provocam. Analise as afirmações a seguir e assinale aquela que não está de acordo com as ideias das Ciências.

a) Se a frequência de uma onda sonora se tornar maior, nossos tímpanos começarão a vibrar mais vezes a cada segundo.
b) Um som se tornará mais grave que outro produzido anteriormente quando a onda a ele associada apresentar maior frequência.
c) Quando aumentamos a amplitude de uma onda, nós iremos promover um aumento na intensidade do som a ela associado.
d) É possível distinguir sons produzidos por dois instrumentos musicais diferentes, mesmo que eles emitam a mesma nota musical.

Exercícios Nível 2

72. E.R. Um aluno do curso de Engenharia estudava a medição da sonoridade de sons em várias situações. Ele foi ao *Rock in Rio* e levou um **decibelímetro** para fazer medições. No *show* do Guns and Roses se posicionou a 10 m de uma grande caixa de som e mediu 100 dB para os sons que estava recebendo. Sabendo-se que a intensidade mínima de um som para se fazer ouvir é de 10^{-12} W/m^2 e $\pi = 3$, com que potência os sons eram emitidos pelas caixas acústicas?

Resolução:

Aplicando-se a Lei de Weber-Fechner, temos:

$$S = 10 \log \frac{I}{I_0}$$

Então:

$$100 = 10 \log \frac{I}{10^{-12}} \Rightarrow 10 = \log \frac{I}{10^{-12}}$$

$$10^{10} = \frac{I}{10^{-12}} \therefore I = 10^{-2}\ \text{W/m}^2$$

Usando agora a fórmula da intensidade do som, temos:

$$I = \frac{Pot}{4\pi x^2}$$

$$10^{-2} = \frac{Pot}{4 \cdot 3 \cdot 10^2}$$

$$\boxed{Pot = 12\ \text{W}}$$

73. (Fepese) O piano é um instrumento musical de cordas, munido de um teclado e de uma grande caixa de ressonância. O som é produzido pela pressão das teclas que acionam martelos de madeira revestidos de feltro que, por sua vez, fazem percutir as cordas. É dotado de dois pedais: o direito, quando pressionado, permite que as cordas permaneçam vibrando, mesmo que as teclas deixem de ser tocadas; o esquerdo, também chamado surdina, serve para diminuir

o brilho da sonoridade. O primeiro piano foi fabricado pelo italiano Bartolomeu Cristofori, construtor de cravos de Florença, por volta de 1700. Quando um pianista pressiona no piano uma tecla correspondente à nota **ré** e, em seguida, a que corresponde a **fá**, pode-se afirmar que serão ouvidos sons diferentes.
Isso se deve ao fato de as ondas sonoras correspondentes a essas notas terem:

a) timbres diferentes.
b) batimentos diferentes.
c) amplitudes diferentes.
d) frequências diferentes.
e) intensidades diferentes.

74. (UFRGS-RS) A tabela abaixo apresenta a frequência *f* de três diapasões.

Diapasão	*f* (Hz)
d_1	254
d_2	352
d_3	440

Considere as afirmações abaixo:

I. A onda sonora que tem o maior período é a produzida pelo diapasão $\mathbf{d_1}$.
II. As ondas produzidas pelos três diapasões, no ar, têm velocidades iguais.
III. O som mais grave é o produzido pelo diapasão $\mathbf{d_3}$.

Quais estão corretas?

a) Apenas I.
b) Apenas II.
c) Apenas III.
d) Apenas I e II.
e) I, II e III.

75. (Acafe-SC) O aparelho auditivo humano distingue nas ondas sonoras três qualidades: altura, intensidade e timbre, denominadas qualidades fisiológicas do som.
Com base no exposto, marque com **V** as afirmações verdadeiras e com **F** as falsas.

1. O timbre se altera quando adiciona-se a uma onda sonora um de seus harmônicos.
2. A intensidade de uma onda sonora diminui ao se reduzir o comprimento de onda.
3. A altura de uma onda sonora aumenta quando a frequência aumenta.
4. Percebe-se a onda sonora duas vezes mais intensa quando se dobra a potência acústica da fonte.

A sequência correta é:

a) F – V – V – V
b) V – F – V – F
c) F – F – V – F
d) V – F – V – V

76. (Vunesp) A figura mostra um audiograma, gráfico que demonstra a relação entre o limite de recepção e a frequência de vibração dos sons que a orelha humana é capaz de perceber. No eixo vertical estão os valores da intensidade física e no eixo horizontal estão os valores da frequência.

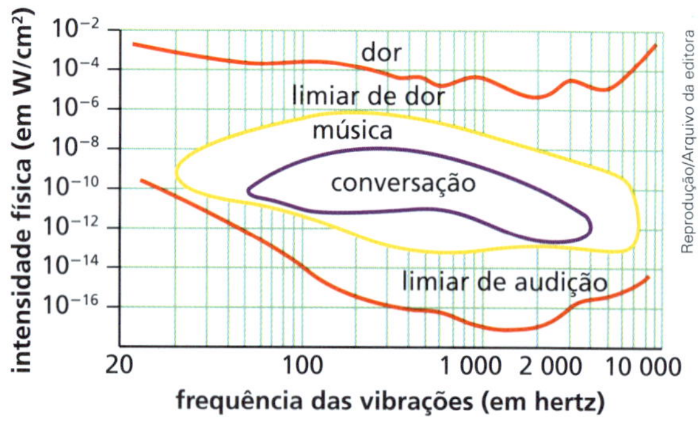

Analisando-se o gráfico, conclui-se corretamente que

a) uma emissão sonora de 1,0 kHz a intensidade de 10^{-4} W/cm^2 causa sensação dolorosa.
b) uma emissão sonora de 800 Hz a intensidade de 10^{-10} W/cm^2 causa sensação dolorosa.
c) é impossível ouvir uma emissão de 1,0 kHz e de intensidade 10^{-5} W/cm^2.
d) o limiar de dor para uma emissão sonora de 100 Hz é o mesmo que para uma emissão de 4,0 kHz.
e) o ser humano não consegue ouvir sons emitidos com intensidade de 10^{-12} W/cm^2 e frequência de 800 Hz.

77. (Unifimes-MG) A lei municipal 9505/08 da cidade de Belo Horizonte estabelece que o limite máximo de ruído após às 22h deve ser $\beta = 50$ dB. Suponha que, num festival de música local, os ouvintes próximos às caixas de som estão expostos a um ruído de 100 dB. Sabe-se que o nível de ruído sonoro, em decibéis, é dado por $\beta = 10 \log \frac{I}{I_0}$ em que *I* é a intensidade física sonora da fonte de ruído e $I_0 = 10^{-12}$ W/m^2 é a menor intensidade física sonora audível.

Nessas condições, o fator de diminuição $f = \frac{I_{lei}}{I_{festival}}$ que a intensidade da fonte deve sofrer para se adequar à lei é

a) 2
b) 10^{-2}
c) 10^{-7}
d) 10^{-5}
e) 0,5

78. (Unicamp-SP) O nível sonoro *S* é medido em decibéis (dB) de acordo com a expressão $S = (10\text{ dB}) \log \frac{I}{I_0}$, onde *I* é a intensidade da onda sonora e $I_0 = 10^{-12}$ W/m² é a intensidade de referência padrão correspondente ao limiar da audição do ouvido humano. Numa certa construção, o uso de proteção auditiva é indicado para trabalhadores expostos durante um dia de trabalho a um nível igual ou superior a 85 dB. O gráfico a seguir mostra o nível sonoro em função da distância a uma britadeira em funcionamento na obra.

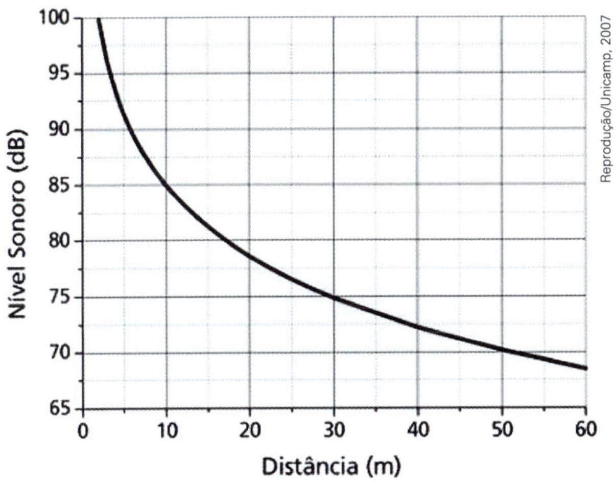

a) A que distância mínima da britadeira os trabalhadores podem permanecer sem proteção auditiva?
b) A frequência predominante do som emitido pela britadeira é de 100 Hz. Sabendo-se que a velocidade do som no ar é de 340 m/s, qual é o comprimento de onda para essa frequência?
c) Qual é a intensidade da onda sonora emitida pela britadeira a uma distância de 50 m?

79. (Cespe) Uma pessoa utilizou um aplicativo de medição de intensidade sonora disponível em seu *smartphone* para precisar a intensidade sonora de dois ambientes diferentes, **A** e **B**. Ela constatou que, no local **A**, a intensidade sonora média foi de 60 dB, ao passo que, no local **B**, a intensidade sonora registrada foi de 40 dB. Acerca das informações dessa situação hipotética, assinale a opção que indica quantas vezes a intensidade sonora no local **A** foi maior que a intensidade sonora registrada no local **B**.

a) 100
b) 0,8
c) 1,5
d) 3
e) 10

80. Os alemães Ernest Heinrich Weber (1795-1878) e Gustav Theodor Fechner (1801-1887) formularam uma importante lei da psicofísica, denominada **Lei de Weber e Fechner**, segundo a qual "o nível relativo de resposta sensorial a qualquer estímulo é proporcional ao logaritmo decimal da intensidade física relativa desse estímulo". Para o nível relativo do som, β, expresso em decibéis (dB), percebido por certo ouvinte, tem-se:

$$\beta = 10 \log_{10}\left(\frac{I}{I_0}\right)$$

Em que *I* é a intensidade física do som considerado e I_0 é uma intensidade sonora de referência, de valor padrão 10^{-16} W/cm².

Já o gráfico abaixo traz, em ordenadas, valores de intensidades sonoras e, em abscissas, frequências acústicas. Notam-se embaixo e em cima, respectivamente, as curvas do limiar de audição, acima do qual um indivíduo passa a ouvir determinada frequência, e do limiar de dor, acima do qual esse ouvinte adquire sensação dolorosa em seu aparelho auditivo.

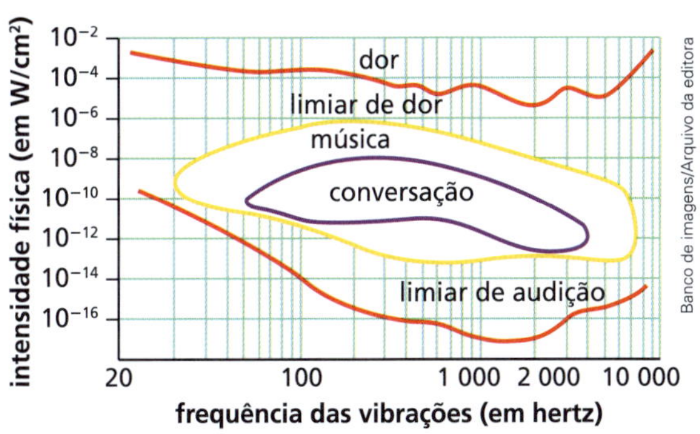

Com base nas informações do texto e na análise do gráfico, responda:

a) Acima de quantos dB o indivíduo passa a ouvir um som de frequência igual a 50 Hz?
b) Qual o limiar da dor, em dB, para um som de frequência 7 000 Hz?

Exercícios Nível 3

81. (Uepa) Ao tocar a corda mais grossa do violão, presa apenas nas suas extremidades, é produzido um som grave denominado mi e de frequência fundamental 327 Hz. Considere o comprimento da corda igual a 60 cm.

a) Calcule a velocidade de transmissão da onda na corda.

b) A corda mais fina, por sua vez, na plenitude de seu comprimento, também produz um som denominado mi, porém com frequência duas oitavas acima do som produzido pela corda mais grossa. Identifique a qualidade fisiológica que diferencia o som produzido pelas duas cordas.

82. (Unicamp-SP) A velocidade do som no ar é de aproximadamente 330 m/s. Colocam-se dois alto-falantes iguais, um defronte ao outro, distanciados 6,0 m, conforme a figura abaixo. Os alto-falantes são excitados simultaneamente por um mesmo amplificador com um sinal de frequência de 220 Hz. Pergunta-se:

a) Qual é o comprimento de onda do som emitido pelos alto-falantes?

b) Em que pontos do eixo, entre os dois alto-falantes, o som tem intensidade máxima?

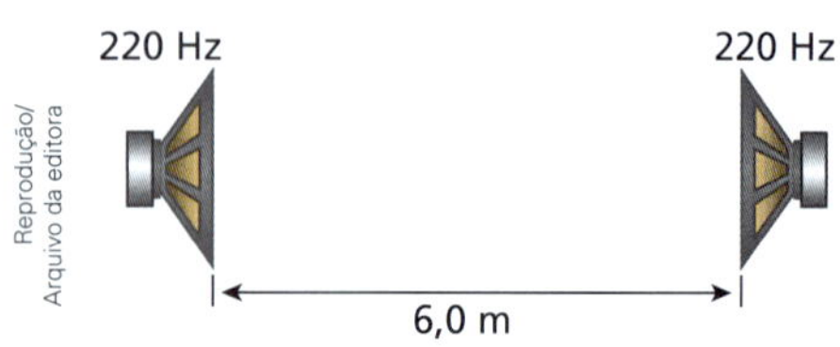

83. Tiago, ao estudar Ondulatória, resolveu colocar seus conhecimentos à prova. Chegou diante da boca de uma caverna cilíndrica, de eixo horizontal, fechada na extremidade oposta, e emitiu um breve e forte grito monossilábico. Munido de um cronômetro, mediu, então, o intervalo de tempo transcorrido desde a emissão desse som até a captação do respectivo eco; 0,40 s. Feito isso, ligou um equipamento acústico bem na boca da caverna, que emitia um som contínuo e grave, mas de frequência constante. Portando um decibelímetro (medidor do nível relativo do som, em decibéis), ele passou a percorrer toda a extensão do cilindro natural e foi notando que eram registradas posições consecutivas em que o som apresentava intensidade mínima – praticamente nula – a cada 2,00 m caminhados rumo ao fundo.

Com base nessas informações e adotando-se para a velocidade do som o valor 335,00 m/s, determine:

a) o comprimento *L* da caverna;

b) a frequência *f* do equipamento acústico utilizado;

c) o número *N* de pontos nodais observados por Tiago desde a boca da caverna até seu fundo. Despreze nessa avaliação quaisquer dissipações da energia associada às ondas sonoras.

84. O aparato experimental mostrado na figura abaixo consiste de um fio elástico conectado à esquerda a um dinamômetro que pode ser erguido ou baixado, variando-se com isso a intensidade da força de tração no fio, e à direita a um vibrador, cuja frequência também pode ser ajustada. Na situação correspondente à imagem, o dinamômetro acusa uma força de tração igual a 25,0 N e o vibrador opera com uma frequência de 30,0 Hz. Pode-se verificar no fio, nesse caso, uma onda estacionária (figura de interferência dotada de nodos e ventres) constituída por três lóbulos iguais.

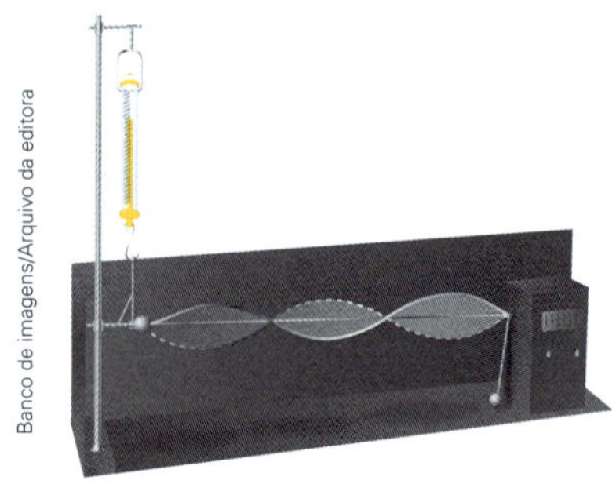

Visando-se produzir no fio uma nova onda estacionária constituída por cinco lóbulos iguais, podem ser cogitadas isoladamente duas providências:

I. Variar-se a frequência de operação do vibrador, mantendo-se a intensidade da força de tração no fio em 25,0 N.

II. Variar-se a intensidade da força de tração no fio, mantendo-se a frequência de operação do vibrador em 30,0 Hz.

Desprezando-se todos os atritos e considerando-se a formação dessa onda estacionária de cinco lóbulos, responda:

a) Qual a frequência de operação do vibrador, conforme a providência I?

b) Qual a intensidade da força de tração no fio, conforme a providência II?

85. (Ufam) Um estudante, querendo medir a massa M de um bloco e não dispondo de uma balança, decidiu praticar o que aprendera na aula sobre cordas vibrantes. Para isso, fixou com um prego a extremidade **A** de um fio de aço muito fino e na extremidade livre, **C**, pendurou o corpo com massa desconhecida M, depois de passar o fio por uma polia em **B**, cuja distância d = AB era ajustável (ver figura). Fazendo d = 1 m, dedilhou a corda e ouviu um som com uma dada frequência f. Acostumado a "afinar" violão, o estudante então substituiu a massa M por um pacote de açúcar de 1 kg e passou a dedilhar a corda, variando a distância d, até conseguir a mesma frequência f ouvida anteriormente, o que ocorreu para d = 0,25 m. Pode-se afirmar que a massa M do bloco vale:

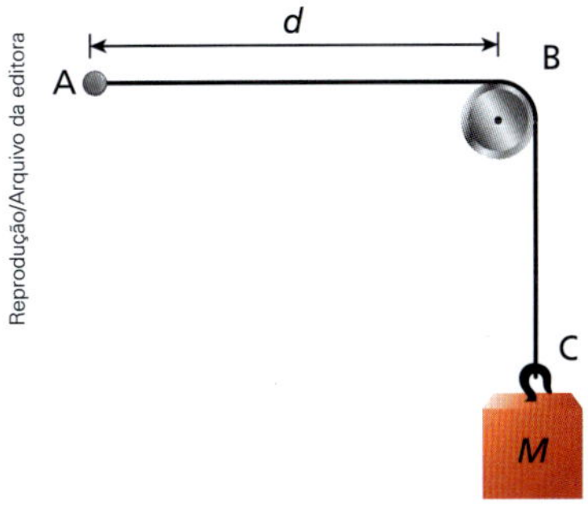

a) 8 kg.
b) 10 kg.
c) 4 kg.
d) 16 kg
e) 12 kg.

86. (ITA-SP) Quando afinadas, a frequência fundamental da corda lá de um violino é de 440 Hz e a frequência fundamental da corda mi deste mesmo instrumento é de 660 Hz. A que distância da extremidade da corda lá se deve colocar o dedo para se obter o som correspondente ao da corda mi? O comprimento total da corda lá é igual a L e a distância pedida deve corresponder ao comprimento vibratório da corda.

a) $\frac{4L}{9}$
b) $\frac{L}{2}$
c) $\frac{3L}{5}$
d) $\frac{2L}{3}$
e) Não é possível a experiência.

87. (ITA-SP) O tubo mais curto de um órgão típico de tubos tem um comprimento de aproximadamente 7 cm. Qual é o harmônico mais alto na faixa audível, considerada como estando entre 20 Hz e 20 000 Hz, de um tubo deste comprimento aberto nas duas extremidades? Velocidade do som no ar = 340 m/s.

88. (UFG-GO) O esquema da figura mostra uma experiência em que pouco a pouco se adiciona areia ao balde que traciona o fio, até que o som emitido pelo fio, quando tangido e posto a vibrar no modo fundamental, produza, no interior de um tubo aberto na parte superior e fechado na parte de baixo, ondas estacionárias ressonantes também no modo fundamental.

A densidade linear do fio é de 5 g/m, a distância entre a roldana e a parede é de 30,0 cm e o tubo tem 42,5 cm de comprimento.

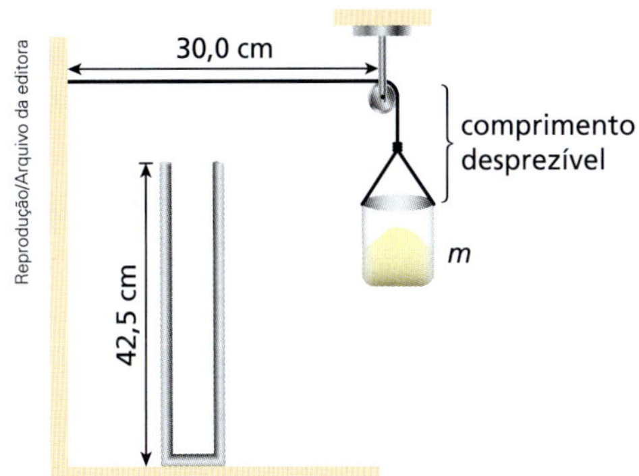

Considerando-se a velocidade do som no ar 340 m/s e a aceleração da gravidade 10 m/s^2, calcule:

a) a frequência da onda sonora produzida;
b) a massa total do balde com areia, quando ocorre a ressonância.

89. A imagem abaixo mostra um experimento clássico que pode ser usado para a determinação da velocidade do som no ar. Para isso, devem-se observar as posições do nível livre da água pigmentada contida em uma proveta cilíndrica para os quais se verifica o fenômeno de **ressonância** entre o diapasão, posto a vibrar junto à boca desse recipiente, e a coluna de ar existente entre a superfície livre do líquido e a extremidade superior do tubo. As posições do nível livre da água para as quais ocorre ressonância são notórias, já que a intensidade do som próprio do diapasão fica sensivelmente amplificada.

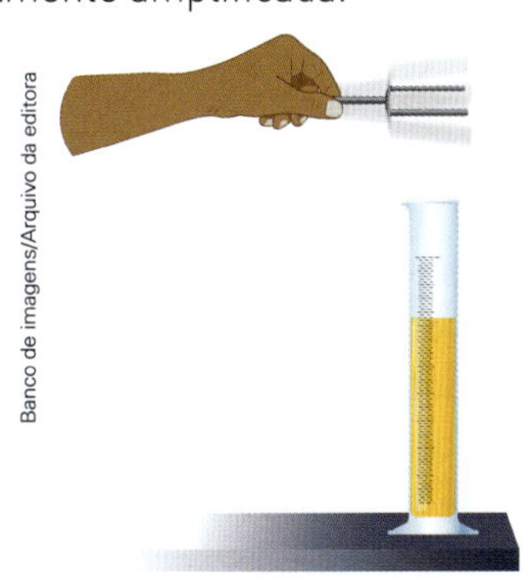

Dados:

- Comprimento da proveta: 50 cm;
- Raio da seção transversal da proveta: 3 cm;
- Frequência natural de vibração do diapasão: 1 650 Hz;
- Capacidade do copo: 135 mL.

Na situação da imagem, a proveta está cheia pela metade e verifica-se um caso de ressonância no 5º harmônico. Adotando-se $\pi = 3$, responda:

a) Qual a distância mínima entre a superfície livre da água na proveta e a boca desse tubo para a qual se verifica o caso de ressonância citado?

b) Quantos copos de água, no mínimo, devem ser vertidos sobre a água existente na proveta para se obter outra situação de ressonância?

c) Qual a intensidade da velocidade do som no ar no local do experimento?

90. (Unicamp-SP) O ruído sonoro nas proximidades de rodovias resulta, predominantemente, da compressão do ar pelos pneus de veículos que trafegam a altas velocidades. O uso de asfalto emborrachado pode reduzir significativamente esse ruído. O gráfico a seguir mostra duas curvas de intensidade do ruído sonoro em função da frequência, uma para asfalto comum e outra para asfalto emborrachado.

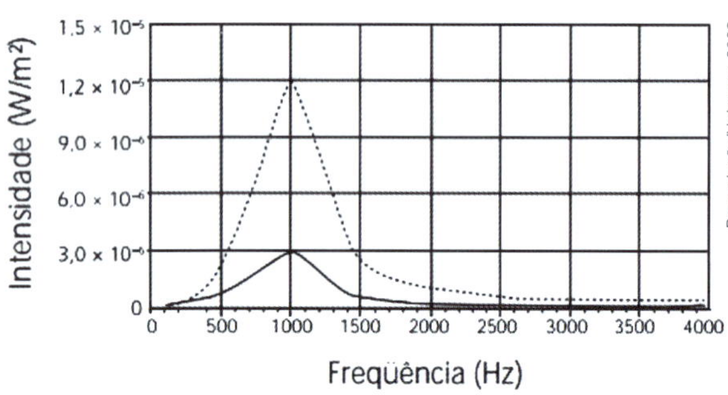

a) As intensidades da figura foram obtidas a uma distância r = 10 m da rodovia. Considere que a intensidade do ruído sonoro é dada por $I = \frac{P}{4\pi r^2}$, onde *P* é a potência de emissão do ruído. Calcule *P* na frequência de 1 000 Hz para o caso do asfalto emborrachado.

b) Uma possível explicação para a origem do pico em torno de 1 000 Hz é que as ranhuras longitudinais dos pneus em contato com o solo funcionam como tubos sonoros abertos nas extremidades. O modo fundamental de vibração em um tubo aberto ocorre quando o comprimento de onda é igual ao dobro do comprimento do tubo. Considerando que a frequência fundamental de vibração seja 1 000 Hz, qual deve ser o comprimento do tubo? A velocidade de propagação do som no ar é v = 340 m/s. Fazer $\pi = 3$.

91. (SBF) Uma das evidências de que o Universo está em expansão é o "Deslocamento para o Vermelho" (*Red shift*), observado nas linhas espectrais emitidas pelas estrelas de galáxias distantes, em comparação com os espectros observados em sistemas terrestres. O responsável por isso é o Efeito Doppler-Fizeau que altera as linhas espectrais devido ao movimento relativo entre fonte e observador. No caso, universo em expansão significa que as galáxias observadas (fonte) estão se afastando de nós (observador). No contexto da astronomia, o termo "Deslocamento para o Vermelho" significa que

a) as linhas espectrais das galáxias se tornam vermelhas.

b) os comprimentos de onda das linhas espectrais das galáxias são maiores que os observados nos laboratórios da Terra.

c) as estrelas das galáxias distantes se apresentam avermelhadas quando observadas ao telescópio.

d) as intensidades das linhas espectrais se apresentam menores que as esperadas.

92. (AFA-SP) Duas fontes sonoras 1 e 2, de massas desprezíveis, que emitem sons, respectivamente, de frequência $f_1 = 570$ Hz e $f_2 = 390$ Hz são colocadas em um sistema, em repouso, constituído por dois blocos, **A** e **B**, unidos por um fio ideal e inextensível, de tal forma que uma mola ideal se encontra comprimida entre eles, como mostra a figura abaixo.

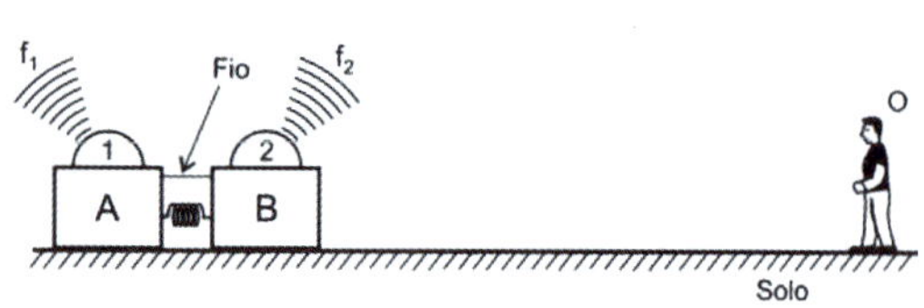

A fonte sonora 1 está acoplada ao bloco **A**, de massa 2*m*, e a fonte sonora 2 ao bloco **B**, de massa *m*. Um observador **O**, estacionário em relação ao solo, dispara um mecanismo que rompe o fio. Os blocos passam, então, a se mover, separados da mola, com velocidades constantes em relação ao solo, sendo que a velocidade do bloco **B** é de 80 m/s. Considere que não existam forças dissipativas, que a velocidade do som no local é constante e igual a 340 m/s, que o ar se encontra em repouso em relação ao solo. Nessas condições, a razão entre as frequências sonoras percebidas pelo observador, devido ao movimento das fontes 2 e 1, respectivamente, é

a) 1
b) 2
c) 3
d) 4

93. (Enem) Uma ambulância **A** em movimento retilíneo e uniforme aproxima-se de um observador **O**, em repouso. A sirene emite um som de frequência constante f_A. O desenho ilustra as frentes de onda do som emitido pela ambulância. O observador possui um detector que consegue registrar, no esboço de um gráfico, a frequência da onda sonora detectada em função do tempo $f_o(t)$, antes e depois da passagem da ambulância por ele.

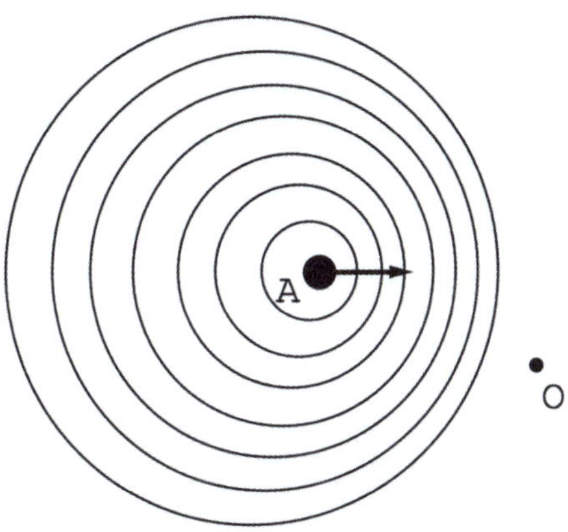

Reprodução/Enem, 2016

Qual esboço gráfico representa a frequência $f_o(t)$ detectada pelo observador?

a)
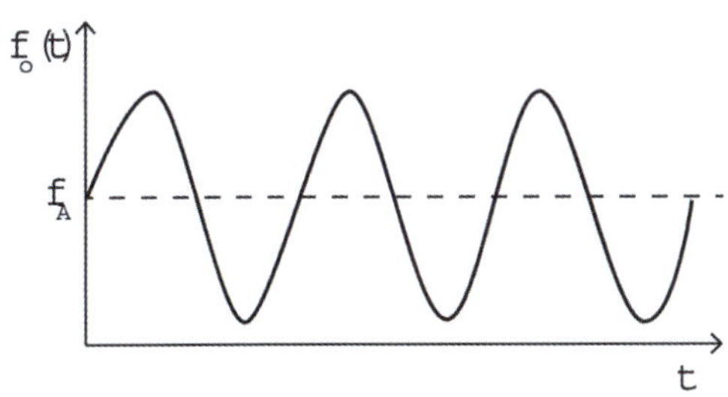

Ilustrações: Reprodução/Enem, 2016

b)
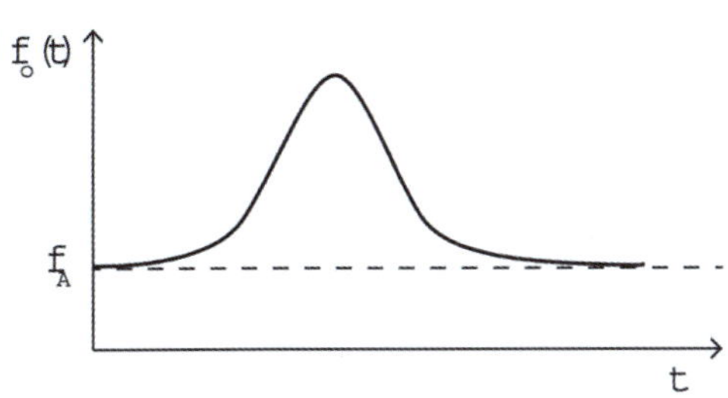

c)
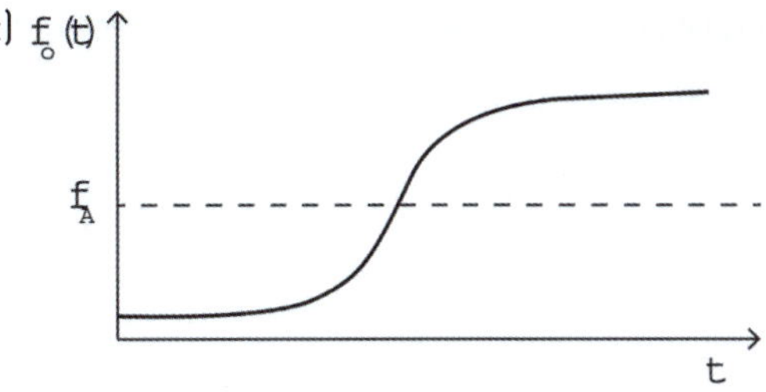

Ilustrações: Reprodução/Enem, 2016

d)
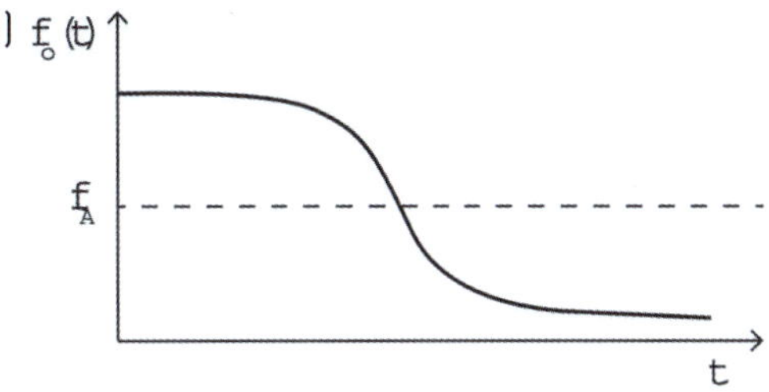

e)
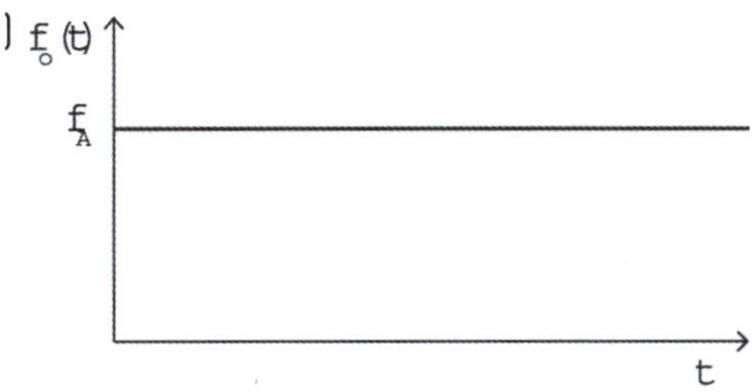

94. (IME-RJ) A figura apresenta um carro **C** que está movendo-se com uma velocidade $\vec{v}_C$ de 36 km/h em direção a um observador situado no ponto **A** e que passa próximo a um observador situado no ponto **B**. A reta **CB** forma um ângulo θ com a reta **CA**. A buzina do carro, cuja frequência é 440 Hz, é acionada no momento em que $\theta = 60°$.

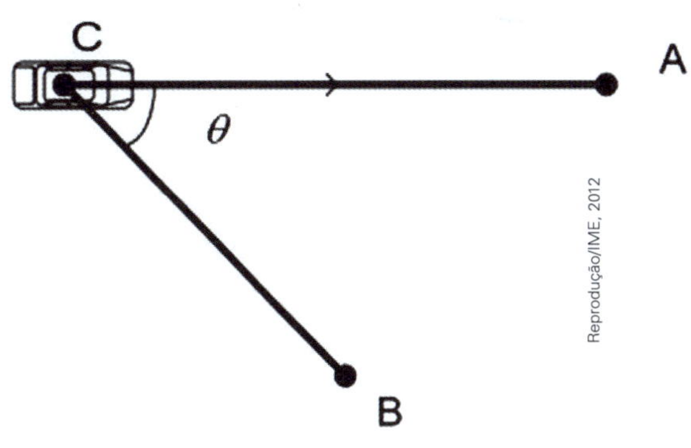

Reprodução/IME, 2012

Sabendo que a frequência ouvida pelo observador situado em **A** é igual à frequência fundamental de um tubo de 0,19 m de comprimento aberto em uma das extremidades, determine:

a) a velocidade do som no local;

b) a frequência ouvida pelo observador situado em **B**.

Observação: o tubo encontra-se no mesmo local dos observadores.

95. (IJSO) Um veículo dotado de um emissor e de um receptor de som aproxima-se de um paredão com velocidade de módulo 10 m/s. O veículo emite um som de frequência 600 Hz, que sofre reflexão no paredão. A velocidade de propagação do som no local tem módulo igual a 310 m/s. A frequência com que o som refletido é registrado no receptor do veículo é igual a:

a) 600 Hz
b) 620 Hz
c) 640 Hz
d) 660 Hz
e) 680 Hz

96. Considere o esquema adiante, fora de escala, onde uma ambulância equipada com uma sirene que emite um som de frequência constante igual a 1 600 Hz desloca-se horizontalmente para a esquerda em trajetória retilínea, com velocidade de intensidade 72 km/h. Um observador em repouso no ponto **O** sobre duas barreiras verticais refletoras de som, $\mathbf{B_1}$ e $\mathbf{B_2}$, separadas horizontalmente por uma distância d, escuta o som emitido pela sirene com uma frequência aparente f_o.

Banco de imagens/Arquivo da editora

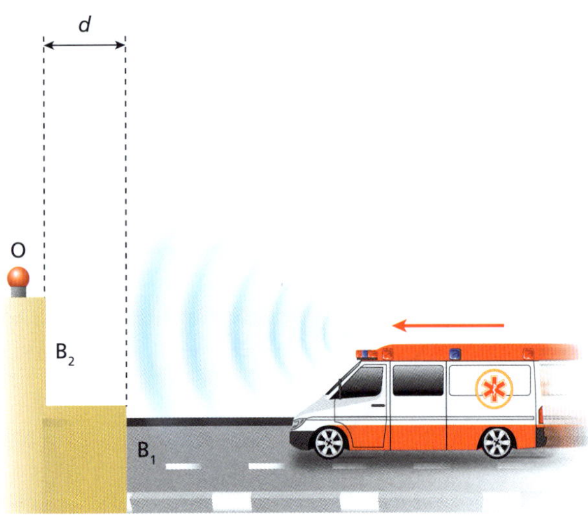

Sabendo-se que o som da sirene se reflete em $\mathbf{B_1}$ e $\mathbf{B_2}$ com inversão de fase e que as ondas sonoras se propagam no ar a 340 m/s, pede-se:

a) Calcular o valor de f_o.
b) Determinar o menor valor de d, acima de 40 cm, para que o motorista da ambulância deixe de ouvir o som refletido, respectivamente em $\mathbf{B_1}$ e $\mathbf{B_2}$. Despreze possíveis amortecimentos das ondas sonoras durante sua propagação.

97. (SBF) Um estudante observou, no *Google Maps*, uma fotografia de satélite que identificava um barco se deslocando em águas calmas (sem ondas), formando um Cone de Mach, conforme o esquema desenhado a seguir. Sabendo que, na água, a frente de onda formada pelo Cone de Mach se propaga com velocidade de 4 m/s, qual é a velocidade do barco?

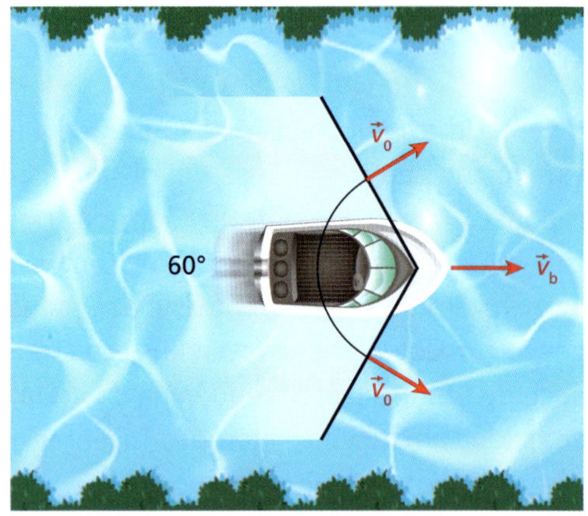

Reprodução/Arquivo da editora

98. (UFMT) A figura mostra a formação do cone sonoro. Os pontos **A** e **B** apresentam as posições de um avião (fonte sonora) em dois instantes, t_1 e t_2, respectivamente. No instante t_2, as linhas **BC** e **BC'** são as frentes de onda do estrondo sonoro e a circunferência que passa por **C** e **C'**, com centro em **A**, representa a frente de onda do som produzido pela frente sonora em **A** no instante t_1.

Reprodução/Arquivo da editora

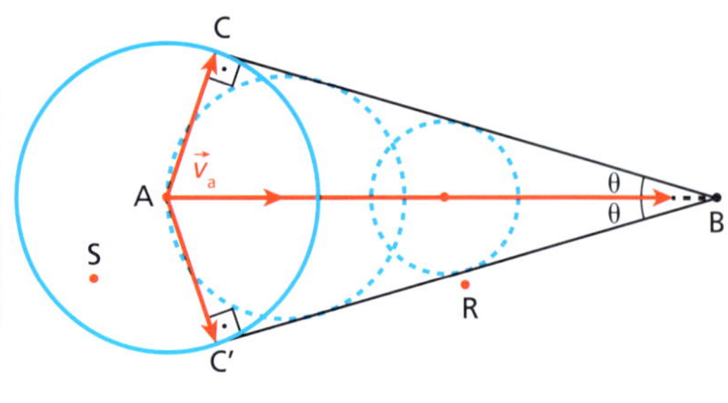

A partir das informações dadas, assinale a afirmativa **incorreta**.

a) A velocidade da fonte sonora é maior que a do som.
b) O som captado por um observador em R, no instante t_2, é mais grave que o produzido pela fonte.
c) O som captado por um observador em **S**, no instante t_2, é mais grave que o produzido pela fonte.
d) Observadores sobre as linhas **BC** e **BC'** ouvem, no instante t_2, um estrondo sonoro.
e) A velocidade do avião e o seno do ângulo θ são inversamente proporcionais.

99. (Ifsul) Uma fonte esférica emite som uniformemente em todas as direções. Seu nível de intensidade é β_1 para uma distância de 50 cm da fonte e β_2 para uma distância de 2,0 m da fonte. A diferença $\beta_2 - \beta_1$ é aproximadamente igual a:

Dado: $\log_{10} 2 \cong 0{,}301$

a) −6,02 dB
b) 6,02 dB
c) −12,04 dB
d) 12,04 dB

100. (UMC-SP) A audibilidade humana é medida pelo Nível de Intensidade Sonora (*NIS*), que é expresso em decibel (dB). Essa grandeza, *NIS*, é definida por $\beta = 10 \cdot \log \frac{I}{I_0}$, onde I_0 é a Intensidade Física Sonora mais baixa que o ouvido humano consegue captar ($I_0 = 10^{-12}$ W/m²), chamada Limiar da Audição, e *I* é a Intensidade Física Sonora de um dado som.

a) Considerando-se que a intensidade física sonora em uma conversa normal é 10^{-7} W/m², qual o Nível de Intensidade Sonora (*NIS*) correspondente?

b) Medidas realizadas nas proximidades de uma banda de *rock* se apresentando em um *show* indicaram um *NIS* de 100 dB. Qual a intensidade física sonora, em W/m², desse som?

c) O *NIS* em uma avenida barulhenta é de 80 dB, enquanto em um silencioso quarto de dormir é de 40 dB. Qual a relação entre as Intensidades Físicas Sonoras correspondentes a esses dois ambientes?

101. A faixa de frequências e intensidades a que o ouvido humano é sensível é representada de maneira conveniente por um diagrama como o da figura abaixo, que é o gráfico da área de audição de uma pessoa com boa audição. Para intensidades acima dessa curva, que é chamada limiar de dor, a sensação muda para desconforto ou mesmo dor.

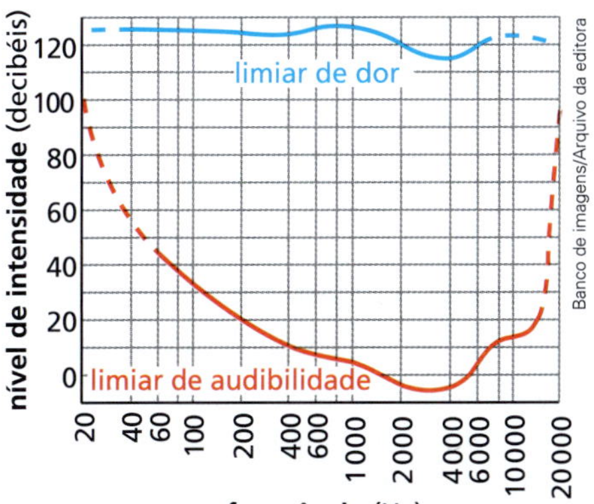

Área auditiva entre os limiares de audibilidade e de dor.

Sabe-se que a faixa de frequência do ouvido humano vai de 20 Hz a 20 000 Hz aproximadamente, e que a faixa de intensidade varia aproximadamente entre 10^{-16} W/cm² a 10^{-4} W/cm² ou de 0 a 120 dB.

Os sons que não são simples não são associados a uma única frequência, de modo que não podem ser representados por um ponto único no diagrama. Um som, como o de um instrumento musical, consistindo de uma mistura de relativamente poucas frequências (a fundamental e seus harmônicos), pode ser representado por um conjunto de pontos, cada um dos quais dá a intensidade e a frequência do harmônico correspondente. Um som, tal como o ruído de uma rua, não pode ser considerado como composto de fundamental e harmônicos; pode, não obstante, ser representado no diagrama da seguinte maneira: capta-se o som por meio de um microfone; um circuito elétrico seleciona uma estreita faixa de frequência, medindo a intensidade média dentro dessa faixa. Repetindo a operação para um grande número de frequências, dentro da faixa audível, obtemos uma série de pontos que são marcados em um gráfico.

A curva contínua traçada pelos pontos assim marcados é o **espectrograma** do som. A figura apresenta um espectrograma típico de ruídos de rua. Determine a intensidade, em W/cm², das ondas sonoras recebidas por um indivíduo que passa por essa rua.

102. Quando várias fontes independentes emitem sons, o sistema auditivo fica sujeito à ação de todas essas ondas sonoras. O efeito resultante de todos esses sons obedece à escala logarítmica da Lei de Weber-Fechner.

a) Em uma maternidade, onde reina o silêncio, cinco gêmeos começam a chorar. Qual o nível de intensidade do som (em dB) produzido pelos cinco gêmeos chorando simultaneamente em relação ao nível de intensidade do choro de um único gêmeo? Considere que todos os gêmeos emitem sons de mesma intensidade durante o choro.

b) Quantas crianças é necessário adicionar aos cinco gêmeos para produzir uma sonoridade igual ao dobro da medida com apenas os cinco gêmeos? Considere que o choro das crianças tem intensidade igual ao choro de cada um dos gêmeos.

Para raciocinar um pouco mais

103. (OBF) O ultrassom ou ecografia é um exame não invasivo que usa alguns dos fenômenos ondulatórios – a exemplo da reflexão e transmissão, com baixa intensidade – da diagnose de órgãos do corpo humano. Uma boa diagnose decorre da relação entre um baixo comprimento de onda e uma boa resolução visual. Notadamente, a maioria desses aparelhos tem um comprimento de onda λ que obedece a desigualdade $\frac{\lambda}{d} \leqslant 10^{-1}$, onde (*d*) representa o diâmetro do corpo a ser analisado. Se a velocidade do som em meio gorduroso vale aproximadamente 1 450,0 m/s, a frequência mínima da onda que deve ser utilizada no aparelho para diagnosticar um corpúsculo com diâmetro de 2 mm é de:

a) 1,45 MHz
b) 10,0 MHz
c) 7,25 MHz
d) 14,5 MHz
e) 3,25 MHz

104. No esquema a seguir, $\mathbf{F_1}$ e $\mathbf{F_2}$ são dois alto-falantes pontuais e isolados de outras fontes sonoras, dispostos segundo uma mesma horizontal e separados por uma distância *d*, que emitem ambos, em concordância de fase, sons idênticos de frequência 170 Hz.

Um decibelímetro (medidor de nível relativo de intensidade sonora, em decibéis) encontra-se inicialmente no ponto $\mathbf{P_1}$, sob $\mathbf{F_1}$, e será deslocado horizontalmente até o ponto $\mathbf{P_2}$, sob $\mathbf{F_2}$.

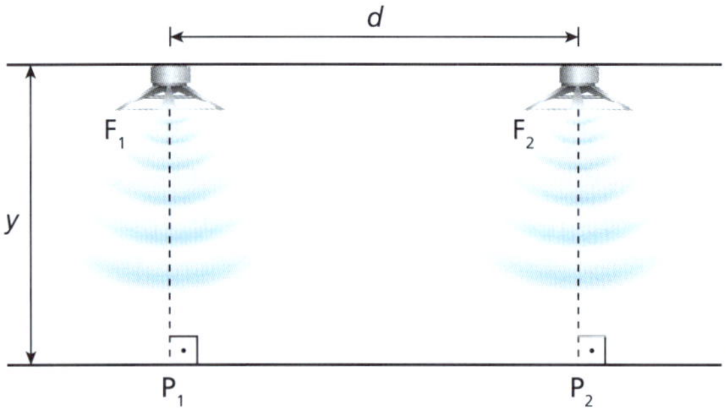

Banco de imagens/Arquivo da editora

Sabendo-se que em $\mathbf{P_1}$ e $\mathbf{P_2}$, inclusive nestas duas posições, o decibelímetro registra cinco máximos de intensidade sonora, que o desnível *y* tem valor 6,0 m e que a velocidade do som no ar tem intensidade de 340 m/s, pede-se:

a) determinar o comprimento de onda do som emitido pelos dois alto-falantes.
b) esboçar ao longo do eixo $\overleftrightarrow{P_1P_2}$ um gráfico qualitativo que dê o nível relativo de intensidade sonora registrado pelo decibelímetro em função da posição.
c) calcular, em metros, o valor da distância *d*.

105. (CPAEN-RJ) Um fio de *nylon* de comprimento L = 2,0 m sustenta, verticalmente, uma bola de metal que possui densidade absoluta de $4{,}00 \cdot 10^3\ kg/m^3$. A frequência fundamental das ondas estacionárias que se formam no fio é de 300 Hz. Se a bola for totalmente imersa na água, a nova frequência fundamental, em hertz, é

Dado: massa específica da água = $1{,}00 \cdot 10^3\ km/m^3$

a) 75,0
b) $75{,}0\sqrt{2}$
c) $150\sqrt{3}$
d) $175\sqrt{2}$
e) $200\sqrt{2}$

106. (OBF) Para aumentar a intensidade sonora, os fabricantes de pianos instalam duas ou mais cordas para uma mesma tecla do piano. Quando a tecla é acionada um pequeno martelo as toca produzindo exatamente a mesma frequência de vibração. Sendo assim, as cordas devem estar sujeitas à mesma tensão. Suponha que a nota de 440 Hz possua três cordas idênticas. Se a tensão de uma dessas cordas diminui em 0,45% e a de outra corda aumenta em 0,45%, qual é a frequência de batimento quando a tecla correspondente é acionada? Desprezar a interação entre as cordas. Use a aproximação $(1 \pm x)n \approx 1 \pm nx$ para $x \ll 1$.

107. O som propaga-se como ondas mecânicas no ar e tem uma velocidade aproximada, em relação à superfície da Terra e em condições normais de pressão e temperatura, de $v_s = 340$ m/s.

a) Considere uma fonte sonora que emite um sinal a cada $\frac{1}{f}$ segundos. Um observador **O**, que se encontra no mesmo ponto da fonte sonora, começa a deslocar-se, com velocidade v_o relativamente à fonte, exatamente no instante em que a fonte emite um sinal. Mostre que o segundo sinal é ouvido por **O** após um intervalo de tempo Δt, sendo:

$$\Delta t = \frac{v_s}{(v_s - v_0)} \frac{1}{f}$$

b) Sabendo-se que o ouvido humano consegue detectar frequências entre 20 Hz e 20 kHz, determine com que velocidade um veículo adaptado para altas velocidades, que emite um ronco com frequência de 60 Hz, teria que se afastar de um observador em repouso para que o seu som não fosse audível para o citado observador.

108. (IME-RJ)

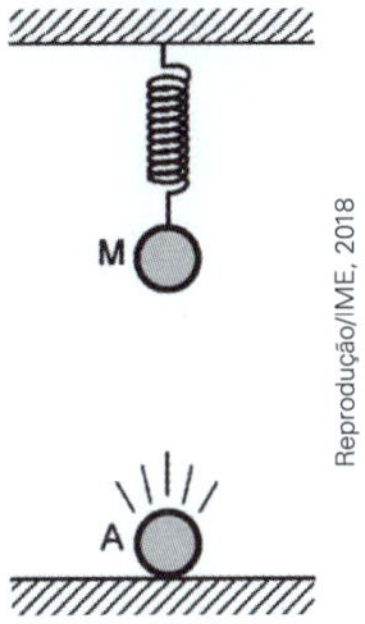

Reprodução/IME, 2018

Como mostra a figura, um microfone **M** está pendurado no teto, preso a uma mola ideal, verticalmente acima de um alto-falante **A**, que produz uma onda sonora cuja frequência é constante. O sistema está inicialmente em equilíbrio. Se o microfone for deslocado para baixo de uma distância *d* e depois liberado, a frequência captada pelo microfone ao passar pela segunda vez pelo ponto de equilíbrio será:

Dados:

- frequência da onda sonora produzida pelo alto-falante: *f*;
- constante elástica da mola: *k*;
- massa do microfone: *m*; e
- velocidade do som: v_s.

a) $f\left[1 - \frac{d}{v_s}\sqrt{\frac{2k}{m}}\right]$

b) $f\left[1 + \frac{d}{v_s}\sqrt{\frac{k}{m}}\right]$

c) $f\left[1 - \frac{d}{v_s}\sqrt{\frac{k}{m}}\right]$

d) $f\left[1 + \frac{d}{v_s}\sqrt{\frac{2k}{m}}\right]$

e) $f\left[1 - \frac{d}{v_s}\sqrt{\frac{k}{2m}}\right]$

109. (OBC) Um avião supersônico voa horizontalmente em linha reta a uma altitude de 5 km em relação ao solo. Se a velocidade do avião é Mach 2 (o dobro da velocidade do som no ar), qual é a melhor aproximação para a distância entre o observador no solo e o avião no momento em que o observador ouve o estampido sônico?

a) 10 km
b) 14 km
c) 17 km
d) 20 km

110. A figura a seguir representa as posições de um carro de Fórmula-1 (**A**) e de um observador (**B**) no instante $t_0 = 0$, em que o ronco produzido pelo motor do veículo em um trecho retilíneo do circuito corresponde a um som de frequência constante igual a 1 200 Hz.

Banco de imagens/Arquivo da editora

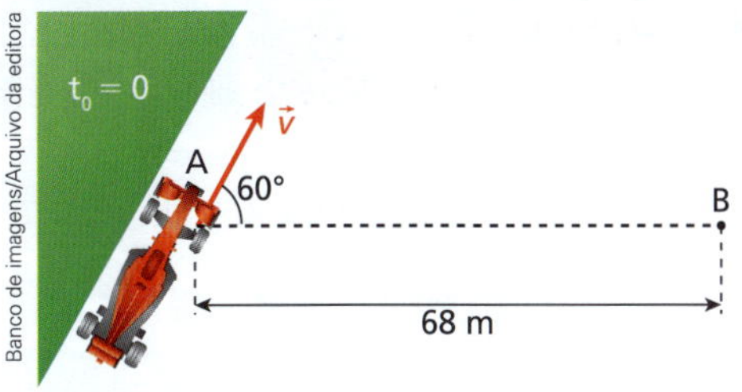

Sabendo-se que esse som é percebido pelo observador, em repouso no ponto **B**, em um instante $t > t_0$ com uma frequência aparente de 1 360 Hz e que o som se propaga no ar com velocidade constante de 340 m/s, determine:

a) A intensidade *v* da velocidade do carro de Fórmula-1, em km/h, em $t_0 = 0$.

b) A distância do veículo ao ponto **A** no instante em que o observador percebe o som de 1 360 Hz. Suponha que o carro descreva movimento uniforme no trecho considerado do circuito.

111. (Fuvest-SP) O nível de intensidade sonora β, em decibéis (dB), é definido pela expressão $\beta = 10 \log\left(\frac{I}{I_0}\right)$ na qual *I* é a intensidade do som em W/m^2 e $I_0 = 10^{-12}$ W/m_2 é um valor de referência. Os valores de nível de intensidade sonora β = 0 e β = 120 dB correspondem, respectivamente, aos limiares de audição e de dor para o ser humano. Como exposições prolongadas a níveis de intensidade sonora elevados podem acarretar danos auditivos, há uma norma regulamentadora (NR-15) do Ministério do Trabalho e Emprego do Brasil, que estabelece o tempo máximo de 8 horas para exposição ininterrupta a sons de 85 dB, e especifica que, a cada acréscimo de 5 dB no nível da intensidade sonora, deve-se dividir por dois o tempo máximo de exposição. A partir dessas informações, determine

Note e adote:
- π = 3;
- Diâmetro do tímpano = 1 cm.

a) a intensidade sonora I_D correspondente ao limiar de dor para o ser humano;

b) o valor máximo do nível de intensidade sonora β, em dB, a que um trabalhador pode permanecer exposto por 4 horas seguidas;

c) os valores da intensidade *I* e da potência *P* do som no tímpano de um trabalhador quando o nível de intensidade sonora é 100 dB.

UNIDADE

3

Óptica Geométrica

O farol é uma estrutura que utiliza lâmpadas, espelhos e lentes para produzir um feixe de luz.

A **Óptica** é a parte da Física que estuda os fenômenos determinados pela energia radiante em forma de luz. A **Óptica Geométrica** trata particularmente da reflexão e da refração de raios luminosos, englobando-se aí sistemas ópticos capazes de refletir a luz, como espelhos em geral, ou refratar os raios luminosos, como dioptros, lâminas, prismas e lentes, entre outros.

welcomia/Shutterstock

NESTA UNIDADE VAMOS ESTUDAR:

- **Tópico 1:** Fundamentos da Óptica Geométrica
- **Tópico 2:** Reflexão da luz
- **Tópico 3:** Refração da luz
- **Tópico 4:** Lentes esféricas
- **Tópico 5:** Instrumentos ópticos e Óptica da visão

TÓPICO 1

Fundamentos da Óptica Geométrica

Shane Myers Photography/Shutterstock

A vida na Terra está subordinada à energia radiante recebida do Sol. Todos os seres vivos se nutrem dessa energia, produzida pela fusão nuclear do hidrogênio, que, ao ser submetido a temperaturas de milhões de graus Celsius, se transforma em hélio.

A visão é uma das formas de conhecer e investigar o mundo a nossa volta, sendo esse um dos motivos pelos quais o estudo de fenômenos ópticos é uma das áreas de interesse mais antigas da humanidade.

Abordaremos neste tópico os conceitos de fonte de luz e desenvolveremos, a partir da construção geométrica e leis empíricas, os conceitos fundamentais para a compreensão da propagação da luz. Apresentaremos também os fenômenos relacionados a essa propagação, que serão aprofundados nos tópicos seguintes.

Bloco 1

1. Luz: uma forma de energia radiante

Energia radiante é aquela que se propaga por meio de ondas eletromagnéticas. Dentro dessa concepção, podemos destacar as ondas de rádio, de TV e de radar, os raios infravermelhos, a luz, os raios ultravioleta, os raios X, os raios gama, etc.

O Sol envia à Terra energia radiante, constituída de radiações infravermelhas (denominadas "ondas de calor" por interagirem com a matéria aumentando o estado de agitação das partículas), luz e radiações ultravioleta, entre outras. Essa energia chega ao nosso planeta à taxa de 1,92 calorias por minuto, em cada centímetro quadrado de superfície normal aos raios solares, denominada **constante solar**. Isso equivale no SI, a algo próximo de 1 300 Joules por segundo, em cada metro quadrado de superfície normal aos raios solares.

Uma característica importantíssima da energia radiante é sua velocidade de propagação, que, no vácuo, vale aproximadamente:

$$c \cong 3{,}00 \cdot 10^5 \text{ km/s} = 3{,}00 \cdot 10^8 \text{ m/s}$$

Nos meios materiais, como o ar, a água e o vidro, a velocidade de propagação da energia radiante é menor que *c*. No diamante, por exemplo, chega a 0,4*c*, aproximadamente.

Pelo exposto, vimos que a luz é uma forma de energia radiante. Sabe-se, ainda, que a luz difere das demais radiações eletromagnéticas por sua frequência característica, que se estende desde $4 \cdot 10^{14}$ Hz (vermelho) até $8 \cdot 10^{14}$ Hz (violeta), aproximadamente.

Entretanto, o conceito de luz que utilizaremos em nosso estudo de Óptica tem um caráter mais específico. Diremos, por enquanto, que:

Luz é o agente físico que, atuando nos órgãos visuais, produz a sensação da visão.

2. Óptica: divisão e aplicações

A **Óptica** é a parte da Física que trata dos fenômenos que têm como causa determinante a energia radiante, em particular a luz.

Por questões de ordem didática, costuma-se estudá-la em dois grandes capítulos: **Óptica Geométrica** e **Óptica Física**.

- **Óptica Geométrica:** estuda os fenômenos ópticos com enfoque nas trajetórias seguidas pela luz. Fundamenta-se na noção de raio de luz e nas leis que regulamentam seu comportamento.
- **Óptica Física:** estuda os fenômenos ópticos que exigem uma teoria sobre a natureza constitutiva da luz.

A Óptica é um ramo da Física que tem largo emprego prático. Dos simples óculos aos sofisticados dispositivos de observação, a Óptica, aliada a outros campos do conhecimento científico, dá sua contribuição por meio de seus princípios e leis. Algumas aplicações da Óptica são:

- correção de defeitos da visão;
- construção de instrumentos de observação: lupas, microscópios, etc.;
- fixação de imagens (fotografia e cinematografia);
- construção de equipamentos de iluminação;
- medidas geométricas de alta precisão (interferômetros);
- estudo da estrutura do átomo.

Ampliando o olhar

Telescópios e microscópios

Os telescópios e os microscópios descortinaram aos olhos do ser humano um verdadeiro universo de conhecimento. Aquilo que era inacessível a olho nu veio à tona por meio desses instrumentos, que possibilitaram reformular e ampliar conceitos e teorias.

O advento da luneta astronômica, idealizada originalmente pelo holandês Hans Lippershey (1570-1619), em 1606, permitiu que constelações inteiras tivessem sua existência registrada. Ao saber da novidade, Galileu aperfeiçoou o instrumento, que lhe permitiu mapear as crateras lunares, observar os anéis de Saturno, os satélites de Júpiter e estudar as manchas solares. Outros planetas, além dos já conhecidos, foram descobertos, estendendo-se as fronteiras do Sistema Solar.

O microscópio, por sua vez, inventado pelo também holandês Zacharias Janssen (1589-1638) na mesma época da luneta astronômica, desvendou, logo no início do século XVIII, muitos mistérios dos microrganismos. Iniciou-se o estudo da célula, o que trouxe um avanço sem precedentes à Medicina. Conseguiu-se a cura para muitas doenças e várias delas foram erradicadas. Vacinas e métodos terapêuticos foram descobertos, ampliando a média de vida do ser humano.

SPL/Latinstock

// Fotografia de um telescópio de reflexão do European Southern Observatory (ESO).

Album/De Agostini/G. Dagli Orti/Latinstock

// Microscópio do começo do século XVIII.

3. Fontes de luz

Os diversos corpos que nos cercam podem ser vistos porque deles recebemos luz, que, incidindo sobre nossos órgãos visuais, promove os estímulos geradores da sensação da visão. O Sol, a Lua, uma pessoa e um livro, por exemplo, enviam luz aos olhos, o que nos permite enxergá-los.

No entanto, os corpos absolutamente negros não são visíveis. Desses corpos não emana luz de espécie alguma e, eventualmente, nota-se sua presença em razão do contraste com as vizinhanças.

São considerados **fontes de luz** todos os corpos dos quais se pode receber luz.

Dependendo da procedência da luz distribuída para o meio, os corpos em geral podem ser classificados em duas categorias: **fontes primárias** e **fontes secundárias**.

- **Fontes primárias:** são os corpos que emitem luz própria. Por exemplo: o Sol, a chama de uma vela, as lâmpadas (quando acesas), etc.

• **Fontes secundárias:** são os corpos que enviam a luz que recebem de outras fontes. O processo ocorre por **difusão**, ou seja, a luz é espalhada aleatoriamente, em geral por reflexão ou mesmo por refração, para todas as direções dos arredores do corpo. Por exemplo: a Lua, as nuvens, uma árvore, as lâmpadas (quando apagadas), etc.

Uma fonte de luz é considerada **pontual** (ou **puntiforme**) quando suas dimensões são irrelevantes em comparação com as distâncias dos corpos iluminados por ela. A grande maioria das estrelas observadas da Terra comporta-se como fonte pontual de luz. De fato, embora as dimensões dessas estrelas sejam enormes, as distâncias que as separam de nosso planeta são muito maiores.

Fontes de luz de dimensões não desprezíveis são denominadas **extensas**. O Sol, observado da Terra, comporta-se como uma fonte extensa de luz.

4. Meios transparentes, translúcidos e opacos

Meios transparentes são aqueles que permitem que a luz os atravesse descrevendo trajetórias regulares e bem definidas.

O único meio absolutamente transparente é o vácuo. Contudo, em camadas de espessura não muito grande, também podem ser considerados transparentes o ar atmosférico, a água pura, o vidro hialino e outros.

CJT/Zapt/Arquivo da editora

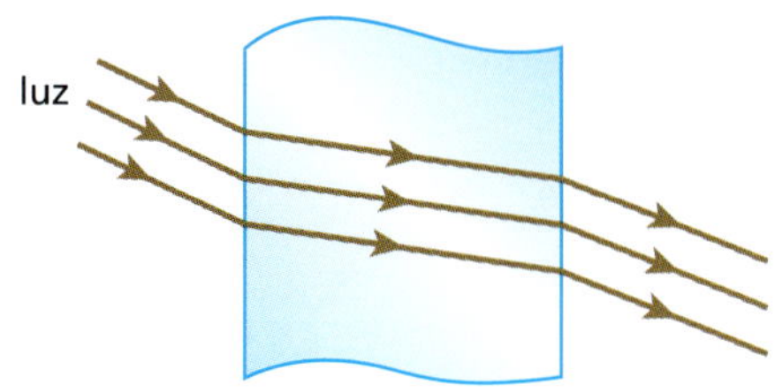

Esquema de meio transparente.

Meios translúcidos são aqueles em que a luz descreve trajetórias irregulares com intensa difusão (espelhamento aleatório), provocada pelas partículas desses meios. É o que ocorre, por exemplo, quando a luz atravessa a neblina, o vidro leitoso, o papel vegetal ou o papel-manteiga.

CJT/Zapt/Arquivo da editora

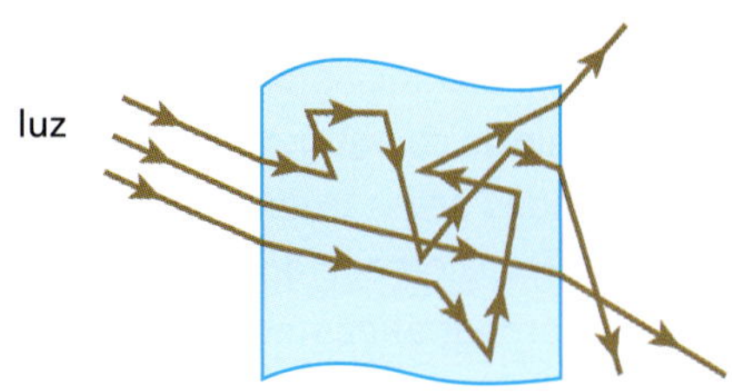

Esquema de meio translúcido.

Meios opacos são aqueles através dos quais a luz não se propaga. Depois de incidir em um meio opaco, a luz é parcialmente absorvida e parcialmente refletida por ele, sendo a parcela absorvida convertida em outras formas de energia, como a térmica. Quando se apresentam em camadas de razoável espessura, são opacos os seguintes meios: alvenaria, madeira, papelão, metais, etc.

CJT/Zapt/Arquivo da editora

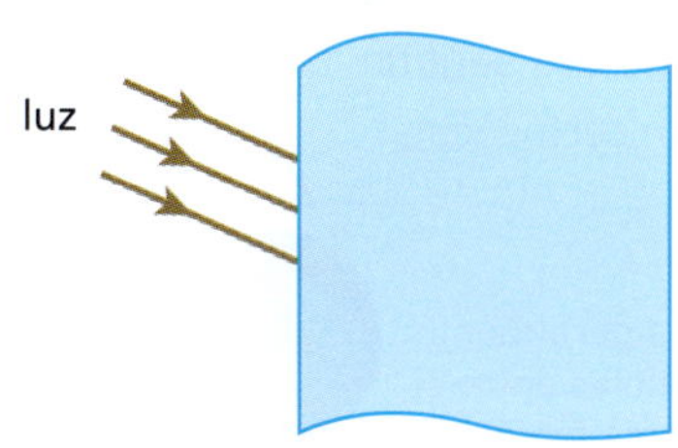

Esquema de meio opaco.

5. Frente de luz – Raio de luz

Considere uma pequena lâmpada **L** acesa em uma região de vácuo. Nessas condições, da lâmpada emanam ondas luminosas, que atingem todos os pontos de sua vizinhança.

Frente de luz é a fronteira entre a região já atingida por um pulso luminoso e a região ainda não atingida.

No caso da lâmpada **L**, a propagação luminosa se faz por meio de ondas eletromagnéticas esféricas, concêntricas com a lâmpada. A figura ao lado representa uma frente de luz em um instante *t*.

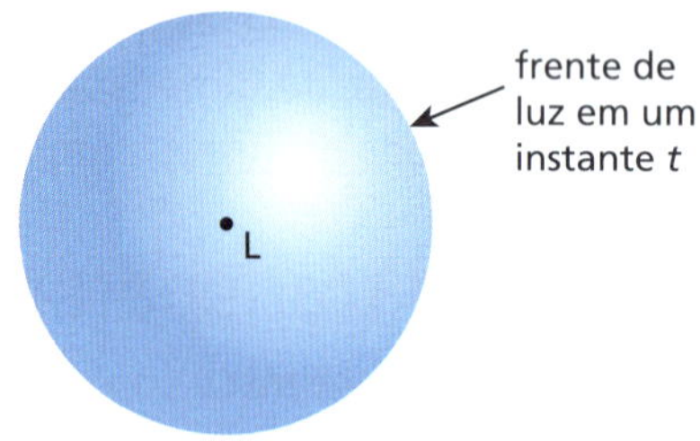

CJT/Zapt/Arquivo da editora

A região interna à superfície esférica (frente de luz) já foi atingida pelo pulso luminoso, enquanto a região externa ainda não foi.

Cada frente de luz emitida pela lâmpada **L** se expande através do vácuo propagando-se com velocidade igual a *c*. Isso caracteriza uma propagação **isotrópica**, em que a intensidade da velocidade de propagação é a mesma em todas as direções.

Raio de luz é uma linha orientada que tem origem na fonte de luz e é perpendicular às frentes de luz. Os raios de luz indicam a direção e o sentido de propagação da luz em um meio ou sistema.

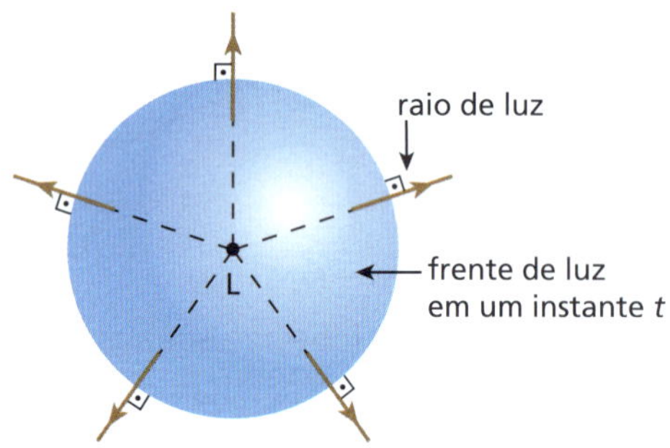

CJT/Zapt/Arquivo da editora

Para uma onda luminosa esférica, os raios de luz são retilíneos e radiais.

Em pontos situados a grandes distâncias da lâmpada **L**, as frentes de luz lá recebidas têm raio de curvatura muito grande, podendo, por isso, ser consideradas praticamente planas.

Isso ocorre com a luz que a Terra recebe do Sol. Essa luz constitui-se de ondas eletromagnéticas esféricas. Entretanto, o diâmetro da Terra (aproximadamente 12 800 km) é desprezível em comparação com a distância do planeta ao Sol (cerca de 150 milhões de quilômetros), permitindo-nos geralmente considerar planas as frentes de luz que nos atingem.

Uma frente de luz tem existência física, mas isso não ocorre com um raio de luz, que apenas indica a direção e o sentido da propagação luminosa em certo local.

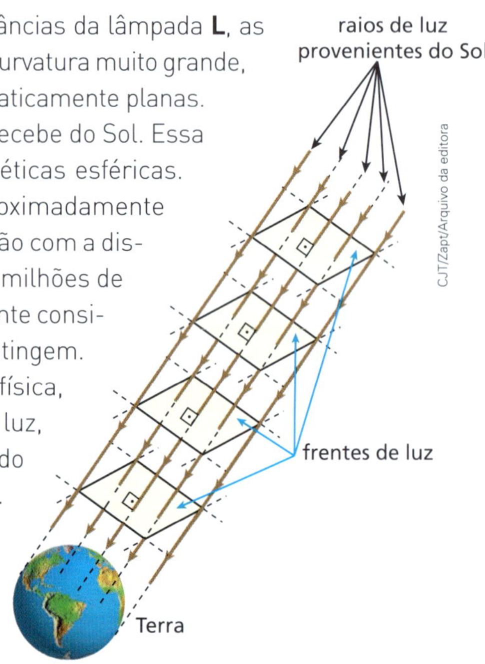

CJT/Zapt/Arquivo da editora

Os raios solares que atingem a Terra geralmente podem ser considerados paralelos entre si (caracterização em cores fantasia).

6. Pincel de luz – Feixe de luz

Observe a figura a seguir, que representa uma lanterna comum colocada diante de um anteparo que tem um orifício de diâmetro relativamente pequeno (da ordem de 2 mm). O conjunto encontra-se sobre uma mesa, em um ambiente escurecido.

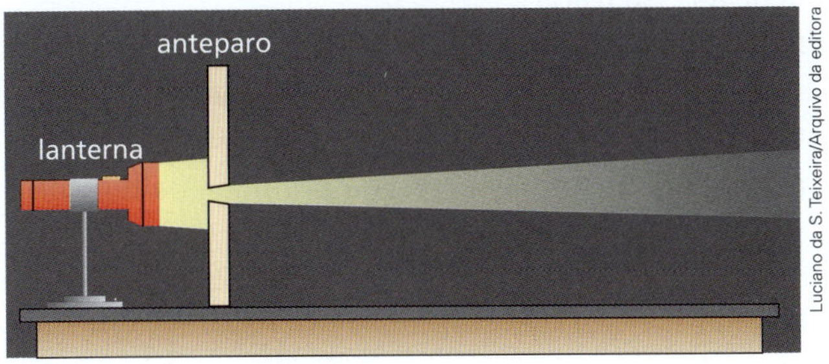

Se acendermos a lanterna e espalharmos fumaça na região da montagem, notaremos, à direita do anteparo, uma região cônica do espaço diretamente iluminada. Essa região, que tem pequena abertura angular em virtude do pequeno diâmetro do orifício, denomina-se **pincel de luz**.

Considere, agora, uma lâmpada instalada no interior de um globo difusor. Com a lâmpada acesa, partem de cada elemento de superfície do globo vários pincéis de luz. Reunindo-se os pincéis emanados de um mesmo elemento de superfície, obtém-se uma região iluminada de abertura angular relativamente grande, que recebe o nome de **feixe de luz**.

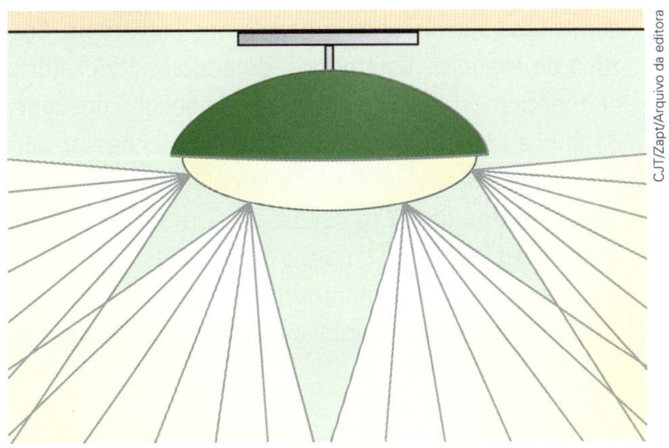

Na figura estão representados quatro feixes de luz emanados do globo difusor. Cada feixe é um conjunto de pincéis de luz.

Os pincéis de luz (e também os feixes de luz) admitem a seguinte classificação:

- **Cônicos divergentes:** os raios de luz divergem a partir de um mesmo ponto **P**.

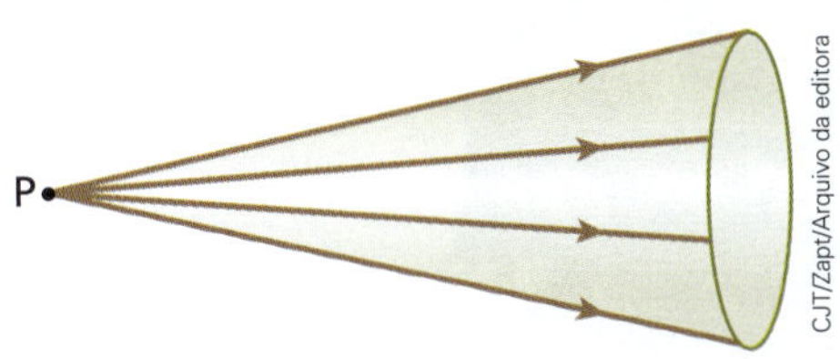

- **Cônicos convergentes:** os raios de luz convergem para um mesmo ponto **P**.

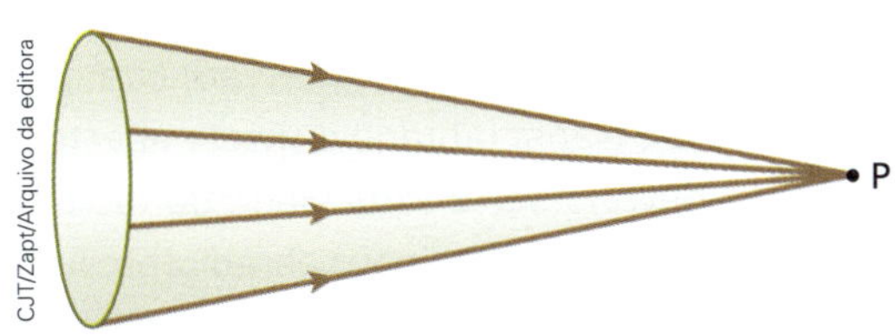

- **Cilíndricos:** os raios de luz são paralelos entre si.

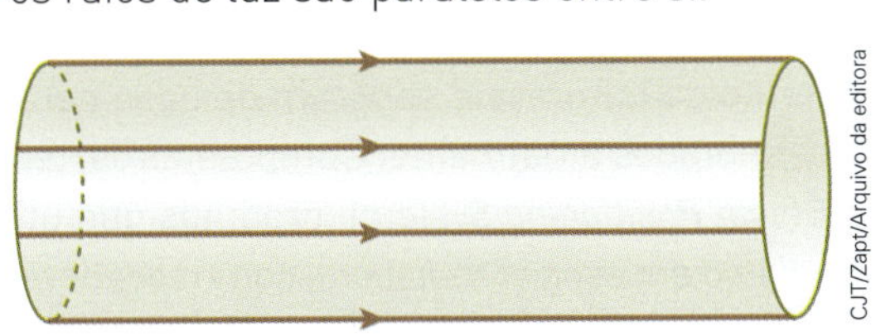

Ampliando o olhar

Mudança de paradigma

Imagine que um dos parâmetros físicos do nosso dia a dia fosse subitamente alterado. Por exemplo, que a temperatura média do ambiente sofresse um aumento em torno de 30 °C, passando, no Brasil, dos habituais 20 °C para 50 °C. Que consequências isso traria?

Certamente, nossas roupas seriam completamente diferentes, o mesmo ocorrendo com a alimentação. Nossas casas teriam climatização especial, além de paredes e teto com adequada isolação. Provavelmente, as ruas não teriam calçadas ao ar livre, já que a exposição às condições ambientes poderia ser danosa à saúde. Enfim, essa mudança do paradigma térmico acarretaria profundas alterações em nossos costumes e tecnologias em geral.

Em meados do século XIX a maioria dos cientistas estava plenamente satisfeita com a eficácia da Mecânica Clássica, fundamentada nas leis de Newton, que explicavam a contento a maioria dos fenômenos conhecidos. Imperava uma espécie de marasmo científico que levava a crer que nada mais haveria de ser proposto com vistas a explicar os mecanismos universais. Foi justamente quando a eletricidade começou a ser utilizada de maneira sistemática, dotando os laboratórios de novos aparelhos, agora acionados por esse novo elemento motriz. Já no final daquele século, descobertas diversas deixaram claro que o conhecimento físico da época era impotente para dar explicações amplas ao grande número de fenômenos que se revelavam diante dos cientistas. O efeito fotoelétrico, por exemplo, suscitava uma explicação quântica, inexistente na teoria newtoniana. Era necessário um novo modelo atômico, menos simplista que o proposto por Ernest Rutherford (1871-1937) para o átomo de hidrogênio, e uma teoria que atribuísse à luz um caráter mais amplo que o meramente ondulatório. As concepções de comprimento, massa e tempo como grandezas absolutas careciam de reformulação, o que foi feito por Albert Einstein (1879-1955) em sua Teoria da Relatividade.

SPL/Latinstock

Físicos reunidos em Bruxelas, Bélgica, em 1927, para a conferência de Solvay, que ocorre trianualmente. Esse grupo foi decisivo na elaboração dos fundamentos da Mecânica Quântica, plataforma teórica que, junto com a Relatividade Especial, trouxe novos paradigmas à Física, ampliando sobremaneira essa ciência.

Surgiram, então, novos paradigmas que permitiram à Física desenvolver-se, como ocorre com uma planta limitada pelas paredes de um vaso apertado, que é transplantada em solo aberto... A Relatividade estabeleceu que o limite cosmológico de velocidades deveria ser a velocidade da luz no vácuo, de valor $3{,}0 \cdot 10^8$ m/s. Nada poderia superar esse limite e tudo se ajustou a esse novo paradigma. A radiação do corpo negro, explicada por Max Planck (1858-1947), e o efeito fotoelétrico, elucidado por Einstein no princípio do século XX, fomentaram o surgimento da Mecânica Quântica, em progresso até os dias de hoje.

As novas teorias apresentadas na primeira metade do século XX e os paradigmas estabelecidos nessa ocasião ampliaram sobremaneira o conhecimento da natureza e serviram de base para a elaboração de novos fundamentos tecnológicos que podem ser notados atualmente. Computadores, telefones celulares, equipamentos de GPS (sigla em inglês para ***G****lobal* ***P****ositioning* ***S****ystem*), produtos que utilizam raios *laser* (sigla em inglês para ***l****ight* ***a****mplification by* ***s****timulated* ***e****misson of* ***r****adiation*), como tocadores de CDs e DVDs, além de instalações e armas nucleares, funcionam com base na Física Moderna, denominação que engloba as proposições de Planck, Einstein, Niels Bohr (1885-1962), Werner Heisenberg (1901-1975), Erwin Schrödinger (1887-1961), Louis de Broglie (1892-1987), entre outros.

Podemos dizer que a Mecânica newtoniana foi descartada com esses novos paradigmas? Claro que não! Ela continua explicando satisfatoriamente a grande maioria dos fenômenos com os quais convivemos. As novas teorias serviram apenas para estender limites e possibilidades, demonstrando que nenhuma ciência pode ser considerada pronta e encerrada em si mesma. A evolução científica ocorre por meio de uma sucessão de ideias, sempre interfaceadas com outros saberes, que são propostas de acordo com as tecnologias disponíveis em cada época. É um edifício em permanente construção, algo análogo ao que ocorre na cidade de Barcelona, na Espanha, com o Templo Expiatório da Sagrada Família, iniciado em 1882 e ainda em construção. Logo no início, a edificação ficou a cargo do arquiteto catalão Antonio Gaudí (1852-1926), que adotou o estilo neogótico. Gaudí liderou a obra por cerca de 40 anos. Depois dele, porém, o projeto passou por várias reformulações e novas concepções arquitetônicas imprimiram às três fachadas do templo, peculiaridades bem diferentes.

kurbanov/Shutterstock

O Templo Expiatório da Sagrada Família, em julho de 2014, em Barcelona, exemplifica o que ocorre com a Física: é um edifício em permanente construção, que contempla no seu todo valores fundamentais e referências de diversas épocas.

Exercícios Nível 1

1. Imagine-se na janela de um apartamento situado no 10º andar de um edifício. No solo, um carpinteiro bate um prego numa tábua. Primeiro você enxerga a martelada, para depois de certo intervalo de tempo escutar o ruído correspondente. A explicação mais plausível para o fato é:
   a) a emissão do sinal sonoro é atrasada em relação à emissão do sinal luminoso.
   b) o sinal sonoro percorre uma distância maior que o luminoso.
   c) o sinal sonoro propaga-se mais lentamente que o luminoso.
   d) o sinal sonoro é bloqueado pelas moléculas de ar, que dificultam sua propagação.
   e) o sentido da audição é mais precário que o da visão.

2. A velocidade de propagação das ondas luminosas:
   a) é infinitamente grande.
   b) é máxima no ar.
   c) é maior na água que no vácuo.
   d) vale 300 000 km/s no vidro.
   e) vale $3,00 \cdot 10^{10}$ cm/s no vácuo.

3. São fontes luminosas primárias:
   a) lanterna acesa, espelho plano, vela apagada.
   b) olho de gato, Lua, palito de fósforo aceso.
   c) lâmpada acesa, Sol, vaga-lume aceso.
   d) planeta Marte, fio aquecido ao rubro, parede de cor clara.
   e) tela de uma TV em funcionamento, Sol, lâmpada apagada.

Exercícios Nível 2

4. Acreditavam os antigos que a capacidade de visualização devia-se a um estranho mecanismo que consistia de os olhos lançarem linhas invisíveis terminadas em ganchos ("anzóis") que capturavam os detalhes dos objetos visados e traziam as informações aos órgãos visuais, possibilitando enxergar. Tão logo foi aprimorada a noção de luz, essa teoria foi demovida mediante o seguinte argumento:

a) A luz propaga-se em linha reta.
b) Os raios luminosos têm um único sentido de propagação.
c) Não é possível enxergar em ambientes totalmente escuros.
d) Só é possível enxergar corpos que difundem a luz de outros corpos.
e) Só é possível enxergar corpos que emitem luz própria.

5. E.R. A distância do Sol à Terra vale, aproximadamente, $1,5 \cdot 10^8$ km. Sabendo que a velocidade da luz no vácuo é de $3,0 \cdot 10^5$ km/s, calcule o intervalo de tempo decorrido desde a emissão de um pulso luminoso no Sol até sua recepção na Terra.

Resolução:

Tendo em conta que a luz se propaga em movimento uniforme, podemos calcular o intervalo de tempo pedido por:

$$v = \frac{\Delta s}{\Delta t} \Rightarrow \Delta t = \frac{\Delta s}{v}$$

Sendo $\Delta s = 1,5 \cdot 10^8$ km e $v = 3,0 \cdot 10^5$ km/s, vem:

$$\Delta t = \frac{1,5 \cdot 10^8 \text{ km}}{3,0 \cdot 10^5 \frac{\text{km}}{\text{s}}}$$

$$\boxed{\Delta t = 5 \cdot 10^2 \text{ s} = 8 \text{ min } 20 \text{ s}}$$

6. Admita que a partir de um determinado instante o Sol deixasse de emanar energia, isto é, "apagasse". Quanto tempo após o referido instante esse fato seria registrado na Terra?
Considere os seguintes dados: distância do Sol à Terra: $1,5 \cdot 10^8$ km; velocidade da luz no vácuo: $3,0 \cdot 10^5$ km/s.

7. Suponha que um espelho de grandes dimensões seja fixado no solo lunar, voltando-se sua superfície refletora para determinado observatório na Terra. Um sinal luminoso de grande potência é emitido do observatório em direção ao espelho, onde sofre reflexão, sendo recebido de volta ao ponto de partida 2,54 s depois de sua emissão. Ignorando os movimentos da Terra e da Lua durante o fenômeno e adotando para a velocidade da luz o valor $3,00 \cdot 10^8$ m/s, calcule a distância entre a Terra e a Lua.

8. Define-se um ano-luz como a distância percorrida por um sinal luminoso no vácuo durante um ano terrestre. Sabendo que, no vácuo, a luz viaja a uma velocidade de $3,0 \cdot 10^5$ km/s calcule, em metros, o comprimento equivalente a um ano-luz.

9. Considere a seguinte citação, extraída de um livro de Física:

"Quando contemplamos o céu numa noite de tempo bom, recebemos das estrelas um relato do passado."

Utilizando argumentos científicos, comente o pensamento do autor.

10. Na região próxima a uma estação sismológica, havia um depósito de gasolina, a uma distância *d* da estação, o qual subitamente explodiu pela incidência de um raio de grande intensidade, proveniente de uma tempestade severa.

Bradley L. Grant/Shutterstock

A explosão produziu imediatamente uma labareda espetacular, de grande altura, e o estrondo correspondente pôde ser ouvido na estação sismológica exatos 5,0 s após serem avistadas as primeiras chamas.

A explosão produziu também, na superfície do terreno, intensas vibrações do tipo longitudinal, **L**, que se propagaram no solo a $1,6 \cdot 10^3$ m/s, e do tipo transversal, **T**, que se propagaram no solo a $5,0 \cdot 10^2$ m/s, sendo que as vibrações foram detectadas na estação sismológica com uma defasagem temporal (*delay*) δ. Considerando-se que a luz e o som se propagaram no local com velocidades respectivamente iguais a $3,0 \cdot 10^8$ m/s e $3,2 \cdot 10^2$ m/s pedem-se:

a) calcular o valor de *d*, em quilômetros;
b) calcular o valor de δ, em segundos.

Bloco 2

7. Princípio da Independência dos Raios de Luz

Considere a situação experimental seguinte, em que há, sobre uma mesa no interior de um quarto escuro, duas lanternas dirigidas para os orifícios existentes em dois anteparos. A figura representa a montagem vista de cima.

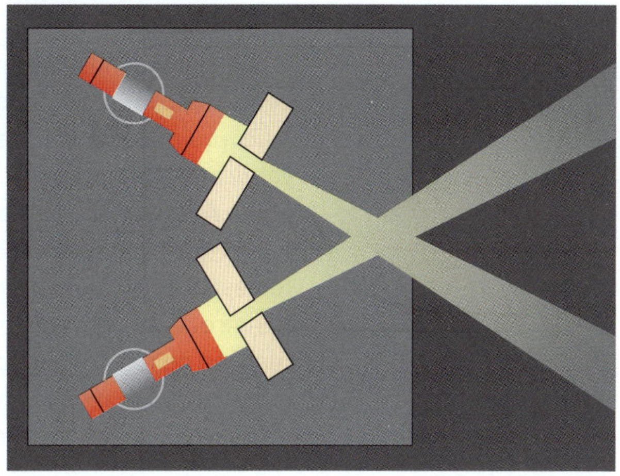

Luciano da S. Teixeira/Arquivo da editora

Ligando-se as lanternas e espalhando-se fumaça na região da montagem, dos anteparos "sairão" dois pincéis de luz que se interceptarão, provocando na região da interseção o fenômeno de interferência. O experimento mostra, no entanto, que, após essa interseção, cada pincel de luz segue seu caminho – como se não houvesse o cruzamento.

Com base nesse e em outros experimentos similares, podemos enunciar que:

A propagação de um pincel de luz não é perturbada pela propagação de outros na mesma região; um independe da presença dos outros.

Utilizando a noção de raio de luz, podemos dizer que:

Quando ocorre cruzamento de raios de luz, cada um deles continua sua propagação independentemente da presença dos outros.

A importância prática do Princípio da Independência dos Raios de Luz é que, nos problemas de Óptica, podemos concentrar nossa atenção em determinado raio de luz sem nos preocuparmos com a presença de outros, que certamente não perturbam o raio em estudo.

8. Princípio da Propagação Retilínea da Luz

Observe a montagem da figura ao lado, em que a lâmpada **L** (presa ao suporte **S**) tem dimensões muito pequenas. Os anteparos $\mathbf{A_1}$ e $\mathbf{A_2}$, feitos de material opaco, são dotados dos orifícios $\mathbf{O_1}$ e $\mathbf{O_2}$, de diâmetros também muito pequenos. Para que o resultado do experimento seja mais pronunciado, admitamos que os componentes da montagem estejam no interior de um quarto escuro.

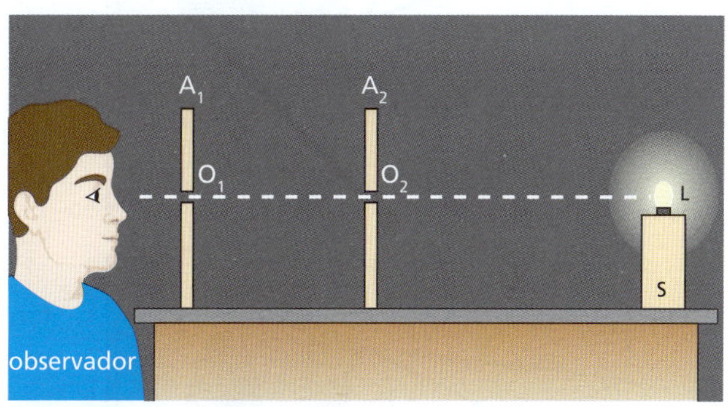

Luciano da S. Teixeira/Arquivo da editora

Ao se acender a lâmpada **L**, um observador, com um dos olhos próximo de $\mathbf{O_1}$, perceberá luz direta da lâmpada somente se **L**, $\mathbf{O_2}$ e $\mathbf{O_1}$ **estiverem alinhados**.

Esse e outros experimentos de mesma natureza formam a base prática que permite a seguinte conclusão:

Nos meios transparentes e homogêneos, a luz propaga-se em linha reta.

É importante observar que **meio homogêneo** é aquele que apresenta as mesmas características em todos os elementos de volume.

O ar contido em equipamentos ópticos, como microscópios e telescópios, ou mesmo aquele existente em ambientes pequenos, como uma sala de aula, pode ser considerado um meio transparente e homogêneo em que a luz se propaga em linha reta.

Se pensarmos, no entanto, na atmosfera terrestre como um todo, essa consideração já não poderá ser feita em virtude das diferentes constituições físico-químicas encontradas no ar. À medida que se sobe, verifica-se que o ar vai ficando mais rarefeito (menos denso) e praticamente isento de vapor de água. A temperatura e a pressão vão se tornando diferentes das encontradas nas proximidades do solo e esses fatores bastam para dizer que a atmosfera terrestre é um meio heterogêneo. Por isso, em geral, a luz não se propaga em linha reta ao atravessar a atmosfera, realizando curvas espetaculares em situações de incidência oblíqua. Isso ocorre em razão da sucessão de refrações que a luz sofre até sua chegada ao solo, o que será explicado com mais detalhes no Tópico 3 desta Unidade, Refração da luz.

NOTA!

- Do ponto de vista óptico, chama-se **meio isótropo** (ou isotrópico) todo aquele em que a velocidade de propagação da luz e as demais propriedades ópticas independem da direção em que é realizada a medida.
- Chama-se **meio ordinário** todo aquele que é ao mesmo tempo transparente, homogêneo e isótropo. O vácuo é um meio ordinário.

9. Sombra e penumbra

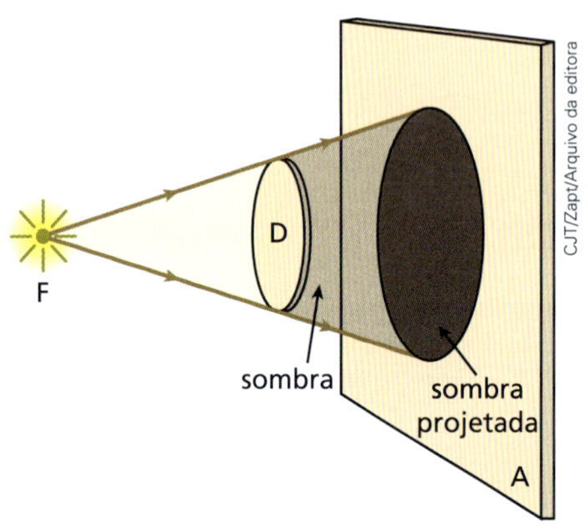

Na montagem experimental sugerida na figura ao lado, **F** é uma fonte luminosa **puntiforme**, **D** é um disco opaco e **A** é um anteparo também opaco.

Tendo em vista que a propagação da luz é retilínea no local do experimento, teremos, na região entre **D** e **A**, um tronco de cone desprovido de iluminação direta de **F**. Essa região é denominada **sombra**. Em **A**, notaremos uma região circular também isenta de iluminação direta de **F**. Essa região é chamada de **sombra projetada**.

É importante observar que o fato de a sombra de um corpo ser semelhante a ele atesta que a luz se propaga em linha reta no meio considerado.

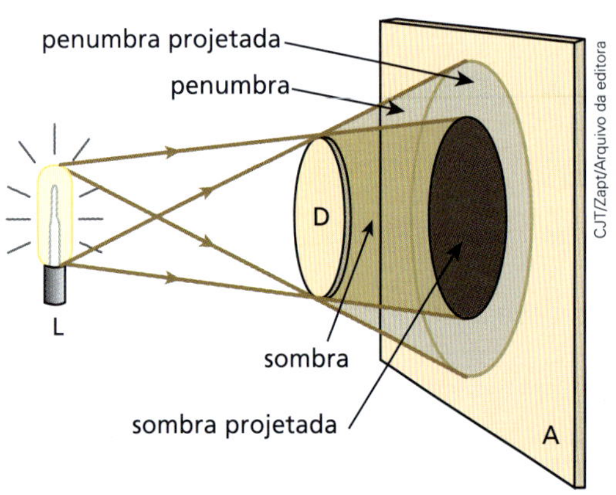

Admita agora o esquema seguinte, em que **L** é uma fonte **extensa** de luz, **D** é um disco opaco e **A** é um anteparo também opaco.

Nesse caso, pelo fato de a fonte de luz ser extensa, além das regiões de sombra e de sombra projetada, teremos ainda regiões de **penumbra** e de **penumbra projetada**. Nas regiões de penumbra a iluminação será parcial, e aí se observará transição entre sombra e iluminação total.

JÁ PENSOU NISTO?

Sombra contornada por penumbra?

Nesta fotografia, o boneco panda foi iluminado por uma fonte extensa de luz. Observe, na parede ao fundo, a sombra projetada pelo ursinho contornada por uma área de semi-iluminação. Essa área corresponde à penumbra projetada.

Fernando Favoretto/ Arquivo da editora

Eclipses são fenômenos astronômicos regulares e previsíveis, mas que aterrorizaram sobremaneira nossos ancestrais em eras não muito distantes. Acreditava-se que essas ocorrências eram manifestações da ira dos deuses e serviam de alerta quanto à chegada de pestes, pragas e catástrofes naturais.

A explicação dos eclipses está relacionada ao fato de a luz propagar-se em linha reta. É com base nesse princípio que se justifica o desaparecimento temporário da Lua em certas ocasiões de lua cheia ou mesmo do Sol em algumas situações de lua nova.

Dois casos merecem destaque:

1º caso: Eclipse da Lua

Neste caso, a Lua situa-se no cone de sombra da Terra.

O eclipse da Lua ocorre na fase de lua cheia.

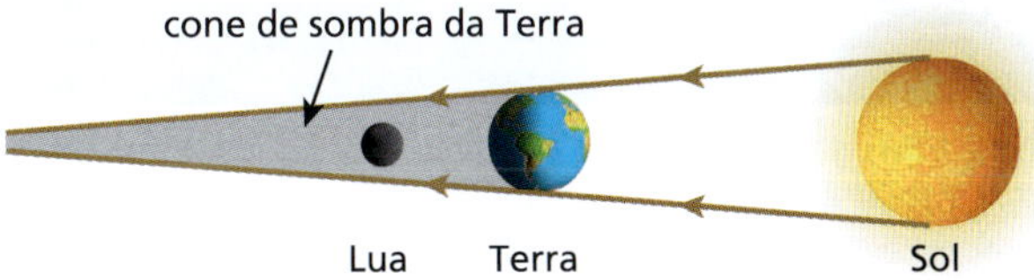

CJT/Zapt/Arquivo da editora

Ilustração com tamanhos e distâncias fora de escala e em cores fantasia.

AnastasiiaM/Shutterstock

Este eclipse da Lua foi fotografado em 27 de setembro de 2015. Na sequência de imagens podemos notar a gradual imersão do satélite no cone de sombra da Terra.

2º caso: Eclipse do Sol

Neste caso, a Lua projeta sobre a Terra uma região de sombra e uma de penumbra.

- **Região 1:** sombra da Lua.
- **Região 2:** penumbra.
- **Região 3:** sombra da Lua projetada na Terra. Nessa região ocorre o eclipse total ou anular do Sol.
- **Região 4:** penumbra projetada. Nessa região ocorre o eclipse parcial do Sol, caso em que uma parte do disco solar permanece visível.
- **Região 5:** não há eclipse nessa região e o disco solar é visualizado integralmente.

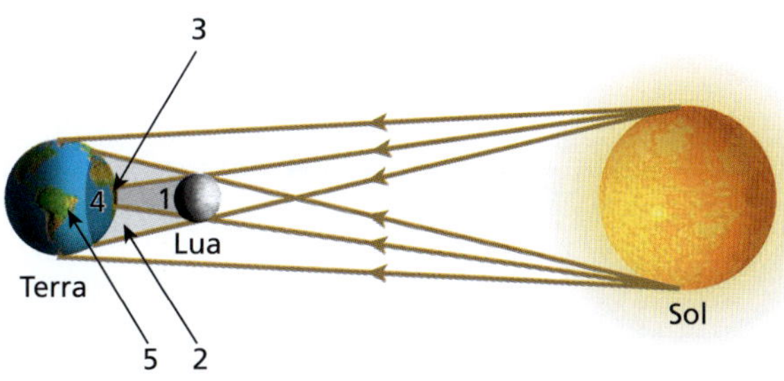

CJT/Zapt/Arquivo da editora

Ilustração com tamanhos e distâncias fora de escala e em cores fantasia.

O eclipse do Sol ocorre na fase de lua nova.

Vadim Petrakov/Shutterstock

// Nos locais da Terra em que o eclipse do Sol é total, o disco solar é observado completamente encoberto pela Lua. As áreas esbranquiçadas da imagem correspondem à coroa solar, que se estende além do disco solar.

Mike Van Vertloo/Shutterstock

// Nos locais da Terra em que o eclipse do Sol é parcial, uma fração do disco solar é observada descoberta.

10. Câmara escura de orifício

Esse dispositivo nada mais é que uma caixa de paredes opacas, sendo uma delas dotada de um orifício **O**, diante do qual é colocado um corpo luminoso.

Luciano da S. Teixeira/Arquivo da editora

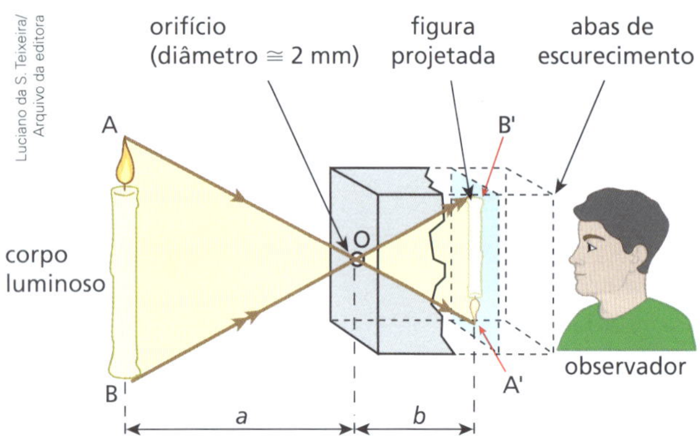

Os raios emanados desse corpo, após atravessarem **O**, incidem na parede do fundo da caixa, projetando uma figura semelhante ao corpo considerado, em forma e em colorido. Tal figura, no entanto, apresenta-se invertida em relação ao corpo.

Observando o esquema, você pode constatar que os triângulos **OAB** e **OA'B'** são semelhantes. Por isso:

$$\frac{A'B'}{AB} = \frac{b}{a}$$

Para uma mesma câmara e um mesmo corpo luminoso, os comprimentos *b* (profundidade da câmara) e **AB** (comprimento do corpo luminoso) são constantes. Por isso, podemos afirmar que, nesse caso, **A'B'** (comprimento da figura projetada) é **inversamente proporcional** à distância *a* do corpo luminoso à parede frontal da câmara. Se, por exemplo, dobrarmos *a*, **A'B'** se reduzirá à metade.

Supondo-se escalas iguais nos eixos de abscissas e ordenadas, o gráfico teórico de **A'B'** em função de *a* será um ramo de hipérbole equilátera. Veja:

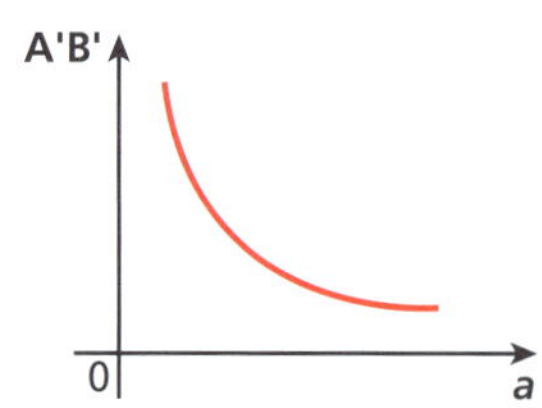

Banco de imagens/Arquivo da editora

É importante destacar que a figura projetada na parede do fundo da câmara pode ser contemplada por um observador situado na posição sugerida no esquema. Para tanto, basta que ele substitua a parede do fundo por uma lâmina de vidro fosco ou papel vegetal, por exemplo.

Para obter uma boa definição na figura projetada (boa nitidez), não se deve aumentar o diâmetro do orifício além de 2 mm.

Pode-se dizer que a câmara escura de orifício constitui um ancestral da câmara fotográfica, sendo ainda um dispositivo que comprova o Princípio da Propagação Retilínea da Luz.

O renascentista italiano Leonardo da Vinci (1452-1519) utilizou a técnica das câmaras escuras de orifício, já conhecidas em sua época, em seus estudos sobre propagação da luz. Esses dispositivos serviram também de ferramenta para a elaboração de algumas de suas perspectivas e pinturas. Há em seus livretos de anotações – os códices – citações sobre a obtenção de figuras luminosas invertidas projetadas em anteparos planos.

Leonardo da Vinci foi um verdadeiro gênio. Já no século XV esboçava aquilo que serviria de base à tecnologia de nossos tempos. Idealizou uma série de engenhos de rara sofisticação, até mesmo para os padrões atuais. Há em seus desenhos sistemas utilizando engrenagens, parafusos e rolamentos. São dele as primeiras concepções do automóvel (com transmissão empregando diferencial), do helicóptero, da bicicleta e do paraquedas. O estudo ao lado, um verdadeiro ícone da publicidade globalizada, denomina-se *Homem vitruviano*. Nele, Leonardo analisa aquilo que seriam as proporções perfeitas para o corpo humano com base nos preceitos do arquiteto romano Marcus **Vitruvius** (século I a.C.).

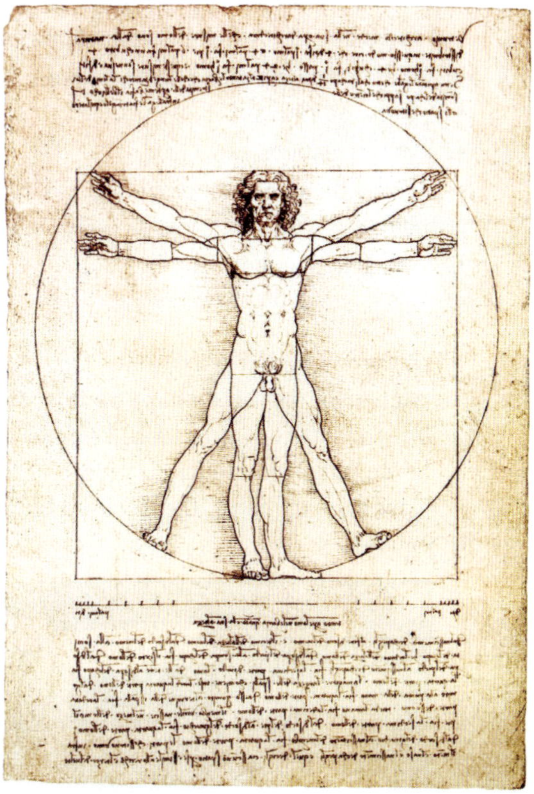

Jakub Krechowicz/Shutterstock

Homem vitruviano, de Leonardo da Vinci.

JÁ PENSOU NISTO?

Os antigos já sabiam...

Nesta ilustração, que retrata uma cena passada no Oriente, pode-se observar um pequeno cômodo dotado de um furo em sua parede da direita. Esse ambiente está se comportando como uma câmara escura de orifício. A mesquita em frente ao recinto aparece projetada de forma invertida sobre uma espécie de anteparo translúcido. Deve-se notar que a inversão da imagem ocorre tanto na vertical como na horizontal, isto é, os minaretes do templo aparecem projetados de cabeça para baixo e o menor deles, situado à esquerda, aparece à direita na projeção.

Reprodução/Enem, 2015

Faça você mesmo

! Tome muito cuidado ao manusear a vela acesa.

Câmara escura de orifício

Vamos construir uma câmara escura de orifício e verificar algumas consequências da propagação retilínea da luz.

Material necessário

- 1 lata de metal;
- 1 folha de papel vegetal ou papel-manteiga;
- 1 elástico ou 1 pedaço de barbante;
- 1 trena ou régua;
- 1 vela e fósforos;
- 1 prego de aproximadamente 2 mm de diâmetro;
- 1 martelo pequeno.

Procedimento

I. Utilizando o prego e o martelo, faça um furo circular no centro da base da lata. Tape a boca da lata com um pedaço de papel vegetal ou papel-manteiga, fixando-o com um elástico ou barbante. O papel deve ficar bem esticado.

Cristina Xavier

II. Em um ambiente escurecido, ilumine a base furada da lata com a luz da vela, como mostra a fotografia **A**. Você perceberá a projeção de uma imagem invertida da chama da vela no papel que tapa a boca da lata, como aparece na fotografia **B**. Observe que apenas a região mais iluminada da vela, próxima à base da chama, aparecerá projetada.

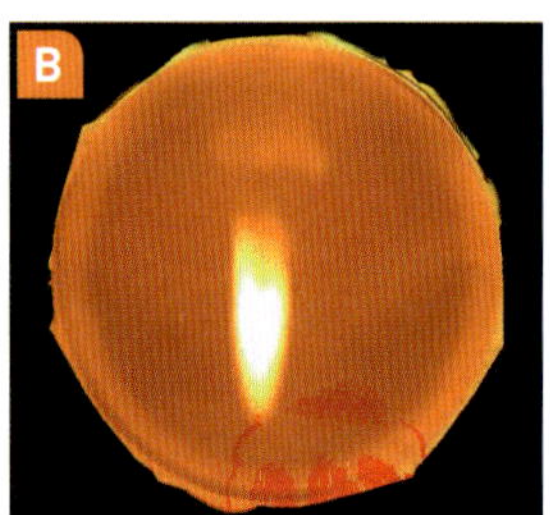

Cristina Xavier

Aproximando-se a vela da lata, o tamanho da imagem projetada aumentará e, afastando-se a vela da lata, o tamanho da imagem projetada diminuirá.

III. Faça com que a vela fique com seu pavio à mesma altura do furo no centro da base da lata. Corte a vela, se necessário. Meça com a trena ou a régua a profundidade *d* da lata e coloque a vela a uma distância igual em relação ao furo, conforme ilustra o esquema, e acenda-a.

IV. Deixe a vela ir queimando. À medida que seu comprimento for diminuindo, você notará a imagem projetada subindo na parede oposta ao furo, de maneira que, quando a vela estiver praticamente terminada, a projeção da imagem de sua chama estará no ponto mais alto do papel, no topo da parede do fundo da lata.

Desenvolvimento

A semelhança existente entre a imagem projetada no papel e a vela é uma evidência de que a luz se propaga em linha reta no ambiente do experimento. Deve-se notar também a congruência entre os triângulos **ABO** e **A'B'O** destacados na figura, o que também pode ser justificado pelo fato de a luz se propagar em linha reta.

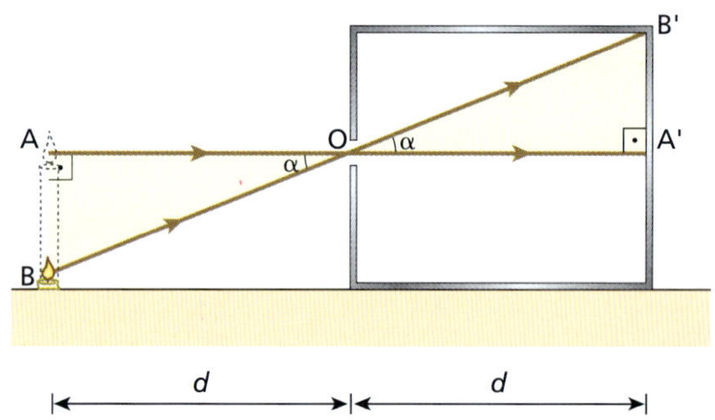

Banco de imagens/Arquivo da editora

1. O que ocorreria com a figura projetada no papel vegetal ou papel-manteiga se o furo circular feito no centro da base da lata tivesse um diâmetro com cerca de 2 cm?
2. Pode-se afirmar que o comprimento vertical da figura projetada no papel vegetal é inversamente proporcional à distância horizontal da vela ao furo circular existente no centro da base da lata? Justifique matematicamente sua resposta.
3. Que outras situações ou experimentos você conhece que também atestam que a luz se propaga em linha reta? Enumere-os e troque impressões com seus colegas.

Exercícios Nível 1

11. Com o Sol a pino, observa-se que a sombra de um disco circular, projetada no solo plano e horizontal, tem a mesma forma e o mesmo diâmetro do disco. Pode-se, então, concluir que:

a) os raios solares são praticamente paralelos entre si e o disco está disposto paralelamente ao solo.
b) os raios solares são praticamente paralelos entre si e o disco está disposto perpendicularmente ao solo.
c) os raios solares são muito divergentes e o disco está disposto paralelamente ao solo.
d) os raios solares são muito divergentes e o disco está disposto perpendicularmente ao solo.
e) Nada se pode concluir apenas com as informações oferecidas.

12. Analise as proposições seguintes:

I. No vácuo, a luz propaga-se em linha reta.
II. Em quaisquer circunstâncias, a luz propaga-se em linha reta.
III. Nos meios transparentes e homogêneos, a luz propaga-se em linha reta.
IV. Ao atravessar a atmosfera terrestre, a luz propaga-se em linha reta.

O que você concluiu?

a) Somente I é correta.
b) Somente I e III são corretas.
c) Somente II e III são corretas.
d) Todas são corretas.
e) Todas são erradas.

13. E.R. Desejando medir a altura *H* de um prédio, um estudante fixou verticalmente no solo uma estaca de 2,0 m de comprimento. Em certa hora do dia, ele percebeu que o prédio projetava no solo uma sombra de 60 m de comprimento, enquanto a estaca projetava uma sombra de 3,0 m de comprimento. Considerando os raios solares paralelos, que valor o estudante encontrou para *H*?

Resolução:

O processo descrito está representado na figura seguinte.

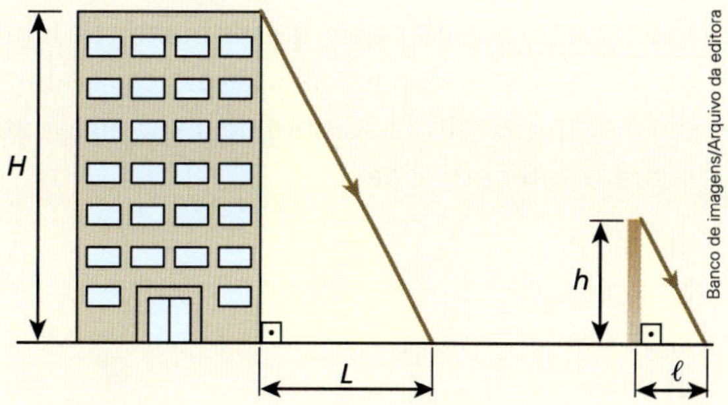

Como podemos considerar os raios solares paralelos, os triângulos retângulos correspondentes às regiões de sombra do prédio e da estaca são semelhantes. Assim, podemos escrever que:

$$\frac{H}{h} = \frac{L}{\ell}$$

Sendo h = 2,0 m, L = 60 m e ℓ = 3,0 m, calculemos *H*:

$$\frac{H}{2{,}0\ \text{m}} = \frac{60\ \text{m}}{3{,}0\ \text{m}} \therefore \boxed{H = 40\ \text{m}}$$

14. (UFPE) Uma pessoa de 1,8 m de altura está em pé ao lado de um edifício de altura desconhecida. Num dado instante, a sombra dessa pessoa, projetada pela luz solar, tem uma extensão de 3,0 m, enquanto a sombra do edifício tem uma extensão de 80 m. Qual a altura, em metros, do edifício?

15. Do fundo de um poço, um observador de altura desprezível contempla um avião, que está 500 m acima de seus olhos. No instante em que a aeronave passa sobre a abertura do poço, o observador tem a impressão de que a envergadura (distância entre as extremidades das asas) abrange exatamente o diâmetro da abertura.

Considerando os elementos da figura ilustrativa ao lado, fora de escala, calcule a envergadura ℓ do avião.

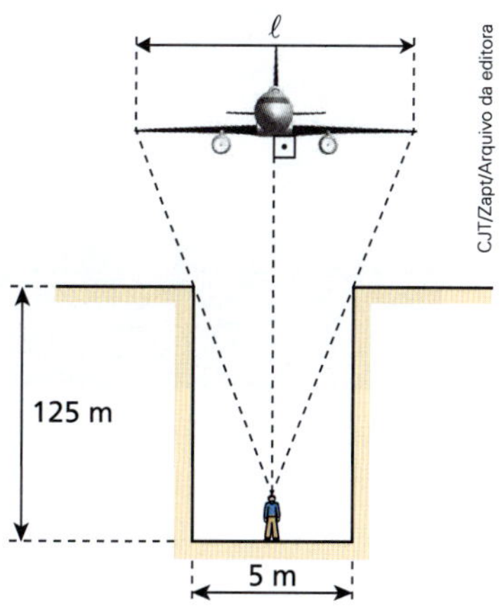

16. (UFG-GO) Um feixe luminoso, partindo de uma fonte puntiforme, incide sobre um disco opaco de 10 cm de diâmetro. Sabendo-se que a distância da fonte ao disco corresponde a um terço da distância deste ao anteparo e que os planos da fonte, do disco e do anteparo são paralelos, pode-se afirmar que o raio da sombra do disco, projetada sobre o anteparo, é de:

a) 15 cm.
b) 20 cm.
c) 25 cm.
d) 35 cm.
e) 40 cm.

17. O esquema representa o corte de uma câmara escura de orifício, diante da qual existe um corpo luminoso **AB** de 40 cm de comprimento:

Banco de imagens/ Arquivo da editora

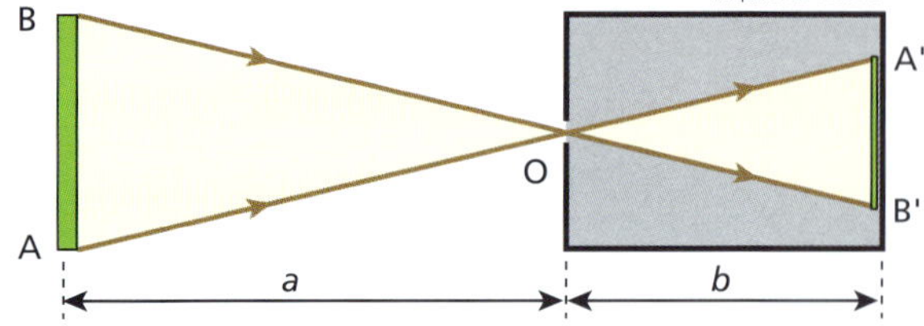

Considerando a = 100 cm e b = 20 cm, calcule o comprimento da figura **A'B'** projetada na parede do fundo da câmara.

18. Num eclipse da Lua, a posição relativa dos três astros, Sol, Lua e Terra, é a seguinte:

a) O Sol entre a Lua e a Terra.
b) A Lua entre o Sol e a Terra.
c) A Terra entre o Sol e a Lua.
d) A Terra e a Lua à esquerda do Sol.
e) É impossível a ocorrência de um eclipse da Lua.

Exercícios Nível 2

19. Na foto abaixo, aparece o palco de um *show* musical em que diversos pincéis luminosos de *laser* provenientes de um sofisticado sistema de iluminação se cruzam, mas seguem se propagando mesmo depois desses cruzamentos. O ambiente está um tanto esfumaçado pela presença de gotículas de água colocadas em suspensão por moléculas de CO_2 gasoso logo após sublimação dessa substância (gelo seco – CO_2 sólido – a temperaturas muito baixas sublima-se ao ser colocado em contato com água em temperatura ambiente). Isso realça sobremaneira a presença dos pincéis *laser*, permitindo sua visualização de qualquer ponto da plateia.

zhykova/Shutterstock

a) Nessa imagem, podem ser comprovados dois princípios em que se baseia o estudo da Óptica Geométrica. Quais são eles? Enuncie esses princípios.

b) Por que o ambiente esfumaçado favorece a visualização dos pincéis luminosos de *laser* de qualquer ponto da plateia?

20. Um grupo de escoteiros deseja construir um acampamento em torno de uma árvore. Por segurança, eles devem colocar as barracas a uma distância tal da base da árvore que, se cair, ela não venha a atingi-los. Aproveitando o dia ensolarado, eles mediram, ao mesmo tempo, os comprimentos das sombras da árvore e de um deles, que tem 1,5 m de altura; os valores encontrados foram 6,0 m e 1,8 m, respectivamente. Qual deve ser a menor distância das barracas à base da árvore?

21. Considere o esquema abaixo, em que o observador olha através de um canudo cilíndrico, de eixo horizontal, de 20 cm de diâmetro e 80 cm de comprimento.

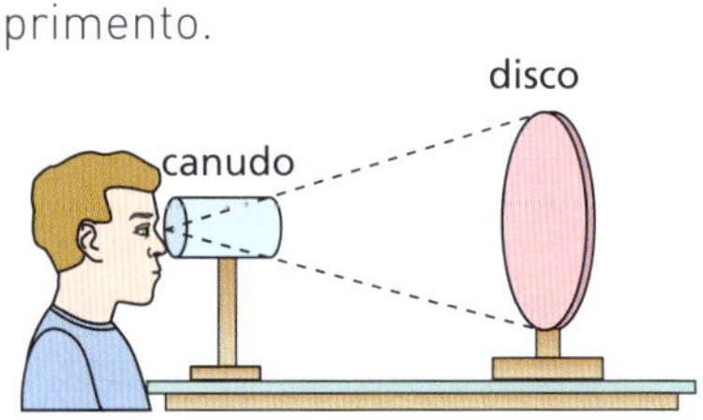

CJT/Zapt/Arquivo da editora

O rapaz observa que um disco, de centro contido na reta do eixo do canudo, distante 8,0 m do seu olho, parece encaixar-se perfeitamente na boca do canudo. Supondo desprezível a distância do olho do rapaz ao canudo, calcule o raio do disco, admitindo que seja circular.

22. (FCC-SP) O orifício de uma câmara escura está voltado para o céu, numa noite estrelada. A parede oposta ao orifício é feita de papel vegetal translúcido. Um observador que está atrás da câmara, se olhasse diretamente para o céu, veria o Cruzeiro do Sul conforme o esquema I. Olhando a imagem no papel vegetal, por trás da câmara, o observador vê o Cruzeiro conforme o esquema:

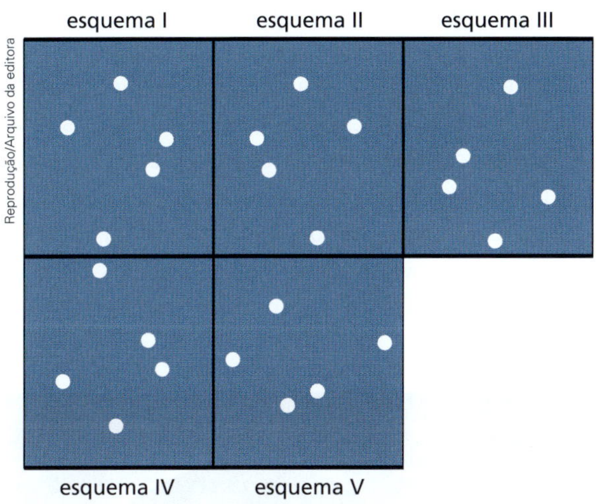

a) I.
b) II.
c) III.
d) IV.
e) V.

23. (Uerj) A altura da imagem de um objeto, posicionado a uma distância P_1 do orifício de uma câmara escura, corresponde a 5% da altura desse objeto. A altura da imagem desse mesmo objeto, posicionado a uma distância P_2 do orifício da câmara escura, corresponde a 50% de sua altura. Calcule P_2 em função de P_1.

E.R.

Resolução:

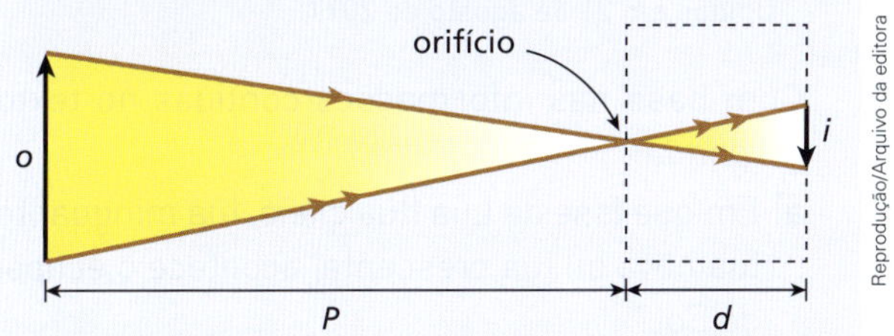

Pela semelhança de triângulos, temos:

$$\frac{P}{d} = \frac{o}{i}$$

1º Caso:

$$i_1 = 5\% \cdot o \Rightarrow i_1 = \frac{5}{100} \cdot o$$

$$\text{Logo: } \frac{P_1}{d} = \frac{o}{\frac{5}{100} \cdot o} \Rightarrow P_1 = 20d \qquad \text{(I)}$$

2º Caso:

$$i_2 = 50\% \cdot o \Rightarrow i_2 = \frac{50}{100} \cdot o$$

$$\text{Logo: } \frac{P_2}{d} = \frac{o}{\frac{50}{100} \cdot o} \Rightarrow P_2 = 2d \qquad \text{(II)}$$

De (I) e (II), temos:

$$\frac{P_2}{P_1} = \frac{2d}{20d} \Rightarrow \boxed{P_2 = \frac{P_1}{10}}$$

24. (Ufscar-SP) A 1 metro da parte frontal de uma câmara escura de orifício, uma vela de comprimento 20 cm projeta na parede oposta da câmara uma imagem de 4 cm de altura.

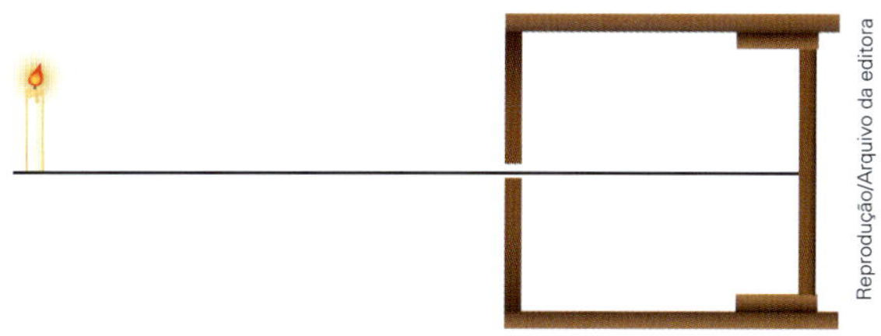

A câmara permite que a parede onde é projetada a imagem seja movida, aproximando-se ou afastando-se do orifício. Se o mesmo objeto for colocado a 50 cm do orifício, para que a imagem obtida no fundo da câmara tenha o mesmo tamanho da anterior, 4 cm, a distância que deve ser deslocado o fundo da câmara, relativamente à sua posição original, em cm, é de

a) 50
b) 40
c) 20
d) 10
e) 5

25. (UEL-PR) A figura a seguir representa uma fonte extensa de luz **L** e um anteparo opaco **A** dispostos paralelamente ao solo (**S**):

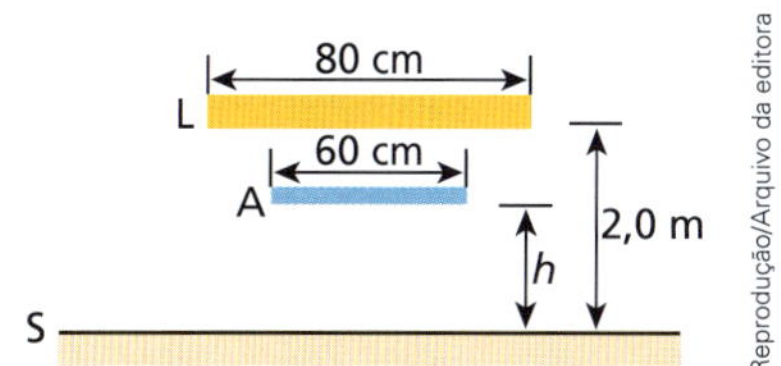

O valor mínimo de h, em metros, para que sobre o solo não haja formação de sombra é:

a) 2,0.
b) 1,5.
c) 0,80.
d) 0,60.
e) 0,30.

26. (Vunesp) Lampiões a gás utilizam uma tela em forma de casulo, conhecida popularmente por camisinha, que veste o tubo por onde sai o gás. O gás expelido pelo tubo passa rapidamente pelos furos da tela e, quando é inflamado, o faz longe o suficiente da camisinha para que ela não se queime. Como consequência da queima do gás, a camisinha passa a emitir luz, tal qual uma fonte extensa.

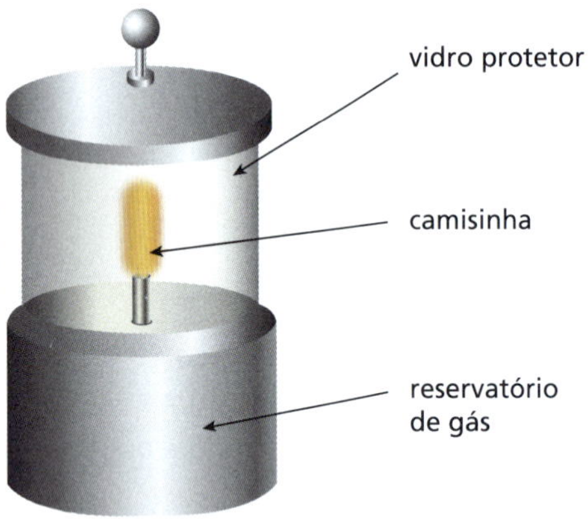

Reprodução/Arquivo da editora

Associando-se a luz do lampião com a luz emitida pelo Sol, um professor decide demonstrar como ocorre um eclipse solar. Para isso, usa uma moeda de tamanho menor que o da camisinha, como se fosse a Lua, e uma parede próxima fazendo o papel da superfície do planeta Terra, de acordo com a configuração desenhada.

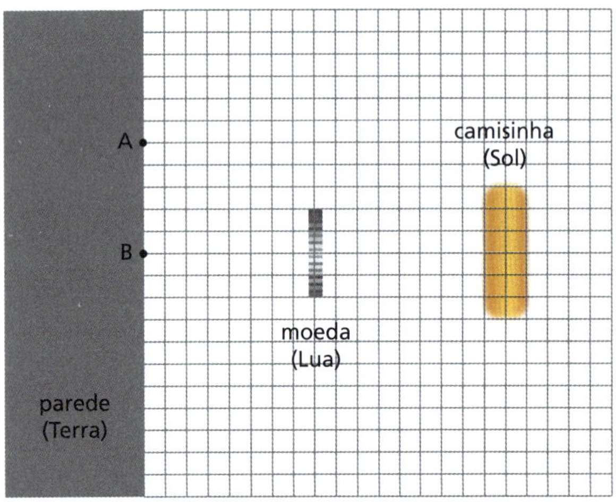

Reprodução/Arquivo da editora

Considerando as possibilidades de sombra, penumbra e luz, e supondo que a única luz do ambiente é fornecida pela camisinha do lampião, os pontos **A** e **B** da parede estão imersos, respectivamente, em regiões de

a) luz e sombra.
b) penumbra e sombra.
c) sombra e penumbra.
d) sombra e luz.

27. Em 21 de agosto de 2017 ocorreu um eclipse do Sol, visualizado e documentado de maneira privilegiada por milhões de pessoas nos Estados Unidos. Entre os observadores do fenômeno, registraram-se muitos astrônomos, astrofísicos e cientistas em geral. Devido ao movimento relativo entre a Lua, a Terra e o Sol, o eclipse foi total (ou anular) ao longo de uma faixa de aproximadamente 4 500 km, com o dia se transformando em noite. A sombra circular da Lua, com área próxima de 7 500 km^2, percorreu o país de noroeste a sudeste, entrando pelo Pacífico e saindo pelo Atlântico. Essa sombra, projetada sobre a superfície terrestre, atravessou, em movimento uniforme, 14 estados norte-americanos em cerca de 90 minutos: Oregon, Idaho, Wyoming, Montana, Nebraska, Iowa, Kansas, Missouri, Illinois, Kentucky, Tennessee, Georgia, Carolina do Norte e Carolina do Sul.

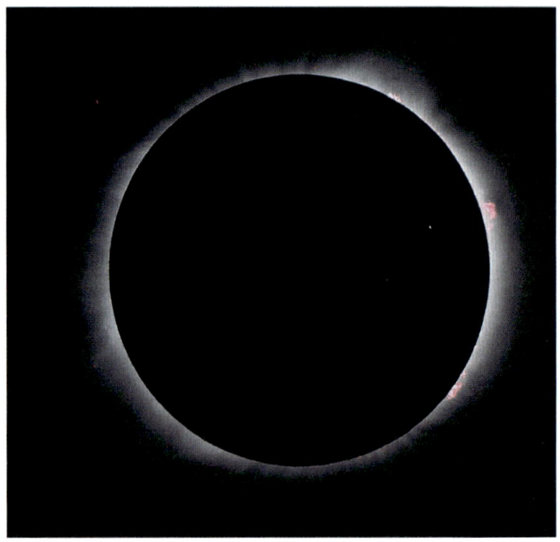

The Washington Post/Getty Images

Fotografia do eclipse total do Sol obtida nos Estados Unidos em 21 de agosto de 2017.

Com base nas informações contidas no texto, responda:

a) Em que fase da Lua (lua cheia, lua minguante, lua nova ou lua crescente) acontece o eclipse do Sol?
b) Nos locais da Terra em que ocorreu penumbra projetada o disco solar foi visualizado totalmente ou parcialmente encoberto pelo disco lunar?
c) Para observadores em repouso em um local do estado do Tennessee, qual foi a duração máxima do eclipse total, em minutos? Adote nos cálculos $\pi \cong 3$.

Bloco 3

11. Fenômenos físicos fundamentais na Óptica Geométrica

A Óptica Geométrica trata basicamente das trajetórias da luz em sua propagação. São de especial interesse nesse estudo dois fenômenos físicos fundamentais: a **reflexão** e a **refração**.

Considere uma superfície Σ separadora de dois meios transparentes, 1 e 2. Admita um pincel luminoso cilíndrico que, propagando-se no meio 1, incide sobre Σ.

Uma parte da energia luminosa incidente retorna ao meio 1, caracterizando, assim, o fenômeno da reflexão.

Reflexão é o fenômeno que consiste no fato de a luz voltar a se propagar no meio de origem, após incidir na superfície de separação deste com outro meio.

Outra parte da energia luminosa incidente poderá passar para o meio 2, caracterizando, assim, o fenômeno da refração.

Refração é o fenômeno que consiste no fato de a luz passar de um meio para outro diferente.

Considerando-se o que foi visto no Tópico 2 da Unidade 2, Ondas, vale lembrar que na reflexão se conservam a frequência e a intensidade da velocidade de propagação, enquanto na refração a frequência conserva-se, mas a intensidade da velocidade de propagação varia na proporção direta do comprimento de onda.

A figura ao lado ilustra a reflexão e a refração da luz.

Imagine, por exemplo, que você está em um local bastante iluminado, diante de uma porta de vidro transparente que dá acesso a outro ambiente mais escurecido. Parte da luz difundida por seu corpo sofrerá reflexão na porta de vidro, permitindo que você veja uma imagem sua. Outra parte da luz difundida por seu corpo atravessará a porta de vidro, refratando-se e possibilitando que pessoas situadas dentro do outro ambiente – o mais escurecido – também o vejam.

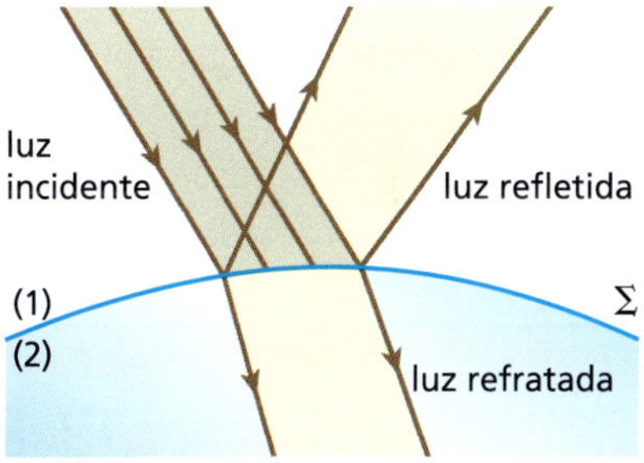

CJT/Zapt/Arquivo da editora

12. Reflexão e refração regulares e difusas

A maior ou menor regularidade da superfície sobre a qual incide a luz pode determinar dois tipos de reflexão e de refração: a **regular** e a **difusa**.

Considere, por exemplo, a superfície da água de um lago isenta de qualquer perturbação. Nessas condições, essa superfície apresenta-se praticamente desprovida de ondulações ou irregularidades.

Fazendo incidir sobre a água do lago um pincel cilíndrico de luz monocromática (uma só cor ou frequência), podemos observar reflexão e refração regulares. Os pincéis luminosos, refletido e refratado também serão cilíndricos; os raios de luz componentes desses pincéis serão paralelos entre si, da mesma forma que os raios luminosos constituintes do pincel incidente. A figura ao lado ilustra a reflexão e a refração regulares.

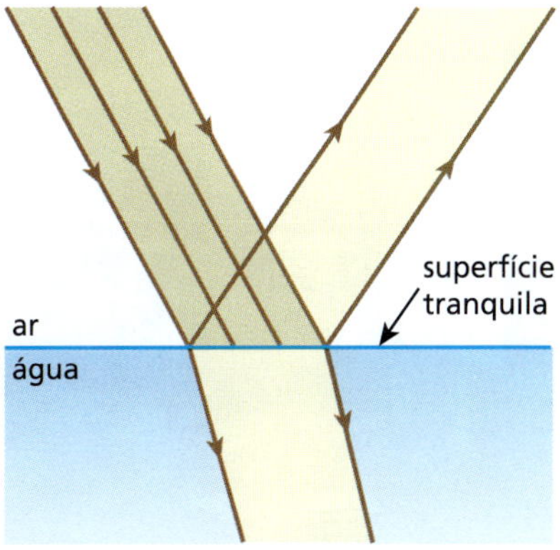

CJT/Zapt/Arquivo da editora

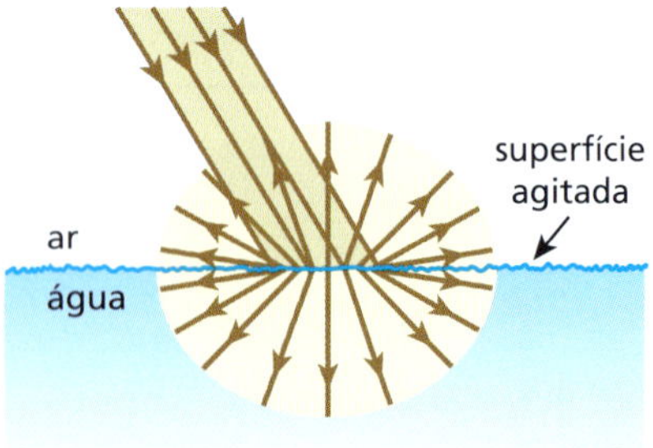

CJT/Zapt/Arquivo da editora

Imagine, agora, que a superfície da água do lago seja perturbada pelas gotas de uma chuva torrencial.

Fazendo incidir sobre a água do lago um pincel cilíndrico de luz monocromática, poderemos observar reflexão e refração difusas. Os pincéis luminosos, refletido e refratado não serão cilíndricos; os raios de luz componentes desses pincéis terão direções diversas, expandindo-se de modo aleatório por todo o espaço. A figura ao lado ilustra a reflexão e a refração difusas.

Na reflexão e na refração difusas, ao contrário do que se pode imaginar, valem as leis da reflexão e da refração, que veremos nos Tópicos 2 e 3 desta unidade, respectivamente.

As direções diversas assumidas pelos raios refletidos e refratados devem-se às irregularidades da superfície de incidência.

Como não há superfície perfeitamente lisa, sempre que ocorre reflexão ou refração uma parte da luz incidente é difundida. É claro que tal parcela será tanto menor quanto mais regular for a superfície.

A difusão da luz é decisiva para a visão das coisas que nos cercam. Um pincel de luz que atravessa um quarto escuro, por exemplo, poderá ser observado se na região abrangida por ele espalharmos fumaça, cujas partículas constituintes difundem a luz, enviando-a aos nossos olhos.

JÁ PENSOU NISTO?

Refrigerante quente

As águas da lagoa Araraquara, em Baía Formosa (RN), são bem escuras, semelhantes aos refrigerantes do tipo cola. Isso ocorre devido à decomposição sistemática da vegetação subaquática e ciliar, constituída principalmente de junco, pau-rosa, pau-brasil e maçaranduba. Por serem escuras, essas águas absorvem intensamente a luz solar, que é parcialmente refratada de maneira difusa. A absorção dessa luz refratada faz com que a temperatura nas camadas superficiais fique bastante elevada.

Hans Von Manteuffel/Pulsar Imagens

Lagoa Araraquara, Baía Formosa (RN).

13. Reflexão e refração seletivas

Science Source/Latinstock

A luz solar (ou a luz emitida por uma lâmpada fluorescente) é denominada **luz branca**.

A luz branca solar é policromática, isto é, composta de diversas cores, das quais se costumam destacar sete: vermelha, alaranjada, amarela, verde, azul, anil e violeta.

Isaac Newton, retratado em gravura do século XIX, realizando experimento para estudo da luz branca. Autor desconhecido. Bibliothèque Nationale, Paris, França. Coleção particular.

Por volta de 1665, o estudioso inglês Isaac Newton (1642-1727) verificou que as luzes coloridas, como a amarela e a azul, não eram modificações da luz branca, como se acreditava na época, mas componentes dela. Ele utilizou um prisma para dispersar um estreito pincel de luz branca solar, obtendo em um anteparo, posto em frente ao prisma, um espectro multicolorido constituído por sete cores principais. Considerando-se a trajetória original do pincel de luz branca, a cor que apresentava o menor desvio na travessia do prisma era a vermelha, seguida da alaranjada, da amarela, da verde, da azul, da anil e da violeta, que se desviava mais. Ele tentou, sem sucesso, decompor um feixe de luz monocromática amarela, confirmando a sua teoria de que apenas a luz branca poderia ser decomposta.

Quando iluminadas pela luz solar, as folhas de uma árvore nos parecem verdes, por quê?

Porque essas folhas "selecionam" no espectro solar principalmente a componente verde, refletindo-a de modo difuso para o meio. Ao recebermos luz verde em nossos olhos, enxergamos as folhas em verde.

Cumpre observar que as demais cores componentes da luz branca são predominantemente absorvidas pelas folhas.

A figura ao lado (com tamanhos e distâncias fora de escala e em cores fantasia) ilustra a reflexão seletiva.

Atenção para os seguintes pontos:

- Se "vemos" um corpo branco, é porque ele está refletindo todas as cores do espectro solar.
- Se "vemos" um corpo preto, é porque ele está absorvendo todas as cores do espectro solar.
- Um corpo que nos parece vermelho quando iluminado pela luz branca solar se apresentará escuro quando iluminado por luz monocromática de cor diferente da vermelha (azul, por exemplo).

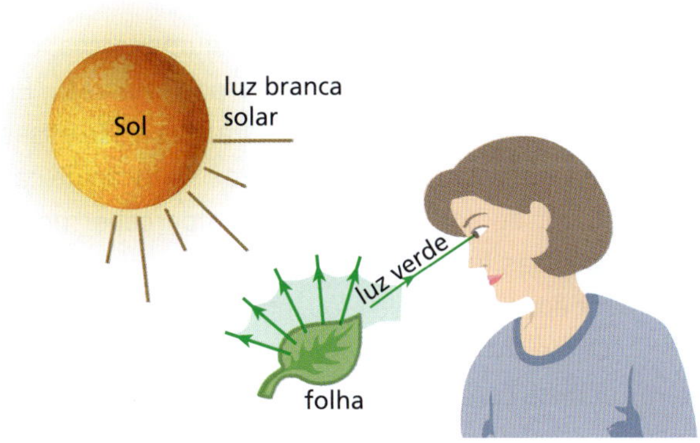

CJT/Zapt/Arquivo da editora

Observando os objetos que nos cercam através de uma lâmina de acrílico vermelha, por exemplo, distinguiremos nesses objetos apenas regiões vermelhas e regiões bem escuras. Isso ocorre porque a lâmina de acrílico constitui um **filtro**, que refrata (deixa passar) seletivamente a luz vermelha, absorvendo substancialmente as demais cores do espectro.

Os filtros são largamente utilizados em fotografia, permitindo que penetrem no interior da câmara apenas as colorações desejadas.

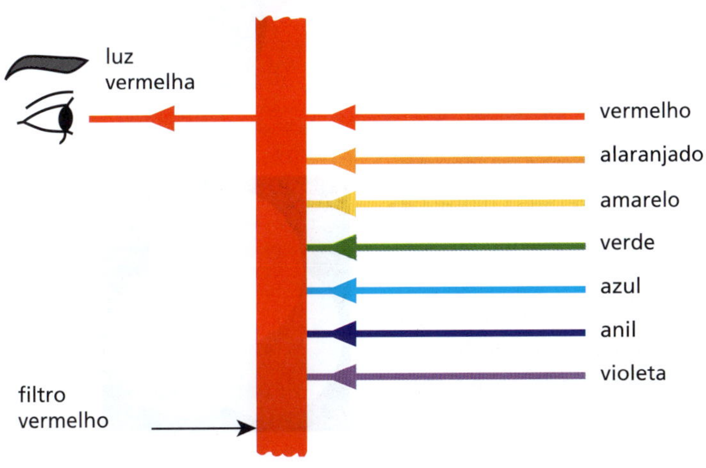

CJT/Zapt/Arquivo da editora

Esquema da refração seletiva.

Ampliando o olhar

Combinando cores

A visão é um sentido que, assim como os outros, disponibiliza uma grande quantidade de informações. Uma pessoa pode obter impressões de forma, comprimento, profundidade e cor, o que é capturado por meio de seus olhos e processado no cérebro.

No fundo do olho, precisamente na retina, situam-se as células sensoriais da visão. São os bastonetes e os cones. Os bastonetes são muito sensíveis e dão a percepção de claro e escuro, além da visualização de preto e branco e de todas as gradações de cinza. Já os cones permitem enxergar as diversas cores, com maior sensibilidade para algumas delas, de acordo com a teoria tricromática de Young-Helmholtz. Na retina humana, há aproximadamente 120 milhões de bastonetes. Os cones, embora em menor número que os bastonetes, correspondem a algo em torno de 6 milhões de células em cada olho.

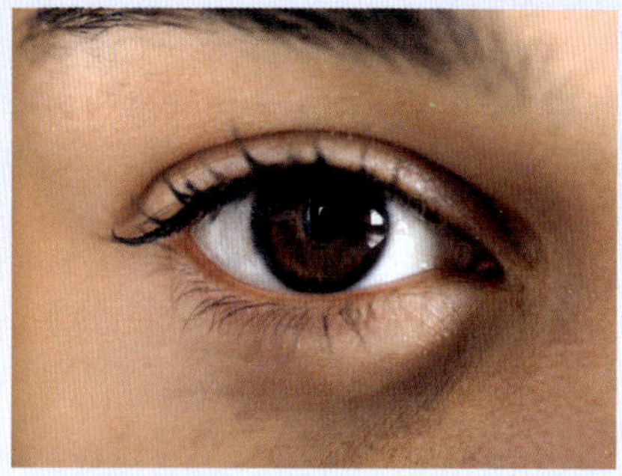

Andrey_Popov/Shutterstock

// Visão: porta de entrada de infindáveis informações.

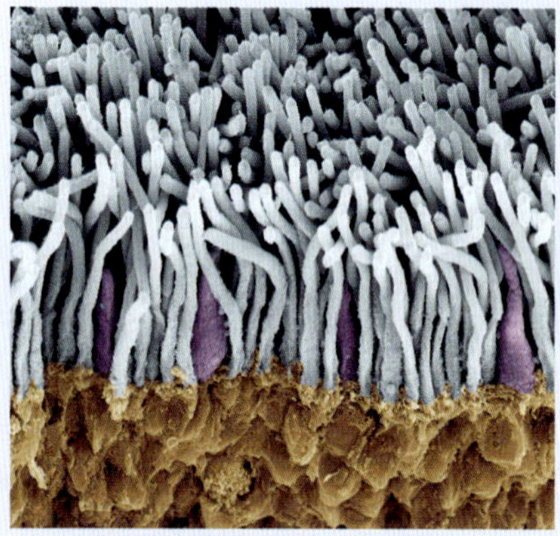

SPL/Latinstock

// Corte ampliado (1 800 vezes) da retina destacando-se a região da fóvea, onde ficam as células sensoriais da visão, os bastonetes (em cinza) e os cones (em roxo).

Enxergamos tudo o que, de alguma forma, envia luz aos nossos olhos. De pequenos insetos a corpos celestes... Em teoria, podemos perceber uma infinidade de colorações e são essas incontáveis tonalidades as responsáveis pela caracterização de cada objeto, ambiente ou pôr do sol. O que possibilita percebermos cada matiz são as frequências luminosas que interagem com nossos olhos, podendo diferir em quantidade e/ou intensidade.

Cores primárias são aquelas a partir das quais podem ser obtidas as demais cores, chamadas secundárias. Na pintura artística, costuma-se definir como cores primárias o azul, o amarelo e o vermelho. Já na indústria gráfica, as cores primárias são o ciano, o magenta e o amarelo. As cores provenientes de pinturas ou impressões gráficas são combinações subtrativas, já que os pigmentos utilizados em ambos os casos absorvem todas as frequências da luz branca incidente menos aquelas difundidas, correspondentes à cor visualizada.

Observe na figura ao lado que, combinando-se em iguais intensidades amarelo com magenta, obtém-se vermelho; magenta com ciano, obtém-se azul; ciano com amarelo, obtém-se verde, e a combinação dessas três cores primárias gera um marrom escuro, quase preto.

Banco de imagens/Arquivo da editora

// Cores primárias na indústria gráfica.

Em aparelhos eletrônicos, como televisores, monitores de computador, *smartphones*, etc., estabelecem-se como cores primárias o vermelho, o verde e o azul. Aquilo que visualizamos nesses dispositivos são combinações aditivas, já que as diversas colorações são obtidas pela superposição de radiações com frequências diferentes emitidas de suas telas ou *displays*.

Observe na figura ao lado que, combinando-se em iguais intensidades verde com vermelho, obtém-se amarelo; vermelho com azul, obtém-se magenta; azul com verde, obtém-se ciano; e a combinação dessas três cores primárias gera uma tonalidade leitosa, quase branca.

Banco de imagens/Arquivo da editora

// Cores primárias nos aparelhos eletrônicos.

JÁ PENSOU NISTO?

Por que os olhos saem vermelhos em algumas fotografias?

Se ao tirar uma fotografia os olhos das pessoas aparecerem vermelhos, não encare esse defeito como um sinal de que está na hora de trocar de câmera ou abandonar seu sonho de ser fotógrafo.

Essa vermelhidão na região da córnea se deve à reflexão de parte da luz do *flash* na retina, película existente no fundo do bulbo do olho das pessoas, responsável pela conversão de sinais luminosos em informações elétricas levadas ao cérebro pelo nervo óptico. Em ambiente pouco iluminado, a pupila fica dilatada, o que facilita a entrada da luz do *flash* e o consequente retorno dessa luz à câmera. É importante observar que a reflexão na retina é difusa, já que sua superfície é irregular. Como a retina é muito vascularizada, isto é, repleta de vasos sanguíneos, difunde intensamente o vermelho, que é a cor predominante exibida pelo sangue quando iluminado por luz branca, como a dos *flashes*.

Há câmeras e programas de computador que corrigem o efeito.

Aprenda a trabalhar com esses recursos e boas fotografias!

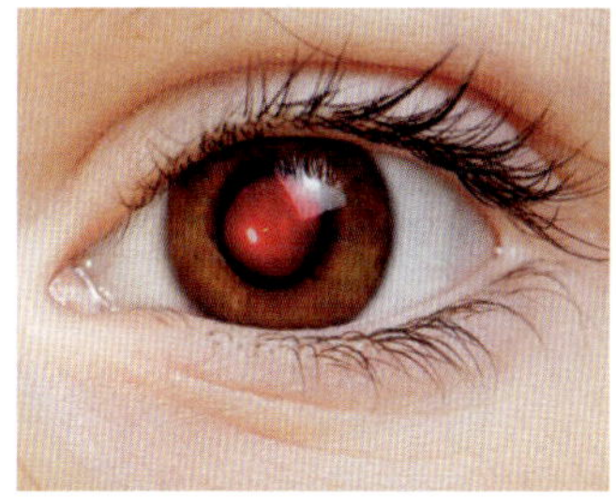
SPL/Latinstock

Olhos vermelhos? Nada de anormal! Trata-se apenas de reflexão da luz do *flash* nas retinas.

14. Generalidades sobre sistemas ópticos

Em geral, há dois tipos principais de sistemas ópticos: os **refletores** e os **refratores**.

No grupo dos sistemas ópticos refletores se encontram os **espelhos**, que são superfícies polidas de um corpo opaco, com alto poder de reflexão.

No grupo dos sistemas ópticos refratores, por sua vez, encontram-se os **dioptros**, que são constituídos de dois meios transparentes separados por uma superfície regular. Associações convenientes de dioptros dão origem a utensílios ópticos de grande importância prática, como lentes e prismas, entre outros.

15. Ponto objeto e ponto imagem

Definições

Os conceitos de ponto objeto e ponto imagem são essenciais no estudo de Óptica Geométrica.

Considere as três figuras ao lado, em que são representados três sistemas ópticos genéricos, $\mathbf{S_1}$, $\mathbf{S_2}$ e $\mathbf{S_3}$, nos quais **incide** luz:

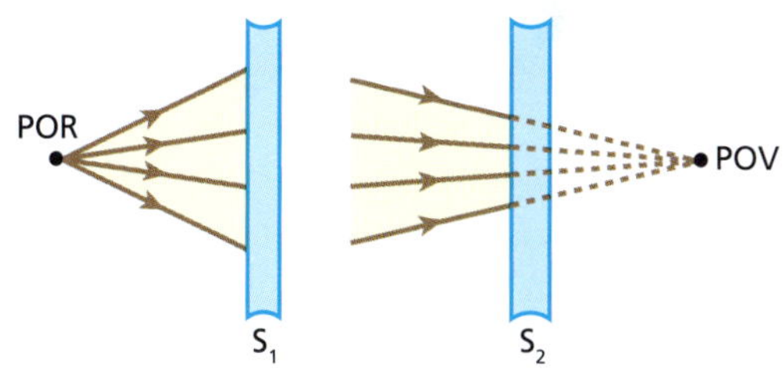

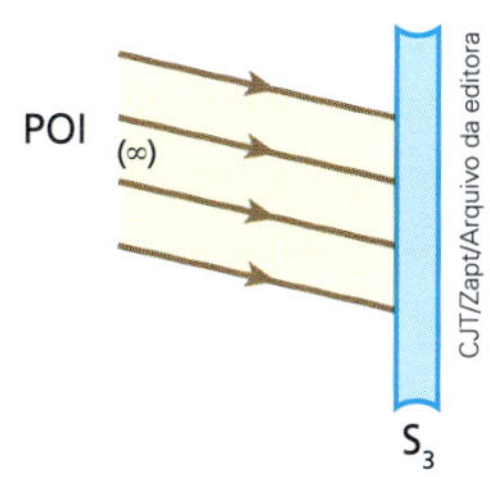

CJT/Zapt/Arquivo da editora

Relativamente a determinado sistema óptico, chama-se **ponto objeto** o vértice do pincel luminoso incidente.

É importante destacar que:

- **Ponto Objeto Real** (POR) é o vértice de um pincel incidente divergente, sendo formado pelo cruzamento efetivo dos raios de luz. Relativamente a $\mathbf{S_1}$, temos um ponto objeto real;
- **Ponto Objeto Virtual** (POV) é o vértice de um pincel incidente convergente, sendo formado pelo cruzamento dos prolongamentos dos raios de luz. Relativamente a $\mathbf{S_2}$, temos um ponto objeto virtual;
- **Ponto Objeto Impróprio** (POI) é o vértice de um pincel incidente cilíndrico, estando situado no infinito. Relativamente a $\mathbf{S_3}$, temos um ponto objeto impróprio.

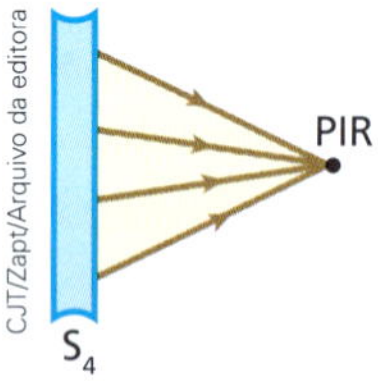

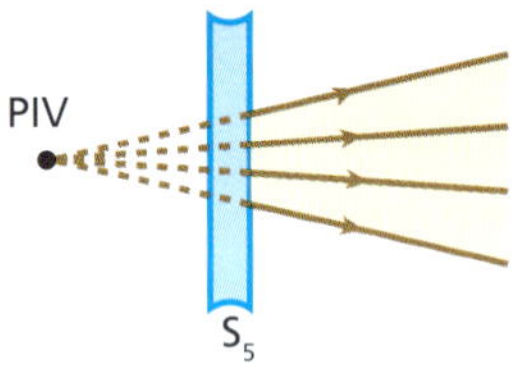

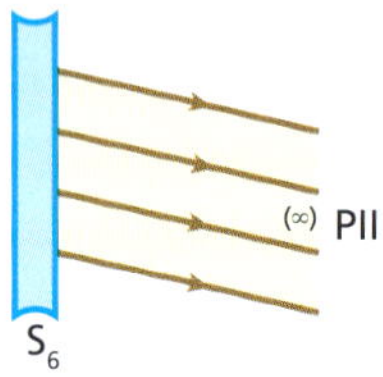

CJT/Zapt/Arquivo da editora

Considere, agora, as três figuras ao lado, em que são representados três sistemas ópticos genéricos, $\mathbf{S_4}$, $\mathbf{S_5}$ e $\mathbf{S_6}$, dos quais **emerge** luz:

Relativamente a determinado sistema óptico, chama-se **ponto imagem** o vértice do pincel luminoso emergente.

Convém destacar que:

- **Ponto Imagem Real** (PIR) é o vértice de um pincel emergente convergente, sendo formado pelo cruzamento efetivo dos raios de luz. Relativamente a $\mathbf{S_4}$, temos um ponto imagem real;
- **Ponto Imagem Virtual** (PIV) é o vértice de um pincel emergente divergente, sendo formado pelo cruzamento dos prolongamentos dos raios de luz. Relativamente a $\mathbf{S_5}$, temos um ponto imagem virtual;
- **Ponto Imagem Impróprio** (PII) é o vértice de um pincel emergente cilíndrico, estando situado no infinito. Relativamente a $\mathbf{S_6}$, temos um ponto imagem impróprio.

Para facilitar a assimilação, observe os exemplos a seguir.

Exemplo 1:

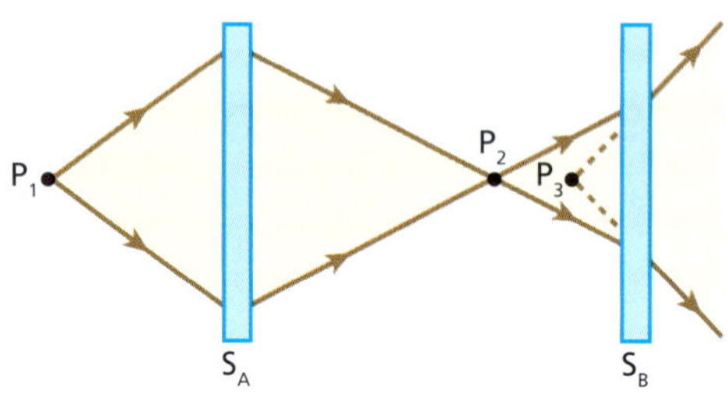

CJT/Zapt/Arquivo da editora

Ponto \ Sistema óptico	S_A	S_B
P_1	POR	—
P_2	PIR	POR
P_3	—	PIV

Exemplo 2:

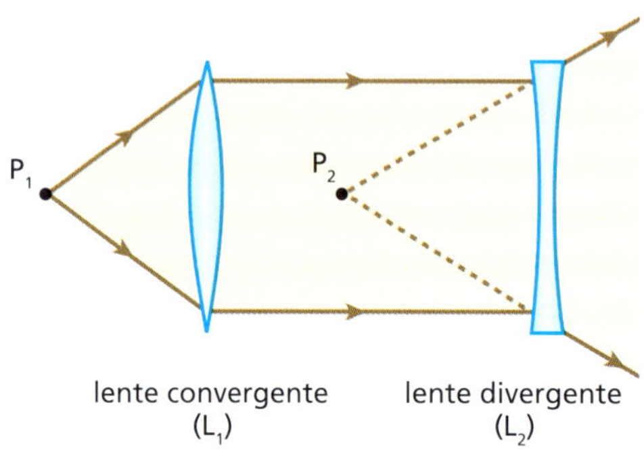

CJT/Zapt/Arquivo da editora

Ponto \ Sistema óptico	L_1	L_2
P_1	POR	—
P_2	—	PIV

A imagem que $\mathbf{L_1}$ conjuga (faz corresponder) a $\mathbf{P_1}$ é imprópria: essa imagem comporta-se como objeto impróprio em relação a $\mathbf{L_2}$.

Exemplo 3:

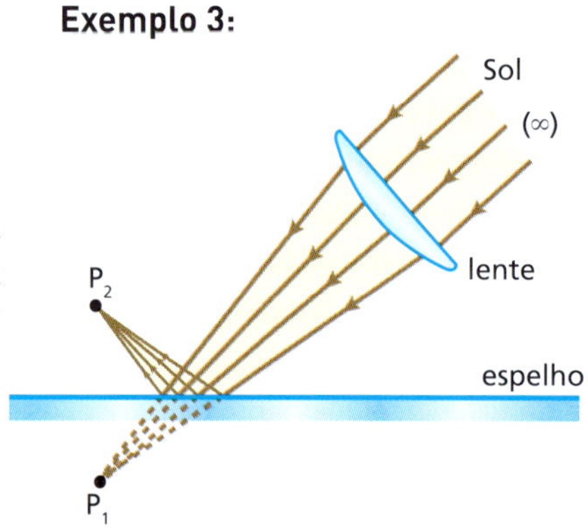

CJT/Zapt/Arquivo da editora

Ponto \ Sistema óptico	Lente	Espelho
Sol	POI	—
P_1	PIR	POV
P_2	—	PIR

Embora $\mathbf{P_1}$ tenha sido formado pelo cruzamento dos prolongamentos dos raios de luz, ele se comporta, em relação à lente, como ponto imagem real, pois corresponde ao vértice de um pincel emergente convergente.

Exemplo 4:

Uma lupa (lente de aumento) pode concentrar a luz recebida do Sol em uma pequena região, como **P**. Colocando-se uma tampinha de garrafa cheia de água em **P**, o conjunto irá se aquecer.

Em relação ao sistema óptico lupa, o Sol, situado a grande distância, comporta-se como objeto impróprio, enquanto **P** é uma imagem real do Sol (formada efetivamente por raios luminosos).

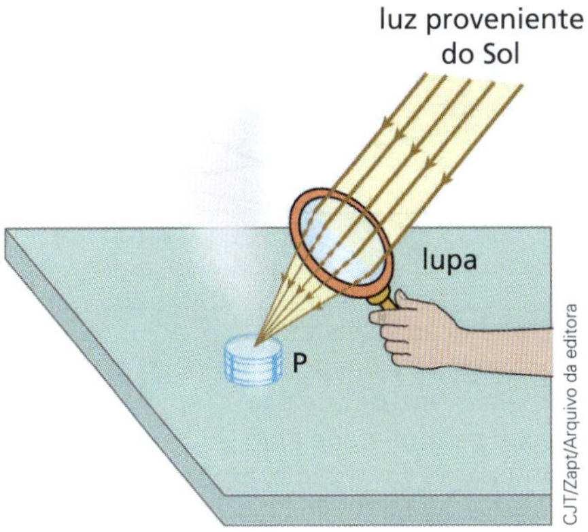

Ampliando o olhar

Óculos para a correção da miopia: imagens virtuais

Nesta fotografia, a imagem que se pode observar para o rosto do modelo é de natureza virtual, de orientação direita, isto é, está de "cabeça para cima" em relação ao homem, e de tamanho menor que o objeto.

Do ponto de vista da lente objetiva da câmera que tirou a foto, porém, essa imagem comportou-se como objeto real.

Tendo-se em conta as características da imagem, o provável defeito de visão do modelo é **miopia**, que requer em sua correção lentes esféricas divergentes.

Os principais defeitos da visão, bem como sua correção, serão estudados no Tópico 5 desta unidade, Instrumentos ópticos e Óptica da visão.

SG SHOT/Shutterstock

Fotografia mostrando óculos que corrigem a miopia.

Comentários

As imagens reais podem ser projetadas em anteparos, como telões ou paredes.

Isso ocorre pelo fato de os pontos de imagens reais constituírem vértices efetivos de feixes luminosos emergentes do sistema óptico.

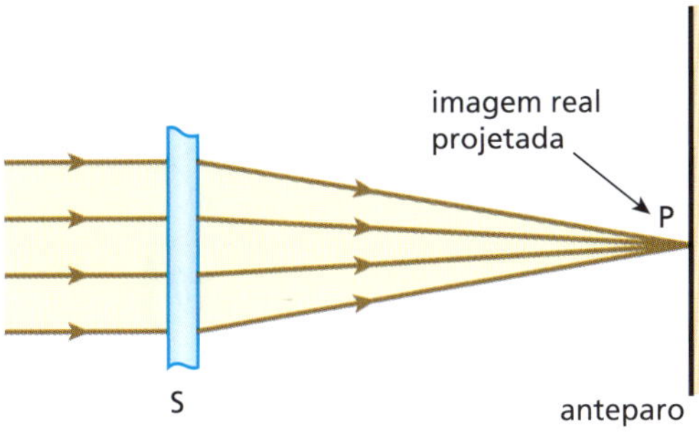

Depois de incidir no anteparo, a luz que determina a imagem real é difundida para o ambiente, permitindo a observação coletiva, isto é, a visão da figura projetada por vários observadores simultaneamente. No cinema, por exemplo, a imagem projetada na tela é real.

Convém salientar, entretanto, que uma imagem real também pode ser visualizada diretamente, isto é, sem estar projetada em anteparos. Para isso, basta que o observador posicione seu bulbo do olho de modo que seja atingido pela luz, conforme mostra o esquema ao lado.

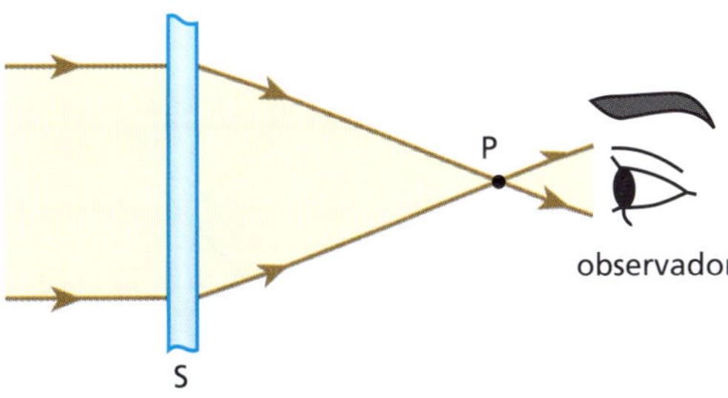

As imagens virtuais **não podem** ser projetadas em anteparos.

CJT/Zapt/Arquivo da editora

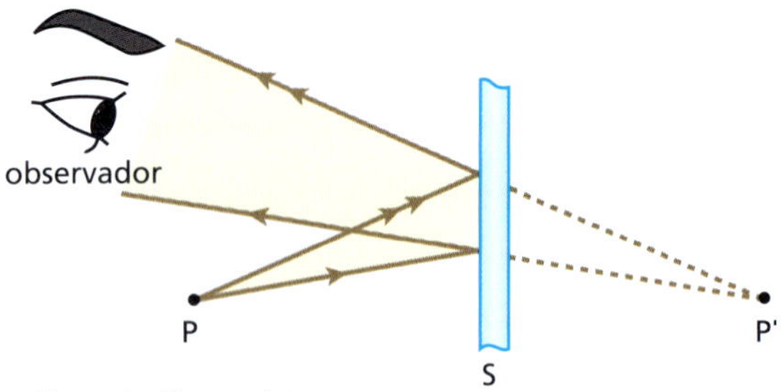

// Em relação ao sistema óptico **S**, **P'** é um ponto imagem virtual que não pode ser projetado em anteparos. Entretanto, em relação ao bulbo do olho do observador, esse ponto comporta-se como ponto objeto real.

Isso ocorre porque não há luz na região em que se forma uma imagem virtual.

Observe que, embora não possa ser projetada em anteparos, uma imagem virtual pode ser vista por um observador, comportando-se em relação ao seu bulbo do olho como um objeto real.

No esquema ao lado representamos o exposto.

16. Sistemas ópticos estigmáticos, aplanéticos e ortoscópicos

Um sistema óptico é **estigmático** quando a um ponto objeto conjuga um e somente um ponto imagem.

Um sistema óptico é **aplanético** quando a um objeto plano e frontal conjuga uma imagem também plana e frontal.

Um sistema óptico é **ortoscópico** quando a um objeto conjuga uma imagem geometricamente semelhante.

O único sistema óptico rigorosamente estigmático, aplanético e ortoscópico para qualquer posição do objeto é o espelho plano.

JÁ PENSOU NISTO?

Imagens hilariantes

Em alguns parques de diversões, é possível encontrar espelhos de formato irregular – espelhos mágicos – como o desta fotografia. As divertidas imagens obtidas, sensivelmente distorcidas em relação ao objeto, não são estigmáticas, nem aplanéticas, tampouco ortoscópicas.

Alamy/Fotoarena

17. Reversibilidade na propagação da luz

CJT/Zapt/Arquivo da editora

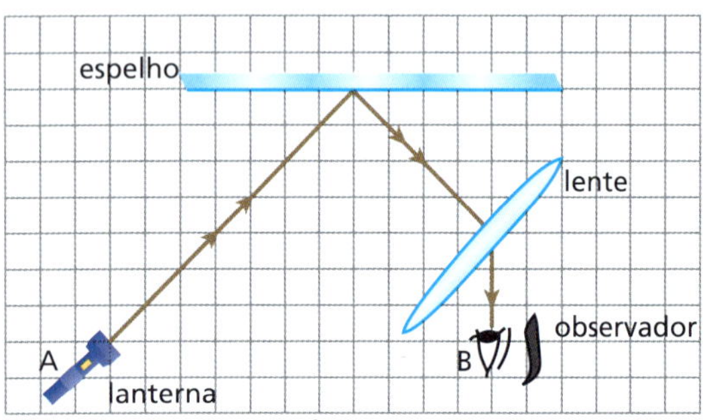

figura I

CJT/Zapt/Arquivo da editora

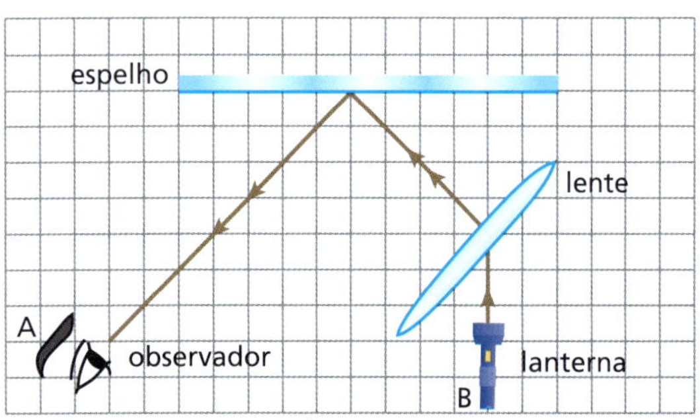

figura II

O experimento que será relatado envolve um observador, um espelho, uma lente e uma pequena lanterna capaz de emitir um estreito pincel cilíndrico de luz monocromática.

Ligando a lanterna – ver a figura I –, inicialmente situada na posição **A**, o pincel luminoso emitido por ela descreverá a trajetória mostrada, atingindo o olho do observador situado na posição **B**.

Permutando-se, agora, as posições da lanterna e do olho do observador, notaremos que, acendendo-se a lanterna na posição **B**, a luz emitida por ela descreverá a mesma trajetória do caso anterior, atingindo o olho do observador situado na posição **A**. A figura II ilustra o exposto.

Esse experimento e outros similares constituem a evidência de que a propagação da luz é reversível, isto é:

> Em idênticas condições, a trajetória seguida pela luz independe do sentido de propagação.

Exemplo:

É comum um motorista de táxi, ao olhar pelo retrovisor interno do veículo, ver a imagem dos olhos do passageiro, que está sentado no banco de trás, fornecida pelo espelho plano retrovisor interno. Graças à reversibilidade da luz, se o motorista consegue ver no espelho a imagem dos olhos do passageiro, este também consegue ver, no mesmo espelho, a imagem dos olhos do motorista.

Fernando Favoretto/Arquivo da editora

Ampliando o olhar

Por que o céu diurno é azul?

A luz branca solar – policromática, pois é constituída de diversas cores, como vermelho, alaranjado, amarelo, verde, azul, anil e violeta –, depois de atravessar cerca de 150 milhões de quilômetros no vácuo desde a sua emissão no Sol, adentra a atmosfera terrestre, sofrendo sucessivas refrações até atingir o solo.

Nessa penetração, ela tem suas componentes de maior frequência – a azul e a violeta – bastante difundidas pelas partículas dos gases que compõem o ar, especialmente o nitrogênio (N_2), que ressoam intensamente com essas duas radiações. As luzes azul e violeta são então espalhadas em todas as direções. O resultado disso é que essas duas frequências – em especial a azul, que é mais abundante no espectro da luz branca – incidem de forma predominante em nossos olhos, fazendo-nos perceber o céu diurno na tonalidade azul.

majeczka/Shutterstock

Fotografia de visão diurna: partículas dos gases do ar definem a cor azul do céu.

As nuvens em geral são visualizadas brancas pelo fato de as partículas de água que as constituem difundirem de forma praticamente igual as sete cores fundamentais.

Ao amanhecer e ao anoitecer, entretanto, o céu apresenta-se avermelhado na direção do Sol. Isso se explica porque, nessas ocasiões, a luz percorre na atmosfera um caminho mais longo que o percorrido, por exemplo, ao meio-dia. O azul é difundido logo nas camadas de entrada da luz, e o que chega aos nossos olhos são principalmente as radiações de baixa frequência (vermelho, alaranjado e amarelo) difundidas por partículas sólidas em suspensão nas camadas mais baixas da atmosfera.

Você sabe como seria o céu diurno caso a Terra não tivesse atmosfera? Seria negro, como o céu lunar. Veríamos iluminados o solo, os objetos e as pessoas. O Sol apareceria brilhante e imponente, porém imerso em uma imensidão escura que possibilitaria, mesmo durante o dia, a visão de outros corpos celestes – luminosos e iluminados –, como só ocorre em condições reais durante a noite.

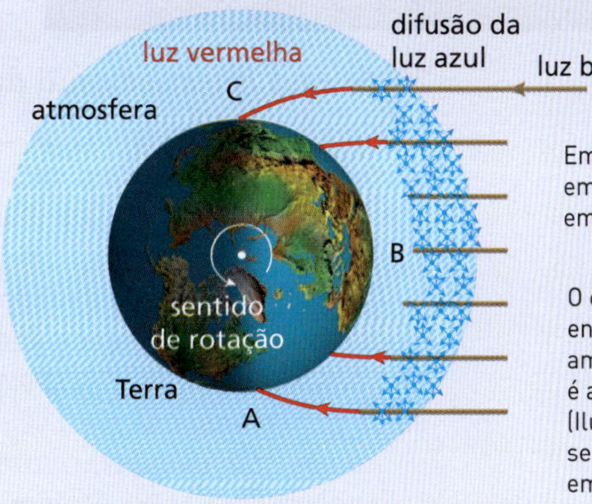

CJT/Zapt/Arquivo da editora

O céu do meio-dia é azul, enquanto o céu do amanhecer e do anoitecer é avermelhado. (Ilustração com elementos sem proporção entre si e em cores fantasia.)

DESCUBRA MAIS

1. Você assiste à decolagem de um avião de um local próximo à sua posição. Depois, você visualiza a mesma aeronave distante, já voando em grande altitude. Por que o avião parece mais lento em voo que em solo quando, na realidade, ocorre o contrário?
2. Por que as nuvens de chuva são vistas acinzentadas por um observador situado no solo terrestre?
3. Qual é a cor predominante do céu de Marte durante o dia daquele planeta?

Intersaberes

Luz: esse ente físico essencial

Apresentamos no início deste Tópico uma definição um tanto simplista para a luz, quando dissemos que luz é o agente físico que, atuando nos órgãos visuais, produz a sensação de visão. Talvez pudéssemos ter dito que a luz é um tipo de energia radiante – onda eletromagnética – que pode se propagar no vácuo com velocidade próxima de $3{,}0 \cdot 10^8$ m/s, como também ocorre com sinais de rádio, TV, micro-ondas, raios X, e raios γ. Seria ainda lícito dizer que a luz tem caráter corpuscular – partículas de energia denominadas **fótons** –, havendo em cada um dos ínfimos grãos luminosos uma dose de energia – ***quantum*** – diretamente proporcional à frequência considerada.

Sim, a luz tem caráter dual!

Conforme as teorias de James C. Maxwell (1831-1879) e forte base experimental, em certos fenômenos como difração e interferência, ela se comporta como onda eletromagnética. Já segundo Max Planck, Albert Einstein e outros cientistas, a luz se manifesta como feixes de discretos pacotes de energia capazes de interagir com a matéria, como ocorre no efeito fotoelétrico e na fotossíntese, inerente aos vegetais.

É fundamental registrar que a luz tem papel essencial, estando associada a rotinas e tecnologias que vão muito além do simples ato de enxergar. Basta dizer que, com base na luz, desenvolveram-se a Astronomia, a Medicina e as telecomunicações.

Reprodução/UNESCO

Cartaz da Unesco representando o Ano Internacional da Luz.

A Organização das Nações Unidas para a Educação, a Ciência e a Cultura (Unesco) deliberou em 2013 pela criação de um Ano Internacional da Luz. Designou-se para isso o ano de 2015. Durante esse período foram realizadas, mundo afora, conferências, palestras e debates sobre a importância da luz na sociedade moderna e as tecnologias a ela associadas.

2015: Ano Internacional da Luz

No dia 20 de dezembro de 2013, a 68ª Sessão da Assembleia Geral das Nações Unidas proclamou o ano de 2015 como o Ano Internacional da Luz e das Tecnologias baseadas em Luz (*International Year of Light and Light-based Technologies* – IYL 2015).

O Ano Internacional da Luz é uma iniciativa mundial que vai destacar a importância da luz e das tecnologias ópticas na vida dos cidadãos, assim como no futuro e no desenvolvimento das sociedades de todo o mundo. Essa é uma oportunidade única para se inspirar, para se educar e para se unir em escala mundial.

Ao proclamar um Ano Internacional com foco na ciência óptica e em suas aplicações, as Nações Unidas reconhecem a importância da conscientização mundial sobre como as tecnologias baseadas na luz promovem o desenvolvimento sustentável e fornecem soluções para os desafios mundiais nas áreas de energia, educação, agricultura, comunicação e saúde. A luz exerce um papel essencial no nosso cotidiano e é uma disciplina científica transversal para o século XXI. Ela vem revolucionando a medicina, abrindo a comunicação internacional por meio da internet e continua a ser primordial para vincular aspectos culturais, econômicos e políticos da sociedade mundial.

Juntamente com a Unesco, um grande número de organismos científicos participará dessa iniciativa, que, em 2015, vai reunir diversas partes interessadas, inclusive sociedades e associações científicas, instituições de ensino, plataformas de tecnologia, organizações sem fins lucrativos e parceiros do setor privado.

"Um Ano Internacional da Luz é uma grande oportunidade para garantir que gestores de políticas internacionais e partes interessadas se conscientizem sobre o potencial de solução de problemas que a tecnologia óptica apresenta. Nós temos agora uma oportunidade única para promover essa conscientização em âmbito mundial" (John Dudley, presidente do Comitê de Promoção do IYL 2015). [...]

Disponível em: <www.unesco.org/new/pt/brasilia/about-this-office/prizes-and-celebrations/2015-international-year-of-light/>. Acesso em: 24 jun. 2018.

De fato, a fotossíntese, própria dos seres autotróficos (vegetais, algas e cianobactérias capazes de sintetizar a matéria orgânica necessária ao seu ciclo vital), consiste na produção de seiva elaborada a partir de **luz**. No esquema ao lado, aparece uma "equação" que dá uma noção básica do processo.

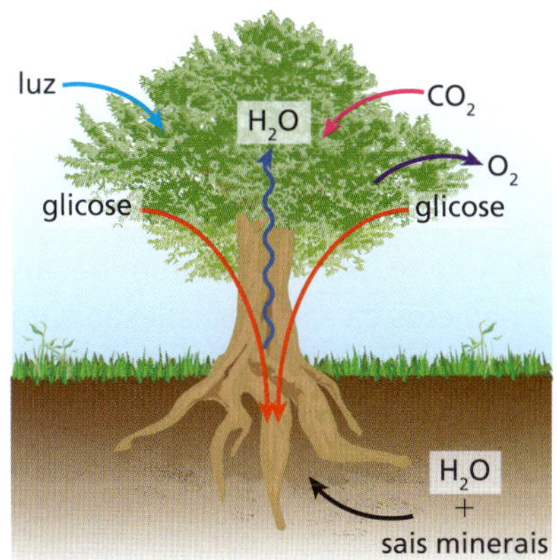

Banco de imagens/Arquivo da editora

$$CO_2 + H_2O + Luz + Clorofila \rightarrow Glicose + O_2$$

Na explicação da fotossíntese, exige-se uma noção quântica da luz que, uma vez absorvida por pigmentos clorofila presentes nas folhas das plantas, promove saltos de elétrons para níveis mais elevados de energia. Com isso, ao retornarem aos seus orbitais, esses elétrons emitem energia radiante que é aproveitada fundamentalmente como energia química nas reações bioquímicas de produção de matéria orgânica.

Nem todas as radiações visíveis, porém, são capazes de produzir fotossíntese. Theodor W. Engelmann (1843-1905) realizou um notável experimento que revelou serem apenas as luzes de baixo comprimento de onda (violeta, anil e azul) e de alto comprimento de onda (alaranjado e vermelho) as responsáveis pela realização do processo. Isso ocorre porque essas luzes são intensamente absorvidas pela maioria das plantas.

Luzes verdes e amarelas são fortemente difundidas (refletidas) pelas clorofilas, o que torna a cor manifestada pela maior parte das folhas verde ou verde amarelada.

No gráfico ao lado estão indicados os níveis de absorção de luz pelas clorofilas **a** (presente em todos os vegetais e algas) e **b** em função dos comprimentos de onda da luz incidente.

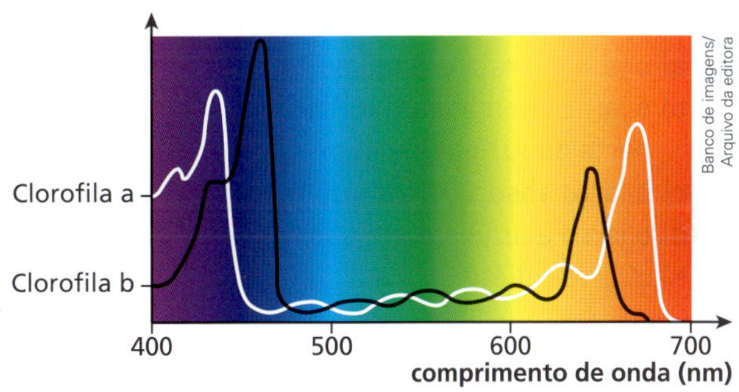

Compreensão, pesquisa e debate

1. A Medicina diagnóstica moderna se vale de vários exames clínicos que utilizam luz. Informe-se a respeito e cite alguns desses exames.

2. Atualmente belos efeitos visuais noturnos são conseguidos iluminando-se jardins repletos de grama, palmeiras e samambaias com luminárias que emitem luz verde. Isso favorece, durante a noite, a realização de fotossíntese por parte dessas plantas?

3. A Terra recebe energia radiante do Sol que envia ao nosso planeta não apenas luz e calor, mas também outras formas de radiações, como raios X e raios γ, que são significativamente absorvidos pela atmosfera e impedidos de atingir a superfície do planeta. Se raios X e raios γ chegassem à crosta e aos oceanos, existiria por aqui vida nos padrões que conhecemos hoje?

4. Reúna-se com seus colegas e professores e proponha um debate sobre a importância da luz e suas tecnologias. Estabeleça uma discussão a respeito da natureza dual da luz. Aborde os períodos pré e pós-luz elétrica na sociedade e analise de que modo a luz influiu no conhecimento humano sobre o cosmo e a vida no planeta Terra.

Exercícios Nível 1

28. Um quadro coberto com uma placa de vidro plano transparente não é tão bem visto quanto outro não coberto principalmente porque:

a) o vidro reflete uma parte da luz ambiente incidente sobre ele.
b) o vidro não refrata a luz proveniente do quadro.
c) o vidro difunde a luz proveniente do quadro.
d) o vidro absorve a luz proveniente do quadro.
e) o vidro reflete totalmente a luz ambiente incidente sobre ele.

29. À noite, numa sala iluminada, é possível ver os objetos da sala por reflexão numa vidraça de vidro transparente melhor do que durante o dia. Isso ocorre porque, à noite.

a) aumenta a parcela de luz refletida pela vidraça.
b) não há luz refletida pela vidraça.
c) diminui a parcela de luz refratada, proveniente do exterior.
d) aumenta a parcela de luz absorvida pela vidraça.
e) diminui a quantidade de luz difundida pela vidraça.

30. Um jarro pintado de cor clara pode ser visto de qualquer posição do interior de uma sala devidamente iluminada. Isso ocorre porque:

a) o jarro refrata grande parte da luz que recebe.
b) o jarro difunde para os seus arredores grande parte da luz que recebe.
c) o jarro absorve a luz que recebe.
d) o jarro é um bom emissor de luz.
e) o jarro reflete toda a luz que recebe.

31. E.R. Um estudante está usando uma camiseta que, vista à luz do Sol, se apresenta amarela, tendo impressa no peito a palavra ÓPTICA em letras vermelhas. Como se apresentará a camiseta se o estudante entrar em um recinto iluminado por luz monocromática vermelha? Suponha que os pigmentos amarelos do tecido e vermelhos da palavra impressa sejam puros.

Resolução:

A região que se apresentava amarela sob a luz solar se apresentará escura, pois a luz vermelha incidente sobre ela será totalmente absorvida.

A região que se apresentava vermelha sob a luz solar (palavra ÓPTICA) se apresentará vermelha, pois a luz vermelha incidente sobre ela será predominantemente difundida.

32. A bandeira do Brasil esquematizada na figura é confeccionada em tecidos puramente pigmentados.

Banco de imagens/Arquivo da editora

Estando estendida sobre uma mesa no interior de um recinto absolutamente escuro, a bandeira é iluminada por luz monocromática. Determine de que cores serão vistas as regiões designadas por 1, 2, 3 e 4 no caso de:

a) a luz monocromática ser verde.
b) a luz monocromática ser vermelha.

33. Um estudante que contemple um arco-íris através de um filtro óptico (lâmina de acrílico) amarelo:

a) verá o arco-íris completo, com todas as suas cores.
b) não verá nada do arco-íris.
c) verá apenas a faixa amarela do arco-íris.
d) verá todas as faixas do arco-íris, exceto a amarela.
e) verá apenas as faixas alaranjada, amarela e verde do arco-íris.

Responda aos testes de **34** a **38** com base nas informações seguintes.

Considere estas convenções e a associação de sistemas ópticos:

POR = ponto objeto real

POV = ponto objeto virtual

POI = ponto objeto impróprio

PIR = ponto imagem real

PIV = ponto imagem virtual

PII = ponto imagem impróprio

L_1 = lente convergente

L_2 = lente divergente

E = espelho plano

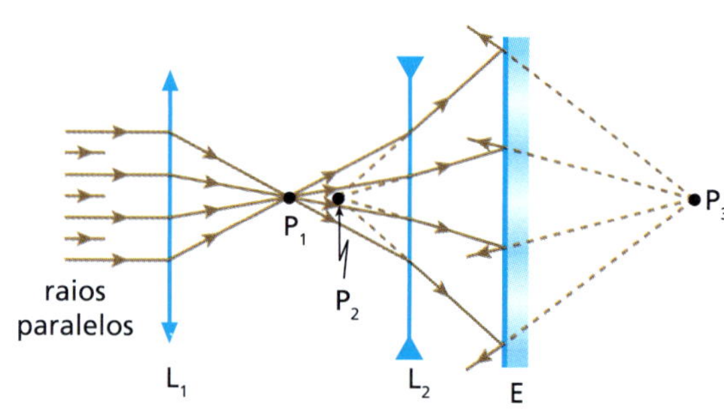

Banco de imagens/Arquivo da editora

34. A luz incidente recebida por $\mathbf{L_1}$ provém de um:
a) POR.
b) POV.
c) POI.
d) PIR.
e) PII.

35. Em relação a $\mathbf{L_1}$, o ponto $\mathbf{P_1}$ é:
a) POR.
b) POV.
c) PIR.
d) PIV.
e) PII.

36. Em relação a $\mathbf{L_2}$, o ponto $\mathbf{P_1}$ é:
a) POR.
b) POV.
c) PIR.
d) PIV.
e) PII.

37. Em relação a $\mathbf{L_2}$, o ponto $\mathbf{P_2}$ é:
a) POR.
b) POV.
c) PIR.
d) PIV.
e) PII.

38. Em relação a **E**, o ponto $\mathbf{P_2}$ comporta-se como:
a) POR.
b) POV.
c) PIR.
d) PIV.
e) PII.

39. Em relação a **E**, o ponto $\mathbf{P_3}$ é:
a) POR.
b) POV.
c) PIR.
d) PIV.
e) PII.

Exercícios Nível 2

40. A janela de um quarto escuro dá para a rua, intensamente iluminada pelo Sol. Abrindo uma estreita fresta na janela, um observador que está dentro do quarto percebe a entrada de um feixe de luz, que, além de poder ser visto de diversos locais do quarto, ilumina uma área do seu piso. A respeito dessa situação, analise as proposições seguintes:
I. Ao passar da rua para o interior do quarto, a luz sofre refração.
II. Ao incidir no piso do quarto, a luz sofre reflexão regular.
III. O feixe de luz pode ser visto de diversos locais do quarto devido à difusão da luz por partículas suspensas no ar.
O que você concluiu?
a) Todas são corretas.
b) Todas são erradas.
c) Apenas I e II são corretas.
d) Apenas I e III são corretas.
e) Apenas III é correta.

41. (PUCC-SP) Num quarto absolutamente escuro, existem:
1. uma fonte de luz intensa, cujo feixe tem seção constante de 5 mm de diâmetro;
2. um espelho plano;
3. um anteparo branco não polido;
4. uma bola de futebol usada.

Ao se acender a fonte, a maneira de obter uma visão da superfície da bola (superfície essa de maior área) é dirigir o feixe de luz colimado:
a) para o anteparo e iluminar a bola com a luz difundida.
b) para o espelho em incidência rasante e iluminar a bola com a luz refletida.
c) para o espelho sob ângulo de 60° e iluminar a bola com a luz refletida.
d) para o espelho sob ângulo de incidência de 30° e iluminar a bola com a luz refletida.
e) diretamente para a bola.

42. Na figura seguinte, $\mathbf{S_1}$ e $\mathbf{S_2}$ são sistemas ópticos e $\mathbf{P_1}$ é uma fonte puntiforme de luz:
Com base nessa situação, responda:

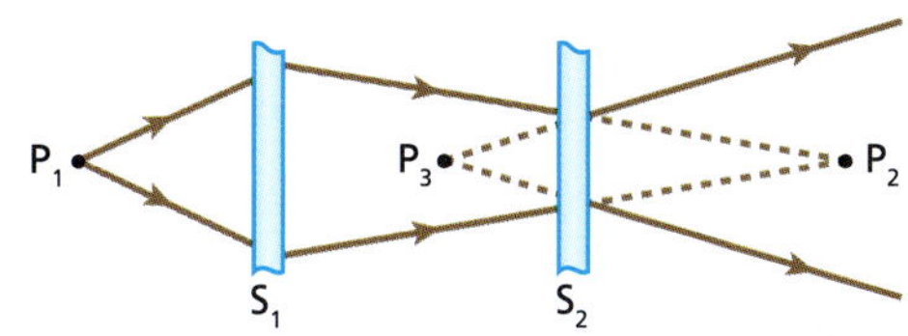

Banco de imagens/Arquivo da editora

a) O que representa $\mathbf{P_1}$ em relação a $\mathbf{S_1}$?
b) O que representa $\mathbf{P_2}$ em relação a $\mathbf{S_1}$? E em relação a $\mathbf{S_2}$?
c) O que representa $\mathbf{P_3}$ em relação a $\mathbf{S_2}$?

43. (UFF-RJ) O telescópio refletor Hubble foi colocado em órbita terrestre, de modo que, livre das distorções provocadas pela atmosfera, tem obtido imagens espetaculares do universo. O Hubble é constituído por dois espelhos esféricos.

Photo Researchers/NASA/Diomedia

Imagem obtida pelo telescópio Hubble.

O espelho primário é côncavo e coleta os raios luminosos oriundos de objetos muito distantes, refletindo-os em direção a um espelho secundário, convexo, bem menor que o primeiro. O espelho secundário, então, reflete a luz na direção do espelho principal, de modo que esta, passando por um orifício em seu centro, é focalizada em uma pequena região onde se encontram os detectores de imagem.

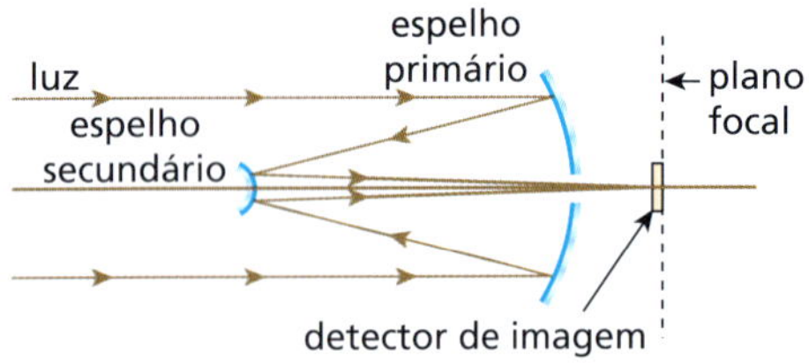

Com relação a esse sistema óptico, pode-se afirmar que a imagem que seria formada pelo espelho primário é:

a) virtual e funciona como objeto virtual para o espelho secundário, já que a imagem final tem de ser virtual.

b) real e funciona como objeto real para o espelho secundário, já que a imagem final tem de ser virtual.

c) virtual e funciona como objeto virtual para o espelho secundário, já que a imagem final tem de ser real.

d) real e funciona como objeto virtual para o espelho secundário, já que a imagem final tem de ser real.

e) real e funciona como objeto real para o espelho secundário, já que a imagem final tem de ser real.

44. Considere as proposições seguintes:

I. Uma imagem real pode ser projetada em um anteparo.

II. Uma imagem virtual pode ser projetada em um anteparo.

III. Qualquer ponto que se comporta como imagem real pode ser projetado em um anteparo.

IV. Para que uma imagem real seja visada por um observador, ela deve estar necessariamente, projetada em um anteparo.

É (são) correta(s):

a) todas.

b) somente I.

c) somente II.

d) somente I e III.

e) somente I, III e IV.

45. (SBF) As cores-luz primárias são Vermelho, Verde e Azul. As combinações de pares dessas cores em intensidades iguais produzem as cores-luz secundárias: Ciano (Verde + Azul), Amarelo (Vermelho + + Verde) e Magenta (Vermelho + Azul). A luz Branca é a combinação das três cores. As cores dos objetos que enxergamos são devidas às reflexões e absorções seletivas das cores-luz primárias. Por exemplo, um objeto vermelho sob uma luz branca, absorverá as cores Verde e Azul e refletirá o Vermelho. Um objeto Preto absorverá todas as três cores. Nas cantinas italianas, sob a incidência de luz Branca, é comum vermos as mesas cobertas com toalhas quadriculadas com as cores da bandeira italiana, ou seja, pequenos quadrados com as cores Vermelho, Verde e Branco. Um proprietário quis dar maiores efeitos visuais e iluminou o ambiente exclusivamente com luz Magenta. As cores dos quadriculados das toalhas, Vermelho, Verde e Branco, sob essa iluminação são vistas respectivamente:

a) Preto, Verde e Branco.

b) Vermelho, Preto e Magenta.

c) Vermelho, Verde e Magenta.

d) Magenta, Verde e Branco.

46. E.R. O outono em alguns países, especialmente no hemisfério norte, é marcado pela natureza de forma pronunciada e bela. Árvores de diversas espécies têm suas folhas modificadas, adquirindo tons avermelhados que vão do ocre ao lilás. Isso significa que essas folhas se tornam ricas em pigmentos carotenoides que superam em quantidade os pigmentos clorofila.

No diagrama abaixo, aparecem curvas que associam para as clorofilas e os carotenoides porcentagens de absorção de luz, em ordenadas, em função de comprimentos de onda de radiação visível, em abscissas.

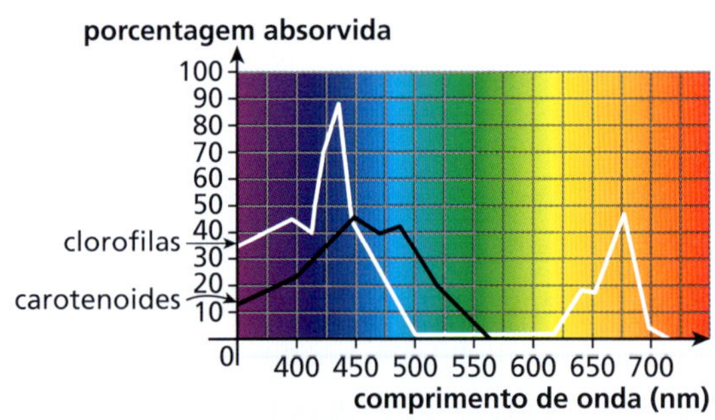

Com base no diagrama, responda:

a) Qual a coloração predominante manifestada por folhas ricas em pigmentos clorofila quando iluminadas pela luz do Sol?

b) Folhas ricas em pigmentos carotenoides difundem mais intensamente, sob a luz do Sol, que comprimentos de onda?

Resolução:

a) As folhas ricas em pigmentos clorofila, quando iluminadas pela luz do Sol, manifestam predominantemente coloração verde ou verde-amarelada. Isso ocorre porque, conforme o diagrama, comprimentos de onda pequenos, compatíveis com o violeta, o anil e o azul, são intensamente absorvidos, o mesmo ocorrendo com comprimentos de onda grandes, compatíveis com o alaranjado e o vermelho. Sendo assim, apenas o verde e o amarelo – sobretudo o verde – são difundidos em maior porcentagem.

b) Utilizando o gráfico, são difundidos mais intensamente pelos pigmentos carotenoides os comprimentos de onda grandes, maiores que 560 nm, compatíveis com o vermelho, amarelo e o alaranjado.

Exercícios Nível 3

47. (Fuvest-SP) Uma determinada montagem óptica é composta por um anteparo, uma máscara com furo triangular e três lâmpadas, $\mathbf{L_1}$, $\mathbf{L_2}$ e $\mathbf{L_3}$, conforme a figura abaixo. $\mathbf{L_1}$ e $\mathbf{L_3}$ são pequenas lâmpadas de lanterna e $\mathbf{L_2}$, uma lâmpada com filamento extenso e linear, mas pequena nas outras dimensões. No esquema, apresenta-se a imagem projetada no anteparo com apenas $\mathbf{L_1}$ acesa.

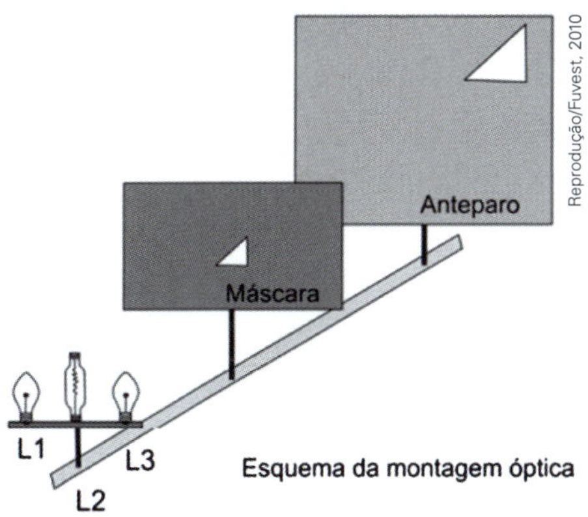

Reprodução/Fuvest, 2010

O esboço que melhor representa o anteparo iluminado pelas três lâmpadas acesas é

a) 

b) 

c) 

d) 

e) 

Ilustrações: Reprodução/Fuvest, 2010

48. (Enem) O processo de interpretação de imagens capturadas por sensores instalados a bordo de satélites que imageiam determinadas faixas ou bandas do espectro de radiação eletromagnética (REM) baseia-se na interação dessa radiação com os objetos presentes sobre a superfície terrestre. Uma das formas de avaliar essa interação é por meio da quantidade de energia refletida pelos objetos. A relação entre a refletância de um dado objeto e o comprimento de onda da REM é conhecida como curva de comportamento espectral ou assinatura espectral do objeto, como mostrado na figura, para objetos comuns na superfície terrestre.

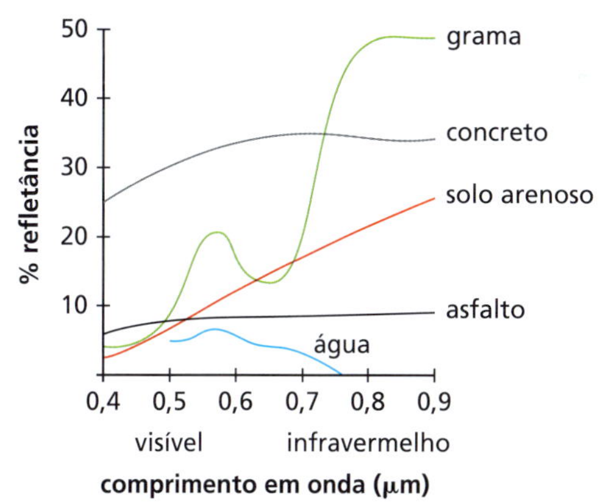

Banco de imagens/Arquivo da editora

D'ARCO, E. *Radiometria e Comportamento Espectral de Alvos*. INPE. Disponível em: <http:/www.agro.unitau.br>. Acesso em: 3 maio 2009.

De acordo com as curvas de assinatura espectral apresentadas na figura, para que se obtenha a melhor discriminação dos alvos mostrados, convém selecionar a banda correspondente a que comprimento de onda em micrômetros (mm)?

a) 0,4 a 0,5
b) 0,5 a 0,6
c) 0,6 a 0,7
d) 0,7 a 0,8
e) 0,8 a 0,9

49. (Unifesp) O gráfico da figura 1 representa a intensidade da radiação transmitida ou refratada (curva **T**) e a intensidade da radiação refletida (**R**) em função do ângulo de incidência da luz numa superfície plana de vidro transparente de índice de refração 1,5. A figura 2 mostra três direções possíveis – I, II e III – pelas quais o observador **O** olha para a vitrine plana de vidro transparente, **V**.

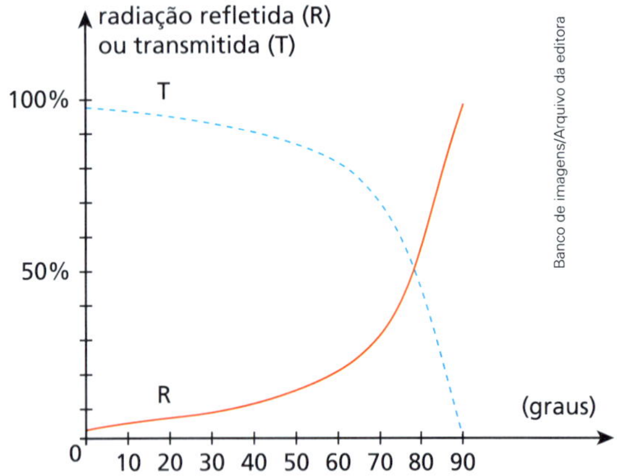

figura 1

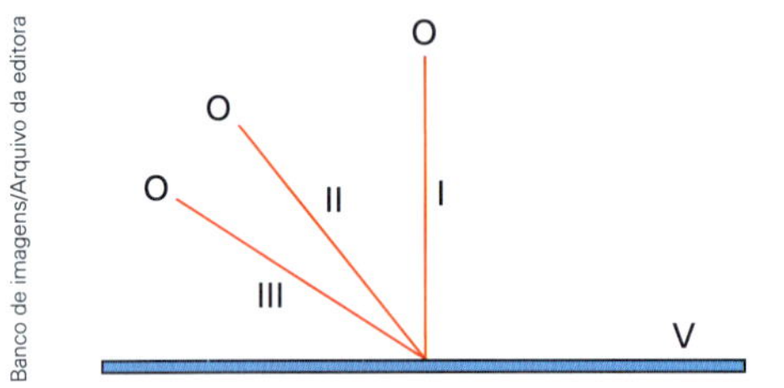

figura 2

Comparando as duas figuras, pode-se concluir que esse observador vê melhor o que está dentro da vitrine quando olha na direção:

a) I e vê melhor o que a vitrine reflete quando olha na direção II.

b) I e vê melhor o que a vitrine reflete quando olha na direção III.

c) II e vê melhor o que a vitrine reflete quando olha na direção I.

d) II e vê melhor o que a vitrine reflete quando olha na direção III.

e) III e vê melhor o que a vitrine reflete quando olha na direção I.

50. (Enem) Para que uma substância seja colorida ela deve absorver luz na região do visível. Quando uma amostra absorve luz visível, a cor que percebemos é a soma das cores restantes que são refletidas ou transmitidas pelo objeto. A figura 1 mostra o espectro de absorção para uma substância e é possível observar que há um comprimento de onda em que a intensidade de absorção é máxima. Um observador pode prever a cor dessa substância pelo uso da roda de cores (figura 2); o comprimento de onda correspondente à cor do objeto é encontrado no lado oposto ao comprimento de onda da absorção máxima.

figura 1

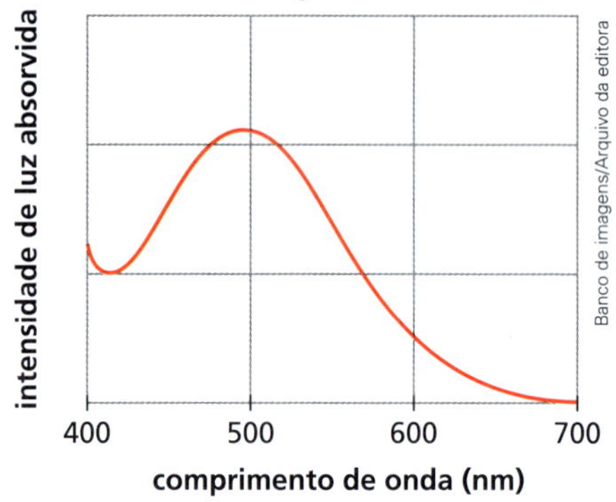

figura 2

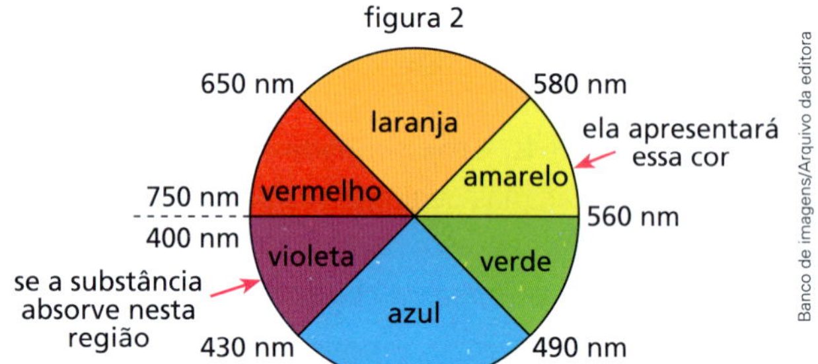

BROWN, T. *Química e Ciência Central*. 2005 (adaptado)

Qual a cor da substância que deu origem ao espectro da figura 1?

a) Azul.
b) Verde.
c) Violeta.
d) Laranja.
e) Vermelho.

51. Os raios solares incidem sobre uma pessoa de 1,60 m de altura. Sua sombra projetada sobre um piso horizontal tem 2,40 m de comprimento. Um poste vertical situado próximo à pessoa também tem sua sombra projetada sobre o piso. Algumas horas mais tarde, a sombra da pessoa apresenta 2,00 m de comprimento, enquanto a sombra do poste tem 2,50 m a menos de comprimento que a anterior. Qual a altura do poste?

52. Na situação esquematizada a seguir, um homem de altura *h*, em movimento para a direita, passa pelo ponto **A**, da vertical baixada de uma lâmpada fixa num poste a uma altura *H* em relação ao solo, e dirige-se para o ponto **B**.

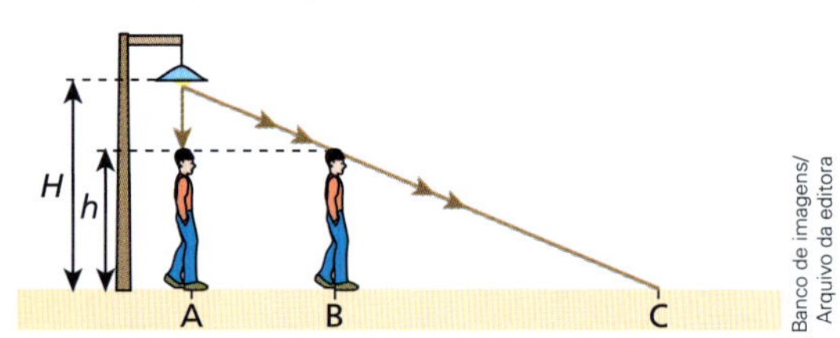

Sabendo que, enquanto o homem se desloca de **A** até **B** com velocidade média de intensidade *v*, a sombra de sua cabeça projetada sobre o solo horizontal se desloca de **A** até **C** com velocidade média de intensidade *v'*, calcule *v'* em função de *h*, *H* e *v*.

53. (Fatec-SP) Uma placa retangular de madeira tem dimensões 40 cm × 25 cm. Através de um fio que passa pelo seu baricentro, ela é presa ao teto de uma sala, permanecendo horizontalmente a 2,0 m do assoalho e a 1,0 m do teto. Bem junto ao fio, no teto, há uma lâmpada cujo filamento tem dimensões desprezíveis.
A área da sombra projetada pela placa no assoalho vale, em metros quadrados:

a) 0,90.
b) 0,40.
c) 0,30.
d) 0,20.
e) 0,10.

54. (Fuvest-SP) Um aparelho fotográfico rudimentar é constituído por uma câmara escura com um orifício em uma face e um anteparo de vidro fosco na face oposta. Um objeto em forma de **L** encontra-se a 2,0 m do orifício e sua imagem no anteparo é 5 vezes menor que seu tamanho natural:

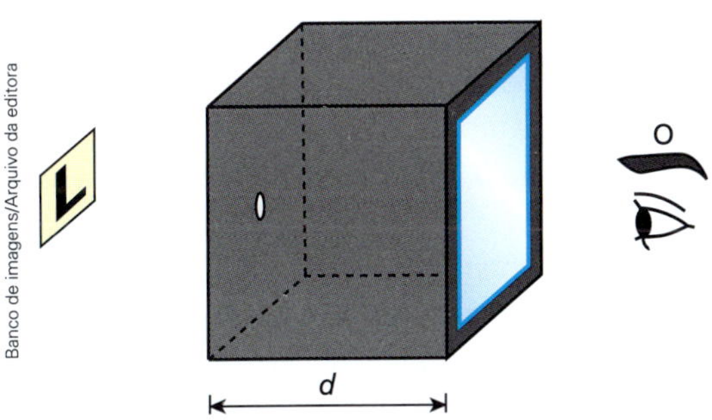

a) Que imagem é vista pelo observador **O** indicado na figura? Esquematize.
b) Determine a largura *d* da câmara.

55. (FEI-SP) Um dos métodos para medir o diâmetro do Sol consiste em determinar o diâmetro de sua imagem nítida, produzida sobre um anteparo, por um orifício pequeno feito em um cartão paralelo a este anteparo, conforme ilustra a figura fora de escala a seguir. Em um experimento realizado por esse método, foram obtidos os seguintes dados:

I. Diâmetro da imagem = 9 mm
II. Distância do orifício até a imagem = 1,0 m
III. Distância do Sol à Terra = $1,5 \cdot 10^{11}$ m

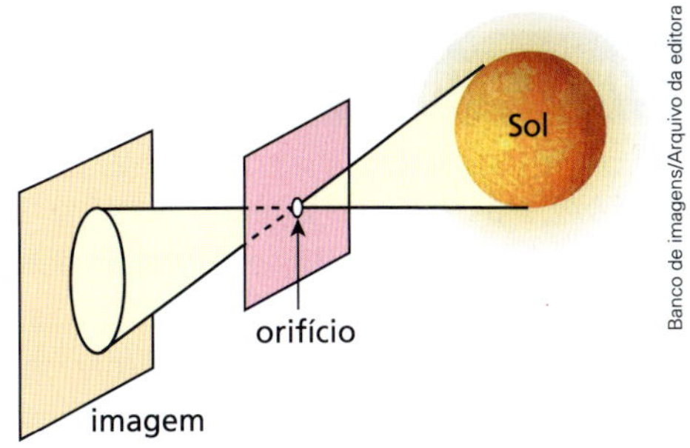

Qual é aproximadamente o diâmetro do Sol medido por esse método?

a) $1,5 \cdot 10^8$ m
b) $1,35 \cdot 10^9$ m
c) $2,7 \cdot 10^8$ m
d) $1,35 \cdot 10^8$ m
e) $1,5 \cdot 10^9$ m

56. Com seu telescópio, um astrônomo visa a Lua para observar a decolagem de um módulo lunar. Ao mesmo tempo, seu assistente observa o fenômeno pela televisão, que faz uma transmissão via satélite. No instante da decolagem, o satélite **S** e o observatório **O** (onde estão o astrônomo e seu assistente) acham-se sobre uma mesma circunferência, que tem centro na Lua, conforme mostra o esquema a seguir (fora de escala e em cores fantasia). A distância **OS** vale $6,0 \cdot 10^4$ km.

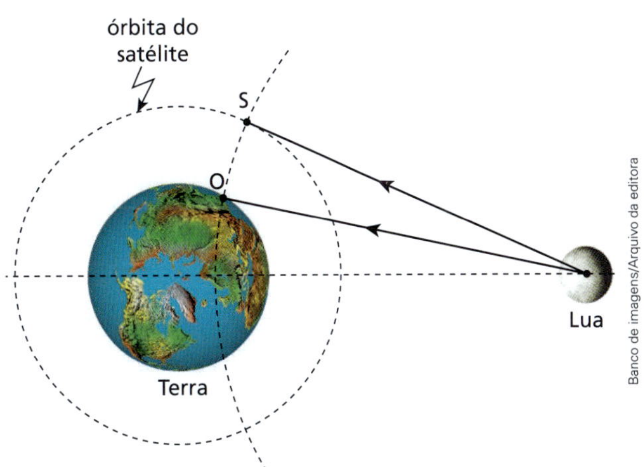

O astrônomo e seu assistente cronometram o instante em que aparecem as chamas do foguete do módulo lunar. Adotando-se para as ondas eletromagnéticas a velocidade $3,0 \cdot 10^8$ m/s (no vácuo e na atmosfera terrestre) pode-se afirmar que o assistente vê o fenômeno:

a) no mesmo instante que o astrônomo.
b) 0,20 s antes do astrônomo.
c) 0,20 s após o astrônomo.
d) 2,0 s antes do astrônomo.
e) 2,0 s após o astrônomo.

Para raciocinar um pouco mais

57. Em 1672, o astrônomo dinamarquês Ole Christensen Römer (1644-1710), estudando eclipses do satélite Io de Júpiter, obteve um valor bastante razoável para a velocidade da luz. Römer observou o instante do início de dois eclipses do satélite – imersão de Io no cone de sombra de Júpiter: o primeiro, com a Terra em conjunção com Júpiter, e o segundo, com a Terra em oposição a Júpiter, conforme ilustram os esquemas fora de escala abaixo.

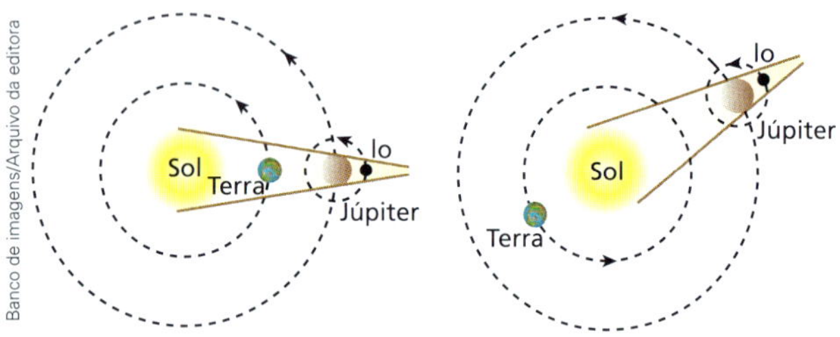

Representação esquemática da Terra e de Júpiter em conjunção.

Representação esquemática da Terra e de Júpiter em oposição.

Ele notou que, no segundo caso, a informação luminosa demorava um intervalo de tempo a mais para atingir a Terra que no primeiro caso. Então questionou: como poderia um fenômeno astronômico regular e previsível ter seu início retardado em função do local do espaço de onde era observado? A explicação dada pelo astrônomo foi a seguinte: com a Terra em oposição a Júpiter, a luz indicativa do início do eclipse teria de percorrer uma distância maior – um segmento de reta adicional – para atingir a Terra, o que justificaria o atraso verificado. Essa distância seria o diâmetro da órbita terrestre. Realizando-se a medição da velocidade da luz pelo método Römer com recursos atuais, determina-se um atraso de 16 min 34 s entre o início dos dois eclipses de Io. Sabendo-se que o raio médio da órbita terrestre em torno do Sol é igual a 149 milhões de quilômetros, responda:

a) Os eclipses, de um modo geral, confirmam que princípio da Óptica Geométrica?

b) Que valor se obtém modernamente para a velocidade da luz pelo método de Römer?

58. A primeira medição da distância entre a Terra e o Sol foi realizada pelo filósofo grego Anaxágoras (c. 500 a.C.-c. 428 a.C.), cerca de quatro séculos antes de Cristo. Ele não conhecia o paralelismo dos raios solares que atingem nosso planeta, porém sabia que estacas verticais cravadas no solo não projetavam sombra em Siena, mas projetavam sombra em Alexandria, ao meio-dia do solstício de verão – 21 de junho, no hemisfério norte. Anaxágoras considerava a Terra plana e sabia que a distância de Siena a Alexandria era de 5000 stadia (1 stadium = 183 metros, Egito). Sendo h a altura da estaca, a medida de sua sombra em Alexandria era de $0{,}126h$. Determine, em quilômetros, a distância entre a Terra e o Sol (na realidade, de Siena ao Sol) obtida por Anaxágoras. Analise o resultado, comparando-o com a medida atual.

59. A figura a seguir representa um homem de altura H que vai do ponto **A** ao ponto **B** em movimento retilíneo. Durante o mesmo intervalo de tempo, a sombra de sua cabeça, projetada no solo horizontal, vai do ponto **B** ao ponto **C**:

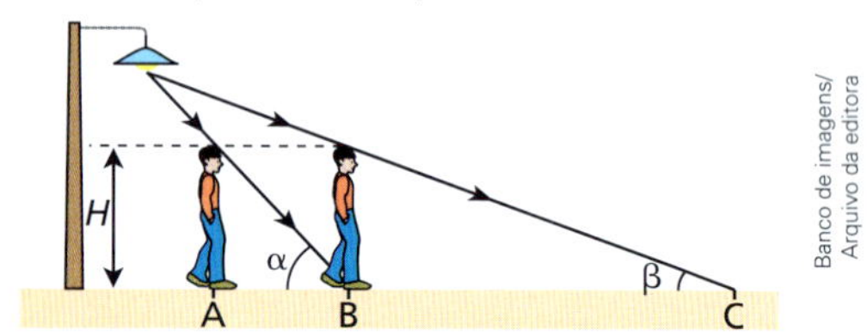

Conhecendo os ângulos α e β ($\alpha = 60°$ e $\beta = 30°$), determine a relação entre as velocidades escalares médias da sombra (v_s) e do homem (v_h).

60. Uma vela acesa, de comprimento inicial $40\sqrt{3}$ cm, está a 45 cm de um anteparo opaco $\mathbf{A_1}$ dotado de um pequeno orifício **O**, situado no mesmo nível da posição inicial da chama pontual da vela. O experimento é realizado no interior de um laboratório escurecido de modo que um estreito feixe luminoso proveniente da vela atravessa **O** indo incidir em um outro anteparo $\mathbf{A_2}$, inclinado de 60° em relação à horizontal e apoiado a 50 cm de $\mathbf{A_1}$, conforme ilustra a figura.

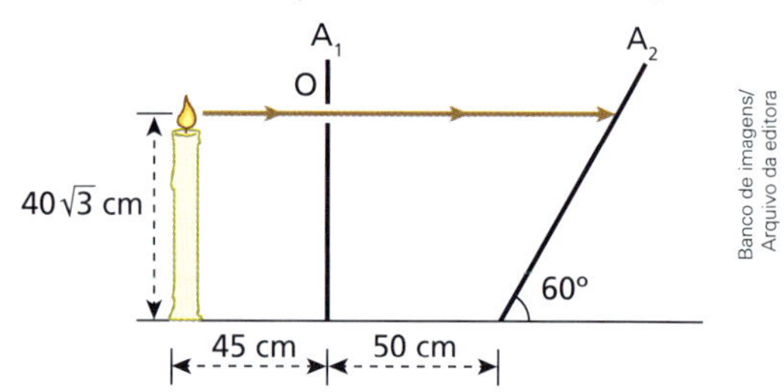

Tendo-se verificado que, decorridas $2{,}0h$ da situação inicial, o comprimento da vela reduziu-se de $15\sqrt{3}$ cm, pode-se afirmar que a velocidade escalar média com que o feixe luminoso projetado em $\mathbf{A_2}$ percorreu esse anteparo foi, em cm/min, igual a:

a) 0,25.
b) 0,50.
c) 0,75.
d) 1,00.
e) 1,50.

TÓPICO 2

Reflexão da luz

Narciso, óleo sobre tela. Obra do pintor italiano Caravaggio (1594-1596). Galleria Nazionale d'Arte Antica, Roma.

Os espelhos podem produzir, por reflexão, diversos tipos de imagens. Em espelhos planos, de uso geral, as imagens guardam simetria em relação aos respectivos objetos. Já naqueles de formato esférico, largamente utilizados em sistemas de iluminação, em retrovisão e telescópios, as imagens podem ser maiores ou menores e o campo visual fica eventualmente aumentado, se comparado com o oferecido por espelhos planos de dimensões similares.

Veremos nesse tópico as propriedades e leis que definem a reflexão da luz. Estudaremos também a sua aplicação em espelhos planos e esféricos e as características das imagens por eles formadas.

Bloco 1

1. Reflexão: conceito, elementos e leis

A mitologia grega é mesmo pródiga...

Segundo a narrativa do poeta romano Ovídio em seu livro *Metamorfoses*, Narciso foi um jovem belíssimo que, por ter recusado o amor da ninfa Eco, foi condenado por Nêmesis, deusa da vingança e da ética, a apaixonar-se por sua própria imagem refletida nas águas de um lago tranquilo. Narciso, nome derivado de *narke*, que em grego significa entorpecido, teria ficado obcecado por admirar-se, até sua completa inanição, o que lhe ceifou a vida, transformando-o em uma flor: o narciso.

Narciso tem inspirado artistas de vários segmentos ao longo do tempo, como Caravaggio (1571-1610), pintor do barroco italiano que retratou este símbolo máximo de vaidade como reproduzido na página anterior.

Note que a superfície da água se comporta como um bom espelho plano, o qual, refletindo a luz difundida pelo corpo do rapaz, produz a imagem encantadora, razão de seu autodeslumbramento.

Este tópico refere-se ao fenômeno da reflexão da luz e suas aplicações em sistemas ópticos, como espelhos planos e esféricos. Dentro de equipamentos ópticos de larga utilização, a luz também se reflete, o que pode ser verificado em algumas câmeras fotográficas, periscópios, binóculos e telescópios.

Em Ondulatória e também no tópico anterior, vimos que:

Reflexão é o fenômeno que consiste no fato de a luz voltar a se propagar no meio de origem, após incidir na superfície de separação desse meio com outro.

Elementos

Considere o esquema a seguir, que representa a reflexão de um raio de luz, destacando os elementos nela envolvidos.

Ilustrações: CJT/Zapt/ Arquivo da editora

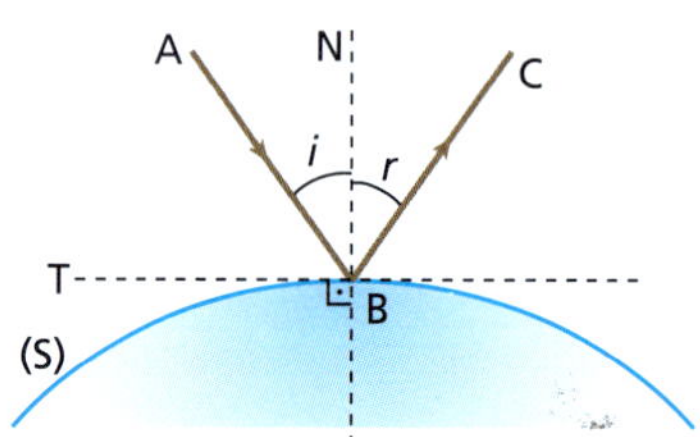

S = superfície polida e refletora.
AB = raio incidente.
BC = raio refletido.
N = reta normal a **S** no ponto de incidência.
T = reta tangente a **S** no ponto de incidência.
i = ângulo de incidência, formado pelo raio incidente (**AB**) e pela reta normal (**N**).
r = ângulo de reflexão, formado pelo raio refletido (**BC**) e pela reta normal (**N**).

A reta normal a uma superfície em determinado ponto é a reta perpendicular a um plano tangente à superfície no ponto considerado. Veja a figura a seguir, em que:

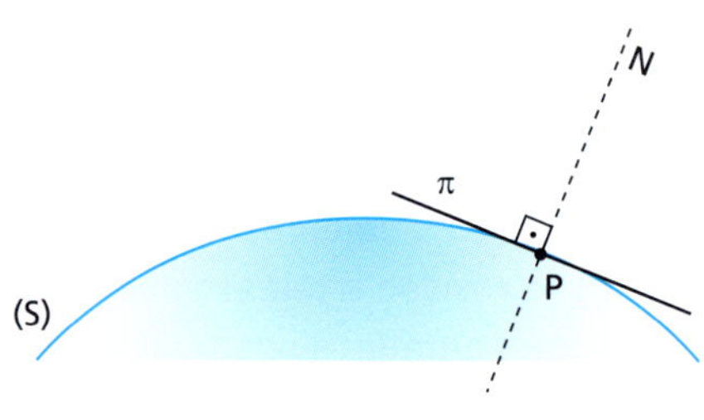

S é a superfície considerada;
π é o plano tangente a **S** no ponto **P**;
N é a reta normal a **S** no ponto **P**.

Ao plano perpendicular ao plano tangente π e que contém o raio incidente e a reta normal dá-se o nome de **plano de incidência**.

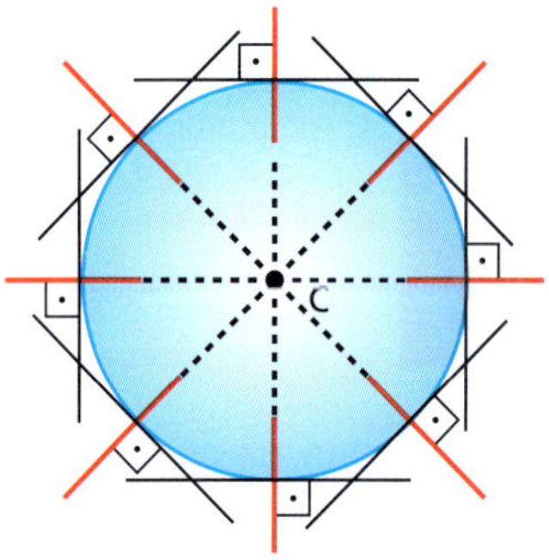

As retas normais a uma superfície esférica são **radiais**, isto é, têm a direção do raio da superfície em cada ponto.

Leis

O fenômeno da reflexão é regido por duas leis, que podem ser verificadas teórica e experimentalmente.

1ª Lei da Reflexão

O raio refletido pertence ao plano de incidência, ou seja, o raio refletido, a reta normal no ponto de incidência e o raio incidente são **coplanares**.

2ª Lei da Reflexão

O ângulo de reflexão é sempre **igual** ao ângulo de incidência.

Veja o esquema a seguir, que representa a reflexão de um raio luminoso em uma superfície **S**.

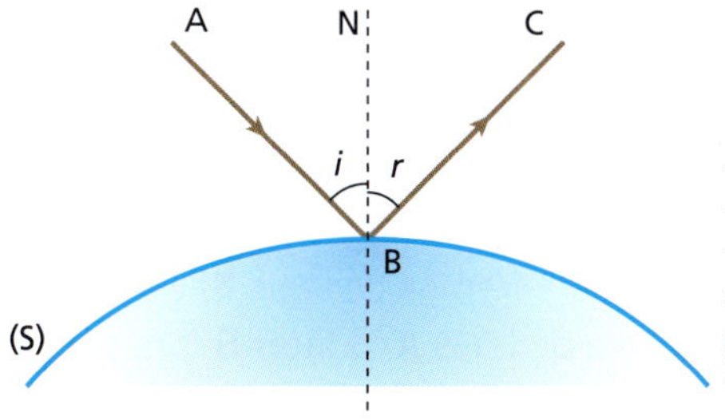

CJT/Zapt/Arquivo da editora

De acordo com as leis da reflexão, se **AB** e **N** estiverem contidos no plano do papel, o mesmo deverá acontecer com **BC**, e teremos ainda a igualdade r = i.

Na fotografia abaixo, um estreito pincel cilíndrico de luz proveniente de um apontador *laser* é refletido por um pequeno espelho.

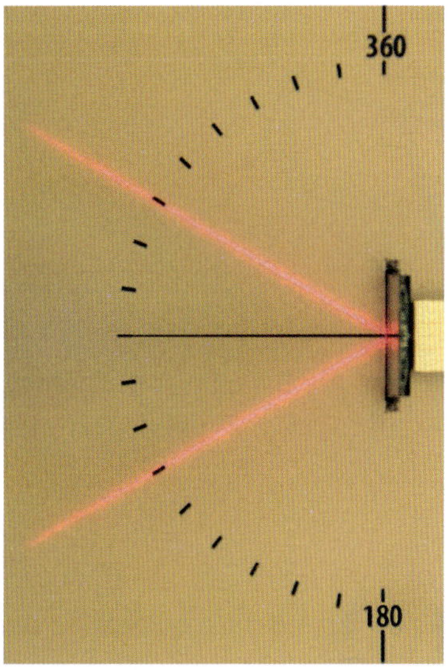

Eduardo Santaliestra

Podemos observar que os pincéis incidente e refletido são coplanares, isto é, estão quase totalmente contidos no plano de apoio do espelho, e também que o ângulo de reflexão é igual ao de incidência. É possível verificar ainda a reversibilidade da luz. Repare que, independentemente de a luz provir de cima ou de baixo, sua trajetória é a mesma.

Faça você mesmo

! Cuidado ao manusear o espelho.

Verificação experimental da 2ª Lei da Reflexão

Sugerimos a seguir um experimento bastante simples que você pode realizar na escola ou mesmo em casa para verificar a **2ª Lei da Reflexão**: o ângulo de reflexão é sempre igual ao ângulo de incidência.

Material necessário

- 1 espelho plano de base reta com moldura (apoio);
- 1 transferidor (medidor de ângulos) semicircular;
- 2 lápis apontados (ou canetas) diferentes, de preferência um de cada cor.

Procedimento

I. Coloque o espelho sobre o transferidor de modo que sua base coincida com a linha de base desse instrumento. Com isso, a linha indicativa de 90° do transferidor fica perpendicular à superfície do espelho (essa linha fará o papel de reta normal à superfície refletora).

II. Pegue um dos lápis (vermelho, por exemplo, que chamaremos de lápis **A**) e encoste sua ponta no espelho, no local em que a linha indicativa de 90° do transferidor encontra a superfície espelhada. O lápis **A** fará o papel de raio incidente.

III. Pegue o outro lápis (azul, por exemplo, que chamaremos de lápis **B**) e encoste também sua ponta no espelho, fazendo-a coincidir com a ponta do lápis **A**. O lápis **B** fará o papel de raio refletido.

IV. Alinhe, agora, da melhor maneira possível, o lápis **B** com a imagem do lápis **A**, conforme representa a figura.

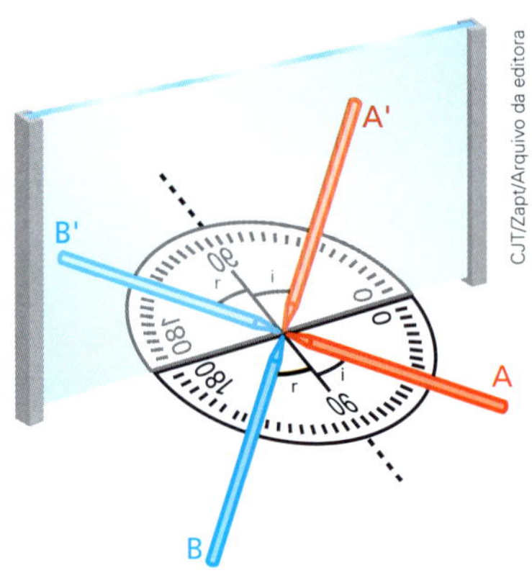

CJT/Zapt/Arquivo da editora

V. Por fim, meça os ângulos formados entre os lápis **A** e **B** e a linha indicativa de 90° do transferidor. Observe que esses ângulos são **iguais**, o que comprova a **2ª Lei da Reflexão**.

Desenvolvimento

1. Modificando a inclinação do lápis **A** em relação à linha indicativa de 90° do transferidor, você perceberá a necessidade de ajustar também a posição do lápis **B** para que ele fique devidamente alinhado com a imagem do lápis **A**. Isso revela que o resultado do experimento é válido, independentemente do ângulo formado entre o lápis **A** e a linha indicativa de 90° do transferidor.

2. Você também pode checar a 2ª Lei da Reflexão utilizando um apontador *laser*, desses utilizados em palestras e aulas especiais, com seu feixe dirigido contra a superfície de um espelho plano. Elabore um experimento com esse fim envolvendo tal aparato.

2. O espelho plano

Chama-se **espelho plano** qualquer superfície plana, polida e com alto poder refletor.

Bons espelhos planos são obtidos com o polimento de chapas metálicas. Entretanto, os espelhos obtidos assim nem sempre são baratos e funcionais. Em geral, os espelhos planos são confeccionados a partir de uma lâmina de vidro hialino (transparente) muito limpa, de faces paralelas, sendo uma delas recoberta por uma película de nitrato de prata que se reduz a prata metálica. A fixação dessa película é obtida colocando-se sobre ela uma fina camada de cobre que recebe demãos de tinta e verniz.

Os espelhos planos têm emprego bastante diversificado. São utilizados domesticamente, prestando-se a variados fins, e também como componentes de vários sistemas ópticos.

Adotaremos o esquema ao lado para representar os espelhos planos.

Convém notar que, em um espelho plano, há predominância da reflexão regular.

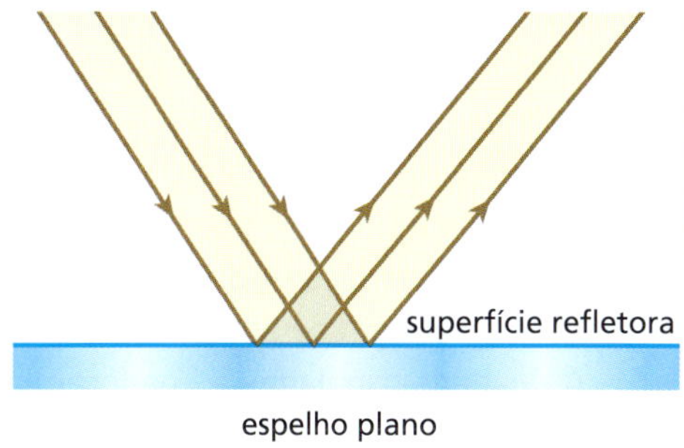

Ampliando o olhar

A distância da Terra à Lua (384 000 km, em média) é monitorada pela reflexão da luz

A Lua, único satélite natural da Terra, sempre exerceu enorme fascínio sobre a mente humana. É realmente encantador contemplar a lua cheia em noites de pouca nebulosidade e deixar a imaginação indagar a respeito das mais profundas questões da humanidade.

E os devaneios do homem traduziram-se em ousadia, colocando-o materialmente em solo lunar no histórico 20 de julho de 1969. A missão Apollo 11, tripulada por Neil A. Armstrong, Michael Collins e Buzz Aldrin, permitiu, pela primeira vez, a um habitante terrestre caminhar sobre a superfície da Lua, dando início à maior saga da humanidade em sua busca por conhecimentos sobre o cosmo.

Passada a emoção do pioneirismo, dois desses astronautas, Armstrong e Aldrin, deixaram suas emblemáticas pegadas no arenoso solo lunar e iniciaram os procedimentos e experimentações previstos. Colheram farto material para posterior análise, fotografaram detalhadamente o ambiente lunar e saltitaram com leveza sob a ação de uma aceleração da gravidade menos intensa que a da Terra (cerca de 1,67 m/s^2 ante 9,81 m/s^2, respectivamente). Faltando aproximadamente uma hora para abandonar o local, deixaram no chamado Mar da Tranquilidade (na verdade, uma grande cratera árida) um equipamento que é utilizado até os dias de hoje para monitoramento da distância entre a Terra e a Lua: o refletor lunar de feixes *laser* ou, em inglês, *lunar laser retroreflector array*.

O processo de medição da distância da Terra à Lua é relativamente simples: dispara-se um estreito feixe *laser* de grande potência a partir de um determinado telescópio terrestre e cronometra-se o intervalo de tempo gasto pelo feixe para atingir a Lua, sofrer reflexão no equipamento lá deixado e ser captado de volta pelo mesmo telescópio. Com a medida do referido intervalo de tempo (cerca de 2,56 s) e o conhecimento da velocidade de propagação da luz ($3{,}0 \cdot 10^8$ m/s), torna-se possível determinar a distância do satélite ao nosso planeta. Os valores obtidos são próximos de 384 000 km, em média.

Sendo Δt o intervalo de tempo medido pelo equipamento e c a intensidade da velocidade da luz, o cálculo da distância d da Terra à Lua é feito automaticamente pelos computadores do telescópio com base nos conceitos do movimento uniforme:

$$c = \frac{2d}{\Delta t} \Rightarrow d = \frac{c\Delta t}{2}$$

O feixe *laser*, no entanto, espraia-se durante sua propagação, atingindo a Lua com um diâmetro próximo de 7 km e a Terra, em seu retorno, com um diâmetro em torno de 20 km. Por isso os sensores de captação existentes nos telescópios são muito sensíveis, chegando até a registrar a incidência de uns poucos fótons de luz. O método permite a obtenção de medidas com grande precisão, afetadas por uma margem de erro de apenas alguns centímetros.

Além do equipamento deixado pela missão Apollo 11, missões posteriores, incluindo uma soviética, também instalaram, em outros locais da Lua, sistemas semelhantes. Dessa forma, é possível manter um monitoramento preciso da órbita lunar em torno da Terra, bem como dos movimentos desse satélite. Isso é feito em alguns telescópios terrestres, instalados em sua maioria nos Estados Unidos e na Europa. Tais avaliações possibilitaram aos astrônomos saberem, entre outras informações, que a Lua está se afastando de nosso planeta cerca de 3,8 cm ao ano.

Science Source/Latinstock

Fotografia do refletor lunar de feixes *laser* deixado no solo da Lua. Ele é formado por células prismáticas dispostas lado a lado.

As viagens tripuladas à Lua foram de importância singular por terem agregado, ao que já se sabia, conhecimentos essenciais sobre o satélite, o Sistema Solar, o Universo e a própria espécie humana.

Reprodução/NASA

Um potente feixe *laser* é disparado rumo à Lua do observatório de Côte d'Azur, Nice, França.

Rue des Archives/NASA/Latinstock

A última missão norte-americana tripulada à Lua foi a Apollo 17, em dezembro de 1972. Nesta fotografia, o comandante da expedição, o astronauta Eugene A. Cernan reverencia a bandeira de seu país deixada no solo lunar como um marco dessa grande aventura humana.

Exercícios Nível 1

1. E.R. Um raio luminoso incide sobre um espelho plano formando um ângulo de 30° com sua superfície refletora. Qual o ângulo formado entre os raios incidente e refletido?

Resolução:

A figura a seguir ilustra a situação proposta:

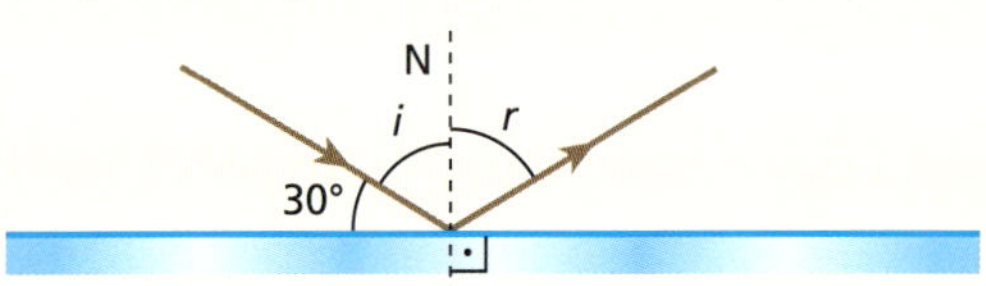

Banco de imagens/Arquivo da editora

O ângulo procurado é α, dado por: $\alpha = i + r$.

Porém, conforme a **2ª Lei da Reflexão**, $r = i$ (o ângulo de reflexão é igual ao ângulo de incidência). Logo:

$$\alpha = i + i \Rightarrow \alpha = 2i$$

Observando que $30° + i = 90°$, temos: $i = 60°$

Portanto:

$$\alpha = 2 \cdot 60° \Rightarrow \boxed{\alpha = 120°}$$

2. O esquema representa a reflexão de um raio luminoso em um espelho plano:

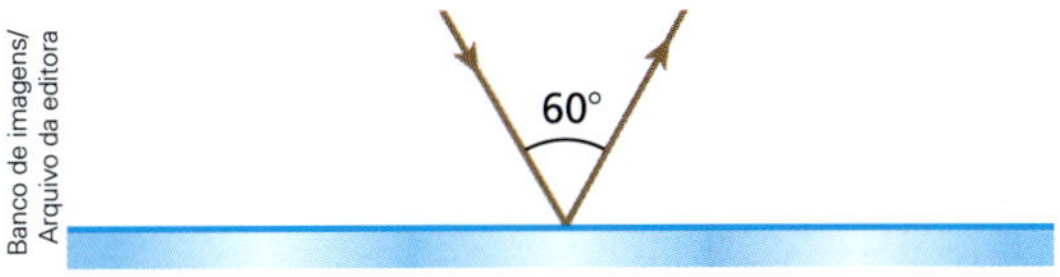

Determine:

a) o ângulo de incidência da luz.

b) o ângulo formado entre o raio refletido e o espelho.

3. (Esam-RN) Na figura a seguir, considere:

E_1 – espelho plano vertical

E_2 – espelho plano horizontal

r_1, **r_2** e **r_3** – segmentos de um raio luminoso que incide sucessivamente em **E_1** e **E_2**

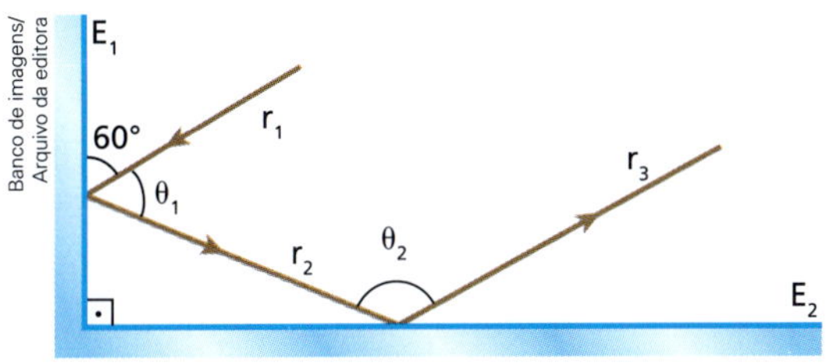

Nas condições indicadas, quanto valem, respectivamente, os ângulos θ_1 e θ_2?

4. Observe a figura:

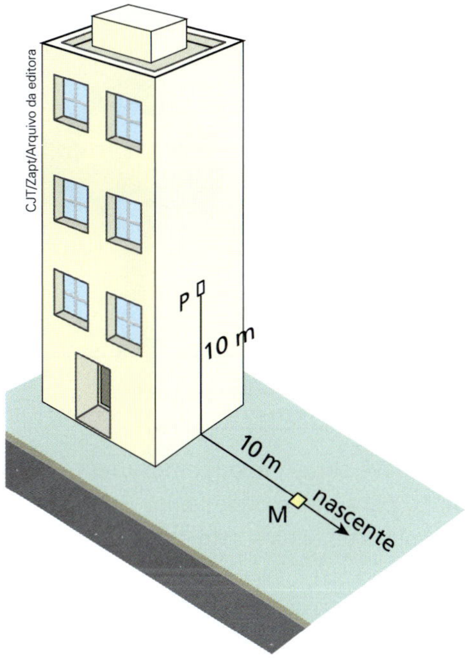

Em um dia de céu claro, o Sol estava no horizonte (0°) às 6 h da manhã. Às 12 h, ele se encontrava no zênite (90°). A que horas a luz solar, refletida no espelhinho plano **M** deitado sobre o solo, atingiu o ponto **P**?

Exercícios Nível 2

5. Dois espelhos planos formam entre si um ângulo de 60°. Um raio de luz monocromática incide no espelho **E_1**, reflete-se, incide no espelho **E_2**, reflete-se e emerge do sistema conforme ilustra a figura.
Qual o valor do ângulo α? O valor de α depende do ângulo de incidência da luz em **E_1**?

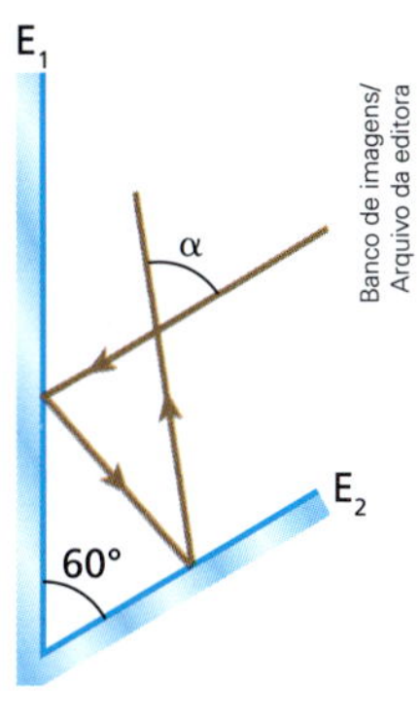

6. Na figura, os espelhos planos **E_1** e **E_2** são perpendiculares. Um raio luminoso incide no espelho **E_1** formando 30° com a superfície refletora, conforme está indicado:
Copie a figura em seu caderno e represente a trajetória da luz até que esta deixe o sistema de espelhos.

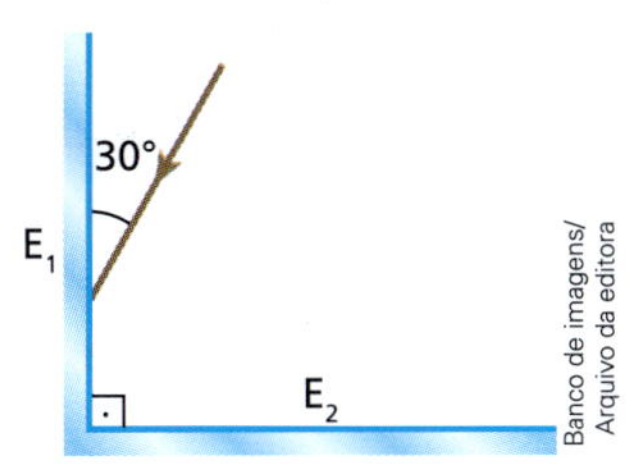

7. Considere a caixa cúbica representada abaixo, em que a face **ABCD** é espelhada, de tal modo que a superfície refletora seja voltada para dentro da caixa. Suponha que um raio luminoso penetre na caixa pelo vértice **E** e incida no ponto **O**, centro do espelho.

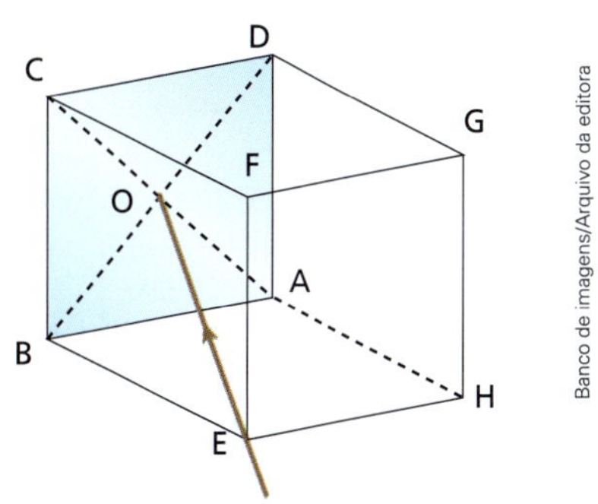

Você poderá, então, afirmar que o correspondente raio refletido sairá da caixa pelo vértice:

a) **C**.

b) **G**.

c) **F**.

d) **H**.

e) **A**.

8. No esquema, o observador deseja visar a imagem da árvore por meio do espelho plano **AB** deitado sobre o solo:
E.R.

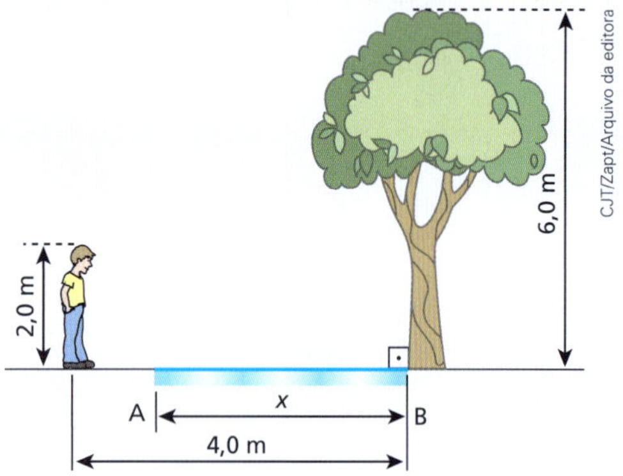

Qual deve ser o menor comprimento *x* do espelho para que o observador veja a imagem completa da árvore, isto é, do topo até o pé?

Resolução:

Se o comprimento *x* do espelho é o menor possível para que o observador veja a imagem completa da árvore, um raio de luz proveniente do seu topo deve refletir-se na borda esquerda do espelho e atingir o olho do observador, conforme o esquema a seguir.

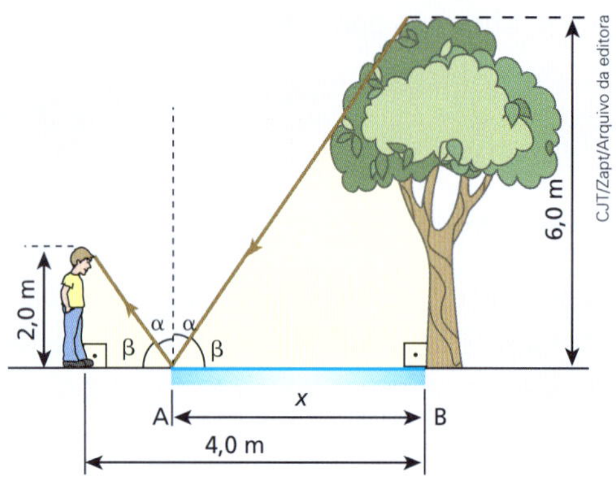

Os triângulos retângulos destacados são semelhantes. Logo:

$$\frac{x}{4{,}0 - x} = \frac{6{,}0}{2{,}0} \Rightarrow x = 3{,}0\,(4{,}0 - x)$$

$$x = 12 - 3{,}0x \Rightarrow 4{,}0x = 12$$

$$\boxed{x = 3{,}0\ \text{m}}$$

9. Um garoto, cujo globo ocular está a uma altura *h* em relação ao solo, observa que a imagem completa de um prédio de altura *H*, situado a uma distância *D* da vertical do seu corpo, abrange toda a extensão *L* de um espelho-d'água existente defronte do prédio.

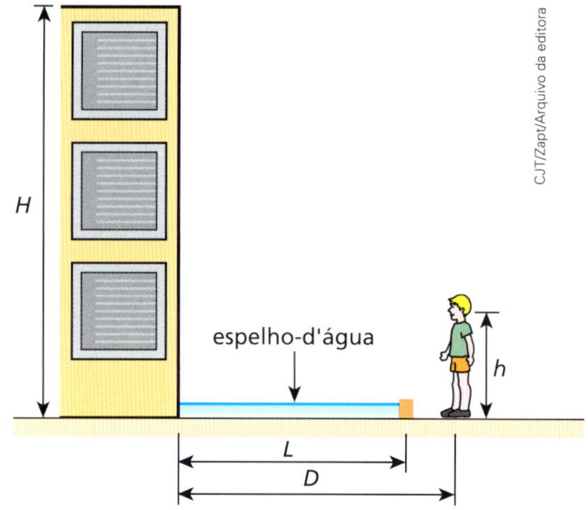

Sabendo que h = 1,5 m, L = 3,2 m e D = 3,6 m, calcule o valor de *H*.

10. Uma tela opaca de grandes dimensões apresenta um pequeno furo onde está instalada uma lâmpada pontual de grande potência. Um espelho plano quadrado de lado igual a 40 cm é fixado paralelamente à tela, a 1,5 m de distância dela, conforme representa a figura. Desconsiderando a existência de outras fontes de luz no local do experimento, determine, em metros quadrados, a área iluminada na tela.

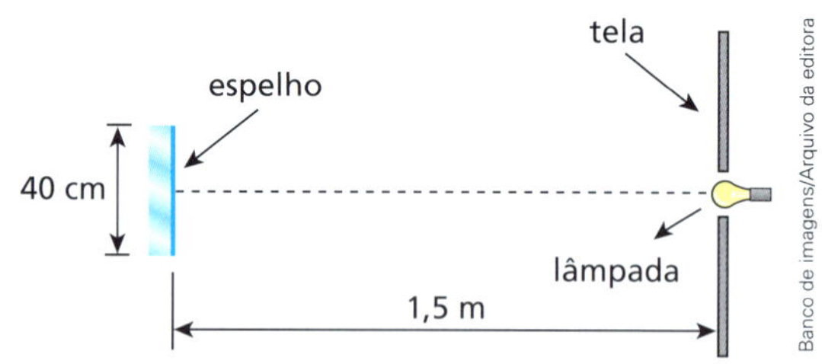

11. (Fuvest-SP) Um feixe de luz entra em uma caixa retangular de altura *L*, espelhada internamente, através de uma abertura **A**. O feixe, após sofrer 5 reflexões, sai da caixa por um orifício **B** depois de decorrido $1{,}0 \cdot 10^{-8}$ segundo.

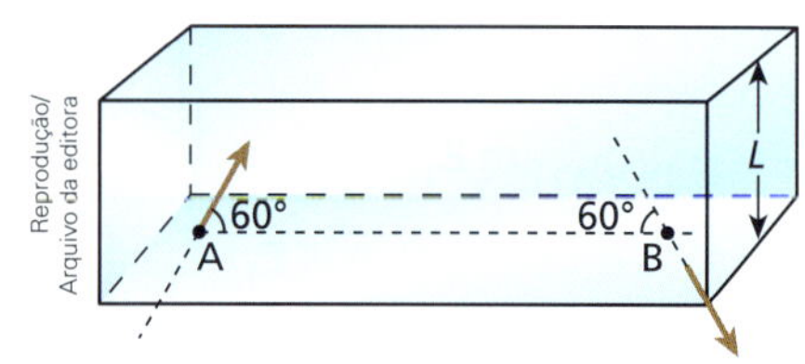

Os ângulos formados pela direção do feixe e o segmento **AB** estão indicados na figura.

a) Calcule o comprimento do segmento **AB**.
Dado: $c = 3{,}0 \cdot 10^8$ m/s

b) O que acontece com o número de reflexões e com o tempo entre a entrada e a saída do feixe se diminuirmos a altura da caixa *L* pela metade?

Bloco 2

3. Construção gráfica de imagens nos espelhos planos

Consideremos o espelho plano ao lado e o ponto luminoso **P**. Pretendemos traçar a imagem de **P** conjugada pelo espelho. Para isso, utilizamos dois raios luminosos (pelo menos) que, partindo de **P**, incidem no espelho. Esses raios incidentes determinam raios refletidos, cujos prolongamentos se interceptam no ponto **P'**.

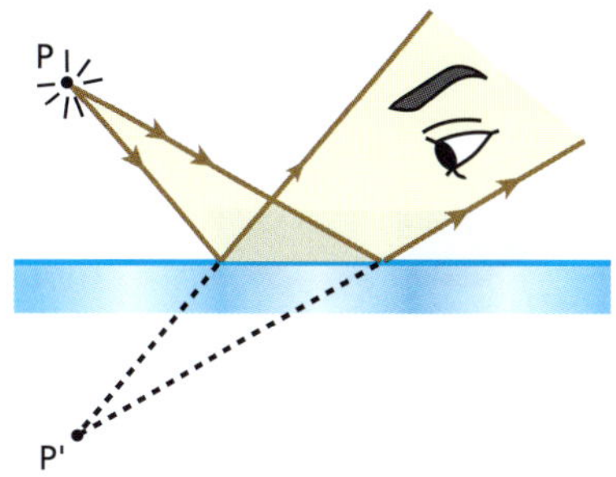

CJT/Zapt/Arquivo da editora

O ponto **P'**, que é o vértice do pincel luminoso emergente do sistema, é a imagem do objeto **P**, conjugada pelo espelho.

Observe que, no caso, **P** é um objeto real, enquanto **P'** é uma imagem virtual (formada "atrás do espelho", isto é, obtida pelo cruzamento dos prolongamentos dos raios refletidos).

É importante destacar que, em relação ao olho do observador, **P'** se comporta como objeto real, como se a luz fosse proveniente desse ponto.

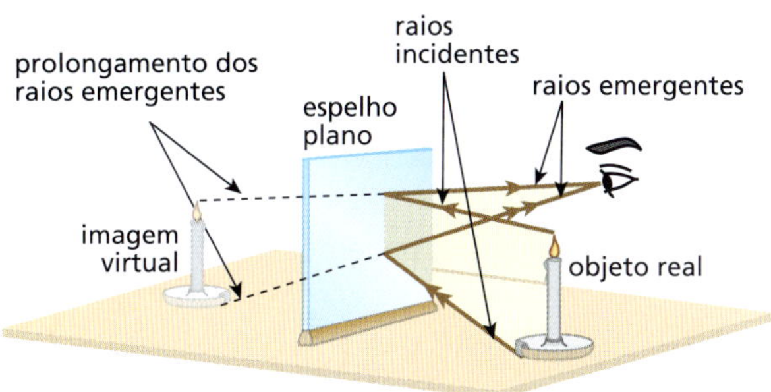

CJT/Zapt/Arquivo da editora

Nesta ilustração, você pode notar a imagem virtual da vela situada "atrás do espelho". Essa imagem não tem existência luminosa, mas funciona como objeto real em relação ao olho do observador.

Cristina Xavier/Arquivo da editora

Nesta fotografia, você vê um brinquedo de madeira e sua respectiva imagem fornecida por um espelho plano vertical.

Consideremos raios luminosos paralelos que passam por uma lente convergente e são refletidos por um espelho plano, como indicado na imagem ao lado. Façamos, agora, o traçado da imagem conjugada ao ponto **P** pelo espelho plano.

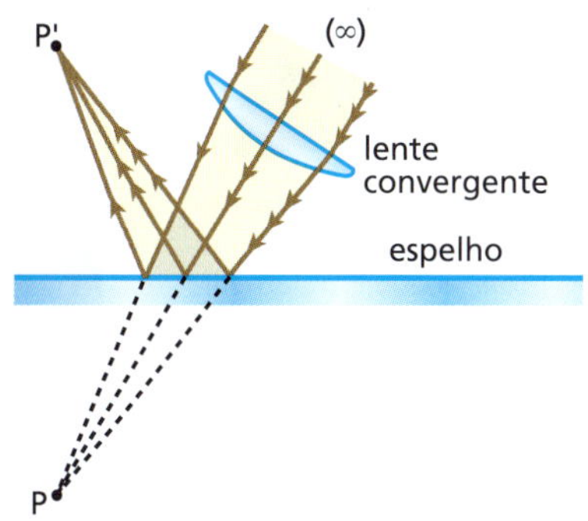

CJT/Zapt/Arquivo da editora

Note que, nesse caso, em relação ao espelho, **P** é um objeto virtual (formado "atrás do espelho", ou seja, obtido pelo cruzamento dos prolongamentos dos raios incidentes), enquanto **P'** é uma imagem real (vértice efetivo do pincel luminoso emergente do sistema).

O que acaba de ser exposto, além de mostrar o processo de construção gráfica das imagens, permite uma conclusão importante:

> Nos espelhos planos, o objeto e a respectiva imagem têm sempre **naturezas opostas**, isto é, se o primeiro for real, o outro será virtual e vice-versa.

Em razão da reflexão regular da luz nos espelhos planos, a um objeto impróprio ("situado no infinito") corresponde uma imagem imprópria ("situada no infinito").

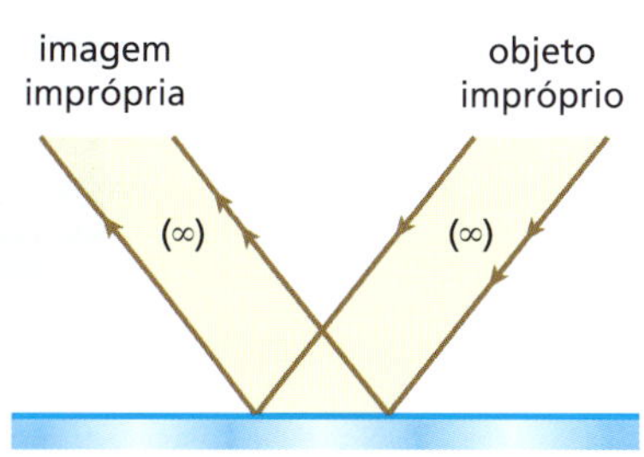

CJT/Zapt/Arquivo da editora

Pelo fato de conjugarem uma imagem imprópria a um objeto impróprio, os espelhos planos são sistemas ópticos **afocais**.

4. Propriedade Fundamental dos Espelhos Planos: a simetria

Considere o espelho plano representado na figura a seguir, diante do qual se situa um objeto luminoso pontual **P**. Os raios luminosos **PR** e **PQ** incidem no espelho, respectivamente, normal e obliquamente. O raio **PR** se refletirá sobre si mesmo, enquanto **PQ** dará origem a um raio refletido oblíquo em relação ao espelho. A imagem de **P** é **P'**, obtida pelo cruzamento dos prolongamentos dos raios refletidos.

A fim de apresentar a **Propriedade Fundamental dos Espelhos Planos**, demonstremos a congruência dos triângulos **PQR** e **P'QR**.

Fotografias: Jonny Gitti/Acervo do fotógrafo

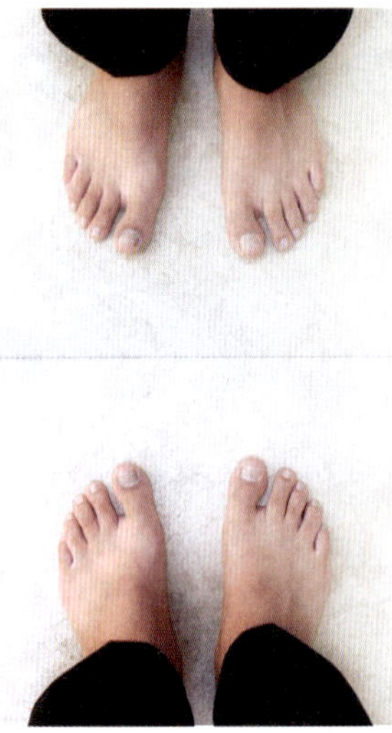

Estas fotografias ilustram satisfatoriamente a Propriedade Fundamental dos Espelhos Planos: a **simetria**. Observe que a distância da imagem ao espelho é idêntica à distância do objeto ao espelho.

Banco de imagens/Arquivo da editora

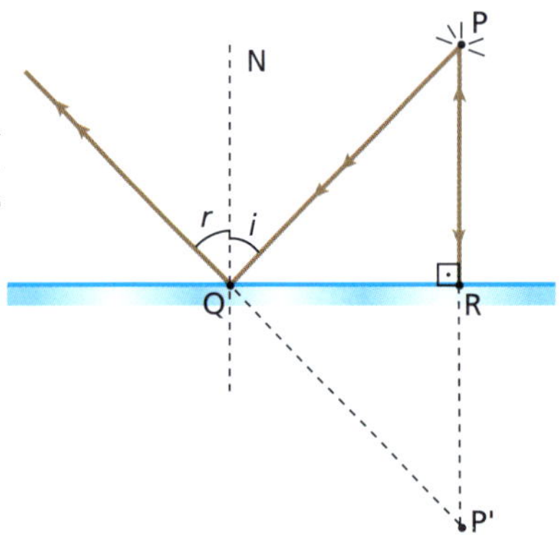

- O lado **QR** é comum aos dois triângulos.
- $Q\hat{P}R \equiv \hat{i}$ (alternos internos) e $Q\hat{P}'R \equiv \hat{r}$ (correspondentes). Mas, como $r = i$ (2ª Lei da Reflexão), tem-se $Q\hat{P}'R \equiv Q\hat{P}R$.
- $Q\hat{R}P \equiv Q\hat{R}P'$ = ângulo reto (por construção).

Demonstrada a congruência dos dois triângulos, podemos afirmar que:

$$PR = P'R$$

Isso significa que a distância do objeto ao espelho (**PR**) é igual à distância da imagem ao espelho (**P'R**). Tal verificação é conhecida por Propriedade Fundamental dos Espelhos Planos e pode ser enunciada assim:

Nos espelhos planos, a imagem é sempre **simétrica** do objeto em relação ao espelho.

Sayaka Okuno/Shutterstock

O salar de Uyuni, na Bolívia, é o maior deserto de sal do mundo. Sua superfície, assim como ocorre com a superfície tranquila da água do lago, comporta-se como um espelho plano, fazendo corresponder aos objetos reais da paisagem imagens virtuais e simétricas em relação a eles.

Na situação esquematizada a seguir, uma pessoa se aproxima de um espelho plano **E**, fixo, com velocidade de módulo *v*. Por causa da **simetria**, a imagem também se aproxima do espelho com velocidade de módulo *v*. Se, entretanto, adotarmos a pessoa como referencial, a imagem se aproximará dela com velocidade de módulo 2*v*.

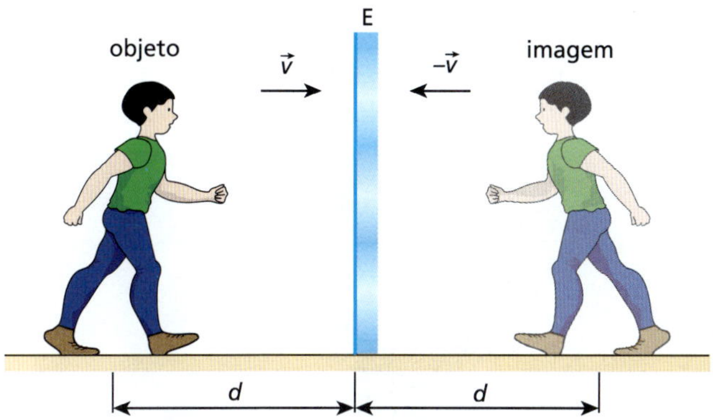

CJT/Zapt/Arquivo da editora

Na situação representada na figura ao lado, um observador **O** contempla a imagem de uma vela de altura *h* por meio de um espelho plano vertical.

Em razão da **simetria** entre o objeto e a respectiva imagem, a altura da imagem também será *h*, mesmo que a vela seja aproximada ou afastada do espelho.

No caso de uma aproximação, por exemplo, o observador terá a **sensação** de que a altura da imagem aumenta, mas isso apenas decorre do aumento do ângulo visual de observação.

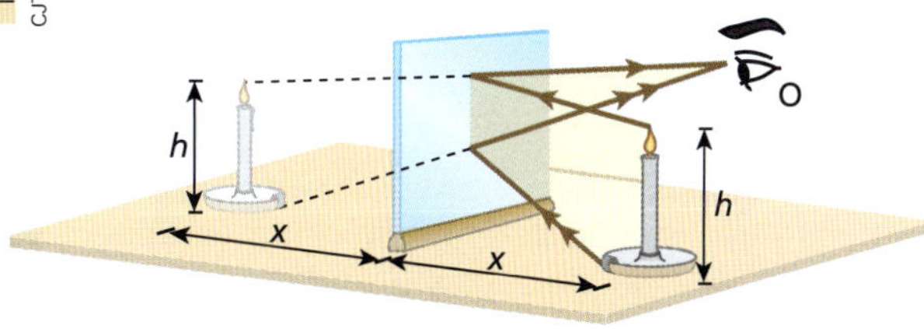

CJT/Zapt/Arquivo da editora

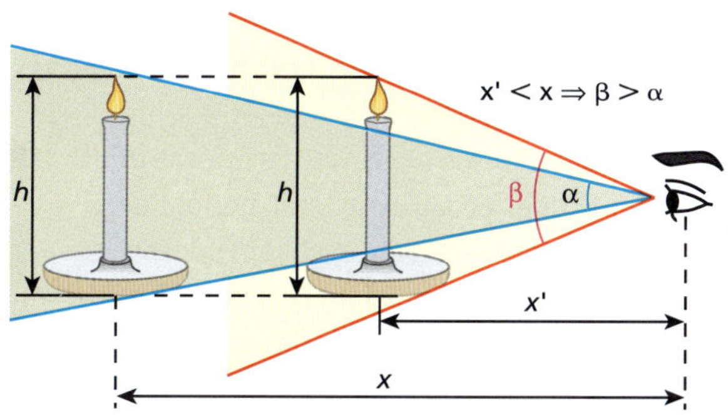

CJT/Zapt/Arquivo da editora

Quanto mais próxima do olho estiver a imagem, maior será o ângulo visual de observação, dando a impressão de aumento em sua altura.

Ângulo visual

ognennaja/Shutterstock/Montagem Cesar Wolf

Nestas fotografias, uma câmera fotográfica simples, instalada sobre um tripé, "viu" (fotografou) de uma mesma posição um mesmo homem. Na fotografia **A**, o homem estava distante da câmera e, na fotografia **B**, ele estava mais próximo dela.
Veja como o homem aparenta uma altura maior em **B**. Isso se deve ao fato de, nessa fotografia, o ângulo visual de observação ser maior que em **A**. Note, no entanto, que a altura do homem é a mesma. Daí se conclui que, quanto maior for o ângulo visual, maior aparentará ser o objeto observado.

Ampliando o olhar

Temos um novo "canal" para "ouvir" o Universo: o das ondas gravitacionais

Previstas por A. **Einstein** em 1916 em sua Teoria da Relatividade Geral, essas sutis perturbações da "teia" do espaço-tempo relativístico foram detectadas no dia 14 de setembro de 2015 em dois observatórios LIGO (sigla em inglês para ***L**aser **I**nterferometer **G**ravitional-Waves **O**bservatory*), instalações de altíssima sensibilidade localizadas respectivamente em Livingston, na Louisiana, e em Hanford, no estado de Washington, nos Estados Unidos. Os sinais, com frequência próxima de 250 Hz e com duração de 0,2 s, foram sentidos igualmente nos dois observatórios, distantes cerca de 3 800 km entre si, com um intervalo de tempo igual a 7,3 ms, e teriam sido produzidos pela colisão entre dois buracos negros de massas 29 e 36 vezes a massa do Sol, o que produziu um gigantesco corpo celeste com massa 62 vezes a massa solar. A diferença entre as massas inicial e a final – de três vezes a massa do Sol – se transformou em uma imensa quantidade de energia, como estabelece a equação de Einstein $\mathbf{E = mc^2}$. Essa energia atingiu a Terra bastante atenuada pela descomunal distância percorrida do local do evento ao nosso planeta: algo em torno de 1,3 bilhão de anos-luz.

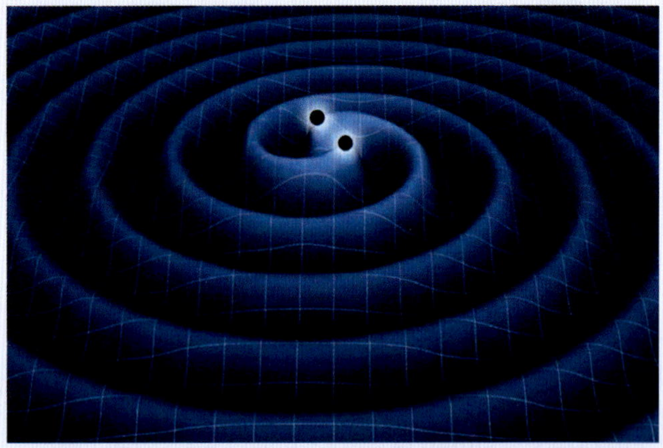

Reprodução/NASA

Ilustração representativa da colisão entre os dois buracos negros e as ondas gravitacionais que deformaram o espaço-tempo, como previsto nas teorias de Einstein.

Os observatórios LIGO são estruturas em **L** nas quais cada "perna" (ou tubo), por onde trafegam intensos pulsos de *laser* com sucessivas reflexões em espelhos especiais, tem 4 km de comprimento. Devido à ação das ondas gravitacionais, notou-se que um pulso percorreu a mais que o outro em um dos tubos uma distância equivalente a oito milésimos do diâmetro de um próton, estimado em $1,7 \cdot 10^{-15}$ m, o que produziu no sensor de detecção um padrão de interferência compatível com o das ondas gravitacionais.

LIGO Laboratory/Reuters/Latinstock

LIGO em Livingston, Louisiana.

Os interferômetros detectores de ondas gravitacionais têm funcionamento análogo ao aparelho idealizado pelo cientista estadunidense Albert A. **Michelson** (1852-1931), esquematizado ao lado, só que com dimensões muito maiores.

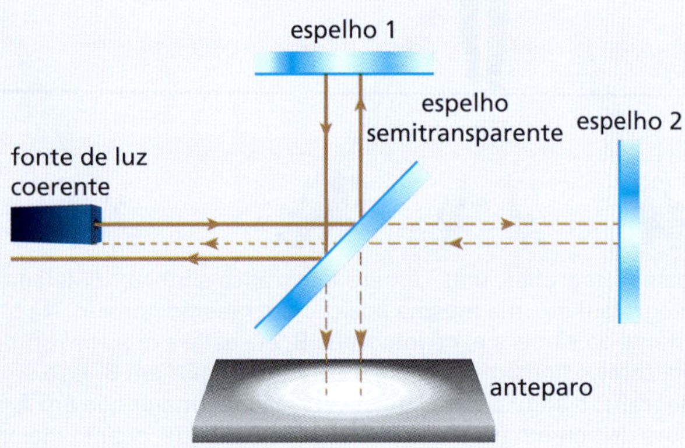

Banco de imagens/Arquivo da editora

E com essa possível detecção de ondas gravitacionais, fato verdadeiramente extraordinário para a Física, repetido em outras ocasiões mais recentes, teremos a partir de agora, além de telescópios ópticos e radiotelescópios, que capturam radiações eletromagnéticas não visíveis vindas do espaço, um novo "canal" para "ouvir" o Universo...

5. Imagem e objeto não superponíveis

É importante observar que, devido à simetria, a imagem de um objeto extenso fornecida por um espelho plano, embora idêntica a ele, não lhe é, em geral, superponível.

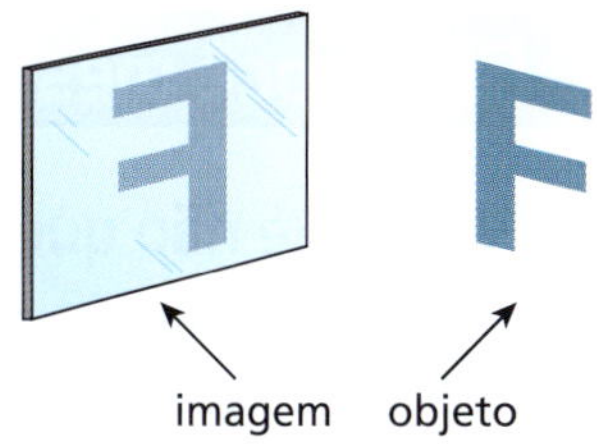

Considere, por exemplo, a ilustração ao lado, que representa um espelho plano diante do qual se coloca a letra **F**.

Nessas condições, a imagem fornecida pelo espelho é um **F** ao contrário não superponível ao objeto que lhe deu origem. Há uma aparente inversão lateral da letra. Diz-se que a imagem é **enantiomorfa**, isto é, tem forma contrária à do objeto.

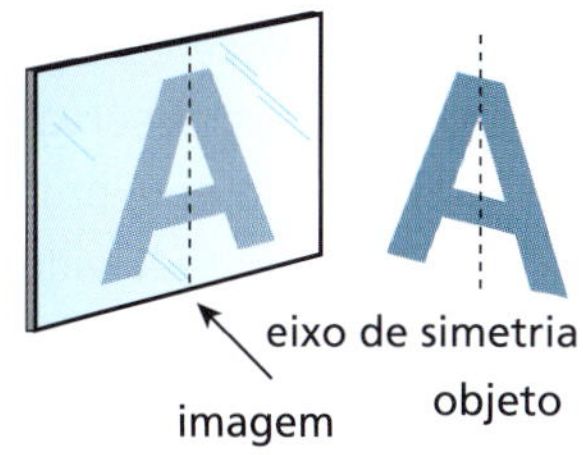

Entretanto, a imagem fornecida por um espelho plano de um objeto monocromático que admite um eixo de simetria é superponível a ele.

Se, por exemplo, tivermos uma letra **A** vertical e simétrica (ilustração ao lado) diante de um espelho plano vertical, o objeto produzirá uma imagem que lhe será superponível.

Em viaturas utilizadas em emergências, como ambulâncias e carros de bombeiros, é comum pintar a palavra que as designa "ao contrário". O objetivo é proporcionar aos motoristas que estão à frente uma leitura adequada em seus espelhos retrovisores.

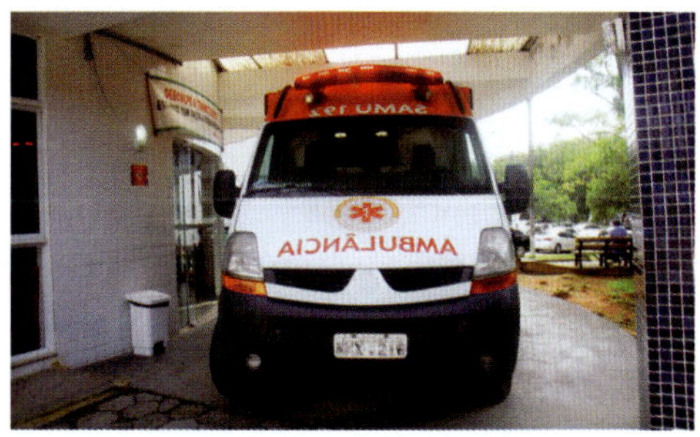

A palavra AMBULÂNCIA foi pintada no capô da viatura desta fotografia "rebatida lateralmente". Devido à simetria entre a imagem e o objeto em um espelho plano, o motorista de um veículo à frente poderá ler em seu espelho retrovisor o texto grafado corretamente.

6. Campo de um espelho plano

> Chama-se **campo de um espelho plano**, para determinado observador, a região do espaço que pode ser contemplada por ele pela reflexão da luz no espelho.

A demarcação do campo do espelho é feita da seguinte maneira: na figura ao lado, **O** é o olho do observador e **PO** e **QO** são raios refletidos na periferia do espelho, que atingem **O**.

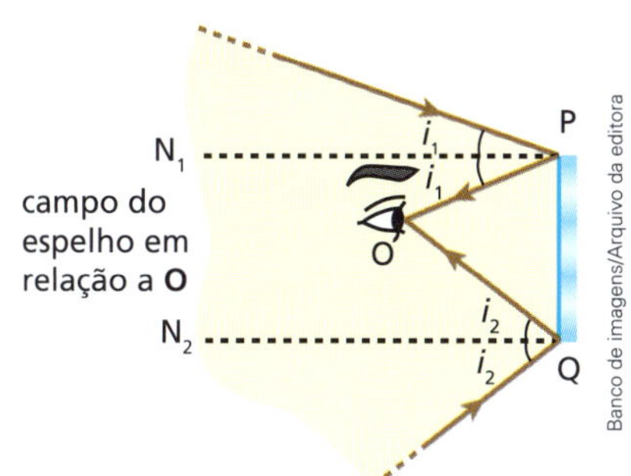

A região destacada corresponde ao campo do espelho em relação a **O**.

A demarcação do campo pode ser feita de forma mais imediata. Dada a posição do observador **O**, determina-se a posição simétrica **O'** em relação à superfície refletora. A região do espaço visível por reflexão é determinada ligando-se o ponto **O'** ao contorno periférico do espelho.

Convém apontar que o campo de um espelho qualquer é uma região **tridimensional**.

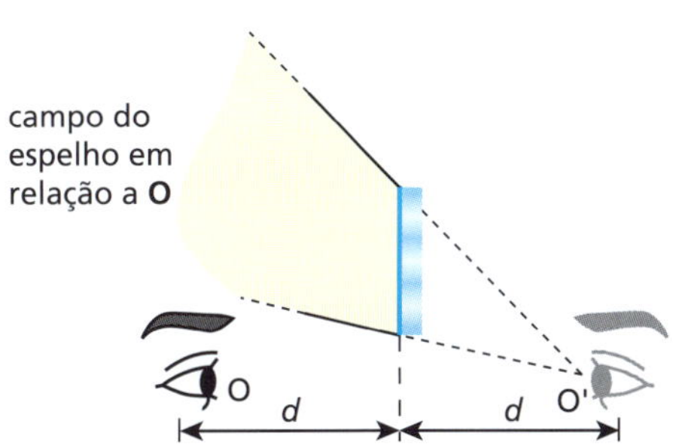

Tudo se passa como se o observador **O** estivesse olhando a partir de **O'**.

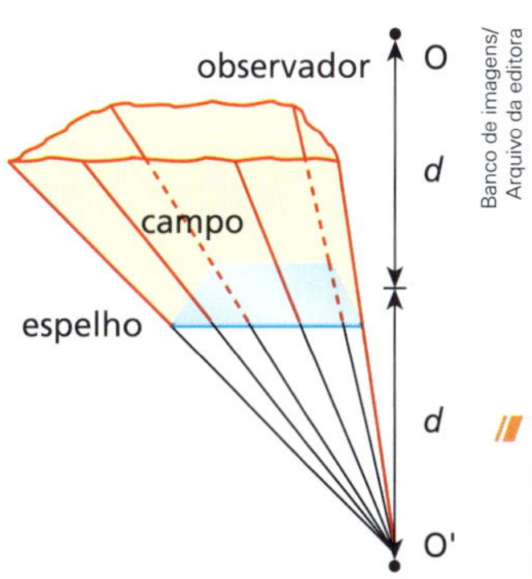

Vista espacial do campo de um espelho plano retangular em relação ao observador **O**.

Faça você mesmo

Este experimento envolve fogo. Realize-o apenas com a supervisão do professor. Cuidado ao manusear a placa de vidro.

Fogo que não queima

O experimento que apresentamos a seguir até parece um passe de mágica, mas, fundamentado em seus conhecimentos sobre **Óptica** – **Espelhos planos** –, você certamente saberá justificar cada um dos fatos observados.

O experimento produz resultados mais contundentes se for realizado em um ambiente com pouca luminosidade, semiescurecido.

Material necessário

- 2 velas idênticas, com comprimento próximo de 15 cm;
- 1 placa retangular de vidro transparente, com dimensões 30 cm × 25 cm, aproximadamente;
- 1 base de madeira em forma de paralelepípedo, dotada de uma reentrância longitudinal, para servir de suporte à placa de vidro. Fixações alternativas para essa placa também podem ser cogitadas;
- 1 régua ou trena;
- Fósforos ou isqueiro para acender uma das velas.

Procedimento

I. Utilizando uma mesa como bancada, aloje a lâmina de vidro na base de madeira de modo que a lâmina permaneça disposta verticalmente.

II. Posicione as velas simetricamente em relação à lâmina de vidro, uma de cada lado, como indicado na figura abaixo.

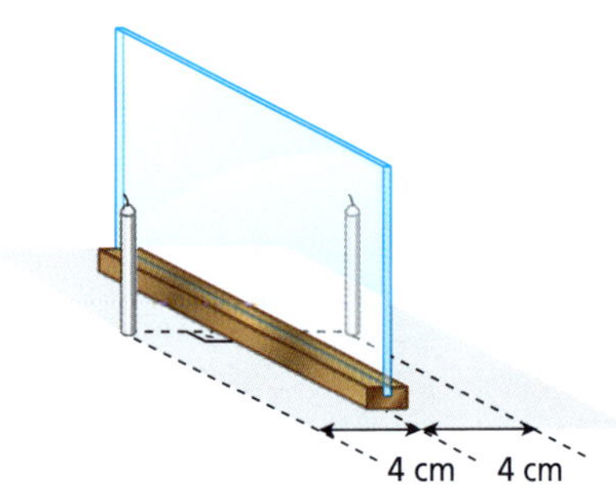

CJT/Zapt/Arquivo da editora

Distâncias de 4 cm a 5 cm entre as velas e as respectivas faces da lâmina são ideais. Utilize a régua ou a trena para aferir com exatidão essas distâncias e se certifique de que elas são iguais.

Observe que inicialmente nenhuma vela deve estar acesa.

III. Com cuidado, acenda agora uma das velas – aquela posicionada do lado do seu ponto de observação – e olhe através da lâmina de vidro. Você visualizará a outra vela também acesa, com seu pavio ardendo exatamente do mesmo modo que o da vela situada do lado do seu ponto de observação!

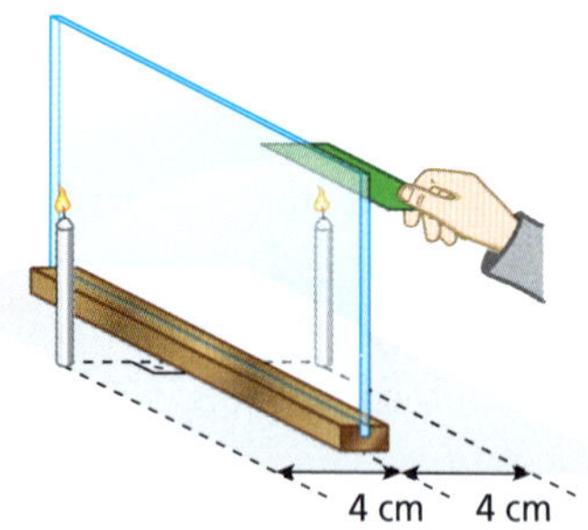

CJT/Zapt/Arquivo da editora

Desenvolvimento

Este seria um bom número de ilusionismo, não é?

Para deixar o efeito ainda mais impressionante, coloque algo inflamável, como uma folha de papel dobrada, ou mesmo a palma de sua mão, em contato com a chama "virtual".

Você e outras pessoas que porventura presenciem o "número" notarão que o material colocado em contato com a chama aparente não se queimará.

E, é claro, se você apagar a vela, a chama "virtual" também se apagará. Simultaneamente!

1. Como você explica o "acendimento" da vela situada do lado oposto da lâmina de vidro em relação ao seu ponto de observação?
2. Por que o material inflamável colocado em contato com a chama "virtual" não entra em combustão?
3. Se as velas não estivessem dispostas conforme o sugerido – posicionadas simetricamente em relação à lâmina de vidro – o efeito descrito teria sido observado com perfeição?
4. O sucesso do experimento tem alguma relação com a propriedade da simetria inerente aos espelhos planos, isto é, a imagem é simétrica do objeto em relação ao espelho?

Exercícios Nível 1

12. A imagem fornecida por um espelho plano será:

a) real, se o objeto for real.
b) virtual, se o objeto for virtual.
c) virtual, se o objeto for real, e real, se o objeto for virtual.
d) sempre virtual.
e) sempre real.

13. Considere o esquema seguinte, no qual **P** é um ponto luminoso, **E** é um espelho plano e **O** é o olho de um observador:

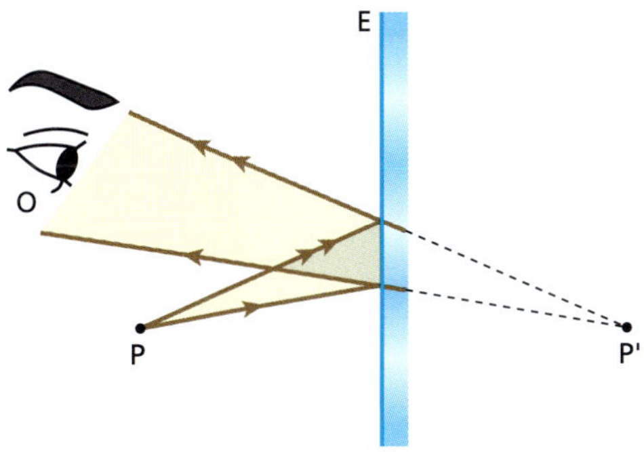

CJT/Zapt/Arquivo da editora

É correto afirmar que:

a) em relação a **E**, **P'** é imagem real.
b) em relação a **E**, **P'** é imagem imprópria.
c) em relação a **O**, **P'** é imagem real.
d) em relação a **O**, **P'** é imagem virtual.
e) em relação a **O**, **P'** se comporta como objeto real.

14. (Ufal) Um espelho plano está no piso horizontal de uma sala com o lado espelhado voltado para cima. O teto da sala está a 2,40 m de altura e uma lâmpada está a 80 cm do teto. Com esses dados, pode-se concluir que a distância entre a lâmpada e sua imagem formada pelo espelho plano é, em metros, igual a:

a) 1,20.
b) 1,60.
c) 2,40.
d) 3,20.
e) 4,80.

15. (UFF-RJ) Dois espelhos planos paralelos, $\mathbf{E_1}$ e $\mathbf{E_2}$, estão frente a frente separados pela distância de 20 cm. Entre eles há uma fonte luminosa **F**, de pequenas dimensões, na posição indicada na figura:

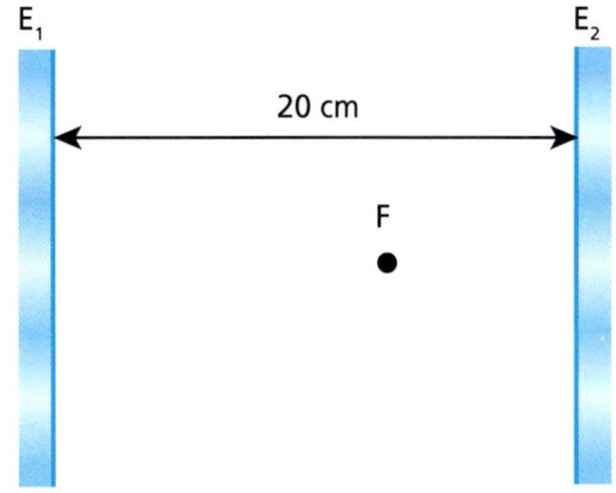

Reprodução/Arquivo da editora

a) Calcule a distância entre a primeira imagem fornecida pelo espelho $\mathbf{E_1}$ e a primeira imagem fornecida pelo espelho $\mathbf{E_2}$.
b) A distância calculada no item **a** depende da posição de **F** em relação a $\mathbf{E_1}$ e $\mathbf{E_2}$?

16. E.R. No esquema da figura, **P** é um ponto luminoso, **E** é um espelho plano e **O** é o olho de um observador:

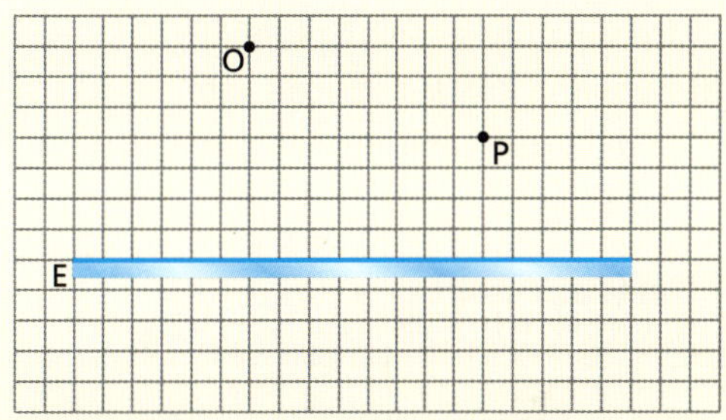

Banco de imagens/Arquivo da editora

Trace o caminho óptico da luz, que, partindo de **P**, sofre reflexão em **E** e atinge **O**.

Resolução:

Traçado do raio refletido:

Determina-se, por simetria, a imagem **P'**, que o espelho conjuga a **P**. A partir de **P'**, traça-se a reta **P'O**. O cruzamento dessa reta com o espelho define o ponto de incidência **I**, e o raio refletido corresponde ao segmento **IO**.

O raio incidente correspondente ao segmento **PI**.

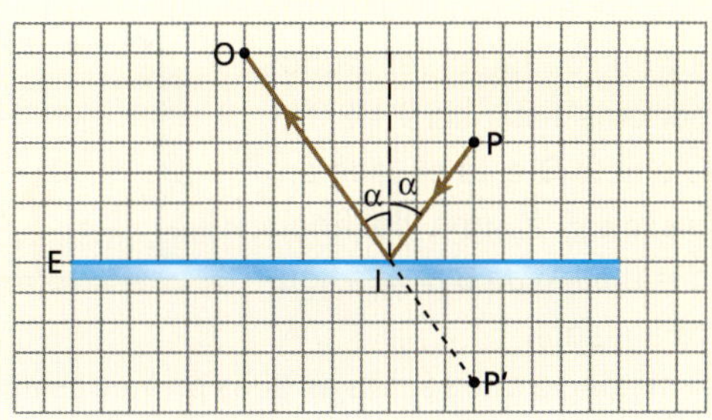

Banco de imagens/Arquivo da editora

17. (Fuvest-SP) A figura representa um objeto **A**, colocado a uma distância de 2,0 m de um espelho plano **S**, e uma lâmpada **L**, colocada à distância de 6,0 m do espelho:

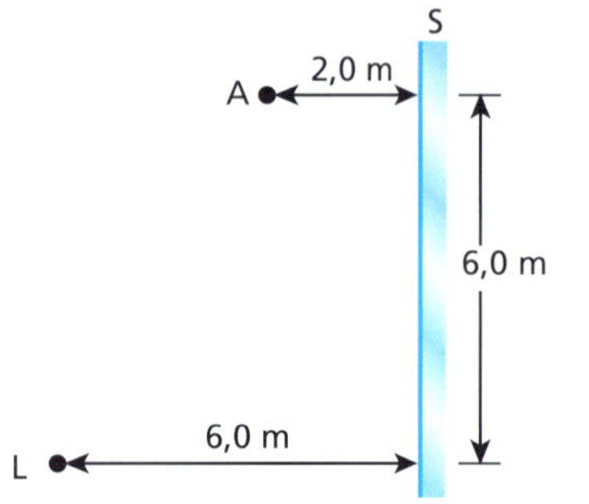

Reprodução/Arquivo da editora

a) Copie a figura e desenhe o raio emitido por **L** e refletido por **S** que atinge **A**. Explique a construção.
b) Calcule a distância percorrida por esse raio.

18. (Unesp-SP) Um estudante veste uma camiseta em cujo peito se lê a inscrição seguinte:

UNESP

a) De que forma a imagem dessa inscrição aparece para o estudante quando ele se encontra frente a um espelho plano?
b) Suponha que a inscrição esteja a 70 cm do espelho e que cada letra da camiseta tenha 10 cm de altura. Qual a distância entre a inscrição e sua imagem? Qual a altura de cada letra da imagem?

19. (Unicamp-SP) A figura abaixo mostra um espelho retrovisor plano na lateral esquerda de um carro. O espelho está disposto verticalmente e a altura do seu centro coincide com a altura dos olhos do motorista. Os pontos da figura pertencem a um plano horizontal que passa pelo centro do espelho.

Nesse caso, os pontos que podem ser vistos pelo motorista são:

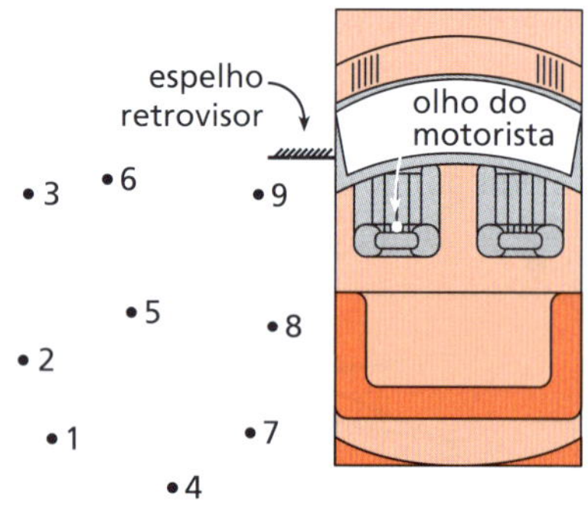

Reprodução/Arquivo da editora

a) 1, 4, 5 e 9.
b) 4, 7, 8 e 9.
c) 1, 2, 5 e 9.
d) 2, 5, 3 e 6.

Exercícios Nível 2

20. (UFPR) Um espelho plano fornece, de um dado objeto em relação ao espelho, uma imagem real, projetável sobre um anteparo. Pode-se, então, afirmar, sobre o objeto e sobre o feixe incidente que o define, respectivamente, que:
a) é real e divergente.
b) é virtual e convergente.
c) é virtual e divergente.
d) é real e convergente.
e) é real e paralelo.

21. (UFPI) Dois espelhos planos, paralelos, um defronte ao outro, estão separados por uma distância D = 2,0 m. O objeto **O** está situado entre eles, a uma distância d = 0,50 m de **B** (veja a figura ao lado).

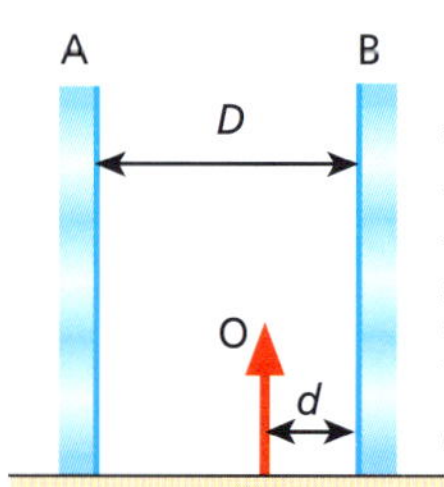

Reprodução/Arquivo da editora

A distância que separa as duas primeiras imagens formadas em **A** e a distância que separa as duas primeiras imagens formadas em **B** são, respectivamente:
a) 0,50 m e 1,5 m.
b) 1,5 m e 3,5 m.
c) 2,0 m e 4,0 m.
d) 1,0 m e 3,0 m.
e) 2,0 m e 2,0 m.

22. O fenômeno da reflexão da luz é o responsável por imagens instigantes, como a que aparece abaixo. Nesse caso, pelo fato de a superfície da água estar sujeita a pequenas ondulações, a reflexão é difusa, diferentemente do que ocorre em um espelho plano, em que a reflexão é regular ou especular.

StockPhotoAstur/Shutterstock

Considere a situação esquematizada a seguir em que um fotógrafo posiciona sua câmera em **A** com vistas a obter uma fotografia da imagem de uma fruta posicionada em **B**, conjugada por um espelho plano vertical **E**. Os pontos **A** e **B** estão contidos em um mesmo plano horizontal e o profissional usará um *flash* de modo que a luz refletida pelo espelho no ponto **P** ilumine devidamente a fruta e ainda ajustará sua câmera para a exata distância *D* entre o equipamento e a imagem da fruta.

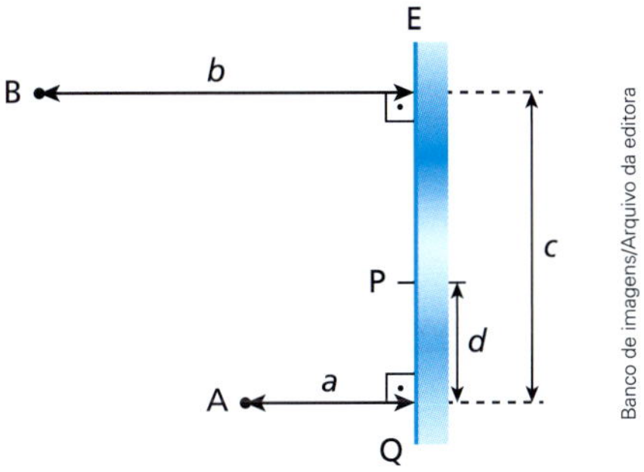

Sabendo-se que no esquema a = 20 cm e que b = c = 60 cm, desprezando-se as dimensões da câmera fotográfica e da fruta e adotando-se para a intensidade da velocidade de propagação da luz o valor $3{,}0 \cdot 10^8$ m/s, pergunta-se:

a) Qual a distância d entre os pontos **P** e **Q**?

b) Qual o valor da distância *d*?

c) Qual o mínimo intervalo de tempo *T*, aproximadamente, que o diafragma da câmera deverá permanecer aberto para que seja obtida uma fotografia da imagem da fruta iluminada pela luz do *flash*? Responda em ns (nanossegundos) e admita que a abertura do diafragma da câmera ocorra no mesmo instante do disparo do *flash*.

23. E.R. Um observador de altura *H* deseja mirar-se de corpo inteiro, utilizando para tanto um espelho plano circular disposto verticalmente. Sendo *h* a altura de seus olhos em relação ao solo, plano e horizontal:

a) calcule o mínimo diâmetro *d* que o espelho deve ter para que o observador realize seu intento.

b) obtenha a distância ℓ, do extremo inferior do espelho ao solo.

c) responda: as dimensões *d* e ℓ dependem ou não da distância *x* do observador em relação ao espelho?

Resolução:

Nas condições do esquema seguinte, o observador **CP** consegue mirar-se de corpo inteiro, utilizando para isso o espelho plano com diâmetro mínimo:

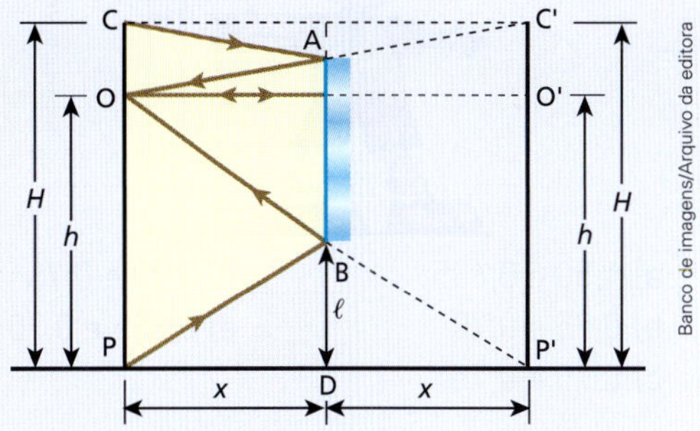

Observe na figura:

C = extremo superior da cabeça do observador

O = olho do observador

P = extremo inferior do pé do observador

C', **O'** e **P'** = imagens de **C**, **O** e **P**, respectivamente, fornecidas pelo espelho

AB = espelho (AB = d)

a) Os triângulos **OAB** e **OC'P'** são semelhantes. Por isso:

$$\frac{d}{H} = \frac{x}{2x} \Rightarrow \boxed{d = \frac{H}{2}}$$

O diâmetro mínimo do espelho deve corresponder à metade da altura do observador.

b) Os triângulos **OPP'** e **BDP'** são semelhantes. Por isso:

$$\frac{\ell}{h} = \frac{x}{2x} \Rightarrow \boxed{\ell = \frac{h}{2}}$$

A distância do extremo inferior do espelho ao solo deve corresponder à metade da altura dos olhos do observador.

c) As dimensões *d* e ℓ independem de *x*, que foi cancelado nos cálculos.

24. (FMABC-SP) Ubaldo é morador de um apartamento de pequenas dimensões. Sua mãe resolve instalar um espelho na parede do quarto de Ubaldo de tal maneira que, quando defronte ao espelho e a uma distância *d* do mesmo, ele sempre consiga se enxergar por inteiro (dos pés à cabeça). Recordando-se das aulas de Óptica Geométrica do ensino médio, a mãe toma algumas medidas do corpo do filho, faz alguns cálculos e encontra o menor tamanho possível do espelho e a altura em que sua base deve estar posicionada em relação ao chão do quarto. Os valores encontrados, em metros, para o tamanho mínimo do espelho e para a altura da base desse espelho em relação ao chão são, respectivamente:

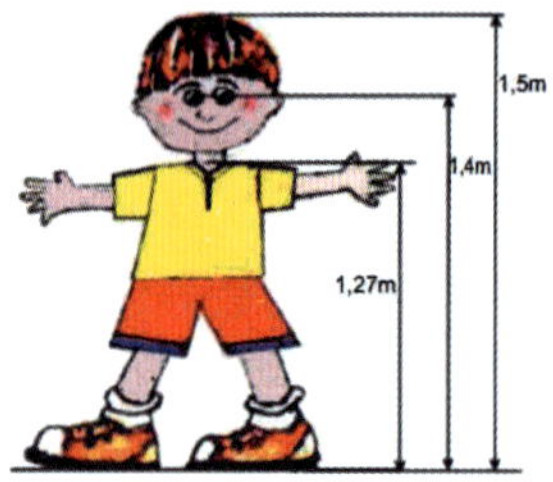

Reprodução/FMABC 2015

a) 1,50 e 0,635
b) 0,75 e 0,70
c) 0,75 e 0,75
d) 0,70 e 0,75
e) 0,635 e 0,70

25. O esquema abaixo representa um homem de frente para um espelho plano **S**, vertical, e de costas para uma árvore **P**, de altura igual a 4,0 m. Qual deverá ser o comprimento mínimo do espelho para que o homem possa ver nele a imagem completa da árvore?

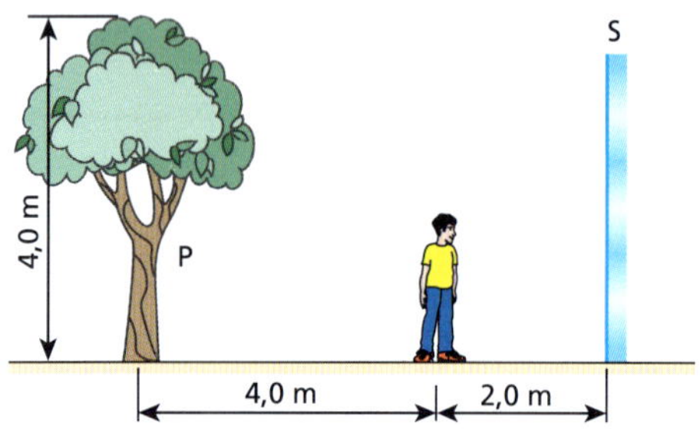

CJT/Zapt/Arquivo da editora

26. (FEI-SP) Um objeto vertical **AB**, de altura $\overline{AB}$ = 80 cm, encontra-se diante de um espelho plano vertical **E**. Sabe-se que a imagem do ponto **B** se encontra a 30 cm do espelho. Um raio de luz, partindo do ponto **B**, encontra o espelho num ponto **C**, segundo um ângulo de incidência α, e reflete-se passando pelo ponto **A**. Qual o valor de sen α?

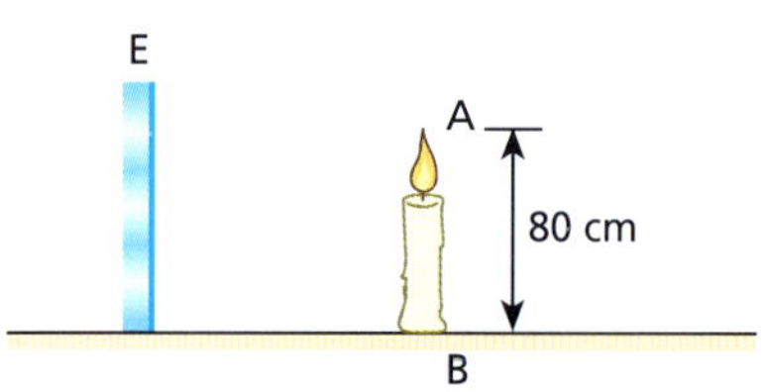

Reprodução/Arquivo da editora

27. E.R. Numa fábrica, um galpão tem o teto parcialmente rebaixado, criando um compartimento superior que é utilizado como depósito.

Para ter acesso visual a esse compartimento, constrói-se um sistema óptico simples, com dois espelhos planos **E₁** e **E₂**, de modo que um observador no andar de baixo possa ver as imagens dos objetos guardados no depósito (como o objeto **AB**, por exemplo).

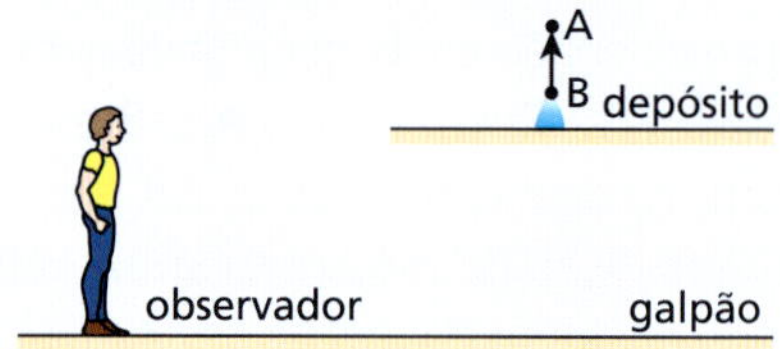

CJT/Zapt/Arquivo da editora

São possíveis duas configurações. Na primeira, os espelhos são paralelos, ambos formando 45° com a horizontal, como mostra a figura 1:

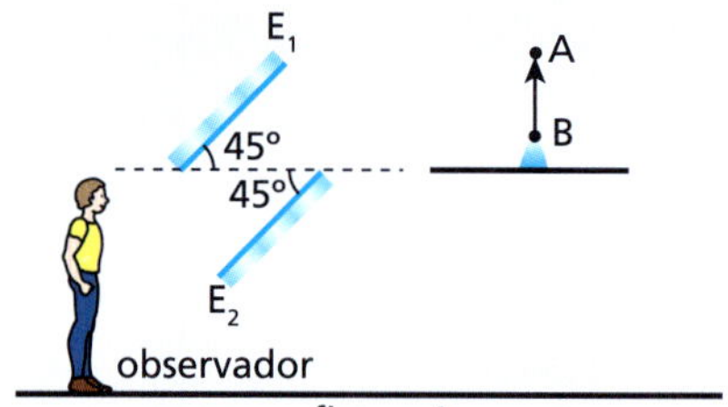

figura 1

CJT/Zapt/Arquivo da editora

Na outra, os espelhos são perpendiculares entre si, ambos formando 45° com a horizontal, como mostra a figura 2:

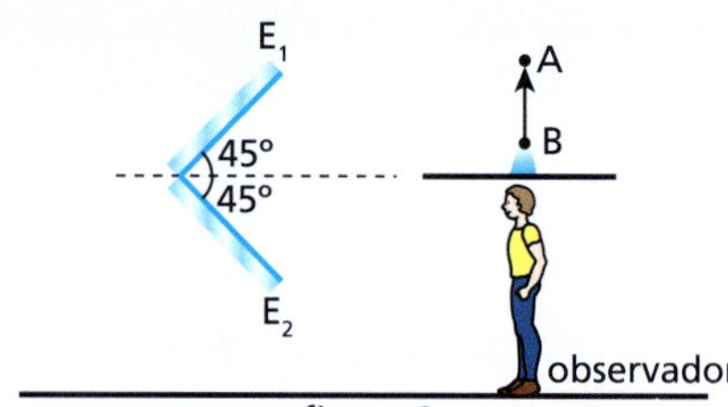

figura 2

CJT/Zapt/Arquivo da editora

Posicione em cada configuração as imagens **A_1B_1** e **A_2B_2** fornecidas por **E_1** e **E_2**, respectivamente e responda: a imagem **A_2B_2** visada pelo observador é **direita** ou **invertida** em relação ao objeto **AB**?

Resolução:

O posicionamento das imagens é feito observando-se a Propriedade Fundamental dos Espelhos Planos: a imagem é **simétrica** do objeto em relação à superfície refletora.

Configuração 1:

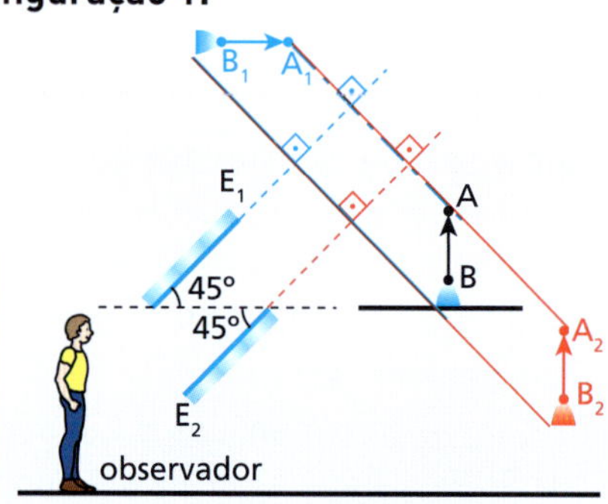

CJT/Zapt/Arquivo da editora

A_2B_2: imagem direita

Configuração 2:

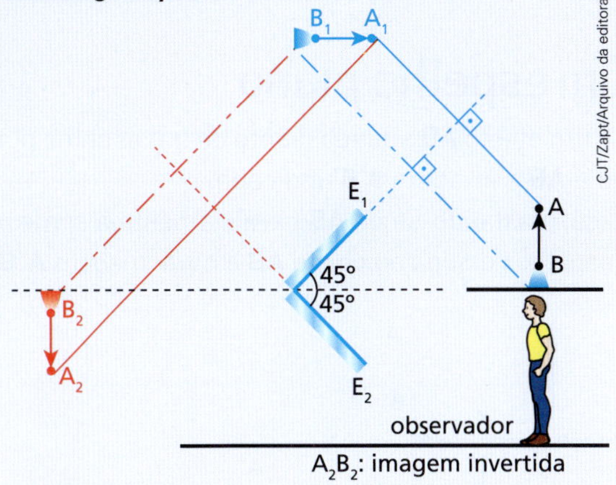

CJT/Zapt/Arquivo da editora

Nota:

Em ambas as configurações, a imagem $\mathbf{A_1B_1}$ fornecida pelo espelho $\mathbf{E_1}$ para o objeto **AB** funciona como objeto para o espelho $\mathbf{E_2}$.

28. (Unesp-SP) As figuras a seguir mostram a posição de um objeto **O** em relação a um espelho plano **E** e duas regiões delimitadas pelos quadrados **A** e **B**. Dentro de cada uma dessas regiões deve-se colocar um outro espelho plano, de modo que se obtenham as imagens $\mathbf{I_A}$ e $\mathbf{I_B}$ indicadas nas figuras.

Reprodução/Arquivo da editora

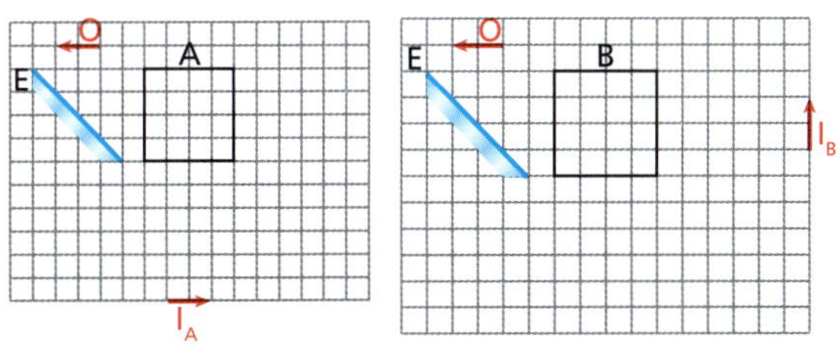

a) Copie o quadrado **A** numa folha. Em seguida, posicione no interior do quadrado um espelho plano capaz de criar a imagem $\mathbf{I_A}$ indicada na primeira figura.

b) Copie o quadrado **B** numa folha. Em seguida, posicione no interior do quadrado um espelho plano capaz de criar a imagem $\mathbf{I_B}$ indicada na segunda figura.

29. (Unifor-CE) Um observador encontra-se no ponto **P**, a 2,5 m de distância e perpendicular a um espelho plano **NM**, de 2 m de largura, posto no fundo de uma sala quadrada de 6 m × 6 m. Na lateral desta sala, encontram-se cinco quadros de dimensões desprezíveis, representados pelas letras **A**, **B**, **C**, **D**, **E**, equidistantes. A vista é superior, despreze as dimensões verticais. Olhando frontalmente para o espelho, quais as imagens dos quadros vistos pelo observador?

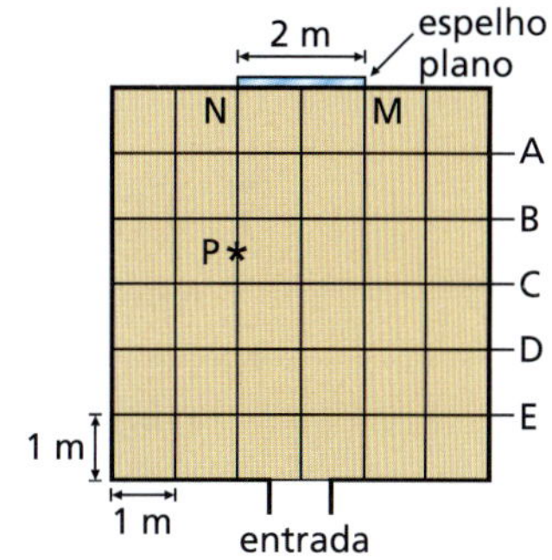

Reprodução/Arquivo da editora

a) A, B, C, D, E
b) B, C, D, E
c) C, D, E
d) D, E
e) E

30. No esquema seguinte, **PQ** é um espelho plano, **AB** é um objeto linear e **A'B'** é a imagem de **AB** conjugada pelo espelho. Para que um observador de dimensões desprezíveis veja a imagem **A'B'** inteira, deve colocar-se:

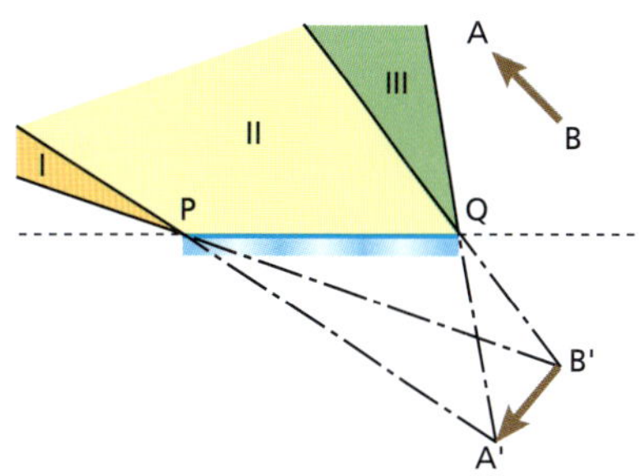

Banco de imagens/Arquivo da editora

a) nas regiões I, II ou III, indiferentemente.
b) nas regiões I ou II, indiferentemente.
c) exclusivamente na região I.
d) exclusivamente na região II.
e) exclusivamente na região III.

31. Juliana está parada no ponto **A**, indicado na figura a seguir, contemplando sua imagem num espelho plano vertical **E**, de largura 3,0 m. Rodrigo, um colega de classe, vem caminhando ao longo da reta **r**, paralela à superfície refletora do espelho, com velocidade de intensidade 2,0 m/s.

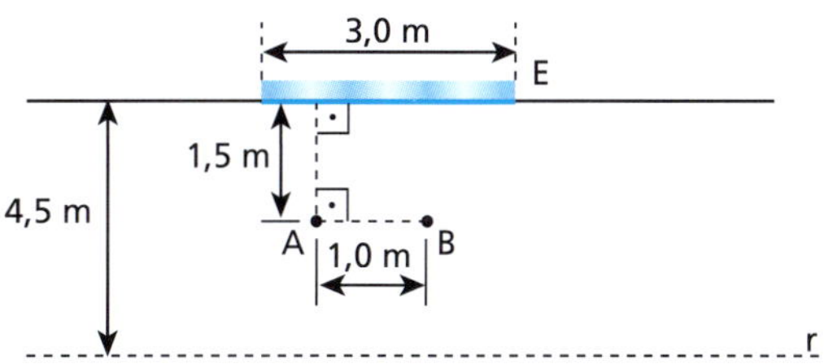

Banco de imagens/Arquivo da editora

Desprezando-se as dimensões de Juliana e de Rodrigo, responda:

a) Por quanto tempo Juliana poderá observar a imagem de Rodrigo em **E**?

b) Se Juliana estivesse na posição **B**, qual seria o tempo de observação da imagem de Rodrigo?

Bloco 3

7. Translação de um espelho plano

No esquema abaixo, tem-se um objeto **AB** situado diante de um espelho plano. Nesse caso, o espelho conjuga a **AB** a imagem **A'B'** indicada.

O espelho é então transladado, afastando-se de **AB** paralelamente a si mesmo. Agora, em sua nova posição, o espelho conjuga ao objeto **AB** a nova imagem **A"B"**.

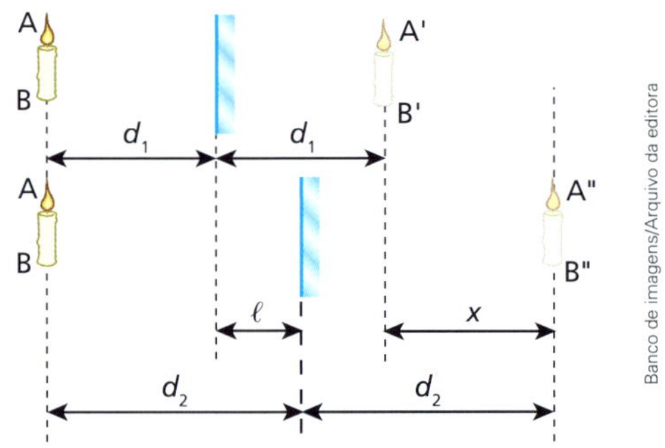

Sejam ℓ o comprimento correspondente à translação do espelho e x o comprimento correspondente à translação da imagem de **AB**. Relacionando x e ℓ por meio dos outros comprimentos referidos na figura, temos:

$$x = 2d_2 - 2d_1 \Rightarrow x = 2(d_2 - d_1) \quad \text{(I)}$$

$$\ell = d_2 - d_1 \quad \text{(II)}$$

Substituindo (II) em (I), tem-se:

$$x = 2\ell$$

Concluímos, portanto, o seguinte:

Quando um espelho plano é transladado paralelamente a si mesmo, a imagem de um objeto fixo sofre translação no mesmo sentido, com o dobro do comprimento em relação à do espelho.

Na situação esquematizada a seguir, um espelho plano **E** afasta-se, com velocidade v, de um objeto fixo (a pessoa parada na ilustração). O espelho está a uma distância d da pessoa e a imagem a uma distância $2d$ dela. Considerando um determinado intervalo de tempo, podemos afirmar que: se a velocidade do espelho em relação à pessoa é v, então a velocidade da imagem é $2v$. Se, entretanto, adotarmos o espelho como referencial, a velocidade da imagem em relação a ele será v.

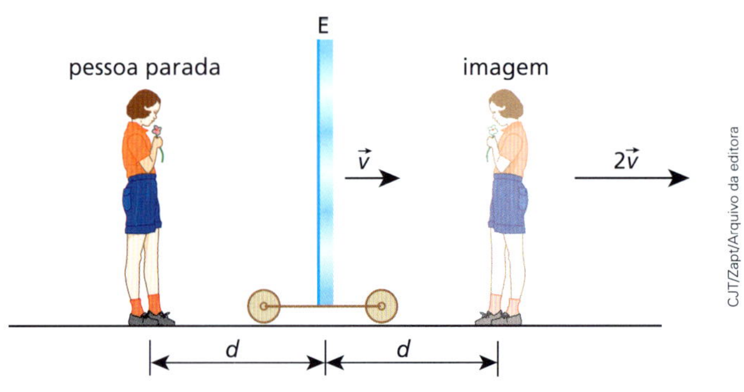

8. Rotação de um espelho plano

Veja a figura a seguir, em que um raio luminoso **A** incide no ponto $\mathbf{I_1}$ de um espelho plano, situado inicialmente na posição $\mathbf{E_1}$. O raio **A** determina, nessa situação, o raio refletido **A'**.

Admita, agora, que o espelho seja girado em torno do eixo **O**, sofrendo uma rotação equivalente ao ângulo α e passando à nova posição $\mathbf{E_2}$. Nesse caso, o raio **A** incide no espelho no ponto $\mathbf{I_2}$, determinando o novo raio refletido **A"**.

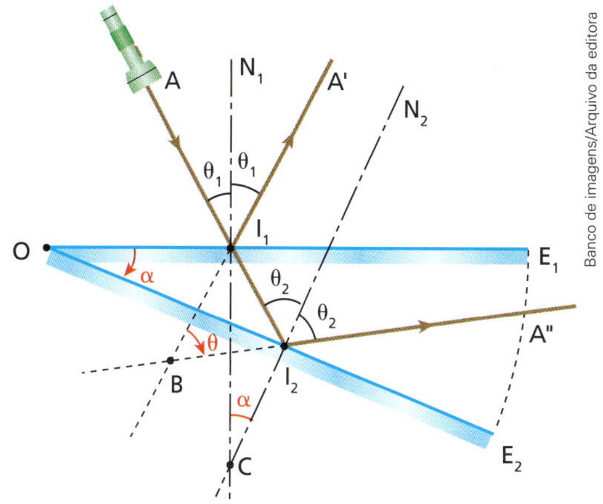

Sendo δ o ângulo formado pelas direções dos raios refletidos **A'** e **A"**, relacionemos δ com α.

No triângulo $\mathbf{I_1I_2B}$, temos $B\hat{I}_1I_2 = 2\theta_1$. Aplicando o Teorema do Ângulo Externo, temos:

$$\delta + 2\theta_1 = 2\theta_2 \Rightarrow \delta = 2(\theta_2 - \theta_1) \quad \text{(I)}$$

No triângulo $\mathbf{I_1I_2C}$, temos $C\hat{I}_1I_2 = \theta_1$. Aplicando também o Teorema do Ângulo Externo, temos:

$$\alpha + \theta_1 = \theta_2 \Rightarrow \alpha = \theta_2 - \theta_1 \quad \text{(II)}$$

Substituindo (II) em (I), obtemos:

$$\delta = 2\alpha$$

Concluímos, então, que:

Quando um espelho plano sofre uma rotação de um ângulo α em torno de um eixo normal ao plano de incidência de um raio de luz proveniente de uma fonte fixa, o raio refletido correspondente sofre uma rotação, no mesmo sentido, de um ângulo que equivale ao dobro de α.

9. Imagens múltiplas em dois espelhos planos associados

A figura ao lado representa dois espelhos planos, $\mathbf{E_1}$ e $\mathbf{E_2}$, que formam entre suas superfícies refletoras um ângulo diedro α. O ponto **P** representa um objeto pontual colocado diante dos espelhos.

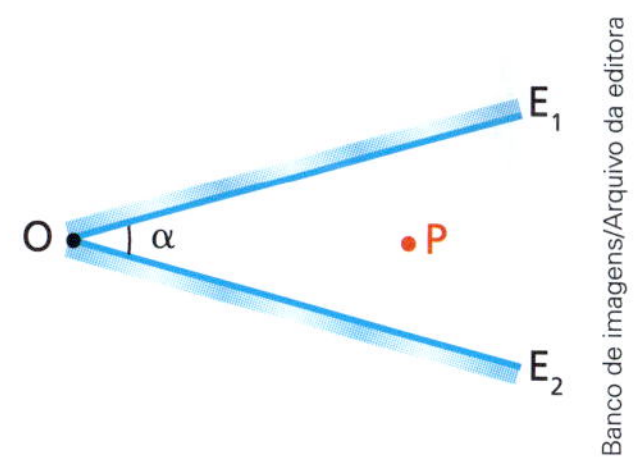

A luz emanada de **P** sofrerá múltiplas reflexões, até emergir do sistema. Por causa disso, a associação de espelhos conjugará a **P** várias imagens, que se apresentarão distribuídas ao longo de uma circunferência de centro em **O** e raio **OP**.

O número *n* de imagens fornecidas pela associação fica determinado pela expressão empírica:

$$n = \frac{360^\circ}{\alpha} - 1$$

em que α, ângulo formado pelos espelhos, deve ser divisor de 360°.

NOTAS!

- Se o quociente de $\frac{360^\circ}{\alpha}$ for par, a expressão será aplicável qualquer que seja a posição de **P** entre os espelhos.
- Se o quociente de $\frac{360^\circ}{\alpha}$ for ímpar, a expressão só será aplicável se **P** estiver no plano bissetor do diedro formado pelos espelhos.

NOTAS!

- As imagens formadas por um número ímpar de reflexões são sempre enantiomorfas em relação ao objeto dado.
- As imagens $\mathbf{P''_1}$ e $\mathbf{P''_2}$, superpostas, constituem, na realidade, uma só imagem.
- O ponto $P''_1 = P''_2$, pelo fato de estar situado na zona morta da associação, isto é, atrás tanto de $\mathbf{E_1}$ como de $\mathbf{E_2}$, não produz imagens subsequentes.

Para exemplificar melhor, vamos analisar o caso em que se tem um objeto **P** situado entre as superfícies refletoras de dois espelhos planos que formam entre si um ângulo diedro $\alpha = 60°$. O número *n* de imagens que poderão ser observadas é:

$$n = \frac{360^o}{\alpha} - 1 \Rightarrow n = \frac{360^o}{60^o} - 1$$

$$\boxed{n = 5 \text{ imagens}}$$

No esquema ao lado, fazemos uma representação esquemática correspondente à situação em estudo.

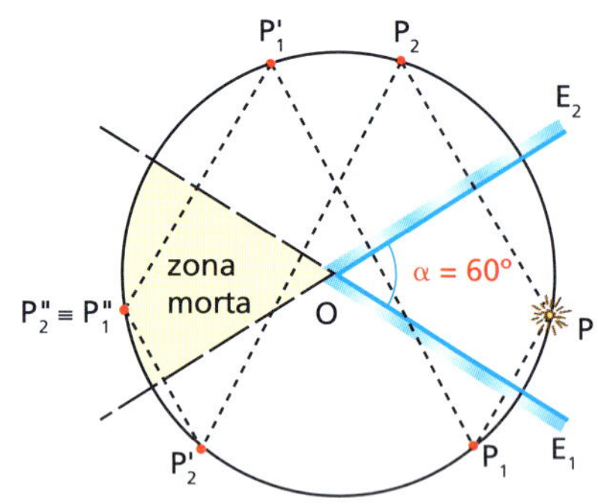

Banco de imagens/Arquivo da editora

P_1 = imagem formada por $\mathbf{E_1}$, por simples reflexão. Essa imagem é enantiomorfa em relação a **P**.

P'_1 = imagem formada por $\mathbf{E_2}$, por dupla reflexão. Essa imagem é igual a **P**.

P''_1 = imagem formada por $\mathbf{E_1}$, por tripla reflexão. Essa imagem é enantiomorfa em relação a **P**.

P_2 = imagem formada por $\mathbf{E_2}$, por simples reflexão. Essa imagem é enantiomorfa em relação a **P**.

P'_2 = imagem formada por $\mathbf{E_1}$, por dupla reflexão. Essa imagem é igual a **P**.

P''_2 = imagem formada por $\mathbf{E_2}$, por tripla reflexão. Essa imagem é enantiomorfa em relação a **P**.

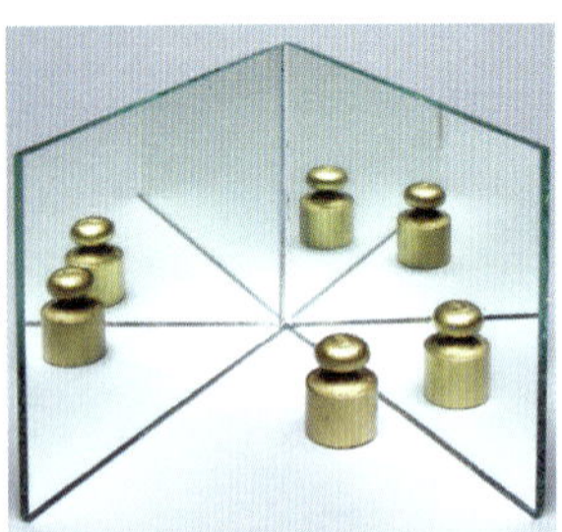

Gabor Nemes/Kino.com.br

Nesta fotografia, o ângulo formado entre os espelhos é de 60°. Observe o massor (objeto) posicionado entre as duas superfícies refletoras e as cinco imagens produzidas pela associação.

Na fotografia abaixo, os espelhos planos formam 90° entre suas superfícies refletoras. A associação conjuga três imagens do massor (objeto), sendo as duas mais externas enantiomorfas (formadas por simples reflexão da luz) e a outra igual ao objeto (obtida por dupla reflexão da luz).

Se os espelhos planos forem dispostos paralelamente entre si, um objeto colocado entre suas superfícies refletoras produzirá "infinitas" imagens.

Essas "infinitas" imagens, entretanto, não serão totalmente observáveis em razão da gradual diminuição sofrida pelo ângulo visual de observação à medida que o número de reflexões da luz no sistema vai aumentando. Além disso, as múltiplas reflexões impõem uma sucessiva dissipação da energia luminosa, que vai sendo absorvida pelos espelhos e pelo meio existente entre eles.

Gabor Nemes/Kino.com.br

Fotografia mostrando os espelhos perpendiculares e as três imagens do massor.

Sérgio Dotta Jr./Arquivo da editora

Imagens sucessivas formadas por dois espelhos planos paralelos para uma esfera colocada entre eles.

Exercícios Nível 1

32. (UEL-PR) A figura representa um espelho plano vertical e um eixo horizontal onde estão os pontos **A**, **B**, **C**, **D**, **E**, **F**, **G** e **H**, equidistantes entre si.

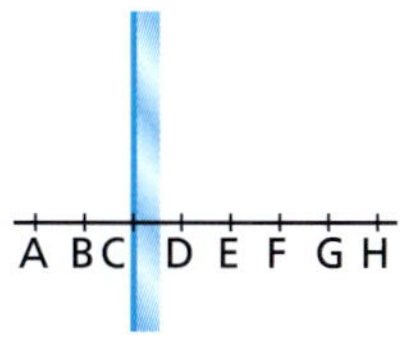

Se o espelho plano sofrer uma translação, passando do ponto **C** ao ponto **D**, a imagem de **A** vai passar do ponto:

a) **D** para o ponto **E**.
b) **E** para o ponto **G**.
c) **E** para o ponto **F**.
d) **E** para o ponto **H**.
e) **F** para o ponto **G**.

33. E.R. Dois espelhos planos são associados de modo que suas superfícies refletoras formem um ângulo diedro de 45°. Um objeto luminoso é colocado diante da associação. Determine:

a) o número de imagens que os espelhos conjugam ao objeto.
b) o número de imagens enantiomorfas e o número de imagens iguais ao objeto.

Resolução:

a) O número de imagens que a associação conjuga ao objeto é calculado pela fórmula:

$$n = \frac{360°}{\alpha} - 1$$

Sendo $\alpha = 45°$, determinemos n:

$$n = \frac{360°}{45°} - 1 \therefore \boxed{7 \text{ imagens}}$$

b) 1ª e 2ª imagens: simples reflexão ⇒ enantiomorfas
3ª e 4ª imagens: dupla reflexão ⇒ iguais ao objeto
5ª e 6ª imagens: tripla reflexão ⇒ enantiomorfas
7ª imagem: quádrupla reflexão ⇒ igual ao objeto
Portanto, temos:

4 imagens enantiomorfas
3 imagens iguais ao objeto

34. Diante de dois espelhos planos que formam entre suas superfícies refletoras um ângulo de 90°, um rapaz coloca um relógio, cujo painel é dotado de traços no lugar dos números. Sabendo que o experimento é realizado às 4 h 10 min, determine:

a) o número de imagens que os espelhos conjugam ao relógio.
b) quantas imagens têm o aspecto da figura I e quantas têm o aspecto da figura II.

figura I figura II

35. (Fuvest-SP) Na figura, **F** indica um ladrilho colocado perpendicularmente a dois espelhos planos que formam um ângulo reto:

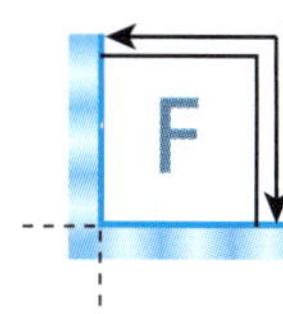

Indique a alternatica que corresponde às três imagens formadas pelos espelhos.

a) 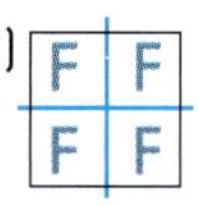
c) 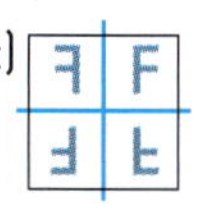
e) 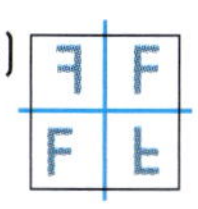
b) 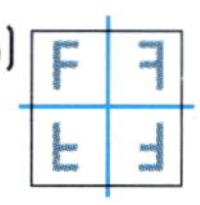
d) 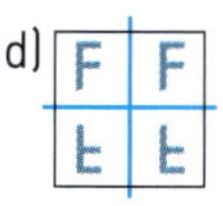

Exercícios Nível 2

36. (UFC-CE) A figura ao lado mostra um objeto **O** diante do espelho plano **E**, em posição vertical. Originalmente, o espelho está na posição **P**, a uma distância *d* do objeto. Deslocando-se o espelho para a posição $\mathbf{P_1}$, a distância da imagem de **O** até o espelho é de 7 cm. Se o espelho é deslocado para a posição $\mathbf{P_2}$, a distância da imagem de **O** até o espelho passa a ser de 11 cm. $\mathbf{P_1}$ e $\mathbf{P_2}$ estão a igual distância de **P**. A distância original, *d*, entre o espelho e o objeto vale:

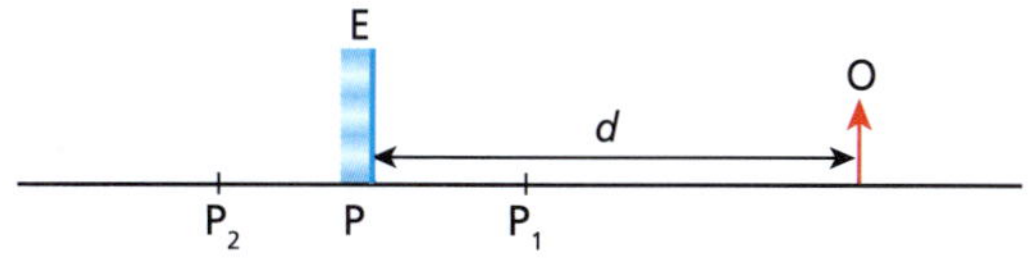

a) 4 cm.
b) 9 cm.
c) 14 cm.
d) 18 cm.
e) 22 cm.

37. Um caminhão trafega em uma estrada retilínea com velocidade de 40 km/h. Olhando no espelho retrovisor plano, o motorista contempla a imagem de um poste vertical fixo na estrada.

a) Qual a velocidade da imagem do poste em relação ao solo?

b) Qual a velocidade da imagem do poste em relação ao motorista do caminhão?

38. **E.R.** A figura a seguir representa um espelho plano que pode girar em torno de um eixo contendo seu centro **C**. Estando na posição $\mathbf{E_1}$, o espelho capta a luz proveniente de uma fonte pontual **A**, fixa no anteparo, refletindo-a de volta ao ponto de partida. O espelho sofre, então, uma rotação equivalente a um ângulo α, passando para a posição $\mathbf{E_2}$. Nesse caso, ao receber a luz emitida por **A**, reflete-a para o ponto **B**. Sabendo que $AB = \sqrt{3}\,AC$, calcule o ângulo α.

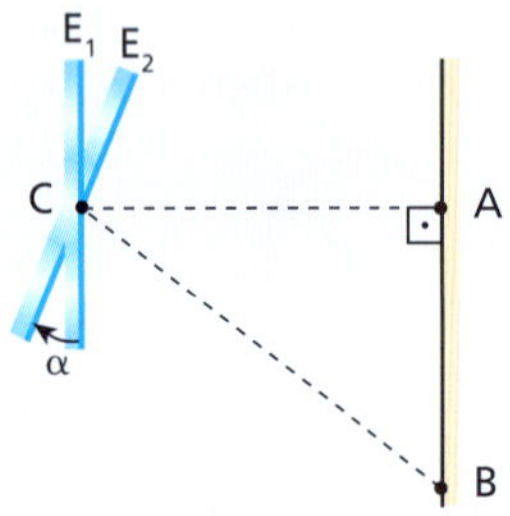

Banco de imagens/Arquivo da editora

Resolução:

A figura a seguir representa os raios refletidos $\mathbf{r_1}$ e $\mathbf{r_2}$, que correspondem, respectivamente, às posições $\mathbf{E_1}$ e $\mathbf{E_2}$ do espelho:

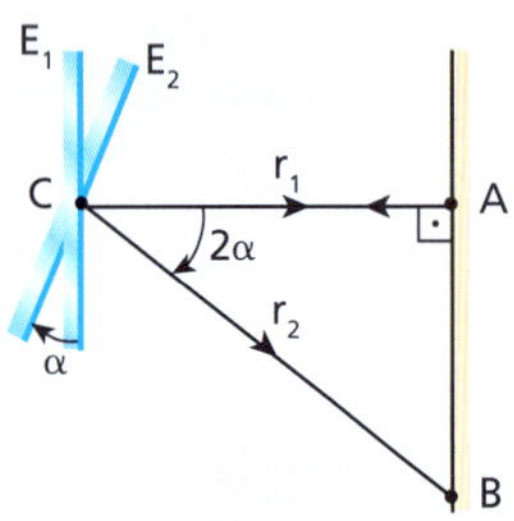

Banco de imagens/Arquivo da editora

No triângulo **ABC**, temos: $\text{tg } 2\alpha = \dfrac{AB}{AC}$

Mas, sendo $AB = \sqrt{3}\,AC$, vem:

$$\text{tg } 2\alpha = \frac{\sqrt{3}\,AC}{AC} \Rightarrow \text{tg } 2\alpha = \sqrt{3}$$

$$\boxed{2\alpha = 60° \Rightarrow \alpha = 30°}$$

39. O esquema a seguir representa um pêndulo. Na extremidade do fio, está preso um espelho plano. Incrustada no anteparo há uma lâmpada pontual **F** que emite um pincel luminoso cilíndrico na direção horizontal para a esquerda. O pêndulo é posto a oscilar, fazendo com que o espelho passe pelas posições $\mathbf{E_1}$ e $\mathbf{E_2}$ e varra, de uma para a outra, um ângulo $\theta = 30°$ no plano da figura:

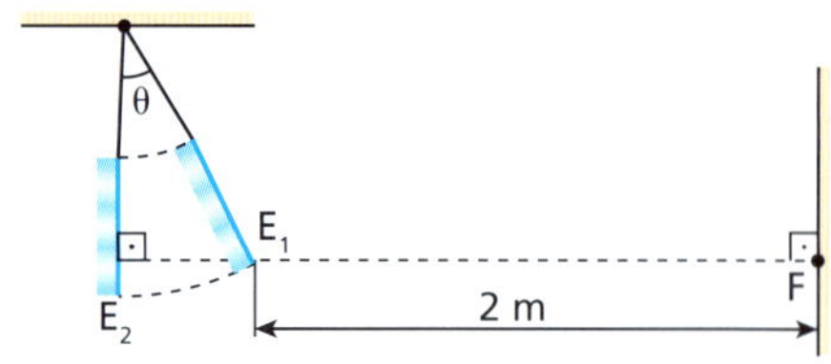

Banco de imagens/Arquivo da editora

Calcule a extensão do anteparo percorrida pelo pincel luminoso proveniente de **F** e refletido pelo espelho, quando o espelho vai de $\mathbf{E_1}$ para $\mathbf{E_2}$.

40. Na situação esquematizada a seguir, **F** é uma pequena lanterna fixa que emite um estreito feixe cilíndrico de luz e **E** é um espelho plano que pode girar em torno de um eixo **O** perpendicular ao plano desta página.

Inicialmente, a luz proveniente de **F** incide em **E** sob um ângulo de 53°, como indica a figura, produzindo um feixe refletido que ilumina o ponto **A** de uma plataforma também fixa.

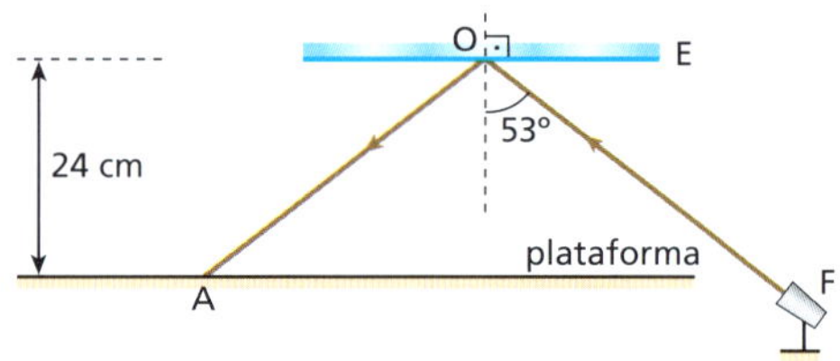

Banco de imagens/Arquivo da editora

O espelho sofre, então, uma rotação de 8° no sentido anti-horário, fazendo com que o feixe refletido atinja um outro ponto **B** da mesma plataforma. Sabendo-se que sen 53° = cos 37° = 0,80 e cos 53° = sen 37° = 0,60, pode-se afirmar que a distância entre os pontos **A** e **B** vale:

a) 32 cm.
b) 24 cm.
c) 18 cm.
d) 14 cm.
e) 12 cm.

41. (PUC-SP) Um aluno colocou um objeto **O** entre as superfícies refletoras de dois espelhos planos associados e que formavam entre si um ângulo θ, obtendo *n* imagens. Quando reduziu o ângulo entre os espelhos para $\dfrac{\theta}{4}$ passou a obter *m* imagens.

A relação entre *m* e *n* é:

a) $m = 4n + 3$
b) $m = 4n - 3$
c) $m = 4n(n + 1)$
d) $m = 4(n - 1)$
e) $m = 4n$

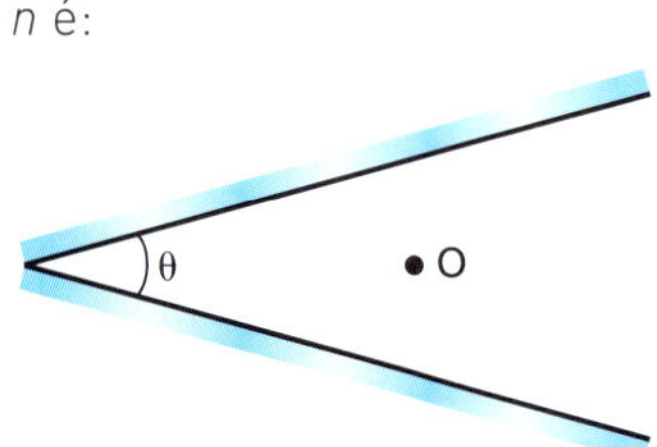

Reprodução/Arquivo da editora

Bloco 4

10. Classificação e elementos geométricos dos espelhos esféricos

Você já deve ter notado que, além dos sempre comuns espelhos planos, há também espelhos com outros formatos, como os esféricos. Estes estão presentes em situações em que se almeja produzir imagens aumentadas (espelhos côncavos) ou campos visuais maiores, necessários em determinados ambientes (espelhos convexos).

O desenhista e pintor holandês Maurits Cornelis **Escher** (1898-1972) tem um trabalho fundamentado em xilografias, litografias e meios-tons que instiga a imaginação do observador. São figuras impressionantes, algumas verdadeiras distorções da realidade. Em sua obra reproduzida ao lado, o artista se autorretrata em seu escritório refletido em uma esfera espelhada – um espelho convexo – que permite uma visualização mais ampla do ambiente.

Autorretrato de M. C. Escher segurando uma esfera refletora. Litografia de janeiro de 1935.

Considere a superfície esférica Σ da figura a seguir, secionada por um plano π. O secionamento corta Σ e determina uma "casca" esférica denominada calota.

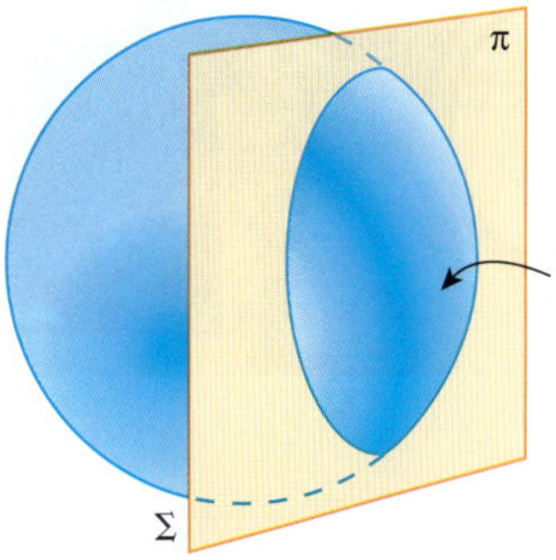

CJT/Zapt/Arquivo da editora

Chama-se **espelho esférico** qualquer calota esférica polida e com alto poder refletor.

Se a superfície refletora da calota estiver voltada para dentro da esfera, o espelho esférico correspondente será denominado **côncavo**.

Se a superfície refletora da calota estiver voltada para fora da esfera, o espelho esférico correspondente será denominado **convexo**.

Uma colher de aço inoxidável tem comportamento semelhante ao dos espelhos esféricos. A face sobre a qual são colocados os alimentos é um **espelho côncavo**, enquanto a face oposta é um **espelho convexo**. É importante observar, entretanto, que essas colheres em geral não são superfícies esféricas.

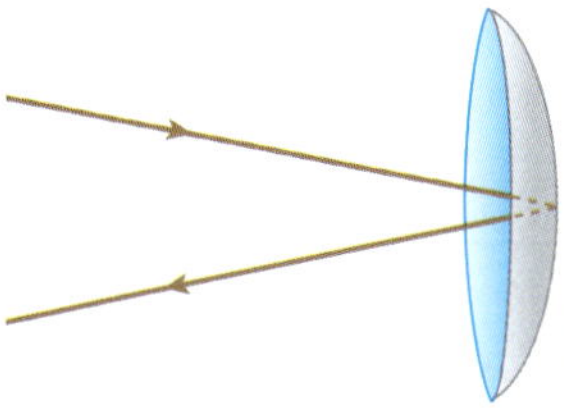

CJT/Zapt/Arquivo da editora

Representação de um espelho esférico côncavo.

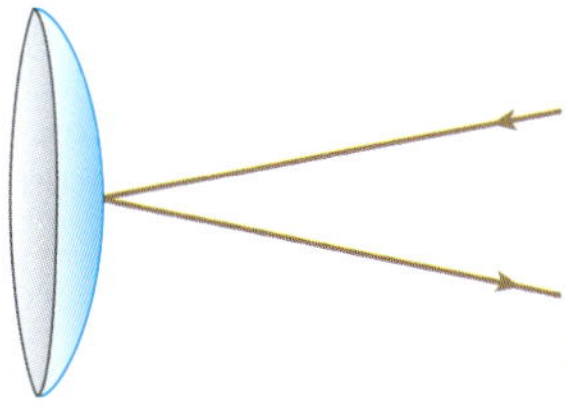

CJT/Zapt/Arquivo da editora

Representação de um espelho esférico convexo.

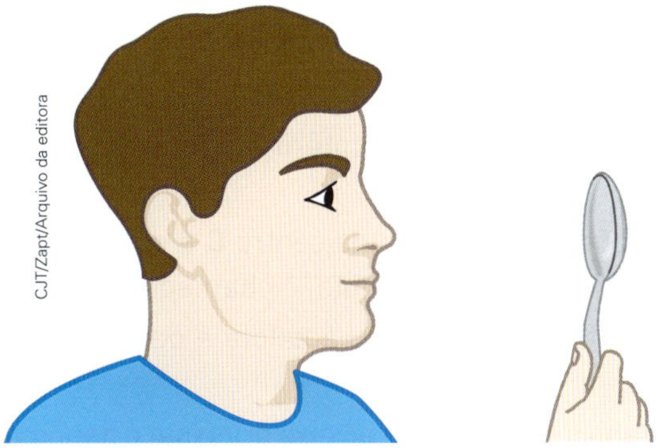

CJT/Zapt/Arquivo da editora

JÁ PENSOU NISTO?

Espelhos esféricos: muitas aplicações práticas

Os espelhos esféricos côncavos são utilizados como espelhos de aumento nos estojos de maquiagem, como refletores atrás das lâmpadas de sistemas de iluminação e projeção – lanternas, faróis, holofotes e projetores em geral – e como objetivas de telescópios, entre diversas outras aplicações.

SPL/Latinstock

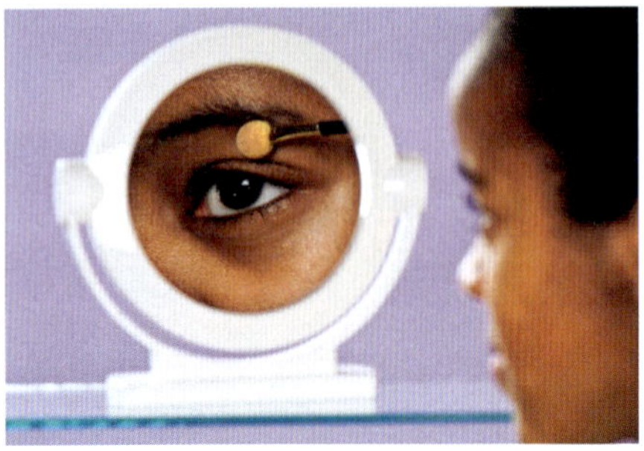

Alamy/Fotoarena

Thanarot Ngoenwilai/Shutterstock

// Nas fotografias acima, espelhos côncavos estão sendo utilizados como espelhos de aumento.

// Por trás da lâmpada desta lanterna há um espelho côncavo (não esférico) que reflete a luz, proporcionando um feixe luminoso de pequena abertura angular.

ND700/Shutterstock

Thosapon.s/Shutterstock

// Nestas fotografias, espelhos convexos estão sendo utilizados para retrovisão.

Os espelhos esféricos convexos são utilizados como espelhos retrovisores de veículos – como motos e alguns carros de passeio – e em pontos estratégicos de garagens, cruzamentos de ruas estreitas, portas de elevadores e ônibus. A vantagem dos espelhos convexos sobre os espelhos planos, nesses casos, é proporcionar, em idênticas condições, um campo visual maior. Deve-se notar, no entanto, que as imagens produzidas pelos espelhos convexos para objetos reais são menores que os respectivos objetos.

CJT/Zapt/Arquivo da editora

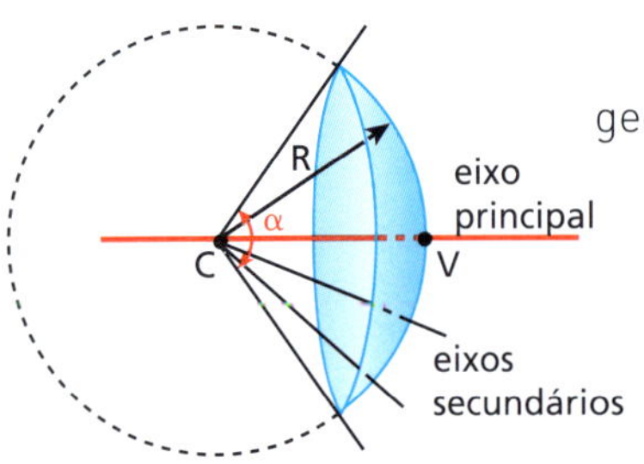

Veja ao lado o esquema de um espelho esférico com seus principais elementos geométricos:

- O centro **C** da esfera que originou a calota é chamado de **centro de curvatura** do espelho.
- O polo **V** da calota é chamado de **vértice** do espelho.
- A reta que passa por **C** e **V** é chamada de **eixo principal** do espelho.
- Todas as demais retas que contêm o centro **C** são chamadas de **eixos secundários**.
- O ângulo α, que tem o vértice no centro **C** e os lados passando por pontos diametralmente opostos da calota, é chamado de **abertura** do espelho.
- O raio *R* da esfera que originou a calota é denominado **raio de curvatura** do espelho.
- Qualquer plano perpendicular ao eixo principal é denominado **plano frontal**.

11. Espelhos esféricos gaussianos

Em geral, os espelhos esféricos não são sistemas ópticos estigmáticos, nem aplanéticos, nem ortoscópicos, como ocorre nos espelhos planos, uma vez que as imagens fornecidas por eles são sensivelmente distorcidas em comparação com os objetos correspondentes. As distorções provocadas por esses espelhos são denominadas **aberrações de esfericidade**.

Entretanto, o físico e matemático alemão Carl Friedrich Gauss (1777-1855) observou que, operando-se com raios luminosos pouco inclinados e pouco afastados em relação ao eixo principal (**raios paraxiais**), as aberrações de esfericidade inerentes aos espelhos esféricos ficavam sensivelmente minimizadas.

Neste livro, salvo recomendação em contrário, abordaremos os espelhos esféricos gaussianos, isto é, aqueles em que os raios luminosos envolvidos são pouco inclinados e pouco afastados em relação ao eixo principal. Por raios luminosos "pouco afastados" em relação ao eixo principal entendemos aqueles cuja distância do ponto de incidência ao referido eixo é pequena em comparação com o raio de curvatura do espelho.

Album/akg-images/Pictures Fr/Latinstock

Retrato de Carl Friedrich Gauss. Alemão, filho de família humilde notabilizou-se logo na juventude por seus estudos em Matemática e Astronomia. Publicou em 1807 – época em que era diretor do Observatório de Gottingen – uma série de trabalhos sobre Óptica, em especial envolvendo sistemas de várias lentes. Destacou-se também pelas contribuições em Eletricidade e Magnetismo, tendo estabelecido um sistema de unidades magnéticas fundamentado nas noções de comprimento.

A representação esquemática dos espelhos esféricos gaussianos é a seguinte:

Banco de imagens/Arquivo da editora

Em relação ao pincel luminoso incidente representado na figura ao lado, o espelho esférico côncavo pode ser considerado gaussiano. Note que, nessas condições, o ângulo de abertura da região do espelho sobre a qual a luz incide não deve exceder 10°.

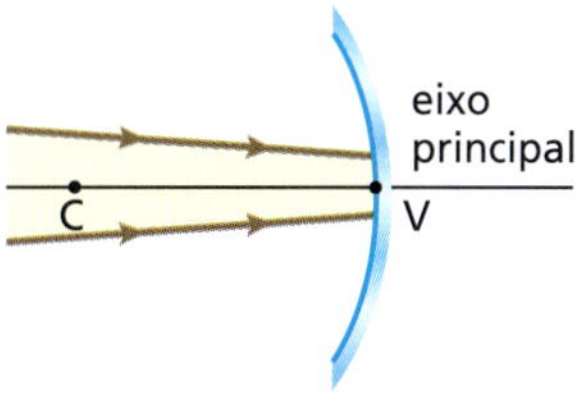

Banco de imagens/Arquivo da editora

12. Focos dos espelhos esféricos

De maneira geral:

> O **foco** de um sistema óptico qualquer é um ponto que tem por conjugado um ponto impróprio ("situado no infinito").

Exemplo 1:

Radiotelescópios são equipamentos que rastreiam o espaço em busca de sinais – ondas eletromagnéticas compatíveis com as radiofrequências – provenientes dos mais remotos pontos do Universo. O elemento receptor desses dispositivos é uma superfície parabólica, cuja parte côncava tem alto poder de reflexão. Ondas planas incidem sobre o sistema, originando ondas esféricas refletidas que convergem para o foco do paraboloide, onde está instalado o elemento detector das informações.

Manamana/Shutterstock

Fotografia mostrando radiotelescópios.

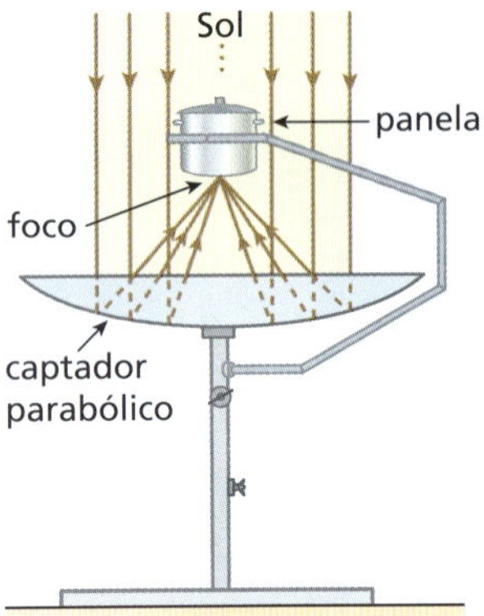

CJT/Zapt/Arquivo da editora

Esquema de um fogão solar.

O fogão solar, projetado para ser utilizado principalmente no campo, funciona de maneira similar aos radiotelescópios. Raios solares paralelos incidem sobre um captador parabólico e, depois de refletidos, convergem para o foco do sistema, onde é colocada a panela contendo os alimentos.

Exemplo 2:

Nos colimadores, holofotes e refletores que emitem feixes luminosos cilíndricos (constituídos de raios paralelos), uma pequena lâmpada é instalada sobre o foco de um espelho parabólico côncavo que conjuga à fonte de luz uma imagem imprópria.

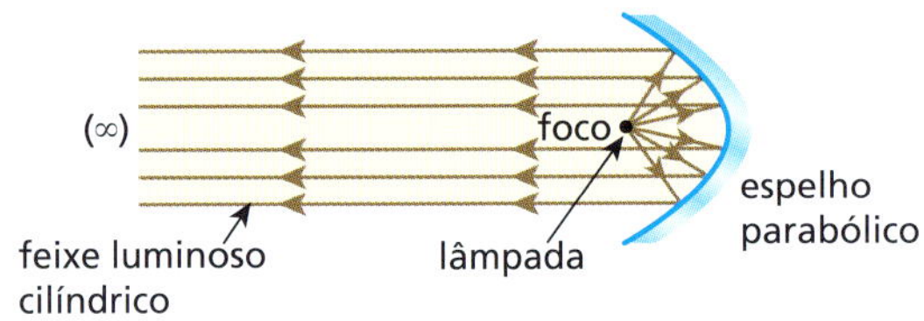

CJT/Zapt/Arquivo da editora

Considere os espelhos esféricos gaussianos a seguir, nos quais incidem raios luminosos paralelos entre si e ao eixo principal. A experiência mostra que as direções dos raios refletidos passam, necessariamente, por um mesmo ponto do eixo principal, denominado **foco principal** (**F**):

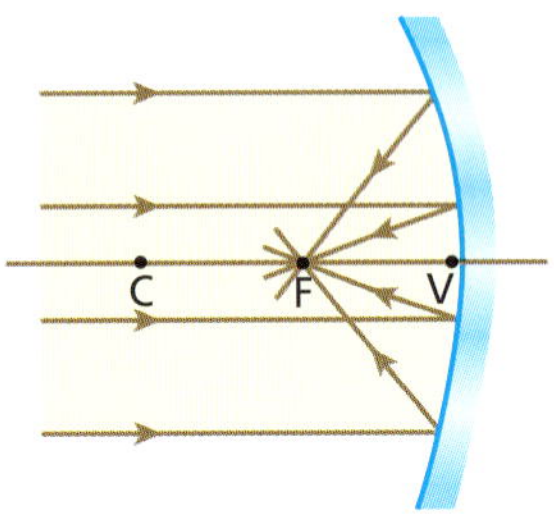

CJT/Zapt/Arquivo da editora

Representação esquemática de espelho côncavo.

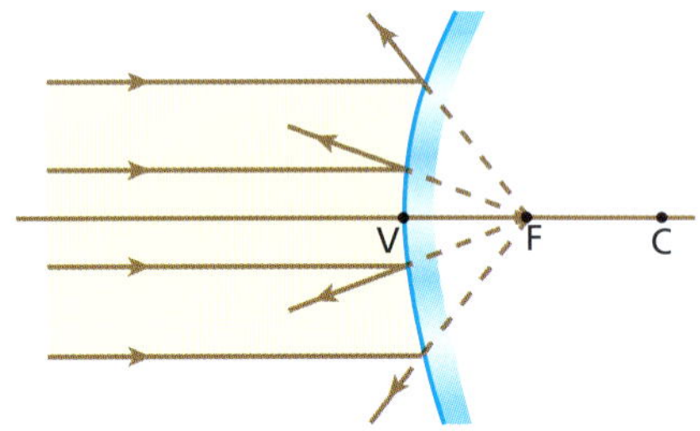

Representação esquemática de espelho convexo.

Suponhamos, agora, o caso em que incidem nos espelhos raios luminosos paralelos entre si e a um dos eixos secundários. Pode-se verificar, também nessa situação, que as direções dos raios refletidos passam por um mesmo ponto, mas do eixo secundário considerado. Esse ponto é denominado **foco secundário** (φ):

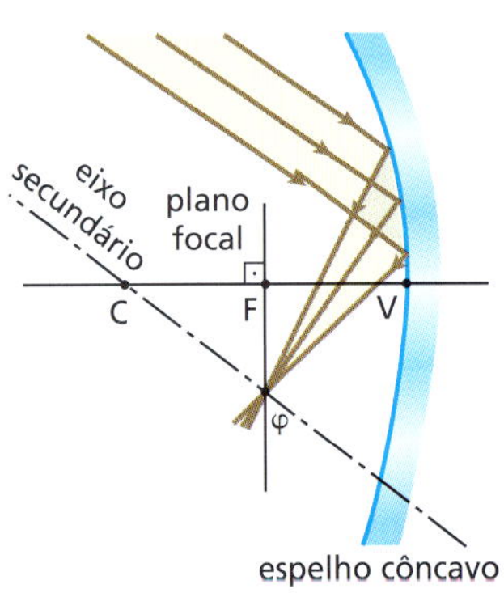

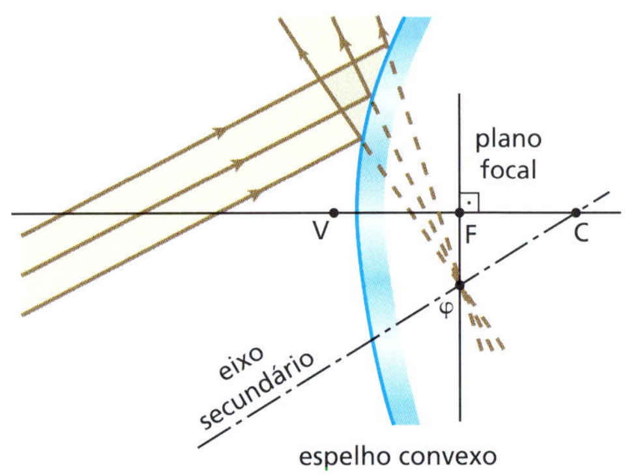

CJT/Zapt/Arquivo da editora

Prova-se, ainda, que o foco principal e os infinitos focos secundários de um espelho esférico gaussiano se alojam em um mesmo plano frontal, denominado **plano focal**.

É importantíssimo perceber que os focos de um espelho côncavo são **reais**, enquanto os de um espelho convexo são **virtuais**. A explicação para esse fato é simples: nos espelhos côncavos, os focos são determinados efetivamente pelos raios de luz (os focos apresentam-se "na frente" do espelho), enquanto nos espelhos convexos os focos são determinados pelos prolongamentos dos raios (os focos apresentam-se "atrás" do espelho).

Observe agora o espelho esférico côncavo representado a seguir, no qual incide um raio luminoso paralelo ao eixo principal. Ao se refletir, o raio intercepta o eixo principal do espelho no ponto **F** (foco principal).

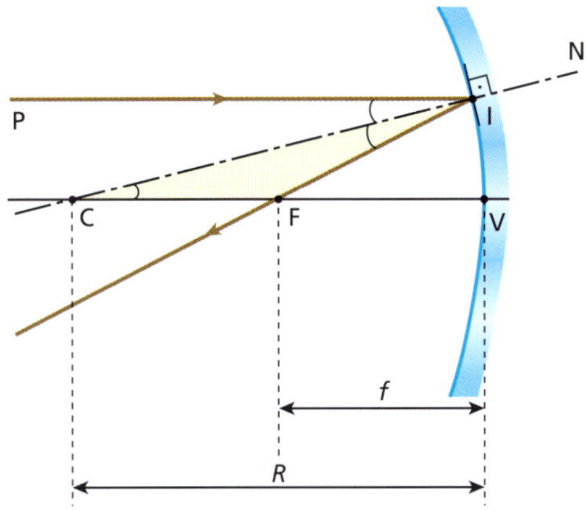

CJT/Zapt/Arquivo da editora

Na figura, temos:

$C\hat{I}P \equiv F\hat{I}C$ (2ª Lei da Reflexão)

$C\hat{I}P \equiv I\hat{C}F$ (alternos internos)

Portanto, $F\hat{I}C = I\hat{C}F$, e o triângulo **FIC** é isósceles, valendo a igualdade:

$$CF = FI$$

Mas $FI \cong FV$, pois o raio incidente considerado é paraxial. Assim:

$$CF \cong FV$$

ou também:

$$f \cong \frac{R}{2}$$

A conclusão acima permite afirmar:

Nos espelhos esféricos gaussianos, o **foco principal** é aproximadamente equidistante do centro de curvatura e do vértice.

JÁ PENSOU NISTO?

O prédio que frita

O imponente arranha-céu *20 Fenchurch Street* de 37 andares, chamado de *Walkie Talkie* em razão de sua concepção arquitetônica, em Londres, na Inglaterra, foi eleito a pior construção do Reino Unido em 2015 pelo *Carbuncle Cup*. O edifício projetado pelo arquiteto uruguaio Rafael Viñoli foi acusado, antes mesmo de sua conclusão em 2014, de derreter carros estacionados no seu entorno. Isso em razão da intensa reflexão da luz solar em certos horários de determinados dias do verão londrino. A fachada principal do edifício, revestida por placas de vidro, funciona como um grande espelho côncavo (não esférico, nem tampouco gaussiano) capaz de "fritar" (literalmente) coisas situadas em sua região focal.

Alamy/Fotoarena

Faça você mesmo

> **!** Este experimento envolve fogo. Realize-o apenas com a supervisão do professor.

Procurando o foco

Vamos determinar a posição do foco principal de um espelho esférico côncavo? Para isso, sugerimos um experimento muito simples que requer poucos apetrechos para sua realização.

O experimento deve ser feito ao ar livre, em um dia ensolarado, preferencialmente no período da manhã.

Material necessário

- 1 espelho esférico côncavo com pequeno ângulo de abertura (espelho gaussiano) articulado em um suporte que permita sua rotação em torno de um eixo diametral paralelo ao plano de apoio. Pode ser um desses espelhos de aumento, utilizados para maquiagem, devidamente adaptado;
- Alguns palitos de fósforo;
- 1 suporte de pequena espessura para fixação dos palitos de fósforo (pode ser de arame, por exemplo);
- 1 folha de papel A4 branca;
- 1 régua ou trena.

Procedimento

I. Dirija o eixo principal do espelho para a região central do Sol. Isso equivale a dizer que você deverá dispor o sistema óptico de modo que uma linha imaginária contenha seu vértice (polo da calota) e o centro do Sol.
Nesse caso, o espelho receberá um feixe de raios luminosos paralelos entre si e paralelos ao eixo principal.
Como se sabe, depois de refletidos, esses raios convergem para o foco principal do espelho, estabelecendo nesse ponto um local de alta concentração energética.

II. Utilize um pedaço de folha de papel em branco para localizar o foco principal do espelho. Isso poderá ser notado quando a luz refletida pela calota esférica determinar sobre esse pedaço de papel um círculo iluminado com a menor área possível.

III. Fixe alguns palitos de fósforo na extremidade do suporte e faça com que suas extremidades inflamáveis coincidam com a posição determinada para o foco principal do espelho.
Em pouco tempo, você notará a produção de fogo. Os palitos de fósforo se incendiarão devido à grande intensidade da energia luminosa estabelecida sobre eles.

IV. Meça, finalmente, a distância entre o vértice do espelho e os palitos de fósforo e você terá um valor bastante razoável para a distância focal f.

Veja a montagem do experimento na ilustração abaixo.

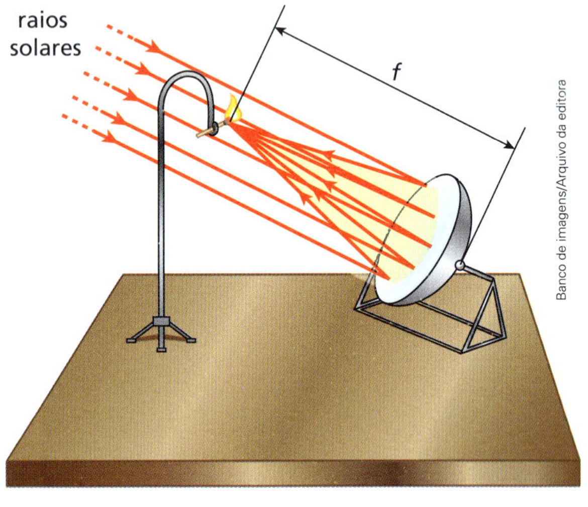

Banco de imagens/Arquivo da editora

Desenvolvimento

1. Posicionando os palitos de fósforo sobre o eixo principal do espelho um pouco além da posição focal, eles também se incendiarão? Em caso afirmativo, em mais tempo ou menos tempo que na posição determinada para o foco no experimento inicial?
2. Admitindo-se que o Sol se eleve com o passar do tempo e que o espelho seja mantido sempre na mesma posição, o que ocorre com o intervalo de tempo necessário para acender os palitos de fósforo na nova posição focal? Aumenta, diminui ou permanece o mesmo da primeira situação?

13. Raios luminosos particulares

Nos espelhos esféricos, alguns raios luminosos particulares de simples traçado apresentam grande interesse, pois facilitam a construção gráfica das imagens.

1º raio particular

Todo raio luminoso que incide no espelho alinhado com o centro de curvatura se reflete sobre si mesmo.

Essa afirmação pode ser constatada de imediato, pois um raio luminoso que incide alinhado com o centro de curvatura é **normal** à superfície refletora.

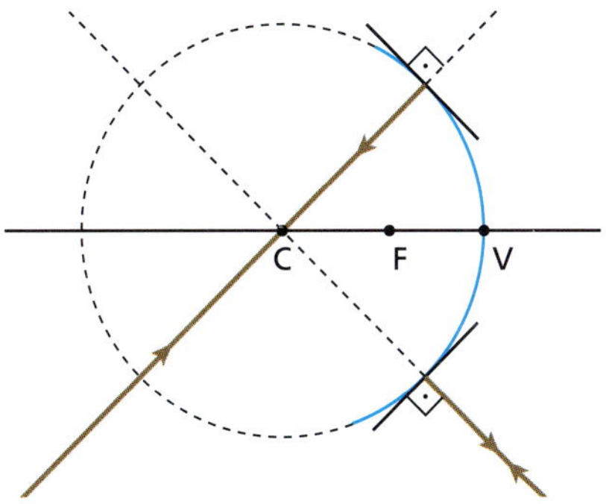

CJT/Zapt/Arquivo da editora

Usando a representação gaussiana, temos as figuras:

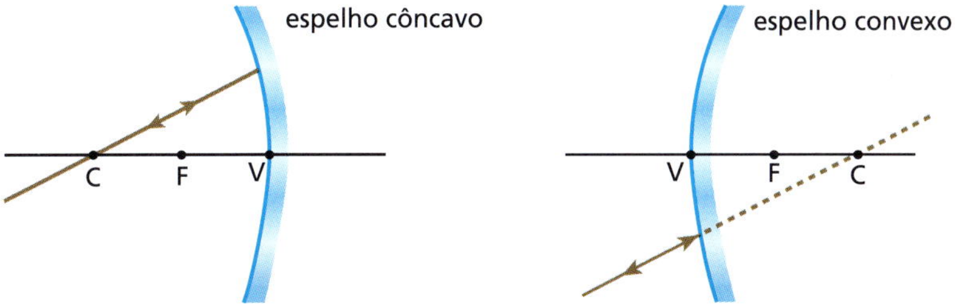

CJT/Zapt/Arquivo da editora

Como a incidência é normal, o ângulo de incidência é nulo, o mesmo devendo ocorrer com o ângulo de reflexão. Daí dizermos que "o raio se reflete sobre si mesmo".

A propriedade que esse raio tem de refletir-se sobre si mesmo é verificada em qualquer tipo de espelho esférico, gaussiano ou não.

2º raio particular

Todo raio luminoso que incide no vértice do espelho gera, relativamente ao eixo principal, um raio refletido simétrico.

Essa afirmação é consequência da **2ª Lei da Reflexão**. A reta normal à superfície refletora em **V** é o próprio eixo principal. Como o ângulo de reflexão deve ser igual ao de incidência, justifica-se a simetria citada.

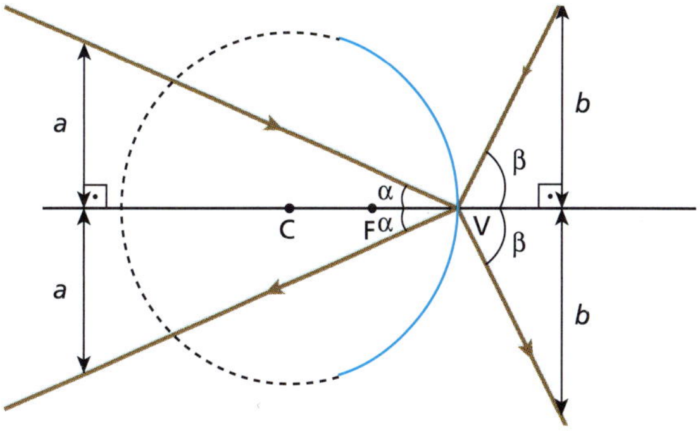

CJT/Zapt/Arquivo da editora

Na figura ao lado, os raios incidem no vértice do espelho, tanto na sua superfície côncava quanto na superfície convexa, são refletidos com o mesmo ângulo em relação ao eixo que passa pelo centro de curvatura e pelo vértice do espelho.

Usando a representação gaussiana, temos as figuras:

CJT/Zapt/Arquivo da editora

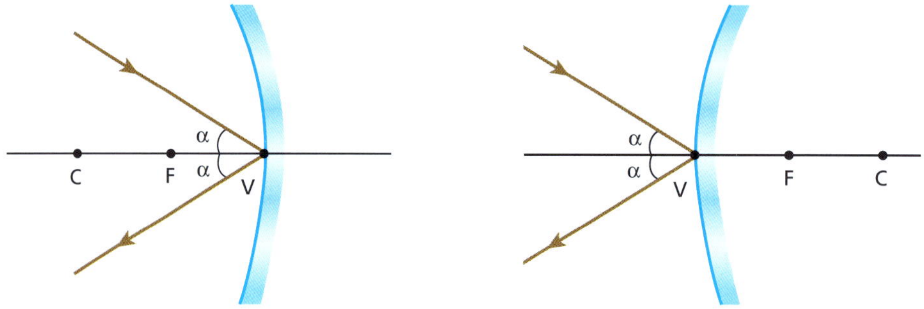

A propriedade que esse raio tem de refletir-se simetricamente em relação ao eixo principal é verificada com qualquer tipo de espelho esférico, gaussiano ou não.

3º raio particular

> Todo raio luminoso que incide paralelamente ao eixo principal se reflete alinhado com o foco principal.

CJT/Zapt/Arquivo da editora

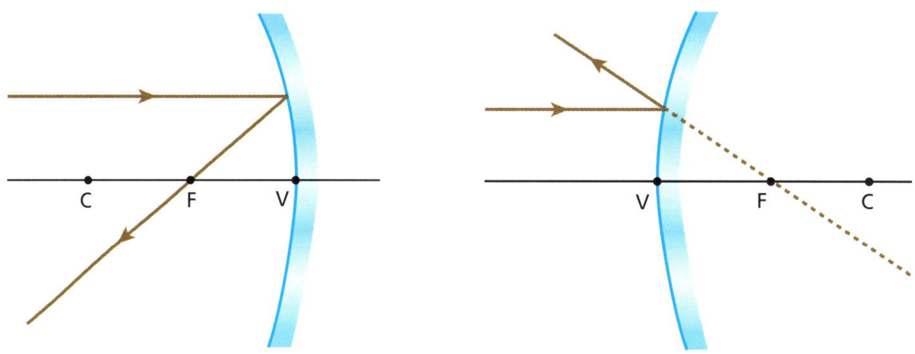

Note que essa afirmação decorre da própria definição de foco principal.

Considerando a reversibilidade dos raios de luz, podemos enunciar também:

> Todo raio luminoso que incide alinhado com o foco principal se reflete paralelamente ao eixo principal.

CJT/Zapt/Arquivo da editora

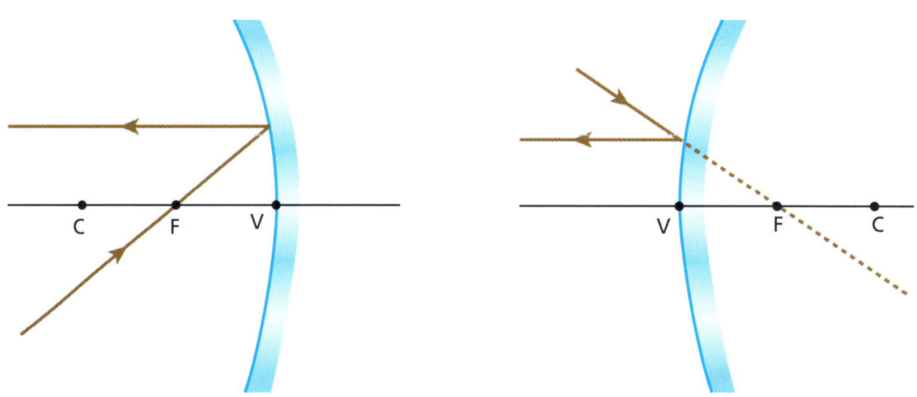

Esse raio só é verificado em espelhos esféricos gaussianos.

Ampliando o olhar

Espelhos esféricos não gaussianos

Você viu que raios luminosos pouco afastados em relação ao eixo principal de um espelho esférico – raios paraxiais –, incidindo paralelamente a esse eixo, se refletem alinhados com o foco principal. Referimo-nos a essa situação nesta seção 13 como 3º raio particular, inerente aos espelhos esféricos gaussianos.

Pode ocorrer, no entanto, a incidência de raios luminosos paralelos ao eixo principal, porém distantes desse eixo. Se a distância do raio incidente ao eixo principal for da ordem do raio de curvatura, o espelho operará fora das condições de Gauss, sendo então caracterizado como não gaussiano. Nessas circunstâncias, o foco deixará de ser pontual, observando-se na "região focal" uma área denominada **cáustica de reflexão**.

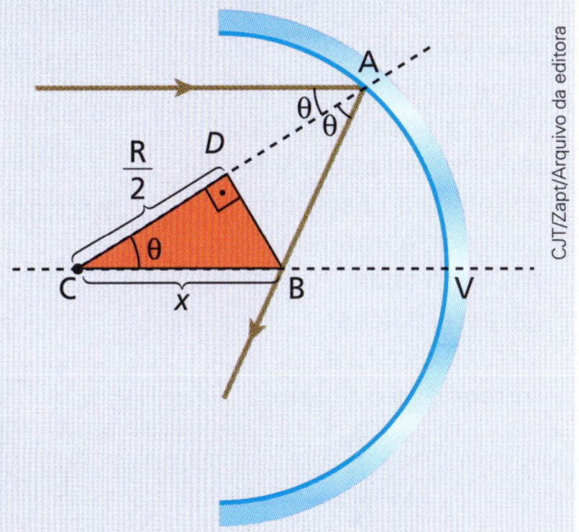

No caso representado ao lado, um espelho esférico côncavo de raio de curvatura igual a *R* recebe um raio luminoso paralelo ao seu eixo principal. A distância entre esse raio e o eixo é da ordem de *R* e o espelho é, portanto, não gaussiano. Sendo θ o ângulo de incidência da luz, determinemos a que distância *x* do centro de curvatura **C** esse raio luminoso intercepta o eixo principal.

Lembrando que a reta normal ao espelho no ponto de incidência passa pelo ponto **C** e que o ângulo de reflexão é igual ao de incidência, o triângulo **ABC** é isósceles. Considerando o triângulo retângulo, **DBC**, destacado na figura, e observando que nesse triângulo o cateto adjacente ao ângulo θ tem medida $\frac{R}{2}$ tem-se:

$$\cos\theta = \frac{\frac{R}{2}}{x} \Rightarrow \boxed{x = \frac{R}{2\cos\theta}}$$

É importante destacar que, se θ tender a zero (incidência paraxial), cos θ tenderá a 1 e *x* tenderá a $\frac{R}{2}$. Nesse caso, o raio refletido interceptará o eixo principal no ponto médio do segmento que conecta o centro de curvatura **C** ao vértice **V** do espelho, local denominado, no caso dos espelhos esféricos gaussianos, foco principal. Considerando a reversibilidade dos raios de luz, podemos enunciar também:

Todo raio luminoso que incide alinhado com o foco principal se reflete paralelamente ao eixo principal.

A seguir, destacamos as situações particulares em que θ = 60° e θ = 45°.

1. Para θ = 60°:

$$x = \frac{R}{2\cos 60°} = \frac{R}{2 \cdot \frac{1}{2}} \Rightarrow \boxed{x = R}$$

Veja no esquema abaixo a trajetória da luz:

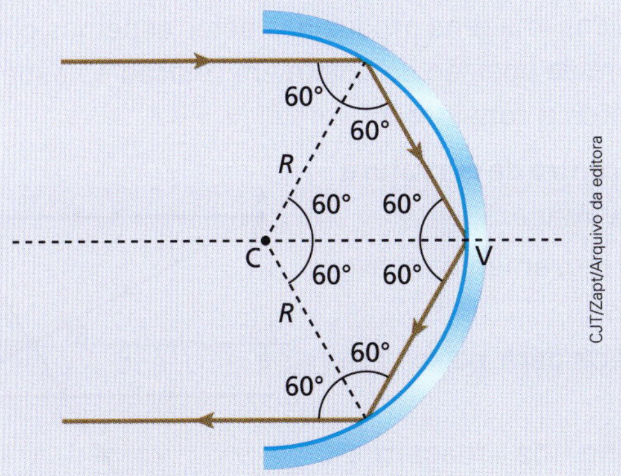

2. Para θ = 45°:

$$x = \frac{R}{2\cos 45°} = \frac{R}{2 \cdot \frac{\sqrt{2}}{2}} \Rightarrow \boxed{x = \frac{R\sqrt{2}}{2}}$$

Veja no esquema abaixo a trajetória da luz:

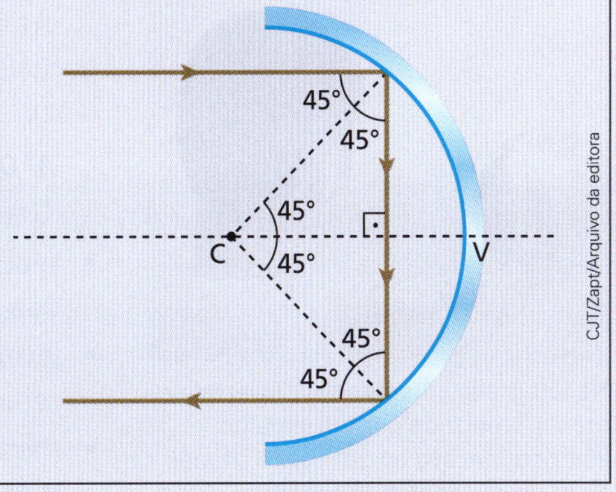

14. Construção gráfica das imagens nos espelhos esféricos

GIPhotoStock/Science Source/Latinstock

Aumentando ou diminuindo a distância entre a peça de xadrez (cavalo) e a superfície refletora do espelho convexo, a imagem mantém suas características: virtual, direita e menor que o objeto.

Para construir a imagem de um ponto conjugada por um sistema óptico, necessitamos de pelo menos dois raios luminosos incidentes. Em relação ao traçado das imagens fornecidas pelos espelhos esféricos, devemos utilizar os raios luminosos particulares descritos na seção anterior.

Considere, por exemplo, o espelho convexo ao lado, diante do qual há um objeto **AB** que tem o extremo **B** no eixo principal. Nesse caso, para obter a imagem de **AB**, basta obtermos a imagem do extremo **A**, pois a imagem correspondente ao extremo **B** estará situada no eixo principal.

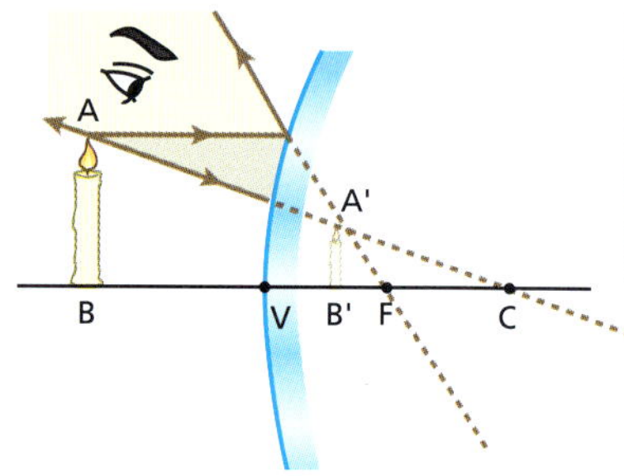

CJT/Zapt/Arquivo da editora

Observe que, nessa situação, a imagem formada é:

- virtual: obtida pelo cruzamento dos prolongamentos dos raios refletidos (situada "atrás do espelho");
- direita: "de cabeça para cima" em relação ao objeto;
- menor: o "tamanho" da imagem é menor que o do objeto.

É importante destacar que:

> A um objeto real, um espelho esférico convexo conjuga uma imagem sempre virtual, direita e menor, compreendida entre o foco principal e o vértice, independentemente da distância do objeto à superfície refletora.

JÁ PENSOU NISTO?

O Feijão de Chicago

A escultura *Cloud Gate* (ou *The Bean*), do artista Anish Kapoor, é uma imensa obra de arte localizada no Millenium Park de Chicago. Feita com cerca de 170 placas de aço inoxidável, o trabalho encanta os visitantes desse simpático local por refletir vários edifícios importantes da cidade norte-americana. A superfície convexa da escultura (não esférica, nem tampouco gaussiana) produz imagens virtuais, direitas e menores dos objetos à sua frente.

Busara/Shutterstock

Thales Trigo/Arquivo da editora

Na fotografia, imagem real, invertida e menor produzida por um espelho esférico côncavo de um objeto situado além de seu centro de curvatura.

As características das imagens produzidas pelos espelhos côncavos, por sua vez, dependem da posição do objeto em relação ao espelho. Há cinco casos importantes a considerar:

1º Objeto além do centro de curvatura

Características da imagem:

- real: formada pelo cruzamento efetivo dos raios refletidos;
- invertida: "de cabeça para baixo" em relação ao objeto;
- menor: o "tamanho" da imagem é menor que o do objeto.

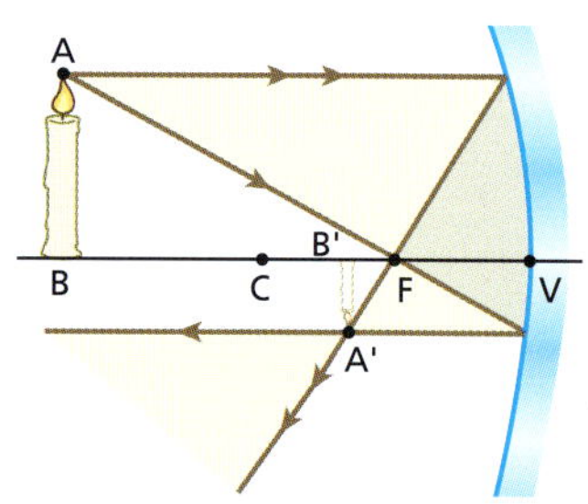

CJT/Zapt/Arquivo da editora

2º Objeto no plano frontal, que contém o centro de curvatura

Características da imagem:

- real;
- invertida;
- do mesmo tamanho que o objeto.

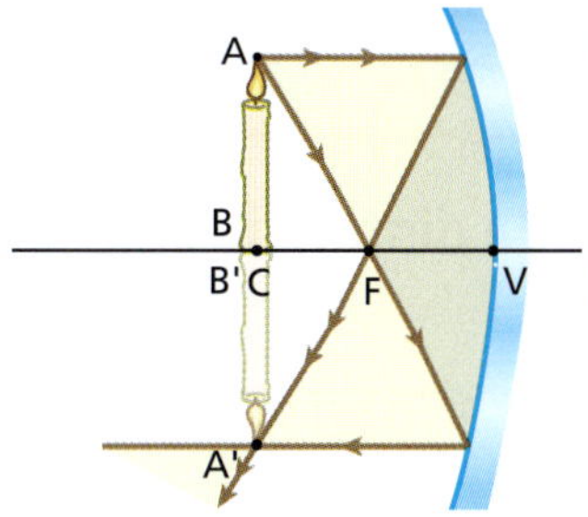

CJT/Zapt/Arquivo da editora

3º Objeto entre o centro de curvatura e o foco

Características da imagem:

- real;
- invertida;
- maior: o "tamanho" da imagem é maior que o do objeto.

Observe que as imagens reais obtidas de objetos também reais são sempre invertidas.

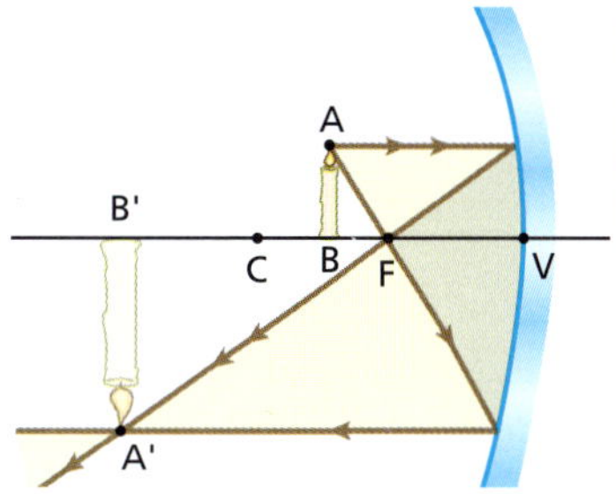

CJT/Zapt/Arquivo da editora

4º Objeto no plano focal

Características da imagem:

Nesse caso, como os raios luminosos emergentes do sistema são paralelos entre si, a imagem "forma-se no infinito", sendo, portanto, **imprópria**.

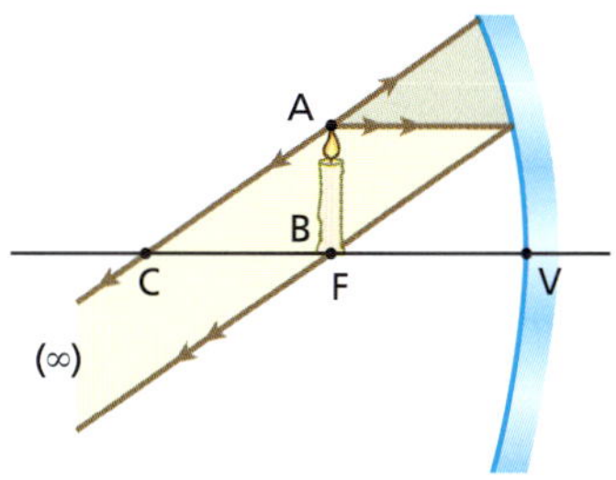

CJT/Zapt/Arquivo da editora

5º Objeto entre o foco e o vértice

Características da imagem:

- virtual;
- direita;
- maior.

Esse é o único caso em que, de um objeto real, o espelho côncavo conjuga imagem virtual.

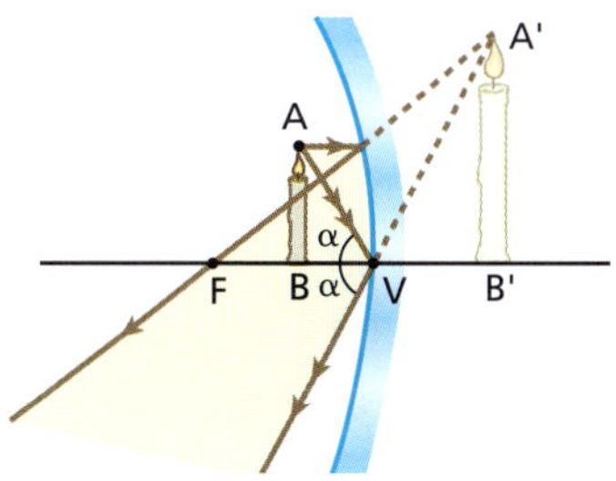

CJT/Zapt/Arquivo da editora

JÁ PENSOU NISTO?

Duas imagens: duas classificações

Nesta fotografia, visualiza-se a imagem virtual, direita e maior de uma vela colocada entre o foco e o vértice de um espelho esférico côncavo. Visualiza-se também a imagem de um boneco colocado de cabeça para cima além do centro de curvatura do espelho. Essa imagem é real, menor e invertida, apresentando-se de cabeça para baixo em relação ao boneco.

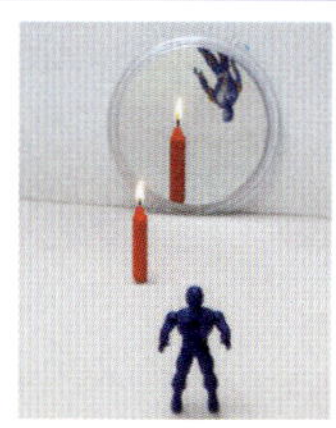
Sérgio Dotta Jr./Arquivo da editora

JÁ PENSOU NISTO?

Para o dentista ver melhor!

Uma ferramenta obrigatória no exercício da Odontologia é o "espelhinho", utilizado pelo dentista para observar a parte interna dos dentes do paciente. Esse "espelhinho" é côncavo e tem distância focal próxima de 40 mm. Com isso, o dente a ser examinado fica compreendido entre o plano focal e o vértice, fazendo com que o utensílio óptico produza uma imagem virtual, direita e ampliada do dente.

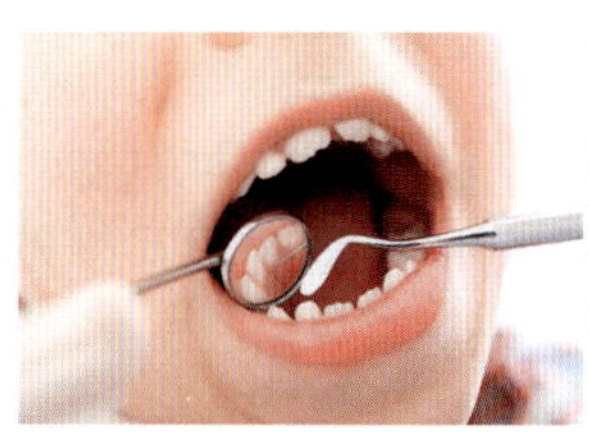
Africa Studio/Shutterstock

Faça você mesmo

Este experimento envolve fogo. Cuidado também ao manusear os espelhos.

Determinando o valor da distância focal

Há um método prático de determinar o valor aproximado da distância focal de um espelho esférico côncavo.

Além do espelho côncavo (que deve ter pequeno ângulo de abertura), você precisará de um anteparo, uma vela e uma régua.

Material necessário

- 1 vela ou uma pequena lâmpada LED em forma de bastão (para um melhor resultado);
- 1 régua ou trena;
- 1 espelho esférico côncavo;
- 1 anteparo translúcido.

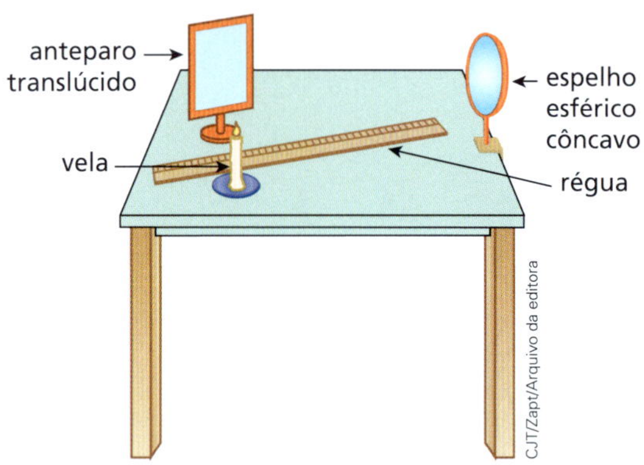

CJT/Zapt/Arquivo da editora

Procedimento

I. Coloque a vela ao lado do anteparo e faça com que a superfície refletora do espelho, previamente fixado, fique voltada para esse conjunto.

II. Movimente lentamente a vela e o anteparo, mantendo-os sempre emparelhados, procurando fazer com que a luz refletida pelo espelho incida sobre o anteparo.
Inicialmente, você observará uma mancha luminosa desfocada projetada no anteparo, mas, movimentando o conjunto vela-anteparo convenientemente, a mancha vai se definindo até constituir-se em uma imagem nítida, devidamente focalizada, da vela.
Nesse momento, o conjunto vela-anteparo estará posicionado na região do centro de curvatura do espelho e a imagem projetada (real) será invertida e terá o mesmo tamanho da vela.

CJT/Zapt/Arquivo da editora

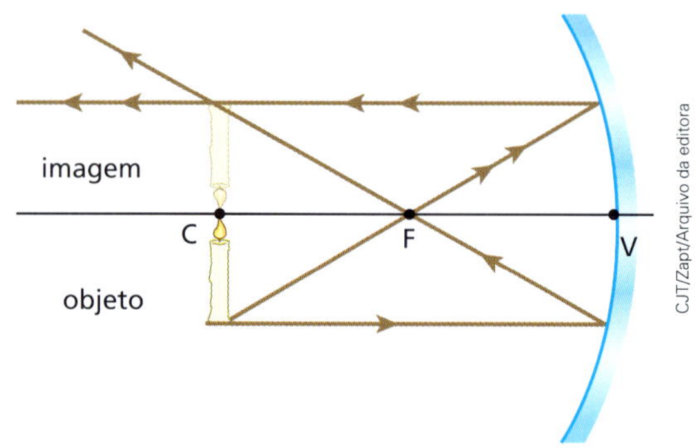

CJT/Zapt/Arquivo da editora

III. Medindo com a régua a distância do espelho ao conjunto vela-anteparo, você obterá o raio de curvatura *R* do espelho.

IV. Dividindo *R* por 2, você terá determinado o valor da distância focal *f*:

$$f = \frac{R}{2}$$

Desenvolvimento

1. Qual o valor do raio de curvatura encontrado nesse experimento?
2. Qual foi o valor da distância focal encontrada?
3. A régua é um bom instrumento de medida para achar o raio de curvatura?
4. Verifique com seus colegas os valores encontrados para a distância focal.

Exercícios Nível 1

42. (Fuvest-SP) Luz solar incide verticalmente sobre o espelho esférico convexo visto na figura abaixo.

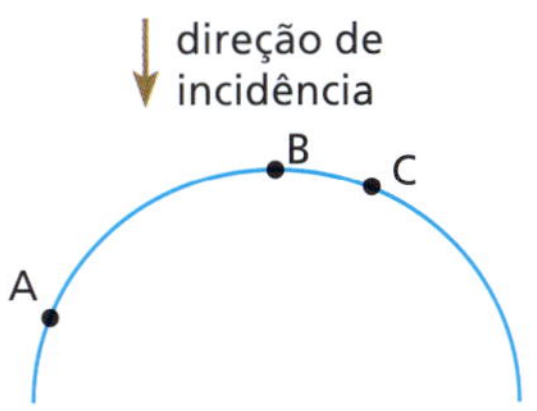

Reprodução/Arquivo da editora

Os raios refletidos nos pontos **A**, **B** e **C** do espelho têm, respectivamente, ângulos de reflexão θ_A, θ_B e θ_C tais que

a) $\theta_A > \theta_B > \theta_C$
b) $\theta_A > \theta_C > \theta_B$
c) $\theta_A < \theta_C < \theta_B$
d) $\theta_A < \theta_B < \theta_C$
e) $\theta_A = \theta_B = \theta_C$

43. E.R. O espelho de cabeça é um instrumento outrora muito utilizado pelos médicos, especialmente os otorrinolaringologistas. Trata-se de um espelho esférico côncavo capaz de concentrar a luz ambiente em um ponto específico do corpo do paciente. Olhando através de um pequeno orifício, o especialista consegue examinar regiões muito bem iluminadas pela luz refletida.

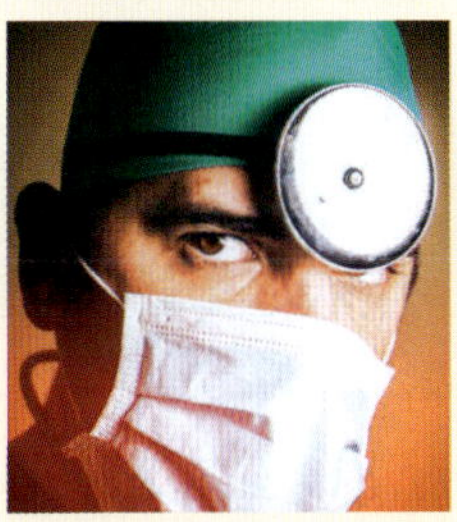

Alamy/Fotoarena

Supondo-se que um médico ajustou a posição do foco de seu espelho para a orelha de uma pessoa distante 80 cm do orifício do instrumento, pede-se determinar o raio de curvatura, *R*, desse refletor. Admita em sua resposta que o espelho esteja em operação de acordo com as condições de estigmatismo de Gauss.

Resolução:

A distância focal do espelho é f = 80 cm. Logo, o correspondente raio de curvatura *R* fica determinado por:

$$R = 2f \Rightarrow R = 2 \cdot 80 \therefore \boxed{R = 1{,}6\ \text{m}}$$

44. O Terceiro navio do *Greenpeace* a ostentar o nome *Guerreiro do Arco-Íris* ("*Rainbow Warrior*"), a embarcação foi lançada ao mar em outubro de 2011, mas já se tornou um ícone em sustentabilidade. Cada detalhe foi pensado para reduzir ao máximo seu impacto sobre o meio ambiente, desde o uso da força dos ventos como principal motor, até um sistema de tratamento de água e resíduos.

O motor de propulsão diesel-elétrica do *Rainbow Warrior* é acionado apenas sob condições climáticas desfavoráveis ou em ações que exijam potência máxima. Mesmo assim, o projeto inovador do casco permite que menos combustível seja gasto, com menos emissão de gases poluentes.

Alamy/Fotoarena

Em visita ao Brasil em 2012, por ocasião da conferência Rio +20, um dos equipamentos do navio que mais chamou atenção foi um fogão solar, como o que aparece na fotografia abaixo, de grande eficiência e isento de poluição.

chriss73/Shutterstock

Admita que a calota espelhada seja esférica (na verdade, ela é parabólica), com raio de curvatura igual a 2,0 m e em operação de acordo com as condições de estigmatismo de Gauss. O cozimento de alimentos será realizado de maneira mais rápida se a panela for colocada sobre um plano frontal à calota, distante do vértice (ou polo) do espelho:

a) 0,5 m
b) 1,0 m
c) 1,5 m
d) 2,0 m
e) 2,5 m

45. (Cesgranrio) Em um farol de automóvel, dois espelhos esféricos côncavos são utilizados para se obter um feixe de luz paralelo a partir de uma fonte aproximadamente pontual. O espelho principal $\mathbf{E_1}$ tem 16,0 cm de raio. O espelho auxiliar $\mathbf{E_2}$ tem 2,0 cm de raio. Para que o feixe produzido seja efetivamente paralelo, as distâncias da fonte **S** aos vértices **M** e **N** dos espelhos devem ser iguais, respectivamente, a:

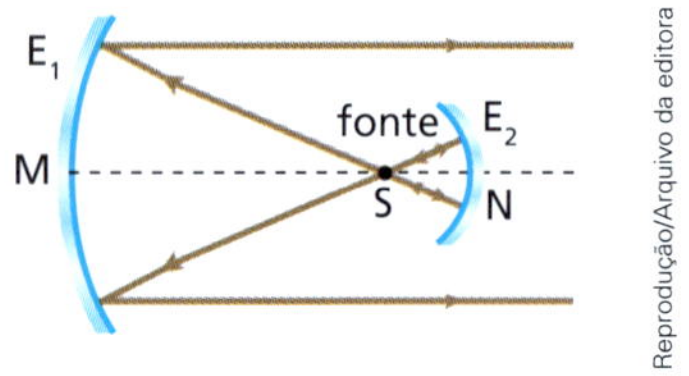

	Distância SM	**Distância SN**
a)	8,0 cm.	1,0 cm.
b)	16,0 cm.	2,0 cm.
c)	16,0 cm.	1,0 cm.
d)	8,0 cm.	2,0 cm.
e)	8,0 cm.	4,0 cm.

46. (UPM-SP) A imagem de um objeto que está a 40 cm de um espelho esférico côncavo tem a mesma altura do objeto. Colocando o objeto a grande distância do espelho, sua imagem estará a:

a) 60 cm do espelho.
b) 50 cm do espelho.
c) 40 cm do espelho.
d) 30 cm do espelho.
e) 20 cm do espelho.

47. (PUC-SP) A figura mostra um espelho esférico côncavo, em que **C** é o centro, **F** é o foco e **V** é o vértice.

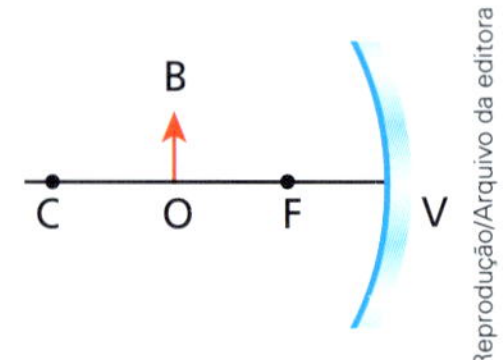

Colocando-se um objeto **OB** entre **C** e **F**, sua imagem situa-se:

a) à direita de **V**.
b) entre **F** e **V**.
c) entre **F** e o objeto.
d) entre o objeto e **C**.
e) à esquerda de **C**.

48. (OPF) É comum os dentistas utilizarem um espelho esférico para auxiliá-los a ver os dentes. Suponha que o dentista deseja utilizar esse espelho a uma distância típica de 5 cm do dente. Para se atingir o objetivo de se ter uma imagem aumentada, podemos afirmar que:

I. O espelho deve ser côncavo;
II. A distância focal deve ser menor que 5 cm;
III. A imagem será invertida.

a) Apenas I é correta.
b) Apenas II é correta.
c) Apenas III é correta.
d) Apenas I e III são corretas.
e) Todas as afirmações são falsas.

49. Diante de uma grande bola de Natal que tem a superfície externa espelhada, um observador dispõe um lápis, que é aproximado e afastado da superfície refletora. A respeito da imagem que a bola conjuga ao lápis, podemos afirmar que:

a) é virtual, direita e reduzida, qualquer que seja a posição do lápis.
b) pode ser real ou virtual, dependendo da posição do lápis.
c) é real, invertida e aumentada, qualquer que seja a posição do lápis.
d) é simétrica do lápis em relação à superfície refletora.
e) nenhuma proposição anterior é correta.

Exercícios Nível 2

50. João Laerte, interessado em estudar propriedades dos espelhos, montou o arranjo representado a seguir, em que aparecem um espelho esférico côncavo gaussiano, de raio de curvatura 50 cm, e um pequeno espelho plano, perpendicular ao eixo principal do espelho esférico. Reduzindo a iluminação do ambiente, ele fez incidir no espelho côncavo um feixe luminoso cilíndrico de eixo coincidente com o eixo principal desse espelho. Os raios luminosos refletidos pelo espelho côncavo refletiram-se também no espelho plano e convergiram em um ponto do eixo principal distante 8 cm do espelho plano.

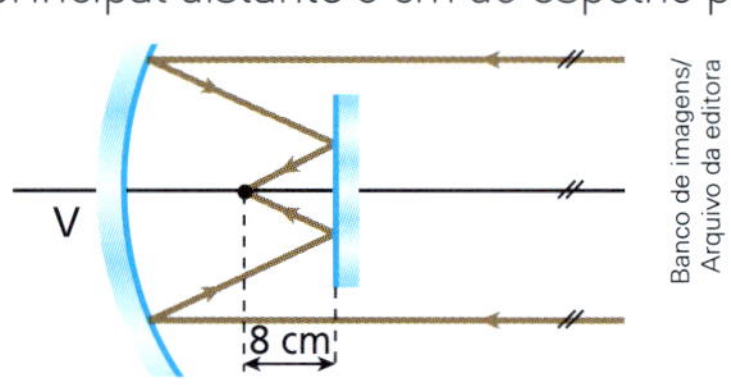

A que distância *d* do vértice **V** do espelho côncavo João Laerte posicionou o espelho plano?

51. (Unicamp-SP) Uma das primeiras aplicações militares da óptica ocorreu no século III a.C. quando Siracusa estava sitiada pelas forças navais romanas. Na véspera da batalha, Arquimedes ordenou que 60 soldados polissem seus escudos retangulares de bronze, medindo 0,5 m de largura por 1,0 m de altura. Quando o primeiro navio romano se encontrava a aproximadamente 30 m da praia para atacar, à luz do sol nascente, foi dada a ordem para que os soldados se colocassem formando um arco e empunhassem seus escudos, como representado esquematicamente na figura a seguir. Em poucos minutos, as velas do navio estavam ardendo em chamas. Isso foi repetido para cada navio, e assim não foi dessa vez que Siracusa caiu. Uma forma de entendermos o que ocorreu consiste em tratar o conjunto de espelhos como um espelho côncavo. Suponha que os raios do sol cheguem paralelos ao espelho e sejam focalizados na vela do navio.

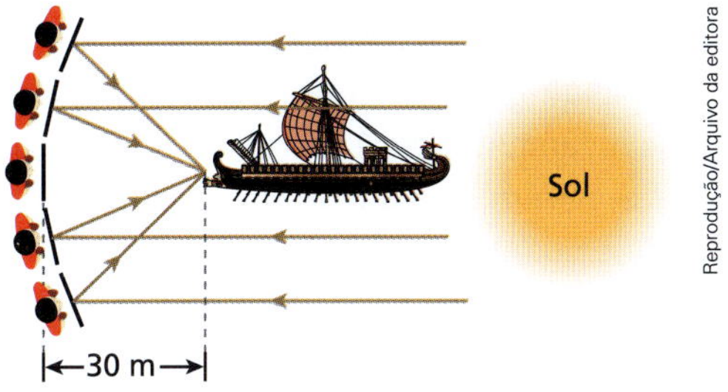

a) Qual deve ser o raio do espelho côncavo para que a intensidade do sol concentrado seja máxima?

b) Considere a intensidade da radiação solar no momento da batalha como 500 W/m^2. Considere que a refletividade efetiva do bronze sobre todo o espectro solar é de 0,6, ou seja, 60% da intensidade incidente é refletida. Estime a potência total incidente na região do foco.

52. No esquema a seguir, **E** é um espelho esférico côncavo de centro de curvatura **C**, foco principal **F** e vértice **V**. **AB** é um objeto luminoso posicionado diante da superfície refletora. Levando em conta as condições de Gauss, construa graficamente, em seu caderno, a imagem de **AB** considerando as posições 1, 2, 3, 4 e 5. Em cada caso, dê a classificação da imagem obtida.

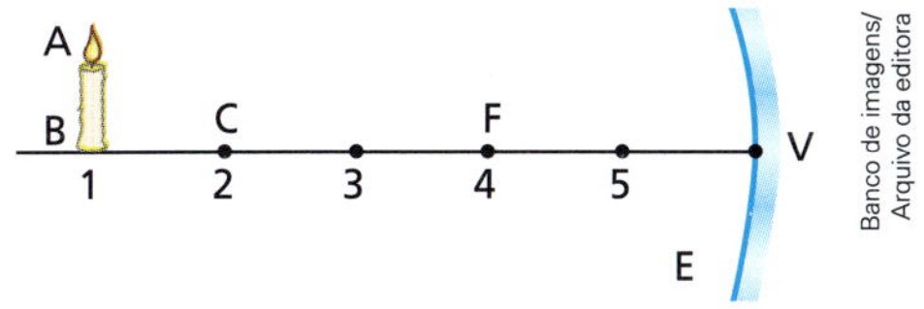

53. E.R. No esquema seguinte, **ab** é o eixo principal de um espelho esférico gaussiano, **PQ** é um objeto luminoso contido em um plano frontal e **P'Q'** é a imagem que o espelho conjuga ao objeto considerado:

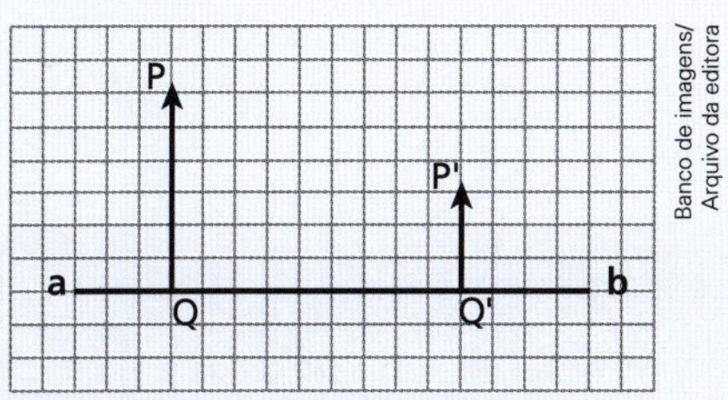

Reproduza essa figura no seu caderno e obtenha graficamente a posição e o tipo do espelho, bem como as posições de seu centro de curvatura e de seu foco principal.

Resolução:

Posição do espelho:

Inverte-se o objeto, obtendo-se seu simétrico **QR** em relação ao eixo principal. Liga-se **R** a **P'** (raio 1). Onde o segmento **RP'** intercepta o eixo principal, tem-se o vértice **V** do espelho.

Natureza do espelho:

O espelho é convexo, pois a um objeto real está conjugando uma imagem virtual, direita e menor que o objeto.

Posição do centro de curvatura:

A partir de **P**, traça-se uma reta passando por **P'** (raio 2). Na intersecção dessa reta com o eixo principal, tem-se a posição do centro de curvatura.

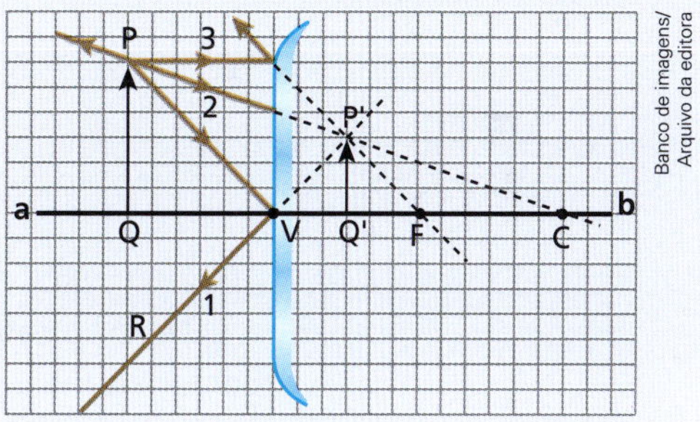

Posição do foco principal:

A partir de **P**, traça-se um segmento paralelo ao eixo principal (raio 3). Do ponto em que esse segmento toca o espelho, traça-se uma reta passando por **P'**. Ao cruzar o eixo principal, essa reta determina a posição do foco principal.

54. No esquema, **xx'** é o eixo principal de um espelho esférico gaussiano que conjuga a imagem **A'B'** ao objeto real **AB**:

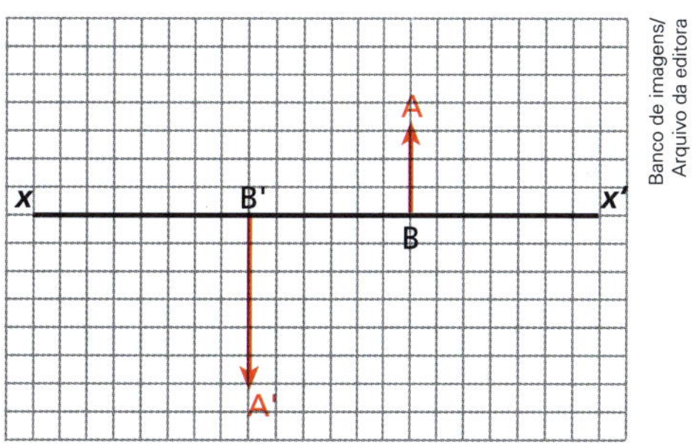

Reproduza essa figura no seu caderno e obtenha graficamente a posição e o tipo do espelho, bem como as posições de seu centro de curvatura e de seu foco principal.

Bloco 5

15. O referencial gaussiano

Podemos nos fundamentar em dados matemáticos e equações para discutir as características das imagens produzidas em espelhos esféricos. É importante salientar que tudo o que se pode concluir graficamente – por meio de esquemas – também pode ser determinado analiticamente, isto é, por meio dos procedimentos que apresentamos a seguir. Observe, porém, que a recíproca nem sempre é verdadeira, o que revela a maior abrangência do estudo analítico.

Para tanto, devemos considerar o **referencial gaussiano**, que nada mais é que um sistema cartesiano constituído de dois eixos orientados, perpendiculares entre si, **0x** e **0y**, com origem no vértice **V** do espelho.

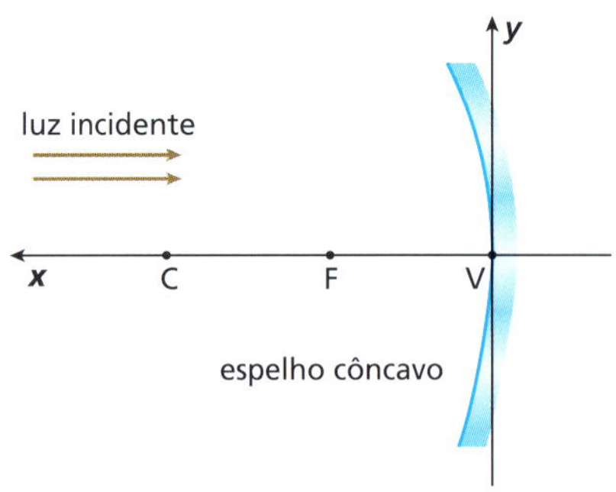

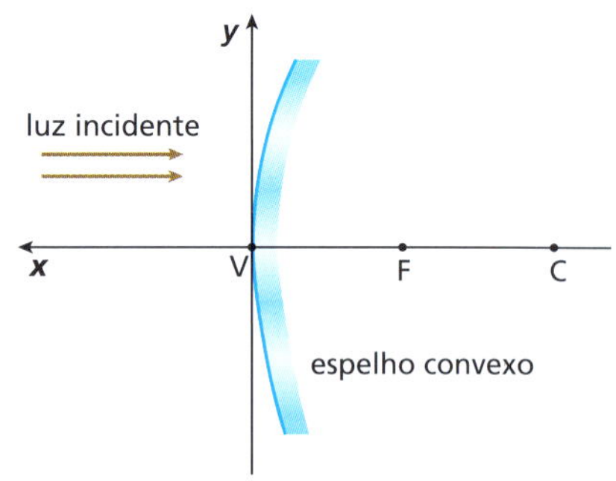

CJT/Zapt/Arquivo da editora

O eixo das abscissas (**0x**) será orientado no sentido oposto ao da luz incidente, conforme mostram os dois esquemas anteriores.

Do referencial gaussiano, decorre o seguinte:

Elementos reais (objetos ou imagens situados na frente do espelho): **abscissa positiva**.

Elementos virtuais (objetos ou imagens situados atrás do espelho): **abscissa negativa**.

Convém salientar que, nos espelhos côncavos, a abscissa do foco principal é positiva, enquanto nos espelhos convexos essa abscissa é negativa.

Veja o exemplo a seguir, em que é traçada a imagem do objeto **AB** situado diante de um espelho côncavo.

Considerando o referencial gaussiano, temos, nesse caso:

- $p > 0$ (objeto real)
- $p' < 0$ (imagem virtual)
- $f > 0$ (no espelho côncavo, o foco principal é real)
- $o > 0$ e $i > 0$

A simbologia adotada nesse exemplo será utilizada também nas próximas situações:

p = abscissa do objeto
p' = abscissa da imagem
f = abscissa focal
o = ordenada do objeto
i = ordenada da imagem

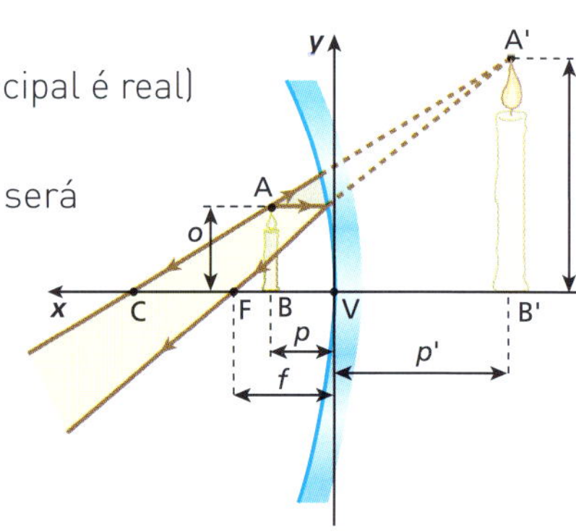

CJT/Zapt/Arquivo da editora

NOTA!

O módulo de *f* recebe comumente o nome de **distância focal**.

16. Função dos pontos conjugados (Equação de Gauss)

Chamada por alguns autores de Equação de Gauss, a **função dos pontos conjugados** tem grande importância no curso de óptica geométrica. Para demonstrá-la, usaremos a situação a seguir, em que **AB** é um objeto frontal e **A'B'** é a imagem correspondente conjugada por um espelho esférico côncavo.

Observando as condições de Gauss, percebemos que o arco $\widehat{IV}$ é praticamente retilíneo e de mesmo comprimento que o segmento **AB**. Assim:

$$IV \cong AB \quad \text{(a)}$$

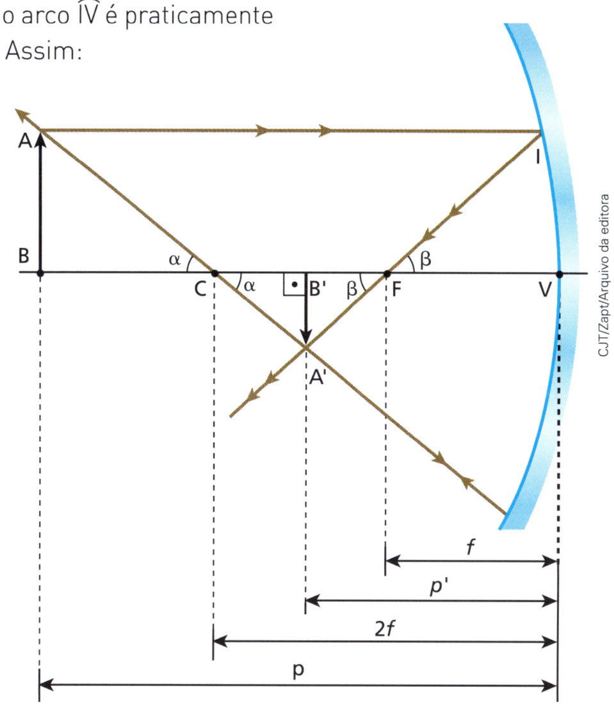

Lembre-se de que nos espelhos esféricos gaussianos o foco principal (**F**) é equidistante do vértice (**V**) e do centro de curvatura (**C**). Assim:

$$\text{se } FV = f \Rightarrow CV = 2f$$

Os triângulos **ABC** e **A'B'C** são semelhantes. Por isso:

$$\frac{A'B'}{AB} = \frac{B'C}{BC} \Rightarrow \frac{A'B'}{AB} = \frac{2f - p'}{p - 2f} \quad \text{(b)}$$

Os triângulos **A'B'F** e **IVF** são semelhantes. Daí:

$$\frac{A'B'}{IV} = \frac{B'F}{VF} \Rightarrow \frac{A'B'}{IV} = \frac{p' - f}{f} \quad \text{(c)}$$

Substituindo (a) em (c), temos: $\frac{A'B'}{AB} = \frac{p' - f}{f}$ (d)

Comparando (b) e (d), segue que:

$$\frac{2f - p'}{p - 2f} = \frac{p' - f}{f}$$

$$(p - 2f)(p' - f) = f(2f - p')$$

$$pp' - fp - 2fp' + 2f^2 = 2f^2 - fp'$$

$$pp' = fp' + fp$$

Dividindo ambos os membros por *pp'f*, temos:

$$\frac{pp'}{pp'f} = \frac{fp'}{pp'f} + \frac{fp}{pp'f}$$

$$\frac{1}{f} = \frac{1}{p} + \frac{1}{p'} \quad \text{(função dos pontos conjugados)}$$

Convém destacar que, ao utilizar essa função, devem ser considerados os sinais algébricos dados pelo referencial gaussiano.

17. Aumento linear transversal

Representemos por *o* a ordenada de um objeto linear colocado diante de um espelho esférico e por *i* a ordenada da respectiva imagem, ambas dadas em relação ao referencial gaussiano.

Por definição, o **aumento linear transversal** é a grandeza adimensional *A*, calculada pelo quociente da ordenada da imagem (*i*) pela ordenada do objeto (*o*):

$$A = \frac{i}{o}$$

O aumento é denominado **linear** por referir-se exclusivamente às alterações do comprimento da imagem em relação ao comprimento do objeto e **transversal** por relacionar apenas ordenadas, isto é, dimensões ortogonais ao eixo principal do espelho.

O termo "aumento" deve ser entendido como ampliação ou redução. Se $|A| > 1$, a imagem é ampliada em comparação com o objeto e, se $|A| < 1$, a imagem é reduzida em comparação com o objeto.

Dependendo dos sinais das ordenadas *i* e *o*, o aumento linear transversal pode ser positivo ou negativo.

Se o aumento é positivo $(A > 0)$, *i* e *o* têm o mesmo sinal e a imagem é **direita**.

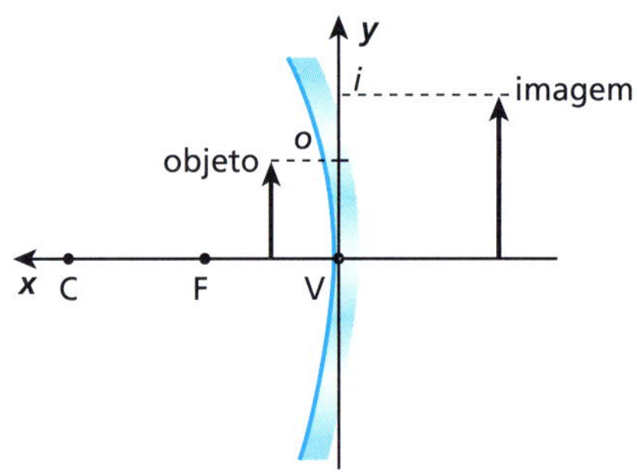

CJT/Zapt/Arquivo da editora

Neste exemplo, $o > 0$ e $i > 0$: a imagem é direita e $A > 0$.

Se o aumento é negativo $(A < 0)$, *i* e *o* têm sinais opostos e a imagem é **invertida**.

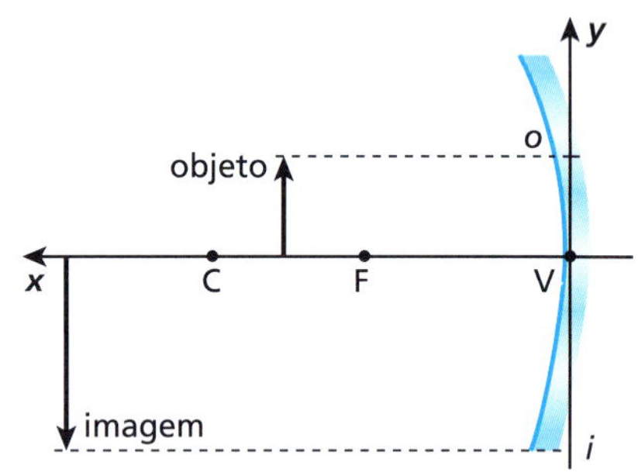

CJT/Zapt/Arquivo da editora

Neste exemplo, $o > 0$ e $i < 0$: a imagem é invertida e $A < 0$.

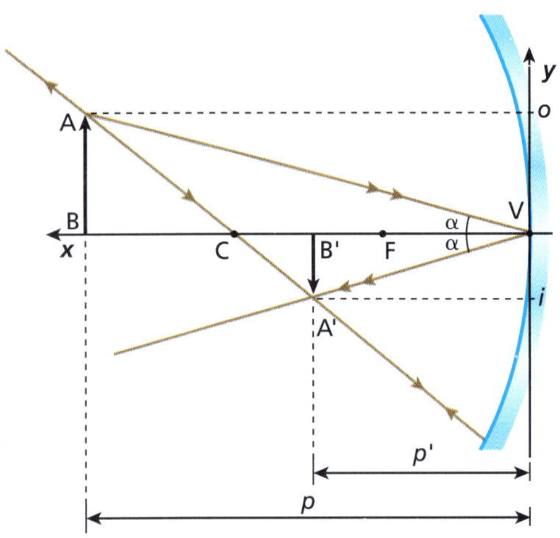

CJT/Zapt/Arquivo da editora

Considere, agora, a situação da figura ao lado:

Os triângulos **ABV** e **A'B'V** são semelhantes. Por isso, podemos escrever:

$$\frac{A'B'}{AB} = \frac{B'V}{BV}$$

Mas, da figura, temos:

$$AB = |o|,\ A'B' = |i|,\ BV = |p| \text{ e } B'V = |p'|$$

Substituindo os termos na expressão anterior, segue que:

$$\frac{|i|}{|o|} = \frac{|p'|}{|p|}$$

Note que, no caso da situação proposta, $i < 0$, $o > 0$, $p > 0$ (objeto real) e $p' > 0$ (imagem real). Considerando os sinais algébricos de *i*, *o*, *p* e *p'* e lembrando que $A = \frac{i}{o}$, podemos escrever:

$$A = \frac{i}{o} = -\frac{p'}{p}$$

Com base nessa expressão, convém comentar aqui duas situações importantes. Em cada caso, faremos a discussão analítica correspondente.

1ª situação: Aumento positivo. Se $A > 0$, devemos ter:

a) *i* e *o* com o mesmo sinal: a imagem é **direita**;

b) *p'* e *p* com sinais opostos: o objeto e a imagem têm naturezas opostas (se um é real, o outro é virtual).

2ª situação: Aumento negativo. Se $A < 0$, devemos ter:

a) *i* e *o* com os sinais opostos: a imagem é **invertida**;

b) *p'* e *p* com o mesmo sinal: o objeto e a imagem têm a mesma natureza (ambos são reais ou ambos são virtuais).

Exercícios Nível 1

55. Um homem situado a 2,0 m do vértice de um espelho esférico gaussiano visa sua imagem direita e ampliada três vezes. Determine:

E.R.

a) a distância focal do espelho.

b) sua natureza (côncavo ou convexo).

Resolução:

a) O aumento linear transversal vale $A = +3$ ($A > 0$, porque a imagem é direita).

Sendo a distância do objeto ao espelho $p = 2{,}0$ m, calculemos p', que é a distância da imagem ao espelho:

$$A' = -\frac{p'}{p} \Rightarrow 3 = -\frac{p'}{2{,}0}$$

Donde:

$$\boxed{p' = -6{,}0 \text{ m}} \text{ (imagem virtual)}$$

A distância focal *f* pode ser obtida pela função dos pontos conjugados (equação de Gauss):

$$\frac{1}{f} = \frac{1}{p} + \frac{1}{p'} \Rightarrow \frac{1}{f} = \frac{1}{2{,}0} - \frac{1}{6{,}0}$$

$$\frac{1}{f} = \frac{3-1}{6{,}0} = \frac{2}{6{,}0} \therefore \boxed{f = 3{,}0 \text{ m}}$$

b) Como $f > 0$, o foco é real e o espelho é **côncavo**.

56. Considere um espelho côncavo de aumento, com distância focal $f = 1{,}0$ m, usado para uma pessoa fazer a barba. Calcule a distância do rosto ao espelho para que a imagem dele esteja ampliada 2 vezes.

57. (Ufal) Considere os pontos **M** e **N**, situados sobre o eixo principal de um espelho esférico côncavo, respectivamente a 30 cm e 40 cm do vértice do espelho.

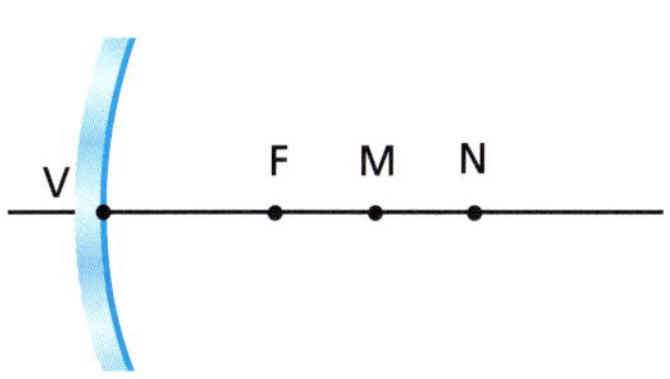

CJT/Zapt/Arquivo da editora

Esse espelho côncavo, que tem foco em **F** e distância focal de 20 cm, conjuga aos pontos **M** e **N**, respectivamente, as imagens **M'** e **N'**. Determine o valor absoluto da distância entre as imagens **M'** e **N'**.

58. Diante de um espelho esférico, perpendicularmente ao seu eixo principal, é colocado um objeto luminoso a 15 cm do vértice. Deseja-se que a imagem correspondente seja projetada num anteparo e tenha quatro vezes o comprimento do objeto. Determine:

a) se a imagem é real ou virtual, direita ou invertida.

b) a distância do anteparo ao vértice do espelho para que a imagem seja nítida.

c) a distância focal do espelho.

59. (Vunesp) Um espelho esférico côncavo tem raio de curvatura igual a 80 cm. Um objeto retilíneo, de 2,0 cm de altura, é colocado perpendicularmente ao eixo principal do espelho, a 120 cm do vértice. Essa posição resulta em uma imagem:

a) real e invertida de 1,0 cm de altura e a 60 cm do espelho.

b) virtual e direita de 1,0 cm de altura e a 10 cm do espelho.

c) virtual e invertida de 1,0 cm de altura e a 10 cm do espelho.

d) real e direita de 40 cm de altura e a 60 cm do espelho.

e) virtual e direita de 40 cm de altura e a 10 cm do espelho.

60. A distância entre um objeto luminoso e sua respectiva imagem conjugada por um espelho esférico gaussiano é de 1,8 m. Sabendo que a imagem tem altura quatro vezes a do objeto e que está projetada em um anteparo, responda:

a) O espelho é côncavo ou convexo?

b) Qual o seu raio de curvatura?

61. Um objeto é colocado sobre o eixo de um espelho convexo. O gráfico seguinte representa, respectivamente, as abscissas *p* e *p'* do objeto e de sua imagem, ambas em relação ao vértice do espelho:

E.R.

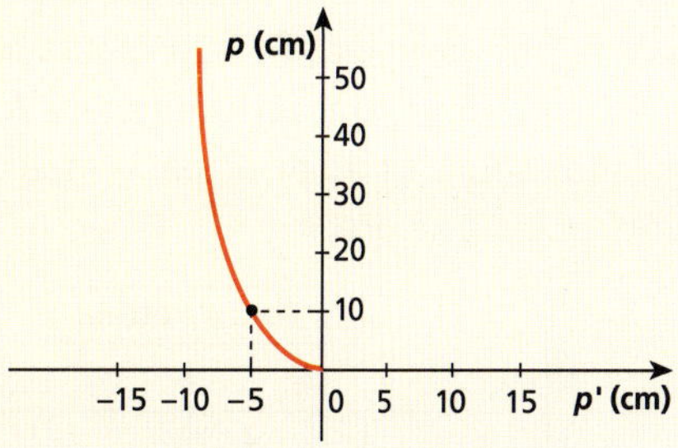

Banco de imagens/Arquivo da editora

Qual é a distância focal desse espelho em centímetros?

Resolução:

Conforme vimos, para os espelhos esféricos gaussianos aplica-se a função dos pontos conjugados. Assim:

$$\frac{1}{f} = \frac{1}{p} + \frac{1}{p'}$$

Analisando o gráfico, observamos um ponto de coordenadas conhecidas. Vê-se, então, que:

para p = 10 cm, p' = −5 cm

Calculemos *f*, que é a distância focal do espelho:

$$\frac{1}{f} = \frac{1}{10} - \frac{1}{5} \therefore \boxed{f = -10 \text{ cm}}$$

Observe que o resultado negativo deve ser atribuído ao fato de os espelhos esféricos convexos terem focos virtuais.

62. Diante de um espelho convexo com 30 cm de raio de curvatura coloca-se um objeto luminoso a 10 cm do vértice. Determine:

a) a abscissa focal do espelho;

b) a distância da imagem ao espelho.

Exercícios Nível 2

63. Em certo experimento, mediram-se a distância *p* entre um objeto e a superfície refletora de um espelho esférico côncavo que obedece às condições de Gauss e a distância *p'* entre esse espelho e a correspondente imagem real produzida, em vários pontos. O resultado dessas medições está apresentado no gráfico abaixo:

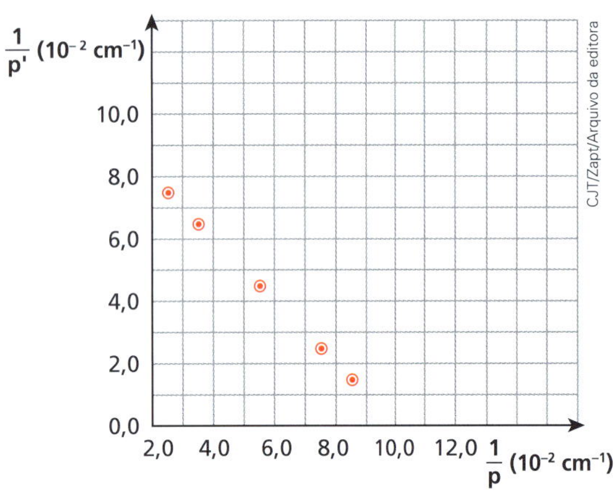

CJT/Zapt/Arquivo da editora

Examinando cuidadosamente o gráfico, determine a distância focal do espelho.

64. (IJSO) Um espelho esférico côncavo possui vértice **V** e foco principal **F**. Sua distância focal é f = 10 cm. Dois pontos luminosos **A** e **B** são colocados sobre o eixo principal do espelho, conforme indica a figura.

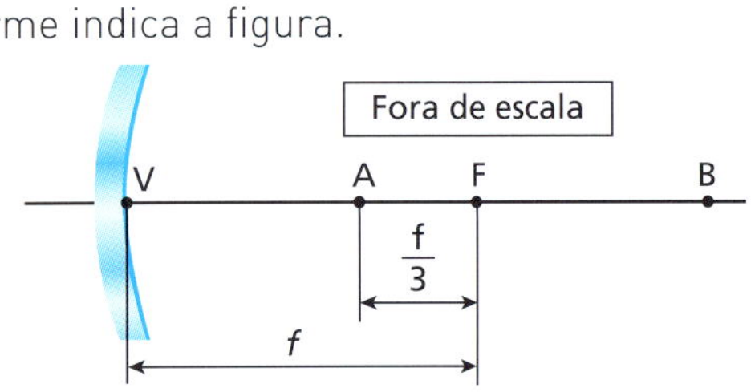

Reprodução/Arquivo da editora

A imagem de **A** é **A'** e a de **B** é **B'**, coincidente com o próprio **B**. A distância entre **A'** e **B'** é igual a:

a) 10 cm.
b) 20 cm.
c) 30 cm.
d) 40 cm.
e) 50 cm.

65. (UPM-SP) Um objeto real se encontra diante de um espelho esférico côncavo, a 10 cm de seu vértice, sobre o eixo principal. O raio de curvatura desse espelho é de 40 cm. Se esse objeto se deslocar até o centro de curvatura do espelho, qual será a distância entre a imagem inicial e a imagem final?

66. Em um experimento de Óptica Geométrica dispuseram-se um toco de vela e um espelho côncavo gaussiano **E**, de distância focal igual a 20 cm, como representa a figura:

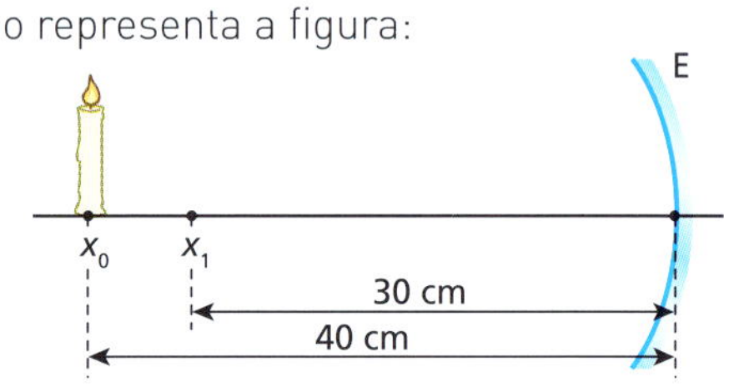

Reprodução/Arquivo da editora

O toco de vela foi deslocado de x_0 a x_1, com velocidade escalar de módulo 1,0 cm/s. Enquanto o toco de vela foi deslocado, qual foi o módulo da velocidade escalar média da imagem, expresso em centímetros por segundo?

67. E.R. Um pequeno objeto linear é colocado sobre o eixo principal, em frente da superfície refletora de um espelho esférico gaussiano. Sabendo que a abscissa focal do espelho vale *f* e que a abscissa do objeto vale *p*, expresse o aumento linear transversal **A** em função de *f* e de *p*.

Resolução:

O aumento linear transversal é tal que:

$$A = -\frac{p'}{p}$$

Da qual: $p' = -Ap$ (I)

Sabemos, da função dos pontos conjugados, que:

$$\frac{1}{f} = \frac{1}{p} - \frac{1}{p'} \quad \text{(II)}$$

Substituindo (I) em (II), vem:

$$\frac{1}{f} = \frac{1}{p} + \frac{1}{Ap}$$

$$\frac{1}{f} = \frac{A-1}{Ap}$$

$$Af - f = Ap$$

$$A(f - p) = f$$

Donde:

$$\boxed{A = \frac{f}{f-p}}$$

Nota:

- Essa expressão pode ser utilizada na resolução de exercícios, constituindo um instrumento simplificador de cálculos.

68. Uma vela se aproxima de um espelho esférico côncavo com velocidade escalar constante igual a 5 cm/s. Ao passar pelo ponto **P**, que está a 60 cm do vértice **V** do espelho, observa-se que a imagem conjugada pelo espelho é real e tem a metade da altura do objeto.

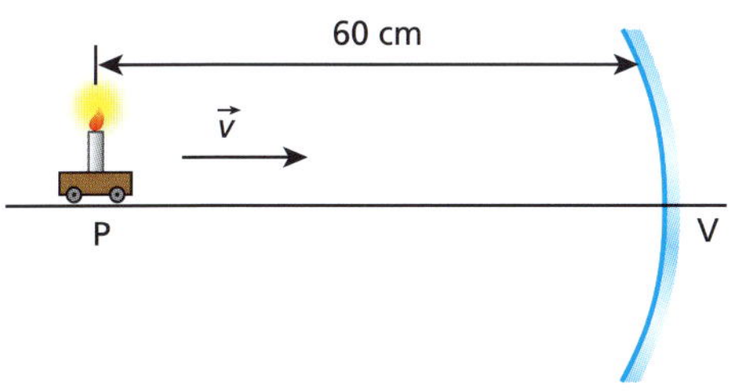

Banco de imagens/Arquivo da editora

De acordo com o referencial de Gauss, o intervalo de tempo necessário para que a imagem se torne virtual é:

a) 2 s.
b) 4 s.
c) 6 s.
d) 8 s.
e) 10 s.

69. Um toco de vela é colocado frontalmente a 12 cm do vértice de um espelho esférico que obedece às condições de Gauss, obtendo-se, nesse caso, uma imagem direita e de comprimento igual a um terço do comprimento da vela. Determine:

a) o tipo do espelho utilizado (côncavo ou convexo), bem como seu raio de curvatura.
b) a distância da imagem ao vértice do espelho.

70. (PUC-SP) Determine o raio de curvatura, em cm, de um espelho esférico que obedece às condições de nitidez de Gauss e que conjuga de um determinado objeto uma imagem invertida, de tamanho igual a $\frac{1}{3}$ do tamanho do objeto e situada sobre o eixo principal desse espelho. Sabe-se que distância entre a imagem e o objeto é de 80 cm.

E.R.

a) 15
b) 30
c) 60
d) 90

Resolução:

Sendo a imagem invertida, sua natureza é real. Logo, com o objeto e a imagem reais, trata-se de um espelho côncavo, conforme o esquema apresentado abaixo:

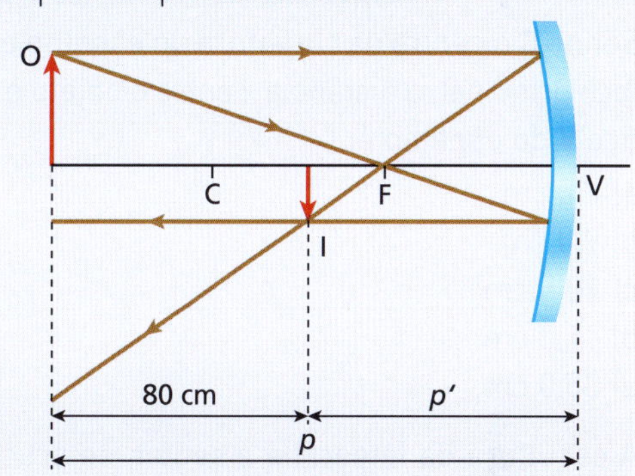

Reprodução/Arquivo da editora

I. Então, temos que:

$$p - p' = 80 \Rightarrow p' = p - 80 \quad (1)$$

$$A = -\frac{p'}{p} \Rightarrow -\frac{1}{3} = -\frac{p'}{p} \Rightarrow p' = \frac{p}{3} \quad (2)$$

De (1) e (2), temos:

$$\frac{p}{3} = p - 80 \Rightarrow p = 3p - 240$$

$$2p = 240 \therefore \boxed{p = 120\text{ cm}}$$

II. $$A = \frac{f}{f-p} \Rightarrow -\frac{1}{3} = \frac{f}{f-120}$$

$$-f + 120 = 3f \Rightarrow 4f = 120$$

$$\boxed{f = 30\text{ cm}}$$

III. $$R = 2f \Rightarrow R = 2 \cdot 30$$

$$\boxed{R = 60\text{ cm}}$$

71. Em um espelho côncavo, a distância entre um objeto real e sua imagem é de 60 cm. Sabendo-se que a imagem é invertida e de comprimento igual à metade do comprimento do objeto, qual o raio de curvatura do espelho?

72. (UPM-SP) Um objeto real **O** encontra-se diante de um espelho esférico côncavo, que obedece às condições de Gauss, conforme o esquema abaixo.

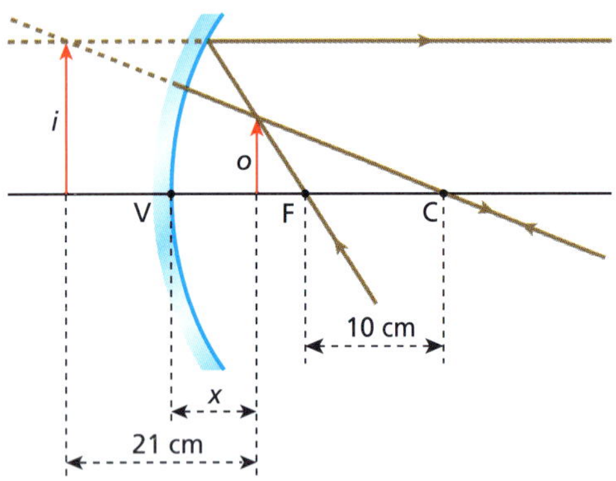

Reprodução/Arquivo da editora

Sendo **C** o centro da curvatura do espelho e **F** seu foco principal, a distância *x* entre o objeto e o vértice **V** do espelho é:

a) 6,0 cm.
b) 9,0 cm.
c) 10,5 cm.
d) 11,0 cm.
e) 35,0 cm.

73. A escultura da fotografia a seguir, do artista catalão Quim Tarrida, denomina-se *Memória Esférica* e sugere ao visitante uma introspecção sobre passado, presente e futuro. A obra esteve exposta no pátio de armas do Castelo de Montjuïc, em Barcelona. Trata-se de uma esfera metalizada, com oito metros de diâmetro, capaz de refletir intensamente a luz dos arredores.

Quim Tarrida/AUTVIS, Brasil, 2018

Suponha que um pequeno pássaro, voando em linha reta sobre um eixo radial a esse grande espelho, se aproxime da escultura durante 5,0 s a partir de uma posição distante 18 m do vértice até uma posição distante 8,0 m desse mesmo ponto. Com base nessas informações e considerando-se válidas as condições de estigmatismo de Gauss, determine em relação à escultura, em m/s:

a) a intensidade da velocidade escalar média do pássaro;
b) a intensidade da velocidade escalar média da imagem da ave fornecida pelo espelho esférico.

74. Lua cheia sobre o Pacífico

Considere a situação esquematizada a seguir, fora de escala e em cores fantasia, em que os centros da Lua e da Terra estão separados por uma distância *d*. Admita que o raio da Terra seja igual a *R* e que o oceano Pacífico, refletindo a luz da lua cheia, comporte-se como um espelho esférico gaussiano.

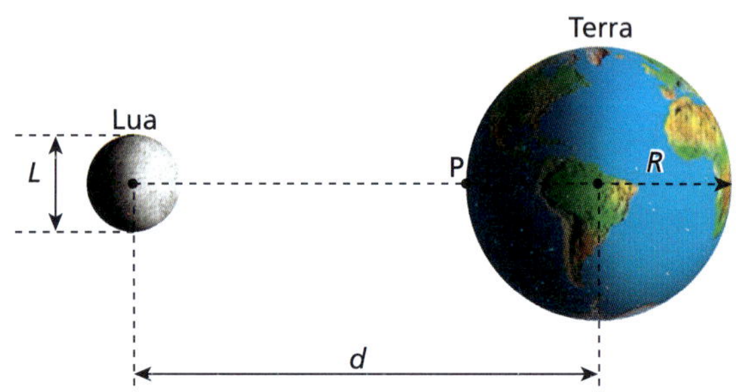

Banco de imagens/Arquivo da editora

Sendo *L* o diâmetro da Lua, determine em função de *d*, *R* e *L*:

a) a distância entre a imagem da Lua e o ponto **P**.
b) o diâmetro da imagem da Lua.

75. A figura representa um espelho esférico côncavo de centro de curvatura **C** e vértice **V**. Um raio de luz, ao incidir paralelamente ao eixo $\overleftrightarrow{CV}$, reflete-se duas vezes, deixando o espelho também paralelamente ao eixo $\overleftrightarrow{CV}$.

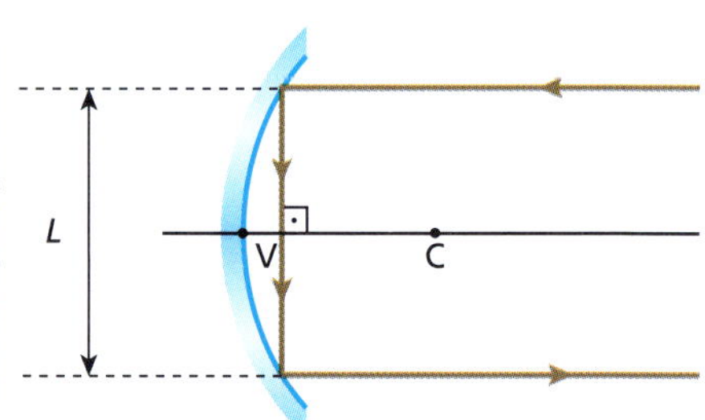

Banco de imagens/Arquivo da editora

Sabendo que o raio de curvatura do espelho vale $\sqrt{2}$ m, calcule o comprimento *L*.

Ampliando o olhar

Como funciona o *teleprompter*

Você já deve ter reparado que os apresentadores de telejornais narram as notícias sem baixar os olhos para ler em folhas de papel. Quem está assistindo ao programa tem a impressão de que os textos são decorados.

Teriam esses profissionais uma memória tão prodigiosa, capaz de reter toda a edição de um programa noticioso que dura em média meia hora? É claro que não. Eles utilizam um equipamento denominado *teleprompter*, que permite que a leitura seja realizada diretamente numa lâmina de vidro transparente, plana e retangular, parcialmente espelhada em uma das faces, que é montada defronte à lente objetiva da câmera principal.

Uma câmera secundária capta as imagens de laudas (folhas de papel que contêm os textos) que correm sobre uma mesa a uma velocidade adequada. Essas imagens são transferidas eletronicamente para o vídeo de um monitor de TV instalado a 45° em relação à lâmina de vidro, conforme ilustra o esquema a seguir. A luz proveniente desse monitor é refletida pela superfície espelhada da lâmina, atingindo os olhos do apresentador, que faz a leitura sem dificuldades. Como a lâmina de vidro também é transparente, a luz difundida pelo corpo do apresentador chega à lente objetiva da câmera principal, e tem-se a impressão de que ele está permanentemente olhando para o telespectador.

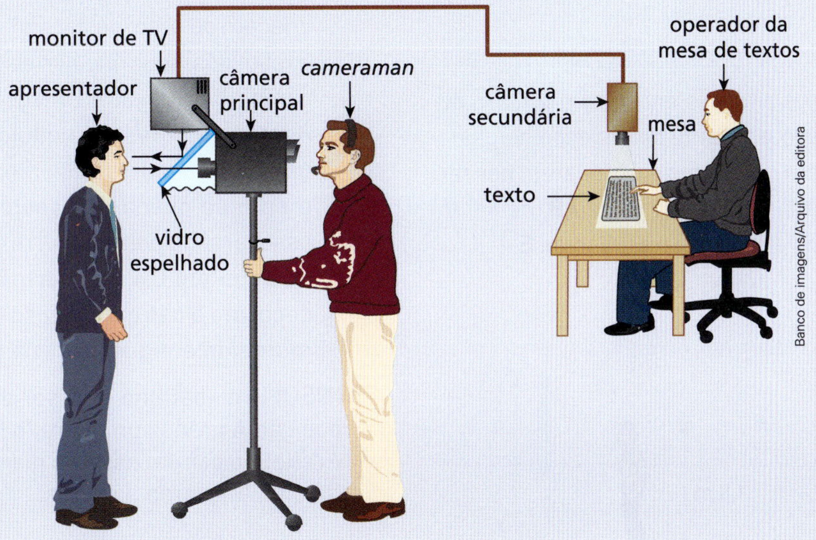

É importante salientar que a explicação dada para o funcionamento do *teleprompter* é bastante simplificada e meramente didática.

Nos modernos estúdios de televisão, dispensa-se o operador da mesa de textos, e a transferência das laudas que serão lidas pelo apresentador é feita diretamente ao monitor sobre o vidro parcialmente espelhado por meios eletrônicos, a partir da *switcher* ou cabine de onde é feita a direção de TV (monitoramento dos *cameramen*, cortes de microfones, câmeras, etc.).

DESCUBRA MAIS

1. A equação de Gauss $\left(\frac{1}{f} = \frac{1}{p} + \frac{1}{p'}\right)$ também é aplicável aos espelhos planos?
2. Nos grandes telescópios, os espelhos primários, responsáveis pela captação da imagem inicial de um astro, são côncavos, com diâmetros da ordem de alguns metros. Como se faz para minimizar os efeitos da dilatação térmica sobre esses espelhos, que altera dimensões importantes, como a distância focal?
3. Por que nos telescópios são utilizados espelhos parabólicos em vez de espelhos esféricos?

Exercícios Nível 3

76. (FGV-SP) Do lado oeste da rua, um prédio revestido com vidros planos e espelhados posicionados verticalmente em toda a fachada faz com que os raios solares nele refletidos iluminem um segundo prédio do outro lado da rua até o limite entre a base desse prédio e a calçada. No mesmo momento, um poste de iluminação, com 5 m de altura, está projetando no chão horizontal uma sombra de 2 m.
Se a distância entre os prédios, um voltado frontalmente para o outro, é de 15 m, e, sabendo que naquele dia o Sol passaria pelo ponto mais alto do céu, pode-se dizer que o prédio que se encontra do lado leste da rua tem uma altura, em m, igual a

a) 30.
b) 45.
c) 50.
d) 65.
e) 75.

77. Uma pessoa cujos olhos se encontram a 1,8 m do chão está em repouso diante de um espelho plano vertical **E**, a 50 cm dele. A pessoa visualiza, por reflexão em **E**, a imagem de um poste **AB**, de 6,0 m de altura, situado atrás de si e a 2,5 m de **E**.

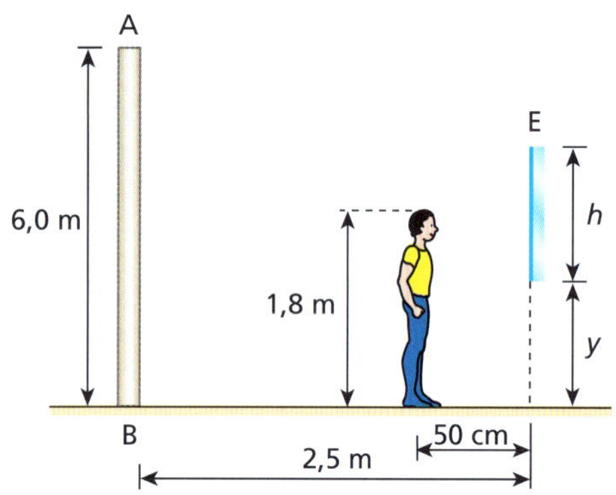

Determine:

a) a mínima dimensão vertical h que deve ter o espelho para que a pessoa possa ver inteiramente a imagem do poste.
b) a distância y da borda inferior do espelho ao chão nas condições do item anterior.

78. (Ufscar-SP)

Um dia , um cão, carregando um osso na boca, ia atravessando uma ponte. Olhando para baixo, viu sua própria imagem refletida na água. Pensando ver outro cão, cobiçou-lhe logo o osso que este tinha na boca, e pôs-se a latir. Mal, porém, abriu a boca, seu próprio osso caiu na água e perdeu-se para sempre.

(Fábula de Esopo)

a) Copie a figura seguinte em seu caderno de respostas.

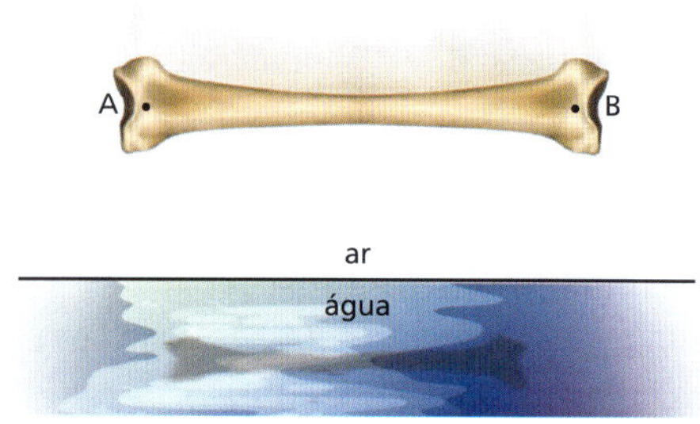

Do ponto de vista de um observador que pudesse enxergar os dois meios ópticos, ar e água, produza um esquema de raios de luz que conduzem à imagem do osso, destacando os raios incidentes e refletidos, seus ângulos e as normais, que indicarão a localização da imagem dos pontos **A** e **B**.

b) Admita 10,0 m/s^2 o módulo da aceleração da gravidade e que a resistência do ar ao movimento de queda do osso é desprezível. Se o osso largado pelo cachorro atingiu a superfície da água em 0,4 s, determine a distância que separava o cão ganancioso de sua imagem, no momento em que se inicia a queda do osso.

79. (IJSO) Um aparelho emissor de luz localizado na posição **A** produz um estreito feixe luminoso que é refletido por um espelho plano, como representado no esquema a seguir.

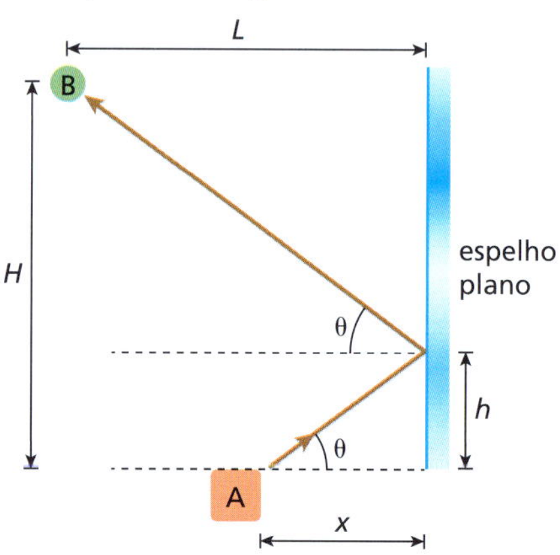

Um objeto fixo na posição **B** é visado como alvo desse feixe de luz, sendo iluminado por este. Se a distância horizontal de **B** até o espelho é L = 2,20 m, o comprimento H é de 1,68 m e o valor de h é igual a 0,43 m, qual é, aproximadamente, a distância horizontal, x, entre o aparelho emissor de luz e a superfície do espelho?

80. (Unesp-SP) Uma pessoa de 1,8 m de altura está parada diante de um espelho plano apoiado no solo e preso em uma parede vertical. Como o espelho está mal posicionado, a pessoa não consegue ver a imagem de seu corpo inteiro, apesar de o espelho ser maior do que o mínimo necessário para isso. De seu corpo, ela enxerga apenas a imagem da parte compreendida entre seus pés e um detalhe de sua roupa, que está a 1,5 m do chão. Atrás dessa pessoa, há uma parede vertical **AB**, a 2,5 m do espelho.

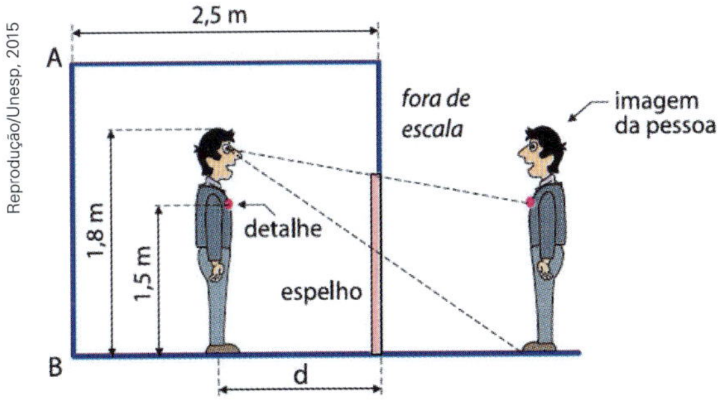

Sabendo que a distância entre os olhos da pessoa e a imagem da parede **AB** refletida no espelho é 3,3 m e que seus olhos, o detalhe em sua roupa e seus pés estão sobre uma mesma vertical, calcule a distância *d* entre a pessoa e o espelho e a menor distância que o espelho deve ser movido verticalmente para cima, de modo que ela possa ver sua imagem refletida por inteiro no espelho.

81. (Unesp-SP) Uma pessoa está parada numa calçada plana e horizontal diante de um espelho plano vertical **E** pendurado na fachada de uma loja. A figura representa a visão de cima da região.

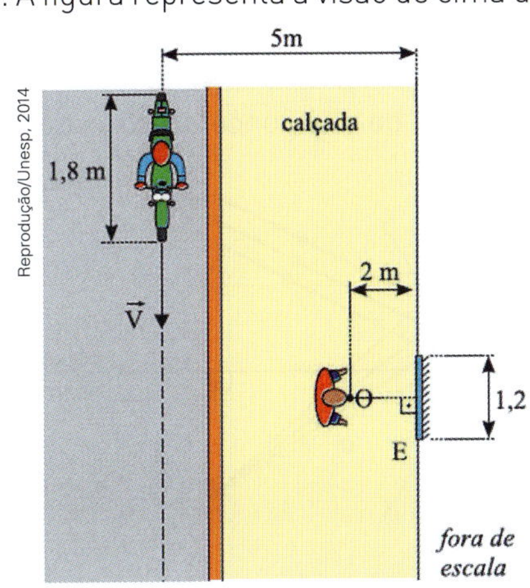

Olhando para o espelho, a pessoa pode ver a imagem de um motociclista e de sua motocicleta que passam pela rua com velocidade constante V = 0,8 m/s, em uma trajetória retilínea paralela à calçada, conforme indica a linha tracejada.

Considerando que o ponto **O** na figura represente a posição dos olhos da pessoa parada na calçada, é correto afirmar que ela poderá ver a imagem por inteiro do motociclista e de sua motocicleta refletida no espelho durante um intervalo de tempo, em segundos, igual a

a) 2 b) 3 c) 4 d) 5 e) 1

82. (Faap-SP) Um cilindro de 25 cm de altura e de diâmetro desprezível foi abandonado de uma posição tal que sua base inferior estava alinhada com a extremidade superior de um espelho plano de 50 cm de altura e a 20 cm deste. Durante sua queda, ele é visto, assim como sua imagem, por um observador, que se encontra a 1 m do espelho e a meia altura deste (ver figura).

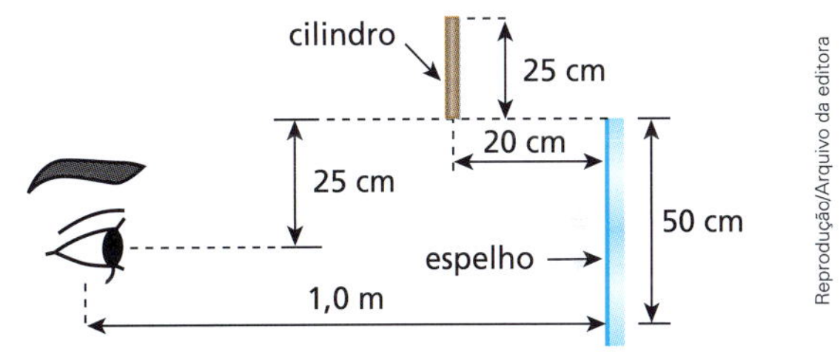

Calcule por quanto tempo o observador ainda vê a imagem do cilindro (total ou parcial), que permanece vertical durante a queda. Adote g = 10 m/s^2.

83. Na situação esquematizada, um espelho plano vertical **E**, instalado sobre um carrinho, realiza movimento harmônico simples (MHS) entre os pontos **A** e **A'** do solo plano e horizontal, com sua superfície refletora voltada para um garoto em repouso na posição **P**. A mola a que está ligado o carrinho tem massa desprezível e sua constante elástica é K = 180 N/m.

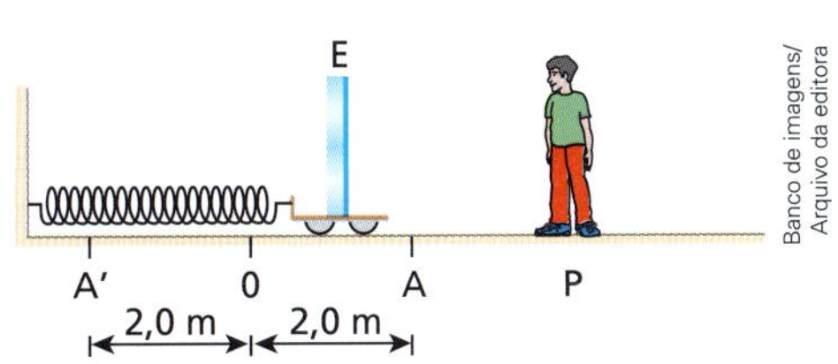

Sabendo que a massa do conjunto carrinho-espelho vale m = 20 kg e que $\pi \cong 3$, aponte a alternativa em que estão relacionados corretamente o período *T* de oscilação do sistema e a intensidade máxima *v* da velocidade da imagem do garoto, dada por **E**, em relação ao solo:

a) T = 1,0 s; v = 6,0 m/s.
b) T = 2,0 s; v = 12 m/s.
c) T = 2,0 s; v = 6,0 m/s.
d) T = 1,0 s; v = 12 m/s.
e) T = 1,5 s; v = 9,0 m/s.

84. Na situação esquematizada abaixo, está representado um carrinho elétrico, controlado por controle remoto, que se movimenta em linha reta sobre o solo plano e horizontal. Esse carrinho está equipado com um espelho plano vertical, firmemente acoplado à sua caçamba, e se desloca com velocidade escalar constante igual a 50 cm/s. Ao observar sua imagem refletida no espelho, um assustado cãozinho põe-se a perseguir o carrinho, deslocando-se na mesma direção que o veículo com velocidade escalar constante igual a 150 cm/s.

Francisco Vilachã/ Arquivo da editora

Qual é a velocidade escalar da imagem do cãozinho em relação ao solo?

85. Considere dois espelhos planos E_1 e E_2, associados conforme representa a figura abaixo, com suas superfícies refletoras formando um ângulo de 120° entre si.

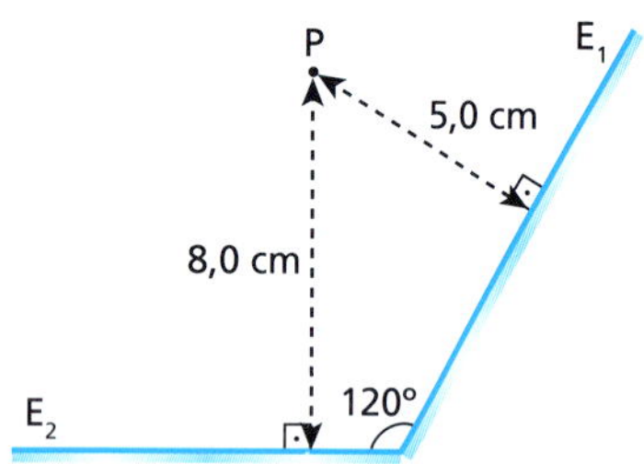

Banco de imagens/Arquivo da editora

Se um objeto luminoso **P** for fixado diante dos dois espelhos, a 5,0 cm de E_1 e a 8,0 cm de E_2, conforme está ilustrado, pode-se afirmar que a distância entre as duas imagens de **P**, obtidas por simples reflexão da luz nos espelhos, será igual a:

a) 12,0 cm.
b) 14,0 cm.
c) 16,0 cm.
d) 18,0 cm.
e) 26,0 cm.

86. (Unifesp) Os elevados custos da energia, aliados à conscientização da necessidade de reduzir o aquecimento global, fazem ressurgir antigos projetos, como é o caso do fogão solar. Utilizando as propriedades reflexivas de um espelho esférico côncavo, devidamente orientado para o Sol, é possível produzir aquecimento suficiente para cozinhar ou fritar alimentos. Suponha que um desses fogões seja constituído de um espelho esférico côncavo ideal e que, num dado momento, tenha seu eixo principal alinhado com o Sol.

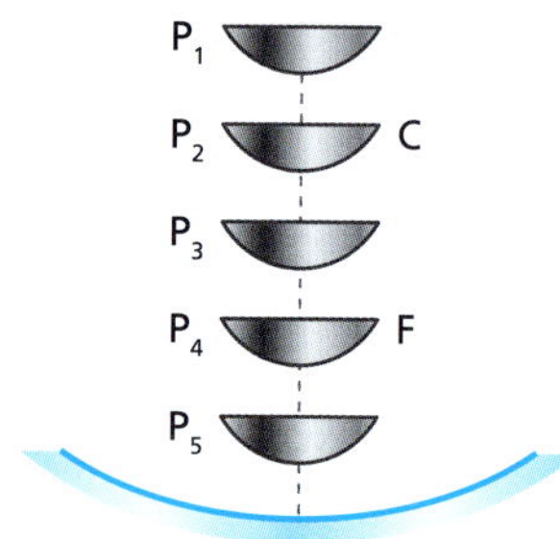

Reprodução/Arquivo da editora

Na figura, P_1 a P_5 representam cinco posições igualmente espaçadas sobre o eixo principal do espelho, nas quais uma pequena frigideira pode ser colocada. P_2 coincide com o centro de curvatura do espelho e P_4, com o foco. Considerando que o aquecimento em cada posição dependa exclusivamente da quantidade de raios de luz refletidos pelo espelho que atinja a frigideira, a ordem decrescente de temperatura que a frigideira pode atingir em cada posição é:

a) $P_4 > P_1 = P_3 = P_5 > P_2$
b) $P_4 > P_3 = P_5 > P_2 > P_1$
c) $P_2 > P_1 = P_3 = P_5 > P_4$
d) $P_5 = P_4 > P_3 = P_2 > P_1$
e) $P_5 > P_4 > P_3 > P_2 > P_1$

87. No século III a.C., Arquimedes teria liderado guerreiros da Sicília – na época pertencente à Magna Grécia – na defesa da cidade de Siracusa, vítima constante de ataques marítimos de frotas romanas. Conta-se que ele instalava na região costeira da ilha espelhos ustórios (ou incendiários), que consistiam em enormes calotas esféricas, polidas na parte interna (côncava), que "concentravam" os raios solares, produzindo fogo nas galeras inimigas.
O esquema abaixo representa um desses espelhos, em operação de acordo com as condições de Gauss, e a trajetória seguida pela luz até um ponto fatal **P**, de alta concentração energética.

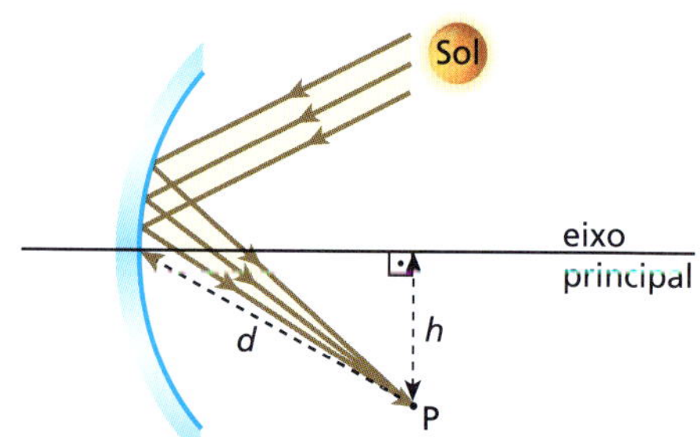

Banco de imagens/Arquivo da editora

Supondo-se conhecidos os comprimentos *d* e *h*, o raio de curvatura do espelho fica determinado por:

a) $(d^2 - h^2)^{\frac{1}{2}}$
b) $2(d^2 - h^2)^{\frac{1}{2}}$
c) $(d^2 + h^2)^{\frac{1}{2}}$
d) $2(d^2 + h^2)^{\frac{1}{2}}$
e) $(h^2 - d^2)^{\frac{1}{2}}$

88. (UFPE) A concha de aço inoxidável representada na figura pode ser usada para demonstrar propriedades dos espelhos esféricos. Uma dessas propriedades consta de uma das alternativas abaixo. Indique:

a) Para objetos colocados acima, num afastamento inferior a um quarto do diâmetro, as imagens são invertidas.

b) Para objetos colocados abaixo, num afastamento inferior a um quarto do diâmetro, as imagens são invertidas.

c) Imagens virtuais só podem ser obtidas para objetos colocados abaixo.

d) Para objetos colocados acima, num afastamento inferior a um quarto do diâmetro, as imagens são direitas.

e) Imagens virtuais só podem ser obtidas para objetos colocados acima.

89. (SBF) Uma antena receptora com distância focal de 1,0 m recebe radiação eletromagnética proveniente de um satélite na faixa de 10 GHz e a reflete. A radiação incide na antena fazendo um ângulo de 15° (sen 15° ≅ tg 15° ≅ 0,26) com eixo principal da antena. O captador LNB (*low-noise block converter*) da radiação provinda do satélite deve ser instalado na região onde a intensidade da radiação refletida pela antena seja máxima. A figura indica quatro pontos próximos da antena: **F** é o foco principal da antena; $\mathbf{P_1}$ e $\mathbf{P_2}$ são pontos a 26 cm de **F** no plano que contém **F**, perpendicularmente ao eixo principal da antena; $\mathbf{P_3}$ é um ponto sobre o eixo principal da antena a 26 cm da antena.

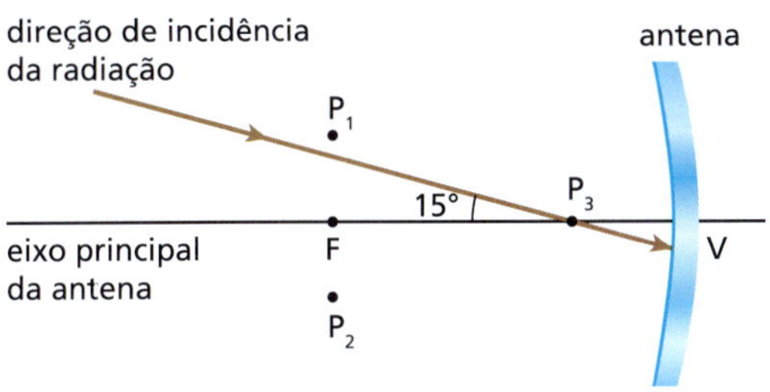

Atribuindo-se à antena as propriedades de um espelho esférico côncavo gaussiano, qual é a melhor localização do captador LNB entre estes quatro pontos?

a) P_1
b) F
c) P_2
d) P_3

90. (FGV-SP) Um prego é colocado em frente de um espelho côncavo, paralelamente ao seu eixo principal e com seu ponto médio na mesma vertical que seu centro óptico **C**, como mostra a figura a seguir.

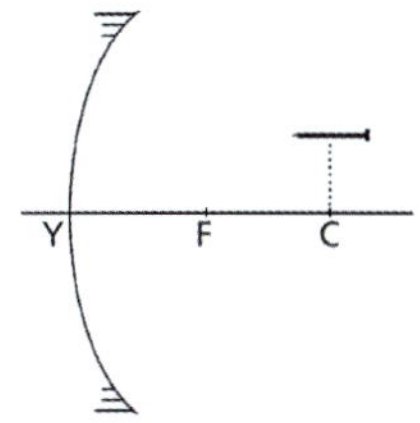

A opção que melhor representa a imagem do prego conjugada pelo espelho é

a)

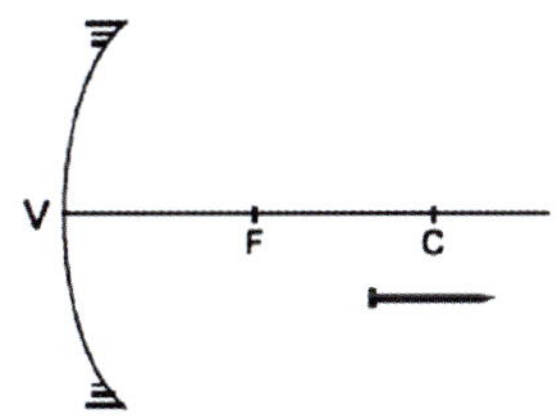

b)

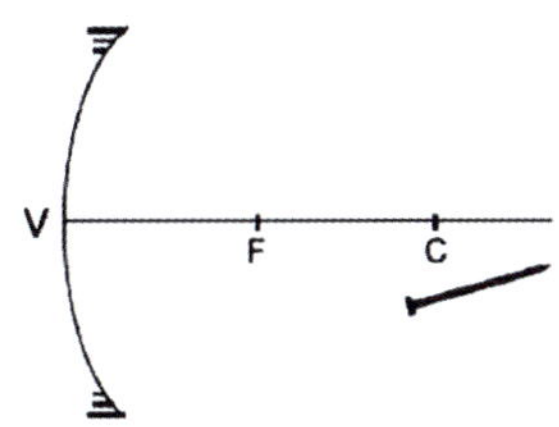

c)

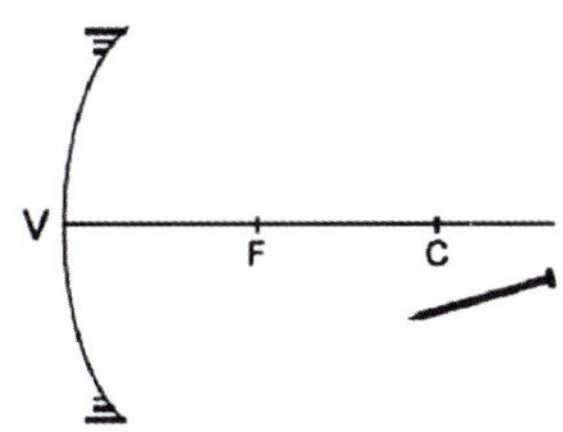

d)

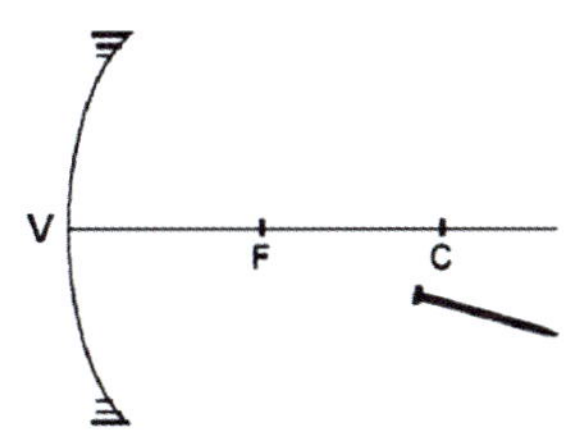

e)

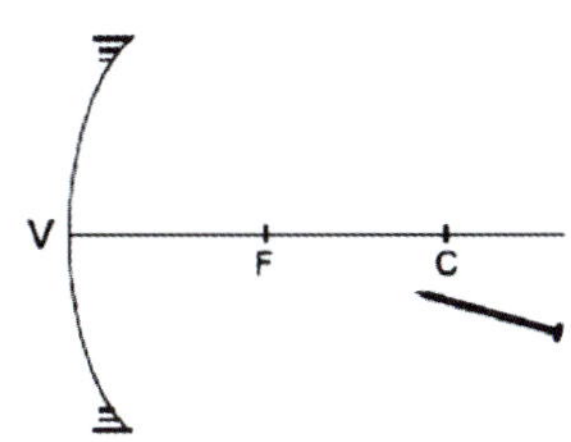

91. (Vunesp) Um menino construiu uma lanterna utilizando uma lata enferrujada e sem tampa, uma vela, um arame e um pedaço de mangueira de jardim, conforme a figura.

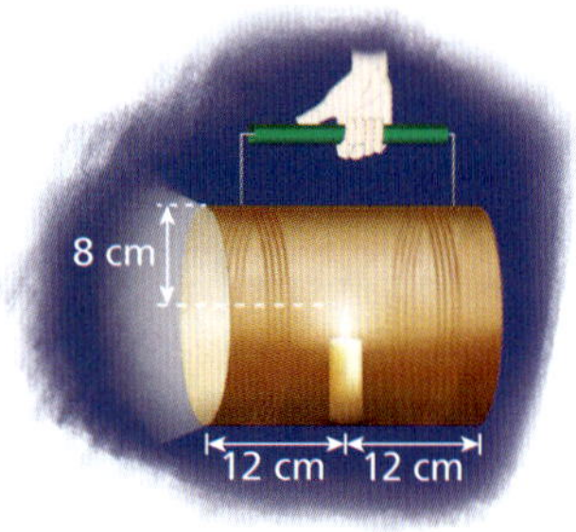

Reprodução/Arquivo da editora

A chama da vela estava localizada no eixo de simetria da lata, a 12 cm de sua abertura, e os raios de luz irradiavam apenas por essa abertura, já que os raios direcionados para o interior da lata eram completamente absorvidos pela camada de ferrugem. Como resultado, a lanterna projetava um cone de luz com vértice na chama da vela, que pode ser considerada puntiforme.

a) Suponha que o menino posicione a lanterna a 1,50 m de uma parede plana e vertical, com seu eixo de simetria em posição horizontal e ortogonal à superfície da parede. Determine o diâmetro do disco de luz que essa lanterna projeta sobre essa parede.

b) Após encontrar um pequeno espelho esférico côncavo, o menino decidiu fixá-lo na parede do fundo da lata, com seu eixo principal coincidindo com o eixo de simetria da lata. Apontando novamente a lanterna para a parede, mantendo o eixo de simetria do sistema em posição horizontal e ortogonal à parede, o menino obteve uma imagem nítida da vela projetada na parede com dimensões lineares 19 vezes as da vela. Admitindo-se válidas as condições de Gauss, determine a distância entre a parede e o fundo da lata, bem como a distância focal do espelho.

92. Espelhos, mitos e histórias

Na mitologia grega, encontramos a figura de Narciso, que foi condenado pela deusa da vingança, Némesis, a apaixonar-se pela própria imagem refletida nas águas tranquilas de um lago (espelho plano), permanecendo obsessivo a admirar-se até a completa inaninação e a consequente morte.

Já por volta do século III a.C., Arquimedes teria utilizado a luz solar refletida em grandes espelhos esféricos para incendiar embarcações romanas que tentavam aportar em Siracusa, Magna Grécia, numa tentativa de tomar a cidade.

No esquema seguinte, **E** representa um espelho esférico que obedece às condições de aproximação de Gauss:

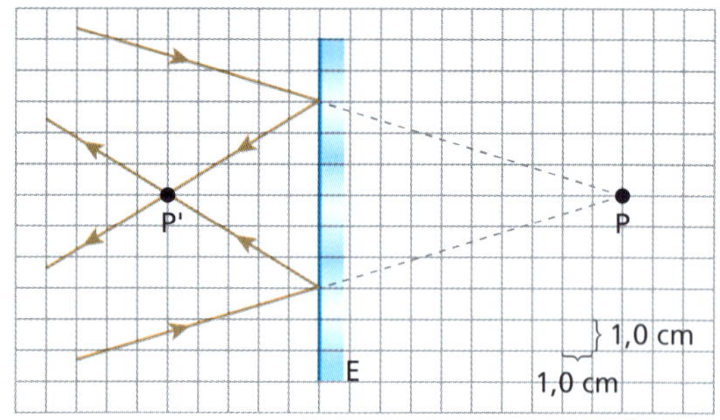

Banco de imagens/Arquivo da editora

Considerando-se os elementos do esquema, podemos afirmar que

a) o espelho é côncavo e sua distância focal tem módulo 10,0 cm.

b) o espelho é côncavo e sua distância focal tem módulo 7,5 cm.

c) o espelho é côncavo e sua distância focal tem módulo 5,0 cm.

d) o espelho é convexo e sua distância focal tem módulo 10,0 cm.

e) o espelho é convexo e sua distância focal tem módulo 5,0 cm.

93. (Unifesp) Na entrada de uma loja de conveniência de um posto de combustível, há um espelho convexo utilizado para monitorar a região externa da loja, como representado na figura. A distância focal desse espelho tem módulo igual a 0,6 m e, na figura, pode-se ver a imagem de dois veículos que estão estacionados paralelamente e em frente à loja, aproximadamente a 3 m de distância do vértice do espelho.

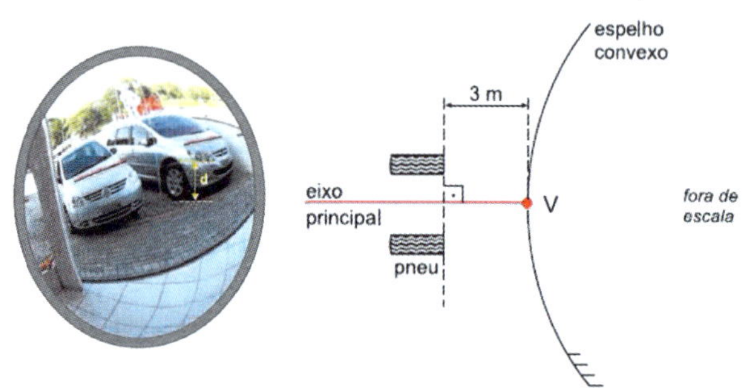

Reprodução/Unifesp, 2016

(www.hsj.com.br. Adaptado.)

Considerando que esse espelho obedece às condições de nitidez de Gauss, calcule:

a) a distância, em metros, da imagem dos veículos ao espelho.

b) a relação entre o comprimento do diâmetro da imagem do pneu de um dos carros, indicada por *d* na figura, e o comprimento real do diâmetro desse pneu.

94. (PUC-SP) Um estudante de Física resolve brincar com espelhos esféricos e faz uma montagem, utilizando um espelho esférico côncavo de raio de curvatura igual a 80 cm e outro espelho convexo de raio de curvatura cujo módulo é igual a 40 cm. Os espelhos são cuidadosamente alinhados de tal forma que foram montados coaxialmente, com suas superfícies refletoras se defrontando e com o vértice do espelho convexo coincidindo com a posição do foco principal do espelho côncavo. O aluno, então, colocou cuidadosamente um pequeno objeto no ponto médio do segmento que une os vértices desses dois espelhos. Determine, em relação ao vértice do espelho convexo, a distância, em centímetros, da imagem, formada por esse espelho ao receber os raios luminosos que partiram do objeto e foram refletidos pelo espelho côncavo, e classifique-a.

a) 16 cm, virtual e direita.
b) 16 cm, virtual e invertida.
c) 40 cm, real e direita.
d) 40 cm, virtual e direita.
e) 13,3 cm, virtual e invertida.

95. No esquema a seguir, E_1 é um espelho plano e E_2 é um espelho esférico côncavo de raio de curvatura R = 60 cm. **C**, **F** e **V** são, respectivamente, em relação a E_2, o centro de curvatura, o foco e o vértice. Em **F**, é colocada uma fonte pontual de luz. Determine a distância da fonte à sua imagem, considerando que a luz sofre dupla reflexão, primeiro em E_1 e posteriormente em E_2.

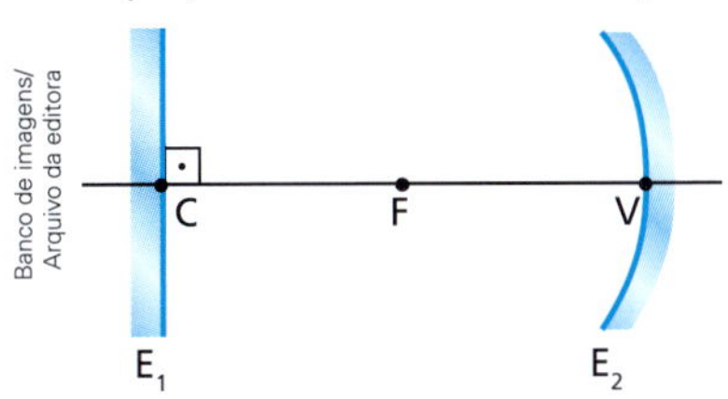

96. Dois espelhos são colocados frente a frente. Um é esférico côncavo, de 40 cm de raio de curvatura, e o outro é plano, distante 90 cm do vértice **V** do espelho esférico e inclinado 45° em relação ao seu eixo principal, conforme mostra o esquema a seguir.

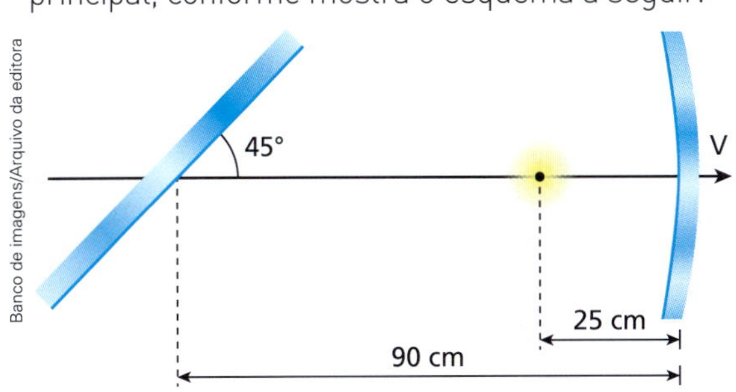

Uma fonte luminosa pontual é colocada entre os espelhos, sobre o eixo principal do espelho esférico, a 25 cm do vértice **V** desse espelho, que vai operar de acordo com as condições de estigmatismo de Gauss. Considerando-se que os raios luminosos emitidos pela fonte reflitam-se primeiro no espelho esférico e, depois, no espelho plano, responda:

a) A que distância do vértice **V** do espelho esférico se forma a imagem conjugada por esse espelho?
b) A que distância do eixo principal do espelho esférico se forma a imagem final da fonte luminosa conjugada pelo espelho plano?

97. (OBF) Dois espelhos esféricos, um côncavo e outro convexo, de mesma distância focal igual a 36 cm, são colocados um em frente ao outro, com seus vértices separados por uma distância de 2,0 m e com seus eixos principais coincidentes. A que distância do espelho côncavo e sobre o eixo principal deve ser colocado um objeto para que a primeira imagem formada pelo espelho convexo tenha o mesmo tamanho da primeira imagem formada pelo espelho côncavo?

98. Uma partícula pontual realiza, na vertical, um movimento harmônico simples (MHS) cuja elongação *y* é dada em função do tempo *t* por:

$$y = \alpha \cos (\omega t)$$

O plano de oscilação da partícula é perpendicular ao eixo principal (eixo **0x**) de um espelho esférico côncavo gaussiano e está a uma distância do vértice igual a três vezes a distância focal do espelho.

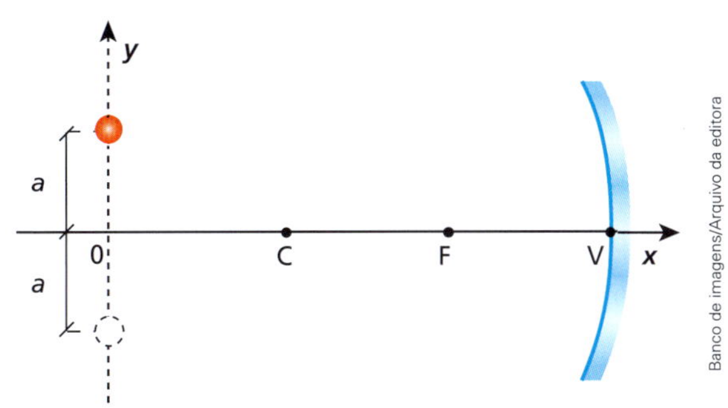

Determine:

a) a frequência angular de oscilação da imagem da partícula.
b) a amplitude de oscilação da imagem.
c) a diferença de fase $\Delta\phi$ entre o movimento de oscilação da partícula e o da sua imagem.

99. Considere um corredor delimitado por duas paredes planas, verticais e paralelas entre si. Numa das paredes (**A**) está incrustada uma lâmpada puntiforme (**L**) acesa. Na outra parede (**B**) está fixado um espelho plano (**MN**), que reflete luz proveniente de **L**, iluminando a região **M'N'** da parede **A**.

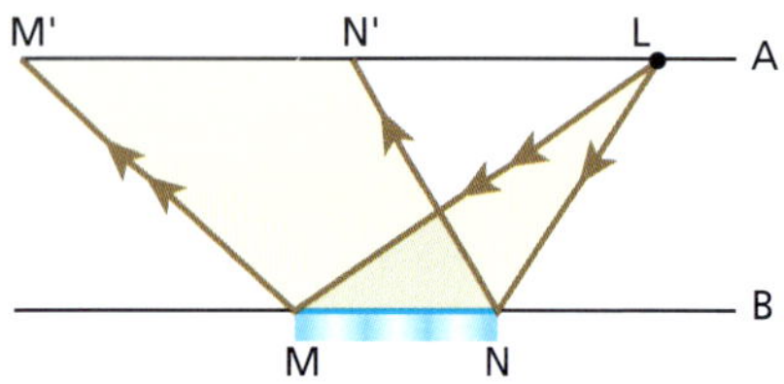

Banco de imagens/Arquivo da editora

Admitindo-se que a parede **A** passe a se aproximar da parede **B** com velocidade constante de módulo *v*, permanecendo, porém, paralela a **B**, pode-se afirmar que a velocidade de **M'** em relação a **N'** terá:

a) módulo nulo.
b) módulo $\frac{v}{2}$.
c) módulo *v*.
d) módulo 2*v*.
e) um outro valor.

100. No esquema, **P** é uma parede vertical de cor clara, **L** é uma lâmpada pontual capaz de emitir luz branca exclusivamente para a direita, **A** é um anteparo quadrado, opaco e fixo, com lado de comprimento igual a 40 cm, e **E** é um espelho plano também fixo. Admita que **P** e **E** tenham grandes dimensões e que **A** e **E** sejam paralelos a **P**.

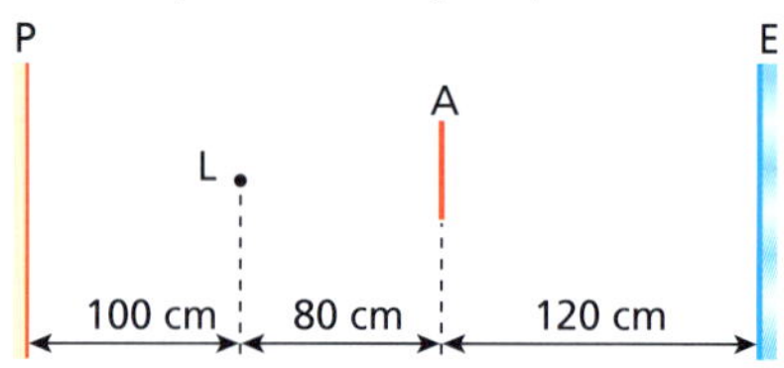

Banco de imagens/Arquivo da editora

Se a partir de determinado instante **L** começar a se movimentar verticalmente para baixo, poderá ser observada em **P**:

a) uma área quadrada de sombra, com lado de comprimento crescente a partir de 2,0 m, movimentando-se para cima.
b) uma área quadrada de sombra, com lado de comprimento constante igual a 2,5 m, movimentando-se para baixo.
c) uma área quadrada de sombra, com lado de comprimento constante igual a 2,5 m, movimentando-se para cima.
d) uma área quadrada de sombra, com lado de comprimento crescente a partir de 2,0 m, movimentando-se para baixo.
e) uma área de sombra, a princípio quadrada e depois retangular, movimentando-se para cima.

101. A figura a seguir mostra a planta baixa de uma sala quadrada **ABCD**, de lado 12,0 m, com uma parede de comprimento 6,0 m, que vai do ponto **M** (médio de **AB**) até o ponto **O** (centro geométrico da sala). Um espelho plano será fixado na parede **DC**, cobrindo do solo até o teto, de modo que uma pessoa situada no ponto **P** (médio de **AM**) consiga enxergar por reflexão a maior extensão possível da parede **MB**.

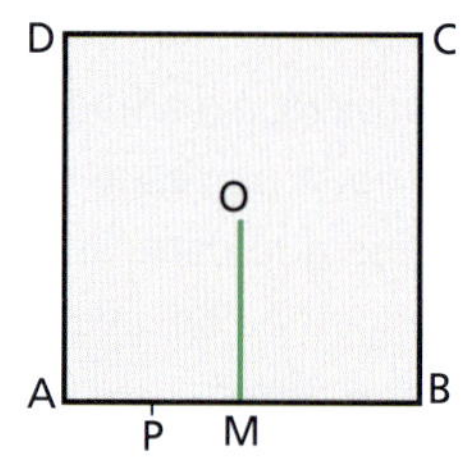

Banco de imagens/Arquivo da editora

A largura mínima do espelho que satisfaz essa condição é:

a) 2,5 m.
b) 3,0 m.
c) 4,5 m.
d) 6,0 m.
e) 7,5 m.

102. (IME-RJ) Um foguete de brinquedo voa na direção e sentido indicados pela figura com velocidade constante *v*. Durante todo o voo, um par de espelhos, composto por um espelho fixo e um espelho giratório que gira em torno do ponto *A*, faz com que um raio *laser* sempre atinja o foguete, como mostra a figura abaixo.

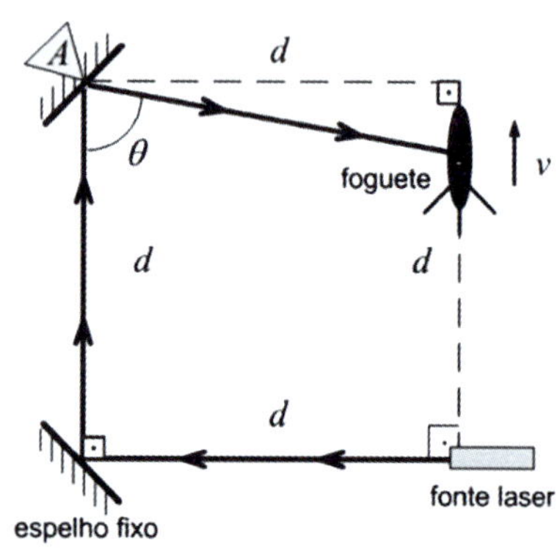

Reprodução/IME, 2012

O módulo da velocidade de rotação do espelho é:

a) $\frac{[v\,\text{sen}\,(\theta)]}{d}$

b) $\frac{\left[v\,\text{sen}^2\left(\frac{\theta}{2}\right)\right]}{d}$

c) $\frac{[v\,\text{sen}^2\,(\theta)]}{d}$

d) $\frac{[v\,\text{sen}\,(\theta)]}{2d}$

e) $\frac{[v\,\text{sen}^2\,(\theta)]}{2d}$

103. Dois espelhos $\mathbf{E_1}$ e $\mathbf{E_2}$ são alinhados de modo que tenham eixo óptico comum e permaneçam com suas faces refletoras voltadas entre si, separadas por 32 cm. Um objeto pontual é colocado sobre o eixo do sistema, a meia distância entre os dois espelhos. Observa-se, então, que a imagem final desse objeto, após múltiplas reflexões da luz, situa-se também sempre a meia distância entre os dois espelhos. O espelho $\mathbf{E_1}$ é esférico côncavo e tem raio de curvatura igual a 24 cm.

a) Determine a posição da imagem do objeto formada apenas pelo espelho $\mathbf{E_1}$.

b) Identifique o tipo do espelho $\mathbf{E_2}$.

104. Embora menos utilizados que os espelhos planos, os espelhos esféricos são empregados em finalidades específicas, como em sistemas de iluminação e telescópios, no caso dos espelhos côncavos, e retrovisão, no caso dos espelhos convexos.

Na situação esquematizada, **E** é um espelho esférico côncavo que opera de acordo com as condições de estigmatismo de Gauss. **C** é o centro de curvatura, **F** é o foco principal e **V** é o vértice do espelho. Uma chama de dimensões desprezíveis, **L**, é colocada diante da superfície refletora de **E**, distante 30 cm do espelho e a uma altura de 20 cm em relação ao eixo principal, conforme indicado na figura.

Sendo R = 45 cm o raio de curvatura do espelho, pode-se concluir que a distância entre **L** e sua respectiva imagem é:

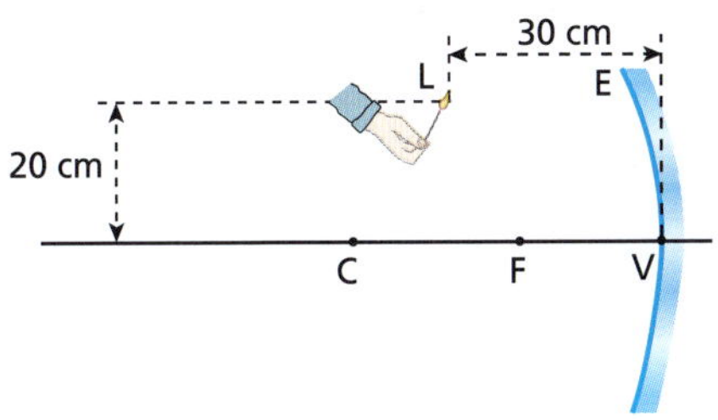

Banco de imagens/Arquivo da editora

a) 60 cm.
b) 70 cm.
c) 80 cm.
d) 90 cm.
e) 100 cm.

105. O *Gran Telescopio Canarias* (também conhecido como GTC), é, atualmente, o maior telescópio do mundo e um dos mais avançados telescópios ópticos e de infravermelho.

O objetivo do GTC é facilitar observações científicas de qualidade. Sendo o maior telescópio do mundo e graças à sua localização no Observatorio del Roque de los Muchachos (Ilhas Canárias, Espanha), o telescópio permitirá o estudo de questões fundamentais da Astrofísica como a natureza, dos buracos negros, a história da formação das estrelas e galáxias no começo do universo, a física de planetas distantes que orbitam outras estrelas e a natureza da matéria escura e energia escura no universo. (...)

Seu espelho refletor principal consiste em 36 figuras hexagonais individuais que atuam como um único espelho. A superfície coletora de luz do GTC tem uma área que corresponde a um espelho refletor de 10,4 m de diâmetro. Graças à sua enorme superfície coletora e à sua tecnologia avançada, o GTC figura entre os melhores telescópios do mundo.

Tradução livre. *Introducing the Gran Telescopio Canarias*. Disponível em: <www.gtc.iac.es/gtc/gtc.php>. Acesso em: 25 jun. 2018.

SPL/Latinstock

Devido à grande altitude do ponto de instalação e às próprias condições climáticas locais, o GTC propicia ótimas condições de observação astronômica em 80% das noites do ano. Além disso, foi criada uma legislação local que limita a iluminação pública, as emissões de rádio e a poluição atmosférica.

Suponha que em um determinado dia o GTC tenha sido apontado inadvertidamente para o Sol, recebendo diretamente em seu espelho esférico côncavo primário, paralelamente ao eixo principal, uma intensidade de radiação luminosa $I_0 = 1,0\ kW/m^2$. Considere que esse espelho tenha diâmetro $D_0 = 10$ m e distância focal $f_0 = 15$ m. Admita ainda que o Sol tenha diâmetro de $1,5 \cdot 10^9$ m e que esteja situado a $1,5 \cdot 10^{11}$ m de distância da Terra.

Considerando-se que se forma uma imagem circular do Sol com diâmetro *D* praticamente no plano focal do espelho e adotando-se $\pi = 3$, pede-se determinar:

a) O valor de *D*, em centímetros;

b) A intensidade de radiação *I* no local da imagem do Sol, em kW/m^2;

c) A variação de temperatura ΔT que sofreria um disco circular de alumínio com massa de 600 g e diâmetro exatamente igual a *D* se fosse colocado no local da imagem do Sol durante 4,0 s. Admita que o calor específico sensível do alumínio seja igual a 1,0 J/g K e que ocorra absorção total da energia radiante por parte do disco.

TÓPICO

3

Refração da luz

Pixdaus/<pixdaus.com>

A observação de um peixinho dentro de um aquário pode revelar algumas distorções da realidade, como o fato de o animal se apresentar aparentemente mais próximo das paredes laterais do recipiente ou se mostrar mais ao raso quando visado de cima. Em aquários esféricos surgem também algumas aberrações, que fazem com que as imagens do peixinho se mostrem distorcidas, com proporções descomunais. Todos esses efeitos têm uma causa comum: a **refração da luz**, que, proveniente do peixinho, passa da água para o ar, onde está o observador, transpondo paredes de vidro.

A refração da luz é um fenômeno óptico fundamental. Com base nele, podem ser explicadas muitas ocorrências, como a posição aparente dos astros quando observados do solo terrestre, o arco-íris, miragens atmosféricas, além dos percursos ópticos da luz ao atravessar blocos, prismas e lentes.

Bloco 1

1. Índice de refração absoluto de um meio

Luzes de frequências (cores) diferentes se propagam num determinado meio material com velocidades de intensidades diferentes. Via de regra, quanto maior for a frequência, menor será a velocidade de propagação, ocorrendo o contrário quando raciocinamos em termos de comprimento de onda.

No interior de um prisma, por exemplo, verifica-se que, no espectro visível, a luz vermelha – a de menor frequência e maior comprimento de onda – é a mais rápida, enquanto a violeta – a de maior frequência e menor comprimento de onda – é a mais lenta.

No vácuo, porém, todas as frequências (cores) e comprimentos de onda têm a mesma velocidade de propagação:

$$c = 3,0 \cdot 10^8 \text{ m/s}$$

Nos gráficos ao lado, representamos qualitativamente a variação da intensidade da velocidade da luz, *v*, em um determinado meio material e também no vácuo, em função da frequência, *f*, e do comprimento de onda, λ, respectivamente.

Um parâmetro fundamental no estudo quantitativo da refração da luz é o índice de refração absoluto de um meio óptico.

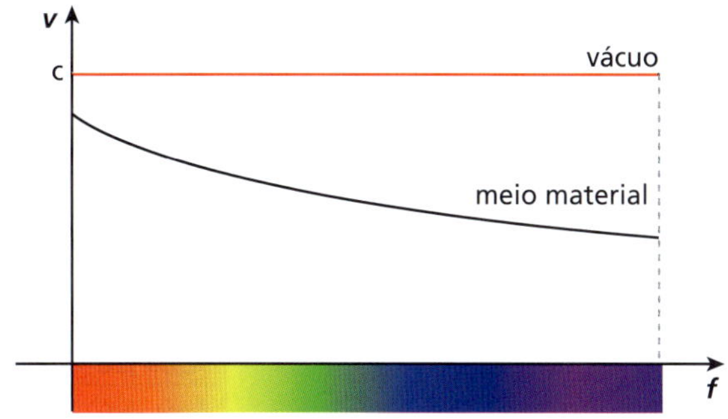

Em um determinado meio material, a velocidade da luz decresce à medida que a frequência aumenta.

Banco de imagens/Arquivo da editora

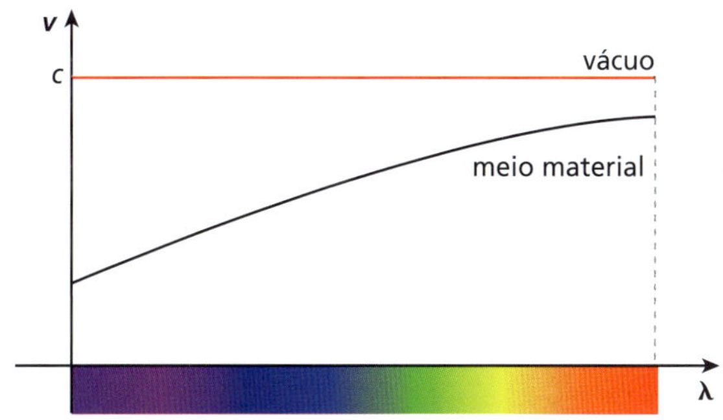

Em um determinado meio material, a velocidade da luz cresce à medida que o comprimento de onda aumenta.

Banco de imagens/Arquivo da editora

Define-se o **índice de refração** absoluto de certo meio óptico para um determinado tipo de luz monocromática (uma só cor ou frequência) como sendo o número *n* dado pelo quociente entre a intensidade da luz no vácuo, *c*, e a intensidade da luz no meio considerado, *v*.
Matematicamente:

$$\boxed{n = \frac{c}{v}}$$

Por ser definido pelo quociente entre duas velocidades, o índice absoluto de refração é um número puro (adimensional), isto é, desprovido de unidades de medida.

Nos meios materiais – dotados de matéria, como o ar, a água e o vidro –, a luz é sempre mais lenta que no vácuo. Logo, nesses meios, $v < c$, o que implica $n > 1,0$.

No vácuo, tem-se $v = c$. Logo, a esse meio corresponde o índice de refração absoluto mínimo, igual a 1,0.

Ao lado, representamos a curva hiperbólica da variação do índice de refração de um determinado meio em função da intensidade da velocidade de propagação de uma luz monocromática através dele.

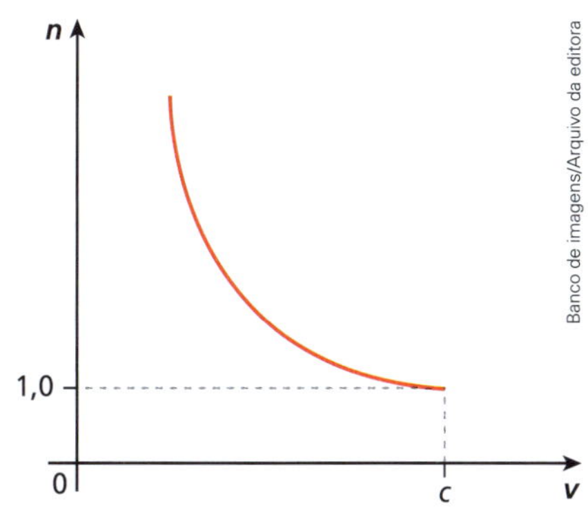

Banco de imagens/Arquivo da editora

2. Refringência

Diz-se que um meio óptico é tanto mais refringente quanto maior for seu índice de refração absoluto.

Na tabela a seguir, relacionamos os índices de refração absolutos de alguns meios transparentes passíveis de serem atravessados por um mesmo tipo de luz monocromática.

Meio óptico	Índice de refração absoluto
Vácuo	1,000 (valor exato)
Álcool metílico (CH_3OH)	1,329
Gelo	1,309
Água (20 °C)	1,333
Acetona	1,360
Etanol	1,360
Fluorita (CaF_2)	1,434
Tetracloreto de carbono ($CC\ell_4$)	1,460
Glicerina	1,473
Benzeno	1,501
Vidro *crown* leve	1,520
Cloreto de sódio ($NaC\ell$)	1,544
Quartzo	1,544
Poliestireno	1,550
Vidro de cristal denso (*flint*)	1,660
Safira	1,757
Diamante	2,418
Silício (Si)	4,010

Fonte: <https://pixelandpoly.com/ior.html>. Acesso em: 27 maio 2018.

O índice de refração absoluto do ar é ligeiramente maior que o do vácuo. À temperatura de 0 °C e à pressão de 760 mmHg seu valor é próximo de 1,000292. Por isso, é comum adotar-se para o ar índice de refração absoluto igual ao do vácuo, isto é, $n_{ar} = n_0 = 1,000$.

Com base nos valores da tabela, podemos dizer que, para determinado tipo de luz monocromática, o diamante é mais refringente que o vidro *crown* leve e este, por sua vez, é mais refringente que a água. Também podemos afirmar que essa luz é mais lenta no diamante que no vidro *crown* leve, e que no vidro *crown* leve ela é mais lenta do que é na água.

É importante reforçar que o vácuo é o meio menos refringente que existe, já que nesse meio, a velocidade da luz tem intensidade máxima.

Na tabela ao lado, estão indicados os índices de refração absolutos de um diamante para as cores fundamentais do espectro visível.

Nessa tabela, verifica-se que para frequências crescentes (ou comprimentos de onda decrescentes), o índice de refração absoluto do diamante também é crescente.

Cor da luz (comprimento de onda, Å)	Índice de refração absoluto de um diamante
Vermelho (660)	2,408
Alaranjado (630)	2,411
Amarelo (600)	2,415
Verde (550)	2,422
Azul (470)	2,430
Anil (425)	2,450
Violeta (400)	2,460

Fonte: <https://refractiveindex.info/?shelf=3d&book=crystal&page=diamond>. Acesso em: 27 jun. 2018.

3. Índice de refração relativo entre dois meios

Em alguns casos, convém relacionar o índice de refração absoluto de um determinado meio com o de outro. Relaciona-se, por exemplo, o índice de refração absoluto do vidro em relação ao ar ou o índice de refração absoluto do diamante em relação à água.

Por definição, para uma mesma luz monocromática (mesma cor), o **índice de refração** relativo de um meio 2 em relação a um meio 1, $n_{2,1}$, é o quociente entre o índice de refração absoluto do meio 2 e o índice de refração absoluto do meio 1. Matematicamente:

$$\boxed{n_{2,1} = \frac{n_2}{n_1}}$$

NOTAS!

- O índice de refração relativo entre dois meios pode assumir valores positivos menores que 1,0. É o que ocorre no caso de calcularmos o índice de refração relativo de um meio menos refringente em relação a outro mais refringente.
- Sendo $n_2 = \frac{c}{v_2}$ e $n_1 = \frac{c}{v_1}$, decorre que:

$$n_{2,1} = \frac{n_2}{n_1} = \frac{\frac{c}{v_2}}{\frac{c}{v_1}} \Rightarrow \boxed{n_{2,1} = \frac{n_2}{n_1} = \frac{v_1}{v_2}}$$

- Tendo-se em conta que $v_1 = \lambda_1 f_1$ e que $v_2 = \lambda_2 f_2$, em que λ_1 e λ_2 são os comprimentos de onda e f_1 e f_2 as respectivas frequências, observando-se que $f_1 = f_2 = f$, segue-se que:

$$n_{2,1} = \frac{n_2}{n_1} = \frac{v_1}{v_2} = \frac{\lambda_1 f}{\lambda_2 f}$$

De onde se obtém:

$$\boxed{n_{2,1} = \frac{n_2}{n_1} = \frac{v_1}{v_2} = \frac{\lambda_1 f}{\lambda_2 f} = \frac{\lambda_1}{\lambda_2}}$$

4. Dioptro

É o conjunto de dois meios ópticos ordinários (transparentes e homogêneos) separados por uma fronteira ou interface de qualquer formato.

Pequenas porções de água limpa, como a água contida em uma piscina, admitida sem ondulações, constitui juntamente com o ar externo um **dioptro plano**.

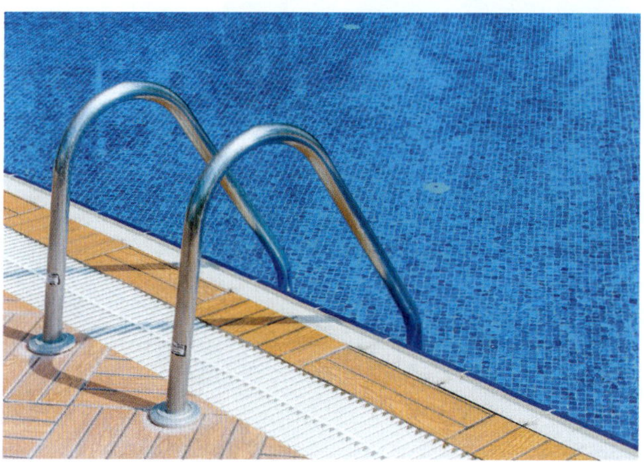

Quinn Martin/Shutterstock

A água de uma piscina sem ondas mais o ar externo constituem um dioptro plano.

No caso de uma esfera de cristal, por exemplo, esse material comporá juntamente com o ar externo um **dioptro esférico**.

Yahdi Bin Rus/Shutterstock

Essa esfera de cristal mais o ar que a envolve constituem um dioptro esférico. No caso, a bola de cristal está se comportando como uma lente esférica biconvexa (não gaussiana), que produz uma imagem real, invertida e menor da cidade à sua frente, assunto que será tratado em detalhes no Tópico 4.

5. O fenômeno da refração

Imagine-se no interior de uma caverna com pouca iluminação dentro da qual corre mansamente um rio de águas cristalinas. Nesse ambiente repleto de estalactites (forma colunar pendente do teto das cavernas ou subterrâneos, resultante da precipitação de bicarbonato de cálcio, trazido em dissolução na água) e estalagmites (forma colunar que se eleva do chão, proveniente de pingos de água que caem do teto de uma cavidade ou caverna, carregados de bicarbonato de cálcio), um feixe de luz solar adentra pelo teto o interior do recinto obscurecido, incidindo sobre a superfície da água.

Stefan Kolumban/Pulsar Imagens

Lago Azul em Bonito (MS).

Essa cena, aqui narrada de maneira ficcional, pode ser vivenciada em todos os seus detalhes na cidade de Bonito (MS), onde grutas e cavernas, como a que descrevemos, existem em grande número, encantando e instigando os visitantes.

E o que ocorre com a energia radiante em forma de luz incidente sobre a água? Bem, uma parcela dessa energia é absorvida pela superfície líquida; outra parte é refletida e uma última parcela passa a se propagar no interior da água, caracterizando o fenômeno da **refração**.

Refração da luz é a passagem da luz de um meio para outro, com mudança na intensidade da velocidade de propagação e, consequentemente, do comprimento de onda.

Sendo v_1, λ_1 e f_1 e v_2, λ_2 e f_2, respectivamente, as intensidades das velocidades de propagação, os comprimentos de onda e as frequências da radiação luminosa em dois meios quaisquer, 1 e 2, pode-se escrever que:

$$v_1 = \lambda_1 f_1 \quad \text{(I)}$$

E também: $v_2 = \lambda_2 f_2 \quad \text{(II)}$

Dividindo-se, membro a membro, a equação (II) pela equação (I) e observando-se que **no fenômeno da refração a frequência da radiação não se altera** (reveja esse conceito no Tópico 2 da Unidade 2, Ondas), o que implica $f_2 = f_1 = f$, segue que:

$$\frac{v_2}{v_1} = \frac{\lambda_2 f}{\lambda_1 f} \Rightarrow \boxed{\frac{v_2}{v_1} = \frac{\lambda_2}{\lambda_1}}$$

O último resultado permite-nos concluir que, na refração da luz, os comprimentos de onda e as respectivas velocidades de propagação variam na **proporção direta**.

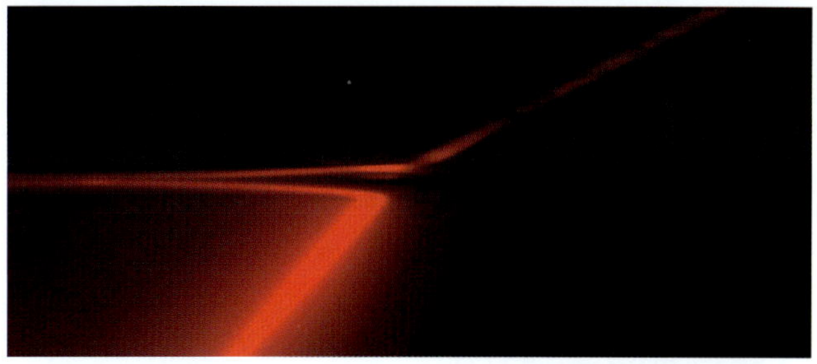

Alamy/Fotoarena

Nesta imagem, um feixe *laser* vermelho refrata-se do ar para a água, com mudança na direção de propagação. Pode-se fazer um polvilhamento de talco (ou material parecido), tanto no ar, nas proximidades da fonte luminosa, como na água. A finalidade desse procedimento é difundir melhor o feixe de *laser*, o que torna o trajeto da luz mais bem percebido na fotografia.

JÁ PENSOU NISTO?

Peripécias da refração

O surpreendente efeito óptico verificado nesta fotografia, em que um homem aparece parcialmente imerso em um tanque com paredes de vidro transparente cheio de água, se deve à **refração da luz** que, ao passar do líquido para o ar, onde foi instalada a câmera fotográfica ("observador"), sofreu desvios que determinaram uma imagem virtual da parte submersa do corpo do indivíduo, deslocada para a direita em relação à sua cabeça e ao cartaz, situados no ar.

Reprodução/Imgur

6. Leis da refração

Consideremos o dioptro representado ao lado, em que uma superfície **S** separa dois meios transparentes e homogêneos 1 e 2. Um estreito feixe cilíndrico de luz monocromática – aqui, denominado simplesmente raio de luz – vai se refratar obliquamente do meio 1 para o meio 2, de índices de refração absolutos para referida cor respectivamente iguais a n_1 e n_2.

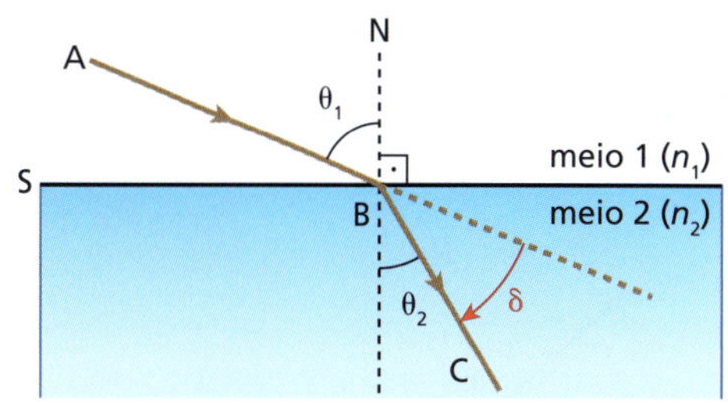

Banco de imagens/Arquivo da editora

Na figura, identificamos os seguintes elementos geométricos importantes na descrição da refração da luz:

- **AB**: raio incidente;
- **N**: reta normal à superfície **S** no ponto de incidência do raio luminoso;
- **BC**: raio refratado;
- θ_1: ângulo de incidência (formado entre **AB** e **N**) e
- θ_2: ângulo de refração (formado entre **BC** e **N**);
- δ: desvio entre o ângulo de incidência (θ_1) e o ângulo de refração (θ_2).

Ao plano que contém **AB**, **N** e **BC**, daremos o nome de **plano de incidência**.

1ª Lei

O raio incidente (**AB**), a reta normal no ponto de incidência (**N**) e o raio refratado (**BC**) são **coplanares**, pertencendo todos ao plano de incidência.

Science Source/Photoresearchers/Latinstock

Willebrord Snell von Royen (1560-1626) foi um astrônomo e matemático holandês, professor da Universidade de Leiden, que, além de estudos sobre o comportamento da luz ao sofrer refração, também propôs um método de determinação do raio da Terra.

2ª Lei (Lei de Snell)

O seno do ângulo de incidência (θ_1) é diretamente proporcional ao seno do ângulo de refração (θ_2).

$$\frac{\text{sen}\,\theta_1}{\text{sen}\,\theta_2} = K \text{ (constante)}$$

A constante de proporcionalidade *K* é o índice de refração relativo do meio 2 em relação ao meio 1, isto é, $n_{2,1}$.

Dessa forma, podemos escrever que:

$$\frac{\text{sen}\,\theta_1}{\text{sen}\,\theta_2} = n_{2,1} \Rightarrow \frac{\text{sen}\,\theta_1}{\text{sen}\,\theta_2} = \frac{n_2}{n_1}$$

Ou:

$$n_1 \text{ sen } \theta_1 = n_2 \text{ sen } \theta_2$$

Sendo v_1 e v_2; λ_1 e λ_2 as intensidades da velocidade da luz e os respectivos comprimentos de onda nos meios 1 e 2, podemos escrever a Lei de Snell de forma geral como fazemos abaixo:

$$\frac{\text{sen}\,\theta_1}{\text{sen}\,\theta_2} = \frac{n_2}{n_1} = \frac{v_1}{v_2} = \frac{\lambda_1}{\lambda_2}$$

7. Decorrências da Lei de Snell

O raio refratado se aproxima da normal

Quando um raio luminoso monocromático se refrata obliquamente de um meio menos para outro mais refringente, ele se desvia e se **aproxima da normal**. Nesse caso diminuem a intensidade da velocidade de propagação e o comprimento de onda.

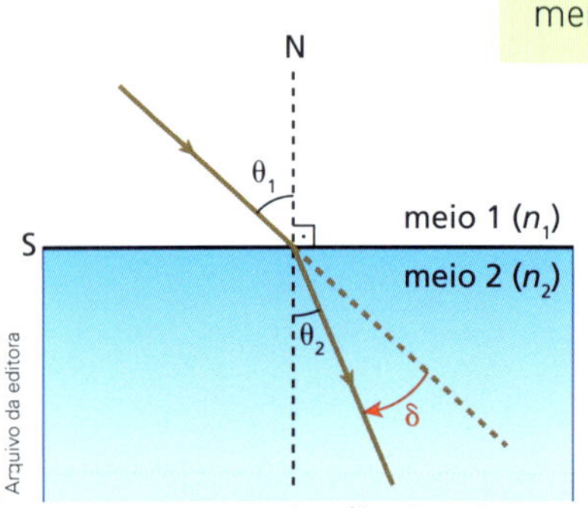

Banco de imagens/Arquivo da editora

$n_2 > n_1$, o que implica $\theta_2 < \theta_1$

O esquema ao lado representa tal situação.

O referido desvio pode ser justificado pela Lei de Snell:

$$n_2 \text{ sen } \theta_2 = n_1 \text{ sen } \theta_1$$

De fato, para que o produto do primeiro membro seja igual ao do segundo, sendo $n_2 > n_1$, decorre que sen $\theta_2 <$ sen θ_1 e que $\theta_2 < \theta_1$ (os ângulos são do primeiro quadrante, e ao menor seno corresponde o menor ângulo). Nesse caso, o raio luminoso se aproxima da normal e o desvio entre o ângulo de incidência e o ângulo de refração é $\delta = \theta_1 - \theta_2$.

O raio refratado se afasta da normal

Quando um raio luminoso monocromático se refrata obliquamente de um meio mais para outro menos refringente, ele se desvia e se **afasta da normal**. Nesse caso aumentam a intensidade da velocidade de propagação e o comprimento de onda.

O esquema ao lado representa tal situação.

O referido desvio pode ser justificado pela Lei de Snell.

$$n_2 \text{ sen } \theta_2 = n_1 \text{ sen } \theta_1$$

De fato, para que o produto do primeiro membro seja igual ao do segundo, sendo $n_2 < n_1$, decorre que $\text{sen}\,\theta_2 > \text{sen}\,\theta_1$ e que $\theta_2 > \theta_1$ (os ângulos são do primeiro quadrante e ao maior seno corresponde o maior ângulo). Nesse caso, o raio luminoso se afasta da normal e o desvio entre o ângulo de incidência e o ângulo de refração é $\delta = \theta_2 - \theta_1$.

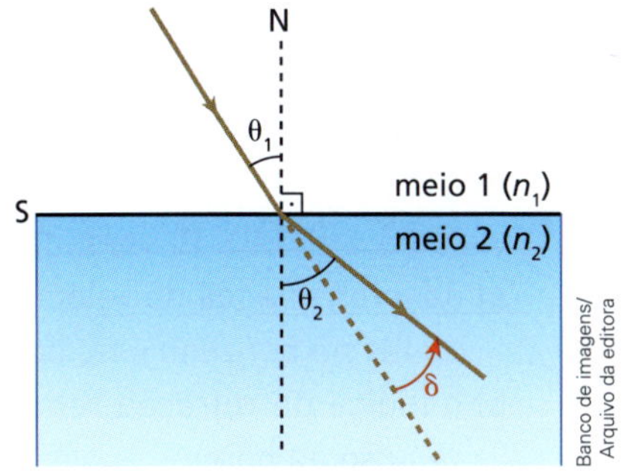

$n_2 < n_1$, o que implica $\theta_2 > \theta_1$

Refração sem desvio

Quando um raio luminoso monocromático incide perpendicularmente à interface de separação de dois meios transparentes e homogêneos, ele se refrata **sem sofrer desvio**, notando-se, porém, alterações na intensidade de sua velocidade de propagação e no comprimento de onda.

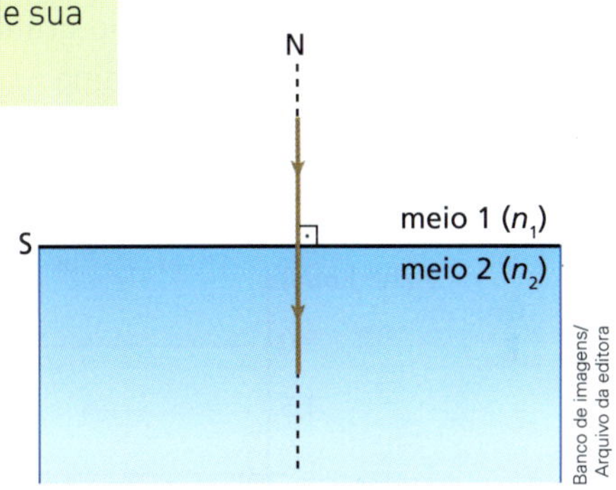

O esquema ao lado representa tal situação.

Uma justificativa para esse fato decorre da Lei de Snell:

$$n_2 \text{ sen}\,\theta_2 = n_1 \text{ sen}\,\theta_1$$

Sendo $\theta_1 = 0°$ (incidência normal), tem-se $\text{sen}\,\theta_1 = 0$, logo:

$$n_2 \text{ sen}\,\theta_2 = 0$$

Lembrando que $n_2 \geqslant 1$, conclui-se que $\text{sen}\,\theta_2 = 0$ e que $\theta_2 = 0°$. Nesse caso, o raio luminoso se refrata sem sofrer desvio.

É comum associar o conceito de refração luminosa a um possível desvio do raio de luz. Esse desvio, porém, nem sempre ocorre, como vimos nesse caso, em que o raio luminoso passou de um meio para o outro, mantendo a direção de sua propagação.

Exercícios Nível 1

1. E.R. Admita que a safira e o silício tenham, para um determinado tipo de luz monocromática, índices de refração absolutos respectivamente iguais a 1,7 e 3,4. Com base nessas informações, determine:

a) A relação entre as intensidades da velocidade de propagação da luz no silício e na safira, $\frac{v_{Si}}{v_{Sa}}$;

b) O índice de refração relativo do silício em relação à safira, $n_{Si,Sa}$.

Resolução:

a) O índice de refração absoluto de um meio para um determinado tipo de luz monocromática é dado por $n = \frac{c}{v}$, de onde se obtém $v = \frac{c}{n}$. Logo:

$$\frac{v_{Si}}{v_{Sa}} = \frac{\frac{c}{n_{Si}}}{\frac{c}{n_{Sa}}} = \frac{n_{Sa}}{n_{Si}}$$

Com $n_{Si} = 1,7$ e $n_{Si} = 3,4$, determina-se a relação pedida:

$$\frac{v_{Si}}{v_{Sa}} = \frac{1,7}{3,4} \Rightarrow \boxed{\frac{v_{Si}}{v_{Sa}} = 0,5}$$

Deve-se observar que a intensidade da velocidade de propagação da luz no silício é a metade daquela verificada na safira.

b) O índice de refração relativo entre dois meios é a relação entre os respectivos índices absolutos de refração desses meios.

$$n_{Si,Sa} = \frac{n_{Si}}{n_{Sa}} = \frac{3,4}{1,7} \Rightarrow \boxed{n_{Si,\,Sa} = 2,0}$$

2. Os índices de refração absolutos do benzeno e do boro para a luz amarela de sódio são, respectivamente, 1,5 e 2,5. Sabendo-se que a intensidade da velocidade de propagação da luz no vácuo é $c = 3,0 \cdot 10^8$ m/s, determine:

a) as intensidades da velocidade de propagação da luz no benzeno e no boro;

b) o índice de refração relativo do benzeno em relação ao boro.

3. Um estreito feixe cilíndrico de luz monocromática atravessa uma lâmina de vidro transparente de faces paralelas imersa no ar. A intensidade da velocidade da luz, conforme o meio em que se propaga, está indicada no gráfico abaixo, associado ao esquema da lâmina.

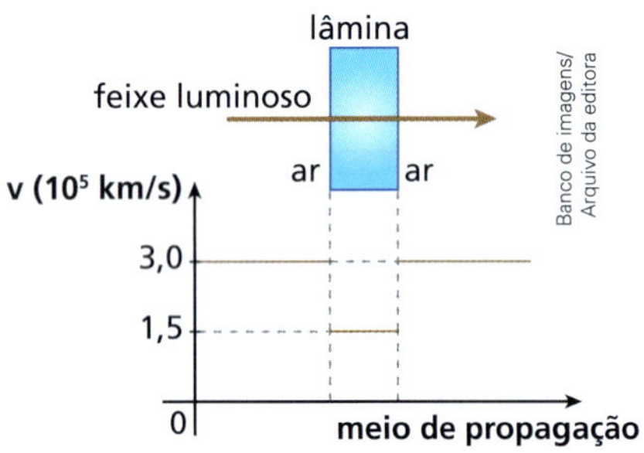

Banco de imagens/Arquivo da editora

Pede-se determinar o índice de refração absoluto do vidro, n_v, de que a lâmina é feita.

4. (Vunesp) Uma lanterna, quando acesa, emite um pincel cônico divergente de luz monocromática. Parada na beira de uma piscina, uma pessoa segura a lanterna acesa e a aponta obliquamente para as águas límpidas e transparentes de forma que a luz emitida sofra refração. A alternativa que representa corretamente as trajetórias dos raios de luz emitidos pela lanterna que se propagam pelo ar, depois, pela água, é

a)

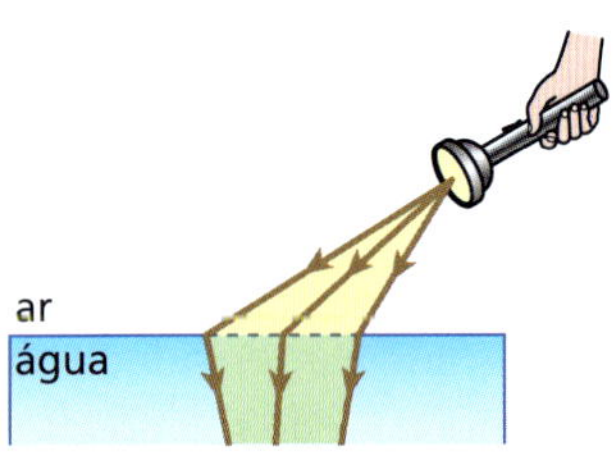

b)

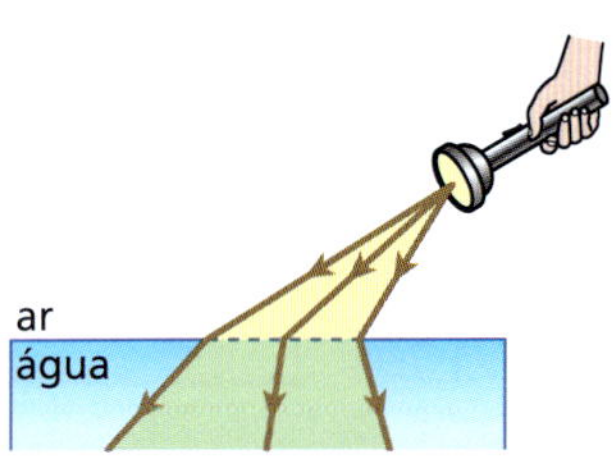

Ilustrações: Reprodução/Arquivo da editora

c)

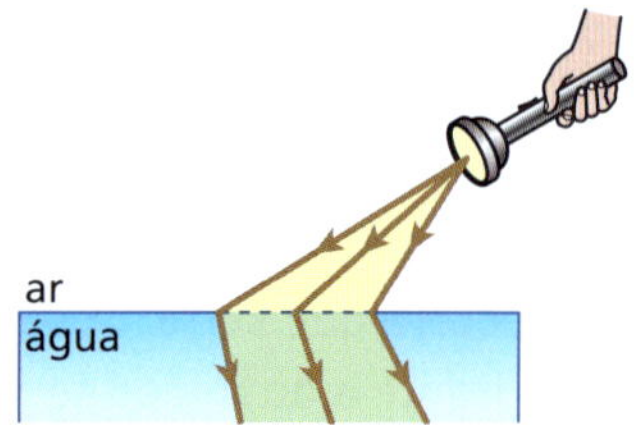

d)

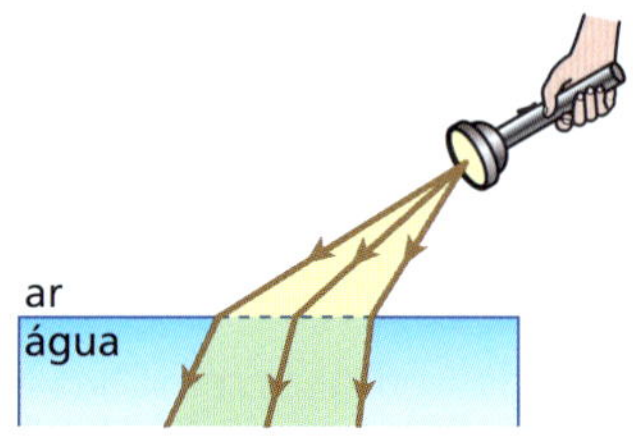

e)

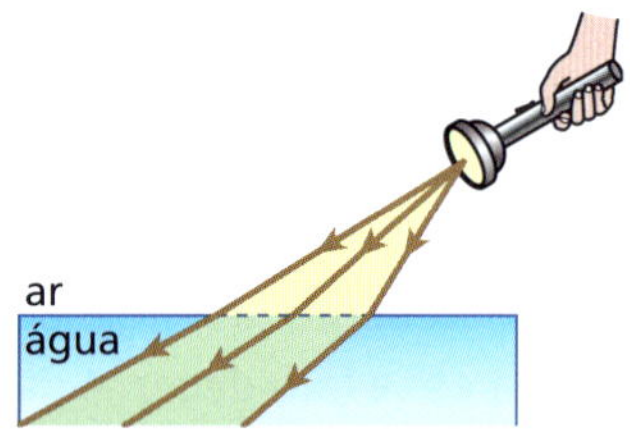

Ilustrações: Reprodução/Arquivo da editora

5. **E.R.** Um estreito feixe cilíndrico de luz monocromática que se propaga no ar (índice de refração absoluto igual a 1,0) incide obliquamente sobre um meio transparente de índice de refração absoluto igual a *n*, formando um ângulo de 60° com a reta normal à superfície de incidência. Nessa situação, verifique-se que o raio refletido é perpendicular ao raio refratado, como representa a figura.

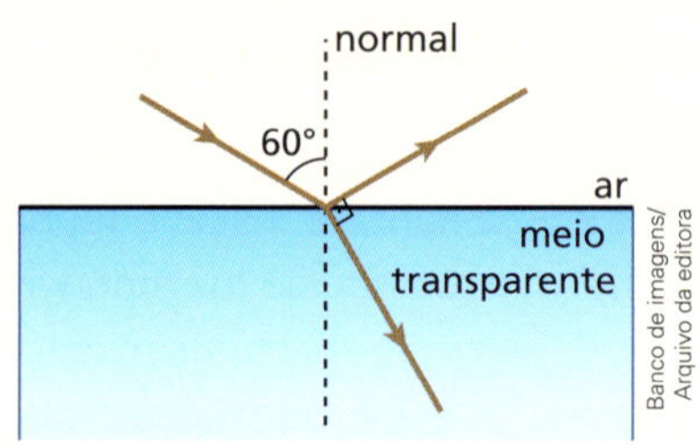

Banco de imagens/Arquivo da editora

Com base nessas informações, pede-se determinar:

a) o ângulo de refração, isto é, aquele formado entre o raio refratado e a reta normal;

b) o valor de *n*.

Resolução:

a) Sendo θ_0 o ângulo de incidência, θ_1 o ângulo de reflexão e θ_2 o ângulo de refração, tem-se que:

$$\theta_1 + 90° + \theta_2 = 180°$$

$$60° + 90° + \theta_2 = 180°$$

$$\boxed{\theta_2 = 30°}$$

b) Lei de Snell: $n \text{ sen } \theta_2 = n_{ar} \text{ sen } \theta_0$

$$n \text{ sen } 30° = 1{,}0 \text{ sen } 60° \Rightarrow n\frac{1{,}0}{2} = \frac{\sqrt{3}}{2}$$

$$\boxed{n = \sqrt{3}}$$

6. Um estreito feixe de luz monocromática, proveniente do ar, incide na superfície de um vidro formando ângulo de 49° com a normal à superfície no ponto de incidência.

Dados:

$n_{ar} = 1{,}00$ sen 49° = 0,75

$n_{vidro} = 1{,}50$ cos 49° = 0,66

Nessas condições, o feixe luminoso refratado forma com a direção do feixe incidente ângulo de:

a) 24° c) 13° e) 4°
b) 19° d) 8°

7. (UFU-MG) A tabela abaixo mostra o valor aproximado dos índices absolutos de refração de alguns meios, medidos em condições normais de temperatura e pressão, para um feixe de luz incidente com comprimento de onda de 600 nm (monocromático).

Material	Índice absoluto de refração
Ar	1,0
Água	1,3
Safira	1,7
Vidro de altíssima dispersão	1,9
Diamante	2,4

O raio de luz que se propaga inicialmente no diamante incide com um ângulo $\theta_i = 30°$ em um meio desconhecido, sendo o ângulo de refração $\theta_r = 45°$.

O meio desconhecido é

a) vidro de altíssima dispersão. c) água.
b) ar. d) safira.

8. Um estreito feixe cilíndrico de luz monocromática se propaga em um meio transparente com índice de refração absoluto igual a $\sqrt{3}$. Esse feixe atinge a interface de separação com outro meio, menos refringente – o ar (índice de refração absoluto igual a 1,00) – segundo um ângulo de incidência 30°. O feixe emerge, então, para o ar, mas sofre um desvio angular δ em sua trajetória. Pede-se determinar o valor de δ.

9. E.R. Um disco circular tem a metade superior constituída de um material transparente (1) e a metade inferior constituída de outro material transparente (2). Um raio luminoso monocromático, vindo do ar, incide na metade superior do disco alinhado com o centro **O**, refratando-se para o interior do sistema. Depois de atravessar o material (2), esse raio emerge para o ar, conforme o caminho óptico esboçado no esquema abaixo.

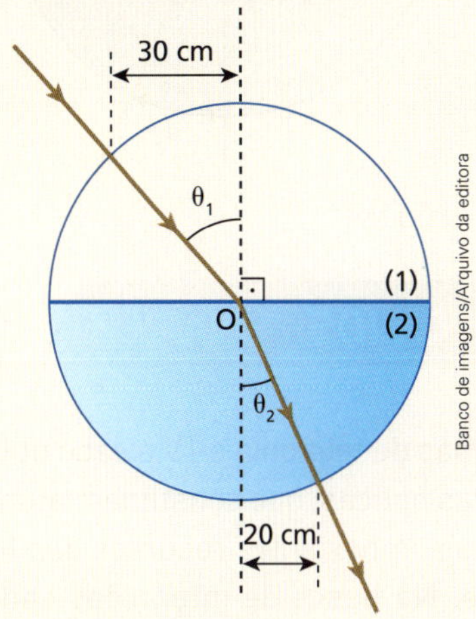

Considerando-se as informações da figura, pede-se determinar o índice de refração do material (2) em relação ao material (1).

Resolução:

Inicialmente, é importante chamar a atenção para o fato de que, na refração de entrada, do ar para o material (1), e naquela de saída, do material (2) para o ar, o raio luminoso não sofre nenhum desvio angular. Isso ocorre porque esse raio, alinhado com o centro **O** do disco, **é normal à superfície circular**.

Trata-se de uma aplicação direta da Lei de Snell:

$$n_2 \text{ sen } \theta_2 = n_1 \text{ sen } \theta_1$$

Sendo *R* o raio do disco, a expressão acima pode ser escrita fazendo-se:

$$n_2\frac{20}{R} = n_1\frac{30}{R} \Rightarrow \frac{n_2}{n_1} = \frac{30}{20} \Rightarrow \frac{n_2}{n_1} = 1{,}5$$

A relação $\frac{n_2}{n_1}$ é o índice de refração relativo procurado, do material (2) em relação ao material (1). Logo:

$$\boxed{n_{2,1} = \frac{n_2}{n_1} = 1{,}5}$$

10. (Unitau-SP) Um raio de luz monocromático incide no ponto "**O**" de um setor circular, como mostrado na figura abaixo.

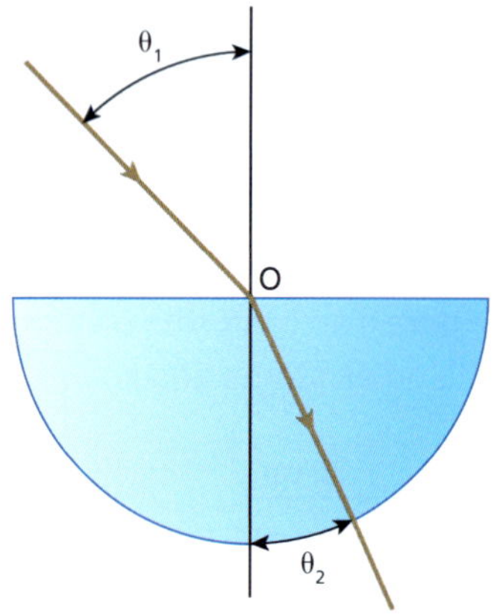

Reprodução/Arquivo da editora

Sabendo que o ângulo de incidência θ_1 é de 45° e que o ângulo de refração θ_2 é de 30°, determine o índice de refração absoluto desse setor circular, sabendo-se que o mesmo estava imerso num meio cujo índice de refração absoluto é de $\frac{3}{2}$.

Dados: $\text{sen }(30°) = \frac{1}{2}$, $\text{sen }(45°) = \frac{\sqrt{2}}{2}$, $\cos(30°) = \frac{\sqrt{3}}{2}$, $\cos(45°) = \frac{\sqrt{2}}{2}$

a) $\frac{2\sqrt{3}}{3}$

b) $\frac{3\sqrt{3}}{2}$

c) $\frac{3}{2\sqrt{2}}$

d) $\frac{3\sqrt{2}}{2}$

e) $3\sqrt{\frac{3}{2}}$

Exercícios Nível 2

11. Sistemas de telefonia e TV a cabo utilizam redes de fibras ópticas, que constituem atualmente um dos mais importantes recursos das telecomunicações. Na busca de interações cada vez mais velozes – à velocidade da luz – têm sido utilizados cabos submarinos de grande extensão interligando continentes. É o caso do *SeaMeWe 3* que tem 39 000 km de comprimento e interliga 32 países, fazendo com que uma informação vá de uma ponta à outra do cabo em cerca de 0,195 s.

As fibras ópticas são feitas a partir de materiais vitrificados, muito transparentes e razoavelmente flexíveis. A região da fibra em que trafegam os infodados é denominada núcleo e este é envolvido pela casca, também de material transparente, porém com menor índice absoluto de refração.

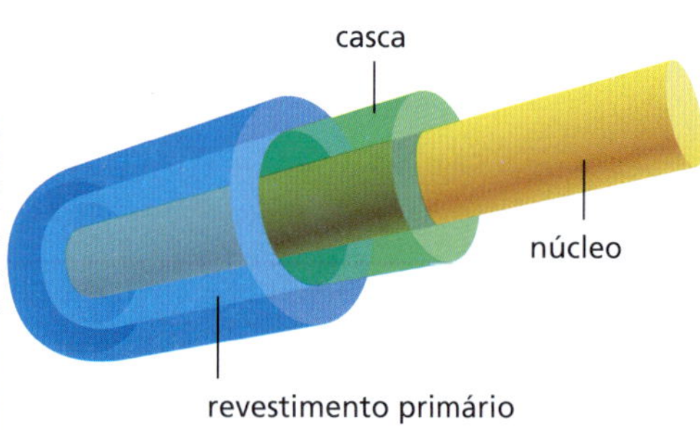

Banco de imagens/Arquivo da editora

Ilustração dos principais elementos de uma fibra óptica.

Sabendo-se que a intensidade da velocidade da luz no vácuo é $c = 3{,}0 \cdot 10^8$ m/s e que o índice de refração absoluto da casca do *SeaMeWe 3* é igual a 1,2, determine:

a) a intensidade da velocidade da luz no interior desse cabo;

b) o índice de refração relativo entre a casca e o núcleo do *SeaMeWe 3*.

12. (UPE) A dependência do índice de refração, *n*, com o comprimento de onda da luz, λ, para vidro de sílica fundida (**A**) e silicato de alumínio (**B**), é mostrada na figura a seguir.

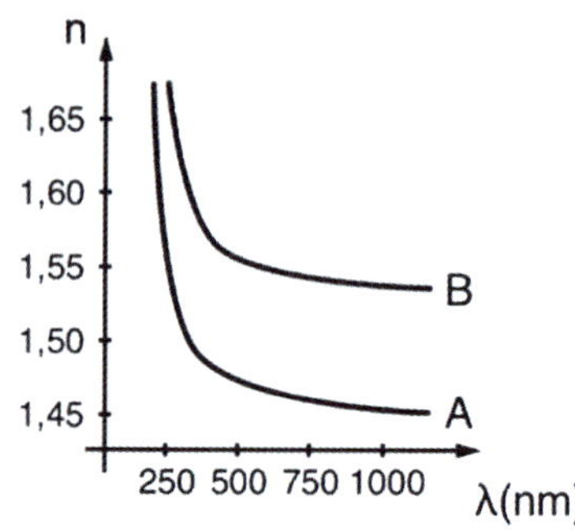

Reprodução/UPE, 2017

Considere a correlação entre cores e comprimento de onda da luz, mostrada na tabela a seguir:

Cor	Comprimento de onda (nm)
Azul	450-495
Verde	495-570
Vermelho	620-750

É correto afirmar que:

a) a velocidade da luz verde é menor no vidro **A** em comparação ao vidro **B**.

b) para os vidros, o índice de refração na região do azul é menor do que na região do vermelho.

c) o índice de refração na região do vermelho é menor para o vidro **B** em comparação ao índice do vidro **A**.

d) para um feixe de luz vermelha, passando do ar para o vidro, formando um ângulo de incidência de 30° com a normal, o ângulo de refração dentro de um vidro será menor, se ele for do tipo **B**.

e) para um feixe de luz verde, passando do ar para o vidro, o comprimento de onda da luz incidente aumenta quando passa pelo vidro **A** e diminui ao passar pelo vidro **B**.

13. (Fuvest-SP) Dois sistemas ópticos, $\mathbf{D_1}$ e $\mathbf{D_2}$, são utilizados para analisar uma lâmina de tecido biológico a partir de direções diferentes. Em uma análise, a luz fluorescente, emitida por um indicador incorporado a uma pequena estrutura, presente no tecido, é captada, simultaneamente, pelos dois sistemas, ao longo das direções tracejadas. Levando-se em conta o desvio da luz pela refração, entre as posições indicadas, aquela que poderia corresponder à localização real dessa estrutura no tecido é:

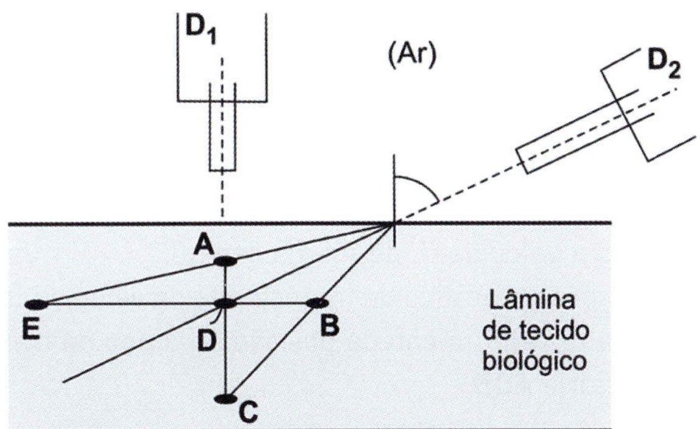

Reprodução/Fuvest, 2009

a) **A**
b) **B**
c) **C**
d) **D**
e) **E**

Suponha que o tecido biológico seja transparente à luz e tenha índice de refração uniforme, semelhante ao da água.

14. André realizou no laboratório de seu colégio um experimento com o fim de determinar o índice de refração absoluto de um líquido transparente que apresentava um odor insinuante e desagradável. Para isso, utilizou uma "lanterninha *laser*" – que emitia um estreito feixe cilíndrico de cor vermelha – e um medidor circular de ângulos (transferidor), além de um recipiente incolor de acrílico contendo o citado líquido. Fez o feixe refratar-se do ar (índice de refração absoluto igual a 1,0) para o líquido, conforme ilustra a figura, mediu os ângulos necessários e fez os respectivos cálculos.

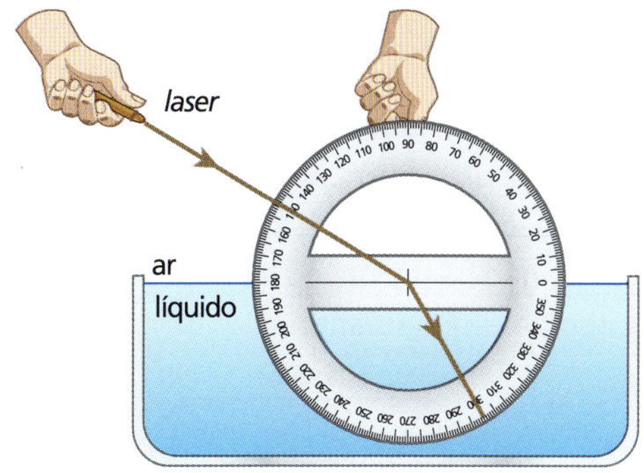

Banco de imagens/Arquivo da editora

a) Que valor André encontrou para o índice de refração absoluto do líquido?

b) Qual a relação entre a intensidade da velocidade de propagação da luz no líquido e a intensidade da velocidade de propagação da luz no ar?

15. (EsPCEx-SP) Um raio de luz monocromática propagando-se no ar incide no ponto **O**, na superfície de um espelho plano e horizontal, formando um ângulo de 30° com sua superfície.

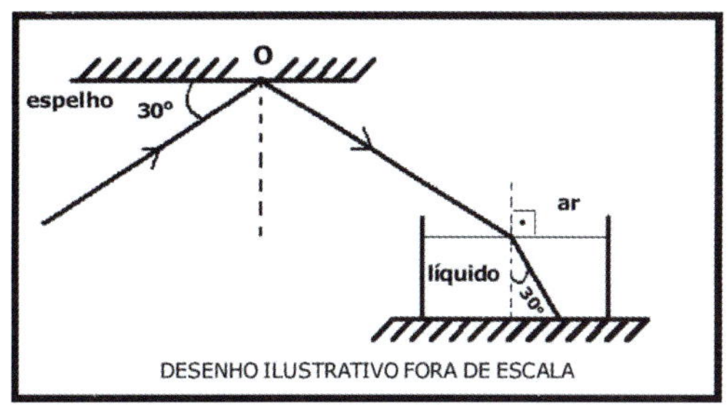

Reprodução/EsPCEx, 2016

Após ser refletido no ponto **O** desse espelho, o raio incide na superfície plana e horizontal de um líquido e sofre refração. O raio refratado forma um ângulo de 30° com a reta normal à superfície do líquido, conforme o desenho acima. Sabendo-se que o índice de refração do ar é 1, o índice de refração do líquido é:

Dados: $\text{sen } 30° = \frac{1}{2}$ e $\cos 60° = \frac{1}{2}$;

$\text{sen } 60° = \frac{\sqrt{3}}{2}$ e $\cos 30° = \frac{\sqrt{3}}{2}$

a) $\frac{\sqrt{3}}{3}$
b) $\frac{\sqrt{3}}{2}$
c) $\sqrt{3}$
d) $\frac{2\sqrt{3}}{3}$
e) $2\sqrt{3}$

16. (Vunesp) O diamante tem índice de refração absoluto igual a 2,5 para determinada frequência de luz incidente. Devido ao fenômeno da refração, raios de luz que entram no diamante paralelos entre si acabam saindo dele em direções diversas, causando o efeito de brilho. A lapidação, isto é, a forma como a pedra é cortada, com muitas faces em ângulos variados, ajuda a intensificar esse efeito. Mas um vidro comum, com índice de refração absoluto igual a 1,5 para essa mesma frequência, não há lapidação que consiga reproduzir o brilho de um diamante.

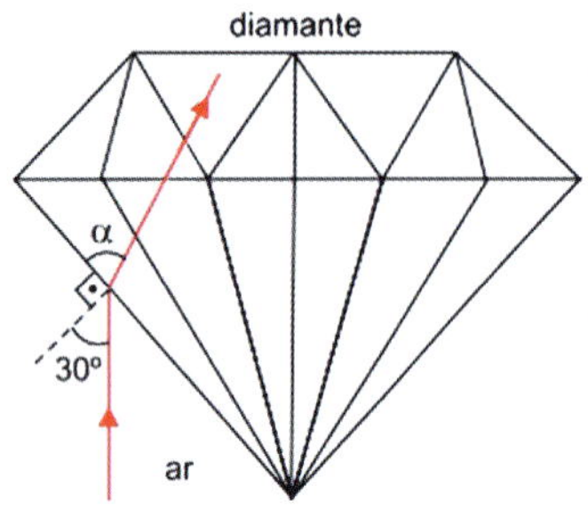

Reprodução/Famerp, 2016

θ (em graus)	sen θ
5,73	0,1
11,5	0,2
17,5	0,3
23,6	0,4
30,0	0,5

A figura representa um raio de luz monocromática propagando-se no ar e, em seguida, no diamante. Considerando-se o índice de refração absoluto do ar igual a 1,0 e baseando-se nas informações fornecidas, calcule:

a) a relação $R = \frac{V_D}{V_V}$ entre a velocidade de propagação da luz no diamante (V_D) e no vidro comum (V_V).

b) o valor do ângulo α, em graus.

17. (Unip-SP) Na figura, representamos dois meios homogêneos e transparentes, **A** e **B**, separados por uma fronteira plana, e um raio de luz monocromática passando do meio **A** para o meio **B**.

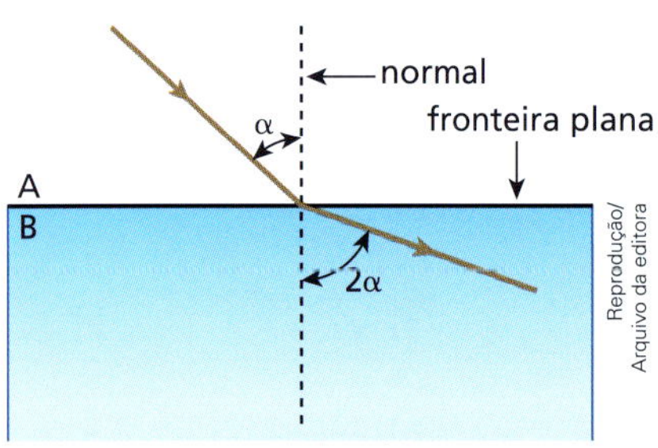

Reprodução/Arquivo da editora

Sejam n_A e n_B os índices de refração absolutos dos meios **A** e **B**, respectivamente.

Sendo $\frac{n_A}{n_B} = \sqrt{3}$, o valor de α é:

a) 30°
b) 37°
c) 45°
d) 53°
e) 60°

18. O esquema abaixo ilustra um experimento para determinação do índice absoluto de refração de certo material. Um semicilindro desse material, de pequena espessura e raio igual a 8,0 cm, é posicionado sobre um disco opaco de raio igual a 20 cm, conforme está representado. Faz-se incidir sempre no ponto **O**, centro do disco e da face plana do semicilindro, um estreito feixe cilíndrico de luz monocromática que atravessa o conjunto. Medem-se então os comprimentos *a* e *b* indicados, lançando-se os pares de valores obtidos numa tabela, como a que aparece a seguir.

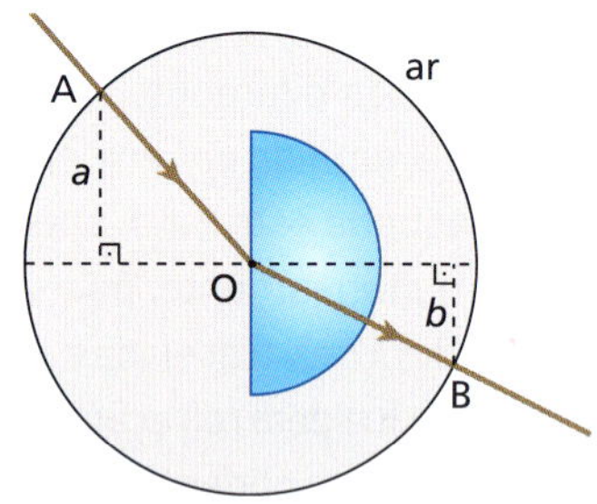

Banco de imagens/Arquivo da editora

a (cm)	1,4	4,2	7,0	9,8
b (cm)	0,5	1,5	2,5	3,5

a) Qual o valor encontrado para o índice absoluto de refração do material?

b) Considerando-se que a luz se propaga no ar com velocidade de intensidade $3{,}0 \cdot 10^8$ m/s, esboce o gráfico da intensidade da velocidade da luz em função da posição ao longo da trajetória **AOB**.

19. Num dia pela manhã, um peixe submerso numa lagoa de águas tranquilas vê o Sol 60° acima do horizonte, como ilustra a figura.

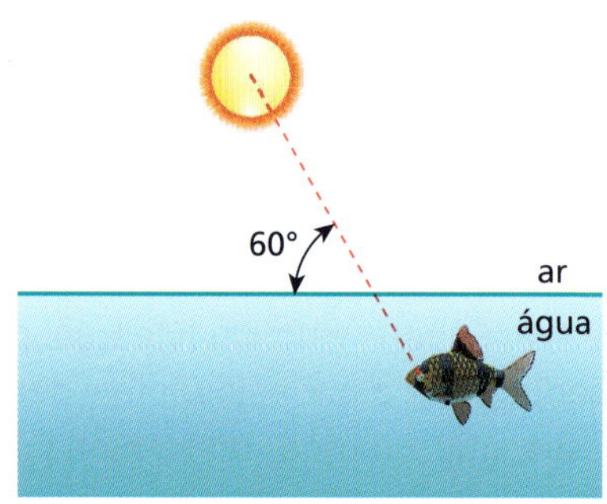

Banco de imagens/Arquivo da editora

Considerando os índices de refração da água e do ar, respectivamente, iguais a $\sqrt{2}$ e 1, e supondo que o Sol nasça às 6 h e se ponha as 18 h, é possível estimar que são:

a) 7 h
b) 8 h
c) 9 h
d) 10 h
e) 11 h

20. Um estreito feixe cilíndrico de luz monocromática, propagando-se no ar (índice de refração absoluto igual a 1,0), incide em um bloco cúbico de acrílico (índice de refração absoluto igual a 1,4) fazendo um ângulo de 45° com a face vertical desse bloco, conforme ilustra o esquema.

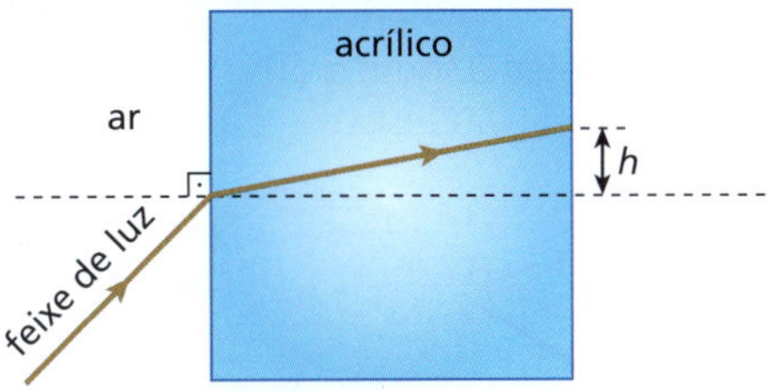

Banco de imagens/ Arquivo da editora

Adotando-se $\sqrt{2} \cong 1{,}4$ e $\sqrt{3} \cong 1{,}7$ e sabendo-se que a aresta do cubo tem comprimento igual a 6,0 cm, pede-se calcular, em centímetros, o valor da altura h indicada, do ponto por onde a luz vai emergir do bloco à reta normal às faces verticais do cubo que contém o ponto de penetração do feixe luminoso.

21. (Unioeste-PR) Um raio luminoso incide sobre um cubo de plástico transparente, formando um ângulo θ com uma das faces, e emerge na face seguinte, também formando um ângulo θ, como mostra a figura. O desvio sofrido pelo raio, entre entrar e sair do cubo, é também θ. Considerando estes dados e admitindo-se que o meio circundante seja o ar (n_{ar} = 1,0), o valor do índice de refração do plástico de que é feito o cubo vale

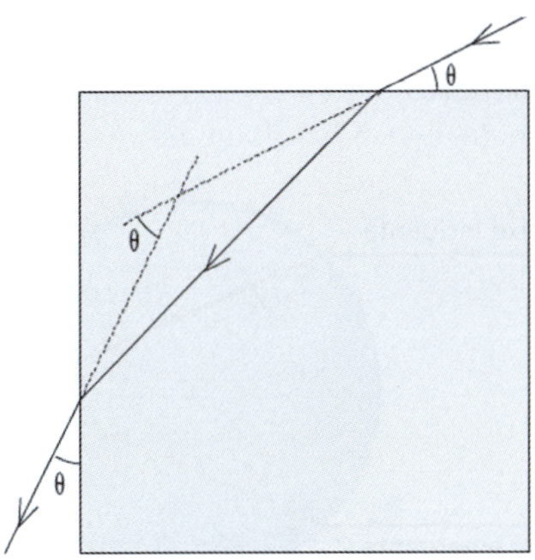

Reprodução/Unioeste, 2012

a) 1,5 b) $\left(\frac{3}{2}\right)^{\frac{1}{2}}$ c) $\left(\frac{4}{3}\right)^{\frac{1}{2}}$ d) $\left(\frac{5}{2}\right)^{\frac{1}{2}}$ e) $\left(\frac{5}{3}\right)^{\frac{1}{2}}$

22. (FICSAE-SP) A placa de Petri é um recipiente cilíndrico, achatado, de vidro ou plástico, utilizado para cultura de micro-organismos e constituída por duas partes: uma base e uma tampa. Em laboratórios de microbiologia e rotinas de bacteriologia, as placas de Petri são usadas para a identificação de micro-organismos. Num ensaio técnico, um laboratorista incide um feixe de luz monocromática de comprimento de onda igual a 600 nm que, propagando-se inicialmente no ar, incide sobre a base de uma placa de Petri, conforme esquematizado na figura abaixo.

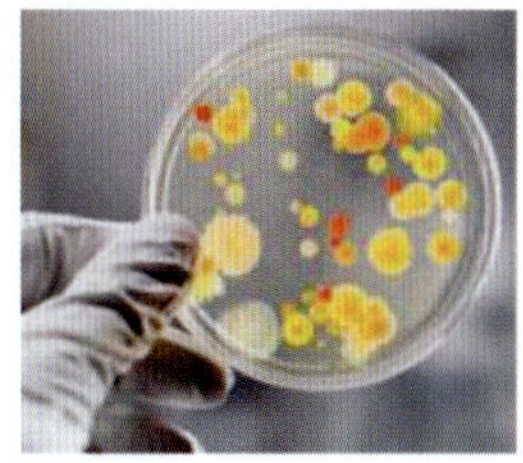

Reprodução/FICSAE-SP, 2016

Determine o índice de refração (n) do material da placa de Petri em relação ao ar, o comprimento (λ) e a frequência (f) da onda incidente enquanto atravessa a base da placa.

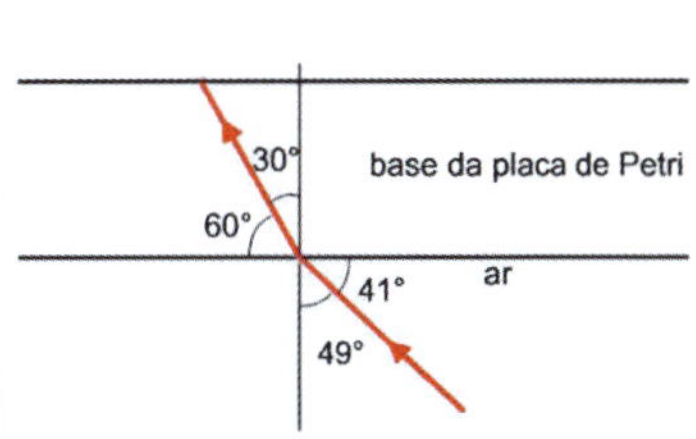

T	sen T
30°	0,50
41°	0,66
49°	0,75
60°	0,87

Reprodução/FICSAE-SP, 2016

a) 0,76; 790 nm; $5{,}0 \cdot 10^{14}$ Hz
b) 1,50; 400 nm; $5{,}0 \cdot 10^{14}$ Hz
c) 1,50; 600 nm; $3{,}3 \cdot 10^{14}$ Hz
d) 1,32; 400 nm; $7{,}5 \cdot 10^{14}$ Hz

23. E.R. A troposfera é a camada atmosférica mais próxima da superfície terrestre, estendendo-se do solo até altitudes da ordem de 10 km, onde se inicia uma camada sobrejacente denominada estratosfera. Na troposfera, está praticamente todo o vapor de água, que determina a umidade relativa do ar, estando diretamente ligado a chuvas e outros fenômenos meteorológicos. Gotículas de água em suspensão na atmosfera são responsáveis por muitos fenômenos relacionados à refração da luz, como a formação de arco-íris. A figura abaixo representa a ampliação de uma gotícula esférica de água, de índice de refração igual a 1,3 em suspensão no ar atmosférico, de índice de refração igual a 1,0. Um estreito feixe cilíndrico de luz monocromática incide na gotícula conforme mostra o esquema a seguir.

Banco de imagens/ Arquivo da editora

Pode-se esboçar a trajetória do feixe luminoso até sua emergência da gotícula. Indique, no esquema, eventuais ângulos de mesma medida.

Resolução:

I. Ao refratar-se obliquamente do ar (menos refringente) para a água (mais refringente), o feixe luminoso aproxima-se da normal (Lei de Snell).

II. A reta normal a qualquer ponto da superfície esférica passa sempre pelo centro **C** da esfera.

III. Ao refratar-se obliquamente da água (mais refringente) para o ar (menos refringente), o feixe luminoso afasta-se da normal (Lei de Snell).

IV. A figura abaixo mostra a trajetória do feixe luminoso ao atravessar a gotícula de água.

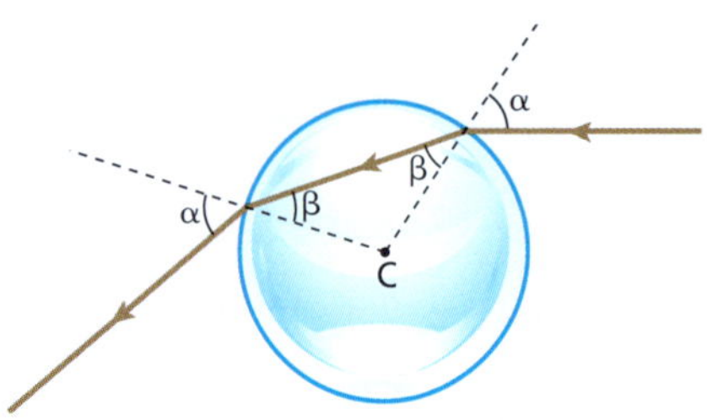

Banco de imagens/Arquivo da editora

24. (Unifei-MG) Um raio proveniente do ponto **A** propaga-se pelo ar até o ponto **B** da superfície de uma esfera de fluorita (n_f = 1,41):

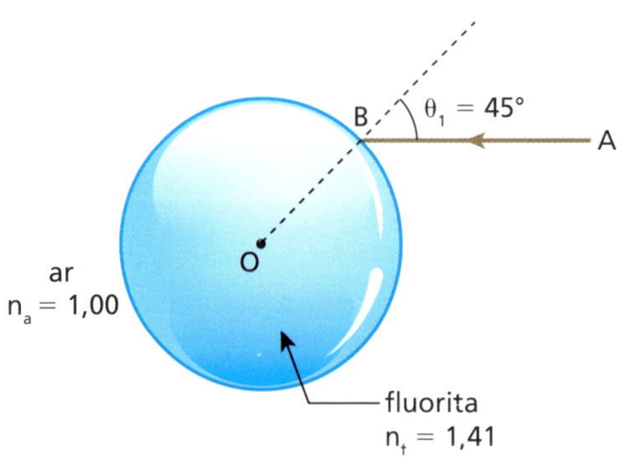

Reprodução/Arquivo da editora

a) Determine o ângulo de refração do ar para a fluorita.

b) Se o raio atravessa a esfera, sofre uma segunda refração e continua propagando-se pelo ar, qual o valor do ângulo de desvio do raio? (Isto é, qual o ângulo entre a nova direção do raio e aquela que o raio teria, se a esfera não existisse?)

25. (Unesp-SP) Dois raios luminosos monocromáticos, um azul (**X**) e um vermelho (**Y**), propagam-se no ar, paralelos entre si, e incidem sobre uma esfera maciça de vidro transparente de centro **C** e de índice de refração $\sqrt{3}$, nos pontos **A** e **V**, respectivamente. Após atravessarem a esfera, os raios emergem pelo ponto **P**, de modo que o ângulo entre eles é igual a 60°.

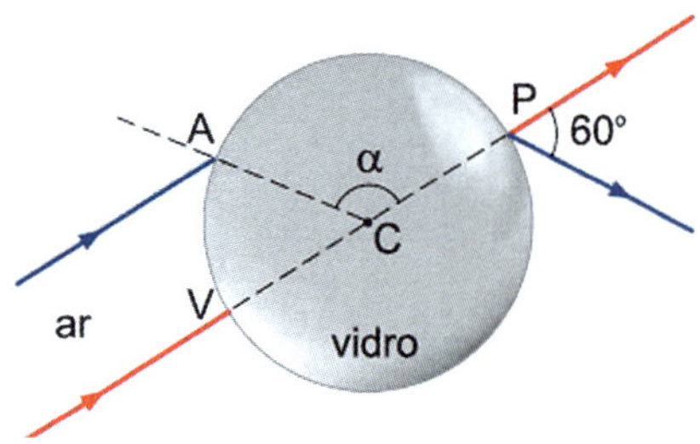

Reprodução/Unesp, 2015

Considerando-se que o índice de refração absoluto do ar seja igual a 1, que sen 60° = $\frac{\sqrt{3}}{2}$ e que sen 30° = $\frac{1}{2}$, o ângulo α indicado na figura é igual a:

a) 90°
b) 165°
c) 120°
d) 135°
e) 150°

26. Um cilindro transparente de raio R = 20 cm e geratriz passando pelo ponto **C** tem uma superfície espelhada em sua metade direita, conforme representa a figura. Um estreito feixe cilíndrico de luz monocromática se propaga no ar (n_{ar} = 1,0) e incide sobre a superfície esquerda do cilindro.

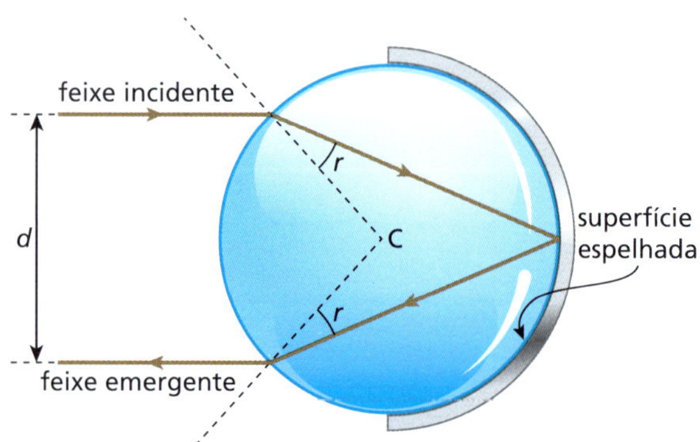

Banco de imagens/Arquivo da editora

Dado: sen 15° = 0,25

Sabendo-se que os feixes de luz incidente e emergente são paralelos e que a distância *d* entre eles vale 20 cm, determine:

a) o ângulo *r* indicado no esquema;

b) o índice de refração absoluto *n* do material de que é feito o cilindro para o tipo de luz utilizada.

Bloco 2

8. Ângulo-limite e reflexão total

EpicStockMedia/Shutterstock

Como explicar a imagem subaquática ao lado em que a superfície da água se comporta como um espelho, refletindo parte da luz proveniente da tartaruga em direção à câmera fotográfica?

Nesse caso, uma parcela da luz difundida pelo corpo do animal sofre reflexão total na interface de separação entre a água e o ar externo, contribuindo para a formação da imagem espelhada que se vê.

Para entender o fenômeno, consideremos os esquemas qualitativos a seguir em que um feixe cilíndrico de luz monocromática, propagando-se em um meio 1, incide na interface plana que separa este meio de um meio 2, menos refringente.

No esquema I, a incidência é normal, isto é, perpendicular à interface, e, nesse caso, uma pequena parte da luz se reflete, enquanto a parcela majoritária da radiação se refrata para o meio 2.

No esquema II, aumentou-se o ângulo de incidência do feixe sobre a interface e, nesse caso, verifica-se que uma porção um pouco maior da luz, comparada à do caso anterior, se reflete e outra parte se refrata para o meio 2, afastando-se da normal, como pode ser confirmado pela Lei de Snell.

Já no esquema III, aumentou-se ainda mais o ângulo de incidência do feixe sobre a interface, notando-se, agora, uma quantidade maior de luz refletida e apenas uma pequena porção de luz refratada para o meio 2, com um ângulo de refração maior que o verificado na situação anterior.

Ocorre, então, uma situação em que, aumentando-se mais ainda o ângulo de incidência da luz na interface de separação dos dois meios, verifica-se um ângulo de incidência limite (ou crítico), L, em que a luz não mais se refrata, sendo totalmente refletida para o meio 1.

Tal fenômeno, denominado **reflexão total**, está representado no esquema IV e a interface dióptrica funciona como um verdadeiro espelho.

Assim, se o ângulo de incidência do feixe de luz for igual ou maior que o ângulo-limite L do dioptro, a luz não mais se refrata, refletindo-se integralmente na interface de separação dos dois meios.

I

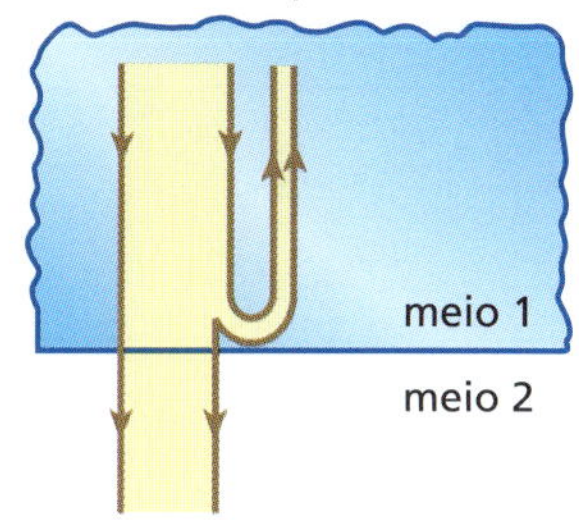

Banco de imagens/Arquivo da editora

II

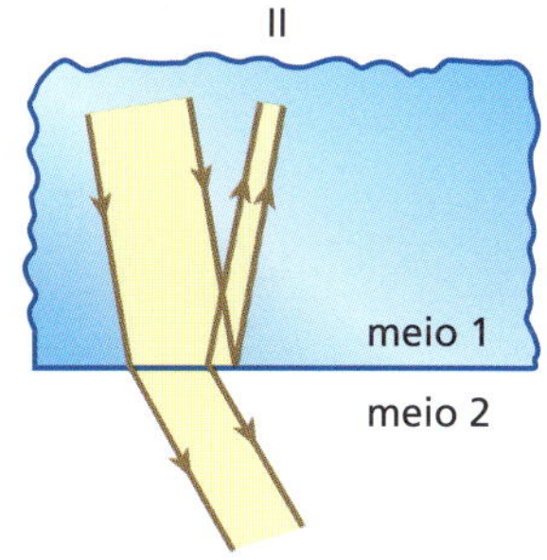

Banco de imagens/Arquivo da editora

III

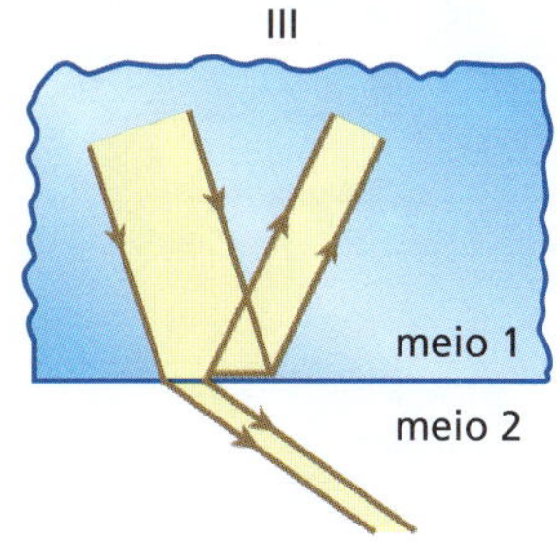

Banco de imagens/Arquivo da editora

IV

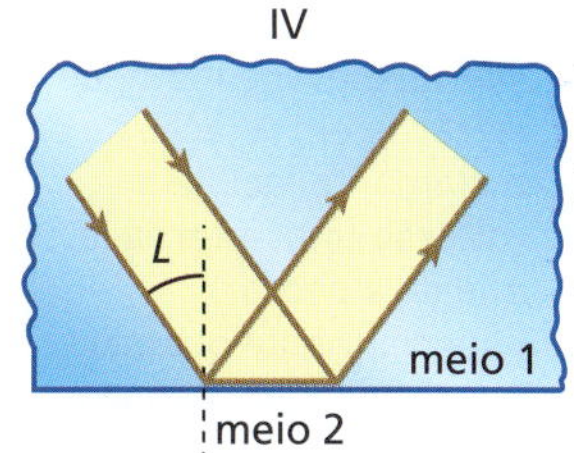

Banco de imagens/Arquivo da editora

Alexandre Dotta/Arquivo da editora

Nesta imagem, a câmera fotográfica foi atingida por luz direta da ponta do lápis e luz refletida pela superfície da água depois de difundida por essa região do objeto. É o fenômeno da reflexão total da luz que possibilita observações como esta.

NOTA!

É frequente vermos em provas e concursos a indicação de que, quando se avizinha a reflexão total, o ângulo de refração é 90° (emergência rasante), isto é, uma parcela da luz incidente na superfície de separação dos dois meios sai "sorrateiramente", tangenciando a interface. No entanto, essa representação é apenas um artifício e não corresponde à realidade. Se assim fosse, pela reversibilidade da luz, deveria existir um raio rasante incidente, vindo do meio menos refringente, que penetraria no meio mais refringente "misteriosamente" por um ponto privilegiado. Portanto, considerar o raio rasante quando ocorre reflexão total é meramente um recurso para realizar cálculos e não representa o que ocorre com a luz nesse processo.

Condições para ocorrência da reflexão total:

1. A luz deve provir do meio mais refringente do dioptro;
2. O ângulo de incidência da luz deve se igualar ou superar o ângulo-limite (ou crítico), *L*, do dioptro.

Cálculo do seno do ângulo-limite

Banco de imagens/Arquivo da editora

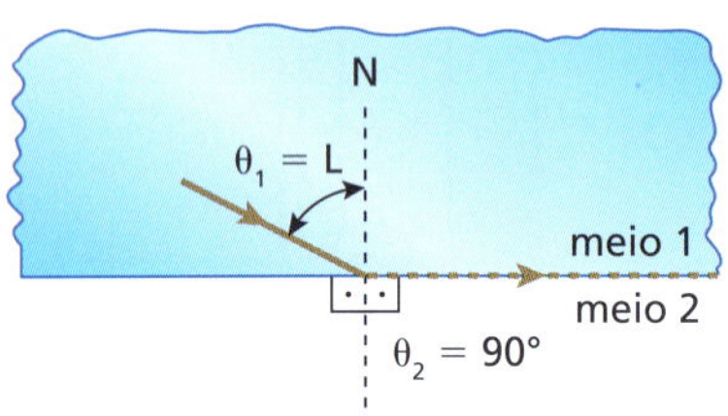

Consideremos a situação ilustrada ao lado em que um estreito feixe cilíndrico de luz monocromática – aqui, denominado simplesmente raio de luz –, proveniente de um meio 1, incide na interface plana de separação desse meio com um meio 2 menos refringente, com o ângulo-limite ($\theta_1 = L$) estabelecido para esse dioptro e essa frequência luminosa. Para efeito de cálculos, um suposto raio emergente para o meio 2 será, nesse caso, praticamente rasante (ver nota acima), o que implica um ângulo de refração $\theta_2 = 90°$.

$$n_2 < n_1$$

Aplicando-se a Lei de Snell, tem-se:

$$n_1 \text{ sen } \theta_1 = n_2 \text{ sen } \theta_2 \Rightarrow n_1 \text{ sen } L = n_2 \text{ sen } 90°$$

Sendo sen 90° = 1,0, decorre que:

$$\text{sen } L = \frac{n_2}{n_1}$$

Ou, de forma geral:

$$\text{sen } L = \frac{n_{menor}}{n_{maior}}$$

123dartist/Shutterstock

Por ter, para as diversas frequências do espectro visível, elevado índice de refração em relação ao ar, o diamante facilita a reflexão total interna, o que dá à pedra, especialmente quando bem lapidada, intenso brilho.

NOTAS!

- Cada dioptro tem como característica, para cada cor do espectro visível, um ângulo-limite. Em geral, se o meio menos refringente for o ar, quanto mais refringente for o outro meio, menor será o sen L e menor será o ângulo *L*, o que favorece a ocorrência da reflexão total. Dentro do diamante, por exemplo, que tem elevados índices de refração absolutos para as diversas frequências luminosas, a luz se reflete em profusão, tornando uma pedra bem lapidada sensivelmente brilhante.
- Na fórmula acima para o cálculo de sen L, se acontecer o descuido de se dividir o maior índice de refração absoluto pelo menor, se incorrerá em um absurdo matemático, já que o quociente será maior que 1,0, que é incompatível com a função seno, que tem o valor 1,0 como máximo.

Ampliando o olhar

Mais que genial!

Segundo o escritor norte-americano Bill Yenne, as fibras ópticas estão entre as 100 principais invenções que mudaram a história do mundo.

De fato, esses infodutos transparentes e flexíveis, fabricados em vidro ou plástico resinoso, conduzem luz, que por sua vez pode codificar informações e dados com alto rendimento e mínima interferência externa. Além da sua aplicação no setor das comunicações, a fibra óptica pode ser utilizada como fonte de luz em exames médicos, como componente de sensores e até mesmo como condutor de energia.

A ideia de guiar luz utilizando a refração, que é o princípio da fibra óptica, foi desenvolvida em 1841 pelo físico suíço Daniel Colladon e pelo físico francês Jacques Babinet, mas só ganhou viabilidade técnica a partir de 1955, quando métodos de fabricação mais sofisticados permitiram a confecção de condutores com diâmetros da ordem do micrômetro, o que é comparável a um fio de cabelo.

No Brasil, as primeiras redes de fibras ópticas foram implementadas na Unicamp por volta de 1977.

As fibras ópticas têm uma região central denominada núcleo, com índice de refração absoluto igual a n_1, e uma parte envoltória que constitui a casca, com índice de refração absoluto igual a n_2, tal que $n_1 > n_2$.

Seu funcionamento se baseia no fenômeno óptico da **reflexão total**.

Um sinal óptico é injetado na fibra de modo que o ângulo de incidência α em suas paredes internas seja maior que o ângulo-limite do dioptro fibra-casca. Estando no meio mais refringente, esse sinal sofre sucessivas reflexões totais com perdas muito pequenas, podendo atingir, com velocidades da mesma ordem de grandeza que a velocidade da luz, alvos distantes. Veja o esquema abaixo.

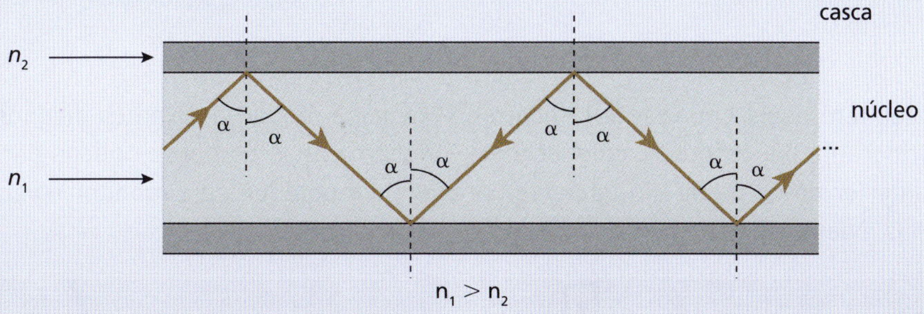

Banco de imagens/Arquivo da editora

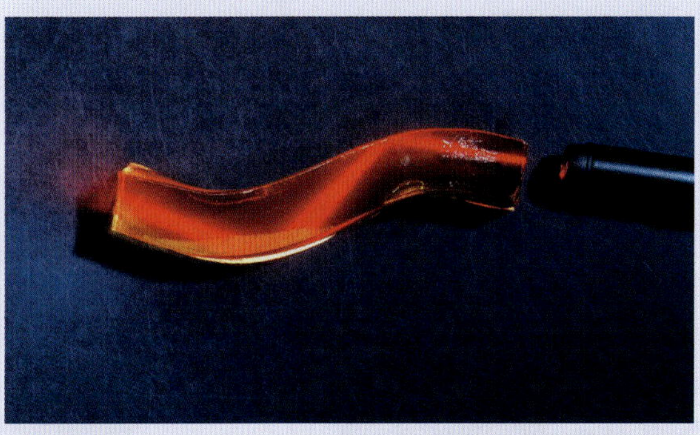

SPL/Fotoarena

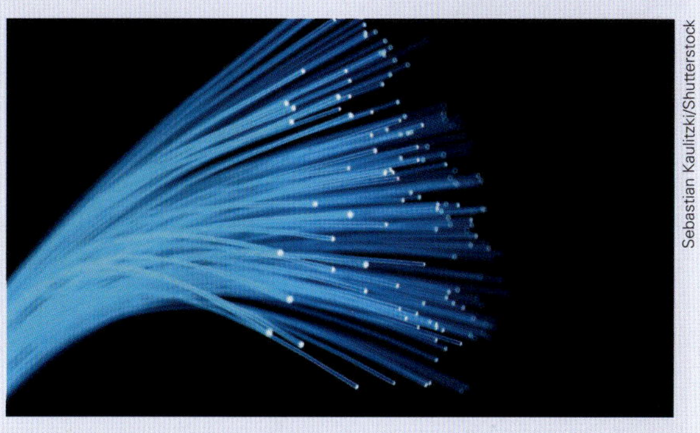

Sebastian Kaulitzki/Shutterstock

À esquerda, pode-se observar um feixe *laser* sofrendo sucessivas reflexões totais em um protótipo didático de fibra óptica; e, à direita, a luz é transmitida ao longo de um chicote de fibras ópticas.

As telecomunicações dependem cada vez mais das fibras ópticas, especialmente a telefonia, a TV a cabo e o intercâmbio de informações digitais entre computadores. Há redes interligando cidades, países e até continentes com muitos trechos submarinos. A mais longa rede em operação é a *SeaMeWe 3* com 39 mil quilômetros de extensão. Ela conecta 32 países, da Alemanha à Coreia do Sul.

No mapa a seguir, podemos ver algumas redes de fibras ópticas com trechos instalados ao longo de fossas e profundezas oceânicas.

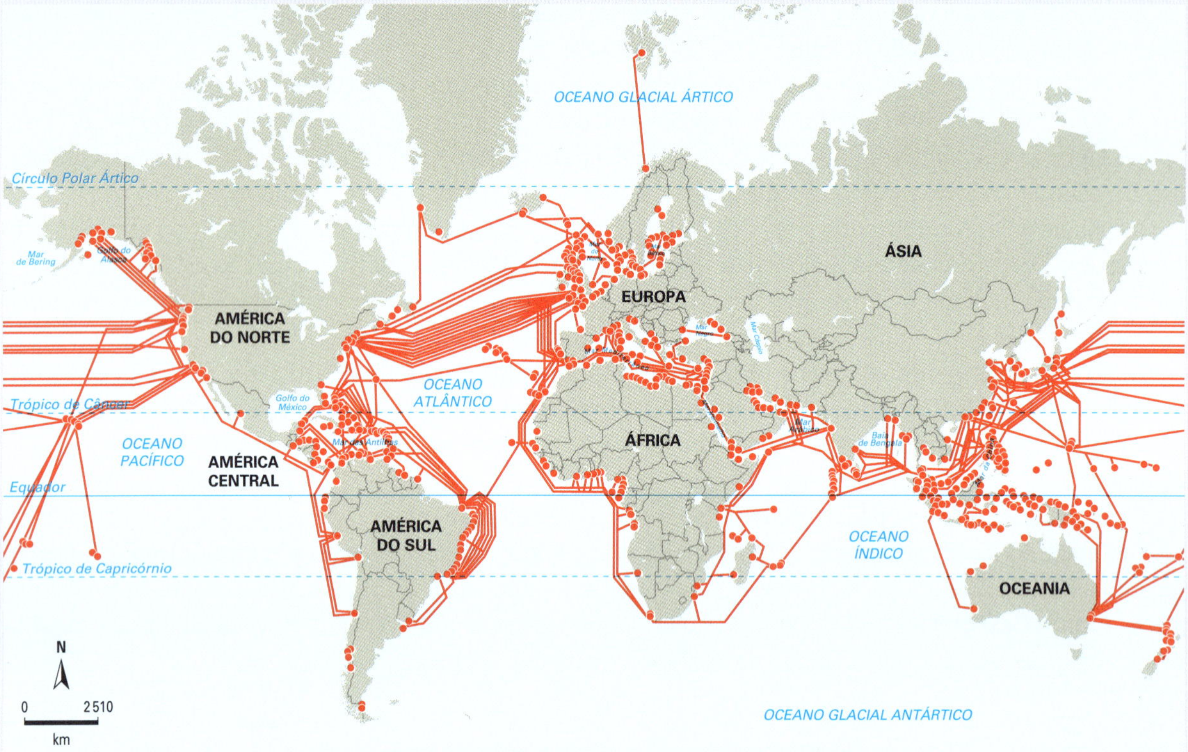

Banco de imagens/Arquivo da editora

As fibras ópticas têm papel importante também na Medicina moderna. Exames diagnósticos, como cineangiocoronariografia, endoscopia e colonoscopia, utilizam cabos de fibras ópticas para transmitir informações do interior do corpo de um paciente para um computador, cujo monitor revela ao médico imagens ampliadas e detalhadas.

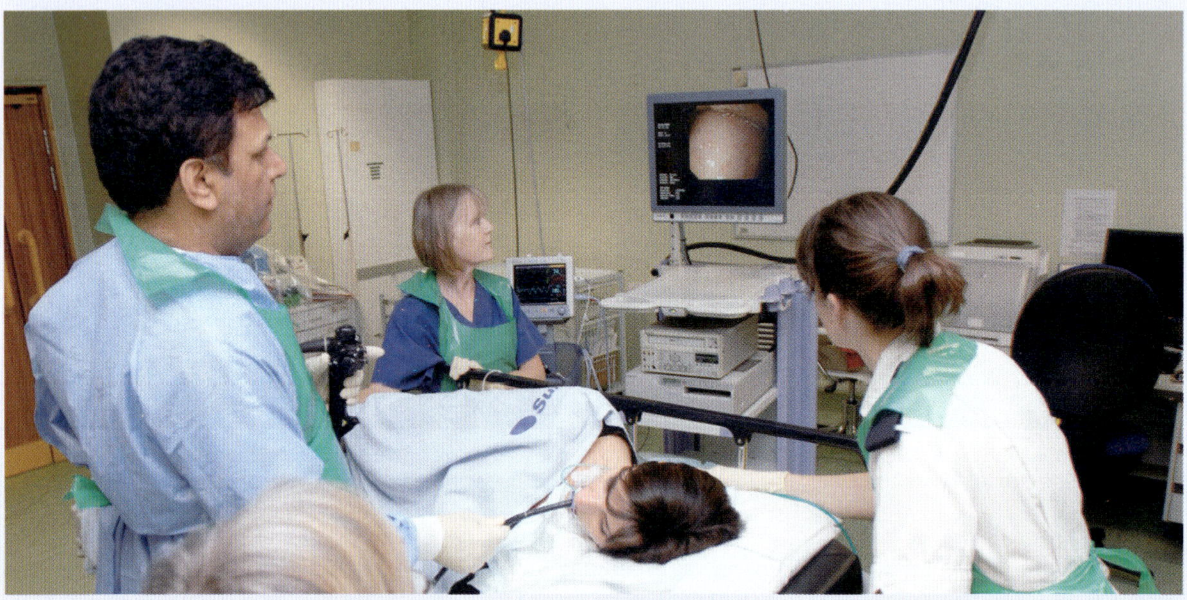

Alamy/Fotoarena

Neste exame de endoscopia gástrica, o médico insere, pela boca da paciente, um cabo contendo uma fibra óptica e este é conduzido até o estômago. No trajeto, são geradas imagens que serão analisadas pelo profissional, facilitando a elaboração de um diagnóstico.

9. Imagens em dioptros planos

Sérgio Dotta Jr./Arquivo da editora

Sérgio Dotta Jr./Arquivo da editora

A formação de imagens em dioptros planos pode ser compreendida utilizando os elementos apresentados nas fotografias ao lado: um copo, uma moeda e uma vasilha com água.

Coloque a moeda no fundo do copo, a princípio sem água, e observe-a a partir da vertical que a contém. Repita esse mesmo procedimento com o copo cheio de água. Você consegue notar alguma diferença entre os dois casos?

Com o copo cheio de água, a moeda aparentará uma profundidade menor, como se a altura do copo tivesse diminuído, não é verdade?

Essa elevação aparente da moeda é um efeito óptico similar ao que faz uma piscina se apresentar menos profunda do que na realidade para um observador externo ou um peixe ser visualizado mais à flor da água do que de fato está. É o efeito **dioptro plano**.

Objeto no meio mais refringente do dioptro

Consideremos a situação esquematizada a seguir em que um objeto luminoso e pontual, **P**, situado em um meio 2, é visto por um observador **O**, posicionado em um meio 1 menos refringente que o meio 2.

O globo ocular do observador será admitido nas vizinhanças da reta que contém **P**, perpendicular à interface de separação dos dois meios.

Na figura, representamos dois raios luminosos que partem de **P** e que permitem determinar a imagem **P'** observada por **O**. Salientemos que, nesse caso, a luz se refrata do meio mais para o menos refringente.

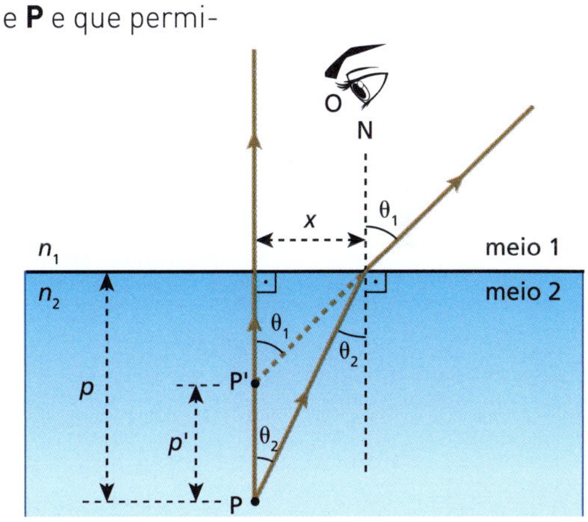

Banco de imagens/Arquivo da editora

Devemos notar então que a imagem **P'** é de natureza virtual, estando a uma "profundidade" aparente menor que a "profundidade" real de **P**.

Sendo p' a "profundidade" aparente de **P** e p a "profundidade" real desse objeto, chamando-se de n_1 e n_2, respectivamente, os índices de refração absolutos dos meios 1 e 2, podemos relacionar p' com p em função de n_1 e n_2, fazendo-se:

Lei de Snell:

$$n_2 \text{ sen } \theta_2 = n_1 \text{ sen } \theta_1$$

Tendo-se em vista as condições estabelecidas para a posição de **O**, é lícito considerarem-se as seguintes aproximações:

$$\text{sen } \theta_1 \cong \text{tg } \theta_1 = \frac{x}{p'} \quad \text{e} \quad \text{sen } \theta_2 \cong \text{tg } \theta_2 = \frac{x}{p}$$

Com isso, a Lei de Snell fica assim caracterizada:

$$n_2 \frac{x}{p} = n_1 \frac{x}{p'}$$

Da qual:

$$p' = \frac{n_1}{n_2} p$$

Objeto no meio menos refringente do dioptro

Consideremos agora a situação esquematizada a seguir em que um objeto luminoso e pontual, **P**, situado em um meio 1, é visto por um observador, **O**, posicionado em um meio 2 mais refringente que o meio 1.

Admite-se que o globo ocular do observador se encontra nas vizinhanças da reta que contém **P**, perpendicular à interface de separação dos dois meios. Novamente, os ângulos de incidência e de refração característicos dessa situação são pequenos.

Banco de imagens/Arquivo da editora

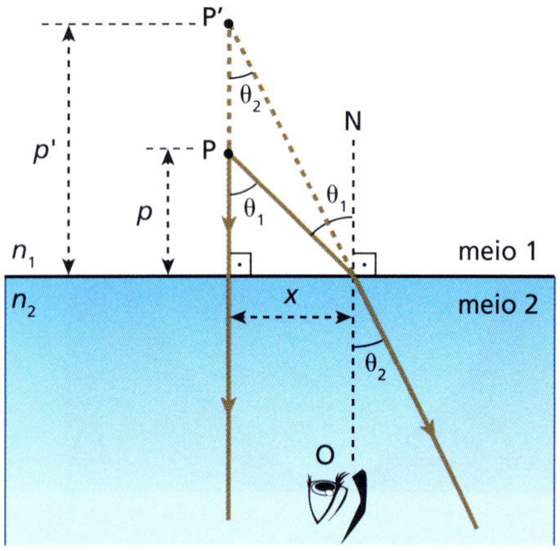

Na figura ao lado, representamos dois raios luminosos que partem de **P** e permitem determinar a imagem **P'** observada por **O**. Destaquemos que, nesse caso, a luz se refrata do meio menos para o mais refringente.

Devemos notar nesse caso que a imagem **P'** também é de natureza virtual, estando a uma "altura" aparente maior que a "altura" real de **P**.

Sendo *p'* a "altura" aparente de **P** e *p* a "altura" real desse objeto, chamando-se de n_1 e n_2, respectivamente, os índices de refração absolutos dos meios 1 e 2, podemos relacionar *p'* com *p* em função de n_1 e n_2, fazendo-se:

Lei de Snell:

$$n_1 \text{ sen } \theta_1 = n_2 \text{ sen } \theta_2$$

Tendo-se em vista as condições estabelecidas para a posição de **O**, é lícito considerarem-se também aqui as seguintes aproximações:

$$\text{sen } \theta_2 \cong \text{tg } \theta_2 = \frac{x}{p'} \quad \text{e} \quad \text{sen } \theta_1 \cong \text{tg } \theta_1 = \frac{x}{p}$$

Com isso, a Lei de Snell fica:

$$n_1 \frac{x}{p} = n_2 \frac{x}{p'}$$

Da qual:

$$p' = \frac{n_2}{n_1} p$$

Para ambos os casos, podemos utilizar as fórmulas deduzidas da seguinte maneira "unificada":

$$p' = \frac{n_{observador}}{n_{objeto}} p$$

Em que *p'* é a distância aparente do objeto à interface que separa os meios, *p* é a distância real, $n_{observador}$ é o índice de refração absoluto do meio onde está o observador e n_{objeto} é o índice de refração absoluto do meio onde está o objeto.

NOTAS!

- A fórmula aproximada acima só pode ser aplicada à situação específica de o olho do observador situar-se nas vizinhanças da reta originária do objeto que é perpendicular à interface de separação dos meios. Visualizações em condições diferentes da descrita devem ser tratadas pela Lei de Snell acompanhadas da geometria inerente a cada caso. Uma piscina de profundidade constante, por exemplo, parecerá cada vez mais rasa a um observador fixo em uma das bordas à medida que o ponto visado no fundo dessa piscina for mais distante do local de visada.
- Em qualquer um dos dois casos, a imagem conjugada a um objeto real é virtual e situada do mesmo lado da fronteira dióptrica que o objeto.

JÁ PENSOU NISTO?

Lápis realmente quebrado?

Nesta imagem, em que um lápis parcialmente mergulhado na água aparenta estar "quebrado" para cima, manifesta-se de forma pronunciada o efeito dioptro plano. A parte submersa do objeto revela, em relação a um observador situado no ar (câmera fotográfica), uma profundidade aparente menor que a real.

SPL/Fotoarena

10. Lâminas de faces paralelas

Uma lâmina de faces paralelas pode ser definida de forma geral como uma associação de duas superfícies dióptricas planas e paralelas.

O caso de maior interesse corresponde à situação em que o meio envolvente da lâmina é o mesmo, como ocorre com o vidro transparente de uma vidraça inserto no ar.

Um pequeno objeto visado através de um bloco de faces paralelas feito de vidro e envolto pelo ar apresenta-se aparentemente mais próximo do observador, como esquematizamos ao lado. Deve-se notar que a imagem virtual conjugada pelo sistema óptico comporta-se como objeto real em relação ao olho da pessoa.

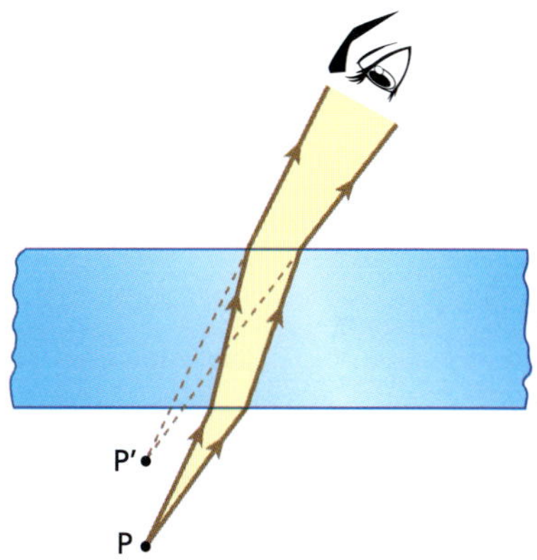

Banco de imagens/Arquivo da editora

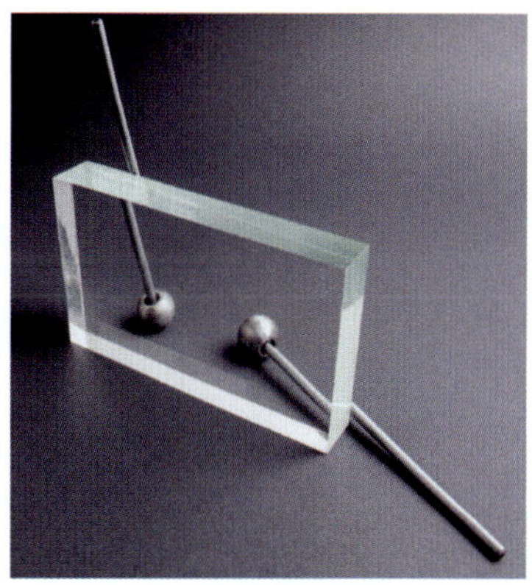

Sérgio Dotta Jr./Arquivo da editora

As partes dos corpos metálicos desta fotografia, observadas através do bloco de vidro de faces paralelas, aparentam estar mais próximas do observador (câmera fotográfica) do que realmente estão.

Consideremos o esquema a seguir em que um estreito feixe cilíndrico de luz monocromática – aqui, simplesmente denominado raio de luz – incide obliquamente com um ângulo θ_1 sobre uma lâmina de vidro (índice de refração absoluto igual a n_2) de faces paralelas imersa no ar (índice de refração absoluto igual a n_1). Esse raio se refrata para o interior do vidro com ângulo de refração θ_2, incide na base da lâmina também com ângulo θ_2 (ângulos alternos internos têm medidas iguais) e emerge para o ar com um ângulo x, como está indicado.

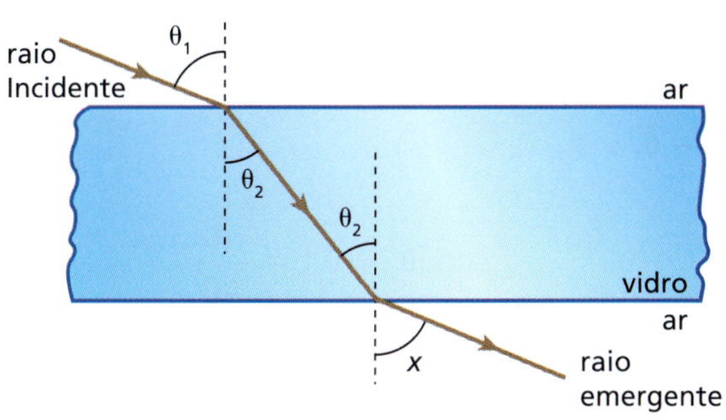

Banco de imagens/Arquivo da editora

Considerando-se a reversibilidade da luz, podemos afirmar que $x = \theta_1$, o que revela que o raio emergente é paralelo ao raio incidente.

Essa mesma conclusão também pode ser obtida aplicando-se a Lei de Snell às refrações de entrada e saída da luz.

Refração de entrada: $n_1 \text{ sen } \theta_1 = n_2 \text{ sen } \theta_2 \Rightarrow \dfrac{\text{sen } \theta_2}{\text{sen } \theta_1} = \dfrac{n_2}{n_1}$ (I)

Refração de saída: $n_1 \text{ sen } x = n_2 \text{ sen } \theta_2 \Rightarrow \dfrac{\text{sen } x}{\text{sen } \theta_2} = \dfrac{n_2}{n_1}$ (II)

Comparando-se as equações (I) e (II), conclui-se que sen x = sen θ_1, o que, de fato, implica x = θ_1.

Podemos então afirmar que:

Em uma lâmina de faces paralelas feita de um material transparente e homogêneo envolta por um mesmo meio, o raio luminoso emergente é **paralelo** ao raio luminoso incidente.

NOTA!

Em caso de incidência normal (perpendicular) em uma das faces, o feixe luminoso atravessa a lâmina sem qualquer desvio angular ou deslocamento lateral, de modo que o raio emergente fica contido na mesma reta do raio incidente. Veja a figura abaixo.

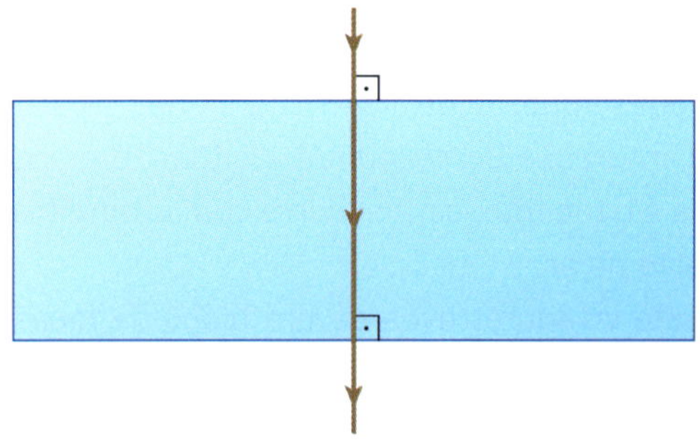

Banco de imagens/Arquivo da editora

Para incidências oblíquas em uma lâmina de faces paralelas de espessura *e*, como esquematizamos abaixo, o raio luminoso sofre na travessia da lâmina um deslocamento lateral *d*, cujo cálculo obedece apenas aos procedimentos geométricos a seguir.

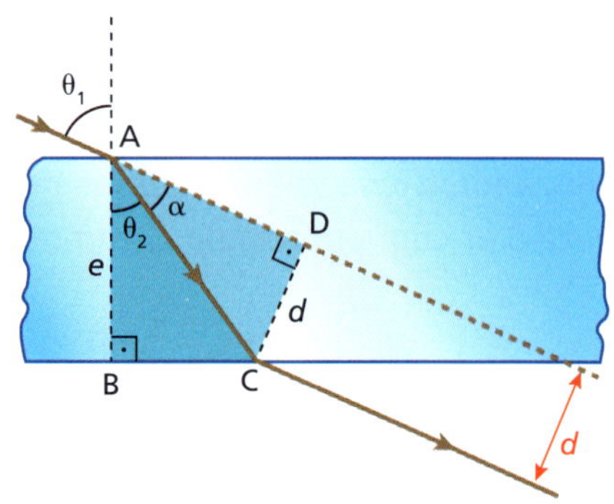

Banco de imagens/Arquivo da editora

No triângulo retângulo **ABC**, temos:

$$\cos \theta_2 = \frac{e}{AC} \Rightarrow AC = \frac{e}{\cos \theta_2} \quad \text{(I)}$$

No triângulo retângulo **ADC**, temos:

$$\text{sen}\,\alpha = \frac{d}{AC}$$

Em que α é definido como:

$$\alpha = \theta_1 - \theta_2$$

Portanto:

$$\text{sen}\,(\theta_1 - \theta_2) = \frac{d}{AC}$$

$$d = AC\,\text{sen}\,(\theta_1 - \theta_2) \quad \text{(II)}$$

Substituindo (I) em (II), obtemos:

$$d = \frac{e}{\cos \theta_2}\,\text{sen}\,(\theta_1 - \theta_2)$$

$$d = \frac{e\,\text{sen}\,(\theta_1 - \theta_2)}{\cos \theta_2}$$

Convém observar que, para valores fixos de θ_1 e θ_2, o deslocamento lateral *d* é diretamente proporcional à espessura da lâmina, *e*.

Exercícios Nível 1

27. (Vunesp) Três blocos retangulares feitos de materiais diferentes e transparentes estão sobrepostos como mostra a figura.

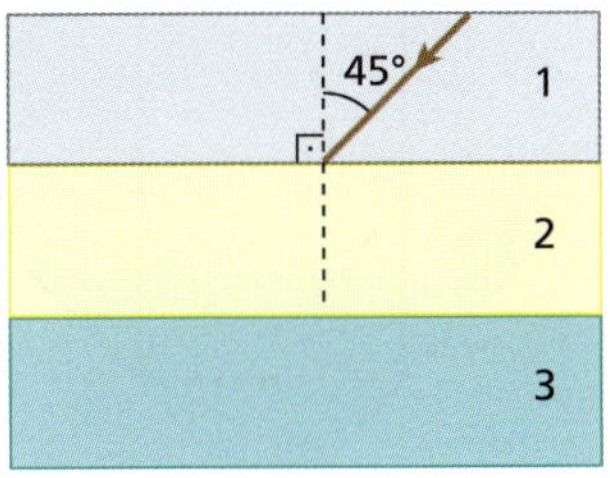

Reprodução/Arquivo da editora

Um feixe de raio *laser*, proveniente do bloco 1, incide na superfície de separação entre os blocos 1 e 2, sob um ângulo de 45°, penetrando no meio 2. Dos três blocos, o bloco 1 é o mais refringente e o bloco 3 é o menos refringente. O ângulo-limite de reflexão total entre os blocos 2 e 3 é de 45°.

Assinale a alternativa que melhor representa a trajetória do raio laser.

a) 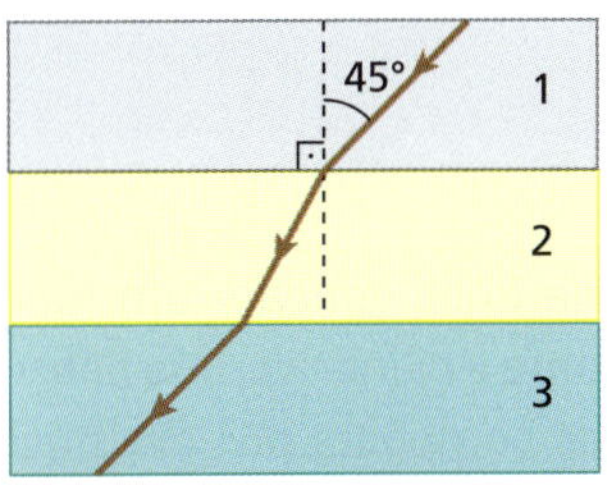

b) 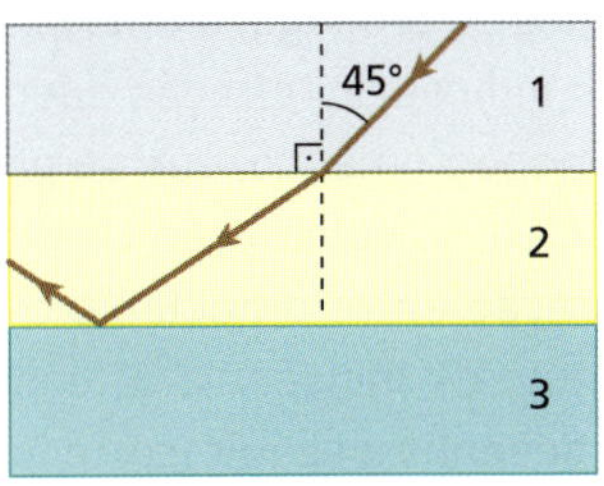

c) 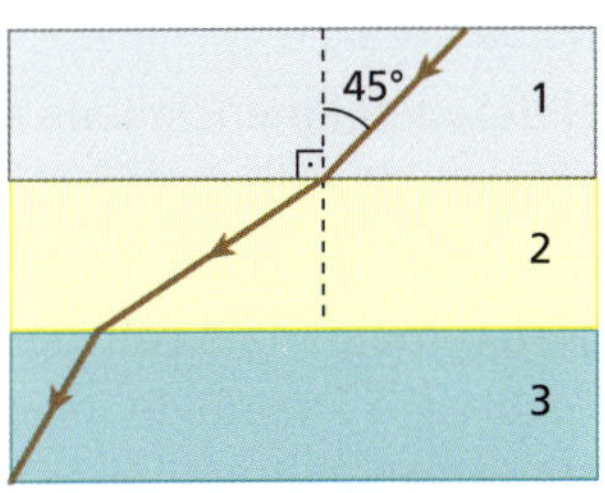

d) 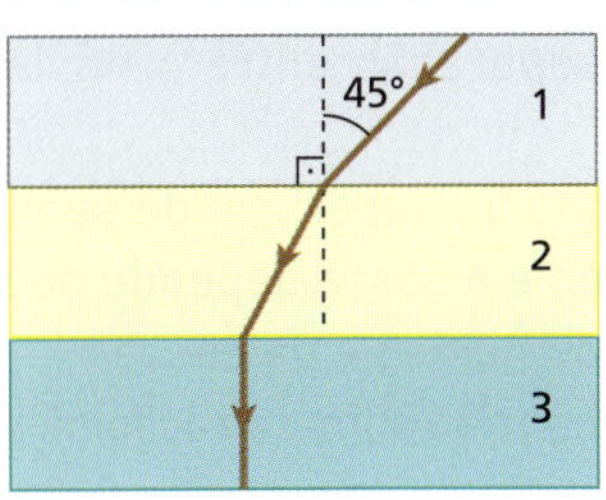

Ilustrações: Reprodução/Arquivo da editora

e) 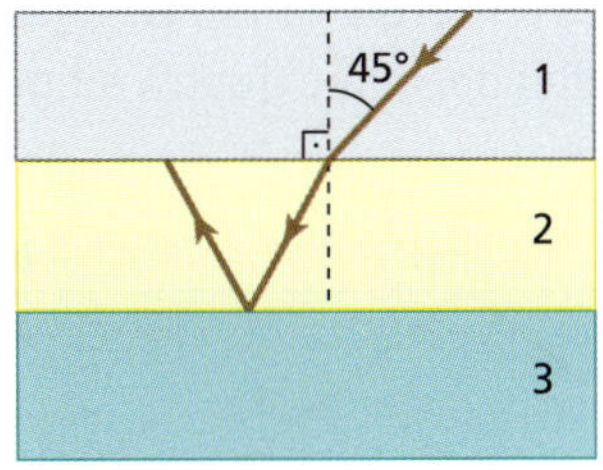

Reprodução/Arquivo da editora

28. Estreitos feixes cilíndricos de uma mesma luz monocromática são emitidos dentro de um bloco de vidro em direção à superfície plana e horizontal que separa esse meio do ar. Sabe-se que o vidro é mais refringente que o ar. Sabe-se também que no caso do esquema I, uma parcela do feixe luminoso incidente emerge rasante, isto é, parte do feixe refrata-se do vidro para o ar resvalando na interface de separação entre esses dois meios.

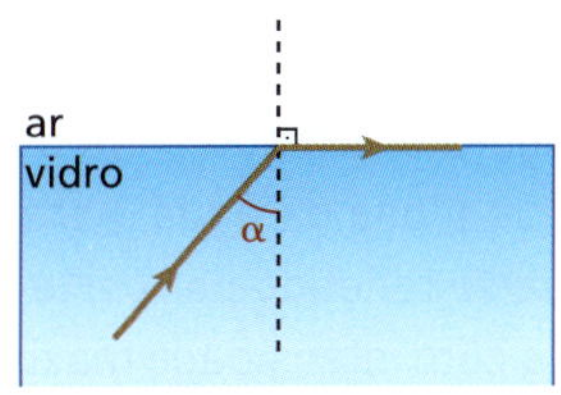

esquema I

Ilustrações: Banco de imagens/ Arquivo da editora

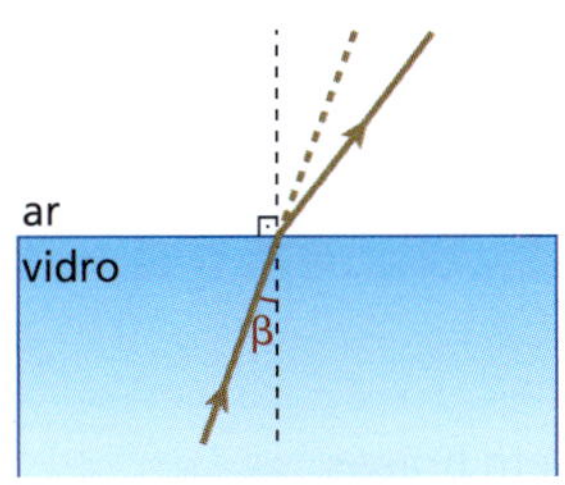

esquema II

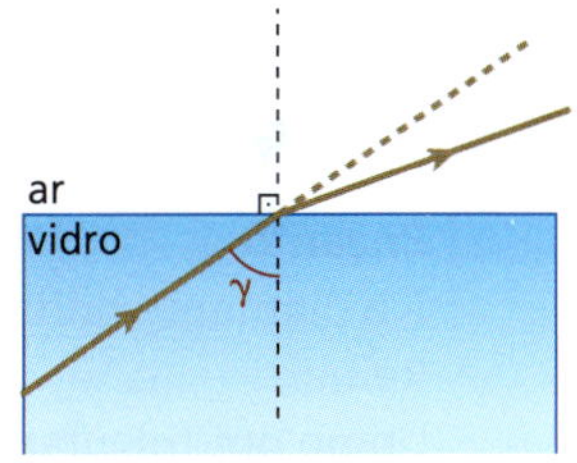

esquema III

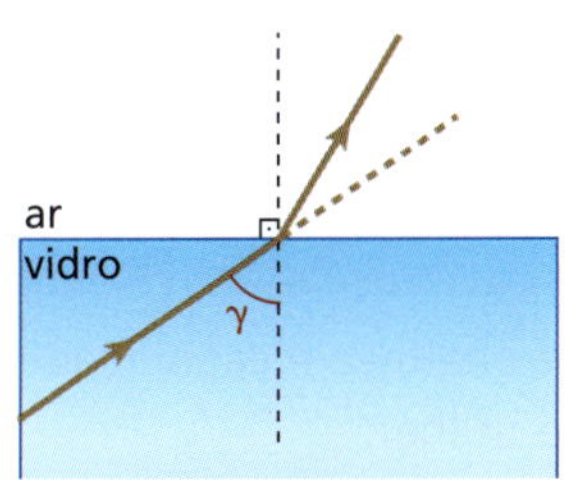

esquema IV

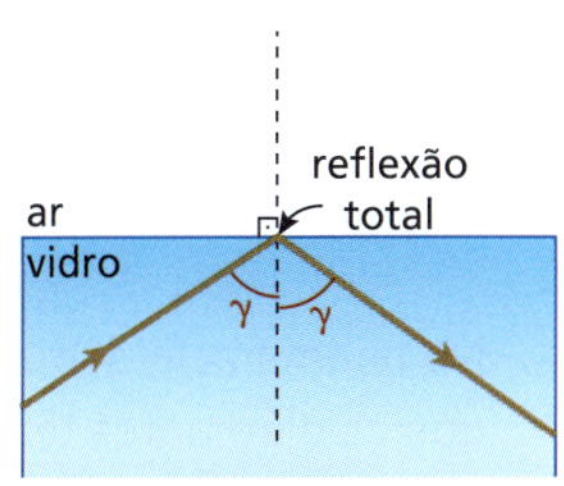

esquema V

Se os ângulos α, β e γ indicados obedecem à relação $\beta < \alpha < \gamma$, então, estão corretos os esquemas:

a) II, III, IV e V.
b) II e V, apenas.
c) IV e V, apenas.
d) II, III e V, apenas.
e) III e IV, apenas.

29. Um mergulhador **A** utiliza uma lanterna que emite um estreito feixe cilíndrico de luz monocromática de dentro da água para a interface do líquido com o ar. Um outro mergulhador, **B**, observa o feixe luminoso refletido, como ilustra a figura.

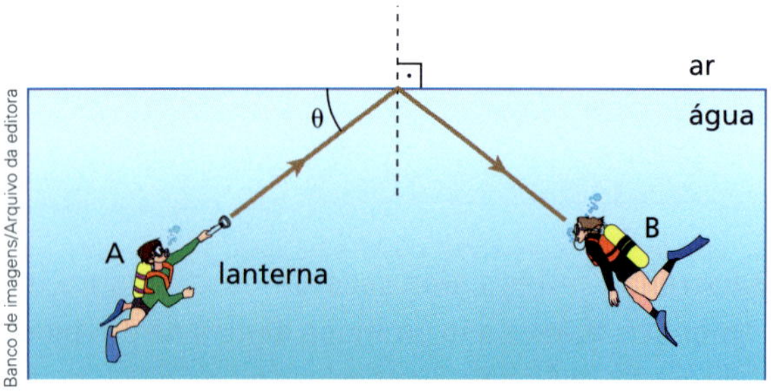

O índice de refração absoluto da água vale 1,325 enquanto o do ar é igual a 1,000. Considere, ainda, a tabela abaixo.

sen 41°	sen 45°	sen 49°	sen 53°	sen 57°
0,656	0,707	0,755	0,799	0,839

Nessas condições, o maior valor do ângulo θ, indicado na figura e formado entre o feixe incidente e a superfície plana da água, para o qual a percepção do feixe refletido por parte do mergulhador **B** ocorra com intensidade máxima é de, aproximadamente:

a) 41°
b) 45°
c) 49°
d) 53°
e) 57°

30.

Encanto
E o diamante brilha;
Reluz.
Como um fulgurante em brasas,
Conduz.
Duro, frio e flamejante;
Ardor.
Pedra que corta; regalo de amante;
Amor.

Guy Medeiros

No poema acima, o autor enaltece a capacidade que os diamantes têm de brilhar.

Considere a seção principal de uma pedra preciosa, transparente, lapidada e simétrica, como representada na figura a seguir, na qual está traçado o caminho óptico de um raio luminoso monocromático que sofre reflexão total nas faces **BC** e **CD**. Nesse esquema está a explicação para o brilho dos diamantes: a luz penetra e, depois de se refletir internamente, retorna, atingindo os olhos do observador. Admita que o meio que envolve a pedra seja o ar (índice de refração absoluto igual a 1,0).

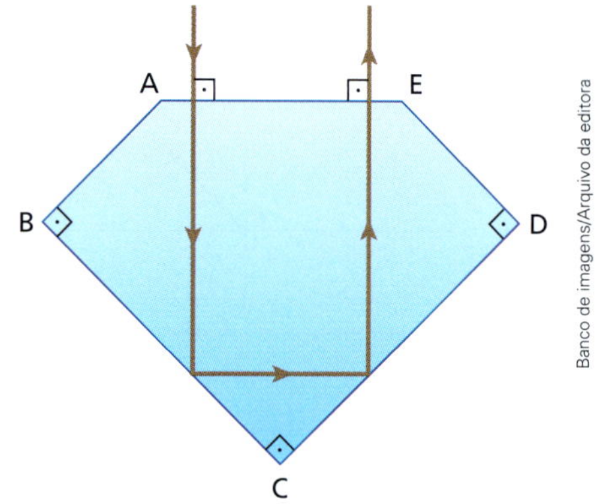

Sendo *n* o índice de refração absoluto da pedra para a cor da luz utilizada, pode-se afirmar que o mínimo valor de *n* que viabiliza a situação proposta é ligeiramente maior que:

a) $\frac{\sqrt{5}}{2}$
b) $\frac{\sqrt{7}}{2}$
c) $\sqrt{2}$
d) $\sqrt{3}$
e) $\sqrt{5}$

31. (EsPCEx-RJ) Uma fibra óptica é um filamento flexível, transparente e cilíndrico, que possui uma estrutura simples composta por um núcleo de vidro, por onde a luz se propaga, e uma casca de vidro, ambos com índices de refração diferentes. Um feixe de luz monocromático, que se propaga no interior do núcleo, sofre reflexão total na superfície de separação entre o núcleo e a casca segundo um ângulo de incidência α, conforme representado no desenho a seguir (corte longitudinal de um trecho da fibra).

Com relação à reflexão total mencionada acima, são feitas as afirmativas abaixo.

I. O feixe luminoso propaga-se do meio menos refringente para o meio mais refringente.
II. Para que ela ocorra, o ângulo de incidência α deve ser inferior ao ângulo limite da superfície de separação entre o núcleo e a casca.
III. O ângulo limite da superfície de separação entre o núcleo e a casca depende do índice de refração do núcleo e da casca.
IV. O feixe luminoso não sofre refração na superfície de separação entre o núcleo e a casca.

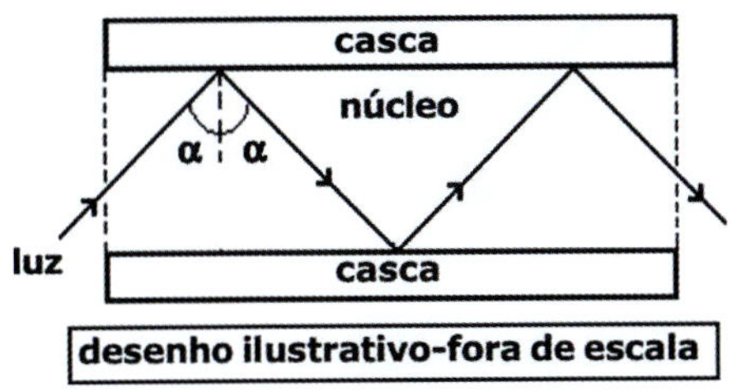

(corte longitudinal da fibra)

Reprodução/EsPCEx, 2014

Entre as afirmativas apresentadas, as únicas corretas são:

a) I e II
b) III e IV
c) II e III
d) I e IV
e) I e III

32. E.R. Um peixe, observado diretamente do alto sobre um lago, parece estar a 3,0 m da superfície.

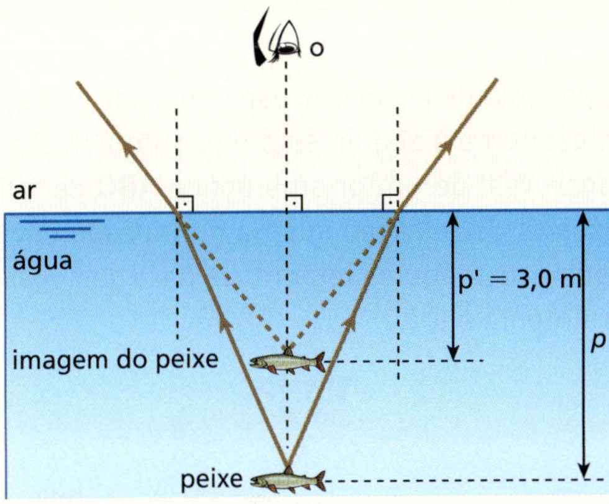

Banco de imagens/Arquivo da editora

Se o índice de refração da água em relação ao ar é $\frac{4}{3}$, determine a profundidade em que se encontra realmente o peixe em relação à superfície do lago.

Resolução:

Pela Equação de Gauss, para o dioptro plano, temos

$$p' = p\frac{n_{obs}}{n_{obj}}$$

em que:

n_{obs}: índice de refração absoluto do meio onde está o observador.

n_{obj}: índice de refração absoluto do meio onde está o objeto.

Assim:

$$p' = p\frac{n_{ar}}{n_{água}} \Rightarrow 3{,}0 = p\frac{1}{\frac{4}{3}} \therefore \boxed{p = 4{,}0\ \text{m}}$$

Convém destacar que a imagem visualizada pelo observador, notada aparentemente mais ao raso, é de natureza **virtual**.

33. A figura abaixo ilustra uma pessoa observando um peixe que se encontra no fundo de um tanque de vidro cheio de água. As paredes do tanque têm espessura desprezível.

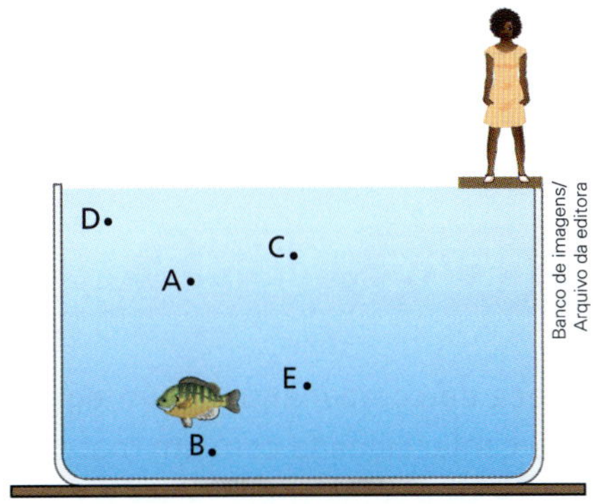

Banco de imagens/Arquivo da editora

A imagem do peixe observada pela pessoa é de natureza real ou virtual? A imagem está mais próxima de qual dos pontos, **A**, **B**, **C**, **D** ou **E**?

34. Em uma excursão ecológica, o jovem Fabrício ficou encantado com um rio de águas cristalinas em que pôde notar um cardume de piraputangas (*Brycon microlepsis*) aparentemente mais ao raso do que realmente estava.

Tales Azzi/Pulsar Imagens

Suponha que um determinado peixe, à profundidade de 50,0 cm, foi observado por Fabrício praticamente da vertical do animal. Adotando-se para a água índice de refração absoluto igual a $\frac{4}{3}$, determine a profundidade aparente detectada para esse peixe. O índice de refração absoluto do ar é igual a 1,00.

35. Um raio de luz monocromática penetra em uma lâmina de vidro com faces paralelas, imersa no ar, como mostra a figura.

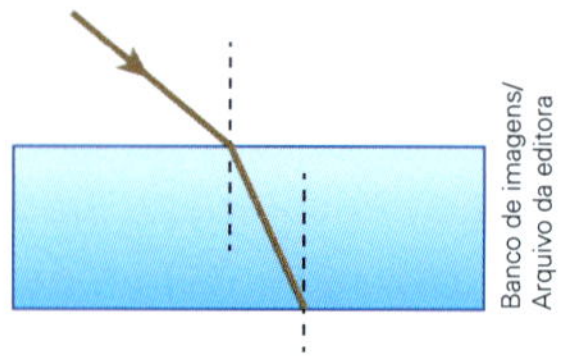

Após incidir na face oposta, o mesmo raio de luz segue a trajetória mostrada em:

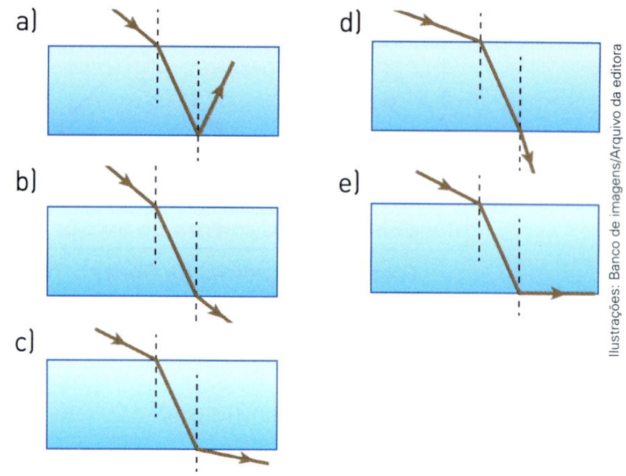

Exercícios Nível 2

36. Uma peça de componente de um equipamento óptico é confeccionada com um material transparente e tem suas duas faces paralelas em forma de um quarto de círculo, conforme ilustra a figura 1 (perspectiva). Um raio de luz monocromática pertencente a um plano paralelo às faces paralelas da peça penetra no material pelo ponto **A** e emerge pelo ponto **B**, como representa a figura 2.

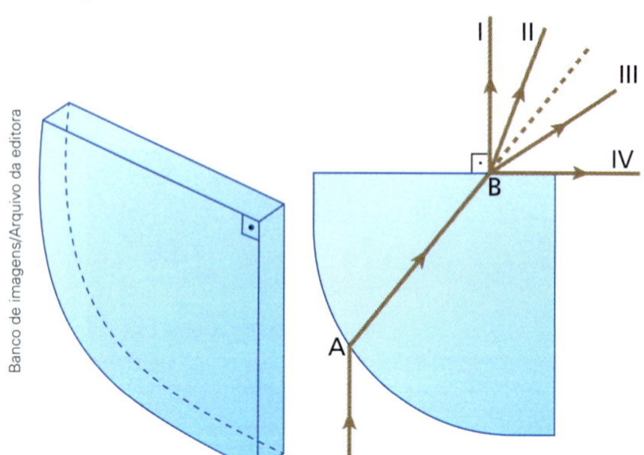

figura 1 figura 2

Sabendo-se que o meio que envolve a peça é a água, a(s) trajetória(s) seguida(s) pela luz depois da emergência em **B** pode(m) ser:

a) I ou II.
b) II ou III
c) III ou IV
d) somente II.
e) somente III.

37. Uma das principais utilidades do prisma óptico é o seu emprego como sistema de reflexão total. Nessa operação, o prisma pode substituir com vantagens os espelhos planos, pois pode ter um poder refletor bem maior que o dos espelhos e, além disso, está livre da deterioração que ocorre na película de prata dos espelhos, por oxidação. No esquema a seguir, está representado o corte transversal de um prisma óptico **ABC** de índice absoluto de refração igual a *n*, utilizado em um modelo de máquina fotográfica para deslocar lateralmente a luz.

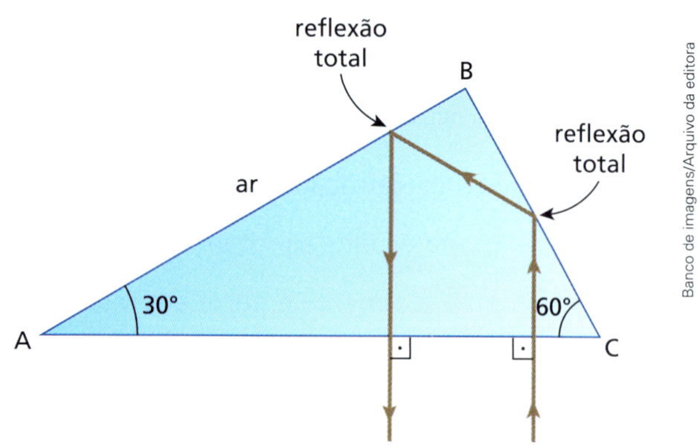

Na figura, um raio luminoso monocromático incide perpendicularmente na face **CA**, sofre reflexões internas totais, respectivamente nas faces **BC** e **AB**, e emerge perpendicularmente à face **CA**. Se o prisma está inserido no ar (índice absoluto de refração igual a 1,0), pode-se afirmar que *n* é tal que:

a) $n \geq \dfrac{3\sqrt{2}}{4}$

b) $n \geq \dfrac{2\sqrt{3}}{3}$

c) $n \geq \dfrac{3}{2}$

d) $n \geq \sqrt{3}$

e) $n \geq 2$

38. Uma indústria utiliza na refrigeração de seus
E.R. produtos um líquido aquoso transparente de índice de refração absoluto igual a $\frac{5}{3}$ exposto ao ar (índice de refração absoluto do ar igual a 1,0). Esse líquido fica armazenado em um grande tanque em forma de paralelepípedo, de dimensões superficiais 15 m × 20 m, e preenche integralmente o reservatório. Para deixar o tanque com um bonito aspecto para visualização noturna, um técnico instalou no centro do seu fundo uma pequena lâmpada que, quando acesa, fazia com que a superfície líquida ficasse sensivelmente mais bem iluminada em uma região circular, cuja área correspondia a 9% da área superficial do reservatório.

Analisando esse contexto, responda:

a) Qual o raio da região circular mais bem iluminada da superfície livre do líquido? Considere nos cálculos $\pi = 3$.

b) Qual o valor, em metros, da profundidade do tanque? Dê a resposta com dois algarismos significativos.

Resolução:

a) $f = \frac{A_{iluminada}}{A_{total}} = \frac{\pi R^2}{ab} \Rightarrow \frac{9}{100} = \frac{3R^2}{15 \cdot 20}$

Da qual:

$$\boxed{R = 3,0 \text{ m}}$$

b)

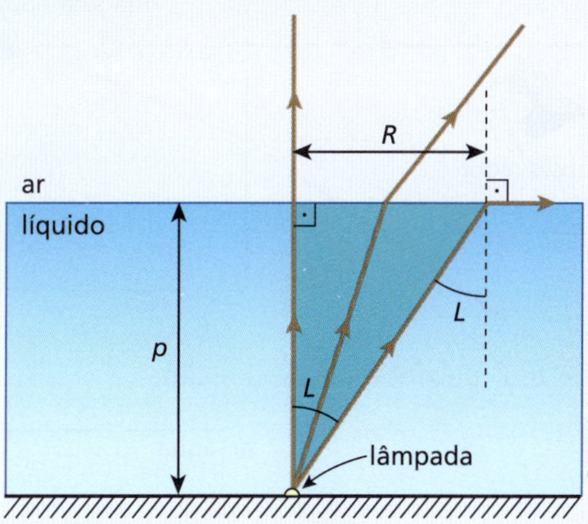

$$\text{sen } L = \frac{n_{ar}}{n}$$

I. $\text{sen } L = \frac{1}{\frac{5}{3}} \Rightarrow \boxed{\text{sen } L = \frac{3}{5}}$

II. $\text{sen}^2 L + \cos^2 L = 1$

$$\left(\frac{3}{5}\right)^2 + \cos^2 L = 1$$

$$\cos^2 L = 1 - \frac{9}{25} = \frac{16}{25}$$

Da qual:

$$\boxed{\cos L = \frac{4}{5}}$$

III. No triângulo retângulo destacado:

$$\text{tg } L = \frac{R}{p} \Rightarrow \frac{\text{sen } L}{\cos L} = \frac{R}{p}$$

$$\frac{\frac{3}{5}}{\frac{4}{5}} = \frac{3,0}{p} \therefore \boxed{p = 4,0 \text{ m}}$$

39. A vitória-régia (*Victoria amazonica*) é uma planta aquática da família das *Nymphaeaceae*, típica da região amazônica. Ela possui uma grande folha em forma de círculo, que fica sobre a superfície da água, podendo chegar a 2,5 m de diâmetro e suportar até 40 kg se forem bem distribuídos em sua superfície.

Disponível em: <www.wikipedia.com.br>. Acesso em: 26 jun. 2018.

Videowokart/Shutterstock

Admita que um garimpeiro amazônico, depois de encontrar uma bela pepita de ouro, resolva "esconder" o produto de seu achado utilizando uma vitória-régia circular, de diâmetro *D*, flutuante solitária em um igarapé próximo ao seu acampamento. Para isso, ele utiliza um barbante de comprimento *C*, de modo que amarra a pepita em uma de suas extremidades e fixa a outra ponta no centro da vitória-régia, tal que a pepita permaneça submersa, atada ao disco vegetal. Sendo *n* o índice de refração da água e sabendo-se que o índice de refração do ar é igual a 1, qual deve ser o máximo valor de *C* para que nenhum observador no ar possa ver o objeto precioso? Considere desprezíveis as dimensões da pepita.

a) $C = \frac{D}{2}\sqrt{n^2 - 1}$

b) $C = \frac{D}{2}\sqrt{2n^2 - 1}$

c) $C = D\sqrt{n^2 - 1}$

d) $C = D\sqrt{2n^2 - 1}$

e) $C = 2D\sqrt{n^2 - 1}$

40. (Unesp-SP) Dentro de uma piscina, um tubo retilíneo luminescente, com 1 m de comprimento, pende, verticalmente, a partir do centro de uma boia circular opaca, de 20 cm de raio. A boia flutua, em equilíbrio, na superfície da água da piscina, como representa a figura.

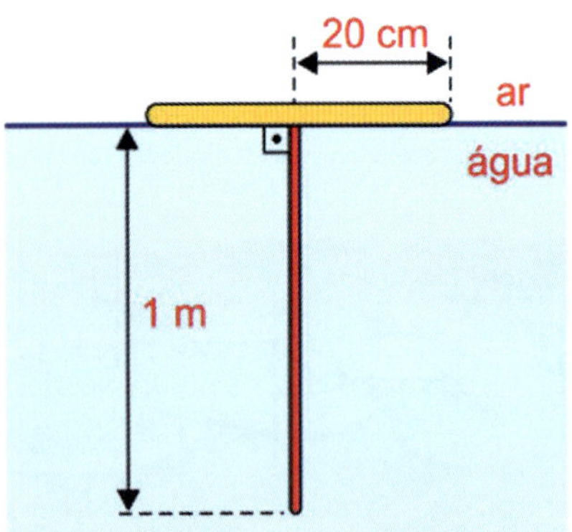

Reprodução/Unesp, 2014

fora de escala

Sabendo-se que o índice de refração absoluto do ar é 1,00 e que o índice de refração absoluto da água da piscina é 1,25, a parte visível desse tubo, para as pessoas que estiverem fora da piscina, terá comprimento máximo igual a

a) 45 cm
b) 85 cm
c) 15 cm
d) 35 cm
e) 65 cm

41. (Unitau-SP) Na seção reta de um dos terminais de um cabo de fibra óptica envolto pelo ar, incide um raio laser proveniente do ar, formando um ângulo de 30° em relação à reta normal a essa superfície no ponto de incidência. Sabendo-se que o princípio de funcionamento da fibra óptica se baseia na reflexão interna total do raio incidente, pode-se dizer que o menor índice de refração da fibra é de:

a) 1

b) $\frac{1}{2}$

c) $\frac{2}{\sqrt{5}}$

d) 2

e) $\frac{\sqrt{5}}{2}$

42. E.R. Um cão está diante de uma mesa, observando um peixinho dentro do aquário, conforme representado na figura.

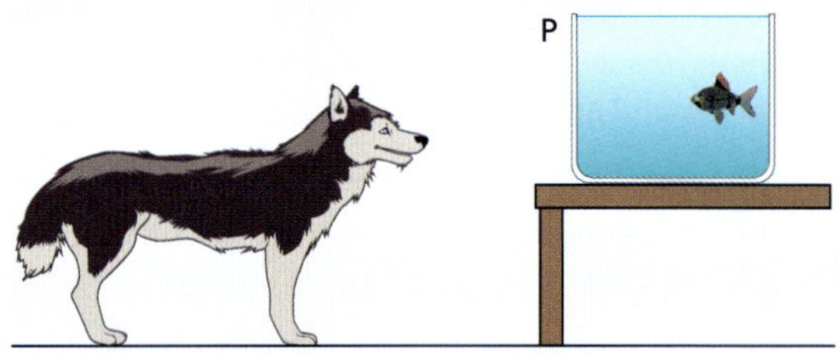

Banco de imagens/Arquivo da editora

Ao mesmo tempo, o peixinho também observa o cão. Em relação à parede **P** do aquário, cuja espessura é desprezível, e às distâncias reais, represente

a) a imagem do peixe vista pelo cão;
b) a imagem do cão vista pelo peixe.

Resolução:

a) O cão observa o peixinho:

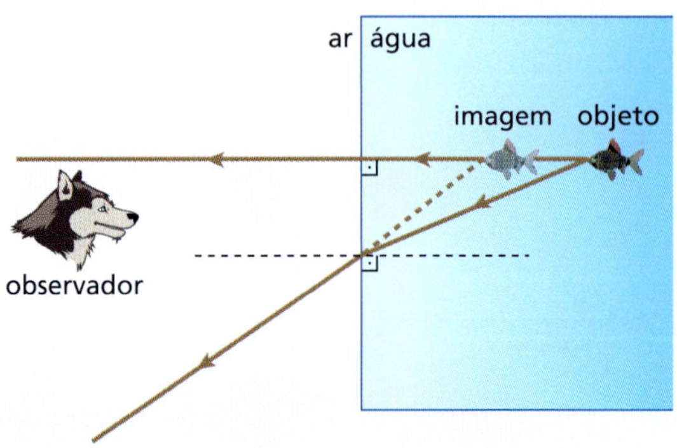

Banco de imagens/Arquivo da editora

b) O peixinho observa o cão:

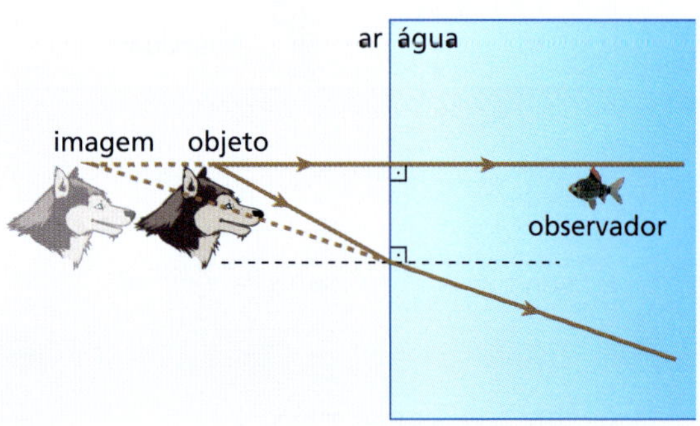

Banco de imagens/Arquivo da editora

43. (CPAEN-RJ) Observe a figura fora de escala a seguir.

Um marinheiro observa verticalmente o fundo do rio pela proa do navio. A distância entre seus olhos e a superfície da água é de 15 m. Os índices de refração do ar e da água são 1,00 e 1,33, respectivamente. A profundidade real do rio é de 10 m. Qual o valor da profundidade virtual que o marinheiro observará?

a) 7,5 m
b) 8,6 m
c) 10 m
d) 12,6 m
e) 13,3 m

44. História de pescador?

O aruanã prateado (*Osteoglossum bicirhosum*) é um peixe amazônico de escamas muito cobiçado pelos praticantes da pesca esportiva. Isso porque, uma vez fisgado, ele realiza saltos espetaculares, podendo elevar-se cerca de dois metros acima da superfície da água. Em seu ambiente natural, o aruanã também surpreende ao emergir subitamente de áreas alagadas em saltos verticais eficientes que visam a captura de pequenos insetos pousados em galhos próximos à superfície, detectados de dentro da água.

Admita um aruanã em repouso a 1,5 m de profundidade, espreitando um pequeno besouro também em repouso na mesma vertical dos olhos do peixe. Considere que a altura do inseto em relação à superfície da água seja de 90 cm e que os índices de refração do ar e da água valham 1,0 e 1,3, respectivamente.

Nessas condições, a distância aparente percebida pelo aruanã, entre ele e o besouro, é igual, em centímetros (cm), a:

a) 90
b) 117
c) 219
d) 240
e) 267

45. Uma barra **AB** feita de um material opaco, com 60 cm de comprimento, é submersa verticalmente no interior de uma cuba contendo água, cujo índice de refração absoluto é igual a $\frac{4}{3}$. A barra é posicionada de modo a ficar com a extremidade **A** a 15 cm da superfície líquida, conforme ilustra a figura abaixo.

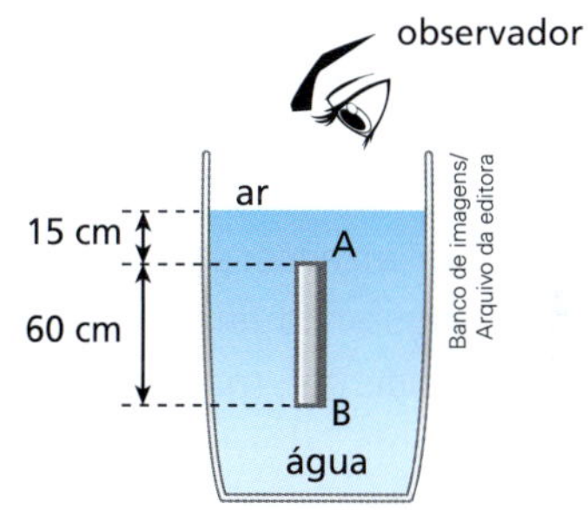

Sendo igual a 1 o índice de refração absoluto do ar, pede-se:

a) determinar o comprimento aparente de **AB** percebido por um observador que visa a barra das proximidades da vertical que a contém;
b) dizer se o comprimento aparente calculado no item anterior depende da profundidade do ponto **A**.

46. A figura abaixo ilustra um raio monocromático que se propaga no ar e incide sobre uma lâmina de faces paralelas, delgada e de espessura *d* com ângulo de incidência igual a 60°. O raio sofre refração, se propaga no interior da lâmina e, em seguida, volta a se propagar no ar.

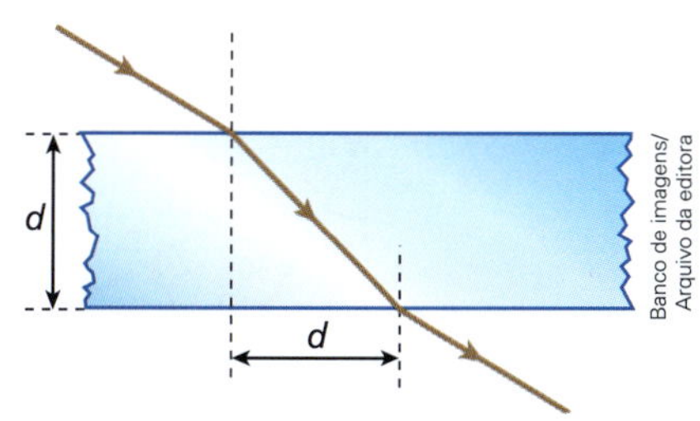

Sabendo-se que o sistema está imerso no ar, de índice de refração absoluto igual a 1,0, pede-se determinar o índice de refração absoluto do material de que é confeccionada a lâmina.

47. Sobre uma lâmina de vidro transparente de faces paralelas, de 4,0 cm de espessura e índice de refração absoluto igual a $\sqrt{3}$, envolta pelo ar (índice de refração absoluto igual a 1,0), incide um estreito feixe cilíndrico de luz *laser*, conforme indica o esquema abaixo.

E.R.

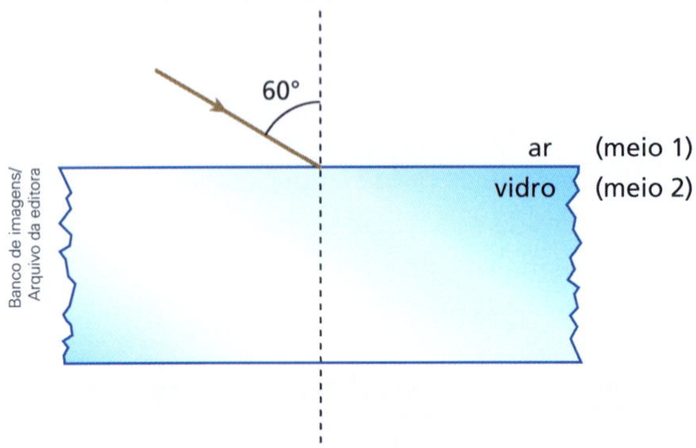

O feixe *laser* vai atravessar a lâmina sem sofrer desvio angular (o feixe emergente será paralelo ao incidente), mas vai experimentar um deslocamento lateral *d*. Pede-se determinar o valor de *d*.

Resolução:

Pela Lei de Snell, calculamos o primeiro ângulo de refração:

$$n_1 \text{ sen } \theta_1 = n_2 \text{ sen } \theta_2$$

Sendo $n_1 = 1$, $\text{sen } \theta_1 = \text{sen } 60° = \frac{\sqrt{3}}{2}$ e $n_2 = \sqrt{3}$, temos:

$$1 \cdot \frac{\sqrt{3}}{2} = \sqrt{3} \text{ sen } \theta_2 \Rightarrow \text{sen } \theta_2 = \frac{1}{2} \therefore \theta_2 = 30°$$

Representamos, então, a trajetória do raio até que ele emerja da lâmina:

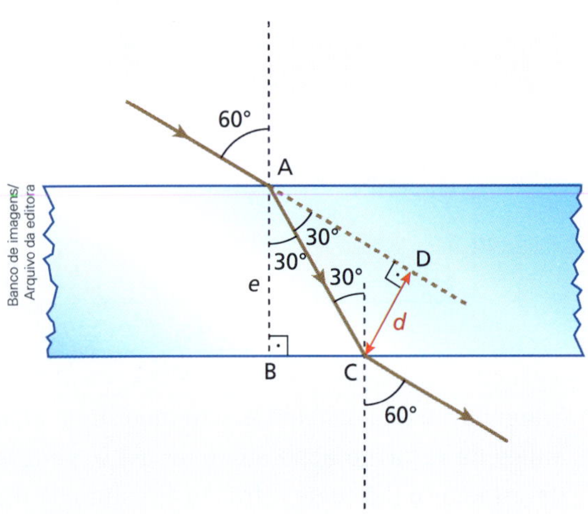

No triângulo **ABC**, temos e = 4,0 cm e podemos escrever:

$$\cos 30° = \frac{e}{AC} \Rightarrow \frac{\sqrt{3}}{2} = \frac{4{,}0}{AC}$$

$$AC = \frac{8{,}0}{\sqrt{3}} \text{ cm}$$

No triângulo **ADC**, temos:

$$\text{sen } 30° = \frac{d}{AC}$$

$$\frac{1}{2} = \frac{d}{\frac{8{,}0}{\sqrt{3}}}$$

$$\boxed{d \cong 2{,}3 \text{ cm}}$$

Nota: uma vez calculado $\theta_2 = 30°$, poderíamos obter o deslocamento lateral pela aplicação direta da fórmula deduzida na teoria:

$$d = \frac{e \text{ sen } (\theta_1 - \theta_2)}{\cos \theta_2} = \frac{4{,}0 \text{ sen } (60° - 30°)}{\cos 30°}$$

$$d = \frac{4{,}0 \cdot \frac{1}{2}}{\frac{\sqrt{3}}{2}}$$

$$\boxed{d \cong 2{,}3 \text{ cm}}$$

48. Um raio de luz monocromática incide sobre a superfície de uma lâmina delgada de vidro, com faces paralelas, fazendo com ela um ângulo de 30°, como ilustra a figura abaixo. A lâmina está envolvida pelo ar e sua espessura é de $\sqrt{3}$ cm. Sabendo-se que os índices de refração desse vidro e do ar valem, respectivamente, $\sqrt{3}$ e 1, determine o deslocamento lateral *x*, em mm, sofrido pelo raio de luz ao atravessar a lâmina.

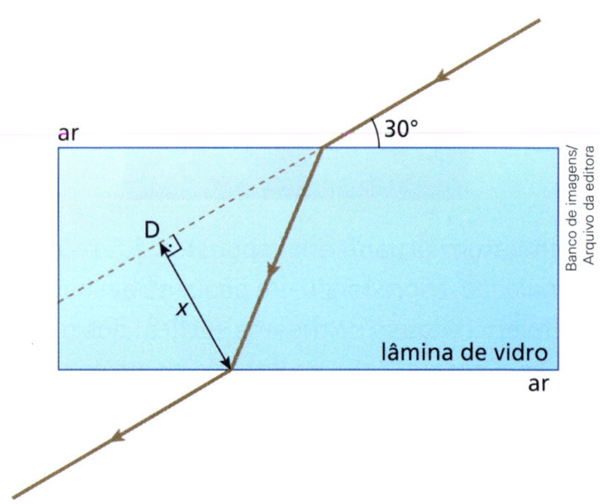

11. Dispersão da luz branca

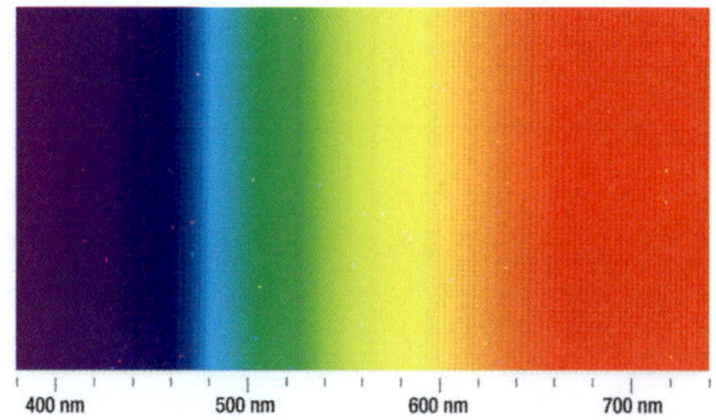

Alamy/Fotoarena

Nesta imagem, aparecem as cores fundamentais componentes da luz branca dispostas, da esquerda para a direita, em ordem de frequências descrescentes e comprimentos de onda crescentes.

Como já comentamos em tópicos anteriores, a luz branca solar é policromática, isto é, constituída de infinitas cores ou frequências.

Costuma-se elencar essas muitas tonalidades em sete cores fundamentais – vermelha, alaranjada, amarela, verde, azul, anil e violeta –, aqui citadas em ordem crescente de frequências (ou decrescente de comprimentos de onda).

Um dos primeiros estudos consistentes a esse respeito foi feito por Isaac Newton, que, em 1672, publicou um importante artigo no periódico *Philosophical Transactions of the Royal Society of London* em que narrava experimentos nos quais a luz branca era decomposta em um prisma. Na época, uma das abordagens acerca do assunto afirmava que a luz branca era "pura" (sem cor) e que, ao atravessar um prisma, as impurezas do mesmo conferiam ao feixe de luz as cores observadas. O experimento realizado por Newton mostrava que o prisma simplesmente causava a dispersão da luz branca e que a cor observada era, portanto, uma característica do feixe de luz e não do material pelo qual ele passava.

Reprodução/Warden and Fellows, New College, Oxford

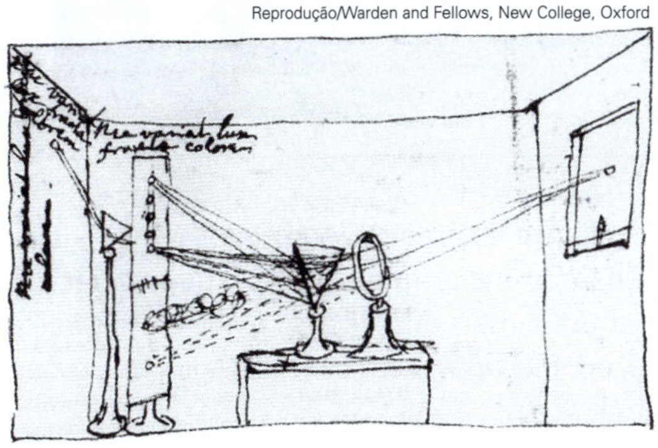

Esboço feito por Newton do seu experimento de dispersão da luz branca. Nele, podemos observar um feixe de luz que adentra o cômodo através de um orifício na janela. Em seguida o feixe passa por um prisma que separa a luz branca em diversas cores. Um segundo prisma é posicionado de modo que só a luz vermelha oriunda do primeiro prisma incida nele. Com esse experimento, Newton observou que a luz que emergia do segundo prisma não mudava de cor. Sua conclusão, revolucionária para a época, era que o feixe de luz branca era composto de diversas cores e que o prisma apenas separava essas componentes.

Dispersão da luz é a decomposição de um feixe luminoso nas cores que o constituem.

Consideremos um estreito feixe cilíndrico de luz branca propagando-se no vácuo em direção à superfície de separação desse meio com um meio material transparente e homogêneo. No vácuo, todas as cores (frequências) se propagam conjuntamente com velocidade de intensidade $c = 3{,}0 \cdot 10^8$ m/s. Ao se refratar para o meio material, no entanto, cada cor adquire uma velocidade distinta, o que permite dizer que o meio material confere a cada cor um índice de refração absoluto diferente. Por isso, cada cor ao se refratar sofre um desvio δ diferente, que cresce da menor para a maior frequência, isto é, da cor vermelha para a violeta.

O fenômeno aqui narrado em condições ideais também pode ser observado quando uma luz policromática se refrata, por exemplo, do ar para a água ou do ar para o vidro, já que, também no ar, todas as cores se propagam praticamente em conjunto com velocidade muito próxima de *c*.

O esquema ao lado ilustra a dispersão da luz branca na refração do ar para a água.

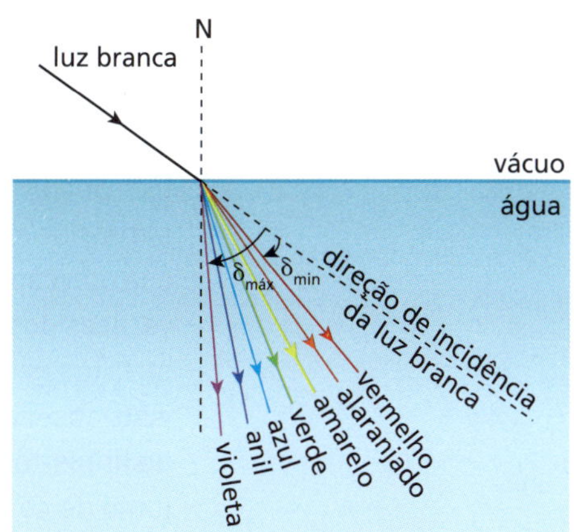

Banco de imagens/Arquivo da editora

O desvio δ cresce do vermelho para o violeta.

Formação do arco-íris

Um dos fenômenos mais encantadores da natureza é, sem dúvida, o arco-íris, que se revela em momentos de chuva nos quais a luz solar também se faz presente.

Com o céu muito úmido, dotado de uma infinidade de gotículas de água em suspensão ou em queda – uma verdadeira cortina líquida –, a luz branca solar se dispersa em cada gota com subsequente reflexão (não total) e refração. Dessa forma, a luz emergente dessas gotículas atinge decomposta os olhos de um observador que pode contemplar o arco-íris.

JÁ PENSOU NISTO?

Arco-íris mesmo sem chuva?

É comum observarmos arco-íris diante de cachoeiras, como se vê nesta fotografia das Cataratas do Iguaçu, no Paraná. O ar fica impregnado de gotículas de água em suspensão (ou em queda) e a luz solar é decomposta ao interagir opticamente com o material líquido. O resultado é o arco-íris, que torna a paisagem ainda mais exuberante.

chrisontour84/Shutterstock

Banco de imagens/Arquivo da editora

A luz branca solar sofre dispersão, separando-se nas cores fundamentais que a constituem. Essa luz se reflete no fundo da gotícula (reflexão não total), refratando-se decomposta rumo aos olhos do observador.

A ilustração ao lado mostra os principais fenômenos envolvidos.

É interessante observar que em um arco-íris primário, como o que aparece na fotografia do boxe acima, a luz vermelha é a mais alta do arco e não a mais baixa, como sugere a ilustração da gotícula, em que aparecem os feixes coloridos emergentes.

Ocorre que a luz vermelha sai das gotículas, supostamente esféricas, com um ângulo próximo de 42° em relação à horizontal, maior que o ângulo de 40° associado à saída da luz violeta.

Com isso, o observador recebe luz vermelha reforçada mais inclinada a partir de gotas mais elevadas da "cortina líquida" e luz violeta reforçada menos inclinada a partir de gotas mais baixas, como ilustra o esquema a seguir. Assim, nos arco-íris primários, em cima aparece o trecho de circunferência vermelho e, embaixo, o violeta.

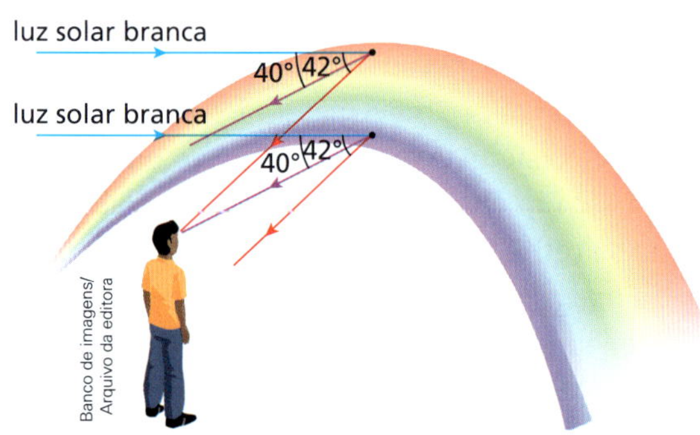

Banco de imagens/Arquivo da editora

A forma em arco associada ao fenômeno se deve ao fato de o observador receber em seu ponto de visualização luz decomposta conforme simetrias cônicas, em que sua posição corresponde aos vértices dos cones das diversas luzes coloridas. Com isso, observadores em locais distintos têm seu arco-íris particular, já que a cada um corresponderá um conjunto de cones associados às cores fundamentais, todos com vértices na pessoa.

É importante destacar que, para uma boa visualização do arco-íris, o observador deverá estar de frente para a chuva e de costas para o Sol.

12. Prismas ópticos

Um prisma óptico pode ser definido de forma geral como uma associação de duas superfícies dióptricas planas não paralelas.

O caso de maior interesse corresponde à situação em que o meio envolvente do sistema é o mesmo, como ocorre com um prisma óptico de vidro ou cristal inserto no ar.

Alamy/Fotoarena/ Montagem Fernanda Crevin

Os prismas são peças ópticas fundamentais, servindo para desviar adequadamente feixes de luz em instrumentos ópticos.

Prismas constituem um componente óptico de grande importância em instrumentos ópticos diversos, como câmeras fotográficas, microscópios, periscópios, lunetas e telescópios, prestando-se para desviar feixes de luz com a angulação exata requerida em cada dispositivo.

Em equipamentos mais sofisticados, são utilizados prismas de reflexão total em substituição a eventuais espelhos. A vantagem dessa opção está no fato de os espelhos se deteriorarem com o passar do tempo, fato que não se verifica com os prismas, que têm vida útil muito maior, sofrendo apenas com empoeiramento, o que pode ser resolvido com a limpeza da peça.

ktsdesign/Shutterstock

Luz branca sofrendo dispersão ao atravessar um prisma óptico.

Em prismas de cristal ou vidro *flint*, que são materiais extremamente transparentes com elevado índice de refração absoluto para as diversas cores do espectro visível, a luz se dispersa de maneira pronunciada, como mostra a imagem ao lado.

Convém evidenciar que, nesse caso, a cor vermelha é a que sofre o menor desvio, enquanto a cor violeta é a que se desvia mais.

Trajeto da luz ao atravessar, com emergência simples, um prisma

Consideremos um prisma óptico, como o da fotografia ao lado, de seção transversal triangular, feito de vidro e imerso no ar.

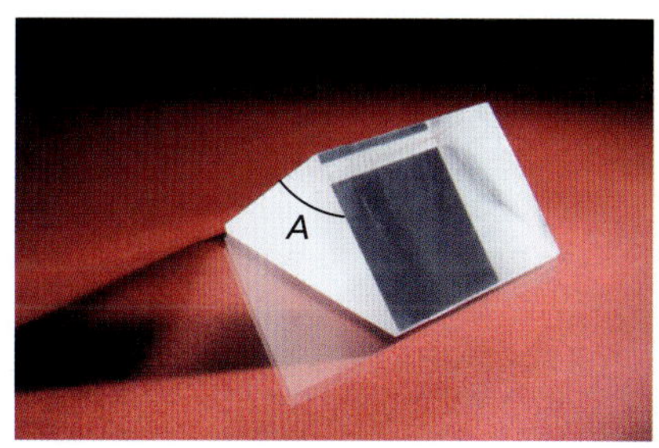

HomeStudio/Shutterstock

Chamemos de A o **ângulo de abertura** desse prisma. Esse ângulo é formado entre as faces laterais não paralelas do sistema óptico, sendo também denominado **ângulo de refringência**.

Consideremos agora o esquema ao lado, em que está representada no plano desta página a seção transversal desse sistema de modo que um estreito feixe cilíndrico de luz monocromática – aqui, denominado simplesmente raio de luz – incida na primeira face do prisma com um ângulo θ_1 em relação à reta normal **N**.

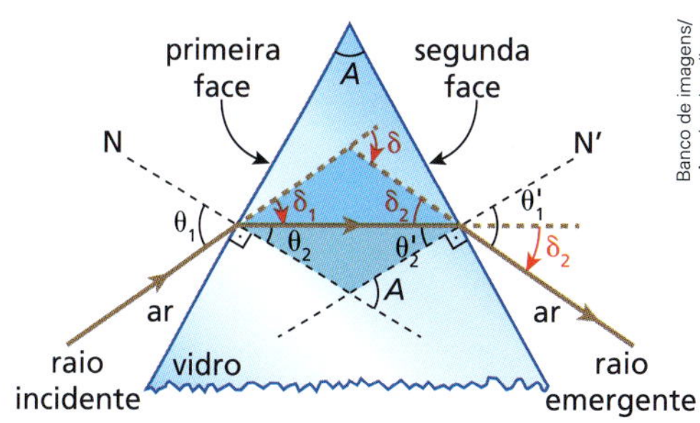

Banco de imagens/ Arquivo da editora

Esse raio vai se refratar para o interior do prisma com um ângulo de refração θ_2 em relação a **N**, sofrendo nessa penetração um desvio δ_1 segundo sua direção original de propagação.

O raio refratado vai incidir agora na segunda face do prisma com um ângulo de incidência θ'_2 em relação à reta normal **N'**.

Admitindo-se que a luz emerja do prisma por essa segunda face (emergência simples), teremos, em relação a **N'**, um ângulo de emergência θ'_1 e mais um desvio, δ_2, relativo à direção de propagação imediatamente anterior à de saída.

Sendo δ o desvio total sofrido pelo raio luminoso ao atravessar o prisma, é possível expressar esse desvio em função dos desvios parciais δ_1 e δ_2. Para isso, basta aplicar-se ao triângulo de cima em azul mais escuro do esquema o Teorema do Ângulo Externo, que diz: *Em um triângulo qualquer, um determinado ângulo externo é igual à soma dos dois ângulos internos não adjacentes*. Logo:

$$\delta = \delta_1 + \delta_2 \quad \text{(I)}$$

NOTAS!

- Levando-se em conta a reversibilidade da luz, pode-se constatar que, se o raio luminoso incidir na segunda face do prisma com ângulo de incidência θ'_1, ele fará a travessia seguindo o mesmo caminho óptico esboçado no esquema, emergindo do sistema pela primeira face com um ângulo θ_1. Nesse caso, o raio luminoso experimentará o mesmo desvio angular δ. Há, portanto, dois ângulos de incidência nas faces opostas do prisma capazes de provocar o mesmo desvio angular δ no raio luminoso: θ_1 e θ'_1.
- Um raio luminoso que penetra no prisma pela primeira face nem sempre emerge pela segunda (emergência simples). Se o ângulo de incidência na segunda face for igual ou maior que o ângulo-limite do dioptro, a luz sofre reflexão total, retornando para o interior do sistema óptico.

Observando os ângulos opostos pelo vértice envolvidos na figura, podemos expressar δ_1 e δ_2, fazendo:

$$\delta_1 + \theta_2 = \theta_1 \Rightarrow \delta_1 = \theta_1 - \theta_2 \quad \text{(II)}$$
$$\delta_2 + \theta'_2 = \theta'_1 \Rightarrow \delta_2 = \theta'_1 - \theta'_2 \quad \text{(III)}$$

Substituindo-se (II) e (III) em (I), vem:

$$\delta = (\theta_1 - \theta_2) + (\theta'_1 - \theta'_2) \Rightarrow \delta = \theta_1 + \theta'_1 - (\theta_2 + \theta'_2) \quad \text{(IV)}$$

Também pelo Teorema do Ângulo Externo aplicado agora ao triângulo debaixo do esquema da página anterior, em azul mais escuro, podemos dizer que:

$$\theta_2 + \theta'_2 = A \quad \text{(V)}$$

Finalmente, substituindo-se (V) em (IV), obtemos uma expressão geométrica para o cálculo do ângulo de desvio δ experimentado por um raio luminoso monocromático ao atravessar um prisma óptico inserto em um meio menos refringente que ele:

$$\delta = \theta_1 + \theta'_1 - A$$

Dizemos então nesse caso que o ângulo de desvio é a soma do ângulo de incidência mais o ângulo de emergência menos o ângulo de abertura (ou refringência) do prisma.

O ângulo de desvio de um raio luminoso ao atravessar um prisma como descrevemos acima depende essencialmente de três fatores:

- do índice de refração relativo do material do prisma em relação ao meio externo, $n_{2,1}$;
- do ângulo A de abertura (ou de refringência) do prisma;
- do ângulo de incidência θ_1 da luz na face de entrada.

Fixados $n_{2,1}$ e A, pode-se construir um gráfico empírico – assimétrico – que fornece uma indicação de como varia o desvio angular δ em função do ângulo de incidência θ_1 da luz na face de entrada do prisma.

Veja este gráfico ao lado.

Como dissemos, posto que a luz é reversível, há dois ângulos de incidência capazes de provocar um mesmo desvio δ no raio de luz que atravessa o prisma: θ_1 e θ'_1. Pode-se observar ainda pelo gráfico que existe um desvio mínimo, $\delta_{mín}$, que ocorre quando $\theta'_1 = \theta_1$.

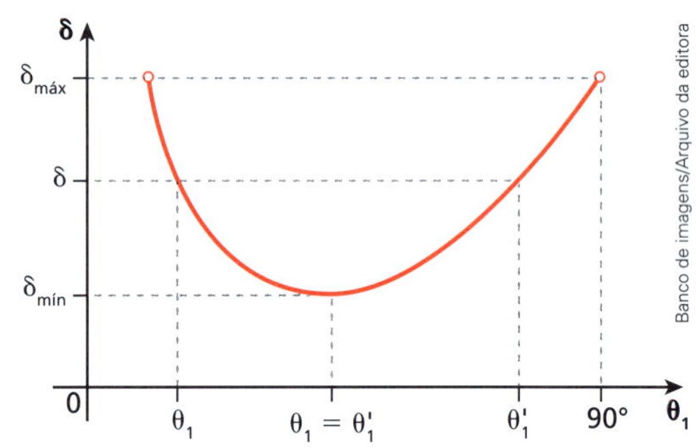

Banco de imagens/Arquivo da editora

Condição de desvio mínimo:
O ângulo de emergência é igual ao de incidência.

$$\delta_{mín} \Leftrightarrow \theta'_1 = \theta_1$$

Sendo n_1 o índice de refração absoluto do meio externo ao prisma e n_2 o índice de refração absoluto do prisma, destacamos abaixo algumas fórmulas que são úteis na resolução de exercícios:

Lei de Snell referente à refração de incidência: $n_1 \text{ sen } \theta_1 = n_2 \text{ sen } \theta_2$
Lei de Snell referente à refração de emergência: $n_1 \text{ sen } \theta'_1 = n_2 \text{ sen } \theta'_2$
Ângulo de abertura (ou refringência): $A = \theta_2 + \theta'_2$
Desvio angular: $\delta = \theta_1 + \theta'_1 - A$

Ampliando o olhar

Prismas de reflexão total

Em muitos instrumentos ópticos, como câmeras fotográficas, binóculos, lunetas, telescópios e periscópios, dentre outros, são utilizados prismas de reflexão total com o intuito de provocar desvios adequados em feixes de luz.

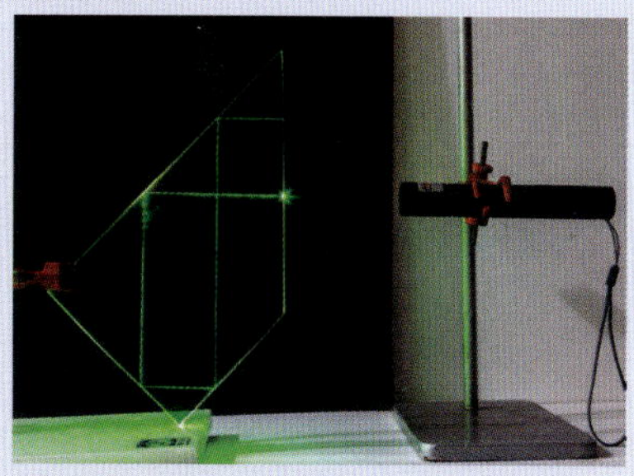

Sérgio Dotta Jr/Arquivo da editora

Nesta imagem, um feixe de *laser* verde parte de uma fonte e penetra em uma peça de acrílico apoiada em um suporte. São notadas quatro reflexões totais do feixe, que emerge da peça indo iluminar uma pequena região da estrutura em que está instalada a fonte de luz.

Merece destaque o caso de prismas de seção transversal em forma de triângulo retângulo isósceles (um ângulo reto e dois ângulos agudos de 45°), como os representados a seguir, em que feixes de luz podem sofrer uma ou duas reflexões totais internas.

Na primeira situação, o desvio do feixe é de 90° e, na segunda, é de 180°. Em ambos os casos, a luz incide nas interfaces internas dos prismas com ângulos de 45°, que certamente igualam ou superam os ângulos-limite das superfícies dióptricas.

prisma de Amici

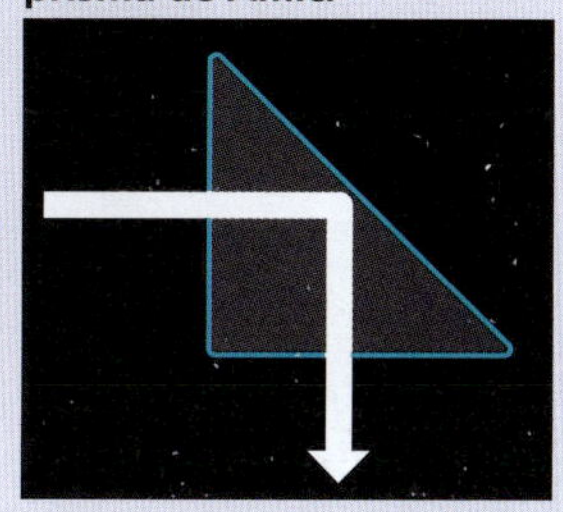

prisma de Porro

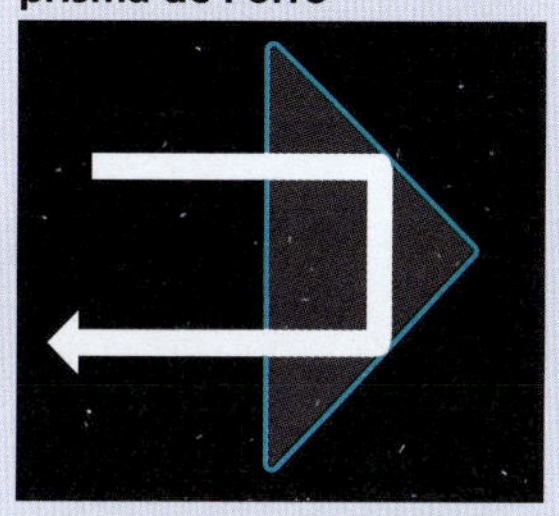

Banco de imagens/Arquivo da editora

DESCUBRA MAIS

1. Quando um bastão de vidro é mergulhado em água, a parte imersa continua bastante visível, quase tão notada quanto a parte que está fora da água. Entretanto, quando esse mesmo bastão é mergulhado em um líquido incolor denominado tetracloroetileno (ou em outro chamado monoclorobenzeno), a parte imersa torna-se quase invisível.
Pesquise a razão dessa "invisibilidade".

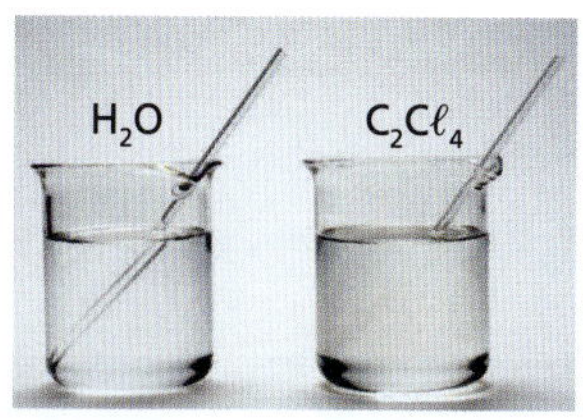

Cristina Xavier/Arquivo da editora

2. Suponha que você aplique fuligem na lâmina limpa de uma faca de aço inoxidável por meio da chama de uma vela. Se você mergulhar parte dessa lâmina em um copo transparente contendo água, a lâmina escurecida se apresentará reluzente, como se constituísse um espelho plano. Elabore uma explicação para esse fato.

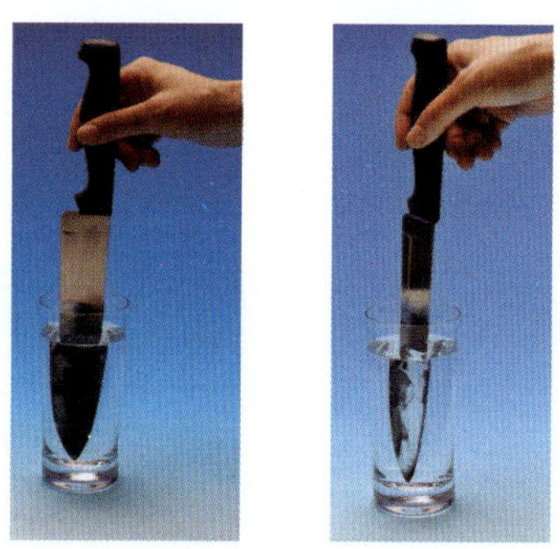

Cristina Xavier/Arquivo da editora

3. A Lua ao nascer ou se pôr, ou o Sol também ao nascer ou se pôr, visualizados na linha do horizonte, aparentam um diâmetro maior do que quando observados no zênite ou a pino. Essa constatação é, às vezes, justificada pela refração da luz na atmosfera, o que pode não corresponder à realidade. Pesquise a esse respeito e procure uma explicação para esse fato.

Intersaberes

Efeitos da refração na atmosfera

Posição aparente de astros

Ao observarmos um astro a partir da superfície da Terra, como o Sol e a Lua, o que visualizamos é uma imagem de natureza virtual desse astro em uma posição aparente diferente de sua posição real.

Kannika Civil/Shutterstock

O Sol observado na linha do horizonte ao nascer ou se pôr, na realidade, está abaixo dessa linha.

Isso ocorre devido à refração da luz proveniente do astro que, ao adentrar a atmosfera a partir do vácuo espacial, passa por camadas de ar sucessivamente mais densas e refringentes até atingir o solo. Dessa forma, essa luz descreve uma trajetória sensivelmente encurvada, como ilustramos a seguir, determinando para um observador uma imagem deslocada de sua posição real.

Banco de imagens/Arquivo da editora

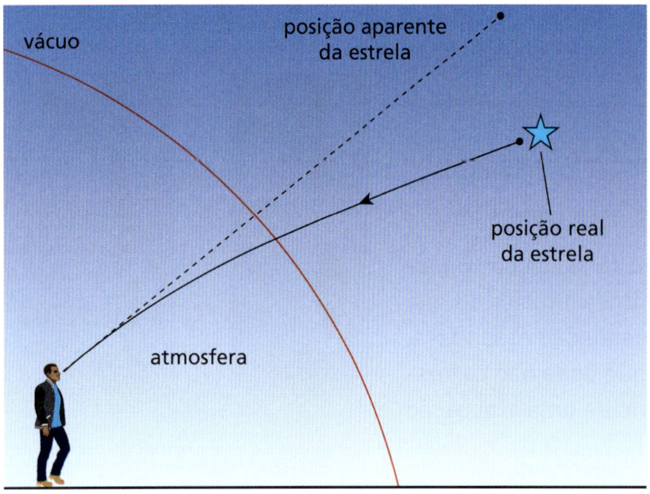

Por essa razão, observações astronômicas realizadas a partir do solo terrestre incorrem em erros no que se refere ao posicionamento exato dos astros visados. Daí a conveniência da utilização de telescópios que operem fora da atmosfera, como o **Hubble** e o novo **James Webb**.

Outro fator que dificulta as visualizações a partir de telescópios na superfície da Terra é a **cintilação**, que faz o brilho dos corpos celestes observados variar em intensidade. A razão disso é a movimentação de camadas atmosféricas de diferentes constituições e densidades, que se deslocam em razão de ventos ou correntes de convecção.

Miragens atmosféricas

Em viagens rodoviárias em dias quentes é comum observarmos o asfalto à frente aparentemente "molhado", como se houvesse grandes poças de água no caminho.

Em geral, isso é uma miragem óptica, denominada **miragem inferior**, que pode ser explicada tendo-se em conta que, nesses momentos, ar quente e rarefeito se superpõe ao solo, seguido por camadas de ar cada vez mais frias e refringentes. Com isso, raios de luz provenientes de objetos acima do chão refratam-se sucessivamente de cima para baixo, afastando-se da reta normal à interface de separação das camadas fluidas até sofrerem reflexão total. Assim, forma-se uma imagem especular de objetos situados acima do solo, como ocorreria com a intervenção de espelhos planos, dando a impressão de chão molhado.

Também em regiões desérticas o fenômeno pode ser observado, como representa a imagem esquemática ao lado.

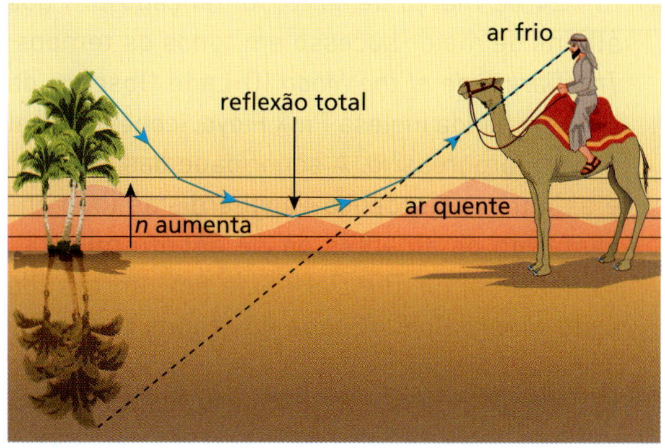

Banco de imagens/Arquivo da editora

Miragens inferiores, no entanto, são esporádicas, já que o ar aquecido pela radiação emanada do solo tende a subir por correntes de convecção.

Podem ocorrer também **miragens superiores**. É o que se verifica no caso inverso, em que o ar de baixo está mais frio e refringente que o ar de cima. Nessa situação, a luz que vem de baixo ricocheteia em camadas de ar mais elevadas, atingindo os olhos de observadores situados em posições mais baixas.

Ioskutnikov/Shutterstock

Miragens em regiões quentes: a luz proveniente de certos objetos reflete-se em camadas de ar menos refringentes, atingindo o observador, que visualiza os objetos propriamente ditos e imagens especulares destes, como se o chão estivesse molhado.

Formam-se, então, imagens "voadoras", como ilustra a foto ao lado.

É conveniente destacar que, em ambos os casos, mesmo que a reflexão da luz não seja total, é possível notar o surgimento da miragem. Para isso, basta que a quantidade de luz refletida seja suficiente para definir uma imagem brilhante o bastante para ser observada.

iStockphoto/Getty Images

Um navio voador? Não, trata-se de uma miragem superior, em que a luz se reflete na interface do ar frio, próximo à superfície da água, com o ar mais quente logo acima. Essa reflexão produz imagens espelhadas do navio.

Compreensão, pesquisa e debate

1. Os astros observados a partir da superfície da Lua são visualizados em suas posições reais?

2. O que é o fenômeno óptico denominado *Fata Morgana*?

Exercícios Nível 1

49. Em 24 de março de 1973, foi lançado um dos álbuns de maior sucesso em todos os tempos: *The Dark Side of the Moon* (O Lado Obscuro da Lua), da banda inglesa Pink Floyd, ícone mundial do *rock* progressivo. A sonoridade das canções e as letras psicodélico-vanguardistas logo encantaram os amantes desse gênero musical, transformando *The Dark Side* em um grande êxito fonográfico. A capa do álbum, prensado originalmente em vinil, trazia um prisma que recebia pela esquerda um fino feixe de luz branca. Notava-se na imagem a decomposição desse feixe nas diversas cores componentes da luz branca, fenômeno conhecido em Óptica como dispersão luminosa.

Reprodução/Abbey Road Studios

A respeito da dispersão luminosa no prisma, verifique as proposições corretas:

I. O fenômeno, relacionado com a refração da luz, ocorre porque para cada cor do espectro visível, o prisma oferece um índice de refração absoluto diferente.

II. O índice de refração absoluto do prisma é maior para a luz amarela do que para a luz azul.

III. Os caminhos ópticos das diversas luzes na travessia do sistema óptico podem ser descritos geometricamente pela Lei de Snell--Descartes.

IV. Na travessia do prisma, sofre menor desvio a luz violeta e maior, a luz vermelha.

Estão corretas as proposições:

a) I, II e IV.
b) II, III e IV.
c) I, II e III.
d) I e III.
e) II e IV.

50. (Fameca-SP) Dois raios de luz monocromáticos paralelos, um vermelho e outro azul, incidem na superfície de uma lâmina de vidro de faces paralelas, enquanto outros dois raios com as mesmas características incidem na superfície de um prisma constituído do mesmo material da lâmina. As figuras ilustram as situações.

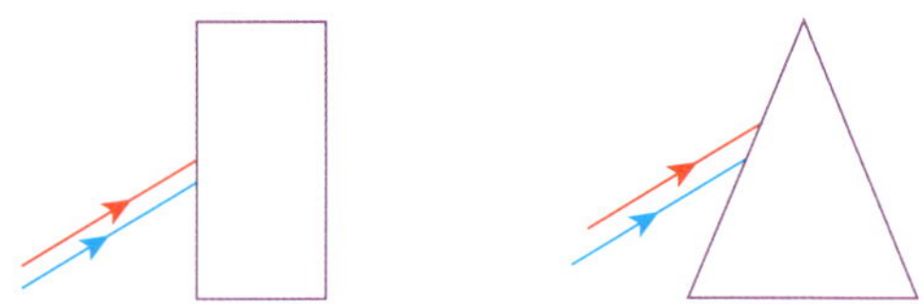

Reprodução/ Arquivo da editora

Sendo o índice de refração absoluto do vidro que compõe a lâmina e o prisma igual a 1,57 para a luz vermelha e 1,60 para a luz azul, a alternativa que mostra corretamente como esses raios emergem da lâmina e do prisma é:

a)

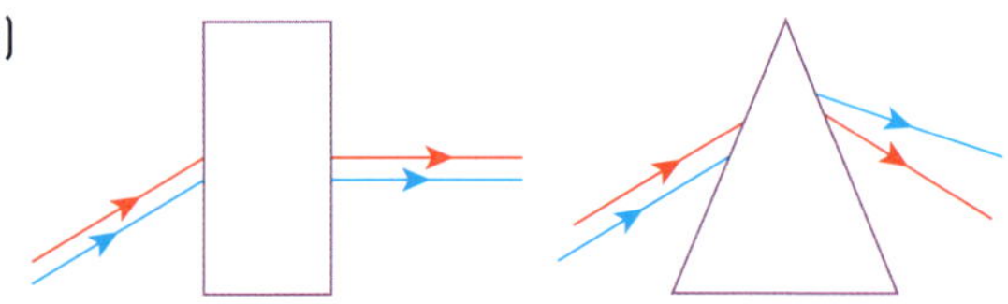

b)

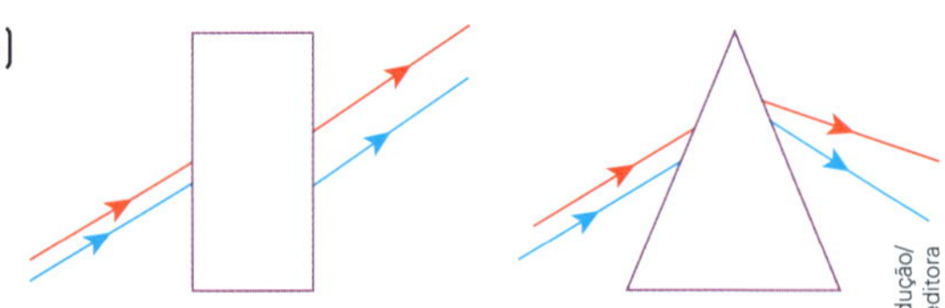

c)

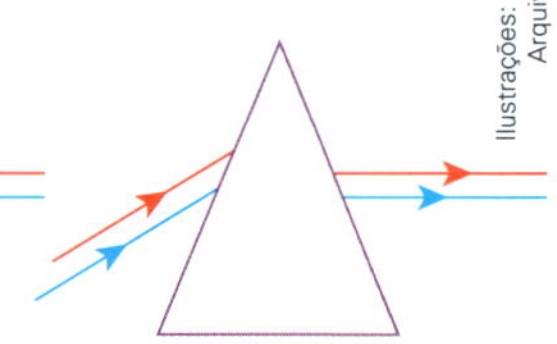

d)

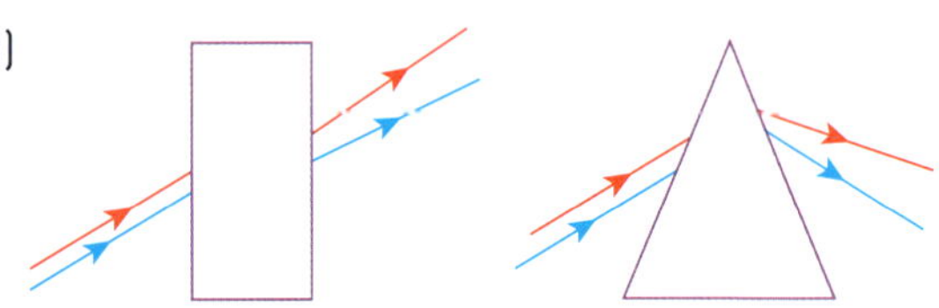

e)

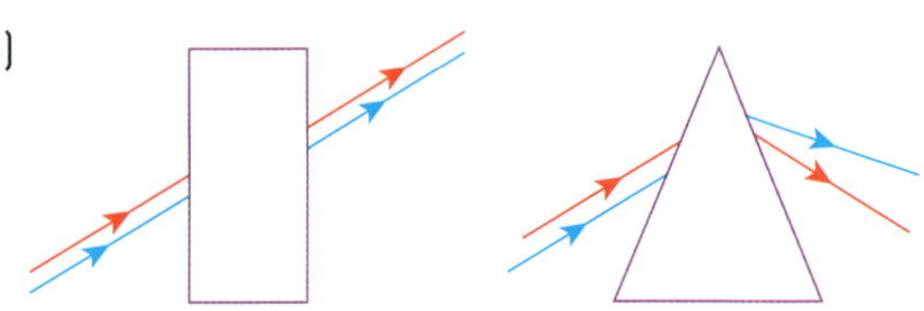

Ilustrações: Reprodução/ Arquivo da editora

51. (Fuvest-SP) Em uma aula de laboratório de física, utilizando-se o arranjo experimental esquematizado na figura, foi medido o índice de refração de um material sintético chamado poliestireno. Nessa experiência, radiação eletromagnética, proveniente de um gerador de micro-ondas, propaga-se no ar e incide perpendicularmente em um dos lados de um bloco de poliestireno, cuja seção reta é um triângulo retângulo, que tem um dos ângulos medindo 25°, conforme a figura. Um detector de micro-ondas indica que a radiação eletromagnética sai do bloco propagando-se no ar em uma direção que forma um ângulo de 15° com a de incidência.

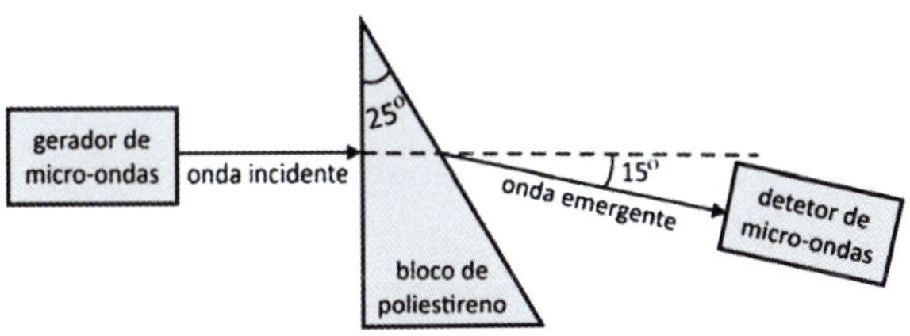

Reprodução/Fuvest, 2017

A partir desse resultado, conclui-se que o índice de refração do poliestireno em relação ao ar para essa micro-onda é, aproximadamente,

a) 1,3 b) 1,5 c) 1,7 d) 2,0 e) 2,2

Note e adote:
Índice de refração do ar: 1,0
sen 15° ≅ 0,3 sen 25° ≅ 0,4 sen 40° ≅ 0,6

52. Blocos ópticos, como os que aparecem na fotografia a seguir, têm por finalidade desviar raios de luz em instrumentos ópticos, conforme o caso de cada projeto. Máquinas fotográficas avançadas, lunetas e binóculos, por exemplo, utilizam prismas que, em certas situações, têm a função de provocar reflexão total em feixes luminosos. Nesta utilização, prismas são mais vantajosos que espelhos, já que não se deterioram por oxidação ao longo do tempo.

Mimi Haddon/Getty Images

Considere o prisma representado abaixo, cuja seção principal tem forma de um triângulo retângulo isósceles (prisma de Porro). Esse prisma é de cristal (índice de refração $n_{ar} = 1,0$). Podem-se observar no esquema dois raios de luz monocromática, **a** e **b** (com **a** e **b** de uma mesma cor), sendo refletidos dentro do sistema óptico (reflexão total). O raio **a** sofre um desvio de 90° e o raio **b**, um desvio de 180°.

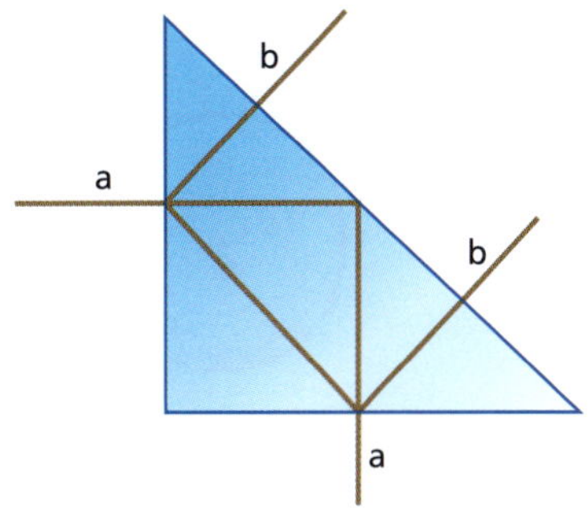

Banco de imagens/Arquivo da editora

Para que o prisma se comporte conforme a situação proposta, é necessário que:

a) $n \geqslant \frac{1}{2}$ c) $n \geqslant \frac{\sqrt{3}}{2}$ e) $n \geqslant \sqrt{2}$

b) $n \geqslant \frac{\sqrt{2}}{2}$ d) $n \geqslant \frac{\sqrt{5}}{2}$

53. (Vunesp) Quatro raios de uma mesma luz monocromática, que se propagam no ar, incidem perpendicularmente às faces de um prisma, cujo material tem índice de refração absoluto igual a $\sqrt{2}$, como indica a figura.

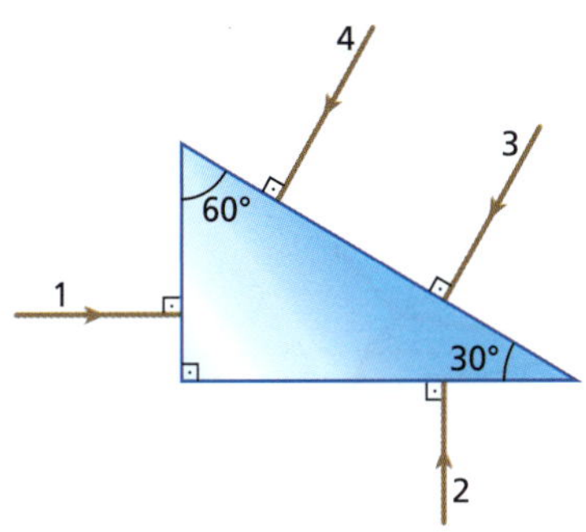

Reprodução/Arquivo da editora

Considere o índice de refração absoluto do ar igual a 1 e os valores fornecidos na tabela.

Ângulo	30°	45°	60°
Seno	$\frac{1}{2}$	$\frac{\sqrt{2}}{2}$	$\frac{\sqrt{3}}{2}$

Os raios que sofrerão reflexão total na primeira face em que incidirem, após penetrarem no prisma, são:

a) 1 e 2. c) 2 e 3. e) 3 e 4.

b) 1 e 4. d) 1 e 3.

54. (Famerp-SP) Dois raios de luz monocromáticos provenientes do ar, um azul e o outro vermelho, incidem no ponto **P** da superfície de uma esfera maciça de centro **C**, paralelos um ao outro, na direção da linha tracejada indicada na figura. A esfera é feita de vidro transparente e homogêneo.

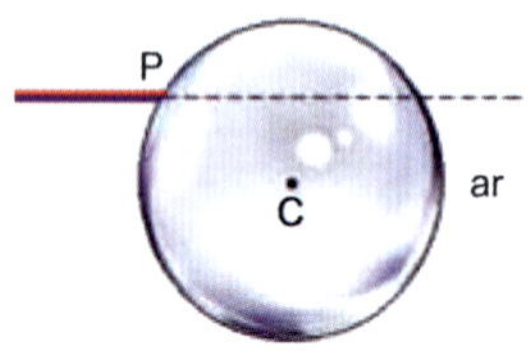

Reprodução/Famerp, 2017

Se o índice de refração absoluto do vidro é maior para a cor azul do que para a vermelha e se não houve reflexão total dentro da esfera, a figura que representa corretamente a trajetória desses raios desde sua incidência no ponto **P** até a sua emergência da esfera está indicada em

a)
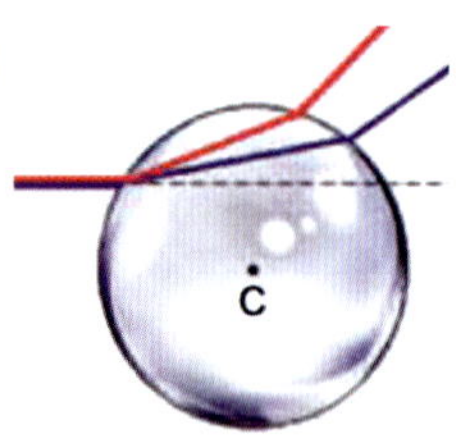

d)
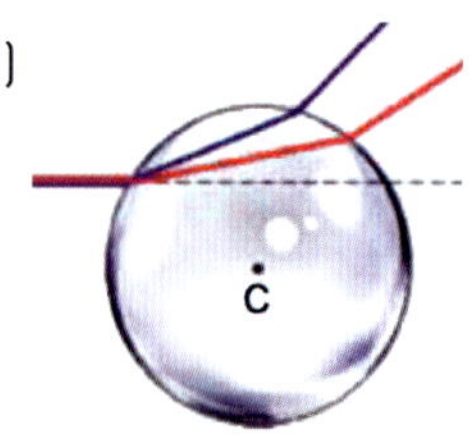

b)
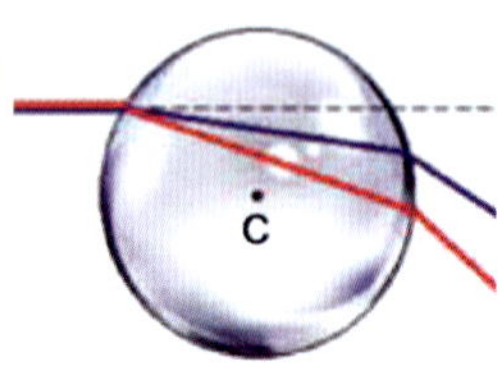

e)
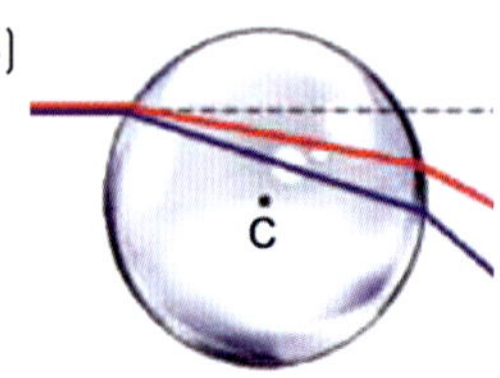

c)
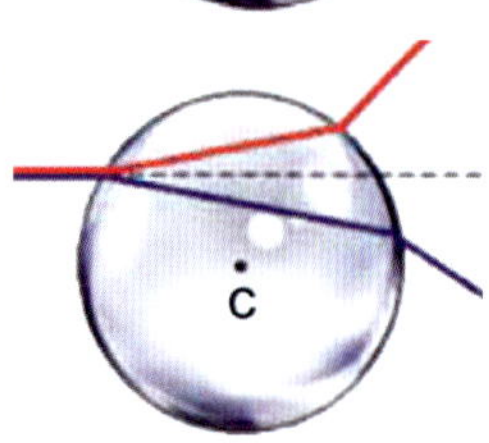

Ilustrações: Reprodução/Famerp, 2017

55. Um prisma óptico de vidro *flint* com ângulo de
E.R. abertura 70° e índice de refração absoluto igual a $\sqrt{2}$, envolto pelo ar (índice de refração absoluto igual a 1), recebe em sua face da esquerda um estreito feixe cilíndrico de luz monocromática que incide nessa face mediante um ângulo $\theta_1 = 45°$, conforme indica o esquema.

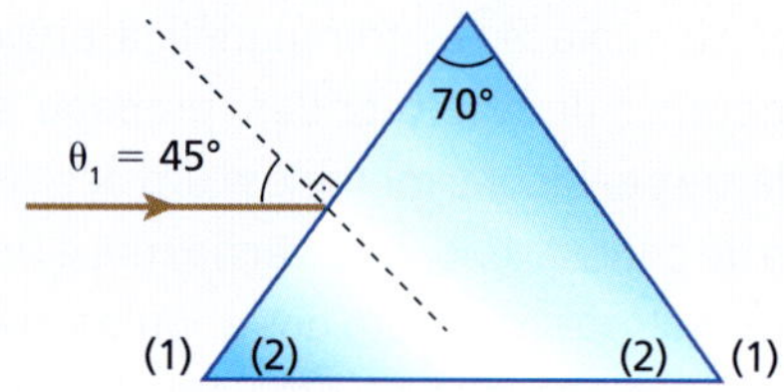

Banco de imagens/Arquivo da editora

Esse feixe vai atravessar o prisma, emergindo para o ar pela face da direita. Adotando-se sen 40° ≅ 0,64 e sen 64° ≅ 0,90, pede-se determinar:

a) o desvio angular sofrido pelo feixe ao penetrar no prisma;

b) o desvio angular sofrido pelo feixe ao emergir do prisma;

c) o desvio angular total sofrido pelo feixe ao atravessar o prisma.

Resolução:

a) Aplicando a Lei de Snell na primeira refração, temos:

$$n_1 \text{ sen } \theta_1 = n_2 \text{ sen } \theta_2$$

Sendo $n_1 = 1$, $\text{sen } \theta_1 = \text{sen } 45° = \dfrac{\sqrt{2}}{2}$ e $n_2 = \sqrt{2}$, vamos calcular θ_2:

$$1 \cdot \frac{\sqrt{2}}{2} = \sqrt{2} \cdot \text{sen } \theta_2 \Rightarrow \text{sen } \theta_2 = \frac{1}{2}$$

$$\theta_2 = 30°$$

O desvio na primeira refração é δ_1, dado por:

$$\delta_1 = \theta_1 - \theta_2 = 45° - 30° \Rightarrow \boxed{\delta_1 = 15°}$$

b) Veja a trajetória de um raio do pincel até emergir do prisma:

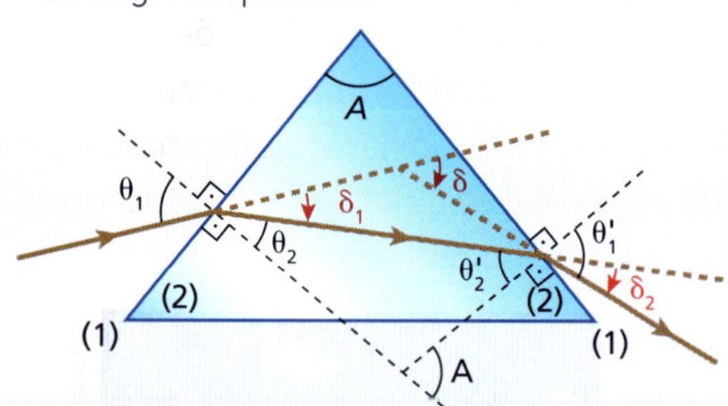

Banco de imagens/Arquivo da editora

Vamos calcular θ'_2 lembrando que A = 70° e $\theta_2 = 30°$:

$$A = \theta_2 + \theta'_2 \Rightarrow 70° = 30° + \theta'_2 \Rightarrow \theta'_2 = 40°$$

Aplicando a Lei de Snell na segunda refração, temos:

$$n_2 \text{ sen } \theta'_2 = n_1 \text{ sen } \theta'_1$$

$$\sqrt{2} \cdot 0{,}64 = 1 \cdot \text{sen } \theta'_1$$

$$\text{sen } \theta'_1 \; 0{,}90 \therefore \theta'_1 = 64°$$

O desvio na segunda refração é δ_2, dado por:

$$\delta_2 = \theta'_1 - \theta'_2 = 60° - 40° \Rightarrow \boxed{\delta_2 = 24°}$$

c) O desvio total é δ, dado por:

$$\delta = \delta_1 + \delta_2 = 15° + 24° \Rightarrow \boxed{\delta = 39°}$$

Nota: só depois de calculado θ'_1, o desvio total δ poderia ser obtido pela fórmula deduzida na teoria:

$$\delta = \theta_1 + \theta'_1 - A = 45° + 64° - 70° \Rightarrow \boxed{\delta = 39°}$$

56. A irização da luz branca através de um prisma, também chamada de dispersão da luz, que é a decomposição da luz branca em suas componentes monocromáticas fundamentais, é um fenômeno óptico de rara beleza, como se pode observar na fotografia abaixo.

Mopic/Shutterstock

a) Explique esse fenômeno em termos das velocidades de propagação das diversas cores componentes da luz branca.

b) Considerando-se que a luz branca incide formando com a face esquerda do prisma um ângulo de 45° e tendo o prisma um ângulo de abertura de 60°, determine o ângulo de saída da cor vermelha sabendo-se que o índice de refração absoluto do prisma para essa cor é de 1,4 e que o mesmo está imerso no ar ($n_{ar} = 1,0$).

57. (IJSO) Dois raios de uma mesma luz monocromática, propagando-se no ar, incidem na face **AB** de um prisma transparente de índice de refração absoluto $\sqrt{3}$, conforme indica a figura.

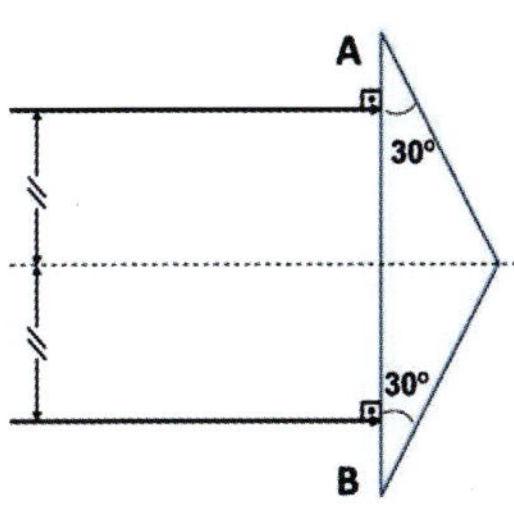

Reprodução/ IJSO, 2013

O índice de refração absoluto do ar é 1,0.

Dados: $\text{sen } 30° = \dfrac{1}{2}$; $\text{sen } 60° = \dfrac{\sqrt{3}}{2}$; $\text{sen } 35° = \dfrac{\sqrt{3}}{3}$.

O ângulo formado pelos raios que emergem do prisma é igual a:

a) 30°
b) 45°
c) 60°
d) 75°
e) 90°

58. Segundo pesquisa realizada junto aos seus leitores pela revista científica inglesa *Physics World*, o experimento de Isaac Newton da decomposição da luz branca – dispersão – utilizando um prisma, realizado por volta de 1670, a despeito de sua simplicidade, foi considerado um dos dez mais importantes da história da Física. Isso porque, por meio dele, estabeleceu-se uma maior compreensão da luz solar, como sendo um ente composto de múltiplas cores.

Prismas, como os que aparecem na fotografia adiante, se prestam à dispersão da luz e também para desviar adequadamente feixes luminosos em instrumentos ópticos, como câmeras fotográficas, lunetas, binóculos, etc.

SPL/Latinstock

Considere um prisma isósceles **ABC**, como o representado a seguir, confeccionado em cristal transparente com índice absoluto de refração igual a $\sqrt{3}$. Esse prisma vai operar no ar (índice absoluto de refração igual a 1,0) com sua base **AB** disposta na horizontal. Um raio luminoso monocromático, propagando-se na horizontal, incide na face **AC** do prisma e se refrata para o interior deste, indo incidir posteriormente no ponto **D**, centro da base **AB**.

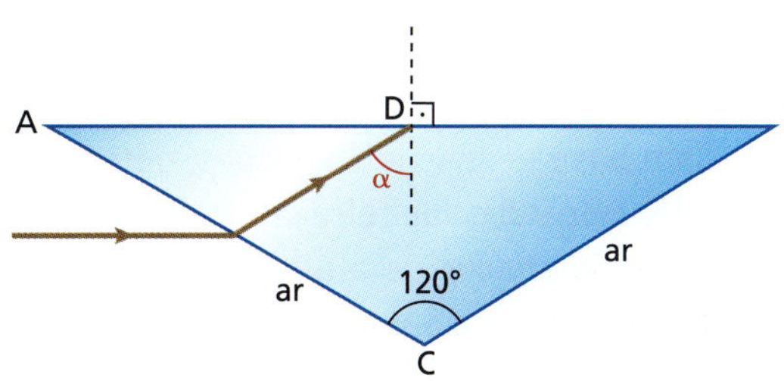

Banco de imagens/Arquivo da editora

Com base nessas informações, pede-se:

a) determinar o valor do ângulo α indicado no esquema;

b) esboçar o caminho óptico do raio de luz até sua emergência do prisma. Justifique matematicamente sua construção.

59. (IJSO) Um feixe de luz *laser* que se propaga paralelamente à superfície horizontal incide em um prisma equilátero como mostrado na figura abaixo. Qual é o ângulo α (entre a face **AB** e a superfície horizontal) se o feixe emergente é perpendicular à face **AB**? (O índice de refração do prisma é igual a 2.)

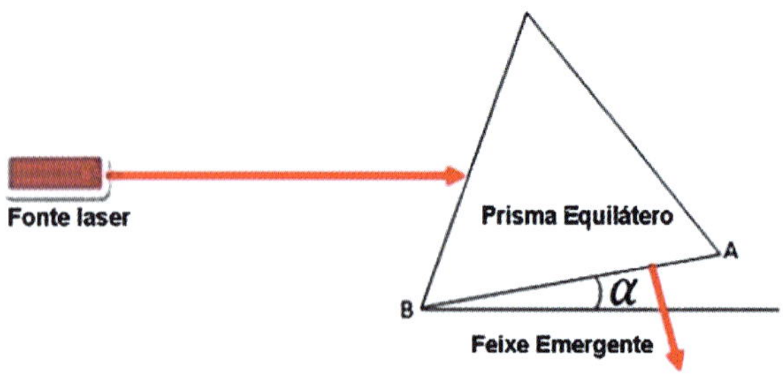

Reprodução/IJSO, 2012

a) 24,5

b) 42,5

c) 15

d) 30

60. Um raio de luz monocromática, propagando-se no ar (índice absoluto de refração igual a 1,0) incide na face 1 de um prisma de vidro *flint* de ângulo de abertura 75°, formando um ângulo θ_i com a reta normal a essa face do prisma. A partir disso, o raio segue o caminho óptico representado até emergir do prisma pela face 2 de forma praticamente rasante, como indicado na figura.

E.R.

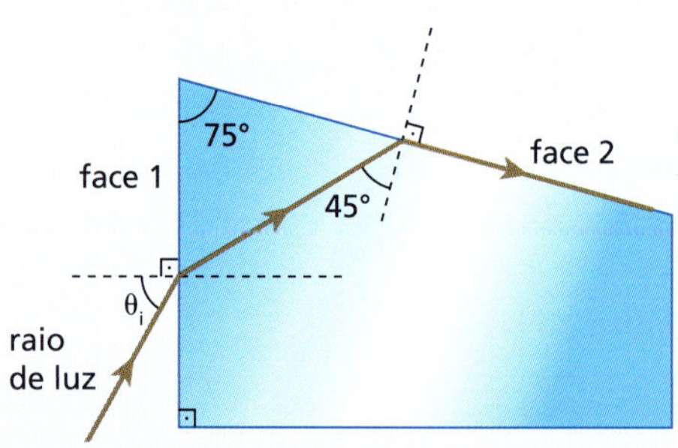

Banco de imagens/Arquivo da editora

Com base nessas informações, determine o valor *n* do índice de refração absoluto do material do prisma para a luz monocromática considerada e o ângulo θ_i.

Resolução:

I. Sendo L = 45°, tem-se:

$$\text{sen } L = \frac{n_{ar}}{n} \Rightarrow \text{sen } 45° = \frac{1}{n}$$

$$\frac{\sqrt{2}}{2} = \frac{1}{n} \Rightarrow \boxed{n = \sqrt{2}}$$

II.

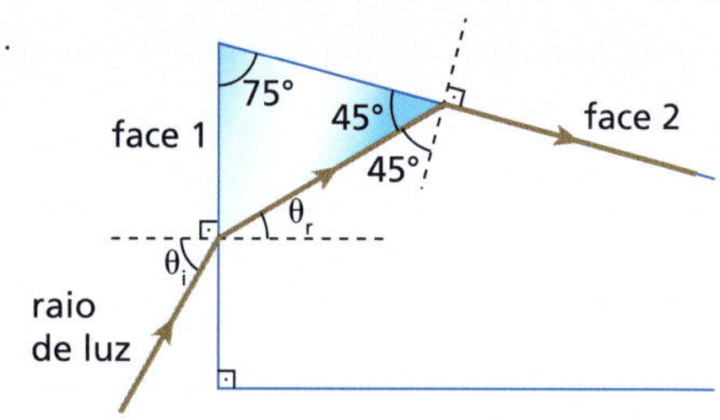

Banco de imagens/Arquivo da editora

1) No triângulo destacado na figura acima:

$$75° + 45° + 90° - \theta_r = 180°$$

Da qual:

$$\boxed{\theta_r = 30°}$$

2) Lei de Snell:

$$n_{ar} \text{ sen } \theta_i = n \text{ sen } \theta_r$$

$$1 \cdot \text{sen } \theta_i = \sqrt{2} \cdot \text{sen } 30°$$

$$\text{sen } \theta_i = \frac{\sqrt{2}}{2} \therefore \boxed{\theta_i = 45°}$$

61. (OBC) Um prisma de vidro de índice de refração absoluto igual a 2 está imerso num líquido de índice de refração absoluto $\sqrt{3}$, conforme indica a figura.

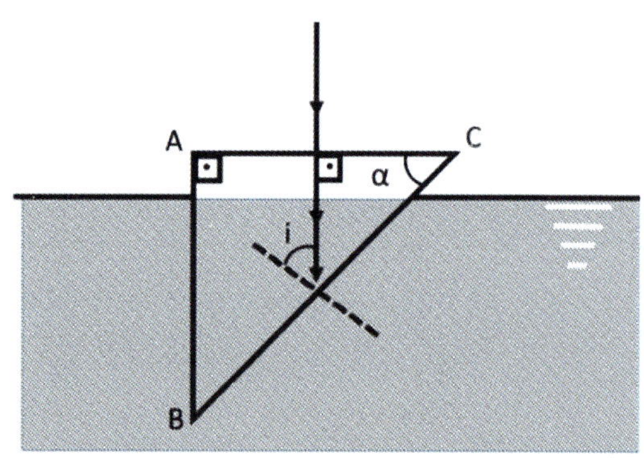

Reprodução/OBC, 2015

Um raio de luz monocromático incide na face **AC**, propaga-se no vidro e, após incidir na face **BC**, sofre reflexão total.

Nessas condições, devemos ter:

a) $\alpha = 30°$

b) $\alpha = 60°$

c) $\alpha < 30°$

d) $\alpha < 60°$

e) $\alpha > 60°$

Exercícios Nível 3

62. A sinalização de rodovias e veículos exige a instalação de dispositivos capazes de refletir luz, como olhos de gato, instalados ao longo de estradas, e faixas refletivas fixadas atrás e ao lado de carrocerias de caminhões.

Uma idealização que visa produzir de maneira eficiente a reflexão da luz dos faróis pode ser imaginada como uma associação, lado a lado, de minúsculos prismas de Porro, como aparece esquematizado, fora de escala, a seguir.

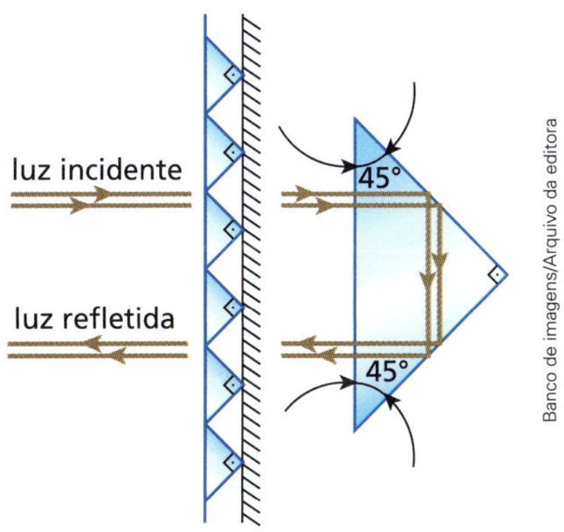

Banco de imagens/Arquivo da editora

Em cada pequeno prisma, a luz sofre duas reflexões totais, retornando paralelamente ao feixe incidente. Sabendo-se que o índice de refração absoluto do ar em que os sistemas ópticos operam é igual a 1,0, que valor mínimo deve ter, aproximadamente, o índice de refração absoluto do material dos prismas para que estes se comportem da maneira descrita?

a) $\frac{\sqrt{2}}{2}$ b) 1,0 c) $\sqrt{2}$ d) $2\sqrt{2}$

63. (IJSO) Um hemisfério opaco de raio *R* repousa sobre um plano horizontal, como mostrado na figura abaixo.

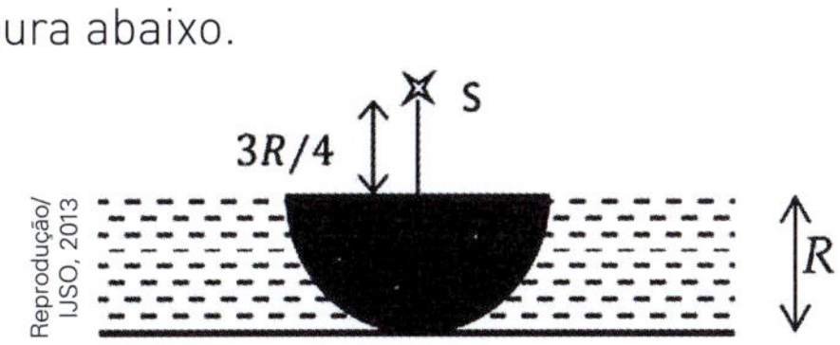

Reprodução/IJSO, 2013

Uma fonte de luz pontual, **S**, é posicionada a uma distância de $\frac{3R}{4}$ acima do centro do hemisfério. Um líquido transparente, cujo índice de refração é $\frac{4}{3}$, envolve todo o hemisfério até o seu topo. A área da sombra projetada sobre o plano horizontal é:

a) $\frac{49\pi R^2}{9}$ b) $\frac{49\pi R^2}{16}$ c) πR^2 d) $4\pi R^2$

64. (UFG-GO) Uma pessoa olha para dentro de um frasco de vidro cilíndrico de altura *a* e diâmetro superior e inferior *b*, com paredes verticais finas de modo que seu olhar vá da borda superior até a extremidade oposta do fundo, conforme ilustrado ao lado.

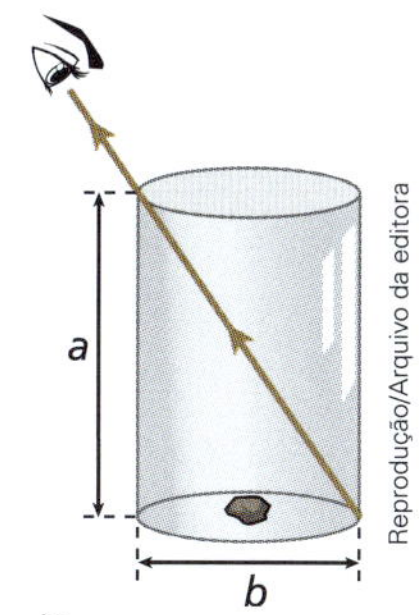

Reprodução/Arquivo da editora

Mantendo os olhos fixos na mesma posição, o frasco é enchido completamente com um líquido transparente. Com isso, a pessoa passa a ver uma pequena pedra que está no centro da base do recipiente, conforme figura ao lado.

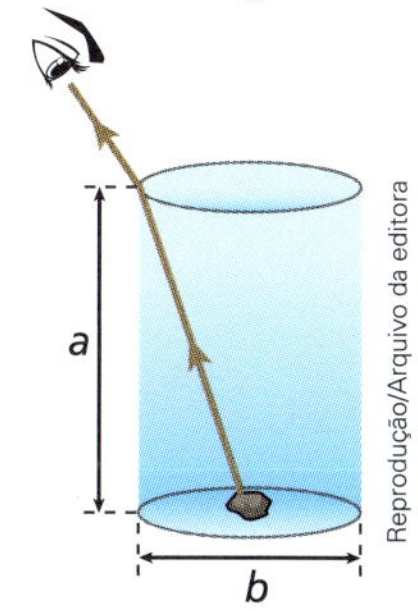

Reprodução/Arquivo da editora

Considerando o índice de refração no ar igual a 1,0, nesse caso, o índice de refração do líquido pode ser calculado por

a) $\sqrt{\frac{4a^2 + b^2}{a^2 + b^2}}$

b) $\sqrt{\frac{a^2 + b^2}{4a^2 + b^2}}$

c) $\sqrt{\frac{a^2 + 4b^2}{a^2 + b^2}}$

d) $\sqrt{\frac{a^2 + b^2}{a^2 + 4b^2}}$

65. (IJSO) Um raio de luz monocromático, propagando-se no ar, incide na superfície livre de um líquido, segundo um ângulo de incidência *i*. Após refratar-se, o raio de luz atinge um espelho plano situado no fundo do recipiente que contém o líquido. Seja *r* o ângulo de reflexão. O índice de refração absoluto do líquido é *n* e do ar é igual a 1.

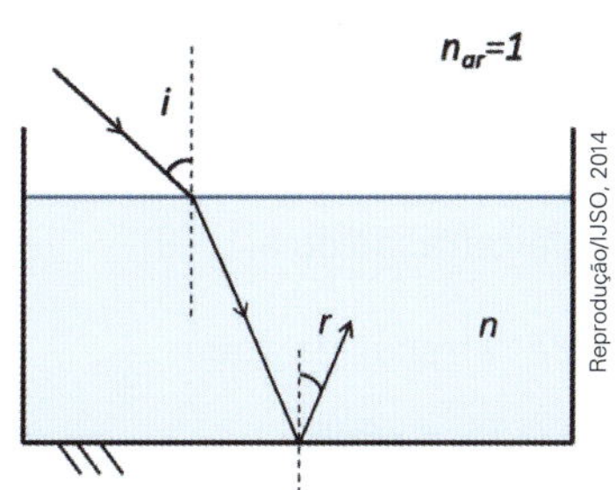

Reprodução/IJSO, 2014

O máximo valor de *r* é tal que:

a) $\text{sen } r = n^2 - 1$

b) $\cos r = \frac{1}{n}$

c) $\text{tg } r = n(n^2 - 1)$

d) $\text{sen } r = n - 1$

e) $\text{cotg } r = \sqrt{n^2 - 1}$

66. (Uerj) No fundo de um recipiente com determinada quantidade de água, encontra-se um espelho plano **E**. Um raio de luz incide sobre a superfície de separação do ar e da água, com um ângulo de incidência i = 53,13°, cujo cosseno vale 0,6, penetrando na água com ângulo de refração *r*.

A figura 1 apresenta a superfície refletora do espelho paralela ao fundo do recipiente. Nesta situação, o raio de luz emerge com um ângulo α de valor igual ao de incidência.

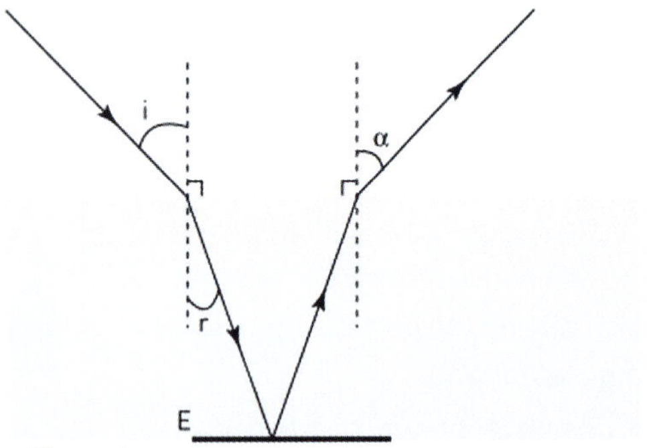

Reprodução/Uerj, 2007

Figura 1

A figura 2 apresenta a superfície do espelho inclinada em um ângulo θ, em relação ao fundo do recipiente. Nesta situação, o raio de luz emerge paralelamente à superfície da água.

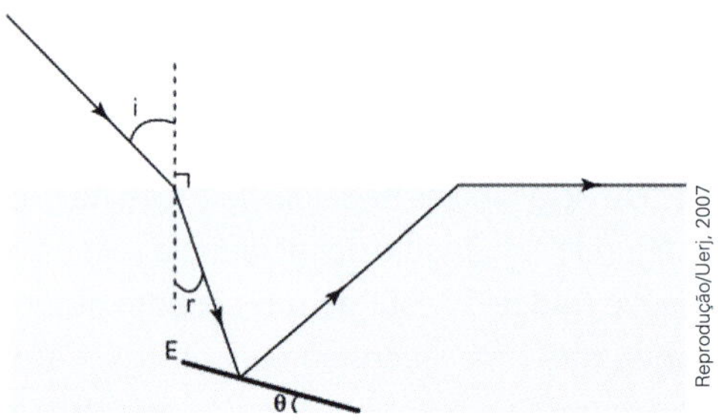

Reprodução/Uerj, 2007

Figura 2

Determine o ângulo θ entre o espelho **E** e o fundo do recipiente.

Dados:

Índice de refração do ar: 1,0

Índice de refração da água: $\frac{4}{3}$

arc sen 0,75 = 48,59°

67. (Unesp-SP) Um raio de luz monocromática incide sobre a superfície livre da água de uma piscina numa direção que passa por uma pequena boia **B** presa por um fio no ponto **P** no fundo da piscina. Devido ao desvio sofrido por esse raio ao entrar na água, ele atinge o mesmo ponto **P**.

Dados:

Índice de refração da água = 1,4

Índice de refração do ar = 1,0

sen 45° = 0,7 cos 30° = 0,87

sen 30° = 0,5

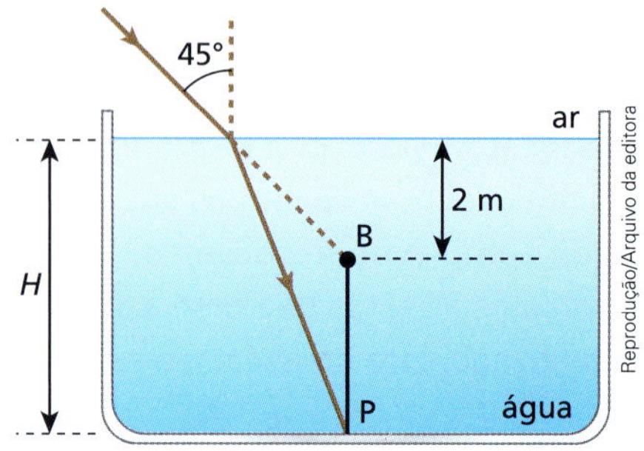

Reprodução/Arquivo da editora

Sabendo que a distância da boia até a superfície da água vale 2 m, a profundidade H da piscina vale, em m, aproximadamente

a) 2,8
b) 3,0
c) 3,5
d) 4,2
e) 5,0

68. (Uerj) Um raio de luz vindo do ar, denominado meio **A**, incide no ponto **O** da superfície de separação entre esse meio e o meio **B**, com um ângulo de incidência igual a 7° (sen 7° ≅ 0,12).

No interior do meio **B**, o raio incide em um espelho côncavo **E**, passando pelo foco principal **E**. O centro de curvatura **C** do espelho, cuja distância focal é igual a 1,0 m, encontra-se a 1,0 m da superfície de separação dos meios **A** e **B**.

Observe o esquema abaixo:

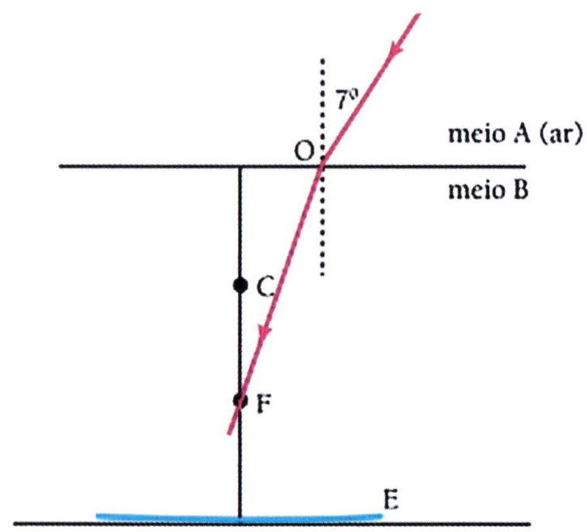

Reprodução/Uerj, 2011

Considere os seguintes índices de refração:

n_A = 1,0 (meio **A**)

n_B = 1,2 (meio **B**)

Sabendo-se que para ângulos pequenos, até 10°, é razoável a aproximação tg α ≅ sen α, determine a que distância do ponto **O** o raio emerge, após a reflexão no espelho.

69. (OBF) Diferentemente de materiais não refletivos que espalham a luz em todas as direções, materiais refletivos como fitas e películas refletivas são construídos para retornar a luz diretamente de volta à sua fonte original. Esse tipo de material ajuda a aumentar a visibilidade em condições de pouca luminosidade. No início da produção deste tipo de material, microesferas de vidro eram aplicadas sobre um fundo prateado. Hoje em dia usa-se uma película refletiva prismática. A figura mostra um raio de luz se propagando no ar e incidindo sobre uma esfera semiespelhada com índice de refração . Qual deve ser a razão entre a distância h ($h \neq 0$) e o raio da esfera para que esse raio de luz foque no ponto **P** e retorne paralelamente ao raio incidente?

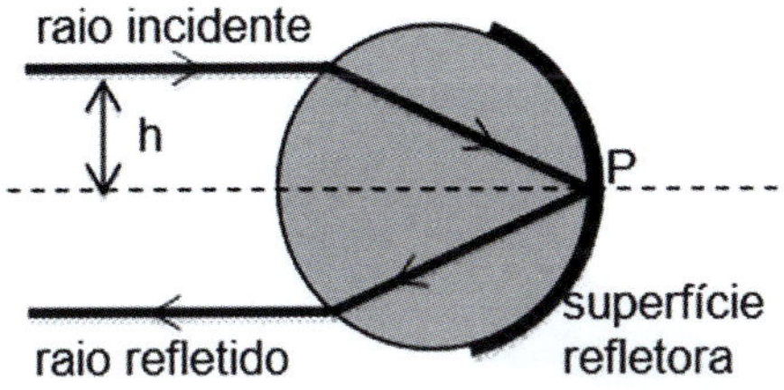

Reprodução/OBF, 2014

70. Daniel, um curioso aluno do curso de Óptica Geométrica, revestiu a superfície externa de uma esfera maciça de cristal, de centro **C**, raio $R = 10\sqrt{3}$ cm e índice de refração absoluto $n = \sqrt{2}$, com uma película espelhada de modo que a face refletora dessa película ficou voltada para o interior da esfera.

Ele deixou sem revestimento apenas uma pequena área circular na qual fez incidir um estreito feixe cilíndrico de luz monocromática, que penetrou no cristal. Ele então notou que o feixe luminoso sofria duas reflexões nas paredes da esfera e emergia pelo mesmo local da penetração, simetricamente em relação ao feixe incidente, como representa a figura abaixo.

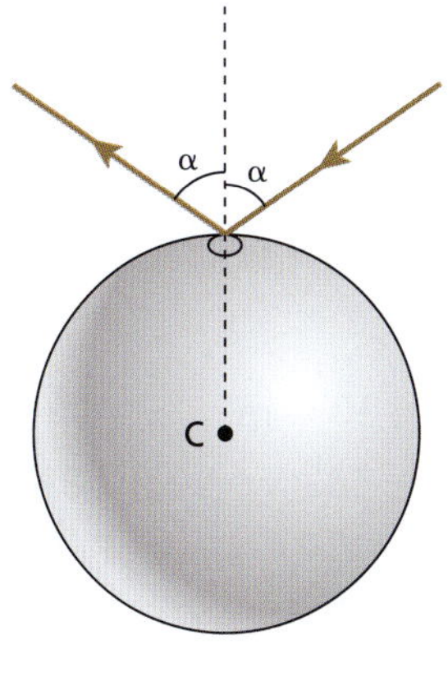

Banco de imagens/Arquivo da editora

Sabendo-se que a esfera estava envolvida pelo ar (índice de refração absoluto igual a 1,0) e que a luz se propaga nesse meio com velocidade de intensidade $3{,}0 \cdot 10^8$ m/s, pede-se:

a) esboçar a trajetória da luz no interior da esfera, indicando os valores dos ângulos relevantes para a compreensão do esquema;

b) determinar o ângulo α que viabiliza a situação proposta;

c) calcular, nas condições apresentadas, quanto tempo um pulso luminoso permanece "confinado" no interior da esfera.

71. (UFBA) As fibras ópticas são longos fios finos, fabricados com vidro ou materiais poliméricos, com diâmetros da ordem de micrômetros até vários milímetros, que têm a capacidade de transmitir informações digitais, na forma de pulsos de luz, ao longo de grandes distâncias, até mesmo ligando os continentes através dos oceanos.

Um modo de transmissão da luz através da fibra ocorre pela incidência de um feixe de luz, em uma das extremidades da fibra, que a percorre por meio de sucessivas reflexões. As aplicações das fibras ópticas são bastante amplas nas telecomunicações e em outras áreas, como a medicina, por exemplo. Uma vantagem importante da fibra óptica, em relação aos fios de cobre, é que nela não ocorre interferência eletromagnética.

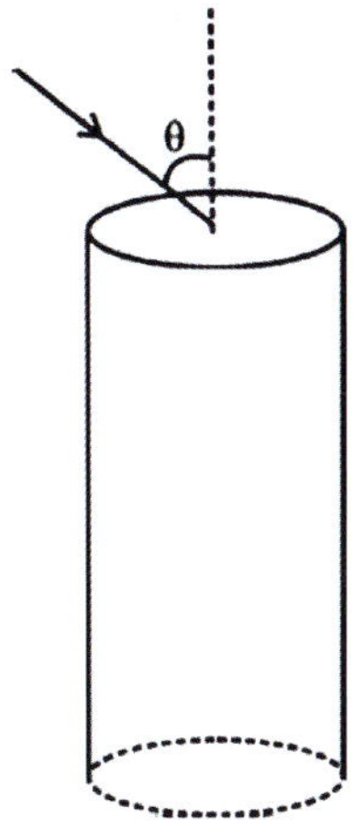

Reprodução/UFBA, 2012

Supondo-se que uma fibra óptica se encontra imersa no ar ($n_{ar} = 1$) e que o índice de refração da fibra óptica é igual a $\sqrt{\frac{3}{2}}$, calcule o maior ângulo de incidência θ de um raio de luz em relação ao eixo da fibra, para que ele seja totalmente refletido pela parede cilíndrica.

72. Na fotografia a seguir, que utiliza uma técnica denominada *Dome* (a lente da câmera é inserida dentro de uma redoma hemisférica plástica e transparente), pode-se notar uma imagem de parte do corpo do rapaz, dada pela reflexão total da luz na superfície da água.

Photobank gallery/Shutterstock

Na situação representada a seguir, um homem encontra-se mergulhado em uma piscina, de modo que seu olho, **O**, está alinhado com a extremidade superior do seu pé, **P**, segundo uma reta paralela à superfície da água, admitida plana e horizontal.

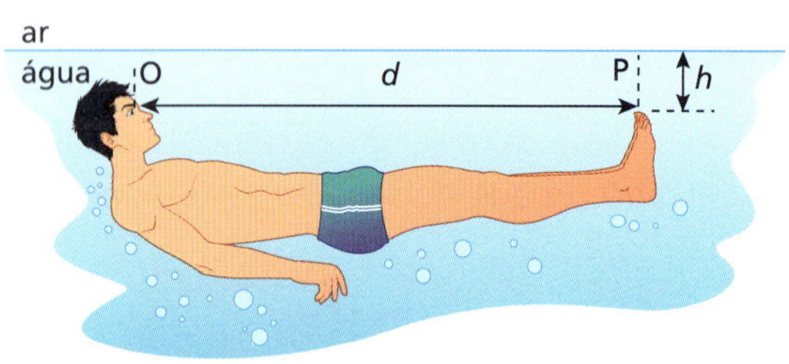

Banco de imagens/Arquivo da editora

Sendo n o índice de refração da água em relação ao ar e d a distância entre **O** e **P**, determine o maior valor possível para a profundidade h, tal que o homem ainda possa ver a imagem especular de **P** com o brilho de máxima intensidade.

73. Uma piscina repleta de água nos parece mais rasa quando observada do ar. Um peixe submerso em um lago, quando visado de fora da água, aparenta uma profundidade menor que a real. Todos esses casos podem ser explicados pelo efeito óptico imposto pelo dioptro plano ar-água, também notado na fotografia a seguir, em que um homem, parcialmente imerso em uma piscina com uma parede lateral de vidro relativamente fina, apresenta a parte de baixo de seu corpo aparentemente mais próxima da câmera fotográfica (observador fixo) que a parte de cima.

Ricardo Helou Doca/Acervo do autor

No esquema a seguir, um observador visa um ponto luminoso **P** através de uma lâmina de vidro de faces paralelas, que tem espessura e e índice absoluto de refração n. O ponto **P** está a uma distância x da lâmina, conforme está indicado.

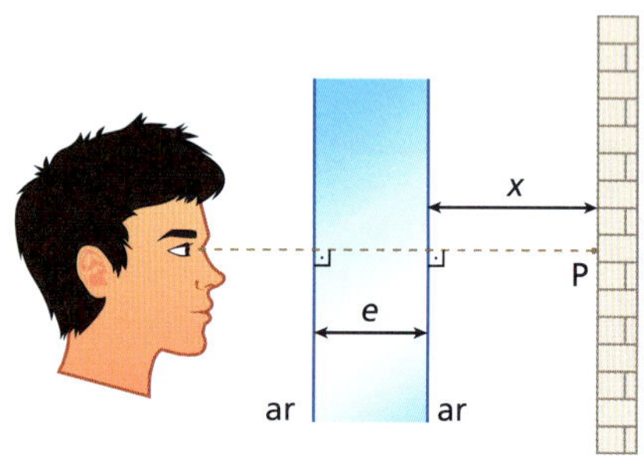

Banco de imagens/Arquivo da editora

Supondo-se que o olho do observador esteja na mesma perpendicular às faces da lâmina que passa por **P** e considerando-se o índice absoluto de refração do ar igual a 1, pergunta-se:

a) Qual é o deslocamento d da imagem final percebido pelo observador em relação ao ponto **P**?

b) O valor de d depende da distância x?

74. (CPAEN-RJ) O comprimento de onda da luz amarela de sódio no ar é 0,589 μm. Considere um feixe de luz amarela de sódio se propagando no ar e incidindo sobre uma pedra de diamante, cujo índice de refração é igual a 2,4. Quais são, aproximadamente, o comprimento de onda, em angstroms, e a frequência, em quilohertz, da luz amarela de sódio no interior do diamante?

Dados:

$c = 3 \cdot 10^{8}$ m/s

1 angstrom $= 10^{-10}$ m

a) 2454 e $5{,}1 \cdot 10^{11}$

b) 2454 e $5{,}1 \cdot 10^{14}$

c) 5890 e $2{,}1 \cdot 10^{11}$

d) 5890 e $2{,}1 \cdot 10^{14}$

e) 14140 e $5{,}1 \cdot 10^{11}$

75. Dois prismas ópticos, **A** e **B**, com secções transversais em forma de triângulos isósceles, têm índices absolutos de refração $n_A = \sqrt{2}$ e $n_B = 2$ e ângulos de refringência respectivamente iguais a α e β. Esses prismas são justapostos no laboratório, conforme representa a figura, e faz-se incidir sobre **A** um estreito feixe cilíndrico de luz *laser*. Nota-se então que quando o feixe *laser* incide na face da esquerda do prisma **A** com um ângulo de 45°, ele emerge perpendicularmente à face da direita do prisma **B**.

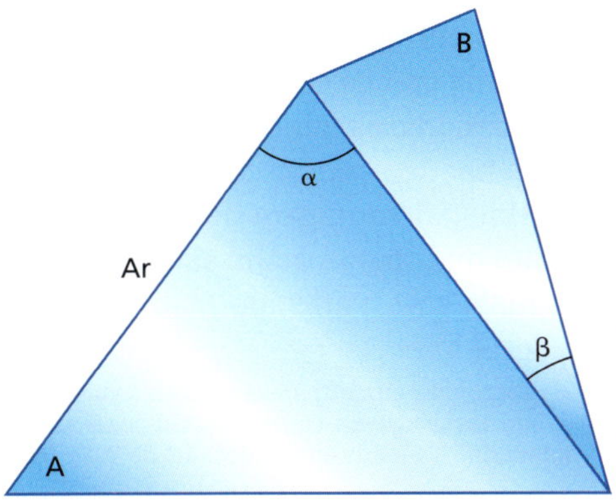

Banco de imagens/Arquivo da editora

Sabendo que o índice de refração do ar que envolve o sistema é igual a 1 e que $\alpha = 75°$, pede-se determinar o valor do ângulo β.

76. 2015 – 25 anos do Hubble

O telescópio Hubble, colocado em operação no espaço em 1990, descortinou aos olhos dos astrônomos imagens de um universo até então desconhecido. Estima-se que, devido ao Hubble, o conhecimento atual de astronomia e astrofísica seja dez mil vezes o de períodos imediatamente anteriores a esse advento tecnológico.

MarcelClemens/Shutterstock

O Hubble, que já passou por três operações de ajustes e manutenção em pleno cosmo, não mais terá seus componentes substituídos, já que missões com essa finalidade são extremamente caras. Novos telescópios, mais modernos e potentes, serão colocados brevemente em órbita, proporcionando ao Hubble merecida aposentadoria.

A principal vantagem dos telescópios que operam no espaço, fora da atmosfera, em relação aos telescópios terrestres, é que:

a) recebem a luz com maior intensidade por estarem mais próximos dos astros.
b) desfrutam do fundo negro do céu espacial, o que confere maior contraste e nitidez às imagens.
c) só capturam a luz que se propaga em linha reta.
d) sofrem menos com a deterioração de suas peças.
e) ficam isentos das distorções inerentes à atmosfera, como a da alteração (aparente) da posição dos astros, além dos efeitos ligados à cintilação.

77. (Uema/Paes-AM) Para responder à questão, considere o aparecimento de uma miragem inferior em uma estrada. Sabe-se que a miragem constitui um fenômeno muito comum e que ocorre sempre em lugares muito quentes ou muito frios.

Em relação à camada de ar próxima ao asfalto e aos ângulos de incidência, pode-se afirmar que a camada é:

a) mais quente e menos refringente. Os ângulos de incidência são maiores do que o ângulo limite, por isso ocorre a reflexão total.
b) mais quente e mais refringente. Os ângulos de incidência são maiores do que o ângulo limite, por isso ocorre a reflexão total.
c) menos quente e mais refringente. Os ângulos de incidência são maiores do que o ângulo limite, por isso ocorre a refração difusa.
d) menos quente e mais refringente. Os ângulos de incidência são maiores do que o ângulo limite, por isso ocorre a reflexão difusa.
e) menos quente e menos refringente. Os ângulos de incidência são maiores do que o ângulo limite, por isso ocorre a refração regular.

78. (Efomm-RJ) Uma pequena lâmpada está colocada no fundo de uma piscina cheia de um determinado líquido com profundidade igual a 2 m. Apesar de a lâmpada emitir luz em todas as direções, um observador situado fora da piscina verifica que a superfície do líquido não está toda iluminada, mas apenas uma região circular. Sabe-se que o índice de refração desse líquido é igual a 2. O raio da região circular iluminada da superfície da piscina é então

a) 0,75 m
b) 1,0 m
c) 1,03 m
d) 1,13 m
e) 1,15 m

79. O prefeito de uma cidade do interior inaugurou, orgulhoso, uma obra barata e de bonito efeito visual. Mandou instalar no fundo de um lago do parque central, de profundidade constante igual a 2,0 m, duas pequenas lâmpadas de grande potência, emissoras de luz monocromática, que, acesas à noite, produziam na superfície líquida duas regiões circulares iluminadas, conforme ilustra a figura (vista de cima), que se destacavam em meio à água dos arredores, bem menos iluminada.

Banco de imagens/Arquivo da editora

Sabendo-se que os índices absolutos de refração do ar e da água valem 1 e $\frac{5}{3}$, respectivamente, pode-se afirmar que a distância entre as duas lâmpadas é, em metros, de:

a) 1,5
b) 2,0
c) 2,5
d) 3,0
e) 3,5

80. (UFPE) Uma pedra preciosa cônica, de 15,0 mm de altura e índice de refração igual a 1,25, possui um pequeno ponto defeituoso sobre o eixo do cone a 7,50 mm de sua base. Para esconder este ponto de quem olha de cima, um ourives deposita um pequeno círculo de ouro na superfície. A pedra preciosa está incrustada numa joia, de forma que sua área lateral não está visível. Qual deve ser o menor raio *r*, em mm, do círculo de ouro depositado pelo ourives?

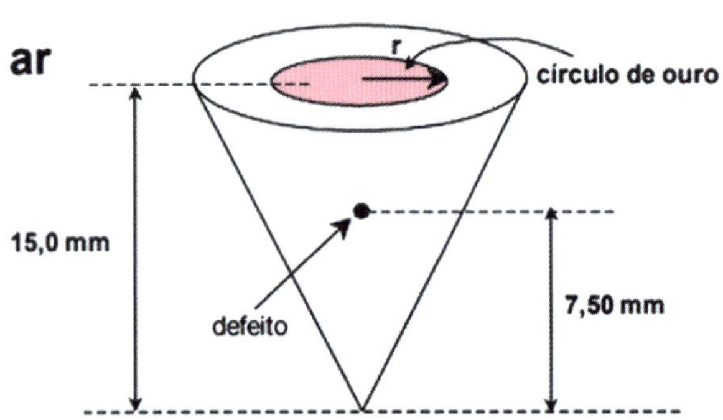

Reprodução/UFPE, 2004

81. (UPE)

Google irá conectar o Brasil aos EUA com cabo submarino

São Paulo – O Google anunciou que irá usar um cabo submarino para ligar o Brasil aos Estados Unidos. O cabo sairá de Boca Raton, na Flórida, e irá até as cidades de Fortaleza e Santos, esta no litoral de São Paulo. Os cabos submarinos de fibra ótica são os grandes responsáveis pela transmissão de dados ao redor do mundo. De acordo com um especialista, Alan Mauldin, da Telegeography, 99% das comunicações internacionais são entregues, graças aos cabos submarinos. "É uma crença comum que os satélites são o futuro de como as informações serão enviadas, mas esse não tem sido o caso por muito tempo. (...) A principal vantagem dos cabos é que eles são muito mais baratos. Um satélite é limitado e muito mais caro", afirmou Mauldin à CNN no início deste ano.

Disponível em: http://exame.abril.com.br/tecnologia/noticias/google-ira-conectar-brasil-aos-eua-com-cabo-submarino,acessado em: 13 de julho de 2015. (Adaptado).

Antes da instalação de um cabo desse tipo, é necessário fazer um mapeamento do oceano, buscando perigos que possam comprometer o funcionamento do cabo, interrompendo o fluxo de informações. Entre eles, destacam-se materiais de pesca abandonados, riscos de deslizamento, vulcões e abismos.

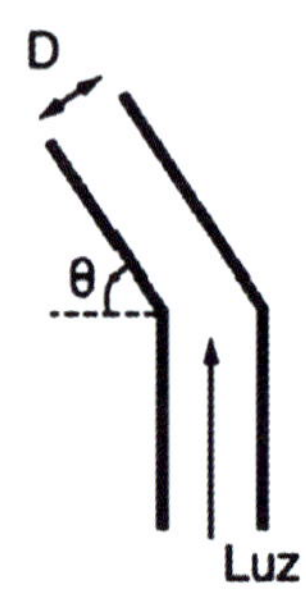

Reprodução/UPE SSA, 2016

Determine qual o maior ângulo θ no qual podemos dobrar uma fibra óptica cilíndrica no mar, como se mostra na figura, de forma que o feixe de luz ainda se mantenha dentro dela. Considere que o índice de refração da água do mar e o da fibra óptica são iguais a 1,5 e 3,0, respectivamente.

a) 30°
b) 45°
c) 60°
d) 75°
e) 90°

Para raciocinar um pouco mais

82. (IJSO) De acordo com (I), você pode enxergar a extremidade oposta do fundo de um recipiente que está, por sua vez, alinhada com a borda dele e com o seu olho. O recipiente tem altura *H* e comprimento 2*H*. Enquanto você mantém seu olho na mesma posição, seu amigo preenche o recipiente com um líquido transparente que tem um índice de refração *n*. Dessa maneira, você consegue enxergar uma moeda localizada no ponto **A**, conforme a figura (II).

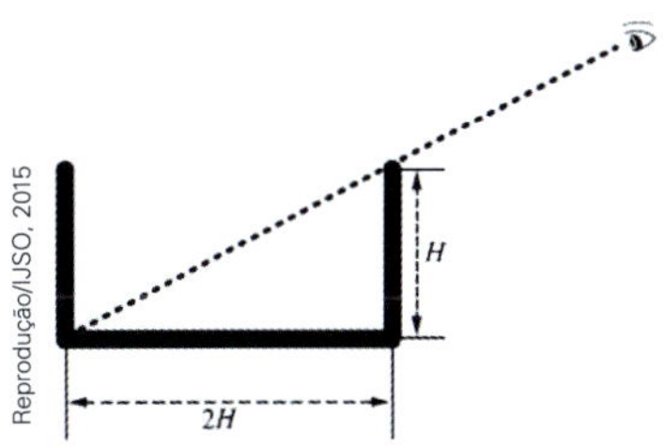

(I)

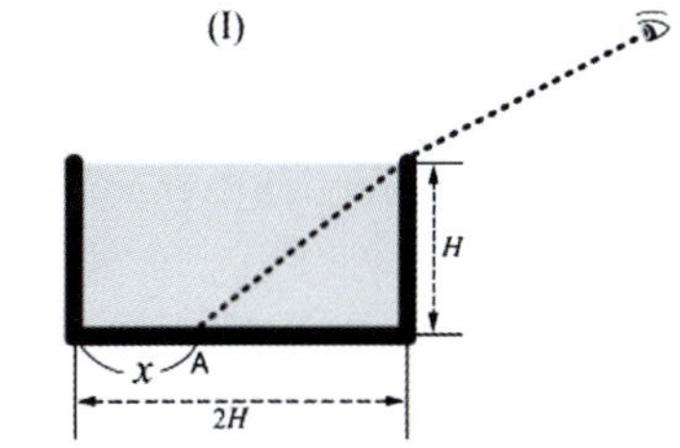

(II)

Sendo $n_{Ar} = 1$, qual o valor de *x*, a distância entre a moeda e a extremidade oposta do recipiente?

a) $H\left(1 - \dfrac{1}{\sqrt{3n^2 - 1}}\right)$

b) $2H\left(1 - \dfrac{1}{\sqrt{3n^2 - 1}}\right)$

c) $H\left(1 - \dfrac{1}{\sqrt{5n^2 - 4}}\right)$

d) $2H\left(1 - \dfrac{1}{\sqrt{5n^2 - 4}}\right)$

83. (IME-RJ) Um banhista faz o lançamento horizontal de um objeto com velocidade igual a $5\sqrt{3}$ m/s em direção a uma piscina. Após tocar a superfície da água, o objeto submerge até o fundo da piscina em velocidade horizontal desprezível. Em seguida, o banhista observa esse objeto em um ângulo de 30° em relação ao horizonte. Admitindo-se que a altura de observação do banhista e do lançamento do objeto são iguais a 1,80 m em relação ao nível da água da piscina, a profundidade da piscina, em metros, é:

a) 2,00
b) 1,60
c) $1{,}60\sqrt{3}$
d) $2{,}00\sqrt{3}$
e) $1{,}00\sqrt{3}$

Dados:

índice de refração do ar: $n_{ar} = 1$

índice de refração da água: $n_{água} = \dfrac{5\sqrt{3}}{6}$

$g = 10\ m/s^2$

84. (AFA-SP) Considere um recipiente fixo contendo um líquido em repouso no interior de um vagão em movimento retilíneo e uniforme que se desloca para a direita. A superfície de separação entre o líquido e o ar contido no vagão forma um dioptro perfeitamente plano que é atravessado por um raio luminoso monocromático emitido por uma fonte **F** fixa no teto do vagão, como mostra a figura abaixo. Nessa condição, o ângulo de incidência do raio luminoso é $\theta_1 = 60°$.

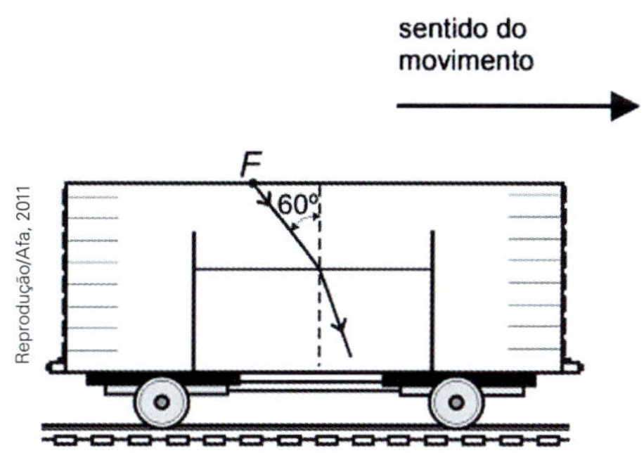

Num determinado momento, o vagão é acelerado horizontalmente para a esquerda com aceleração constante de módulo $a = \dfrac{\sqrt{3}}{3}g$ e, nessa nova situação, o ângulo de incidência do raio, neste dioptro plano, passa a ser θ_2. Considerando que a aceleração gravitacional no local é constante e possui módulo igual a *g*, a razão entre os senos dos ângulos de refração dos raios refratados na primeira e na segunda situações, respectivamente, é

a) $\dfrac{1}{2}$
b) 1
c) $\sqrt{2}$
d) $\sqrt{3}$
e) $\sqrt{6}$

85. (OBF) Um feixe de luz proveniente do ar (no qual o índice de refração é $n_{ar} = 1$) incide com ângulo $\theta < 90°$ em uma barra que é composta pela junção de duas lâminas transparentes de faces paralelas. Os índices de refração das lâminas são tais que $n_2 > n_1 > 1$.

O feixe pode penetrar na barra tanto pelo ponto **A**, quanto pelo ponto **B**, conforme ilustra a figura.

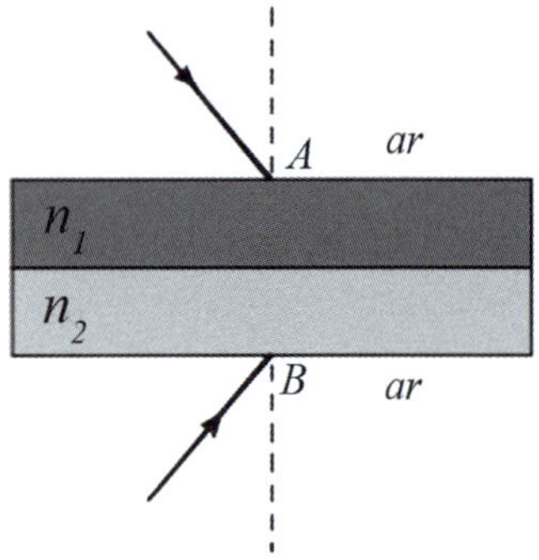

Reprodução/OBF, 2007

Considerando as duas situações, o feixe poderá sofrer reflexão interna total na interface entre os meios? Justifique.

86. (ITA-SP) Um tubo de fibra óptica é basicamente um cilindro longo e transparente, de diâmetro d e índice de refração n. Se o tubo é curvado, parte dos raios de luz pode escapar e não se refletir na superfície interna do tubo. Para que haja reflexão total de um feixe de luz inicialmente paralelo ao eixo do tubo, o menor raio de curvatura interno R (ver figura) deve ser igual a

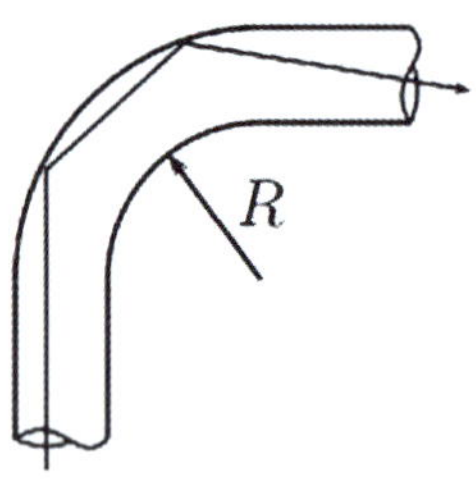

Reprodução/ITA, 2016

a) nd

b) $\frac{d}{n}$

c) $\frac{d}{n-1}$

d) $\frac{nd}{n-1}$

e) $\frac{\sqrt{n}\,d}{\sqrt{n}-1}$

87. A Física utiliza-se de modelos para justificar determinados fenômenos e comportamentos verificados na natureza. É o caso da noção de campo elétrico, proposta pelo matemático alemão Carl Friedrich Gauss entre os séculos XVIII e XIX, com vistas a explicar as interações entre corpos eletrizados, e o da teoria das supercordas, divulgada pelo físico teórico norte-americano Brian Greene, com a finalidade de elucidar as múltiplas dimensões possíveis no mundo quântico, das partículas elementares.

O modelo representado a seguir pretende traduzir o encurvamento que sofre um raio de luz ao atravessar camadas atmosféricas com índices de refração sucessivamente crescentes.

No esquema, estão superpostas três lâminas de materiais transparentes, 1, 2 e 3, de faces paralelas, com espessuras iguais a C e índices de refração absolutos respectivamente iguais a n_1, n_2 e n_3, tais que $n_1 < n_2 < n_3$. O meio sobre a lâmina 1 é o vácuo, com índice de refração absoluto n_0.

Um raio luminoso parte de uma fonte **F**, a uma altura C da lâmina 1, e atravessa o sistema, atingindo um observador em **O**.

Banco de imagens/Arquivo da editora

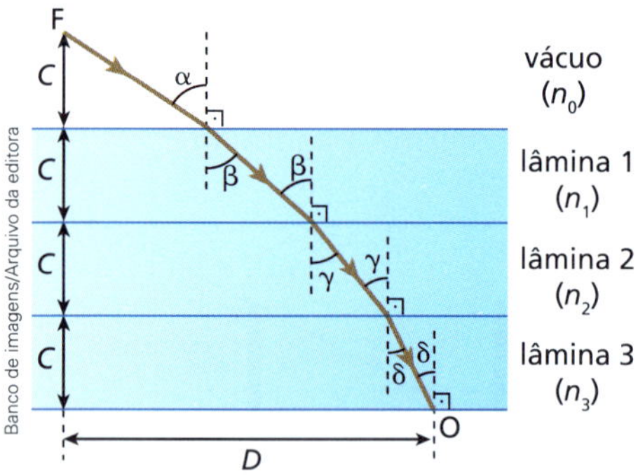

Sendo conhecido o ângulo α, indicado na figura, e considerando-se que o comprimento horizontal D é muito pequeno em comparação com as dimensões verticais envolvidas, pede-se determinar:

a) uma expressão que permita calcular o seno do ângulo β em função do seno do ângulo α, de n_0 e de n_1;

b) uma expressão que permita calcular o seno do ângulo γ em função do seno do ângulo α, de n_0 e de n_2;

c) a elevação aparente, ΔY, do ponto **F**, percebida pelo observador em **O**, em termos de n_0, n_3, C, D e de uma função trigonométrica do ângulo α.

88. (IME-RJ) Um raio luminoso monocromático atravessa um prisma de vidro de índice de refração n, imerso em água, com índice de refração $n_{água}$. Sabendo-se que tanto o ângulo α como o ângulo de incidência da luz são pequenos, e que para ângulos pequenos o valor do ângulo, em radianos, praticamente coincide com o respectivo valor do seno, qual a razão entre o desvio angular Δ e o ângulo α?

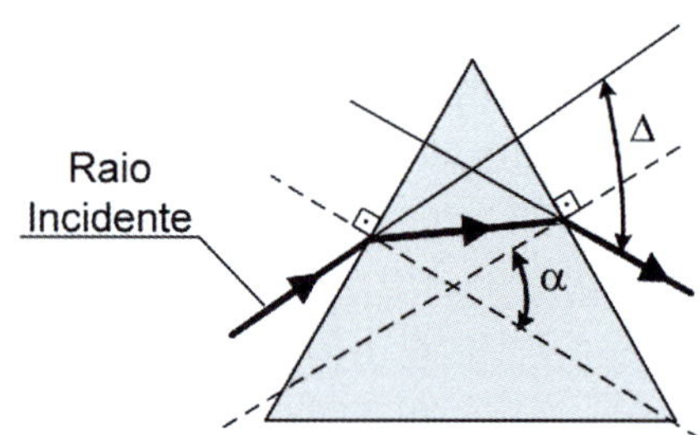

Reprodução/IME, 2015-2016

TÓPICO

4

Lentes esféricas

Zakirov Aleksey/Shutterstock

Com um olhar sensível e lentes especiais pode-se registrar imagens espetaculares como esta em que a natureza é retratada em seus detalhes com grande dramaticidade.

Lentes desempenham um papel fundamental no nosso cotidiano, pois não só integram dispositivos como microscópios, telescópios e câmeras fotográficas, como também o nosso olho, uma vez que o cristalino é uma lente.

Estudaremos neste tópico as características de diversos tipos de lentes, a construção gráfica das imagens por elas formadas, as grandezas que as descrevem e a abordagem analítica, fundamentada nas equações de Gauss.

Bloco 1

1. Um componente essencial

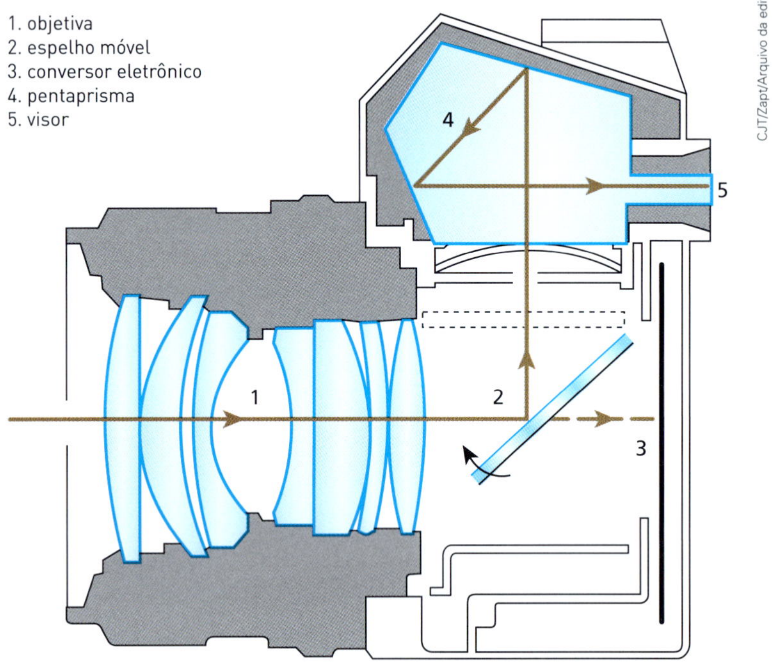

Esquema ilustrativo de uma câmera fotográfica. Durante o enquadramento, a luz é desviada pelo espelho (2) em direção ao pentaprisma (4). No ato do disparo, o espelho (2) é deslocado e a luz incide diretamente sobre o conversor eletrônico.

Não se sabe ao certo quando surgiram as primeiras lentes. Há registros de que no século VIII a.C. utilizavam-se determinados cristais polidos capazes de produzir imagens ampliadas de objetos. A partir do século XIII, porém, iniciou-se na Itália a fabricação regular de lentes, destinadas principalmente à correção visual. Teria sido o florentino Salvino D' Armato, em 1285, o primeiro fornecedor do que hoje chamamos de óculos.

As lentes são componentes ópticos de vital importância, participando individual ou coletivamente de quase todos os instrumentos ópticos. Fazendo-se uma comparação, poderíamos dizer que as lentes estão para a Óptica assim como os *chips* eletrônicos estão para os computadores. Em microscópios, lunetas, telescópios, câmeras fotográficas e outros utensílios, as lentes se fazem presentes, sempre exercendo funções essenciais. O que muda de um caso para o outro é o tipo da lente utilizada, o que é caracterizado pelo material de que ela é feita, suas dimensões e seu "grau" (vergência).

2. Classificação e elementos das lentes esféricas

Chama-se **lente esférica** a associação de dois dioptros: um necessariamente esférico e o outro plano ou esférico.

As lentes são corpos transparentes, geralmente fabricados em vidro, cristal ou acrílico. Ao serem atravessadas pela luz, fazem com que ela sofra duas refrações.

As lentes esféricas classificam-se em duas grandes categorias, dependendo da espessura da região periférica comparada à espessura da região central: **lentes de bordas finas** e **lentes de bordas grossas**.

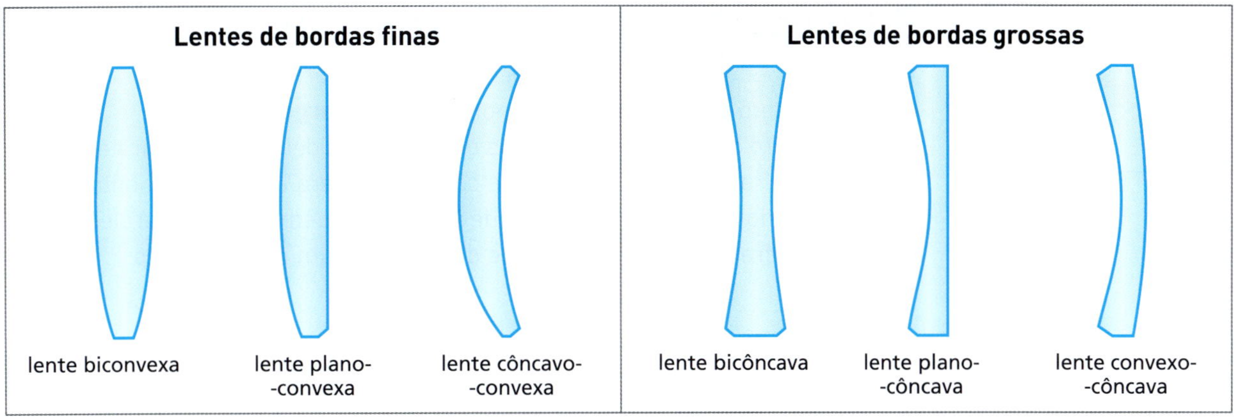

Repare que na nomenclatura das lentes esféricas uma face é denominada convexa, plana ou côncava em relação a um observador **externo** à lente. Além disso, menciona-se, em primeiro lugar, o nome da face de **maior raio de curvatura**.

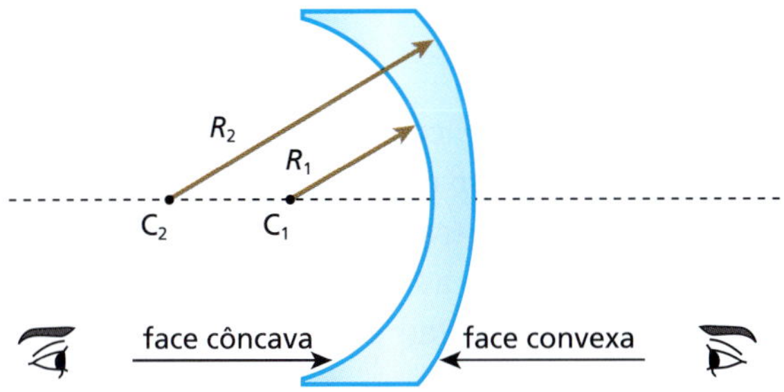

Nesse exemplo, como $R_2 > R_1$, o nome da lente é **convexo-côncava**.

Observe, a seguir, a representação de uma lente esférica com seus principais elementos geométricos.

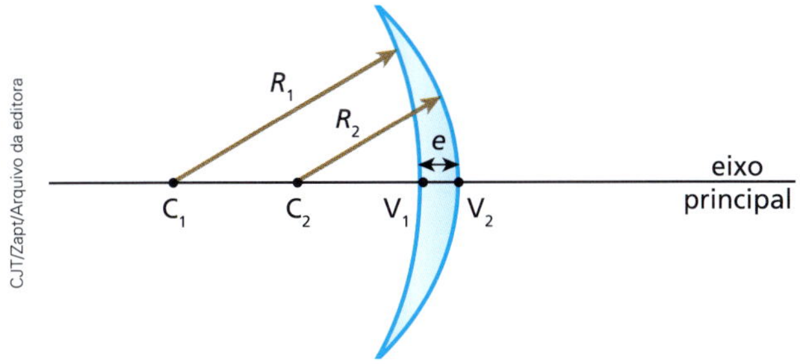

- $\mathbf{C_1}$ e $\mathbf{C_2}$ são os centros de curvatura das faces da lente.
- R_1 e R_2 são os raios de curvatura das faces da lente.
- A reta $\overleftrightarrow{C_1C_2}$ é o eixo principal (ou eixo óptico) da lente. Esse eixo é normal às faces da lente.
- O segmento $\overline{V_1V_2}$ determina a espessura e da lente.

Em nossos estudos, exceto quando houver recomendação contrária, consideraremos as lentes esféricas com espessura desprezível em comparação aos raios de curvatura. As lentes que satisfazem essa condição são denominadas **lentes delgadas**. Admitiremos, ainda, que os raios incidentes são pouco inclinados e pouco afastados em relação ao eixo principal (raios paraxiais).

Além disso, estudaremos apenas as situações em que as duas faces da lente estão em contato com o mesmo meio. No caso mais comum, o meio que circunda a lente é o ar.

3. Comportamento óptico das lentes esféricas

As lentes esféricas podem apresentar dois comportamentos ópticos opostos: comportamento **convergente** e comportamento **divergente**.

No primeiro caso, à esquerda, raios de luz que incidem na lente paralelamente entre si se refratam com direções que convergem para um mesmo ponto.

No segundo caso, à direita, raios de luz que incidem na lente paralelamente entre si se refratam com direções que divergem de um mesmo ponto.

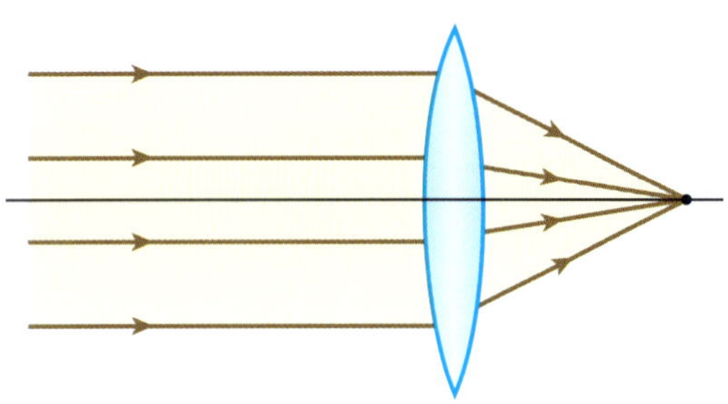

lente convergente

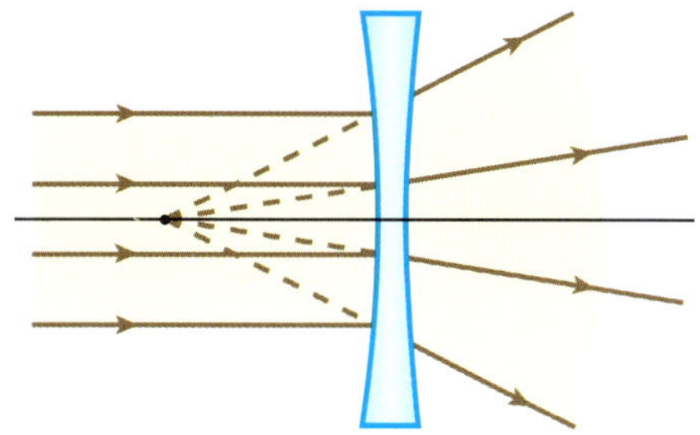

lente divergente

CJT/Zapt/Arquivo da editora

Qualquer lente esférica pode ser convergente ou divergente, dependendo de seu índice de refração em relação ao do meio externo.

Os esquemas a seguir indicam o trajeto de raios de luz que atravessam lentes esféricas. Nos dois primeiros casos as lentes apresentam comportamento convergente e, nos dois últimos, comportamento divergente.

Comportamento convergente

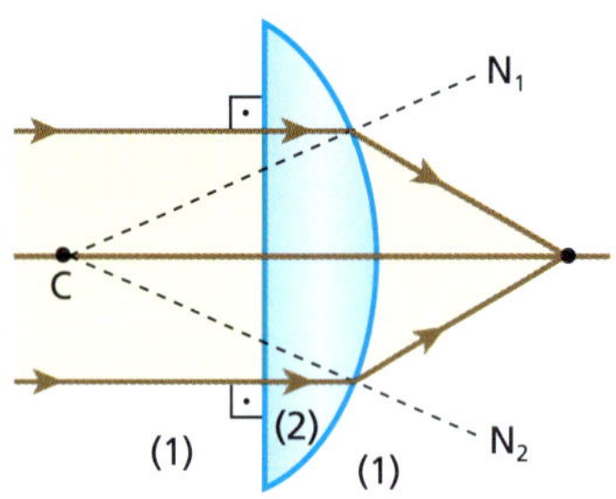

lente plano-convexa

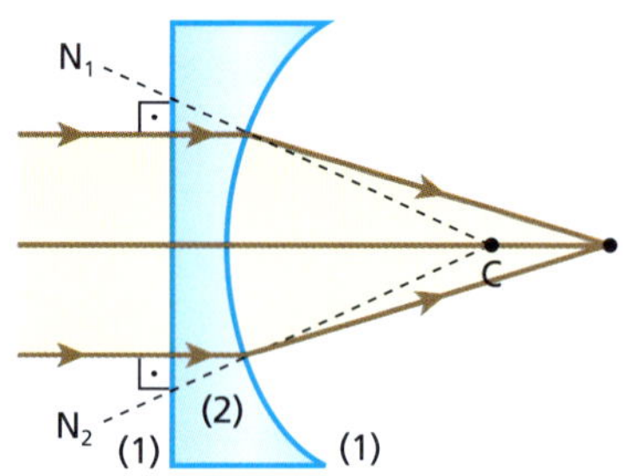

lente plano-côncava

CJT/Zapt/Arquivo da editora

Nesses dois casos, as lentes têm comportamento convergente. Para a lente plano-convexa, tem-se $n_2 > n_1$ (a lente é mais refringente que o meio externo); para a lente plano-côncava, $n_2 < n_1$ (a lente é menos refringente que o meio externo).

Comportamento divergente

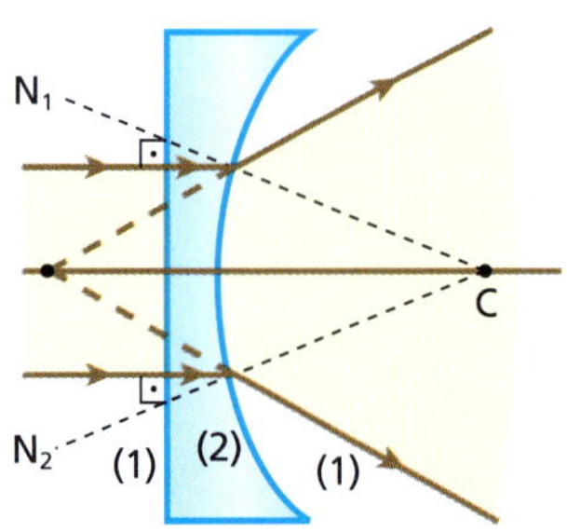

lente plano-côncava

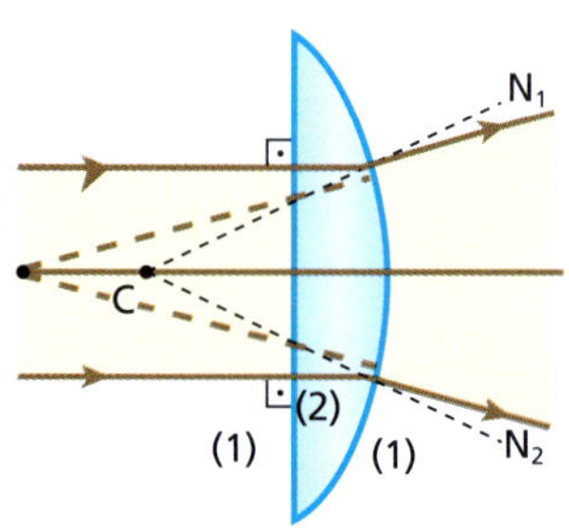

lente plano-convexa

CJT/Zapt/Arquivo da editora

Nesses dois casos, as lentes têm comportamento divergente. Para a lente plano-côncava, tem-se $n_2 > n_1$ (a lente é mais refringente que o meio externo); para a lente plano-convexa, $n_2 < n_1$ (a lente é menos refringente que o meio externo).

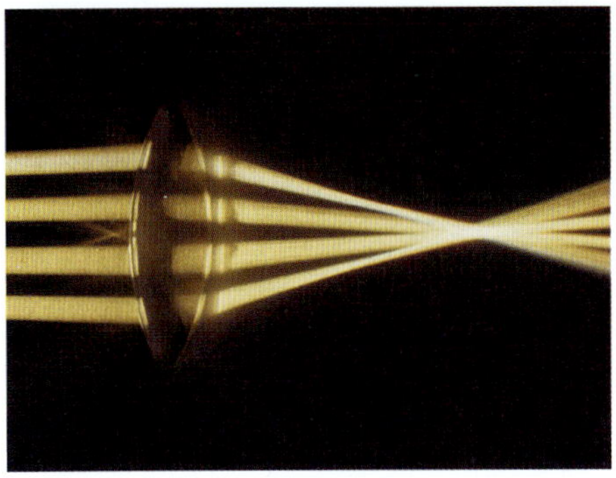

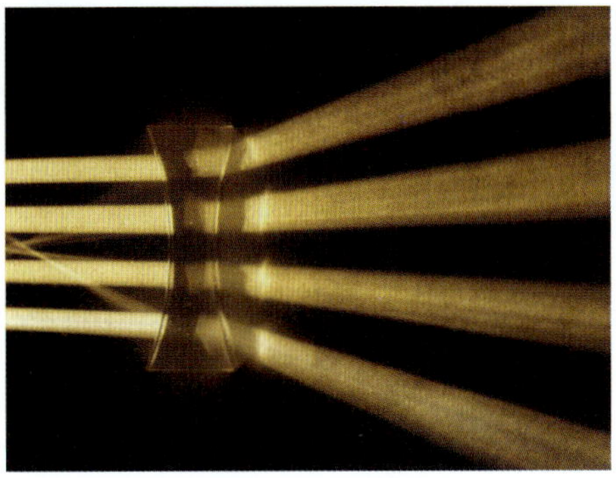

Imagens: Ruddy Gold/Grupo Keystone/Arquivo da editora

Nestas fotografias, as lentes são de material mais refringente que o meio que as envolve. Note que a lente à esquerda – biconvexa – é convergente, enquanto a lente à direita – bicôncava – é divergente.

Conclusão:

Se a lente é mais refringente que o meio externo, temos:
bordas finas – convergentes;
bordas grossas – divergentes.
Esse é o caso mais comum.
Se a lente é menos refringente que o meio externo, temos:
bordas finas – divergentes;
bordas grossas – convergentes.
Esse é o caso menos comum.

4. Centro óptico

Considere a lente esférica da figura ao lado, na qual estão destacados os centros de curvatura das faces $\mathbf{C_1}$ e $\mathbf{C_2}$, o eixo principal ($\overleftrightarrow{C_1C_2}$) e dois planos π_1 e π_2 tangentes às faces da lente e paralelos entre si. Um raio luminoso monocromático adentra a lente pelo ponto $\mathbf{I_1}$ e dela emerge pelo ponto $\mathbf{I_2}$.

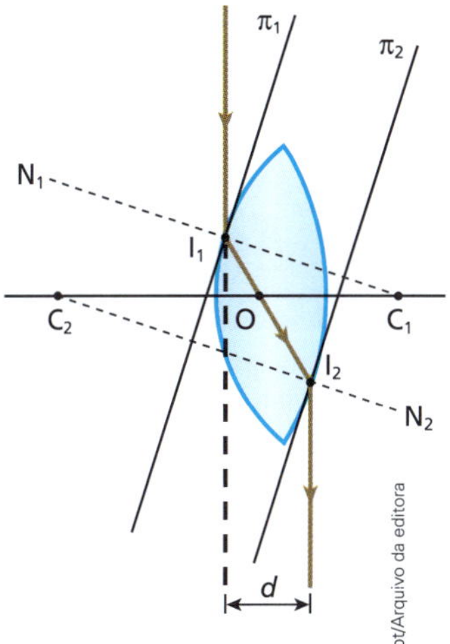

Em razão do paralelismo dos planos π_1 e π_2, a lente comporta-se como uma lâmina de faces paralelas em relação ao raio luminoso em questão. Por isso, pode-se concluir que, na travessia da lente, o raio luminoso não sofre desvio angular, experimentando apenas um deslocamento lateral *d*.

O ponto **O**, obtido pela interseção do raio luminoso com o eixo principal, é o **centro óptico** da lente. Esse ponto não depende do índice de refração da lente em relação ao meio externo, e sua posição é invariável para um mesmo tipo de luz (frequência).

Com base no que foi exposto, pode-se enunciar que:

O **centro óptico** de uma lente esférica é o ponto do eixo principal por onde passa um raio luminoso que não sofre desvio angular.

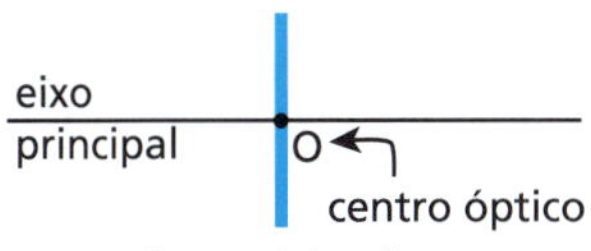

Ilustrações: CJT/Zapt/Arquivo da editora

É importante destacar que, nas lentes delgadas (espessura desprezível em comparação com os raios de curvatura das faces), o centro óptico é definido pela interseção da lente com seu eixo principal.

Pelo fato de a espessura de uma lente delgada ser desprezível, depreende-se que um raio luminoso que a atravessa, passando por seu centro óptico, sofre deslocamento lateral desprezível. Assim, podemos afirmar que:

Um raio luminoso que passa pelo centro óptico de uma lente esférica delgada não sofre desvio angular nem deslocamento lateral considerável.

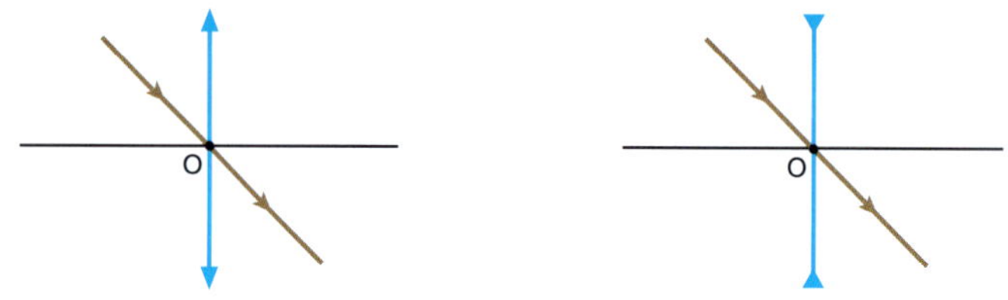

lente delgada convergente

lente delgada divergente

Banco de imagens/Arquivo da editora

5. Focos e pontos antiprincipais

Focos

Considere as lentes esféricas delgadas representadas a seguir, das quais emergem raios luminosos paralelos entre si e aos respectivos eixos principais. Admita que esses raios sejam pouco afastados em relação ao eixo principal das lentes.

A experiência mostra que, nessas condições, os raios luminosos incidentes se apresentam, necessariamente, alinhados com um mesmo ponto do eixo principal, denominado **foco principal objeto F**.

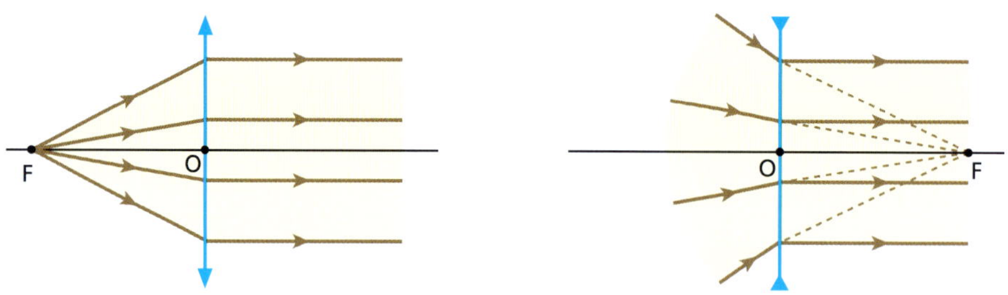

lente delgada convergente

lente delgada divergente

Banco de imagens/Arquivo da editora

Science Source/Latinstock

// Nesta gravura de Louis Figuier, original de M. Claverie, o matemático e naturalista francês Georges-Louis Leclerc (1707-1788), também conhecido como Conde de Buffon, reproduz o experimento supostamente proposto por Arquimedes (287 a.C.-212 a.C.) e demonstra a possibilidade de se atear fogo em arbustos distantes, situados nas regiões focais de lentes convergentes atravessadas pela luz solar.

Considere, agora, as lentes esféricas delgadas representadas a seguir, nas quais incidem raios luminosos paralelos entre si e aos respectivos eixos principais. Admita, também, que esses raios sejam pouco afastados em relação ao eixo principal das lentes.

A experiência mostra que, nessas condições, os raios luminosos emergentes se apresentam, necessariamente, alinhados com um mesmo ponto do eixo principal, denominado **foco principal imagem F'**. Esse fato decorre do caso anterior, tendo-se em conta a reversibilidade no trajeto dos raios de luz.

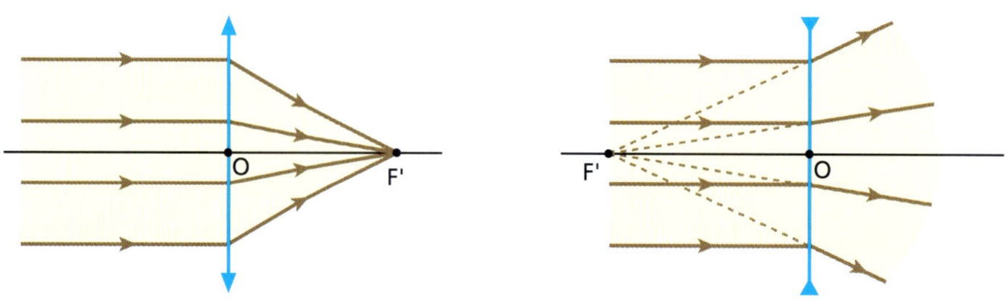

lente delgada convergente

lente delgada divergente

Banco de imagens/Arquivo da editora

Além dos focos principais, pode-se verificar que as lentes esféricas delgadas possuem infinitos focos secundários. Esses focos situam-se aproximadamente no mesmo plano frontal que contém os focos principais. A esses planos dá-se o nome de **planos focais**.

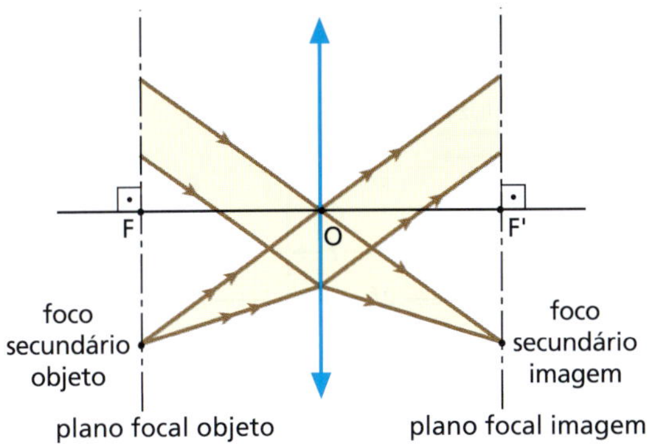

lente delgada convergente

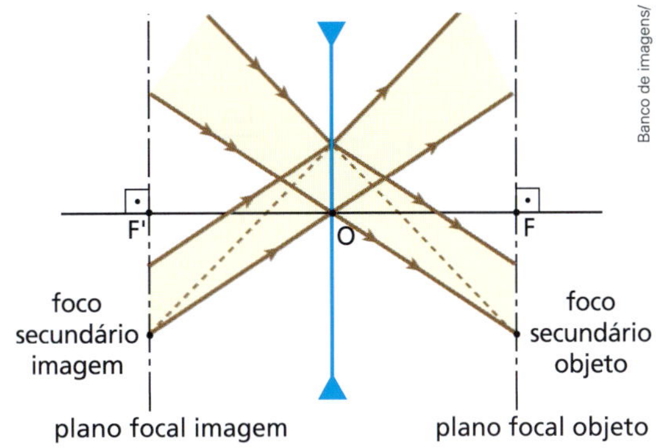

lente delgada divergente

Banco de imagens/Arquivo da editora

É importante observar que os focos de uma lente convergente são **reais**, enquanto os de uma lente divergente são **virtuais**. A explicação para esse fato é simples: nas lentes convergentes os focos são determinados efetivamente pelos raios de luz, enquanto nas lentes divergentes eles são determinados pelos prolongamentos dos raios.

JÁ PENSOU NISTO?

Lupa e folhas secas: eis o fogo!

Um praticante de *camping* que tenha esquecido de colocar fósforos em sua bagagem pode produzir fogo utilizando uma lupa – lente convergente de aumento, geralmente biconvexa. Para isso, basta que ele reúna alguns gravetos e folhas secas, fazendo incidir sobre eles a luz emergente do sistema. Os raios do Sol são praticamente paralelos, o que produz uma imagem do astro em um foco da lupa. Esse foco, que é um elemento real em que há alta concentração de energia, sendo mantido por algum tempo sobre os gravetos e as folhas, provoca neles a combustão, gerando fogo.

Kim Christensen/Shutterstock

Distância focal

Considere as lentes delgadas indicadas no esquema abaixo, circundadas pelo mesmo meio. Conforme foi descrito, cada lente tem dois focos principais: o foco objeto **F** e o foco imagem **F'**.

Como o meio envolvente é o mesmo, para cada lente o segmento $\overline{FO}$ tem a mesma medida que o segmento $\overline{F'O}$. Desconsiderados sinais algébricos, os comprimentos de $\overline{FO}$ ou de $\overline{F'O}$ são denominados **distância focal *f***, que é uma característica fundamental das lentes.

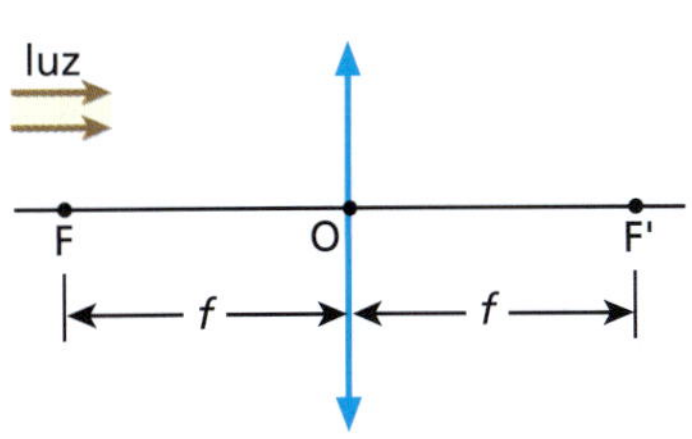

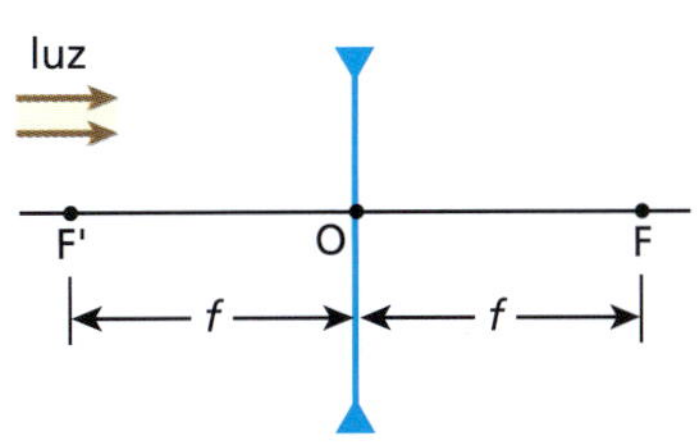

Banco de imagens/Arquivo da editora

Pontos antiprincipais

Os pontos do eixo principal de uma lente cuja distância em relação ao centro óptico vale $2f$ são chamados de **pontos antiprincipais**:

- ponto **A** = ponto antiprincipal objeto
- ponto **A'** = ponto antiprincipal imagem

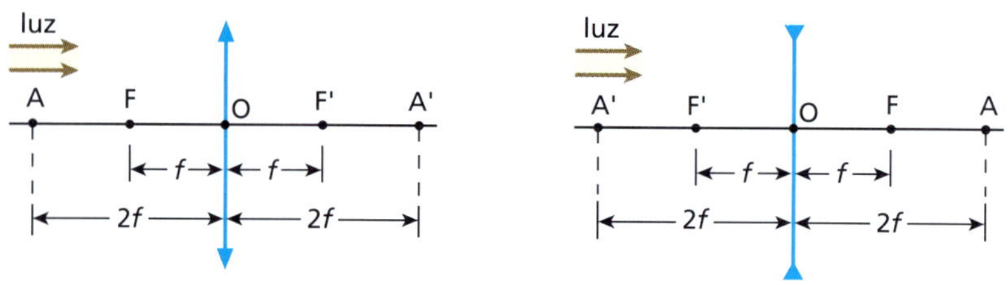

Banco de imagens/Arquivo da editora

6. Raios luminosos particulares

Como nos espelhos esféricos, também no estudo das lentes esféricas alguns raios luminosos que obedecem a determinadas condições e propriedades devem estar sempre à mão, já que facilitam a obtenção gráfica das imagens.

1º raio particular

Banco de imagens/Arquivo da editora

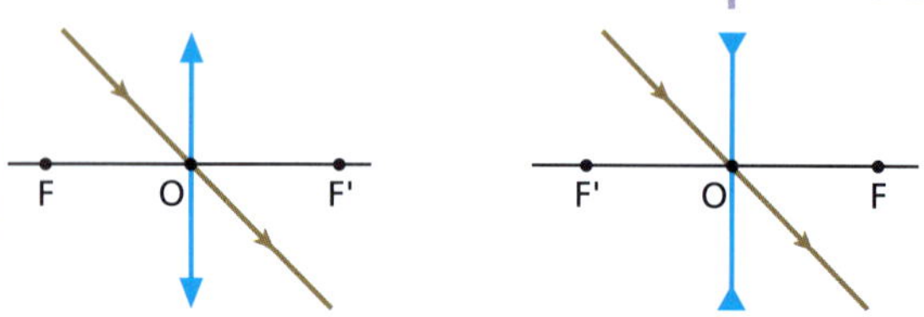

Todo raio luminoso que incide no centro óptico se refrata diretamente, sem sofrer desvio.

2º raio particular

Banco de imagens/Arquivo da editora

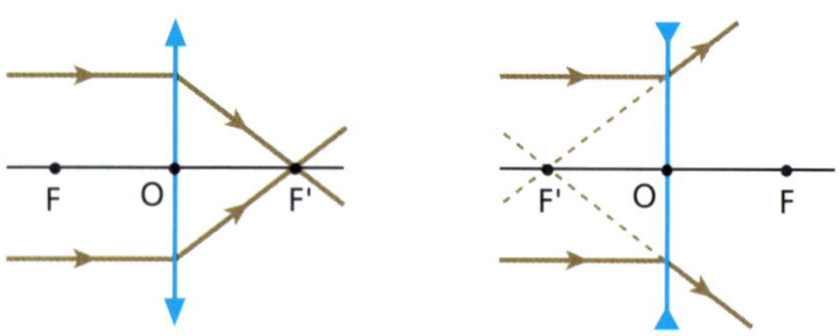

Todo raio luminoso que incide paralelamente ao eixo principal se refrata alinhado com o foco principal imagem **F'**.

Levando em conta a reversibilidade no trajeto dos raios de luz, podemos enunciar também que:

Banco de imagens/Arquivo da editora

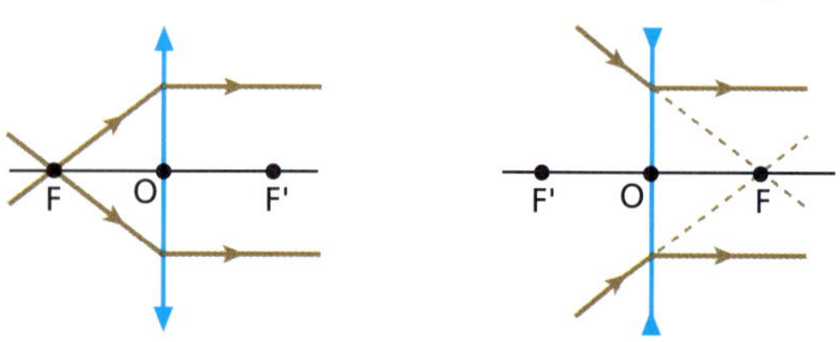

Todo raio luminoso que incide alinhado com o foco principal objeto **F** se refrata paralelamente ao eixo principal.

3º raio particular

Banco de imagens/Arquivo da editora

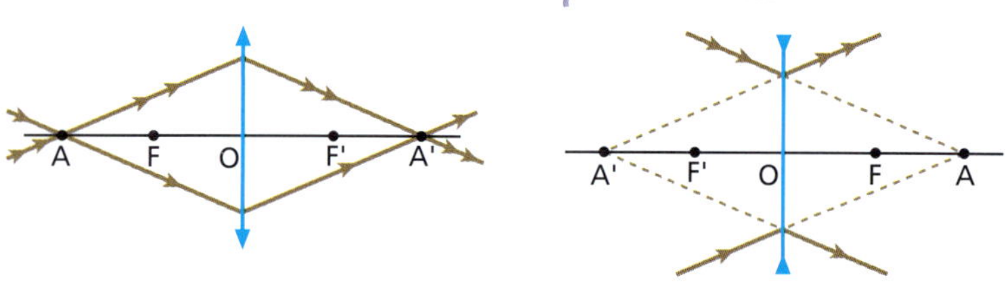

Todo raio luminoso que incide alinhado com o ponto antiprincipal objeto **(A)** se refrata alinhado com o ponto antiprincipal imagem **(A')**.

O comportamento desse raio pode ser verificado experimentalmente e também pela **Equação de Gauss**, que será apresentada no item 9 deste tópico.

7. Construção gráfica de imagens em lentes esféricas

Lente divergente e objeto real

Neste caso, qualquer que seja a posição do objeto em relação à lente, obtêm-se as mesmas características para a imagem, que se forma sempre entre o centro óptico **O** e o foco principal imagem **F'**.

Banco de imagens/Arquivo da editora

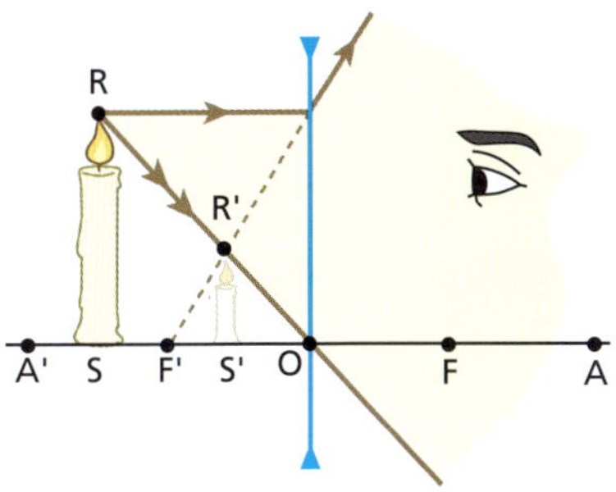

John W. Gertz/zefa/Corbis/Latinstock

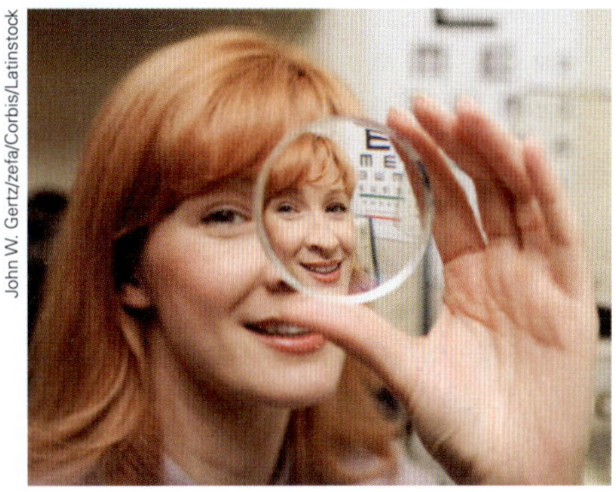

// Esta fotografia mostra a imagem virtual, direita e menor produzida por uma lente divergente para um objeto real rosto de mulher.

Imagem virtual, direita e menor.

Lente convergente e objeto real

Neste caso, a imagem assume características diferentes, dependendo da posição do objeto em relação à lente.

1. Objeto além do ponto antiprincipal objeto

Banco de imagens/Arquivo da editora

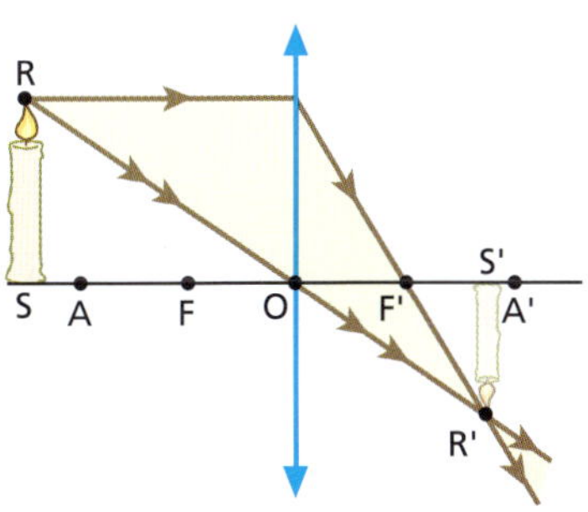

UIG/Getty Images

// Nesta fotografia, observa-se a imagem real, invertida e menor conjugada por uma lente convergente.

Imagem real, invertida e menor.

2. Objeto no ponto antiprincipal objeto

Banco de imagens/Arquivo da editora

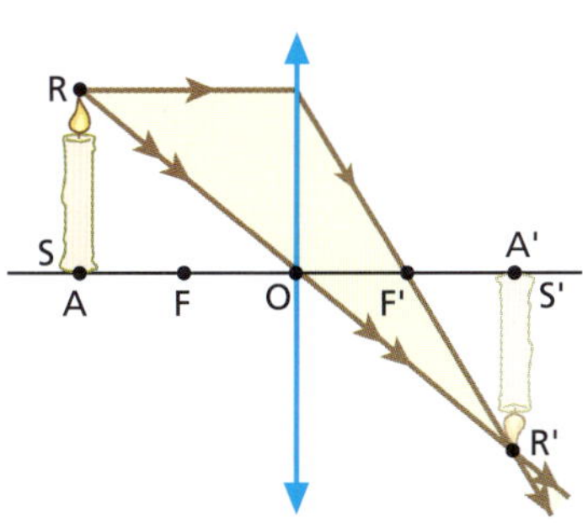

Imagem real, invertida e do mesmo tamanho que o objeto.
Observe que a imagem se localiza no ponto antiprincipal imagem.

3. Objeto entre o ponto antiprincipal objeto e o foco principal objeto

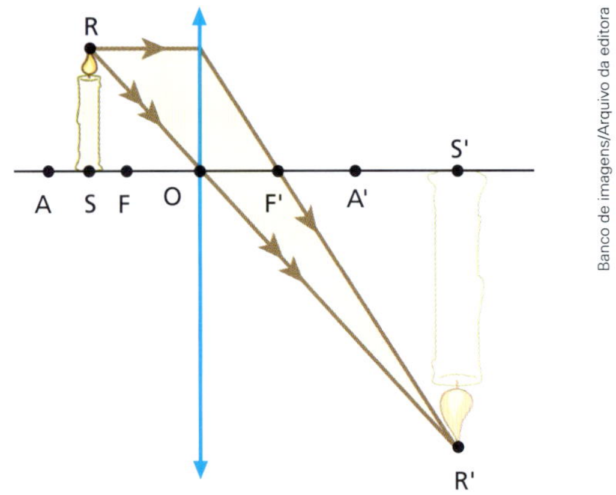

Imagem real, invertida e maior. Note que as imagens reais obtidas a partir de objetos também reais são sempre invertidas.

4. Objeto no foco principal objeto

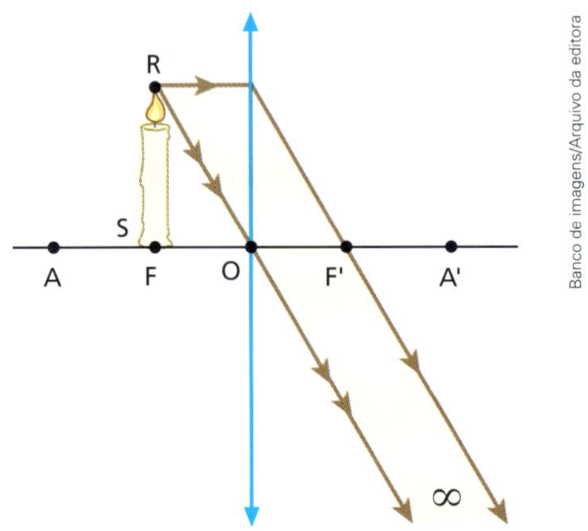

Como os raios luminosos emergentes do sistema são paralelos, a imagem "forma-se no infinito", sendo, portanto, imprópria.

5. Objeto entre o foco principal objeto e o centro óptico

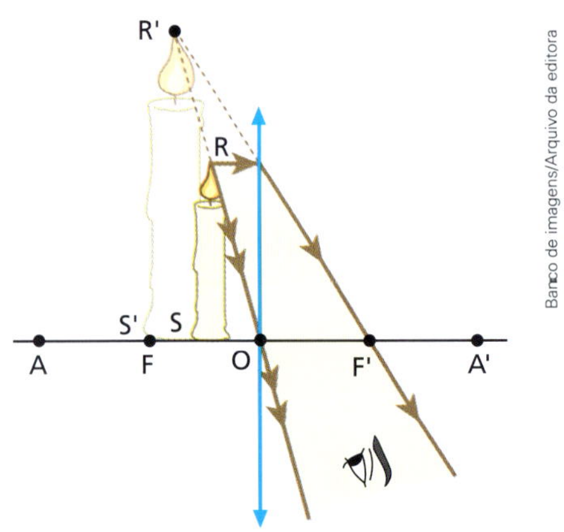

Imagem virtual, direita e maior.
Este é o único caso em que, para um objeto real, a lente convergente conjuga imagem virtual.

Esta fotografia mostra a imagem virtual, direita e maior produzida por uma lente convergente para um objeto real (olho da garota).

Ampliando o olhar

Lentes naturais

Há relatos de que os gregos poliam pedaços de âmbar – resina fóssil transparente de cor dourado-amarela proveniente de pinheiros (em regiões de clima temperado) ou de plantas leguminosas (em regiões de clima tropical) – no intuito de confeccionar lentes de aumento que lhes facilitasse a visualização de pequenos objetos. Outros elementos naturais, como uma simples gota de água, também podem funcionar como lentes, como se observa na fotografia ao lado. Nesse caso, a gota líquida, de formato esférico, se comporta como uma lente biconvexa (não gaussiana). Observe que nessa situação a imagem produzida da paisagem à frente é real, invertida e menor.

Vaclav Volrab/Shutterstock

Faça você mesmo

Lente cilíndrica

Este é um experimento simples, que você pode realizar facilmente em casa, com objetos cotidianos.

Material necessário

- 1 copo cilíndrico transparente de paredes lisas;
- 1 cartão branco de 10 cm × 10 cm, aproximadamente.

Procedimento

I. Desenhe no cartão duas setas: uma vertical orientada para cima e outra horizontal orientada para a direita, conforme mostra a figura a seguir.

Banco de imagens/Arquivo da editora

O cartão será o objeto em relação ao sistema óptico descrito a seguir.

II. Encha o copo com água, tomando o cuidado de não deixar molhar suas paredes externas. O copo constitui, juntamente com a água, uma **lente cilíndrica**.

III. Colocando o cartão a uma distância conveniente do copo, como ilustra a próxima figura, você contemplará uma imagem real do cartão, na qual a seta vertical não apresentará alterações aparentes, mas a seta horizontal aparecerá orientada para a esquerda.

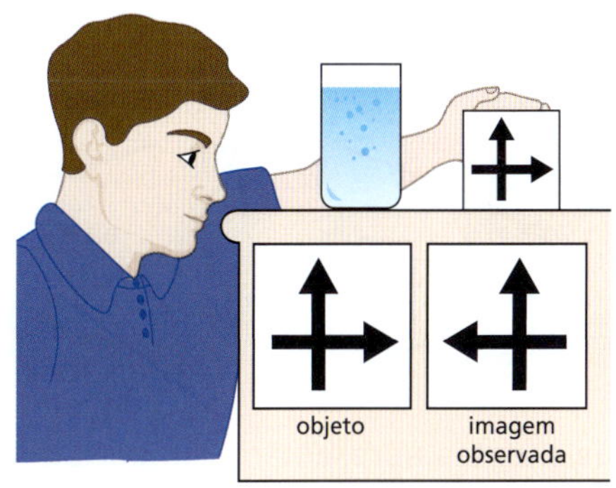

Banco de imagens/Arquivo da editora

Desenvolvimento

Esse experimento mostra que uma lente cilíndrica, como a constituída pelo copo e pela água, produz imagens reais invertidas apenas transversalmente.

Se você fizesse o mesmo experimento utilizando, por exemplo, uma lente esférica biconvexa de vidro, com distância focal da ordem de 10 cm, colocando o cartão a aproximadamente 20 cm da lente, observaria a ocorrência de inversão tanto na seta vertical, que se apresentaria orientada para baixo, como na seta horizontal, que se apresentaria orientada para a esquerda.

A ilustração abaixo mostra a dupla inversão imposta pela lente convergente: a **transversal** e a **lateral**.

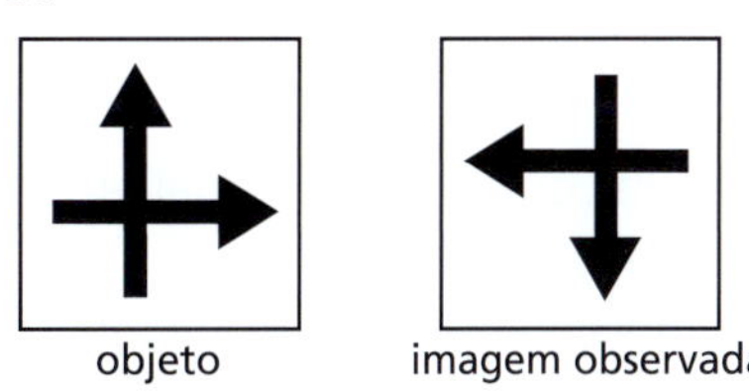

Banco de imagens/Arquivo da editora

Exercícios Nível 1

1. As figuras seguintes representam a refração da luz através de seis lentes esféricas delgadas:

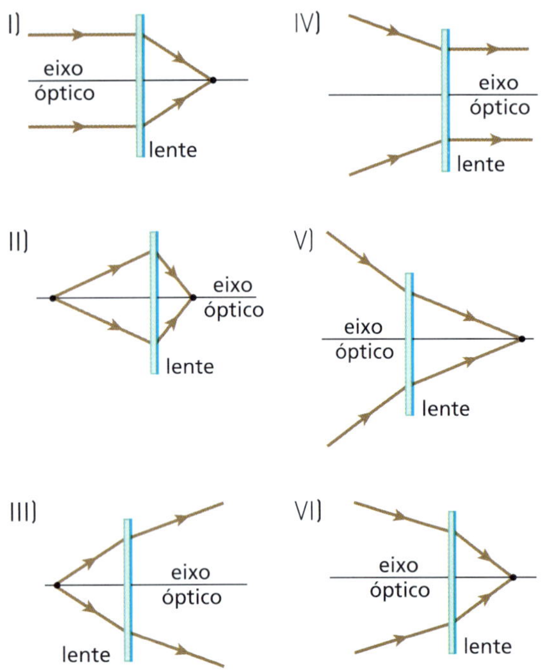

Banco de imagens/Arquivo da editora

Quais lentes apresentam comportamento convergente?

2. Dois estreitos feixes de luz monocromática, **A** e **B**, de mesma frequência, incidem sobre um sistema óptico "escondido" atrás do tampão representado no esquema. Depois de atravessarem o sistema óptico, esses feixes seguem os caminhos ópticos identificados por **A'** e **B'**, respectivamente.

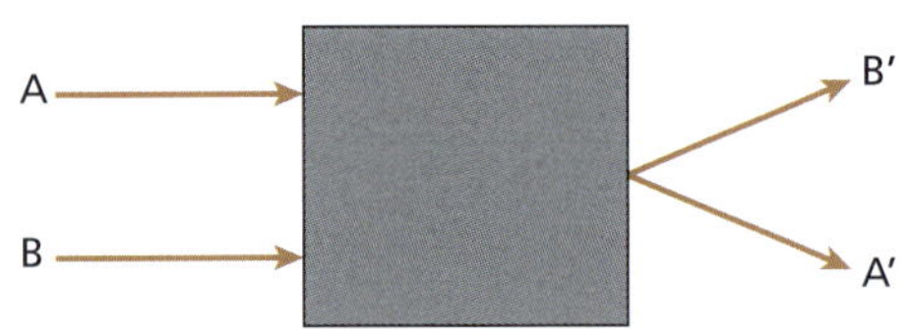

Banco de imagens/Arquivo da editora

O sistema óptico é de vidro e está imerso no ar. Logo, com base nas indicações da figura, pode-se concluir que o sistema óptico "escondido" atrás do tampão só pode ser:

a) Uma lâmina de faces paralelas.
b) Uma lente biconvexa.
c) Uma lente plano-côncava.
d) Um prisma com seção principal em forma de triângulo equilátero.
e) Um prisma com seção principal em forma de triângulo retângulo.

3. Um escoteiro, contrariando a orientação do chefe que recomendava o uso de gravetos rolantes para produzir fogo no momento da confecção do almoço do pelotão, utilizou uma lente esférica de distância focal *f* que "concentrou os raios solares" sobre um monte de folhas secas situado a uma distância *d* da lente.

a) Diga que tipo de lente o escoteiro utilizou (convergente ou divergente).
b) Faça, em seu caderno, um esquema representando os raios solares, a lente e o monte de folhas secas.
c) Determine o valor de *d* em função de *f* para que o processo tenha eficiência máxima, isto é, o fogo seja produzido no menor intervalo de tempo possível.

4. (Fuvest-SP) Um objeto decorativo consiste de um bloco de vidro transparente, de índice de refração igual a 1,4, com a forma de um paralelepípedo, que tem, em seu interior, uma bolha, aproximadamente esférica, preenchida com um líquido, também transparente, de índice de refração *n*. A figura abaixo mostra um perfil do objeto.

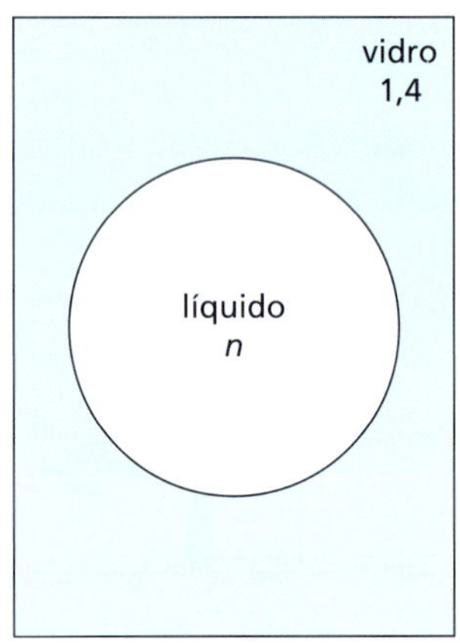

Reprodução/Arquivo da editora

Nessas condições, quando a luz visível incide perpendicularmente em uma das faces do bloco e atravessa a bolha, o objeto se comporta, aproximadamente, como

a) uma lente divergente, somente se $n > 1,4$.
b) uma lente convergente, somente se $n > 1,4$.
c) uma lente convergente, para qualquer valor de *n*.
d) uma lente divergente, para qualquer valor de *n*.
e) se a bolha não existisse, para qualquer valor de *n*.

5. O arranjo experimental da figura é composto de uma lente esférica de vidro e um espelho plano. A montagem é feita no interior de uma sala de aula pelo professor de Óptica, que dispõe o espelho perpendicularmente ao eixo principal da lente:

Banco de imagens/Arquivo da editora

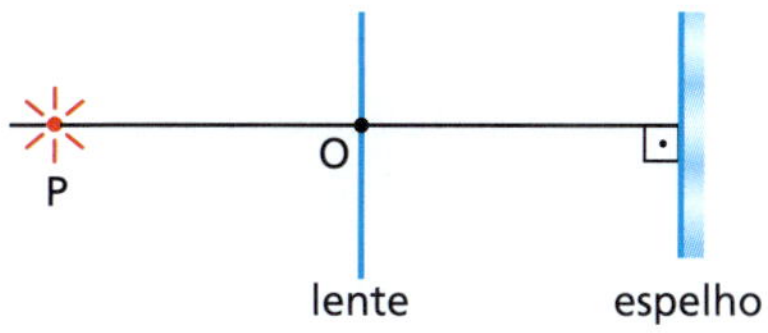

De um ponto **P**, situado sobre o eixo principal e distante 30 cm do centro óptico da lente, provém luz que se refrata através da lente, incide no espelho, reflete-se e volta a atravessar a lente, convergindo novamente para o ponto **P**, independentemente da distância entre a lente e o espelho.

a) Classifique a lente como convergente ou divergente.

b) Obtenha o valor absoluto de sua distância focal.

6. (Unip-SP) A figura representa um objeto luminoso **P** no eixo principal de uma lente convergente **L**. Quando o objeto **P** está na posição **A**, o raio de luz que parte de **P** passa, após refratar-se na lente, pelo ponto **A'**, simétrico de **A** em relação a **L**:

Reprodução/Arquivo da editora

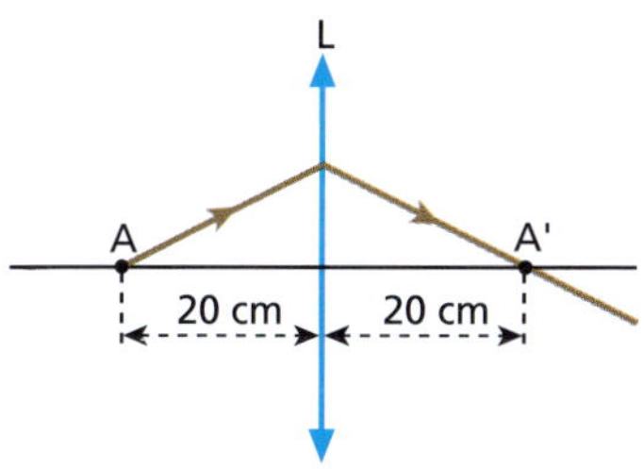

Em seguida, o objeto **P** se aproxima da lente, posicionando-se no ponto **B**, conforme a figura.

Reprodução/Arquivo da editora

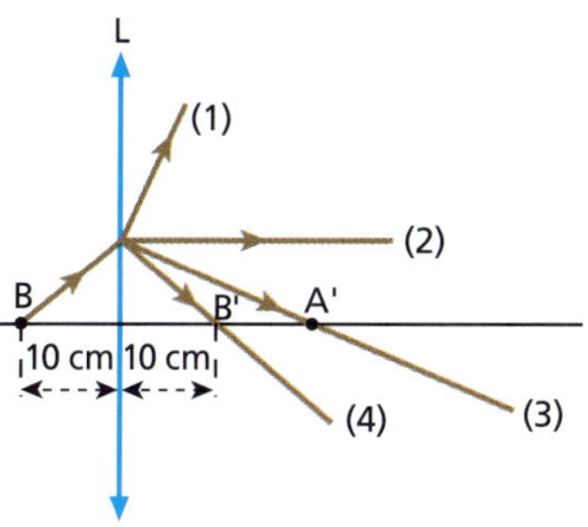

O raio de luz que parte do objeto **P**, posicionado em **B**, após refratar-se na lente, assume:

a) a direção 1.

b) a direção 2.

c) a direção 3.

d) a direção 4.

e) uma direção diferente das indicadas.

7. (SBF) O esquema representa uma lente, um objeto e sua respectiva imagem.

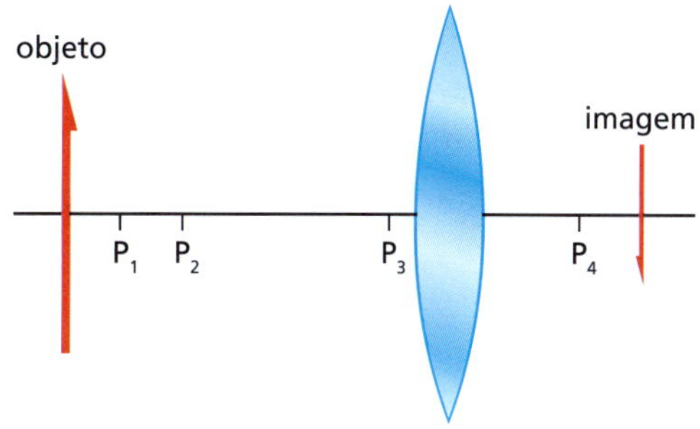

Reprodução/Arquivo da editora

Qual dos quatro pontos sobre o eixo principal da lente melhor localiza um dos focos principais da lente?

a) P_1

b) P_2

c) P_3

d) P_4

8. E.R. Na foto abaixo, um texto é visto através de duas lentes esféricas 1 e 2. A imagem formada pela lente 1 aparece menor que o próprio texto e a imagem formada pela lente 2 aparece maior.

Banco de imagens/Arquivo da editora

Levando-se em conta os elementos presentes na ilustração, pede-se:

a) Dizer se as imagens fornecidas respectivamente pelas lentes 1 e 2 são de natureza **real** ou **virtual**.

b) Dizer se a lente 1 tem comportamento **convergente** ou **divergente**. Responder o mesmo em relação à lente 2.

c) Elaborar esquemas ópticos, com raios de luz, que ilustrem respectivamente a formação das imagens nas lentes 1 e 2.

Resolução:

a) Nos dois casos, as imagens são direitas, o que mostra que as imagens produzidas pelas lentes 1 e 2 são de natureza **virtual**.

b) Lente 1 – de bordas grossas e mais refringente que o ar – tem comportamento divergente, enquanto a lente 2 – de bordas finas e mais refringente que o ar – tem comportamento convergente.
Obs.: A lente 2 funciona como uma lupa.

c) Lente 1:

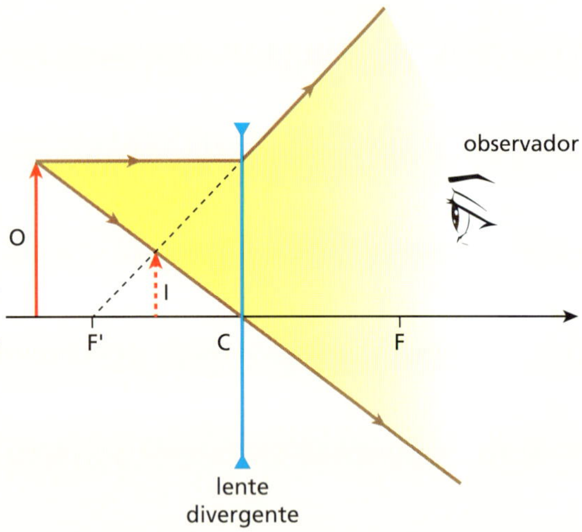

Banco de imagens/Arquivo da editora

Lente 2:

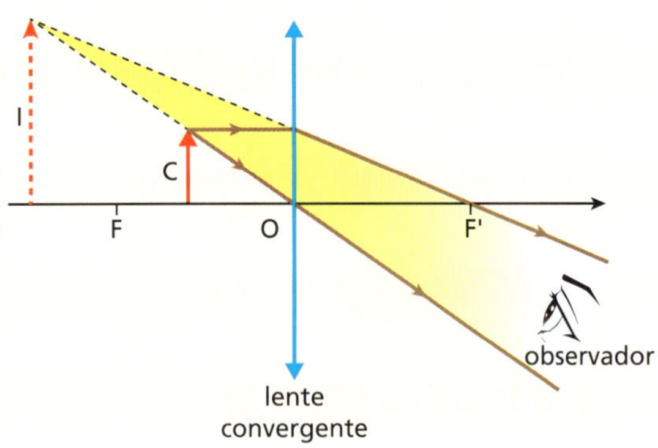

Banco de imagens/Arquivo da editora

9. Sherlock Holmes é um personagem de ficção da literatura britânica, ambientado entre o final do século XIX e o início do século XX. Criado pelo escritor Sir Arthur Doyle, Holmes ainda hoje é um dos mais atraentes personagens dos romances policiais. Carismático e astuto, fez do método científico e da lógica dedutiva suas melhores armas. Sua habilidade para desvendar crimes aparentemente insolúveis, até mesmo para a Scotland Yard, transformou seu nome em sinônimo de detetive. Na imagem a seguir, Holmes é caracterizado em companhia de seu fiel escudeiro e admirador, o Dr. Watson, observando indícios de um crime. Ele utiliza nesta cena sua inseparável lupa, que produz imagens substancialmente ampliadas dos objetos.

Alamy/Fotoarena

Considerando-se uma lupa em operação de acordo com as condições de Gauss, faça o que se pede:

a) Diga se essa lente – a lupa – é convergente ou divergente e cite em que local, sobre o eixo óptico, deve ser posicionado um pequeno objeto para que sua imagem seja direita e ampliada.

b) Faça um esquema utilizando raios de luz que determinam a imagem de um objeto linear posicionando perpendicularmente sobre o eixo óptico da lente.

10. (Fuvest-SP) Uma pessoa segura uma lente delgada junto a um livro, mantendo seus olhos aproximadamente a 40 cm da página, obtendo a imagem indicada na figura.

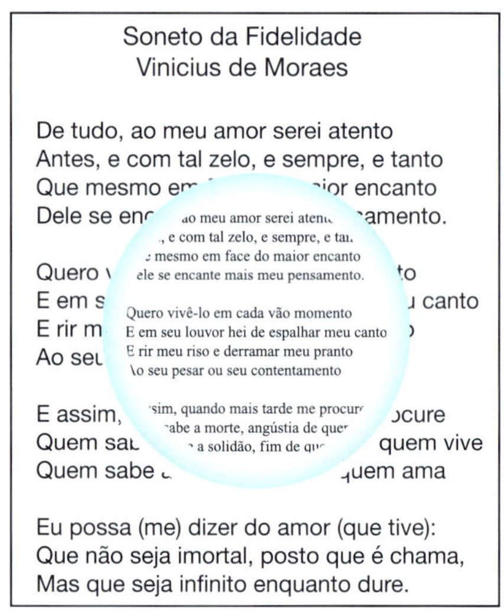

Reprodução/Arquivo da editora

Em seguida, sem mover a cabeça ou o livro, vai aproximando a lente de seus olhos. A imagem, formada pela lente, passará a ser:

a) sempre direita, cada vez menor.
b) sempre direita, cada vez maior.
c) direita cada vez menor, passando a invertida e cada vez menor.
d) direita cada vez maior, passando a invertida e cada vez menor.
e) direita cada vez menor, passando a invertida e cada vez maior.

Exercícios Nível 2

11. (Ufla-MG) Coloca-se uma pequena lâmpada **L** no foco principal de uma lente biconvexa de índice de refração n_L imersa em um líquido de índice de refração n_1. Essa situação está esquematizada abaixo.

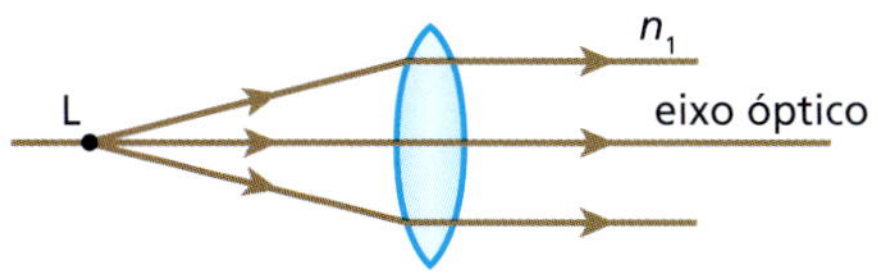

Reprodução/Arquivo da editora

Mantendo-se a posição da lâmpada em relação à lente e imergindo-se o conjunto em um outro líquido de índice de refração n_2, obteve-se o seguinte percurso para os raios luminosos:

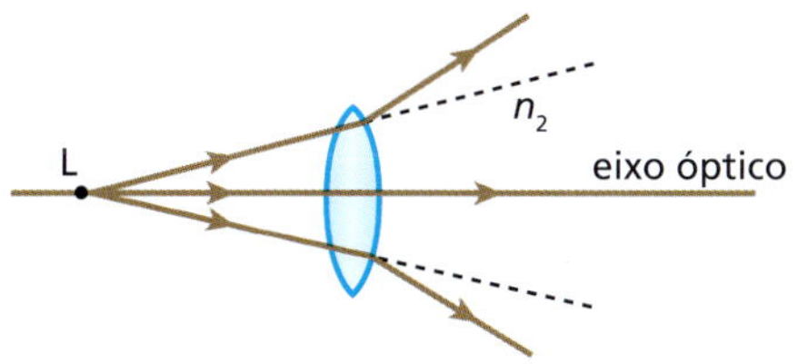

Reprodução/Arquivo da editora

É correto afirmar que:

a) $n_2 > n_1 > n_L$
b) $n_2 = n_L > n_1$
c) $n_L > n_2 > n_1$
d) $n_2 > n_L > n_1$
e) $n_L = n_1 > n_2$

12. Um instrumento óptico de observação astronômica é dotado de uma lente convergente frontal de distância focal iguala 80 cm. Esse instrumento é apontado para uma estrela de modo que a lente recebe do astro raios luminosos paralelos ao seu eixo óptico. O operador do equipamento dispõe de um conjunto de três espelhos – um plano e dois esféricos, sendo um côncavo e o outro, convexo – que serão colocados sucessivamente com suas superfícies refletoras coaxialmente dispostas do lado oposto da lente, a 80 cm dela. Considerando-se que a lente funciona de acordo com as condições de estigmatismo de Gauss, para que os raios luminosos provenientes da estrela retornem superpostos aos raios incidentes, o operador poderá utilizar

a) somente o espelho plano;
b) somente o espelho côncavo;
c) somente o espelho convexo;
d) somente os espelhos esféricos;
e) qualquer um dos três espelhos.

13. Para acender um palito de fósforo com os raios solares (considerados paralelos), você vai utilizar uma lente convergente **L** de centro óptico **O** e distância focal *f*. Para tanto, a cabeça do palito será colocada em um dos cinco pontos, **A**, **B**, **C**, **D** ou **E**, indicados na figura a seguir.

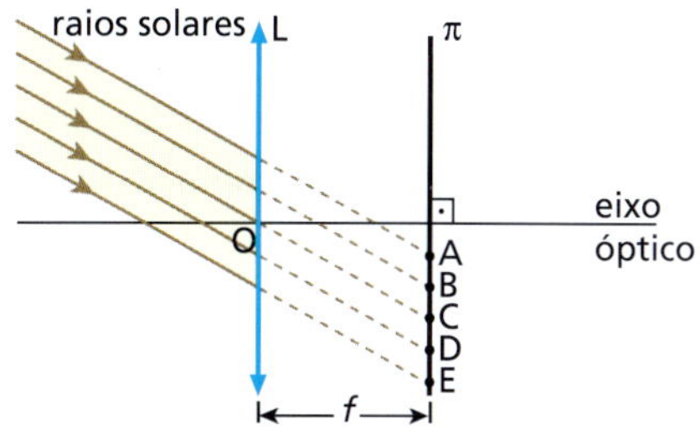

Banco de imagens/Arquivo da editora

O plano π é perpendicular ao eixo óptico da lente e os pontos citados pertencem à intersecção desse plano com o plano do papel. O efeito desejado será produzido no mínimo intervalo de tempo se a cabeça do palito for colocada no ponto:

a) **A**.
b) **B**.
c) **C**.
d) **D**.
e) **E**.

14. Duas lentes simétricas biconvexas idênticas, $\mathbf{L_1}$ e $\mathbf{L_2}$, de cristal e em operação no ar, com distâncias focais de módulo igual a *f*, são montadas coaxialmente, conforme indica o esquema, fora de escala, de modo a operarem conforme as condições de estigmatismo de Gauss.

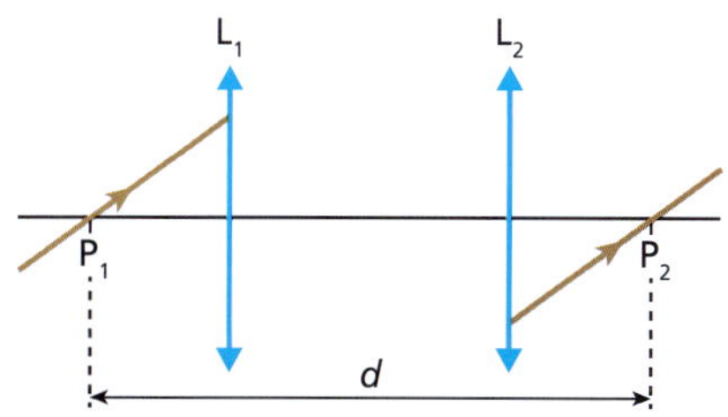

Banco de imagens/Arquivo da editora

Um raio de luz monocromático incide em $\mathbf{L_1}$ passando por um ponto $\mathbf{P_1}$ do eixo óptico do sistema e emerge deste passando por um ponto $\mathbf{P_2}$, tal que a luz emergente é paralela à incidente.

Diante dessas informações, pode-se afirmar que a distância *d* entre $\mathbf{P_1}$ e $\mathbf{P_2}$ em função de *f* fica determinada por:

a) d = 2f
b) d = 4f
c) d = 6f
d) d = 8f
e) d = 10f

15. E.R. Duas lentes convergentes $\mathbf{L_1}$ e $\mathbf{L_2}$ são associadas coaxialmente, conforme mostra o esquema a seguir:

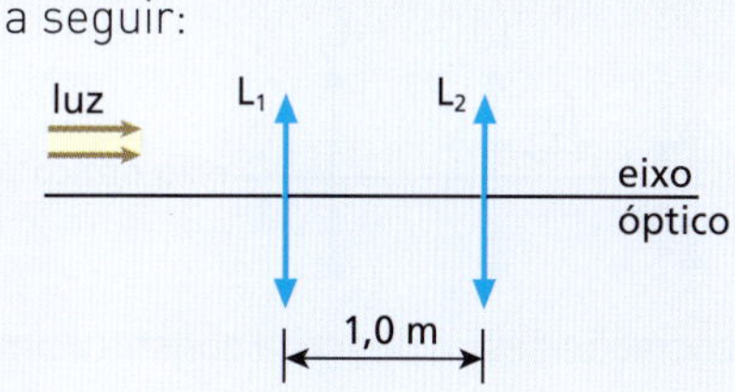

Banco de imagens/Arquivo da editora

Fazendo-se incidir sobre $\mathbf{L_1}$ um pincel cilíndrico de luz monocromática de 5 cm de diâmetro e de eixo coincidente com o eixo óptico do sistema, observa-se que de $\mathbf{L_2}$ emerge um pincel luminoso também cilíndrico e de eixo coincidente com o eixo óptico do sistema, porém com 20 cm de diâmetro. Determine:

a) o trajeto dos raios luminosos, ao atravessarem o sistema;

b) as distâncias focais de $\mathbf{L_1}$ e de $\mathbf{L_2}$.

Resolução:

a) Para que o pincel luminoso emergente de $\mathbf{L_2}$ seja cilíndrico e de eixo coincidente com o eixo óptico do sistema, o foco principal imagem de $\mathbf{L_1}$ deve coincidir com o foco principal objeto de $\mathbf{L_2}$, conforme representa, fora de escala, a figura:

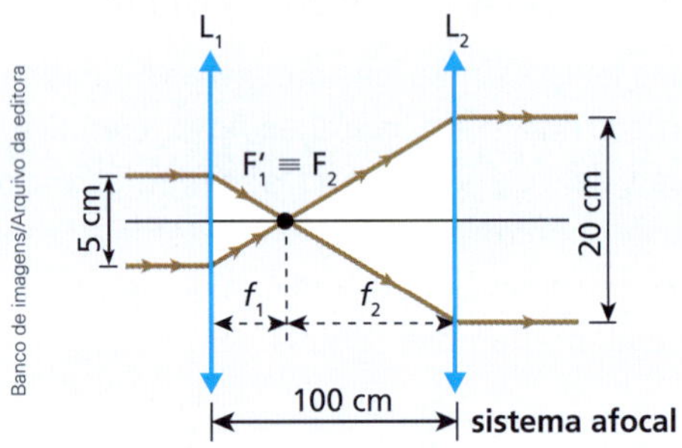

b) Os triângulos destacados são semelhantes. Logo:

$$\frac{f_1}{5} = \frac{f_2}{20} \Rightarrow f_2 = 4f_1 \quad \text{(I)}$$

Mas: $f_1 + f_2 = 100$ (II)

Substituindo (I) em (II), temos:

$$f_1 + 4f_1 = 100 \therefore \boxed{f_1 = 20\text{ cm}} \text{ e } \boxed{f_2 = 80\text{ cm}}$$

16. A figura mostra o esquema da associação de duas lentes convergentes, $\mathbf{L_1}$ e $\mathbf{L_2}$, coaxiais, afastadas de uma distância igual a 0,5 m. Observa-se que, incidindo na lente $\mathbf{L_1}$ um pincel cilíndrico de luz monocromática com 2,5 cm de diâmetro e coincidente com eixo óptico, emerge da lente $\mathbf{L_2}$ um pincel luminoso cilíndrico com 10,0 cm de diâmetro, coincidente com o eixo óptico do sistema.

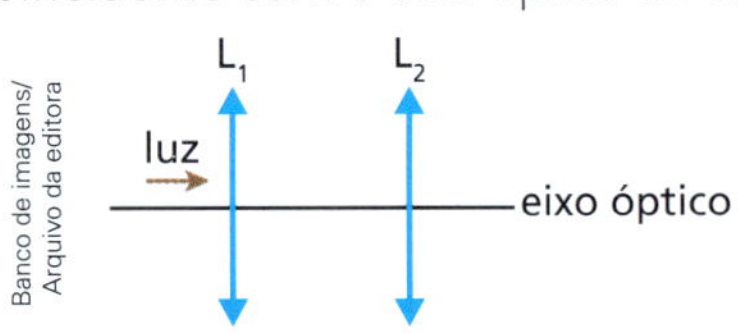

A associação assim descrita constitui um **sistema afocal** (sem foco), já que sobre ele incidem raios luminosos paralelos ao eixo óptico e dele emergem também raios luminosos paralelos ao eixo óptico. Com base nessas informações, pede-se determinar a distância focal f_2 da lente $\mathbf{L_2}$, medida em cm.

17. (SBF) No laboratório do colégio, o professor propôs a seguinte tarefa: montar, em um banco óptico, duas lentes esféricas de mesmo eixo principal com o objetivo de formar um sistema afocal. Os alunos têm a seu dispor quatro lentes, sendo duas convergentes e duas divergentes de distâncias focais (em módulo) menores que as das lentes convergentes. Dispõem, também, de dois pequenos canhões de *laser* capazes de emitir feixes luminosos estreitos e cilíndricos.

Os alunos devem montar duas lentes no banco óptico, fazer incidir sobre uma delas os dois feixes paralelamente ao eixo principal e, por tentativas, variando a distância entre as lentes, conseguir que, depois de atravessá-las, os dois feixes continuem paralelos ao eixo principal. Para isso, analise os quatro arranjos a seguir.

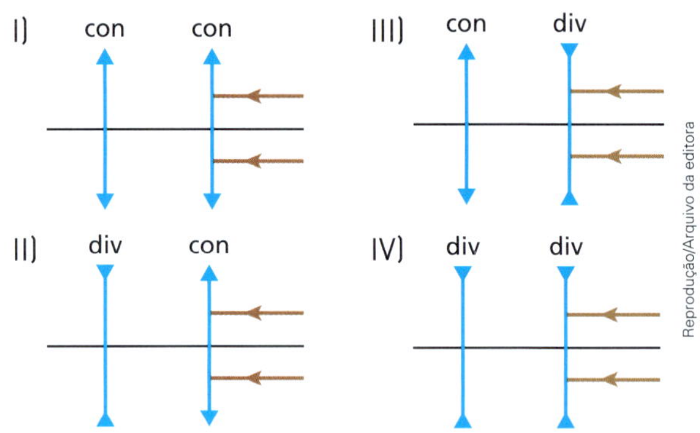

É possível conseguir formar um sistema afocal com os arranjos

a) I e II, apenas.
b) I e IV, apenas.
c) II, III e IV, apenas.
d) III e IV, apenas.
e) I,II e III, apenas.

18. (SBF) Uma pequena lâmpada está colocada sobre o eixo óptico da associação de duas lentes esféricas delgadas, como indicado na figura, posicionada a 20 cm da lente convergente. A distância focal de ambas as lentes é a mesma em módulo, valendo 10 cm.

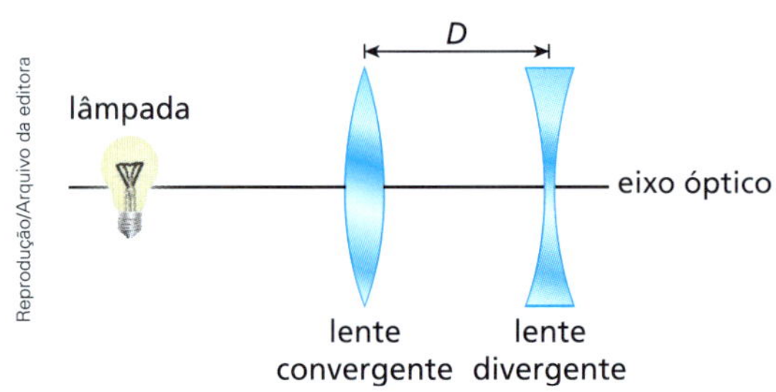

Para que a luz originada na lâmpada e que emerge da lente divergente seja constituída por raios luminosos paralelos entre si e paralelos ao eixo óptico do sistema, a distância D entre as duas lentes deve ser

a) 5 cm b) 10 cm c) 20 cm d) 40 cm

19. A figura representa uma lente esférica simétrica de vidro, imersa no ar, diante da qual está a superfície refletora de um espelho esférico côncavo, cujo raio de curvatura vale 60 cm. O vértice do espelho dista 40 cm do centro óptico da lente.

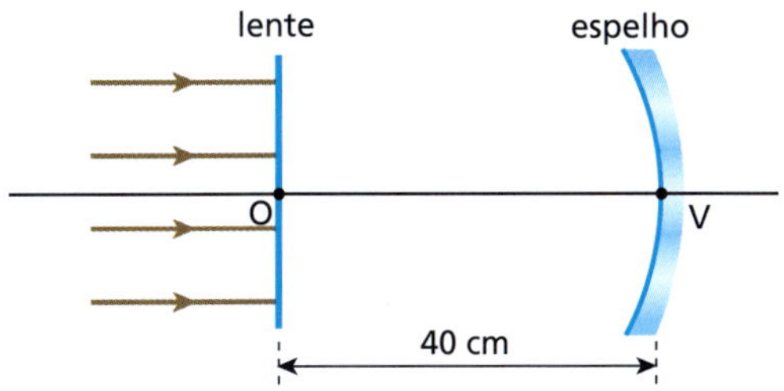

Banco de imagens/Arquivo da editora

Raios luminosos paralelos entre si e ao eixo óptico comum à lente e ao espelho incidem no sistema. Sabendo que os raios emergentes do sistema sobrepõem-se aos incidentes:

a) classifique a lente como biconvexa ou bicôncava.

b) obtenha o valor absoluto de sua distância focal.

20. E.R. No esquema seguinte, **ab** é o eixo principal de uma lente esférica delgada, **AB** é um objeto real e **A'B'** é a imagem de **AB** conjugada pela lente:

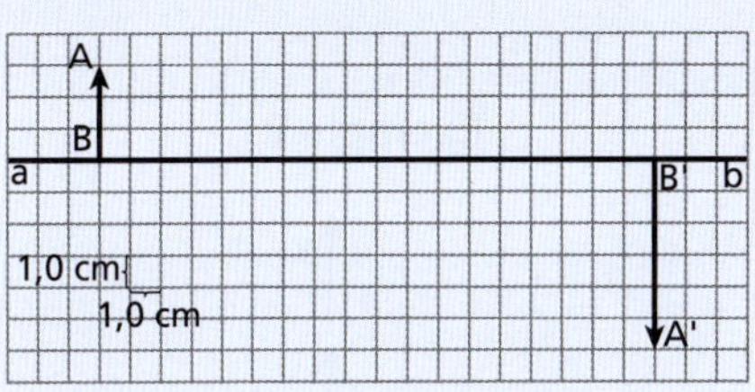

Banco de imagens/Arquivo da editora

a) Posicione o centro óptico da lente sobre o eixo **ab**, calculando sua distância em relação a **AB** e em relação a **A'B'**.

b) Classifique a lente como convergente ou divergente.

c) Determine o valor absoluto de sua abscissa focal.

Resolução:

a) I. **Posicionamento do centro óptico O**

Um raio luminoso que incide na lente a partir do ponto **A**, alinhado com o ponto **A'**, intercepta o eixo **ab** na posição correspondente ao centro óptico:

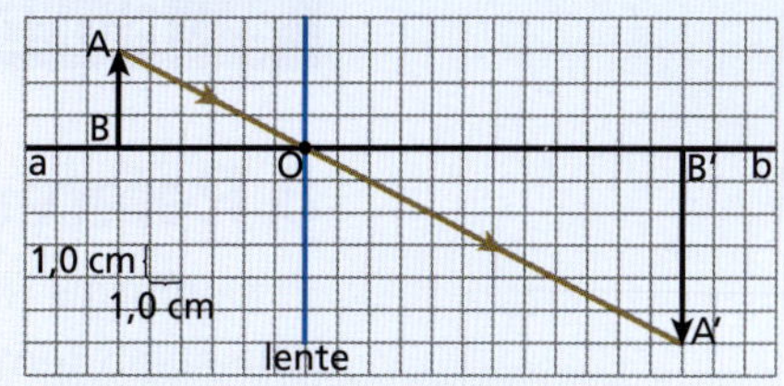

Banco de imagens/Arquivo da editora

II. **Determinação das distâncias**

Sejam:

p = distância da lente a AB

p' = distância da lente a A'B'

Observando a figura, obtemos:

$\boxed{p = 6{,}0\text{ cm}}$ e $\boxed{p' = 12\text{ cm}}$

b) Um raio luminoso que incide na lente paralelamente ao eixo **ab**, a partir do ponto **A**, deve refratar-se alinhado com o ponto **A'**. Esse raio determina o comportamento da lente (convergente ou divergente) e intercepta o eixo **ab** no foco principal imagem **F'**:

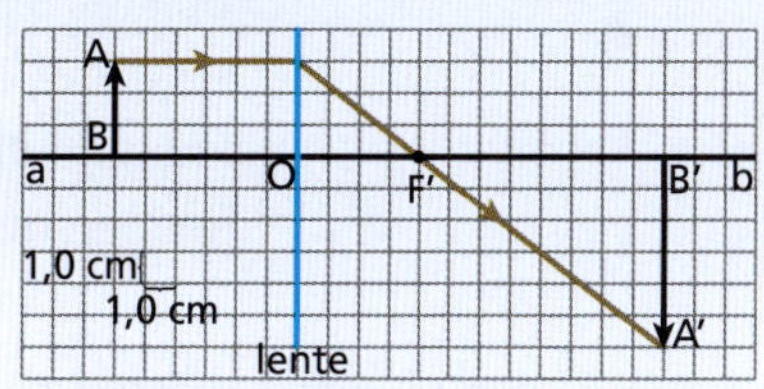

Banco de imagens/Arquivo da editora

$\boxed{\text{A lente é convergente.}}$

c) A distância focal f da lente corresponde ao comprimento **F'O**. Da figura, obtemos:

$\boxed{f = 4{,}0\text{ cm}}$

21. No esquema abaixo, **xx'** é o eixo principal de uma lente esférica delgada, **O** é um objeto luminoso e **I** é sua imagem conjugada pela lente:

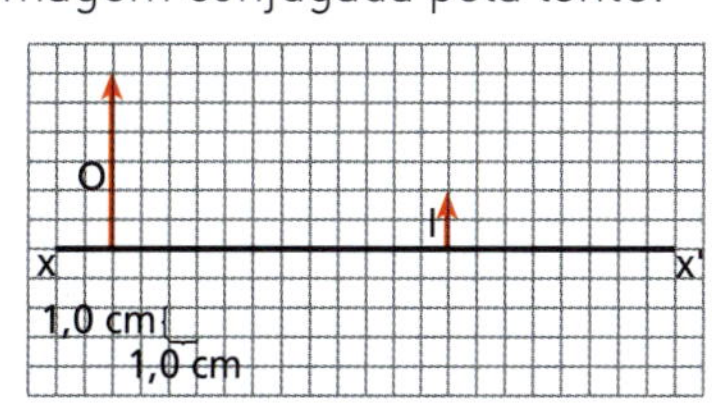

Banco de imagens/Arquivo da editora

a) Copie a figura em escala no seu caderno e determine a posição do centro óptico da lente sobre o eixo **xx'**, calculando sua distância em relação a **O** e em relação a **I**.

b) Classifique a lente como convergente ou divergente.

c) Determine o valor absoluto de sua abscissa focal.

Bloco 2

8. Referencial gaussiano

Conforme foi visto no Tópico 2 desta Unidade, Reflexão da luz, o referencial gaussiano tem por função dar estrutura ao estudo analítico das imagens, atribuindo, às abscissas e ordenadas dos objetos e consequentes imagens, sinais algébricos adequados.

Em relação às lentes esféricas, o referencial de Gauss é composto de três eixos, todos com origem coincidente com o centro óptico, conforme se pode observar no esquema ao lado:

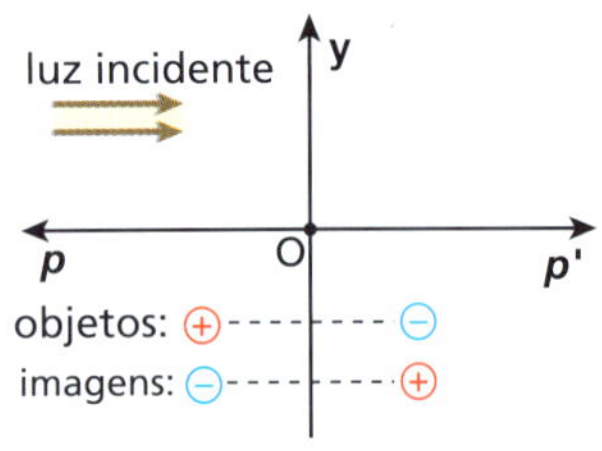

Banco de imagens/Arquivo da editora

- **Eixo Op** (abscissas dos objetos): direção do eixo principal e orientação em sentido oposto ao da luz incidente.
- **Eixo Op'** (abscissas das imagens): direção do eixo principal e orientação no mesmo sentido da luz incidente.
- **Eixo Oy** (ordenadas dos objetos e das imagens): direção perpendicular ao eixo principal e orientação para cima.

Do referencial gaussiano para as lentes esféricas, depreende-se que:

Objetos e imagens **reais**: abscissa **positiva**.
Objetos e imagens **virtuais**: **abscissa negativa**.
Imagem **direita**: objeto e imagem com ordenadas de **mesmo sinal**.
Imagem **invertida**: objeto e imagem com ordenadas de **sinais contrários**.

Convém observar que nas lentes convergentes, pelo fato de os focos serem reais, as abscissas focais são **positivas**, enquanto nas lentes divergentes, pelo fato de os focos serem virtuais, as abscissas focais são **negativas**.

Veja, a seguir, dois exemplos que destacam os sinais algébricos das abscissas e ordenadas envolvidas.

Exemplo 1:

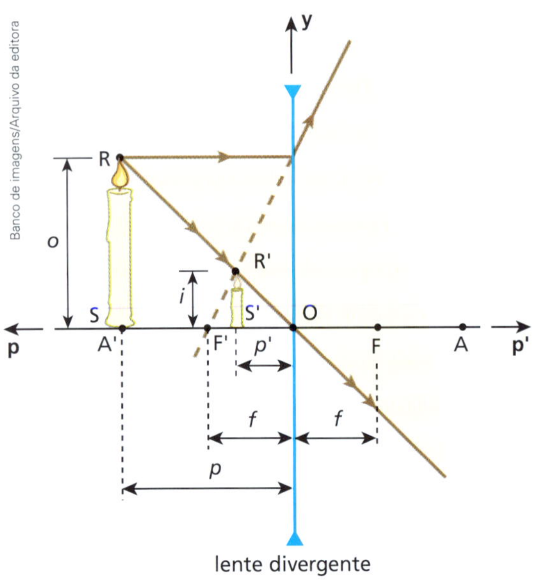

Banco de imagens/Arquivo da editora

Nesse caso: $p > 0$, $p' < 0$, $f < 0$, $o > 0$ e $i > 0$.

Exemplo 2:

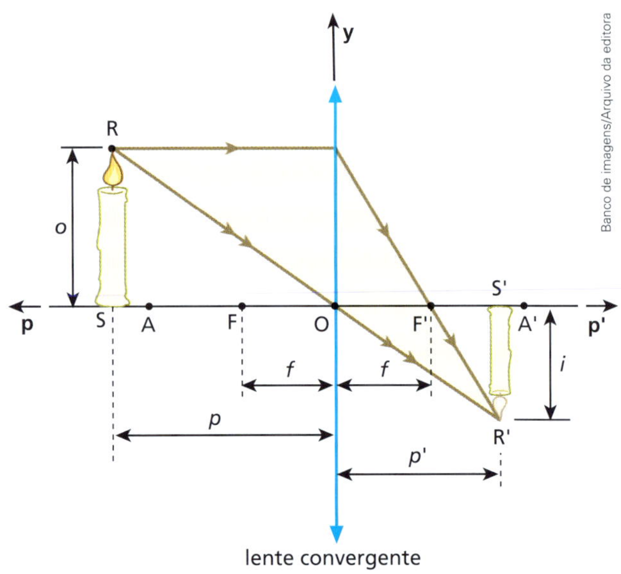

Banco de imagens/Arquivo da editora

Nesse caso: $p > 0$, $p' > 0$, $f > 0$, $o > 0$ e $i < 0$.

9. Função dos pontos conjugados (Equação de Gauss)

No caso das lentes esféricas, as abscissas *f*, *p* e *p'* relacionam-se matematicamente segundo a mesma função deduzida para os espelhos esféricos.

Trata-se da **função dos pontos conjugados**, também conhecida como **Equação de Gauss**:

$$\frac{1}{f} = \frac{1}{p} + \frac{1}{p'}$$

Com o objetivo de apresentar uma dedução simples dessa importante expressão, considere a lente da figura ao lado, em que está traçada, para o objeto real **SR**, a correspondente imagem **S'R'**.

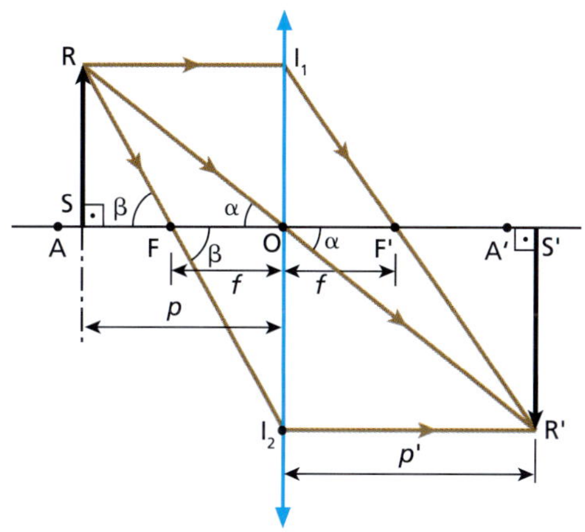

Banco de imagens/Arquivo da editora

Os triângulos **RSO** e **R'S'O** são semelhantes. Então:

$$\frac{RS}{R'S'} = \frac{OS}{OS'}$$

Mas OS = p e OS' = p'. Assim:

$$\frac{RS}{R'S'} = \frac{p}{p'} \quad \text{(I)}$$

Os triângulos **RSF** e **I_2OF** também são semelhantes. Então:

$$\frac{RS}{I_2O} = \frac{FS}{OF}$$

Mas $I_2O = R'S'$, FS = p − f e OF = f. Assim:

$$\frac{RS}{R'S'} = \frac{p - f}{f} \quad \text{(II)}$$

Comparando-se as expressões (I) e (II), vem:

$$\frac{p}{p'} = \frac{p - f}{f}$$

$$fp = pp' - fp' \Rightarrow pp' = fp' + fp$$

Dividindo todos os termos da última expressão por *fpp'*, tem-se:

$$\frac{1}{f} = \frac{1}{p} + \frac{1}{p'}$$ (função dos pontos conjugados)

Convém destacar que nas aplicações dessa expressão devem ser levados em conta os sinais algébricos de *f*, *p* e *p'*, dados pelo referencial gaussiano.

10. Aumento linear transversal

Conforme vimos no Tópico 2 desta Unidade, Reflexão da luz, também para as lentes esféricas define-se aumento linear transversal como a grandeza adimensional dada pela relação entre a ordenada da imagem (*i*) e a ordenada do objeto (*o*), ambas expressas em relação ao referencial gaussiano.

$$A = \frac{i}{o}$$

Considere a lente a seguir, que conjuga, para o objeto real **SR**, a imagem real **S'R'**.

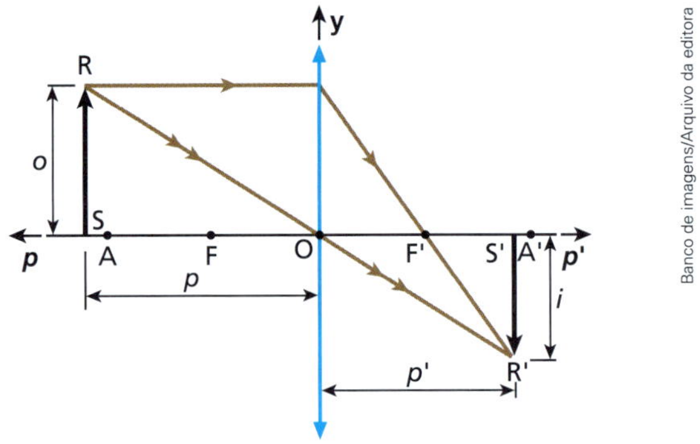

Os triângulos **RSO** e **R'S'O** são semelhantes. Então: $\frac{R'S'}{RS} = \frac{OS'}{OS}$

Mas $R'S' = |i|$, $RS = |o|$, $OS' = |p'|$ e $OS = |p|$. Assim:

$$\frac{|i|}{|o|} = \frac{|p'|}{|p|}$$

Perceba que, no caso da situação proposta (vide referencial gaussiano), $i < 0$, $o > 0$, $p > 0$ (objeto real) e $p' > 0$ (imagem real).

Levando em conta os sinais algébricos de *i*, *o*, *p* e *p'*, podemos escrever que:

$$A = \frac{i}{o} = -\frac{p'}{p}$$

Nesse momento, é importante recapitular duas situações importantes referentes ao aumento linear transversal:

1ª situação: Aumento positivo

Se $A > 0$, devemos ter:

a) *i* e *o* com o mesmo sinal: a imagem é direita;

b) *p* e *p'* com sinais opostos: o objeto e a imagem têm naturezas opostas (se um é real, o outro é virtual).

2ª situação: Aumento negativo

Se $A < 0$, devemos ter:

a) *i* e *o* com sinais opostos: a imagem é invertida;

b) *p* e *p'* com o mesmo sinal: o objeto e a imagem têm a mesma natureza (ambos são reais ou ambos são virtuais).

É importante notar também que:

Se $|A| > 1$: a imagem é **maior** que o objeto.
Se $|A| < 1$: a imagem é **menor** que o objeto.

É possível expressar o aumento linear transversal *A* de uma lente esférica em função da abscissa focal *f* e da abscissa do objeto *p*. Para isso, basta utilizar a expressão deduzida no exercício resolvido 67, do Tópico 2 desta Unidade:

$$A = \frac{f}{f - p}$$

Faça você mesmo

> **!** Este experimento envolve o uso de objeto cortante. Cuidado para não se ferir.

Duas posições e duas projeções

Vamos verificar nesta atividade que, com um objeto luminoso e um anteparo, ambos fixos, percorrendo-se o segmento que conecta esses dois elementos com uma lente convergente, é possível obter-se projetadas no anteparo duas imagens invertidas do objeto, uma maior e outra menor. Isso acontece para duas posições distintas da lente, respectivamente, uma mais próxima do objeto e outra mais afastada dele.

Material necessário

- 1 lupa (lente convergente, geralmente biconvexa);
- 1 lanterna a pilha e algum objeto para servir de apoio para ela (uma caixa qualquer sobre uma mesa, por exemplo);
- 1 folha de papel-manteiga;
- 1 folha de plástico adesivo, de preferência preta;
- 1 rolo de fita adesiva. Recomendamos fita isolante preta, do tipo utilizado em isolação de circuitos elétricos;
- 1 estilete e/ou 1 tesoura para cortar o papel-manteiga, o papel *contact* e a fita isolante;
- 1 trena centimetrada.

Procedimento

I. Recorte no papel-manteiga e no papel *contact* círculos capazes de cobrir completamente o bocal da lanterna. O círculo recortado sobre o papel-manteiga deverá ser menor que o recortado sobre o papel *contact*. Vale comentar que a finalidade do papel-manteiga é difundir de maneira mais homogênea a luz proveniente da lâmpada da lanterna.

II. Tomando o devido cuidado para não se machucar, utilize o estilete para recortar no plástico adesivo a ser colado diretamente sobre o papel-manteiga algo longilíneo terminado de forma diferente daquela que foi definida para o lado oposto do corte. Sugerimos uma seta, por exemplo. Instale o plástico adesivo no bocal da lanterna. Utilize um pedaço de fita isolante para melhor fixação. Veja a fotografia a seguir.

Fernando Favoretto/Criar Imagem

III. Para estimar a distância focal da lente, disponha a lupa paralelamente ao solo sob uma lâmpada acesa, relativamente potente. Faça com que a lente fique suficientemente distante da lâmpada para que os raios luminosos incidentes sobre ela possam ser considerados praticamente paralelos. Esses raios, depois de refratados, se concentrarão em uma região de área mínima, que poderá ser observada projetada sobre o solo. Utilizando a trena, meça a distância entre a lupa e essa região. O comprimento determinado é a distância focal aproximada da lente, que representaremos por f.

IV. Em seguida, em um ambiente escurecido, apoie a lanterna de modo que sua distância d a uma parede do recinto (preferencialmente de cor clara) seja maior que $4f$. Meça com a trena o valor de d.

V. Com a lupa próxima do bocal da lanterna, observe o que aparece como projeção na parede. Você notará apenas uma figura indefinida, completamente desfocada. Comece então a deslocar a lupa no sentido lanterna-parede. Você verá que a figura projetada irá se definindo até ficar devidamente focalizada, apresentando uma imagem invertida da seta "objeto", porém, maior que esta. Utilize a trena para medir a distância p_1 entre o bocal da lanterna e a lupa. Veja as fotos a seguir.

Fernando Favoretto/Criar Imagem

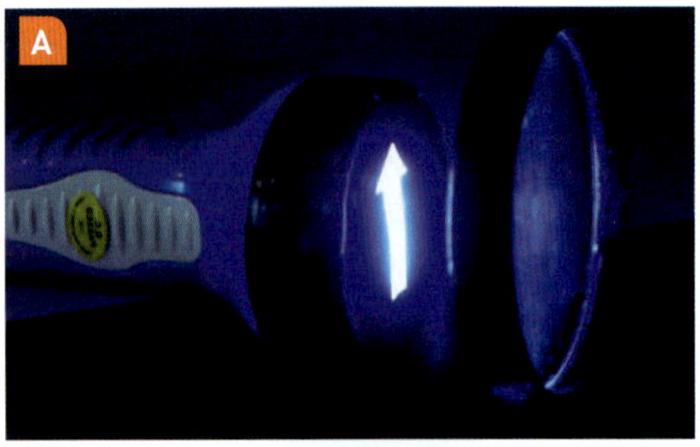

Fernando Favoretto/Criar Imagem

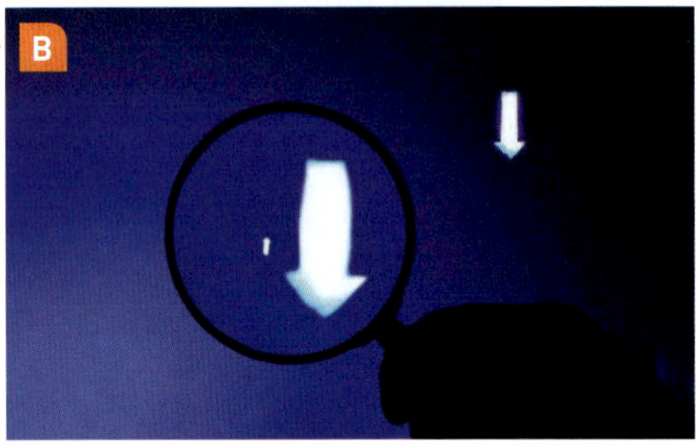

Na fotografia B, você pode observar, além da imagem projetada na parede ao fundo, invertida e maior que a seta "objeto", duas outras imagens do mesmo objeto produzidas por reflexão da luz nas faces esféricas da lente.

VI. Continuando a deslocar a lupa ao longo do segmento lanterna-parede, no sentido lanterna-parede, você perceberá que a figura projetada na parede voltará a ficar fora de foco até adquirir novamente contornos definidos, isto é, perfeita focalização. Neste caso, a imagem também será invertida em relação à seta "objeto", porém, menor que ela. Meça também a distância p_2 entre o bocal da lanterna e a lupa. Veja o resultado óptico na fotografia abaixo (C).

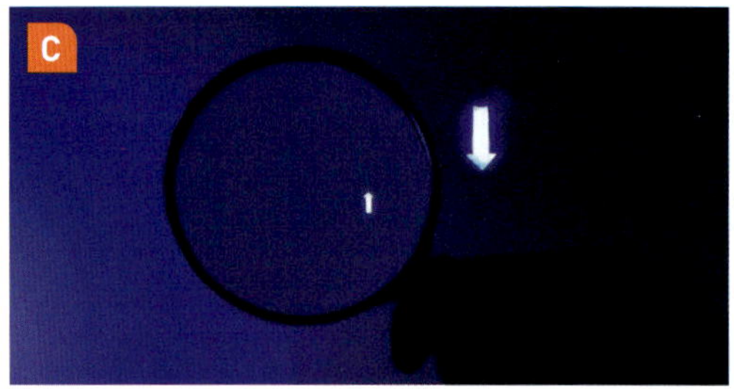

Fernando Favoretto/Criar Imagem

Você pode constatar, portanto, que com $d > 4f$, ao longo do segmento lanterna-parede, existem duas posições para a lupa, distantes respectivamente p_1 e p_2 do bocal da lanterna, em que ocorrem projeções nítidas do objeto luminoso na superfície definida como anteparo. Logo, ao longo do referido segmento podem ser notadas duas posições e duas projeções.

Desenvolvimento

1. Demonstre matematicamente por que o sucesso do experimento como descrito exige que $d > 4f$.
2. Determine em função de d e f as expressões matemáticas de p_1 e p_2. Substitua nessas expressões as medidas que você obteve para d e f e calcule os valores numéricos esperados de p_1 e p_2. Compare os valores calculados com as respectivas medidas experimentais.

Exercícios Nível 1

22. E.R. Uma lente esférica produz uma imagem real de um objeto situado a 30 cm da lente. Sabendo que o objeto se encontra a 50 cm de sua imagem, pede-se:

a) classificar a lente em convergente ou divergente.

b) calcular a distância focal da lente.

c) representar por meio de um esquema a situação proposta.

Resolução:

a) Se a um objeto real é conjugada uma imagem real, a lente é **convergente**.

b) Temos $p' = 30$ cm e $p + p' = 50$ cm. Obtemos, daí, $p = 20$ cm.
Aplicando a função dos pontos conjugados, calculemos f:

$$\frac{1}{f} = \frac{1}{p} + \frac{1}{p'}$$

$$\frac{1}{f} = \frac{1}{20} + \frac{1}{30} \Rightarrow \frac{1}{f} = \frac{3+2}{60}$$

$$f = \frac{60}{5}$$

$$\boxed{f = 12 \text{ cm}}$$

c) No caso, o objeto situa-se entre o ponto antiprincipal e o foco principal.

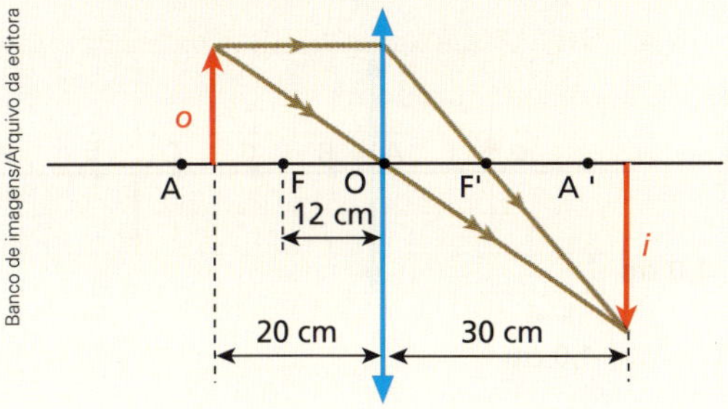

23. Um objeto luminoso está posicionado no eixo principal de uma lente esférica convergente, distante 20 cm do seu centro óptico. Sabendo que a distância focal da lente é de 10 cm, calcule a distância da imagem ao objeto, em centímetros.

24. (FGV-SP) Uma garota, estudante do ensino médio, dispõe de uma lupa para se entreter. Ela consegue queimar um ponto de uma folha de papel pousada no chão horizontal, com sol a pino, mantendo a lupa paralelamente à folha e a uma altura *h* dela. Desejando obter a imagem direita de uma figura desenha nessa mesma folha, ampliada duas vezes, ela deverá manter a lupa paralela e a uma distância da folha igual a

a) 3h b) 2h c) h d) $\frac{h}{2}$ e) $\frac{h}{3}$

25. (Unip-SP) Na figura, representamos uma lente delgada convergente cujo foco é o ponto **B**. Os pontos **O**, **A**, **B**, **C** e **D** são tais que OA = AB = BC = CD.

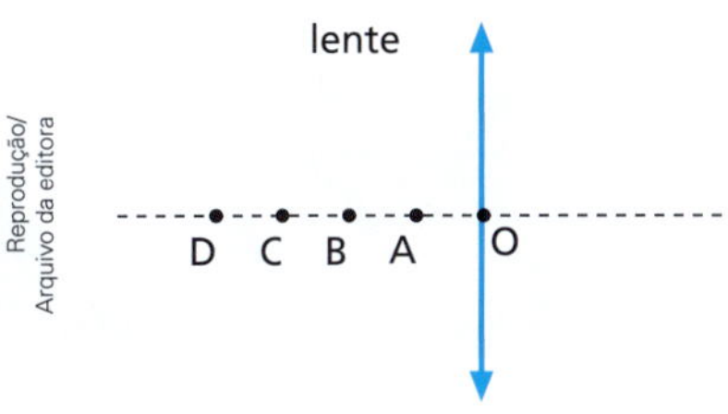

No instante t_0, um objeto pontual **P** está posicionado em **A** e no instante t_1, está posicionado em **D**. Seja **P'** a imagem de **P** fornecida pela lente. Sendo *f* a distância focal da lente, o deslocamento de **P'**, no intervalo de t_0 a t_1, tem módulo igual a:

a) 2f. b) 3f. c) 4f. d) 5f. e) 6f.

26. E.R. Pretende-se projetar em um anteparo a imagem nítida de um objeto real, ampliada 4 vezes. Para isso, utiliza-se uma lente esférica cuja abscissa focal tem módulo 20 cm. Determine:

a) o tipo de lente que deve ser utilizado (convergente ou divergente);
b) a distância do objeto à lente;
c) a distância do anteparo à lente.

Resolução:

a) Se a imagem será projetada em um anteparo, sua natureza é **real**. Assim, como o objeto e a imagem são reais, temos $p > 0$ e $p' > 0$ e, consequentemente, $f > 0$, indicando que a lente é **convergente**.

b) Com $p > 0$ e $p' > 0$, obtém-se aumento linear transversal negativo (imagem invertida).

$$A = -4$$

Mas: $A = \frac{f}{f - p}$

Logo: $-4 = \frac{20}{20 - p} \Rightarrow -20 + p = 5$

$$\boxed{p = 25\text{ cm}}$$

c) Observando que a imagem está no anteparo, temos:

$$A = -\frac{p'}{p} \Rightarrow -4 = -\frac{p'}{25}$$

$$\boxed{p' = 100\text{ cm}}$$

27. Utilizando-se uma lente esférica convergente, projeta-se em um anteparo difusor a imagem de um objeto luminoso, ampliada 5 vezes. Sabendo que a distância do objeto à lente é de 12 cm, determine:

a) a abscissa focal da lente;
b) a distância do anteparo à lente.

28. As lentes esféricas constituem um componente fundamental, já que comparecem com papel preponderante em quase todos os instrumentos ópticos. Câmeras fotográficas, filmadoras, microscópios e lunetas, por exemplo, utilizam uma ou mais lentes.

Na fotografia ao lado, o estudante Danton posiciona uma lente de aumento (lupa) a 12,0 cm de seu olho e esta produz uma imagem ampliada com quatro vezes as dimensões lineares do olho de Danton.

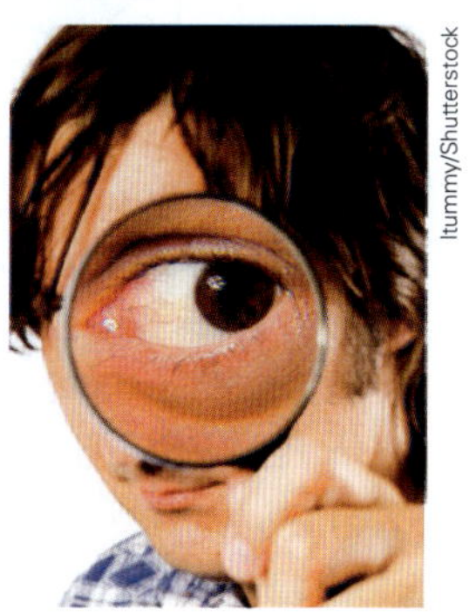

Considerando-se válidas as condições de Gauss, pede-se:

a) calcular a distância focal da lente;

b) determinar o comprimento da imagem quando a lente referida é utilizada para projetar em uma parede distante 80,0 cm do centro óptico a imagem de uma lâmpada cilíndrica – em forma de bastão –, com 10,0 cm de altura, colocada perpendicularmente ao eixo óptico.

29. (UFPI) A figura a seguir representa uma lente delgada convergente, um anteparo e um objeto luminoso. A lente tem distância focal igual a 4,0 cm e está separada do anteparo por uma distância fixa de 20 cm. O objeto, com altura de 3,0 cm, é deslocado ao longo do eixo óptico da lente até que se tenha sua imagem formada com nitidez sobre o anteparo. Nessa situação, qual a distância do objeto à lente e qual a altura de sua imagem?

Reprodução/Arquivo da editora

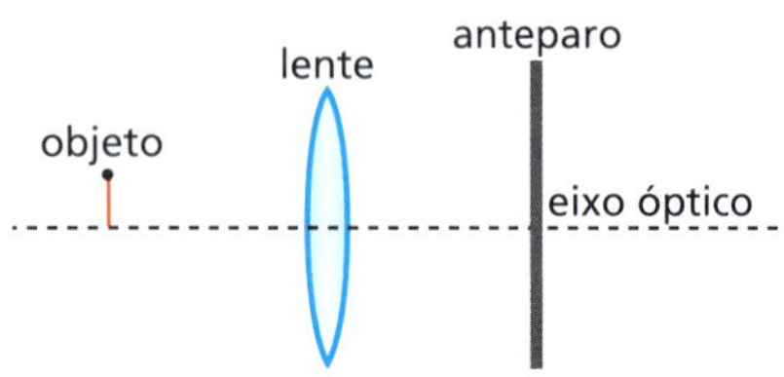

30. (PUC-SP) Leia com atenção a tira abaixo:

Reprodução/Arquivo da editora

Suponha que Bidu, para resolver o problema da amiga, que só tem 6 mm de altura, tenha utilizado uma lente delgada convergente de distância focal 12 cm, colocada a 4 cm da formiguinha. Para o elefante, a altura da formiga, em cm, parecerá ser de:

a) 0,6.
b) 0,9.
c) 1,2.
d) 1,5.
e) 1,8.

31. Na figura a seguir, estão representados um objeto *o* e sua respectiva imagem *i*, produzida em uma lente delgada convergente:

Banco de imagens/Arquivo da editora

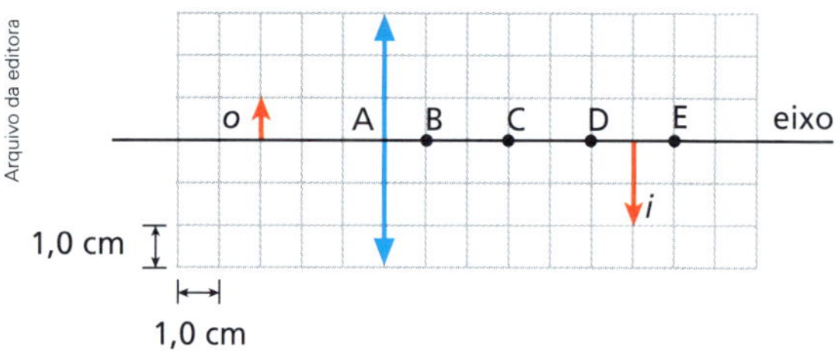

Mantendo-se fixo o objeto, desloca-se a lente na direção do eixo **r**, até que a nova imagem tenha a mesma altura que o objeto. Nessas condições, o centro óptico **O** da lente deve coincidir com o ponto:

a) A.
b) B.
c) C.
d) D.
e) E.

32. Um dispositivo de segurança muito usado em portas de apartamentos é o olho mágico. Ele equivale, basicamente, a uma lente esférica divergente que permite visualizar o visitante que está aguardando do lado de fora.

Dilok Klaisataporn/Shutterstock

Admita que o visitante esteja a 60 cm da porta e que o olho mágico forneça para um observador dentro do apartamento uma imagem direita com um terço das dimensões lineares daquelas desse visitante.

Com base nessas informações, faça o que se pede:

a) esboce um esquema óptico ilustrando a formação dessa imagem. Utilize raios luminosos notáveis de acordo com as condições de Gauss;

b) calcule o valor absoluto da distância focal da lente.

Exercícios Nível 2

33. **E.R.** Um objeto linear de 12 cm de comprimento é colocado diante de uma lente convergente, cuja distância focal é de 15 cm. Sabendo que a distância do objeto à lente é de 60 cm, obtenha, analiticamente, todas as características da imagem.

Resolução:

Como o objeto é real, tem-se $p > 0$:

$$p = +60 \text{ cm}$$

Como a lente é convergente, tem-se $f > 0$:

$$f = +15 \text{ cm}$$

A partir da função dos pontos conjugados, calculamos *p'*:

$$\frac{1}{f} = \frac{1}{p} + \frac{1}{p'} \Rightarrow \frac{1}{p'} = \frac{1}{f} - \frac{1}{p}$$

$$\frac{1}{p'} = \frac{1}{15} - \frac{1}{60} = \frac{4-1}{60} = \frac{3}{60}$$

$$\boxed{p' = 20 \text{ cm}}$$

Como *p'* resultou positiva, conclui-se que a imagem é real. Com *p* e *p'* conhecidas, calculamos o aumento linear transversal:

$$A = -\frac{p'}{p}$$

$$A = -\frac{20}{60} \therefore \boxed{A = -\frac{1}{3}}$$

Como *A* resultou negativo, conclui-se que a imagem é invertida. E pelo fato de $|A| < 1$, a imagem é menor que o objeto. Lembrando que o comprimento do objeto $|o|$ vale 12 cm, calculamos o comprimento da imagem $|i|$:

$$A = \frac{i}{o} \Rightarrow |A| = \frac{|i|}{|o|} \Rightarrow |i| = |A| \cdot |o|$$

$$|i| = \frac{1}{3} \cdot 12 \therefore \boxed{|i| = 4{,}0 \text{ cm}}$$

Finalmente, podemos dizer que:

> A imagem é real, invertida, menor que o objeto e tem 4,0 cm de comprimento.

Convém destacar ainda que, como temos $15 \text{ cm} < p' < 30 \text{ cm}$ (observe-se que $p' = 20$ cm), a imagem situa-se entre o foco principal imagem e o ponto antiprincipal imagem. O esquema seguinte ilustra a situação:

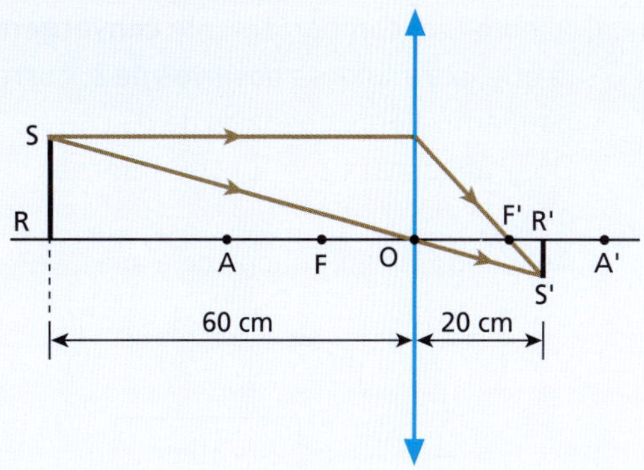

Banco de imagens/Arquivo da editora

34. Uma pequena lâmpada fluorescente está acesa e posicionada perpendicularmente ao eixo principal de uma lente delgada convergente. A imagem da lâmpada conjugada por essa lente tem metade do tamanho da lâmpada e se forma sobre um anteparo a 60 cm da lente. Nessas condições, qual é a distância focal da lente expressa, em centímetros?

35. **E.R.** Parte do gráfico da abscissa-imagem, ***p'***, em função da abscissa-objeto, ***p***, medidas ao longo do eixo óptico de uma lente esférica que obedece às condições de Gauss, está mostrada abaixo.

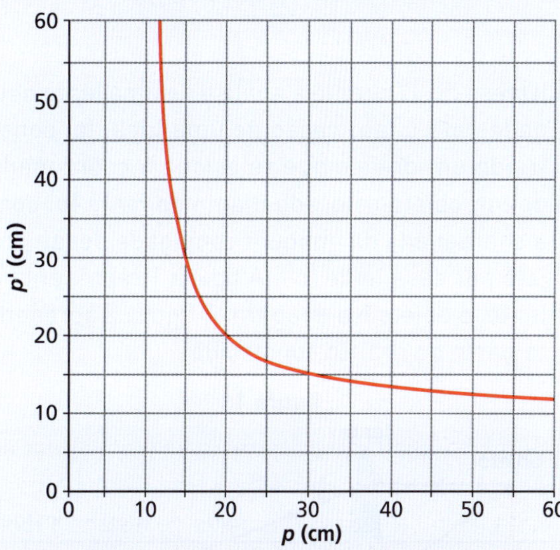

Banco de imagens/Arquivo da editora

a) Determine o comportamento óptico da lente (convergente ou divergente), bem como sua distância focal.

b) Admitindo que a abscissa-objeto seja igual a 5,0 cm, calcule a correspondente abscissa-imagem e também o aumento linear transversal.

Resolução:

a) A lente tem comportamento **convergente**, já que, para valores positivos de *p*, correspondem valores positivos de *p'*.
Do gráfico, para p = 20 cm, tem-se p' = 20 cm.
Aplicando-se a Equação de Gauss, vem:

$$\frac{1}{f} = \frac{1}{p} + \frac{1}{p'} \Rightarrow \frac{1}{f} = \frac{1}{20} + \frac{1}{20}$$

$$\frac{1}{f} = \frac{2}{20} \therefore \boxed{f = 10 \text{ cm}}$$

b) Para p = 5,0 cm, o correspondente valor de *p'* fica determinado pela Equação de Gauss.

$$\frac{1}{p} + \frac{1}{p'} = \frac{1}{f} \Rightarrow \frac{1}{5{,}0} + \frac{1}{p'} = \frac{1}{10}$$

$$\frac{1}{p'} = \frac{1}{10} - \frac{1}{5{,}0} \Rightarrow \frac{1}{p'} = \frac{1-2}{10}$$

$$\frac{1}{p'} = -\frac{1}{10} \therefore \boxed{p' = -10 \text{ cm}}$$

(p' < 0: imagem virtual).
Aumento linear transversal:

$$A = -\frac{p'}{p} \Rightarrow A = -\frac{(-10)}{5{,}0}$$

$$\boxed{A = 2}$$

36. (Unesp-SP) Durante a análise de uma lente delgada para a fabricação de uma lupa, foi construído um gráfico que relaciona a coordenada de um objeto colocado diante da lente (*p*) com a coordenada da imagem conjugada desse objeto por essa lente (*p'*). A figura 1 representa a lente, o objeto e a imagem. A figura 2 apresenta parte do gráfico construído.

figura 1

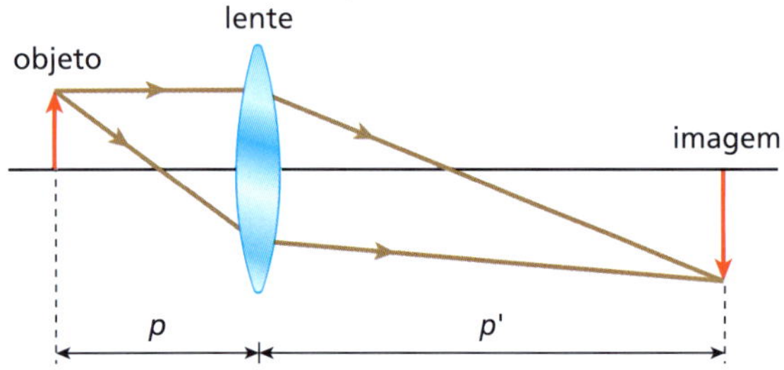

figura 2

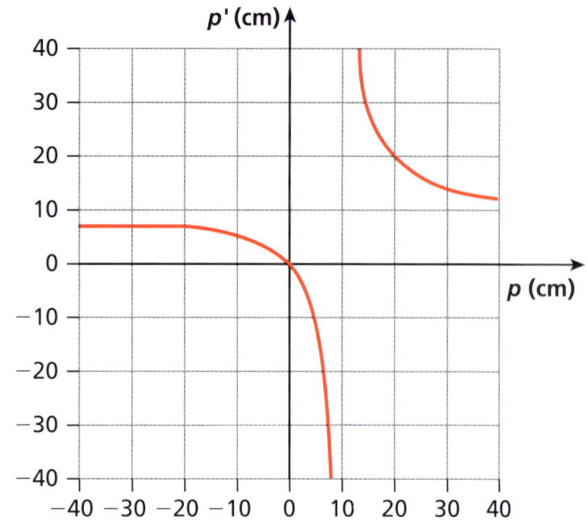

Considerando-se válidas as condições de nitidez de Gauss para essa lente, calcule a que distância se formará a imagem conjugada por ela, quando o objeto for colocado a 60 cm de seu centro óptico. Suponha que a lente seja utilizada como lupa para observar um pequeno objeto de 8 mm de altura, colocado a 2 cm da lente. Com que altura será vista a imagem desse objeto?

37. (UFTM-MG) Um objeto real linear é colocado diante de uma lente esférica delgada convergente, perpendicularmente a seu eixo principal. À medida que o objeto é movido ao longo desse eixo, a altura (*i*) da imagem conjugada pela lente varia, em função da distância do objeto a ela (*p*), conforme o gráfico a seguir.

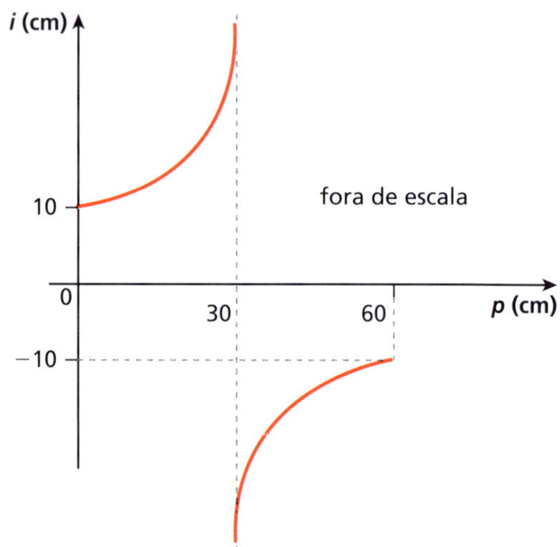

Se o objeto for colocado a 20 cm da lente, a altura da imagem conjugada por ela, em cm, e o módulo da distância da imagem à lente, também em cm, serão respectivamente iguais a

a) 30 e 30.
b) 15 e 25.
c) 30 e 60.
d) 20 e 30.
e) 20 e 60.

38. (UFG-GO) Para realizar a medida do coeficiente de dilatação linear de um objeto, cujo material é desconhecido, montou-se o arranjo experimental ilustrado na figura a seguir, no qual d = 3,0 cm e D = 150,0 cm.

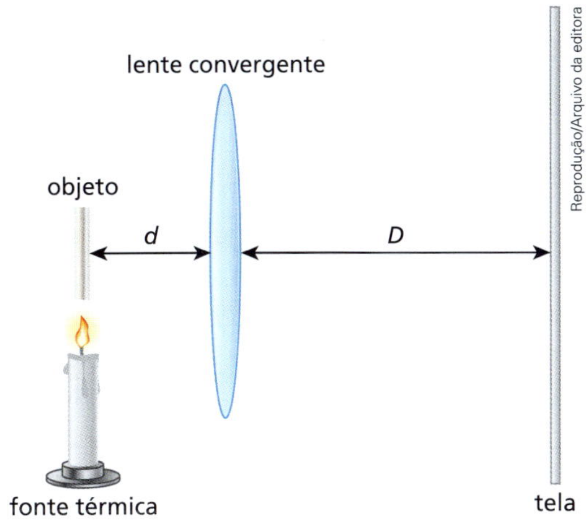

O objeto tem um comprimento inicial de 4,0 cm. Após ser submetido a uma variação de temperatura de 250 °C, sua imagem projetada na tela aumentou 1,0 cm. Com base no exposto, calcule o valor do coeficiente de dilatação linear do objeto.

39. (Fuvest-SP) A figura a seguir mostra, numa mesma escala, o desenho de um objeto retangular e sua imagem, formada a 50 cm de uma lente convergente de distância focal *f*. O objeto e a imagem estão em planos perpendiculares ao eixo óptico da lente.

Podemos afirmar que o objeto e a imagem:

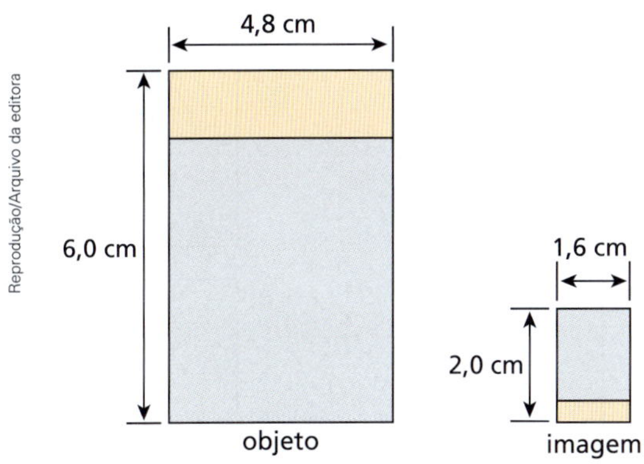

a) estão do mesmo lado da lente e que f = 150 cm.
b) estão em lados opostos da lente e que f = 150 cm.
c) estão do mesmo lado da lente e que f = 37,5 cm.
d) estão em lados opostos da lente e que f = 37,5 cm.
e) podem estar tanto do mesmo lado como em lados opostos da lente e que f = 37,5 cm.

40. Um objeto real é colocado a 60 cm de uma lente delgada convergente. Aproximando-se de 15 cm o objeto da lente, a nova imagem obtida fica três vezes maior que a anterior, com a mesma orientação. Pode-se então afirmar que a distância focal da lente vale, em centímetros:

a) 7,5 cm;
b) 15,0 cm;
c) 22,5 cm;
d) 30,0 cm;
e) 37,5 cm.

41. (Unip-SP) Para uma lente convergente, utilizada nas condições de aproximação de Gauss, o aumento linear *A* é dado pela relação:

$$A = \frac{f}{f - p}$$

f é a distância focal da lente e *p* é a distância entre o objeto e o centro óptico da lente.

Considere dois objetos idênticos, y_1 e y_2, posicionados simetricamente em relação ao foco, conforme ilustra a figura.

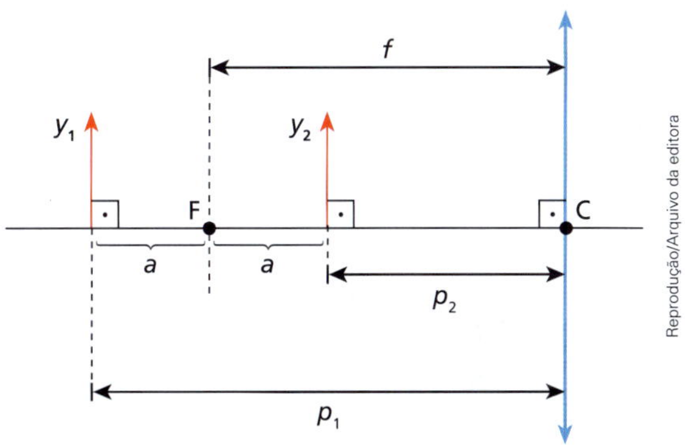

Sejam A_1 e A_2 os aumentos lineares correspondentes aos objetos y_1 e y_2, respectivamente.

A razão $\frac{A_1}{A_2}$

a) não está determinada.
b) vale −2.
c) vale −1.
d) vale 1.
e) vale 2.

42. A imagem que uma lente esférica divergente conjuga a um objeto linear colocado perpendicularmente ao seu eixo óptico tem um quarto do tamanho do objeto e está situada a 6,0 cm da lente. Supondo válidas as condições de Gauss, determine:

a) a distância do objeto à lente;
b) a abscissa focal da lente.

43. (Unesp-SP) Um estudante, utilizando uma lente, projeta a imagem da tela da sua televisão, que mede 0,42 m × 0,55 m, na parede oposta da sala. Ele obtém uma imagem plana e nítida com a lente localizada a 1,8 m da tela da televisão e a 0,36 m da parede.

a) Quais as dimensões da tela projetada na parede? Qual a distância focal da lente?

b) Como a imagem aparece na tela projetada na parede: sem qualquer inversão? Invertida apenas na vertical (de cabeça para baixo)? Invertida na vertical e na horizontal (de cabeça para baixo e trocando o lado esquerdo pelo direito)? Justifique.

44. Um pequeno bastão luminoso é disposto paralelamente a uma parede, a 338 cm de distância. Entre o bastão e a parede é instalada uma lente esférica convergente, de distância focal igual a 24 cm, de modo que projete na parede uma imagem nítida e ampliada do bastão. Supondo válidas as condições de Gauss, determine:

a) a distância entre a lente e a parede;

b) quantas vezes a imagem projetada é maior que o bastão.

45. Instrumentos ópticos de maior grau de sofisticação, para cumprirem determinada função ou produzirem efeitos específicos, utilizam associações de espelhos, blocos transparentes, como lâminas e prismas, além de lentes. É o caso, por exemplo, das teleobjetivas de câmeras fotográficas que envolvem lentes diversas e outros componentes.

Um sistema óptico é constituído pela associação de uma lente convergente **L**, com distância focal 10 cm, e um espelho esférico côncavo **E**, com distância focal 20 cm, montados coaxialmente, conforme representa a figura, e em operação de acordo com as condições de estigmatismo de Gauss. A distância entre o centro óptico de **L** (ponto **O**) e o vértice de **E** (ponto **V**) é igual a 15 m.

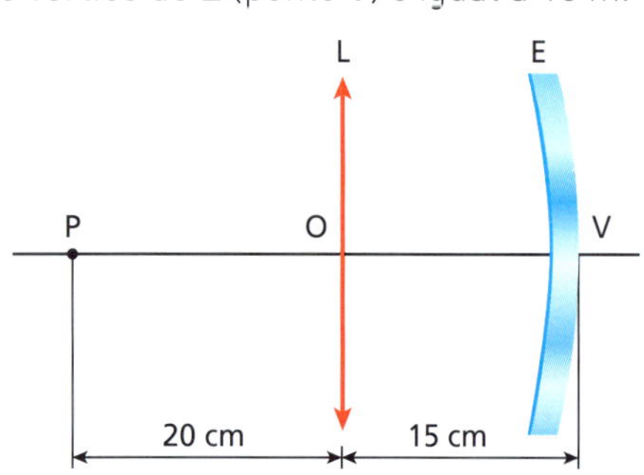

Banco de imagens/Arquivo da editora

Colocando-se uma pequena lâmpada sobre o eixo óptico do sistema a 20 cm de **L**, sobre o ponto **P**, produzem-se duas imagens luminosas (reais) também sobre o mesmo eixo: a primeira, conjugada pelo espelho, à esquerda de **E**, e a segunda, conjugada pela lente, à esquerda de **L**.

Determine:

a) a distância entre a primeira imagem e o ponto **V**;

b) distância entre a segunda imagem e o ponto **O**.

46. Uma lente esférica convergente **L** e um espelho esférico côncavo **E**, ambos em operação de acordo com as condições de aproximação de Gauss, são dispostos coaxialmente conforme representa o esquema. Um anteparo retangular **A** e um objeto linear **O** em forma de seta, ambos perpendiculares ao eixo do sistema, são posicionados nos locais indicados, iluminando-se o objeto por todos os lados.

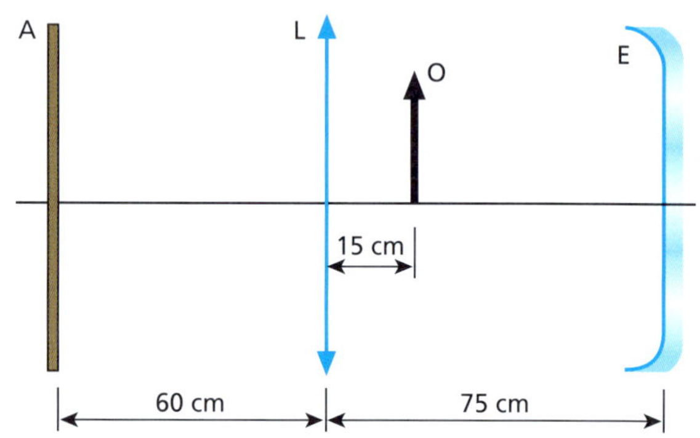

Banco de imagens/Arquivo da editora

Sendo de 12 cm e 30 cm as distâncias focais de **L** e **E**, respectivamente, a melhor representação para a figura projetada em **A** é:

a) 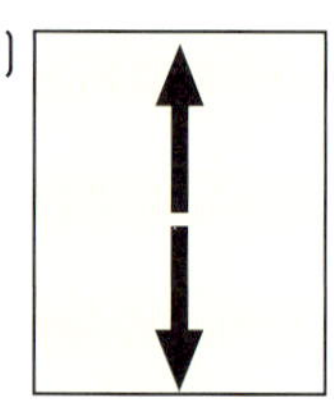

b) 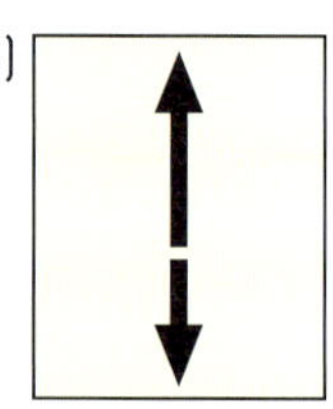

c) 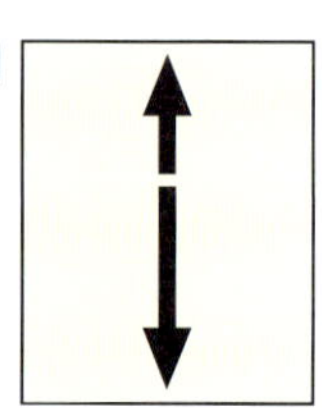

d) 

e) 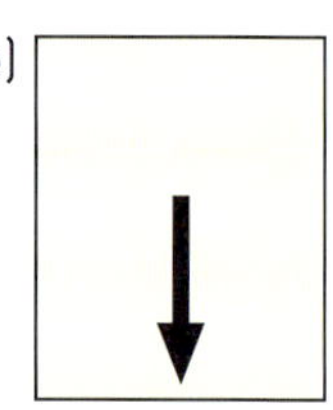

Banco de imagens/Arquivo da editora

Bloco 3

11. Vergência ("grau") de uma lente

É comum as pessoas avaliarem lentes como "fortes" ou "fracas". Uma lente será tanto mais "forte" quanto maior for seu "poder" de alterar a trajetória da luz.

Entretanto, essa é uma concepção simplista, já que existe uma grandeza física que quantifica a capacidade que as lentes têm de desviar os raios luminosos.

Trata-se da **vergência** *V*, que é definida como o inverso da abscissa focal *f*:

$$V = \frac{1}{f}$$

Os esquemas a seguir representam duas lentes convergentes, $\mathbf{L_1}$ e $\mathbf{L_2}$, de abscissas focais f_1 e f_2, provocando, em raios de luz paralelos aos seus eixos principais, desvios angulares respectivamente iguais a α e β.

Banco de imagens/Arquivo da editora

$$\alpha > \beta$$

Observe que $\mathbf{L_1}$ desvia mais a luz que $\mathbf{L_2}$. Nesse caso, temos $f_1 < f_2$, o que implica $V_1 > V_2$.

A vergência é uma **grandeza algébrica** que tem o mesmo sinal da abscissa focal.

Nas lentes convergentes (focos reais): $\mathbf{f > 0}$ e $\mathbf{V > 0}$.
Nas lentes divergentes (focos virtuais): $\mathbf{f < 0}$ e $\mathbf{V < 0}$.

A unidade de vergência é o inverso da unidade de comprimento. No SI, com a abscissa focal expressa em metros, temos:

$$\text{unid. (V)} = \frac{1}{m} = m^{-1} = \text{dioptria (di)}$$

Na linguagem popular, é comum ouvirmos a vergência expressa em "graus". Geralmente, 1 "grau" equivale a 1 dioptria.

Nas lentes acima representadas:

Se $f_1 = 1$ m, então $V_1 = \frac{1}{f_1} = \frac{1}{1} = 1$ di ou 1 "grau".

Se $f_2 = 2$ m, então $V_2 = \frac{1}{f_2} = \frac{1}{2} = 0{,}5$ di ou 0,5 "grau".

Faça você mesmo

Determinando o grau de uma lente

Vamos determinar o "grau" de uma lente convergente?

Alamy/Fotoarena

Material necessário

- 1 lente convergente dessas utilizadas como lupa;
- 1 régua.

Procedimento

I. Com a lente em mãos, dirija o eixo óptico dela para a região central do Sol. Movimente a lente de modo a verificar que a área da região que ela ilumina sobre uma superfície está diminuindo. Ajuste a posição da lente de forma a obter a região iluminada de menor área possível. Quando você conseguir concentrar a luz solar emergente da lente em praticamente um ponto, você terá determinado o foco desse sistema óptico.

II. Utilizando uma régua ou algo equivalente, meça em seguida a distância *f* entre o foco e o centro da lente, como representa o esquema ao lado. A medida *f* é a distância focal.

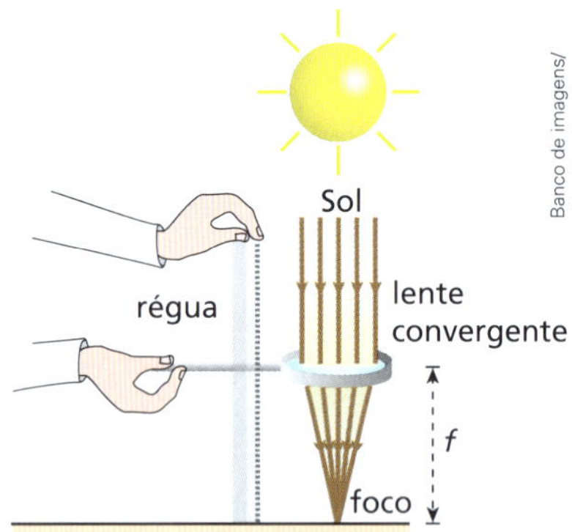

Banco de imagens/Arquivo da editora

Imagem com elementos fora de escala.

Desenvolvimento

1. Qual o valor encontrado para a distância focal?

2. Qual o valor encontrado para vergência, em dioptrias?

3. Discuta com seus colegas os valores encontrados nesse experimento e verifique os possíveis motivos, caso alguém encontre valores diferentes do seu.

12. Equação dos Fabricantes de Lentes

Atribuída ao astrônomo inglês Edmond Halley (1656-1742), a **Equação dos Fabricantes de Lentes** permite calcular a abscissa focal (ou a vergência) de uma lente, sendo conhecidos seu índice de refração em relação ao meio externo e os raios de curvatura de suas faces.

Representando por $n_{L,m}$ o índice de refração da lente em relação ao meio externo $\left(n_{L,m} = \frac{n_L}{n_m}\right)$ e por R_1 e R_2 os raios de curvatura de suas faces, pode-se demonstrar, como será feito a seguir, que a abscissa focal *f* fica determinada por:

$$\frac{1}{f} = (n_{L,m} - 1)\left(\frac{1}{R_1} + \frac{1}{R_2}\right)$$

Lembrando que $V = \frac{1}{f}$, temos:

$$V = (n_{L,m} - 1)\left(\frac{1}{R_1} + \frac{1}{R_2}\right)$$

Para que as abscissas focais (ou vergências) calculadas pela Equação dos Fabricantes de Lentes estejam de acordo com o referencial gaussiano, devemos adotar a seguinte convenção de sinais:

- **Faces convexas**: raios de curvatura positivos ($R > 0$).
- **Faces côncavas**: raios de curvatura negativos ($R < 0$).

Nas duas figuras ao lado, exemplificamos a convenção.

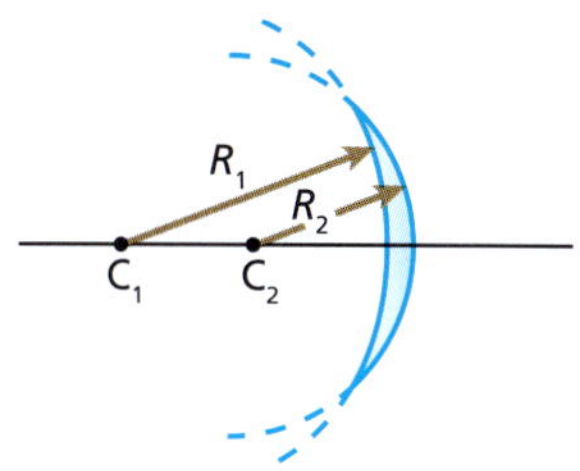

Banco de imagens/Arquivo da editora

Lente côncavo-convexa: $R_1 < 0$ e $R_2 > 0$.

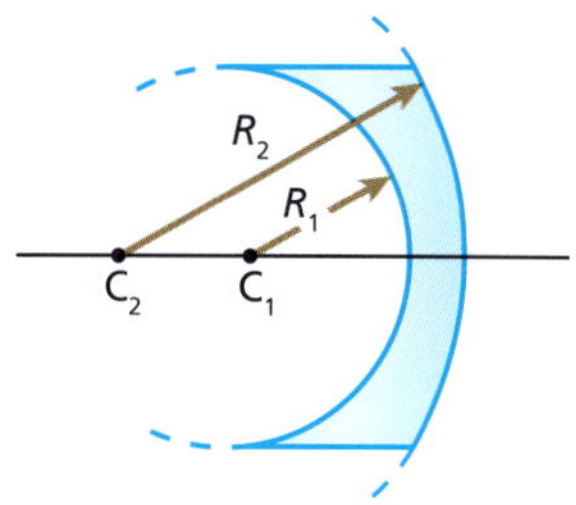

Banco de imagens/Arquivo da editora

Lente convexo-côncava: $R_1 < 0$ e $R_2 > 0$.

Para lentes esféricas biconvexas ou bicôncavas **simétricas**, com faces de raios de curvatura iguais a R, a Equação dos Fabricantes de Lentes fica expressa por:

$$V = (n_{L,m} - 1)\frac{2}{R}$$

Se uma das faces da lente for plana, o raio de curvatura R_1 dessa face tenderá ao infinito, fazendo o quociente $\frac{1}{R_1}$ tender a 0. Para esse caso, a Equação dos Fabricantes de Lentes reduz-se a:

$$V = (n_{L,m} - 1)\frac{1}{R_2}$$

Equação do Dioptro Esférico

Consideremos o dioptro constituído pelos meios transparentes 1 e 2 de índices absolutos de refração respectivamente iguais a n_1 e n_2, separados pela superfície esférica **S** de centro de curvatura **C** e raio R. A um objeto pontual **P** situado a uma distância p do ponto **V**, o dioptro conjuga uma imagem também pontual **P'** situada a uma distância p' desse mesmo ponto, conforme representa a figura ao lado.

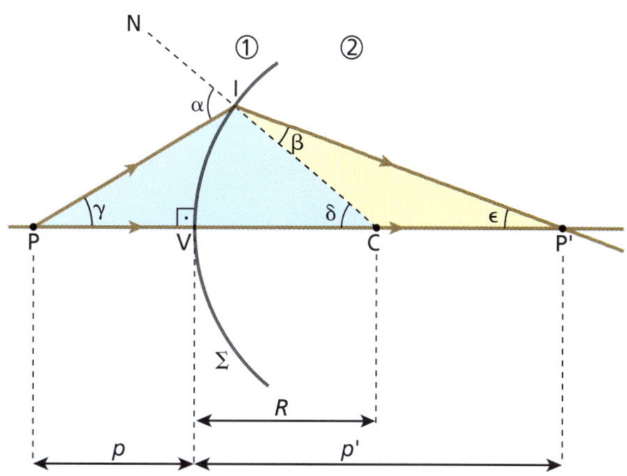

CJT/Zapt/Arquivo da editora

Visando estabelecer uma relação entre n_1, n_2, p, p' e R, apliquemos a Lei de Snell à refração do raio luminoso incidente no ponto **I**:

$$n_1 \operatorname{sen} \alpha = n_2 \operatorname{sen} \beta$$

Admitindo que esse raio seja pouco inclinado em relação à reta determinada por **P** e **P'**, os ângulos α e β serão pequenos, valendo a aproximação:

$$\operatorname{sen} \alpha \cong \alpha \text{ e } \operatorname{sen} \beta \cong \beta$$

Assim:

$$n_1 \alpha = n_2 \beta \quad \text{(a)}$$

No triângulo **PCI**, α é ângulo externo, logo:

$$\alpha = \gamma + \delta \quad \text{(b)}$$

No triângulo **CIP'**, δ é ângulo externo, logo:

$$\delta = \beta + \epsilon$$

Portanto:

$$\beta = \delta - \epsilon \quad \text{(c)}$$

Substituindo (b) e (c) em (a), vem:

$$n_1 (\gamma + \delta) = n_2 (\delta - \epsilon)$$
$$n_1 \gamma + n_1 \delta = n_2 \delta - n_2 \epsilon$$

Da qual:

$$n_1 \gamma + n_2 \epsilon = (n_2 - n_1)\, \delta \text{ (d)}$$

Valem também as aproximações:

$$\gamma \cong \text{tg}\, \gamma = \frac{IV}{p} \qquad \epsilon \cong \text{tg}\, \epsilon = \frac{IV}{p'} \qquad \delta \cong \text{tg}\, \delta = \frac{IV}{R}$$

Substituindo os valores de γ, ϵ e δ em (d), decorre que:

$$n_1 \frac{IV}{R} + n_2 \frac{IV}{R} = (n_2 - n_1) \frac{IV}{R}$$

Logo:

$$\frac{n_1}{p} + \frac{n_2}{p'} = \frac{n_2 - n_1}{R}$$

Demonstração da Equação dos Fabricantes de Lentes

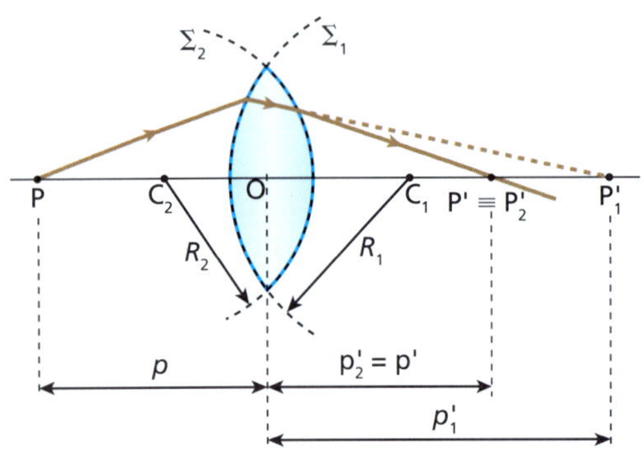

Banco de imagens/Arquivo da editora

Consideremos a lente biconvexa esquematizada ao lado, de faces esféricas Σ_1 e Σ_2 com raios de curvatura respectivamente iguais a R_1 e R_2. Essa lente é fabricada com um material de índice absoluto de refração n_L e está imersa em um meio de índice absoluto de refração n_m, de modo que o índice de refração da lente em relação ao meio externo seja igual a $n_{L,m}$.

Um objeto pontual **P**, colocado a uma distância p do centro óptico **O** da lente, produz uma imagem final **P'** situada a uma distância p' de **O**.

Aplicando a Equação do Dioptro Esférico à face Σ_1, temos:

$$\frac{n_m}{p} + \frac{n_L}{p'_1} = \frac{n_L - n_m}{R_1} \quad \text{(I)}$$

A imagem real gerada pela face Σ_1 comporta-se como objeto virtual em relação à face Σ_2. Aplicando a essa face a Equação do Dioptro Esférico, tem-se:

$$-\frac{n_L}{p'_1} + \frac{n_m}{p'_2} = \frac{n_L - n_m}{R_2} \quad \text{(II)}$$

Somando (I) e (II) e observando que $p'_2 = p'$, obtém-se:

$$\frac{n_m}{p} + \frac{n_m}{p'} = (n_L - n_m)\left(\frac{1}{R_1} + \frac{1}{R_2}\right)$$

Dividindo-se todos os termos da equação acima por n_m, decorre que:

$$\frac{1}{p} + \frac{1}{p'} = \left(\frac{n_L}{n_m} - 1\right)\left(\frac{1}{R_1} + \frac{1}{R_2}\right)$$

Lembrando-se de que:

$\frac{1}{p} + \frac{1}{p'} = \frac{1}{f}$ (Equação de Gauss), em que f é a abscissa focal da lente, chega-se, finalmente, à **Equação dos Fabricantes de Lentes**:

$$\frac{1}{f} = (n_{L,m} - 1)\left(\frac{1}{R_1} + \frac{1}{R_2}\right) \quad \text{(Equação de Halley)}$$

13. Associação de lentes – Teorema das Vergências

Nos equipamentos ópticos modernos com maior grau de sofisticação, são comuns as associações de lentes. Em geral, uma lente esférica, por si só, apresenta problemas como o das aberrações cromáticas, que consiste no fato de a lente ter distâncias focais diferentes para as diferentes cores. Ao incidir paralelamente ao eixo principal, um pincel elementar de luz branca refrata-se sofrendo dispersão, e cada cor experimenta um desvio diferente. Associando as lentes adequadamente, consegue-se uma minimização considerável desse e de outros inconvenientes.

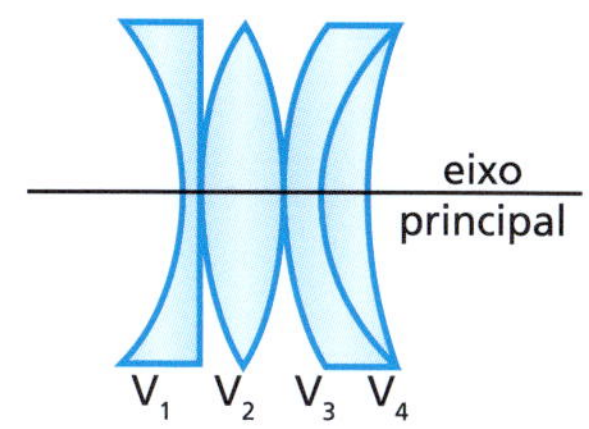

Banco de imagens/Arquivo da editora

Um sistema de lentes associadas como o que está representado no esquema ao lado é uma **associação por justaposição**.

Nesse caso, as lentes apresentam eixo principal comum e estão dispostas lado a lado, praticamente encostadas uma na outra.

Considere a figura ao lado, em que estão representadas duas lentes convergentes delgadas, $\mathbf{L_1}$ e $\mathbf{L_2}$, associadas por justaposição. Seja **O** o centro óptico comum às lentes (de espessura desprezível e encostadas uma na outra) e **P** um ponto luminoso situado sobre o eixo do sistema. A lente $\mathbf{L_1}$ conjuga a **P** a imagem real $\mathbf{P_1}$, que se comporta como objeto virtual em relação a $\mathbf{L_2}$. Finalmente, $\mathbf{L_2}$ conjuga a $\mathbf{P_1}$ a imagem real $\mathbf{P_2}$, que constitui a imagem final que a associação fornece a **P**.

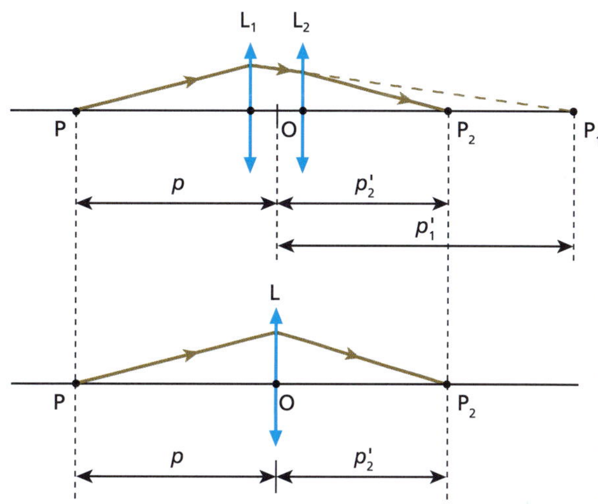

Banco de imagens/Arquivo da editora

É possível imaginar uma lente **L** que, colocada na mesma posição de $\mathbf{L_1}$ e $\mathbf{L_2}$, conjugue a **P** uma imagem com as mesmas características de $\mathbf{P_2}$. Dizemos, então, que essa lente única que substitui a associação é a **lente equivalente**.

Calculemos a abscissa focal (e a vergência) da lente equivalente em função das abscissas focais (e das vergências) das lentes componentes da associação. Para isso, vamos adotar em nossas considerações a seguinte simbologia:

- f_1 e V_1: abscissa focal e vergência da lente $\mathbf{L_1}$;
- f_2 e V_2: abscissa focal e vergência da lente $\mathbf{L_2}$;
- f e V: abscissa focal e vergência da lente equivalente.

Aplicando a função dos pontos conjugados à lente $\mathbf{L_1}$, tem-se:

$$\frac{1}{f_1} = \frac{1}{p} + \frac{1}{p'_1} \quad \text{(I)}$$

Aplicando a função dos pontos conjugados à lente $\mathbf{L_2}$, tem-se:

$$\frac{1}{f_2} = -\frac{1}{p'_1} + \frac{1}{p'_2} \quad \text{(II)}$$

Somando as equações (I) e (II), segue que:

$$\frac{1}{f_1} + \frac{1}{f_2} = \frac{1}{p} + \frac{1}{p'_2} \quad \text{(III)}$$

Aplicando a função dos pontos conjugados à lente equivalente **L**, chega-se a:

$$\frac{1}{f} = \frac{1}{p} + \frac{1}{p'_2} \quad \text{(IV)}$$

Comparando (III) e (IV), obtém-se:

$$\frac{1}{f} = \frac{1}{f_1} + \frac{1}{f_2}$$

Em termos de vergências $\left(V = \frac{1}{f}\right)$, é também correto que:

$$V = V_1 + V_2$$

A conclusão a que chegamos é conhecida por **Teorema das Vergências**, sendo extensiva ao cálculo da vergência equivalente da associação de duas ou mais lentes justapostas. As lentes envolvidas podem ser convergentes ou divergentes, e, nos cálculos, deve-se observar os sinais algébricos de suas abscissas focais (e vergências).

Para *n* lentes que constituem uma **associação delgada** (espessura desprezível) por justaposição, podemos escrever que:

$$\frac{1}{f} = \frac{1}{f_1} + \frac{1}{f_2} + ... + \frac{1}{f_n}$$

ou

$$V = V_1 + V_2 + ... + V_n$$

Exercícios Nível 1

47. E.R. Considere uma lente plano-convexa de vidro imersa no ar, em que o raio de curvatura da face convexa vale 25 cm. Se o índice de refração do vidro vale 1,5, calcule a distância focal e a vergência da lente.

Resolução:

Trata-se de uma aplicação direta da **Equação dos Fabricantes de Lentes**:

$$\frac{1}{f} = \left(\frac{n_L}{n_m} - 1\right)\left(\frac{1}{R_1} - \frac{1}{R_2}\right)$$

No caso, $n_L = 1,5$, $n_m = 1,0$ e $R_1 = +25$ cm (na face convexa, $R > 0$).

O raio de curvatura R_2 tende ao infinito, já que a face correspondente a ele é plana. Por isso, o termo $\frac{1}{R_2}$ tende a zero, conduzindo-nos a:

$$\frac{1}{f} = \left(\frac{1,5}{1,0} - 1\right)\left(\frac{1}{25} + 0\right)$$

$$\frac{1}{f} = 0,50 \cdot \frac{1}{25} \therefore \boxed{f = 50 \text{ cm} = 0,50 \text{ m}}$$

A vergência é dada pelo inverso da distância focal.

$$V = \frac{1}{f} \Rightarrow V = \frac{1}{0,50} \therefore \boxed{V = 2,0 \text{ di}}$$

A lente é convergente, já que $f > 0$ e $V > 0$.

48. Uma lente delgada biconvexa de raios de curvatura iguais a 50 cm, feita de material de índice de refração 1,5, está imersa no ar (índice de refração igual a 1,0). A que distância da lente deve-se colocar um objeto real para que sua imagem se forme no infinito?

49. Uma lente esférica de vidro ($n_v = 1,5$) tem uma face plana e a outra côncava, com raio de curvatura de 1,0 m. Sabendo que a lente está imersa no ar ($n_{ar} = 1,0$), determine:

a) a abscissa focal da lente;

b) sua vergência;

c) seu comportamento óptico (convergente ou divergente).

50. Uma lente plano-convexa de vidro em operação no ar apresenta distância focal f_1 quando o raio de curvatura de sua face esférica tem medida R_1. Desgastando-se essa lente, faz-se com que o raio de curvatura da face esférica adquira a medida R_2, conforme indica a figura a seguir.

Sendo f_2 a distância focal da lente depois do desgaste, é correto afirmar que:

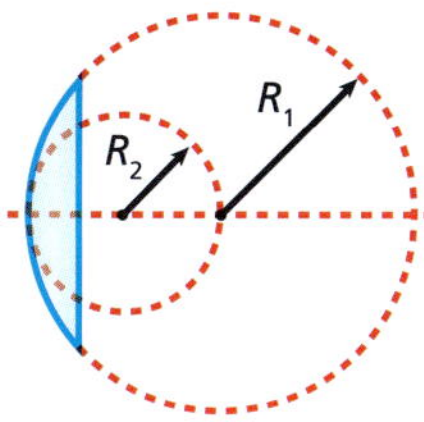

Banco de imagens/ Arquivo da editora

a) $f_2 = \frac{1}{2} f_1$.

b) $f_2 = f_1$.

c) $f_2 = 2f_1$.

d) $f_2 = 3f_1$.

e) o valor de f_2 está indeterminado, já que não é conhecida a relação entre R_2 e R_1.

51. São justapostas três lentes delgadas **A**, **B** e **C** com vergências $V_A = +4$ di, $V_B = -3$ di e $V_C = +1$ di.

E.R.

a) Qual é a vergência e qual a distância focal do sistema resultante?

b) O comportamento óptico do sistema resultante é **convergente** ou **divergente**?

Resolução:

a) A vergência equivalente a uma associação delgada de lentes justapostas é calculada por:

$$V = V_1 + V_2 + ... + V_n$$

No caso:

$$V = V_A + V_B + V_C$$

Substituindo os valores de V_A, V_B e V_C, segue que:

$$V = +4 \text{ di} - 3 \text{ di} + 1 \text{ di} \Rightarrow \boxed{V = +2 \text{ di}}$$

Sendo $V = \frac{1}{f}$, calculamos f, que é a distância focal equivalente à associação:

$$V = \frac{1}{f} \Rightarrow f = \frac{1}{V} = \frac{1}{+2 \text{ di}} = 0,5 \text{ m}$$

$$\boxed{f = 0,5 \text{ m} = 50 \text{ cm}}$$

b) Como a vergência do sistema resultante é positiva (V = +2 di), ele tem comportamento **convergente**.

52. Admita que um náufrago tenha conseguido chegar a uma ilha deserta levando consigo apenas um conjunto de duas lentes justapostas, uma delas com vergência $V_1 = +3,0$ di e a outra com vergência $V_2 = -1,0$ di. Para acender uma fogueira concentrando raios solares, ele utilizará o Sol do meio-dia, dispondo as lentes paralelamente ao solo, onde fez um amontoado de gravetos e folhas secas. Para obter fogo no menor intervalo de tempo possível, o náufrago deverá colocar as lentes a uma distância dos gravetos e folhas secas igual a:

a) 2,0 m.

b) 1,5 m.

c) 1,0 m.

d) 0,50 m.

e) 0,25 m.

Exercícios Nível 2

53. Uma lente esférica de vidro, envolvida pelo ar, tem raios de curvatura iguais. Sabendo que o índice de refração do vidro em relação ao ar vale $\frac{3}{2}$ e que a convergência da lente é de +5 di:

a) calcule o raio de curvatura comum às faces da lente;

b) classifique a lente como biconvexa ou bicôncava.

54. (Unifesp) Um estudante observa uma gota de água em repouso sobre sua régua de acrílico, como ilustrado na figura.

Reprodução/ Arquivo da editora

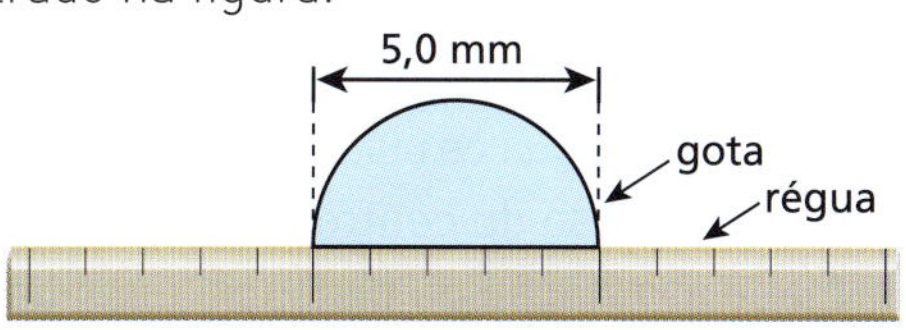

Curioso, percebe que, ao olhar para o caderno de anotações através dessa gota, as letras aumentam ou diminuem de tamanho conforme afasta ou aproxima a régua do caderno. Fazendo alguns testes e algumas considerações, ele percebe que a gota de água pode ser utilizada como uma lente e que os efeitos ópticos do acrílico podem ser desprezados. Se a gota tem raio de curvatura de 2,5 mm e índice de refração 1,35 em relação ao ar:

a) Calcule a convergência C dessa lente.

b) Suponha que o estudante queira obter um aumento de 50 vezes para uma imagem direita, utilizando essa gota. A que distância d da lente deve-se colocar o objeto?

55. Uma lente esférica, simétrica, biconvexa e de vidro (índice de refração absoluto do vidro igual a *n*) com faces de raios de curvatura iniciais iguais a $R_0 = 50,0$ cm será esmerilhada por um fabricante de lentes, porém, de modo a manter suas faces sempre esféricas, convexas e simétricas, com raios de curvatura cada vez maiores. No gráfico abaixo, pode-se observar a variação da distância focal *f* da lente, em operação no ar ($n_{ar} = 1$), em função do raio de curvatura *R* de suas faces em cada instante do processo.

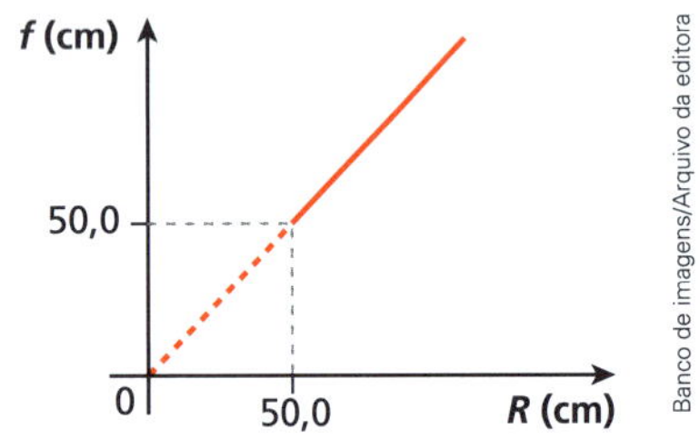

Com base nessas informações, responda:

a) Qual o valor de *n*?

b) Como será o gráfico da vergência *V* da lente, em dioptrias, em função de *R*?

56. **E.R.** Um feixe de luz monocromática de raios paralelos incide paralelamente ao eixo principal de uma lente esférica delgada biconvexa feita de vidro com índice de refração absoluto $n_V = 2,0$. Com essa lente imersa no ar (índice de refração absoluto $n_{Ar} = 1,0$), os raios luminosos refratados convergem em um ponto a uma distância d_A do centro óptico. Se a lente for mergulhada em um líquido com índice de refração absoluto $n_L = 1,5$, porém, os mesmos raios luminosos incidentes convergem em um ponto do eixo principal a uma distância d_L do centro óptico. Com base nessas informações, responda:

a) Qual o valor da relação $\frac{d_A}{d_L}$?

b) Do ar para o líquido, a vergência ("grau") da lente **aumenta** ou **diminui**?

Resolução:

a) Pela equação de Halley, temos:

$$\frac{1}{f} = \left(\frac{n_{lente}}{n_{meio}} - 1\right)\left(\frac{1}{R_1} + \frac{1}{R_2}\right)$$

No líquido e no ar, o feixe luminoso refratado através da lente converge para o seu foco principal imagem, conforme a figura a seguir:

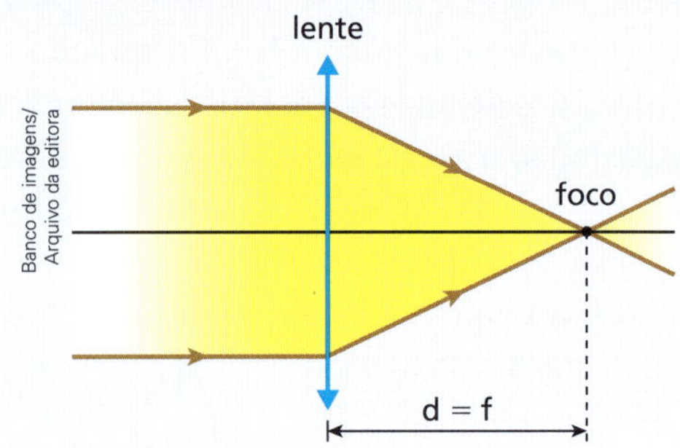

Lente imersa no ar:

$$\frac{1}{d_A} = \left(\frac{2}{1} - 1\right) \cdot K \Rightarrow \frac{1}{d_A} = K$$

Da qual: $d_A = \frac{1}{K}$ (I)

Em que *K* é uma constante associada aos raios de curvatura das faces da lente.

Lente imersa no líquido:

$$\frac{1}{d_L} = \left(\frac{2}{\frac{3}{2}} - 1\right) \cdot K \Rightarrow \frac{1}{d_L} = \frac{K}{3}$$

Da qual: $d_L = \frac{3}{K}$ (II)

De (I) e (II), temos:

$$\frac{d_A}{d_L} = \frac{\frac{1}{K}}{\frac{3}{K}} \therefore \boxed{\frac{d_A}{d_L} = \frac{1}{3}}$$

b) Lembrando que as distâncias focais da lente no ar e no líquido valem respectivamente d_A e d_L, as correspondentes vergências nesses dois meios ficam determinadas por:

$$V_A = \frac{1}{d_A} \quad \text{e} \quad V_L = \frac{1}{d_L}$$

Com $d_L = 3d_A$, conclui-se que $V_L = \frac{V_A}{3}$, o que significa que do ar para o líquido a vergência da lente diminui (reduz-se o "grau") e esta se torna mais "fraca".

57. Um estudante possui uma lente côncavo-convexa de vidro $\left(n_v = \frac{3}{2}\right)$, cujas faces têm raios de curvatura 10 cm e 5,0 cm. Sabendo que a lente é utilizada no ar ($n_{ar} = 1$) e posteriormente na água $\left(n_a = \frac{4}{3}\right)$, responda:

a) Do ar para a água os planos focais aproximam-se ou afastam-se do centro óptico?

b) Qual é a variação da distância focal da lente?

58. (UFTM-MG) Em um laboratório, uma lente plano-convexa de raio de curvatura 0,5 m é parcialmente mergulhada em água, de modo que o eixo principal fique no mesmo plano da superfície de separação entre a água e o ar. Um feixe de luz, incidindo paralelamente a esse eixo, após passar pela lente, converge para dois focos distintos ($\mathbf{F_{ar}}$ e $\mathbf{F_{água}}$). Na região em que a lente está imersa no ar, a convergência é de 1 di.

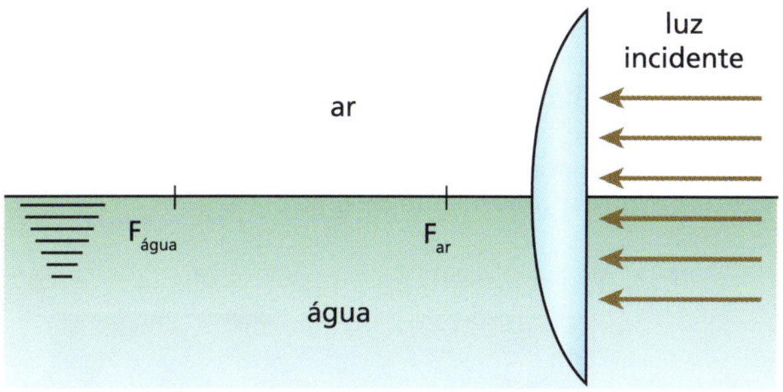

Reprodução/Arquivo da editora

Se o índice de refração do ar tem valor 1 e o índice de refração da água, valor 4/3, a convergência da parte da lente mergulhada no líquido é, em di:

a) $\frac{1}{4}$ b) $\frac{3}{5}$ c) $\frac{2}{3}$ d) $\frac{3}{4}$ e) $\frac{4}{5}$

59. Nicolas é um curioso estudante de Óptica Geométrica que dispõe de duas lupas iguais (lentes biconvexas de vidro que obedecem às condições de Gauss). Posicionando um pequeno objeto luminoso a 10 cm de uma das lupas, ele nota uma imagem direita e ampliada, com duas vezes as dimensões do objeto. Em seguida, ele justapõe as duas lupas, mantendo o objeto na mesma posição, a 10 cm da associação. Nesse caso, ele observará uma imagem

a) direita e ampliada.
b) invertida e ampliada.
c) direita e reduzida.
d) invertida e reduzida.
e) imprópria (indefinida).

60. Um objeto luminoso de altura igual a 15 cm é colocado perpendicularmente ao eixo óptico de uma lente esférica convergente que obedece às condições de Gauss. Sabendo que a imagem obtida tem altura igual a 3,0 cm e está a 30 cm do objeto, determine a vergência da lente.

61. (Vunesp) Suponha que você tenha em mãos duas lentes de mesmo diâmetro e confeccionadas com o mesmo tipo de vidro, mas uma plano-convexa (convergente) e outra plano-côncava (divergente). Como proceder para verificar, sem auxílio de instrumentos de medição, se a convergência de uma é igual, em módulo, à divergência da outra?

62. Um raio de luz monocromática **R** incide paralelamente ao eixo principal de um sistema óptico composto de duas lentes convergentes, $\mathbf{L_1}$ e $\mathbf{L_2}$, produzindo um raio emergente **R'**, conforme ilustra a figura a seguir. A vergência da lente $\mathbf{L_2}$ é igual a 4,0 di.

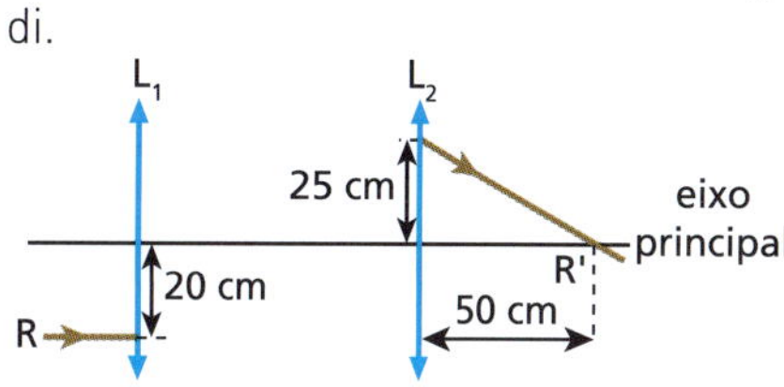

Banco de imagens/Arquivo da editora

Determine:

a) a distância focal da lente $\mathbf{L_1}$;
b) a distância entre as lentes.

63. (Unisa-SP) Um objeto luminoso é colocado a 60 cm de uma lente convergente de 20 cm de distância focal. Uma segunda lente convergente, de 30 cm de distância focal, é colocada a 80 cm da primeira lente, tendo seus eixos principais coincidentes. A que distância da segunda lente se forma a imagem final fornecida pelo sistema?

Ampliando o olhar

Teoria da Relatividade Geral

Em 1916, Einstein publicou sua Teoria da Relatividade Geral. Entre outros temas, ele tratou das deformações que uma grande massa provoca no chamado espaço-tempo. É como se uma superfície horizontal de borracha, presa pelas bordas, recebesse um corpo pesado em sua região central. Isso provocaria uma vala análoga à deformação no espaço-tempo proposta pelo cientista. Uma pequena esfera que passasse com baixa velocidade perto dessa vala seria "atraída" para a parte mais funda dela, como se a vala fosse uma espécie de sorvedouro. Esse foi o fundamento da explicação de Einstein para a gravitação dos planetas em torno do Sol ou a da Lua em torno da Terra.

Album/akg-images/Latinstock

Albert Einstein (1879-1955).

As deformações no espaço-tempo também encurvam as trajetórias da luz, o que justifica as imagens produzidas pelas lentes gravitacionais descritas mais adiante neste texto.

Em 1919, Einstein recebeu notícias que comprovavam aspectos de sua teoria. Nessa ocasião, os astrônomos britânicos Andrew Crommelin e Charles Davidson, da equipe de Arthur Edington, estiveram no Brasil, em Sobral, Ceará, para observar um eclipse total do Sol. Eles verificaram no momento do fenômeno, com o céu obscurecido pela presença da Lua diante do disco solar, o aparecimento de estrelas do grupo das Híades, que deveriam estar escondidas atrás do Sol. O que foi visto, na verdade, foram imagens virtuais dessas estrelas produzidas pela lente-gravitacional-Sol, que deforma o espaço-tempo ao seu redor.

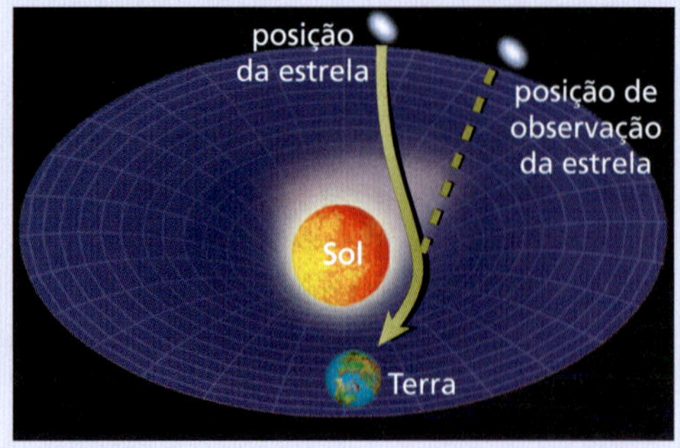

Representação ilustrativa, com tamanhos e distâncias fora de escala e em cores fantasia, da deformação no espaço-tempo provocada pela presença do Sol e o consequente desvio da luz proveniente de uma estrela.

Os quasares e as lentes gravitacionais

Em 1963, o astrônomo holandês Maarten Schmidt localizou uma "estrela" que foi chamada de **3C 273**. Quando analisou seu espectro, ficou intrigado. As conclusões não faziam sentido, destoando de tudo o que se conhecia até então.

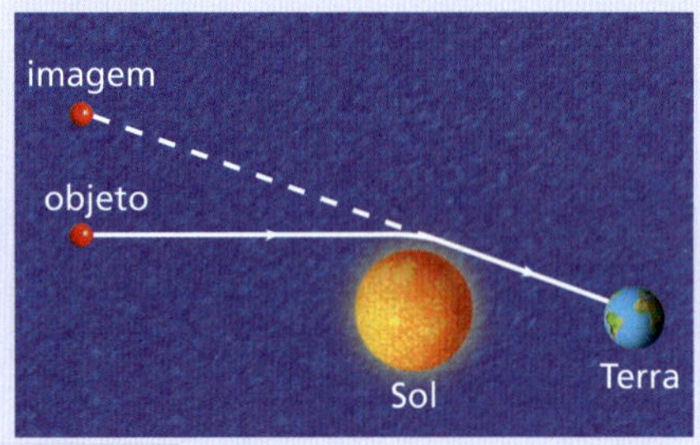

A luz do astro sofre um desvio devido à presença do Sol. (Ilustração com tamanhos e distâncias fora de escala e em cores fantasia.)

Depois de algum tempo de dúvidas e inquietação, Schmidt concluiu, pela análise do *red shift* da 3C 273 – deslocamento do espectro da estrela para frequências mais baixas devido ao efeito Doppler luminoso – que aquele corpo celeste devia estar muito mais longe da Terra que a maioria das galáxias e que se afastava de nosso planeta com grande velocidade, o que ia ao encontro das teorias do universo em expansão. A 3C 273 foi chamada de **quasar** – *quasi-stellar astronomical radiosource*, que significa "fonte de rádio astronômica quase estelar".

Os quasares são corpos que, embora tenham tamanho equivalente ao do Sistema Solar, brilham mais que 1 trilhão de sóis. Sua distância à Terra excede 2 bilhões de anos-luz e sua detecção em nosso planeta é feita principalmente por meio das ondas de rádio e raios X que emitem.

Albert Einstein demonstrou que a presença de um corpo de grande massa pode desviar ondas eletromagnéticas, em especial a luz. Quando as radiações emanadas de um astro passam nas proximidades do Sol, por exemplo, elas se encurvam, como está ilustrado na figura ao lado, fazendo com que se obtenham imagens virtuais do astro em posições aparentes diferentes daquela em que ele realmente está.

A influência de grandes massas sobre ondas eletromagnéticas pode ser comprovada quando um quasar, "escondido" atrás de uma galáxia, tem suas radiações captadas por sistemas de detecção (radiotelescópios) localizados na Terra. Luz, ondas de rádio e raios X emitidos por ele são desviados intensamente pela deformação do espaço-tempo em torno da galáxia, proporcionando aos astrônomos imagens duplas ou múltiplas daquele corpo celeste.

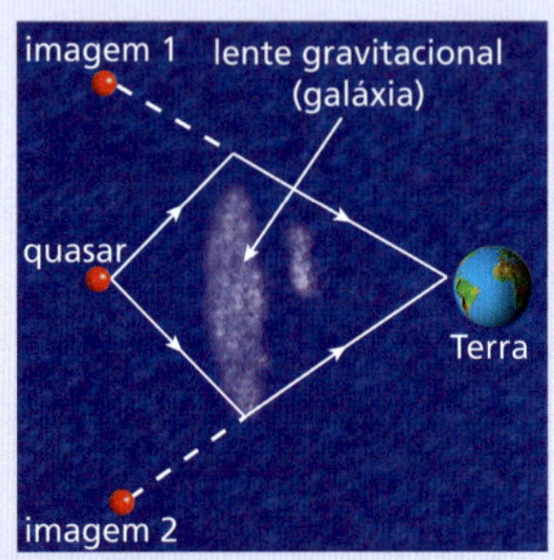

Ilustração, com tamanho e distâncias fora de escala e em cores fantasia, representando duas imagens de um mesmo quasar conjugadas por uma lente gravitacional (galáxia).

É importante notar que essas imagens não provêm de dois ou mais quasares distintos; trata-se do mesmo astro, já que qualquer alteração verificada em uma delas também é constatada simultaneamente nas demais.

A galáxia funciona como uma **lente gravitacional** que, desviando a energia radiante como se fosse uma imensa lente óptica, permite a visualização de imagens dos astros de onde essa energia provém. Isso nos leva a acreditar que, realmente, as radiações desses corpos celestes não se propagam em linha reta, sendo desviadas pela presença de grandes concentrações de massa.

DESCUBRA MAIS

1. Existe um "defeito" inerente às lentes denominado **aberração cromática**. Em que consiste esse problema?
2. Em alguns faróis marítimos, holofotes e retroprojetores, são utilizadas as chamadas lentes de Fresnel. Esses sistemas ópticos, implementados pelo físico francês Augustin Fresnel (1788-1827), exercem funções semelhantes às das lentes convencionais, porém possuem espessura e peso bem menores. Como funcionam as lentes de Fresnel?
3. Em certos momentos, astronautas abandonam porções de água no interior de espaçonaves em órbita ao redor da Terra, que passam a levitar, apresentando formato praticamente esférico. Olhando através dessas esferas líquidas, nota-se quase sempre a formação de imagens invertidas e menores de objetos situados do seu lado oposto. Como se explica a forma esférica dessas porções de água? As lentes assim constituídas têm comportamento convergente ou divergente?
4. Para observadores na Terra, as lentes gravitacionais modificam o formato real dos astros visualizados?

Exercícios Nível 3

64. (Unesp-SP) Nas câmeras fotográficas digitais, os filmes são substituídos por sensores digitais, como um CCD (sigla em inglês para Dispositivo de Carga Acoplada). Uma lente esférica convergente **L**, denominada objetiva, projeta uma imagem nítida, real e invertida do objeto que se quer fotografar sobre o CCD, que lê e armazena eletronicamente essa imagem.

A figura representa esquematicamente uma câmera fotográfica digital. A lente objetiva **L**, tem distância focal constante e foi montada dentro de um suporte **S**, indicado na figura, que pode mover-se para a esquerda, afastando a objetiva do CCD, ou para a direita, aproximando-a dele. Na situação representada, a objetiva focaliza com nitidez a imagem do objeto **O** sobre a superfície do CCD.

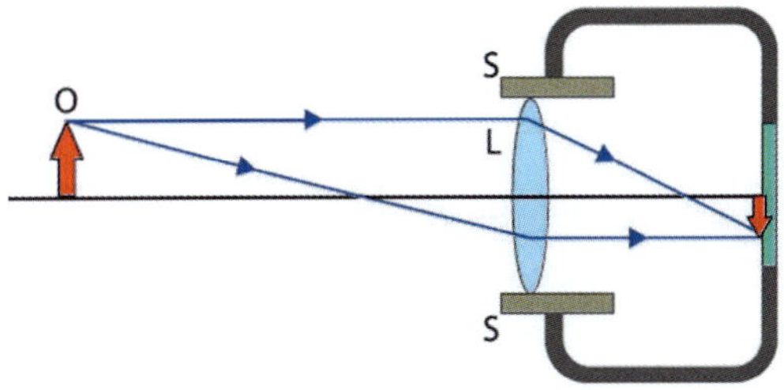

Reprodução/UNESP, 2015

Considere a equação dos pontos conjugados para lentes esféricas $\frac{1}{f} = \frac{1}{p} + \frac{1}{p'}$, em que f é a distância focal da lente, p a coordenada do objeto e p' a coordenada da imagem. Se o objeto se aproximar da câmera sobre o eixo óptico da lente e a câmera for mantida em repouso em relação ao solo, supondo que a imagem permaneça real, ela tende a mover-se para a

a) esquerda e não será possível mantê-la sobre o CCD.
b) esquerda e será possível mantê-la sobre o CCD movendo-se a objetiva para a esquerda.
c) esquerda e será possível mantê-la sobre o CCD movendo-se a objetiva para a direita.
d) direita e será possível mantê-la sobre o CCD movendo-se a objetiva para a direita.
e) direita e será possível mantê-la sobre o CCD movendo-se a objetiva para a direita.

65. Monta-se um anteparo opaco perpendicularmente ao eixo principal de uma lente delgada divergente, a 30 cm do centro óptico da lente:

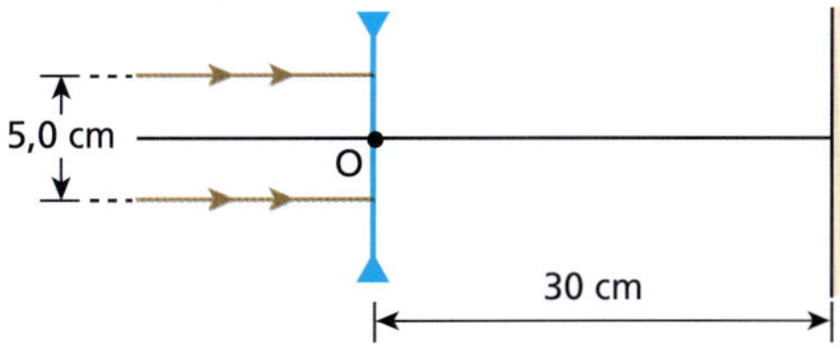

Banco de imagens/Arquivo da editora

Um feixe cilíndrico de luz monocromática, com 5,0 cm de diâmetro, incide na lente de modo que seus raios luminosos fiquem paralelos ao eixo principal. Sabendo que depois da refração na lente o feixe ilumina, no anteparo, uma região circular de 20 cm de diâmetro, calcule o valor absoluto da distância focal da lente.

66. Um instrumento óptico utiliza, entre outros componentes, um prisma de cristal **ABC** de seção em forma de triângulo retângulo isósceles, uma lente divergente $\mathbf{L_1}$ de distância focal igual a 5,0 cm (em módulo) e uma lente convergente $\mathbf{L_2}$ de distância focal igual a 15,0 cm (em módulo). O prisma recebe em sua base **AB** um feixe de luz monocromático constituído de raios paralelos, perpendiculares a **AB**, de largura d_1 igual a 2,0 cm, que sofre reflexão total na interface **BC**. Esses raios emergem do prisma pela face **CA**, refratam-se em $\mathbf{L_1}$ e depois em $\mathbf{L_2}$ conforme ilustra a figura, produzindo, à direita de $\mathbf{L_2}$, um feixe de raios paralelos de largura d_2. Trata-se, portanto, de um sistema afocal.

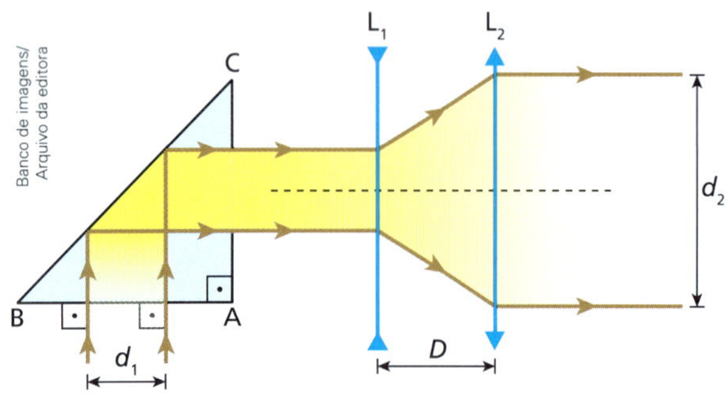

Admitindo-se que $\mathbf{L_1}$ e $\mathbf{L_2}$ sejam lentes delgadas, em operação de acordo com as condições de estigmatismo de Gauss, e que o índice absoluto de refração do ar que envolve os três componentes seja igual a 1,0, pede-se determinar

a) a distância *D*, indicada no esquema, que separa $\mathbf{L_1}$ de $\mathbf{L_2}$;

b) o valor de d_2;

c) o índice absoluto de refração do prisma, *n*, para que ele satisfaça as condições citadas no enunciado.

67. (Fuvest-SP) Uma lente circular convergente **L**, de área 20 cm^2 e distância focal 12 cm, é colocada perpendicularmente aos raios solares, que neste local têm uma intensidade de radiação de 0,10 W/cm^2. Admita que 20% da radiação incidente na lente seja absorvida por ela.

Um coletor solar **C** é colocado entre a lente e seu foco, a 6 cm da lente, conforme representa o esquema a seguir.

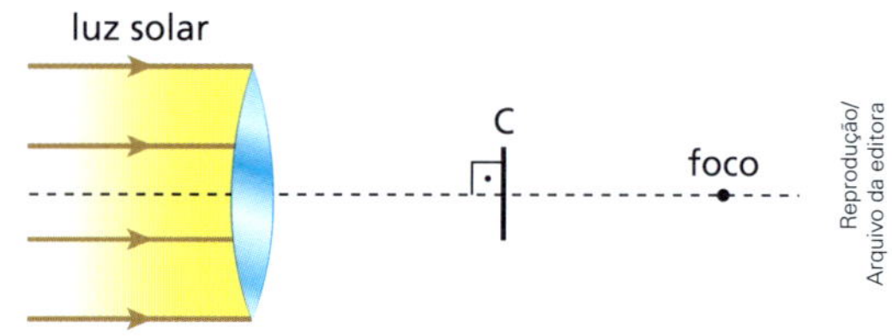

Suponha que toda energia incidente no coletor seja absorvida por ele e usada para aquecer 1 cm^3 de água, inicialmente a 20 °C. Adotando para a água calor específico sensível igual a 1 cal/g °C e densidade absoluta igual a 1 g/cm^3, e considerando 1 cal = 4 J, responda:

a) Qual a temperatura da água ao fim de 2 min do aquecimento?

b) Qual a intensidade de radiação solar incidente no coletor?

68. (Unicamp-SP) O sistema óptico esboçado na figura consiste em uma lente convergente de distância focal *f* e em um espelho plano que contém o foco $\mathbf{F_2}$ da lente. Um pequeno objeto **AB** encontra-se a uma distância 2*f* da lente, como indica a figura. Os raios luminosos provenientes de **AB** e refletidos pelo espelho não atingem a lente novamente. Refaça a figura e construa a imagem de **AB** produzida pelo sistema óptico.

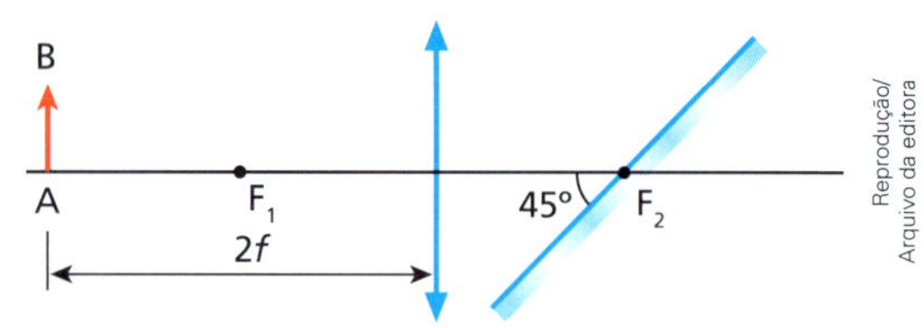

69. (Vunesp) Uma lâmina de vidro óptico de faces paralelas, cuja espessura é de aproximadamente 1 cm, será interposta perpendicularmente, entre uma lente convergente e a imagem real (que a lente produz) de um objeto iluminado com luz monocromática. Observe a figura:

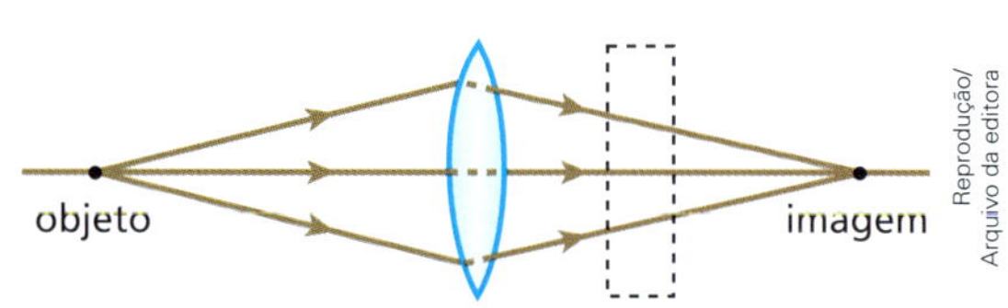

Com a inserção da lâmina:

a) a posição da imagem não se altera.

b) a imagem se aproxima da lente.

c) a imagem se afasta da lente.

d) não se forma mais a imagem.

e) formam-se duas imagens reais separadas por uma distância menor que 1 cm.

70. (Vunesp) Um objeto luminoso é colocado a 60 cm de uma lente delgada convergente e observa-se uma imagem nítida desse objeto projetada em um anteparo distante 120 cm da lente, como mostra a figura 1.

figura 1

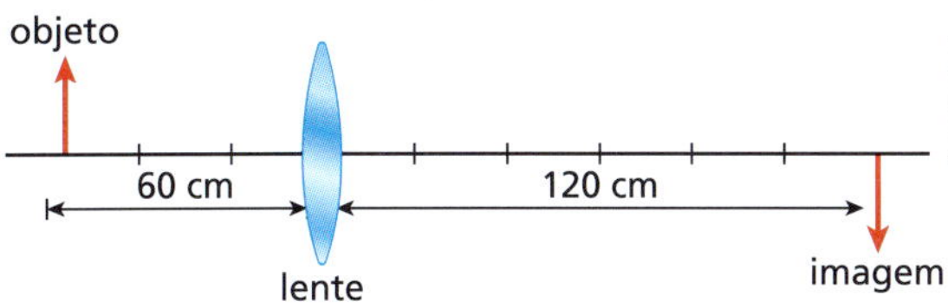

Reprodução/Arquivo da editora

Em seguida, o objeto é deslocado 20 cm, aproximando-o da lente, e a imagem no anteparo deixa de ser nítida. Para que se retome a nitidez da imagem, é necessário afastar a lente do objeto, como sugere a figura 2.

figura 2

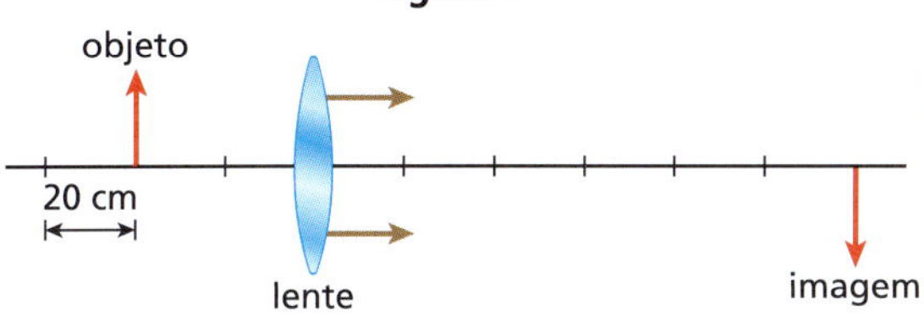

Reprodução/Arquivo da editora

a) Calcule a distância focal da lente, em cm.

b) Calcule a distância, em cm, que se deve deslocar a lente de sua posição inicial para que a imagem do objeto projetada no anteparo volte a ser nítida.

71. (IJSO) Uma pessoa tira uma foto de uma planta aquática em um aquário com uma lente biconvexa (convergente). O aquário é preenchido com água cujo índice de refração absoluto vale $\frac{4}{3}$. Quando o filme, a lente e a planta estão posicionadas de acordo com a figura a seguir, uma imagem nítida da planta aquática é projetada sobre o sensor gravador de luz da câmara.

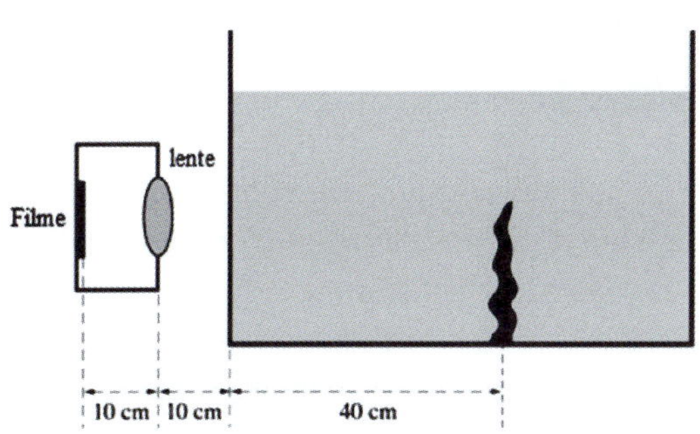

Reprodução/IJSO, 2015

Sendo $n_{ar} = 1,0$, qual o valor da distância focal da lente?

72. (UFV-MG) Duas lentes delgadas de vidro, **A** e **B**, de distâncias focais $f_A = 5$ cm e $f_B = 4$ cm, respectivamente, são colocadas lado a lado, imersas no ar, com eixos coincidentes, conforme a figura abaixo.

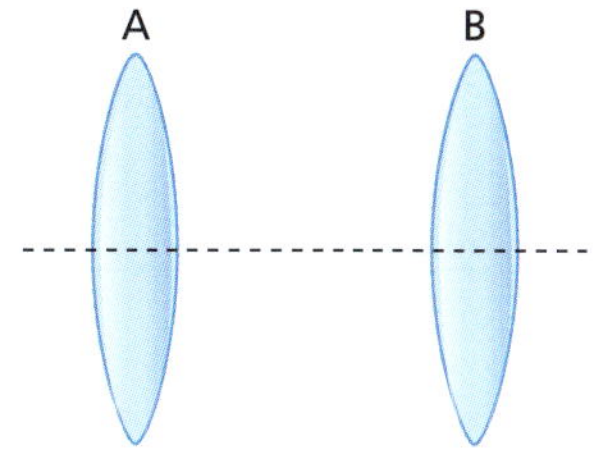

Reprodução/Arquivo da editora

a) Qual a distância entre os centros das lentes para que um feixe de luz de raios paralelos, incidente na lente **A**, emerja da lente **B** como um feixe de luz de raios também paralelos? Reproduza a figura acima e desenhe o diagrama de raios ilustrando esta situação. Indique nessa figura os pontos correspondentes aos focos de cada uma das lentes.

b) Calcule a que distância do centro da lente **B** ficará a imagem do objeto produzida por esse conjunto de lentes, se fixarmos, arbitrariamente, a distância entre os centros das lentes em 10 cm e colocarmos um objeto luminoso a uma distância de 3 cm à esquerda do centro da lente **A**.

73. Um objeto real *y* é colocado a uma distância *x* do foco objeto principal de uma lente esférica convergente, perpendicularmente ao seu eixo principal. A imagem *y'* conjugada pela lente a esse objeto é real e situa-se a uma distância *x'* do foco imagem principal, conforme indica a figura.

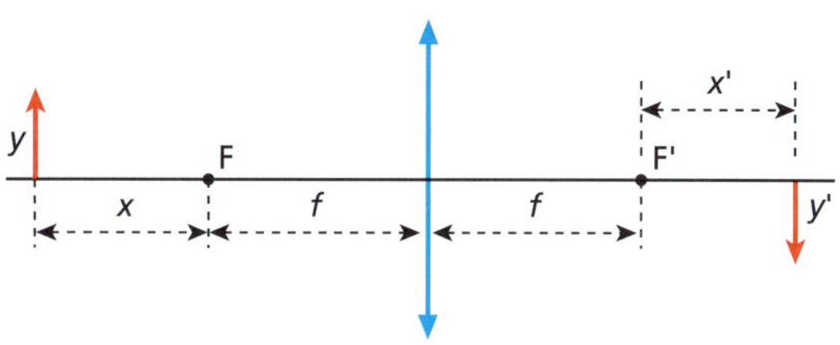

Banco de imagens/Arquivo da editora

Supondo-se válidas as condições de Gauss, pode-se afirmar que a distância focal da lente é dada por:

a) $x + x'$.

b) $x - x'$.

c) $x \cdot x'$.

d) $\sqrt{\frac{x}{x'}}$

e) $\sqrt{x \cdot x'}$

74. Um espelho esférico côncavo **E**, de distância focal f_E, e uma lente delgada convergente **L**, de distância focal $f_L = 12$ cm, estão dispostos coaxialmente, com seus eixos ópticos coincidentes, conforme representa a figura. Admita que o espelho e a lente estejam sendo utilizados dentro das condições de Gauss. A distância entre o vértice do espelho e o centro óptico da lente é igual a d. Uma fonte pontual de grande potência, capaz de emitir luz exclusivamente para a direita, é colocada no ponto **P**. Os raios luminosos provenientes da fonte seguem, então, as trajetórias indicadas, acendendo um palito de fósforo cuja extremidade se encontra no ponto **Q**.

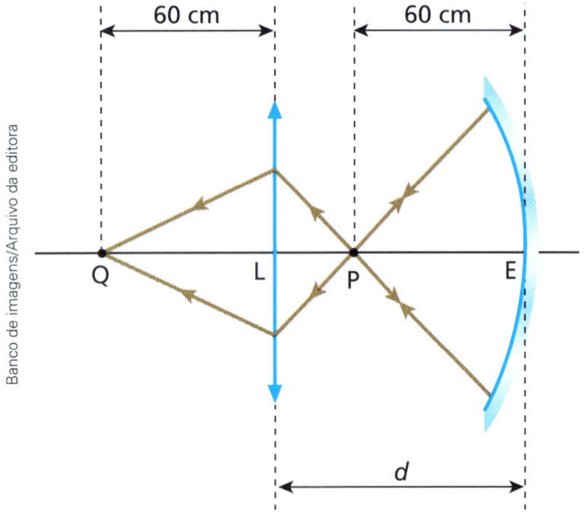

Considerando as medidas do esquema, aponte a alternativa em que aparecem os valores corretos de f_E e d:

a) f_E = 60 cm; d = 120 cm.
b) f_E = 60 cm; d = 75 cm.
c) f_E = 30 cm; d = 120 cm.
d) f_E = 30 cm; d = 75 cm.
e) f_E = 60 cm; d = 72 cm.

75. Nos esquemas abaixo, a lente convergente **L**, de distância focal f_L = 20,0 cm, e o espelho esférico convexo **E** operam de acordo com as condições de Gauss, com seus eixos principais coincidentes com a direção **OP**. Na figura 1, **L** conjuga a uma pequena lâmpada colocada no ponto **O** uma imagem situada no ponto **P**. Na figura 2, **E** conjuga à mesma lâmpada fixa em **O** uma imagem também situada no ponto **P**.

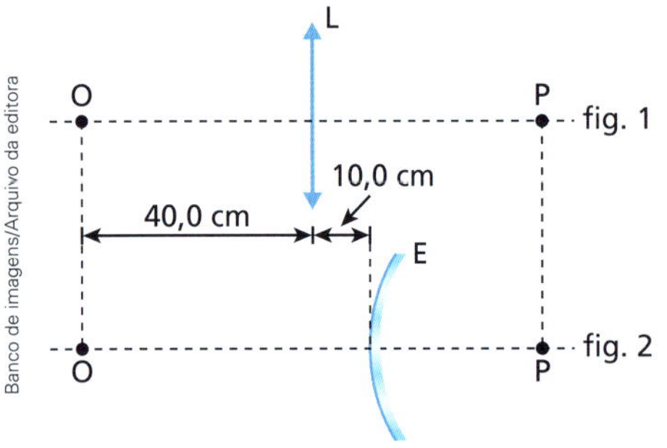

O raio de curvatura de **E** tem valor, em centímetros, igual a:

a) 37,5.
b) 75,0.
c) 112,5.
d) 150,0.
e) 187,5.

76. (Unesp-SP) No centro de uma placa de madeira, há um orifício no qual está encaixada uma lente delgada convergente de distância focal igual a 30 cm. Esta placa é colocada na vertical e um objeto luminoso é colocado frontalmente à lente, à distância de 40 cm. No lado oposto, um espelho plano, também vertical e paralelo à placa de madeira, é disposto de modo a refletir a imagem nítida do objeto sobre a placa de madeira. A figura ilustra a montagem.

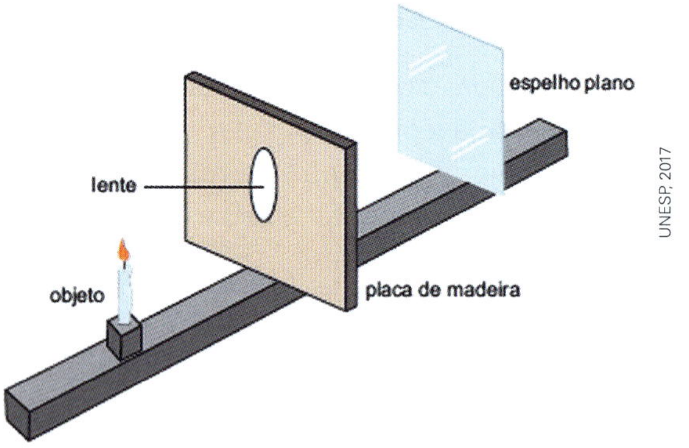

Nessa situação, o espelho plano se encontra em relação à placa de madeira a uma distância de

a) 70 cm.
b) 10 cm.
c) 60 cm.
d) 30 cm.
e) 40 cm.

77. (Vunesp) A figura mostra um banco óptico com duas lentes esféricas, delgadas, convergentes e de distância focal igual a 20 cm, cujos eixos principais coincidem. Acoplado a esse equipamento, um projetor atua como objeto luminoso.

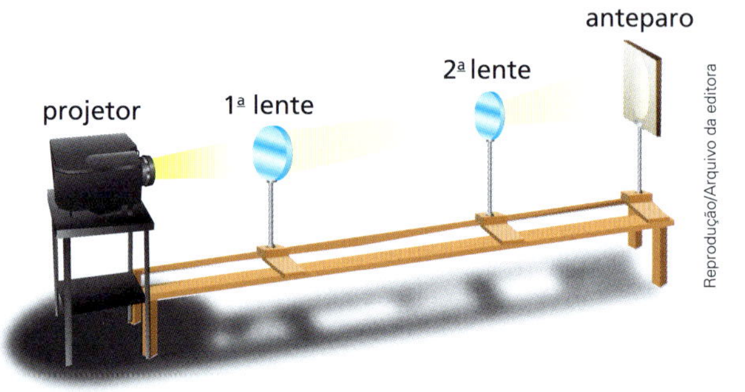

Colocando-se o projetor sobre o eixo principal do sistema, na posição x_p = 0 cm, a primeira lente na posição x_1 = 30 cm e a segunda lente na posição x_2 = 70 cm, a imagem final conjugada pela segunda lente se formará na posição

a) 40cm
b) 50 cm
c) 60 cm
d) 75 cm
e) 80 cm

78. (UFU-MG) Um estudante de Física olha através de uma lupa uma pulga que foi condicionada a andar apenas sobre o eixo principal da lente, conforme representa a figura **A**. Ele mediu a distância *p* entre o inseto e a lupa e a distância *p'* entre a lupa e a imagem real da pulga, em vários pontos. O resultado dessas medições está apresentado no gráfico da figura **B**.

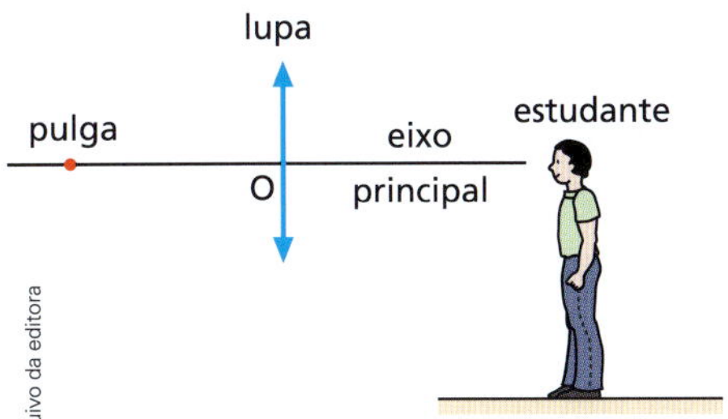

figura A

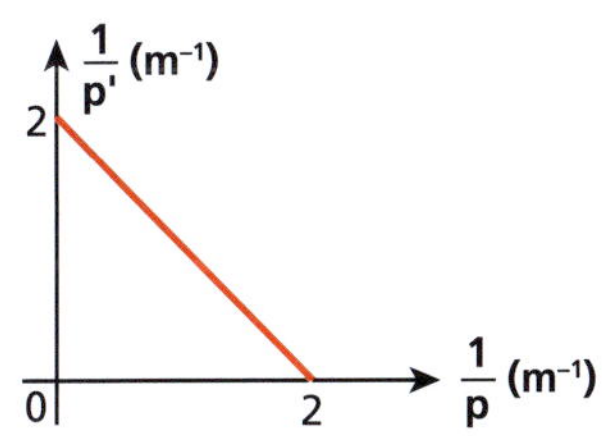

figura B

Reprodução/Arquivo da editora

a) Obtenha a distância focal da lente.

b) A pulga, ao passar exatamente pelo ponto médio entre o foco principal objeto e o centro óptico da lente, resolve dar um pequeno salto vertical. Desprezando a resistência do ar, adotando $g = 10\ m/s^2$ e admitindo como válidas as condições de Gauss, determine a intensidade da aceleração da imagem da pulga em relação ao estudante durante o salto.

79. (Ufscar-SP) No quarto de um estudante, há uma lâmpada incandescente localizada no teto, sobre a sua mesa. Deslocando uma lente convergente ao longo da vertical que passa pelo filamento da lâmpada, do tampo da mesa para cima, o estudante observa que é possível obter a imagem nítida desse filamento, projetada sobre a mesa, em duas alturas distintas. Sabendo-se que a distância do filamento da lâmpada ao tampo da mesa é de 1,5 m, que a distância focal da lente é de 0,24 m e que o comprimento do filamento é de 12 mm, determine:

a) as alturas da lente em relação à mesa, nas quais essas duas imagens nítidas são obtidas;

b) os comprimentos e as características das imagens do filamento obtidas.

80. Uma vigota metálica feita de uma liga de ferro-carbono tem coeficiente de dilatação térmica linear $\alpha = 2{,}0 \cdot 10^{-4}\ °C^{-1}$ e comprimento de 1,6 m a 25 °C. Um operador fixa essa vigota horizontalmente e coloca em seu ponto médio um grande parafuso que é observado através de uma lupa instalada na extremidade direita do sistema, conforme indica o esquema. Nesse caso, ele constata que a lupa fornece uma imagem direita do parafuso aumentada três vezes em relação às suas dimensões originais.

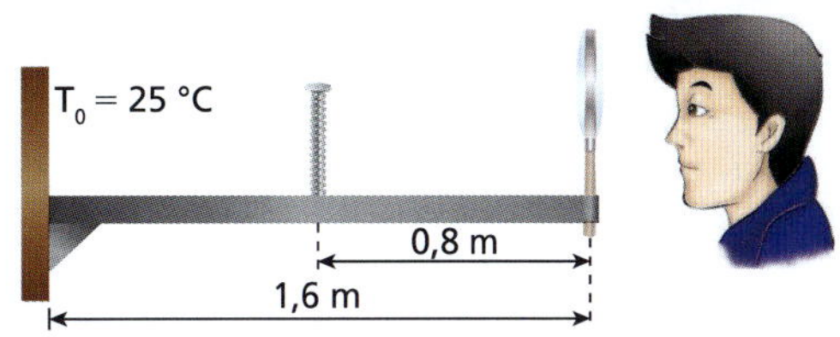

Banco de imagens/Arquivo da editora

Em seguida, o operador leva apenas a vigota a um forno e, depois de retirá-la muito quente mas ainda sólida e com o mesmo formato original, utilizando a mesma lupa e o mesmo parafuso, faz de novo uma montagem idêntica à inicial, porém nota que nesse caso a imagem do parafuso é observada direita e aumentada quatro vezes em relação às dimensões reais do objeto. Admitindo-se válidas para a lupa as condições de estigmatismo de Gauss, pede-se determinar

a) a distância focal *f* da lente;

b) o comprimento *L* da vigota no momento em que é retirada do forno;

c) sua temperatura *T* nesse instante.

81. Na figura, está representado um objeto luminoso de altura *y* posicionado a 16,0 cm de uma lente convergente **L**, cuja distância focal é de 8,0 cm. A lente está a uma distância *D* de um espelho esférico gaussiano **E** de raio de curvatura 36,0 cm e eixo principal coincidente com o eixo óptico da lente.

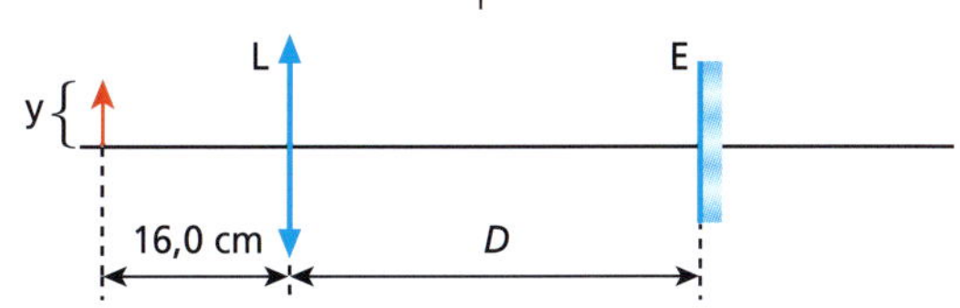

Banco de imagens/Arquivo da editora

Para que a imagem produzida pelo espelho tenha altura igual a 2*y* e orientação invertida em relação ao objeto, o tipo de espelho esférico utilizado e o valor de *D* são, respectivamente:

a) côncavo e D = 16,0 cm.

b) côncavo e D = 25,0 cm.

c) côncavo e D = 43,0 cm.

d) convexo e D = 16,0 cm.

e) convexo e D = 25,0 cm.

82. Duas lentes esféricas simétricas, de vidro e de pequena espessura – uma biconvexa ($\mathbf{L_1}$) e outra bicôncava ($\mathbf{L_2}$) – e um espelho esférico côncavo gaussiano (**E**) são testados no ar, onde se verifica que suas distâncias focais apresentam o mesmo valor absoluto: *f*. Esses sistemas ópticos são então mergulhados em água, onde se realiza um novo teste de verificação de distâncias focais. Nesse ensaio, obtêm-se para as distâncias focais de $\mathbf{L_1}$, $\mathbf{L_2}$ e **E** os valores absolutos f_1, f_2 e f_E, respectivamente. Se o vidro é mais refringente que a água e esta é mais refringente que o ar, é correto concluir que:

a) $f_1 > f$, $f_2 > f$ e $f_E = f$.

b) $f_1 > f$, $f_2 < f$ e $f_E = f$.

c) $f_1 = f$, $f_2 = f$ e $f_E = f$.

d) $f_1 < f$, $f_2 < f$ e $f_E < f$.

e) $f_1 > f$, $f_2 > f$ e $f_E > f$.

83. (ITA-SP) As duas faces de uma lente delgada biconvexa têm um raio de curvatura igual a 1,00 m. O índice de refração da lente para a luz vermelha é 1,60 e, para luz violeta, 1,64. Sabendo que a lente está imersa no ar, cujo índice de refração é 1,00, calcule a distância entre os focos de luz vermelha e de luz violeta, em centímetros.

84. Para compor a objetiva de certo instrumento óptico, usa-se a associação de lentes acrílicas (de espessura desprezível) representada na figura a seguir.

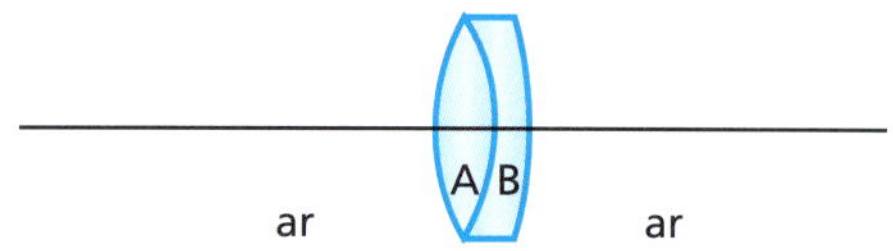

Banco de imagens/Arquivo da editora

A lente **A** é biconvexa, e suas faces têm 25 cm de raio de curvatura. A lente **B** é convexo-côncava, e sua face côncava adere perfeitamente à lente **A**. Os índices de refração do acrílico e do ar são conhecidos, valendo, respectivamente, 1,5 e 1,0. Sabendo que a vergência equivalente à associação é de +3,0 di, determine:

a) a vergência da lente **A**.

b) a abscissa focal da lente **B**.

c) os raios de curvatura das faces da lente **B**.

85. (OBF) Um feixe de raios convergentes aponta na direção do ponto $\mathbf{O_1}$, localizado no eixo óptico de uma lente divergente, a uma distância de 15 cm da mesma. Após a refração, os raios convergem para o ponto $\mathbf{P_1}$. Entretanto, se os raios, antes da refração, convergirem para um ponto $\mathbf{O_2}$ que está a 10 cm da lente, os raios refratados convergem para um ponto $\mathbf{P_2}$ que está a 40 cm de $\mathbf{P_1}$.

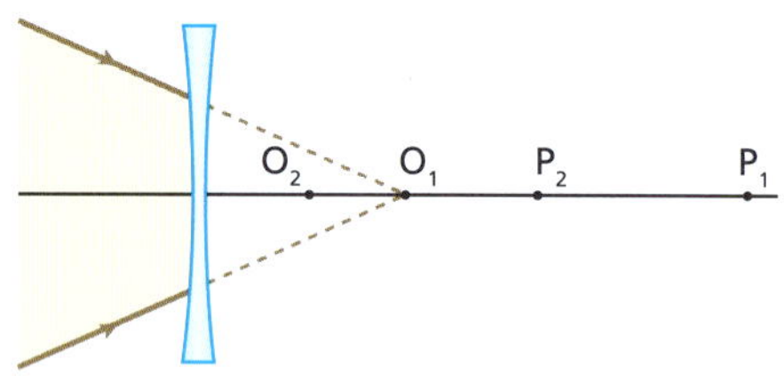

Reprodução/Arquivo da editora

Determine a distância da lente ao ponto $\mathbf{P_1}$, bem como a distância focal da lente.

JÁ PENSOU NISTO?

Borboleta e lente biconvexa convergente

Nesta curiosa fotografia, é possível observar, projetada em um anteparo difusor, a imagem real, invertida e maior de uma borboleta iluminada, conjugada por uma lente biconvexa convergente. Chamam a atenção as duas pequenas imagens obtidas pela reflexão de parte da luz proveniente da borboleta nas faces da lente. A face de entrada da luz, onde ocorre a primeira refração, comporta-se como espelho convexo, originando uma imagem virtual, direita e menor. A face de saída da luz, onde ocorre a segunda refração, comporta-se como espelho côncavo, originando uma imagem real, invertida e menor.

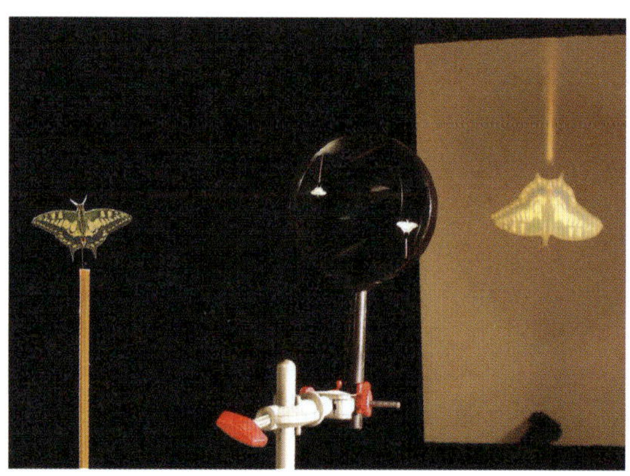

Sérgio Dotta Jr./The Next

Ampliando o olhar

De 76 em 76 anos?

Halley foi o primeiro astrônomo a conjecturar que os cometas são corpos celestes dotados de órbitas regulares e movimentos periódicos. Fundamentado nas teorias de seu compatriota e contemporâneo Isaac Newton, constatou que certo astro, observado em 1531, 1607 e 1682, tratava-se de um mesmo corpo celeste, o qual deveria cruzar o Sistema Solar também em 1758, o que realmente se verificou. Esse astro, com período próximo de 76 anos, foi denominado **cometa Halley** em sua homenagem.

SPL/Latinstock

Retrato de Sir Edmond Halley, pintado por Richard Phillips por volta de 1720.

O cometa Halley aparece nesta fotografia de 12 de março de 1986. Naquele ano o astro passou pela última vez nas proximidades da Terra. Sua próxima aparição deverá ocorrer em 2062.

SPL/Latinstock

Cometa Halley, em 12 de março de 1986.

Para raciocinar um pouco mais

86. Uma lente delgada convergente de distância focal f = 10 cm é disposta com o eixo principal normal a um anteparo situado à distância d = 30 cm. Ao longo do eixo principal, desloca-se uma fonte puntiforme. Há duas posições da fonte para as quais a luz emergente da lente ilumina, no anteparo, um círculo do tamanho da lente. Para essas duas posições, determine a distância da fonte à lente.

87. Um objeto luminoso é colocado a uma distância d_0 de uma lente convergente de distância focal f_0, sendo sua imagem projetada em um anteparo situado a uma distância L da lente. O objeto é então aproximado, ficando posicionado a uma distância $\frac{d_0}{2}$ da lente, o que faz com que a imagem se apresente desfocada no anteparo. Desejando-se focalizar a imagem, substitui-se a primeira lente por uma outra, também convergente, mas de distância focal f_1. Sabendo que a segunda lente é instalada na mesma posição da primeira, determine:

a) o valor de L;

b) o valor de f_1.

88. Na fotografia abaixo, aparece um banco óptico, em um ambiente escurecido, constituído de uma base rígida, um objeto luminoso (letra **F** em luz LED, à esquerda), uma lente convergente móvel (ao centro) e um anteparo translúcido (à direita), em que as imagens produzidas pela lente podem ser projetadas.

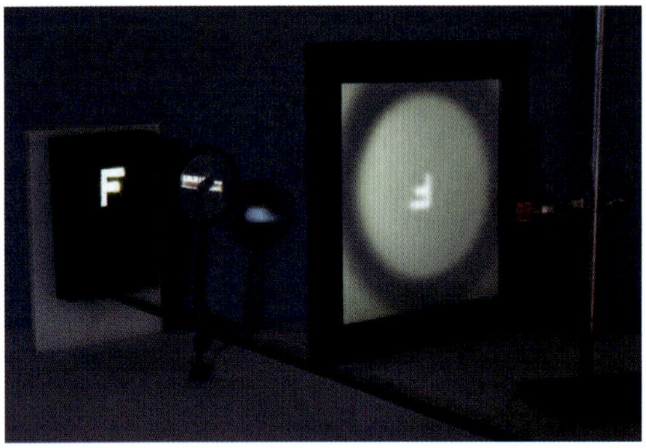

Sérgio Dotta Jr./Arquivo da editora

Admita que a distância entre o objeto e o anteparo seja L = 50,0 cm (constante). Admita também que, na situação estudada no experimento, existam duas posições da lente para as quais são verificadas imagens nítidas projetadas no anteparo: a primeira, com a lente mais próxima do objeto que do anteparo, a uma distância p_1 do objeto, e a segunda, com a lente mais próxima do anteparo que do objeto, a uma distância p_2 do objeto, de modo que a distância entre essas duas posições é D = 30,0 cm. Considerando-se a lente em operação de acordo com as condições de estigmatismo de Gauss, determine:

a) se as duas imagens projetadas no anteparo têm a mesma ampliação, isto é, o mesmo tamanho. Justifique sua resposta;

b) o valor de p_1;

c) a distância focal *f* da lente.

89. (IJSO) Uma lente delgada convergente **L** de distância focal *f* é colocada em frente a um espelho plano E, conforme indica a figura. Sejam **F** e **F'** os focos principais objeto e imagem da lente, **C** e **C'** seus pontos antiprincipais objeto e imagem, e **O** o centro óptico. Um feixe de raios paralelos ao eixo principal incide na lente. Esse feixe, após refratar-se através da lente, incide no espelho, sofre reflexão e novamente refrata-se através da lente, originando um ponto imagem **P'**.

a) Supondo-se que a lente opere de acordo com as condições de Gauss, copie o esquema abaixo em seu caderno e represente os raios luminosos para a obtenção do ponto imagem **P'**.

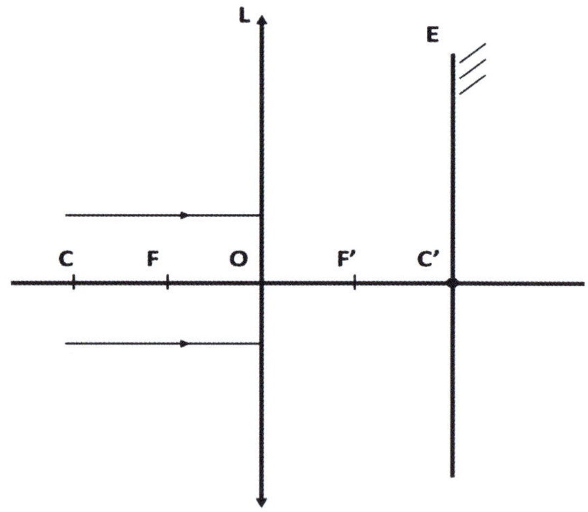

Reprodução/IJSO, 2014

b) Qual é a distância de **P'** à lente? Dê a resposta em função de *f*.

c) O ponto imagem formado pelo espelho plano tem natureza real ou virtual? Ele funciona como ponto objeto real ou virtual em relação à lente?

90. Um ponto luminoso **P** descreve movimento circular e uniforme num plano frontal distante 30 cm de uma lente delgada convergente, com velocidade escalar de módulo 5,0 cm/s. A circunferência descrita por **P** tem centro no eixo principal da lente e raio igual a 10 cm. Admitindo que a lente opera de acordo com as condições de Gauss e que sua distância focal vale 20 cm, determine:

a) a relação entre o período de **P** e de sua imagem **P'** conjugada pela lente.

b) as características da trajetória descrita por **P'**, bem como sua posição em relação à lente.

c) o módulo da velocidade escalar de **P'**.

91. (OBF) Um objeto de 10 cm de altura é colocado a 50 cm de uma lente biconvexa simétrica que é construída com um material plástico transparente de índice de refração 1,5. Esse material é bastante elástico de modo que, pressionando-se as extremidades da lente em direção ao centro óptico, o raio de curvatura das faces convexas pode ser alterado mantendo-se, porém, a simetria. Suponha que no instante $t_0 = 0$ a força aplicada na lente é retirada, de modo que os raios de curvatura vão aumentando segundo a função $R = 40 + vt$, em que *R* é expresso em centímetros e *t*, em segundos. Observa-se que a partir de $t = 20$ s, o sentido da imagem é justamente o oposto daquele verificado quando $t < 20$ s.

Supondo-se que a lente está imersa no ar (índice de refração igual a 1,0), determine o valor de *v*.

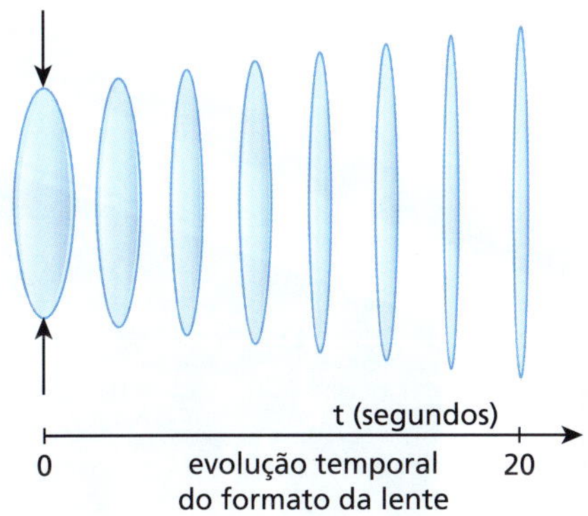

Reprodução/Arquivo da editora

92. Uma vela é colocada a 80 cm de uma lente esférica convergente, perpendicularmente a seu eixo principal. Aproximando-se em 20 cm a vela da lente, a nova imagem fica três vezes maior que a anterior, com a mesma orientação. Determine a vergência da lente.

93. (OBF) Uma lente convergente de diâmetro 2*L* é construída com diamante, cujo índice de refração varia com o comprimento de onda da luz incidente. Para a luz violeta, o índice de refração é 2,50, para a amarela, é 2,43, e para a vermelha, é 2,40. Suponha que um feixe de luz paralela, constituído por apenas essas três cores, incida sobre essa lente cobrindo-a completamente e que um anteparo seja colocado perpendicularmente ao eixo óptico da lente, no ponto focal determinado usando-se a luz amarela. Calcule a razão entre os raios das regiões iluminadas por luz vermelha e por luz violeta projetadas no anteparo.

94. Considere uma lente bicôncava simétrica de vidro (índice absoluto de refração igual a 1,5) que vai operar no ar (índice absoluto de refração igual a 1,0) de acordo com as condições de estigmatismo de Gauss. Admita que as faces dessa lente tenham raios de curvatura iguais a 80 cm.

Um bastão metálico de comprimento 20 cm, feito de um material com coeficiente de dilatação linear igual a $8{,}0 \cdot 10^{-5}$ °C^{-1}, será posicionado diante dessa lente, perpendicularmente ao seu eixo óptico, em um local coincidente com o centro de curvatura $\mathbf{C_1}$ da face esquerda da lente, conforme ilustra o esquema.

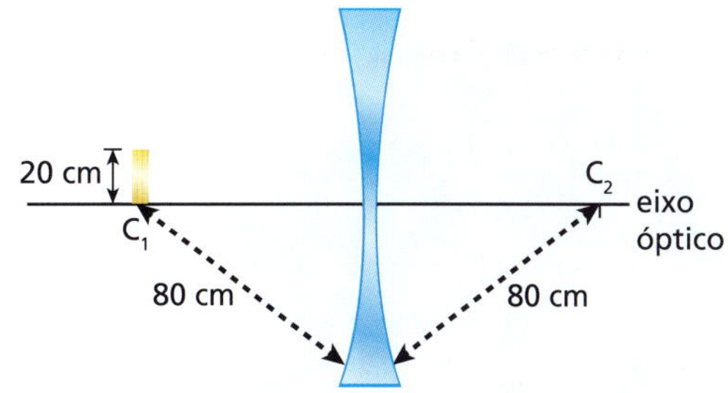

Banco de imagens/Arquivo da editora

Mantendo-se o bastão nessa mesma posição, este será aquecido de $\Delta\theta$, para que o comprimento de sua imagem conjugada pela lente aumente de 1,0 mm.

Com base nessas informações, responda:

a) Qual o valor absoluto da distância focal da lente?

b) Antes do aquecimento do bastão, qual será a distância de sua imagem à lente e qual o comprimento dessa imagem?

c) Qual deverá ser o valor de $\Delta\theta$ para que o comprimento da imagem sofra o aumento pretendido de 1,0 mm?

95. Considere um espelho esférico côncavo e uma lente esférica convergente que obedecem às condições de Gauss. As distâncias focais do espelho e da lente valem, respectivamente, 20 cm e 2,7 cm. Esses elementos serão instalados sucessivamente em um banco óptico, como o esquematizado a seguir, com a finalidade de conjugar a um objeto fixo na posição $x_0 = 70$ cm uma imagem real que deverá situar-se na posição $x_1 = 40$ cm.

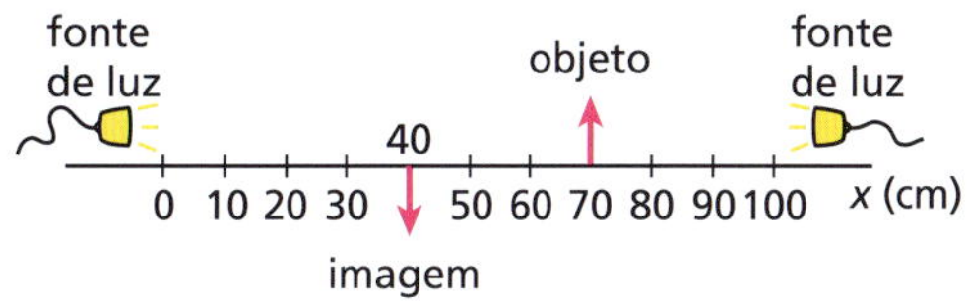

Banco de imagens/Arquivo da editora

Na figura, os comprimentos do objeto e da imagem não estão representados em escala. Há duas fontes de luz que poderão ser utilizadas uma de cada vez. Determine:

a) as posições x_{E_1} e x_{E_2} ($x_{E_1} < x_{E_2}$) em que poderá ser colocado o espelho;

b) as posições x_{L_1} e x_{L_2} ($x_{L_1} < x_{L_2}$) em que poderá ser colocada a lente.

TÓPICO

5

Instrumentos ópticos e Óptica da visão

Utilizado na medicina e em pesquisas científicas, o microscópio é um instrumento óptico que revolucionou o diagnóstico de doenças.

Agora que já estamos familiarizados com os principais conceitos da luz – falamos basicamente de sua natureza dual, sobre os fenômenos da reflexão e da refração e como a luz se comporta ao incidir em diferentes meios – podemos dar um passo à frente e explorar suas aplicações nas ciências e no cotidiano.

Permitindo que observemos desde galáxias distantes até organismos microscópicos, os equipamentos ópticos são compostos de arranjos (às vezes simples, às vezes complexos) dos objetos que estudamos nos tópicos anteriores: espelhos planos e esféricos, bem como blocos ópticos e lentes. A utilidade desses instrumentos não se restringe somente a aplicações na Física, pelo contrário: o difícil é pensar em uma área do conhecimento que não se beneficie deles!

Ainda neste tópico, vamos dar especial destaque à visão humana, analisando o olho humano como um sistema óptico, com suas peculiaridades, como defeitos visuais, do ponto de vista físico inerente a cada situação.

Bloco 1

1. Introdução aos instrumentos ópticos

Os conceitos, as leis e os sistemas ópticos estudados até aqui constituem a base teórica para a implementação de **instrumentos ópticos**, que sempre desempenharam ao longo da história, desde suas primeiras concepções, papel preponderante na saga do conhecimento humano. Isso pode ser notado em diversos setores, como em Fotografia, em Biologia e em Astronomia.

Hoje vivemos uma era em que a captação de imagens se transformou em algo corriqueiro, quase banal. Utilizando câmeras digitais, muitas vezes embutidas em telefones celulares e outros dispositivos eletrônicos, podemos obter fotografias em grande número, passíveis de visualização imediata e publicação instantânea em mídias como a internet. Na fabricação de câmeras de todo tipo são utilizadas, além de outros saberes, noções de Óptica.

SSPL/Getty Images

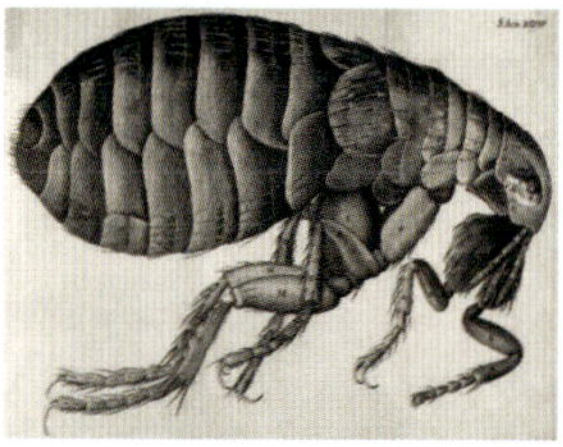

SPL/Latinstock

A primeira fotografia mostra o rudimentar microscópio utilizado por Hooke em suas pesquisas; a segunda traz um detalhe de desenho de uma pulga como foi observada pelo cientista em seu equipamento. Esta ilustração foi feita pelo próprio Hooke e está publicada em sua obra *Micrographia*.

Em 1667, o cientista inglês Robert Hooke (1635-1703) publicou um livro intitulado *Micrographia*, em que apresentou os resultados de suas observações utilizando um incipiente microscópio capaz de ampliar apenas algumas dezenas de vezes as dimensões de certos objetos. Nessa obra, Hooke descreve a similaridade entre as minúsculas partículas de um pedaço de cortiça e as celas ocupadas por monges nos claustros de mosteiros. E para denominar essas estruturas do tecido vegetal ele lançou mão do termo **célula**, derivado da expressão latina *cella* (espaço vazio). Essa denominação foi utilizada mais tarde para designar a unidade construtiva da matéria viva. Em 1838, os cientistas alemães Schleiden e Schwann formularam uma teoria celular propondo que os seres vivos em geral – animais e vegetais – são constituídos de células. Em 1855, o patologista alemão Rudolf Ludwig Karl Virchow propôs que toda célula se origina de outra célula preexistente. Uma de suas citações, feita em latim, tornou-se célebre: *"Omnis cellula ex cellula"*, que significa "Toda célula se origina de outra célula". Hoje sabemos, entre outras coisas, que as reações metabólicas próprias de nosso organismo ocorrem nas células.

A Citologia, importante ramo da Biologia, teve, a partir do século XIX, um rápido desenvolvimento. Esse avanço foi capitaneado pelo microscópio, um dos mais importantes instrumentos ópticos, que também passou por significativa evolução. Além de se prestar ao estudo da célula e de microrganismos, o microscópio é uma ferramenta essencial para o desenvolvimento de vacinas e medicamentos que permitem erradicar doenças, laborando, assim, em prol da saúde dos seres humanos.

Album/De Agostini Picture Library/Latinstock

A Astronomia que antecedeu ao século XVII, muito ligada à Astrologia e a concepções não científicas, utilizava astrolábios, quadrantes, sextantes e esferas armilares. Um instrumento revolucionário descoberto na Holanda serviu de ferramenta para que o italiano Galileu Galilei (1566-1642) elaborasse um novo mapa celeste e desse forte apoio à Teoria Heliocêntrica, do polonês Nicolau Copérnico (1473-1543). Galileu construiu versões mais sofisticadas da luneta original, que lhe permitiram observar detalhadamente as manchas solares, as crateras lunares, os anéis de Saturno e os satélites de Júpiter.

Lunetas projetadas e utilizadas por Galileu no século XVII.

SPL/Latinstock

O físico e naturalista inglês Joseph Jackson Lister (1786-1859) realizou significativas melhorias no microscópio óptico, dotando o instrumento de aumentos ainda maiores.

Os telescópios atuais são uma evolução das primeiras lunetas, e esses dispositivos constituem janelas reveladoras através das quais contemplamos o Universo em busca de respostas a perguntas primordiais, como: De onde viemos? Para onde vamos?

Os instrumentos ópticos costumam ser classificados em dois grupos: **instrumentos de projeção** e **instrumentos de observação**.

Grupo I: instrumentos de projeção

Caracterizam-se por formar imagem final real, que é projetada em uma tela difusora (tela cinematográfica) ou em um anteparo fotossensível (filme fotográfico ou conversor eletrônico). Pertencem a esse grupo as câmeras fotográficas, as filmadoras e os projetores em geral.

Grupo II: instrumentos de observação

Distinguem-se por formar imagem final virtual, que serve de objeto real para um observador, cujo bulbo do olho se associa ao instrumento. Fazem parte desse grupo a lupa, o microscópio composto, as lunetas e os telescópios.

As próximas seções fazem uma breve apresentação dos principais instrumentos ópticos, sem, no entanto, entrar em requintes funcionais ou técnicos.

2. Projetor

Trata-se de um dispositivo que fornece, de um objeto real (arquivo eletrônico, diapositivo ou filme), uma imagem real projetada em uma tela. A imagem final é invertida (na vertical e na horizontal) e ampliada e pode comportar-se como objeto real para vários espectadores ao mesmo tempo. É importante salientar que, para uma melhor visualização da imagem projetada, o equipamento deve operar no interior de um ambiente escurecido.

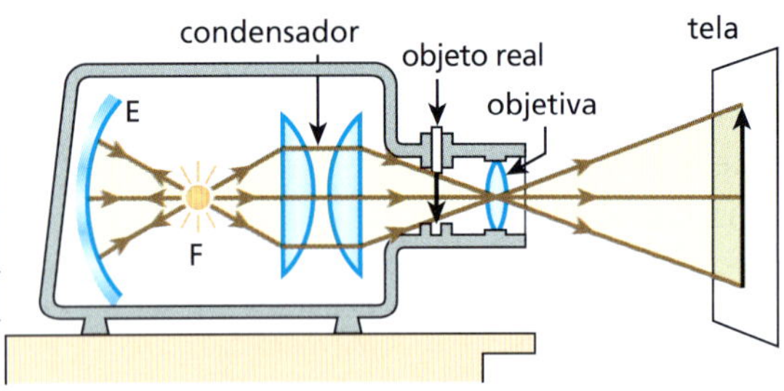

CJT/Zapt/Arquivo da editora

O esquema ao lado representa, em corte, um projetor simplificado.

Observe que a "objetiva" do projetor é um sistema **convergente** de lentes. O espelho côncavo **E**, em cujo centro de curvatura se posiciona a fonte de luz **F**, tem por função minimizar as perdas de energia luminosa.

3. Câmera fotográfica

É um dispositivo destinado à fixação de imagens. Em linhas gerais, ocorre o seguinte: a objetiva da câmera (sistema **convergente** formado por uma ou mais lentes) projeta a imagem real e invertida do motivo da fotografia sobre um anteparo fotossensível em que, devido a fenômenos fotoquímicos ou fotoeletrônicos, ela fica gravada.

Convém destacar que o filme fotográfico (ou conversor eletrônico) é colocado no interior de uma câmara escura; a quantidade de luz que aí penetra é graduada por um mecanismo denominado **diafragma**. Outro importante componente das câmeras é o **obturador**, que regula o intervalo de tempo durante o qual o filme (ou conversor eletrônico) fica exposto à luz.

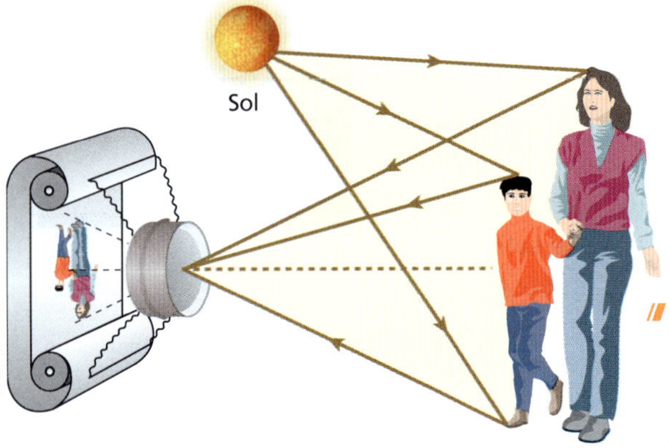

Luis Fernando R. Tucillo/Arquivo da editora

Nas fotografias mais comuns, o objeto a ser fotografado é iluminado pela luz solar e esta é captada pela câmera por reflexão. A imagem projetada sobre o filme (ou conversor eletrônico) é invertida, e a inversão ocorre tanto na vertical como na horizontal. (Ilustração com tamanhos e distâncias fora de escala e em cores fantasia.)

JÁ PENSOU NISTO?

Câmeras digitais: imagens armazenadas em *chips*

Uma tecnologia totalmente consagrada é a das câmeras digitais. Nesses dispositivos, as imagens são captadas opticamente, porém, em vez de serem gravadas em filmes fotográficos ou em fitas magnéticas, são digitalizadas e armazenadas em cartões de memória ou *chips* eletrônicos. Com isso, é possível obter imagens com alta definição, que podem ser visualizadas imediatamente no próprio equipamento ou na tela de um computador. A ágil e eficiente transmissão dessas imagens pela internet facilita a comunicação entre pessoas e também as atividades profissionais, como a medicina e o jornalismo.

Tatiana Popova/Shutterstock

4. Lupa ou microscópio simples

Esse dispositivo nada mais é do que um sistema **convergente**, de distância focal da ordem de centímetros.

Precursora dos instrumentos ópticos de grande ampliação, a lupa é utilizada como lente de aumento em diversas atividades, como a confecção de joias, o conserto de relógios, a filatelia, o estudo de insetos, a criminalística, entre outras.

Como veremos adiante, a lupa também pode ser a lente ocular de equipamentos mais sofisticados.

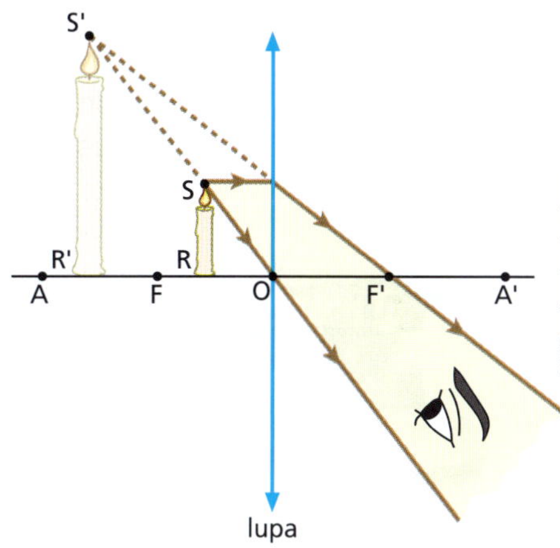

CJT/Zapt/Arquivo da editora

De um objeto real situado entre o foco principal objeto e o centro óptico, a lupa fornece uma imagem virtual, direita e ampliada. Convém destacar que, para o olho do observador, a imagem fornecida pela lupa comporta-se como objeto real. Veja, na figura ao lado, o traçado da imagem do objeto **RS**.

Os aumentos fornecidos pelas lupas raramente excedem a 10 vezes. Lupas que proporcionam aumentos da ordem de uma dezena de vezes têm distância focal pequena, o que torna seu diâmetro também pequeno, comprometendo o brilho da imagem e sua boa visualização.

paffy/Shutterstock

Usando uma lupa, podemos ter uma visão ampliada e pormenorizada dos objetos.

5. Microscópio composto

É um instrumento de aumento constituído basicamente de dois sistemas **convergentes** de lentes associados coaxialmente: o primeiro é a **objetiva** (distância focal da ordem de milímetros), que responde pela captação da primeira imagem do objeto; o segundo é a **ocular**, que, operando como lupa, forma a imagem final, a qual se comporta como objeto para o olho do observador.

O objeto a ser analisado posiciona-se um pouco além do foco objeto da objetiva, que conjuga a ele uma imagem real, invertida e ampliada. Essa imagem, formada entre o foco objeto e o centro óptico da ocular, comporta-se como objeto para esta lente, que conjuga a ele uma imagem final virtual, direita e ampliada.

Veja, na figura ao lado, um esquema da formação da imagem em um microscópio composto.

Observe que, tomando por base o objeto inicial, a imagem final é invertida.

Em relação à objetiva, o aumento linear transversal é dado por: $A_{ob} = \frac{i_1}{o}$

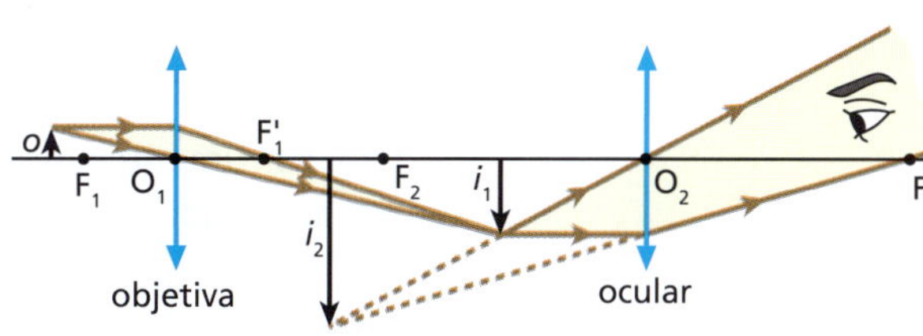

CJT/Zapt/Arquivo da editora

Em relação à ocular, o aumento linear transversal é calculado por: $A_{oc} = \frac{i_2}{i_1}$

Para o microscópio composto, temos: $A = \frac{i_2}{o}$

Multiplicando o numerador e o denominador da última expressão por i_1, temos:

$$A = \frac{i_2}{o} \cdot \frac{i_1}{i_1} \Rightarrow A = \frac{i_1}{o} \cdot \frac{i_2}{i_1}$$

Portanto:

$$A = A_{ob} \cdot A_{oc}$$

A ampliação total fornecida por um microscópio composto é dada pelo produto dos aumentos da objetiva e da ocular.

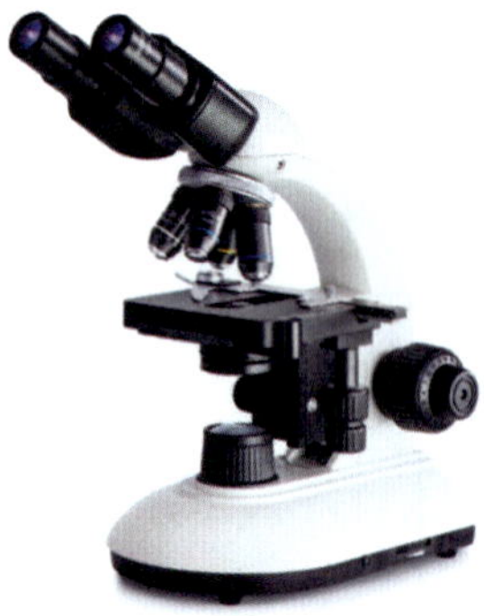

Pro3DArtt/Shutterstock

Fotografia de um microscópio composto equipado com objetivas cambiáveis e duas oculares.

É importante notar que nos microscópios compostos o aumento linear transversal nunca excede a algumas centenas de vezes, ficando em média na faixa de 300 vezes. Em condições excepcionais, conseguem-se ampliações até pouco acima de mil vezes. Nesses casos, porém, intervém de forma decisiva a difração da luz dentro do instrumento, o que inibe qualquer tentativa de obtenção de ampliações ainda maiores.

Os microscópios ópticos ou compostos são largamente utilizados em laboratórios de Biologia e de análises clínicas. Essa grande aceitação deve-se ao fato de esses instrumentos serem compatíveis com pequenos objetos, células, tecidos e microrganismos normalmente examinados.

Em alguns casos, entretanto, como no estudo da estrutura de materiais, há a necessidade de aumentos de dezenas de milhares de vezes. Recorre-se, então, ao microscópio eletrônico, que opera com feixes de elétrons no lugar de feixes de luz. Nesses equipamentos, as partículas são defletidas por campos elétricos e magnéticos, proporcionando aumentos que podem chegar a 100 mil vezes. O que o pesquisador observa não é uma imagem óptica, disponível em uma ocular, mas uma figura gravada em filme fotográfico ou exibida no monitor de um computador.

JÁ PENSOU NISTO?

Microscópio eletrônico: aumentos de 100 mil vezes?

Com o microscópio eletrônico, é possível adentrar em microuniversos inacessíveis aos nossos sentidos. Aumentos da ordem de 100 mil vezes desvendam os pormenores mais intrínsecos dos materiais, como as trajetórias (rastos) deixadas por partículas elementares submetidas à ação de campos elétricos e/ou magnéticos, podendo-se chegar praticamente a escalas atômicas. Esse equipamento tem sido de grande valia no desenvolvimento da nanotecnologia, ramo da Ciência que objetiva manipular punhados de átomos ou moléculas na elaboração de mecanismos minúsculos, que tornarão os utensílios eletrônicos ainda menores e muito mais sofisticados.

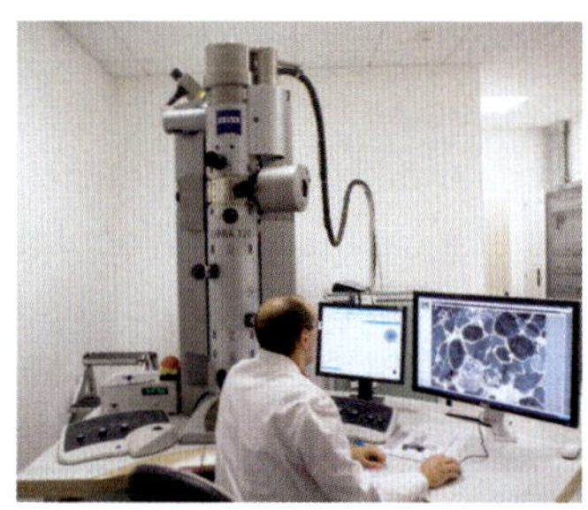

Alamy/Fotoarena

6. Lunetas

São instrumentos formados basicamente por dois sistemas **convergentes** de lentes, associados coaxialmente: o primeiro é a **objetiva** (distância focal da ordem de decímetros ou metros), que capta a primeira imagem do objeto; o segundo é a **ocular**, que, operando como lupa, conjuga a imagem final, a qual se comporta como objeto para o olho do observador.

Há duas categorias de lunetas: as **astronômicas**, utilizadas na observação de objetos longínquos, como os corpos celestes, e as **terrestres**, empregadas para visar objetos não muito afastados. As lunetas terrestres são muito úteis, por exemplo, na navegação.

No caso da luneta astronômica, a luz emanada de um corpo muito afastado (teoricamente, no "infinito") incide na objetiva, que forma uma imagem real e invertida. Em razão da grande distância entre o objeto e a objetiva, a imagem conjugada por essa lente forma-se em seu plano focal imagem. Tal imagem, posicionada entre o foco objeto e o centro óptico da ocular, comporta-se como objeto para esta lente, que faz corresponder a ele uma imagem final virtual, direita e aumentada. Essa imagem final, porém, é invertida em relação ao objeto inicial. O esquema ao lado ilustra o exposto.

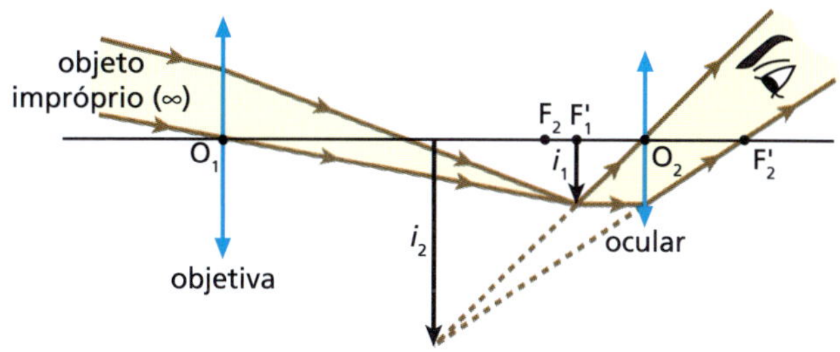

As lunetas não fornecem aumentos lineares dos corpos observados; apenas possibilitam a visualização desses corpos sob ângulos visuais ampliados, o que dá aos usuários melhores condições de observação. Por isso elas são denominadas **instrumentos de aproximação**.

Seja θ_0 o ângulo visual segundo o qual um corpo distante é observado a olho nu e θ o ângulo visual segundo o qual esse mesmo corpo é observado da mesma posição por meio de uma luneta.

Por definição, o **aumento visual** ou **aumento angular** para essa luneta é a grandeza adimensional G, dada por:

$$G = \frac{\text{tg}\,\theta}{\text{tg}\,\theta_0}$$

Sendo f_{ob} a distância focal da objetiva e f_{oc} a distância focal da ocular, pode-se demonstrar que o aumento angular de uma luneta focalizada para obter a imagem de um objeto impróprio ("situado no infinito") fica determinado por:

$$G = \frac{f_{ob}}{f_{oc}}$$

Luneta sobre tripé com o observador próximo à ocular.

Teoricamente, as lunetas astronômicas podem ser utilizadas como lunetas terrestres, mas, na prática, há alguns inconvenientes. Elas geralmente possuem dimensões avantajadas e, por causa da alta qualidade de seus componentes, têm custo elevado. Além disso, conforme vimos aqui, as imagens finais são invertidas em relação aos objetos iniciais, o que, tratando-se de seu emprego como luneta terrestre, seria um transtorno.

Por isso tudo, a construção das lunetas terrestres, embora seja parecida com a das lunetas astronômicas, conta com muitas simplificações. As lunetas terrestres são menores, custam menos e dispõem de um sistema endireitador da imagem final, formado por uma ou mais lentes, que é denominado **veículo**. A correção da imagem final também pode ser feita por meio de prismas de reflexão total, como ocorre nos binóculos, que nada mais são que duas pequenas lunetas terrestres associadas.

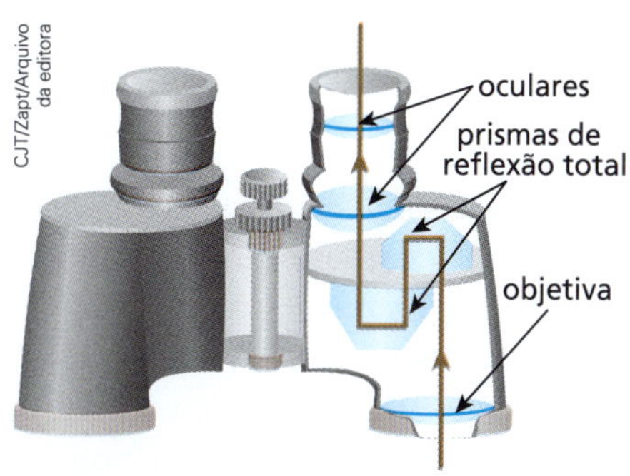

Esquema da trajetória da luz no interior de um binóculo.

JÁ PENSOU NISTO?

Para ver mais de perto

Os binóculos são instrumentos de aproximação constituídos pela junção de duas lunetas terrestres. Há quem os utilize em *shows*, eventos esportivos e até em peças de teatro. Também são empregados por policiais rodoviários em suas observações do trânsito nas estradas.

g-stockstudio/Shutterstock

Nos grandes observatórios de Astronomia, para eliminar os inconvenientes das aberrações de esfericidade e cromáticas, próprias das lentes, são utilizados, na função de objetiva, espelhos parabólicos côncavos. Assim, os instrumentos de observação, que geram a primeira imagem do astro por reflexão, e não por refração da luz, deixam de ser chamados de lunetas e assumem a denominação de **telescópios**.

Ampliando o olhar

... e Newton foi além!

O equipamento precursor dos telescópios modernos foi construído pelo inglês Isaac Newton no século XVII. Ele aprimorou a luneta de Galileu, utilizando como objetiva um espelho parabólico côncavo em substituição à tradicional lente convergente.

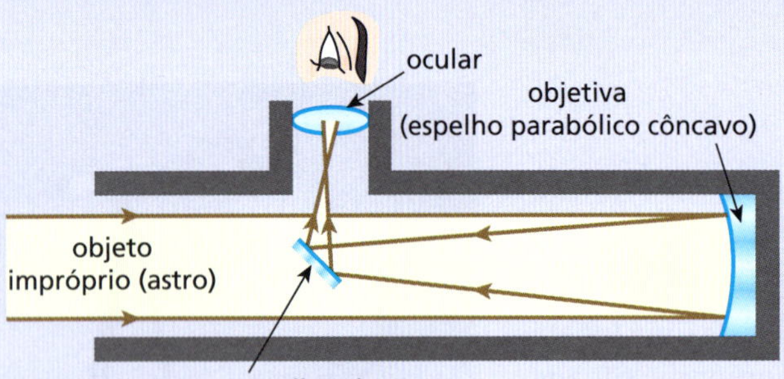

CJT/Zapt/Arquivo da editora

SPL/Latinstock

Telescópio newtoniano de reflexão.

Saindo da atmosfera — do Hale ao Hubble

Muito se sabe hoje sobre a Lua, sobre os planetas, a nossa galáxia, outras galáxias, o Universo, enfim. Seria possível dissociar esse conhecimento dos instrumentos ópticos de observação astronômica?

O advento dos telescópios descortinou aos olhos do ser humano um panorama quase sem limites, muito mais amplo que o disponível a olho nu.

Alamy/Fotoarena

Fotografia do interior da cúpula giratória em que está instalado o telescópio Hale, em Monte Palomar.

Há muitos telescópios ópticos instalados em várias partes do mundo, como o *Large Binocular Telescope* (LBT), no Arizona, o Grande Telescópio das Canárias (GTC), nas Ilhas Canárias, o Keck 1 e o Keck 2, no Havaí, os *Very Large Telescopes* (VLT), no Chile, dentre outros, em geral em locais de clima seco, com discreta presença de nuvens, que dificultam a observação. Há outros, ainda maiores, em construção. Pelo porte e por razões históricas, porém, um dos mais importantes é o do Monte Palomar, na Califórnia. Idealizado pelo astrônomo norte-americano George Ellery Hale (1868-1938), esse gigante, que leva o nome **Hale**, foi inaugurado em 3 de junho de 1948 e está instalado no interior de uma cúpula de 40 m de altura, a 1 830 m de altitude. Os ajustes de posição, tanto da cúpula como do telescópio, são feitos por sofisticados mecanismos acionados por cinco motores. Sua objetiva é um enorme espelho parabólico côncavo de vidro revestido por uma película de alumínio polido, com 5 m de diâmetro e massa em torno de 20 toneladas.

O Hale trouxe à Astronomia um grande número de dados que deram sustentação a várias teorias, como a dos buracos negros e a do Universo em expansão.

Os telescópios terrestres, entretanto, contam com um grande inconveniente: a barreira constituída pela atmosfera, que bloqueia diversas radiações provenientes do cosmo, impedindo-as de chegar aos observatórios. Devemos lembrar também que a presença da atmosfera faz com que os astros sejam observados em posições diferentes de sua posição real. Além disso, a cintilação provocada pela movimentação das camadas de ar dificulta a visualização, sobretudo das estrelas mais distantes.

No dia 26 de abril de 1990, foi posto em órbita pela nave *Discovery* o mais caro e sofisticado supertelescópio de todos os tempos: o **Hubble**, que tem esse nome em homenagem ao astrônomo norte-americano Edwin Powell Hubble (1889-1953).

O equipamento levou vinte anos para ser montado. Foi projetado para permanecer pelo menos dez anos no espaço, operando com uma eficiência superior à de qualquer telescópio terrestre, especialmente por estar livre das distorções e interferências impostas pela atmosfera.

O telescópio espacial Hubble, com uma massa próxima de 11 toneladas, tem 13,3 m de comprimento. Seu corpo principal apresenta 4,26 m de diâmetro. Quando os painéis solares estão armados, o conjunto atinge uma largura de 12 m. O sistema óptico compreende um espelho côncavo primário de 2,4 m de diâmetro e um espelho convexo secundário de 30 cm de diâmetro. Os raios luminosos provenientes dos corpos celestes, uma vez refletidos na superfície do espelho primário, são dirigidos ao espelho secundário, que, por sua vez, os envia a sistemas eletrônicos que convertem a luz captada em informações digitais.

O Hubble tem uma capacidade fantástica de distinguir detalhes. Ele pode detectar um botão de camisa a 1 200 km de distância ou mostrar se deu cara ou coroa em uma moeda lançada a 10 000 km.

Os sinais transmitidos por esse aparelho, recebidos dos pontos mais remotos do espaço, já deram aos cientistas mais informações que todos os telescópios terrestres juntos. Hoje se tem uma ideia mais clara da idade do Universo. Isso é muito importante, pois, em Astronomia, ver corpos mais distantes significa receber informações de épocas mais remotas. Ao observar um astro a 10 bilhões de anos-luz, por exemplo, o telescópio vê como ele era há 10 bilhões de anos, pois esse foi o tempo gasto pela luz, a partir desse corpo, para atingir o instrumento.

Assim, as imagens do Hubble estão mostrando o Universo em sua juventude, muito antes de a própria Terra existir.

O Hubble, que já passou por três grandes sessões de manutenção em pleno espaço, deverá deixar de operar em um futuro próximo, já que muitos de seus equipamentos ficarão obsoletos ou extinguirão sua vida útil. O novo supertelescópio substituto, de nome **Webb**, em homenagem a James Webb, coordenador da Nasa (Administração Nacional da Aeronáutica e Espaço, agência federal dos Estados Unidos) por ocasião do projeto *Apollo*, que levou o homem à Lua, está em fase final de construção e poderá ser colocado em operação por volta de 2020. Trata-se de um equipamento muito mais sofisticado que o Hubble, dotado de um espelho primário de 6,5 m de diâmetro, constituído por células refletivas de berílio com formato hexagonal. O Webb tem um custo estimado em US$ 8,8 bi e sua órbita estará além da órbita lunar. Por meio desse telescópio, será possível obter imagens de alta definição das primeiras galáxias, que contarão mais detalhadamente a origem e evolução do Universo.

Alamy/Fotoarena

As pessoas que têm uma boa visão podem enxergar sem o auxílio de instrumentos ópticos apenas 5 mil estrelas, aproximadamente. Com o telescópio espacial Hubble (representação artística), esse número é indeterminado, o que permitiu a elaboração de um novo e muito mais amplo mapa celeste.

European Space Agency/Sipa/Newscom/Glow Images

Concepção artística do telescópio espacial Webb. O projeto é de responsabilidade da Nasa em parceria com as agências espaciais canadense e europeia. O equipamento será altamente sensível às radiações na faixa do infravermelho, que revelarão detalhes dos primórdios do Universo, em eras próximas ao *Big Bang*.

Efeito Doppler luminoso

O fenômeno sonoro descrito no Tópico 3 de Ondulatória, Acústica, que consiste em um som apresentar uma frequência aparente diferente de sua frequência real em virtude de haver movimento relativo entre a fonte de ondas e o observador é o **Efeito Doppler**. Esse efeito também pode ser notado na luz, sendo descrito nesse caso por equações diferentes daquelas apresentadas para o som. Na situação da luz, devido às grandes velocidades envolvidas, fazem-se necessárias considerações relativísticas. Uma informação luminosa pode ser observada mais com seu espectro "caído para o vermelho" (luz "grave" ou de menor frequência) ou com seu espectro "deslocado para o azul" (luz "aguda" ou de maior frequência) em função de estar ocorrendo, respectivamente, afastamento da fonte de ondas em relação ao observador ou aproximação da fonte de ondas em relação ao observador.

O dedicado e talentoso astrônomo norte-americano Edwin Powell Hubble se notabilizou por descobrir que as nebulosas – galáxias situadas fora da Via Láctea – afastam-se umas das outras com velocidades diretamente proporcionais às distâncias que as separam. Essa constatação deu forte amparo à teoria do *Big Bang*, segundo a qual o Universo teria surgido a partir de uma grande explosão, encontrando-se desde essa singularidade em franca expansão. As nebulosas foram observadas por Hubble com predominância de luzes avermelhadas ao invés de brancas, como se deveria esperar. Esse deslocamento detectado no espectro luminoso emitido por elas no sentido dos tons vermelhos foi chamado de *red shift* (desvio para o vermelho). Hubble explicou suas observações com base no Efeito Doppler luminoso, segundo o qual, em processo de afastamento do nosso planeta, a luz proveniente de fontes estelares deve ser notada mais "grave" (com menor frequência), de maneira semelhante ao que ocorre com o som da sirene de uma ambulância que se afasta de um observador em repouso.

Espectros luminosos simplificados de uma estrela hipotética

"Impressão digital" dos componentes químicos da estrela

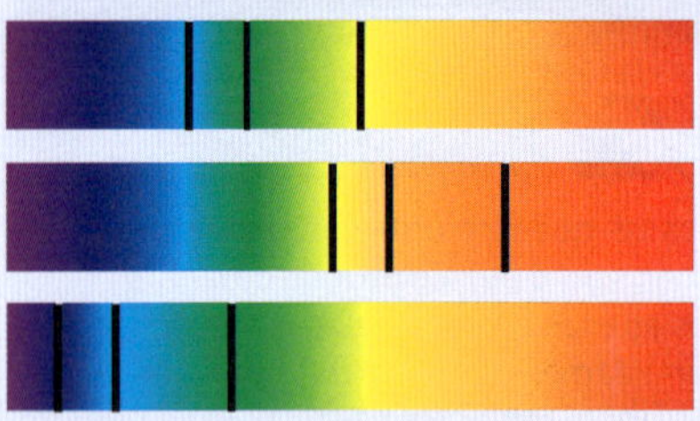

(A) estrela em repouso

(B) estrela em afastamento

(C) estrela em aproximação

Banco de imagens/Arquivo da editora

Nesta ilustração, representamos em (A) o espectro luminoso de uma estrela em repouso, em (B) esse espectro com a estrela se afastando em alta velocidade de um observador em repouso e em (C) o espectro da estrela se aproximando também em alta velocidade do mesmo observador. Em virtude do Efeito Doppler luminoso, nota-se, no afastamento, um deslocamento das radiações para as baixas frequências (*red shift*) e na aproximação, um deslocamento desse espectro para as altas frequências.

SPL/Latinstock

Na fotografia, vemos Edwin Hubble no observatório de Monte Palomar. A explicação de Hubble para o *red shift*, que sugere que o tom avermelhado observado nas nebulosas se deve ao fato de elas estarem se afastando da Terra, é um dos pilares que sustentam a teoria do *Big Bang*. Segundo essa visão, o Universo teria se iniciado há cerca de 13,7 bilhões de anos a partir de uma grande explosão. Naquele instante primordial (singularidade), toda a matéria e energia do Universo estariam compactadas num único ambiente de dimensões quase atômicas. Desde então, a matéria e a energia ali contidas afastam-se desse "epicentro" com velocidades que se intensificam na razão direta da distância (lei de Hubble).

Exercícios Nível 1

1. (Unifei-MG) Um estudante construiu uma caixa retangular provida de uma lente biconvexa de distância focal f = 50,0 mm e pretende usá-la como máquina fotográfica. A distância entre a lente e a parte posterior da caixa onde será registrada a imagem pelo filme é de 150 mm. A que distância à frente da lente deve se localizar um objeto para que sua foto fique perfeitamente focalizada?

2. (UFMG) Rafael, fotógrafo lambe-lambe, possui uma câmara fotográfica que consiste em uma caixa com um orifício, onde é colocada uma lente. Dentro da caixa, há um filme fotográfico, posicionado a uma distância ajustável em relação à lente. Essa câmara está representada, esquematicamente, na figura ao lado.

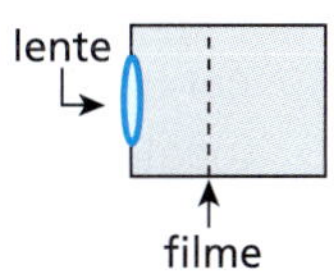

Reprodução/Arquivo da editora

Para produzir a imagem nítida de um objeto muito distante, o filme deve ser colocado na posição indicada pela linha tracejada.

No entanto, Rafael deseja fotografar uma vela que está próxima a essa câmara.

Para obter uma imagem nítida, ele, então, move o filme em relação à posição acima descrita.

Indique a alternativa cujo diagrama melhor representa a posição do filme e a imagem da vela que é projetada nele.

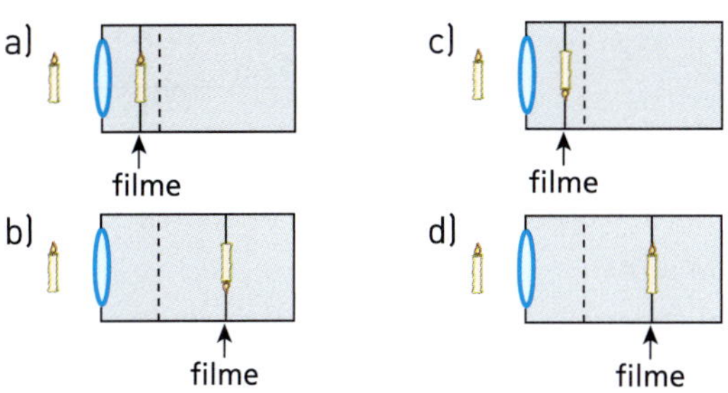

Ilustrações: Reprodução/Arquivo da editora

3. A lente de um antigo projetor de *slides* está a uma distância de 4,1 m da tela de projeção. Um *slide* de 35 mm de altura tem sua imagem projetada na tela com 1,4 m de altura. Qual a distância focal da lente do equipamento?

4. E.R. Deve-se projetar em uma tela a imagem de um *slide* que se encontra a 5,0 cm da lente do projetor. Sabendo que as alturas do *slide* e de sua imagem valem, respectivamente, 3,0 cm e 180 cm, calcule:

a) a distância da tela à lente do projetor.

b) a distância focal à lente do projetor.

Resolução:

a) Pelo enunciado, sabemos que p = 5,0 cm, o = 3,0 cm e i = 180,0 cm. Utilizando a expressão para o aumento linear transversal, temos:

$$A = \frac{i}{o} = -\frac{p'}{p} \Rightarrow -\frac{180}{3,0} = -\frac{p'}{5,0}$$

Da qual:

$$\boxed{p' = 300 \text{ cm} = 30 \text{ m}}$$

b) Da Equação de Gauss, temos:

$$\frac{1}{f} = \frac{1}{p} + \frac{1}{p'} \Rightarrow \frac{1}{f} = \frac{1}{5,0} + \frac{1}{300}$$

$$\frac{1}{f} = \frac{60 + 1}{300}$$

$$\boxed{f \cong 4,9 \text{ cm}}$$

5. Uma lente convergente operando como lupa, com 5,0 cm de distância focal, amplia cinco vezes o tamanho de um pequeno objeto luminoso. Nessas condições, determine a distância entre o objeto e sua imagem.

6. (Fatec-SP) Um colecionador examina um selo com uma lupa localizada a 2,0 cm do selo e observa uma imagem 5 vezes maior.

a) Determine a distância focal da lupa.

b) Faça, em seu caderno, um esquema gráfico dos raios de luz representando a lupa, o selo, a imagem do selo e o olho do colecionador.

7. (Unesp-SP) Em uma aula sobre Óptica, o professor explica aos seus alunos o funcionamento básico de um microscópio óptico composto, que pode ser representado por duas lentes convergentes, a objetiva e a ocular. Quando o objeto a ser visualizado é colocado próximo à objetiva, uma imagem ampliada I_I é formada entre a ocular e o foco da ocular, como esquematizado na figura. Essa imagem é, então, ampliada pela ocular, gerando a imagem I_{II}, vista pelo observador.

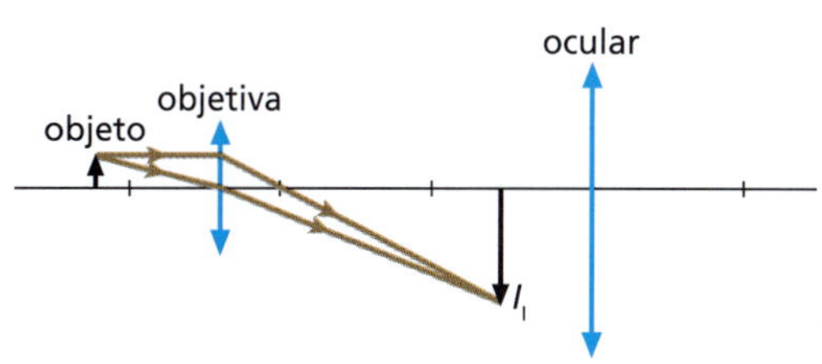

Reprodução/Arquivo da editora

Sendo assim:

a) copie a figura em seu caderno e complete-a com raios de luz que mostrem a formação da imagem I_{II} gerada pela ocular.

b) classifique como real ou virtual as imagens I_I e I_{II}.

8. Um objeto **A** está situado a 5 cm de uma lente convergente $\mathbf{L_1}$, cuja distância focal é de 4 cm. Uma segunda lente convergente, idêntica à anterior, é colocada a 2 cm de distância da imagem *A'* conjugada por $\mathbf{L_1}$. A figura a seguir ilustra a situação descrita:

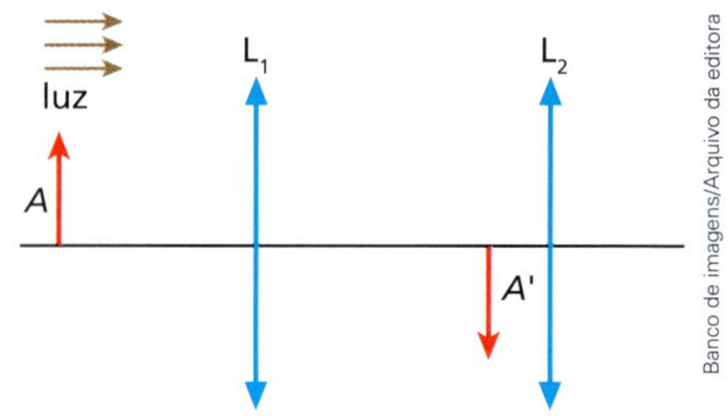

a) A que distância de $\mathbf{L_1}$ encontra-se $\mathbf{L_2}$?

b) Qual a ampliação total do sistema $\mathbf{L_1L_2}$?

Exercícios Nível 2

9. E.R. A objetiva de uma câmera fotográfica tem distância focal de 100 mm e é montada num mecanismo tipo fole, que permite seu avanço e retrocesso. A câmera é utilizada para tirar duas fotos: uma aérea e outra de um objeto distante 30 cm da objetiva.

a) Qual o deslocamento da objetiva, de uma foto para a outra?

b) Da foto aérea para a outra, a objetiva afasta-se ou aproxima-se do filme?

Resolução:

a) Na obtenção da foto aérea, o motivo da foto comporta-se como objeto impróprio. Por isso, sua imagem forma-se no plano focal da objetiva. Assim:

$$p'_1 \cong f$$

Logo: $\boxed{p'_1 = 100 \text{ mm}}$

Para a outra foto, tem-se:

$$\frac{1}{f} = \frac{1}{p_2} + \frac{1}{p'_2} \Rightarrow \frac{1}{100} = \frac{1}{300} + \frac{1}{p'_2}$$

$$\boxed{p'_2 = 150 \text{ mm}}$$

Seja *d* o deslocamento pedido. Então, é correto que:

$$d = p'_2 - p'_1 \Rightarrow d = 150 \text{ mm} - 100 \text{ mm}$$

$$\boxed{d = 50 \text{ mm.}}$$

b) Como $p'_2 > p'_1$, pode-se concluir que da foto aérea para a outra a objetiva afasta-se do filme.

10. Um fotógrafo amador criou um dispositivo capaz de projetar imagens no fundo de uma câmara. Tal dispositivo, esquematizado a seguir, é composto por uma lente esférica convergente (**L**), de distância focal 12 cm, um tubo móvel (**T**) e uma câmara escura (**C**).

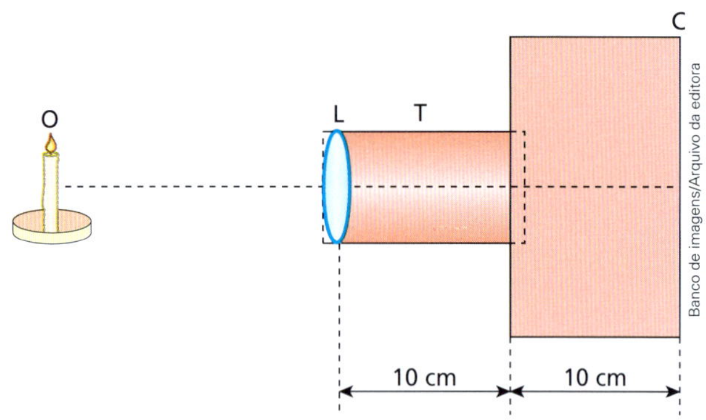

Ao se formar uma imagem nítida no fundo da câmara, o objeto luminoso (**O**) encontra-se a 60 cm da lente.

a) Calcule quanto foi necessário deslocar o tubo, em relação à posição inicial indicada na figura acima, para focalizar a imagem nítida no fundo da câmara.

b) Dê as características dessa imagem.

11. (Unesp-SP) Uma câmara fotográfica rudimentar utiliza uma lente convergente de distância focal f = 50 mm para focalizar e projetar a imagem de um objeto sobre o filme. A distância da lente ao filme é p' = 52 mm. A figura mostra o esboço dessa câmara.

Para se obter uma boa foto, é necessário que a imagem do objeto seja formada exatamente sobre o filme e seu tamanho não deve exceder a área sensível do filme. Assim:

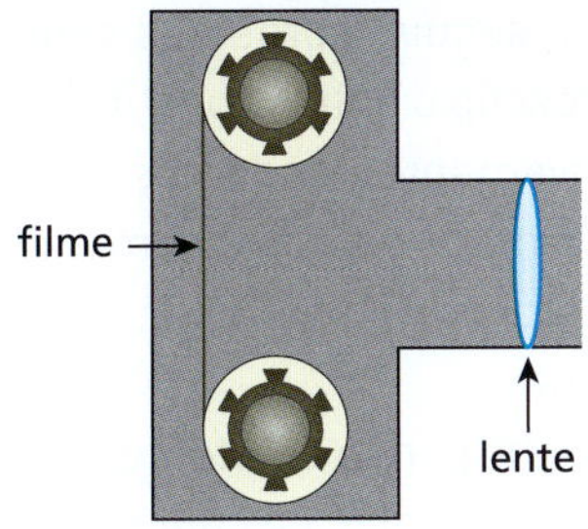

Reprodução/Arquivo da editora

a) Calcule a posição em que o objeto deve ficar em relação à lente.

b) Sabendo que a altura máxima da imagem não pode exceder 36,0 mm, determine a altura máxima do objeto para que ele seja fotografado em toda a sua extensão.

12. (UFTM-MG) As figuras mostram um mesmo texto visto de duas formas: na figura 1, a olho nu, e na figura 2, com o auxílio de uma lente esférica. As medidas nas figuras mostram as dimensões das letras nas duas situações.

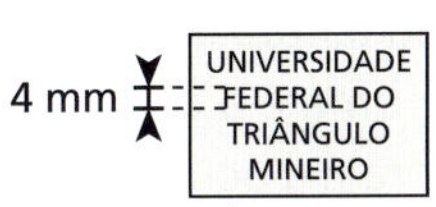

figura 1

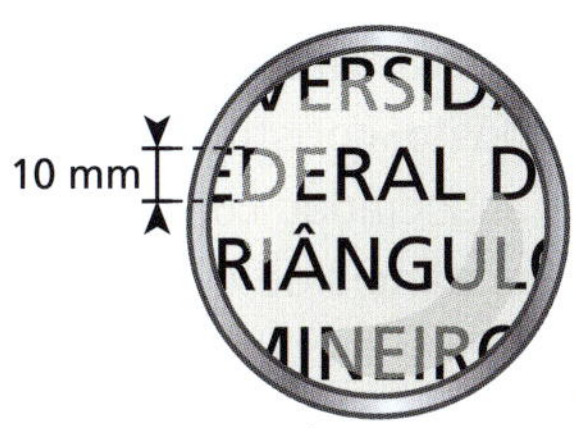

figura 2

Reprodução/Arquivo da editora

Sabendo que a lente foi posicionada paralelamente à folha e a 12 cm dela, pode-se afirmar que ela é

a) divergente e tem distância focal −20 cm.

b) divergente e tem distância focal −40 cm.

c) convergente e tem distância focal 15 cm.

d) convergente e tem distância focal 20 cm.

e) convergente e tem distância focal 45 cm.

13. (UPM-SP) Um estudante de Física dispõe de uma lente biconvexa de índice de refração n = 1,6 e faces com raios de curvatura iguais a 10 cm. Com essa lente, ele deseja construir um projetor de diapositivos de forma que a película fique a 10 cm dela. Adote $n_{ar} = 1,0$. A que distância da lente deve ser projetada a imagem da película?

14. E.R. Um microscópio composto é constituído de dois sistemas convergentes de lentes, associados coaxialmente: um é a objetiva, com distância focal de 4 mm, e o outro é a ocular, com distância focal de 6 cm. De um objeto distante 5 mm da objetiva o microscópio fornece uma imagem virtual, afastada 78 cm da ocular. Determine:

a) o aumento produzido pela objetiva.

b) o aumento produzido pela ocular.

c) a ampliação produzida pelo microscópio.

d) a distância da objetiva à ocular.

Resolução:

O esquema seguinte representa a situação proposta:

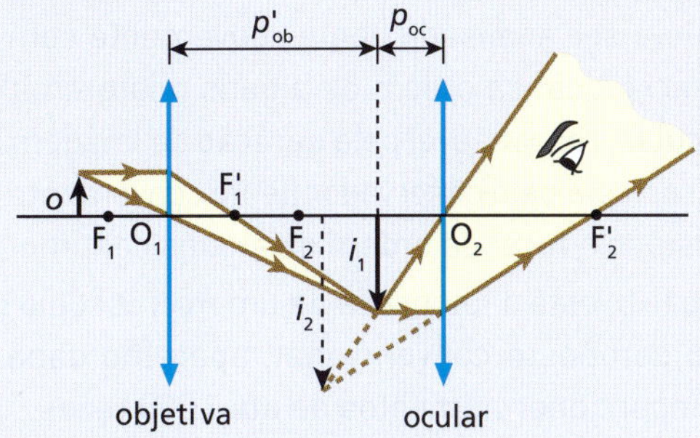

Banco de imagens/Arquivo da editora

a) Para a objetiva:

$$\frac{1}{f_{ob}} = \frac{1}{p_{ob}} + \frac{1}{p'_{ob}}$$

Com $f_{ob} = 4$ mm e $p_{ob} = 5$ mm, calculamos p'_{ob}:

$$\frac{1}{4} = \frac{1}{5} + \frac{1}{p'_{ob}} \therefore p'_{ob} = 20 \text{ mm} = 2 \text{ cm}$$

Logo, o aumento produzido pela objetiva é calculado por:

$$A_{ob} = -\frac{p'_{ob}}{p_{ob}} = -\frac{20 \text{ mm}}{5 \text{ mm}} \therefore \boxed{A_{ob} = -4}$$

b) Para a ocular:

$$\frac{1}{f_{oc}} = \frac{1}{p_{oc}} + \frac{1}{p'_{oc}}$$

Com $f_{oc} = 6$ cm e $p'_{oc} = -78$ cm, calculamos p_{oc}:

$$\frac{1}{6} = \frac{1}{p_{oc}} - \frac{1}{78} \therefore p_{oc} \cong 5,6 \text{ cm}$$

Logo, o aumento produzido pela ocular é calculado por:

$$A_{oc} = -\frac{p'_{oc}}{p_{oc}} = -\frac{(-78 \text{ cm})}{5,6 \text{ cm}} \therefore \boxed{A_{oc} \cong 14}$$

c) Para o microscópio, a ampliação fica determinada por:

$$|A| = |A_{ob}| \cdot |A_{oc}| \Rightarrow |A| = 4 \cdot 14$$

$$\boxed{|A| = 56}$$

d) A distância da objetiva à ocular *d* é tal que:

$$d = p'_{ob} + p_{oc}$$

$$d = 2 \text{ cm} + 5,6 \text{ cm} \Rightarrow \boxed{d = 7,6 \text{ cm}}$$

15. O microscópio óptico composto é um instrumento essencial, que favoreceu o avanço da Biologia, da Medicina e da implementação de fármacos diversos de grande valia na terapêutica de muitas enfermidades.

O aparelho foi inventado pelo holandês Zacharias Janssen (1589-1638) nos primórdios do século XVIII e traz duas lentes associadas coaxialmente: a **objetiva**, que captura a primeira imagem do objeto a ser analisado (lente convergente com distância focal da ordem de alguns milímetros), e a **ocular**, responsável pela geração da imagem final a ser vista pelo observador (lente convergente com distância focal da ordem de alguns centímetros).

Abaixo, está a fotografia de um microscópio óptico composto convencional, aparelho capaz de proporcionar aumentos de até 1 000 vezes.

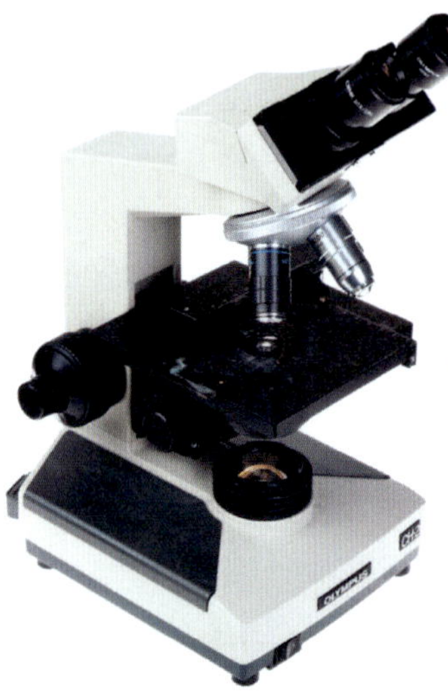

mikeledray/Shutterstock

No esquema a seguir, em escala, *O* é um pequeno objeto colocado diante da lente objetiva de um microscópio óptico composto. Sendo $\mathbf{F_1}$ e $\mathbf{F'_1}$ os focos principais da objetiva ($\mathbf{L_1}$) e $\mathbf{F_2}$ e $\mathbf{F'_2}$ os focos principais da ocular ($\mathbf{L_2}$), utilizando-se raios de luz gaussianos, pede-se esboçar a imagem final dada pelo instrumento a ser contemplada por um observador. Transcreva o esquema para o seu caderno, onde deverá ser feito o esboço pedido.

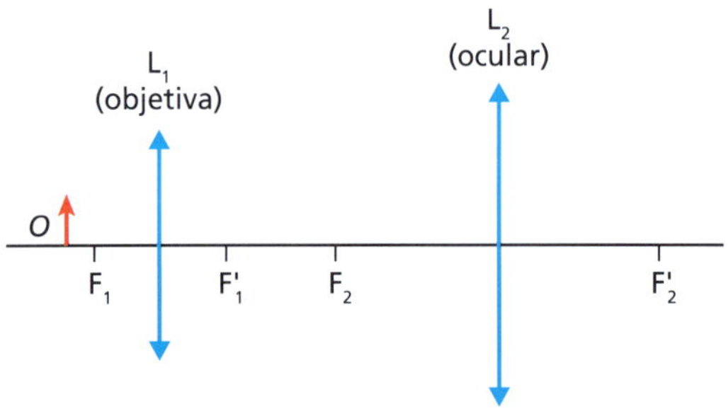

Banco de imagens/Arquivo da editora

16. A figura a seguir representa esquematicamente um microscópio óptico constituído por dois sistemas convergentes de lentes, dispostos coaxialmente: um é a objetiva, com distância focal de 15 mm, e o outro é a ocular, com distância focal de 9,0 cm.

Sabendo que para o objeto *o* o microscópio fornece a imagem final i_2, calcule o módulo do aumento linear transversal produzido pelo instrumento.

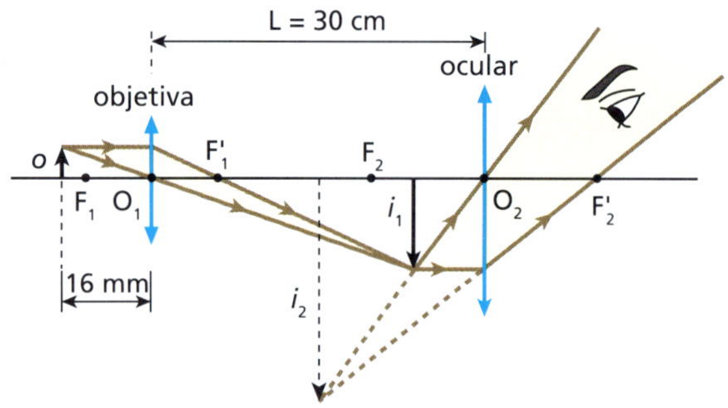

Banco de imagens/Arquivo da editora

17. A figura a seguir mostra um esquema da formação de imagem em um microscópico óptico composto, constituído por duas lentes convergentes, associadas coaxialmente: uma é a objetiva, com distância de 4 mm, e a outra é a ocular, com distância focal de 6 cm.

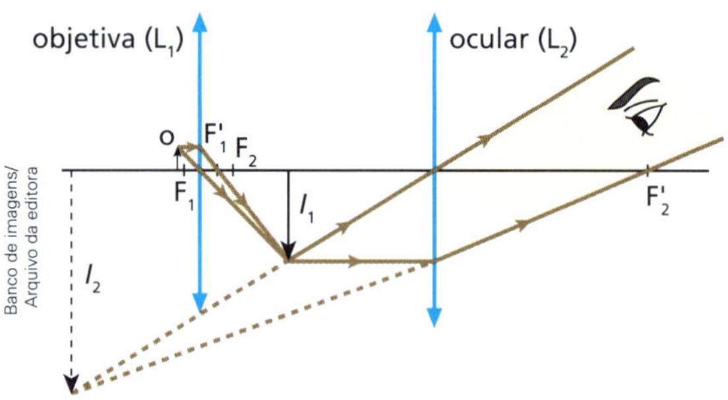

Banco de imagens/Arquivo da editora

Sabendo-se que um pequeno objeto iluminado, colocado a uma distância igual a 5 mm da objetiva, fornece uma imagem final virtual (I_2), afastada 72 cm da ocular, pede-se para calcular o módulo do aumento total fornecido pelo instrumento.

18. **E.R.** Uma luneta é constituída de uma objetiva e uma ocular, associadas coaxialmente e acopladas a um tubo, cujo interior é fosco. Com o uso do referido instrumento, focaliza-se um corpo celeste, e a imagem final visada pelo observador forma-se a 60 cm da ocular. Sabendo que a objetiva e a ocular têm distâncias focais de 80 cm e 20 cm, respectivamente, calcule o comprimento da luneta (distância entre a objetiva e a ocular).

Resolução:

O esquema seguinte ilustra a situação proposta:

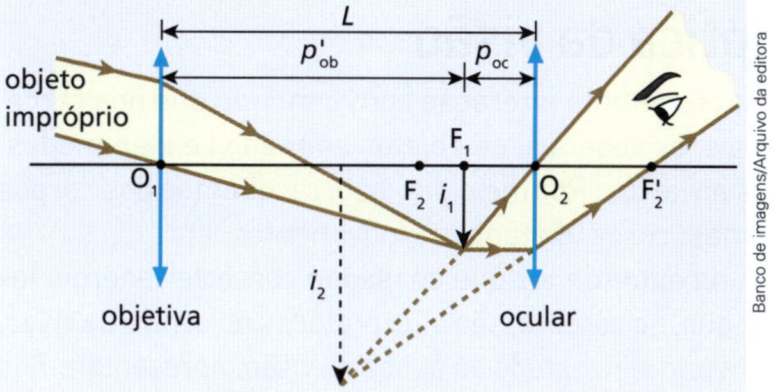

O comprimento da luneta (L) é tal que:

$$L = p'_{ob} + p_{oc}$$

O corpo celeste, estando muito afastado da luneta, comporta-se como objeto impróprio para a objetiva, que conjuga a ele uma imagem em seu plano focal. Assim, podemos escrever que:

$$p'_{ob} \cong f_{ob} = 80 \text{ cm}$$

A imagem produzida pela objetiva faz o papel de objeto real para a ocular, que dá a imagem final virtual visada pelo observador. Em relação à ocular, tem-se que:

$$\frac{1}{f_{oc}} = \frac{1}{p_{oc}} + \frac{1}{p'_{oc}} \Rightarrow \frac{1}{20} = \frac{1}{p_{oc}} - \frac{1}{60}$$

$$\frac{1}{p_{oc}} = \frac{1}{20} + \frac{1}{60} \therefore p_{oc} = 15 \text{ cm}$$

Com $p'_{ob} \cong 80$ cm e $p_{oc} = 15$ cm, determinamos o comprimento da luneta:

$$L = p'_{ob} + p_{oc} = 80 \text{ cm} + 15 \text{ cm}$$

$$\boxed{L = 95 \text{ cm}}$$

19. No ano de 2009, comemoraram-se no mundo inteiro os 400 anos das primeiras observações astronômicas realizadas por Galileu Galilei. Popularizam-se esquemas de montagens caseiras de lunetas utilizando-se materiais de baixo custo, tais como tubos de PVC, uma lente convergente (objetiva) e uma lente divergente ou convergente (ocular).

Na escolha das lentes a serem utilizadas na montagem da luneta, geralmente, não são relevantes as distâncias focais, f_1 e f_2 (medidas em metros), mas, sim, as potências de refração (vergências), cuja unidade de medida é a dioptria ("grau"). A vergência V de uma lente convergente ou divergente é dada pelo inverso de sua distância focal.

a) O esquema a seguir ilustra, fora de escala, uma luneta rudimentar, em que tanto a objetiva como a ocular são sistemas refratores convergentes. O instrumento está focalizado para um astro muito afastado, e sua objetiva dista 1 m da ocular, cuja vergência vale 25 di.

b) Sabendo-se que a imagem final visada pelo observador se situa a 12 cm da ocular, calcule a abscissa focal da objetiva.

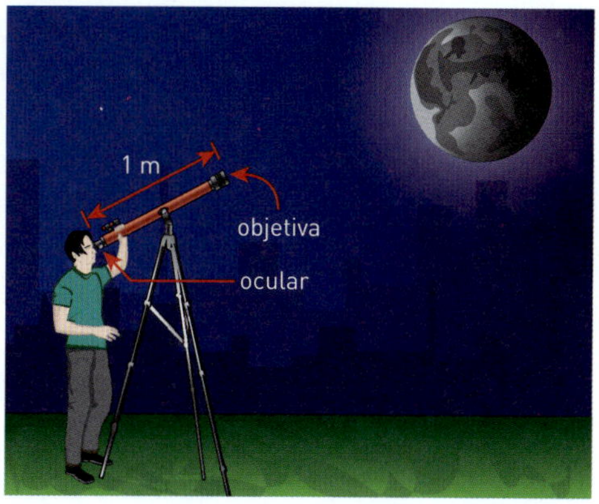

b) Sabendo-se ainda que o aumento angular, G, proporcionado pela luneta é dado pela relação entre as distâncias focais da objetiva e da ocular, calcule o valor de G para a situação descrita no item **a**.

20. (Unicamp-SP) Um dos telescópios usados por Galileu por volta do ano de 1610 era composto por duas lentes convergentes, uma objetiva (lente 1) e uma ocular (lente 2), de distâncias focais a 133 cm e 9,5 cm, respectivamente. Na observação de objetos celestes, a imagem (I_1) formada pela objetiva situa-se praticamente no seu plano focal. Na figura (fora de escala), o raio R é proveniente da borda do disco lunar e o eixo óptico passa pelo centro da Lua.

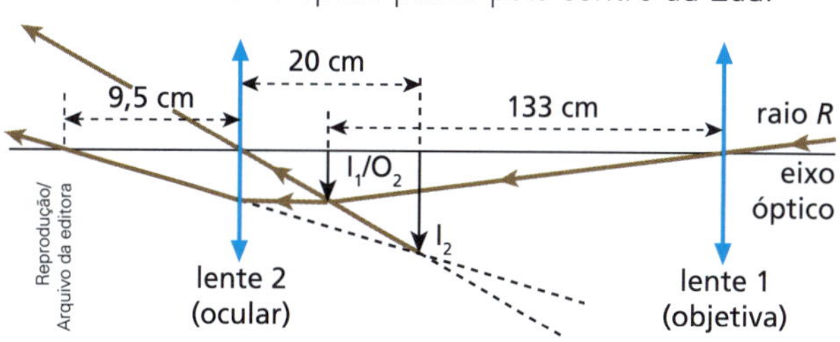

a) A Lua tem 1 750 km de raio e fica a aproximadamente 384 000 km da Terra. Qual é o raio da imagem da Lua (I_1) formada pela objetiva do telescópio de Galileu?

b) Uma segunda imagem (I_2) é produzida pela ocular a partir daquela formada pela objetiva (a imagem da objetiva (I_1) torna-se objeto (O_2) para a ocular). Essa segunda imagem é virtual e situa-se a 20 cm da lente ocular. A que distância a ocular deve ficar da objetiva do telescópio para que isso ocorra?

7. Introdução à Óptica da visão

Com os olhos podemos manter íntima interação com o mundo que nos cerca. Enxergamos os demais animais, os vegetais, os objetos animados e inanimados, enfim, qualquer coisa que nos envie luz. Por meio da visão, recebemos dos corpos informações referentes a formas, cores, distâncias, movimentos, etc.

O olho, em essência, é um receptor de luz que consegue converter energia luminosa em impulsos elétricos, que, no cérebro, são interpretados no centro da visão.

Pretendemos fazer, aqui, um primeiro estudo da óptica da visão. Apresentaremos resumidamente o funcionamento básico do olho normal e comentaremos os principais defeitos visuais, bem como os respectivos modos de correção.

8. O bulbo do olho humano

No esquema a seguir vemos um corte transversal do bulbo do olho humano, no qual são destacados os pormenores relevantes à óptica da visão.

O bulbo do olho tem a forma aproximada de uma esfera de 22 mm de diâmetro, que possui, em sua parte anterior, uma região mais abaulada, denominada **córnea**.

Com exceção da região da córnea, o bulbo do olho é revestido por uma parede opaca composta de três camadas principais: a externa, chamada **esclerótica**, com uma constituição coriácea esbranquiçada, que serve para dar estabilidade mecânica ao olho; a intermediária, chamada **corioide**, altamente vascularizada, cuja função é fazer a irrigação sanguínea do bulbo do olho; e a interna, chamada **retina**, composta das células sensoriais da visão, que se comunicam com o cérebro por meio de um cordão nervoso denominado **nervo óptico**. A retina reveste apenas parte da região posterior do bulbo do olho, denominada **fundo do olho**.

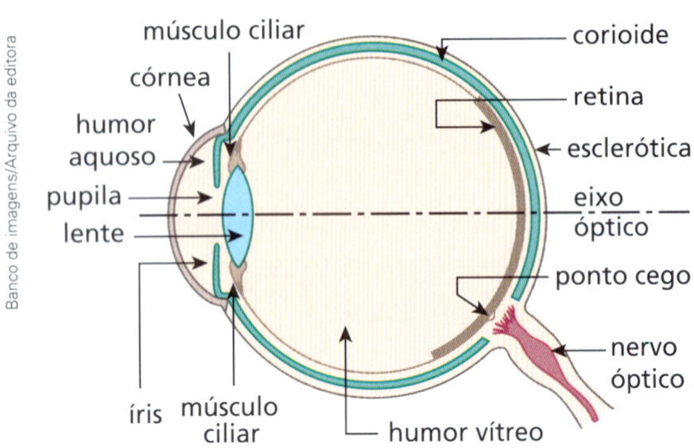

Representação esquemática em corte e cores fantasia do bulbo do olho humano.

Adentrando o bulbo do olho a partir da córnea, passa-se por um líquido transparente de nome **humor aquoso**. Logo após fica a pupila, um orifício circular de diâmetro variável, cuja função é graduar a quantidade de luz que penetra no olho.

A variação do diâmetro da pupila é feita por um conjunto de músculos que exercem sobre ela esforços radiais. Esses músculos, que respondem pela coloração característica do olho, constituem a íris. Depois da pupila, há a **lente**, que é flexível, deformável pela ação dos **músculos ciliares**. Em razão da maior ou menor compressão desses músculos, a lente tem sua vergência alterada, adequando o sistema ocular à visão de objetos a diferentes distâncias. Depois da lente, fica a câmara interna do bulbo do olho, preenchida por uma substância transparente e gelatinosa, chamada **humor vítreo**.

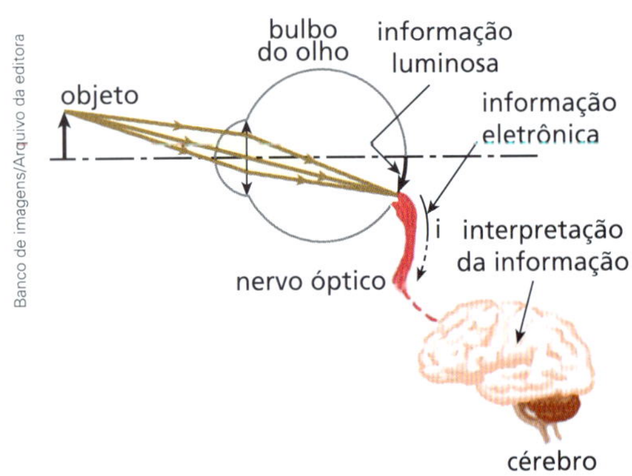

Ilustração esquemática com tamanhos fora de escala e em cores fantasia.

O sistema óptico do bulbo do olho conjuga a um determinado objeto uma imagem **real** e **invertida**, projetada no fundo do olho (retina). As informações luminosas que lá incidem são transformadas em sinais elétricos, que escoam pelo nervo óptico até o centro da visão (situado no cérebro). A decodificação dos sinais luminosos em sinais elétricos é feita pelas células sensoriais ou receptoras da visão: são os **cones** e **bastonetes**, que promovem a percepção das cores e do preto e do branco, respectivamente.

Convém destacar que o sistema óptico constituído pelo bulbo do olho é **convergente**.

Também é importante ressaltar que, embora a imagem retiniana seja invertida, o cérebro tem a faculdade de interpretá-la corretamente.

9. Adaptação visual

Em ambientes muito claros (comparáveis à luz diurna), verifica-se que a pupila apresenta um diâmetro que varia de 1,5 mm a 2,0 mm. Já em ambientes pouco claros (comparáveis à luz noturna), a pupila apresenta um diâmetro que varia de 8,0 mm a 10 mm.

Isso nos permite concluir que a pupila gradua o fluxo luminoso que adentra o bulbo do olho, protegendo a retina contra eventuais ofuscamentos. Aumentando a intensidade luminosa incidente no bulbo do olho, ocorre contração da pupila e diminuição da sensibilidade da retina. O fenômeno oposto acontece na diminuição da intensidade luminosa incidente. Essa propriedade que o bulbo do olho tem de se adequar à luminosidade ambiente se chama **adaptação visual**.

Big Foot Productions/Shutterstock

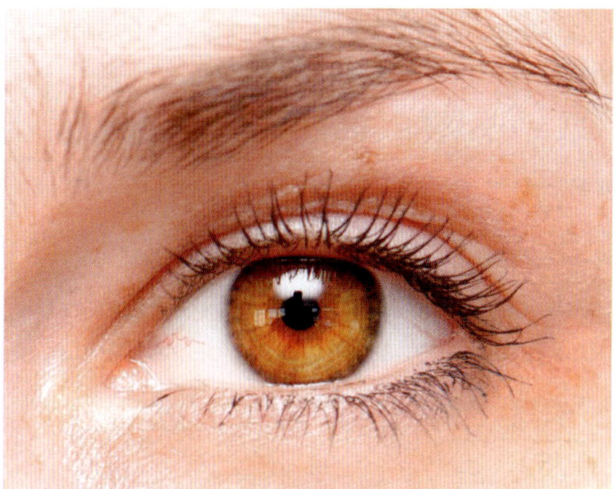

Fotografia de olho adaptado para um ambiente relativamente claro.

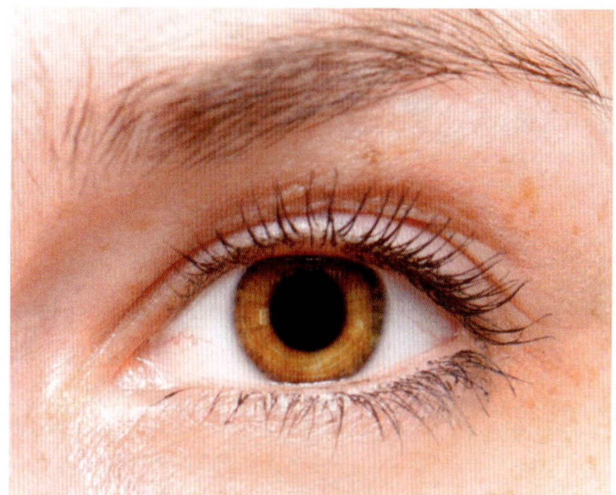

Big Foot Productions/Shutterstock/Montagem: Cesar Wolf

Fotografia de olho adaptado para um ambiente relativamente escuro.

10. Acomodação visual

Para que as imagens conjugadas pelo sistema óptico do bulbo do olho sejam nítidas, elas devem formar-se sobre a retina, cuja distância em relação à lente é constante – em média, igual a 15 mm. Assim, a distância da imagem projetada no fundo do olho em relação à lente é invariável, o que acarreta a constância da abscissa p'. Já os objetos visados por um observador estão a diferentes distâncias de seu olho, o que implica a variância da abscissa p.

Considerando a função dos pontos conjugados:

$$\frac{1}{f} = \frac{1}{p} + \frac{1}{p'}$$

você pode observar que a constância de p' e a variância de p provocam a variância de f, que é a distância focal da lente.

A partir do que foi exposto, depreende-se que a lente (que opera de modo praticamente elástico) tem distância focal variável, de acordo com as variações da distância do objeto ao olho. A variação da distância focal da lente é feita pelos músculos ciliares, por meio da maior ou da menor compressão destes sobre ela. Esse processo de ajuste da distância focal do sistema óptico do bulbo do olho à visão nítida de objetos diferentemente afastados é denominado **acomodação visual**.

A acomodação visual possibilita ao bulbo do olho a conjugação de imagens nítidas para objetos situados dentro de certo intervalo da reta visual, que é denominado **amplitude de acomodação** e se estende desde o ponto remoto até o ponto próximo.

- **Ponto remoto (PR)**: É o ponto objeto para o qual a vista conjuga imagem nítida sem nenhum esforço de acomodação. Nesse caso, os músculos ciliares mostram-se relaxados e a lente assume **máxima distância focal**.
- **Ponto próximo (PP)**: É o ponto objeto para o qual a vista conjuga imagem nítida com máximo esforço de acomodação. Nesse caso, os músculos ciliares mostram-se contraídos e a lente assume mínima distância focal. A distância do ponto próximo ao olho é denominada **distância mínima de visão distinta**.

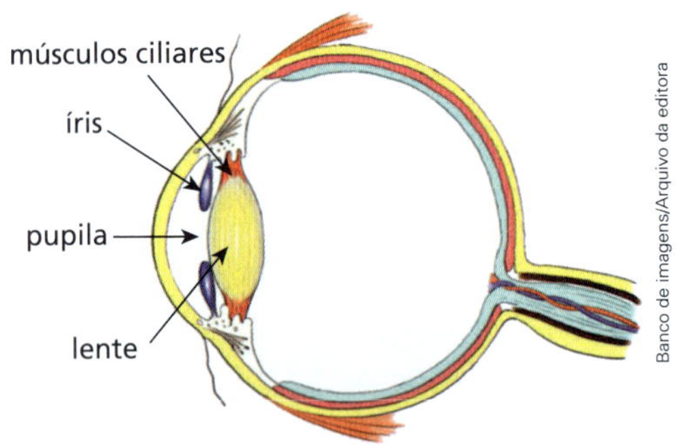

Nesta representação esquemática do olho humano, com tamanho fora de escala e em cores fantasia, aparecem em destaque os sistemas responsáveis pela **adaptação visual** (íris e pupila) e pela **acomodação visual** (músculos ciliares e lente).

Matematicamente, a **amplitude de acomodação**, α, é calculada em dioptrias (di) pela relação abaixo, em que d_P e d_R são as distâncias ao olho, em metros (m), respectivamente, dos pontos próximo e remoto.

$$\alpha = \frac{1}{d_P} - \frac{1}{d_R}$$

Para um olho jovem e normal, d_P vale cerca de 25 cm ou 0,25 m, enquanto d_R tende ao "infinito". No caso desse olho emetrope, a amplitude de acomodação, α_E, é determinada fazendo-se:

$$\alpha_E = \frac{1}{0{,}25} - \frac{1}{d_R} \quad \text{(di)}$$

O segundo termo tende a zero, logo:

$$\boxed{\alpha_E = 4{,}0 \text{ di}}$$

A amplitude de acomodação sofre redução à medida que o indivíduo envelhece.

11. Defeitos visuais e sua correção

Os principais defeitos da visão são: a **miopia**, a **hipermetropia**, a **presbiopia**, o **astigmatismo** e o **estrabismo**.

Miopia

Este defeito consiste em um **alongamento** do bulbo do olho na direção anteroposterior.

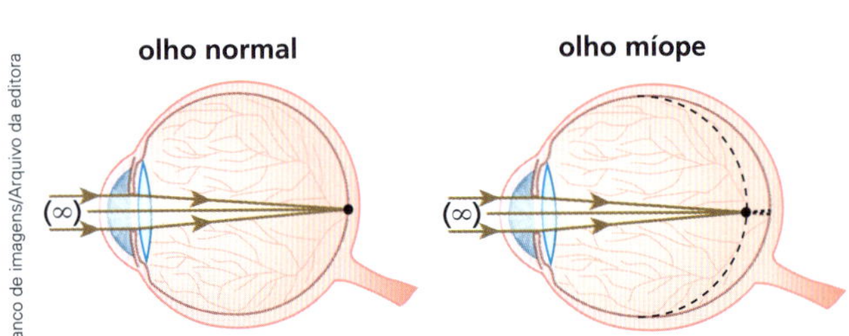

Ilustração do olho humano em corte e cores fantasia.

O ponto remoto do olho míope é real, isto é, um olho míope não acomoda a visão para objetos impróprios, como ocorre no olho normal. Ao visar um objeto no "infinito", o olho míope conjuga uma imagem real, situada antes da retina, que é enxergada desfocada (embaçada). Entretanto, a miopia favorece a visão de objetos próximos, pois o ponto próximo, para o olho míope, é mais próximo do olho que para o olho normal.

A correção é feita mediante o uso de **lentes divergentes**, que diminuem a vergência do sistema ocular.

As lentes corretivas devem proporcionar ao olho míope a visão de objetos impróprios. Por isso, a um objeto "situado no infinito", elas devem conjugar uma imagem virtual, posicionada no ponto remoto do olho.

Conclui-se, daí, que uma lente de correção deve ter distância focal de módulo igual à distância do ponto remoto ao olho.

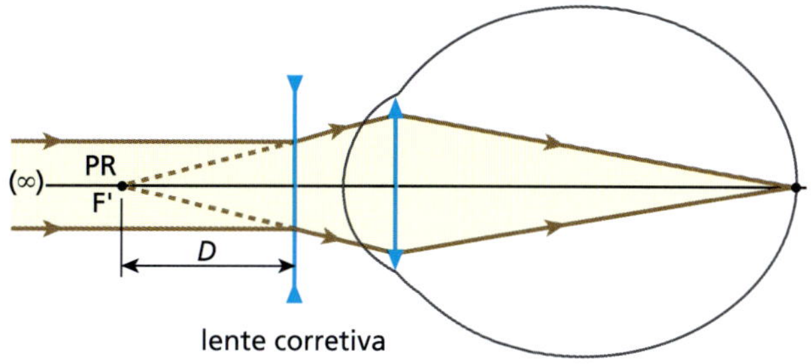

Banco de imagens/Arquivo da editora

Esquema de correção da miopia.

$$|f| = D$$

Em termos de vergência, tem-se:

$$|V| = \frac{1}{D}$$

É importante observar que:

- As lentes divergentes corretivas da miopia são "negativas", isto é: $f < 0$ e $V < 0$.
- No dimensionamento da distância focal (e da vergência) apresentado acima, foi desprezada a distância entre a lente corretiva e a lente ocular.

Hipermetropia

Este defeito consiste em um **encurtamento** do bulbo do olho na direção anteroposterior.

O olho hipermetrope, embora acomode a visão para objetos impróprios, o faz com algum esforço. Em condições de músculos ciliares relaxados, a um objeto no "infinito" ele conjuga uma imagem real, situada depois da retina. Com a intervenção dos músculos, porém, ocorre a acomodação e a visão de objetos longínquos torna-se perfeita. Na hipermetropia, o problema não reside na observação de objetos muito afastados, mas na visão de objetos próximos. O ponto próximo do olho hipermetrope situa-se mais distante do olho que o ponto próximo do olho normal.

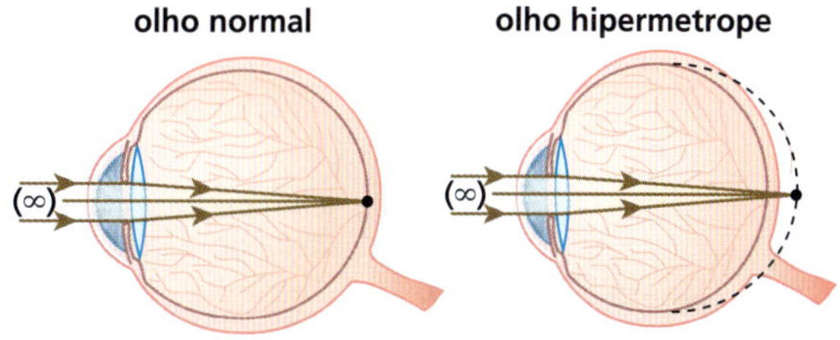

Banco de imagens/Arquivo da editora

Ilustração do olho humano em corte e cores fantasia.

A correção é feita com o uso de **lentes convergentes**, que aumentam a vergência do sistema ocular.

As lentes corretivas devem conjugar a um objeto real situado no ponto próximo normal (**PP_N** a 25 cm do olho, em média) uma imagem virtual, localizada no ponto próximo hipermetrope (**PP_H**). Essa imagem comporta-se como objeto real para o sistema óptico do bulbo do olho.

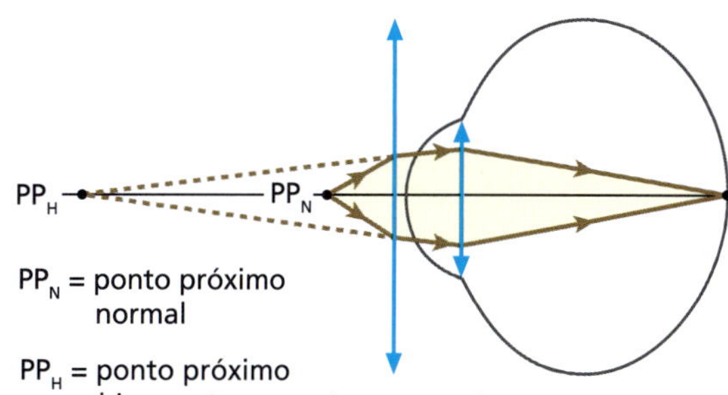

Banco de imagens/Arquivo da editora

Esquema de correção da hipermetropia.

Sendo d_N a distância mínima de visão distinta do olho normal e d_H a distância mínima de visão distinta do olho hipermetrope, a distância focal (e a vergência) da lente de correção fica determinada aplicando-se à situação do esquema anterior a **função dos pontos conjugados** (Equação de Gauss):

$$\frac{1}{f} = \frac{1}{d_N} - \frac{1}{d_H} \quad \text{ou} \quad V = \frac{1}{d_N} - \frac{1}{d_H}$$

É importante observar que:

- As lentes convergentes corretivas da hipermetropia são "positivas", isto é: $f > 0$ e $V > 0$.
- No dimensionamento da distância focal (e da vergência) apresentado na página anterior, foi desprezada a distância entre a lente corretiva e a lente ocular.
- Na aplicação da Equação de Gauss, fizemos $p' < 0$, porque a imagem conjugada pela lente corretiva é virtual.

Presbiopia (ou vista cansada)

A presbiopia é um defeito que consiste no **enrijecimento dos músculos ciliares** ou da **própria lente** natural do olho, o que ocorre com o evoluir da idade.

A presbiopia é uma ametropia (defeito visual) comum às pessoas com idade superior a 40 anos, que, com a limitação de sua capacidade de acomodação visual, têm dificuldades em "ver de longe" e também "de perto".

JÁ PENSOU NISTO?

Lentes para melhorar a visão "de perto"

No que diz respeito à visualização de objetos próximos, um portador de presbiopia apresenta dificuldades visuais semelhantes às de um portador de hipermetropia. Por isso, para a visão "de perto", a correção também é feita com lentes convergentes, a exemplo do que ocorre na hipermetropia. Essas lentes colocam as imagens de objetos situados no ponto próximo normal no ponto próximo do olho defeituoso e, com isso, a leitura de um texto, por exemplo, pode ser feita à distância de 25 cm, aproximadamente.

TeodorLazarev/Shutterstock

Banco de imagens/Arquivo da editora

A correção da presbiopia é feita mediante o uso de **lentes bifocais** (ou multifocais), que têm uma região destinada à visão de objetos longínquos e outra destinada à visão de objetos próximos.

Ilustração de óculos com lentes bifocais.

Ampliando o olhar

Um indivíduo eclético

Benjamin Franklin (1706-1790), notável figura dos Estados Unidos, se revelou em diversas frentes. Foi jornalista, editor, filantropo, abolicionista, político, meteorologista, cientista, inventor e até hábil enxadrista.

No campo da ciência, Franklin se destacou por seus estudos em eletricidade estática que culminaram na proposição do para-raios. Tratou também dos processos de eletrização, especialmente da eletrização por atrito, de onde derivaram os rudimentos do Princípio da Conservação da Carga Elétrica, já que se estabelecia que a carga elétrica adquirida por um dos corpos atritados era de mesmo valor absoluto, mas de sinal contrário, que a manifestada pelo outro corpo.

A Benjamin Franklin também é atribuída a invenção das lentes bifocais, em 1784, apropriadas à visão de perto e de longe. Em geral, a região inferior dessas lentes se presta à visão de objetos próximos, enquanto a região superior é apropriada à visão de objetos distantes.

Reprodução/Galeria Nacional de Retratos, Washington D.C, EUA

Retrato de Benjamin Franklin – óleo sobre tela do pintor francês Joseph-Siffred Duplessis.

Album/akg-images/Fototeca Gilardi/Latinstock

Franklin utilizando sua própria invenção.

SSPL/Getty Images

Réplica dos óculos bifocais de Franklin

Com o avanço das tecnologias para fabricação de lentes corretivas da visão, porém, as lentes bifocais são agora fundidas em peça única, não mais apresentando a nítida separação que havia entre as regiões para visão de perto e de longe.

Produzem-se também lentes multifocais, adequadas à correção de defeitos visuais múltiplos, como miopia, hipermetropia e presbiopia, respectivamente associadas ao astigmatismo. Essas lentes, no entanto, requerem do usuário certo tempo para a devida adaptação.

Astigmatismo

Este defeito consiste em imperfeições na simetria de revolução do sistema óptico ocular em torno de seu eixo óptico.

Em geral, o astigmatismo deve-se a irregularidades na curvatura da córnea, eventualmente abrangendo também as paredes da lente natural do olho.

A correção é feita mediante o uso de **lentes cilíndricas**, que têm o objetivo de compensar a assimetria do sistema óptico ocular.

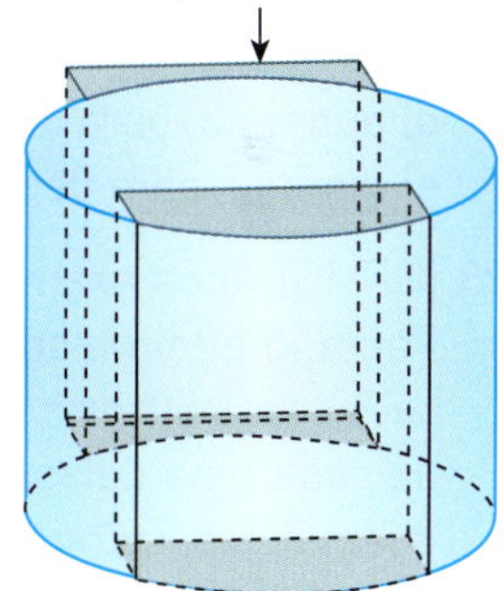

Banco de imagens/Arquivo da editora

Representação de lentes cilíndricas.

Estrabismo

O estrabismo é um defeito que consiste na incapacidade de dirigir simultaneamente as retas visuais dos dois olhos para o ponto visado.

A correção pode ser feita com o uso de lentes prismáticas, exercícios da musculatura de sustentação do bulbo do olho ou, em casos mais graves, cirurgia.

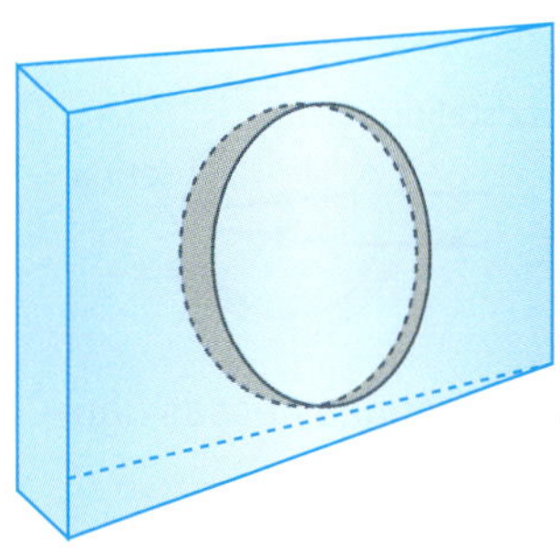

Banco de imagens/Arquivo da editora

Representação de uma lente prismática.

JÁ PENSOU NISTO?

Os primeiros óculos

Os primeiros óculos de que se tem notícia foram inventados justamente para os presbíopes, que já não conseguiam enxergar de perto. Na Grécia antiga, filósofos usavam vidros e fragmentos de âmbar de faces arredondadas para ler melhor. No século XIII, cristaleiros italianos criaram os primeiros óculos, que originaram uma sequência surpreendente de modelos, os quais costumam variar em função de valores e costumes determinantes da moda de cada época. No afresco ao lado, de 1532, tem-se a primeira representação de alguém usando óculos. Pintura de Marinus C. van Reymerswaele, do fim do século XVI. Kunsthistorisches Museum, Gemaldegalerie, Viena, Áustria.

Reprodução/Museu de História da Arte, Viena, Áustria

Exercícios Nível 1

21. Ulisses, um jovem de visão perfeita (bulbos oculares emetropes), visa na altura de seus olhos um pequeno inseto de comprimento 3,0 mm pousado em uma parede a 3,0 m de distância à sua frente. Sendo a distância entre a córnea e a retina dos olhos do rapaz aproximadamente igual a 20 mm, pede-se determinar, em mm, o comprimento da imagem do inseto que a lente do olho projeta na retina.

22. Um observador visa fixamente um objeto, que se aproxima do seu globo ocular com velocidade constante. Durante a aproximação do objeto, é **correto** afirmar que a distância focal do cristalino do olho do observador:

a) aumenta.
b) diminui.
c) permanece constante.
d) aumenta, para depois diminuir.
e) diminui, para depois aumentar.

23. (UFMG) Após examinar os olhos de Sílvia e de Paula, o oftalmologista apresenta suas conclusões a respeito da formação de imagens nos olhos de cada uma delas, na forma de diagramas esquemáticos, como mostrado nestas figuras:

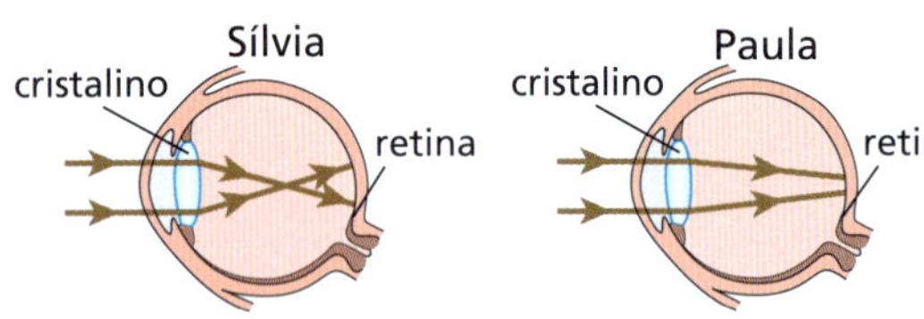

Reprodução/Arquivo da editora

Com base nas informações contidas nessas figuras, é correto afirmar que:

a) apenas Sílvia precisa corrigir a visão e, para isso, deve usar lentes divergentes.
b) ambas precisam corrigir a visão e, para isso, Sílvia deve usar lentes convergentes e Paula, lentes divergentes.
c) apenas Paula precisa corrigir a visão e, para isso, deve usar lentes convergentes.
d) ambas precisam corrigir a visão e, para isso, Sílvia deve usar lentes divergentes e Paula, lentes convergentes.

24. (Acafe-SC) O uso de óculos para corrigir defeitos da visão começou no final do século XIII e, como não se conheciam técnicas para o polimento do vidro, as lentes eram rústicas e forneciam imagens deformadas. No período da Renascença, as técnicas foram aperfeiçoadas e surgiu a profissão de fabricante de óculos. Para cada olho defeituoso, existe um tipo conveniente de lente que, associado a ele, corrige a anomalia.
Considere a receita abaixo, fornecida por um médico oftalmologista a uma pessoa com dificuldades para enxergar nitidamente objetos afastados.

	Longe		Perto	
	OD	OE	OD	OE
Lentes esféricas	−2,0 di	−2,5 di	—	—
Lentes cilíndricas	—	—	—	—
Eixo	105°	105°	—	—
DP	63 mm	63 mm	—	—

DP – Distância entre os eixos dos olhos
OD – Olho direito
OE – Olho esquerdo

Em relação ao exposto, é **incorreta** a alternativa:

a) A pessoa apresenta miopia.
b) A distância focal da lente direita tem módulo igual a 50 cm.
c) As lentes são divergentes.
d) Essas lentes podem funcionar como lentes de aumento.
e) As imagens fornecidas por essas lentes serão virtuais.

Exercícios Nível 2

25. Para o olho emetrope (ou normal), o ponto remoto é impróprio (localizado no "infinito"), enquanto o ponto próximo situa-se a 25 cm do olho. Admitindo que a distância do cristalino à retina seja de 15 mm, determine:

a) as distâncias focais do cristalino quando acomodado para o ponto remoto e para o ponto próximo.
b) a variação da convergência do cristalino quando um objeto é deslocado do ponto remoto para o ponto próximo.

26. Considere um olho míope. Se seu ponto remoto está a 50 cm de distância, qual o tipo da lente corretiva a ser utilizada (convergente ou divergente) e qual sua vergência? (Considere desprezível a distância entre a lente e o olho.)
E.R.

Resolução:

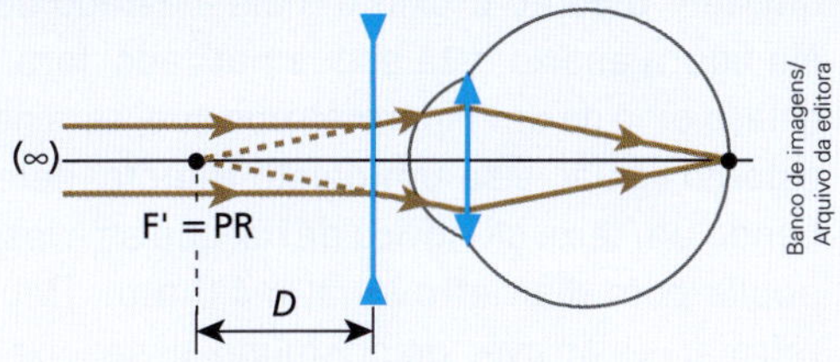

Banco de imagens/Arquivo da editora

Para um objeto impróprio, a lente corretiva deve fornecer uma imagem virtual situada no ponto remoto do olho míope. Essa imagem funciona como objeto real para o olho.

A lente corretiva deve ser divergente e o módulo da sua vergência deve igualar-se ao inverso da distância máxima de visão distinta do olho míope:

$$|V| = \frac{1}{D}$$

$$|V| = \frac{1}{50 \text{ cm}} = \frac{1}{0{,}50 \text{ m}} \Rightarrow |V| = 2{,}0 \text{ di}$$

Portanto:

A lente corretiva deve ser divergente e sua vergência deve valer −2,0 di.

27. A miopia é mesmo um defeito visual inconveniente! Ao olhar as estrelas em noite de céu sem nuvens, um portador desse defeito geralmente observa os astros desfocados ou não pontuais. Isso ocorre porque o olho míope é ovalado, ou seja, alongado na direção anteroposterior. Com isso, a imagem de uma estrela se forma antes da retina, e o que se projeta nesse anteparo é um halo luminoso, o que determina a visão embaçada do corpo celeste.

Considere o esquema a seguir, em que está representado, fora de escala, o olho de um míope que mira determinada estrela, recebendo dela um feixe luminoso de largura L = 3,0 mm paralelo ao eixo óptico do cristalino (lente natural do olho, de comportamento convergente, que, com boa aproximação, obedece às condições de Gauss).

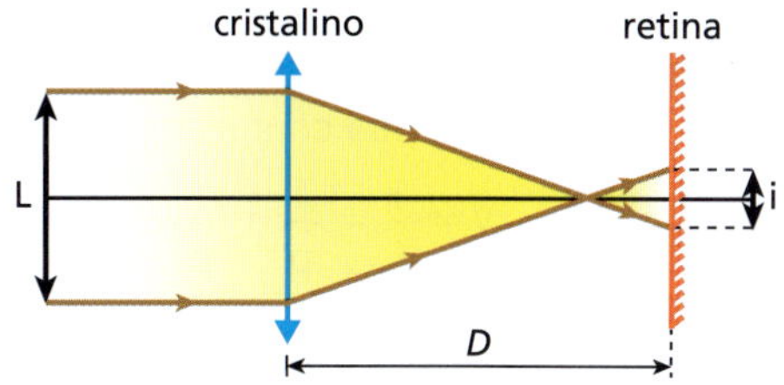

Banco de imagens/Arquivo da editora

Considere:

Sendo *f* a distância focal de uma lente esférica, *V* sua respectiva vergência, *p* a abscissa do objeto e *p'* a abscissa da imagem, valem as relações:

$V = \frac{1}{f}$ e $\frac{1}{f} = \frac{1}{p} + \frac{1}{p'}$ (Equação de conjugação de Gauss).

Admitindo-se que na situação proposta o cristalino do indivíduo apresente vergência V = 50,0 di e a imagem da estrela projetada em sua retina tenha dimensão i = 0,36 mm.

a) Determine a distância *D*, indicada na figura, entre o cristalino e a retina;

b) Calcule a vergência V_C da lente corretiva dessa miopia, sabendo-se que a distância máxima de visão distinta, neste caso, é de 80 cm, e informe se essa lente tem comportamento convergente ou divergente;

c) Determine a distância *d* entre a imagem e a lente corretiva dimensionada no item anterior para o caso de um objeto distante 120 cm da lente.

28. Em um olho hipermetrope, o ponto próximo situa-se a 50 cm de distância. Sabendo que no olho emetrope a distância mínima de visão distinta vale 25 cm, determine a vergência da lente corretiva para a hipermetropia considerada (despreze a distância da lente corretiva ao olho).
E.R.

Resolução:

Para um objeto situado no ponto próximo emetrope (normal), a lente corretiva deve produzir uma imagem virtual, posicionada no ponto próximo hipermetrope. Essa imagem desempenha para o olho o papel de objeto real:

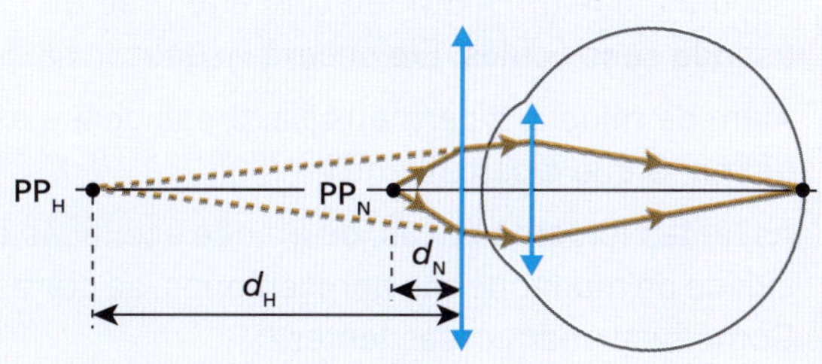

Banco de imagens/Arquivo da editora

A lente corretiva deve ser convergente e sua vergência é calculada conforme segue:

$$V = \frac{1}{f} = \frac{1}{p} + \frac{1}{p'}$$

Temos:

$|p| = d_N = 25 \text{ cm} = 0{,}25 \text{ m}$ e

$|p'| = d_H = 50 \text{ cm} = 0{,}50 \text{ m}$

Lembrando que a imagem é virtual ($p' < 0$), temos:

$$V = \frac{1}{0{,}25} - \frac{1}{0{,}50} \therefore \boxed{V = +2{,}0 \text{ di}}$$

Portanto:

A lente corretiva deve ser convergente e sua vergência deve valer +2,0 di.

29. (Ufop-MG) O olho humano, em condições normais, é capaz de alterar sua distância focal, possibilitando a visão nítida de objetos situados desde o "infinito" (muito afastados) até aqueles situados a uma distância mínima de aproximadamente 25 cm. Em outras palavras, o ponto remoto desse olho está no infinito e o seu ponto próximo, a 25 cm de distância. Uma pessoa com hipermetropia não consegue enxergar objetos muito próximos porque o seu ponto próximo está situado a uma distância maior do que 25 cm. Com base nessas informações, resolva as questões propostas.

a) Que tipo de lente uma pessoa com hipermetropia deve usar?

b) Supondo que o ponto próximo de um hipermetrope esteja a 100 cm de seus olhos, determine, em valor e em sinal, quantos "graus" devem ter os óculos dessa pessoa para que ela veja um objeto a 25 cm de distância.

30. A hipermetropia é um defeito visual que consiste de o globo ocular apresentar a distância cristalino-retina menor que a normal, estimada em 20 mm, o que acarreta dificuldade de acomodação na observação de objetos próximos. Em condições normais, a visualização de pequenos objetos ocorre com nitidez a partir de 25 cm do olho, mas isso não acontece com o portador do problema, que tem o ponto próximo mais afastado do olho. Na figura abaixo está esquematizado, fora de escala, o olho de um hipermetrope que, sem nenhum esforço visual, visa um objeto remoto, dele recebendo um feixe cilíndrico de luz que atravessa sua pupila com diâmetro igual a 4,0 mm. Depois de refratar-se através do cristalino, esse feixe incide na retina do indivíduo, situada na posição 1, lá iluminando uma região circular de área *A*. Com isso, a visão do objeto não ocorre perfeitamente, já que a imagem retiniana deveria ser pontual, caso a retina estivesse na posição 2, considerada normal.

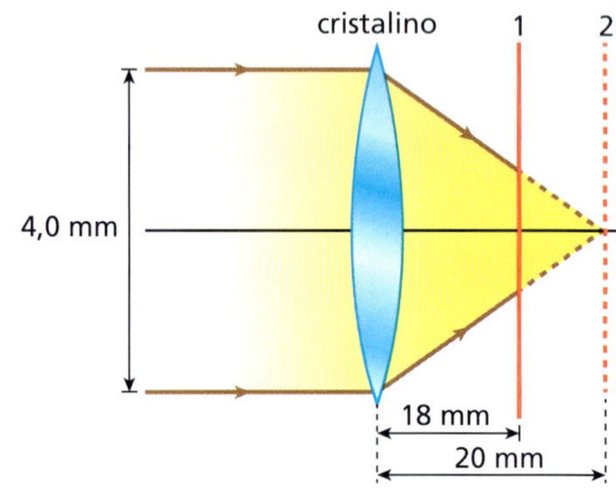

Banco de imagens/Arquivo da editora

Sabendo-se que esse hipermetrope vê nitidamente pequenos objetos somente a partir de 40 cm de seu olho, responda:

a) Adotando-se $\pi \cong 3$, qual o valor de *A*, em mm^2?

b) Qual a vergência, *V*, em dioptrias, da lente para a correção dessa hipermetropia?

DESCUBRA MAIS

1. Galileu construiu vários modelos de lunetas que lhe propiciaram descobertas astronômicas sem precedentes no século XVII. Em um deles, talvez o mais famoso, o cientista utilizou uma lente divergente como ocular. Que vantagem esse tipo de ocular trazia sobre uma ocular convergente? Esquematize a formação da imagem nessa famosa luneta de Galileu.
2. Suponha que um indivíduo com alto grau de miopia mergulhe em um grande aquário cheio de peixes usando seus óculos. Ele poderá visualizar nitidamente os peixes através de suas lentes de correção?
3. Além de miopia, hipermetropia, presbiopia e astigmatismo, há outros defeitos da visão, como o daltonismo. O que é daltonismo?
4. As lentes fotocromáticas, de grande aceitação entre os usuários de óculos, caracterizam-se pela capacidade de mudar de cor, apresentando-se claras em ambientes escuros e escuras em ambientes claros. Como funcionam essas lentes?

Exercícios Nível 3

31. (Unicamp-SP) Em uma máquina fotográfica de foco fixo, a imagem de um ponto no infinito é formada **antes** do filme, conforme ilustra o esquema.

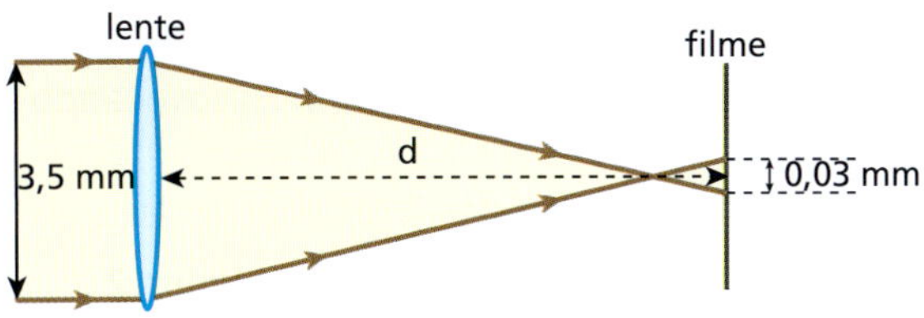

Reprodução/Arquivo da editora

No filme, esse ponto está ligeiramente desfocado e sua imagem tem 0,03 mm de diâmetro. Mesmo assim, as cópias ampliadas ainda são nítidas para o olho humano. A abertura para a entrada de luz é de 3,5 mm de diâmetro e a distância focal da lente é de 35 mm.

a) Calcule a distância *d* do filme à lente.

b) A que distância da lente um objeto precisa estar para que sua imagem fique exatamente focalizada no filme?

32. Um projetor rudimentar fornece, para um fotograma quadrado de 5,0 cm de lado, uma imagem também quadrada, porém com 50 cm de lado. Sabendo que a objetiva do projetor é constituída pela justaposição de duas lentes com vergências de −1,0 di e +6,0 di, calcule:

a) a distância do fotograma ao centro óptico da objetiva.

b) a distância da tela ao centro óptico da objetiva.

33. (Vunesp) Dispondo-se de duas lentes convergentes de distâncias focais iguais a 1,00 cm, colocadas a uma distância *d* uma da outra e com seus eixos principais coincidentes, pretende-se obter uma imagem virtual 100 vezes ampliada de um pequeno objeto colocado a 2,00 cm da primeira lente. Qual deve ser a distância entre as lentes?

34. (ITA-SP) A figura mostra um instrumento óptico constituído de uma lente divergente, com distância focal $f_1 = -20$ cm, distante 14 cm de uma lente convergente, com distância focal $f_2 = 20$ cm. Se um objeto linear é posicionado a 80 cm à esquerda da lente divergente, pode-se afirmar que a imagem definitiva formada pelo sistema:

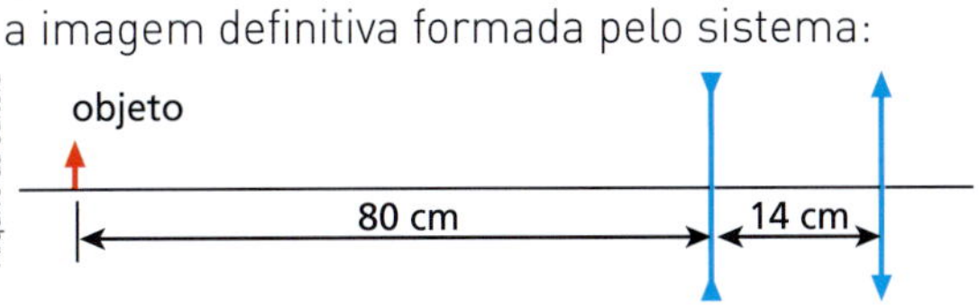

Reprodução/Arquivo da editora

a) é real e o fator de ampliação linear do instrumento é −0,4.

b) é virtual, menor e direita em relação ao objeto.

c) é real, maior e invertida em relação ao objeto.

d) é real e o fator de ampliação linear do instrumento é −0,2.

e) é virtual, maior e invertida em relação ao objeto.

35. (UFC-CE)

"O maior telescópio do mundo, o VLT (sigla em inglês para 'telescópio muito grande'), instalado em Cerro Paranal (Chile), começou a funcionar parcialmente na madrugada de ontem [...] Segundo o astrônomo João Steiner, quanto maior o espelho do telescópio, mais luz vinda do espaço ele coleta, numa proporção direta. O espelho do VLT tem um diâmetro de 16 m. O maior espelho em operação atualmente, instalado no telescópio Keck, no Havaí (EUA), tem diâmetro de 10 m.".

(*Folha de S.Paulo*, 27/05/98.).

Supondo que a única diferença entre o VLT e o Keck seja o diâmetro dos seus espelhos, podemos afirmar que a quantidade de luz coletada pelo VLT, no intervalo de 1 h, é, aproximadamente:

a) igual a 0,25 vez a quantidade de luz coletada pelo Keck, nesse mesmo intervalo.

b) igual à quantidade de luz coletada pelo Keck, nesse mesmo intervalo.

c) igual a 1,60 vez a quantidade de luz coletada pelo Keck, nesse mesmo intervalo.

d) igual a 2,56 vezes a quantidade de luz coletada pelo Keck, nesse mesmo intervalo.

e) igual a 3,20 vezes a quantidade de luz coletada pelo Keck, nesse mesmo intervalo.

36. (PUC-SP) Uma luneta foi construída com duas lentes convergentes de distâncias focais respectivamente iguais a 100 cm e 10 cm. Uma pessoa de vista normal regula a luneta para observar a Lua e depois focaliza um objeto situado a 20 metros de distância. Para tanto, deve deslocar a ocular em aproximadamente:

a) 10 cm, aproximando-a da objetiva.

b) 10 cm, afastando-a da objetiva.

c) 5 cm, aproximando-a da objetiva.

d) 5 cm, afastando-a da objetiva.

e) 1 cm, afastando-a da objetiva.

37. (Ufla-MG) O funcionamento de uma máquina fotográfica é semelhante ao olho humano. Quando o olho humano está fixado em um objeto distante, o músculo ciliar relaxa e o sistema córnea-cristalino atinge sua máxima distância focal, que corresponde à distância da córnea à retina. Quando o objeto está próximo ao olho humano, o músculo ciliar se contrai e aumenta a curvatura do cristalino, diminuindo, assim, a distância focal até que o objeto seja focalizado corretamente na retina, sendo esse processo chamado de acomodação. Considerando a máxima distância focal igual a 2,5 cm, pode-se afirmar que a variação da distância focal Δf do sistema córnea-cristalino do olho para manter em foco um objeto que é deslocado do infinito até um ponto próximo padrão de 25 cm é:

a) $+\frac{2,5}{11}$ cm.

b) 2,27 cm.

c) $-\frac{2,5}{11}$ cm.

d) −2,27 cm.

e) 0.

38. Considere as duas pessoas representadas a seguir. Devido às suas lentes corretivas, a da figura 1 aparenta ter os olhos muito pequenos em relação ao tamanho do seu rosto, ocorrendo o oposto com a pessoa da figura 2:

figura 1 figura 2

Banco de imagens/Arquivo da editora

É correto concluir que:

a) a pessoa da figura 1 é míope e usa lentes convergentes.

b) a pessoa da figura 1 é hipermetrope e usa lentes divergentes.

c) a pessoa da figura 2 é míope e usa lentes divergentes.

d) a pessoa da figura 2 é hipermetrope e usa lentes convergentes.

e) as duas pessoas têm o mesmo defeito visual.

39. (Unesp-SP)

Entre as complicações que um portador de diabetes não controlado pode apresentar está a catarata, ou seja, a perda da transparência do cristalino, a lente do olho. Em situações de hiperglicemia, o cristalino absorve água, fica intumescido e tem seu raio de curvatura diminuído (figura 1), o que provoca miopia no paciente. À medida que a taxa de açúcar no sangue retorna aos níveis normais, o cristalino perde parte do excesso de água e volta ao tamanho original (figura 2). A repetição dessa situação altera as fibras da estrutura do cristalino, provocando sua opacificação.

(Disponível em: <www.revistavigor.com.br> Adaptado.)

figura 1 **figura 2**

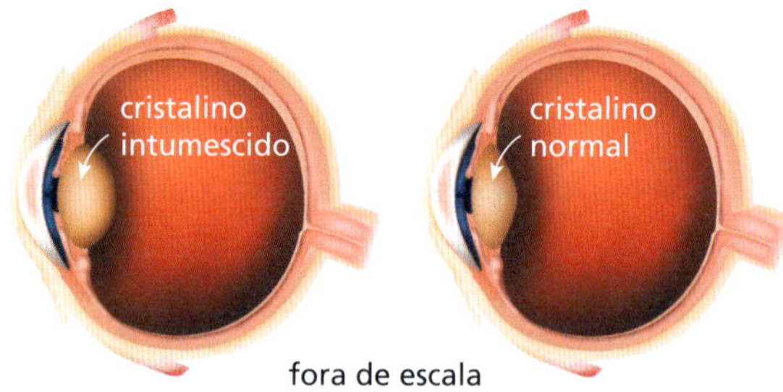

fora de escala

Reprodução/Arquivo da editora

De acordo com o texto, a miopia causada por essa doença deve-se ao fato de, ao tornar-se mais intumescido, o cristalino ter sua distância focal

a) aumentada e tornar-se mais divergente.

b) reduzida e tornar-se mais divergente.

c) aumentada e tornar-se mais convergente.

d) aumentada e tornar-se mais refringente.

e) reduzida e tornar-se mais convergente.

40. A lente mostrada na figura é muito rara e bastante procurada por colecionadores. De fabricação alemã nos anos 1940, foi feita em cristal de rocha e pode ser utilizada por míopes de alta graduação. Tem grande precisão e é de altíssima qualidade. Hoje, são fabricadas sob encomenda e seus preços são muito altos.

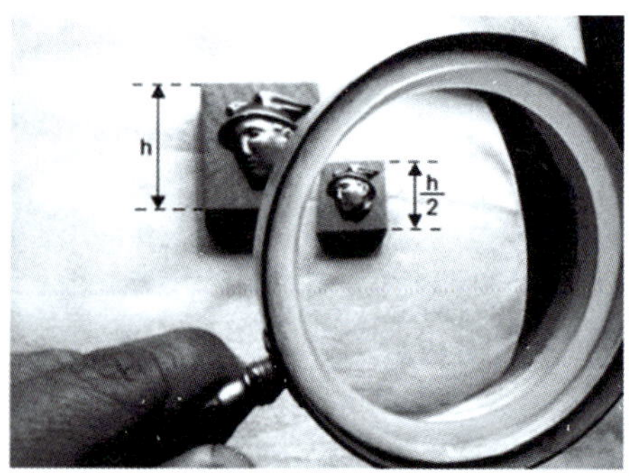

Reprodução/<https://www.todocoleccion.net/adaptado>

Sabendo que, na figura, a lente está a 10,0 cm de distância do objeto observado, responda:

a) A lente tem comportamento convergente ou divergente?

b) Qual o módulo de sua abscissa focal?

41. (Unifesp) As figuras mostram o Nicodemus, símbolo da Associação Atlética dos estudantes da Unifesp, ligeiramente modificado: foram acrescentados olhos na 1ª figura e óculos transparentes na 2ª.

Reprodução/Arquivo da editora

figura 1

figura 2

a) Supondo que ele esteja usando os óculos devido a um defeito de visão, compare as duas figuras e responda: Qual pode ser esse provável defeito? As lentes dos óculos são convergentes ou divergentes?

b) Considerando que a imagem do olho do Nicodemus com os óculos seja 25% maior que o tamanho real do olho e que a distância do olho à lente dos óculos seja de 2 cm, determine a vergência das lentes usadas pelo Nicodemus, em dioptrias.

42. Uma lupa com 5,0 cm de distância focal é utilizada por um estudante para observar um inseto de 2,0 mm de comprimento, situado sobre uma superfície iluminada. Sabe-se que a distância mínima de visão distinta do estudante vale 25 cm e que o inseto é colocado a 4,0 cm da lupa.

a) A que distância da lupa o estudante deverá posicionar seu globo ocular para perceber a imagem do inseto com tamanho máximo?

b) Qual o aumento linear transversal produzido pela lupa e qual o comprimento da imagem do inseto?

43. Um homem idoso que "sofre da vista" (presbiopia) tem os pontos próximo e remoto distantes de seus olhos 1,0 m e 2,0 m respectivamente. Sabe-se que a distância mínima de visão distinta normal é de 25 cm e que o homem possui dois óculos: **A** (para ver de longe) e **B** (para ver de perto).

a) Qual a vergência das lentes dos óculos **A**?

b) Qual a vergência das lentes dos óculos **B**?

Para raciocinar um pouco mais

44. Considere a situação esquematizada a seguir, em que uma pequena vela tem sua imagem nitidamente projetada no filme de uma câmera fotográfica para as duas posições *L* e *L'* da lente objetiva do equipamento:

Banco de imagens/Arquivo da editora

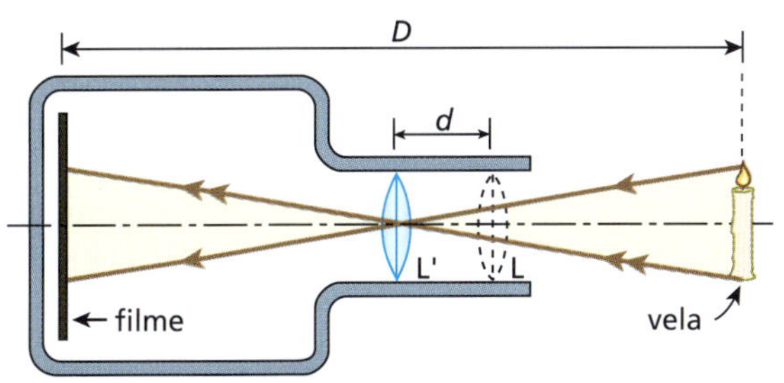

Sendo *D* a distância entre a vela e o filme, *d* a distância entre as posições **L** e **L'** e admitindo válidas as condições de Gauss, determine a distância focal *f* da lente.

45. (UFCG-PB) Uma professora, para mostrar um inseto para os alunos, montou o sistema óptico indicado na figura, em que **L** e **L'** são lentes e *I* e *I'* são imagens do inseto. O inseto é o objeto colocado à direita de **L**.

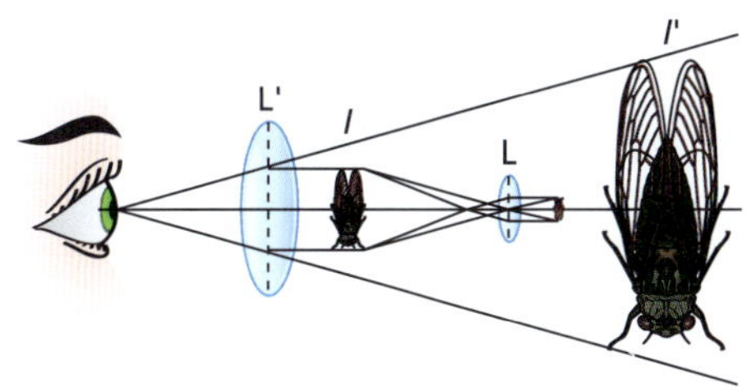

Reprodução/Arquivo da editora

Freitas, Aníbal. *Curso de Física*, 3ª. Série. 4 Ed. Melhoramentos. São Paulo: 1936.

Observando cuidadosamente a figura, pode-se afirmar que

a) se a lente **L'** não fizesse parte do sistema, seria impossível observar qualquer imagem do inseto.

b) a imagem *I'* é real.

c) a imagem *I* é virtual.

d) a imagem *I* está localizada além do foco de **L'**.

e) o inseto está localizado além do foco da lente **L**.

46. (OPF) Um certo instrumento óptico consta de duas lentes com distâncias focais iguais em módulo. Uma das lentes é convergente e a outra é divergente. As lentes são montadas sobre um eixo comum, a uma determinada distância *d* uma da outra. Sabe-se que se trocarmos a ordem das lentes, mantendo a mesma distância entre elas, a imagem real da Lua, projetada pelo sistema, se desloca de 20 cm. Determine a distância focal de cada uma das lentes.

47. Um microscópio composto é formado por duas lentes convergentes não justapostas que recebem, respectivamente, as denominações objetiva e ocular. A finalidade de se usar duas lentes dispostas dessa maneira é que a lente ocular ampliará a imagem de um objeto que a lente objetiva já deixou maior, conseguindo-se, assim, aumentos bem significativos, de até 1 000 vezes. Imagine uma estrutura vegetal esférica de diâmetro 4,0 mm sendo colocada a 1,0 cm da lente objetiva. A imagem final observada tem diâmetro 0,4 m e se encontra a 0,5 m da lente ocular. Sendo a distância entre as duas lentes igual a 30,0 cm, determine a ampliação da imagem realizada pela lente objetiva, pela lente ocular e pelo microscópio.

48. (FICSAE-SP)

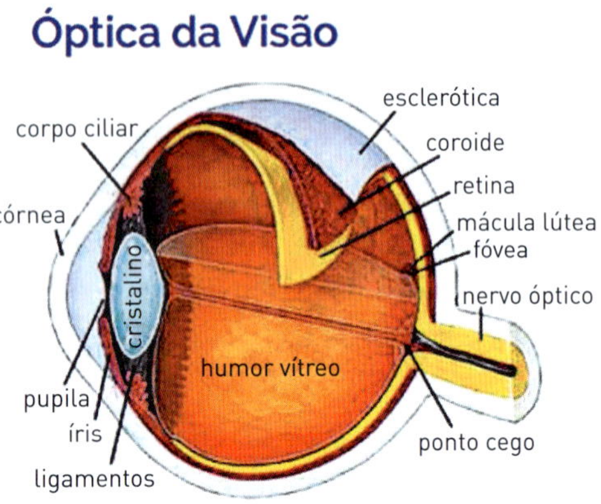

Reprodução/Instituto Israelita de Ensino e Pesquisa Albert Einstein, 2017

(https://olhohumano.wordpress.com/). Acessado em 27/04/2017

O olho humano, responsável pela visão, pode distinguir cerca de 10 milhões de cores e é capaz de detectar um único fóton.

É um sistema óptico complexo, formado por vários meios transparentes, além de um sistema fisiológico com inúmeros componentes, e todo o conjunto é chamado **globo ocular**. Pela complexidade de se traçar os trajetos dos raios luminosos através desses diferentes meios, convencionou-se representar todos eles por uma única lente convergente biconvexa (o cristalino), de distância focal variável; essa representação é chamada de olho reduzido.

(http://www.sofisica.com.br/conteudos/Otica/Instrumentosoticos/olhohumano.php)

Reprodução/Instituto Israelita de Ensino e Pesquisa Albert Einstein, 2017

Chama-se Óptica da Visão o estudo das trajetórias dos raios luminosos, através do globo ocular, até a formação de imagens no cérebro. As pessoas que têm visão considerada normal, **emetropes**, têm a capacidade de conjugar imagens nítidas para objetos situados em média a 25 cm da lente (**ponto próximo**), por convenção, até distâncias no infinito visual (**ponto remoto**).

O cristalino é uma lente transparente e flexível, localizada atrás da pupila. Sua distância focal pode ser ajustada para focar objetos em diferentes distâncias, num mecanismo chamado **acomodação**.

A íris (na figura abaixo) é a área verde/cinza/marrom (castanha), medindo cerca de 12 mm de diâmetro. As outras estruturas visíveis são a pupila (círculo preto no centro) e a esclera (parte branca do olho) ao redor da íris.

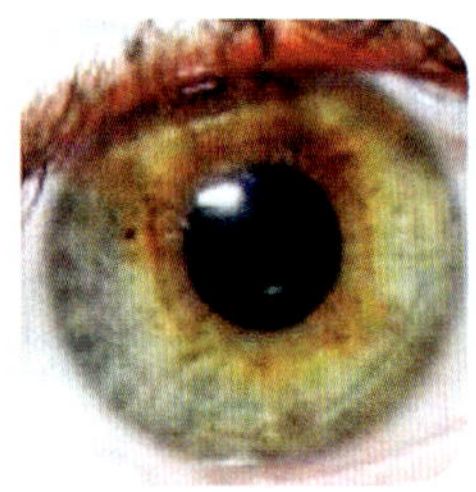

Reprodução/Instituto Israelita de Ensino e Pesquisa Albert Einstein, 2017

A córnea está presente, mas não é possível vê-la na foto, por ser transparente. Teoricamente, poderíamos pensar no centro da pupila como sendo o centro da íris.

A pupila é um espaço vazio em forma circular, normalmente preto, definido pela margem interior da íris. Mede de 1,5 mm de diâmetro com muita luz até 8 mm de diâmetro com pouca luz. Sua função é controlar a passagem de luz que chega até a retina. Quando o olho é exposto a níveis de iluminação muito elevados, a pupila se contrai (na verdade a íris dilata), efeito chamado de *Pupillary Reflex*.

a) Admita a íris da figura recebendo **pouca luz**. Qual a área da região colorida? (adote $\pi = 3,1$)

b) Chamamos de **amplitude de acomodação visual** a variação da vergência do cristalino de um olho, funcionando como uma lente, capaz de conjugar imagens nítidas para um objeto situado em seu ponto próximo e no seu ponto remoto. Determine, em metros, a distância do ponto próximo para uma pessoa que possua o ponto remoto normal e cuja amplitude de acomodação visual seja de 2,5 di.

Respostas

Unidade 2 – Ondulatória

Tópico 2 – Ondas

2. a **3.** e **4.** e
5. e **6.** c **7.** d
8. d **9.** d **10.** a
11. d **12.** d **13.** b
14. b **15.** e **17.** 4 cm e 2 cm
18. 10 m/s **19.** b
20. d **21.** d **23.** 6,0 cm
24. 12 cm **25.** 100 MHz
26. b **27.** b
28. 80 cm; 4,0 Hz e 320 cm/s
29. 0,40 s
30. a) 2 b) 11,2 m/s
31. b **32.** b **33.** a
34. d **35.** e **36.** c
37. 75 m **38.** a **39.** b
40. 66 m **41.** c
42. a) Vaso 1
b) Luz verde é muito refletida.
44. 13 **45.** 4,0 m **46.** 20 cm
47. a) 120 m b) 6,0 cm
48. a) 12 min 30 s
b) 8,0 m/s
c) 5,0 m
50. 18 N **51.** 2,0 kg
52. d
54. 0,2 m e 10 m/s
55. 20 cm; 0,25 s e 4 Hz
56. y = 0,5 cos [2π(50t − 5x)] (SI)
57. c

58.

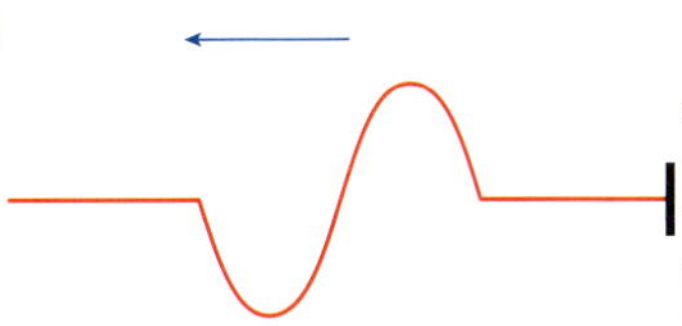

59.

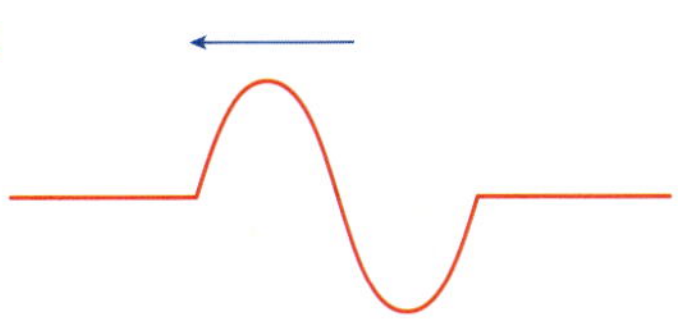

Banco de imagens/Arquivo da editora

61. 2,0 m/s **62.** d **63.** c
64. a **65.** d **66.** 1,0 m
67. 26

68.

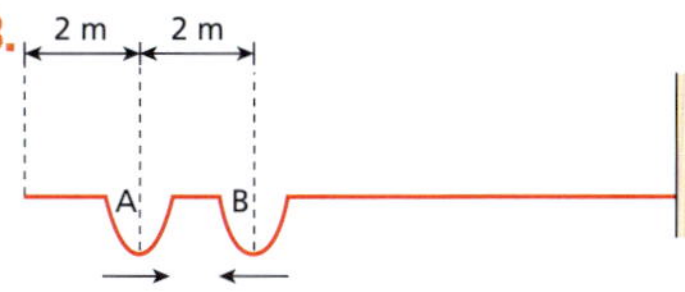

Banco de imagens/Arquivo da editora

69. a
70. a) 2,0 s
b)

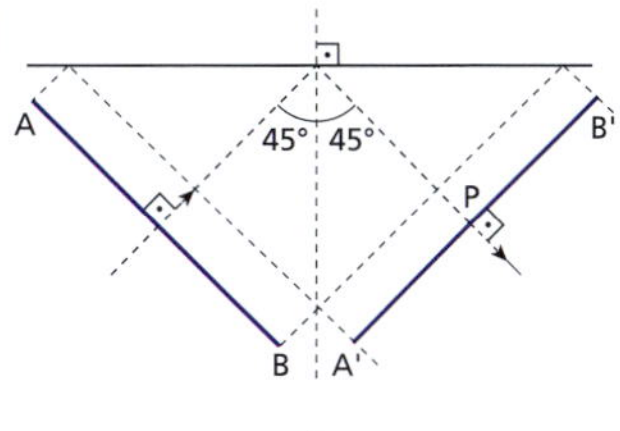

Banco de imagens/Arquivo da editora

71.

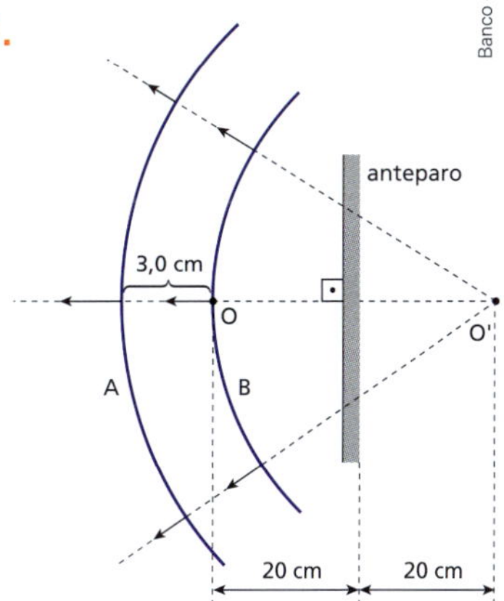

Banco de imagens/Arquivo da editora

72. e
73. a) 4,3
b) 70 m
74. a)

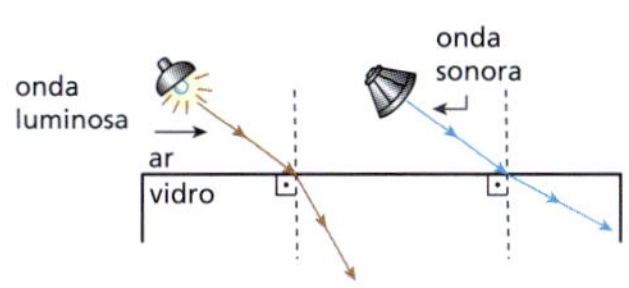

Banco de imagens/Arquivo da editora

b) 5 m
76. d **77.** b
78. a) 5 kHz
b) 8,8 cm
c) 2,0 ms
80.

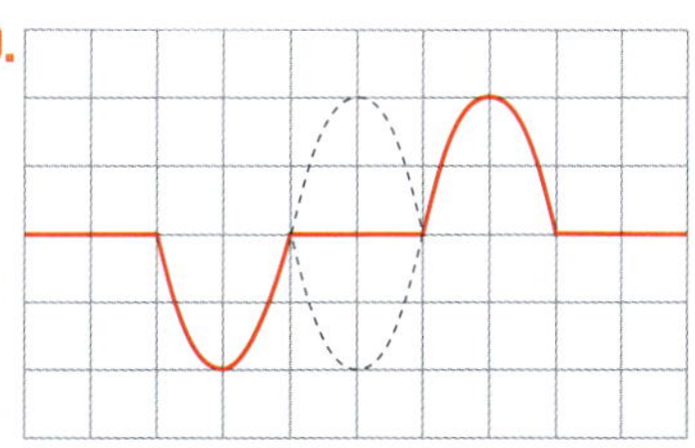

Banco de imagens/Arquivo da editora

81.

82. 2 cm **83.** a **84.** c
85. d **86.** 10 Hz
87. 480 m/s **88.** d

89. d **90.** b **91.** e
92. a) Corda **A**: da esquerda para a direita
Corda **B**: da direita para a esquerda
b)

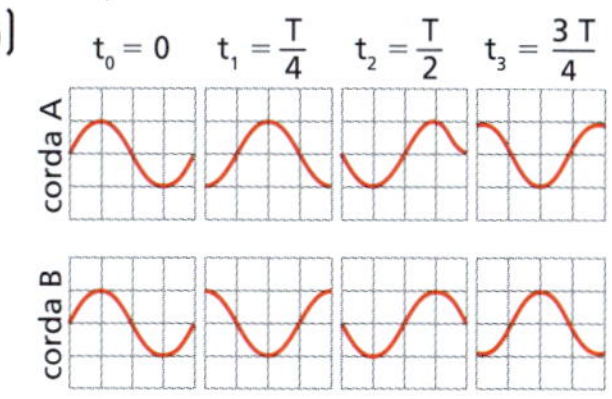

c)

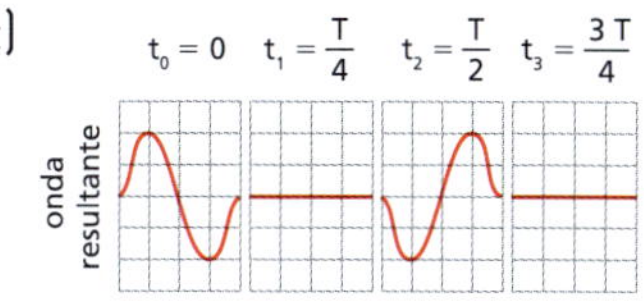

Banco de imagens/Arquivo da editora

93. $\frac{3d}{2}$ (m/s)
94. c **95.** e **96.** c
97. b
98. a) g = f b) x = y > z
99. c **100.** a **101.** e
102. a) λ
b) $3\frac{\lambda}{2}$
103. As ondas AM difratam mais facilmente que as ondas FM.
104. 46
106. **A** (ID); **B** (IC); **C** (ID); **D** (IC)
107. e **108.** d
109. a) 5,0 Hz b) 10 Hz
111. b **112.** 1 058 Å
113. a **114.** b **115.** λ
116. $7{,}5 \cdot 10^{-7}$ m **117.** d
118. (1) V; (2) F; (3) V; (4) V; (5) V
119. b **120.** d **121.** d
122. a) 20 m/s
b) 4 m, 5 Hz e 0,2 s
c) $y = 2\cos\left[2\pi\left(5t - \frac{x}{4}\right) + \frac{\pi}{2}\right]$ (SI)
123. a) $y = 2\cos\left[2\pi\left(\frac{t}{2} - \frac{x}{4}\right) + \frac{\pi}{2}\right]$ (SI)
b) $\frac{5\pi}{2}$ rad
c) Oposição de fase.
124. a) 1,57 m

b) 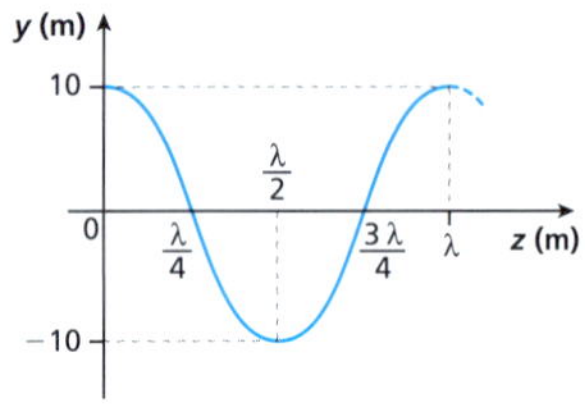

Banco de imagens/Arquivo da editora

c) Aproximadamente $\frac{\lambda}{3}$

125. a) $1{,}5 \cdot 10^{-5}$ cm
b) $7{,}5 \cdot 10^{-5}$ cm
c) $3{,}0 \cdot 10^{-3}$ cm^3

126. a) 8,0 m/s b) 10,0 m

127. e

128. a) 1,5 m/s
b) 0,8 m e 0,6 m

129. c **130.** d **131.** 800 m

132. b

133. a) 2,0 Hz e 0,50 m
b) 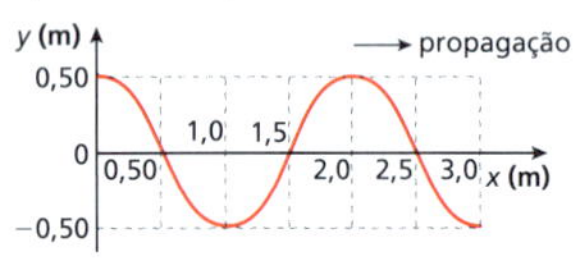

Banco de imagens/Arquivo da editora

c) $-8\pi^2$ m/s^2

134. a) $1{,}2 \cdot 10^{-1}$ s
b) $7{,}5 \cdot 10^{-2}$ s

135. c **136.** d **137.** b

138. a) $4{,}0 \cdot 10^{-4}$ J
b) $1{,}6 \cdot 10^{-3}$ J

139. a) 40 N/m b) 30 cm/s

140. a) $5{,}0 \cdot 10^{-7}$ m
b) 30 J
c) 10 s
d) Aproximadamente $8{,}3 \cdot 10^{19}$ fótons

141. a) 500 m
b) Aproximadamente 2,0 m/s

142. b **143.** e

Tópico 3 – Acústica

2. a) *2001, uma odisseia no espaço.*
b) Luz é onda eletromagnética.

3. 17 mm e 17 m

4. 150 kHz

5. a) d > 17 m b) 204 m

6. a **7.** 40 m **8.** d

9. c

11. a) $4{,}3 \cdot 10^{-4}$ m b) $3{,}1 \cdot 10^{-4}$ s

12. d **14.** 2,0 m e 1,0 m

15. 0,50 m e 1,0 m

16. b **17.** 275 Hz **18.** a

20. d **21.** e **22.** a

23. c **24.** c **25.** b

26. c **27.** b

28. a) 400 Hz b) 672 N

29. a) 24 cm b) 250 Hz

30. c

31. a) 13 Hz, 6 Hz e 8 Hz
b) Zezinho e Marília.
c) $0 < f_{bat} \leqslant 10$ Hz

32. d

33. Comprimento de onda maior.

35. c **36.** c **37.** a

38. a **39.** c **40.** c

41. a

42. 17 Hz e 8 500 Hz

43. d **44.** c **45.** b

46. b **47.** c **48.** e

49. 54 cm

51. a) 16 cm b) 400 Hz

52. c

53. a) 85 Hz b) 92,48 N

55. a **56.** a **58.** c

59. c **60.** a **61.** b

62. c **63.** d

64. a) Aproximadamente 454 Hz
b) Aproximadamente 461 Hz
c) Sim; aproximadamente 7 Hz

65. a) 550 Hz b) 458 Hz
c) 0,6 m d) 0,72 m
e) Aproximadamente 479 Hz
f) 525 Hz

66. b **67.** b **68.** a **69.** d

70. a **71.** b **73.** d **74.** d

75. d **76.** a **77.** d

78. a) d > 10 m c) $1{,}0 \cdot 10^{-5}$ W/m^2
b) 3,4 m

79. a

80. a) 40 dB b) 120 dB

81. a) 392,4 m/s b) Altura

82. a) 1,5 m
b) 0; 0,75; 1,5; 2,25; 3,0; 3,75; 4,5; 5,25; 6,0 (m)

83. a) 67,00 m c) 34 nodos
b) 83,75 Hz

84. a) 50,0 Hz b) 9,0 N

85. d **86.** d

87. 19 428 Hz

88. a) 200 Hz b) 7,2 kg

89. a) 5 cm c) 300 m/s
b) 2 copos

90. a) $3{,}6 \cdot 10^{-3}$ W b) 17 cm

91. b **92.** a **93.** d

94. a) 344,4 m/s b) 446,5 Hz

95. c

96. a) 1 700 Hz b) 50 cm

97. 8 m/s **98.** b **99.** c

100. a) 50 dB c) 10^4
b) 10^{-2} W/m^2

101. 10^{-8} W/cm^2

102. a) 7 dB b) 20 crianças

103. c

104. a) 2,0 m
b) 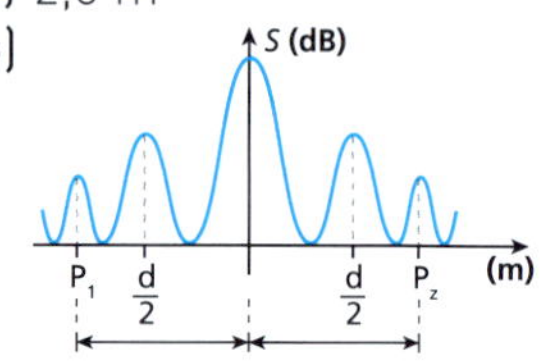

Banco de imagens/Arquivo da editora

c) 8,0 m

105. c **106.** 2 Hz

107. a) O período do sinal sonoro é: $T_F = \frac{1}{f}$

E a frequência f_F:

$f_F = \frac{1}{T_F} \Rightarrow f_F = f$

Usando a equação do efeito Doppler, temos:

$$f_0 = f_F\left(\frac{v - v_0}{v + 0}\right) = f_F\left(\frac{v - v_0}{v}\right)$$

Mas $f_F = f$, então:

$$f_0 = \frac{v - v_0}{v} f$$

O período recebido pelo observador é:

$$\Delta t = T_0 = \frac{v}{v - v_0} \cdot \frac{1}{f}$$

b) $v_F > 680$ m/s

108. b **109.** a

110. a) 288 km/h
b) 16 m

111. a) 1,0 W/m^2 c) $7{,}5 \cdot 10^{-7}$ W
b) 90 dB

Unidade 3 – Óptica Geométrica

Tópico 1 – Fundamentos da Óptica Geométrica

1. c 2. e 3. c
4. c 6. 8 min 20 s
7. $3{,}81 \cdot 10^8$ m
8. Aproximadamente $9{,}5 \cdot 10^{15}$ m
9. A distância das estrelas à Terra é muito grande, de modo que a luz emitida por esses corpos celestes leva muito tempo para atingir nosso planeta.
10. a) 1,6 km b) 2,2 s
11. a 12. b 14. 48 m
15. 20 m 16. b 17. 8 cm
18. c
19. a) Princípio da independência dos raios de luz e Princípio da propagação retilínea da luz.
    b) As partículas de fumaça difundem a luz dos pincéis de *laser*.
20. 5,0 m 21. 1,0 m 22. c
24. d 25. b 26. b
27. a) Lua nova.
    b) Parcialmente encoberto.
    c) 2,0 min
28. a 29. c 30. b
32. a) 1 — verde; 2 — preta; 3 — preta; 4 — verde.
    b) 1 — preta; 2 — preta; 3 — preta; 4 — vermelha.
33. c 34. c 35. c
36. a 37. d 38. a
39. d 40. e 41. a
42. a) Ponto objeto real.
    b) Ponto imagem real e ponto objeto virtual.
    c) Ponto imagem virtual.
43. d 44. b 45. b
47. d 48. e 49. b
50. e 51. 10,0 m
52. $\dfrac{H}{H-h}V$
53. a
54. a)  b) 0,4 m
55. b 56. c
57. a) Princípio da propagação retilínea da luz.
    b) Aproximadamente $2{,}99 \cdot 10^5$ km/s
58. Anaxágoras encontrou 7 261,9 km. O valor atual admitido para a distância da Terra ao Sol é de 150 000 000 km, aproximadamente.
59. $\dfrac{V_s}{V_h} = 3$ 60. c

Tópico 2 – Reflexão da luz

2. a) 30° b) 60°
3. 60° e 120°
4. 9 h
5. 60°. O valor de α independe do ângulo de incidência da luz em E_1.
6. 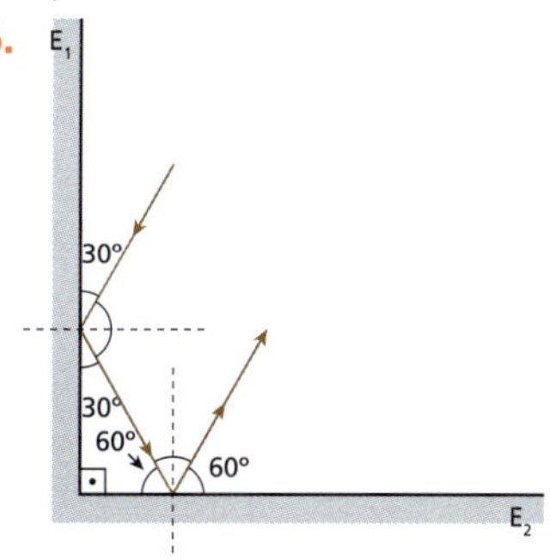

Banco de imagens/Arquivo da editora
7. b
9. 12 m
10. 0,64 m^2
11. a) 1,5 m
    b) O tempo não se altera e o número de reflexões passa de 5 para 11.
12. c 13. e 14. d
15. a) 40 cm b) Independe.
17. a) 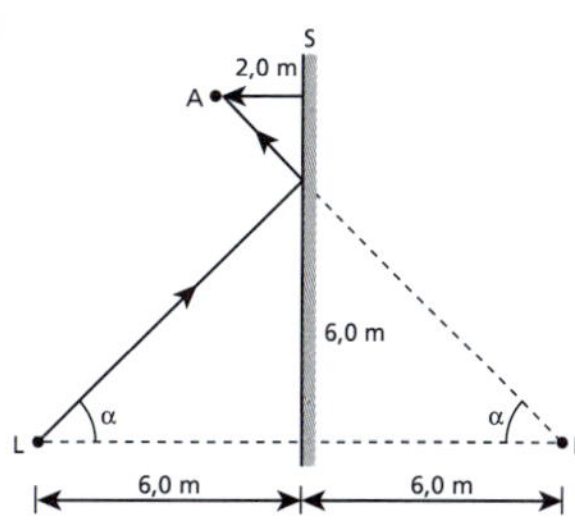

Banco de imagens/Arquivo da editora
    b) 10 m
18. a) ꟼƧƎИU b) 140 cm e 10 cm
19. c 20. b 21. d
22. a) 15 cm
    b) 100 cm
    c) Aproximadamente 6,7 ns
24. b 25. 1,0 m 26. 0,80
28. a) 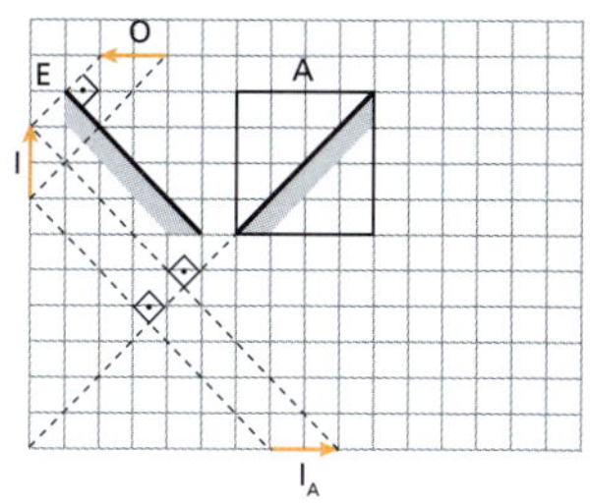

Banco de imagens/Arquivo da editora
    b) 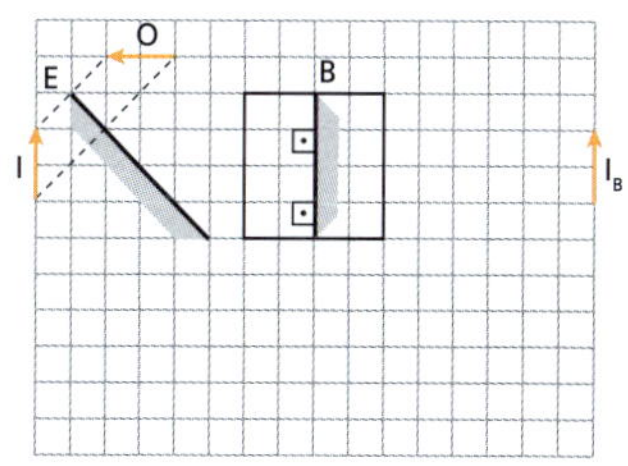

29. c
30. d
31. a) 6,0 s b) 6,0 s
32. b
34. a) Três imagens.
    b) Figura I: uma imagem. Figura II: duas imagens.
35. c
36. b
37. a) 80 km/h b) 40 km/h
39. $2\sqrt{3}$ m
40. d 46. e
41. a 47. e
42. b 48. a
44. b 49. a
45. d 50. 17 cm
51. a) 60 m b) $9{,}0 \cdot 10^3$ W
52. Posição 1: real, invertida e menor.
    Posição 2: real, invertida e igual.
    Posição 3: real, invertida e maior.
    Posição 4: imprópria.
    Posição 5: virtual, direita e maior.

54.

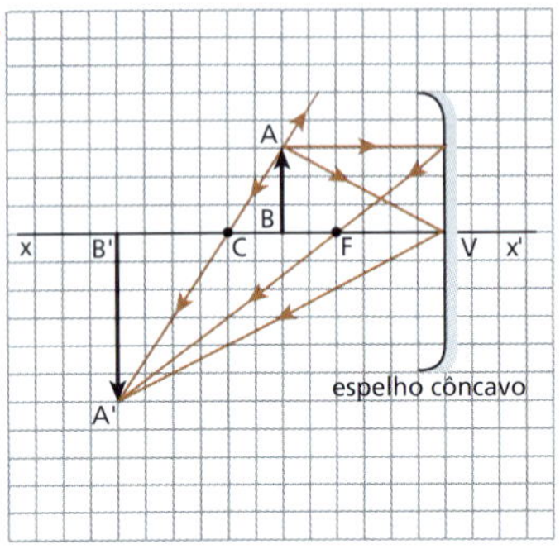

Banco de imagens/Arquivo da editora

56. 50 cm **57.** 20 cm

58. a) Real e invertida
b) 60 cm
c) 12 cm

59. a

60. a) Côncavo b) 96 cm

62. a) −15 cm b) 6,0 cm

63. 10,0 cm **64.** d

65. 60 cm **66.** 2,0 cm/s

68. d

69. a) Convexo; 12 cm
b) 4,0 cm

71. 80 cm **72.** a

73. a) 2,0 m/s b) $4{,}0 \cdot 10^{-2}$ m/s

74. a) $\dfrac{R(d - R)}{2d - R}$ b) $\dfrac{LR}{2d - R}$

75. 2,0 m

76. e

77. a) 1,0 m b) 1,5 m

78. a)

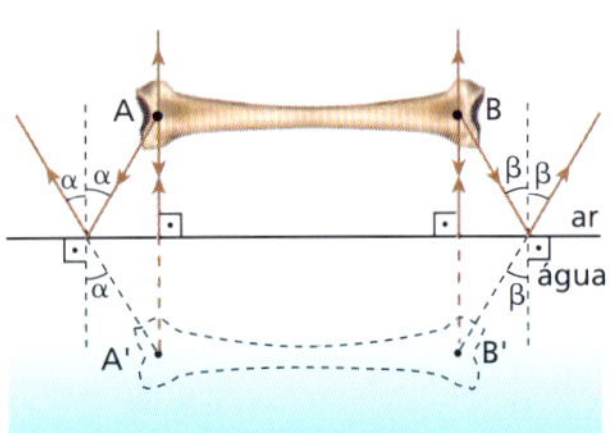

Banco de imagens/Arquivo da editora

b) 1,6 m

79. Aproximadamente 0,76 m

80. 80 cm e 15 cm

81. b **82.** 0,40 s **83.** b

84. −50 cm/s **85.** b

86. b **87.** b **88.** d

89. c **90.** d

91. a) 2,16 m
b) 2,28 m e 11,4 cm

92. a **93.** a) 0,5 m b) $\dfrac{1}{6}$

94. a **95.** 15 cm

96. a) 100 cm b) 10 cm

97. 136 cm

98. a) ω b) $\dfrac{a}{2}$ c) π rad

99. a **100.** c **101.** a **102.** e

103. a) 48 cm de $\mathbf{E_1}$
b) $\mathbf{E_2}$ é um espelho plano.

104. e

105. a) 15 cm
b) Aproximadamente $4{,}4 \cdot 10^3$ kW/m^2
c) 500 K ou 500 °C

Tópico 3 – Refração da luz

2. a) Benzeno: $2{,}0 \cdot 10^8$ m/s e Boro: $1{,}2 \cdot 10^8$ m/s
b) 0,6

3. 2,0 **4.** d **6.** b

7. d **8.** 30° **10.** d

11. a) $2{,}0 \cdot 10^5$ km/s b) 0,80

12. d **13.** c

14. a) $\sqrt{3}$ b) $\dfrac{\sqrt{3}}{3}$

15. c **16.** a) 0,6 b) 78,5°

17. a

18. a) 2,8
b)

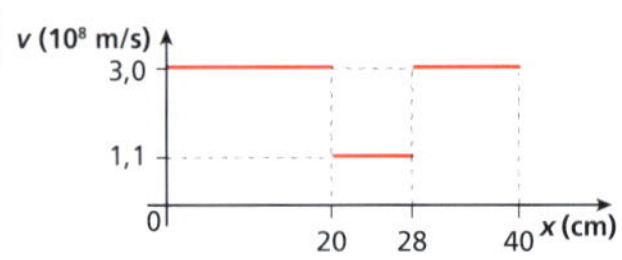

19. c **20.** 3,4 cm **21.** b

22. b **24.** a) 30° b) 30°

25. c **26.** a) 15° b) 2,0

27. b **28.** c **29.** a

30. c **31.** b

33. Virtual e ponto **A**.

34. 37,5 cm **35.** b

36. c **37.** e **39.** a

40. b **41.** e **43.** a

44. e

45. a) 45 cm
b) O comprimento aparente da barra independe da profundidade do ponto **A**.

46. $\dfrac{\sqrt{6}}{2}$ **48.** 10 mm

49. d **50.** b **51.** b

52. e **53.** b **54.** e

56. a) Para cada cor componente da luz branca (vermelho, laranja, amarelo, verde, azul, anil e violeta), o prisma apresenta um índice de refração diferente e, por isso, cada cor segue uma trajetória distinta ao atravessar o prisma, o que caracteriza o fenômeno da dispersão da luz branca. Isso equivale dizer que, dentro do prisma, cada cor componente da luz branca segue com uma velocidade distinta, sendo a maior para o vermelho e a menor para o violeta.
b) 45°

57. c

58. a) 60°
b)

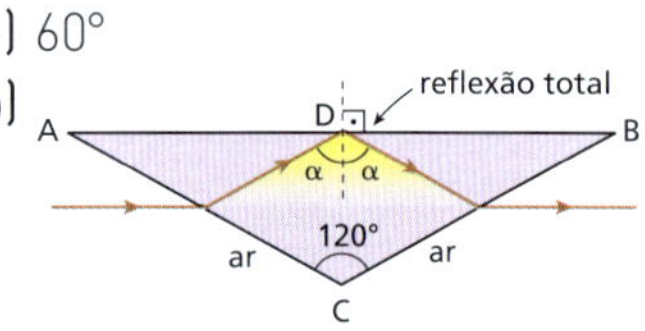

Banco de imagens/Arquivo da editora

59. d **61.** e **62.** c

63. b **64.** a **65.** e

66. 5,86° **67.** c **68.** 0,30 m

69. $\dfrac{\sqrt{3}}{2}$

70. a)

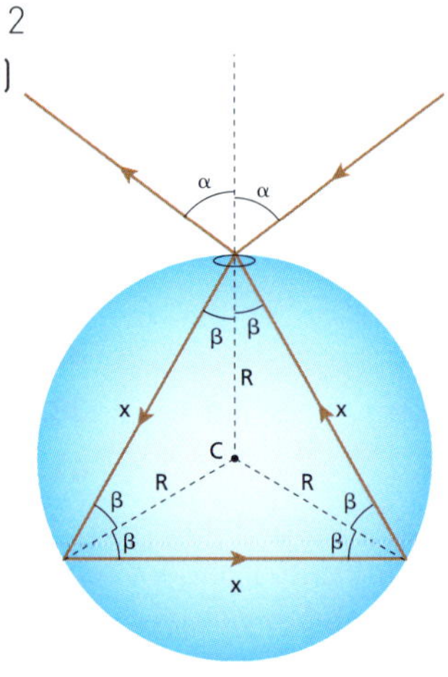

Banco de imagens/Arquivo da editora

b) 45° c) 4,3 ns

71. 45° **72.** $h = \dfrac{d}{2}\sqrt{n^2 - 1}$

73. a) $d = e\left(1 - \dfrac{1}{n}\right)$
b) *d* independe de *x*

74. a **75.** 30° **76.** e
77. a **78.** e **79.** d
80. 10,0 mm **81.** a
82. d **83.** c **84.** d
85. O feixe não sofrerá reflexão total em nenhuma situação.
86. c

87. a) $\text{sen}\,\beta = \dfrac{n_0\,\text{sen}\,\alpha}{n_1}$

b) $\text{sen}\,\gamma = \dfrac{n_0\,\text{sen}\,\alpha}{n_2}$

c) $\Delta Y = \sqrt{\dfrac{n_3^2}{n_0^2\,(\text{sen}\,\alpha)^2} - 1} \cdot D - 4C$

88. $\dfrac{\Delta}{\alpha} = \dfrac{n}{n_{água}} - 1$

Tópico 4 – Lentes esféricas

1. I; II; III e VI.
2. b
3. a) Convergente.

b)

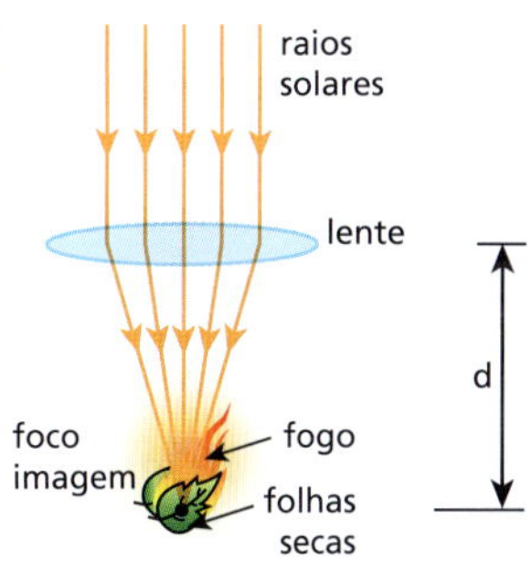

c) d = f
4. b
5. a) Convergente b) 30 cm
6. b
7. d
9. a) Convergente – objeto entre o foco principal e o centro óptico da lente.

b)

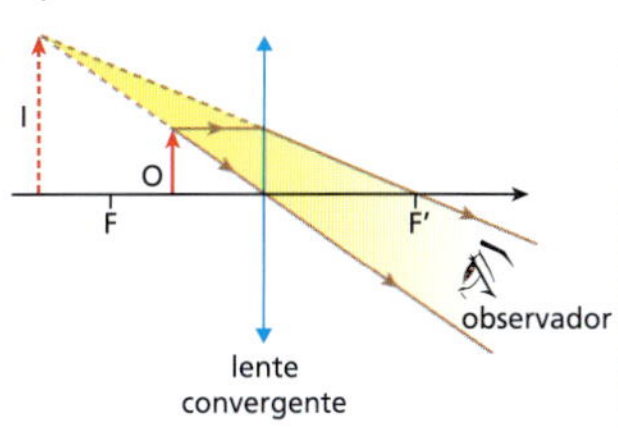

10. a **11.** d **12.** e

13. c **14.** d
16. 40,0 cm **17.** e
18. b
19. a) Bicôncava. b) 20 cm
21. a) 18 cm de **O** e 6,0 cm de **I**.
b) Divergente.
c) 9,0 cm
23. 40 cm **24.** d **25.** b
27. a) 10 cm b) 60 cm
28. a) 16,0 cm b) 40,0 cm
29. 5 cm e 12 cm
30. b **31.** b
32. a)

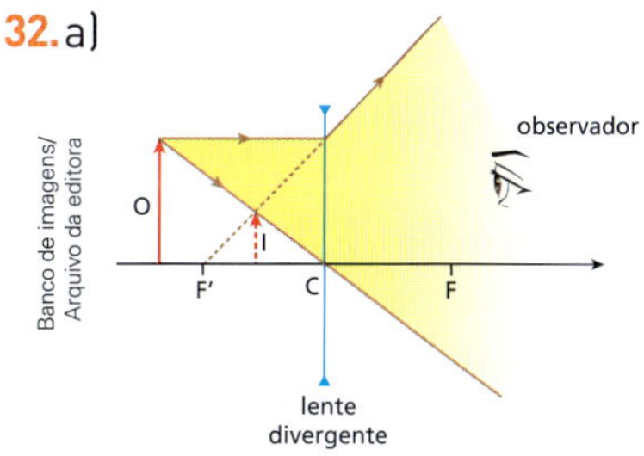

b) 30 cm
34. 40 cm
36. I. A primeira imagem solicitada pelo exercício está a 12 cm da lente e é real.
II. Usando a lente como uma lupa, a imagem vista é ampliada e sua altura é 10 mm.
37. c
38. $2{,}0 \cdot 10^{-5}\ °C^{-1}$
39. d **40.** e **41.** c
42. a) 24 cm b) −8,0 cm
43. a) 0,084 m × 0,11 m e 0,30 m
b) Invertida na vertical e na horizontal.
44. a) 312 cm b) 12 vezes
45. a) 4,0 cm b) 1,1 m
46. a **48.** 50 cm
49. a) −2,0 m
b) −0,5 di
c) Divergente
50. a **52.** d
53. a) 20 cm b) Biconvexa
54. a) $1{,}4 \cdot 10^2$ di
b) $7{,}0 \cdot 10^{-3}$ m
55. a) 1,5

b)

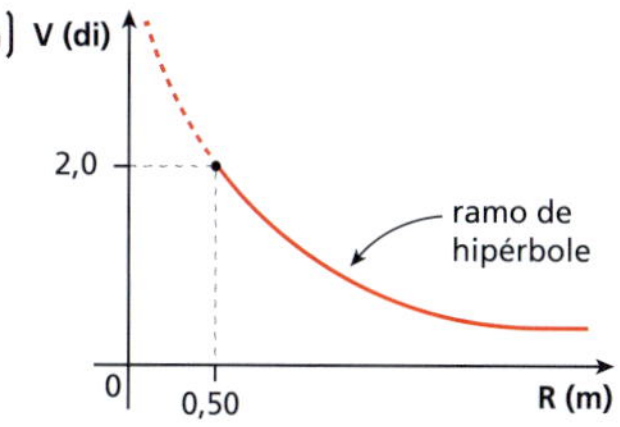

57. a) Afastam-se. b) 60 cm
58. a **59.** e **60.** 24 di
61. A face convexa deve aderir perfeitamente à face côncava.

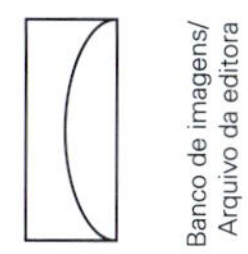

62. a) 40 cm b) 90 cm
63. 75 cm **64.** d **65.** 10 cm
66. a) 10,0 cm c) $n > \sqrt{2}$
b) 6,0 cm
67. a) 68 °C b) 0,32 W/cm^2
68.

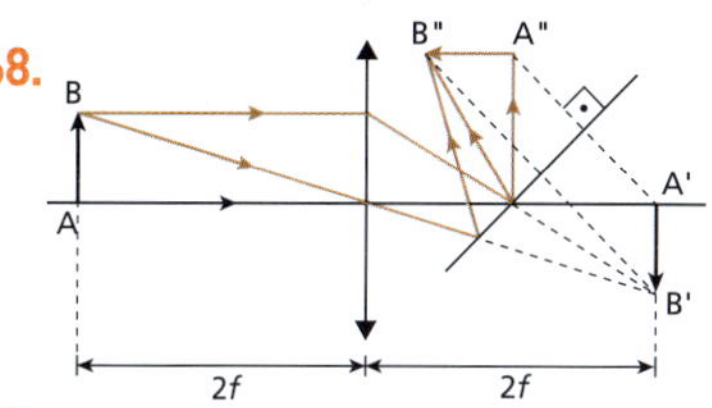

69. c
70. a) 40 cm b) 40 cm
71. 8,0 cm
72. a) 9 cm

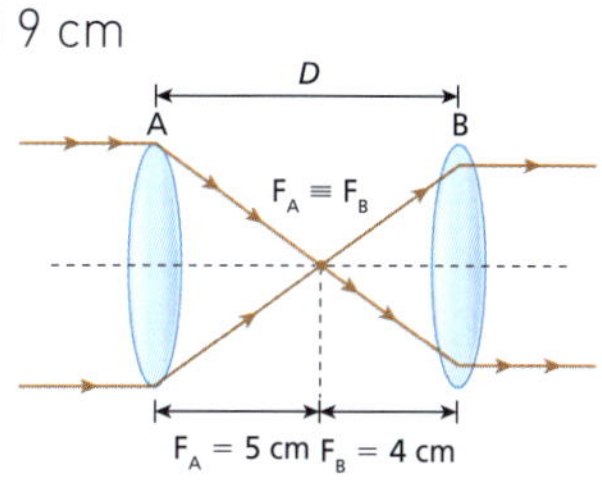

b) 5,2 cm à direita da lente **B**.
73. e **74.** d **75.** d
76. c **77.** e
78. a) 50 cm b) 20 m/s^2
79. a) 1,2 m e 0,3 m
b) 48 mm e 3 mm, imagens reais e invertidas.
80. a) 1,2 m b) 1,8 m c) 650 °C
81. b **82.** a **83.** 5,2 cm
84. a) +4,0 di
b) −1,0 m
c) Face côncava: 25 cm
Face convexa: 50 cm

85. 60 cm e −20 cm

86. 1ª possibilidade: fonte a 10 cm da lente.
2ª possibilidade: fonte a 30 cm da lente.

87. a) $L = \dfrac{f_0 d_0}{d_0 - f_0}$

b) $f_1 = \dfrac{f_0 d_0}{d_0 + f_0}$

88. a) As imagens têm ampliações diferentes.
b) 10,0 cm
c) 8,0 cm

89. a)

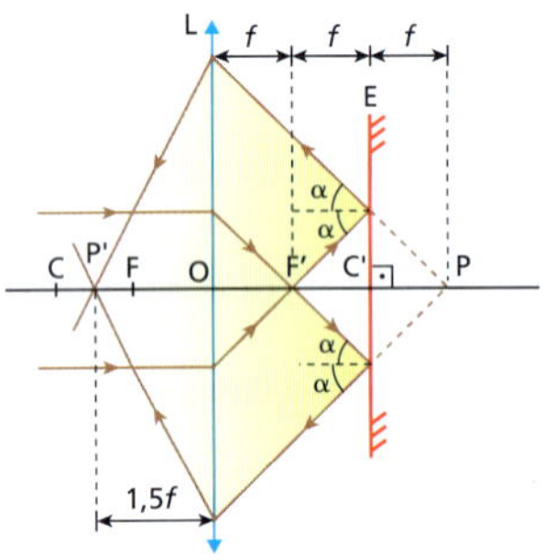

Banco de imagens/Arquivo da editora

b) 1,5f
c) Em relação ao espelho plano, o ponto **P** é uma imagem de natureza virtual, porém funciona como o objeto de natureza real em relação à lente, que determina a imagem final **P'**, de natureza também real.

90. a) 1
b) Circunferência de raio 20 cm, de centro pertencente ao eixo principal, contida em um plano frontal à lente, a 60 cm de distância em relação a ela.
c) 10 cm/s

91. 0,50 cm/s

92. 2,0 di

93. $\dfrac{3}{7}$

94. a) 80 cm
b) 40 cm e 10 cm
c) 125 °C

95. a) 10 cm e 100 cm
b) 43 cm e 67 cm

Tópico 5 – Instrumentos ópticos e Óptica da visão

1. 75,0 mm **2.** b

3. 10 cm **5.** 16 cm

6. a) 2,5 cm
b)

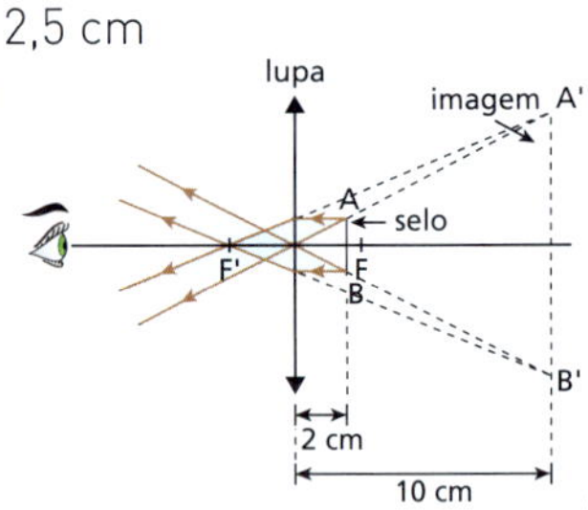

Banco de imagens/Arquivo da editora

7. a)

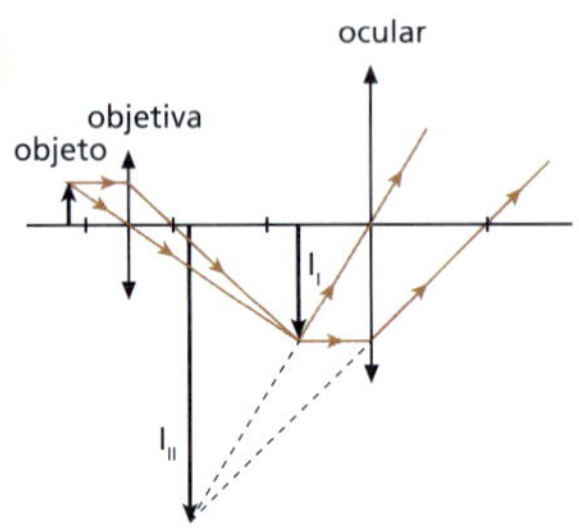

Banco de imagens/Arquivo da editora

b) $\mathbf{I_I}$ é real e $\mathbf{I_{II}}$ é virtual.

8. a) 22 cm b) 8 vezes

10. a) 5 cm
b) Real, invertida e menor $\left(A = -\dfrac{1}{4}\right)$.

11. a) 1,3 m b) 90 cm

12. d **13.** 50 cm

15.

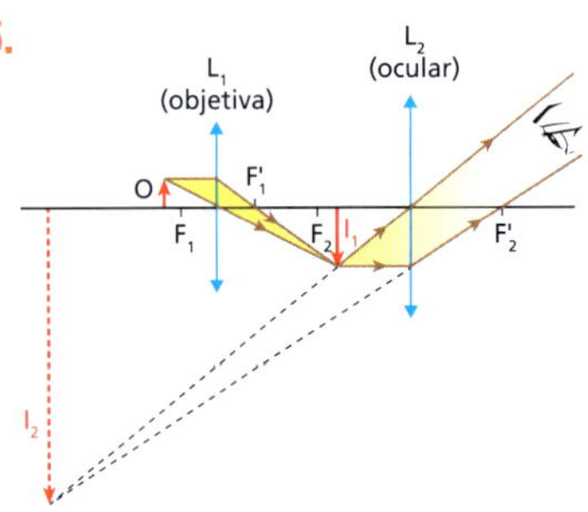

Banco de imagens/Arquivo da editora

16. 45 vezes

17. 52 vezes

19. a) 97 cm b) 24,25

20. a) Aproximadamente 0,61 cm
b) Aproximadamente 139,4 cm

21. $2{,}0 \cdot 10^{-2}$ mm

22. b **23.** d **24.** d

25. a) 15 mm e aproximadamente 14 mm
b) 4,0 di

27. a) 2,24 cm
b) −1,25 di (lente divergente)
c) 48 cm

29. a) Lentes convergentes
b) +3,0 di (ou "graus")

30. a) $1{,}2 \cdot 10^{-3}$ mm²
b) 1,5 di

31. a) 35,3 mm
b) Aproximadamente 4 118 mm

32. a) 22 cm
b) 2,2 m

33. 2,99 cm

34. a **35.** d **36.** d

37. c **38.** d **39.** e

40. a) Comportamento divergente.
b) 10,0 cm

41. a) Hipermetropia e convergente
b) 10 di

42. a) 5,0 cm
b) 5 vezes e 10 mm

43. a) −0,50 di b) +3,0 di

44. $f = \dfrac{D^2 - d^2}{4D}$

45. e

46. Lente convergente: 10 cm
Lente divergente: −10 cm

47. −20,5 e −100

48. a) 62 mm² b) 0,40 m

conecte LIVE

CADERNO DE ESTUDOS

TÓPICOS DE

Física

NEWTON VILLAS BÔAS

Licenciado em Física pela Universidade de São Paulo (USP).

Professor de Física na rede particular de ensino.

RICARDO HELOU DOCA

Engenheiro eletricista formado pela Faculdade de Engenharia Industrial (FEI-SP).

Professor de Física na rede particular de ensino.

RONALDO FOGO

Licenciado em Física pelo Instituto de Física da Universidade de São Paulo.

Engenheiro metalurgista pela Escola Politécnica da Universidade de São Paulo.

Coordenador das Turmas Olímpicas de Física do Colégio Objetivo.

Vice-Presidente da IJSO *(International Junior Science Olympiad)*.

2

Editora Saraiva

Editora Saraiva

Direção geral: Guilherme Luz
Direção editorial: Luiz Tonolli e Renata Mascarenhas
Gestão de projeto editorial: Viviane Carpegiani
Gestão e coordenação de área: Julio Cesar Augustus de Paula Santos e Juliana Grassmann dos Santos
Edição: Mateus Carneiro Ribeiro Alves e Thais Bueno de Moura
Gerência de produção editorial: Ricardo de Gan Braga
Planejamento e controle de produção: Paula Godo, Roseli Said e Marcos Toledo
Revisão: Hélia de Jesus Gonsaga (ger.), Kátia Scaff Marques (coord.), Rosângela Muricy (coord.), Ana Paula C. Malfa, Arali Gomes, Daniela Lima, Hires Heglan, Raquel A. Taveira e Rita de Cássia C. Queiroz
Arte: Daniela Amaral (ger.), André Gomes Vitale (coord.) e Lisandro Paim Cardoso (edição de arte)
Diagramação: Setup
Iconografia: Sílvio Kligin (ger.), Roberto Silva (coord.) e Roberta Freire (pesquisa iconográfica)
Licenciamento de conteúdos de terceiros: Thiago Fontana (coord.), Flavia Zambon (licenciamento de textos), Erika Ramires, Luciana Cardoso Sousa, Luciana Pedrosa Bierbauer e Claudia Rodrigues (analistas adm.)
Tratamento de imagem: Cesar Wolf e Fernanda Crevin
Ilustrações: CJT/Zapt, Leonardo Conceição, Luciano da S. Teixeira e Paulo Manzi
Design: Gláucia Correa Koller (ger.), Erika Yamauchi Asato, Filipe Dias (proj. gráfico) e Adilson Casarotti (capa)
Composição de capa: Segue Pro
Foto de capa: Roman Samborskyi/Shutterstock, Alex Tihonovs/Shutterstock

Avenida das Nações Unidas, 7221, 1º andar, Setor A – Espaço 2 – Pinheiros – SP – CEP 05425-902
SAC 0800 011 7875
www.editorasaraiva.com.br

2023
Código da obra CL 800855
CAE 628175 (AL) / 628176 (PR)
3ª edição
7ª impressão

Impressão e acabamento: EGB Editora Gráfica Bernardi Ltda.

Uma publicação SOMOS EDUCAÇÃO

Apresentação

Caro estudante,

Este material foi elaborado especialmente para você, estudante do Ensino Médio que está se preparando para ingressar no Ensino Superior.

Além de todos os recursos do Conecte LIVE, como material digital integrado ao livro didático, banco de questões, acervo de simulados e trilhas de aprendizagem, você tem à sua disposição este Caderno de Estudos que o ajudará a se qualificar para as provas do Enem e de diversos vestibulares do Brasil.

O material foi estruturado para que você consiga utilizá-lo autonomamente, em seus estudos individuais além do horário escolar, ou sob orientação de seu professor, que poderá lhe sugerir atividades complementares às dos livros.

Para cada ano do Ensino Médio, há um Caderno de Estudos com uma revisão completa dos conteúdos correspondentes, atividades de aplicação imediata dos conceitos trabalhados e grande seleção de questões de provas oficiais que abordam esses temas.

No Caderno de Estudos do 3º ano, há ainda um material complementar com o qual, ao terminar de se dedicar aos conteúdos destinados a esse ano escolar, você poderá se planejar para uma retomada final do Ensino Médio! Revisões estruturadas de todos os conteúdos desse ciclo são acompanhadas de simulados, propostos para que você os resolva como se realmente estivesse participando de uma prova oficial de vestibular ou do Enem, de maneira que consiga fazer um bom uso do seu tempo.

Desejamos que seus estudos corram bem e que você tenha sucesso **Rumo ao Ensino Superior**!

Equipe Conecte LIVE!

Conheça este Caderno de Estudos

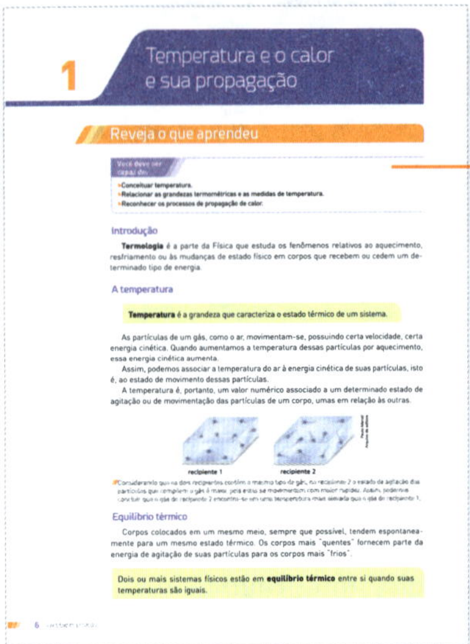

Reveja o que aprendeu

Nesta seção, os principais conceitos de cada tópico de conteúdo do livro são apresentados de maneira resumida, para que você tenha a oportunidade de, sempre que desejar, retomar aprendizagens que vem construindo ao longo do segundo ano do Ensino Médio.

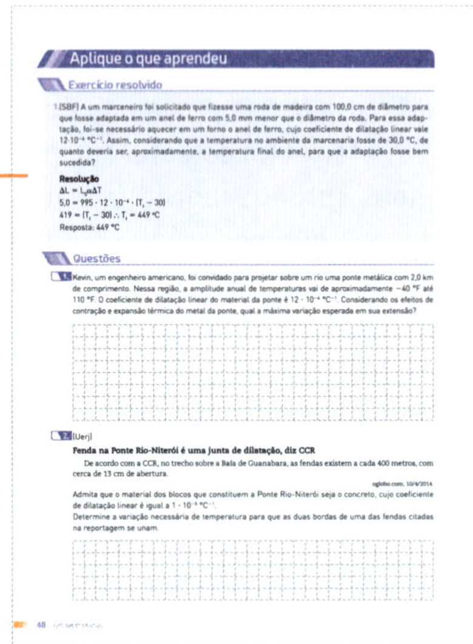

Aplique o que aprendeu

Depois de retomar os conceitos no **Reveja o que aprendeu**, é o momento de aplicar esses conceitos resolvendo atividades. A seção se inicia com **Exercícios resolvidos**, que trarão uma solução detalhada de uma atividade. Em seguida, haverá uma seleção de atividades para você resolver.

Ao final da seção, registre a quantidade de acertos que você teve em relação ao total de atividades. Se o seu desempenho estiver aquém de suas expectativas, verifique em quais páginas do seu livro-texto os conceitos são trabalhados e procure retomá-los, individualmente ou em grupos de estudo, dedicando mais tempo para se aprofundar neles.

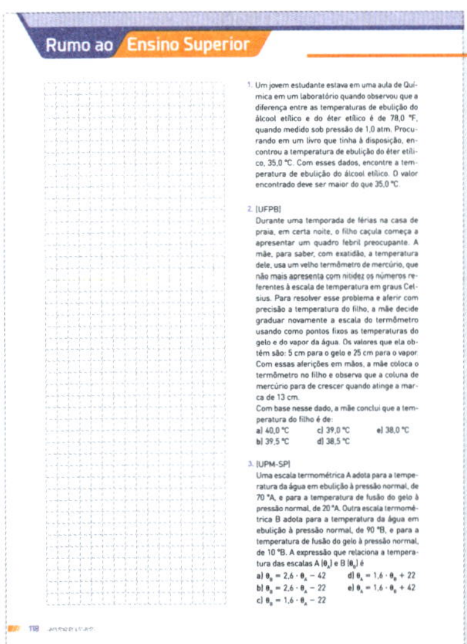

Rumo ao Ensino Superior

Esta seção apresenta uma seleção de atividades que envolvem conteúdos estudados ao longo de todo o segundo ano do Ensino Médio. Você encontrará questões elaboradas por nós, do Enem e de diferentes vestibulares do Brasil.

Sumário

Já revi este conteúdo   Já apliquei este conteúdo

1

Temperatura e o calor e sua propagação

Reveja o que aprendeu

Você deve ser capaz de:

- Conceituar temperatura.
- Relacionar as grandezas termométricas e as medidas de temperatura.
- Reconhecer os processos de propagação de calor.

Introdução

Termologia é a parte da Física que estuda os fenômenos relativos ao aquecimento, resfriamento ou às mudanças de estado físico em corpos que recebem ou cedem um determinado tipo de energia.

A temperatura

Temperatura é a grandeza que caracteriza o estado térmico de um sistema.

As partículas de um gás, como o ar, movimentam-se, possuindo certa velocidade, certa energia cinética. Quando aumentamos a temperatura dessas partículas por aquecimento, essa energia cinética aumenta.

Assim, podemos associar a temperatura do ar à energia cinética de suas partículas, isto é, ao estado de movimento dessas partículas.

A temperatura é, portanto, um valor numérico associado a um determinado estado de agitação ou de movimentação das partículas de um corpo, umas em relação às outras.

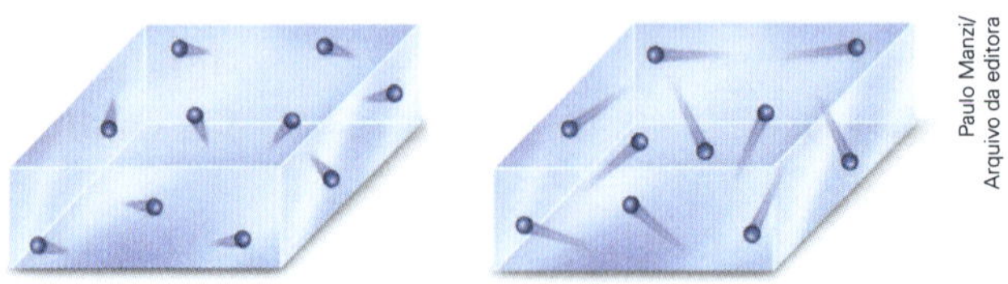

Considerando que os dois recipientes contêm o mesmo tipo de gás, no recipiente 2 o estado de agitação das partículas que compõem o gás é maior, pois estas se movimentam com maior rapidez. Assim, podemos concluir que o gás do recipiente 2 encontra-se em uma temperatura mais elevada que o gás do recipiente 1.

Equilíbrio térmico

Corpos colocados em um mesmo meio, sempre que possível, tendem espontaneamente para um mesmo estado térmico. Os corpos mais "quentes" fornecem parte da energia de agitação de suas partículas para os corpos mais "frios".

Dois ou mais sistemas físicos estão em **equilíbrio térmico** entre si quando suas temperaturas são iguais.

Medição de temperatura

Como não há condições de medir diretamente a energia de agitação das moléculas de um corpo, usa-se o **termômetro**, mecanismo que sofre alterações mensuráveis em suas propriedades físicas pelo equilíbrio térmico com o corpo que está em contato.

Observe os detalhes de um termômetro de mercúrio.

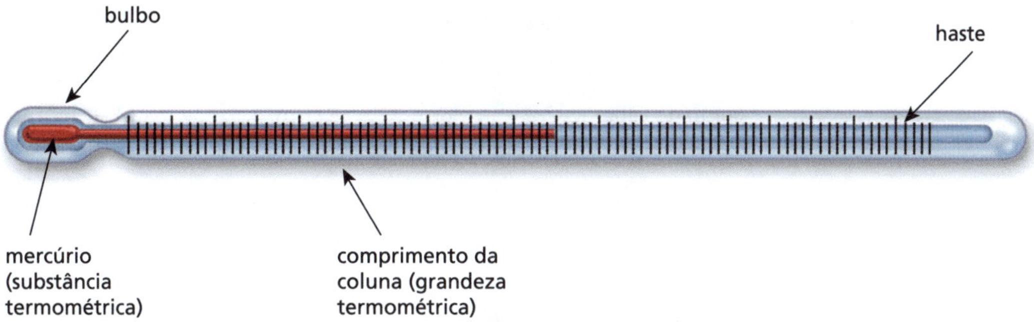

Paulo Manzi/ Arquivo da editora

Substância termométrica é aquela em que pelo menos uma de suas propriedades físicas (comprimento, volume, pressão, dentre outras) varia de forma mensurável com a temperatura.

Grandeza termométrica é a propriedade física da substância termométrica que varia de forma mensurável com a temperatura e é usada para medi-la.

Equação termométrica

A relação matemática de correspondência entre a grandeza termométrica (G) e a temperatura (θ) é uma função do 1º grau que recebe o nome de **equação termométrica**:

$$G = a\theta + b$$

Escalas termométricas

Escala termométrica é um conjunto de valores numéricos em que cada valor está associado a uma determinada temperatura. Como uma escala termométrica é constituída por um conjunto de valores arbitrários, um mesmo estado térmico pode ser representado em escalas termométricas diversas, por valores numéricos diferentes.

Os valores numéricos de uma escala termométrica são obtidos a partir de dois valores atribuídos previamente a dois estados térmicos de referência, bem definidos, denominados **pontos fixos**.

Pontos fixos fundamentais

1º ponto fixo: ponto do gelo – temperatura na qual o gelo e a água permanecem em equilíbrio térmico quando sob pressão normal.

2º ponto fixo: ponto do vapor – temperatura na qual a água entra em ebulição sob pressão normal.

Escalas Celsius e Fahrenheit

Na **escala Celsius**, temos 100 divisões iguais entre os pontos fixos, cada divisão correspondendo à unidade da escala, que recebe o nome de **grau Celsius**, simbolizado por **°C**.

Na **escala Fahrenheit**, temos 180 divisões iguais entre os pontos fixos, sendo a unidade da escala denominada **grau Fahrenheit**, simbolizado por **°F**.

Conversão entre as escalas Celsius e Fahrenheit

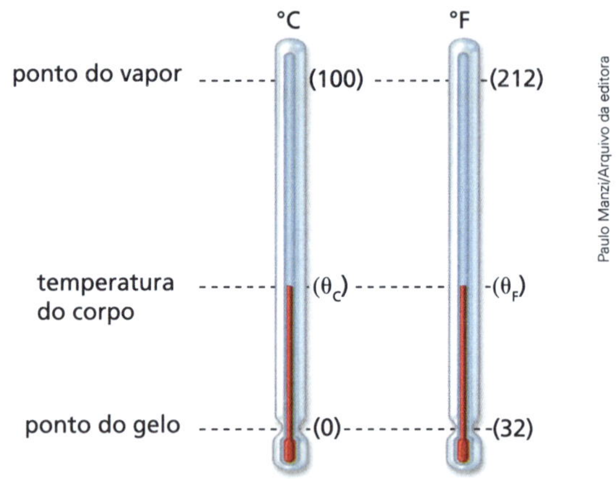

A **equação de conversão** entre temperaturas nas escalas Celsius (θ_C) e Fahrenheit (θ_F) é:

$$\frac{\theta_C}{5} = \frac{\theta_F - 32}{9}$$

Para converter uma **variação de temperatura** em graus Celsius ($\Delta\theta_C$) para graus Fahrenheit ($\Delta\theta_F$) usa-se:

$$\frac{\Delta\theta_C}{100} = \frac{\Delta\theta_F}{180}$$

Conversão entre as escalas Réaumur e Celsius

Na **escala Réaumur**, temos 80 divisões iguais entre os pontos fixos, sendo a unidade da escala denominada **grau Réaumur**, simbolizado por **°R**.

A conversão entre a escala Réaumur (θ_R) e a escala Celsius é feita pela relação:

$$\frac{\theta_C}{5} = \frac{\theta_R}{4}$$

O zero absoluto

Zero absoluto é o limite inferior de temperatura de um sistema. É a temperatura correspondente ao menor estado de agitação das partículas, isto é, um estado de agitação praticamente nulo.

A escala absoluta

A escala Kelvin, também denominada **escala absoluta**, tem sua origem no zero absoluto e utiliza o grau Celsius como unidade de variação. O símbolo da unidade da escala Kelvin é **K**.

A equação de conversão entre as escalas Celsius e Kelvin é dada por:

$$T(K) = \theta(°C) + 273$$

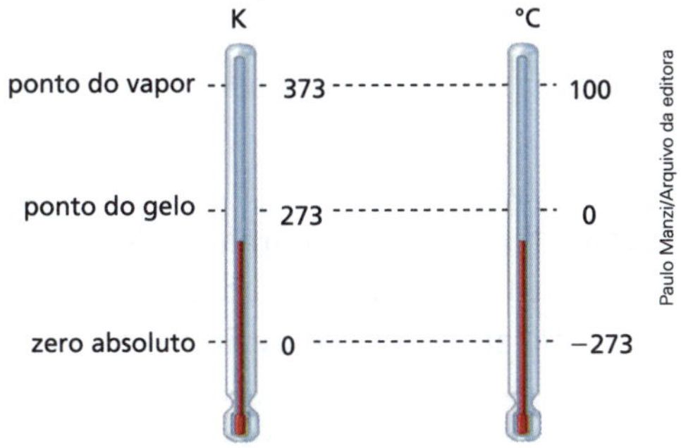

Energia térmica

A **energia térmica** de um corpo é o somatório das energias de agitação das suas partículas e depende da temperatura do corpo e do número de partículas nele existentes.

Calor

Calor é energia térmica em trânsito de um corpo para outro ou de uma parte para outra de um mesmo corpo, trânsito este provocado por uma diferença de temperaturas.

Unidade usual de calor

A unidade usual de medida de calor é, de acordo com o Sistema Internacional de Unidades, o joule (J), mas também podemos usar a caloria (cal).

Uma **caloria (cal)** é a quantidade de calor que 1 grama de água pura deve receber, sob pressão normal, para que sua temperatura seja elevada de 14,5 °C a 15,5 °C.

A equivalência entre o joule e a caloria é dada por:

$$1 \text{ cal} = 4{,}186 \text{ J}$$

Processos de propagação de calor

Há três processos de propagação de calor: condução, convecção e radiação.

A condução

Condução é o processo de propagação de calor no qual a energia térmica passa de partícula para partícula de um meio.

Na condução, as partículas permanecem vibrando em torno de suas posições de equilíbrio. As partículas não se deslocam, ao contrário do que acontece com a energia.

Como a ocorrência da condução requer a existência de um meio material, esse fenômeno não ocorre no vácuo.

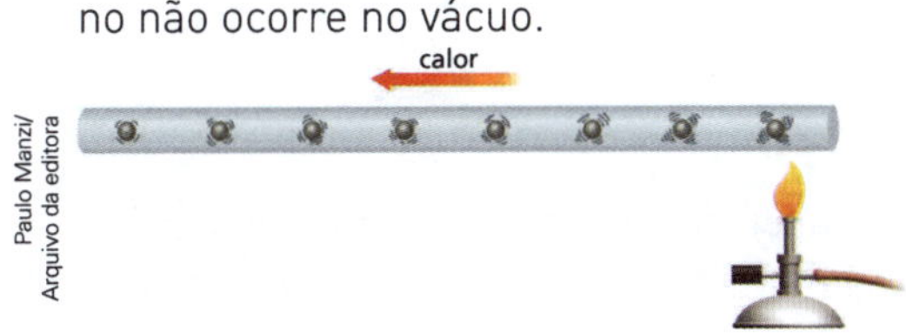

Esquema, sem rigor na escala, que representa a condução do calor através de uma barra. Note que a energia térmica é passada sequencialmente de partícula para partícula e que as partículas mais próximas da fonte de calor vibram mais.

A intensidade do fluxo térmico ϕ é dada por:

$$\phi = \frac{Q}{\Delta t}$$

sendo *Q* o calor que atravessa uma seção do corpo em um intervalo de tempo Δt. A unidade usual é $\frac{\text{cal}}{\text{s}}$.

A lei de Fourier relaciona o fluxo térmico à área (*A*) da secção transversal da barra, ao seu comprimento (ℓ), à diferença de temperaturas ($\Delta\theta$) dos meios **a** e **b** e do material de que é feita a barra (*k*). Matematicamente, a **lei de Fourier** é enunciada por:

$$\phi = k\frac{A|\Delta\theta|}{\ell}$$

A grandeza *k* é uma constante característica do material da barra, sendo denominada **coeficiente de condutibilidade térmica**.

A convecção

Convecção é o processo de propagação de calor no qual a energia térmica muda de local, acompanhando o deslocamento do próprio material aquecido.

Nesse processo, a energia térmica muda de local acompanhando as partículas do fluido, ao contrário da condução, em que apenas a energia térmica se desloca e as partículas permanecem em suas posições de equilíbrio.

É importante observar que a convecção só ocorre nos fluidos (gases, vapores e líquidos), não acontecendo nos sólidos e no vácuo.

Leonardo Conceição/Arquivo da editora

A radiação

Radiação é o processo de propagação de energia na forma de ondas eletromagnéticas. Ao serem absorvidas, essas ondas se transformam em energia térmica.

Aplique o que aprendeu

Exercícios resolvidos

1. (Escola Bahiana de Medicina e Saúde Pública) Sabe-se que as mudanças significativas referentes à família brasileira estão relacionadas ao impacto do desenvolvimento tecnológico da sociedade como um todo. Uma dessas mudanças é o uso da tecnologia para a reprodução humana, a inseminação artificial, uma técnica de reprodução medicamente assistida que consiste na deposição mecânica do sêmen de um doador, que fica preservado em azoto líquido, contido em um criotubo a −196 °C, e que, após ser processado, é colocado dentro do colo do útero, próximo ao momento da ovulação.
Com base nessa informação, determine a temperatura, referida no texto, em que o sêmen fica preservado, na escala Fahrenheit.

Resolução:

Equação de conversão

$$\frac{\theta_C}{5} = \frac{\theta_F - 32}{9} \Rightarrow \frac{-196}{5} = \frac{\theta_F - 32}{9} \Rightarrow -352{,}8 = \theta_F - 32 \therefore \theta_F = -320{,}8\ °F$$

Resposta: −320,8 °F

2. (PUC-PR) O clima em Curitiba é caracterizado pelas altas variações de temperatura em um mesmo dia. Segundo dados do Simepar (www.simepar.br), ao final do inverno de 2011, os termômetros chegaram a marcar 8,00 °C e 25,0 °C em um período de 24h. Determine essa variação de temperatura na escala Fahrenheit. Dados: ponto de fusão do gelo: 32 °F, ponto de ebulição da água: 212 °F.

a) 17,0 °F b) 30,6 °F c) 62,6 °F d) 20,0 °F e) 16,5 °F

Resolução:

$$\frac{\Delta\theta_C}{100} = \frac{\Delta\theta_F}{180} \Rightarrow \frac{(25{,}0 - 8{,}00)}{100} = \frac{\Delta\theta_F}{180} \therefore \Delta\theta_F = 30{,}6\ °F$$

Resposta: B

Questões

1. (UFPR)

Vários turistas frequentemente têm tido a oportunidade de viajar para países que utilizam a escala Fahrenheit como referência para medidas da temperatura. Considerando-se que quando um termômetro graduado na escala Fahrenheit assinala 32 °F, essa temperatura corresponde ao ponto de gelo, e quando assinala 212 °F, trata-se do ponto de vapor. Em um desses países, um turista observou que um termômetro assinalava temperatura de 74,3 °F. Assinale a alternativa que apresenta a temperatura, na escala Celsius, correspondente à temperatura observada pelo turista.

a) 12,2 °C b) 18,7 °C c) 23,5 °C d) 30 °C e) 33,5 °C

2. (OBF)

Um trabalho recente publicado na Revista Brasileira de Ensino da Física destaca um "*Refrigerador termoelétrico de Peltier usado para estabilizar um feixe laser em experimentos didáticos*" (Revista Brasileira de Física, v. 36, nº 1, 1308. 2014). O trabalho destaca um experimento onde é montado um sistema de estabilização de um laser de diodo mantido a temperatura controlada e estabilizada com matérias de baixo custo.

Destacando o controle da temperatura, imaginemos que o experimento registra uma temperatura de 68 °F, e que você tivesse de obter essa informação na escala Celsius, qual alternativa fornece essa temperatura.

a) 10 °C b) 20 °C c) 32 °C d) 34 °C e) 38 °C

3. (Uema)

[...] Ainda existem discordâncias sobre o local ideal para mensurar a temperatura corporal. Pode ser axilar, bucal, timpânico, esofágico, nasofaringeano, vesical e retal. Os locais habitualmente mensurados são

– Axilar: temperatura normal encontra-se entre 35,5 a 37,0 °C, com média de 36,0 a 36,5°C.

– Bucal: temperatura normal encontra-se entre 36,0 a 37,4 °C.

– Retal: temperatura normal encontra-se entre 36,0 a 37,5 °C.

Fonte: disponível em: <http://fisiologia.med.up.pt/Textos_Apoio?outros/Termorreg.pdf>. Acesso em: 10 jun. 2014. (adaptado)

Transformando esses valores para escala Kelvin, a temperatura normal, na região bucal, encontra-se entre:

a) 308,0 a 311,5 b) 308,5 a 310,0 c) 309,0 a 310,4 d) 309,0 a 310,5 e) 310,2 a 310,4

4. (Vunesp)

Ao analisar por 32 anos as temperaturas da superfície global registradas por satélites, os cientistas encontraram o ponto mais frio da Terra. Eles descobriram que, em agosto de 2010, em um cume no Planalto do Leste da Antártica, a temperatura atingiu −136 °F.

(http://oglobo.com. Adaptado.)

Se registrada por um termômetro graduado na escala Celsius, essa temperatura corresponderia, aproximadamente, a

a) −93. b) −70. c) −57. d) −36. e) −18.

5. (Vunesp)

Na Lua não há atmosfera, ou seja, não há gases próximos à superfície, tampouco substâncias no estado líquido. Dessa forma, o calor pode se propagar apenas por

a) irradiação e condução.
b) convecção.
c) convecção e irradiação.
d) condução.
e) condução e convecção.

6. (Vunesp)

A criogenia é um ramo da físico-química que estuda tecnologias para a produção de temperaturas muito baixas (abaixo de −150°C), principalmente até a temperatura de ebulição do nitrogênio líquido ou ainda mais baixas, e o comportamento dos elementos e materiais nessas temperaturas. E surge a ideia fantástica: você morre e os médicos o colocam num tanque de nitrogênio líquido, guardado a −319°F, temperatura em que o cadáver não apodrece. Aí, daqui a uns 500 anos, os cientistas descobrem um jeito de combater a doença que causou sua morte e o degelam.

O nitrogênio líquido é o elemento mais usado na criogenia e é comprado legalmente em todo o mundo. Esse gás é preso em recipientes especiais conhecidos como frascos de Dewar.

(www.mundoestranho.abril.com.br e www.oarquivo.com.br – Adaptado)

Os frascos de Dewar, também conhecidos por garrafas térmicas, são recipientes formados por paredes duplas de vidro espelhado entre as quais se faz vácuo, fechados com uma tampa feita de material isolante térmico. É correto afirmar que líquidos armazenados nesses recipientes praticamente não sofrem variações de temperatura porque, dentre outros fatores,

a) o vidro, por ser um mau condutor de calor, dificulta a propagação de calor por irradiação.
b) o vácuo entre as paredes de vidro é eficiente para evitar a propagação de calor por convecção e irradiação.
c) a condução de calor é dificultada pelo vácuo entre as paredes, e as superfícies espelhadas evitam a convecção de calor.
d) o calor é impedido de entrar ou sair por irradiação pelas superfícies espelhadas, e o vácuo impede a condução.
e) a convecção do calor é impedida pela tampa, e a irradiação e a condução, pelo vácuo entre as paredes.

7. (Unicamp-SP)

Um isolamento térmico eficiente é um constante desafio a ser superado para que o homem possa viver em condições extremas de temperatura. Para isso, o entendimento completo dos mecanismos de troca de calor é imprescindível.

Em cada uma das situações descritas a seguir, você deve reconhecer o processo de troca de calor envolvido.

I. As prateleiras de uma geladeira doméstica são grades vazadas, para facilitar o fluxo de energia térmica até o congelador por [...].

II. O único processo de troca de calor que pode ocorrer no vácuo é por [...].

III. Em uma garrafa térmica, é mantido vácuo entre as paredes duplas de vidro para evitar que o calor saia ou entre por [...].

Na ordem, os processos de troca de calor utilizados para preencher as lacunas corretamente são:

a) condução, convecção e radiação.
b) condução, radiação e convecção.
c) convecção, condução e radiação.
d) convecção, radiação e condução.

8. (Unesp-SP)

Por que o deserto do Atacama é tão seco?

A região situada no norte do Chile, onde se localiza o deserto do Atacama, é seca por natureza. Ela sofre a influência do Anticiclone Subtropical do Pacífico Sul (ASPS) e da cordilheira dos Andes. O ASPS, região de alta pressão na atmosfera, atua como uma "tampa", que inibe os mecanismos de levantamento do ar necessários para a formação de nuvens e/ou chuva. Nessa área, há umidade perto da costa, mas não há mecanismo de levantamento. Por isso não chove. A falta de nuvens na região torna mais intensa a incidência de ondas eletromagnéticas vindas do Sol, aquecendo a superfície e elevando a temperatura máxima. De noite, a Terra perde calor mais rapidamente, devido à falta de nuvens e à pouca umidade da atmosfera, o que torna mais baixas as temperaturas mínimas. Essa grande amplitude térmica é uma característica dos desertos.

(*Ciência Hoje*, novembro de 2012. Adaptado)

Baseando-se na leitura do texto e dos seus conhecimentos de processos de condução de calor, é correto afirmar que o ASPS ________ e a escassez de nuvens na região do Atacama ________.

As lacunas são, correta e respectivamente, preenchidas por

a) favorece a convecção – favorece a irradiação de calor
b) favorece a convecção – dificulta a irradiação de calor
c) dificulta a convecção – favorece a irradiação de calor
d) permite a propagação de calor por condução – intensifica o efeito estufa
e) dificulta a convecção – dificulta a irradiação de calor

9. (Enem)

Em dias com baixas temperaturas, as pessoas utilizam casacos ou blusas de lã com o intuito de minimizar a sensação de frio. Fisicamente, esta sensação ocorre pelo fato de o corpo humano liberar calor, que é a energia transferida de um corpo para outro em virtude da diferença de temperatura entre eles.

A utilização de vestimenta de lã diminui a sensação de frio, porque

a) possui a propriedade de gerar calor.
b) é constituída de material denso, o que não permite a entrada do ar frio.
c) diminui a taxa de transferência de calor do corpo humano para o meio externo.
d) tem como principal característica a absorção de calor, facilitando o equilíbrio térmico.
e) está em contato direto com o corpo humano, facilitando a transferência de calor por condução.

10. (Enem)

Em um experimento, foram utilizadas duas garrafas PET, uma pintada de branco e a outra de preto, acopladas cada uma a um termômetro. No ponto médio da distância entre as garrafas, foi mantida acesa, durante alguns minutos, uma lâmpada incandescente. Em seguida, a lâmpada foi desligada. Durante o experimento, foram monitoradas as temperaturas das garrafas: a) enquanto a lâmpada permaneceu acesa e b) após a lâmpada ser desligada e atingirem equilíbrio térmico com o ambiente.

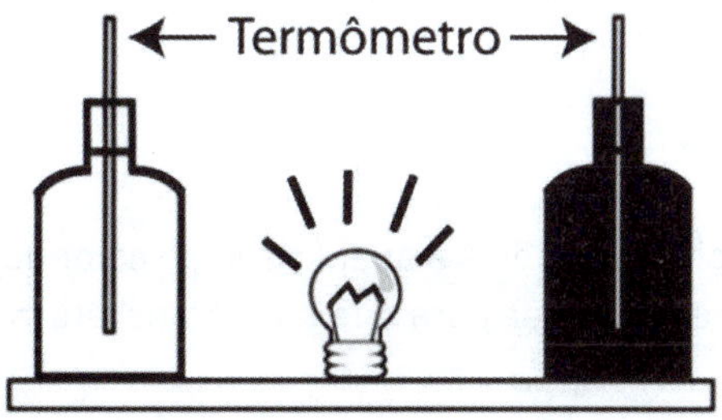

Reprodução/Enem, 2013

A taxa de variação da temperatura da garrafa preta, em comparação à da branca, durante todo experimento, foi

a) igual no aquecimento e igual no resfriamento.
b) maior no aquecimento e igual no resfriamento.
c) menor no aquecimento e igual no resfriamento.
d) maior no aquecimento e menor no resfriamento.
e) maior no aquecimento e maior no resfriamento.

TOTAL DE ACERTOS ____/10

2 Calor sensível e calor latente

Reveja o que aprendeu

Você deve ser capaz de:

- Relacionar as variáveis que determinam a troca de calor.
- Identificar características dos estados da matéria.

Capacidade térmica (C) e calor específico (c)

A **capacidade térmica** (*C*) de um corpo indica a quantidade de calor que ele precisa receber ou ceder para que sua temperatura varie uma unidade. Matematicamente, tem-se:

$$C = \frac{Q}{\Delta\theta}$$

sendo *Q* a quantidade de calor para se ter uma variação de temperatura $\Delta\theta$ e a unidade usual $\frac{cal}{°C}$.

O **calor específico** (*c*) indica a quantidade de calor que cada unidade de massa do corpo precisa receber ou ceder para que sua temperatura varie uma unidade. É dado por

$$c = \frac{C}{m} = \frac{Q}{m\Delta\theta}$$

sendo a unidade usual $\frac{cal}{g\ °C}$.

O calor sensível e o seu cálculo

Calor sensível é o calor que, recebido ou cedido por um corpo, provoca nele uma variação de temperatura.

O calor sensível é dado por

$$Q = mc\Delta\theta$$

também conhecida como **Equação Fundamental da Calorimetria**.

Sistema físico termicamente isolado

Um sistema físico é **termicamente isolado** quando não existe troca de calor entre seus componentes e o meio externo.

O somatório das quantidades de calor cedidas por alguns corpos de um sistema termicamente isolado tem módulo igual ao do somatório das quantidades de calor recebidas pelos outros corpos desse mesmo sistema. Essa afirmação pode ser expressa também como:

$$\Sigma Q_{cedido} + \Sigma Q_{recebido} = 0$$

Equivalente em água

O **equivalente em água** de um corpo é a massa *E* de água que possui capacidade térmica igual à do corpo considerado, podendo substituí-lo no equacionamento das quantidades de calor trocadas.

Simbolizando por *E* a massa da água expressa em gramas e lembrando que o calor específico da água vale 1 cal/g °C, temos:

$$(mc)_{corpo} = E \cdot 1$$

Calorímetro

Chamamos de **calorímetro** o recipiente que permite obter, de forma direta ou indireta, o valor das quantidades de calor trocadas entre dois ou mais corpos em seu interior.

Geralmente, não são dados o calor específico do material de que é feito o calorímetro nem sua massa, mas é fornecido seu equivalente em água. Do exposto, podemos chegar à relação:

$$C_{calorímetro} = Ec_{água}$$

As mudanças de estado físico

No **estado sólido**, as partículas de uma substância não têm grande liberdade de movimentação e não vão além de vibrações em torno de posições definidas. Assim, os sólidos possuem volume e forma bem definidos.

No **estado líquido**, há maior liberdade de agitação das partículas de uma substância do que no estado sólido, mas elas ainda apresentam uma coesão considerável. Assim, os líquidos possuem volume bem definido, porém forma variável, ou seja, a forma é a do recipiente que os contém.

No **estado gasoso**, as partículas de uma substância estão afastadas umas das outras o suficiente para que as forças de coesão entre elas sejam muito fracas. Por isso, elas se movimentam com liberdade muito maior do que no estado líquido. Substâncias no estado gasoso (vapores e gases) não possuem volume nem forma definidos.

As mudanças de estado físico podem ocorrer quando uma substância recebe ou cede energia térmica. Observe os diagramas a seguir.

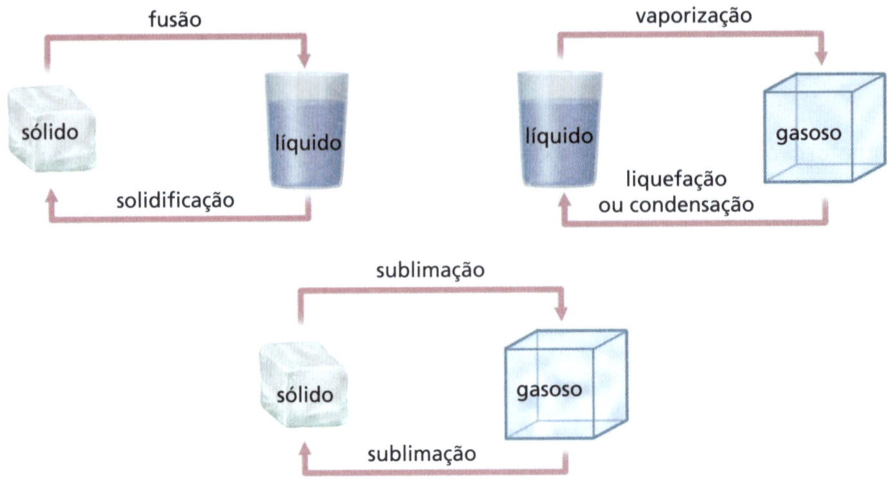

Paulo Manzi/Arquivo da editora

Entre essas transformações, as que ocorrem por recebimento de calor são denominadas **transformações endotérmicas**. São elas: a fusão, a vaporização e a sublimação (de sólido para gasoso). A solidificação, a liquefação e a sublimação (de gasoso para sólido) são **transformações exotérmicas**, já que ocorrem por perda de calor.

O calor latente

A denominação **calor latente** é dada à energia térmica que se transforma em energia potencial de agregação. Essa transformação altera o arranjo físico das partículas do sistema e provoca uma mudança de estado – por exemplo, de sólido para líquido (fusão) –, sem, no entanto, alterar a temperatura.

Sendo m a massa de um corpo que necessita de uma quantidade Q de calor para sofrer uma total mudança de estado, vale a expressão:

$$Q = mL$$

sendo L a grandeza denominada **calor latente**, característica do material de que é feito o corpo, da mudança de estado pela qual ele passa e da temperatura a que ocorre essa mudança.

A fusão e a solidificação

Ao ser atingida uma temperatura em que a estrutura molecular da substância sólida não consegue se manter no mesmo estado, passa a ocorrer o desmantelamento da estrutura molecular sólida. Para tanto, é usado o calor recebido e a substância torna-se líquida. Esse processo é denominado **fusão**. O processo inverso da fusão é a **solidificação**.

A liquefação e a vaporização

Liquefação ou **condensação** é a passagem de uma substância do estado gasoso para o estado líquido. Esse processo é **exotérmico**, isto é, ocorre com liberação de calor.

Vaporização é a passagem de uma substância do estado líquido para o estado gasoso. Esse processo é **endotérmico**, isto é, ocorre com recebimento de calor.

A fusão dos sólidos de estrutura cristalina e a ebulição dos líquidos em geral obedecem a três leis básicas:

1ª Lei

Para uma determinada pressão, cada substância pura possui uma temperatura de fusão e outra de ebulição.

2ª Lei

Para uma mesma substância pura, as temperaturas de fusão e de ebulição variam com a pressão.

3ª Lei

Se durante a fusão ou a ebulição de uma substância pura a pressão permanecer constante, sua temperatura também permanecerá constante.

Pressão de vapor

Se, no interior de um recipiente, a pressão interna é exercida por um ambiente gasoso com um líquido volátil, diz-se que há pressão de vapor. Quando se levanta o êmbolo do recipiente e a pressão se estabiliza (chamada **pressão máxima de vapor**), tem-se equilíbrio dinâmico e o vapor é chamado de **vapor saturante**. Quando se levanta o êmbolo até não haver mais líquido no recipiente, o vapor é denominado **vapor não saturante**.

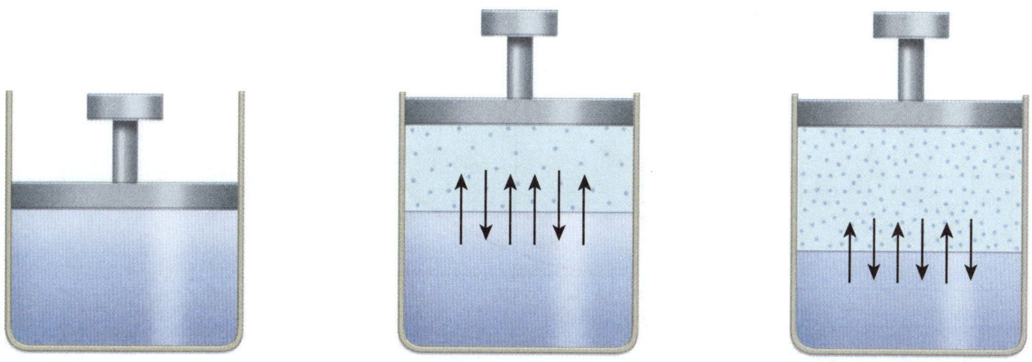

início

fase intermediária

situação de equilíbrio dinâmico

Paulo Manzi/Arquivo da editora

A sublimação

A **sublimação** é a passagem do estado físico sólido para o gasoso ou vice-versa, sem que a substância passe pela fase líquida.

Ponto crítico e ponto triplo

A situação-limite entre vapor e gás é definida por uma temperatura denominada **temperatura crítica**, que, em conjunto com um valor de pressão (pressão crítica), determina o **ponto crítico**.

O **ponto triplo** de uma substância é caracterizado por um valor de pressão e outro de temperatura sob os quais essa substância pode coexistir em equilíbrio nos estados físicos sólido, líquido e gasoso (vapor) simultaneamente.

Curva de fusão, vaporização e sublimação

Curva de fusão de um sólido cristalino é a representação gráfica da pressão ambiente (p) em função da temperatura de fusão (θ) do sólido. Para a grande maioria das substâncias, o volume aumenta com a fusão. Para algumas substâncias, o volume diminui com a fusão.

A – Estado sólido
B – Equilíbrio das fases sólida e líquida
C – Estado líquido

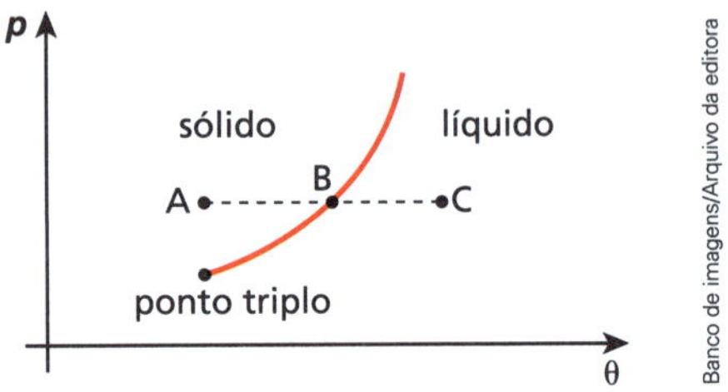

Dá-se o nome de **regelo** ao fenômeno que consiste na ressolidificação da água por diminuição da pressão.

Curva de vaporização é a representação gráfica da pressão ambiente (p) em função da temperatura de ebulição (θ) do líquido.

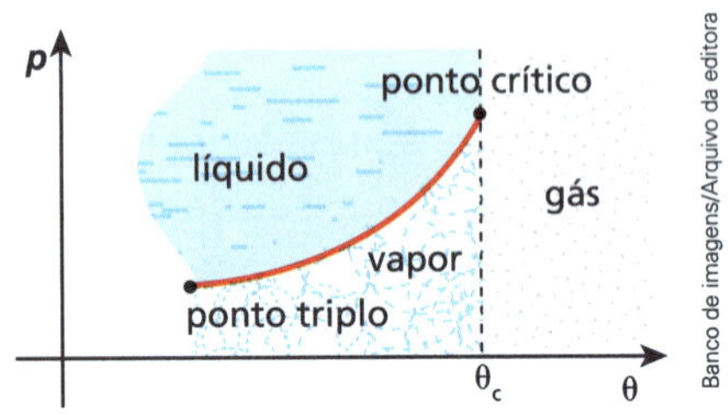

Curva de sublimação é a representação gráfica da pressão ambiente (p) em função da temperatura de sublimação (θ) do sólido.

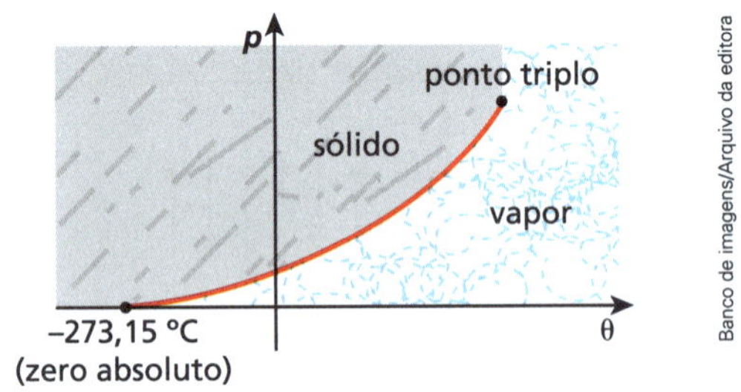

Diagramas de estado

Denomina-se **diagrama de estado** de uma substância o gráfico que representa suas curvas de fusão, vaporização e sublimação. Para a maioria das substâncias, o diagrama de estado é do seguinte tipo:

CF: curva de fusão
CV: curva de vaporização
CS: curva de sublimação
PT: ponto triplo
PC: ponto crítico

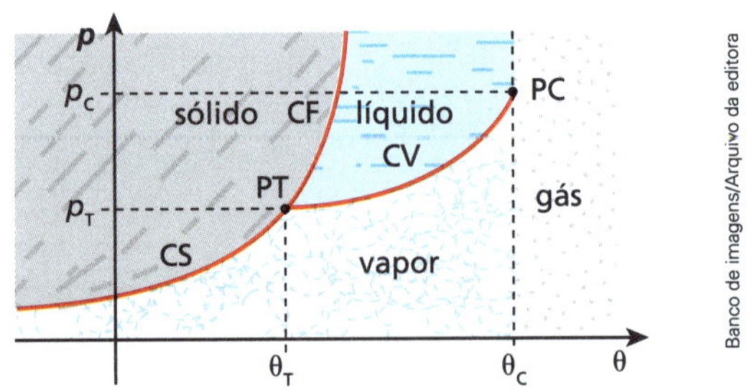

Na **sobrefusão** (ou **superfusão**), uma substância encontra-se no estado líquido abaixo da sua temperatura de solidificação.

Aplique o que aprendeu

Exercícios resolvidos

1. Analise as proposições e indique a verdadeira.

a) Calor e energia térmica são a mesma coisa, podendo sempre ser usados tanto um termo como o outro, indiferentemente.

b) Dois corpos estão em equilíbrio térmico quando possuem quantidades iguais de energia térmica.

c) O calor sempre flui da região de menor temperatura para a de maior temperatura.

d) Calor é a energia térmica em trânsito, fluindo espontaneamente da região de maior temperatura para a de menor temperatura.

e) Um corpo somente possui temperatura maior que a de um outro quando sua quantidade de energia térmica também é maior que a do outro.

Resolução:

a) Falsa. Calor é a denominação dada à energia térmica quando, e apenas enquanto, ela estiver em trânsito entre dois locais de temperaturas diferentes.

b) Falsa. Dois corpos estão em equilíbrio térmico quando tiverem temperaturas iguais, isto é, quando suas partículas tiverem, em média, energias de agitação iguais.

c) Falsa. O calor flui espontaneamente da região de maior temperatura para a de menor temperatura.

d) Verdadeira.

e) Falsa. Um corpo possui temperatura maior que a de outro quando suas partículas estão em um estágio de agitação maior que a do outro, isto é, quando suas partículas possuem energia de agitação maior que a do outro. Esse corpo pode ter, no total, menor energia térmica.

Resposta: D

2. (Enem) Nos dias frios, é comum ouvir expressões como:

"Esta roupa é quentinha" ou então "Feche a janela para o frio não entrar". As expressões do senso comum utilizadas estão em desacordo com o conceito de calor da termodinâmica. A roupa não é "quentinha", muito menos o frio "entra" pela janela.

A utilização das expressões "roupa é quentinha" e "para o frio não entrar" é inadequada, pois o(a):

a) roupa não absorve a temperatura do corpo da pessoa, e o frio não entra pela janela, o calor é que sai por ela.

b) roupa não fornece calor por ser um isolante térmico, e o frio não entra pela janela, pois é a temperatura da sala que sai por ela.

c) roupa não é uma fonte de temperatura, e o frio não pode entrar pela janela, pois o calor está contido na sala, logo o calor é que sai por ela.

d) calor não está contido num corpo, sendo uma forma de energia em trânsito de um corpo de maior temperatura para outro de menor temperatura.

e) calor está contido no corpo da pessoa, e não na roupa, sendo uma forma de temperatura em trânsito de um corpo mais quente para um corpo mais frio.

Resolução:

Um corpo possui energia térmica, não calor. Calor é a denominação que damos à energia térmica quando a mesma está em trânsito, indo de um corpo de maior temperatura para outro de menor temperatura.

Resposta: D

Questões

1. (Enem)

As altas temperaturas de combustão e o atrito entre suas peças móveis são alguns dos fatores que provocam o aquecimento dos motores à combustão interna. Para evitar o superaquecimento e consequentes danos a esses motores, foram desenvolvidos os atuais sistemas de refrigeração, em que um fluido arrefecedor com propriedades especiais circula pelo interior do motor, absorvendo o calor que, ao passar pelo radiador, é transferido para a atmosfera.

Qual propriedade o fluido arrefecedor deve possuir para cumprir seu objetivo com maior eficiência?

a) Alto calor específico.
b) Alto calor latente de fusão.
c) Baixa condutividade térmica.
d) Baixa temperatura de ebulição.
e) Alto coeficiente de dilatação térmica.

2. (Vunesp)

Duas latas de refrigerante, uma pintada de preto e a outra de branco, ambas contendo a mesma quantidade de água, são expostas à radiação solar. Após certo tempo de exposição, a água contida na lata preta sofreu um aumento de temperatura de 3,0 °C, enquanto a temperatura da água na lata branca aumentou 2,0 °C. Desprezando possíveis perdas de calor, é correto afirmar que a quantidade de calor absorvida pela água contida na lata preta, em relação à quantidade de calor absorvida pela água contida na lata branca foi:

a) uma vez e meia maior.
b) uma vez e meia menor.
c) uma vez maior.
d) três vezes maior.
e) três vezes menor.

3. (Fatec-SP)

Em um sistema isolado, dois objetos, um de alumínio e outro de cobre, estão à mesma temperatura. Os dois são colocados simultaneamente sobre uma chapa quente e recebem a mesma quantidade de calor por segundo. Após certo tempo, verifica-se que a temperatura do objeto de alumínio é igual à do objeto de cobre, e ambos não mudaram de estado. Se o calor específico do alumínio e do cobre valem respectivamente 0,22 cal/g °C e 0,09 cal/g °C, pode se afirmar que

a) a capacidade térmica do objeto de alumínio é igual à do objeto de cobre.
b) a capacidade térmica do objeto de alumínio é maior que a do objeto de cobre.
c) a capacidade térmica do objeto de alumínio é menor que a do objeto de cobre.
d) a massa do objeto de alumínio é igual à massa do objeto de cobre.
e) a massa do objeto de alumínio é maior que a massa do objeto de cobre.

4. (PUC-MG)

A tabela mostra o calor específico de três materiais.

Material	c (cal/g · °C)
Alumínio	0,20
Cobre	0,080
Ferro	0,10

Considere três baldes com dimensões iguais e construídos com esses materiais. Os recipientes com a mesma massa e temperatura foram pintados de preto e colocados ao sol.

Após certo tempo, é CORRETO afirmar:

a) Os recipientes estarão na mesma temperatura, pois receberam igual quantidade de calor.

b) O recipiente de alumínio vai apresentar maior temperatura.

c) O recipiente de cobre vai apresentar maior temperatura.

d) Os recipientes vão apresentar temperaturas crescentes na seguinte ordem: cobre, alumínio e ferro.

5. (Unifesp)

O gráfico mostra as curvas de quantidade de calor absorvido em função da temperatura para dois corpos distintos: um bloco de metal e certa quantidade de líquido.

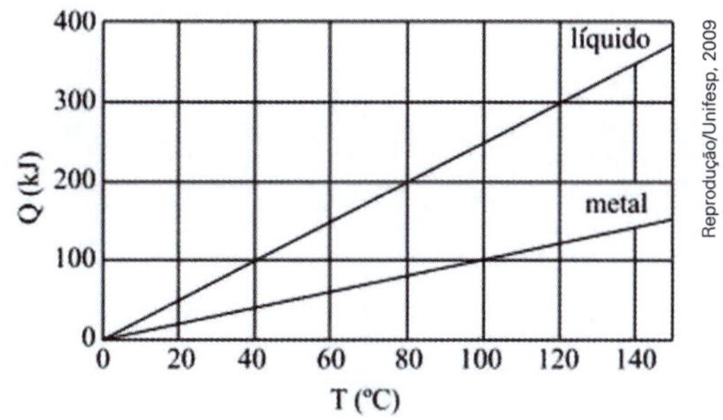

O bloco de metal, de 115 °C, foi colocado em contato com o líquido, a 10 °C, em um recipiente ideal e isolado termicamente. Considerando que ocorreu troca de calor somente entre o bloco e o líquido, e que este não se evaporou, o equilíbrio térmico ocorrerá a:

a) 70 °C.

b) 60 °C.

c) 55 °C.

d) 50 °C.

e) 40 °C.

6. (Cesgranrio-RJ)

As escalas de temperatura mais utilizadas nos dias de hoje são as escalas Celsius (°C) e Fahrenheit (°F). Essas escalas possuem amplitudes diferentes, ou seja, uma variação de 9° na escala Fahrenheit corresponde a uma variação de 5° na escala de Celsius. Sabe-se, também, que o ponto de fusão do gelo é 32 °F. A tabela abaixo apresentada os pontos de fusão e de ebulição de algumas substâncias, em graus Celsius.

Substância	Ponto de fusão (°C)	Ponto de ebulição (°C)
Parafina	60	300
Álcool	−114	78
Mercúrio	−39	357

Em um laboratório, quantidades determinadas dessas três substâncias estão armazenadas dentro de um recipiente, a uma temperatura de 70 °F. Pode-se concluir que a parafina, o álcool e o mercúrio dentro desse recipiente encontram-se, respectivamente, nos estados:

a) sólido, líquido e líquido.
b) líquido, sólido e sólido.
c) sólido, sólido e líquido.
d) líquido, líquido e líquido.
e) sólido, sólido e sólido.

7. Hábitos que fazem diferença

Em uma residência, um banho de chuveiro de 15 minutos gasta 45 litros de água. Porém, se a pessoa fechar o registro ao se ensaboar (banho econômico), o tempo do chuveiro ligado cai para 5 minutos e o consumo para 15 litros.

(*O Estado de S. Paulo*, 22.3.2015. Adaptado.)

Com base no texto, calcule a quantidade de energia, em calorias, que é utilizada para o aquecimento da água no banho econômico. Considere o calor específico e a massa específica da água iguais a 1,0 cal/g °C e 1,0 kg/L, respectivamente, e que a variação da temperatura da água ao passar pelo chuveiro é de 15 °C.

8. (UFPA)

Um homem gasta 10 minutos para tomar seu banho, utilizando-se de um chuveiro elétrico que fornece uma vazão constante de 10 litros por minuto. Sabendo-se que a água tem uma temperatura de 20 °C ao chegar no chuveiro e que alcança 40 °C ao sair do chuveiro, e admitindo-se que toda a energia elétrica dissipada pelo resistor do chuveiro seja transferida para a água nesse intervalo de tempo, é correto concluir-se que a potência elétrica desse chuveiro é

Obs.: Considere que a densidade da água é 1 kg/litro, que o calor específico da água é 1 cal/g °C e que 1 cal = 4,2 J.

a) 10 kW
b) 12 kW
c) 14 kW
d) 16 KW
e) 18 kW

9. O tratamento com baixas temperaturas é utilizado na fase inicial de um procedimento pós-operatório de cirurgias plásticas com o objetivo de reduzir o edema causado pela intervenção. Ele é realizado com a aplicação de compressas geladas, por cerca de 30 minutos, e a temperatura da pele deve ser reduzida para cerca de 14 °C.

Considere que o calor específico da água seja igual a 1,0 cal/g °C, que em uma compressa haja 36 g de água inicialmente a 4 °C, que o calor seja trocado apenas entre a água e a pele, e que após 6,0 minutos a compressa atinja a temperatura de 14 °C. Nessa situação, qual o fluxo de calor entre a água e a pele, em cal/s?

10. Por questões econômicas, um gestor manda instalar na cobertura de um hospital um coletor solar com capacidade de $2,4 \cdot 10^8$ cal/dia. A energia produzida é utilizada para aquecer $5,0 \cdot 10^6$ L de água, armazenada em um reservatório termicamente isolado. Considerando o calor específico da água igual a 1 cal/g °C, a densidade da água igual a 1 g/cm^3 e que o coletor funciona com sua capacidade máxima, a variação da temperatura da água, ao final de um dia, corresponde a

a) 63 °C.
b) 20 °C.
c) 36 °C.
d) 55 °C.
e) 48 °C.

11. (Enem)

Durante a primeira fase do projeto de uma usina de geração de energia elétrica, os engenheiros da equipe de avaliação de impactos ambientais procuram saber se esse projeto está de acordo com as normas ambientais. A nova planta estará localizada à beira de um rio, cuja a temperatura média da água é de 25 °C, e usará a sua água somente para refrigeração. O projeto pretende que a usina opere com 1,0 MW de potência elétrica e, em razão de restrições técnicas, o dobro dessa potência será dissipada por seu sistema de arrefecimento, na forma de calor. Para atender a resolução número 430, de 13 de maio de 2011, do Conselho Nacional do Meio Ambiente, com uma ampla margem de segurança, os engenheiros determinaram que a água só poderá ser devolvida ao rio com um aumento de temperatura de, no máximo, 3 °C em relação à temperatura da água do rio captada pelo sistema de arrefecimento. Considere o calor específico da água igual a 4 kJ/(kg °C).

Para atender essa determinação, o valor mínimo do fluxo de água, em kg/s, para a refrigeração da usina deve ser mais próximo de

a) 42
b) 84
c) 167
d) 250
e) 500

TOTAL DE ACERTOS ____/11

3 Gases perfeitos e termodinâmica

Reveja o que aprendeu

Você deve ser capaz de:

- Conceituar e relacionar as variáveis de estado de um gás perfeito.
- Analisar as transformações entre energias mecânica e térmica.

Modelo macroscópico de gás perfeito

Para determinada massa de gás perfeito, as variáveis de estado são as grandezas físicas temperatura (T), volume (V) e pressão (p).

A **temperatura** é a grandeza física que está relacionada à energia cinética de translação das partículas do gás.

Sendo os gases extremamente expansíveis, suas moléculas ocupam todo o espaço disponível no recipiente que os contém. Assim, o **volume** do gás corresponde à capacidade do recipiente.

A **pressão** é uma grandeza escalar, definida como a razão entre a intensidade da força resultante, aplicada perpendicularmente a uma superfície e à área dessa superfície.

Lei de Boyle

Quando determinada massa de um gás perfeito sofre uma **transformação isotérmica**, sua pressão varia de maneira inversamente proporcional ao volume por ele ocupado. Matematicamente:

$$pV = K_1$$

em que p é a pressão, V o volume e K_1 uma constante que depende da massa, da temperatura e da natureza do gás.

Num diagrama pressão (p) × volume (V), a representação gráfica da Lei de Boyle é um **ramo de hipérbole**.

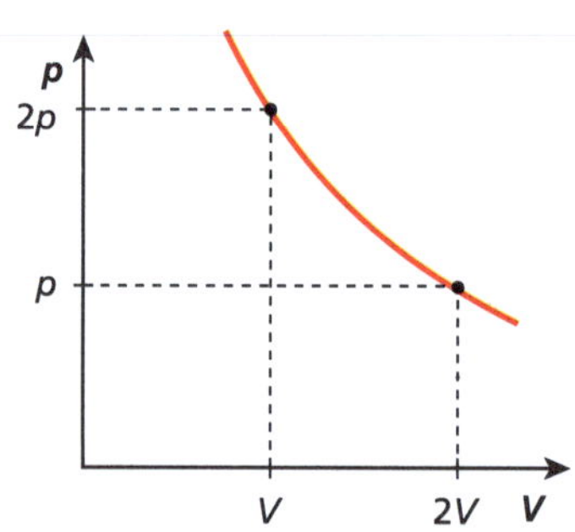

Banco de imagens/Arquivo da editora

Lei de Charles e Gay-Lussac

Quando determinada massa de gás perfeito passa por uma **transformação isobárica**, seu volume deve variar, mantendo-se diretamente proporcional à temperatura absoluta desse gás. Pode ser expressa como:

$$V = K_2T$$

em que *V* é o volume ocupado pelo gás, *T* sua temperatura absoluta e K_2 uma constante que depende da massa, da pressão e da natureza do gás, sendo inversamente proporcional ao valor da pressão, que permanece constante.

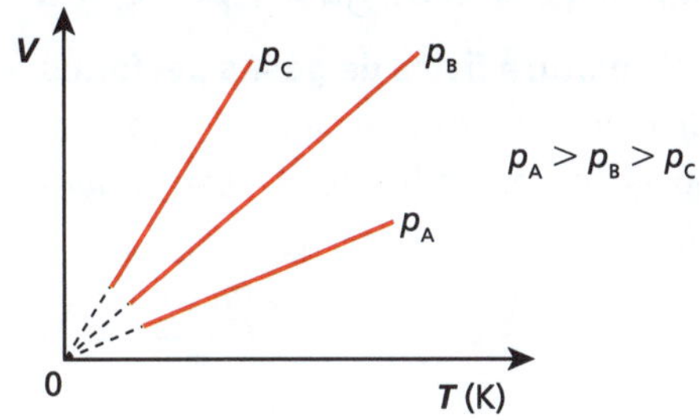

Banco de imagens/Arquivo da editora

Lei de Charles

Quando determinada massa de gás perfeito sofre **uma transformação isométrica**, sua pressão mantém-se diretamente proporcional à sua temperatura absoluta. Ou seja:

$$p = K_3T$$

em que *p* é a pressão do gás, *T* a sua temperatura absoluta e K_3 uma constante que depende da massa, do volume e da natureza do gás, sendo inversamente proporcional ao valor do volume, que permanece constante.

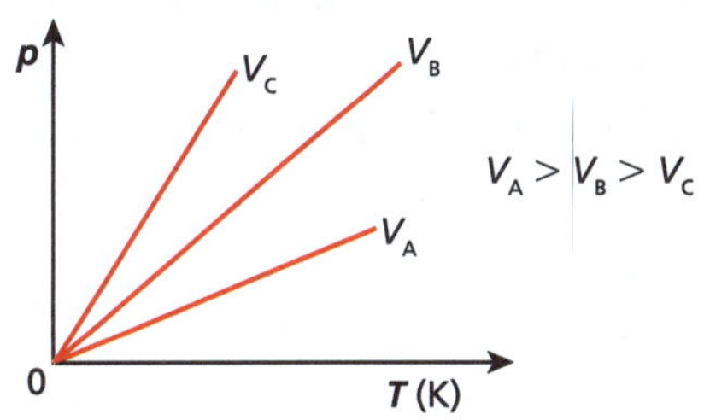

Banco de imagens/Arquivo da editora

A Equação de Clapeyron

A equação de Clapeyron é escrita como:

$$p = K\frac{mT}{V}$$

ou ainda como:

$$pV = nRT$$

A constante universal dos gases perfeitos (R) e seus valores

A constante universal dos gases perfeitos (R), dependendo das unidades das demais grandezas, vale:

$$R = 0{,}082\,\frac{\text{atm L}}{\text{mol K}} = 8{,}31\,\frac{\text{joules}}{\text{mol K}} \cong 2\,\frac{\text{cal}}{\text{mol K}}$$

nas denominadas condições normais de temperatura e pressão.

Lei Geral dos Gases

De acordo com a Lei Geral dos Gases, tem-se:

$$\frac{p_1 V_1}{T_1} = \frac{p_2 V_2}{T_2}$$

Mistura física de gases perfeitos

A **mistura física de gases perfeitos** é a reunião de dois ou mais gases ideais, de forma a não ocorrerem reações químicas entre suas partículas, isto é, as interações existentes são estritamente físicas. Nessa situação, vale a relação:

$$\frac{p_m V_m}{T_m} = \frac{p_1 V_1}{T_1} + \frac{p_2 V_2}{T_2} + \ldots + \frac{p_e V_e}{T_e}$$

O modelo microscópico de gás perfeito

As hipóteses que constituem a teoria cinética dos gases são:

- Uma porção de gás perfeito é constituída de um grande número de moléculas em movimento caótico (todas as direções são igualmente prováveis).
- As moléculas são consideradas pontos materiais, isto é, suas dimensões são desprezíveis quando comparadas com as distâncias que percorrem entre colisões sucessivas.
- As colisões entre duas moléculas ou entre uma molécula e uma parede do recipiente são supostas perfeitamente elásticas (não há perda de energia cinética).
- Cada colisão tem duração desprezível quando comparada com o tempo decorrido entre colisões sucessivas.
- Entre colisões sucessivas, o movimento das moléculas é retilíneo e uniforme. Isso equivale a desprezar as forças gravitacionais e intermoleculares.
- As forças intermoleculares só se manifestam durante as colisões.
- O estudo das colisões das moléculas do gás pode ser feito com base na mecânica newtoniana.

Velocidade média quadrática

A velocidade média quadrática das partículas em um gás é

$$\bar{v} = \sqrt{\frac{v_1^2 + v_2^2 + \ldots + v_n^2}{N}}$$

sendo *N* o número de partículas do gás.

Equação Fundamental da Teoria Cinética

A Equação Fundamental da Teoria Cinética,

$$p = \frac{1}{3} \mu (\bar{v})^2$$

pode ser interpretada da seguinte maneira: a pressão (*p*) exercida por um gás perfeito nas paredes internas de um recipiente é igual a um terço do produto de sua massa específica pelo quadrado da velocidade média quadrática de suas partículas.

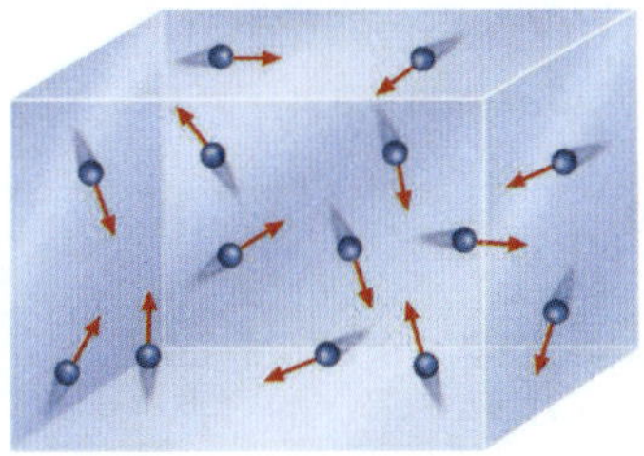

Paulo Manzi/Arquivo da editora

A teoria cinética dos gases leva-nos a "visualizar" uma amostra de gás perfeito formada por um grande número de partículas (10^{20} por cm^3), de dimensões desprezíveis, que se movem em todas as direções de modo aleatório.

A temperatura na Teoria Cinética

Na Teoria Cinética, a temperatura é determinada por

$$T = \frac{M}{3R}(\overline{v})^2$$

sendo *M* a massa molar do gás.

Diz-se, portanto, que a temperatura absoluta de um gás perfeito é função da velocidade média quadrática de suas partículas e da natureza do gás.

A energia interna de um gás perfeito

A **energia interna** de um gás perfeito é calculada por

$$U = \frac{3}{2}nRT$$

e é função exclusiva do número de mols (*n*) e da temperatura absoluta (*T*) do gás.

Equipartição de energia

Utilizando o nosso modelo teórico de gás, em que cada partícula de gás perfeito é representada por uma esfera de dimensões desprezíveis, sabemos que cada uma delas tem **três graus de liberdade**, que indicam o movimento de translação na direção de cada um dos três eixos **x**, **y** e **z** de um sistema cartesiano de referência. Os gases reais monoatômicos têm comportamento bem próximo do comportamento dos gases perfeitos, podendo sua energia interna, com boa aproximação, também ser expressa por:

$$R = \frac{3}{2}nRT = \frac{3}{2}pV$$

O **teorema da equipartição da energia** estabelece que a divisão dessa energia deve ser feita de maneira igual para cada grau de liberdade. Assim:

$$U_x = U_y = U_z = \frac{1}{2}nRT$$

A energia cinética média molecular

Determina-se a **energia cinética média** molecular por:

$$E_{c_m} = \frac{3}{2}kT$$

sendo *k* a **constante de Boltzmann**:

$$k = \frac{R}{A} = 1{,}38 \cdot 10^{-23}\ \frac{J}{K}$$

Termodinâmica

A **Termodinâmica** estuda as transformações e as relações existentes entre dois tipos de energia: energia mecânica e energia térmica.

Energia interna, trabalho e calor

No estudo da Termodinâmica dos Gases Perfeitos, são parâmetros básicos as grandezas físicas **energia interna** (U), **trabalho** (τ) e **quantidade de calor** (Q), associadas a uma transformação sofrida pelo gás perfeito. Vejamos melhor cada uma dessas três grandezas.

Energia interna

Relacionando a Lei de Joule com a Equação de Clapeyron, tem-se

$$U = \frac{3}{2}nRT = \frac{3}{2}pV$$

Trabalho

Na **expansão**, $\tau_{gás} > 0$, e o gás fornece energia na forma de trabalho: o gás realiza trabalho.
Na **compressão**, $\tau_{gás} < 0$, e o gás recebe energia na forma de trabalho: o gás recebe trabalho.

Lei Zero da Termodinâmica

A Lei Zero da Termodinâmica diz que dois sistemas físicos estão em equilíbrio se, ao serem colocados em contato térmico, não há fluxo de calor entre eles.

A 1ª Lei da Termodinâmica

O conhecido **Princípio da Conservação da Energia**, quando aplicado à Termodinâmica, recebe a denominação de **1ª Lei da Termodinâmica**. Essa lei pode ser enunciada da seguinte forma:

Para todo sistema termodinâmico existe uma função característica denominada **energia interna**. A variação dessa energia interna (ΔU) entre dois estados quaisquer pode ser determinada pela diferença entre a quantidade de calor (Q) e o trabalho ($\tau_{gás}$) trocados com o meio externo.

Matematicamente, essa lei pode ser expressa por:

$$\Delta U = Q - \tau_{gás}$$

Transformações termodinâmicas particulares

Transformação isotérmica

Nas transformações isotérmicas, a temperatura do sistema gasoso mantém-se constante e, em consequência, a variação de sua energia interna é nula ($\Delta U = 0$). Assim,

$$Q = \tau_{gás}$$

Transformação isométrica

Nas transformações isométricas (também denominadas isovolumétricas, ou ainda isocóricas), o volume do gás mantém-se constante e, em consequência, o sistema não troca trabalho com o meio externo ($\tau_{gás} = 0$). Assim,

$$\Delta U = Q$$

Transformação isobárica

Nas transformações isobáricas, a pressão do sistema gasoso mantém-se constante. Dessa forma, a análise do que ocorre é feita pela **Equação de Clapeyron**:

$$pV = nRT$$

Trabalho de um gás em uma transformação isobárica (τ_p)

A equação do trabalho do gás em uma transformação isobárica fica expressa pelo produto da pressão (*p*), que permanece constante, pela variação de volume (ΔV) sofrida pelo gás perfeito:

$$\tau_p = p\Delta V = nR\Delta T$$

Transformação adiabática

Nas transformações adiabáticas, não há troca de calor entre o sistema e o meio externo. Assim,

$$\Delta U = -\tau_{gás}$$

Expansão livre

Na expansão livre, como o gás não sofreu resistência em sua expansão, ele não realiza trabalho ($\tau_{gás} = 0$). Pelo fato de o processo ser adiabático, também não há troca de calor ($Q = 0$). Assim, a variação de energia interna é nula ($\Delta U = 0$) e a temperatura mantém-se constante durante todo o processo.

Diagramas termodinâmicos

No estudo da Termodinâmica dos Gases Perfeitos, é de grande importância o **Diagrama de Clapeyron**, que representa a relação existente entre a pressão, o volume e a temperatura absoluta de uma massa de gás perfeito.

Transformação aberta

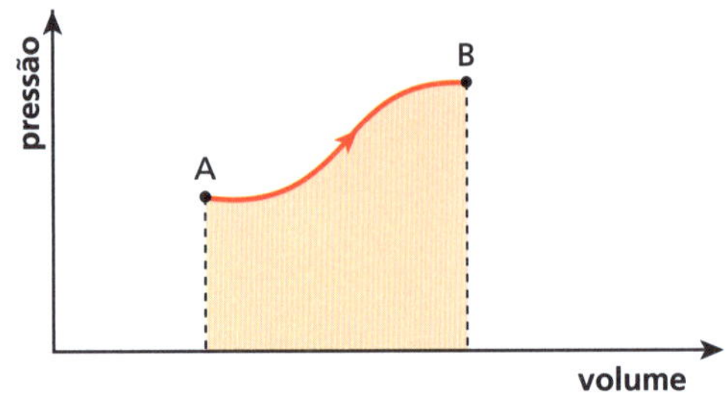

Na transformação AB, o módulo do trabalho é dado pela "área" sob a curva.

Transformação cíclica

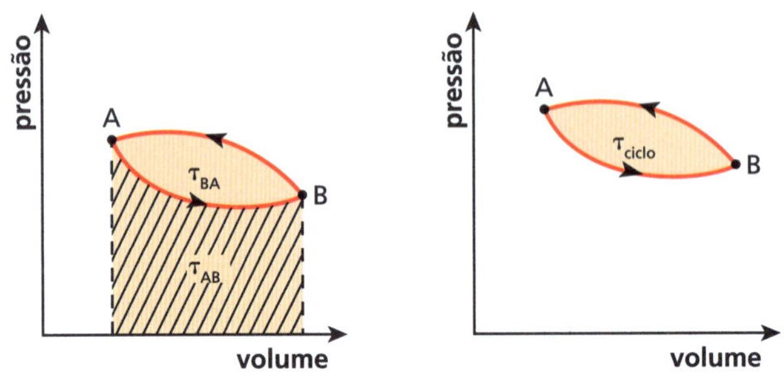

Na transformação AB, o módulo do trabalho é dado pela "área" hachurada (trabalho realizado $\Rightarrow \tau_{AB} > 0$) e, na transformação BA, é dado pela área bege (trabalho recebido $\Rightarrow \tau_{BA} < 0$).
Ao determinarmos o trabalho total, resta apenas a "área interna" à curva fechada.

Calores específicos dos gases perfeitos

É importante observar que um mesmo gás tem um calor específico para transformações a pressão constante (c_p) e outro para transformações a volume constante (c_v). Dessa forma:

$$c_p > c_v$$

Os calores específicos a pressão e volume constantes se relacionam pela **Relação de Mayer**:

$$\frac{R}{M} = c_p - c_v$$

Em termos de **calor específico molar**, tem-se:

$$R = C_p - C_v$$

O gráfico da adiabática

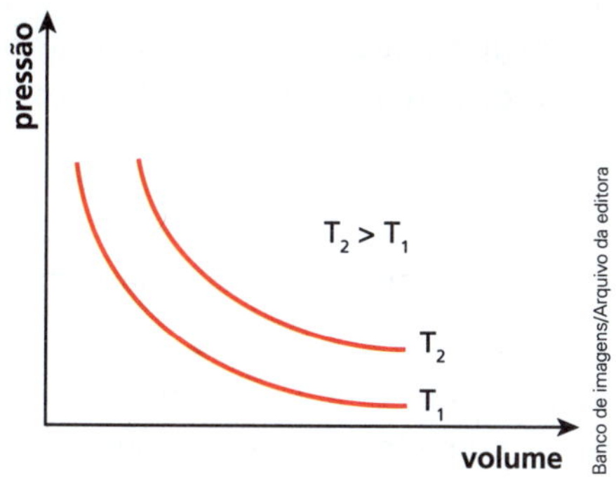

A transformação adiabática (Q = 0) tem por expressão analítica a Equação de Poisson:

$$pV^{\gamma} = \text{constante}$$

em que

$$\gamma = \frac{c_p}{c_v} \text{ (expoente de Poisson)}$$

Energia mecânica e o calor

A energia mecânica de um sistema pode ser dos tipos cinética ou potencial (gravitacional ou elástica). Muitas vezes, essa energia mecânica transforma-se em energia térmica, produzindo aquecimento do sistema.

Geralmente, a energia mecânica é medida em joules (J) e a energia térmica, em calorias (cal). Dessa forma, é importante saber a relação existente entre essas unidades, para possíveis conversões:

$$1 \text{ caloria} = 4{,}186 \text{ joules}$$

As máquinas térmicas e a 2ª Lei da Termodinâmica

São denominadas **máquinas térmicas** os dispositivos usados para converter energia térmica em energia mecânica.

O trabalho realizado pela máquina térmica é igual à diferença entre os módulos do calor recebido da fonte quente e do calor rejeitado para a fonte fria:

$$\tau = |Q_A| - |Q_B|$$

A 2ª Lei da Termodinâmica

O **rendimento** de uma máquina térmica é definido pela fração do calor recebido da fonte quente que é usada para a realização de trabalho:

$$\eta = 1 - \frac{|Q_B|}{|Q_A|}$$

O enunciado de Kelvin-Planck para a **2ª Lei da Termodinâmica** nos diz que:

É impossível construir uma máquina que, operando em transformações cíclicas, tenha como único efeito transformar completamente em trabalho a energia térmica recebida de uma fonte quente.

O enunciado de Rudolf Clausius a enunciar a 2ª Lei da Termodinâmica afirma que:

É impossível uma máquina, sem ajuda de um agente externo, conduzir calor de um sistema para outro que esteja a uma temperatura maior.

O ciclo de Carnot

Os dois Postulados de Carnot são:

Nenhuma máquina operando entre duas temperaturas fixadas pode ter rendimento maior que a máquina ideal de Carnot, operando entre essas mesmas temperaturas.
Ao operar entre duas temperaturas, a máquina ideal de Carnot tem o mesmo rendimento, qualquer que seja o fluido operante.

Para a máquina de Carnot, o rendimento é dado por:

$$\eta = 1 - \frac{T_B}{T_A}$$

De qualquer forma, podemos dizer que:

O **zero absoluto** é a temperatura da fonte fria de uma máquina ideal de Carnot, que opere com rendimento de 100%.

Transformações reversíveis e irreversíveis

Denomina-se transformação **reversível** aquela em que, após seu término, o sistema pode retornar às suas condições iniciais pelo mesmo caminho, isto é, passando pelos mesmos estados intermediários, na sequência inversa daquela ocorrida na transformação inicial, sem interferência externa. A transformação será **irreversível** se o processo não puder satisfazer às condições citadas acima.

Entropia

Rudolf Clausius definiu que a variação de entropia (ΔS) de um sistema, quando se agrega uma quantidade de calor (Q), mediante um processo reversível (à temperatura absoluta constante T), é dada por:

$$\Delta S = \frac{Q}{T}$$

Aplique o que aprendeu

Exercício resolvido

1. (UFPR) Um recipiente esférico possui um volume interno igual a 8,0 L. Suponha que se queira encher esse recipiente com gás nitrogênio, de modo que a pressão interna seja igual a 2,0 atm a uma temperatura de 27 °C. Considerando a massa molecular dos gases como 8,0 J/(K · mol) e 1 atm = $1 \cdot 10^5$ Pa, calcule a massa desse gás que caberia no recipiente sob as condições citadas.

Resolução:

Equação de Clapeyron:

$$pV = nRT \Rightarrow pV = \frac{m}{M}RT$$

$$2{,}0 \cdot 10^5 \cdot 8{,}0 \cdot 10^{-3} = \frac{m}{28} \cdot 8{,}0 \cdot (27 + 273)$$

$$16 \cdot 10^2 = \frac{m}{28} \cdot 8{,}0 \cdot 300$$

$$m = 18{,}7 \text{ g}$$

Resposta: 18,7 g

Questões

1. (UFRGS-RS)

Assinale a alternativa que preenche corretamente as lacunas do enunciado abaixo, na ordem em que aparecem.

Segundo a Teoria Cinética dos Gases, um gás ideal é constituído de um número enorme de moléculas, cujas dimensões são desprezíveis, comparadas às distâncias médias entre elas.

As moléculas movem-se continuamente em todas as direções e só há interação quando elas colidem entre si. Nesse modelo de gás ideal, as colisões entre as moléculas são ________________, e a energia cinética total das moléculas ________________.

a) elásticas – aumenta
b) elásticas – permanece constante
c) elásticas – diminui
d) inelásticas – aumenta
e) inelásticas – diminui

2. (Uerj)

Um mergulhador precisa encher seu tanque de mergulho, cuja capacidade é de $1,42 \cdot 10^{-2}$ m³, a uma pressão de 140 atm e sob temperatura constante.

O volume de ar, em m³, necessário para essa operação, à pressão de 1 atm, é aproximadamente igual a:

a) $\frac{1}{4}$
b) $\frac{1}{2}$
c) 2
d) 4

3. (UPM-SP)

Um gás perfeito, que tem um volume de 12,0 ℓ, encontra-se no interior de um frasco sob pressão de 3,00 atm e com temperatura de 200 K. Inicialmente, o gás sofre uma transformação isotérmica, de tal forma que sua pressão passa a ser de 9,00 atm, a seguir, o gás sofre uma transformação segundo a lei de Gay-Lussac, atingindo uma temperatura de 500 K. Os volumes, após as duas transformações, respectivamente, são iguais a

a) 10,0 ℓ e 4,0 ℓ.
b) 4,0 ℓ e 2,0 ℓ.
c) 10,0 ℓ e 2,0 ℓ.
d) 2,0 ℓ e 4,0 ℓ.
e) 4,0 ℓ e 10,0 ℓ.

4. (UFU-MG)

Um grupo de estudantes realizou um experimento em uma aula de Física. Eles coletaram um conjunto de cinco valores de pressão (p) e volume (V) de um gás confinado em um recipiente. O número de mols do gás dentro do recipiente foi mantido constante, igual a $5,4 \cdot 10^{-4}$, durante as medições. O grupo obteve o conjunto de dados mostrado na tabela abaixo, em que, na última coluna, é apresentado o produto da pressão pelo volume (pV) das duas primeiras colunas.

p (10^5 Pa)	V (10^{-6} m³)	pV (10^{-1} J)
0,992	5,490	5,446
1,011	5,388	5,447
1,017	5,354	5,445
1,028	5,302	5,449
1,039	5,240	5,444

Dado: Constante dos gases $R = 8,31 \frac{J}{mol\,K}$

Com base no conjunto de dados obtidos segundo a aproximação de gás ideal, é correto afirmar que

a) a variação da pressão do gás com seu volume foi linear, mantendo-se a temperatura constante, igual a 200 K, o que está de acordo com a Lei de Boyle.

b) o gás sofreu uma compressão isobárica (pressão constante), uma vez que o produto pV foi aproximadamente constante durante as medições.

c) a temperatura do gás manteve-se constante durante o experimento, com um valor aproximadamente igual a 300 K.

d) a temperatura do gás manteve-se constante durante o experimento, com um valor aproximadamente igual a 121 K.

5. O êmbolo de uma seringa tampada é deslocado para a esquerda de modo que a distância *h* sofre uma redução de 20%. Como essa compressão ocorre a uma temperatura constante, qual o aumento percentual da pressão do ar no interior da seringa?

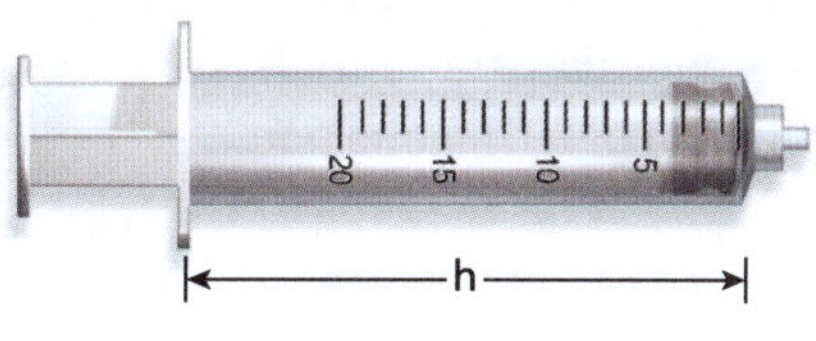

Paulo Manzi/
Arquivo da editora

6. Um gás ideal confinado em um recipiente fechado de volume constante sofre uma transformação termodinâmica em que a sua pressão diminui. Assinale a seguir o diagrama pressão (p) *versus* temperatura absoluta (T) compatível com essa transformação.

a) 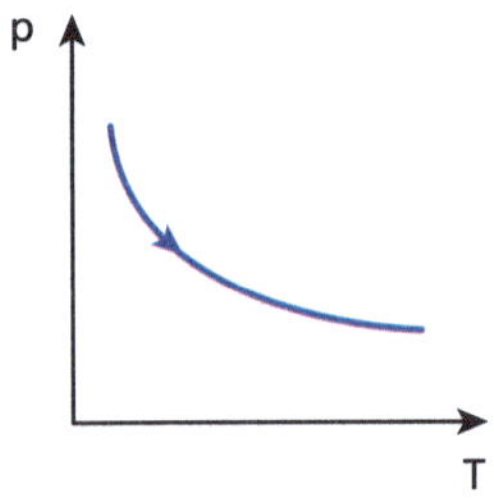

c) 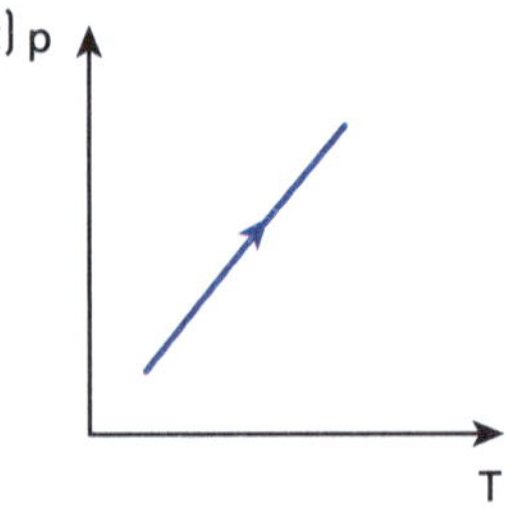

e) 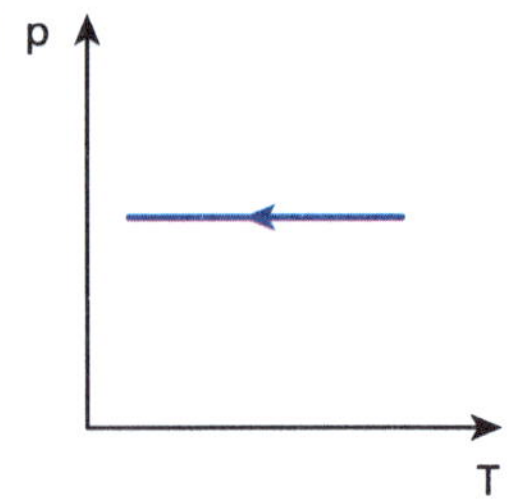

Banco de imagens/Arquivo da editora

b) 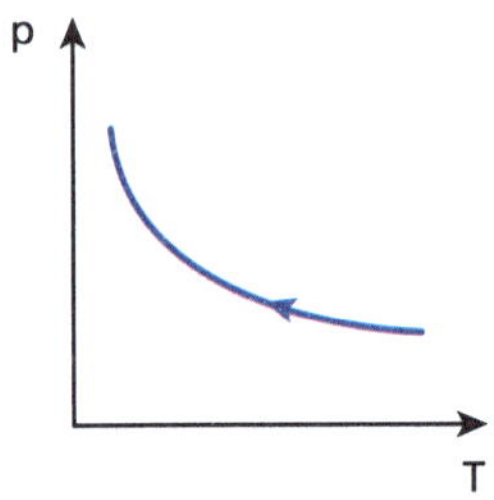

d) 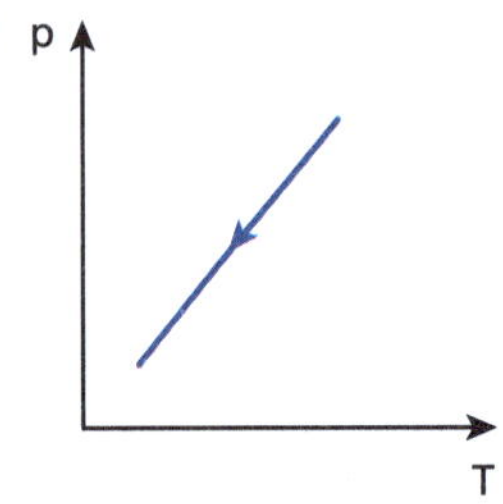

7. (Unicamp-SP)

Com a crise hídrica de 2015 no Brasil, foi necessário ligar as usinas termoelétricas para a geração de eletricidade, medida que fez elevar o custo da energia para os brasileiros. O governo passou então a adotar bandeiras de cores diferentes na conta de luz para alertar a população. A bandeira vermelha indicaria que a energia estaria mais cara. O esquema a seguir representa um determinado tipo de usina termoelétrica.

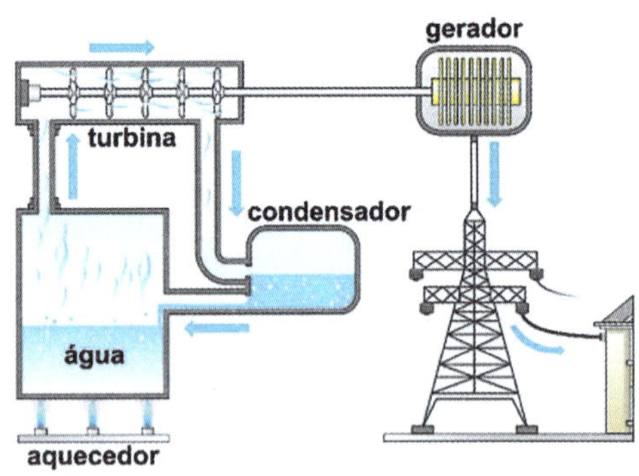

Reprodução/Unicamp, 2018

(Adaptado de BITESIZE. Thermal power stations. Disponível em http://www.bbc.co.uk/bitesize/standard/physics/energy_matters/generation_of_eletricity/revision/1/. Acessado em 26/7/17.)

Conforme o esquema apresentado, no funcionamento da usina há

a) duas transformações químicas, uma transformação física e não mais que três tipos de energia.

b) uma transformação química, uma transformação física e não mais que dois tipos de energia.

c) duas transformações químicas, duas transformações físicas e pelo menos dois tipos de energia.

d) uma transformação química, duas transformações físicas e pelo menos três tipos de energia.

8. Certa massa de gás perfeito sofre as transformações sucessivas A → B e B → C como está indicado no gráfico da pressão p, em N/m², em função do volume V, em m³, ao lado.

A relação entre as temperaturas absolutas do gás nas situações dos pontos **A** e **C**, $\frac{T_A}{T_C}$, bem como o trabalho τ em joules realizado pela massa gasosa desde **A** até **C** estão indicados corretamente na alternativa:

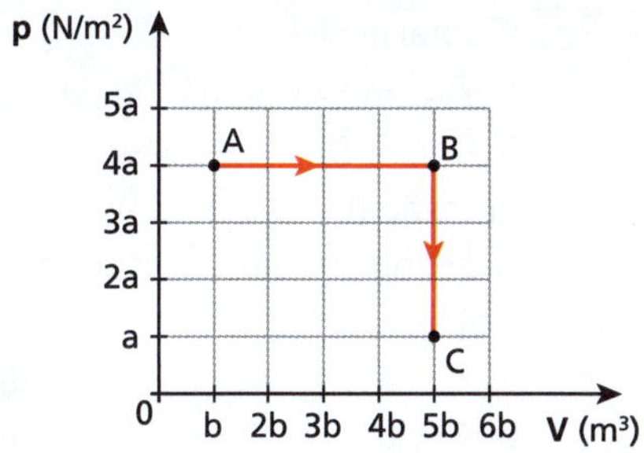

Banco de imagens/Arquivo da editora

a) $\frac{T_A}{T_C} = \frac{4}{5}$ e $\tau = 16\ ab$

b) $\frac{T_A}{T_C} = \frac{5}{4}$ e $\tau = 12\ ab$

c) $\frac{T_A}{T_C} = \frac{4}{5}$ e $\tau = 12\ ab$

d) $\frac{T_A}{T_C} = \frac{3}{2}$ e $\tau = 16\ ab$

e) $\frac{T_A}{T_C} = \frac{2}{3}$ e $\tau = 18\ ab$

9. (Fatec-SP)

O gráfico apresenta o comportamento de um gás ideal em um processo cíclico que se inicia no ponto A.

Com base no gráfico apresentado, podemos afirmar corretamente que

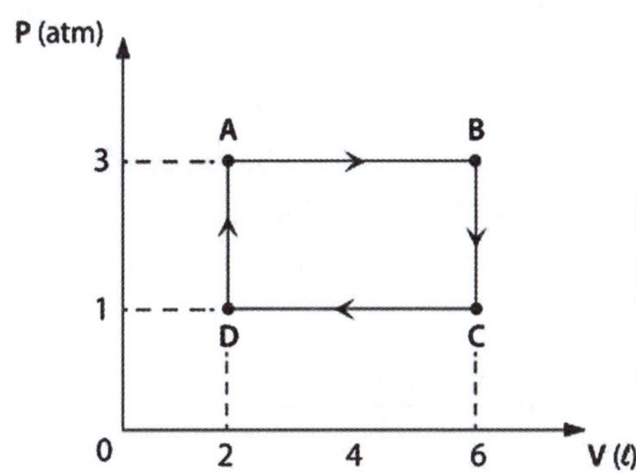

Reprodução/Fatec, 2018

a) entre os pontos D e A ocorre transformação isocórica e o trabalho realizado pelo gás é negativo.

b) entre os pontos B e C ocorre transformação isocórica e o trabalho realizado pelo gás é nulo.

c) entre os pontos C e D ocorre transformação isobárica e o trabalho realizado pelo gás é nulo.

d) entre os pontos A e B ocorre transformação isocórica de compressão.

e) entre os pontos A e D ocorre transformação isobárica de expansão.

10. (Famerp-SP)

Certa massa de gás ideal sofre a transformação cíclica 1 – 2 – 3 – 4 – 5 – 1 representada no diagrama de pressão (P) e volume (V).

O trecho em que a força exercida pelo gás realiza o maior trabalho é

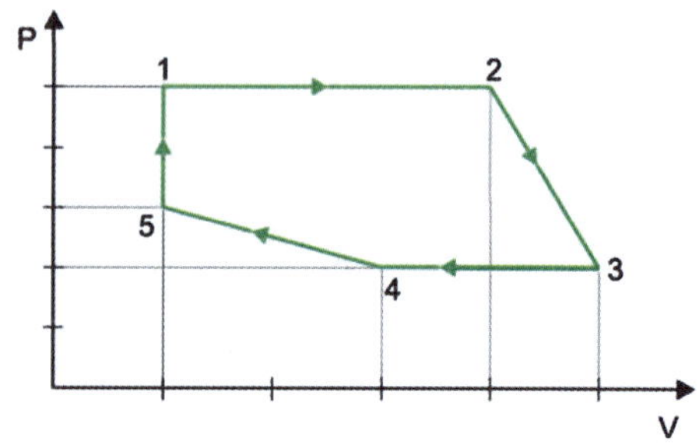

Reprodução/Famerp, 2018

a) 2 – 3.
b) 4 – 5.
c) 3 – 4.
d) 1 – 2.
e) 5 – 1.

11. A internet e as incontáveis possibilidades de comunicação pessoal e corporativa caracterizam o atual momento como a **4ª Revolução Industrial**. A **1ª Revolução Industrial** teve como fundamento tecnológico as máquinas térmicas, criadas no final do século XVIII e aprimoradas na primeira metade do século XIX, hoje com tendência a se tornarem peças de museu. No diagrama da pressão (*p*) em função do volume (*V*) a seguir está representado o ciclo termodinâmico que um motor térmico repete em intervalos de tempo sucessivos de duração *T*. Das alternativas abaixo, aponte aquela que traduz a potência fornecida por esse motor:

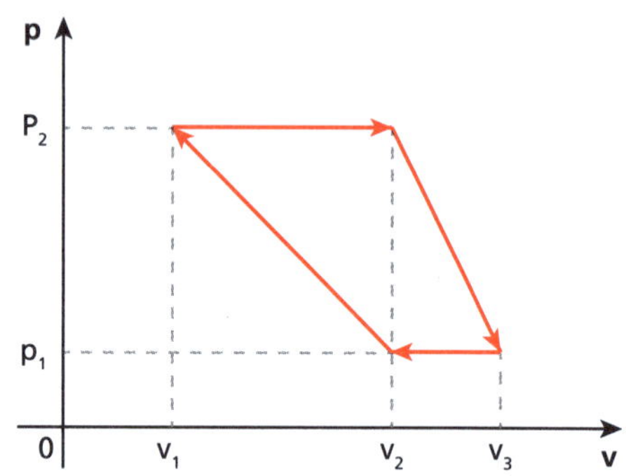

Banco de imagens/Arquivo da editora

a) $\dfrac{(V_2 - V_1)(p_2 - p_1)}{2}$

b) $\dfrac{(V_2 - V_1)(p_2 - p_1)}{2T}$

c) $\dfrac{(V_3 - V_1)(p_2 - p_1)}{2}$

d) $\dfrac{(V_3 - V_1)(p_2 - p_1)}{2T}$

e) $\dfrac{2(V_3 - V_1)(p_2 - p_1)}{T}$

12. (UFPE)

Um ciclo reversível é operado com uma a amostra de gás ideal em acordo com o diagrama pressão *versus* volume que segue.

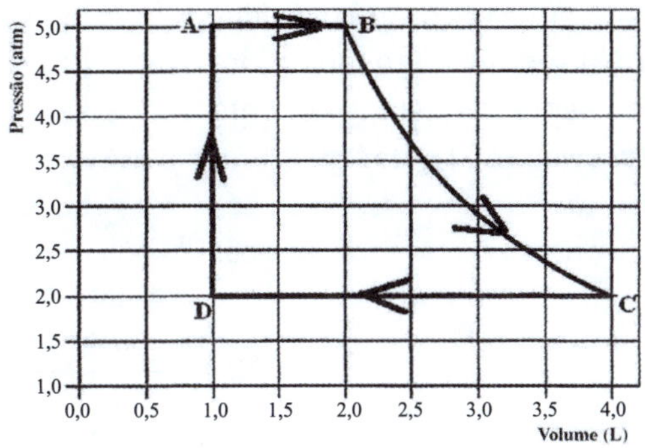

A transformação BC é uma adiabática e nessa transformação o gás realiza um trabalho de 6,2 atm · L. Qual é o trabalho no ciclo?

a) 5,2 atm · L

b) 11,2 atm · L

c) 15,2 atm · L

d) 17,2 atm · L

13. (UFPE)

Um ciclo reversível é operado com uma a amostra de gás ideal em acordo com o diagrama pressão *versus* volume que segue.

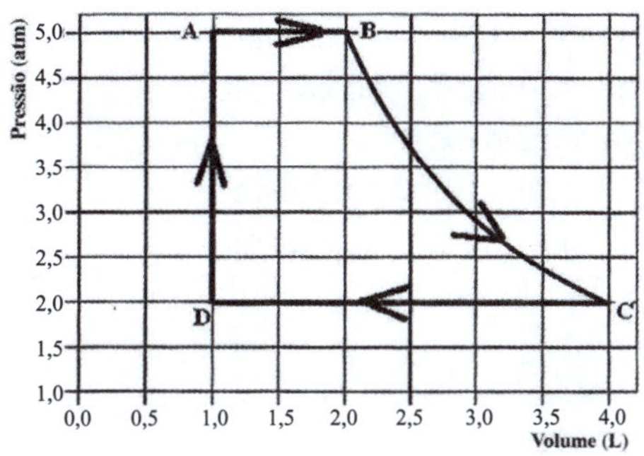

A transformação BC é uma adiabática, isto é, o gás não troca calor com o entorno.

Sobre a temperatura na transformação BC e o calor trocado pelo gás com o entorno na transformação DA afirma-se que

a) a temperatura permanece constante e o gás absorve calor.

b) a temperatura diminui e o gás absorve calor.

c) a temperatura permanece constante e o gás cede calor.

d) a temperatura diminui e o gás cede calor.

14. (FGV-SP)

Estamos passando por uma fase de grande evolução tecnológica. O aperfeiçoamento das máquinas e motores é evidente e, dentro em breve, o motor térmico será considerado peça de museu. Considere, no entanto, um motor térmico que realiza um ciclo representado qualitativamente pelo gráfico da pressão (p) *versus* volume (V) da figura, em que sua frequência de giro é f.

Com esses dados, a potência efetiva desse motor será dada por

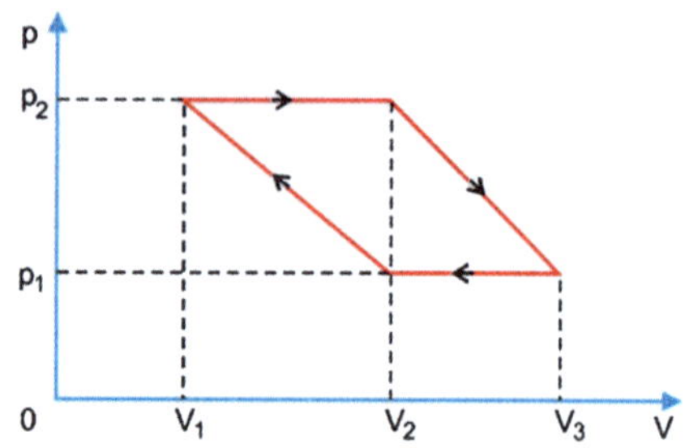

a) $Pot_e = f \cdot [(V_2 - V_1) + (V_3 - V_2)] \cdot (p_2 - p_1)$

b) $\dfrac{Pot_e = f \cdot [(V_2 - V_1) + (V_3 - V_2)] \cdot (p_2 - p_1)}{2}$

c) $Pot_e = 2 \cdot f \cdot [(V_2 - V_1) + (V_3 - V_2)] \cdot (p_2 - p_1)$

d) $\dfrac{Pot_e = [(V_2 - V_1) + (V_3 - V_2)] \cdot (p_2 - p_1)}{f}$

e) $\dfrac{Pot_e = 2 \cdot [(V_2 - V_1) + (V_3 - V_2)] \cdot (p_2 - p_1)}{f}$

15. (Unesp-SP)

Determinada massa de gás ideal sofre a transformação cíclica ABCDA mostrada no gráfico. As transformações AB e CD são isobáricas, BC é isotérmica e DA é adiabática. Considere que, na transformação AB, 400 kJ de calor tenham sidos fornecidos ao gás e que, na transformação CD, ele tenha perdido 440 kJ de calor para o meio externo.

Calcule o trabalho realizado pelas forças de pressão do gás na expansão AB e a variação de energia interna sofrida pelo gás na transformação adiabática DA.

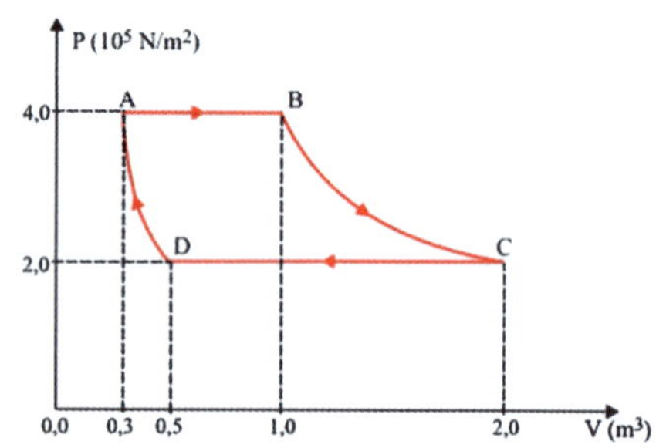

16. (Unifesp)

Uma massa constante de gás ideal pode ser levada de um estado inicial **A** a um estado final **B** por dois processos diferentes, indicados no diagrama P × V. Para ocorrer, a transformação **ACDEB** exige uma quantidade Q_1 de calor e a transformação **AFB** exige uma quantidade Q_2 de calor. Sendo T_A e T_B as temperaturas absolutas do gás nos estados **A** e **B**, respectivamente, calcule:

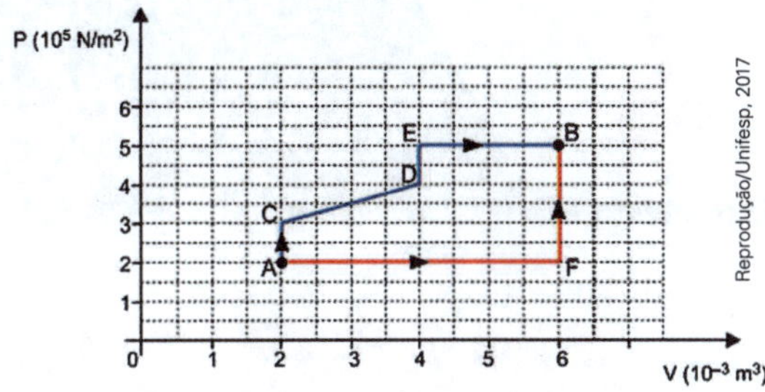

a) o valor da $\frac{T_B}{T_A}$.

b) o valor da diferença $Q_1 - Q_2$, em joules.

17. (SBF)

O motor de um automóvel é constituído por um sistema cilindro-gás-pistão, no qual ocorrem transformações com a mistura ar-combustível durante quatro etapas (admissão, compressão, explosão e exaustão). O funcionamento desse motor é um processo cíclico – Ciclo de Otto –, no qual o gás contido em um cilindro com pistão é levado do estado inicial A até o estado B, e retorna ao estado inicial A passando pelos estados CDEB. O diagrama pressão (p) por volume (V) indicado na figura apresenta essa situação.

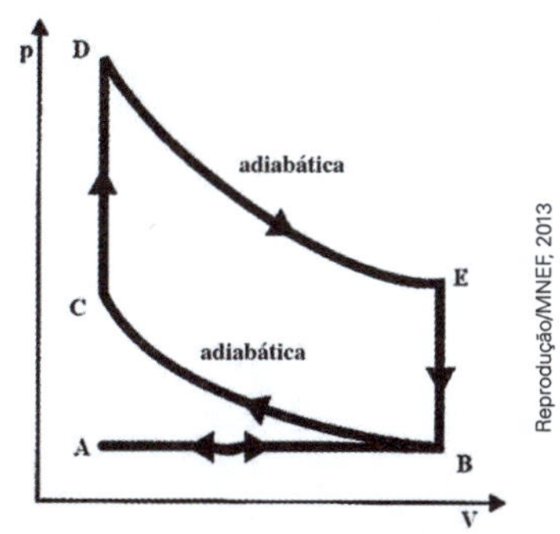

Sobre o processo cíclico do motor, pode-se afirmar que:

a) A etapa AB corresponde à admissão da mistura ar-combustível, que sofre uma expansão no interior do cilindro sem variação de pressão.

b) A etapa BC corresponde à compreensão da mistura ar-combustível, que sofre uma elevação da pressão sem o aumento de sua temperatura.

c) A etapa CD corresponde à explosão da mistura ar-combustível, que resulta no aumento do volume e da pressão no interior do cilindro.

d) A etapa EB corresponde à explosão da mistura ar-combustível, que resulta na redução da pressão e do volume dos gases resultantes da explosão.

TOTAL DE ACERTOS ____/17

4

Dilatação térmica dos sólidos e dos líquidos

Reveja o que aprendeu

Você deve ser capaz de:

- Parametrizar a dilatação térmica em diferentes materiais.

Introdução

De modo geral, o aumento na temperatura de um corpo provoca um aumento nas suas dimensões, fenômeno denominado **dilatação térmica**. Uma diminuição de temperatura produz, em geral, uma diminuição nas dimensões do corpo, uma **contração térmica**.

Forças intermoleculares explicando a dilatação térmica

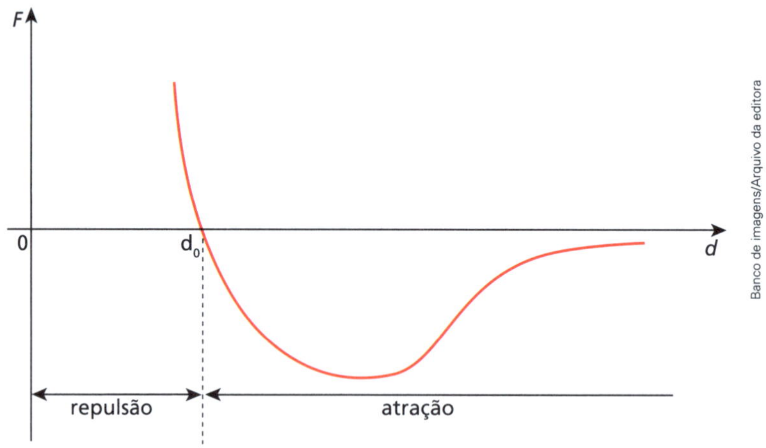

Dilatação linear dos sólidos

$$\Delta L = L_0\alpha\Delta\theta \text{ ou } L = L_0(1 + \alpha\Delta\theta)$$

em que α é o **coeficiente de dilatação linear**, L é o comprimento final, L_0 é o comprimento inicial e ΔL e $\Delta\theta$ representam a variação do comprimento e da temperatura, respectivamente.

Dilatação superficial dos sólidos

$$\Delta A = A_0\beta\Delta\theta \text{ ou } A = A_0(1 + \beta\Delta\theta)$$

em que $\beta = 2\alpha$ é o **coeficiente de dilatação superficial**, ΔA é a variação da área entre a área final (A) e a área inicial (A_0).

Dilatação volumétrica de sólidos

$$\Delta V = V_0\gamma\Delta\theta \text{ ou } V = V_0(1 + \gamma\Delta\theta)$$

em que $\gamma = 3\alpha$ é o **coeficiente de dilatação volumétrica** ou **cúbica** e ΔV é a variação do volume entre o volume final (V) e o volume inicial (V_0).

Dilatação térmica dos líquidos

Em líquidos, só existe interesse no estudo da dilatação volumétrica, que é regida pela mesma equação da dilatação volumétrica dos sólidos:

$$V = V_0(1 + \gamma\Delta\theta)$$

O coeficiente de dilatação real do líquido é igual à soma do seu coeficiente de dilatação aparente com o coeficiente de dilatação do frasco que o contém. Ou seja,

$$\gamma_r = \gamma_f + \gamma_a$$

Temperatura e massa específica

Define-se **massa específica** ou **densidade absoluta** (μ) de uma substância como o quociente de sua massa (m) pelo respectivo volume (V):

$$\mu = \frac{m}{V}$$

Com a variação de temperatura, a massa da substância considerada permanece inalterada, porém seu volume varia, o que provoca alteração em sua massa específica.

$$\mu = \frac{\mu_0}{(1 + \gamma\Delta\theta)}$$

Dilatação anormal da água

O gráfico abaixo representa a variação de volume de 1 g de água pura em função da sua temperatura.

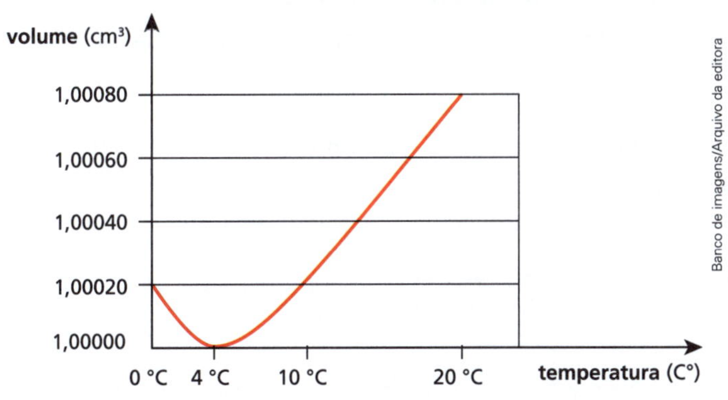

É importante observar que a 4 °C o volume da água é mínimo, portanto sua massa específica é máxima.

Aplique o que aprendeu

Exercício resolvido

1. (SBF) A um marceneiro foi solicitado que fizesse uma roda de madeira com 100,0 cm de diâmetro para que fosse adaptada em um anel de ferro com 5,0 mm menor que o diâmetro da roda. Para essa adaptação, foi-se necessário aquecer em um forno o anel de ferro, cujo coeficiente de dilatação linear vale $12 \cdot 10^{-6}$ °C^{-1}. Assim, considerando que a temperatura no ambiente da marcenaria fosse de 30,0 °C, de quanto deveria ser, aproximadamente, a temperatura final do anel, para que a adaptação fosse bem sucedida?

Resolução

$\Delta L = L_0 \alpha \Delta T$

$5{,}0 = 995 \cdot 12 \cdot 10^{-6} \cdot (T_f - 30)$

$419 = (T_f - 30) \therefore T_f = 449$ °C

Resposta: 449 °C

Questões

1. Kevin, um engenheiro americano, foi convidado para projetar sobre um rio uma ponte metálica com 2,0 km de comprimento. Nessa região, a amplitude anual de temperaturas vai de aproximadamente −40 °F até 110 °F. O coeficiente de dilatação linear do material da ponte é $12 \cdot 10^{-6}$ °C^{-1}. Considerando os efeitos de contração e expansão térmica do metal da ponte, qual a máxima variação esperada em sua extensão?

2. (Uerj)

Fenda na Ponte Rio-Niterói é uma junta de dilatação, diz CCR

De acordo com a CCR, no trecho sobre a Baía de Guanabara, as fendas existem a cada 400 metros, com cerca de 13 cm de abertura.

oglobo.com, 10/4/2014.

Admita que o material dos blocos que constituem a Ponte Rio-Niterói seja o concreto, cujo coeficiente de dilatação linear é igual a $1 \cdot 10^{-5}$ °C^{-1}.

Determine a variação necessária de temperatura para que as duas bordas de uma das fendas citadas na reportagem se unam.

3. (UFG-GO)

Uma longa ponte foi construída e instalada com blocos de concreto de 5 m de comprimento a uma temperatura de 20 °C em uma região na qual a temperatura varia ao longo do ano entre 10 °C e 40 °C. O concreto destes blocos tem coeficiente de dilatação linear de 10^{-5} °C^{-1}. Nessas condições, qual distância em cm deve ser resguardada entre os blocos na instalação para que, no dia mais quente do verão, a separação entre eles seja de 1 cm?

a) 1,01
b) 1,10
c) 1,20
d) 2,00
e) 2,02

4. (UPF-RS)

O diâmetro externo de uma arruela de metal é de 4,0 cm e seu diâmetro interno é de 2,0 cm. Aumentada a temperatura da arruela de ΔT, observa-se que seu diâmetro externo aumenta em Δd. Então, pode-se afirmar que seu diâmetro interno:

a) diminui de Δd.
b) diminui de $\frac{\Delta d}{2}$.
c) aumenta Δd.
d) aumenta $\frac{\Delta d}{2}$.
e) não varia.

5. (OPF)

Dona Maria, cozinheira experiente, costuma pedir ajuda ao marido para abrir vidros de conservas fechados com tampas metálicas. Seu filho, que estudava para participar da OPF, ensinou-lhe o seguinte "truque". Para facilitar a abertura, mandou que ela colocasse a tampa próxima à chama do fogão por apenas alguns segundos e, imediatamente após afastar o recipiente do fogão, tentasse retirar a tampa. Você concorda que este "truque" facilitará a retirada da tampa? Utilize argumentos físicos para justificar a sua resposta.

6. (Unisc-RS)

Duas barras metálicas representadas por (A) e (B) possuem comprimentos iniciais L_{0A} e L_{0B}, coeficientes de dilatação lineares α_A e α_B e sofreram variações de temperatura ΔT_A e ΔT_B, respectivamente. Sabendo que $L_{0A} = 5 \cdot L_{0B}$, $\alpha_B = 8\,\alpha_A$ e $\Delta T_A = 2 \cdot \Delta T_B$, podemos escrever que a razão entre as variações de comprimento ΔL_A e ΔL_B, ou seja, $\frac{\Delta L_A}{\Delta L_B}$ vale

a) 0,25 b) 0,50 c) 0,80 d) 1,25 e) 1,50

7. (UPE)

Uma barra de coeficiente de dilatação a = $5\pi \cdot 10^{-4}$ °C^{-1}, comprimento 2,0 m e temperatura inicial de 25 °C está presa a uma parede por meio de um suporte de fixação S. A outra extremidade da barra B está posicionada no topo de um disco de raio R = 30 cm. Quando aumentamos lentamente a temperatura da barra até o valor final T, verificamos que o disco sofre um deslocamento angular $\Delta\theta$ = 30° no processo. Observe a figura a seguir:

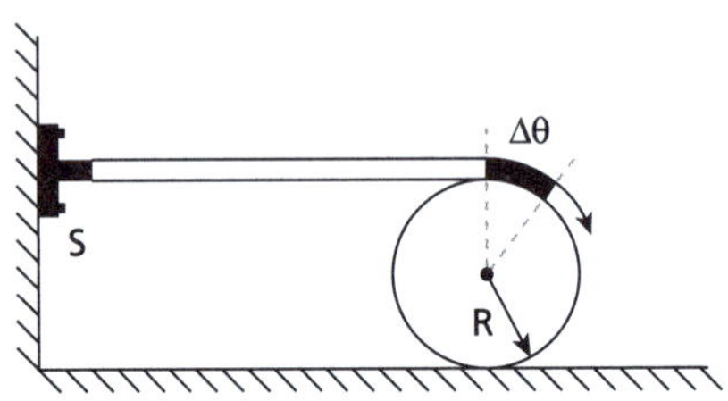

Banco de imagens/Arquivo da editora

Supondo que o disco rola sem deslizar e desprezando os efeitos da temperatura sobre o suporte S e também sobre o disco, calcule o valor de T.

a) 50 °C b) 75 °C c) 125 °C d) 300 °C e) 325 °C

8. (FGV-SP)

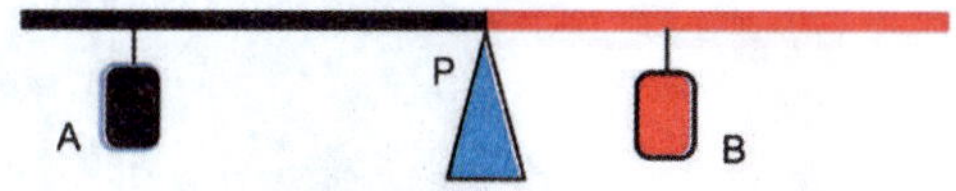

A figura mostra o esquema de uma curiosa balança de dois braços em que cada braço é feito de um material de coeficiente de dilatação linear diferente do coeficiente de dilatação linear do outro. O peso dos braços é desprezível comparado ao dos corpos **A** e **B**. O material em que se encontra pendurado o corpo **A** tem coeficiente de dilatação linear maior do que aquele em que se encontra o corpo **B**. A temperatura reinante é baixa, típica de uma madrugada de inverno, e observa-se o equilíbrio estático na direção horizontal com o corpo **A** mais distante do ponto de apoio **P** do que o corpo **B**.

O sistema é, então, submetido a uma elevação de temperatura significativa, próxima à da ebulição da água sob pressão normal, por exemplo. Sobre a situação descrita é correto afirmar que o peso do corpo **A** é

a) maior que o peso do corpo **B** e, durante o aquecimento, a balança girará no sentido anti-horário.

b) menor que o peso do corpo **B** e, durante o aquecimento, a balança girará no sentido anti-horário.

c) menor que o peso do corpo **B** e, durante o aquecimento, a balança continuará equilibrada na direção horizontal.

d) maior que o peso do corpo **B** e, durante o aquecimento, a balança continuará equilibrada na direção horizontal.

e) igual ao de **B** e, durante o aquecimento, a balança girará no sentido horário.

9. (UEFS-BA)

Determinados aparelhos elétricos precisam ter seu funcionamento interrompido quando a temperatura atinge certo valor, chamada temperatura crítica (TC). Para fazer esse controle, alguns aparelhos utilizam um dispositivo baseado na dilatação térmica desigual sofrida por metais diferentes. Ele interrompe a corrente elétrica (i) no aparelho quando a temperatura atinge um valor igual a TC, conforme figura.

FIGURA 1 FIGURA 2

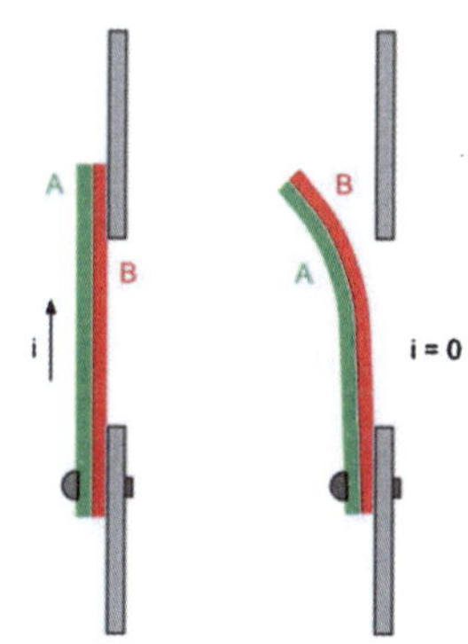

$T < T_C$ $T = T_C$

Metais	Coeficientes de dilatação linear (10^{-6} °C^{-1})
aço	11
ferro	12
alumínio	24
zinco	64

Para que o dispositivo funcione como demonstrado nas figuras 1 e 2, considerando os valores dos coeficientes de dilatação linear da tabela, os metais A e B da lâmina bimetálica representada podem ser, respectivamente,

a) zinco e ferro.

b) alumínio e ferro.

c) zinco e alumínio.

d) ferro e aço.

e) aço e alumínio.

TOTAL DE ACERTOS ____/9

5 Movimento harmônico simples (MHS)

Reveja o que aprendeu

Você deve ser capaz de:

- Reconhecer as grandezas características do movimento harmônico simples.

Movimento oscilatório

Um movimento é **oscilatório** (ou vibratório) quando ocorre com alternâncias de sentido, porém na mesma trajetória para os dois sentidos.

Quando o bloco repete uma situação inicial, dizemos que completou um ciclo, uma **vibração** ou uma **oscilação**. É o que acontece quando ele sai de **A**, vai até **B** e volta a **A**.

O intervalo de tempo decorrido num ciclo é o **período** do movimento, e o número de ciclos completados na unidade de tempo é a **frequência**.

Movimento periódico

Um movimento é periódico quando a posição, a velocidade e a aceleração do móvel (estado cinemático) repetem-se em intervalos de tempo iguais.

O intervalo de tempo necessário para que ocorra uma repetição do movimento é denominado **período** do movimento (T). Assim, se ocorrerem n repetições do movimento num intervalo de tempo Δt, seu período será:

$$T = \frac{\Delta t}{n} \quad \text{(I)}$$

Outra grandeza a ser destacada num movimento periódico é sua **frequência** (f), que corresponde ao número de vezes que esse movimento se repete na unidade de tempo. Assim, ocorrendo n repetições do movimento no intervalo de tempo Δt, sua frequência é:

$$f = \frac{n}{\Delta t} \quad \text{(II)}$$

Comparando as expressões (I) e (II), temos:

$$f = \frac{1}{T}$$

Movimento harmônico simples (MHS)

Certos movimentos oscilatórios e periódicos, descritos por funções horárias harmônicas (funções seno ou cosseno), são denominados **movimentos harmônicos simples** (**MHS**).

No MHS, a abscissa (espaço) *x* é medida a partir do ponto médio da trajetória e denomina-se **elongação**.

No ponto médio da trajetória, temos $x = 0$ (elongação nula) e, nos pontos extremos da trajetória, temos $x = -A$ (**elongação mínima**) e $x = A$ (**elongação máxima**).

A grandeza *A*, que corresponde ao raio da circunferência e é também a elongação máxima do MHS, denomina-se **amplitude** do MHS.

Função horária de um MHS

A função horária da elongação de um MHS é

$$x = A\cos(\omega t + \varphi_0)$$

sendo a constante ω (velocidade angular da partícula em MCU) denominada **pulsação** ou **frequência angular** do MHS, a constante φ_0 é a **constante de fase** ou **fase inicial**.

Função horária da velocidade escalar instantânea

A função horária da velocidade escalar instantânea *v* em um MHS é:

$$v = -\omega A\,\text{sen}(\omega t + \varphi_0)$$

Função horária da aceleração escalar instantânea

A função horária da aceleração escalar instantânea α é:

$$\alpha = -\omega^2 A\cos(\omega t + \varphi_0)$$

Velocidade escalar no MHS em função da elongação

A velocidade escalar é dada em função da elongação *x* (e não em função do tempo) pela expressão:

$$v^2 = \omega^2(A^2 - x^2)$$

A **velocidade escalar máxima** no MHS é dada pelo produto da pulsação pela amplitude, ocorrendo no ponto central da trajetória:

$$v_{máx} = \omega A$$

Aceleração escalar no MHS em função da elongação

A relação entre a aceleração escalar no MHS e a elongação é:

$$\alpha = -\omega^2 x$$

A **aceleração escalar máxima** no MHS é dada pelo produto do quadrado da pulsação pela amplitude, ocorrendo no ponto de inversão em que a elongação é $x = -A$:

$$\alpha_{máx} = \omega^2 A$$

Força no MHS

$$F = -Kx$$

Essa expressão revela que o valor algébrico da **força** resultante que atua em uma partícula em MHS é **proporcional** à elongação, tendo *F* e *x* sinais opostos e *K* a **constante de força do MHS**. É essa característica que se deve ter em mente quando é preciso decidir se determinado movimento é ou não um movimento harmônico simples.

O **ponto de equilíbrio** de um MHS é o ponto central da trajetória, isto é, o ponto de elongação *x* é igual a zero.

Período do MHS

Observe que o **período** (*T*) do MHS não depende da amplitude das oscilações, mas apenas da **massa** (*m*) oscilante e da **constante de força** (*K*):

$$T = 2\pi\sqrt{\frac{m}{K}}$$

Oscilador massa-mola horizontal

Podemos resumir as principais informações sobre o oscilador massa-mola em plano horizontal e em condições ideais da seguinte forma:

- O corpo preso à mola executa MHS.
- A elongação no MHS é, em módulo, a própria deformação (distensão ou contração) da mola.
- A força resultante no corpo é a própria força elástica aplicada pela mola.
- No ponto de equilíbrio, a força elástica (força resultante) é nula, e a mola não está deformada.

A energia mecânica desse sistema é constante e definida por:

$$E_m = \frac{KA^2}{2}$$

Oscilador massa-mola vertical

$$F = -Kx$$

Pêndulo simples

Chamamos de **pêndulo simples** o sistema ideal constituído de uma partícula com massa *m* suspensa a um fio inextensível e de massa desprezível.

Seu período é:

$$T = 2\pi\sqrt{\frac{\ell}{g}}$$

Aplique o que aprendeu

Exercício resolvido

1. (UEFS-BA) Um pequeno bloco de massa 100 g, preso a uma mola de massa desprezível de constante elástica igual a 40 N/m, oscila em movimento harmônico simples entre os pontos A e B, como representado na figura.

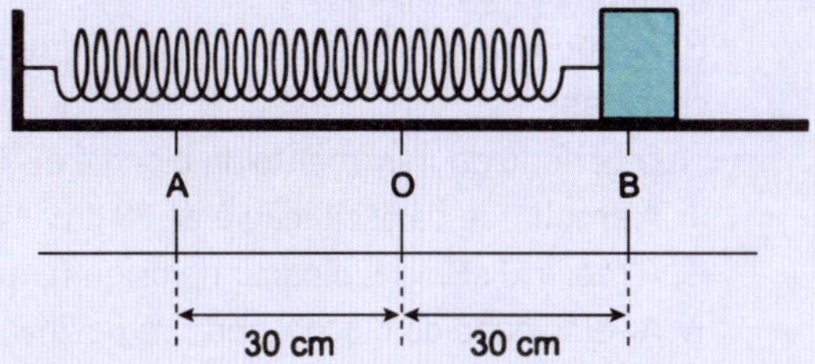

Reprodução/Vunesp

Desprezando o atrito e a resistência do ar, a máxima velocidade atingida pelo bloco nesse movimento é

a) 6 m/s.
b) 4 m/s.
c) 8 m/s.
d) 2 m/s.
e) 12 m/s.

Resolução:

No MHS a velocidade tem módulo máximo calculado por:

$v_{máx} = a\omega$, em que $\omega = \frac{2\pi}{T}$

Assim, no MHS, temos:

$$T = 2\pi\sqrt{\frac{m}{K}} \Rightarrow T = 2\pi\sqrt{\frac{0,100}{40}} = 2\pi\sqrt{\frac{1}{400}} \Rightarrow T = \frac{\pi}{10}\ s$$

Portanto,

$$v_{máx} = a\omega = a\frac{2\pi}{T}$$

$$v_{máx} = 0,30 = \frac{2\pi}{\frac{\pi}{10}} \Rightarrow v_{máx} = 6,0\ m/s$$

Resposta: A

Questões

1. (Vunesp-São Camilo-SP)

Uma mola ideal tem uma de suas extremidades presa a uma parede vertical e a outra presa a um bloco. Tal bloco oscila em movimento harmônico simples entre as posições A e C, passando pelo ponto B, ponto médio do segmento $\overline{AC}$, constituindo um sistema massa-mola.

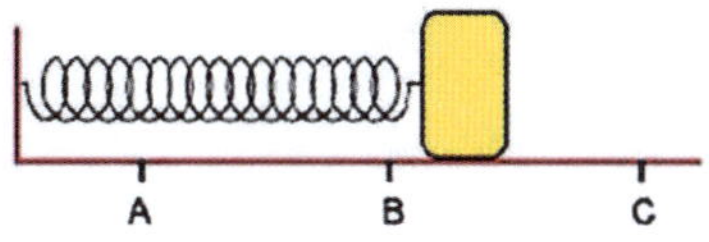

Reprodução/Vunesp/C.U.S.Camilo, 2017

Sobre esse movimento, é correto afirmar que:

a) em B, a aceleração escalar do bloco é nula.
b) a aceleração escalar do bloco tem intensidade constante.
c) a velocidade escalar do bloco tem o menor módulo em B.
d) entre B e C, o movimento do bloco é sempre retardado.
e) nos pontos A e C, a resultante das forças sobre o bloco é nula.

2. (UFPB)

Em uma experiência sobre movimento periódico, um estudante mede a posição de um bloco que se move unidimensionalmente em função do tempo, obtendo o gráfico da figura abaixo.

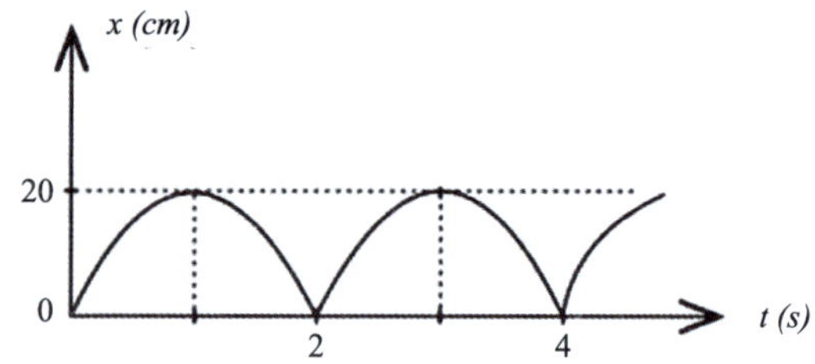

Baseando-se nesse gráfico, identifique as afirmativas corretas:

I. O período do movimento do bloco é de 4 s.

II. A amplitude da oscilação é de 20 cm.

III. A maior distância, a partir da origem, que o bloco atinge é de 0,2 m.

IV. A velocidade do bloco é sempre positiva.

V. A frequência de oscilação do bloco é de 0,5 Hz.

3. (ITA-SP)

Uma partícula de massa m move-se sobre uma linha reta horizontal num Movimento Harmônico Simples (MHS) com centro O. Inicialmente, a partícula encontra-se na máxima distância x_0 de O e, a seguir, percorre uma distância a no primeiro segundo e uma distância b no segundo seguinte, na mesma direção e sentido. Quanto vale a amplitude x_0 desse movimento?

a) $\dfrac{2a^3}{(3a^2 - b^2)}$

b) $\dfrac{2b^2}{(4a - b)}$

c) $\dfrac{2a^2}{(3a - b)}$

d) $\dfrac{2a^2b}{(3a^2 - b^2)}$

e) $\dfrac{4a^2}{(3a - 2b)}$

4. (PUC-SP)

Na figura ao lado, está representada a situação de equilíbrio de uma mola ideal quando livre e depois de ser presa a um corpo de massa 400 g.

Considere g = 10 m/s² e determine:

a) a constante elástica da mola;

b) o tipo e o período do movimento que o corpo descreveria, caso fosse suspenso 1 cm de sua posição de equilíbrio. Despreze a criação do ar sobre o movimento.

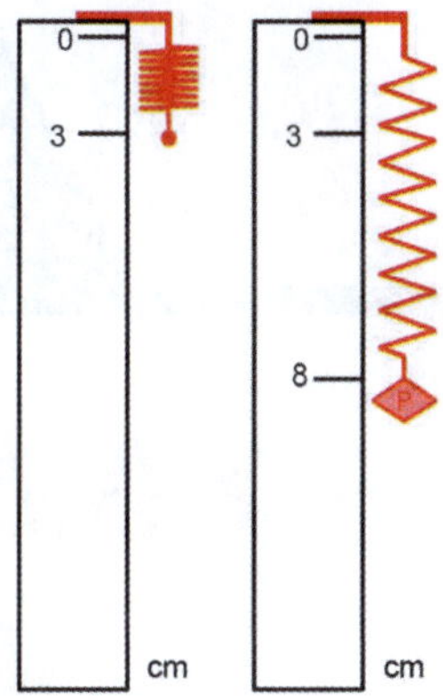

Reprodução/PUC-SP

5. (UEM-PR)

Um corpo de massa igual a 2,0 kg oscila sobre uma mesa horizontal lisa, preso a uma mola também horizontal, cuja constante elástica é k = 200 N/m. A amplitude da oscilação é A = 10 cm. Nessas condições, dê como resposta a soma dos números correspondentes às afirmações corretas. Considere g = 10 m/s².

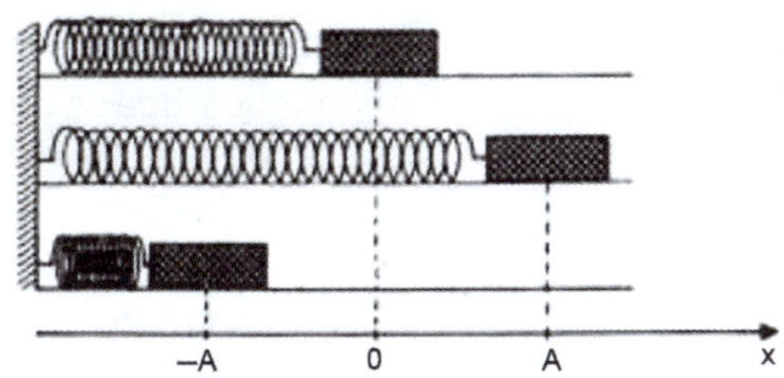

Reprodução/UEM-PR

(01) A força que a moça exerce sobre o corpo é constante e vale 20 N.

(02) Se nenhuma força externa agir sobre o sistema, o mesmo oscilará indefinidamente.

(04) A frequência angular de oscilação é de 10 rad/s.

(08) O módulo da velocidade máxima do corpo é de 1,0 m/s e ocorre no ponto de máximo deslocamento, em relação à posição de equilíbrio.

(16) O período de oscilação é igual a $\frac{\pi}{5}$ s.

TOTAL DE ACERTOS _____/5

6 Ondas

Reveja o que aprendeu

Você deve ser capaz de:

- Estudar as propriedades de fenômenos ondulatórios.

Ondas mecânicas e ondas eletromagnéticas

Onda mecânica é a propagação de energia através de partículas de um meio material, sem que essas partículas sejam transportadas.

Uma onda mecânica nunca se propaga no vácuo.

Ondas eletromagnéticas constituem um conjunto de dois campos, um elétrico e outro magnético, que se propagam no vácuo com velocidade aproximada de 300 000 km/s. Em meios materiais, quando ocorre propagação, a velocidade é menor que 300 000 km/s.

Ondas longitudinais, ondas transversais e ondas mistas

Ondas longitudinais

São ondas mecânicas que produzem perturbações nas partículas do meio material na mesma direção em que se propagam.

Banco de imagens/Arquivo da editora

Ondas transversais

São ondas em que as vibrações ocorrem perpendicularmente à direção de propagação.

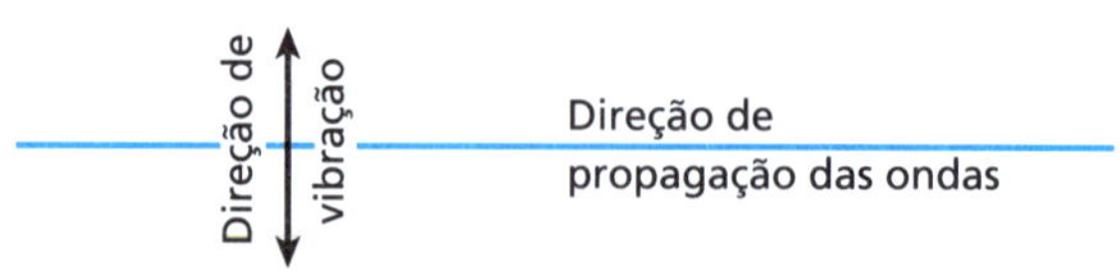

Banco de imagens/Arquivo da editora

Ondas mistas

São ondas mecânicas constituídas de vibrações transversais e longitudinais simultâneas.

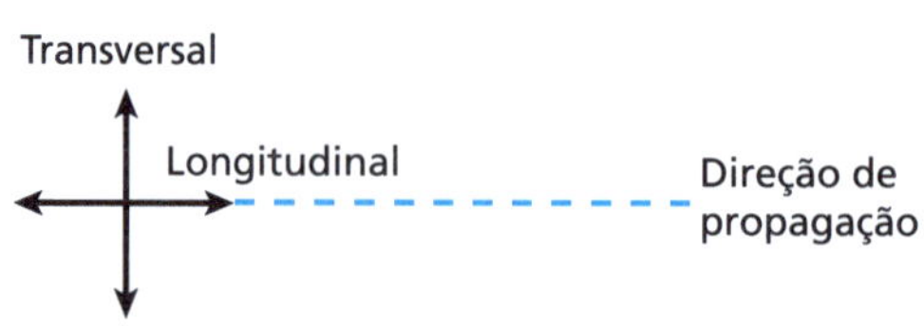

Banco de imagens/Arquivo da editora

Frente de onda e raio de onda

Frente de onda é a fronteira entre a região já atingida pela onda e a região ainda não atingida.

Raio de onda é uma linha orientada que tem origem na fonte de ondas e é perpendicular às frentes de onda. Os raios de onda indicam a direção e o sentido de propagação das ondas num meio.

Grandezas físicas associadas às ondas

As principais grandezas associadas às ondas são: **amplitude** (A), **período** (T), **frequência** (f) e **comprimento de onda** (λ).

A unidade de frequência no SI é o hertz (Hz), valendo a relação:

$$f = \frac{1}{T}$$

Velocidade de propagação de uma onda periódica

A velocidade de propagação de todas as ondas é dada por:

$$v = \lambda f$$

O som

O som é constituído de um conjunto de ondas mecânicas que podem ser percebidas pelo sistema auditivo dos seres humanos e de muitos outros animais.

A luz

A luz, que é uma onda eletromagnética, só pode sensibilizar nosso sistema visual se tiver sua frequência compreendida entre $4 \cdot 10^{14}$ Hz e $8 \cdot 10^{14}$ Hz, aproximadamente. Nessa faixa, na ordem crescente de frequências, encontramos as cores vermelha, alaranjada, amarela, verde, azul, anil e violeta, que formam as sete cores principais que observamos no arco-íris. As frequências logo abaixo dos $4 \cdot 10^{14}$ Hz são denominadas **infravermelhas** e as logo acima dos $8 \cdot 10^{14}$ Hz **ultravioletas**.

Velocidade de propagação de ondas transversais em cordas tensas

Considerando uma corda de massa m e comprimento L, temos que a densidade linear (δ) dessa corda é a razão entre sua massa m e seu comprimento L. Assim:

$$\delta = \frac{m}{L}$$ Unidade no SI: kg/m

Experimentalmente se comprova que, para o cálculo da velocidade v de propagação da onda, vale a fórmula de Taylor:

$$v = \sqrt{\frac{F}{\delta}}$$

Em termos do volume $V = \pi r^2 L$ e da densidade absoluta (volumétrica) $\mu = \frac{m}{V}$, tem-se:

$$v = \frac{1}{r}\sqrt{\frac{F}{\mu\pi}}$$

A equação de uma onda periódica transversal propagando-se em uma corda tensa é

$$y = A\cos\left[2\pi\left(ft - \frac{x}{\lambda}\right) + \varphi_0\right]$$

Reflexão

Uma onda que se propaga em um meio sofre **reflexão** quando, após incidir num segundo meio de características diferentes, volta a se propagar no meio original.

1ª Lei da Reflexão:

O raio incidente, o raio refletido e a reta normal à superfície refletora no ponto de incidência estão contidos sempre em um mesmo plano (são coplanares).

2ª Lei da Reflexão:

O ângulo formado pelo raio incidente e a normal (ângulo de incidência *i*) e o ângulo formado pelo raio refletido e a mesma normal (ângulo de reflexão *r*) são sempre de mesma medida: $i = r$.

Refração

Chama-se **refração** de uma onda a passagem dessa onda de um meio para outro, de características diferentes.

1ª Lei da Refração:

O raio incidente, a normal à fronteira no ponto de incidência e o raio refratado estão contidos no mesmo plano (são coplanares).

2ª Lei da Refração (Lei de Snell):

$$\frac{\text{sen }\theta_1}{\text{sen }\theta_2} = \frac{v_1}{v_2} = \frac{\lambda_1}{\lambda_2}$$

Superposição de pulsos em cordas

1ª situação: pulsos em fase (interferência construtiva)

$$A = A_1 + A_2 \qquad x = x_1 + x_2$$

2ª situação: pulsos em oposição de fase (interferência destrutiva)

$$A = A_1 - A_2 \qquad x = x_1 - x_2$$

Superposição de ondas periódicas

O fenômeno ondulatório denominado **batimento** é obtido pela superposição de ondas periódicas de frequências ligeiramente diferentes e de mesma amplitude (ou amplitudes próximas).

O fenômeno ondulatório denominado **ondas estacionárias** é a configuração resultante da superposição de duas ondas idênticas que se propagam na mesma direção e em sentidos opostos.

Ressonância

A **ressonância** é o fenômeno que corresponde a um sistema físico receber energia de um agente por meio de vibrações, cuja frequência coincide com uma das frequências naturais de vibração desse sistema.

Micro-ondas

Micro-ondas são ondas eletromagnéticas com frequências na faixa de 10^9 Hz a 10^{12} Hz. Como essas ondas se propagam na atmosfera de forma praticamente retilínea, são muito utilizadas nas telecomunicações, por exemplo nas transmissões de sinais de televisão ou na troca de mensagens telefônicas, também via satélite, entre dois continentes.

Interferência de ondas bidimensionais e tridimensionais

Condição de interferência construtiva caso as fontes estejam em **concordância de fase**:

$$\Delta d = N\frac{\lambda}{2} \quad \text{em que } N = 0, 2, 4, 6, \ldots$$

Caso as fontes estejam em **oposição de fase**:

$$\Delta d = N\frac{\lambda}{2} \quad \text{em que } N = 1, 3, 5, 7, \ldots$$

Condição de interferência destrutiva caso as fontes estejam em **concordância de fase**:

$$\Delta d = N\frac{\lambda}{2} \quad \text{em que } N = 1, 3, 5, 7, \ldots$$

Caso as fontes estejam em **oposição de fase**:

$$\Delta d = N\frac{\lambda}{2} \quad \text{em que } N = 0, 2, 4, 6, \ldots$$

Princípio de Huygens

Cada ponto de uma frente de onda comporta-se como uma nova fonte de ondas elementares, que se propagam para além da região já atingida pela onda original e com a mesma frequência que ela.

Difração

Em um meio homogêneo, a observação nos leva a acreditar que a propagação de uma onda é retilínea. Se ela passa por um ponto **A** e, depois de algum tempo, pelo ponto **B**, ela passará por todos os pontos do segmento **AB**. No entanto, ao encontrar obstáculos à sua propagação, essa onda sofre "encurvamento" nas regiões de borda. A esse encurvamento das ondas chamamos de **difração**.

Experiência de Young

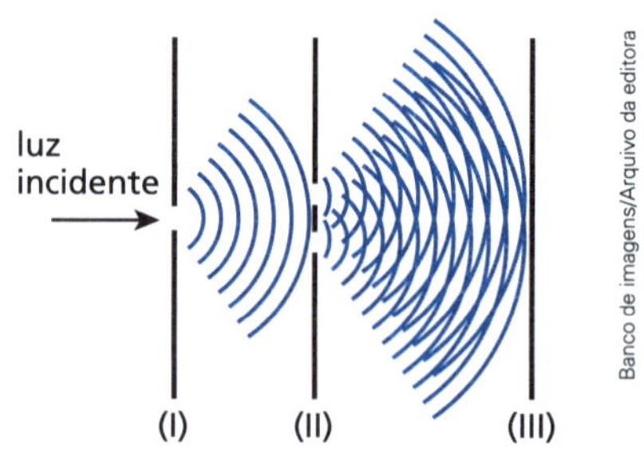

A expressão que pode ser usada para calcular a frequência ou o comprimento de onda da luz monocromática incidente no anteparo II é:

$$\lambda = \frac{2yd}{kD}$$

Observe que y é a distância entre a franja considerada e o máximo central (a distância entre duas franjas claras ou entre duas franjas escuras consecutivas é a mesma), d é o espaçamento entre as duas fendas do anteparo II, D é a distância entre os anteparos II e III e k é um número inteiro relacionado com a ordem da franja: para $k = 0, 2, 4, \ldots$ temos franjas claras; para $k = 1, 3, 5, \ldots$ temos franjas escuras.

Interferência em películas delgadas

A diferença do caminho percorrido por esses dois raios e a inversão de fase na reflexão da superfície externa podem proporcionar interferências construtivas ou destrutivas entre eles.

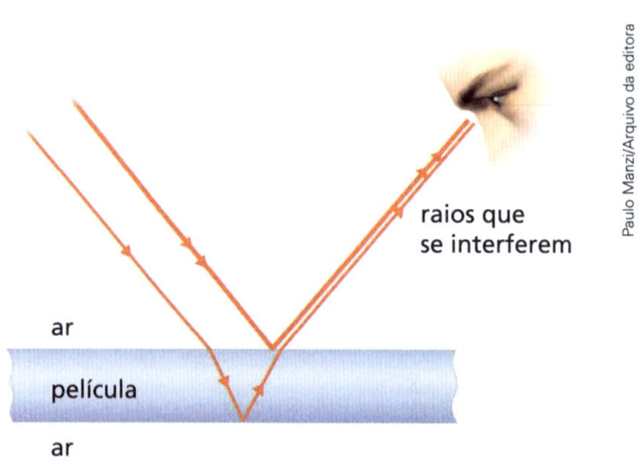

Aplique o que aprendeu

Exercício resolvido

1. (Enem) Uma manifestação comum das torcidas em estádios de futebol é a ola mexicana. Os espectadores de uma linha, sem sair do lugar e sem se deslocarem lateralmente, ficam de pé e se sentam, sincronizados com os da linha adjacente. O efeito coletivo se propaga pelos espectadores do estádio, formando uma onda progressiva, conforme ilustração.

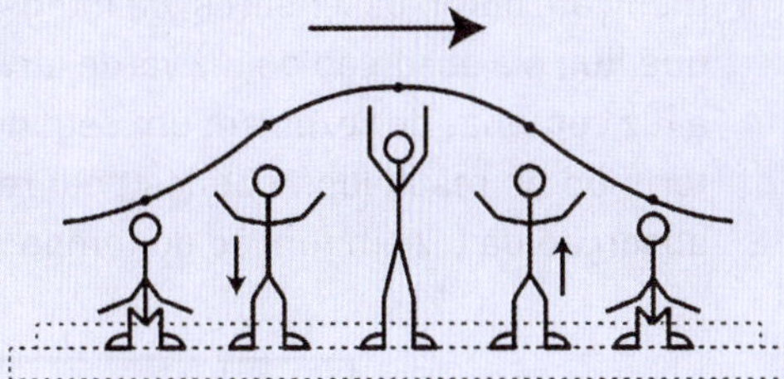

Calcula-se que a velocidade de propagação dessa "onda humana" é de 45 km/h, e que cada período de oscilação contém 16 pessoas, que se levantam e sentam organizadamente e distanciadas entre si por 80 cm.

Disponível em: www.ufsm.br. Acesso em: 7 dez. 2012 (adaptado).

Nessa ola mexicana, a frequência da onda, em hertz, é um valor mais próximo de

a) 0,3. b) 0,5. c) 1,0. d) 1,9. e) 3,7.

Resolução:

$v = 45 \, \frac{km}{h} = \frac{45 \cdot 1000 \, m}{3600 \, s} \Rightarrow v = 12{,}5 \, m/s$

$\lambda = 16 \cdot 0{,}80 \, m \Rightarrow \lambda = 12{,}8 \, m$

Assim:

$V = \lambda f \Rightarrow 12{,}5 = 12{,}8 \cdot f \Rightarrow f \cong 1{,}0 \, Hz$

Resposta: C

Questões

1. (Uerj)

Para localizar obstáculos totalmente submersos, determinados navios estão equipados com sonares, cujas ondas se propagam na água do mar. Ao atingirem um obstáculo, essas ondas retornam ao sonar, possibilitando assim a realização de cálculos que permitem a localização. Por exemplo, de um submarino.

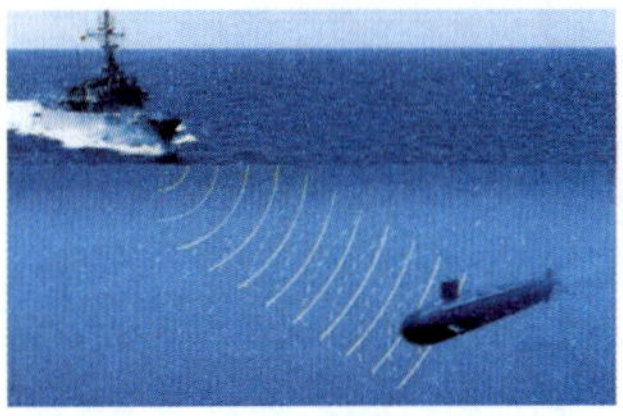

Adaptado de: naval.com.br.

Admita uma operação dessa natureza sob as seguintes condições:

- temperatura constante da água do mar;
- velocidade da onda sonora na água igual a 1450 m/s;
- distância do sonar ao obstáculo igual a 290 m.

Determine o tempo, em segundos, decorrido entre o instante da emissão da onda pelo sonar e o de seu retorno após colidir com o submarino.

2. (UPE)

Um relógio inteligente utiliza fotopletismografia para medir a frequência cardíaca de seu usuário. Essa tecnologia consiste na emissão de luz de coloração esverdeada no braço do portador e na conseguinte medição, por fotossensores, da intensidade da luz refletida por sua pele. Quando o coração bate, o sangue flui, e a absorção da luz verde através da pele é maior. Entre batidas, a absorção é menor. Piscando a luz centenas de vezes em um segundo, é possível calcular a frequência cardíaca. Suponha que, monitorando os resultados obtidos pelo relógio, um usuário tenha se deparado com o seguinte gráfico de absorção da luz em função do tempo:

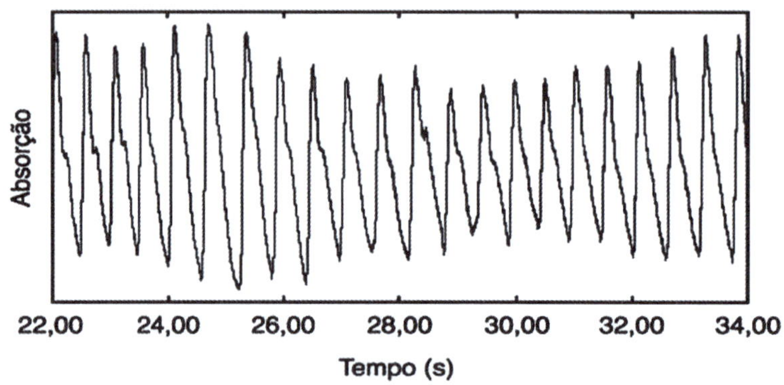

Então, sua frequência cardíaca em batimentos por minuto (bpm) no momento da medida está melhor representada na faixa entre

a) 15 e 50 bpm.
b) 55 e 65 bpm.
c) 70 e 85 bpm.
d) 90 e 100 bpm.
e) 105 e 155 bpm.

3. (Unicamp-SP)

A tecnologia de telefonia celular 4G passou a ser utilizada no Brasil em 2013, como parte da iniciativa de melhoria geral dos serviços no Brasil, em preparação para a Copa do Mundo em 2014. Algumas operadoras inauguraram serviços como ondas eletromagnéticas na frequência de 40 MHz. Sendo a velocidade da luz no vácuo $c = 3{,}0 \cdot 10^6$ m/s, o comprimento de ondas dessas ondas eletromagnéticas é

a) 1,2 m.
b) 5,0 m.
c) 12,0 m.
d) 7,5 m.

4. (UnB-DF)

Para extrair excesso de gordura do corpo humano, podem ser utilizadas várias técnicas ou procedimentos, que dependem da quantidade e da localização da gordura a ser retirada. A seguir, são descritos quatro procedimentos.

- No procedimento clássico, adequado para cirurgias simples como as de culotes, utiliza-se uma cânula, que tem a forma de um tubo, por meio da qual o cirurgião retira a gordura, fazendo movimento de vai-e-vem.
- O procedimento utilizado na lipoescultura, em que se exige precisão, é realizado por intermédio de uma seringa acoplada à cânula e, por meio de sucção manual, a gordura é retirada.
- Na técnica de ultrassom, ideal para extração de gordura mais consistente, um aparelho gerador de ondas é acoplado à cânula e faz que esta vibre, penetrando mais facilmente na pele.
- Na técnica apropriada para remover celulite, utiliza-se um aparelho vibrolipoaspirador, que substitui o movimento de vai-e-vem do cirurgião no procedimento clássico.

A respeito desses procedimentos, nos quais se aplicam conceitos de física, como pressão, ondas ultrassônicas e vibração, assinale a opção correta.

a) Ao contrário das ondas luminosas, o som não sofre refração.

b) Ao se puxar o êmbolo de uma seringa para colher material em estado líquido, este é aspirado porque a pressão dentro da seringa diminui devido ao aumento do volume interno, e a pressão externa, por ser maior, empurra o material para dentro da seringa.

c) A pressão é uma grandeza vetorial, pois é definida como força (grandeza vetorial) por unidade de área (grandeza escalar).

d) Considere que o aparelho de ultrassom gere uma onda em 22kHz. Nesse caso, sabendo-se que o som se propaga na água com 1 450 m/s, conclui-se que o comprimento de onda do ultrassom, na água, é maior que 0,1 m.

5. (FASM-SP)

A figura mostra, simultaneamente e num mesmo intervalo de tempo, três diferentes ondas de mesma natureza que se propagam em um mesmo meio.

Sobre essas três ondas, é correto afirmar que possuem diferentes

a) períodos.

b) amplitudes.

c) comprimentos de onda.

d) velocidades.

e) frequências.

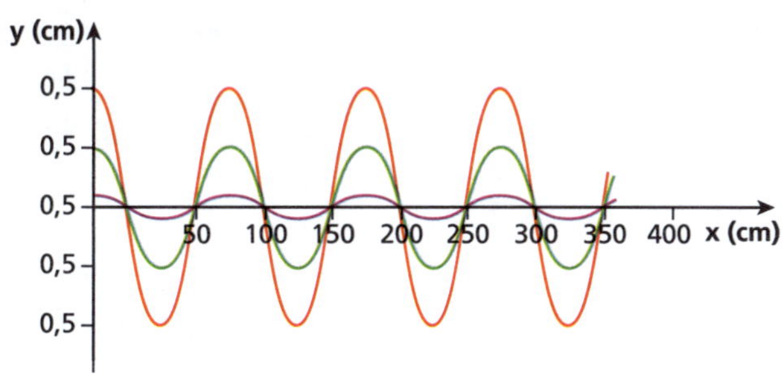

Banco de imagens/Arquivo da editora

(https://saxolandia.wordpress.com)

6. (UEA-AM)

Manaus realiza todos os anos o Festival Amazonas de Ópera:

Conhecido mundialmente, o FAO acontece desde 1997 e sempre foi realizado entre os meses de abril e maio. O evento já contou com a apresentação de óperas famosas como "O Anel do Nibelungo", de Richard Wagner, "Carmem", de Bizet e "Ça Ira", do ex-líder do Pink Floyd, Roger Waters.

(http://g1.globo.com)

Na afinação dos instrumentos para a abertura do festival, um músico utiliza um aparelho chamado diapasão, que vibra em uma frequência de 680 Hz. Sabendo que o som se propaga a uma velocidade de 340 m/s, pode-se afirmar que o comprimento da onda sonora produzida pelo diapasão vale, em metros:

a) 0,5 b) 1,5 c) 2 d) 10 e) 15

7. (FGV-SP)

Durante seus estudos de preparação para o vestibular da FGV, um aluno pensa acerca da luz visível que se propaga no ar de seu ambiente a uma velocidade bem próxima de $3{,}0 \cdot 10^8$ m/s. Consultando seus apontamentos, verifica que se trata de uma onda e que sua frequência média de vibração é da ordem de $1{,}0 \cdot 10^{14}$ Hz. Ele ouve uma buzina que emite um som agudo vibrando a uma frequência estimada em 1,0 kHz, cuja velocidade de propagação no ar é de 320 m/s. A relação $\frac{\lambda_L}{\lambda_S}$ entre os comprimentos da onda de luz (λ_L) e do som (λ_S) citados é a mais próxima de

a) 10^{-1}. b) 10^{-2}. c) 10^{-3}. d) 10^{-4}. e) 10^{-5}.

8. (Famerp-SP)

A tabela mostra a classificação das ondas eletromagnéticas em função das suas frequências.

Região do espectro eletromagnético	Faixa de frequência (Hz)
Ondas de rádio	$< 3,0 \times 10^9$
Micro-ondas	$3,0 \times 10^9$ a $3,0 \times 10^{12}$
Infravermelho	$3,0 \times 10^{12}$ a $4,3 \times 10^{14}$
Visível	$4,3 \times 10^{14}$ a $7,5 \times 10^{14}$
Ultravioleta	$7,5 \times 10^{14}$ a $3,0 \times 10^{17}$
Raios X	$3,0 \times 10^{17}$ a $3,0 \times 10^{19}$
Raios gama	$> 3,0 \times 10^{19}$

(www.if.ufrgs.br. Adaptado.)

Considere que as ondas eletromagnéticas se propagam pelo ar com velocidade $3,0 \cdot 10^8$ m/s aproximadamente e que um radar emite ondas eletromagnéticas de comprimento 2,0 cm. As ondas emitidas por esse radar são

a) infravermelho.
b) ultravioleta.
c) raios X.
d) micro-ondas.
e) ondas de rádio.

9. (Fac. Albert Einstein-SP)

Pesquisas odontológicas buscam por modalidades adjuvantes de tratamento antimicrobiano com menor possibilidade de efeitos colaterais para o indivíduo. Oscar Raab, em 1900, observou a morte de microrganismos quando expostos à luz solar e ao ar, na presença de certos corantes, o que seria o princípio de uma nova modalidade clínica conhecida como Terapia Fotodinâmica (FTD). A fotossensibilização depende do corante utilizado, da sua concentração, fluência e intensidade de potência do laser, e da espécie bacteriana envolvida. Para ativar as substâncias fotossensibilizadoras responsáveis pelo processo fotodinâmico, é necessário o uso de luz com frequência ressonante com o nível de absorção óptica da referida substância. Para o processo fotodinâmico, a luz ideal deve ter densidade de potência adequada e ser colimada. A alta colimação dos feixes laser somados às altas densidades de potência fazem desse o equipamento ideal para a ativação. Lasers sólidos tipo Nd:YAG têm sido empregados mais recentemente, mas ainda apresentam elevado custo. No entanto, empregando-se lasers Nd:YAG, associados a alguns dispositivos ópticos, obtêm-se feixes de laser na faixa de 200 a 2000 nm, o que atende boa parte dos agentes fotossensibilizadores do mercado.

https://www.metodista.br/revistas/revistas-unimep/index.php/FOL/article/viewArticle/248 (adaptado) Acessado em: 27/3/2016

Frequência (Hz)

Rádio $\leqslant 3 \cdot 10^9$

$3 \cdot 10^9 \leqslant$ Micro-ondas $\leqslant 3 \cdot 10^{12}$

$3 \cdot 10^{12} \leqslant$ Infravermelho $\leqslant 4{,}3 \cdot 10^{14}$

$4{,}3 \cdot 10^{14} \leqslant$ Visível $\leqslant 7{,}5 \cdot 10^{14}$

$7{,}5 \cdot 10^{14} \leqslant$ Ultravioleta $\leqslant 3 \cdot 10^{17}$

$3 \cdot 10^{17} \leqslant$ Raios X $\leqslant 3 \cdot 10^{19}$

Raios Gama $\leqslant 3 \cdot 10^{19}$

http://www.if.ufgrs.br/oei/cgu/espec/intro.htm [Adaptado]. Acessado em: 27/3/2016

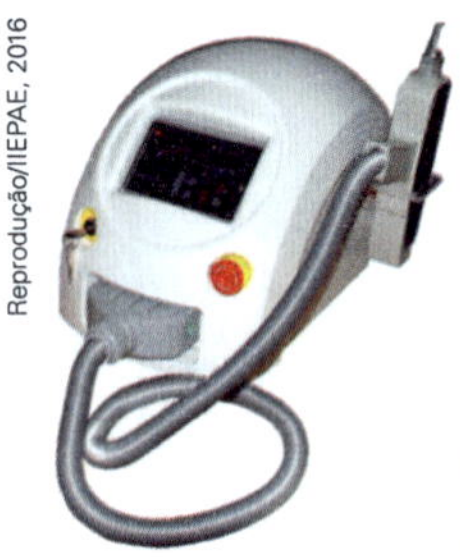

http://www.medicompras.com/equipo-laseryag-nd-q-switched Acessado em: 27/3/2016

Considerando-se a faixa dos tipos de feixes de lasers obtidos empregando-se lasers sólidos Nd:YAG, concluímos que as frequências produzidas estão na região compreendida entre:

a) Luz visível e ultravioleta

b) Infravermelho e luz visível

c) Micro-ondas e raios X

d) Infravermelho e ultravioleta

10. Um forno de micro-ondas funciona a partir da geração de ondas eletromagnéticas de frequência 2,45 GHz = $2,45 \cdot 10^9$ Hz. Se a velocidade da luz no ar é de aproximadamente $3 \cdot 10^5$ km/s, qual o comprimento de onda aproximado destas ondas no ar?

11. (São Leopoldo Mandic-SP)

O processo de desligamento da TV analógica no país vai começar em abril de 2016, pelo Distrito Federal e municípios da Região do Entorno. No decorrer desse mesmo ano, vai abranger capitais e cidades dos Estados de São Paulo, Minas Gerais, Goiás e Rio de Janeiro. O cronograma será concluído no fim de 2018. Antes de dar início ao chamado *switch off*, termo em inglês que significa o desligamento do sistema analógico, será realizado um teste na cidade de Rio Verde, em Goiás, programado para 29 de novembro de 2015.

(Disponível: http://www.mc.gov.br/radio-e-tv/noticias-radio-e-tv/31565-ministerio-das-comunicações-detalha-desligamento-da-tv-analogica Adaptado.)

A TV Cultura de São Paulo está migrando sua programação do canal 2 em VHF analógico (57 MHz) para o canal 6.1 em UHF digital (533 MHz). Qual é, em cm, a mudança no comprimento de onda do sinal transmitido pela emissora? (Dado: $c = 3 \cdot 10^8$ m/s)

a) 4,7
b) 56
c) 526
d) 470
e) 582

TOTAL DE ACERTOS ____/11

7 Acústica

Reveja o que aprendeu

Você deve ser capaz de:

- Diferenciar a natureza de distintos fenômenos sonoros.

Introdução

Em Acústica, estudamos as fontes das ondas sonoras e os fenômenos ondulatórios que podem ocorrer durante a propagação dessas ondas.

A propagação dos sons

O som é uma propagação de vibrações longitudinais através de meios materiais, compreendendo **compressões** e **rarefações** que se propagam. Nas compressões, a pressão é mais elevada do que seria caso não houvesse ondas (meio em equilíbrio). Nas rarefações, a pressão é mais baixa que no equilíbrio. Essas compressões e rarefações propagam-se de maneira análoga às ondas longitudinais em molas.

Como o som é uma onda mecânica, ao atingir nossa orelha, causa a sensação da audição. Para que a sensação sonora seja percebida, é necessário que a frequência dessas ondas mecânicas esteja dentro de certa faixa de valores. A faixa, por sua vez, depende do ouvinte e varia conforme a idade. De modo geral, são audíveis as ondas mecânicas com frequências compreendidas entre 20 Hz e 20 000 Hz. Apesar disso, também são chamadas de vibrações acústicas as vibrações mecânicas cujas frequências estão acima (ultrassons) ou abaixo (infrassons) desses limites.

A altura de um som é a sensação de grave ou agudo que ele provoca.

Reflexão do som

Quando as ondas sonoras atingem um obstáculo fixo, como uma parede, elas sofrem reflexão com inversão de fase.

Como acontece com qualquer onda, o som refletido também tem a mesma velocidade de propagação (em módulo), a mesma frequência e o mesmo comprimento de onda que o som incidente.

A reflexão do som envolve os fenômenos do **eco** e da **reverberação**.

Intensidade sonora

A **intensidade sonora** especifica a quantidade de energia da onda que atravessa a unidade de área disposta perpendicularmente à sua direção de propagação, na unidade de tempo. No SI, a unidade de medida da intensidade sonora é $\frac{J}{m^2 s}$ ou $\frac{W}{m^2}$.

Simbolizando por *Pot* a potência da fonte e por *A* a área da superfície esférica ($A = 4\pi x^2$), temos:

$$I = \frac{Pot}{A} = \frac{Pot}{4\pi x^2}$$

Cordas sonoras

Uma corda elástica apresenta várias frequências naturais de vibração, denominadas **modos de vibração**, que podem ser obtidos sacudindo-se uma das extremidades da corda em uma de suas frequências naturais. Dessa maneira, a corda entra em ressonância com o agente que a sacode.

Sendo *N* a quantidade de meios comprimentos de onda (ou ordem do harmônico), podemos, então, generalizar escrevendo a seguinte expressão para as frequências de vibração:

$$f = \frac{Nv}{2L} \quad (N = 1, 2, 3, ...)$$

As frequências naturais de vibração da corda são dadas por:

$$f = \frac{N}{2Lr}\sqrt{\frac{F}{\mu\pi}} \text{ ou } f = \frac{N}{DL}\sqrt{\frac{F}{\mu\pi}}$$

em que $D = 2r$ é o diâmetro da secção transversal da corda.

Supondo fixas as demais variáveis, a frequência do som fundamental emitido é inversamente proporcional ao diâmetro da corda.
Supondo fixas as demais variáveis, a frequência do som fundamental emitido é inversamente proporcional ao comprimento da corda.
Supondo fixas as demais variáveis, a frequência do som fundamental emitido é diretamente proporcional à raiz quadrada da força tensora.
Supondo fixas as demais variáveis, a frequência do som fundamental emitido é inversamente proporcional à raiz quadrada da massa específica do material de que é feita a corda.

Timbre de um som

O **timbre** de um som é a sensação característica causada pela presença de harmônicos acompanhando o som fundamental. Influem no timbre tanto a quantidade de harmônicos como suas intensidades relativas.

A **altura** (sensação que um som nos causa em virtude de sua frequência), o **timbre** (sensação que um som nos causa em virtude dos harmônicos presentes nele) e a **sonoridade** (sensação da intensidade de um som) são denominados **qualidades fisiológicas** do som.

Intervalo acústico entre dois sons

O intervalo acústico entre dois sons de frequências f_1 e f_2 é o quociente dessas frequências:

$$i = \frac{f_2}{f_1} \quad (f_2 > f_1)$$

Batimento, ressonância e difração do som

Os **batimentos** sonoros entre dois sons de frequências f_1 e f_2 próximas poderão ser percebidos apenas se a frequência desses batimentos não ultrapassar 7 Hz.

Na figura, **A** e **B** são diapasões idênticos. Batendo-se apenas no diapasão **A**, observamos que o diapasão **B** também vibra. Isso ocorre porque **B** é excitado pelas ondas sonoras provenientes de **A**, cuja frequência é igual à sua frequência de vibração natural. Esse fenômeno é a **ressonância**.

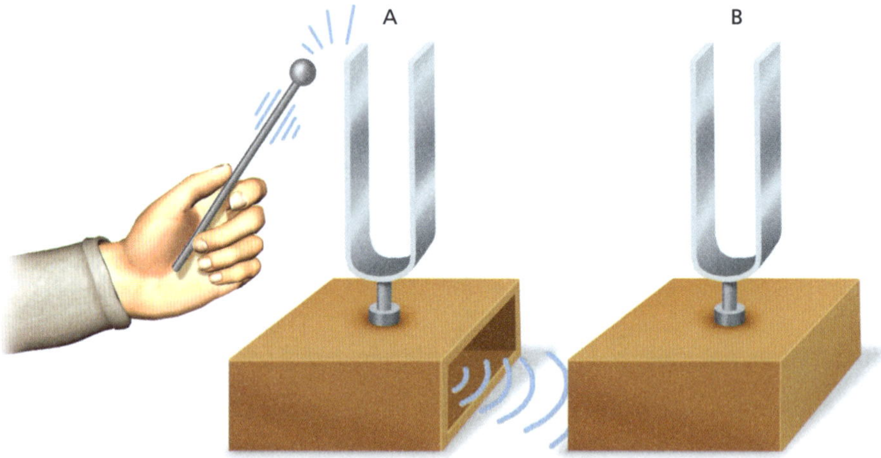

Paulo Manzi/Arquivo da editora

Ressonância

A **difração** é um fenômeno que ocorre quando os obstáculos atingidos apresentam dimensões inferiores às do comprimento de onda ou, pelo menos, da mesma ordem de grandeza.

Tubos sonoros

Uma coluna gasosa também possui suas frequências naturais de vibração (longitudinal). Assim, quando uma dessas colunas é excitada em uma ou mais de suas frequências naturais, ocorre ressonância e o som amplifica-se. Essas colunas gasosas, normalmente de ar, estão confinadas em tubos sólidos e ocos denominados **tubos sonoros**.

Em extremidade aberta, sempre existe um **ventre de deslocamento** (ou nó de pressão).
Em extremidade fechada, sempre existe um **nó de deslocamento** (ou ventre de pressão).

Para tubos abertos, generalizando para um harmônico de ordem *N* qualquer, obtemos:

$$f = \frac{Nv}{2L} \quad (N = 1, 2, 3, ...)$$

Para tubos fechados, generalizando para um harmônico qualquer de ordem ímpar, temos:

$$f = \frac{Nv}{4L} \quad (N = 1, 2, 3, 5, 7, ...)$$

Velocidade de propagação do som

Em um gás perfeito, a velocidade do som é

$$v = \sqrt{\frac{\gamma RT}{M}}$$

em que:
v é o módulo da velocidade de propagação do som no gás, *R* é a constante de Clapeyron, *T* é a temperatura absoluta do gás, *M* é a massa molar do gás e $\gamma = \frac{C_p}{C_V}$.

A velocidade de propagação do som num gás perfeito não depende da pressão ou da densidade do gás. É proporcional à raiz quadrada da temperatura absoluta e inversamente proporcional à raiz quadrada de sua massa molar, dependendo também de sua estrutura molecular (atomicidade).

Efeito Doppler

Efeito Doppler é a alteração da frequência percebida por uma pessoa pelo fato de existir uma **aproximação** ou um **afastamento** entre a fonte e o observador.

A fórmula geral para a frequência Doppler (f_D), também chamada de frequência aparente, é:

$$f_D = f\frac{v \pm v_O}{v \pm v_F}$$

em que os sinais ± podem ser obtidos pela seguinte convenção: o segmento de reta ligando o observador **O** até a fonte **F** é orientado sempre de **O** para **F**, quaisquer que sejam as posições de **O** e de **F**.

Sonoridade

A **sonoridade** ou **sensação sonora** depende da intensidade sonora, do ouvinte e da frequência do som considerado.

Para determinarmos a sonoridade, usamos a Lei de Weber-Fechner:

$$N = k \log\frac{I}{I_{ref}}$$

em que:
k é uma constante de proporcionalidade, *I* é a intensidade sonora de um som e *N* é seu nível relativo de intensidade em relação a um som de referência de intensidade I_{ref}.

Fazendo k = 1,

$$N = \log\frac{I}{I_{ref}}$$ em decibel (dB)

Aplique o que aprendeu

Exercício resolvido

1. (Enem) Em um piano, o Dó central e a próxima nota Dó (Dó maior) apresentam sons parecidos, mas não idênticos. É possível utilizar programas computacionais para expressar o formato dessas ondas sonoras em cada uma das situações como apresentado nas figuras, em que estão indicados intervalos de tempo idênticos (T).

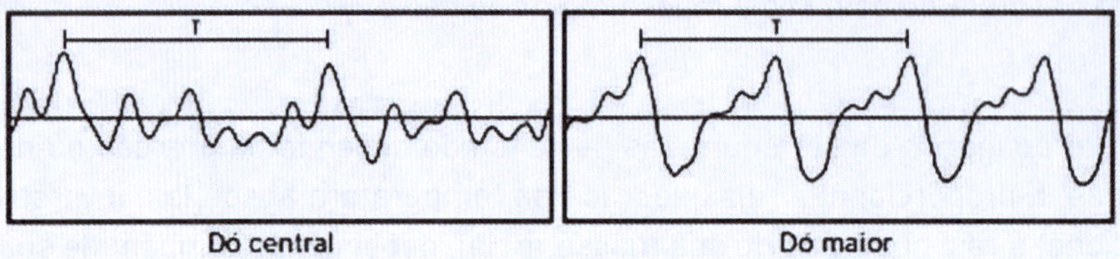

A razão entre as frequências do Dó central e do Dó maior é de:

a) $\frac{1}{2}$ b) 2 c) 1 d) $\frac{1}{4}$ e) 4

Resolução:

Quando temos uma nota musical, o Dó central, por exemplo, o próximo Dó (Dó maior) está uma oitava acima. Isto é, essa nova nota tem o dobro da frequência da nota inicial.

Assim:

$$\frac{f_{(\text{Dó maior})}}{f_{(\text{Dó central})}} = 2$$

Resposta: B

Questões

1. (Enem)

As notas musicais podem ser agrupadas de modo a formar um conjunto. Esse conjunto pode formar uma escala musical. Dentre as diversas escalas existentes, a mais difundida é a escala diatônica, que utiliza as notas denominadas dó, ré, mi, fá, sol, lá e si. Essas notas estão organizadas em ordem crescente de alturas, sendo a nota dó a mais baixa e a nota si a mais alta.

Considerando uma mesma oitava, a nota si é a que tem menor

a) amplitude.

b) frequência.

c) velocidade.

d) intensidade.

e) comprimento de onda.

2. (Enem)

Em um violão afinado, quando se toca a corda Lá com seu comprimento efetivo (harmônico fundamental), o som produzido tem frequência de 440 Hz.

Se a mesma corda do violão é comprimida na metade do seu comprimento, a frequência do novo harmônico

a) se reduz à metade, porque o comprimento de onda dobrou.

b) dobra, porque o comprimento de onda foi reduzido à metade.

c) quadruplica, porque o comprimento de onda foi reduzido à metade.

d) quadruplica, porque o comprimento de onda foi reduzido à quarta parte.

e) não se modifica, porque é uma característica independente do comprimento da corda que vibra.

3. (UFPE)

A figura mostra uma corda **AB**, de comprimento *L*, de um instrumento musical com ambas as extremidades fixas. Mantendo-se a corda presa no ponto **P**, a uma distância *L*/4 da extremidade **A**, a frequência fundamental da onda transversal produzida no trecho **AP** é igual a 294 Hz. Para obter um som mais grave o instrumentista golpeia a corda no trecho maior **PB**. Qual é a frequência fundamental da onda neste caso, em Hz?

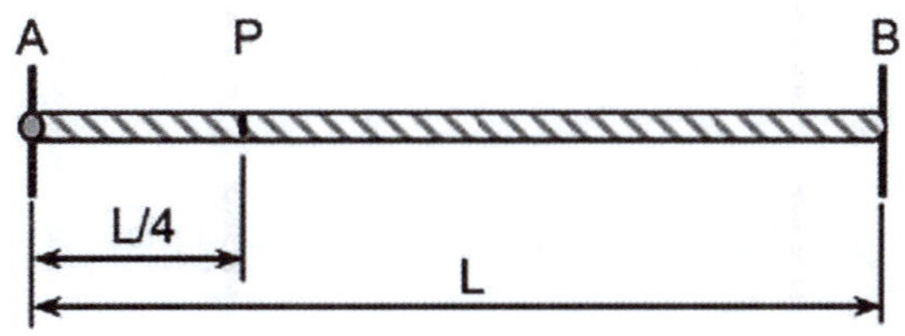

4. (SBF)

Duas cordas vibrantes (1 e 2), presas pelas extremidades, são feitas do mesmo material e têm o mesmo comprimento. O diâmetro da corda 1 é duas vezes maior que o diâmetro da corda 2. O módulo da força tensora nas cordas 1 e 2 é, respectivamente, T_1 e T_2. Para que as duas cordas vibrem com a mesma frequência fundamental, devemos ter

a) $T_1 = 6\,T_2$.
b) $T_1 = 4\,T_2$.
c) $T_1 = 2\,T_2$.
d) $T_1 = T_2$.

5. (FGV-SP)

As figuras 1 e 2 representam a mesma corda de um instrumento musical percutida pelo músico e vibrando em situação estacionária.

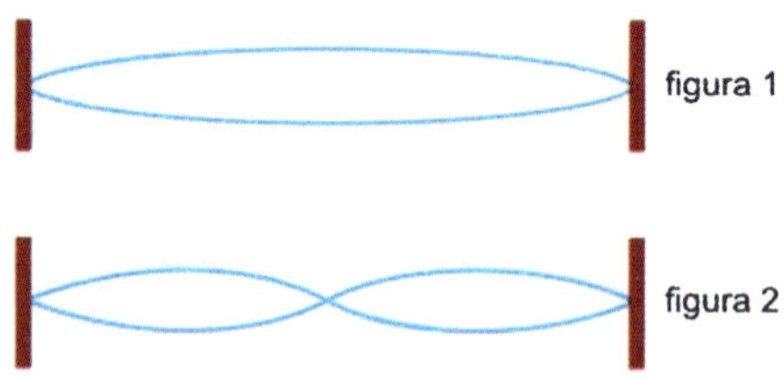

De uma figura para outra, não houve variação na tensão da corda. Assim, é correto afirmar que, da figura 1 para a figura 2, ocorreu

a) um aumento na velocidade de propagação das ondas formadas na corda e também na velocidade de propagação do som emitido pelo instrumento.
b) um aumento no período de vibração das ondas na corda, mas uma diminuição na velocidade de propagação do som emitido pelo instrumento.
c) uma diminuição na frequência de vibração das ondas formadas na corda, sendo mantida a frequência de vibração do som emitido pelo instrumento.
d) uma diminuição no período de vibração das ondas formadas na corda e também na velocidade de propagação do som emitido pelo instrumento.
e) um aumento na frequência de vibração das ondas formadas na corda, sendo mantida a velocidade de propagação do som emitido pelo instrumento.

6. (FMABC)

A figura 1, abaixo, mostra um estetoscópio, instrumento utilizado na ausculta médica.

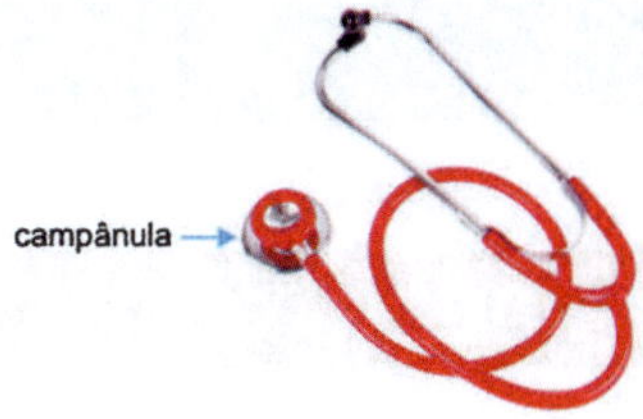

Figura 1

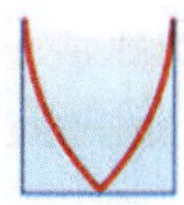

Figura 2

(www.fibracirurgica.com.br)

A campânula funciona como um tubo sonoro fechado em uma de suas extremidades, de modo que a frequência fundamental de ressonância ocorre quando se produz uma onda sonora com um nó na extremidade fechada e o ventre adjacente na extremidade aberta, como mostra a figura 2. Se a campânula tem profundidade 6,0 mm, o comprimento de onda da onda correspondente à frequência fundamental de ressonância dessa campânula é

a) 12,0 mm.   b) 15,0 mm.   c) 18,0 mm.   d) 24,0 mm.   e) 30,0 mm.

7. (Famema-SP)

A figura representa um instrumento musical de sopro constituído por um tubo de comprimento *L*, aberto nas duas extremidades. Ao soprar esse instrumento, estimulamos a vibração do ar, produzindo ondas estacionárias, que se propagam com velocidade (*v*), dentro desse tubo, conforme a figura.

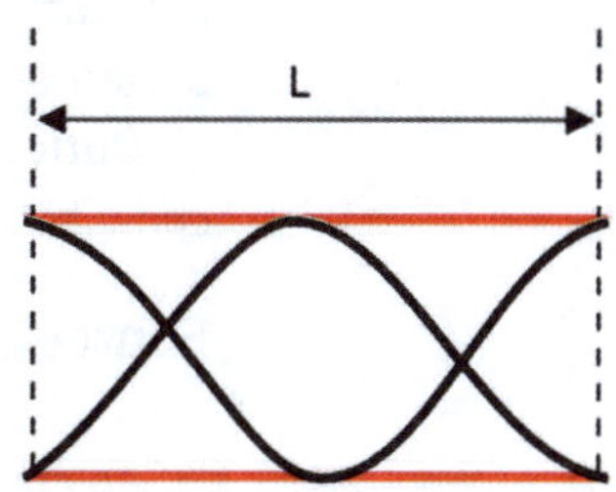

Considerando essas informações, a frequência do som emitido por esse instrumento será

a) $f = 3\frac{v}{2L}$ b) $f = \frac{v}{4L}$ c) $f = \frac{v}{2L}$ d) $f = 2\frac{v}{L}$ e) $f = \frac{v}{L}$

TOTAL DE ACERTOS ____/7

8 Fundamentos da Óptica Geométrica e reflexão da luz

Reveja o que aprendeu

Você deve ser capaz de:

- Definir os princípios da óptica geométrica.
- Reconhecer as propriedades da reflexão em espelhos planos e esféricos.

Luz: uma forma de energia radiante

Energia radiante é aquela que se propaga por meio de ondas eletromagnéticas. Dentro dessa concepção, podemos destacar as ondas de rádio, de TV e de radar, os raios infravermelhos, a luz, os raios ultravioleta, os raios X, os raios gama, etc.

Uma característica importantíssima da energia radiante é sua velocidade de propagação, que, no vácuo, vale aproximadamente:

$$c \cong 3{,}00 \cdot 10^5 \text{ km/s} = 3{,}00 \cdot 10^8 \text{ m/s}$$

Luz é o agente físico que, atuando nos órgãos visuais, produz a sensação da visão.

Óptica: divisão e aplicações

Óptica Geométrica: estuda os fenômenos ópticos com enfoque nas trajetórias seguidas pela luz. Fundamenta-se na noção de raio de luz e nas leis que regulamentam seu comportamento.

Óptica Física: estuda os fenômenos ópticos que exigem uma teoria sobre a natureza constitutiva da luz.

Fontes de luz

São considerados **fontes de luz** todos os corpos dos quais se pode receber luz.

Fontes primárias: são os corpos que emitem luz própria.

Fontes secundárias: são os corpos que enviam a luz que recebem de outras fontes.

Uma fonte de luz é considerada **pontual** (ou **puntiforme**) quando suas dimensões são irrelevantes em comparação com as distâncias aos corpos iluminados por ela. Fontes de luz de dimensões não desprezíveis são denominadas **extensas**.

Meios transparentes, translúcidos e opacos

Meios transparentes são aqueles que permitem que a luz os atravesse descrevendo trajetórias regulares e bem definidas.

Meios translúcidos são aqueles em que a luz descreve trajetórias irregulares com intensa difusão (espelhamento aleatório), provocada pelas partículas desses meios.

Meios opacos são aqueles através dos quais a luz não se propaga.

Frente de luz – Raio de luz

Frente de luz é a fronteira entre a região já atingida por um pulso luminoso e a região ainda não atingida.

Raio de luz é uma linha orientada que tem origem na fonte de luz e é perpendicular às frentes de luz. Os raios de luz indicam a direção e o sentido de propagação da luz em um meio ou sistema.

Pincel de luz – Feixe de luz

Se acendermos a lanterna e espalharmos fumaça na região da montagem, notaremos, à direita do anteparo, uma região cônica do espaço diretamente iluminada. Essa região, que tem pequena abertura angular em virtude do pequeno diâmetro do orifício, denomina-se **pincel de luz**.

Reunindo-se os pincéis emanados de um mesmo elemento de superfície, obtém-se uma região iluminada de abertura angular relativamente grande, que recebe o nome de **feixe de luz**.

Os pincéis de luz (e também os feixes de luz) admitem a seguinte classificação:

- **Cônicos divergentes:** os raios de luz divergem a partir de um mesmo ponto **P**.
- **Cônicos convergentes:** os raios de luz convergem para um mesmo ponto **P**.
- **Cilíndricos:** os raios de luz são paralelos entre si.

Princípio da Independência dos Raios de Luz

A propagação de um pincel de luz não é perturbada pela propagação de outros na mesma região; um independe da presença dos outros.

Quando ocorre cruzamento de raios de luz, cada um deles continua sua propagação independentemente da presença dos outros.

Princípio da Propagação Retilínea da Luz

Nos meios transparentes e homogêneos, a luz propaga-se em linha reta.

Sombra e penumbra

Se **F** é uma fonte luminosa puntiforme, suponha que temos um disco opaco entre a fonte e um anteparo também opaco, então teremos, na região entre o disco e o anteparo, um tronco de cone desprovido de iluminação direta da fonte. Essa região é denominada **sombra**. No anteparo, notaremos uma região circular também isenta de iluminação direta da fonte. Essa região é chamada de **sombra projetada**.

Quando a fonte de luz é extensa, além das regiões de sombra e de sombra projetada, teremos ainda regiões de **penumbra** e de **penumbra projetada**.

Câmara escura de orifício

Câmara escura de orifício é uma caixa de paredes opacas, sendo uma delas dotada de um orifício **O**, diante do qual é colocado um corpo luminoso. Os raios emanados desse corpo, após atravessarem **O**, incidem na parede do fundo da caixa, lá projetando uma figura semelhante ao corpo considerado, em forma e em colorido. Tal figura, no entanto, apresenta-se invertida em relação ao corpo.

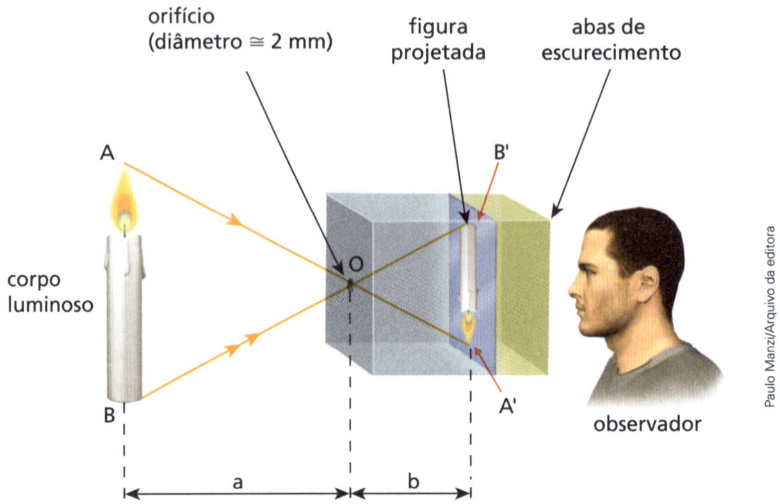

$$\frac{A'B'}{AB} = \frac{b}{a}$$

Fenômenos físicos fundamentais na óptica geométrica

Reflexão é o fenômeno que consiste no fato de a luz voltar a se propagar no meio de origem, após incidir na superfície de separação deste com outro meio.
Refração é o fenômeno que consiste no fato de a luz passar de um meio para outro diferente.

Reflexão e refração seletivas

Quando iluminadas pela luz solar, as folhas de uma árvore nos parecem verdes, por quê?

Porque essas folhas "selecionam" no espectro solar principalmente a cor componente verde, refletindo-a de modo difuso para o meio. Ao receber luz verde em nossos olhos, enxergamos as folhas em verde.

Cumpre observar que as demais cores componentes da luz branca são predominantemente absorvidas pelas folhas.

Ponto objeto e ponto imagem

Relativamente a determinado sistema óptico, chama-se **ponto objeto** o vértice do pincel luminoso incidente.

- **ponto objeto real** (POR) é o vértice de um pincel incidente divergente, sendo formado pelo cruzamento efetivo dos raios de luz.
- **ponto objeto virtual** (POV) é o vértice de um pincel incidente convergente, sendo formado pelo cruzamento dos prolongamentos dos raios de luz.
- **ponto objeto impróprio** (POI) é o vértice de um pincel incidente cilíndrico, estando situado no infinito.

Relativamente a determinado sistema óptico, chama-se **ponto imagem** o vértice do pincel luminoso emergente.

- **ponto imagem real** (PIR) é o vértice de um pincel emergente convergente, sendo formado pelo cruzamento efetivo dos raios de luz.
- **ponto imagem virtual** (PIV) é o vértice de um pincel emergente divergente, sendo formado pelo cruzamento dos prolongamentos dos raios de luz.
- **ponto imagem impróprio** (PII) é o vértice de um pincel emergente cilíndrico, estando situado no infinito.

Sistemas ópticos estigmáticos, aplanéticos e ortoscópicos

Um sistema óptico é **estigmático** quando a um ponto objeto conjuga um e somente um ponto imagem.

Um sistema óptico é **aplanético** quando a um objeto plano e frontal conjuga uma imagem também plana e frontal.

Um sistema óptico é **ortoscópico** quando a um objeto conjuga uma imagem geometricamente semelhante.

Reversibilidade na propagação da luz

Em idênticas condições, a trajetória seguida pela luz independe do sentido de propagação.

Reflexão: conceito, elementos e leis

Reflexão é o fenômeno que consiste no fato de a luz voltar a se propagar no meio de origem, após incidir na superfície de separação desse meio com outro.

1ª Lei da Reflexão

O raio refletido pertence ao plano de incidência, ou seja, o raio refletido, a reta normal no ponto de incidência e o raio incidente são **coplanares**.

2ª Lei da Reflexão

O ângulo de reflexão é sempre **igual** ao ângulo de incidência.

O espelho plano

Chama-se **espelho plano** qualquer superfície plana, polida e com alto poder refletor.

Construção gráfica de imagens nos espelhos planos

Nos espelhos planos, o objeto e a respectiva imagem têm sempre **naturezas opostas**, isto é, se o primeiro for real, o outro será virtual e vice-versa.

Propriedade Fundamental dos Espelhos Planos: a simetria

Nos espelhos planos, a imagem é sempre **simétrica** do objeto em relação ao espelho.

Imagem e objeto não superponíveis

É importante observar que, devido à simetria, a imagem de um objeto extenso fornecida por um espelho plano, embora idêntica a ele, não lhe é, em geral, superponível.

Campo de um espelho plano

Chama-se **campo de um espelho plano**, para determinado observador, a região do espaço que pode ser contemplada por ele pela reflexão da luz no espelho.

Translação de um espelho plano

Quando um espelho plano é transladado paralelamente a si mesmo, a imagem de um objeto fixo sofre translação no mesmo sentido, com o dobro do comprimento em relação à do espelho.

Rotação de um espelho plano

Quando um espelho plano sofre uma rotação de um ângulo α em torno de um eixo normal ao plano de incidência de um raio de luz proveniente de uma fonte fixa, o raio refletido correspondente sofre uma rotação, no mesmo sentido, de um ângulo que equivale ao dobro de α.

Imagens múltiplas em dois espelhos planos associados

O número *n* de imagens fornecidas pela associação de espelhos fica determinado pela expressão empírica:

$$n = \frac{360°}{\alpha} - 1$$

Classificação e elementos geométricos dos espelhos esféricos

Chama-se **espelho esférico** qualquer calota esférica polida e com alto poder refletor.

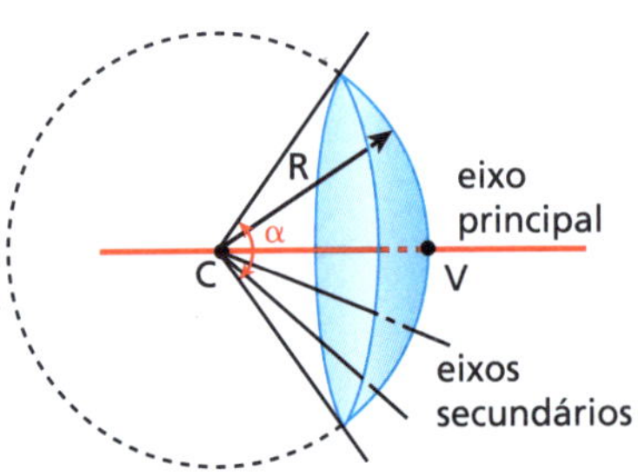

CJT/Zapt/Arquivo da editora

- O centro **C** da esfera que originou a calota é chamado de **centro de curvatura** do espelho.
- O polo **V** da calota é chamado de **vértice** do espelho.
- A reta que passa por **C** e **V** é chamada de **eixo principal** do espelho.
- Todas as demais retas que contêm o centro **C** são chamadas de **eixos secundários**.

- O ângulo α, que tem o vértice no centro **C** e os lados passando por pontos diametralmente opostos da calota, é chamado de **abertura** do espelho.
- O raio *R* da esfera que originou a calota é denominado **raio de curvatura** do espelho.
- Qualquer plano perpendicular ao eixo principal é denominado **plano frontal**.

Espelhos esféricos gaussianos

Entende-se por espelhos esféricos gaussianos aqueles em que os raios luminosos envolvidos são pouco inclinados e pouco afastados em relação ao eixo principal. Por raios luminosos "pouco afastados" em relação ao eixo principal entendemos aqueles cuja distância do ponto de incidência ao referido eixo é pequena em comparação com o raio de curvatura do espelho.

Focos dos espelhos esféricos

O **foco** de um sistema óptico qualquer é um ponto que tem por conjugado um ponto impróprio ("situado no infinito").
Nos espelhos esféricos gaussianos, o **foco principal** é aproximadamente equidistante do centro de curvatura e do vértice:

$$f \cong \frac{R}{2}$$

Raios luminosos particulares

1º raio particular

Todo raio luminoso que incide no espelho alinhado com o centro de curvatura se reflete sobre si mesmo.

2º raio particular

Todo raio luminoso que incide no vértice do espelho gera, relativamente ao eixo principal, um raio refletido simétrico.

3º raio particular

Todo raio luminoso que incide paralelamente ao eixo principal se reflete alinhado com o foco principal.

Considerando a reversibilidade dos raios de luz, podemos enunciar também:

Todo raio luminoso que incide alinhado com o foco principal se reflete paralelamente ao eixo principal.

Construção gráfica das imagens nos espelhos esféricos

A um objeto real, um espelho esférico convexo conjuga uma imagem sempre virtual, direita e menor, compreendida entre o foco principal e o vértice, independentemente da distância do objeto à superfície refletora.

1º) Objeto além do centro de curvatura

Características da imagem:

- real: formada pelo cruzamento efetivo dos raios refletidos;
- invertida: "de cabeça para baixo" em relação ao objeto;
- menor: o "tamanho" da imagem é menor que o do objeto.

2º) Objeto no plano frontal, que contém o centro de curvatura

Características da imagem:

- real;
- invertida;
- do mesmo tamanho que o objeto.

3º) Objeto entre o centro de curvatura e o foco

Características da imagem:

- real;
- invertida;
- maior: o "tamanho" da imagem é maior que o do objeto.

4º) Objeto no plano focal

Nesse caso, como os raios luminosos emergentes do sistema são paralelos entre si, a imagem "forma-se no infinito", sendo, portanto, **imprópria**.

5º) Objeto entre o foco e o vértice

Características da imagem:

- virtual;
- direita;
- maior.

Referencial gaussiano

O **referencial gaussiano** é um sistema cartesiano constituído de dois eixos orientados perpendicularmente entre si, Ox e Oy, com origem no vértice *V* do espelho.

Do referencial gaussiano, decorre o seguinte:

Elementos reais (objetos ou imagens situados na frente do espelho): **abscissa positiva**.
Elementos virtuais (objetos ou imagens situados atrás do espelho): **abscissa negativa**.

Função dos pontos conjugados (Equação de Gauss)

$$\frac{1}{f} = \frac{1}{p} + \frac{1}{p'}$$

Aumento linear transversal

Por definição, o **aumento linear transversal** é a grandeza adimensional *A*, calculada pelo quociente da ordenada da imagem (*i*) pela ordenada do objeto (*o*):

$$A = \frac{i}{o}$$

Aplique o que aprendeu

Exercício resolvido

1. A ciência pode salvar sua vida!

Considere que as distâncias do Sol à Terra e da Terra à Lua valem 150 milhões de quilômetros e 384 mil quilômetros, respectivamente. Adotando-se para a intensidade da velocidade da luz o valor $c = 3{,}0 \cdot 10^8$ m/s, aponte a alternativa que traz o valor mais próximo do intervalo de tempo para o trânsito de um pulso luminoso emanado do sol que se reflete na Lua na fase de lua cheia e atinge a face noturna da terra:

a) 8,0 min + 18,7 s
b) 8,0 min + 20,0 s
c) 8,0 min + 21,3 s
d) 8,0 min + 22,3 s
e) O intervalo de tempo citado é praticamente nulo.

Martin Perscheid/Acervo do cartunista

Resolução:

O pulso luminoso emitido pelo Sol reflete-se na lua e atinge a Terra, permitindo a visualização desse satélite, fonte secundária de luz, que não emite luz própria.

Veja o esquema simplificado e fora da escala abaixo:

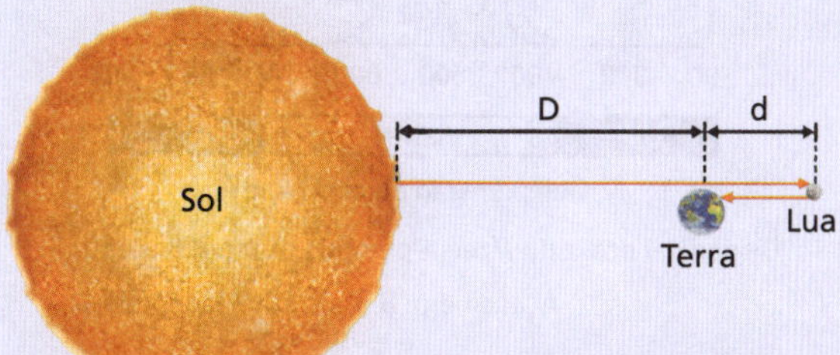

Paulo Manzi/Arquivo da editora

I. Cálculo do intervalo de tempo Δt_1 gasto pela luz para percorrer a distância $D = 150 \cdot 10^6$ km entre o Sol e a Terra.

Sendo $c = 3{,}0 \cdot 10^5$ km/s, vem:

$$c = \frac{D}{\Delta t_1} \Rightarrow \Delta t_1 = \frac{D}{c} \Rightarrow \Delta t_1 = \frac{150 \cdot 10^6}{3{,}0 \cdot 10^5} \text{ (s)}$$

Da qual:

$\Delta t_1 = 500 \text{ s} = 8{,}0 \text{ min} + 20{,}0 \text{ s}$

II. Cálculo do intervalo de tempo Δt_2 gasto pela luz para percorrer a distância $2d = 2 \cdot 384 \cdot 10^3 \text{ km} = 768 \cdot 10^3$ km, corresponde ao trânsito Terra-Lua-Terra.

$$c = \frac{2d}{\Delta t_2} \Rightarrow \Delta t_2 = \frac{2d}{c} \Rightarrow \Delta t_2 = \frac{768 \cdot 10^3}{3{,}0 \cdot 10^5} \text{ (s)}$$

De onde se obtém:

$\Delta t_2 = 2{,}56 \text{ s} \cong 2{,}6 \text{ s}$

III. Sendo *T* o intervalo de tempo total, segue que:

$T = \Delta t_1 + \Delta t_2 \Rightarrow T = 8{,}0 \text{ min} + 20{,}0 \text{ s} + 2{,}6 \text{ s}$

Logo: $T = 8{,}0 \text{ min} + 22{,}6 \text{ s}$

Resposta: D

Questões

1. (Enem)

A figura mostra como é a emissão de radiação eletromagnética para cinco tipos de lâmpada: haleto metálico, tungstênio, mercúrio, xênon e LED (diodo emissor de luz). As áreas marcadas em cinza são proporcionais à intensidade da energia liberada pela lâmpada. As linhas pontilhadas mostram a sensibilidade do olho humano aos diferentes comprimentos de onda. UV e IV são as regiões do ultravioleta e do infravermelho, respectivamente.

Um arquiteto deseja iluminar uma sala usando uma lâmpada que produza boa iluminação, mas que não aqueça o ambiente.

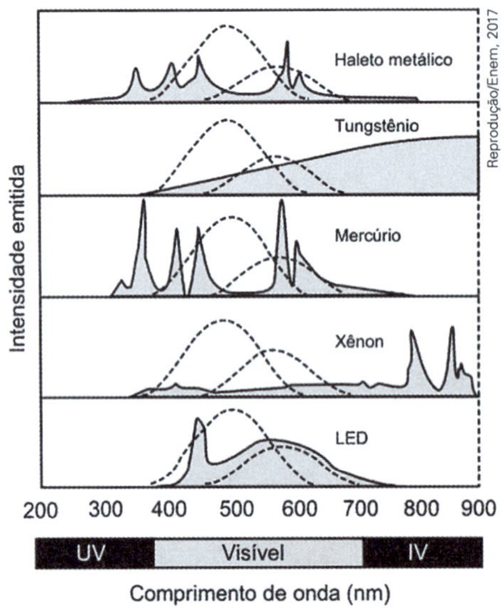

Disponível em: http://zeiss-campus.magnet.fsu.edu.
Acesso em: 8 maio 2017 (adaptado).

Qual tipo de lâmpada melhor atende ao desejo do arquiteto?

a) Haleto metálico.
b) Tungstênio.
c) Mercúrio.
d) Xênon.
e) LED.

2. (PUC-RS)

Na figura ao lado, ilustra-se um espelho esférico côncavo E e seus respectivos centro de curvatura (C), foco (F) e vértice (V). Um dos infinitos raios luminosos que incidem no espelho tem sua trajetória representada por r. As trajetórias de 1 a 5 se referem a possíveis caminhos seguidos pelo raio luminoso refletido no espelho.

O número que melhor representa a trajetória percorrida pelo raio r, após refletir no espelho E, é

a) 1 b) 2 c) 3 d) 4 e) 5

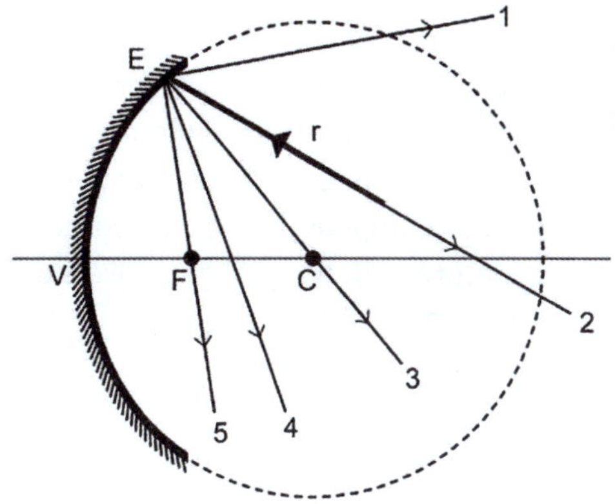

3. Um espelho plano vertical está apoiado por sua espessa base reta sobre uma bancada horizontal. Ana Cláudia deita uma caneta esferográfica, dessas comuns, sobre a bancada e encosta a ponta desse objeto na superfície refletora do espelho, observando a respectiva imagem.

Responda:

a) Como Ana Cláudia deverá classificar, quanto à natureza, a imagem da caneta conjugada pelo espelho plano: real ou virtual?

b) Para que a imagem fornecida pelo espelho seja perpendicular ao objeto, qual é o ângulo formado entre a caneta e a superfície refletora do espelho? Que propriedade dos espelhos planos deve ser utilizada para justificar a resposta?

c) Para que a distância entre a extremidade encostada da caneta no espelho e a respectiva imagem dessa extremidade seja igual ao comprimento da caneta, qual ângulo deve ser formado entre o objeto e a superfície refletora?

4. (Enem)

Entre os anos de 1028 e 1038, Alhazen (Ibn al-Haytham; 965-1040 d.C.) escreveu sua principal obra, o Livro da Óptica, que, com base em experimentos, explicava o funcionamento da visão e outros aspectos da ótica, por exemplo, o funcionamento da câmara escura. O livro foi traduzido e incorporado aos conhecimentos científicos ocidentais pelos europeus. Na figura, retirada dessa obra, é representada a imagem invertida de edificações em um tecido utilizado como anteparo.

ZEWAIL, A. H. Micrographia of the twenty-first century: from the camera obscura to 4D microsopy. Philosophical Transactions of the Royal Society A, v. 368, 2010 (adaptado).

Se fizermos uma analogia entre a ilustração e o olho humano, o tecido corresponde ao(à)

a) íris.
b) retina.
c) pupila.
d) córnea.
e) cristalino.

5. (UFRR)

A bandeira do estado de Roraima quando iluminada por uma luz branca possui as seguintes cores: verde, amarela, azul, branca e uma linha vermelha (que representa a linha do Equador). Ao ser iluminada apenas por uma luz de cor verde, qual(is) a(s) cor(es) aparecerá(ão) na bandeira do Estado de Roraima?

a) Rosa e preta.
b) Completamente preta.
c) Completamente verde.
d) Preta e branca.
e) Verde e preta.

6. (Unicamp-SP)

O Teatro de Luz Negra, típico da República Tcheca, é um tipo de representação cênica caracterizada pelo uso do cenário escuro com uma iluminação estratégica dos objetos exibidos. No entanto, o termo Luz Negra é fisicamente incoerente, pois a coloração negra é justamente a ausência de luz. A luz branca é a composição de luz com vários comprimentos de onda e a cor de um corpo é dada pelo comprimento de onda da luz que ele predominantemente reflete. Assim, um quadro que apresente as cores azul e branca quando iluminado pela luz solar, ao ser iluminado por uma luz monocromática de comprimento de onda correspondente à cor amarela, apresentará, respectivamente, uma coloração

a) amarela e branca.
b) negra e amarela.
c) azul e negra.
d) totalmente negra.

7. (Vunesp-FMJ-SP)

Sobre uma superfície plana e perpendicular a um espelho plano vertical é colocado um objeto.

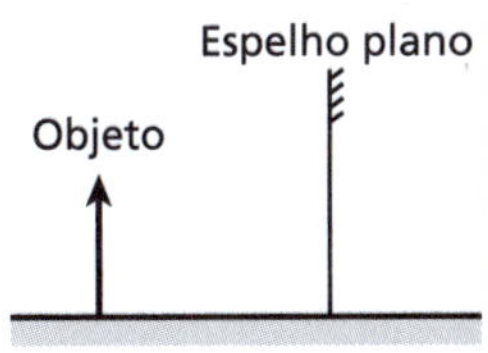

Banco de imagens/Arquivo da editora

Ao se afastar o objeto da face refletora do espelho 5,0 metros, a distância entre ele e sua imagem irá variar de

a) 2,5 mm
b) 5,0 mm
c) 7,5 mm
d) 10,0 mm
e) 20,0 mm

8. (UFU-MG)

João, representado pela letra J, entra em uma sala retangular, onde duas paredes são revestidas por espelhos planos. Ele se posiciona na bissetriz do ângulo reto formato entre os dois espelhos. Como se configuram o conjunto das imagens de João em relação aos espelhos e sua posição na sala?

a)

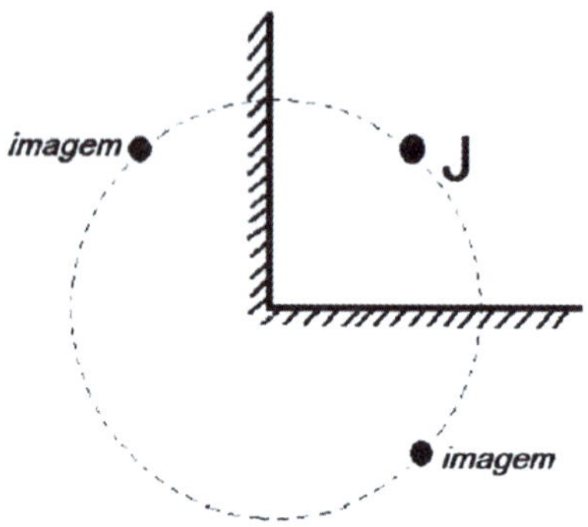

b)

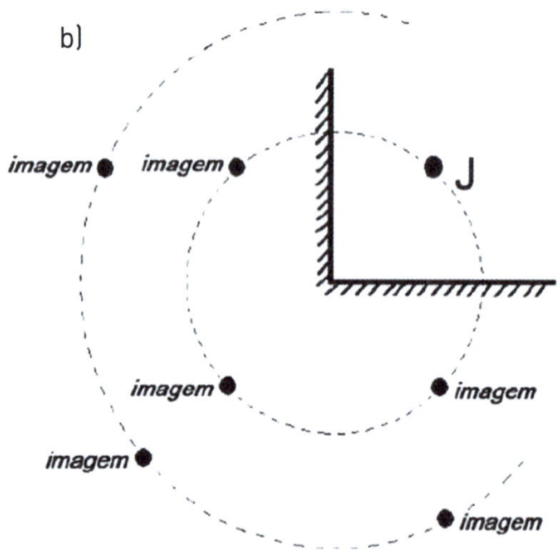

c)

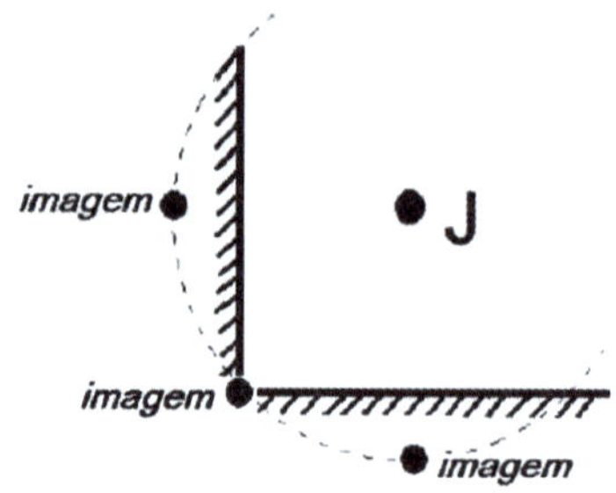

d)

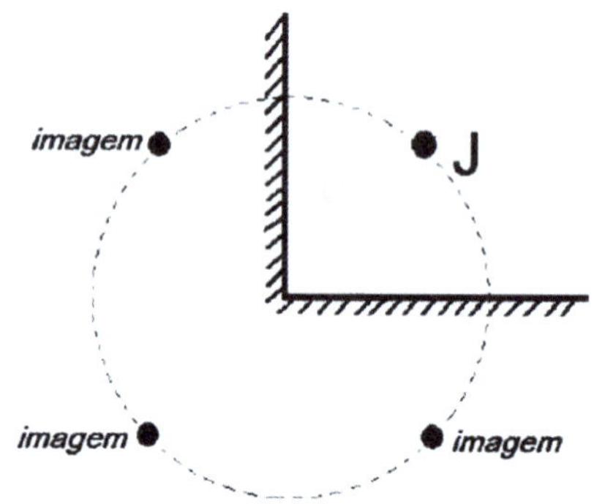

Ilustrações: Reprodução/UFU, 2017

9. (Unesp-SP)

Quando entrou em uma ótica para comprar novos óculos, um rapaz deparou-se com três espelhos sobre o balcão: um plano, um esférico côncavo e um esférico convexo, todos capazes de formar imagens nítidas de objetos reais colocados à sua frente. Notou ainda que, ao se posicionar sempre a mesma distância desses espelhos, via três diferentes imagens de seu rosto, representadas na figura abaixo.

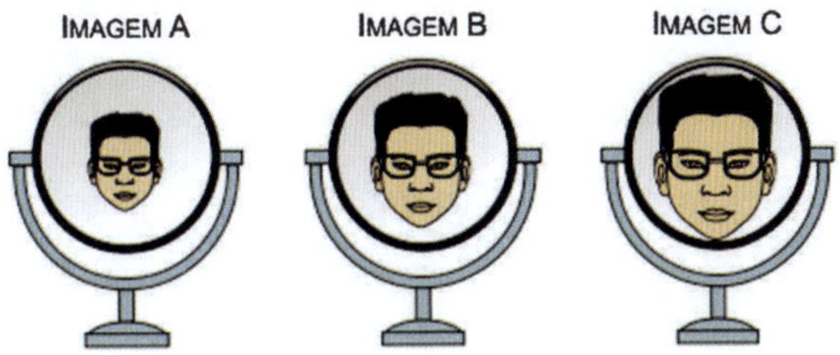

Reprodução/Unesp, 2015

Em seguida, associou cada imagem vista por ele a um tipo de espelho e classificou-as quanto às suas naturezas. Uma associação correta feita pelo rapaz está indicada na alternativa:

a) o espelho A é o côncavo e a imagem conjugada por ele é real.
b) o espelho B é o plano e a imagem conjugada por ele é real.
c) o espelho C é o côncavo e a imagem conjugada por ele é virtual.
d) o espelho A é o plano e a imagem conjugada por ele é virtual.
e) o espelho C é o convexo e a imagem conjugada por ele é virtual.

10. (UFScar-SP)

O ângulo formado entre dois espelhos planos angulares quando um único objeto é colocado entre eles é o quíntuplo do número de imagens obtidas.

a) Qual é o número de imagens formadas?

b) Qual é o ângulo entre os espelhos?

11. (Centro Universitário de Franca)

Um objeto **O** é colocado em três momentos distintos diante de três espelhos, $\mathbf{E_1}$, $\mathbf{E_2}$ e $\mathbf{E_3}$, sendo observadas imagens cujas características, comparadas com as do próprio objeto, estão ilustradas na figura.

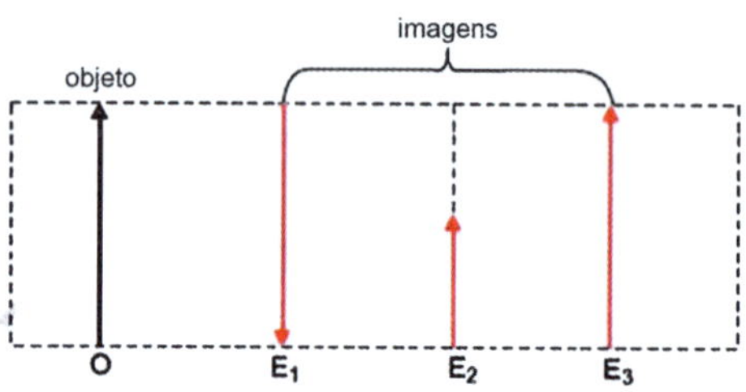

Os sistemas óticos **E1**, $\mathbf{E_2}$ e $\mathbf{E_3}$ correspondem, respectivamente, aos seguintes tipos de espelhos:

a) plano, convexo e côncavo.

b) convexo, côncavo e plano.

c) convexo, plano e côncavo.

d) côncavo, plano e convexo.

e) côncavo, convexo e plano.

12. (Unicamp-SP)

Em uma animação do Tom e Jerry, o camundongo Jerry se assusta ao ver sua imagem em uma bola de Natal cuja superfície é refletora, como mostra a reprodução ao lado.

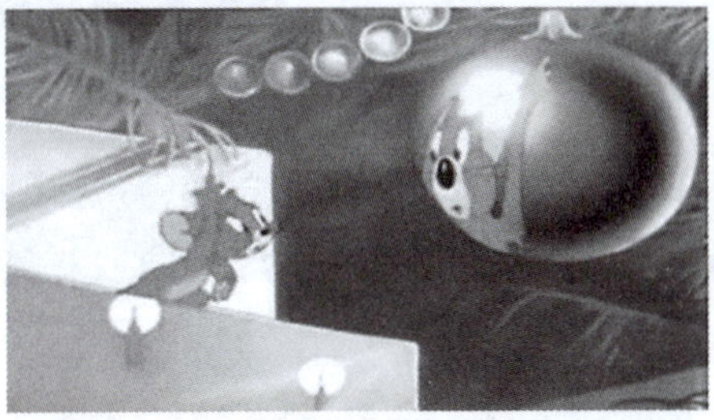

Reprodução/Unicamp, 2017

(Adaptado de https://www.youtube.com/watch?-v=RtZYfTr7D_o. Acessado em 25/10/2016.)

É correto afirmar que o efeito mostrado na ilustração não ocorre na realidade, pois a bola de Natal formaria uma imagem

a) virtual ampliada.
b) virtual reduzida.
c) real ampliada.
d) real reduzida.

13. (Enem)

A ilustração representa uma das mais conhecidas obras do artista gráfico holandês M. C. Escher. Seu trabalho tem como características as figuras geométricas e ilusões de óptica.

Disponível em: www.myspace.com. Acesso em: 20 out. 2011.

Reproedução/Enem, 2014

Pelas características da imagem formada na gravura, o artista representou um espelho esférico do tipo

a) convexo, pois as imagens de todos os objetos, formadas na esfera, inclusive a do artista, são virtuais.
b) côncavo, pois as imagens são direitas, indicando que todos os objetos visualizados estão entre o foco e o espelho.
c) côncavo, devido ao pequeno campo de visão, não é possível observar todos os detalhes do local onde se encontra o artista.
d) convexo, pois as imagens são formadas pelo cruzamento dos raios de luz refletidos pela esfera, por isso as imagens são direitas e não invertidas.
e) côncavo, devido às imagens formadas por este espelho serem todas reais, ou seja, formadas pelo cruzamento dos raios de luz refletidos pela esfera.

TOTAL DE ACERTOS ____/13

9 Refração da luz

Reveja o que aprendeu

Você deve ser capaz de:

- Conceituar as propriedades dos fenômenos de refração da luz.

Conceitos iniciais

Já foi visto anteriormente que:

$$f = \frac{1}{T}$$

$$v = \lambda f$$

Luz monocromática e luz policromática

Uma luz é denominada **monocromática** quando é constituída de ondas eletromagnéticas de uma única frequência, ou seja, de uma única cor. Assim, podemos ter luz monocromática vermelha, azul e violeta, dentre outras.

Cor e velocidade da luz

Quando a luz se propaga no vácuo, a velocidade de propagação é exatamente a mesma, qualquer que seja a cor, isto é, qualquer que seja a sua frequência. Assim, a luz amarela, a luz vermelha, a luz violeta, dentre outras, propagam-se no vácuo com a mesma velocidade, cujo valor simbolizamos por *c*:

$$c = 3{,}00 \cdot 10^5 \text{ km/s}$$ (valor aproximado)

Índice de refração

Por definição, o **índice de refração absoluto** (densidade óptica ou, simplesmente, índice de refração) de um determinado meio para a radiação monocromática considerada é a grandeza adimensional *n*, definida por:

$$n = \frac{c}{v}$$

No vácuo: $n = 1$

Nos meios materiais: $n > 1$

Índice de refração relativo

$$n = \frac{n_2}{n_1} = \frac{v_1}{v_2}$$

Refringência e dioptro

Dizemos que um meio é mais **refringente** que outro quando seu índice de refração é maior que o do outro.

Dioptro é um sistema constituído por dois meios transparentes de diferentes refringências que fazem entre si fronteira regular.

Refração

Refração da luz é a passagem da luz de um meio para outro, com mudança na intensidade da velocidade de propagação e, consequentemente, do comprimento de onda.

1ª Lei da Refração

O raio incidente, o raio refratado e a reta normal traçada pelo ponto de incidência estão contidos no mesmo plano.

2ª Lei da Refração (Lei de Snell)

A razão entre o seno do ângulo de incidência e o seno do ângulo de refração é constante para cada dioptro e para cada luz monocromática.

$$\frac{\text{sen}\,\theta_1}{\text{sen}\,\theta_2} = \frac{v_1}{v_2} = \frac{\lambda_1}{\lambda_2} = \frac{n_2}{n_1}$$

Análise do desvio do raio incidente

Da expressão completa da Lei de Snell, podemos extrair a seguinte igualdade:

$$n_1 \text{sen}\,\theta_1 = n_2 \text{sen}\,\theta_2$$

Quando um raio de luz incide obliquamente na fronteira de um dioptro, dirigindo-se do meio menos refringente para o mais refringente, ele **se aproxima da normal** ao refratar-se, experimentando um desvio δ ($\delta = \theta_1 - \theta_2$).

Quando um raio de luz incide obliquamente na fronteira de um dioptro e passa do meio mais refringente para o menos refringente, ele **se afasta da normal** ao refratar-se, experimentando um desvio δ ($\delta = \theta_2 - \theta_1$).

Quando um raio de luz incide normalmente à fronteira do dioptro, a refração ocorre **sem desvio**.

Ângulo-limite e reflexão total

Quando o ângulo de incidência tende a um valor *L*, denominado **ângulo-limite**, o ângulo de refração tende a 90°, mas a quantidade de luz refratada tende a zero. Atingido esse ângulo-limite, não mais ocorre refração e a luz incidente é totalmente refletida.

Esse fenômeno é denominado **reflexão total**.

Calcula-se o ângulo-limite por:

$$\text{sen}\,L = \frac{n_2}{n_1} = \frac{n_{menor}}{n_{maior}}$$

A reflexão total só pode ocorrer se forem satisfeitas as seguintes condições:

- A luz deve dirigir-se do meio mais refringente para o meio menos refringente.
- O ângulo de incidência deve ser igual ou superior ao ângulo-limite do dioptro.

Dispersão da luz

Dispersão de uma luz policromática é a sua decomposição nas diversas luzes monocromáticas que a constituem.

Na **dispersão da luz**, a luz monocromática de maior frequência sempre sofre o maior desvio.

Dioptro plano

Dioptro plano é um sistema constituído de dois meios transparentes de diferentes refringências, que fazem fronteira plana.

Observando que n_2 é o índice de refração do meio onde o raio de luz se origina e que n_1 é o índice de refração do meio para o qual o raio se destina, podemos escrever a Equação do Dioptro Plano:

$$\frac{p'}{p} = \frac{n_{destino}}{n_{origem}}$$

Lâmina de faces paralelas

Em uma lâmina de faces paralelas feita de um material transparente e homogêneo envolta por um mesmo meio, o raio luminoso emergente é **paralelo** ao raio luminoso incidente.

O deslocamento lateral *d* é calculado por

$$d = \frac{e\ sen(\theta_1 - \theta_2)}{\cos \theta_2}$$

Prisma óptico

O desvio total δ no prisma óptico é a soma dos desvios ocorridos em cada refração:

$$\delta = \theta_1 + \theta_1' - A$$

Concluímos, então, que o desvio total δ é o resultado da seguinte expressão:

ângulo de incidência + ângulo de emergência − ângulo de abertura

Na ocorrência de desvio mínimo,

$$\theta_1 = \theta_1' \text{ e } \theta_2 = \theta_2'$$

Aplique o que aprendeu

Exercícios resolvidos

1. (Uece) A luz do Sol inclina-se na direção da superfície da Terra à medida que penetra na atmosfera. Como consequência, ainda podemos ver o Sol, mesmo depois que esse já está abaixo da linha do horizonte, ao entardecer. Esse fenômeno dá-se devido à

a) atração da gravidade da Terra.
b) variação do índice de refração do ar com a altitude.
c) dispersão da luz na atmosfera.
d) difração da luz ao penetrar a atmosfera.

Resolução:

O ar atmosférico é um meio heterogêneo e a luz proveniente de astros sofre sucessivas refrações através desse meio até atingir o solo terrestre. Via de regra, quanto mais próxima da superfície do planeta é a camada atmosférica (mais baixa), maior é seu índice de refração.

Na figura a seguir, fora da escala, representa-se o caminho de um raio luminoso vindo do Sol (Sol poente) até sua recepção por um observador situado no ponto **A** da Terra.

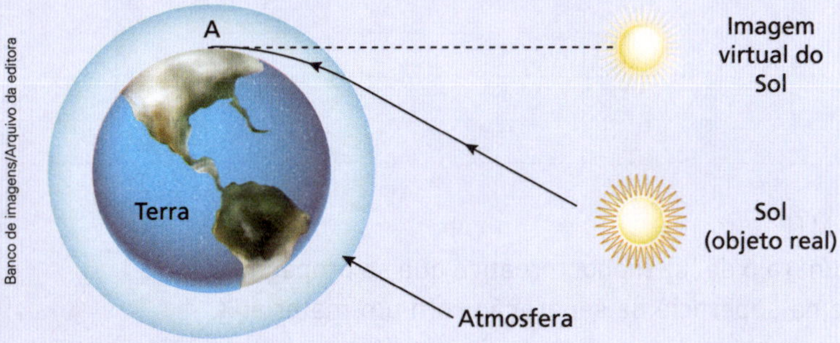

Devido à curva que a luz faz ao percorrer a atmosfera, o que é dado a um observador contemplar do ponto **A** é uma imagem virtual do Sol numa posição aparente diferente da posição real do astro.

Resposta: B

2. (Unitau-SP) O arco-íris é dos belos fenômenos da natureza cuja explicação é dada a partir do modelo ondulatório da luz. A luz branca, que se propaga no ar, contém todas as frequências do espectro visível se propagando a uma mesma velocidade. Quando essa luz interage com gotículas de água em suspensão na atmosfera, ocorre a formação do arco-íris. Sobre esse fenômeno, é totalmente CORRETO afirmar que

a) a separação das ondas luminosas com diferentes frequências se deve à variação das frequências dessas ondas nas gotículas de água.
b) a separação das ondas luminosas com diferentes frequências se deve à variação de temperatura nas gotículas de água.
c) a separação das ondas luminosas com diferentes frequências se deve à forma das gotículas de água.
d) a separação das ondas luminosas com diferentes frequências se deve à presença de impurezas nas gotículas de água.
e) a separação das ondas luminosas com diferentes frequências se deve à variação de velocidade dessas ondas nas gotículas de água.

Resolução:

Cada cor (frequência) componente da luz branca (vermelha, alaranjada, amarela, verde, azul, anil e violeta) segue um caminho distinto na refração do ar para o interior das gotículas de água em suspensão na atmosfera.

A esse fenômeno dá-se o nome de **dispersão** da luz branca.

Isso ocorre porque, para cada cor, a água representa um índice de refração absoluto distinto, o que impõe a cada frequência uma velocidade de propagação diferente na propagação através do meio líquido.

Resposta: E

Questões

1. (Unicamp-SP)

Uma lente de Fresnel é composta por um conjunto de anéis concêntricos com uma das faces plana e a outra inclinada, como mostra a figura (a). Essas lentes, geralmente mais finas que as convencionais, são usadas principalmente para concentrar um feixe luminoso em determinado ponto, ou para colimar a luz de uma fonte luminosa, produzindo um feixe paralelo, como ilustra a figura (b). Exemplos desta última aplicação são os faróis de automóveis e os faróis costeiros. O diagrama da figura (c) mostra um raio luminoso que passa por um dos anéis de uma lente de Fresnel de acrílico e sai paralelamente ao seu eixo.

(a)

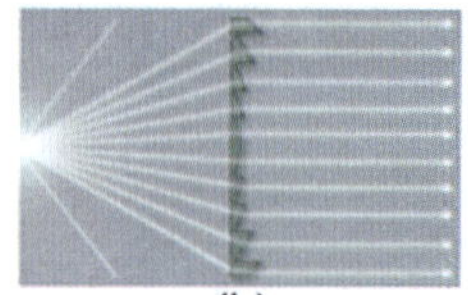
(b)

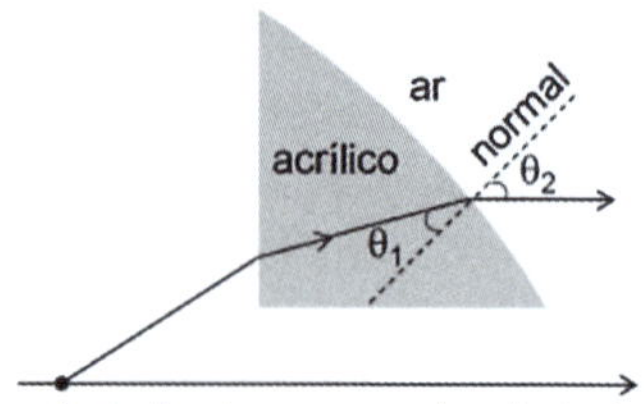

(c)

Se sen $(\theta_1) = 0,5$ e sen $(\theta_2) = 0,75$, o valor do índice de refração do acrílico é de

a) 1,50.
b) 1,41.
c) 1,25.
d) 0,66.

2. (Vunesp-Univag-MT)

A figura mostra um raio de luz monocromática que se propaga no benzeno e incide na superfície de separação com um material X, formando um ângulo α com a reta normal à superfície, no ponto de incidência. Ao emergir no material X, o raio forma com a mesma normal um ângulo β.

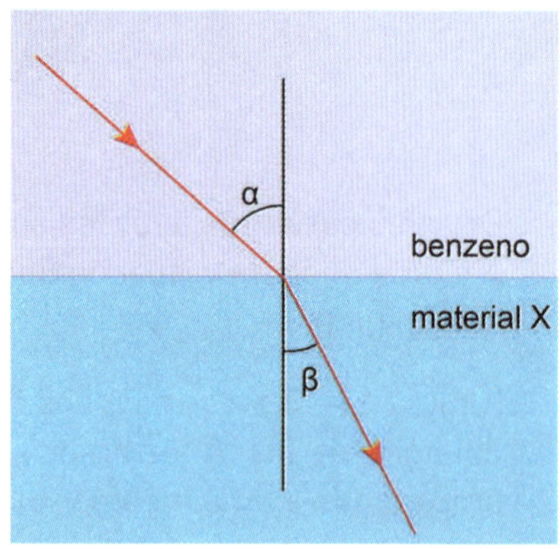

A tabela indica a velocidade de propagação da luz monocromática considerada em alguns materiais.

Material	Velocidade de propagação da luz (m/s)
Água	$2,26 \cdot 10^8$
Vidro	$1,80 \cdot 10^8$
Glicerina	$1,58 \cdot 10^8$
Diamante	$1,25 \cdot 10^8$
Silício	$8,82 \cdot 10^7$

Considerando a velocidade de propagação da luz no vácuo igual a $3,00 \cdot 10^8$ m/s, o índice de refração absoluto do benzeno igual a 1,50, sen $\alpha = 0,80$ e sen $\beta = 0,50$, é correto afirmar que o material X é

a) água.
b) glicerina.
c) vidro.
d) silício.
e) diamante.

3. (UFPE)

Um dispositivo composto por três blocos de vidro com índices de refração 1,40, 1,80 e 2,00 é mostrado na figura. Calcule a razão $\frac{t_A}{t_B}$ entre os tempos que dois pulsos de luz ("*flashes*") levam para atravessar este dispositivo.

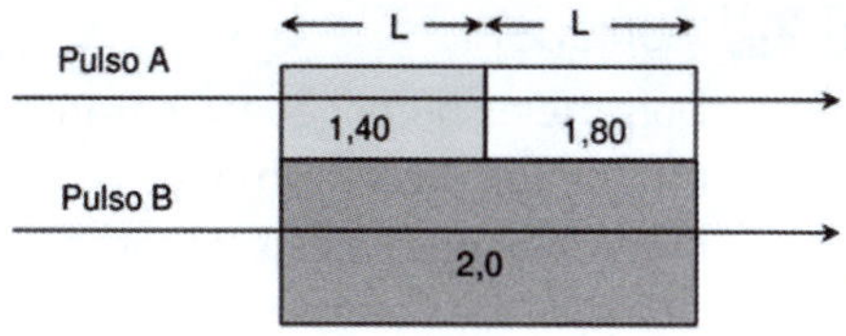

Reprodução/UFPE, 2006

a) 0,8
b) 1,0
c) 1,3
d) 1,5
e) 1,6

4. (Famema-SP)

Um raio de luz monocromático propaga-se por um meio **A**, que apresenta índice de refração absoluto $n_A = 1$, e passa para outro meio **B**, de índice de refração $n_B = \sqrt{2}$, conforme figura. Considere que o raio incidente forma com a normal à superfície o ângulo de 45°. Nessas condições, o ângulo de desvio (*d*), indicado na figura, é igual a

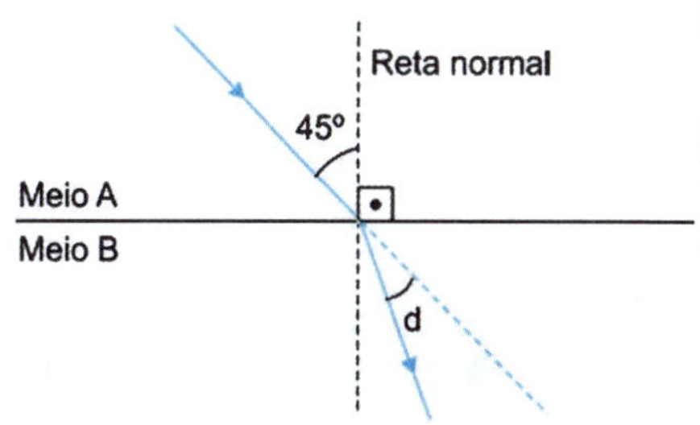

Reprodução/Famema, 2018

a) 60°.
b) 30°.
c) 45°.
d) 15°.
e) 90°.

5. (FCMSCSP)

Dois meios homogêneos e transparentes, **A** e **B**, são justapostos e separados pela superfície plana **S**. Um raio de luz monocromático propaga-se pelo meio **A** com velocidade $1{,}5 \cdot 10^8$ m/s, incide perpendicularmente à superfície de separação entre os meios e passa a propagar-se pelo meio **B**, com velocidade de $\frac{\sqrt{6}}{2} \times 10^8$ m/s, conforme a figura 1.

FIGURA 1

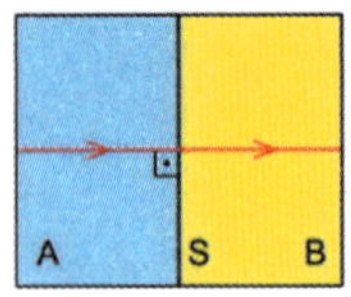

FIGURA 2

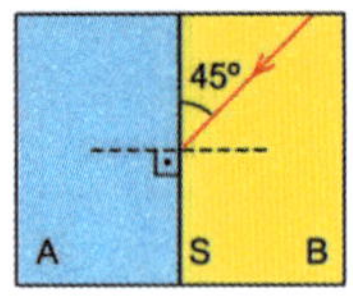

Se esse mesmo raio, propagando-se pelo meio **B**, incidisse na superfície **S** conforme a figura 2, ele

a) refrataria de forma rasante à superfície **S**.

b) refrataria fazendo um ângulo de 60° com a superfície **S**.

c) refrataria fazendo um ângulo de 30° com a superfície **S**.

d) refrataria fazendo um ângulo de 45° com a superfície **S**.

e) sofreria reflexão total.

6. (Uece)

Um raio de luz L, no plano da figura, incide no ponto I do eixo de um semicilindro de plástico transparente, segundo um ângulo de 30° com a face plana S. Um observador, com o olho em O, vê esse raio incidente formando um ângulo de 60° com a face plana S.

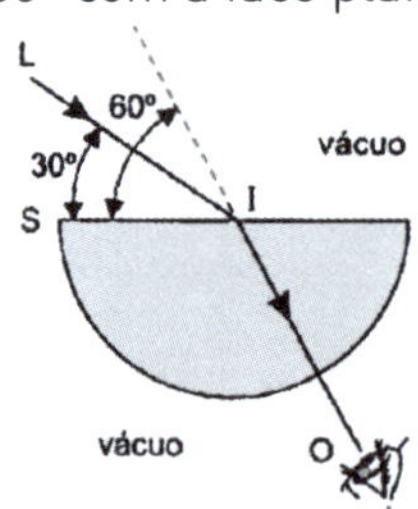

O índice de refração do plástico transparente em relação ao vácuo é:

a) $\sqrt{3}$

b) $\sqrt{\frac{3}{2}}$

c) $\sqrt{\frac{3}{3}}$

d) 2

7. (UFRJ)

Um raio de luz monocromática, propagando-se no ar, incide sobre a face esférica de um hemisfério maciço de raio R e emerge perpendicularmente à face plana, a uma distância $\frac{R}{2}$ do eixo óptico, como mostra a figura.

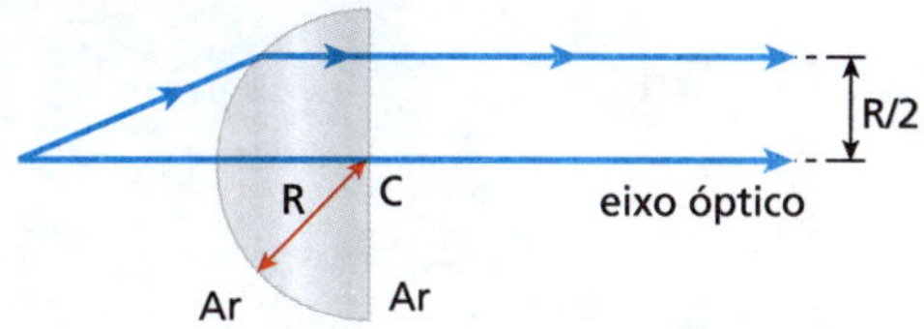

Banco de imagens/Arquivo da editora

O índice de refração do material do hemisfério, para esse raio de luz, é $n = \sqrt{2}$.
Calcule o desvio angular sofrido pelo raio ao atravessar o hemisfério.

8. (Enem)

A fotografia feita sob luz polarizada é usada por dermatologistas para diagnósticos. Isso permite ver detalhes da superfície da pele que não são visíveis com o reflexo da luz branca comum. Para se obter luz polarizada, pode-se utilizar a luz transmitida por um polaroide ou a luz refletida por uma superfície na condição de Brewster, como mostra a figura. Nessa situação, o feixe da luz refratada forma um ângulo de 90° com o feixe da luz refletida, fenômeno conhecido como Lei de Brewster.

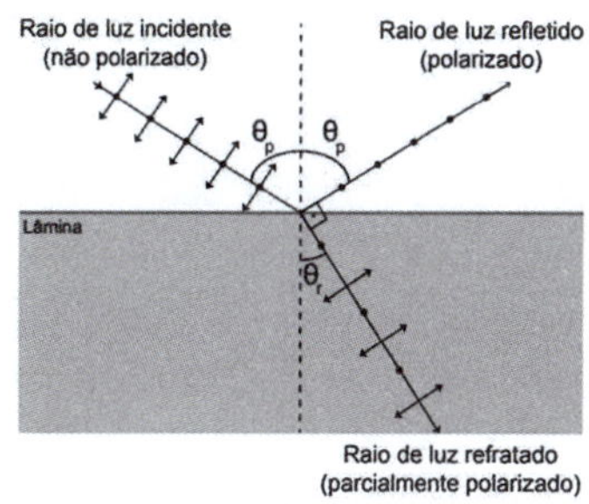

Reprodução/Enem, 2015

Nesse caso, o ângulo da incidência θ_p, também chamado de ângulo de polarização, e o ângulo de refração θ_r estão em conformidade com a Lei de Snell.

Dados:

sen 30° = cos 60° = $\frac{1}{2}$; sen 60° = cos 30° = $\frac{\sqrt{3}}{2}$

Considere um feixe de luz não polarizada proveniente de um meio com índice de refração igual a 1, que incide sobre uma lâmina e faz um ângulo de refração θ_r de 30°.

Nessa situação, qual deve ser o índice de refração da lâmina para que o feixe refletido seja polarizado?

a) $\sqrt{3}$ b) $\frac{\sqrt{3}}{3}$ c) 2 d) $\frac{1}{2}$ e) $\frac{\sqrt{3}}{2}$

TOTAL DE ACERTOS ____/8

10 Lentes esféricas

Reveja o que aprendeu

Você deve ser capaz de:

- Reconhecer os elementos de lentes esféricas.
- Identificar as propriedades da reflexão em instrumentos ópticos.

Elementos das lentes esféricas

Chama-se **lente esférica** a associação de dois dioptros: um necessariamente esférico e outro plano ou esférico.

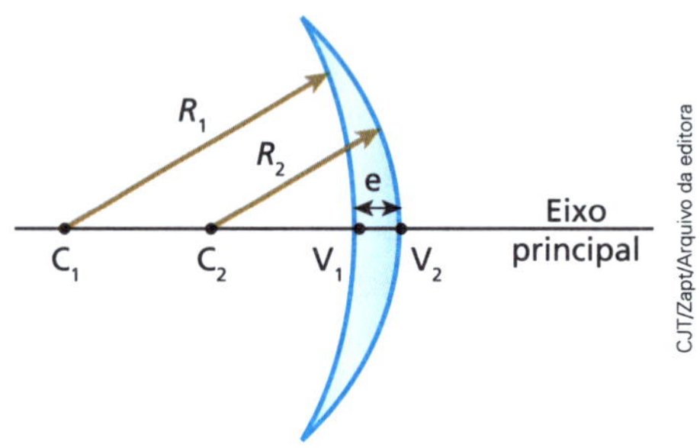

- $\mathbf{C_1}$ e $\mathbf{C_2}$ são os centros de curvatura das faces da lente.
- R_1 e R_2 são os raios de curvatura das faces da lente.
- A reta $\overleftrightarrow{C_1C_2}$ é o eixo principal (ou eixo óptico) da lente. Esse eixo é normal às faces da lente.
- O segmento $\overline{V_1V_2}$ determina a espessura e da lente.

Comportamento óptico das lentes esféricas

Se a lente é mais refringente que o meio externo, temos:
bordas finas – convergentes; **bordas grossas** – divergentes.
Esse é o caso mais comum.
Se a lente é menos refringente que o meio externo, temos:
bordas finas – divergentes; **bordas grossas** – convergentes.
Esse é o caso menos comum.

Centro óptico

O **centro óptico** de uma lente esférica é o ponto do eixo principal por onde passa um raio luminoso que não sofre desvio angular.

Um raio luminoso que passa pelo centro óptico de uma lente esférica delgada não sofre desvio angular nem deslocamento lateral considerável.

Focos e pontos antiprincipais

Cada lente tem dois focos principais: o foco principal objeto (**F**) e o foco principal imagem (**F'**).

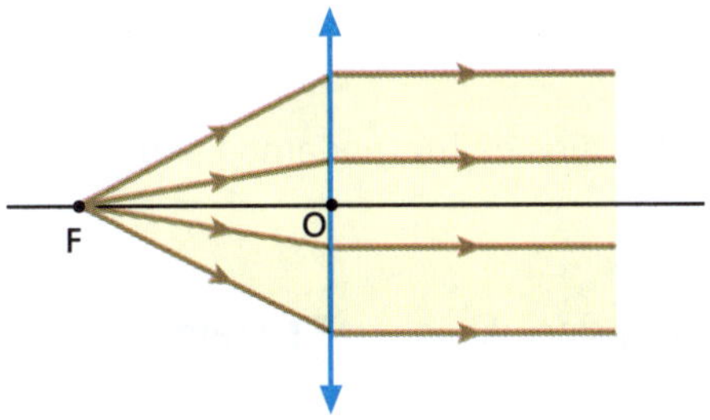

Lente delgada convergente.

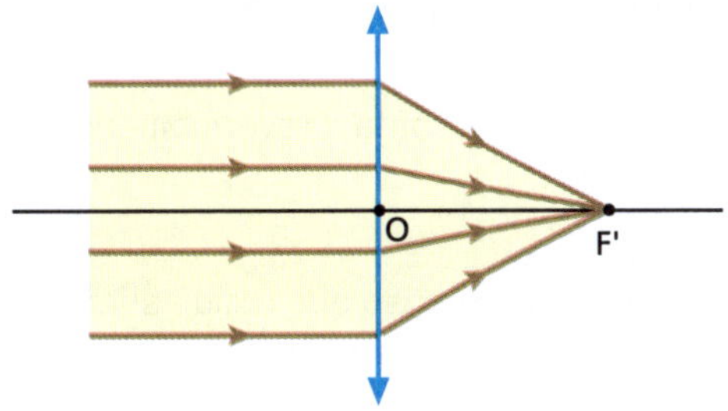

Lente delgada convergente.

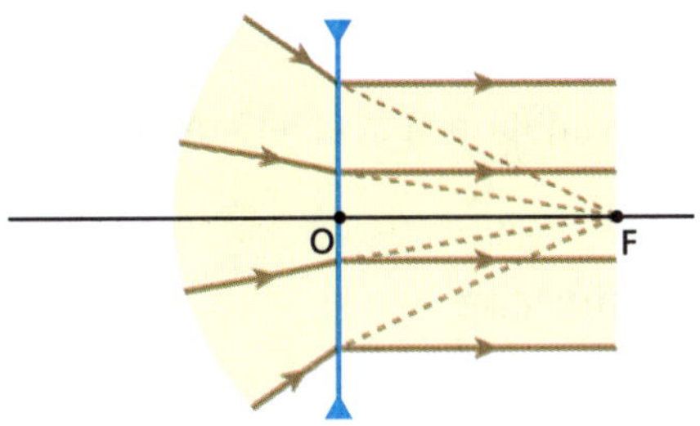

Lente delgada divergente.

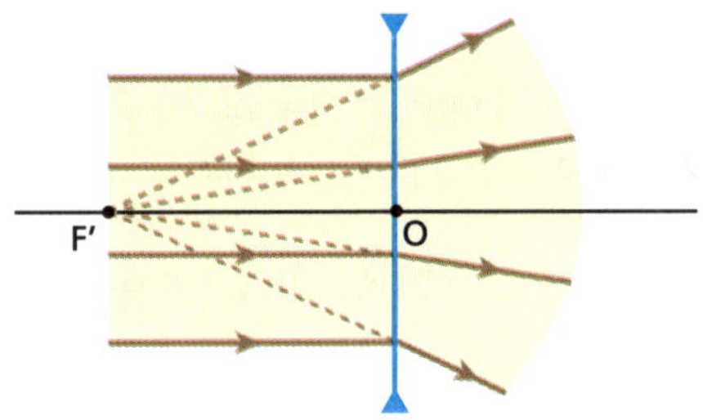

Lente delgada divergente.

CJT/Zapt/Arquivo da editora

Os comprimentos de $\overline{FO}$ ou de $\overline{F'O}$ são denominados **distância focal *f***, que é uma característica fundamental das lentes.

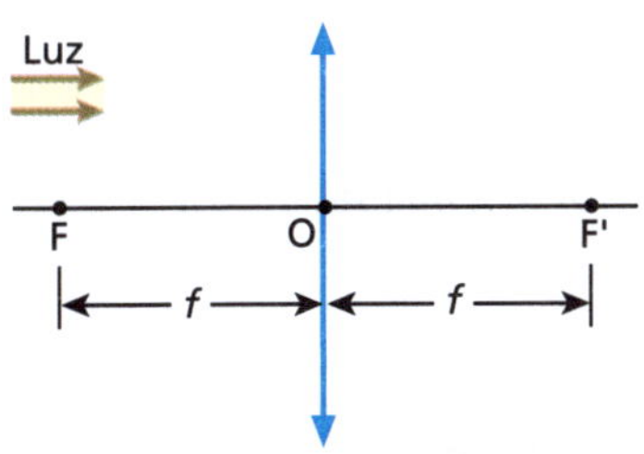

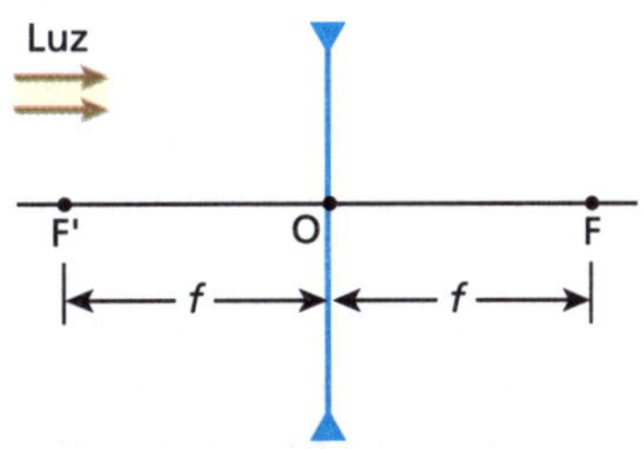

Luciano da S. Teixeira/Arquivo da editora

Os pontos do eixo principal de uma lente cuja distância em relação ao centro óptico vale 2*f* são chamados de **pontos antiprincipais**:

- ponto **A** = ponto antiprincipal objeto
- ponto **A'** = ponto antiprincipal imagem

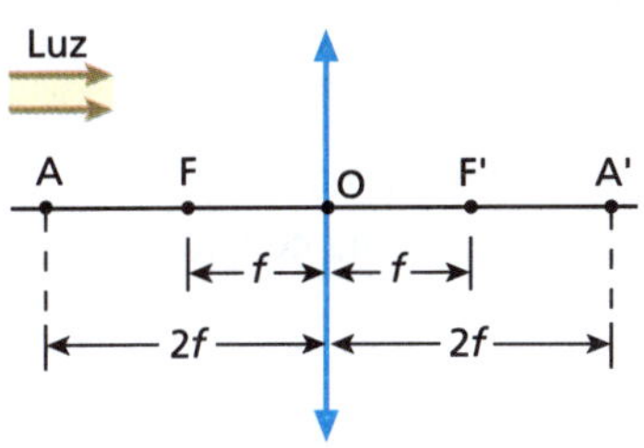

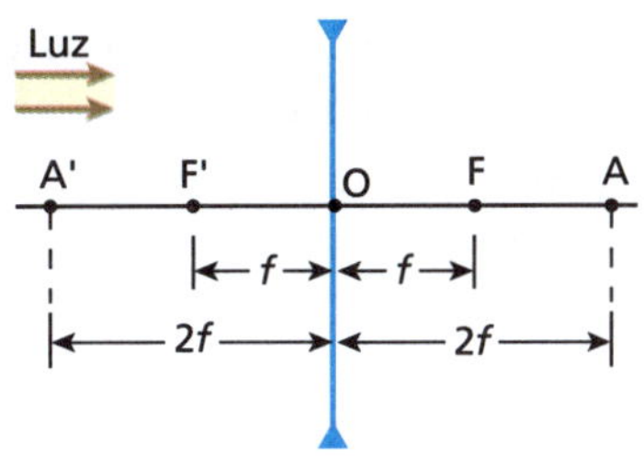

Luciano da S. Teixeira/Arquivo da editora

Raios luminosos particulares

1º raio particular

Todo raio luminoso que incide no centro óptico se refrata diretamente, sem sofrer desvio.

2º raio particular

Todo raio luminoso que incide paralelamente ao eixo principal se refrata alinhado com o foco principal imagem **F'**.

Levando em conta a reversibilidade no trajeto dos raios de luz, podemos enunciar também que:

Todo raio luminoso que incide alinhado com o foco principal objeto **F** se refrata paralelamente ao eixo principal.

3º raio particular

Todo raio luminoso que incide alinhado com o ponto antiprincipal objeto (**A**) se refrata alinhado com o ponto antiprincipal imagem (**A'**).

Construção gráfica das imagens em lentes esféricas

Lente divergente e objeto real.

Características da imagem: virtual, direita e menor.

Lente convergente e objeto real.

1. **Objeto além do ponto antiprincipal objeto**
   Características da imagem: real, invertida e menor.
2. **Objeto no ponto antiprincipal objeto**
   Características da imagem: real, invertida e do mesmo tamanho que o objeto.
3. **Objeto entre o ponto antiprincipal objeto e o foco principal objeto**
   Características da imagem: real, invertida e maior.
4. **Objeto no foco principal objeto**
   Características da imagem: imprópria.
5. **Objeto entre o foco principal objeto e o centro óptico**
   Características da imagem: virtual, direita e maior.

Referencial gaussiano

Do referencial gaussiano para as lentes esféricas, depreende-se que:

Objetos e imagens **reais**: abscissa **positiva**.
Objetos e imagens **virtuais**: abscissa **negativa**.
Imagem **direita**: objeto e imagem com ordenadas de **mesmo sinal**.
Imagem **invertida**: objeto e imagem com ordenadas de **sinais contrários**.

Função dos pontos conjugados (Equação de Gauss)

No caso das lentes esféricas, as abscissas f, p e p' relacionam-se matematicamente segundo a mesma função deduzida para os espelhos esféricos.

Trata-se da **função dos pontos conjugados** também conhecida como **Equação de Gauss**:

$$\frac{1}{f} = \frac{1}{p} + \frac{1}{p'}$$

Aumento linear transversal

Define-se aumento linear transversal como a grandeza adimensional dada pela relação entre a ordenada da imagem (i) e a ordenada do objeto (o), ambas expressas em relação ao referencial gaussiano.

$$A = \frac{i}{o} = -\frac{p'}{p}$$

É importante recapitular duas situações importantes referentes ao aumento linear transversal:

1ª situação: Aumento positivo

Se $A > 0$, devemos ter:

a) i e o com o mesmo sinal: a imagem é direita;

b) p e p' com sinais opostos: o objeto e a imagem têm naturezas opostas (se um é real, o outro é virtual).

2ª situação: Aumento negativo

Se $A < 0$, devemos ter:

a) i e o com sinais opostos: a imagem é invertida;

b) p e p' com o mesmo sinal: o objeto e a imagem têm a mesma natureza (ambos são reais ou ambos são virtuais).

Vergência ("grau") de uma lente

A **vergência** V, que é definida como o inverso da abscissa focal f, é dada por:

$$V = \frac{1}{f}$$

Nas lentes convergentes (focos reais): $\mathbf{f > 0}$ e $\mathbf{V > 0}$.
Nas lentes divergentes (focos virtuais): $\mathbf{f < 0}$ e $\mathbf{V < 0}$.

Equação dos Fabricantes de Lentes

Representando por $n_{L,m}$ o índice de refração da lente em relação ao meio externo e por R_1 e R_2 os raios de curvatura de suas faces, tem-se:

$$V = (n_{L,m} - 1)\left(\frac{1}{R_1} + \frac{1}{R_2}\right)$$

A equação do dioptro esférico é

$$\frac{n_1}{p} + \frac{n_2}{p'} = \frac{n_2 - n_1}{R}$$

Associação de lentes – Teorema das Vergências

Para n lentes que constituem uma **associação delgada** (espessura desprezível) por justaposição, podemos escrever que:

$$\frac{1}{f} = \frac{1}{f_1} + \frac{1}{f_2} + \dots + \frac{1}{f_n}$$ ou $$V = V_1 + V_2 + \dots + V_n$$

Aplique o que aprendeu

Exercício resolvido

1. (AFA-SP) Considere uma lente esférica delgada, **S**, de bordas finas, feita de material de índice de refração *n* maior do que o índice de refração do ar. Com esta lente podem-se realizar dois experimentos. No primeiro, a lente é imersa em um meio ideal, de índice de refração n_1, e o seu comportamento óptico, quando um feixe de luz paralela passa por ela, é o mesmo de uma lente côncavo-convexa de índice de refração *n* imersa no ar. No segundo, a lente **S** é imersa em um outro meio ideal, de índice de refração n_2 e o seu comportamento óptico é o mesmo de uma lente convexo-côncava de índice de refração *n* imersa no ar.

Nessas condições, são feitas as seguintes afirmativas:

I. $n_2 > n > n_1$.
II. a lente **S**, quando imersa no ar, pode ser uma lente plano-côncava.
III. a razão entre as vergências da lente **S** nos dois experimentos não pode ser 1.
IV. as distâncias focais da lente **S**, nos dois experimentos, são sempre as mesmas.

São corretas, apenas

a) I e II b) II e III c) I e III d) II e IV

Resolução:

I. Correta. Lente côncavo-convexa, de índice de refração *n*, imersa no ar: comportamento convergente, como ilustra o esquema abaixo.

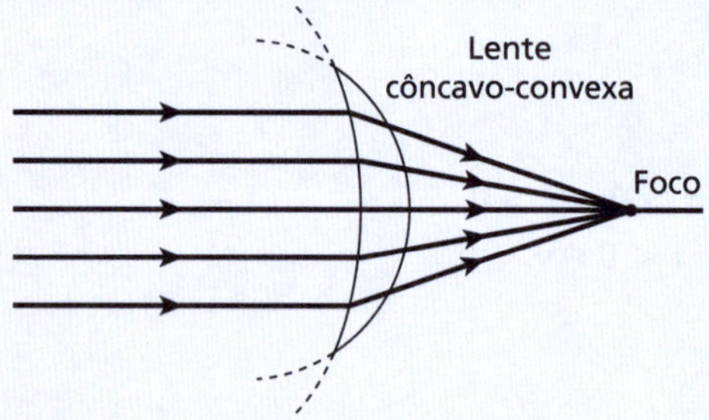

Banco de imagens/Arquivo da editora

1º Experimento: $n > n_1$

Lente convexo-côncava, de índice de refração *n*, imersa no ar: comportamento divergente, como ilustra o esquema abaixo.

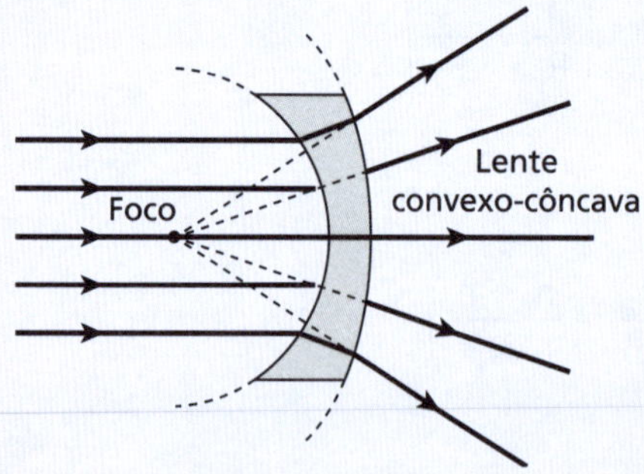

Banco de imagens/Arquivo da editora

2º Experimento: $n_2 > n$

Portanto: $n_2 > n > n_1$

II. Incorreta. A lente **S**, ao contrário de uma lente plano-côncava, tem bordas finas.
III. Correta. A razão entre vergências de **S** nos dois experimentos deve ser negativa.
IV. Incorreta.

Resposta: C

Questões

1. (Vunesp-Unifacef)

A figura mostra uma lente delgada convergente e alguns raios de luz monocromática que incidem paralelamente ao seu eixo principal. O ponto de concentração dos raios que emergem da lente está a uma distância *f* da lente, sobre o eixo principal.

Para que os raios de luz que emergiram da lente voltem a ser paralelos, pode-se colocar outra lente, idêntica à mostrada na figura e com eixos principais coincidentes, a uma distância da primeira lente igual a

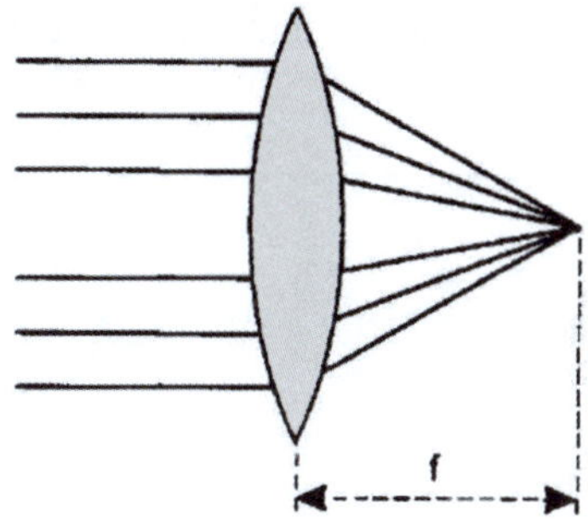

a) 2f

b) 4f

c) $\frac{f}{2}$

d) f

e) $\frac{f}{4}$

2. (Unip-SP)

Uma pequena lâmpada L (objeto pontual) está fixa em um ponto D, no eixo principal de uma lente convergente. A luz proveniente da lâmpada se refrata na lente, se reflete em um espelho plano, posicionado perpendicularmente ao eixo principal da lente, e novamente se refrata na lente, formando uma imagem final L'.

Sabe-se que a lente tem distância focal igual a *d* (ver figura) e admita, na formação da imagem, serem válidas as condições de aproximação de Gauss. A imagem final L' se formará na posição:

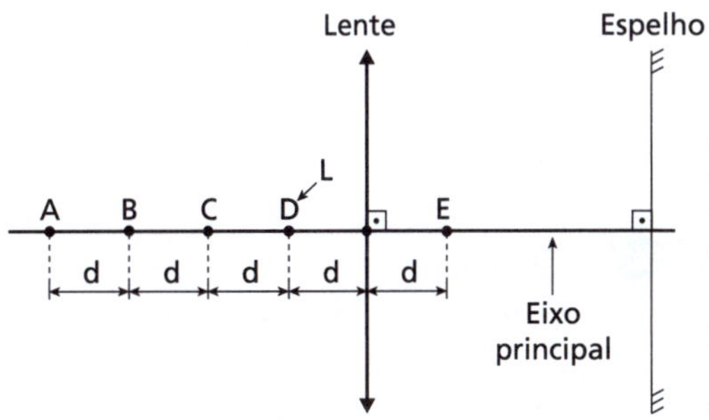

a) A

b) B

c) C

d) D

e) E

3. (UFF-RJ)

Na figura 1, está representada a associação de duas lentes convergentes e o trajeto da luz ao atravessá-las. Na figura 2, está representado o trajeto seguido pela luz quando a lente $\mathbf{L_2}$ é substituída por um espelho côncavo:

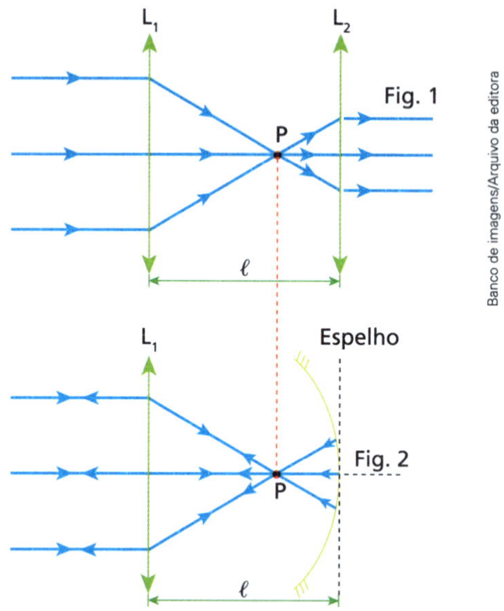

Indique a alternativa correta, sabendo que f_1, f_2 e f são, respectivamente, as distâncias focais das lentes $\mathbf{L_1}$ e $\mathbf{L_2}$ e do espelho:

a) $f_1 > f_2 = f$
b) $f_1 = f_2 > f$
c) $f_1 = f_2 < f$
d) $f_1 > f_2 = \frac{f}{2}$
e) $f_1 > f_2 = 2f$

4. (PUC-RJ)

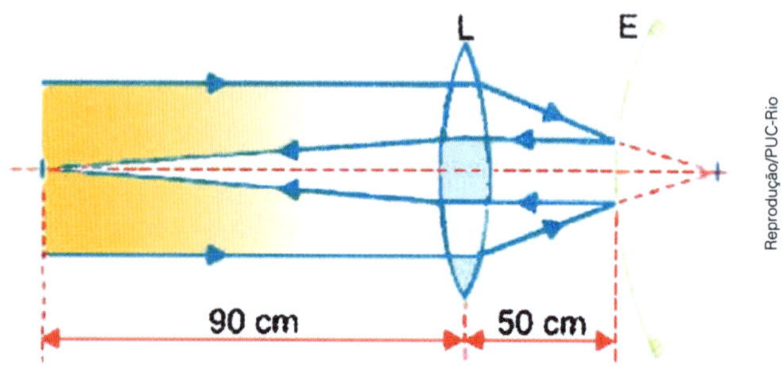

Um estudante monta um dispositivo composto de uma lente (**L**) biconvexa e um espelho convexo (**E**), de acordo com o esquema ao lado.

Nesse esquema, são representadas as trajetórias de dois raios luminosos que incidem paralelamente ao eixo principal comum à lente e ao espelho. Com base nele, é correto afirmar que o raio de curvatura do espelho vale, em centímetros:

a) 40
b) 50
c) 60
d) 70
e) 80

5. (Fatec-SP)

Uma das montagens instaladas no Museu de Ciências de Londres é um jogo de quatro lentes, convergentes e divergentes, com diâmetro aproximado de 30 cm cada, fixadas e distribuídas ao longo de um tubo com 2 m de extensão. O visitante pode movimentá-las livremente, colocando-as numa posição qualquer desejada ao longo desse tubo (Figura 1), fazendo com que gere uma imagem "fantasmagórica" (Figura 2).

Figura 1

Figura 2

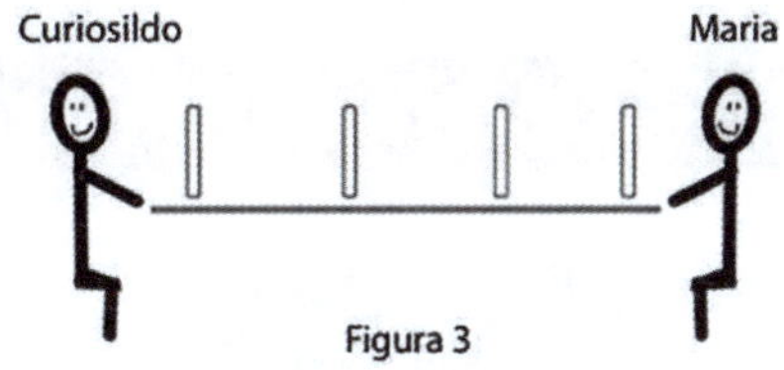

Figura 3

Reprodução/Fatec, 2015

Certa vez, o visitante Curiosildo posicionou as lentes de tal forma que, ao olhar através delas pelo outro lado da montagem (Figura 3), a sua amiga Maria conseguiu ver a imagem do rosto do amigo em posição direita e ampliada. Assim, é correto afirmar que a imagem formada é classificada como

a) real.
b) virtual.
c) imprópria.
d) indefinida.
e) reduzida.

6. (Unicamp-SP)

Um objeto é disposto diante de uma lente convergente, conforme a figura ao lado. Os focos principais da lente são indicados com a letra F. Pode-se afirmar que a imagem formada pela lente

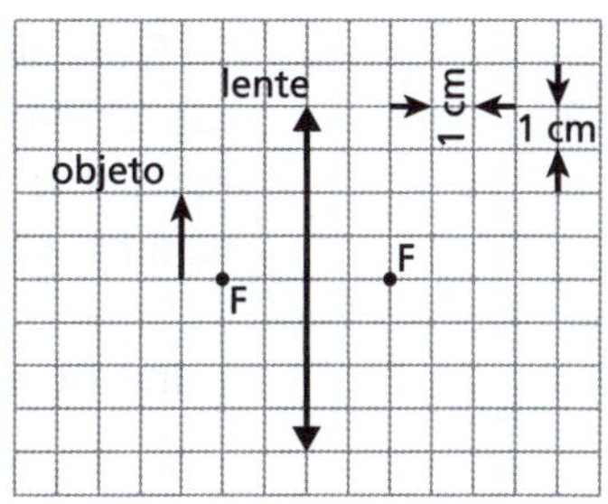

Banco de imagens/Arquivo da editora

a) é real, invertida e mede 4 cm.
b) é virtual, direta e fica a 6 cm da lente.
c) é real, direta e mede 2 cm.
d) é real, invertida e fica a 3 cm da lente.

TOTAL DE ACERTOS ____/6

11 Instrumentos ópticos e Óptica da visão

Reveja o que aprendeu

Você deve ser capaz de:

- Aplicar as leis da óptica geométrica na resolução de problemas referentes a sistemas ópticos.

Introdução

Os conceitos, as leis e os sistemas ópticos estudados até aqui constituem a base teórica para a implementação de **instrumentos ópticos**, que sempre desempenharam ao longo da história, desde suas primeiras concepções, papel preponderante na saga do conhecimento humano.

Os instrumentos ópticos costumam ser classificados em dois grupos: **instrumentos de projeção** e **instrumentos de observação**.

Projetor

Trata-se de um dispositivo que fornece, de um objeto real (arquivo eletrônico, diapositivo ou filme), uma imagem real projetada em uma tela. A imagem final é invertida (na vertical e na horizontal) e ampliada e pode comportar-se como objeto real para vários espectadores ao mesmo tempo.

Câmera fotográfica

É um dispositivo destinado à fixação de imagens. Em linhas gerais, ocorre o seguinte: a objetiva da câmera (sistema **convergente** formado por uma ou mais lentes) projeta a imagem real e invertida do motivo da fotografia sobre um anteparo fotossensível em que, devido a fenômenos fotoquímicos ou fotoeletrônicos, ela fica gravada.

Lupa ou microscópio simples

Esse dispositivo nada mais é do que um sistema convergente, de distância focal da ordem de centímetros.

Microscópio composto

É um instrumento de aumento constituído basicamente de dois sistemas **convergentes** de lentes associados coaxialmente: o primeiro é a **objetiva** (distância focal da ordem de milímetros), que responde pela captação da primeira imagem do objeto; o segundo é a **ocular**, que, operando como lupa, forma a imagem final, a qual se comporta como objeto para o olho do observador.

A ampliação total fornecida por um microscópio composto é dada pelo produto dos aumentos da objetiva e da ocular:

$$A = A_{ob} \cdot A_{oc}$$

Lunetas

São instrumentos formados basicamente por dois sistemas **convergentes** de lentes, associados coaxialmente: o primeiro é a **objetiva** (distância focal da ordem de decímetros ou metros), que capta a primeira imagem do objeto; o segundo é a **ocular**, que, operando como lupa, conjuga a imagem final, a qual se comporta como objeto para o olho do observador.

Por definição, o **aumento visual** ou **aumento angular** para essa luneta é a grandeza adimensional *G*, dada por:

$$G = \frac{\text{tg } \theta}{\text{tg } \theta_0}$$

O bulbo do olho humano

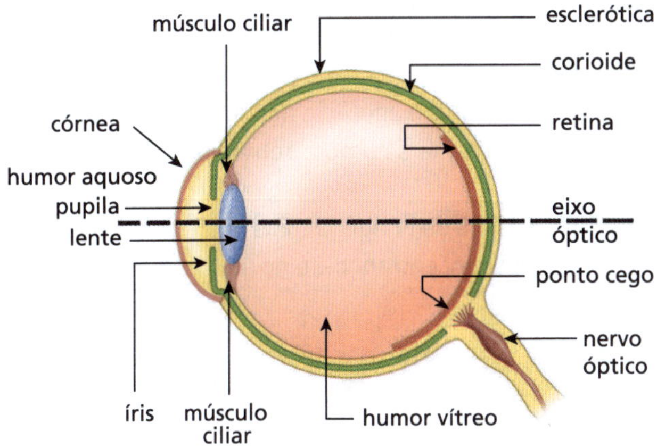

Representação esquemática em corte e cores fantasia do bulbo do olho humano.

Adaptação visual

A pupila gradua o fluxo luminoso que adentra o bulbo do olho, protegendo a retina contra eventuais ofuscamentos. Aumentando a intensidade luminosa incidente no bulbo do olho, ocorre contração da pupila e diminuição da sensibilidade da retina. O fenômeno oposto acontece na diminuição da intensidade luminosa incidente. Essa propriedade que o bulbo do olho tem de se adequar à luminosidade ambiente se chama **adaptação visual**.

Acomodação visual

O processo de ajuste da distância focal do sistema óptico do bulbo do olho à visão nítida de objetos diferentemente afastados é denominado **acomodação visual**.

Defeitos visuais e sua correção

Os principais defeitos da visão são: a **miopia**, a **hipermetropia**, a **presbiopia**, o **astigmatismo** e o **estrabismo**.

Miopia: consiste em um **alongamento** do bulbo do olho na direção anteroposterior.

Hipermetropia: este defeito consiste em um **encurtamento** do bulbo do olho na direção anteroposterior.

Presbiopia: consiste no **enrijecimento dos músculos ciliares** ou da **própria lente** natural do olho, o que ocorre com o evoluir da idade.

Astigmatismo: consiste em **imperfeições na simetria** de revolução do sistema óptico ocular em torno de seu eixo óptico.

Estrabismo: consiste na **incapacidade de dirigir simultaneamente** as retas visuais dos dois olhos para o ponto visado.

Aplique o que aprendeu

Exercícios resolvidos

1. (SLMandic-SP) O *Extremely Large Telecospe* (ELT) é o próximo telescópio da *European Southern Observatory* (ESO) a ser construído no norte do Chile. Com impressionantes 39,4 m de diâmetro em seu espelho primário, o telescópio promete abordar os maiores desafios da Astronomia. Essencialmente, o ELT consiste em uma associação de espelhos que ampliam a área coletora de luz, quando comparada ao olho humano, fazendo com que objetos impossíveis de serem observados a olho nu se tornem visíveis.

L. Calçada/ESO/Agência France-Press

Sobre o funcionamento do ELT foram realizadas as seguintes afirmativas:

I. A função do telescópio é ampliar o tamanho dos objetos, pois, ao deixar a imagem maior que o objeto, permite aumentar a quantidade de dados sobre o objeto estudado.

II. Um dos problemas deste tipo de telescópio, que observa o céu da superfície da Terra, é lidar com as interferências da atmosfera terrestre na luz proveniente dos astros, tais como a refração da luz e a aberração cromática.

III. O espelho côncavo com 39,4 m de diâmetro favorece a formação de imagens mais detalhadas, pois a luz proveniente do astro observado, ao incidir neste espelho, reflete concentrando-se no seu foco.

É correto o que se afirma em

a) III, apenas. b) II e III, apenas. c) I, apenas. d) II, apenas. e) I, II e III.

Resolução:

I. Incorreta.
O ELT não produz aumentos lineares, mas apenas aumentos do ângulo visual de observação.

II. Correta.

III. Correta.

Resposta: B

2. (Vunesp)

A figura mostra a foto de um microscópio composto basicamente de 2 lentes esféricas: a objetiva e a ocular. Para que a função primordial do microscópio seja cumprida, o material a ser analisado deve ser depositado sobre uma lâmina que deve estar

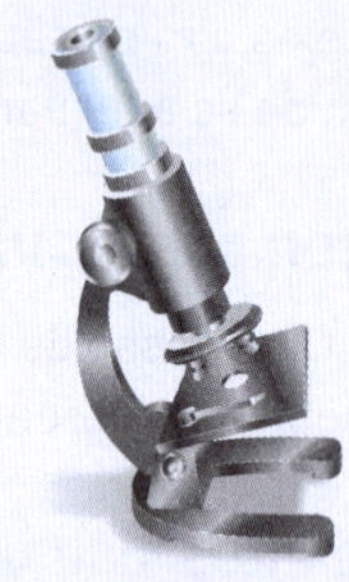
Banco de imagens/Arquivo da editora

a) sobre o foco principal da ocular.
b) entre o centro óptico e o foco principal da ocular.
c) entre o centro óptico e o foco principal da objetiva.
d) sobre o foco principal da objetiva.
e) entre o foco principal e o ponto antiprincipal da objetiva.

Resolução:

A formação da imagem no microscópio composto está esquematizada na imagem ao lado.

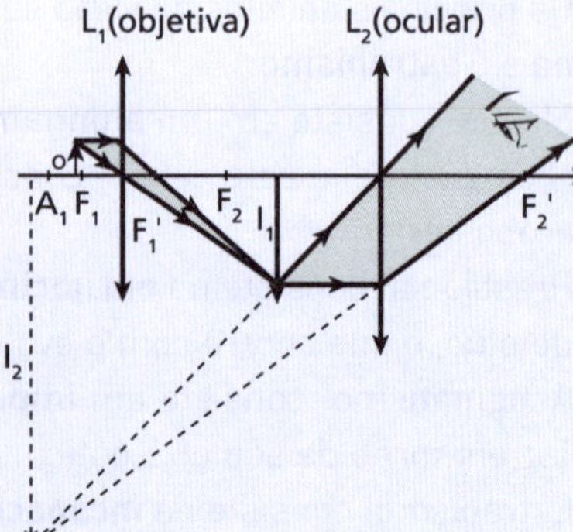

Banco de imagens/Arquivo da editora

A imagem real configurada por L_1 se comporta como objeto real em relação a L_2, que, por sua vez, produz uma imagem final virtual que é dada ao observador contemplar.

Resposta: E

Questões

1. Um telescópio refrator trabalha com a propriedade de refração da luz. Esse instrumento possui uma lente objetiva que capta a luz dos objetos e forma a imagem. Outra lente convergente, a ocular, funciona como uma lupa, aumentando o tamanho da imagem formada pela lente objetiva. O maior telescópio refrator do mundo em utilização, com 19,2 m de comprimento, é o telescópio Yerkes, que teve sua construção finalizada em 1897 e localiza-se na Universidade de Chicago, nos EUA.

Reprodução/Wikimedia Commons

O telescópio Yerkes possui uma objetiva com aproximadamente 100 cm de diâmetro e com razão focal (definida como a razão entre a distância focal e o diâmetro de abertura da lente) igual a 19,0.

a) Qual a distância focal da objetiva do telescópio refrator descrito e quanto vale a soma das distâncias focais da objetiva e da ocular?

b) Qual é o aumento visual (ampliação angular) do telescópio?

2. (Vunesp-ESCS-SP)

O olho humano é formado por um conjunto de lentes que podem, dentro de certos limites, alterar seu formato e promover a focalização dos raios de luz na retina, região onde se localizam os fotoceptores.

a) Existem dois tipos de fotoceptores na retina. Cite um deles e indique sua função.

b) Ao aproximarmos objetos dos olhos, ocorre uma acomodação visual promovida pelos músculos ciliares e pelo cristalino. O que ocorre em tais estruturas para que o objeto aproximado seja focalizado?

3. (Fuvest-SP)

Num ambiente iluminado, ao focalizar um objeto distante, o olho humano se ajusta a essa situação. Se a pessoa passa, em seguida, para um ambiente de penumbra, ao focalizar um objeto próximo, a íris

a) aumenta, diminuindo a abertura da pupila, e os músculos ciliares se contraem, aumentando o poder refrativo do cristalino.
b) diminui, aumentando a abertura da pupila, e os músculos ciliares se contraem, aumentando o poder refrativo do cristalino.
c) diminui, aumentando a abertura da pupila, e os músculos ciliares se relaxam, aumentando o poder refrativo do cristalino.
d) aumenta, diminuindo a abertura da pupila, e os músculos ciliares se relaxam, diminuindo o poder refrativo do cristalino.
e) diminui, aumentando a abertura da pupila, e os músculos ciliares se relaxam, diminuindo o poder refrativo do cristalino.

4. (Enem)

A retina é um tecido sensível à luz, localizado na parte posterior do olho, onde ocorre o processo de formação de imagem. Nesse tecido, encontram-se vários tipos celulares específicos. Um desses tipos celulares são os cones, os quais convertem os diferentes comprimentos de onda da luz visível em sinais elétricos, que são transmitidos pelo nervo óptico até o cérebro.

Disponível em: <www.portaldaretina.com.br>. Acesso em: 13 jun. 2012 (adaptado).

Em relação à visão, a degeneração desse tipo celular irá

a) comprometer a capacidade de visão em cores.
b) impedir a projeção dos raios luminosos na retina.
c) provocar a formação de imagens invertidas na retina.
d) causar dificuldade de visualização de objetos próximos.
e) acarretar a perda da capacidade de alterar o diâmetro da pupila.

5. (Enem)

O avanço tecnológico da medicina propicia o desenvolvimento de tratamentos para diversos defeitos e doenças, como os relacionados à visão. As correções que utilizam *laser* para o tratamento da miopia são consideradas seguras até 12 dioptrias, dependendo da espessura e curvatura da córnea. Para valores de dioptria superiores a esse, o implante de lentes intraoculares é mais indicado. Essas lentes conhecidas como lentes fácicas (LF) são implantadas junto à córnea antecedendo o cristalino (C), sem que esse precise ser removido formando a imagem correta sobre a retina (R).

O comportamento de um feixe de luz incidindo no olho que possui um implante de lentes fácicas para correção do problema de visão apresentado é esquematizado por:

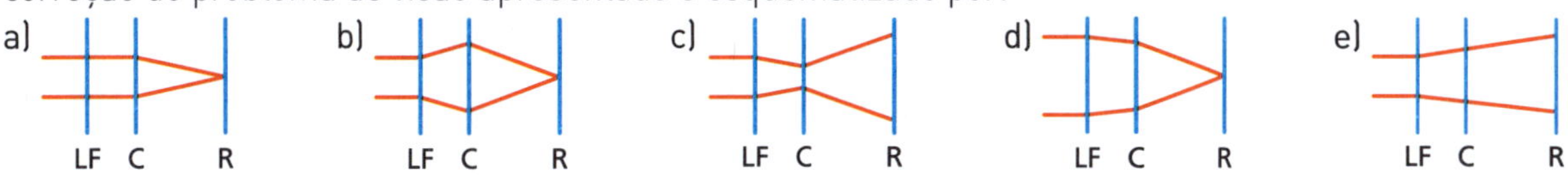

Ilustrações: Banco de imagens/Arquivo da editora

6. (UEA-AM)

Populações indígenas que não têm o hábito da leitura apresentam índices muito baixos de miopia. No entanto, quando esses índios se integram à sociedade ocidental e começam a ler e escrever, passam a apresentar uma incidência de miopia mais elevada.

No caso da miopia, a imagem se forma antes de chegar à retina, conforme ilustra a figura a seguir.

(http://portaldaoftalmologia.com.br)

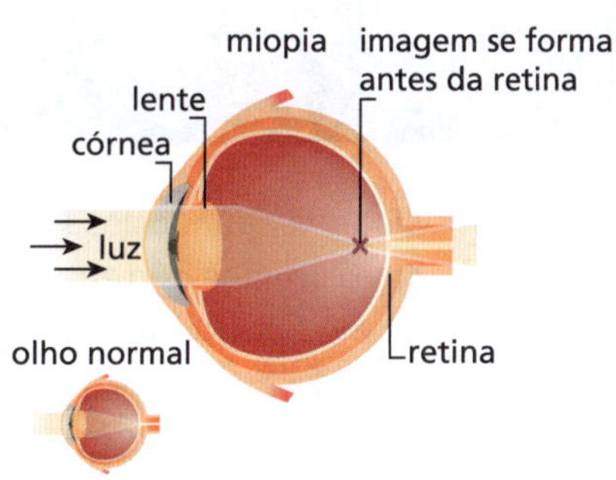

Banco de imagens/Arquivo da editora

(http://saude.cultramix.com)

O problema é geralmente corrigido com o uso de lentes

a) convergentes.
b) divergentes.
c) planas.
d) convexas.
e) cilíndricas.

7. (UEFS-BA)

Bárbara e Carlos, após uma consulta oftalmológica, foram diagnosticados com miopia e hipermetropia, respectivamente. As figuras representam os perfis de três lentes esféricas de vidro, A, B e C, que poderiam ser utilizadas por eles para corrigir seus defeitos de visão.

Banco de imagens/Arquivo da editora

Para corrigir seus defeitos de visão, Bárbara e Carlos poderiam utilizar, respectivamente, as lentes

a) B e A.
b) B e C.
c) C e A.
d) A e B.
e) A e C.

8. (SLMandic-SP)

Para que a imagem seja vista nítida pelo olho humano, a geometria do globo ocular e os índices de refração do sistema córnea-cristalino, entendido aqui como uma lente convergente delgada, devem estar devidamente ajustados. Porém, algumas pessoas têm olhos amétropes (com algum defeito na visão). Quando a imagem se forma antes da retina dizemos que esse olho é míope. Entretanto, essa ametropia pode ser corrigida por cirurgia, cuja ideia central é, a partir do corte de um disco da córnea, alterar a geometria do globo ocular, resultando numa redução da distância entre a retina e o sistema córnea-cristalino. Uma pessoa que se submeteu a essa cirurgia e tinha um globo ocular com 1,8 cm de distância entre a retina e o sistema córnea-cristalino, recuperou-se.

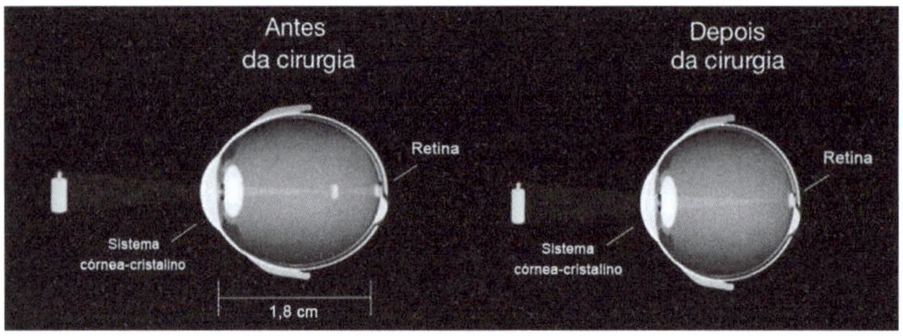

Reprodução/FSLM, 2017

Imagem fora de escala.

Considerando que a distância focal desse sistema quando essa pessoa enxerga um objeto a 10 m de seu olho é 1,5 cm, tanto antes quanto depois da cirurgia, é correto afirmar que a nova distância, em cm, do sistema córnea-cristalino à retina é, em cm, de aproximadamente:

a) 0,56
b) 0,66
c) 1,50
d) 1,70
e) 1,80

9. (Vunesp-Uninove-SP)

Um professor de ciência solicitou aos alunos Alberto, Bernardo e Clara que elaborassem projetos em que pudessem demonstrar aplicações práticas das lentes esféricas. Após fornecer lentes delgadas de vidro com os perfis representados na figura, em operação no ar, pediu a eles que escolhessem, entre as opções fornecidas, quais poderiam utilizar em seus respectivos projetos.

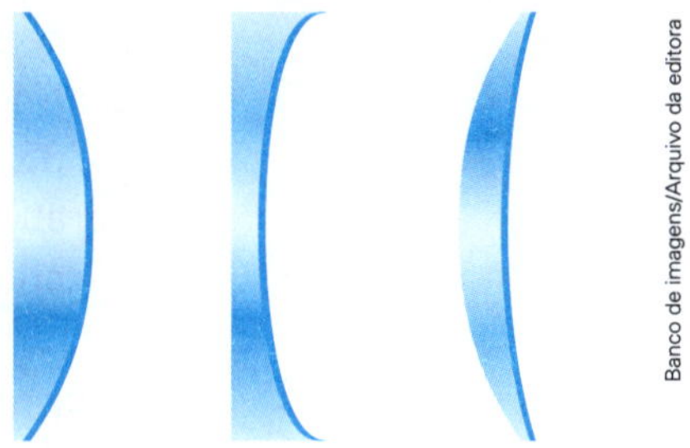

Uma vez escolhidas as lentes, os estudantes desenvolveram os seguintes trabalhos:

- Alberto: montou uma lupa com a qual pôde observar detalhes de objetos muito pequenos.
- Bernardo: construiu um par de óculos que poderia ser utilizado por um portador de miopia.
- Clara: com apenas uma lente, montou um projetor semelhante ao utilizado em salas de cinema.

Considerando que os três estudantes obtiveram sucesso em seus projetos e que os três instrumentos ópticos foram utilizados no ar, é correto afirmar que

a) Alberto pode ter escolhido a lente 1 e Clara, a lente 2.
b) Clara pode ter escolhido a lente 2 e Alberto, a lente 3.
c) Bernardo pode ter escolhido a lente 2 e Alberto, a lente 3.
d) Clara e Bernardo podem ter escolhido a lente 3.
e) Alberto e Bernardo podem ter escolhido a lente 2.

10. (Acafe-SC)

Um aluno com miopia queria saber quanto de dioptrias seus óculos corrigiam. Pensou, então, em usar seus conhecimentos de física e o fato de estar esperando ônibus para resolver esse problema. Tirou os óculos e percebeu que viu nitidamente o letreiro que estava se aproximando quando esse estava a 10 m de distância do ponto.

A alternativa correta que mostra o valor da correção de seus óculos, em dioptria, é:

a) 0,1 b) 1 c) −1 d) −0,1 e) −0,5

TOTAL DE ACERTOS ____/10

1. Um jovem estudante estava em uma aula de Química em um laboratório quando observou que a diferença entre as temperaturas de ebulição do álcool etílico e do éter etílico é de 78,0 °F, quando medido sob pressão de 1,0 atm. Procurando em um livro que tinha à disposição, encontrou a temperatura de ebulição do éter etílico, 35,0 °C. Com esses dados, encontre a temperatura de ebulição do álcool etílico. O valor encontrado deve ser maior do que 35,0 °C.

2. (UFPB)
Durante uma temporada de férias na casa de praia, em certa noite, o filho caçula começa a apresentar um quadro febril preocupante. A mãe, para saber, com exatidão, a temperatura dele, usa um velho termômetro de mercúrio, que não mais apresenta com nitidez os números referentes à escala de temperatura em graus Celsius. Para resolver esse problema e aferir com precisão a temperatura do filho, a mãe decide graduar novamente a escala do termômetro usando como pontos fixos as temperaturas do gelo e do vapor da água. Os valores que ela obtém são: 5 cm para o gelo e 25 cm para o vapor. Com essas aferições em mãos, a mãe coloca o termômetro no filho e observa que a coluna de mercúrio para de crescer quando atinge a marca de 13 cm.
Com base nesse dado, a mãe conclui que a temperatura do filho é de:
a) 40,0 °C
b) 39,5 °C
c) 39,0 °C
d) 38,5 °C
e) 38,0 °C

3. (UPM-SP)
Uma escala termométrica A adota para a temperatura da água em ebulição à pressão normal, de 70 °A, e para a temperatura de fusão do gelo à pressão normal, de 20 °A. Outra escala termométrica B adota para a temperatura da água em ebulição à pressão normal, de 90 °B, e para a temperatura de fusão do gelo à pressão normal, de 10 °B. A expressão que relaciona a temperatura das escalas A (θ_A) e B (θ_B) é
a) $\theta_B = 2,6 \cdot \theta_A - 42$
b) $\theta_B = 2,6 \cdot \theta_A - 22$
c) $\theta_B = 1,6 \cdot \theta_A - 22$
d) $\theta_A = 1,6 \cdot \theta_B + 22$
e) $\theta_A = 1,6 \cdot \theta_B + 42$

4. (UPM-SP)
Um bloco metálico de capacidade térmica 150 cal/°C é colocado no interior de um forno. Esse bloco atinge o equilíbrio térmico após receber 39 kcal, não variando seu estado de agregação. A variação de temperatura sofrida por esse bloco, na escala Fahrenheit, é

a) 246 °F
b) 289 °F
c) 367 °F
d) 402 °F
e) 468 °F

5. (Vunesp)
Para saber se a temperatura do leite estava entre 40 °C e 45 °C, um fabricante de queijo utilizou um termômetro velho, cujos números de escala estavam apagados. Com o auxílio de um termômetro em boas condições, fez duas marcas indicativas dessa região de temperatura no termômetro velho e, mantendo os dois termômetros sob mesma condição térmica, fez as seguintes medições:

Termômetro sem escala	Termômetro em boas condições
0 mm	0 °C
80 mm	40 °C
200 mm	100 °C

Determine
a) de acordo com essas medições, a extensão, em milímetros, da região desejada pelo queijeiro;
b) a pressão de vapor do leite a 40 °C, se o queijeiro utilizar um termômetro a gás num local onde a pressão atmosférica vale 76 cmHg e a coluna do termômetro indica 136 cmHg;
c) a radiação eletromagnética emitida pelo leite a 40 °C por meio de um pirômetro óptico digital.

Dado:

Lei de Wien

$\lambda T = 3{,}0 \cdot 10^{-3}$ mK

6. (Fuvest-SP)
Um fabricante de acessórios de montanhismo quer projetar um colchão de espuma apropriado para ser utilizado por alpinistas em regiões frias. Considere que a taxa de transferência de calor ao solo por uma pessoa dormindo confortavelmente seja 90 kcal/hora e que a transferência

de calor entre a pessoa e o solo se dê exclusivamente pelo mecanismo de condução térmica através da espuma do colchão. Nestas condições, o gráfico representa a taxa de transferência de calor, em J/s, através da espuma do colchão, em função de sua espessura, em cm.

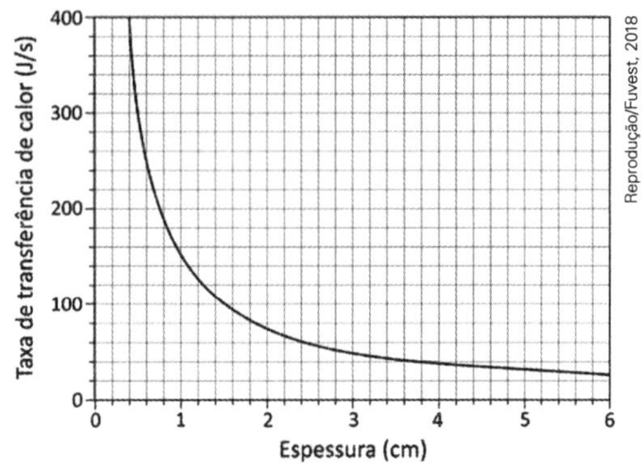

Considerando 1 cal = 4 J, a menor espessura do colchão, em cm, para que a pessoa durma confortavelmente é

a) 1,0.
b) 1,5.
c) 2,2.
d) 2,8.
e) 3,9.

7. (Unicamp-SP)

Materiais termoelétricos são aqueles com alto potencial de transformar calor em energia elétrica. A capacidade de conversão de calor em eletricidade é quantificada pela grandeza $F = \frac{S^2}{\rho\kappa}T$, que é adimensional e função da temperatura *T* e das propriedades do material: resistividade elétrica ρ, condutividade térmica κ, coeficiente Seebeck *S*. O gráfico a seguir mostra ρ em função de *T* para certo material termoelétrico. Analisando o gráfico e considerando $\kappa = 2{,}0$ W/(m × K) e S = 300 μ V/K para esse material, a uma temperatura T = 300 K, conclui-se que a grandeza *F* desse material a essa temperatura vale

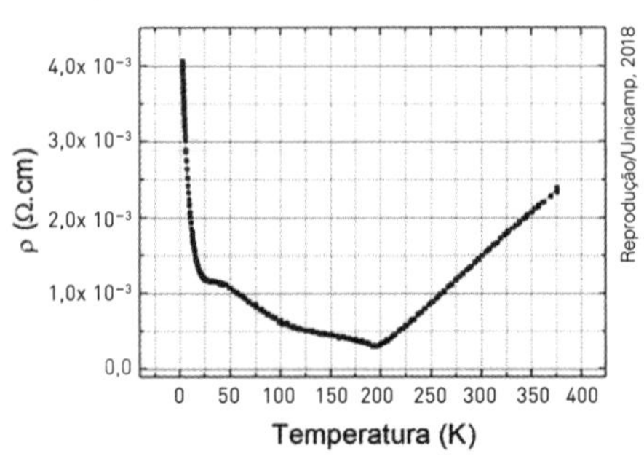

a) 0,003.
b) 0,6.
c) 0,9.
d) 90.

8. (UFABC-SP)

A expressão do fluxo de calor em função do tempo, ao longo de uma barra homogênea de comprimento **L** e área de secção **A** é:

$$\phi = \frac{K \cdot A \cdot \Delta\theta}{L}$$

Considerando-se como grandezas fundamentais força (**F**), comprimento (**L**), tempo (**T**) e temperatura (ϕ), a equação dimensional de **K** é:

a) $[K] = F^0L^0T\theta^{-2}$

b) $[K] = F^2L^{-1}T^0\theta$

c) $[K] = FL^0T^{-1}\theta^{-1}$

d) $[K] = FL^{-1}T^0\theta^{-1}$

e) $[K] = FL^0T^{-1}\theta^{-2}$

9. (UEM-PR)

Uma barra metálica cilíndrica tem 80 cm de comprimento e 200 cm^2 de seção reta. Em todo o seu comprimento, ela é envolvida por uma grossa camada de um material especial que, além de ser impermeável à água, é um excelente isolante térmico. Desse modo, somente as bases do cilindro metálico ficam expostas e podem trocar calor com o meio ambiente. Uma das extremidades da barra é introduzida em uma caldeira isolada que contém água em ebulição, à pressão de 1 atmosfera, e a outra extremidade fica em contato com o ar, a 20 °C. Sabendo que a condutividade térmica do metal de que a barra é feita vale $5 \cdot 10^{-2}$ kcal/(s · m · °C), calcule, em kcal, a quantidade de calor transferida ao ar, durante 10 minutos, em regime estacionário.

10. (OBF)

Um galpão possui área 300 m^2 de paredes, laje, janelas e portas. O coeficiente de condutibilidade térmica média deste conjunto é K = 0,50 W/m °C; a espessura média é x = 0,20 m. Num inverno, deseja-se manter constante, em 20 °C, a diferença de temperatura do ar no interior e no exterior do galpão, durante o período de um mês. Em paredes sólidas, sabe-se que a quantidade de calor transmitida por segundo de uma face à face oposta é diretamente proporcional à área e à diferença de temperatura entre as faces, e inversamente proporcional à espessura. Esta quantidade de calor depende também da natureza do material que conduz o calor, ou seja, do seu coeficiente de condutividade térmica. Matematicamente, q = k × (área) × (diferença de temperatura) ÷ ÷ (espessura do material). Usar: 1 cal = 4 J.

a) Qual o custo mensal para manter constante a temperatura do ambiente interno por meio de lâmpadas de incandescência acesas, considerando que 1 MWh de energia elétrica custa R$ 120,00?

b) Caso a diferença de temperaturas seja mantida constante um aquecedor a gás, qual o volume mensal de gás necessário para um gás com calor de combustão C = 9 000 kcal/m³ e 100% de rendimento do processo?

11. (UEM-PR)

Uma lei para transferência de calor em regime estacionário é a Lei de Fourier. Ela diz o seguinte: "A quantidade de calor que flui por unidade de tempo e por unidade de área em um dado material homogêneo é proporcional à variação da temperatura, na razão direta, e à espessura, na razão inversa". A constante de proporcionalidade é chamada condutibilidade ou condutividade térmica. Considere, agora, uma cabana de inverno, com temperatura interna constante e igual a 22 °C e a externa igual a 0 °C. Considere, ainda, a cabana bem isolada termicamente, e que ocorra perda de calor somente pela única janela, feita de vidro e cuja dimensão é 1,0 m × 1,0 m e espessura 5,0 cm. Com base no enunciado e no esquema dado, assinale o que for correto. Dado: condutividade de vidro = 0,80 J/s · m · °C.

Banco de imagens/Arquivo da editora

(01) O fluxo de calor se dá de B para A.

(02) O calor transferido, por segundo, pela janela é de 352 joules.

(04) A razão da queda de temperatura na janela é igual a 440 °C por metro de espessura dela.

(08) A potência térmica associada ao calor trocado pelos ambientes A e B é igual à quantidade de calor que sai, por segundo, da cabana para o ambiente e vale $2,8 \cdot 10^{-3}$ W.

(16) De acordo com o enunciado da Lei de Fourier, o fluxo de calor é dado em watts.

(32) A equação dimensional para o fluxo de calor, por área unitária, é $[M] \cdot [T]^{-3}$.

12. (UFRN)

Atualmente se fala muito em economizar energia elétrica. Uma das alternativas é aproveitar a energia do Sol para o aquecimento de água em residências, por meio de coletor solar. O princípio de funcionamento do coletor baseia-se no fato de que todo corpo exposto à radiação do Sol tende a se aquecer pela absorção dessa energia.

A figura a seguir é uma representação esquemática de um tipo de coletor solar composto basicamente por:

- uma caixa fechada, contendo canos de cobre na forma de serpentina (onde circula a água a ser aquecida);
- uma placa pintada de preto fosco (para melhorar o processo de aquecimento da água);
- uma tampa de vidro transparente (por onde passa a radiação solar e que ajuda a reduzir perdas por convecção).

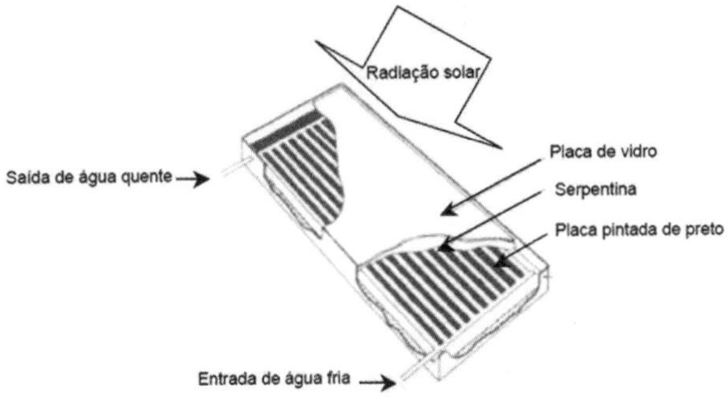

Considere

- a intensidade da radiação solar $I = 60\,\dfrac{cal}{cm^2 \cdot h}$;
- a área de absorção de energia do coletor $A = 5 \cdot 10^4\ cm^2$;
- o calor específico da água $c = 10^3\,\dfrac{cal}{kg \cdot °C}$;
- a quantidade de água aquecida de 30 °C para 70 °C, em uma hora, como sendo $m = 36$ kg;
- o rendimento, η, como sendo a razão entre a energia absorvida pela água no processo de aquecimento e a energia fornecida pelo Sol ao coletor.

Considerando os dados acima, calcule:

a) a quantidade de energia, por hora, que é absorvida pela água.

b) o rendimento, η, desse coletor.

13. (Unicamp-SP)

Icebergs flutuam na água do mar, assim como o gelo em um copo com água potável. Imagine a situação inicial de um copo com água e gelo, em equilíbrio térmico à temperatura de 0 °C. Com o passar do tempo o gelo vai derretendo. Enquanto houver gelo, a temperatura do sistema

a) permanece constante, mas o volume do sistema aumenta.
b) permanece constante, mas o volume do sistema diminui.
c) diminui e o volume do sistema aumenta.
d) diminui, assim como o volume do sistema.

14. (Unesp-SP)

O gráfico mostra o fluxo térmico do ser humano em função da temperatura ambiente em um experimento no qual o metabolismo basal foi mantido constante. A linha azul representa o calor trocado com o meio por evaporação (**E**) e a linha vermelha, o calor trocado com o meio por radiação e convecção (**RC**).

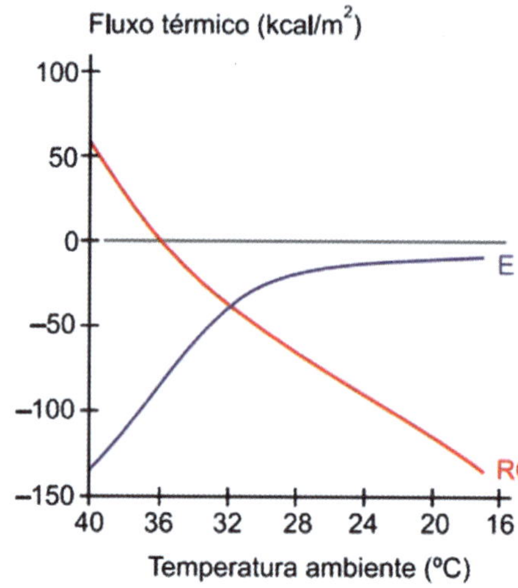

(Eduardo A. C. Garcia. *Biofísica*, 1997. Adaptado.)

Sabendo que os valores positivos indicam calor recebido pelo corpo e os valores negativos indicam o calor perdido pelo corpo, conclui-se que:

a) em temperaturas entre 36 °C e 40 °C, o corpo recebe mais calor do ambiente do que perde.
b) à temperatura de 20 °C, a perda de calor por evaporação é maior que por radiação e convecção.
c) a maior perda de calor ocorre à temperatura de 32 °C.
d) a perda de calor por evaporação se aproxima de zero para temperaturas inferiores a 20 °C.
e) à temperatura de 36 °C, não há fluxo de calor entre o corpo e o meio.

15. (CPAEN-RJ)

Analise o gráfico abaixo.

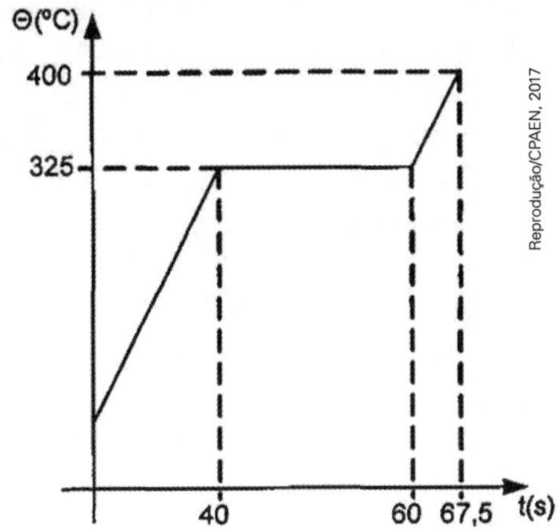

Reprodução/CPAEN, 2017

O gráfico acima descreve o processo de aquecimento de certa substância que se encontra inicialmente na fase sólida. O calor latente de fusão dessa substância é 6,0 cal/g. Em um processo à pressão constante de 1,0 atm, ela é levada à fase líquida, com temperatura final de 40 °C. A potência fornecida nessa transformação foi de 360 cal/s. O gráfico mostra a temperatura da substância em função do tempo, durante o processo. Qual o calor específico dessa substância, em mcal/g · °C?

16. (Unicamp-SP)

O controle da temperatura da água e de ambientes tem oferecido à sociedade uma grande gama de confortos muito bem-vindos. Como exemplo podemos citar o controle da temperatura de ambientes fechados e o aquecimento da água usada para o banho.

O sistema de refrigeração usado em grandes instalações, como centros comerciais, retira o calor do ambiente por meio da evaporação da água. Os instrumentos que executam esse processo são usualmente grandes torres de refrigeração vazadas, por onde circula água, e que têm um grande ventilador no topo. A água é pulverizada na frente do fluxo de ar gerado pelo ventilador. Nesse processo, parte da água é evaporada, sem alterar a sua temperatura, absorvendo calor da parcela da água que permaneceu líquida. Considere que 110 litros de água a 30 °C circulem por uma torre de refrigeração e que, desse volume, 2 litros sejam evaporados. Sabendo que o calor latente de vaporização da água é L = 540 cal/g e que seu calor específico é c = 1,0 cal/g · °C, qual é a temperatura final da parcela da água que não evaporou?

17. (Fuvest-SP)

Furacões são sistemas físicos que liberam uma enorme quantidade de energia por meio de diferentes tipos de processos, sendo um deles a condensação do vapor em água. De acordo com o Laboratório Oceanográfico e Meteorológico do Atlântico, um furacão produz, em média, 1,5 cm de chuva por dia em uma região plana de 660 km de raio. Nesse caso, a quantidade de energia por unidade de tempo envolvida no processo de condensação do vapor em água da chuva é, aproximadamente

a) $3,8 \cdot 10^{15}$ W.

b) $4,6 \cdot 10^{14}$ W.

c) $2,1 \cdot 10^{13}$ W.

d) $1,2 \cdot 10^{12}$ W.

e) $1,1 \cdot 10^{11}$ W.

Note e adote:

$\pi = 3$

Calor latente de vaporização da água: $2 \cdot 10^6$ J/kg.

Densidade da água: 10^3 kg/m^3.

1 dia = $8,6 \cdot 10^4$ s.

18. (FGV-SP)

A figura representa uma montagem experimental em que um béquer, contendo água à temperatura ambiente, é colocado no interior de uma campânula de vidro transparente, dotada de um orifício em sua cúpula, por onde passa uma mangueira ligada a uma bomba de vácuo. A bomba é ligada, e o ar vai sendo, gradualmente, retirado do interior da campânula.

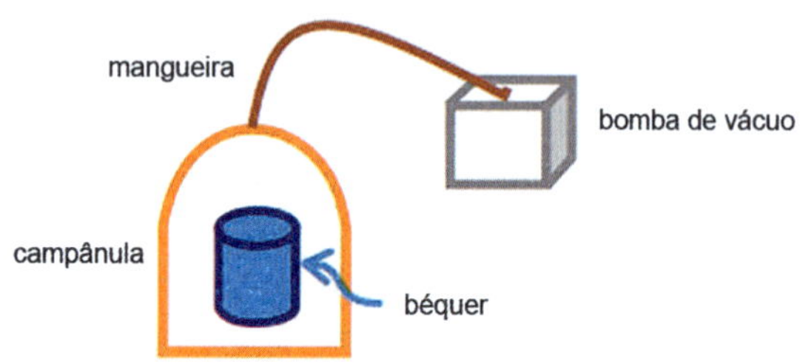

Observa-se que, a partir de determinado instante,

a) a água entra em ebulição, propiciada pela diminuição da pressão.

b) a água entra em ebulição, favorecida pela máxima pressão de saturação.

c) ocorre a formação de gelo, propiciada pela diminuição da pressão.

d) ocorre a formação de gelo, favorecida pela máxima pressão de saturação.

e) é atingido o ponto triplo, favorecido pela máxima pressão de saturação.

19. (IJSO)

Propriedades da água

Duas propriedades específicas da água são destacadas abaixo.

Propriedade 1

A capacidade térmica da água é grande em comparação a outras substâncias comuns.

Propriedade 2

A água se comporta diferente entre 0 °C e 4 °C comparada com outras substâncias (ver figura).

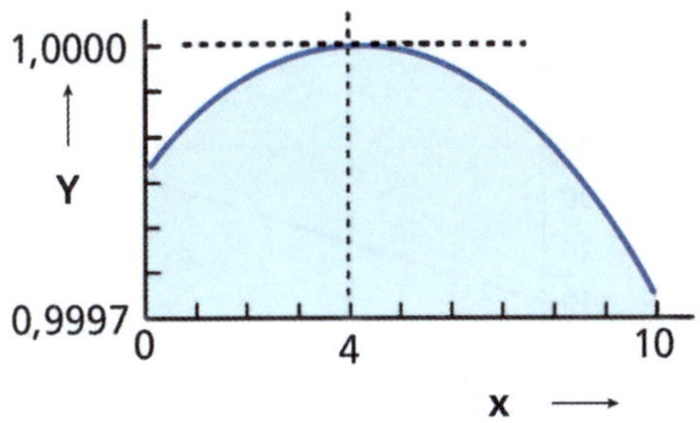

Reprodução/IJSO, 2017

Y = densidade da água em kg/dm^3

X = temperatura em °C

Considere as seguintes afirmações:

I. A propriedade 1 tem o efeito de estabilizar a temperatura média da Terra.

II. A propriedade 2 faz com que a água líquida a temperatura de +4 °C esteja localizada na parte mais profunda de uma vala, quando existe uma pequena lâmina de gelo na superfície da água.

Quais das alternativas são verdadeiras?

a) Somente I

b) Somente II

c) Ambas I e II

d) Nem I nem II

20. (Unicamp-SP)

Um conjunto de placas de aquecimento solar eleva a temperatura da água de um reservatório de 500 litros de 20 °C para 47 °C em algumas horas. Se no lugar das placas solares fosse usada uma resistência elétrica, quanta energia elétrica seria consumida para produzir o mesmo aquecimento? Adote 1,0 kg/litro para a densidade e 4,0 kJ/(kg · °C) para o calor específico da água. Além disso, use $1\ kWh = 10^3\ W \cdot 3\,600\ s = 3{,}6 \cdot 10^6\ J$.

a) 15 kWh.

b) 26 kWh.

c) 40 000 kWh.

d) 54 000 kWh.

21. Em uma pequena estufa, improvisada com uma caixa de papelão, são utilizadas duas lâmpadas para o aquecimento. Uma delas de 100 W e a outra de 60 W. Se o percentual de energia convertida em térmica é de 90%, qual a quantidade de calor, em joules, transferida à estufa em meia hora? Dê a resposta usando a notação científica, com apenas uma casa decimal.

22. O gráfico mostra o aquecimento de um bloco de ferro de massa 500 g. O calor específico do ferro é igual a 0,12 cal/g °C.

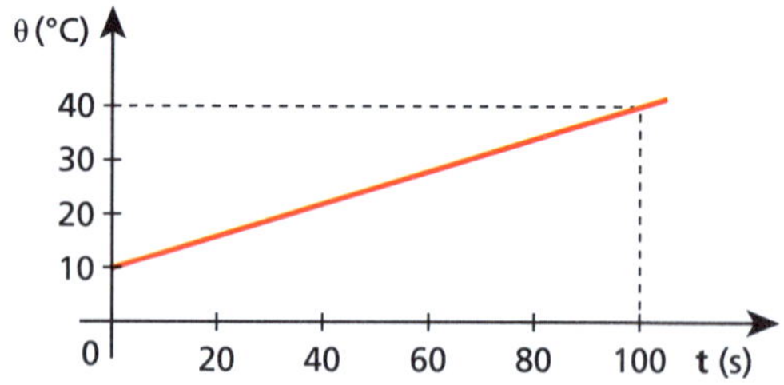

Banco de imagens/Arquivo da editora

Qual a potência dessa fonte térmica, sabendo que seu rendimento foi de 50%?

23. (Vunesp)
O gráfico mostra o aumento de temperatura de 450 g de água, em função do tempo, enquanto recebe de uma fonte 4 000 cal/min.

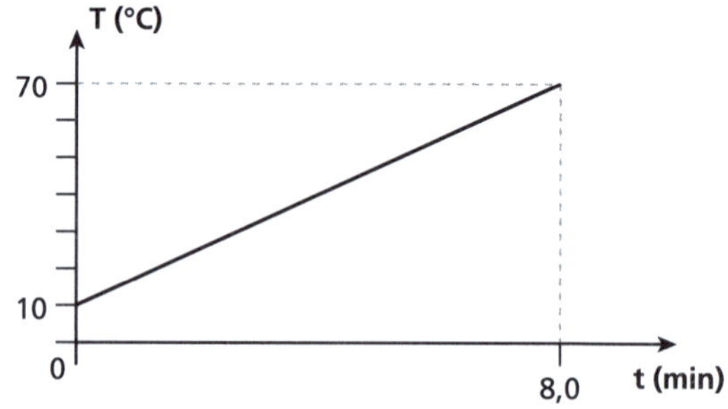

Banco de imagens/Arquivo da editora

Considerando que o calor específico da água é constante na faixa de temperatura especificada e vale 1,0 cal/g · °C, a quantidade de calor, em calorias, perdida para o ambiente durante os 8,0 minutos de aquecimento foi de

a) 4 000. b) 6 000. c) 3 000. d) 5 000.

24. (FMABC-SP)
O número aproximado de calorias a serem fornecidas a um cubo de ferro com 1 cm de aresta, para que a temperatura do cubo varie de 59 °F a 338 K, é:

a) 408 b) 1 877 c) 70 d) 187 e) 44

Dados: Densidade do ferro 8 000 kg/m^3
Calor específico do ferro 460 J/kg · °C
1 cal = 4,2 J

25. (Fameca-SP)

Um morador da Região Sul do País comprou um chuveiro elétrico de potência 3 200 W e ficou decepcionado porque, no inverno, a água não esquentava o suficiente. Considerando-se a densidade e o calor específico sensível da água iguais a 1,0 g/mL e 4,0 J/g · °C, respectivamente, supondo-se que a vazão do chuveiro seja 50 mL/s e que toda a potência dissipada no chuveiro seja transferida para a água na forma de calor, a máxima variação de temperatura da água, em °C, que se pode obter com esse chuveiro é

a) 5,0 b) 8,0 c) 12,0 d) 16,0 e) 20,0

26. (Fuvest-SP)

No início do século XX, Pierre Curie e colaboradores, em uma experiência para determinar características do recém-descoberto elemento químico rádio, colocaram uma pequena quantidade desse material em um calorímetro e verificaram que 1,30 grama de água líquida ia do ponto de congelamento ao ponto ebulição em uma hora. A potência média liberada pelo rádio nesse período tempo foi, aproximadamente:

a) 0,06 W c) 0,14 W e) 0,22 W
b) 0,10 W d) 0,18 W

Note e adote:
Calor específico da água: 1 cal/(g · °C)
1 cal = 4 J
Temperatura de congelamento da água: 0 °C
Temperatura de ebulição da água: 100 °C
Considere que toda energia emitida pelo rádio foi absorvida pela água e empregada exclusivamente para elevar sua temperatura.

27. (Vunesp)

Para higienizar e esterilizar os instrumentos de manipulação, o dentista os mantém em fornos elétricos, em cujo interior a temperatura é mantida a cerca de 220 °C.

Considere 1 cal = 4 J e que o conjunto de instrumentos (pinça, sonda exploradora, escavador, *hollemback*, etc.), feitos de uma liga metálica de calor específico 0,20 cal/(g · °C), tenham massa total de 250 g e estejam à temperatura ambiente de 20 °C, ao serem inseridos no forno. Se a potência útil do forno for de 1000 W, o conjunto de instrumentos entrará em equilíbrio com o interior do forno em um intervalo de tempo de

a) 10 s. b) 20 s. c) 30 s. d) 40 s. e) 50 s.

28. (UPM-SP)

Certo estudante, em um laboratório de Física, na Inglaterra, realizou uma experiência que envolvia trocas de calor. Durante uma parte do trabalho, teve de aquecer um corpo de massa 1,00 kg, constituído de uma liga de alumínio, cujo calor específico é c = 0,215 cal/(g · °C). A temperatura do corpo variou de 212 °F até 392 °F. Considerando que 1 caloria = 4,2 J, a energia térmica recebida por esse corpo foi aproximadamente:

a) 160 kJ
b) 90 kJ
c) 40 kJ
d) 16 kJ
e) 9 kJ

29. (UEFS-BA)

Dentro de um recipiente termicamente isolado há 4 L de água líquida, a 40 °C. Um bloco de gelo de 6 kg, a −10 °C, é colocado dentro desse mesmo recipiente, que em seguida é fechado. Depois de determinado intervalo de tempo, quando o equilíbrio térmico foi atingido dentro do recipiente, ele é aberto e verifica-se que nem todo o gelo derreteu. O gráfico representa como variaram as temperaturas (θ) das substâncias envolvidas nesse experimento, em função do tempo (t).

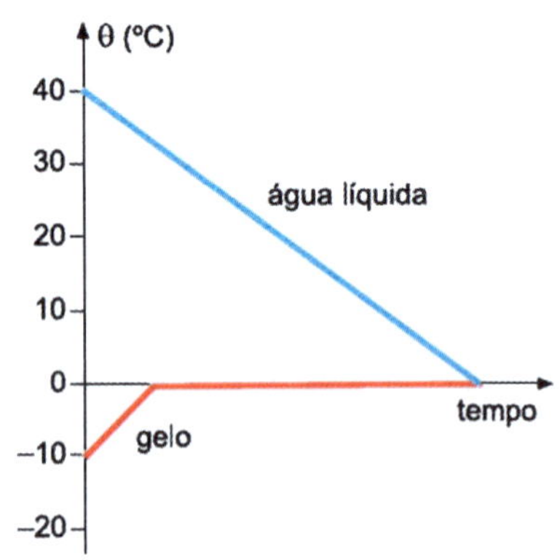

calor específico da água líquida	1 cal/g · °C
calor específico do gelo	0,5 cal/g · °C
calor latente de fusão do gelo	80 cal/g
densidade da água líquida	1 kg/L

Considere as informações contidas no gráfico e na tabela, admita que o experimento foi realizado no nível do mar e que só houve troca de calor entre a água que estava inicialmente no recipiente e o bloco de gelo introduzido. Após o estabelecimento do equilíbrio térmico, haverá, dentro do recipiente, uma massa de água líquida igual a:

a) 5 625 g.
b) 4 750 g.
c) 5 000 g.
d) 4 375 g.
e) 5 225 g.

30. O gasto calórico no exercício da atividade física de corrida é uma função de diversas variáveis, porém a fórmula simplificada pode indicar uma estimativa desse gasto.

> Gasto calórico (em calorias por hora) = velocidade da corrida (em km/h) · massa do indivíduo (em kg)

Considere que, no exercício da corrida, o consumo de oxigênio, que em repouso é de 3,5 mL por quilograma de massa corporal por minuto, seja multiplicado pela velocidade (em km/h) do corredor.

a) Turíbio tem massa de 72 kg e pratica 25 minutos de corrida por dia com velocidade constante de 8 km/h. Calcule o gasto calórico diário de Turíbio com a prática dessa atividade.

b) Seja *c* o consumo de litros de oxigênio em uma hora de corrida de um indivíduo de massa *m* (em kg) em velocidade constante *v* (em km/h). Calcule o valor da constante $\frac{c}{m \cdot v}$ na prática de uma hora de corrida desse indivíduo.

31. (Vunesp)
Um coletor solar tem uma área de 2,0 m^2, rendimento de 60% e fornece energia para 200 kg de água contida em um reservatório termicamente isolado. Considerando-se que a intensidade de radiação solar na região, em determinado período do dia, é de 700 W/m^2, que o calor específico da água é igual a $4,2 \cdot 10^3$ J(kg · °C) e que toda a energia útil recolhida pelo coletor seja transferida integralmente para a água no reservatório, é correto afirmar que uma variação de temperatura sofrida pela água, em °C, no intervalo de uma hora será igual a

a) 3,6
b) 6,0
c) 7,2
d) 9,0
e) 12,0

32. Um jovem lança um bloco de alumínio de massa 80 g, cuja temperatura inicial é de 20 °C, sobre uma superfície áspera. O coeficiente de atrito dinâmico entre a base do bloco e a superfície vale 0,3. O bloco no momento em que se separou da mão do garoto tinha velocidade inicial de 10 m/s e deslizou por 3,33 s até parar. Suponha que toda a energia desse movimento tenha sido convertida em energia térmica e que 20% dela tenha sido absorvida pela superfície de deslizamento.

A variação de temperatura do bloco, na escala Fahrenheit, será de:

Calor específico do alumínio = 0,2 cal/g · °C

a) 0,05 °F c) 4 °F e) 16 °F
b) 0,09 °F d) 7,2 °F

Para simplificação dos cálculos, adote:

$g = 10\ m/s^2$

1 cal = 4 J

33. Três esferas de mesma massa e de mesmo material, suspensas por fios isolados termicamente, estão imersas em três banhos térmicos cujas temperaturas estão mencionadas na figura abaixo.

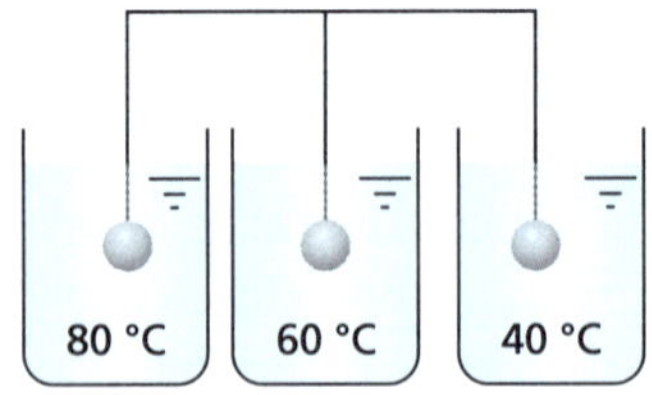

Banco de imagens/Arquivo da editora

Após atingidos os equilíbrios térmicos, essas esferas são simultânea e rapidamente retiradas e levadas para um recipiente com água a 20 °C.

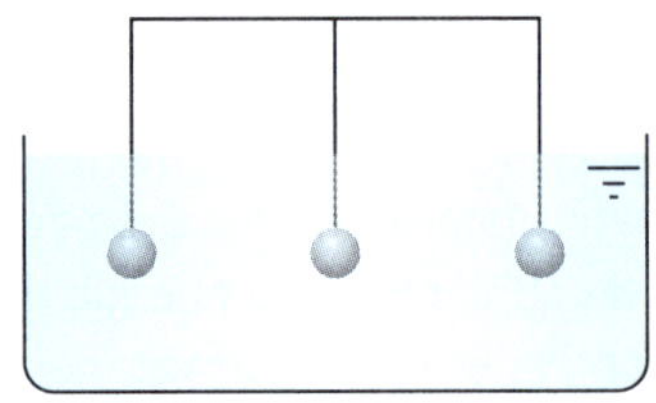

Banco de imagens/Arquivo da editora

Desprezando-se possíveis perdas de energia para o meio ambiente, a temperatura final desse banho térmico único será:

a) um valor maior que 80 °C.
b) um valor entre 60 °C e 20 °C.
c) 60 °C.
d) 50 °C.
e) um valor menor que 20 °C.

34. (Enem)

Aquecedores solares usados em residências têm o objetivo de elevar a temperatura da água até 70 °C. No entanto, a temperatura ideal da água para um banho é de 30 °C. Por isso, deve-se misturar a água aquecida com a água à temperatura ambiente de um outro reservatório, que se encontra a 25 °C. Qual a razão entre a massa de água quente e a massa de água fria na mistura para um banho à temperatura ideal?

a) 0,111 d) 0,428
b) 0,125 e) 0,833
c) 0,357

35. (Vunesp)

Dois materiais A e B são colocados no interior de um calorímetro ideal, com as seguintes características:

	c [cal/(g · °C)]	θ (°C)	m (g)
A	0,2	80	10
B	0,4	−10	20

Uma vez isoladas do meio exterior e não havendo mudança de estado físico, tais materiais atingirão o equilíbrio térmico na seguinte temperatura.

a) 10 °C
b) 8 °C
c) 12 °C
d) 16 °C
e) 18 °C

36. A sopa de pedra é um incrementado prato da culinária portuguesa em que uma pedra é colocada na panela junto com os ingredientes. Para fazer essa sopa no litoral, uma pessoa coloca uma pedra de 500 g em uma panela contendo 2 litros de água, aquecendo a partir de 20 °C até atingir a fervura, a 100 °C. Considere que o calor específico da água seja 1 cal/(g · °C), que o calor específico da pedra seja 0,2 cal/(g · °C), que a densidade da água seja 1 000 g/L e que as perdas de calor para o meio e a capacidade térmica da panela sejam desprezíveis. A quantidade de calor necessária para que o conjunto água-pedra atinja a fervura é igual a

a) 240 kcal
b) 168 kcal
c) 80 kcal
d) 132 kcal
e) 116 kcal

37. (PUC-RJ)

Uma barra metálica, que está sendo trabalhada por um ferreiro, tem uma massa M = 2,0 kg e está a uma temperatura T_i. O calor específico do metal é $c_m = 0{,}10$ cal/g · °C. Suponha que o ferreiro mergulhe a barra em um balde contendo 10 litros de água a 20 °C. A temperatura da água do balde sobe 10 °C com relação a sua temperatura inicial ao chegar ao equilíbrio. Calcule a temperatura inicial T_i da barra metálica.

Dados: $c_{água} = 1{,}0$ cal/g · °C e $d_{água} = 1{,}0$ g/cm^3

a) 500 °C
b) 220 °C
c) 200 °C
d) 730 °C
e) 530 °C

38. (Vunesp)

Dentro de uma caneca de cobre de 100 g a 20 °C são colocados 190 g de café a 80 °C. Considere o calor específico do café e do cobre iguais a 1 cal/(g · °C) e 0,1 cal/(g · °C), respectivamente. Desprezando as perdas de calor para o ambiente, a temperatura final do conjunto, depois que a caneca e o café entram em equilíbrio térmico, é igual a

a) 74 °C
b) 76 °C
c) 77 °C
d) 75 °C
e) 73 °C

39. (PUC-SP)

Uma xícara contém 300 mL de café a 60 °C. Qual a quantidade, em mL, de leite frio, cuja temperatura é de 10 °C, que devemos despejar nessa xícara para obtermos uma mistura de café com leite a 40 °C?

www.aguadoce.com.br

Considere as trocas de calor apenas entre o café e o leite, seus calores específicos iguais e suas densidades iguais a 1 g/cm³

a) 15
b) 20
c) 25
d) 35

40. Com o propósito de reduzir a temperatura de um cafezinho, um indivíduo insere na bebida uma colherzinha feita de alumínio. Os valores do cafezinho e da colherzinha são:

	Cafezinho	Colherzinha
Massa	–	20 g
Volume	10 cm³	–
Densidade	1,2 g/cm³	–
Temperatura inicial	80 °C	20 °C
Calor específico	1,0 cal/(g · °C)	0,2 cal/(g · °C)

Supondo que a troca de calor só ocorra entre o cafezinho e a colherzinha, qual a temperatura de equilíbrio térmico atingida por ambos?

41. (Famerp-SP)

Para realizar um experimento no litoral, um cientista precisa de 8 litros de água a 80 °C. Como não dispõe de um termômetro, decide misturar uma porção de água 0 °C com outra a 100 °C. Ele obtém água a 0 °C a partir de uma mistura, em equilíbrio térmico, de água líquida com gelo fundente, e água a 100 °C, a partir de água em ebulição. Considerando que haja troca de calor apenas entre as duas porções de água, os volumes, em litros de água a 0 °C e de água a 100 °C que o cientista deve misturar para obter água a 80 °C são iguais, respectivamente, a

a) 1,6 e 6,4
b) 3,2 e 4,8
c) 4,0 e 4,0
d) 2,4 e 5,6
e) 5,2 e 2,8

42. (UFU-MG)

Em um laboratório, dispõe-se de quatro amostras de ligas de materiais diferentes, cada uma com massa de 500 g. Quando essas amostras são aquecidas, suas temperaturas variam conforme os gráficos a seguir:

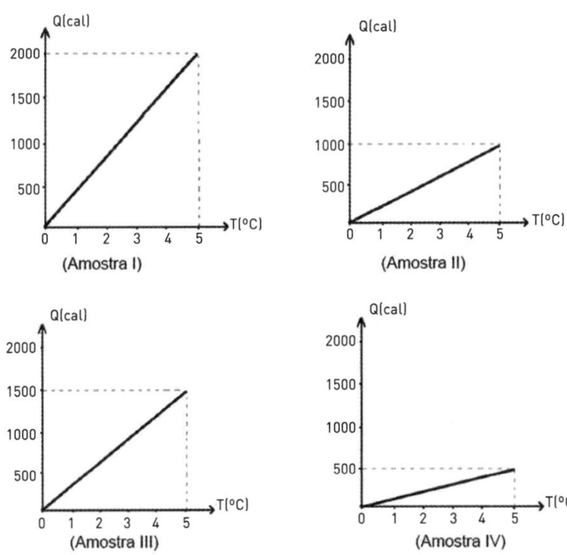

Na realização de um experimento, foi tomada uma dessas amostras, que estava inicialmente à temperatura de 25 °C, e mergulhada em uma porção de 200 g de água pura, à temperatura inicial de 10 °C. Aguardou-se o equilíbrio térmico, que ocorreu à temperatura de 20 °C, desprezando-se perdas de calor entre os corpos e o meio. Considere que o calor específico sensível de água é 1,0 cal/g°C.

A partir da situação descrita, é correto afirmar que a amostra usada foi a

a) I
b) II
c) III
d) IV
e) I ou IV

43. (SBF)

No laboratório de Física, uma aluna fez uma experiência em que colocava um bloco de gelo (−5,0 °C) dentro de um Becker. Em seguida ela fornece calor ao sistema (Becker + gelo), utilizando-se da chama de um bico de Bunsen de potência constante. Ao longo da experiência, ela notou que o gelo começou a derreter. Tomando o termômetro ela aferiu novamente a temperatura do gelo, constatando que o gelo enquanto funde:

a) Recebe calor, mas sua temperatura aumenta;

b) Cede calor e sua temperatura aumenta;

c) Cede calor e sua temperatura diminui;

d) Recebe calor, mas sua temperatura permanece constante;

e) Cede calor e sua temperatura permanece constante.

44. (UPM-SP)

Um estudante, no laboratório de Física de sua escola, forneceu calor a um corpo de massa 50 g, utilizando uma fonte térmica de potência constante. Com as medidas obtidas, construiu o gráfico abaixo, que representa a quantidade de calor ΔQ recebida pelo corpo em função de sua temperatura t.

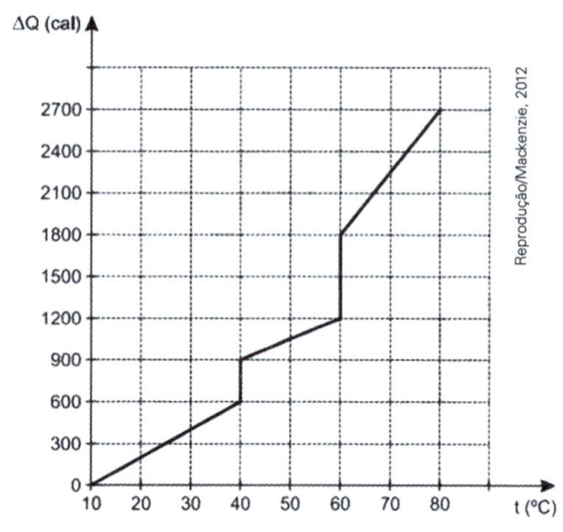

Analisando o gráfico, pode-se afirmar que o calor específico, no estado sólido e o calor latente de vaporização da substância que constitui o corpo, valem, respectivamente,

a) 0,6 cal/(g · °C) e 12 cal/g

b) 0,4 cal/(g · °C) e 12 cal/g

c) 0,4 cal/(g · °C) e 6 cal/g

d) 0,3 cal/(g · °C) e 12 cal/g

e) 0,3 cal/(g · °C) e 6 cal/g

45. (Unesp-SP)

Um bloco de gelo de massa 200 g, inicialmente à temperatura de −10 °C, foi mergulhado em um recipiente de capacidade térmica 200 cal/°C contendo água líquida a 24 °C. Após determinado intervalo de tempo, esse sistema entrou em equilíbrio térmico à temperatura de 4 °C.

O gráfico mostra como variou a temperatura apenas do gelo, desde sua imersão no recipiente até ser atingido o equilíbrio térmico.

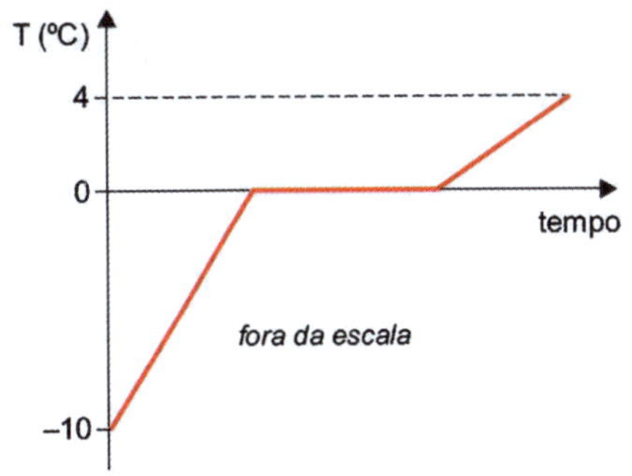

Reprodução/Unesp, 2017

Calor específico da água líquida	1 cal/g · °C
Calor específico do gelo	0,5 cal/g · °C
Calor latente de fusão do gelo	80 cal/g

Considerando as informações contidas no gráfico e na tabela, que o experimento foi realizado ao nível do mar e desprezando as perdas de calor para o ambiente, calcule a quantidade de calor absorvido pelo bloco de gelo, em calorias, desde que foi imerso na água até ser atingido o equilíbrio térmico, e calcule a massa de água líquida contida no recipiente, em gramas, antes da imersão do bloco de gelo.

46. Em um recipiente termicamente isolado de capacidade térmica 40,0 cal/°C e na temperatura de 25 °C são colocados 600 g de gelo a −10 °C e uma garrafa parcialmente cheia, contendo 2,0 L de refrigerante a 25 °C, sob pressão normal.

Considerando a garrafa com capacidade térmica desprezível e o refrigerante com características semelhantes às da água, isto é, calor específico na fase líquida 1,0 cal/g · °C e na fase sólida 0,5 cal/g · °C, calor latente de fusão de 80,0 cal/g·°C, bem como densidade absoluta na fase líquida igual a 1,0 g/cm³, a temperatura final de equilíbrio térmico do sistema, em °C, é:

a) −3,0 b) 0,0 c) 3,0 d) 5,0

47. (CPAEN-RJ)

Uma garrafa de cobre com 400 g de massa, contendo (e em equilíbrio térmico com) uma certa quantidade de água 20 °C, foi posta em contato com anidrido sulfuroso à temperatura de −10 °C. Num dado instante, verificou-se que foram vaporizados 640 g de anidrido sulfuroso sem alteração de sua temperatura e que foi congelada metade da água inicialmente presente na garrafa. Sendo assim, pode-se afirmar que a massa de água inicialmente existente na garrada era:

a) 0,76 kg
b) 0,85 kg
c) 1,0 kg
d) 1,5 kg
e) 3,0 kg

Dados:

Calor latente de fusão do gelo $L_F = 80$ cal/g

Calor latente de vaporização do anidrido sulfuroso $L_V = 95$ cal/g

Calor específico do cobre $c_{Cu} = 0,1$ cal/g · °C

48. (UFTM-MG)

Em uma choperia, o chope é servido à razão de 1 litro por minuto. Em um dia, cuja temperatura é de 24,5 °C, a bebida é introduzida na serpentina da chopeira à temperatura ambiente e, dela, sai a 4 °C. A capacidade da chopeira é de 20 kg de gelo, colocado sobre a serpentina a 24 °C ($c_{gelo} = 0,5$ cal/g · °C e $L_f = 80$ cal/g). Considere $d_{chope} = 1,0$ g/cm³ e $c_{chope} = 1,0$ cal/(g · °C).

Reprodução/UFTM, 2012

Considerando que não há qualquer tipo de perda de energia térmica entre o meio ambiente e a chopeira, determine:

a) a massa de gelo que se converte em água, para cada litro de chope retirado.
b) o intervalo de tempo necessário para que se reponha o gelo, de modo a manter sempre a mesma temperatura final do chope.

49. (Enem)

Sabe-se que nas proximidades dos polos do planeta Terra é comum a formação dos *icebergs*, que são grandes blocos de gelo, flutuando nas águas oceânicas. Estudos mostram que a parte de gelo que fica emersa durante a flutuação corresponde a aproximadamente 10% do seu volume total. Um estudante resolveu simular essa situação introduzindo um bloquinho de gelo no interior de um recipiente contendo água, observando a variação de seu nível desde o instante de introdução até o completo derretimento do bloquinho.

Com base nessa simulação, verifica-se que o nível da água no recipiente

a) subirá com a introdução do bloquinho de gelo e, após o derretimento total do gelo, esse nível subirá ainda mais.

b) subirá com a introdução do bloquinho de gelo e, após o derretimento total do gelo, esse nível descerá, voltando ao seu valor inicial.

c) subirá com a introdução do bloquinho de gelo e, após o derretimento total do gelo, esse nível permanecerá sem alteração.

d) não sofrerá alteração com a introdução do bloquinho de gelo, porém, após seu derretimento, o nível subirá devido a um aumento em torno de 10% no volume de água.

e) subirá em torno de 90% do seu valor inicial com a introdução do bloquinho de gelo e, após seu derretimento, o nível descerá apenas 10% do valor inicial.

50. (Enem)

A elevação da temperatura das águas de rios, lagos e mares diminui a solubilidade do oxigênio, pondo em risco as diversas formas de vida aquática que dependem desse gás. Se essa elevação de temperatura acontece por meios artificiais, dizemos que existe poluição térmica. As usinas nucleares, pela própria natureza do processo de geração de energia, podem causar esse tipo de poluição.

Que parte do ciclo de geração de energia das usinas nucleares está associada a esse tipo de poluição?

a) Fissão do material radioativo.

b) Condensação do vapor de água no final do processo.

c) Conversão de energia das turbinas pelos geradores.

d) Aquecimento da água líquida para gerar vapor de água.

e) Lançamento do vapor de água sobre as pás das turbinas.

51. (Fepar-PR)

Considere as principais características de clima e relevo que interferem nos recursos hídricos do Brasil e julgue as afirmativas.

a) No pico da Neblina, localizado no norte do Amazonas, a altitude é de quase 3000 m e a pressão atmosférica é menor que no nível do mar. Nessas altitudes a velocidade de evaporação da água é menor, o que favorece sua preservação em estado líquido.

b) Uma panela de pressão, no Rio de Janeiro, ao nível do mar, é usada para acelerar o cozimento de alimentos e economizar gás, pois a água em seu interior entra em ebulição a uma temperatura maior do que 100 °C.

c) Os lagos possuem uma extensa superfície de água em contato com a atmosfera; na falta de chuva secam rapidamente, porque quanto maior a área da superfície do líquido maior a velocidade de evaporação.

d) Se o calor de vaporização da água no nível do mar é de 540 cal/g, então a quantidade de calor necessária para vaporizar 0,5 kg de água em uma cidade litorânea brasileira é de $1{,}08 \cdot 10^6$ cal.

e) As cisternas têm um papel importante no aproveitamento de águas pluviais. Em regiões secas do Brasil, recomenda-se que sejam enterradas no solo ou na areia, para que fiquem isoladas das grandes variações de temperatura ambiente, comuns por causa da baixa umidade do ar dessas regiões.

52. Certa massa de gás ideal, inicialmente nas Condições Normais de Temperatura e Pressão(CNTP), T = 0 °C = 273 K e p = 1,0 atm, sofre uma transformação isobárica e aumenta seu volume em 80%. Em graus Celsius, qual foi a variação de temperatura sofrida por esse gás?

53. (Vunesp)

Antes de iniciar um jogo de handebol, o árbitro verificou que a pressão do ar no interior da bola era de $1{,}20 \cdot 10^5$ Pa. Como esse valor deve ser de $1{,}44 \cdot 10^5$ Pa, o árbitro utilizou uma bomba para inserir mais ar na bola, até que o valor adequado da pressão fosse atingido. Após esse processo o volume da bola aumentou 5% e a temperatura do ar em seu interior permaneceu constante. Considerando o ar um gás ideal, é correto afirmar que o número de mols de ar no interior da bola aumentou:

a) 32%
b) 26%
c) 38%
d) 12%
e) 20%

54. (PUC-SP)

Uma determinada massa de gás perfeito está contida em um recipiente de capacidade 10,0 litros, sob pressão de 3,5 atm e temperatura inicial de 25,0 °C. Após sofrer uma transformação isocórica, sua pressão aumenta para 7,0 atm. Determine a variação de temperatura da massa de gás, nas escalas Celsius e Fahrenheit, respectivamente, devido a essa transformação.

a) 298 e 536,4.
b) 298 e 568,4.
c) 323 e 581,4.
d) 323 e 613,4.

55. (UFRGS-RS)

A figura abaixo apresenta um diagrama Pressão × × Volume. Nele, os pontos M, N e R representam três estados de uma mesma amostra de gás ideal.

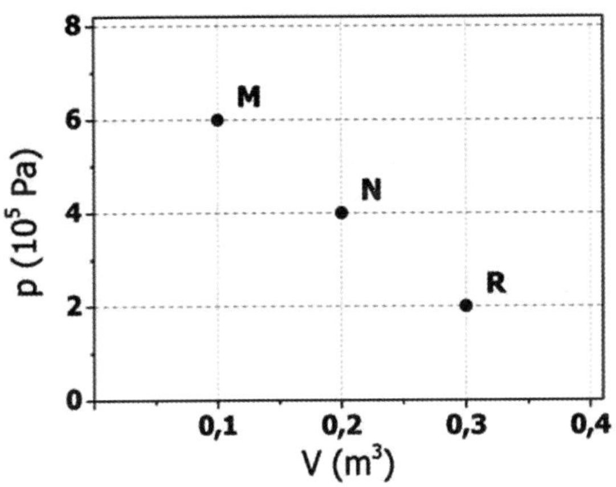

Assinale a alternativa que indica corretamente a relação entre as temperaturas absolutas T_M, T_N e T_R dos respectivos estados M, N e R.

a) $T_R < T_M > T_N$.
b) $T_R > T_M > T_N$.
c) $T_R = T_M > T_N$.
d) $T_R \leq T_M < T_N$.
e) $T_R = T_M < T_N$.

56. (Uerj)

Um motorista estaciona seu carro completamente fechado sob o Sol. Nesse instante a temperatura no interior do carro é igual a 25 °C. Ao retornar, algum tempo depois, verifica que essa temperatura interna é igual a 35 °C. Considerando o ar como um gás perfeito, calcule a variação percentual da pressão, $\frac{\Delta P}{P}$ entre os dois momentos, no interior do carro.

57. (UPE)

Na figura a seguir, temos um êmbolo de massa M que se encontra em equilíbrio dentro de um recipiente cilíndrico, termicamente isolado e que está preenchido por um gás ideal de temperatura T.

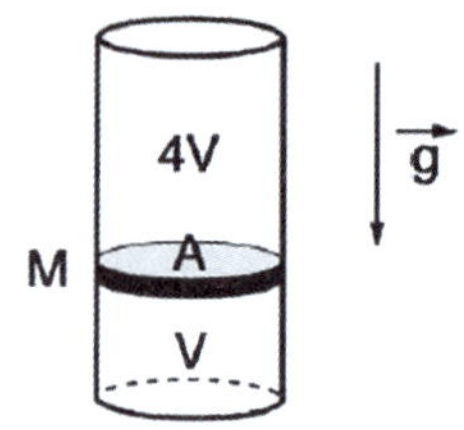

Acima do êmbolo, o volume de gás é quatro vezes maior que o abaixo dele, e as massas de cada parte do gás bem como suas temperaturas são sempre idênticas. Se o êmbolo tiver sua massa dobrada e não houver variações nos volumes e nas massas de cada parte do gás, qual é a relação entre a nova temperatura, T', e a anterior de maneira que ainda haja equilíbrio? Despreze o atrito.

a) $T' = \frac{3T}{4}$

b) $T' = \frac{T}{2}$

c) $T' = T$

d) $T' = 2T$

e) $T' = 4T$

58. (CPAEN-RJ)

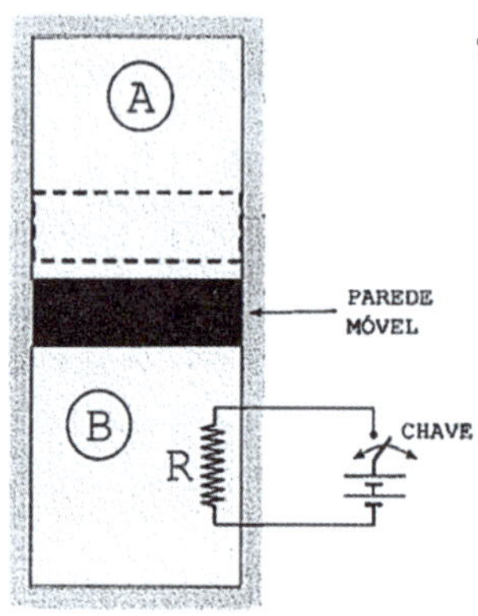

Fig. 1

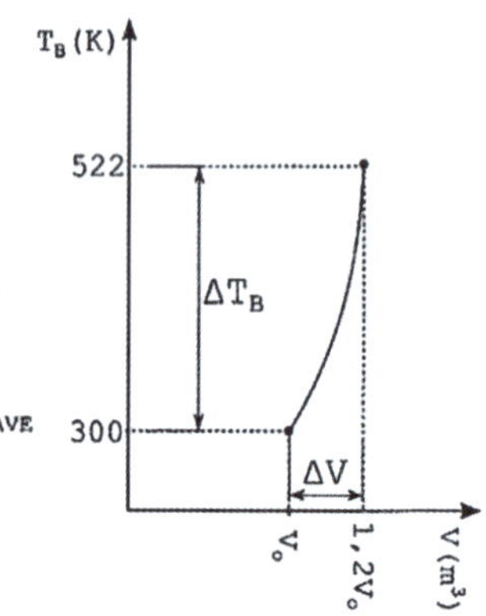

Fig. 2

O recipiente da Fig.1 possui as paredes externas e a parede móvel interna compostas de isolante térmico. Inicialmente, os compartimentos de mesmo volume possuem, cada um, um mol de certo gás ideal monoatômico na temperatura de 300 K. Então, por meio da fonte externa de calor, o gás do compartimento **B** (gás **B**) se expande lentamente comprimindo adiabaticamente o gás **A**.

Ao fim do processo, estando o gás **B** na temperatura de 522 K e volume 20% maior que o volume inicial, a temperatura, em °C, do gás **A** será de

a) 249
b) 147
c) 87
d) 75
e) 27

59. (ITA-SP)

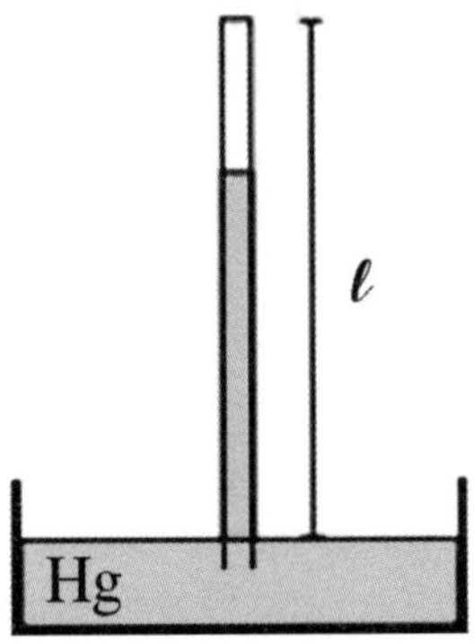

Em equilíbrio, o tubo emborcado da figura contém mercúrio e ar aprisionado. Com a pressão atmosférica de 760 mm de Hg a uma temperatura de 27 °C, a altura da coluna de mercúrio é de 750 mm. Se a pressão atmosférica cai a 740 mm de Hg a uma temperatura de 2 °C, a coluna de mercúrio é de 735 mm. Determine o comprimento ℓ aparente do tubo.

60. (Unicamp-SP)

Os balões desempenham papel importante em pesquisas atmosféricas e sempre encantaram os espectadores. Bartolomeu de Gusmão, nascido em Santos em 1685, é considerado o inventor do aeróstato, balão empregado como aeronave. Em temperatura ambiente, $T_{amb} = 300$ K, a densidade do ar atmosférico vale $p_{amb} = 1,26$ kg/m³. Quando o ar no interior de um balão é aquecido, sua densidade diminui, sendo que a pressão e o volume permanecem constantes. Com isso, o balão é acelerado para cima à medida que seu peso fica menor que o empuxo.

a) Um balão tripulado possui volume total $V = 3,0 \cdot 10^6$ litros. Encontre o empuxo que atua no balão.
b) Qual será a temperatura do ar no interior do balão quando sua densidade for reduzida a $p_{quente} = 1,05$ kg/m³? Considere que o ar se comporta como um gás ideal e note que o número de moles de ar no interior do balão é proporcional à sua densidade.

61. (IME-RJ)

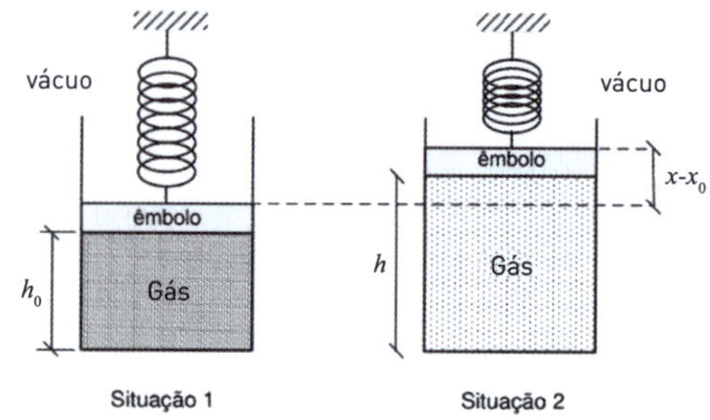

A figura acima mostra um sistema posicionado no vácuo formado por um recipiente contendo um gás ideal de massa molecular **M** e calor específico **c** em duas situações distintas. Esse recipiente é fechado por um êmbolo preso a uma mola de constante elástica **k**, ambos de massa desprezível. Inicialmente (Situação 1), o sistema encontra-se em uma temperatura T_0, o êmbolo está a uma altura h_0 em relação à base do recipiente e a mola comprimida de x_0 em relação ao seu comprimento relaxado. Se uma quantidade de calor **Q** for fornecida ao gás (Situação 2), fazendo com que o êmbolo se desloque para uma altura **h** e a mola passe a estar comprimida de **x**, a grandeza que varia linearmente com **Q** é

a) $x + h$
b) $x - h$
c) $(x + h)^2$
d) $(x - h)^2$
e) $x \cdot h$

62. (UFJF-MG)

Um cilindro, preso firmemente à superfície de uma mesa, contém $1{,}0 \cdot 10^{-23}$ mol de um gás ideal. O cilindro tem um pistão de 2 cm^2 de área que se desloca sem atrito. A extremidade do pistão está encostada em uma caixa de massa M = 20 kg. O gás inicialmente se encontra à temperatura de 273 K e à pressão atmosférica (1 atm – 10^5 Pa). Aquecendo-se o gás lentamente, ele aumenta a temperatura e a pressão até exercer uma força suficiente para deslocar a caixa. Continuando a aquecer o gás até 819 K, este se expande, à pressão constante, e empurra, por meio do pistão, a caixa sobre a superfície da mesa, cujo coeficiente de atrito durante o movimento é $\mu = 0{,}1$. Para fazer os cálculos abaixo, desconsidere a diferença que existe entre a força necessária para iniciar o movimento e a força para manter o movimento.

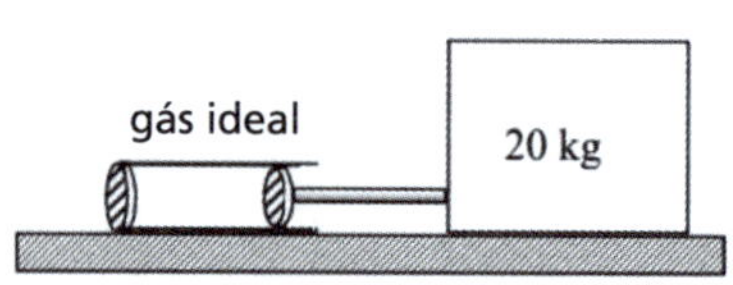

Dados: $R = 8{,}2$ J/K·mol; $g = 10$ m/s^2

a) Calcule o volume inicial do gás.

b) Calcule a intensidade da força mínima que o pistão deve exercer sobre a caixa para deslocá-la.

c) Calcule a temperatura absoluta do gás quando a caixa começa a se deslocar.

d) Calcule o volume final do gás à temperatura de 819 K.

63. (ITA-SP)

Suponha que a atmosfera de Vênus seja composta dos gases CO_2, N_2, Ar, Ne e He, em equilíbrio térmico a uma temperatura $T = 735$ K.

a) Determine a razão entre a velocidade quadrática média das moléculas de cada gás e a velocidade de escape nesse planeta.

b) Que conclusão pode ser obtida sobre a provável concentração desses gases nessa atmosfera?

Obs.: Considere Vênus com o raio igual ao da Terra e a massa igual a 0,810 vezes a desta.

Dado $R = 8{,}3$ J/mol · K

64. No interior de um recipiente de volume variável, são introduzidos *n* mols de um gás perfeito. As tabelas a seguir contêm os valores medidos da pressão (*p*), do volume (*V*) e da temperatura absoluta (*T*) dessa amostra de gás perfeito em duas situações diferentes, denominadas **A** e **B**:

p_A (atm)	V_A (L)	T_A (K)
16,40	3,0	300

p_B (atm)	V_B (L)	T_B (K)
19,22	2,5	

Usando os dados das tabelas e sabendo que a constante universal dos gases perfeitos vale $R = 0{,}082$ (atm · L)/(mol · K), determine os valores de *n* e de T_B.

65. (UPM-SP)

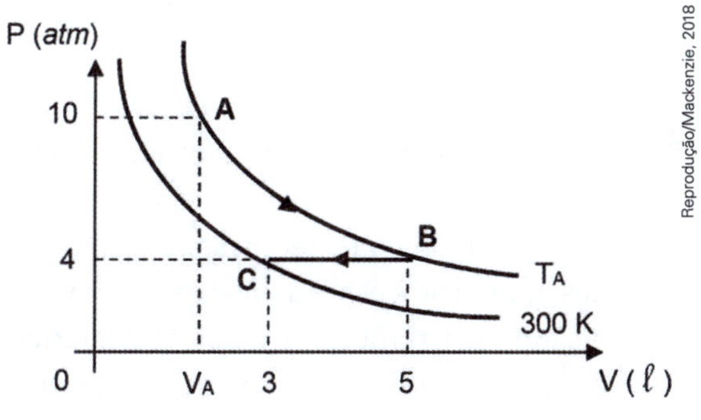

A figura anterior representa duas isotérmicas em que certa massa gasosa, inicialmente no estado A, sofre uma transformação atingindo o estado B, que por sua vez sofre uma transformação, atingindo o estado C. A temperatura T_A e o volume V_A são iguais a

a) 200 K e 5 ℓ.
b) 300 K e 2 ℓ.
c) 400 K e 4 ℓ.
d) 500 K e 2 ℓ.
e) 500 K e 4 ℓ.

66. (UFPB) Certa quantidade de gás ideal monoatômico é levada do estado A para o estado C através de uma transformação isotérmica AB, seguida de uma transformação isobárica BC, como indicado no gráfico. No processo completo ABC, o gás recebe 2 J de calor do meio ambiente. Sabemos, também, que a variação da energia interna no processo BC é de 0,6 J.

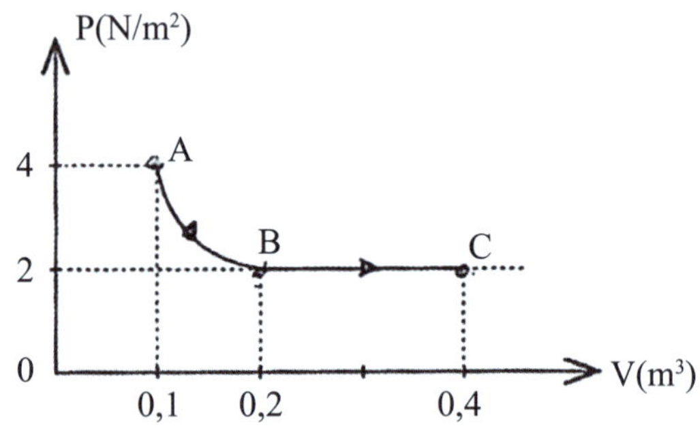

Com relação às transformações realizadas nesse processo, identifique as afirmativas corretas:

I) A variação da energia interna no processo AB é nula.
II) O trabalho realizado pelo gás no processo BC é de 0,4 J.
III) O trabalho realizado pelo gás no processo AB é de 1,0 J.
IV) A variação da energia interna no processo ABC é de 0,8 J.
V) O calor absorvido no processo BC é de 1,0 J.

67. (Enem)

O ar atmosférico pode ser utilizado para armazenar o excedente de energia gerada no sistema elétrico, diminuindo seu desperdício, por meio do seguinte processo: água e gás carbônico são inicialmente removidos do ar atmosférico e a massa de ar restante é resfriada até −198 °C.

Presente na proporção de 78% dessa massa de ar. O nitrogênio gasoso é liquefeito, ocupando um volume 700 vezes menor. A energia excedente do sistema elétrico é utilizada nesse processo, sendo parcialmente recuperada quando o nitrogênio líquido, exposto à temperatura ambiente, entra em ebulição e se expande, fazendo girar turbinas que convertem energia mecânica em energia elétrica.

MACHADO.R. Disponível em www.correiobrazilienze.com.br, Acesso em: 9 set. 2013 (adaptado).

No processo descrito, o excedente de energia elétrica é armazenado pela

a) expansão do nitrogênio durante a ebulição.
b) absorção de calor pelo nitrogênio durante a ebulição.
c) realização de trabalho sobre o nitrogênio durante a liquefação.
d) retirada de água e gás carbônico da atmosfera antes do resfriamento.
e) liberação de calor do nitrogênio para a vizinhança durante a liquefação.

68. (SLMandic-SP)

Os modernos aparelhos de ar-condicionado do tipo Split são divididos em duas partes: o evaporador, que fica no interior da sala que se deseja controlar a temperatura e o condensador, colocado em alguma região externa.

Para resfriar a sala, se esse condensador fosse colocado em sua parte interna, o resultado seria:

a) melhor, pois o condensador retiraria uma quantidade ainda maior de calor do ambiente, abaixando ainda mais a temperatura da sala.
b) melhor, pois o condensador ficaria num ambiente mais frio, facilitando a retirada de calor do ambiente, abaixando mais a temperatura da sala.
c) igual, pois a quantidade de calor retirada do ambiente é a mesma nos dois casos, mantendo a temperatura constante na sala.
d) pior, pois aumentaria o calor que deve ser rejeitado para o ambiente externo, aumentando também a temperatura da sala.
e) pior, pois o calor que deveria ser rejeitado para o ambiente externo ficaria no próprio ambiente interno, aumentando a temperatura na sala.

69. (Unesp-SP)

Determinada massa de nitrogênio é armazenada a 27 °C dentro de um cilindro fechado em sua parte superior por um êmbolo de massa desprezível, sobre o qual está apoiado um corpo de 100 kg. Nessa situação, o êmbolo permanece em repouso a 50 cm de altura em relação à base do cilindro. O gás é, então, aquecido isobaricamente até atingir a temperatura de 67 °C, de modo que o êmbolo sofre um deslocamento vertical **Δ**h, em movimento uniforme, devido à expansão do gás.

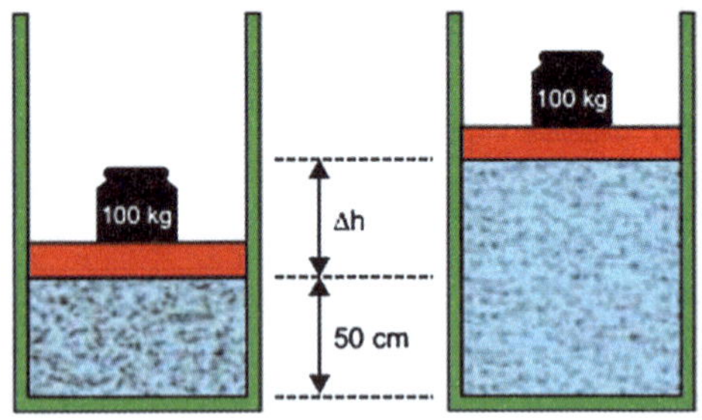

Reprodução/Unesp, 2016

Desprezando o atrito, adotando $g = 10\ m/s^2$ e sabendo que a área do êmbolo é igual a 100 cm^2, que a pressão atmosférica local vale 105 N/m^2 e considerando o nitrogênio como um gás ideal, calcule o módulo, em N, da força vertical que o gás exerce sobre o êmbolo nesse deslocamento e o trabalho realizado por essa força, em J, nessa transformação.

70. (UFRGS-RS)

Uma máquina térmica, representada na figura abaixo, opera na sua máxima eficiência, extraindo calor de um reservatório em temperatura T_q = 527 °C, e liberando calor para um reservatório em temperatura T_f = 327 °C.

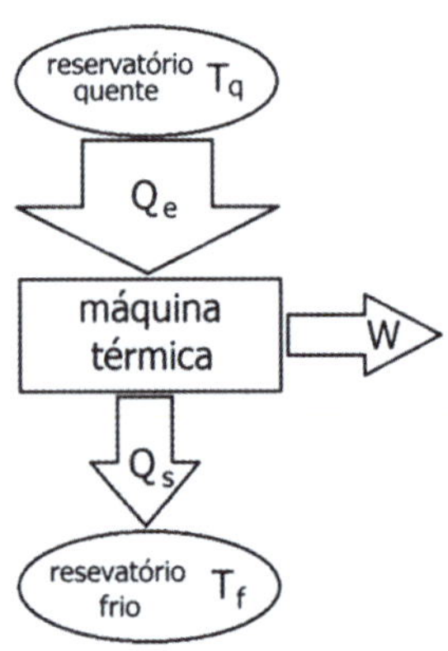

Reprodução/UFRGS, 2017

Para realizar um trabalho (W) de 600 J, o calor absorvido deve ser de

a) 2400 J
b) 1800 J
c) 1581 J
d) 967 J
e) 800 J

71. (Unesp-SP)

A figura mostra uma máquina térmica em que a caldeira funciona como a fonte quente e o condensador como a fonte fria.

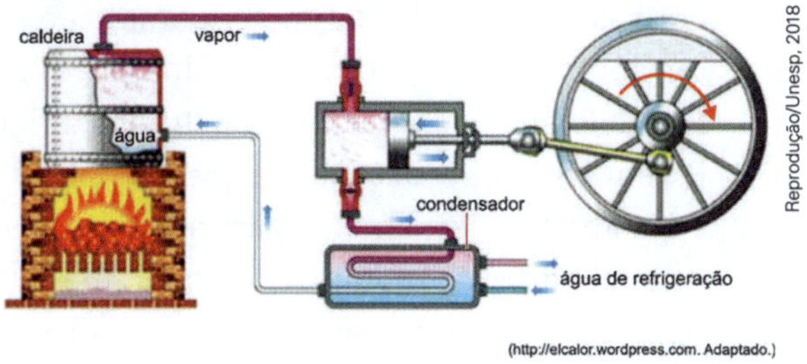

(http://elcalor.wordpress.com. Adaptado.)

a) Considerando que, a cada minuto, a caldeira fornece, por meio do vapor, uma quantidade de calor igual a $1,6 \times 10^9$ J e que o condensador recebe uma quantidade de calor igual a $1,2 \times 10^9$ J, calcule o rendimento dessa máquina térmica.

b) Considerando que $6,0 \times 10^3$ kg de água de refrigeração fluem pelo condensador a cada minuto, que essa água sai do condensador com temperatura 20 °C acima da temperatura de entrada e que o calor específico da água é igual a $4,0 \times 10^3$ J/(kg · °C), calcule a razão entre a quantidade de calor retirada pela água de refrigeração e a quantidade de calor recebida pelo condensador.

72. Uma máquina a vapor foi projetada para operar entre duas fontes térmicas, uma quente e outra fria, e para trabalhar segundo o *Ciclo de Carnot*. Sabe-se que a temperatura da fonte quente é de 127 °C e que a máquina retira, a cada ciclo, 600 J dessa fonte, alcançando um rendimento máximo igual a 25%. O trabalho realizado pela máquina, por ciclo, e a temperatura da fonte fria são, respectivamente:

a) 24 J e 0 °C

b) 90 J e 27 °C

c) 150 J e 27 °C

d) 240 J e 95 °C

73. (SBF)

Considere uma máquina térmica reversível entre dois reservatórios. Suponha que você possa mudar a temperatura T_q (quente) e T_f (frio) dos reservatórios. Qual das opções abaixo aumenta necessariamente a eficiência do ciclo reversível operando entre estes reservatórios?

a) Fixar T_f e aumentar T_q

b) Fixar T_q e aumentar T_f

c) Fixar T_f e diminuir T_q

d) Aumentar T_f e aumentar T_q

74. (Fuvest-SP)

O motor Stirling, uma máquina térmica de alto rendimento, é considerado um motor ecológico, pois pode funcionar com diversas fontes energéticas. A figura I mostra esquematicamente um motor Stirling com dois cilindros. O ciclo termodinâmico de Stirling, mostrado na figura II, representa o processo em que o combustível é queimado externamente para aquecer um dos dois cilindros do motor, sendo que uma quantidade fixa de gás inerte se move entre eles, expandindo-se e contraindo-se. Nessa figura está representado um ciclo de Stirling no diagrama P × V para um mol de gás ideal monoatômico. No estado **A**, a pressão é $P_A = 4$ atm, a temperatura é $T_1 = 27$ °C e o volume é V_A. A partir do estado **A**, o gás é comprimido isotermicamente até um terço do volume inicial, atingindo o estado **B**. Na isoterma T_1, a quantidade de calor trocada é $Q_1 = 2\,640$ J, e, na isoterma T_2, é $Q_2 = 7\,910$ J.

I

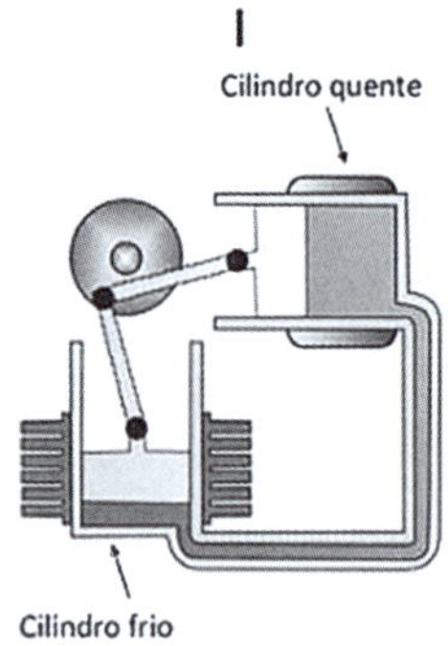

II

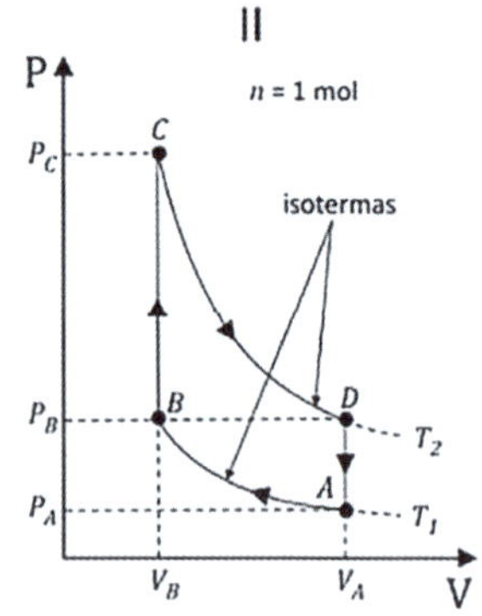

Determine

a) o volume V_A, em litros;

b) a pressão P_D, em atm, no estado **D**;

c) a temperatura T_2.

Considerando apenas as transformações em que o gás recebe calor, determine

d) a quantidade total de calor recebido em um ciclo, Q_R, em J.

Note e adote: Calor específico a volume constante: CV = 3 R/2

Constante universal do gases: R = 8 J/(mol K) = = 0,08 atm ℓ/(mol K)

0 °C = 273 K

1 atm = 10^5 Pa

m^3 = 1 000 ℓ

75. (PUC-PR)

O físico e engenheiro francês Nicolas Léonard Sad Carnot (1796-1832), em seu trabalho *Reflexões sobre a potência motriz do fogo*, concluiu que as máquinas térmicas ideais podem atingir um rendimento máximo por meio de uma sequência específica de transformações gasosas que resultam num ciclo – denominado de *ciclo de Carnot*, conforme ilustra a figura a seguir.

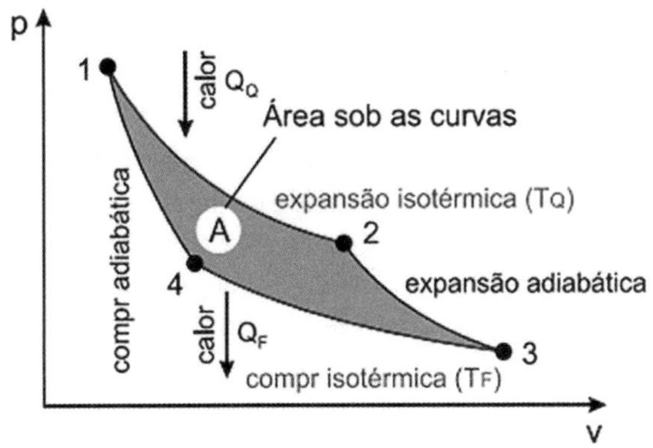

Fonte: <http://www.mspc.eng.br/termo/img01/termod307.gif>. (adaptado)

A partir das informações do ciclo de Carnot sobre uma massa de gás, conforme mostrado no gráfico $p \times v$, analise as alternativas a seguir.

I. Ao iniciar o ciclo (expansão isotérmica $1 \rightarrow 2$), a variação de energia interna do gás é igual a Q_Q e o trabalho é positivo ($W > 0$).

II. Na segunda etapa do ciclo (expansão adiabática $2 \rightarrow 3$) não há troca de calor, embora o gás sofra um resfriamento, pois $\Delta U = -W$.

III. Na compressão adiabática $4 \rightarrow 1$, última etapa do ciclo, o trabalho realizado sobre o gás corresponde à variação de energia interna dessa etapa e há um aquecimento, ou seja, $\Delta U = +W$.

IV. O trabalho útil realizado pela máquina térmica no ciclo de Carnot é igual à área *A* ou, outro modo, dado por: $W = Q_Q - Q_F$.

V. O rendimento da máquina térmica ideal pode atingir até 100%, pois o calor Q_F pode ser nulo — o que não contraria a segunda lei da termodinâmica.

Estão corretas apenas as alternativas:

a) I, II e IV.
b) I, II e III.
c) II, III e IV.
d) II, III e V.
e) III, IV e V.

76. (OPF)

A Segunda Lei da Termodinâmica possui diversos enunciados equivalentes. Um deles é: "É impossível construir uma máquina térmica que, operando em ciclos, possa ter como único efeito a transformação integral em trabalho do calor retirado de uma fonte". Carlos, um aluno que estudava para participar da fase estadual da OPF, concluiu que a Segunda Lei da Termodinâmica contradizia a Primeira Lei e, segundo ele, a revogava. Você concorda ou discorda dele? Enuncie a Primeira Lei e justifique sua resposta.

77. (ITA-SP)

Considere uma garrafa térmica fechada contendo uma certa quantidade de água inicialmente a 20 °C. Elevando-se a garrafa a uma certa altura e baixando-a em seguida, suponha que toda a água sofra uma queda livre de 42 cm em seu interior. Este processo se repete 100 vezes por minuto. Supondo que toda energia cinética se transforme em calor a cada movimento, determine o tempo necessário para ferver toda a água.

Dado: calor específico da água = 4 200J/kg · °C

78. (PUC-SP)

Um motor de potência 2,5 cv absorve 925 cal/s de uma fonte térmica quente, cuja temperatura é de 927 °C. Sendo a temperatura da fonte fria de 80,6 °F, determine a razão entre o rendimento de um motor de Carnot que operasse entre essas mesmas fontes térmicas e o rendimento do referido motor.

Dados: 1 cal = 4 J; 1 cv = 735 W

a) 0,75 b) 1,00 c) 1,50 d) 2,00

79. (IME-RJ)

Dois corpos iguais deslizam na mesma direção e em sentidos opostos em um movimento retilíneo uniforme, ambos na mesma velocidade em módulo e à mesma temperatura. Em seguida, os corpos colidem. A colisão é perfeitamente inelástica, sendo toda energia liberada no choque utilizada para aumentar a temperatura dos corpos em 2 K. Diante do exposto, o módulo da velocidade inicial do corpo, em m/s, é

Dado:

- Calor específico dos corpos: $2 \frac{J}{kg \cdot K}$

a) $\sqrt{2}$
b) 2
c) $2\sqrt{2}$
d) 4
e) 6

80. Numa transformação isotérmica ocorrida em uma amostra de gás perfeito, vale a relação

$$pV = \text{constante}$$

Em que *p* e *V* são, respectivamente, as variáveis de estado chamadas pressão e volume do gás.

Se a transformação for adiabática, essa relação passa a ser

$$p\,V^{\gamma} = \text{constante}$$

em que γ é o expoente de Poisson-Laplace e é determinado pela razão entre o calor específico sensível do gás perfeito a pressão constante e a volume constante:

$$\gamma = \frac{c_p}{c_V}$$

Considere uma dada amostra de gás perfeito que se expande adiabaticamente e quase estaticamente, desde uma pressão inicial de 2,0 atm, volume de 3,0 L e na temperatura de 87 °C até atingir o dobro do seu volume. Sabendo-se que o expoente de Poisson para esse gás vale 2,0, pode-se afirmar que a pressão final e a temperatura final, respectivamente, valem

a) 2,0 atm e 180 °C
b) 1,0 atm e −93 °C
c) 0,5 atm e −93 °C
d) 0,5 atm e 93 °C
e) 2,0 atm e −180 °C

81. (UPE)

Ao lavar pratos e copos, um cozinheiro verifica que dois copos estão encaixados firmemente, um dentro do outro. Sendo o copo externo feito de alumínio e o interno, de vidro, sobre as formas de separá-los, utilizando os princípios básicos de dilatação térmica, analise os itens a seguir:

I. Aquecendo apenas um copo de vidro.
II. Esfriando apenas o copo de alumínio.
III. Aquecendo ambos.
IV. Esfriando ambos.

Dados: os coeficientes de dilatação térmica do alumínio e do vidro são iguais a $\alpha_{A\ell} = 24 \cdot 10^{-6}\,°C^{-1}$ e $\alpha_{vidro} = 0{,}5 \cdot 10^{-6}\,°C^{-1}$, respectivamente.

Está(ão) CORRETO(S) apenas

a) I e II.
b) I.
c) II.
d) III.
e) IV.

82. (Vunesp)

Em locais onde o inverno é muito rigoroso, é muito comum ocorrer o congelamento dos lagos. Na realidade, apenas a camada superficial da água se congela, enquanto a parte mais profunda, embora muito fria, ainda permanece no estado líquido. Dessa forma, os seres vivos desse local conseguem sobreviver a um período crítico, como mostra a ilustração a seguir.

Banco de imagens/Arquivo da editora

Considerando que tanto a água profunda como a da superfície congelada são a mesma substância, porém em diferentes estados físicos, a razão pela qual a água no estado sólido permanece na superfície é que

a) com a diminuição da temperatura, a água tem sua massa reduzida.
b) a água aumenta de volume ao passar do estado líquido para o sólido.
c) a quantidade da água no estado líquido é muito maior que a da água no estado sólido.
d) nos rios e lagos, a variação de temperatura altera a massa e volume da água.

83. (UPM-SP)

O gráfico mostra a variação de área lateral de um cilindro metálico em função da temperatura, quando submetido a uma fonte de calor constante. O coeficiente de dilatação volumétrica média do material que constitui o cilindro é

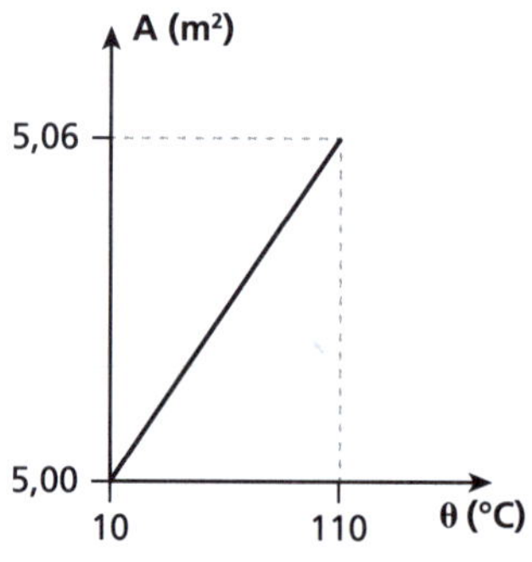

Banco de imagens/Arquivo da editora

a) $60,0 \cdot 10^{-6}\ °C^{-1}$
b) $120 \cdot 10^{-6}\ °C^{-1}$
c) $180 \cdot 10^{-6}\ °C^{-1}$
d) $240 \cdot 10^{-6}\ °C^{-1}$
e) $300 \cdot 10^{-6}\ °C^{-1}$

84. (AFA-SP)

Com relação à dilatação dos sólidos e líquidos e isotrópicos, analise as propriedades a seguir e dê como resposta a soma dos números associados às afirmações corretas.

(01) Um recipiente com dilatação desprezível contém certa massa de água na temperatura de 1 °C, quando é, então, aquecido lentamente, sofrendo uma variação de temperatura de 6 °C. Nesse caso, o volume da água primeiro aumenta e depois diminui.

(02) Quando se aquece uma placa metálica que apresenta um orifício, verifica-se que, com dilatação da placa, a área do orifício aumenta.

(03) Quando um frasco completamente cheio de líquido é aquecido, este transborda um pouco. O volume de líquido transbordado mede a dilatação absoluta do líquido.

(04) O vidro pirex apresenta maior resistência ao choque térmico do que o vidro comum porque tem menor coeficiente de dilatação térmica do que o vidro comum.

(05) Sob pressão normal, quando uma massa de água é aquecida de 0 °C até 100 °C sua densidade sempre aumenta.

(06) Ao se elevar a temperatura de um sistema constituído por três barras retas e idênticas de ferro interligadas de modo a formar um triângulo isósceles, os ângulos internos desse triângulo não se alteram.

a) 07
b) 10
c) 11
d) 12

85. (PUC-RJ)

Uma placa de vidro possui as dimensões de 1,0 m × 1,0 m × 1,0 cm quando está à temperatura ambiente. Seu coeficiente de dilatação linear é $9 \cdot 10^{-6}$ °C^{-1}. Se a placa sofrer uma variação de temperatura de 10 °C, de quanto será a variação de volume da placa, em cm³?

a) $7{,}3 \cdot 10^{-11}$
b) $7{,}3 \cdot 10^{-7}$
c) $9{,}0 \cdot 10^{-3}$
d) $9{,}0 \cdot 10^{-1}$
e) 2,7

86. (IME-RJ)

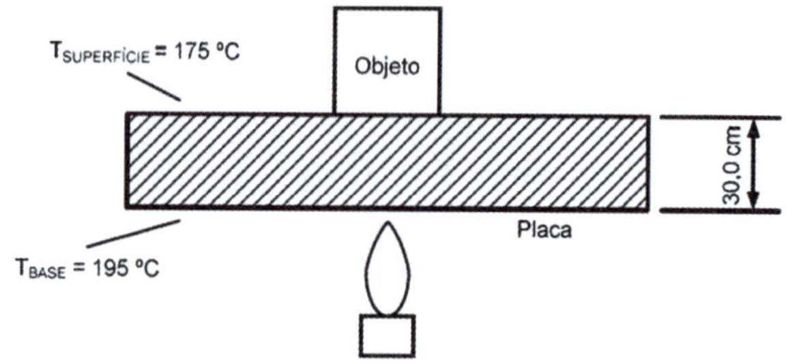

Reprodução/IME, 2014

Um objeto de 160 g de massa repousa, durante um minuto, sobre a superfície de uma placa de 30 cm de espessura e, ao final deste experimento, percebe-se que o volume do objeto é 1% superior ao inicial. A base da placa é mantida em 195 °C e nota-se que a sua superfície permanece em 175 °C. A fração de energia, em percentagem, efetivamente utilizada para deformar a peça é

Dados:

- Condutividade térmica da placa: $50 \frac{W}{m\ °C}$
- Calor específico do objeto: $432 \frac{J}{kg\ °C}$
- Coeficiente de dilatação linear: $1{,}6 \cdot 10^{-5}\ °C^{-1}$
- Área da placa: $0{,}6\ m^2$

a) 4
b) 12
c) 18
d) 36
e) 60

87. (ITA-SP)

Um pêndulo simples é composto por uma massa presa a um fio metálico de peso desprezível. A figura registra medidas do tempo *T* em segundos, para 10 oscilações completas e seguidas do pêndulo ocorridas ao longo das horas do dia, *t*.

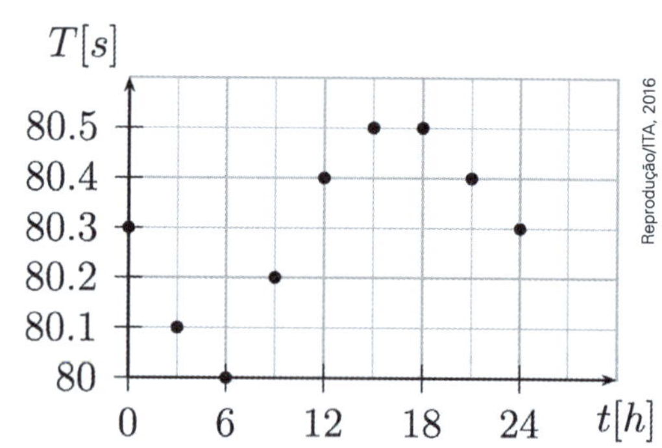

Reprodução/ITA, 2016

Considerando que neste dia houve uma variação térmica total de 20 °C, assinale o valor do coeficiente de dilatação térmica do fio deste pêndulo.

a) $2 \cdot 10^{-4}\ °C^{-1}$
b) $4 \cdot 10^{-4}\ °C^{-1}$
c) $6 \cdot 10^{-4}\ °C^{-1}$
d) $8 \cdot 10^{-4}\ °C^{-1}$
e) $10 \cdot 10^{-4}\ °C^{-1}$

88. (UFPB)

Um determinado tipo de sensor usado para medir forças, chamado de sensor piezoelétrico, é colocado em contato com a superfície de uma parede, onde se fixa uma mola. Dessa forma, pode-se medir a força exercida pela mola sobre a parede. Nesse contexto, um bloco, apoiado sobre uma superfície horizontal, é preso a outra extremidade de uma mola de constante elástica igual a 100 N/m, conforme ilustração abaixo.

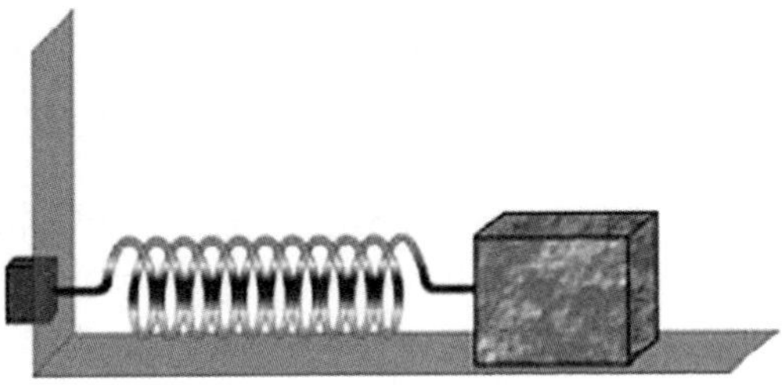

Nessa circunstância, fazendo-se com que esse bloco descreva um movimento harmônico simples, observa-se que a leitura do sensor é dada no gráfico a seguir.

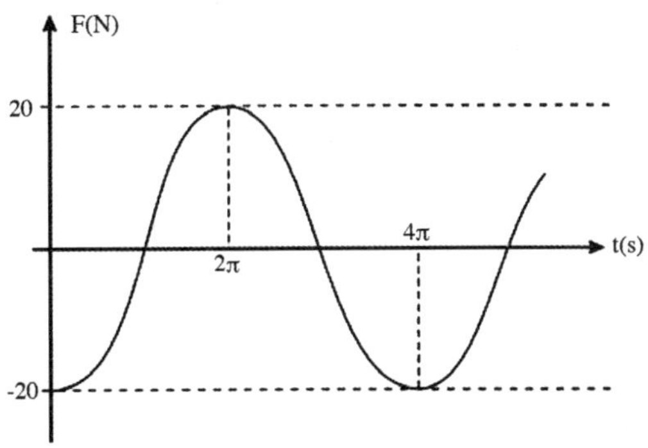

Com base nessas informações é correto afirmar que a velocidade máxima atingida pelo bloco, em m/s, é de:

a) 0,1
b) 0,2
c) 0,4
d) 0,8
e) 1,0

89. Um frasco de vidro, cujo volume é 2000 cm³ a 0 °C, está completamente cheio de mercúrio a esta temperatura. Sabe-se que o coeficiente de dilatação volumétrica do mercúrio é $1{,}8 \cdot 10^{-4}$ °C^{-1} e o coeficiente de dilatação linear do vidro de que é feito o frasco é $1{,}0 \cdot 10^{-5}$ °C^{-1}. O volume de mercúrio que irá entornar, em cm³, quando o conjunto for aquecido até 100 °C, será:

a) 6,0
b) 18
c) 36
d) 30
e) 15

90. (SBF)

No livro "Princípios matemáticos da filosofia natural", escrito por Isaac Newton e publicado em 1756 (versão em Latim), relata-se entre suas três famosas leis do movimento, as várias medidas realizadas por astrônomos, utilizando-se de relógios de pêndulo na determinação da aceleração da gravidade, observando que os mesmos movem-se mais lentamente quando próximos à linha do equador, comparando com as medidas realizadas em Paris. Em uma dessas medidas realizadas pela expedição do astrônomo francês Pierre Couplet, que chegou à Paraíba em 1968, verificou-se que comparado a Paris ($g = 9{,}81\ m/s^2$) as oscilações foram reduzidas em 125 ao dia, tornando $g = 9{,}78\ m/s^2$. A partir dessas informações, podemos acertadamente afirmar que:

a) O período dos pêndulos testados é inversamente proporcional à raiz quadrada da aceleração da gravidade local;
b) O período dos pêndulos testados é proporcional à raiz quadrada da aceleração da gravidade local;
c) A temperatura local não influencia na determinação do período de oscilação;
d) Duplicando o comprimento de um pêndulo simples, seu período quadruplica;
e) A frequência de oscilação é inversamente proporcional a aceleração da gravidade local.

91. (ITA-SP)

Um cilindro vazado pode deslizar sem atrito num eixo horizontal no qual se apoia. Preso ao cilindro, há um cabo de 40 cm de comprimento tendo uma esfera na ponta, conforme figura. Uma força externa faz com que o cilindro adquira um movimento na horizontal do tipo $y = y_0$ sen $(2\pi f t)$. Qual deve ser o valor de f em hertz para que seja máxima a amplitude das oscilações da esfera?

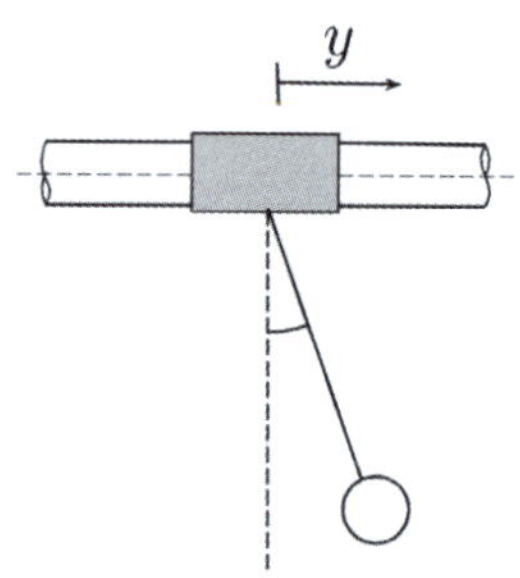

a) 0,40
b) 0,80
c) 1,3
d) 2,5
e) 5,0

92. (Famerp-SP)

A figura mostra o deslocamento horizontal de um bloco preso a uma mola, a partir da posição **A** e até atingir a posição **C**.

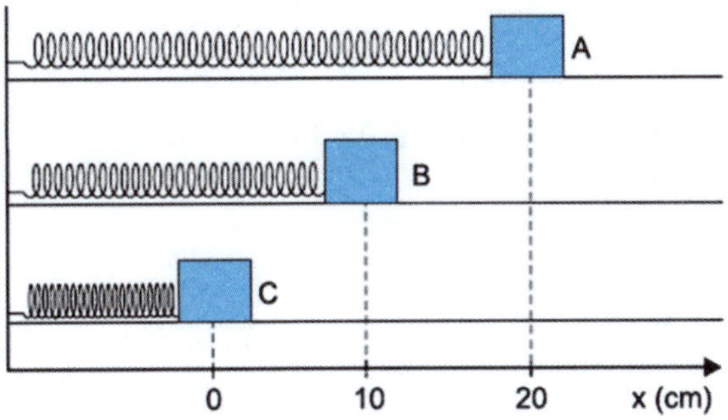

Reprodução/Famerp, 2018

(www.mundoeducacao.bol.uol.br. Adaptado.)

O gráfico representa o módulo da força que a mola exerce sobre o bloco em função da posição deste.

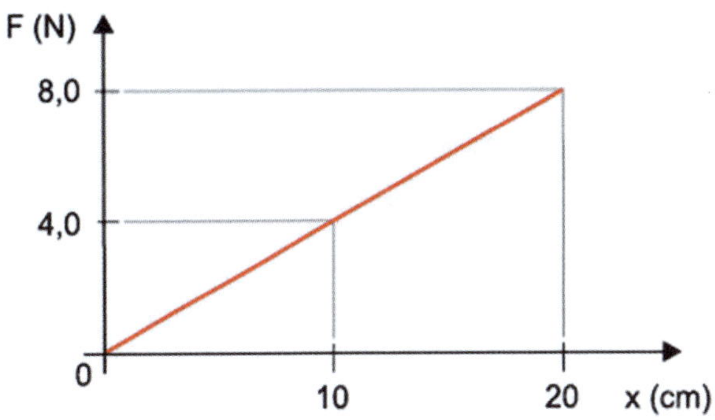

Reprodução/Famerp, 2018

O trabalho realizado pela força elástica aplicada pela mola sobre o bloco, quando este se desloca da posição **A** até a posição **B**, é

a) 0,60 J.
b) −0,60 J.
c) −0,30 J.
d) 0,80 J.
e) 0,30 J.

93. (Uece)

Em um oscilador harmônico simples, a energia potencial na posição de energia cinética máxima

a) tem um máximo e diminui na vizinhança desse ponto.
b) tem um mínimo, aumenta à esquerda e se mantém constante à direita desse ponto.
c) tem um mínimo e aumenta na vizinhança desse ponto.
d) tem um máximo, aumenta à esquerda e se mantém constante à direita desse ponto.

94. (Uece)

Luz infravermelha com comprimentos de onda entre 780 e 1 400 nm tem maior penetração na pele, podendo superar 4 mm de profundidade.

Essa característica é bem útil em aplicações em que o calor é utilizado no tratamento de lesões musculares localizadas. Para essa faixa do espectro eletromagnético, as frequências, em Tera Hertz, ficam localizadas aproximadamente entre

a) $780 \cdot 3 \cdot 10^8$ e $1\,400 \cdot 3 \cdot 10^8$
b) 780 e 1 400
c) $380 \cdot 3 \cdot 10^8$ e $210 \cdot 3 \cdot 10^8$
d) 380 e 210

95. (Fatec-SP)
Estabelecer uma ligação no celular, sintonizar músicas no rádio ou assistir a um jogo da Copa do Mundo com transmissão ao vivo são fenômenos decorrentes da utilização de ondas eletromagnéticas que podem ser representadas pelo espectro eletromagnético a seguir.

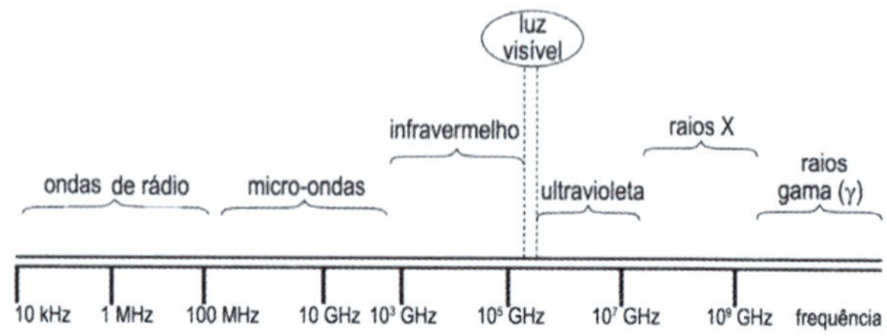

Reprodução/Fatec, 2012

As ondas de frequências destinadas às telecomunicações recebem o nome de radiofrequência e estão inseridas numa parte desse espectro eletromagnético. A tabela seguinte mostra alguns intervalos dessas ondas.

	Rádio AM	TV aberta (VHF) e rádio FM	TV (via satélite)	Telefonia celular	Transmissões por fibras ópticas
Intervalos de frequência (valores próximos)	530 kHz a 1600 kHz	30 MHz a 300 MHz	3 GHz a 30 GHz	300 MHz a 3 GHz	10^5 GHz a 10^6 GHz

Reprodução/Fatec, 2012

De acordo com as informações da tabela e com o espectro eletromagnético, pode-se afirmar que as ondas de radiofrequência

a) de transmissões por fibras ópticas estão na faixa dos raios X.
b) de rádio AM e FM estão na faixa do infravermelho.
c) de TV (via satélite) estão na faixa das micro-ondas.
d) de telefonia celular estão na faixa das micro-ondas.
e) de rádio AM estão na faixa das micro-ondas.

96. (Enem)

A radiação ultravioleta (UV) é dividida, de acordo com três faixas de frequência, em UV-A, UV-B e UV-C, conforme a figura.

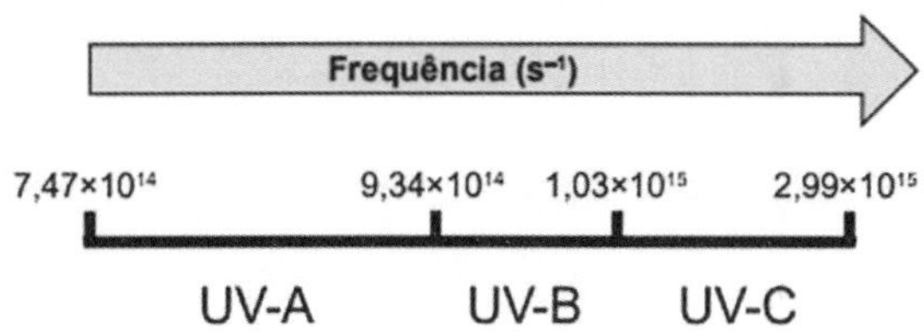

Reprodução/Enem, 2015

Para selecionar um filtro solar que apresente absorção máxima na faixa UV-B, uma pessoa analisou os espectros de absorção da radiação UV de cinco filtros solares:

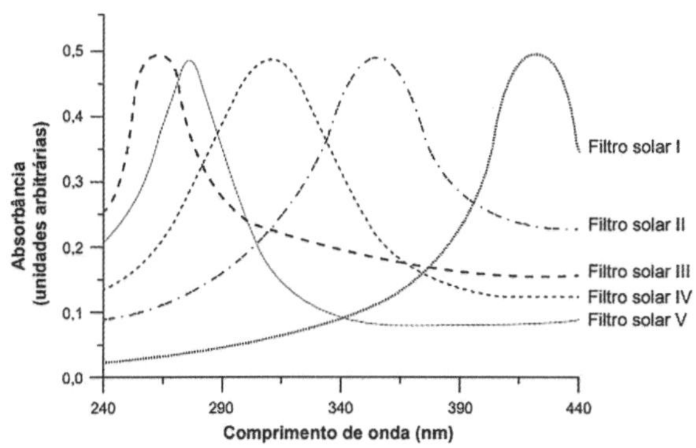

Reprodução/Enem, 2015

Considere:

Velocidade da luz = $3,0 \cdot 10^8$ m/s e

1 nm = $1,0 \cdot 10^{-9}$ m.

O filtro solar que a pessoa deve selecionar é o

a) V
b) IV
c) III
d) II
e) I

97. (Vunesp)

Uma corda homogênea e elástica tem uma de suas extremidades presa a uma parede vertical e a outra segurada por um garoto. Mantendo a corda tracionada, ele faz sua mão oscilar verticalmente, gerando pulsos na corda que se propagam para direita, com velocidade constante, conforme mostra a figura.

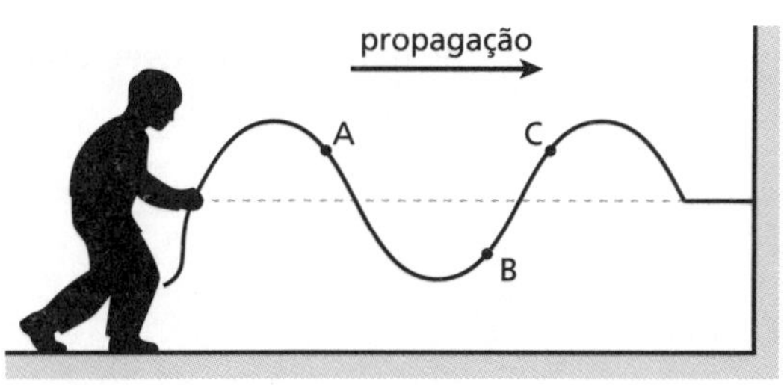

Banco de imagens/Arquivo da editora

Assinale a alternativa que indica os vetores velocidade instantânea dos pontos A, B e C, respectivamente, no instante representado na figura.

a) ↓ ↓ ↑

b) ↑ ↑ ↑

c) ↑ ↑ ↓

d) ↓ ↓ ↓

e) ↑ ↓ ↓

98. (ITA-SP)

Uma onda harmônica propaga-se para a direita com velocidade constante em uma corda de densidade linear $\mu = 0,4$ g/cm. A figura mostra duas fotos da corda, uma num instante t = 0 s e a outra no instante t = 0,5 s. Considere as seguintes afirmativas:

I. A velocidade mínima do ponto **P** da corda é de 3 m/s.

II. O ponto **P** realiza um movimento oscilatório com período de 0,4 s.

III. A corda está submetida a uma tensão de 0,36 N.

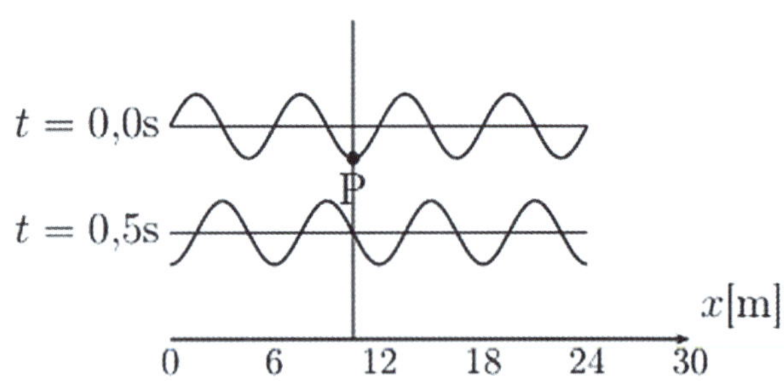

Assinale a(s) afirmativa(s) possível(possíveis) para o movimento da onda na corda.

a) I.

b) II.

c) III.

d) I e II.

e) II e III.

99. (IME-RJ)

Os pulsos emitidos verticalmente por uma fonte sonora situada no fundo de uma piscina de profundidade **d** são refletidos pela face inferior de um cubo de madeira de aresta *a* que boia na água da piscina, acima da fonte sonora. Um sensor situado na mesma posição da fonte capta as reflexões dos pulsos emitidos pela fonte sonora. Se o intervalo de tempo entre a emissão e captação de um pulso é Δt, determine a massa específica da madeira.

Dados:

- Velocidade do som na água: $v_s = 1\,500$ m/s;
- Massa específica da água: $\rho_a = 10^3$ kg/m^3;
- Profundidade da piscina: d = 3,1 m;
- Aresta do cubo: a = 0,2 m;
- Aceleração da gravidade: g = 10 m/s^2;
- Δt = 4 ms.

Consideração:

- o cubo boia com sua base paralela à superfície da água da piscina.

100. (Vunesp)

Duas cordas, uma vermelha e outra azul, estão unidas por uma de suas extremidades. Gera-se na corda vermelha o pulso indicado na figura 1.

Figura 1

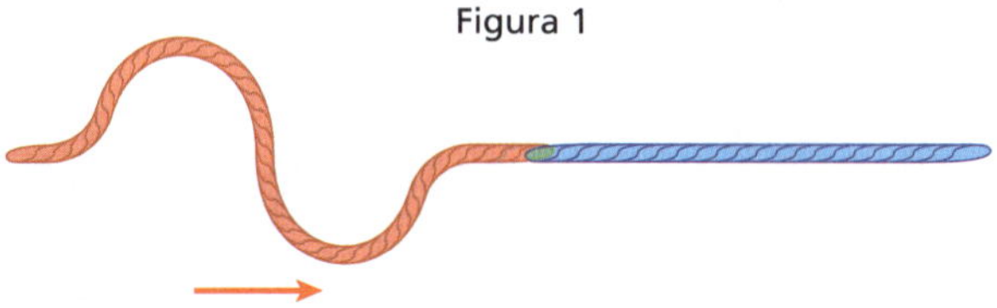

Banco de imagens/Arquivo da editora

Após o pulso completo atingir o ponto de união, a configuração de ondas observadas tem o aspecto desenhado na figura 2.

Figura 2

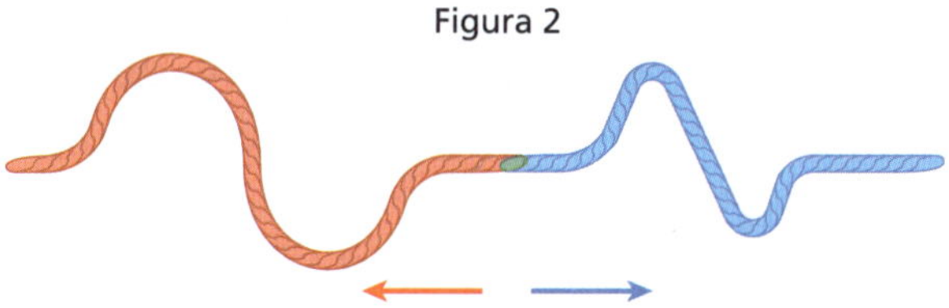

Banco de imagens/Arquivo da editora

Analisando-se as figuras, é correto afirmar que a corda azul tem, relativamente à corda vermelha,

a) maior densidade linear e, no ponto de junção, há refração sem inversão de fase e reflexão com inversão de fase.

b) maior densidade linear e, no ponto de junção, há refração com inversão de fase e reflexão sem inversão de fase.

c) igual densidade linear e, no ponto de junção, há difração sem inversão de fase.

d) menor densidade linear e, no ponto de junção, há refração com inversão de fase e reflexão sem inversão da fase.

e) menor densidade linear e, no ponto de junção, há refração sem inversão de fase e reflexão com inversão de fase.

101. (CPAEN-RJ)

Analise a figura abaixo.

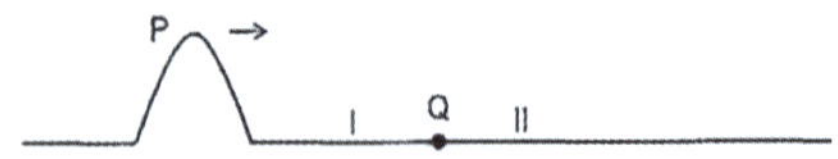

A figura acima representa um pulso **P** que se propaga em uma corda **I**, de densidade linear μ_I, em direção a uma corda **II**, de densidade linear μ_{II}. O ponto **Q** é o ponto de junção das duas cordas. Sabendo que $\mu_I > \mu_{II}$, o perfil da corda logo após a passagem do pulso **P** pela junção **Q** é melhor representado por

a)

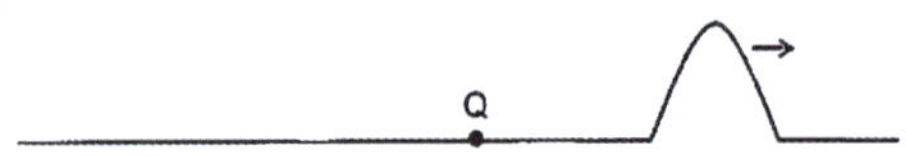

b)

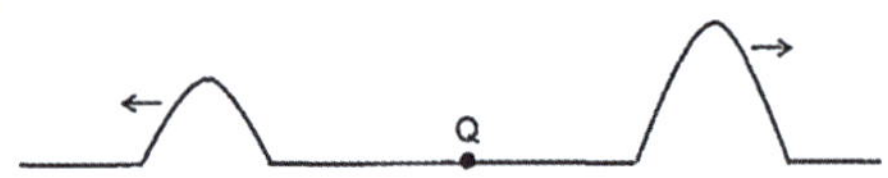

c)

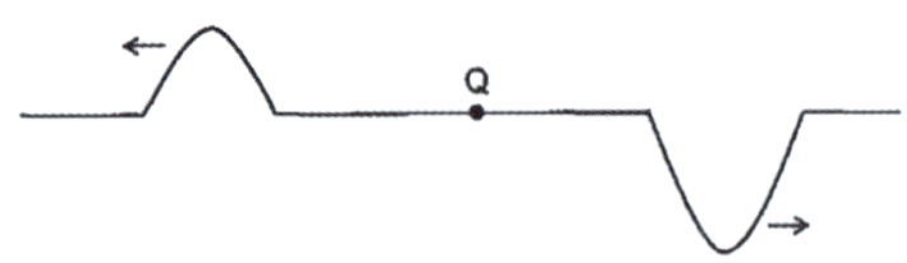

d)

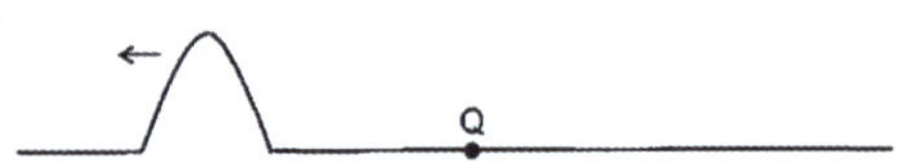

e)

102. (ITA-SP)

Duas cordas de mesmo comprimento, de densidades lineares μ_1 e μ_2, tendo a primeira o dobro da massa da outra, são interconectadas formando uma corda única afixada em anteparos interdistantes de ℓ. Dois pulsos propagam-se ao mesmo tempo em sentidos opostos nessa corda. Determine o instante e a posição em que os pulsos se encontram sabendo que a corda está submetida a uma tensão **T**.

103. (IME-RJ)

Uma corda mista sobre o eixo horizontal tem uma densidade linear para a coordenada $x < 0$ e outra para $x \geq 0$. Uma onda harmônica, dada por $A \text{ sen } (\omega t - k_1x)$, onde 7 é o instante de tempo, propaga-se na região onde $x < 0$ e é parcialmente refletida e parcialmente transmitida em $x = 0$. Se a onda refletida e a transmitida são dadas por $B \text{ sen } (\omega t + k_1x)$ e $C \text{ sen } (\omega t - k_2x)$ respectivamente, onde ω, k_1 e k_2 são constantes, então a razão entre as amplitudes da onda refletida e da incidente, dada por $|B/A|$ é igual a:

Observação:

- considere $\dfrac{\text{sen } (ax)}{x} = a$ para $|x|$ próximo a zero.

a) $\left|\dfrac{k_1 - k_2}{k_1 + 2k_2}\right|$

b) $\left|\dfrac{k_1 - k_2}{2k_1 + k_2}\right|$

c) $\left|\dfrac{k_1 - k_2}{k_1}\right|$

d) $\left|\dfrac{k_1 - k_2}{k_2}\right|$

e) $\left|\dfrac{k_1 - k_2}{k_1 + k_2}\right|$

104. (PUC-SP)

Considere um sistema formado por duas cordas elásticas diferentes, com densidades lineares μ_1 e μ_2, tal que $\mu_1 > \mu_2$. Na corda de densidade linear μ_1 é produzido um pulso que se desloca com velocidade constante e igual a v, conforme indicado na figura abaixo. Após um intervalo de tempo Δt, depois de o pulso atingir a junção das duas cordas, verifica-se que o pulso refratado percorreu uma distância 3 vezes maior que a distância percorrida pelo pulso refletido.

Banco de imagens/Arquivo da editora

Com base nessas informações, podemos afirmar, respectivamente, que a relação entre as densidades lineares das duas cordas e que as fases dos pulsos refletido e refratado estão corretamente relacionados na alternativa:

a) $\mu_1 = 3\mu_2$, o pulso refletido sofre inversão de fase mas o pulso refratado não sofre inversão de fase.

b) $\mu_1 = 3\mu_2$, os pulsos refletido e refratado não sofrem inversão de fase.

c) $\mu_1 = 9\mu_2$, o pulso refletido não sofre inversão de fase mas o pulso refratado sofre inversão de fase.

d) $\mu_1 = 9\mu_2$, os pulsos refletido e refratado não sofrem inversão de fase.

105. (Fuvest-SP)

A figura representa uma onda harmônica transversal, que se propaga no sentido positivo do eixo x, em dois instantes de tempo: t = 3 s (linha cheia) e t = 7 s (linha tracejada).

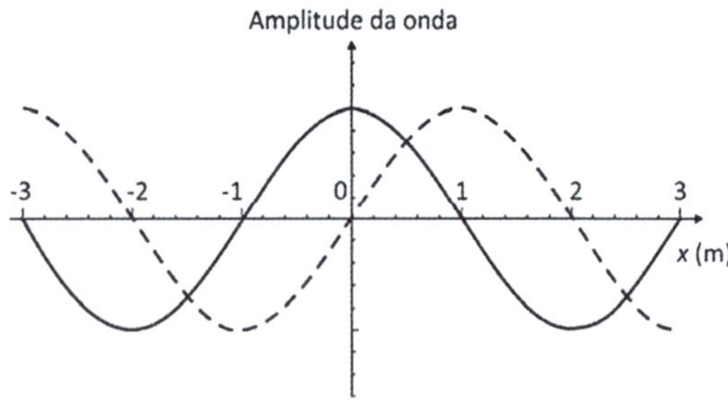

Dentre as alternativas, a que pode corresponder à velocidade de propagação dessa onda é

a) 0,14 m/s
b) 0,25 m/s
c) 0,33 m/s
d) 1,00 m/s
e) 2,00 m/s

106. (Uern)

O período da onda periódica a seguir é 2,5 s.

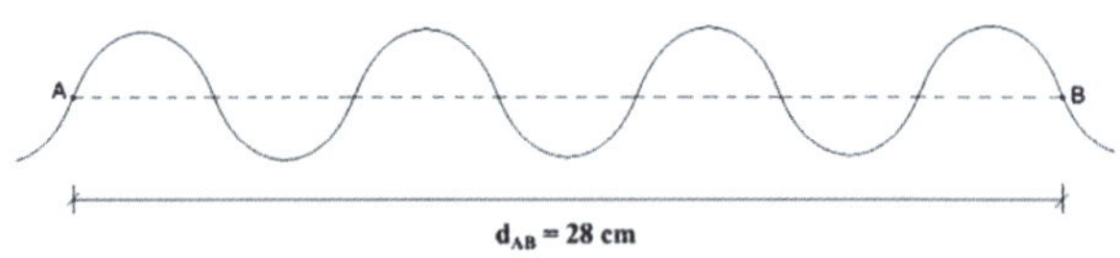

É correto afirmar que a velocidade de propagação dessa onda é

a) 1,8 cm/s
b) 2,2 cm/s
c) 2,6 cm/s
d) 3,2 cm/s

107. (SBF)

A rapidez *v* em m/s da propagação de ondas marítimas em alto-mar (onde a profundidade do mar é muito maior do que o comprimento da onda) é dada pela expressão $v = 1{,}25\sqrt{\lambda}$, onde λ é o comprimento de onda em metros. Considere duas ondas com comprimento de 100 m e 400 m. A razão entre a frequência da onda mais longa pela frequência da onda mais curta é

a) 0,25
b) 0,5
c) 2
d) 4

108. (Unesp-SP)

A imagem, obtida em um laboratório didático, representa ondas circulares produzidas na superfície da água em uma cuba de ondas e, em destaque, três cristas dessas ondas. O centro gerador das ondas é o ponto P, perturbado periodicamente por uma haste vibratória.

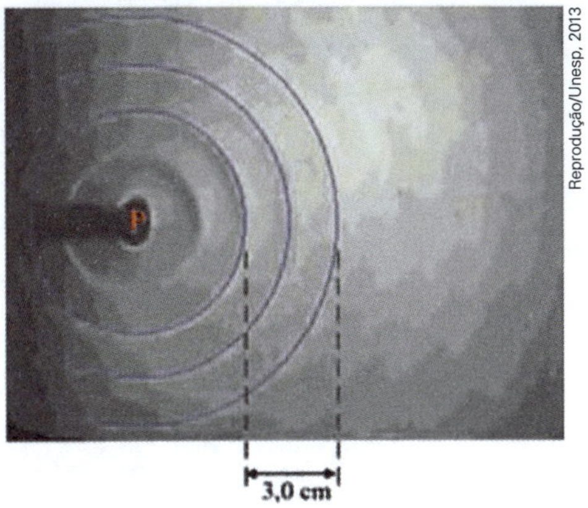

(http://educar.sc.usp.br. Adaptado.)

Considerando as informações da figura e sabendo que a velocidade de propagação dessas ondas na superfície da água é 13,5 cm/s, é correto afirmar que o número de vezes que a haste toca a superfície da água, a cada segundo, é igual a

a) 4,5.
b) 3,0.
c) 1,5.
d) 9,0.
e) 13,5.

109. (UFRGS-RS)

A figura abaixo representa uma onda estacionária produzida em uma corda de comprimento L = 50 cm.

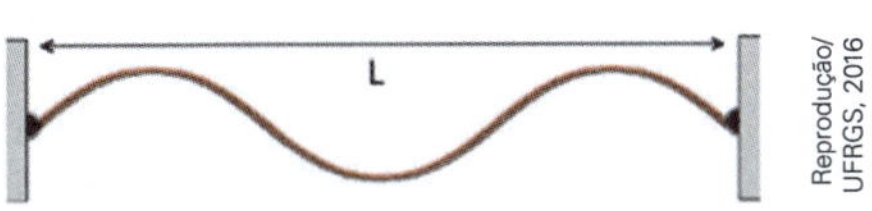

Sabendo que o módulo da velocidade de propagação de ondas nessa corda é 40 m/s, a frequência da onda é de

a) 40 Hz
b) 60 Hz
c) 80 Hz
d) 100 Hz
e) 120 Hz

110. (Enem)

A epilação a *laser* (popularmente conhecida como depilação a *laser*) consiste na aplicação de uma fonte de luz para aquecer e causar uma lesão localizada e controlada nos folículos capilares. Para evitar que outros tecidos sejam danificados, selecionam-se comprimentos de onda que são absorvidos pela melanina presente nos pelos, mas que não afetam a oxi-hemoglobina do sangue e a água dos tecidos da região em que o tratamento será aplicado. A figura mostra como é a absorção de diferentes comprimentos de onda pela melanina, oxi-hemoglobina e água.

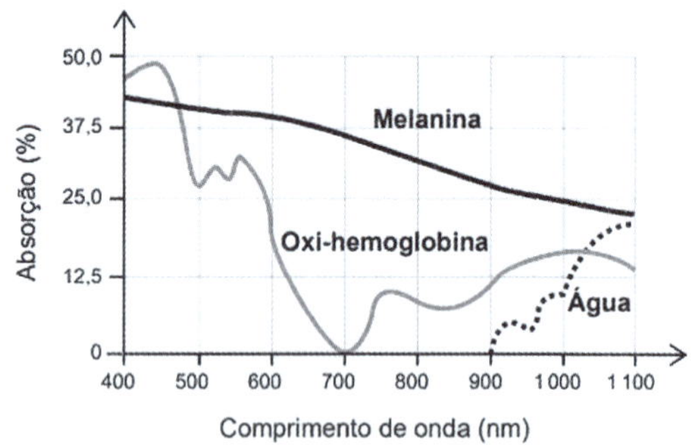

MACEDO, F. S.; MONTEIRO, E. O. Epilação com *laser* e luz intensa pulsada. **Revista Brasileira de Medicina**. Disponível em: www.moreirajr.com.br. Acesso em: 4 set. 2015 (adaptado).

Qual é o comprimento de onda, em nm, ideal para a epilação a *laser*?

a) 400
b) 700
c) 1 100
d) 900
e) 500

111. (Famerp-SP)

Um forno de micro-ondas funciona fazendo com que as moléculas de água presentes nos alimentos vibrem, gerando calor. O processo baseia-se nos fenômenos da reflexão e interferência de ondas eletromagnéticas, produzindo ondas estacionárias dentro da cavidade do forno. Considere um forno de micro-ondas cuja cavidade interna tenha 30 cm de largura e que, dentro dele, se estabeleçam ondas estacionárias, conforme representado na figura.

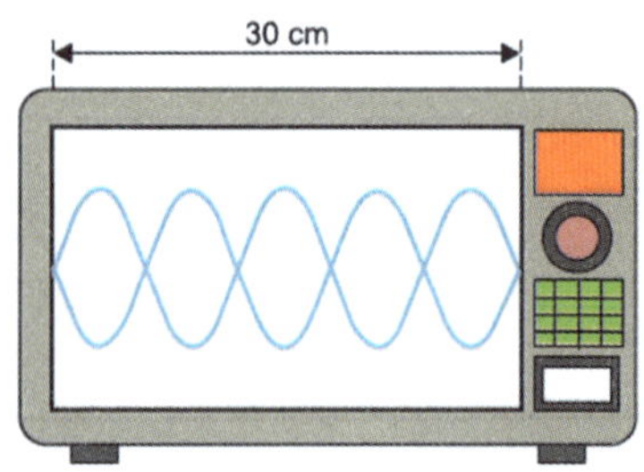

Sabendo que a velocidade de propagação das ondas eletromagnéticas no ar é de $3 \cdot 10^8$ m/s, a frequência de vibração das micro-ondas representadas dentro desse forno, em Hz, é igual a

a) $2,2 \cdot 10^9$
b) $3,2 \cdot 10^9$
c) $2,0 \cdot 10^9$
d) $3,6 \cdot 10^9$
e) $2,5 \cdot 10^9$

112. (Enem)

Para obter a posição de um telefone celular, a polícia baseia-se em informações do tempo de resposta do aparelho em relação às torres de celular da região de onde se originou a ligação. Em uma região, um aparelho está na área de cobertura de cinco torres, conforme o esquema.

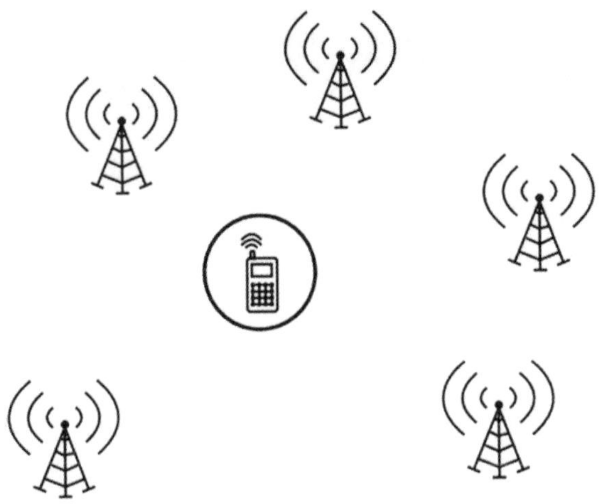

Considerando que as torres e o celular são puntiformes e que estão sob o mesmo plano, qual o número mínimo de torres necessárias para se localizar a posição do telefone celular que originou a ligação?

a) Uma
b) Duas
c) Três
d) Quatro
e) Cinco

113. (Enem)

Certos tipos de superfícies na natureza podem refletir luz de forma a gerar um efeito de arco-íris. Essa característica é conhecida como iridescência e ocorre por causa do fenômeno da interferência de película fina. A figura ilustra o esquema de uma fina camada iridescente de óleo sobre uma poça d'água. Parte do feixe de luz branca incidente (1) reflete na interface ar/óleo e sofre inversão de fase (2), o que equivale a uma mudança de meio comprimento de onda. A parte refratada do feixe (3) incide na interface óleo/água e sofre reflexão sem inversão de fase (4). O observador indicado enxergará aquela região do filme com coloração equivalente à do comprimento de onda que sofre interferência completamente construtiva entre os raios (2) e (5), mas essa condição só é possível para uma espessura mínima da película. Considere que o caminho percorrido em (3) e (4) corresponde ao dobro da espessura e da película de óleo.

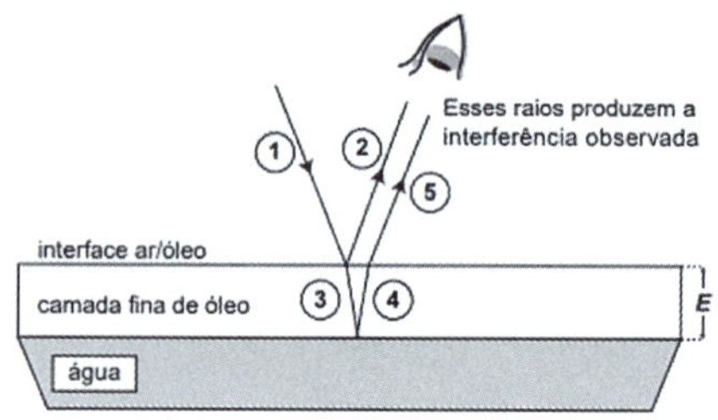

Disponível em: http://2011.igem.org. Acesso em: 18 nov. 2014 (adaptado).

Expressa em termos do comprimento de onda (λ), a espessura mínima é igual a

a) $\frac{\lambda}{4}$

b) $\frac{\lambda}{2}$

c) $\frac{3\lambda}{4}$

d) λ

e) 2λ

114. (UFJF-MG)

A radiação produzida por um forno de micro-ondas interage com as moléculas de água e gordura contidas nos alimentos fazendo-as oscilar com uma frequência próxima de 3,0 GHz ($3,0 \cdot 10^9$ Hz), o que caracteriza o fenômeno da ressonância. Essa oscilação é capaz de produzir calor, o que aquece o alimento, podendo provocar seu cozimento.

a) Considerando-se que a potência de um determinado forno de micro-ondas é de 1 200 W e que sua eficiência em transformar energia elétrica em energia térmica é de 50%, qual o intervalor de tempo necessário para aquecer meio litro de água de 20 °C até 50 °C?
Adote nos cálculos os seguintes dados:
Densidade absoluta da água: 1,0 kg/L
Calor específico sensível da água:
$4,0 \cdot 10^3$ J/kg · °C

b) Sabendo-se que as radiações eletromagnéticas se propagam no ar com velocidade de intensidade $3,0 \cdot 10^8$ m/s, calcule o comprimento de onda das micro-ondas no interior do forno;

c) O forno de micro-ondas pode ser considerado uma cavidade ressonante, desde que a frequência das ondas provenientes do magnétron seja exatamente uma frequência ressonante para a cavidade. Nesse caso, as ondas eletromagnéticas em seu interior terão nodos nas paredes do forno. Sabendo-se que a distância entre duas laterais consecutivas é D = 50 cm, determine o número n de antinodos existentes nas ondas estacionárias presentes ao longo desse comprimento.

115. (ITA-SP)

Um emissor $\mathbf{E_1}$ de ondas sonoras situa-se na origem de um sistema de coordenadas e um emissor $\mathbf{E_2}$, num ponto do seu eixo **y**, emitindo ambos o mesmo sinal de áudio senoidal de comprimento de onda λ, na frequência de 34 kHz. Mediante um receptor **R** situado num ponto do eixo **x** a 40 cm de $\mathbf{E_1}$, observa-se a interferência construtiva resultante da superposição das ondas produzidas por $\mathbf{E_1}$ e $\mathbf{E_2}$. É igual a λ a diferença entre as respectivas distâncias de $\mathbf{E_2}$ e $\mathbf{E_1}$ até **R**. Variando a posição de $\mathbf{E_2}$ ao longo de **y**, essa diferença chega a 10 λ. As distâncias (em centímetros) entre $\mathbf{E_1}$ e $\mathbf{E_2}$ nos dois casos são

a) 9 e 30.
b) 1 e 10.
c) 12,8 e 26,4.
d) 39 e 30.
e) 12,8 e 128.

116. (IME-RJ)

Considere duas fontes pontuais localizadas em $\left(0, -\frac{a}{2}\right)$ e $\left(0, \frac{a}{2}\right)$, sendo ($\lambda$) o comprimento de onda $a = \sqrt{2}\lambda$. Em coordenadas cartesianas, o lugar geométrico de todos os pontos onde ocorrem interferências construtivas de primeira ordem é

a) $\frac{y^2}{2} - x = \lambda^2$
b) $y^2 - \frac{x^2}{2} = \lambda^2$
c) $y^2 - 2x^2 = \lambda^2$
d) $y^2 - x^2 = \frac{\lambda^2}{2}$
e) $y^2 - x^2 = \frac{\lambda^2}{4}$

117. Considere dois alto-falantes **A** e **B**, conectados a um mesmo amplificador de áudio, emitindo um som de uma só frequência e comprimento de onda λ em todas as direções. A distância total entre **A** e **B** é igual a $\frac{\lambda}{2}$, conforme ilustra a figura. Um observador, portando um decibelímetro (aparelho que registra o nível da intensidade sonora em decibéis), vai percorrer as retas *x* e *y*, perpendiculares entre si, com o fim de medir o nível da intensidade sonora do som resultante da superposição dos sons provenientes de **A** e **B**.

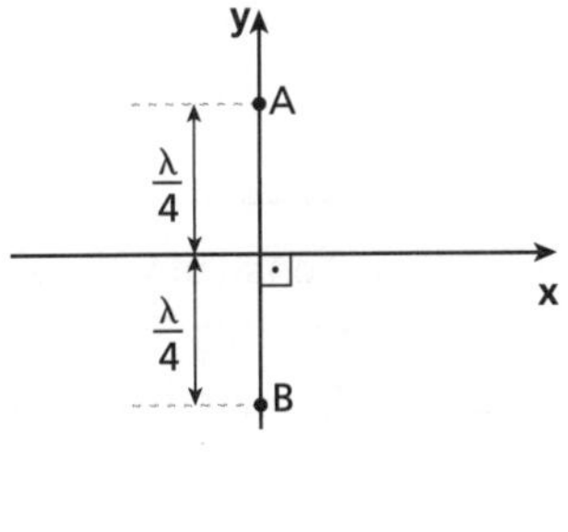

Banco de imagens/Arquivo da editora

Analise as afirmações a seguir e associe às verdadeiras o código (V) e às falsas o código (F):

(01) Em todos os pontos da reta **x** o observador constata **interferência** construtiva entre os sons provenientes de **A** e de **B**.

(02) Percorrendo a reta **x** da esquerda para a direita até o ponto de intersecção com a reta **y**, o observador detecta um aumento progressivo do nível de intensidade sonora.

(03) Percorrendo a reta **x** da esquerda para a direita a partir do ponto de intersecção com a reta **y**, o observador detecta uma diminuição progressiva do nível de intensidade sonora.

(04) Percorrendo a reta **y** de baixo para cima até o alto-falante **B**, o observador detecta nível nulo de intensidade sonora.

(05) Percorrendo a reta **y** de baixo para cima do alto-falante **B** até o alto-falante **A**, o observador primeiro registra um aumento progressivo de nível de intensidade sonora para depois detectar uma diminuição progressiva deste mesmo nível.

(06) Percorrendo a reta **y** de baixo para cima a partir do alto-falante **A**, o observador detecta nível nulo de intensidade sonora.

118. (Unicamp-SP)

Pode-se detectar a deflexão de uma haste usando-se o interferômetro ilustrado na figura abaixo. Nele, um feixe de luz de comprimento de onda λ parte do ponto P e é dividido em dois pelo espelho semitransparente S. A partir desse ponto, os feixes percorrem caminhos ópticos diferentes, antes de atingirem o anteparo O.

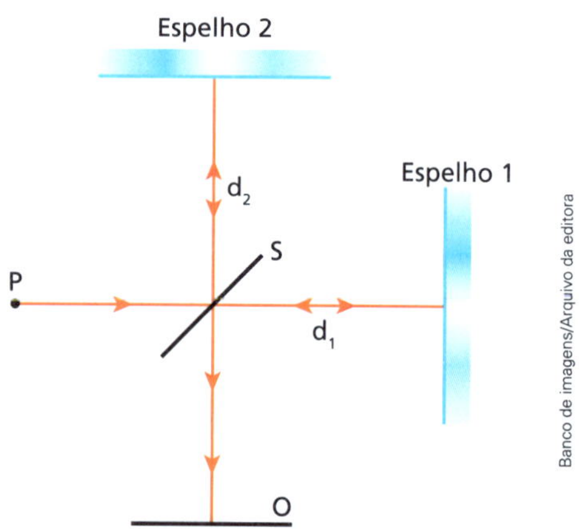

Há interferência construtiva no anteparo quando os feixes percorrem distâncias que diferem entre si de $\Delta d = n\lambda$, onde n é um número inteiro.

Caso as distâncias percorridas difiram de $\Delta d = \left(n + \frac{1}{2}\right)\lambda$, a interferência é destrutiva para luz com frequência $f = 5,0 \cdot 10^{14}$ Hz. Sabendo que a velocidade da luz é $c = 3,0 \cdot 10^8$ m/s, a menor distância que o Espelho 2 deve ser deslocado para que ocorra interferência destrutiva é de

a) 50 nm
b) 150 nm
c) 300 nm
d) 600 nm

119. (IME-RJ)

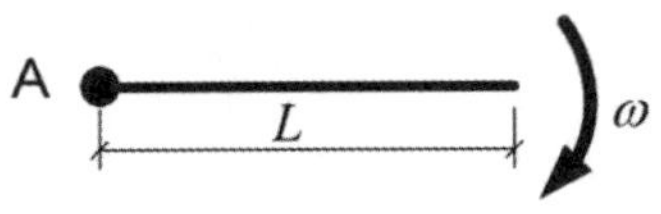

Uma corda de comprimento L e densidade linear constante gira em um plano em torno da extremidade fixa no ponto **A** a uma velocidade angular constante igual a ω. Um pulso ondulatório é gerado a partir de uma das extremidades. A velocidade v do pulso, no referencial da corda, a uma distância r da extremidade fixa é dada por

a) $\omega \frac{L - r}{\sqrt{2}}$

b) $\omega \sqrt{\frac{L(L - r)}{2}}$

c) $\frac{\omega}{\sqrt{2}L}(L^2 - r^2)$

d) $\omega \sqrt{\frac{L^2 - r^2}{2}}$

e) $\frac{\omega L}{\sqrt{2}} \sqrt{\frac{L - r}{L + r}}$

120. (SBF)

Um dos métodos de determinação da velocidade de propagação do som em gases consiste em produzir ressonância em um tubo excitado por uma onda sonora com frequência conhecida. Ao variar o comprimento da coluna de gás dentro do tubo determina-se a distância entre nodos (ou antinodos) consecutivos da onda estacionária no tubo. Nesse caso o fenômeno que ocorre com as ondas sonoras no interior do tubo explicando a ressonância é denominado

a) Difração
b) Polarização
c) Refração
d) Interferência

121. Na fotografia abaixo podem ser observados osciladores massa-lâmina articulados em uma mesma base fixa. As lâminas de aço com mesma largura são muito flexíveis e estão encimadas por corpos rígidos de materiais de alta densidade.

Colocando-se um dos osciladores mais longos a oscilar para frente e para trás, verifica-se que apenas o outro de igual comprimento também oscila. Colocando-se um dos osciladores mais curtos a oscilar para frente e para trás, verifica-se que apenas o outro de igual comprimento também oscila.

Essas observações conduziram alguns alunos às seguintes afirmações:

(I) **Bruno**: "As massas fixadas nas extremidades dos osciladores mais longos são iguais entre si, o mesmo ocorrendo com as massas fixadas nas extremidades dos osciladores mais curtos."

(II) **Ana Paula**: "O fato de um oscilador mais longo transmitir suas vibrações ao outro oscilador mais longo, caracteriza o fenômeno da ressonância".

(III) **Pedro**: "Os osciladores, enquanto em vibração, realizam movimentos harmônicos simples como se verifica em um oscilador massa-mola ideal.

Das três afirmações, estão corretas apenas:

a) (I)

b) (II)

c) (III)

d) (I) e (II)

e) (II) e (III)

122. (Enem)

Ao assistir a uma apresentação musical, um músico que estava na plateia percebeu que conseguia ouvir quase perfeitamente o som da banda, perdendo um pouco de nitidez nas notas mais agudas. Ele verificou que havia muitas pessoas bem mais altas à sua frente, bloqueando a visão direta do palco e o acesso aos alto-falantes. Sabe-se que a velocidade do som no ar é 340 m/s e que a região de frequências das notas emitidas é de, aproximadamente, 20 Hz a 4 000 Hz. Qual fenômeno ondulatório é o principal responsável para que o músico percebesse essa diferenciação do som?

a) Difração
b) Reflexão
c) Refração
d) Atenuação
e) Interferência

123. (IME-RJ)

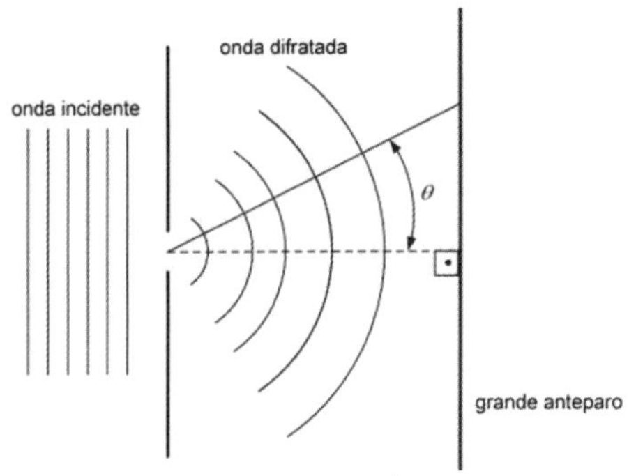

Uma fenda é iluminada com luz monocromática cujo comprimento de onda é igual a 510 nm. Em um grande anteparo, capaz de refletir toda a luz que atravessa a fenda, são observados apenas cinco mínimos de intensidade de cada lado do máximo central. Sabendo que um dos mínimos encontra-se em θ, tal que $\text{sen}(\theta) = \frac{3}{4}$ e $\cos(\theta) = \frac{\sqrt{7}}{4}$, determine a largura da fenda.

124. (ITA-SP)

A figura mostra dois anteparos opacos à radiação, sendo um com fenda de tamanho variável *d*, com centro na posição x = 0, e o outro com dois fotodetectores de intensidade da radiação, tal que $\mathbf{F_1}$ se situa em x = 0 e $\mathbf{F_2}$, em x = L > 4d. No sistema incide radiação eletromagnética de comprimento de onda λ constante. Num primeiro experimento, a relação entre *d* e λ é tal que $d \gg \lambda$, e são feitas as seguintes afirmativas: I. Só $\mathbf{F_1}$ detecta radiação. II. $\mathbf{F_1}$ e $\mathbf{F_2}$ detectam radiação.

III. $\mathbf{F_1}$ não detecta e $\mathbf{F_2}$ detecta radiação. Num segundo experimento, *d* é reduzido até à ordem do comprimento de λ e, neste caso, são feitas estas afirmativas: IV. $\mathbf{F_2}$ detecta radiação de menor intensidade que a detectada em $\mathbf{F_1}$. V. Só $\mathbf{F_1}$ detecta radiação. VI. Só $\mathbf{F_2}$ detecta radiação.

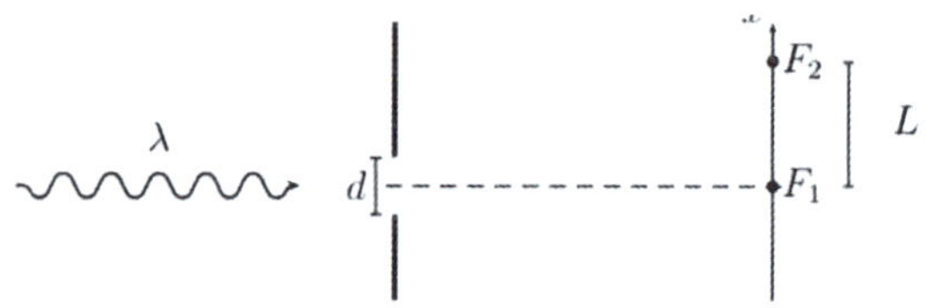

Reprodução/ITA 2017

Assinale as afirmativas possíveis para a detecção da radiação em ambos os experimentos.

a) I, II e IV
b) I, IV e V
c) II, IV e V
d) III, V e VI
e) I, IV e VI

125. O trombone de Quincke é um dispositivo experimental utilizado para demonstrar o fenômeno da interferência de ondas sonoras. Uma fonte emite ondas sonoras de determinada frequência na entrada do dispositivo. Essas ondas se dividem pelos dois caminhos (**ADC** e **AEC**) e se encontram no ponto **C**, a saída do dispositivo, onde se posiciona um detector. O trajeto **ADC** pode ser aumentado pelo deslocamento dessa parte do dispositivo. Com o trajeto **ADC** igual ao **AEC**, capta-se um som muito intenso na saída. Entretanto, aumentando-se gradativamente o trajeto **ADC**, até que ele fique como mostrado na figura, a intensidade do som na saída fica praticamente nula. Dessa forma, conhecida a velocidade do som no interior do tubo (320 m/s), é possível determinar o valor da frequência do som produzido pela fonte.

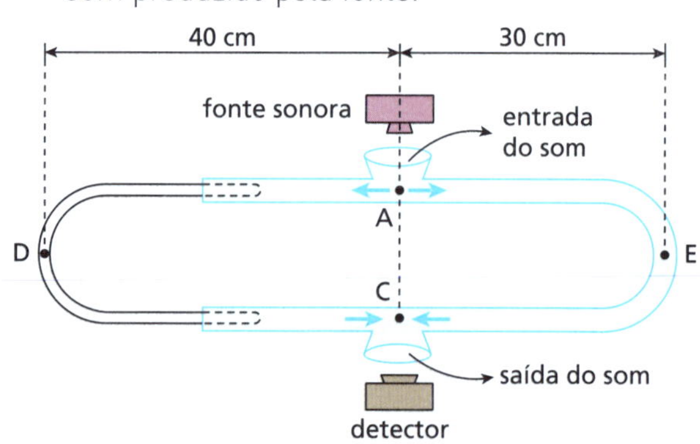

Banco de imagens/Arquivo da editora

O valor da frequência, em hertz, do som produzido pela fonte sonora é

a) 3 200
b) 1 600
c) 800
d) 640
e) 400

126. (Fuvest-SP)

Miguel e João estão conversando, parados em uma esquina próxima a sua escola, quando escutam o toque da sirene que indica o início das aulas. Miguel continua parado na esquina, enquanto João corre em direção à escola. As ondas sonoras propagam-se, a partir da sirene, em todas as direções, com comprimento de onda $\lambda = 17$ cm e velocidade $V_S = 340$ m/s em relação ao ar. João se aproxima da escola com velocidade de módulo $v = 3{,}4$ m/s e direção da reta que une sua posição à da sirene. Determine

a) a frequência f_M do som da sirene percebido por Miguel parado na esquina;

b) a velocidade v_R do som da sirene em relação a João correndo;

c) a frequência f_J do som da sirene percebido por João quando está correndo.

Miguel, ainda parado, assobia para João, que continua correndo. Sendo o comprimento de onda do assobio igual a 10 cm, determine

d) a frequência f_A do assobio percebido por João.

Note e adote: Considere um dia seco e sem vento.

127. (PUC-SP)

Um homem mantém em equilíbrio estático um bloco preso a uma corda de densidade linear igual a 0,01 Kg/m, conforme a figura.

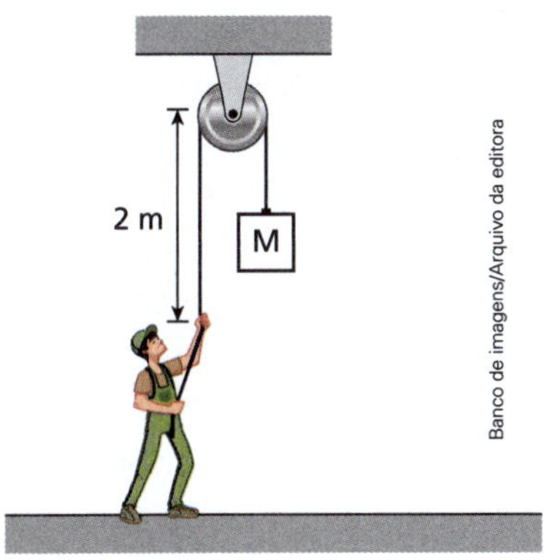

Banco de imagens/Arquivo da editora

Determine a massa M do bloco, sabendo que as frequências de duas harmônicas consecutivas de uma onda estacionária no trecho vertical de 2 m da corda correspondem a 150 Hz e 175 Hz.

Dado $g = 10\text{m/s}^2$.

a) 10^2 g

b) 10^3 g

c) 10^4 g

d) 10^5 g

e) 10^6 g

128. (Enem)

Ao ouvir uma flauta e um piano emitindo a mesma nota musical, consegue-se diferenciar esses instrumentos um do outro. Essa diferenciação se deve principalmente ao(a)

a) intensidade sonora do som de cada instrumento musical.
b) potência sonora do som emitido pelos diferentes instrumentos musicais.
c) diferente velocidade de propagação do som emitido por cada instrumento musical.
d) timbre do som, que faz com que os formatos das ondas de cada instrumento sejam diferentes.
e) altura do som, que possui diferentes frequências para diferentes instrumentos musicais.

129. (Enem)

O morcego emite pulsos de curta duração de ondas ultrassônicas, os quais voltam na forma de ecos após atingirem objetos no ambiente, trazendo informações a respeito das suas dimensões, suas localizações e dos seus possíveis movimentos. Isso se dá em razão da sensibilidade do morcego em detectar o tempo gasto para os ecos voltarem, bem como das pequenas variações nas frequências e nas intensidades dos pulsos ultrassônicos. Essas características lhe permitem caçar pequenas presas mesmo quando estão em movimento em relação a si. Considere uma situação unidimensional em que uma mariposa se afasta, em movimento retilíneo, de um morcego em repouso.

A distância e velocidade da mariposa, na situação descrita, seriam detectadas pelo sistema de um morcego por quais alterações nas características dos pulsos ultrassônicos?

a) Intensidade diminuída, o tempo de retorno aumentado e a frequência percebida diminuída.
b) Intensidade aumentada, o tempo de retorno diminuído e a frequência percebida diminuída.
c) Intensidade diminuída, o tempo de retorno diminuído e a frequência percebida aumentada.
d) Intensidade diminuída, o tempo de retorno aumentado e a frequência percebida aumentada.
e) Intensidade aumentada, o tempo de retorno aumentado e a frequência percebida aumentada.

130. (UEA-AM)

A escultura *Vírgula*, do artista Po Wang Shu, exposta na Universidade de Tecnologia do Texas, é uma esfera de aço inoxidável, que reflete o movimento dos pedestres e a paisagem do local.

Reprodução/Enem, 2015

(www.depts.ttu.edu)

Considere que, quando uma pessoa permanece parada a 2,0 m de distância da esfera, ela vê sua imagem com altura igual a um quinto da medida de sua altura real. Considerando-se válidas as condições de nitidez de Gauss, é correto afirmar que a escultura funciona como um espelho esférico cujo módulo da distância focal é igual a

a) 0,2 m
b) 0,5 m
c) 0,6 m
d) 0,8 m
e) 1,0 m

131. (OBF)

Um objeto pontual desloca-se com velocidade escalar constante de módulo igual a 10 cm/s, aproximando-se do vértice V de um espelho esférico côncavo (gaussiano) cuja distância focal vale 10 cm, conforme a figura seguinte.

Banco de imagens/Arquivo da editora

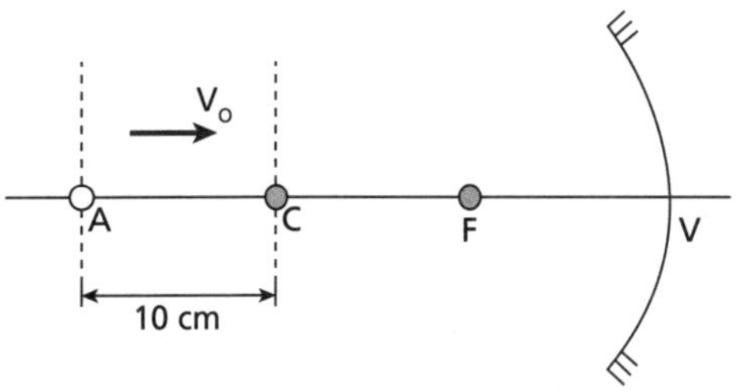

Num dado instante, ele passa pelo ponto **A**, a 10 cm do centro da curvatura **C** do espelho, no sentido de aproximar-se de **V**. Determine:

a) a posição da imagem, em relação ao vértice do espelho, quando o objeto passa pelo ponto **A**;

b) o módulo da velocidade escalar média da imagem durante o trânsito do objeto ao longo do trecho **AC**.

132. (UEA-AM)

Ao parar na entrada de um supermercado uma criança vê um espelho esférico a 6 m de si, preso em uma parede.

Olhando para esse espelho, vê sua própria imagem direita e menor do que ela própria. Considerando que a altura da criança seja onze vezes a altura da imagem que ela vê de si mesma, é correto afirmar que o espelho visto pela criança é

a) convexo e sua distância focal é −0,6 m.
b) convexo e sua distância focal é −1,2 m.
c) convexo e sua distância focal é −0,3 m.
d) côncavo e sua distância focal é 0,6 m.
e) côncavo e sua distância focal é 1,2 m.

133. (Unifesp)

Em um parque de diversões existem dois grandes espelhos dispostos verticalmente, um de frente para o outro, a 10 m de distância um do outro. Um deles é plano, o outro é esférico convexo. Uma criança se posiciona, em repouso, a 4 m do espelho esférico e vê as duas primeiras imagens que esses espelhos formam dela: I_P, formada pelo espelho plano, e I_C, formada pelo espelho esférico, conforme representado na figura.

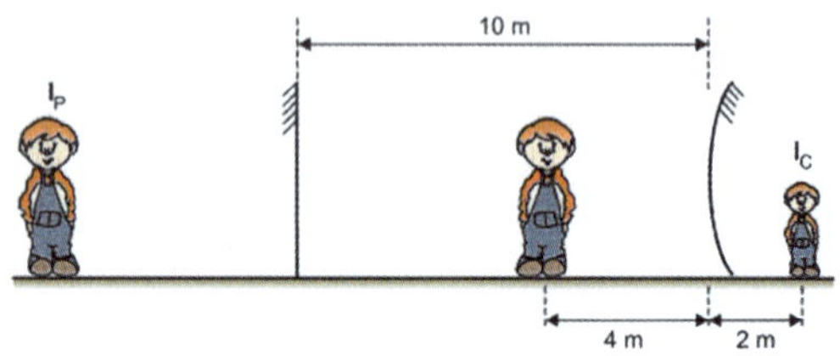

Calcule:

a) a distância, em metros, entre I_P e I_C.
b) a que distância do espelho esférico, em metros, a criança deveria se posicionar para que sua imagem I_C tivesse um terço de sua altura.

134. (Famema-SP)

Na figura, **O** é um ponto objeto virtual, vértice de um pincel de luz cônico convergente que incide sobre um espelho esférico côncavo **E** de distância focal **f**. Depois de refletidos no espelho, os raios desse pincel convergem para o ponto **I** sobre o eixo principal do espelho, a uma distância $\frac{f}{4}$ de seu vértice.

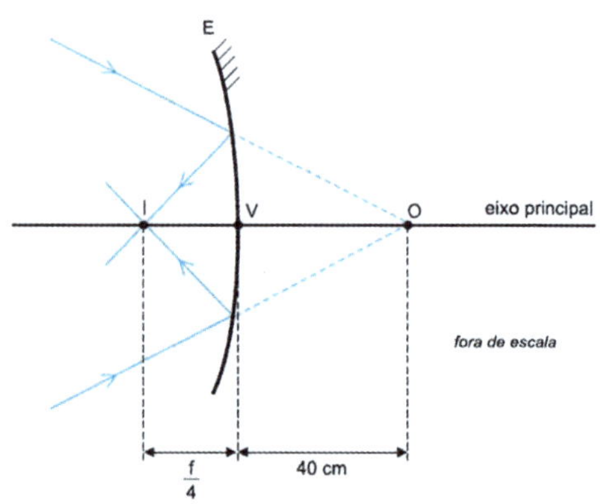

Considerando válidas as condições de nitidez de Gauss, é correto afirmar que a distância focal desse espelho é igual a

a) 150 cm.
b) 160 cm.
c) 120 cm.
d) 180 cm.
e) 200 cm.

135. Dois espelhos são colocados frente a frente. Um é esférico côncavo, de 40 cm de raio, e o outro é plano, distante 90 cm do vértice V do espelho esférico côncavo e inclinado em 45° em relação ao seu eixo principal, como mostra a figura abaixo:

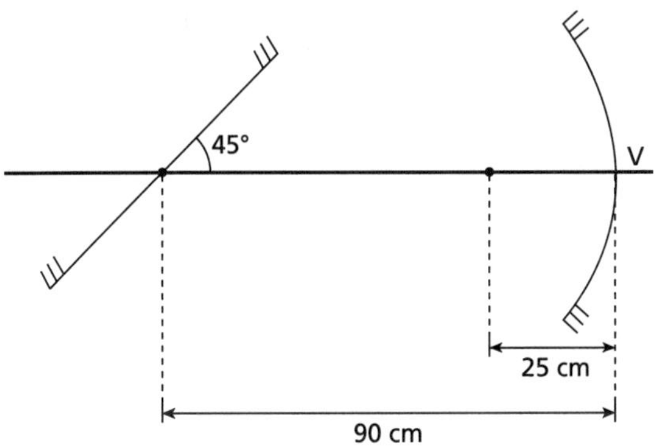

Uma fonte luminosa pontual é colocada entre eles, sobre o eixo principal, a 25 cm do vértice V do espelho esférico côncavo, que vai operar de acordo com as condições de estigmatismo de Gauss. Considere os raios luminosos que, emitidos pela fonte, refletem-se primeiro no espelho côncavo e, a seguir, no espelho plano. A imagem obtida nessa dupla reflexão forma-se a uma distância do eixo principal igual a:

a) 10 cm
b) 20 cm
c) 25 cm
d) 40 cm
e) 50 cm

136. (UFTM-MG)

Um espelho esférico está posicionado de tal forma que seu eixo principal se encontra em posição horizontal. Diante do espelho, de distância focal 1 m, um pequeno lápis de comprimento 5 cm é posicionado verticalmente sobre o eixo principal do espelho, conjugando uma imagem de tamanho quatro vezes maior. Suponha que o espelho seja estigmático.

a) Diante de qual tipo de espelho, côncavo ou convexo, o lápis foi posicionado?
b) Determine as possíveis posições em que ocorrerá a imagem do lápis, tal qual descrita, relativamente ao vértice do espelho.

137. (Udesc)

Consultando o manual de um automóvel, na seção de retrovisores laterais, você se depara com a seguinte afirmação: "os espelhos dos retrovisores laterais são convexos a fim de ampliar o ângulo de visão. Assim, os objetos observados nos espelhos retrovisores estão, na realidade, mais próximos do que parecem". Suponha que você esteja dirigindo e observa dois carros alinhados atrás do seu; o primeiro (carro 1) a uma distância de 5,0 m do espelho retrovisor lateral do motorista, e o segundo (carro 2) a uma distância de 10,0 m do mesmo espelho retrovisor.

Considerando-se o retrovisor lateral como um espelho esférico convexo de raio de curvatura igual a 5,0 m, e que os carros **1** e **2** possuem a mesma altura real, a razão entre as alturas das imagens do carro **1** (y_1') e do carro **2** (y_2'), formadas no espelho retrovisor lateral do carro, é:

a) $\frac{y_1'}{y_2'} = 1$

b) $\frac{y_1'}{y_2'} = \frac{2}{3}$

c) $\frac{y_1'}{y_2'} = \frac{3}{2}$

d) $\frac{y_1'}{y_2'} = 3$

e) $\frac{y_1'}{y_2'} = \frac{5}{3}$

138. (ITA-SP)

Dois espelhos esféricos interdistantes de 50 cm, um côncavo, E_1, e outro convexo, E_2, são dispostos coaxialmente tendo a mesma distância focal de 16 cm. Uma vela é colocada diante dos espelhos perpendicularmente ao eixo principal, de modo que suas primeiras imagens conjugadas por E_1 e E_2 tenham o mesmo tamanho. Assinale a opção com as respectivas distâncias, em cm, da vela aos espelhos E_1 e E_2.

a) 25 e 25

b) 41 e 9

c) 34 e 16

d) 35 e 15

e) 40 e 10

139. (IME-RJ)

Um banhista faz o lançamento horizontal de um objeto na velocidade igual a $5\sqrt{3}$ m/s em direção a uma piscina. Após tocar a superfície da água, o objeto submerge até o fundo da piscina em velocidade horizontal desprezível. Em seguida, o banhista observa esse objeto em um ângulo de 30° em relação ao horizonte. Admitindo-se que a altura de observação do banhista e do lançamento do objeto são iguais a 1,80 m em relação ao nível da água da piscina, a profundidade da piscina, em metros, é

Dados:

- índice de refração do ar: $n_{ar} = 1$;
- índice de refração da água: $n_{água} = \frac{5\sqrt{3}}{6}$.

a) 2

b) 1,6

c) $1,6\sqrt{3}$

d) $2\sqrt{3}$

e) $1\sqrt{3}$

140. (Vunesp)

O triângulo ABC representa a secção transversal de um prisma triangular transparente, de índice de refração absoluto igual a 2, imerso no ar. Um raio de luz monocromático incide nesse prisma perpendicularmente à face AB e passa a propagar-se por dentro dele até o ponto D, conforme a figura.

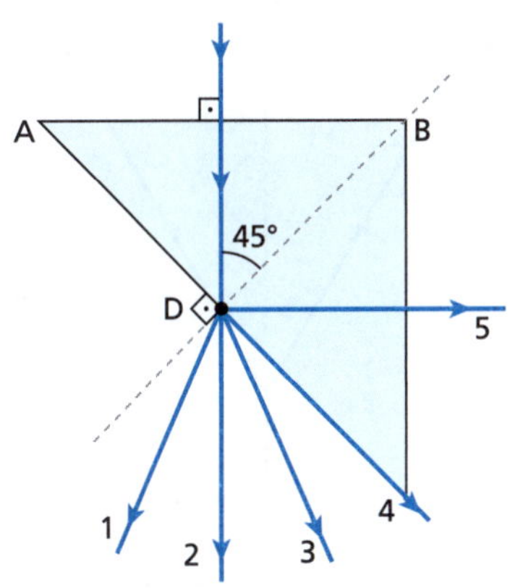

Banco de imagens/Arquivo da editora

Sabendo que o índice de refração absoluto do ar é $n_{ar} = 1$, esse raio de luz emerge do prisma pela trajetória

a) 1.

b) 2.

c) 3.

d) 4.

e) 5.

141. (OBF)

Considere um raio de luz monocromático incidindo perpendicularmente em uma das faces (AB) de um prisma de seção reta triangular, cujos lados são do mesmo tamanho. Suponha que o prisma está mergulhado no ar e possui índice de refração absoluto *n*. Obtenha a condição de *n* para que haja emergência do raio de luz apenas pela face AC. Considere que o índice de refração absoluto do ar é igual a 1.

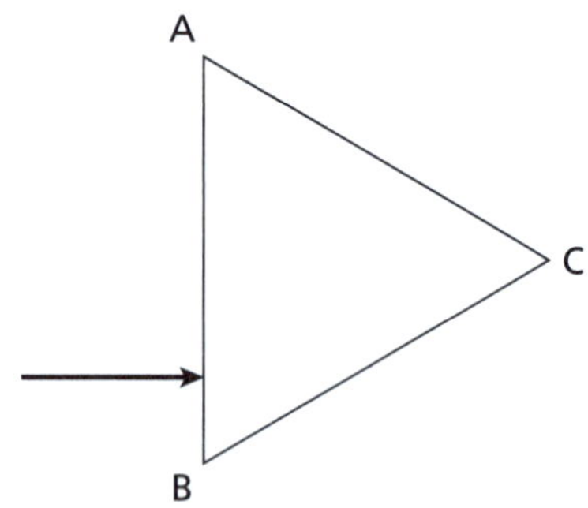

Banco de imagens/Arquivo da editora

142. (IJSO)

Uma fonte pontual de luz é colocada no fundo de um tanque de água de 1,00 m de profundidade, de modo que a fonte emite luz para cima e em todas as direções. Um círculo luminoso é formado pelos raios que são retratados; os raios fora dessa região são refletidos para o interior do tanque.

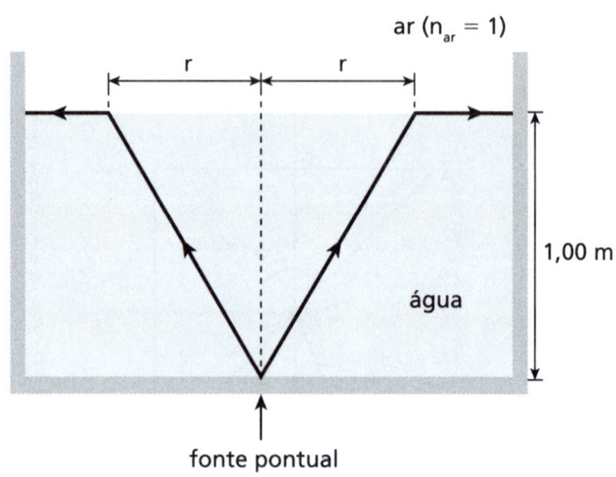

Banco de imagens/Arquivo da editora

Dado que o índice de refração da água é 1,33, o raio *r* do círculo na superfície da água é aproximadamente:

a) 1,33 m
b) 1,00 m
c) 1,14 m
d) 0,75 m

143. (EFOMM-RJ)

Uma pequena lâmpada está colocada no fundo de uma piscina cheia de um determinado líquido com profundidade igual a 2 m. Apesar de a lâmpada emitir luz em todas as direções, um observador situado fora da piscina verifica que a superfície do líquido não está toda iluminada, mas apenas uma região circular. Sabe-se que o índice de refração desse líquido é igual a 2. O raio da região circular iluminada da superfície da piscina é então

a) 0,75 m
b) 1,0 m
c) 1,03 m
d) 1,13 m
e) 1,15 m

144. (Ufes)

Enche-se uma fina esfera, feita de vidro transparente, com um líquido, até completar-se exatamente a metade de seu volume. O resto do volume da esfera contém ar (índice de refração $n_{ar} = 1$). Uma fonte de luz gera um cone de finos raios luminosos que interceptam a esfera, formando uma circunferência de diâmetro *d*. Os raios emergem da esfera, formando novo cone que intercepta a esfera em outra circunferência de diâmetro D. Na figura, mostram-se dois raios incidentes SO e TO, nos limites da interseção do cone com o plano da figura, bem como os correspondentes raios emergentes OS' e OT'. O ponto O é o centro da esfera. Despreze qualquer efeito de refração na passagem dos raios de luz através do vidro da esfera.

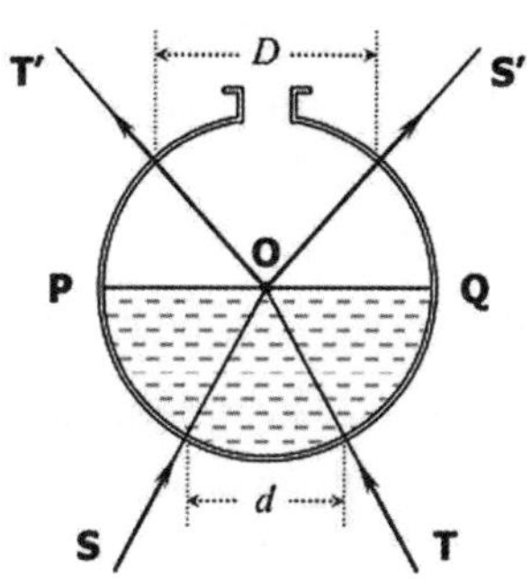

Reprodução/UFES, 2015

a) Explique por que os feixes incidentes, tais como SO ou TO, não sofrem desvio no trajeto do ar para o líquido.
b) Se d = 20 cm e D = 28 cm, determine o índice de refração $n_{líq}$ do líquido em relação ao ar.
c) À medida que se aumenta o ângulo do cone de raios incidentes, verifica-se que o ângulo do cone emergente tende a 90°, ou seja, OS' tende a OQ e OT' tende a OP. Sabendo que esse limite ocorre quando d se torna d_{lim} = 30 cm, determine o raio da esfera.

145. (Unesp-SP)

Uma haste luminosa de 2,5 m de comprimento está presa verticalmente a uma boia opaca circular de 2,26 m de raio, que flutua nas águas paradas e transparentes de uma piscina, como mostra a figura. Devido à presença da boia e ao fenômeno da reflexão total da luz, apenas uma parte da haste pode ser vista por observadores que estejam fora da água.

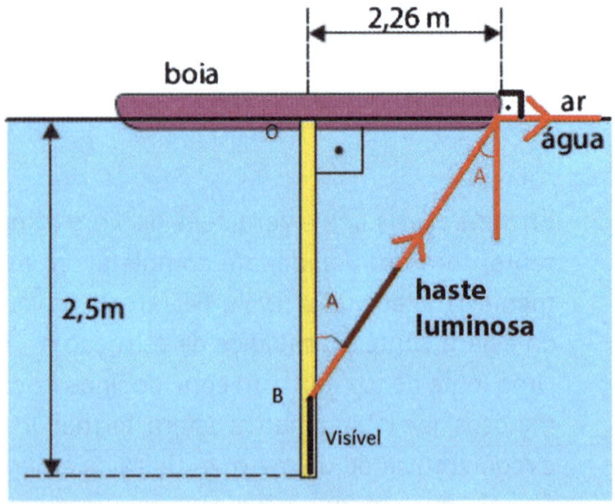

fora de escala

Considere que o índice de refração do ar seja 1,0, o da água da piscina $\frac{4}{3}$, sen 48,6° = 0,75 e tg 48,6° = 1,13.

Um observador que esteja fora da água poderá ver, no máximo, uma porcentagem do comprimento da haste igual a

a) 70%.
b) 60%.
c) 50%.
d) 20%.
e) 40%.

146. (ITA-SP)

Um tarugo de vidro de índice de refração $n = \frac{3}{2}$ e seção transversal retangular é moldado na forma de uma ferradura, como ilustra a figura. Um feixe de luz incide perpendicularmente sobre a superfície plana P. Determine o valor mínimo da razão $\frac{R}{d}$ para o qual toda a luz que penetra pela superfície P emerja do vidro pela superfície Q.

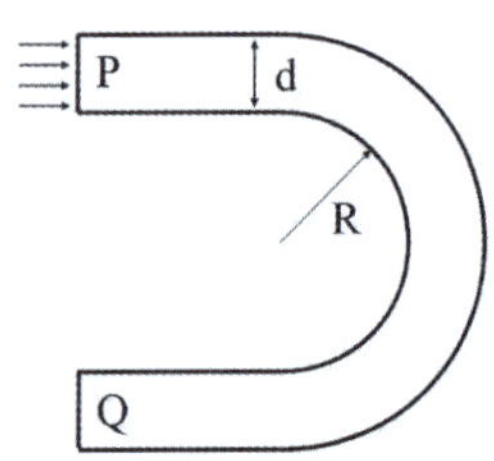

147. (UPM-SP)

Certa piscina contém água, de índice de refração absoluto igual a 4/3, e sua base se encontra 3,00 m abaixo da superfície livre. Quando uma pessoa, na beira da piscina, olha perpendicularmente para seu fundo (base), terá a impressão de vê-lo

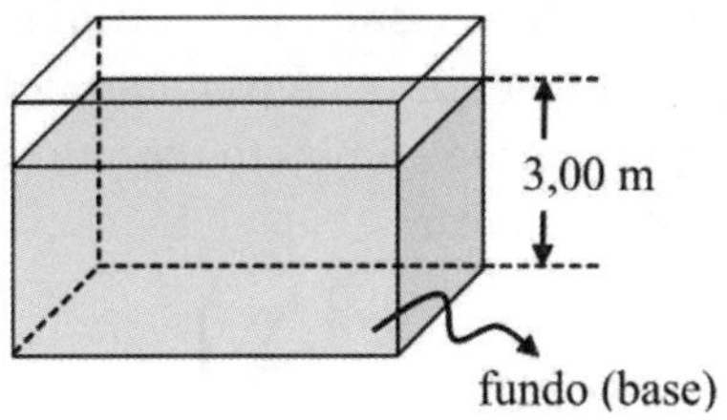

Reprodução/Mackenzie, 2014

Dado: Índice de refração absoluto do ar n = 1

a) 2,25 m mais próximo, em relação à profundidade real.
b) 1,33 m mais próximo, em relação à profundidade real.
c) 0,75 m mais próximo, em relação à profundidade real.
d) 1,33 m mais distante, em relação à profundidade real.
e) 0,75 m mais distante, em relação à profundidade real.

148. Uma barra **AB** de 60 cm é colocada verticalmente no interior de uma cuba contendo água de índice de refração igual a $\frac{4}{3}$, ficando com a extremidade A a 15 cm da superfície, conforme a figura abaixo. (Considere o índice de refração do ar igual a 1.)

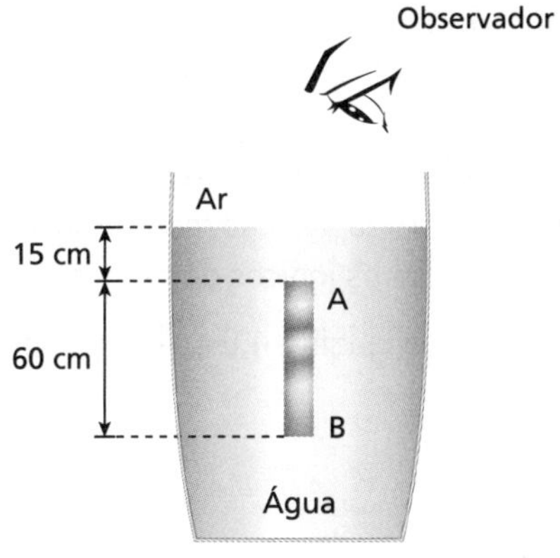

Banco de imagens/Arquivo da editora

Nessas condições, o comprimento da barra **AB**, vista por um observador posicionado conforme a figura é:

a) 11,25 cm
b) 56,25 cm
c) 45 cm
d) 75 cm
e) 48,75 cm

149. Dentro de um recipiente aberto e em repouso acham-se superpostas duas camadas líquidas, de óleo e de água (líquidos imiscíveis), com alturas respectivamente iguais a 24 cm. Um objeto luminoso *P* de dimensões desprezíveis é colocado no centro da base do recipiente, sendo visado por um observador *O*, cujo globo ocular está praticamente na vertical que contém o objeto, conforme indica o esquema abaixo.

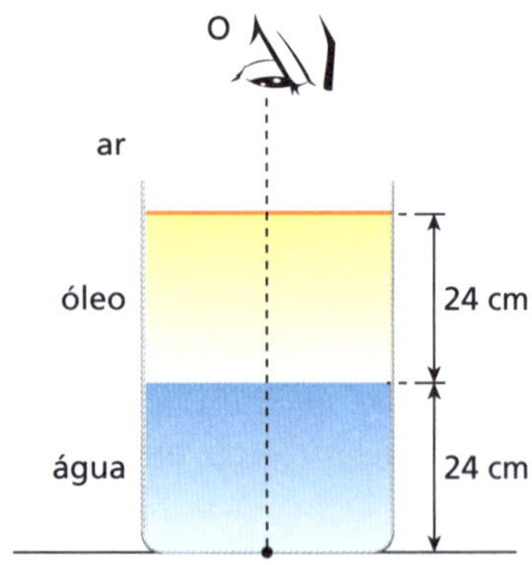

Banco de imagens/Arquivo da editora

Considerando-se os índices de refração absolutos da água, do óleo e do ar respectivamente iguais a $\frac{4}{3}$, $\frac{3}{2}$ e 1, a profundidade aparente em que *O* visualiza *P* é:

a) 52 cm;
b) 48 cm;
c) 34 cm;
d) 24 cm;
e) 15 cm.

150. (Famerp-SP)
Uma pessoa observa uma moeda no fundo de uma piscina que contém água até a altura de 2,0 m. Devido à refração, a pessoa vê a imagem da moeda acima da sua posição real, como ilustra a figura. Considere os índices de refração absolutos do ar e da água iguais a 1,0 e $\frac{4}{3}$, respectivamente.

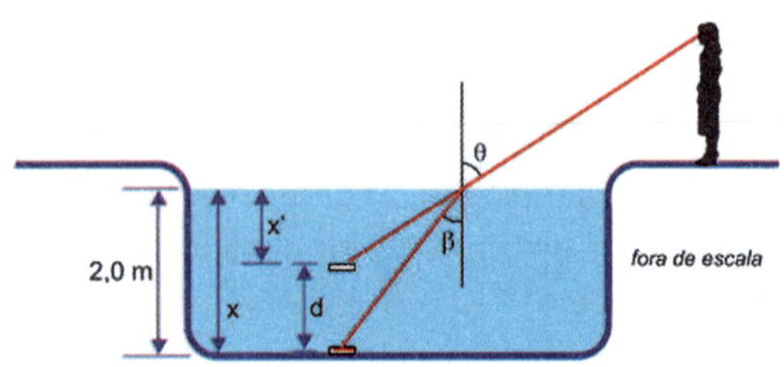

Reprodução/Famerp, 2018

a) Considerando sen $\theta = 0{,}80$, qual o valor do seno do ângulo β?
b) Determine a quantos centímetros acima da posição real a pessoa vê a imagem da moeda.

151. (Urca-CE)
Um raio luminoso monocromático incide no ponto A_1, sob um ângulo θ_1, sobre uma lâmina de vidro de faces paralelas de espessura *e* e índice de refração *n*. Sabendo-se que o raio emergente tem a mesma direção que o raio incidente, determine a distância *d*, indicada na figura, entre os raios incidente e emergente em função de *e*, θ_1 e *n*. Adote o índice de refração do ar igual a 1.

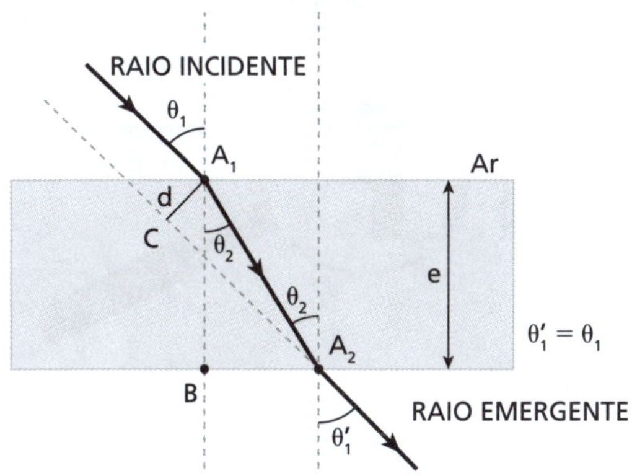

Banco de imagens/Arquivo da editora

152. (OBF)
Em 1973, o grupo inglês Pink Floyd lançava o álbum "The dark side of the Moon". A capa desse emblemático disco de rock progressivo mostrava o fenômeno da dispersão da luz branca ao incidir em um prisma.

Reprodução/Abbey Road Studios

a) Explique esse fenômeno em termos das velocidades de propagação das diversas cores componentes da luz branca.

b) Considerando-se que a luz branca incide formando com a face esquerda do prisma um ângulo de 45° e tendo o prisma um ângulo de abertura de 60°, determine o ângulo de saída da cor vermelha sabendo-se que o índice de refração absoluto do prisma para essa cor é de 1,4 e que o mesmo está imerso no ar (n_{ar} = 1,0).

153. (Famema-SP)

Uma pessoa observa uma letra **F** impressa em uma folha de papel utilizando uma lente convergente como lupa, a qual é mantida em repouso, paralela à folha e a 10 cm dela. Nessa situação, as dimensões da imagem são três vezes maiores do que as da letra impressa, conforme mostra a figura.

Considerando válidas as condições de nitidez de Gauss, a distância focal da lente utilizada pela pessoa, em centímetros, é igual a

a) 7,50.
b) 15,0.
c) 22,5.
d) 30,0.
e) 37,5.

154. (UFTM-MG)

Um objeto real linear é colocado diante de uma lente esférica delgada convergente, perpendicularmente a seu eixo principal. À medida que o objeto é movido ao longo desse eixo, a altura (i) da imagem conjugada pela lente varia, em função da distância do objeto a ela (p), conforme o gráfico a seguir.

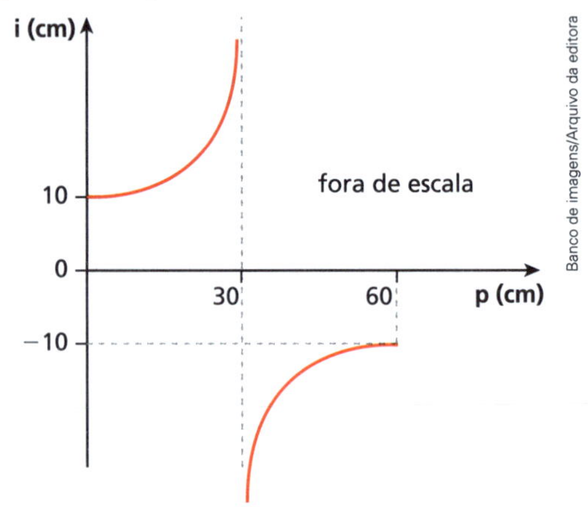

Se o objeto for colocado a 20 cm da lente, a altura da imagem conjugada por ela, em cm, e o módulo da distância da imagem à lente, também em cm, serão respectivamente iguais a

a) 30 e 30.
b) 15 e 25.
c) 30 e 60.
d) 20 e 30.
e) 20 e 60.

155. (UFPE)

Um objeto luminoso e uma tela de projeção estão separados pela distância D = 80 cm. Existem duas posições em que uma lente convergente de distância focal f = 15 cm, colocada entre o objeto e a tela, produz uma imagem real na tela. Calcule a distância, em cm, entre estas duas posições.

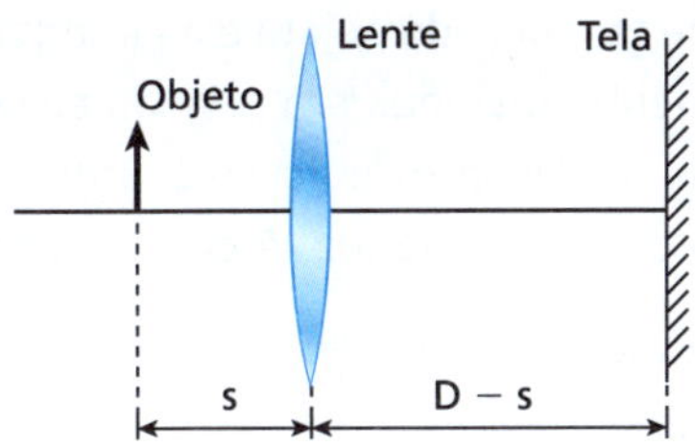

Banco de imagens/Arquivo da editora

156. (IJSO)

Um garoto, usando uma lupa (lente convergente), está observando o salto vertical de um grilo **G**. O grilo está posicionado sobre o eixo principal da lente, no ponto médio entre o foco objeto **F** e o centro óptico **C** da lente. O grilo **G** salta verticalmente com velocidade inicial de módulo V_0. A aceleração da gravidade tem módulo g e o efeito do ar é desprezível.

O grilo inicia o salto no instante $t_0 = 0$ e atinge o ponto mais alto de sua trajetória no instante $t_1 = T$.

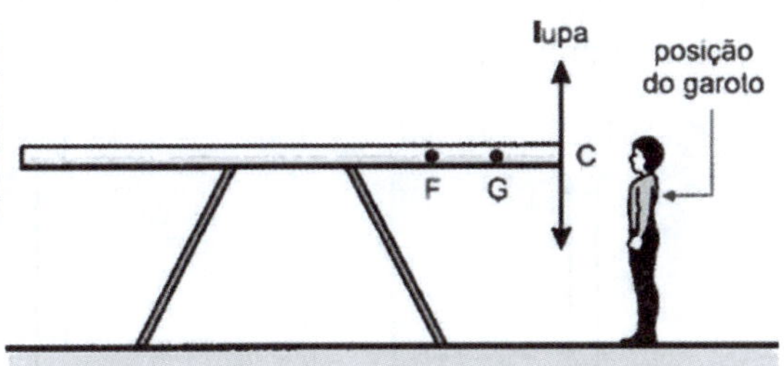

Reprodução/IJSO, 2008

Admita serem válidas as condições de aproximação para o uso das equações de Gauss.

As proposições a seguir se referem ao movimento da imagem **G'** que a lente fornece para o grilo **G**.

I. No instante $t_0 = 0$ a imagem do grilo **G'** tem velocidade com módulo $2V_0$.

II. No instante $t_1 = T$ a imagem do grilo **G'** tem aceleração com módulo 2g.

III. A altura máxima atingida pela imagem do grilo **G'** é o dobro da altura máxima atingida pelo grilo.

Está correto o que se afirma

a) em I, apenas.

b) em II, apenas.

c) em I e III, apenas.

d) em II e III, apenas.

e) em I, II e III.

157. (UFPR)

Um objeto movimenta-se com velocidade constante ao longo do eixo óptico de uma lente delgada positiva de distância focal f = 10 cm. Num intervalo de 1 s, o objeto se aproxima da lente, indo da posição 30 cm para 20 cm em relação ao centro óptico da lente. V_0 e V_i são as velocidades médias do objeto e da imagem, respectivamente, medidas em relação ao centro óptico da lente. Desprezando-se o tempo de propagação dos raios de luz, é correto concluir que o módulo da razão $\frac{V_0}{V_i}$ é:

a) $\frac{2}{3}$.
b) $\frac{3}{2}$.
c) 1.
d) 3.
e) 2.

158. Na figura, está representado um objeto luminoso de altura *y* posicionado a 16,0 cm de uma lente convergente **L**, cuja distância focal é de 8,0 cm. A lente está a uma distância *D* de um espelho esférico gaussiano **E** de raio de curvatura 36,0 cm e eixo principal coincidente com o eixo óptico da lente.

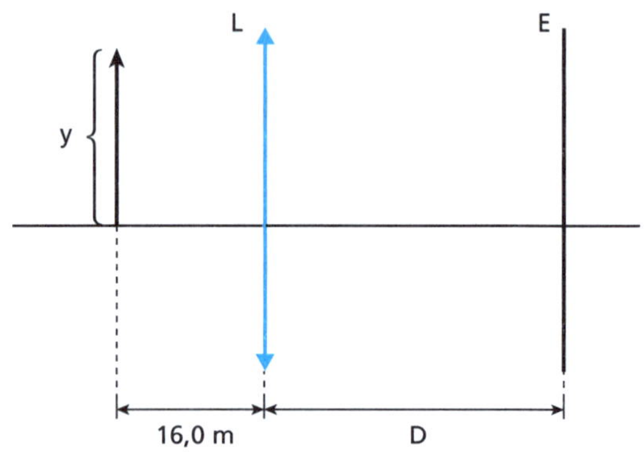

Banco de imagens/Arquivo da editora

Para que a imagem produzida pelo espelho tenha altura igual a 2y e orientação invertida em relação ao objeto, o tipo de espelho esférico utilizado e o valor de *D* são, respectivamente:

a) côncavo e D = 16,0 cm;
b) côncavo e D = 25,0 cm;
c) côncavo e D = 43,0 cm;
d) convexo e D = 16,0 cm;
e) convexo e D = 25,0 cm.

159. (OBF)
De um livro de 30 cm de altura, uma lente convergente plano-convexa de vidro ($n_V = 1,5$), imersa no ar, forma uma imagem real com 10 cm de altura a uma distância de 12 cm da lente.

a) Qual o valor, em cm, da distância focal da lente convergente?

b) Qual o valor da curvatura da superfície convexa da lente?

160. Um pequeno grilo percorre com velocidade escalar constante, da esquerda para a direita no esquema abaixo, o eixo óptico principal de uma lente biconvexa de vidro (índice de refração absoluto igual a 1,5) imersa no ar (índice de refração absoluto igual a 1,0). Essa lente tem fases simétricas com raios de curvatura respectivamente iguais a 20 cm e vai operar de acordo com as condições de estigmatismo de Gauss.

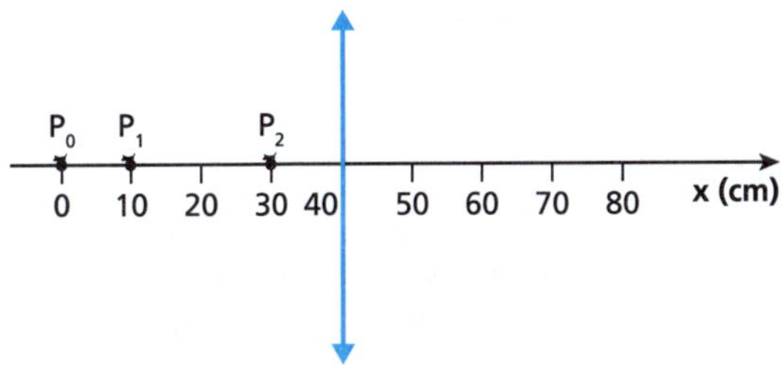

Banco de imagens/Arquivo da editora

No instante $t_0 = 0$, o grilo passa pelo ponto P_0 (em $x_0 = 0$) e, no instante $t_1 = 2,5$ s, passa pelo ponto P_1 (em $x_1 = 10$ cm). Depois disso, o inseto segue adiante e, atinge o ponto P_2 (em $x_2 = 30$ cm) onde para e realiza um salto vertical. Desprezando-se a resistência do ar e adotando-se para a intensidade de aceleração da gravidade o valor $g = 10$ m/s^2, pede-se determinar

a) a distância focal, *f*, da lente;

b) a velocidade escalar média, V_m, da imagem do grilo, dada pela lente, no intervalo de $t_0 = 0$ a $t_1 = 2,5$ s;

c) a intensidade da aceleração da imagem do grilo durante seu salto vertical.

161. Duas lentes delgadas biconvexas, $\mathbf{L_1}$ e $\mathbf{L_2}$, de vidro em operação no ar são justapostas, como representa a figura. Um objeto luminoso é colocado diante da associação, obtendo-se uma imagem com a metade das dimensões lineares do objeto, distante a 54 cm dele.

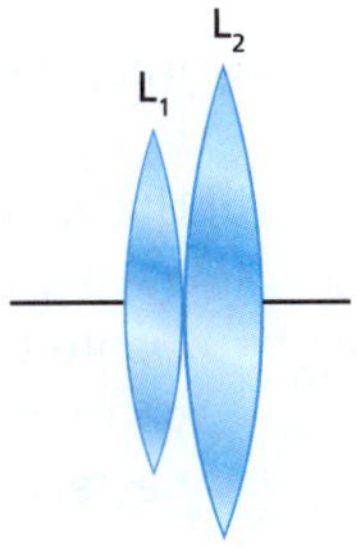

Banco de imagens/Arquivo da editora

Sabendo-se que as distâncias focais de **L**$_1$ e **L**$_2$ valem, respectivamente, 20 cm e 30 cm, determine

a) a distância focal da lente equivalente à associação;

b) a distância entre as imagens e as lentes.

162. (Vunesp)

Um médico oftalmologista recomendou a sua paciente míope uma lente esférica com −2,00 di. A partir disso,

a) estabeleça se a lente prescrita é convergente ou divergente e desenhe três perfis distintos de lentes que poderiam ter a convergência receitada.

b) faça um esquema em escala, indicando o eixo principal e os pontos principais da lente, bem como os raios que determinam a posição da imagem de um objeto colocado a 1,50 m do vértice dessa lente, classificando a imagem como real ou virtual, direita ou invertida, maior ou menor.

163. (Unifesp)

Um paciente, que já apresentava problemas de miopia e astigmatismo, retornou ao oftalmologista para o ajuste das lentes de seus óculos. A tabela a seguir retrata a nova receita emitida pelo médico.

Nome: Jorge Frederico de Azeredo

Grau		Esférico	Cilíndrico	Eixo	D.P.
Para longe	OD	−3,00	−0,75	150°	62,0 mm
	OE	−3,00	−0,75	150°	
Para perto	OD	+1,00	−0,75		68,0 mm
	OE	+1,00	−0,75		

Obs.: Óculos para longe e perto separados. Ao pegar seus óculos, é conveniente trazê-los para conferir.

Próxima consulta:_____.08.2012.

São Paulo, 30.08.2011.

Carlos Figueiredo

CRM nº: 000 00

a) Caracterize a lente indicada para correção de miopia, identificando a vergência, em dioptrias, e a distância focal, em metros.

b) Utilizando um modelo simplificado do olho, esboce a formação da imagem para um paciente portador de *miopia* e represente, em outro esquema, a correção do defeito citado, destacando a lente apropriada.

164. Matematicamente, a **amplitude de acomodação**, α, é calculada em dioptrias (di) pela relação abaixo, em que d_P e d_R são as distâncias ao olho, em metros (m), respectivamente, dos pontos próximos e remoto.

$$\alpha = \frac{1}{d_P} - \frac{1}{d_R}$$

Para um olho jovem e normal, d_P vale cerca de 25 cm ou 0,25 m, enquanto d_R tende ao "infinito". No caso desse olho emetrope, a amplitude de acomodação, α_E, é determinada fazendo-se:

$$\alpha_E = \frac{1}{0{,}25} - \frac{1}{\infty} \text{ (di)}$$

A segunda parcela tende a zero, logo:

$\alpha_E = 4{,}0$ di

Suponha que um míope tenha os pontos próximo e remoto distantes de seu bulbo ocular 20 cm e 50 cm, respectivamente. Pergunta-se:

a) Qual a amplitude de acomodação desse míope?

b) Qual a redução percentual de sua amplitude de acomodação tomando-se por base um olho emetrope?

165. Conta-se que durante a Segunda Guerra Mundial militares norte-americanos que se instalaram em uma base aérea no Rio Grande do Norte costumavam frequentar festas locais muito animadas em que os potiguares executavam músicas regionais dançantes que suscitavam a alegria e o envolvimento de todos. Nesses eventos havia pessoas de várias etnias, diferentes níveis culturais e sociais, além de situações econômicas distintas. Eram, de fato, festas "para todos", em inglês, "*for all*". Este termo se popularizou, sendo abrasileirado para "*forró*".

Banco de imagens/Arquivo da editora

Hoje, o forró também é sinônimo de um ritmo nordestino que, em sua versão mais tradicional – a do forró pé de serra –, envolve um trio de músicos que tocam, como na imagem anterior, um triângulo, uma sanfona e uma zabumba.

Considere que um triângulo não equilátero, como o de um trio de forró, seja confeccionado de um fio metálico homogêneo de espessura constante. Admita ainda que esse triângulo seja colocado em um forno que provoca uma dilatação térmica isotrópica nos três lados desse instrumento, sem mudança de estado físico.

A respeito dessa situação, são apresentadas as proposições abaixo.

Avalie cada uma como Verdadeira (**V**) ou Falsa (**F**).

I. Se um determinado lado do triângulo sofrer uma dilatação linear absoluta de 0,8 mm, o mesmo ocorrerá com os demais lados.

II. Se um determinado lado do triângulo sofrer uma dilatação linear relativa de 0,2%, o mesmo ocorrerá com os demais lados.

III. O triângulo dilatado terá ângulos internos respectivamente iguais aos ângulos internos do triângulo à temperatura inicial.

IV. O triângulo dilatado não será semelhante ao triângulo à temperatura inicial.

De I para IV, a sequência correta de **V** e **F** é:

a) V V V V
b) F F F F
c) F V V F
d) F V V V
e) V F F V

166. "É mesmo de arrepiar quando uma moto potente, trafegando em movimento uniforme, emitindo um ronco intenso de frequência constante, ultrapassa o carro da gente em uma rodovia retilínea!"

Acontece que, na aproximação, o som do veículo é percebido mais agudo e com intensidade crescente. Já no afastamento, sucede o contrário, nota-se o som da moto mais grave e com intensidade decrescente.

Essa variação aparente na frequência do som decorre do fato de existir movimento relativo entre o observador e a fonte de som, o que caracteriza o efeito Doppler sonoro.

Alexander Kirch/Shutterstock

Considere um observador em repouso à beira de uma estrada visualizando uma moto que vai passar diante dele com velocidade de intensidade constante. O veículo emite um ronco intenso de frequência constante, que é notado na aproximação com uma variação de frequência de módulo Δf_1 em relação à frequência sonora real, e no afastamento com uma variação de frequência de módulo Δf_2 também em relação à frequência sonora real. Considerando-se o ar em repouso em relação ao solo, é correto afirmar que:

a) $0 < \dfrac{\Delta f_1}{\Delta f_2} < 1$

b) $\dfrac{\Delta f_1}{\Delta f_2} = 1$

c) Se a intensidade da velocidade da moto for igual a um quarto da intensidade da velocidade do som, então, $\dfrac{\Delta f_1}{\Delta f_2} = \dfrac{5}{3}$.

d) Se a intensidade da velocidade da moto for igual a um quinto da intensidade da velocidade do som, então, $\dfrac{\Delta f_1}{\Delta f_2} = \dfrac{5}{2}$.

e) Se a intensidade da velocidade da moto for igual a um sexto da intensidade da velocidade do som, então, $\dfrac{\Delta f_1}{\Delta f_2} = \dfrac{7}{4}$.

Respostas

1 – Temperatura e o calor e sua propagação

1. c
2. b
3. c
4. a
5. a
6. d
7. d
8. c
9. c
10. e

2 – Calor sensível e calor latente

1. a
2. a
3. a
4. c
5. e
6. a
7. 225 kcal
8. c
9. 1,0 cal/s
10. e
11. c

3 – Gases perfeitos e termodinâmica

1. b
2. c
3. e
4. d
5. 20%
6. d
7. d
8. a
9. b
10. d
11. d
12. a
13. b
14. b
15. $2{,}8 \cdot 10^5$ J e $2{,}0 \cdot 10^4$ J
16. a) 7,5 b) $9 \cdot 10^2$ J
17. a

4 – Dilatação térmica dos sólidos e dos líquidos

1. 2,0 m
2. 32,5 °C
3. b
4. d
5. $\alpha_{tampa} > \alpha_{vidro}$
6. d
7. b
8. b
9. e

5 – Movimento harmônico simples (MHS)

1. a
2. II, III e V
3. c
4. a) k = 80 N/m
   b) T = 0,45 s
5. 22

6 – Ondas

1. 0,4 s
2. e
3. d
4. b
5. b
6. a
7. e
8. d
9. d
10. 12 cm
11. d

7 – Acústica

1. e
2. b
3. f' = 98 Hz
4. b
5. e
6. d
7. e

8 – Fundamentos da Óptica Geométrica e reflexão da luz

1. e
2. d
3. a) virtual
   b) 45°
   c) 30°
4. b
5. e
6. b
7. d
8. d
9. c
10. a) 8 imagens
    b) 40°
11. e
12. b
13. a

9 – Refração da luz

1. a
2. e
3. a
4. d
5. c
6. a
7. 15°
8. a

10 – Lentes esféricas

1. a
2. d
3. e
4. e
5. b
6. a

11 – Instrumentos ópticos e Óptica da visão

1. a) 19,0 m e 19,2 m
   b) 95,0
2. a) Cones: visualização das cores
   b) Os músculos ciliares se contraem e a distância focal do cristalino diminui.
3. b
4. a
5. b
6. b
7. d
8. c
9. c
10. d

Rumo ao Ensino Superior

1. 78,3 °C
2. a
3. c
4. e
5. a) 10 mm
   b) 60 cmHg
   c) $1{,}0 \cdot 10^{-5}$ m (infravermelho)
6. b
7. c
8. c
9. 60 kcal
10. a) R$ 1 296,00
    b) 1 080 m^3
11. 22
12. a) $1\,440 \cdot 10^3$ cal
    b) 48%
13. b
14. d
15. 30 mcal/g°C
16. 20 °C
17. b
18. a
19. c
20. a
21. $2{,}6 \cdot 10^5$ J
22. 36 cal/s
23. d
24. e
25. d
26. c
27. d
28. b
29. a
30. a) 240 cal
    b) 0,21 L/kg · km
31. a
32. b
33. b
34. b
35. b
36. b
37. e
38. c
39. b
40. 65 °C
41. a
42. a
43. d
44. b
45. 17 800 cal; 690 g
46. b
47. c
48. a) 238 g
    b) 84 min
49. c
50. b
51. F; V; V; F; V.
52. 218,4 °C
53. b
54. a
55. e
56. 3,3%
57. d
58. d

59. 768 mm

60. a) $3{,}78 \cdot 10^4$ N
b) 360 K

61. e

62. a) $2{,}2 \cdot 10^{-5}$ m³
b) 20 N
c) 546 K
d) $3{,}3 \cdot 10^{-5}$ m³

63. a)
$\frac{V}{V_E}(CO_2) = 6{,}3 \cdot 10^{-2}$;
$\frac{V}{V_E}(N_2) = 8{,}0 \cdot 10^{-2}$;
$\frac{V}{V_E}(Ar) = 6{,}7 \cdot 10^{-2}$;
$\frac{V}{V_E}(Ne) = 9{,}5 \cdot 10^{-2}$
e $\frac{V}{V_E}(He) = 2{,}1 \cdot 10^{-1}$
b) De acordo com os resultados obtidos, o hélio (He) é o gás com maior velocidade quadrática média, podendo escapar com mais facilidade.
Nas proximidades da superfície, encontramos maior concentração de CO_2 e Ar, seguidas por N_2 e Ne.

64. $T_B \cong 293$ K e 2 mol

65. d

66. I, II, III e V.

67. c

68. e

69. $2{,}0 \cdot 10^3$ N; $\frac{400}{3}$ J

70. a

71. a) 25%
b) 0,4

72. c

73. a

74. a) 6 ℓ
b) 12 atm
c) 900 K
d) 15 110 J

75. c

76. Discordo.

77. 13 h 20 min

78. c

79. c

80. c

81. d

82. b

83. c

84. d

85. e

86. b

87. c

88. a

89. d

90. a

91. b

92. a

93. c

94. d

95. d

96. b

97. e

98. e

99. $5 \cdot 10^2$ kg/m³

100. a

101. b

102. $\frac{\ell}{4}\left(1 + \frac{\sqrt{2}}{2}\right)$

103. e

104. d

105. c

106. d

107. b

108. d

109. e

110. b

111. e

112. c

113. a

114. a) 1 min 40 s
b) 10 cm
c) n = 10

115. a

116. e

117. V; V; V; V; V; V.

118. b

119. d

120. d

121. d

122. a

123. 2,72 μm

124. b

125. c

126. a) 2 000 Hz
b) 343,4 m/s
c) 2 020 Hz
d) 3 366 Hz

127. c

128. d

129. a

130. b

131. a) 15 cm
b) 5 cm/s

132. a

133. a) 18 m
b) −4 m

134. c

135. a

136. a) O lápis foi posicionado diante de um espelho côncavo.
b) A imagem poderá estar a 5 m do vértice (imagem real) ou a 3 m desse ponto (imagem virtual).

137. e

138. b

139. c

140. e

141. $n > \frac{2\sqrt{3}}{3}$

142. c

143. e

144. a) Incidência normal
b) $n_{líq} = 1{,}4$
c) 21 cm

145. d

146. $\left(\frac{R}{d}\right)_{mín} \cong 2$

147. c

148. c

149. c

150. a) sen β = 0,60
b) 87,5 cm

151.
$e \operatorname{sen} \theta_1 \left(1 - \frac{\cos \theta_1}{\sqrt{n^2 - \operatorname{sen}^2 \theta_1}}\right)$

152. a) Explicação
b) 45 °C

153. b

154. c

155. d = 40 cm

156. e

157. e

158. b

159. a) 9,0 cm
b) 4,5 cm

160. a) f = 20 cm
b) $V_m = 8{,}0$ cm/s
c) $g_i = 20$ m/s²

161. a) 12 cm
b) 18 cm

162. a) A lente é divergente.
b) A imagem é virtual, direita e menor que o objeto.

163. a) Lentes esféricas divergentes −3,00 di; distância focal aproximadamente 0,33 m = 33 cm.
b)

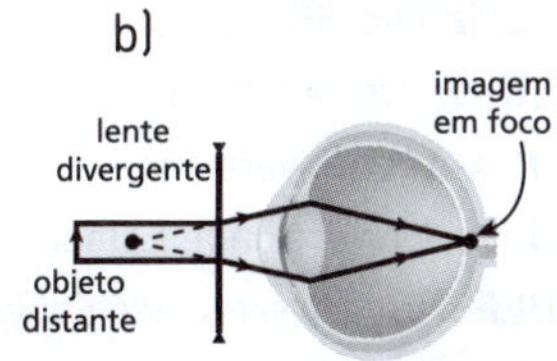

164. a) 3,0 di
b) 25%

165. c

166. c

Significado das siglas dos vestibulares

Acafe-SC: Associação Catarinense das Fundações Educacionais (Santa Catarina)
AFA-SP: Academia da Força Aérea (São Paulo)
Cesgranrio-RJ: Centro de Seleção de Candidatos ao Ensino Superior do Grande Rio (Rio de Janeiro)
CPAEN-RJ: Concurso Público de Admissão à Escola Naval (Rio de Janeiro)
EFOMM-RJ: Escola de Formação de Oficiais da Marinha Mercante (Rio de Janeiro)
Enem: Exame Nacional do Ensino Médio
Fameca-SP: Faculdade de Medicina de Catanduva (São Paulo)
Famema-SP: Faculdade de Medicina de Marília (São Paulo)
Famerp-SP: Faculdade de Medicina de São José do Rio Preto (São Paulo)
Fatec-SP: Faculdade de Tecnologia (São Paulo)
FCMSCSP: Faculdade de Ciências Médicas da Santa Casa de São Paulo
Fepar-PR: Faculdade Evangélica do Paraná
FGV-SP: Fundação Getúlio Vargas (São Paulo)
FICSAE-SP: Faculdade Israelita de Ciências da Saúde Albert Einstein (São Paulo)
FMABC-SP: Faculdade de Medicina do ABC (São Paulo)
FMJ-SP: Faculdade de Medicina de Jundiaí (São Paulo)
Fuvest-SP: Fundação Universitária para o Vestibular (São Paulo)
IFSC: Instituto Federal de Educação, Ciência e Tecnologia de Santa Catarina
IJSO: Olimpíada Internacional Júnior de Ciências (International Junior Science Olympiad)
IME-RJ: Instituto Militar de Engenharia (Rio de Janeiro)
ITA-SP: Instituto Tecnológico de Aeronáutica (São Paulo)
OBF: Olímpiada Brasileira de Física
OPF: Olímpiada Paulista de Física
PUC-MG: Pontifícia Universidade Católica de Minas Gerais
PUC-PR: Pontifícia Universidade Católica do Paraná
PUC-RJ: Pontifícia Universidade Católica do Rio de Janeiro
PUC-SP: Pontifícia Universidade Católica de São Paulo
SBF: Sociedade Brasileira de Física
SLMandic-SP: Faculdade São Leopoldo Mandic (São Paulo)
Udesc: Universidade do Estado de Santa Catarina
UEA-AM: Universidade do Estado do Amazonas
Uece: Universidade Estadual do Ceará
UEFS-BA: Universidade Estadual de Feira de Santana (Bahia)
UEL-PR: Universidade Estadual de Londrina (Paraná)
Uema: Universidade Estadual do Maranhão
UEM-PR: Universidade Estadual de Maringá (Paraná)
UEPB: Universidade Estadual da Paraíba
Uerj: Universidade do Estado do Rio de Janeiro
Uern: Universidade do Estado do Rio Grande do Norte
Ufes: Universidade Federal do Espírito Santo
UFF-RJ: Universidade Federal Fluminense (Rio de Janeiro)
UFG-GO: Universidade Federal de Goiás
UFJF-MG: Universidade Federal de Juiz de Fora (Minas Gerais)
UFJF/Pism-MG: Universidade Federal de Juiz de Fora/ Programa de Ingresso Seletivo Misto (Minas Gerais)
Ufla-MG: Universidade Federal de Lavras (Minas Gerais)
UFPA: Universidade Federal do Pará
UFPB: Universidade Federal da Paraíba
UFPE: Universidade Federal de Pernambuco
UFPR: Universidade Federal do Paraná
UFRGS-RS: Universidade Federal do Rio Grande do Sul
UFRN: Universidade Federal do Rio Grande do Norte
UFRR: Universidade Federal de Roraima
UFSC: Universidade Federal de Santa Catarina
Ufscar-SP: Universidade Federal de São Carlos (São Paulo)
UFTM-MG: Universidade Federal do Triângulo Mineiro (Minas Gerais)
UFU-MG: Universidade Federal de Uberlândia (Minas Gerais)
UFV-MG: Universidade Federal de Viçosa (Minas Gerais)
UnB-DF: Universidade de Brasília (Distrito Federal)
Unesp-SP: Universidade Estadual Paulista "Júlio de Mesquita Filho" (São Paulo)
Unicamp-SP: Universidade Estadual de Campinas (São Paulo)
Unifesp: Universidade Federal de São Paulo
Unifor-CE: Fundação Edson Queiroz Universidade de Fortaleza (Ceará)
Uninove-SP: Centro Universitário Nove de Julho (São Paulo)
Unip-SP: Universidade Paulista (São Paulo)
Unisc-RS: Universidade de Santa Cruz do Sul (Rio Grande do Sul)
Unitau-SP: Universidade de Taubaté (São Paulo)
UPE: Universidade de Pernambuco
UPF-RS: Universidade de Passo Fundo (Rio Grande do Sul)
UPM-SP: Universidade Presbiteriana Mackenzie (São Paulo)
Urca-CE: Universidade Regional do Cariri (Ceará)
UVA-CE: Universidade Estadual Vale do Aracaú (Ceará)
UVA-RJ: Universidade Veiga de Almeida (Rio de Janeiro)
Vunesp: Fundação para o Vestibular da Unesp (São Paulo)